On va déguster LA FRANCE

프랑스 앵테르(France Inter)에서 방송 진행을 할 수 있도록 기회를 허락해주신 로랑스 블로슈(Lorence Bloch) 대표,
나디아 슈기(Nadia Chougui), 미셸 비유(Michèle Billoud)를 비롯한 옹 바 데귀스테(On va déguster) 프로그램의 제작진,
로즈 마리 디 도메니코(Rose-Marie Di Domenico), 엘리자베트 다레 쇼쇼(Elisabeth Darets-Chochod), 엠마뉘엘 르 발루아
(Emmanuel Le Vallois)를 비롯한 마라부(Marabout) 출판팀 식구들,
이 책이 나오기까지 전폭적인 지원을 아끼지 않은 안 쥘리 베몽(Anne-Julie Bémont), 엠마뉘엘 루아그(Emmanuelle Roig)와
라디오 프랑스(Radio France) 팀원들,
오랜 시간 원고를 읽고 또 읽어준 나의 부모님과 나의 여동생 마리엘(Marielle),
이 책의 프로젝트가 진행되는 동안 늘 함께 해준 나탈리 보(Nathalie Baud),
알랭 코엥(Alain Cohen), 롤랑 푀이야스(Roland Feuillas), 필립 발(Philippe Val), 필립 다나(Philippe Dana). 리디아 바시
(Lydia Bacie), 장 피에르 가브리엘(Jean-Pierre Gabriel), 스테판 솔리에(Stéphane Solier)에게 깊은 감사의 마음을 전합니다.
또한, 알렉상드라(Alexandra)에게도.

* On va déguster : "맛 좀 봅시다"라는 뜻의 프랑스어. 프랑스의 라디오 채널 프랑스 앵테르에서 매주 일요일 오전 11시에 방송되는 인기 프로그램의 제목. 매회 다양한 주제에 따라, 미식과 관련된 각 분야의 전문가들이 출연하여 토론하고 정보를 나누며 직접 관련 음식을 시식하는 요리 정보 교양 프로그램으로 이 책의 저자인 미식 전문 기자 프랑수아 레지스 고드리가 진행을 맡고 있다.

FRANÇOIS-RÉGIS GAUDRY
& SES AMIS
프랑수아 레지스 고드리와 친구들

On va déguster
LA **FRANCE**

미식 잡학 사전
프랑스

강현정 옮김

CITRON MACARON

『미식 잡학 사전 프랑스』를 펴낸 이유는?

이 질문에 대한 나의 답은 몇 가지로 요약할 수 있다.
프랑스 예찬 : 왜냐하면 프랑스 음식은 세계 최고이므로!
추억 : 바스티아의 마미타 할머니표 피아돈* 케이크와 우리 엄마의 치즈 수플레는 충분히 그 자취를 남길 만한 자격이 있으므로...
자부심 : 이제는 프랑스를 전문으로 다룬 미식 문학의 바다에 거대한 책 한 권 정도는 빠트릴 때가 되었으므로...
반발심 : 투르 지방의 뵈셸*, 사부아의 퐁뒤, 생토노레... 이런 음식들이 그래도 우리 채식주의자 친구들의 헬시 에너지 볼보다는 더 맛있고 행복하지 않은가...

우리의 욕망이 단지 음식을 먹는 쾌락에만 있다고 할 수 있을까? 여기에 더해 문화적 갈망이라는 단어를 감히 써보자. 이 책은 프랑스의 먹고 마시는 것을 구성하는 갖가지 맛있는 것들과 기분 좋은 분위기, 꽤 많은 양의 지식과 교양을 모두 모으고 꽉꽉 채워 완성하게 되었다. 이 엄청난 모험을 하는 과정에서 나는 2년 넘는 동안 미식 평론가, 저널리스트, 먹거리 장인, 요리사, 제과제빵사, 대학교수, 소믈리에, 일러스트 디자이너, 사진가, 만화가, 나의 가족 등 수십 명의 지인들에게 그들의 입맛과 전문적인 경험을 공유해달라고 부탁했다. 그리하여 편향되지 않고 폭넓은, 약간은 산만한, 기존의 우리가 가진 음식 유산 이야기와는 좀 차별화된 그러한 책을 만들고자 했다.

그 결과물은 지상과 영혼의 양식을 천 겹으로 쌓은 풍성한 밀푀유로 탄생했다. 이 책은 일단 육중하다. 무려 3.1킬로그램이니 말이다. 하지만 횡설수설한 스타일로 검은 궁둥이 돼지에서 낭트의 암소로, 알랭 파사르의 소금 크러스트 비트 요리에서 필립 콩티치니의 파리 브레스트로, 라블레의 혀에서 카랑바 캐러멜 언어 개그까지 종횡무진하며 섭렵하다보면 아주 날렵하고 민첩하게 즐기며 읽어낼 수 있다...

프랑스의 미식에 관한 지칠 줄 모르는 궁금증으로 충만하여, 이 입맛을 돋우는 흥미로운 호기심의 방으로 들어온 것을 환영한다.

본 아페티 !!!

François-Régis Gaudry 프랑수아 레지스 고드리

* fiadone(피아돈) : 코르시카섬의 대표적인 치즈 케이크. 이 지역에서 생산되는 브로치우(brocciu) 치즈, 설탕, 레몬 제스트, 달걀을 재료로 하여 만든다.
* beuchelle tourangelle(뵈셸 투랑젤) : 투르(Tours) 지방이 원조인 더운 요리로 송아지 흉선과 콩팥, 버섯, 생크림을 넣어 만든다. 20세기 초 에두아르 니뇽이 오스트리아의 보이셸(beuschel)을 응용하여 만든 레시피로 알려져 있다.

아뮤즈 부슈로 슬슬 입맛을 돋우어 볼까요?

누가 무슨 말을 했냐면 ;

"이게 바로 그 유명한

'소피아식 두비추 과자'라고 (...)"

브뤼노 무아노 (Bruno Moynot)
「산타는 못 말려(Le Père Noël est une ordure)」(1982)

"여기엔 좋은 재료만 들어간다구, 합성 카카오, 마가린, 설탕... 게다가 수작업으로 만들지. 손으로 직접 겨드랑이 밑에 넣어 굴려 만들거든 ! "

"오늘은 월요일이잖아요, 라비올리 먹는 날이죠 "

엘렌 뱅상 (Hélène Vincent)
「인생은 고요한 긴 강물(La vie est un long fleuve tranquille)」(1988)

" 시드르 없이 내장 요리를 먹는다는 것은

디에프*에 가서 바다를 보지 않는다는 것과 같지 "

장 가뱅(Jean Gabin) 「라피니에서 파나마로(Le Tatoué)」(1968)

* Dieppe :노르망디 센 마리팀(Seine-Maritime) 지방의 해안가 마을.

"완벽하게 똑같이 찍어낸 속 채운 칠면조 요리를 드신다면 아마 그것은 생애 최악의 식사가 될 겁니다. 문을 닫는 일요일만 제외하고 매일매일 끔찍한 요리를 드시는 거죠!"

루이 드 퓌네스(Louis de Funès) 「맛있게 드세요(L'Aile ou la cuisse)」(1976)

"들어보세요 부인, 현재 우리를 긴장시킬 수 있는 것이라고는 단 한 가지뿐입니다. 바로 보졸레죠. 여기 있습니다. 그리고 송아지 크림 스튜입니다."

장 피에르 마리엘(Jean-Pierre Marielle) 「조용히 조용히(Calmos)」(1976)

"통조림이라구요? 그 부야베스가요? 아니 깡통에 든 그 통조림 말하는 거요? 이보게 선생, 말씀 함부로 하지 마쇼, 이건 모욕이라구 !"

페르낭델(Fernandel) 「라 퀴진 오 뵈르(La Cuisine au beurre)」(1963)

"당신들은 와인도 잘 못 마시고 잘 취하지도 않더군. 사실 술을 마실 자격이 없지. 그 사람들이 왜 스페인 술을 마시는 줄 아나? 바로 당신 같은 얼간이들을 잊으려고 마시는 거라구."

장 가뱅(Jean Gabin)
「겨울의 원숭이(Un singe en hiver)」(1962)

"감자 50 킬로, 톱밥 한 주머니로 만든 별 세 개짜리 증류주 25리터를 꺼내 놓았지. 조는 진정한 마법사였어. 바로 그래서 내가 그 기억을 더럽히는 자들에게 주둥아리를 닥치라고 명령한 것이라구!"

프랑시스 블랑슈(Francis Blanche)
「총잡이 아저씨들(Les Tontons flingueurs)」(1963)

"반죽 있으세요?

설탕은요? 반죽으로 크레프를 만들고 그 위에 설탕을 뿌리시면 되겠네요 ! "

브뤼노 무아노(Bruno Moynot) 「선탠하는 사람들 스키 타다 (Les Bronzés font du ski)」(1979)

"송아지 고기, 로스트 치킨, 소시지는 어디 있나요? 잠두콩이랑 사슴고기 파테는 어디 있죠? 이런 불공평함을 잊으려면 배불리 많이 먹어야 해요! 제대로 먹을 게 없네요. 새끼 돼지, 구운 염소 치즈, 후추를 넉넉히 뿌린 백조 요리라고요? 이런 아뮈즈 부슈라면 입맛이 도는데요!"

장 레노(Jean Reno) 「비지터(Les Visiteurs)」(1993)

"나 참, 이 스튜는 정말 구역질나네! 소스가 멀개갖고 참... 왜 소스를 졸이지 않았냐고 (...) 내가 스무 번은 더 말한 것 같은데... 일단 고기가 익으면 건져서 따뜻하게 보관한 다음 소스는 작은 냄비에 따로 졸여야 한다고 ! 따로 냄비에 덜어서 말야, 내가 말했어 안 했어?"

장 얀(Jean Yanne) 「야수는 죽어야 한다 (Que la bête meure」(1969)

CHRONOLOGIE

프랑스 미식 연대표

로익 비에나시

MOYEN ÂGE
중세
알자스 지방과 게르만 국가에 슈크루트(choucroute)가 처음 등장한다.

큰 드럼통에 얇게 채 썬 양배추와 소금을 교대로 켜켜이 쌓아 넣고, 주니퍼베리, 딜, 세이지, 펜넬, 처빌이나 홀스래디시로 양념을 했다.

XIIIe SIÈCLE
13세기
브리(brie) 치즈가 이미 파리에서 인기를 끌기 시작한다.

XIVe siècle
14세기
디종 머스터드는 이미 확고한 명성을 쌓기 시작한다.

Années 1320
1320년대
가장 오래된 프랑스 요리책인 기욤 티렐(Guillaume Tirel) 일명 타유방(Taillevent)의『비앙디에(*Viandier*)』의 초판이 출간되었다.

1393
1393년
중세를 대표하는 필사본『파리 살림 지침서(*Le mesnagier de Paris*)』에 소개된 크레프 레시피 : 밀가루, 달걀, 물, 소금, 와인을 혼합한 다음 돼지 기름과 버터를 섞어 녹인 팬에 지진다.

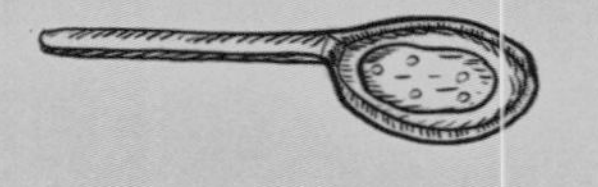

XVIe SIÈCLE

16세기
중세에 사용하던 큰 나무 도마 플레이트 대신 접시가 등장한다.

16세기
프랑스 귀족 상류층에 개인용 커틀러리인 포크가 등장한다.

1542
1542년
르네상스 시대의 유일한 프랑스 요리책으로 알려진『아주 훌륭한 요리책(*Livre fort excellent de cuisine*)』(작자 미상, 리옹)이 작가 올리비에 아르눌레 (Olivier Arnoullet)에 의해 편찬 발간된다.

1552
1552년
라블레는(Rabelais) 그의 책 '팡타그뤼엘 연대기'의『제4서(*Quart Livre*)』에서 이탈리아어에서 따온 '마카롱(macaron)' 이란 단어를 사용한다. 만드는 법이나 재료에 대한 자세한 언급은 없었다.

1651

1651년
프랑수아 피에르 드 라 바렌 (François Pierre de Varenne)의『프랑스 요리사(*Le Cuisinier françois*)』*가 출간되었다. 루(roux)를 사용한 리에종, 재료 본연의 맛 중시, 버터와 크림 사용, 지역 특색을 살린 향 사용, 보다 많은 채소 사용 등 기존 중세와는 다른 새로운 조리법이 소개되었다.

1653
1653년
『프랑스 제과사(*Patissier françois*)』* (작자 미상) 출간. 전적으로 파티스리만을 다룬 최초의 책으로 마카롱, 푀유테 케이크, 마지팬, 프티 슈 등의 다양한 디저트를 소개하고 있다.

ANNÉES 1620
1620년대
코냑(Cognac) 지방에서 오드비(eau-de-vie 브랜디)를 증류하여 만들기 시작한다.

2e moitié du XVIIe siècle
17세기 후반
아메리카 대륙으로부터 유입된 강낭콩이 남 프랑스 지역에서 널리 소비되었다. 카술레의 먼 조상 격인 지역 전통 음식 카술로(cassolo)에 넣는 콩류를 대체하게 된다.

31 août 1666
1666년 8월 31일
툴루즈 의회는 "정통 로크포르(roquefort) 치즈" 보호를 위하여 로크포르 지방에서 생산하지 않는 치즈에 이 이름을 붙여 판매하는 것을 금지하였다.

DERNIER TIERS DU XVIIe SIÈCLE
17세기 제 3분기
스파클링 와인인 샹파뉴가 등장한다.

1650 1700
1650~1700
프랑스 "그랑크뤼 와인"이 부상하기 시작한다. 영국의 상류 엘리트 층이 오 브리옹, 샤토 마고, 샤토 라투르, 샤토 라피트 등을 높이 평가하기 시작했다. 부르고뉴에서는 몽라셰, 볼네, 샹베르탱 , 부조 등이 프랑스 와인 애호가들에게 많은 인기를 끌기 시작한다.

1702
THOMAS CORNEILLE
1702년
토마 코르네유(Thomas Corneille)는 그의 저서『지리 역사 대사전 (*Dictionnaire universel géographique et historique*)』(1708)에서 "아주 훌륭한 카망베르(Camembert) 지방의 치즈"를 언급했다.

* françois : 프랑스의, 프랑스어의 라는 의미의 옛 표기로 현재의 français/française 와 동일하다. 1835년 프랑스어 철자법 개정 이전까지 사용되었으며 '프랑수에'라고 발음한다.

XVIIIe siècle

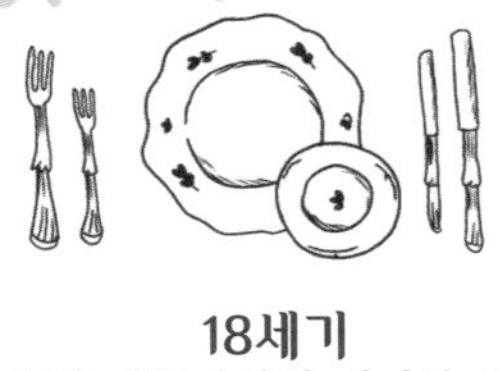

18세기
식기 및 커틀러리의 테이블 세팅이 상류 귀족층에 자리잡게 되었다.

1733

1733년
뱅상 라 샤펠(Vincent La Chapelle)이 런던에서 『현대적 요리사(*The Modern Cook*)』를 출간했고, 프랑스어 번역본 『르 퀴지니에 모데른(*Le cuisinier moderne*)』을 2년 후 헤이그에서 출간했다. 이 책에서는 송아지 크림 스튜인 블랑케트 드 보(blanquette de veau)의 레시피가 최초로 소개되었다.

1746

1746년
므농(Menon)의 『부르주아 요리사(*La cuisinière bourgeoise*)』 출간. 18세기 요리책의 베스트셀러로 1866년까지 122쇄가 발행되었다.

DEUXIÈME MOITIÉ DU XVIIIe SIÈCLE

18세기 후반
평범한 냄비나 솥을 지칭하는 팟(pot)이란 단어의 파생어로 "냄비에 넣어 끓이는 용도의 고기"를 지칭하는 "포토푀(pot-au feu)"라는 용어가 탄생했다 (1798년 아카데미 프랑세즈 사전).

1755

1755년
므농 (Menon)의 『궁정의 저녁식사(*Les Soupers de la cour*)』 출간. 감자 요리법을 소개한 최초의 프랑스 요리책으로, "감자를 물에 삶아서 껍질을 벗기고 '매콤한 화이트 소스나 머스터드 소스에' 넣는다"라고 설명하고 있다.

MILIEU DES ANNÉES 1760

1760년대 중반
현대적 레스토랑이 처음 탄생한 기원은 불랑제(Boulanger) 씨가 운영하던 테이크아웃 음식점이었다. "본 매장은 식사 시간에만 공동식탁에 음식을 서빙하던 방식과는 달리 영업시간 내 브레이크 타임 없이 음식마다 정해진 가격으로 판매합니다." 라는 기록을 당시 연감에서 찾아볼 수 있다. 개인 테이블이 제공되었고 메뉴판에는 꽤 다양한 종류의 음식이 각각의 판매가격과 함께 제시되어 있었다.

PALAIS
ROYAL

팔레 루아얄 Palais Royal
왕궁 근처인 팔레 루아얄은 파리 미식의 중심지가 된다. 앙투안 보빌리에(Antoine Beauvilliers)가 그곳에 처음으로 고급 레스토랑을 오픈한 것을 필두로 프로방소 형제(Frères Provençaux), 메오(Méot), 베리(Véry) 등이 줄을 이어 이곳에 둥지를 틀었다.

1778

CLAUSE

1778년
콩타드(Contades) 총사령관의 요리사였던 장 피에르 클로즈(Jean-Pierre Clause)는 최초로 푸아그라 파테 앙 크루트(pâté de foie gras en croûte)를 만들어 스트라스부르(Strasbourg)에서 명성을 날리게 된다.

ANNÉES 1790

1790년대
트러플 재배가 시작된다. 고대부터 인기를 누려온 이 검은 송로버섯(Tuber melanosporum)은 오랜 세월이 지나고 나서야 재배되기 시작했다. 최초로 이를 생산해낸 사람은 푸아투(Poitou)의 피에르 몰레옹(Pierre Mauléon)이라는 방앗간 주인으로 알려져 있다.

VERS 1800

1800년경
마리 앙투안 카렘(Marid-Antoine Carême 1784-1833)은 팔레 루아얄 근처 비비엔가에 위치했던 당대 유명한 파티시에 실뱅 바일리(Sylvain Bailly)의 제과점에 견습생으로 들어간다. 오트 퀴진의 위대한 셰프가 된 카렘은 이렇게 그 여정의 첫발을 떼게 되었다.

1801

1801년
조제프 드 베르슈(Joseph de Berchoux)의 시 "가스트로노미 혹은 식탁의 농부(La Gastronomie, ou L'Homme des champs à table)"가 발표되었다. 이리하여 프랑스어에 미식, 즉 '가스트로노미 (gastronomie)'라는 단어가 처음으로 도입되었다.

1803

1803년
그리모 드 라 레니에르(Alexandre Balthazar Laurent Grimod de la Reynière)의 『미식가 연감 (*L'Almanach des gourmands*)』 제1권이 출간되었다. 미식 안내서의 원조 격이라 할 수 있는 이 책은 이후 1804년부터 1812년에 걸쳐 후속작 7권이 연속 출간되었다.

Marie - Antoine
Carême

1804

1804년
독일의 극작가 아우구스트 폰 코체부(August von Kotzebue)는 그의 저서 『파리의 추억(*Souvenirs de Paris*)』에서 "닭 마요네즈"를 언급한다. "마요네즈"라는 단어가 처음으로 등장한 것이다.

1804

AU ROCHER DE CANCALE

1804년
알렉시 발렌(Alexis Balaine)은 파리 레 알(les Halles) 옆에 '르 로셰 드 캉칼(Le Rocher de Cancale)'을 개업한다. 이 레스토랑은 굴 요리로 인기 명소가 되었다.

1806

1806년
알렉상드르 비아르(Alexandre Viard)의 『황실의 요리사(*Le Cuisinier impérial*)』 출간. 토마토를 소스 형태로 소개한 최초의 프랑스 요리책이다.

1809

1809년
샤를 루이 드 카데 드 가시쿠르(Charles-Louis de Cadet de Gassicourt)가 펴낸 『미식 수업(*Le Cours gastronomique*)』에는 최초의 프랑스 미식 지도가 포함되어 있었다.

1826

1826년
장 앙틀렘 브리야 사바랭(Jean Anthelme Brillat-Savarin)의 『맛의 생리학 또는 뛰어난 미식에 관한 명상(*Physiologie du goût ou Méditations de gastronomie transcendante*)』 출간. 음식을 철학적 사유의 대상으로 풀어낸 최초의 작품으로 평가받고 있다.

GRANDS CRUS CLASSÉS
1855

1855년
파리 만국박람회 개최에 맞추어 보르도 상공회의소는 보르도산 그랑 크뤼 와인 분류 등급을 제정해 줄 것을 여러 중개인에게 정식 요청한다.

1811

1811년 마거리트 스포얼린(Marguerite Spoerlin)의 『오버라이니슈의 요리책』이 뮐루즈 에서 출간됨. 이 중 제1부가 1829년에 프랑스어로 번역되어 『알자스의 요리사(*La Cuisinière du Haut-Rhin*)』라는 제목으로 출간되었다.

1830

LE CUISINIER DURAND
cuisine du midi

1830년
샤를 뒤랑 (Charles Durand)이 펴낸 책 『요리사 뒤랑(*Le Cuisinier Durand*)』에 '마르세유식 부야베스 (bouil-abaisse)' 레시피가 처음 등장한다.

ANNÉES 1830

1830년대 파리 고급 미식의 중심축이 팔레 루아얄을 벗어나면서 주변 대로에 새로운 레스토랑들이 생겨나기 시작한다. 탕플가에는 카드랑 블루(Cadran Bleu), 이탈리앵가에는 각각 카페 아르디(Café Hardy), 카페 앙글레 (Café Anglais), 카페 리슈(Café Riche), 카페 드 파리 (Café de Paris) 등이 둥지를 틀었다.

1850~1860년대
하천 및 해안 낚시 총감독관인 빅토르 코스트(Victor Coste)의 추진 하에 현대식 굴 양식이 처음으로 시작되었다. 당시까지만 해도 굴은 자연 채집으로만 어획했다.

1850
1860

1853

1853년
앙셀름 파옝(Anselme Payen)이 소개한 최초의 "크루아상이라는 이름의 작은 빵" 레시피에는 버터가 들어가지 않았다. 재료는 밀가루 1kg, 달걀 푼 것 1~2개분, 물 500g과 이스트뿐이었다.

1856

1856년
요리사 위르뱅 뒤부아(Urbain Dubois)와 에밀 베르나르(Émile Bernard)가 공동 집필한 책『고전 요리, 러시아식 서빙을 적용한 프랑스 요리의 체계적, 실무적 연구(*La Cuisine classique, études pratiques, raisonnées et démonstratives de l'école française appliquée au service à la russe*)』가 출간되었다.

1863

1863년
프랑스에서 처음으로 포도나무 뿌리 진디병이 가르(Gard) 지방 퓌조(Pujaut) 고원에서 관측되었고, 이 위기는 약 30년간 지속되었다.

AUGUSTE ESCOFFIER

1866

1866년
바롱 브리스(baron Brisse) 라고 불리는 레옹 바롱 남작은 일간지『라 리베르테(*La Liberé*)』의 미식 코너에 정기적으로 글을 기고한 최초의 음식 칼럼니스트다. 그는 매일 새로운 메뉴를 소개하고 자세한 레시피를 실었다.

1867년
피에르 라루스(Pierre Larousse)의『대백과 사전(*Le Grand Dictionnaire universel*)』제2권에서 '부르기뇽(bourguignon)'이라는 형용사를 '와인으로 조리한 여러 가지 요리'로 정의하면서 소고기 와인 스튜인 '뵈프 부르기뇽(boeuf bourguignon)'을 예로 들었다.

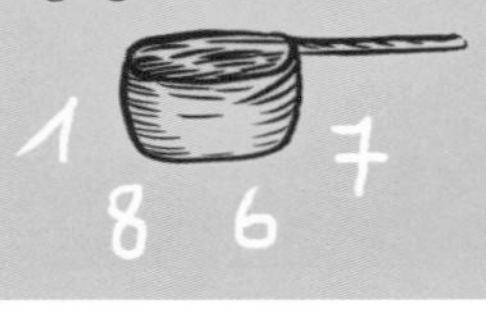
1867

1873

1873년
쥘 구페(Jules Gouffé)가 펴낸『파티스리 책(*Le Livre de pâtisserie*)』에서는 '생토노레, 익힌 바닐라 크림'의 레시피를 공개했는데 이는 오늘날의 생토노레와 거의 흡사하다. 이 케이크를 처음 만든 사람은 파티시에 시부스트(Chiboust)로, 그는 1840년대 파리 생토노레가에서 파티스리를 운영하고 있었다. 그의 이름을 딴 시부스트 크림을 짜 얹어 생토노레 케이크를 만든다.

FIN XIXe - DÉBUT XXe SIÈCLE

19세기 말 ~ 20세기 초
파리 미식계 전방에 새로운 레스토랑들이 등장한다. 마들렌 광장과 로얄가에는 막심(Maxim's)과 베베르(Weber), 뤼카(Lucas, 이후 뤼카 카르통 Lucas-Carton)가 자리를 잡았고, 샹젤리제와 불로뉴 숲에는 르두아옝(Ledoyen), 파비용 드 렐리제(Le Pavillon de l'Élysée), 로랑(Laurent), 푸케(Fouquet's), 라 그랑드 카스카드(La Grande Cascade), 르 프레 카탈랑(Le Pré Catalan) 등이 포진한다. 센강 좌안 쪽으로는 라 투르 다르장(La Tour d'Argent)과 라페루즈(Lapérouse)가 둥지를 틀었다.

1884

1884년
셰프 오귀스트 에스코피에 (Auguste Escoffier)는 세자르 리츠(César Ritz)가 운영하던 몬테카를로 르 그랑 호텔의 주방을 총괄하게 된다. 럭셔리한 현대식 호텔 서비스가 이때부터 싹트기 시작했다(런던 사보이 호텔, 파리 리츠 호텔, 런던 칼튼 호텔 등…).

1889년 12월 18일
dix-huit décembre 1889

한 신문 기사에서 '마드무아젤 타탱의 타르트)'를 언급했다. 이 타르트의 주인공인 스테파니 마리 타탱(Stéphanie Marie Tatin 1838-1917)과 여동생 즈느비에브 카롤린(Geneviève Caroline)(1847-1911)은 솔로뉴(Sologne) 지방 라모트 뵈브롱(Lamotte-Beuvron)의 한 호텔을 물려받아 운영하고 있었다.

1903

1903년
오귀스트 에스코피에의『요리 안내서(*Le Guide culinaire*)』출간. 이 책은 20세기 프랑스 고급 요리의 표준 참고서가 되었다.

1er août 1905

1905년 8월 1일
식재료나 서비스의 부정 사기행위나 조작, 변조에 관한 법이 제정되었다. 이는 당시 와인 양조업계에 만연해 있던 만성적인 속임수를 겨냥한 것이었다. 원산지 명칭(appellations d'origine) 제도도 도입되었다.

PREMIÈRES DÉCENNIES du XXe

20세기 초
'키슈 로렌 (quiche lorraine)'은 달걀, 크림, 베이컨을 넣어 만드는 타르트의 동의어가 되었다. '키슈'라는 단어는 로렌 지방에서 이미 16세기부터 그 흔적을 찾아볼 수 있다.

1912

1912년
사부아 지방 토농 레 뱅(Thonon-les-Bains)에 설립한 '호텔 접객업 실용 학교'의 개교를 정식으로 공표했다. 이는 호텔 경영 교육을 위한 프랑스 최초의 공립학교이다.

6 mai 1919

1919년 5월 6일
원산지 명칭 보호에 관한 새로운 법률이 제정되었다. 이 법령은 "원산지 명칭으로 인해 직접 혹은 간접 피해를 입었다고 판단하는 사람들은 누구나 그 명칭의 사용을 금지할 수 있도록 소송을 제기할 수 있다"라고 명시하고 있다.

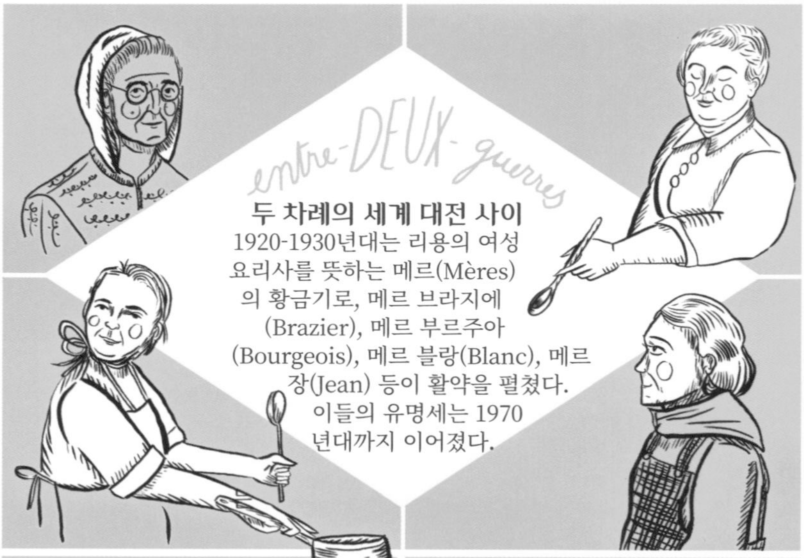

entre-DEUX-guerres

두 차례의 세계 대전 사이
1920-1930년대는 리옹의 여성 요리사를 뜻하는 메르(Mères)의 황금기로, 메르 브라지에(Brazier), 메르 부르주아(Bourgeois), 메르 블랑(Blanc), 메르 장(Jean) 등이 활약을 펼쳤다. 이들의 유명세는 1970년대까지 이어졌다.

1921년

1921

음식 비평가 퀴르농스키(Curnonsky)와 작가이자 미식가였던 마르셀 루프(Marcel Rouff)는『미식의 나라 프랑스: 미식과 숙박 명소 가이드(*La France gastronomique: guide des merveilles culinaires et des bonnes auberges françaises*)』시리즈를 출간하기 시작했다. 1928년까지 총 26권이 발행된 이 책에는 프랑스 여러 지방의 숙소와 음식점이 자세히 소개되었다.

26 JUILLET 1925

1925년 7월 26일
로크포르 (Roquefort) 치즈의 원산지 명칭을 보증하기 위한 법이 제정되었다.

Années 1920

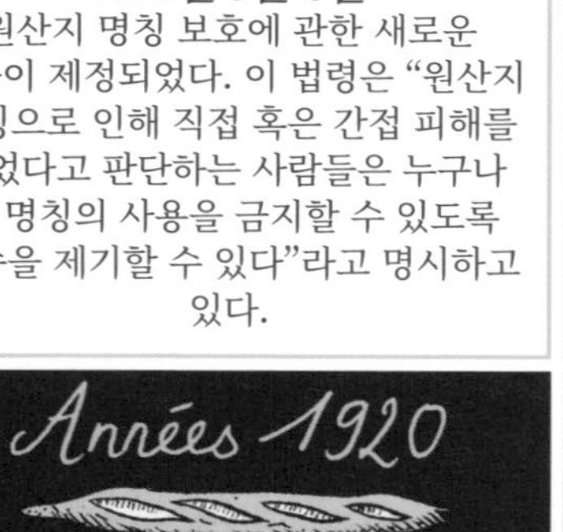

1920년대
'바게트(baguette)'라는 단어가 파리의 길고 흰 빵을 지칭하는 프랑스어 어휘로 사용되기 시작했다.

'치즈의 나라'라는 프랑스의 이미지가 구축되기 시작한다. 1920년, 엘리자베트 드 그라몽(Élisabeth de Gramont)은 자신의 책『프랑스의 맛있는 진미 연감(*Almanach des bonnes choses de France*)』에서 "전 세계에서 가장 맛있는 치즈는 프랑스 치즈다"라고 기록했다.

Entre-deux-Guerres

BRIE
BEAUFORT

1er OCTOBRE 1930

1930년 10월 1일
제빵사, 정육 종사자, 육가공품 종사자, 요리사, 식료품상 종사자, 제과사, 당과류 제조업자 등을 양성하는 교육기관인 식품 직업학교가 파리 테라주(Terrage)가에 문을 열었다.

1932년
지네트 마티(Ginette Mathiot)의 책 『나는 요리할 줄 알아요(*Je sais cuisiner*)』 출간.

1932

1932년
에두아르 드 포미안(Édouard de Pomiane)은 라디오 파리(Radio Paris)에서 요리 소개 프로그램을 진행했다. 이는 아마도 프랑스 최초의 라디오 요리 방송이었을 것이다.

1932

1933

GUIDE MICHELIN FRANCE

1933년
미슐랭 가이드(Le Guide Michelin)는 오늘날 우리가 알고 있는 것과 동일한 기준으로 식당을 분류하기 시작했다. 즉, 별 세 개는 목적지로 삼아 일부러 여행을 갈 만한 식당, 별 두 개는 길을 좀 돌아가더라도 가볼 만한 가치가 있는 식당, 별 한 개는 그 지역에서 맛있는 식당으로 선정한다. 파리뿐 아니라 지방에서 좋은 평가를 받은 총 23개의 레스토랑이 별 셋을 획득했다.

1934

1934년
타스트뱅 기사단 협회(Confrérie des chevaliers du Tastevin)가 뉘 생 조르주(Nuits-Saint-Georges)에서 처음으로 발족되었다.

1935

1935년
원산지 명칭 국가 위원회(CNAO)가 창설되었다. 이는 1947년에 국립 원산지 명칭 협회(INAO)로 명칭이 바뀐다.

1953
LES RECETTES de M.X

1953년
'M. X의 레시피(Les Recettes de M. X)'라는 제목의 최초의 요리 방송이 프랑스 TV에 선을 보였다. 이어서 레몽 올리베르(Raymond Oliver)와 카트린 랑제(Catherine Langeais)가 바통을 이어받아 '셰프의 레시피(Les Recettes du chef)'라는 프로그램을 진행했으며, 이는 1955년 '요리의 기술과 마법(Art et magie de la cuisine)'이라는 새로운 타이틀로 개편되어 1966년까지 계속된다.

1965

PAUL BOCUSE

1965년
폴 보퀴즈 (Paul Bocuse)의 레스토랑 '오베르주 뒤 퐁 드 콜롱주(L'Auberge du Pont de Collonges)'가 미슐랭 가이드 별 셋을 획득한다.

1965

1965년
프랑수아즈 베르나르(Françoise Bernard)의 책, 『쉬운 요리법(*Les Recettes faciles*)』이 아셰트(Hachette) 출판사에서 출간되었다.

1969

1969년
여성 잡지 엘르(Elle)에 요리 레시피 카드 페이지가 처음 생겼다. 뜯어서 따로 보관할 수 있는 이 요리카드 섹션을 처음 담당한 사람은 당시의 엘르 기자 마들렌 페테르(Madeleine Peter)였다.

1960

1960년
트루아그로(Troisgros) 형제는 주방에서 요리를 접시에 플레이팅한 다음 개별 서빙하는 방식을 도입한다. 이 새로운 서빙 방식은 이후 다른 고급 레스토랑에서도 일반화된다.

OCTOBRE 1973

1973년 10월
미식 잡지 고미요(Gault & Millau)는 누벨 퀴진 10계명을 발표한다. 그 내용은 다음과 같다. "너무 오래 익히지 않는다. 신선하고 질 좋은 재료를 사용한다. 식당의 메뉴 가짓수를 줄인다. 모든 요리를 최신식 방법으로 조리할 필요는 없다. 하지만 새로운 조리 기법의 좋은 점을 찾아 응용한다. 양념에 재우기, 사냥육의 숙성, 발효 등은 피한다. 너무 기름진 소스는 사용하지 않는다. 건강식을 항상 염두에 둔다. 요리의 외형을 변조하지 않는다. 창의적인 메뉴를 개발한다."

1976년
미셸 게라르(Michel Guérard)의 책 『살찌지 않는 요리 백과(*La Grande Cuisine minceur*)』가 출간되었다(Robert Laffont 출판사).

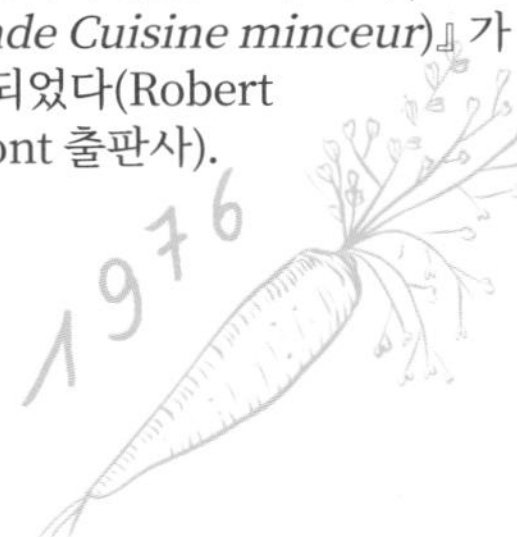
1976

- 1992 -

La RÉGALADE

1992년
이브 캉드보르드(Yves Camdeborde)는 비스트로 '라 레갈라드(La Régalade)'를 연다. 이로써 비스트로노미의 서막이 올랐다.

2·0·0·1

2001년
알랭 파사르(Alain Passard)는 자신의 레스토랑 '아르페주(L'Arpège)' 에서 더 이상 붉은색 육류 요리를 만들지 않기로 결정했다.

ALAIN PASSARD

Seize novembre deux-mille dix

2010년 11월 16일
프랑스인의 미식 식사(le repas gastronomique des Français)가 유네스코 무형 문화유산 대표 목록에 등재된다. 이는 "개인과 단체의 삶에 있어 가장 중요한 순간(출생, 결혼, 생일, 기념일, 성공, 재회 등)을 축하하기 위한 관습적인 사회적 실행"으로 정의되어 있다.

2014

2014년
폴 보퀴즈는 미슐랭 가이드의 별 셋 획득 50주년을 기념한다.

Paul Bocuse

4 JUILLET 2015

2015년 7월 4일
샹파뉴 지방의 포도 경작지 비탈지대, 가옥, 와인 저장고(Coteaux, maisons et caves de Champagne)와 부르고뉴 지방 와인 재배지의 분할지면(Climats de vignoble de Bourgogne)이 세계 문화유산에 등재되었다.

코르니숑

새콤한 프랑스식 오이피클인 코르니숑(cornichon)은 그리비슈 소스나 라비고트 소스와는 영원히 뗄 수 없는 관계이고, 테린을 먹을 때 절대 잊어서는 안 되는 동반자이며, 버터를 바르고 햄을 넣은 바게트 샌드위치에게는 운명 같은 연인이다. 이토록 소중한 코르니숑의 모든 것을 알아보자.

프랑수아 레지스 고드리

초본(草本) 식용 덩굴 식물
학명 : 오이 *Cucumis sativus*
계열 : 박과 cucurbitaceae
원산지 : 서부 아시아
제철 : 여름
열량 : 100g 당 11Kcal

프랑스와 해외의 코르니숑 비교

프랑스의 코르니숑
크기가 작고 아삭하고 신맛이 나며 매콤한 맛이 난다. 전 세계에 널리 알려져 있다.

말로솔 피클
슬라브 문화권에서 말로솔(malossol)은 소금물에 절여 발효한 것을 의미한다. 향신료, 마늘, 딜, 펜넬과 설탕을 넣은 소금물에 굵은 피클용 오이(ogourtsi)를 담가 새콤달콤하게 만든다.

코셔 딜 피클
딜을 넣어 만드는 코셔 딜(Kosher dill) 피클은 뉴욕과 캐나다의 유대인들이 많이 소비한다. 특히 햄버거에 꼭 들어가는 재료이다.

일반 오이와 코르니숑 오이

둘 다 같은 오이류(*cucumis sativus*)에 속하는 박과 식물이다. 역사적으로 같은 식물이었던 이 둘의 차이점은 일반 오이는 다 익은 후에 수확했고, 피클오이 코르니숑은 연한 녹색의 어린 열매일 때 딴다는 점이다. 가로 세로 낱말 퀴즈를 하는 사람들은 '늙은 코르니숑'이라는 정의는 일반 오이를 뜻한다는 사실을 안다...

관련 내용으로 건너뛰기
p.295 샌드위치

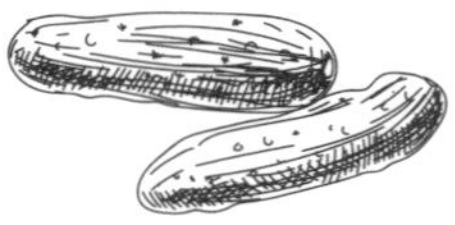

'코르니숑'이라는 한 단어가 가진 다양한 의미

"코르니숑"은 "**코른**(corne, 뿔)"에 -on이라는 지소접미사를 붙인 형태로 작은 크기의 뿔을 지칭한다.
1547년, "코르니숑 던지기(cornichon va devant)"라는 게임이 있었다. 돌 등의 망을 먼저 던져 놓은 후 코르니숑이라고 부르던 긴 막대기를 망에 가장 가깝게 던지는 사람이 이기는 게임으로 사부아 지방의 페탕크라고도 한다.
1549년, "**프티트 코른**(petite corne, 작은 뿔)"은 에로틱한 의미를 내포하기도 했다.
1808년, **멍청이**(niais)라는 의미로, 생시르(Saint-Cyr) 육군 사관학교 지망생들에게 붙여주었던 별명이었다.
20세기, 코르니숑과 **비슷한 모양** 때문에 **전화기**를 가리키기도 했다. 작가인 오귀스트 르 브르통 (Auguste Le Breton)은 1954년 그의 소설『마약 약탈 작전(Razzia sur la chnouf)』에서 코르니숑을 그 의미로 사용하였다.

아주 맛있는 홈 메이드 코르니숑

에릭 루*

코르니숑을 그렇게도 노래로 읊으며 좋아했던 이가 가수 니노 페레**만은 아니었다. 음식 전문 기자인 에릭 루 역시 프랑스식 피클이라면 사족을 못 쓰는 사람 중 한 명이다. 게다가 그는 본인이 직접 만든 코르니숑만 먹는다는 것에 큰 자부심을 갖고 있다. 인도의 피클에도 대항할 수 있을 만큼 다양한 향신료를 넣는 그의 코르니숑 만드는 법을 소개한다.

"토요일 아침 리옹(Riom, 프랑스 중부 오베르뉴 퓌드돔 주의 작은 도시) 시장에 나가면 만족스럽게 재료를 구할 수 있다. 채소 장수 조슬린은 7월 초순이 되면 벌써 바로 전날 아침에 땄다는 싱싱한 피클용 오이를 수십 킬로그램씩 가져다 광주리에 놓고 판다. 바로 옆의 포르투갈 출신의 아주머니도 큰 바구니에 피클용 오이를 쌓아놓고 킬로그램당 6유로에 판다. 더 이상 할 말이 없다(...) 나는 매년 7월이면 6~8kg의 코르니숑을 만든다. 이것으로 일 년 동안 먹고, 친구들에게도 나누어준다. 우선 넉넉한 양의 차가운 물로 오이를 깨끗이 씻는다(...) 하나하나 상처가 난 것은 없는지 꼼꼼히 체크한 다음 젖은 면포나 손톱 세척용 솔로 문질러 닦는다(...) 이 길고도 지루한 작업 과정이 잘 마무리되면, 미리 열탕 소독해둔 피클 병에 향신 재료를 넣어준다. 여러 가지 향신재료를 조금씩만 넣어주면 된다. 마늘 한 톨, 껍질을 벗긴 햇 샬롯 한두 개, 너무 맵지 않은 작은 고추 한 개, 허브 새순, 세이보리, 로즈마리, 타임, 월계수 잎, 딜, 그리고 물론 타라곤(이것은 특히 넉넉히 넣어준다)의 줄기나 잎을 넣는다. 이 외에도 머스터드 씨, 고수 씨, 캐러웨이 씨, 주니퍼베리, 큐민, 호로파 등의 향신료 알갱이를 넣어준다. 마지막으로 넣어줄 이국적인 향신료로는 검은 통후추가 안성맞춤이다. 허브와 향신료를 넣은 병에 이제 그 위로 작은 코르니숑 오이를 차곡차곡 쌓아 채운다(...)"
"스텐 냄비에 흰 식초 1리터와 소금 작은 한 줌, 물 390ml를 넣고 끓인다. 양은 정확히 계량한다. 이 끓는 식초물을 오이가 담긴 병에 끝까지 가득 부어 채운 다음 바로 뚜껑을 닫는다. 한 달이 지나면 맛있는 코르니숑을 먹을 수 있다. 차가운 고기 요리나 샤퀴트리에 곁들이면 찰떡궁합이다."

* Éric Roux : 미식 전문 기자, 대중 요리 관측소(Observatoire des cuisines populaires) 홈 페이지 운영진, 미식 관련 사이트 Vivre la restauration 편집장.
** 3040 세대보다 어린 층의 독자들을 위한 설명 : 가수 니노 페레(Nino Ferret, 1934-1998)는 1966년 "레 코르니숑 (Les Cornichons)" 이라는 타이틀의 유머러스한 곡을 발표한 바 있다.

MAISON
MARC

★
프랑스산 코르니숑! 라 메종 마크
부끄러워 얼굴을 가리고 싶지만 우리가 소비하고 있는 코르니숑의 95%는... 아시아에서 생산되고 있다. 메이드 인 프랑스 코르니숑은 더는 거의 존재하지 않는다. 단 하나의 프랑스 기업이 그나마 굳건히 명맥을 유지하고 있다. 1952년에 창립한 슈미이 쉬르 욘(Chemilly-sur-Yonne, l'Yonne)의 '라 메종 마크(La Maison Marc)'다. 이 회사는 제초제, 살충제 등을 쓰지 않고 노지 재배한 오이를 사용하여 타의 추종을 불허하는 풍미의 아삭한 코르니숑을 생산하고 있다.
★

브리야 사바랭

브리야 사바랭은 단지 치즈 이름만이 아니다. 그는 무엇보다도 우선 미식가요 미식 저술가이며, 그의 저서는 오늘날까지 전 세계적으로 사랑받고 있다.
파스칼 오리

그는 누구인가?
브리야 사바랭은 동시대를 살았던 카렘(Carême)처럼 요리사도 아니고, 그리모 드 라 레니예르(Grimod de la Reynière)처럼 미식 비평가도 아니다. 어찌 보면 이 트리오 중 나머지 둘 사이에서 어부지리 자리를 얻었다고도 할 수 있는 그는, 프랑스 미식 문화의 창시자였다. 그는 까다롭게 굴어도 될 만큼 넉넉한 재력이 있었고, 새로운 경험에 대한 지칠 줄 모르는 호기심을 가질 만큼 맛있는 것에 대한 욕망이 있었으며, 조롱받거나 빈축을 사지 않으면서 자신의 견해를 이론화할 수 있을 정도의 지적 권위를 갖고 있었고, 자신의 유식한 체 하는 말투를 유쾌하게 어필하는 법을 알 정도로 위트가 있었던, 발자크(Balzac)를 현혹시키고 롤랑 바르트(Roland Barthes)를 황홀하게 할 만큼의 필력을 갖춘 그러한 식사 손님이었다.

한 명의 쾌락주의자
장 앙텔름 브리야 사바랭(Jean-Anthelme Brillat-Savarin)은 1755년 쥐라(Jura)의 남쪽 끝자락에 위치한 뷔제(Bugey)에서 태어났다. 그는 이곳의 풍경과 전통, 그 무엇보다도 음식을 예찬했다. 19세기 초반 프랑스의 정계, 예술계에 영향력을 행사했던 마담 레카미에(Mme. Récamier)는 외종 사촌의 부인이었다. 1789년 삼부회에 선출되었고, 3년이 지난 후 급진당원이 되기엔 너무 온건한 혁명가였던 그는 약 4년간 스위스, 미국 등지를 거치며 망명 생활을 했다. 폭풍의 세월이 휘몰아친 이후 1796년에 그는 프랑스로 돌아온다. 사법관을 거쳐 보나파르트 나폴레옹 정부 파기원의 판사로 임명된 후 1826년 세상을 떠날 때까지 직무를 계속했다. 엄정한 재판관이었던 그는 정권이 다섯 번 바뀌는 세월 동안 이 자리를 지켰다.

Brillat-Savarin, 분류할 수 없음
(1755-1826)

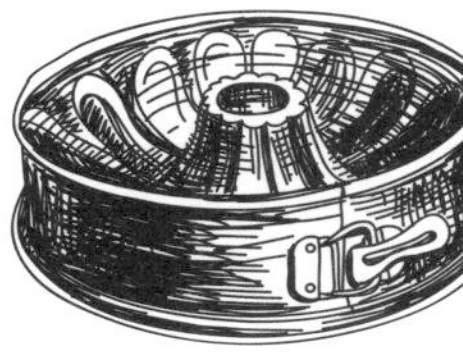

발자크의 롤 모델
발자크는 줄곧 브리야를 표방한 나머지 그의 책 '맛의 생리학'이 보여준 논거 제시의 형태를 차용해 『결혼의 생리학(*Physiologie du mariage*)』이라는 책을 써내기에 이르렀다. 심지어 1843년에 출간된 당시의 인물 대백과(Biographie Universelle Ancienne et Moderne)의 브리야 사바랭 편을 직접 집필하기도 했다. 맛있는 음식을 좋아했던 식도락으로 잘 알려진 『인간 희극(*La Comédie humaine*)』의 작가 발자크는 무엇보다도 브리야를 탁월한 문장가로 칭송했다. "16세기 이래로 라 브뤼예르(La Bruyère)와 라 로슈푸코(La Rochefoucauld)를 제외한다면 그 어떤 산문 작가도 프랑스어에 이토록 선명한 생동감을 입히지 못했다." "그의 문체는 재기 발랄하게 반짝이며 마치 야생 자두처럼, 미식가의 진홍빛 입술처럼 붉은 열정으로 가득하다."

미식 문학의 베스트셀러
일상생활의 소소한 미식 에세이를 담은 브리야 사바랭의 책은 '생리학(physiologies)'이라는 화두를 유행으로 만들며 단숨에 성공을 거두었다. 발자크가 서문을, 롤랑 바르트가 후기를 실은 이 책은 두 세기를 넘어오는 세월 동안 쉼없이 재발간되었다. 뿐만 아니라 프랑스어를, 특히 그 음식을 너무도 사랑했던 미국의 음식 작가인 M. F. K. 피셔(M. F. K. Fischer)는 이 책을 영어로 훌륭하게 번역하고 주석을 달았다. 이에 대해 영국의 시인 W. H, 오든(W. H. Auden)은 미국에서 '그보다 더 문장을 잘 쓰는' 사람을 알지 못한다고 말했다.

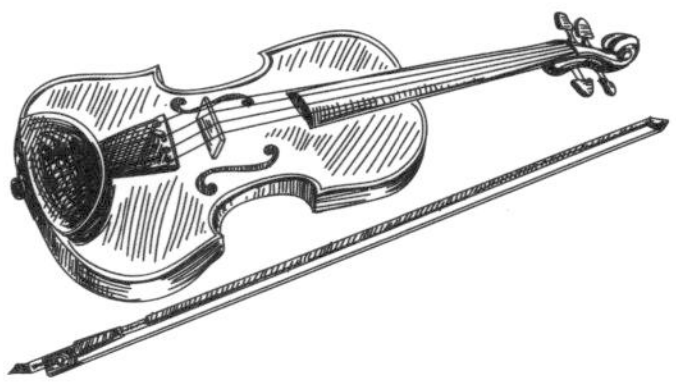

미국에서의 생활
미국에 머무는 동안(1794-1796) 그는 프랑스어 교습과 바이올린 레슨으로 생활을 이어나갔고, 나중에는 뉴욕의 한 오케스트라에서 연주자 생활을 하기도 했다. 보스톤의 프랑스 식당 메뉴에 있던 치즈 스크램블드 에그는 자신이 미국에 도입한 것이라 주장했다. 현재 미국에는 '브리야 사바랭 미식 아카데미'가 설립되어 있다.

지방 음식을 처음으로 알리다
앙시앵 레짐(Ancien Régime 절대왕정체제) 시대의 요리책에서는 지방의 요리가 부각된 적이 거의 없었다. 브리야 샤바랭은 자신의 고향인 작은 마을 뷔제(Bugey)의 맛있는 먹거리를 여러 번 소개했다. 심지어 그 지역 사투리를 사용한 문장을 인용하기도 했다. 1892년에는 또 한명의 뷔제 동향인인 그의 조카 뤼시엥 탕드레(Lucien Tendret)가 쓴 최초의 프랑스 지방 음식 서적인 『브리야 사바랭 고향의 식탁(*La Table au pays de Brillat-Savarin*)』이 출간되었다.

여기저기 퍼진 그의 이름
그의 명성은 날로 높아졌고 급기야 1856년부터는 한 파티시에가 그 이름을 디저트에 붙이기 시작했다. 그 결과 그 케이크에 딱 맞춤인 사바랭 틀마저 등장했다. 두 차례의 세계 대전 사이, 치즈 제조업자 앙드루에(Androuët)는 자신의 아주 크리미한 연성치즈에 '브리야 사바랭'이라는 이름을 붙였다. 공전의 히트를 친 미식 소설인 마르셀 루프(Marcel Rouff)의 『미식가 도댕 부팡의 일생과 열정(*La vie et la passion de Dodin-Bouffant, gourmet*)』은 브리야의 생애와 그의 저서로부터 영감을 받은 것임이 분명하다.

독보적인 책

'탁월한 미식에 대한 명상(Meditations de gastronomie transcendante)'이라는 익살스러운 부제가 붙어 있는 『맛의 생리학(*La Physiologie du goût*)』은 1825년 12월, 저자가 사망하기 겨우 한 달 전에 출간되었다. 이 책에는 개인적인 추억과 미식 이론, 요리 레시피 등이 혼합되어 있다. 그의 문장들 중 몇몇은 유명한 인용구로 아직도 회자된다.

"당신이 무얼 먹는지 말해보세요, 그러면 **당신이 누구인지 말해드릴게요.**"

"요리사는 노력에 의해 될 수 있지만, **고기 굽는 사람**은 타고 난다."

"**치즈가 없는 디저트**는 **눈이 한 쪽 없는 미녀**와 같다."

"인류에게 있어서 **새로운 요리를 하나 발견하는 것**은 **별 하나를 발견하는 것보다 더 의미가 있다.**"

내 사랑 프랄린

몽타르지(Montargis)의 아주 섬세하고 고운 스타일부터 땅콩에 캐러멜을 입힌 굵직하고 투박한 슈슈(chouchou)에 이르기까지 이 프랑스 특유의 달콤한 명물인 프랄린은 시대를 초월한 인기를 누리고 있다.

로익 비에나시

프랑스식 정의

구운 아몬드에 설탕 녹인 것을 고루 씌워 굳혀 표면을 바위처럼 거친 느낌으로 코팅한 것.

벨기에식 정의

초콜릿을 베이스로 한 봉봉의 일종으로 대개 안에는 크림이나 리큐어 등이 채워져 있다.

루이지애나식 정의

피칸과 사탕수수 설탕, 우유, 버터를 재료로 만든다. 18세기 프랑스의 식민지 개척자들이 뉴올리언스에 정착했을 당시 아몬드 프랄린 레시피를 피칸에 응용한 것이다.

이름의 유래

피에르 리슐레(Pierre Richelet)의 『프랑스 사전(*Le Dictionnaire françois*)』(1694)은 다음과 같이 설명하고 있다. "몇 년 전부터 아몬드는 껍질째 설탕에 조려 저장한 것을 '프라슬린 아몬드(amandes à la Prasline)', 혹은 간단하게 '프라슬린(praslines)'이라고 부른다. 이 이름은 플레시 프라슬랭(Plessis-Praslin) 장교의 소믈리에가 이와 비슷한 설탕과자를 만들어 자신의 주인의 이름을 붙인 것에서 유래했다." 당시 그 장교는 슈와즐의 공작이며 플레시 프라슬랭의 백작인 세자르(César de Choiseul-Praslin, 1598~1675)였다. 하지만 정작 이를 만든 소믈리에 당사자의 이름은 알려지지 않고 있다.

초창기의 레시피 - 아몬드 없는 프랄린

1659년 『메트르 도텔, 테이블 서빙을 잘 하는 방법(*Le Maistre d'Hostel qui apprend l'ordre de bien servir sur table*)』에서는 프랄린 아몬드, 바이올렛(제비꽃) 프랄린을 제안하고 있다. 이는 끓인 설탕 시럽에 바이올렛 꽃잎과 아몬드 프랄린을 넣은 것으로, 프랄린 겉면의 설탕에 꽃잎이 붙은 상태로 굳어 "아주 아름답고 아주 맛있다"고 설명했다. 그 외에도 로즈 프랄린, 금작화 프랄린, 오렌지 프랄린과 레몬 프랄린 등을 제시했는데, 특히 오렌지와 레몬은 그 껍질을 설탕에 넣고 끓여 만들었다.

프랄뤼린©

프랑수아 프랄뤼

프랑스 제과 명장이었던 아버지 오귀스트 프랄뤼에게 전수받은 레시피이다. 그는 1955년 로안(Roanne)에서 이 프랄뤼린을 처음 만들었다.

8~10인분

밀가루 (T55 중력분) 250g
소금 5g
신선한 달걀 3개
생 이스트 10g
물 200~250ml
설탕 10g
상온의 질 좋은 버터 125g
질 좋은 프랄린 320g

도구

전동 스탠드 믹서

하루 전날 반죽 준비하기 : 전동 스탠드 믹서 볼에 밀가루, 소금, 달걀, 잘게 부순 생 이스트, 설탕, 물을 넣고 도우훅을 돌려 섞는다.
약 4분간 반죽한 다음 깍둑 썰어둔 상온의 버터를 넣고 다시 4~5분간 반죽한다. 매끈하고 탄력 있는 반죽이 완성되면 냉장고에 하룻밤 넣어둔다. 다음 날, 프랄린을 절구에 넣고 깨물었을 때 작은 알갱이가 살아 있을 정도로 너무 곱지 않게 부순다. 밀가루를 뿌린 작업대 위에 반죽을 놓고 밀대로 두께 1.5cm 정도의 정사각형으로 민다.
❶ 반죽 중앙에 부순 프랄린을 놓고 네 귀퉁이를 가운데로 모아 프랄린을 감싸 덮어준다.
❷ ❸ 퍼유타주를 만드는 방법으로 반죽을 긴 직사각형으로 민다.
❹ 한쪽 끝을 접고 그 위로 다른 한 쪽 끝을 접어 올려 3겹을 만든 다음, 작업대에 밀가루를 뿌려가며 다시 길게 밀고 3절 접기를 반복한다.
프랄린 조각이 섞인 반죽 귀퉁이를 가운데로 전부 모아준 다음 봉인하듯이 눌러 붙인다. 네 모서리를 들어 반죽을 뒤집은 다음 손으로 둥글게 뭉친다. ❺ 움푹한 손바닥으로 뭉친 상태로 밀가루 뿌린 작업대에 반죽 덩어리를 뒤집어 놓는 것이다. 이어서 둥근 반죽 덩어리를 유산지를 깐 베이킹 팬 위에 놓는다. 45°C에 맞춘 건조기나 스팀 오븐에 약 45분간 넣어 발효시킨다. 꺼낸 다음 150°C로 예열한 오븐에 넣는다. 오븐 문을 1cm 정도 열어둔 상태로 약 45분간 굽는다. ❻ 프랄뤼린은 구워낸 다음 잠시 식힌 후에 먹는다. 어떤 사람들은 따뜻한 상태로 먹는 것을 선호하기도 하지만 일반적으로 차갑게 먹는다. 딸기를 곁들여 디저트로 서빙하기도 하고, 아침 식사로 차와 함께 먹거나 간식용으로 즐긴다.

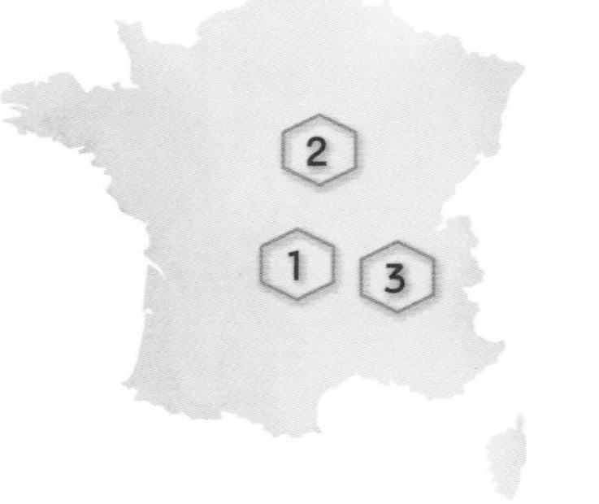

2
1
3

프랄린 명소

1

에그페르스 Aigueperse(Puy de-Dôme) : 19세기부터 유명세를 이어오고 있는 곳이다.

2

몽타르지 Montargis(Loiret) : 몽타르지 프랄린의 상표 등록권을 소유한 메종 마제(la maison Mazet)는 1903년 레옹 마제(Léon Mazet)가 창립했다.

3

론 알프 Rhône-Alpes : 다양한 비에누아즈리에 붉은색의 프랄린 로즈를 사용한다. 사부아 지방에서 1850년경 첫선을 보인 생 즈니(Saint-Genix)의 브리오슈, 20세기 초에 만들어진 부르구엥(Bourgoin) 브리오슈, 20세기 초 로안의 파티시에 오귀스트 프랄뤼(Auguste Pralus)가 만든 프랄뤼린(Praluline©) 등이 대표적이다. 알랭 샤펠(Alain Chapel)은 한 친구의 요리사로부터 이 프랄린 아이디어를 얻어, 1980년에 출간된 자신의 요리책 『요리는 레시피가 전부가 아니다(*La cuisine, c'est beaucoup plus que des recettes*)』를 통해 널리 알렸다. 그 이후로 프랄린 타르트는 리옹의 많은 파티스리 매장의 진열대를 장식했다.

프랄린 로즈

이것은 현대적 화학 조작의 산물이 아니다. 1692년 발행된 프랑수아 마시알로(François Massialot)의 『잼, 리큐어, 과일에 관한 새로운 지침(*Nouvell instruction pour les confitures, les liqueurs et les fruits*)』에는 이미 회색, 붉은색, 흰색, 금색 프랄린 만드는 법에 대한 설명이 있었다. 붉은색은 연지벌레의 색에서 추출한 것으로 "물에 연지벌레(양홍)와 명반, 그리고 주석산을 넣고 끓인다"라고 명시되어 있었다.

관련 내용으로 건너뛰기
p.162 프랑스의 사탕과자, 봉봉

로안의 프랄린 제조 과정

발렌시아산 아몬드, 로마산 헤이즐넛, 피에몬테산 헤이즐넛을 충분히 로스팅한다. 그동안 파티시에들은 설탕을 일정 온도까지 가열하여 색을 낸 다음 글루코즈 시럽을 넣는다. 마지막으로 국자를 사용해 아몬드와 헤이즐넛에 꼼꼼히 캐러멜을 입혀 고루 코팅한다. 이 작업은 너트 20kg 기준 약 한 시간 정도 걸린다. 로안의 프랄뤼 제작소(Manufacture Pralus à Roanne)에서는 매일 600kg이 넘는 프랄린이 만들어져 나온다. 그중 대부분은 잘게 부순 뒤 프랄뤼 매장에서 제조하는 '프랄뤼린 (Praluline©)'을 만드는 데 사용한다.

프랄뤼린 제조 과정

티퐁슈 즐기기

프랑스령 앙티유 제도에서 티퐁슈(ti-punch)*를 맛보지 않는다는 것은 마치 사케 없는 일본 여행처럼 상상도 할 수 없는 일이다. 사람과 사람을 이어주는 주는 이 크레올식 칵테일을 마시면 흥겹고 얼큰하게 취한다.

프랑수아 레지스 고드리

—하루 중 어느 때나 — 즐기는 티퐁슈

하루의 시작 : 아침에 일어나 공복에 마시는 티퐁슈.

오전의 갈증 해소 : 오전 11시에 마시는 티퐁슈, 정오의 티퐁슈를 예고하는 전조.

흥건히 취하는 퇴근 무렵 : 고된 하루 일과를 마치고 원샷으로 마시는 티퐁슈. 똑바로 걷기 힘들 수도 있음. 갈지자로 걷다가 넘어져 찰과상을 입을 수 있으니 주의한다.

레몬, 럼, 설탕 : 저녁 무렵에 마시는 티퐁슈(CRS ; CITRON, RHUM, SUCRE). 크레올 속담에 "럼이 없는 곳에는 즐거움이 없다"라는 말이 있다. 아시겠죠, 여러분?

화이트 럼 혹은 올드(다크) 럼?

정통파들은 화이트 럼을 주장하지만 탐미주의자라면 올드 럼(가능하면 도수가 40도 정도 되는 것)도 허용할 수 있겠다.

얼음을 넣을 것인가 말 것인가?

원조는 진한 럼 상태로 마시는 것이지 절대로 '온 더 락' 스타일은 아니다. 원래 이것은 투박한 경찰 아저씨 스타일의 칵테일이다. 얼음으로 희석한 것은 '아가씨용 펀치'로 불린다.

다양한 응용법

설탕 대신 캐러멜과 감초 향이 나는 사탕수수 당밀 시럽(sirop de batterie)을 넣기도 한다. 앙고스투라 비터(Angostura Bitters)를 몇 방울 넣어 쌉싸름한 맛을 더 강조해도 좋다. 넛멕(육두구)을 조금 갈아 넣어보자.

관련 내용으로 건너뛰기
p.348 앙티유 요리
p.391 럼

정통 레시피

크리스티앙 드 몽타게르**

4인분

마르티니크 또는 과들루프산 화이트 럼 아그리콜(rhum blanc agricole)*** 4/5
비정제 사탕수수 황설탕 또는 사탕수수 시럽 1/5
라임 4조각(작게 자른 조각 또는 1/4로 등분한 라임을 다시 반으로 자른다)

4개의 티퐁슈 글라스에 설탕(또는 시럽)을 나누어 넣는다. 라임 즙을 짜 넣은 다음 그 라임도 잔에 함께 넣어준다. 작은 스푼으로 저어 설탕을 녹인다. 레몬을 너무 심하게 짓이기면 쓴맛이 우러나올 수 있으니 주의한다. 럼을 넣고 다시 잘 저어준다. 치어스!

* ti-punch : 프랑스어로 '작다'는 뜻인 '프티 (petit)'의 ti를 붙여 프랑스식으로 발음한 것으로 '작은 펀치'라는 뜻이다. 마르티니크, 과들루프, 아이티, 프랑스령 기아나 등 카리브 제도의 프랑스어권 지역에서 많이 마시는 럼 베이스의 칵테일이다.
** Christian de Montaguère : 세계 최고의 럼 전문가 중 한 사람으로 카리브 제도의 럼과 향신료 전문 매장을 운영하고 있다(20, rue de l'Abbé-Grégoire, 파리 5구)
*** rhum agricole : 당밀이 아닌 순 사탕수수 즙만을 증류해 만든 럼.

가스트로노미 혹은 프랑스의 쇠락

지금 여러분 손 안에 들고 있는 밀푀유처럼 촘촘한 겹의 두꺼운 책을 통해 즐겁게 축하하는 마음으로 프랑스 요리를 탐닉하고 있지만, 그 흥을 깨기에 충분한 다른 견해도 있었다. 루마니아 출신의 프랑스 철학가이자 수필가인 에밀 시오랑(Emil Cioran)은 미식이라는 것이 프랑스 최후의 아름다운 몸부림, 그 이상의 아무것도 아니라고 폄하했다. 음식에 대한 우리의 성찰은 무엇으로부터 양분을 얻는 것일까…

"가치의 약탈과 본능적인 허무주의는 개인으로 하여금 감각을 숭배하도록 강요한다. 우리가 아무 것도 믿지 않으면 감각은 종교가 된다. 그리고 배 속은 그 종착역이다. 쇠락 현상은 가스트로노미, 즉 미식과 불가분의 관계다. 최고급 바닷가재를 찾아 아프리카 연안까지 마다않고 달려갔던, 그러나 그 어디서도 자신의 입맛에 만족하는 것을 찾지 못했고 그 어떤 장소에서도 안주를 하지 못했던 한 로마의 미식가 가비우스 아피키우스(Gabius Apicius)는 신앙의 부재 속에 자리 잡은 음식에 대한 광기의 상징이다. 프랑스가 그 소명을 부인한 이래로, 먹는 행위는 의례의 반열에 올랐다. 더 의미심장한 점은 이것이 단순히 먹는다는 행위에 그치는 것뿐이 아니라, 몇 시간이고 이 주제에 대해 명상하고 사색하고 서로 이야기를 끊임없이 이어나간다는 사실이다. 이것이 필요하다는 인식과 욕구를 문화로 대체 하는 것—마치 사랑과 같다—은 가치에 대한 본능과 집착의 약화를 보여주는 증표다. 누구나가 이와 같은 경험을 할 수 있었다. 인생에서 회의적인 위기를 겪을 때, 모든 것이 짜증날 때, 점심 식사는 하나의 축제가 된다. 음식물이 생각을 대신하는 것이다. 프랑스인들은 이미 한 세기 훨씬 이전부터 잘 먹는 방법을 알고 있다. 시골 농부부터 가장 세련된 지식층에게까지 식사 시간은 공허한 정신의 일상적 의식이 되었다. 즉각적인 욕구가 문명 현상으로 변형되는 것은 위험한 행보요 심각한 증상이다. 배 속은 로마 제국의 무덤이었다. 그것은 불가피하게도 프랑스 지성의 무덤이 될 것이다."

『프랑스에 대하여(*De la France*)』에서 발췌. 에밀 시오랑 저, 1941, L'Herne 출판.

관련 내용으로 건너뛰기
p.26 G 포인트

크로크 무슈

파리 브라스리의 대표 메뉴이자 저녁때 TV 앞에서 간단히 먹을 수 있는 식사로도 그만인 이 따뜻한 샌드위치는 전형적인 클래식 메뉴이지만, 각자 다양한 방법으로 만들 수 있다. 세 명의 셰프가 들려주는 각기 다른 제안에 귀를 기울여 보자.

미나 순디람

크로크 무슈의 탄생
이 파리지앵 샌드위치가 첫선을 보인 것은 1910년 카푸신가(boulevard des Capucines)의 카페 '벨 아주(Bel Âge)'에서부터인 것으로 전해진다. 역사학자 르네 지라르(René Girard)와 비스트로 주인 미셸 뤼나르카(Michel Lunarca)에 따르면, 하루는 바게트가 다 떨어져서 식빵으로 샌드위치를 만들고 있었는데 한 손님이 그 안에 넣는 고기는 어떤 것이냐고 물어 주인장이 농담으로 "신사분의 고기지요"라고 대답했다. 이 농담은 곧 이곳에서 인육을 먹는다는 소문으로 퍼졌다고 한다.

크로크 마담
크로크 무슈에 짝을 맞춰주기 위해 레스토랑 주인들은 샌드위치에 달걀을 하나 얹어 '크로크 마담(croque-madame)'이라는 이름을 붙여주었다.

프루스트와 크로크 무슈
1919년 프루스트는 『잃어버린 시간을 찾아서(*À la recherche du temps perdu*)』 중 '활짝 핀 아가씨들의 그늘에서(À l'ombre des jeunes filles en fleur)'에서 처음으로 '크로크 무슈'라는 단어를 사용했다. "그런데 콘서트에서 나와 호텔로 향하는 길로 돌아오는 중 할머니와 나는 멈춰 서서 마담 드 빌파리지(Mme. de Villeparisis)와 잠시 담소를 나눴다. 그녀는 우리를 위해서 호텔에 '크로크 무슈'와 크림을 넣은 달걀 몇 개를 주문했다고 알려줬다." 여기서 마담 드 빌파리지가 크로크 무슈(croque-monsieur)를 분명 여러 개 주문했다고 말하지만, 프루스트는 단어를 복수 형태(croque-messieurs)로 쓰지 않았다. 즉, 이 단어는 복수 불변이다.

베샤멜 소스를 넣을 것인가 말 것인가?
버터, 밀가루, 우유(혹은 크림)로 만든 이 화이트 소스를 넣어 촉촉하고 녹진한 한 켜를 추가하고 싶다면 베샤멜을 추가하는 것을 추천한다.

프라이팬 또는 오븐?
프라이팬에 버터를 두르고 지지듯이 구워내면 겉면에 노릇한 색이 나며 비교할 수 없는 바삭한 식감을 낼 수 있다. 기름 없이 익히고 싶다면 오븐에 굽는 것이 좋다.

식빵 또는 캉파뉴 브레드?
클래식 버전은 식빵을 사용한다. 그러나 캉파뉴 브레드로 응용한 크로크 무슈 또한 다양하다. 푸알란(Poilâne) 빵으로 만든 레시피는 파리에서 너무도 유명해져서 아예 '크로크 푸알란(croque-Poilâne)'이라는 이름이 붙었을 정도다. 이것은 오히려 오픈 샌드위치에 더 가깝다.

① 클래식 크로크 무슈
시릴 리냑
레스토랑 '르 캥지엠(Le Quinzième)' 셰프, 파리 15구

준비 : 20분
조리 : 10분
4인분
식빵 8장
헤비크림 150ml
생크림 100ml
가늘게 간 콩테(comté) 치즈 150g
가늘게 간 파르메산 치즈 50g
숙성 기간이 짧은 캉탈(cantal) 치즈 슬라이스 8장
익힌 햄 슬라이스 4장
넛멕 간 것
통후추 그라인드

두 종류의 크림을 섞은 다음 그중 2큰술을 따로 덜어놓고, 나머지를 콩테, 파르메산 치즈와 혼합하여 10분간 둔다. 오븐을 240°C로 예열한다. 식빵 4장을 펼쳐 놓고, 따로 덜어둔 크림을 얇게 펴 바른다. 그 위에 캉탈 치즈를 한 장 얹고, 이어서 햄을 얹는다(햄이 빵 크기보다 커서 삐져나오면 안 된다). 다시 캉탈 치즈를 한 장 더 얹은 뒤 나머지 식빵으로 덮는다. 크림과 치즈를 섞은 혼합물을 끼얹어 덮어준 다음 통후추를 갈아 뿌린다. 넛멕을 그레이터로 갈아 전체적으로 고루 뿌린 뒤 오븐에 넣어 7분간 굽는다. 오븐을 브로일러 모드로 바꾼 다음, 크로크 무슈를 놓은 베이킹 팬을 위로 이동한다. 그라탱처럼 노릇해질 때까지 3분간 브로일러 아래서 굽는다.

② 폴렌타, 햄, 치즈 크로크 무슈
에릭 프레숑
호텔 브리스톨(l'hôtel Bristol) 총괄 셰프, 파리 8구

준비 : 30분
조리 : 35분
4인분
폴렌타 가루 150g
우유(전유) 750ml
에멘탈(emmental) 치즈 200g
생크림 400ml
익힌 햄(jambon de Paris) 슬라이스 4장
식빵 4장
깍둑 썬 버터 4조각
소금, 후추

햄은 두께 3mm, 10cm x 10cm 크기로 8장을 잘라 놓는다. 식빵의 가장자리를 잘라낸 다음 흰 부분만 곱게 갈아 빵가루를 만든다. 오븐을 160°C로 예열한다. 소스팬에 우유를 넣고 가열한다. 끓으면 폴렌타 가루를 넣고 약한 불에서 저어가며 약 20분간 익힌다. 익히는 동안 생크림을 조금씩 추가해주고, 소금과 후추를 넣어 간을 한다. 다 익은 폴렌타를 두께 1cm로 베이킹 팬 위에 펼쳐 놓은 다음 냉장고에 10분간 넣어 식힌다. 폴렌타가 식어 굳으면 10cm x 10cm 크기의 정사각형으로 12개를 잘라낸다. 오븐용 베이킹 팬에 4개의 폴렌타를 나란히 놓은 다음 정사각형으로 자른 에멘탈 치즈를 놓고 그 위에 햄을 얹는다. 다시 폴렌타를 한 장 얹은 다음 치즈와 햄을 마찬가지로 얹고 마지막 세 번째 폴렌타를 맨 위에 덮어 마무리한다. 빵가루를 전체적으로 뿌려 덮어준 다음 버터를 한 조각 올린다. 오븐에 넣어 15분간 구운 다음 각 크로크 무슈를 브로일러 아래에 놓고 30초씩 구워낸다. 좀 더 적은 양의 간식으로 준비할 때는 햄과 치즈를 한 층만 쌓아 두 장의 폴렌타로 완성한다. 친구들을 초대했을 때 간단히 서빙하기 좋다.

③ 초간단 크로크 무슈
이브 캉드보르드
'콩투아 뒤 를레 생 제르맹(Comptoir du Relais Saint-Germain)'의 셰프, 파리 6구.

준비 : 5분
조리 : 5분
4인분
식빵 8장
시판용 크림치즈(La Vache qui rit®)
햄

크림치즈를 식빵 두 장에 바른 다음 사이에 햄을 넣고 덮는다. 프라이팬에 버터를 조금 두른 다음 약한 불에서 노릇하게 굽는다.

2
1
3

관련 내용으로 건너뛰기
p.114 녹아 흘러내리는 치즈

프루츠 젤리

부르주아의 식탁에서 이 큐브 모양의 과일 젤리가 인기를 끌기 시작한 것은 17세기부터다.

질베르 피텔

간략한 역사

고대 이집트인들은 이미 꿀을 넣고 블랙베리나 유럽모과로 향을 낸 과일 젤리와 비슷한 것을 만들어 먹고 있었다. 2세기경 자세한 레시피가 처음 등장했는데, 이는 과일 젤리가 특정 질병을 낫게 하는 효과가 있다고 생각한 그리스와 아랍의 의사들을 통해서다.

각 지방을 대표하는 과일 젤리

오베르뉴의 기뇰레트(Guignolettes d'Auvergne) : 키르슈에 절인 체리를 채운 젤리.

앙주의 파베(Pavés d'Anjou) : 쿠엥트로(Cointreau)로 향을 낸 과일 젤리.

콜마의 라즈베리 젤리(Pâtes de framboise de Colmar) : 라즈베리 모양을 한 달콤한 젤리로 안에는 라즈베리 리큐어가 들어 있다.

타르브의 밤 젤리(Pâtes de marron de Tarbes) : 피레네산 밤으로 만들고 럼으로 향을 낸 당과류로 겉면은 코팅이 되어있다.

알고 계셨나요?

→ 1999년 9월 28일 제정된 과일 젤리 관련 규정(Code d'usage de la pâte de fruits)에 따르면 완성 제품 기준 과육이 50% 이상을 차지해야 한다.

→ '라즈베리 젤리(pâte de framboise)'와 같은 명칭은 해당 과일 단 한 종류만을 사용했을 때 붙일 수 있다. 반면 "라즈베리를 넣은 과일 젤리(pâte de fruits à la famboise)"는 이 과일의 과육과 다른 과일을 혼합해 만든 것을 지칭한다.

→ 유럽모과(coing)는 과일 젤리 재료로 가장 많이 쓰이며 과일 젤리 매장에서도 가장 인기가 많다.

라즈베리 젤리

자크 제냉*

약 1kg 분량

라즈베리 퓌레* 500g

글루코즈 시럽 85g

설탕 450g

주석산 4g

펙틴 혼합용

설탕 50g

펙틴 15g

주방용 온도계

냄비에 라즈베리 퓌레, 글루코즈 시럽, 설탕을 넣고 잘 저으며 80°C까지 가열한다. 펙틴과 혼합해둔 설탕을 고루 뿌려 넣는다. 잘 저으며 다시 105°C까지 가열한다. 불을 끈 다음 주석산을 넣고 잘 저어 섞는다. 40cm x 60cm 크기의 직사각형 프레임 안에 쏟아 붓고 식힌다. 초콜릿 절단기를 사용하여 원하는 크기로 젤리를 자른다. 이 레시피를 기본으로 하여 다른 종류의 다양한 과일 젤리를 만들 수 있다.

* purée de framboise : 파티스리 재료상이나 온라인에서 구매 가능하다(라즈베리 과육 90%, 설탕 10%). 냉동된 제품을 추천한다. 또는 생과일을 사용해 당도 10%를 맞추어 직접 만들어도 좋다.

관련 내용으로 건너뛰기
p.41 과일 콩피

그렇게 자크 제냉은 자신의 과일 젤리를 창조하였다...

파티시에 겸 쇼콜라티에인 자크 제냉은 이렇게 말한다. "몇 년 전에 파리 센 강변을 산책하다가 우연히 노스트라다무스의 『잼 개론(*Traité des confitures*)』이라는 제목의 책을 발견하게 되었다. 이 책을 기초로 하여 몇 년을 보내고 수없이 많은 밤을 새운 결과, 비로소 만족할 만한 레시피를 찾아냈다."

* Jacques Genin, 133 rue de Turenne, 파리 3구

어떤 수호성인의 이름을 불러야 할지?

스테판 솔리에

★

미식가

생 브낭스 포르튀나 Saint Venance Fortunat(12월 4일)

★

요리사

생트 마르트 Sainte Marthe(7월 29일)

생 로랑 Saint Laurent(8월 10일) - 고기 굽는 로티쇠르(rôtisseurs)도 동일

생 퇴프로진 Saint Euphrosyne (9월 11일)

생 디에고 달칼라 Saint Diego d'Alcala (11월 12일)

★

양돈업자, 샤퀴트리 종사자

생 탕투안 르 그랑 Saint Antoine le Grand(1월 17일) - 송로버섯 재배업자도 동일

★

소, 양 목축업자

생 블레즈 Saint Blaise(2월 3일)

생 마크 Saint Marc(4월 25일)

★

정육업자

생 토렐리앵 Saint Aurélien(5월 10일)

생 바르텔레미 Saint Barthélemy (8월 24일)

생 뤼크 Saint Luc(10월 18일)

생 니콜라 Saint Nicolas(12월 6일)

★

수렵인

생 튀베르 Saint Hubert(11월 3일)

★

어부

생 테라슴 Saint Erasme(6월 2일)

생 피에르 Saint Pierre(6월 29일)

생 귈스탕, 생 구스탕 Saint Gulstan ou Goustan(11월 27일)

생 탕드레 Saint André(11월 30일)

★

목동

생트 즈느비에브 Sainte Geneviève (1월 3일)

생트 제르멘 쿠쟁 Sainte Germaine Cousin(6월 15일)

생 드뤼옹 Saint Druon(4월 16일)

생 루, 생 뢰 Saint Loup ou Leu (7월 29일)

★

낙농업자

생트 브리지드 Sainte Brigide(2월 1일)

★

치즈 제조 판매업자

생 튀귀종 Saint Uguzon(7월 12일)

★

제과 제빵업자

생 토노레 Saint Honoré(5월 16일)

생 피아크르 Saint Fiacre(8월 30일)

생 미셸 아르샹주 Saint Michel Archange(9월 29일)

생 마케르 Saint Macaire(12월 8일)

생 토베르 드 캉브레 Saint Aubert de Cambrai(12월 13일)

★

제분업자

생트 카트린 Sainte Catherine (11월 25일)

★

정원사

생트 아녜스 Sainte Agnès(1월 21일)

생트 도로테 Sainte Dorothée(2월 6일)

★

양봉업자

생 메독 드 피드다운 Saint Maidoc de Fiddown(3월 23일)

생 베르나르 Saint Bernard(8월 20일)

생 탕브루아즈 Saint Ambroise (12월 7일)

★

채소 재배자

생 피아크르 Saint Fiacre(8월 30일)

생 포카스 Saint Phocas(9월 22일)

★

농민, 영농가

생 메다르 Saint Médard(6월 8일)

생 브누아 드 뉘르시 Saint Benoit de Nursie(7월 11일)

생트 마르그리트 당티오슈 Sainte Marguerite d'Antioche(7월 20일)

★

경작인, 농부

생 티지도르 Saint Isidore(5월 15일)

생 기 Saint Guy(9월 12일)

★

포도 재배자, 식초 제조 판매업자

생 뱅상 Saint Vincent(1월 22일)

생 베르네르, 생 베르니 또는 생 베르니에 Saint Werner ou Verny ou Vernier (4월 19일)

★

맥주 양조업자

생 타망 드 마스트리슈 Saint Amand de Maastricht(2월 7일)

생 보니파스 Saint Boniface(6월 5일)

생 타르누 Saint Arnould(8월 14일)

생 벤체슬라스 Saint Wenceslas (9월 28일)

★

관련 내용으로 건너뛰기
p.75 미식 일람표

* (괄호 안은 성축일)

오, 감자 퓌레!

일요일, 할머니 댁에서 먹는 로스트 미트에 아름다운 매시드 포테이토가 빠지는 것은 상상할 수 없는 일이다. 감자 퓌레에 우묵하게 우물을 만든 다음 그 안에 그레이비 소스를 부어 함께 먹는 맛은 가히 최고다. 단, 안심은 금물. 이것은 만들기 너무 쉬운 간단한 음식처럼 보이지만 나름 숙련된 솜씨가 필요하다.

질 쿠쟁

감자 퓌레, 그 역사 !
퓌레의 운명은 감자의 그것과 밀접하게 연결되어 있다. 깍지콩류로 만든 퓌레의 자리를 감자가 차지하게 되고, 또 그 자체가 하나의 당당한 가니시 음식이 된 것은 18세기 프랑스 혁명 이후 프랑스에서 감자 재배가 활성화되면서부터다.

감자의 품종
잘 부스러지지 않는 단단한 살의 감자는 잊자. 포실포실하게 분이 많은 품종(bintje)이나 부드러운 식감의 감자(samba, agata, marabel 등)를 선택하자.

껍질은 언제 벗겨야 하나?
가급적이면 익히기 전에 껍질을 벗긴다. 껍질을 벗기고 일정한 크기로 잘라 물에 씻어 전분을 제거한 다음 익힌다. 이렇게 하면 더 맛있는 퓌레를

만들 수 있으나 수분이 많이 생기게 된다. 다 익히고 난 뒤 불을 약하게 하고 수분을 날려주면 된다. 껍질째 익힌 경우에는 전분이 그대로 남아 있어 퓌레의 질감이 찐득해질 수 있다.

어떻게 익힐까?
물에 삶는 것 이외에는 다른 방법이 없다. 큰 스텐 냄비에 물을 가득 채운다. 감자가 완전히 물에 잠겨야 한다. 익히는 시간에 관해선 정확한 과학적 지침이 없으므로 익히는 도중 칼로 찔러보아 부드럽게 들어가면 건진다. 퓌레를 만들 때 가염버터를 넣을 경우에는 삶는 물에 소금을 넣지 않아도 된다.

어떻게 감자를 으깰까?
전동 블렌더는 잊자. 감자를 완전히 갈아버리면 그 안의 전분이 다 빠져나와 퓌레가 끈적해진다. 수동 채소 그라인더(moulin à légumes)는 무슬린처럼 고운 퓌레를 만드는 데 적합하다. 작은 알갱이가 약간

남아 있는 상태를 좋아하면 포크로 으깨는 것도 좋다. 포테이토 매셔(presse-purée)를 사용하면 큰 힘을 들이지 않고도 되직하고 부드러운 질감의 퓌레를 만들 수 있다. 단, 너무 매끈한 퓌레를 만들려고 무리하지 않아야 한다. 자칫하면 퓌레에 탄성이 생겨 찐득해질 우려가 있다.

부드럽고 크리미한 텍스처를 만들려면?
지방이 들어가지 않고는 부드러운 퓌레를 만들 수 없다. 정통파들은 깍둑 썬 차가운 버터와 따뜻하게 데운 비멸균 생우유(lait cru)를 넣는

방법이 최고라 여기지만, 올리브오일을 사용해도 상관없다. 단, 아주 많은 양을 넣지 않는 한 감자 퓌레와 완전히 혼합하기가 조금 더 힘들 것이다.

할머니의 진짜 감자 퓌레

준비 : 20분
조리 : 25분
6인분

감자(samba) 1.5kg
소금 결정 알갱이가 든 가염버터 100g
우유(전유) 100ml
통후추 그라인드

감자의 껍질을 벗긴 뒤 4등분으로 썬다. 큰 냄비에 찬물을 넉넉히 채우고 감자를 넣어 삶는다. 칼로 찔러보아 부드럽게 들어가면 다 익은 것이다. 약 25분 정도 소요된다. 감자를 건져낸 뒤 포테이토 매셔로 으깬다. 깍둑 썰어둔 차가운 버터와 미리 따뜻하게 데워둔 우유를 넣고 잘 섞는다. 통후추를 넉넉히 갈아 넣은 다음 바로 서빙한다.

관련 내용으로 건너뛰기
p.280 채소 익히기
p.195 그라탱 도피누아

조엘 로뷔숑의 매시드 포테이토

La purée de Joël Robuchon

1986년 조엘 로뷔숑은 작은 크기의 라트(ratte) 품종 감자를 사용한 이 매시드 포테이토 레시피를 만들어 냈고, 그저 소박한 가정식 음식이었던 감자 퓌레를 가스트로노미의 정점으로 끌어올렸다.

준비 : 10분
조리 : 45분
6인분

감자(ratte) 1kg
차가운 무염버터 250g
우유(전유) 250ml
굵은 소금

감자를 씻는다. 껍질은 벗기지 않는다. 냄비에 찬물 2리터를 넣고 굵은 소금 한 테이블스푼을 풀어 녹인 뒤, 감자를 넣고 뚜껑을 덮은 채로 삶는다. 칼끝으로 찔렀을 때 쉽게 칼날이 빠져나올 정도로 익을 때까지 약 25분간 삶는다. 버터는 잘게 깍둑 썰어 냉장고에 넣어둔다. 감자가 익으면 건져서 따뜻할 때 껍질을 벗긴다. 채소 그라인더에 가장 촘촘한 분쇄망을 끼우고 커다란 냄비 위에 걸쳐 놓은 상태로 감자를 돌려 간다. 냄비를 중불에 올리고 감자 퓌레를 약 5분 정도 나무주걱으로 세게 휘저으며 살짝 수분을 날린다. 작은 소스팬을 흐르는 물에 헹구고 물을 닦지 않은 상태로 우유를 부어 끓인다. 감자 퓌레 냄비를 올린 불을 약하게 줄이고 여기에 작게 썰어둔 단단하고 차가운 버터를 조금씩 넣는다. 세게 저어가며 매끈하게 크리미하게 혼합한다. 감자 퓌레 냄비를 계속 약불에 올린 상태에서 아주 뜨거운 우유를 조금씩 흘려 넣으며 세게 휘저어 섞어 감자에 완전히 흡수되도록 한다. 간을 맞추고 뜨겁게 서빙한다.

감자 퓌레 응용 요리

폼 뒤셰스
La pomme duchesse
곱게 으깬 감자 600g과 가염버터 50g을 냄비에 넣고 나무주걱으로 잘 저으며 수분을 날린다. 불에서 내리고 달걀노른자 3개를 넣으며 힘차게 휘저어 섞는다. 굵은 별모양 깍지를 끼운 짤주머니에 혼합물을 채운다. 기름을 바른 베이킹 팬 위에 작은 꽃모양으로 짜놓은 뒤 180°C 오븐에서 몇 분간 굽는다. 감자가 황금빛 구운 색이 날 정도로 구워내면 된다.

폼 크로케트
La pomme croquette
폼 뒤셰스와 기본 레시피는 같다. 단, 달걀노른자를 넣어 혼합한 다음 깍지를 끼우지 않은 짤주머니에 넣어 길고 가는 원통형으로 짜준다. 이것을 6cm 길이로 균일하게 자른 다음 밀가루에 굴려 묻히고, 이어서 달걀노른자와 빵가루를 입힌다. 뜨거운 기름에 몇 분간 노릇하게 튀겨낸다.

폼 도핀
La pomme dauphine
냄비에 감자 퓌레를 넣고 잘 저으며 수분을 날린다. 불에서 내린 뒤 슈 반죽(p.120 레시피 참조) 300g을 넣고 잘 섞는다. 작은 스푼 두 개를 사용하여 작은 공 모양을 만든 다음, 뜨거운 기름에 넣어 노릇하게 튀긴다.

감자 퓌레를 이용한 요리

브랑다드 드 모뤼 Brandade de morue : 염장대구살에 올리브오일과 우유를 넣고 유화될 때까지 잘 섞어 만든 랑그독 지방과 프로방스의 대표 요리. 전통적인 방법은 아니지만 재료 비용을 조금이라도 절감할 목적으로 종종 감자 퓌레를 넣어 함께 섞기도 한다.

셰퍼드 파이, 아시 파르망티에 Hachis Parmentier : 감자 퓌레, 소고기 간 것에 치즈를 얹어 만든 일종의 그라탱 요리.

알리고 Aligot : 감자 퓌레에 신선한 톰(tomme) 치즈를 넣고 오래 치대어 혼합한 요리. 제대로 만들려면 혼합물이 실처럼 길게 늘어지는 상태가 될 때까지 치즈를 감자 퓌레에 넣고 나무주걱으로 들어 올리며 치대 섞는 과정을 오래 반복해주어야 한다.

1

2

프랑스의 양파

작은 것 또는 큰 것, 껍질 깐 것, 얇게 채썬 것, 정향을 박은 것, 튀긴 것, 링 모양으로 썬 것, 콩피한 것, 윤이 나게 볶은 것, 속을 채운 것, 갈아 퓌레로 만든 것, 흰색, 노란색, 핑크색, 또는 붉은색... 양파는 그 어떤 요리에라도 넣기만 하면 좋은 향을 내고, 알싸한 맛을 더하기도 하며 부드럽고 달큰한 풍미를 입혀준다. 양파 없는 프랑스 요리는 상상도 할 수 없다.

발랑틴 우다르

3

5

중앙아시아가 원산지이며 마늘과 리크(서양대파)의 사촌격인 양파(학명: *Allium cepa*)는 아마도 가장 오래전부터 재배된 식용 식물일 것이다. 고대 이집트인들뿐 아니라(케오프스 피라미드 건설에 동원된 노동자들은 마늘과 양파로 보수를 받았다고 전해진다) 그리스인, 에트루리아인, 로마인들이 즐겨 먹었던 양파는 이어서 중세의 정원에 심어 재배한 최초의 채소가 되었고, 당시 요리와 약제에 가장 널리 쓰인 재료 중 하나가 되었다. 17세기부터 양파는 여타 향신료들을 제치고 모든 요리에 넣는 향신 재료로 등극했으며, 19세기에 이르러서는 프랑스 요리에 있어 빠져서는 안 될 필수 식재료가 되었다.

4

브르타뉴 *Bretagne*

로스코프 핑크 양파 Oignon rosé de Roscoff ❶
역사 : 1647년 한 수도승이 리스본에서 가져온 씨앗을 로스코프 수도원에 심은 것으로부터 시작되었다. 이후 재배된 양파는 배를 타는 선원들의 식량으로 보급되었으며, 특히 괴혈병으로부터 이들을 보호하는 데 사용되었다. 1828년부터 '조니(Johnnies)'라고 불리던 당시 레옹(Léon, 현재 Finistère) 지방 사람들은 양파를 영국의 여러 항구에서 팔아 큰 소득을 얻었다. 이 품종의 옛 재배 방식은 2009년 AOC(원산지 명칭 통제)와 2013년 AOP(원산지 명칭 보호) 인증 대상이 되었고, 여러 교잡종과의 경쟁 속에 현저히 미약해진 생산을 증대하기 위해 박차를 가하고 있다.
품종 설명 : 달콤한 맛이 강하고 핑크색 또는 구릿빛의 얇은 껍질을 갖고 있으며 속은 흰색이다. 냉장고에 넣지 않는 것이 좋다.
연간 생산 : 730톤

푸아투 샤랑트 *PoitouCharentes*

생 트로장 스위트 양파 Oignon doux de Saint-Trojan ❷
'생 튀르장(Saint-Turjan) 양파' 또는 '모래밭의 핑크 양파(île d'Oléron)'라고도 불린다.
역사 : 이 양파가 최고의 인기를 누려 재배가 왕성했던 19세기 말 벨 에포크(Belle Époque) 시절 이전까지는 그 기원에 대한 그 어떤 기록도 찾아볼 수 없다. 지역 토박이들에 따르면 토양이 점토질인 이 섬의 북쪽 지방 총각들은 모래질 토양의 남쪽 처녀들과 결혼했다고 전해진다. 모래질 토양은 이 품종의 양파를 경작하기 좋은 환경이었기 때문이다. 20세기 말, 이곳에 굴 양식이 번성하고 해수욕장이 개발되면서 이 양파는 역사의 뒤안길로 묻힐 위기에 처하기도 했으나, 몇몇 열정을 가진 재배자들이 모여 '생 튀르장 양파 협회'를 결성하였고, 시대에 맞게 재배법을 발전시켰다.
품종 설명 : 팽이 모양의 핑크색 양파로 단맛이 난다. 이 지역 사람들이 '양파를 입에 넣고 씹어 먹어봐(Olé un oignon qu'on porte à goule.)'라고 말하듯, 생으로 먹어도 아삭하고 맛있다.
연간 생산 : 6톤(벨 에포크 당시에는 5,000톤)

니오르 적양파 Oignon rouge pâle de Niort
역사 : 19세기부터 유명세를 타기 시작한 연한 붉은색의 양파로 풍미가 진하고 색이 아름다워 장식 효과도 있다.
품종 설명 : 크고 넓적한 모양의 구근으로 붉은색에서 구릿빛 핑크색을 띠고 있다. 속살은 핑크색으로 노란색 양파보다 건조물질(MS: matière sèche 수분을 제외한 기타 물질의 비율)의 함량이 높다.
연간 생산 : 알려지지 않음.

옥시타니 *Occitanie*

세벤 스위트 양파 Oignon doux des Cévennes ❸ '생 탕드레 (Saint-André) 스위트 양파'라고도 불린다.
역사 : 1409년부터 언급된 기록을 찾아볼 수 있는 이 양파는 세벤(Cévennes)의 남쪽 비탈 지대에서 재배된다. 문헌에 따르면 19세기 말 님(Nîmes)과 몽펠리에(Montpellier)의 시장에서 판매했다고 전해지긴 하지만, 1950년이 되어서야 정식으로 판매가 활성화되기 시작했다. 뽕나무 농사와 양잠업이 사양길로 들어서는 시기와 맞물려 이 양파의 재배는 점점 늘어났다. 중세의 수도사들이 경작지를 지탱하기 위해 돌을 쌓아 만든 낮은 담장으로 둘러싸인 비탈 농경지에서 재배한다. 2003년 AOC(원산지 명칭 통제), 2008년 AOP(원산지 명칭 보호) 인증을 받았다.
품종 설명 : 펄이 섞인 듯 반짝이는 흰색의 저장 양파로 약간 길쭉한 원형을 하고 있다.
연간 생산 : 약 2,200톤

시투 양파 Oignon de Citou
역사 : 누아르(Noire) 산맥 기슭에 위치한 마을의 이름을 붙인 양파 품종으로, 그 씨앗은 세대를 이어 전해 내려오고 있다. 밤나무 숲이 점점 사라지고 포도재배 사업도 그 규모가 감소하면서 19세기부터 이 양파 재배와 판매가 늘어나 이 지역의 특산품으로 자리잡게 되었다. 채소로뿐 아니라 양념으로도 지역 자체에서 많이 소비된다.
품종 설명 : 동그랗고 납작한 모양의 노란색 양파로 껍질은 펄이 섞인 핑크빛을, 속살은 흰색을 띠고 있으며 특히 단맛이 강하다. 입안에 녹는 부드러움과 달콤함 뿐 아니라 세벤 스위트 양파보다 더 연한 장점을 갖고 있어 인기가 높다.
연간 생산 : 약 120톤

레지냥 양파 Cèbe de Lézignan
역사 : 기원에 대해서는 알려진 바가 없다. 17세기에 레지냥 마을은 레지냥 라 세브(Lézignan-la-Cèbe)로 그 이름이 바뀐다. 카탈로니아어로 양파를 뜻하는 세브(céba)를 아예 지역 이름에 붙여 이 지역의 특산 농산물을 전면에 부각하려는 의지를 엿볼 수 있다. 현재 이 양파 재배지는 주변 외곽 지역까지 확장되었다. 생산자들은 협회를 결성해 '세브 드 레지냥(Cèbe de Lézignan)'이라는 상표를 출시했다.
품종 설명 : 동그랗고 납작한 모양을 하고 있으며 껍질과 속살이 모두 흰색이다. 단맛이 나고 수분이 많다. 크기가 큰 것은 양파 한 개의 무게가 2kg에 육박하기도 한다.
연간 생산 : 약 250톤

빌마뉴 적양파 Oignon rouge de Villemagne
역사 : 정확한 기원은 알려지지 않았지만 이 양파의 재배는 아주 오래전부터 행해져 왔다고 지역 주민들을 통해 전해진다. 하지만 1970년대에 많은 젊은이들이 양파 농사를 이어가지 않음에 따라 생산은 완전히 곤두박질쳤다. 2006년 이 종자를 다시 부활시켜 재배에 힘을 쏟은 한 농부 부부의 노고에 힘입어 양파 생산은 다시 활발해졌다.
품종 설명 : 납작한 모양을 한 핑크색 품종으로 단맛이 아주 강해 마치 사과를 먹듯이 생으로 씹어 먹어도 알싸하게 쏘는 매운맛이 없다.
연간 생산 : 500kg

툴루주 양파 Oignon de Toulouges
역사 : 피레네 오리앙탈(Pyrénées-Orientales) 지역에서 오래전부터 재배되어온 품종. 지역 문헌 자료에는 공화국 13년 당시 마을 주민들 사이의 양파 투척에 관한 기록이 남아 있다. 사람에게 양파를 던지는 행위는 이후 시의 법령으로 금지되었다. 페르피냥(Perpignan) 남서부에서 재배되는 이 품종은 두 차례의 세계 대전 사이 기간 중 매매가 활발히 이루어졌다. 판매 상인들은 양파를 큰 다발로 묶어 수레에 싣고 다니며 '툴루주 양파가 왔어요(la céba de Toulouges)'라고 소리치며 장사를 했다.
품종 설명 : 납작한 모양을 하고 있으며 루비색을 띤 이 양파는 살이 하얗고 특히 당도가 높다. 아주 큰 사이즈의 스위트 양파 품종이다.
연간 생산 : 산출되지 않음.
사용 : 양파 콩포트를 만들어 달콤 짭짤한 '카베쿠 치즈(cabécou 염소 치즈의 일종) 어니언 타르트'의 소로 넣는다. 이 타르트는 매년 툴루주 양파 축제에 선을 보인다.

트레봉 양파 Oignon de Trébons ❹
역사 : 피레네 산맥과 오 라두르(Haut-Adour) 계곡 사이의 비고르(Bigorre)가 원산지로, 18세기 문헌에 이미 언급된 바 있다. 트레봉 주민들은 자신들이 소비하기 위해 이 품종 양파를 재배했으며 남는 것은 시장에 내다 팔았다. 1980년부터는 옥수수 재배에 자리를 내어주면서 그 생산량이 급감했다. 2000년에 몇몇 재배자들이 의기투합하여 위원회와 협동조합을 결성함으로써 생산에 다시 활기를 불어넣었다.
품종 설명 : 흰색에서 노란색을 띠는 재래종 양파로 길쭉한 모양을 하고 있으며 윤이 나는 녹색 줄기를 갖고 있다. 매운 맛이 적고 단맛이 나서, 썰 때 눈물이 많이 나지 않으며 소화가 잘 된다.
연간 생산 : 산출되지 않음.
사용 : 얇게 썰어 '양파를 넣은 트레봉 식 닭 요리(poulet aux oignons de Trébons)'에 넣는다. 햇양파보다 수분이 적고 단맛이 강한 가을 양파는 부댕(boudin)을 만들거나 부활절 오믈렛을 만들 때 넣기도 한다.

코르시카 *Corse*

시스코 양파 Oignon de Sisco ❺
역사 : 정확한 기원은 알 수 없으나 몇 세기 전부터 존재했던 품종으로 추정되고 있다. 집안 곡식창고에서 이 종자를 발견한 한 재배자의 열정 덕에 캅 코르스(Cap Corse)에서 다시 세상의 빛을 보게 되었고 재배는 다시 활발해졌다.
품종 설명 : 윤기 나는 연한 핑크색을 띠고 있으며 속살은 흰색이다. 많이 맵지 않고 달큰한 맛이 나며 세벤 양파와 아주 흡사하다. 수작업으로 수확하며 묶음이나 다발로 만들어 서늘한 창고에 매달아 보관하는 저장 양파 품종으로 다음 해까지 사용할 수 있다.
연간 생산 : 약 50여 톤. 생산량이 증가 추세에 있다.

부르고뉴 *Bourgogne*

옥손 양파 Oignon d'Auxonne
역사 : 1790년경 옥손 포병대에 기거하고 있던 나폴레옹은 당시 병사들에게 원기 회복을 위해 양파를 많이 먹으라고 권장한 바 있다. 이러한 인연으로 발 드 손(Val de Saône) 지방에서는 19세기 초부터 양파 재배가 널리 이루어졌다. 뮐루즈(Mulhouse)가 원산지인 이 양파 품종은 이 지역 모래질 토양에 잘 적응했다. 기계화를 도입한 이후 판매도 급성장을 이루었다.
품종 설명 : 약간 납작한 형태의 둥근 양파로 구릿빛 껍질과 노란색 속살을 갖고 있다. 매운맛이 적으며 약간 단맛이 난다.
연간 생산 : 약 400톤
사용 : 옥손의 유명한 요리인 '오니오나드(oignonade auxonnais)'에 넣거나, 뭉근히 조리듯 익힌 양파 콩피를 '와인 소스 포치드 에그(oeufs en meurette)'와 삶은 감자에 곁들여 서빙한다.

오베르뉴 론 알프 *Auvergne – RhôneAlpes*

투르농 양파 Oignon de Tournon
역사 : 투르농 붉은 양파, 콤(Côme) 노랑 양파와 비슷한 이 품종의 최초 재배 시기에 대한 정확한 기록은 찾기 어렵다. 론(Rhône)강 주변에서 재배되는 투르농 양파 이외에도 지금은 더 이상 볼 수 없는 로안(Roanne) 양파는 포도나무 뿌리 진디병의 창궐이나 양잠업의 쇠락으로 피폐해진 이 지역의 대체 농업 수단으로 부상했다. 옛 주민들의 증언에 따르면 채소 재배업자들은 포도 찌꺼기와 론강 제방 공사장의 모래를 날라다 양파 파종하는 데 사용했다고 전해진다.
품종 설명 : 작고 납작하며 둥근 모양을 하고 있으며 껍질을 황금색이다. 매운 맛이 적고 단맛이 나는 이 품종은 껍질을 깔 때 눈물이 나지 않는다.
연간 생산 : 약 10여 톤
사용 : 전통적으로 주변 포도밭에서 마지막 양조통의 포도를 압착할 때면 농부들을 위해 투르농 양파와 안초비를 넣은 샐러드를 오전 새참으로 준비했다고 한다.

알자스 *Alsace*

뮐루즈, 셀레스타 양파 Oignon de Mulhouse et de Sélestat
역사 : 중세 시대 가난한 이들의 주요 식재료였던 양파는 15세기에 알자스 지방의 특산 농산물이 되었다. 셀레스타에서는 바람에 종자가 날아가지 않도록 농부들이 나막신 밑에 넓은 판자를 대고 리벳으로 조여 붙인 다음 양파 밭 위를 발로 눌러주었다고 한다. 이러한 전통으로부터 '양파 밟는 사람(piétineurs d'oignons)'이라는 오늘날의 별명이 생겨났다.
품종 설명 : 작고 황금빛 노란색이 난다.
연간 생산 : 더는 시장에서 찾아볼 수 없다.

관련 내용이 계속됩니다.

왜 양파를 썰면 눈물이 날까?

양파는 토양 속의 유황을 흡수해 자신의 세포와 분자(1-propényl-L-cystéine-sulfoxyde) 안에 저장해둔다. 양파를 썰면 이 유황이 최루성 가스 생성을 유발하는 효소와 접촉하면서 휘발성의 유황 화합물이 만들어지고, 눈 점막을 자극해 눈물이 나게 된다…

눈물 흘리지 않고 양파 껍질을 까거나 써는 테크닉
- 가장 효과적인 것부터 가장 황당한 것까지

1- 블렌더를 사용한다.
2- 얼굴 마스크 또는 물안경을 착용한다.
3- 식초를 탄 물에 양파를 담근다.
4- 밖으로 나가서 깐다.
5- 물 안에 넣고 깐다.
6- 칼날을 물에 적신 다음 썬다.
7- 껍질을 까기 전에 양파를 냉동실에 넣어둔다.
8- 도마 주변에 촛불을 여러 개 켜둔다.
9- 반쯤 타버린 성냥을 치아 사이에 끼운다.
10- 금속 스푼을 입에 문다.
11- 다른 사람에게 대신 부탁한다.

자이스 미문(Jaïs Mimoun)의 두 가지 레시피

레스토랑 '자이스(Jaïs, 파리 7구)'의 셰프

양파 수프

조리 : 20분
준비 : 30분
6인분

세벤(Cévennes) 스위트 양파 500g
가염버터 75g
설탕 1 테이블스푼
밀가루 1 티스푼
닭 육수 2리터
드라이 화이트와인 100ml
타임
월계수 잎
가늘게 간 콩테 치즈(comté) 200g
소금
후추
넛멕(육두구)
캉파뉴 브레드 슬라이스 6장

큰 냄비에 버터를 녹인 다음 가늘게 썬 양파를 넣는다. 양파를 타지 않도록 볶아 색을 낸다. 색이 너무 진해지면 물을 조금씩 넣어가며 볶는다. 밀가루를 솔솔 뿌려 넣는다. 화이트와인, 타임, 월계수 잎을 넣고 잘 섞은 다음 닭 육수를 부어준다. 간을 한 뒤 아주 약한 불로 한 시간 정도 끓인다. 수프용 볼 6개를 준비한 다음 빵 슬라이스가 표면을 덮을 수 있도록 맞추어 자른다. 볼의 바닥에 빵을 자르고 난 자투리 조각을 조금씩 놓는다. 그 위에 수프를 붓고 잘라둔 빵을 얹는다. 맨 위에 치즈를 덮어준다. 브로일러 모드로 맞춰둔 오븐에 넣어 그라탱처럼 치즈가 녹으면 꺼내 바로 서빙한다.

적양파 호두 그라탱

조리 : 30분
준비 : 20분
6인분

적양파 600g
버터 80g
레드와인 10g
파르메산 치즈 100g
레몬즙 1/2개분
호두살 50g

양파를 얇게 썬다. 냄비에 버터를 녹인 뒤 양파를 넣고 뚜껑을 덮는다. 양파가 완전히 익고 약간 색이 날 때까지 30분 정도 익힌다.
불에서 내리고 간을 맞춘 다음 파르메산 치즈를 넣고 섞는다. 그라탱 용기에 담고 오븐의 브로일러 모드나 살라만더 아래에 놓고 치즈가 녹을 때까지 그라탱처럼 굽는다. 굵게 부순 호두살을 고루 얹고 레몬즙을 뿌린 다음 뜨겁게 서빙한다.

알고 계셨나요?

프랑스어의 시불(ciboule), 쉬불(chiboule), 세베트(cébette), 시브(cive), 오니옹 페이 앙티유(oignon pays aux Antilles)는 모두 같은 것을 지칭하는 명칭이다. 작고 흰 방울 양파가 달린 짙은 녹색 줄기로 양파 구근이 겨우 생기기 시작한 상태의 채소다. 줄기의 맛은 가는 쪽파, 또는 실파인 차이브(시불레트 ciboulette)와 비슷하다.

●

자작한 와인 소스 스튜인 **'시베(civet)' 의 레시피**는 냄비에 '줄기 양파(cive)'를 넣고 그 위에 토끼 고기를 얹어 조리듯이 뭉근히 익히는 데서 이름을 따왔다.

●

양파는 튤립과 사촌이다. 이 둘은 같은 구근류일 뿐 아니라 꽃도 비슷한 구조를 하고 있다. 꽃잎 3+3장, 수술 3+3개, 3개의 씨방과 밑씨로 이루어진 암술 1개를 갖고 있다.

●

프랑스어의 양파
1273년 양파라는 의미의 'ognon' 이라는 단어가 프랑스어에 처음 등장했고, 'oignon'으로 표기가 확정된 것은 14세기부터이다. 양파의 구근은 그 사촌 부류(마늘, 샬롯, 또는 차이브)와는 달리 갈라진 모양을 하고 있지 않기 때문에 '유니오(unio: uni. 하나로 연결된)'에서 그 어원이 유래했다.

일상에서 자주 쓰이는 양파 표현

오 프티 조니옹(Aux petits oignons 작은 양파들) : 애지중지하는, 소중히 다루는.
앙 랑 도니옹(En rang d'oignons 나란히 줄 세운 양파들) : 순서대로 일렬로 나란히
오퀴프 투아 드 테 조니옹(Occupe-toi de tes oignons 네 양파들이나 신경 써) : 너와는 상관없는 일이야.
에트르 베튀 콤 왼 오니옹(Être vêtu comme un oignon 양파처럼 옷을 입은) : 마치 양파처럼 여러 겹의 옷을 겹쳐 입다.

이제 더는 양파 껍질을 버리지 마세요!
하나도 버릴 것은 없다. 전부 재활용 변신이 가능하니까!
말린 양파 껍질을 어떻게 활용할까? 요리연구가 소니아 에즈귈리앙(Sonia Ezgulian)은 소금을 넣고 갈아 양파 소금을 만들어 쓴다.
병에 넣어두면 오랫동안 보관할 수 있다. 샐러드를 만들 때 아주 훌륭한 양념이 된다.

관련 내용으로 건너뛰기
p.78 마늘에 대하여

치즈와 디저트를 하나로

타르트로, 브리오슈나 튀김 과자 베녜(beignet)로, 치즈는 프랑스 여러 지방의 파티스리 역사에서 그 자체가 하나의 재료로서의 역할을 톡톡히 해왔다. 급히 다시 찾아보아야 할 각 지방의 치즈 베이스 케이크들을 소개한다.

에스테렐 파야니

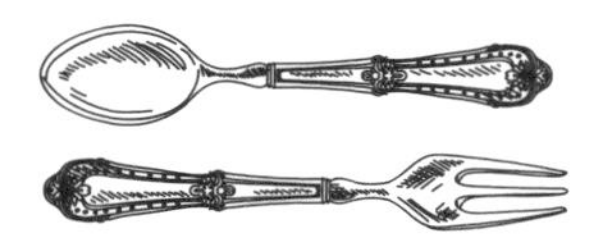

플론 FLAUNE
피아돈(fiadone) 처럼 가정용 간식으로 즐겨 먹는 케이크.
지역 : 아베롱(Aveyron)
형태 : 파트 브리제 시트에 플랑을 너무 두껍지 않게 넣고 노릇한 색이 나도록 구워낸다.
사용된 치즈 : 리코타(recuècha, 프랑스어로 recuite, 두 번 익혔다는 의미). 로크포르 치즈를 만들고 남은 양젖 탈지유로 만든 크림치즈.
맛 : 달콤하고 오렌지 블러섬 향이 난다. 아주 단순한 디저트지만, 아주 맛있다.
특징 : 자르면 약간 오돌도돌한 알갱이 질감이 있다.

★ ★ ★

프로마주 블랑 타르트
TARTE AU FROMAGE BLC
알자스(Alsace)에서는 카스쿠슈(kasküche), 로렌(Lorraine)에서는 타르트 메젱(tarte me'gin), 오트 마른(Haute-Marne)에서는 타르트 오 쾨뫼(tarte au quemeu, 랑그르(langres) 크림치즈)라고도 불린다. 중세부터 알려진 달콤한 치즈 케이크인 타르트 부르보네즈(tarte bourbonnaise)의 일종으로 가장 많이 먹는 디저트다.
지역 : 프랑스 동부, 중부 지방
형태 : 플랑을 채워 구운 타르트로 간식이나 디저트로 널리 사랑 받고 있다.
사용된 치즈 : 물기를 뺀 고운 프로마주 블랑, 경우에 따라 생크림을 섞어 더욱 진한 맛을 내준다.
맛 : 진하고 크리미한 질감으로, 바닐라 향을 살짝 추가하기도 한다. 케이크의 맛을 좌우하는 것은 치즈의 질이다.
특징 : 누구나 자신의 어머니가 해준 것이 가장 맛있다고 생각할 것이다.

★ ★ ★

근대 파이 TOURTE AUX BLETTES
이름으로 알 수 있듯이 이 디저트는 채소를 주재료로 만들지만, 치즈도 들어간다.
지역 : 니스(Nice)
형태 : 녹색 채소 잎이 넉넉히 들어가는 타르트로 니스 지역에서는 크리스마스 때 먹는 13가지 디저트 테이블에 함께 서빙한다.
사용된 치즈 : 파르메산. 근대 잎, 설탕, 서양배, 아니스, 건포도, 잣에 파르메산 치즈를 넣어 모든 소재료가 끈기 있게 뭉쳐지도록 해준다. 가까운 이탈리아에에서 도입된 레시피로 파르메산 치즈 대신 종종 경성 염소젖 치즈를 사용하기도 한다.
맛 : 한마디로 설명할 수 없는 독특한 맛. 너무 맛있어 혹시라도 가졌던 선입견은 금방 날려버리게 된다.
특징 : 일생에 최소 한 번은 꼭 먹어보아야 한다.

브리오슈 드 톰 BRIOCHE DE TOMME
살짝 단맛이 도는 디저트로, 톰 프레슈(tomme fraîche) 치즈는 모양만 브리오슈를 닮은 이 생소한 케이크에 새콤한 맛을 더해준다.
지역 : 캉탈(Cantal), 오베르뉴(Auvergne)
형태 : 노릇한 색이 나게 구운 통통하고 부드러운 케이크. 둥근 링 모양의 사바랭(savarin) 틀에 넣어 굽거나, 화덕에 굽기도 한다.
사용된 치즈 : 톰 프레슈(tomme fraîche) - 알리고(aligot) 만들 때 사용하는 치즈.
맛 : 놀랍도록 부드럽고 달콤하여 커피와 함께 먹으면 아주 좋다.
특징 : 2005년 오베르뉴 화산 국립공원 인증 마크를 부여받았다.

브리오슈 드 톰

쥘리 앙드리외

준비 : 20분
조리 : 45분
큰 사이즈의 브리오슈 1개 분량
아베롱산 톰 프레슈(tomme fraîche) 치즈 500g
밀가루 250g
설탕 200g
달걀 3개
베이킹파우더 1 작은 봉지
버터 1조각(틀에 바를 용도)

오븐을 170°C로 예열한다. 틀에 버터를 발라둔다. 볼에 치즈를 잘게 부수어 놓은 다음 달걀과 설탕을 넣고 포크로 잘 섞는다. 베이킹파우더와 혼합한 밀가루를 넣고 들러붙는 질감이 될 때까지 잘 반죽한다(치즈의 수분 잔량 정도에 따라 밀가루를 30g 한도 내에서 조금씩 추가하며 조절한다). 반죽을 틀에 넣고 바닥에 탁탁 두드려 고르고 평평하게 해준다. 오븐에 넣어 45분 정도 굽는다. 칼날로 찔러보았을 때 아무것도 묻지 않고 나오면 완성된 것이다. 따뜻하게 서빙하거나 완전히 식혀서 먹는다. 버터나 잼을 발라 먹는 사람들도 있다.

치즈 투르토 TOURTEAU FROMAGÉ
염소젖 치즈로 만든 아주 희귀한 케이크 중 하나.
지역 : 푸아투 샤랑트(Poitou-Charentes, Deux-Sèvres)
형태 : 반구형으로 윗면이 새까맣게 탄 모습을 하고 있다. 이렇게 숯이 될 정도로 새까만 케이크는 이것이 유일하다. 탄 표면 아래쪽의 케이크는 달콤하고 살살 녹는다.
사용된 치즈 : 원래는 소쿠리에 물기를 뺀 염소젖 크림치즈를 사용했다. 현재는 대부분 소젖 크림치즈를 사용한다.
비법 : 물이 빠지는 틀에 넣어 치즈의 수분을 완전히 빼내야 한다.
맛 : 새까만 겉면과 벨벳처럼 부드럽고 살짝 달콤한 맛이 나는 속이 독특한 대조를 이룬다.
특징 : 부활절, 성신강림 축일, 결혼식 등 큰 파티나 축제에 주로 만들어 먹었다. 현재는 연중 내내 찾아볼 수 있다.

★ ★ ★

치즈케이크는 노르망디가 원조였을까?

미국에서 온 치즈케이크 레시피에 대해 이야기할 때면 늘 크림치즈를 언급한다. 하지만 이 치즈케이크는 동유럽 이주민들과 함께 옮겨간 이들의 전형적인 프로마주 블랑 케이크(독일의 kaseküchen, 폴란드의 semik)에서 파생된 것으로 볼 수 있다. 우리가 즐겨 사용하는 필라델피아 크림치즈도 1872년 처음 만들어졌을 때는 노르망디의 뇌샤텔(Neufchâtel) 치즈를 모방한 것으로 알려져 있다. 파리의 레스토랑 프렌치(Frenchie, 20 rue du Nil, 파리 2구)의 셰프 그레고리 마르샹(Grégory Marchand)은 브리야 사바랭 치즈를 사용한다.

관련 내용으로 건너뛰기
p.258 브로치우 치즈
p.314 크림치즈

시도니 가브리엘 콜레트

소설가, 기자, 언론사 미식 작가였던 이 흥미로운 여류 문인은 맛있는 음식과 고향인 부르고뉴, 나아가 제2의 고향이 된 프로방스에 대한 무한한 애정을 끊임없이 외쳤다.
에스텔 르나르토빅츠

Sidonie-Gabrielle Colette
여류 문인, 미식 칼럼니스트(1873-1954)

"코르니숑이 곁들여져 맛을 돋우는 **돼지 갈비 요리**라면 볼 필요도 없다. **나는 그냥 그것을 느낀다.**"
기자 콜레트 : 기사 및 보도

그녀의 고향 부르고뉴
맛있는 것들을 향한 그녀의 애정이 뿌리를 내리기 시작한 것은 자신의 작품에서 "따뜻한 빵처럼 바삭한"이라고 묘사했던 생 소뵈르 앙 퓌제(Saint-Sauveur-en-Puysaye)의 고향집에서부터다.
어머니, Maman Sido*. 달콤한 간식을 좋아하고 박식했으며 세련된 감각을 지녔던 그녀의 어머니는 딸에게 간단한 음식을 만들어줄 때도 늘 크리스탈 잔과 도자기 그릇에 담아 주었다. 어떤 날은 딸을 데리고 마을의 큰 식료품상에 가서 초콜릿, 바닐라 계피 등을 잔뜩 사고, 정육점에도 들르곤 했다. 정육점 여주인 레오노르가 리본처럼 얇게 썰어주는 염장 라드를 어린 딸은 과자처럼 얼른 받아 맛있게 먹었다.
새벽을 기다리던 갈망. 동물과 식물, 계절을 섬세하게 존중하고 즐기는 어머니의 취향은 딸에게도 고스란히 전해졌다. 어릴 때부터 야생 기질의 싹을 보인 지칠 줄 모르는 이 소녀는 물밤, 숲딸기 등 땅에서 나는 먹거리를 찾아 산 속으로 들로 훨훨 날아다녔다. 심지어 그녀는 어머니에게 새벽 3시에 깨워달라고 부탁하곤 했다. 새벽에 숲으로 달려가 딸기와 블랙커런트, 털이 있는 레드커런트 등을 마음껏 따 먹고 싶었던 것이다.

*콜레트의 이름 중 Sidonie는 어머니의 이름에서 따왔다.

《콜레트의 폴린》
그녀는 그 누구보다 콜레트의 취향을 잘 알았다. 아주 어린 14살의 나이에 마담 콜레트의 시중을 들며 곁에서 돕기 시작한 폴린 티상디에(Pauline Tissandier). 그녀는 잔시중을 드는 도우미이자 요리사로서 늘 콜레트를 옆에서 보필하며 평생을 일했다(1916-1954). 충성심이 강하고 말수가 적었던 폴린은 "마담은 잘 드시면 글을 더 잘 쓰셨다"고 말했다. 그녀는 또한 콜레트가 생을 마감하기 얼마 전 관절염으로 자리를 보전하고 침대에 누워 지낼 당시까지도 매일 아침이면 "폴린, 오늘은 뭘 먹지?"하고 진정 심각하게 물으며 하루를 시작했다고 회상했다.

플로냐르드 타르트
콜레트의 오리지널 레시피

"달걀은 두 개만, 밀가루 한 컵, 찬물이나 탈지우유 한 컵, 소금 넉넉히 한 꼬집, 설탕 세 스푼. 큰 그릇에 밀가루와 설탕을 넣고 가운데를 우묵하게 만든 다음 액체 재료와 달걀을 조금씩 넣어 섞는다. 이어서 크레프 반죽을 만들듯이 거품기로 잘 저어 섞는다. 미리 버터를 발라둔 타르트용 철판 틀에 붓고 화덕 옆 한 구석이나 버너 옆에 15분 정도 따뜻하게 둔다. 그래야 반죽이 오븐 안에 들어갔을 때 놀라지 않는다. 20분 정도 오븐에 구우면 플로냐르드 타르트는 엄청 부풀어 올라 오븐 안을 가득 채울 것이고 노릇한 색을 거쳐 갈색을 띨 것이다. 한쪽은 부풀어 터지기도 하고 다른 곳은 더 부풀어 오르기도 할 것이다. 가장 아름답게 터지고 부풀었다고 생각되는 순간 오븐에서 꺼내 설탕을 살짝 뿌리고, 뜨거울 때 나누어 먹는다. 시드르, 스파클링 와인, 너무 쓰지 않은 맥주 등의 음료가 잘 어울린다."
콜레트, 『나의 창문에서(*De ma fenêtre*)』, 1942.

준비 : 10분
조리 : 20분
8인분
사과 4개
달걀 4개
밀가루 150g
설탕 75g
우유 150ml
계피 한 꼬집
소금 한 꼬집

밀가루, 설탕, 달걀, 소금, 우유, 계피를 섞는다. 타르트 링이나 버터를 바른 타르트 틀 바닥에 얇게 썬 사과를 깔아준다. 반죽 혼합물을 붓고 200°C 오븐에서 20분간 굽는다.

"**날이 좋을 때면** 우리는 바닷가에서 아이들을 익히기 시작했다. 몇몇은 **마른 모래밭**에서 굽고, 또 다른 몇몇은 **뜨거운 물 웅덩이** 안에서 중탕으로 뭉근히 익힌다."
『포도나무의 덩굴손(*Les Vrilles de la vigne*)』, 1908

그녀가 탐닉했던 세 가지 음식

와인. 그녀는 이미 소녀 시절부터 와인을 좋아하게 되었다. 간식을 먹을 때도, 자유주의자인 그녀의 어머니는 오래된 빈티지의 샤토 라피트(château-lafite)나 샹베르탱(chambertin) 와인을 따서 어린 딸의 입맛을 좋은 와인에 입문시켰다. 어른이 된 콜레트는 자신의 작품 여럿에서 와인 이야기를 풀어냈으며(그중 백미는 『포도나무와 와인(*Le vigne et le vin*)』이다), 유명 와인 양조업자와 도매상인들과도 좋은 관계를 유지했다. 특히 샤토 디켐(château d'Yquem)을 좋아했던(그녀는 이 와인이 자신의 다른 모든 과잉을 치료하는 약이라고 했다) 그녀는 마치 운명인 듯, 파리의 보졸레가(rue de Beaujolais)에서 세상을 떠났다...
마늘. 그녀는 마늘을 프로마주 블랑에도 듬뿍 넣어 먹고, "마치 아몬드를 먹듯이" 생으로도 씹어 먹었다. 식사 때마다 그녀는 빵 껍질에 올리브오일을 듬뿍 찍고 마늘을 넉넉히 문지른 다음 굵은 소금을 뿌려 먹었다. "더 이상 좋은 방도가 없을 땐 이것이 바로 시골에 가는 방법이지."라고 자신의 연감에서 설명했다.
생선. 브르타뉴의 휴양 저택 로즈벤(Rozven)에 머물면서 그녀는 생선의 짭조름한 맛에 빠져들었다. '하늘과 물 사이에 있는 이 바위 언덕 위에서' 젊은 여기자는 낚시에 대한 애정을 품는다. 그녀의 그물망에는 '선명한 푸른색의 랍스터', '마노(瑪瑙) 빛의 새우', '양모 벨벳과 같은 등을 가진 게' 들이 잡혔다. 프로방스의 아름다운 작은 도시 트레이유 뮈스카트(Treille Muscate)에서 그녀의 생선 사랑은(속을 채운) 쏨뱅이와(라이스를 곁들인) 참게까지 섭렵하게 된다.

"이 모든 것은 신비롭고 **주술적**이며 **마법**과도 같다, 불에 냄비, **주전자**, 솥과 그 안의 내용물을 올리는 그 순간부터 **김이 나는 음식**을 테이블에 놓을 때의 **기분 좋은 약간의 근심**과 관능적인 기대로 **가득한** 그 순간 사이에 행해지는 모든 것들 말이다."
『감옥과 천국(*Prisons et Paradis*)』, 1932

말미잘 튀김

자칭 와인 좀 마신다는 사람이라면 코르시카의 포도 재배자 앙투안 아레나(Antoine Arena)를 알 것이다. 하지만, 그의 아내 마리가 아들 앙투안이 잡아온 뱀타래 말미잘을 튀겨 만든 베녜 드 빌로르비(beignets de Bilorbi)를 먹어본 영광을 누린 사람은 몇이나 될까? 아주 희귀하지만 별미다!

장 앙투안 오타비

학명 : 뱀타래 말미잘 *ANEMONIA 'VIRIDIS'*

분류 : 말미잘은 바다에 사는 동물로 수축성이 있는 살덩어리로 이루어져 있으며 맨 윗부분은 수많은 연녹색 촉수(200~300개)로 둘러싸여 있는데, 끝부분은 보랏빛을 띠기도 한다. 크기는 높이 5cm, 지름 약 10cm 정도이며 독성을 가진 따끔한 가시를 갖고 있어 '바다의 쐐기풀(ortie de mer)'이라는 별명을 갖고 있다.

서식지 : 지중해, 대서양 카나리아 제도 연안, 영불해협, 북해 인근 등 프랑스 주변 해안 전체에 아주 널리 분포되어 있다. 바닷속 비교적 빛이 잘 들고 조용한 바위 아래쪽이나 해수면 바로 아래서 종종 발견할 수 있고, 또는 해저 20m까지 이르는 모래 바닥을 주 서식지로 삼기도 한다.

소비 : 말미잘의 소비는 아주 드물다. 식재료로 말미잘을 사용하는 곳은 아마도 코르시카, 마르세유와 코트다쥐르 연안 몇 군데에 불과할 것이다.

어획 시기 및 방법 : 연중 내내. 끝이 휘도록 구부린 포크나 갈고리 등의 도구를 갖추고 잠수용 장갑을 착용한 뒤 채취한다. 손을 씻지 않은 상태로 눈을 접촉하지 않도록 주의한다.

맛, 식감 : 섬세한 바다의 맛이 나며 식감은 골 요리를 씹을 때와 비슷하다.

일화 : 쥘 베른의 『해저 이만리(*Vingt Mille lieues sous les mers*)』에 네모 선장이 자신의 손님이자 동시에 포로가 된 저명한 해양학자 아로낙스 박사에게 말미잘 잼을 주는 장면이 나온다. 한편, 픽사 스튜디오의 애니메이션 영화 『니모를 찾아서』에서는 흰동가리와 말미잘의 공생 관계를 확인할 수 있다.

뱀타래 말미잘 튀김

마리 아레나 *Marie Arena*

준비 : 1시간
조리 : 10초
6인분

일인당 말미잘 6~10개
밀가루(또는 밀가루와 쌀가루 반반 혼합) 250g
식물성 튀김기름
소금(fleur de sel)
흰 후추
레몬

흐르는 물에 말미잘을 꼼꼼히 씻어 모래와 불순물을 제거한다. 물을 털어낸 다음 깨끗한 면포로 꼼꼼히 닦아준다. 튀김기나 우묵한 팬에 기름을 넣고 170~180°C로 가열한다. 말미잘을 밀가루에 굴려 묻힌 다음 탁탁 털어낸다. 바로 기름에 넣어 10초 정도 튀긴다. 건져서 키친타월에 놓고 기름을 뺀 다음 소금과 후추를 조금씩 뿌린다. 레몬즙을 한 줄기 짜 준 다음 바로 먹는다.

관련 내용으로 건너뛰기
p.82 자연산 조개류

CARAMBAR
J'ai cru que Mozart était mort
mais mozzarella.

*모차렐라(mozzarella)의 프랑스어 발음과 모차르트가 여기 있네(모차렐라 Mozart est là)의 발음이 같은 것을 이용한 일종의 언어 유희.

카랑바, 웃음을 부르는 캐러멜 바

말랑말랑한 캐러멜 사탕 카랑바(Carambar)는 포장 껍질마다 완전히 폭소를 자아내기보다는 오히려 썰렁하기 짝이 없는 아재 개그식 퀴즈나 농담이 적혀 있다. 1969년 처음 선보인 이 익살스러운 아이디어로 그 발명자들은 카랑바에서 더 묵직한 존재감을 발휘하게 되었다.

델핀 르 푀브르

레스토랑에서

뒤퐁 씨가 소리친다.
"웨이터, 내 접시에 파리가 한 마리 헤엄치고 있어요"
"오, 주방장님이 또 수프를 너무 많이 담았군요. 평소에는 다리도 달려 있거든요!"

웨이터가 손님에게 묻는다.
"스테이크는 어떠셨나요(Comment avez-vous trouvé le bifteck)*?"
"완전 우연히요, 감자튀김을 들춰내다가요(Tout à fait par hazard, en soulevant une frite)!"

인물들

식탐가인 판사가 보여줄 수 있는 최고봉은? 아보카도를 먹는 것**.

스머프가 넘어지면 어떻게 될까요?
멍이 든다(Un bleu).

한 손님이 그림을 파는 상점에 들어가서 묻는다.
"식당에 걸 만한 그림을 찾는데요... 테이스트가 좋아야 하고 너무 비싸면 안 되고, 또 가능하면 유화가 좋겠어요(Il faut que ce soit de bon goût, pas trop cher, et de préférence à l'huile)."
"아, 알겠습니다." 주인이 대답한다.
"정어리 통조림을 찾으시는군요"

주방에서

양파가 부딪히면 뭐라고 할까요?
아이(마늘) Aïe***

남자가 좋아하는 과일은?
파인애플 L'ananas****

달걀 두 개가 만났다.
"너 안색이 안 좋아 보인다(brouillé)"*****
"응, 너무 힘들어, 완전 뻗었다(plat)!"

물웅덩이 한 가운데 있는 당근은?
눈사람... 이 봄을 맞았을 때 !

벽돌공들이 제일 좋아하는 과일은?
블랙베리(mûres)******

달걀이 냉장고 안에 정렬되어 있다.
한 달걀이 옆의 친구에게 묻는다.
"근데 넌 왜 털이 있니?"
"나 키위거든!"

커피 한 잔을 다른 말로 하면?
마실 수 있는 바다.
(마시기에 쓴 것)*******

* 프랑스어의 동사 trouver는 '~을 찾다'라는 뜻과 '~라고 생각하다, 평가하다'라는 뜻으로 모두 쓰인다. 여기서 웨이터는 스테이크가 어떠셨나요?의 의미로 물었으나, 손님은 질문을 '스테이크를 어떻게 찾으셨나요'로 이해한 것이다.

** 프랑스어의 avocat는 아보카도, 변호사라는 두 가지의 뜻이 있다.

*** 마늘(ail)과 감탄사 아야!(aïl) 는 발음이 같다.

**** 프랑스어로 파인애플은 아나나(ananas)라고 발음하는데, 나나(nana)는 여성을 일컫는 말이다.

***** 같은 단어가 달걀 조리법을 의미하기도 한다(brouillé는 스크램블드, plat는 달걀 프라이)

****** 프랑스어의 벽(mur)과 블랙베리(mûre)는 발음이 같다.

******* 프랑스어의 바다(la mer)와 쓴(amer)가 같은 발음이 나므로 이것을 이중으로 사용한 것.

관련 내용으로 건너뛰기
p.390 설탕의 연금술, 캐러멜

카르둔을 아세요?

흔히들 근대(blette)와 카르둔(cardon)을 혼동하곤 하는데, 이 둘은 다른 종류의 채소다.
아티초크의 사촌 격인 카르둔은 리옹은 물론 프로방스 등지에서 즐겨 먹는다.

카미유 피에라르

근대가 아닙니다

은빛이 나는 푸르스름한 녹색의 길쭉한 이파리로 금방 구분할 수 있는 카르둔은 나뭇결처럼 단단한 줄기 부분을 주로 먹는데, 이 부분이 근대의 줄기와 비슷하게 생겼다. 하지만 비교는 여기까지다. 근대는 비름과(科)에 속하는 식물인 반면 카르둔은 그 맛이 비슷한 아티초크와 마찬가지로 국화과(科)로 분류된다. 카르둔은 가시가 없고 흰색을 띠는 것, 가시가 있는 것(투르 지방이나 제네바 지역), 줄기가 녹색을 띠는 것(Vaulx-en-Velin 지방), 심지어 붉은색을 띤 것(알제리 알제)까지 그 품종이 다양하다. 카르둔은 주로 리옹, 도피네, 사부아, 프로방스 지역에서 많이 소비된다. 가을에서 겨울에 수확하기 때문에 연말연시 파티 음식의 재료로 많이 사용한다.

카르둔 조리법

카르둔 줄기의 질긴 섬유질을 칼로 벗겨낸 다음(셀러리 손질법과 비슷) 7~10cm 길이로 자른다. 우묵한 부분을 덮고 있는 막도 제거해낸다. 이어서 바로 레몬즙으로 문질러 검게 변하는 것을 방지한다. 이렇게 준비하는 과정이 번거롭다면 미리 한 번 익힌 병조림 제품을 사용한다. 카르둔은 버터에 볶거나 크림, 또는 고기 육즙 소스를 넣은 요리, 그라탱, 혹은 얇게 썰어 도기에 켜켜이 넣어 구운 티앙(tian)을 만드는 등 다양한 변신이 가능한 곁들임 채소다.

논쟁이 첨예한 주제

카르둔(*Cynara cardunculus altilis*)과 아티초크(*Cynara cardunculus scolymus*)는 둘 다 키나라족(Cynareae) 또는 엉겅퀴족(Cardueae)에 속한다. 이와 같은 공통점은 오랜 동안 논쟁의 대상이 되어왔다. 19세기 중반, 스위스의 식물학자 드 캉돌(Augustin Pyramus de Candolle)은 재배된 아티초크가 사실은 재배 카르둔의 초기 형태인 야생 카르둔(Cynara cardunculus sylvestris)에서 파생한 것이라고 최초로 인정했다. 과학 문학계에서는 그 이후 "이 두 식물은 공통의 조상인 야생 카르둔으로부터 유래했다"라는 가설을 대체로 확정짓는 추세다.

간략한 역사

지중해 지역을 중심으로 자생하던 야생 식물로부터 유래한 카르둔은 고대 그리스인과 로마인들에 의해 재배되기 시작했고, 이들을 통해 프랑스 남부에 유입된 것으로 알려졌다. 특히 중세 시대에는 큰 인기를 누렸으며, 이후 론강 지역부터 알프스에 이르는 프랑스 지역에서 널리 재배되었다. 1685년 낭트 칙령 폐지 이후 개신교도 재배자들이 이주하면서 스위스에 전파했으며, 미식가들에게 인기가 높은 고유 품종인 플랭팔레 가시 카르둔(cardon épineux de Plainpalais)을 개발했다.

두 갈래의 계파

카르둔 그라탱 Gratins de cardons

크리미하고 부드러운 베샤멜 소스파인가 진한 육향이 풍부한 소 골수파인가? 대표적인 지역 음식인 이 두 가지 요리 중 어느 것을 선택하더라도 누구나 이 한 가지 사실에는 동의할 것이다. "카르둔은 다 맛있다."

베샤멜 소스 카르둔 그라탱

준비 : 20분
조리 : 1시간 20분
4~6인분

카르둔 한 다발 약 1.5kg
레몬 1개
밀가루 100g
버터 60g
차가운 우유 500ml
가늘게 간 치즈 100g
소금, 후추
넛멕 간 것

카르둔 줄기의 질긴 섬유질을 벗긴 다음 적당한 크기의 토막으로 자른다. 끓는 소금물 2리터에 레몬즙 1개분과 밀가루 50g, 버터 1테이블스푼을 넣고 '블랑 드 레귐(blanc de légumes 채소 삶는 흰색 물)'을 만든 다음 카르둔을 넣고 최소 1시간 정도 끓인다(칼끝으로 찔렀을 때 쉽게 들어가면 다 익은 것이다). 오븐을 200°C로 예열한다. 냄비의 카르둔을 삶는 시간이 25분 정도 남았을 때 베샤멜을 만들기 시작한다. 작은 소스팬에 나머지 분량의 버터를 녹인 뒤 밀가루를 넣고 색이 나지 않도록 잘 저으며 익힌다. 차가운 우유를 몇 스푼 넣고 매끈하게 개어 섞은 뒤 나머지 우유를 붓는다. 소금, 후추로 간을 한 다음 넛멕을 갈아서 조금 뿌린다. 불을 약하게 줄이고 약 15~20분간 익힌다. 다 익은 카르둔을 건져 키친타월로 물을 제거한 다음 그라탱 용기에 펴 놓는다. 베샤멜 소스를 붓고 치즈를 덮어준다. 오븐에서 치즈가 노릇하게 녹을 때까지 15~20분을 구워 그라탱을 완성한다.

소 골수 카르둔 그라탱

준비 : 20분
조리 : 1시간 30분
4~6인분

카르둔 한 다발 약 1.5kg
레몬 1개
소 사골뼈 토막 2~3개
버터 50g
밀가루 90g
가늘게 간 치즈(그뤼예르 등) 100g
소금, 후추

카르둔 줄기의 질긴 섬유질을 벗긴 다음 적당한 크기의 토막으로 자른다. '블랑 드 레귐(blanc de légumes 채소 삶는 흰색 물)'에 카르둔을 넣고 최소 1시간 동안 끓여 익힌다. 카르둔 삶는 시간이 25분 정도 남았을 때, 작은 소스팬에 물을 넣고 소금을 푼 다음 사골뼈 토막을 넣고 가열한다. 끓기 시작하면 불을 줄이고 10분간 약하게 끓인다. 뼈를 꺼낸 뒤 국물은 따로 보관한다. 오븐을 180°C로 예열한다. 동시에, 다른 소스팬에 버터를 녹인 뒤 밀가루 40g을 넣고 약한 불 위에서 계속 잘 저으며 루(roux)를 만든다. 사골뼈 끓인 육수(약 400~500ml)를 붓고 잘 저으며 끓여 블루테(velouté) 소스를 만든다. 필요하면 소금과 후추로 간을 맞춘다. 카르둔을 건져 키친타월로 물을 제거한 다음 그라탱 용기에 펴 놓는다. 사골의 골수를 빼내어 잘게 잘라 고루 얹은 다음 가늘게 간 치즈를 뿌린다. 소스를 부어 덮는다. 오븐에 넣어 30분간 구워 그라탱을 완성한다.

관련 내용으로 건너뛰기
p.222 아티초크 바리굴

G라는 지점

알파벳 **g**는 목구멍으로부터 선명하게 나오는 소리를 통해서 발음된다. 이러한 이유로 g는 우리 인체 해부학 구조 상 목구멍, 또한 그로부터 나는 소리에 관련된 여러 가지 의미의 표지가 되었다. 이렇듯 **g**는 종종 프랑스어에서 음식과 먹는 행위와의 관계를 나타낸다.

오로르 뱅상티

목구멍의 알파벳

그 기원을 찾자면 인도 유럽어의 어원인 그웰(gwel-) 또는 그웨르(gwer-)까지 거슬러 올라갈 수 있다. 이는 '먹다, 삼키다(avaler)'라는 의미로 고르주(gorge 목구멍), 괼(gueule 입, 아가리), 굴뤼(goulu 게걸스럽게 먹는, 대식가) 같은 단어들이 이 어원에서 나왔다. 목구멍(gorge 고르주, gosier 고지에)에 음식을 잔뜩 넣는다는 뜻의 가베(gaver)도 기본형 가바(gaba, gava)에서 나온 단어이다. 한편 의성어 어원인 글루트(glut-)가 글루통(glouton 게걸스러운, 대식가)으로, 가르그(garg)가 중세 후기 라틴어 구르가(gurga)로 연결되었고, 이 역시 목구멍이라는 뜻이다. 가르가리제(gargariser 가글하다, 목을 헹구다), 가르구이유(gargouiller 배에서 꼬르륵 소리가 나다), 대식가의 대명사인 가르강튀아(Gargantua) 등 목구멍과 연관된 단어들은 이와 같은 어원을 갖고 있다는 사실을 알 수 있다. 마지막으로 갈로 로마어 곱(gob, 입)에서 파생된 단어로는 고베(gober 꿀꺽 삼키다), 고블레(gobelet 물컵), 데고비예(dégobiller 토하다)가 있다. 가스트로노미(gastronomie)라는 단어에 이르기 위해서는 우선 소화가 시작되는 위, 즉 가스테르(gaster)까지 내려가야 한다.

큰 소리를 내며 먹다

식사 중에 입이나 목구멍으로 소리를 내는 것은 절대 해서는 안 되는 매너다. 하지만 가르그(garg-)라는 어근은 의성어에서 나왔다. 목구멍에서 나는 소리나 액체를 추릅 마시는 소리, 거품을 내며 들여 마시는 소리 등을 연상케 한다. 입을 헹구다, 가글하다라는 의미의 영어(to gargle), 독일어 구르겔(gurgeln), 이탈리아어 가르가리차레(gargarizzare), 스페인어로 '꼬르륵 소리를 내다'라는 뜻의 고르고테아르(gorgotear) 등의 단어도 이 어근에서 파생되었다. 아무리 억누르려 해도 목구멍은 그 무엇보다 목소리를 내는 발성기관이기 때문에 끊임없이 말하듯 계속 꼬르륵 소리를 낸다.

입, 아가리라는 뜻의 괼Guele

→ **글루통(Glouton)** : 신성 로마 제국 시대에는 이 단어가 식탐, 식도락, 세련된 연회를 일컫는 단어였지만 19세기부터 여럿이 즐겁고 푸짐하게 나누는 격의 없고 소박한 식사를 묘사하는 대중적 의미로 바뀌었다. 입맛을 까다롭게 굴 이유가 없다.

→ **굴뤼(Goulu)** : 형용사인 이 단어는 게걸스러운(식욕), 탐욕스러운(입맛)을 의미한다. 소화의 순서 따위는 염두에 두지 않고 같은 속도로 게걸스럽게 먹고(ingurgiter) 토해낸다(dégurgiter). 목구멍을 꾸역꾸역 채우는 데 있어서는 체면이고 뭐고 없다.

→ **굴레양(Gouleyant)** : 1931년부터 정식으로 인정된 이 단어는 프랑스 서부 지역 사투리에서 차용했다. 목구멍으로 흘러 들어가는 포도주가 상쾌하고 개운하다는 뜻이다. l과 y의 소리 울림은 벨벳처럼 부드럽게 목으로 넘어가는 이 묘약의 매끄러운 온기 느낌을 더욱 강하게 살려준다.

구르망Gourmand

16세기 이래로 그 어원을 놓고 수많은 논쟁이 끊이지 않는 주제다. 구르망이라는 단어의 정확한 기원은 불확실하나 그 어근 gourm-(목구멍 gorge)은 구르망(gourmand), 구름(gourme), 구르메(gourmet)에서 공통적으로 찾아볼 수 있다. 식탐이나 식도락(gourmandise)은 오랫동안 왕성한 식욕(avidité)과 연계되어 왔기 때문에, 구르망이라 하면 음식의 질보다 그 양을 더 중시하는 대식가(glouton)를 연상케 했다. 하지만 18세기에 글루통(glouton)이라는 단어가 함축한 개념은 구르메(미식가)에 가까운 의미로 바뀐다. 지나친 식탐의 무게를 덜어내고 좀 더 세련된 미식 쪽으로 우아하게 움직이기 시작한 것이다. 당시의 구르메가 좋은 평판을 얻고 있었던 이유도 한몫했다. 엄밀히 따지면 15세기부터 이미 구르메는 와인 시음 전문가를 뜻하는 단어였다. 오늘날 구르망이라는 단어는 미식의 섬세함과 대식가의 식탐을 합친 것으로 받아들일 수 있다.

간식으로 라구는?

점심과 저녁 식사 사이, 오후의 간식 시간에 라구(ragoût, 스튜의 일종)를 먹을 사람은 아마도 없을 것이다. 이 음식은 두 끼의 풍성한 식사 사이에서 요기만 간단히 면하기 위한 가벼운 성질의 것이 아니기 때문이다. 하지만 17세기에는 이 단어가 식욕을 자극해 위를 열어주는 음식을 지칭하였다고 한다. 바로 여기서 형용사 라구탕(ragoûtant, 입맛을 돋우는)이 파생되었다. 이와는 정반대의 뜻을 가진 데구탕(dégoutant, 입맛이 떨어지는, 역겨운)은 경멸적 접미사를 붙인 라구냐스(ragougnasse, 형편없이 맛없는 요리)를 그 대상으로 삼는다. 어떤 이들은 애정의 표시로 소박하고 푸짐한 요리를 라구냐스라고 부르기도 한다.

고르종Gorgeon

이 단어는 '한잔(하다)'라는 의미로, 19세기 초반부터 사용되기 시작한 친근한 지방 사투리다. 알코올이 목구멍을 타고 깊이 내려가고 그 기억은 다시 두 번째 모금을 받아들일 준비를 하고 기다린다.

가르구이유Gargouillou

유명 셰프 미셸 브라스(Michel Bras)는 어린 채소, 새싹, 잎, 꽃, 씨앗, 뿌리 등으로 구성된 요리를 고안해 '가르구이유'라는 이름을 붙였다. 그 요리의 이름을 듣는 순간 우리는 풍요로운 자연의 감미로운 교향곡과 졸졸 흐르는 시냇물 소리를 상상하게 된다. 또한 몸 안에서 소화가 이루어지는 흐뭇한 소리마저 연상케 한다. 이것은 시와 생체 기관의 작용이 이룬 아름다운 조우다.

맛이라는 단어는 예외 !

'구(goût)' 라는 단어는 '시험해보다(éprouver)', '맛보다(goûter)'라는 의미를 갖고 있는 인도 유럽어 게우스(geus)에 그 뿌리를 두고 있다. 선택과 식별은 맛보기에서 가장 중요한 요소이다. 그렇기 때문에 맛은 감각인 동시에 풍미이며, 느낌을 통해 아름다움을 식별해 내는 능력이다. 우리는 먹어보든 그렇지 않든 좋은 맛과 나쁜 맛이 있음을 알고 있다.

★

맛있다는 뜻의 단어 구퇴(GOÛTEUX), 구튀(GOÛTU) 중 어느 것을 써야 할까?

둘 다 맞는 표현이다 ! 구퇴(goûteux)가 엄격히 말해 좀 더 정확하다고 할 수도 있겠으나, 노르망디와 브르타뉴 지방에서 쓰기 시작한 변형어 구튀(goûtu)는 2000년대 들어와 음식 비평가들 사이에 널리 사용되면서 이제는 모든 식당 테이블에서 흔히 접할 수 있는 단어가 되었다.

★

가르강튀아Gargantua

이 프랑스 문학의 대작(프랑수아 라블레 지음, 1534)은 천문학적 양의 음식과 음료를 먹고 마시는 이야기로 유명하다. 이름도 제대로 잘 지었다. 왜냐하면 가르강트(gargante)가 벌써 목구멍을 뜻하기 때문이다. 이 어마어마한 인물의 출신 배경을 보아도 역시 그럴 만하다고 생각된다. 그의 아버지 그랑구지에 (Grandgousier)는 이름처럼 목구멍이 아주 컸고, 어머니 가르가멜(Gargamelle)은 깊은 목구멍을 갖고 있었다. 프로방스어로 가르가멜라(Gargamella)는 목을 뜻한다. 그들의 팡타그뤼엘식(pantagruélique) 놀라운 식욕은 가르강튀아식(gargantuesque) 연회 만찬에서 그 진가를 유감없이 보여준다.

관련 내용으로 건너뛰기
p.173 미셸 브라스

달콤한 깍지, 바닐라

바닐라 향은 우리 모두를 어린 시절로 돌아가게 만든다. 음식에 바닐라를 많이 사용하는 프랑스는 이것을 널리 알리는 데 지대한 역할을 했고, 프랑스령 해외 지역은 전 세계의 질 좋은 바닐라 생산지 중 몇 곳을 차지하고 있다. 자, 이제 바닐라 향기에 흠뻑 취해볼 시간이다.

조르당 무알랭

바닐라의 운명, 그 스토리

에드몽 알비위스(Edmond Albius), 이 이름을 아는 사람은 고작 몇몇 전문가들뿐일 테지만, 바닐라의 세계적인 약진을 언급할 때 이 사람 이야기를 빼놓을 수 없다. 1841년 겨우 12살에 불과했던 레위니옹(La Réunion)섬의 이 어린 노예가 바로 열대의 난초라 불리는 바닐라의 수작업 가루받이를 최초로 한 사람이다. 전해 내려오는 이야기에 따르면, 하루는 자신의 말을 믿지 않는 주인에게 화가 난 이 어린 소년이 바닐라 꽃을 두 손바닥 사이에 놓고 비볐다고 한다. 반항으로 시작해 손으로 수분(受粉)을 성공한 이 소년은 현재까지도 사용하고 있는 인공 수분 공정의 기초를 만드는 큰 공헌을 한 셈이다. 1848년 노예제도가 폐지되면서 에드몽에게 바닐라 꽃의 흰색이라는 의미의 알바(alba)를 딴 알비위스(Albius)라는 성이 붙여졌다. 바닐라의 운명은 그로 인해 정해진 것이다...

바닐라 재배의 이동

바닐라의 원산지는 멕시코다. 16세기에 스페인으로 들어온 이후 17세기에는 영국까지 퍼져나간다. 프랑스에서 바닐라 향이 알려지기 시작한 것은 17세기부터이며, 이를 부르봉섬으로 들여오게 된다. 현재 레위니옹섬인 이곳에서 바닐라는 19세기에 마다가스카르섬으로 이동하게 되고 바로 그곳에서 재배한 가장 좋은 품질의 바닐라가 타히티섬으로 옮겨가게 된다. 19세기 뉴칼레도니아에 바닐라를 들여와 재배하기 시작한 것은 영국이다.

바닐라 구입할 때 알아두세요.

처리가 잘 된 바닐라를 구분하는 방법은 손가락 사이로 굴려보면 된다. 약간 끈적하게 붙어야 한다. 만약 바닐라 빈이 잘 구른다면 수분 함량이 많다는 증거다.

어떤 바닐라는 각인이 찍혀 있다. 생산자가 상품의 도난을 방지하기 위해 자신의 이니셜을 바닐라 빈에 새겨놓는 경우가 있다.

바닐라 빈 군데군데 결정 알갱이가 있다. 걱정할 필요 없다. 얼거나 냉해를 입은 것이 아니다. 반대로 '바니유 지브레(vanille givré)'라고 불리는 상급 품종의 표시로, 농익은 바닐라 열매의 바닐린 성분이 땀처럼 발한되어 외피에 성에처럼 굳은 흰색 결정이다. 이 하얀 가루는 타히티산 바닐라에서는 찾아볼 수 없다. 이 바닐라를 구입했을 때는 특히 이 결정을 긁어내지 않도록 주의한다. 이것이 향을 내주는 주성분이기 때문이다.

식물학적 정보

바닐라 나무는 덩굴성 난과 식물로 최대 15m까지 자란다. 성근 조직의 뿌리 덕에 지지대에 붙어 자라는 칡과 비슷한 이 식물의 꽃은 연한 녹색 또는 미색을 띤 흰색으로 작은 다발처럼 뭉쳐 있다. 수분(受粉)이 끝나면 아랫부분의 꽃자루는 우리가 흔히 알고 있는 바닐라 빈 깍지줄기(gousse)로 변한다. 바닐라가 잘 번식하려면 그늘이 많은 열대성 기후에서 재배해야 한다. 직사광선은 이 예민한 과실을 재배하는 데 치명적이다. 수분(pollinisation, 프랑스령 섬에서는 인공으로 이루어진다)이 끝나면, 열매가 익은 후 9개월이 지나서 수확한다.

레위니옹섬 방식의 바닐라 처리 과정

바닐라는 판매를 위해 시장에 나가기 전, 충격 요법을 통해 그 향을 추출해내고, 오래 보관할 수 있는 처리과정을 거친다.

뜨거운 물에 담그기

열매가 더 이상 숙성되는 것을 중단시키고 바닐린의 향을 더욱 끌어내기 위해 바닐라 빈 깍지를 65℃ 물에 3분간 담근다.

건조시키기

바닐라 빈 줄기를 부드럽게 만들고 갈색을 내기 위해 뜨거울 때 나무통에 넣고 바로 담요 등으로 덮어 찌듯이 1~2일간 말린다.

햇볕에 말리기

하루에 한두 시간씩 10일 동안 햇볕에 말린 다음 커다란 면 돗자리에 말아둔다.

그늘에서 말리기

약 2~3개월 동안 바닐라 빈 줄기를 직사광선이 들지 않고 통풍이 잘 되는 곳에서 말린다.

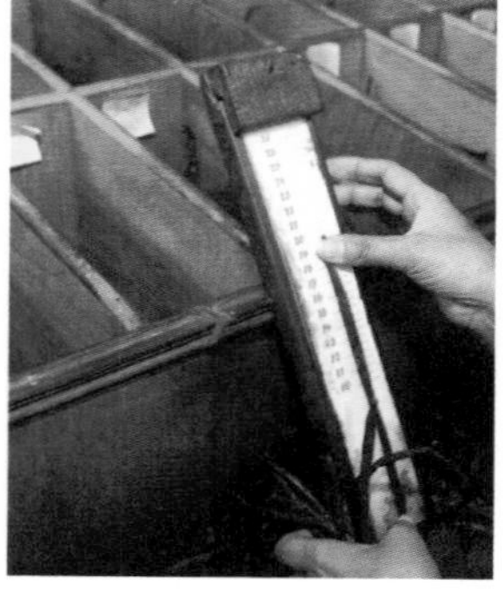

크기 분류하기

바닐라 빈을 크기 별로 분류하여 판매 준비를 마친다. 이미 갈라져 터진 것들은 추려낸다.

세계 각지에서 생산되는 메이드 인 프랑스 바닐라

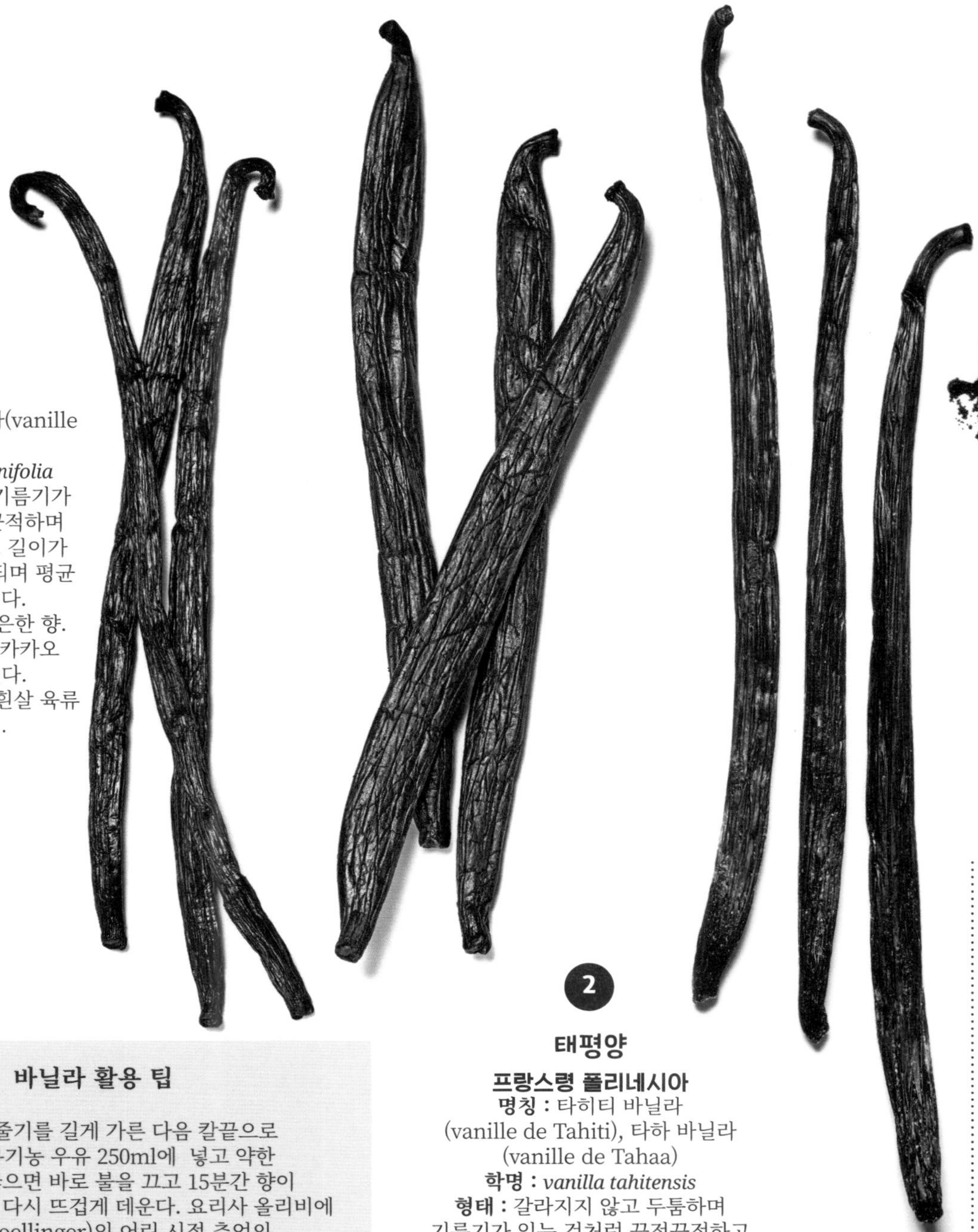

1

인도양

레위니용

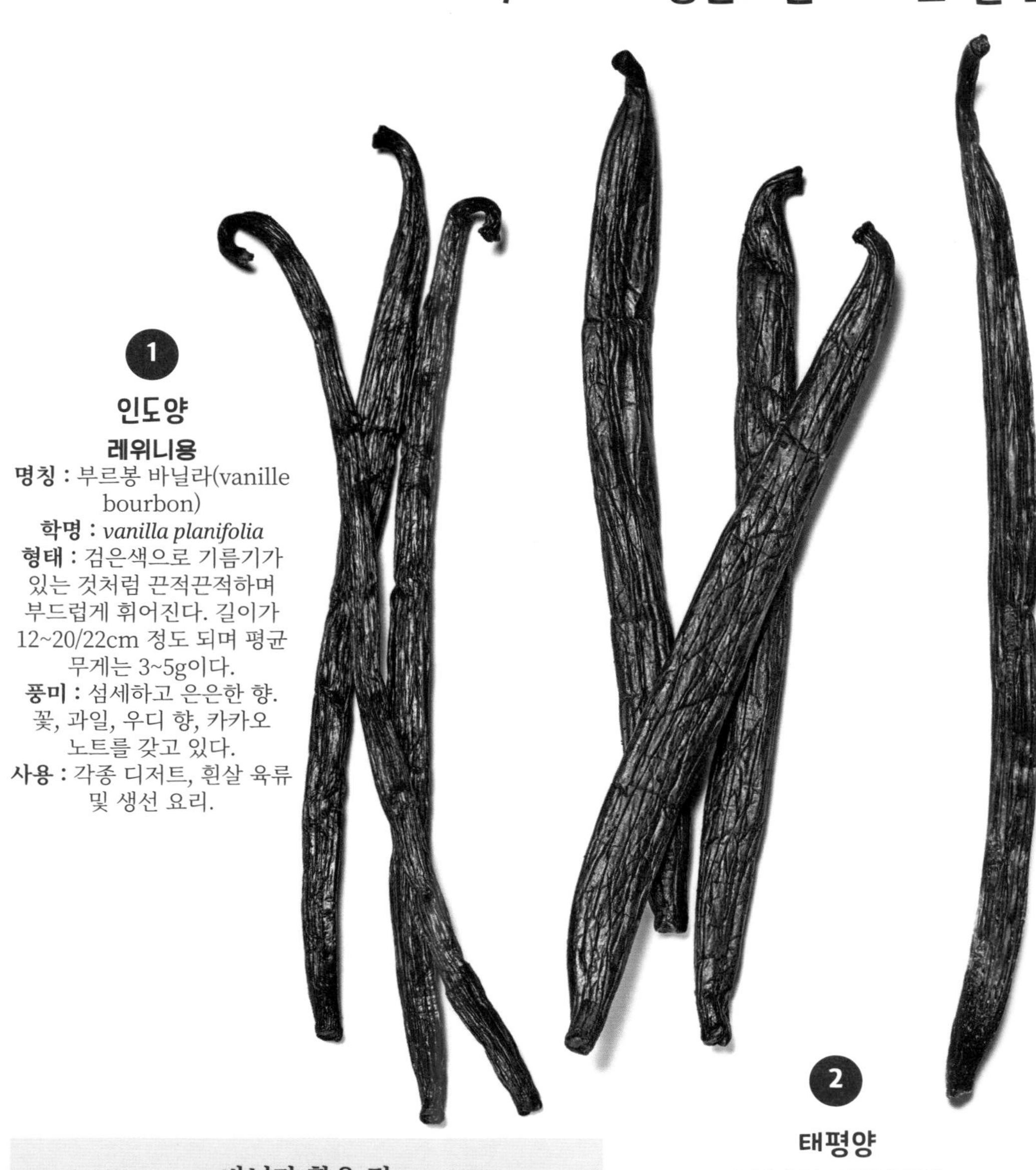

명칭 : 부르봉 바닐라(vanille bourbon)
학명 : *vanilla planifolia*
형태 : 검은색으로 기름기가 있는 것처럼 끈적끈적하며 부드럽게 휘어진다. 길이가 12~20/22cm 정도 되며 평균 무게는 3~5g이다.
풍미 : 섬세하고 은은한 향. 꽃, 과일, 우디 향, 카카오 노트를 갖고 있다.
사용 : 각종 디저트, 흰살 육류 및 생선 요리.

3

태평양

뉴 칼레도니아

명칭 : 바니유 지브레 (vanille givrée)
학명 : *vanilla planifolia*
형태 : 갈색에서 검은색을 띠며 통통하고 굵직하다. 길이는 20cm 이상으로 표면에 흰색 결정체 가루가 서리처럼 굳어 있다.
풍미 : 향이 아주 오래 가며 은은하다. 과일 콩피, 캐러멜, 카카오 노트를 지니고 있다.
사용 : 달콤한 디저트뿐 아니라 일반 요리에도 두루 사용할 수 있는 최고급 품종.

또 하나의 주목할 만한 바닐라

카리브 해

마르티니크, 과들루프, 프랑스령 기아나

명칭 : 바나나 바닐라, 바니유 바난(vanille-banane), 바니용 (vanillon)
학명 : *vanilla pompona*
형태 : 색이 짙고 길이가 짧으며 (7~15cm) 바나나의 특징적인 모양을 하고 있다.
풍미 : 꽃, 버터 향이 나며 담배, 가죽의 노트를 지니고 있다.
사용 : 이 품종의 생산은 잘 알려지지 않고 있다. 주로 현지에서 케이크, 펀치 칵테일, 잼, 바나나 플랑베 등을 만들 때 향을 내는 재료로 쓰인다.

2

태평양

프랑스령 폴리네시아

명칭 : 타히티 바닐라 (vanille de Tahiti), 타하 바닐라 (vanille de Tahaa)
학명 : *vanilla tahitensis*
형태 : 갈라지지 않고 두툼하며 기름기가 있는 것처럼 끈적끈적하고 윤기나는 짙은 갈색을 하고 있다. 길이가 13~22cm 정도 되며 무게는 가장 짧은 것이 5g, 가장 긴 것이 12~15g 정도 된다.
풍미 : 바닐라 향이 아주 진하다. 캐러멜, 감초, 아니스, 말린 자두 노트를 갖고 있으며 살짝 쌉싸름한 맛이 난다.
사용 : 각종 파티스리, 아이스크림, 칵테일, 과일 샐러드 및 화채, 생선 요리.

바닐라 활용 팁

우유 : 바닐라 빈 줄기를 길게 가른 다음 칼끝으로 2cm 정도 긁어 유기농 우유 250ml에 넣고 약한 불로 가열한다. 끓으면 바로 불을 끄고 15분간 향이 우러나도록 둔다. 다시 뜨겁게 데운다. 요리사 올리비에 뢸랭제(Olivier Roellinger)의 어린 시절 추억의 음식이다.
비네그레트 : 바닐라 빈 줄기를 길게 가른 다음 칼끝으로 0.5cm 정도 긁어 샐러드 드레싱에 넣는다.
설탕 : 쓰고 남은 바닐라 빈 줄기를 설탕 통에 넣어둔다. 몇 주일 동안 그대로 두어 향이 밴 다음 사용한다.
블랑케트 : 송아지 크림 스튜(블랑케트 드 보 blanquette de veau)에 바닐라 빈 줄기 반 개를 길게 갈라 넣는다. 안 어울릴 것 같지만, 부드러움과 향을 더해 훨씬 더 근사한 요리를 만들어준다.

클래식 크렘 앙글레즈

엠마뉘엘 리옹*

크렘 앙글레즈 500g을 만들기 위한 완벽한 레시피다.
정확한 계량을 위하여 전자 저울은 필수다.

생크림 190g
우유 190g
달걀노른자 76g(약 4~5개분)
설탕 38g
바닐라 빈 1/2줄기
쌀가루 5g

소스팬에 생크림, 우유, 길게 갈라 긁은 바닐라 빈을 넣고 가열한다. 볼에 달걀노른자와 설탕, 쌀가루를 넣고 색이 연해지고 거품이 일 때까지 거품기로 세게 저어 혼합한다. 여기에 끓는 우유 생크림 혼합물을 조금 부어 개어준 다음 다시 소스팬으로 전부 옮겨 담는다. 약한 불에 다시 올린 다음 주걱으로 계속 저어가며 85℃까지 가열한다. 크렘 앙글레즈가 주걱에서 흐르지 않고 묻어 있을 정도의 농도가 되면 불에서 내린다. 얼음이 담긴 큰 볼에 소스팬을 담가 재빨리 식힌다. 냉장고에 보관한다.
유용한 팁 : 하루 전날 차가운 우유와 생크림에 바닐라 빈을 넣고 24시간 향을 우려낸다.

* Emmanuel Ryon : 프랑스 아이스크림 명장(MOF glacier). 윈 글라스 아 파리(Une glace à Paris, 파리 4구)

북부 지방의 아름다운 채소, 엔다이브

꼬불꼬불한 샐러드 채소 치커리 상추의 사촌격인 쌉싸름한 야생 치커리의 역사를 살펴보면 채소재배 농부들이 엔다이브를 어떻게 탄생시켰는지 알 수 있다. 한 잎 한 잎 즐겁게 떼어먹을 수 있는 채소 엔다이브에 대해 알아보자.

마리 로르 프레셰

야생 치커리

야생 치커리 혹은 맛이 쓴 치커리(Chicorium intybus)는 도로변을 따라 혹은 도랑이나 숲의 주변부에서 자란다. 별모양의 푸른색 꽃이 낮에 피고 밤이면 지기 때문에 '태양의 약혼자(fiancée du soleil)'라는 별명을 갖고 있다.

↓

재배 치커리

중세에는 치커리를 약효 때문에 재배했다. 샤를마뉴 대왕의 법령집에는 재배할 수 있는 약용 식물로 치커리가 명시되어 있는 것을 찾아볼 수 있다.

↓

치커리 상추

1630년 몽트뢰유(Montreuil)의 한 농부는 지하실에서 쌉쌀한 치커리의 뿌리를 심어 키웠는데 여기서 누렇게 시든 색의 길쭉한 잎을 얻게 되었다. 이 방법은 19세기에 큰 인기를 얻었고 몽트뢰유는 파리 지역 시장에 신선한 샐러드 채소를 대량 공급하게 되었다.
1848년 이 치커리 상추는 릴(Lille)의 한 식당 주인에 의해 그 지역에도 소개되었다. 그 이후 치커리 재배는 프랑스 북부에 널리 보급되었지만, 1950년대에 들어서 쇠락이 위기를 맞게 된다. 현재 이 채소의 생산은 거의 자취를 감췄다.

↓

엔다이브

치커리 상추 재배 방식을 적용한 벨기에인들은 1850년 엔다이브 재배에 성공한다. 1893년 앙리 드 빌모랭(Henri de Vilmorin)은 그 씨앗을 프랑스로 들여왔고, 북부 지방에서는 엔다이브의 생산량이 점점 늘어났다.

↓

수경재배 엔다이브

1974년 프랑스 국립 농업 연구원(INRA)은 온실 수경 재배가 가능한 최초의 교잡종 엔다이브를 상업화하게 되었다(현재 프랑스 내 엔다이브 생산의 95% 차지). 시콩(chicon)이라고도 불리는 엔다이브는 자라는 데 20~21일이 걸린다. 그렇기 때문에 연중 내내 찾아볼 수 있고, 특히 소비자의 기호에 맞춰 단맛이 더 나도록 개량한 품종이 새로 등장해 예전만큼 쓴맛이 강하지 않다.

커피 치커리(치커리 차)

치커리는 17세기에 네덜란드에 이어 북유럽에서 커피 대용으로까지 발전했다. 뿌리가 굵은 이 커피 치커리는 커피를 비롯한 영국과 그 식민지의 생산품 수입을 금지했던 나폴레옹 통치하의 대륙 봉쇄 덕에 더욱 그 소비가 늘어났다. 치커리의 뿌리를 토막으로 잘라 가늘게 저민 다음 말려서 덖어 커피처럼 소비한다. 이 치커리는 요리나 파티스리에서 알갱이 상태나 액체로 쓰인다. 한 대형 식품 브랜드에서는 이것을 '아침 식사의 친구'로 제안하며 상품으로 출시하기도 했다.

노지 재배 엔다이브

아주 소량만이 아직까지 이 방식으로 재배되고 있다. 농지에서 재배한 엔다이브는 향이 좋고 식감이 아삭하며 익혀도 그 모양이 잘 유지되는 장점으로 많은 인기를 끌고 있다.

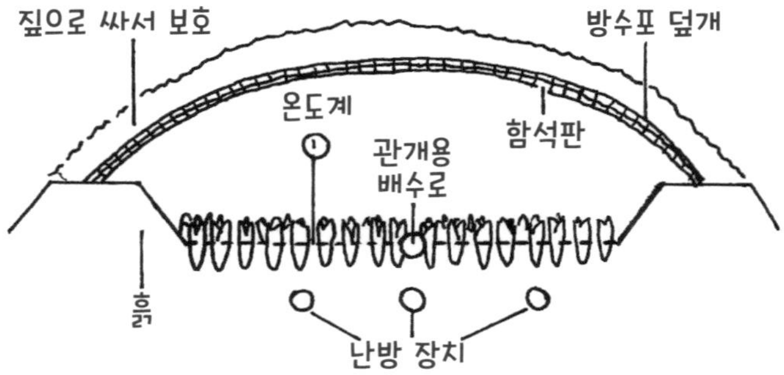
짚으로 싸서 보호
방수포 덮개
온도계
관개용 배수로
함석판
흙
난방 장치

농지에 파종을 하면 4~5월에 커다란 뿌리에서 근생엽이 자라난다. 가을이 되면 뿌리를 뽑아내 잎을 떼어낸다. 뿌리는 빛이 들지 않는 곳에 배열해 두고 밭에서 촉성 재배*하거나 온상을 사용하여 재배한다. 여기에 검은 플라스틱 덮개와 짚으로 두툼하게 만든 단열재를 덮어주고, 토양은 난방, 또는 보온을 해준다. 4~6주가 지나면 엔다이브는 도톰한 흰색의 새 잎이 촘촘하게 겹을 이루며 자란다. 1월부터 수확할 수 있다.

* 촉성재배(forcing culture) : 작물의 수확시기를 앞당겨서 재배하는 방법.

엔다이브, 시콩, 맛있는 샐러드 채소

벨기에에서 처음 이 새로운 채소를 재배했을 때 조상격인 치커리의 식물명(*Cichorium intybus*)을 따서 시콩(chicon)이라고 명명했다. 이것이 1879년 파리 레 알(Les Halles) 시장에 등장하자 프랑스인들은 프랑스 이름을 붙이기로 했다. 비슷한 다른 채소(*Cichoruim endivia*)와의 혼동을 피하기 위해서 이 채소를 브뤼셀 엔다이브(endive de Bruxelles)라고 이름 붙였다.

엔다이브 그라탱

준비 : 45분
조리 : 30분
4인분

엔다이브 8개
익힌 햄(jambon de Paris) 슬라이스 8장
가늘게 간 치즈 100g
우유 500ml
버터 40g
밀가루 40g
후추, 소금
넛멕
설탕 1티스푼

엔다이브의 단단한 심을 제거한다. 소테팬에 버터를 한 조각 녹인 뒤 엔다이브를 한 켜로 깔고 소금으로 간을 한다. 설탕을 솔솔 뿌린다. 물을 자작하게 넣은 다음 20분 정도 익힌다. 중간에 엔다이브를 한 번 뒤집어준다. 그동안 베샤멜을 만든다. 소스팬에 버터를 녹이고 밀가루를 넣은 다음 주걱으로 잘 저으며 2분 동안 익힌다. 우유를 넣고 약한 불에서 저으며 걸쭉하게 익힌다. 소금, 후추, 넛멕으로 간을 맞춘 다음 갈아 놓은 치즈 분량의 반을 넣어준다. 다 익은 엔다이브를 건져 물기를 완전히 뺀다. 하나하나 햄으로 말아 싼 다음 오븐용 그라탱 용기에 나란히 놓는다. 베샤멜 소스를 끼얹고, 나머지 치즈를 뿌린다. 180°C 오븐에서 치즈가 녹고 그라탱이 노릇한 색이 날 때까지 20~30분간 굽는다.

그 밖에 다른 조리법은?

호두나 헤이즐넛, 사과, 경성치즈 또는 블루치즈 등을 큐브 모양으로 잘라 넣고 엔다이브 샐러드를 만든다. 소스에 찍어서 아페리티프로 먹는다. 볶듯이 익혀서 그라탱이나 타탱 스타일로 요리한다. 엔다이브를 콩피하여 처트니를 만들어도 좋다.

관련 내용으로 건너뛰기
p.104 샐러드 이야기

프랑스 미식 박물관 순례

초콜릿 박물관을 여유롭게 돌아보거나 혹은 여행길에 우연히 사프란, 사탕, 딸기, 카망베르 치즈 등을 전문적으로 다룬 박물관을 발견한다면?
이는 프랑스의 테루아를 발견하고 배우는 아주 지적이고 즐거운 방법이 될 것이다.
장 폴 브랑라르

사프란 박물관
부안(BOYNES, LOIRET)
1988년부터 시작된 부안 지방 문화유산에 대한 역사적, 교육적 체험 코스 덕에 가티네(Gâtinais)의 붉은 황금이라 불리는 사프란 재배에 대한 관심이 다시금 높아졌다. '가을 사프란' 밭의 잡초를 뽑고 흙을 긁어 고르는 데 사용했던 '괭이' 전시를 놓치지 말 것.

카망베르 박물관
비무티에(VIMOUTIERS, ORNE)
1986년에 문을 연 이 박물관은 오주(Auge) 지방의 치즈 만드는 전통을 고스란히 보여주고 있다. 포스터, 엽서뿐 아니라 응유효소를 넣어 우유를 굳히는 냄비, 양철 국자 등이 전시되어 있으며, 19세기 초반 한 치즈 농가에서 쓰던 도구들이 실제 모습 그대로 재현되어 있다. 1,400여 종의 카망베르 치즈 포장 케이스가 진열되어 있어 치즈 라벨 수집가들은 눈의 호사를 충분히 누릴 수 있다.

딸기와 문화 유산 박물관
플루가스텔 다울라스(PLOUGASTEL-DAOULAS, FINISTÈRE)
1995년 문을 연 이곳은 총 9개의 전시실에서 플루가스텔 지역 문화유산과 이 지역의 특산 과일인 딸기를 소개하고 있다. 특히 놓치지 말아야 할 것은 아메데 프랑수아 프레지에(Amédée-François Frézier)가 1714년 칠레에서 브르타뉴까지 흰 칠레 딸기(Fragaria chiloensis) 모종을 들고 온 이야기를 쓴 무용담의 원본이다.

코냑 박물관
코냑(COGNAC, CHARENTE)
2004년 성벽 지대 위에 오픈한 이 박물관에는 '포도재배에서 패키지 디자인까지' 코냑 제조의 모든 과정이 자세히 전시되어 있다. 위니 블랑(ugni blanc)* 포도종의 재배, 증류(전시된 증류기 중 하나는 1892년 제품이다), 오크 배럴 제작, 시향, 병입에 이르기까지 전 과정에 대해 배울 수 있는 좋은 기회다. 이 밖에 옛날 도구들, 코냑 글라스, 라벨 등을 모아놓은 컬렉션도 볼 만하다.

아르마냑 박물관
콩동(CONDOM, GERS)
자크 베닌 보수에(J. B. Bossouet)가 주교로 재직했던 옛 주교구 콩동의 이 박물관은 1954년 설립되었다. 700년이 넘는 역사를 가진 오드비, 아르마냑의 제조 과정을 전시해 놓은 곳으로 증류기, 오래된 아르마냑 병들과 특히 18톤에 이르는 나무로 된 압착기는 방문객들에게 놀라움을 선사한다.

압생트 박물관
오베르 쉬르 우아즈(AUVERS-SUR-OISE, VAL D'OISE)
오베르 쉬르 우아즈 성과 반 고흐가 머물렀던 라부(Ravoux) 여관 사이에 위치한 이 박물관은 1994년 문을 열었다. '초록빛 요정(fée verte)'이라는 애칭의 음료인 압생트가 예술가들에게 인기가 높았던 벨 에포크 시대의 카페를 재현한 듯한 분위기다. 포스터, 판화, 유리잔, 구멍이 뚫린 스푼들을 보고 있노라면 이 녹색의 요정, 마녀와도 같은 압생트가 사람을 돌게 할 수도 있었겠구나 라고 단정 짓기 이전에, 이 술이 19세기의 삶 속에서 감당했던 역할을 되새겨볼 수 있을 것이다.

맥주 박물관
스테네(STENAY, MEUSE)
스당(Sedan) 성곽과 베르덩 전쟁 기념관(Mémoires de Verdun) 부지 사이에 위치한 맥주 박물관은 1986년부터 맥주 양조의 전통과 기술을 소개하고 있는 공간이다. 양조장과 카페, 선술집을 복원해 분위기를 살렸다.

알자스 포도밭과 와인 박물관
킨차임(KIENTZHEIM, HAUT-RHIN)
1980년 문을 연 이곳에 가면 포도 수확용 트랙터, 이동 압착기, 이동 증류기, 오크 와인통, 포도 운반용 통 등 포도밭 작업과 와인에 관련된(와인 배럴, 와인 잔 등) 멋진 전시품들을 감상할 수 있다. 가장 인상적인 것은 나사를 돌리는 구조로 된 두 대의 압착기인데 각각 1716년, 1640년에 사용되던 것이다.

사탕 박물관
모레 쉬르 루엥(MORET-SUR-LOING, SEINE-ET-MARNE)
1638년 루이 14세 시절 베네딕트 수녀들이 처음 만들기 시작한 오래된 사탕이 1994년부터 이 박물관에 전시되고 있다. 사탕을 만드는 공방에는 가톨릭 교회 분위기를 아름답게 재현해 놓았다.

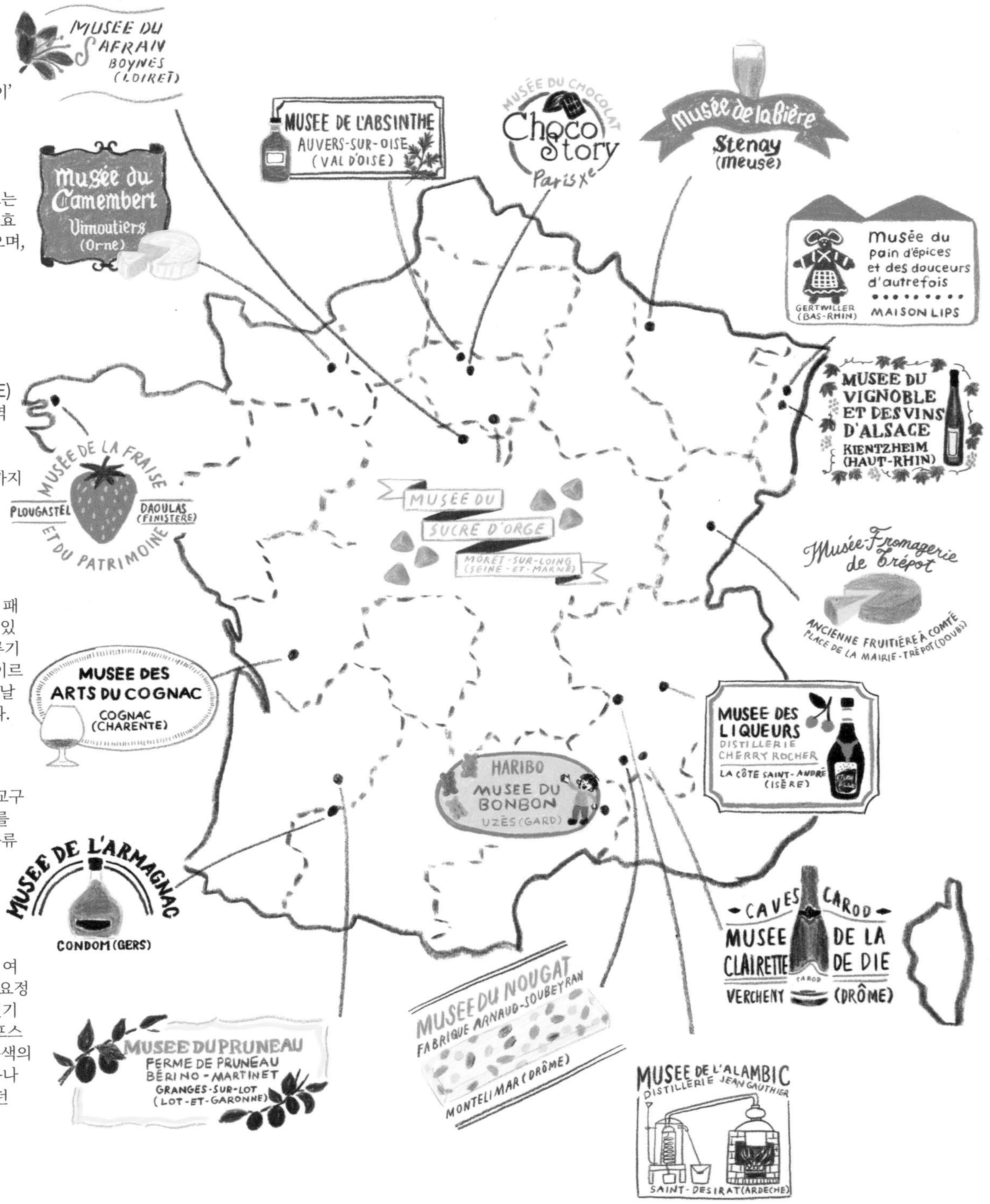

MUSEE DU SAFRAN BOYNES (LOIRET)
Musée du Camembert Vimoutiers (Orne)
MUSEE DE L'ABSINTHE AUVERS-SUR-OISE (VAL D'OISE)
MUSÉE DU CHOCOLAT Choco Story Paris X e
Musée de la Bière Stenay (meuse)
Musée du pain d'épices et des douceurs d'autrefois
GERTWILLER (BAS-RHIN) MAISON LIPS
MUSEE DU VIGNOBLE ET DES VINS D'ALSACE KIENTZHEIM (HAUT-RHIN)
MUSÉE DE LA FRAISE ET DU PATRIMOINE PLOUGASTEL DAOULAS (FINISTERE)
MUSÉE DU SUCRE D'ORGE MORET-SUR-LOING (SEINE-ET-MARNE)
Musée-Fromagerie de Trépot
ANCIENNE FRUITIÈRE À COMTÉ PLACE DE LA MAIRIE-TRÉPOT (DOUBS)
MUSEE DES ARTS DU COGNAC COGNAC (CHARENTE)
MUSEE DES LIQUEURS DISTILLERIE CHERRY ROCHER LA CÔTE SAINT-ANDRÉ (ISÈRE)
HARIBO MUSEE DU BONBON UZÈS (GARD)
MUSEE DE L'ARMAGNAC CONDOM (GERS)
CAVES CAROD MUSEE CLAIRETTE DE LA DE DIE VERCHENY (DRÔME)
MUSEE DU NOUGAT FABRIQUE ARNAUD-SOUBEYRAN MONTELIMAR (DRÔME)
MUSEE DU PRUNEAU FERME DE PRUNEAU BÉRINO-MARTINET GRANGES-SUR-LOT (LOT-ET-GARONNE)
MUSEE DE L'ALAMBIC DISTILLERIE JEAN GAUTHIER SAINT-DESIRAT (ARDECHE)

그 밖의 다양한 박물관

초콜릿 박물관
CHOCO STORY® 파리 10구

팽 데피스와 추억의 디저트 박물관
제르빌레르(GERTWILLER, BAS-RHIN)

누가 박물관
몽텔리마르(MONTÉLIMAR, DRÔME)

트레포 치즈 공방 - 박물관
옛 콩테치즈 제조 공방 ANCIENNE FRUTIÈRE À COMTÉ
트레포(TRÉPOT, DOUBS)

증류기 박물관
장 고티에 증류소 DISTILLERIE JEAN GAUTHIER
생 데지라(SAINT-DÉSIRAT, ARDÈCHE)

리큐어 박물관
셰리 로셰 증류소 DISTILLERIE CHERRY ROCHER
라 코트 생 탕드레(LA CÔTE SAINT-ANDRÉ, ISÈRE)

클레레트 드 디 박물관
카브 카로드 CAVE CAROD
베르슈니(VERCHENY, DRÔME)

프룬 박물관
베리노 마르티네 프룬 농원 FERME DU PRUNEAU BÉRINO-MARTINET
그랑주 쉬르 로(GRANGES-SUR-LOT, LOT-ET-GARONNE)

하리보 캔디 뮤지엄
하리보 팩토리 운영 STÉ HARIBO
위제스(UZÈS, GARD)

관련 내용으로 건너뛰기
p.124 미식 마니아들의 모임

* 위니 블랑 : 양조용 청포도로 이탈리아에서는 트레비아노(Trebbiano)라고 부른다.

파르 브르통
Far Breton

기본 재료는 달걀, 설탕, 우유, 밀가루다. 간단해 보이지만 신경 써야 하는 고민들은 계속 이어진다. 일반 밀가루로 할 것인가 메밀가루로 할 것인가? 건자두를 넣을 것인가 말 것인가? 돼지 피를 넣는 건 어떨까? 파르 브르통을 만드는 다양한 방법을 살펴보자.

델핀 르 푀브르

이것은 브르타뉴가 원조, 브르타뉴어 이름으로 알아보기

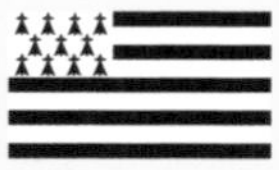

켈트족의 영토였던 브르타뉴 각 지방은 제각각 조금씩 다른 파르 레시피를 갖고 있(었)다.

파르 그와드 Le farz gwad

우에상(Ouessant)섬의 특별한 레시피로 반죽에 돼지 피를 한 컵 넣는다. 브르타뉴어로 그와드(gwad)는 피를 뜻한다.

우에상의 파르 오알레드 Le farz oaled d'Ouessant

기본 반죽에 베이컨, 감자, 건포도와 건자두를 채운 짭짤한 맛의 파르.

파르 알 뢰 비한 Le farz al leue bihan

어린 송아지 파르(far du petit veau)라는 별명이 붙은 이 파르는 소의 분만 시 나오는 초유로 만든다.

파르 뷔안 Le farz buan

'빠르게 만드는 파르'라는 뜻으로, 레시피에는 '반죽을 붓는다'라고 설명되어 있다. 크레프 반죽을 약간 되직하게 만든 다음 크레프 부침용 전기팬이나 프라이팬에 붓는다. 설탕과 버터를 넣어가며 나무주걱으로 모든 재료를 마치 스크램블드 에그를 만들듯이 저어 섞는다. 이렇게 하는 목적은 굵직한 덩어리가 생기도록 놔두고 그것이 노릇하게 캐러멜라이즈 되도록 구워내는 것이다.

파르 풀루드 Le farz pouloud

피니스테르 북서쪽 끝에 위치한 레옹(Léon)의 오래된 레시피로 파르 뷔안과 비슷하다. 풀루드(pouloud)는 브르타뉴어로 '알갱이, 뭉친 덩어리'라는 뜻이다.

파르 빌리그 Le farz billig

팬에 익힌 파르로 두꺼운 크레프처럼 부치고 설탕과 버터를 넣어 캐러멜라이즈한다.

파르를 둘러싼 논쟁

건자두(프룬)를 넣는가 안 넣는가?

이 문제를 두고 브르타뉴 농가에서는 특히 논쟁이 치열하다. 어떤 이들은 심지어 **건포도**와 캐러멜라이즈한 **사과**를 넣기도 한다. 하지만 원래 파르 브르통의 재료는 아주 **소박한** 것이었다. 라 푸앵트 뒤 그루엥(La Pointe du Grouin, 파리 10구)의 브르타뉴 출신 셰프 **티에리 브르통**(심지어 그의 성마저 브르통이다)은 '원래 **시골풍** 플랑의 일종인 파르는 단순히 밀을 끓인 **걸쭉한 죽**의 형태였다'고 설명한다. 여기에 브르타뉴의 **해적선 선원들**이 **럼, 바닐라,** 그리고 연안에 정박한 배 안에 그득하게 쌓여 있던 바로 그 **건자두**를 넣어 만들기 시작했다고 전해진다.

관련 내용으로 건너뛰기
p.311 플랑을 만들어봅시다

(건자두를 넣지 않은) 시골풍 파르

티에리 브르통 *

준비 : 10분
조리 : 50분
4인분
밀가루 220g
설탕 175g
달걀 5개
우유(전유) 1리터
생크림 250g
게랑드(Guérande)산 고운 소금 1티스푼
가염버터 25g
틀에 묻힐 밀가루 약간

오븐을 250°C로 가열한다. 볼에 밀가루, 설탕, 소금, 달걀, 우유, 생크림을 순서대로 넣고 잘 섞는다. 반죽을 넣기에 넉넉할 정도로 높이가 있는 틀에 버터를 바르고 밀가루를 묻혀둔다. 반죽을 틀에 붓고 오븐에서 20분간 구운 다음 불을 끄고 그대로 30분간 오븐 안에 둔다. 식힌 후 서빙한다.

(건자두를 넣은) 선원들의 레시피

위 레시피 재료에 럼 1테이블스푼, 길게 갈라 긁은 바닐라 빈 1줄기를 더한다. 반죽을 틀에 붓기 전에 촉촉하고 말랑한 건자두(씨 포함) 35개를 바닥에 까는 것을 잊지 말자.

* Thierry Breton : 모두 파리 10구에 위치한 셰 미셸(Chez Michel), 셰 카시미르(Chez Casimir), 라 푸앵트 뒤 그로앵(La Pointe du Groin)의 셰프

피에르 가녜르

생테티엔(Saint-Étienne) 출신의 셰프 피에르 갈미에 가녜르(Pierre-Galmier Gagnaire)는 자신의 창의적이고 깜짝 놀랄 만한 요리를 지구 곳곳에 심어놓았다.

샤를 파탱 오코옹

"요리는 전통적이냐 또는 현대적이냐 하는 용어로 가늠되지 않는다. 거기에서 요리사의 애정을 읽을 수 있어야 한다."

피에르 가녜르

고유 마크

그가 1981년 생테티엔(Saint-Étienne)에 정착했을 때, 건축가 노만 포스터(Norman Foster)와 함께 일하던 덴마크의 디자이너 페르 아놀디(Per Arnoldi)가 식탁을 형상화해 만든 모티프로, 가녜르 셰프의 심벌 마크가 되었다.

쉬르쿠프호

1971~1972년 군복무 시절, 그는 쉬르쿠프호(Surcouf: 프랑스의 순항 잠수함)에 승선한 조리 담당 사령관이었다. 1971년 6월 6일 콜롬비아 카르타헤나 해상에서 소련의 유조선인 제네랄 부샤로프호(Général-Boucharov)와 그가 타고 있던 프랑스 잠수함이 충돌하는 사고가 일어났다. 이 사고로 인해 10명의 희생자가 발생했는데, 피에르 가녜르는 아슬아슬하게 위기를 모면했다.

축구팬으로서의 추억들

피에르 가녜르는 열성적인 축구팬이었다. 1963년~1964년 당시 생테티엔 축구팀 선수들은 시합이 있는 날에 늘 생 프리스트 앙 자레스(Saint-Priest-en-Jarez)에서 그의 아버지가 운영하던 식당으로 와 점심 식사를 했다. 12살이었던 피에르 가녜르는 자신의 우상인 선수들을 직접 볼 수 있었다. 하지만 가장 인상에 남았던 순간은 70년대 이 녹색 유니폼의 축구팀 이야기다. 축구 경기가 있던 날이면 스타디움은 관중들로 꽉꽉 찼고 식당은 텅 비었다. 1976년 10월 21일 저녁은 그에게 여러 가지로 이벤트가 많았다. 생테티엔 AS 팀은 유로컵 경기에서 아인트호벤 PSV를 상대로 만났고, 프랑수아 미테랑 대통령은 그의 식당에 와서 식사를 했으며, 그때 그의 부인은 첫 아들을 출산 중이었다.

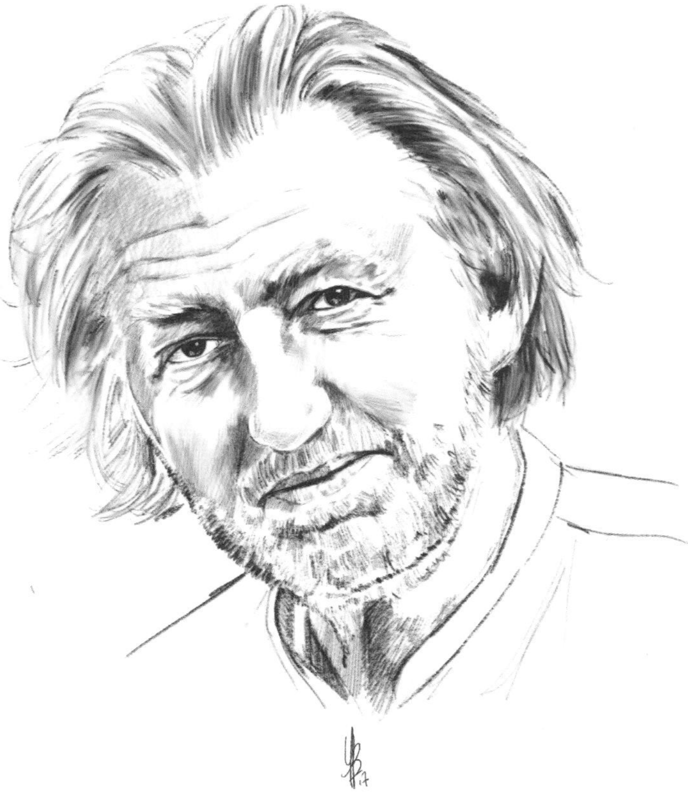

Pierre Gagnaire, 직관과 순간의 천재적인 크리에이터
(1950년생)

랍스터 비스크

4인분

랍스터(500~600g 짜리) 2마리
잘게 썬 리크(서양대파) 흰 부분 1줄기
얇게 썬 양파 1개
짓이긴 마늘 2톨
드라이 화이트 와인 250ml
잘게 썬 생 토마토 2개
생선 육수 1리터
타라곤을 넣은 부케가르니 1개
생크림 250ml
버터
코냑
소금, 에스플레트 칠리가루

살아 있는 랍스터를 끓는 물에 5분간 넣어 데친 다음 얼음물에 식힌다. 꼬리 몸통과 집게발의 껍데기를 벗겨 살은 따로 보관한다. 대가리와 껍데기를 밀대로 눌러 부순 다음, 차가운 버터를 녹인 소스팬에 넣고 볶는다. 리크와 양파를 넣는다. 코냑을 넣고 불을 붙여 플랑베한다 토마토, 마늘, 부케가르니를 넣고 화이트와인을 부은 뒤 끓인다. 1/4 정도 줄어들면 생선 육수를 넣고 아주 약하게 20~30분 정도 끓인다. 생크림을 넣고 약한 불로 15분간 더 끓인 다음 국자로 건더기를 꾹꾹 눌러가며 체에 거른다. 간을 맞춘다.

플레이팅

집게발 살과 몸통 살을 뜨거운 버터에 데운 다음 4개의 우묵한 접시에 나눠 담는다. 비스크 소스를 핸드블렌더로 갈아 가볍게 만든 다음 손님 테이블에서 직접 살 위에 부어준다.

메뉴, 감정을 담은 가사로 음악이 되다

2002년 프랑스의 록 그룹 아스톤빌라(Astonvilla)는 그들의 앨범 스트레인지(Strange, Naïve)에 'Slowfood'라는 독특한 곡을 발표한다. 피에르 가녜르가 구성한 메뉴를 가사로 하여 여러 아티스트들이 랩으로 불렀다...

장 루이 오베르(Jean-Louis Aubert, 프랑스의 싱어송 라이터, 기타리스트, 작곡가 겸 프로듀서)

"곤들메기 파스칼린; 마다가스카르 후추를 넣은 프레시 허브 인퓨전에 얇게 저며 데친 생선, 노란빛이 도는 뱅 드 파이유 와인으로 만든 즐레; 세드라 레몬 사바용 소스의 민물가재"

알랭 바슝(Alain Bashung, 프랑스의 가수, 작곡가, 배우)

"1995년산 샤토 클리망을 넣은 바삭바삭한 밀푀유; 녹인 버터, 처빌, 딸기나무 꿀로 양념한 게살과 양배추를 켜켜이 쌓아 누른 테린; 그린 아스파라거스와 화이트 아스파라거스"

자크 랑즈만(Jacques Lanzmann: 프랑스의 저널리스트, 작가, 음유 시인)

"등 푸른 생선: 꼬꼬트 냄비에 익힌 다음 바두반 커리를 넣은 고등어 소스를 곁들인 참치 스테이크; 가지를 곁들인 정어리 에스카베슈; 보리새우 소스를 넣은 참치 붉은살 구이, 양배추 순과 신선한 안초비를 얹은 피살라디에르"

장 피에르 코프(Jean-Pierre Coffe: 프랑스의 라디오, TV 진행자, 음식평론가, 미식 작가)

"세 번에 걸쳐 서빙되는 랍스터 요리: 즉시 데쳐 브라운 버터와 생강, 베르가모트 레몬만 살짝 뿌린 작은 크기의 블루 랍스터, 작고 동그란 모차렐라 보콘치니, 강낭콩, 살과 집게발을 잘라 샐러드처럼 섞은 살피콘, 그린 민트향의 차가운 랍스터 콩소메와 붉은 내장을 넣어 만든 포카치아"

엘리즈 라르니콜(Elise Larnicol: 프랑스 영화, 드라마, 연극배우)

"농어: 망통산 레몬을 넣어 통째로 익힌 낚싯줄로 잡은 농어, 보리를 넣은 인도풍 소스, 청사과 소르베, 고수 잎, 잘게 간 코코넛 과육"

로랑 뮐레르(Laurent Muller: 애칭 Doc. Astonvilla의 전 멤버)

"샤르트뢰즈 리큐어를 넣은 수플레 비스킷, 초록빛을 띤 샤르트뢰 리큐어, 황금처럼 반짝이는 노란빛을 띤 샤르트뢰즈, 천국의 맛을 지닌 세 가지 파티스리, 꽈배기 페이스트리 사크리스탱, 달콤한 크림이 가득한 슈를리지외즈, 그리고 초콜릿 맛이 진한 카퓌생" 아멘.

관련 내용으로 건너뛰기
p.90 음식을 묘사한 시 모음

프랑스의 파스타

아이들이 어머니날에 국수로 목걸이를 만들어 선물하는 것도 알고 보면 다 이유가 있다. 가늘고 짤막한 수프용 파스타 베르미셀(vermicelle)부터 작은 마카로니 코키에트(coquillette)에 이르기까지 나름 다양한 프랑스식 파스타에 대해 알아보자.

마리 로르 프레셰

역사

→ 파스타가 이탈리아로부터 프랑스로 유입된 것은 프로방스 지방을 통해서였다. **중세부터** 프로방스 사람들은 므뉘데(menudés), 마카롱(macarons), 베르미소(vermissaux), 피도(fidiaux)라는 이름의 파스타 요리를 만들었고, 향신료와 치즈를 곁들여 먹었다.

→ 라비올리 ❶ 잉글랜드 노르만족의 시칠리아 정복에 이어, 북부 지방을 통해 프랑스에 들어왔다. **17세기에는** 라피울(rafioules, raphioules)이라는 이름으로 알려졌다.

→ **1749년** 파스타 국수 제조인들은 제빵사들과 구분되는 자신들만의 조합을 결성했다.

→ **1767년** 프랑스 의사 폴 자크 말루앵(Paul-Jacques Malouin)은 자신의 저서 『제분업자, 파스타 제조업자, 제빵사 상세 설명집(*Descriptuon et détails des arts du meunier, du vermicellier et du boulanger*)』에서 파스타 제조에 관해 설명하고 있다.

→ **19세기에** 프랑스에서는 약 20여 개의 제조업체에서 파스타를 생산했다.

파스타와 프랑스 요리사들

19세기 이전만 해도 프랑스 요리사들은 파스타에 그리 큰 관심을 보이지 않았다.

마리 앙투안 카렘(Marie-Antoine Carême, 1784-1833)은 짧고 가는 버미셀리, 국수 모양의 파스타 누들, 또는 마카로니를 넣은 수프 레시피를 만들어냈다. 또한 라자냐를 겹쳐 쌓고 송로버섯과 푸아그라를 채운 뒤 닭 벼슬 꼬치를 위에 얹은 '만토바식 탱발(timbale à la Mantoue)'의 레시피를 자세히 기록하고 있다.

쥘 구페(Jules Gouffé, 1807-1877)는 그의 저서 『요리 책(*Livre de cuisine*)』(1867)에서 파스타와 탱발에 한 챕터를 할애한다. 여기에서 마카로니 그라탱, 햄을 넣은 누들 파스타, 밀라노식 탱발 등의 레시피를 찾아볼 수 있다.

오귀스트 에스코피에(Auguste Escoffier, 1846-1935)는 『요리 안내서(*Le Guide Culinaire*)』(1903)에서 파스타를 한 섹션으로 다루고 있다. 그의 파스타는 이탈리아식, 밀라노식, 혹은 시칠리아식으로 만들어진다. 또한 마카로니 250g에 생 트러플 100g을 얇게 썰어 얹은 송로버섯 파스타 레시피도 기록되어 있다.

레몽 올리베르(Raymond Oliver, 1909-1990)는 1965년 『국수 예찬(*Célebration de la nouille*)』을 출간했다.

파리 브리스톨 호텔의 셰프 **에릭 프레숑**(Éric Fréchon)은 1999년 송로버섯을 채운 마카로니 메뉴를 개발했다.

알자스식 파스타

15세기에 알자스 지방에 처음 등장했으며 달걀 함량이 높다(듀럼밀 1kg당 달걀 7개).

봐서 슈트리블(Wasser Striebele)은 수분 함량이 높아 흐르는 질감의 반죽이며, 슈패츨(Spätzle) ❷ 크네플(Knepfle) ❸도 이와 같은 부류에 속한다. 슈패츨은 특수 판형 거치대나 망 간격이 굵은 체 등을 이용하여 반죽을 끓는 물에 가늘고 길게 흘려 넣어 익혀서 바로 서빙한다. 크네플(Knepfle)은 가장 짤막한 모양을 하고 있어 마치 뇨키와 비슷하다.

누들(Nüdle)은 ❹ 반죽을 밀대로 민 다음 국수 모양으로 가늘게 자른 것이다. 새둥지 모양으로 동그랗게 말아 판매한다.

사부아의 파스타

크로제(crozets)의 ❺ 기원은 작은 귀 모양의 오르키에테(orechiette)처럼 손가락으로 일일이 눌러 만드는 동그랗고 우묵한 이탈리아 파스타 크로제토(crozetos)로 추정된다. 17세기에 사부아 지방에서는 이것을 정사각형 모양으로 만들었다고 한다.

오늘날의 크로제 형태는 사방 5mm의 정사각형으로 두께는 2mm이고, 듀럼밀이나 일반 밀가루 또는 메밀가루로 만들어진다.

타이유랭(taillerins)은 ❻ 리본 모양의 납작한 파스타로, 포치니 버섯이나 그물버섯, 밤, 뿔나팔버섯 또는 블루베리를 넣어 만들기도 한다.

오베르뉴식 파스타

도피네 라비올리(Raviole du Dauphiné, 또는 제품 이름을 그대로 따 Romans이나 Royans 라비올리로도 불린다)는 ❼ 원산지 명칭 보호(IGP) 인증을 받았다. 부드러운 일반 밀가루와 달걀, 물로 만든 반죽을 작은 정사각형으로 만든 다음 콩테나 프랑스 에멘탈 치즈, 프로마주 블랑과 버터에 볶은 파슬리로 속을 채워 만든다. 19세기에 큰 인기를 누렸던 이 라비올리는 여성 제조공들이 가정에서 손으로 직접 빚어 만들었다.

로장(Lozans)은 작은 마름모꼴로 자른 전통 파스타로 주로 수프에 넣어 먹었다.

남프랑스*와 코르시카의 파스타

니스 지방에서는 생 파스타 제조를 전통으로 내세우는데, 이는 특히 니스에서 1892년부터 아티장 파스타를 만들어 온 '라 메종 브랄(la Maison Brale)'에 의해 그 명맥이 이어지고 있다. 그 밖에도 뇨키(gnocchis) ❽ 니스식 소고기 찜과 근대 잎을 채운 라비올리(raviolis farcis à la daube niçoise et aux verts de blette) 등이 대표적이다.

코르시카에도 파스타쿠이타(pastacuitta, 스파게티, 소고기, 토마토, 올리브를 넣어 만든다) 또는 스투파투(stufatu, 생 파스타를 넣은 소고기 스튜) 등의 전통 파스타 메뉴가 아직도 이어져 내려온다.

앙티유 파스타

프랑스령 앙티유에서 동브레(dombrés)는 ❾ 밀가루에 물을 넣고 반죽해서 끓는 물에 삶아낸 작은 공 모양의 파스타를 지칭한다. 뇨키와 비슷하며 소스를 곁들여 먹는다.

이것은 과들루프 마리 갈랑트(Marie-Galante)의 대표적 내장 요리인 베벨레(bébélé)에 넣는 재료이기도 하다.

* PACA(Provence-Alpes-Côte d'Azur) : 프랑스 남부의 프로방스, 알프, 코트 다쥐르 지방을 지칭한다.

독신자의 누들

레몽 올리베르*

삶은 누들 파스타(뜨겁게 유지한다) 125g
신선하고 모양이 좋은 양송이버섯 125g
버터 50g
올리브오일 4테이블스푼
소금, 카옌페퍼, 파프리카 가루
달걀 3개(어쩌면 4개)

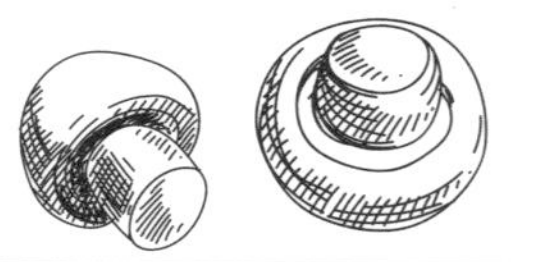

"팬에 버터 분량의 반과 기름을 넣고 달군 다음 버섯을 넣고 노릇한 색이 나도록 볶는다. 누들 파스타 분량의 4/5를 넣고 팬을 흔들어 잘 섞는다. 오븐용 용기에 옮겨 담은 뒤 달걀 숫자에 맞춰 3~4군데를 움푹하게 만든다, 여기에 달걀을 하나씩 깨 넣은 뒤 오븐에 넣는다. 팬에 나머지 버터와 기름을 달군 뒤 남은 누들 파스타를 넣고 바삭해질 때까지 튀기듯 볶는다. 오븐에서 구워낸 요리에 이 바삭한 누들을 얹는다. 그해의 보졸레나 과일향이 신선한 어린 보졸레를 곁들여 식탁에 편하게 앉아 먹는다. 이것은 배고픈 싱글을 위한 요리다!"

* Raymond Oliver, 레스토랑 '르 그랑 베푸르(Le Grand Véfour)'의 옛 셰프. 파리 1구.

밀라노식 탱발 Timbale à la Milanaise

현대식 레시피(모든 할머니들은 자신의 레시피를 하나씩 갖고 있다)

탱발 1개 분량
롱 마카로니 500g
양파 1개
버섯 200g
익힌 햄(jambon de Paris) 125g
토마토 페이스트 작은 캔 1개
가늘게 간 치즈 250g
달걀 3개
버터 10g + 버터 1조각
소금, 후추

끓는 물에 소금을 넣고 롱 마카로니를 알 덴테로 삶는다. 파스타를 건진 다음 익힌 물 1컵을 따로 덜어둔다. 양파의 껍질을 벗긴 뒤 얇게 썬다. 버섯을 씻어서 썬다. 햄은 깍둑 모양으로 썬다. 달걀을 푼 다음 소금, 후추로 간한다. 소테팬에 버터를 녹인 뒤 양파, 버섯, 햄을 넣고 센 불에서 잘 섞으며 몇 분간 볶는다. 토마토 페이스트를 넣고 파스타 삶은 물을 조금 넣으며 잘 저어 섞는다. 오븐을 180°C로 예열한다. 넓은 수직 원통형의 샤를로트 틀 안쪽에 버터를 바른다. 바닥에 긴 마카로니를 달팽이 모양으로 돌려가며 한 켜 깔아준다. 틀의 벽쪽으로 마카로니를 둘러붙여 3cm 높이로 쌓아준다. 치즈를 고루 뿌려가며 볶아둔 소를 채워 넣는다. 이런 방식으로 3cm씩 계속 쌓아 올린다. 틀이 다 채워지면 풀어 놓은 달걀을 붓고 맨 위에 다시 마카로니를 달팽이 모양으로 덮어준다. 우묵한 접시에 무거운 것을 놓고 눌러준 다음 오븐에 넣어 중탕으로 1시간 익힌다.

관련 내용으로 건너뛰기
p.357 레몽 올리베르

프랑스인들이 사랑하는 파스타

이 파스타들은 최근에 탄생한 농산물 가공식품으로, 프랑스 미식 유산에 속한다고 할 수 있다.

코키예트(COQUILLETTES) ⑩
버터 소스, 햄을 넣은 그라탱, 혹은 리소토.

짧은 누들 파스타(NOUILLES)
이 이름은 건축 양식에도 붙여졌는데, 아르누보(Art Nouveau)를 폄하하고 헐뜯던 사람들은 이를 국수 양식(style nouille, 1900년경에 유행한 곡선 위주의 장식 스타일)이라고 불렀다.

마카로니(MACARONIS) ⑪
프랑스인들은 이탈리아에서 들여온 이 파스타를 마카로니 그라탱, 밀라노식 탱발, 세트(Sète)식 마카로나드(macaronade sétoise) 등의 레시피에 응용하여 그들만의 요리를 개발해냈다.

알파벳 파스타(PÂTES ALPHABET) ⑫
알파벳 모양으로 된 이 작은 파스타는 주로 수프에 넣어 먹는다. 수 세대에 걸쳐 많은 어린이들이 음식을 먹으며 접시 가장자리에 알파벳 연습을 하는 재미를 누려왔다.

파스타 광고

리부아르 에 카레 Rivoire et Carré(1860). 1975년 이 브랜드는 피에르 데프로주(Pierre Desproges, 유머리스트)와 다니엘 프레보(Daniel Prévost, 배우)를 광고 모델로 기용했다.

뤼스티크뤼 Rusticru(1911). 1994년 "뤼스티크뤼 파스타에는 금이 간 달걀을 넣지 않습니다"라는 슬로건과 '제르멘(Germaine, 배우 Maggy Dussauchoy 분)'이라는 인물을 내세운 광고로 공전의 히트를 쳤다.

팡자니 Panzani(1929). 1970년대에 배우 페르낭델이 역을 맡은 돈 파티오라는 수도사가 "네, 파스타를 먹지요. 단, 판자니 것으로요(des pâtes, oui, mais des Panzani)!"라고 외치는 광고를 냈다.

이상적인 파스타 익히기

큰 냄비에 물을 많이 넣는다. 파스타 **100g당 1리터**의 양이 필요하다. 익히는 시간은 끓는 물에 파스타를 넣으면서부터 재기 시작한다. 파스타를 넣은 후 다시 물이 끓어오를 때 파스타 100g당 7g의 **소금을 넣는다**. 올리브오일을 넣는 것은 아무 효과가 없으므로 불필요하다.

마카로니 그라탱

오귀스트 에스코피에

끓는 소금물에 마카로니 250g을 삶아 건져 물기를 완전히 털어낸다. 버터 30g, 치즈 100g(그뤼예르와 파르메산 반반씩)을 넣고 소금, 후추, 넛멕으로 간을 맞춘다. 베샤멜 소스 3스푼을 넣고 잘 섞어준다. 그라탱 용기에 담은 뒤, 가늘게 간 치즈와 빵가루를 섞어 뿌린다. 버터를 고루 얹은 뒤 오븐에서 그라탱을 노릇하게 구워낸다.

바스크의 가토들

생 장 드 뤼즈(Saint-Jean-de-Luz)에서 비아리츠(Biarritz)를 거쳐 바욘(Bayonne)에 이르기까지 각 가정의 테이블에는 홈 메이드 가토(etxeko bistorka)가 오른다.

델핀 르 푀브르

기원
가토 바스크가 처음 탄생한 것은 1830년경 온천으로 유명한 캉보 레 뱅(Cambo-les-Bains, Pyrénées-Atlantiques)의 파티시에 마리안 이리구아옝(Marianne Hirigoyen)에 의해서다. 그녀는 자신의 비법이 담긴 레시피를 손녀딸인 엘리자베트와 안 디바르, 일명 비스코츠(Biskotx, 당시 가토의 이름) 자매들에게 물려주었다.

공식적인 두 가지 가토 스타일

바닐라를 넣은 녹진한 크렘 파티시에를 채운 것

향이 좋고 부드러운 식감의 잇삭수(Itxassou)산 블랙체리 잼을 채운 것.

바스크 제과 협회 에구즈키아(Eguzkia, 태양이라는 뜻의 바스크어. 가토의 모양에서 착안했다)가 공식적으로 인정하는 가토 바스크의 형태는 이 두 가지뿐이다.

크림을 채운 가토 바스크
Gâteau basque à la crème
에구즈키아 바스크 제과 협회

준비 : 30분
조리 : 40분
6인분

반죽
- 밀가루 300g
- 버터 120g
- 설탕 200g
- 달걀 2개
- 베이킹파우더 작은 1봉지
- 소금 3꼬집
- 럼 또는 액상 바닐라 2테이블스푼

크렘 파티시에
- 우유 500ml
- 달걀 3개
- 설탕 125g
- 밀가루 40g
- 럼 또는 액상 바닐라 2큰술

반죽
상온에 두어 부드러워진 버터와 설탕을 볼에 넣고 잘 섞은 뒤 밀가루, 베이킹파우더, 달걀, 소금을 넣고 균일하게 반죽한다. 럼이나 액상 바닐라 에센스를 넣고 섞는다. 반죽을 둥글게 뭉친 뒤 냉장고에 넣어둔다.

크렘 파티시에
볼에 달걀과 설탕을 넣고 색이 연해질 때까지 거품기로 잘 섞는다. 밀가루를 넣고 잘 섞는다. 냄비에 우유를 넣고 가열한다. 끓으면 바로 볼 안의 달걀 설탕 혼합물에 반을 붓고 거품기로 저어 섞는다. 다시 냄비로 모두 옮겨 담은 후 계속 잘 저으며 3~4분간 끓인다. 크림이 걸쭉한 농도가 되어야 한다. 마지막에 럼을 넣어 섞은 뒤 불에서 내리고 상온에서 식힌다.

완성하기
지름 22cm 타르트 틀에 버터를 바르고 밀가루를 묻혀둔다. 냉장고에서 꺼낸 반죽을 다시 가볍게 반죽해 풀어준다. 반죽의 반 조금 넘는 분량을 두께 4~5mm로 민 다음 틀에 앉혀 깔고 가장자리를 붙인다. 식은 크렘 파티시에를 채운다. 나머지 반죽을 같은 두께로 밀어 뚜껑처럼 덮어준다. 달걀물을 바른 다음 포크로 줄무늬를 내준다. 160°C 오븐에서 약 40분간 굽는다. 식힌 뒤 서빙한다. 하루 지난 뒤 먹으면 더 맛있게 즐길 수 있다!

바스크 지역의 베스트 크림 가토

→ 메종 파리에슈(Maison Pariès), 1 place Bellevue, Biarritz
→ 메종 아당(Maison Adam), 27 place Georges-Clemenceau, Biarritz
→ 물랭 드 바실루르(Moulin de Bassilour), Bidart

소금이 빠지면 안 돼요!

식탁 위에, 샤퀴트리에, 그리고 빵을 만들 때에도 꼭 빠지지 않는 소금은 우리의 삶 자체라 해도 과언이 아니다. 프랑스 전역에 분포된 소금 생산지를 따라가 보자.

에스테렐 파야니

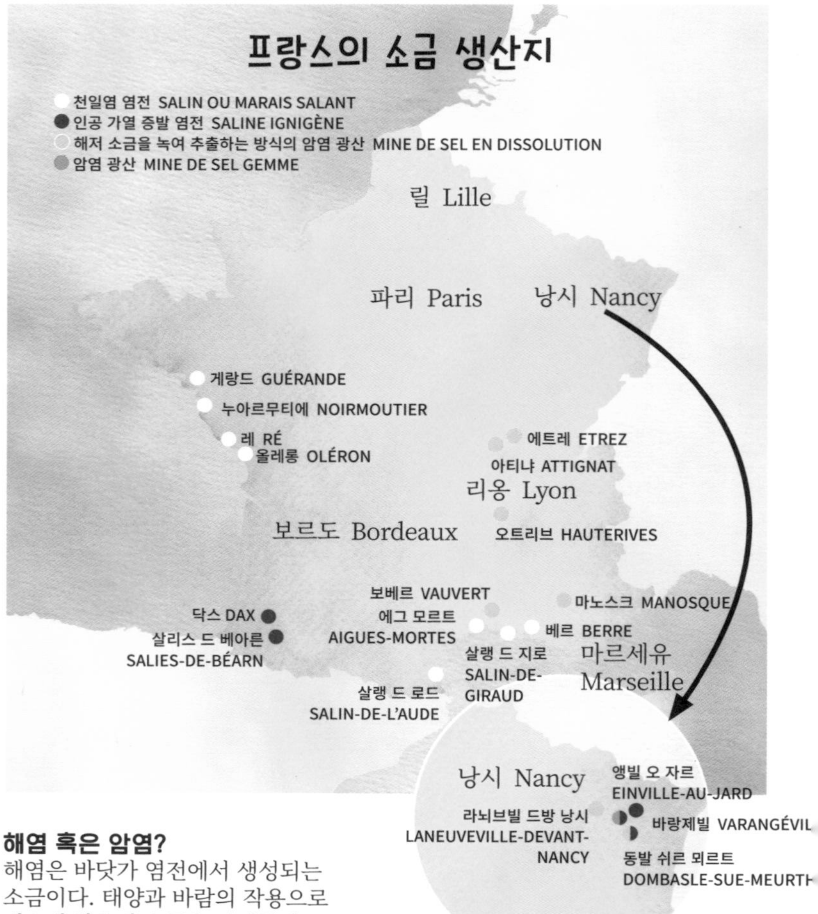

프랑스의 소금 생산지
천일염 염전 SALIN OU MARAIS SALANT
인공 가열 증발 염전 SALINE IGNIGÈNE
해저 소금을 녹여 추출하는 방식의 암염 광산 MINE DE SEL EN DISSOLUTION
암염 광산 MINE DE SEL GEMME
릴 Lille
파리 Paris
낭시 Nancy
게랑드 GUÉRANDE
누아르무티에 NOIRMOUTIER
레 RÉ
올레롱 OLÉRON
에트레 ETREZ
아티냐 ATTIGNAT
리옹 Lyon
보르도 Bordeaux
오트리브 HAUTERIVES
보베르 VAUVERT
에그 모르트 AIGUES-MORTES
마노스크 MANOSQUE
베르 BERRE
닥스 DAX
살리스 드 베아른 SALIES-DE-BÉARN
살랭 드 지로 SALIN-DE-GIRAUD
마르세유 Marseille
살랭 드 로드 SALIN-DE-L'AUDE
낭시 Nancy
앵빌 오 자르 EINVILLE-AU-JARD
라뇌브빌 드방 낭시 LANEUVEVILLE-DEVANT-NANCY
바랑제빌 VARANGÉVIL
동발 쉬르 뫼르트 DOMBASLE-SUE-MEURTH

해염 혹은 암염?
해염은 바닷가 염전에서 생성되는 소금이다. 태양과 바람의 작용으로 해수에 함유된 소금을 결정화해 얻으며, 주로 지중해나 대서양 연안에서 생산된다. 암염은 지하 암맥 광산에서 추출한 소금을 지칭하며, 이는 주로 라인강과 론 강이 이루는 축과 피레네 산맥을 따라 집중되어 있다.

플뢰르 드 셀 혹은 굵은 소금?
소금의 꽃이라는 의미를 지닌 '플뢰르 드 셀(fleur de sel)'은 바닷가 염전에서만 형성된다. 해수면 위로 얇게 뜨는 소금 결정층을 해가 질 무렵이나 아침에 수작업으로 채취한다. 아삭한 식감과 섬세한 풍미가 특징인 이 소금은 음식에 직접 뿌려 간을 맞추는 데 많이 사용된다. 그로 셀(gros sel)이라 불리는 굵은 소금은 파스타 삶는 물에 넣거나 소금 크러스트를 만드는 등 주로 음식을 익힐 때 많이 사용되며, 해염이나 암염 모두 존재한다. 대서양 연안의 굵은 소금은 약간 회색을 띠며 축축한 상태이고, 지중해 연안의 해염은 천연의 흰색을 띠며 더 건조한 상태다.

관련 내용으로 건너뛰기
p.318 소금 크러스트

살랭(SALIN) 혹은 살린(SALINE)?
살랭(salin)은 프랑스 남부 지방의 바닷가 염전을 지칭한다(Salin-de-Giraud의 지명도 살랭이라는 이름에서 나왔다). 대서양 연안 지역의 염전은 살린(saline)이라 불린다. 그런데 살린(saline)은 지상에서 추출한 소금을 대량생산하는 제염 공장을 의미하기도 하니 혼동하지 않도록 한다.

염전 노동자는 팔뤼디에(PALUDIER) 혹은 소니에(SAUNIER)?
둘 다 소금을 생산하는 같은 직업이다. 단, 일하는 장소가 다르다. 지중해 지방에서는 소니에, 대서양 연안에서는 팔뤼디에라 부른다. 이들은 염전 관리와 천일염 수확을 담당한다.

가열 증발 방식(IGNIGÈNE) 이란?
바닷가 염전에서처럼 햇빛과 바람을 이용한 자연의 방식으로 건조시키거나 혹은 해저에서 끌어올린 염수를 가열해 소금을 얻는다. 이러한 과정을 거친 후 정제한 소금을 가열 증발 소금(sel ignigène)이라 부른다.

유리잔 총정리

와인이든 물이나 칵테일 혹은 브랜디를 마시든 어떤 유리잔을 사용하는가는 시음에 있어 아주 중요한 요소다. 우리가 음료를 마시고 맛을 인지할 때 이 유리잔들의 역할은 꽤 놀랄 만하다.
귈레름 드 세르발

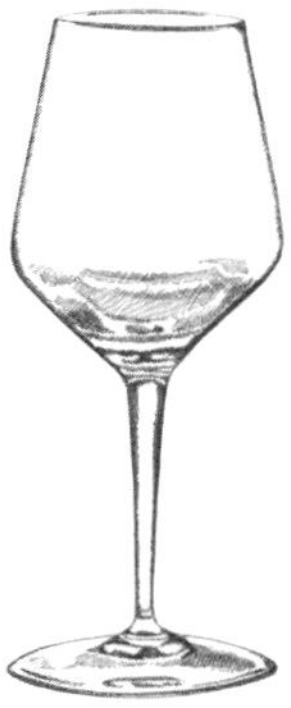

화이트 와인 잔
340ml

보르도 레드 와인 잔
560ml

부르고뉴 레드 와인 잔
700ml

코냑 / 아르마냑 잔
610ml

샴페인 플뤼트
230ml

맥주 잔
500ml

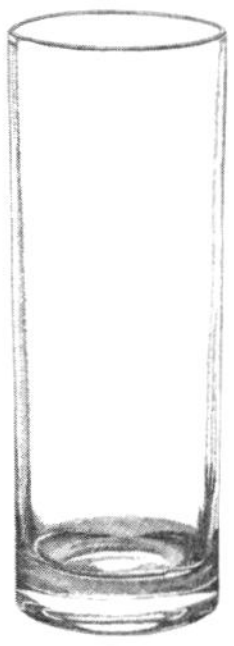

롱 드링크 잔
360ml

칵테일 잔
250ml

오드비 또는 포트와인 잔
150ml

샴페인 쿠프
230ml

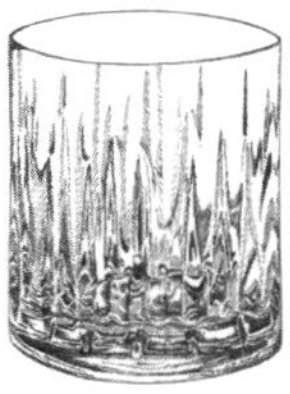

쇼트 드링크 잔
295ml

물잔
220ml

샷 잔
45ml

INAO* 공인 테이스팅용 와인 잔 215ml

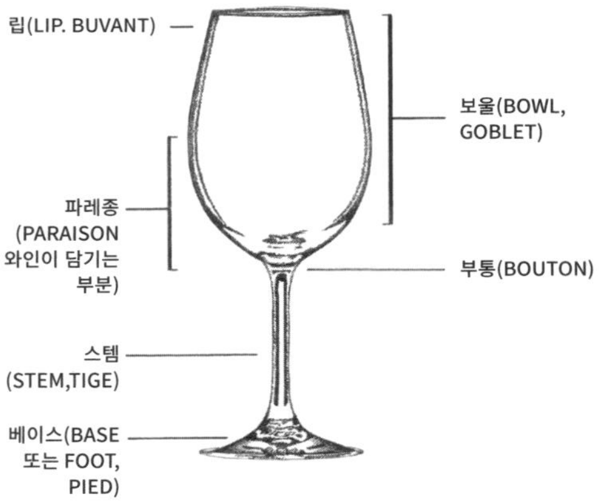
립(LIP. BUVANT)
보울(BOWL, GOBLET)
파레종 (PARAISON 와인이 담기는 부분)
부통(BOUTON)
스템 (STEM,TIGE)
베이스(BASE 또는 FOOT, PIED)

무게
글라스의 무게는 우리 감각에 꽤 큰 영향을 미친다. 묵직한 와인 잔은 와인 원형 그대로를 느낄 수 있게 해준다. 반면 아주 가벼운 와인 잔은 시음하는 와인을 더욱 우아하고 섬세하게 만들어준다.

두께
와인 잔의 둘레가 얇을수록 마시는 와인과 입술의 접촉 면이 적기 때문에 시음하는 와인 본연의 텍스처를 제대로 느낄 수 있게 해준다.

형태
좁은 형태의 잔은 와인의 향을 집중시켜주는 효과가 있다. 고개를 뒤로 조금 젖히게 되면 와인이 혀의 맨 안쪽으로 직접 닿게 되고 이로 인해 신맛과 쓴맛을 더 잘 느낄 수 있다. 넓은 형태의 잔은 와인이 공기와 접촉하는 면이 넓기 때문에 향이 더 살아난다. 마실 때 고개를 아래로 숙이게 되므로 액체는 단맛과 짠맛을 느낄 수 있는 혀의 앞 끝쪽부터 닿게 된다.

구성
유리는 규토(결정), 소다(용제), 석회(강화제)의 세 가지 요소가 융합된 결과물이다. 가정에서 캐러멜을 만드는 것을 상상해보면 쉽게 이해할 수 있다. 설탕(결정)이 베이스가 되고 여기에 물(용제)을 합하여 이 둘을 일정한 온도까지 올리는 과정과 같은 원리다.

투명도
내용물의 색깔, 필터링 상태, 침전물 및 미립자의 유무, 광도, 글리세롤 농도 등 맑고 투명한 정도를 정밀하게 관찰하려면 잔의 투명도는 가장 중요한 요건이다.

* INAO(Institut National des Appellations d'Origine), 1970년에 창설된 프랑스 농업부 산하의 국립 원산지 명칭 기구.

알고 계셨나요?

레스토랑에서 서빙하는 화이트 와인 잔은 일반적으로 레드 와인 잔보다 크기가 작다. 이는 화이트 와인의 낮은 온도를 유지하기 위함이다.

관련 내용으로 건너뛰기
p.223 와인 병 안의 행복

신박한 대체 조리법

가스불에 음식을 익히는 것은 이제 너무 흔한 일이다. 인덕션 레인지에 냄비를 올리고 오랜 시간 뭉근히 끓이는 방식도 이젠 식상하다. 전기 오븐에 닭이나 고기를 굽는 것도 더 이상 흥미롭지 않다. 요리사는 때로 정통에서 벗어난, 행복한 공상과 장난스러운 아티장 방식 그 사이 어디쯤에서 요리 방식을 만들어 발명품 대회에 출전하는 꿈을 꾼다. 이러한 순간적인 발명의 아이디어는 필요에 의해 탄생한다.

바티스트 피에게

ALU
≈ 3kg 50
45°
280° 300°
30°
65°
x 3
x 7
1h15
30L ?
200L
1m 20
min 80cm
40°

전기 주전자에 삶은 달걀

기원 : 장 필립 드렌(Jean-Philippe Derenne), 『언제 어디서나 요리하기(*Cuisiner en tous temps en tous lieux*)』 Fayard 출판, 2010

방법 : 입원한 부인에게 제공되는 병원 식사가 너무 형편없어서 궁리하던 끝에 전직 피티에 살페트리에르(Pitié-Salpêtrière) 병원의 한 호흡기병학과 과장이 고안해낸 참신한 아이디어다. 바로 주전자를 사용하는 방법이다. 신선한 달걀 한 개를 전기 주전자 바닥에 놓고 물을 채운다. 물이 끓고 전원 스위치가 꺼지면 그대로 4분간 둔다. 조심해서 건져낸다.

성공 확률 : 100%. 단, 여기에다 오믈렛을 만들려고 한다면 성공률 0%로 떨어진다.

식기세척기로 익힌 연어

기원 : 국립 식품 연구소의 물리 화학자 에르베 티스(Hervé This)가 80년대 초 옥스퍼드 대학의 물리학자인 니콜라스 쿠르티(Nicolas Kurti)에게 영감을 받아 고안해냈다. 미식 연구가이자 작가인 프레데릭 E. 그라세 에르메(Frederick E. Grasser Hermé)나 미식 저널리스트 쥘리 앙드리외(Julie Andrieu)도 이 방법을 즐겨 사용한다.

방법 : 고전적인 방법이라 할 수 있는 이 방법은 천재적인 게으름과 희한한 도구 사용 정신을 바탕으로 고안되었다. 에르베 티스는 2015년 10월 21일자 일간지 우에스트 프랑스(Ouest-France)에서 이 방법의 장점을 소개했다. "식기세척기는 낮은 온도로 일정하게 유지되므로 추가적인 에너지 낭비 없이 사용할 수 있는 아주 좋은 대안이 된다. 친환경적일뿐 아니라 맛도 있고 경제적이다." 또한 이 같은 완벽한 조합을 논리적으로 증명해낸다. "저온 조리는 생선이나 육질이 연한 고기 등 콜라겐 섬유를 갖고 있는 식품을 익히기에 아주 이상적인 방법이다. 이들 식품은 가열로 익혀 살 조직을 연하게 만들 필요가 없는 것들이기 때문이다(그러니까 행여 오래 끓여 고기를 연하게 만들어야 하는 포토푀를 식기세척기에 넣어 익히려는 생각은 아예 접으시라). 기분에 따라 넣고 싶은 양념을 한 다음(예를 들어 핑크 페퍼콘 몇 알, 딜, 올리브오일 등) 연어를 밀봉한다(밀폐 유리병 또는 냉동용 지퍼팩 사용). 식기세척기의 온도를 65°C로 설정한 뒤 1시간 15분 코스를 작동시킨다.

성공 확률 : 100%(정전 시는 예외)

자동차 엔진 치킨

기원 : 프랑수아 시몽(François Simon), 『닭살, 닭을 조리하는 200가지 방법(*Chairs de poule, 200 façons de cuire le poulet*)』, Agnès Vienot 출판, 2000.

방법 : 운전을 좋아하고 환경을 걱정하는 사람이라면 필요 충족과 편안함 두 마리 토끼를 동시에 잡을 수 있는 이 방법으로 닭을 익혀보자. 예를 들어 물랭(Moulins)쯤에서 출발하여 파리에 도착할 때쯤이면 닭은 다 익어 있을 것이다. 저널리스트 프랑수아 시몽과 전문(닭이 아니라 자동차에 관련된) 사이트인 오토블로그(Autoblog)는 이 엉뚱한 방법을 함께 고안해냈다. 이들과 같은 비전을 갖고, 같은 방법으로 시도해보자. 원하는 양념에 닭을 재우고 잘 문질러준 다음 긴 여행을 시작하기 전에 휴지시킨다. 알루미늄 포일로 꼼꼼히 감싼 뒤, 차의 엔진 옆에 잘 고정시켜 놓는다. 길이 막힐 것을 감안하여 약 4시간 정도 예상한다. 시동을 걸어 약 90°C에 이르면 준비 완료!

성공 확률 : 100%(교통상황, 차의 상태, 동승자의 평안함 등 모든 환경 조건이 협조해준다는 가정 하에).

역청에 익힌 양 뒷다리

기원 : 작자 미상. 20세기 초.

방법 : '역청 양 뒷다리 구이(gigot bitume)'라는 이름으로 알려진 이 공사 현장의 요리는 우연하게도 BTP(건물 및 공공사업 건축) 대공사가 한창이던 때에 개발되었으며 나름의 장단점이 있다. 우선 공사현장을 반드시 확보해야 한다. 양고기는 향신료로 맛을 낸 다음 알루미늄 포일로 몇 겹을 단단히 싸고(고기를 뜨거운 열로 찌듯이 익힌다고 생각한다), 다시 두꺼운 갱지 포장지로 여러 겹 싼 다음 철사로 꽉 졸라맨다. 끓는(280~300°C) 역청(타르, 또는 아스팔트)이 담긴 통에 양고기를 넣고 약 1시간 정도 충분히 익힌다. 시간은 고기 1kg당 20분 정도 잡으면 적당하다(역청이 끓을 때까지 걸리는 시간 약 2시간 정도를 추가로 감안한다). 이렇게 익힌 연한 고기는 공사 현장에서의 고된 작업을 끝내고 그냥 넘어갈 수 없는 의식과도 같은 음식이다.

성공확률 : 60%. 손이 가는 준비 작업은 미리 해두어야 한다. 그 다음은 현장 작업반장의 암묵적 협조만 확보하면 된다. 하지만 공사 현장에서 가서 이렇게 만들기란 쉽지 않다. 대안으로 역청을 직접 만드는 방법이 있긴 하다.

관련 내용으로 건너뛰기
p.179 나의 작은 양들

깡통 속의 보물, 정어리

프랑스에서는 16개의 제조업체에서 8,000톤의 정어리가 통조림으로 만들어진다. 그들 중 몇몇은 아직도 소규모 아티장 생산 방식을 고수하고 있다. 옛 전통 방식이 잘 보존된 브랜드들을 정리해본다.

사를 파탱 오코옹

라 키브로네즈
Conserverie La Quiberonnaise
Quiberon, Morbihan
창립연도 : 1921
3대에 걸쳐 순수 아티장 방식의 100% 수작업으로 통조림을 제조해내고 있다.

라 페를 데 디외
Conserverie la Perle des Dieux
Saint-Gilles-Croix-de-vie, Vendée
창립연도 : 2004
방데 지방의 유일한 아티장 통조림 제조 업체. 창립 초기부터 제조년도를 붙인 정어리 통조림을 생산해내고 있다.

라 콩파니 브르톤 뒤 푸아송
Conserverie Furic
Saint-Guénolé, Finistère
창립연도 : 1920
정어리 통조림에 유기농 올리브오일을 사용한 최초의 제조업체 중 한 곳이다.

라 벨일루아즈 레 루아양 생 조르주
Conserverie la Belle-Iloise
Quiberon, Morbihan
창립연도 : 1932
최고의 명가 중 하나로 꼽히는 이 제조업체는 다양한 레시피의 정어리 통조림 메뉴를 개발해 66개의 매장에 제공하고 있다.

레 무에트 다르보르 라 몰레네즈
Conserverie Gonidec
Concarneau, Finistère
창립연도 : 1959
통조림 시리즈를 한정판으로 출시한 최초의 제조업체. 이 브랜드의 제품 중 몇몇은 현재 진정한 예술품의 가치를 지닐 정도가 되었다.

라 푸앵트 드 팡마르
Conserverie Chancerelle
Douarnenez, Finistère
창립연도 : 1920
세계에서 가장 오래된 통조림 제조업체인 메종 샹스렐(maison Chancerelle)에서 출시한 고급 라인 통조림 브랜드이다.

정어리 통조림 제조 과정

5월~10월 중 어획한 정어리를 소금을 넣은 염수에 담근다. 내장을 제거한 다음 깨끗이 씻어 말린다. 해바라기유에 튀긴 다음 건져 목 부분과 꼬리를 깔끔하게 자른다. 정어리를 건조시킨 다음 머리 쪽과 꼬리 쪽을 엇갈리게 해서 깡통에 채워 넣는다.

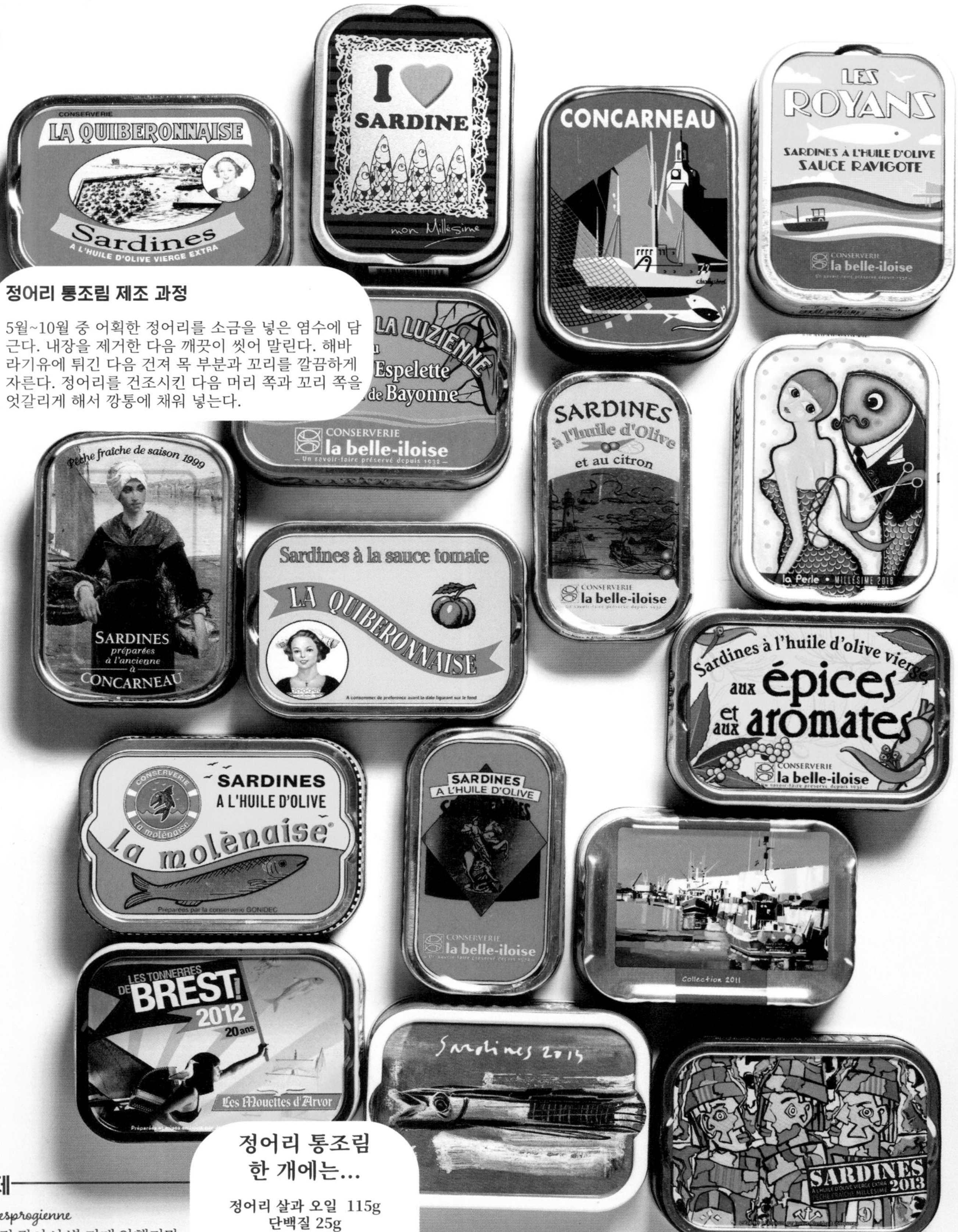

CONSERVERIE LA QUIBERONNAISE
Sardines
A L'HUILE D'OLIVE VIERGE EXTRA
I SARDINE
mon Millésime
CONCARNEAU
LES ROYANS
SARDINES A L'HUILE D'OLIVE
SAUCE RAVIGOTE
CONSERVERIE la belle-iloise
LA LUZIENNE
Espelette
de Bayonne
la belle-iloise
SARDINES à l'huile d'Olive et au citron
la belle-iloise
Pêche fraîche de saison 1999
SARDINES préparées à l'ancienne à CONCARNEAU
Sardines à la sauce tomate
LA QUIBERONNAISE
la Perle MILLÉSIME 2016
Sardines à l'huile d'olive vierge aux épices et aux aromates
la belle-iloise
SARDINES A L'HUILE D'OLIVE
la molènaise
Préparées par la conserverie GONIDEC
SARDINES A L'HUILE D'OLIVE
la belle-iloise
Collection 2011
LES TONNERRES DE BREST! 2012 20 ans
Les Mouettes d'Arvor
Sardines 2015
SARDINES 2013

정어리 통조림 한 개에는...

정어리 살과 오일 115g
단백질 25g
지방 15g
250kcal

정어리 파테

데프로주 스타일 *à la Desprogienne*

"이 요리로 대박을 쳤습니다. 너무 평범한 것 같아서 별 기대 안했지만, 정말 맛이 좋고 근사한 음식이죠" - 피에르 데프로주 Pierre Desproges

정어리 캔(Dieux de Saint-Gilles-Croix-de-Vie) 2개
방데(Vendée)산 가염버터(이 지방의 정어리에 익숙함) 150g
토마토 페이스트 넉넉히 1테이블스푼
케첩 넉넉히 1테이블스푼
레몬즙 1개분
타라곤 잎 10장
소금
후추
칠리 페이스트
펜넬 씨 으깬 것 약간
파스티스 1티스푼
차이브(서양실파) 약간

정어리를 으깬 다음 재료를 모두 섞는다.
테린 용기에 담아 냉장고에 넣어둔다.
놀랍지 않나요?

브로일러에 구운 정어리

미츠코 자하르 *Mitsuko Zahar*

예리한 미각을 가진 일본인 친구 미츠코 자하르가 어느 날 알려준 레시피다. 정어리 통조림을 풍미 가득한 생선구이로 변신시킬 수 있는 초간단 레시피를 소개한다.

오븐을 브로일러 모드로 설정하고 예열한다. 정어리 캔을 딴 다음 그 안의 기름을 덜어낸다. 대신 질 좋은 올리브오일을 두르고 간장을 몇 방울 넣는다. 편으로 썬 마늘을 몇 조각 얹은 뒤 브로일러에서 5분간 굽는다. 오븐에서 꺼낸 뒤 레몬즙을 짜 뿌리고 레몬 제스트도 갈아 뿌려준다.

관련 내용으로 건너뛰기
p.316 또 국수야!

파리 최고의 정어리 통조림 전문 매장 '라 프티트 샬루프(La Petite Chaloupe)'의 주인장이자 정어리 캔 수집가 알랭 부탱(Alain Boutin)에게 감사를 전합니다.
7, boulevard de Port-Royal, 파리 13구.

타르타르에 대하여

베지테리언, 비건이 점점 많은 각광을 받고 있긴 하지만, 날고기를 다진 타르타르(tartare)는 프랑스뿐 아니라 전 세계의 비스트로에서 빼놓을 수 없는 메뉴다. 신선한 살코기 애호가들을 위한 정보를 공개한다.

델핀 르 푀브르

기원
유목민족인 타르타르인들에 의해 이미 레시피가 만들어졌다고 전해진다. 이들은 주로 말고기를 안장 밑에 놓고 연하게 한 다음 이 음식을 만들어 먹었다고 한다. 1876년 스테이크 타르타르는 쥘 베른의 소설 『황제의 밀사(*Michel Strogoff*)』를 무대에 올린 연극에서 메뉴로 등장했다. 제2막, 5장, 한 영국 기자는 잘게 분쇄한 고기와 달걀로 만든 파테인 쿨바트(Koulbat)를 추천한 타르타르인 호텔 직원과 입씨름을 한다. 같은 시기에 벨기에와 프랑스 북부 지방에서는 이와 비슷한 레시피의 음식이 등장했고 '필레 아메리켕(filet américain)'이라고 불렸다. 이것은 생 말고기를 칼로 잘게 썰어 마요네즈로 양념한 것이었다. 현재는 대부분의 경우 다진 생 소고기로 만든다.

★★★

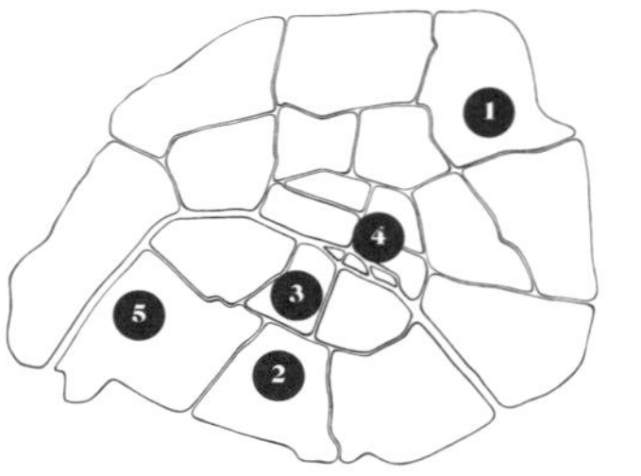

1
2
3
4
5

파리의 베스트 비프 타르타르

1. 라 타블 드 위고 데누아예(La table d'Hugo Desnoyer) : 우둔살로 만든 비프 타르타르 최소 250g. 파리 19구.

2. 르 세베로(Le Severo) : 칼로 잘게 썬 다음 통 케이퍼로 양념한 비프 타르타르. 350g. 파리 14구.

3. 라 로퉁드(La Rotonde) : 냉장한 분쇄기로 다진 타르타르. 양념은 순한 맛, 강한 맛, 아주 매운맛 세 종류 중 원하는 것을 고를 수 있다. 파리 6구.

4. 르 비프 클럽(Le Beef Club) : 칼로 다진 소고기 타르타르 180g. 흰 미소된장과 위스키로 만든 양념에 재워둔다. 파리 1구.

5. 르 그랑 비스트로 드 라 뮈에트(Le Grand Bistro de la Muette) : 오브락(Aubrac) 비프를 칼로 다져 만든다. 말린 토마토와 파르메산 치즈를 넣은 이탈리안 스타일. 16구.

1938

프로스페르 몽타녜의 '라루스 가스트로노미크(Larousse Gastronomique)' 초판에는 타르타르 스테이크(bifteck à la tartare)의 공식화된 레시피가 명시되어 있다. "안심이나 채끝 등심 부위의(소)고기를 다진 뒤 소금, 후추로 간을 해 잘 섞고 모양을 잡아 날것으로 서빙하는 것을 타르타르 스테이크라고 명명한다. 생 달걀노른자는 고기 위에 얹고, 케이퍼와 양파, 다진 파슬리는 따로 서빙한다."

레시피

고기
소의 안심 끝부분(1인당 150~180g), 칼로 썰어 씹히는 식감을 좋게 한다. 어떤 이들은 쉽게 씹을 수 있도록 잘게 다지는 것을 선호한다.

양념
달걀노른자, 타바스코 몇 방울, 우스터 소스, 잘게 썬 파슬리, 잘게 다진 코르니숑과 케이퍼, 머스터드, 샬롯, 올리브오일 한 바퀴.

플레이팅
고기에 양념을 모두 섞어서 서빙하거나, 고기를 가운데 놓고 빙 둘러 양념을 배치해 스스로 양념을 섞을 수 있도록 플레이팅한다.

곁들임 음식
프렌치프라이, 그린 샐러드

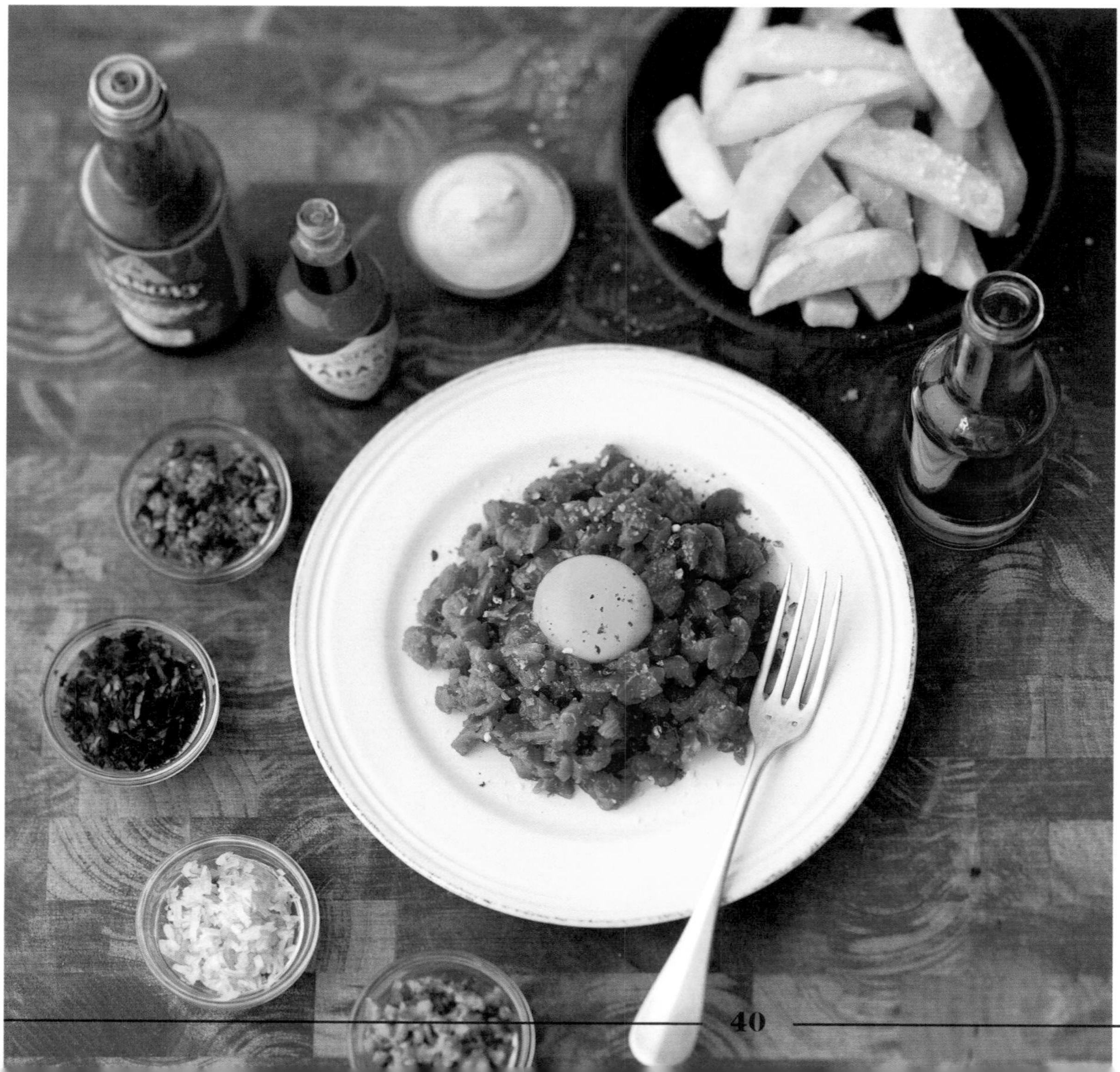

절대 안 돼요!

달걀노른자를 껍데기에 담아 고기 위에 얹기 :
달걀 껍데기에서 박테리아가 옮겨질 수 있다.

타르타르를 미리 만들어 놓기 :
고기는 서빙 바로 직전에 썰거나 다져야 산화되지 않는다.

고기를 너무 잘게 다지거나 분쇄하기 :
구멍이 큰 절삭망을 사용해 분쇄한다.

역 근처에서 먹는 타르타르 스테이크
미셸 트루아그로 Michel Troisgros
로안(Roanne)역 바로 앞에 위치한 르 상트랄(Le Central)에서 맛볼 수 있다. 다진 우둔살에 일명 '지옥의 소스(토마토, 피망, 고수, 커리, 큐민, 카다멈, 오렌지)'와 마요네즈를 넣어 양념한다. 케이퍼, 코르니숑, 파슬리, 잘게 썬 샬롯이 곁들여 서빙된다.

관련 내용으로 건너뛰기
p.46 말고기 이야기

캔디드 프루츠

LA CLÉMENTINE CORSE
LA FRAISE DE CARPENTRAS
L' ABRICOT DU BARROUX
LA FIGUE DE COTIGNAC

달콤한 당과류 간식으로, 디저트나 음식의 재료로 혹은 장식용으로 사용되는 당절임 과일인 캔디드 푸르츠(혹은 과일 콩피 fruit confit)는 만드는 시간이 오래 걸리고 공도 많이 드는 소중한 음식이다.

마리 로르 프레세

역사

고대부터 알려진 과일 콩피는 중세에는 '방에서 먹는 향신료'라고 불리는 주전부리 간식에 해당하는 것으로, 식사가 끝난 하객들이 방으로 갈 때 갖고 가던 작은 사탕이나 과자 종류를 지칭했다. 이것들은 소화를 돕는 데 도움이 되었다고도 전해진다. 과일을 설탕에 조리는 이 당과류 제조법은 르네상스 시절에 더욱 발전했는데, 이는 과일을 생으로 먹는 것을 꺼리는 풍조가 있었기 때문이다. 잼 만들기에도 일가견이 있었던 예언가 노스트라다무스는 자신의 저서 『화장품과 잼 개론(*Traité des fardements et confitures*)』에서 수분 없이 바싹 조리는 법(confiture sèche)에 대한 설명을 실어놓았다. 당시에는 단단한 껍질이 있는 견과류뿐 아니라 심지어 채소도 설탕을 넣고 조렸다. 19세기에 파리에서는 달콤한 먹거리가 큰 인기를 끌어, 어떤 거리들은 온통 당과류 판매점으로 뒤덮이기도 했다.

테크닉

과일(통째로 혹은 작게 잘라서), 식물의 줄기, 꽃이나 뿌리 등을 뜨거운 물에 데쳐낸 다음 약하게 끓고 있는 시럽에 넣는다. 점점 설탕 농도가 높은 시럽으로 옮기며 끓여, 과일이나 식물에서 나오는 자체의 수분을 설탕 농도로 대체시켜준다. 포도, 사과, 베리류 과일을 제외하고 대부분의 과일은 모두 설탕에 조려 콩피를 만들 수 있다.

마롱 글라세

밤 생산지인 아르데슈(Ardèche)의 특산품으로, 19세기부터 본격적으로 생산되었다. 이 밤조림을 만들기 위해서는 상당한 노하우가 필요한데, 특히 여러 번 시럽에 담가 조리는 동안 밤이 쪼개지지 않도록 하는 것이 관건이다. 이 작업과정 도중 깨지거나 부서진 밤 자투리를 활용하기 위해 만들어낸 것이 바로 밤 크림이다.

캔디드 플라워

1818년 창업한 캉디플로(Candiflor)는 설탕을 입힌 꽃을 만드는 기술을 대대로 이어오고 있는 마지막 생산업체다. 이 회사의 대표 꽃 제품인 툴루즈 바이올렛(violettes de Toulouse)은 실제 생화를 사용해 만든 당과류다.

글라스 플롱비에르(La glace plombières) : 미스테리한 그 이름

이 아이스크림의 기원에 대해선 의견이 분분하다. 1858년 나폴레옹 3세가 보주(Vosges) 지방 플롱비에르 레 뱅(Plombières-les-Bains)에 기거할 당시 그 지역의 한 파티시에는 과일 콩피가 콕콕 박힌, 차갑게 굳은 크렘 앙글레즈를 서빙했다고 전해진다. 하지만 이미 그 30년 전에 이름에 's'자가 없는 '글라스 플롱비에르(glace plombière)'가 요리서에 언급된 바 있었고, '토르토니(Tortoni)'라는 파리의 한 아이스크림 가게에서 판매되고 있었다고 한다. 납(plomb)으로 된 틀에 넣어 굳힌 이 아이스크림은 그 단어를 따 플롱비에라는 이름이 붙었다고 한다. 머랭에 채울 때 주로 사용되는, 향을 낸 크림인 '크렘 플롱비에르(crème plombière)'와 혼동하지 않도록 한다.

레시피

준비 : 20분
조리 : 5분
6인분

우유 1리터
달걀 6개
설탕 300g
잘게 깍둑 썬 캔디드 푸르츠(과일 콩피) 250g
아주 질 좋은 키르슈 100ml

캔디드 푸르츠를 키르슈에 45분간 담가둔다. 달걀노른자와 설탕을 거품기로 저어 섞는다. 끓는 우유를 여기에 부어 잘 섞은 다음, 다시 전부 냄비로 옮겨 담고 잘 저으며 걸쭉하게 익힌다. 끓기 전까지 가열한 다음 크렘 앙글레즈가 주걱에 묻을 정도의 농도가 되면 건져 둔 캔디드 푸르츠를 넣고 섞는다. 아이스크림 제조기에 넣어 돌린다.

당과류의 도시, 압트 Apt

과수원이 풍부한 프랑스 남부는 과일 콩피 제조의 중심지가 되었다. 그중 압트는 14세기부터 과일 콩피를 특산물로 생산했다. 19세기부터는 영국 시장을 장악했고, 이어서 전 세계로 수출하기에 이르렀다. 1980년대까지만 해도 압트 주민의 절반은 당과류 제조업에 종사했다. 현재는 세 곳의 당과류 제조 아티장과 세 개의 대규모 제조 공장이 그 명맥을 이어나가고 있다.

캔디드 푸르츠 파운드케이크(cake aux fruits confits) : 영국의 크리스마스 푸딩(일명 플럼 케이크)에서 영감을 얻은 것으로, 럼에 절인 건포도와 캔디드 푸르츠 믹스를 넣어 만든다.
오랑제트(orangettes) : 캔디드 오렌지 필(옛날에는 오랑자 orangeat라고 불렀다)에 초콜릿을 씌운 것.
프뤼 데기제(fruits déguisés) : 과일 콩피(또는 건과일)에 아몬드 페이스트를 넣고(경우에 따라 넣지 않기도 함), 설탕, 퐁당슈거 또는 캔디 코팅을 입힌다.
세몰리나 케이크(gâteau de semoule) : 설탕을 넣은 우유에 세몰리나에 익힌 다음 과일 콩피를 넣어 만든 앙트르메.
디플로마트(diplomate) : 레이디핑거 비스퀴, 제누아즈 혹은 브리오슈 베이스에 과일 콩피와 차갑게 굳힌 크림을 채워 넣은 앙트르메. 크렘 앙글레즈와 함께 서빙한다.
폴로네즈(polonaise) : 브리오슈 파리지엔을 럼 시럽 또는 키르슈 시럽에 적신 후 가운데 과일 콩피를 섞은 크렘 파티시에를 채워 넣고 이탈리안 머랭으로 덮어준다. 아몬드 슬라이스를 뿌려 완성한다.
프티푸르(petits-fours) : 프티푸르에 장식용으로 과일 콩피를 이용한다(프티푸르는 작은 오븐이라는 뜻으로, 주로 큰 음식이나 빵 등을 구워낸 다음 남은 여열로 굽는다는 의미에서 이름을 따온 작은 사이즈의 과자 종류를 지칭한다).
칼리송 덱스(calissons d'Aix) : 아몬드가루, 멜론 콩피(또는 다른 과일)를 베이스로 하여 갸름한 나룻배 모양으로 만든 당과류. 오렌지 블러섬 워터로 향을 낸다.

관련 내용으로 건너뛰기
p.366 잼

고속도로 위의 기사 식당

국도에 서 있는 빨강과 파랑색의 이 푯말을 한 번쯤은 본적이 있을 것이다. 운전기사들이 매일 식사를 하는 구내식당이라 할 수 있는 도로 상 레스토랑의 표지다. 이곳은 길을 조금 돌아가더라도 들러볼 만하다. 소박하고 맛있으며 가격도 합리적인, 마음과 몸을 따뜻하게 해주는 정겨운 음식이 있는 곳이다.

에스텔 르나르토빅츠

➡트럭 운전수를 뜻하던 루티에(ROUTIER)⬅

세 가지 선별 조건

도로의 기사식당이 이 유명한 표지판을 내걸 수 있으려면 기본적으로 반드시 다음 세 가지 요건을 갖춰야 한다. ❶ 점심과 저녁 모두 식당을 운영한다. ❷ 주차장을 확보해야 한다. ❸고객들이 사용할 수 있는 샤워 시설을 갖춰야 한다.

1·0·0·0

이것은 프랑스의 루티에 기사식당 가맹점 레스토랑 숫자이다.

AQP

일명 AQP라고 불리는 이 규정은 좋은 기사 식당이 갖추어야 할 요건을 명시하고 있다. 접객 서비스(Accueil), 만족할 만한 음식의 질(Qualité), 그리고 가성비(Prix)가 바로 그것이다. 이들 식당에서는 세트 메뉴로 서빙하거나 또는 주로 셀프 서비스의 뷔페 형태로 음식을 제공한다.

간략한 역사

⟶1934년, 프랑수아 드 솔리외 드 라 쇼모느리(François de Saulieu de la Chomonerie) 자작은 운전기사를 위한 레스토랑 체인인 '레 를레 루티에(Les Relais Routiers)'를 설립했다. 이는 연대 의식과 동업조합 정신을 기반으로, 소박하고 푸짐한 식사를 부담 없는 가격에 제공하는 식당들을 통합하고자 하는 목적으로 이루어졌다. 이 매장들은 외식 산업의 붉은색 안내서라는 별명이 붙은 '를레 루티에 가이드(Le Guide des Relais Routiers)' 책자에 지역별로 소개되어 있다.

⟶1970년대는 황금기였다. 이 당시 국도상의 기사 식당들은 브리지트 바르도, 잔 모로, 미셸 사르두 등 유명 스타들도 방문할 정도로 인기를 누렸다. 또한 배우 피에르 브라쇠르도 드나들었는데 그는 식사 중 지나친 과음, 그릇 깨기, 불만 사항을 고소한다고 협박하는 등의 흑역사에 이어, 5만 프랑을 기부하며 유명해지기도 했다.

⟶1974년, 인프라 건설의 발전 덕에 고속도로상에 처음으로 를레 루티에 레스토랑이 지점을 오픈한다.

⟶2014년, 를레 루티에 창립 80주년을 맞이하여 가이드북은 일반인들을 위한 스페셜 에디션을 발행한다. 책자에 소개된 1,000개의 가맹점들 중 최고의 평가를 받은 곳들은 마치 미슐랭의 별과 같은 의미의 냄비 1개 표시를 부여받게 된다. 이 를레 루티에 가이드 북에는 지도뿐 아니라 기술적 전문 용어 설명이 8개 국어로 실려 있는 등 다양한 정보가 담겨 있다.

⬩심사 및 평가⬩

자원봉사 평가단이 프랑스 전역을 다니며 규정에서 명시하는 요건들을 잘 지키고 있는가 여부 등을 심사하고, 우수한 업장에는 그에 상응한 평가를 부여한다. 이러한 평가의 목적은 루티에 식당들이 일궈온 역할을 보호하고 "기사들에게 제대로 된 맛있는 음식을 제공하고, 그들을 사랑하자"라는 모토를 지켜나가는 것이다.

아티초크 소테

케리넬(Kerisnel)*의 레시피

준비 : 20분
조리 : 35~45분
4인분

브르타뉴산 아티초크 4개
올리브오일 한 바퀴
버터 50g
줄기양파 1개
토마토 1개
소금, 후추

아티초크를 압력솥이나 찜기에 익힌 다음 4등분하고 속심지의 털을 긁어낸다. 팬에 오일과 버터를 넣고 달군다. 아티초크를 넣고 센 불에서 5분 정도 빠르게 볶는다. 소금, 후추로 간한다. 양파의 껍질을 벗기고 얇게 썬다. 토마토는 깍둑 썬다. 이 둘을 섞은 뒤 볶은 아티초크에 곁들여 서빙한다.

* Kerisnel : Saint-Pol-de-Léon(Finistère)

일 플로탕트

를레 드 생 소뵈르(Relais de Saint-Sauveur)*의 레시피

준비 : 25분
조리 : 20분
4~6인분
액상 캐러멜 100g
<u>크렘 앙글레즈</u>
달걀노른자 3개
설탕 30g
바닐라 빈 1줄기
우유 300ml
옥수수 전분 1/2 티스푼
<u>블랑 앙 네주</u>
<u>(blancs en neige)</u>
달걀흰자 4개분
설탕 1티스푼

크렘 앙글레즈를 만든다. 볼에 달걀노른자와 설탕을 넣고 거품기로 섞는다. 우선 컵에 우유를 반쯤 담고 옥수수 전분을 넣어 섞은 뒤 소스팬에 넣고 나머지 분량의 우유를 모두 붓는다.
바닐라 빈 줄기를 길게 갈라 긁어 넣은 다음 끓기 전까지 가열한다. 뜨거운 우유를 달걀 설탕 혼합물에 넣고 거품기로 잘 풀어 섞은 다음 중탕으로 약 20분간, 주걱으로 계속 저으며 익힌다. 주걱에 얇게 묻는 상태의 농도가 되면 완성된 것이다. 얼음이 담긴 큰 볼에 크렘 앙글레즈 볼을 담가 재빨리 식힌다. 식으면 냉장고에 넣어 보관한다.
오븐을 160°C로 예열한다.
블랑 앙 네주를 만든다. 달걀흰자에 설탕을 넣어가며 단단하게 거품을 올린다. 오븐용 용기 바닥에 액상 캐러멜을 부어 깔아준 뒤 거품 올린 달걀흰자를 넣고 오븐에 넣어 10분간 익힌다.
블랑 앙 네주를 인원수대로 잘라 크렘 앙글레즈를 곁들여 서빙한다.

* Relais de Saint-Sauveur : Saint-Sauveur-d'Emalleville(Seine-Maritime)

레시피는 모두 『레 루티에(*Les routiers*)』에서 발췌했음. Isabel Lepage 저, Tana 출판

RICOCHET

p.384 맛집 로드, 7번 국도

카탈루냐식 미트볼, 볼레 드 피콜라트

미트볼은 프랑스의 미식 메뉴의 대표 주자라고는 볼 수 없다. 물론 알자스 지방에 가면 유대식 돼지 간 미트볼인 리베르크네플러(Lewerknepfle)를 맛볼 수 있지만, 제대로 된 전통 미트볼을 맛보려면 피레네 산맥 아랫자락까지 가야 한다.
피에르 브리스 르브룅

볼레 드 피콜라트(boles de picolat)는 다진 고기로 만든 카탈루냐식 미트볼이다(picolat는 카탈루냐어로 '잘게 다진 고기'를 뜻한다). 이 미트볼은 매콤한 토마토 소스, 흰 강낭콩, 포치니 버섯 또는 잣과 그린 올리브 등과 함께 서빙된다. 이 지방 사람들은 집집마다 이 요리의 고유 레시피를 갖고 있지만, 돼지고기와 소고기 간 것을 반반씩 섞어 만든 게 제일 중요한 포인트라는 데는 이견이 없다.

레시피

준비 : 2시간 30분
조리 : 2시간 30분
5~6인분
흰 강낭콩 800g
부케가르니 1개
마늘 2톨(미트볼 혼합용)
파슬리 1 작은 다발
월계수 잎 몇 장
우유
올리브오일 약간
마늘 2톨(토마토 소스용)
굳은 빵 슬라이스 1장
소고기 다짐육 350g
돼지고기 다짐육 350g
베이컨(깍둑 모양으로 잘게 썬다) 125g
마른 포치니 버섯 200g
달걀 2개
양파 2~3개
소금, 후추
토마토 과육 5개분(약 1.5kg)
씨를 뺀 그린올리브 200g
(통조림 제품의 경우 잘 헹궈 사용한다)
칠리가루 또는 계핏가루 약간

하루 전날, 강낭콩을 물에 담가 불린다(베이킹소다를 조금 넣으면 더 소화가 잘 된다). 당일, 냄비에 콩을 넣고 소금물을 재료가 잠길 만큼 넣은 다음 부케가르니를 넣는다. 뚜껑을 덮고 1시간 30분간 삶는다. 볼에 따뜻한 우유를 넣고 마른 포치니 버섯을 넣어 말랑하게 적신 뒤 건진다. 여기에 마른 빵을 넣어 적신다. 다른 볼에 고기와 잘게 찢은 빵, 달걀, 다진 마늘, 잘게 썬 파슬리를 넣고 손으로 섞는다. 소금, 후추로 간한다. 팬에 올리브오일을 두른 뒤 잘게 썬 양파를 넣고 노릇한 색이 나도록 볶아 망에 건져 물기를 빼둔다. 마늘과 베이컨 라르동을 넣고 볶는다. 껍질을 벗기고 씨를 제거한 토마토 과육을 4등분으로 잘라 팬에 넣어준다. 버섯과 양파도 넣고 걸쭉한 상태로 졸인다. 손에 물을 묻힌 뒤 지름 5~6cm 크기의 미트볼을 빚는다. 팬에 올리브오일을 조금 달군 뒤 미트볼의 겉면을 고루 지진다. 미트볼을 토마토 소스에 넣고 끓인다. 강낭콩, 월계수 잎, 올리브, 칠리가루 또는 계피를 넣는다. 약한 불로 1시간 정도 뚜껑을 닫고 익힌다. (불이 너무 세면 미트볼이 건조해질 수 있다). 소스에 코냑 100ml를 넣는 것도 나쁘지 않다고들 말한다. 각자의 취향대로 만든다.

본토의 맛을 살리려면...
이 레시피에는 카스텔노다리(Castelnaudary)의 흰 강낭콩(petits lingots), 비고르(Bigorre)산 가스코뉴 돼지고기, 트레봉(Trébons)의 스위트 양파를 사용하면 가장 좋다. 콜리우르(Collioure)나 코르비에르(Corbière) 와인, 샤토 드 조(Château de Jau)의 자자 드 조(jaja de jau)와인을 곁들이면 금상첨화다.

관련 내용으로 건너뛰기
p.345 포치니 버섯

파리의 심판

1976년, 와인 블라인드 테이스팅에서 최초로 프랑스의 와인이 미국 캘리포니아의 경쟁자들에게 패했다. 와인계의 쿠데타라 할 수 있었던 그 현장을 소환한다.
귈레름 드 세르발

일시 : 1976년 5월 24일
장소 : 파리 인터콘티넨탈 호텔
대상 : 10종의 샤도네 화이트와인과 10종의 카베르네 소비뇽 레드와인(각각 프랑스 와인 4종, 캘리포니아 와인 6종) 블라인드 테이스팅. '각 와이너리를 대표할 수 있는 와인'이라는 기준에 맞춰 두 명의 주최자가 선별한 와인들이 출품되었다.

주최자
스티븐 스퍼리어 Steven Spurrier
영국 와인상, 파리의 와인숍 '카브 드 라 마들렌(Caves de la Madeleine)' 오너.
파트리시아 갈라게르 Paticia Gallagher
이 행사 당시 와인 아카데미(Académie du Vin) 회장.

테이스팅 심사위원
클로드 뒤부아 미요(Claude Dubois-Millot) : 레스토랑 가이드 '고미요(Gaut & Millau)' 마케팅 디렉터
오데트 칸(Odette Kahn) : 매거진 '르뷔 뒤 뱅 드 프랑스(Revue du vin de France)' 편집장.
레몽 올리베르(Raymond Oliver) : 레스토랑 '그랑 베푸르(le Grand Véfour)' 오너 셰프.
피에르 타리(Pierre Tari) : 와이너리 '샤토 지스쿠르(Château Giscours)' 오너.
크리스티앙 반케(Christian Vannequé) : 레스토랑 '투르 다르장(la Tour d'Argent)' 수석 소믈리에.
오베르 드 빌렌(Aubert de Villaine) : 와이너리 '도멘 드 라 로마네 콩티(Domaine de la Romanée Conti)' 공동 오너
장 클로드 브리나(Jean-Claude Vrinat) : 레스토랑 '타유방(Taillevent)' 오너
피에르 브레주(Pierre Bréjoux) : INAO(국립 원산지 명칭 통제 기관) 총감.
미셸 도바즈(Michel Dovaz) : 프랑스 와인 협회

수상 와인

베스트 화이트 와인 TOP 3

1	2	3
미국	**프랑스**	**미국**
샤토 몬틀레나 Château Montelena 1973	룰로 뫼르소 프르미에 크뤼 샤름 Roulot-Meursault 1er cru Charmes 1973	샬론 비냐드 Chalone Vineyard 1974

베스트 레드 와인 TOP 3

1	2	3
미국	**프랑스**	**프랑스**
스택스 립 와인 셀러즈 Stag's Leap Wine Cellars 1973	샤토 무통 로칠드 Château Mouton-Rothschild 1970	샤토 몽로즈 Château Montrose 1970

결론 : 당일 미국의 와인들이 더 우수한 평가를 받았다.
아쉬운 점 : 프랑스의 1970년대 초반 빈티지는 특히 좋지 않았던 것으로 드러났다.
다시 보는 당시의 대결 : 랜달 밀러(Randall Miller) 감독의 2008년 영화 「와인 미라클(Bottle Shock)」, 조지 M. 테이버의(George M. Taber)의 저서 『파리의 심판(*Judgement of Paris*)』에서 자세히 재현하고 있다. 2008년 발간.

관련 내용으로 건너뛰기
p.270 보르도 vs 부르고뉴

성게, 앗 따가워!

해안가 어디서나 볼 수 있는 이 희한하게 생긴 바다의 고슴도치는 뾰족한 가시로 무장한 갑옷 속에 귀한 내면을 숨기고 있다. 이것을 잘 길들여 손에 넣으면 그 안의 섬세한 진미를 맛볼 수 있다.

마리 아말 비잘리옹

호불호가 극명한 음식
이 주황색의 생식소 한 입을 얻기 위해 만사를 제쳐놓고 덤비는 부류가 있는가 하면, 한눈에 보자마자 혐오감을 느끼는 사람들도 있으니 후자에게는 안타까울 따름이다. 짭조름한 바다 향이 나면서도 달큰한 맛을 지닌 성게만큼 복잡 미묘한 맛을 전해주는 식재료는 아주 드물다. 셰프 피에르 가녜르는 이를 두고 약간 훈연의 향이 나고, 고소한 헤이즐넛, 꿀, 심지어 피의 맛도 감지할 수 있다고 묘사한다. 또한 "아주 강렬한, 심지어는 거의 섹시한 느낌을 주는 음식"이라고도 했다. 갈리아족(Gaulois)인 프랑스인들은 이미 이 성게의 맛을 아주 좋아했다. 오늘날 프랑스에서는 세 가지 종의 성게가 주로 소비되고 있다.

맛과 색깔
대서양에서는 달콤하다, 지중해 쪽에서는 바다의 맛이다, 라고들 말한다. 사실 같은 종류의 성게라도 뜯어먹는 해초나 풀 등에 따라 그 맛이 달라질 수 있다. 성게의 먹는 부분인 생식소는 성별에 따라 달라진다. 암컷의 생식소는 선명한 오렌지색에서 짙은 붉은색을 띠고, 수컷은 색이 좀 더 연하며 어떤 것은 유백색 이리막이 덮여 있는 경우도 있다.

성게를 다루는 법
고르기 : 살아 있어야 한다. 가시가 아직 살아 움직이는 것을 고른다.
껍질 까기 : 가드닝용 장갑을 착용하고 끝이 뾰족한 가위를 준비한다. 말랑말랑한 구멍(입)으로 가위 끝을 찔러 넣고 반경을 자른 다음 빙 돌려 꽃부리 모양으로 2/3 정도 잘라낸다. 생식소는 바닥에 붙어 있는 상태 그대로 둔다.
씻기 : 그릇을 아래 받친 다음 성게의 알이 차 있는 부분을 거꾸로 들고 빠른 동작으로 아래쪽으로 털어 물과 내장을 제거한다. 혹시 알이 그릇에 떨어지면 주워 건진다.
알 꺼내기 : 작은 스푼으로 길쭉한 모양의 알(생식소)을 조심스럽게 떼어낸다. 나머지 불순물은 저절로 떨어진다.
보관 : 껍데기에서 분리되자마자 성게알은 즙을 배출한다. 먹을 때 바로 떼어내는 것이 가장 좋고, 최악의 경우 그 자리에서 바로 냉동한다.

관련 내용으로 건너뛰기
p.252 캐비아와 프랑스

비교해 봅시다

● 보라 성게

학명 : *Paracentrotus lividus*
서식지 : 아일랜드 대서양 연안, 모로코 남부 연안과 지중해
특징 : 가시를 합해 8cm를 넘지 않는다. 가시는 길고 가늘며 전투형으로 바짝 서 있다. 올리브그린에서 청동색, 짙은 분홍에서 보라색을 띤다.
맛 : 먹이에 따라 짭조름한 바다의 맛 또는 달콤한 맛이 나고 향이 진하다. 알이 통통해 안쪽을 거의 뒤덮은 경우도 종종 있다. 미식가들에게 최고의 성게로 꼽힌다.

● 과립상 가시 성게

학명 : *Sphaerechinus granularis*
서식지 : 영불해협에서 베르데곶(Cap-Vert)에 이르기까지, 지중해 연안.
특징 : 큰 것은 13cm에 달한다. 가시가 짧고 끝이 그리 뾰족하지 않으며 흰색을 띠고 있다. 투명한 가운데 성게 몸체가 흰색에서 보랏빛으로 보인다.
맛 : 크기에 비해 생식소의 크기가 작다. 당일 금방 먹을 때는 풍미가 좋으나 금세 쓴맛이 난다.

● 녹색 성게

학명 : *Strongylocentrotus droebachiensis*
서식지 : 브르타뉴에서 그린란드에 이르는 한류에서 서식한다. 주로 아이슬란드에서 수입하기 때문에 프랑스에서는 '아이슬란드 성게'라는 이름으로 팔린다.
특징 : 가시를 빼고 몸체의 지름이 8cm 정도 된다. 가시는 중간 길이이고 끝이 그리 뾰족하지 않으며 연두색에서 짙은 녹색을 띤다.
맛 : 보라 성게보다 섬세한 맛이 떨어지며, 약간 흙냄새와 풀의 향이 난다. 알이 덩어리처럼 통통하게 부풀어 오른 것은 잡은 후에 과립 사료를 먹인 것일 수도 있다. 보존이 용이하다.

성게 조리법과 팁
성게를 먹을 때 레몬은 잊자. 본연의 섬세한 맛을 해친다. 성게를 익혀야만 한다면 최소한으로 제한하자.
자연 그대로 날로 먹기 : 가장 좋은 방법이다. 잠수복을 입은 채 바위에 앉아서 물에서 바로 잡은 성게의 알을 파낸 다음, 버터를 바른 바게트 위에 날로 얹어 먹는다. 작은 포구 한구석에 카시스(Cassis)의 화이트 와인 한 병을 시원하게 담가두면 더할 나위 없이 좋다.
스크램블드 : 성게알 몇 점은 장식용으로 남겨두고 나머지에 생크림과 소금, 후추, 달걀을 넣고 섞는다. 크리미한 텍스처가 될 때까지 중탕으로 잘 저으며 익힌 다음, 깨끗이 씻은 성게 껍데기에 넣어 서빙한다.
파스타 : 생 성게알과 물 약간, 올리브오일을 넣고 블렌더로 간 다음 뜨겁게 삶은 탈리아텔레 파스타에 얹는다.
아페리티프 : 크리미한 버터와 섞어 구운 캄파뉴 브레드에 바른 다음 소금을 살짝 뿌려 먹는다.
오븐에 굽기 : 성게 껍질에 알이 그대로 붙어 있는 상태로 물과 내장을 털어 제거한 다음, 메추리알을 까서 얹는다. 브로일러 아래에 놓고 흰자가 익을 때까지 구워낸다.

에키니퀼튀르 ÉCHINICULTURE
이 단어는 성게 양식업을 뜻한다. 1982년 피에르 르 갈(Pierre Le Gall)이 자연산 성게의 고갈에 대처하기 위해 양식업을 처음 시작했다. 2006년부터 2016년까지 일 드 레(île de Ré)에서 그의 아들 이방(Yvan)은 전 세계에서 유일한 성게 양식업 종사자였다. 게다가 품종도 보라 성게였다. 그 이후로 프랑스에서는 아무도 성게 양식을 하지 않고 있다. 단언컨대, 뭔가 아이디어가 떠오르리라 생각한다...

재미있는 성게 용어 알아두기
성게(oursin) : 바다의 밤송이, 또는 바다의 고슴도치(châtaigne, hérisson de mer)라고도 부른다.
성게의 가시(radioles) : 일반적으로 가시(piquant)라고 부른다.
껍데기(test) : 가시를 제외한 성게의 껍데기 부분
생식소(gonades) : 조개나 갑각류의 먹을 수 있는 붉은 부분(corail, langues...)
입(péristome) : 입 구멍 가장자리를 둘러싸고 있는 말랑하고 통통한 부분으로 성게를 열 때 이 부분으로 가위를 넣어 자르기 시작한다.
아리스토텔레스의 등불(Lanterne d'Aristote) : 5개의 억센 이빨로 이루어진 턱 물림 부분으로 저작 기능을 한다. 기원전 345년 성게의 해부학에 심취했던 철학자 아리스토텔레스가 최초로 묘사했고 그 모양이 랜턴과 비슷하다고 하여 이 이름이 붙었다.

점점 사라지는 성게 축제
1960년부터 2011년까지 프랑스 남부 부슈 뒤 론(Bouches-du-Rhone) 지방의 코트 블루(Côte bleue)에서는 성게 축제가 열렸다. 겨울철이면 매주 일요일 수천 명의 미식가들이 대형 노천 테이블에 앉아 엄청난 양의 성게를 먹어치웠다. 바다 축제라고 이름이 바뀌면서 카리 르 루에(Carry-le-Rouet, 성게 축제의 본고장)와 소세 레 팽(Sausset-les-Pins)의 성게 축제(oursinade)만이 다시 성게 시장이 활성화될 날을 기다리며 그 명맥을 유지하고 있다.

지속 가능성
1994년 이후 마르세유(Marseille)와 마르티그(Martigues) 사이에서 10곳의 어획지가 포착되었다. 2007년에는 보라성게의 분포가 1제곱미터당 네 마리로 조사되었고, 2010년에는 1.5마리를 넘는 수준이었다. 질병과 남획이 계속되고 있지만 2015년에는 제곱미터당 마리 수가 3.7까지 올랐다.* 하지만 또 다른 위협이 드러나고 있다. 지구상의 바닷물이 급속하게 산성화됨에 따라 성게 유충의 성장에 필요한 석회질이 점차 파괴되고 있다는 점이다.

*자료 : 코트 블루(Côte bleue) 해양 수산 조합 제공.

애호가들의 어획, 엄격한 규정
할당량 : 일인당 하루에 잡을 수 있는 성게의 양은 브르타뉴의 경우 12마리, 지중해는 48마리로 제한되어 있다. 과다한 채집을 한 경우 1,500유로의 벌금이 부과된다.
시기 : 지역에 따라 9월 2일(오드 Aude) 부터 12월 15일(코르시카)에 시작되어 대개 4월 1일~30일 사이에 끝난다.
이 기간 이외에는?
22,500유로의 벌금을 징수해야 한다. 허용된 기간 이외에는 성게의 증식을 위해 보호해야 한다.

*자료 : 환경, 에너지, 해양부, 해양수산 지방법 L.945-4 3에 의거함.

특이한 동물군
극피동물(échinoderme)류에는 약 800종의 성게(échinides)뿐 아니라 사촌격인 불가사리(astéries), 해삼(holoturies) 등의 4종의 동물이 포함된다. 이들의 공통점은 5개 방향으로 방사하는 대칭 모양의 골격을 갖고 있다는 점으로, 동물계에서는 아주 특이한 경우다.

성게에 관한 속설
행운을 가져다 준다. 드루이드 신봉자들에게는 신성한 생명의 근원이며, 옛 프리메이슨 단에서는 죽음과 부활의 상징이다. 수많은 갈리아 로마 시대의 묘지에서 발굴된 성게의 화석은 오베르뉴 지방과 북부 프랑스 지역에서 수호의 상징으로 여겨진다.
최음제 효능이 있다. 요오드에 흥분제 기능이 포함되어 있긴 하지만, 조금의 실효라도 보려면 엄청난 양을 섭취해야 한다. 더욱 놀라운 것은 마리화나의 테트라하이드로칸나비놀(THC) 에 견줄 만한 행복물질이라고 알려진 아난다마이드(anandamide)가 성게에 대량 함유되어 있다는 사실이다.
색깔로 성별을 구분할 수 있다. 아니다. 지중해에서 많이 잡히는 블랙 성게는 보라 성게의 수컷이 아니라 비슷한 종류인 *Arbacia lixula*로 아주 쓴맛이 난다.
독성이 있을 수 있다. 프랑스 연안의 성게 중 어떤 것들은 냄새가 심한 것들도 있지만 독성의 위험은 없다. 오히려 뾰족한 가시가 위험하며, 아주 쓰라린 상처를 남길 수 있다.

프랑스의 성게 사랑
물론 일본에는 한참 못 미치지만 프랑스는 세계에서 두 번째로 성게를 많이 소비하는 나라다. 일본은 자국의 성게 어장이 이미 고갈된 상태이고, 프랑스도 아이슬란드에서 성게를 수입하고 있다.

성게 해부도

외피는 뾰족한 가시로 덮인 석회질 껍데기로 이루어져 있으며, 이는 수축성이 있는 관족과 세척용 집게를 감추고 있다. 안쪽에는 이빨이 있는 입과 항문을 연결하는 관이 있으며 다섯 개의 길쭉한 모양의 생식소가 방사형으로 들어 있다. 바로 이 암컷 또는 수컷 생식소 부분이 우리가 즐겨 먹는 성게알이다.

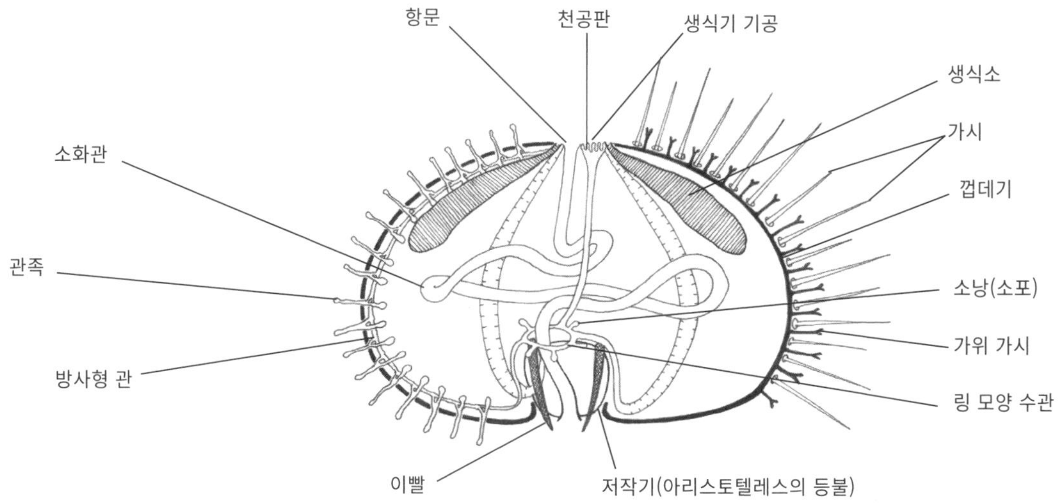
항문
천공판
생식기 기공
생식소
가시
소화관
껍데기
관족
소낭(소포)
가위 가시
방사형 관
링 모양 수관
이빨
저작기(아리스토텔레스의 등불)

성게알 스크램블드 에그

니콜라 스트롱보니 *Nicolas Stromboni*

준비 : 20분
조리 : 12분
신선한 달걀 12개
성게 16마리
버터 100g
생크림 50ml
소금, 후추

가위로 성게 껍데기를 잘라 연 다음 주황색 알을 떼어내 냉장고에 넣어둔다. 성게 껍데기를 깨끗이 헹군 다음 보기 좋은 것으로 12개를 골라둔다.
달걀을 풀어 소금을 조금 넣는다.
소스팬에 버터 분량의 반을 녹인 다음, 달걀을 붓는다. 약한 불에 올리거나 또는 중탕으로 익힌다. 거품기로 중앙에서 냄비 벽 쪽으로 저어주며 익힌다. 달걀이 걸쭉해지면 불에서 내린다. 이 뜨거운 소스팬에 나머지 버터와 생크림을 넣고 거품기로 천천히 저어준다. 스크램블드 에그에 마지막으로 성게알을 넣고 조심스럽게 섞는다. 성게 껍데기에 채운 다음 후추를 살짝 갈아 뿌리고 바로 서빙한다.

말고기 이야기

말고기에 대해서는 아주 혐오하거나 또는 그 장점을 들어가며 칭송하거나 둘 중 하나일 테지만, 이것을 좋아하는 사람은 엄연히 존재한다. 하지만 오늘날까지도 말고기를 먹는다는 것은 프랑스에 존재하는 몇 안 되는 음식 금기로 남아 있다. 말고기에 대해 자세히 알아보자.

카미유 피에라르

말고기 소비의 역사

귀족적인 가축이자 노동의 도구로 여겨진 동물인 말이 프랑스에서 실제로 식용으로 소비된 것은 19세기 후반기에 이르러서다. 가축 관리 당국은 육류 고갈과, 특히 이로 인해 노동자 계층이 입게 될 타격을 최소화하기 위해 말고기 소비를 촉진하는 홍보 캠페인을 벌였다. 하지만 상업적 목적도 있었다. 전통 정육 동업조합에 유리한 기존 판도에 변화를 일으키며 육류 시장의 자유 경쟁을 보장한다는 취지였다.

이것은 말고기 소시송, 말고기로만 만든 소시송, 말을 타고 내가 바로 만든 것 재미있는 노래네.

보비 라푸엥트(Bobby Lapointe)의 노래, *Saucisson de cheval No.1*(일부 발췌)

1855. 12.

의사와 언론인들을 초대하여 최초의 말고기 연회를 개최했다. 말고기의 영양학적 장점과 요리로서의 좋은 점을 소개하는 자리로, 모든 메뉴가 말고기만으로 구성되었다. 이 홍보 캠페인은 오노레 도미에(Honoré Daumier) 등의 화가들에게 풍자적인 작품 소재를 제공하며 큰 비난을 불러 일으켰다.

1866

나폴레옹 3세는 말고기 판매를 합법화했고, 프랑스 최초의 말고기 정육점이 낭시(Nancy)에 처음 등장했다.

1870

전쟁과 식량 기근으로 인하여 말고기를 꺼리는 풍조가 점점 사라졌다.

1911

프랑스에서 말고기 소비가 가장 많았던 전성기였다.

1914–1920 1939–1947

전쟁과 전후의 빈곤으로 인해 다른 고기보다 저렴한 가격의 말고기의 소비가 늘어났다.

1966부터

경제 발전과 호황으로 말고기 소비는 급속히 줄어들었다.

1970 이후

말고기는 총 식육 소비량의 2%를 차지하는 데 그치고 있으며, 이 수치는 2013년에는 0.4%까지 떨어진다.

역설적인 말고기 업계
프랑스의 말고기 애호가들은 대부분 승용마의 붉은 고기를 소비하고 있지만, 프랑스에서는 주로 견인마종 어린 망아지의 핑크색을 띤 살을 생산해 이탈리아나 스페인으로 수출하고 있다. 이런 이유로 1950년 이후 말고기 수요는 반 이상이 수입육으로 채워지고 있다. 이들 중 일부는 유럽(벨기에, 폴란드)에서 들여오는 말들이고, 또 다른 일부는 미주(캐나다, 아르헨티나, 멕시코)에서 수입하는 고기다.

프랑스에서의 생산량
2014년 말 종류 도축 수 17,100마리의 분포는 다음과 같다.

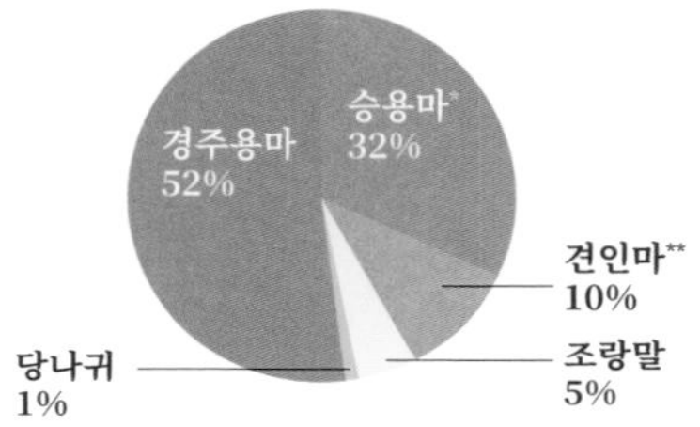

경주용마
52%
승용마*
32%
견인마**
10%
조랑말
5%
당나귀
1%

* 기수가 올라타는 승마용 말
** 마차나 무거운 짐을 끄는 노동력을 이용하는 말
자료
- 프랑스 농수산협회 – IFCE – SIRE, 2015
- 말 업계 주요 자료(L'essentiel de la filière équine française 2015)

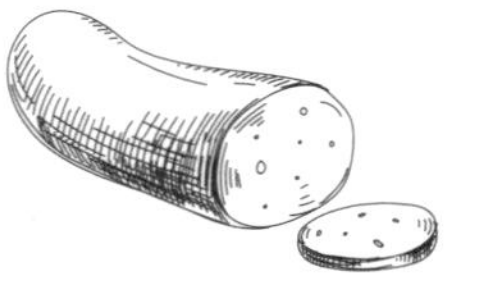

지역 특산 말고기 요리

역사적으로 볼 때 말고기 소비가 특히 많았던 곳은 노동자들이 밀집되어 있던 도시 지역으로 특히 파리와 프랑스 북부 노르 파 드 칼레(Nord-Pas-de-Calais) 지방이다. 따라서 많은 말고기 요리가 이곳에서 탄생했다.

플랑드르식 카르보나드 carbonade flamande : 프랑스 북부와 벨기에의 플랑드르 지방 대표 요리로 맥주에 말고기(또는 소고기)를 넣고 뭉근하게 익힌 스튜의 일종이다.

말고기 타르타르 steak tartare : 파리의 브라스리에서 첫선을 보인 음식으로 소고기를 '타르타르(tartare)'라고 이름 붙인 데서 온 것이며 생 말고기를 칼로 다진 것이다. 러시아 카자크와 타르타르인 기병에서 따온 이름으로, 이 기수들은 소금에 절인 생 말고기 안심을 자신들이 탄 말 허리와 안장 사이에 놓고 연하게 만들었다고 전해진다.

베르시 등심 스테이크 entrecôte Bercy : 처음에는 파슬리와 크레송과 함께 구운 말고기 스테이크 한 조각을 의미했다. 화이트 와인, 샬롯, 레몬으로 만든 소스와 함께 서빙되었던 이 음식은 베르시(Bercy)라는 이름의 파리 지역 와인상들이 주 소비자였다. 이 지역은 19세기부터 20세기 초기까지 유럽 최대의 와인 및 양주 판매 시장 중 하나였다.

로스비프 rossbif : 영국식 로스트 비프와는 전혀 관련이 없다. 로스(ross)는 옛 알자스어로 '말'을 뜻한다. 오랜 시간(3~4일) 마리네이드한 말고기를 익힌 뒤 소스와 함께 내는 요리다.

말고기 소시송 saucisson de cheval : 전형적인 파 드 칼레(Pas-de-Calais) 지역의 특산 음식으로 창자에 말고기(때로는 훈제육)와 지역별로 개성있는 양념을 넣어 만든다. 적갈색의 건조 소시지로 파스타나 브리오슈에 곁들여 먹거나 차갑게 빵 위에 얹어 먹기도 한다.

말고기의 어떤 부위를 먹나요?

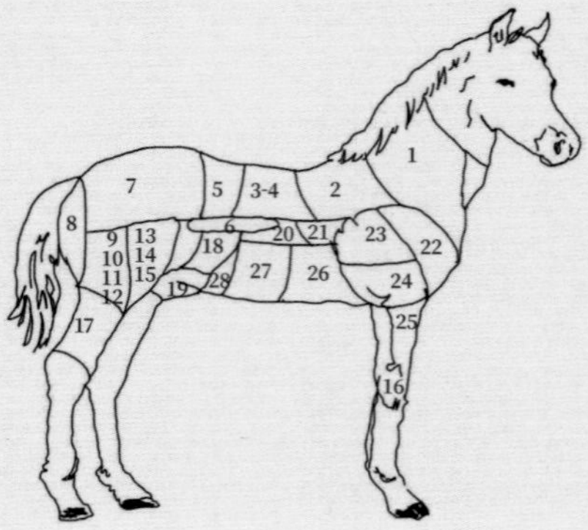

1: 목심 collier
2: 윗등심 Basse côte
3-4: 뼈등심, 등심 côte à l'os, entrecôte
5: 채끝등심 faux-fillet
6: 안심 filet
7: 우둔살 rumsteck
8: 우둔(홍두깨살, 삼각살) rond de gîte
9-10-11-12: 설도(보섭살, 도가니살, 홍두깨살) tende de tranche, dessus de tranche, poire, merlan
13-14-15: 설도 plat de tranche, rond de tranche, mouvant
16: 정강이 jarret
17: 치마살 bavette d'aloyau
18: 치마양지 bavette de flanchet
19: 설도(도가니살) araignée
20: 안창살 hampe
21: 토시살 onglet
22-23-24-25-26-27-28: 부채살, 부채덮개살, 양지 palette de macreuse, maceuse, paleron, salière, gros bout de poitrine, poitrine, flanchet

관련 내용으로 건너뛰기
p.254 파리 포위전

단어와 요리

Des Mots & des Mets

취할 수만 있다면

술에 취한다는 황홀함은 우리를 조용하고 점잖은 절제로부터 탈출하게 만들어 공중 위로 붕 뜨는 듯한 기분을 갖게 한다. 달콤하고도 강렬한 이 느낌은 근심을 잊게 하고 즐거움을 선사할 뿐 아니라 우리를 사랑에 빠지게 한다. 이러한 감정의 흥분은 극도의 만취에 이르기 전, 사랑에 흠뻑 취하게 만드는 행복한 상태로 빠져들게 한다.

오로르 뱅상티

조금 Un peu

슬그머니 취기가 오르며 천천히 행복감이 상승하고 긴장이 풀리기 시작하는 단계. 얼근하게 취한 상태를 뜻하는 형용사 '퐁페트(pompette)'는 15세기부터 사용되어온 동음이의어 '퐁퐁(pompom 리본 매듭 또는 방울솔을 지칭한다)'의 부드럽고도 동글동글한 느낌을 연상케 한다. 이는 '뒤 퐁퐁 오 네 (du pompom au nez 직역하면 '코에 달린 퐁퐁 방울', 우리말 표현으로는 '술에 취한 딸기코'라는 의미와 비슷)'라는 표현이 변형된 것으로 알딸딸하게 취해 코가 자줏빛으로 변해 있는 상태를 의미한다. 또한 라블레의 작품에서도 우리는 비슷한 뜻의 '네 아 퐁페트(nez à pompette 취기가 올라 벌겋게 된 코)'라는 표현을 찾아볼 수 있다. 하지만 '퐁페트'라는 단어는 어느 정도의 품위를 지키고 있다. 딱 적당하게 긴장이 풀린 상태, 샴페인의 기포가 주는 기분 좋은 릴렉스 등 저녁 파티의 시작 단계라고 볼 수 있다.
또한, 퐁페트의 딸기코와 더불어 라 메슈 드 레메셰(la mèche de l'éméché 살짝 오르는 취기의 타래)'가 천천히 우리의 머리를 어지럽힌다. '에메셰(émécher)'라는 동사는 때로 '머리카락을 타래로 묶다(mettre des cheveux en mèches)'라는 뜻으로도 쓰이는데, 이 부차적 의미를 얼큰하게 취한 음주자의 헝클어진 취기와도 연계지어볼 수 있다.

많이 Beaucoup

프랑스어로 '스 부레 라 괼(se bourrer la gueule 직역하면 입을 가득 채우다. 실컷 먹다. 하지만 일반적으로 '술에 취하다' 라는 의미로 사용된다)'이라는 표현이 반드시 알코올 섭취만을 특정하는 것은 아니다. 많은 양의 음식으로도 입과 위를 가득 채울 수 있기 때문이다. 그럼에도 불구하고 현대 프랑스어에서 이 표현은 그 어떤 고형의 음식 섭취도 포함하지 않는다. 우리가 만취하는 것, 즉 은유적으로 말해 몸이 빵빵해질때까지 가득 채워진 상태에 이르는 것은 바로 입안이 흠뻑 차도록 술을 마시기 때문이다. 몸이 액체로 채워지는 것이 뚜렷이 보이지는 않지만 배는 점점 불러오기 마련이다. 이렇게 되면 우리는 공처럼, 포환처럼, 구슬처럼 완전히 둥글거나 혹은 드럼통(comme une barique)이나 삽의 끝(comme une queue de pelle) 처럼 빵빵하게 부풀어 오른다. 즉 완전히 취한 상태가 되는 것이다(complètement rond).
프랑스어 수(soûl)는 배가 부르도록 실컷 먹고 마신 상태를 뜻하는 형용사다. 이 단어는 '충분한, 포식한'이라는 의미의 라틴어 사툴루스(satullus)에서 유래했는데 시간이 흐르면서 점점 술을 마시는 쪽으로 초점이 맞춰졌다. 프랑스어로 '술에 만취하다(soûl)'라는 표현에 등장하는 비유의 대상으로는 당나귀, 돼지, 폴란드인, 그리고 포도밭에서 포도를 포식하여 흥이 넘치는 개똥지빠귀 등이 등장한다(être soûl comme une âne, un cochon, un Polonais ou une grive).

열정적으로 Passionnément

이미 17세기부터 프랑스인들은 과도하게 술을 많이 마신 사람을 가리켜 '익었다(cuit)'라는 표현을 사용했다. '만취'라는 뜻의 '라 퀴트(la cuite)'는 요리에서 따온 단어로 알코올이 음주자를 익을 정도로 뜨겁게 데우는 이미지를 나타내준다. 우리가 술을 마시는 것을 마치 오븐을 데우는 것처럼 표현하는 것이다. 따라서 이것이 과도해질 경우 '라 그로스 퀴트(la grosse cuite 심한 만취)'라고 부르는 것은 전혀 놀랍지 않다. '프랑드르 윈 비튀르(prendre une biture 만취하다)'라는 표현의 유래는 두 갈래로 나뉜다. 은어로 사용되는 이 표현의 첫 번째 기원은 해병들의 입장에서 살펴볼 수 있는데 이것은 아마도 배를 정박하기 위한 계주(bittes d'amarrage)에서 온 말일 것이다. 수 주간에 걸친 긴 항해를 마친 뒤 항구에 정박한다는 것은 멋진 동반자 그리고 술이 함께 있는 축제와 동의어라고 할 수 있다. 좀 더 고전적인 두 번째 기원으로는 '술을 마시는' 행위를 뜻하는 '부아튀르(boiture, 라틴어로 '마시다'라는 의미의 'bibere'에서 유래)'가 변형된 것으로 유추해볼 수 있다. 15세기에 이 단어는 주류, 또는 폭음을 지칭하는 단어로 사용되었다. 폭음에 빠지면(se prendre une biture) 이미 절제할 수 없는 상태가 된다. 또 다른 표현으로는 '스 메트르 윈 라스(se mettre une race 폭음하다)'가 사용되기도 한다.

매력적인 옛날식 표현 Un charme désuet

지금은 많이 통용되지 않지만 프랑스어의 오래된 단어 중에는 오로지 그 소리가 주는 매력 때문에 사용하고 싶어지는 것들이 몇몇 있다. 예를 들어 "어제 저녁, 우리는 화끈하게 폭음(ribote)을 했다."라는 문장에서 우리는 어느 일요일 오후가 끝나갈 무렵 친구들이 모여들고 맛있는 소스의 양고기 요리와 셀러에서 꺼내온 좋은 와인들이 있는 식탁의 장면을 쉽게 상상할 수 있을 것이다. '폭음하다'라는 의미로도 쓰이는 '페르 리보트(faire ribote)'라는 표현은 레이스 테이블보를 깐 식탁 위에서 음식과 술을 실컷 마시며 즐기는 성찬을 뜻한다. 독일어 사촌격인 리보(ribaud) 는 이보다 훨씬 더 강도가 센 것으로 우리의 일요일을 더 음란한 방탕과 폭음으로 흔들어놓을 것이다. 리보데(ribauder ribaud는 방탕한 사람이라는 뜻)는 비벼대다(se frotter), 천하게 품위가 떨어지다(s'encanailler)라는 의미를 내포하고 있다. 따라서 이 단어들은 혼동하지 말아야 한다. 하지만 저녁 술자리가 이 정도 수위로 발전될 수도 있긴 하다....

이런 프랑스어 표현도 있어요

→ **Prendre une chicorée**(술에 취하다)

→ **Prendre une maculature**(술에 취하다. maculature는 본래 여분의 잉크를 초과 흡수한 손지를 뜻하는 인쇄업자들의 은어이다)

→ **Prendre une ronflée** (만취하다)

→ **S'arsouiller**(폭음으로 방탕한 사람이 되다)

★

베르시, 알퐁스 뮈르즈 거리

18세기 루이 14세가 집권하던 시절, 파리 베르시(Bercy) 지역에는 최초의 와인 저장 창고들이 세워졌고 프랑스 혁명이 끝난 이후에는 와인 시장이 번성하게 되었다. 당시 이 지역에서는 세계에서 가장 큰 와인 거래 시장이 열렸으며 와인 소비 또한 폭발적으로 증가했다. 이러한 배경으로 베르시라는 지명이 사용된 몇몇 표현들이 생겨나게 되었다. être né sur les coteaux de Bercy (직역하면 '베르시 언덕에서 태어나다'라는 뜻으로 주량이 엄청난 술고래를 지칭하는 표현이다), avoir la maladie de Bercy (직역하면 '베르시 병이 있다'라는 뜻으로 알코올 중독자 또는 만취한 사람의 상태를 가리킨다), tenir une bonne bersillée (매우 심하게 취하다) 등을 예로 들 수 있다. 아는 이들이 많진 않지만 프랑스어 동사 se murger (술을 많이 마시다라는 의미로 쓰인다)도 이 동네인 알퐁스 뮈르즈(Alphonse-Murge) 거리에서 유래한 단어이다.
베르시 와인 저장 창고에서 가까운 알퐁스 뮈르즈 가를 배경으로 술에 취한 주당들의 추태를 지칭 표현이 생겨났다. 근처 카바레에서 취하도록 술을 마신 사람들이 '뮈르즈 가의 벽을 따라 걷다 (longer les murs de la rue Murge)'라는 표현이 대표적이다. 이 거리의 담장 벽들은 아마도 노상방뇨를 하는 사람(faire place à la verre de vin 문자 그대로 직역하면 '와인 한잔을 위한 자리를 만들다', 즉 '오줌을 누다'라는 의미), 토사물을 쏟아내는 사람(piquer un renard), 벽에 부딪치며 갈지자로 휘청거리는 사람들 (battre les murailles 벽에 부딪치다, 지그재그로 걷다)로 몸살을 앓았을 것이다.

★

관련 내용으로 건너뛰기 : p.208 도시 맥주, 시골 맥주

인기 만점, 청어

한류 해양의 흔한 생선인 청어는 음식의 역사에서 아주 중요한 존재다. 양념에 절인 청어, 구운 청어 모두 최고의 맛이고, 염장하거나 훈제한 것 또한 그 매력이 대단하다.

마리 로르 프레셰

신선한 청어
청어과에 속하는 이 생선은 정어리와 사촌지간이고 떼를 지어 무리로만 이동하는 어종이다. 염도가 매우 높고 온도가 차가운 바다에 서식하는데 특히 발트해가 대표적 서식지이다. 10월에서 1월까지 청어의 수컷은 이리로, 암컷은 알로 꽉 차고, 살도 기름이 제대로 오른다. 이 생선의 속이 '비는' 1월에서 3월까지는 살도 기름기가 없어 건조하고 맛도 떨어진다. 신선한 갓 잡은 청어는 주로 양념에 재우거나 구워 먹는다.

"생선의 왕"
청어는 천 년에 가까운 세월 동안 생선의 왕이라 불릴 만큼 중요한 위치를 점유해왔다. 청어 어획은 유럽 해양법 최초의 법규를 제정하는 계기를 만들었고, 그 상업적 거래도 수 세기 동안 향신료만큼이나 중요한 역할을 했다. 전쟁 중에는 무역 화폐로 쓰였으며, 어부들이 어획 활동을 보장하기 위해 휴전이 선언된 적도 있었다. 특히 많은 사람에게 보급하고 연중 내내 소비할 수 있도록 생선을 염장하거나 훈제하는 방법을 활용했다. 프랑스 북서쪽 오팔 해안(Côte d'Opale) 전역에서는 20세기 초까지 청어 잡이가 활발하여 각 지역에 대량으로 수송하기도 했지만 1970년대에는 쇠락의 길로 들어선다. 어획 할당량을 제한하여 개체수를 보호하기에 나섰고, 옛 방식의 아티장 훈제 공장들의 노하우를 보존하도록 노력을 기울인 결과 전통 훈제 청어를 지켜낼 수 있었다.

다양한 이름의 훈제 청어
훈제 청어란 소금에 절인 청어를 훈연한 것을 통칭한다. 훈제라는 의미로 쓰이는 프랑스어 '소르(saur)'는 네덜란드어 소어르(soor)에서 온 것으로 원뜻은 '말라붙은'이라는 의미다. 더 나아가 훈제 청어는 소레(sauret)라고 불리기도 했으며, 뻣뻣한 모습이 헌병을 연상시킨다고 해서 속어로 장다름(gendarme, 헌병)이라고도 부른다.
염장과 훈연 시간에 따라 부르는 명칭도 구분된다.
아랑 펙(hareng pec) : 훈제 공장에 도착했을 때 바로 소금물에 넣어 절인 청어.
아랑 두(hareng doux) : 살짝 염장한 뒤 훈연한 청어 필레.
아랑 트라디시오넬(hareng traditionnel) : 바닷가 연안에서 잡은 청어를 염수에 절인 뒤 훈연한 것.
부피, 크라클로(bouffi, craquelot) : 이리를 그대로 둔 상태로 염수에 절여 훈연한 청어.
키페르(Kipper) : 머리에서 꼬리로 등 쪽을 나비 모양으로 길게 갈라 내장을 제거하고 염수에 절여 훈연한 청어.
롤몹스(rollmops) : 식초에 절인 청어 필레.

훈제 청어와 감자

준비 : 20분
휴지 : 하룻밤
조리 : 20분
4인분

훈제 청어(hareng doux) 4마리
양파 1개
당근 1개
향이 강하지 않은 식용유
검은 통후추
타임, 월계수 잎
살이 단단한 감자 6개
드라이 화이트 와인 100ml

하루 전날, 청어 필레를 흐르는 물에 헹군 다음 꼼꼼히 물기를 제거한다. 양파와 당근은 껍질을 벗기고 동그란 모양으로 얇게 썬다. 납작한 용기에 청어를 깔고 양파와 당근, 향신 재료를 켜켜이 넣어가며 채운다. 기름을 부어 덮어준다. 냉장고에 최소 하룻밤 넣어둔다.
당일, 감자를 소금물에 삶은 뒤 뜨거울 때 동그란 모양으로 두툼하게 썬다. 화이트와인과 청어를 절였던 기름을 조금 부어준다. 기호에 따라 식초를 한 바퀴 둘러주어도 좋다. 청어를 통째로 또는 작게 썰어 절인 채소와 감자를 곁들여 서빙한다.

맛을 아는 이들이라면 연안 가까이에서 잡은 청어를 !

이것은 **일 년에 한번 11월에** 프랑스 불로뉴 쉬르 메르(Boulogne-sur-Mer)와 영국 도버(Douvres) 사이 해역에서 잡히는 것으로, 청어 떼가 산란하기 위해 해안가 가까운 곳으로 접근해 왔을 때 어획한다. **청어를 통째로 소금을 뿌려 절인 다음,** 카크(caque)라고 불리는 커다란 원형 통에 차곡차곡 쌓아 넣고 이듬해 청어잡이 때까지 **1년간 저장한다.** 판매할 때는 하루에 5번씩 물을 갈아가며 이틀간 소금기를 뺀 다음 훈연하고, 필레로 다듬는다. 진한 숙성의 맛을 내는 이것을 **훈제 청어 필레(filet de saur)** 또는 **반가염 청어 필레(filet demi-sel)**이라고도 부른다.

관련 내용으로 건너뛰기
p.230 앙슈아야드

전통을 이어가는 훈제 청어의 명가 JC 다비드

1973년 불로뉴 쉬르 메르(Boulogne-sur-mer)에 설립된 훈제공장 JC 다비드(JC David)는 청어를 염장하고 훈연하는 전통 방식을 꾸준히 이어오고 있다. 청어 살에 염분이 천천히 배어들게 한 다음 훈연 향을 입히는 데 총 5일이 소요된다. 이 훈제공장은 독보적인 유산이다. 100년 이상 된 장작 오븐 40대와 8톤 규모의 청어절임 통 6개는 살아 있는 유산으로 분류된다고 하니 과연 유럽에서 가장 오래된 해양 염장 시설답다. 우수 상품에 부여하는 레드 라벨(Label Rouge) 인증을 받은 이 브랜드의 훈제 청어(hareng doux)는 최상의 품질을 자랑한다.

훈제 청어, 어선에서 식탁에 오르기까지

1 아이슬란드 바다에서 잡은 청어를 선상에서 바로 두절한 다음 내장을 빼내고 등쪽을 길게 갈라 나비 모양으로 편다. 훈제 공장에 도착하기 전에 급속 냉동한다.

2 '흰색 파트 남자들(les hommes du blanc. 훈연 전의 청어 살색을 따 이렇게 부른다)'은 한 마리 한 마리 수작업으로 청어에 소금을 뿌려 절인다.

3 소금에 절인 청어를 오븐에 넣기 전에 쇠꼬챙이에 꿰어 랙에 널어놓는다. 생선에 꼬챙이 자국이 남으며, 이는 수작업으로 만들어진 이 제품의 질을 보증한다.

4 참나무 장작을 때는 오븐에 넣어 24~48시간 동안 훈연한다. 훈연 담당자들은 항상 불을 육안으로 지켜보고, 주변 온도 상황의 변화를 감안하여 늘 30°C로 유지하며 관리한다.

5 훈연이 끝난 청어는 필레를 뜬 다음 칼끝으로 가시를 제거한다.

6 훈제 청어 필레를 포장한다.

잊혀가는 디저트의 부활

한동안 인기의 영광을 누렸다가 옛 기억 속에 희미해진 가토들. 이들 중 파티스리 달인들에 의해 현재의 맛에 맞게 다시 부활해 사랑을 받고 있는 다섯 가지 디저트를 소개한다.

질베르 피텔

SEBASTIEN GAUDARD
PARIS
SEBASTIEN GAUDARD
PARIS

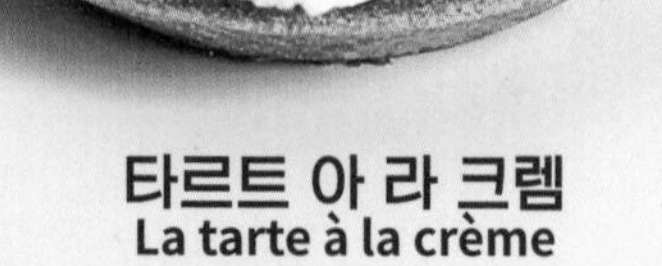

폴로네즈
La Polonaise

세바스티앵 고다르

역사 : 이 디저트는 19세기에 프랑스, 영국, 미국에서 서로 비슷한 레시피의 앙트르메 형태로 처음 등장했다(샤를로트 폴로네즈, 탱발 아 라 폴로네즈 등).

맛 : 파티시에 세바스티앵 고다르는 그의 아버지가 퐁 타 무송(Pont-à-Mousson, Meurthe-et-Moselle)에서 만들었던 전통 레시피를 되살렸다. 럼 시럽에 적신 브리오슈에 과일 콩피와 크렘 파티시에를 채운 다음 이탈리안 머랭으로 전체를 덮는다. 아몬드 슬라이스를 뿌린 뒤 오븐에 넣어 구운 색을 낸다.

주소 : 22, rue des Martyrs, 파리 9구 / 1, rue des Pyramides, 파리 1구
sebastiengaudard.com

가토 나폴레옹
Le gâteau Napoléon

카페 푸슈킨

역사 : 이 디저트의 정확한 기원은 찾기 어렵지만, 1812년 러시아 원정 당시 나폴레옹에게 헌정하기 위해 처음 만들어졌다고 전해진다. 더 신빙성 있는 주장에 따르면 이 앙트르메는 19세기 말 러시아에서 처음 선보였고, 그 이후 카페 푸슈킨의 셰프 파티시에가 레시피를 다듬어 다시 개발해냈다고 한다.

맛 : 밀푀유의 먼 사촌격인 이 가토는 오렌지 향을 낸 파트 푀유테 사이사이에 부르봉 바닐라 크림을 넣고 캐러멜라이즈한 얇은 푀유타주 크리스피로 덮어 최상의 맛을 낸 디저트다.

주소 : 16, place de la madeleine, 파리 8구 / 64, boulevard Haussmann, 파리 9구
cafe-pouchkine.fr

퓌 다무르
Le puits d'amour

슈토레르

역사 : 퓌 다무르의 첫 레시피는 1735년으로 거슬러 올라간다. 당시에는 파트 푀유테로 만든 커다란 볼로방에 레드커런트 즐레를 채우고 푀유타주로 손잡이 모양을 얹어 우물물을 퍼내는 양동이를 재현한 모습이었다. 루이 15세는 자신의 여러 연인들에게 사랑의 증표로 이 프티 가토를 선물했다고 전해진다.

맛 : 파티스리 슈토레르는 이 디저트의 오리지널 레시피에 약간의 변화를 주었다. 파트 푀유테 안에 바닐라 크렘 파티시에를 채우고, 표면을 뜨거운 인두로 눌러 두꺼운 캐러멜라이즈 층을 만들어냈다. 대부분 일인용 퓌 다무르로 판매되고 있지만, 여럿이 나누어 먹을 수 있는 홀 사이즈가 더 인기 있다.

주소 : 51, rue Montorgueil, 파리 2구
stohrer.fr

타르트 아 라 크렘
La tarte à la crème

파티스리 브누아 카스텔

역사 : 타르트 아 라 크렘은 18세기에 이탈리아인들이 처음 만들었다. 이탈리아 북부에서 결혼식이나 세례식 축하용으로 주로 만들었다고 전해진다.

맛 : 불랑제리 파티스리 브누아 카스텔의 시그니처 디저트로 레시피는 아주 심플하다. 비스퀴 사블레 시트에 부드러운 마다가스타르 바닐라 크림과 가벼운 샹티이 크림을 얹어 만든다.

주소 : 150, rue Ménilmontant, 파리 20구 / 40, boulevard Haussman 파리 9구

아몬드 보스톡
Le bostock aux amandes

르노트르

역사 : 영국 지명을 딴 이름의 이 디저트가 프랑스에 등장한 것은 1930년대 중반에 이르러서였다. 처음엔 먹다 남은 브리오슈를 세련되게 변형한 것이었는데 이후 '프렌치 토스트'라는 이름으로 앵글로색슨 국가들에 널리 퍼져나갔던 반면, 당시 프랑스에서는 아주 드물었다.

맛 : 오렌지 블러섬 향이 감도는 아몬드 시럽에 적신 브리오슈 무슬린과 아몬드 크림, 아몬드 슬라이스가 어우러진 맛의 이 비에누아즈리는 한입 먹기 시작하면 끝을 내지 않고는 버티기 힘들 정도로 중독적이다.

주소 : lenôtre.com

관련 내용으로 건너뛰기
p.170 부르달루 서양배 타르트

마늘 이야기

땅 속에서는 그저 여러 개의 작은 깍지로 이루어진 구근에 불과하지만 마늘은 요리의 양념으로 때로는 약용으로도 사용된다. 우리 식탁 위 접시에 다양한 형태로 오르는 마늘을 살펴보자.

블랑딘 부아예

곰마늘, 명이 *Allium ursinum*
셰프들이 최근 자주 소개해 각광을 받기 시작한 이후로, 음식에 관심이 많은 푸디들은 이 연한 햇 명이 잎을 찾아 몰려들고 있다. 갑작스러운 욕심에 김이 새는 이야기일수도 있지만. 이 잎을 남겨 두어야하는 데는 그럴 만한 이유가 있다. 산마늘은 씨앗에서 구근까지 자라는 데 7~10년이 걸린다. 이 잎을 다 따버리면 어린 구근은 잘 자라지 못한다. 그렇기 때문에 줄기 뭉치의 생존을 위해서는 잎을 어느 정도는 남겨둔 채 따는 것이 중요하다. 명이는 봄철에 아주 잠깐 나온다. 명이 잎은 몇 주만 지나면 누렇게 변색되고 시들어 떨어진다. 오래 보관하려면 잎을 냉동해도 되지만 싱싱한 상태를 유지하긴 어렵다.
요리 활용 : 바질 대신 명이 잎을 사용해 페스토를 만들어보자. 여기에 파슬리를 조금 넣어 섞으면 명이의 알싸하고 강한 매운맛을 조금 순화시킬 수 있고, 단단한 염소 치즈를 넣으면 마늘 향에 맛의 대비 효과를 더할 수 있다. 호박씨, 콜드 압착 해바라기유 또는 카놀라유를 넣고 갈아 균형을 맞춘다.

알리움 삼각부추
Allium triquetrum
주로 해안가에서 자라며 영국과 프랑스 남부 코트 다쥐르(Côte d'Azur), 코르시카섬에서 특히 많이 볼 수 있다. 일 년 내내 잎을 따 먹을 수 있고, 작은 구근을 한 줌 채취해 마당 그늘진 곳에 심으면 마치 파슬리나 마늘을 길러 먹듯이 재배할 수 있다. 기르는 것을 중단하려면 손아귀에 가득차게 잎을 잡고 뽑아버린다.
요리 활용 : 잘게 썰어 오믈렛, 토마토, 찐 감자 등에 뿌린다. 방울 모양의 꽃을 샐러드나 크림치즈에 넣어도 아주 좋다.

야생 풋마늘 *Allium polyanthum*
마늘인지 리크(서양대파)인지 구분이 모호한 이 식물은 제초제의 영향으로 포도밭에서 점점 밀려나고 있으며, 프랑스 남부의 건조한 비탈면에서 잘 자란다. 날로 먹으면 약간 아린 맛이 나지만 일단 익히면 달큰한 맛이 나며 질감도 물러지지 않는다. 생명력이 강한 다년생 식물이므로, 땅 위로 올라온 부분만 잘라서 사용한다.
요리 활용 : 맥주와 병아리콩 가루로 만든 가벼운 튀김옷(병아리콩 가루 150g, 밀가루 50g, 물 150ml, 맥주 5테이블스푼)을 입혀 튀겨 먹는 게 가장 맛있다.

브랜드 제품 치즈들

치즈 브랜드들도 과연 프랑스의 식문화 유산에 속한다고 할 수 있을까? 치즈 제조업체 4곳의 역사와 그 이야기를 들어보자.

장 폴 브랑라르

우선 치즈란 무엇이고 상표는 무엇인지 알아야 한다. 상표는 "제품을 구분할 수 있게 해주는 시각적 표시이다." 제품의 가치를 인정받은 치즈들(AOP*, IGP*)은 보통 특정 상표명 하에 판매되거나(예: Papillon® 브랜드의 로크포르 치즈 등...), 다수의 소규모 공방 아티장 치즈 생산자나 농가에서 만들어 판매한다.

그렇다면 "브랜드 치즈"란 무엇일까?

모호하고 비공식적인 표현인 '브랜드 치즈'는 얼핏 들으면 대량 공장 생산, 혹은 부분 공장 생산 제품을 떠올리게 된다. 블루 뒤 케라(Bleu du Queyras®)는 도피네 지방의 공장에서 생산되는 소젖 치즈 상표이고, 1956년 탄생한 타원형 포장의 카프리스 데 디외(Caprice des Dieux®) 는 대형 치즈 생산 업체인 봉그랭(Bongrain)에서 만드는 저온 멸균 소젖 연성 치즈로 치즈 시장에서 꾸준히 인기를 누리고 있다. 그 외에도 생 탈브레(Saint-Albray®), 생 모레(Saint-Môret®), 쇼세 오 무안(Chaussée aux moines®), 샤브루(Chavroux®), 타르타르(Tartare®), 비외 파네(Vieux Pané®), 블뢰 드 브레스(Bleu de Bresse®), 블뢰 드 라쾨이유(Bleu de Laqueuille®), 벨로크(Belloc®) 등을 꼽을 수 있다. 어린 시절 동그란 포장 상자에서 갓 꺼낸 바슈 키 리(Vache qui rit®, 1921년 Léon Bel 사가 만들어낸 상표) 포션 치즈 한쪽에 군침이 넘어가지 않았던 사람이 과연 있었을까?

부르소 BOURSAULT®

생 시르 쉬르 모랭(Saint-Cyr-sur-Morin)의 앙리 부르소(Henri Boursault)는 작은 사이즈의 소젖 치즈를 만든다. 유지방을 제거하는 대신 그는 1951년 남는 크림을 활용한 새로운 시도를 했다. 남은 크림을 추가로 더 넣은 트리플 크림을 처음으로 만들어 냈고, 이를 미세한 천공이 뚫린 종이로 싸 숙성시켜 크리미한 치즈를 만드는 데 성공한다. 이 상표는 1969년 전국의 매장에서 판매되었다.

부르생 BOURSIN®

1968년 10월 11일 19시 55분, 프랑스 TV 채널1 방송에서는 최초의 치즈 대량 생산을 알리는 뉴스가 보도된다. 바로 부르생 치즈였고, '마늘과 허브로 맛을 낸' 치즈가 처음 등장했으며 이후 다양한 맛의 치즈가 생산되었다. 상표 이름은 창립자 프랑수아 부르생이 1963년 자신의 이름을 붙여 만들었다. 가장자리에 쪼글쪼글하게 주름이 진 메탈릭 포장지로 싸서 신선함을 유지하도록 한 이 치즈는 꺼내면 조개껍질에서 나온 듯 줄무늬가 남아 있다. 1961년 한 신문이 마늘 맛 부르생 치즈의 출시를 알렸으나 실은 경쟁업체인 부르소의 제품이었던 일화도 있다. 프랑수아 부르생 사장은 지체없이 이 기회를 낚아채 마늘 맛을 더한 새로운 레시피를 개발해낸다. 이는 즉시 대성공을 거두었고 1972년에는 '빵, 와인, 그리고 부르생'이라는 광고 슬로건으로 유명세를 떨친다.

퀴레 낭테 CURÉ NANTAIS®

1880년경 생 쥘리앵 드 콩셀(Saint-Julien-de Concelles, Loire-Atlantique)의 영농업자 피에르 이베르(Pierre Hivert)는 당시 지역에 잠시 머물던 한 신부의 조언에 따라 새로운 치즈를 하나 개발해냈다. 처음에는 '미식가의 기쁨'이라는 의미의 '레갈 데 구르메(Régal des gourmets)'라고 불렸던 이 치즈는 이후 신부님(curé)에게 경의를 표하는 의미에서 퀴레 낭테(Curé Nantais®)라는 이름이 붙었다.
가족 운영의 소규모로 생산을 해오다 1980년 한 크림 업체에 인수되면서 생산지가 포르닉(Pornic)으로 옮겨졌고, 1990년대 말에는 렌(Rennes)의 한 식품 생산 그룹에 편입되었다. 단, 그 제조 공정은 변함없이 본래의 아티장 방식을 고수하고 있다.

포르 살뤼 PORT-SALUT®

1850년대에 라발(Laval) 근방의 포르 랭제아르(Port-Ringeard, 이후 포르 뒤 살뤼 Port-du-Salut로 이름이 변경됨) 수도원 트라피스트 수도사들은 치즈 생산을 시작했다. 1875년 이 수도원의 원장 신부는 파리 카디날 르무안(Cardinal-Lemoine)가의 한 상점에 수도원에서 만든 치즈의 판매 위탁을 제안했고, 이 오렌지색 외피의 소젖 반경성 치즈 판매는 바로 큰 성공을 거두었다. 수도원에서 공급받는 이 치즈는 당시 포르 드 살뤼(Port-de-Salut)라는 이름이 붙었고 1870년에 상표등록을 마쳤다. 이후 짧게 줄여 포르 살뤼(Port-Salut®)라고 불린다. 1959년에는 수도사들은 페르미에 레위니(Fermiers réunis) 사에 상표권을 양도하였고, 이후 공장 대량 생산체제로 전환한 이 회사가 상표권 소유주가 되었다.

* AOP(Appellation d'Origine Contrôlée) : 원산지 명칭 보호
* IGP(Indication Géographique Protégée) : 지리적 표시 보호

클로드 소테* 영화 속의 식탁

식사를 하는 것은 클로드 소테(Claude Sautet) 작품의 인물들이 좋아하는 행위 중 하나다. 이 영화감독의 열렬한 팬인 미슐랭 3스타 셰프 피에르 가녜르(Pierre Gagnaire)는 세 편의 영화 속 요리 세 가지를 골라 그만의 터치를 더해 재해석했다.

프랑수아 레지스 고드리, 델핀 르 푀브르

세자르과 로잘리

César et Rosalie(1972)

영화 장면

세자르(이브 몽탕 분)와 다비드(사미 프레 분)를 버리고 떠났던 로잘리(로미 슈나이더 분)가 돌아오는 마지막 장면. 그녀의 옛 두 애인은 한 빌라에서 같이 살고 있었다. 자신들의 옛 사랑이 나타났을 때 그들은 창가에서 함께 식사하는 중이었다.

대사

두 사람은 **랑구스트**(아래 레시피에서는 랍스터로 바뀌었음)를 먹고 있다. 세자르가 다비드에게 묻는다. "이 안에 뭐가 들었는지 알아? **시드르**야."

클로드 소테 감독 영화 속의 음식들

고수를 넣어 절인 양배추 채와 크렘 카라멜
- 나와 함께 한 며칠(Quelques jours avec moi, 1988)

랑구스틴과 성대 요리
- 세자르와 로잘리(César et Rosalie, 1972)

시골풍 샐러드
- 넬리 앤 아르노(Nelly et Monsieur Arnaud, 1995)

그라탱 도피누아
- 꿈꾸는 웨이터(Garçon! 1983)

슈크루트
- 막스와 고철장수(Max et les ferrailleurs, 1971)

퐁 레베크 치즈
- 마도(Mado, 1976)

클로드 소테 감독 영화 속의 와인들

1961년산 소테른(Sauterne), 코냑
- 넬리 앤 아르노(Nelly et Monsieur Arnaud, 1995)

푸이(Pouilly), 5.5도 짜리 샴페인 한 잔
- 꿈꾸는 웨이터(Garçon! 1983)

관련 내용으로 건너뛰기
p.216 생선가게 진열대

레시피

시드르 소스의 랍스터

준비 : 30분
조리 : 10분
6인분

2kg짜리 대형 랍스터 1마리
또는 700g짜리 랍스터 3마리
드라이 애플사이더(cidre) 1병
애플사이더 식초를 넣고 만든 마요네즈 200ml
콜리플라워 1/2통
파슬리 2테이블스푼
버터 80g
검은 통후추 10g
소금
끓는 소금물에 데쳐 익힌 그린빈스 200g
올리브오일

콜리플라워를 만돌린 슬라이서로 얇게 저민다. 오븐팬에 한 켜로 펼쳐 놓고 물을 살짝 뿌린 다음 200℃ 오븐에서 3분간 굽는다. 소스팬에 애플사이더를 넣고 중불로 가열한다. 중간중간 잘 저어주며 시럽 농도가 될 때까지 졸인다. 큰 냄비에 물을 끓이고 소금을 넣은 다음 랍스터를 통째로 넣어 5분간 삶는다. 찬물에 담가 더 이상 익는 것을 중지한다. 랍스터가 아직 따뜻할 때 껍데기를 벗긴다. 집게발 살을 빼낸 다음 잘게 부수어 마요네즈, 잘게 썬 파슬리를 넣고 리예트(rillettes)처럼 엉겨 붙도록 잘 섞는다. 팬을 중불에 올린 뒤 버터를 넣고 살짝 갈색이 날 때까지 녹인 다음 불에서 내린다. 검은 통후추를 으깨 부수어 넣는다. 랍스터를 큼직하게 토막 낸 다음 아직 따뜻할 때 졸인 애플사이더를 끼얹어준다. 그 위에 후추를 넣은 브라운 버터를 고루 뿌린다. 뜨겁게 준비한 서빙 접시에 애플사이더 소스를 바른 랍스터를 놓고 구운 콜리플라워를 고루 놓는다. 마요네즈에 버무려둔 집게살을 우묵한 볼에 담아 함께 서빙한다. 그린빈스를 올리브오일에 살짝 버무린 다음 접시에 직접 플레이팅한다.

* 클로드 소테(Claude Sautet, 1924-2000) : 프랑스의 작가, 영화감독.

뱅상, 프랑수아 그리고 폴

Vincent, François, Paul et les autres(1974)

영화 장면

시골 친구들 11명이 모여 식사를 하는 장면. 프랑수아(미셸 피콜리 분)는 양고기 뒷다리(gigot d'agneau)를 자르고 있고, 사람들은 교외의 '도시 개발'을 주제로 열띤 대화를 이어간다.

대사

화가 난 프랑수아는 식탁을 박차고 일어난다.

"더 이상 못 참겠어, 좋은 일요일도 다 필요 없고, 이 **거지같은 양다리**고 뭐고 집어치워! 정말 열 받네!"

레시피

뼈째 익힌 양 뒷다리 요리

준비 : 30분
휴지 : 48시간
조리 : 50분
4~6인분
양 뒷다리(1.5~1.8kg) 1개
저지방 플레인 요거트 1개
드라이 화이트 와인 한 바퀴
파프리카 가루 1티스푼
순한 맛 카레 가루 ½티스푼
잘게 썬 생 로즈마리 ½티스푼
팔각 가루 1꼬집
라스 엘 하누트(중동 향신료 믹스) 1꼬집
주니퍼 베리(으깬다) 4알
싹을 제거한 마늘 12톨
버터 100g
올리브오일
고운 소금

볼에 요거트와 향신료, 올리브오일 3스푼, 화이트 와인을 넣고 섞는다. 이 양념을 양고기에 고루 발라준 다음 랩으로 잘 말아 싼다. 냉장고에 48시간 넣어두어 양념이 잘 배게 한다.
올리브오일을 달군 주물냄비에 양 뒷다리를 넣고 약 10분간 지져 골고루 색을 낸 뒤 소금을 뿌려 간한다.
냄비에서 꺼낸다. 냄비에 버터, 반을 갈라 속의 싹을 제거한 마늘을 넣고 다시 양 뒷다리를 넣은 다음 160~180°C 오븐에서 약 40분간 익힌다. 단, 버터가 절대로 타면 안 되니 중간에 물을 스푼으로 조금씩 넣어준다.
익는 중간중간 고기 덩어리를 자주 뒤집어 위치를 바꿔준다. 오븐에서 꺼낸 뒤 30분 정도 레스팅한 다음 양고기를 마늘과 함께 서빙한다. 흰 미소된장으로 양념한 가지 캐비어(caviar d'aubergine 구운 가지 속을 긁어내 양념한 것)를 곁들이면 아주 잘 어울린다.

꿈꾸는 웨이터!

Garçons!(1983)

ALAIN SARDE et CLAUDE BERRI présentent
YVES
MONTAND
Garçon!
UN FILM DE
CLAUDE
SAUTET
DIALOGUES JEAN-LOUP DABADIE
avec NICOLE GARCIA et JACQUES VILLERET
MARIE DUBOIS · BERNARD FRESSON · ROSY VARTE
DOMINIQUE LAFFIN
ANNIK ALANE · HUBERT DESCHAMPS
SCENARIO CLAUDE SAUTET et JEAN-LOUP DABADIE
MUSIQUE PHILIPPE SARDE

영화 장면

60대의 노신사 알렉스(이브 몽탕 분)는 파리의 한 브라스리에서 일하는 홀 종업원이다. 영화 내내 같은 장소에서 손님들을 맞고 서빙하는 모습을 볼 수 있다. 그는 이 영화에 총 두 번 등장하는 한 단골손님 커플에게 메뉴에 있는 요리 이름을 줄줄 읊으며 설명한다. 여자 손님은 무슨 요리를 시켜야 할지 결정하지 못한다.

대사

"오늘 **피스투를 곁들인 광어 요리**가 좋습니다. 피스투 증기로 찐 것이라 **너무너무 담백하답니다.**"

레시피

오일에 데친 광어와 피스투

준비 : 30분
조리 : 20분
6인분
껍질을 제거한 광어 필레 (약 600g짜리) 2장
올리브오일 500ml
생 바질 1단
로스팅한 잣 80g
완숙 토마토 큰 것 3개 (토마토 시즌이 아닌 경우에는 홀 토마토 캔을 사용한다)
마늘 3톨
월계수 잎 1장
타임 1줄기
가늘게 간 파르메산 치즈 120g
소금(fleur de sel)
에스플레트 칠리가루

큰 그라탱용 용기에 올리브오일을 붓는다. 바질은 잎을 하나하나 떼어 놓고, 마늘은 반을 갈라 안쪽의 싹을 제거한 다음 잘게 썬다. 바질 잎과 마늘, 월계수 잎, 타임을 올리브오일에 넣고 오븐에 넣어 약 60°C 정도 될 때까지 데운다. 여기에 광어 필레를 넣고 오븐에서 약 20분간 익힌다. 생선살을 건진 뒤 따뜻하게 유지한다. 생선을 익힌 오일을 체에 걸러 바질과 마늘을 건져낸다(거른 오일을 따로 보관한다). 바질과 마늘에 잣과 파르메산을 넣고 브렌더로 갈아 피스투를 만든다. 토마토는 껍질을 벗겨 굵직하게 깍둑 썬 다음 걸러둔 올리브오일과 플뢰르 드 셀, 에스플레트 칠리가루를 조금 넣고 양념한다. 따뜻하게 데운 우묵한 접시에 토마토를 넣고 그 위에 광어를 얹는다. 피스투를 뿌린 뒤 서빙한다. 따뜻하게 익힌 뒤 드라이한 화이트 와인을 약간 넣어 버무린 누아르무티에(Noirmoutier)산 라트(ratte) 감자를 곁들이면 좋다.

소박하지만 맛있는 병아리콩

오랫동안 별로 인기를 얻지 못하고 뒷전에 놓였던 병아리콩은 사실 알고 보면 좋은 점이 많다. 이집트콩, 칙피, 푸아 시시라고도 불리는 이 콩이 우리 식탁의 강자로 다시 부상하고 있으며, 콩 재배도 급성장 중이다.

마리 아말 비잘리옹

성공 스토리
터키, 시리아 등의 근동 국가가 원산지인 병아리콩(Cicerum italicum)은 적어도 서기 812년부터 프랑스에서 재배되기 시작했다. 건조한 기후에서 잘 자라는 이 콩은 20세기 중반까지 프랑스 남동부(오베르뉴론 알프, 프로방스 알프 코트 다쥐르, 코르시카)에서 많이 생산되었으나, 그 이후로 재배가 급감했다.
하지만 최근 들어 프랑스에서는 병아리콩의 재배가 다시 폭발적으로 늘어나고 있다. 2000년 총 1,063 헥타르에서 2016년에는 9,493 헥타르로 그 재배 면적이 급증했다. 지역별로는 옥시타니(Occitanie)가 가장 많고 프로방스 알프 코트 다쥐르(Provenve-Alpes-Côte d'Azur)와 누벨 아키텐(Nouvelle Aquitaine)이 뒤를 잇고 있다. 옥시타니와 누벨 아키텐 지방에서는 데지 누아르(Desi noir)와 같은 새로운 개량종의 시험재배도 진행 중이다.

영양 덩어리
병아리콩에는 **단백질 16%, 철분 17%, 마그네슘 17%** 그리고 비타민 **B1, B2, B3, B5, B6, B9** 이 함유되어 있다. 듀럼밀 65%와 병아리콩 35%를 섞으면 인간에게 필요한 **9가지 필수 아미노산***을 얻을 수 있다. 위장에 가스가 차 복부가 팽만하는 것을 막기 위해서는 콩을 불릴 때 물에 **베이킹 소다**를 조금 넣으면 된다.

* 자료 출처 : 병아리콩 할아버지라고 불리는 종자 전문 컨설턴트, 제라르 로랑(Gérard Laurens)

캔 통조림, 병조림 혹은 마른 콩 벌크?
캔과 병 중에서는 쇠 맛이 나지 않는 병조림을 더 권장한다. 하지만 시간 여유가 있다면 가능한 한 그 지역에서 나는 마른 병아리콩을 구입해 쓰는 것이 가장 좋다.

니스의 소카Socca

병아리콩 가루 250g에 물 500ml, 소금 1티스푼, 올리브오일 3테이블스푼을 넣고 잘 개어 섞는다. 기름을 칠한 베이킹 팬에 반죽을 얇게 편 다음 가장 높은 온도로 맞춘 오븐에 넣어 굽는다. 다시 브로일러 모드로 구워 마무리한다. 노릇한 색이 나기 시작하면 꺼내서 주걱으로 긁어 자르고 후추를 뿌린다.
맛을 보려면 : 니스 올드 타운 비외 니스(Vieux-Nice)의 선술집에서 뜨거울 때 손으로 먹는다.

툴롱의 카드Cade

소카(socca)와 같은 반죽 베이스로 만들지만 좀 더 두껍게 편 다음 오븐에서 10분간 익히고, 이어서 브로일러로 노릇한 색이 나고 말랑해질 때까지 굽는다. 후추와 잘게 싼 쪽파를 뿌린다.
맛을 보려면 : 매주 화요일부터 일요일까지 툴롱 시장 폴 랑드랭(Paul-Lendrin) 거리에 나오는 파란색의 카드맨(Cade-Man) 화덕 오븐 삼륜차를 찾으면 된다. 전직 셰프로 일했던 주인이 플레인, 염소치즈, 바질 등 다양한 맛의 카드를 만든다... 게다가 모두 유기농 재료다.

마르세유의 파니스panisse

물 1리터에 소금을 넣고 올리브오일 2테이블스푼을 넣은 뒤 끓인다. 불에서 내린 다음 병아리콩 가루 250g을 넣고 거품기나 핸드블렌더로 잘 섞는다. 다시 약한 불에 올리고 몇 분간 잘 저으며 익힌다(금방 되직해진다). 매끈한 틀 바닥에 1cm 두께로 깐 다음 냉장고에 30분간 넣어둔다. 원형 커터로 찍어내거나 길쭉한 스틱 모양으로 자른다. 뜨거운 기름에 양면이 노릇해지도록 튀긴다.
맛을 보려면 : 에스타크(Estaque) 가두 판매점 앞에 서서 삼각 종이컵을 들고 하나씩 빼 먹는다.

푸아시샤드 Poichichade

빵이나 생 채소를 곁들여 아페리티프로 먹는 병아리콩 퓌레. 아르망 아르날* 셰프가 2006년 카마르그(Camargue)에 정착한 이후 그의 DNA를 잘 나타내주는 음식으로 꾸준한 사랑을 받고 있다.

불리기 : 12시간
조리 : 최소 45분
8인분
마른 병아리콩 200g
양파 1개
정향 1개
마늘 1톨
부케가르니 1개
강황가루 1티스푼
오향가루(후추, 팔각, 계피, 정향, 회향) 1티스푼
레몬 콩피 1개
올리브오일 200ml
소금, 후추

병아리콩을 물에 담가 12시간 불린다. 건져서 냄비에 넣고 콩이 넉넉히 잠길 만큼 물을 붓는다. 정향을 박고 4등분한 양파, 마늘, 부케가르니를 넣는다. 콩이 무를 때까지 약한 불로 삶는다(최소 45분). 콩을 체로 건지고 국물을 따로 보관한다. 뜨거운 콩에 4등분으로 자른 레몬 콩피, 강황, 오향가루를 넣고 블렌더로 간다. 올리브오일을 조금씩 넣으며 혼합한다. 농도가 너무 되직하면 콩 삶은 물을 조금 넣어 조절한다. 소금, 후추로 간한다. 마르지 않도록 올리브오일을 둘러 뿌린다.

* Armand Arnal : 미슐랭 별 한 개를 받은 레스토랑 라 샤사네트(La Chassagnette)의 셰프. 이곳에서는 직접 키워 재배한 병아리콩을 사용한다. Route du Sambuc, Arles(Bouches-du-Rhone).

어울리는 궁합

큐민, 레몬, 사프란, 참깨, 올리브오일, 아르간오일, 마늘, 파슬리, 쪽파, 양고기

현지에서 구입해야 하는 두 종류의 병아리콩

→ 루지에(Rougiers, Var)
1999년 병아리콩을 키우기 적합한 화산토양인 이 지역에서 루지에 병아리콩 기사단(Confrérie du pois chiche de Rougiers)의 후원 하에 재배가 다시 재개되었다. 이들은 매년 9월 지역 병아리콩(짧은 시간에 익힐 수 있는 작고 연한 품종) 축제를 연다. 루지에 농협에서 구입할 수 있다.

→ 카를랑카스(Carlancas, Hérault)
현무암 고원 지대에서 재배되는 이 작은 병아리콩은 황금색이 나고 껍질이 얇으며 25분 정도만 삶으면 아주 부드럽게 먹을 수 있다. 장장(Jeanjean) 패밀리에 의해 1975년 이 콩의 재배가 다시 시작되었으며 타지로 유통되거나 수출은 되지는 않고 있지만, 마치 1939~45년 전쟁 당시와 같이 신발, 달걀 등과의 물물교환 화폐처럼 사용되기도 한다. 지역 특산물 안내소 라 파스토랄(La Pastorale, Bédarieux-Grand Orb)에서 일부 판매하고 있다.

관련 내용으로 건너뛰기
p.240 소중한 양식, 콩

만족스러운 짐승, 멧돼지

농경업자들에게는 멸시를 받았지만 사냥꾼들에게는 사랑을 받는 수스 스크로파(sus scrofa) 라는 학명의 이 포유류 동물은 시골 들판에서보다는 요리 접시 위에서 더 빛을 발한다. 덩치 큰 수렵육 중 가장 인기가 많은 멧돼지의 모든 것을 알아보자.

마리 아말 비잘리옹

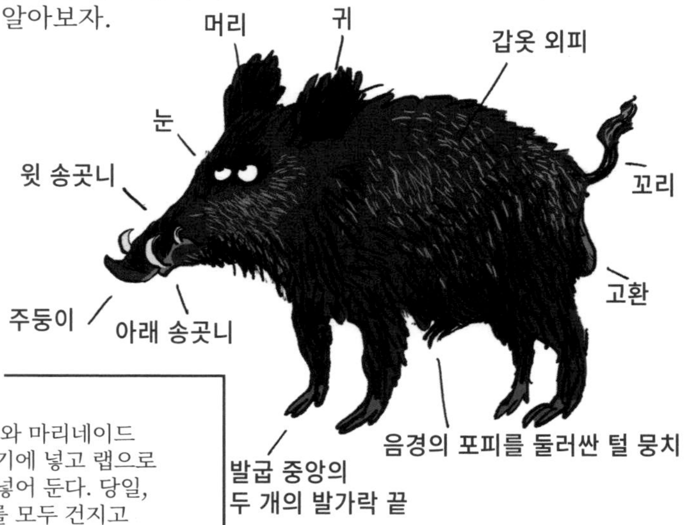
머리
귀
갑옷 외피
눈
윗 송곳니
꼬리
고환
주둥이
아래 송곳니
음경의 포피를 둘러싼 털 뭉치
발굽 중앙의
두 개의 발가락 끝

탁상공론
멧돼지는 하룻밤 사이에 옥수수밭을 초토화할 수 있다. 서유럽 국가 중 인구가 가장 많은 프랑스에서는 도살 1순위의 짐승이다. 물론 그 살이 맛있기 때문이기도 하다. 하지만 이 생물 다양성의 챔피언은 몸의 털을 통하여 상당한 양의 씨앗을 운반하거나 널리 퍼트릴 수 있다.

암 멧돼지의 이빨

멧돼지 패밀리
수컷 멧돼지(상글리에 sanglier) : 무게가 최고 200kg에 이른다. 태어난 지 몇 년이 지나면 아래쪽에 굽은 모양의 송곳니가 자란다.
암컷 멧돼지(레 laie) : 무게가 100kg을 넘는 경우는 아주 드물며 송곳니가 없다.
새끼 멧돼지(마르카생 marcassin) : 태어날 때는 털이 베이지와 갈색 줄무늬로 이루어져 있으나 4~8개월 정도 자라면서 전체가 붉은 갈색으로 변한다. 이 털의 색을 따서 '적갈색 짐승(bête rousse)'이라고도 한다.
가까운 사촌들 : 집돼지(코숑 cochon), 멧돼지와 일반 암돼지의 교배종(상글리숑 sanglichon), 일반 수돼지와 암컷 멧돼지의 교배종(코숑글리에 cochonglier).
먼 사촌들 : 남미의 페카리(pécari), 아프리카 혹멧돼지(파코세르 phacochère) 또는 강멧돼지(potamochère), 동남아시아의 바비루사(babiroussa). 이들은 모두 멧돼지과에 속한다.

수치로 본 멧돼지 도살
프랑스의 멧돼지 도살 수치는 25년 동안 연간 130,000마리에서 666,933마리로 늘어났다. 특히 2016년에는 전년도에 비해 13.9%나 증가했는데, 이는 하루에 1,827마리 꼴이다. 2016년 한 해 동안 멧돼지를 가장 많이 도축한 지방 다섯 곳은 가르(Gard), 아르데슈(Ardèche), 바르(Var), 오랭(Haut-Rhin) 그리고 바랭(Bas-Rhin)* 이다.
*자료 : 야생 발굽 동물 연합회(Réseau Ongulés Sauvages ONCFS/FNC/FDC

관련 내용으로 건너뛰기
p.308 아스테릭스의 갈리아 미식 탐험

식탁에 앉기 전에...
알아두세요 : 멧돼지에는 인간에게 매우 위험한 기생충인 선모충이 있을 수 있다. 이로 인한 감염을 방지하려면 오래 익혀 먹거나 영하 20도 이하에서 3주간 냉동하는 방법이 있다. 정육점에서 판매하는 멧돼지 고기는 수의검역을 거친 것이다.

프로방스식 멧돼지 스튜

준비 : 15분
조리 : 4시간
6인분
고기 마리네이드하기
멧돼지 넓적다리 또는 안심 (먹기 좋게 자른다) 1.5kg
풀 바디 레드와인 1리터
코냑 ½컵
식초 한 바퀴
당근(동글게 썬다) 3개
정향 3개를 박은 양파 1개
마늘(껍질째) 3톨
타임, 월계수 잎
통후추 10알
왁스 처리하지 않은 오렌지 껍질 2개분
익히기
양파(다진다) 2개
밀가루 2테이블스푼
물 2~3컵
씨를 뺀 블랙올리브 20개
올리브오일
굵은 소금

하루 전날, 고기와 마리네이드 재료를 모두 용기에 넣고 랩으로 덮어 냉장고에 넣어 둔다. 당일, 고기와 건더기를 모두 건지고 마리네이드 액은 따로 보관한다. 키친타월로 고기를 꼼꼼히 닦아 물기를 제거한다. 두꺼운 냄비에 올리브오일을 두르고 양파를 색이 나지 않고 수분이 나오게 볶는다. 올리브오일을 조금 더 넣고 뜨겁게 달군 뒤 고기를 소량씩 색이 나게 지진다. 밀가루를 솔솔 뿌린 뒤 잘 섞는다. 마리네이드 액을 넣고 고기가 잠길 정도로 물을 부은 다음 뚜껑을 닫고 1시간 정도 뭉근히 끓인다. 마리네이드할 때 넣었던 당근과 올리브, 소금을 넣고 약한 불로 최소 3시간 동안 익힌다. 고기가 연해지면 완성된 것이다.

갈리아족의 연회, 반쪽의 신화

카미유 쥘리앙*의 저서에서 유래된 믿음과 반대로 당시 멧돼지는 드문 먹잇감이었고 사냥도 아주 위험했다. 아스테릭스와 오벨릭스의 동시대인들은 이미 돼지를 사육하고 있었던 것으로 보아 꼬챙이에 끼워 구워 먹었던 것은 집돼지였다.

* Camille Jullian : 『갈리아의 역사(Histoire de la Gaule』, 총8권, 1907-1927)의 저자

특이한 부위 명칭

Écoutes(에쿠트) : 귀
Mirettes(미레트) : 눈
Boutoir(부투아르) : 주둥이
Hure(위르) : 머리
Vrille(브리유) : 꼬리

모든 방법을 동원한 멧돼지 포획

멧돼지는 영민하고 후각과 청각이 발달했다. 헤엄도 칠 줄 알고 뚫고 들어가기 힘든 덤불숲에 웅크려 숨을 수도 있다. 좇아가며 추격해도 열에 아홉은 놓치고 만다.
몰이 : 사전에 사냥꾼들은 미리 사냥개를 앞세워 짐승의 발자국 등 흔적을 찾아낸다. 발자국의 크기와 발가락의 간격 등을 통해 좇고 있는 짐승의 덩치를 대강 짐작할 수 있다. 사냥꾼 몇 명이 유인한다. 이어서 사냥개와 몰이꾼들은 큰 소리를 내면서 멧돼지를 총을 든 사냥꾼 쪽으로 몰아간다.
매복 : 활을 쏘는 사냥꾼들이 선호하는 방법. 나무 덤불 안이나 망루 위에 숨어 움직이지 않은 채로 지켜보며 짐승이 나타나는 것을 기다린다.
접근 : 조심조심 조용히 사냥감을 향해 다가간다.
기마 사냥 : 말을 탄 채 사냥개 무리를 풀어 목표 짐승을 좇아 포위하여 공격하게 한다. 아직 짐승이 살아 있으면 기수들이 출동해 단검으로 마무리한다.
일괄 사격 : 농작물에 대량 피해를 줄 경우 지역 법령은 해당 동물을 "해로운" 종으로 분류한다. 일정한 기간 동안 허가받은 사냥꾼들은 그 동물의 수컷, 암컷, 새끼들을 모두 제한 수량 없이 총으로 쏴 사살할 수 있다. 새끼를 거느린 암컷 멧돼지만 제외된다.

제 책을 읽어보신 독자들은 제가 이거 뭐냐... 이것에 대해 얼마나 혐오감을 갖고 있는지 아실 겁니다.
심지어 만지기도 끔찍...
근데 채소라고...
근데 아니고 근대
이거 완전히 독성*물질 이예요...
하지만... 여기서 (이 책의 출판이 아주 비밀리에 진행되고 있다는 것을 알기에) 나도 근대를 먹은 적이 있었다는 것을 고백해야겠네요.
그리고도 전 아직 살아 있습니다.
심지어 맛있다고 말했어요.
당연히 제 돈을 주고 먹었죠! 제 친구 어머니 조지안이 살고 계신 망통*에 초대받은 적이 있었습니다. 그녀는 제 책을 본 적이 없으셨던지 아페리티프로 이 조그만 라비올리를 내주셨어요.
* Menton : 프랑스 남부의 도시.
그 안에 채워진 소가 무엇이었는지 안 순간 저는 죽는 줄 알았어요!
예의를 차리느라 세 번이나 더 갖다 먹었거든요.

* 『근대의 위협(*LA MENACE BLETTE*)』, 소니아 에즈길리앙 저, MONGO 출판.

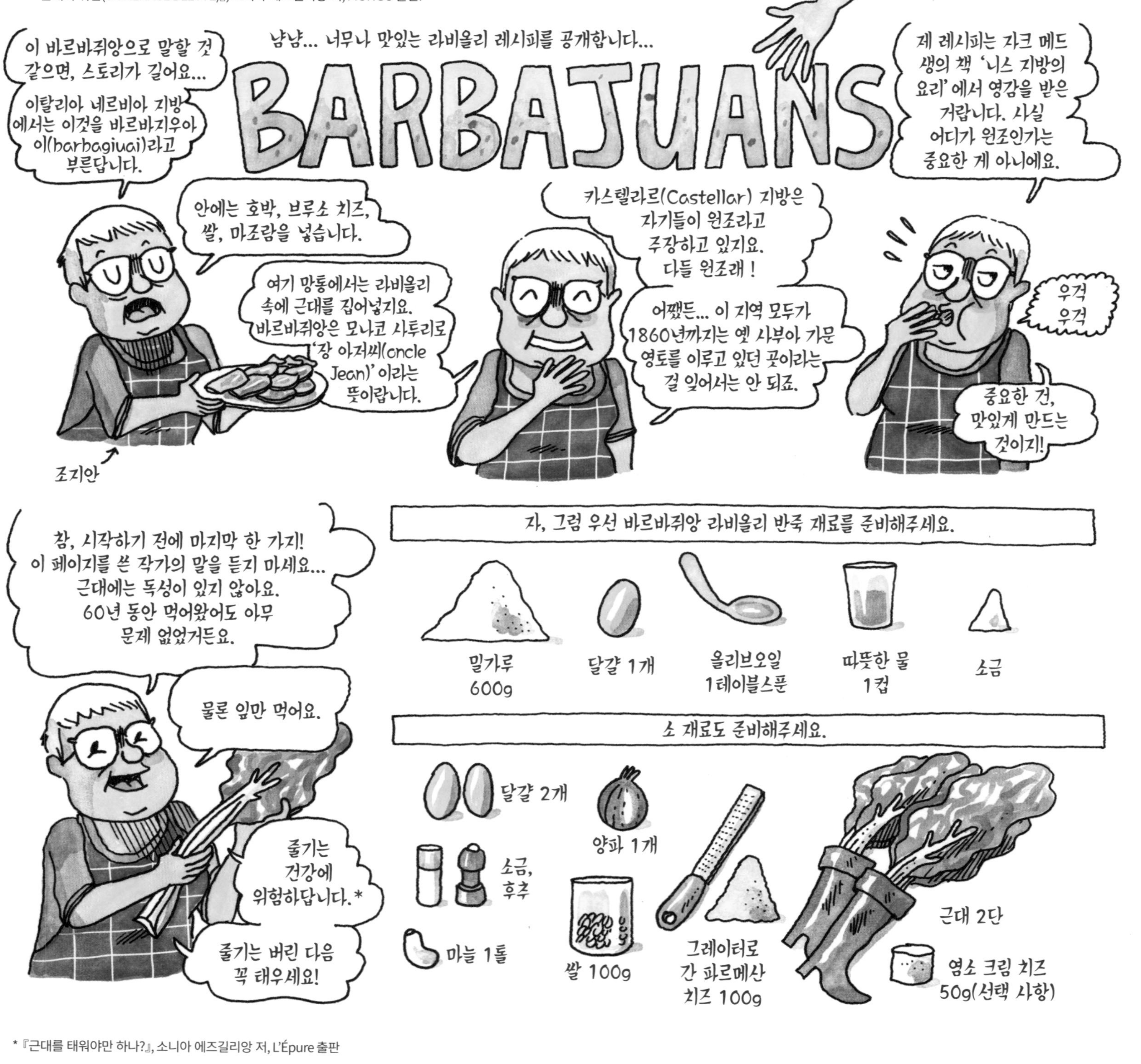

이 바르바쥐앙으로 말할 것 같으면, 스토리가 길어요...
이탈리아 네르비아 지방에서는 이것을 바르바지우아이(barbagiuai)라고 부른답니다.
냠냠... 너무나 맛있는 라비올리 레시피를 공개합니다...
BARBAJUANS
제 레시피는 자크 메드생의 책 '니스 지방의 요리'에서 영감을 받은 거랍니다. 사실 어디가 원조인가는 중요한 게 아니에요.
안에는 호박, 브루소 치즈, 쌀, 마조람을 넣습니다.
여기 망통에서는 라비올리 속에 근대를 집어넣지요. 바르바쥐앙은 모나코 사투리로 '장 아저씨(oncle Jean)'이라는 뜻이랍니다.
조지안
카스텔라르(Castellar) 지방은 자기들이 원조라고 주장하고 있지요. 다들 원조래!
어쨌든... 이 지역 모두가 1860년까지는 옛 사부아 가문 영토를 이루고 있던 곳이라는 걸 잊어서는 안 되죠.
우걱 우걱
중요한 건, 맛있게 만드는 것이지!
참, 시작하기 전에 마지막 한 가지! 이 페이지를 쓴 작가의 말을 듣지 마세요... 근대에는 독성이 있지 않아요. 60년 동안 먹어왔어도 아무 문제 없었거든요.
물론 잎만 먹어요.
줄기는 건강에 위험하답니다.*
줄기는 버린 다음 꼭 태우세요!
자, 그럼 우선 바르바쥐앙 라비올리 반죽 재료를 준비해주세요.
밀가루 600g
달걀 1개
올리브오일 1테이블스푼
따뜻한 물 1컵
소금
소 재료도 준비해주세요.
달걀 2개
양파 1개
소금, 후추
마늘 1톨
쌀 100g
그레이터로 간 파르메산 치즈 100g
근대 2단
염소 크림 치즈 50g(선택 사항)

* 『근대를 태워야만 하나?』, 소니아 에즈길리앙 저, L'Épure 출판

① 먼저 반죽을 만들어요. 작업대 위에 밀가루를 쏟고 가운데를 우묵하게 만든 다음 달걀, 올리브오일, 따뜻한 물 그리고 소금을 한 꼬집 넣어줍니다.

② 재료를 섞어 몇 분간 반죽해주세요. 중간에 필요하면 물이나 밀가루를 조금씩 더 넣어가며 단단하고 매끈한 반죽을 만듭니다.

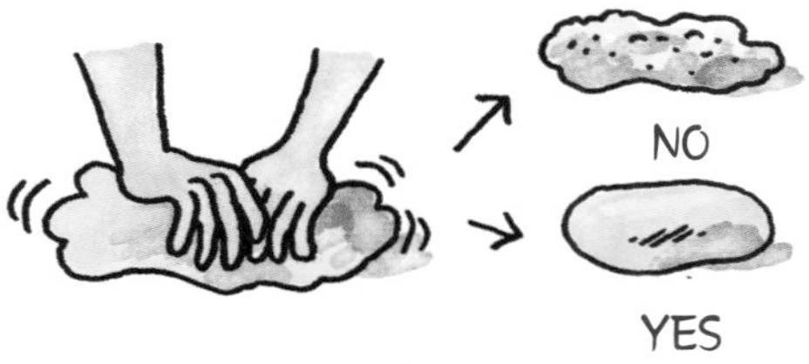
NO
YES

반죽을 랩으로 싼 다음 냉장고에 2시간 정도 넣어 휴지시킵니다.

③ 이제 소를 만들 차례입니다. 근대의 녹색 잎 부분만 잘라낸 다음 줄기는 버립니다. 그리고 반드시 손을 깨끗이 소독해주세요.

근대 잎은 끓는 소금물에 넣어 몇 분간 데친 다음 건져 식힙니다.

④ 손으로 꾹 짜 물기를 제거한 다음 잘게 다집니다.

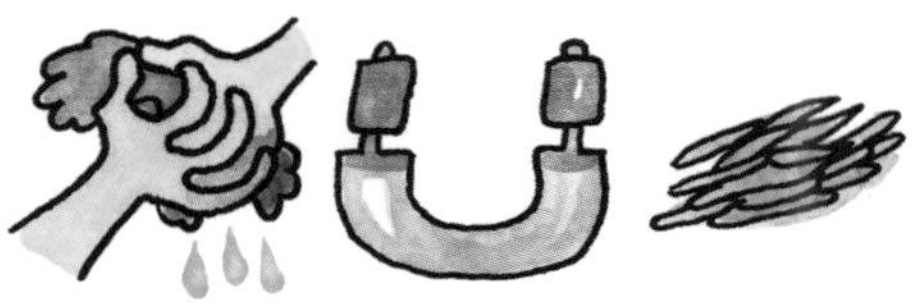

팬에 올리브오일을 한 바퀴 둘러 달군 다음 마늘과 얇게 썬 양파를 넣고 볶아주세요. 이어서 쌀을 넣습니다.

⑤ 리소토 만드는 방법과 마찬가지로 물(약 203ml) 을 중간중간 넣어 흡수시켜가며 쌀을 익힙니다.

슉슉
슉슉

완성되면 팬을 불에서 내린 다음 잘게 썬 근대, 그레이터로 간 파르메산 치즈, 달걀, 그리고 염소 치즈를 준비했다면 잘게 손으로 부수어 넣어주세요.

준비 됐나?
소금 후추!

⑥ 자, 이제 바르바쥐앙을 만들어 봅시다. 작업대에 밀가루를 살짝 뿌리고 반죽 일부를 떼어내 폭 13.7cm, 두께 2~3mm의 긴 직사각형으로 밀어줍니다.

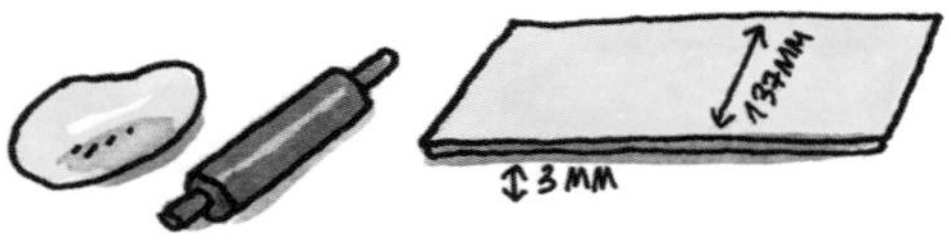
137MM
3MM

작은 스푼 두 개를 사용하여 소를 떠서 반죽 아래쪽에 각 5.2cm 의 간격을 떼고 놓아주세요.

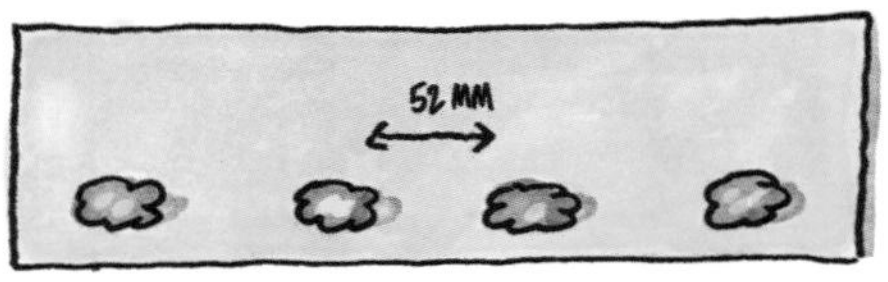
52MM

⑦ 붓으로 반죽 윗부분에 물을 발라준 다음 소를 놓은 아래쪽으로 접어줍니다.

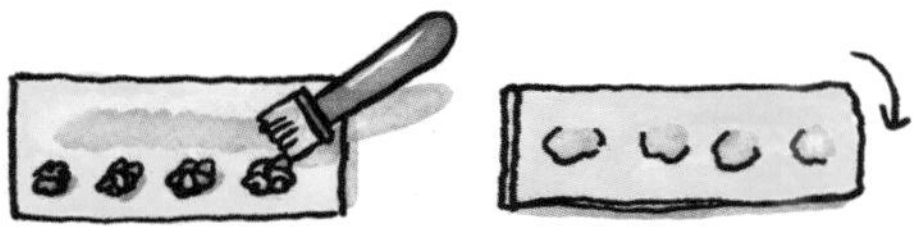

소 주변을 꾹꾹 눌러 두 장의 반죽 피를 잘 붙여주세요. 파티스리용 커팅 롤러로 라비올리를 잘라 준 다음 밀가루를 뿌린 도마에 둡니다.

⑧ 바르바쥐앙을 180℃의 기름에 넣어 노릇한 색이 날 때까지 튀깁니다.

식용유
요들레이이요~~

건져낸 다음 키친타월에 놓고 기름을 빼면 완성입니다.

키스 미 포레버
노릇 노릇

자, 어때? 근대 맛있지?
네.. 먹을 만해요.. 이제 깨달았어요.
근데 근대 대신 시금치를 넣으면 훨씬 더 나은 레시피가 될 거라고 확신해요.
Long 17

기욤 롱(Guillaume Long)은 만화가다. 그는 색연필만큼이나 포크를 다루는 데도 일가견이 있는 식도락가다.
『먹고 마시고(*À boire et à manger*)』(Gallimard 출판) 시리즈에서 촌철살인의 유머 감각을 지닌 그의 만화와 스토리를 감상할 수 있다.
여기 소개한 바르바쥐앙 레시피 이야기는 『미식 잡학 사전 프랑스(*On va déguster la France*)』 편을 위해 특별히 기고한 에피소드다.

Château d'Yquem
Lur-Saluces
MIS EN BOUTEILLE AU CHATEAU
GRAND VIN
DE
CHATEAU LATOUR
PREMIER GRAND CRU CLASSÉ
PAUILLAC
75cl
APPELLATION PAUILLAC CONTROLÉE
CHATEAU HAUT-BRION
PREMIER GRAND CRU CLASSÉ
Récolte 1924 intégralement mise en bouteilles au Château
André Gibert Propriétaire à Pessac Gironde (FRANCE)
PETRVS
POMEROL
Grand Vin
Mme L P LACOSTE - LOUBAT
PROPRIÉTAIRE A POMEROL (GIRONDE) FRANCE
MIS EN BOUTEILLES AU CHATEAU
APPELLATION POMEROL CONTRÔLÉE
CHÂTEAU
APPELLATION

와인 잔 속의 <신화>

전문가 못지않은 내공의 와인 애호가들이나 컬렉터들에게 있어 몇몇 와인들은 점점 더 희귀해지고, 시간이 흐를수록 이들은 실제로 신화가 되어간다. 프랑스를 와인의 나라로서 전 세계에 빛나게 하는 명품 와이너리를 소개한다.

권레름 드 세르발

보르도 Bordeaux

12세기 알리에노르 다키텐 여왕(Aliénor d'Aquitaine)과 당시 잉글랜드 왕국의 국왕이었던 플랜태저넷(Plantagenêt) 왕가 헨리 2세의 결혼에 힘입어 프랑스의 와인이 처음으로 보르도에서 대영제국으로 수출되기 시작했다. 이후 영국, 독일, 러시아, 플랑드르, 아일랜드의 와인 거래 중개상들(Boyd-Cantenac, Lynch-Bages, Kirwan 등...)은 17세기에 보르도에 정착한다. 포도밭 면적 130,913헥타르의 보르도는 프랑스 총 포도 재배지의 17%를 차지한다.

페트뤼스 PETRUS

창립 : 19세기
지역 : 보르도
명칭 : 포므롤(Pomerol)
종류 : 레드와인
포도 재배법 : 컨벤셔널
신화의 탄생 : 페트뤼스가 그 명성을 쌓은 것은 1950년대부터이며, 이는 이 와이너리의 소유주가 된 마담 에드몽드 루바(Edmonde Loubat, 탕트 루 Tante Lou라는 애칭으로도 불렸다)라는 한 여인의 고집스러운 의지와 역동적인 추진 덕분이었다.
특징 : 샤토 명칭을 쓰지 않으며, 보르도의 다른 지역과 달리 포므롤은 자체 등급이 없다.
명품 빈티지 : 1990
병당 가격 : 2,500유로(자료 제공 : Idealwine)
글라스당 가격 : 416.60유로
누구를 생각하며 마실까? 퀸 엘리자베스 2세(그녀의 약혼식 연회용 와인이었다).

샤토 라피트 로칠드 CHÂTEAU LAFITE ROTHSCHILD

창립 : 17세기
지역 : 보르도
명칭 : 포이악(Pauillac)
종류 : 레드와인
포도 재배법 : 컨벤셔널
신화의 탄생 : 이 와인은 18세기에 베르사유궁과 영국 왕실에서 서빙되었다.
특징 : 1855년 보르도 와인 등급 분류에서 프르미에 그랑 크뤼(1er Grand Cru Classé)로 지정된다.
명품 빈티지 : 1959
병당 가격 : 2,652유로(자료 제공 : Finestwine)
글라스당 가격 : 442유로
누구를 생각하며 마실까? 리슐리외 공작(Duc de Richelieu). 그는 이미 1760년경 이 와인을 즐겨 마셨다.

샤토 라투르 CHÂTEAU LATOUR

창립 : 1680년경
지역 : 보르도
명칭: 포이악(Pauillac)
종류 : 레드와인
포도 재배법 : 유기농법
신화의 탄생 : 루이 15세는 와이너리의 이전 소유주였던 알렉상드르 드 세귀르(Alexandre de Ségur)에게 '포도밭의 왕자'라는 애칭을 붙여주었다.
특징 : 1855년 보르도 와인 등급 분류에서 프르미에 그랑 크뤼(1er Grand Cru Classé)로 지정된다.
명품 빈티지 : 1961
병당 가격 : 3,699유로(자료 제공 : Wine-Searcher)
글라스당 가격 : 616.50유로
누구를 생각하며 마실까? 프랑수아 피노(François Pinault). 1993년 샤토 라투르를 인수하여 자신의 럭셔리 브랜드 그룹 케링(Kering)에 병합하였다.

샤토 무통 로칠드 CHÂTEAU MOUTON ROCHILDE

창립 : 1853년
지역 : 보르도
명칭 : 포이악(Pauillac)
종류 : 레드와인
포도 재배법 : 컨벤셔널
신화의 탄생 : 나타니엘 드 로스차일드 남작은 생산지 샤토에서 와인을 직접 병입하도록 했다. 당시 1924년까지만 해도 와인은 배럴 통째로 거래 중개상(네고시앙)에게 배송되었다.
특징 : 프르미에 그랑 크뤼(1er Grand Cru Classé) 등급으로 분류된 것은 1973년부터다. 라벨(étiquettes)은 매년 다른 아티스트가 제작한다.
명품 빈티지 : 1945
병당 가격 : 10,950유로(자료 제공 : SoDivin)
글라스당 가격 : 1,825유로
누구를 생각하며 마실까? 제프 쿤스(그는 2010년 빈티지의 라벨을 만들었다).

샤토 마고 CHÂTEAU MARGAUX

창립 : 16세기
지역 : 보르도
명칭 : 마고(Margaux)
종류 : 레드와인
포도 재배법 : 비공인 유기농법
신화의 탄생 : 1771년 샤토 마고는 영국 크리스티 경매 카탈로그에 등장한 최초의 보르도 와인이 된다.
특징 : 1855년 보르도 와인 등급 분류에서 프르미에 그랑 크뤼(1er Grand Cru Classé)로 지정된다.
명품 빈티지 : 1990
병당 가격 : 1,036유로(자료 제공 : Wine-Searcher)
글라스당 가격 : 172.60유로
누구를 생각하며 마실까? 어니스트 헤밍웨이(이 와인을 너무도 사랑한 나머지 딸의 이름 마고를 Margot가 아닌 Margaux로 지어 주었다).

샤토 오 브리옹 CHÂTEAU AU BRION

창립 : 1553년
지역 : 보르도
명칭 : 페삭 레오냥(Pessac-Léognan)
종류 : 레드와인
포도 재배법 : 컨벤셔널
신화의 탄생 : 나폴레옹 보나파르트(이후 나폴레옹 1세)의 외무 장관이자 이 샤토의 오너였던 탈레랑(Talleyrand)은 여러 나라의 왕자와 통치자 및 전 세계의 고위급 인사들을 초대해 식사를 대접했다. 당시 그의 전속 요리사는 앙토냉 카렘(Antonin Carême)이었다.
특징 : 1855년 보르도 와인 등급 분류에서 그라브(Graves) 와인 중 유일하게 프르미에 그랑 크뤼(1er Grand Cru Classé)로 지정되었다.
명품 빈티지 : 1989
병당 가격 : 2,112유로(자료 제공 : Finestwine)
글라스당 가격 : 352유로
누구를 생각하며 마실까? 룩셈부르그의 로버트 왕자. 증조부 클라랭스 디용(Clarence Dillon)이 1935년 인수하였으며, 현재 이 와이너리의 실소유주다.

샤토 디켐 CHÂTEAU D'YQUEM

창립 : 1593년
지역 : 보르도
명칭 : 소테른(Sauterne)
종류 : 스위트 화이트와인
포도 재배법 : 컨벤셔널
신화의 탄생 : 루이 16세 시절 주 프랑스 미국대사였던 토머스 제퍼슨은 이 와인에 흠뻑 매료되어 당시 대통령이던 조지 워싱턴에게 전하고자 미국으로 공수해 갔다. 이후 미국인들의 입맛을 사로잡으며 퍼져나갔다.
특징 : 1855년 보르도 와인 등급 분류에서 프르미에 크뤼 쉬페리외르(1er Cru Supérieur)로 지정된다. 한편 작황이 좋지 않았던 해에는 생산되지 않았다(1910, 1915, 1930, 1951, 1952, 1964, 1972, 1974, 1992, 2012).
명품 빈티지 : 1921
병당 가격 : 8,670유로(자료 제공 : Finestwine)
글라스당 가격 : 1,445유로
누구를 생각하며 마실까? 클로드 샤브롤(Claude Chabrol). 이 와인은 그의 영화 거의 대부분에 등장한다.

* 여기서 사용된 '명칭'은 아펠라시옹(appellation)을 말한다.

CHAMBERTIN
Appellation Contrôlée
Domaine A. Rousseau P. & F.
Propriétaire
Gevrey-Chambertin
(Côte d'Or)

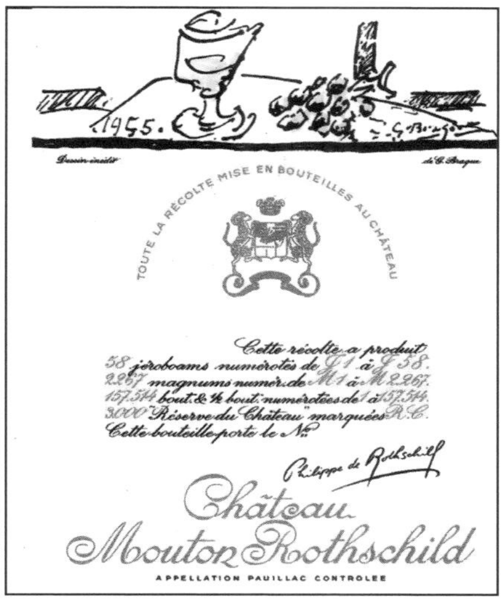
TOUTE LA RÉCOLTE MISE EN BOUTEILLES AU CHÂTEAU
Château Mouton Rothschild
APPELLATION PAUILLAC CONTROLÉE

SOCIÉTÉ CIVILE DU DOMAINE DE LA ROMANÉE-CONTI
PROPRIÉTAIRE A VOSNE-ROMANÉE (COTE-D'OR) FRANCE
ROMANÉE-CONTI
APPELLATION ROMANÉE-CONTI CONTROLÉE
5.043 Bouteilles Récoltées
BOUTEILLE N° 01220
LES ASSOCIÉS-GÉRANTS
Mise en bouteille au domaine

MIS EN BOUTEILLES AU CHÂTEAU
CHATEAU LAFITE-ROTHSCHILD
PRODUCE OF FRANCE
PAUILLAC
APPELLATION PAUILLAC CONTRÔLÉE
73cl
DÉPOSÉ

부르고뉴 Bourgogne

2000년 전 이미 코트 드 뉘(Côte de Nuits)와 코트 드 본(Côte de Beaune)에서는 와인을 생산하고 있었다. 와인은 고대 로마인들과 갈리아 로마인들로부터 엄청난 인기를 얻었다. 부르고뉴 지방의 포도밭 면적은 28,334헥타르로 프랑스 전체 포도 재배지의 3.6%을 차지하며, 이는 전 세계 생산량의 겨우 0.5%에 불과하다. 게다가 이들 중 그랑 크뤼 급은 부르고뉴 와인 생산량의 겨우 1%밖에 되지 않고, 이들 와이너리의 평균 포도밭 면적은 6.50헥타르밖에 되지 않는다. 흔히 '희귀한 것이 비싸다'고 한다. 이는 부르고뉴에 정확하게 해당하는 말이다.

도멘 앙리 자이예 DOMAINE HENRI JAYER

창립 : 1950년대 초
지역 : 부르고뉴
명칭 : 리슈부르 그랑 크뤼(Richebourg Grand Cru)
종류 : 레드와인
포도 재배법 : 비공인 유기농법
신화의 탄생 : 식물학자, 철학자이자 둘째가라면 서러워할 와인 시음가였던 앙리 자이예는 직접 포도를 재배하여 그 유명한 로마네 콩티와 견줄 만한 섬세하고 훌륭한 와인을 만들어냈다.
특징 : 앙리 자이예가 2006년 디종에서 84세의 나이로 타계한 이후 가격은 천정부지로 급등했다.
명품 빈티지 : 1985
병당 가격 : 18,618유로(자료 제공 : Wine-Searcher)
글라스당 가격 : 3,103유로
누구를 생각하며 마실까? 베르나르 피보(Bernard Pivot). 앙리 자이예의 가까운 친구였던 저널리스트이자 작가.

도멘 로마네 콩티 DOMAINE DE LA ROMANÉE-CONTI

창립 : 1760년
지역 : 부르고뉴
명칭 : 로마네 콩티 그랑 크뤼(Romanée-Conti Grand Cru)
종류 : 레드와인
포도 재배법 : 비오디나미(biodynamie)
신화의 탄생 : 루이 15세의 외교 고문이었던 루이 프랑수아 드 부르봉, 프린스 오브 콩티는 라 로마네 와이너리를 인수하여 라 로마네 콩티(La Romaée-Conti)를 만들었다.
특징 : 로마네 콩티 그랑 크뤼는 모노폴* AOC 와인이고, 포도밭은 1.63헥타르에 불과하다.
명품 빈티지 : 1978
병당 가격 : 15,992유로(자료 제공 : Wine-Searcher)
글라스당 가격 : 2,665.30유로
누구를 생각하며 마실까? 장 자크 루소(Jean-Jacques Rousseau). 작가, 철학자, 음악가였던 그는 루이 프랑수아 드 부르봉의 친구였다.

* 모노폴(monopole) 와인: 단일 와이너리가 AOC로 인정된 지역 전체를 소유하고 지역 이름을 독점 사용하는 것을 뜻한다.

도멘 르플레브 DOMAIN LEFLAIVE

창립 : 1717년
지역 : 부르고뉴
명칭 : 몽라셰 그랑 크뤼(Montrachet Grand Cru)
종류 : 화이트와인
포도 재배법 : 비오디나미(biodynamie)
신화의 탄생 : 와이너리 오너 안 클로드 르플레브(Anne-Claude Leflaive)는 부르고뉴 포도밭에 비오디나미 농법을 적용한 선구자 중 한 사람이다.
특징 : 2015년 안 클로드 르플레브가 59세의 나이로 세상을 떠난 이후 와인의 희소가치는 더욱 높아졌다.
명품 빈티지 : 1996
병당 가격 : 5,980유로(자료 제공 : Finestwine)
글라스당 가격 : 996.60유로
누구를 생각하며 마실까? 알렉상드르 뒤마(Alexandre Dumas). 그는 몽라셰 와인에 대해 '무릎을 꿇고 모자를 벗은 다음 마셔야 하는' 와인이라고 극찬했다.

도멘 르루아 DOMAIN LEROY

창립 : 1868년
지역 : 부르고뉴
명칭 : 뮈지니 그랑 크뤼(Musigny Grand Cru)
종류 : 레드와인
포도 재배법 : 비공인 유기농법
신화의 탄생 : 1942년 도멘 로마네 콩티의 주주가 된 앙리 르루아(Henri Leroy)는 업계 인맥과 노하우 등을 활용한다.
특징 : 앙리 르루아의 딸인 라루 비즈 르루아(Lalou Bize-Leroy)는 도멘 로마네 콩티의 공동 운영자였으며 아주 까다로운 비오디나미 농법 지지자다.
명품 빈티지 : 1949
병당 가격 : 3,794유로(자료 제공 : Wine-Searcher)
글라스당 가격 : 632.30유로
누구와 함께 마실까? 제라르 랑뱅(Gérard Lanvin). 그는 영화 「프리미에 크뤼(Premiers Crus)」에 주연으로 출연하여 부르고뉴 와인을 널리 알리는 역할을 했다.

도멘 코슈 뒤리 DOMAIN J.-F. COCHE DURY

창립 : 1964년
지역 : 부르고뉴
명칭 : 코르통 샤를마뉴 그랑 크뤼(Corton-Charlemagne Grand Cru)
종류 : 화이트와인
포도 재배법 : 컨벤셔널
신화의 탄생 : 이 와이너리는 1964년부터 와인을 병입하여 판매하기 시작했다. 창업주 레옹 코슈의 3대손인 장 프랑수아 코슈가 본격적으로 운영한 1972년부터 점점 큰 명성을 얻게 되었다. 이후 장 프랑수아의 부인의 성인 뒤리(Dury)를 와이너리 이름에 함께 넣었다.
특징 : 직거래 고객들에게는 아주 신중하고 합리적인 가격 정책을 유지하고 있다.
명품 빈티지 : 1989
병당 가격 : 5,561 유로(자료 제공 : Wine-Searcher)
글라스당 가격 : 926.80 유로
누구를 생각하며 마실까? 신성 로마제국 샤를마뉴 대제. 레드와인이 턱수염에 얼룩을 남기는 것에 짜증을 냈던 그는 부르고뉴 지방 코르통 산비탈에 샤도네 품종을 심게 했다고 전해진다.

도멘 도브네 DOMAIN D'AUVENAY

창립 : 1989년
지역 : 부르고뉴
명칭 : 마지 샹베르탱 그랑 크뤼(Mazis-Chambertin Grand Cru)
종류 : 레드와인
포도 재배법 : 비공인 유기농법
신화의 탄생 : 라루 비즈 르루아(Lalou Bize-Leroy)가 일궈낸 3.9헥타르의 포도밭.
특징 : 이 와이너리는 옛날 단순한 주거 시설로 사용되었던 오래된 농가였다.
명품 빈티지 : 2009
병당 가격 : 2,695유로(자료 제공 : Wine-Searcher)
글라스당 가격 : 449.10유로
누구를 생각하며 마실까? 올 스톱! 이 와인병을 따는 것은 영아살해나 다름없다!

도멘 아르망 루소 DOMAIN ARMAND ROUSSEAU

창립 : 1900년경
지역 : 부르고뉴
명칭 : 샹베르탱 그랑 크뤼(Chambertin Grand Cru)
종류 : 레드와인
포도 재배법 : 비공인 유기농법
신화의 탄생 : 1930년대 후반경 미국의 금주법 시대가 끝난 직후 미국에 와인을 수출하기 시작했다.
특징 : 대대로 가업을 잇고 있는 이 와이너리는 3세대 에릭 루소의 딸인 시리엘 루소(Cyrielle Rousseau)가 운영에 합류했다.
명품 빈티지 : 2005
병당 가격 : 1,780유로(자료 제공 : Finestwine)
글라스당 가격 : 296.60유로
누구를 생각하며 마실까? 나폴레옹 1세. 그는 이 와인을 늘 마셨고, 심지어 군사작전이 행해지는 전쟁터에도 이 와인을 챙겨 갈 정도였다.

도멘 G&C 루미에 DOMAIN G & C ROUMIER

창립 : 1924년
지역 : 부르고뉴
명칭 : 뮈지니 그랑 크뤼(Musigny Grand Cru)
종류 : 레드와인
포도 재배법 : 비공인 유기농법
신화의 탄생 : 조르주 루미에(Georges Roumier)는 와이너리에서 직접 병입해 판매하기 시작했고, 해외 수출을 위한 판매 정책 중심으로 운영하고 있다.
특징 : 이 와이너리의 포도밭 11.87 헥타르 중 0.2헥타르만이 화이트와인 생산용이다.
명품 빈티지 : 2005
병당 가격 : 8,194유로(자료 제공 : Wine-Searcher)
글라스당 가격 : 1,365.60유로
누구를 생각하며 마실까? 세드릭 클라피슈(Cédric Klapisch). 영화 감독, 제작자. 영화 「부르고뉴, 와인에서 찾은 인생(Ce qui nous lie)」에서 이 감독의 와인 사랑을 엿볼 수 있다.

KRUG
Vendange les 5 et 6 Octobre 1981
Bouteille N°
PROPRIÉTÉ DE LA SOCIÉTÉ VITICOLE AU MESNIL SUR OGER . S.A.R.L.
Champagne Clos du Mesnil
Brut Blanc de Blancs

CHAMPAGNE
Brut
2006
S
SALON
BLANC de BLANCS
Le Mesnil

MOËT et CHANDON à Epernay
Fondée en 1743
Champagne
Cuvée Dom Pérignon
Vintage
75cl

CHATEAU RAYAS
MIS EN BOUTEILLE AU CHÂTEAU
CHÂTEAUNEUF-DU-PAPE
APPELLATION CHÂTEAUNEUF-DU-PAPE CONTRÔLÉE
PROPRIÉTAIRE
J. REYNAUD
750ml
CHÂTEAUNEUF DU
VAUCLUSE
FRANCE

샹파뉴 Champagne

유네스코 세계 문화유산으로 등재된 샹파뉴는 17세기 수도사인 동 피에르 페리뇽(Dom Pierre Pérignon)이 착안해 낸 독특한 양조방식으로 유명해졌다. 19세기에는 프랑스로 이주해온 독일인들이 만든 브랜드들(Bollinger, Krug, Deutz 등)이 가세하면서 국제적으로도 비약적인 성장을 가져왔다. 2015년에 약 34,000헥타르의 포도밭에서 3억 900만 병이 생산된 샹파뉴는 프랑스 문화를 해외에 전하는 명실상부한 첨병 역할을 톡톡히 해내고 있다.

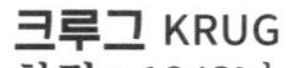

크루그 KRUG
창립 : 1843년
지역 및 명칭 : 샹파뉴
퀴베(cuvée) : 클로 뒤 메닐(Clos du Mesnil)
종류 : 화이트 샹파뉴 와인
포도 재배법 : 컨벤셔널
신화의 탄생 : 샹파뉴 와인을 최초로 작은 오크통에 넣어 발효시킨 와이너리다. 이렇게 최소 6~8년 숙성 보관하면 맛과 향이 섬세하고 복합적인 샹파뉴가 탄생하게 되고 또한 오랫동안 보관이 가능해진다.
특징 : 톱 빈티지 포도를 블렌딩한 최상급 퀴베 샹파뉴만을 만든다.
명품 빈티지 : 1988
병당 가격 : 1,770유로(자료 제공 : Finestwine)
글라스당 가격 : 295유로
누구를 생각하며 마실까? 베르나르 아르노(Bernard Arnault). 1999년 크루그 샹파뉴는 아르노 회장 소유의 럭셔리 브랜드 그룹 LVMH에 인수되었다.

샹파뉴 살롱 CHAMPAGNE SALON
창립 : 1911년
지역 및 명칭 : 샹파뉴
퀴베(cuvée) : S 살롱("S" de Salon)
종류 : 화이트 샹파뉴 와인
포도 재배법 : 컨벤셔널
신화의 탄생 : 이곳의 샹파뉴 와인은 지하 저장고에 평균 10년간 보관되며, 품질이 완벽하다고 평가되는 경우의 작황 연도에만 빈티지 샹파뉴를 생산한다.
특징 : 오로지 빈티지 샹파뉴만, 그 중에서도 샤도네 품종으로만 만든 블랑 드 블랑(Blanc de blancs) 샹파뉴만 생산한다.
명품 빈티지 : 1959
병당 가격 : 5,812유로*(자료 제공 : Wine-Searcher)
글라스당 가격 : 968.60유로
누구를 생각하며 마실까? 루이 15세. 그는 개인 연회에 샹파뉴를 공식 주류로 서빙하도록 했다.

샹파뉴 동 페리뇽 CHAMPAGNE DOM PÉRIGNON
창립 : 1936년
지역 및 명칭 : 샹파뉴
퀴베(cuvée) : 빈티지 연도
종류 : 화이트 샹파뉴 와인
포도 재배법 : 컨벤셔널
신화의 탄생 : 나폴레옹 1세와 장 레미 샹동(Jean-Rémy Chandon, 모에 샹동 창립자)과의 끈끈한 우정을 기점으로 이 샹파뉴는 세계적 명성을 누리게 된다.
특징 : 동 페리뇽은 모두 빈티지 샹파뉴이며, 가장 작황이 좋은 연도에만 생산된다.
명품 빈티지 : 1955
병당 가격 : 1,132유로(자료 제공 : Evinité)
글라스당 가격 : 188.60유로
누구를 생각하며 마실까? 마릴린 먼로. 동 페리뇽은 그녀가 가장 좋아했던 샹파뉴다.

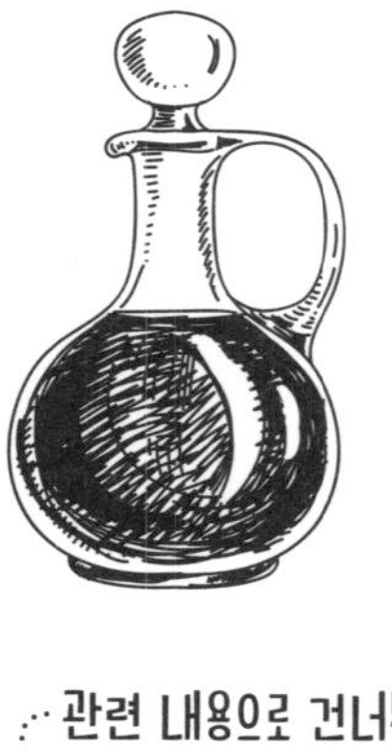

발레 뒤 론

Vallée du Rhône

전쟁 후 프랑스 재건에 나선 노동자들에게 싸구려 술로 제공되었던 론 밸리의 포도주들은 오랫동안 별 볼일 없는 것으로 치부되었다. 오늘날 총 44,000헥타르에 펼쳐진 이곳 포도밭에는 이미 고대 로마시대(BC 125)부터 포도나무가 존재했었고, 14세기에는 아비뇽을 떠나 도망친 교황들이 샤토뇌프 뒤 파프(Châteauneuf du Pape) 코뮌에 정착했다. 특히 1990년대 말, 와인 평론가 로버트 파커가 태양을 머금은 이 샤토뇌프 뒤 파프 와인의 매력에 흠뻑 빠져 높은 점수를 매긴 이후로 미디어가 주목하기 시작했고 판매도 놀라운 성장세를 기록했다.

샤토 라이아스 CHÂTEAU RAYAS
창립 : 1920년대 초
지역 : 발레 뒤 론(Vallée du Rhône)
명칭 : 샤토뇌프 뒤 파프(Châteauneuf-du-Pape)
종류 : 레드와인
포도 재배법 : 비공인 유기농법
신화의 탄생 : 적은 포도 수확량, 오래된 오크통에서의 숙성, 그리고 모래 성질이 강한 토양이라는 배경으로 만들어지는 아주 섬세한 와인이다.
특징 : 이 명칭의 와인은 최대 13종의 포도품종 블렌딩을 허용하고 있지만, 샤토 라이아스는 그르나슈(Grenache) 품종만을 사용한다.
명품 빈티지 : 1990
병당 가격 : 1,023유로(자료 제공 : Wine-Searcher)
글라스당 가격 : 170.50 유로
누구를 생각하며 마실까? 교황 요한 22세. 그는 샤토뇌프 뒤 파프 최초의 교황궁 건축을 명했다.

도멘 앙리 보노 에 피스 DOMAINE HENRI BONNEAU & FILS
창립 : 1956년
지역 : 발레 뒤 론(Vallée du Rhône)
명칭 : 샤토뇌프 뒤 파프(Châteauneuf-du-Pape)
퀴베(cuvée) : 레제르브 데 셀레스탱(Réserve des Célestins)
종류 : 레드와인
포도 재배법 : 비공인 유기농법
신화의 탄생 : 콘크리트 양조통에서 오랜 시간 발효하고 여러 종류의 와인 오크통에서 최소 6년 이상 숙성하는 방식이 이 와이너리의 성공 비결이다.
특징 : 2016년 샤토뇌프 뒤 파프 와인의 대부라 일컬어지는 앙리 보노가 78세를 일기로 세상을 떠난 이후 이 와인 가격은 가파르게 상승하고 있다.
명품 빈티지 : 1990
병당 가격 : 2,975유로(자료 제공 : Wine-Searcher)
글라스당 가격 : 495.80유로
누구를 생각하며 마실까? 원하는 이라면 누구든! 인생에 기회는 두 번 오지 않는다.

관련 내용으로 건너뛰기
p.230 포도주 최대의 적, 필록세라

* 와인 공시가는 변동될 수 있다. 상기 가격은 2016년 12월 기준으로 산정되었다.

크루아상 일대기

마리 로르 프레셰

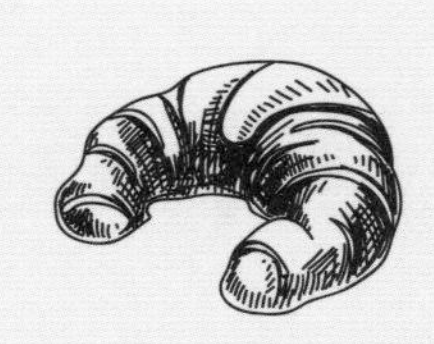

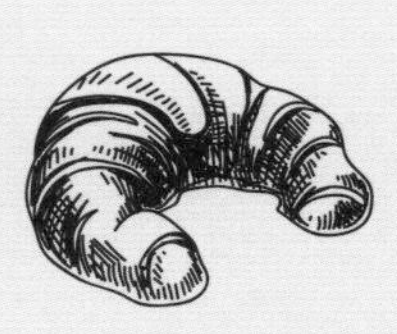

바게트와 마찬가지로 크루아상은 프랑스를 대표하는 상징이다. 단, 이 빵이 파리에 이르기 전까지 긴 여행을 했다는 점은 조금 다르다. 동양에서 서양으로 이어지는 크루아상의 변천사를 알아보자.

고대

고대 국가

고대에 크루아상(라틴어로 crescere, 증가하다, 커지다)은 종교적인 의미를 지니고 있었다. 이것은 미신과 종교적 숭배의 대상이었던 달과 그 커지는 형상을 상징했다. 이집트 사람들은 그들의 여신들에게 초승달 모양의 빵을 선사했다. 앗시리아 사람들은 성찬 식사를 위해 이 빵을 만들어 먹었고, 페르시아인들은 조상을 숭배하는 제사의식 때 이 빵을 올렸다. 초창기 기독교인들의 성찬에서도 크루아상을 찾아볼 수 있다.

16세기

동양

오스만 제국은 초승달 모양을 공식 문양으로 채택하였고 이는 소아시아 전역에 널리 퍼져나간다. 1536년 프랑스의 프랑수아 1세와 술레이만 대제는 동맹 조약을 체결한다. 여기에서 아마도 초승달 모양의 케이크(gâteau en croissant) 탄생이 영감을 받았을 것으로 추정되고 있으며, 특히 카트린 드 메디치가 주문한 연회에서도 그 흔적을 찾아볼 수 있다. 이후, 초승달 모양의 파티스리는 지중해 연안 전 지역에서 생겨났다.

17세기

빈

전설일까 사실일까? 1683년 오스만 투르크 제국은 오스트리아 빈을 완전 포위하고 야간에 지하 터널을 통해 심장부를 공격하려 한다. 빈의 제빵사들은 밤새 깨어 이를 감시하며 빵 만들기 작업을 했고, 적군의 침입을 알려 공격을 물리치게 되었다. 오스트리아의 대공 레오폴드 1세는 이에 경의를 표해 제빵사들에게 특혜를 부여했다. 이 승리를 축하하기 위해 제빵사들은 오스만 군대 깃발에 그려진 초승달 모양의 빵을 만들었다고 전해진다. 당시에는 횐셴(Hörnchen, 작은 뿔)이라고 불렀다.

18세기 / 19세기

파리

파리에 크루아상이 처음 들어오게 된 것은 1770년 루이 16세와 결혼한 마리 앙투아네트를 통해서라고 흔히들 이야기한다. 하지만 더 신빙성이 있는 것은 빈의 관리이자 경영인이었던 아우구스트 장(August Zang)이 1838년 파리에 오픈한 비엔나식 빵집을 통해서라는 설이다. 이 빵집은 큰 성공을 거두어 2년 후에는 이 '비에누아즈리' 빵을 사기 위해 수많은 사람이 몰려들었다고 한다. 그 당시의 크루아상은 현재의 그것처럼 푀유타주 반죽이 아니라 다른 비엔나식 빵처럼 브리오슈 반죽으로 만들었다고 한다.

20세기 초

프랑스

1920년대, 프랑스 파티시에들은 빈의 크루아상을 본떠 버터를 듬뿍 넣은 푀유타주로 만든다. 오늘날 우리가 알고 있는 그 크루아상 형태다.

1970

버터 혹은 보통 ?

1970년대에는 '보통(ordinaire)' 크루아상이라는 것이 등장한다, 마가린으로 만든 것이라 덜 기름지고 건강에도 더 낫다고 여겨졌으며, 특히 값이 더 쌌다. 정통파들은 한층 풍미가 좋은 버터 크루아상(au beurre)을 선호했다. 당시 두 종류는 모양으로 구분했는데, 보통은 구부러진 모양, 버터 크루아상은 곧은 형태였다.

1977

대량 생산

1977년에는 '라 크루아상트리(La Croissanterie)'라는 브랜드가 탄생한다. 같은 시기에 다논(Danone)은 집에서 간편하게 구워 먹을 수 있는 크루아상 반죽 제품 다느롤(Danerolles)을 출시한다. 식품 생산업체는 크루아상을 만들어 냉동 상태로 지역 제빵사에게 배송하기 시작했다. 그 결과, 오늘날 크루아상의 80%는 공장 생산품이다.

오늘날

진짜 크루아상

통통하고 황금색이 나고 윤기가 돌며 여러 겹의 푀유테 층을 가진 크루아상. 구운 반죽은 벌집 모양의 구조에 버터 맛이 진하지만, 기름지지 않은 식감이다. 아티장 제빵사나 파티시에가 최고급 재료를 써서 만든다. 현재 이를 보호하는 정식 법규는 없다.

아몬드 크루아상

하루 지난 크루아상 6개
아몬드 크림
아몬드 가루 75g
무염 버터 65g
설탕 65g
달걀 1개
시럽
설탕 100g
물 250ml
럼 50ml
글라사주
아몬드 슬라이스 50g
슈거파우더 50g

이 레시피는 전날 남은 크루아상을 활용하는 방법이다. 제빵사들에게는 늘상 있는 일이다.

조리 : 20분
휴지 : 30분
6인분

버터를 약한 불에 녹인다. 달걀과 설탕을 색이 연해질 때까지 거품기로 잘 저어 섞은 뒤, 녹인 버터와 아몬드 가루를 넣어 섞는다. 냉장고에 30분간 넣어둔다.
소스팬에 물과 럼, 설탕을 넣어 섞은 뒤 10분간 끓인다.
크루아상을 길게 둘로 가른다. 표면에 붓으로 시럽을 바른 뒤 아몬드 크림을 채워 넣는다. 베이킹 팬에 크루아상을 놓고 아몬드 슬라이스를 뿌린다. 180°C 오븐에서 15분간 굽는다. 오븐에서 꺼낸 뒤 슈거파우더를 솔솔 뿌린다.

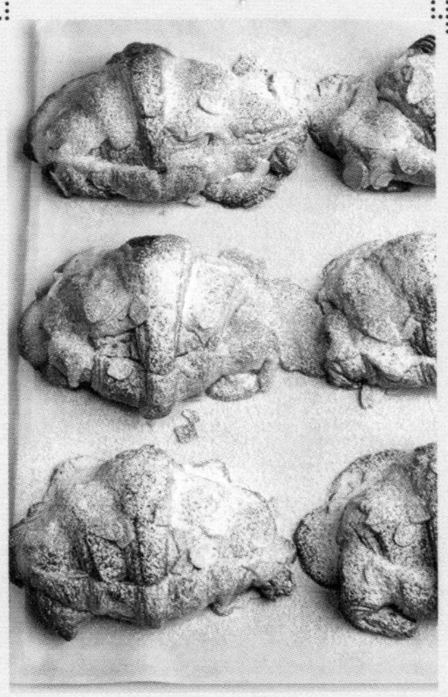

포토푀

일요일이나 가족 식사의 단골 메뉴인 포토푀(pot-au-feu)는 전통적으로 프랑스의 국민 음식으로 여겨졌다. 수 세기 전부터 요리사와 작가들에게 영감을 주었던 이 매력적인 국물 요리를 성공적으로 만들기 위한 조리법과 지켜야 할 꿀팁을 소개한다.

카미유 피에라르

포토푀 황금 법칙

1

고기 1kg당 물은 3리터를 잡는다.

2

반드시 차가운 물을 넣고 끓이기 시작할 필요는 없다. 상온의 물을 사용하면 온도를 올리는 시간을 단축할 수 있다.

3

고기를 미리 한 번 헹궈내면 처음 끓을 때 거품이 너무 많이 올라오는 것을 막을 수 있다.

4

소금 간은 중간쯤 익었을 때 한다. 소금은 고기의 육즙이 물에 빠지는 현상을 가속화하는 경향이 있다. 어느 정도 익은 뒤 소금을 넣어 간을 하면 고기 살의 맛을 유지하면서도 풍미 있는 국물을 우려낼 수 있다.

5

가능하면 큰 사이즈의 무쇠 냄비나 애나멜 코팅 주물 냄비를 사용한다. 열이 금방 식는 알루미늄 냄비는 피한다.

6

감자는 따로 익혀서 넣어야 국물이 혼탁해지지 않는다.

7

포토푀는 미리 만들어 두었다가 다시 끓여먹으면 더 맛있다고 한다. 고기의 콜라겐이 잘 변성되기 때문이다. 약한 불에서 오랜 시간 끓이는 게 좋다.

8

뚜껑을 항상 열고 끓인다.

포토푀

에릭 트로숑*

준비 : 45분
조리 : 4시간
6인분

소 찜갈비살 500g
소 아롱사태 또는 부채살 600g
소 꾸리살 또는 앞사태 500g
부케가르니 1개
(bouquet garni : 타임, 월계수 잎, 파슬리 줄기를 리크의 녹색 부분으로 감싸 묶은 향신 재료)
정향을 박은 양파 1개
리크(서양대파) 흰 부분 6개
당근 큰 것 6개
균일한 크기의 둥근 순무 6개
셀러리악 작은 것 1개
기타 계절 채소 : 돼지감자, 루타바가(rutabaga: 뿌리 속살이 노란 스웨덴 순무), 셀러리, 사보이 양배추 등
사골 뼈 자른 것 4조각
살이 단단한 감자(작은 것) 10개 정도
검은 통후추 1티스푼
굵은 소금
캄파뉴 브레드 구운 것

만드는 법

소고기를 주방용 실로 묶어 큰 냄비에 넣고 약 5리터의 상온의 물을 부어 끓인다. 거품이 조금씩 올라오면 꼼꼼히 건진다. 부케가르니와 정향 꽂은 양파를 넣는다. 두 시간 정도 끓인 뒤 약간의 소금과 통후추를 넣고 30분간 더 끓인다. 준비한 채소와 사골 뼈를 넣고 1시간 정도 더 끓인다. 필요하면 중간에 물을 조금 더 보충해준다. 포토푀 국물을 조금 덜어내 그 국물에 감자를 따로 삶아놓는다.

서빙

부케가르니와 정향 박은 양파는 건져낸다. 서빙용 큰 수프 용기에 국물을 체에 걸러 붓는다. 간을 확인하고 기름은 살짝 걷어낸다. 고기를 건지고 묶은 실을 푼 다음 크고 우묵한 서빙용 접시에 담는다. 채소도 건져서 고기 둘레에 보기 좋게 담는다. 사골뼈를 건져 안의 골수를 숟가락으로 떠낸 다음 구운 빵에 발라먹는다. 머스터드, 코르니숑, 굵은 소금을 곁들여 낸다.

* Eric Trochon : Semilla(파리 6구)의 셰프. 2011년 프랑스 요리 명장(MOF)

문학 작품에서 찾아본 포토푀(부분 발췌)

프랑스의 자부심이거나...

《소금을 조금 넣은 끓는 물에 고기 덩어리를 넣고 맛이 우러나오게 끓인 것을 포토푀라고 한다(...) 이 끓는 국물에 채소, 뿌리 등을 넣어 풍미를 더해주며, 빵이나 파스타를 넣어 더욱 푸짐하게 만들기도 한다. 이것이 바로 수프(potage)라고 하는 음식이다. 이처럼 맛있는 수프는 프랑스 이외의 그 어떤 곳에서도 먹을 수 없다는 데 우리는 동의한다. 포타주는 프랑스 국민 식생활의 근본이며, 이것은 수 세기 동안 시행착오를 거쳐 오면서 완벽해졌다. 》

『맛의 생리학(*Physiologie du goût*)』 1825
장 앙텔름 브리야 사바랭(Jean Anthelme Brillat-Savarin)

가난한 자들의 음식이거나...

《그녀가 저녁을 먹기 위해 사흘 동안 갈지 않은 식탁보가 덮인 원형 식탁에 남편을 마주하고 앉았을 때, 남편은 앞에 놓인 수프 그릇을 보고는 기쁨으로 가득 찬 얼굴로 말했다. "아, 맛있는 포토푀네, 이것보다 더 맛있는 건 없지!" 그녀는 세련된 식사, 반짝이는 은 식기, 옛날 인물들과 요정 숲 한가운데의 이름 모를 새들이 그려진 타피스리 등을 상상했다...》

『목걸이(*La Parure*)』 1884
기 드 모파상(Guy de Maupassant)

종교적 환희

《초석(硝石)으로 살짝 문지른 다음 소금을 뿌린, 말 그대로의 포토푀는 슬라이스되어 있었다. 썬 살 조각이 아주 얄팍해서 입에 넣자마자 아주 연하게 부서지기 쉽다는 것을 알 수 있었다. 맛있는 그 냄새는 마치 향을 피우듯 연기가 나는 고기에서 뿜어나오는 육향이겠지만, 고기에 밴 타라곤의 강한 향기와 고기 덩어리에 박았던 순백색의 투명한 라드 몇 조각(많은 양이 아니다)에서 나오는 풍미도 한몫을 한다.》

『미식가 도댕 부팽의 일생과 열정(*La vie et la Passion de Dodin-Bouffant*)』 1924
마르셀 루프(Marcel Rouff)

시적 은유

《 그녀의 상상은
언제나 부글부글 끓고 있다.
그리고 그 생각들은 마치
포토푀 안의 순무와 감자처럼
춤춘다. 》

『잠자는 여인 (*L'Endormie*)』 1887
폴 클로델(Paul Claudel)

관련 내용으로 건너뛰기
p.306 프랑스의 메밀

다양한 종류의 시럽

중세 아랍 약전(藥典)에 처음 나온 과일이나 식물의 시럽은 기분 좋은 추억의 맛을 내줄 뿐 아니라 몇몇 칵테일에는 반드시 들어가는 재료다. 이들 중 맛있는 대표 주자들을 소개한다.

카미유 피에라르

그레나딘 시럽 Grenadine(그르나딘)
원산지 : 프랑스 전역.
이론의 여지 없이 가장 인기있는 시럽이다. 본래 석류(grenade)를 주재료로 만든 시럽으로, 그 이름을 따 그레나딘 시럽이라 부른다. 오늘날에는 주로 붉은 베리류 시럽에 레몬과 바닐라로 향을 낸 것을 지칭한다.
사용 : 우유, 사이다, 또는 칵테일에 넣는다.

민트 시럽 Menthe verte(망트 베르트)
원산지 : 프랑스 전역.
진통 효과와 소화를 돕는 기능으로 알려진 민트는 태양으로 인해 향이 변질되기 전, 이른 새벽에 따는 것이 좋다. 진한 에메랄드빛을 기대하지 마시라. 천연 민트 시럽은 아주 연한 녹색이 희미하게 날 뿐이다.
사용 : 여름에 차가운 얼음물에 타 마시거나 파스티스에 넣어 먹는다 (파스티스에 민트 시럽과 물을 탄 칵테일을 페로케 perroquet라고 한다).

보리 시럽 Orgeat(오르자)
원산지 : 프랑스 남부.
프랑스 남부를 대표하는 최고의 시럽인 보리 시럽은 원래는 보리와 아몬드를 달여 만들었다. 오늘날 이 시럽은 아몬드 밀크와 오렌지 블러섬 워터를 섞어 만든다.
사용 : 물에 희석해 마시거나 파스티스에 섞어 아페리티프로 즐긴다(파스티스나 압생트에 오르자 시럽을 넣고 물을 타 희석한 칵테일을 모레스크 mauresque 라고 한다).

블랙커런트 시럽 Cassis(카시스)
원산지 : 부르고뉴.
8세기부터 블랙커런트는 통풍과 고열, 류마티즘을 치료하는 등 여러 의학적 효능을 인정받았다. 1840년부터는 리큐어 제조사들의 수요가 증대함에 따라 부르고뉴에서의 카시스 생산량이 늘어났다. 블랙커런트 베리 열매로 만든 이 시럽은 향이 아주 풍부하다.
사용 : 화이트와인에 섞거나(키르 kir), 샴페인에 섞는다(키르 루아얄 kir royal). 혹은 어린이용으로 물에 타 주기도 한다.

안젤리카 시럽 Angélique(앙젤리크)
원산지 : 니오르(Niort), 마레 푸아트뱅(le Marais poitevin) 지역.
14세기부터 그 약용 효과로 잘 알려진 안젤리카(당귀)는 굵직한 줄기와 흰색 꽃을 가진 식물이다. 18세기부터 니오르에서 재배했으며 주로 리큐어와 사탕 등을 만드는 데 사용한다. 줄기를 끓여 시럽을 만드는데, 이렇게 공피한 줄기는 그냥 먹어도 맛있다.
사용 : 물이나 사이다에 타서 먹으면 아주 상큼하고 시원해 갈증이 싹 가신다.

엘더베리 시럽 Sureau(쉬로)
원산지 : 프랑스 전역.
이 시럽의 새콤한 맛과 꽃향기는 섬세한 흰색의 엘더베리 꽃으로부터 나온다. 날로는 먹을 수 없는 짙은 붉은색의 엘더베리 열매는 그다지 강한 맛이 나지 않기 때문에 시럽을 만들기 위해서는 상당한 양이 들어간다.
사용 : 물에 타 먹는다. 엘더베리 꽃 시럽의 경우에는 디저트에 많이 사용한다(라이스 푸딩, 플랑 등).

바이올렛 시럽 Violette(비올레트)
원산지 : 툴루즈(Toulouse), 이에르(Hyères), 그라스(Grasse), 파리 남부.
19세기 중반부터 툴루즈(이 도시의 상징이 되었다)와 이에르에서 재배하기 시작했으며, 파리 남부에서도 조향제의 원료로 재배한 바이올렛은 시럽에 아주 달콤한 맛을 내준다.
사용 : 크렘 파티시에나 아이스크림에 넣어 사탕 향을 내준다. 과일 샐러드, 화채 등에 넣어도 좋다.

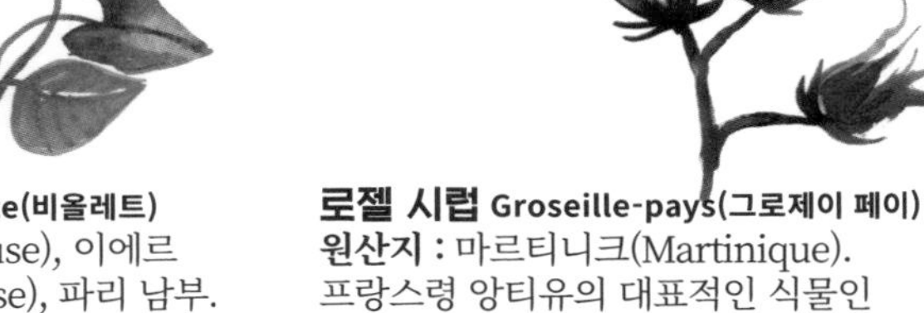

로젤 시럽 Groseille-pays(그로제이 페이)
원산지 : 마르티니크(Martinique).
프랑스령 앙티유의 대표적인 식물인 로젤은 히비스커스 또는 비삽(bissap)을 지칭한다. 마르티니크에서는 크리스마스 때 전통적으로 이 시기에 피는 로젤 꽃봉오리로 만든 새콤한 시럽을 물이나 칵테일에 타 마신다.
사용 : 물이나 펀치 칵테일에 사탕수수 설탕 대신 타서 마신다.

간략한 역사

→ **12세기,** 중세 아랍의 한 여의사가 처음으로 시럽을 만들었고, 당시에는 '샤랍(sharab)'이라 불렀다. 이후 아랍의 약학은 라틴 문화권에 퍼져나갔고, 샤랍이라는 단어로부터 라틴어 '시루푸스(siruppus)'가 탄생하게 되면서, 오늘날 '시로(프랑스어 sirop)'의 어원이 되었다.
→ **1920년대**에는 프랑스에서 시럽이 대량생산되기 시작했다. 테세르(Teisseire)나 모냉(Monin) 같은 증류 공장이나 리큐어 제조사들은 알코올을 함유하지 않은 시럽을 생산해 판매하기 시작했다.
→ **오늘날,** 시중에 판매되는 대량생산 시럽은 일반적으로 과일 함량이 아주 적다(30%에 불과한 경우도 많다). 아티장 방식으로 만든 천연 시럽을 원한다면 소규모 공방 단위의 생산자가 전통 방식 그대로 만든 것을 구입하거나, 아니면 직접 만들어 보는 것도 좋다.

시럽을 넣은 다양한 파스티스 칵테일

시럽과 파스티스는 아주 잘 어울리기 때문에, 이 둘을 섞은 칵테일은 그 종류가 아주 많다.

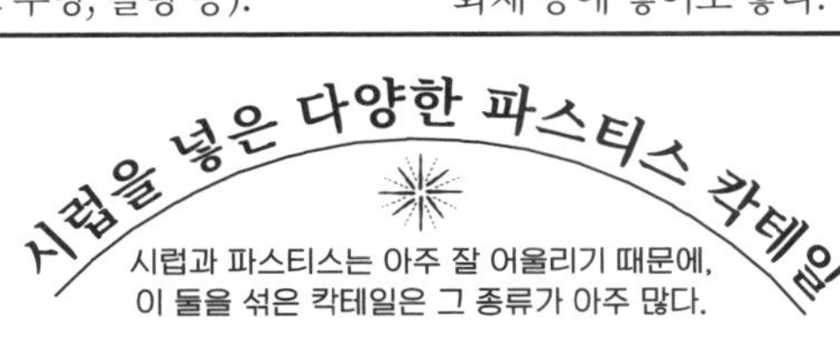

- 파스티스 + **오르자(보리 시럽)** = 모레스크(mauresque) (EPO라고도 불린다. Eau, Pastis, Orgeat)
- 파스티스 + **복숭아 시럽** = 펠리캉(pélican)
- 파스티스 + **그르나덴 시럽** = 토마트(tomate)
- 파스티스 + **민트 시럽** = 페로케(perroquet)
- 파스티스 + **민트 시럽** + **그르나덴 시럽** = 푀유 모르트(feuille morte)
- 파스티스 + **딸기 시럽** = 루루(rourou)
- 파스티스 + **자몽 시럽** = 소니에(saunier)
- 파스티스 + **바나나 시럽** = 코르니숑(cornichon)
- 파스티스 + **레몬 시럽** = 앵디앵(indien) 또는 카나리(canari)

민트 시럽

베로니크 베르드레 *Véronique Verderet**

준비 : 이틀
조리 : 3분

민트 잎 50g
레몬 1개
설탕 250g
굵은 소금 1티스푼
끓는 물 600ml

민트 잎을 다진 뒤 레몬 1개분의 즙을 뿌리고 나무주걱으로 으깨 짓이긴다. 소금과 설탕을 넣고 계속 으깬다. 이 상태로 하룻밤 재운다. 끓는 물을 붓고 다시 하룻밤을 재운다. 체에 거른 다음 2~3분간 끓여 병에 넣어둔다. 좀 더 오래 보관하려면 저온 멸균한다. 병을 개봉한 다음에는 냉장고에서 한 달간 보관 가능하다.

* Véronique Verderet : 허브, 채소, 과일 재배자(Les Fleurs Anglaise, Eulmont, Meurthe-et-Moselle).

블랙커런트 시럽

준비 : 10분
조리 : 20분
시럽 3.5리터 분량

설탕 1kg
물 1리터
블랙커런트(알갱이를 떼어 놓는다) 1kg

냄비에 물과 설탕을 넣고 서서히 가열한다. 끓기 시작하면 약한 불에서 잘 저으며 그 상태를 10분간 유지한다. 씻어서 건져 둔 블랙커런트 알갱이를 넣고 다시 10분간 더 끓인다. 체에 고운 면포를 얹고 시럽을 거른다. 이때 절굿공이로 꾹꾹 과일을 눌러가며 최대한 즙을 많이 추출한다. 시럽을 밀폐용 병에 담아 직사광선이 들지 않는 서늘한 곳에 보관한다.

관련 내용으로 건너뛰기
p.294 집에서 담그는 술

뜻밖의 발견을 통해 탄생한 음식들

세런디피티(serendipity) 란 우연한 상황의 일치로 뜻하지 않게 일어난 사건이나 그것을 통해 발견하게 된 것을 뜻한다. 우리가 즐겨 먹는 음식들 중에도 이렇게 뜻밖의 상황에서 생겨난 것들이 몇 가지 있다. 무언가를 창조해낸 우연 한 꼬집, 행복한 실수 한 줌, 스토리텔링 한 국자...

카미유 피에라르

볼로방 Le vol-au-vent

탄생 : 19세기 전반. 파리
전해지는 설 : '셰프들의 왕이자 왕들의 셰프'로 알려진 마리 앙투안 카렘의 조수가 파트 푀유테 반죽에 포크로 찔러 구멍 내는 것을 잊은 채 오븐에 넣어 구웠다. 그는 파이의 부피가 두 배로 부풀어 오르자 '바람에 날아가네(엘 볼로방 elle vole au vent)!'하고 외쳤다. 그 결과, 원통형인 탱발 모양으로 부푼 아주 가볍고 바삭한 푀유타주에 소스를 곁들인 소를 채워 넣는 볼로방이 탄생했다.
신빙성 : 팩트 70%, 미식문학이 꾸며낸 가공의 스토리 30%

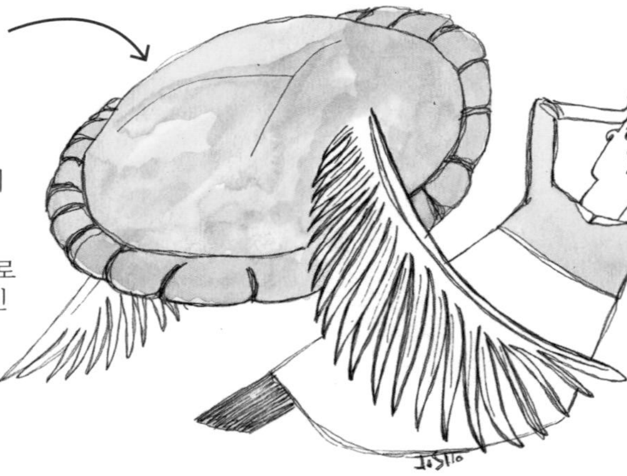

로크포르 Le roquefort

탄생 : 정확한 시기는 알려지지 않고 있지만, 최초로 문서에 언급된 것은 1070년경이다.
전해지는 설 : 한 목동이 양떼 모는 개를 유인하는 데 집중하느라 자신의 빵과 염소젖 응고 치즈를 깜빡 잊고 콩발루(Combalou, Aveyron)의 한 동굴 안에 놓고 왔다. 몇 달 후에 그곳에 가본 목동은 푸른곰팡이가 피어 있는 것을 발견했다.
신빙성 : 팩트 10%, 시시한 소설 40%, 아베롱 지역의 입담 50%

타르트 타탱 La tarte Tatin

탄생 : 19세기 말, 라모트 뵈브롱(Lamotte-Beuvron)
전해지는 설 : 여관집 딸들인 카롤린과 스테파니 타탱 자매는 솔로뉴 지방에서 레스토랑이 딸린 호텔을 운영하고 있었다. 이들 중 동생이 하루는 애플파이를 만들었는데 깜빡하고 타르트 시트 반죽을 까는 것을 잊어버렸다. 할 수 없이 나중에 시트를 올려 구운 뒤 뒤집어 서빙했다. 일명 퀴스농스키(Curnonsky)라고 불린 미식가이자 작가인 모리스 에드몽 사이양(Maurice Edmond Sailland)이 '타탱 아가씨들의 타르트(tarte des demoiselles Tatin)'라고 이름 붙이면서 유명세를 타게 되었다.
신빙성 : 팩트 50%, 요리 재능 30%, 픽션 20%

뀐아망 Le kouign-amann

탄생 : 1860년. 두아르느네(Douarnenez)
전해지는 설 : 제빵사 이브 르네 스코르디아(Yves-René Scordia)는 밀려드는 손님으로 정신없는 자신의 빵집에 재빨리 상품을 채워 넣기 위해, 그가 갖고 있던 재료, 즉 빵 반죽, 버터, 설탕만으로 즉석에서 빵을 만들었다. 푀유타주 반죽이라면 자신 있었던 그는 이 방법을 사용하여 버터가 스며 나오고 설탕이 캐러멜라이즈된 가토를 만들어냈다. 브르타뉴 지방어로 쿠이냐만(kouign-amann)은 버터를 넣은 가토나 브리오슈를 뜻한다.

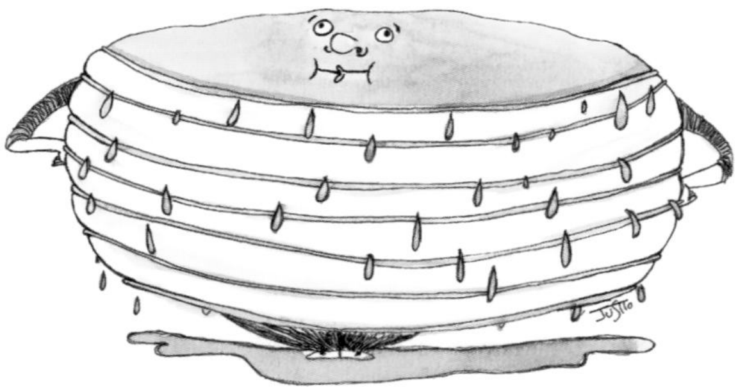

밀크 잼 La confiture de lait

탄생 : 19세기. 나폴레옹 전쟁 당시
전해지는 설 : 아르헨티나인들은 자신들이 둘세 데 레체(dulce de leche)의 원조라고 주장하지만 프랑스에서는 이 밀크 잼이 나폴레옹 군대의 한 요리사에 의해 처음 만들어졌다고 전해진다. 요리사가 당시 군인들에게 한 사람씩 식량을 배급하는 동안 달콤한 우유를 불 위에 너무 오랫동안 올려놓았던 것이 졸아서 잼이 된 것이다.
신빙성 : 팩트 25%, 국수주의 75%

가토 망케 Le gâteau manqué

탄생 : 1842년. 파리
전해지는 설 : 메종 펠릭스에서 일하던 한 파티시에가 비스퀴 사부아를 만드는 중, 달걀흰자 거품내는 것을 제대로 만들지 못했다. 케이크를 망칠까 염려한 그는 거기에 버터를 더 넣어 섞었고, 맨 윗면에는 프랄랭(혹은 아몬드를 부순 것)으로 한 층 덮어주었다.
신빙성 : 팩트 40%, 할머니가 들려주시는 옛날 얘기 60%

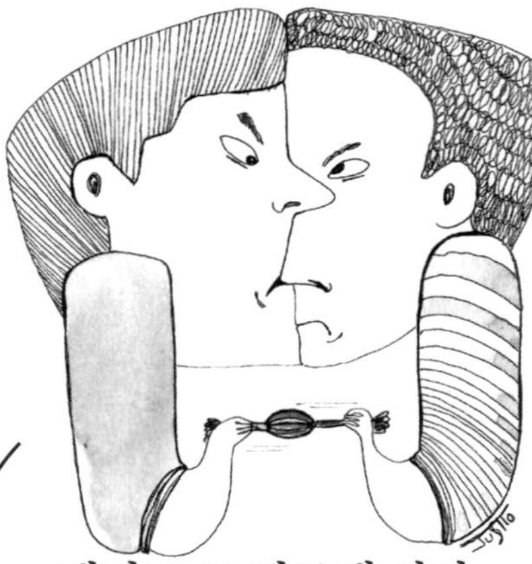

샤랑트의 피노 와인
Le pineau des Charentes

탄생 : 16세기 말. 생통주(Saintonge)
전해지는 설 : 샤랑트 지방의 한 포도 재배자는 실수로 발효되지 않은 포도즙을 코냑 오드비가 들어 있는 나무통에 부었다. 몇 년이 지난 뒤 그는 달콤하고 맑은 와인을 발견했다. 1920년대에 이 스위트 와인은 미스텔(mistelle 포도즙에 알코올을 섞은 달콤한 포도주) 종류로는 처음으로 판매되기 시작했다.
신빙성 : 팩트 10%, 전통 양조 노하우 60%, 판매용 설명 문구 30%

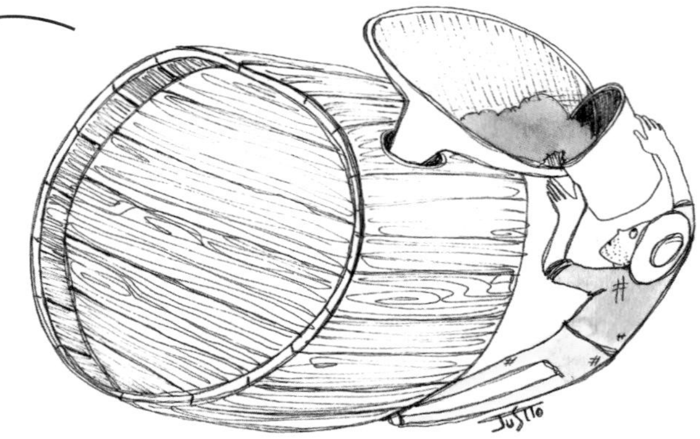

베티즈 드 캉브레 사탕
Les bêtises de Cambrai

탄생 : 19세기. 캉브레(Cambrai)
전해지는 설 : 당과류를 만들던 한 견습생이 이 유명한 민트 사탕을 만들다가 실수를 한다. 그의 '바보같은 짓(베티즈 bêtise가 이 사탕의 이름이 되었다)'은 꾸중을 들었지만 실수로 만들어진 그의 사탕은 고객들에게 큰 인기를 얻었다. 아직도 캉브레의 당과류 제과업체 아프섕(Afchain)과 데피누아(Despinoy) 사이에는 서로가 원조라는 다툼이 끊이지 않고 있다.
신빙성 : 팩트 50%, 전해 내려오는 설 20%, 스토리텔링 30%

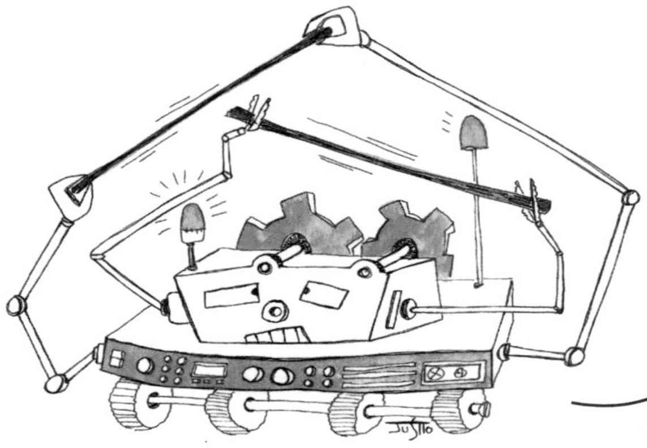

카랑바 Le carambar

탄생 : 1954년. 마르크 앙 바뢸(Marcq-en-Baroeul)
전해지는 설 : 델레스폴(Delespaul) 제과 공장의 사탕 기계 오작동으로 이 카카오 캐러멜 바가 길쭉한 모양이 되었다고 한다. 그 이후 수 차례에 걸쳐 이 사탕의 모양은 원래 그렇게 만든 것이지 기계 고장으로 인한 우연이 아니라고 밝혀왔지만, 이 전설은 캐러멜 사탕만큼이나 끈덕지게 계속 회자되고 있다.
신빙성 : 팩트 0%, 아이들의 쉬는 시간용 이야기 100%

장봉 드 바욘 Le jambon de Bayonne

탄생 : 14세기
전해지는 설 : 푸아(Foix)의 영주이자 베아른의 영웅이었던 가스통 페뷔스(Gaston Phébus) 백작은 사냥을 하던 중 멧돼지 한 마리에 상처를 입히게 된다. 몇 달이 지난 후에야 발견된 이 멧돼지는 살리스 드 베아른(Salies-de-Béarn)의 소금기 있는 샘물 안에 완전하게 보존된 상태로 누워 있었다. 그 이후로 바욘의 아두르(Adour) 연못 지역 주변에서는 돼지고기 염장 산업이 발전하게 되었다.
신빙성 : 팩트 50%, 기사의 무용담을 담은 픽션 50%

소테른 Le sauternes

탄생 : 역사에 따르면 1836년 봄(Bommes)에서 혹은 1847년 이켐(Yquem)에서 처음 탄생했다고 전해진다.
전해지는 설 : 오랫동안 계속된 비 때문에 와인상 포크(Focke)는 자신의 와이너리 샤토 라 투르 블랑슈(Château La Tour Blanche)의 포도 알갱이에 곰팡이가 생겼음에도 불구하고 어쩔 수 없이 뒤늦게 수확할 수밖에 없었다. 이렇게 해서 이 스위트와인이 탄생한 것이다. 또 다른 설에 의하면 샤토 디켐(Château d'Yquem)의 소유주인 뤼르 살뤼스(Lur Saluces) 후작은 자신이 부재중일 때는 포도 수확을 금지했다고 한다. 사냥 차 러시아에 간 그의 여행이 길어지면서 포도 수확이 늦어져 곰팡이가 핀 포도로 담근 귀부(pourriture noble) 와인이 탄생하게 되었다고 한다.
신빙성 : 두 경우 모두 팩트 60%, 지역주의적 미화 40%

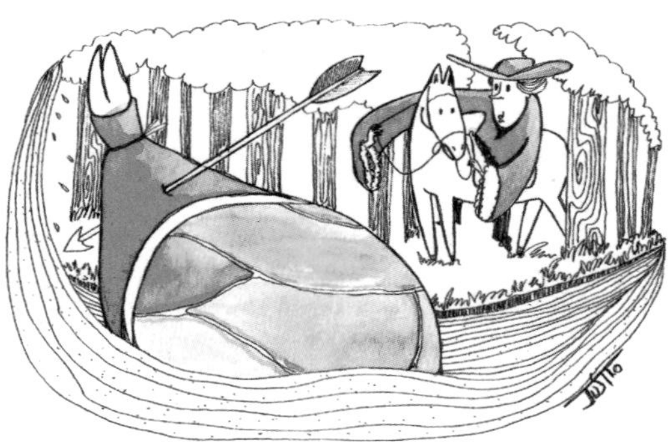

낭트식 뵈르 블랑 소스
La sauce au beurre blanc nantais

탄생 : 19세기 말. 샤펠 쉬르 에르드르(Chapelle-sur-Erdre)
전해지는 설 : 굴랜(Goulaine) 후작의 요리사이자 여관 주인이었던 클레망스 르푀브르(Clémence Lefeuvre)가 베아르네즈 소스를 만들 때 달걀 넣는 것을 잊은 데서 시작되었다고 한다. 하지만 그녀 후손들의 이야기에 따르면 이 소스는 우연하게 탄생한 것이 아니라고 한다. 손님들의 의견을 반영해 녹인 버터인 뵈르 퐁뒤 소스에 샬롯을 더하고 식초를 넣어 새콤한 맛을 낸 것이며, 재료의 비율은 조금씩 조정되었다.
신빙성 : 팩트 1%, 전해오는 이야기 90%, 맛을 내는 재주는 100%

타탱 아가씨들의 타르트

타르트 타탱 애호가 기사단*이 전해주는 레시피*

준비 : 2시간
조리 : 1시간
6인분

사과(royal gala, jonagold, jonared 등의 품종) 1.6kg
녹인 버터 80g
설탕 130g
파트 브리제
밀가루 170g
버터 70g
설탕 20g
소금 1꼬집
달걀노른자 1개(선택사항)
물 2테이블스푼

우선 파트 브리제를 만든다. 중탕으로 말랑하게 만든 버터와 밀가루, 설탕, 소금을 손가락으로 섞어 부슬부슬한 모래 질감으로 만든다. 물과 달걀노른자를 넣고 균일하게 섞는다. 반죽을 작업대에 놓고 손바닥으로 서너 번 으깨듯이 눌러 밀어 버터가 고루 혼합되게 한다.
둥글게 뭉친 다음 냉장고에 1시간 동안 넣어 휴지시킨다. 오븐을 200°C로 예열한다. 지름 24cm 분리형 파이틀에 버터와 설탕을 녹여 잘 섞이도록 한다.
껍질을 벗기고 속을 제거한 뒤 4등분으로 자른 사과를 한 켜 깐다. 볼록한 부분이 아래로 오도록 깔아준다. 그 위에 볼록한 부분이 위로 오도록 하여 한 켜를 더 깐다. 오븐에 넣어 30분간 굽는다. 반죽을 두께 1.8~2mm로 얇게 민다. 오븐에서 틀을 꺼낸 뒤 중불에 올려놓고 약 25분 정도 약하게 끓여 사과에서 나온 수분을 날리며 캐러멜라이즈한다. 사과가 틀에 눌어붙지 않도록 조심스럽게 돌리며 저어준다. 틀 바닥의 사과 조각들이 캐러멜라이즈 되고, 지름이 2유로짜리 동전 크기만 해지면(확인하려면 위쪽 켜의 사과 한쪽을 들어 올려본다) 불에서 내린다. 반죽을 사과 위에 덮는다. 포크로 찔러 골고루 구멍을 내준다. 다시 오븐에 넣어 25분간 굽는다. 식힌다. 가능하면 캐러멜이 젤화되어 끈적하게 굳도록 하룻밤 그대로 식히는 게 좋다. 틀에 둔 채로 타르트를 자른 다음 불에 몇 초간 올린다. 타르트가 틀에 더 이상 붙지 않게 되면 서빙용 접시를 덮고 전체를 뒤집는다. 뜨거운 캐러멜이 흐를 수 있으니 주의한다. 그 상태로 서빙한다.

* 타르트 타탱 애호가 기사단(La Confrérie des Lichonneux de Tarte Tatin)은 타르트 타탱의 전통 레시피를 보존하고자 1979년에 발족한 단체이다. 지역 방언으로 리쇼뇌(lichonneux)는 애호가를 뜻한다.

관련 내용으로 건너뛰기
p.87 카망베르
p.25 카랑바, 웃음을 부르는 캐러멜 바

야생버섯

눈을 뜨고 바구니를 준비하세요. 숲은 놀라운 것들로 가득하답니다.
물론 어디에 발을 디딜지 알고 있다면요 !
질 쿠쟁

숲속을 산책해 봅시다 (합법적인 범위 내에서...)
야생버섯 채취는 환경 관련 법규와 산림 규정 기준에 의거하여 행해진다. 단순한 개인용 소비 목적이든, 상업용 목적이든 불문하고 부지 소유주의 허가 없이 버섯을 채취하는 것은 금지되어 있다. 삼림 관리 구역에 속한 숲 지대에서는 5kg까지 채취가 허용된다. 이 양을 초과하는 것은 불법이며, 그 채취 규모에 따라 불법 소유에 관한 형법 조항에 의거, 벌금 750~45,000유로 또는 징역 3년에 처해질 수 있다.

버섯 채집에 유용한 팁
버섯의 번식은 강우량, 기온, 일조량에 따라 달라진다. 9월과 10월이 가장 적기이며 날씨가 너무 덥지 않고 며칠 전 비가 내린 경우라면 가장 이상적이다. 버섯이 나는 지점을 찾아내는 것은 우연으로 되는 것이 아니다. 가장 상급의 버섯은 주로 경사면의 모래질 토양에 숨어 있다. 길의 가장자리나 공해나 오염의 원인이 될 만한 것들과 가까운 장소는 피한다. 버섯을 채집할 때 비닐 봉투는 잊자. 버섯이 숨을 쉴 수 있도록 바구니를 준비하는 게 좋다.

버섯은 물을 싫어해요!
버섯의 향을 그대로 유지하기 위해서는 물에 씻거나 껍질을 벗겨서는 안 된다. 면포 또는 물에 적신 키친타월로 닦아주거나 솔로 살살 문질러준다. 흙이나 불순물이 너무 많이 묻어 있는 경우에는 물에 절대 담가두지 말고 재빨리 헹궈낸다.

죽음의 위험

지켜야 할 수칙 1호! 식용 가능한 것이 **확실한 버섯만**을 채집한다.
똑같이 생긴 **독버섯에 주의한다!**
매년 프랑스에서는 독버섯 식중독으로 6~10명이 사망한다. 의심이 날 경우에는 균류학자나 약사에게 문의하는 게 안전하다.

버섯 건조

수분을 제거하는 공정을 말한다. 꾀꼬리 버섯(chanterelle), 선녀낙엽 버섯(faux-mousseron), 모렐 버섯(곰보버섯 morille), 포치니 버섯(cèpe) 등 살에 수분이 적고 비교적 단단한 버섯에 적합하다. 버섯을 자른 뒤 통풍이 잘 되는 곳에서 말리거나 오븐에서 건조한다.

버섯 튀김
필립 엠마뉘엘리*

준비 : 10분
휴지 : 1시간
조리 : 2분

여러 종류의 생 버섯(광대 버섯, 민자주 방망이 버섯, 느타리 버섯 등)
밀가루
달걀 1개
빵가루
튀김용 식용유
파슬리
레몬, 소금

버섯은 밑동을 떼고 큰 것은 반으로 자른다. 밀가루를 묻힌 다음 달걀 푼 것에 담갔다가 빵가루에 굴려 묻힌다. 망 위에 올린 상태로 냉장고에 넣어둔다. 튀김 기름을 180℃로 달군다. 튀김옷을 입힌 버섯을 조금씩 기름에 넣고 튀긴다. 건져서 면포나 키친타월에 놓고 기름을 뺀 다음, 파슬리와 소금을 뿌리고 레몬을 곁들여 서빙한다.

*Philippe Emanuelli : 『버섯 요리 입문(*Une initiation à la cuisine du champignon*)』의 저자, Marabout 출판, 2013

★ ★ ★ 야생버섯으로 무슨 요리를 만들까?

버섯볶음 fricassée
소테팬에 버터를 넉넉히 한 조각 녹인 다음 마늘 한 톨과 샬롯 한 개를 넣어 볶는다. 얇게 썬 버섯을 넣고 몇 분간 볶는다. 이탈리안 파슬리를 얹어 서빙한다.
리소토 risotto
소스팬에 잘게 썬 샬롯을 넣고 수분이 나오도록 볶는다. 카르나롤리(carnaroli) 쌀을 넣고 잘 저어 섞은 다음 화이트 와인을 넣어 디글레이징한다. 닭 육수를 조금씩 나누어 넣고 쌀에 흡수되도록 저어가며 익힌다. 볶아둔 버섯을 넣는다. 불에서 내린 뒤 버터와 파르메산 치즈를 넣고 잘 섞어 바로 서빙한다.
크림 수프 velouté
버터를 녹인 뒤 샬롯을 볶다가 버섯을 넣고 함께 볶는다. 닭 육수를 넣고 15분간 끓인 다음 핸드블렌더로 갈면서 생크림을 조금씩 넣어준다. 파슬리를 한 줌 얹어 서빙한다.

관련 내용으로 건너뛰기
p.274 송로버섯, 트러플
p.345 포치니 버섯

보타르가를 뿌린 버섯 꾀꼬리 버섯 볶음
필립 엠마뉘엘리*

준비 : 20분
조리 : 10분
4인분

회색 꾀꼬리 버섯(보타르가 어란과 향이 잘 어우러진다) 400g
보타르가
(숭어 어란, 가루 혹은 슬라이스) 50g
레몬 1개
올리브오일

버섯을 추려내고 다듬은 다음 깨끗이 닦는다. 큰 것은 솔로 문질러 불순물을 꼼꼼히 제거한다. 팬에 올리브오일을 달군 뒤 버섯을 넣고 물기가 없어질 때까지 볶는다. 필요하면 올리브오일을 한 번 더 둘러준다. 보타르가 어란을 갈아 뿌린다. 레몬과 함께 서빙한다.

가장 인기 있는 야생버섯 10가지

턱수염 버섯

Hydnum repandum
채집 가능 시기 : 8월 ~ 9월
숨어 있는 장소 : 활엽수나 침엽수 큰 나무 밑.
맛 : 순한 단맛이 나며, 오래될수록 쓴맛이 난다.
활용 : 익혀 먹는다.

키다리 곰보 버섯

Morchella conica
채집 가능 시기 : 2월 ~ 4월
숨어 있는 장소 : 특히 산 속, 활엽수나 침엽수 큰 나무 밑.
맛 : 고소한 헤이즐넛을 연상시키는 섬세한 맛.
활용 : 익혀 먹는다. 생으로 먹으면 독성이 있다.

보르도 포치니 버섯
(그물 버섯)

Boletus edulis
채집 가능 시기 : 8월 ~ 11월
숨어 있는 장소 : 산성 토양 위, 활엽수나 침엽수 큰 나무 밑.
맛 : 단맛, 헤이즐넛 맛.
활용 : 생으로 먹거나 익혀 먹는 방법 모두 가능하다. 말려 먹기도 한다.

구릿빛 포치니 버섯

Boletus aerus
채집 가능 시기 : 5월 ~ 10월
숨어 있는 장소 : 떡갈나무나 밤나무 밑.
맛 : 약간 쌉싸름한 맛.
활용 : 모든 조리 방법이 가능하지만, 말려서 먹으면 그 향이 더욱 짙어진다.

지롤 버섯, 꾀고리 버섯

Cantharellus cibarius
채집 가능 시기 : 5월 ~ 11월
숨어 있는 장소 : 규토질 토양 위, 평원의 활엽수림 밑. 산 속의 침엽수 밑.
맛 : 후추 향이 난다.
활용 : 생으로 먹거나 익혀 먹는 방법 모두 가능하다.

깔대기 뿔나팔 버섯

Cantharellus tubaeformis
채집 가능 시기 : 7월 말 ~ 12월 초
숨어 있는 장소 : 이끼풀 덤불 속, 산성 토양 위.
맛 : 크리미하고 나무 향이 난다.
활용 : 익혀 먹거나 말렸다가 먹는다. 생으로 먹을 경우 심각한 위장장애를 불러온다.

뿔나팔 버섯

Cantharellus cornucopioides
채집 가능 시기 : 8월 ~ 11월
숨어 있는 장소 : 어둑한 숲속 활엽수 밑.
맛 : 스파이스, 후추 향
활용 : 익혀 먹거나 말렸다가 먹는다. 너무 많이 섭취하면 장 폐색을 초래한다.

밤버섯

Calocybe gambosa
채집 가능 시기 : 4월 ~ 6월
숨어 있는 장소 : 초원이나 산 속.
맛 : 밀가루 맛이 난다.
활용 : 생으로 먹거나 말려서 먹는다.

꽃송이 버섯

Sparassis crispa
채집 가능 시기 : 9월 ~ 11월
숨어 있는 장소 : 소나무 밑.
맛 : 계피 향, 호두 맛이 난다.
활용 : 잘 익혀 먹는다. 생으로 먹으면 독성이 있다.

검은 송로버섯, 블랙 트러플

Tuber melanosporum
채집 가능 시기 : 11월 ~ 2월
숨어 있는 장소 : 해발 500~1,000m 지대에서 떡갈나무, 물푸레나무, 소사나무와 공생하며 자란다.
맛 : 바닐라, 숲의 부식토 향이 난다.
활용 : 강판으로 가늘게 갈거나 얇게 저며 날로 먹는다.

버섯 카나페

미셸 보*

준비 : 10분
조리 : 10분
6인분

작은 양송이 버섯 300g
곰보 버섯(모렐. 생 버섯 혹은 말린 것) 20개 정도
버터 125g
밀가루 15g
레몬즙 1개분
달걀노른자 2개
드라이 화이트 와인 100ml
식빵 6장
소금, 후추

버섯을 깨끗이 준비한다. 소테팬에 버터 75g을 녹인 뒤 버섯을 넣고 5분간 볶는다. 레몬즙을 넣고, 밀가루를 고루 뿌린 다음 화이트 와인을 넣고 잘 섞는다. 5분간 끓인다. 불에서 내린 뒤 달갈노른자 2개를 풀어 넣고 잘 섞어 걸쭉하게 만든다. 소금, 후추로 간한다. 식빵을 작은 카나페 크기로 잘라 나머지 버터에 노릇하게 튀기듯 구워낸다. 서빙용 플레이트에 식빵 카나페를 놓고 그 위에 익힌 버섯을 각각 얹어 바로 서빙한다. 식빵 대신 브리오슈, 작은 브레드롤(원형, 길쭉한 모양 모두 가능)의 속을 파낸 다음 사용해도 좋다. 안에 크리미한 버섯을 채워 넣기 전에 빵을 오븐에 살짝 구워 건조시킨 뒤 사용한다.

*Michelle Baud : 폴란드 계 이탈리아 출신의 소스 전문가. 그녀는 지네트 마티오(Ginette Mathiot 1907-1998, 프랑스의 미식 작가)의 유명한 레시피를 재해석했다.

증류기에 대하여

아르마냑에서 보드카에 이르기까지 프랑스에서는 꽤 많은 종류의 알코올을 증류해 만든다. 스피릿(증류주)은 어떻게 만드는 것일까? 자세한 해답을 들어보자.

샤를 파탱 오코옹

이름	원료	산지	증류 방식
아르마냑	청포도	제르스(Gers), 랑드(Landes), 로트에가론(Lot-et-Garonne)	2번
코냑	청포도	샤랑트(Charente), 샤랑트 마리팀(Charente-Maritime)	2번
		도르도뉴(Dordogne), 되 세브르(Deux-Sèvres)	
칼바도스	사과	칼바도스(Calvados), 오른(Orne), 센마리팀(Seine-Maritime)	2번
샤르트뢰즈	130종의 식물	이제르(Isère)	1번
오드비	과일	증류기가 있는 곳이면 어디나	2번
위스키	맥아 및 곡류	코트 다르모르(Côtes-d'Armor)에서 코르시카까지	2번
진	주니퍼베리	칼바도스에서 파리까지	1번
보드카	감자, 밀, 호밀	엔(Aisne)에서 샤랑트까지	최소 2번
럼	사탕수수	과들루프(Guadeloupe), 기아나(Guyane),	보통 2번
		레위니옹(La Réunion), 마르티니크(Martinique)	
트리플 섹	오렌지 껍질	멘 에 루아르(Maine et Loire)	3번

소규모 공방 증류소

프랑스 전국에 걸쳐 조금씩 분포되어 있는 소규모의 전문 증류 공방들을 소개한다.

크렘 드 카시스 CRÈME DE CASSIS
Distillerie Lejay-Lagoute
à Dijon (Côte d'Or)
since 1841

미라벨 드 로렌 MIRABELLE DE LORRAINE
Distillerie de Mélanie
à Marieulles-Vezon (Mozelle)
reprise de la distillerie Maucourt
since 2009

서양배 POIRE
Distillerie Manguin
à Avignon (Vaucluse)
since 1957

라즈베리 FRAMBOISE
Distillerie F. Meyer
à Hohwarth (Bas-Rhin)
since 1958

자두 PRUNE
Distillerie Brana
à Saint-Jean-de-Pied-de-Port
(Pyrénées-Atlantique)
since 1974

붉은 복숭아 PÊCHE DE VIGNE
Distillerie Bellet
à Brive-la-Gaillarde (Corrèze)
since 1922

살구 ABRICOT
Distillerie Joseph Cartron
à Nuits-Saint-Georges (Côte d'Or)
since1882

파리에서 직접 증류합니다!

2015년에 탄생한 '디스틸르리 드 파리(Distillerie de Paris)'는 파리에 생긴 최초의 증류소로, 니콜라 쥘레스(Nicolas Julhès)와 세바스티엥(Sébastien Julhès) 이 두 형제들의 작품이다. 진에서 보드카에 이르기까지 이 증류소에서는 자체 맞춤형 증류기로 40여 종의 오드비와 가향 알코올을 증류해냈다. 이 기계의 등록번호는 751301이다. 마지막 두 자리 숫자는 그 지역에 등록된 번호로, 이것은 1세기 이래로 파리에서 최초로 등록된 증류기이다.

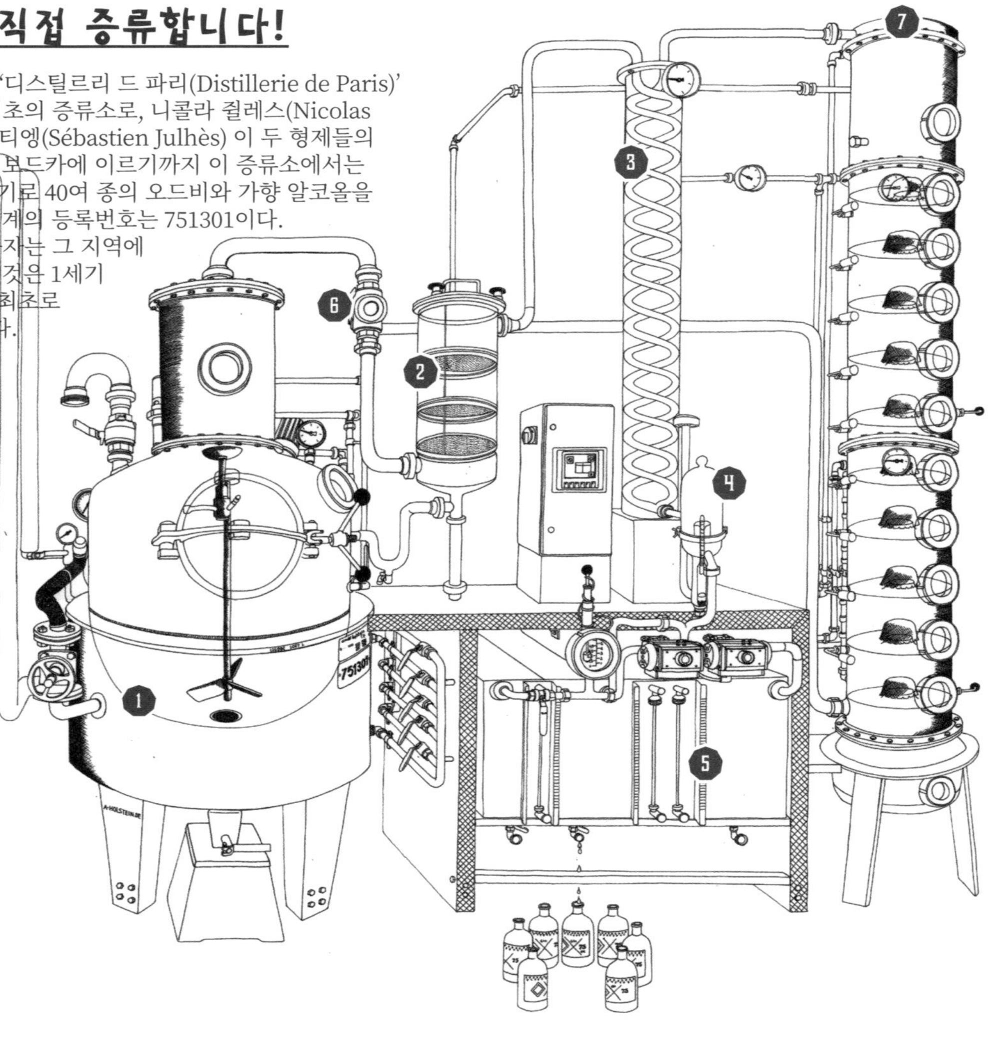

1
2
3
4
5
6
7

증류기의 구조와 증류 과정

1 증류솥(cucurbite) 증류할 물질이 중탕으로 가열되기 이전에 담겨지는, 증류기의 보일러 아랫부분이다. 온도가 올라갈수록 재료들은 제각기 다른 기화점에 따라 분리된다.

2 식물 바구니(panier botanique) 증류할 식물을 침출하는 용도로만 사용된다.안쪽에 구멍 뚫힌 받침들이 장착되어 있다.

3 응축기(condenseur) 증기를 다시 냉각하여 액화시킨다. 알코올 증기는 차가운 물에 담긴 뱀 모양의 구불구불한 냉각용 사관으로 이동하여 냉각됨과 동시에 액체로 변한다. 이를 증류액(distillat)이라고 한다.

4 주정계 문(porte alcoomètre) 이것은 체크 단계에 사용되며, 증류액의 알코올 도수를 측정한다.

5 탱크(tanks) 여기서 분류 작업이 이루어진다. 메탄올과 같은 휘발성 불순물은 헤드 탱크(à tête)라고 불리는 첫 번째 탱크로 모아진다. 두 번째 탱크인 심부 탱크(à coeur)에는 에탄올이 더 풍부한 물질이 들어가며, 이것이 바로 스피릿을 만드는 데 필요한 것이다.

6 선별기(selecteur) 관의 선로를 변경하는 레버다. 첫 번째 증류의 알코올 증기를 두 번째 증류를 하기 위해 정류관으로 보내는 역할을 한다. 위스키 등의 증류주는 만들려면 두 번의 증류가 필요하다.

7 정류관(colonne de rectification) 9개의 쟁반 모양 판으로 이루어져 있으며 두 번째 증류를 하는 장치이다. 두 번째 증류를 통해 에탄올 함량이 더욱 높은 증기를 만들어준다.

증류 용어 정리

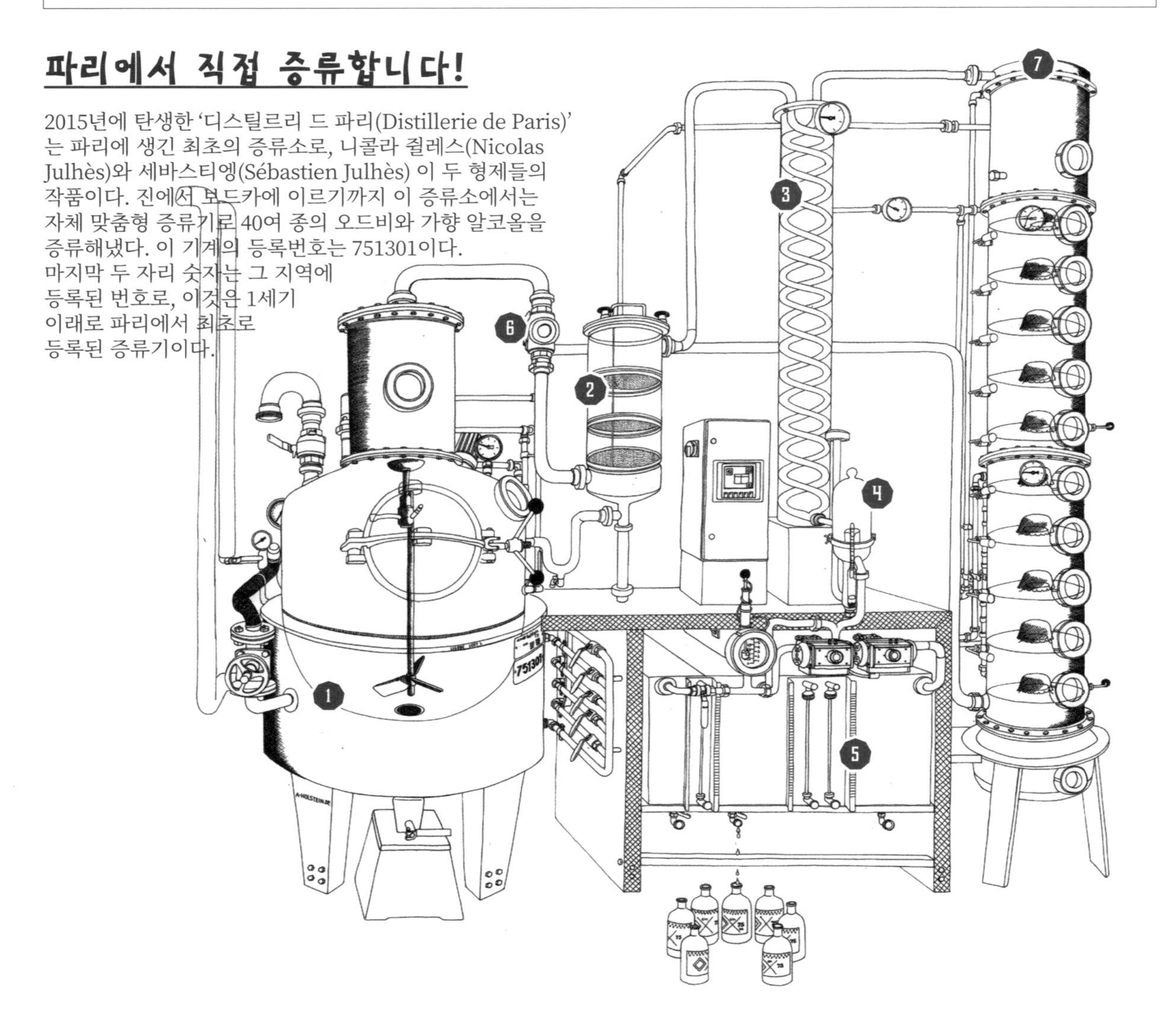

스피릿, 주정(spiritueux)
증류로 얻은 알코올 음료를 말한다. 때로 침출(infusion) 또는 숙성(maturation) 과정을 거치기도 한다.

증류(distillation)
열을 가해 끓여 다른 성분으로부터 알코올을 분리해내는 방법으로, 알람빅 증류기를 통해 이루어진다. 샤르트뢰즈(Chartreuse)의 경우에는 1번, 칼바도스(Calvados)는 2번, 트리플섹이나 독한 위스키 종류는 3번에 걸친 증류과정을 거친다.

발효(fermentation)
당분 속의 효모가 화학적 변화를 일으켜 알코올을 생성하는 과정이다. 증류 과정보다 앞서서 이루어진다. 예를 들어 발효된 곡류는 맥주를 만들고, 이것을 증류하면 위스키가 된다.

오드비(eau-de-vie)
알코올 도수가 약한 음료를 증류하여 얻은 추출액.

브랜디(brandy)
오드비의 영어 명칭.

플랑드르식 카르보나드

La carbonade Flamande

이 요리는 북부 지방 사람들의 뵈프 부르기뇽이라고 할 수 있다. 연하게 푹 익힌 고기와 캐러멜라이즈 된 풍미의 진한 소스가 일품이다. 이 레시피만 있다면 굳이 이 음식을 먹으러 플랑드르까지 가지 않아도 된다.

케다 블랙 Keda Black

완벽한 레시피

준비 : 30분
조리 : 약 4시간
4인분

소고기(뭉근히 오래 익히기 좋은 부위로 골라 크고 얄팍하게 슬라이스 한다) 1kg
적갈색 맥주 400ml
식용유(해바라기유 또는 포도씨유) 1테이블스푼
밀가루 1테이블스푼
양파 4개
버터 15g
허브 섞어서 1단(이탈리안 파슬리, 차이브, 처빌, 타라곤)
부케가르니 1개(타임, 월계수 잎, 파슬리 줄기, 샐러리 줄기를 한데 묶는다)
팽 데피스 슬라이스 1장
와인 식초 1테이블스푼
황설탕 1테이블스푼
케이퍼 1티스푼
소금, 후추

프라이팬이나 두꺼운 냄비에 기름을 달구고 센 불에서 소고기를 양면에 색이 나도록 지진다. 팬에 고기를 한꺼번에 너무 많이 넣지 말고 조금씩 여러 번에 나누어 지진다. 고기가 전부 색이 나도록 지진 다음 모두 다시 팬에 넣고 불에 올린다. 밀가루를 솔솔 뿌리고 잘 섞어둔다. 오븐을 140℃로 예열한다. 양파의 껍질을 벗기고 아주 얇게 썬 다음 버터를 녹인 팬에서 약불로 10분 정도 볶는다. 허브는 씻어서 물기를 완전히 턴 다음 잘게 다진다. 오븐용 두꺼운 냄비에 고기 한 켜, 양파, 허브 순으로 놓고 이를 반복하여 채운다. 맨 위에 부케가르니를 놓고 팽 데피스를 부수어 얹는다. 식초를 둘러준 다음 설탕을 뿌린다. 맥주를 붓고 소금, 후추로 간을 한 다음 끓는 물을 재료의 높이까지 오도록 부어준다. 뚜껑을 닫고 오븐에서 3~4시간 익힌다. 고기는 포크로 잘라질 정도로 푹 익어야 한다. 케이퍼를 고루 얹어 서빙한다.
맥주는 너무 쓰지 않고 약간 단맛이 있는 것을 골라야 요리가 완성되었을 때 강한 쓴맛이 나지 않는다.

맥주를 활용한 음식들

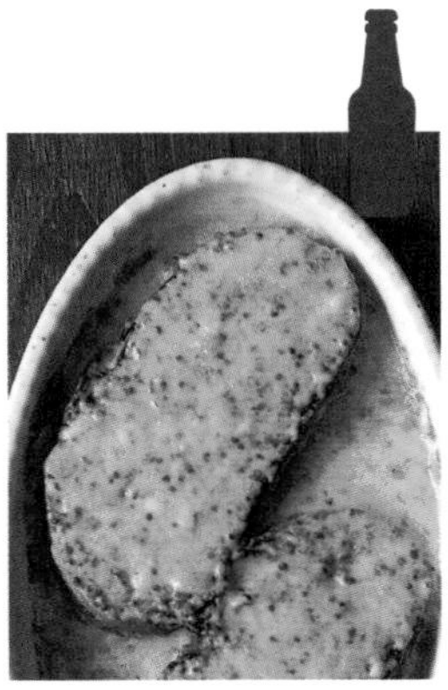

갈색 맥주
웰쉬(Welsh)
웨일즈의 대표요리인 웰쉬는 프랑스 북부지방에서도 아주 많이 먹는 음식이다. 소스팬에 좋은 품질의 캉탈(Cantal) 치즈와 맥주 2테이블스푼, 머스터드, 우스터 소스, 에스플레트 칠리가루를 넣고 녹인다. 캉파뉴 브레드 슬라이스 위에 이 치즈 혼합물을 붓고 그라탱처럼 굽는다. 샐러드와, 요리에 넣고 남은 맥주를 곁들여 먹는다.

황금색 맥주
크레프
크레프나 와플 반죽, 또는 튀김옷을 좀 더 가볍게 만들 때 넣는다. 풀 향기와 이국적인 노트의 이 라이트한 맥주는 반죽에 거품을 내어 바삭하고 가벼운 식감과 맛을 더해준다.

적갈색 맥주
홍합
프랑스 북부 지방에서 홍합과 감자튀김은 맥주와 단짝이다. 버터에 샬롯을 볶은 다음 적갈색 맥주를 한 잔 부으면 홍합 요리에 산미를 더해줄 수 있다.

관련 내용으로 건너뛰기
p.135 맛있는 홍합 요리
p.208 도시 맥주, 시골 맥주

회오리 무늬 장식 기술

장난감 도자기 만들기 세트의 물레 혹은 골동품 시장에서 찾아낸 빈티지 턴테이블이 이제는 주방에도 등장하기에 이르렀다. 이 신박하고도 놀라운 방법을 처음 응용한 사람은 파티시에 얀 브리스(Yann Brys)다. 이제 이 회오리 모양내기, 투르비용(Tourbillon) 테크닉은 전 세계 어디서나 볼 수 있게 되었다.

델핀 르 푀브르

투르비용 테크닉의 탄생
프랑스 제과 명장(MOF pâtisserie 2010) 얀 브리스는 2004년 달루와요(Dalloyau)의 케이터링 서비스를 준비하면서, 연말연시 축일 디저트 컬렉션 중 하나인 **'갈레트 데 루아(galette des rois)'의 모양을 어떻게 하면 좀 더 새롭게 만들 수 있을까** 고민했다. 그는 갈레트를 장난감 회전판에 놓고 손으로 돌리면서 칼끝을 대고 중앙에서 가장자리로 나선형으로 금을 표시하는 테크닉을 시도해보았다. 바로 여기서 투르비용이 탄생했다.
얀 브리스는 이 기술을 다른 케이크에서도 사용했다. 2009년 어머니날 축하용 체리 케이크를 투르비용으로 장식했고, 이어서 2010년 자신이 프랑스 제과 명장으로 뽑힌 경연대회에서도 출품작인 레몬 타르트에 이 테크닉을 선보였다.

전 세계를 강타한 회오리 바람 투르비용
첫선을 보인 지 10년이 지난 후 이 인기몰이 현상은 SNS, 특히 인스타그램 상에서 급속도로 퍼져 나갔다. 프랑스뿐 아니라 전 세계의 파티시에들은 앞 다투어 이 투르비용 테크닉을 사용하게 되었다. 파리에서도 얀 망기(Yann Menguy, La Goutte d'Or), 뫼리스 호텔의 세드릭 그롤레(Cédric Grolet), 니콜라 바셰르(Nicolas Bacheyre, Un dimanche à Paris) 등의 유명 파티시에들이 이 기술을 아주 섬세하게 자신의 파티스리에 사용했다. 파리를 넘어 얀 브리스는 유럽을 포함한 해외 각지에서 시연회를 열어 이 테크닉을 전파하고 있다. 그 이외의 다른 최상급 파티스리 셰프들도 **투르비용을 응용해 자신 고유의 형태를 만들어 냈다.** 한 예로, 파리 브리스톨 호텔의 파티시에였던 로랑 자냉(2017년 별세)은 턴테이블에서 영감을 얻어, 접시를 그 지지대 위에 올린 다음 돌려 마치 LP판과 같은 모양의 초콜릿 장식을 만들어내기도 했다. 얀 브리스가 만든 이 환상적인 턴테이블 기술은 끊임없이 여러 파티시에들의 관심을 불러모으고 있다.

투르비용 데커레이션 만드는 법

혼합물 재료 : 이 방법은 부드럽고 크리미한 텍스처를 지니고 있으며, 짤주머니로 짤 수 있도록 어느 정도 밀도가 있는 모든 크림류에 적합하다. 샹티이 크림, 이탈리안 머랭, 크레뫼, 휩드 가나슈 등...
기계 선택 : 얀 브리스는 8kg짜리 실제 도자기용 전동 물레를 사용한다. 가정에서는 턴테이블(78회전) 사용을 추천한다.
사용 방법 : 데커레이션할 케이크를 턴테이블에 올려놓은 다음 기계를 회전시킨다. 짤주머니나 종이로 만든 뾰족한 콘, 또는 나이프를 이용하여 조심스럽게 회오리 장식을 올려 붙인다. 가운데부터 시작하고 손은 살짝 뗀 상태를 그대로 유지한다.
주의 사항 : 육상 경기에서도 트랙의 맨 가장자리 선수가 안쪽 레인 선수보다 더 빠르게 앞서나가야 하는 것과 마찬가지로, 턴테이블을 사용하여 투르비용 장식을 할 때도 중앙에서 점점 바깥쪽으로 멀어짐에 따라 짤주머니를 조금씩 더 세게 눌러줘야 한다. 짤주머니를 쥔 상태로 케이크를 따라가며 손을 함께 돌리지 않도록 주의한다. 손은 그 자리에 가만히 있고 케이크만 저절로 도는 상태가 맞는 것이다.

Lesson 1

짤주머니로 크림 장식하기
납작한 리본 깍지를 끼운 짤주머니를 사용하여 크림을 짜는 방법이다. 이때 깍지가 작업판과 직각을 이루도록 짤주머니를 들고, 나머지 한 손으로 받쳐 그대로 지탱한 상태로 턴테이블을 돌린다.

Lesson 2

초콜릿 데커레이션
템퍼링한 초콜릿, 즉 45°C까지 가열해 녹인 다음 27°C로 식히고, 다시 29°C로 온도를 높인 초콜릿을 사용한다. 유산지로 만든 코르네에 초콜릿을 채워 넣는다. 턴테이블에 정사각형 종이를 올려놓고 돌린다. 중앙에 초콜릿을 작게 한 방울 떨어뜨린 다음 미끄러지듯 회전시켜 원하는 크기의 나선형을 만든다. 종이 위의 초콜릿이 상온으로 굳으면 떼어낸다. 둥근 돔 모양의 디저트 위에 얹으면 스프링을 씌운 듯한 효과를 낼 수 있다.

Lesson 3

갈레트 데 루아
잘 드는 뾰족한 칼끝을 이용해 나선형의 아름다운 무늬를 낼 수 있다.
손을 75°로 기울인 다음, 칼을 갈레트의 파트 푀유테 위에 반죽을 뚫지 않을 정도로 살짝 얹는다. 다른 한 손으로 받쳐 안정되게 고정시킨다. 손을 원에서 빨리 뗄수록 나선형 모양은 더욱 간격이 넓어진다.

단계별 과정 샷으로 보는 레시피

1

2
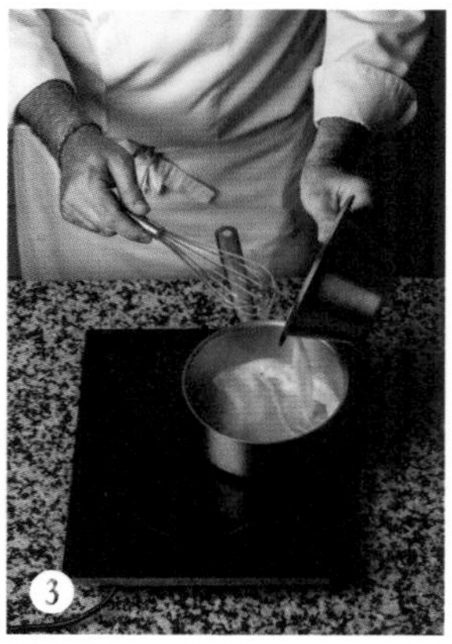
3
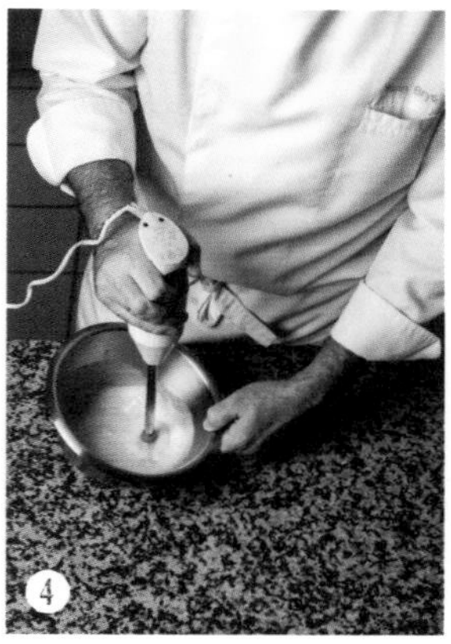
4

5

6

7

8

9

10

11

라임 바질 투르비용 타르트

준비 : 30분
조리 : 5분
8인분

크리스피 베이스(croustillant)
다진 아몬드 79g + 잣 25g
콘플레이크 80g + 아몬드 프랄리네 45g
화이트 커버처 초콜릿(Ivoire Opalys) 70g
소금(fleur de sel) 1꼬집
레몬 크레뫼
우유(전유) 45g
버터 100g
생 라임 ½개
생 바질잎 몇 장
달걀 65g(큰 것 1개)
설탕 70g
레몬즙 65g
가루 젤라틴 2g
가나슈
우유(전유) 50g + 코코넛 퓌레 35g
라임 ½개, 바닐라 빈 ½줄기
가루 젤라틴 1g
화이트 커버처 초콜릿(Ivoire Opalys) 130g
생크림 135g
도구
지름 8cm, 높이 12mm 원형 실리콘 몰드판
(Flexipan® 타입) 2장

베이스 시트 만들기 콘플레이크를 부순 다음 아몬드, 잣과 함께 잘 흔들어가며 170°C 오븐에서 로스팅한다. 초콜릿을 녹인 뒤 프랄리네와 섞는다. ❶ 콘플레이크, 아몬드, 잣, 소금을 넣고 섞는다. ❷ 실리콘 틀의 원형 바닥에 혼합물을 넣고 스푼 등으로 펴 깔아 놓는다.

레몬 크레뫼 만들기 우유에 라임 제스트를 넣고 뜨겁게 데운다. 바질 잎을 넣고 뚜껑을 덮어 5분간 향을 우려낸다. 볼에 달걀과 설탕을 넣고 색이 연해질 때까지 거품기로 잘 섞는다. 그 위에 향이 우러난 뜨거운 우유를 체로 거르며 붓는다. 이때 바질 잎을 국자 등으로 꾹꾹 누르며 걸러준다. ❸ 레몬즙을 데운 다음 이 혼합물을 넣고 끓을 때까지 가열한다. 물 15g에 적셔 불린 젤라틴을 넣고 잘 섞은 뒤 45°C까지 식힌다. ❹ 작게 잘라둔 버터를 넣고 블렌더로 갈아 혼합한다. ❺ 또 하나의 지름 8cm 원형 몰드에 부어 냉동실에 넣어둔다.

가나슈 만들기 ❻ 우유에 라임 제스트를 넣고 뜨겁게 데운 다음 4분간 향을 우려낸다. 체에 걸러 코코넛 퓌레에 부어준다. 바닐라 빈을 길게 갈라 긁어 넣고 끓기 전까지 데운다. ❼ 물 10g에 불린 젤라틴을 넣고 잘 섞은 다음 초콜릿에 부어준다. ❽ 블렌더로 갈아 섞은 뒤 차가운 생크림을 넣는다. 냉장고에 4시간 동안 넣어둔다. 전동 핸드 믹서로 휘핑한 다음 짤주머니에 채워 넣는다.

완성하기 ❾ 크리스피 베이스 시트 위에 가나슈로 점을 하나 찍고, 그 위에 레몬 크레뫼를 잘 붙여 얹는다. ❿ 가토를 턴테이블 위에 올려놓는다. ⓫ 기계를 돌리며 바닐라 라임 가나슈를 중앙에서 바깥쪽으로 나선형으로 짜 얹는다. 서빙할 때까지 냉장고에 넣어둔다.

관련 내용으로 건너뛰기
p.275 샌드형 마카롱, 제르베

마르셀 파뇰

미식가인 마르셀 파뇰의 책과 영화에는 남프랑스의 수많은 미식 장면과 묘사가 가득하고, 정겨운 남쪽 특유의 말투가 툭툭 튀어나오기도 하며 프로방스의 좋은 향기가 풍겨난다.

에스텔 르나르토빅츠

Marcel Pagnol, 부슈 뒤 론(Bouches-du-Rhône) 출신의 작가, 영화감독, 미식가
(1895-1974)

남프랑스의 아이가 사랑한 맛의 세계

바르 드 라 마린 Le Bar de la Marine
당연히 파스티스는 기본이고 압생트, 피콩, 오드비 등 그 약효가 좋다고 소문난 독한 술 한잔은 우리의 입맛을 돋운다.
"술은 혀 위에서 그 향이 피어나야 해. 혀끝을 꼬집듯이 자극하지만 곧이어 잇몸을 어루만지며 부채처럼 맛이 확 열리지. 그리고는 어느새 마치 벨벳처럼 목구멍을 부드럽게 감싸며 넘어간단 말이야."
- 알퐁스 도데의 단편 소설 『물방앗간의 편지(Les Lettres de mon moulin)』를 각색한 영화 중에서(1954)

마르세유의 비유 포르 Le Vieux-Port
포구에는 어부들의 낚시망에서 갓 꺼낸 엄청난 양의 싱싱한 생선과 해산물이 언제나 넘쳐난다. 굴, 홍합, 대합조개, 무명조개, 염장대구, 아귀 등 그 종류도 다양하다.

오바뉴(Aubagne)는 어린 시절 추억의 맛이 있는 곳이다. 아버지가 사냥해온 붉은 자고새 요리, 어머니가 만들어 주시던 아몬드 크림 타르트는 어린 시절을 떠오르게 하는 음식이다.

덤불숲이나 바위로 둘러싸인 지중해의 작은 만에서는 어디서나 프로방스 허브를 만날 수 있다. 타임, 로즈마리, 야생 쑥, 마조람, 세이지, 민트, 라벤더, 세이보리(프로방스에서는 페브르 다이 pèbre d'ail 라고 부른다) 등의 허브가 언덕의 그늘에서 향을 내며 꽃을 피운다.

기발한 4/3 레시피, 피콩-레몬-큐라소
영화 「마리우스(Marius)」(1931) 대사 중

세자르 : 하지만 이게 그렇게 어렵진 않다구, 잘 봐. 우선 큐라소를 삼분의 일 넣어야 해. 잊지 마, 정말 아주 적은 양의 삼분의 일이야! 그런 다음 레몬즙 삼분의 일, 알겠지? 그리고 피콩을 넉넉히 삼분의 일 넣어줘. 마지막 삼분의 일은 물로 충분히 채워주는 거지. 다 됐어.
마리우스 : 그러면 삼분의 일이 네 개 아닌가요?
세자르 : 그래서?
마리우스 : 한 잔에 삼분의 일이 세 개여야 맞는 거잖아요.
세자르 : 이 바보야, 삼분의 일도 그 양에 따라 다른 거지!
마리우스 : 아니 그게... 양에 따라 다른 게 아니죠. 이건 수학 계산이라구요.

마르셀 파뇰식 라타투이

준비 : 45분
조리 : 1시간 15분
원한을 품은 학교 친구들 6~8인분

보라색 가지 2개
피망 3개(청 피망, 노란 피망, 홍 피망 각 1개씩)
노란 주키니 호박 4개
이탈리아산 흰색 주키니 호박 2개
잘 익은 토마토 5개
흰 양파 큰 것 2개
보라색 마늘 4톨
바질 2송이
민트 잎 10장
생 타임
월계수 잎 1장
말린 마조람 1티스푼
생 세이지 잎 5장
생 타라곤 1줄기
로즈마리 1줄기
토마토 페이스트 2테이블스푼
소금, 통후추 간 것

각 채소의 색을 유지하고 그 향을 살리기 위해 그에 어울리는 향신료와 양념을 넣고 각각 따로 볶는다.
채소는 모두 씻어 물기를 닦고 잘라 씨와 속을 제거한다. 허브는 모두 흐르는 물에 헹군다.
양파와 마늘의 껍질을 벗긴 뒤 얇게 썬다. 주키니 호박은 반달 모양으로 납작하게, 가지와 피망은 큐브 모양으로 썰고 토마토는 적당한 크기로 등분한다. 끓는 물에 소금을 넣은 다음 가지를 5분간 데쳐 건진다. 팬에 올리브오일과 편으로 썬 마늘을 한 쪽 넣고 달군 다음 채소를 각각 따로 볶는다. 양파에는 타임과 월계수 잎, 피망에는 마조람과 세이지, 주키니 호박에는 바질, 가지에는 민트를 넣고 각각 볶아준다. 각 채소를 볶을 때마다 소금과 후추로 간을 맞춘다. 소스팬에 올리브오일을 달구고 마늘을 넣고 색이 나지 않게 볶는다. 토마토 페이스트를 넣고 잘 저으며 익혀 걸쭉하게 만든 다음 썰어둔 토마토와 로즈마리, 타라곤을 넣고 익힌다. 간을 맞춘 뒤 모든 채소들을 그 풍미 그대로 식힌다. 서빙용 플레이트에 모두 넣고 뭉그러지지 않도록 조심스럽게 섞는다. 냉장고에 24시간 혹은 48시간 정도 두었다가 잘게 썬 바질을 뿌려 차갑게 서빙한다.

레시피는『마르셀 파뇰과 함께 하는 식탁(*À table avec Marcel Pagnol : 65 recettes du pays des collines*)』에서 발췌. Frédérique Jacquemin 지음. éd. Agnès Viénot Édition 출판.

맛있는 프로방스 단어들

카스카이에 Cascailler : 흔들다, 젓다.
쿠쿠르드 Coucourde : 늙은 호박, 단호박
데고베 Dégover : 콩 깍지를 까다.
에스투파 카스타뉴 Estouffa castagne : 배부르게 하는, 질식할 것 같은
에스트라스 Estrasse : 쉬폰, 옷, 행주
가르가멜 Gargamelle : 목구멍, 인후
갈라바르 Galavard : 식도락, 미식가, 구르망
구스타롱 Goustaron : 간식
마스테게 Mastéguer : 씹다.
파스티세 Pastisser : 펼쳐 놓다.
피스테 Pister : 올리브나무 절구에 찧다. 빻다. 이 단어에서 피스투(pistou 바질을 넣고 찧은 퓌레)가 파생되었다.
피테 Piter : 모이를 쪼다, 조금씩 먹다, 빵을 수프에 적시다.
루스티르 Roustir : 볶다, 지지다.

그의 작품에서 볼 수 있는 음식에 관한 명문장 모음

"물만 많이 마셔도 죽을 수 있어요! - 증거요? 물에 빠진 사람들을 보라구요!"
- 율리스와 조아킴이 아페리티프 술에 대해 나눈 대화.
알퐁스 도데의 단편 소설 『물방앗간의 편지(Les Lettres de mon moulin)』을 각색한 영화 중에서(1954)

•

"생 테밀리옹, 생 갈미에, 생 마르슬랭... 이것들 모두 마시거나 먹을 수 있는 것들인데, 그래도 전부 수호성인들의 이름이네요." *- 바티스트 아저씨의 대사. 『슈푼츠(Les Schpountz)』(1938)*

•

"페뉘즈 부인, 살라미 소시지는 가장 맛있고도 가장 싼 고기랍니다. 왜냐하면 유일하게 뼈가 없는 고기니까요." *- 바티스트 아저씨의 대사. 『슈푼츠(Les Schpountz)』(1938)*

•

"빵이라고 다 같은 빵은 아니죠."
- 푸줏간 주인의 대사. 빵집 마누라(La Femme du Boulanger)』(1938)

•

"맛난 것을 탐닉하는 죄는 우리가 더 이상 허기지지 않을 때 비로소 시작된다." *- 아베 신부님의 대사. 알퐁스 도데의 단편 소설 『물방앗간의 편지(Les Lettres de mon moulin)』을 각색한 영화 중에서(1954)*

•

"마치 북극의 포도밭에서 만든 것 같군요." *- 차가운 화이트와인을 가리키며 한 세자르의 대사. 마리우스(Marius)』(1931)*

•

"손님들에게 진실을 전부 다 말해야 한다면, 장사 못합니다."
『세자르(César)』(1936)

에그 마요

비스트로 카운터에서 간단히 먹는 인기 메뉴이자 손쉬운 가정식이며 단백질이 풍부한 초간단 요리인 에그 마요(프랑스어로는 외프 마요 l'oeuf mayo)는 파리의 전설이자 세계적으로 널리 사랑 받는 음식이다. 전설적인 음식인 만큼 에그 마요에는 그 나름의 규칙과 레시피가 있으며, 이를 지켜내고자 하는 협회까지 있을 정도다.

프랑수아 레지스 고드리

다시 각광 받는 에그 마요

1990년대 중반 인기 비스트로들이 침체기를 겪고 있을 당시, 미식평론가 클로드 르베(Claude Lebey)와 그의 친구인 저널리스트 자크 페시(Jacques Pessis)는 대중 음식의 대표적인 아이콘인 이 요리의 맛을 시대에 맞게 다시 부각시키고자 '외프 마요 보전 협회(Association de sauvegarde de l'oeuf mayo A.S.O.M.)'를 창립하기로 결정한다. 그들의 활동은? 매년 파리의 한 업체를 선정해 인증서와 면허장을 수여한다. 이 협회가 마지막으로 상을 수여한 것은 2013년이다. 그 이후 파리의 레스토랑 '르 프티 슈아죌(Le Petit Choiseul)'의 오너인 프레드 프누이(Fred Fenouil)가 창설한 '외프 마요 인민 공화국(République populaire de l'oeuf mayo)'이라는 이름의 단체가 그 활동을 이어 받아 이 음식을 지켜나가고 있다.

A.S.O.M.이 제시하는 에그 마요의 네 가지 기준

1. 먹음직스럽고 푸짐한 한 **접시**
2. 좋은 질의 달걀로 사이즈는 **왕란 또는 대란**
3. **머스터드를 넣어 만든** 마요네즈. 간은 짭조름하게 맞추고, 스푼에 묻는 정도의 농도로 만든다.
4. 신선한 **생채소**를 다양하게 곁들인다. 또는 양상추 잎을 곁들여낸다.

"에그 마요는 **설명하는 것이 아니라,** 그냥 먹는 것이다."
클로드 르베 Claude Lebey

에그 마요 클래식 레시피

1인당 달걀 1개 반
1인당 양상추 잎 3장
마요네즈
달걀노른자 1개
낙화생유(또는 해바라기유)
디종 머스터드
소금, 후추

약하게 끓는 물에 달걀을 넣고 9분(초과하지 않는다) 동안 삶은 다음, 흐르는 찬물에 식힌다. 껍질을 까서 길게 반으로 자른다. 마요네즈 재료를 손 거품기로 혼합해 너무 되지 않고 스푼에 묻을 정도의 농도로 만든다. 전동 핸드믹서를 사용할 경우에는 마지막에 생크림을 조금 넣어주면 너무 뻑뻑하지 않고 조금 더 가벼운 질감을 낼 수 있다. 머스터드 맛이 꽤 진하게 나야 한다는 것을 잊지 말자.
접시에 굵은 심지를 제거한 양상추를 깔고 반으로 자른 달걀 3개를 별 모양으로 얹는다. 평평한 면이 접시에 닿게 놓는다. 마요네즈를 넉넉히 뿌려 달걀을 완전히 덮는다. 이탈리안 파슬리나 처빌을 달걀 위에 얹어 장식해도 좋다.

미모사 에그로 즐겨도 좋아요.

완숙한 달걀노른자를 잘게 부수어 뿌린 모습이 지중해의 나무에 활짝 핀 노란 꽃을 연상시켜서 이렇게 불리는 것일까? 미모사 에그(l'oeuf mimosa)는 한껏 멋을 부린 버전의 에그 마요다. 달걀을 끓는 물에 9분간 삶아 식힌 다음 껍질을 까고 길게 반으로 자른다. 노른자를 꺼내 체에 곱게 걸러 부순다. 1/3 정도는 따로 덜어둔 다음 나머지를 마요네즈와 잘게 썬 생 허브(파슬리, 처빌, 차이브, 타라곤 등)와 섞는다. 달걀흰자의 움푹한 부분에 채워 넣은 다음, 따로 덜어둔 노른자를 뿌린다.

르 볼테르의 제임스 에그

파리 센 강변의 유서 깊은 비스트로 '르 볼테르(Le Voltaire)'는 파리 최고의 에그 마요를 서빙한다는 자부심을 갖고 있다. 가격도 0.9유로로 가장 저렴하다. 세상 물정에 맞지 않는 이 가격은 유로화로 통합되기 전 프랑 단위 시절의 마지막 가격이었던 6.5프랑을 유로로 환산한 것이다. 3대를 이어오는 주인장이자 이 대중적인 음식을 잘 보존하고자 하는 우직한 투사인 피코(Picot) 가족은 이것을 고급 스타일로 만들려는 생각이 전혀 없다.
말도 안 되는 싼 가격이지만 이 식당에서는 반으로 자른 달걀 한 개에 직접 만든 마요네즈를 넉넉히 얹고, 생채소를 곁들여 낸다. 단골인 척하려면 "제임스 에그"라고 주문하는 편이 좋겠다. 1950년대에 파리에 거주했던 미국의 미술 평론가이자 회상록 작가 제임스 로드(James Lord)에 대한 헌정의 의미로 이 이름을 붙인 것이다. 그는 피카소, 자코메티, 발튀스 등과 교류하였고, 에그 마요를 아주 사랑했었다.

파리에서 맛있는 에그 마요를 맛보려면?

→ **르 볼테르 Le Voltaire**, 파리 7구.
→ **플로트 Flottes**, 파리 1구.
→ **르 프티 슈아죌 Le Petit Choiseul**, 파리 2구.
→ **라 퐁텐 드 마르스 La Fontaine de Mars**, 파리 7구.
→ **라 클로즈리 데 릴라 La Closerie des Lilas**, 파리 6구.

관련 내용으로 건너뛰기
p.98 마요네즈
p.122 위기에 처한 오르되브르

우리 접시에 오르는 해초들

바다향이 나고 독특한 아름다움을 더해주며 신기한 식감을 지닌 이 바다의 풀들이 우리의 식탁에 오른다.

피에릭 제귀

덜스 Dulse

꼬시래기
Spaghetti de mer

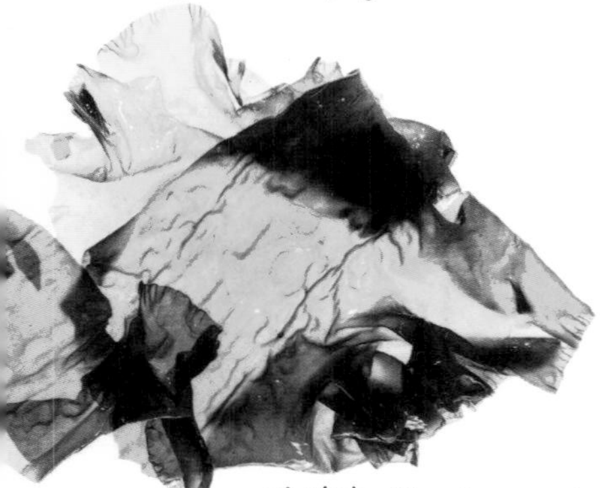
다시마 Kombu royal

김 Nori

다시마

계열 : 갈조류
길이 : 최대 6m
채취 : 2월~4월. 자연산인 다시마는 양식도 가능하며, 특히 생 말로(Saint-Malo) 연안에서 많이 양식하고 있다.
맛 : 짭조름한 바다의 맛이 강하며 단맛이 난다.
조리 : 도톰하고 납작한 다시마를 말랑해지도록 데쳐서 사용하는 것이 좋다. 가늘게 채 썰어 샐러드에 넣으면 아주 맛있다. 맛 증진제인 다시마로 흰살 육류나 생선을 감싸 익히거나, 파피요트처럼 사용하면 감칠맛을 더할 수 있다. 또한, 콩 종류를 익힐 때 넣으면 소화를 돕는 역할을 한다.
역사 : 콤부 루아얄(kombu royal)과 그 사촌격인 콤부 브르통(kombu breton)은 요오드가 가장 풍부한 해조류이다. 다시마는 일본의 기본 국물을 뜻하는 다시(dashi)의 기본재료이고, 또 어떤 이들의 주장에 따르면 짠맛, 단맛, 신맛, 쓴맛에 이은 제5의 맛인 감칠 맛, 즉 우마미(umami)의 기원이라고 알려져 있으며, 이는 여러 종류의 일본 요리에서 확인할 수 있다.

미역

계열 : 갈조류
길이 : 1~2m
채취 : 2월~3월. 브르타뉴 몇몇 지역에서 부표를 띄우고 미역을 붙인 줄을 바닷속으로 내려 양식한다.
맛 : 짭조름한 바다의 맛이 강하다. 굴의 바다 맛을 연상시킨다.
조리 : '바다의 고사리'라는 별명으로도 불리는 이 해조류는 전체적으로 흐늘거리며 부드럽지만 줄기 부분은 통통하고 오도독한 식감이 있다. 다른 식재료와도 두루 잘 어울리는 편으로, 미소 된장국이나 주키니 호박 수프에 넣기도 하고 굴, 참치, 닭고기 혹은 시금치와도 궁합이 좋다. 심지어 파르 브르통(far breton)에 넣으면 깜짝 놀랄 만한 맛을 더해준다.
역사 : 미역이 프랑스에 처음 소개된 것은 1970년대 말 우연한 기회를 통해서인 것으로 알려져 왔다. 일본 굴에 붙어서 함께 들어왔던 것이다. 이후 브르타뉴 지방에서는 이를 수입해 양식하기 시작했다.

김

계열 : 갈조류. 보라색과 자주색의 중간으로, 익히면 녹색을 띤 검은 색으로 변한다.
길이 : 최대 60cm
채취 : 4월~6월, 9월~11월
맛 : 상큼한 맛. 짭조름한 바다의 맛은 은은하다. 말린 김에서는 훈연한 차, 말린 버섯의 노트가 풍겨난다.
조리 : 종이처럼 얇게 말린 김으로 김밥이나 일본식 마끼를 싸 먹는다. 그 밖에 생 김으로 혹은 구운 김으로 먹을 수 있고, 국물 요리나 생선, 흰살 육류, 키슈, 빵, 팽 데피스 등에 향신료나 허브처럼 사용하면 아주 좋다. 잘라서 살짝 볶으면 채소처럼 먹을 수 있다.
역사 : 일본에서 최소 2000년 전부터 소비되어온 김은 본래 자연산으로 채집되었다. 에도 시대(1600-1868)부터 도쿄만에서 양식하기 시작한 김은 최초의 양식 해조류가 되었다.

갈파래

계열 : 녹조류
길이 : 15~40cm
채취 : 4월~10월. 브르타뉴 지방.
맛 : 말랑말랑하면서 탄력 있는 식감으로, 약간 쌉싸름한 식물성 맛을 지니고 있는데, 어떤 이들은 파슬리 혹은 수영(소렐)과 비슷한 맛이 난다고도 말한다.
조리 : 갈파래 넓은 잎은 파피요트 용으로 사용하기 안성맞춤이다. 청량하고도 선명한 맛을 지닌 갈파래는 날로 먹거나 익혀 먹는 방법 다 좋으며, 말려서 먹기도 한다. 샐러드에 넣거나 페스토를 만들기도 하고, 생선이나 기타 해산물 양념에도 사용한다. 심지어 디저트를 만들 때 말차 대용으로 쓰기도 한다.
역사 : 이것은 전 세계에 가장 널리 퍼져 있는 해초 중 하나로, 지구 전역 해안가 어디서나 볼 수 있다.

덜스

계열 : 홍조류
길이 : 10~30cm
채취 : 영불해협과 대서양 연안, 썰물 때 드러나는 바닷가에서 4월~12월에 채취할 수 있다.
맛 : 달콤한 맛과 짭조름한 바다의 맛을 동시에 느낄 수 있다. 헤이즐넛의 너티한 향도 살짝 스친다.
조리 : 날로 먹으면 오돌오돌한 식감이고, 살짝 데치면 부드러워진다. 말리거나, 잘게 다지거나, 가루로 갈거나, 작게 잘라서 해초 타르타르나 생선 타르타르, 샐러드 등에 사용할 수 있고 가리비 조개에 곁들여 내기도 하며, 소스의 맛을 살리는 데 넣기도 한다.
역사 : 켈트인과 스칸디나비아 바이킹들 그리고 그 이후 많은 해상 민족 뱃사람들은 비타민 C가 풍부하게 함유되어 괴혈병 예방에 좋은 이 해초를 이미 많이 애용하고 있었다. 또한 18세기에는 아일랜드인들이 이것을 먹었던 것으로 추정된다.

꼬시래기

계열 : 갈조류
길이 : 보통 1~3m 의 가늘고 긴 모양.
채취 : 3월~5월.
맛 : 짭조름한 바다의 맛이 은은하게 난다.
조리 : 끓는 물에 데치면 말랑해지고 선명한 녹색으로 변한다. 일반 채소처럼 팬에 볶아 생선이나 해산물 요리에 곁들여 낸다. 좀 더 기발한 레시피로는 오징어처럼 튀기거나 식초에 조리는 방법, 심지어 설탕에 콩피하거나 초콜릿을 씌우는 것도 불가능한 것은 아니다.
역사 : 해조류도 과일과 마찬가지로 제철이 있다. 꼬시래기 채집이 3~5월이 지나서도 가능하긴 하지만, 이 시기의 것이 제일 연하고 가늘고 맛도 가장 좋다.

함초

바다에서 자라기 때문에 흔히 김이나 미역 같은 해초로 착각하기 쉽지만 이것은 해초가 아니다. 함초(또는 퉁퉁마디)는 일정 계절에만 자라는 염생 식물로 썰물 때 드러나는 바닷가 연안이나 염전에서 볼 수 있다. 주로 5월에서 8월 사이에 함초의 어린 순을 따서 식용으로 사용한다. 칼로리가 아주 낮고 요오드, 마그네슘, 칼슘 및 비타민 A, C, D의 함량이 높으며 조리법도 아주 간단하다. 차갑게 또는 따뜻하게 먹을 수 있고, 그냥 먹거나 코르니숑 피클처럼 절여 먹기도 한다.

관련 내용으로 건너뛰기
p.115 육지와 바다의 조화

해조류 구하는 법
직접 채취하기 : 해조류의 종류를 잘 식별할 수 있고 어느 계절에 어떤 조수간만 상태에서 채집해야 하는지 잘 아는 전문가에게 맡기는 편이 낫다. 가장 싱싱한 해초를 채집하는 것도 그들의 능력이다.
구매하기 : 고급 식재료상이나 유기농 식품 매장 등에서는 말린 해조류를 판매한다. 그 밖에 해조류 베이스의 음식 또는 신선한 생 해조류도 구입할 수 있다.
주문하기 : 직접 현장에서 채집하는 업자나 해조류 식품 가공업체의 제품을 주문한다. Algue Service(Finestère)에서는 Bord à Bord의 다양한 해조류 제품을 구입할 수 있다(bord-a-bord.fr).

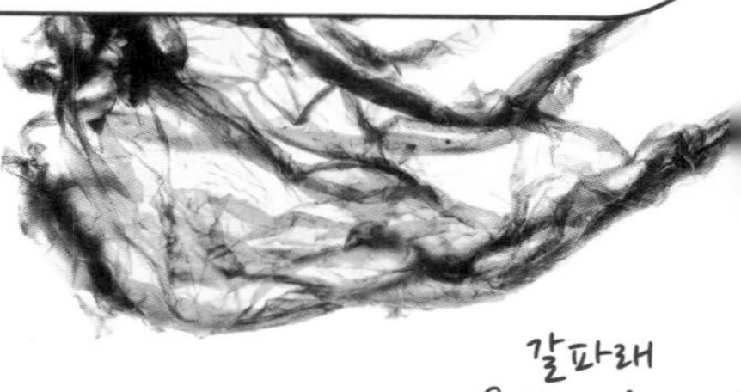
갈파래
Laitue de mer

미역
Wakamé

종교적 이름의 미식 일람표

맛있는 것을 탐하는 것은 기독교에서 말하는 7가지 큰 죄 중 하나일까? 하지만 프랑스 미식에서 교회는 끊임없는 영감의 원천이 된 듯하다. 미식 전례의 성무일과서를 자세히 훑어보자.

스테판 솔리에

아 라 베네딕틴 À LA BÉNÉDICTINE. 염장대구 퓌레와 감자, 즉 브랑다드를 넣은 음식을 뜻한다. 염장대구는 전통적으로 사순절 금육 기간 중 먹는 생선이었다. 부셰 아 라 베네딕틴(bouchée à la bénédictine)은 볼로방과 비슷한 퍼유타주 셸에 크리미한 염장대구와 감자 퓌레를 채운 것이다.

아 라 카르멜리트 À LA CARMÉLITE. 닭 가슴살 안심에 쇼 프루아(chaud-froid) 소스를 끼얹어 덮은 차가운 음식으로, 얇게 저민 송로버섯으로 장식하여 민물가재 무슬린과 함께 낸다. 카르멜회 수녀들이 입는 검은색과 흰색 가운의 색을 연상시킨 데 착안하여 이러한 이름이 붙었다.

아 라 샤누아네스 À LA CHANOINESSE. 이 명칭은 두 가지 각기 다른 요리를 가리킨다. 첫째는 닭고기에 민물가재 쿨리로 만든 소스 쉬프렘을 끼얹은 요리다. 또한 송아지 흉선이나 달걀 요리에 크림 조리한 당근과 송아지 육즙과 셰리를 넣어 만든 소스를 끼얹은 송로버섯을 가니시로 낸 요리이기도 하다. 이 이름은 앙시앙 레짐 하의 수도참사회 식탁에서 볼 수 있는 전설적인 세련됨과 우아함을 연상시킨다. 프랑스어로 '수도참사회원의 삶(une vie de chanoine)'이라고 하면 '우아하고 평안한 삶'을 뜻한다.

아 라 디아블 À LA DIABLE. 고기를 썰어서 양념하여 구운 뒤 매콤한 소스와 함께 서빙하는 요리를 지칭한다. 특히 이 조리법에는 닭고기를 많이 사용하며, 청어 또는 아티초크로 만들기도 한다.

아 라 마자린 À LA MAZARINE. 정육의 작은 부위를 사용한 요리로 잘게 깍둑 썬 채소를 채운 아티초크와 양송이버섯을 곁들여 서빙한다.

알렐루이아 ALLÉLUIAS. 세드라 레몬으로 만든 카스텔노다리(Castelnaudary)의 과자. 이 이름은 교황 비오 7세가 이 작은 과자를 만들어준 파티시에게 라틴어로 전한 감사의 말 '할렐루야(alléluia)'로부터 유래했다고 전해진다.

앙주 드 메르 ANGE DE MER. 전자리상어. 가오리류의 생선으로 살의 맛은 가오리에 비해 조금 떨어진다.

앙젤리크 ANGÉLIQUE. 안젤리카. 당귀. 수도승들이 오래전부터 재배해온 향이 있는 식물로 설탕에 조려 콩피하여 파티스리에 사용하거나 리큐어를 만드는 데 사용한다.

앙즐로 ANGELOT. 퐁레베크나 리바로를 비롯한 몇몇 노르망디산 치즈의 옛 이름. 이 명칭은 노르망디를 뜻하는 오주 지방(pays d'Auge)의 형용사인 오주롱(augeron)이 변형된 것으로 추정하고 있다.

앙젤뤼스 ANGÉLUS. 1978년 창립한 옛 방식 그대로의 양조법을 사용하는 맥주 양조장 '르페르(Lepers)' 의 유명한 맥주 이름으로, 프랑스 북부 지방의 '셰프들이 요리에 애용하고 있다. 특히 밀레의 만종(1858) 그림을 사용한 라벨은 이 맥주의 트레이드 마크가 되었다.

오모니에르 AUMÔNIÈRE. 얇게 민 반죽 안에 짭짤한 음식 또는 달콤한 디저트를 넣고 복주머니 모양으로 오므린 것을 지칭한다. 이 명칭은 허리띠에 매달고 자선금(aumônes)을 나누어주는 데 사용되었던 주머니의 이름에서 유래했다.

발타자르 BALTHAZAR. 일반 용량의 16배 양에 해당하는 샴페인 병. 구약 성경에 나오는 바빌로니아 마지막 왕의 이름을 딴 것으로, 그는 화려한 연회를 베풀었고 아버지가 예루살렘 사원에서 약탈해 온 성스러운 단지에 와인을 서빙토록 한 것으로 알려졌다.

바르브 드 카퓌생 BARBE-DE-CAPUCIN. 치커리. 엔다이브 과의 잎채소. 18세기 성 프란치스코 파의 한 수도사가 석회석 채석장에서 이 치커리의 뿌리를 잃어버렸는데 이후 약간 털이 난 듯한 뾰족 무늬의 흰 잎으로 자라났다고 전해진다. 마치 성 프란치스코 수도사의 수염처럼 생겼다고 해서 이 이름이 붙었다.

바통 드 자코브 BÂTON DE JACOB. 안에 크렘 파티시에를 채우고 설탕으로 표면을 단단하게 글레이즈한 작은 크기의 에클레어를 가리킨다. 이삭의 아들 야곱이 요르단강을 건널 때 들고 있던 막대 지팡이 모양을 연상시킨다는 의미로 '야곱의 막대기'라는 이름이 붙었다.

베네딕틴 BÉNÉDICTINE. 이탈리아 베네딕트파 수도원의 한 수도사가 처음으로 만들었다고 전해지는 리큐어로 여러 가지 약초를 원료로 사용한다. 라벨에는 성 베네딕토의 좌우명인 D.O.M.(Deo Optimo Maximo)이 쓰여져 있는데 이는 '최고, 최대의 신에게 드린다'는 의미다.

베니티에 BÉNITIER. 크기가 아주 큰 쌍각류인 대왕조개를 지칭한다. 몇몇 나라에서는 이 조개의 살을 특히 즐겨 먹기도 하고, 껍데기는 성당에서 성수를 담는 아름다운 용기로 사용하기도 한다. 이름도 성수(eau bénite)에서 유래했다.

베르니 BERNIS. 달걀(주로 반숙)에 아스파라거스를 곁들인 요리로 베르니 주교(1715-1794)를 기리기 위해 그의 이름을 따 만든 음식이다. 그는 베니스와 로마 등 자신이 외교관으로 파견되어 가는 곳마다 언제나 프랑스 요리를 옹호했으며, 화려하고 우아한 식사와 연회를 즐겼다고 한다.

보네 데베크 BONNET D'ÉVÊQUE. 칠면조 및 몇몇 가금류의 꼬리 부분 선골부를 뜻하는 별명이다. 꼬리쪽이 우뚝 섰을 때의 모양이 마치 '주교의 모자' 같다고 해서 이와 같은 이름이 붙었다.

캉파닐(카카벨뤼) CAMPANILE (OU CACAVELLU). 코르시카의 대표적인 부활절 브리오슈 빵 종류로 사순절 기간 소비하지 못한 달걀로 장식하여 굽는다. '종탑'이라는 뜻의 이름도 부활절 종에서 착안해 온 것이다.

카퓌생 CAPUCIN. 슈 페이스트리에 그뤼예르 치즈를 넣은 짭짤한 타르틀레트. 성 프란치스코 수도사의 가운을 연상시키는 색깔을 지닌, 큰 잔에 우유 거품과 함께 서빙되는 이탈리아 '카푸치노'와는 아무 관계가 없다.

카퓌신 CAPUCINE. 한련화. 장식용으로 쓰이는 식물로 그 꽃은 샐러드에 넣기에 아주 좋고, 꽃봉오리는 케이퍼를 대신하여 아주 유용하게 사용된다. 중세 수도원 정원에서 소중히 여겨졌던 이 식물은 그 꽃받침이 성 프란치스코(프랑스어로 capucin) 수도사의 두건 달린 망토(capuchon)와 닮았다고 하여 이 이름이 붙었다.

카르디날 CARDINAL. •1° 해수어로 만든 요리로, 동그란 모양으로 썬 랍스터나 얇게 저민 송로버섯을 넣은 다음 화이트 소스와 랍스터 쿨리를 끼얹은 것을 말한다. 광어나 랍스터를 주로 사용한다. 소스의 색깔이 추기경(cardinal)의 가운 색과 비슷하여 붙여진 이름이다. **•2°** 붉은 베리류 과일로 만든 아이스 케이크(봉브 카르디날 bombe cardinal) 혹은 딸기, 라즈베리, 블랙커런트 쿨리를 덮은 과일 디저트(예: 푸아르 카르디날 poires cardinal)등을 가리킨다. 이들도 마찬가지로 성직자의 붉은색 가운을 연상케 하는 이름이 붙여졌다.

카르디날 데 메르 CARDINAL DES MERS. 랍스터의 시적 명칭으로 바다의 추기경이라는 뜻이다. 익힌 후에 색깔이 빨갛게 변해 추기경의 가운과 색이 같아지는 데서 착안한 이름이다.

셀레스틴 CÉLESTINE. •1° 버섯과 껍질 벗긴 토마토를 넣고 소테한 영계 요리. 여기에 코냑을 넣고 플랑베한 다음 화이트와인을 넣고 마늘과 파슬리를 넣고 익힌다. **•2°** 타피오카 전분을 넣고 농도를 맞춘 닭 콩소메. 맑은 수프에 가늘게 채 썬 짭짤한 허브 크레프와 데친 닭 가슴살, 처빌을 넣어준다. 성 베네딕트회의 한 분파인 셀레스틴회 수도사들의 의복(흰 가운과 검은색 어깨띠)을 연상시키는 이름이라고 전해진다.

샤르트뢰즈 CHARTREUSE. •1°채소(브레이징한 양배추)와 고기, 또는 수렵육을 색깔별로 교대로 켜켜이 쌓아 둥근 돔 형태의 몰드에 넣어 만든 요리. 이 요리는 샤르트르회 수도사들의 채식주의 식사에서 그 이름을 따 왔고, 원래는 채소로만 만들었다고 한다. **•2°** 여러 종류의 약초를 원료로 만든 리큐어로 샤르트르회 수도사들에 의해 부아롱(Voiron)에서 아직도 생산되고 있다.

샤토뇌프 뒤 파프 CHÂTEAUNEUF-DU-PAPE. 론 남부 AOC 인증을 받은 와인으로 레드와 화이트 모두 생산한다. 아비뇽 교황들의 여름 휴양지에서 가까운 황무지 덤불에서 생산된다.

셰뤼뱅 CHÉRUBIN. 광어 조리법 중 하나. 익힌 토마토와 잘게 깍둑 썬 송로버섯, 채 썰어 버터에 볶은 붉은 피망을 가니시로 둘러놓고 홀랜다이즈 소스를 뿌린다.

슈브 당주 CHEVEUX D'ANGE. 파티스리에서 사용하는 실처럼 가늘게 늘인 설탕 장식. 또는 포타주나 국물 요리에 넣어 먹는 아주 가늘고 긴 모양의 국수 파스타를 뜻한다. '천사의 머리카락'이라는 뜻을 갖고 있다.

클레망틴 CLÉMENTINE. 만다린 귤나무와 비터오렌지 나무의 자연 교배로 탄생한 감귤류 과일. 1902년 알제리에서 클레망 신부(père Clément)에 의해 처음 발견되어 그의 이름을 따왔다고 한다.

코키유 생 자크 COQUILLE SAINT-JACQUES. 가리비 조개. 이 유명한 쌍각류 조개의 이름은 산티아고 데 콤포스텔라 순례길(Saint-Jacques-de-Compostella)의 순례자들의 상징이 가리비 조개껍질이었다는 점에서 유래한 것이다.

퀴레 낭테 CURÉ NANTAIS. 소젖으로 만든 방데(Vandée) 지방의 세척 외피 비가열 압착 치즈. 1794년 반혁명 왕당파의 반란 기간 중에 한 가톨릭 사제(curé) 가 처음 만들었다고 전해진다.

디아블로탱 DIABLOTINS. 얇게 슬라이스한 빵(베샤멜 소스를 추가하기도 한다)에 가늘게 간 그뤼예르 치즈를 덮어 오븐에 그라탱처럼 구운 뒤 포타주 등의 수프에 곁들여 먹는다. 소스와 치즈에 덮여 가려진 빵 슬라이스가 게르만이나 슬라브족 전래동화에 나오는 작은 악마들의 장난질을 연상시킨다 하여 이와 같은 이름이 붙었다.

에자위 ESAÜ. 렌틸콩 퓌레에 흰색 육수 또는 콩소메를 넣어 끓인 포타주. 이삭의 아들 에서(프랑스어로 Esaü)가 렌틸콩 죽 한 사발에 동생 야곱에게 장자의 권리를 팔아넘겼다는 성경의 이야기에서 그 이름을 따온 것이다.

에투프 크레티엥 ETOUFFE-CHRÉTIEN. 아주 영양이 풍부하고 소화가 안 될 정도로 배부른 음식을 지칭할 때 사용하는 표현이다.

프뤼 드 라 파시옹 FRUIT DE LA PASSION. 패션프루트, 백향과. 이 열대과일의 이름은 그 꽃의 각 기관 모양이 예수의 수난(Passion du Christ)에 관련된 가시관, 망치, 못 등을 연상케 한 데서 유래했다.

글로리아 GLORIA. 브랜디 또는 럼을 넣은 달콤한 커피나 차를 뜻한다. 시편에 나오는 글로리아라는 이름을 따온 명칭이다.

제쥐이트 JÉSUITE. 파트 퍼유테에 프랑지판 아몬드 크림을 채우고 흰색 슈거 코팅을 한 삼각형 모양의 페이스트리. 옛날에는 프랄리네 또는 초콜릿 글라사주를 입혔는데 그 모양이 예수회 수사들이 쓰던 끝이 말려 올라간 모자와 닮은 데서 이 이름이 유래했다.

제쥐 JÉSUS. 리옹과 프랑스 동부 지방을 대표하는 아주 굵은 건조 소시지. 당시 예수 탄생을 축하하기 위해 크리스마스 시즌에 만들어 온 가족이 나누어 먹었다는 데서 그 이름이 유래했다고 한다.

마니피카 MAGNIFICAT. 오렌지, 양상추, 리크를 넣은 포타주를 지칭할 뿐 아니라 속을 채운 부드럽고도 아삭한 유명 캐러멜의 상표이기도 하다. 그 이름은 성모방문 축일 때 불렀던 주 예수를 찬양하는 성모 마리아의 성가 마그니피캇(magnificat)에서 따온 것이다.

마자랭 MAZARIN. 두툼한 제누아즈 스펀지의 속을 파내 원추형으로 만든 다음 시럽에 조린 과일을 채운 케이크를 가리킨다. 또한 두 장의 다쿠아즈 시트 사이에 프랄린 무스를 채운 케이크를 뜻하기도 한다. 성직자이며 아주 세련된 권세를 누렸던 마자랭 추기경에게 경의를 표하기 위해 만들어진 디저트이다.

망디앙 MENDIANTS. 프로방스 지방에서 크리스마스 때 먹는 13가지 디저트의 재료로 사용되는 네 종류의 견과류 및 건과일(아몬드, 무화과, 헤이즐넛, 말라가 건포도)를 고루 혼합한 것을 뜻하며, 초콜릿 위의 장식으로도 사용된다. 이 색깔들은 각각 탁발수도회(ordres mendiants) 수도사들의 제복을 연상시킨다. 흰색은 성 도미니크회, 회색은 성 프란체스코회, 갈색은 카르멜 수도회, 짙은 보라색은 성 아우구스티누스 수도회의 제복 색을 각각 상징한다.

나뷔코도노소르 NABUCHODONOSOR. 일반 병의 20배에 해당하는 용량의 샴페인 병을 뜻한다. 성경 구약성서에 나오는 고대 바빌로니아의 왕 이름(느브갓네살)을 딴 것으로, 그는 예루살렘 사원 안의 성스러운 단지를 약탈해 왕궁의 연회에서 사용한 것으로 알려져 있다.

넴로드 NEMROD. 털이 있는 수렵육의 가니시로 크렌베리 콩포트, 감자 크로켓, 밤 퓌레를 채운 구운 버섯으로 구성된다. 성경 창세기에 나오는 여호아 앞의 용감한 사냥꾼 니므롯(Nemrod) 에게 경의를 표하기 위해 그 이름을 따왔다.

노네트 NONNETTE. 글라사주를 입힌 둥근 모양 혹은 타원형의 말랑하고 촉촉한 팽데피스로, 옛날에는 수도원에서 수녀들이 만들었다고 한다.

오레이유 드 쥐다 OREILLE DE JUDAS. '유다의 귀'라는 뜻으로 귓불 모양을 한 검은 버섯인 목이버섯(auriculaire)의 다른 명칭이다. 이 버섯은 중국요리에서 많이 활용된다. 이 버섯은 엘더베리 나무에서 잘 자라는데, 전설에 따르면 성경 속의 가롯 유다가 예수를 배신한 뒤 그 수치스러움에 괴로워하다가 목을 맨 곳이 바로 이 나무라고 하며, 이것이 아마도 이 버섯 이름의 기원인 것이라 추정하고 있다.

파스칼린 PASCALINE. 옛날 부활절에 먹던 구운 양고기 요리를 지칭한다. 으깬 양고기 살과 삶은 달걀노른자, 굳은 빵 가루, 허브와 향신료 등을 채운 양을 통째로 로스팅한 것으로 소스 베르트(sauce verte)와 함께 서빙하거나 햄 쿨리를 곁들인 송로버섯 스튜에 얹어 낸다. 알렉상드르 뒤마의 『요리 대사전(*Grand Dictionnaire de cuisine*)』(1872)에 그 조리법이 설명되어 있다.

페셰 미뇽 PÉCHÉ MIGNON. •1° 크림과 복숭아 과즙 베이스에 스파클링 와인, 럼 또는 보드카를 넣어 만드는 칵테일. **•2°** 스스로를 포기하게 되는 대상. 더 가까이 들여다보자면, 큰 해가 없는 범위 내에서의 미식적 선호를 지칭하는 것으로 탐욕적 행위라기보다는 달콤한 것에 대한 참을 수 없는 끌림이나 맛있는 것 앞에서의 무장해제 정도라고 볼 수 있다. 즉 이것은 자신에게 너그러워지는 방법이자 작은 약점을 갖는 것에 대한 인정이라고 설명할 수 있다.

페 드 논 PET-DE-NONNE. 슈 페이스트리로 만든 작은 튀김과자로 겉에 설탕을 뿌리거나 안에 크림 또는 잼을 채워 먹는다. 먹을 때 바삭 씹으면 사르르 공기가 빠져나가는 데 착안하여 이런 재미있는 이름(직역하면 '수녀의 방귀'라는 뜻)이 붙었다.

퐁 레베크 PONT-L'ÉVÊQUE. 소젖으로 만든 정사각형의 노르망디산 AOC 외피 세척 연성 치즈. 중세부터 이 치즈를 만들어 온 산지인 칼바도스 지방의 퐁 레베크가 치즈 이름이 되었다. 12세기 시토(Cîteaux) 수도회의 수도사들이 처음 만들었다고 전해진다.

렌 드 사바 REINE DE SABA. 거품 낸 달걀흰자가 들어간 가벼운 스펀지 반죽으로 만든 초콜릿 케이크로 크렘 앙글레즈와 함께 서빙한다. 이름은 솔로몬 왕이 예루살렘에서 만난 어두운 색의 피부를 가진 유명한 시바의 여왕에서 따왔다.

를리지외즈 RELIGIEUSE. 슈 안에 크렘 파티시에 또는 커피나 초콜릿 시부스트 크림을 채워 넣고, 마찬가지로 크림을 채운 작은 슈를 첫 번째 큰 슈 위에 얹은 다음 전체를 퐁당 슈거로 글라사주한 파리의 파티스리. 흰색 설탕 글라사주가 수녀들의 가운을 연상시키고 크고 작은 두 개의 슈 모양이 여인의 실루엣과 비슷하다고 하여 '수녀님(religieuse)'이라고 불린다.

리슈리외 RICHELIEU. •1° 서대나 가자미 요리법. 생선의 한쪽 면을 칼로 잘라 열어 밀가루, 달걀, 빵가루를 묻혀 지져낸 다음 메트르도텔 버터(beurre maître d'hôtel)와 얇게 저민 송로버섯을 곁들여 낸다. **•2°** 소스 리슐리외. 황금색 루에 고기 육수를 넣고 버섯, 얇게 저민 송로버섯을 넣은 소스. **•3°** 큰 덩어리 육류 요리의 가니시로, 토마토, 속을 채운 버섯, 브레이징한 양상추, 튀기듯이 구운 감자로 구성된다. 또한 마라스키노 체리 리큐어로 향을 낸 아몬드를 넣은 반죽을 여러 층 쌓은 큰 사이즈의 파티스리를 지칭하기도 한다. 이 케이크는 층층이 살구 마멀레이드와 프랑지판을 씌운 뒤 겹쳐 쌓고 퐁당 슈거로 아이싱한 다음 각종 과일 콩피로 장식한다. 화려하고 수준 높은 식사로 알려진 리슐리외 추기경의 종손인 리슐리외 공작의 요리사가 처음으로 이 레시피를 만들었다고 전해진다.

사크리스탱 SACRISTAIN. 파트 퍼유테를 길게 꼬아 구운 바삭한 파이 과자. 아몬드 슬라이스나 호두, 굵은 입자의 펄 슈거 등을 뿌려 굽기도 한다. 성당 관리인들(sacristains)이 예배 행렬을 시작할 때 사용하던 꼬인 모양의 지팡이에서 그 이름을 따왔다.

생 SAINT. •1° 순결하고 성스러운 흰색 이미지 때문인지 치즈 이름에는 생(Saint)이란 글자가 붙은 것이 꽤 많다. 오세르(Auxerre) 지방의 크리미한 연성 치즈인 생 플로랑탱(saint-florentin), 도피네(Dauphiné)의 흰색 천연 외피 연성 치즈인 생 펠리시엥(saint-félicien)과 생 마르슬랭(saint-marcellin), 비가열 압착 치즈인 오베르뉴(Auvergne)의 생 넥테르(saint-nectaire)와 브르타뉴(Bretagne)의 생 폴랭(saint-paulin) 등이 대표적이다. **•2°** 많은 종류의 와인 또한 성스러운 신의 가호를 받은 이름들을 지니고 있다. 생 타무르(saint-amour, AOC Beaujolais), 생 토뱅(saint-aubin, AOC Côte de Beaune), 생 크루아 뒤 몽(saint-croix-du-mont, AOC Garonne), 생 테밀리옹(saint-émillion, AOC Bordeaux), 생 테스테프(saint-estèphe, AOC Médoc), 생 조제프(saint-joseph, AOC Ardèche), 생 쥘리앵(saint-julien, AOC Haut-Médoc), 생 페레(saint-péray, AOC Rhône), 생 라파엘(saint-raphaël, 가향 와인), 생 로맹(saint-romain, AOC Côte de Beaune), 생 베랑(saint-véran, AOC mâconnais) 등...

생 플로랑탱 SAINT-FLORENTIN. 키르슈(체리 브랜디)를 적신 제누아즈에 이탈리안 머랭, 녹인 버터, 키르슈로 만든 크림과 설탕에 조린 체리 콩피를 채운 케이크.

생토노레 SAINT-HONORÉ. 파트 퍼유테 또는 파트 브리제 시트 위에 일명 생토노레 크림이라고도 불리는 크렘 시부스트를 채우고 캐러멜을 씌운 작은 슈들을 왕관 모양으로 빙 둘러 얹은 다음 중앙을 크림으로 장식한 파리식 파티스리. 제빵사들의 수호성인 생토노레의 이름을 따왔다.

생튀베르 SAINT-HUBERT. •1° 수렵육 요리 또는 그 요리에 곁들이는 가니시. 사냥으로 얻은 깃털 달린 작은 조류 안에 송로버섯을 한 조각씩 넣고 두꺼운 코코트 냄비에 지져 익힌다. 마데이라를 넣어 디글레이즈하고 수렵육 육수를 넣고 졸여 농축한 소스를 끼얹어 서빙한다. **•2°** 수렵육 고기를 곱게 간 퓌레로 주로 버섯이나 타르틀레트, 부셰(bouchée, 볼로방의 일종) 등을 채우는 소로 사용된다. 이름은 사냥꾼들과 삼림 종사자들의 수호성인 성 후베르투스(St. Hubert de Liège)에서 따왔다.

생말로 SAINT-MALO. 구운 생선 요리에 곁들이는 소스로 생선 블루테와 오래 볶아 졸인 샬롯과 화이트와인, 약간의 머스터드나 안초비 소스를 넣어 만든다. 고난의 여행 끝에 브르타뉴에 복음을 전한 성인의 이름을 따온 것으로 알려진다.

생피에르 SAINT-PIERRE. 달고기. 존도리. 담백하고 풍부한 맛의 살을 가진 생선으로, 표면에 있는 둥근 자국은 사도 베드로의 엄지와 검지 자국이라고 전해져 성 베드로(프랑스어로는 Saint-Pierre)라는 이름으로 불린다고 한다.

스토르자프레티 STORZAPRETI. 단어 그대로 직역하자면 '사제를 질식시키다'라는 의미를 가진 이 음식은 밀가루, 브로치우 치즈, 근대, 마조람으로 만든 반죽을 크넬 모양으로 빚어 끓는 물에 삶아 익힌 것이다. 소스를 곁들인 고기 요리에 가니시로 함께 서빙한다. 코르시카섬 오트 코르스(Haute-Corse) 지방의 특선 요리.

트라피스트 TRAPPISTE. •1° 트라피스트 수도사들이 소젖으로 만든 다양한 종류의 원반형 치즈를 통칭한다. 만드는 지역의 이름을 붙여 '~ 의 트라피스트 치즈' 라는 식으로 부른다. 벨발(Belval, Picardie), 브리크베크(Briquebec, Manche), 시토(Cîteaux, Bourgogne), 에슈르냑(Echourgnac, Périgord), 앙트람(Entrammes, Mayenne)의 트라피스트 치즈들이 대표적이다. **•2°** 오로지 벨기에와 네덜란드의 트라피스트 수도사들만이 양조하는 상면발효 맥주 종류를 지칭한다.

비지탕딘 VISITANDINE. 밀가루, 아몬드 가루와 버터, 달걀, 설탕을 넣은 진한 맛의 반죽으로 만든 동그란 모양 또는 바르케트(길쭉한 배 모양) 형태의 작은 구움과자. 키르슈 향의 퐁당 아이싱을 씌우기도 한다. 17세기에 성모 방문회의 수녀들(Visitandines)이 고기 섭취 결핍을 보충하기 위해 이 가토를 처음 만들어 먹었다고 전해진다. 수도원에서 육류 섭취는 금지되어 있었고, 이 과자에는 달걀흰자가 많이 함유되어 있어 단백질 공급에 적지 않은 도움이 되었다고 한다.

크리스마스 케이크, 뷔슈

통나무 모양의 뷔슈 케이크는 오래전부터 성탄절을 축하하는데 빠지지 않는 음식이다.
각지에서 행해졌던 전통의 의식과 사용법을 살펴보자. 축복의 촛불과 함께 뷔슈 케이크에 불을 붙인다.
끓인 포도주를 그 위에 뿌린다. 불꽃이 타오르는 순간 기도를 낭송한다…
로익 비에나시

가장 오래된 뷔슈 케이크 상세 레시피

『파티스리의 역사 지리적 회상록(Mémorial historique et géographique de la pâtisserie)』 1890, 피에르 라캉(Pierre Lacam) 저.

"뷔슈는 짤주머니로 짠 비스퀴와 베이킹 팬에 펼쳐 구운 제누아즈 스펀지로 만든다(…) 제누아즈 시트를 같은 크기의 원형으로 10장 정도 잘라낸다. 제누아즈에 모카크림이나 초콜릿 크림을 발라 누운 원통형으로 겹쳐 붙인다. 크림으로 전체를 씌운 뒤 매끈하게 만든다. 길쭉한 모양의 케이크 시트에 구운 아몬드를 뿌리고 그 위에 뷔슈를 놓는다. 납작한 깍지(douille à breton)를 끼운 짤주머니로 뷔슈 한 끝에서 다른 쪽 끝까지 균일하고 길게 크림을 짜 통나무 껍질 모양으로 장식한다. 그 위에 도톰한 비스퀴를 동그랗게 커터로 찍어낸 통나무 옹이 모양을 4~5개 얹어 장식한다. 크림으로 덮어 주고, 같은 짤주머니로 위에서 아래로 짜얹어 장식한 다음 뷔슈의 양쪽 끝부분도 크림으로 장식없이 매끈하게 덮어준다. 경우에 따라 녹색 아몬드 페이스트를 체로 곱게 내려 뿌리기도 하고, 아주 곱게 다진 피스타치오를 뿌려 장식하는 곳도 있다. 심지어 단단한 이탈리안 머랭을 올려 장식하기도 한다."

그러니까 롤 케이크가 아니라 동그란 모양의 제누아즈 스펀지를 여러 겹 크림으로 붙여 만든 케이크라는 설명이다.

아이스크림 뷔슈 케이크

아이스크림 뷔슈도 마찬가지다. 이 또한 일반 뷔슈 케이크만큼이나 오래된 레시피다.

『프랑스와 이탈리아의 예술적인 클래식 빙과 제조인(Le Glacier classique et artistique en France en France)』 1893, 피에르 라캉(Pierre Lacam), 앙투안 샤라보(Antoine Charabot) 공저.

이 책에는 아이스크림 이외에 또 다른 하나의 레시피가 실려 있는데, 헤이즐넛 프랄리네 아이스크림이나 초콜릿 아이스크림 층을 동그란 비스퀴 층과 교대로 겹겹이 붙인 것이다. 통나무 모양 껍질 부분은 별모양 깍지를 사용하여 크림으로 씌웠다. '피스타치오 아이스크림으로 만든 잎사귀 몇 장과 레드커런트나 딸기 아이스크림으로 만든 꽃'으로 장식하여 완성한다.

그렇다면 누가 뷔슈 케이크를 처음 발명했을까?

- **A) 1830년대 중반 파리 생제르맹 데프레의 한 파티시에.**
- **B) 리옹에서 처음 만들어졌으며 그 시기는 1860년대로 올라간다.**
- **C) 파리의 파티시에였던 앙투안 샤라보(Antoine Charabot), 1874년 또는 1879년.**
- **D) 모나코 대공 샤를 3세의 파티시에이자 아이스크림 제조사였던 피에르 라캉(Pierre Lacam).**

정답은 : C) 앙투안 샤라보
파티시에 피에르 라캉은 프랑스와 이탈리아의 예술적인 클래식 빙과 제조인(Le Glacier classique et artistique en France et en Italie, 1893)』 에서 다음과 같이 설명하고 있다. "크리스마스 뷔슈 케이크를 누가 제일 처음 만들었는지 우리는 전혀 알 수가 없었다.
파티스리마다 물어보았고 결국 수소문 끝에 나는 상송 씨 집(M .Sanson, 14, rue de Buci)의 앙투안 샤라보라는 이름의 셰프가 1879년 나무토막 모양으로 처음 만들었다는 사실을 알게 되었다. 그 후로 몇 년 간은 별 변화 없는 답보상태를 유지했는데, 몇몇 제과점에서 이를 본떠 만들기 시작하면서 1886년부터는 그 유행이 시들지 않고 있다."

관련 내용으로 건너뛰기
p.358 갈레트
p.130 13가지 크리스마스 디저트

밤 크림과 포치드 서양배 뷔슈 케이크

세바스티엥 고다르 *Sébastien Gaudard**

6~8인분

바닐라 시럽에 포칭한 서양배
아몬드 스펀지
밤 크림
마롱글라세 1개

바닐라 시럽에 포칭한 서양배
Poires pochées à la vanille
붉은색 윌리엄 서양배 3개
(이 중 반 개는 데커레이션용)
물 400g
설탕 125g
타히티산 바닐라 1줄기
레몬즙 1개분

하루 전날, 서양배 2개의 껍질을 벗긴 뒤 레몬즙을 뿌려둔다. 물과 설탕을 끓여 시럽을 만든 뒤, 길게 갈라 긁은 바닐라 빈과 줄기를 모두 넣고 끓인다. 레몬을 뿌려둔 서양배를 끓는 시럽에 넣고 불을 줄여 약하게 끓는 상태에서 5분간 데친다. 뾰족한 칼로 찔러 익은 상태를 확인한다. 살짝 저항감이 느껴질 정도로 익으면 된 것이다. 불에서 내리고 시럽과 서양배를 용기에 옮겨 담아 상온에 둔다.

아몬드 스펀지 Génoise amande
달걀 4개
설탕 125g
밀가루 125g
버터 40g
아몬드 가루 50g

오븐을 220°C로 예열한다. 밀가루는 체에 쳐두고, 버터는 살짝 녹여 크리미한 질감으로 만든다. 스텐 용기에 신선한 달걀을 깬 다음 설탕을 넣고 중탕냄비에 올린 상태에서 거품기로 세게 저어 섞으며 60~65°C까지 가열한다. 중탕냄비에서 내린 뒤 완전히 식을 때까지 계속 거품기로 섞는다. 이 혼합물 2스푼을 버터에 넣고 섞는다. 밀가루와 아몬드 가루를 나머지 달걀 설탕 혼합물에 뿌려 넣고, 버터 혼합물도 넣은 뒤 나무주걱으로 조심스럽게 섞는다. 베이킹용 실리콘 페이퍼(40 x 25cm) 위에 제누아즈 반죽을 스텐 스패출러로 펼쳐 놓는다. 오븐에 넣어 10~12분간 굽는다.

밤 크림 Crème de marrons
밤 페이스트 500g(파티스리 전문 매장 또는 인터넷에서 구입 가능)
밤 크림 230g
버터 200g

밤 페이스트와 밤 크림을 섞은 다음 버터를 넣고 색이 연해질 때까지 거품기로 완전히 저어 섞는다. 데코레이션용으로 300g을 따로 덜어 냉장고에 넣어둔다.

조립하기 Assemblage
서양배를 건지고, 시럽은 따로 보관한다. 서양배를 사방 1cm 크기의 큐브 모양으로 썬다(약 300g). 구운 스펀지 시트에 붓으로 시럽을 발라 적신다. 그 위에 밤 크림을 균일하게 펴 바른 다음 깍둑 썬 서양배를 고루 얹는다. 스펀지 시트를 폭 25cm로 김밥처럼 만다. 냉장고에 2시간 넣어둔다. 남겨둔 밤 크림을 롤 케이크 전체에 발라 씌운 다음 칼 등이나 스패출러를 이용하여 통나무 껍질처럼 모양을 낸다. 데코용으로 남겨둔 서양배 반 개를 이등분하고 한 조각에 레몬즙을 바른다. 뷔슈 케이크 위에 마롱글라세를 하나 얹고 그 옆에 서양배를 한 쪽 올려 완성한다.

세바스티엥 고다르 셰프의 조언
"아몬드 스펀지를 적시기 전, 시럽에 서양배 브랜디(eau-de-vie poire)를 조금 넣으면 이 디저트에 더욱 깊고 풍부한 향을 더할 수 있다."

* Pâtisserie Sébastien Gaudard의 셰프 파티시에. 파리 1구, 파리 9구

뷔슈 케이크가 생기기 이전의 지역 특선 크리스마스 디저트

지방마다 예수 탄생을 축하하는 성탄절이 되면 특별한 디저트를 만들어 먹었는데, 이들의 대부분은 주로 맛이 풍부하거나 모양이 더 화려한 빵 종류였다. 음식 문화나 관습에서 보면 디테일의 요소는 조금 떨어지긴 하지만 나름의 풍성하고 맛있는 빵들을 만들었던 것이다.

☞ **프로방스 지방**에서는 14세기에 성탄절에 **푸가스(fougasses)** 빵을 먹기도 했는데, 어떤 재료를 넣고 만들었는지는 자세히 알려지지 않고 있다.

☞ **사부아 지방**에서는 자정 미사에서 돌아오면 속을 채운 작은 파이인 **리솔(rissoles)**을 먹었으며, 15세기부터 그 흔적을 찾아볼 수 있다.

☞ **알자스 지방**에서는 건과일, 과일 콩피, 향신료를 넣은 빵 반죽으로 만든 **비르벡케(Berewecke)**라는 이름의 푸르츠 케이크를 즐겨 먹으며, 오늘날에도 상당히 인기가 많다. 이 지역에서는 이미 수 세기 전부터 이와 비슷한 빵을 먹었던 것으로 전해진다.

프랑스를 먹는 작가, 짐 해리슨

가차 없는 사냥꾼이자 지칠 줄 모르는 식욕을 소유한 대식가, 세계적인 명성의 미국 작가 짐 해리슨(Jim Harrison 1937~2016)은 여러 차례 프랑스를 방문했다. 먹고 마시기 위해서.

프랑수아 레지스 고드리

대식가의 먹방 순례

노르망디 NORMANDIE
"내가 미처 발견하지 못했던 두 늙수레한 영감 둘이 나무 그늘 아래서 서로 웃어가며 대화를 나누고 있었다(...) 점심 식사를 하려고 쉬고 있던 정원사들이었다. 그들은 넓적한 돌 위에 어설프나마 둥그렇게 불을 피워 두었다. 붉은색의 큼직한 토마토 여섯 개의 속을 파낸 다음, 짓이긴 마늘, 타임 한 줄기, 바질 잎 한 장, 말랑한 치즈 두 테이블스푼을 잘 섞어 채운다. 토마토가 꼭 알맞은 상태로 익고 치즈가 녹을 때까지 불에 굽는다. 나는 커다란 빵 한 쪽과 함께 이 토마토를 먹었다. 물론 단지에 담아온 붉은 포도주도 넉넉히 마셨다. 이 뜻밖의 식사를 마친 뒤, 노르망디에 왔으므로 당연히 우리는 작은 병에 든 칼바도스를 한두 모금씩 마셨다. 간단한 요깃거리에 불과했지만, 믿을 수 없을 만큼 꿀맛이었다."
『개와 늑대의 사이(*Entre chien et loup*)』, 1994

파리 PARIS
"(...) 우리는 옛 파리 정육업자 조합 대표가 총괄 운영하는 식당 '구르메 데 테른(Gourmet des Ternes)'에 갔다. 이곳은 독보적인 소고기 품질로 정평이 난 곳이다. 삼복더위를 감안하여 나는 맛보고 싶어 죽을 지경이었던 리예트(rillettes)를 하는 수 없이 포기했다. 그리고 결국 렌틸콩 샐러드와 엄청난 크기의 안심을 주문했다. 소고기에 관한 한 어느 정도 자부심을 가진 미국인으로서 좀 안타까운 일이지만, 솔직히 '더 팜(The Palm)'*이나 '펜 앤드 펜슬(Pen & Pencil)'*만큼, 아니 어쩌면 그보다 더 맛있었다. 우리는 해가 져 더위가 물러나기를 기다리며 저녁 식사를 아주 늦은 시간으로 미뤘다(...) 다음 날 새벽 산책을 할 때는 온몸이 격렬히 반항하는 느낌이라고나 할까? 마치 한 현자가 단식 후에 비둘기 영성체를 하는 것처럼. 하지만, 푸케(Fouquet's)에서의 점심 식사에서 나는 쿨리를 곁들인 가지 플랑으로 가볍게 시작했고, 이어서 거위 기름에 익힌 감자를 곁들인 거위다리 콩피로 무장해제에 돌입했다. 이 레스토랑의 탁월한 점은 '무제한 서비스(tout ce que vous voulez manger)' 카테고리에 올라 있지 않다는 것이다. 벨쿠르(Bellecour)에서의 저녁 식사는 단언컨대 내 생애 최고의 식사 Top 10 안에 든다고 감히 말할 수 있고, 이는 결코 작지 않은 찬사다(...) 나는 바닷가에서 자라는 야생 함초를 곁들인 데친 가오리 샐러드를 전채로 먹었다. 이어서 영성체에서나 먹을 법한 비둘기 로스트를 먹었고, 신선한 생 무화과로 만든 황홀한 타르트로 마무리를 지었다."
『개와 늑대의 사이(*Entre chien et loup*)』, 1994

리옹 LYON
"리옹에서 나는 '메르 브라지에(Mère Brazier)'에서 저녁 식사를 했다. 송로버섯 크레프 두 장, 다리 껍질 속으로 얇게 저민 송로버섯을 밀어 넣고 익힌 드미 되이유 브레스 치킨 요리(volaille de Bresse demi-deuil)를 먹었다. 디저트로 과일도 먹고, 코트 드 본(côte-de-Beaune) 와인도 많이 마셨다. 놀랄 정도로 정교하고 세련된 식사는 아니지만 이날의 경험은 몇 개를 제외한 나의 식사의 추억 대부분을 저 깊숙한 곳으로 가라앉혀 버렸다. 솔직히, 내가 간직하고 있는 그날의 황홀했던 기억은 상당히 신비로운 것으로 남아 있다."
『미식 유랑자의 모험(*Aventures d'un gourmand vagabond*)』, 2002

생 조르주 모텔 SAINT-GEORGES-MOTEL
"우리는 파리에서 출발해 엄청난 속도로 차를 몰아 드디어 생 조르주 모텔이라는 작은 마을에 도착했다(...) 나는 멧도요 파테, 송로버섯을 넉넉히 넣은 오믈렛, 그리고 양이 엄청난 멧돼지 요리를 주문했다. 물론 치즈와 과일, 와인 몇 병과 다양한 술을 조금씩 맛보는 것도 잊지 않았다."
『개와 늑대의 사이(*Entre chien et loup*)』, 1994

* The Palm : 1926년에 문을 연 뉴욕 맨해튼에 위치한 유명 스테이크 하우스.
* Pen & Pencil : John C. Bruno가 열었던 뉴욕의 스테이크 하우스.

관련 내용으로 건너뛰기
p.47 취할 수만 있다면

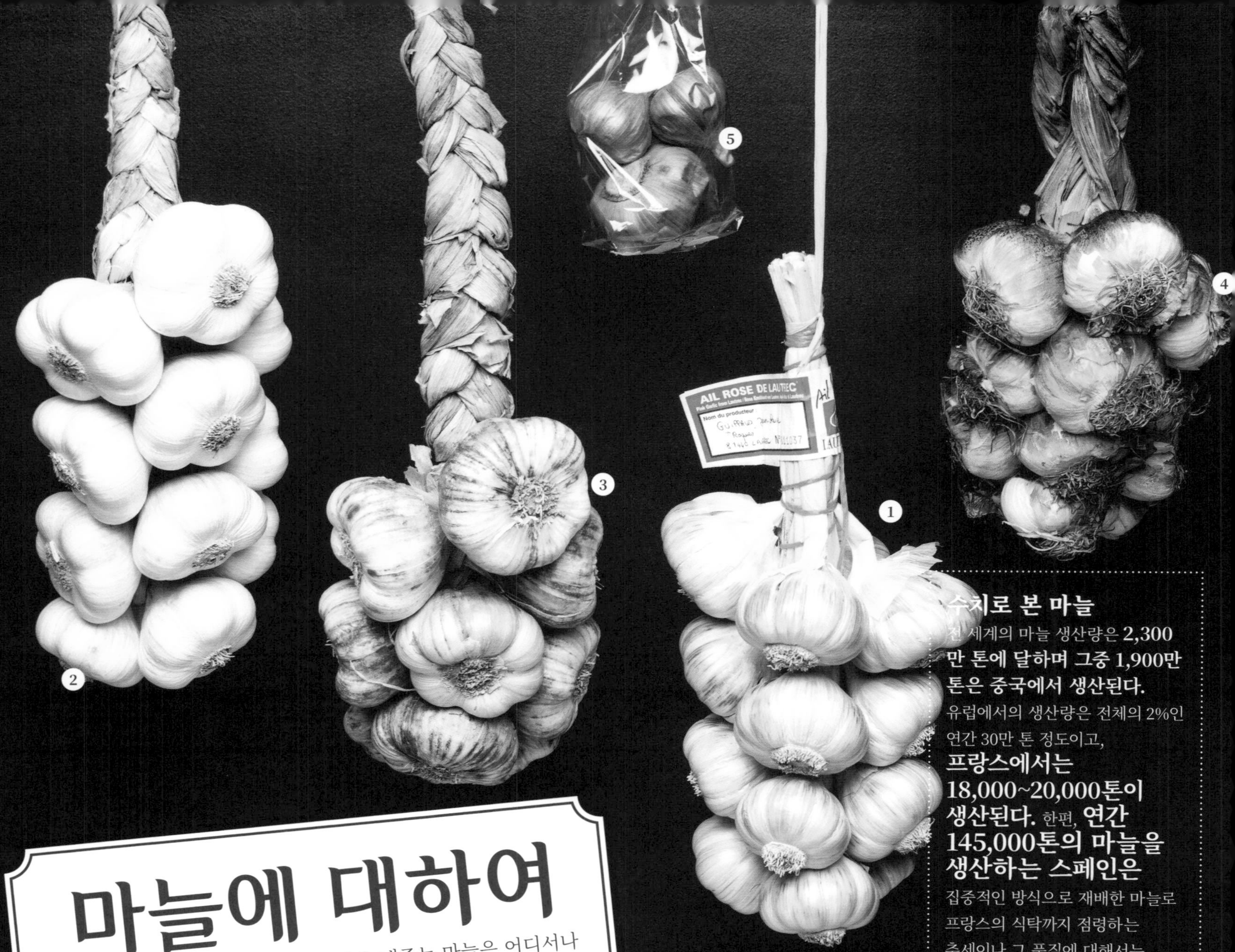
5
3
AIL ROSE DE LAUTREC
1
2
4

마늘에 대하여

우리 향토의 여러 음식에 좋은 향을 내주는 마늘은 어디서나 잘 자란다. 이 작은 한 톨의 마늘에 대해 자세히 알아보자.

마리 아말 비잘리옹

수치로 본 마늘

전 세계의 마늘 생산량은 2,300만 톤에 달하며 그중 1,900만 톤은 중국에서 생산된다. 유럽에서의 생산량은 전체의 2%인 연간 30만 톤 정도이고, **프랑스에서는 18,000~20,000톤이 생산된다.** 한편, **연간 145,000톤의 마늘을 생산하는 스페인은** 집중적인 방식으로 재배한 마늘로 프랑스의 식탁까지 점령하는 추세이나 그 품질에 대해서는 논란의 여지가 있다. 모두에게 좋은 한 가지 소식은, 10년 전부터 마늘의 소비가 계속 증가하고 있다는 점이다.

* I.G.P.(Indication Gépgraphique Protégée) : 지리적 표시 보호
* A.O.C.(Appellation d'origine contrôlée) : 원산지 명칭 통제

IGP*, AOC* 인증 마늘 및 기타 주목할 만한 마늘

①

로트렉 LAUTREC 분홍 마늘
1966년 레드 라벨 인증을 받은 유일한 마늘. 1996년에 IGP 인증 획득.
기원 : 중세에 처음 유입된 것으로 전해진다.
생산 : 기후 변화에 민감하다. 연간 400 ~ 800톤, 생산농가 160곳.
특징 : 표면에 선명한 분홍색의 마블링 무늬가 있다. 1년간 보관 가능. 맛이 순한 편이고, 약간 단맛이 난다.

②

로마뉴 LOMAGNE 흰 마늘
2008년 IGP 인증을 받았다.
기원 : 1265년 프랑스 남부 가리에(Gariès, Tarn-et-Garonne) 마을의 수확물 부과세 목록에 등장한다.
생산 : 연간 1,200톤, 75곳의 농가가 총 145헥타르의 석회 점토질 토양의 밭에서 생산.
특징 : 마늘 송이가 굵고, 알에서 윤기가 난다. 둥근 모양을 하고 있으며 단단한 편이다. 마늘 껍질째 요리에 사용하기 적합하며, 매운맛이 난다.

③

카두르 CADOURS 자색 마늘
2017년 AOP 인증을 받았다.
기원 : 1750년부터 재배한 기록이 있다.
생산 : 연간 350톤, 86곳의 농가가 120헥타르의 점토질(마늘의 색이 여기서 비롯됨) 토양의 밭에서 생산한다.
특징 : 마늘 송이가 굵고 보라색 줄무늬가 있다. 성장이 매우 빨라 7월부터 이미 마르기 시작한다. 6개월간 보관 가능. 향이 아주 진하고 매운맛이 난다.

오베르뉴 AUVERGNE 분홍 마늘
상표 등록 농산물. 2016년 IGP 인증 신청.
기원 : 1850년 처음 생산됨. 1960년에는 비옥한 리마뉴 평원이 가장 큰 주 생산지였다.
생산 : 현재 연간 140 톤, 25곳의 농가가 비용(Billom)과 에그페르스(Aigueperse) 사이의 밭 20헥타르에서 재배하고 있다. 점점 줄어들어 명맥이 위태로운 상태다.
특징 : 아주 오래 보관이 가능하다(이 점이 그동안 누려온 성공의 비결이다). 송이는 흰색이고 마늘 톨의 껍질은 분홍색을 띤다. 차이브처럼 상큼하고 신선한 풍미가 있다.

④

아를뢰 ARLEUX 훈연 마늘
2013년에 IGP 인증을 받았다.
기원 : 1804년 마늘을 건조시키기 위해 이탄(泥炭)에 훈연했다고 확인되었다.
생산 : 연간 90톤, 8곳의 조합원 농가가 15헥타르의 밭에서 생산한다.
특징 : 크기가 작고 분홍색을 띤다. 단으로 묶어 이탄이나 짚, 톱밥 연기로 10일간 훈연하며, 1년간 보관 가능하다. 훈연한 마늘은 껍질이 황금색을 띠고, 입안에서 훈연한 나무 향이 살짝 느낄 수 있다.

드롬 DRÔME 마늘
2008년에 IGP 인증을 받았다.
기원 : 1600년 농학자 올리비에 드 세르(Olivier de Serres)의 농업 개론서에 언급되었다.
생산 : 연간 100톤, 15곳의 생산농가가 60헥타르의 밭에서 재배한다.
특징 : 송이가 굵으며 2/3은 흰색, 1/3은 보랏빛이 난다. 비교적 무른 질감으로, 신선하고 상큼하며 약간 단맛이 난다.

이 마늘도 좋아요...

⑤ 비용 Billom 흑마늘 콩피
만드는 방법은 공개되지 않고 있으며, 생산자 로랑 지라르(Laurent Girard)는 비용산 유기농 마늘만 사용한다. 짙은 검은색의 마늘은 캐러멜라이즈된 듯한 쫀득한 질감을 갖고 있고, 감초, 송로버섯, 건자두의 향을 연상시킨다.
www.ailnoirdebillom.fr

셰뤼엑스 Cherrueix 모래 마늘
캉칼(Cancale)과 몽 생 미셸(Mont-Saint-Michel) 사이의 밭에서 재배되는 이 분홍색 혹은 보랏빛 마늘은 아직 IGP 인증을 받지는 못했다. 바닷가 주변에서 생산되는 이 마늘은 향이 진하고 짭조름한 맛을 갖고 있다.

프로방스 마늘
프로방스는 프랑스 전역에서 마늘 소비가 가장 많은 곳이다. 이곳의 마늘은 흰색, 분홍색, 붉은색 등 다양한 색깔로 연간 2,000톤을 생산함에도 불구하고 어떤 인증도 획득하지 못했다. 이 마늘의 특징이자 장점은 3/4 정도가 4월부터 햇 생마늘(또는 풋마늘)로 유통된다는 것이다.

마늘의 간략한 역사
마늘은 고대부터 아시아와 지중해 연안 지역에서 재배되었다. 프랑스에서는 자신의 영토에 마늘을 재배할 것을 명령한 샤를마뉴 대제의 왕립 칙령에서 그 시초를 찾아볼 수 있다. 중세에 아주 널리 소비된 마늘은 1553년에 그 효능을 인정받아 큰 인기를 얻게 된다. 이는 미래의 앙리 4세가 태어난 지 얼마 되지 않았을 때였는데, 당시 그의 할아버지는 질병을 예방하기 위하여 마늘로 입술을 문질렀다고 전해진다.

넓게 퍼져나가는 마늘의 가계도
학명: *Allium Sativum*
마늘은 양파, 리크(서양대파), 차이브(서양실파), 샬롯 등 비슷한 사촌들이 많다. 더 놀라운 것은 튤립, 백합, 히아신스, 은방울꽃 심지어 알로에까지도 같은 백합과에 속한다는 사실이다. 같은 군에 속하는 종류는 무려 800가지에 이른다.

마늘의 효능
심장에 좋다.
마늘이 심혈관 질환을 억제한다는 사실은 과학적으로 증명되었다.
장에 좋다.
마늘에 함유된 프리바이오틱스(prébiotiques)는 장내 유산균 증대에 도움을 준다. 하지만 과도한 양을 섭취하면 속쓰림의 원인이 될 수 있다.
건강의 기적
연구가들이 끊임없이 마늘의 항암효과나 항 HIV(인간 면역 결핍 바이러스)에 효과를 주장함(의학잡지 네이처와 같은 전문지에 게재된 발표만 해도 750건이 넘는다)에도 불구하고, 결과는 여전히 논란의 대상이 되고 있다.

마늘을 먹으면 왜 입에서 냄새가 날까?
마늘을 썰거나 으깨면 효소 작용으로 의해 주성분인 알린(allin)이 바로 알리신으로 변하게 되는데, 이것은 매운맛과 강한 냄새가 나며 네 종류의 유황 화합물로 분해된다. 이들 중 처음 세 가지 물질의 매운 냄새는 비교적 금방 사라지는 반면, 마지막의 가장 센 냄새인 알릴 메틸 황(allyl methyl sulfide)은 농축되며 섭취 후 더 증가한다. 냄새가 장을 뒤덮는 것으로도 모자라 혈액과 몸 속 기관들에 침투해 떠돌면서 땀이나 소변에도 그 냄새를 옮긴다. 이 순환은 길면 3일까지도 지속된다. 마늘을 잘게 다질수록 우리 몸은 그것을 더 오래 기억한다.

★

마늘 입문 용어

마늘(aulx 오) : 프랑스어로 마늘이라는 뜻의 단어 아이(ail)의 복수형.
마늘 송이(bulbe) : 마늘 헤드라고도 불리며 마늘이 최대 20톨까지 들어 있다.
소구근(caïeu) 또는 구아(球芽, bulbille) : 마늘 톨과 같은 뜻이다.
마늘 대 묶음(manouille) : 어떤 마늘은 아주 단단한 꽃대를 갖고 있다. 마늘 송이 머리를 마늘 대 연결 부분(manouille)으로 모아 잡고 줄기를 하나둘씩 서로 끈으로 묶으면, 엮어 땋은 묶음보다 더 촌촌하고 다부진 마늘 다발이 된다.
마늘 줄기를 땋은 묶음(tresse) : 가늘고 부드럽게 휘는 줄기는 길게 땋아 마늘 머리가 매달리게 묶는다.
마늘 송이 껍질(tunique) : 마늘 송이 전체를 덮고 있는 겉껍질을 뜻한다.

마늘 조리 팁

크림 : 마늘의 껍질을 모두 벗긴 뒤 우유에 넣고 완전히 익힌다. 소금, 후추로 간을 한 뒤 블렌더로 간다. 그릴에 굽는 요리 겉면에 발라 윤기를 내는 데 사용하거나 토스트에 발라 먹는다.
껍질째 익히기 : 마늘 톨의 껍질을 그대로 둔 채 고기나 생선의 육즙 소스(jus)에 넣고 속을 부드럽게 익힌다. 계속 씹어 먹게 된다!
퓌레 : 생마늘에 굵은 소금을 넣고 찧어 잘 섞는다. 이 방법은 다지거나 블렌더로 가는 것보다 더 효과적이다. 소스(루이유, 아이올리, 피스투)에 넣거나 가지 캐비아(caviar d'aubergine 구운 가지의 속살을 파내어 양념한 것) 또는 병아리콩 퓌레에 넣어주면 좋다.
병조림 : 껍질 벗긴 생마늘을 차가운 소금물(물 1리터당 회색 무첨가 천연 소금 30g)에 담가 절인다. 밀폐된 병에 넣고 상온에서 1주일간 발효를 시작한 다음 서늘한 지하 저장고나(약 3주 이상) 냉장고(조금 더 오랜 시간 동안)에 두어 발효를 계속한다. 개봉한 후에는 냉장고에 넣어 아주 오래 보존할 수 있다. 아페리티프로 서빙하기에 좋다.

양고기 요리에 마늘을 넣을까? 말까?

"양고기에는 절대 마늘을 넣으면 안 되는데.. 어째..." 클로드 샤브롤의 영화 「도살자(Le Boucher, 1970)」의 주인공 장 얀(Jean Yanne)의 이 명대사를 통해 이 감독이 양 뒷다리 요리에 마늘 넣는 것을 얼마나 끔찍이 싫어하는지를 엿볼 수 있다. 그는 마늘이 양고기의 섬세한 맛을 해친다고 생각했다. 한 가지 확실한 사실은, 양고기 살에 마늘을 찔러 넣는 것이 좋은 방법이 아니라는 것이다. 살을 찔러 홈을 낸 자국은 고기에 상처를 낼 뿐 아니라, 생마늘이기 때문에 그 향도 너무 강하다. 이와는 반대로 마늘을 통째로 넣어 고기 육즙에 은근히 익히는 것은 백번 옳다. 풍미가 섞이지 않으므로 마늘을 좋아하는 사람이나 싫어하는 사람 모두 다 맛있게 즐길 수 있다. 미식가 버전의 레시피를 소개한다...

피레네산 양고기와 통마늘 콩피

쥘리앵 뒤부에 *Julien Duboué**

준비 : 5분
조리 : 2시간
4인분
피레네산 양 어깨살 1덩어리
에스플레트 칠리가루
소금
부케가르니
(타임, 로즈마리, 월계수잎) 1개
오리 기름 200ml
올리브오일 200ml
해바라기유 200ml
껍질을 까지 않은 마늘 20톨

하루 전날, 양고기에 소금과 칠리가루를 고루 뿌리고 부케가르니를 넣은 다음 냉장고에 넣어둔다. 당일, 양 어깨살을 두꺼운 주물 냄비에 넣고, 오리 기름과 두 가지 오일을 고기가 덮이도록 넣어준다. 통마늘을 껍질째 끓는 물에 5분간 데친 다음 부케가르니와 함께 고루 넣는다. 냄비를 차가운 오븐에 넣은 다음, 온도를 180°C로 켠다. 2시간 정도 익힌다.

* Julien Duboué : 레스토랑 A Noste 의 셰프. 파리 2구

마늘 관련 유용한 팁

→ 고르는 법 : 마늘 송이는 불룩하게 올라올 정도로 통통하고 무거우며 만져보아 단단한 것이 좋다. 마늘 알에는 녹색 싹이 없어야 한다.
→ 껍질 벗기기 : 칼의 납작한 면으로 마늘 알을 두드린 다음 양끝을 잘라내면 껍질이 저절로 벗겨진다.
→ 보관하기 : 서늘하고 건조한 곳에 마늘 송이째 몇 달간 보관할 수 있다. 감자와 같이 두면 감자의 수분으로 인해 마늘에 곰팡이가 나기 쉽다.
→ 강한 매운맛을 줄이려면 : 생마늘으로 사용하기 전에 우유에 몇 초간 데쳐낸다.
→ 피부에 묻은 냄새를 없애려면 : 흐르는 물에 손가락을 대고 스텐 숟가락으로 문지른다.

사계절 언제나 맛있는 마늘

풋마늘 L'AILLET
마늘이 쪽으로 갈라지기 전 미리 재배한 어린 마늘로 잎이 연한 작은 리크(서양대파)와 비슷한 모양을 하고 있다.
시기 : 3-4월, 냉장고에 며칠간 보관 가능하다.
재배지 : 프랑스 남부, 아키텐 그 밖의 햇채소 판매점.
맛 : 아직 그렇게 맵진 않으므로, 마늘을 싫어하는 사람들도 거부감 없이 먹을 수 있다.
조리법 : 머리부터 줄기 끝까지 소금을 찍어 생으로 먹거나, 잘게 썰어 샐러드나 오믈렛에 넣는다. 팬에 볶아 소금을 뿌린 뒤 구운 빵 위에 얹어도 좋다.

햇마늘 L'AIL FRAIS
완전히 익기 전에 재배한 마늘로 마늘 알이 아주 작고 연하며 통통한 껍질로 싸여 있다.
시기 : 지역에 따라 4월 말부터 7월까지. 냉장고 야채 칸에서 10일 정도 보관할 수 있다.
재배지 : 전국 어디서나 널리 생산된다. 지역 생산 마늘을 선택하는 것이 좋다.
맛 : 섬세한 맛. 이미 아린 매운맛이 나기 시작하며 아삭한 식감이 있다.
조리법 : 생으로 먹거나 햇채소와 함께 볶아 먹는다. 얇게 편으로 썰어 고추와 함께 올리브오일에 노릇하게 지져 스파게티에 얹어 먹기도 한다.

마른 마늘 L'AIL SEC
알이 완전히 영글었으며 껍질이 얇고 건조해 부서지는 상태로 가장 마지막 시기에 재배해 햇볕에 며칠 말린 마늘이다.
시기 : 프랑스 남부 지방은 6월 말부터, 그보다 북쪽은 8월부터. 건조한 곳에 두면 적어도 다음해 봄까지 보관할 수 있다.
재배지 : 전국
맛 : 완숙된 시기에 재배한 것이라 향과 맛이 강하다.
조리법 : 토마토 소스나 수프, 또는 스튜 요리에 넣고 뭉근히 끓인다. 그라탱이나 퐁뒤 용기 안쪽에 생마늘을 문질러 향을 낸다. 속껍질을 까지 않은 상태로 콩피한다.

관련 내용으로 건너뛰기
p.20 프랑스의 양파

단어와 요리

Des Mots & des Mets

돼지의 언어

요리 목록의 마스코트이자 우리의 가장 가까운 친구인 돼지는 음식의 재료로도 많이 사용되는 것만큼 글의 소재로도 많이 등장한다. 순수하게 돼지에 관련된 글들을 읽어보자.

오로르 뱅상티

어원

코스코스 KOS-KOS
당나귀는 **히~앙**, 암소는 **메~에**, 그리고 돼지는 **코스 코스**('꿀꿀'에 해당하는 의성어!)라는 소리를 낸다. 프랑스어로 돼지를 뜻하는 '코숑'이라는 단어는 이 그리스어 의성어에서 따온 것일 수 있다.

돌고래 DAUPHIN
돌고래가 바다의 돼지로 여겨진다는 사실을 알고 있는가? 그리스어 delphax(-akos)는 암퇘지, 돼지를 의미한다. 라틴어 porcus marinus(직역하면 바다의 돼지)는 돌고래를 가리킨다.

포르슬렌 PORCELAINE
프랑스어 포르슬렌의 어원인 이탈리아어 **포르첼라나(PORCELLANA)**는 얇고 단단한 도자기를 의미하지만 한편으로는 단각류 조개 안의 연체동물이라는 뜻도 있다. 이 조개가 암퇘지의 외음부와 비슷한 모양을 하고 있어 포르슬렌이라는 단어가 암퇘지라는 뜻의 이탈리아어 포르첼라에서 파생되었다고 추정된다.

★

참고문헌

『돼지, 상징적 역사와 돼지고기 요리(*Le Cochon, histoire symbolique et cuisine du porc*)』, 레몽 뷔렌(Raymond Buren), 미셸 파스투로(Michel Pastoureau), 자크 베루스트(Jacques Verroust) 공저 Sang de la terre 출판, 1987

『돼지, 사랑받지 못한 사촌 이야기(*Le Cochon, Histoire d'un cousin mal aimé*)』, 미셸 파스투로(Michel Pastoureau) 저. Gallimard 출판, 2003

『정성을 다하여(*Aux petits oignons*)』 오를랑도 드 뤼데르(Orlando de Rudder) 저. Larousse 출판, 2006

『프랑스어 역사 사전(*Dictionnaire historique de la langue française*)』 알랭 레(Alain Rey) Le Robert 출판, 2011

『돼지는 전부 다 맛있다(*Tout est bon dans le cochon*)』, 크리스티앙 에체베스트(Christian Etchebest), 에릭 오스피탈(Éric Ospital) 공저, First 출판, 2015

★

관련 내용으로 건너뛰기
p.164 정육점 전문가 추천

돼지에 비유한 부정적 표현 3가지 예

···› **돼지처럼 더럽다 (Sale comme un cochon)**
음식을 지저분하고 게걸스럽게 먹는 사람에게 '돼지처럼 먹는다'라는 표현을 쓴다. 이 동물은 진흙에서 뒹구는 것으로 정평이 나 있을 뿐 아니라 아무거나 먹는 것으로도 알려져 있다. 대변이나 짐승의 썩은 고기 등 가릴 것 없이 모두 먹는다.

···› **부르주아들은 돼지들과 같네. 늙을수록 더 바보가 되어간다네...**
« Les bourgeois c'est comme les cochons, plus ça devient vieux plus ça devient bête... »
자크 브렐(Jacques Brel)의 노래 '부르주아(Les Bourgeois, 1962)' 가사 중에서.
이미 대 플리니우스(Pline l'Ancien)는 자신의 책 『자연사(*Histoire naturelle*)』(77~79년)에서 돼지를 분별력이 없는 우둔한 동물로 묘사하며 짧게 언급한 바 있다.

···› **돼지는 음란한 짓을 한다**
Le cochon fait des cochonneries
이 동물이 음탕한 짓의 비유로 회자되는 것은 비교적 최근의 일이다. 왜냐하면 이전에는 개가 색욕과 음란의 상징이었기 때문이다. 중세 말기 무렵 개는 인간의 가장 좋은 친구가 되었고, 돼지가 자신을 특징짓는 모든 악행을 떠맡게 된 것이다.

그러나, 돼지는 전부 맛있다!

음란한 짓은 악행이지만, 풍만한 덩치는 **때때로 죄책감으로 얼룩지긴 해도** 좋은 점으로 인식된다. 허접한 것을 먹고 상스러운 말을 하는 것에 대한 길티 플레저, 즉 죄책감을 느끼면서도 즐기는 기쁨, 떳떳하지 못한 쾌락이란 것이 있다.

성적으로 우를 범하는 차원의 이면에는 더 상징적이고 친근하고 가족적인 내밀함이 있기 때문에, **'돼지들처럼 친하다'**라는 표현을 쓰기도 한다.

돼지를 소유하고 있다는 것은 **부의 상징이다.** 18세기 후반부터 **돼지 모양의 저금통**이 많이 생겨났다. 암퇘지는 번식력이 아주 강한 동물이라 할 수 있고, 심지어 '좋은 돼지는 털 한 올까지 전부 맛있다'라는 속담이 있을 정도다. 잡식 동물인 돼지에게는 **피부터 명주실에 이르기까지** 모든 것이 너무 맛있거나 먹을 수 있는 대상이다.

"네발 달린 짐승을 통틀어 돼지가 가장 원초적인 것 같다. 모양의 불완전성은 돼지의 기질에 영향을 미치는 것처럼 보인다. 야만스럽고 거친 습성을 지니고 있고 식성은 지저분한 데다 모든 감각은 격하게 음탕한 행동과 난폭한 식욕으로 귀결해, 주변에 있는 것들을 가리지 않고 게걸스럽게 먹는다. 심지어 막 출산을 한 순간 그 새끼에게도 덤벼들 정도이다."
- 뷔퐁(Buffon), 『자연사(Histoire naturelle)』, 제2판, 4부, (1769).
이같은 뷔퐁의 설명은 과학적 고찰의 결과가 아니라 **상징적 견해에서** 나온 것이다.
자연주의자가 엄격한 형식을 거두어내고 이렇게 열정적으로 자신의 의사를 피력하고 있는 것으로 보아, 인간에게 있어서 돼지는 **매력적인 면만큼이나 많은 혐오감**을 불러일으키는 것 같다. 프랑스어와 그 관용어들은 이러한 현상을 양면성을 지닌 것으로 해석한다. 역사학자 미셸 파스투로(Michel Pastroureau)는 이와 같은 인간의 태도가 돼지와 인간을 이어주는 **생물학적 유사성**이라고 설명한다. 둘 다 잡식성이며 소화기관도 동일하다. 그리고 돼지는 특별히 지능이 높고 예민한 동물로 알려져 있다. **다르지만 비슷하다.**

돼지고기, 돼지비계, 혹은 돼지?

라드는 라틴어 **라리둠(laridum)**에서 기원한 단어로 포유류의 껍질과 살 사이에 있는 **지방**을 뜻한다. 이것이 비계인지 돼지인지 자문을 할 때면, 아마도 우리는 **지방을 살로 슬쩍 떠넘기려는 것일지도 모른다**...
'돼지(cochon)'는 가정이나 일상생활에서 흔하게 사용되는 말투인 반면, 돈육, 즉 돼지고기(porc)는 한 층 더 높은 차원의 어휘다. 예를 들어 정확한 용어 또는 상업적 문맥에서 양돈이라는 의미를 지칭할 때 코숑(cochon)보다는 포르(porc)를 더 먼저 떠올리게 된다. 포르는 일반적으로 이 동물의 고기, 살을 지칭하지만, 미식 측면으로 보자면 메뉴판에 '돈육 갈비 등심(une côte de porc)'이라고 표기하는 것보다는 '좋은 부위의 돼지 뼈 등심(une belle côte de cochon)'이 보다 더 **근사한 표현**이 된다.
하지만 오래전부터 프랑스어에서 돼지는 좋지 않은 의미를 지닌다... **'늙은 돼지(vieux cochon), 더러운 돼지(sale porc), 돼지비계 같은 놈(tête de lard)!'** 등의 욕설을 보아도 돼지라는 단어가 중첩되지만 끈질기게 반복된다.

조르주 상드

그의 문학작품에는 많이 드러나지 않지만 미식은 그녀의 삶 속 어디서나 자리하고 있었다. 『악마의 늪(*La Mare au diable*)』의 저자이자 대단한 미식가였던 이 여류 소설가는 특히 르 베리(Le Berry) 지방의 노앙(Nohant) 저택에 가족과 지인들을 자주 초대해 맛있는 음식을 나누었다.
에스텔 르나르토빅츠

그녀의 미식 프로필
그녀가 남긴 여러 권의 수첩에는 약 700개의 레시피가 기록되어 있다.
테루아, 나의 아름다운 테루아 : 어린 시절을 보낸 아름다운 르 베리에 애정이 각별했던 그녀는 채소 포타주나 수렵육 요리 등을 메뉴에 주로 올리며 그 지방 특유의 투박한 맛을 잘 살려냈다.
외국의 맛을 더한 메뉴들 : 영국의 기숙학교에서 교육을 받은 그녀는 앵글로 색슨 요리(스콘, 영국식 디저트, 아메리칸 소스의 랍스터)의 맛을 섬세하게 재현했을 뿐 아니라 이국적인 풍미가 가득한 요리들(브라질식 소고기 안심, 홍차 수플레, 타피오카 등)을 종종 냈다. 당시에는 아주 세련된 안목이었다.
끊을 수 없었던 그녀의 애호 식품 : 설탕. 그녀는 과일 당 조림, 바닐라를 넣은 태블릿 초콜릿, 브리오슈, 파운드케이크, 머랭 등 단것을 아주 좋아했다.

George Sand
작가, 최고의 식사 접대를 즐겼던 미식가
(1804-1876)

식탁에 둘러앉은 사람들

문인, 음악가, 화가… 당대의 가장 손꼽히는 위대한 예술가들은 이 남작부인의 식탁에서 자주 식사를 즐겼다.

테오필 고티에 Théophile Gautier
1863년 여름에 들러 식사를 했던 시인 테오필 고티에는 "음식이 아주 맛있었다"라고 평가했으나 한편으로는 수렵육과 닭요리가 너무 많다고 유감스러워하기도 했다.

귀스타브 플로베르 Gustave Flaubert
그는 1869년과 1873년 두 차례에 걸쳐 이 저택에 머무르며 식사를 즐겼다.

이반 투르게네프 Ivan Tourgueniev
극작가 이반 투르게네프는 고향인 러시아에서 가져온 캐비아와 라플란드 순록의 혀를 들고 나타나 식사에 참석한 손님들을 깜짝 놀라게 했다.

알랙상드르 뒤마, 아들 Alexandre Dumas fils
아버지인 알랙상드르 뒤마와 동명인 아들은 여름이면 자주 와서 머물렀다. 강에서 몇 시간이고 수영을 즐기는가 하면, 능수능란한 말장난과 낱말 맞추기 등으로 사람들을 웃기기도 했는데, 조르주 상드는 늘 모든 사람이 다 알아듣고 난 후에야 한 박자 늦게 이해하곤 했다.

프란츠 리스트 Franz Liszt
헝가리 출신의 음악가 프란츠 리스트와 그의 연인인 작가 마리 다구(Marie d'Agoult)는 조르주 상드에게 쇼팽(Chopin)을 소개시켜 주었다.

프레데릭 쇼팽 Frédéric Chopin
흉내를 잘 내는 천하일품의 재주를 갖고 있었던 쇼팽은 친한 이들 사이에서는 쇼피네(Chopinet)라고 불렸으며, 노앙 만찬의 인기 스타가 되었다.

오노레 드 발자크 Honoré de Balzac
1838년 발자크의 노앙 방문을 계기로 조르주 상드와의 친밀한 교류가 시작되었고, 그 후 이 두 작가는 자주 서신 왕래를 이어갔다.

외젠 들라크루아 Eugène Delacroix
그는 조르주 상드의 환대와 식사 대접에 감사의 표시로 그녀의 어린 아들 모리스에게 미술 교습을 해주었다.

사블레 쿠키

준비 : 15분
조리 : 20분
휴지 : 12시간
사블레 약 20개 분량
밀가루 250g
버터 125g
설탕 100g
달걀노른자 2개
향 : 바닐라, 오렌지 블러섬 워터, 로즈 워터 등

하루 전날, 작업대에 밀가루를 쏟아놓고 가운데를 우묵하게 만든 다음 작은 조각으로 자른 버터와 설탕, 달걀노른자, 향료를 넣는다. 손바닥으로 잘 섞어 단단한 반죽을 만든 다음 둥글게 굴린다. 깨끗한 면포로 싼 뒤 냉장고에 하룻밤 넣어둔다. 다음 날 밀대를 사용하여 반죽을 0.5cm 두께로 민다. 오븐을 180°C로 예열한다. 원형 쿠키 커터로 모양을 잘라낸 다음 버터를 바른 베이킹 팬에 놓는다. 오븐에 넣고 구우며 중간에 베이킹 팬 위치를 돌려준다. 쿠키를 굽는 동안 주의하여 지켜본다. 노릇한 색이 약간 진하게 나기 시작하면 바로 꺼낸다. 쿠키를 식힌 후 틴 용기에 넣어두면 며칠간 보관할 수 있다.

노앙 영지와 저택
DOMAINE DE NOHANT
파리에서 노앙까지는 293Km로 마차로 3일이 소요되는 거리였으며, 기차로는 10시간이 걸렸다(1868년 이후).
정원에는 각종 채소 텃밭이 있어 신선한 식재료를 직접 얻을 수 있었고, 영지 안의 공원은 피크닉을 즐기기에 안성맞춤이었다. 또한 과수원과 온실도 갖추고 있어서, 이 안주인은 고구마나 파인애플을 재배하기도 했다.
그녀의 부엌은 최고의 시설을 갖추고 있었다. 전문가용 오븐, 각종 동냄비와 솥, 팬들이 풀세트로 구비되어 있었다.
화려한 다이닝룸의 커다란 식탁 위에는 고급 본차이나 식기와 크리스털 잔들, 그리고 파티의 호스트인 조르주 상드의 이니셜 GS가 수놓아진 냅킨이 놓여 있었다.

자연산 조개류

우리 해안 곳곳에는 무수한 쌍각류 및 복족류 연체동물이 살고 있다. 이 희한하게 생긴 동물들을 자세히 들여다보면 아주 잘 알려진 것들도 있는가 하면, 아주 희귀한 것들도 있다. 하지만 이들 모두 언젠가는 우리 접시 위에서 끝을 맞이할 것이다.

피에릭 제귀

국자가리비 Pétoncle
가리비과(pectinidae)에 속하는 쌍각류 연체동물.
형태 : 작은 사이즈의 가리비조개로 통통하게 볼록 솟아 있다. 검은 국자가리비는 비대칭형으로 두 개의 '귀'를 갖고 있다.
어획 : 갯벌에서 직접 캐 잡을 수도 있지만, 전문 어부들은 영불해협과 대서양에서 저인망을 사용해 어획한다.
맛, 식감 : 짭조름한 바다의 맛, 헤이즐넛과 같이 고소한 맛. 살은 아주 연하다.
요리 : 짭조름한 바다의 맛, 헤이즐넛
유용한 팁 : 자연산 국자가리비를 선택하는 것이 좋다.

삿갓조개 Bernique
삿갓조개과(patellidae)에 속하는 바다 복족류.
형태 : 지름 약 4~6cm의 크기로 삿갓을 닮은 원추형 껍데기가 특징이다.
어획 : 삿갓조개류는 빨판과 같이 흡착력이 좋은 발로 바위에 단단히 붙어 있기 때문에 갯벌에서 직접 채집할 때는 칼을 이용해서 떼어낸다. 대서양에서는 파텔(patelle), 지중해에서는 아라페드(arapède)라고 불린다.
맛, 식감 : 짭조름하고 투박한 바다의 맛으로 식감은 질긴 편이다.
요리 : 스튜, 또는 잘게 다진 뒤 팬에 볶아 리예트(rillettes)를 만들어 먹는다.
유용한 팁 : 살을 연하게 만들기 위해 삿갓조개를 두들기기도 한다.

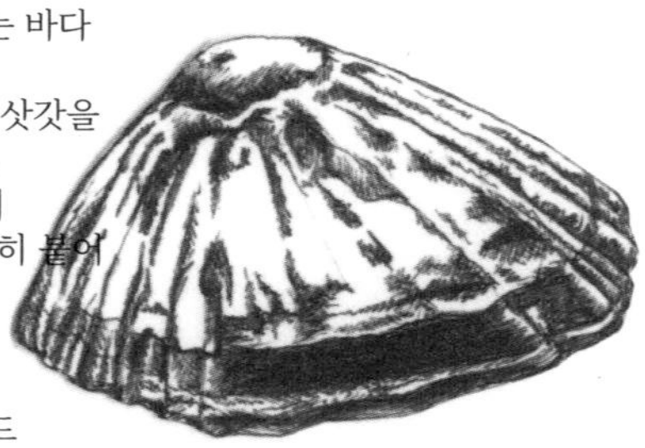

물레고둥 Bulot
물레고둥과(buccinidae)에 속하는 바다 복족류.
형태 : 크기는 4~10cm 정도이며, 갈색, 노란색, 녹색 혹은 황토색을 띤 껍데기는 뾰족한 나선형을 하고 있다.
어획 : 주로 노르망디, 브르타뉴만에서 통발을 사용해 잡는다.
맛, 식감 : 짭조름한 바다의 맛. 식감이 오돌오돌하다.
요리 : 삶아서 마요네즈에 찍어 먹는다(bulot mayo). 샐러드에 넣거나 잘게 다져 타르타르로 서빙하기도 한다.
유용한 팁 : 해감을 한 다음, 익히는 물에 식초나 화이트와인을 조금 넣으면 점액질의 끈적함을 줄일 수 있다.

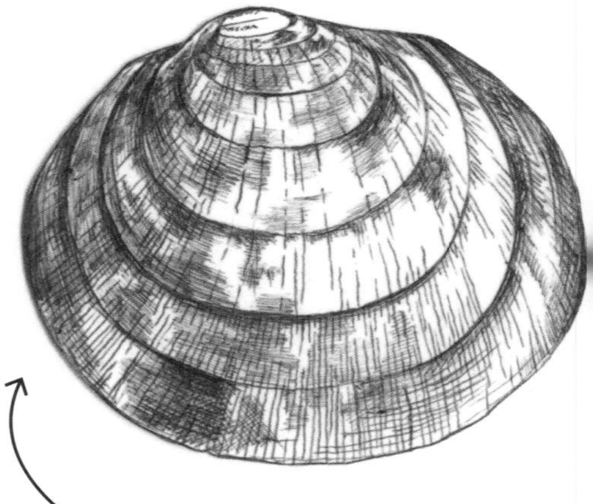

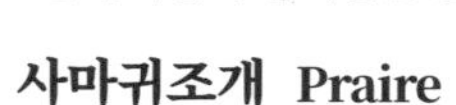

대서양 동죽 Patagos
개량조개과(mactridae)에 속하는 쌍각류 연체동물로 브르타뉴 지방의 외섬(île d'Yeu)에서 나는 유명한 조개다.
형태 : 껍데기가 매끈하며 흰색 또는 아이보리 색을 띠고 있다.
어획 : 몇몇 섬 주민들에게만 봄에서 가을까지 채취가 허용된다.
맛, 식감 : 살이 풍부하며 짭조름한 바다의 맛이 난다.
요리 : 이 섬사람들은 양파, 화이트와인, 크림, 파슬리를 넣고 익혀 먹는다.
유용한 팁 : 이 조개는 브르타뉴 외섬 이외의 곳에서는 볼 수 없다.

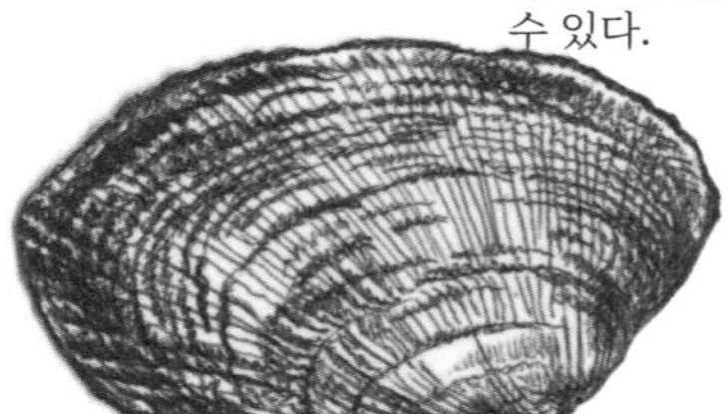

대합조개 Clam
백합과(veneridae)에 속하는 쌍각류 연체동물.
형태 : 껍데기는 밝은 갈색을 띤 회색으로 동심원 모양의 줄무늬를 하고 있다. 큰 것은 크기가 12cm에 이른다.
어획 : 브르타뉴 혹은 방데 지방 해안가에서 채집한다. 모래 벌에 난 구멍이 보이면 그곳을 파낸다.
맛, 식감 : 짭조름한 바다의 맛이 강한 편이다.
요리 : 모둠 해산물 플래터에 날로 서빙하거나. 사마귀조개 또는 바지락처럼 익혀 먹는다.
유용한 팁 : 영미권 사람들은 감자와 베이컨을 넣고 이 조개로 클램차우더(clam chowder) 수프를 끓여 먹는다.

사마귀조개 Praire
백합과(veneridae)에 속하는 쌍각류 연체동물.
형태 : 크기는 3.5~5cm 정도로, 껍데기는 볼록하고 희끄무레한 갈색을 띠고 있으며, 깊은 줄무늬 홈이 패여 있다.
어획 : 갯벌에서 직접 캐는 사람들은 모래 벌을 몇 cm만 파내도 쉽게 채집할 수 있다. 전문 어부들은 노르망디 브르타뉴만에서 어획한다.
맛, 식감 : 섬세한 바다의 풍미를 갖고 있다.
요리 : 다른 재료 추가 없이 그대로 익히거나 속을 채워 먹는다. 혹은 리소토나 맑은 국물에 살짝 익혀 함께 먹는다.
유용한 팁 : 너무 오래 익히면 질겨지므로 살짝만 조리해 먹는다.

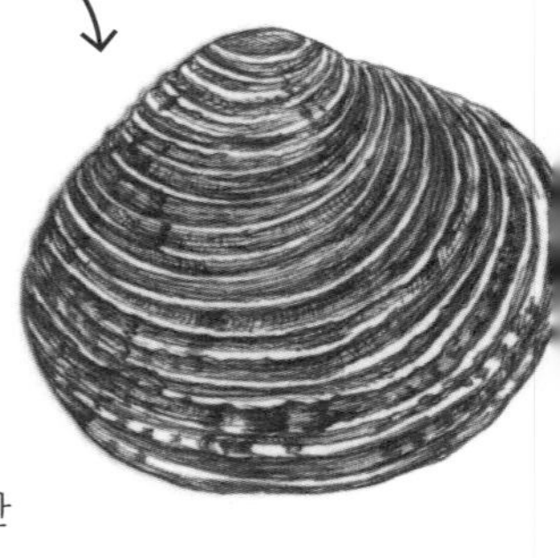

우럭조개 Mye des sables
우럭조개과(myidae)에 속하는 쌍각류 연체동물
형태 : 긴 타원형의 큰 조개로 20cm에 달하는 것도 있으며, 흰색 또는 회색을 띠고 있다.
어획 : 모래 벌에 사는 이 조개는 깊이 40cm 아래에까지 서식하기도 한다. 모래밭에서 최소 5mm 이상 되는 크기의 구멍을 발견하면 그곳을 파내려가 채집한다.
맛, 식감 : 짭조름하고 투박한 바다의 맛.
요리 : 살을 다져 팬에 버터를 넣고 볶는다.
유용한 팁 : 피니스테르(Finistère) 북쪽 지방에서는 현지어로 쿠이유 케제그(kouillou kezeg)라고 부르는데, 이는 '말의 고환'이라는 뜻이다.

바지락조개 Poularde
백합과(veneridae)에 속하는 쌍각류 연체동물.
형태 : 껍데기에 가는 줄무늬로 홈이 패여 있고 약간 볼록한 모양을 하고 있으며 지름이 5cm 정도 된다. 해안 모래 속이나 갯벌에 서식한다.
어획 : 대부분의 해안가에서 잡을 수 있다. 갈퀴나 쓰레그물을 손으로 잡아당겨 채집할 수 있으며, 배를 타고 나가 저인망으로 어획하기도 한다. 이 조개 양식을 프랑스어로 베네리퀼튀르(vénériculture)라고 한다.
맛, 식감 : 섬세한 바다의 맛이 난다.
요리 : 모둠 해산물 플래터에 날로 서빙하거나 그라탱 또는 봉골레 파스타에 넣는다.
유용한 팁 : 재료 본연의 맛을 그대로 살려 간단히 조리하는 게 가장 맛있다.

전복 Ormeau
전복과(haliotididae)에 속하는 바다 복족류.
형태 : 귀 모양을 한 껍데기의 안쪽 면은 무지개와 같은 진줏빛을 띠고 있다.
어획 : 아주 제한적이긴 하지만 썰물 때 갯벌에서 많이 잡힐 확률이 높다. 몇몇 군데에서 양식을 하고 있다.
맛, 식감 : 아주 섬세한 맛으로 바다의 향과 감미로운 풍미, 고소한 헤이즐넛 향이 난다.
요리 : 갈색이 날 정도로 녹인 버터에 볶거나, 얇게 저며 샐러드에 넣는다. 잘게 다져 타르타르로 서빙해도 좋다.
유용한 팁 : 면포에 싼 다음 무거운 것으로 눌러 하룻밤 냉장고에 넣어두면 살이 부드러워진다.

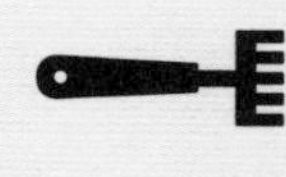

도보 낚시

갯벌 채집 등의 도보 낚시는 주말의 취미 활동일 뿐 아니라 '실제' 직업이기도 하다. 공식 면허를 소지한 이 전문가들은 어획량, 수확 기간, 조개 크기 등에 관한 규칙을 준수함으로써 '바다 환경'을 존중하는 지속가능한 낚시를 지향한다. 모든 사람이 연안 공간을 사용할 수 있지만, 일부 낚시 애호가들은 연안 자원의 실제 약탈을 강행하기도 한다. 출발하기 전에 따라야 할 현지 규정에 대해 알아본 다음, 조심스럽게 행동하고, 돌을 뒤집은 후 제자리에 다시 놓고 조수 시간을 확인하는 것과 같은 몇 가지 간단한 규칙을 따르면 낭패를 미연에 예방할 수 있다.

밤색무늬조개 Amande de mer
밤색무늬조개과(glycimerididae)에 속하는 쌍각류 연체동물. 영불해협, 대서양, 지중해에 서식한다.
형태 : 큰 것은 그 크기가 8cm에 이른다. 껍데기는 두껍고 볼록한 모양이며 붉은 기가 도는 밝은색을 띤다. 간혹 갈색 무늬가 있는 것도 있다.
어획 : 갯벌에서 직접 채집한다. 괭이를 사용해 모래에서 조개를 파낸다.
맛, 식감 : 짭조름한 바다의 맛이 나며, 약간 쓴맛이 난다.
요리 : 날로 먹거나 오븐에 익힌다. 혹은 졸인 육수에 넣어 삶기도 하고, 마리니에르(marinière : 샬롯, 화이트와인, 파슬리를 넣고 익히는 조리법) 스타일로 조리한다.
유용한 팁 : 조개 안에 각종 재료를 채워 익히면 아주 맛있다.

경단고둥 Bigorneau
총알고둥과(littorinidae)에 속하는 바다 복족류. 프랑스 해안 전역에 서식한다.
형태 : 2~3cm 정도의 크기이며 나선 모양의 껍데기는 갈색을 띠고 있다.
어획 : 갯벌이나 바위 밑에서 직접 잡을 수 있다. 이 조개들은 옮겨 다니며 해초, 클로렐라 등을 뜯어먹는다.
맛, 식감 : 짭조름한 바다의 맛이 나며, 식감은 연하다.
요리 : 가염버터를 바른 빵 위에 차갑게 얹어 먹는다.
유용한 팁 : 너무 오래 익히면 고무줄처럼 질겨지니 주의한다.

꼬막 Coque
새조개과(cardiidae)에 속하는 쌍각류 연체동물.
형태 : 작은 사이즈의 흰색 조개로, 껍데기에 세로로 줄무늬 홈이 패여 있고 볼록한 모양을 하고 있다.
어획 : 프랑스 해안 전역에서 채집할 수 있는 조개 중 가장 인기 있는 종류다. 몇몇 곳에서는 양식도 하고 있다.
맛, 식감 : 섬세하고 짭조름한 바다의 맛.
요리 : 익혀서 차갑게 또는 뜨겁게 서빙한다. 꼬막은 고기와도 잘 어울려, 돼지고기와 섞으면 아주 맛이 좋다.
유용한 팁 : 익혔을 때 나오는 국물은 바다의 향이 진하고 아주 맛이 좋으니 버리지 말자.

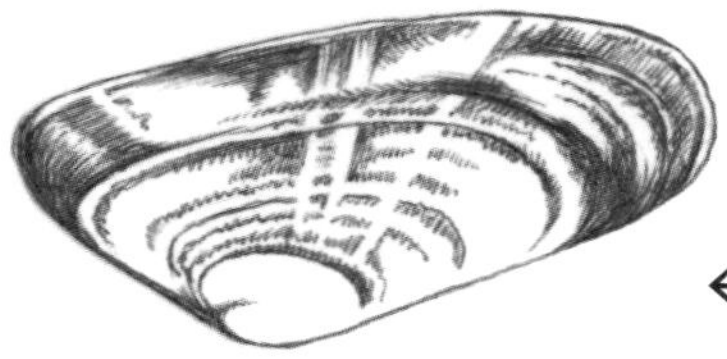

삼각조개 Telline
삼각조개과(donacidae)에 속하는 쌍각류 연체동물.
형태 : 최대 3.5cm 정도의 크기로 파스텔 톤을 띠고 있으며 부드러운 곡선 모양을 하고 있다. 조개껍질 두 쪽을 벌리면 나비 모양이 된다.
어획 : 프랑스 해안 전역 갯벌에서 채집할 수 있다. 전문가들은 바퀴가 달린 작은 쓰레그물로 모래 밑에 숨어 있는 조개들을 긁어 채집한다.
맛, 식감 : 섬세하고 짭조름한 바다의 맛.
요리 : 간단한 조리법이 최고다. 철판에 익히거나 마늘과 크림, 약간의 올리브오일이면 충분하다.
유용한 팁 : 상하기 쉬우니 구입 후 빠른 시간 내에 소비한다.

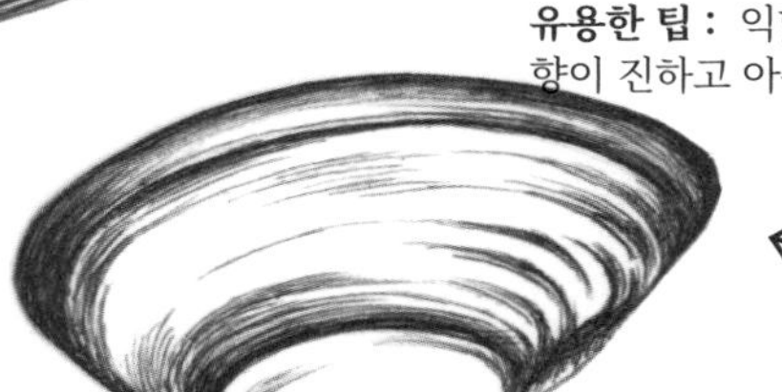

백합조개 Vernis
백합과(veneridae)에 속하는 쌍각류 연체동물.
형태 : 껍데기는 두껍고 타원형을 하고 있다. 붉은 갈색을 띠며 매끈하고 윤기가 난다.
어획 : 갯벌에서 직접 채취하거나, 배에서 저인망으로 잡는다. 주로 대서양에서 많이 잡힌다.
맛, 식감 : 짭조름한 바다의 맛이 나며 식감은 오돌오돌하다.
요리 : 생 조개에 레몬을 살짝 뿌리고 화이트와인을 곁들여 먹는다.
유용한 팁 : 큰 것은 크기가 10cm 정도 되므로, 속을 채워 먹는 것도 좋은 방법이다.

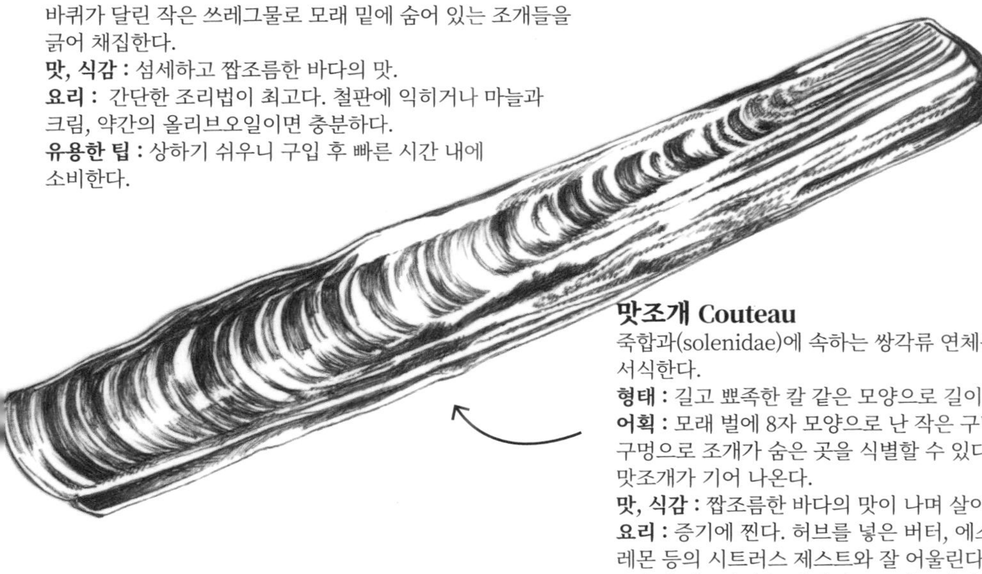

맛조개 Couteau
죽합과(solenidae)에 속하는 쌍각류 연체동물. 북해와 지중해에 서식한다.
형태 : 길고 뾰족한 칼 같은 모양으로 길이는 10~20cm 정도이다.
어획 : 모래 벌에 8자 모양으로 난 작은 구멍, 혹은 자물쇠 모양의 구멍으로 조개가 숨은 곳을 식별할 수 있다. 굵은 소금을 뿌리면 맛조개가 기어 나온다.
맛, 식감 : 짭조름한 바다의 맛이 나며 살이 연하다.
요리 : 증기에 찐다. 허브를 넣은 버터, 에스플레트 칠리가루, 혹은 레몬 등의 시트러스 제스트와 잘 어울린다.
유용한 팁 : 만졌을 때 발이 오므라든다면, 싱싱하게 살아 있다는 증거다.

관련 내용으로 건너뛰기
p.371 존재감이 빛나는 고둥

내추럴 와인

종종 유기농 와인과 혼동되기도 하지만 내추럴 와인은 그 어떤 사양서도 갖고 있지 않다. 자유롭고 세련된 보보 스타일 혹은 실제적인 책임의식을 표방하는 이와 같은 포도주 제조 방식으로의 회귀는 많은 격론을 불러일으키기도 한다.

궐레름 드 세르발

내추럴 와인, 자연주의 와인, 살아 있는 와인?
좋은 의미로 통용되는 '내추럴'이라는 단어에 근거를 두기 때문에 포도 재배자는 자신의 포도나무에 그 어떠한 화학물질도 사용하지 않을 뿐 아니라, 와인 저장고에서 인공 효모도 일체 사용하지 않는다. 또한, 와인에 자연의 야생 이미지를 남기기 위해 이산화황은 일반적으로 기피한다. 바로 이 때문에 이것을 살아 있는 와인이라고 말하는 것이다. 이를 잘 활용하여 만들면 감동적인 순수한 즙을 생성해낼 수 있다. 더 마시기 좋고 소화도 잘되는 와인을 얻게 되는 것이다.

이산화황, 적인가 친구인가?
이산화황(SO_2)은 와인 양조업계에서 가장 많이 논란이 되어 기피하면서도 가장 많이 사용되는 화학 첨가제다. 이것은 항산화작용과 항균작용이라는 장점이 있지만, 과도하게 사용할 경우 특정 향을 차단시키고 음료를 그저 일반적인 맛의 범주 안에 가두어두게 된다. 반대로 추론해보면 자연적으로 불안정하고, 유황, 특정 세균이나 기타 효모균이 없는 와인은 숙성되면서 식초로 변할 가능성이 있다는 이야기다. 이에 몇몇 포도 재배업자들은 절충안을 찾아냈다. 과일 향을 최대한 보존하기 위해 이산화황을 병입 전에만 첨가하는 것, 그리고 아주 적은 양만을 사용해 혹시 생길 수도 있는 기생충으로부터 와인을 보호하는 것이다.

내추럴 와인의
5
가지 묵계

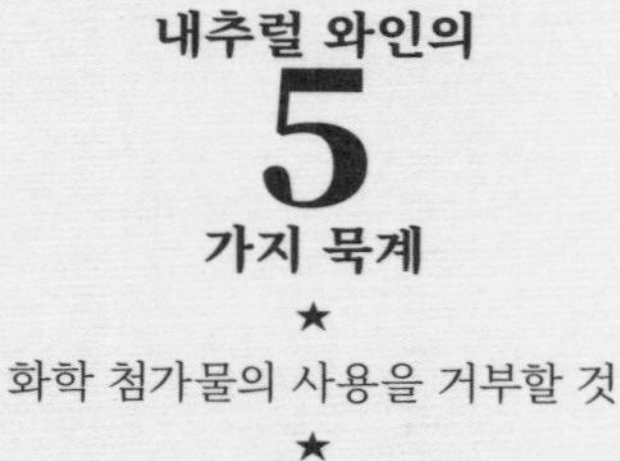

★
화학 첨가물의 사용을 거부할 것
★
포도밭 경작에 말을 이용할 것
★
손으로 포도를 수확할 것
★
인공 효모는 금지할 것
★
이산화황은 넣지 말 것

"와인, 그것은 생명이다 (Le vin, c'est la vie)."
호라티우스(Horace,
BC 65년 ~ BC 8년. 고대 로마의 시인)

patapon
2011

와인 라벨까지 힘을 빼다
가장 자유로운 와인 라벨을 꼽아보았다. 단, 언어 유희는 그다지 신선하지 않다…
"Grololo"* : 그롤로(grolleau)* 포도종으로 만든 포도주 라벨에 도멘의 오너 조 피통(Jo Pithon)은 가슴을 드러낸 과감한 여인들의 그림을 넣었다.
"Tout bu or not tout bu"** : 셰익스피어 작품의 대사와 도멘 뒤 포시블(Domaine du Possible)의 로익 루르(Loïc Roure)의 문체가 만나 재미있는 와인 이름이 탄생했다.
"La vie on y est" : 도멘 그라므농(Domaine Gramenon)의 와인으로 이 이름을 빠르게 발음하면 '라비오니에' 여서, 이것의 포도품종인 비오니에(viognier)를 유추하게 된다.
"L'aimé chai" : 프랑스 남서부 코트 드 뒤라스(Côte de Duras)의 도멘 무트 르 비앙(Domaine Mouthes Le Bihan)의 와인으로, 술통을 껴안고 있는 그림으로 보아 알코올 측정기를 폭파시킬 정도의 위력을 갖고 있는 듯하다.
"Attention chenin méchant" ***: 와인메이커 니콜라 로(Nicolas Reau)의 '조심하라(attention!)'는 경고에도 불구하고, 그의 와인은 매력이 넘친다.

내추럴 와인의 맛
어떤 내추럴 와인들은 자신들의 일탈된 맛을 테루아의 표현이라고 포장하려 애쓴다. 계속해서 내추럴 와인을 즐기며 잘 마시려면 절대 빠지지 말아야 할 함정이 바로 여기에 있다.
땀 향 : 효모균(brett라고도 불린다)이 변질된 것으로 술 창고가 위생적으로 관리되지 못한 것이 원인이 될 수 있다.
썩은 달걀 향 : 와인이 병입되어 갇힘(산화의 반대 개념)으로써 생기는 향. 병입 후 자주 발생하는 공기의 부족으로 인해 생긴다.
호두 향 : 다소 나쁜 영향을 주는 산화작용에 의해 생긴다. 잘 관리하면 이것이 아주 특별한 복합적인 향을 만들어낼 수 있다. 특히 쥐라 지방의 와인을 예로 들 수 있다.
산패한 향 : 유산균의 관리가 잘못된 경우에 생긴다.
걸레 향 : 와인이 병입되어 갇힘(산화의 반대 개념)으로 인해 생길 수 있다.
식초 향 : 와인의 휘발성 신맛, 산도.
니스칠 향 : 와인 저장고의 위생 관리가 잘못된 경우.

출격!
내추럴 와인협회 l'association des vins naturels (AVN).가 현재 유일한 내추럴 와인 생산자 단체이다.

내추럴 와인 관련용어

글루글루(glouglou, 콸콸, 꿀꺽꿀꺽 이란 뜻의 의성어) : 맛있고 즙이 풍성하며 마시기 쉬운 와인에 관해 이야기할 때 쓰인다.
록 앤 롤(Rock'n roll) : 알코올, 산도, 과일향의 균형이 안정적이지 않은 와인을 말할 때 쓰인다.
바레(barré) : 전체적으로 향의 정확성이 결여된 와인을 지칭할 때 쓰인다.
페트 나트(Pet' Nat') : 내추럴 스파클링 와인(pétillant naturel)을 줄여서 부르는 말이다.
쿠 드 자자(Coup de JaJa) : '한잔'하러 가다라는 의미의 다른 표현.
페를랑(Perlant) : 탄산 가스로 인한 약한 기포성이 있는 것.
레뒥시옹(Réduction) : 산화와 반대 개념으로 와인이 병 안에서 그 자체로 차단됨.
뱅 리브르(Vin libre) : 일체의 제품을 첨가하지 않은 와인을 지칭한다.

가정에서 즐기는 내추럴 와인
보관하기 : 14°C 이하의 온도에서 보관하여 병 안에서 다시 발효가 시작되지 않도록 한다.
마시기 : 디캔터 또는 카라프에 옮겨 약간 시원한 온도로 마신다. 이렇게 하면 종종 이 와인 안에 있을 수 있는 탄산가스를 제거할 수 있다.

내추럴 와인계의 10대 인물
→ **Pierre Overnoy** de la Maison Overnoy-Houillon à Pupillin
→ **Philippe et Michèle Laurent** du Domaine Gramenon en vallée du Rhône
→ **Henry Frédéric Roch** du Domaine Prieuré Roch en Côte de Nuits
→ **Didier Barral** du Domaine Léon Barral à Faugères
→ **Stéphane Tissot** du Domaine André et Mireille Tissot à Arbois
→ **Marcel Lapierre** du Domaine éponyme dans le Beaujolais
→ **Éric Pfifferling** du Domaine de l'Anglore à Tavel
→ **Mark Angeli** du Domaine La Ferme de la Sansonnière en Anjou
→ **Antoine Arena** du Domaine Antoine Arena en Corse
→ **Robert et Bernard Plageoles** du Domaine Plageoles à Gaillac

관련 내용으로 건너뛰기
p.101 유황 냄새가 나요!
p.131 포도밭에 등장한 말

*그롤로로(grololo) 는 프랑스어로 풍만한 가슴을 뜻하는 속어. 이 와인의 포도종인 그롤로(grolleau)와 발음이 같은 것을 위트있게 응용했다.

** 햄릿의 대사 죽느냐 사느냐(To be or not to be) 를 패러디하여 비슷한 발음이 나는 프랑스어 문장 Tout bu or not tout bu(다 마셨나 안 마셨나)를 지어냈다.

*** 개조심(Attention, chien mechant)을 패러디해 개(chien) 대신 포도품종 슈냉(chenin)을 넣어 재치있는 문구를 만들었다.

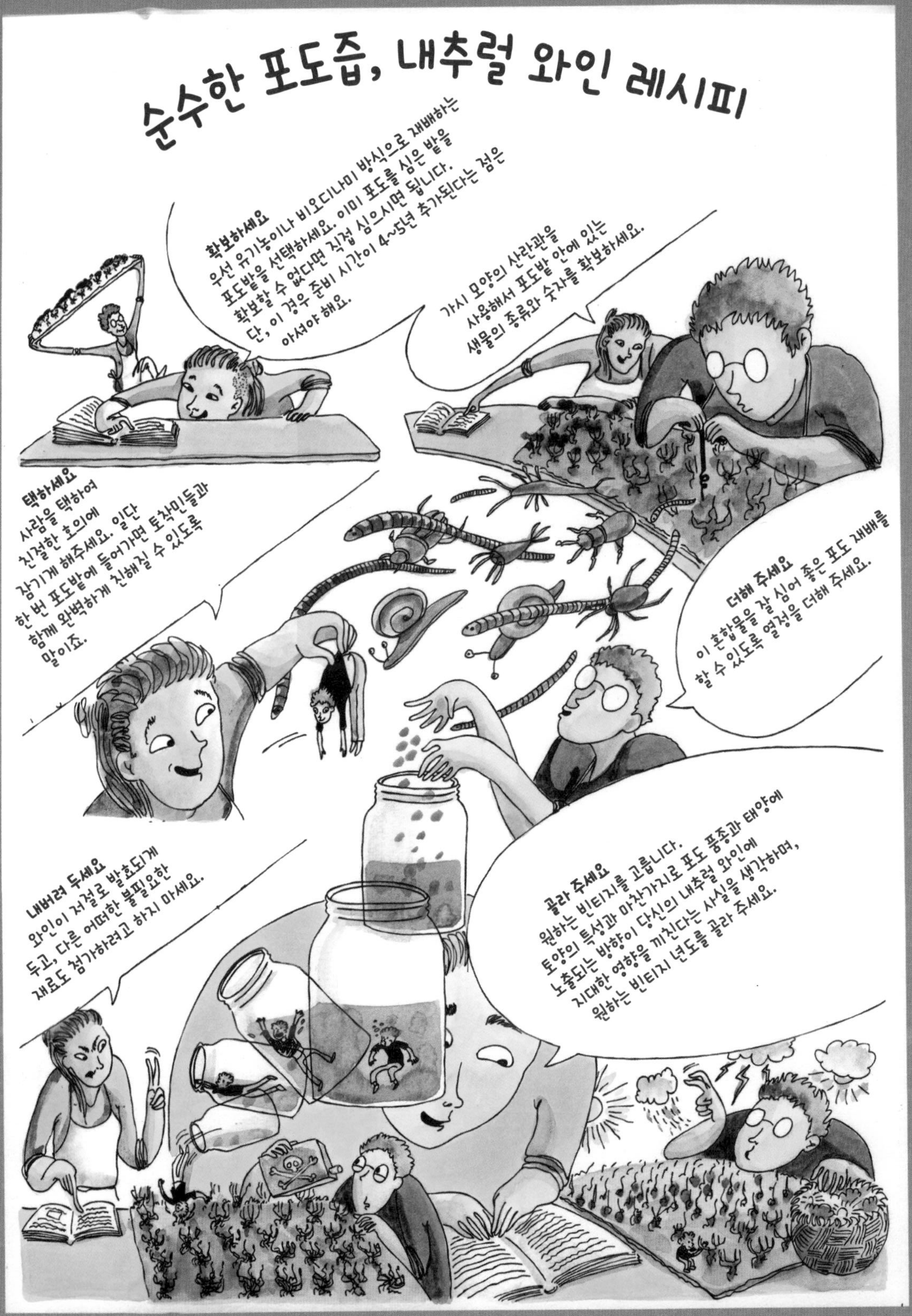
순수한 포도즙, 내추럴 와인 레시피
확보하세요
우선 유기농이나 비오디나미 방식으로 재배하는 포도밭을 선택하세요. 이미 포도를 심은 밭을 확보할 수 없다면 직접 심으시면 됩니다. 단, 이 경우 준비 시간이 4~5년 추가된다는 점은 아셔야 해요.
가시 모양의 산란관을 사용해서 포도밭 안에 있는 생물의 종류와 숫자를 확보하세요.
택하세요
사람을 택하여 친절한 호의에 감기게 해주세요. 일단 한 번 포도밭에 들어가면 토착미들과 함께 완벽하게 친해질 수 있도록 말이죠.
더해 주세요
이 혼합물을 갈 심어 좋은 포도 재배를 할 수 있도록 열정을 더해 주세요.
내버려 두세요
와인이 저절로 발효되게 두고, 다른 어떠한 불필요한 재료도 첨가하려고 하지 마세요.
골라 주세요
원하는 빈티지를 고릅니다. 포도 품종과 태양에 토양의 특성과 마찬가지로 포도 품종과 태양에 노출되는 방향이 당신의 내추럴 와인에 지대한 영향을 끼친다는 사실을 생각하며, 원하는 빈티지 년도를 골라 주세요.

수확하세요
포도가 싱싱하고 완전히 익은 상태에서 수확합니다. 안 좋은 상태의 포도가 한 알이라도 있으면 전부 해칠 수 있으니 늘 조심해야 합니다.
포도를 따서 담아오면 일단 가장 중요한 일은 완수된 것입니다. 이제 포도를 발효시킬 통을 온도가 일정한 곳에 놔두면 됩니다.
믿으세요!
수확된 재료의 품질에 따라 포도 재배자는 침용 시간, 압착 방식, 포도주의 숙성 등을 최적으로 선택할 수 있습니다. 단, 양조 과정상 이 단계에서 수많은 단골 기생충들의 발생으로 와인을 해칠 수 있으니 주의를 기울여야 합니다.
숙성한 지 얼마 안 된 양조통의 어린 와인을 그대로 마셔도 맛있을 수 있지만, 당신의 내추럴 와인은 병입한 뒤 인내심을 갖고 몇 년을 두었다 마시면 더 놀라운 맛을 발휘할 수 있답니다.
좋은 사람들과 마시고, 마시고, 또 마시며 즐기세요.
만드는 팁 :
화이트, 로제, 스파클링 와인 등 당신의 기호에 따라 이 내추럴 와인 만드는 법을 자유롭게 적용해 보세요.

플뢰르 고다르(Fleur Godard)가 글을 쓰고 쥐스틴 생 로(Justine Saint-Lô)가 그림을 그린 『순수한 포도즙, 내추럴 와인(*Pur Jus*)』이라는 책이 이미 출간되었다(Marabout 출판).
이 책은 몇몇 소수 아티장 와인 양조업자들을 방문한 이야기를 담은 친근하고도 감동적이며 유머 넘치는 여행 일기다.

크레프

둥근 모자를 쓴 브르타뉴의 크레프 기사단, 퐁라베(Pont l'Abée) 고유의 의상, 외설적인 노래, 크레프, 이들은 물론 걸치레인 듯하지만, 한편 예술이기도 하다. 크레프(Les crêpes) 만들기에 실패하지 않으려면 이 레슨을 따르라.

질 쿠쟁

도구
노련한 브르타뉴 토박이라면 가스나 전기로 작동되는 테두리 없는 크레프 부침용 둥근 주물팬인 빌리그(billig)를 결혼 준비물로 반드시 챙긴다. 또한 크레프 반죽을 얇게 펴는 데 사용하는 작은 나무 고무래인 로젤(rozell)과 뒤집는 데 쓰는 나무 스패출러도 필수품이다. 일반 사람들은 그저 논스틱 무쇠팬 하나면 만족한다.

만드는 요령
전기 크레프 팬을 사용하는가? 반죽을 얇고 고르게 펴 놓으려면 나무로 된 작은 고무래 모양인 로젤이 필요하다는 것을 알아야 한다. 일정하게 얇은 크레프를 깔끔하게 부쳐내려면 민첩하게 돌리는 손목 스냅 동작이 중요하다. 이것은 훈련이 필요하다...

크레프 뒤집기
팬이라고는 테팔 프라이팬 하나뿐인 모든 이에게도 위로의 팁이 있다. 크레프 아랫면이 노릇하게 부쳐지면, 작은 뒤집개로 가장자리를 떼어낸 다음 팬을 앞뒤로 흔들어 크레프가 미끌어져 팬 바닥과 분리되도록 한다. 그러고는 재빠르고 정확한 동작으로 팬을 앞으로 밀면서 크레프를 위로 띄운다. 그것을 다시 팬으로 받는 것을 잊지 않도록 한다!

성촉절의 인기 디저트
크레프의 둥근 모양과 노릇하게 익은 색깔은 태양의 원형과 빛의 귀환을 상징한다. 따라서 크레프는 논리적으로 촛불 축제(fête des Chandelles)라고도 불리는 매년 2월 2일 성촉절(Chandeleur)의 상징적 음식이 되었다.

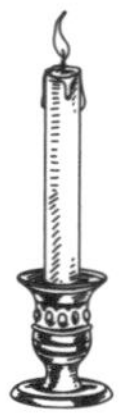

밀가루 크레프 반죽*

베르트랑 라르셰 *Bertrand Larcher*

준비 : 15분
냉장 휴지 : 1시간
크레프 약 25장 분량
유기농 밀가루 1kg
백설탕 또는 황설탕 300g
유기농 달걀 12개(달걀흰자 3개분은 따로 덜어둔다)
우유(전유) 2리터
옵션 1 : 갈색이 날 때까지 가열해 녹인 브라운 버터(beurre noisette) 30g
옵션 2 : 바닐라 빈 1/2줄기를 뜨거운 우유 250ml 에 넣고 향을 우려내 사용한다.
주의할 점: 반죽에 섞기 전에 반드시 우유를 식혀 사용한다.
옵션 3 : 오렌지 제스트(반죽에 섞는다).
옵션 4 : 다크 럼 1테이블스푼(반죽에 섞는다).

달걀과 설탕을 손 거품기로 잘 섞는다(밀가루는 아주 예민하므로 전동 믹서기는 사용하지 않는다). 우유 1.5 리터를 넣는다. 밀가루를 넣고 나무 주걱으로 조심스럽게 섞는다. 옵션들 중 한 가지를 선택해 넣는다. 혼합물을 체에 거른 후 냉장고에 1시간 넣어 휴지시킨다. 꺼내서 크레프를 부치기 전에 나머지 우유를 국자로 넣고 살살 섞는다. 따로 보관해 둔 달걀흰자 3개는 거품을 올린 다음 국자로 떠서 혼합물에 넣고 조심스럽게 섞어준다. 크레프 반죽이 완성되었다.

레몬, 꿀 크레프*

준비 : 5분
조리 : 크레프 한 장당 2분
크레프 1장 분량
크레프 반죽 80g
꿀 12g
레몬즙 한 바퀴
레몬 슬라이스 1개

뜨겁게 달군 크레프 전용 전기팬에 반죽을 얇게 편다. 크레프가 익으면 삼각형 모양으로 접어 접시에 놓는다. 꿀을 크레프 위에 바르고 레몬즙을 한 바퀴 뿌린다. 레몬 슬라이스를 얹어 장식한다.

크레프 쉬제트 LA CRÊPE SUZETTE

에스코피에 스타일*

크레프 약 20장 분량
체에 친 밀가루 250g
설탕 100g
소금 1꼬집
달걀 6개
우유 750ml
녹인 버터 2테이블스푼
원하는 향 선택
(바닐라슈거, 키르슈, 럼, 코냑 등)

소스
버터 100g
설탕 100g
큐라소 3티스푼
만다린 오렌지 제스트 콩피

위의 반죽 재료를 섞고 큐라소와 만다린 오렌지 즙을 조금 넣어 향을 낸다.
그릇에 버터를 넣고 크림처럼 부드러운 질감이 되도록 만든 다음, 설탕, 큐라소, 만다린 오렌지 제스트 콩피를 넣어 섞는다. 크레프를 부친 다음 이 혼합물을 덮어준다. 금속 플레이트에 크레프를 4등분으로 접어놓은 다음 워머 위에 올려 따뜻하게 서빙한다.
서빙 테이블에서 설탕을 뿌리고 트리플 섹(triple sec)을 뿌린다.

* 레시피는『오귀스트 에스코피에의 요리(*La cuisine d'Auguste Escoffier*)』에서 발췌. Christian Constant, Yves Camdeborde 저. éd. Lafon 출판.

관련 내용으로 건너뛰기
p.239 갈레트

카망베르

카망베르(camembert)는 프랑스 치즈들 중 왕이다. 하지만 가장 위협받고 있는 치즈 중 하나이기도 하다.
이 흰 곰팡이 치즈의 파란만장한 면면을 자세히 살펴보자.

로랑 세미넬

카망베르의 어머니, 마리 아렐

1791년. 프랑스 혁명 이후 새로 탄생한 공화당에 충성서약을 거부했던 한 성직자가 당시 카망베르 작은 마을을 거의 다 차지하고 있던 보몽셀(Beaumoncel) 농장으로 피신했다. 브리(Brie)에서 온 그 신부는 자신이 숨어 지내던 농장의 마리 아렐(Marie Harel)에게 감사의 보답으로 자신의 고향에서 만드는 치즈의 비법을 전수했다. 이렇게 탄생한 카망베르 치즈는 비무티에(Vimoutiers)와 아르장탕(Argentan)의 시장에서 판매되었다. 그녀의 다섯 자녀는 모두 치즈 제조업자가 되었다.

노르망디산 AOP 카망베르

이 인증은 프랑스 카망베르 생산의 5%를 차지하고 있는 노르망디의 정통 카망베르를 보호하고 있다. 소젖 비멸균 생우유로 만드는 흰곰팡이 천연 외피(pâte fleuri) 치즈인 카망베르의 특징은 그 사양서에 **다음과 같이 정확히 명시되어 있다.**

◉ 우유의 생산, 치즈 제조, 숙성 및 포장은 정해진 지리적 구역 내 **4개 지방** 즉, 칼바도스(Calvados), 망슈(Manche), 오른(Orne), 외르(Eure)에서 이루어져야만 한다.

◉ 비멸균 생우유는 최소 **50% 이상 노르망디 혈통 품종의 암소**로 이루어진 가축에서 생산된 것이어야 한다.

◉ 특정 제조 공정(틀로 형태 만들기, 가염, 숙성 등)은 아주 **엄격한 기준**에 부합해야 한다.

예를 들어 커다란 용기에서 응고된 프레시 치즈는 국자로 구멍 난 원통형 틀에 옮겨 담는다. 이 과정을 최소 다섯 번에 나누어 해주는데, 매번 넣을 때마다 최소 40분의 시간 간격을 두어야 한다.

카망베르 1개

=

프레시 치즈 **5국자** 분량

우유 **2.2 리터**

흰색 외피가 형성될 때까지 치즈 건조실에서 **13~15 일간** 숙성

숙성 이후 치즈 중량 최소 **250g** 이상

국자로 떠서 틀에 채운다

AOP 노르망디 카망베르는 '긴 손잡이가 달린 반구형의 작은 국자를 사용하여' 수작업으로, 혹은 분배기 장치를 사용한 자동화 방식으로 치즈를 원통형 틀에 채운다. AOP 카망베르의 대부분은 수작업인 첫 번째 방법으로 만들어진다.

비멸균 생우유에 관한 논쟁

2007년 : AOP 카망베르 생산의 90%를 차지하는 양대 업체인 락탈리스(Lactalis)와 이지니 생트 메르(Isigny Sainte-Mère)는 위생상 위험을 초래할 수 있는 비멸균 생우유(lait cru) 사용을 포기하기로 결정했다. 이들은 생우유를 열처리를 할 수 있도록 AOP 규정을 완화해줄 것을 요청했다. 이에, 그랭도르주(Graindorge), 레오(Réot), 질로(Gillot) 등의 비멸균 생우유 카망베르 옹호자들은 파렴치한 행동이라고 외쳤다.

2008년 : 프랑스 농업부는 비처리 생우유의 손을 들어주며 이 문제에 종지부를 찍었다. 이에 대해 락탈리스 사는 메종 그랭도르주의 카망베르 치즈에 들어 있는 미량의 병원균에 대해 식품 관리당국에 고발했다. 긴장된 분위기가 감지되었다.

2016년 : 락탈리스 사는 결국 과거의 적이었던 그랭도르주를 인수한다. 노르망디 숲에서 이 가는 소리가 들렸다.

기타 카망베르 치즈들

노르망디에서 제조된 카망베르 (Le camembert fabriqué en Normandie). 이것은 노르망디 카망베르(Le camembert de Normandie)와는 구분된다. 이 치즈는 비멸균 생우유, 저온 가열우유, 마이크로 필터링한 우유, 혹은 저온 살균우유 등을 모두 사용할 수 있다. 우유는 노르망디 4개 지방 중 한 곳에서 생산된 것이어야 한다.

카망베르(Le camembert) : 체다, 브리, 혹은 그뤼예르와 마찬가지로 이 치즈는 전 세계 어디서나 제조될 수 있다.

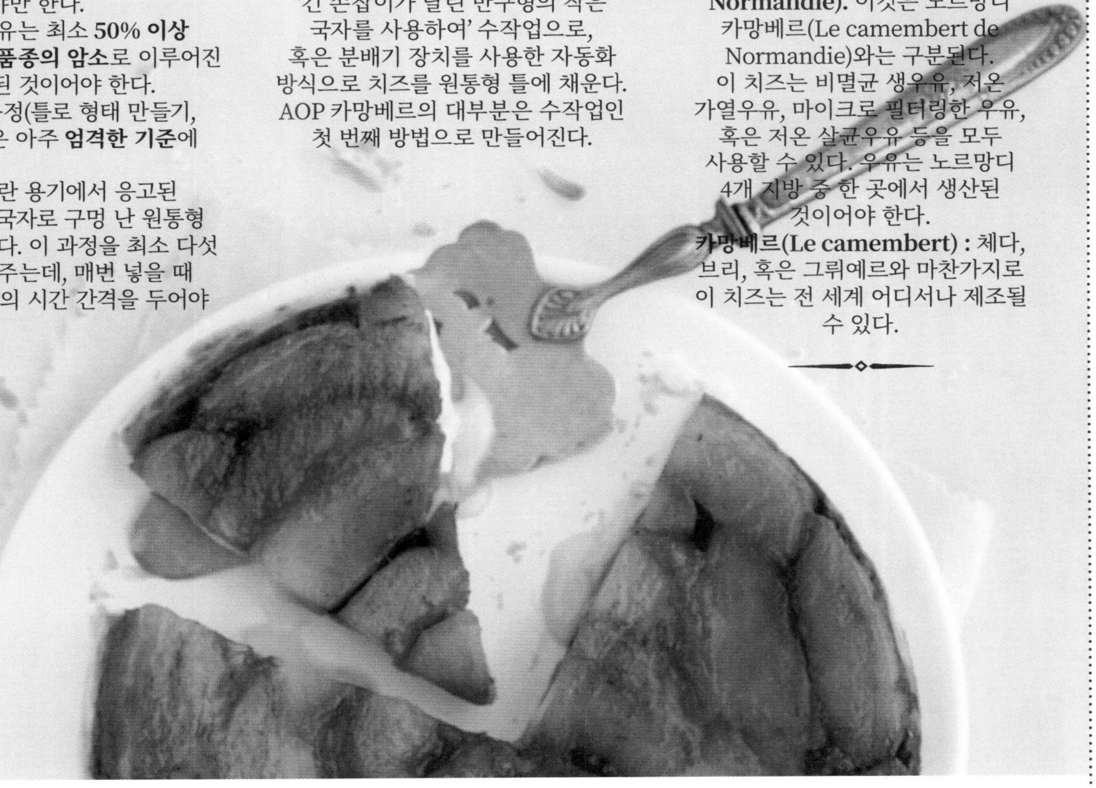

카망베르 제조 과정

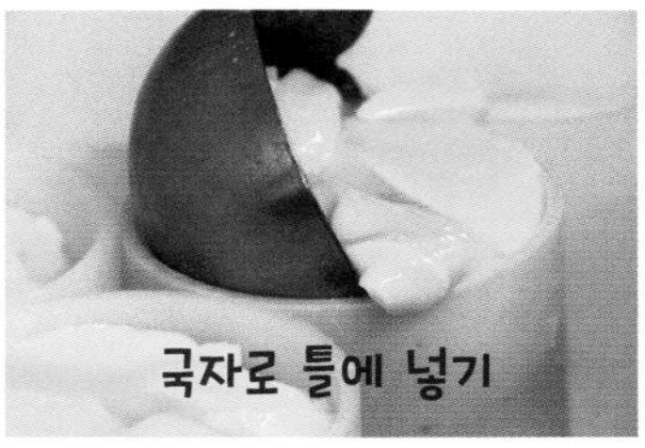

국자로 틀에 넣기

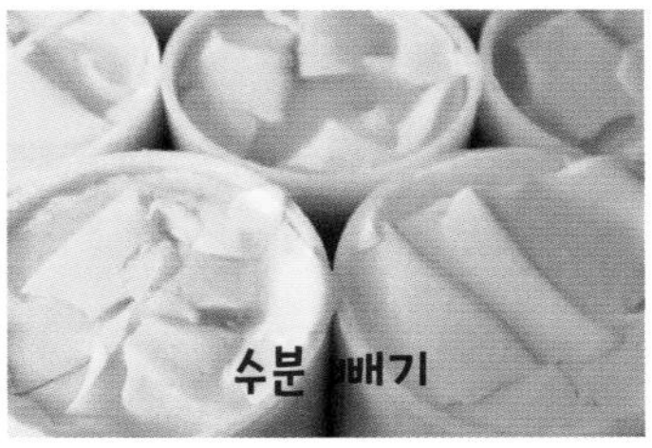

수분 빼기

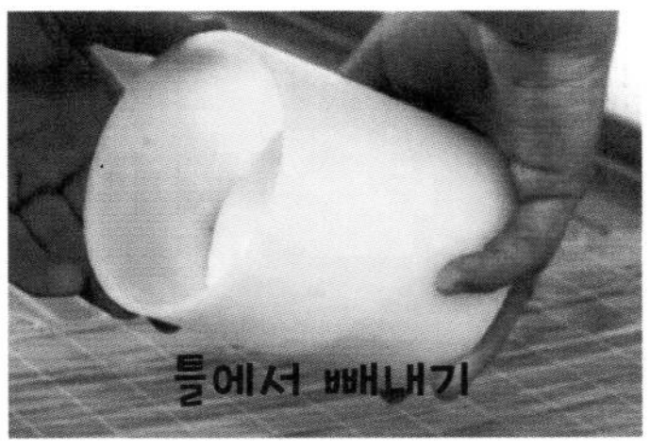

틀에서 빼내기

가염하기

숙성하기

카망베르의 명가

전통 방식으로, 또한 **유기농 방식**으로 노르망디 카망베르를 만드는 이는 **샹 스크레 농장(la ferme du Champ Secret)의 파트릭 메르시에(Patrick Mercier)**가 유일하다. 오른(Orne)에 위치한 이곳에서는 풀을 먹인 100% 노르망디 암소의 비멸균 생우유만을 사용한다. (fermeduchampsecret.com)

카망베르 애플 타탱

6인분

카망베르 치즈 1개
파트 푀유테 약 400g
사과 4개
버터 40g
사탕수수 황설탕

오븐을 180℃로 예열한다.
사과는 껍질을 벗긴 뒤 도톰하게 슬라이스한다. 팬에 버터를 넣고 황설탕을 한 스푼 정도 뿌려가며 사과를 약한 불에서 익힌다. 타르트 틀이나 파이용 접시에 유산지를 깔고 사과를 틀 전체에 펴 놓는다. 그 위에 슬라이스한 카망베르를 얹고, 파트 푀유테로 덮어준다. 반죽 가장자리는 틀 안쪽으로 넣어준다. 오븐에서 20분간 구워 크러스트가 노릇한 색이 나면 꺼낸다. 그린 샐러드를 곁들여 따뜻하게 서빙한다. 농가에서 전통 방식으로 만든 달지 않은 천연 시드르를 곁들이면 좋다.

관련 내용으로 건너뛰기
p.320 카망베르 포장 케이스로 보는 프랑스의 역사

오믈렛

오믈렛보다 더 간단하고 더 프랑스적인 음식이 과연 있을까? 가정에서 흔히 먹는 음식일 뿐 아니라 고급 식당에서도 볼 수 있는 이 요리에 대해 자세히 알아보자.

프레데릭 랄리 바랄리올리

"오믈렛은 다름 아닌 응고된 겉면으로 싸여 있는 특별한 버전의 스크램블드 에그라고 할 수 있다."

오귀스트 에스코피에

오믈렛이라고 하셨나요?
'오믈렛(omelette)'이라는 단어는 영어, 독일어, 네덜란드어, 포르투갈어, 러시아어, 심지어 이탈리아어까지 모두 같다. 그 어원은 무엇일까? 아믈레트(âmelette, 작은 영혼이라는 뜻)에서 왔다는 설이 있는데, 이는 달걀이 우리에게 가져다주고 보호해주는 귀한 덕이라는 의미에 근거한 것이다. 또한 알뤼멜(allumelle, 칼날을 뜻하는 lame의 작은 형태를 뜻함)에서 왔다는 주장도 있는데, 이는 오믈렛의 길쭉한 타원형에서 착안한 이름이라고 추정된다.

프랑스의 다양한 오믈렛

채소 오믈렛
- 양파, 풋마늘 : 아키텐(Aquitaine) / - 리크(서양대파), 소렐(수영), 민들레 잎 :오베르뉴, 샹파뉴 / - 아스파라거스, 아티초크 : 프로방스 / - 토마토 : 프로방스, 코르시카 / - 주키니 호박, 완두콩 : 클라마르의 옛 오믈렛 / - 루콜라, 쇠비름 : 니스 / 근대 : 니스풍의 트루치아 / - 아보카도 : 과들루프 / - 양파, 토마토, 고추, 생강 : 레위니옹의 크레올식 오믈렛
그 밖에도 여러 지역에서 포치니버섯, 송로버섯, 꾀꼬리버섯, 뿔나팔버섯, 민달걀버섯 등 다양한 버섯을 넣은 오믈렛을 만들어 먹는다.

해산물 오믈렛(해수, 담수 모두 포함)
- 염장대구 : 성 금요일의 바스크식 오믈렛 / 실뱀장어 : 가스코뉴 / - 정어리 실치: 니스 / - 성게 : 코르시카 / - 훈제 청어 : 불로뉴 쉬르 메르의 염장 훈제 청어
. 꼬막조개 : 솜만(baie de Somme)의 조개

치즈 오믈렛
- 에멘탈 치즈를 넣은 스위스식 오믈렛 : 사부아(Savoie) / - 콩테(comté) : 쥐라(Jura) / - 브로치우(brocciu)와 민트를 넣은 오믈렛 : 코르시카 / - 샤우르스(chaource) : 샹파뉴, 부르고뉴 / - 로크포르 : 아베롱(Aveyron)

샤퀴트리 오믈렛
- 장봉 블랑(jambon blanc) : 파리
- 베이컨, 라르동 : 프랑스 동부 지역
- 부댕 누아르(boudin noir) : 프랑스령 카탈루냐

스위트 오믈렛
캐러멜라이즈한 사과, 딸기, 블루베리, 라즈베리, 체리, 초콜릿 등을 넣은 오믈렛, 럼을 넣은 수플레, 오믈렛 도피누아즈(우유에 적신 레이디핑거 비스퀴를 넣고 오븐에 넣어 노릇하게 부풀린 오믈렛)...

랑드산 고추를 넣은 오믈렛

랑드 지방에서 농작물을 재배하고 있으며 과거에는 가축도 길렀던 경험이 있는 조제트 다르조(Josette Darjo)의 레시피. 그녀는 가축 사육 및 요리의 여왕이며, 아두르(Adour) 지역의 살림꾼이다.

준비 : 10~15분
조리 : 10~20분
2인분
달걀 5개
랑드산 고추(길쭉한 모양의 맵지 않은 청고추) 우묵한 접시 1개분
소금, 후추
오리 기름

고추는 꼭지를 제거한 뒤 길게 반으로 갈라 씨를 빼낸다. 굵직하게 썬 다음 오리 기름을 두른 팬에 넣고 색이 날 때까지 약한 불에서 약 10분간 익힌다. 약간 탄듯 검은색이 날 때까지 익혀야 향이 충분히 난다. 달걀을 푼 다음 소금, 후추, 고추를 넣고 섞는다. 팬에 오리 기름을 두르고 오믈렛을 5~10분 정도 익힌다. 반으로 접어 안은 부드럽고 촉촉한 상태를 유지한다.

3가지 팁

1. 나무 주걱과 기름을 두른 납작한 모양의 논스틱 팬을 준비한다.
2. 달걀을(일인당 2~3개) 포크로 풀어준다. 너무 많이 치대면 건조해질 수 있으니 주의한다.
3. 오믈렛은 반으로 접거나 둥글게 말기도 하고, 접시를 이용하여 뒤집기도 한다. 원하는 취향대로 편한 방법을 선택하면 된다.

오믈렛 반숙으로 익히기

알맞게 익히는 기술이야말로 프랑스 오믈렛의 특징이다. 하지만 반 정도만 익힌다는 것이 날 달걀 상태를 말하는 것은 아니다. 오믈렛을 접거나 말았을 때 표면은 적당히 익어 굳고 속은 부드러운 상태를 가리킨다. 오믈렛을 넓적하게 익혀 뒤집을 때에는 첫 번째 면을 잘 익힌 뒤 뒤집어서 다른 한쪽 면을 모양이 잡힐 정도로만 살짝 익혀낸다.

★ ★ ★

크레스페우 LE CRESPEOU

전통적으로 수확기에 즐겨 먹던 **아비뇽 지역**의 음식. 남은 식재료로 다양한 색을 내 만드는 **오믈렛 케이크**라고 할 수 있다. 얇게 부친 녹색 오믈렛(근대, 파슬리, 세이지 및 기타 다양한 향의 허브), 붉은색 오믈렛(홍피망, 토마토), 노란색 오믈렛(노랑 주키니, 노랑 피망, 가늘게 간 치즈, 양파 등), 타프나드를 넣고 만든 어두운 색의 오믈렛, 마늘을 넣은 밝은색의 오믈렛, 당근을 넣은 주황색 오믈렛, 그리고 햄이나 참치를 넣은 핑크색 오믈렛을 **틀에 켜켜이 쌓아 넣은 뒤** 따뜻하게 혹은 차갑게 먹는다. 토마토 쿨리를 곁들인다.

★ ★ ★

폭신하고 가벼운 오믈렛 레시피

마피 드 툴루즈 로트렉 *Mapie de Toulouse-Lautrec*

4인분
달걀 8개를 깨고 이 중 흰자 4개분은 따로 덜어내 거품을 올린다. 노른자 8개와 흰자 4개분을 그릇에 넣고 포크로 잘 푼 다음, 생크림 50g, 소금, 넉넉한 양의 후추를 넣는다. 큰 팬에 버터 75g을 넣고 녹이는 동안, 거품 낸 달걀흰자를 혼합물에 넣고 초콜릿 무스를 만들 때처럼 주걱으로 접듯이 돌려 들어 올리며 조심스럽게 섞는다. 마구 휘젓지 않도록 주의한다.
팬에 붓고 반쯤 익으면 반으로 접은 다음 서빙한다.

유명한 메르 풀라르(MÈRE POULARD) 오믈렛의 비밀
몽 생 미셸에서 처음 탄생하여 외국에까지 소문난 아네트 부티오(Annette Boutiaut Poulard, 1851-1931), 일명 메르 풀라르의 오믈렛은 아주 푸짐한 크기이지만 수플레처럼 부푼 것이라 그 식감은 아주 가볍다. 메르 풀라르 그녀 자신도 이 부드러움의 비결은 양질의 달걀과 버터, 그리고 그 적절한 양에 있다고 주장했다.
미식계의 황태자로 불린 퀴르농스키(Curnonsky)는 이 오믈렛 레시피가 발자크의 소설 『라부이외즈(*La Rabouilleuse*, 가재 잡는 여인)』의 다음 대목에서 영감을 받았을 것이라고 주장했다. "그는 일반 요리사들이 흔히 하듯 달걀노른자와 흰자를 한데 세게 휘저어 풀지 않았을 때 오믈렛이 더 섬세한 맛을 낸다는 사실을 깨달았다. 그에 따르면, 흰자를 거품 낸 상태로 만든 다음 노른자를 서서히 조금씩 넣어 섞어야 한다..."

부활절에 먹는 오믈렛

오믈렛은 왜 전통적으로 부활절(Pâques) 축하와 연관성을 지니고 있을까? 부활절에 먹는 오믈렛은 그 이름마저 파케트(pâquette) 혹은 파스카드(pascade)라 불릴 정도로 부활절이라는 이름과 가깝다. 달걀을 먹는다는 것은 고대 이집트 시대부터 영원과 부활의 상징이었다. 그렇기 때문에 예수 그리스도의 영원한 생명을 기념하는 상징성을 갖게 된 것이다. 또한 부활절 전 40일간의 사순절 고행 동안 먹지 않고 모아둔 (왜냐하면 금지되었기 때문) 달걀을 버리지 않고 알뜰하게 활용한다는 실용적인 이유도 한 몫을 한다!

브로치우 치즈와 민트를 넣은 오믈렛

조제트 바랄리올리(Josette Baraglioli), 코르시카 바스텔리카 지방 목동의 손녀

이 레시피의 비밀은 아주 넉넉히 들어간 재료에 있다. 코르시카섬의 전통 치즈인 브로치우의 양이 달걀보다 많다. 브로치우를 오믈렛에 넣는다기보다 오히려 오믈렛의 주재료로 보는 게 더 적합한 듯하다. 이것이 우리가 전통적인 오믈렛을 만들 때 달걀에 넣어 섞는 버터, 우유, 크림을 대신한다고 볼 수 있다.

준비 : 5분
조리 : 10분
4인분
달걀 5~6개
브로치우 치즈 500g
잘게 썬 민트 잎 1/2송이
소금, 후추
오믈렛 익히는 용도의 올리브오일
(혹은 버터)

달걀과 잘게 자른 브로치우 치즈 분량 2/3을 볼에 넣고 포크로 풀어준다. 소금, 후추로 간을 한 다음 잘게 썬 민트 잎의 분량 2/3를 넣어준다. 달군 팬에 혼합물을 붓고, 오믈렛이 형태를 갖출 정도로 익기 시작하면 굵직하게 썬 나머지 분량의 브로치우 치즈와 나머지 민트 잎을 얹는다. 오믈렛을 뒤집어 익히거나, 더욱 신선하고 부드러운 식감을 원한다면 반으로 접는다.

Truchia

트루치아 LA TROUCHIA

소피 아그로폴리오*

준비 : 10~15분
조리 : 30분
4~6인분
달걀 6개
작은 잎 근대 2팩(또는 큰 줄기 근대 1팩)
양파 2개
파슬리 1송이
처빌 1송이
파르메산 치즈 1줌
소금, 후추
넛멕 칼끝으로 조금
짓이긴 마늘 1톨
올리브오일

파슬리와 처빌은 잘게 다진다. 양파는 얇게 썰어 올리브오일에 볶아낸다. 근대의 녹색 잎을 가늘게 썰어 씻은 뒤 물기를 뺀다. 큰 볼에 달걀과 곱게 간 파르메산 치즈를 넣고 풀어준 다음 근대, 양파, 처빌, 파슬리, 넛멕, 마늘, 소금, 후추를 넣고 섞는다. 팬에 기름을 두르고 달군 다음 혼합물을 넣고 탁탁 쳐 평평하게 만든다. 오믈렛의 두께가 3cm 정도 되어야 한다. 약한 불에서 뚜껑을 덮고 15분 정도 익힌다. 오믈렛의 가장자리부터 잘 떼어 팬에서 완전히 떨어진 것을 확인한 다음 접시에 재빨리 뒤집어 옮긴다. 팬에 기름을 조금 두른 뒤 오믈렛을 조심스럽게 밀어 넣는다. 약한 불에서 다시 15분간 익힌다. 주의! 혼합물의 생채소가 익어야 하므로 약한 불로 은근히 익히는 데 시간이 오래 걸린다.

* Sophie Agrofolio : 니스 구시가지 내의 식당인 A Buteghinna의 요리사

관련 내용으로 건너뛰기
p.323 달걀 조리 가이드
p.258 브로치우 치즈

음식을 묘사한 시 모음

가장 맛있는 음식과 가장 맛있는 시들을 모았다.
스테판 솔리에

* 이 페이지는 따로 번역하지 않았습니다. 편집자 주

Charles Baudelaire, *Les Fleurs du Mal*, « L'Âme du Vin », 1857

CIV

L'ÂME DU VIN

Un soir, l'âme du vin chantait dans les bouteilles :
« Homme, vers toi je pousse, ô cher déshérité,
Sous ma prison de verre et mes cires vermeilles,
Un chant plein de lumière et de fraternité!

Je sais combien il faut, sur la colline en flamme,
De peine, de sueur et de soleil cuisant
Pour engendrer ma vie et pour me donner l'âme;
Mais je ne serai point ingrat ni malfaisant,

Car j'éprouve une joie immense quand je tombe
Dans le gosier d'un homme usé par ses travaux,
Et sa chaude poitrine est une douce tombe
Où je me plais bien mieux que dans mes froids caveaux.

Entends-tu retentir les refrains des dimanches
Et l'espoir qui gazouille en mon sein palpitant?
Les coudes sur la table et retroussant tes manches,
Tu me glorifieras et tu seras content;

J'allumerai les yeux de ta femme ravie;
A ton fils je rendrai sa force et ses couleurs
Et serai pour ce frêle athlète de la vie
L'huile qui raffermit les muscles des lutteurs.

En toi je tomberai, végétale ambroisie,
Grain précieux jeté par l'éternel Semeur,
Pour que de notre amour naisse la poésie
Qui jaillira vers Dieu comme une rare fleur! »

Saint-Amant, « Le Melon », 16

Le Melon

[...] Ô manger précieux! Délices de la bouche!
Ô doux reptile herbu, rampant sur une couche!
Ô beaucoup mieux que l'or, chef-d'œuvre d'Apollon!
Ô fleur de tous les fruits! Ô ravissant Melon!
Les hommes de la cour seront gens de paroles,
Les bordels de Rouen seront francs de vérole,
Sans vermine et sans gale on verra les pédants,
Les preneurs de pétun[1] auront de belles dents,
Les femmes des badauds ne seront plus coquettes,
Les corps pleins de santé se plairont aux cliquettes[2],
Les amoureux transis ne seront plus jaloux,
Les paisibles bourgeois hanteront[3] les filous,
Les meilleurs cabarets deviendront solitaires,
Les chantres du Pont-Neuf[4] diront de hauts mystères,
Les pauvres Quinze-Vingts[5] vaudront trois cents Argus[6],
Les esprits doux du temps paraîtront fort aigus,
Maillet[7] fera des vers aussi bien que Malherbe,
Je haïrai Faret[8], qui se rendra superbe,

Rabelais, Cinquiesme livre, chapitre XLIV, Prière de Panurge à la Dive Bouteille, 1564

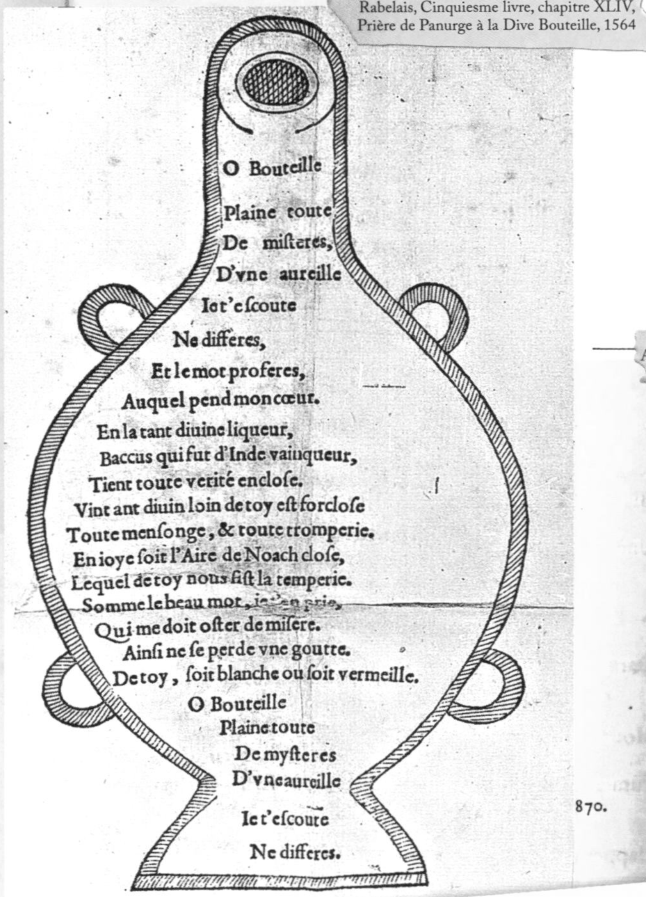
O Bouteille
Plaine toute
De misteres,
D'vne aureille
Ie t'escoute
Ne differes,
Et le mot proferes,
Auquel pend mon cœur.
En la tant diuine liqueur,
Baccus qui fut d'Inde vainqueur,
Tient toute verité enclose.
Vin tant diuin loin de toy est forclose
Toute mensonge, & toute tromperie.
En ioye soit l'Aire de Noach close,
Lequel de toy nous fist la temperie.
Somme le beau mot, je t'en prie,
Qui me doit ofter de misere.
Ainsi ne se perde vne goutte.
De toy, soit blanche ou soit vermeille.
O Bouteille
Plaine toute
De mysteres
D'vne aureille
Ie t'escoute
Ne differes.

870.

Arthur Rimbaud, « Les Effarés », 1870

LES EFFARÉS[1]

NOIRS dans la neige et dans la brume
Au grand soupirail qui s'allume,
Leurs culs en rond,

A genoux, cinq petits[2], — misère! —
Regardent le Boulanger faire
Le lourd pain blond.

Ils voient le fort bras blanc qui tourne
La pâte grise et qui l'enfourne
Dans un trou clair.

Ils écoutent le bon pain cuire.
Le Boulanger au gras sourire
Grogne un vieil air[a].

Ils sont blottis, pas un ne bouge,
Au souffle du soupirail rouge
Chaud comme un sein[3].

Quand pour quelque médianoche[4],
Façonné comme une brioche[b]
On sort le pain,

Texte de la copie de Verlaine (fac-similés Messein).
Variantes du recueil Demeny :
a. Chante un vieil air.
b. Et quand pendant que minuit sonne,
Façonné, pétillant et jaune,
Un 3e manuscrit, que Darzens a eu entre les mains, portait : Et qua
que médianoche, *corrigé par la suite quand Rimbaud s'est*

Francis Ponge, *Pièces*, « Plat de poissons frits », 1961.

PLAT DE POISSONS FRITS

Goût, vue, ouïe, odorat... c'est instantané :
Lorsque le poisson de mer cuit à l'huile s'entr'ouvre, un jour de soleil sur la nappe, et que les grandes épées qu'il comporte sont prêtes à joncher le sol, que la peau se détache comme la pellicule impressionnable parfois de la plaque exagérément révélée (mais tout ici est beaucoup plus savoureux), ou (comment pourrions-nous dire encore?)... Non, c'est trop bon! Ça fait comme une boulette élastique, un caramel de peau de poisson bien grillée au fond de la poêle...

Goût, vue, ouïes, odaurades : cet instant safrané...
C'est alors, au moment qu'on s'apprête à déguster les filets encore vierges, oui! Sète alors que la haute fenêtre s'ouvre, que la voilure claque et que le pont du petit navire penche vertigineusement sur les flots,
Tandis qu'un petit phare de vin doré — qui se tient bien vertical sur la nappe — luit à notre portée.

Apollinaire, *Quelconqueries*, « Le Repas », 1915.

LE REPAS

IL n'y a que la mère et les deux fils
Tout est ensoleillé
La table est ronde
Derrière la chaise où s'assied la mère
Il y a la fenêtre
Briller sous le soleil
Les caps aux feuillages sombres des pins et des oliviers
Et plus près les villas aux toits rouges
Aux toits rouges où fument les cheminées
Car c'est l'heure du repas
Tout est ensoleillé
Et sur la nappe glacée
La bonne affairée
Dépose un plat fumant
Le repas n'est pas une action vile
Et tous les hommes devraient avoir du pain
La mère et les deux fils mangent et parlent
Et des chants de gaîté accompagnent le repas
Les bruits joyeux des fourchettes et des assiettes
Et le son clair du cristal des verres
Par la fenêtre ouverte viennent les chants des oiseaux
Dans les citronniers
Et de la cuisine arrive
La chanson vive du beurre sur le feu
Un rayon traverse un verre presque plein de vin mélangé d'eau
Oh! le beau rubis que font du vin rouge et du soleil
Quand la faim est calmée
Les fruits gais et parfumés
Terminent le repas

Ronsard, *Odes*, « III, 24 » (À Gaspar d'Auvergne), 1550-1552

... sa peau vermeille
D'un beau sang ... voir,

Le marchant hardiment vire
Par la mer, de sa navire
La proue et la poupe encor :
Je ne suis buslé d'envie
Aux chers despens de ma vie
De gaigner des lingots d'or.

Tous ces biens je ne quiers point,
Et mon courage n'est poinct[2]
De telle gloire excessive.
Manger ô[3] mon compaignon,
Ou la figue d'Avignon,
Ou la Provençale olive.

L'artichot, et la salade,
L'asperge, et la pastenade,
Et les pepons Tourangeaux
Me sont herbes plus friandes
Que les royales viandes
Qui se servent à monceaux.

Puis qu'il faut si tost mourir,
Que me vaudroit d'acquerir
Un bien qui ne dure guiere
Qu'un heritier qui viendroit
Apres mon trepas, vendroit
Et en feroit bonne chere?

Jacques Prévert, *Paroles*, « La grasse matinée », 1946

LA GRASSE MATINÉE

Il est terrible
le petit bruit de l'œuf dur cassé sur un comptoir d'étain
il est terrible ce bruit
quand il remue dans la mémoire de l'homme qui a faim
elle est terrible aussi la tête de l'homme
la tête de l'homme qui a faim
quand il se regarde à six heures du matin
dans la glace du grand magasin
une tête couleur de poussière
ce n'est pas sa tête pourtant qu'il regarde
dans la vitrine de chez Potin
il s'en fout de sa tête l'homme
il n'y pense pas
il songe
il imagine une autre tête
une tête de veau par exemple
avec une sauce de vinaigre
ou une tête de n'importe quoi qui se mange
et il remue doucement la mâchoire
doucement
et il grince des dents doucement
car le monde se paye sa tête
et il ne peut rien contre ce monde

크렘 파티시에르

크렘 파티시에르(crème pâtissière) 없이는 에클레어도, 플리지외도, 밀푀유도 만들 수 없다.
이 크림을 미니 슈에도 채우고, 타르트 시트에도 넣고 다양한 가토에도 사용한다.
주걱을 꺼내 들고, 메르코트와 함께 이 팔방미인 크림을 만들어보자.
메르코트*

크렘 파티시에르의 기원
이 '파티시에의 크림(crème de pâtissier)' 레시피가 처음 등장한 것은 16세기다. 당시에는 밀가루를 넣어 되직하게 만든 크림을 뜻했다. 이후 요리사 프랑수아 마시알로가 1691년 펴낸 자신의 요리서 『왕실과 부르주아 요리사(*Cuisinier royal et bourgeois*)』에 소개한 레시피를 통해 더 정확해진 것으로 추정된다.
달걀 12개, 밀가루 넉넉히 반 파운드, 다시 달걀 12개, 그리고 우유 2파인트 반을 끓여 준비한다. 재료를 모두 냄비에 넣고 소금 한 꼬집과 버터 반 파운드를 넣고 익힌다.

실패하지 않는 크렘 파티시에르 레시피

준비 : 10분
조리 : 5분
4인분
우유(전유) 250ml
바닐라 빈 1/2줄기
설탕 50g
달걀노른자 3~4개
밀가루 10g
옥수수 전분 10g

밑이 둥근 믹싱볼에 달걀노른자를 넣고 길게 갈라 긁은 바닐라 빈을 넣는다. 여기에 설탕을 넣고 거품기로 꼼꼼하게 저어 섞는다. 밀가루와 전분을 고루 뿌린 다음 너무 세게 휘젓지 않으면서 조심스럽게 섞는다. 우유에 바닐라 빈 줄기를 넣은 뒤 끓을 때까지 가열한 다음 3/4을 달걀 설탕 혼합물에 넣고 거품기로 세게 저으며 잘 개어 섞는다. 모두 다시 냄비에 옮긴 후 끓을 때까지 가열한다. 주걱으로 계속 저어주며 되직해질 때까지 1분 정도 익힌다. 용기에 덜어낸 다음 랩을 밀착시켜 덮어서 식힌다.

크렘 파티시에르를 만드는 요령과 팁

☞ 크렘 파티시에르를 **안정적인 농도로** 유지하기 위해서는 가능하면 파린 드 그뤼오(farine de gruau 글루텐 함량이 더 많으며 입자가 고운 흰 밀가루)나 박력분(T45)을 사용하는 것이 좋다.

☞ **글루텐 불내증**이 있는 사람은 감자나 옥수수 전분만을 사용한다.

☞ **비멸균 생우유**를 사용하는 것이 가장 좋으나, 없는 경우에는 마이크로 필터링* 처리한 전유(lait entier micro-filtré)를 선택한다.

* 마이크로 필터링 : 우유의 맛과 품질에 영향을 주는 미생물과 유해 세균만을 99.9%까지 걸러내는 최첨단 원유 필터링 시스템.

☞ **더 부드럽고 크리미한** 크림 파티시에를 만들려면 우유 분량의 반을 유지방 35% 생크림으로 대체해도 좋다.

☞ 달걀노른자와 설탕을 색이 연해질 때까지 **너무 오래 휘젓지 않고** 섞일 정도로만 저어둔다. 이렇게 하면 크림을 익히기 더 수월하다.

☞ 크림을 익히면서 **덩어리나 알갱이가 생기는 것을 방지하려면** 달걀노른자, 설탕, 밀가루 혼합물에 넉넉한 양의 우유를 조금씩 넣어가며 **완전히 개어주는 것이** 중요하다. 너무 되직하지 않고, 냄비에 남겨진 우유와 거의 비슷할 정도로, **페이스트가 아닌 흐르는 액상 농도**가 되도록 뜨거운 우유를 넉넉히 넣어가며 잘 저어 섞는다.

☞ 혼합물이 냄비 바닥에 눌어붙지 않도록 8자 모양을 그리듯이 계속 저어주면서 **천천히 익힌다.**

☞ **랩으로** 덮기 전에 **버터 한 조각을** 뜨거운 크림 위에 둘러 주면 표면이 굳어 막이 생기는 것을 막을 수 있다.

☞ 크렘 파티시에르를 **빨리 식히려면** 둥근 볼보다 평평하고 **넓적한 용기나 바트에** 덜어내는 것이 좋다. 층을 얇게 펼수록 빨리 식는다.

크렘 파티시에르의 다양한 응용
크렘 파티시에르 100g

+

상온의 부드러운 포마드 상태의 버터 50g
=
크렘 무슬린

뜨거운 크렘 파티시에르에 판젤라틴 1/2장을 넣어 섞는다 + 차가운 생크림 휘핑한 것 50g
=
크렘 디플로마트

휘핑한 생크림 50g
=
크렘 마담 또는 크렘 프린세스

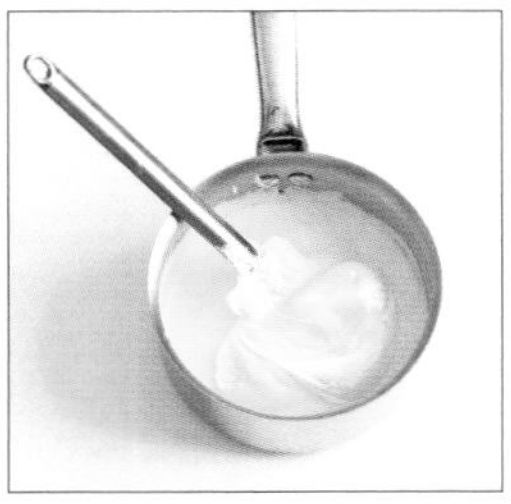

판 젤라틴 1장을 찬물에 담가 불린 뒤 물을 꼭 짜서 뜨거운 크렘 파티시에르에 넣는다 + 이탈리안 머랭(설탕 5g을 넣고 거품 낸 달걀흰자 25g에 115°C로 가열한 시럽 35g을 넣어가며 단단한 머랭을 만든다)을 넣고 조심스럽게 섞는다.
=
크렘 시부스트

아몬드 크림 225g(아몬드 가루 110g, 슈거파우더 110g, 옥수수 전분 10g을 상온의 부드러운 포마드 상태의 버터 130g, 아티장 럼 1테이블스푼과 잘 섞고 달걀 2개를 한 개씩 넣으며 균일하게 혼합한다.)
=
프랑지판

뜨거운 크렘 파티시에르 + 커버처 초콜릿 20g
=
초콜릿 크림

* 마카롱의 여왕, 디저트의 여신이라는 애칭으로 불리며, M6 방송의 '르 메이외르 파티시에(Le Meilleur Pâtissier)'에서 시릴 리냑(Cyril Lignac)과 함께 심사위원으로 활약하고 있는 메르코트(Mercotte) 여사는 2005년부터 요리 블로그(La cuisine de Mercotte)를 운영하고 있다.
저서 : 『메르코트의 베스트 레시피(*Le Meilleur de Mercotte*)』, éditions Altal 출판.

먹어도 괜찮아요

루이 15세부터 미슐랭 3스타 셰프 알랭 샤펠에 이르기까지, 모든 짐승의 고환은 고수들이 가장 즐겨 찾는 미식 재료가 되었다. 그저 몸에 영양을 공급하는 것을 넘어 금기시된 육류 부속은 최음과 강장 효과를 갖고 있는 것으로 여겨진다.

아드리엥 곤잘레스

양의 고환

무게
100~250g

리무쟁 LIMOUSIN
간략한 역사 : 밀바슈(Millevaches) 고원을 대표하는 동물은 무엇일까? 바로 양이다. 이 지역에서 양은 토템이다. 크뢰즈 지방의 작은 마을 베네방 라베(Bénévent-l'Abbaye, Creuse)에서는 매년 성 바르틀레메오(St. Barthélemy) 축일인 8월 24일에 양 축제(Les Moutonnades)를 연다. 양은 전부 맛있다고 여기기 때문에, 고환마저도 이 지역에서는 별미로 친다. 하지만 약 15년 전부터 이 음식을 대표적 전통 요리 반열에 올려놓은 것은 다름 아닌 '양 고환 애호가 협회'이다.
요리법 : 지역 축제 때가 되면 이 요리 애호가들은 양 고환을 팬 프라이한 뒤 레몬즙과 페르시아드(persillade 파슬리에 마늘, 올리브오일, 허브, 식초 등을 넣고 다진 양념)를 넉넉히 뿌려 먹는다.
강장 효과 지수 : 2/5

리옹 LYON
간략한 역사 : 80년대 초 요리사 알랭 샤펠(Alain Chapel)은 '양 고환 애호가 기사단(Confrérie des Joyeuses)'의 창단 멤버 중 하나로 이름을 올렸다. 그는 장을 보고 난 후엔 양 고환(rognons blancs 이라고도 부른다) 요리를 먹기 위해 동호회 친구 네다섯 명과 함께 라 마르티니에르(La Martinière) 거리의 한 비스트로에서 만나곤 했다. 오늘날 약 30명 규모의 회원을 가진 이 모임은 매년 11월 마지막 토요일에 총회를 열고 있다. 이 기사단 회원들은 붉은색 가운을 입고 있으며 목 둘레에 아주 상징적인 모양의 에그셸 커터가 매달려 있는 끈을 두르고 있다.
요리법 : 동호회 회원들은 삶아서, 혹은 튀김으로, 허브 버터나 와인 소스를 뿌리는 등 가능한 한 여러 가지 조리법으로 만든 양 고환 요리에 도전하고 있다.
강장 효과 지수 : 1/5

파리 PARIS
간략한 역사 : 1974년 파리 도축장들이 문을 닫기 전까지 정육점 직원들과 도시 북쪽 시장의 건장한 일꾼들은 아침 일을 마친 후 오전 새참으로 남자들끼리 양 고환 요리(frivolités de la Villette)을 즐겨 먹었다.
요리법 : 양 고환을 적당한 두께로 슬라이스한 다음 달걀물, 빵가루를 묻혀 팬에 튀기듯 지진다. 레몬 조각과 함께 서빙한다.
강장 효과 지수 : 2/5

닭의 고환

무게
깃털만큼 가볍다

로렌 LORRAINE
간략한 역사 : 이 요리를 '여왕의 부셰(bouchées à la reine)'라고 부르게 된 것은 루이 15세의 부인인 마리 레슈친스카(Marie Leszczynska)로부터 기인했다. 남편의 성적 능력에 만족하지 못한 그녀가 베르사유궁의 파티시에들과 공모하여 소스 피낭시에르(sauce financière)를 곁들이는 퓌유타주 파이인 부셰를 개발해냈는데, 이 때 닭의 볏과 고환을 재료로 사용했다고 전해진다.
요리법 : 어떻게 하여 정력을 증강하는 음식이 알자스 식탁의 기준이 되었는지는 아무도 모른다. 2000년대 이후로 매년 9월 열리는 스트라스부르 유럽 박람회에서는 이 음식의 경연대회도 열리고 있다. 하지만 고환은 흉선으로 대체되고 있는 추세다. 수급이 어렵기 때문일 것이다. 도계업자들은 닭에서 고환을 떼어내지 않는다.
강장 효과 지수 : 5/5

황소의 고환

무게 :
250~300g

랑드 LANDES
간략한 역사 : 투우 경기인 코리다(Corridas) 기간 동안 투우 애호가 및 관람객들은 경기장에서 죽은 황소의 고환을 먹는 일이 드물었다. 1980년대 말 당시 보르도의 요리사였던 미셸 카레르(Michel Carrère)는 대목을 맞게 된다. 플로리악(Floriac)에서의 투우 경기가 있던 저녁이면 미식가들은 그날 투우에서 죽은 황소의 고환 12개를 맛보기 위해 보르도에 있는 그의 미슐랭 스타 레스토랑 '라 샤마드(La Chamade)' 지하 와인 저장실로 모여 모여들었다.
요리법 : 20년 전부터 랑드 지방 생 쥐스탱(Saint-Justin)에 정착한 카레르 셰프는 몽 드 마르상(Mont-de-Marsan)의 페리아 투우 경기가 열리는 동안에 이 고환 요리를 서빙하고 있다. 철판에 익힌 고환에 구운 가지와 마늘과 파슬리를 넣고 푹 익힌 주키니 호박을 곁들여낸다.
강장 효과 지수 : 4/5

라미 로제의 양 고환 요리 LES JOYEUSES DE L'AMI ROGER

알랭 샤펠 *Alain Chapel*

3인분
양 고환 6개
타임 1줄기
월계수 잎 1장
레몬 2개
소금, 후추
버터 200g

고환을 감싸고 있는 막을 제거해 알맹이만 꺼낸다. 정육점에서 손질해 오면 좋다.
약하게 끓고 있는 물에 넣고 1분간 데친 뒤 찬물에 헹군다. 냄비에 물을 채운 뒤 소금, 타임, 월계수 잎, 레몬 슬라이스 몇 쪽을 넣고 고환을 넣어 약 15분간 삶는다. 익었는지 확인한 뒤 건져서 생선처럼 버터에 재빨리 지져 익힌다. 두 번째 레몬의 즙을 짜 뿌린 뒤 서빙한다.

관련 내용으로 건너뛰기
p.124 미식 마니아들의 모임

다양한 명칭들
진정한 미식가들은 절대로 '고환(testicule)'이라고 발음하지 않는다. 이는 좀 더 점잖게 말하려는 시적 취향 때문일까 혹은 자신의 은밀한 부분과의 혼동을 피하려는 아주 민감한 의도일까? 아무튼 직접 이 단어를 입으로 소리 내어 발음하지 않는다. 불알을 뜻하는 단어 아니멜(animelles)은 라틴어 아니마(anima, 영혼, 마음)에서 파생된 것으로, 모든 동물(animal, 이 또한 기원이 되는 단어 중 하나다)의 생식기관을 지칭한다. 양의 고환을 지칭할 때는 '로뇽 블랑(rognons blancs)'이라는 단어를 더 많이 쓴다. 투우 경기인 코리다(Corrida)의 종주국인 스페인에서는 황소의 고환을 '크리아딜랴스(criadillas)', 혹은 색이 검은 황소인 경우에는 '트뤼프(송로버섯)'라고 부른다. 멧돼지 사냥꾼들은 멧돼지의 고환을 '쉬트(suites)'라고 칭하며 그 요리도 같은 이름으로 부른다. 숫양의 고환은 최고의 별미로 대우받는다.

참고서적 : 『고환(*Testicules*)』, 블랑딘 비에(Blandine Vié) 저, L'Épure 출판, 2005

'코르시카 수프'를 찾아서

이 수프는 코르시카섬이나 본토를 막론하고 식당이나 작은 호텔의 메뉴 어디에서나 찾아볼 수 있지만
모든 코르시카인들은 각기 가족 레시피의 맛과 추억을 간직하고 있다.
그리고 모두 자신의 어머니나 할머니의 수프를 최고로 친다.

프레데릭 랄리 바랄리올리

Jacqueline Bonci

향토적인 수프의 비밀

오랜 세월 동안 어머니들은 집에 있는 재료로 일품요리를 대신할 만한 이 수프를 맛있고 푸짐하게 만들어야 했다. 재료는 계절에 따라 혹은 만드는 장소에 따라 달라졌다. 이 수프에 들어가는 구성 재료를 두고 오늘날 왈가왈부 논쟁이 생기는 것도 바로 그 이유 때문이다.

변하지 않고 꼭 들어가는 재료들

→ **콩류**(다양한 종류의 말린 콩 또는 신선한 콩)
수프를 걸쭉하게 만들어준다.

→ **코르시카 돼지고기 샤퀴트리 한 덩어리**
지방을 제공하며 맛을 높여주는 필수 재료다.

→ **탄수화물과 계절 채소**
잘게 썰어 넣어 부드러움과 씹는 식감을 더한다.

다양하게 변화를 줄 수 있는 재료들

계절과 기호에 따라 다른 채소와 탄수화물을 넣을 수 있다.

→ **강낭콩 수프**
→ **배추 수프**
→ **허브 수프**

두 가지 요리를 하나로

옛날 산악지대의 몇몇 마을에서는 이 가난한 사람들의 소박한 음식을 활용해 새로운 메뉴를 만들어내기도 했다. 수프에 넣고 끓인 채소의 일부분을 덜어낸 다음 양념을 해 따뜻한 샐러드로 만들어 먹었다.

코르시카를 느낄 수 있는 부분은 무엇일까? 명칭의 기원…

1960년대 말 이전에는 코르시카 수프(soupe corse)라는 명칭에 대한 그 어떤 흔적도 찾을 수 었었다. 그저 시골풍 수프(soupe paysanne) 또는 **강낭콩 수프(suppa di fasgioli)**라고 지칭되었을 뿐이다. 코르시카의 다른 요리나 미식 문화가 그러했듯이 이 수프도 1970년과 1980년대에 이르러서야 제대로 그 이름을 알리기 시작했다. 잘 생각해보면 이 수프를 만드는 데 들어가는 기본 재료들 중에 특별하게 코르시카를 상징하는 것은 전혀 없다. **식재료를 잘 조합하고 승화시키는 방식**으로 이 요리를 **가난한 음식(cusina povera)**의 소박함과 마법의 표현으로 만들어냈다는 것을 제외하면 특별한 점은 그 어느 것도 없다. 어쩌면 판제타(panzetta)나 프로슈토(prisuttu)를 넣거나 민트나 개박하 등의 허브를 추가한 것이 오히려 이 수프를 특징짓는 점일 수도 있다. 실제로 이 수프를 다양한 재료로 만들 수 있다는 점에서, '아 수파(a suppa)'는 코르시카를 나타낸다고 할 수 있다. 코르시카 수프는 산, 평원, 시골 마을뿐 아니라 도시의 음식, **농부의 음식도 부르주아의 음식도** 될 수도 있는 것이다. 심지어 오늘날에는 **세련되고 검소하면서도 고상한 안목의 메뉴**로 각광받으면서 약간은 속물근성의 성격까지 띠게 되었다.

코르시카 수프

자클린 본치 JACQUELINE BONCI 마성의 요리를 선보이는 바스티아의 할머니

콩 불리기 : 1시간 ~ 6시간
준비 : 20분
조리 : 30~40분
8인분

붉은 강낭콩 1파운드
스노우 피(납작한 그린 빈스 종류) 1/2파운드
셀러리 줄기 1~2개
적양파 1개
리크(서양대파) 2대
당근 2개
주키니호박 2개(흰색이면 더 좋다)
양배추 1/2통
감자 3~4개
판제타 슬라이스(panzetta: 염장 훈제하여 건조한 코르시카의 베이컨) 1장
월계수 잎 1장
바질, 민트 1송이
마늘 3~4톨
소금, 후추
올리브오일
스파게티 100~200g(농도에 따라 원하는 분량을 준비한다)

마른 강낭콩은 건조한 상태에 따라 찬물에 담가 각각 1시간(말린 지 3개월 이내), 3시간(6개월 이내), 혹은 최소 6시간(6개월 이상. 물에 불릴 경우에는 발효를 막기 위해 중간에 물을 갈아준다) 이상 불린다.
불린 콩을 물에 넣고 5~10분간 초벌로 삶아낸 뒤 물은 버린다. 판제타를 물에 넣고 끓여 거품을 걷어내고 물은 버린다. 그동안 셀러리, 리크(녹색 부분의 대부분도 함께 사용한다), 양배추를 얇게 썬다. 양파, 당근, 감자, 주키니호박은 작고 납작하게(페이잔 썰기) 썬다. 스노우 피는 반으로 자른다.
큼직한 압력솥에 올리브오일과 소금을 넣은 다음, 양파와 판제타를 볶는다.
준비한 채소를 모두 넣고 월계수 잎을 한 장 넣어준다. 재료가 잠길 만큼 물을 넣은 다음 끓인다. 불려서 초벌로 삶아 놓은 콩을 넣는다(이때 콩 몇 개에 칼집을 내두면 끓으면서 국물을 걸쭉하게 만들어준다). 월계수 잎을 건져낸 다음, 냄비 뚜껑을 덮고 익힌다. 압력솥 밸브가 칙칙 소리를 내기 시작하면 그때부터 20분 정도 끓인다. 뚜껑을 열고 약불 또는 중불에서 더 끓인다. 채소 건더기(특히 감자와 강낭콩)가 충분히 물렀는지 체크한다. 너무 묽으면 감자 한 개를 으깨 넣어 농도를 좀 더 걸쭉하게 해준다. 바질과 민트는 굵직하게 다지고 마늘도 잘게 썰어 수프가 다 익으면 마지막에 넣어준다. 이때 2~3 조각으로 자른 스파게티도 함께 넣는다. 스파게티를 넣고 5분이 지난 뒤 불을 끈다.
남은 열로 계속 익힌다. 수프 표면에 올리브오일을 넉넉히 한 잔 부어준다. 식으면 소금과 후추로 간을 조절한다.

쿠스쿠스 루아얄

이 요리법은 쿠스쿠스의 종주국인 북아프리카 마그레브 국가들의 정통 레시피와는 거리가 있다. 하지만 프랑스에서는 이렇게 먹는다. 심지어 이 쿠스쿠스는 프랑스인들이 가장 좋아하는 음식 중 선두 자리를 차지할 정도다.

마리엘 고드리

프랑스식 쿠스쿠스
정작 본고장 북아프리카에는 쿠스쿠스 루아얄(couscous royal)이 없다. 이는 몽파르나스에 있는 레스토랑 셰 베베르(Chez Bébert)에 의해 유명해진, 순전히 파리에서 만들어진 요리 이름이다. 로얄(Royal)이라는 이름을 붙인 것은 닭고기, 양고기, 미트볼 등 각종 고기와 북아프리카 이슬람 국가에서 가장 많이 먹는 소시지인 메르게즈가 모두 들어가는 화려한 구성에서 비롯되었다. 전통적인 쿠스쿠스는 따로 구워 익힌 고기를 허용하지 않는다. 고기와 채소를 모두 국물과 함께 익힌 다음 그 국물을 쿠스쿠스 세몰리나에 부어 먹는다.

쿠스쿠스가 오베르뉴 음식?
교수이자 언론인인 레몽 뒤메(Raymond Dumay)는 쿠스쿠스의 기원이 오베르뉴에 있다는 사실에 추호의 의심도 없다.
"오베르뉴의 주 요리이며 언젠가는 전 세계로 퍼져나갈 음식이 바로 쿠시쿠샤(couchi-coucha)입니다. 고대 로마인들이 최고로 쳤던 리마뉴(Limagne)산 밀로 세몰리나를 만듭니다. 바생 드 브리브(Bassin de Brive) 지역에서 재배한 완두콩, 주키니호박, 순무 등 신선한 채소를 사용합니다. 이 모든 재료가 양고기, 닭고기와 그 밖에 더욱 섬세한 맛을 지닌 예민한 특수 부위들과 어우러집니다. 예를 들면 양의 고환 부위 같은 것들 말이죠. 여기에 '아리자(arrizat)'라고 불리는 매콤한 소스를 곁들여 먹습니다."
『부싯돌에서 바비큐까지, 프랑스의 지리 미식학 안내서(*Du Silex au barbecue: guide géogastronomique de la France*)』, 레몽 뒤메 저.

쿠스쿠스 레시피

앙드레 자나 뮈라* *Andrée Zana-Murat**

쿠스쿠스를 처음 만드는 초심자에게 유용할 뿐 아니라, 마치 레스토랑에서 먹는 근사한 요리로 한층 더 발전시키기에 이상적인 레시피다.

준비 : 30분
조리 : 1시간 55분 + 1시간 30분(쿠스쿠스 세몰리나)
6인분

양고기(어깨살, 목심) 1kg
메르게즈* 소시지 12개
(*merguez : 북아프리카, 중동의 대표적인 소시지로 굵기가 가늘며, 주로 양고기나 소고기에 매운 칠리 소스인 하리사와 각종 향신료를 넣어 만든다.)
청피망 1/2개
홍피망 1/2개
토마토 3개
주키니호박 3개
셀러리 줄기(중간 것) 3대
작은 순무 500g
양파(큰 것) 4개
파프리카 가루 1테이블스푼
토마토 페이스트 1테이블스푼
마늘 3톨
스톡 부이용 큐브 2개
병아리콩(작은 캔) 1개
쿠스쿠스 세몰리나 500g
낙화생유 1바퀴
올리브오일 5테이블스푼
소금, 후추

고기
양고기는 깨끗이 헹군 뒤 소금, 후추로 간을 하여 볼에 담아둔다. 아주 큰 사이즈의 두꺼운 주물 냄비에 올리브오일을 뜨겁게 달군 다음 고기를 지져 익힌다. 처음엔 센 불로 시작하여 중불로 줄여 익힌다. 고기에 골고루 색을 낸 다음 꺼내 우묵한 용기에 담는다. 이 냄비는 그대로 두었다가 채소를 익힐 때도 사용한다. 메르게즈 소시지는 기름을 두르지 않은 팬에 익혀둔다. 마지막 서빙 때 다시 데운다.

채소
모두 깨끗이 씻어 껍질을 벗긴다. 양파와 피망, 셀러리는 얄팍하게 썬다. 토마토는 끓는 물에 15초간 데쳐 껍질을 벗긴 뒤 씨와 속을 제거하고 잘게 썬다. 필러를 이용하여 주키니 호박의 껍질을 한 줄 건너 한 줄씩 벗기고 길게 반으로 자른 뒤 굵직하게 썬다. 순무와 당근도 마찬가지로 썰되 껍질을 완전히 벗기고 사용한다. 고기를 지지고 남은 기름에 얇게 썬 양파를 넣어 볶는다. 노릇하게 볶아지면 불에서 내리고 파프리카와 토마토 페이스트를 넣어 섞는다. 다시 불에 올린 다음 으깬 마늘, 피망, 셀러리, 당근, 순무를 넣는다. 5분 정도 충분히 볶아준 다음 토마토를 넣는다.

고기, 채소, 국물 혼합
고기를 채소 볶음에 넣고, 깡통의 병아리콩은 물을 제거한 뒤 넣어준다. 뜨거운 물에 부이용 큐브를 녹여 국물을 만든 다음 이 고기와 채소 혼합물에 국자로 부어준다. 건더기가 겨우 잠길 정도의 높이까지 국물을 붓고 다시 끓인다. 끓기 시작하면 불을 약하게 줄이고 1시간 정도 뭉근히 익힌다. 그동안 쿠스쿠스 세몰리나를 준비한다. 마지막으로 주키니호박을 넣은 다음 약한 불에서 20분간 냄비 뚜껑을 닫은 상태로 익힌다. 익히면서 간을 체크한다. 우묵한 접시에 채소와 쿠스쿠스를 가장자리에 빙 둘러 담은 뒤 가운데에 고기를 담는다. 국물은 따로 서빙한다.

쿠스쿠스
쿠스쿠스 알갱이를 아주 큰 볼에 담고 찬물로 넉넉히 덮어준다. 손으로 잘 섞는다. 물이 뿌옇게 변하면 세몰리나 알갱이가 바닥에 가라앉을 때까지 몇 초간 기다렸다가 윗물을 버린다. 이렇게 씻어 헹구는 과정을 한 번 더 반복한 다음, 아주 고운 체 망에 건져 대충 물을 턴다. 큰 볼에 담고 식용유를 한 바퀴 둘러 뿌린 뒤 소금을 넣고 재빨리 포크로 섞어 뭉치지 않고 알알이 분리되도록 한다. 5~10분 간격으로 이처럼 포크로 잘 섞어 알갱이를 분리해준다. 30분 정도 지나면 쿠스쿠스가 불어 거의 익은 것처럼 부드럽게 변한다. 뭉치지 않게 알갱이를 고루 분리하는 데는 손을 사용하는 것이 가장 효과적이다. 손으로 살살 비벼가며 뭉친 덩어리를 풀어준다. 맛을 본 다음 필요하면 소금 간을 더 한다. 쿠스쿠스용 찜기 하단 냄비에 뜨거운 물을 1/3정도 채운 뒤 끓인다. 찜기 상단 용기를 하단 냄비 위에 얹은 다음 불린 쿠스쿠스를 붓는다. 뚜껑을 닫고 20분간 증기로 쪄낸다. 찐 쿠스쿠스를 우묵한 큰 접시에 담은 뒤 작게 자른 버터를 넣고 포크로 섞는다. 소금으로 간을 맞춘다.

*** Andrée Zana-Murat : 앙드레 자나 뮈라는 독보적인 요리사다. 쿠스쿠스에 관한 한 그녀가 알려주는 요령과 기술이라면 우리는 두 말 않고 따른다. 게다가 지중해 출신인 이 요리사의 수준 높은 요리 솜씨와 넉넉함도 함께 배울 수 있다.**

채소 줄기, 잎, 뿌리, 껍질 활용법

식량 위기에 맞싸워 대항하는 음식을 지향하거나 비타민이 풍부한 식단을 추구하는 사람이라면 누구나 채소와 과일을 선호한다. 줄기 잎이 달리거나 연한 혹은 질긴 껍질이 있는 것, 뿌리가 달린 채소들… 우리 조상들은 재료를 알뜰하게 사용하느라 이것들을 낭비없이 잘 활용했지만, 우리는 이제 멋진 파티 분위기를 내기 위해, 또는 환경을 생각하는 마음가짐으로 이 채소들을 사용하게 되었다.

마리 아말 비잘리옹

뿌리를 이용한 요리법

poireau
리크

리크 뿌리 덴푸라
서양 대파는 뿌리 수염이 풍성한 것을 고른다. 수염과 함께 밑동을 3mm 정도 자른 뒤 4등분한다. 깨끗이 씻어 물기를 제거한다. 튀김옷 반죽(달걀 노른자 1개, 얼음물 200ml를 섞은 뒤 밀가루 120g을 넣고 겨우 섞일 정도만 저어둔다)에 담가 묻힌 뒤 기름에 튀긴다. 건진 뒤 키친타월에 기름을 빼고 소금을 뿌린다. 요리에 장식으로 놓거나 아페리티프로 서빙한다.

오리 껍질 그라통과 엔다이브 뿌리
(로랑 프티*가 단순화한 레시피) 엔다이브 뿌리 3개를 닭 육수에 넣고 1시간 동안 익힌 뒤 길이로 자른다. 생 엔다이브 3개도 마찬가지로 길이로 자른 다음, 익힌 뿌리와 함께 버터에 노릇하게 색이 나도록 볶는다. 접시에 담고 레몬 제스트, 오리 껍질 크라통(gratton de canard 오리 껍질이나 자투리 부분을 오리 기름에 약한 불로 오래 익혀 바삭하게 만든 것), 올리브오일에 노릇하게 볶은 샬롯 1개, 굵게 다진 호두 몇 알을 얹은 다음, 졸여 농축한 닭 육즙 소스를 뿌린다. 잘게 썬 생 엔다이브로 장식한다.

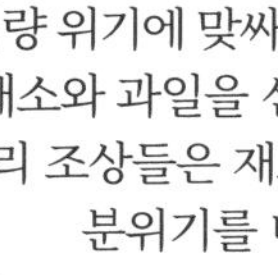

endive 엔다이브

urent Petit : '클
상스(Clos des
, Anne-
-Vieux,
e-Sa-
'의 셰프

잎사귀를 이용한 요리법

radis 순무

순무 잎 페스토
순무 잎과 호박씨, 마늘, 파르메산 치즈, 소금을 블렌더로 간 다음 올리브오일을 조금씩 넣어가며 마요네즈를 만들 듯이 섞는다. 파스타나 토스트에 곁들이면 매콤하고 새콤한 맛을 더할 수 있다.

당근 잎 샐러드
줄기는 제거한 뒤 잎사귀만 잘게 썰어 비타민 잎, 체리토마토, 얇게 썬 버섯 샐러드에 넣어 먹는다. 풍미를 살리려면 믹서 등의 전동 기계를 사용하지 않는다.

carotte 당근

비트 잎 스튜
비트의 줄기를 12개 정도 잘게 썰고 얇게 썬 샬롯 2개, 약간의 잣과 함께 올리브오일에 수분이 나오도록 볶는다. 여기에 소고기 분쇄육, 완숙 토마토 3개, 가늘게 썬 비트 잎, 후추, 큐민 가루를 넣는다. 뚜껑을 반쯤 덮은 상태로 뭉근히 익힌다. 물 1컵과 쌀 1컵을 넣고 뚜껑을 덮어 익힌다. 마늘 2톨에 레몬즙 반 개분을 짜 넣은 다음 곱게 찧는다. 스튜 냄비를 불에서 내린 뒤 넣어준다. 비트 잎은 짭짤한 맛이 있으니 소금을 넣기 전에 맛을 먼저 본다.

betterave 비트

아스파라거스 껍질 크렘 브륄레

에두아르 루베*

준비 : 20분
조리 : 45분
10인분

아스파라거스 10개를 다듬고 남은 껍질 및 자투리
우유 500ml
생크림 500ml
달걀노른자 10개
소금
구아바 설탕 약간
넛멕 1꼬집
파르메산 치즈
아몬드 10알

아스파라거스의 껍질을 벗긴 뒤 자투리와 함께 모아둔다. 냄비에 생크림과 우유를 데운 뒤 소금, 설탕, 넛멕을 넣는다. 끓으면 바로 불을 끈 다음 아스파라거스 껍질을 넣고 식힌다. 체에 거른 뒤 달걀노른자를 넣고 거품기로 잘 저어 섞는다. 개인용 라므킨(ramequin)에 붓는다. 100°C로 예열한 오븐에 넣어 익힌다. 파르메산 치즈 셰이빙과 굵게 다진 아몬드를 얹어 서빙한다.

콩깍지를 이용한 요리법

완두콩 깍지 가스파초
양끝을 다듬은 완두콩 깍지 100개 정도를 소금을 넣은 물에 45분간 삶아낸다. 삶은 물을 조금 넣고 블렌더에 간 다음 체에 거른다. 여기에 양젖 요거트 3개, 적신 뒤 꼭 짠 바게트 반 개, 약간의 올리브오일을 넣고 블렌더로 간다. 잘게 썬 민트와 고수, 그리고 날 콩 몇 알을 얹어 차갑게 서빙한다.

완두콩
petits pois

잠두콩 깍지 퓌레
잠두콩 깍지를 약 250g 정도 준비한다. 섬유질이 많은 심지 봉합선 부분을 가위로 잘라낸 다음 굵직하게 송송 썬다. 냄비에 넉넉한 크기의 버터 한 조각과 함께 넣고 10분 정도 뚜껑을 덮고 익힌다. 깍둑 썬 감자와 커리를 넣고 재료 높이만큼 물을 붓은 다음 뚜껑을 덮고 30분 정도 익힌다. 포크로 으깨고 소금, 후추로 간을 맞춘 뒤 버터 또는 크림(혹은 둘 다)을 넣고 잘 섞는다.

fèves 잠두콩

벗긴 껍질을 이용한 요리법

ananas
파인애플

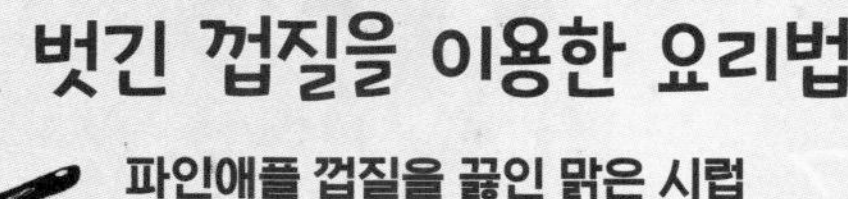

파인애플 껍질을 끓인 맑은 시럽
마리 코샤르*는 파인애플 껍데기에 황설탕 50g, 물 750ml, 계피, 카다멈, 정향을 넣고 20분간 끓인 뒤 식혀서 면포에 거른다. 파인애플 슬라이스를 팬에 노릇하게 구운 다음 이 시럽을 뿌려 서빙한다.

* Marie Cochard : 『자투리 껍질을 활용해 만들 수 있는 모든 것(*Les épluchures, tout ce que nous pouvez en faire*)』의 저자. Eyrolles 출판, 2016

가지 껍질로 장식하기
소니아 에즈귈리앙*은 가지 껍질을 길고 가늘게 잘라 올리브오일을 넣고 센 불에서 볶아낸다. 바삭하게 익으면 바로 키친타월에 얹어 기름을 뺀 다음 소금과 후추를 뿌린다. 같은 기름에 볶은 가지 채 위에 얹거나, 식초를 넣은 가지 콩포트에 뿌려 서빙한다.

*Sonia Ezgulian : 『낭비하지 않기(*Anti-gaspi*)』의 저자. Flammarion 출판.

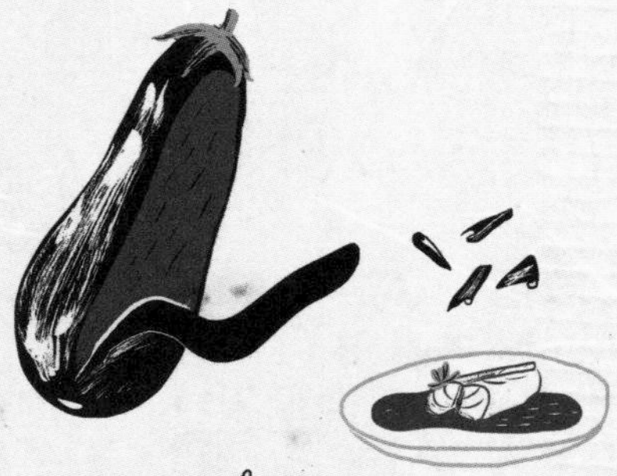
aubergine 가지

당근 껍질 처트니
당근 껍질 세 줌을 블렌더에 간다. 샬롯 3개와 잘게 썬 건과일(무화과, 살구, 대추야자 등)을 섞어 기름에 볶는다. 여기에 갈아 둔 당근 껍질을 넣고 고추, 생강, 고수 등의 양념을 넉넉히 넣은 다음 식초 한 바퀴, 그리고 맥주 한 캔을 넣어 섞는다. 약한 불에서 액체가 모두 증발할 때까지 계속 저어가며 뭉근히 익힌다. 병에 넣어 보관한다.

concombre
오이

carotte
당근
(épluchures)

* 미슐랭 2스타 레스토랑 『라 바스티드 드 카플롱그(La Bastide de Capelongue, Bonnieux, Vaucluse)』의 셰프.

레몬 타르트

새콤한 크림, 바삭한 사블레 시트, 그 위에 취향에 따라 머랭을
올리기도 하고 그냥 먹기도 하는 타르트 오 시트롱.
레몬 타르트는 프랑스 파티스리의 절대적인 클래식 메뉴이다.
델핀 르 푀브르

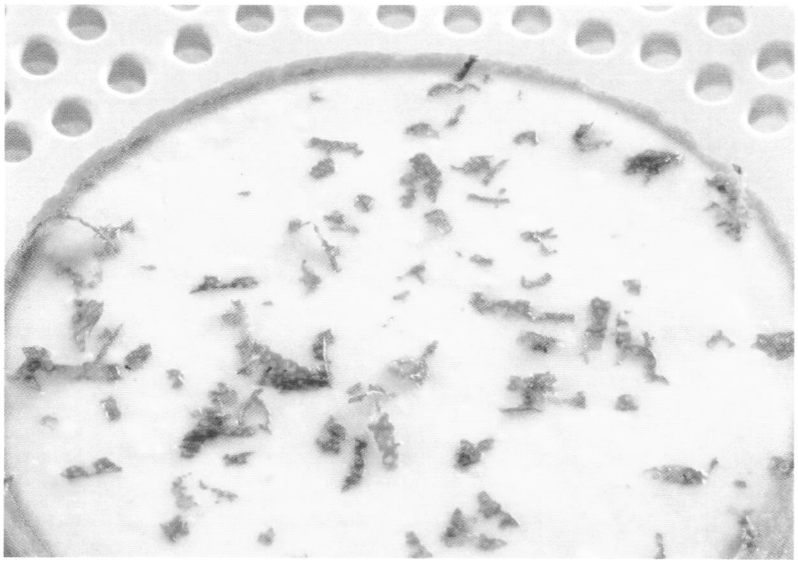

자크 제냉의 레몬 타르트
LA TARTE AU CITRON DE JACQUES GENIN

준비 : 1시간
조리 : 20분
냉장 : 3시간(크림) + 1시간(타르트 시트)
6인분

크림
라임 즙 180g(약 6~10개분)
레몬 제스트 3개분
달걀 큰 것 3개
설탕 170g
무염버터 200g

타르트 시트(타르트 2개분)
상온의 무염버터 175g
슈거파우더 125g
아몬드가루 60g
달걀 큰 것 2개 + 달걀노른자 1개
바닐라 빈 1줄기
소금 1꼬집
밀가루 310g

타르트 시트를 만들 달걀과 버터는 미리 냉장고에서 꺼내 상온에 둔다.

크림 만들기
바닥이 두꺼운 소스팬에 레몬 3개의 제스트를 갈아 넣고 달걀과 설탕을 넣는다. 잘 섞은 뒤 라임 즙을 넣는다. 실리콘 주걱으로 계속 저어주며 아주 약한 불로 천천히 가열한다. 크림에 농도가 생기기 시작하면 계속 저으며 원하는 농도가 될 때까지 익힌다. 약하게 끓기 시작하면 바로 불에서 내리고 체에 걸러 차가운 볼에 덜어놓는다. 5분간 그대로 두었다가 버터를 한 번에 넣고 핸드블렌더로 갈아 유화시키며 혼합한다. 냉장고에 3시간 동안 넣어둔다.

타르트 시트 만들기
바닐라 빈 줄기를 길게 갈라 칼끝으로 빈 가루를 긁어낸다. 버터를 작게 잘라둔다. 볼에 슈거파우더와 아몬드가루, 버터를 넣고 손가락으로 비비며 모래처럼 부슬부슬한 질감이 될 때까지 고루 섞는다. 달걀과 바닐라 빈 가루를 넣고 손으로 섞는다. 밀가루에 소금을 섞은 뒤 혼합물에 넣는다. 가장자리에서 가운데로 모아 접듯이 반죽하여 둥근 모양을 만든다. 작업대 위에 밀가루를 살짝 뿌린다. 반죽을 작업대 위에 놓고 반으로 자른다. 유산지 위에 각각 반죽을 놓고 둥근 모양으로 넓적하게 민다. 랩을 씌워 냉장고에 1시간 30분간 넣어둔다. 시간이 지난 후 작업대에 밀가루를 아주 조금 뿌린 다음 반죽을 밀대로 얇게 민다. 타르트 링을 그 위에 놓고 둘레에 2cm 정도의 여유를 둔 상태로 자른다. 냉동실에 2~3분 넣어둔다. 시트 반죽을 냉동실에서 꺼내 타르트 링 위에 얹고 가장자리를 손으로 밀어 벽에 붙이며 깔아준다. 둘레에 남는 부분은 바깥쪽으로 잘 접어준 다음 밀대를 누르며 굴려 잘라낸다. 오븐을 170°C로 예열한다. 타르트 링에 앉힌 시트를 오븐에 넣고 노릇한 색이 날 때까지 약 20분간 굽는다. 구워서 식힌 뒤 레몬 크림을 채워 넣는다. 차갑게 서빙한다.

관련 내용으로 건너뛰기
p.290 프랑스의 시트러스 과일

바바의 왕, 스타니슬라스 레슈친스키

이 이름을 들으면 제일 먼저 낭시의 멋진 광장이 떠오르지만
뭐니뭐니 해도 '자비로운 군주 스타니슬라스'는 엄청난 미식가였다.
엘비라 마송

귀족 가문 출신의 **스타니슬라스 1세는 1704년부터 1709년까지 재위**한 폴란드의 국왕이다. 몇 년간 정치적 역경을 겪고 난 이후 그는 **샤토 드 뤼네빌(château de Lunéville)에서 유배 생활을 했다.** 로렌 지방의 작은 베르사유궁이라 할 수 있는 이곳에서 그는 몽테스키외 혹은 볼테르와 함께 철학에 심취하기도 했고, 특히 지상 최대의 즐거움이라 할 수 있는 맛있는 음식에 흠뻑 빠지게 되었다. 바바 오 럼이 탄생한 것도 그의 **천재적인 파티시에 니콜라 슈토레르(Nicolas Stohrer)** 덕이다. 딸 마리 레슈친스키가 루이 15세와 결혼하면서 이 바바의 왕은 왕실의 장인이 되었고, **이 달콤한 디저트의 역사는 격동을 맞이하게** 되었다. 슈토레르는 이 왕실 부부를 따라 파리로 가게 되었고, **몽토르괴이(Montorgueil) 거리에 자신의 이름을 건 최초의 파티스리를 열었다.** 그 밖에도 다른 여러 가지 디저트가 간접적으로는 스타니슬라스 레슈친스키 덕에 탄생하게 되었고, 그중에는 짭짤한 맛도 있었다. 하지만 이 원조에 관한 설들의 정확성에 대해서는 논쟁의 여지가 있다.

진실? 혹은 거짓?

스타니슬라스가 처음 만들어낸 것일까?

쿠겔호프 kouglof : 거짓
18세기에 알자스에서 최초의 쿠겔호프 틀의 흔적이 발견되었다. 스타니슬라스가 쿠겔호프를 처음 만들지는 않았다 하더라도 그는 아마도 최소한 이 빵을 아주 좋아한 소비자였을 것이다.

바바 오 럼 baba au rhum : 진실
사실로 추정된다. 스타니슬라스가 쿠겔호프 빵이 너무 말랐다고 지적하자 니콜라 슈토레르가 빵에 스위트 와인을 부어 적셨고, 이 바바의 레시피를 개발해냈다. 스위트 와인이 럼으로 대체된 것은 그 이후의 일이다.

낭시의 마카롱 macarons de Nancy : 증거를 찾아야!
아몬드로 만든 이 과자가 스타니슬라스의 식탁에 종종 오르던 디저트였다는 사실은 잘 알려져 있다. 그의 식사 관리인이었던 질리에(Joseph Gilliers)는 1751년 그의 저서 『프랑스의 디저트 담당자(*Le Cannaméliste français*)』에서 이에 대해 기술하고 있다. 그의 의사였던 뷔쇼(Pierre-Joseph Buc'hoz)도 1787년 자신의 책 『음식을 만드는 기술(*L'Art de préparer les aliments*)』에 같은 내용을 언급했다.

코메르시의 마들렌 madeleine de Commercy : 아마도 ...
로렌 공작 스타니슬라스가 주최한 연회에 코메르시 출신의 마들렌 포미에(Madeleine Paulmier)라는 하녀가 일을 도와주러 왔다. 그녀가 만든 작고 부드러운 이 과자는 스타니슬라스의 마음에 들었고, 그는 이 과자의 이름을 그녀의 이름을 딴 마들렌이라 불렀다. 다른 설에 의하면 마들렌의 기원은 산티아고 데 콤포스텔라 순례길로 거슬러 올라간다. 마들렌이라는 이름을 가진 한 어린 소녀가 달걀을 재료로 가리비 조개껍데기를 틀로 삼아 구워낸 과자를 순례자들에게 나누어 주었다는 이야기가 전해 내려온다.

베르가모트 bergamote : 거짓
이 정사각형 모양의 베르가모트 향이 가미된 사탕은 19세기 중반 낭시에서 탄생했다.

관련 내용으로 건너뛰기
p.300 럼의 모든 것
p.162 프랑스의 사탕

희귀한 수렵육

궁핍하거나 식량이 부족했던 시절에 털 달린 짐승이나 깃털 달린 조류 등의 사냥감 고기들은 중요한 단백질 공급원이었다. 그 이후 엄격한 사냥 규정과 제한이 적용됨에 따라 이제는 그 맛을 잃어버린 몇 가지 종류와 또 맛에 길들여지려면 학습이 필요한 다른 몇 가지 수렵육을 소개하고자 한다.

마리 아말 비잘리옹

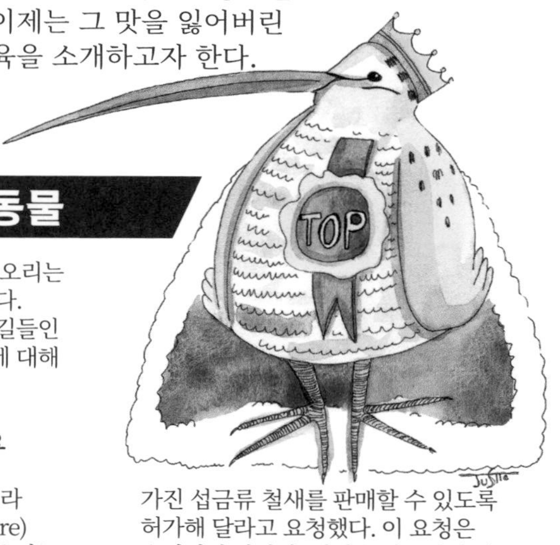

금지된 동물

고슴도치, 보헤미안의 별미 Hérisson
이것을 아주 좋아하는 집시들은 2007년부터 시행되고 있는 이 식충동물의 포획 금지 규정 따위는 무시하고 있다. 가장 유명한 요리법은? 그것은 바로 고슴도치 꼬치구이(Niglo ap i bus)다. 우선 고슴도치를 길게 늘려 잡거나 호스로 공기를 불어 넣어 통통하게 부풀린 다음 잘 드는 칼로 뾰족한 가시와 털을 제거한다. 그 다음 불에 그슬리거나 끓는 물에 데치고 내장을 빼낸다. 반으로 갈라 납작하게 한 다음 꼬치에 꿰어 잉걸불에 굽는다. 굽는 동안 떨어지는 기름은 받아 둔다. 올리브오일 향이 살짝 나는 이 기름에 감자를 노릇하게 구워 함께 서빙한다.

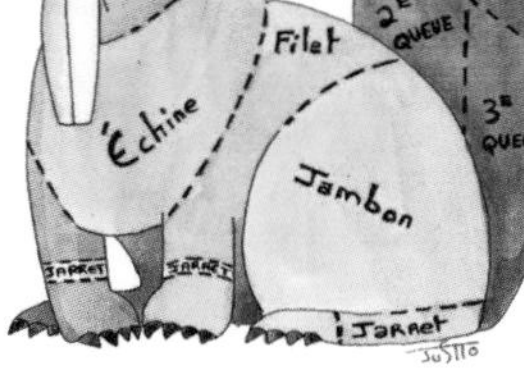

1ERE QUEUE
2E QUEUE
3E QUEUE
Filet
Échine
Jambon
Jarret

유럽 비버, 사순절 고기 Castor d'Europe
반 수중동물인 이 포유류를 어류와 동일하게 인정하면서, 교회는 육류를 금기시 하는 사순절 기간에도 비버 고기를 허용했다. 또한 빌뇌브 레 자비뇽(Villeneuve-les-Avignon)의 수도사들은 비버 고기를 잘게 분쇄해 비버 건조 소시지를 18세기까지 만들어 먹었다고 한다. 한편, 털을 이용한 모피 제작과 향수 원료로 사용하기 위해 생식샘 분비물을 채취하는 등의 이슈로 논란이 되고 있기도 한 비버는 1909년 카마르그에 아주 소수만 남게 되었다. 그 후 유럽에서 가장 큰 이 설치류는 전면적인 보호를 받게 된다. 현재 15,000마리 정도가 서식하고 있다. 비버 특유의 간의 맛이나 송아지 흉선과 비슷한 꼬리의 식감을 즐기려면 남미의 티에라 델 푸에고(Tierra del Fuego)로 가야 한다. 그곳에서는 1946년 도입된 캐나다 비버가 왕성하게 번식했고, 아르헨티나 국립 과학 위원회(Conicet)는 모든 소스를 곁들여 먹는 것을 추천하고 있다.

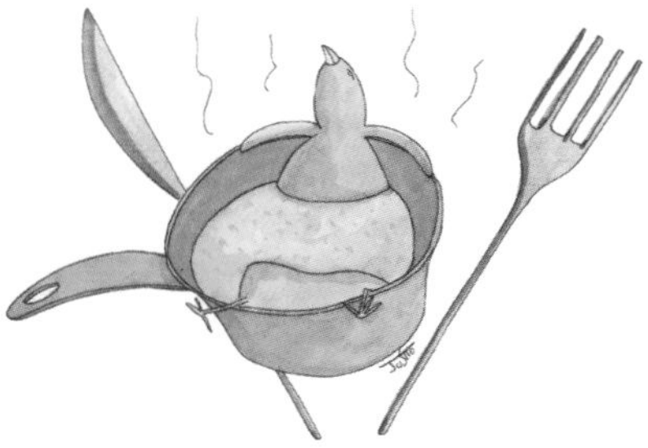

가리고 숨어서 먹는 멧새, 오르톨랑 Ortolan
참새의 사촌격으로 이미 고대 로마인들도 별미로 쳤던 이 작은 새는 알렉상드르 뒤마*의 입맛을 사로잡았고, 프랑수아 미테랑 전 대통령을 미치게 했다. 그는 사망하기 일주일 전에도 이 요리를 먹었다. 1999년부터 사냥이 금지되면서 이 멧새는 잔인한 운명으로부터 벗어나게 되었다. 3주일 동안 캄캄한 암흑 속에 가둬두고 하루에 12번씩 사료를 억지로 많이 먹인 다음, 최후에는 한 잔의 아르마냑에 담가 익사시킨다. 이것의 골부터 내장까지 전부 씹어 먹기 위한 하나의 불문율이 있다. 냅킨보를 뒤집어쓰고 먹는 것이다. 이 사냥감의 향기를 그대로 보존하고자 하는 목적도 있지만 그리 식욕을 돋우지 않는 이 광경을 다른 사람이 보지 않도록 숨어서 먹는 것이라 한다.*

이제는 한물 간 동물

무엇이든지 풍부해진 오늘날 우리 사회에서 몇몇 옛날 분들만이 아직도 이 작은 사냥감을 잡고 있다.

회색 들쥐, 코르시카식 연기 피우기 Loir gris
겨울잠을 자는 쥐류에 속하는 설치류인 다람쥐꼬리 겨울잠 쥐(Glis glis)는 그 무게가 최대 250g 정도 나간다. 테두리가 있는 둥근 눈에, 긴 꼬리는 보드라운 털이 복슬복슬하게 덮여 있다. 멸종위기에 처한 동물은 아니지만, 식용 소비는 더 이상 인기가 없다. 하지만 고대부터 르네상스 시대에 이르기까지 지중해 연안 지역에서는 이 쥐를 토기 항아리에 넣고 곡식을 먹여 살찌웠다. 코르시카섬에서는 이 쥐가 통통해지는 가을에 잡는다. 쥐 굴의 구멍을 전부 막고 하나만 남겨둔 다음 연기를 피운다. 구멍으로 나오는 쥐를 때려서 잡는다. 그 다음은? 이탈리아 칼라브리아에서 먹는 방식과 마찬가지로 내장을 제거하고 껍질째 굽는다. 흘러나오는 기름에는 빵을 적셔 먹는다.

* 알렉상드르 뒤마(Alexandre Dumas)는 저서 『요리대사전(*Grand Dictionnaire de cuisine*)』(1873)에서 이 새의 여러 가지 조리법들을 소개하고 있다.

아주 귀한 동물

메추리도요, 개똥쥐빠귀, 혹은 상오리는 모두 상업적 거래가 금지되어 있다. 잡기 위해서는 인내와 능란하게 길들인 사냥개의 조력이 필요한 멧도요에 대해 자세히 알아보자.

접하기 어려운 '숲의 여왕', 멧도요 Bécasse
미식 평론의 선구자인 그리모 드 라 레니에르(Grimod de La Reynière)는 다음과 같이 기록하고 있다. "우리는 이 귀한 새를 너무도 숭배하여 달라이 라마에게와 같은 급의 경의를 표하게 되었다. 멧도요의 배설물이 레몬즙을 적신 구이 요리 위에 소중히 모아 얹는 데 사용될 뿐 아니라 열광적인 마니아들이 이에 공경심을 표하며 즐겨 먹는다는 사실은 많이 회자되고 있다."* 2014년 알랭 뒤카스(Alain Ducasse)를 포함한 네 명의 요리사들은 자신들의 식당에서 일 년에 단 하루, 이 긴 부리를 가진 섭금류 철새를 판매할 수 있도록 허가해 달라고 요청했다. 이 요청은 승인되지 않았다. 이것을 맛보려면 이 조류를 몰살시키지 않기 위해 충분히 법을 존중할 줄 아는 특권 계급인 멧도요 사냥꾼들과 가까이 지내는 수밖에 없다. 요리사 이브 캉드보르드**는 이 새의 내장을 제거하지 않은 채로 오븐에 구운 다음 아르마냑을 붓고 팬에 볶은 포치니 버섯을 넉넉히 둘러 서빙했다.

* 『나이든 애호가가 만든 미식 연감(*Almanach des gourmands par un vieil amateur*)』 pp.37-38. 1804. Maradan 출판.
** Yves Camdeborde ; '르 콩투아르 뒤 를레(Le Comptoir du Relais)'의 셰프. 파리 7구.

추천하는 동물

캐나다의 흑기러기와 같이 몇몇 이국적인 종의 동물은 프랑스에서 기피의 대상이다. 아래의 두 가지 예를 보면 매우 걱정스럽다.

수달을 다시 먹읍시다. Ragondin
뉴트리아라고도 불리는 이 초식성의 살이 통통한 설치류는 오렌지색 앞니와 쥐를 닮은 꼬리를 갖고 있다. 19세기, 모피 사용을 목적으로 남미에서 유입된 이후 급속하게 자연에 방치되어 번식했다. 이들은 제방 둑길과 새 둥지들을 파괴하였으며 렙토스피라병을 전염시키는 등 간단히 말해 유해 1등급*으로 분류될 만한 모든 요소를 다 갖게 되었다. 분명히 말하건대, 총으로 쏘거나 덫을 놓는 방법 또는 굴에서 몰아내 사냥하는 일이 연중 내내 허용되었다. 그렇다면 무게가 10kg에 육박하는 이 거대한 수달(Myocastor coypus)로 무엇을 할 것인가? 수렵육의 맛이 나는 섬세한 수달의 살코기에 돼지고기, 달걀, 향신료, 브랜디를 넣어 테린을 만들거나 고기를 칼바도스에 재운 뒤 스튜를 끓인다.

다람쥐, 색을 잘 구분할 것 Écureuil
20세기 중반까지만 해도 시골에서 즐겨 먹던 적갈색 머리의 청설모(Sciurus vulgaris)는 1976년부터 엄격히 보호되고 있다. 하지만 19세기에 유입된 미국의 사촌격인 회색 다람쥐는 청설모의 먹이를 약탈하는가 하면 치명적인 바이러스를 전염시키기도 한다. 이 미국 다람쥐는 유럽 연합에서 박멸을 권장하는 종**에 포함된다. 이제부터는(EU를 탈퇴한) 영국의 시장 매대에서 찾아볼 수도 있지 않을까… 다람쥐 살을 산토끼 맛이 나도록, 하지만 보다 기름지게 요리하기 위해서는 선조들의 마법 주술서에 깊이 빠져야 할 것이라고 런던 세인트 존(St. John)의 셰프 퍼거스 헨더슨(Fergus Henderson)은 말한다. 혹은 이 셰프의 '크레송을 넣은 스튜' 레시피***를 그대로 따르면 될 것이다. 일인당 최소한 다람쥐 한 마리를 준비한다.

* 2016년 6월 28일에 제정된 환경 법규 R장 427-6 에 의거함.
** 2016년 EU 시행령 1141조항에 의거. 2016.7.14.
*** Courrier internationale 에 게재. 2003.10.1.

관련 내용으로 건너뛰기
p.55 만족스러운 짐승, 멧돼지

la mayonnaise

마요네즈

집에서 만들어 먹는 홈메이드 마요네즈!
그나마 포마드 같은 대량생산 제품보다는 낫다.
프랑스 요리에서 가장 많이 알려진 이 소스에 대해 자세히 알아보자.

프랑수아 레지스 고드리

손 거품기를 이용한 고전 레시피

할머니 세대의 전통적인 방식이다.
어떤 이들은 거품기조차 사용하지 않고 포크로 척척 만들어낸다. 시간이 좀 더 걸리긴 하지만 소스를 만드는 데는 전혀 무리가 없다.

볼 한 개 분량
소요시간 : 4~5분
달걀노른자 1개
해바라기유 200ml
와인 식초 1테이블스푼
향이 강한 머스터드 2티스푼
소금 넉넉히 3꼬집
통후추 그라인드 6회전

커다란 볼 밑에 행주를 깔아 미끄러지지 않게 고정시킨 다음 달걀노른자를 넣는다. 머스터드와 소금, 후추를 넣고 거품기로 살살 섞은 뒤 1분간 그대로 둔다. 기름을 아주 조금씩 넣어주며 쉬지 않고 잘 섞어 걸쭉한 농도의 마요네즈를 만든다. 마지막으로 식초를 넣고 다시 잘 혼합한다. 상온에 둔다.

핸드블렌더를 이용한 스피디 레시피

볼 한 개 분량
거품기를 사용해 만드는 마요네즈와 동일한 재료를 준비한다. 단, 달걀은 전란을 사용한다. 깊이가 있는 용기에 모든 재료를 넣고 핸드블렌더를 끊어가며 작동시켜 혼합해 균일한 질감의 마요네즈를 만든다. 농도도 단단하고 달걀흰자로 인해 색이 밝은 마요네즈가 완성된다.

머스터드를 넣을까 말까?

정통파들은
원래 마요네즈는 기름, 달걀노른자, 식초, 소금으로만 만드는 것이라고 단호하게 말한다. 머스터드를 넣으면 레물라드 소스가 된다고 한다.
오귀스트 에스코피에(Auguste Escoffier)의 **『요리 안내서(*Le Guide culinaire*)』**(1902)에는 머스터드를 넣지 않는 레시피가 소개되어 있다.
그랭구아르 & 소니에(Gringoire et Saulnier)의 **『요리 목록(La Répertoire de la cuisine)』**(1914)에는 머스터드를 사용한다고 기록되어 있다.
야닉 알레노(Yannick Alleno) 는 자신의 책 **『소스, 요리사의 성찰(*Sauces, réflextions d'un cuisinier*)』**(2014)에서 현대의 마요네즈에는 머스터드가 포함된다고 정의하고 있으며, 레물라드 소스는 마요네즈와 같으나 여기에 '케이퍼, 코르니숑, 파슬리, 처빌, 타라곤 그리고 안초비 액젓'을 추가로 넣는다고 설명하고 있다.

마요네즈를 만들 때 알아두어야 할 5가지 수칙

1
모든 재료는 상온이어야 한다. 온도가 낮을수록 기름이 굳기 쉬우므로 수분과 섞이기 어려워진다.

2
달걀노른자와 머스터드를 섞은 뒤 휴지시킬 필요가 없다. 이 둘을 휴지시켜야 유화가 잘 된다는 주장과는 달리 별 효과가 없는 것으로 나타났다.

3
실패한 마요네즈를 회생시키려면 소금 몇 알갱이와 레몬즙 몇 방울을 넣으면 된다. 이 재료들은 계면 활성력을 높여 마요네즈가 잘 혼합되게 해준다.

4
기름을 넣을 때 너무 빨리 넣지 말아야 한다. 천천히 넣으며 섞어주어야 자연스럽게 유화된다.

5
마요네즈는 냉장고를 싫어한다. 온도가 낮아 기름이 굳으면 마요네즈가 분리된다.

관련 내용으로 건너뛰기
p.106 미셸 게라르, 라이트 마요네즈

마요네즈라는 이름은 어디서 왔을까?

이에 대해서는 여러 가지 가설이 분분하다.
1756년 리슐리외 제독에 의해 정복된 스페인 발레아레스 제도 메노르카 섬의 수도인 **마온(Mahón)**에서 처음 탄생했다고 전해진다. 그는 달걀과 기름, 단 두 가지 재료만으로 만든, 이 지명을 딴 마오네즈(mahonnaise)란 이름의 소스를 맛보았다고 한다.
프랑스 요리의 아버지라 불리는 앙토냉 카렘에 따르면 동사 망제(manger, 먹다), 또는 마니에(manier, 섞어 빚다)에서 비롯된 **마뇨네즈(magnonaise)가** 그 시초라고 한다.
프로스페르 몽타녜(Prosper Montagné : 프랑스의 요리사, 1938년에 출판된『라루스 요리백과(*Larousse Gastronomique*)』초판의 저자로 유명하다)에 따르면, 옛 프랑스어로 달걀노른자를 뜻하는 무아외(moyeu) 혹은 무아옝(moyen)에서 파생된 무아외네즈 혹은 **무아예네즈(moyeunaise, moyennaise)가** 그 시초라고 한다.
마뇽(Magnon, 프랑스 Lot-et Garonne 지방의 마을 이름)에서 이름을 딴 마뇨네즈(magnonnaise)가 그 시초로, 마뇽의 한 요리사에 의해 남 프랑스 지방에서 먼저 대중화되었다고 전해진다.
마옌(Mayenne) 지방의 이름이 기원이라는 설이 있다. 1589년 아르크 전투 전날 마옌의 공작이 이 맛있는 소스로 양념한 닭 요리를 과식한 결과 다음 날 말에서 낙마해 전투에서 패배했다고 전해진다.
프랑스 남서부의 도시 **바욘(Bayonne)**의 에멀전 소스 바요네즈(bayonnaise)에서 비롯되었다는 주장이 있다.

다양한 마요네즈 파생 소스

마요네즈 + 추가 재료	= 파생 소스
토마토 소스, 아주 잘게 큐브 모양(brunoise) 으로 썬 홍피망	소스 앙달루즈 Andalouse
케첩, 코냑, 타바스코	소스 칵테일 Cocktail
잘게 썬 샬롯을 화이트와인에 졸인 것, 잘게 썬 차이브	소스 무스크테르 Mousquetaire
다진 케이퍼, 코르니숑, 양파, 파슬리, 처빌, 타라곤	소스 타르타르 Tartare
삶은 감자의 껍질을 벗겨 마늘, 달걀노른자, 레몬즙과 올리브오일을 넣고 절구에 빻는다.	소스 아이올리 Aïoli
+ 다진 마늘 1톨, 올리브오일(마요네즈 만들 때 해바라기유 대신 쓴다)	소스 마욜리 Mayoli
+ 커리가루 한 꼬집	소스 마요커리 Mayo curry
레몬즙, 휘핑한 크림을 서빙 시 넣는다.	소스 비에르주 또는 무슬린 Vierge ou Mousseline
다진 처빌, 파슬리, 크레송, 시금치, 타라곤을 70°C 온도로 서서히 데운다. 세게 눌러 착즙해 클로로필을 추출한 다음 잘게 썬 허브를 섞는다.	소스 베르트 Verte
마요네즈에 식초 대신 레몬즙을 넣어 만든다. 단단하게 휘핑한 크림을 서빙 직전에 넣어 섞는다.	소스 샹티이 Chantilly
갓 삶아낸 달걀노른자, 머스터드, 식초, 다진 코르니숑과 케이퍼, 다진 파슬리, 처빌, 타라곤, 가늘고 짧게 채 썬 달걀흰자를 섞는다.	소스 그리비슈 Gribiche
갓 삶아낸 달걀노른자, 칠리 가루 약간, 잘게 다진 차이브, 파슬리, 타라곤, 처빌, 케이퍼, 코르니숑, 흰색 식초	소스 라비고트 Ravigote
머스터드와 잘게 다진 케이퍼, 코르니숑, 양파, 파슬리, 처빌, 타라곤을 섞고, 안초비 액젓을 조금 넣어준다.	소스 레물라드 Rémoulade
소스 타르타르 1/2 + 소스 베르트 1/2을 섞는다.	소스 뱅상 Vincent
캐비아 퓌레와 머스터드를 넣은 랍스터에 소스 에스코피에를 몇 방울 넣는다.	소스 뤼스 Russe
삶은 달걀노른자, 머스터드, 다진 케이퍼, 코르니숑, 양파, 파슬리, 처빌, 타라곤과 안초비를 절구에 넣고 잘 섞는다.	소스 케임브리지 Cambridge

간헐적 대식가 발자크

제빵사들의 수호성인 성 오노레(Saint-Honoré)와 같은 이름을 갖고 있으며 라블레의 고향인 투렌 지방에서 태어난 유명 작가 오노레 드 발자크(Honoré de Balzac)는 태생적으로 식도락가임에 틀림 없다. 펜 끝으로 맛있는 필력을 과시한 이 고행의 대식가를 자세히 탐구해보자.

스테판 솔리에

식도락가 발자크

그의 어린 시절 추억은?
우울한 시절을 보냈다. 엄격했던 아버지는 과일 한 개로 저녁식사를 대신했고, 기숙사 시절의 급식은 맛없고 따분했다. 동료의 소포에서 투르 지방의 맛있는 음식들을 발견한 것은 씁쓸한 경험이었다.

그가 좋아하는 간식은?
훈제 우설을 가방 안에 갖고 다녔다.

집필 작업이 한창일 때는 무엇을 주로 먹었을까?
아침에는 과일과 달걀 반숙, 저녁때는 버터를 섞은 정어리, 닭 날개 또는 양 뒷다리 고기 슬라이스를 먹었다. 그리고 물론, 커피를 많이 마셨다.

작품을 탈고했을 때 축하파티 메뉴는?
굴 100마리 정도, 화이트와인 네 병, 프레 살레(pré-salé) 양 갈비 12대, 무를 곁들인 오리 한 마리, 새끼 자고새 로스트 두 마리, 노르망디산 서대, 디저트, 과일... 식사 비용은 모두 출판사가 지불했다!

그가 특별히 좋아했던 음식은?
마카로니 파테. 그는 이 음식 4인분을 '가르강튀아가 서너 입에 해치우듯이' 먹었다.

가장 호화로웠던 식사는?
1836년 '오텔 데 아리코(Hôtel des Haricots)'라고 불리던 국립 구치소에 수감되었던 시절, 당시 파리의 최고급 레스토랑이었던 '베푸르(le Véfour)'에서 배달해 먹었던 식사로 파테, 송로버섯을 넣은 닭 요리, 글레이즈를 씌운 수렵육 요리, 잼, 와인, 리큐어들로 되어 있었다.

그가 특별히 좋아했던 와인은?
발자크는 커피만 좋아했던 것은 아니다. 그는 "커피는 내 정신을 맑게 유지시켜 주고 와인은 내 몸의 양분이 된다."고 했다. 부브레(Vouvray)의 화이트와인, 몽루이(Montlouis), 소뮈르(Saumur), 샹파뉴(특히 그의 작품『인간희극』에서 68번이나 언급되었다), 스페인과 포르투갈의 주정강화와인들을 즐겨 마셨다.

그가 생각하는 행복한 식사란?
"나에게 투렌(Tourraine) 지방은 신물이 나도록 마음껏 먹을 수 있는 푸아그라 파테와 아주 맛있는 와인들을 의미한다. 이 와인들은 우리를 단순히 알코올에 취하게 하는 것이 아니라 얼이 빠지게 만들어 행복하게 한다."

그가 좋아한 단 음식은?
"서양배나 먹음직스러운 복숭아가 잔뜩 쌓여 있는 것을 보면 그의 입술이 꿈틀거렸고, 눈은 행복감에 초롱초롱해졌으며 두 손은 기쁨으로 전율하곤 했다(...). 그는 채소와 과일 탐식가였다."

관련 내용으로 건너뛰기
p.88 오믈렛
p.298 커피

발자크식 파리 미식 안내도

발자크가 선별한 파리의 고급스럽고 세련된 미식 명소 및 높은 인기를 얻었던 대중적인 업장들로, 시대의 유행과 사회적 배경에 따라 변화하였으며 아직 현존하는 곳들도 있다. 그의 대표작『인간 희극(*La Comédie humaine*)』에서는 1800년부터 1850년까지 프랑스 수도의 미식 지도를 다음과 같이 보여주고 있다.

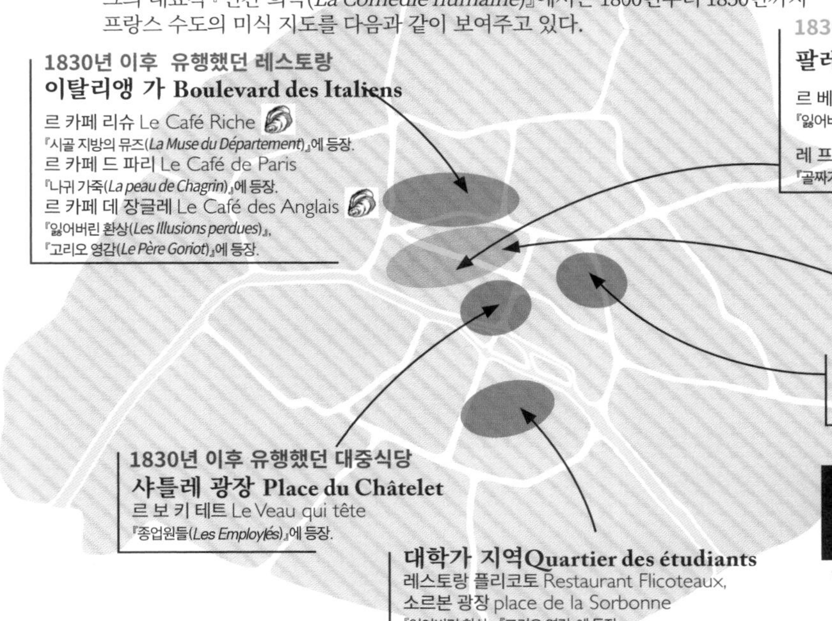
1830년 이후 유행했던 레스토랑
이탈리앵 가 Boulevard des Italiens
르 카페 리슈 Le Café Riche
『시골 지방의 뮤즈(La Muse du Département)』에 등장.
르 카페 드 파리 Le Café de Paris
『나귀 가죽(La peau de Chagrin)』에 등장.
르 카페 데 장글레 Le Café des Anglais
『잃어버린 환상(Les Illusions perdues)』, 『고리오 영감(Le Père Goriot)』에 등장.
1830년 이전 유행했던 레스토랑
팔레 루아얄 Palais-Royal
르 베리 Le Véry
『잃어버린 환상』, 『이브의 딸(Une fille d'Éve)』에 등장.
레 프레르 프로방소 Les Frères provençaux
『골짜기의 백합(Le Lys dans la vallée)』에 등장.
몽토르괴이 Montorgueil
르 로셰 드 캉칼 Le Rocher de Cancale
『잃어버린 환상』에 등장.
탕플 가 Boulevard du Temple
르 카드랑 블루 Le Cadran bleu
『고리오 영감』, 『사촌 퐁스(Le Cousin Pons)』에 등장
1830년 이후 유행했던 대중식당
샤틀레 광장 Place du Châtelet
르 보 키 테트 Le Veau qui tête
『종업원들(Les Employés)』에 등장.
대학가 지역Quartier des étudiants
레스토랑 플리코토 Restaurant Flicoteaux,
소르본 광장 place de la Sorbonne
『잃어버린 환상』, 『고리오 영감』에 등장.
르 슈발 루즈 Le Cheval rouge, Quai de la Tournelle
『프티부르주아(Les Petits Bourgeois)』에 등장.
라 팡시옹 보케 La pension Vauquer, rue Lhomond
『고리오 영감』에 등장.

[굴 아이콘 3개]
발자크의 평점

작품에 나타난 미식가 발자크의 모습

"퐁스는 진정한 '시'라 할 수 있는 몇몇 크림 수프, '걸작품'에 비유할 수 있는 몇몇 화이트 소스, '사랑'이라 칭할 수 있는 송로버섯 닭 요리를 아쉬워했다. 그리고 무엇보다도 유명한 라인강에서 잡은 잉어 요리를 그리워했다. 소스 용기에서는 맑아 보이지만 혀끝에서는 진한 풍미를 내는 이 요리의 소스는 '몽티용(Montyon)' 상을 받을 자격이 충분하다!"
『사촌 퐁스(Le Cousin Pons, 1847)』 중에서.

"베리(Véry) 레스토랑에 들어선 그는 자신을 절망으로부터 위로해줄 저녁식사를 주문하며 파리에서의 즐거운 시간을 시작했다. 보르도 와인 한 병, 오스탕드(Ostende)산 굴, 생선, 자고새, 마카로니, 과일 등 그가 그토록 원하던 음식들이 서빙되었다. 그날 동석했던 에스파르 후작부인에게 센스 있는 매너를 지켜야 한다고 생각하면서 그는 맛있게 포식했다(...) 계산서 총액을 보고 난 그는 꿈에서 현실로 돌아왔다..."
『잃어버린 환상(Les Illusions perdues, 1843)』 중에서.

"지방에서는 딱히 할 일도 많지 않고 생활이 단조롭기 때문에 요리로 기분전환을 하는 경우가 많다. 이곳의 음식들은 파리처럼 화려하진 않지만 심사숙고하고 꼼꼼히 연구해 만들기 때문에 더 좋은 요리를 먹을 수 있다. 시골에서는 '페티코트 사순절 축제(Carêmes en jupon)'라는 잘 알려지지 않은 알찬 행사가 열린다. 이 기간 중에는 소박한 콩 요리를 로시니가 마음에 들어할 만큼 훌륭한 것으로 만들어 선보이기도 한다."
『가재 낚시하는 여인(La Rabouilleuse, 1842)』 중에서.

『인간 희극』에 등장하는 6명의 탐식가

발자크가 작품 속에서 만들어낸 인물들은 모두 음식을 먹는다! 그들 중 여섯은 그저 먹는 것을 좋아하는 낙천적인 성격의 인물도, 강박관념에 사로잡힌 노예들도 아닌 탐식가였으며, 자신들의 불행을 맛있는 음식으로부터나마 보상받고 싶어 했다.

무감각해진 남편들
몽페르상 백작(Comte de Montpersan,『르 메사주(*Le Message*)』의 등장인물), 드 바트빌 씨(M. de Watteville,『알베르 사바뤼스(*Albert Savarus*)』의 등장인물), 보제앙 자작(Vicomte de Beauséant,『고리오 영감』의 등장인물)은 결혼생활의 깨진 환상을 세련된 고급 음식을 통해 보상받고자 한다.

무기력한 사람들
성기능 장애를 앓고 있는 루제 박사(docteur Rouget,『가재 낚시하는 여인(*La Rabouilleuse*)』의 등장인물), 추한 외모를 가진 실뱅 퐁스(Sylvain Pons,『사촌 퐁스』의 등장인물)는 맛있는 음식을 통해 자신들의 육체적 약점에서 받은 상처를 치유하고 위안을 얻는다. 실뱅 퐁스의 베리 출신 하녀가 바로『인간 희극』에서 선보인 유일한 레시피인 무스처럼 폭신한 오믈렛을 만든 장본인이다.

행복한 미식가들
『인간 희극』에 등장하는 인물 중 유일하게 행복한 미식가는 젊은이 오스카 위송(Oscar Husson,『인생의 첫출발(*Un début dans la vie*)』의 등장인물)이다. 하지만 그가 즐기는 호화로운 식사는 모두 상상 속의 것들이다. 이는 발자크가 이상적으로 생각하는 것과 완전히 일치하는 미식 천국이며 오르되브르, 포타주, 스튜, 우설, 비둘기 콩포트, 마카로니 탱발, 11가지 종류의 과일 디저트와 와인으로 풍성하게 구성되어 있다.

가토 드 부아야주

Gâteau de voyage

많은 사람이 휴가를 즐기고 여행이 늘어나면서 각광을 받기 시작한 '가토 드 부아야주(gâteaux de voyage)'는 보관이 쉽고 이름이 말해주듯 여행할 때 휴대하기도 편리하다. 야외에서 즐기는 점심 식사용으로, 혹은 출출할 때 꺼내 먹는 오후의 간식으로 언제 어디서나 향기로운 케이크와 과자를 동반할 수 있다.

마리 로르 프레셰

역사

이미 고대의 로마 용병들은 자신들이 먹을 간단한 요깃거리를 지니고 다녔다. 군용 빵(panis militaris)이라고 할 수 있는 이것은 아주 단단한 비스킷의 일종이었다. 몽골 칭기즈칸의 병사들 또한 꿀과 향신료를 넣어 만든 과자를 가방에 넣어 갖고 다녔다. 이것이 십자군을 통해 유럽으로 유입되어 디종과 알자스의 특산품인 팽 데피스(pain d'épices)로 자리잡게 되었다고 전해진다. 철도가 발달하여 여행이 늘어나고 휴가를 즐기는 사람이 많아졌으며 야외 피크닉이 유행함에 따라 크림을 걷어낸, 휴대가 가능하고 보관이 쉬운 케이크와 과자들이 인기를 끌기 시작했다. 1950년대 새내기 주부들을 위한 가정 요리책들은 가족끼리 나누어 먹을 수 있는 홈메이드 케이크의 쉬운 레시피들을 널리 소개했다.

역사적인 케이크들

보빌리에(Beauvilliers) 케이크는 19세기 중반 파리의 초창기 유명 레스토랑 운영자들 중 한 명의 이름을 딴 것이다. 그의 레스토랑에서 일하던 파티시에는 아몬드가루 베이스의 케이크를 만들었고 이것을 얇은 은박지로 싸서 가져갈 수 있도록 했다. 이것은 요리 역사의 뒤안길로 사라졌다.

피낭시에(Financier)는 중세에 성모 방문 동정회 수녀들이 만들었던 작은 타원형의 아몬드 과자에서 영감을 딴 것이다. 1890년경 파리 증권거래소 부근에서 제과점을 운영하던 한 파티시에는 금괴 모양의 틀에 넣어 만든 과자를 만들어 증권 거래인들에게 판매했다. 이들은 증권 거래 사이에 잠깐 이 과자를 손으로 집어 먹을 수 있음에 환호했다.

피낭시에

작업시간 : 20분
조리 :15분
약 10개 분량

아몬드가루 60g
슈거파우더 90g
가염버터 60g + 틀에 바를 용도의 버터 20g
달걀흰자 90g(달걀 약 3개분)
밀가루 30g
액상 바닐라 2g

오븐을 180°C로 예열한다. 냄비에 버터를 넣고 중불에 올려 갈색이 나기 시작할 때까지 가열한다(beurre noisette). 버터가 따뜻한 온도로 식는 동안 가루 재료를 체에 쳐 혼합한다. 거품 올린 달걀흰자를 조금씩 넣어 섞는다. 이어서 녹인 버터와 바닐라를 넣고 잘 섞는다. 혼합물을 짤주머니로 짜 피낭시에 틀에 채워 넣는다. 오븐에서 12~15분간 굽는다.

파운드 케이크

영국에서 '케이크(cake)'라는 단어는 모든 종류의 케이크를 총칭하지만 프랑스에서는 오로지 파운드 틀에 넣어 구운 긴 직육면체의 케이크만을 가리킨다.

프루츠 파운드케이크(cake aux fruits confits)는 영국식 플럼 케이크(plum cake)에서 착안한 것으로 럼에 절인 뒤 잘게 썬 당절임 과일과 건포도를 넣어 만든다.

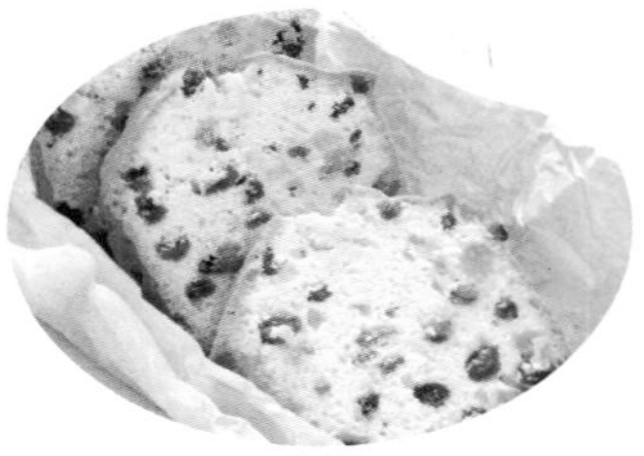

1955년 달루아요(Dalloyau)에서 처음 만든 **레몬 파운드케이크(cake au citron)** 또는 **위켄드 파운드케이크(cake week-end)**는 레몬 제스트를 넣고 퐁당 슈거 글레이즈를 씌운 케이크로 파리지앵들이 주말여행 때 휴대하고 다녔다.

1950년 등장한 **마블 파운드케이크(marbré)**는 체코의 전통 마블 구겔후프 케이크의 일종인 '바보프카(babovka)'에서 영감을 얻은 것으로 전해진다. 프랑스에서는 사반(Savane®) 브랜드의 제품으로 대량 생산되면서 널리 인기를 끌었다. 아름다운 얼룩무늬 마블링의 이 케이크를 만드는 방법은 다음과 같다. 우선 달걀 4개와 설탕 250g, 녹인 버터 200g을 거품기로 저어 섞는다. 밀가루 250g과 베이킹파우더 1/2봉지(4g)를 넣어준다. 초콜릿 200g을 녹인 뒤 반죽의 반과 섞어준다. 파운드케이크 틀에 두 가지 색의 반죽을 교대로 채워 넣은 뒤 180g 오븐에서 35분간 굽는다.

19세기 말부터 알려진 **플레인 파운드 케이크(Le quatre-quart)**는 네 가지 재료를 동량으로 배합하여 만든다. 밀가루, 버터, 달걀(4~5개), 설탕을 각 250g 준비한다. 우선 달걀과 설탕을 거품기로 저어 섞은 뒤 밀가루를 넣고 이어서 녹인 버터를 넣어 반죽을 만든다. 파운드케이크 틀에 넣어 180°C 오븐에서 45분간 굽는다.

오늘날의 케이크

요거트 케이크(gâteau au yaourt)는 어린이들과 함께 만들기 좋은 대표적인 케이크로 1970년대 유제품 디저트의 대량생산이 활발해지면서 크게 인기를 끌었다. 기본 레시피 재료로는 떠먹는 요거트 용기 기준으로 요거트 1개, 식용유 1/2개, 설탕 2개, 밀가루 3개 분량과 달걀 3개, 베이킹파우더 1/2봉지(4g)가 필요하다. 재료를 모두 섞어 만든 반죽을 높이가 있는 둥근 케이크 틀에 넣어 180°C 오븐에서 30분간 굽는다.

퐁당 오 쇼콜라(fondant au chocolat)는 밀도가 쫀쫀하고 부드러운 식감의 케이크로 살짝 덜 익은 상태로 굽는다. 1981년 미셸 브라스가 만들어 선보였던, 자르면 안의 초콜릿이 흘러나오는 초콜릿 쿨랑(coulant au chocolat) 또는 미퀴(mi-cuit au chocolat)와 혼동하지 말자.

무알뢰 오 쇼콜라(moelleux au chocolat)는 거품 올린 달걀흰자를 섞어 만들기 때문에 아주 가벼운 식감이 특징이다.

1차 대전 병사들부터 초등학생들까지 즐겨 먹던 BN(비스퀴트리 낭테즈)

1896년 낭트에 설립된 제과회사인 '비스퀴트리 낭테즈(BN Biscuiterie Nantaise)'는 프티 브르통(Petit breton), 마들렌, 마카롱 등을 생산하던 가족 경영 기업으로 제1차 세계대전 때까지 전방 군인들을 위한 빵 제조업체로 징용되었다. 전쟁이 끝난 뒤 이 업체는 BN 카스 크루트(Casse-Croûte)라는 간단하고 부담 없는 가격의 과자를 출시하였고 이는 곧 노동자들과 학생들이 평소에 즐겨 먹는 대표적인 과자로 자리 잡았다. 1933년에는 초콜릿을 채워 넣은 신제품이 등장했다. BN 초콜릿 비스킷(Choco BN)이 큰 성공을 거둔 것은 제2차 세계대전이 끝난 이후였다.

유황 냄새가 나요!

와인 양조에서 황은 포도주의 산화를 막기 위해 사용된다. 이를 둘러싼 많은 논쟁이 있지만 황의 첨가가 해롭다고 생각하는 일부 포도 재배자들은 이에 반론을 제기하며 황의 사용을 거부하고 있다.

제롬 가녜즈

이로운 황
이산화황(SO_2)은 항산화 및 항균 효능이 있는 식품첨가물이다. 와인을 양조할 때 이산화황을 첨가하면 포도주를 산화 현상으로부터 보호하고 효모와 박테리아의 활발한 작용에 의해 발생할 수 있는 이상 현상을 억제할 수 있다. 황의 부재는 또한 와인을 식초로 변하게 할 수도 있다.

괴로운 황
이산화황을 너무 많이 첨가하면 와인 고유의 맛과 향이 충분히 발산되는 데 방해가 된다. 더욱 괴로운 것은 때로 아주 심한 두통을 유발하기도 한다는 점이다.

기원
유럽을 활보하던 네덜란드 상인들은 17세기부터 와인 저장 나무통을 유황 심지를 태운 연기로 살균하면서 황이 와인을 보호하는 효능이 있다는 것을 알아냈다.

어떤 유형의 황을 사용할까?
두 가지 종류의 황이 존재한다. 천연의 산물인 '화산 황(soufre volcanique)'과 이름이 말해주듯이 훨씬 덜 자연적인 '화학 황(soufre chimique)'이 있다.
화산 황은 과음한 다음 날 두통과 숙취를 훨씬 덜 유발하는 경향이 있다. 하지만 프랑스의 와인 관련 법규는 화산 황의 사용을 금지하고 있는 반면 화학적 황의 사용은 허용하고 있다.

황 첨가 허용량
프랑스의 법규는 이산화황 사용의 최대 허용량을 다음과 같이 제한하고 있다.
레드와인 : **리터당 150mg**
스파클링 와인 : **리터당 185mg**
화이트와인과 로제와인 : **리터당 200mg**

황 첨가 제로?
와인을 언급할 때 황이 전혀 들어 있지 않다는 것은 틀린 설명이다. 포도주가 발효되는 과정에서 효모에 의해 리터당 5~30mg의 이산화황이 자연적으로 발생하기 때문이다.

오늘날 우리가 마시는 와인에는 황이 첨가되었을까?

현재 판매되는 와인의 압도적인 대다수는 황이 첨가되어 있다. 관건은 어느 정도의 비율로 첨가되어 있느냐에 있으며, 될 수 있으면 **황을 적게 사용하는 와인 제조자를 우선시 하는 것**이 중요하다. 그들이 만드는 와인은 향과 맛을 발산하는 측면에서나 소화에 있어 더 우수하다. 어떤 와이너리들은 전혀 황을 첨가하지 않는 일에 자부심을 갖고 있기도 하다. 불행하게도 순수하면서도 올바른 방식만을 고수하며 와인을 생산할 수 있는 이들은 매우 드물다.

관련 내용으로 건너뛰기
p.84 내추럴 와인

프랑스의 햄

돼지는 어느 부위 하나 버릴 것 없이 모두 먹지만 그중에서도 뒷다리 햄인 장봉(jambon)은 넓적다리 살이 가장 많이 포함된 부분이다. 익혀서 샌드위치에 넣어 먹거나 날것 상태로 염장과 건조, 때로는 훈연하여 만드는 장봉은 프랑스 전 지역에서 생산된다.

샤를 파탱 오코옹

샤퀴트리 법규에 따른 등급 분류

슈페리어(le supérieur) : 품질 개량제인 폴리인산염이나 겔화제가 첨가되지 않았으며 설탕 함량도 1% 이하이다. 프랑스에서 생산되는 햄의 80% 이상을 차지한다.
초이스(le choix) : 겔화제가 첨가되지 않았으며 프랑스에서 생산되는 햄의 15%를 차지한다.
스탠다드(le standard) : 식품 첨가제 사용이 허용된다. 프랑스 햄의 5%에 불과하다.

장봉 드 파리(jambon de Paris)는 파리에서 온 것이 아니다!
파리의 햄이라는 뜻의 '장봉 드 파리'는 생산지가 파리임을 뜻하는 것이 아니라 특정 방식으로 만든 햄을 뜻한다. 일반적으로 염지한 돼지 뒷다리를 물에 삶아 익혀 뼈를 제거한 뒤 돼지껍데기를 깐 테린 틀에 넣고 눌러 식혀 만든다. 이 레시피는 1869년 요리사 쥘 구페(Jules Gouffé)가 펴낸 요리서 『염장 훈제 고기와 생선, 테린, 갈랑틴, 채소, 과일, 잼, 가정에서 담그는 술, 시럽, 프티푸르 등을 만들고 저장하는 레시피』에 구체적으로 소개된 것이다. 오늘날 '장봉 드 파리'는 염지하여 직사각형 틀에 넣고 향신 재료를 넣은 물에 삶아 익힌 본레스 덩어리 햄을 가리킨다.

햄	원산지	라벨	돼지 품종	염지	훈연	건조	숙성 기간	색깔
아르덴 Ardennes 건조 햄	아르덴 *Ardennes*	*IGP 2015*					최소 9개월	붉은색 살
아르데슈 Ardèche 햄	아르데슈 *Ardèche*	*IGP 2010*		후추로 문지른다	때로 밤나무로 훈연한다		최소 7개월	어두운 적색
오베르뉴 Auvergne 햄	오베르뉴 *Auvergne*	*IGP 2016*		마른 소금으로 염지한다			9개월	어두운 적색
바욘 Bayonne 햄	베아른 *Béarn*	*IGP 1998*		아두르(Adour) 소금으로 염지한다			최소 7개월	짙은 갈색
라콘 Lacaune 햄	랑그독 *Languedoc*	*IGP 2015*					9~12 개월	짙은 갈색
뤽쇠이 Luxeuil 햄	오트 손 *Haute-Saône*	라벨 없음		아르부아(Arbois) 와인에 담근다	소나무 등의 수지류 나무 칩으로 훈연한다		8개월	밝은 갈색
사부아 Savoie 햄	사부아 *Savoie, Haute-Savoie*	라벨 없음			때로 너도 밤나무로 훈연한다		6개월	밝은 갈색
방데 Vendée 햄	방데 *Vendée et cantons limitrophes*	*IGP 2014*		허브와 오드비를 발라 문지른다				분홍빛 갈색
비고르 Bigorre 블랙 햄	*Hautes-Pyrénées, Gers, Haute-Garonne*	*AOP 2015*	가스콩 porc gascon	아두르(Adour) 소금으로 염지한다		10개월 동안	10개월	짙은 적색
프리수투 Prisuttu	코르시카 *Corse*	*AOP 2011*	뉘스트랄 porc nustrale		때로 밤나무로 훈연한다		12~18 개월	적색

잃어버린 마들렌을 찾아서

문학 작품에 등장하는 가장 유명한 구움과자이며, 제대로 잘 만든 것은 달콤한 간식의 최고봉에 있다고도 할 수 있는 마들렌. 보이는 것처럼 간단한 것만은 아니다.

프랑수아 레지스 고드리

프루스트의 마들렌

마르셀은 마들렌 조각을 먹으며 콩브레(Combray)에서 보냈던 어린 시절의 추억을 떠올린다.

"어머니는 사람을 시켜서 가리비조개 모양의 가느다란 홈이 팬 틀에 구운 것처럼 생긴 '프티트 마들렌'이라는 짧고 통통한 과자를 사오게 하셨다. 침울했던 하루와 서글픈 내일에 대한 전망으로 마음이 울적해진 나는 마들렌 조각이 녹아든 홍차 한 숟가락을 기계적으로 입술로 가져갔다. 그런데 과자 한 조각이 섞인 홍차 한 모금이 내 입천장에 닿는 순간, 나는 깜짝 놀라 내 몸속에서 뭔가 특별한 일이 일어나고 있다는 사실에 주목했다. 이유를 알 수 없는 어떤 달콤한 기쁨이 나를 사로잡으며 고립시켰다. 마치 사랑이 그러하듯 아주 소중한 본질로 나를 채운 이 황홀함으로 인해, 잠시나마 나의 불행한 삶이 별거 아닌 듯 느껴졌고, 일련의 재앙 같은 불행들도 그리 험악하지 않다고 여겨졌으며, 삶의 짧음과 덧없음도 헛된 착각이라고 생각하게 되었다. 아니, 그 본질은 내 안에 들어와 자리한 것이 아니라 바로 나 자신이었다."

마르셀 프루스트 Marcel Proust
『잃어버린 시간을 찾아서
(*À la recherche du temps perdu*)』
「스완네 집 쪽에서
(Du côté de chez Swann)」 1913

마들렌의 기원

우리가 그나마 확신하고 있는 유일한 사실은 마들렌이 프랑스 로렌 지방의 코메르시(Commercy)에서 처음 탄생했다는 점이다. 단, 이것을 처음 만든 사람에 대해서는 **'마들렌'이라는 그 이름을 둘러싸고** 여러 가지 설이 분분하다.

중세에 '마들렌'이라는 이름을 가진 한 요리사가 가리비 조개껍질을 틀로 삼아 작은 브리오슈를 구워, 산티아고 콤포스텔라 순례길로 향한 사람들에게 제공했다고 한다.

17세기에 세비녜 후작 부인[1]의 삼촌이자 극렬 프롱드 운동[2] 가담자였던 레(Retz)의 추기경 폴 드 공디(Paul de Gondi)는 자신의 영지인 코메르시에 유배되어 온다. 1661년 그의 요리사였던 마들렌 시모냉(Madeleine Simonin)은 도넛처럼 튀기는 과자 반죽을 좀 변형하여 새로운 간식을 만들어 선보였고, 이를 맛본 롱그빌 공작부인(duchesse de Longueville)에게 찬사를 듣게 된다. 요리사는 이를 널리 알렸고, 이로서 마들렌과 코메르시는 영원히 뗄 수 없는 관계가 되었다.

18세기, 또 한 명의 유명한 유배자였던 스타니슬라스 레친스키[3]에게도 요리사가 하나 있었다(물론 이름은 마들렌이다). 그녀는 레친스키 공작에게 이 잊혀가는 옛날 간식을 만들어주었고 많은 이들이 그 맛에 반했다. 그녀의 이름을 딴 마들렌 과자는 점점 유명세를 얻게 되었다.

1) Marquise de Sévigné : 프랑스의 서간문 작가. 결혼한 딸에게 25년 동안 애정이 넘치는 편지들을 써 보내는 등, 귀족 출신으로 서간 문학의 최고봉으로 꼽히는 편지들을 남겼다.
2) La Fronde : 17세기에 절대왕정에 반대하는 세력이 일으킨 일련의 내란.
3) Stanislas Leszczynski : 전직 폴란드의 왕. 마리 여왕의 부친이자 루이 15세의 장인. 루이 15세는 그에게 로렌 공작 칭호를 하사했다

왜 마들렌은 봉긋 솟은 모양을 하고 있을까?

심지어 물리 화학자들 사이에서조차 이 주제에 대해서는 의견이 분분하여 정확한 답을 찾지 못하고 있다. 다음과 같은 여러 가설이 있다.

- 차가운 반죽과 뜨거운 오븐이 만나면서 생기는 **열 쇼크** 때문에 불룩하게 솟아오른다는 주장이다. 하지만, 반죽을 냉장고에 넣어 휴지시키지 않고 구웠을 때도 볼록하게 솟아오른다는 사실이 확인되었기 때문에 이 주장은 설득력을 잃고 있다.
- 볼록한 모양이 생성되는 것은 **몰드의 가장 깊은 곳**으로부터이며, 이는 바로 베이킹파우더가 가장 많이 몰려 있는 부분이기 때문이라는 주장이다.
- 유명한 파티시에 앙토냉 카렘(Antonin Carême)에 따르면, 봉긋이 부풀어오르는 것은 **반죽을 너무 많이 치대서** 생긴 실수이며, 이는 마들렌을 더욱 포슬하게 만든다고 주장했다.

마들렌 레시피

파브리스 르 부다*

2014년 피가로스코프**가 엄선한 15곳의 파티스리 중 파리의 최우수 마들렌으로 선정된 것은 '블레 쉬크레(Blé-Sucré)'의 파브리스 르 부르다(Fabrice Le Bourdat) 셰프의 마들렌이었다. 그의 마들렌은 완벽 그 자체다. 특히 표면에 살짝 입힌 글라사주(glaçage)는 깨어 물면 아삭하고 달콤한 맛을 더해준다

휴지 : 2~3시간
조리 : 9~10분
마들렌 12~13 개 분량

조리도구
마들렌 틀 12구짜리
(몰드 틴 또는 메탈 몰드)

재료
달걀 2개
설탕 100g
우유 40g
밀가루 125g
베이킹파우더 5g
무염버터 140g
글라사주
슈거파우더 120g
오렌지 즙 30g

달걀과 설탕을 혼합한다. 우유를 넣는다. 밀가루와 베이킹파우더를 체에 쳐서 넣는다. 따뜻하게 녹인 버터를 넣고 혼합물을 잘 섞는다. 냉장고에 넣어 2~3시간 휴지시킨다. 상온에 두어 부드러워진 버터를 틀 안쪽에 바르고, 밀가루를 뿌린 다음 여분은 털어낸다. 반죽을 틀 안에 붓고 210°C 오븐에서 9~10분 구워낸다. 따뜻한 온도로 먹는다. 슈거파우더와 오렌지 즙을 잘 섞어 만든 글라사주를 베이킹용 붓으로 마들렌에 발라준다.

넣지 않아요!

꿀
바닐라
레몬(제스트, 즙)

* Fabrice Le Bourdat: Blé sucré의 파티시에, 7 rue Antoine-Vollon, 파리 12구.
** Figaroscope: 프랑스의 유력 일간지 「르 피가로(Le Figaro)」의 부록으로, 파리 지역의 공연, 미식, 레스토랑 안내 등 전반적인 문화정보를 실은 간행물. 매주 수요일 신문과 함께 발행된다.

아이올리 플래터

Le grand aïoli

그랑 아이올리는 프로방스 태양의 열기와 힘, 즐거움이 가득한 나눔의 음식이다.
성공적인 아이올리 한상 차림의 모든 것을 알아보자.

프랑수아 레지스 고드리

더욱 손쉽게 만드는 방법

아이올리 L'aïoli
원래는 마늘과 올리브오일만으로 만든다. 하지만 에두아르 루베의 레시피처럼 달걀노른자, 물, 레몬즙을 넣어 더욱 쉽게 에멀전 소스를 만들 수도 있다.
절구에 갈아 만드는 것이 너무 번거롭다면 올리브오일을 넣은 마요네즈를 만들듯이 거품기로 휘젓거나 핸드블렌더로 재료를 갈아 혼합하면 된다. 이렇게 만든 마늘 퓌레에 기호에 맞게 간을 하여 완성한다.

염장대구 La morue
염장대구의 소금기를 뺄 시간이 없다면 생물 대구살을 준비해 소금물(물 1리터당 소금 15g)에 1시간 30분 동안 담가둔다. 생선살이 단단해질 것이다. 이것을 그대로 증기에 찐다(약 10~15분).

아이올리 레시피

에두아르 루베*

유명 셰프 에두아르 루베는 다양한 재료로 구성된 멋진 스타일의 그랑 아이올리 플래터를 제안한다. 정통파라면 원조 레시피에는 들어가지 않는 주키니호박과 꼴뚜기를 생략해도 좋다.

염장대구 소금빼기 : 24시간
고둥 해감하기 : 1시간
준비 및 조리 : 2시간 30분
6인분

염장대구 1.5kg
고둥 750g
부케가르니 1개
통후추 6알
정향 2개 꽂은 양파 1개
파스티스** 40ml
달걀 6개
감자 6개
햇당근 6개
신선 그린빈스 500g
주키니호박 작은 것 3개
펜넬 작은 것 3개
콜리플라워 작은 것 1개
올리브오일 2테이블스푼
굵은 소금 한 줌
소금, 통후추 간 것
꼴뚜기 800g

아이올리
올리브오일 350ml
마늘 6톨
달걀노른자 1개
사프란 꽃술
레몬즙 1/2개분
소금

염장대구 morue
염장대구를 토막으로 잘라 거름 체에 넣은 상태로 찬물에 담가 소금기를 뺀다. 24시간 동안 염분을 빼면서 중간에 3번 정도 물을 갈아준다. 아이올리를 만들기 2시간 전, 고둥에 굵은 소금을 뿌려 놓는다. 1시간 정도 절인 고둥을 깨끗이 헹군 후, 물 3리터에 통후추, 부케가르니, 정향 박은 양파, 파스티스와 함께 넣고 25분간 익힌다. 건져놓는다. 달걀은 10분간 완숙으로 삶는다. 감자와 당근은 씻어서 염장 대구의 소금기를 뺀 물에 15분간 삶아 익힌다. 그린빈스는 끝을 따 다듬고, 주키니호박은 녹색 부분을 한 줄씩 교대로 남겨놓으며 껍질을 벗긴 후 먹기 좋은 크기로 썬다. 펜넬은 한 장씩 떼어놓는다. 이 채소들을 감자와 당근 삶는 데 넣고 10분간 익힌다. 모두 건진다. 콜리플라워는 작은 크기로 송이를 떼어놓은 후 소금을 넣은 끓는 물에 15분간 따로 익힌다.

아이올리 aïoli
마늘은 껍질을 벗긴 후 절구에 찧는다. 여기에 달걀노른자와 소금을 넣고, 올리브오일을 가늘게 조금씩 흘려넣으며 원을 그리듯 공이를 한 방향으로 돌려 빻아준다. 올리브오일을 50ml 쯤 넣었을 때, 물 1티스푼과 레몬즙을 넣는다. 나머지 오일을 넣어가며 계속 잘 저어 아이올리 소스를 완성한다.

완성과 플레이팅
소금기를 뺀 대구를 건져 냄비에 담고 찬물을 채운다. 거의 끓을 정도로 가열한 후 불에서 내린다. 그 상태로 뚜껑을 덮고 약 5~8분간 익도록 둔다. 꼴뚜기는 먹물주머니를 제거하고 깨끗이 씻는다. 센 불에서(차가운 오일에 넣고 익히기 시작) 5분간 재빨리 익혀 질겨지지 않도록 한다. 염장대구의 껍질을 벗기고 가시를 제거한다. 큰 서빙 플레이트에 생선살을 담는다. 삶은 달걀은 껍질 깐 다음 반으로 잘라 준비한 채소와 함께 생선 주위에 보기 좋게 배치한다. 꼴뚜기와 고둥도 함께 곁들인다.

* Edouard Loubet : 도멘 드 카프롱그(Domaine de Capelongue, Bonnieux)의 셰프. 레시피는 그의 저서『프로방스의 요리사, 놓쳐서는 안 될 요리 100선(*Cuisinier provençal. Les 100 recettes incontournables*)』에서 발췌. éd. Skira 출판.
** pastis: 아니스 향이 나는 프랑스의 식전주로 알코올 도수가 대개 40도 정도이다.

관련 내용으로 건너뛰기
p.98 마요네즈

샐러드 이야기

투박한 시골 스타일부터 관광객들을 상대로 한 것까지 프랑스에는 각종 샐러드가 넘쳐난다. 여기에 지방마다 고유의 특별한 개성이 더해진다. 꼭 맛보아야 할 대표적인 샐러드 11가지를 소개한다.

프랑수아 레지스 고드리

1

리옹식 샐러드

리옹의 전통 식당인 대부분의 부숑(bouchon)에서 서빙하는 대표 메뉴로 리옹 산악 지역에서 즐겨 먹는 베이컨 민들레 잎 샐러드의 도시풍 레시피이다.

샐러드 잎채소 : 치커리 또는 민들레 잎
추가 재료 : 반숙 달걀, 베이컨 라르동, 파슬리, 빵 크루통(마늘로 문질러 향을 낸다).
드레싱 : 해바라기유(또는 호두오일), 오래 숙성한 와인 식초, 소금, 후추
피해야 할 사항 : 치커리를 양상추로 대체하기. 리옹에서 아주 흔히 접하는 경우다.

2

포도밭 잎채소 샐러드

부르고뉴 지방의 가정에서 즐겨 먹는 투박한 스타일의 이 샐러드는 전통적으로 포도밭에서 나는 노지 잎채소를 넣어 만들었다.

샐러드 잎채소 : 민들레 잎, 때에 따라 치커리 또는 마타리 상추
추가 재료 : 돼지 기름에 지진 베이컨. 그 기름을 넣은 드레싱으로 버무려 민들레 잎의 숨을 죽인다.
드레싱 : 녹인 베이컨 기름, 와인 식초, 소금, 후추
피해야 할 사항 : 보르도 지방에서 먹기

3

니스식 샐러드

오귀스트 에스코피에(Auguste Escoffier)가 선보인 니스풍 샐러드 '살라다 니사르다(salada nissarda)'는 전 니스 시장 자크 메드생(Jacques Médecin)에 의해 오늘날의 입맛에 맞게 발전했다.

샐러드 잎채소 : 노지 잎채소(루콜라, 쇠비름 등), 때에 따라 각종 어린 잎채소
추가 재료 : 토마토, 오이, 속껍질까지 벗긴 잠두콩, 돌려 깎은 작은 아티초크 속살, 피망, 쪽파(또는 생 양파), 바질, 마늘, 삶은 달걀, 기름에 저장한 참치, 안초비, 니스산 올리브
드레싱 : 올리브오일, 소금, 후추. 단, 식초는 절대 넣지 않는다.
피해야 할 사항 : 삶은 달걀을 제외한 다른 익힌 재료(그린빈스, 감자, 쌀 등) 넣기

4

파리식 샐러드

네온사인과 호마이카 장식이 떠오르는 파리 길모퉁이 흔한 브라스리의 대표 메뉴 중 하나이다.

샐러드 잎채소 : 바타비아 상추
추가 재료 : 깍둑 썬 쿡드 햄, 깍둑 썬 에멘탈 치즈, 삶은 달걀, 때에 따라 양송이버섯
드레싱 : 해바라기유, 머스터드, 식초, 소금, 후추
피해야 할 사항 : 블랙 올리브, 옥수수, 야자순(팜하트) 추가하기

5

랑드식 샐러드

1950년대 이후로 이 샐러드는 프랑스 전국의 식당 어디서나 판매되고 있다.

샐러드 잎채소 : 양상추, 어린 잎채소, 마타리 상추
추가 재료 : 모든 형태의 오리(모래집, 길고 가늘게 자른 살코기, 가슴살, 푸아그라 등), 잣 또는 호두, 마늘 향을 입힌 크루통, 토마토 또는 사과(계절에 따라 유동적)
드레싱 : 올리브오일 또는 호두오일, 식초, 소금, 후추
피해야 할 사항 : 채식주의자에게 서빙하기

6

보주식 샐러드

'따뜻한 비네그레트(chaude meurotte)' 샐러드라고도 불리며 전통적으로 사순절 기간에 시골에서 많이 만들어 먹었다.

샐러드 잎채소 : 민들레 잎
추가 재료 : 삶은 감자, 베이컨
드레싱 : '뫼로트(meurotte)'는 베이컨을 지질 때 녹아나온 기름, 잘게 썬 샬롯, 와인 식초, 소금, 후추를 혼합해 만든 따뜻한 비네그레트 소스이다. 따뜻한 온도의 소스에 버무리면 민들레 잎의 숨이 죽으면서 연해진다.
피해야 할 사항 : 시판용 대량생산 베이컨 라르동 사용하기. 녹으면서 기름보다 물이 더 많이 나온다.

7

사부아식 샐러드

이 샐러드가 처음 등장한 것은 1960년대 동계 스포츠 붐이 한창 일어난 시기와 맞물린다. 아마도 그 원조는 고산지대 산장에서 즐겨 먹던 음식일 것이다.

샐러드 잎채소 : 민들레 잎, 아이스버그 양상추 또는 슈가로프
추가 재료 : 사부아 햄 또는 구운 베이컨 슬라이스, 호두, 깍둑 썬 보포르(beaufort) 치즈
드레싱 : 해바라기유, 머스터드, 식초, 소금, 후추
피해야 할 사항 : 겨울철에 토마토 넣기

8

염소 치즈 샐러드

1980년대 프랑스 비스트로의 스타 메뉴로 인기를 누린 이 샐러드는 따뜻하게 구운 염소 치즈를 곁들인 것으로 베리(Berry)와 미네르부아(Minervois) 지방이 그 원조로 알려져 있다.

샐러드 잎채소 : 오크리프, 마타리 상추, 바타비아 상추
추가 재료 : 프레시 염소 치즈(crottin de Chavignol 타입)를 페이스트리 크러스트나 캉파뉴 빵 위에 얹은 뒤 오븐 브로일러에 구워 살짝 녹인다. 기호에 따라 커민이나 캐러웨이를 뿌리기도 한다.
드레싱 : 카놀라유, 낙화생유 또는 호두오일, 줄기양파, 와인 식초, 소금, 후추
피해야 할 사항 : 길쭉한 나무토막 모양의 대량생산 치즈를 잘라 식빵 토스트에 얹기

잎채소를 넣지 않는 샐러드

렌틸콩 샐러드 La salade de lentilles : 렌틸콩(lentilles du Puy AOP)을 3배 분량의 물에 넣고 소금을 넣지 않은 상태로 가열해 끓기 시작한 후 20~25분간 삶는다. 건져서 물기를 뺀 다음 구운 베이컨 라르동, 잘게 썬 샬롯, 다진 파슬리와 섞고 머스터드를 넣은 비네그레트 드레싱을 넣어 버무린다.

병아리콩 샐러드 La salade de pois chiches : 익힌 병아리콩(p.56 익히기 참조)과 통조림 정어리 필레, 마늘, 얇게 썬 줄기양파를 섞은 뒤 레몬즙과 올리브오일 드레싱을 넣어 버무린다.

비트 샐러드 La salade de betteraves : 익힌 비트를 깍둑 썬 다음 잘게 썬 콩테 치즈, 삶은 달걀, 경우에 따라 해바라기 씨와 섞는다. 머스터드를 넣은 비네그레트 드레싱을 넣어 버무린다.

관련 내용으로 건너뛰기
p.224 식초
p.335 상추와 치커리

1
2
3
4
5
6
7
8

미셸 게라르

누벨 퀴진의 선구자인 미셸 게라르는 외제니 레 뱅(Eugénie-les-Bains)을 대표하는 셰프이다. 그의 세계로 들어가 건강식을 즐겨보자.

샤를 파탱 오코옹

외제니의 천재적 요리사

1970년대 중반 미셸 게라르는 프랑스의 온천시설 체인 '테르말 뒤 솔레이(Chaîne thermale du Soleil)'의 후계자인 그의 아내 크리스틴 바르텔레미(Christine Barthélémy)와 함께 랑드 지방의 온천 명소인 외제니 레 뱅에 정착했다. 그는 곧바로 가벼운 건강식 위주의 메뉴 개발을 시작했는데 치료를 목적으로 온천을 찾은 손님들에게 맛있고도 가벼운 고급 건강식 메뉴를 제공하기 위해서였다. 그의 레스토랑은 3년 만에 미슐랭 가이드 별 셋을 획득했고 그의 주방은 진정한 메뉴 개발실이 되었다. 미셸 게라르는 건강을 염두에 둔 식재료 및 레시피 연구에 몰두함은 물론 냉동 식품 브랜드와 손잡고 메뉴를 제품으로 개발해 대중에게 선보이기도 했다.

Michel Guérard, 가벼운 요리를 주창하는 묵직한 존재감

(1933년 출생)

주요 10가지 연대기

1933
베테이유(Vétheuil, Val-d'Oise) 출생

1956
파리 크리용(Crillon) 호텔 셰프 파티시에

1958
파티스리 부문 프랑스 명장 타이틀(MOF) 획득

1965
파리 근교 아니에르(Asnières)의 식당 포토푀(Pot-au-feu) 인수

1971
레스토랑 '포토푀' 미슐랭 가이드 두 번째 별 획득

1974
아내와 함께 랑드 지방의 온천 명소 외제니 레 뱅 정착

1976
『살찌지 않는 요리백과(*La grande cuisine minceur*)』 출간. 로베르 라퐁(Robert Laffont).

1976
타임지 표지 인물

1977
'레 프레 되제니(Les Prés d'Eugénie)' 미슐랭 가이드 세 번째 별 획득

2013
건강식 요리학교 '미셸 게라르 인스티튜트(Institut Michel Guérard)' 설립

따뜻한 딸기 타르트

8인분
파트 퓌유테 원형 시트 8장(지름 14cm, 두께 2mm)
향이 진한 딸기(mara des bois 타입) 2kg
설탕 200g + 85g
달걀노른자 3개
레몬즙 60g + 60g
판 젤라틴 1장(2.5g)
상온의 버터 100g
레몬 제스트 1개분
휘핑한 샹티이 크림 200g

당일 아침 : 딸기를 반으로 잘라 타공 오븐팬(즙이 흘러내리도록) 위에 한 켜로 펼쳐 놓는다. 타공 팬 밑에 우묵한 바트를 받쳐 놓는다. 설탕 200g을 솔솔 뿌린 다음 180°C 오븐에서 20분간 익힌다. 반나절 동안 딸기의 즙이 흘러나오도록 그대로 둔 다음 딸기를 건져내 종이타월 위에 놓는다. 흘러나온 딸기즙을 냄비에 덜어낸 다음 주걱에 묻을 정도의 농도가 되도록 졸인다.

크림 만들기 : 달걀노른자와 설탕 85g을 거품기로 저어 섞은 뒤 레몬즙 60g을 넣어준다. 혼합물을 2분간 끓인 뒤 불에서 내린다. 찬물에 불린 뒤 물을 꼭 짠 젤라틴을 넣어준다. 크림의 온도가 55°C로 떨어지면 버터를 넣고 거품기로 저어 혼합한다. 혼합물을 식힌 뒤 레몬 제스트와 나머지 레몬즙 분량을 넣고 섞는다. 휘핑한 샹티이 크림을 넣고 주걱으로 살살 섞어준다. 소스 용기에 크림을 담는다. 퓌유테 반죽 시트에 딸기를 채운다 가장자리에 1.5cm 정도 여유를 남겨둔다. 뜨거운 베이킹 팬 위에 놓고 200°C 오븐에서 20분간 굽는다. 서빙 전, 졸여둔 딸기즙을 따뜻한 타르트에 끼얹은 다음 우박설탕을 고루 뿌린다. 레몬 크림을 곁들여낸다.

라이트 마요네즈

무지방 프로마주 블랑 130g
달걀노른자 1개분
머스터드 수북하게 1티스푼
와인식초 1테이블스푼
올리브오일 100ml
소금, 후추

볼에 달걀노른자와 머스터드, 소금, 후추를 넣고 핸드 믹서 거품기로 잘 섞은 뒤 식초를 넣어준다. 계속 거품기를 세게 돌리면서 올리브오일을 가늘게 넣어 혼합한다. 마지막으로 프로마주 블랑을 넣어준다. 간을 맞춘 뒤 냉장고에 넣어둔다. 이 마요네즈 소스는 전통적인 드레싱은 물론이고 차갑게 서빙하는 육류(닭고기 또는 로스트비프)에 곁들이거나 아페리티프로 즐겨 먹는 채소 스틱 디핑 소스로도 활용할 수 있다.

셰프의 세 가지 시그니처 메뉴

살라드 구르망드(LA SALADE GOURMANDE) 1968
처음 선보인 당시 논란의 대상이 되었던 메뉴로, 아스파라거스, 그린빈스, 푸아그라를 넣고 식초 소스로 드레싱한 샐러드다. 비네그레트와 푸아그라의 조합이라니! 과거에는 상상조차 힘든 것이었겠지만, 지금은 브라스리에서 '크레이지 샐러드(salade folle)'라는 이름으로 즐길 수 있다.

아스파라거스를 곁들인 느타리버섯과 모렐버섯 라비올리(L'OREILLER MOELLEUX DE MOUSSERONS ET DE MORILLES AUX ASPERGES DU PAYS) 1979
"1978년 여행에서 돌아온 뒤 만든 실크처럼 부드러운 채소의 교향곡이다." 이 라비올리는 중국에 체류했을 때 받은 영감을 바탕으로 만든 요리이다.

술에 담근 랍스터(LE HOMARD IVRE DES PÊCHEURS DE LUNE) 2007
활 랍스터를 아르마냑에 담가 속살까지 향이 스며들게 한 다음 카르파치오로 얇게 썰어 서빙한다.

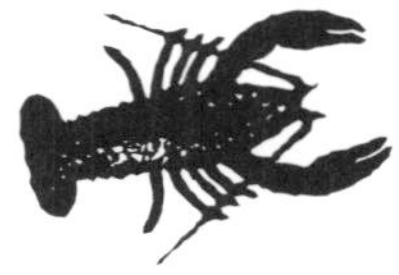

용도별 칼의 종류

조리 실습생부터 셰프에 이르기까지 모든 요리사들에게 칼은 가장 중요한 도구이다.
이들의 가방을 채우고 있는 여러 칼들은 그 용도에 따라 모양, 크기, 날의 형태가 다양하다.

마리엘 고드리 Marielle Gaudry

1
2
3
4
5
6
7
8
9
10
11
12

1
버터 나이프
칼날 : 4~7cm.
날이 예리하지 않다.
용도 : 버터를 바를 때 사용한다.

2
굴 나이프
칼날 : 4~7cm.
날이 짧고 두껍다.
용도 : 굴 껍데기를 깔 때 사용한다.

3
샤토 나이프
칼날 : 5~7cm.
날끝이 굽어 있다.
용도 : 과일, 채소의 껍질을 벗길 때 사용한다.

4
페어링 나이프
칼날 : 7~10cm.
날끝이 뾰족하다.
용도 : 과일, 채소의 껍질을 벗기거나 모양내어 돌려 깎을 때 또는 꼭지를 제거할 때 사용한다.

5
토마토 나이프
칼날 : 10~14cm.
날끝이 뾰족하고 가는 톱니가 있다.
용도 : 토마토를 자를 때 사용한다.

6
보닝 나이프
칼날 : 12~16cm.
날의 폭이 좁고 굽어 있다.
용도 : 가금류나 생선의 뼈를 제거할 때 사용한다.

7
생선용 필레 나이프
칼날 : 5~25cm.
날이 좁고 길며 약간의 탄성이 있다.
용도 : 생선의 필레를 뜰 때 사용한다.

8
브레드 나이프
칼날 : 18~30cm.
날이 단단하고 톱니가 있다.
용도 : 빵을 자를 때 사용한다.

9
셰프 나이프
칼날 : 15~30cm.
날이 두껍다.
용도 : 비교적 단단한 재료를 다지거나 잘게 썰 때 또는 얇게 저밀 때 사용한다.

10
셰프 스플리팅 나이프
칼날 : 25~30cm.
날 선이 비스듬하다.
용도 : 고기의 뼈 부분을 가르거나 잘게 자를 때 사용한다.

11
클리버 나이프
칼날 : 22~30cm.
날이 두껍고 칼등이 좁아지는 모양으로 되어 있다.
용도 : 고기의 뼈를 자를 때 사용한다.

12
샤프닝 스틸, 연마봉
칼날 : 20~30cm.
원통형 봉 모양으로, 다이아몬드 코팅 스틸 소재로 된 것도 있다.
용도 : 칼을 가는 도구.

채소 썰기

- **브뤼누아즈 brunoise**
사방 2mm 크기의 작은 큐브 모양으로 썰기. 소스, 가니시, 스터핑 혼합물 재료로 사용.
- **마세두안 macédoine**
사방 3mm 크기의 작은 큐브 모양으로 썰기. 곁들임 채소 또는 여러 채소를 섞어 조리할 때 많이 사용.
- **미르푸아 mirepoix**
사방 1cm 크기의 큐브 모양으로 썰기. 고기나 생선 요리의 가니시 용으로 사용.
- **쥘리엔 julienne**
길이 5cm, 두께 2mm 크기의 가느다란 모양으로 채썰기. 장식용 가니시 또는 샐러드에 사용.

관련 내용으로 건너뛰기
p.194 프랑스 각 지방의 칼

소시지 루가이유

프랑스령 레위니옹섬에서 맛보아야 할 요리를 단 하나 고른다면
아마도 매콤한 양념의 이 돼지고기 냄비 요리일 것이다.

티에리 카스프로빅츠*

3 가지 알아둘 사항

1

'루가이유(Rougaille)'는 인도에서 유래한 단어이다. 타밀어로 절인 녹색 열매, 고추를 뜻하는 '우루카이유(ouroukaille)'가 어원으로 토마토, 양파, 고추를 기본 재료로 만든 양념 페이스트 또는 소스를 가리키며 레시피에 따라 다른 재료들이 추가되기도 한다. 가장 대중적인 요리로는 소시지 루가이유를 꼽을 수 있다.

2

숯불에 구워 조리한 소시지 루가이유는 타의 추종을 불허하는 훈연의 불 맛이 더해져 가장 인기가 높다.

3

소시지 루가이유의 레시피는 레위니옹섬 안에서도 지역에 따라, 심지어 가정마다 다르다. 어떤 이들은 마늘, 생강, 타임, 강황 등을 추가하기도 한다.

소시지 루가이유

크리스티앙 앙투*

6인분

생 소시지 또는 훈제 소시지
(Toulouse 소시지 타입) 12개
식물성 식용유 2테이블스푼
적양파 5개
완숙토마토 5개
청고추 1~2개(기호에 따라 맵기 조절)
식물성 식용유

냄비에 찬물을 넉넉히 붓고 소시지를 넣은 뒤 중불에서 25분간 삶아 소금기를 뺀다. 냄비의 물을 따라 버리고 소시지는 건져 물기를 뺀다. 다시 냄비에 식용유를 조금 두른 뒤 소시지를 넣고 살짝 지진다. 필요하다면 소시지를 포크나 꼬챙이로 찔러 기름이 흘러나오도록 한다. 소시지를 건져내어 1cm 두께로 썬다. 양파를 얇게 썰어 냄비에 넣고 색이 나지 않게 볶은 뒤 다시 소시지를 넣어준다. 잘게 찧은 고추를 넣고 수분이 나오도록 볶는다. 토마토의 껍질을 벗긴 뒤 잘게 썰어 냄비에 넣어준다. 뚜껑을 덮고 약불에서 25분 동안 뭉근히 익힌다. 건더기 재료가 모두 익고 국물에 기름이 흥건하지 않으며 바특해질 때까지 끓인다. 흰쌀밥과 레위니옹의 또 다른 특선 음식인 '실라오스 렌틸콩(lentilles de Cilaos)'을 곁들여 서빙한다.

* Christian Antou : 레위니옹 전통 요리의 열렬한 옹호자(goutanou.re). 2013년 사망.

레위니옹 전통 요리를 맛 볼 수 있는 추천 식당 다섯 곳

Chez Ti Fred à Petite Île : 가족적인 분위기에서 화덕 요리를 즐길 수 있다.
Le Reflet des Îles à Saint-Denis : 레위니옹의 수도 생 드니의 유명한 전통 요리 전문점.
Le Tamaréo à La Nouvelle, Cirque de Mafate : 도보로만 접근이 가능한 트레킹 여행자들을 위한 숙소. 전통식 치킨 커리(carry coq pays), 피스타치오 루가이유(rougail pistaches) 등을 맛보기 위해서라도 트레킹에 도전해볼 만하다.
Le Gîte de l'Ilet à l'Ilet à Cordes, Cirque de Cilaos : 환상적인 경관의 계곡 분지에 위치한 숙소로 큰 식탁에 둘러 앉아 여럿이 함께 맛있는 식사를 즐길 수 있다.
Ferme-Auberge Annibal à Bras-Panon : 전통 레시피를 고수하고 있는 에바 아니발(Eva Annival) 여사의 '바닐라 소스 오리 요리'를 맛볼 수 있는 곳.

* Thierry Kasprowicz : 레위니옹 최초의 독립 레스토랑 안내서인 '카스프로 가이드(Guide Kaspro)'의 창간자.

관련 내용으로 건너뛰기
p.383 소시지
p.348 앙티유

일찍 세상을 떠난 셰프들

스스로 목숨을 끊거나 심장마비로 세상을 떠난 12명의 요리사들. 프랑스 오트 퀴진의 대표 주자였던 이들은 모두 60세를 채우지 못하고 생을 마감했다.

프랑수아 레지스 고드리

프랑수아 바텔 FRANÇOIS VATEL (1631-1671)
샹티이 성(château de Chantilly, Oise)의 주방 총책임자.
† 샹티이에서 40세의 나이로 사망.
사망원인 : 자살

알랭 샤펠 ALAIN CHAPEL (1937-1990)
미오네(Mionnay, Ain)의 미슐랭 3스타 셰프.
† 생 레미 드 프로방스(Saint-Rémy-de Provence)에서 53세의 나이로 사망.
사망원인 : 심근경색

앙토냉 카렘 ANTONIN CARÊME (1784-1833)
요리사, 파티시에. 『프랑스 요리의 기술』 요리백과의 저자.
† 파리에서 49세의 나이로 사망.
사망원인 : 주방의 석탄 오븐에서 나오는 독성 연기로 인한 폐 질환

자크 픽 JACQUES PIC (1932-1992)
발랑스의 미슐랭 3스타 레스토랑 '라 메종 픽(La maison Pic)'의 셰프.
† 발랑스에서 40세의 나이로 사망.
사망원인 : 심장마비

페르낭 푸엥 FERNAND POINT (1897-1955)
비엔(Vienne, Isère)의 레스토랑 '라 피라미드(La Pyramide)'의 셰프.
† 비엔에서 58세의 나이로 사망.
사망원인 : 오랜 지병

베르나르 루아조 BERNARD LOISEAU(1951-2003)
솔리외의 미슐랭 3스타 레스토랑 '라 코트 도르(La Côte d'Or)'의 셰프.
† 솔리외에서 52세의 나이로 사망.
사망원인 : 자살

폴 라콩브 PAUL LACOMBE (1913-1972)
리옹의 'Léon de Lyon'의 셰프.
† 리옹에서 58세의 나이로 사망.
사망원인 : 당뇨병과 심장질환으로 인한 건강쇠약

브누아 비올리에 BENOÎT VIOLIER (1971-2016)
스위스의 미슐랭 3스타 레스토랑 'L'Hôtel de Ville à Crissier'의 셰프.
† 크리시에에서 45세의 나이로 사망.
사망원인 : 자살

자크 라콩브 JACQUES LACOMBE (1923-1974)
콜로니 레스토랑 'Le Lion d'Or'의 셰프. 프랑스 Annecy 출신.
† 스위스 마르티니(Martigny)에서 51세로 사망.
사망원인 : 교통사고

미셸 델 뷔르고 MICHEL DEL BURGO(1962-2017)
홍콩의 미슐랭 3스타 레스토랑 'L'Atelier de Joël Robuchon'의 셰프.
† 파리에서 54세의 나이로 사망.
사망원인 : 오랜 지병

장 트루아그로 JEAN TROISGROS (1926-1983)
로안의 트루아그로 형제 중 한 명.
† 비텔(Vittel)에서 57세의 나이로 사망.
사망원인 : 테니스 게임 도중 심장마비

로랑 자냉 LAURENT JEANNIN (1968-2017)
파리 브리스톨(Bristol) 호텔의 셰프 파티시에.
† 파리에서 49세의 나이로 사망.
사망원인 : 심장마비

코르시카, 가장 오래된 뉴 월드 와인

'아름다운 섬' 코르시카의 와인 산업은 이국적인 매력과 고유의 정체성이라는 두 가지 가치를 지닌다. 이 섬의 포도밭에서 생산되는 독특하고도 매혹적인 와인들은 테루아의 특성을 간직한 채 곳곳으로 운송되어 소비된다. 여기 소개된 12종류의 와인이 이를 증명한다.

니콜라 스트롱보니

도멘 주디첼리
Domaine Giudicelli

Foudre
레드
주말 농장을 가진 신사를 연상시키는 와인으로 화려한 치장 없이도 아주 세련된 면모를 지니고 있다. 니엘루치우(Nielluccio) 품종 포도즙의 맛과 바디감이 풍부하게 살아 있으며, 피에몬테 와인과 아주 흡사하다.
음식 매칭 : 레드와인과 지롤 버섯을 넣은 리소토

도멘 피에레티
Domaine Pieretti

Marine
화이트
육지 소금과 바다 소금의 만남. 베르멘티노 품종 포도로 만드는 이 와인은 '미네랄리티'라는 단어에 특별한 의미를 부여한다. 밀도가 높고 투명하며 신선하고 순수한 맛의 암반수와 같은 와인이다.
음식 매칭 : 살짝 삶은 스파이더 크랩

도멘 달지프라투
Domaine d'Alzipratu

Lume
화이트
포도품종은 베르멘티노(vermentino)로 과육의 향이 풍부하고 튀지 않으면서도 매혹적인 라틴의 정취를 물씬 느낄 수 있는 와인이다. 직관적인 풍미가 즉시 다가올 뿐 아니라 입안에서의 여운도 길다.
음식 매칭 : 숙성된 크리미한 질감의 치즈

도멘 젠틸레
Domaine Gentile

Muscat authentica
화이트
코르시카의 신선한 혹은 당절임한 시트러스 과일과 장미, 리치의 풍미가 훌륭한 밸런스를 이루며 농축되어 있다. 뮈스카(muscat) 품종으로 만든 와인으로, 작곡가가 한 모금만 마시면 오페라 곡을 쓸 수 있을 것 같다는 생각이 들게 한다.
음식 매칭 : 이스파한 타르트

도멘 앙투안 아레나
Domaine Antoine Arena

Carco
화이트
코르시카 와인 양조산업의 최고 권위자가 만든다. 베르멘티노 포도에서 태양과 토양, 바람, 구성 물질들을 독특한 방식으로 떼어내며 풀어놓는 이야기와도 같다. 그 스토리를 마음껏 즐길 것!
음식 매칭 : 지중해식 생선 요리

클로 벤투리
Clos Venturi

Chiesa Nera
화이트
기하학이 와인이 되었다면 바로 이것일 것이다. 엄정한 정확성을 지닌 거의 대성당급 와인이라 할 수 있으며, 특히 이 베르멘티노, 비앙코 젠틸레(bianco gentile), 제노베제(genovese) 트리오는 바로크식 성당의 와인에 비유할 수 있다. 이 와인은 마치 영성체 예배처럼 사람들을 불러 모은다.
음식 매칭 : 자연산 굴

도멘 아바투치
Domaine Abbatucci

Diplomate
화이트
과거의 고상한 가치에 현대의 기술을 더해 만든 와인. 베르멘티노와 지역 재래종 포도의 섬세한 블렌딩을 통해 만들어지는 기품 있는 와인이다.
음식 매칭 : 올리브오일에 살짝 구운 랍스터

클로 데장주
Enclos des Anges

Domaine
레드
영국 출신 양조업자가 생산하는 지중해와 부르고뉴를 모두 느낄 수 있는 와인. 그르나슈(grenache) 포도송이 전체를 머금은 듯한 훌륭한 맛의 와인으로 다국적 문화의 조화가 돋보인다.
음식 매칭 : 약한 불로 뭉근히 익힌 양고기

클로 카네레챠
Clos Canereccia

Amphore de carcaghjolu neru
레드
하나의 문명과 또 다른 하나의 문명의 만남으로 탄생한 와인. 과육이 풍성한 재래품종 카르카졸루(carcahgjolu)를 그리스식으로 현지화시킨 포도로 거친 듯 야생의 맛이 넘치지만 아주 친숙한 느낌의 와인을 만든다. 한번 마셔보면 계속 찾게 될 것이다.
음식 매칭 : 오소부코

도멘 주리아
Domaine Zuria

Domaine
로제
광활한 포도밭에서 생산되는 이곳의 레드, 로제와인은 활기찬 생명력을 지니고 있다. 코르시카 남부 보니파시오(Bonifacio)에 펼쳐진 드넓은 포도재배지의 부흥을 이룬 시아카렐루(sciacarellu) 품종 초창기 와인들 중 하나이다. 주저하지 말고 마셔보시라. 전 세계인들이 모두 이것을 맛보고 싶어 할 것이다.
음식 매칭 : 랑구스틴 카르파치오

클로 카나렐리
Clos Canarelli

Biancu Ghjentile
화이트
콩드리외(condrieu)의 악센트를 지닌 와인. 토종 재래품종인 비앙코 젠틸레(biancu ghjentile)로 만드는 이 와인은 아주 감미로우면서도 바디감을 지니고 있다. 활기와 섬세함의 균형이 아주 좋은 와인이다.
음식 매칭 : 흰살생선과 망고 세비체

도멘 산타르메투
Domaine Sant'Armettu

Minustellu
레드
재래품종 포도인 미누스텔루(minustellu)로 만드는 와인으로 단단한 바디감과 섬세함을 동시에 지니고 있다. 발레리나 의상을 입은 운동선수의 몸에 비유할 수 있다.
음식 매칭 : 레어로 구운 피카냐(picanha) 비프 스테이크

관련 내용으로 건너뛰기
p.133 치즈의 섬 코르시카

단어와 요리

Des Mots & des Mets

버터냐 버터를 판 돈이냐

프랑스에서는 지방이 호평을 받지만 영미권 국가들은 이에 대해 의문을 제기한다. 버터와 크림을 많이 사용하는 요리를 즐긴다고 해서 프랑스인들이 건강하지 않다는 것은 아니다. 개미허리를 유지하면서도 타르트 타탱을 먹는다? 물론 이것은 역설적인 이야기지만 그렇다고 완전한 모순은 아니다.

오로르 뱅상티

버터의 어원

프랑스어로 버터를 뜻하는 '뵈르(beurre)'라는 단어는 라틴어 **부티룸(butyrum)**에서 유래한 것으로 그 어원은 고대 그리스어 **부투론(bouturon)**이다. 고대 그리스, 로마인들은 버터를 무엇보다도 연고로 사용했다. 이 단어는 소를 뜻하는 그리스어 **부스(bous)**와 치즈를 뜻하는 인도유럽어 **티로스(turos)**가 결합된 것이다. 즉, 버터는 원래 **소젖 치즈**라는 뜻으로 인식되었던 것이다!

이가 필요 없어요

라틴어와 그리스어로 버터를 지칭하는 단어에는 't' 발음이 포함되어 있다. 영어와 독일어로는 각각 버터(butter), 부터(butter), 네덜란드어로는 보터(boter)라고 부른다. 하지만 프랑스어 뵈르(beurre)에는 '치음'으로 분류되는 자음인 't'가 남아 있지 않다. 아마도 **버터를 이로 깨물어 먹지 않기 때문**일 것이다. 게다가 이 식품에 대해 말할 때 흔히들 제일 큰 장점으로 꼽는 것이 **입에서 녹는 식감** 아닌가! 사람들은 '버터처럼 살살 녹는다', 심지어 '버터 안에 들어가듯 순조롭다'라는 표현을 쓰기도 한다. 이렇듯 단어가 입에서 부드럽게 녹고 혀에 자연스럽게 발음되기 위해서는 이 걸림돌 같은 스펠링을 제거해야만 했을 것이다.

버터의 값

버터는 프랑스인의 생활뿐 아니라 언어에서도 그 값어치를 지니고 있다. 버터는 종종 **부의 상징**으로 여겨지기도 한다. **'시금치에 버터를 넣다(mettre du beurre dans les épinards)'**라는 표현도 이처럼 금전과 관련이 있는 것으로 '경제 사정이 나아지다'라는 의미를 갖고 있다.

버터의 존재

···› **'버터를 만들다(faire son beurre)'**는 '돈을 벌어 생계를 유지하다'라는 뜻이다. 한편 벨기에 왈롱어로 **'버터에 엉덩이를 넣고 앉았다(avoir le cul dans le beurre)'**라는 표현은 부자로 태어났기 때문에 **'금전적으로 어려움이 없이 살다'**라는 의미로 쓰인다.

···› 에밀 졸라의 소설 『목로주점(*L'Assommoir*)』에서 쿠포는 거리를 걷는 것에 대해 불평을 늘어놓는 부인에게 빈정거리듯 말한다. **"아 글쎄, 형편이 좀 나아지면 좋으련만(Dame! Si ça devait mettre du beurre dans les épinards)!"**
'시금치에 버터를 넣다(mettre du beurre dans les épinards)'라는 표현은 수입이 늘어 생활 형편이 좀 나아지는 것, 즉, **일상생활에 작으나마 한 줌의 기쁨을 더하는 것**을 의미한다.

···› 어찌 되었건 일단 **'시금치나 빵에 버터를 넣었으면' 더 이상 과한 욕심을 부리는 것은 금물**이다. '버터와 버터를 팔아 번 돈을 동시에 모두 가질 수는 없다(버터 가게 여주인의 엉덩이는 물론이고)'고 속담은 우리에게 말해준다. **작은 행복이라도 감사히 여길 줄 알아야 한다.**

···› "방에서 나온 그는 부엌으로 들어가 **찬장을 열고** 6파운드짜리 빵 한 덩어리를 꺼냈다. **정성스럽게 빵을 자른 다음** 테이블에 떨어진 빵 부스러기를 손바닥으로 모아 하나도 버리지 않고 입안에 털어넣었다. 이어서 그는 갈색 토기그릇 바닥에 담긴 **가염버터를 칼끝으로 조금** 떠내어 빵에 발라 **천천히 먹기 시작했다.** 마치 모든 것을 다 끝낸 것처럼."

- 기 드 모파상(Guy de Maupassant)의 『노인(*Le Vieux*)』 중에서

버터의 부재

···› 하지만 버터가 언제나 풍족함의 상징으로 쓰인 것만은 아니었다. **꼬치에, 가지에, 손에 또는 속된 표현으로 엉덩이에 남은 것이라고는 버터밖에 없다(pas plus que de beurre en broche, en branch, sur la main, au cul)**라는 표현은 즉 **'아무것도 없다, 하나도 없다'**라는 뜻이다. 이것은 부정적 의미이지만 그래도 **부재로 인해 더 눈에 띄는 가치**를 버터에 부여한 표현이라고 할 수 있다.

···› 오늘날 사용되는 표현 중 **'버터처럼 중요하지 않다(compter pour du beurre)'**는 버터에 경멸적인 의미를 부여한 것이다. 예를 들어 버터를 걸고(pour du beurre) 카드 게임을 한다고 하면 그 판은 판돈이 없다는 뜻이다. **게임에 돈을 걸지 않을 뿐 아니라 점수도 계산하지 않는다.**

···› '만취하다'라는 의미?
빵을 떨어트리게 되면 **늘 버터를 바른(beurré) 면이 바닥에** 닿는다. 만일 당신이 '만취했다면(beurré)' 역시 나쁜 말로 인해 불리해지고 **횡설수설 상스럽게 말을 내뱉게 될** 위험이 있다. '버터를 바르다'라는 동사의 과거분사 '뵈레(beurré)'는 20세기 초부터 사용되었는데 '술에 완전히 취했다'는 뜻의 '부레(bourré)'와 혼동되어 쓰였다. **발음이 비슷한 단어이지만 의미가 황당하게 달라 혼란을 야기할 수 있다.**

···› **작은 버터 단지야, 너 언제 나올 거니(Petit pot de beurre, quand te dépetitpotdebeurreriseras-tu)?**
샤를 페로(Charles Perrault)의 동화 '빨간 모자'에서 주인공인 소녀는 **팬케이크 하나와 버터가 든 작은 단지 하나**를 할머니께 가져다 드리러 길을 나선다. 하지만 결국 늑대에게 이것을 **다 바치게(graisser la patte) 된다.** 만일 소녀가 버터 단지(petit pot de beurre)가 아닌 '뵈리에(beurrier 현재는 '버터 접시'라는 뜻으로 쓰인다)'와 함께 왔다면 늑대가 겁을 먹었을 것이다. 왜냐하면 **'뵈리에(beurrier)'**는 버터를 담는 그릇 이전에 **버터를 만들거나 판매하는 사람을 지칭**했기 때문이다. 이 원뜻은 지금은 잊혀졌다.

관련 내용으로 건너뛰기 p.314 프랑스의 크림치즈

La bouillabaisse de Marseille
마르세유의 부야베스

프랑스의 항구 도시 마르세유에는 라 마르세예즈*만큼이나 유명한 또 하나의 명물이 있다.
바로 부야베스다. 가난한 어부들의 수프였던 부야베스는 프랑스를 대표하는 인기 있는 생선 수프가 되었다.
심지어 가정에서 만들어 먹을 수도 있다.

마리 아말 비잘리옹

보호받고 있는 수프

마르세유의 식당업자들은 이 생선 수프의 정통성을 수호하기 위하여 1980년 부야베스 헌장을 제정했다. 어부들이 팔고 남은 생선으로 끓인 생선 스튜로 고대 그리스인들을 통해 라시동(Lacydon) 연안에 유입된 이 음식은 오늘날 갖은 재료를 넣은 복잡하고도 비싼 요리가 되었다.

영감이 이끄는 대로 만들기

낚시를 나갔다가 거의 허탕치다시피 소득없이 돌아오거나 어시장에서도 신선한 생선을 구하지 못했을 때는 부야베스의 '진짜' 레시피를 참고할 의욕이 나지 않는다. 보통 이 요리에는 농어(loup)가 들어가지 않지만 요리사 르불**의 레시피에는 포함되어 있다. 이런 경우에는 정통 레시피에만 얽매이지 말고 우선 다음 세 가지 원칙만 기억하자.

- 지중해산 생선을 사용한다.
- 기본 수프에 들어가는 잡어와 주재료가 되는 건더기 생선의 비율을 적절히 맞춘다.
- 주재료 건더기 생선을 각각 알맞게 익히도록 주의한다.

레시피

주재료가 되는 건더기 생선의 비늘을 벗기고 대가리를 잘라낸다. 내장을 제거한 뒤 큰 것은 토막으로 자른다. 냄비에 올리브오일을 두르고 양파를 수분이 나오게 볶은 뒤 생토마토와 으깬 마늘을 넣고 볶는다. 국물 베이스용 잡어(작은 놀래기, 줄망둑, 작은 쏨뱅이, 작은 농어 등)를 모두 넣는다. 주재료 생선에서 잘라낸 대가리를 넣고 가능하면 게를 1~2마리 넣어준다. 계속 잘 저으며 익힌다. 혼합물이 걸쭉해지면 물 2~3리터와 소금, 후추, 사프란 가루 0.2g(2 dose), 파슬리, 잔가지를 포함한 펜넬 1/2개(또는 파스티스 병뚜껑으로 한 개분)를 넣고 약한 불로 1시간 끓인다. 핸드블렌더로 갈아준 다음 국자로 누르며 체에 거른다. 걸러낸 국물을 다시 불에 올리고 굵게 썬 감자를 넣는다. 반쯤 익었을 때, 준비한 건더기 생선을 살이 단단한 것(달고기, 바다붕장어 등)부터 넣어준다. 살이 연한 생선들(날개횟대, 성대 등)은 조리 완성 몇 분 전에 국물에 넣고 끓인다. 부야베스가 완성되었다. 이 요리를 제대로 즐기기 위해 반드시 곁들여야 하는 '루이유(rouille)' 소스를 만든다. 우선 삶은 감자 2~3개를 으깬 뒤 마늘 넉넉히, 달걀노른자, 사프란, 고춧가루, 소금, 후추를 넣어 섞고 올리브오일을 넣으며 거품기로 휘저어 걸쭉한 포마드 상태로 만든다. 크루통에 얹어 서빙한다(수프 국물에 적셔 먹으면 맛있다).

생선 없이도 만들 수 있어요!

요리사 르불이 '애꾸눈 부야베스'라고 불렀던 이 요리는 마르셀 파뇰이 생선을 구하지 못했을 때 즐겨 만들어 먹던 맛있는 음식이었다. 레시피는 전통식 부야베스와 같은 방식으로 시작된다. 생선과 펜넬 대신 부이용 육수(블렌더로 갈지 않는다), 레몬 제스트, 월계수 잎, 사프란, 얇게 썬 감자를 넣어준다. 감자가 익으면 국물에 달걀을 넣고 3분간 포칭한다. 서빙용 수프 접시에 각각 빵을 한 장씩 깐 다음 익힌 수란을 그 위에 조심스럽게 놓는다. 감자를 빙 둘러 놓은 뒤 국물을 붓는다.

** Jean-Baptiste REBOUL 『프로방스의 요리사(*La cuisinière provençale*)』(1897) 의 저자.

관련 내용으로 건너뛰기
p.332 생선 수프 요리의 기술

HUILE d'OLIVE
MARSEILLE

* la Marseillaise : 프랑스의 국가

녹아 흘러내리는 치즈

녹아 흘러내리며 길게 늘어나는 먹음직스러운 치즈는 겨울철 파티에서 빼놓을 수 없는 음식이 되었다.
이 치즈 앞에 서면 우리 또한 녹아내리지 않을 수 없다.

마리엘 고드리

	타르티플레트 *La tartiflette*	라클레트 *La raclette*	퐁뒤 사부아야르드 *La fondue savoyarde*	알리고 *L'aligot*	캉쿠아요트 *La cancoillotte*
간략한 역사 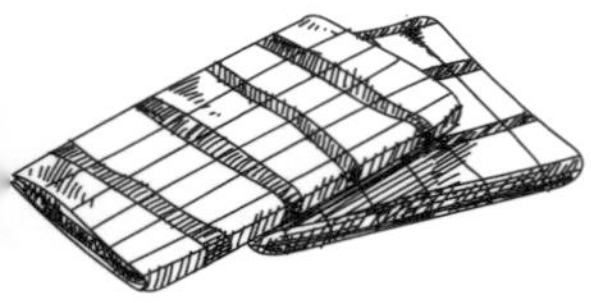	아주 오래된 요리는 아니지만 이 이름은 사부아지방 사투리로 감자를 뜻하는 '타르티플라(tartiflá)'에서 따온 것으로, 1980년대에 르블로숑(reblochon) 생산 동업조합에서 이 치즈의 판매를 활성화하고자 개발해낸 메뉴이다. 이 레시피에 영감을 준 음식은 전통 요리인 '펠라(pela)'이다. 오트 사부아 지방 아라비(Aravis)의 토속적인 레시피로 감자, 양파, 손잡이가 긴 팬(이 지방 사투리로 'péla'라고 부른다)에 녹인 르블로숑 치즈로 만든다.	라클레트의 원조는 스위스(발레주)다. 20세기의 라클레트를 언급하기 이전에 중세에 목동들이 먹던 구운 치즈를 상기해볼 수 있다. 큰 맷돌형 치즈 덩어리를 반으로 잘라 화덕 불에 단면을 녹여 흘러내리는 부분을 긁어내려 먹었다. 1960년 동계 스포츠가 붐을 이뤄 스키장 등지에서 라클레트를 즐겨 먹게 되었고, 1978년 테팔(Tefal) 사에서 가정용 라클레트 전기 그릴을 출시하면서 이 음식은 널리 알려졌다.	퐁뒤가 사부아 지방의 전통 음식으로 자리 잡은 것은 제2차 세계대전이 끝난 직후였다. 이 특선요리는 식탁 가운데 냄비를 놓고 가열하며 녹인 치즈에 작게 자른 빵을 담가 찍어 먹는다. 비슷한 것으로는 캉탈(cantal)과 생넥테르(saint-nectaire) 치즈로 만드는 오베르뉴의 몽도레(Mont-doré)와 카망베르(camembert), 퐁레베크(pont l'évêque), 리바로(livarot) 치즈와 칼바도스로 만드는 노르망디식 퐁뒤가 유명하다.	이 음식은 원래 빵과 프레시 톰 치즈를 혼합한 것으로 12세기 오브락(Aubrac)의 수도사들이 산티아고 데 콤포스텔라 순례자들에게 제공했던 것에서 유래했다고 한다. 12세기 밀농사가 흉작이 든 이후 빵은 감자로 대체되었다.	프랑슈 콩테 지방의 특산품인 이 음식에 대한 기원은 확실하지 않다. 혹자는 고대 갈로로맹 시대의 문헌에서 찾아볼 수 있는 concoctum lactem(혼합해 끓인 우유)이 최초의 흔적이었다고 믿고 있고, 또 다른 이들은 16세기의 한 농가에서 실수로 만들어졌다고 주장한다. 이 음식은 제1차 세계대전 중 로랑 라갱(Laurent Raguin)이라는 사람이 이것을 멸균, 캔 포장하여 전방에서 싸우는 프랑슈 콩테 출신 군인들에게 공급하면서 널리 알려지게 되었다.
사용되는 치즈 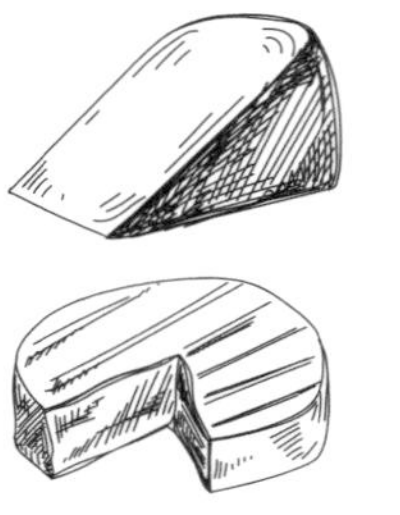	르블로숑 (reblochon) 치즈. 여기에 펠라와는 달리 베이컨 라르동과 약간의 화이트 와인을 첨가한다. 제조사들의 레시피는 2014년 라벨 루즈(Label Rouge) 인증을 받았다. 이 레시피에 따르면 르블로숑은 사부아산 AOP (원산지명칭보호) 인증 제품을 사용해야 하며, 타르티플레트 재료를 모두 전통식 오븐에 넣어 그라탱처럼 익혀야 한다. **4인분 기준,** **르블로숑 치즈 한 개.**	물론 라클레트 치즈다. 스위스 드 발레(suisse de Valais) 또는 라클레트 드 사부아(raclette de Savoie, 2017년 IGP 인증획득)을 사용한다. 이 밖에 모르비에(morbier), 푸름 당베르(fourme d'Ambert), 혹은 심지어 염소젖 톰(tome) 치즈를 사용하기도 한다. **4인분 기준,** **라클레트 치즈 1kg**	퐁뒤는 여러 종류가 있다. 스위스식, 그중에서도 특히 바슈랭과 스위스 그뤼예르를 반씩 섞는 '하프 하프'가 대표적이지만 사부아식 퐁뒤는 전통적으로 보포르(beaufort), 콩테(comté), 사부아 그뤼예르(gruyère de Savoie)를 사용한다. 때로 르블로숑(reblochon) 반 개를 추가해 더욱 묵직한 퐁뒤를 만들기도 한다. **4인분 기준, 보포르 치즈 350g, 콩테 치즈 350g, 사부아 그뤼예르 치즈 350g**	오브락(Aubrac)의 프레시 톰(tome fraîche) 치즈로 '알리고 톰(tomme d'aligot)'이라고도 불린다. 이것은 라기올(Laguiole)의 치즈인 살레르(Salers)와 캉탈(cantal)의 부산물로 만든다. 치즈라기보다 커드를 압착해 약하게 발효한 것에 가깝다. 제대로 길게 늘어지는 식감에 있어 이상적인 치즈이다. **4인분 기준,** **오브락의 프레시 톰 치즈 500g**	냄새가 강한 치즈이니 조심할 것! 캉쿠아요트는 지방을 제거한 소젖 커드를 숙성시킨 메통(metton 썩는 냄새가 난다)에 물, 버터를 섞어 만든다. **4인분 기준, 250g짜리 병 한 개**
안 돼요! 	정통 레시피 옹호자들은 타르티플레트에 생크림을 넣지 않는다.	라클레트는 여럿이 한상에 둘러앉아 함께 먹는 음식의 대명사다. 그렇다고 옆 사람의 치즈 그릴 팬을 가로채도 된다는 뜻은 아니지만...	퐁뒤에 빵 조각을 빠트린 사람에게는 벌칙을 준다는 것은 잘 알려진 전통이다. 옷을 벗긴 채 눈에 굴린다는 벌칙은 꽤 효과적이다.	혼합물이 길게 늘어나도록 만드는 작업이 생각만큼 쉽지 않다. 제대로 만든 '알리고'는 무려 1m까지 늘어나지만 끈적거리며 들러붙지 않는다.	발음을 제대로! 콩 쿠아요트(con-coillotte) 라고 발음하면 안 된다. 오히려 프랑슈 콩테 북부 지방처럼 캉 코이 요트(kan-koi-yotte) 또는 쥐라 남부에서처럼 캉 코 요트(kan-ko-yotte)로 부르는 것이 낫다. 위베르 펠릭스 티에펜(Hubert-Félix-Thiéfaine)의 노래를 따라 부르며 연습해 보자.(La cancoillotte, 1978)
먹는 방법 	오븐에서 꺼낸 무쇠냄비 그대로 뜨겁게 서빙한다. 그린 샐러드를 곁들여 먹는다. **와인 : 사부아 지방의 화이트 와인(Chignin-Bergeron)**	식사 인원수에 맞게 개인용 그릴팬이 준비된 라클레트 그릴을 식탁 중앙에 놓고 둘러앉아 먹는다. 큰 맷돌형 치즈 반을 통째로 사용하는 경우는 그릴의 열원 판 아래에 고정시켜 가열한다. 껍질째 삶은 뜨거운 감자, 타바이용(tavaillon 말린 소고기 생햄)을 포함한 고산지대 목장에서 만든 샤퀴트리 플래터, 코르니숑, 샐러드 등을 곁들여 먹는다. **와인 : 사부아 지방의 화이트 와인(Apremont)**	퐁뒤 냄비를 식탁 중앙에 놓고 작게 썬 캉파뉴 브레드를 찍어먹는다. 쿠드 햄, 생햄, 지역 특산 말린 소시송, 그린 샐러드를 곁들인다. **와인 : 사부아 지방의 화이트 와인(Roussette)**	당연히 지역 특산의 토속적 음식을 곁들여 먹는다. 기름이 흥건히 배어나오는 지역 특산 소시지를 대표로 꼽을 수 있다. **와인 : 아베롱 지방의 레드 와인(Marcillac)**	플레인 또는 마늘, 호두, 뱅 존(vin jaune)를 더한 캉쿠아요트에 생채소를 찍어먹는다. 차가운 캉쿠아요트를 한 스푼 떠먹거나 구운 빵 슬라이스에 발라 먹는다. 따뜻한 캉쿠아요트를 감자에 얹어 먹는다. 모르토(Morteau) 소시지와 그린 샐러드를 곁들인다. **와인 : 쥐라 지방의 화이트 와인(Arbois)**

사부아식 퐁뒤

4인분
보포르(beaufort) 치즈 350g
콩테(comté) 치즈 350g
사부아 그뤼예르(gruyère savoyard) 치즈 350g
마늘 1톨
화이트 와인(Apremont) 1/2병
약간 굳은 빵 큰 것 1덩어리
그라인드 후추 약간

빵은 큐브 모양으로 잘라둔다. 치즈는 모두 작은 주사위 모양으로 자른다. 퐁뒤용 냄비 바닥에 껍질 벗긴 마늘을 문질러준 다음 중불(가스레인지 또는 인덕션레인지)에 올린다. 와인을 붓고 가열해 약하게 끓어오르기 시작하면 작게 썬 치즈를 모두 넣는다. 나무 주걱으로 저으며 녹인다. 후추를 몇 바퀴 갈아 뿌리고 계속 저어 섞는다. 식탁 위의 워머에 올린 뒤 빵을 찍어 먹는다.

두 가지 유용한 팁

→ 퐁뒤 혼합물이 너무 묽으면 감자 전분을 1티스푼 정도 넣어 농도를 조절한다.

→ 퐁뒤를 다 먹고 난 다음 냄비에 달걀을 한 개 깨 넣어 마무리로 먹는다.

타르티플레트

4인분
감자 1kg
좋은 품질의 르블로숑(reblochon) 치즈
양파 2개
베이컨 라르동 200g
버터 30g
소금, 후추

감자의 껍질을 벗긴 뒤 씻는다. 소금을 넣은 찬물에 감자를 잠기도록 넣고 끓인다. 20분간 삶는 다음 익은 감자를 건져낸다. 양파의 껍질을 벗긴 뒤 얇게 썬다. 코코트 냄비에 버터를 달군 뒤 양파를 넣고 투명해질 때까지 5분 정도 볶는다. 라르동 모양으로 썬 베이컨을 넣고 몇 분간 함께 볶아준다. 오븐을 180°C로 예열한다. 그라탱 용기 안쪽에 버터를 바른다. 익힌 감자를 동그랗게 자르고 르블로숑 치즈도 슬라이스한다. 그라탱 용기에 감자의 반을 깔고 그 위에 양파, 베이컨 볶은 것의 반을 깔아준다. 치즈를 얹고 다시 감자, 양파와 베이컨, 치즈 순서로 켜켜이 쌓아준다. 소금, 후추를 뿌린다. 치즈가 완전히 녹을 때까지 오븐에서 20분간 익힌다.

각 지방의 응용 레시피

타르티플레트와 아주 비슷한 '르블로쇼나드(reblochonnade)'에는 베이컨이 들어가지 않으며, 생크림이 추가된다. 모르비에(morbier) 치즈로 만든 '모르비플레트(moriflette)'는 프랑슈 콩테(Franche-Comté) 지방의 타르티플레트다. 캉탈(Cantal) 지방에서는 살레르(Salers)와 캉탈(Cantal) 치즈로 만들며 '트뤼파드(truffade)'라고 부른다.

알리고

4인분
오브락산 프레시 톰 치즈
(tome fraîche de l'Aubrac) 500g
감자(bintje 품종) 1kg
오브락산 생크림 250g

감자의 껍질을 벗긴 뒤 씻는다. 소금물에 감자를 넣고 끓기 시작한 후 20분간 삶는다. 프레시 톰 치즈를 얇게 슬라이스한다. 감자가 익으면 건져 물기를 제거한 다음 포테이토 라이서(presse-purée)로 눌러 고운 퓌레를 만든다. 감자 삶은 냄비의 물을 따라버린 뒤 감자 퓌레를 넣고 생크림을 첨가한다. 나무 주걱으로 잘 저어 섞는다. 아주 약한 불 위에 올린 뒤 얇게 썬 치즈를 넣고 주걱으로 8자 모양을 그리듯이 세게 휘저어 치즈를 녹인다. 감자 퓌레와 치즈가 혼합되어 길게 늘어나기 시작하면서 '알리고'가 만들어진다.

포장 박스 그대로 데워 먹는다!

프랑슈 콩테(Franche-Comté) 지방에서는 '몽 도르(mont d'or)' 치즈를 둥근 나무 박스 상태 그대로 오븐에 데워 먹는다. 뚜껑을 치즈 박스 바닥에 받친 뒤 치즈 표면에 작은 구멍을 내고 쥐라산 드라이 화이트 와인 50ml과 다진 마늘 1톨을 넣어준다. 220°C 오븐에서 30분간 굽는다. 껍질째 삶은 뜨거운 감자와 모르토(Morteau) 소시지를 곁들여 먹는다.
분량 : 4인용 몽 도르(Mont d'Or) 치즈 1개
와인 : 쥐라산 화이트 와인 (Côte-du-Jura)

관련 내용으로 건너뛰기
p.243 마루알 치즈 타르트

로제 베르제

늘 콧수염을 길렀던 이 요리사는 누벨 퀴진을 이끈 기수 중 한 명이었다.
지중해 요리를 바탕으로 그는 요리 교본을 여러 권 집필하였으며 작은 도시 무쟁(Mougins)을 미식의 정상 위치에 올려놓았다.
샤를 파탱 오코옹

Roger Vergé, 프렌치 리비에라의 천재 요리사
(1930-2015)

★

"간단히 말해 맛있는 것을 좋아하는 사람이 되면 요리도 잘 하게 됩니다."

1930 코망트리(Commentry, Allier) 출생

1961 라방두(Lavandou, Var)의 미슐랭 2스타 레스토랑 '클럽 드 카발리에르(Le Club de Cavalière)'의 셰프 드 퀴진 겸 관리책임자

1969 알프 마리팀 지방의 소도시 무쟁에 '물랭 드 무쟁(Le Moulin de Mougins)' 오픈.

1972 프랑스 요리 명장(MOF) 타이틀 획득

1974

레스토랑 물랭 드 무쟁 미슐랭 가이드 3스타 획득

★ ★ ★

1978 『나의 태양의 요리(*Ma Cuisine du Soleil*)』 출간

les recettes originales de
ROGER VERGÉ
MA CUISINE du SOLEIL
ROBERT LAFFONT

1982 가스통 르노트르(Gaston Lenôtre), 폴 보퀴즈(Paul Bocuse)와 함께 플로리다 디즈니월드 프랑스관 내에 레스토랑 '셰프 드 프랑스(Les Chefs de France)' 오픈.

1992 『내 주방의 채소들(*Les Légumes de mon moulin*)』 출간.

2006 무쟁 '세계 미식 축제' 발족.

2015 무쟁에서 사망. 뉴욕 타임즈는 그의 기사로 한 장 전면을 채웠다.
"대담한 용기도 그의 메뉴의 일부분이었다. 그는 전혀 주저함 없이 그 당시까지 미슐랭 3스타 레스토랑에서는 상상할 수조차 없었던 단순하고 소박한 식재료들을 요리로 선보이곤 했다."

시그니처 메뉴

- 아티초크 바리굴
  Les artichauts à la barigoule
- 보클뤼즈산 블랙 트러플을 넣은 호박꽃과 버섯 육수로 맛을 낸 트러플 버터 소스
  Le poupeton de fleurs de courgette aux truffes noires du Vaucluse et son beurre au fumet de champignons
- 핑크페퍼콘 소스의 랍스터 프리카세
  La fricassé de homard au poivre rose
- 프로방스산 팔레트 와인 소스를 곁들인 넙치와 잘게 썬 채소 모둠
  Le Blanc de turbot de ligne en matignon de léumes, sauce au vin de Palette

무쟁 MOUGINS
레드 카펫
칸(Cannes)에서 가까운 곳에 위치한 그의 레스토랑에는 칸 국제 영화제에 참가한 전 세계 스타들의 발길이 이어졌다. 리차드 버튼, 엘리자베스 테일러, 제임스 코번, 대니 케이, 프레드 아스테어, 제라르 드파르디외, 군터 작스, 존 트라볼타 등 쟁쟁한 이름들이 이곳을 찾았다. 1993년에는 AMFAR(미국에이즈연구재단)의 첫 번째 자선 갈라 디너가 그의 레스토랑 '물랭 드 무쟁'에서 개최되었다.
미술관
옛날에 기름 짜는 방앗간이었던 그의 레스토랑 자리는 작은 현대미술 박물관으로 변신했다. 수많은 아티스트, 특히 니스파(École de Nice) 예술가들과 가까웠던 로제 베르제는 그들의 작업을 지원하기 위해 문을 활짝 열었다.
예술가들에게 작업실을 제공했고, 세자르(César), 장 미셸 폴롱(Jean-Michel Folon), 아르망(Arman), 장 클로드 파리(Jean-Claude Farhi), 테오 토비아스(Theo Tobiasse), 니키 드 생팔(Niki de Saint Phalle) 등의 작품이 전시되었다.

로제 베르제의 피스투 수프

6인분
콩 불리기 : 12시간
준비 : 40분
조리 : 1시간
마른 흰 강낭콩(coco blancs) 200g
100g짜리 감자 1개
당근 2개
순무 2개
긴 주키니호박 2개
셀러리 연한 줄기 2대
그린빈스(납작한 껍질콩이 좋다) 넉넉히 한 줌
리크(서양대파) 흰 부분 1대
흰 양파 1개
각 80g짜리 완숙 토마토 4개
생 바질 잎 30장
마늘 6톨
올리브오일 100ml
부이용 큐브(비프 또는 치킨스톡) 2개
부케가르니 1개
소금, 후추

마른 콩을 찬물 3리터에 12시간 담가 불린다. 냄비에 찬물 2리터와 불린 콩, 부케가르니를 넣고 끓인다. 5분 정도 끓인 뒤 소금을 넣는다. 총 1시간을 삶는다.
당근, 순무, 주키니호박, 양파, 넓적한 그린빈스를 사방 1cm 크기로 썬다.
리크의 흰 부분과 셀러리 줄기를 송송 썬다. 다른 냄비에 올리브오일 4테이블스푼과 동량의 찬물을 넣은 뒤 채소를 모두 넣고 나무 주걱으로 저어가며 중불에서 10분간 익힌다.
수분이 모두 없어지되 채소에 색이 나지는 않아야 한다. 찬물 4리터를 붓고 부이용 큐브 2개를 넣어준다. 센 불에서 끓인다. 5분간 팔팔 끓인 뒤 소금으로 간을 한다. 감자를 같은 크기의 큐브 모양으로 썰어 처음 끓기 시작한 지 20분이 지난 국물에 넣어준다.
토마토의 꼭지를 잘라낸 다음 가로로 이등분한다. 손으로 꾹 짜서 씨와 수분을 제거한다. 마늘은 껍질을 벗기고 바질은 잎만 떼어둔다.
절구에 마늘과 바질 잎을 넣고 공이로 찧는다. 잘게 썬 토마토를 넣고 같이 으깨 씨 없는 토마토 퓌레를 만든다.
남은 올리브오일을 넣고 공이를 돌리며 잘 섞는다. 삶은 콩 냄비에서 부케가르니를 건져낸다. 삶은 콩과 그 국물을 채소 국물 냄비에 붓고 잘 섞는다. 다시 끓인다. 불에서 내린 뒤 마늘, 토마토, 바질, 올리브오일로 만든 페이스트를 넣고 나무 주걱으로 잘 섞는다.
다시 끓이지 않는다. 냄비째 식탁에 올린다. 식욕을 돋우는 냄새가 먼저 풍길 것이며 이 음식의 이름을 굳이 말할 필요가 없을 것이다.

* 『나의 태양의 요리』 중에서. Robert Laffont 출판.

육지와 바다의 조화

바다와 육지 풍미의 만남은 프랑스의 전통 음식뿐 아니라 창작 요리에서도 종종 찾아볼 수 있다.
잘 어울리는 *'서프 앤 터프(surf and turf)'*조합을 소개한다.

프랑수아 레지스 고드리

소고기 *Bœuf* + 안초비 *anchois*

아그리아드 생 질루아즈 L'agriade saint-gilloise
브루파드(broufade), 브루파도(broufado) 또는 프리코 데 바르크(fricot des barques)라고도 불리는 이 음식은 뭉근히 끓여 먹는 카마르그(Camargue) 지방의 전통 스튜로 론강의 뱃사람들이 즐겨 먹던 토속 음식이다.

6인분
소(카마르그산 황소가 가장 좋다) 볼살 또는 부채살 1.5kg을 두께 2cm로 슬라이스한다. 볼에 다진 마늘 6톨, 월계수 잎 2장, 정향 2개, 강판에 간 넛멕가루 한 꼬집, 올리브오일 4테이블스푼과 고기를 넣은 뒤 고루 섞어 재운다. 냉장고에 하룻밤 넣어둔다. 다음 날, 오븐을 150°C로 예열한다. 양파 6개의 껍질을 벗긴 뒤 얇게 썬다. 코르니숑 20개, 케이퍼 150g, 안초비 150g을 블렌더로 굵직하게 갈아 양파와 섞는다. 이것을 고기 재웠던 마리네이드 양념과 섞은 뒤 오래 숙성된 와인 식초 4테이블스푼을 첨가한다. 오븐 사용이 가능한 코코트 냄비에 고기를 한 켜 깐 다음 양파 혼합 양념을 넣고 후추를 한 꼬집 뿌린다. 다시 고기와 양념을 번갈아 넣어준다. 맨 위는 양념으로 마무리한다. 안초비가 이미 짭짤하므로 소금은 따로 뿌리지 않는다. 물 2컵을 붓고 뚜껑을 덮은 뒤 오븐에 넣어 4시간 동안 익힌다. 뭉근히 푹 익은 이 스튜에 카마르그(Camargue) 라이스를 곁들여 먹는다. 하루 지난 뒤 데워 먹으면 더욱 맛이 좋다.

이 맛있는 레시피를 공유해주신 로랑 델마(프랑스 앵테르 방송 영화프로그램 진행자)의 어머니 마리 주느비에브(미케트) 델마 여사에게 감사를 전합니다.

송아지고기 VEAU + 굴 HUÎTRE

굴, 송아지고기 타르타르
Le tartare de veau aux huîtres
2010년대 파리 미식계에서 가장 신랄한 비평의 대상이 되는 조합 중 하나이다. 시니치 사토 Shinichi Sato(Passage 53, Paris)부터 베르트랑 그레보 Bertrand Grébaut(Septime, Paris)에 이르기까지 여러 명의 신세대 셰프들이 이 조합의 타르타르를 선보인 바 있다.

4인분
송아지 살코기 250g을 우선 얇게 슬라이스한 다음 길게 썰고 다시 작은 주사위 모양으로 썰어 타르타르를 준비한다. 굴 8개의 껍데기를 까 속살만 꺼낸 뒤 작은 주사위 모양으로 썬다. 샬롯 1개를 잘게 썬다. 볼에 송아지고기, 굴, 샬롯을 넣고 살살 섞어준다. 레몬즙 한 줄기, 플뢰르 드 셀 소금 한 꼬집, 올리브오일 한 줄기를 뿌려 서빙한다.

굴 Huître + 크레피네트 crépinette

아르카숑만과 지롱드 지역에서 특히 연말 시즌에 즐겨 먹는 전통적인 조합이다. 큰 플레이트에 위 껍데기를 깐 석화굴과 다진 고기(돼지 또는 가금류와 수렵육을 다져 크레핀으로 감싸고 납작하게 누른다) 패티를 구운 이 지역 특산품인 크레피네트를 함께 내는 음식이다. 보르도 지역에서 미식가들은 생굴과 뜨거운 크레피네트를 번갈아 먹는다.

오징어 ENCORNET + 부댕 BOUDIN

돼지 피와 오징어 Les encornets au sang de cochon
2010년대 '라 그르누이예르(La Grenouillère, La Madeleine-sous-Montreuil, Pas-de-Calais)'의 천재 요리사 알렉상드르 고티에(Alexandre Gauthier)는 이 놀라운 조합으로 눈길을 끌었다.

4인분
익히지 않은 생 부댕 누아르 2개의 케이싱 창자를 잘라 체에 곱게 긁어내린 뒤 크리미한 부댕 페이스트를 만든다. 소금과 후추로 간을 맞춘 다음 상온에 둔다. 샐러드용 잎채소(루콜라, 크레송, 민들레 잎 등)를 싱싱한 것으로 골라 2줌 정도 준비한 뒤 깨끗이 씻는다. 올리브오일, 머스터드, 잘게 썬 샬롯을 섞어 소스를 만들어둔다. 팬에 올리브오일을 아주 뜨겁게 달군 뒤 각 80~120g짜리 오징어 4마리를 넣고 고루 노릇한 색이 나도록 몇 분간 지진다. 오징어를 꺼내 큼직하게 토막 낸다. 넓은 접시에 스패출러로 생 부댕 페이스트를 3mm 두께로 납작하게 편 다음 오징어 토막을 그 위에 얹는다. 샐러드를 드레싱으로 슬쩍 버무린 다음 뜨거운 오징어 위에 얹는다. 후추를 한 바퀴 갈아 뿌리고 올리브오일을 한 줄기 둘러 서빙한다.

관련 내용으로 건너뛰기
p.371 존재감이 빛나는 고둥!

미술 작품으로 보는 프랑스의 식탁

프랑스 미술 작품에서 식탁은 자주 등장하는 소재이다. 이에 관련한 저서*를 집필한 역사학자가 선별한 각기 다른 시대의 여섯 개 작품 속 식사 장면을 자세히 살펴보자.

파트릭 랑부르

베리 공작의 아주 화려한 시간들
Très riches Heures du duc de Berry
(entre 1410 et 1416)
랭부르 형제 **Les frères de Limbourg**

이 세밀화는 새해의 기원과 선물을 바치는 날 공작이 베푼 연회 장면을 보여준다. 오른쪽으로 보이는 황금색 범선 모양 장식 용기와 왼편 끝 쪽의 금 식기를 놓아둔 보조 테이블 등은 주인공 인물의 높은 신분을 나타낸다. 공작 맞은편에서는 카빙을 담당하는 서버가 로스트 고기를 잘라 서빙하고 있고, 보조 테이블 가까이 서 있는 푸른 옷의 서버는 대공의 와인을 책임지고 있는 담당자이다. 중세의 정교하고도 화려한 고급 식탁 문화를 잘 묘사하고 있는 작품이다.

점심 식사
***Le Déjeuner* (1868)**
클로드 모네 **Claude Monet**

19세기 화가들은 중산층 가족의 행복한 식사 모습을 종종 작품에 담았다. 이 그림에서 엄마와 아이는 아빠를 기다리고 있다. 아빠의 자리는 식탁 위에 놓인 신문으로 알 수 있으며, 접시에는 달걀이 준비되어 있다. 당시에는 음식을 모두 미리 상에 차려 놓는 것이 관례였다.

남편 없이 식사에 참석한 여인들
***La scène des Femmes à table en l'absence de leurs maris* (1636)**
아브라함 보스 **Abraham Bosse**

아브라함 보스의 판화가 보여주는 이 식사 장면은 침대가 놓인 방에서 이루어지고 있음을 쉽게 알 수 있다. 여인들은 흰 식탁보가 덮이고 많은 음식이 차려진 식탁에 둘러 앉아 음식을 먹으며 담소를 나누고 있다. 당시에는 다이닝 룸이 따로 없었다. 17세기가 되어서야 차츰 식사 전용 공간이 등장하기 시작했으며 계몽시대에 이르러 완전히 정착하게 되었다.

* 『미술과 식탁(*L'Art et la table*)』 Paris, Citadelles & Mazenod 출판, 2016

아르메농빌, 그랑프리 드 롱샹 피로연
Armenonville, le soir
du Grand Prix de Longchamp (1905)
앙리 제르벡스 Henri Gervex

이 그림은 파리가 예술, 패션, 미식의 수도였던 당시 불로뉴 숲의 한 고급 레스토랑의 모습을 보여준다. 19세기 중반부터 이곳은 우아한 부인들이 드나드는 사교 모임의 장소로 인기가 높았다. 상류층 사람들은 야외를 향해 탁 트인 창을 가진 고풍스러운 장식의 이 레스토랑에서 서빙하는 맛있는 고급 요리를 즐기러 종종 모여들었다.

REVAL
Lord
ALT

푸른색 식탁
Table bleue (1963)
다니엘 스포에리 Daniel Spoerri

1960년 다니엘 스포에리는 음식과 식사 습관을 작업의 소재로 다루었다. 먹고 남은 음식이 그에게는 미술 작품이 되었다. 제이 갤러리(gallerie J)에 소장되어 있는 '푸른색 식탁'은 지저분한 접시, 빈 병, 엎질러진 잔 등 식사가 끝난 식탁의 흐트러진 모습을 보여준다. 이 오브제들은 나무 판이나 실제 식탁 상판 위에 부착되어 '타블로 피에주(tableau piège 덫에 걸린 그림들)' 형태로 전시된다.

"슈" 반죽 패밀리

카트린 드 메디시스의 요리사가 처음 만든 슈 디저트인 포플랭(popelin)부터 갖가지 색의 프티 슈와 오늘날에도 찾아볼 수 있는 거대한 피에스 몽테에 이르기까지 슈 반죽은 수세기를 거치며 프랑스 파티스리에 그 흔적을 남겼다.

슈 반죽

크리스토프 미샬락

준비 : 20분
조리 : 25분
슈 약 15개 분량
물 75g
우유(전유) 75g
설탕 3g
소금 3g
버터 65g
밀가루 80g
달걀 145g(작은 달걀 약 3개 분량)

오븐을 210°C로 예열한다. 냄비에 물, 우유, 설탕, 소금을 넣고 섞은 뒤 끓을 때까지 가열한다. 밀가루를 한번에 넣은 뒤 불 위에 올리고 주걱으로 저어가며 수분을 날린다(dessécher la pâte). 혼합물이 냄비 내벽에 더 이상 달라붙지 않고 균일한 반죽이 되어야 한다. 혼합물을 볼에 덜어낸 다음 달걀을 한 개씩 넣는다. 나무 주걱으로 중간중간 충분히 섞어준다. 혼합물을 주걱으로 들어 올렸을 때 '새 부리(bec d'oiseau)' 처럼 뾰족하게 휜 모양이 되면 적당한 농도가 된 것이다. 원하는 슈의 크기에 알맞은 깍지를 짤주머니에 끼운 다음 슈 반죽을 채워 넣는다. 유산지를 깐 베이킹 팬 위에 원하는 크기의 슈를 짜 얹고 오븐에 넣는다. 전원을 끄고 10분간 굽는다. 다시 오븐을 150°C로 켠 다음 25분간 더 굽는다.

슈 반죽의 변천사

18세기 말에서 19세기 초 앙토냉 카렘(Antonin Carême)은 슈 반죽을 현대화하고 '피에스 몽테(pièces montées)'를 처음 만들었다. '프로피트롤(profiterole)'은 슈에 크렘 파티시에를 채우고 초콜릿 소스를 끼얹은 디저트가 되었으며, '크로캉부슈(1860)'는 이후 슈에 크렘 파티시에 또는 크렘 샹티이를 채워 만들게 되었다. 길쭉한 슈를 아몬드에 굴린 '뒤셰스(duchesse)'는 이후 현재 우리가 아는 '에클레어(éclair)'로 발전했다.

슈 반죽으로 만드는 디저트

슈 반죽
짜잔
불 위에서 가열해 수분을 날린다
포플랭
앙토냉 카렘
슈 반죽

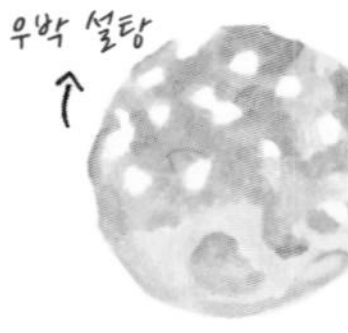

우박 설탕

슈케트 Les chouquettes :
슈 반죽 + 우박설탕

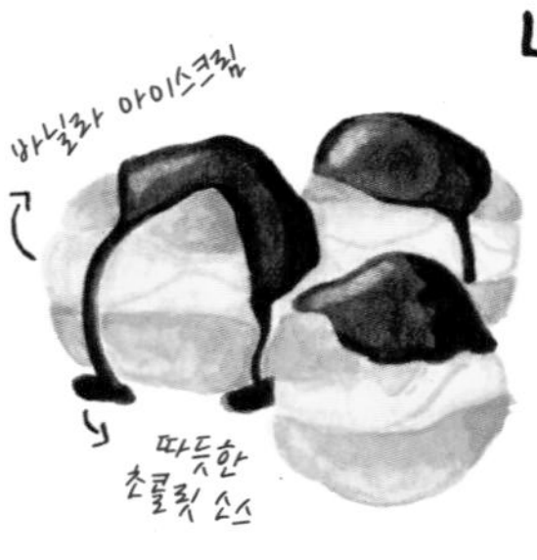

바닐라 아이스크림
따뜻한 초콜릿 소스

프로피트롤 Les profiteroles
슈 반죽 + 바닐라 아이스크림 + 따뜻한 초콜릿 소스

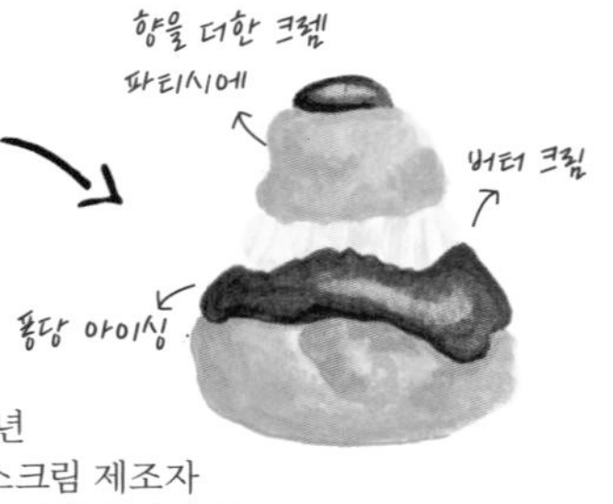

향을 더한 크렘 파티시에
버터 크림
퐁당 아이싱

를리지외즈 La religieuse, 1856년 나폴리 출신 아이스크림 제조자 프라스카티(Frascati)가 운영하던 파리의 한 카페에서 처음 선보였다.
슈 반죽 + 향을 더한 크렘 파티시에 + 퐁당 아이싱 + 버터 크림

크렘 시부스트

퓌 다무르 Le puits d'amour, 뱅상 라 샤펠(Vincent La Chapelle)의 저서 『현대의 요리사(*le Cuisinier moderne*)』(1742)에 처음 소개되었다.
슈 반죽 + 크렘 파티시에 또는 크렘 시부스트(크렘 파티시에 + 이탈리안 머랭)

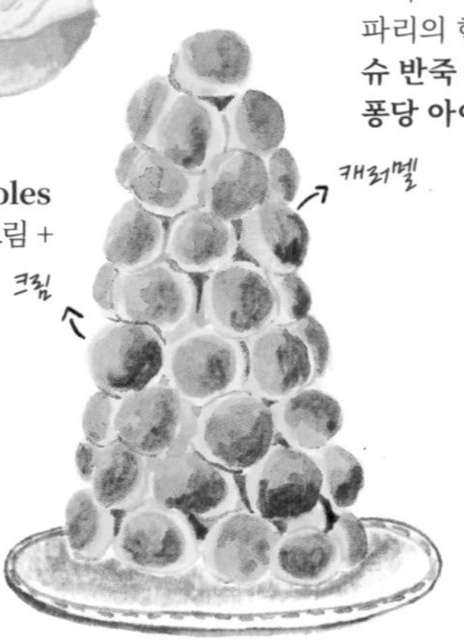

캐러멜
크림

크로캉부슈 Le croquembouche 또는 피에스 몽테 pièce montée
슈 반죽 + 크림 + 캐러멜

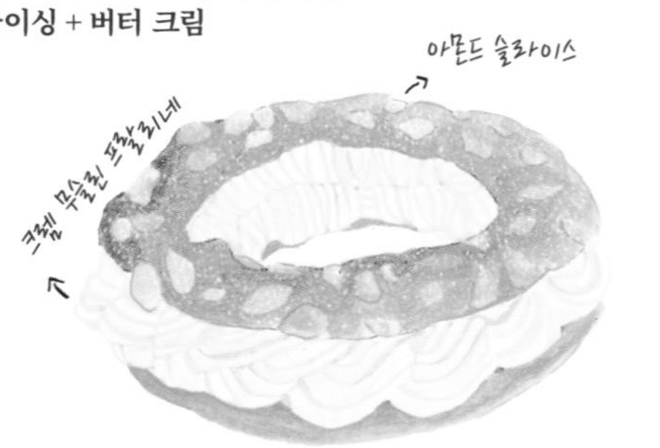

아몬드 슬라이스
크렘 무슬린 프랄리네

파리 브레스트 Le paris-brest, 자전거 바퀴의 모양을 딴 링 모양의 케이크로 1910년 메종 라피트(Maisons-Laffitte)의 파티시에였던 루이 뒤랑(Louis Durand)이 처음 만들었다.
슈 반죽 + 프랄리네 무슬린 크림 + 아몬드 슬라이스

바닐라 샹티이 크림
캐러멜
파트 퐈유테
바닐라 크렘 파티시에

생토노레 Le saint-honoré, 1850년경 파리 팔레 루아얄 지역에 위치했던 메종 시부스트(maison Chiboust)에서 처음 개발한 메뉴이다.
슈 반죽 + 파트 퐈유테, 파트 브리제 또는 파트 사블레 + 바닐라 크렘 파티시에 + 캐러멜 + 바닐라 샹티이 크림 또는 시부스트 크림

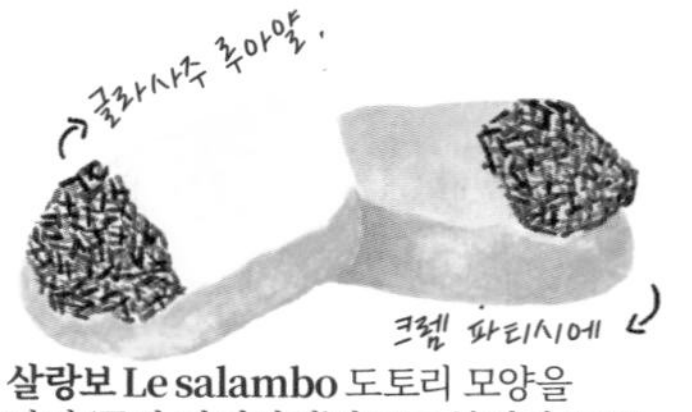

글라사주 루아얄
크렘 파티시에

살랑보 Le salambo 도토리 모양을 닮아 '글랑 파티시에'라고도 불리며 1890년 플로베르의 소설 살람보(Salammbô)를 각색한 에르네스트 레이예르(Ernest Reyer)의 오페라 공연 이후에 탄생했다.
슈 반죽 + 크렘 파티시에 + 글라사주

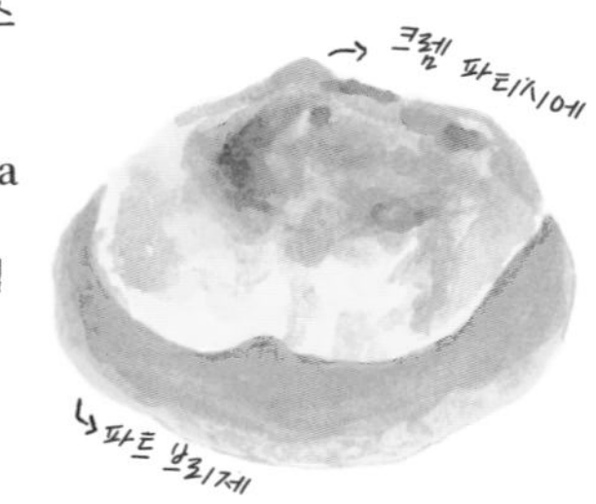

크렘 파티시에
파트 브리제

폴카 Le polka
파트 브리제 + 슈 반죽 + 크렘 파티시에

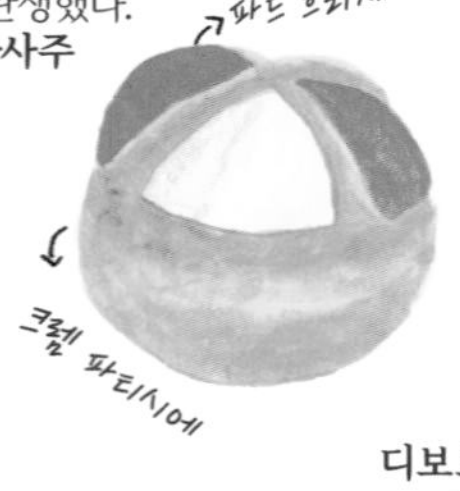

파트 브리제
크렘 파티시에

퐁 뇌프 Le pont-neuf
파트 브리제 + 슈 반죽 + 크렘 파티시에

에클레어 L'éclair
길쭉한 모양으로 짠 슈 반죽 + 향을 더한 크렘 파티시에 + 퐁당 아이싱

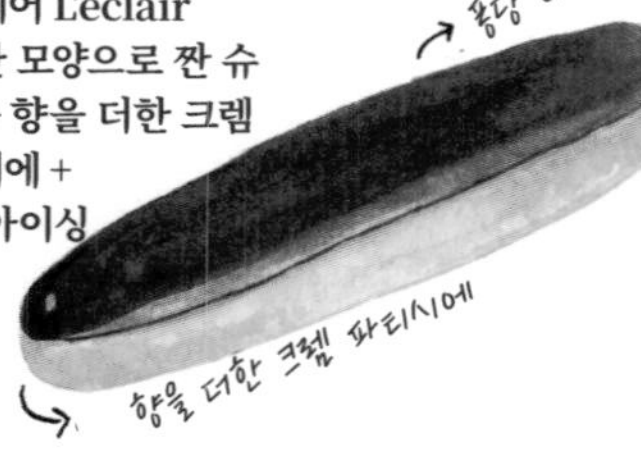

퐁당 아이싱
향을 더한 크렘 파티시에

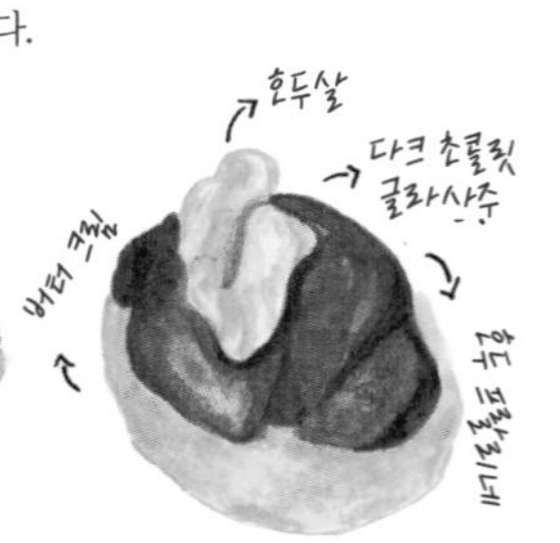

호두살
다크 초콜릿 글라사주
버터 크림
호두 프랄리네

누아 샤랑테즈 La noix charentaise
슈 반죽 + 버터크림 + 호두 프랄리네 + 다크 초콜릿 글라사주 + 호두살

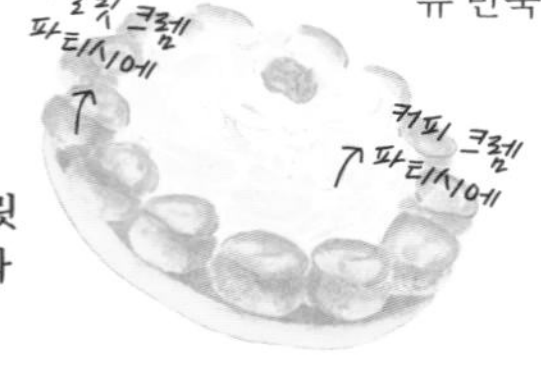

초콜릿 크렘 파티시에
커피 크렘 파티시에

디보르세 Le divorcé
슈 반죽 + 초콜릿 크렘 파티시에와 커피 크렘 파티시에

페 드 논 Les pets de nonne, 15~16세기에 처음 선보인 과자이다. 슈 반죽을 튀겨 만든다.

튀긴 슈 반죽

관련 내용으로 건너뛰기
p.50 잊혀가는 디저트의 부활

콩팥이냐 흉선이냐?

송아지의 부속, 내장 부위 중 각각 애호가 층을 갖고 있는
두 부위인 콩팥과 흉선에 대해 자세히 알아보자.

샤를 파탱 오코옹

● 콩팥 ROGNONS

무엇? 송아지의 신장
어디? 허리 위치 복부의 뒤쪽 부위
문학작품 속 인용 : "그녀는 어제 혼자서 요리의 반을 먹었다. 나는 죄악, 진정한 죄악을 보았다. 그리도 기름이 번지르르한 송아지 콩팥 한 조각을 그녀 혼자 다 먹은 것이다."
- 조르주 베르나노스(George Bernanos)의 『환희(*Joie*)』 중에서, 1929

평균 무게 : 500g
준비 : 주위를 감싸고 있는 투명한 막을 벗기고 힘줄과 기름을 떼어낸다.
조리 : 작게 잘라서 꼬치에 꿰어 굽거나 통째로 버터에 지진다.
매칭 : 머스터드 소스, 마데이라 와인 소스
식감 : 이로 씹었을 때 살짝 탄성이 느껴진다. 너무 오래 익히지 않고 속살이 핑크빛을 띠도록 조리한다.
맛 : 끓는 물에 데쳐내어 비린내를 제거하면 섬세한 맛을 즐길 수 있다.
활용 : 콩팥 기름을 떼어내 따로 사용할 수 있다. 13세기부터 노르망디 기름(graisse normande 송아지나 소 콩팥 기름과 돼지기름, 향신 채소 등을 섞어 만든 노르망디 지방의 특산품)으로 수프를 만들어 먹었다.
장점 : 철분이 풍부하다.
100g당 : 164Kcal, 단백질 26g

● 흉선 RIS

무엇? 송아지의 목, 가슴샘
어디? 기관(氣管)의 앞쪽 입구에 있는 림프절로 동물이 성장하면 없어진다.
문학작품 속 인용 : "레몬즙을 조금 넣은 물에 담가 피와 불순물을 제거한 송아지 흉선 4개를 건져 얇은 에스칼로프로 썬다. 중불에서 기름을 끼얹어주며 40초간 익힌다. 불에서 내린 뒤 더블크림 100ml를 넣는다. 세게 휘저어 거품을 올린 달걀을 곁들인다."
조르주 페렉의 『생각하기, 분류하기(*Penser, Classer*)』 중 '내 방식의 송아지 흉선(Ris de veau à la façon)'

평균 무게 : 300g
준비 : 찬물에 5시간 담가두었다 끓인다. 건져서 물기를 닦은 뒤 힘줄과 실핏줄을 꼼꼼히 제거한다.
조리 : 소테팬에 브레이징하거나 어슷하게 슬라이스하여 기름에 튀기듯 지진다.
매칭 : 볼오방, 모렐버섯
식감 : 매우 말랑한 식감으로 입안에서 부드럽게 녹는다.
맛 : 섬세하고 고급스러운 맛.
활용 : 송아지 흉선 자투리에 버터, 양파, 와인 2테이블스푼을 넣고 익힌 뒤 체에 거르면 맛있는 소스를 만들 수 있다.
장점 : 포화지방산 함량이 매우 적다. 부속, 내장 중 창자 다음으로 지방이 적은 부위로 비타민과 무기질이 풍부하다.
100g당 : 125Kcal, 단백질 22g

절충 레시피
투르식 송아지 콩팥, 흉선 스튜, 뵈셸
LA BEUCHELLE TOURANGELLE

삶은 송아지 콩팥과 흉선에 향신 재료와 버섯, 생크림을 넣고 뭉근히 끓인 이 스튜의 레시피는 에두아르 니뇽(Édouard Nignon)이 체계화한 것이다.
송아지 흉선을 손질해 준비한다. 송아지 콩팥 2개를 주사위 모양으로 썬 다음 팬에 지지듯 볶고 코냑을 넣어 플랑베한다. 송아지 흉선을 도톰하게 어슷 썬 다음 버터에 튀기듯 지진다. 코냑을 넣고 불을 붙여 플랑베한다. 생크림 150ml를 넣고 소금, 후추로 간한다. 다른 소테팬에 모렐버섯 50g을 넣고 볶는다. 콩팥과 흉선, 버섯을 모두 합한 뒤 뭉근히 익힌다. 뜨겁게 바로 서빙한다.

관련 내용으로 건너뛰기
p.342 에두아르 니뇽

팽 데피스의 지존들

밀가루, 꿀, 향신료...
이들은 팽 데피스에 독특한 맛을 내주는 특별한 재료 삼총사다.

마리엘 고드리

곰돌이 광고로 히트 친 최고의 간식

프로스페르나 유플라붐*이라는 이름만 들어도 1980년 브장송 위니멜(Unimel) 공장에서 생산한 '방담(Vandamme)' 팽 데피스 광고의 곰돌이 이미지가 떠오른다. '팽 데피스의 왕'이라는 수식어를 달고 광고 캠페인에 등장한 이 제품은 호밀 가루로 만든 직사각형 모양의 케이크로 먹기 좋게 미리 커팅된 뒤 포장되었으며 달콤한 맛과 쫀득한 식감으로 어린이들이 즐겨 먹는 최고 인기 간식으로 떠올랐다.

* Prosper, Youpla Boum : 1935년 모리스 슈발리에가 작곡한 노래로 방담 팽 데피스 광고 송으로도 사용되었다.

팽 데피스의 비법

팽 데피스(pain d'épices)의 에피스(épice: 스파이스, 향신료)를 단수로 쓰는 것과 복수로 쓰는 것 중 어느 것이 맞을까? 둘 다 허용된다. 단수로 쓸 경우는 한 종류의 스파이스, 복수로 썼을 경우에는 두 가지 이상의 향신료를 썼다고 이해하면 된다. 주로 사용되는 스파이스는 계피, 아니스, 넛멕, 생강, 정향 등이다. 팽 데피스의 기본 모체 반죽은 밀가루, 물, 꿀로 만든다. 이 반죽을 3주~6개월간 숙성시킨 후 레시피에 따라 만드는 것이 전통적인 수제 제조 방식인데, 오늘날 일반 가정에서 그대로 하긴 쉽지 않다. '순수 꿀(pur miel)'이라는 표시가 되어 있는 것은 이 빵의 단맛을 내는 재료로 100% 꿀만을 사용했음을 뜻한다. 반면 '꿀 함유(au miel)'라고 명시된 경우는 다른 설탕류도 함께 사용했다는 의미다. '팽 데피스'라는 이름을 붙이려면 단맛을 내는 재료로 꿀을 최소 50% 이상 사용해야만 한다.
디종의 팽 데피스는 둥근 모양의 전통 과자인 '노네트(nonnette)'의 형태가 주를 이루며 그 인기가 아주 높다.
이 밖에 랭스와 로렌에서 리옹에 이르는 여러 지방에서도 팽 데피스를 만나볼 수 있다. 이름에서 알 수 있듯이 (nonne은 수녀라는 뜻이다) 원래 가톨릭 수녀원에서 만들었던 노네트는 겉에 글라사주를 입힌 둥근 모양의 작은 과자로 전통적으로 안에는 오렌지 잼을 채워 넣었다. 알자스 지방에서는 마치 진저 브레드 쿠키처럼 팽 데피스를 사람 모양으로 작게 만들고 형형색색의 아이싱으로 장식하기도 하는데, 이를 '마넬(Mannele)'이라고 부르며, 크리스마스의 전야제 격인 성 니콜라우스 축제 때 서로 주고받는다.

랭스(REIMS)식 팽 데피스 레시피

에릭 손탁*

준비 : 10분
휴지 : 24시간
조리 : 30~45분
작은 파운드케이크 사이즈 한 개 분량

설탕 30g
밤나무 꿀 60g
스파이스(계피, 아니스, 넛멕) 2.5g
버터 30g
물 80ml
파스티스 20ml
캔디드 오렌지 필 30g
캔디드 레몬 필 30g
밀가루 108g
베이킹파우더 9g

오븐을 180°C로 예열한다. 냄비에 꿀, 설탕, 버터, 향신료를 넣고 가열해 녹인 다음 식힌다.
식은 혼합물에 물, 파스티스, 당절임 오렌지 껍질, 레몬 껍질을 넣는다.
볼에 밀가루와 베이킹파우더를 넣고 거품기로 휘저어 섞은 뒤 혼합물에 넣고 잘 섞는다. 미리 버터를 발라둔 파운드케이크 틀에 반죽을 3/4까지 채운 뒤 예열한 오븐에 넣어 30~45분간 굽는다.

* Eric Sontag : 아틀리에 에릭 제과제빵사 L'Atelier d'Éric, 32 rue de Mars, 51100 Reims

관련 내용으로 건너뛰기
p.376 꿀

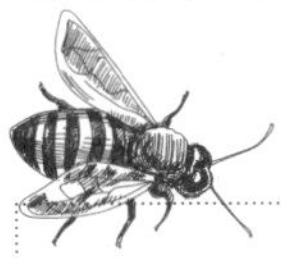

팽 데피스의 명산지

	랭스 REIMS	디종 DIJON	제르빌레르 GERTWILLER
밀가루	호밀	밀	밀
꿀	아카시아 꿀	아카시아 꿀	밤나무 꿀
대표적인 매장	포시에 Fossier (1756)	뮐로 에 프티장 Mulot & Petitjean (1796)	포르트벵제 Fortwenger (1768) 립스 Lips (1806)

현재 더는 정식 생산 공장이 운영되고 있지 않지만 **베르셀 빌디외 르 캉(Vercel-Villedieu-le-Camp, Doubs)** 또한 고유의 전통 팽 데피스 레시피를 갖고 있다. 각종 숲나무 꿀이나 전나무 꿀과 유일하게 아니스만을 향신료로 사용해 만드는 이곳의 팽 데피스는 그 기원이 13세기로 거슬러 올라간다.

알랭 상드랭스

이 누벨 퀴진의 영웅은 2017년 우리 곁을 떠났다. 시대를 앞서가는 예지력의 소유자이며 고정관념을 깬 혁신가였던 미슐랭 3스타 셰프의 일생을 정리해본다.

프랑수아 레지스 고드리

와인과 음식 궁합의 전문가

1960년대 말, 미셸 게라르(Michel Guérard) 셰프는 알랭 상드랭스 레스토랑에서 식사한다. 그는 와인에 실망한다. 기분이 상한 상드랭스는 와인에 관한 연구에 몰두하기 시작했고 급기야 1980년대 중반에는 영향력 있는 와인 전문가인 자크 퓌제(Jacques Puisais)와의 운명적인 만남이 이루어진다. 레스토랑 '뤼카 카르통(Lucas Carton)'의 셰프인 상드랭스는 1987년 코스의 요리마다 어울리는 와인을 글라스로 매칭하는 페어링 메뉴를 최초로 선보였다. 그가 제안한 투렌의 염소젖 치즈와 드라이 부브레(Vouvray) 와인의 조합(치즈 플래터를 서빙할 때 화이트 와인이 나온 것은 처음이었다)은 당시 논란을 불러 일으켰다. 오늘날 이 조합은 클래식이 되었다.

아피키우스 오리 요리

미식가 모임인 '100인 클럽(Club des Cent)'의 멤버인 장 프랑수아 르벨(Jean-François Revel, 전(前) '엑스프레스(L'Expresse)'지 편집국장)과 클로드 앵베르(Claude Imbert, '르 푸앵(Le Point)'지 사장)는 1985년 상드랭스 셰프에게 고대 로마의 영향을 받은 요리로 메뉴를 짜줄 것을 의뢰한다. 셰프는 고대 문헌을 샅샅이 뒤졌고, 로마제국 티베리우스 황제의 전속 요리사였던 아피키우스(Apicius)의 레시피 하나를 재해석하여 내놓았다. 캐러웨이를 넣은 채소 육수에 통째로 넣어 데친 오리를 센 불에 지져 색을 낸 다음 향신료와 섞은 꿀을 바른 요리이다. 사프란 시럽에 익힌 사과, 마르멜로(서양모과) 콩포트와 민트를 넣은 대추야자 퓌레를 곁들여 서빙한다. 이 요리는 불과 몇 달 만에 세계적인 명성을 얻게 되었다.

걸출한 그의 제자들

알랭 파사르 Alain Passard : 파리 7구 바렌가에 있는 미슐랭 3스타 레스토랑의 이 셰프는 멘토였던 상드랭스 셰프와 특별한 인연을 갖고 있다. 그는 상드랭스 셰프의 레스토랑이었던 '아르케스트라트(L'Archestrate)'를 인수하여 '아르페주(L'Arpège)'로 상호를 바꿔 개업하였고, 그 후로 25년이 지났을 때까지도 아직 그를 '셰프님'이라 불렀다.

제롬 방텔 Jérôme Bantel : 2006년부터 2013년까지 알랭 상드랭스의 총괄 셰프로 일했다. 상드랭스 셰프는 그를 '정신적인 아들'로 여겼다. 파리 '라 레제르브(La Réserve)'의 셰프이다. 그 외에 **Dominique le Stanc**(니스 'Merenda'의 셰프), **Christian le Squer**(파리 'George V 호텔'의 셰프), **Frédéric Robert**(파리 'La Grande Cascade'의 셰프), **Patrick Jeffroy**(피니스테르 'Carantec 호텔'의 셰프), **Bertrand Guéneron**(파리 'Au Bascou'의 셰프), **Dimitri Droisneau**(카시스 'La Villa Madie'의 셰프), **Alain Solivérès**(파리 'Taillevent' 셰프) 등이 현역으로 활약하고 있다.

Alain Senderens, 누벨 퀴진을 이끈 탁월한 실력자
(1939-2017)

주요 연대표

1939년 12월 2일
이예르(Hyères, Var) 출생

1962년
레스토랑 '투르 다르장(la Tour d'Argent, 파리 5구)' 입사

1978년
레스토랑 '아르케스트라트(l'Archestrate, 파리 7구)' 미슐랭 가이드 3스타 획득

1985 레스토랑 '뤼카 카르통(Lucas Carton, 파리 8구)' 인수

2005 미슐랭 3스타 반납. '뤼카 카르통'은 '상드랭스(Senderens)'로 상호 변경

2017년 6월 25일
생 세티에(Saint-Setiers, Corrèze)에서 사망

★

중국 여행

1970년대 말 중국을 여행하고 돌아온 상드랭스는 프랑스 요리에 최초로 간장을 사용했다. 그가 만들어낸 혁신적인 요리인 '시즈오 연어 요리(saumon Shizuo)*'에는 간장으로 향을 낸 뵈르 블랑 소스가 곁들여진다.

★

* 일본의 요리사이며 미식 작가이자 오사카 츠지(Tsuji) 조리학교의 창립자인 시즈오 츠지(Shizuo Tsuji)에게 헌정한 메뉴이다.

아피키우스 오리, 2010년 버전(LE CANARD APICIUS VERSION 2010)

조리 : 20분
휴지 : 18시간
4인분

2.2kg짜리 어린 암컷 오리(canette) 1마리
꿀 80g
드라이 화이트 와인 200ml
맑은 닭 육수 1리터
생 민트 작은 다발 1개
사과(Granny Smith) 3개
튀니지산 생 대추야자 12개
아피키우스 향신료 믹스 : 고수 씨, 캐러웨이 씨, 펜넬 씨, 후추, 커민
사프란
설탕

탄생
1981

어린 암컷 오리의 다리와 날개를 잘라낸 뒤 가슴살이 붙어 있는 몸통만 준비한다. 맑은 닭 육수에 향신료를 넣고 끓여 국물을 만든 뒤 불을 끄고 향이 우러나도록 둔다. 이 육수를 끓을 때까지 가열한 다음 오리 몸통을 넣고 불을 가장 약하게 줄인 뒤 15분간 데친다. 꿀, 화이트 와인, 아피키우스 향신료 믹스 60g을 혼합해 마리네이드 양념을 만든다. 데쳐낸 오리 몸통을 넣고 12~18시간 재워둔다. 오리에 묻은 양념을 닦아내고 양념은 따로 보관한다. 아주 뜨겁게 달군 소테팬에 오리를 넣고 각 면에 고루 색이 나게 지진다. 180°C로 예열한 오븐에 넣어 8분간 굽는다. 그동안 사과의 껍질을 벗기고 세로로 등분한다. 물, 설탕, 사프란으로 만든 시럽에 사과를 넣고 익힌다. 대추야자를 끓는 물에 1분간 넣어 데친 뒤 껍질을 벗긴다. 핀셋으로 대추야자의 씨를 빼낸 다음 그 자리에 생 민트를 채워 넣는다. 오리를 오븐에서 꺼낸 다음 미리 졸여둔 마리네이드 양념을 윤기 나게 발라준다. 가슴살을 길쭉하게 썰어 접시에 놓고 민트 잎을 한 장 얹은 대추야자와 사프란 꽃술을 얹은 사과를 함께 담는다.

추천 와인 : 스위트 화이트 와인

관련 내용으로 건너뛰기
p.238 100인 클럽
p.204 고와 미요의 식탁

탄생

1970

—— 양배추에 싸서 증기에 찐 ——
랑드산 오리 푸아그라

LE FOIE GRAS DE CANARD
DES LANDES AU CHOU A LA VAPEUR

오리 푸아그라 600g
사보이 양배추 4kg
굵게 부순 흰 후추 4g
게랑드 소금 4g

사보이 양배추의 잎을 한 장씩 분리한 다음 끓는 물에 2분간 데친다. 건져서 마른 행주 위에 놓고 물기를 제거한다.
푸아그라를 각 70g씩 도톰하게 어슷 썬다.
소금, 후추로 간 한 뒤 양배추 잎으로 싼다.
증기에 4분간 찐다.
아주 뜨거운 접시에 담아 서빙한다(1인당 2개).

— 바닐라 소스를 곁들인 브르타뉴산 랍스터—

LE HOMARD DE BRETAGNEÀ LA VANILLE

탄생

1968

암컷 랍스터(각 550g) 4마리
생크림 300ml
마다가스카르산 바닐라 빈 2줄기
샴페인 100ml
샬롯 80g
가는 중국 당면 50g
시금치 어린 잎 70g
수영 잎 50g
버터 100g
초절임 생강 6g
레몬 1/2개
올리브오일 50ml

랍스터 익히기
랍스터를 증기에 5분간 찐 다음 찬물에 식힌다. 랍스터 살(테일)을 길이로 이등분한다. 머리 쪽 껍데기는 씻어서 끝부분을 잘라둔다.

소스 만들기
다진 샬롯과 길게 갈라 긁은 바닐라 빈(줄기는 따로 보관한다)을 소스팬에 넣고 색이 나지 않게 볶는다. 샴페인을 넣어 디글레이즈한 뒤 졸인다. 생크림을 붓고 약 15분 정도 졸여 원하는 농도의 소스를 만든 다음 체에 거른다. 시금치와 수영 잎을 다듬어 씻는다. 가는 중국 당면을 끓는 물에 삶은 뒤 찬물에 헹궈 건진다. 레몬의 껍질을 얇게 저며 낸 뒤 찬물에 넣고 끓여 데치기를 2번 반복한다.

완성 및 플레이팅
랍스터를 따뜻하게 데운다. 소스 양의 1/4에 레몬즙 약간, 생강을 넣은 뒤 중국 당면을 넣어 데운다. 나머지 소스도 뜨겁게 데운 뒤 마지막에 버터를 넣고 거품기로 휘저어 섞는다. 레몬즙을 한 줄기 뿌린다. 소테팬에 올리브오일을 달군 뒤 시금치와 수영을 넣고 센 불에서 슬쩍 볶아낸다. 종이타월 위에 올려 수분을 제거한다. 서빙 접시 중앙에 지름 10cm 링을 놓고 당면을 조금 깐 다음 랍스터 살을 둘러놓는다. 집게살은 가운데에 놓는다. 시금치와 수영 잎을 주위에 배치한다. 소스를 핸드블렌더로 갈아 에스푸마처럼 끼얹는다. 랍스터 머리와 바닐라 빈 줄기 한 개를 얹어 장식한다.

* 레시피 정리 : 제롬 방텔(Jérôme Banctel), 알랭 상드랭스 레스토랑의 전 총괄 셰프
사진 : 쥘리 리몽(Julie Limont)

위기에 처한 오르되브르

아페로(apéro, 아페리티프의 줄임말)와 애피타이저에 그 자리를 내어주게 된 오르되브르(Hors-d'œuvre)는 오늘날 점차 잊혀가고 있다. 일요일의 런치를 시작하는 이 클래식한 음식들을 정리해보자.

마리 로르 프레셰

간략한 역사

건축에 비교한다면 이것은 하나의 건물을 짓는 데 필요한 부품에 비유할 수 있다. 요리에서 '오르되브르(hors-d'œuvre)'라는 단어는 17세기부터 코스 메뉴에 있는 정식 요리가 나오기 전 요기할 수 있는 음식들을 의미했다. 또한 수프와 생선 코스 전에 서빙되는 '날아다니는 접시(assiettes volantes 주방에서 테이블로 직접 서빙되는 요리들을 가리키는 표현)'를 지칭하기도 한다. 20세기 초까지 알리밥(Ali Bab)을 필두로 한 미식 저술가들은 "오르되브르는 중요한 요리가 아니며, 메뉴 구성에 상관없이 이를 생략해도 큰 문제가 없다"는 사실에 동의했다. 에스코피에 또한 오르되브르가 어처구니 없다고 그 존재 자체를 폄하했고, 특히 이로 인해 입안에 풍미가 너무 과도해진다는 부정적인 견해를 나타냈다. 위르뱅 뒤부아(Urbain Dubois)는 『가정살림서(*Le Livre de la ménagère*)』에서 '위장의 위생 문제'를 염려하였으며, '맨 처음 입에 넣는 음식이니만큼 가볍고 너무 강하지 않은 맛의 요리'를 권장했다.

1950년대, 오르되브르의 황금기

역사를 뒤돌아보면 1950년대가 오르되브르의 최고 전성기였다. 『현대적 요리(*L'Art culinaire moderne*)』에 쓰인 것처럼 오르되브르는 점심 식사 때만 서빙되었으나 때로 수프가 포함되지 않은 저녁 식사에도 등장했다. 이 책에서는 찬 오르되브르와 더운 오르되브르, 샐러드와 절인 생선, 크루스타드(croustade)와 카솔레트(cassolette), 탱발(timbale)과 크로케트(croquette) 등을 분류해 자세하게 체계화된 150가지 이상의 레시피를 소개하고 있다. "오르되브르는 적은 재료를 사용해 보기에도 좋고 맛있게 만들어야 한다. 신선하게 바로 만들고 아름답게 담아 센스 있게 서빙해야 한다."

가정 요리

1960년대에 들어 주부들의 활동이 많아지면서 앞치마를 점차 내려놓게 되었다. 직장에서 일을 마치고 귀가한 주부에게 빵가루를 입힌 홈 메이드 크로켓를 기대할 수는 없었다. 오르되브르는 점점 단순해졌다. 미모사 에그, 셀러리 레물라드, 채 썬 당근 샐러드 등이 주를 이루었고 비트 샐러드나 반으로 자른 자몽 등 급식의 맛없는 추억을 소환하는 것들이 고작이었다. 일요일 온가족이 모여 함께 하는 식사에서 오르되브르는 그래도 1980년대까지 명맥을 유지했다. 하지만 요리 레시피가 다양해지고 레스토랑이 대중화하면서 이러한 가정 요리의 단골음식들은 비스트로, 고속도로 휴게소의 식당, 델리 숍 등에서 선보이는 더욱 창의적인 애피타이저 요리에 자리를 내주기 시작했다.

카나페의 약진

'카나페(canapé)'라는 이름은 사각형 쿠션을 닮은 그 모습에서 유래했다. 원래 오르되브르의 일부였으나 1970년대부터 아페리티프(식전주)와 함께 서빙되었고 이어서 짭짤한 시판 비스킷 류와 베린 등으로 대체되었다. 오늘날에는 디너를 대신한 칵테일 파티에서 빼놓을 수 없는 음식이 되었다. 정사각형이나 삼각형으로 자른 식빵 위에 훈제연어, 도치 알, 아스파라거스 윗동을 얹은 것들이 대표적이다.

라비에(RAVIER)의 부활

'라비에'는 오르되브르, 그중에서도 특히 래디시를 담아내는 용도의 접시다. 단어의 어원을 살펴보면 순무를 뜻하는 '라브(raves)'와 관련이 있음을 알 수 있다. 이 그릇은 옛날 결혼용 살림 장만에서 빼놓을 수 없는 필수품이었다. 갸름한 모양의 이 작은 자기 접시는 오늘날 다락으로 밀려났다. 골동품 상점에 가면 발견할 수 있을 것이다.

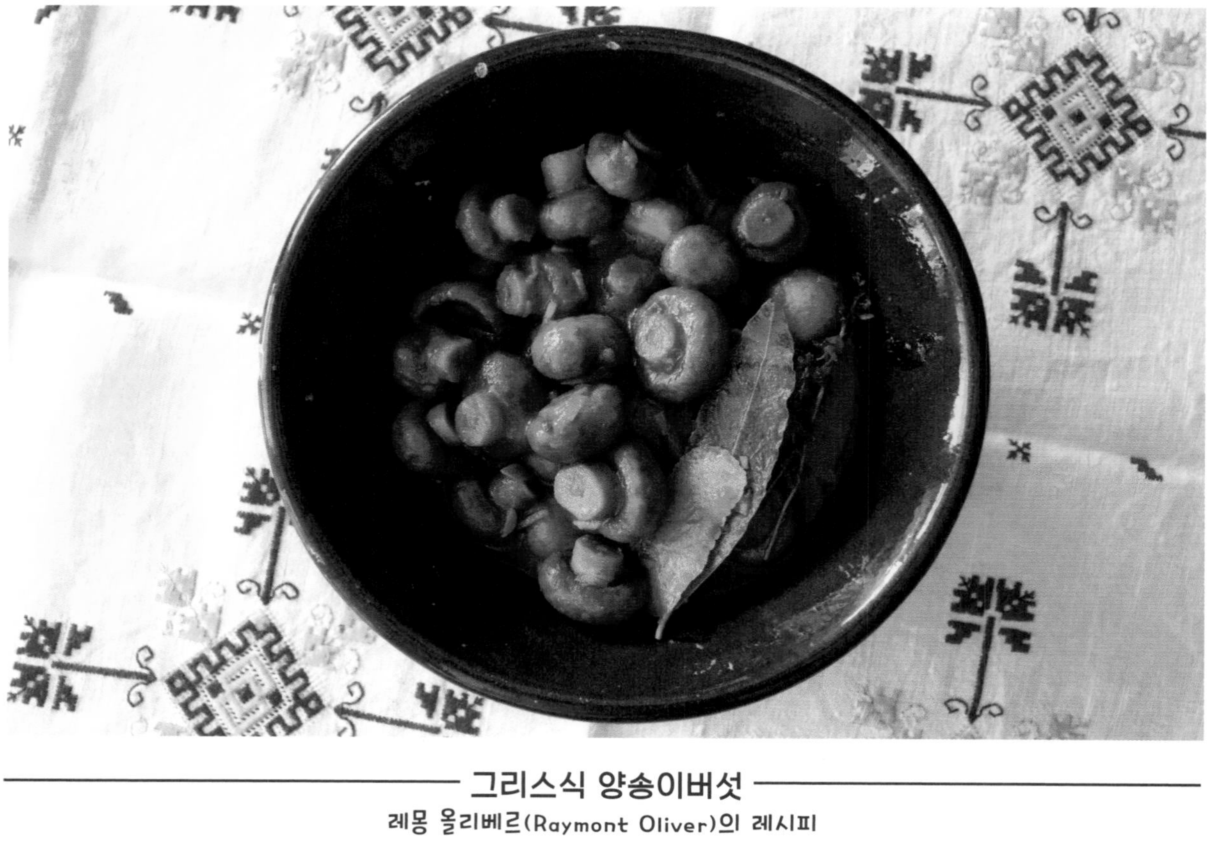

그리스식 양송이버섯

레몽 올리베르(Raymont Oliver)의 레시피

4인분
조리 : 30분

아주 작은 양송이버섯 500g
레몬 제스트 1개분
화이트 와인 750ml
토마토 페이스트 4테이블스푼
식용유 4테이블스푼
타임 1줄기
월계수 잎 2장
고수 씨 약간
소금, 후추

양송이버섯의 대를 잘라내지 않은 상태로 씻는다. 코코트 냄비에 기름을 두르고 양송이버섯, 레몬 제스트, 향신 재료, 화이트 와인, 토마토 페이스트를 넣고 소금, 후추로 간한다. 뚜껑을 덮지 않고 중불에서 30분간 익힌다. 소스가 버섯에 고루 묻을 정도의 농도가 되어야 한다. 식힌 다음 서빙한다.

관련 내용으로 건너뛰기
p.73 에그 마요
p.42 고속도로 위의 기사 식당
p.357 레몽 올리베르

대표적인 오르되브르 모음

게살 또는 새우 아보카도 샐러드 Cocktail d'avocat au crabe ou aux crevettes

간략한 설명 : 반으로 자른 아보카도 안에 칵테일 소스(마요네즈, 토마토 소스, 코냑 또는 위스키, 타바스코)로 버무린 잘게 부순 게살 또는 새우를 채워 넣는다. 이국적인 터치로 70년대에 인기를 끌었던 메뉴이며, 이 요리를 위한 아보카도 모양의 그릇이 제작되기도 했다.
계속 유지할까? Yes. 시골에 사는 사촌들과 모여 가족사진 슬라이드를 감상하기 전 저녁 식사에 서빙한다.

셀러리 레물라드 Céleri rémoulade

간략한 설명 : 소스 이름에서 따온 이름으로 생 셀러리악을 가늘게 채 썬 다음 머스터드를 넣은 마요네즈로 버무린다.
계속 유지할까? Yes. 머스터드를 넉넉히 넣어 만든 홈 메이드 마요네즈 소스로 만든다. 단, 할머니 스타일의 채 썬 당근 추가는 사양.

그리스식 양송이버섯 Champignons à la grecque

간략한 설명 : '그리스식(à la greque)'이라는 용어는 향신 허브 등을 넣고 익힌 채소를 차갑게 서빙하는 조리방식을 뜻한다. 샐러드 바에 빠지지 않는 음식이다.
계속 유지할까? 글쎄... 웬만한 사람은 만들지 않을듯... 왼쪽 페이지 레몽 올리베르의 레시피대로 만든다면 모를까... 맛있는 델리숍에서 구입하는 것을 추천한다.

마세두안 햄 말이 Jambon macédoine

간략한 설명 : 작게 깍둑 썬 채소 마세두안을 마요네즈로 버무린 뒤 얇게 썬 프레스 햄 슬라이스로 돌돌 말아 싼다. '러시아식 햄 말이(cornet de jambon à la russe)'라고도 불린다. 같은 이름의 '러시아식 샐러드' 또한 1860년대 모스크바의 한 레스토랑에서 벨기에 출신 셰프 뤼시엥 올리비에(Lucien Olivier)가 처음 만들었다.
계속 유지할까? Yes. 시간이 조금 걸리지만 홈 메이드 채소 마세두안(물론 마요네즈도 마찬가지)으로 만든다. 여기에 좋은 품질의 프레스 햄(jambon de Paris)이 있다면 완벽하다.

포트와인 멜론 Melon au porto

간략한 설명 : 이미 고대부터 멜론의 소화를 돕기 위해 달콤한 맛의 와인을 종종 곁들여 먹었다. 멜론에 와인을 부어 함께 먹는 습관은 바로 여기서 비롯된 것이다.
계속 유지할까? Yes. 멜론을 매우 좋아했던 알렉상드르 뒤마(Alexandre Dumas)가 추천한 대로 소금, 후추를 뿌려 치즈와 디저트 코스 사이에 먹는다. 물론 포트와인을 곁들여 마신다.

에그 미모사 Œuf mimosa

간략한 설명 : 이 요리 대신 대세를 차지한 에그 마요(œuf mayo)와 혼동하지 말자. 삶은 달걀을 반으로 자른 뒤 노른자를 꺼내 마요네즈와 섞어 다시 흰자 안에 채워 넣는다. 여기에 곱게 부순 달걀노른자를 뿌려 미모사 꽃과 같은 효과를 낸다.
계속 유지할까? Yes. 에그 마요보다 덜 퍽퍽하다. 하지만 에그 마요만큼 상징적인 대표 메뉴는 아니다.

비네그레트 리크 Poireaux vinaigrette

간략한 설명 : 어린 리크를 연한 녹색 부분 지점까지 자른 뒤 다발로 묶는다. 약하게 끓는 소금물에 리크 다발을 넣고 굵기에 따라 8~15분간 익힌다. 허브를 넣은 비네그레트 드레싱을 뿌려 먹는다.
계속 유지할까? Yes. 비스트로 음식의 대표주자인 이것은 계속 남아 있어야 한다.

버터를 곁들인 래디시 Radis beurre

간략한 설명 : 이보다 더 간단할 수는 없다. 붉은 래디시를 생으로 소금에 찍어 먹는다. 알싸하게 매콤한 맛은 버터를 곁들이면 완화할 수 있다.
계속 유지할까? 물론이다. 얇게 썬 살라미를 곁들이면 금상첨화.

토마토 샐러드 Salade de tomates

간략한 설명 : 껍질을 벗기고 동그랗게 썬 토마토에 비네그레트 드레싱, 마늘, 파슬리를 넣어 버무린다. 1990년대에 와서 얇게 슬라이스한 토마토 모차렐라 카르파초에 그 자리를 내주었다.
계속 유지할까? Yes. 딱 알맞게 잘 익은 재래종 토마토에 질 좋은 올리브오일을 한 바퀴 뿌려 싱싱하게 바로 서빙한다.

기름에 절인 정어리 Sardines à l'huile

간략한 설명 : 접시에 캔 정어리를 부채꼴로 펼쳐 담고 껍질에 홈을 내어 자른 레몬 슬라이스를 곁들인다. 시간에 쫓긴 주부도 금방 차려낼 수 있는 오르되브르이다.
계속 유지할까? Yes. 특별 빈티지 정어리 캔을 케이스 그대로 서빙한다.

미식 마니아들의 모임

특정 음식의 열성적인 애호가들은 단체 복장인 긴 망토를 입고 자랑스러운 깃발을 앞세우며 자신들의 향토 먹거리와 전통을 지켜나가기 위한 모임을 결성하여 활발히 활동하고 있다. 슈케트 동호회에서 송아지 머리 협회에 이르기까지 프랑스 전역의 다양한 미식 애호가 모임을 둘러보자.

샤를 파탱 오코옹

송아지 머리 기사단 총연합
ACADÉMIE UNIVERSELLE DE LA TÊTE DE VEAU
특산 먹거리 : 송아지 머리
본부 : 페삭(Pessac, Gironde)
창립 : 1992년

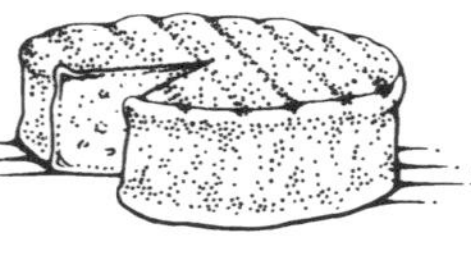

카망베르 기사단 협회
CONFRÉRIE DES CHEVALIERS DU CAMEMBERT
특산 먹거리 : 비멸균 생 소젖으로 만든 흰색 곰팡이 외피의 연성 치즈인 카망베르.
본부 : 비모티에(Vimotiers, Orne)
창립 : 1985년

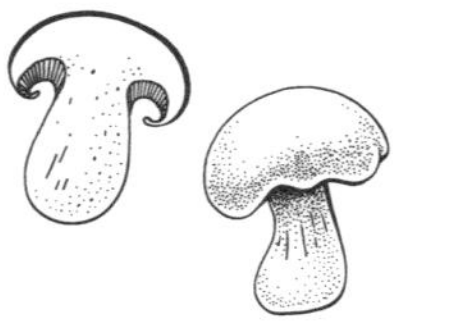

포치니 버섯 기사단 협회
CONFRÉRIE DU CÈPE
특산 먹거리 : 유명한 지역 특산물인 세프(cèpe 포치니) 버섯
본부 : 생 소 라쿠시에르(Saint-Saud-Lacoussière, Dordogne)
창립 : 1996년

솔레즈 블루 리크 기사단 협회
CONFRÉRIE DU BLEU DE SOLAIZE
특산 먹거리 : 푸른빛이 도는 서양 대파
본부 : 솔레즈(Solaize, Rhône)
창립 : 1995년

로트렉 분홍 마늘 기사단 협회
CONFRÉRIE DE L'AIL ROSE DE LAUTREC
특산 먹거리 : 줄기를 묶어 다발로 만든 연한 핑크색 마늘
본부 : 로트렉(Lautrec, Tarn)
창립 : 2000년

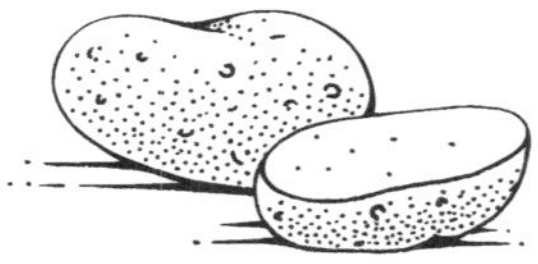

카카스 아 퀴 뉘 기사단 협회
CONFRÉRIE DE LA CACASSE À CUL NU
특산 먹거리 : 감자와 돼지비계, 양파를 넣어 만든 프리카세
본부 : 에글르몽(Aiglemont, Ardennes)
창립 : 2001년

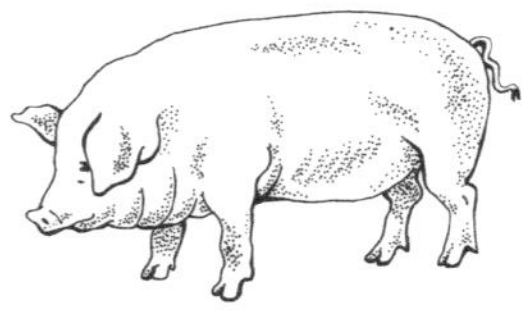

트리캉디유 기사단 협회
CONFRÉRIE DE LA TRICANDILLE
특산 먹거리 : 돼지 창자 볶음 요리인 트리캉디유(tricandille)
본부 : 블랑크포르(Blanquefort, Gironde)
창립 : 2004년

로스코프 양파 기사단 협회
CONFRÉRIE DE L'OIGNON DE ROSCOFF
특산 먹거리 : 핑크색 양파
본부 : 로스코프(Roscoff, Finistère)
창립 : 2010년

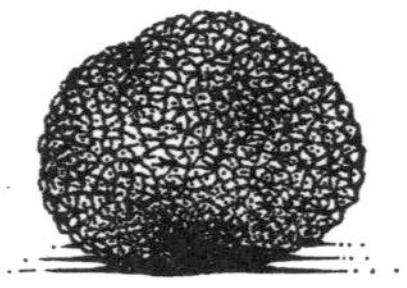

블랙 다이아몬드 기사단 협회
CONFRÉRIE DU DIAMANT NOIR
특산 먹거리 : 블랙 트러플(검은 송로버섯)
본부 : 리슈랑슈(Richerenches, Vaucluse)
창립 : 1982년

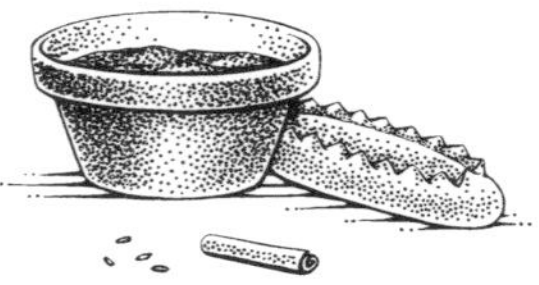

퇴르굴 기사단 협회
CONFRÉRIE DE LA TEURGOULE
특산 먹거리 : 오븐에 5시간 익힌 계피향의 라이스푸딩
본부 : 도줄레(Dozulé, Calvados)
창립 : 1978년

Rillettes

사르트식 리예트 기사단 협회
CONFRÉRIE DES CHEVALIERS DES RILLETTES SARTHOISES
특산 먹거리 : 돼지고기를 기름에 넣고 익힌 리예트
본부 : 마메르(Mamers, Sarthe)
창립 :1968년

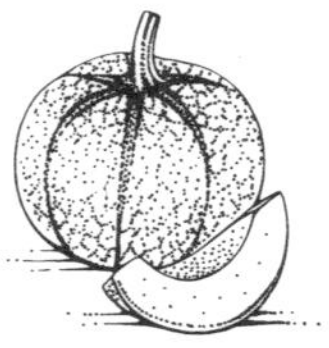

카바이용 멜론 기사단 협회
CONFRÉRIE DES CHEVALIERS DE L'ORDRE DU MELON DE CAVAILLON
특산 먹거리 : 프랑스 남부 지방의 멜론
본부 : 카바이용(Cavaillon, Vaucluse)
창립 : 1988년

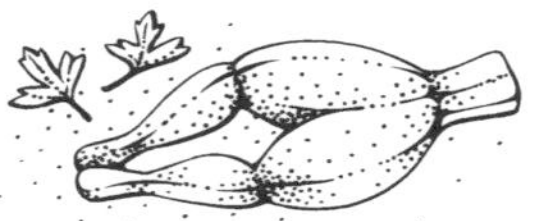

개구리 뒷다리 기사단 협회
CONFRÉRIE DES TASTE-CUISSES DE GRENOUILLES
특산 먹거리 : 식용 개구리
본부 : 비텔(Vittel, Vosges)
창립 : 1972년

포테 포르투아즈 기사단 협회
CONFRÉRIE DE LA POTÉE PORTOISE DE SAINT-NICOLAS-DE-PORT
특산 먹거리 : 소시지, 돼지 정강이, 채소 등을 넣은 지역 특산 스튜의 일종인 포테 포르투아즈(potée portoise)
본부 : 생 니콜라 드 포르(Saint-Nicolas-de-Port, Meurthe-et-Moselle)
창립 : 1972년

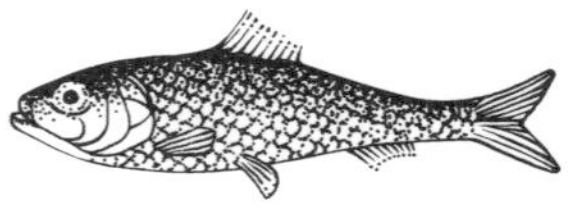

청어 기사단 협회
CONFRÉRIE DU HARENG CÔTIER
특산 먹거리 : 청어
본부 : 베르크 쉬르 메르(Berck-sur-Mer, Pas-de-Calais)
창립 : 1991년

2015
75cl
Alc 11%

클로 몽마르트르 와이너리 기사단 협회
COMMANDERIE DU CLOS MONTMARTRE
특산 먹거리 : 파리 몽마르트르 언덕 포도밭의 와인
본부 : 파리(Paris)
창립 : 1983년

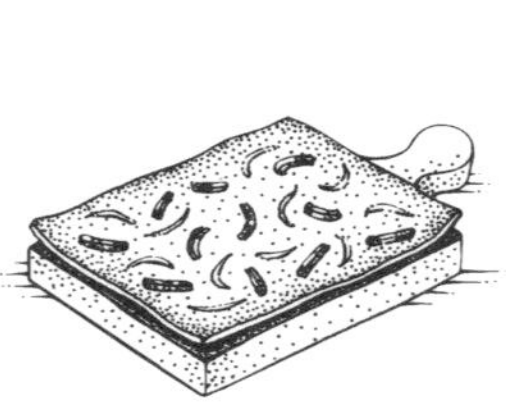

정통 플람쿠헨 기사단 협회
CONFRÉRIE DU VÉRITABLE FLAMMEKUECHE
특산 먹거리 : 화덕에 구운 알자스식 얇은 피자의 일종(타르트 플랑베)
본부 : 새솔스하임(Saessolsheim, Bas-Rhin)
창립 : 1979년

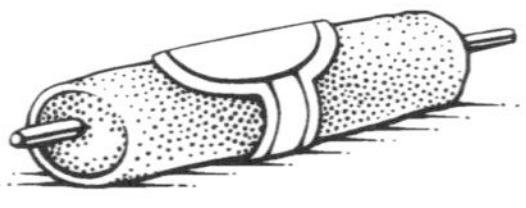

생트 모르 드 투렌 치즈 기사단 협회
COMMANDERIE DU FROMAGE SAINTE-MAURE-DE-TOURAINE
특산 먹거리 : 생트 모르 드 투렌 지방의 비멸균 생 염소젖 치즈
본부 : 생트 모르 드 투렌(Sainte-Maure-de-Touraine, Indre-et-Loire)
창립 : 1986년

돼지 간 테린 기사단 협회
CONFRÉRIE DE LA TERRINE DE FOIE DE PORC
특산 먹거리 : 돼지 간 테린
본부 : 쿠솔르(Cousolre, Nord)
창립 : 1986년

아리에주 에스카르고 기사단 협회
CONFRÉRIE DE L'ESCARGOT ARIÉGEOIS
특산 먹거리 : 식용 달팽이
본부 : 라 투르 뒤 크리외(La Tour-du-Crieu, Ariège)
창립 : 2001년

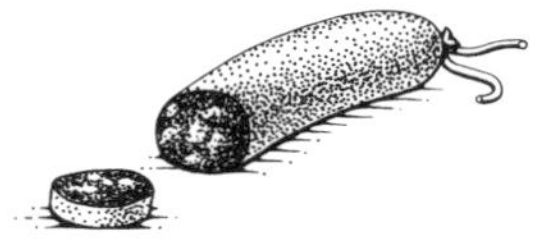

콩플랑 지방의 카탈루냐 부댕 기사단 협회
CONFRÉRIE JUBILATOIRE DES TASTE-BOUTIFARRE DU CONFLENT
특산 먹거리 : 카탈루냐 부댕
본부 : 프라드(Prades, Pyrénées-Orientales)
창립 : 2009년

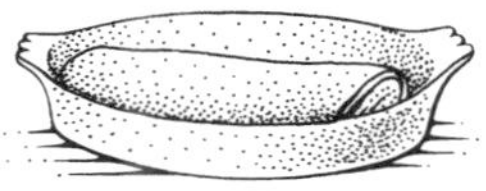

아미앵식 피셀 피카르드 기사단 협회
CONFRÉRIE DE LA FICELLE PICARDE AMIÉNOISE
특산 먹거리 : 햄과 버섯을 넣은 크레프를 돌돌 말아 오븐에 구운 전통 음식.
본부 : 아미앵(Amiens, Somme)
창립 : 2013년

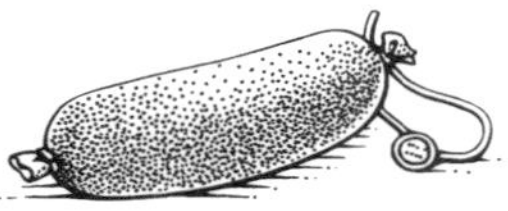

앙두이유 기사단 협회
CONFRÉRIE DES CHEVALIERS DU GOÛTE-ANDOUILLE
특산 먹거리 : 자르조(Jargeau) 산 앙두이유
본부 : 자르조(Jargeau, Loiret)
창립 : 1971년

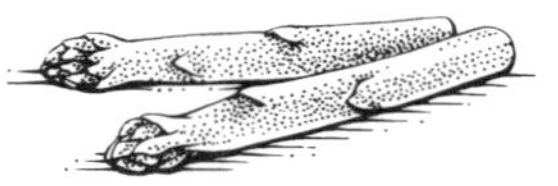

블라예 아스파라거스 기사단 협회
CONFRÉRIE DE L'ASPERGE DU BLAYAIS
특산 먹거리 : 화이트 아스파라거스
본부 : 레냑(Reignac, Gironde)
창립 : 1973년

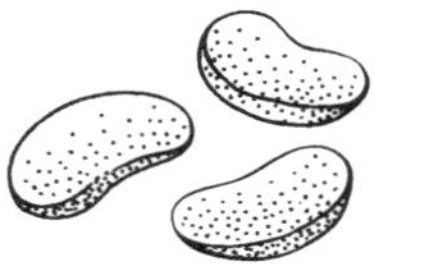

비고르식 전통 수프 기사단 협회
CONFRÉRIE DE LA GARBURE BIGOURDANE
특산 먹거리 : 양배추, 흰 강낭콩, 말린 햄을 넣고 끓인 수프
본부 : 아르젤 가조스트(Argèles-Gazost, Pyrénées-Orientales)
창립 : 1997년

로렌식 파테 기사단 협회
CONFRÉRIE DU PÂTÉ LORRAIN
특산 먹거리 : 파테 앙 크루트(pâté en croûte)
본부 : 샤트누아(Châtenois, Bas-Rhin)
창립 : 1990년

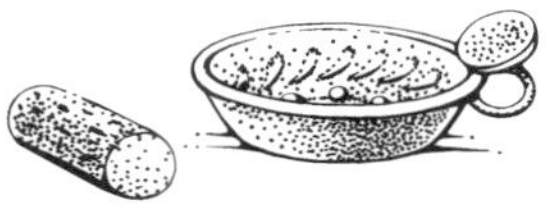

타스트뱅 기사단 협회
CONFRÉRIE DES CHEVALIERS DU TASTEVIN
특산 먹거리 : 부르고뉴 와인
본부 : 부조(Vougeot, Côtes-d'Or)
창립 : 1934년

잇사수 체리 기사단 협회
CONFRÉRIE DE LA CERISE D'ITXASSOU
특산 먹거리 : 바스크 지방의 블랙 체리
본부 : 잇사수(Itxassou, Pyrénées-Atlantiques)
창립 : 2007년

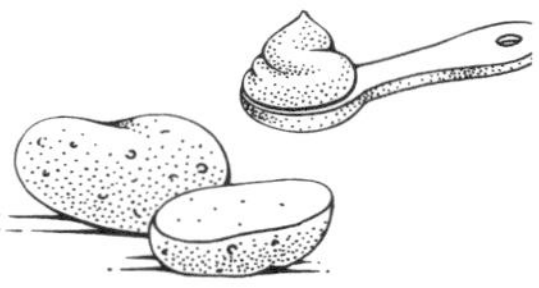

감자 파테 기사단 협회
CONFRÉRIE DU PÂTÉ AUX POMMES DE TERRES
특산 먹거리 : 감자와 생크림으로 만든 투르트 파이
본부 : 몽마로(Montmarault, Allier)
창립 : 2004년

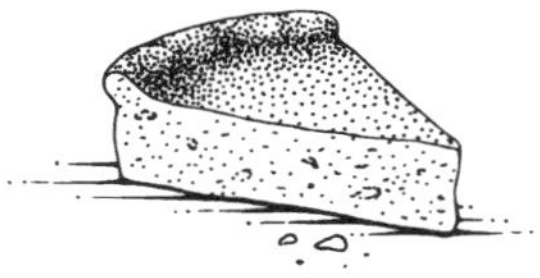

피아돈 기사단 협회
CONFRÉRIE DU FIADONE
특산 먹거리 : 브로치우(brocciu) 치즈로 만든 코르시카의 전통 케이크
본부 : 아작시오(Ajaccio, Corse-du-Sud)
창립 : 2013년

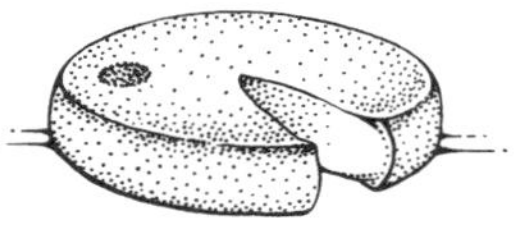

르블로숑 치즈 기사단 협회
CONFRÉRIE DU REBLOCHON
특산 먹거리 : 비멸균 생 소젖으로 만든 연성 치즈인 르블로숑
본부 : 톤(Thônes, Haute-Savoie)
창립 : 1994년

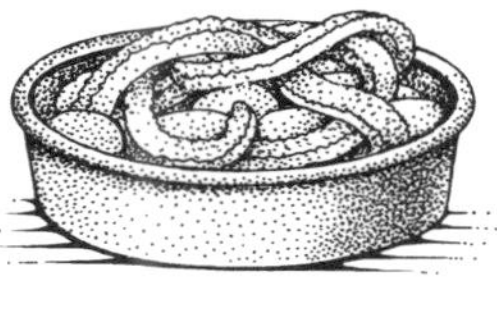

창자 요리 기사단 협회
CONFRÉRIE DES MANGE-TRIPES
특산 먹거리 : 알레스풍의 창자 요리
본부 : 알레스(Alès, Gard)
창립 : 1999년

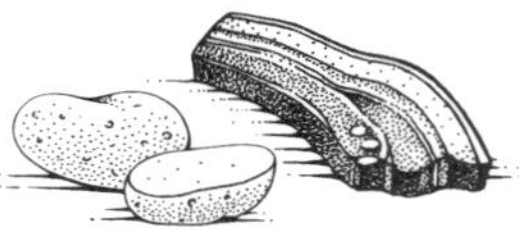

브레조드 수프 기사단 협회
CONFRÉRIE DES COMPAGNONS DE LA BRÉJAUDE
특산 먹거리 : 감자와 베이컨을 넣어 만든 리무쟁의 전통 수프
본부 : 생 쥐니엥(Saint-Junien, Haute-Vienne)
창립 : 1989년

키슈 로렌 기사단 협회
CONFRÉRIE DE LA QUICHE LORRAINE
특산 먹거리 : 키슈 로렌
본부 : 동발(Dombasle, Meurthe-et-Moselle)
창립 : 2015년

마렌 녹색 굴 기사단 협회
CONFRÉRIE DES GALANTS DE LA VERTE MARENNES
특산 먹거리 : 마렌 올레롱(Marennes-Oléron)의 녹색 빛이 도는 핀 드 클레르(fine de claire) 굴
본부 : 마렌(Marennes, Charente-Maritime)
창립 : 1954년

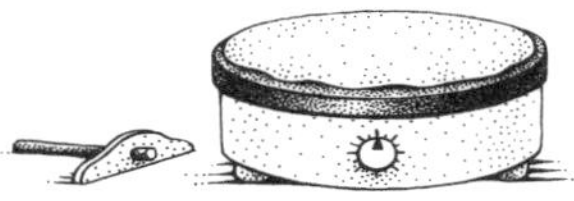

피페리아 갈레트 기사단 협회
CONFRÉRIE PIPERIA LA GALETTE
특산 먹거리 : 메밀 갈레트
본부 : 피프리악(Pipriac, Ile-et-Vilaine)
창립 : 1998년

솔쉬르 쉬르 모젤로트 라즈베리 기사단 협회
CONFRÉRIE DE LA FRAMBOISE SAULXURONNE SUR MOSELOTTE
특산 먹거리 : 라즈베리
본부 : 솔쉬르 쉬르 모젤로트(Saulxures-sur-moselotte, Vosges)
창립 : 1975년

부트작 복숭아 기사단 협회
CONFRÉRIE DES GOÛTEURS DE PÊCHES DE VOUTEZAC
특산 먹거리 : 복숭아
본부 : 부트작(Voutezac, Corrèze)
창립 : 2008년

VIN
JAUNE
2015

루아얄 뱅 존 기사단 협회
CONFRÉRIE DU ROYAL VIN JAUNE
특산 먹거리 : 쥐라(Jura)산 뱅 존
본부 : 아르부아(Arbois, Jura)
창립 : 1989년

꿩 기사단 협회
CONFRÉRIE DE LA FAISANDERIE
특산 먹거리 : 꿩 테린
본부 : 쉴리 쉬르 루아르(Sully-sur-Loire, Loiret)
창립 : 1987년

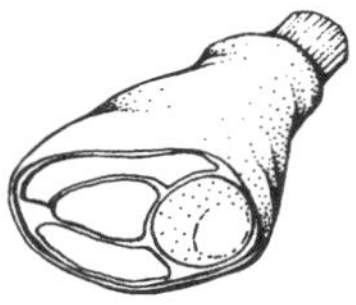

바종쿠르 돼지 뒷다리 기사단 협회
CONFRÉRIE DE LA CUISSE COCHONNE DE BAZONCOURT
특산 먹거리 : 돼지 정강이 구이
본부 : 바종쿠르(Bazoncourt, Moselle)
창립 : 1985년

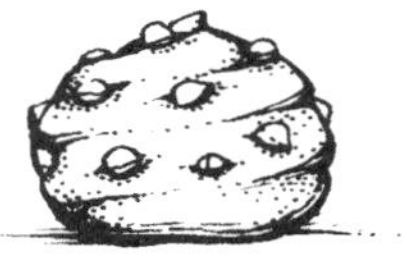

가티네 슈케트 장인 기사단 협회
CONFRÉRIE DES MAÎTRES CHOUQUETTIERS DU GATINAIS
특산 먹거리 : 슈케트
본부 : 우주에르 데 샹(Ouzouer-des-Champs)
창립 : 1999년

우당 닭, 우당 파테 기사단 협회
CONFRÉRIE DE LA POULE DE HOUDAN ET DU PÂTÉ DE HOUDAN
특산 먹거리 : 우당 닭 품종
본부 : 아블뤼(Havelu, Eure-et-Loir)
창립 : 2016년

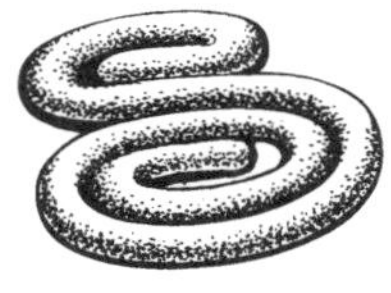

아르콩사 양배추 소시지 기사단 협회
CONFRÉRIE DE LA SAUCISSE DE CHOU D'ARCONSAT
특산 먹거리 : 양배추 소시지
본부 : 아르콩사(Arconsat, Puy-de-Dôme)
창립 : 2000년

프랑스에서 소비되는 식용 곤충

중세시대에 성행하던 곤충의 식용 소비는 이제 더이상 프랑스에서 일반적인 관습이 아니다. 가장 큰 이유는 무엇일까? 4세기경 가톨릭 교회의 신부이며 성경의 공식 번역가였던 제롬 드 스트리동(Jérôme de Stridon)은 나무를 파먹는 애벌레를 즐겨 먹던 당시 고관대작들의 식습관이 로마제국 쇠락을 초래했다고 주장했다. 이 음식은 그때부터 부패와 타락의 상징이 되었다. 그렇다고 해서 프랑스들이 오랫동안 곤충을 먹지 않은 것은 아니다.

마리 아말 비잘리옹

어떤 곤충을 먹을까?

20세기 초까지만 해도 일부 프랑스인들은 곤충을 아직 즐겨 먹었다. 날아다니는 것, 기어 다니는 것, 털이 있는 것, 끈끈한 것 등의 믿을 만한 자료에 근거한 식용 곤충 리스트를 소개한다.

뒤영벌 Les bourdons

해부학자 피에르 앙드레 라트레이(Pierre-André Latreille)는 19세기 초반 꿀벌과의 한 종류인 뒤영벌이 식용으로 소비되었던 것을 회고한다. 그에 따르면 "어린이들이 이 벌을 잡아 죽인 뒤 몸속의 꿀을 빨아먹었다"고 한다.

조르주 퀴비에 Georges Cuvier, 『동물계(*Le règne animal distribué d'après son organisation*)』 제3권, p.525(1817)

거미 Les araignees

프랑스의 작가 에티엔 레옹 드 라모트 랑공(Étienne-Léon de Lamothe-Langon)에 따르면 천문학자 라랑드(Jérôme Lalande)가 거미를 즐겨 먹었다고 한다.

"그는 담뱃갑 같기도 사탕 케이스 같기도 한 작은 통을 손에 들고 있었다. 그 안에는 내가 잘 모르는 무엇인가가 들어 있었다. 그는 그것을 입가에 들어 올린 뒤 입술에 대고 쾌감을 느끼듯이 쪽쪽 빨아먹기 시작했고 나에게는 그것이 게걸스럽게 느껴졌다. 이웃 쿠르샹 씨는 호기심으로 바라보는 내게 다가와 "저거 거미랍니다"라고 귓속말로 속삭였다. "거미라고요?"라고 나는 큰 소리로 말했다. 이 대화를 들었는지 그 천문학자는 "거미가 어때서요? 딸기와 아티초크 같은 섬세한 맛이 난다구요." 라며 나에게 응수했다. "저는 이걸 너무 좋아하는데 먹고 싶으면 좀 나누어 드릴게요."

『프랑스 동료의 회상과 추억(*Mémoires et souvenirs d'un pair de France*)』 제3권, p.120(1840)

메뚜기 Les sauterelles

미국 독립전쟁 중 나다니엘 프리먼(Nathaniel Freeman, 저자의 아버지) 대령은 미국군과 멀리 떨어진 곳에 주둔하고 있던 프랑스 군대의 이상한 행동에 우려를 표했다.

"그들이 들판에 불을 여러 개 피워놓고 이리저리 뛰어다니는 것을 보고 오스굿 소령과 그(나다니엘 프리먼)는 워싱턴 장군과 다른 장교들을 동원해 말을 타고 야영지를 습격했다. 그들은 프랑스 병사들이 신이 나서 메뚜기 잡기에 몰두하고 있는 것을 발견했다. 평상시와는 달리 아주 많은 숫자였다. 그들은 메뚜기를 잡자마자 뾰족하고 가는 나무꼬챙이에 끼운 뒤 불에 구워 아주 맛있게 먹었다. 불은 매우 더운 가을 날씨로 인해 충분히 말라 있던 쇠똥으로 피웠다."

프레드릭 프리먼 Frederick Freeman 『케이프 코드의 역사(*The History of Cape Cod*)』, 제1권 p.524(1858)

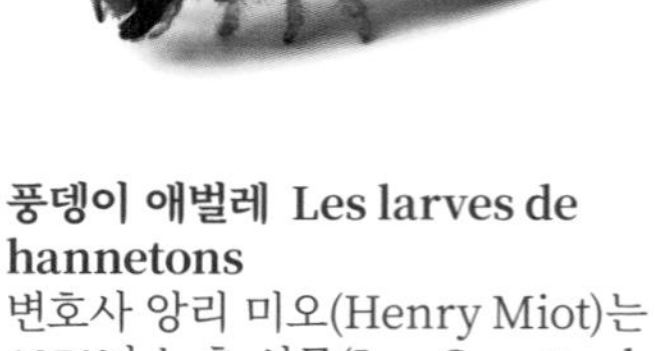

풍뎅이 애벌레 Les larves de hannetons

변호사 앙리 미오(Henry Miot)는 1870년 농촌 신문(Les Gazette des campagnes)에 단백질이 아주 풍부한 요리 레시피를 선보인 바 있고 여기서 풍뎅이 유충은 '흰 벌레(vers blancs)'라는 별명으로 불렸다.

"통통하고 짤막한 흰 벌레를 빵가루, 소금, 후추를 섞은 밀가루에 굴려 묻힌 다음 버터를 바른 은박지에 넉넉하게 싼다. 뜨거운 숯불 재에 넣고 20분 정도 익힌다."

풍뎅이 Les hannetons

1878년 2월 12일 프랑스 북부 노르(Nord) 지방의 상원의원 아실 테스틀랭(Achille Testelin)은 상원의회 연단에서 특별한 음식 한 가지에 대해 설명한다. 이것은 해당 날짜 프랑스 공화국 관보(Journal officiel)에 실렸던 유일한 레시피다.

"풍뎅이를 곱게 빻아 체에 넣습니다. 농도가 묽은 수프를 만들려면 체 위로 물을 부어 주십시오. 육식이 허용된 날에 보다 기름진 풍미의 수프를 원한다면 여기에 육수를 넣어줍니다. 이 수프는 맛이 훌륭하여 미식가들이 아주 좋아한답니다."

브뤼노 퓔리니 Bruno Fuligni, 『극한의 미식가들(*Les gastronomes de l'extrême*)』, Trésor 출판(2015).

저자는 또한 다음과 같이 썼다. "같은 시기에 작가 카튈 멘데스(Catulle Mendès)는 풍뎅이의 앞날개와 발을 떼어낸 다음 날것 상태로 빨아먹는 것을 더 좋아했다. 그는 풍뎅이에서 소금을 넣지 않은 닭고기 맛이 난다고 느꼈다."

오늘날 프랑스에서는...

프랑스령 레위니옹에서는 말벌유충(Polistes hebraeus)이 아주 귀한 대접을 받는다. 튀기거나 토마토, 생강을 넣은 매콤한 스튜에 넣고 푹 익혀 먹는다.

관련 내용으로 건너뛰기

p.97 희귀한 수렵육

누가 누구를 먹을까?

곤충을 즐겨 먹는 인간은 '앙토모파주(entomophage)' 라고 부른다.
곤충을 잡아먹는 동물은 '앵섹티보르(insectivore)' 라고 한다.

누구나 곤충을 먹고 있어요!

곤충을 식용으로 소비하는 관습이 과연 먼 곳의 이름 모를 부족에게만 해당하는 일일까? 프랑스인들 누구나 대부분 자신이 인식하지도 못하는 채로 곤충을 먹고 있다. 전 세계적으로 일인당 연간 500g의 곤충을 섭취한다. 어떤 곤충일까?

갈색거저리 : 곡식을 좋아한다.

연지벌레 카르민산 : E120으로 불리는 식용 색소로 메르게즈 소시지나 청량 음료의 발색을 위해 사용한다.

파리 유충: 코르시카의 일명 썩은 치즈 '카수 마르주(casgiu merzu)'에 짭짤한 감칠맛을 내준다.

진드기 : 사부아에서부터 피레네 지방에서 생산하는 톰(tomme) 치즈의 크러스트를 만들고 향을 더해준다.

진디로 가득한 전나무 꿀 또는 잡화꿀 : 완곡한 표현으로 '당분이 든 분비물'이라고 불리며 벌들이 아주 좋아한다.

각다귀 또는 거미 : 자는 동안 또는 하품하는 동안 입안에 들어올 수 있다...

지역관습 혹은 속물근성?

→ 생 장 르 상트니에(Saint-Jean-le-Centenier, Ardèche)에서는 20세기 초까지 누에를 넣은 오믈렛을 만들어 먹었다.

자료출처 INRA, Alain Fraval, 2009

→ 쥐라(Jura) 지방에서는 벌 유충 볶음을 즐겨 먹었다.

→ 마시프 상트랄(Massif central) 지역 습지대의 어린이들은 아주 달콤한 잠자리 몸통을 쪽쪽 빨아먹었다.

→ 파리 오페라가의 고급 식료품상 폴 코르슬레(Paul Corcellet)는 1989년까지 초콜릿을 씌운 흰 개미를 판매했다.

파테 앙 크루트

특별 애호가 모임 기사단이 옹호하며 그 전통을 지켜나가고 있고 매년 전 세계 경연대회를 개최해 우승자에게 상을 수여하는 음식, 파테 앙 크루트. 프랑스인들은 무려 연간 6.5톤의 파테 앙 크루트를 소비한다. 페이스트리로 겉을 감싸 만드는 이 정교한 음식을 슬라이스하여 관찰해보자.

샤를 파탱 오코옹

농가풍의 글레이즈 파테 앙 크루트

요한 라스트르*

도구
파테 앙 크루트용 직사각형 금속 틀 (31cm x 8cm) 또는 파테 앙 크루트용 타원형 금속 틀(21cm x 13cm)
조리용 탐침 온도계

파테 크러스트 반죽
달걀 1개
버터 160g
소금 1꼬집
물 50g
밀가루 250g
상온에서 부드러워진 버터 1테이블스푼 (틀에 바르는 용도)

소 재료
닭 가슴살 350g
뼈를 제거한 닭다리 살 300g
껍데기를 제거한 돼지 삼겹살 350g
돼지 안심 350g
소금(플뢰르 드 셀) 28g
검은 후추 그라인드 15바퀴
카트르 에피스 1꼬집 (quatre-épices 후추, 넛멕, 정향, 계피를 혼합한 향신료 믹스)
화이트와인 80ml
피스타치오 120g

즐레
진하게 끓인 소, 닭 또는 채소 육수 1리터
판 젤라틴 32g
레드 포트와인 4테이블스푼

이틀 전
크러스트 반죽을 만든다. 우선 버터를 따뜻하게 녹인 뒤 나머지 반죽 재료와 함께 믹싱볼에 넣는다. 반죽기를 20초간 돌려 혼합해 뭉친 다음 랩으로 싸 냉장고에 넣어둔다. 소 재료를 만든다. 준비한 고기를 모두 사방 3cm 크기 큐브 모양으로 썬다. 삼겹살과 닭다리 살은 굵은 절삭망을 장착한 분쇄기에 넣어 간다. 양념을 모두 넣고 고기를 고루 섞는다. 랩으로 씌워 냉장고에 보관한다.

하루 전
파테 앙 크루트 틀 안쪽에 버터를 바른다. 반죽을 4~5mm 두께로 민 다음 틀 바닥과 내벽에 대준다. 양념과 혼합해 하룻밤 재운 소 재료를 틀에 채워 넣는다(윗면은 크러스트를 덮지 않고 그대로 열어둔다). 오븐을 200°C로 예열한다. 파테 앙 크루트를 오븐에 넣어 황금색이 날 때까지 25분간 구운 뒤 오븐 온도를 140°C로 내린다. 파테 안에 탐침 온도계를 찔러 넣어 심부 온도가 65°C가 될 때까지 익힌다. 그동안 판 젤라틴을 육수에 녹인 뒤 포트와인과 섞는다. 파테를 오븐에서 꺼낸 다음 뜨거운 즐레를 흘려 넣는다. 각 30분씩의 간격을 두고 4~5번에 나누어 즐레를 채워 넣는다. 남은 즐레와 함께 냉장고에 하룻밤 넣어둔다.

당일
남은 즐레를 뜨겁게 데운 뒤 파테 위에 부어 채운다. 냉장고에 넣어둔다. 서빙 전 틀을 손쉽게 제거하기 위해 살짝 열을 가한다. 슬라이스하여 서빙한다.

셰프의 팁 : 더욱 깊고 진한 풍미를 내려면 코냑 2테이블스푼을 첨가한다.

** Yohan Lastre : 월드 파테 앙 크루트 경연대회 우승자. 샤퀴테리 및 파테 전문점 '라스트르 상 자포스트로프(Lastre sans apostrophe, 파리 7구)' 창업자.

파테 앙 크루트로 유명한 6대 도시

파테 팡탱 Le pâté Pantin (Seine-Saint-Denis)
돼지고기, 송아지고기 사용. 갸름한 타원형. 틀을 사용하지 않고 손으로 모양을 만들어 오븐에 굽는다.

파테 드 우당 Le pâté de Houdan (Yvelines)
우당 암탉, 피스타치오 사용. 긴 직육면체.

파테 드 샤르트르 Le pâté de Chartres(Eure-et-Loir)
깃털 달린 수렵 조류(새끼 자고새, 꿩) 사용. 경우에 따라 푸아그라를 넣기도 한다. 긴 직육면체.

파테 드 페리괴 Le pâté de Périgueux (Dordogne)
기본 파테 소에 오리 푸아그라를 통째로 넣는다. 긴 직육면체.

파테 다미앵 Le pâté d'Amiens (Somme)
오리 파테 베이스에 레네트(reinettes) 사과를 넣는다. 긴 직육면체.

파테 드 브랑톰 Le pâté de Brantôme (Dordogne)
돼지고기, 송아지고기, 멧도요 사용. 긴 직육면체.

"파테 크루트 없이 성대한 식사를 대접한다는 것은 부끄러운 일이다."

이것은 월드 파테 앙 크루트 경연대회의 슬로건이다. 2009년부터 탱 레르미타주(Tain-l'Hermitage, Drôme)에서 매년 개최되고 있는 국제 경연대회로 MOF(프랑스 요리 명장) 및 유명 셰프들로 구성된 심사위원단이 그해의 가장 훌륭한 파테 앙 크루트를 선정한다.

파테 크러스트

'파테 앙 크루트'는 송아지 고기, 돼지고기에 가금육 또는 수렵육을 섞어 만든 소 베이스를 파트 브리제나 파트 푀유테 반죽 시트로 단단히 감싸 만드는 음식이다. 원래 이 반죽(pâte) 껍데기는 안에 든 고기 소를 익히고 보존하기 위해 고안되었다. 구운 크러스트를 깨서 안의 내용물과 함께 먹기 시작한 것은 중세에 이르러서이다. 중세 요리의 바이블이라고 할 수 있는 『르 비앙디에(*Le Viandier*)』에서 샤를 5세의 궁정 요리사 기욤 티렐(Guillaume Tirel, 일명 타유방 Taillevent)은 25가지 이상의 고기 파테 레시피를 소개했다.

'파테 크루트' 혹은 '파테 앙 트루트'?

프랑스에서는 일반적으로 '파테 앙 크루트'라는 명칭을 사용하지만 리옹(Lyon)에서는 '파테 크루트'라고 부른다. 이 유명한 파테를 먹듯이 단어를 '먹는' 발음 습관 때문인 듯...

관련 내용으로 건너뛰기
p.204 파테의 풍미!

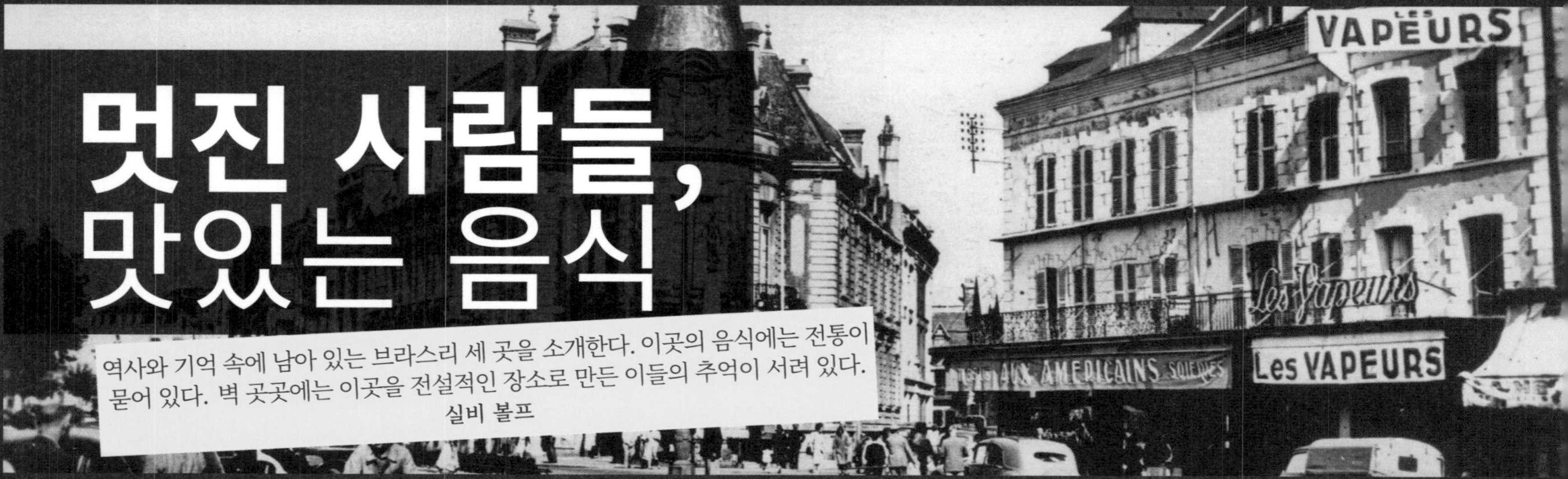
VAPEURS
Les Vapeurs
LES VAPEURS
AUX AMERICAINS

멋진 사람들, 맛있는 음식

역사와 기억 속에 남아 있는 브라스리 세 곳을 소개한다. 이곳의 음식에는 전통이 묻어 있다. 벽 곳곳에는 이곳을 전설적인 장소로 만든 이들의 추억이 서려 있다.

실비 볼프

Pâtisserie
maison
해리슨 포드
Harrison Ford

톰 행크스와 스티븐 스필버그
Tom Hanks et Steven Spielberg

BRASSE

발레리 안 지스카르 데스탱 Valérie-Anne Giscard d'Estaing

제임스 코번
James Coburn

카롤린 모나코 공주
Caroline de Monaco

클로드 르루슈
Claude Lelouch

앤디 가르시아
Andy Garcia

Café
hocolat
알랭 들롱
Alain Delon

프레데릭 베그베데
Fréderic Beigbeder

레 바푀르 LES VAPEURS

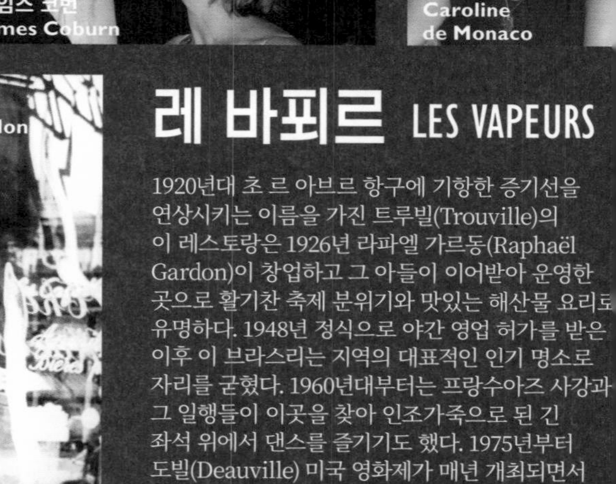

1920년대 초 르 아브르 항구에 기항한 증기선을 연상시키는 이름을 가진 트루빌(Trouville)의 이 레스토랑은 1926년 라파엘 가르동(Raphaël Gardon)이 창업하고 그 아들이 이어받아 운영한 곳으로 활기찬 축제 분위기와 맛있는 해산물 요리로 유명하다. 1948년 정식으로 야간 영업 허가를 받은 이후 이 브라스리는 지역의 대표적인 인기 명소로 자리를 굳혔다. 1960년대부터는 프랑수아즈 사강과 그 일행들이 이곳을 찾아 인조가죽으로 된 긴 좌석 위에서 댄스를 즐기기도 했다. 1975년부터 도빌(Deauville) 미국 영화제가 매년 개최되면서 세계적인 배우와 영화감독, 제작자들이 몰려들었고 이곳은 그들의 단골식당이 되었다. 1997년 메슬랭(Meslin) 가문에 인수된 이후에도 이 레스토랑에는 계속해서 유명 고객들의 발걸음이 이어지고 있다.

대표 메뉴
따뜻하게 서빙되는 삶은 새우, 시금치를 곁들인 염장 훈제 대구, 고둥 프리카세, 큰 사이즈의 뫼니에르 서대 요리에 견주어도 손색이 없는 브라운 버터 소스 가오리 요리(500g 이상) 등을 꼽을 수 있다.

단골 유명인사
숀 코네리와 커크 더글라스의 자취가 남아 있는 이 레스토랑은 아직도 톰 행크스, 해리슨 포드, 잭 니콜슨 등 도빌 영화제를 찾는 미국 스타들이 자주 찾는 명소이다. 뿐만 아니라 앙투안 드 콘, 미셸 드니조, 프레데릭 베그베데, 쥘리 드파르디외 등 프랑스 유명 인사들도 이 식당의 오랜 단골이다.

소소한 일화
조니 할리데이(Johnny Halliday)는 올 때마다 변함없이 쥐똥고추를 곁들인 아주 매운 타르타르를 주문해 사람들을 놀라게 했다.

160, boulevard Fernand-Moureaux, Trouville-sur-Mer(Calvados), www.lesvapeurs.fr

미셸 드니조와 도미니크 라바낭
Michel Denisot et Dominique Lavanant

베로니크 자노
Veronique Jannot

상드린 보네르
Sandrine Bonnaire

제롬 메슬랭, 장 피에르 카스탈디
Jérôme Meslin, actuel patron des Vapeurs, Jean-Pierre Castaldi

리프 LIPP

전설은 사라지지 않는다고 했던가? 수많은 정치인과 예술가들은 그 어떤 곳보다도 이 레스토랑이 변하지 않고 그대로 오래 남아 있기를 바란다. 이 브라스리의 전설적인 역사는 1880년 알자스 출신인 레오나르 리프와 그의 아내 페트로니유가 테이블 10개 남짓했던 레스토랑을 인수하면서 시작되었다. 이곳에는 폴 베를렌, 막스 자코브, 기욤 아폴리네르 등 당대 문인들이 자주 드나들었다. 이 식당이 오늘날 우리가 알고 있는 명성과 인기를 얻게 된 것은 마르슬랭 카즈가 인수한 뒤 대대적인 확장과 새 단장을 마치고 다시 오픈한 1920년대에 이르러서이다. 1927년 5월 21일에는 대서양 횡단 단독비행을 성공적으로 마치고 파리에 도착한 미국의 비행기 조종사 찰스 린드버그가 이곳에서 첫 식사를 함으로써 브라스리 리프는 역사의 한 페이지를 장식했다. 1965년부터는 마르슬랭의 아들 로제가 운영을 이어갔다. 1988년 문화부장관 자크 랑의 추천으로 이 업장은 역사적 유적 추가 목록에 등재되었다.

대표 메뉴
주간 특선 메뉴와 상시 기본 메뉴가 소개된 이 레스토랑의 메뉴판은 60년 전 그 모습을 그대로 간직하고 있다. 가장 인기 있는 메뉴는 레물라드 소스를 끼얹은 세르블라 소시지(cervelas rémoulde)와 슈크루트(choucroute)로 이 식당의 초창기 주인장 부부의 고향인 알자스의 요리들이다.

단골 유명인사
매우 오래된 식당이지만, 아직도 이곳의 전통과 은밀한 분위기에 애착을 갖고 있는 파리 유명 인사들의 발길은 계속 이어지고 있다. 피카소에서 알베르토 자코메티, 레옹 블룸, 퐁피두, 프랑수아 미테랑 전 대통령들에 이르기까지 정계와 예술계 명사들은 모두 이곳 의자에 앉아 편한 시간을 보냈다. 제2차 세계대전이 끝난 후, 프랑스 의회와 인접한 지리적 여건으로 인해 이 브라스리는 곧 국회의원들이 모이는 제2의 지부가 되었다.

소소한 일화
이 브라스리에서는 초창기부터 코카콜라를 판매하지 않았다. 따라서 2007년 빌 클린턴 대통령이 방문했을 때에도 그가 좋아하는 음료를 주문할 수 없었다.

151, boulevard Saint-Germain, Paris 7구.

앙투안 피네 Antoine Pinay

시몬 베이유와 남편 앙투안 베이유
Simone Veil et son mari, Antoine Veil

프랑수아 미테랑 François Mitterrand

BIÈRE HATT DE CRONENBOURG
BRASSERIE LIPP
Brasserie Lipp

파블로 피카소
Pablo Picasso

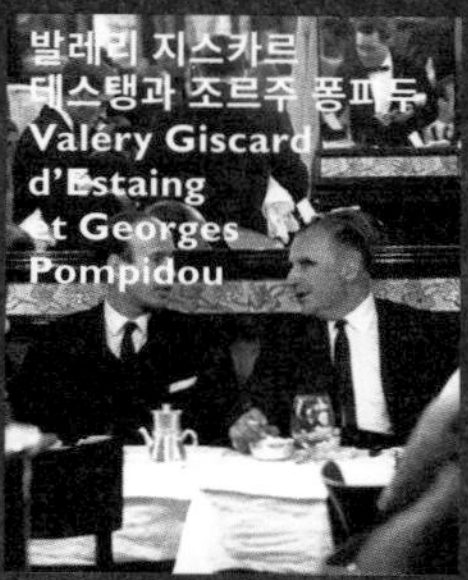
발레리 지스카르 데스탱과 조르주 퐁피두
Valéry Giscard d'Estaing et Georges Pompidou

베르나르 피보
Bernard Pivot

베르나르 블리에와 장 폴 벨몽도
Bernard Blier et Jean-Paul Belmondo

제인 버킨과 세르주 갱즈부르
Jane Birkin et Serge Gainsbourg

로 피카소
lo Picasso

알랭 들롱
Alain Delon

이브 몽탕과 세자르
Yves Montand et César

아즈나부르
rles Aznavour

조니 할리데이와 실비 바르탕
Johnny Hallyday et Sylvie Vartan

시몬 시뇨레와 이브 몽탕
Simone Signoret et Yves Montand

리노 벤투라 Lino Ventura

라 콜롱브 도르
LA COLOMBE D'OR

피카소, 미로, 칼더의 숨결이 아직도 남아 있는 전설적인 장소이다. 1931년 폴 루(Paul Roux)와 그의 아내 '티틴(Titne)'은 생 폴 드 방스(Saint-Paul-de-Vence)의 이 작은 음식점을 물려받아 '라 콜롱브 도르'라는 이름을 붙였다. 얼마 되지 않아 주인장 폴은 브라크, 레제, 샤갈, 마티스 등과 친하게 교류하게 된다. 1942년 마르셀 카르네(Marcel Carné) 감독의 영화 '밤의 방문객(Les Visiteurs du soir)' 촬영 당시 자크 프레베르는 이곳에 머물렀고, 이후 작품 '황금투구(Casque d'Or)'의 탄생을 보게 되었다.
10년 후, 시몬 시뇨레가 이브 몽탕과 결혼식을 올린 것도 이곳에서였다. 또한 1993년 베르나르 앙리 레비가 아름다운 아리엘을 아내로 맞이한 것도 이곳에서였다.

대표 메뉴
이 레스토랑은 1년 중 열 달이 만석이다. 이것이 과연 탁월한 음식 맛 때문인지, 홀에 유명인사 손님들이 종종 나타나서인지, 혹은 마그 재단 미술관(Fondation Maeght) 바로 근처라는 위치 때문인지는 확실히 모른다. 대표적인 메뉴로는 여럿이 나누어 먹을 수 있는 생 채소 플래터, 포칭한 바다 농어, 시스트롱 양갈비 등을 꼽을 수 있다.

단골 유명인사
단골손님 목록에 유명인사 이름을 열거하는 것만으로는 부족하다. 피카소에서 앙리 조르주 클루조까지, 장 팅겔리에서 칼더 혹은 아르망에 이르기까지 이들은 모두 이 식당에 자신들 이름이 새겨진 냅킨 링을 갖고 있었다.

소소한 일화
조각가 세자르는 직접 주방으로 들어가 성게알과 아티초크를 넣은 파스타를 만드는 것을 좋아했다.

1, place du Général-de-Gaulle, Saint-Paul-de-Vence(Alpes-Maritimes)

영국이 원조인 음식들

프랑스 음식들 중에는 영국에서 유래한 레시피들이 여럿 있다.
바다 건너 영국에서 차용해온 것들은 무엇이 있는지 알아보자.

로익 비에나시

영국식 크림?

영국에서 건너온 '커스터드 크림(custard)'이 더 좋아 보여서 프랑스 사람들은 자신들 고유의, 더 묽은 농도를 가진 '바닐라 크림(crème vanillée)'을 '크렘 앙글레즈(crème anglaise 영국식 크림)'라고 명명한 것일까? 확실하지는 않다. 1806년 그리모 드 라 레니에르(Grimod de La Reynière)는 '크렘 아 랑글레즈(crème à l'anglaise, English cream)'를 언급한 바 있지만, 약간 모호한 부분은 오랫동안 남아 있었다. '크렘 앙글레즈'라는 이름이 붙기 전의 '크렘 바니예(crèmes vanillées)'에는 젤라틴이 포함되어 있었고 '크렘 앙글레즈 소스(sauces crèmes anglaises)라고 불리기도 했다. 20세기 초반에는 젤라틴을 넣지 않는 레시피가 공식화되었다. 최근판『라루스 요리백과(*Larousse gastronomique*)』에서는 젤라틴이 들어간 것을 '겔화한 크렘 앙글레즈(crème anglaise collée)'라고 명시하고 있다.

영국식 익히기?

1810년 당시의 프랑스인들에게 '영국식으로 익힌(cuite à l'anglaise)' 고기란 거의 익지 않은 '레어(saignant)' 상태를 의미했으며, 그들 입맛에도 그리 맞지 않았다. "이탈리아나 스페인 사람들이 고기를 '웰던'으로, 심지어 타도록 구워 먹는 것과는 달리 영국인들은 미디엄 레어로 익힌 것을 좋아한다."(앙드레 비아르 A. Viard,『왕실의 요리사(*Le cuisinier royal*)』(1820). 이러한 표현은 사실과 크게 다르지 않았다. 수십 년을 거쳐오는 동안 요리에서 '영국식으로 익힌다'는 뜻의 '퀴송 아 랑글레즈(cuisson à l'anglaise)'라는 용어는 점차 소금을 넣은 끓는 물에 채소를 넣어 익히는 조리법을 지칭하게 되었고, 이는 실제로 영국에서 흔히 사용되는 익힘법이다. 이와 같은 익힘 방식은 고기에도 적용된다. 1938년판『라루스 요리백과』에서는 '아 랑글레즈(à l'anglaise)'를 대부분의 경우 물(양 뒷다리)이나 흰색 육수(닭 백숙)에 넣어 익힌 다양한 음식에 적용한다고 정의하고 있다.

영국식 플레이트?

이 메뉴가 등장한 것은 아마도 1890년대이며, 당시 영국 문화에 심취되었던 분위기로 인해 이와 같은 명칭이 붙었을 것이다. 이 콜드컷 플레이트에는 거의 대부분의 경우 '로스트 비프'가 반드시 포함된다. 선보인 지 얼마 되지 않아 카페와 비스트로의 점심 단골메뉴로 자리 잡은 이 차가운 고기 오르되브르는 그 정의가 명확하다. 이론적으로 이 요리에는 요크 햄, 랑그 에카를라트(langue écarlate 염장하여 익힌 우설), 소 립아이, 채끝 또는 로스트비프가 포함되어야 하며 이들을 한 접시에 모둠으로 담아내는 것이 원칙이다(『라루스 요리백과』 1938). 여기에 다진 젤리, 크레송, 코르니숑을 곁들여낸다.

관련 내용으로 건너뛰기
p.29 크렘 앙글레즈

프로방스에서는 크리스마스에 13가지 디저트를 먹어요

오래전부터 이어져 온 것으로 추정되는 이 전통은 1930년대에 실생활에 널리 정착하게 되었다. 13이라는 숫자는 그리스도와 그의 사도들을 상징하는 것으로 이들 디저트(pachichoio) 중 하나라도 빠져서는 안 된다. 이것은 4세기 전부터 식탁에 오르는 13덩어리의 빵을 대신하여 펠리브리주* 문인들이 정한 관습이다.

마리 아말 비잘리옹

* les Félibriges : 남프랑스의 오크어와 문화를 보존하고 홍보하기 위해 결성된 프로방스 문인들의 모임.

특별한 전통

성탄절의 말구유 재현, 장식용 인형들, 울려퍼지는 성가 소리... 알자스를 제외하면 이처럼 열성적으로 예수의 탄생을 축하하는 지방은 거의 없을 것이다. 이미 성 바르바라 축일인 12월 4일이 되면 테이블보 세 장을 깐 식탁 위에 밀싹을 틔우기 시작하며 이것이 25일까지 무성해질 것을 기원한다. 성탄 전야의 식사를 시작하기 전, 가족의 연장자와 가장 어린아이는 16세기의 관습 그대로 나무토막을 집안에 들여와 불을 붙이는 의식인 '카초 피오(cacho fiò)'를 거행한다. 그들은 난로 아궁이 안에 큰 나무토막을 넣고 와인을 부으며 기도를 마무리한다. "내년에 더하지 않다면 덜하지도 않기를 기원합니다."

빠져서는 안 되는 필수 요소 9종

블랙 누가, 화이트 누가, 당절임 과일, 대추야자, 오렌지, 카트르 망디앙(말린 무화과, 건포도, 호두, 아몬드).

추가 요소 4종

13가지 디저트 중 위의 9가지를 뺀 나머지 4가지는 기호에 따라 사과, 신선한 포도, 귤, 그리고 이 지역 특산품인 엑스의 칼리송[1], 르 바르의 강즈(작은 튀김과자), 마르세유의 퐁프 아 륄[2], 니스식 근대 파이, 바싹 튀긴 돼지비계를 넣은 아를의 푸가스 등으로 보충한다. 이 디저트들은 손으로 깨트리거나 찢어 먹으며 액운을 물리친다.

근대 파이
(TORTA DE BLEA)

카미유 오제*

준비 : 1시간 30분
휴지 : 2시간
조리 : 40분
10인분

크러스트 반죽
- 밀가루 500g
- 달걀 큰 것 2개
- 베이킹파우더 작은 1봉지
- 설탕 100g
- 물 1컵
- 올리브오일 100g
- 레몬 제스트 1개분
- 소금 1꼬집

소 재료
- 근대 잎 20장
- 서양배 3개
- 비정제 황설탕 150g
- 가늘게 간 파르메산 치즈 60g
- 올리브오일 1테이블스푼
- 달걀 2개
- 잣 50g
- 건포도 50g
- 파스티스 100ml
- 소금
- 슈거파우더

반죽을 만든다. 우선 밀가루를 작업대에 쏟고 가운데 우묵한 공간을 만든다. 달걀을 풀어 중앙에 넣고 다른 반죽 재료를 모두 넣은 뒤 섞어 반죽한다. 면포로 덮어 상온에서 2시간 휴지시킨다.
근대 잎의 잎맥 줄기를 떼어낸 뒤 씻어서 물기를 제거한다. 가늘고 길쭉한 띠 모양으로 썬 다음 고운 소금을 뿌리고 잘 섞는다. 중간 중간 2~3번 뒤적여주며 2시간 동안 절인다. 서양배 과육을 주사위 모양으로 썬다. 바닥이 두꺼운 냄비에 서양배를 넣고 물을 조금 추가한 뒤 뚜껑을 덮은 상태로 아주 약한 불에서 45분간 익힌다. 따뜻하게 데운 파스티스에 건포도를 담가 불린다. 근대를 물에 헹군 뒤 물기를 제거한다. 나머지 소 재료를 모두 넣고 근대와 혼합한다. 오븐을 180°C로 예열한다. 파이 틀 안쪽에 버터를 바른 뒤 반죽의 반을 놓고 손으로 눌러 펴 바닥과 내벽에 깔아준다. 소를 채운다. 밀가루를 뿌린 작업대 위에 나머지 반죽을 놓고 2~3회 접어가며 밀대로 편다. 밀어 편 반죽을 밀대에 감아 옮겨 조심스럽게 파이 위에 덮어준다. 뚜껑 반죽에 구멍을 낸 다음 오븐에 넣어 40분간 굽는다. 꺼내서 식힌 뒤 슈거파우더를 뿌린다.

* Camille Oger 프리랜서 기자, 블로거 www.lemanger.fr

관련 내용으로 건너뛰기
p.268 누가 Nougat

1.calisson d'Aix 과일과 아몬드 페이스트로 만들고 아이싱을 씌운 갸름한 모양의 작은 과자 /2.pompe à l'huile de Marseille 올리브오일을 넣어 반죽한 프로방스의 빵.

포도밭에 등장한 말

약 20년 전부터 짐수레를 끄는 말이 포도밭에 다시 등장했다.
몇몇 와이너리 샤토들은 최신식 트랙터를 구비하고 있지만 와인 양조자들은 (다시) 동물을 사용한 농법을 선호한다.
이는 단순히 과거로 회귀하는 노스탤지어가 아니다. 사실상 미래를 위한 진정한 '솔루션'이다.

피에릭 제귀

포도밭에서 말을 사용하는 8가지 이유

1 말은 트랙터보다 훨씬 **공해를 덜 유발한다.** 트랙터는 연료 소비가 많아 좋은 대기 질을 유지하는 데도 해롭다.

2 말은 같은 장소에 말발굽을 두 번 딛지 않는다. 따라서 트랙터와는 반대로 **땅을 단단하게 다지지 않는다.** 흙을 너무 눌러 다지면 압착되면서 공기층이 적어져 활성도가 떨어진다.

3 말 뒤에 따라오며 쟁기를 조작하는 포도 재배자는 땅과 직접 접촉하게 되므로 토양의 **질감, 색, 냄새** 등을 아주 정확하게 파악할 수 있다.

4 말을 이용하면 획일적이 아닌 **좀 더 정밀한 방식으로** 포도농사에 접근할 수 있다. 일반적으로 포도나무 사이의 토양을 쟁기로 뒤집어 놓는 작업을 하는 동안 자칫하면 나무그루 받침이 망가질 수도 있다. 이 경우 말을 잘 조정하며 정확하게 유도하면 훨씬 손상이 덜한 작업 결과를 이루어낼 수 있다.

5 말을 포도농사에 사용하는 재배자들의 야심은 옛날과 같은 방식을 다시 소환함으로써 복고로 회귀하려는 데 있는 것이 아니다. 트랙터 대신 **동물을 이용하는 경작방식은** 특히 성능이 좋아진 장비들 덕택에 예전에 비해 **훨씬 발전했다.**

6 포도밭에 말을 다시 도입한 것은 몇몇 마종(comtois, percheron, breton, auxois 등)의 보존뿐 아니라 **지역 경제 활성화**에도 기여했다. 말과 관련이 있는 여러 전문 분야에 각각 임무를 부여하며 사회적 조직망을 확대해 나가는 결과를 가져왔다. 예를 들어 말 사육자, 포도밭에 자신들의 말을 몰고 와서 용역을 제공하는 용역업자, 쟁기 또는 말이 끌 수 있는 구조의 분무 살포기 등을 생산하는 제조업자 등이 모두 이에 해당한다.

7 포도 재배자들은 말과의 신뢰 관계를 구축할 수 있으며 따라서 더욱 친숙해진다.

8 트랙터 한 대의 가격은 약 14만 유로다… 마구를 포함한 말 한 마리 가격은 **약 5천 유로** 정도면 된다.

포도농사에 말을 사용하는 와인 메이커 4곳

"트랙터는 한 번도 소유해본 적이 없습니다. 바퀴 달린 작은 자동 경작기를 잠깐 사용한 적은 있지만요. 저는 거의 대부분 말을 이용합니다. 처음에는 업자를 통해 말 용역을 제공받아 시작했고, 지금은 우리 말 '스키피'와 함께 일하고 있지요."

도멘 하우스에르 DOMAINE HAUSHERR, 알자스, 에기스하임(Eguisheim, Alsace)
와인 메이커 : 위베르&하이디 하우스에르 Hubert&Heidi Hausherr
말 : 스키피(Skippy). 마종은 옥수아(auxois), 11살. 황금색 갈기를 갖고 있다. 이 와이너리에 온 것은 2009년이다. 이 도멘의 포도 재배자들은 스키피의 부담을 좀 덜어주기 위해 두 번째 말 구입을 고려하고 있다.
말의 노동력 활용 : 밭 경작, 비오디나미 농법 비료 살포, 포도 수확. 스키피는 다재다능하다.

크리스티앙 뒤크루 CHRISTIAN DUCROUX,

보졸레, 랑티니에(Lantignié, Beaujolais)
와인메이커 : 크리스티앙 뒤크루
말 : 발에 편자를 박지 않고 재갈도 물리지 않은 상태로 사용한다. 에방(Hevan), 11세. 콩투아(comtois)와 브르통(breton) 교배종 암말. 몸집은 작지만 자발적으로 일을 잘한다. 이 포도밭에 온 지 18년 되었다. 이 외에 카이나(Kaïna, 덩치가 큰 콩투아 암말, 18세, 750kg)와 에코(Écho, 거세한 콩투아 말, 3세. 아직 '훈련' 중) 등 두 마리 말이 더 있다.
말의 노동력 활용 : 밭갈이, 토지 경작, 비오디나미 농법 비료 살포, 보호용 비료 살포 일부), 포도 수확.

"처음에는 약한 토양을 너무 단단하게 다지는 것을 피하기 위해 트랙터 대신 말 한 마리를 들였습니다. 말 한 마리로 포도 수확을 시작하면서 더 이상 트랙터를 사용하지 않기 위해 두 번째 말을 들이게 되었지요."

알렉상드르 뱅 ALEXANDRE BAIN,

트라시 쉬르 루아르(Tracy-sur-Loire), 푸이 퓌메(Pouille-Fumé) 포도밭
와인메이커 : 알렉상드르 뱅
말 : 페르슈롱(percheron)종 거세 말 2마리. 페노멘(Phénomène), 14세, 11년간 이 포도밭에서 일하고 있다. 아주 '프로페셔널'하다. 비아뒥(Viaduc), 8세, 이 포도밭에 온 지 3년 되었다. 힘이 아주 세고 머리가 좋다.
말의 노동력 활용 : 두둑 만들기, 흙 갈아엎기, 밭 갈기. 비오디나미 농법 비료 살포 등… '포도 수확'을 제외한 모든 작업에 투입된다.

"규모가 작지 않은 총 11헥타르의 포도밭에서 우리는 모든 작업을 말을 사용하여 해결하고 있습니다."

클로즈리 데 무시 LES CLOSERIES DES MOUSSIS,

메독, 아르삭(Arsac, Médoc)
와인메이커 : 로랑스 알리라스(Laurence Alias), 파스칼 슈암(Pascale Choime)
말 : 좀파(Jumpa), 브르통(breton) 종의 일하는 말, 19세. 2013년부터 이 포도밭에서 일하고 있다. 로랑스 알리아스가 이 1.6m 크기 갈색 말의 어깨뼈를 잡을 수 있는 정도이니 그리 키가 큰 편은 아니나 다부지고 힘이 세다.
말의 노동력 활용 : 밭갈이, 포도나무 밑동에 흙덮기 등 토양에 관련된 모든 작업. 단, 비료 살포 작업은 하지 않는다.

"면적은 작지만 포도나무가 빽빽이 심어진 밭이어서 말이든 트랙터든 땅을 견고하게 다질 수 있는 무거운 도구가 필요했습니다. 우리는 말을 선택했지요!"

관련 내용으로 건너뛰기
p.84 내추럴 와인

체리가 익어갈 무렵

꼭지째 들고 생과일로 먹든, 케이크 위에 장식으로 올리든 체리는 싱그러운 날들이 선사하는 아름다운 자연의 선물이다.
체리의 다양한 품종과 레시피에 대해 알아보자.

알비나 르드릭 요한손

폴버 *La folfer*

수확 : 5월 중순~6월
짙은 붉은색 껍질, 붉은색 과육.
아삭하고 즙이 풍부하며 단맛이 진하고 신맛이 적다.

자이언트 레드 *La giant red*

수확 : 5월 중순~6월
짙은 붉은색 껍질, 와인 빛 과육.
살이 단단하고 단맛과 새콤한 맛의 밸런스가 좋다.

페르두스 *La ferdouce*

수확 : 5월 중순~6월
짙은 붉은색 껍질, 짙은 붉은색과 흰색의 과육.
살이 단단하고 단맛이 진하며 신맛이 적다.

셀레스트 *La celeste*

수확 : 5월 중순~6월
붉은색 껍질, 붉은색 과육.
즙이 풍부하며 달콤새콤하다.

벨리즈 *La bellise*

수확 : 6월
짙은 붉은색 껍질, 짙은 붉은색 과육.
아삭하고 즙이 풍부하며 달콤한 맛이 진하고 신맛이 적다.

스위트하트 *La sweetheart*

수확 : 6월, 7월
붉은색 껍질, 흰색 과육.
아삭하고 즙이 풍부하며 달콤새콤하다.

플로리 *La florie*

수확 : 5월 중순~6월
짙은 붉은색 껍질, 붉은색과 흰색이 섞인 과육.

비갈리즈 *La bigalise*

수확 : 6월
짙은 붉은색 껍질, 붉은색과 흰색이 섞인 과육.
살이 아주 단단하고 즙이 풍부하며 달콤한 맛이 진하고 신맛이 거의 없다.

나폴레옹 *La napoléon*

수확 : 6월 중순
흰색에서 핑크색 껍질, 붉은색 과육.
단단하고 즙이 풍부하며 달콤한 맛이 진하고 신맛이 적다.

얼리즈 *La earlise*

수확 : 5월~6월 초
검은색 껍질, 검붉은색 과육.
살이 연하고 즙이 풍부하며 단맛과 신맛의 밸런스가 좋다.

캐나다 자이언트 *La canada giant*

수확 : 6월, 7월
붉은색 껍질, 흰색 과육.
즙이 풍부하며 단맛이 진하고 향이 풍부하다.

얼리 레드 *La early red*

수확 : 5월 중순~6월 초
검은색 껍질, 검붉은색 과육.
살이 단단하고 신맛이 적다.

클라푸티 대결

● 클래식 레시피

8인분
잘 익은 체리 500g
밀가루 250g
달걀 5개
설탕 4테이블스푼
바닐라 빈 1/2줄기
우유 500ml
소금 1꼬집
버터
슈거파우더(선택사항)

볼에 밀가루, 달걀, 설탕, 소금, 길게 갈라 칼끝으로 긁은 바닐라 빈을 넣고 거품기로 섞는다. 우유를 조금씩 넣으며 거품기로 계속 저어 균일한 반죽을 만든다. 그라탱 용기에 버터를 바른 뒤 체리(씨 포함)를 한 켜로 놓는다. 반죽을 붓는다. 200°C 오븐에서 30분간 굽는다. 틀에서 분리한 다음 기호에 따라 슈거파우더를 뿌린다.

● 크럼블 스타일
필립 콩티치니

8인분
8인분
체리 500g
달걀 3개
헤이즐넛 가루 70g
황설탕 135g(+틀에 뿌릴 양)
밀가루 55g
소금(플뢰르 드 셀) 1/2티스푼
유기농 오렌지 제스트 1개분
계핏가루 1티스푼
저지방 우유 140ml
더블크림 25g
바닐라 빈 3줄기
단맛의 체리 리큐어(crème de cerise)
2테이블스푼(선택사항)
틀에 바를 용도의 버터 15g
<u>크럼블</u>
상온에서 부드러워진 버터 70g
갈색 설탕
스페퀼로스(spéculoos) 100g

크럼블을 만든다. 볼에 버터, 설탕, 곱게 부순 스페퀼로스 과자를 넣고 이기듯이 섞는다. 오븐팬에 혼합물을 대충 펼쳐 놓은 뒤 160°C 오븐에서 15~20분간 굽는다. 클라푸티 반죽을 만든다. 바닐라 빈을 길게 갈라 칼끝으로 긁는다. 달걀을 풀어 거품이 일기 시작할 때까지 거품기로 휘저어준다. 여기에 다른 마른 재료와 바닐라 빈, 생크림, 우유, 오렌지 제스트, 체리 리큐어를 넣어준다. 블렌더로 약 30초간 갈아 균일한 질감으로 모두 혼합한다. 15분간 휴지시킨다. 버터를 발라둔 틀 안에 체리를 한 켜로 깔아 넣고 반죽을 붓는다. 크럼블로 덮어준 다음 황설탕을 솔솔 뿌린다. 180°C 오븐에서 30~40분간 굽는다.

체리 씨를 그냥 둘까, 제거할까?

어떤 이들은 체리의 즙이 흘러나와 파이 반죽에 물이 들지 않도록 하기 위해 씨를 빼지 말아야 한다고 말한다. 또한 굽는 동안 체리 씨에서 특유의 쌉싸름한 맛이 은은히 배어나온다. 한편 다른 사람들은 씨를 따로 뱉어내지 않고 케이크를 먹는 것이 더 편하며, 특히 아이나 노인들이 더 쉽게 먹을 수 있다고 주장한다.

크리스티앙 장 피에르(Christian Jean-Pierre)의 체리 농원

그는 피레네 오리앙탈 지방 세레(Céret)에서 자란 영농가의 아들이다. 세관 업무에 종사하던 그는 옛날부터 그리던 과일 재배자로 돌아와 새로운 인생을 시작했다. 현재 그는 아내와 함께 4헥타르의 과수원에서 가족 규모의 체리 농사를 짓고 있다. 옆 페이지에 소개된 주요 체리 품종을 그의 과수원에서 맛볼 수 있다.

체리의 고장 세레(Céret)

프랑스 남부 세레에서는 4월 중순이면 그해의 첫 체리가 출하된다. 1세기가 넘는 세월 동안 이 지역에서 생산되는 살이 통통하고 둥근 모양의 체리는 프랑스 전역에 공급되었다. 1932년부터 전통적으로 매년 첫 수확한 햇 체리를 담은 바구니가 항공편으로 대통령 관저로 직송된다.

Céret

관련 내용으로 건너뛰기
p.380 야생 베리 20종

치즈의 섬, 코르시카

코르시카 섬이 치즈로 유명하다는 것은 누구나 알고 있다.
하지만 이 섬의 치즈가 각기 다른 다섯 종류로 나뉜다는
사실을 아는 사람이 있을까?
프레데릭 랄리 바랄리올리

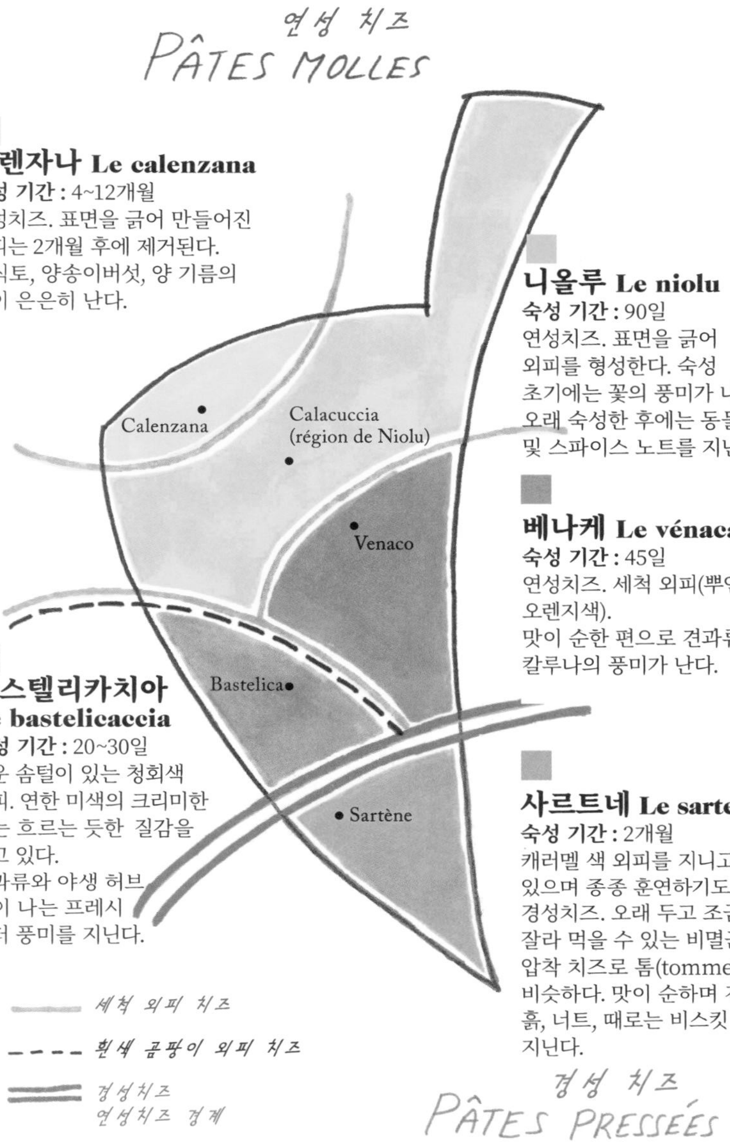
연성 치즈
PÂTES MOLLES
Calenzana
Calacuccia
(région de Niolu)
Venaco
Bastelica
Sartène
세척 외피 치즈
흰색 곰팡이 외피 치즈
경성치즈
연성치즈 경계
경성 치즈
PÂTES PRESSÉES

칼렌자나 Le calenzana
숙성 기간 : 4~12개월
연성치즈. 표면을 긁어 만들어진 외피는 2개월 후에 제거된다. 부식토, 양송이버섯, 양 기름의 맛이 은은히 난다.

니올루 Le niolu
숙성 기간 : 90일
연성치즈. 표면을 긁어 외피를 형성한다. 숙성 초기에는 꽃의 풍미가 나며, 오래 숙성한 후에는 동물성 및 스파이스 노트를 지닌다.

베나케 Le vénacais
숙성 기간 : 45일
연성치즈. 세척 외피(뿌연 오렌지색).
맛이 순한 편으로 견과류와 칼루나의 풍미가 난다.

바스텔리카치아
Le bastelicaccia
숙성 기간 : 20~30일
고운 솜털이 있는 청회색 외피. 연한 미색의 크리미한 또는 흐르는 듯한 질감을 갖고 있다.
견과류와 야생 허브 향이 나는 프레시 버터 풍미를 지닌다.

사르트네 Le sartenais
숙성 기간 : 2개월
캐러멜 색 외피를 지니고 있으며 종종 훈연하기도 한다. 경성치즈. 오래 두고 조금씩 잘라 먹을 수 있는 비멸균 생유 압착 치즈로 톰(tomme)과 비슷하다. 맛이 순하며 견과류, 흙, 너트, 때로는 비스킷 풍미를 지닌다.

어떤 원유로 만들까?

전통적으로 코르시카의 치즈들은 일률적으로 양젖 또는 염소젖으로 만든다. 각 치즈들의 차이는 만드는 방식과 숙성기간에 따라 생겨난다.

'코르시카에 간 아스테릭스' 만화에 나오는 일촉즉발의 치즈는 어떤 것일까?

'냄새가 고약한 코르시카 치즈'의 신화를 설명할 수 있을 만한 것들을 꼽아보자.
카주 마르주(casgiu merzu) : 코르시카 남부의 특산물로 치즈를 꽤 오랜 시간 추가로 숙성하여 특별한 맛을 더한 것으로, '파리 유충'을 통해 자연 발효한다. 상품으로 유통 판매되지는 않는다. '파리가 상주하고 있는' 이 치즈를 맛보는 것은 잊을 수 없는 강력한 경험이 될 것이다.
피냐타(pignata) 또는 카주 미나투 (casgiu minatu) : 이 치즈의 제조법은 비밀에 부쳐져 있으며 이제는 거의 사라져가고 있다. 오래된 치즈 남은 것들을 한데 모은 뒤 기름, 마늘, 브랜디를 첨가하여 오래 숙성시킨 것으로, '폭발력 있는' 발라 먹는 치즈이다.

관련 내용으로 건너뛰기
p.258 브로치우

블랑케트 드 보

부르주아 요리의 꽃이라 할 수 있는 '블랑케트 드 보(La blanquette de veau)'는 프랑스인들이 가장 좋아하는 요리 중 하나다. 다양한 블랑케트 요리를 정복해보자.

샤를 파탱 오코옹

흰색 스튜의 탄생

이 음식의 기원은 정확히 알 수 없지만 귀족적인 계보를 갖고 있다.

→ **뱅상 라샤펠**(Vincent La Chapelle)은 1735년 출간한 『현대의 요리사(*Le Cuisinier Moderne*)』에서 처음으로 블랑케트 조리법을 체계적으로 소개했다. 이것은 로스트한 흰색 고기에 양송이버섯과 양파를 곁들여 애피타이저로 서빙한 요리였다.

→ 1752년 『**트레부** 사전(*dictionnaire de Trevoux*)』에서는 블랑케트가 부르주아 계층에서 가족이 함께 모여 먹는 요리로 아주 인기가 많았다고 기록하고 있다.

→ 1867년부터 요리사 **쥘 구페**(Jules Gouffé)는 로스트한 고기 대신 생고기를 각종 향신 재료를 넣은 육수에 끓인 뒤 루(roux)를 넣어 국물을 걸쭉하게 리에종한 블랑케트 레시피를 만들었다.

블랑케트용 송아지 고기 부위

뱃살 tendron : 송아지 복부 막 부위로 층층이 비계가 분포되어 있고 연골이 있다. 살 자체는 기름기가 적은 부위다.

양지 flanchet : 송아지 복부 막 아래쪽에 있는 부위로 연하고 젤라틴이 함유되어 있다. 블랑케트용으로 가장 좋은 부위 중 하나다.

목심 collier : 목 부위의 살로 오래 뭉근히 끓이는 조리법에 가장 적합하다.

어깨살 épaule : 앞다리의 윗부분인 어깨살은 로스트, 스튜, 소테 등 모든 조리법에 두루 사용된다.

유명 셰프들이 제안하는 4가지 블랑케트 레시피

메르 브라지에
LA MÈRE BRAZIER
특징 : 코르니숑
요리 팁 : 리옹 루아얄가에서 식당을 운영한 유명 여성 요리사인 메르 브라지에는 옛날식 블랑케트에 코르니숑(프랑스식 오이피클)을 얇게 썰어 넣어 상큼한 맛을 더했다.

로제 베르제
ROGER VERGÉ
특징 : 양고기
요리 팁 : 태양의 요리사 로제 베르제는 클래식 블랑케트 레시피에 송아지고기 대신 뭉근히 푹 익힌 양고기 어깨살과 깍둑 썬 양 족을 넣었다.

알랭 뒤카스
ALAIN DUCASSE
특징 : 채소
요리 팁 : 알랭 뒤카스가 운영하는 비스트로 '알라르(Allard)'에서는 연필 모양으로 썬 리크(서양대파)와 아스파라거스 윗동을 넣은 채소 블랑케트를 선보인다.

기 마르탱
GUY MARTIN
특징 : 모렐 버섯
요리 팁 : 파리 '그랑 베푸르(Le Grand Véfour)'의 기 마르탱 셰프는 전통적인 블랑케트 레시피 재료 중 양송이버섯 대신 신선 모렐 버섯을 넣는다.

5대 황금률

1 블랑케트는 그 흰색을 유지하기 위하여 에나멜 코팅된 냄비에 끓인다.

2 재료를 미리 익히는 과정에서 절대로 색이 나면 안 된다.

3 완성된 소스는 절대 끓이지 않는다. 덩어리가 생겨 뭉칠 수 있기 때문이다.

4 달걀노른자 또는 루(roux)를 넣어 블랑케트 소스를 리에종한다.

5 크레올식 흰쌀밥을 곁들여 먹는다.

블랑케트 드 보

크리스티앙 콩스탕*

4인분
송아지고기(목심, 어깨살 등) 1kg
노란 양파 1개
정향 4개
월계수 잎 1장
당근 2개
마늘 3톨
부케가르니(리크의 녹색부분, 파슬리 줄기, 타임) 1개
양송이버섯 150g
레몬 1개
버터 50g
액상 생크림 200ml
<u>화이트 루(roux blanc)</u>
달걀노른자 1개
버터 35g
밀가루 35g

송아지 고기를 큼직한 큐브 모양으로 썬다. 양파와 마늘의 껍질을 벗긴다. 당근의 껍질을 벗긴 뒤 동그란 모양을 살려 굵직하게 썬다. 깊이가 있는 냄비에 정향을 찔러 박은 양파, 당근, 마늘, 부케가르니, 월계수 잎, 송아지고기를 넣고 찬물을 재료 높이만큼 붓는다. 소금을 한 꼬집 넣어준다. 뚜껑을 덮고 약불에서 3시간 동안 끓인다. 중간중간 거품국자로 표면에 뜬 불순물과 거품을 걷어낸다. 고기를 익히는 동안 루(roux)를 만든다. 우선 작은 소스팬에 버터 35g을 녹인 뒤 밀가루 35g을 넣고 잘 저어 섞으며 2분간 익힌다. 그릇에 덜어낸 뒤 냉장고에 넣어둔다. 양송이버섯의 밑동을 떼어낸 다음 크기에 따라 6~8등분하여 썬다. 냄비에 찬물을 넉넉히 한 컵 넣고 버터 50g, 레몬즙 반 개분을 넣고 끓을 때까지 가열한다. 양송이버섯을 넣고 3~4분 더 끓인다. 버섯을 건진다. 익힌 국물은 보관해두었다가 송아지고기 국물에 더해준다. 고깃조각을 손가락 사이로 집어 익었는지 확인한다. 연하게 푹 물러야 한다. 고기를 모두 건진 뒤 국물을 따라낸다. 건더기는 따로 보관한다. 이 국물과 버섯 익힌 국물을 합해 졸여 1.25리터를 만든다. 체에 걸러 불순물을 제거한다. 생크림을 넣고 가열한다. 차가운 루를 넣고 농도를 걸쭉하게 만든다. 블루테 크림 수프 정도의 농도가 되어야 한다. 농도가 너무 되직하면 물을 조금 넣고, 너무 묽으면 더 졸여준다. 소금, 후추로 간을 맞추고 레몬즙 반 개분을 짜 넣는다. 이 소스에 고기와 버섯을 넣어준다.

* Christian Constant : 파리 7구. 레스토랑 '비올롱 댕그르(Le Violon d'Ingres)'의 셰프

관련 내용으로 건너뛰기
p.326 송아지 메다이용

맛있는 홍합 요리

건강식이고 값도 싸며 조리도 힘들지 않은 이 쌍각류 연체동물로 만든 다양한 요리를 알아보자.
장작불 위에 익혀도 좋다. 선택은 자유.

프랑수아 레지스 고드리

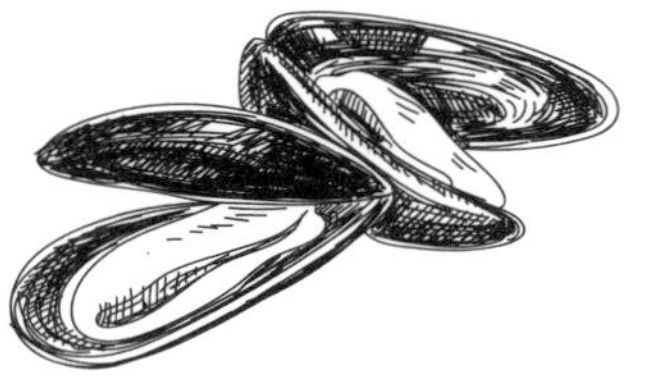

어휘 정리

미틸리퀼튀르Mytiliculture : 홍합을 뜻하는 라틴어 '뮈틸루스(mytilus)'에서 파생된 용어로 '홍합 양식'을 뜻한다.

부쇼 bouchot : 홍합을 지탱하는 나무 말뚝. 이 나무 말뚝에 홍합을 양식하는 방식은 프랑스에서 1235년에 이미 언급되었던 기록이 있다.

몽 생 미셸 Mont-Saint-Michel : 몽 생 미셸 만(灣)에서 생산된 양식 홍합(moules de bouchot)은 2011년 AOP(원산지 명칭 보호) 인증을 받았다.

★ ★ ★

2가지 규칙

1

홍합은 반드시 씻어야 한다(솔로 긁고 물로 깨끗이 씻고 수염을 떼어낸다).

2

식사의 주 요리로 준비할 때는 1인당 1리터 정도를 잡는 것이 적당한데, 무게로는 약 700~800g에 해당한다. 애피타이저로 낼 때는 1인당 0.5리터 정도 준비한다.

홍합 에클라드

갯벌의 마른 진흙 위에 구운 경우 '테레(terrée)'라고도 불리는 홍합 에클라드는 아마도 크로마뇽인이나 프랑스 보이스카우트의 발명품이 아닐까? 오랜 옛날부터 샤랑트 지방의 어부들은 야외에서 불을 피워 홍합을 익혀 먹었다. 실제 현장을 재현해본다(화재의 위험이 있으니 주의!).

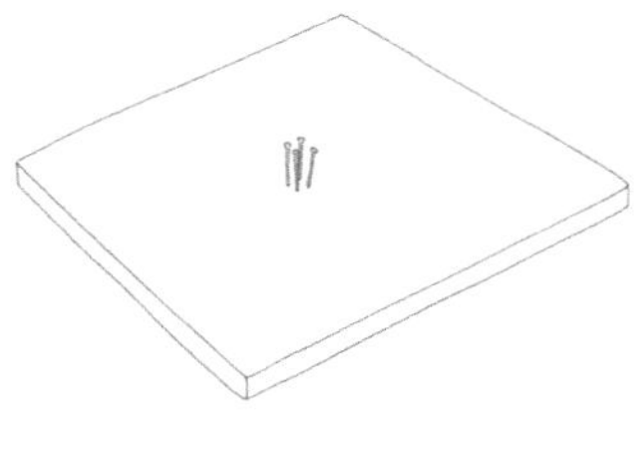

1 1. 화학처리가 되지 않은 넓고 두꺼운 나무 판자(사방 1m 정도 크기)를 준비한다. 가능하면 소나무가 좋다. 가운데에 못을 4개 박는다. 판자에 물을 흠뻑 적셔 헹군다(익히는 도중 검게 타는 것을 막아준다). 화재의 위험이 없도록 주변에 물건을 모두 치운 안전한 장소 바닥에 판자를 놓는다.

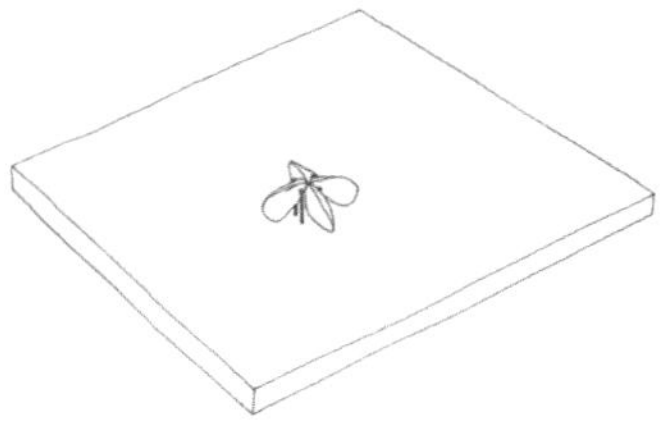

2 첫 번째 홍합 4개를 못 위에 십자 모양으로 끼워 넣는다. 홍합 껍데기가 연결된 접합 부분이 위로 오도록 한다. 열을 가하면 홍합 껍질이 벌어지게 되고 이것을 뒤집지 않는 것을 감안하여 홍합을 너무 수직으로 놓지 않는 것이 좋다(재가 들어간 홍합은 별로다...).

3 나머지 홍합을 동심원을 그리듯 중앙에서 바깥쪽으로 하나씩 사이사이 끼워 넣는다. 최대한 촘촘히 붙이는 것이 좋다. 아페리티프로 넉넉히 즐기려면 판자를 거의 채울 정도로 몇 리터의 홍합을 준비한다.

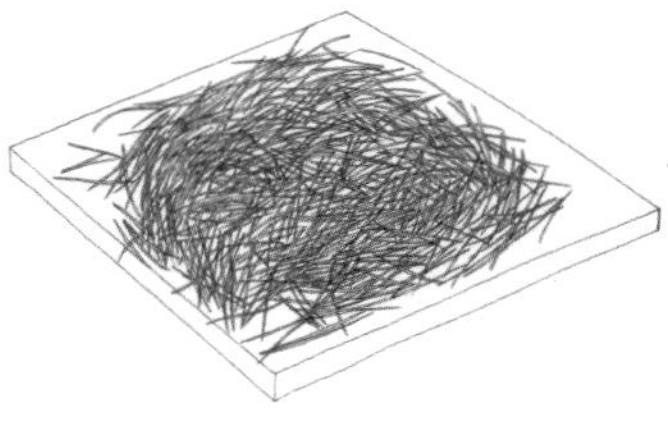

4 바싹 마른 솔잎을 두툼하게 덮어준다. 불을 붙인다.

5 불꽃이 사그라들면(약 5분 소요) 완성된 것이다. 두꺼운 판지로 부채질하여 재를 전부 날려버린 뒤 먹는다.

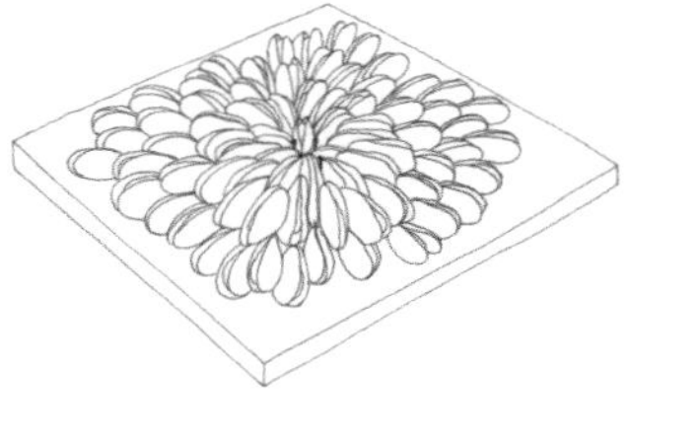

버터 바른 빵과 맛있는 드라이 화이트와인(뮈스카데 muscadet!)을 곁들여 손으로 먹는다. 숲 향기가 더해진 맛있는 홍합을 즐길 수 있다.

홍합요리 레시피 4선

전혀 가미되지 않은 자연 그대로의 홍합

있는 그대로의 어패류, 그 자체의 맛을 즐길 수 있는 요리다.
큰 냄비의 뚜껑을 닫고 약한 불로 익혀 홍합 입이 벌어지게 한다. 너무 휘저어 섞지 않고 나무 주걱으로 살살 저어준다. 몇 분간(홍합 양에 따라 시간은 달라진다) 끓여 껍데기가 모두 벌어지면, 바로 그때가 맛있게 먹을 때다.

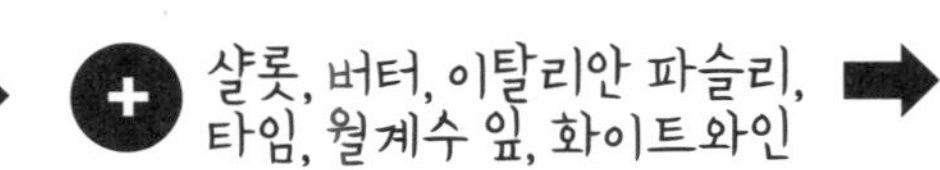

➡ + 샬롯, 버터, 이탈리안 파슬리, 타임, 월계수 잎, 화이트와인

= **홍합 마리니에르**

샬롯 2개의 껍질을 벗긴 뒤 잘게 썬다. 냄비에 버터를 넉넉히 녹인 뒤 샬롯을 볶는다. 이탈리안 파슬리 줄기를 잘게 썰어 넣는다. 타임 1줄기, 월계수 잎 1장, 드라이한 화이트와인 200ml를 넣는다. 샬롯이 투명하게 익으면 홍합을 넣고 뚜껑을 닫은 뒤 센 불로 익힌다. 골고루 익도록 중간중간 냄비를 흔들어준다. 다진 이탈리안 파슬리를 뿌려 서빙한다.

➡ + 목장 농가에서 생산한 생크림

= **크림 소스 홍합**

'마리니에르'식으로 요리한 홍합에 마지막으로 생크림 4스푼을 넉넉히 넣어준다. 홍합 국물이 너무 많으면 우선 익은 홍합을 건져내고 국물을 체에 거른 뒤 약한 불에 올려 약 2/3 정도만 남도록 졸인다. 그다음 생크림을 넣고 소스를 완성한 후, 건져 놓은 홍합에 부어 서빙한다.

➡ + 달걀노른자, 생크림, 커리

= **홍합 무클라드**

'홍합 마리니에르'를 끓인 뒤 국물을 체에 걸러 약한 불에서 약 2/3 정도 되도록 졸인다. 불에 달걀노른자 2개와 생크림 4테이블스푼, 커리가루 1꼬집을 넣고 잘 풀어준다. 이것을 홍합 국물에 넣고 거품기로 잘 저으며 가열해 블루테 크림수프 농도로 만든다.
Note : 푸라(Fouras)식 무클라드는 커리를 넣는 반면 생통주(Saintonge)식은 사프란을 넣는다.

노아이의 먹거리

Les Victuailles de NOAILLES

'마르세유의 배 속'이라고 할 수 있는 '노아이(Noailles)'는 사람들의 생활을 있는 그대로 보여주는 이 도시에서 가장 활기가 넘치는 지역이다. 이 시장 거리에서 우리가 특별히 좋아하는 곳으로 장바구니를 들고 나서보자.

쥘리아 사뮈*

노아이의 상점 거리에서는 상인들과 눈을 마주치며 평생 못 잊을 **카다멈 브리오슈, 싱싱한 민트, 레몬,** 불린 **병아리콩,** 홈메이드 **브릭 페이스트리, 하리사,** 갓 구운 따끈한 **피타브레드,** 구워 먹는 **할루미 치즈, 천연 요거트** 등을 살 수 있다. 무한한 영감의 원천이 바로 이곳이다…

주르노 JOURNO

주르노는 파비옹 거리에서 영업 중인 아주 오래된 가게로, 튀긴 빵에 참치와 하리사 소스, 식초로 드레싱한 채소를 넣은 튀지니식 작은 샌드위치인 '프리카세(fricassée)'가 이 집의 명물이다. 또한 둘이 먹다 하나가 죽어도 모를 만큼 맛있는 레모네이드, 각종 케이크는 물론 원하는 만큼 잘라서 판매하는 로쿰(튀니스의 내 친구들조차 부러워한다) 등을 판매한다.

28, rue Pavillon

앙프뢰르 EMPEREUR

이곳과 같은 가게는 그 어디에서도 찾아보기 어렵다. 다양한 종류의 철물제품은 물론이고 전자제품부터 주방도구에 이르기까지 이 유명한 잡화매장에서는 다른 곳에서는 절대 찾을 수 없는 모든 물건을 구할 수 있다.

4, rue des Récolettes

뮈라 MURAT

뮈라 부부가 운영하는 이 식료품점에서는 타히니, 견과류, 그릭 요거트, 직접 만든 필로 페이스트리, 파스티르마 등 다양한 중동의 먹거리를 구입할 수 있다. 또한 이곳에서 만드는 아르메니아식 카다멈 브리오슈는 다른 세상의 맛이다.

13, rue d'Aubagne

오 그랑 생 탕투안 AU GRAND SAINT-ANTOINE

보상(Bossens) 가족이 만드는 훈제 오리가슴살과 카이예트(caillettes) 파테를 사기 위해 각지에서 손님들이 몰려온다. 이 지역에서 꼭 들러야 할 곳이다.

11, rue du Marché-des-Capucins

르 페르 블레즈 LE PÈRE BLAIZE

창업 200년을 맞이한 마르세유의 유서 깊은 허브 전문 약국으로 이곳의 허브티는 타의 추종을 불허한다. 활력을 더해주는 허브 차는 커피보다 더 당신을 맑게 깨워줄 것이다!

Père Blaize, 4/6, rue Meolan

살라댕 SALADIN

향신료의 천국인 이곳에서는 수천 종류의 향신료를 원하는 양만큼 살 수 있다. 그 외에 각종 견과류와 말린 과일, 올리브도 국자로 떠서 무게를 달아 판매한다. 롱그 데 카퓌생 거리를 지나면서 이 매장을 그냥 지나치기는 힘들 것이다.

10, rue Longue-des-Capucins

LA CANEBIÈRE
MARCHÉ DES CAPUCINS
RUE PAVILLON
RUE D'AUBAGNE

르 세드르 뒤 리방 LE CÈDRE DU LIBAN

매일 오전 11시경이면 바로 구운 뜨끈뜨끈한 피타 브레드가 스텐 플레이트에 쌓여 포장을 기다린다. 이 업장을 운영하는 두 형제는 애정을 담아 레바논의 음식과 피타 브레드를 만들어 판매한다.

39, rue d'Aubagne

르 카르타주 LE CARTHAGE

이 작은 중동식 파티스리에서는 아침 일찍부터 꿀이나 설탕을 묻힌 도넛을 사먹을 수 있다. 튀니지의 분위기가 넘치는 이곳에서 사람들은 아침 10시도 되기 전에 도넛을 먹는다. 진짜 맛을 좀 아는 사람들은 이곳이 튀니지식 파티스리와 직접 만든 필로 페이스트리를 잘한다는 것을 안다.

8, rue d'Aubagne

탐 키 TAMKY

우선 이 매장을 이해하려면 탐 키 형제, 자매들을 만나야 한다. 베트남 출신인 그들은 모두 13명으로 강한 마르세유 억양을 갖고 있다. 꽤 규모가 큰 이 매장은 주로 아시아의 식료품들이 주를 이루고 있으며 갖가지 이국적인 먹거리들이 구비되어 있다. 쪽파에서 갈랑가에 이르기까지 아시아식 국물 요리를 만드는 데 넣는 신선한 허브들이 앞쪽에 진열되어 있으며, 계단을 올라가면 베트남 소시지, 스프링롤 등이 가득한 테이크아웃 음식 진열대가 기다린다.

5, rue des Halles-Delacroix

셰 자크 CHEZ JACQUES

마르세유 생 탕투안(Saint-Antoine) 지역에서 한 이탈리아 가족이 50년 전부터 만들고 있는 커드 밀크, 비멸균 생우유, 발효유 등을 오바뉴가의 작은 매장에서 구입할 수 있다.

14, rue d'Aubagne

셰 야신 CHEZ YASSINE

튀니스 중앙시장에 있을 법한 현지의 분위기가 물씬 풍기는 식당이다. 케프테지(kefteji 구운 피망, 감자튀김, 달걀을 두 개의 칼로 빛의 속도로 굵직하게 다진다), 레블레비(leblebi 병아리콩 수프), 달걀과 참치를 채운 브릭 페이스트리가 유명하고 그 외에 다양한 튀니지의 대중 요리에 직접 만든 빵을 찍어 먹는다.

8, rue d'Aubagne

소뵈르 SAUVEUR

파브리스 지아칼로네가 마르세유 최초의 피제리아를 인수한 곳으로 이 레스토랑의 창업자인 전설적인 소뵈르 디 파올라(Sauveur di Paola)에게 비밀 레시피를 전수받았다. 특히 토마토 소스에 에멘탈 치즈 반, 안초비 반을 얹은 하프 하프 피자는 타의 추종을 불허하는 맛이다. 여기에 마늘 향의 오일을 뿌리면 오리지널 소뵈르의 맛을 연상시키는 풍미를 더할 수 있다.

10, rue d'Aubagne

* Julia Sammut 노아이 시장 골목에서 식료품점 '이데알(L'Idéale)' 운영. 11, rue d'Aubagne, Marseille(Bouches-du-Rhône)

강렬한 초콜릿의 유혹

생일날 먹는 케이크로 또는 로맨틱한 디너의 디저트로 녹진하고 부드러운 소프트 초콜릿 케이크나 퐁당 쇼콜라를 준비해보자. 강렬한 맛의 초콜릿 디저트 레시피를 소개한다.

마리엘 고드리

케이크 이전엔 음료로 즐겼던 초콜릿

1528 : 에르난 코르테스가 멕시코에서 초콜릿 음료를 들여와 스페인 궁정에 소개한다.
1609 : 스페인의 유대교 초콜릿 제조자들은 종교재판을 피해 바욘(Bayonne)에 정착한다.
1615 : 루이 13세와 결혼한 안 도트리슈(Anne d'Autriche)에 의해 초콜릿이 프랑스 왕궁에 도입된다.
1659 : 역사상 최초의 쇼콜라티에로 알려진 다비드 샤이유(David Chaillou)는 루이 14세로부터 '마시는 초콜릿'의 판매권을 부여받는다.
1780 : 바욘에 프랑스 최초의 초콜릿 제조공장이 생긴다.
1836 : 앙투안 므니에(Antoine Menier)는 프랑스 최초의 태블릿 초콜릿을 선보인다.

초콜릿 무스

역시 입에서 사르르 녹는 초콜릿 레시피로 가정에서 성공적으로 만들 수 있다. 설탕, 크림, 버터가 전혀 들어가지 않았지만 초콜릿의 풍부한 맛을 즐길 수 있는 간단한 초콜릿 무스에 도전해보자.

6인분
다크 초콜릿(Nestlé dessert noir 52% 또는 Nestlé dessert corsé 65%) 250g
달걀 4개(흰자와 노른자를 분리한다)
소금 1꼬집
커피 1티스푼

초콜릿을 잘게 다져 중탕으로 녹인 뒤 유리볼에 넣어 한 김 식힌다. 식은 초콜릿에 달걀노른자를 넣어 균일하게 섞는다. 달걀 흰자에 소금을 1꼬집 넣고 거품을 올린다. 처음에는 전동 믹서 중간 속도로 돌린 뒤 달걀흰자에 거품이 일기 시작하면 속도를 중-강으로 올린다. 에스프레소 커피를 내린 뒤 그중 1티스푼을 초콜릿 혼합물에 넣어 섞는다. 거품 올린 달걀흰자의 1/4을 혼합물에 넣고 실리콘 주걱으로 살살 섞어준다. 나머지 흰자도 여러 번에 나누어 넣어 잘 섞는다. 서빙용 볼에 담아 냉장고에 최소 3시간 넣어둔다.

초콜릿 케이크 양자 대결

무알뢰(moelleux) 쇼콜라
미셸 브라스(Michel Bras)

라기올(Laguiole)의 터줏대감인 미셸 브라스 셰프의 레시피다. 자르면 안에서 초콜릿이 흘러내리는 '쿨랑(coulant)'이란 바로 이런 것이다! 1981년 그가 처음 선보인 이 레시피는 '퐁당 쇼콜라(fondant chocolat)' 또는 '무알뢰 오 쇼콜라(moelleux au chocolat)'라는 이름으로 전 세계에서 사랑을 받고 있다.

6인분
<u>반죽 혼합물</u>
지름 55mm, 높이 44mm 링 6개
커버처 초콜릿 110g
달걀 2개
상온의 버터 50g
아몬드가루 40g
쌀가루 40g
설탕 90g
코코아가루
유산지(70 x 250mm)
<u>초콜릿 인서트</u>
커버처 초콜릿 120g
액상 생크림 200ml
버터 50g

하루 전, 초콜릿 인서트를 만든다. 우선 내열 용기에 초콜릿과 생크림, 버터, 물 60ml를 넣고 중탕으로 녹인다. 지름 45mm 틀에 나누어 채운 다음 냉동실에 넣어둔다. 유산지를 띠 모양으로 자른 다음 버터를 얇게 발라 링 내벽에 대준다. 틀 안에 코코아가루를 솔솔 뿌린다. 서빙하기 몇 시간 전 초콜릿 인서트의 틀을 제거한 뒤 다시 냉동실에 넣어둔다. 커버처 초콜릿을 잘게 잘라 중탕으로 녹인다. 불에서 내린 뒤 버터, 아몬드가루, 쌀가루, 달걀노른자를 넣고 잘 섞는다. 달걀흰자의 거품을 낸다. 설탕을 넣어가며 계속 거품기로 휘저어 단단하게 머랭을 올린 뒤 첫 번째 혼합물과 섞는다. 짤주머니로 혼합물을 각 틀의 바닥에 조금씩 짜 넣은 뒤 중간에 얼린 인서트를 놓는다. 나머지 부분을 반죽 혼합물로 채우고 표면을 매끈하게 밀어준 다음 냉동실에 6시간 넣어둔다. 얼린 케이크들을 베이킹 팬에 놓고 180°C 오븐에서 20분간 굽는다. 틀에서 분리한다.

미 퀴(mi-cuit) 쇼콜라
수지 팔라탱(Suzy Palatin)

기절할 만큼 맛있는 이 초콜릿 케이크 미 퀴(mi-cuit)는 프랑스의 전설적인 파티시에 피에르 에르메(Pierre Hermé)가 세계 최고라고 극찬한 바 있다. 입안에서 살살 녹는 이 케이크는 수지 팔라탱의 레시피로 재료를 혼합하는 순서와 굽는 시간이 관건이다.

6인분
초콜릿(Valrhona Guanaja) 250g
버터 250g
설탕 250g
밀가루 70g
달걀 4개

오븐을 200°C로 예열한다. 초콜릿을 전자레인지에 3분간 돌려 녹인 뒤 버터를 첨가하고 다시 1분간 녹인다. 여기에 설탕을 넣고 잘 섞은 다음 체에 친 밀가루를 넣어준다. 달걀을 포크로 가볍게 풀어 초콜릿 혼합물에 넣고 섞는다. 버터를 바르고 밀가루를 뿌려둔 지름 24cm 원형틀에 반죽 혼합물을 붓는다. 오븐 온도를 180°C로 낮춘 뒤 케이크를 넣고 25분간 굽는다. 케이크가 상온이 될 때까지 둔 다음 틀을 제거한다.

어떤 초콜릿을 선택할까?

카카오버터 이외의 다른 지방과 레시틴이 들어 있지 않은 좋은 품질의 파티스리용 초콜릿 또는 커버처 초콜릿을 선택하는 것이 좋다.

- 카카오 70% 다크 초콜릿 : 초콜릿 케이크용
- 카카오 50~65% 다크 초콜릿 : 초콜릿 무스용
- 커버처 초콜릿 : 초콜릿 가나슈용

관련 내용으로 건너뛰기
p.202 태블릿 초콜릿

알랭 파사르

굽기의 달인, 채소 요리 천재이자
조형 예술가인 알랭 파사르는
전 세계에서 가장 존경받는
요리사들 중 하나다.
프랑수아 레지스 고드리

완전한 요리사

1956 라 게르슈 드 브르타뉴(La Guerche-de-Bretagne, Ille-et-Vilaine) 출생.

1970 '오텔르리 뒤 리옹 도르(Hôtellerie du Lion d'Or)'에서 미셸 케레베르(Michel Kerever) 셰프의 지도하에 견습생 시절을 보냄.

1976-1977 제라르 부아예(Gérard Boyer)의 레스토랑 '라 쇼미에르(La Chaumière)'에서 근무(Reims).

1978-1980 알랭 상드랭스(Alain Senderens)의 레스토랑 '아르케스트라트(L'Archestrate)'에서 근무. 84, rue de Varenne, Paris.

1980-1984 레스토랑 '르 뒥 당갱(Le Duc d'Enghien, Casino d'Enghien)'에서 26살의 나이로 최연소 미슐랭 2스타 셰프에 등극.

1985 브뤼셀 칼튼(Carlton) 호텔의 주방을 총괄. 미슐랭 2스타 획득.

1986 자신의 멘토인 알랭 상드랭스로부터 레스토랑 '아르케스트라트'를 인수하여 자신의 레스토랑 '아르페주(L'Arpège)' 오픈.

1996

'아르페주' 오픈 10년 만에 미슐랭 3스타 획득.

2001

'동물성 조직과의 결별'을 선언한 알랭 파사르는 붉은색 육류 요리를 중단하고 채소 위주의 요리로 방향을 전환한다. 피예 쉬르 사르트(Fillé-sur-Sarthe)에 첫 번째 텃밭을 매입했고 이어서 위르(Eure)와 망슈(Manche)의 텃밭도 매입해 직접 재배한 채소로 만든 요리를 선보이고 있다.

2011 『알랭 파사르의 주방에서(*En cuisine avec Alain Passard*)』 출간. Christophe Blain 저, Gallimard 출판.

2016 넷플릭스 다큐멘터리 '셰프의 테이블(Chef's Table)'. 감독 David Gelb.

2017 릴(Lille) 미술관 '오픈 뮤지엄(Open Museum)' 행사에서 자신의 미술작품을 전시.

Alain Passard
요리사, 정원사, 아티장, 아티스트
(1956년 출생)

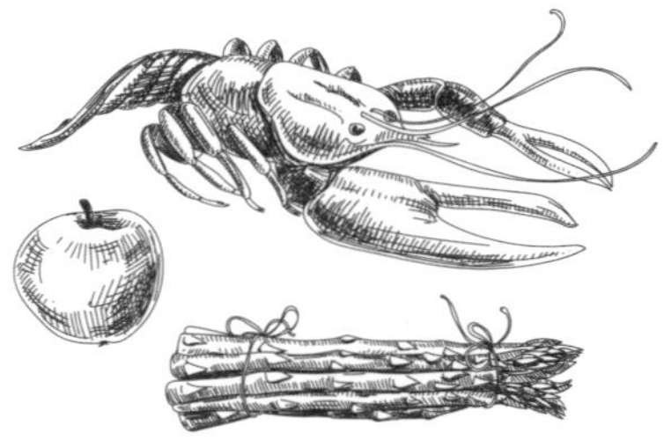

빛나는 천재성

→ **랍스터**를 세로로 길게 잘라 요리하고 뱅 존 소스를 곁들인다.
→ **아스파라거스**를 단으로 묶어 냄비에 수직으로 세워 넣고 약한 불로 3시간 동안 버터에 천천히 구워 익힌다.
→ 채소에 소금 크러스트를 덮어 익힌다.
→ **오리와 닭을 각각 반씩** 정교한 바느질로 꿰매 붙인 '오트 쿠튀르' 요리를 선보인다.
→ **사과**를 얇은 띠 모양으로 저민 뒤 꽃잎처럼 돌돌 말아 마치 장미 부케와 같은 아름다운 타르트를 만든다.

그린빈스, 백도, 생아몬드

나에게 있어 복숭아는 아름다운 계절의 제철 소르베와 같다. 맑고 달콤한 즙은 흰색 꽃이 주는 향기처럼 녹아든다. 그린빈스와의 조합은 서로 다른 식감의 대비를 선사할 뿐 아니라 서로의 풍미를 도드라지게 한다. 아몬드는 여기에 오도독한 신선함을 더해준다.

그린빈스 600g
생 아몬드 12알
크고 잘 익은 백도 1개
생 자색 바질 몇 줄기
가염버터
올리브오일
소금(플뢰르 드 셀)

약하게 끓는 물에 아주 가는 그린빈스를 넣고 아삭하게 삶는다. 체로 건진 뒤 바로 찬물에 담가 녹색을 유지하고 더 이상 익는 것을 멈춘다. 건져서 물기를 뺀다. 넓은 소테팬에 가염버터와 올리브오일을 넉넉히 한 바퀴 둘러준 다음 그린빈스를 넣어 약한 불에서 슬쩍 굴리듯이 볶는다. 껍데기를 깐 생 아몬드와 12조각으로 등분한 복숭아, 모양이 온전한 자색 바질 잎 몇 장을 넣어준다. 플뢰르 드 셀을 고루 뿌리고 검은 후추를 몇 바퀴 갈아 넣는다. 복숭아 조각이 뭉그러질 수 있으니 휘저어 섞지 않는다. 따뜻하게 데운 서빙 접시 4개에 나누어 담아 바로 서빙한다.

요리사이자 예술가
알랭 파사르를 우리는 모두 요리사로만 알고 있지만 그는 또한 조각가요 미술가다. 랍스터의 형상을 딴 2미터가 넘는 높이의 브론즈 조각 작품을 만들었을 뿐 아니라 신문을 오린 조각으로 자신의 요리 플레이트를 표현한 섬세한 콜라주 작업을 보여주고 있다.

그의 예술작품이 탄생하게 된 이야기

"2004년인가 2005년의 일이었다. **나는 일본 여행 중이었다.** 어느 날 밤, 시차로 **잠을 못 이루고 있었다.** 호텔 리셉션에 전화해 **풀과 가위**를 가져다 달라고 부탁했다. 그리고는 **방 안에서 신문을** 오리기 시작했다. 그 조각들로 **토마토 모차렐라, 푸름 당베르 치즈**를 곁들인 멜론 등의 요리 모습을 만들어 붙였다… 파리로 돌아와서도 나는 이 콜라주 작업을 계속했다. 갈리마르(Gallimard) 출판사는 나에게 이 **콜라주로 표현한 50가지 레시피를 담은 요리책** 출간을 제의했다. 오늘날 미술은 나만의 **은밀한 안식처**가 되었다. 파리에 있을 때는 물론이고 에브뢰(Evreux)와 사르트(Sarthe)에 있는 나의 텃밭에서 주말을 보낼 때에도 **나는 이 예술작업에 몰두한다.** 나는 내가 **주방에서 하는 작업**의 연장선상에 있는 이 매개체와 새로운 관계를 이어나가고 있다."

토마토를 곁들인 자색 순무와 햇감자

호기심에 만들어본 재료 조합이다. 이 세 가지 재료의 혼합은 흔하지 않은 만남으로 맛의 균형을 잡아주는 순무의 쌉싸름한 맛, 상큼하고 시원한 토마토, 포근하고 부드러운 감자의 식감이 훌륭한 조화를 이룬다. 또한 타라곤이 발산하는 아니스 향기는 이 요리에 세련되고 현대적인 터치를 더해준다.

4인분
모양이 좋고 흠이 없는 동그란 순무 4개
중간 크기의 붉은 토마토 4개
작은 햇감자 12개
올리브오일 4테이블스푼
소금(플뢰르 드 셀)
그라인드 후추
가염버터 1조각
타라곤 잎 2줄기

순무를 세로로 4등분한다. 소테 냄비에 버터와 올리브오일을 넣고 순무와 껍질을 벗기지 않은 감자를 넣고 고루 섞는다. 재료 높이만큼 물을 부어준 뒤 수분이 증발할 때까지 완전히 익힌다. 세로로 등분한 토마토와 소금, 후추를 넣어준다. 토마토는 익지 않고 살짝 데운 상태를 유지해야 한다. 타라곤 등의 허브를 뿌려 먹으면 감자와 토마토의 맛을 더욱 살려줄 수 있다.

얇게 저민 순무 샐러드와 올리브오일, 라임, 꿀 드레싱

레스토랑 '아르페주(L'Arpège)'의 아름다운 클래식 메뉴이다. 놀라운 비주얼과 여름에 어울리는 아주 상큼한 맛을 가진 채소 요리다. 라임의 새콤한 맛과 꿀의 단맛은 이 채소 샐러드의 맛을 더욱 풍성하게 해준다. 꽃잎처럼 얇게 저민 순무로 마치 라비올리 피처럼 채소를 한입 한입 싸서 먹는다. 새콤달콤한 맛의 대비와 날것과 익힌 것의 절묘한 조화가 아주 마음에 든다.

4인분
블랙 토마토(noires de Crimée) 2개
비트(적색, 황색 또는 흰색) 2개
보라색 순무(얇게 저미는 용도) 4개
검은 래디시 4개
붉은 래디시 4개
오이 1/2개
주키니호박 1개
노란 당근 4개
주황색 당근 4개
어린 잎 채소 1단
<u>올리브, 라임, 꿀 드레싱</u>
아카시아 꿀 70g
올리브오일 150g
라임 2개

시장에서 중간 크기의 신선한 채소를 고른다. 비트, 당근, 검은 래디시를 껍질째 약하게 끓는 물에 넣어 삶는다. 각 채소의 색을 잘 유지하며 따로 아삭하게 삶는다. 불을 끄고 익힌 물 안에서 그대로 따뜻한 온도로 식힌 뒤 껍질을 벗긴다. 검은 래디시는 껍질을 그대로 두어 색을 살린다. 재료를 접시에 담아둔다. 순무를 만돌린 슬라이서로 꽃잎처럼 아주 얇게 저민다. 투명할 정도로 얇아야 한다. 이것을 끓는 물에 3~4초간 데쳐낸 다음 얼음조각을 몇 개 넣은 물에 담가 더 이상 익는 것을 즉시 멈춘다. 건져서 깨끗한 면포에 펼쳐 놓고 물기를 제거한다. 올리브오일, 라임, 꿀 드레싱을 만든다. 라임 2개의 즙을 짠 다음 꿀을 섞고 올리브오일을 조금씩 넣어가며 핸드블렌더로 갈아 혼합한다. 주걱에 살짝 묻을 정도의 걸쭉하고 균일한 농도를 가진 드레싱이 되어야 한다. 소스 용기에 담는다.
서빙용 접시 또는 큰 플레이트에 생 채소(토마토, 붉은 래디시, 오이, 주키니호박)와 익힌 채소(비트, 당근, 검은 무)를 고루 배치하며 소복하게 담는다. 얇게 저민 순무로 덮어준 다음 샐러드용 어린 잎채소를 고루 얹는다.
올리브오일, 라임, 꿀 드레싱을 함께 서빙한다.

푸아그라 테린

어떻게 조리한 푸아그라 테린를 좋아하시나요?
클래식 테린, 전자레인지에 익힌 것, 혹은 상그리아에 포칭한 것 등 푸아그라 테린 레시피 3가지를 소개한다.

마리엘 고드리

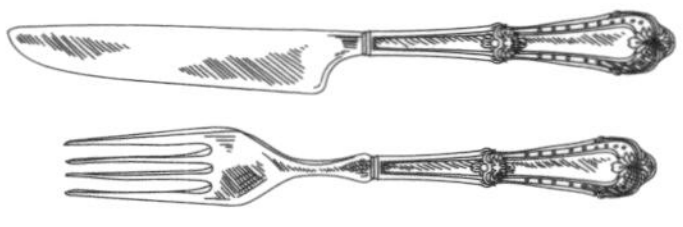

흥미로운 어원
간을 의미하는 프랑스어 '푸아(foie)'라는 단어의 라틴어 어원을 거슬러 올라가면 고대 로마제국 시대의 푸아그라 전통에 관한 많은 사실을 알 수 있다. 푸아그라의 기원에 관한 대 플리니우스(Pline l'Ancien)의 설명에 따르면, '예쿠르 피카툼(jecur ficatum '무화과를 채운 간'이라는 뜻으로 이후 약칭 'ficatum'으로만 사용되었다)이라는 로마어 명칭은 동그란 모양의 말린 무화과를 갈아 먹여 살찌운 거위 간에서 온 것이라고 한다.

푸아그라의 요람 알자스
프랑스 남서부(아키텐과 미디 피레네 지역은 오늘날 푸아그라용 거위, 오리 사육의 2/3를 차지하고 있다) 지방이 푸아그라의 주산지가 되기 이전 이 요리가 이미 등장한 곳은 스트라스부르였다.
1780년경 처음 선보인 푸아그라는 알자스 총독의 요리사 장 폴 클로즈가 특별한 음식을 만들어달라는 주문을 받고 만든 것이었다. 훗날 브리야 사바랭이 자신의 책에서 '스트라스부르 푸아그라의 지브롤터('난공불락의 아성이라는 뜻'의 비유)'라고 묘사한 이 음식은 푸아그라를 통째로 넣고 잘게 다진 돼지비계와 송아지 고기를 채운 '파테 앙 크루트'의 일종이었다.

지리적 표시 보호
프랑스 남서부(Sud-Ouest) 지역 푸아그라 '부흥 위원회'의 이름으로 결집한 몇몇 생산자들의 노력으로 1992년 지리적 표시 보호(Indication géographique protégée) 라벨 신청이 이루어졌고 마침내 1999년에 인증을 획득했다. 남서부 지방의 IGP 인증 푸아그라는 오리로 만든 식품이 해당 지역 내에서 가공되었으며 전통적 생산 방식을 준수해 만들어진 것임을 보증한다.

전자레인지에 익히는 푸아그라 테린

클래식 기본 테린을 만드는 가장 간단하고 빠른 방법

생 푸아그라의 실핏줄을 꼼꼼히 제거한 다음 작게 잘라 접시에 놓고 소금, 후추로 간한다. 랩으로 덮은 다음 전자레인지(출력 700W)에 넣어 1분 30초간 돌린다. 꺼내서 테린에 꾹꾹 눌러 담고 테린 크기에 맞는 넓적한 판을 얹은 다음 무거운 것으로 눌러둔다. 냉장고에 24~48시간 넣어두었다가 서빙한다.

상그리아 와인에 포칭한 푸아그라 테린

엘렌 다로즈(Hélène Darroze)

랑드(Landes) 출신 셰프가 특별히 사랑하는 이 푸아그라 테린은 연말연시 파티 음식으로 아주 잘 어울리는 섬세한 요리이다.

12인분

상그리아
스페인산 레드와인 2리터
복숭아 리큐어 250ml
아르마냑 100ml
설탕 100g
수확 후 화학처리하지 않은 오렌지 1kg
복숭아(제철이 아닌 경우에는 망고로 대체) 500g
사과(golden 품종) 500g
딸기 500g
시나몬 스틱 2개
바닐라 빈 1줄기

푸아그라
최고급 품질의 오리 푸아그라 2덩어리 (각 600g)
고운 소금, 후추

상그리아
테린을 만들기 48시간 전에 준비한다. 재료를 모두 혼합한 뒤 냉장고에 넣어둔다.

테린
먹기 최소한 48시간 전에 만든다. 푸아그라의 무게를 측정한 다음 1kg당 소금 12g, 후추 6g을 넣어 간을 한다. 냉장고에 넣어 하룻밤 재운다. 다음 날 상그리아를 80°C로 가열한 다음 푸아그라를 넣고 약한 불에서 25~30분간 포칭한다. 심부가 부드럽게 익어야 한다. 푸아그라 덩어리를 건져서 각각 길이로 3등분한다. 테린에 채워 넣고 유산지를 덮은 후 테린 틀 크기에 맞는 두꺼운 판지를 올리고 무거운 것으로 눌러둔다. 냉장고에 보관한다. 구운 캉파뉴 브레드 슬라이스를 곁들여 먹는다.

『나의 파티요리 레시피(*Mes recettes en fête*)』에서 발췌한 레시피.
사진 Pierre-Louis Viel, Cherche Midi 출판.

푸아그라의 선택

최대한 신선한 생 푸아그라를 준비한다. 오리 간의 경우 450g, 거위 간은 600~700g 정도 크기로, 만져 보았을 때 말랑하고 아이보리색에서 밝은 노랑의 균일한 색을 띠고 있으며 핏자국이 없는 것을 고른다.

★ ★ ★

폴 보퀴즈 셰프의 팁

푸아그라 덩어리 사이사이의 간을 조금 떼어내어 엄지와 검지로 굴려 본다. **체온에 의해 매끈하고 녹진해진다.** 만일 반대로 기름기가 돌고 분리된다면 이 푸아그라는 품질이 좋지 않은 것이다.

푸아그라 미 퀴(FOIE GRAS MI-CUIT)란 무엇일까?
푸아그라를 70~85°C에서 익힌 반 저장 제품이다. 한편 '푸아그라 퀴(foie gras cuit)'는 90~110°C에서 익힌 것이다. 저온 조리 방식의 푸아그라는 신선함과 향을 더 잘 보존할 수 있지만 빠른 시간 내에 소비하여야 한다. 테린, 밀폐용 병, 캔, 혹은 진공포장 제품으로 출시되어 있다.

중탕 조리 푸아그라 테린

오븐에서 중탕으로 익히는 전통 방식 푸아그라 테린

상온에서 생 푸아그라의 양쪽 덩어리를 분리한 다음 핏줄을 꼼꼼히 제거한다. 소금, 후추로 간하고 설탕 2g을 뿌린다. 기호에 따라 포트와인 또는 소테른 와인을 뿌린다. 랩으로 씌워 재운다. 오븐을 150°C로 예열한다. 푸아그라를 테린에 채워 넣는다. 물을 채운 중탕용 바트에 테린을 넣는다. 오븐 온도를 110°C로 낮춘 뒤 테린을 넣고 15분, 오븐 온도를 다시 90°C로 낮춘 뒤 35분간 중탕으로 익힌다. 탐침 온도계를 찔러 넣어 심부 온도를 측정한다. 심부 온도는 45~55°C가 되어야 한다. 냉장고에 넣어 3일간 휴지시킨 뒤 먹는다.

관련 내용으로 건너뛰기
p.127 파테 앙 크루트

프랑스의 허브티

허브 잎을 우려 마시는 티는 프랑스어로 '피스 메메(pisse-mémé)'*라는 별명을 갖고 있다.
각종 식물, 허브향의 따뜻한 음료는 맛은 물론이고 약용 효능이 뛰어나다. 티를 마시는 일은 우리 생활의 일부분이라 할 수 있다.

앙젤 페뢰 마그

정의

'인퓨전(infusion)'은 식물을 뜨거운 물에 우려 주요 성분이나 향을 추출해내는 방법으로 약용 식물 요법의 일종이다. 좀 더 질기고 두꺼운 잎이나 식물의 뿌리, 껍질 등을 물에 넣고 달이듯이 끓이는 방식인 '데콕시옹(décoction)'과는 달리 인퓨전 용으로는 주로 꽃, 연한 잎, 방향성 식물을 사용한다.

만드는 법

1

말린 허브나 식물은 밀폐 가능한 유리병 또는 종이봉투에 넣어 빛이 들지 않는 곳에 보관한다.

2

물(가능하면 미네랄 함량이 낮고 필터에 여과한 물)을 85~90℃까지 가열해 굵은 거품이 일기 시작하면 불을 끈다. 너무 팔팔 끓이지 않고 이 정도 온도에서 식물을 우려내는 것이 유익한 성분을 보존하는 데 좋다.

3

불에서 내린 뒤 준비한 허브나 식물(물 1리터당 말린 식물 10~30g)을 넣는다. 또는 준비한 티 주전자에 마른 식물을 넣고 그 위에 물을 붓는다. 뚜껑을 닫아 향이 날아가는 것을 막는다. 그 상태로 2~5분 정도 우려 향을 우린다. 10분이 지나면 비방향성 성분들(쓴맛, 타닌 등)이 추출되어 나온다.

4

인퓨전 티는 상온에서 최대 하루, 냉장고에서 최대 48시간, 얼음 용기에 넣어 냉동실에 얼린 상태로는 몇 주간 보관가능하다.

관련 내용으로 건너뛰기
p.293 향신 허브

타임 *Thym*

(알프 마리팀 그라스 지역 Grasse, Alpes-Maritimes)
라틴어 학명 : *Thymus vulgaris*
분류 : 꿀풀과
맛 : 맛이 강하고 약간 쌉쌀하다. 멘톨 향과 시트러스 향이 난다.
효능 : 강장, 거담, 경련 치료, 살균 효과가 있다. 하루에 여러 번 마셔도 좋다.

로즈마리 *Romarin*

(지중해 주변 지역)
라틴어 학명 : *Rosmarinus officinalis*
분류 : 꿀풀과
맛 : 맛이 깊고 강하며 송진 향이 난다.
효능 : 강장, 소화촉진, 장내 가스 배출 촉진, 이담 효과가 있다. 소화 불량이나 간 기능 장애에 권장한다. 식후에 마신다.

린덴, 라임블러섬 *Tilleul*

(보클뤼즈, 카르팡트라 Carpentras, Vaucluse)
라틴어 학명 : *Tilia vulgaris*
분류 : 아욱과
맛 : 맛이 순하고 꿀맛과 약간의 멘톨 향이 난다.
효능 : 진통, 진정 기능이 있으며 불면 치료에 효과적이다. 저녁 때 잠자리에 들기 전에 마신다.

민트 *Menthe*

(에손, 밀리 라 포레 Milly-la-Forêt, Essonne)
라틴어 학명 : *Mentha piperita* 또는 *Mitcham milly*
분류 : 꿀풀과
맛 : 멘톨 향이 강하고 맛이 입안에 오래 남는다.
효능 : 강장, 소화촉진, 장내 가스 배출 촉진 효과가 있다. 소화가 잘 안되거나 더부룩하고 배에 가스가 찰 때, 메스껍거나 경련이 날 때 마시면 효과를 볼 수 있다. 한 번에 잎을 5~6장 정도 넣고 우려 마신다. 매 식후 마시면 좋다.

카모마일 *Camomille*

(멘 에 루아르, 카미예 Camillé, Maine-et-Loire Grasse)
라틴어 학명 : *Anthémis nobilis* 또는 *Chamaemelum nobile*
분류 : 국화과
맛 : 꽃 향이 나며 달콤 쌉싸름하다.
효능 : 진정 효과가 있으며 불면증 치료에 좋다. 저녁 때 잠자리에 들기 전에 마신다. 또한 원기회복, 소화촉진, 경련 완화 및 진통 효과가 있으므로 배가 아프거나 소화가 잘 안될 때 마시면 도움이 된다. 매 식후 마신다.

* pisse-mémé '오줌 누다'라는 동사 '피세(pisser)'와 '할머니'를 뜻하는 '메메(mémé)'의 합성어로 차를 마시면 이뇨작용이 활발해져 자주 소변이 마렵다는 뜻에서 나온 용어이다.

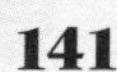

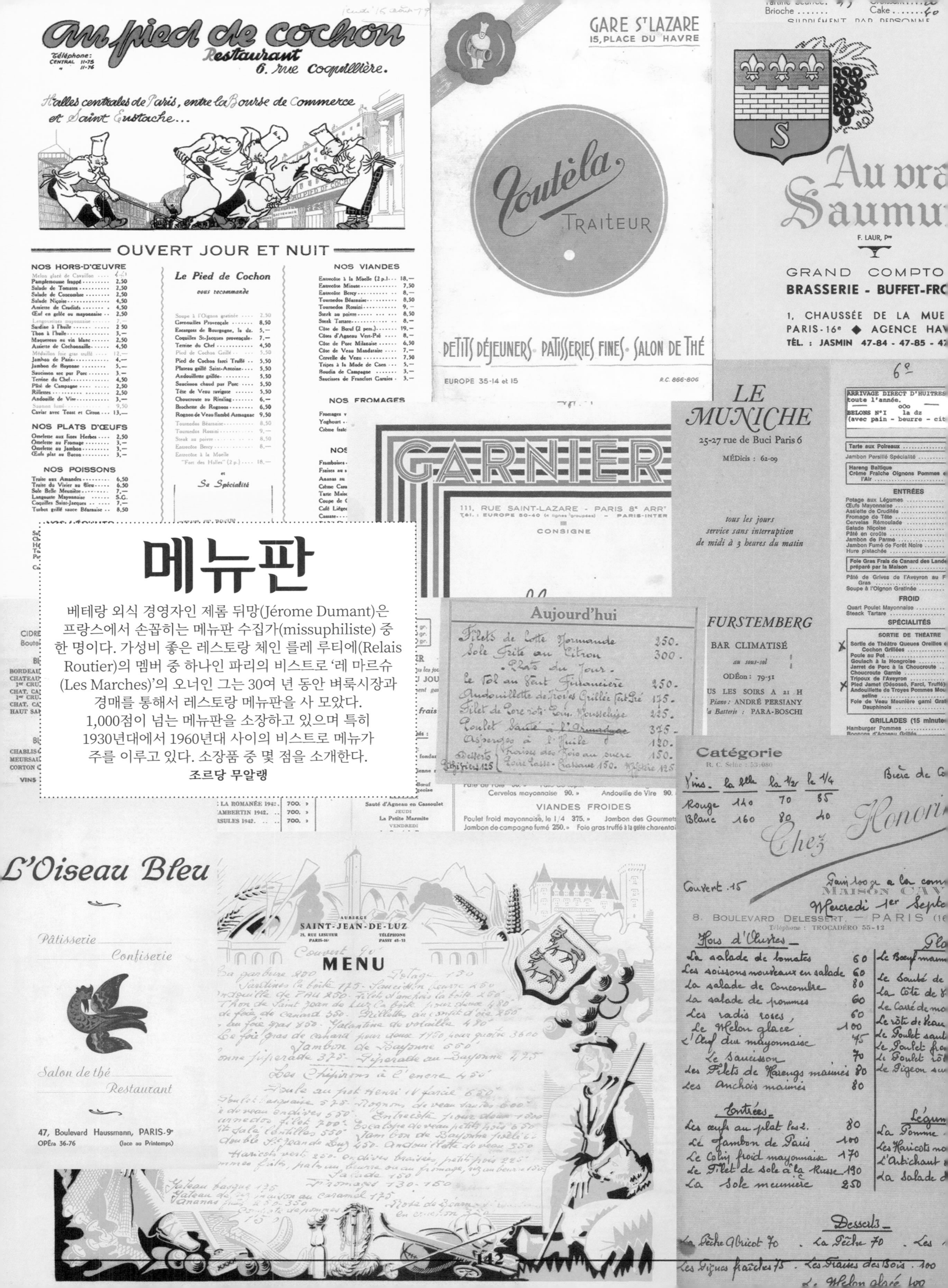
Au pied de cochon
Restaurant
6. rue Coquillière.
Halles centrales de Paris, entre la Bourse de Commerce et Saint Eustache...
OUVERT JOUR ET NUIT
GARE St LAZARE
15, PLACE DU HAVRE
Coutèla
TRAITEUR
PETITS DÉJEUNERS · PATISSERIES FINES · SALON DE THÉ
Au vrai Saumur
GRAND COMPTOIR
BRASSERIE - BUFFET-FROID
GARNIER
111, RUE SAINT-LAZARE - PARIS 8e ARR'
LE MUNICHE
25-27 rue de Buci Paris 6
Aujourd'hui
FURSTEMBERG
BAR CLIMATISÉ
Catégorie
Chez Honorine
L'Oiseau Bleu
Pâtisserie
Confiserie
Salon de thé
Restaurant
47, Boulevard Haussmann, PARIS-9e
AUBERGE SAINT-JEAN-DE-LUZ
MENU

메뉴판

베테랑 외식 경영자인 제롬 뒤망(Jérome Dumant)은 프랑스에서 손꼽히는 메뉴판 수집가(missuphiliste) 중 한 명이다. 가성비 좋은 레스토랑 체인 를레 루티에(Relais Routier)의 멤버 중 하나인 파리의 비스트로 '레 마르슈(Les Marches)'의 오너인 그는 30여 년 동안 벼룩시장과 경매를 통해서 레스토랑 메뉴판을 사 모았다. 1,000점이 넘는 메뉴판을 소장하고 있으며 특히 1930년대에서 1960년대 사이의 비스트로 메뉴가 주를 이루고 있다. 소장품 중 몇 점을 소개한다.

조르당 무알랭

ŒUFS - OMELETTES
(2 ŒUFS)

Œufs coque .... 90 — Au plat 90
Brouillés .... 90 — Brouillés au fromage . 130
Au plat jambon ..... 130 — Au plat bacon 130
Omelette nature ..... 90 — Fines herbes 90
Omelette bacon ..... 130 — Omelette fromage .. 130
Omelette Parmentier 100 — Omelette au jambon . 130

NOTRE PLAT DU JOUR GARNI 150

Sauté de Bœuf aux pommes

LES GRILLADES GARNIES DE POMMES .. 150

Steak – Côte de Veau

LES LEGUMES 40.50

SALADE DE SAISON ... 50

FROMAGES DIVERS . 50 — Yaourt 35

DESSERTS

Fruits de saison ..... 80 — Pâtisserie fraîche 40
Cake 40
Mendiants 50
Bananes .... 35 — Confiture 50

MON. 57-95

EX-GAFNER
LA GROTTE D'ARCY-SUR-CURE
Halte !..
39, RUE LEPIC
CHEZ JEAN DE CORBIGNY
1958
Une cuisine aimable
CORBIGNY
Km. 283
MORVAN
FRANCE
Des vins gourmands

Menu Couvert 130 Café 120

NOUS ENTRÉES

Consommé chaud ou froid 250 · Bisque de Homard 350 · Potages 200 · La Poêlée d'Escargots 380
Foies de Volaille en Gelée 350 · Piperade Basque 280 · La Brouettée de Hors-d'Œuvre 480
Terrine Nivernaise 380 · Tête de Couchon à l'ail 300 · Œufs en Cocotte comme à Corbigny 280
Jambon et Saucisson du Morvan 580 · Fonds d'Artichaut Strasbourgeoise 380
Les Friandises chaudes 380 · Foie gras des Landes 1000

TOUTE LA MER

Moules St-Mathieu 380 · Soles Meunière 650
Le Saint-Pierre en Papillotte (spécialité) 580 Le Loup au Noilly Prat (spécialité) 680
Turbot grillé Hollandaise 780 poché beurre fondu 680 · La Cassolette de Crustacés 450
Les Saint-Jacques des Ducs de N'vers (spécialité) · Omelette de Barante (spécialité) 380
Médaillon Homard au Wisky · La Langouste Mayonnaise (s.g.) · La Quenelle de Brochet d'Arcy-s/Cure 450
Le Brochet à l'échalotte 680

SPÉCIALITÉS

Le Délice de la Rôtisserie 350 · Rognon entier dans sa graisse 850
La Langouste vivante à la broche (s/commande) · Le Coquelet aux herbes de montagne (2 personnes) 1450

ABATS

Rognon de Veau au Pouilly 800 · Cervelle meunière 550 · Ris de Veau Avallonnaise 680

LES PLATS D'CHEUX NOUS

Nout'mélange de Charcuterie 650 · Les « Œufs au vin rouge » 280 · L'Boudin d'Clamecy 450
Les Gourmanderies du Morvan 480 · L'Saucisson chaud 550 · Andouillette poêlée 550
L'Jau au vin d'Irancy 1/4 480 · La Tranche de Viau des Amougnes · 680 · L'poulet à la Sauce jaune

NOUS GRILLADES

Le carré d'Agneau à la broche · 680 · La Selle de mouton Morvandelle 850
Entrecôte à la façon Corbigny · Steak au poivre tout bête · Steak à l'échalotte 680
L'Aloyou à la Dijonnaise 680 · Les côtes grillées 580 · Grenadin au Pouilly 680

NOUS DESSERTS

L'Épanderie de Fromages 250
Coupe Lepic · Coupe Opéra · Crème fraîche · Crème Chantilly 280
Les Fruits d'St-Auide 280 · Gâtaux Sancerrois 280 · Fruits rafraîchis 350
Le Mont Follin dans la Patouille 280 · Glaces café, praliné, vanille 280
Les Crêpes de la Rôtisserie 380

151, Boulevard Saint-Germain, PARIS
TÉL. LIT. 53-91

FERMÉE LE LUNDI

Menu du 9 Novembre 1948 — Couvert

HUITRES Claires / Belon (avec citron ou sauce)	la dz. / la dz.	
ESCARGOTS de Bourgogne	la dz.	750
CAVIAR FRAIS DE RUSSIE		
CERVELAS REMOULADE (SPÉCIALITÉ)		10
Filets de Harengs — Pommes à l'huile		90
Museau de bœuf 80 — Hareng de la Baltique		10

FRICANDEAU 120 –
Médaillon de mousse Foie d'oie en gelée
Tomates – Pomme à l'huile 80. SARDINES
Potage : St Germain 35 – Œuf mayonnaise

Œufs : œufs plat au jambon 175.

CHOUCROUTE GARNIE (spécialité)

Plat du Jour : Veau sauté jardinière
Steack grillé Pommes Pont Neuf
Assiette anglaise (Roastbeef – Veau – et Gigot) (mayonnaise ou salade)
Cantal
Glace
Poire
Pomme
Mandarine
Banane

chez georges
restaurateur
273, boulevard péreire paris 17
Tél. (1) 45.74.31.00

PRIX SERVICE COMPRIS (15%)

Melon rafraîchi 78 — Melon Parme
Salade verte aux fines herbes 36
Saucisson chaud pistaché à la Lyonnaise
Salade de museau de bœuf 37
Les deux Andouilles 37 — Harengs marinés pommes chaudes 47
Pied de veau vinaigrette 37
Œufs pochés au coulis de tomates 49
Jambon de Parme 89
Escargots Bourgogne la dz 84 — Côte de veau sauce gribiche 89
Foie gras de Canard frais maison 107 — en ½ part 68
Salade de crevettes décortiquées au vinaigre de framboises 71
Salade de chicorée frisée aux lardons 49
Émincé de Haddock sur chiffonnade de salade 65
Salade de courgettes aux pétoncles 64
Sardines crues à l'huile d'olive et au citron vert 51
Terrine de Raie au coulis d'épinards 69
Terrine de foies de volaille au poivre vert 61
Terrine de lapereau au genièvre 61
Petits maquereaux au vin blanc 51
Saumon cru mariné à l'aneth 106
Filets de sole sauce étrilles aux pâtes fraîches 125
Saumon à l'oseille 110
Joues de Raie aux câpres 96
Morue fraîche aux petits légumes 96
La Langue de Bœuf aux épinards frais 89
flageolets fins 107
gratin dauphinois 119
moutarde, pommes de terre frites 85
lentilles 90
ratatouille 107
à l'estragon 89

VINS AU VERRE ET EN CARAFE

			75 cl.	½ 37 cl.	Verre 18 cl.
Petit Chablis	A.C.	Pichet	400	200	100
Savennières	A.C.	—	400	200	100
Beaujolais	A.C.	Bout.	400	200	100
Sylvaner	A.C.	Bout.	350	180	90
Champagne Gratien					300

Ch. MOUTON ROTHSCHILD 1951 Btle 1.000 frs ½ Btle 550 frs

BIÈRES

Slavia	33 cl.	100
Kronenbourg	33 cl.	120
Guiness Stout	25 cl.	160
Tuborg	33 cl.	160
Carlsberg	33 cl.	160
Lowenbraü	33 cl.	160

APÉRITIFS 10 cl.

Apéritifs de marque	160
Apéritifs - Gin	200
Porto Vieille Réserve	260
Porto Grand Vintage	300
Xérès	280
Xérès "Dry Sack"	370
Whisky, 7 cl.	450
Ricard, Pernod, 7 cl.	220
Dry Martini Cocktail, 7 cl.	
Dry Gordon	
Champagne cocktail, 18 cl.	

Eaux minérales. 1/4 70 1/2 90

DEMANDEZ LA CARTE DES VINS

PLACE GAILLON PARIS (2e) DROUANT

RESTAURANT DROUANT (PLACE GAILLON) — Couvert. 120
PAVILLON ROYAL (BOIS DE BOULOGNE)

CHAMPAGNE GRATIEN BRUT LA Btle 1350

HUITRES ET COQUILLAGES

Beurre 50 — 1/2 citron 25 — Ketchup. . 50

Assiette de fruits de mer 750	Crevettes Bouquet 700
Oyster cocktail 450	Crevettes grises 250
Praires. La douzaine 460	Moules parquées 250
Clams. La pièce, moyen 140 gros 220	Oursin. Pièce 50
Palourdes. La douzaine 460	Escargots de Bourgogne, la douz.
Saumon fumé 700	Anguille fumée
Caviar frais extra	1400 / 800
Coquille de moules mayonnaise 280	Langouste sauce mayonnaise 1400
Coquille de poisson 400	Homard froid à la nage 1400
Coquille de langouste Parisienne 600	Coquille de crabe 350

BUFFET FROID

Jambon de Bayonne 550	Pâté de Perdreau Lucullus 780
Jambon d'York 520	Œuf à la gelée au jambon 120
Langue écarlate à la gelée 520	Foie gras des Landes au Porto 780
Assiette charcutière 550	Poularde en gelée, Le quart 700

Salade 150 — Pied de céleri 100 — Salade de légumes 280

SPÉCIALITÉS ET PLATS DU JOUR

Pilaff de moules au curry 300
Pilaff de crabes à l'Américaine 350
Pilaff de homard à l'Américaine 750
Bouillabaisse de la maison 690

Coquille Saint Jacques 480
Filets de sole Drouant 550
Merlan pané Colbert 420
Suprême de barbue au plat 500
Rouget barbet gr. Mtre d'hotel 520
Quenelles de brochet Cardinal 580
Sole frite sauce tartare 620

Oeufs cocotte Périgourdine 280
Omelette à l'espagnole 250

Poulet sauté archiduc 1/4 780
Civet de lièvre à la Française 650
Caille de vigne au raisin
Perdreau roti sur canapé

Epinards en branches 190
Poissons nouveaux à la crème 200

Minute Steak 620
Châteaubriant maître d'hôtel 680
Rognon de veau grillé vert pré 650

DESSERTS

Plateau de Fromage 200
Grand gâteau 260
Tarte aux fruits 260
Meringue glaçée 260
Pêche Melba 350
Fraises Melba 350
Fraises Marie Antoinette 350
Compote assortie 300

FRUITS

Pomme 250 Poire 250 Raisin 350
Banane 50 Orange 150
Framboises 400

VOIR AU DOS LA CARTE DES VINS

"le boissy d'anglas"
41, rue boissy d'anglas

"Tante Louise"

Mesdames..... Mesdemoiselles..... Messieurs.....
chez nous vous êtes chez vous
Asseyez-vous — Reposez-vous
Consultez ce Guide-Menu :

CHEZ DUPONT TOUT EST BON
(DÉPOSÉ)

à votre service à toute heure
JOUR ET NUIT
Pain, Couvert et Serviettes ... 30.

LE PETIT DÉJEUNER SUISSE bien complet ... 100
Café au lait ou chocolat, ou thé au lait, croissant, petit pain, beurre, miel, confiture et compote de fruits (jusqu'à midi).

LES HUITRES — LES COQUILLAGES

Catchup - Pickles - Piccalili ... 30
CHOIX DE FRUITS DE MER, 3 fines de Claires, 3 Belon, 3 Marennes (le plateau) 210
Les Moules Marinière à notre façon ... 70
Escargots de Bourgogne (gros) ... la 1/2 douz. 65
Portugaises Fines de Claires ... la douz. 120

Café - Thé - Chocolat - Boissons chaudes

THÉ complet, Ceylan ou Chine, avec toasts beurrés, confiture ou une pâtisserie 100
CHOCOLAT moelleux, avec toasts beurrés, confiture ou une pâtisserie 100

Glaces - Entremets

Pâtisserie

ŒUFS — OMELETTES

DESSERTS ET FRUITS DE SAISON

SANDWICHES
PAIN RICHE, PAIN MIE, OU PAIN SEIGLE

Spécial Dupont (chaud).
(Gruyère, jambon de Paris entre deux pains de mie revenus au beurre). Chaud

Si vous êtes satisfaits, rappelez à vos amis que...
CHEZ DUPONT TOUT EST BON
Si vous ne l'êtes pas dites le nous

PAUL BOCUSE

69 · Collonges-au-Mont-d'Or · FRANCE

Miss K

크리스토프 미샬락의 유명한 디저트 '솔티드 버터 캐러멜 를리지외즈'를 소개한다.

에밀리 프랑자

전설적인 가토

2002년, 당시 파리 '플라자 아테네(Plaza Athénée)' 호텔의 총괄 파티시에였던 크리스토프 미샬락은 이 디저트를 처음 선보였고 이후 이것은 자신의 시그니처 메뉴이자, 파티시에 경력을 대표하는 상징 중 하나로 자리 잡았다. 바로 '솔티드 버터 캐러멜 를리지외즈(religieuse au caramel beurre salé)'이다. 크라클랭 토핑을 얇게 덮어 구운 두 개의 슈 안에 캐러멜 크레뫼를 채워 만든 이 디저트는 그가 운영하는 여러 매장에서 가장 인기 있는 베스트셀러 메뉴가 되었다.

미샬락의 약력

1973 : 상리스(Sanlis, Oise) 출생
2000 : 파리 플라자 아네테 호텔 총괄 파티시에
2005 : 월드 파티스리 챔피언으로 선정

크라클랭 토핑의 간략한 역사

크라클랭(craquelin)은 바삭한 식감뿐 아니라 아름다운 장식 효과를 더해주는 소보로와 비슷한 반죽으로 버터, 밀가루, 비정제 황설탕을 혼합해 만든다. 작은 파트 사블레라고도 할 수 있는 크라클랭은 크리스토프 미샬락이 만드는 모든 슈에 거의 빠지지 않고 등장하는 중요한 요소이다. 하지만 항상 모든 파티시에들이 크라클랭을 애용해왔던 것은 아니다. 크리스토프 미샬락은 벨기에에서 견습생으로 일할 때 이 테크닉을 배웠다. 하지만 실제 자신의 파티스리 작업에 사용하게 된 것은 스테판 르루(Stéphane Leroux 프랑스 제과 명장 MOF)가 슈 레시피를 현대적으로 개선한 것을 본 이후인 2000년대에 이르러서이다. 이를 계기로 비로소 다른 파티스리 셰프들도 앞을 다투어 크라클랭을 적극적으로 슈에 응용하기 시작했고, 현재는 파티스리 매장의 진열 케이스에서 크라클랭을 어디서나 쉽게 찾아볼 수 있게 되었다.

잘못 만든 를리지외 감별법

뭉친 알갱이가 있는 크림

축축해진 슈

관련 내용으로 건너뛰기
p.317 파리 브레스트

레시피

를리지외 약 10개 분량

재료

<u>크라클랭 Craquelin</u>
버터 50g
비정제 황설탕 60g
밀가루 60g

<u>슈 반죽 Pâte à choux</u>
물 75g
우유(전유) 75g
설탕 3g
소금 3g
버터 65g
밀가루 80g
달걀 145g

<u>캐러멜 크레뫼 Crémeux caramel</u>
설탕 190g + 30g
우유(전유) 550g
바닐라 빈 1줄기
달걀노른자 90g
커스터드 분말 40g
상온의 버터 305g
소금(플뢰르 드 셀) 2g

<u>캐러멜 샹티이 Chantilly caramel</u>
설탕 50g
생크림(유지방 35% UHT) 150g
젤라틴 10g

캐러멜 크레뫼 : 우유에 바닐라 빈을 길게 갈라 긁어 넣고 따뜻하게 가열한다. 소스팬에 설탕 190g을 세 번에 나누어 넣고 녹여 갈색 캐러멜을 만든다. 따뜻한 우유를 캐러멜에 3번에 나누어 넣고 잘 섞은 뒤 불에서 내린다. 다른 냄비에 달걀노른자, 설탕 30g, 커스터드 분말, 플뢰르 드 셀을 넣고 균일한 혼합물이 되도록 잘 섞는다. 여기에 캐러멜과 섞은 우유를 붓고 계속 잘 저으며 30초간 끓인다. 작게 잘라둔 버터를 넣고 핸드블렌더로 갈아 유화한다. 주방용 랩을 혼합물에 밀착되게 덮은 뒤 냉장고에 최소 2시간 넣어둔다.

캐러멜 샹티이 : 생크림을 따뜻하게 가열한 다음 젤라틴을 넣어 녹인다. 소스팬에 설탕을 세 번에 나누어 넣고 녹여 갈색 캐러멜을 만든다. 여기에 뜨거운 생크림을 붓고 잘 섞은 뒤 식힌다. 냉장고에 보관한다. 이 생크림을 휘핑하여 샹티이 크림을 만든 뒤 냉장고에 넣어둔다.

슈 반죽 : p.120 슈 반죽(pâte à choux) 레시피 참조.

크라클랭 : 상온의 부드러운 버터, 황설탕, 밀가루를 섞어 균일한 반죽을 만든다. 유산지 두 장 사이에 혼합물을 넣고 얇게 밀어 편 다음 냉장고에 20분간 넣어 굳힌다. 각각 지름 5cm, 3cm 크기의 원형 커터로 찍어 개수만큼 잘라낸다. 두 가지 크기의 슈 반죽 위에 각각 얹어준다. 210°C로 예열한 오븐을 끈 다음 슈를 넣고 10분간 굽는다. 이어서 다시 오븐을 150°C로 켜고 25분간 더 굽는다.

조립하기 : 슈 안에 캐러멜 크레뫼를 채워 넣는다. 큰 사이즈의 슈 위에 얇게 민 원반 모양의 아몬드 페이스트를 얹고 그 위에 작은 슈를 거꾸로 올린다. 캐러멜 샹티이를 꽃모양으로 빙 둘러 짜 얹어 마무리한 다음 작은 큐브 모양의 퍼지(fudge)를 한 개 올린다.

잊혀가는 양배추?

흔히 '잊힌 채소'라고 말하는 양배추는 시골풍의 투박함과 고약한 냄새에도 불구하고 여전히 우리 식탁에서 잘 버텨나가고 있다. 사실 속을 채운 양배추는 프랑스 미식계의 기념비적인 요리이다.

자비에 마티아스

속을 채운 양배추, 슈 파르시 LE CHOU FARCI

드니즈 솔리에 고드리

6인분
준비 : 30분
조리 : 1시간 45분

사보이양배추 큰 것 1통
소시지 미트(분쇄 돈육) 250g
다진 송아지고기 200g
다진 소고기 200g
생 푸아그라 200g
달걀 2개
식빵 4장
우유 150ml
마늘 1톨
파슬리 4줄기
닭 육수 1리터
타임 2줄기
소금, 후추
주방용 실

양배추의 겉잎을 떼어낸다. 큰 냄비에 물을 끓이고 소금을 넣은 뒤 양배추를 통째로 넣어 15분간 데친다. 망 국자로 건져낸 뒤 식힌다.
식빵을 우유에 담가 적신다. 파슬리를 씻은 뒤 잎만 떼어낸다. 마늘은 껍질을 벗기고 파슬리와 함께 다진다.
푸아그라를 굵직한 큐브 모양으로 썬다. 볼에 고기, 우유를 꼭 짠 식빵, 달걀, 마늘, 파슬리를 모두 넣고 섞는다. 소금, 후추로 간한다.
양배추를 마른 행주 위에 놓고 중심까지 조심스럽게 잎을 벌려놓는다. 물기가 너무 많으면 종이타월로 닦아낸다. 칼로 가운데의 속심을 잘라 꺼낸 다음 잘게 썰어 푸아그라와 함께 소 혼합물과 섞는다. 양배추 안에 켜켜이 소를 채워 넣는다. 양배추 잎을 다시 오므려 감싸준다. 주방용 실로 양배추를 묶은 다음 코코트 냄비에 넣고 육수를 빙 둘러 붓는다. 타임을 넣는다. 약불로 1시간 30분 끓인다. 상황에 따라 익히는 시간을 좀 더 늘려도 좋다.
서빙용 접시에 양배추를 놓고 조심스럽게 실을 제거한다. 익힌 국물을 주위에 자작하게 둘러준다. 두툼하게 썰어 서빙한다.

대가족, 배추 패밀리!

배추속 GENRE BRASSICA

브라시카 올레라케아 종 ESPÈCE OLEACERA

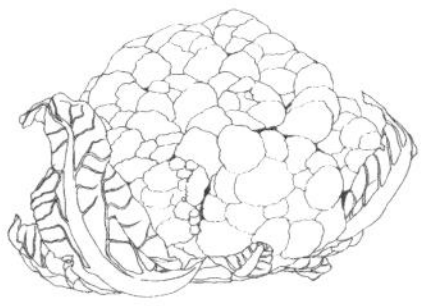

Botrytis
유형 : 콜리플라워
품종 : 불 드 네주 당제(Boule de neige d'Anger)

Capitata
유형 : 둥근 결구 양배추(잎이 매끈하다)
품종 : 쾨르 드 뵈프(Cœur de bœuf), 드 샤토르나르(de Châteaurenard), 필더크라우트(Filderkraut), 캥탈 달자스(Quintal d'Alsace), 레드 로딘다(Rouge Rodynda)

Sabellica
유형 : 케일(잎이 꼬불꼬불하고 녹색을 띤다)
품종 : 웨스트랜즈 윈터(Westlands winter), 뵈레 드 잘래(beurré de Jalhay)

Cymosa
유형 : 브로콜리
품종 : 누아르 드 토스칸(Noir de Toscane)

Gemmifera
유형 : 브뤼셀 방울 양배추
품종 : 드 로니(de Rosny)

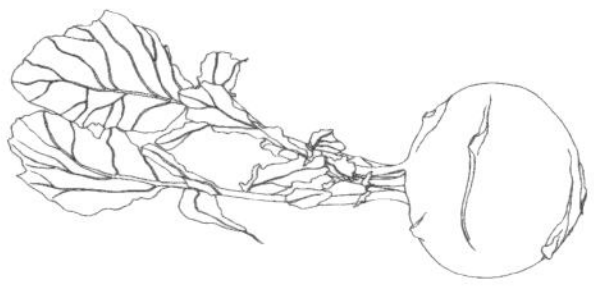

Gongylodes
유형 : 콜라비
품종 : 블랑 아티프 드 비엔(blanc hâtif de Vienne)

Ramosa
유형 : 스프링그린, 다년생 케일
품종 : 드 도방통(De Daubenton)

Sabauda
유형 : 사보이 양배추(잎이 올록볼록하다)
품종 : 드 퐁투아즈(De Pontoise), 플랭팔레(Plainpalais)

Costata
유형 : 굵은 잎 케일(tronchuda kale)
품종 : 트론슈다(tronchuda)

브라시카 라파 종 ESPÈCE RAPA

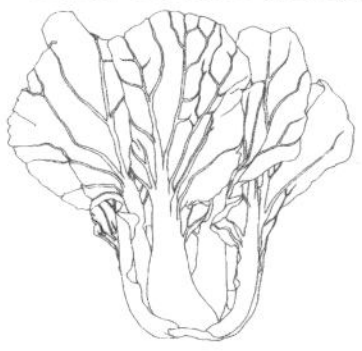

Chinensis
유형 : 중국 배추
품종 : 청경채(pak choï)

Pekinensis
유형 : 중국 배추
품종 : 일반 흰 배추(Pé-tsaï)

관련 내용으로 건너뛰기
p.280 채소 조리법

그리모 드 라 레니에르

연극, 문학 비평가인 그는 미식 평론이라는 분야를 처음 개척했다. 1783년 2월 1일 그가 주최한 늦은 저녁 식사*는 미식계의 유명한 사건으로 회자된다.

로랑 세미넬

Grimod de La Reynière
독특한 신사
(1758- 1837)

부유한 가정환경
- 알렉상드르의 아버지 로랑 그리모 드 라 레니에르(Laurent Grimod de La Reynière)는 징세청부인이자 우편국 총재를 지냈으며 상당한 재력가였다.
- 1754년 2월 10일 푸아그라 파테를 먹다 질식해 사망한 그의 조부는 당시 파리 최고의 식당을 소유하고 있었다.

신체적 장애
- 알렉상드르는 양손이 마치 거위 발처럼 짧게 끊어진 선천적 기형 장애를 갖고 있었다. 그의 아버지는 스위스에서 의수를 제작해주었다. 언제나 장갑을 끼고 다녔으며, 의수를 장착한 덕에 글씨는 쓸 수 있었다.

화려한 인맥
그의 조부는 볼테르(Voltaire)와 친분이 있었으며 자신의 딸을 고위 정치인 말제르브(Malesherbes)와 혼인시켰다.
그리모의 유명 인사 친구들 중에는 보마르셰(Beaumarchais)도 포함되어 있었다.

Bibliothèque d'un Gourmand

그리모 연대기

1758년 11월 20일 : 알렉상드르 발타자르 로랑 그리모 드 라 레니에르(Alexandre Balthasar Laurent Grimod de La Reynière) 출생. 부: Laurent Grimod de La Reynière, 모: Suzanne Françoise Élisabeth Jarente de Sénar d'Orgeval
1774년 – 1775년 : 루이 르 그랑(Louis-le-Grand) 고등학교에서 수학.
1775년 – 1776년 : 부르보네, 리오네 지방의 가문 영지 및 도피네, 제네바, 로잔(10개월 체류) 등지를 여행.
1777년 : 법학 학위를 받은 후 변호사 생활을 시작했으며, 연극계 소식지인 '주르날 데 테아트르(Journal des Théatres)'에 리뷰 기고.
1780년 : 파리 고등법원 변호사로 활동 후 튈르리궁에서 근무 시작.
1782년 : 샹젤리제가 1번지에 부모님이 마련한 저택에 거주. 그는 미식 모임인 '수요회(Sociéte des Mercredis)'를 결성하였고 1796년까지 샹젤리제 자신의 저택에서, 이어서 1810년까지 레스토랑 '로셰 드 캉칼(Le Rocher de Cancale)'에서 회원들과 정기적으로 식사 모임을 이어감.
1783년 : 『쾌락에 관한 철학적 성찰(*Réflexions philosophiques sur le plaisir*)』 출간. 2월 1일 그리모는 그 유명한 늦은 저녁 식사(le fameux souper)*를 주최함.
1784년 9월 28일 : 자신의 저택에서 '철학적 오찬(déjeuners philosophiques)' 정기 모임 시작.
1786년 : 충격적인 결투 사건이 비극으로 이어진 이후 그리모는 귀양을 명하는 왕의 봉인장을 받고 도메브르 쉬르 베루즈(Domèvre-sur-Verouze) 수도원의 참사회원 숙소에서 3년간 기거. 은둔 생활을 마친 후 취리히, 로잔, 제네바, 리옹으로 여행을 떠남.
1789년 : 프로방스, 스위스, 독일 등을 여행. 리옹에 정착하여 식료품점을 열었으나 1792년 파산.
1797년 – 1798년 : 『연극 비평가(*Censeur dramatique*)』 출간.
1803년 : 『미식가 연감(*Almanach des gourmands*)』 창간호 출간. 각계 미식가들과 함께 '미식 심사단(Jury dégustateur)'을 결성하여 레스토랑 등의 음식 평가 활동 시작.
1808년 : 『식사 주최자를 위한 개론서(*Manuel des amphitryons*)』 출간.
1837년 12월 25일 : 빌리에 쉬르 오르주(Villiers-sur-Orge)에서 사망.

관련 내용으로 건너뛰기
p.352 가스트로크라트

* 1783년 1월 말경, 그리모 드 라 레니에르는 2월 1일 식사에 참석할 손님들에게 다음과 같은 문구의 초대장을 보낸다. "음식 담당관이자 고등 법원 변호사, 연극 평론가인 알렉상드르 발타자르 로랑 그리모 드 라 레니에르 씨가 샹젤리제의 자택에서 주최하는 즐거운 식사의 장례 행렬과 발인식에 참석해주시기 바랍니다. 모이는 시간은 저녁 9시이며 식사는 10시부터 시작될 예정입니다." 그날 테이블 중앙에는 정말로 관을 올려놓은 영구대가 있었다.

지중해의 캐비아, 보타르가

그리스인들은 자신들이 원조라고 이야기하지만 튀니지의 유대인들은 자신들의 것이라고 반박한다. 사르데냐와 시칠리아뿐 아니라 프랑스 남부 지역 또한 이 특별한 생선알, 보타르가의 메카라고 할 수 있다.

프레데릭 랄리 바랄리롤리

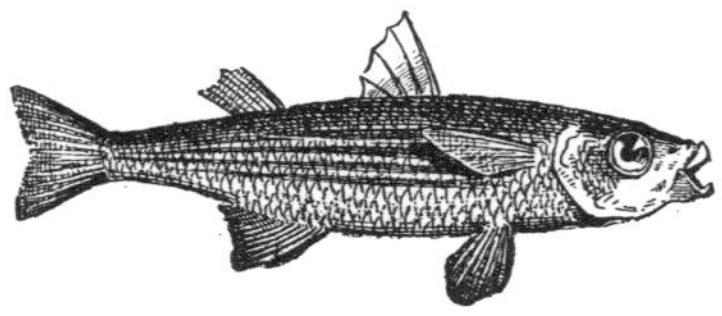

보타르가란?

→ 호수나 연못 등지에서 산란하는 숭어의 알주머니를 소금으로 덮은 뒤 두 개의 판자 사이에 넣고 납작하게 눌러 바람에 말린 것으로 주황색 알주머니 두 덩어리가 한 쌍으로 판매된다.
→ 주로 마르티그(Martigue, Berre 호)나 코르시카 동부 연안(Palau, Urbino, Diana, Biguglia 호)에서 생산된다.
→ 중독성 있는 짭조름한 바다의 맛과 가격(kg당 180유로 선)은 이 오래된 가난한 이들의 음식을 캐비아에 버금가는 반열에 올려놓았다.

품격을 지닌 유명한 음식

라블레는 아마도 몽펠리에에서 의학 공부를 하던 시절 랑그독의 여러 호수 근처에서 이 어란을 처음 발견했고, 이것을 자신의 저서 『가르강튀아』에서 그랑구지에가 아주 맛있게 먹는 요리로 등장시킨 것 같다. 한편 이것을 강장효과가 있는 음식으로 분류한 퀴르농스키(Curnonsly)는 카사노바가 아주 즐겨 먹었던 사실을 입증했다. 더 최근에는 작가 알베르 코엔(Albert Cohen)이 자신이 어린 시절을 보낸 프로방스와 자신의 고향이자 조상들의 고장인 그리스의 코르푸를 연결하는 고리로 보타르가를 꼽았다.

관련 내용으로 건너뛰기
p.252 캐비아와 프랑스

보타르가를 즐기는 방법

→ **그대로 먹는다.** 얇게 슬라이스한 다음 올리브오일이나 버터를 곁들인 빵에 얹고 기호에 따라 레몬즙을 한 줄기 뿌린다.
→ **스크램블드 에그,** 병아리 콩이나 흰 강낭콩 샐러드 혹은 리소토에 곁들여 먹는다.
→ **파스타에 넣어 먹는다.** 2인분 기준 스파게티 또는 링귀니 300g에 보타르가 30g과 파르메산 치즈 30g을 준비한다. 볼에 올리브오일 5테이블스푼, 후추, 강판에 간 보타르가와 치즈 분량의 2/3를 넣고 파스타 삶은 물 3~4테이블스푼을 첨가해 잘 섞는다. 삶은 파스타를 조금씩 넣고 잘 섞으면서 나머지 보타르가와 치즈를 넣어준다. 서빙 접시에 담은 뒤 얇게 썬 보타르가 슬라이스를 몇 장 얹고 올리브오일을 한 바퀴 둘러 서빙한다. 오렌지 제스트를 그레이터에 갈아 뿌리면 한층 더 맛을 돋울 수 있다.

B or P?

원산지인 마르티그에서는 '푸타르그(poutargue)'라는 발음이 토착화되어 있지만, 프랑스어에서 이 단어는 스펠링 B로 시작하는 '부타르그(boutargue)'로 등장했다. 코르시카에서는 '부타라가(butaraga)', 프로방스어로는 부타르고(butargo), 이탈리아어로는 보타르가(bottarga), 포르투갈어로는 '보타르가(butarga)', 아랍어는 비타리카(bittarikha) 또는 비타릭(bitarik)이라고 부른다. 이들은 모두 콥트어 '우타라콘(outarakhon)'과 그리스어 어원 '오이온 타리콘(oion tarichon)'에서 유래한 것으로 '소금에 절인 알'이라는 뜻이다.

위스키를 만드는 또 하나의 국가

위스키에 관한 한 프랑스는 주로 소비자의 입장이었다. 사실 프랑스는 전 세계에서 위스키를 가장 많이 마시는 나라 중 하나다. 하지만 이제 프랑스는 직접 위스키 제조에 뛰어들었다. 이 위대한 몰트 오드비가 프랑스의 소규모 증류소에서 생산되고 있다...

제롬 르포르

DOMAINE DES HAUTES GLACES
MOISSONS SINGLE MALT ORGANIC WHISKY
ROZELIEURES
Single Malt Whisky
FUMÉ COLLECTION
EDDU
WHISKY DE BRETAGNE
SINGLE DISTILLERY
SILVER
BROCELIANDE
P&M
Corsican Whisky
SINGLE MALT
AGED 7 YEARS
ARMORIK
Double Maturation
WHISKY DE BRETAGNE SINGLE MALT
TRIPLE MALT
BELLEVOYE
WHISKY
FRANCE

위스키란 무엇인가?

일반적으로 곡물(맥아 포함)을 증류하여 만든 오드비(브랜디)를 총칭한다. 스코틀랜드와 아일랜드가 서로 종주국임을 내세우며 다투고 있고 뉴 월드(미국과 캐나다)에서도 도입하여 직접 만들고 있으며 일본 또한 20세기 위스키 생산에 매진하고 있다. 여기에 프랑스도 참가하기 시작했다.

성과의 그늘

오랜 세월 프랑스의 증류업자들은 따라잡을 수 없는 상대를 좇아 달려왔다. 바로 스카치 위스키다. 이미 수 세기 전에 만들어져 대량 생산 체제를 기반으로 제조되고 있는 스카치 위스키는 프랑스의 영세한 생산 규모로는 제대로 모방하기 어려워 보인다. 결과는? 프렌치 소울이 없는 제품들이 만들어질 것이다.

아티장 정신이 깃든 특별한 제품

여기에는 타협할 줄 모르는 갈리아족의 특성이 고려되지 않았다. 새로운 분야, 즉 프랑스식 위스키라는 분야를 개척해야 한다. 고정관념을 탈피한, 실험에 기반을 둔 공방 규모의 아티장 방식의 접근이 바로 그것이다. 프랑스 전역의 양조업자들은 메밀을 사용하고, 발아 후 건조한 보리 낟알을 제분, 당화하며, 직접 배양한 효모를 넣어 발효시키고, 더욱 부드러운 맛을 위해 저압으로 증류한다...

프랑스의 강점

최상급 품질의 곡물 생산

•

19세기 말 니콜라 갈랑(Nicolas Galland)과 쥘 살라댕(Jules Saladin)에 의해 획기적 발전을 이룬 맥아 제조기술

•

루이 파스퇴르(Louis Pasteur)가 발전시킨 발효 과학

•

작은 증류기를 다루는 숙련된 기술, 수준 높은 오크통 제조 기술, 세계적으로 인정받은 농경 노하우.

★

장래성 있는 수치

2017년 현재 프랑스에서는 약 **50개**의 증류소에서 연간 **80만 병**의 위스키를 생산한다. 2020년까지 **300만 병 이상** 생산을 목표로 하고 있다.

★

전문가의 셀렉션

니콜라 쥘레스(Nicolas Julhès), 'Distillerie de Paris'의 창업자.
필립 쥐제(Philippe Jugé), 프랑스 위스키 연합 회장.

1

바렝겜 *Warenghem (Bretagne)*

1987년부터 위스키를 생산하는 증류소. 최초의 프렌치 위스키는 브르타뉴산이다. 브르타뉴 라니옹(Lannion)에 위치한 이 증류소에서는 스코틀랜드식으로 제작된 초대형 사이즈 알람빅 증류기로 두 번 증류하고 숙성한다. 브르타뉴 숲의 오크로 만든 배럴에 넣어 에이징하는 브랜디도 있다.

Armorik Single Malt Double Maturation : 숲의 향이 있고 부드러우며 캐러멜라이즈된 맛이 난다. 잠자리에 들기 전 한 잔 마시기 좋다.

2

디스틸르리 데 메니르 *Distillerie des Menhirs (Bretagne)*

2002년부터 메밀 위스키를 생산하는 증류소. 가족이 운영하는 플로믈랭(Plomelin)의 증류소에서 '포모 드 브르타뉴 AOC(Pommeau de Bretagne AOC, 사과즙에 칼바도스를 섞은 미스텔의 일종)'를 양조하는 역사적인 생산자인 기 르 레(Guy Le Lay)는 '메밀 증류주' 제조의 선봉에 나서게 되었다.

Eddu Silver Brocéliande : 맛의 밀도가 높고 구운 향, 메밀 향, 스파이스 노트를 갖고 있다.

3

피에트라 & 말레바 *P&M (Corse)*

1999년부터 위스키를 생산하는 증류소. 증류한 뒤 오크통에서 숙성한 맥주일까? 아니다, 위스키다. 피에트라 브루어리와 마벨라 증류소가 협업하고 생 조르주 언덕(col Saint-Georges)의 물, 도멘 장틸레(Domaime Gentile)의 화이트와인과 뮈스카를 숙성했던 오크통을 사용한다.

P & M Single Malt, 7 years : 독특한 맛과 송진향이 나며 햇빛을 흠뻑 받은, 남성적인 풍미를 지닌다.

4

G. 로즐리외르 *G. Rozelieures (Lorraine)*

2000년부터 위스키를 생산하는 증류소. 양조용 보리가 대량 재배되고, 참나무 숲이 있어 양질의 오크통 제조가 용이하며, 맑은 물의 수원을 확보하고 있는 이 지역에서 천혜의 조건을 살려 위스키를 만들고자 하는 열정을 가진 곡물생산자와 증류업자가 의기투합하여 만든 업체이다.

Single Malt Fumé Collection : 숲의 향이 나고 매우 섬세하며 캐러멜 맛이 난다. 목 넘김이 좋으며 잔향이 오래간다.

5

도멘 데 오트 글라스 *Domaine des Hautes Glaces (Rhône-Alpes)*

2014년부터 위스키를 생산하는 증류소. 해발 900m 에크랭(Écrins)과 베르코르(Vercors) 사이에 위치한 독립 농가형 증류소. 직접 재배한 유기농 보리, 자연급기 저압 증류, 나무 화덕 열을 사용한다. 2017년 레미 쿠앵트로(Rémy Cointreau) 그룹이 인수했다.

Single Malt Moissons : 풀의 향, 곡물 향, 마시기에 부담 없고 밸런스가 좋으며 잔향이 오래 간다.

6

레 비에뇌뢰 *Les Bienheureux (Aquitaine)*

2015년부터 운영 중인 위스키 블렌딩 업체. 이곳은 증류소가 아니라 위스키의 블렌딩과 에이징을 전문으로 하는 업체이다. 페트뤼스(Petrus)의 소유주인 '비둘로(Videlot)' 홀딩 컴퍼니 대표 장 무엑스(Jean Moueix)와 와인 중개상 알렉상드르 시레슈(Alexandre Sirech)와의 협업으로 이루어낸 결실이다. 이곳에서는 매번 프렌치 싱글 몰트 3종을 블렌딩한 뒤 샤랑트(Charente)에서 최종 숙성 작업을 마친다.

Blue label, Triple malt : 실키하고 맛이 풍부하며 섬세하고 과일향이 난다. 누구나 즐길 수 있는 위스키다.

관련 내용으로 건너뛰기
p.68 증류기에 대하여

타르트 오 쉬크르

릴 출신의 천재 제빵사 알렉스 크로케는 프랑스 북부 지방을 대표하며 벨기에에서도 흔히 볼 수 있는 이 설탕 브리오슈의 달인이다.

마리 로르 프레셰 & 로익 비에나시

레시피

알렉스 크로케 Alex Croquet

개인용 사이즈 타르트 약 10개 분량

브리오슈

박력분 또는 중력분 밀가루(type 45 또는 55) 1kg

달걀 550g

제빵용 생 이스트 40g

소금 25g

설탕(sucre cristal) 120g

더블크림 100g

무염버터 500g

물 50ml

베르주아즈 필링 만들기

버터 100g

더블크림 50g

달걀노른자 40g

완성하기

베르주아즈(조당) 100g

브리오슈 La brioche

전동 스탠드 믹서 볼에 밀가루, 달걀, 물, 이스트를 넣고 10분간 반죽한다. 매끈하고 균일하게 혼합한 뒤 소금, 설탕, 생크림을 넣고 10분간 더 반죽한다. 마지막으로 작게 잘라둔 차가운 버터와 물을 넣고 10분간 더 반죽기를 돌린다. 둥글게 뭉쳐 상온에서 30분간 휴지시킨다. 반죽을 펀칭해 공기를 뺀 다음 다시 가운데로 모아 접고 30분을 더 휴지시킨다. 이 과정을 두 번 더 반복한다. 총 1시간 30분 후 반죽을 각 250g씩 소분한다. 각각의 작은 덩어리를 둥글게 뭉친 뒤 다시 30분간 휴지시킨다. 반죽을 각 지름 16~18cm로 민다. 1시간 동안 부풀어 오르게 둔다.

베르주아즈 필링 만들기 La préparation à la vergeoise

버터를 녹인다. 모든 재료를 넣고 거품기로 저어 혼합한다.

완성하기

빵 반죽을 손가락으로 찔러 군데군데 구멍을 낸다. 베르주아즈 필링을 각 구멍에 붓고 베르주아즈 설탕을 위에 넉넉히 뿌린다. 190°C 오븐에서 10~12분 굽는다. 따뜻한 온도로 먹는다.

설탕 용어

설탕, 정백당, 그래뉴당 Le sucre en poudre : '쉬크르 스물(sucre semoule)'이라고도 불리는 이 흰색의 가는 설탕은 입자가 굵은 설탕을 체에 쳐서 만든 것으로 디저트 레시피에 가장 많이 쓰인다.

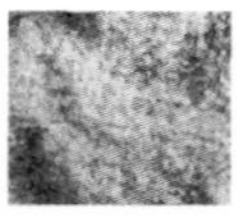

'비정제 황설탕 La cassonade(카소나드) : 사탕수수를 원료로 만든 황설탕. 약간 입자가 굵고 밝은 갈색을 띠며 럼 향이 난다. 16세기 초 비정제 설탕을 뜻하던 단어인 '카송(casson)'에서 유래한 이름이다.

조당 La vergeoise(베르주아즈) : 황색 또는 짙은 갈색을 띠는 약간 촉촉한 설탕으로 사탕무 설탕 시럽을 끓여 만든다. 스페퀼로스(spéculoos) 또는 타르트 오 쉬크르(tarte au sucre) 등을 만들 때 사용한다. 단, 벨기에에서는 '카소나드'라고 부르니 혼동하지 말아야 한다.

갈색 얼음사탕 Le sucre candi roux (쉬크르 캉디 루) : 브라운 록 슈거. 굵직한 크기의 투명 설탕으로 농축 설탕 시럽을 며칠에 걸쳐 천천히 굳혀 만든다.

슈거 파우더 Le sucre glace(쉬크르 글라스) : 정백당을 아주 곱게 갈아 만든 설탕 파우더. 케이크의 글라사주, 디저트 데코레이션 또는 와플 등에 뿌리는 데 주로 사용한다.

잼 전용 설탕 Le sucre pour confitures (쉬크르 푸르 콩피튀르) : 설탕에 천연과일 성분의 펙틴(0.4~1%)과 시트르산이 첨가된 것으로 과일 잼이나 즐레를 빨리 굳게 하는 데 도움이 된다.

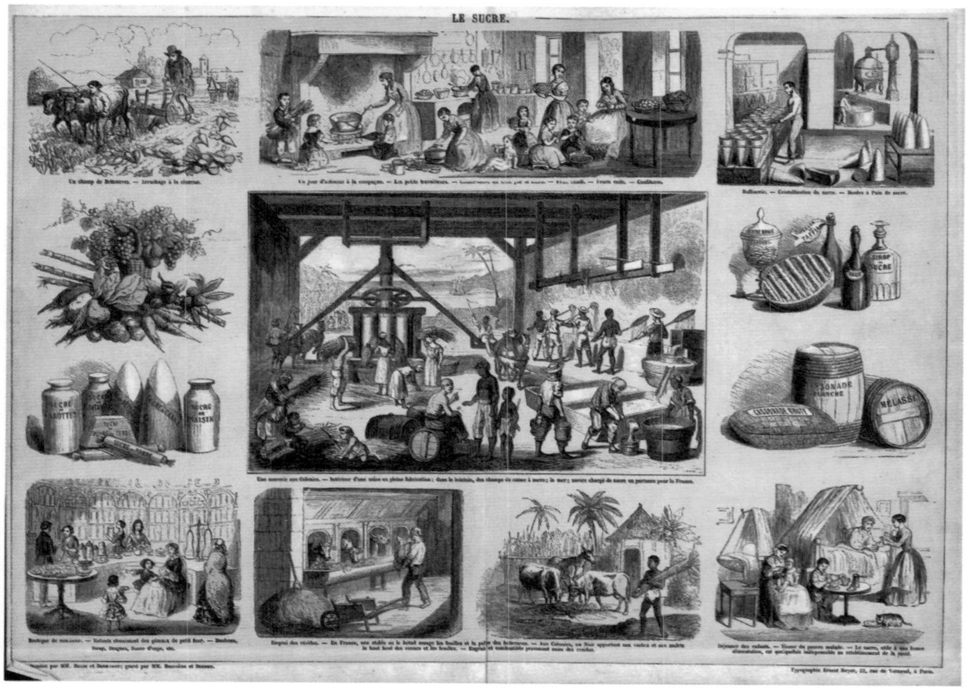
LE SUCRE.

사탕수수에서 사탕무까지

프랑스 대혁명 직전, 프랑스령 서인도 제도를 통해서 프랑스는 전 세계 사탕수수 생산량의 삼분의 일을 확보할 수 있었고, 이는 연간 10만 톤에 이르는 양이었다.

1806년부터 나폴레옹의 대륙 봉쇄령과 이에 대항해 식민지에서 유럽 대륙으로 들어오는 모든 물자를 해상에서 전면 차단한 영국의 보복으로 유럽에서는 아메리카에서 들어오는 설탕이 고갈되었다. 이에 나폴레옹은 대체품 개발 루트를 모색한다.

1812년 나폴레옹 황제는 파시(Passy)에 있던 뱅자맹 들레세르(Benjamin Delessert)의 공장을 방문한다. 이 공장에서 사탕무 설탕 덩어리를 보고 열광한 그는 자신의 레지옹 도뇌르 훈장을 떼어 이 경영자에게 수여한다. 1830년대부터 사탕무 제당 산업은 날개를 단다. 눈부신 기술 발전 덕에 이제 사탕무 설탕은 그 양이나 질 면에 있어서 사탕수수 설탕과 경쟁할 수 있게 되었다.

1870년부터 프랑스에서 사탕무 온수침출(osmose) 시스템이 도입되기 시작한다. '얇게 썬 사탕무(코세트 cossettes)'를 흐르는 더운 물에 넣어 당분을 추출한 다음 이를 여과 후 증발시켜 농축한다. 이 방식은 아직도 사용되고 있다.

관련 내용으로 건너뛰기
p.390 캐러멜

클로드 샤브롤의 스튜

영화감독 클로드 샤브롤은 자신의 영화에 등장시킬 만큼 소스가 걸쭉한 스튜 요리를 좋아했다. 때로는 영화에 누를 끼치기도 했을 정도다. 그의 소고기 스튜는 아직도 우리 입 안에 남아 있는 듯하다…

로랑 델마

영화 : 야수의 최후 *Que la bête meure* (1969)

주인공(밉상) : 폴 델쿠르 Paul Decourt(장 얀 Jean Yanne 분)

장면 : 가족이 모여 점심 식사를 하고 있다. 폴 델쿠르는 자신의 소고기 스튜를 두고 아내(아누크 페르작 Anouk Ferjac 분)에게 타박을 늘어놓는다.

대사 : "아, 정말! 이 스튜 너무 맛없어서 못 먹겠네. 소스가 멀게서 따로 놀잖아! 왜 소스를 오래 졸이지 않은 거야, 대체?"

레시피 : 비프 스튜(Le ragoût de bœuf)

요리 자문 : 폴 데쿠르는 아내에게 이렇게 설교한다. "일단 고기가 익으면 건져서 따뜻하게 보관하고 소스는 따로 소스팬에 넣고 졸여야 한다고 내가 수도 없이 말했잖아! 따로!"

독단적인 결론 : 폴 델쿠르는 계속해서 그의 아내에게 말한다. "요리란 거짓말을 하지 않는 유일한 예술이야. 그림이나 음악에서는 실수가 좀 있어도 통할지 모르지만 요리는 어림없지. 맛있거나 또는 맛없거나 둘 중 하나라니까."

소고기 스튜

소 우둔살 1kg
순무 500g
당근 500g
감자 500g
깍지를 깐 생 완두콩 500g
양파 3개
마늘 1톨
화이트와인 400ml
버터 80g
밀가루 60g
부케가르니 1개
소금, 후추

코코트 냄비에 버터를 녹인 다음 큼직한 큐브 모양으로 썬 고기를 넣고 노릇하게 색을 낸다. 얇게 썬 양파를 넣고 노릇하게 볶는다. 밀가루를 솔솔 뿌린 뒤 노릇한 색이 나도록 함께 볶는다. 다진 마늘과 부케가르니, 소금, 후추를 넣는다. 화이트와인과 물 한 컵을 붓고 가열한다. 끓어오르기 시작하면 불을 줄인 뒤 뚜껑을 덮고 약불에서 1시간 30분간 뭉근히 익힌다. 껍질을 벗기고 먹기 좋은 크기로 썬 순무와 당근을 넣고 약불로 50분간 더 익힌다. 감자의 껍질을 벗기고 세로로 등분한 뒤 냄비에 넣는다. 깍지를 깐 완두콩도 넣어준다. 40분간 더 익힌다.

테루아, 너무도 프랑스적인 단어

프랑스인들은 이 단어가 번역하기 불가능한 단어라는 사실을 좋아한다. 마치 다른 곳 그 어디에도 존재하지 않는 것처럼… 정말 그럴까?

로익 비에나시

'테루아'의 공식적인 정의

프랑스국립농업연구원(INRA), 국립원산지명칭기구(INAO), 유네스코(UNESCO)에서 정한 공식 정의가 존재한다.

"테루아란 인류 공동체가 역사를 거쳐 오는 동안 자연과 인간적 요소간의 상호작용 체계에 기초하여 특별한 문화적 특성, 지식, 관행을 만들고 축적해 놓은 특정한 지리적 공간을 뜻한다. 생산과 관련된 기술 및 노하우는 독창성을 드러내고 특질을 부여하며, 이는 곧 이 지리적 공간에서 나오는 제품과 서비스, 결과적으로 그곳의 거주자들에 대한 좋은 평가로 이어진다. 테루아는 전통이라는 좁은 개념으로만 인식할 수 없는 살아 있는, 혁신적인 공간이다."

다른 나라말로는 무엇이라고 부르나?

독일어, 영어, 이탈리아어, 일본어, 포르투갈어, 러시아어 모두 프랑스어 단어인 '테루아'를 그대로 사용한다. 스페인어에서는 '테루뇨(terruño)'가 때때로 동의어로 거론되지만 이 단어의 본래 뜻은 '작은 고향'이다.

이 단어에 얽힌 역사

→ 이 어휘가 프랑스어에 처음 등장한 것은 13세기부터이며 시골 마을의 영토를 지칭했다. "상기 언급한 장소와 영토(terroir)의 소작농들과 주민들"이라는 문구를 18세기 토지대장에서도 찾아볼 수 있다. 17세기와 18세기에 이 단어는 '토양(sol)'과 동의어로도 쓰였다. 좋은 토양(terroir)은 밀이 잘 자라는 땅이다. 농학자 올리비에 드 세르(Olivier de Serres)는 "농업의 근간은 토양(terroirs)의 성질을 잘 아는 것으로부터 출발한다."라고 말했다(1600).

→ 한편 '테루아의 냄새가 나는' 와인은 거칠고 투박한 것에 해당된다. 토양과 기후가 그 지역에서 생산되는 식품에 특별한 성질을 부여한다는 모호한 개념을 물론 거부하지는 않았지만 이것이 정확히 '테루아'의 개념으로 연결되지는 않았다.

→ 19세기에 '테루아'는 공통의 역사와 문화로 결합된 공간을 지칭하게 되었다(노르망디 테루아, 프로방스 테루아, 프랑스 테루아 등). 당시 '테루아의 산물(produit du terroir)'이라 함은 물론 해당 장소에 뿌리를 내린 것이긴 했지만 이는 단순히 '지역(local)'의 의미를 지닐 뿐 특별한 정서적 의미까지 내포하는 것은 아니었다.

→ 이후, 특히 1970년대가 되어서야 '테루아'는 현재 통용되는 의미를 갖게 되었고 매우 긍정적인 비중을 지닌 개념이 되었다.

안 소피 픽

미슐랭 가이드의 별 셋을 받은 유일한 여성 셰프이며 발랑스(Valence)의 유서 깊은 요리 명가를 이어받은 안 소피 픽은 자신의 요리 인생의 정점에 서 있다.
프랑수아 레지스 고드리

➡ *4대에 걸친 픽 패밀리의 역사*

소피 픽(1870-1952)
1889년 생 페레(Saint-Péray)에 '오베르주 뒤 팽(L'Auberge du Pin)' 오픈. 이후 발랑스로 이전했고, 1936년 '메종 픽(Maison Pic)'이 된다.

앙드레 픽(1893-1984)
1934부터 1939년까지 미슐랭 별 셋을 유지한다.

✿✿✿

자크 픽(1932-1992)
1950년 '메종 픽'의 총괄 셰프가 되었고 1956년 미슐랭 가이드의 별 둘, 1976년 별 셋을 획득한다.

✿✿✿

안 소피 픽(1969년 출생)
1997년 메종 픽의 총괄 셰프가 된다.
2007년 미슐랭 가이드의 별 셋을 획득한다.

✿✿✿

2006년 발랑스에 '비스트로 7(Bistrot 7)' 오픈.
2009년 로잔에 '안 소피 픽(Anne-Sophie Pic)' 오픈.
2012년 파리에 '담 드 픽(Dame de Pic)' 오픈
2017 런던에 '담 드 픽(Dame de Pic)' 오픈

Anne Sophie Pic,
프랑스 유일의 미슐랭 3스타 여성 셰프
(1969년 출생)

➡ *픽(PIC)의 레스토랑 메뉴*

붉은 과일 향을 곁들인 블루 랍스터 LE HOMARD BLEU AUX FRUITS ROUGES (2008)
갑각류 해산물의 왕인 랍스터에 라즈베리, 딸기, 체리 등의 과일로 향을 낸 섬세한 맛의 육수를 더한 요리. 우아한 색과 은은히 배어나는 새콤한 맛, 풍부한 향이 돋보인다.

커피 향을 가미한 굴
L'HUÎTRE AU CAFÉ(2014)
토(Thau) 호수의 타르부리슈(Tarbouriech) 굴에 루바브의 산미와 스파이스 노트의 커피 에센스와 위스키를 더한 요리.

➡ *픽(PIC)의 가정식 메뉴*

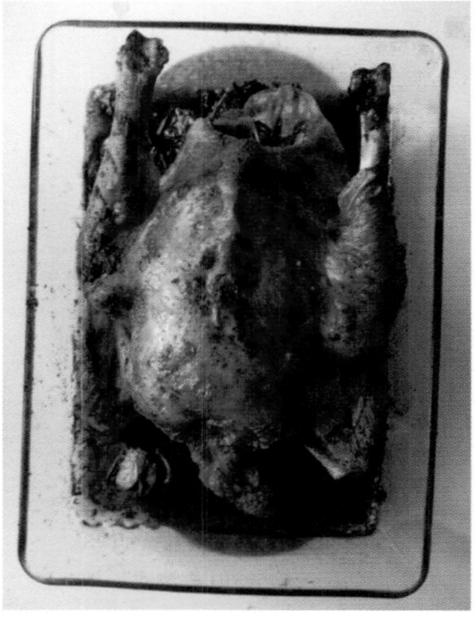

엄마의 타라곤 로스트 치킨
LE POULET À L'ESTRAGON DE MA MAMAN
일요일 가족 식사의 단골 메뉴이다. 우선 타라곤을 넉넉히 한 다발 준비한다. 로스팅팬 바닥에 타라곤을 깐 다음 올리브오일을 몇 바퀴 둘러준다. 닭 안에 타라곤을 채워 넣은 뒤 올리브오일을 고루 발라준다. 170°C 오븐에서 1시간 30분~2시간 굽는다. 15분마다 뒤집어가며 다리, 가슴살 등 모든 면이 고루 노릇하게 익도록 한다. 거의 캐러멜라이즈 될 때까지 다 익으면 닭을 꺼내고 팬을 물로 디글레이즈하여 그레이비 소스를 만든다.

맥주를 넣은 '외 아 라 네주'
DES ŒUFS À LA NEIGE À LA BIÈRE
순한 맛의 화이트 맥주를 준비한다. 달걀흰자를 가볍게 거품 낸 다음 맥주 몇 테이블스푼을 넣고 살살 섞어준다. 맥주가 발효 풍미를 더해줄 뿐 아니라 흰자의 식감을 단단하게 해준다.

레몬 주니퍼베리 버터
UN BEURRE CITRON-GENIÈVRE
상온에서 부드러워진 버터를 휘저어 포마드 상태로 만든 다음 곱게 부순 주니퍼베리를 넣어준다. 레몬 제스트를 조금 넣는다. 냉장고에 2시간 넣어둔다. 이 버터는 양배추나 리크(서양대파)와 잘 어울린다. 채소를 익힌 뒤 마지막에 이 버터를 넣으면 요리에 향을 더할 수 있다.

놀라운 향의 후추 믹스
UNE SURPRISE DANS LE MOULIN À POIVRE
후추 그라인더 안에 여러 종류의 통후추 알갱이(Voatsipériféry, Selim 등)를 섞어 넣고, 감초와 좋은 질의 커피 원두 간 것을 넣어준다. 이 혼합 후추는 로스트 비프에 잘 어울린다.

민물생선

프랑스의 하천에는 약 30여 종의 식용 가능한 생선이 서식하고 있다.
냉장 운송이 일반화되기 이전 현지에서 잡은 민물생선은 바다생선보다 더 많이 소비되는 식재료였다.
오늘날 근거리 지역에서 생산된 로컬 푸드를 지향하는 셰프들이 민물생선 요리를 새롭게 선보이며 다시 각광을 받고 있지만,
실제 생선 소비시장에서는 바다생선의 비중이 더 크다.

마리 아말 비잘리옹

민물과 바다를 오가는 생선들

민물에 서식하지만 바다로 흘러나가 번식하는 어종을 '강하성 어류(catadromous fish)'라고 한다. 여기에는 장어, 숭어, 넙치 등이 포함되며 모두 식용 가능한 생선이다. 이와 정반대로 바다에 서식하면서 강으로 헤엄쳐 올라와 산란하는 민물 어종은 '소하성 어류(anadromous fish)'이며 대서양 연어, 전어, 칠성장어 등이 이에 해당한다.

양식 혹은 자연산?

프랑스에서는 낚시를 할 때 어획 가능한 물고기의 최소 크기 제한, 금어기 등 어종마다 지켜야 할 사항이 상당히 복잡하기 때문에 미리 해당 지역 수협의 규정들을 꼼꼼히 체크해야 한다. 예를 들어 도랑에서 잡은 어린 송어를 한 바구니 안고 돌아오는 꿈은 접는 게 좋다. 이런 낚시는 엄격히 금지되어 있고 판매 또한 마찬가지이다. 대신, 유기농으로 양식한 강송어(fario)나 북미곤들매기(saumon de fontaine)를 사용하여 이제는 거의 사라진 1970년대식 송어 요리를 만들 수 있다.

서식지별 생선 분류

물살이 센 하천	물살이 잔잔하거나 흐르지 않는 하천 (못, 호수, 개천 등)	고지대 호수	일반 민물 전역
유럽 처브(chevaine, 민물 잉어의 일종) 모샘치(goujon) 대서양 연어 (saumon atlantique)	잉어(carpe) 잉어도미(brème) 로치(gardon) 텐치(tanche) 퍼치(perche) 강꼬치고기 (brochet) 메기(silure) 메기, 캣피시 (poisson-chat)	화이트피시(féra) 강 명태, 모오케 (lotte de lac) 북극곤들메기 (omble chevalier)	장어(anguille) 칠성장어 (lamproie) 잔더, 민물 파이크 (sandre) 북미곤들매기 (saumon de fontaine) 송어(truite) (무지개송어, 강송어, 브라운송어 등)

포악한 두 종류의 메기

같은 메기과에 속하는 두 종류의 물고기 '실러리드(silur, silurid)'와 '캣피시(poisson-chat, catfish)'는 모두 무섭게 생긴 외양과 포악함으로 정평이 나 있다. '실러리드'는 큰 강과 하천 등지에 서식하며 민물가재, 강꼬치고기, 쇠물닭, 오리 등을 잡아먹는다. 최대 크기 기록은 2015년 론강에서 잡힌 것으로 무려 길이 2.73m, 무게 130kg에 달했다. 이 생선의 살은 크기가 1m를 넘지 않을 때 맛이 아주 좋은 것으로 알려졌다. 이보다 훨씬 크기가 작은 '캣피시'는 박멸하기 어려운 연못의 골칫거리다. 이 생선의 맛과 식감은 장어와 비슷하지만 씻기가 더 난해하고 껍질도 더 질기다. 가시뼈를 제거하고 바비큐에 직화로 구우면 아주 맛이 좋다.

고수들의 팁

강 명태(lotte de lac, burbot)를 아는 사람이 있을까? 프랑스 알프스 지역 호수의 심해에는 이 생선이 많다. 연간 4~6톤의 강 명태가 잡혀 올라온다. 이것은 이름에 '아귀(lotte)'라는 단어가 들어가 있지만 실제로 바다생선 아귀와는 다른, 대구의 사촌격인 '로타로타(lota lota)'라는 생선이다. 가시가 적고 살이 야들야들하면서 맛이 좋으며, 특히 간을 버터에 살짝 지져 소금, 후추를 뿌린 뒤 빵 위에 얹어 먹으면 최고다.

전성기를 누리는 민물생선, 페라

알프스 지역 호수의 토종 생선인 페라(féra)는 1920년대에 거의 멸종되었으나 스위스 뇌샤텔호에 치어를 방류한 이후 개체수가 기하급수적으로 증가했다. 단단하고 섬세한 이 생선의 살은 훈제, 날것, 구이, 포칭, 팬프라이 등 다양한 방법으로 요리할 수 있다. 특히 훈연한 알은 레스토랑 '클로 데 상스(Le Clos des Sens, Annecy-le-Vieux)'의 셰프 로랑 프티(Laurent Petit)가 자랑하는 베스트셀러 메뉴이다. 또한, 기름에 튀기듯 지진 페라의 간에 잘게 다진 샬롯을 넣고 럼으로 플랑베한 다음 허브 소스를 곁들이면* 가히 천상의 맛이다.

* 레만호의 어부인 에릭 자키에(Éric Jacquier)가 제안하는 레시피다. 그는 엠마뉘엘 르노(Emmanuel Renaut)부터 피에르 가니에르(Pierre Gagnaire)에 이르는 여러 유명 셰프에게 생선을 납품하고 있다. 그의 낚시터에서는 신선, 훈제 또는 테린으로 이 생선을 판매하고 있다.
65, Route Nationale, 74500 Lugrin, 09 77 79 00 87

관련 내용으로 건너뛰기
p.216 생선 가게 진열대

서양배 시드르를 바른 장어 훈연 구이

『갈루아의 만찬, 선조로부터 내려온 70개의 레시피』에서 발췌(Larousse 출판)

준비 : 20분
훈연 칩 물에 담가두기 : 1시간
조리 + 훈연 : 20분
6인분

서양배 시드르(poiré) 500ml
민물장어(내장과 가시 뼈를 제거하고 껍질은 그대로 둔다) 1.2kg
구이용 그릴에 바를 용도의 오일
소금, 후추

숯불 바비큐 훈연용으로 과실수(사과나무, 체리나무 등) 훈연 칩이나 톱밥 한 줌을 준비한다.
훈연 칩 한 줌을 물이 담긴 볼에 1시간 동안 담가 적신다. 작은 냄비에 서양배 시드르를 넣고 중불에서 약 10분간 끓여 1/5 정도로 졸인다. 장어를 크기에 따라 2등분 또는 3등분한다. 소금, 후추로 간한다. 바비큐 그릴에 붓으로 오일을 꼼꼼히 바른 뒤 장어를 올리고 중불에서 굽는다. 졸인 서양배 시드르를 계속 발라가며 총 10분 정도 양면을 고루 굽는다. 거의 다 구워질 때 물에 담가둔 훈연 칩을 꼭 짠 뒤 숯불 위에 뿌린다. 장어 위에 바비큐 뚜껑을 덮고 5분간 훈연한다.

아몬드를 곁들인 송어

준비 : 10분
조리 : 15분
4인분

송어 4마리 또는 필레 8장
버터 4테이블스푼
아몬드 슬라이스 2테이블스푼
레몬 1개
소금, 후추

내장을 제거한 송어의 겉과 안쪽에 후추를 뿌린다. 팬에 버터 분량의 반을 넣고 달군 다음 송어를 놓고 양면을 각 8분씩 지진다(손질한 필레의 경우 양면 각 4분씩). 소금, 후추로 간한다. 나머지 버터를 다른 팬에 달군 뒤 아몬드를 넣고 노릇하게 구워 건진다. 서빙 접시에 송어를 놓고 아몬드를 뿌린 뒤 녹인 버터를 끼얹는다. 레몬 슬라이스로 장식한다.

아베롱의 벨기에인
프랑스 미식?
내가 아주 보송보송 어렸을 때부터 여러 번 갔던 특별한 장소가 하나 생각나네...
바로 르 라르작 (LE LARZAC)!!!
얏호! 가이드 투어 출동...
매년 여름이면 내 고향과는 완전히 다른 이곳의 야생적 아름다움에 감탄하곤 했습니다...
가파른 지형
숲의 향기
척박한 땅
좋은 먹거리를 지켜나가는 소신 있는 농부들
르 라르작에서 고기를 먹는다면 언제나 낭(Nant)에서 대대로 영업을 이어오고 있는 정육점 겸 샤퀴트리 전문점부터 방문하는 게 순서입니다.
맛있는 것 천지인 이 가게에는 언제라도 2주는 너끈히 먹을 수 있는 다양한 샤퀴트리가 가득하답니다.
파테,
햄,
등등...
그리고 특히 이 아베롱의 말린 소시지!!!
와, 이 비현실적인 풍경, 기름기가 있는 넉넉하게 잘라진 이 소시지는 우리의 치아에 깜짝 선물을 주기만을 기다리고 있고...
원초적이면서도 섬세한 맛, 변화무쌍한 식감...
제 생각에 이것은 사촌격인 소시송을 훨씬 뛰어넘는 입의 호사랍니다...
석회암 토양으로 이루어진 라르작 고원지대는 여름에 매우 건조해서 농사짓기가 힘든 곳입니다.
이런 특성 때문에 양 목축을 많이 하고 그로부터 다양한 먹거리들을 생산하고 있지요.
양 뒷다리 지고, 트레넬[1], 파르수[2]...
로크포르 치즈, 페라이 치즈, 톰 치즈..
이 고원마을 중심에 있는 몽트르동(Montredon)은 여름이면 매주 수요일마다 열리는 파머스 마켓으로 유명하답니다. 생산자와 소비자가 직접 만나는 장터죠.
모르간 블랑 씨는 이곳에서 생물다양성을 유지하고자 노력하며 유기농 목장을 가꾸고 양을 기르는 목축업자입니다.

* trenèls : 양의 위에 소를 채운 뒤 접어 실로 묶은 창자 요리
* farçous : 돼지고기와 비계, 근대, 파슬리, 달걀, 밀가루 등을 넣어 만든 반죽을 동글납작하게 팬에 지진 요리

양젖은 주로 맛이 뛰어난 몽트로동 톰 치즈를 만드는 데 사용되지요.
저는 꽤 숙성이 된 것을 좋아하는데 베물었을 때 아삭하게 깨지는 식감과 입안에서 부드럽게 녹아드는 맛이 일품이랍니다.
약간 꼬릿한 맛...
양 특유의 냄새...
이것은 거짓말을 하지 않는 치즈입니다!
고원지대는 채소를 재배하기 좋은 환경이 아니지만...
조금만 내려와 두르비 (Dourbie) 계곡으로 가면 녹색 풍경이 펼쳐집니다.
바로 이곳에 마리 파스칼과 티에리 비달의 채소밭이 있지요.
그들은 아주 맛있는 토마토를 재배합니다.
운송의 편리함보다는 맛을 우선하여 선별한 재래종 토마토지요.
지역 생산 채소를 신선하게 먹으니 맛있을 수밖에요!
자, 여기서 토마토를 맛있게 먹는 특급 레시피 하나!
1. 칼을 들고 토마토를 두툼하게 자른다.
2. 두두두...완성!!
탱글탱글하고 부드러운 토마토
즙이 풍부하면서도 속이 꽉 찬 과육
완벽한 산미
다양하고 복합적인 향
저는 이 지역 특산 먹거리가 지닌 고유의 진짜 맛을 아주 좋아합니다.
아차! 뭔가 잊은 것 같은데...
아 그렇지!
이 모든 것에 곁들여 먹을 수 있는 것, 내게 진정 프랑스를 느끼게 해주는 중요한 음식을 언급하지 않을 수 없네요. 바로 바게트, 발효종을 넣어 반죽한 바게트 빵입니다!
낭(Nant)에 있는 푸아삭(Foissac) 베이커리의 바게트는 저를 정말 행복하게 만듭니다.
바삭하고 황홀한 냄새의 빵 껍질...
부드럽고 폰득하면서 약간 윤기가 나고 불규칙한 구멍이 숭숭 나 있는 속살 ...
아하하하하!!!
내 맘속의 르 라르작을 위해 건배!
프랑스인들은 어디서나 꼭 티를 낸다니까...
Burniat

마티유 뷔르니아(Mathieu Burniat)는 벨기에의 신세대 만화작가를 대표하는 가장 촉망받는 이들 중 하나다. 그의 유일한 단점이라면 프랑스 미식에 너무 푹 빠져 있다는 점이다. 그의 만화『도댕 부팡의 열정(*La Passion de Dodin-Bouffant*)』과『미식사의 인물들(*Les Illustres de la table*)』은 식도락에 불붙은 열정을 확실하게 선언한 작품이라고 할 수 있다. (Dargaud 출판). 특별히 마티유는 이번 미식잡학사전 프랑스 편을 위해 르 라르작(LE LARZAC)에서 경험한 자신의 미식 에피소드를 꾸밈없이 들려주었다.

부댕 이야기

'더운 피'를 넣어 만드는 특별한 음식, 부댕! 프랑스 전역의 다양한 부댕을 살펴보자.

블랑딘 부아예

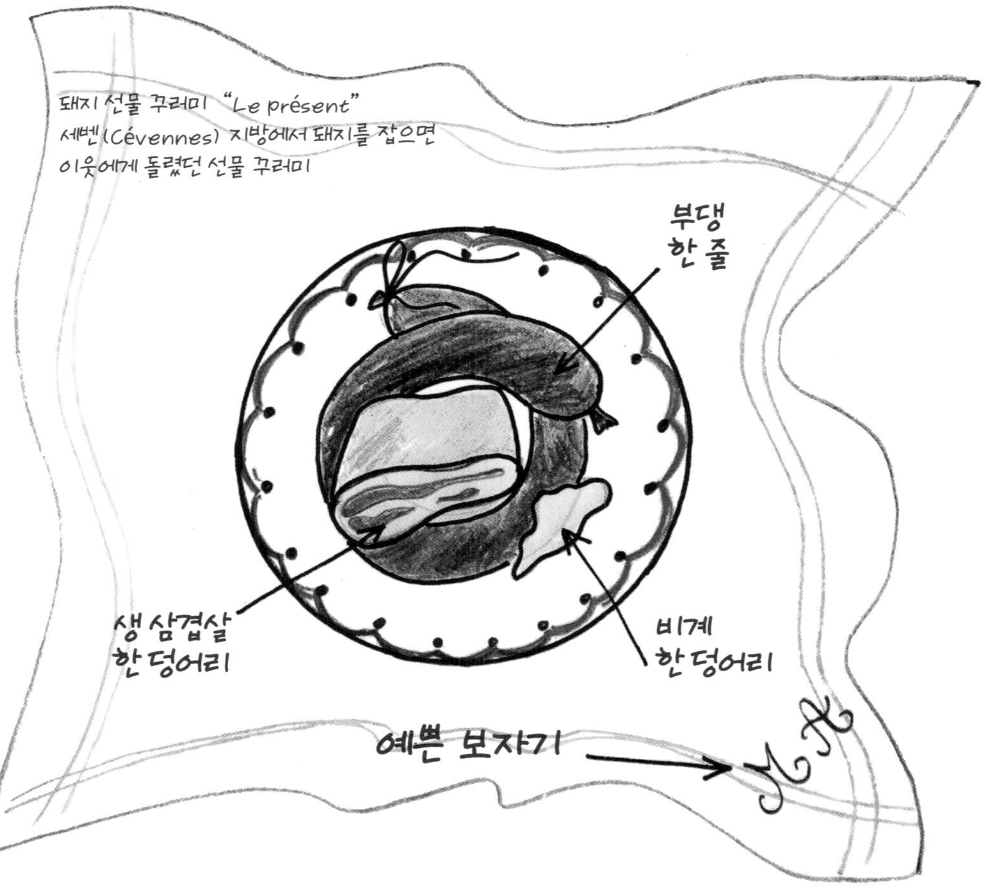

돼지 선물 꾸러미 "Le présent"
세벤(Cévennes) 지방에서 돼지를 잡으면
이웃에게 돌렸던 선물 꾸러미
부댕
한 줄
생 삼겹살
한 덩어리
비계
한 덩어리
예쁜 보자기

부댕의 부활!

비스트로 식당들이 트렌드를 주도하면서 아티장 부댕이 다시 각광을 받기 시작했다. 프랑스 전역에서 샤퀴트리 전문가들은 부댕의 전통을 지켜나가기 위해 끊임없이 노력하고 있으며 지방마다 개성을 살린 다양한 종류를 속속 선보이고 있다.

"여름엔 토마토, 겨울엔 부댕..."

옛날에는 돼지를 잡으면 신선한 피로 즉석에서 부댕을 만들었고 이것을 **당일에** 먹었다. 실제로 돼지 피는 더위에 매우 취약하기 때문에 오늘날에도 프랑스 남부 지방의 정통파 샤퀴트리 제조업자들은 여름에는 웬만하면 부댕을 잘 만들지 않는다. 보존제가 첨가되지 않은 부댕은 **3일 이내에 먹어야 한다.** 부댕은 냉동보관하면 안 된다. 응어리가 뭉쳐 먹을 수 없게 되기 때문이다.

채소가 많이 들어가는 피에몽 세브뇰 부댕

1950년대까지 피에몽 세브놀(Piémont Cévenol)에서 부댕은 주로 야생 샐러드 채소를 넣어 만들었고 때로는 쌉싸름한 맛의 채소를 첨가하기도 했다(방가지똥, 개양귀비, 루콜라, 샐서피, 펜넬, 분홍당아욱, 치커리 등에 시금치와 상추 등의 샐러드용 채소를 더한다. 단, 근대와 양배추는 넣지 않는다). 채소를 따서 다듬고 씻어서 익히고 다져 만드는 작업을 요하는 부댕은 여성들의 노동이 장시간 들어가는 음식이었다.

원칙적으로 이 지역의 부댕은 많은 양의 허브, 시금치, 세벤산 스위트 양파를 돼지비계에 색이 나지 않게 장시간 볶아 만든다. 여기에 따뜻한 돼지 피, 소금, 좋은 질의 후추, 넉넉한 양의 타임, 카트르 에피스(quatre-épices 향신료 믹스. 가능하면 직접 갈아 만든다. 시판 제품과는 비교할 수 없다)를 넣고, 가장 중요한 팔각 또는 파스티스 한 잔을 넣어준다.

또한 색다른 개성을 더하는 재료로 오렌지 블러섬 워터를 꼽을 수 있는데, 미리 알려주지 않으면 먹으면서 알아챌 듯 말 듯할 정도로 아주 소량만 넣어준다. 먹었을 때 향을 금세 느낀다면 양을 너무 많이 넣은 것이다. 모든 소 재료를 잘 섞어 창자 케이싱에 넣고, 60cm마다 한 바퀴씩 돌려 묶어준 다음 80°C 물에 데쳐 익힌다. 건져서 몇 시간 동안 매달아 말리면서 식힌다.

돼지고기 선물 풍습

냉장고나 냉동고가 일반화되기 전에는 돼지를 겨울철 가장 추운 날 도축하여 항아리에 담고 당일에 염장했다. 집집마다 돌아가면서 돼지를 잡으면 부댕, 비계, 삼겹살(안심 한 덩어리를 더 넣어 더 넉넉한 인심을 나누기도 했다)을 꾸러미에 싸서 하나씩 이웃과 친구들에게 돌렸다. 이러한 풍습 덕에 사람들은 겨울 내내 신선한 돼지를 조금씩 먹을 수 있었다.

레시피

마르멜로를 곁들인 부댕

마르멜로(유럽모과)의 과육을 깍둑 썬 다음 가염버터, 황설탕 약간, 카트르 에피스(quatre-épices)를 넣고 장시간 뭉근히 조린다. 브릭 페이스트리 위에 나누어 놓고 껍질을 벗긴 부댕 슬라이스를 얹은 뒤 봉투처럼 접는다. 돼지기름을 조금 두른 팬에 넣고 약한 불로 지진다. 종이타월에 놓고 기름을 뺀 다음 바로 서빙한다.

세벤식 부댕 요리

염장 삼겹살을 굵직하게 깍둑 썬 다음 팬에 넣고 약한 불로 노릇하게 지진다. 허브를 넣은 부댕을 먹기 좋은 크기로 토막낸 뒤 조심스럽게 껍질을 벗긴다. 다른 팬에 돼지 기름을 녹인 뒤 부댕을 넣고 겉이 바삭해지도록 아주 약한 불에서 지진다. 부댕과 삼겹살을 건져낸 뒤 팬에 물을 조금 붓고 디글레이즈하여 그레이비를 만든다. 부댕과 삼겹살을 접시에 담고 감자 퓌레를 곁들이고 그 위에 그레이비 소스를 뿌린다.

부댕 파르망티에

감자와 돼지감자를 섞어 퓌레를 만든 뒤 생크림, 넛멕, 달걀 1개를 넣고 잘 섞는다. 스위트 양파를 버터에 투명하게 볶는다. 껍질을 벗긴 부댕을 양파와 섞는다. 이것을 그라탱 용기에 채워 넣고 감자 퓌레를 덮은 뒤 작게 자른 버터를 고루 얹어준다. 오븐에 20분간 그라탱처럼 굽는다.

해산물과 부댕의 만남

작은 오징어를 씻는다. 머리와 다리를 굵직하게 다진 뒤 올리브오일을 조금 넣고 볶아낸다. 카날루냐식 부댕을 굵직하게 으깬 뒤 다진 오징어와 섞어준다. 혼합물을 오징어 몸통에 채워 넣고 입구를 이쑤시개로 찔러 봉한다. 올리브오일을 두른 팬에 넣고 지진다. 마늘, 타임, 에스플레트 고춧가루를 넣어 맛을 낸 토마토 소스에 넣고 약한 불로 자작하게 익힌다.

다양한 재료로 변화를 줄 수 있는 부댕 레시피

부댕은 기본적으로 신선한 돼지 피(일반적으로 건조분말을 쓰긴 하지만!)에 생양파 또는 녹인 돼지 기름이나 깍둑 썬 돼지비계에 볶은 양파, 카트르 에피스, 생크림을 섞어 만든다.

여기에 기호에 따라 부드러운 질감 또는 건더기가 씹히는 식감을 위해 돼지껍데기, 비계, 내장 부속, 채소, 과일, 빵, 달걀, 향신료, 허브, 술, 생크림, 우유 등의 갖가지 추가 재료를 넣는다.
이 모든 재료를 혼합한 뒤 각기 다양한 굵기의 돼지 창자(경우에 따라 소 창자)에 채워 넣고 끓는 물에 데쳐 익히거나 살균한 다음 팬에 지진다. 프로마주 드 테트(fromage de tête 돼지 머리고기로 만든 파테의 일종)와 부댕의 중간쯤 되는 '굵은 부댕'은 차갑게 먹거나 슬라이스하여 팬에 지져 따뜻하게 서빙한다. 또한 오믈렛처럼 익힌 퀵 레시피 버전의 부댕도 있다.

SANGUI
GALABAR
GOGUE
BOUTIFARRA
TRIPOTXA
TRULLE
VENTRU

현재 또는 과거의 다양한 부댕 레시피

지역	별명	돼지 피 외에 들어간 특별한 재료들
알자스 Alsace		양파, 다진 사과(reinette 품종), 생크림
브르타뉴 Bretagne		사과, 양파, 처빌
세벤 Cévennes		시금치, 쌉쌀한 맛의 샐러드 채소, 아니스, 오렌지 블러섬 워터
앙주 Anjou	고그 *Gogue*	생크림, 우유, 근대, 달걀. 굵은 대창에 채운다.
카탈로뉴 Catalogne	부티파라 *Boutiffara (boutifar, botiffara...)*	돼지 살코기, 비계, 고춧가루
리옹 Lyon		양파, 코냑, 허브, 샬롯 / 생크림, 양파, 근대
낭시 Nancy		양파, 생크림, 사과 콩포트
케르시 Quercy		돼지 볼살, 주둥이살, 시트러스 과일 제스트, 오렌지 블러섬 워터, 코냑
푸아투 Poitou		비계는 넣지 않는다. 우유, 달걀, 시금치, 세몰리나, 레이디핑거 비스킷
생캉탱 Saint-Quentin		양파, 달걀
파리 Paris	부댕 드 파리 *Boudin de Paris*	돼지 피, 비계, 양파를 동량으로 넣는다.
멘 Maine	부댕 드 멘 *IGP Boudin du Maine IGP*	돼지 피, 비계, 목구멍 살, 양파를 동량으로 넣는다.
옥시타니 Occitanie	갈라바르 *Galabar*	돼지 머리, 돼지 껍데기, 내장 부속, 빵, 대창. 차갑게 또는 잘라 팬에 지져 먹는다.
리무쟁 Limousin		염지한 돼지 살코기, 밤
베아른 Béarn		소고기 또는 돼지 머리, 항정살, 허파, 국물에 넣어 끓인 채소
니스 Nice	트뤨 *Trulle*	근대, 쌀
코르시카 Corse	상기, 방트뤼 *Sangui et ventru*	근대, 허브 믹스(herbes de maquis, 민트, 큰꽃개박하, 밤 또는 호두)
레위니옹 La Réunion		돼지비계, 쪽파, 파슬리, 고구마 순, 고춧가루
앙티유 Antilles	크레올식 부댕 *Boudin créole*	쪽파, 향신료, 타임, 올스파이스, 고춧가루, 바나나 잎 끓인 물
부르고뉴 Bourgogne		우유, 쌀
스트라스부르 Strasbourg		돼지 혀, 깍둑 썬 비계, 소 창자
오드 Audes		돼지 머리, 항정살, 돼지 껍데기, 돼지 족
쿠탕스 Coutances		생 양파, 돼지 부속 내장
오베르뉴 Auvergne		돼지 머리, 우유

돼지 잡는 날...

겨울이 되면 아직도 지방의 여러 마을에서는 하루 날 잡아 돼지를 잡는 생 코숑(Saint-Cochon) 행사를 벌인다. 이 날은 교구 주민들이나 마을 공무원들 누구든 상관없이 모두 모여 신성한 부댕을 앞에 놓고 친교를 나눈다.

옛날에 사람들은 돼지를 숭배했다. 돼지는 겨울 내내 든든한 양식이 되어 주었다. 어떤 이들은 '돼지'라는 이름으로 직접 부르지 않고 '무슈(Moussu, Monsieur 남성에게 붙이는 존칭)'라고 지칭하거나 심지어 '미니스트르(Ministre 장관)'이라는 호칭을 사용하기도 한다. 농가에서 온 가족과 열정적인 친구들이 모여 돼지(마지막에 도토리나 알밤을 먹여 살을 찌운 최소 150kg 이상의 돼지라면 금상첨화다)를 도축(또는 가공)하는 전통은 프랑스 전역에서 새로운 붐을 일으키고 있다.

일반적으로 돼지 도살을 '튀 코숑(tue-cochon)'이라고 부르지만 지방마다 이를 가리키는 말이나 사용하는 문법적 용어는 다양하다(tuaille, tuade, tuaison 또는 tuerie...). 옥시타니(Occitanie) 지방에서는 돼지를 '해체하다(dépecer)'라고 말한다(pèle-porc, pélaporc, péléra). 코르시카에서는 돼지를 '도살하다(abattre)'라고 표현한다(a tumbera).

오늘날 규격화된 전문 도축장이 일반화되면서 개인 도축업자(saigneur, 피레네에서는 mataporc, 랑그독에서는 sagnïre라고 한다)는 점점 사라지고 가정에서 도살하는 것은 금지되었다.

관련 내용으로 건너뛰기
p.336 동물의 위장, 요리가 되다

프랑스 빵 일주

프랑스에는 각 지방을 대표하는 고유의 빵이 있다. 치즈와 마찬가지로 프랑스 미식 유산의 소중한 일부인 다양한 빵을 따라 프랑스 일주를 떠나보자.

마리 로르 프레셰

북부에서 남부 지방 순으로 우리가 좋아하는 빵들

팔뤼슈 LA FALUCHE(Hauts-de-France) 크러스트가 없고 말랑말랑한 작은 발효종 빵으로 오래 굽지 않아 표면이 하얗고 많이 부풀지 않는다. 구운 뒤 오븐에서 꺼내 천으로 된 푸대에 넣어 증기로 빵이 말랑해지도록 한다. 릴(Lille)의 학생들이 쓰고 다니는 검은색 벨벳 베레모의 이름도 이 빵에서 따왔다. (21)

팽 타바티에르 LE PAIN TABATIÈRE (Picardie) 둥근 빵 반죽 덩어리의 1/4 정도 되는 부분을 민 다음 위로 접어 올려 굽는다. 이러한 유형의 빵은 쥐라(Jura) 지방에서도 찾아볼 수 있다. (24)

팽 브리에 LE PAIN BRIÉ (Normandie) 오래 치대고 '두드린' 반죽에 버터를 넣어 만든 밀도가 쫀쫀한 빵으로 표면에 나뭇잎 모양이나 이삭 모양으로 칼집을 내어 굽는다. (16)

팽 플리에 드 모를레 LE PAIN PLIÉ DE MORLAIX (Bretagne) 흰색의 둥근 빵으로 마치 머리를 배 위로 접은 듯한 모양으로 성형해 굽는다. (3)

팽 샤포 LE PAIN CHAPEAU (Finistère - Bretagne) 큰 사이즈의 둥근 반죽에 작은 반죽을 하나 얹은 뒤 중앙에 손가락으로 구멍을 한 개 뚫어 구운 빵이다. (4)

팽 레장스 LE PAIN RÉGENCE (Oise) 작고 둥근 반죽 5개를 길게 이어 붙여 구운 빵. 17세기부터 맥주 효모를 사용해 만들어 온 최초의 빵들 중 하나이다. (20)

바게트 파리지엔 LA BAGUETTE PARISIENNE 파리식 바게트. 반죽 250~300g을 길이 60~65cm로 길쭉하게 성형한 뒤 표면에 비스듬한 방향으로 칼집을 다섯 번 내어 굽는다. (30)

푸에 드 투렌 LA FOUÉE DE TOURAINE 아주 뜨거운 오븐에 구워 부풀게 한 동글 납작한 모양의 투렌식 갈레트. 이 빵의 이름은 숯불 화덕을 뜻하는 '푸(fou, '불(feu)'을 뜻하는 옛 프랑스어)'에서 유래했다. (45)

팽 코르동 드 부르고뉴 LE PAIN CORDON DE BOURGOGNE 타원형으로 성형한 반죽 위 중앙에 길게 땋은 띠 모양의 반죽을 얹어 구운 부르고뉴의 빵으로 마치 구우면서 길게 갈라진 듯한 시각적 효과를 낸다. (37)

쿠론 보르들레즈 LA COURONNE BORDELAISE 가운데가 뚫린 왕관 모양의 보르도식 빵. 둥글게 뭉친 각 80g짜리 작은 반죽 덩어리 8개를 가운데 놓은 원반형 반죽 주위에 빙 둘러 놓은 뒤 원반에 칼집을 내 접어 붙여 굽는다. (52)

쿠론 리오네즈 LA COURONNE LYONNAISE 둥근 반죽 덩어리에 손으로 구멍을 낸 뒤 늘여서 왕관 모양으로 만들어 구운 빵 (49)

포르트망토 드 툴루즈 LE PORTE-MANTEAU DE TOULOUSE (Haute-Garonne) '옷걸이'라는 뜻의 이름을 가진 툴루즈의 빵으로 500g의 반죽을 길게 성형한 뒤 전체 길이의 1/3 정도 되도록 양끝을 가운데 방향으로 말아 굽는다. (66)

푸가스 LA FOUGASSE (Midi-Méditerranée) 올리브오일을 넣은 반죽을 타원형으로 민 다음 야자수 모양으로 양쪽에 칼집을 내어 굽는다. 원래 이 빵은 제빵사가 다른 빵들을 오븐에 넣기 전에 적절한 온도에 달했는지 확인할 목적으로 미리 구워보았던 것이라고 한다. (57)

팽 드 보케르 LE PAIN DE BAUCAIRE (Languedoc) 오래 치대어 반죽한 뒤 표면이 갈라지도록 길게 칼집을 넣어 구운 빵으로 속살에 기공이 많다. (73)

팽 보두아 드 사부아 LE PAIN VAUDOIS DE SAVOIE 스위스가 원조인 이 덩어리 빵은 표면에 십자 모양으로 칼집을 넣어 굽는다. (51)

미셰트 드 프로방스 LA MICHETTE DE PROVENCE 각 250g의 반죽을 길쭉하게 성형한 뒤 가운데 길게 칼집을 넣어 구운 프로방스의 빵이다. (78)

맹 드 니스 LA MAIN DE NICE 이탈리아에서 유래한 빵으로 크루아상 모양의 손가락이 네 개 달린 독특한 형태이다. (79)

오베르냐 L'AUVERGNAT 반죽 500g을 둥글게 뭉친 덩어리 위에 얇게 민 반죽 50g을 얹어 구운 빵이다.

토르뒤 LE TORDU (Sud-Ouest) 반죽을 길쭉하게 꼬아 구운 빵이다. (64)

쉬브로 달자스 LE SÜBROT D'ALSACE 반죽 550g을 둘로 나눠 직사각형으로 민 다음 겹쳐 놓고 작은 마름모 모양으로 여러 개로 잘라 두 개씩 나란히 붙여 굽는다. 빵 이름에 붙은 '쉬(sü)'는 동전 한 닢(sou)라는 뜻으로, 이 빵이 한창 유행하던 옛날에 동전 한 닢이면 살 수 있었던 데에서 유래했다고 한다. (39)

쿠피에트 드 코르스 LA COUPIETTE DE CORSE 두 덩어리로 쉽게 나누어 뗄 수 있도록 성형해 구운 코르시카섬의 빵. (80)

특이한 빵 종류

아르티쇼 L'ARTICHAUT 반죽을 길고 가늘게 밀고 한 면을 삐죽삐죽하게 자른 뒤 마치 아티초크 모양으로 돌돌 말아 구운 빵. (23)

브누아통 LE BENOÎTON 거무스름한 호밀 반죽에 코린트 건포도를 넣어 만든 작은 빵이다. 독이 든 작은 빵을 먹고 목숨을 잃을 뻔 한 '성 브누아(saint-Benoît)'에서 유래한 이름이다. (32)

불로 LE BOULOT 500g의 반죽 덩어리를 갸름하게 만들어 구운 흰 빵으로 주로 버터, 잼 등을 발라 먹거나 토핑을 얹어 먹을 수 있도록 슬라이스해서 판매한다. (35)

폴카 LE POLKA 둥근 모양의 덩어리 빵으로 표면에 사각형이나 마름모꼴로 격자무늬를 내어 굽는다. (22)

투르트 LA TOURTE 거의 도정하지 않은 거친 밀가루로 만드는 덩어리 빵이다.

퀸아망은 빵일까?

퀸아망(kouign-amann 쿠이냐만)은 빵 반죽에 버터를 넣고 켜켜이 설탕을 뿌려가며 푀유타주와 같은 방식으로 밀어 접기하여 만든다. 오븐에 구울 때 이 설탕이 캐러멜라이즈 되면서 안은 겹겹이 부드럽고 꾸덕하며 겉은 파삭한 식감을 만들어낸다. 브르타뉴 지방의 특산품으로 코르누아이(Cornouaille)가 원산지인 '쿠이냐만'의 이름은 브르타뉴어로 케이크를 뜻하는 '쿠인(kouign)'과 버터를 뜻하는 '아만(amann)'에서 왔다.

그 기원에 대해서는 여러 설이 있는데, 아마도 버터보다 밀가루가 더 부족했던 시절에 처음 만들어진 것으로 추정된다. 밀가루 400g, 버터 300g, 설탕 300g이라는 이례적인 재료배합 비율을 보면 알 수 있다.

빵 반죽으로 만드는

브레첼 Le bretzel

알자스와 독일 음식의 상징과도 같은 이 작은 빵이 알려지기 시작한 것은 이미 카롤링거 왕조에서 그 흔적을 발견할 수 있는 것으로 미루어보아 최소 그 역사가 천 년 이상으로 추측된다.
12세기 알자스의 오엔부르(Hohenbourg, Mont-Saint-Odile) 수도원에서 집필된 호르투스 델리키아룸(Hortus deliciarum) 필사본의 화려한 문체 안에서도 '브레첼'이 언급된 것을 찾아볼 수 있다. 브레첼이라는 이름은 '팔찌'를 뜻하는 라틴어 '브라켈루스(bracellus)'에서 유래했다. 이 빵의 모양은 하트 또는 두 팔을 꼰 모습과 닮아 있다.
이 빵의 기원에 대해서는 여러 가지 설이 분분하다.
브레첼은 남성 명사일까 여성 명사일까? 둘 다 받아들일 수 있지만 알자스 어와 독일어에서 이 단어는 남성이다. 이것은 버터를 넣은 빵 반죽(pâte à pain)으로 모양을 만든 뒤 베이킹 소다를 넣은 끓는 물에 우선 데쳐내고 그 다음 오븐에 굽는다. 이렇게 만든 브레첼의 표면은 특유의 윤기를 띤다.

브레첼

드니즈 솔리에 고드리

준비 : 30분
휴지 : 2시간 20분
조리 : 15분
브체첼 15개 분량

밀가루 500g + 작업대에 뿌리는 용도 30g
동결건조한 베이킹용 생 이스트 2작은 봉지
설탕 1티스푼
소금 1티스푼
따뜻한 물 250ml
베이킹소다 30g
달걀노른자 1개분
굵은소금 1줌 and/or 커민 씨 50g

넓은 볼에 밀가루를 붓고 가운데 움푹한 공간을 만든 뒤 이스트 한 봉지와 소금, 설탕을 넣는다. 여기에 따뜻한 물을 조금씩 넣으며 손으로 살살 혼합한다. 반죽이 단단하고 균일해질 때까지 고루 섞는다. 깨끗한 행주로 덮어 따뜻한 곳에서 2시간 휴지시킨다. 작업대에 밀가루를 뿌린다. 반죽을 떼어내 지름 2cm, 길이 40~50cm의 가늘고 긴 끈 모양을 만든다. 양쪽 끝을 가늘게 굴린 다음 반죽 끈으로 뉘인 8자 모양을 만든다. 20분간 발효시킨다. 오븐을 200°C로 예열한다. 냄비에 물과 베이킹소다, 나머지 이스트 한 봉지를 넣고 끓인다. 여기에 브레첼을 넣고 데친 뒤 수면으로 떠오르기 시작하면 거품국자로 건진다. 물을 털어낸 뒤 유산지 위에 놓는다. 달걀노른자를 풀어 붓으로 반죽에 고루 발라준다. 굵은 소금 또는 커민 씨(혹은 둘 다)를 솔솔 뿌린 다음 오븐에 넣고 노릇한 색이 날 때까지 굽는다. 뜨거울 때 먹는다.

관련 내용으로 건너뛰기
p.354 프랑스 전통 빵

les Pains Régionaux

프랑스 빵 지도

1981년 리오넬 푸알란(Lionel Poilâne)이 프랑스 전역에서 조사한 자료를 토대로 제작했다.

1 팽 플리에 Pain plié
2 바라 미셴 Bara Michen
3 팽 드 모를레 Pain de Morlaix
4 팽 샤포 Pain chapeau
5 보니마트 Bonimate
6 미로 Miraud
7 팽 소몽 Pain saumon
8 몽지크 Monsic
9 가로 Garrot
10 팽 드 셰르부르 Pain de Cherbourg
11 팽 바토 Pain bateau
12 쿠론 물레 La couronne moulée
13 투르통 Le tourton
14 가슈 La gâche
15 팽 레네 Pain rennais
16 팽 브리에 Pain brié
17 팽 아 수프 Pain à soupe
18 팽 드 미 Pain de mie
19 메그레 Le maigret
20 팽 레장스 Pain régence
21 팔뤼슈 La faluche
22 팽 폴카 Pain polka
23 팽 아르티쇼 Pain artichaut
24 프티 팽 타바티에르 Petit pain tabatière
25 프티 팽 슈안 Petit pain choine
26 프티 팽 피스톨레 Petit pain pistolet
27 프티 팽 오베르냐 Petit pain auvergnat
28 프티 팽 앙프뢰르 Petit pain empereur
29 프티 팽 미로 Petit pain miraud
30 팽 드 팡테지 Pain de fantaisie
31 팽 마르샹 드 뱅 Pain marchand de vin
32 브누아통 Le benoiton
33 팽 소시송 Pain saucisson
34 팽 팡뒤 Pain fendu
35 팽 불로 Pain boulot
36 팽 오 누아 Pain aux noix
37 팽 코르동 Pain cordon
38 팽 타바티에르 Pain tabatière
39 쉬브로 Sübrot
40 팽 그래엄 Pain Graham
41 펌퍼니클 Pumpernickel
42 팽 트레세, 팽 나테 Pain tressé et pain natté
43 페르 아 슈발 Le fer à cheval
44 팽 콜리에 Pain collier
45 푸에 La fouée
46 팽 코르데 Le pain cordé
47 팽 드 세글 Le pain de seigle
48 팽 슈맹 드 페르 Pain chemin de fer
49 쿠론 La couronne
50 쿠론 드 뷔제 La couronne de Bugey
51 팽 보두아 Le pain vaudois
52 쿠론 보르들레즈 La couronne bordelaise
53 수플람 La souflâme
54 메테이 Le méteil
55 세다 Le seda
56 마니오드 La maniode
57 푸가스 La fougasse
58 팽 부이이 Le pain bouilli
59 리우트 La rioute
60 가스콩 또는 아주네 Le gascon ou l'agenais
61 메튀르 La méture
62 티뇰레 Le tignolet
63 플랑바드, 플랑바델, 플랑베슈 La flambade, flambadelle, flambêche
64 토르뒤 Le tordu
65 카트르 반 Le quatre-banes
66 포르드 망토 Le porte manteau
67 에쇼데 L'échaudé
68 팽 드 로데브 Le pain de Lodève
69 피닉스, 팽 비에누아 Le phoenix, le pain viennois
70 찰스톤 Le charleston
71 라바유 Le ravaille
72 팽 쿠아페 Le pain coiffé
73 보케르 Le beaucaire
74 팽 시 Le pain scie
75 팽 덱스 Le pain d'Aix
76 테트 덱스 La tête d'Aix
77 찰스톤 니수아 Le charleston niçois
78 미셰트 La michette
79 멩 드 니스, 몽트 드쉬 La main de Nice et le monte-dessus
80 쿠피에트 La coupiette
81 브레첼 Bretzel

뱅 존 소스와 모렐 버섯을 곁들인 닭 요리

와인 마니아인 프랑수아 뒤테(François Duthey) 셰프는 아내 실베트와 함께 벨포르(Belfort)와 몽벨리아르(Montbéliard) 사이에 위치한 세브낭(Sévenans)에서 '오베르주 드 라 투르 팡셰(Auberge de la Tour Penchée)'를 25년째 운영하고 있다.

쥐라의 황금, 뱅존
뱅 존(vin jaune)은 쥐라(Jura) 지방에서만 제조되는 드라이 화이트와인으로 이 지역 토종 화이트와인용 포도인 '사바냉(savagnin)' 품종으로 만든다.
생산 : 공식 인증된 AOC(원산지 명칭 통제) 뱅 존은 샤토 샬롱(Château-Chalon), 아르부아 뱅 존(Arbois vin jaune), 뱅 존 드 레투알(Vin jaune de l'Étoile), 코트 뒤 쥐라 뱅 존(Côtes-du-Jura vin jaune) 4종뿐이다. 제조 과정의 시작은 일반 화이트와인과 비슷하다. 포도를 수확한 뒤 파쇄 압착하여 양조통에 넣는다. 발효를 마친 뒤 오크통에서 6년 3개월 동안 숙성시킨다. 이 기간 동안 '수티라주(soutirage 오크통 하단에 쌓여 있는 찌꺼기를 제거하고 다른 용기로 따라 옮기는 작업)'나 '우이야주(ouillage 오크통 안에서 숙성하는 동안 발생하는 액체의 자연 증발로 인한 손실을 보충하기 위해 정기적으로 '우이예트(ouillette)'라 불리는 큰 스포이트를 이용해 와인을 채워주는 작업)'는 하지 않는다. 와인은 증발에 의해서 양이 줄고 표면에는 베일처럼 얇은 효모막이 형성되어 자연적으로 와인을 산화로부터 보호한다.
와인 병 : 뱅 존 병은 '클라블랭(clavelin)'이라는 이름을 갖고 있으며 용량은 620ml이다. 이것은 1리터의 와인을 오크통에서 숙성시켰을 때 액체로 남은 양에 해당한다. 증발한 나머지 분량인 380ml는 '엔젤스 셰어(la part des anges 천사의 몫)'라고 불린다.
테이스팅 : 청사과, 견과류(특히 호두), 커리, 사프란 등의 스파이스 향, 은은한 플로랄 노트를 지니고 있다. 뱅 존 소스 닭 요리 이외에 이 와인은 전통적으로 대부분의 가금육 요리뿐 아니라 오래 숙성된 콩테 치즈와도 잘 어울린다.

레시피
프랑수아 뒤테

닭(poularde) 1마리(6 또는 8토막으로 자른다)
말린 모렐 버섯 1줌
사바냉(Savagnin) 와인 ½병
뱅 존(vin jaune) 1컵
닭 육수 1컵
샬롯 1개
더블크림 1테이블스푼
가염버터
밀가루
소금, 후추

모렐 버섯을 약간의 물에 담가 몇 시간 불린다. 버섯 향이 우러난 윗물을 한 컵 조심스럽게 따라내어 보관한다. 버섯은 넉넉한 양의 물에 6~10번 씻어 건져둔다. 무쇠 코코트 냄비에 가염버터를 넉넉히 한 조각 녹인 뒤 닭 토막들을 넣고 지지듯 굽는다. 밀가루를 얇게 솔솔 뿌리고 소금, 후추로 간한다. 잘 섞은 다음 닭 육수, 사바냉 와인, 모렐 버섯 우린 물을 넣어준다. 뚜껑을 덮고 40분간 익힌다. 서빙 바로 전에 크림, 모렐 버섯을 넣는다. 잠깐 끓여 불에서 내린 뒤 뱅 존 한 잔을 넣어준다.

두 가지 팁!
❶ 가격대가 높은 뱅 존 한 병을 사용하기보다 익힌 후 마지막에 딱 한 잔만 부어 맛을 낸다. 이 레시피에서는 사바냉 와인을 사용했다.
❷ 얇게 송송 썬 리크를 첨가하면 더욱 깊은 풍미를 낼 수 있다.

관련 내용으로 건너뛰기
p.66 야생버섯

교수대의 와인

인간의 시체가 양분을 공급한 포도밭
로베르 보*

신화...
프랑슈 콩테 지방에서 '부아 뒤 팡뒤(Bois des Pendus '매달린 사람들의 나무'라는 뜻으로 '교수대'를 의미한다)'는 프랑스 대혁명 이전 처형이 집행되었던 단두대인 '부아 드 쥐스티스(Bois de Justice)'[1]에 해당한다. 죄인의 일벌백계 현장이 잘 보이도록 이 나무 기둥은 각 도시와 마을에서 가까운 언덕지대에 세워져 있었다. 나무에 매달리거나 바닥에 노출된 시체들은 시간이 흐름에 따라 새와 벌레의 먹이가 되거나 부패했다. 이들로부터 나온 액체와 찌꺼기는 토양에 양분을 제공해주었다. 이 공간을 점령한 자생 식물 중에서는 맨드레이크(뿌리가 사람의 하반신을 닮은 식물로 마법 효능을 지닌 주술적 의미를 지니고 있다)를 발견할 수 있었다. 토양은 비옥해졌고 이는 빈 땅이 생기면 주로 포도나무를 심곤 했던 인접 토지에도 영향을 미쳤다.

...몽벨리아르에서 증명된 사실
몽벨리아르(Montbéliard) 공국은 1793년 프랑스로 병합되기 전까지 뷔르템베르크(Wurtemberg) 왕자들의 소유였다. 몽벨리아르시와 그곳의 요새 풍경을 담은, 1589년 6월 15일이라는 날짜가 표시되어 있는 수채화(사진) 상단 왼쪽에서는 여러 도구(교수대, T자형 지주 등)를 포함한 처형장의 모습과 시체와 그 잔해들이 남아 있는 현장을 찾아볼 수 있다. 이 처형장은 이 마을 병원 소유의 포도밭이 가깝게 둘러싸고 있다. 이 포도밭에서는 좋은 품질의 와인을 생산된 것으로 추정된다. 이곳에서 재배된 포도품종 중에는 플루사르(Ploussard)와 사바냉(Savagnin)이 포함되어 있었고, 이들은 1654년에 십일조 세금 납부에서 해방되었다. 이곳의 와인에서 맨드레이크 맛이 났는지는 알려지지 않고 있다.

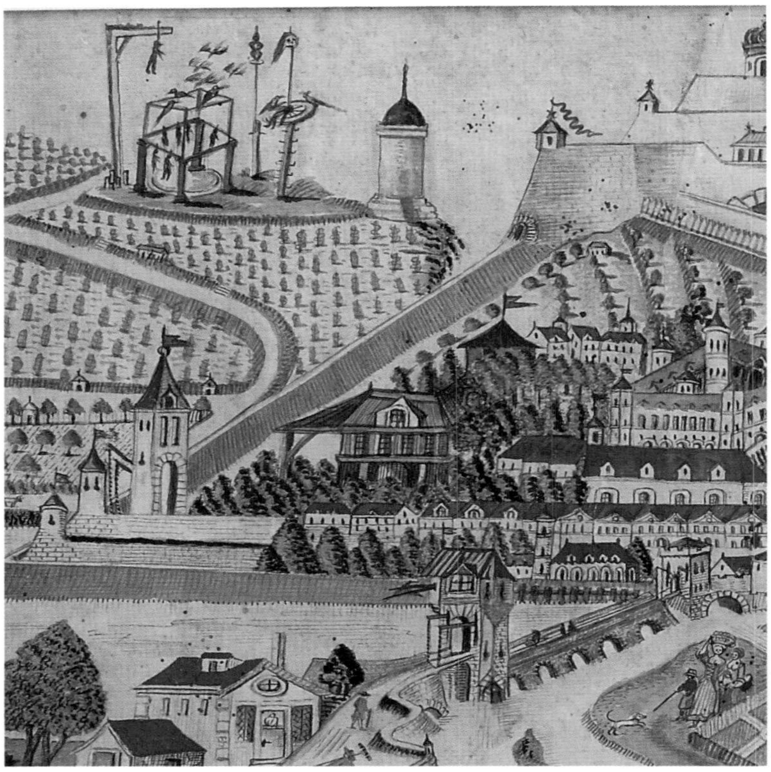

몽벨리아르시와 요새 풍경의 한 장면.
몽벨리아르 박물관 제공. 사진: 클로드 앙리 베르나르도(Claude-Henri Bernardot).

1. 단두대, 교수대 등을 뜻하는 여러 명칭들(les Justices, Bois de Justice, Bois des Pendus)을 통해 프랑스(19세기)의 토지대장에 나타난 분류 체계를 엿볼 수 있다. 토지대장에는 봉건 영주법으로 정한 명칭과 내용이 명시되어 있었고, 이에 의거해 고위 체벌 관리들은 죄인에게 형벌을 내리고 처형을 집행했다. 처형은 각 영지에서 이루어졌다. 결과적으로 훗날 프랑스 토지대장에서 인정한 이 명칭들은 프랑스 영토의 구획도에서 아주 빈번하게 사용되고 있다.

* Robert Baud : 르 무트로(Le Moutherot, Doubs)의 열정적인 와인 양조업자

관련 내용으로 건너뛰기
p.84 내추럴 와인

샹티이 크림, 노블레스 오블리주

18세기 프랑스의 섬세한 세련미, 아름드리 나무그늘에서 즐기는 밀회의 티타임, 대화의 리듬에 맞추어 빙글빙글 도는 여인들의 호박단 드레스 등의 이미지를 떠올리는 크렘 샹티이(Crème Chantilly)...
세상에서 가장 유명한 이 달콤한 크림에 스포트라이트를 맞추고 거품기로 휘젓듯이 세밀하게 관찰해보자.

베로니크 리셰 르루즈

누가 샹티이 크림을 처음 만들었을까?
4가지 가설

프랑스 귀족층의 유명한 메트르도텔(maître d' hôtel)이었던 **프랑수아 바텔 (François Vatel)**이 1671년 유명했던 보 르 비콩트(Vaux-le Vicomte) 연회에서 루이 14세와 궁정의 하객들에게 가볍고 달콤하게 휘핑한 새로운 타입의 크림을 선보인 것으로 전해진다. 몇 년이 지난 후, 샤토 드 샹티이(château de Chantilly)의 주방을 총괄하게 된 그는 회양목 가지로 크림을 휘저어 거품을 냈다고 한다.

프랑스의 왕비 **카트린 드 메디시스 (Catherine de Médicis)**를 통해 크림을 휘저어 거품을 내는 기술이 이탈리아에서 들어왔다는 설이다. 이탈리아에서는 금작화 가지로 크림을 휘저어 거품을 냈다고 한다.

콩데 왕자 Le prince de Condé가 1775년 성 인근에 조성한 작은 촌락에서 샹티이식 크림의 유행을 일으켰다고 전해진다. 농가와 우유 보관소, 소들이 풀을 뜯는 초장, 작은 가옥 두 채로 이루어진 제대로 된 작은 마을이었던 그곳은 상류사회 사람들이 목가적인 파티와 연회를 여는 공간으로 사용되기도 했다.

브리스 코느송(Brice Connesson*)의 가설 : "이 특별하고도 유명한 크림의 존재를 입증하는 최초의 문헌은 그 역사가 1784년까지 거슬러 올라간다. 그해에 **마리 페오도로브나 (la baronne Marie Féodorovna) 남작부인**은 샹티이(Chantilly)의 작은 농가촌에서 개최된 연회 이야기를 하면서 처음으로 이 크림에 '샹티이'라는 이름을 붙여 언급했다."

샹티이 크림의 성공 스토리

19세기 이 크림은 각종 요리책에 등장하기 시작한다. '거품기로 휘저어 눈처럼 거품을 낸' 샹티이 방식의 달콤한 크림이라고 묘사하고 있다. 20세기 초 샹티이 크림은 크게 유행하게 되었고, 단독으로 크림만 먹거나 과일, 디저트 등에 곁들여 먹었다. 1970년대에 크림에 공기를 주입해 거품을 올리는 휘핑 머신(aérobatteur)이 등장하면서 샹티이 크림은 더욱 널리 퍼져나갔다. 이 크림은 케이크에 주로 사용되던 기존의 무거운 버터크림을 대체하며 현대식 파티스리 발전에 크게 기여했다. 전동 스탠드 믹서기가 출시되면서 샹티이 크림은 모든 중산층 가정에서 손쉽게 만들어 먹게 되었다.

마스카르포네를 넣은 샹티이 크림

브리스 코느송

프랑스의 천재 파티시에가 이탈리아 재료 중 가장 크리미한 마스카르포네를 이용해 만들어낸 유혹적인 크림 !

생크림(crème fleurette 지방 35%) 850g
마스카르포네 150g
슈거파우더 50g
바닐라 빈 1/2줄기

하루 전날, 차가운 생크림에 마스카르포네를 넣고 녹여 풀어준다. 바닐라 빈을 길게 갈라 긁은 뒤 줄기와 함께 생크림, 마스카르포네 혼합물에 넣는다. 냉장고에 넣어 향이 우러나게 하룻밤 둔다. 다음 날, 바닐라 빈 줄기를 건져낸 다음 표면에 작은 거품이 생길 때까지 천천히 거품기를 돌린다. 슈거파우더 분량의 반을 넣고 거품기 속도를 높인 뒤 세게 돌려 휘핑한다. 크림이 되직해지면 나머지 슈거파우더를 넣고 계속 돌려 원하는 농도가 될 때까지 휘핑한다. 슈(choux) 안에 채워 넣기에 이상적인 크림이다.

* Brice Connesson : '라 파시옹 뒤 쇼콜라(La Passion du chocolat)'의 파티시에, 쇼콜라티에.
45, rue Connétable, Chantilly, Oise

샹티이 크림을 성공적으로 만드는 법

재료 배합 : 생크림(crème liquide 또는 crème fleurette) 1리터, 슈거파우더 50g, 바닐라 빈 1/2줄기

생크림 : 최소 35% 이상의 유지방을 함유한 좋은 품질의 비멸균(crue) 또는 저온살균(pasteurisée) 생크림을 선택한다. 초고온멸균(UHT) 크림(첨가물이 너무 많다)은 피하는 것이 좋으며, 저지방 생크림은 사용하지 않는다. 더블크림 또는 헤비크림(crème épaisse)을 휘핑해 샹티이 크림을 만들 수도 있으나 텍스처가 더 무겁고 되직하다.

바닐라 : 액상 생크림에 바닐라 빈 1/2개를 넣고 12시간 동안 냉장고에 넣어 향을 충분히 우려낸다. 하지만 크림을 휘핑하기 바로 전에 바닐라 빈을 길게 갈라 긁어 넣어도 큰 지장은 없다.

설탕 : 슈거파우더가 가장 가볍고 휘핑 시 더 고르게 잘 섞인다. 일반 설탕가루를 넣으면 샹티이 크림 텍스처가 무거워진다.

온도 : 샹티이 크림을 만들 때는 냉장고에 넣어두었던 차가운(4°C) 생크림을 사용하며, 바닥이 둥근 볼을 얼음 위에 놓고 휘핑한다.

휘핑 : 살대가 가는 큰 사이즈의 거품기를 사용해 설탕을 조금씩 넣어가며 천천히 휘젓는다. 손목이 규칙적으로 움직이는 리듬에 맞춰 약 15분 정도 휘핑한다.

전동 거품기 : 더욱 쉽게 휘핑할 수 있지만 사용 시 섬세한 주의가 필요하다. 처음에는 거품기를 저속으로 돌리다가 농도가 되직해지는 상태를 보아가며 점점 속도를 높인다. 시간과 속도 조절이 관건이다. 너무 빠른 속도로 오래 휘핑하면 버터가 된다. 적정 휘핑시간 : 5~7분

팁 : 더블크림을 1~2테이블스푼 첨가하면 새콤한 맛을 더할 수 있다.

법적 규정 : 지방 함량 최소 35%의 생크림, 바닐라 빈, 슈거파우더를 원재료로 하여 휘핑한 크림에만 '크렘 샹티이(crème Chantilly)'라는 명칭을 붙일 수 있다.

관련 내용으로 건너뛰기
p.118 <슈> 반죽 패밀리

오리 가슴살, 마그레

어떻게 '마그레 드 카나르(magret de canard 오리 가슴살)'는 1960년대 모든 미식가의 식탁에서 인기를 독차지하게 되었을까? 그 해답과 레시피가 바로 여기에 있다.

아르노 다갱 & 아녜스 드빌

나의 아버지 앙드레 다갱(André Daguin)은 어떻게 감히 오리 가슴살을 레어(saignant)로 구울 생각을 했을까...

"뭐라고? 오리 가슴살을 덜 익힌 레어로 구워 서빙한다고? 손님들이 화장실을 들락거리거나 병원 신세를 지게 될 텐데..." 1955년, 할아버지는 뾰족한 베레모 아래로 눈썹을 찌푸리며 내게 이렇게 말했다. "너도 잘 알다시피 오리는 더럽기 때문에 콩피처럼 오래 익혀야만 안전하단다." 아마도 위험이 없어지긴 하겠지만 맛 또한 없으며 고기는 말라서 뻑뻑해진다. 오리의 이 맛있는 붉은 살은 콩피 단지 안에서 건져 먹기보다는 독자적인 요리로서의 역할을 할 가치가 충분하다. 우리는 여러 레시피가 나오는 것을 보고 먹어도 보았지만 레어로 구운 오리 가슴살이야말로 프랑스인이 좋아하는 요리로 그 인기가 지속되고 있으며 이제는 전 세계로 퍼져나가고 있다.
- **앙드게 다갱**(형사 마그레 le commissaire Magret라는 별명을 얻었다)

길게 칼집 내어 익히는 레시피

La recette des des "CHOUNES"

나의 아내 아녜스 드빌이 오리 가슴살 30인분을 요리하는 방법

이 커팅 방법은 당신을 캅 다그드(Cap d'Agde) 최고의 바비큐에서 인기 만점의 인물로 만들어줄 것이다.
이 방법으로 자르면 일인분 분량을 정확하게 나눌 수 있고, 고루 완벽하게 익힐 수 있을 뿐 아니라 수준은 좀 떨어지지만 외설적인 농담으로 일행을 웃길 수 있을 것이다. ('choune'은 여성의 생식기를 뜻한다 - 역주)
한 커플당 오리 가슴살 덩어리를 한 개씩 준비한다. 이것을 길이로 반 잘라 2인분을 만든 다음 칼끝으로 껍질 쪽에 격자무늬로 껍질 두께의 반까지 칼집을 내준다. 팬을 약한 불에 올린 뒤 따뜻해지면 오리 가슴살을 껍질이 아래로 오도록 놓고 천천히 가열한다. 노릇한 색이 나기 전에 껍질이 기름이 녹아야 한다.
오리 가슴살을 꺼낸 뒤 팬의 기름을 제거한다. 각 가슴살 중앙에 길이로 칼집을 낸다. 양쪽 끝은 2~3cm씩 남겨둔다. 절개 면이 화반 모양으로 벌어지게 된다. 그대로 잠시 휴지시킨다(그동안 아페리티프를 즐긴다).
서빙하기 바로 전, 오리 가슴살의 살 쪽을 재빨리 팬에 지진다. 뒤집어서 껍질 쪽도 몇 초간 굽는다.

마그레(magret) 혹은 메그레(maigret)?

가스코뉴 지방에서 오리는 전통적으로 콩피(confit) 또는 좀 더 드물기는 하지만 통째로 오븐에 로스트해 먹었다. 가슴살을 따로 잘라내 요리하는 방법은 비교적 최근에 생겨났다.
오크어로 마그르(magre, maigre 마른, 기름기가 적은)의 애칭인 '마그레(magret)'는 푸아그라용으로 사료를 먹여 기른 거위나 오리의 가슴에서 잘라낸 살을 지칭한다. 오슈(Auch, Gers)에 위치한 '오텔 드 프랑스(Hôtel de France)'의 셰프인 나의 아버지 앙드레 다갱은 내가 태어나던 해(1959)에 이 오리 가슴살 요리법을 처음 선보였다. 아버지의 레시피인 '그린 페퍼콘을 넣은 오리 가슴살 요리(magret au poivre vert, 1965)'는 프랑스 미식을 대표하는 고전 요리가 되었다. 그는 프랑스어식으로 '메그레(maigret)'라는 용어를 사용해야 한다고 적극 추천했으나 결국은 가스코뉴식 원래 이름으로 굳어졌다.

바텔이 목숨을 끊던 날

피카르디 지방 알랜(Allaines, Picardie)에서 1620년대 중반에 태어난 바텔은 부르봉 콩데 가문의 샹티이성에서 각종 행정업무를 총괄했다. 1671년 4월 국왕 루이 14세의 샹티이성 방문을 맞아 축하 연회의 준비 상황을 감독하던 그는 갑자기...

로익 비에나시

왕은 목요일 저녁에 도착했습니다. 사냥을 했고 초롱불이 켜졌으며 달빛은 밝았고 산책도, 황수선화가 깔린 장소에서의 간단한 식사도 모두 흡족했습니다. 우리는 늦은 저녁을 먹었습니다. 예상치 못했던 손님들 여럿이 더 참석하는 바람에 몇몇 테이블에서는 로스트 고기 요리가 부족했습니다. 이때부터 바텔은 신경이 곤두서기 시작했습니다.
그는 여러 번 말했습니다. "이 무슨 불명예스러운 일입니까, 이렇게 치욕적인 일은 견딜 수 없어요." 그는 콩데 가문의 집사인 구르빌에게 말했습니다. "머리가 빙빙 돌 지경입니다. 12일 동안 잠을 제대로 못 잤어요. 일 지시하는 것 좀 도와주시면 좋겠습니다." 구르빌은 그가 할 수 있는 만큼 최대한 협조하며 부담을 덜어주었습니다. 물론 왕의 테이블은 아니었지만 고기가 모자랐던 몇 개의 테이블이 계속해서 바텔의 뇌리에 떠올라 신경이 쓰였습니다(...)
밤이 되었습니다. 하늘에 구름이 가득해 폭죽놀이도 제대로 성공하지 못했습니다. 만 육천 프랑이나 든 행사였는데 말입니다. 새벽 4시, 바텔은 이리저리 돌아보지만 모두 잠들어 있었습니다. 마침 들어오던 배달꾼을 만났는데 운반하는 생선이 두 상자밖에 없는 것을 보고 그에게 물었습니다. "이게 다란 말인가?" 배달부는 대답했습니다. "네, 이것뿐인데요." 그는 바텔이 여러 항구에 생선을 주문한 사실을 모르고 있었습니다. 바텔은 좀 더 기다려 보았지만 다른 배달꾼들은 오지 않았습니다. 머리가 뜨거워졌습니다. 더 이상 생선 배달은 오지 않을 거라 생각했습니다. 그는 구르빌을 찾아가 말했습니다. "저는 이러한 치욕을 겪고서는 살아 있을 수 없습니다. 명예와 그간의 평가를 모두 잃게 될 테니까요." 구르빌은 그리 대수롭지 않게 여겼습니다. 바텔은 자신의 방으로 올라가 방문에 긴 칼을 고정시키고는 가슴을 관통해 찔렀고 결국 세 번의 시도 끝에 목숨을 끊었습니다. 하지만 곧 이어 생선을 실은 마차들이 각지에서 도착하기 시작했습니다. 사람들은 이것을 분배하기 위해 바텔을 찾았습니다. 그의 방으로 가 문을 밀었을 때 이미 그는 피에 잠겨 있었습니다.

마담 드 그리냥(Madame de Grignan)에게 보낸
마담 드 세비녜(Madame de Sévigné)의 편지 중에서
파리, 1671년 4월 26일

바텔식(à la Vatel) 레시피란?

앙토냉 카렘은 자신의 레시피 3개에 콩데 가문의 집사였던 바텔의 이름을 붙였다(『19세기의 프랑스 요리(*L'art de la cuisine française au XIXe siècle*)』(1833-1843). 바텔식 넙치 필레(turbot en maigre à la Vatel), 바텔식 대구 필레(cabillaud en maigre à la Vatel), 바텔식 소고기 테린(palais de bœuf en tortue à la Vatel) 요리이다. 2007년 판 『그랑 라루스 요리백과(*Le Grand Larousse gastronomique*)』에서 '바텔 포타주(potage Vatel)'는 서대 육수 콩소메에 민물가재 쿨리로 만든 루아얄과 마름모꼴로 자른 서대 필레를 넣은 수프라고 언급되어 있다.

바텔의 자살은 당대인들에게 **거의 어떠한 반향도 일으키지 않았다.** 바텔은 요리사가 아니라 **메트르도텔(maître d'hôtel*)이었다.** 바텔은 그 **어떤 레시피도** 남기지 않았을 뿐 아니라 그 **어떤 책도** 저술하지 않았다. 한마디로 요약하면, 오로지 **그의 죽음만이 바텔을 유명하게 만든 것**이다.

* 당시 메트르도텔(maître d'hôtel)은 식사나 연회 준비 등 식생활 전반에 필요한 모든 기획, 구매, 재료 조달 및 각종 행정업무를 담당하는 총괄집사였다. 오늘날에는 레스토랑에서 접객과 홀 서비스 업무를 담당하는 매니저를 뜻한다.

애플타르트 3파전

어떤 이들은 오븐에서 나오자마자 뜨겁게 먹는 것을 좋아하고 또 어떤 사람들은 적당히 따뜻한 온도로 식은 타르트에 아이스크림을 한 스쿱 곁들여 먹는 것을 선호한다.
엘비라 마송

캐러멜라이즈드 애플타르트

세바스티엥 뒤모티에 *Sébastien Dumotier*

사과 품종 : 캐나다 그레이(Canada grise)
6인분
준비 : 25분
조리 : 35분

순 버터로 만든 파트 푀유테
(홈메이드 또는 시판용 시트) 1장
설탕 200g
사과 1.3kg
럼 20ml
바닐라 엑스트렉트 3티스푼
계핏가루 1티스푼

버터를 바르지 않은 파이 틀에 파트 푀유테 시트를 깔아준다. 사과의 껍질을 벗긴 뒤 속을 도려내고 반으로 잘라둔다. 팬에 설탕을 넣고 약한 불에서 젓지 않고 가열한다. 캐러멜 색이 나기 시작하면 사과를 넣고 약 10분간 익힌다. 럼, 바닐라 엑스트렉트, 계피를 넣고 약한 불에서 잘 섞어준다. 오븐을 180°C로 예열한다. 반죽 시트를 깔아둔 파이 틀 안에 사과를 채워 넣는다. 남은 캐러멜을 모두 사과 위에 끼얹는다. 오븐에서 35분간 굽는다. 오븐에서 꺼낸 직후 캐러멜이 식으면서 굳어 붙기 전에 틀에서 꺼낸다. 따뜻한 정도로 식은 애플타르트에 크렘 프레슈 또는 아이스크림 한 스쿱을 곁들여 서빙한다.

노르망디식 애플타르트

사과 품종 : 부사(Fuji) 또는 갈라(Gala)
6인분
준비 : 25분
조리 : 40분

순 버터로 만든 파트 푀유테
(홈메이드 또는 시판용 시트) 1장
사과 1kg
달걀 3개
더블크림 300ml
설탕 100g
칼바도스 50ml
레몬즙 1/2개분

버터를 바르지 않은 파이 틀에 파트 푀유테 시트를 깔아준다. 사과의 껍질을 벗기고 속을 도려낸 다음 두툼하게 세로로 등분한다. 갈변을 막기 위해 레몬즙을 뿌려둔다. 반죽 시트를 깐 파이틀에 사과를 가지런히 배치한다. 거의 조금씩 겹쳐질 정도로 빽빽하게 채워 넣는다. 볼에 달걀과 설탕을 넣고 색이 뽀얗게 변할 때까지 거품기로 잘 풀어 섞는다. 크림과 칼바도스를 넣어준다. 이 혼합물을 사과 위에 고루 붓는다. 180°C로 예열한 오븐에서 표면이 노릇해질 때까지 약 40분간 굽는다.

얇은 애플타르트

드니즈 솔리에 고드리 *Denise Solier-Gaudry*

사과 품종 : 골덴
6인분
준비 : 15분
조리 : 35분

순 버터로 만든 파트 푀유테
(홈메이드 또는 시판용 시트) 1장
사과 3개
황설탕 2테이블스푼
버터 15g

오븐을 200°C로 예열한다. 유산지를 깐 베이킹 팬 위에 반죽을 얇게 밀어 놓은 다음 포크로 군데군데 찔러준다. 사과의 껍질을 벗긴 뒤 속을 도려내고 세로로 4등분 한 뒤 얇게(약 3mm 두께) 슬라이스한다. 반죽 시트 위에 사과를 부분적으로 겹쳐가며 꽃모양으로 빙 둘러 놓는다. 설탕을 솔솔 뿌리고 작게 자른 버터를 고루 얹은 다음 오븐에서 노릇한 색이 날 때까지 35분 정도 굽는다. 따뜻한 온도로 식으면 먹는다.

관련 내용으로 건너뛰기
p.65 타르트 타탱

유명 셰프들의 애플타르트

알랭 파사르 Alain Passard
장미 부케 모양의 애플타르트로 핑크 레이디(pink lady) 품종 사과를 얇게 슬라이스한 다음 하나하나 꽃처럼 돌돌 말아 만든다.

필립 콩티치니 Philippe Conticini
반죽 시트 위에 핑크 레이디(pink lady) 품종 사과로 만든 콩포트를 덮은 뒤 골덴 사과 슬라이스를 빙 둘러 피라미드 모양으로 채워 넣는다.

시릴 리냑 Cyril Lignac
사과와 계피, 아몬드 크림을 넣은 타르트 아망딘(tarte amandine). 럼이 들어 있으니... 절제해서 드시길!

프랑스의 사탕

자크 브렐(Jacques Brel)은 꽃보다 사탕을 좋아했고 그 이유를 자신의 가장 유명한 노래로 표현했다. 프랑스 각 지방의 특산품 사탕들을 한 번 둘러보자.

엘비라 마송 & 델핀 르 푀브르

1 Angélique confite de Niort(앙젤리크 콩피 드 니오르): 안젤리카 줄기를 설탕 시럽에 7번 졸이듯 당절임한 것으로 전통적으로 작게 썰어 샤랑트식 갈레트 반죽에 넣는다.

2 Anis de Flavigny(아니스 드 플라비니): 아니스 씨에 제비꽃, 감초, 오렌지 등으로 향을 낸 설탕 시럽을 여러 겹 입힌 드라제 타입의 사탕으로 부르고뉴 지방의 플라비니 쉬르 오즈랭(Flavigny-sur-Ozerain)에서 생산된다.

3 Bergamote de Nancy(베르가모트 드 낭시): 황금빛을 띤 납작한 정사각형 모양의 사탕으로 베르가모트 에센스오일로 향을 낸다.

4 Berlingot de Pézenas(베를랭고 드 페즈나): 사촌격인 낭트식 베를랭고와는 달리 이 사탕은 갸름한 타원형이다.

5 Berlingot nantais(베를랭고 낭테): 알록달록한 색깔의 작은 삼각형 캔디로 약간 새콤한 맛이 난다.

6 Bêtise de Cambrai(베티즈 드 캉브레): 작고 통통한 사각형 쿠션 모양의 사탕으로 전통적으로 민트로 향을 내며 캐러멜화한 설탕으로 줄무늬를 입힌다.

7 Bois cassé(부아 카세): 샤랑트(Charente)의 특산물로 바삭하게 툭 부러지는 질감을 가진 길쭉한 나무 막대 모양의 사탕이다.

8 Boule Boissier de Paris(불 부아시에 드 파리): 색을 입힌 작은 방울 모양의 캔디로 백도, 장미, 귤, 제비꽃 등으로 향을 낸다.

9 Cachou Lajaunie(카슈 라조니): 리코리스(감초) 뿌리의 단맛을 추출해 만든 작은 사각형의 캔디로 노란색 원형 틴에 넣어 판매한다. 검은색의 이 작은 사탕은 매년 천만 통 이상 판매되는 성과를 올리고 있다.

10 Cafétis(카페티): 커피 원두에 다크 초콜릿을 씌운 것으로 론 알프(Rhône-Alpes) 지방에서 만들어진다.

11 Calisson d'Aix(칼리송 덱스): 납작한 작은 배 모양(navette)의 당과류로 설탕에 절인 과일과 아몬드가루로 만든 페이스트를 얇은 과자 시트 위에 놓고 흰색 또는 색을 낸 로열 아이싱을 씌운다.

12 Caramel au beurre salé(카라멜 오 뵈르 살레): 버터와 게랑드(Guérande) 소금의 맛이 풍부한 솔티드 버터 캐러멜.

13 Caramel tendre d'Isigny(카라멜 탕드르 디지니): 노르망디산 생크림 또는 우유를 넣어 만드는 소프트 캐러멜.

14 Cassissine de Dijon(카시신 드 디종): 카시스(블랙커런트) 과육으로 만든 젤리 사탕으로 안에는 카시스 리큐어가 들어 있다.

15 Chardon de Metz(샤르동 드 메츠): 화이트초콜릿에 갖은 색을 입혀 엉겅퀴(chardon)처럼 거칠고 동그랗게 만든 당과류로 안에는 브랜디가 들어 있다. 술이 들어 있으니 한번에 너무 많이 먹지 말 것!

16 Chuque du Nord(쉬크 뒤 노르): 빨강색에 흰 줄이 있는 포장지로 한 개씩 싸서 판매하는 커피 맛 사탕으로 안에는 말랑한 캐러멜이 들어 있다.

17 Coque aux fruits de Morangis(코크 오 프뤼 드 모랑지): 알록달록한 색깔의 조개껍데기 모양 캔디로 안에는 잼이 들어 있다.

18 Coquelicot de Nemours(코클리코 드 느무르): 개양귀비처럼 붉은색을 띤 납작한 직사각형 모양의 사탕으로 붉은 과일의 향과 새콤한 맛.

19 Cotignac d'Orléans(코티냑 도를레앙): 마르멜로(유럽모과)로 만든 젤리의 일종으로 입안에서 말랑하고 부드럽게 녹는다. 동그랗고 납작한 나무 상자 포장에는 잔 다르크의 초상이 그려져 있다.

20 Coucougnette du Vert Galant(쿠쿠녜트 뒤 베르 갈랑): 구운 통아몬드에 다크초콜릿 코팅을 입힌 뒤 라즈베리, 생강, 아르마냑으로 향을 낸 아몬드 페이스트로 감싼 봉봉.

21 Coussin de Lyon(쿠생 드 리옹): 초콜릿 가나슈에 큐라소로 향을 낸 아몬드 페이스트를 입힌 리옹의 특산품.

22 Crotte d'Isard(크로트 디자르): 통아몬드나 헤이즐넛에 초콜릿을 입힌 뒤 코코아가루를 뿌린다.

23 Dent de l'ours(당 드 루르스): '곰 이빨'이라는 이름의 이 당과는 피스타치오와 당절임 멜론을 넣은 아몬드 페이스트로 작은 큐브 모양을 만든 뒤 초콜릿을 씌운 아몬드를 마치 이빨처럼 한 개씩 얹어준다.

24 Dragée(드라제): 전통적으로 세례식이나 영성체, 결혼식 등의 행사 때 선물로 나누어주는 당과류로 아몬드나 초콜릿에 각종 색깔의 설탕 코팅을 입혀 만든다.

25 Flocon d'Ariège(플로콩 다리에주): 동글납작한 흰색의 머랭 사탕으로 안에는 녹진한 헤이즐넛 프랄리네가 채워져 있다.

26 Forestine de Bourges(포레스틴 드 부르주): 아몬드, 헤이즐넛, 초콜릿으로 만든 프랄리네를 새틴 질감의 매끈한 사탕으로 감싼 갸름한 직사각형 모양.

27 Froufrou de Rouens(프루프루 드 루앙): 알록달록한 색깔의 작고 통통한 사각형 사탕으로 안에는 잼이 들어 있다.

28 Fructicanne du Loiret(프뤽티칸 뒤 루아레): 시트러스 과일의 세그먼트 조각 모양 사탕으로 오렌지나 레몬으로 향을 낸다.

29 Fruit confit(프뤼 콩피): 당절임 과일. 중세에는 꿀에, 이후에는 설탕에 절여 만들었다. 뤼베롱 페이 답트(pays d'Apt, Luberon)의 특산품.

30 Gallien de Bordeaux(갈리엥 드 보르도): 누가틴 셸 안에 아몬드 프랄린을 채워 넣은 봉봉.

31 Gravillon du Gave(그리비용 뒤 가브): 얼룩얼룩 점무늬가 있는 작은 자갈 모양의 누가틴 드라제.

32 Grisette de Montpellier(그리제트 드 몽펠리에): 꿀과 감초로 만든 작고 동글동글한 사탕.

33 Guimauve de Toulouse(기모브 드 툴루즈): 툴루즈의 특산품인 이 마시멜로는 달걀흰자가 들어가지 않는 것이 특징이다.

34 Le Richelieu(리슐리외): 아몬드 크림과 피스타치오를 채운 정사각형의 누가틴 봉봉.

35 Madeleine de Commercy(마들렌 드 코메르시): 어린 시절 추억의 맛인 마들렌 크림을 채운 봉봉.

36 Masque noir(마스크 누아르): 감초를 넣어 만든 얼굴 모양의 검은색 봉봉으로 제비꽃 향이 은은하게 난다.

37 Menhir de Bretagne(메니르 드 브르타뉴): 헤이즐넛이나 아몬드에 밀크 초콜릿 가나슈를 씌운 다음 코코아 가루를 뿌려 만든 봉봉으로 그 모양이 마치 선돌(menhir)을 닮았다.

38 Mini-chique de Pézenas(미니 시크 드 페즈나): 베를랭고 캔디를 막대 사탕 형태로 만든 것이다.

39 Mousse de lichen(무스 드 리켄): 소화를 돕는 효능이 있는 아라비아 검에 리코리스와 바닐라 등의 향을 넣어 만든다.

40 Négus de Nevers(네귀스 드 느베르): 갈색의 캔디 안에 말랑한 초콜릿 캐러멜이 들어 있다. 네귀스(Négus)는 20세기 초 프랑스를 방문했던 아비시니아(현, 에티오피아) 황제의 별명이었다.

41 Niniche(니니슈): 다양한 향의 원통형 막대 사탕으로 키브롱(Quiberon)의 특산품이다. 1946년 프랑스 최고의 봉봉으로 뽑힌 바 있다.

42 Noix du Quercy(누아 뒤 케르시): 로스팅한 호두살을 꿀에 캐러멜라이즈한 뒤 화이트 초콜릿에 담가 코팅한 봉봉.

43 Nougat de Sault(누가 드 소): 라벤더 꿀과 프로방스산 아몬드로 만든 누가로 흰색과 검정색 두 가지가 있다.

44 Nougatine de Nevers(누가틴 드 느베르): 굵게 다진 아몬드와 캐러멜로 만든 갈색의 단단한 누가틴을 로얄 아이싱으로 코팅한 봉봉으로 작고 동글납작한 모양이다.

45 Orangettes lyonnaises(오랑제트 리오네즈): 당절임한 오렌지 껍질을 길쭉한 스틱 모양으로 자른 뒤 다크 초콜릿으로 섬세하게 코팅한다.

46 Papaline d'Avignon(파팔린 다비뇽): 작은 크기의 샤르동(chardon) 초코 봉봉으로 안에는 마조람으로 만든 리큐어(origan du Comtat)가 들어 있다.

47 Pastille de Vichy(파스티유 드 비시): 흰색의 납작한 육각형 봉봉으로 비시 광천수의 미네랄이 함유되어 소화를 돕는다고 널리 알려져 있다.

48 Pâte de fruits(파트 드 프뤼): 각종 과일로 만든 색색의 젤리로 원산지는 오베르뉴 지방이다. 최초의 '파트 드 프뤼'는 15세기 중반 클레르몽 페랑(Clermont-Ferrand)에서 만들어진 것으로 전해진다.

49 Pavé de Pouill(파베 드 푸이): 말랑한 프랄리네를 누가틴으로 감싼 뒤 겉에 아몬드가루를 입힌 봉봉.

50 Petit poucet de Vichy(프티 푸세 드 비시): 작고 길쭉한 모양의 하드 캔디로 새콤한 과일 맛이 난다. 색색의 은박 비닐로 하나씩 포장되어 있다.

51 Praline(프랄린): 구운 아몬드를 설탕에 캐러멜라이즈한 당과로 루아레 지방 몽타르지(Montargis, Loiret)가 원조이다.

52 Praline rose(프랄린 로즈): 프랄린에 분홍색을 입힌 것으로 리옹의 특산품인 타르트 오 프랄린(tarte au praline)에 넣는 재료이다.

53 Quenelle de Lyon(크넬 드 리옹): 프랄리네에 화이트 초콜릿을 입힌 작은 원통 모양의 봉봉으로, 이름이 리옹의 전통식당에서 즐겨 먹는 요리인 '크넬(quenelle)'을 연상시킨다.

54 Quernon d'Ardoise(케르농 다르두아즈): 얇은 정사각형 누가틴을 푸른색을 낸 화이트 초콜릿으로 코팅한 봉봉으로 앙주(Anjou)의 특산물이다. '케르농'은 슬레이트를 추출해내는 편암 블록을 지칭한다.

55 Rigolette de Nantes(리골레트 드 낭트): 증기로 쪄서 익힌 얇은 사탕으로 중심에는 과일 과육으로 향을 낸 말랑한 캐러멜이 들어 있다.

56 57 Roudoudou(루두두): 색색의 조개껍데기 모양 셸에 들어 있는 사탕으로 아이들은 이것을 핥아먹는다. 르노(Renaud)의 노래(Mistral Gagnant) 가사에 따르면 이 사탕에 입술을 베일 수도 있다고 한다. 전통 방식의 르두두 사탕은 랄루베스크(Lalouvesc)에서 만들어진다. 벨기에에도 이와 비슷한 사탕이 있다.

58 Sottise de Valenciennes(소티즈 드 발랑시엔): 베티즈 드 캉브레(bêtise de Cambrai)와 비슷한 사탕으로 원래는 민트로 향을 내고 붉은색 설탕으로 줄무늬를 내어 장식했다.

59 Sucette de Pézenas(쉬세트 드 페즈나): 색색의 베를랭고 캔디로 만든 작은 막대 사탕.

60 Sucette du Val André(쉬세트 뒤 발 앙드레): 설탕을 구리 냄비에 끓인 뒤 손으로 모양을 만든 막대 사탕.

61 Sucre d'orge de Moret-sur-Loing(쉬크르 도르주 드 모레 쉬르 루엥): 1638년부터 만들어온 삼각형 또는 길쭉한 모양의 하드 캔디로 감기 퇴치에 효과가 있다고 알려져 있다.

62 Sucre de pomme de Rouen(쉬크르 드 폼 드 루앙): 사과즙으로 만든 긴 원통형 사탕으로 루앙의 대시계(le Gros-Horloge de Rouen) 모습을 상징한다.

63 Téton de la reine Margot(테통 드 라 렌 마르고): 그랑 마르니에(Grand Marnier)로 향을 낸 프랄리네에 화이트 초콜릿을 입힌 봉봉으로, 과감하게 가슴이 패인 옷을 즐겨 입었던 것으로 유명한 마르고 여왕에 헌정한 것이다(이 봉봉의 이름은 '마고 여왕의 젖꼭지'라는 뜻이다).

64 Violette de Toulouse(비올레트 드 툴루즈): 툴루즈를 상징하는 꽃인 비올레트(제비꽃)에 설탕을 입힌 당과류.

65 Guimauve de Bayonne(기모브 드 바욘): 파리의 당과류 전문 매장 '르 봉봉 오 팔레(le Bonbon au Palais)' 납품용으로 페이 바스크 지방에서 만드는 마시멜로. 설탕과 달걀흰자를 기본 재료로 만들며 다양한 향과 색을 입힌다.

66 Croibleu(크루아블뢰): 민트, 송진, 유칼립투스, 감초 등 입안이 시원해지는 향을 가진 작은 사탕으로 특히 숙취를 제거하는 데 효과가 있다고 알려져 있다.

67 Chabernac au miel(샤베르낙 오 미엘): 리코리스(감초), 아라비아 검, 꿀로 만든 봉봉.

165 Fondant(퐁당): 각종 향을 더한 설탕 페이스트 봉봉으로 크리스마스에 즐겨 먹는다.

69 Berlingot de Cauteret(베를랭고 드 코트레): 향이 아주 진한 하드 캔디. 원래 코트레(Cauteret) 온천에 치료차 방문하는 환자들에게 제공한 것으로, 이 사탕을 물고 있으면 물에서 나는 강한 유황 냄새를 어느 정도 참아낼 수 있었다고 한다.

70 Caramel de Pézenas(카라멜 드 페즈나): 남불 지방의 풍미를 느낄 수 있는 향을 더한 소프트 캐러멜.

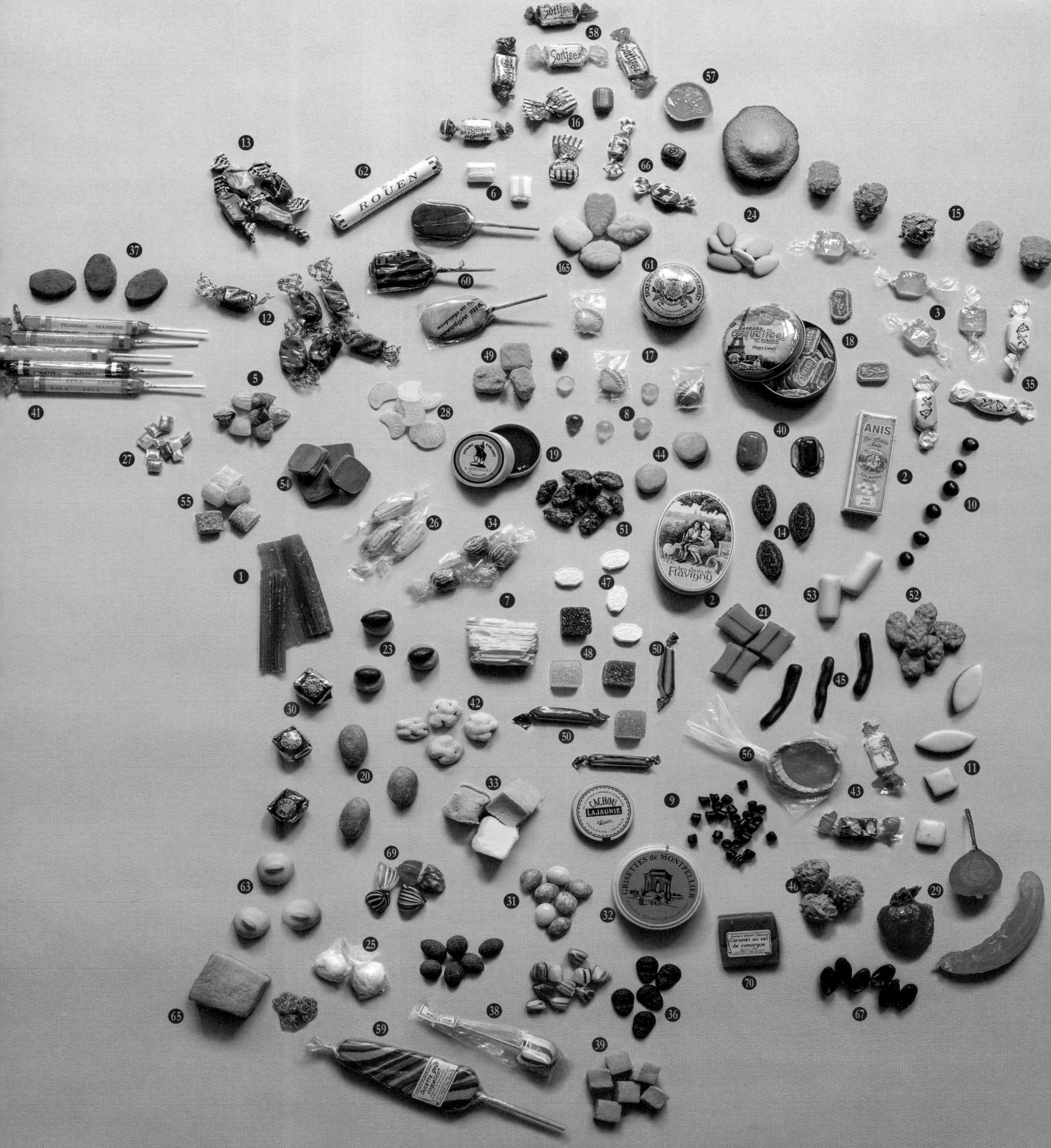

Sottise
ROUEN
FRAMBOISE
COLA
ANIS
Les Anis de Flavigny
CACHOU LAJAUNIE
GRISETTES de MONTPELLIER
Caramel au sel de camargue

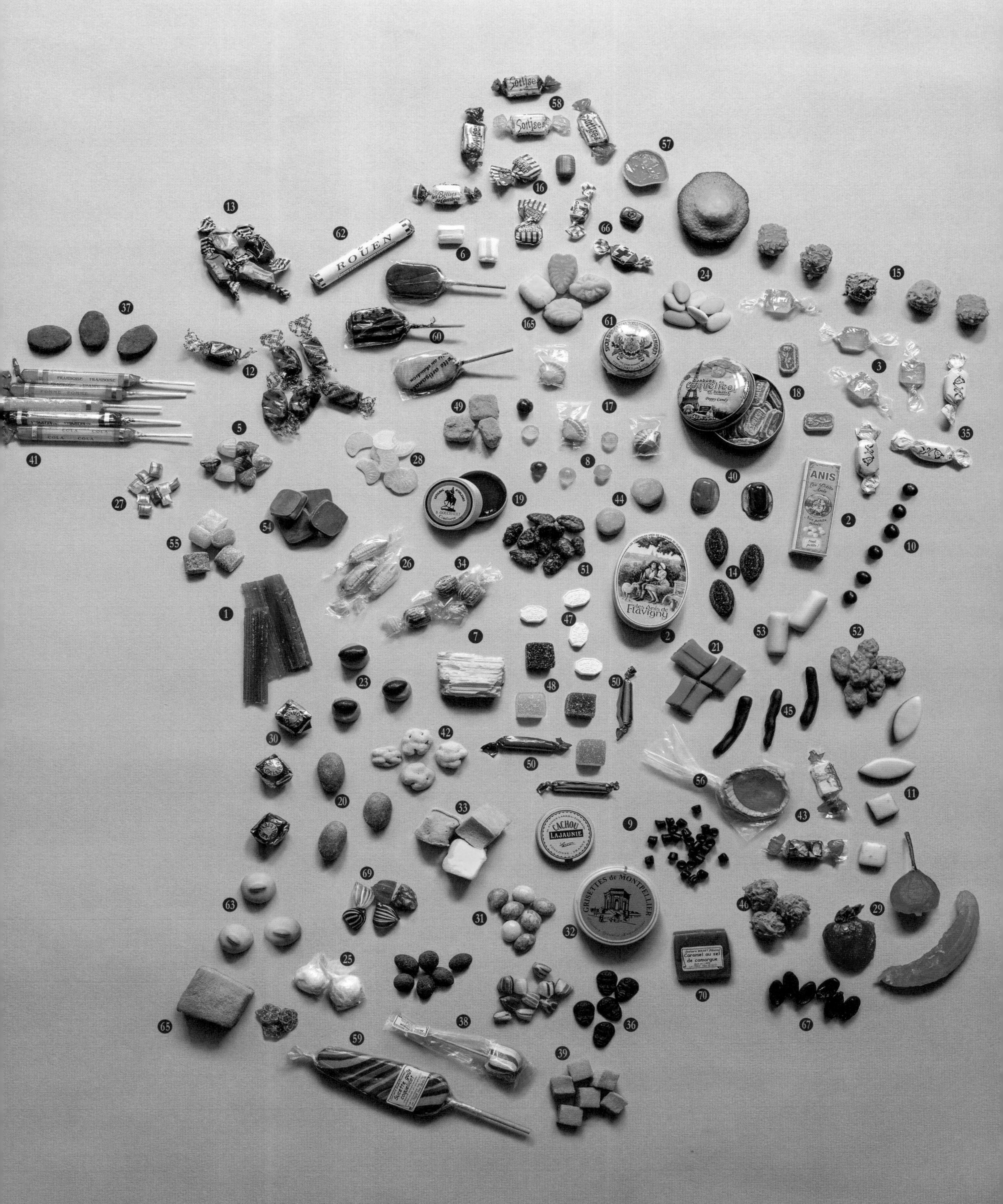

프랑스 최고의 당과류 상점을 운영하는 **조르주 마르크(Georges Marques) 대표**에게 감사를 전합니다. Le Bonbon au Palais, 19 rue Monge, 파리 5구.

· 프랑스의 암소 품종 ·

소의 품종마다 고유의 산지가 있고 각기 다른 고기의 품질을 갖고 있다.
프랑스 소의 대표적인 품종을 소개한다.

오브락 AUBRAC
교잡종(고기와 우유 소비용)
원산지 : 오브락 고원지대(Aubrac, Massif central)
인증 라벨 : 1999년 라벨 루즈(label rouge) 인증.
외관 : 옅은 황갈색 몸. 귀에 검은 테두리가 있고 리라 모양의 뿔이 있다.
고기 : 루비색을 띠고 있으며 근조직이 고르고 촘촘하며 토종의 육향이 있다.

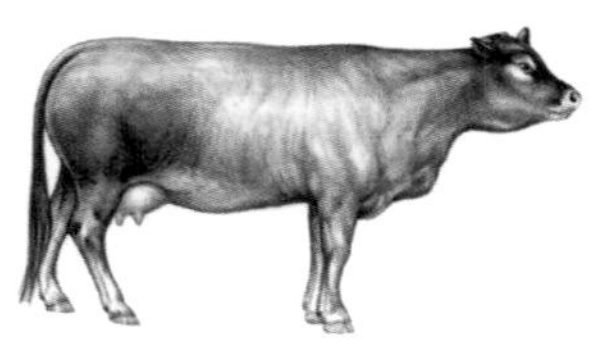

바자데즈 BAZADAISE
원산지 : 바자스(Bazas, Gironde)
인증 라벨 : 1997년 IGP(지리적 표시 보호) 인증.
외관 : 몸은 청회색을 띠고 있으며 뿔이 아래를 향해 둥글게 굽어 있다.
고기 : 육질이 고르게 촘촘하고 지방이 고루 분포되어 있으며 아주 연하다.

베아르네즈 BÉARNAISE
교잡종
원산지 : 베아른(Béarn, Pyrénées)
인증 라벨 : 슬로 푸드 지킴이(sentinelle Slow Food) 대상 인증.
외관 : 황금색 몸에 어깨 뼈 부분은 붉은색이며 뿔은 휘어져 있다.
고기 : 육향이 진하며 맛이 풍부하고 씹는 맛이 좋다.

블롱드 다키텐
BLONDE D'AQUITAINE
원산지 : 아키텐 분지(bassin Aquitain)
인증 라벨 : 없음.
외관 : 몸은 연한 미색을 띠고 있으며 흰색 뿔의 끝 부분은 짙은 색이다.
고기 : 지방이 고루 분포되어 있지 않으나 매우 연하다.

브르톤 피 누아르
BRETONNE PIE NOIR
교잡종
원산지 : 브르타뉴(Bretagne)
인증 라벨 : 슬로 푸드 지킴이 대상 인증.
외관 : 검정색에 흰색 얼룩이 있다. 프랑스 소 품종 중 가장 크기가 작은 것들 중 하나다.
고기 : 지방이 매우 고르게 분포되어 있으며 맛이 아주 진하다.

샤롤레즈 CHAROLAISE
원산지 : 샤롤(Charolles, Bourgogne)
인증 라벨 : 1989년 라벨 루즈 인증.
외관 : 흰색 바탕에 군데군데 크림색을 띤다. 뿔은 둥근 모양으로 흰색을 띤다.
고기 : 진한 붉은색으로 지방이 고루 분포되어 있고 육질이 아주 연하다.

크레올 CRÉOLE
원산지 : 과들루프(Guadeloupe). 열대 지역의 유일한 토종 품종
인증 라벨 : 없음.
외관 : 크기가 작고 몸은 옅은 황갈색을 띠며 어깨 위쪽이 불룩하게 솟아 있다.
고기 : 토종의 육향을 갖고 있다.

페랑데즈 FERRANDAISE
교잡종
원산지 : 몽페랑(Montferrand, Puy-de-Dome)
인증 라벨 : 없음.
외관 : 붉은색 몸에 얼룩 반점이 있으며 뿔은 낮고 리라 모양을 하고 있다.
고기 : 살이 연하고 약간 토종의 육향이 난다.

가스콘 GASCONNE
원산지 : 가스코뉴(Gascogne)
인증 라벨 : 1997년 라벨 루즈 인증.
외관 : 몸은 은빛이 도는 회색으로 끝부분은 검은색을 띤다.
고기 : 근조직이 촘촘하며 육질이 단단하다.

리무진 LIMOUSINE
원산지 : 리무쟁(Limousin)
인증 라벨 : 1988년 최초로 라벨 루즈 인증을 받은 소 품종이다.
외관 : 몸은 밝은 미색을 띠며 뿔은 가늘고 앞쪽을 향해 휘어 있다.
고기 : 선명한 붉은색. 기름기가 적으며 육질이 고르고 촘촘하다.

루르데즈 LOURDAISE
교잡종
원산지 : 오트 피레네(Hautes-Pyrénées)
인증 라벨 : 없음.
외관 : 몸은 옅은 미색이고 뿔이 길고 곧다.
고기 : 섬세한 맛을 지니고 있으며 풍부한 맛의 우유를 생산한다.

미랑데즈 MIRANDAISE
원산지 : 제르스(Gers)
인증 라벨 : 없음.
외관 : 덩치가 크고 몸은 밝은 회색이다.
고기 : 지방이 적다.

낭테즈 NANTAISE
교잡종
원산지 : 브르타뉴 남부(sud Bretagne)
인증 라벨 : 없음.
외관 : 옅은 미색에서 회색을 띤다.
고기 : 지방이 고루 분포되어 있으며 에이징용으로 최적이다.

노르망드 NORMANDE
교잡종
원산지 : 노르망디(Normandie)
인증 라벨 : 없음.
외관 : 골격이 크고 몸에는 갈색 또는 검정색 얼룩 반점이 있다.
고기 : 지방이 고루 분포되어 있으며 맛이 강하다.

파르트네즈 PARTHENAISE
원산지 : 파르트네 지방(la region de Parthenay)
인증 라벨 : 2006년 라벨 루즈 인증.
외관 : 몸은 황갈색 단색이고 눈 주위가 검은색이며 뿔은 짧다.
고기 : 선명한 붉은색을 띠고 있으며 육질이 아주 연하다.

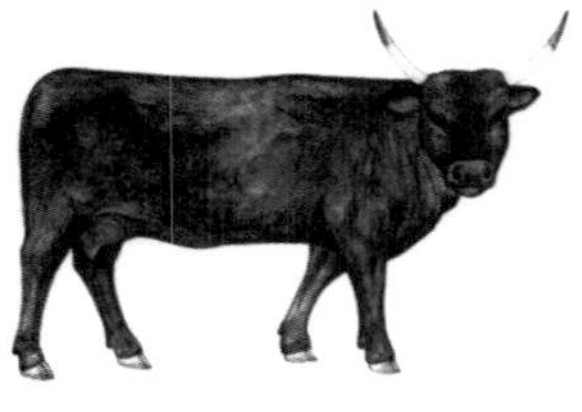

라소 디 비우 RAÇO DI BIOU
원산지 : 카마르그(Camargue)
인증 라벨 : 2003년 AOC(원산지 명칭 통제) 인증.
외관 : 짙은 검정색을 띠고 있다.
고기 : 붉은색을 띠고 있으며 지방이 적고 맛이 진하다.

루즈 데 프레 ROUGE DES PRÉS
원산지 : 맨 앙주(Maine-Anjou)
인증 라벨 : 2004년 AOC(원산지 명칭 통제) 인증.
외관 : 붉은색에 흰 얼룩 반점이 있다.
고기 : 진한 붉은색을 띠고 있으며 육즙이 풍부하고 맛이 매우 진하다.

살레르 SALERS
원산지 : 살레르 주변 지역(Salers, Cantal)
인증 라벨 : 2004년 라벨 루즈 인증.
외관 : 짙은 마호가니색을 띠며 털이 길고 곱슬곱슬하다. 뿔은 가늘고 리라 모양을 하고 있다.
고기 : 선명한 붉은색. 토종의 육향이 있고 지방이 촘촘하고 고르게 분포되어 있다.

소 부위별 분할

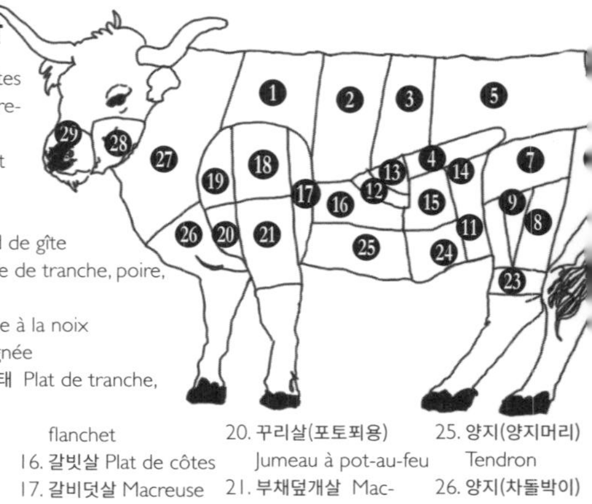

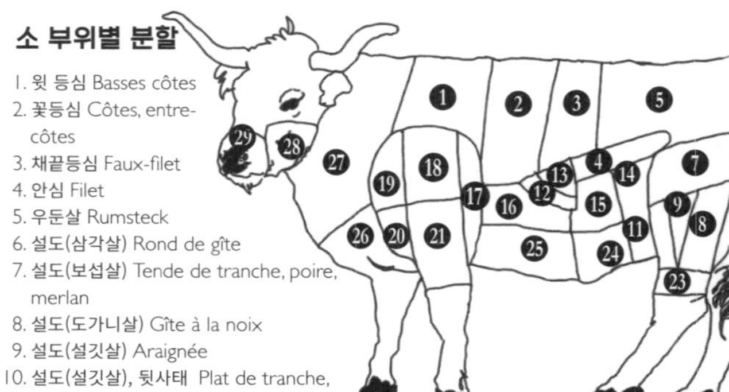

1. 윗 등심 Basses côtes
2. 꽃등심 Côtes, entre-côtes
3. 채끝등심 Faux-filet
4. 안심 Filet
5. 우둔살 Rumsteck
6. 설도(삼각살) Rond de gîte
7. 설도(보섭살) Tende de tranche, poire, merlan
8. 설도(도가니살) Gîte à la noix
9. 설도(설깃살) Araignée
10. 설도(설깃살), 뒷사태 Plat de tranche, rond de tranche
11. 치마양지 Bavette d'aloyau
12. 안창살 Hampe
13. 토시살 Onglet
14. 설도(설깃머리살) Aiguillette baronne
15. 치마살 Bavette de flanchet
16. 갈빗살 Plat de côtes
17. 갈비덧살 Macreuse à bifteck
18. 부채살 Paleron
19. 꾸리살(스테이크용) Jumeau à bifteck
20. 꾸리살(포토푀용) Jumeau à pot-au-feu
21. 부채덮개살 Macreuse à pot-au-feu
22. 꼬리 Queue
23. 사태 Gîte
24. 양지(업진살) Flanchet
25. 양지(양지머리) Tendron
26. 양지(차돌박이) Poitrine
27. 목심 Collier
28. 볼살 Plat de jo
29. 혀 Langue

프랑스의 닭 품종

아름다운 재래종, 진정한 고급 닭 품종을 소개한다.
르망에서 브레스에 이르기까지 닭 농가의 으뜸 주자들이다.

바르브지외 BARBEZIEUX
원산지 : 바르브지외(Barbezieux, Charente)
외관 : 검은색의 깃털과 단순한 모양의 붉은 볏을 가진 큰 사이즈의 토종닭.
고기 : 살이 연하다.

브레스 골루아즈
BRESSE GAULOISE
원산지 : 베니(Bény, Ain). 1957년부터 AOC(원산지 명칭 보호) 인증을 받은 유일한 품종.
외관 : 흰색 깃털과 단순한 모양의 붉은 볏을 갖고 있다.
고기 : 살에 탄력이 있고 가슴살 안심이 기름지다.

부르보네즈 BOURBONNAISE
원산지 : 르 부르보네(le Bourbonnais, Allier)
외관 : 검은 반점 무늬가 있는 흰색 깃털과 단순한 모양의 붉은 볏을 갖고 있다.
고기 : 살에 탄력이 있다.

부르부르 BOURBOURG
원산지 : 부르부르(Bourbourg, Nord)
외관 : 검은 반점이 있는 흰 깃털과 단순한 모양의 붉은 볏을 갖고 있다.
고기 : 살이 연하다.

코몽 CAUMONT
원산지 : 코몽(Caumont, Calvados)
외관 : 날씬하고 우아한 외모를 자랑하는 이 품종은 푸른빛이 도는 검은 깃털과 물컵처럼 우묵한 왕관 모양의 화려한 볏을 갖고 있다.
고기 : 살에 탄력이 있고 맛이 뛰어나다.

샤롤레즈 CHAROLAISE
원산지 : 샤롤(Charolles, Saône-et-Loire)
외관 : 흰색의 깃털과 꼬불꼬불하고 붉은 볏을 갖고 있다.
고기 : 살이 통통하며 탄력이 있다.

코탕틴 COTENTINE
원산지 : 코탕틴 반도(la presqu'ile du Cotentin, Manche)
외관 : 검은색의 깃털과 단순한 모양의 붉은 볏을 갖고 있다.
고기 : 살이 약간 투박하나 아주 부드럽고 연하다.

쿠 뉘 뒤 포레즈
COU NU DU FOREZ
원산지 : 르 포레즈(le Forez, Loire)
외관 : 목에 털이 없는 것이 특징이며, 흰 깃털과 단순한 모양의 붉은 볏을 갖고 있다.
고기 : 맛이 섬세하고 살이 쫄깃하다.

쿠쿠 드 렌
COUCOU DE RENNES
원산지 : 렌(Rennes, Ille-et-Vilaine)
외관 : 얼룩덜룩한 회색 깃털을 갖고 있으며, 꼿꼿한 모양의 볏을 갖고 있다.
고기 : 고소한 너트향이 나는 섬세한 맛을 갖고 있다.

파브롤 FAVEROLLES
원산지 : 파브롤(Faverolles, Eure-et-Loir)
외관 : 육중한 외모가 단연 돋보이는 이 품종은 발가락이 다섯 개 있으며 깃털은 연한 주황색을 띠고 있다. 볏은 단순한 모양의 붉은색이다.
고기 : 아주 섬세한 맛을 갖고 있다.

가티네즈 GÂTINAISE
원산지 : 르 가티네(le Gâtinais, Ile-de-France)
외관 : 흰색 깃털과 붉은색 볏을 가진 토종닭 품종.
고기 : 살에 탄력이 있어 쫄깃하다.

골루아즈 도레
GAULOISE DORÉE
원산지 : 프랑스를 상징하는 닭으로 유럽에서 가장 오래된 품종이다.
외관 : 여러 가지 색의 깃털을 가진 전형적인 시골 농가의 토종닭.
고기 : 살이 갈색을 띠며 쫄깃하다.

젤린 드 투렌
GÉLINE DE TOURAINE
원산지 : 투렌(la Touraine)
외관 : 검은색 깃털과 붉은 벼슬을 가진 토종닭.
고기 : 살이 흰색이며 밀도가 매우 촘촘하고 섬세한 맛을 갖고 있다.

구르네 GOURNAY
원산지 : 구르네 앙 브레 브락(Gournay-en-Bray, Seine-Maritime)
외관 : 흰색 무늬가 있는 검은 깃털이 촘촘히 박힌 작은 몸집의 토종닭.
고기 : 뛰어난 섬세한 맛을 지닌 이 품종은 '노르망디의 브레스 닭'이라고 불린다.

우당 HOUDAN
원산지 : 우당(Houdan, Yvelines)
외관 : 이 품종은 파브롤과 더불어 유일하게 발가락이 다섯 개인 닭이다. 깃털이 얼굴을 둘러싸고 있으며 상추잎 모양의 볏을 갖고 있다.
고기 : 쫄깃하고 맛이 뛰어나다.

라 플레슈 LA FLÈCHE
원산지 : 라 플레슈(La Flèche, Sarthe). 유명한 앙리 4세의 치킨 팟(poule au pot d'Henri IV)요리를 만들 때 사용되던 품종의 닭이다.
외관 : 검은색의 깃털을 갖고 있으며 뿔처럼 생긴 두 개의 볏이 있다.
고기 : 살이 갈색을 띠고 있고 탄력이 있으며 맛이 뛰어나다.

르망 LE MANS
원산지 : 르 망(Le Mans, Sarthe)
외관 : 녹색 빛이 도는 검은색 깃털을 갖고 있으며, 꼬불꼬불한 붉은색의 볏을 갖고 있다.
고기 : 섬세한 맛을 갖고 있다.

닭 부위별 분할

1. 가슴살 Poitrine
2. 닭다리 봉 Pilon
3. 넓적다리 Cuisse
4. 날개 Aile
5. 등 Dos
6. 목 Cou

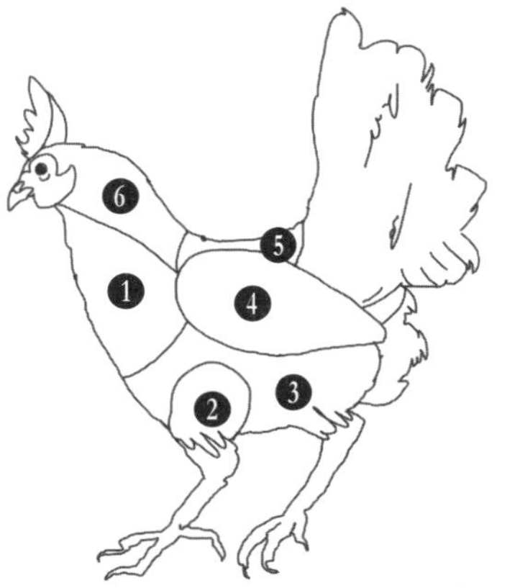
6
5
1
4
2
3

· 프랑스의 돼지 품종 ·

프랑스에는 6개의 토종 돼지 품종이 있고 이들은 자연 방사하여 사육한다. 물론 이 돼지들은 전부 맛이 좋다.

퀴 누아르 뒤 리무쟁(리무쟁)
CUL NOIR DU LIMOUSIN
원산지 : 리무쟁(Limousin)
외관 : 흰색 몸통에 검은 반점이 있으며 털이 아주 가늘다. 귀가 얼굴 쪽으로 늘어져 있다.
고기 : 살이 붉은색을 띠며 아주 연하다.

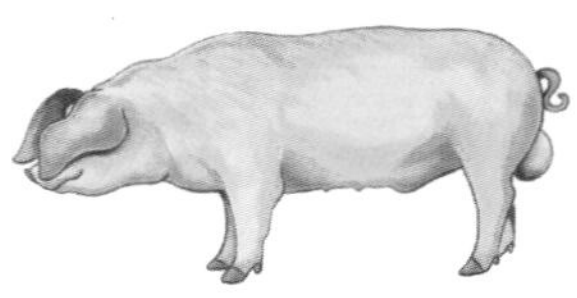

그랑 블랑 드 루에스트(웨스트 프렌치 화이트)
GRAND BLANC DE L'OUEST
원산지 : 노르망디(Normandie)
외관 : 전체적으로 연한 핑크빛이 도는 흰색을 하고 있으며, 가는 털이 등줄기를 따라 이삭 줄기 모양으로 나 있다. 귀는 얼굴 쪽으로 늘어져 있다.
고기 : 샤퀴트리용으로 아주 우수한 품종이며, 예전부터 이 돼지로 '장봉 드 파리(jambon de Paris)'를 만들어 오고 있다.

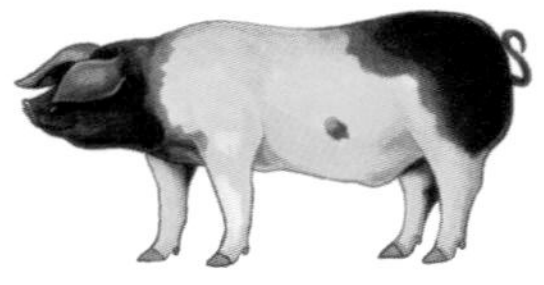

피 누아르(바스크) PIE NOIR
원산지 : 바스크 지방(Pays basque)
외관 : 머리와 엉덩이만 검은색을 띠며 나머지는 흰색이다. 귀는 얼굴 쪽으로 늘어져 있다.
고기 : 도토리, 잡초, 밤 등을 먹고 자라는 이 돼지는 프랑스 남서부의 염장육(salaisons)을 만드는 대표적인 품종이다.

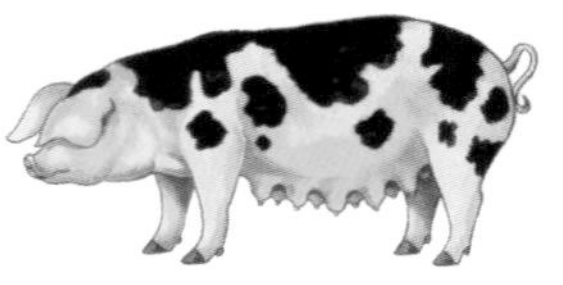

포르 드 바이외
PORC DE BAYEUX
원산지 : 노르망디
외관 : 핑크색 몸통에 검은색의 둥근 반점이 있다. 귀는 얼굴 쪽으로 늘어져 있다.
고기 : 유제품을 사료로 먹으며 살이 아주 연하다.

포르 가스콩(가스코뉴)
PORC GASCON
원산지 : 오트 피레네(Hautes-Pyrénées)
외관 : 검은색을 띠고 있으며 털이 길고 억세다. 특히 등 쪽 라인을 따라 더 굵은 털이 촘촘히 나 있다. 귀는 얼굴 쪽으로 늘어져 있다.
고기 : 맛이 섬세하고 지방이 고루 분포되어 있다. 고급 샤퀴트리(돼지 가공육) 제조용으로 많이 사용된다.

포르 뉘스트랄(코르시카 뉘스트랄)
PORC NUSTRALE
원산지 : 코르시카 섬
외관 : 갈색과 검정 중간의 어두운 색을 띠고 있다. 귀는 얼굴 쪽으로 늘어져 있다.
고기 : 여름엔 산에서 풀을 뜯어 먹고, 겨울엔 도토리와 밤을 먹고 자란다. 코르시카 섬에서만 사육되는 돼지 품종으로 아주 훌륭한 품질의 샤퀴트리를 생산해내고 있다.

돼지 부위별 분할

1. 머리 Tête
2. 귀 Oreille
3. 목과 턱 살 Bajoue
4. 목살 Échine
5. 뼈 등심, 립 Carré
6. 등심 Longe
7. 둔부 Croupe
8. 뒷넙적다리 Jambon
9. 뱃살 Ventre
10. 돼지갈비 Côtelette
11. 앞다리(어깨살) Épaule
12. 정강이살 Jarret
13. 족 Pied
14. 꼬리 Queue

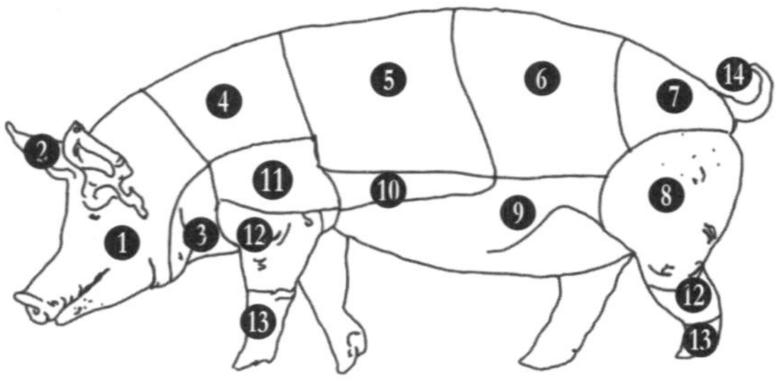

· 프랑스의 양 품종 ·

프랑스를 대표하는 양 우수 품종을 소개한다.

바레주아즈 BARÉGEOISE
원산지 : 오트 피레네(Hautes-Pyrénées)
인증 라벨 : 2003년 AOC 인증. AOC mouton Barèges-Gavarnie
외관 : 머리 부분은 흰색을 띠며 짧은 나선형 뿔이 있다. 털은 흰색, 검정 또는 갈색을 띤다.
고기 : 살이 붉은색을 띠며 산에서 자라는 야생 허브의 향과 은은한 감초 맛이 난다.

블랑슈 뒤 마시프 상트랄
BLANCHE DU MASSIF CENTRAL
원산지 : 마르주리드(la Margeride) 산악지대
인증 라벨 : 2008년 IGP(지리적 명칭 보호) 인증. IGP agneau de Lozère
외관 : 두상이 갸름하고 흰색을 띠며 귀가 길고 아래로 늘어져 있다. 털은 흰색이다.
고기 : 살은 분홍빛을 띠며 육질이 연하고 초원의 풀 향이 난다.

코르스 CORSE
교잡종
원산지 : 코르시카 섬
인증 라벨 : IGP(지리적 명칭 보호) 인증 신청 중. IGP agnellu Nustrale
외관 : 두상이 갸름하고 긴 털이 타래로 뭉쳐 있으며 색은 검정, 적갈색 또는 흰색과 회색이 혼합되어 있다.
고기 : 살은 밝은 분홍색을 띠고 있으며 코르시카 연안 잡목 숲의 향이 난다.

라콘 LACAUNE
교잡종
원산지 : 아베롱(Aveyron)
인증 라벨 : 1992년부터 페이 독(pays d'Oc) 목장 개방 사육 양 인증
외관 : 두상이 갸름하고 흰색을 띠며 털은 은빛이 도는 흰색이다.
고기 : 살은 밝은 분홍색을 띠고 있으며 섬세하고 은은한 단맛이 난다.

리무진 LIMOUSINE
원산지 : 리무쟁(Limousin)
인증 라벨 : 2000년 IGP 인증. IGP agneau du Limousin
외관 : 머리는 흰색이고 목이 짧으며 흰색 털은 긴 타래로 뭉쳐 있다.
고기 : 살은 분홍색을 띠고 있으며 육질이 연하고 초원의 풀 향이 난다.

프레잘프 뒤 쉬드
PRÉALPES DU SUD
원산지 : 알프 드 오트 프로방스(Alpes-de-Haute-Provence), 오트 잘프(Hautes-Alpes).
인증 라벨 : 1995년 라벨 루즈 인증.
외관 : 두상이 갸름하고 흰색을 띠며 흰색 털이 짧은 타래로 뭉쳐 있다.
고기 : 살은 밝은 분홍색을 띠고 있으며 은은한 단맛이 나고 아주 연하다.

솔로뇨트 SOLOGNOTE
원산지 : 솔로뉴(Sologne)
인증 라벨 : '슬로 푸드 맛의 방주(Arche du Goût Slow Food)' 대상 식품 인증.
외관 : 머리와 발은 갈색이고 털은 흰색으로 길이는 중간 정도이다.
고기 : 살은 섬세한 핑크색으로 노루고기와 비슷한 맛이 난다.

타라코네즈 TARASCONNAISE
원산지 : 피레네 상트랄(Pyrénées centrales)
인증 라벨 : IGP 인증 신청 중. IGP agneau des Pyrénées
외관 : 머리가 흰색이고 뿔은 나선형이며 부드러운 흰색의 털이 매우 촘촘하다.
고기 : 살은 밝은 분홍색을 띠고 있으며 고소한 너트 향이 난다.

양 부위별 분할

1. 목심 Collier
2. 윗갈비 Côte découverte
3. 중간갈비와 아랫갈비 Côte seconde et côte première
4. 안심 Filet et côte filet
5. 볼기등심 Selle
6. 허벅지를 잘라낸 양 뒷다리 Gigot raccourci
7. 통 뒷다리 Gigot entier
8. 가슴살(뱃살) Poitrine
9. 갈빗살 Haut de côtes
10. 앞다리(어깨살) Épaule

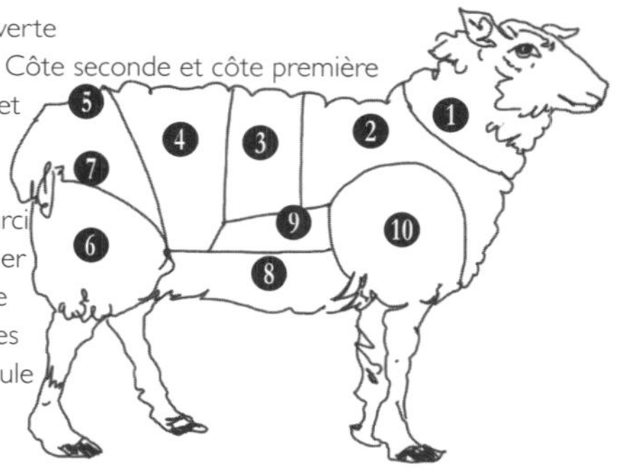

단어와 요리

Des Mots & des Mets

육식 여담

오로르 뱅상티

'고기'라는 단어

프랑스어로 '고기'를 뜻하는 단어 **'비앙드(viande)'**는 라틴어 **'비반다(vivanda)'**에서 온 것으로 직역하면 **'삶을 유지하는 데 필요하다'**는 뜻이다. 11세기부터 14세기까지 이 단어는 모든 음식을 지칭했으며 구체적으로 포유류와 조류 동물의 '살'을 지칭하게 된 것은 14세기에 이르러서이다. 그럼에도 불구하고 이 단어는 아직도 종종 프랑스어에서 '그에게 고기는 아니야(ce n'est pas viande pour lui. 이것은 그의 능력 밖의 일이야)'라는 표현 등에서 본래의 일반적인 의미로 종종 쓰인다. 한편, 원래 덩치가 큰 살찐 말, 피에 굶주린 사냥꾼, 비양심적으로 폭리를 취한 사람, 호색한을 뜻했던 프랑스어 **'비앙다르(viandard)'**는 현재 붉은 살코기를 매우 좋아하는 소비자를 의미한다.
첫 번째 가설에 따르면 프랑스어로 고기를 뜻하는 **'바르바크(barbaque)'**라는 단어는 고기 훈연용 도구인 그릴을 뜻하는 멕시코 스페인어(1518) **'바르바코아(barbacoa)'**와 연관성이 있다. 이 경우, 바르바크(barbaque)와 **바르브큐(barbecue)**는 같은 어군에 속한다고 볼 수 있다. 두 번째 가설은 이 단어를 루마니아어로 다 자란 양(mouton)을 뜻하는 **'베르벡(berbec)'**과 연결 짓는다. 혹은 1813년 처음으로 프랑스어로 공식 인정된 단어 바르브큐(라 샤펠(La Chapelle)의 한 푸줏간 주인에게 붙여진 별명을 만들어내기도 했다)에서 그 기원을 찾을 수도 있다. 정확한 기원을 알 수 없는 '바르바크(barbaque 고기)'와 **'비도슈(bidoche 고기)'**라는 단어는 원래 품질이 낮은 고기를 지칭했다고 한다. 오늘날 이 단어들은 그 품질과 상관없이 일반적인 고기를 뜻하는 속어로 사용된다.

정육점의 도마 '비요'

프랑스어 '비요(billot)'는 갈리아어 **'빌리아(bilia)'**에서 온 말로 **통나무 둥치**, 좀 더 특별하게는 음식물을 놓고 썰거나 빻는 용도의 나무토막을 의미한다. 정육업자들끼리 쓰는 은어로 이것은 **고기를 자르는 데** 쓰이는 가구라고 볼 수 있다. '비요(billot)'라는 단어가 갖고 있는 다른 뜻인 **'사형수 처형용** 목 받침대'라는 의미와 자연스럽게 연결되는 것을 피할 수 없을 것이다. 채식주의자가 되기에 충분한 이유이다.

★

루셰벰, 루셰르벰
(LOUCHÉBEM LOUCHERBEM)

푸줏간 주인(boucher)을 뜻하는 이 용어는 19세기 전반 리옹과 파리 정육점 주인들이 쓰던 속어이다. 이것은 단어의 초성 자음 'b'를 맨 끝으로 옮긴 것으로 그 대신 앞에는 알파벳 'l'을 하나 붙여 대체하고, 단어 말미에는 속어식 접미사 'em'을 붙인 것이다.

Boucher => oucherb
=> loucherb
=> loucherbem

★

배코프(Le Bäckeoffe)

알자스어인 이 단어는 '제빵사의 오븐'을 뜻한다. 아침에 사람들이 이 스튜 요리를 토기 그릇에 담아 동네 빵집 주인에게 맡겨 오븐에서 익혀달라고 부탁하고 식사 시간에 찾아갔던 옛 풍습에서 유래한 이름이다.
오늘날 이 일품요리는 알자스 미식을 이루는 기둥의 한 축이 되었다.

델핀 르 푀브르

준비 : 30분
휴지 : 12시간
조리 : 2시간 30분
4인분
돼지 안심 400g
소 부채살 400g
뼈를 제거한 양 어깨살 400g
생 돼지 족 1개
감자 1.5kg
리크 굵은 것 1대
양파 큰 것 1개
당근 2개
밀가루 100g
소금, 후추
<u>재움 양념</u>
드라이 화이트와인 (sylvaner) 1병
양파 2개
파슬리 3줄기
월계수 잎 1장
타임 1줄기
통후추 10알
정향 5개

재움 양념용 양파 2개의 껍질을 벗기고 얇게 썬다. 파슬리를 씻어서 줄기를 다듬는다. 3종류의 고기를 큼직한 큐브 모양으로 썬 다음 볼에 넣고 양파, 파슬리, 월계수 잎, 타임, 통후추, 정향을 넣어준다. 화이트와인을 잠기도록 붓고 냉장고에 넣어 12시간 재운다.
오븐을 180°C로 예열한다. 감자, 당근, 리크의 껍질을 벗긴 뒤 얇게 썬다.
나머지 양파의 껍질을 벗기고 얇게 썬다. 양념에 재워둔 고기를 건진다. 토기 냄비나 베코프 전용 용기에 돼지 족을 깔고 고기 한 켜, 채소 한 켜, 양파 한 켜씩 교대로 채워 넣는다. 같은 순서로 2번 더 쌓아 채운 뒤 소금, 후추를 뿌리고 고기를 재웠던 양념액을 붓는다. 냄비의 뚜껑을 덮는다. 밀가루에 물을 조금 넣어 말랑한 반죽을 만든 뒤 순대 모양으로 길게 민다. 이것을 냄비 뚜껑 주위에 빙 둘러 붙여 밀봉한다.
오븐에서 2시간 30분 익힌다. 냄비째 그대로 식탁에 올려 그 자리에서 직접 밀가루 반죽을 떼어내고 뚜껑을 연다.

여러 종류의 고기를 함께 넣어 만드는 요리

카술레 Le cassoulet : 프랑스 남서부의 대표 요리로 돼지고기와 오리가 다양한 형태(기름, 소시지, 콩피, 돼지껍데기 등)로 혼합되어 조화를 이룬다(p.209 참조).
부셰 아 라 렌 Les bouchées à la reine : 동그란 페이스트리 셸 안에 송아지고기 완자와 얇게 저민 닭고기를 채운 요리로 버섯을 추가하고 크리미한 소스를 전체에 끼얹는다.
키그 아 파르즈 Le kig ha farz : 돼지 정강이 살과 소 갈빗살을 함께 넣고 끓이는 브르타뉴식 포토푀 (p.308 참조).
포체블레슈 Le potjevleesch : 플랑드르어로 '작은 고기 단지'라는 뜻을 가진 요리로 익힌 닭, 토끼, 돼지, 송아지 고기에 식초를 약간 넣은 즐레를 넣어 굳힌 차가운 음식이다.

맛있는 수프 총집결!

1,500년 전 불을 소유하게 된 인간은 그때부터 각종 뿌리, 뼈, 풀을 단지에 넣어 끓여 먹기 시작했고, 이어서 국물을 걸쭉하게 해주는 곡류도 넣었다. '수프'라는 이름은 13세기에 처음 탄생했다. 스푼을 들고 프랑스 각지의 수프를 맛보러 떠나자.

마리 아말 비잘리옹

각 지방을 대표하는 수프들

이 수프 레시피들이 언제 처음 만들어진 것인지 그 정확한 기원을 찾긴 어렵다. 처음 그대로의 원형이 잘 유지된 것들도 있는 반면, 또 어떤 것들은 세월을 거쳐 오면서 들어가는 재료들이 더 풍성해졌다. 이들은 모두 우리 몸에 활력을 불어넣어 주는 투박한 시골풍 수프이다.

❶ 세벤 *Cévennes*
바자나 Bajana : 산에서 하루를 보내고 온 목동들에게 끓여주던 추운 겨울을 이겨내는 수프.
재료 : 숯불에 구워 말린 밤을 물에 넣고 으깨지도록 푹 끓인 뒤 우유나 와인을 조금 넣는다.

❷ 프로방스 *Provence*
피스투 수프 Soupe au pistou : 제노바의 페스토를 넣은 수프 레시피가 니스부터 마르세유에 걸쳐 정착하며 현지화한 수프다.
재료 : 흰 강낭콩(haricots coco), 그린빈스, 플랫빈스, 주키니호박, 토마토, 감자, 마카로니, 파르메산 크러스트 또는 이탈리안 소시지 등을 주로 사용하며 완성된 수프에 바질, 마늘 올리브오일로 만든 피스투를 넣는다.

❸ 오트 사부아 *Haute-Savoie*
수프 샤트레 Soupe châtrée : 남은 음식을 활용해 끓여 먹는 서민들의 음식으로 오베르뉴 론 알프(Auvergne-Rhône-Alpes) 지방 사무엥(Samoëns)의 대표적 수프이다.
재료 : 양파를 버터에 볶다가 화이트와인과 물을 넣어 끓인다. 수프 용기에 굳은 빵을 채우고 이 수프 국물을 부은 뒤 톰 치즈 슬라이스를 얹어 오븐에 그라탱처럼 노릇하게 익힌다.

❹ 알자스 *Alsace*
비어수프 Biersupp : 약효가 있는 그로그(grog 술을 넣은 뜨거운 수프)의 일종으로 13세기부터 이어 내려오는 레시피다.
재료 : 양파, 닭 육수, 맥주, 빵 속살, 생크림과 버터를 주재료로 하며, 튀긴 크루통을 곁들여 서빙한다.

❺ 리무쟁 *Limousin*
프리카세 오 투랭 Fricassée au tourain : 겨울철에 귀한 채소를 넣어 끓인 시골풍의 간소한 수프.
재료 : 염장 삼겹살과 양파를 돼지 기름에 볶다가 밀가루를 뿌려 섞은 뒤 물을 넣어 끓인다. 잘게 썬 수영(소렐) 잎을 뿌려 서빙한다.

도르도뉴 *Dordogne*
장부라 Jemboura : 사순절 기간이 끝나고 각 가정에서 돼지를 잡아 끓여 먹었던 기름진 국물 요리.
재료 : 양파, 리크, 당근, 콜라비, 순무, 향신 허브 등에 부댕을 넣고 푹 풀어지도록 끓인다.

❻ 노르망디 *Normandie*
노르망디식 기름진 수프 : 중세에 식량이 궁핍했던 시절 한 수도원 신부가 만든 것으로 전해지는 레시피로 고기 기름과 채소를 넣어 고기 맛을 낸 국물 요리이다.
재료 : 돼지 기름과 소 콩팥 기름에 채소와 향신 허브 등을 넣고 뭉근히 오래 끓인 뒤 체에 걸러 굳힌다. 감자, 잠두콩, 강낭콩, 마늘을 넣은 수프에 이 기름을 넣어 끓인다.

❼ 푸아투 샤랑트 *Poitou-Charentes*
터번 스쿼시 호박 수프 Soupe au giraumon : 프랑스의 탐험가 부갱빌(Bougainville)이 18세기에 타히티에서 들여온 호박의 이름을 딴 수프.
재료 : 터번 스쿼시 호박(지로몽 giraumon)에 물을 넣어 익힌 뒤 우유, 설탕, 소금, 후추를 넣는다.

❽ 페이 바스크 *Pays basque*
엘제카리아 Elzekaria : 프랑스 남서부의 가르뷔르(garbure) 수프를 응용했다.
재료 : 흰 양배추, 양파, 잠두콩, 돼지 삼겹살, 마늘, 에스플레트 고춧가루, 식초 한 바퀴.

❾ 코르시카 *Corse*
코르시카식 수프 Soupe corse : p.95 참조.

❿ 파리 *Paris*
그라탱식 양파 수프 La gratinée à l'oignon : p. 22 참조.

각각 어떻게 다른가요?

수프 SOUPE (라틴어 어원 *suppa*, 게르만어 어원 *suppa*): 슬라이스한 빵 위에 부어 서빙하는 포타주 또는 국물(부이용 bouillon).

★

포타주 POTAGE('단지'라는 뜻의 '포(POT)'에서 온 용어) : 식사 코스 시작에 서빙하는 맑은 액체 또는 농도를 걸쭉하게 만든 액체 음식으로 따뜻하게 또는 차갑게 먹는다.

★

블루테 VELOUTÉ('벨벳'이라는 뜻의 '블루르(velours)'에서 온 용어) : 흰색 육수(fond blanc) 베이스로 만든 포타주에 달걀을 넣어 걸쭉한 농도를 낸 수프.

★

콩소메 CONSOMMÉ ('마시다'라는 뜻의 '콩소메(consommer)'에서 온 용어) : 맑게 정제한(clarifié) 소고기 육수 또는 닭 육수.

베아른식 가르뷔르 수프
LA GARBURE À LA BÉRARNAISE

6인분
콩 불리기 : 12시간
준비 : 1시간
조리 : 3시간

굵게 깍둑 썬 돼지 삼겹살 300g
오리 다리 콩피 4개
사보이 양배추 1통
감자 6개
마른 흰 강낭콩 250g
작은 순무 6개
양파 2개
마늘 3톨
소금, 후추, 부케가르니
구운 캉파뉴 브레드 슬라이스 6쪽

하루 전날, 콩을 물에 담가 불린다.
냄비에 삼겹살을 노릇하게 지진 뒤 불린 콩을 건져 넣고, 4등분한 둥근 순무, 얇게 썬 양파, 껍질을 깐 마늘, 부케가르니를 넣는다. 물 5리터를 붓고 소금, 후추를 넣는다. 끓을 때까지 가열한 뒤 불을 줄이고 뭉근히 1시간 30분간 끓인다.
그동안 양배추를 가늘게 썰어 끓는 물에 5분간 데쳐낸다. 찬물에 헹궈 식힌 다음 냄비에 넣어준다. 1시간이 지난 후 세로로 등분한 감자와 오리 다리 콩피를 넣어준다.
30분간 약한 불로 더 익힌다. 우묵한 접시에 빵을 깔고 국물을 담는다.
그 위에 고기와 채소 건더기를 고루 얹어 서빙한다.

관련 내용으로 건너뛰기
p.244 포타주 총정리

그들은 어떻게 되었을까?

80년대에 그들은 채 30세가 안 된 젊은이들이었다. 오늘날 이들 대부분은 주방의 스타 자리에 올랐다.
알랭 뒤카스, 미셸 트루아그로, 알랭 파사르를 알아볼 수 있으신지?

프랑수아 레지스 고드리

기록을 들추어보다
프랑스 요리 와인 잡지 '퀴진 에 뱅 드 프랑스(Cuisine & Vins de France)'의 1984년 9월호를 들춰보다가 포토그래퍼 모리스 루즈몽이 찍은 한 장의 사진을 발견했다. "누가 2000년대를 이끌어갈 셰프가 될 것인가?"라는 눈길을 끄는 타이틀의 이 기사에서 미식 평론가 질 퓌들로브스키는 19명의 셰프들을 선정했다. 당시 이들의 평균 나이는 26세였다. 이 미식 평론가의 안목과 직관은 실로 탁월했음을 인정하지 않을 수 없다. 몇몇 잊힌 사람들을 제외하고 이 젊은 유망주들의 대다수는 30년이 지난 후 존경받는 유명 셰프들이 되었다. 이들 중 한 사람은 심지어 프랑스 앵테르 방송의 미식 프로그램 '옹 바 데귀스테'의 평론가 팀에서 활약하고 있기도 하다. 한 번 찾아보시길!

★ **1 - PATRICK CIROTTE, 26 ans**
Le Grenadin, 46, rue de Naples, Paris 8e, tél : 563.28.92.

★ **2 - PHILIPPE ROSTANG, 24 ans**
La Bonne Auberge, 06600 Antibes, tél : (93) 33.36.65.

★ **3 - MICHEL HUSSER, 25 ans**
Le Cerf, 67520 Marlenheim, tél : (88) 87.73.73.

★ **4 - JEAN-MICHEL LORAIN, 25 ans**
La Côte Saint-Jacques, 14, Fb Paris, 89300 Joigny, tél : (86) 62.09.70.

★ **5 - XAVIER AUBRUN, 25 ans**
La Barrière de Clichy, 1 rue de Paris, 92110 Clichy, tél : 737.05.18.

★ **6 - JEAN-PIERRE JACOB, 29 ans**
Le Bateau Ivre, 73370 Le Bourget-du-Lac, tél : (79) 25.02.66.

★ **7 - MICHEL TROISGROS, 26 ans**
Troisgros, place de la Gare, 42300 Roanne, tél : (77) 71.66.97.

★ **8 - GILLES TOURNARDRE, 29 ans**
Gill, 60 rue Saint-Nicolas, 76000 Rouen, tél : (35) 71.16.14.

★ **9 - DIDIER CLÉMENT, 28 ans**
Le Lion d'Or, 41200 Romorantin, tél : (54) 76.00.28.

★ **10 - DOMINIQUE LE STANC, 25 ans**
Le Stanc, 18 bd des Moulins, Monte-Carlo, tél : (93) 50.63.37.

★ **11 - ALAIN PASSARD, 28 ans**
Le Duc d'Enghien, 95880 Enghien-les-Bains, tél : 412.90.00.

★ **12 - PHILIPPE GAERTNER, 28 ans**
Les Armes de France, 68770 Ammerschwhir, tél : (89) 47.10.12.

★ **13 - MARC HAEBERLIN, 29 ans**
Auberge de l'Ill, 68150 Illhaeusern, tél : (89) 71.83.23.

★ **14 - ARNAUD DAGUIN, 25 ans**
Hôtel de France, 32000 Auch, tél : (62) 05.00.04.

★ **15 - PATRICK FULGRAFF, 29 ans**
Le Fer Rouge, 52, Grand-Rue, 68000 Colmar, tél : (89) 41.37.24.

★ **16 - PATRICK MICHELON, 29 ans**
L'Hostellerie du Château, 02130 Fère-en-Tardenois, tél : (23) 82.21.13.

★ **17 - GÉRARD PASSÉDAT, 24 ans**
Le Petit Nice, 13007 Marseille, tél : (91) 52.14.39.

★ **18 - GILLES ÉPIÉ, 25 ans**
Le Pavillon des Princes, 69 av. de la Porte d'Auteuil, Paris 16e, tél : 605.65.50.

★ **19 - ALAIN DUCASSE, 27 ans**
La Terrasse au Juana, 06160 Juan-les-Pins, tél : (93) 61.08.70.

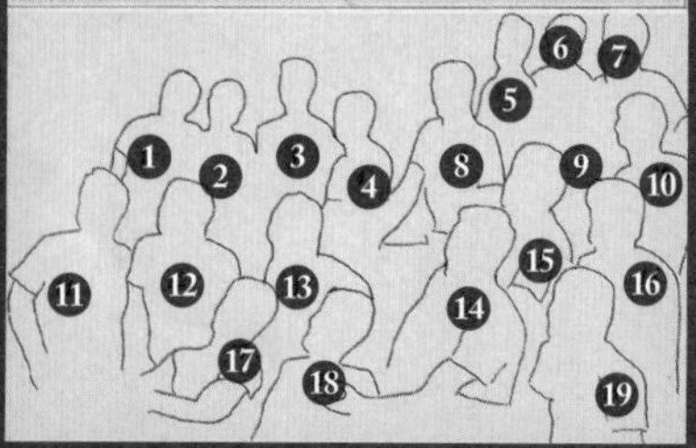

1
2
3
4
5
6
7
8
9
10
11
12
13
14
15
16
17
18
19

파트릭 시로트 26세
필립 로스탕 24세
미셸 위세르 25세
장 미셸 로랭 25세
질 투르나르드르 29세
장 피에르 자콥 29세
자비에 오브룅 25세
미셸 트루아그로 26세
디디에 클레망 28세
도미니크 르 스탕크 25세
파트릭 퓔그라프 29세
파트릭 미슐롱 29세
알랭 파사르 28세
필립 게르트네르 28세
마크 애베를랭 29세
아르노 다갱 25세
알랭 뒤카스 27세
제라르 파세다 24세
질 에피에 25세

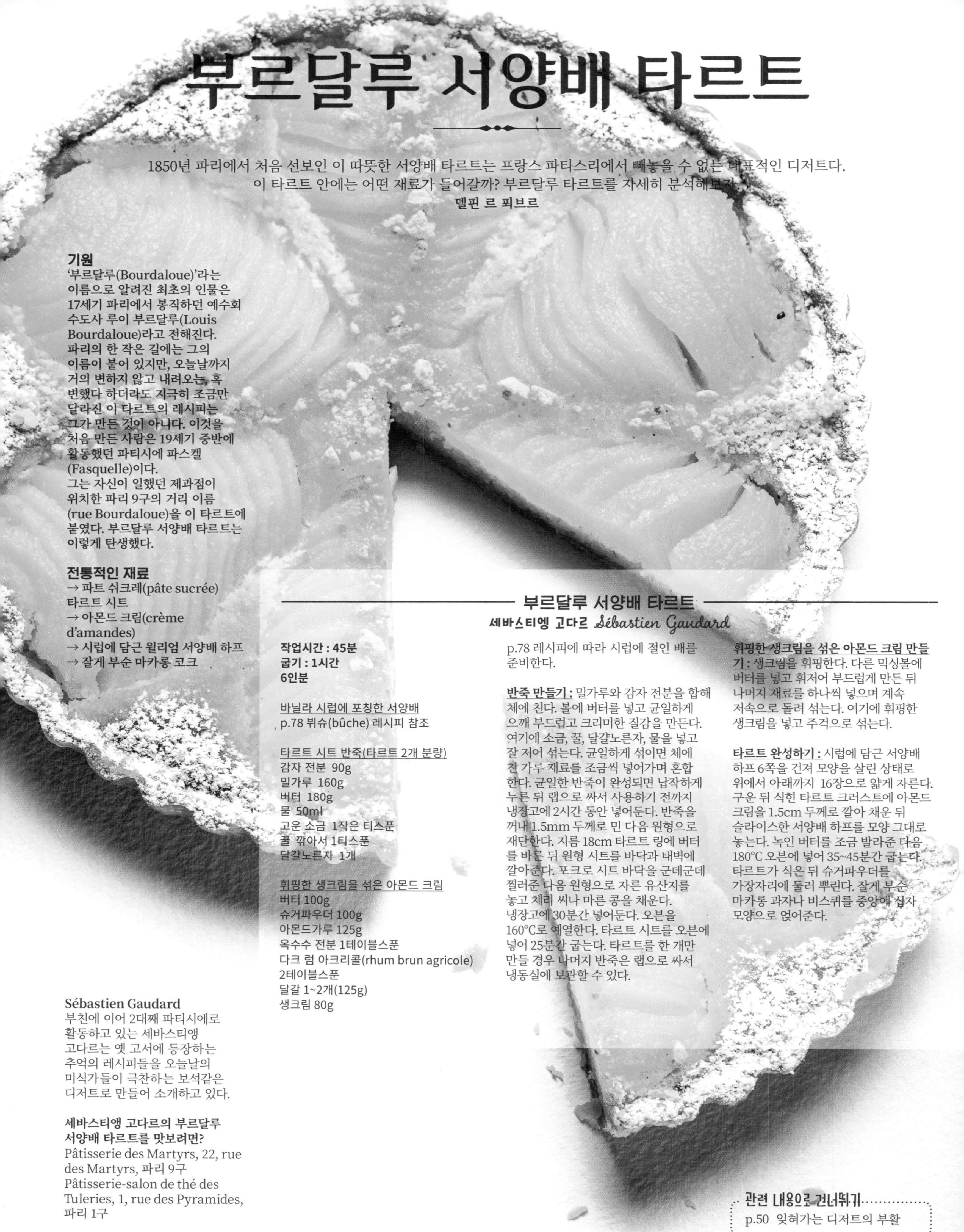

부르달루 서양배 타르트

1850년 파리에서 처음 선보인 이 따뜻한 서양배 타르트는 프랑스 파티스리에서 빼놓을 수 없는 대표적인 디저트다.
이 타르트 안에는 어떤 재료가 들어갈까? 부르달루 타르트를 자세히 분석해보자.

델핀 르 푀브르

기원
'부르달루(Bourdaloue)'라는 이름으로 알려진 최초의 인물은 17세기 파리에서 봉직하던 예수회 수도사 루이 부르달루(Louis Bourdaloue)라고 전해진다. 파리의 한 작은 길에는 그의 이름이 붙어 있지만, 오늘날까지 거의 변하지 않고 내려오는, 혹 변했다 하더라도 지극히 조금만 달라진 이 타르트의 레시피는 그가 만든 것이 아니다. 이것을 처음 만든 사람은 19세기 중반에 활동했던 파티시에 파스켈(Fasquelle)이다.
그는 자신이 일했던 제과점이 위치한 파리 9구의 거리 이름(rue Bourdaloue)을 이 타르트에 붙였다. 부르달루 서양배 타르트는 이렇게 탄생했다.

전통적인 재료
→ 파트 쉬크레(pâte sucrée) 타르트 시트
→ 아몬드 크림(crème d'amandes)
→ 시럽에 담근 윌리엄 서양배 하프
→ 잘게 부순 마카롱 코크

부르달루 서양배 타르트

세바스티엥 고다르 *Sébastien Gaudard*

작업시간 : 45분
굽기 : 1시간
6인분

바닐라 시럽에 포칭한 서양배
p.78 뷔슈(bûche) 레시피 참조

타르트 시트 반죽(타르트 2개 분량)
감자 전분 90g
밀가루 160g
버터 180g
물 50ml
고운 소금 1작은 티스푼
꿀 깎아서 1티스푼
달걀노른자 1개

휘핑한 생크림을 섞은 아몬드 크림
버터 100g
슈거파우더 100g
아몬드가루 125g
옥수수 전분 1테이블스푼
다크 럼 아크리콜(rhum brun agricole) 2테이블스푼
달걀 1~2개(125g)
생크림 80g

p.78 레시피에 따라 시럽에 절인 배를 준비한다.

반죽 만들기 : 밀가루와 감자 전분을 합해 체에 친다. 볼에 버터를 넣고 균일하게 으깨 부드럽고 크리미한 질감을 만든다. 여기에 소금, 꿀, 달걀노른자, 물을 넣고 잘 저어 섞는다. 균일하게 섞이면 체에 친 가루 재료를 조금씩 넣어가며 혼합한다. 균일한 반죽이 완성되면 납작하게 누른 뒤 랩으로 싸서 사용하기 전까지 냉장고에 2시간 동안 넣어둔다. 반죽을 꺼내 1.5mm 두께로 민 다음 원형으로 재단한다. 지름 18cm 타르트 링에 버터를 바른 뒤 원형 시트를 바닥과 내벽에 깔아준다. 포크로 시트 바닥을 군데군데 찔러준 다음 원형으로 자른 유산지를 놓고 체리 씨나 마른 콩을 채운다. 냉장고에 30분간 넣어둔다. 오븐을 160°C로 예열한다. 타르트 시트를 오븐에 넣어 25분간 굽는다. 타르트를 한 개만 만들 경우 나머지 반죽은 랩으로 싸서 냉동실에 보관할 수 있다.

휘핑한 생크림을 섞은 아몬드 크림 만들기 : 생크림을 휘핑한다. 다른 믹싱볼에 버터를 넣고 휘저어 부드럽게 만든 뒤 나머지 재료를 하나씩 넣으며 계속 저속으로 돌려 섞는다. 여기에 휘핑한 생크림을 넣고 주걱으로 섞는다.

타르트 완성하기 : 시럽에 담근 서양배 하프 6쪽을 건져 모양을 살린 상태로 위에서 아래까지 16장으로 얇게 자른다. 구운 뒤 식힌 타르트 크러스트에 아몬드 크림을 1.5cm 두께로 깔아 채운 뒤 슬라이스한 서양배 하프를 모양 그대로 놓는다. 녹인 버터를 조금 발라준 다음 180°C 오븐에 넣어 35~45분간 굽는다. 타르트가 식은 뒤 슈거파우더를 가장자리에 둘러 뿌린다. 잘게 부순 마카롱 과자나 비스퀴를 중앙에 십자 모양으로 얹어준다.

Sébastien Gaudard
부친에 이어 2대째 파티시에로 활동하고 있는 세바스티앵 고다르는 옛 고서에 등장하는 추억의 레시피들을 오늘날의 미식가들이 극찬하는 보석같은 디저트로 만들어 소개하고 있다.

세바스티앵 고다르의 부르달루 서양배 타르트를 맛보려면?
Pâtisserie des Martyrs, 22, rue des Martyrs, 파리 9구
Pâtisserie-salon de thé des Tuleries, 1, rue des Pyramides, 파리 1구

관련 내용으로 건너뛰기
p.50 잊혀가는 디저트의 부활

맛있는 로스트 치킨

닭은 앞마당의 가금육 중 으뜸이며, 로스트 치킨은 프랑스식 가정 요리의 기념비적인 존재로 자리 잡았다.
일요일 가족 식탁의 스타 메뉴인 완벽한 로스트 치킨의 비결을 소개한다.

샤를 파탱 오코옹

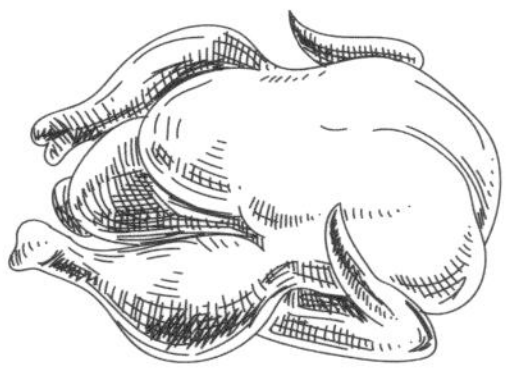

"닭을 익힐 때는 그리 복잡하게 생각하면 안 된다. 하지만 우리는 평생 이것을 제대로 굽지 못하는 사람들을 많이 본다."

보브나르그 후작, 뤽 드 클라피에
LUC DE CLAPIERS, MARQUIS DE VAUVENARGUES
1746

지켜야 할 것...

위생적인 환경에서 자연 방사한 닭을 선택한다(토종닭 또는 유기농)

오븐에 굽기 전에 상온으로 둔다.

닭이 충분히 공간을 차지할 수 있도록 넉넉한 크기의 로스팅 팬을 준비한다.

굽기 전에 닭 표면에 소금을 발라 껍질의 수분을 흡수하고 바삭하게 구워지도록 한다.

익히는 동안 닭의 위치를 일정 시간마다 돌려준다.

하지 말아야 할 것...

로스팅 팬 바닥에 물을 절대 넣지 않는다.

후추는 미리 또는 익히는 중간에 뿌리지 않는다. 후추가 익으면 아주 쓴맛이 난다.

3가지 로스트 치킨 레시피

센 불로 익히기

프레데릭 메나제 *Frédéric Ménager*

'라 페름 드 라 뤼쇼트' 농장 양계업자, 요리사
La Ferme de la Ruchotte, Bligny-sur-Ouche(Côte-d'Or)

닭 : 약 2kg짜리
익히기 : 1시간 10분(레스팅 : 30분)
오븐 온도 : 250°C
지방 : 버터 150g

닭 안에 레몬 한 개, 타임, 마늘, 굵은 소금 1티스푼을 넣어준다. 겉면에 소금을 뿌리고 버터 150g을 문질러 바른다. 무쇠냄비를 달군 뒤 닭을 등 쪽이 아래로 오도록 넣고 노릇하게 10분간 지진다. 위치를 바꿔 왼쪽 넓적다리가 아래로 오도록 놓고 10분간 지진 뒤 다른쪽 다리가 아래로 오도록 놓고 마찬가지로 10분간 지진다. 오븐온도를 150°C로 낮춘 뒤 닭을 다시 등쪽이 아래로 오도록 넣고 30분간 익힌다. 5분마다 기름과 육즙을 끼얹어준다. 꺼내서 30분간 레스팅한다. 서빙 바로 전, 100°C 오븐에서 10분간 데운다.
결과 : 1시간을 익히고 나면 껍질이 바삭해지고 닭의 육즙이 좀 부족하진 하지만 살은 매우 연하고 부드럽다.

약한 불로 익히기

아르튀르 드 켄 *Arthur Le Caisne*

『요리는 또한 화학이다(La Cuisine c'est aussi de la chimie)』의 저자. Hachette Cuisine 출판

닭 : 약 2kg짜리
익히기 : 3시간
오븐 온도 : 140°C
지방 : 버터, 올리브오일

버터 2테이블스푼, 마늘, 허브를 닭 안쪽에 넣어준다. 부드러워진 버터 2테이블스푼을 살과 껍질 사이에 밀어 넣는다. 껍질 겉에는 올리브오일을 문질러 바른다. 소금을 뿌린다.
닭 크기에 알맞은 내열유리 용기에 닭 한쪽 넓적다리가 아래로 오도록 놓는다. 오븐에서 15분간 구운 뒤 다른 쪽 넓적다리가 아래로 오도록 뒤집어 놓는다. 15분간 굽는다. 가슴살이 용기 바닥으로 오도록 위치를 바꾼다. 2시간 30분간 더 굽는다. 소금, 후추를 뿌린다. 커팅하여 서빙한다. 이렇게 총 3시간을 구우면 껍질은 약간 덜 바삭할 수 있지만 닭의 육즙이 그대로 보존되어 살이 촉촉하다.

양념에 재워 굽기

파비엥 보푸르 *Fabien Beaufour*

레스토랑 '디아드(Dyades)'의 셰프
Dyades, Massignac(Charentes)

닭 : 약 1.6kg짜리
익히기 : 50분(휴지 : 10시간)
오븐 온도 : 180°C
지방 : 올리브오일 60ml

물 1리터에 소금 19g과 설탕 200g, 간장 200g을 넣고 끓인다. 여기에 물 3리터, 그라인드 후추 3g, 슬라이스한 레몬 1개분, 잘게 썬 양파 100g을 넣는다. 바르브지외(Barbezieux) 닭 한 마리를 넣고 냉장고에서 6시간 동안 재운다. 재움 양념액에서 닭을 건진 뒤 3시간 동안 건조시킨다. 로즈마리 3g, 월계수 잎 3장, 으깬 마늘 1톨을 닭 안에 넣어준다. 올리브오일 60ml에 파프리카 가루 5g과 카옌페퍼 5g을 섞은 뒤 닭에 마사지하듯 문질러준다. 1시간 동안 건조시킨다. 180°C 오븐에 닭의 등이 아래로 오도록 넣고 20분간 굽는다. 이어서 양쪽 넓적다리가 아래로 오도록 교대로 위치를 바꿔가며 각각 15분씩 굽는다. 오븐에서 꺼낸 뒤 20분간 레스팅한다.

골반뼈(SOT-L'Y-LAISSE)과 위시본(OS DES VŒUX)을 혼동하지 마세요.

직역하면 '바보나 남긴다'라는 뜻을 가진 솔리레스(sot-l'y-laisse, chicken oyster)는 닭 몸통 골반뼈 양쪽 움푹하게 패인 곳에 들어 있는 작은 살 점 두 개를 가리킨다. 행운을 가져다준다는 가슴 앞 부위 뼈는 '퓌르퀼라(furcula)'라고 부른다. 위시본(wishbone, os des voeux)이라고도 불리는 V자 모양의 가는 이 뼈를 두 사람이 각각 한쪽씩 쥐고 잡아당겼을 때 뼈가 부러지게 되는 데, 이때 큰 조각을 갖게 되는 사람은 소원을 이룬다는 전설이 있다.

관련 내용으로 건너뛰기
p.165 프랑스의 닭 품종

독일 강점기 시절 파리의 레스토랑

이 식당의 메뉴들은 프랑스의 요리 열정과 역사를 증명한다.
독일군이 점령하던 시절 파리의 레스토랑 '르프랑스(Leprince)*'의 연대기를 소개한다.

파트릭 랑부르

당시 상황

제2차 세계대전 당시 독일의 점령은 프랑스인들에게, 또한 그들과 음식의 관계에 깊은 상흔을 남겼다. 전쟁이 끝난 이후에도 오랜 세월 루타바가 순무와 돼지감자는 당시의 불행한 기억을 떠올린다는 이유로 잘 먹지 않았다. 1940년 9월을 기점으로 프랑스인들은 식량 배급표로 음식물을 받아 생활을 영위하는 길고 힘든 세월에 돌입하게 된다. 수도 파리에서 레스토랑들은 이 상황에 적응해야 했고, 점점 더 악화되어가는 식량 결핍 사태에 맞서 해결책을 마련해야 했다.

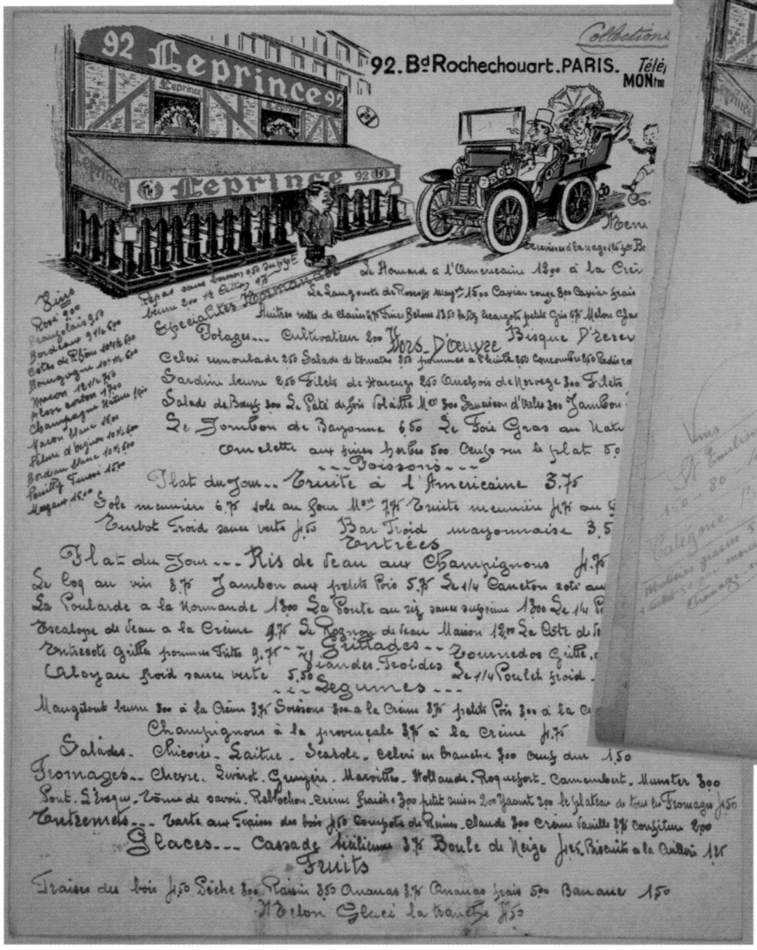

92 Leprince 92 Bd Rochechouart. PARIS.

Hors d'oeuvre

Plat du Jour... Truite à l'Américaine 3.75

Poissons

Entrées

Plat du Jour... Ris de veau aux Champignons

Grillades

Viandes Froides

Legumes

Salades

Fromages

Entremets

Glaces

Fruits

1939년 8월 30일의 메뉴판

전쟁이 발발하기 며칠 전, 레스토랑 르프랑스(Leprince)에서는 프랑스 각 지방 요리의 좋은 냄새가 풍겨 나왔다. 아메리켄 소스의 랍스터, 마요네즈를 곁들인 로스코프(Roscoff) 랑구스트, 신선한 볼가(Volga)산 캐비아, 셀러리악 레물라드, 푸아그라 오 나튀렐, 그린 소스를 곁들인 차가운 넙치 요리, 완두콩을 곁들인 오리구이, 노르망디식 닭요리 등이 서빙되었다. 그 외에 각종 채소 요리, 치즈, 과일, 디저트들도 빼놓을 수 없다. 상황은 급속히 악화되었고 법적 규제는 더 엄격해졌다. 11월부터 매주 월요일은 모든 정육 고기가, 화요일은 소고기가 없는 날이 되었다. 12월 15일부터 매주 금요일에는 '어떠한 종류의 고기도' 찾아볼 수 없었다. 1940년 10월부터는 레스토랑에서 식품 배급표 제도가 시행되었다. 레스토랑 메뉴에도 점점 더 공백이 늘어났다. 10월 15일 저녁에는 오르되브르에 곁들여 나오는 버터도, 커피도 없었다...

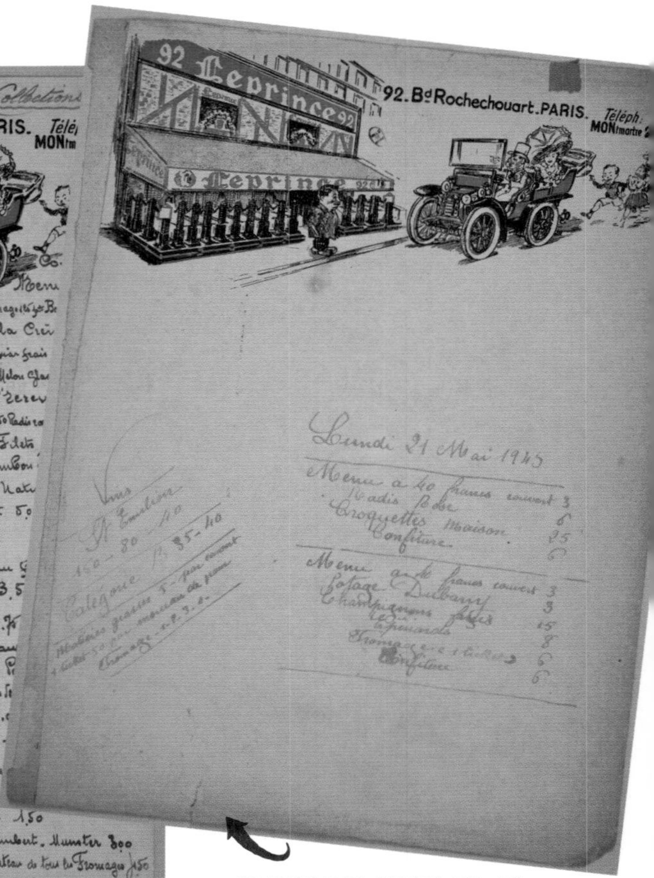

92 Leprince 92 Bd Rochechouart. PARIS.

Lundi 21 Mai 1945

Menu à 40 francs couvert 3

Radis Beurre

Croquettes Maison

Confiture

1945년 5월 21일의 메뉴판

전쟁이 끝나갈 무렵 프랑스는 활기를 잃었고 레스토랑들의 규모는 쪼그라들었다. 1945년의 봄은 특히 힘들었다. 레드 래디시, 수제 크로켓, 잼으로 구성된 세트 메뉴가 40프랑에 판매되었다. 종전을 맞이한 이후에도 손님들이 1939년 시절의 맛있는 요리를 먹을 수 있고, 메뉴에서 음식을 골라시키는 '아 라 카르트(à la carte)' 시스템을 복원하까지는 수개월의 시간이 걸렸다.

* Leprince, 92 boulevard Rochechouart, 파리 18구.

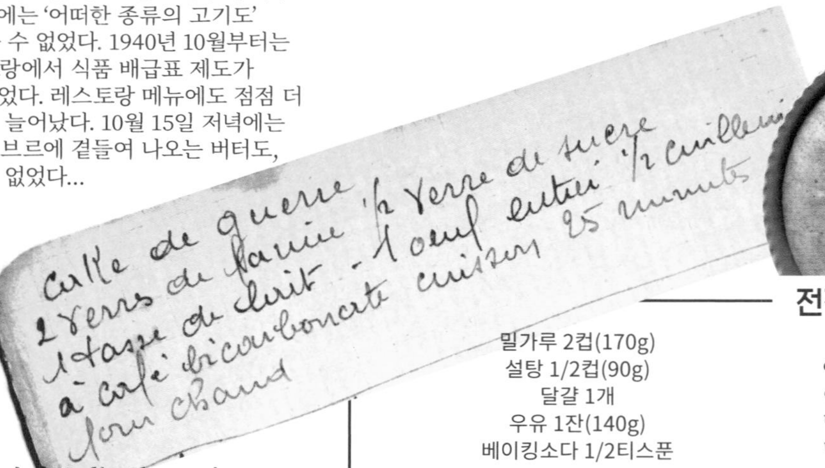

Cake de guerre
2 verres de farine ½ verre de sucre
1 tasse de lait - 1 oeuf entier ½ cuillère
à café bicarbonate cuisson 25 minutes
four chaud

나디아 슈기 Nadia Chougui

프랑스 앵테르 라디오 방송 프로그램 '옹 바 데귀스테(On va déguster, 이 책 '미식 잡학사전' 출간의 토대가 된 미식 프로그램)' 부 프로듀서인 그녀는 이모인 시몬 블레조(Simone Blézot)로부터 제2차 세계대전 당시의 감동적인 레시피 수첩을 물려받았다. 우리 팀의 미식 패널 중 한명인 에스테렐 파야니(Estérelle Payani)는 이 전쟁 중의 파운드 케이크를 실제로 만들어 보았고 레시피를 조금 개선했다.

전쟁 통의 파운드 케이크

밀가루 2컵(170g)
설탕 1/2컵(90g)
달걀 1개
우유 1잔(140g)
베이킹소다 1/2티스푼

밀가루, 설탕, 베이킹소다를 섞는다. 가운데 우묵한 공간을 만든 뒤 달걀과 우유를 넣고 재빨리 혼합한다. 오븐을 180℃로 5분간 예열한다(그 이상은 필요 없다. 이 케이크는 오븐 안에서 마르기 쉽다). 반죽을 지름 20cm 원형틀에 붓고 오븐에 넣어 20분간 굽는다.

에스테렐 파야니의 생각

이 케이크는 꽤 빨리 마르고 비교적 달아서 당일에 먹어야 한다. 이것을 먹으면서 우리는 사물에 관한 취향이나, 누리는 것이 당연한 세련된 기호를 떠올린다. 전쟁 기간 중 유일한 음료였던 치커리 차에 이 케이크를 적셔 먹었을 것이다.

그녀의 조언

이 케이크가 가진 본래의 특징을 저해하지 않으면서 오늘날의 입맛에 맞추기 위해서는
- 우유 대신 발효유(lait de ribot)를 사용해 부드러운 식감을 더한다.
- 레몬 제스트 또는 천연 바닐라 에센스 몇 방울을 더해 풍미를 더한다.
- 이것을 케이크의 베이스로 사용하고 위에 라즈베리, 체리, 얇게 저민 사과 등을 올린다.

미셸 브라스

우선 그의 성 Bras의 's'는 발음해야 한다. 이것부터가 현대 가스트로노미의 가장 유명한 요리사 중 한 명인 그에게 경의를 표하는 일이다.
프랑수아 레지스 고드리

주요 약력

1946년 11월 4일
아베롱 지방 가브리악(Gabriac, Aveyron)에서 레스토랑을 운영하는 가정에서 태어났다. 그의 어머니 '메메 브라스(Méme Bras)'는 라기올(Laguiole)의 '루 마주크(Lou Mazuc)' 레스토랑에서 아주 맛있는 가정 요리를 선보였으며 그중 대표적인 것으로는 알리고(aligot)를 꼽을 수 있다.

1978년 아내 지네트(Ginette)와 함께 어머니가 운영하던 식당을 물려받았다.

1992년 라기올이 한눈에 내려다보이는 언덕 꼭대기에 레스토랑 '르 쉬케(Le Suquet)'를 오픈했다.

1999
미슐랭 가이드의 세 번째 별 획득

2002년 일본 홋카이도에 레스토랑 '토야(Toya)'를 오픈했다.

2009년 아들 세바스티앵(Sébastien)에게 레스토랑 경영을 물려주었다.

Michel Bras, 오브락의 천재
(1946년 출생)

당신이 아마도 몰랐던 5가지 사실

미셸 브라스는 독학파 요리사다. 그는 가족이 경영하는 식당에서 어머니를 도우며 일을 배웠을 뿐 유명 식당의 셰프에게서 사사받은 경험이 전무하다.

그는 라기욜(Laguiole) 나이프를 전 세계에 알렸다. 1978년부터 자신의 식당에서 라기욜산 나이프를 사용했다. 고객들은 식사 시간 내내 같은 나이프를 사용한다.

그는 채소 위주의 메뉴, 친환경에 중점을 둔 아방가르드 요리의 선구자 중 한 사람으로 평가받는다. 그의 레스토랑은 세계 최고의 레스토랑 중 하나로 여러 번 선정된 바 있다.

그는 퐁당 쇼콜라(biscuit au chocolat coulant)를 처음 만들었다. 전 세계 각국에서도 이 디저트를 모방한 제품이 등장했으며 한 유명 냉동식품 업체의 제품 중 베스트셀러로 등극하기도 했다.

그는 혁신적인 요리 스타일링을 선보였다. 그의 책『브라스, 라기욜, 오브락, 프랑스(*Bras, Laguiole, Aubrac, France*)』(2002 Le Rouergue 출판)에서 그는 자신의 요리를 접시가 아닌 글로시한 테이블에 플레이팅하는 새로운 방식을 보여주었다.

전설적인 요리 가르구이유 *Gargouillou*

농산물 위주의 원초적이면서도 투박한 시골풍 느낌과 현대적인 세련됨을 동시에 지니고 있는 이 요리의 레시피가 개발된 것은 1980년이며 이후 세계적인 명성을 얻게 되었다.

이름의 유래
전통적으로 오베르뉴(Auvergne)에서 '가르구이유(gargouillou)'는 원래 감자에 물을 적시고 얇게 썬 염장 햄 슬라이스를 곁들인 음식을 지칭했다.

어떤 요리인가?
제철에 나는 야생 식물, 허브, 어린 채소를 고루 한데 모은 음식이다. 고사리, 비름, 흰꽃 보리지, 햇마늘, 클로버, 콜리플라워 고갱이, 완두콩, 뿌리 처빌, 한련, 영아자, 패티팬 스쿼시, 쪽파, 치커리, 별꽃, 핑크 래디시, 샐서피, 토마토, 골파, 알프스 회향뿐 아니라 기타 채소, 어린 순, 잎, 꽃, 고갱이, 씨 또는 뿌리 등의 모양, 맛, 색을 고루 배합하여 구성하고 에그노그, 햄을 육수에 천천히 끓인 즙으로 드레싱한다.

미셸 브라는 어떻게 이 요리를 만들게 되었을까?
이 요리의 탄생에 대해 브라스 셰프는 다음과 같이 이야기한다. "달리기는 나에게 평안을 주고 모든 것을 원활하게 해준다. 뛰는 동안의 일종의 의식 분리 상태는 나를 생각지도 않았던 느낌의 세계로 인도한다. '가르구이유'는 6월 어느 날 오브락(Aubrac) 초장이 온갖 꽃, 향, 빛으로 넘쳐나던 시기에 있었던 이러한 내면 여행 중 탄생했다. 이것은 진정한 불꽃놀이요, 계절에 대한 찬가다."

집에서도 만들 수 있을까?
'가르구이유'는 오브락의 내면을 보여주는 요리이다. 그렇기 때문에 수백 킬로 떨어진 곳에서 이것을 그대로 만들어낸다는 것은 무의미하다. 가장 좋은 방법은 현재 그의 아들 세바스티앵이 총괄하는 라기올(Laguiole)의 식당에 가서 맛보는 것, 혹은 자신만의 생물 환경에 적용하는 것이다. 이 요리를 만들려면 제철 어린 채소와 직접 키운 허브, 식용 식물을 준비한다. 여기에 맛을 내기 위한 미셸 브라스의 비법은 다음과 같다. "소테팬에 해당 지방 특산 햄을 몇 장 넣고 지진다. 기름을 제거한 뒤 채수를 넣고 디글레이즈한다. 버터를 작은 한 조각 넣고 햄 소스와 섞어 유화한다. 준비한 채소를 이 드레싱에 넣고 슬쩍 한 번 굴려 묻히면서 데운다. 각 채소 재료를 생동감 있게 플레이팅한다. 야생 허브, 발아 씨앗 등 봄 허브 몇 줄기를 얹어 장식한다. 다양한 구슬 모양 채소로 보기 좋게 장식하고 소스 등으로 다양한 맛과 더한다."

Les Vins de France

Une myriade d'AOC à découvrir

프랑스의 와인

각 지역별 주요 AOC(원산지명칭통제) 와인 리스트

Pays-Bas
Royaume-Uni
Pas de Calais
Manche
Belgique
Allemagne
Guernesey
Jersey
Seine
Champagne
샹파뉴
Lorraine 로렌
Alsace
알자스
루아르
Loire
부르고뉴
Bourgogne
Belle-Île
Noirmoutier
Yeu
Ré
Oléron
Jura 쥐라
Suisse
Lac Léman
보졸레
Beaujolais
Bugey 뷔제
Savoie
사부아
Italie
Bordelais
보르들레
Dordogne
Garonne
Rhône
론
Golfe de Gascogne
Sud-Ouest
쉬드 우에스트
Provence
프로방스
Golfe du Lion
Languedoc-Roussillon
랑그독 루시용
Andorre
Espagne
MER MÉDITERRANÉE
Corse
코르시
NORD
100
200 km
0

Carte issue de la collection lacartedesvins-svp.com

1 Ajaccio
2 Alsace ou Vin d'Alsace/ Alsace
grand cru/ Crémant d'Alsace/
Marc d'Alsace
3 Anjou/ Anjou Villages/ Anjou
Villages Brissac/ Anjou - Co
teaux de la Loire/ Bonnezeaux/
Cabernet d'Anjou/ Coteaux de
l'Aubance/ Quarts de Chaume/
Rosé d'Anjou/ Savennières/
Savennières Coulée de Serrant/
Savennières Roche aux Moines
4 Béarn/ Pacherenc du Vic-Bilh
5 Beaujolais/ Brouilly/ Chénas/
Chiroubles/ Côte de Brouilly/
Fleurie/ Juliénas/ Morgon/
Moulin-à-Vent/ Régnié/ Saint-
Amour
6 Bellet ou Vin de Bellet
7 Bergerac/ Côtes de Bergerac/
Monbazillac/ Pécharmant/
Rosette/ Saussignac
8 Bordeaux/ Barsac/ Blaye/
Bordeaux supérieur/ Bourg
ou Côtes de Bourg ou Bour-
geais/Cadillac/ Canon Fronsac
Cérons / Côtes de Blaye/
Côtes de Bordeaux/ Côtes de
Bordeaux-Saint-Macaire/
Crémant de Bordeaux/
Entre-deux-Mers/ Fronsac
Graves / Graves de Vayres
Graves supérieures /
Haut-Médoc/ Lalande-de-
Pomerol/ Listrac- Médoc/
Loupiac/ Lussac-Saint-
Emilion/ Margaux/ Médoc/
Montagne-Saint-Emilion/
Moulis ou Moulis-en-Médoc/
Pauillac/ Pessac-Léognan/
Pomerol/ Premières Côtes
de Bordeaux/ Puisseguin
Saint-Emilion/ Saint-Emi
lion grand cru/ Saint-
Estèphe / Saint-Georges-Saint-
Emilion/ Saint- Emilion/
Saint-Julien/ Sainte-Croix-du-
Mont/ Sainte-Foy- Bordeaux/
Sauternes
9 Bourgogne/ Aloxe-
Corton/ Auxey-Duresses/
Bâtard-Montrachet/ Beaune/
Bienvenues-Bâtard-
Montrachet/ Blagny/
Bonnes-Mares/ Bourgogne
aligoté/ Bourgogne mous
seux/ Bourgogne Passe-
tout-grains/ Bouzeron/
Chambertin/ Chambertin-
Clos de Bèze/ Chambolle-Mu
signy/ Chapelle-Chambertin
Charlemagne/ Charmes-
Chambertin/ Chasagne-
Montrachet/ Chevalier-
Montrachet/ Chorey-lès-
Beaune/ Clos de
la Roche/ Clos de Tart/ Clos
de Vougeot ou Clos Vougeot/
Clos des Lambrays/ Clos
Saint-Denis/ Corton/
Cor ton-Charlemagne/ Côte de
Beaune/ Côte de Beaune-
Villages/ Côte de Nuits-Villages
Coteaux bourguignons ou
Bourgogne grand ordinaire
ou Bourgogne ordinaire/
Crémant de Bourgogne/
Criots-Bâtard-Montrachet/
Echezeaux/ Fixin/ Gevrey-
Chambertin/ Givry/ Grands-
Echezeaux/ Griotte-Cham-
bertin/ Irancy/ La Grande
Rue/ La Romanée/ La Tâche/
Ladoix/ Latricières-Cham-
bertin/ Mâcon/ Maranges/
Marsannay/ Mazis-Chamber-
tin/ Mazoyères-Chamber
tin/ Mercurey/ Meursault/
Montagny/ Monthélie/
Montrachet/ Morey-
Saint-Denis/ Musigny/
Nuits-Saint-Georges/
Pernand-Vergelesses/
Pommard/Pouilly-Fuissé/
Pouilly- Loché/ Pouilly-Vin
zelles
Puligny-Montrachet/
Richebourg/Romanée-Conti/
Romanée-Saint-Vivant/
Ruchottes- Chambertin/ Rully/
Saint-Aubin/ Saint-Bris/
Saint-Romain/ Saint-Véran/
Santenay/ Savigny-lès-Beaune/
Viré-Clessé/ Volnay/ Vosne-Ro
manée/ Vougeot/ Fine de Bour
gogne/ Marc de Bourgogne
10 Brulhois
11 Bugey/ Roussette du Bugey
12 Buzet
13 Cahors
14 Chablis/ Chablis Grand Cru/
Petit Chablis
15 Champagne/ Coteaux champe-
nois/ Rosé des Riceys
16 Châteaumeillant
17 Châtillon-en-Diois/ Clairette
de Die/ Crémant de Die
18 Cheverny/ Cour-Cheverny
19 Costières de Nîmes
20 Côte roannaise
21 Coteaux d'Aix-en-Provence
22 Coteaux du Giennois
23 Coteaux du Lyonnais
24 Coteaux du Quercy
25 Côtes d'Auvergne
26 Côtes de Duras
27 Côtes de Millau
28 Côtes de Provence/ Bandol/
Cassis/ Coteaux varois en Pro-
vence/ Les Baux de Provence/
Palette/ Pierrevert
29 Côtes de Toul
30 Côtes du Forez
31 Côtes du Jura/ Arbois/ Châ-
teau-Chalon/ Crémant du Jura/
L'Etoile/ Macvin du Jura
32 Côtes du Marmandais
33 Côtes du Rhône/ Beaumes
de Venise/ Château-Grillet
Châteauneuf-du-Pape/
Condrieu/ Cornas/ Côte Rôtie/
Côtes du Rhône Villages/ Cro-
zes-Hermitage ou Crozes-
Ermi tage/ Gigondas/ Hermi
tage ou
Ermitage ou l'Hermitage ou
l'Ermitage/ Lirac/ Muscat de
Beaumes-de-Venise/ Rasteau/
Saint-Joseph/ Saint-Péray/
Tavel/ Vacqueyras/ Vinsobres
34 Côtes du Roussillon/ Banyuls/
Banyuls grand cru/ Cabardès/
Collioure/ Côtes du Roussillon
Villages/ Crémant de Limoux/
Fitou/ Grand Roussillon/
Limoux/ Maury
35 Côtes du Vivarais
36 Duché d'Uzès
37 Entraygues - Le Fel
38 Estaing
39 Fiefs Vendéens
40 Fronton
41 Gaillac/ Gaillac premières côtes
42 Grignan-les-Adhémar
43 Haut-Poitou
44 Irouléguy
45 Jurançon
46 Languedoc/ Clairette de Belle-
garde/ Clairette du Languedoc/
Corbières/ Corbières-Boute-
nac/ Faugères/ Minervois/ Mi-
nervois-La Livinière/ Muscat
de Frontignan ou Frontignan
ou vin de Frontignan/ Muscat
de Lunel/ Muscat de Mireval/
Muscat de Rivesaltes/ Muscat
de Saint-Jean-de-Minervois/
Picpoul de Pinet/ Rivesaltes/
Saint-Chinian
47 Luberon
48 Madiran
49 Malepère
50 Marcillac
51 Menetou-Salon
52 Montravel/ Côtes de Montravel/
Haut-Montravel
53 Moselle
54 Muscadet/ Coteaux d'Ancenis/
Gros Plant du Pays Nantais/
Muscadet Coteaux de la Loire/
Muscadet Côtes de Grandlieu/
Muscadet Sèvre et Maine
55 Muscat du Cap Corse
56 Patrimonio
57 Pouilly-sur-Loire/ Pouilly-
Fumé ou Blanc Fumé de Pouilly
/ Sancerre
58 Quincy
59 Saint-Pourçain /
60 Saint-Sardos
61 Saumur/ Saumur-Champigny/
Cabernet de Saumur/ Chinon/
Coteaux de Saumur/ Coteaux
du Layon
62 Touraine/ Touraine Noble
Joué/ Bourgueil/ Coteaux du
Loir/ Coteaux du Vendômois/
Crémant de Loire/ Jasnières/
Montlouis-sur-Loire/ Orléans/
Orléans-Cléry/ Reuilly/
Rosé de Loire/ Saint-Nico-
las-de-Bourgueil/ Valençay/
Vouvray
63 Tursan
64 Ventoux
65 Vin de Corse ou Corse
66 Vin de Savoie ou Savoie/
Roussette de Savoie/ Seyssel

식탁 위의 철학자들

프랑스의 아름다운 사상가들이 정신적 양식으로만 만족하지 않는다면? 때로 이들은 아주 세상적인 것들을 섭취하기도 하며, 심지어 접시 위의 내용물, 음식 혐오증, 식탁 매너 등에 대해 고찰하기도 한다. 몽테뉴에서 질 들뢰즈까지 이들이 남긴 사상의 단편들을 모아보았다.

티보 드 생 모리스 Thibaut de Saint-Maurice

Je ne suis excessivement desireux ny de salades, ny de fruits, sauf les melons. Mon pere haïssoit toute sorte de sauces; je les aime toutes. Le trop manger m'empeche; mais, par sa qualité, je n'ay encore cognoissance bien certaine qu'aucune viande me nuise; comme aussi je ne remarque ny lune plaine, ny basse, ny l'automne du printemps. Il y a des mouvemens en nous, inconstans et incogneus; car des refors, pour exemple, je les ay trouvez premierement commodes, depuis facheux, present de rechef commodes. En plusieurs choses je sens mon estomac et mon appetit aller ainsi diversifiant :

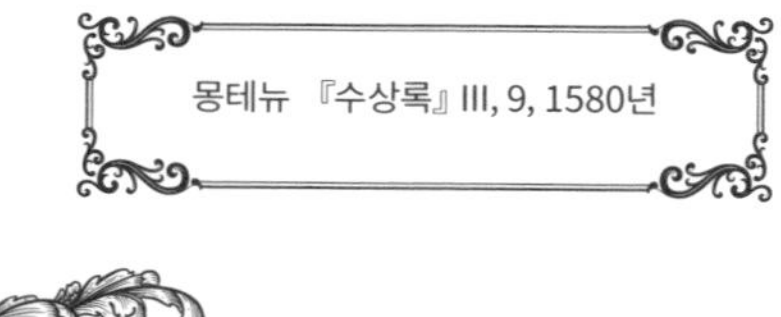

몽테뉴 『수상록』 III, 9, 1580년

몽테뉴가 말하는 멜론

몽테뉴는 '영혼은 몸이 흡수하는 것으로부터 영향을 받는다.'라는 내면의 신념을 갖고 있었다. 이는 고대 철학자들의 책을 읽으면서 이어받은 생각이다. 중요한 것은 잘 먹는 것, 다시 말해 우리가 먹는 것으로부터 일정하고 균형 잡힌 쾌락을 얻어내야 한다는 것이다. 하지만 몽테뉴에게는 특별히 편애하는 음식이 있었는데 그것은 바로 멜론이다.
이탈리아 여행 중 적어둔 메모에는 그 계절에 나온 첫 멜론을 먹으며 행복해했던 느낌뿐 아니라 그 마을의 이름까지 소중히 기록해놓았다.
몽테뉴는 왜 이렇게 멜론을 좋아했을까? 아마도 그가 추구하는 이상적인 균형과 절제가 이 과일에 완벽하게 내재되어 있기 때문일 것이다. 멜론은 땅에서 가까이 재배되면서도 단맛과 머스크 향을 지니고 있다. 애피타이저로는 물론 디저트로 즐겨 먹을 수 있으며 천연의 단맛은 짭짤한 맛과도 잘 어울린다. 멜론은 또한 동방에서 들여와 서방에서 활짝 꽃을 피운 과일이다. 간단히 말해서 이것은 가장 완벽한 균형을 갖춘 천연 과일이라고 할 수 있다.

장 자크 루소가 말하는 우유

On craint le lait trié ou caillé : c'est une folie, puisqu'on sait que le lait se caille toujours dans l'estomac. C'est ainsi qu'il devient un aliment assez solide pour nourrir les enfants et les petits des animaux : Notre premier aliment est le lait; nous ne nous accoutumons que par degrés aux saveurs fortes; d'abord elles nous répugnent. Des fruits, des légumes, des herbes, et enfin quelques viandes grillées, sans assaisonnement et sans sel, firent les festins des premiers hommes*.

루소 『에밀』, 9, 1762년

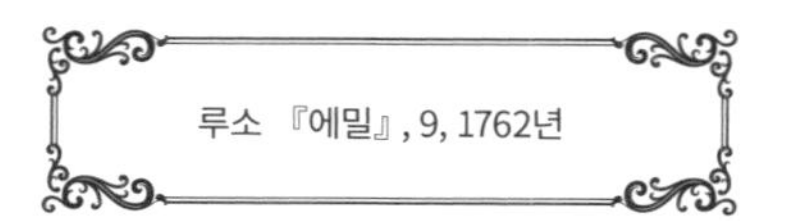

루소에게 먹는다는 행위는 다름 아닌 생명의 욕구를 충족시키는 것이다. 그는 특히 정치적 집필 활동을 통해 프랑스 대혁명의 밑거름이 되었지만 한편 그 이외의 사안들에 대해서는 진보주의자들을 비판하는 쪽이었다. 요리 면에 있어서도 그는 모든 식품의 과한 조리를 거부하며 과일, 채소, 씨앗, 알 등 가공되지 않은 식품의 장점을 장려하고 있다.
하지만 이 모든 것들 중 루소가 가장 우선시하는 음식은 그가 완전식품이라 생각하는 우유이다.
자연이 인간에게 처방한 식품인 이 우유를 먹으며 우리는 삶을 시작하고 자란다. 우유는 맛이 단순하고 순수하며 부드럽고 무해한 식품이다. 또 하나의 장점은 인공적인 개입 없이 발효된다는 점이다. 간단히 말해 우유는 우리를 속이지 않는다. 이것은 지나쳐버리면 안 되는 근본적 음식이며 조작되고 변질된 맛과 풍미 안에서 길을 잃지 않도록 끊임없이 회귀해야 할 대상이다.

볼테르가 말하는 음식 금기

볼테르는 음식물을 잘 소화하지 못했음에도 불구하고 계몽시대 말기 내내 유명한 식사 주최자들 중 하나였다. 볼테르가 열었던 철학적 식사 모임의 상징이 된 '송로버섯을 채운 파테'만을 제외하고는 그가 특별히 선호하는 음식은 없었다.
식사에 참석한 이들은 마치 의견을 교환하며 논쟁을 나누듯이 이 음식을 식탁에서 나누었다.
볼테르는 종교적 광신에 대항하는 톨레랑스(관용)의 사도였다. 그는 이 투쟁을 요리에까지 가져왔으며 종교적 음식 금기의 격렬한 비판자가 되었다. 18세기에 들어와서 생선은 고기보다 평균 두 배에서 네 배가량 가격이 비싸졌다. 고기를 금지하고 생선을 권장하는 이 종교적 관습은 가난한 자들의 배를 굶주리게 하는 형벌이었고 부유층에게는 엄격한 고행을 경감시킴으로써 이들을 구제하는 방법이었다. 볼테르가 주최한 식사의 특별한 레시피는 단 한 가지, 즉 종교적 추천 음식이나 맹신에서 탈피하는 것, 그래서 식사에 참여한 사람들이 그들의 모든 차이점에도 불구하고, 같은 식탁에 앉아 있다는 기쁨을 함께 나누는 것이다.

Pourquoi Jésus jeûna-t-il quarante jours dans le désert où il fut emporté par le diable, par le *Knathbull*? Saint Matthieu remarque qu'après ce carême il eut faim; il n'avait donc pas faim pendant ce carême?

Prêtres idiots et cruels! à qui ordonnez-vous le carême? Est-ce aux riches? ils se gardent bien de l'observer. Est-ce aux pauvres? ils font carême toute l'année.

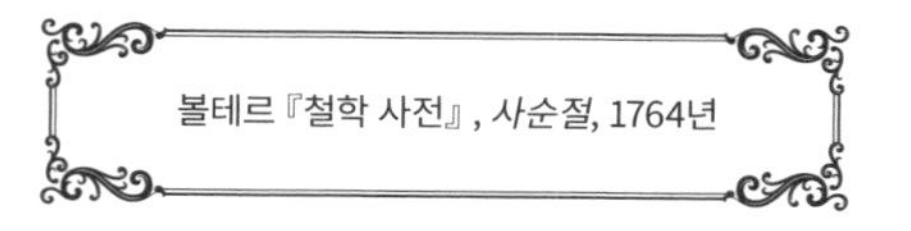

볼테르 『철학 사전』, 사순절, 1764년

롤랑 바르트가 말하는 비프스테이크와 프렌치프라이

롤랑 바르트는 요리, 식사, 음식을 각각 소설, 문장, 단어라는 시각으로 바라본다. 요리는 하나의 언어이기 때문에 의미를 지닌다. 레시피와 음식을 만드는 테크닉은 문법에 비유할 수 있으며 요리는 바르트가 '미톨로지(Mythologie 신화)'라고 일컫는 이야기들을 들려줄 수 있는 하나의 스토리다.
비프스테이크와 감자튀김은 프랑스 요리 대소설에 등장하는 두 명의 인물이다. 모든 식탁 위에 자리한 이들은 프랑스가 무엇인지 말해주는 단순하고도 원기를 북돋아주는 음식이다.
'비프텍(bifteck)'은 '피'와 관련이 있다. 예를 들어 이 음식의 익힘 정도는 열의 강도가 아닌 날것(cru), 레어(saignant 피가 흐르는), 레어 블루(bleu) 등 '피의 이미지'로 표시된다. 이것을 익혀 먹는 경우에는 그 익힘 정도를 완곡한 표현으로 '미디엄(à point 딱 알맞게)'이라고 지칭한다. 스테이크를 먹는다는 것은 따라서 그것을 통해 몸과 기질을 갱생시키는 일종의 '수혈'이라고 볼 수 있다. 이러한 이미지는 와인과도 가까워서 한 사회를 넘어선 한 국가의 기본 음식으로 등극하게 되었다.
한편, 감자튀김 '프리트(frites)'는 땅과 연관된다. 이것을 먹는다는 것은 '프랑스 민족성을 인정하는 의식'에 참여함을 뜻한다. 게다가 외국에서는 이 감자튀김을 '프렌치프라이'라고 부른다.

e bifteck et les frites

Manger le bifteck saignant représente donc à la fois une nature et une morale. Tous les tempéraments sont censés y trouver leur compte, les sanguins par identité, les nerveux et les lymphatiques par complément. Et de même que le vin devient pour bon nombre d'intellectuels une substance médiumnique qui les conduit vers la force originelle de la nature, de même le bifteck est pour eux un aliment de rachat, grâce auquel ils prosaïsent leur cérébralité et conjurent par le sang et la pulpe molle, la sécheresse stérile dont sans cesse on les accuse.

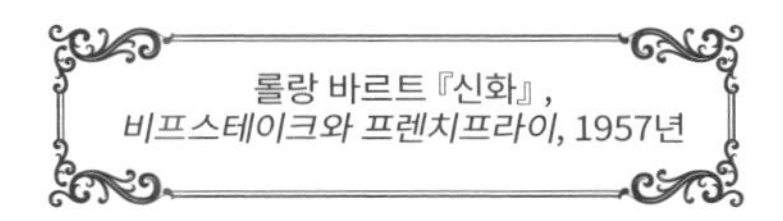

롤랑 바르트 『신화』,
비프스테이크와 프렌치프라이, 1957년

미셸 푸코가 말하는 다이어트의 기술

En somme, la pratique du régime comme art de vivre est bien autre chose qu'un ensemble de précautions destinées à éviter les maladies ou à achever de les guérir. C'est toute une manière de se constituer comme un sujet qui a, de son corps, le souci juste, nécessaire et suffisant. Souci qui traverse la vie quotidienne ; qui fait des activités majeures ou courantes de l'existence un enjeu à la fois de santé et de morale ; qui définit entre le corps et les éléments qui l'entourent une stratégie circonstancielle ; et qui vise enfin à armer l'individu lui-même d'une conduite rationnelle.

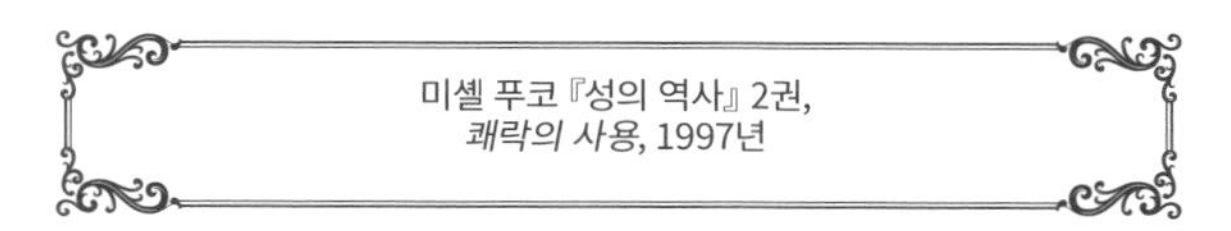

미셸 푸코 『성의 역사』 2권,
쾌락의 사용, 1997년

식이요법과 다이어트의 고대적 개념을 기저에 둔 푸코는 식이요법이란 인간의 식생활이 단순한 자연적 처방으로부터 떨어져 나오면서 시작되는 전략적 기술임을 보여준다. 이제 식이요법은 생활양식(art de vivre)이 되었다. 왜냐하면 이것은 먹는 쾌락을 모두 금지하는 것이 아니라 단지 음식에 대해 더 잘 알게 하고 이에 대한 질문을 하도록 만들기 때문이다. 따라서 식이요법의 실천은 음식을 먹는 즐거움을 부인하는 것이 아니며, 각자의 생각과 기호에 따라 이 즐거움을 '개별 양식화(stylisation)'하는 것이다. 따라서 푸코가 주장하는 식이요법의 기술에는 자기 자신에 대한 정확한 이해와 파악이 내포되어 있다. 식이요법을 실행한다는 것은 우리의 자유를 '양식화'하는 방식의 일종이다. 이것은 요리사가 고유의 스타일과 주관성을 드러내며 맛의 규칙에 따라 각 식재료를 이용해 요리를 만드는 작업과 정확히 일치한다.

추가 참조 문헌 : 미셸 푸코의 『성의 역사(*Histoire de la sexualité*)』 제2권 '쾌락 사용법(L' usage des plaisirs)' Gallimard 출판. 1997년

질 들뢰즈가 말하는 술

들뢰즈는 단번에 인정했다. 그는 술을 많이 마셨다. 대부분의 사람에게 알코올 중독자란 모든 감각 한계를 잃은 사람이다. 하지만 들뢰즈는 반대로 술이 본인의 한계를 더욱 잘 터득하게 해준다고 설명한다. 그에 따르면 알코올 중독자는 자신이 무너지지 않고 견딜 수 있는 상태를 가늠할 수 있기 때문이다. 그가 술을 무제한으로 마셨다면 그때는 다시 일어나지 못하고 그 다음 날을 새로 시작할 수 없을 것이다.

결국 '술을 마시는 것은 그 양의 문제'이다. 술에 대한 역설적인 지혜는 우리의 한계를 드러내준다는 것이다. 하지만 우리는 왜 술에 굴복하는가? 들뢰즈의 설명은 지극히 철학적이다. 술을 마시는 것은 삶의 무거운 짐들을 지탱하는 데 도움을 준다. 시련을 겪거나 삶의 위력에 의해 압도당한 상태에서 알코올 중독자는 우리 삶에 존재하지 않는 한계를 새로 만들어내기 위해 이리저리 끝까지 전력질주하기보다는 오로지 술에 의존하며 이 한계를 마감하기 위해 이에 굴복하게 된다.

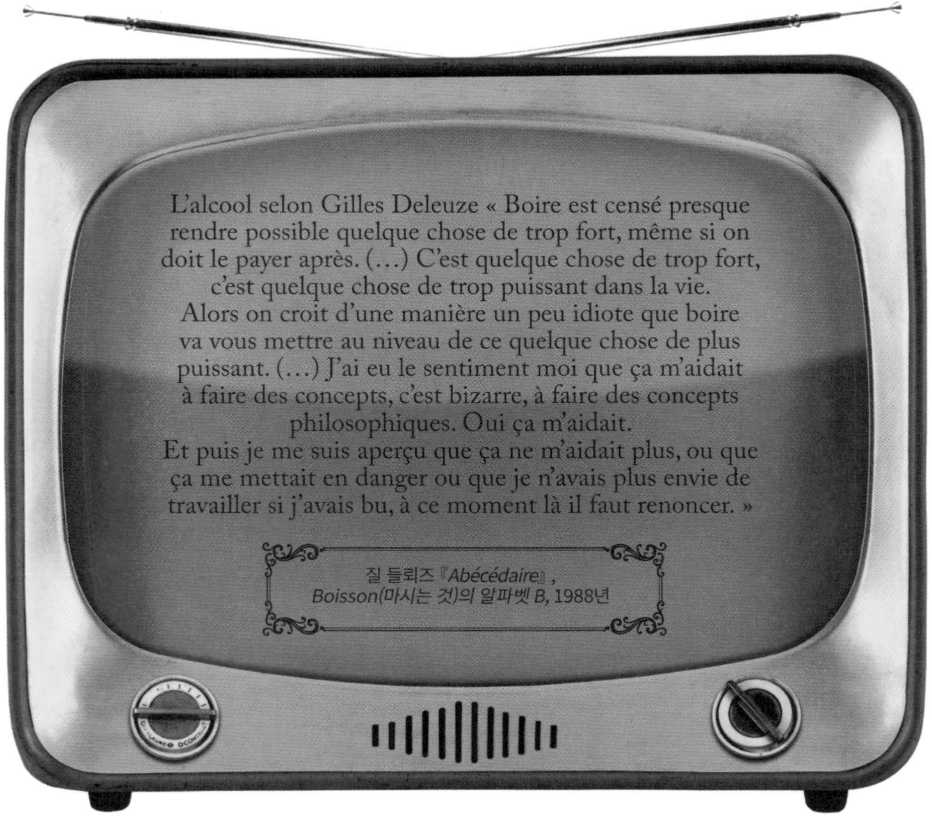
L'alcool selon Gilles Deleuze « Boire est censé presque rendre possible quelque chose de trop fort, même si on doit le payer après. (…) C'est quelque chose de trop fort, c'est quelque chose de trop puissant dans la vie. Alors on croit d'une manière un peu idiote que boire va vous mettre au niveau de ce quelque chose de plus puissant. (…) J'ai eu le sentiment moi que ça m'aidait à faire des concepts, c'est bizarre, à faire des concepts philosophiques. Oui ça m'aidait.
Et puis je me suis aperçu que ça ne m'aidait plus, ou que ça me mettait en danger ou que je n'avais plus envie de travailler si j'avais bu, à ce moment là il faut renoncer. »
질 들뢰즈 『Abécédaire』,
Boisson(마시는 것)의 알파벳 B, 1988년

올리비에 뢸랭제

브르타뉴 캉칼(Cancale)의 요리사 올리비에 뢸랭제는 바다의 맛과 이국적인 향이 어우러지는 요리를 만들어냈다.
요리계의 가장 위대한 해적단으로 불리는 이 셰프를 자세히 소개한다.

샤를 파탱 오코옹

Olivier Roellinger

주요 약력

1955 : 브르타뉴 캉칼(Cancale) 출생.
1976 : 화학 전공.
1982 : 가족 소유 주거지에 레스토랑 '라 메종 드 브리쿠르(La Maison de Bricourt)' 오픈.
1984 : '라 메종 드 브리쿠르' 미슐랭 가이드의 첫 번째 별 획득.
2004 : 향신료 전문점 '에피스리 뢸랭제(l'épicerie Roellinger)' 오픈
2006 : '라 메종 드 브리쿠르' 미슐랭 가이드 3스타 획득.
2008 : 미슐랭 가이드의 별을 모두 반납.
2016 : 아들 위고(Hugo)가 레스토랑 운영을 이어받아 자신의 브랜드를 개발 중.

오랜 애착의 항구도시 캉칼

1760년 건축된 대형 별장인 메종 드 브리쿠르에서 태어난 올리비에 뢸랭제는 캉칼을 떠나지 않고 줄곧 이 브르타뉴의 도시에서 자신의 세계를 일궈나가고 있다.
이 바닷가 도시 중심에 그는 미식 생태계를 건설했다.
'르투르 데 쟁드(retour des Indes 인도에서의 귀환이라는 이름의 향신료 믹스)' 소스를 곁들인 달고기와 같은 그의 시그니처 요리의 레시피를 배울 수 있는 요리학교 **'라 퀴진 코르세르(La cuisine Corsaire-École)'**뿐 아니라 파티스리 겸 티 살롱 **'그랭 드 바니유(Grain de vanille)'**를 만들었다.
또한 **'메종 뒤 부아야죄르(La Maison du voyageur)'**에서 이 셰프는 연금술사로 변신하여 자신의 **향신료 전문점**에서 판매할 각종 향신료 원재료를 찌고, 로스팅하고, 갈고 빻고 계량하고 블렌딩한다. 몽 생 미셸 만 건너편 언덕에 위치한 **'샤토 리슈(Château Richeux)'**는 1920년대에 지어진 빌라로 본부 역할을 하고 있다. 이 건물에는 11개의 객실과 미슐랭 스타 레스토랑인 '르 코키야주(Le Coquillage)'가 위치하고 있다.
가장 최근에 지어진 시설인 **'라 페름 뒤 방(La Ferme du vent)'**은 바닷가의 바람을 막는 코티지식 휴양시설(kleds)이다.

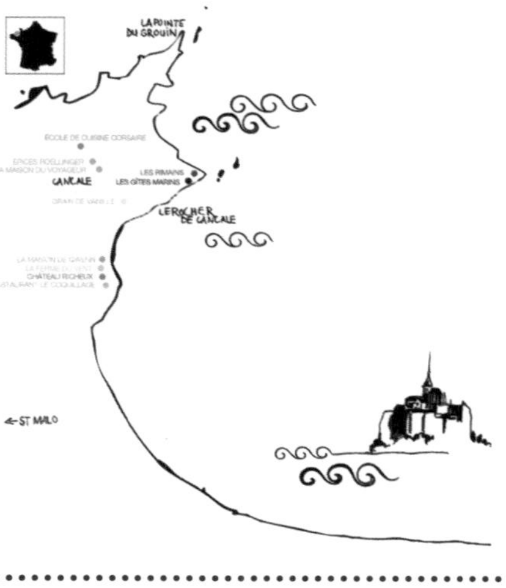
LA POINTE DU GROUIN
ECOLE DE CUISINE CORSAIRE
EPICES ROELLINGER
LA MAISON DU VOYAGEUR
CANCALE
LES RIMAINS
LES GÎTES MARINS
LE ROCHER DE CANCALE
CHÂTEAU RICHEUX
RESTAURANT LE COQUILLAGE
← ST MALO

Olivier Roellinger
(1955년 출생)

그에 대해 몰랐던 사실

그는 학창시절 생 말로(Saint-Malo) 성곽 위에서 불량배들에게 심한 폭력을 당한 뒤 바닷가에 버려졌다. 그 결과로 몇 주간 혼수상태에 빠졌고 2년간 휠체어 신세를 면치 못했다. 이와 같은 시련을 겪은 이후 그는 과학 전공을 중단하고 요리 쪽으로 전환했다. 그는 앙토냉 카렘(Antonin Carême)부터 에두아르 니뇽(Édouard Nignon)에 이르기까지 위대한 고전 요리사들이 쓴 엄청난 양의 요리책을 섭렵했고 생 말로에서 뵈르 블랑 소스 만드는 법을 배운 뒤 마침내 요리사가 되기 위한 직업적성자격증(CAP)을 획득했다.

향신료의 영향력

그는 어린 시절 내내 각종 향신료의 향기에 묻혀 지냈다. 외조부 외젠 슈앙(Eugène Chouan)은 렌(Rennes)에서 큰 향신료 매장을 운영했다. 캉칼에서 요리를 처음 시작했을 때 올리비에 뢸랭제는 동인도와 무역 거래를 했던 프랑스 회사에 관한 논문을 쓴 한 대학교수를 만나게 되었다. 그는 자신의 첫 번째 향신료 믹스인 '르투르 데 쟁드(Retours des Indes)'를 만든다. 이것은 18세기 생 말로(Saint-Malo)의 성곽 안에서 찾아볼 수 있었던 향신료인 강황, 고수, 팔각, 육두구 껍질 메이스, 스추안 페퍼, 커민을 섞은 가루이다.

나의 친구 질다의 토마토, 바지락, 해초, 바다의 커리
위고 뢸랭제 *Hugo Roellinger*

올리비에의 아들 위고는 해군 장교의 길을 가려고 했으나 결국 요리 쪽에 닻줄을 풀었다. 아버지의 뒤를 이어 그는 생(Sains, Ille-et-Vilaine)에서 유기농 채소를 재배하는 질다 마콩(Gildas Macon)의 토마토와 같은 지역 생산 식재료를 이용하여 바다와 육지가 조화를 이루는 요리를 선보이고 있다.

4인분
커리 코르세르(curry corsaire, 올리비에 뢸랭제가 배합한 해산물 요리용 커리 믹스 파우더. 또는 고수, 생강, 강황, 카다멈 혼합 향신료) 40g
유기농 포도씨유 200g
레드 토마토(Paola) 2개
블랙 토마토(Black from Tula) 3개
말린 해초 믹스(Jardin Marin) 3티스푼
과히요 고춧가루(piment Guajillo) 1꼬집
셰리와인 식초 1테이블스푼
올리브오일 3테이블스푼
소금 1꼬집
그린빈스 1줌
바지락 24개
고수 꽃
소금(플뢰르 드 셀)

'코르세르' 커리 오일(huile corsaire)을 만든다. 우선 코르세르 커리 파우더를 180°C 오븐에 넣어 갈색으로 굽는다. 이 커리를 포도씨유에 풀고 70°C에서 7분간 향이 우러나도록 둔 다음 커피 필터로 거른다. 블랙 토마토 2개와 레드 토마토 2개, 말린 해초 믹스, 고춧가루, 셰리와인 식초, 올리브오일, 소금을 블렌더에 넣고 갈아 비네그레트를 만든다.
그린빈스를 익힌다. 바지락조개를 조심스럽게 깐다.

비네그레트 소스는 따뜻하게 데우고 토마토 슬라이스 4장을 자른다. 접시에 조갯살을 놓고 그 위에 그린빈스를 얹는다. 토마토 슬라이스로 덮은 뒤 플뢰르 드 셀, 커리 오일을 뿌리고 고수 꽃을 올려 장식한다. 따뜻한 비네그레트를 뿌려 서빙한다.

내 작은 양들

프랑스의 부활절 식탁에서 양고기가 빠지는 것은 상상할 수 없다. 양 뒷다리 조리법을 비롯한 다양한 양고기 요리를 배워보자.

마리엘 고드리 & 미셸 뤼뱅

양 뒷다리 조리법 5가지

단순히 특별한 때에 먹는 요리는 아니지만 양의 가장 고급 부위로 평가받는 뒷 넓적다리는 그 조리법이 다양하다. 미셸 뤼뱅이 제안하는 5가지 맛있는 레시피*를 소개한다.

* 『양의 맛, 양고기 단일재료 요리, 지중해풍, 중동풍 레시피 개론서(*Le goût de l'agneau: traité de recettes monothéistes, méditerranéennes & moyen-orientales*)』, Encre d'Orien 출판, 2011

클래식 양 뒷다리 로스트

레시피 : 2.5kg의 양 뒷다리에 여러 개의 칼집을 얕게 낸 뒤 오븐용 로스팅 팬에 놓는다. 소금, 후추로 밑간을 하고 올리브오일 2테이블스푼을 발라준 다음 월계수 잎 몇 장과 마늘 4톨, 타임 몇 줄기를 넣어준다. 혹은 마늘과 허브 대신 파프리카 가루 1/2티스푼을 양고기에 뿌려준다. 180°C 오븐에서 50분~1시간 익힌다.
고기 : 로제(rosée) 상태로 연하게 굽는다.
가니시 : 폼 불랑제르(pommes boulangère), 라타투이(ratatouille)

감자 그라탱을 곁들인 양 뒷다리 구이

레시피 : 양파 2개를 반원형으로 얇게 썰고 마늘 3톨은 얇게 편으로 썬다. 감자(1kg)의 껍질을 벗기고 둥글게 썬다. 양 뒷다리에 칼집을 6군데 낸 다음 사이사이에 마늘 편을 끼워 넣는다. 소금, 후추, 올리브오일 1테이블스푼을 양 뒷다리에 문질러준다. 그라탱 용기에 양파와 나머지 마늘을 깔고 그 위에 감자를 놓은 뒤 작게 자른 버터 50g을 고루 얹는다. 150°C 오븐에 넣어 15분간 익힌 다음 양 뒷다리를 그 위에 놓는다. 오븐 온도를 180°C로 올린 뒤 40분간 더 익힌다.
고기 : 미디엄(à point)으로 연하게 익힌다.
가니시 : 그라탱으로 조리한 감자

7시간 익힌 양 뒷다리

레시피 : 코코트 냄비에 올리브오일을 달군 뒤 양 뒷다리를 넣고 지져 겉면에 골고루 노릇하게 색을 낸다. 양 다리를 꺼낸 뒤 그 냄비에 마늘 4~5톨, 깍둑 썬 당근, 부케가르니(타임, 월계수 잎), 얇게 썬 양파를 넣고 볶는다. 소금, 후추로 간한다. 여기에 다시 양 뒷다리를 넣고 120°C 오븐에서 7시간 동안 뭉근히 익힌다.
고기 : 아주 푹 물러 '스푼으로 잘라 먹을(à la cuillère)' 수 있을 정도로 익힌다.
가니시 : 감자 소테

마늘 40톨을 넣은 양 뒷다리 요리

레시피 : 2kg짜리 양 뒷다리를 오븐 용기에 넣고 올리브오일을 조금 뿌린다. 소금, 후추로 밑간을 한다. 껍질을 벗기지 않은 통마늘 4~5통을 넣고 타임을 고루 뿌린다. 180°C 오븐에서 50분간 익힌다.
고기 : 로제(rosée) 상태로 연하게 익힌다.
가니시 : 흰 강낭콩

윤기나게 캐러멜라이즈한 양 뒷다리

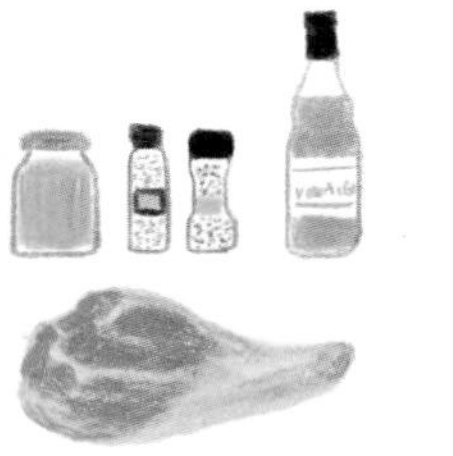

레시피 : 양 뒷다리에 꿀을 발라 문지르고 향신료(계피, 정향가루, 강판에 간 넛멕) 몇 꼬집을 바른 뒤 180°C 오븐에 넣어 1시간 굽는다. 로스팅 팬을 식초로 디글레이즈하여 약간의 신맛을 더한다.
고기 : 캐러멜라이즈 되도록 익힌다.
가니시 : 고구마, 플라젤렛 콩

옛날에 즐겨 먹던 양고기 요리

파스칼린 다뇨 아 라 루아얄 Pascaline d'agneau à la royale : 뼈를 제거한 어린 양 안에 양 살코기, 삶은 달걀노른자, 굳은 빵 속살, 허브, 향신료 등으로 속을 채운 뒤 굽는다.
이쉬 다뇨 Issue d'agneau : 어린 양의 머리, 염통, 허파. 흉선, 간, 족을 냄비에 넣고 찌듯이 푹 익힌 요리. 날달걀 노른자와 레몬즙을 넣어 국물을 걸쭉하게 리에종한 다음 수프처럼 서빙한다.
에피그람 다뇨 오 푸앵트 다스페르주 Épigramme d'agneau aux pointes d'asperges : 빵가루를 입혀 바삭하게 지진 어린 양 가슴살 크루스타드와 소테한 양 갈빗살에 아스파라거스 윗동과 베샤멜 소스를 곁들여 서빙한다.

나바랭 NAVARIN 요리 명칭의 기원

'나바랭'이라는 단어는 1847년 '순무'를 뜻하는 프랑스어 '나베(navet)'에서 따온 일종의 말장난으로, 1827년 유명한 해상 전투의 격전장이 되었던 그리스의 도시 이름 나바랭에서 파생된 것으로 추정된다. 순무(navet)는 양고기 나바랭 요리의 주재료이다.

어떤 부위를 사용하나?
양 앞다리 어깨살
먹는 시기는? 봄

양고기 나바랭

드니즈 솔리에 고드리 Denise Solier-Gaudry

6인분
양 목심 600g
양 어깨살(뼈를 제거하고 굵직하게 썬다) 600g
해바라기유 3테이블스푼
양파 3개
파슬리 4줄기
마늘 1톨
월계수 잎 1장
타임 3줄기
완두콩 400g
당근 400g
작고 둥근 순무 400g
살이 단단한 감자 400g
소금, 후추

❶ 양파의 껍질을 벗긴 뒤 얇게 썬다.

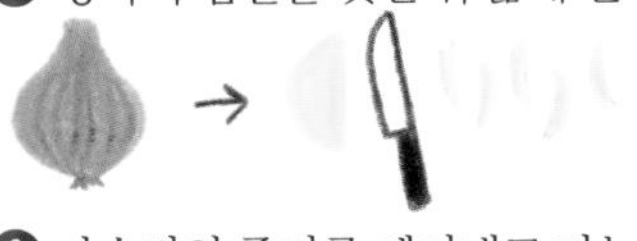

❷ 파슬리의 줄기를 떼어내고 마늘은 껍질을 벗긴 뒤 모두 잘게 다진다.

❸ 팬에 기름을 달군 뒤 양고기를 넣어 노릇하게 색을 낸다. 무쇠 냄비에 옮겨 넣는다.

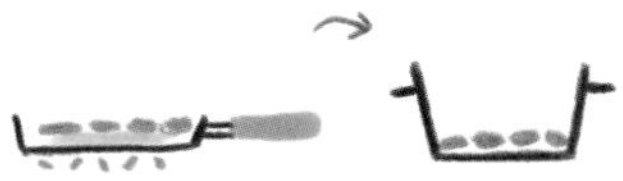

❹ 고기를 지진 팬에 양파를 넣고 약한 불로 5분 정도 볶은 뒤 냄비의 고기 위에 넣어준다.

❺ 다진 마늘과 파슬리, 타임, 월계수 잎을 넣는다.

❻ 소금, 후추를 넣은 뒤 물을 재료 높이까지 붓는다.

❼ 약한 불에서 1시간가량 뭉근히 익힌다.

1h

❽ 그동안 채소를 준비한다. 완두콩은 깍지를 까고 당근과 순무는 껍질을 벗긴 뒤 씻어서 적당한 크기로 썬다. 감자는 껍질을 벗긴 뒤 반으로 자른다.

❾ 고기를 1시간 익힌 뒤 냄비에 당근, 순무, 완두콩을 넣고 45분간 더 익힌다. 마지막 20분을 남겨놓고 감자를 넣어준다.

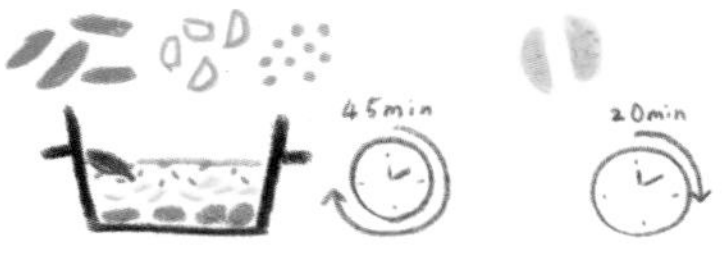
45min
20min

귀한 진주, 굴

프랑스의 굴 양식은 각각의 테루아, 산지와 생산자 이력 및 고유의 양식 기술을 보유하고 있으며 그랑크뤼 굴이라 할 수 있는 최상급 상품도 존재한다. 노르망디에서 지중해에 이르기까지 프랑스에서 생산되는, 평생 한 번은 먹어보아야 할 굴들을 사진으로 만나보자.

가리 도르*

노르망디 NORMANDIE

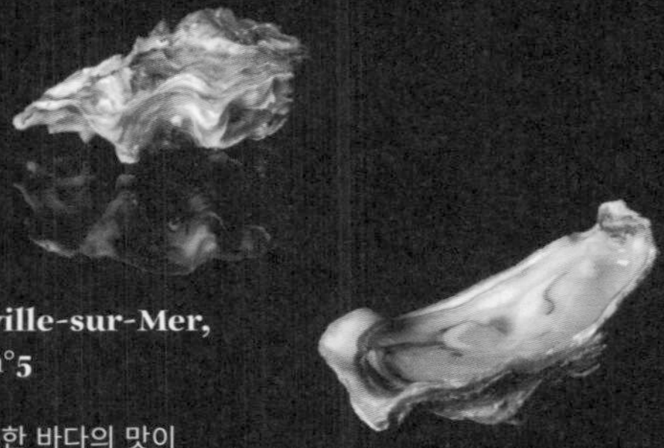

La Papillon de Blainville-sur-Mer, Ludovic Lepasteur, n°5
아주 소량 생산된다.
맛 : 섬세하고 요오드를 함유한 바다의 맛이 난다. 뒷맛이 상큼하다.

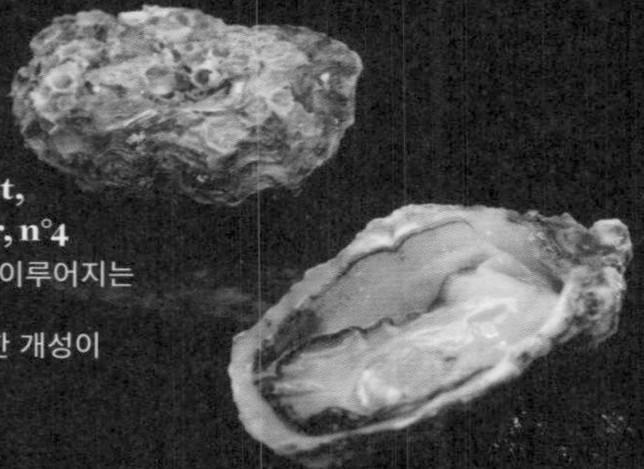

La Spéciale Saint-Vaast, Jean-François Mauger, n°4
명칭 제한과 관리가 엄격하게 이루어지는 아주 유명한 굴이다.
맛 : 짭조름한 맛이 강한 특별한 개성이 돋보인다.

Spéciale Isigny-sur-Mer, Sylvain Perron, n°3
중간 크기의 굴로 살의 양이 아주 많지는 않다.
맛 : 강하다기보다는 섬세하고 짭조름한 맛을 갖고 있다.

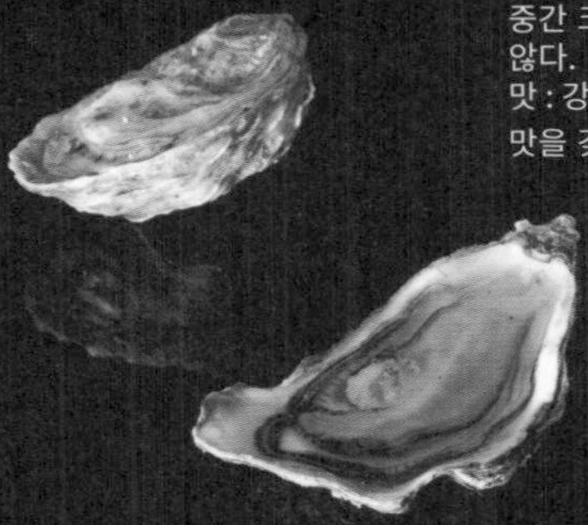

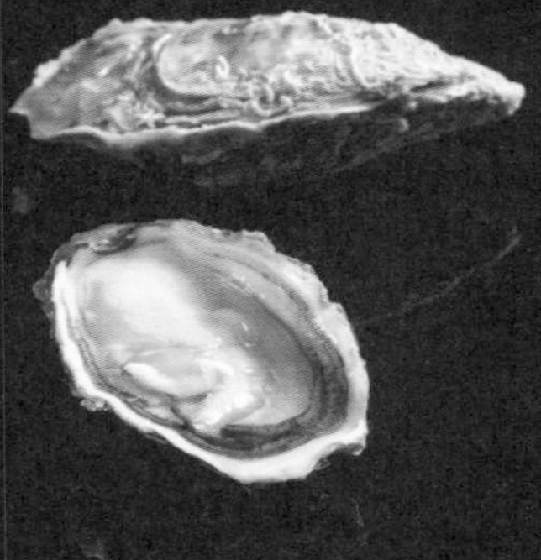

La Spéciale Utah Beach, Jean-Paul Guernier, n°2
플랑크톤이 풍부한 대표적인 지역에서 생산되는 굴이다.
맛 : 살이 풍부하고 단맛이 나며 입안에 풍미가 오래 남는다.

브르타뉴 BRETAGNE

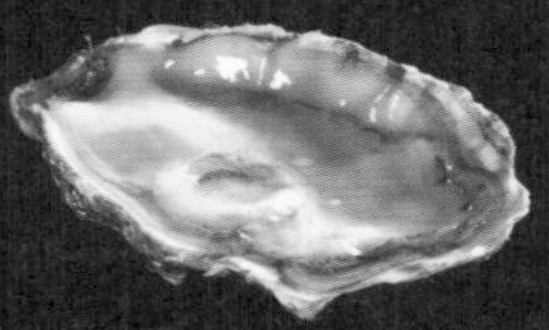

La Belon Cadoret, Jean-Jacques Cadoret, n°00000
'카도레(Cadoret)'라는 이름만으로도 '블롱(Belon)' 납작 굴의 라벨이 된다.
맛 : 숲과 곡물의 특이한 향이 있으며 식감이 살캉하며 씹는 맛이 풍부하다.

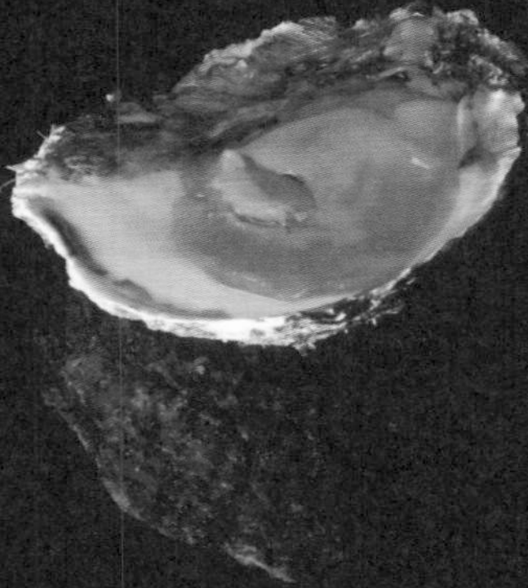

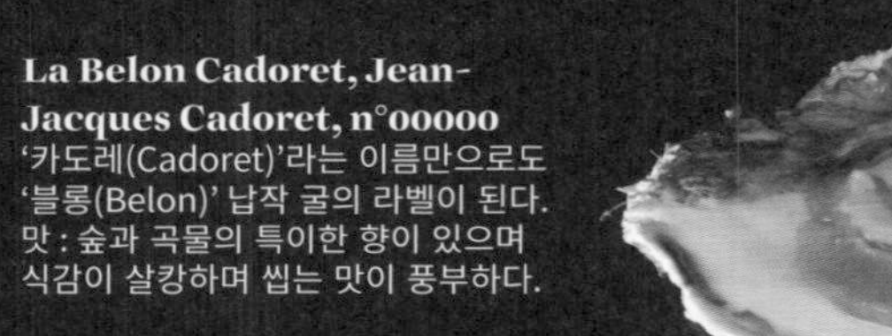

La Fine de Prat-Ar-Coum, Yvon Madec, n°3
2년간 정성스럽게 양식한 브르타뉴 연안의 대표적인 굴이다.
맛 : 맛의 밸런스가 아주 좋은 굴로 항상 맛이 일정하다.

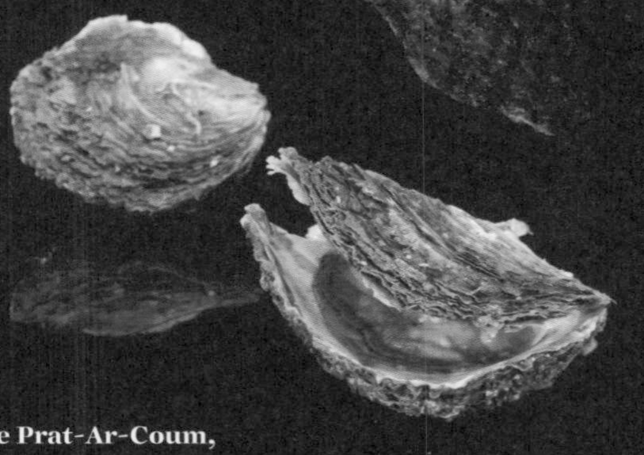

La Pied de Cheval de Prat-Ar-Coum, Yvon Madec
가장 유명한 굴 중 하나로 1898년부터 마덱(Madec) 패밀리가 양식 생산하고 있다.
맛 : 풍미가 진하고 부드럽다. 약 15년 자란 굴은 무게가 무려 1.2kg에 육박하는 것도 있으며 고소한 너트 향이 난다.

일 드 레 ÎLE DE RÉ

La Fine de l'île de Ré, Sébastien Réglin, n°3
'원통형 층 그물망 방식(en lanternes)'으로 양식한 굴이다.
맛 : 짭조름한 바다의 맛과 해초의 향이 나며 살이 섬세하다. 아페리티프용으로 최적이다.

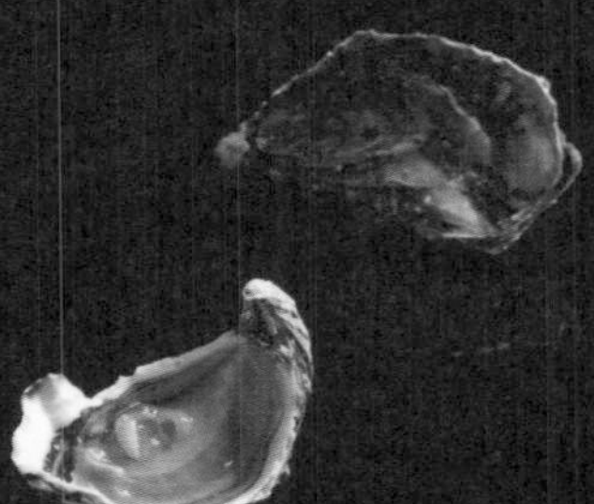

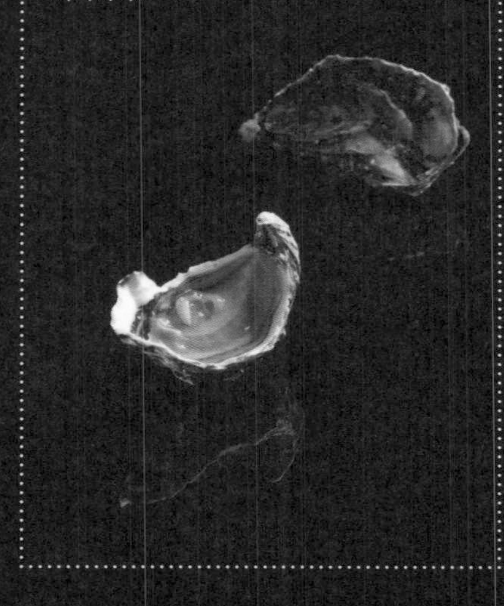

* Garry Dorr : '르 바르 아 위트르 아 파리(Le Bar à Huîtres à Paris)' 레스토랑 체인 소유주

누아르무티에
NOIRMOUTIER

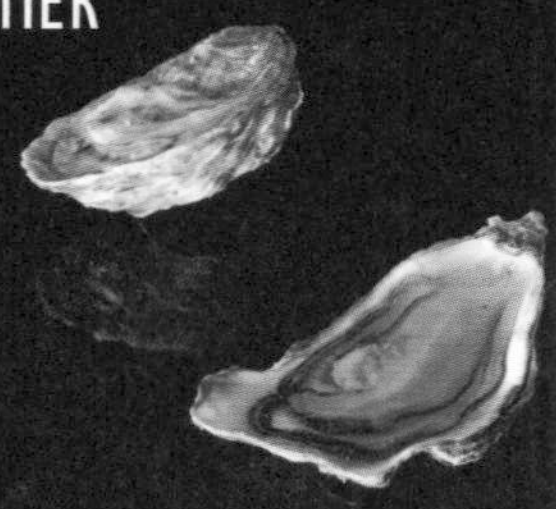

La Fine de l'île de Noirmoutier, Alain Gendron, n°2
누아르무티에 섬 굴 양식조합의 전통에 따라 생산된다.
맛 : 짭조름한 맛이 강하고 살이 섬세하며 쌉싸름한 맛이 있다.

푸아투 샤랑트
POITOU-CHARENTES

La Fine de claire, David Hervé, n°2
다비드 에르베의 굴은 타의 추종을 불허한다. 굴 계의 롤스로이스에 비유된다.
맛 : 아마도 전 세계에서 가장 맛있는 굴일 것이다. 통통하고 맛이 감미로우며 입안에 풍미가 오래 남는다.

La Spéciale Gillardeau, n°3
1980년대부터 이 지역의 대표로 꼽히는 브랜드의 굴이다. 굴 양식은 노르망디에서 이루어지며 이후 마렌(Marennes)의 가두리 양식장에서 일정 기간 성숙된다(affinage).
맛 : 밸런스가 좋고 짠맛이 은은하며 개운하다. 탄력이 느껴지는 식감을 갖고 있다.

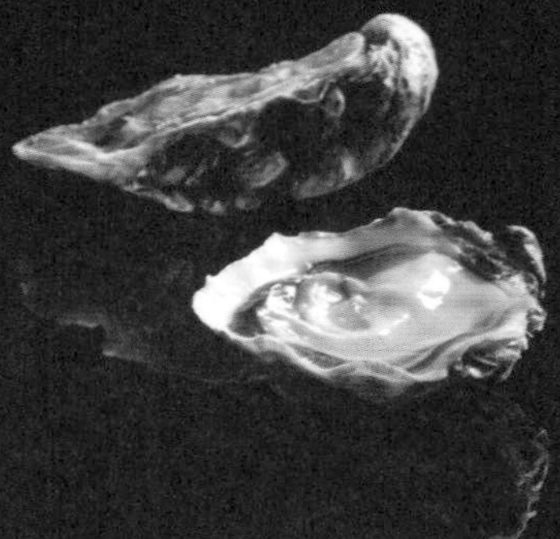

아키텐
AQUITAINE

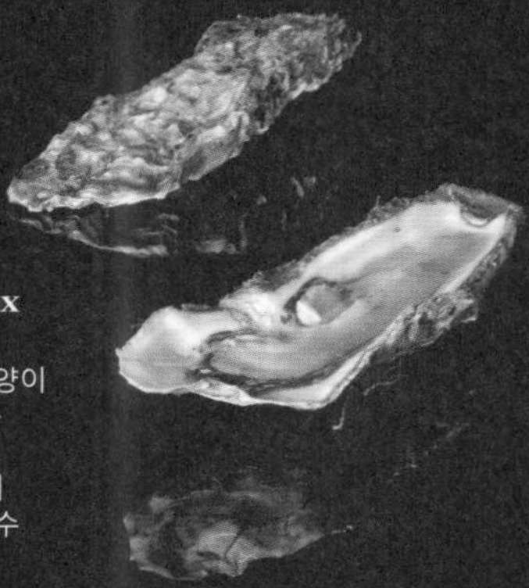

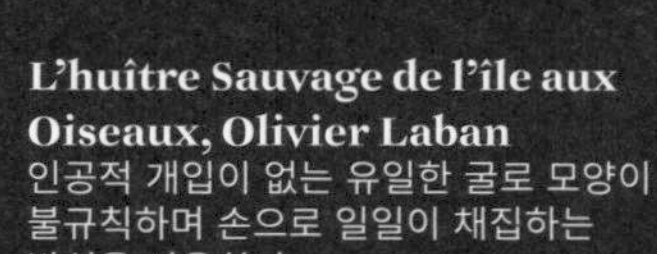

L'huître Sauvage de l'île aux Oiseaux, Olivier Laban
인공적 개입이 없는 유일한 굴로 모양이 불규칙하며 손으로 일일이 채집하는 방식을 사용한다.
맛 : 숙성 과정을 거치지 않은 자연의 맛. 해초 맛, 짠맛이 강하다. 타협할 수 없는 맛.

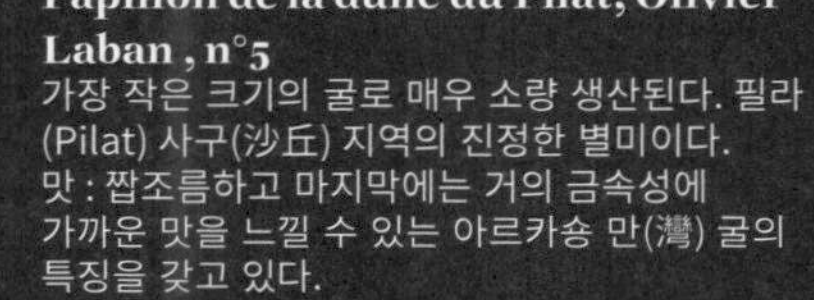

Papillon de la dune du Pilat, Olivier Laban , n°5
가장 작은 크기의 굴로 매우 소량 생산된다. 필라(Pilat) 사구(沙丘) 지역의 진정한 별미이다.
맛 : 짭조름하고 마지막에는 거의 금속성에 가까운 맛을 느낄 수 있는 아르카숑 만(灣) 굴의 특징을 갖고 있다.

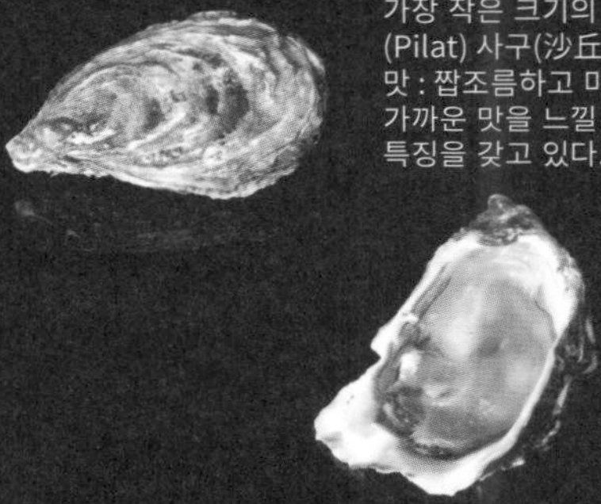

지중해
MÉDITERRANÉE

Bonbon rose, n°5
아주 작은 크기의 굴로 때로 더 작은 n°6 사이즈도 있다. 크기에 비해 살이 통통한 맛있는 굴이다.
맛 : 은은한 요오드의 바다 향이 나며 거의 단맛에 가깝다. 식감이 부드러우면서도 살캉하다.

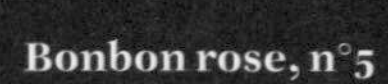

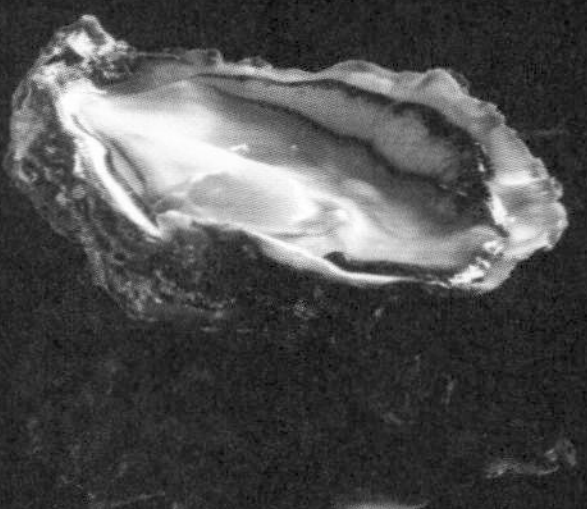

L'Huître Rose Spéciale, Florent Tarbouriech, n°00
토(Thau) 호수에서 직송되는 최상급 굴로 '콜라주(collage 어린 굴을 3마리씩 밧줄에 붙여 고정시킨 뒤 양식 판에 놓고 물속에서 키우는 방법)' 방식으로 양식한다. 정기적으로 태양열 집열판에 연결된 기계 시스템을 통해 물 밖에 노출시키는 작업을 진행하기 때문에 이 굴의 껍데기는 핑크색을 띠며 무지개 색으로 빛나는 진주모를 갖고 있다.
맛 : 거의 단맛에 가까운 섬세한 바다의 맛을 느낄 수 있다.
부드러우면서도 살캉한 식감을 갖고 있으며 엄청난 크기를 자랑한다.

코르시카
CORSE

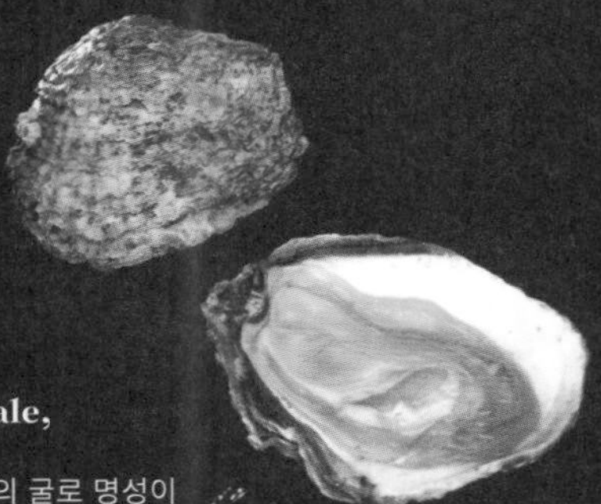

La Plate de Diana Nustrale, Alain Sanci
고대 로마시대부터 훌륭한 품질의 굴로 명성이 높았던 코르시카 섬 동부 평야에 위치한 디아나(Diana) 호수에서 생산되는 납작굴이다.
맛 : 살이 통통하고 바다의 내음이 진하며 고소한 너트 향이 난다. 입안에서 풍미가 오래 남는다.

L'huître creuse d'Urbinu, Famille Bronzini di Caraffa
코르시카 동부 연안에서 아주 소량 생산되는 움푹한 모양의 굴로 대부분 현지에서 소비된다.
맛 : 짭조름하고 복합적인 풍미를 지니고 있으며 크기별 번호가 매겨져 있지 않다. 왜냐하면 코르시카 굴은 크기 선별작업을 하지 않기 때문이다. 하지만 맛은 아주 뛰어나다.

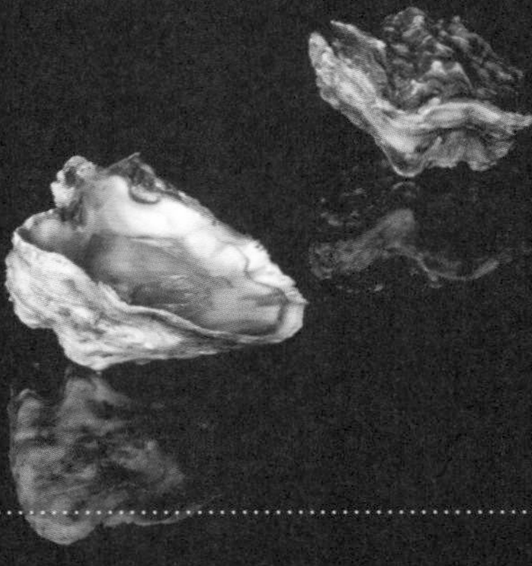

맛있는 스튜, 포테

'포테(potée)'라는 이름은 이 음식을 넣어 끓이는 토기 냄비를 뜻하는 '포(pot)'에서 따온 것이다.
농촌에서 잔칫날 즐겨 먹는 일품 요리 포테는 고기와 채소를 육수에 넣고 끓인 음식이다.

발랑틴 우다르

오베르뉴식 포테

국립 미식문화 연구소(CNAC)
프랑스 음식문화유산 목록
오베르뉴 편에 등재된 레시피.

조리 : 3시간
6인분

염장 돼지 삼겹살 500g
염장 돼지 앞다리 살 1kg
생소시지 1개
사보이양배추 1통
돼지 기름 2테이블스푼
(없으면 버터로 대체)
당근 6개
순무 2개
리크 흰 부분 6대
셀러리 줄기 2대
감자 6개
양파 2개
마늘 2톨
부케가르니(타임, 파슬리, 월계수 잎, 리크 녹색 부분)
정향 2개
소금, 후추

고기들을 모두 찬물에 담가 1시간 동안 소금기를 뺀다. 건져서 행주로 고기를 닦아준다. 양배추의 겉잎을 벗겨낸 뒤 세로로 등분해 자르고 속대는 제거한다. 끓는 물에 소금을 넣고 양배추를 넣어 5분간 데친다. 건져서 물을 뺀다. 당근과 순무의 껍질을 벗기고 굵직하게 자른다. 양파의 껍질을 벗긴 뒤 한 개에는 정향을 몇 개 찔러 박고 나머지 한 개는 4등분한다. 마늘도 껍질을 벗기고 반으로 자른다. 큰 코코트 냄비에 돼지 기름을 두른 뒤 고기를 모두 넣고 고루 노릇하게 지진다. 당근, 순무, 리크, 양파, 부케가르니, 마늘을 넣는다. 재료가 잠기도록 물을 붓는다. 끓기 시작하면 양배추를 넣는다. 뚜껑을 덮고 약한 불에서 2시간 30분 동안 뭉근히 끓인다. 감자의 껍질을 벗긴 뒤 소시지와 함께 냄비에 넣는다. 소금, 후추로 간한다. 30분간 더 익힌다. 우묵한 그릇에 건더기를 고루 담는다. 서빙 바로 전에 뜨거운 국물을 부어 낸다.

"농장에서 기른 각종 고기와 텃밭의 모든 채소가 고루 어우러진 포테는 농촌 사람들이 평안한 시간에 넉넉히 즐길 수 있는 소박한 음식이다."
조르주 뒤아멜(Georges Duhamel), 『내 유령들의 전기(*Biographie de mes fantômes*)』(1901-1906)

"크랑(Craon)의 소녀들 모습을 보니 포테와 차가운 삼겹살이 너무 일찍 살을 찌웠네."
에르베 바쟁(Hervé Bazin),
『주먹의 독사(*Vipère au poing*)』(1948)

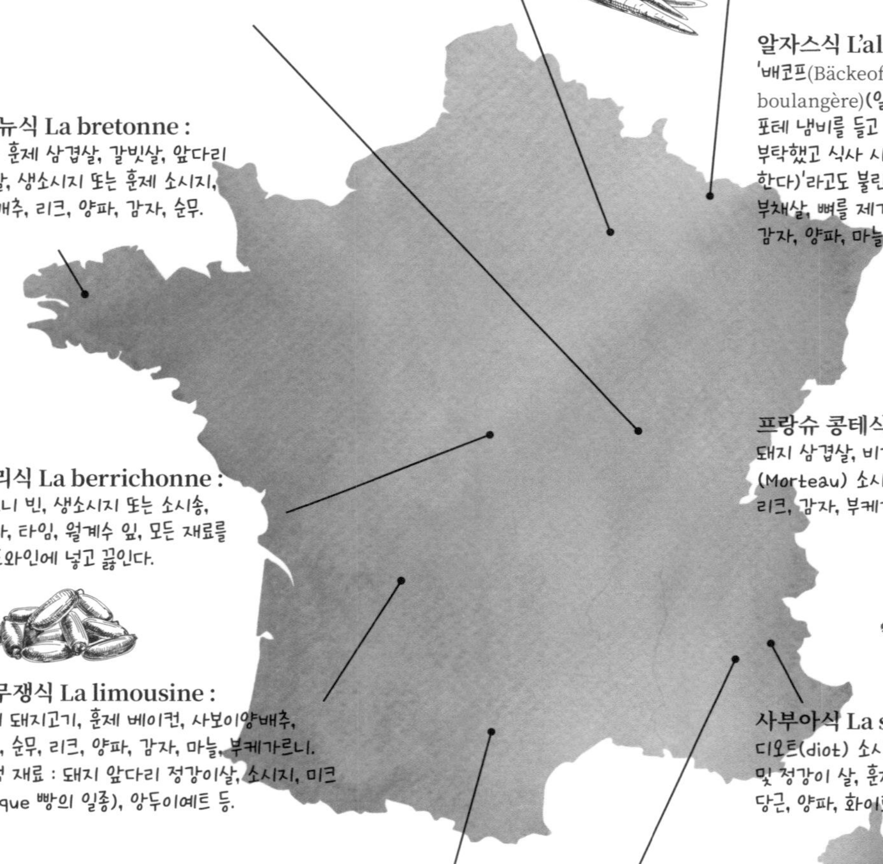

샹파뉴식 La champenoise 'des vendangeurs' : 돼지 앞다리살, 정강이 살, 등갈비, 생 삼겹살, 훈제 소시지, 당근, 리크, 순무, 감자, 양배추 속대, 부케가르니.

로렌식 La lorraine : '포타예(potaye)' 또는 '르티라주(retirage)'라고도 불린다. 훈연 돼지 앞다리 살, 훈제 베이컨, 돼지 꼬리, 로렌 식 훈제 소시지, 사보이양배추, 순무, 당근, 리크, 양파, 셀러리, 감자, 불린 흰 강낭콩, 그린빈스, 생 잠두콩, 완두콩, 부케가르니.

부르기뇽식 La bourguignonne : 돼지 삼겹살, 앞다리 살, 정강이살, 생소시지, 양배추, 당근, 순무, 리크, 감자, 양파, 부케가르니.

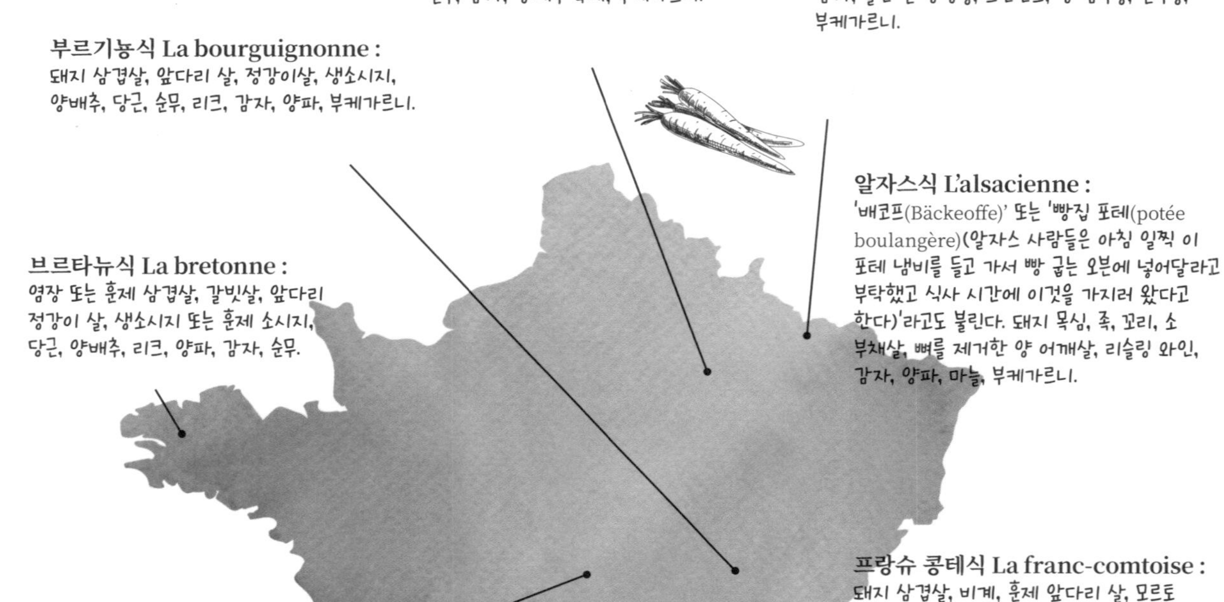

알자스식 L'alsacienne : '배코프(Bäckeoffe)' 또는 '빵집 포테(potée boulangère)(알자스 사람들은 아침 일찍 이 포테 냄비를 들고 가서 빵 굽는 오븐에 넣어달라고 부탁했고 식사 시간에 이것을 가지러 왔다고 한다)'라고도 불린다. 돼지 목심, 족, 꼬리, 소 부채살, 뼈를 제거한 양 어깨살, 리슬링 와인, 감자, 양파, 마늘, 부케가르니.

브르타뉴식 La bretonne : 염장 또는 훈제 삼겹살, 갈빗살, 앞다리 정강이 살, 생소시지 또는 훈제 소시지, 당근, 양배추, 리크, 양파, 감자, 순무.

프랑슈 콩테식 La franc-comtoise : 돼지 삼겹살, 비계, 훈제 앞다리 살, 모르토(Morteau) 소시지, 양배추, 콜라비, 당근, 순무, 리크, 감자, 부케가르니.

베리식 La berrichonne : 키드니 빈, 생소시지 또는 소시송, 양파, 타임, 월계수 잎, 모든 재료를 레드와인에 넣고 끓인다.

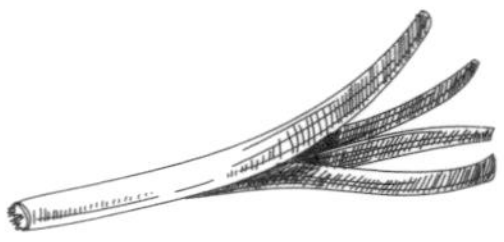

리무쟁식 La limousine : 염지 돼지고기, 훈제 베이컨, 사보이양배추, 당근, 순무, 리크, 양파, 감자, 마늘, 부케가르니. 선택 재료 : 돼지 앞다리 정강이살, 소시지, 미크(mique 빵의 일종), 앙두이예트 등.

사부아식 La savoyarde : 디오트(diot) 소시지, 마늘 소시송, 돼지 삼겹살 및 정강이 살, 훈제 베이컨, 사보이양배추, 감자, 당근, 양파, 화이트와인, 부케가르니.

알비식 L'albigeoise : 훈제 생 햄, 생 소시지, 소 사태, 송아지 정강이, 거위 다리 콩피, 흰 양배추, 당근, 순무, 셀러리, 리크 흰 부분, 흰 강낭콩.

도피네식 La dauphinoise : 세르블라 소시지, 우설, 소 갈비, 돼지껍데기, 돼지 정강이, 앞다리, 길게 가른 돼지 족, 송아지 족, 양파, 감자, 사보이양배추, 당근, 순무, 셀러리, 부케가르니, 향신 허브.

피에로 : "이 포테, 맛이 나쁘지 않군."
장 클로드 : "그럼, 논문 쓸 정도는 아니지만."
베르트랑 블리에(Bertrand Blier) & 필립 뒤마르세(Philippe Dumarçay),
『왈츠를 추는 여인들(*Les Valseuses*)』(1974)

앙티유식 L'antillaise : 염장 돼지 앞다리 살, 등갈비, 앞다리 정강이살, 훈제 베이컨, 사보이양배추, 당근, 순무, 고구마, 참마, 그린 바나나, 플랜테인 바나나, 후추, 쪽파, 라임, 향신 허브.

관련 내용으로 건너뛰기
p.167 배코프

이들은 레스토랑과 미슐랭 별을 여러 개 소유하고 있으며 해외에서도 프랑스의 미식문화 전파를 위해 전력하고 있다.

프렌치 가스트로노미를 대표하는 이 두 명의 숙적을 철저히 비교해보자.

엠마뉘엘 뤼뱅

셰프들의 대결

	알랭 뒤카스 ALAIN DUCASSE	조엘 로뷔숑 JOËL ROBUCHON
나이	65세(1956년 9월 13일 Castel-Sarrazin 출생)	73세로 작고(1945년 4월 7일 Poitiers 출생 – 2018년 8월 6일 Genève 사망)
국적	2008년 모나코 국적으로 귀화	프랑스
교육	탈랑스(Talence) 호텔조리학교 중퇴.	몰레옹(Mauléon) 중고등학교 졸업. '콩파뇽 뒤 드 부아르 에 뒤 투르 드 프랑스(Compagnons du Devoir et du Tour de France)'의 요리 부문 참가, 실습.
별명	뒤뒤(Dudu), 뒤카스 쿠이유(Ducasse-couilles), 뒤캐쉬(Ducash).	JR.
멘토 셰프	미셸 게라르(Michel Guérard), 로제 베르제(Roger Vergé), 알랭 샤펠(Alain Chapel)	장 들라벤(Jean Delaveyne)
레스토랑	7개국에서 25개의 레스토랑 운영(프랑스, 모나코, 영국, 미국, 카타르, 일본, 홍콩).	9개국에서 25개의 레스토랑 운영(프랑스, 모나코, 영국, 미국, 일본, 중국, 캐나다, 싱가포르, 태국).
시그니처 메뉴	채소 쿡팟(cookpot de légumes), 트러플 채소 샐러드(salade de légumes à la truffe)	라트 감자 퓌레(purée de pommes de terre rattes), 콜리플라워 크림과 캐비아 즐레(gelée de caviar à la crème de chou-fleur)
미슐랭 가이드 별	18개(3스타 3번 획득)	31개(3스타 5번 획득)
훈장 수상	슈발리에 드 라 레지옹 도뇌르(Chevalier de la Légions d'Honneur).	오피시에 드 라 레지옹 도뇌르(Officier de la Légion d'honneur), 프랑스 요리 명장(Meilleur Ouvrier de France).
사업 현황	알랭 뒤카스 그룹은 레스토랑 사업 이외에도 요리학교, 초콜릿 매장, 직원 연수 및 컨설팅, 출판사, 샤토 & 호텔 콜렉션 체인 등을 운영하고 있다.	JR은 레스토랑, 와인 셀러 및 부티크 이외에도 외식 및 식재료 관련 컨설팅 업무를 진행하고 있다. 1999년부터 2012년까지 조엘 로뷔숑은 TV 요리 프로그램(TF1, France 3)에 출연했고, 지금은 폐지된 구르메 TV(Gourmet TV, 2002-2004)를 운영하기도 했다.
연봉	1200만 유로(출처: Forbes 2016)	700만 유로(출처: Capital-Infogreffe 2016).
컨설팅	2006년부터 프랑스 국립 우주 연구센터(CNES)와 협력 하에 우주식품 레시피를 개발하고 있다.	자신의 레시피로 만든 음식을 제품으로 개발해 유통, 판매하고 있다(Reflets de France, Fleury-Michon 등의 브랜드와 협업).
인생의 특별한 날	1964년 8월 9일, 비행기 추락사고의 유일한 생존자로 남았다. 이와 같은 기적은 삶을 대하는 그의 정서에 상당한 영향을 미쳤다.	1995년 그는 50세를 맞이하여 요리사로서의 현업에서 은퇴했다. 6년 후 자신의 직업에 대한 새로운 비전을 갖고 업무에 복귀했다.
영향력	'콜레주 퀼리네르 드 프랑스(Collège Culinaire de France)'의 공동 창시자. 그가 운영하는 파리 플라자 아테네 호텔(Plaza Athenée)의 레스토랑은 2017년 월드 50베스트 레스토랑 랭킹에서 13위를 차지했다.	'콜레주 퀼리네르 드 프랑스(Collège Culinaire de France)'의 공동 창시자.
책	50여 권의 저서를 출간했다. 알랭 뒤카스 출판사는 로뷔숑의 책을 출간하기도 했다.	30여 권의 저서가 세계 각국의 언어로 번역되었다. 1996년에는 유명한 요리백과사전인 '라루스 가스트로노미크(Larousse Gastronomique)' 개정판 출간의 주요 멤버로 활약했다.
제자들	프랑크 체루티(Franck Cerutti, Le Louis XV, Monaco), 브루노 치리노(Bruno Cirino, L'Hostellerie Jérôme, La Turbie), 장 프랑수아 피에주(Jean-François Piège, Grand Restaurant, Paris), 엘렌 다로즈(Hélène Darroze, Paris, Londres), 장 루이 노미코스(Jean-Louis Nomicos, Les Tablettes, Paris), 크리스토프 생타뉴(Christophe Saintagne, Papillon, Paris)...	프레데릭 앙통(Frédéric Anton, Pré Catalan, Paris), 올리비에 블랭(Olivier Belin, Auberge des Glazicks, Plomodiern), 에릭 리페르(Éric Ripert, Le Bernardin, New York)...
실패	BE(파리에 오픈했던 베이커리 겸 델리), 레스토랑 마르셀(Marcel, Drugstore Publicis)	보르도에 열었던 르 그랑 레스토랑(Le Grand Restaurant). 짧은 기간 운영 후 영업 종료.
명문장	"리더십이란 자신의 협력자의 완벽한 지지와 참여를 확보하며 길을 내는 지도자의 능력이다."	"화려하고 복잡한 프랑스의 '그랑드 퀴진'은 신물이 난다..."

소스 총정리

"영국에는 두 종류의 소스와 300개의 종교가 있다. 반대로 프랑스에는 종교가 두 가지이지만 소스의 종류는 300개가 넘는다."라고 탈레랑(Talleyrand, 1754~1838. 프랑스의 정치가, 성직자)은 말했다. 프랑스 음식 문화유산의 중요한 역할을 차지하고 있는 광범위한 소스들을 각 계열별로 정리해보자.

프랑수아 레지스 고드리 & 에릭 트로숑

퐁(fonds), 루(roux), 쥐(jus)
이 세 가지는 요리라는 구조물의 핵심축이라고 할 수 있다. 오귀스트 에스코피에(Auguste Escoffier)는 프랑스 요리의 소스 목록을 체계화하는 데 큰 공헌을 했다. 브리앙 르메르시에(Brian Lemercier)와 공저로 『소스 총람(*Répertoire des sauces*)』(Flammarion 출판)을 펴낸 프랑스 요리 명장(MOF) 에릭 트로숑(Éric Trochon) 셰프는 프랑스 요리의 중요한 유산인 방대한 소스 체계를 퐁 블랑(fond blanc 흰색 육수)을 베이스로 한 소스, 퐁 브룅(fond brun 갈색 육수)을 베이스로 한 소스, 베샤멜(Béchamel)에서 파생된 소스, 베아르네즈(Béarnaise)에서 파생된 소스 등 크게 4개 계열로 분류했다. 특히 베샤멜, 모르네(Mornay), 쇼롱(Choron) 등의 소스 이름이 요리에서 잊혀 사장되지 않도록 세심한 노력을 기울였다.

퐁(육수) LE FOND
프랑스 요리에 등장하는 수많은 소스의 베이스로 사용되는 것으로 고기, 채소, 향신 재료 등을 물에 넣고 몇 시간 동안 끓여 체에 거른 국물 또는 농축 육수를 말한다. 이 육수들은 소스를 만드는 데 사용되거나 스튜나 브레이징 요리의 국물을 잡을 때 사용된다.

퐁은 다음과 같이 3종류로 분류한다.
- 퐁 블랑(fond blanc : 흰색 육수) : 흰살 육류(송아지 또는 닭)와 향신 재료를 직접 국물이 되는 액체(주로 물)에 넣고 끓인다.
- 퐁 브룅(fond brun : 갈색 육수) : 소, 송아지, 또는 닭과 향신 재료를 기본으로 하는데, 이 경우 재료를 먼저 색이 나도록 굽거나 지진 다음, 국물이 되는 액체와 향신 재료를 넣어 끓인다.
- 퐁 드 푸아송(fond de poissons : 생선 육수) : 퓌메 드 푸아송(fumet de poisson)이라고도 불린다.

루 LE ROUX
루(roux)는 밀가루와 버터를 동량으로 넣고 중불에서 섞어 익힌 혼합물이다. 익히는 정도에 따라 흰색 루(roux blanc), 황금색 루(roux blond), 갈색 루(roux brun)로 분류된다.
- 흰색 루(roux blanc) 또는 블루테(velouté) : 화이트 소스와 베샤멜 소스의 베이스가 된다.
- 황금색 루(roux blond) : 헤이즐넛을 연상시키는 고소한 맛이 특징이며, 흰살 육류나 생선 요리에 필요한 여러 가지 소스의 리에종(농후제), 또는 베샤멜 소스의 베이스로 사용된다.
- 갈색 루(roux brun) : 주로 붉은 살 육류에 곁들이는 브라운 소스류의 베이스로 사용된다.

뵈르 블랑인가 뵈르 낭테인가?
논쟁을 벌일 필요가 없다. 이 둘은 같은 것이다. 아니, 거의 같다. 뵈르 블랑(beurre blanc, '흰색 버터'라는 뜻)은 버터와 샬롯, 식초, 화이트와인을 혼합한 에멀전(유화) 소스이다. 뵈르 낭테(beurre nantais, '낭트식 버터'라는 뜻)도 마찬가지로 버터와 샬롯, 식초, 화이트와인을 혼합한 에멀전(유화) 소스이긴 한데, 단, 뮈스카데(muscadet), 그로플랑(gros plan)등 낭트 지방에서 생산되는 드라이 화이트와인만을 사용한다. 이 소스는 1890년 낭트 근처 루아르강 유역에 위치한 마을인 생 쥘리엥 콩셀(Saint-Julien-de-Concelles)의 레스토랑 '라 뷔베트 드 라 마린(La Buvette de la marine)'에서 처음 선보였다고 전해진다. 굴렌 후작의 요리사였던 클레망스 르푀브르(Clémence Lefeuvre)는 루아르 지방의 생선 요리에 곁들이기 위해 뵈르 블랑 소스를 만들어냈다. 또한, 전해지는 설에 따르면 강꼬치고기(brochet, 민물 농어의 일종) 요리에 쓸 베아르네즈 소스를 만들던 중 깜빡하고 타라곤과 달걀노른자를 넣지 않아 실수로 탄생한 것이 최초의 '뵈르 블랑'이라고도 한다. 그래서인지 아직도 이 지역에서는 '망친 버터(beurre raté)'라고 불린다.

뵈르 블랑

소스 약 250g 분량
드라이 화이트와인 100ml
(가능하면 낭트 지방 와인)
샬롯 2개
식초 50ml
버터 400g
소금, 후추
소스팬에 화이트와인, 식초, 다진 샬롯을 넣고 끓여 약 1/4로 졸인다. 깍둑 썬 차가운 버터를 넣고 거품기로 계속 저어가며 녹여 혼합한다. 간을 맞춘다.
어울리는 요리 : 쿠르부이용에 넣어 익힌 생선, 또는 구운 생선

* court-bouillon : 물에 식초, 와인, 소금, 후추, 향신 재료를 넣고 끓인 국물로 주로 생선이나 갑각류를 데칠 때 사용한다.

흰색 육수와 파생 소스

퐁 블랑(fond blanc 흰색 육수)은 작게 토막 낸 뼈에 국물을 붓고 향신 재료를 넣어 만든다.

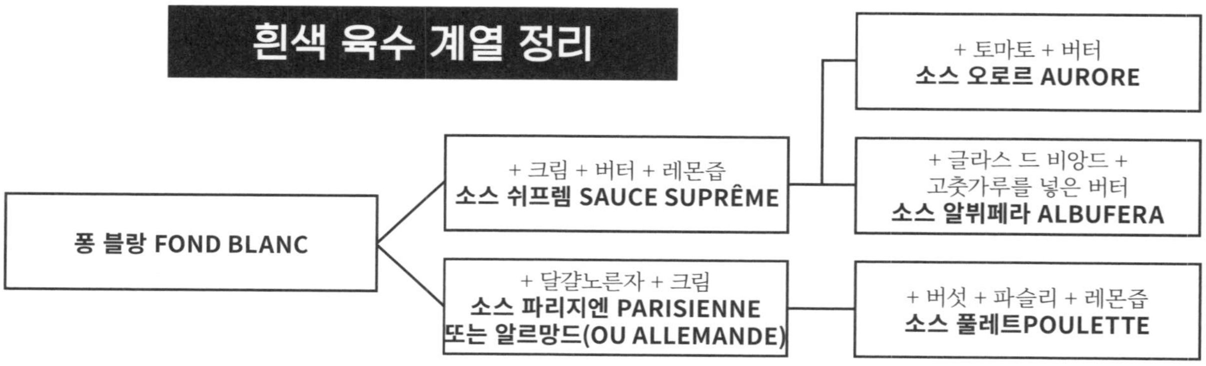
흰색 육수 계열 정리
퐁 블랑 FOND BLANC
+ 크림 + 버터 + 레몬즙
소스 쉬프렘 SAUCE SUPRÊME
+ 달걀노른자 + 크림
소스 파리지엔 PARISIENNE
또는 알르망드(OU ALLEMANDE)
+ 토마토 + 버터
소스 오로르 AURORE
+ 글라스 드 비앙드 +
고춧가루를 넣은 버터
소스 알뷔페라 ALBUFERA
+ 버섯 + 파슬리 + 레몬즙
소스 풀레트POULETTE

레시피

흰색 육수 Fond blanc
조리 시간: 송아지 육수의 경우 5시간
닭 육수의 경우 1시간
2리터 분량
송아지 뼈, 기름기를 제거한 자투리 고기 1kg(또는 닭의 살을 발라낸 몸통뼈와 나머지 뼈와 자투리)
당근 150g
양파 150g
정향 1개
리크(서양 대파) 150g
셀러리 50g
부케가르니 1개
마늘 1/2톨

무쇠냄비에 뼈를 넣고 상온의 물을 재료가 잠기도록 붓는다. 약하게 끓기 시작하면 향신 재료들을 모두 넣고 중간 중간 거품을 건져가며 끓인다. 체에 걸러 보관한다.

소스 쉬프렘 sauce suprême
흰색 닭 육수 500ml에 흰색 루 30g(버터 15g + 밀가루 15g)을 넣고 잘 혼합한다. 이 블루테를 끓인 다음 크림 100ml를 넣고 다시 끓여 스푼 뒷면에 흐르지 않고 묻어 있을 정도의 나팡트(nappante) 농도가 될 때까지 졸인다. 레몬즙 30ml와 버터 25g을 넣고 잘 섞는다. 소금, 후추로 간하고 카옌페퍼(piment de Cayenne)를 칼끝으로 아주 조금, 그리고 넛멕(육두구) 가루를 조금 넣는다.
어울리는 요리 : 닭 요리

소스 파리지엔(소스 알르망드)
흰색 송아지 육수 900ml에 흰색 루 120g(밀가루 60g + 버터 60g)을 넣고 혼합한다. 달걀노른자 60g에 레몬즙 5ml, 크림 200ml를 넣고 잘 섞은 다음, 육수와 루 혼합물의 일부를 넣어준다. 잘 섞은 다음 나머지 육수, 루 혼합물을 전부 넣고 섞는다. 약하게 끓여 원하는 농도를 만든다. 간을 맞춘다.
어울리는 요리 : 볼로방(vol-au-vent: 구운 퍼프 페이스트리 안에 각종 재료를 넣고 소스를 끼얹은 음식)

소스 알뷔페라 sauce albufera
소스 쉬프렘 500ml, 글라스 드 비앙드(glace de viande: 고기 육수 농축액) 100ml, 고춧가루를 넣은 버터(beurre pimenté) 50g.
어울리는 요리 : 삶은 닭 또는 자작하게 브레이징한 닭 요리

소스 오로르 sauce aurore
소스 쉬프렘 400ml, 토마토 소스 100ml, 버터 75g
어울리는 요리 : 달걀, 흰살 육류, 닭

소스 풀레트 sauce poulette
버섯에서 나온 즙 50ml를 졸인 다음 소스 알르망드 500ml를 넣고 5분간 끓인다. 불에서 내린 후 버터 75g을 넣으며 거품기로 잘 휘저어 섞는다. 다진 파슬리 10g을 넣고 레몬즙을 한 줄기 뿌린다.
어울리는 요리 : 턱수염버섯, 달걀, 채소

갈색 육수와 파생 소스

퐁 브룅(fond brun 갈색 육수)은 색이 나게 오븐에 구운 뼈(여기에서 갈색이 나온다)에 물을 붓고 향신 재료를 넣어 만든다.

갈색 육수 계열 정리

- **갈색 육수**
  - + 갈색 루 + 향신 채소 미르푸아 + 토마토 → **소스 에스파뇰**
    - + 레드와인 + 안초비 + 양파 + 당근 + 졸이기 → **소스 즈느부아즈**
  - 졸여 농축하기 → **데미 글라스**
    - 졸여 농축하기 → **글라스 드 비앙드**
    - + 생선 쿠르부이용 + 버섯 → **소스 마틀로트**
    - + 양파 + 토마토 → **소스 브르톤**
    - + 화이트와인 + 샬롯 + 카옌페퍼 → **소스 디아블**
    - + 화이트와인 + 샬롯 + 파슬리 → **소스 베르시**
    - + 레드와인 + 샬롯 → **소스 보르들레즈**
    - + 화이트와인 + 양파 + 머스터드 → **소스 로베르**
      - + 잘게 다진 코르니숑 60g → **소스 콜베르**
    - + 화이트와인 + 버섯 → **소스 샤쇠르**
    - (+ 마데이라 와인) → **소스 마데르**

레시피

갈색 육수 Fond blanc
조리 시간: 뼈를 고아 만드는 경우 5시간 / 고기 부위(꼬리, 양지 등)를 끓여 만드는 경우 2시간
2리터 분량
송아지 뼈, 양지, 정강이, 족, 기름을 제거한 자투리 살 1kg
당근 150g
양파 150g
셀러리 75g
생 토마토(선택사항) 200g
토마토 페이스트 20g
부케가르니 1개
마늘 1/2통
굵은 소금 한 꼬집

송아지 뼈와 고기, 자투리를 오븐에 넣고 겉면에 색이 나도록 굽는다. 기름기를 제거한 다음, 향신 재료와 토마토 페이스트를 넣고 볶으며 졸인다. 물을 조금 부어 바닥에 붙은 육즙까지 다 긁어낸 다음 모두 큰 냄비로 옮긴다. 물 4리터를 붓고 끓인다. 갈색 육수가 완성되면 체에 걸러 보관한다.

소스 에스파뇰 sauce espagnole
갈색 육수 4리터를 끓인 다음 갈색 루 300g을 넣어 농도를 맞춘다. 약한 불로 끓이면서 거품을 계속 건진다. 팬에 잘게 썬 베이컨을 녹이고 미르푸아(당근 125g, 양파 75g), 타임, 월계수 잎을 넣고 볶은 다음 소스에 넣는다.
향신 재료를 볶은 팬에 화이트와인을 넣어 디글레이즈한 다음 반으로 졸여 소스에 넣는다. 소스를 1시간 끓인 후 건더기를 꾹꾹 눌러가며 원뿔체에 걸러준다. 여기에 육수 1리터를 붓고 다시 1시간을 끓인다. 다음 날, 육수 1리터와 토마토 퓌레 500g을 넣고 거품을 건져가며 약한 불로 1시간 동안 끓인다. 고운 체에 내린다.
어울리는 요리 : 흰색 살 육류, 수렵육, 생선

소스 즈느부아즈 sauce genevoise
소스 에스파뇰 + 레드와인 1리터, 안초비 25g, 양파 100g, 당근 100g을 넣고 졸인다.
어울리는 요리 : 연어, 송어

데미글라스 demi-glace de viande
갈색 육수를 졸여 진한 농축액 상태로 만든 것.
갈색 육수 2리터에 포트와인 또는 마데이라 와인 100ml, 양송이버섯 150g, 버터 15g을 넣고 1시간~1시간 30분간 졸이면 약 500ml의 데미글라스를 얻을 수 있다.

글라스 드 비앙드 glace de viande
갈색 육수를 시럽의 농도가 되도록 졸인 것. 갈색 육수 2리터를 1시간 30분 정도 졸이면 약 200ml의 글라스 드 비앙드를 얻을 수 있다.

소스 마틀로트 sauce matelote
레드와인을 넣은 생선 쿠르부이용 300ml에 다진 양송이버섯 30g을 넣고 졸인다. 송아지 데미글라스 200ml를 넣는다. 체에 거른 후 버터 30g을 넣고 거품기로 휘저어 혼합한다. 소금, 후추로 간한다.
어울리는 요리 : 장어, 생선

소스 브르톤 sauce bretonne
잘게 썬 양파 100g을 버터에 노릇하게 볶은 후 화이트와인 250ml를 넣고 졸인다. 송아지 데미글라스 300ml를 넣는다. 토마토 퓌레 200ml, 주사위 모양으로 썬 생 토마토 200g, 으깬 마늘 10g을 넣고 잘 섞은 후 7~8분간 끓인다. 원뿔체에 거른다. 버터 20g을 넣고 거품기로 휘저어 섞은 후, 다진 파슬리 20g을 넣는다.
어울리는 요리 : 강낭콩 또는 기타 말린 콩류 음식을 버무리는 소스로 사용한다.

소스 디아블 sauce diable
화이트와인 50ml, 식초 20ml, 잘게 다진 샬롯 40g, 후추 3g, 타라곤 10g을 소스팬에 모두 넣고 졸인다. 송아지 데미글라스 400ml를 넣고 2분간 끓인다. 불에서 내린 뒤 재료의 향이 우러나도록 15분간 그대로 둔다. 원뿔체로 거른 후 버터 40g을 넣고 거품기로 휘저어 혼합한다. 카옌페퍼를 칼끝으로 아주 조금 넣어 매콤한 맛을 더한다.
어울리는 요리 : 닭, 생선 구이

소스 베르시 sauce bercy
샬롯 30g을 수분이 나오도록 볶은 후 화이트와인 50ml를 넣고 1/10로 졸인다. 송아지 데미글라스 500ml를 넣고 다시 2/3로 졸인 다음, 버터 100g을 넣고 거품기로 휘저어 혼합한다. 다진 파슬리 10g과 화이트와인 50ml를 넣어준다. 소금, 후추로 간한다.
어울리는 요리 : 스테이크, 안심구이

소스 보르들레즈 sauce bordelaise
샬롯 30g에 후추, 타임, 월계수 잎을 넣고 볶은 후 보르도 레드와인 500ml를 넣고 1/4이 되도록 졸인다. 송아지 데미글라스 400ml를 첨가한다. 원뿔체에 거른 다음 데쳐 익힌 소 골수를 작게 잘라 넣는다.
어울리는 요리 : 서빙 사이즈로 잘라 조리한 고기.

소스 로베르 sauce robert
버터 30g을 달군 뒤 양파 100g을 넣고 수분이 나오도록 볶는다. 화이트와인 150ml와 식초 50ml를 넣고 1/3이 될 때까지 졸인다. 송아지 데미글라스 400ml를 넣고 다시 졸인 후 디종 머스타드 20g과 설탕 5g을 넣는다. 원뿔체에 거른 후 소금, 후추로 간한다. 이후엔 더 이상 끓이지 않는다.
어울리는 요리 : 혀 요리, 작은 수렵육, 포치드 에그.

소스 콜베르 sauce colbert
어울리는 요리 : 구운 채소, 생선, 고기

소스 샤쇠르 sauce chasseur
버터 25g을 달군 뒤 양송이버섯 250g을 볶는다. 여기에 다진 샬롯 30g과 코냑 50ml를 넣고 졸인 다음, 화이트와인 500ml를 붓고 끓인다. 소스를 졸인 후 송아지 데미글라스 400ml를 넣어준다. 버터 10g을 넣은 뒤 거품기로 세게 휘저어 혼합한다. 다진 처빌과 타라곤 10g을 넣고 소금, 후추로 간한다.
어울리는 요리 : 닭, 토끼, 송아지, 송아지 흉선.

소스 마데르 sauce madère
송아지 데미글라스 200ml를 뜨겁게 데운 후, 마데이라 와인 3테이블스푼을 넣는다. 절대 끓지 않도록 주의한다.
어울리는 요리 : 안심 스테이크처럼 서빙 사이즈로 잘라 조리한 고기.

다음 페이지에 계속

베아르네즈 소스와 파생 소스

베아르네즈(béarnaise) 소스는 일명 '더운 반응고 유화 소스(sauces émulsionnées semi-coagulées chaudes)' 군에 속한다.

베아르네즈 소스 계열 정리

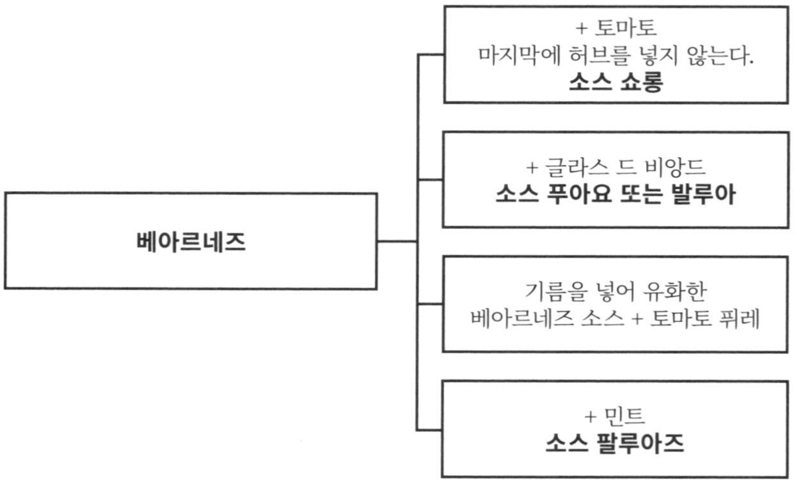
베아르네즈
+ 토마토
마지막에 허브를 넣지 않는다.
소스 쇼롱
+ 글라스 드 비앙드
소스 푸아요 또는 발루아
기름을 넣어 유화한
베아르네즈 소스 + 토마토 퓌레
+ 민트
소스 팔루아즈

베아르네즈 소스는 베아르른에서 탄생한 것이 아니다.
이 소스는 1837년 파리 근교 생제르맹 앙 레(Saint-Germain-en-Laye)의 호텔 레스토랑 '파비용 앙리 4세(Pavillon Henri IV)'에서 처음 만들어진 것으로 알려져 있다. '베아르네즈'라는 이름이 붙은 것은 베아른(Béarn) 출신의 위대한 인물인 앙리 4세를 기리는 데서 비롯되었다. 이 소스를 처음 선보인 요리사는 바로 폼 수플레(pommes soufflées)를 처음 만든 콜리네(Collinet)라는 이름의 셰프였다.

레시피

소스 베아르네즈 sauce béarnaise
400ml 분량(8인분)
화이트 식초 100ml
잘게 썬 샬롯 50g
다진 타라곤 20g
달걀노른자 5개
정제 버터 300g
다진 처빌 10g

화이트식초에 샬롯, 후추, 타라곤 분량의 반을 넣고 졸인다. 혼합물이 졸아들면 달걀노른자를 넣고 사바용(sabayon)과 같은 농도가 될 때까지 잘 저어준다. 정제 버터를 아주 조금씩 넣어주면서 거품기로 휘저어 혼합한다. 원뿔체로 거른 뒤 나머지 타라곤과 처빌을 넣는다.
어울리는 요리 : 고기, 생선구이

소스 쇼롱 sauce choron
베아르네즈 소스 300g에 껍질을 벗기고 잘게 썬 토마토 100g을 넣는다.
어울리는 요리 : 소고기 립 아이, 등심 스테이크 등 구운 붉은살 육류.

소스 푸아요(또는 발루아) sauce foyot(sauce valois)
베아르네즈 소스 400ml에 글라스 드 비앙드 50ml를 넣는다.
어울리는 요리 : 구운 붉은살 육류.

소스 티롤리엔 sauce tyrolienne
베아르네즈 소스 300g에 토마토 퓌레 100g을 넣고 정제버터 대신 해바라기유를 넣으며 잘 혼합한다.
어울리는 요리 : 등심, 안심 등 구운 붉은 살 육류.

소스 팔루아즈 sauce paloise
베아르네즈 소스에 타라곤 대신 다진 생 민트를 넣는다(처음 졸일 때와 마지막 완성 단계 모두 포함).
어울리는 요리 : 양고기 및 구운 붉은 살 육류.

홀랜다이즈 소스와 파생 소스

홀랜다이즈 소스(sauce hollandaise 소스 올랑데즈)는 베아르네즈 소스와 마찬가지로 일명 '더운 반응고 유화 소스' 군에 속한다.

홀랜다이즈 소스 계열 정리

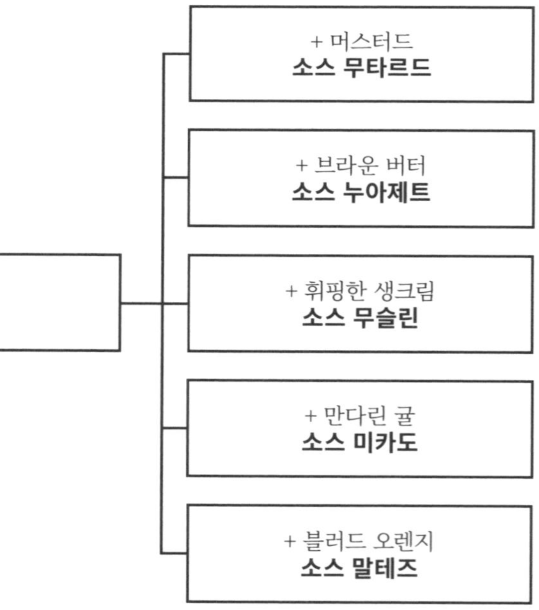
홀랜다이즈
+ 머스터드
소스 무타르드
+ 브라운 버터
소스 누아제트
+ 휘핑한 생크림
소스 무슬린
+ 만다린 귤
소스 미카도
+ 블러드 오렌지
소스 말테즈

레시피

홀랜다이즈 소스 sauce hollandaise
400ml 분량(8인분)
물 4테이블스푼
달걀노른자 5개
버터 500g
레몬 1개
소금, 후추

물과 달걀노른자를 거품기로 저으며 중탕으로 가열해 사바용을 만든다. 버터를 조금씩 넣으며 혼합한다. 레몬즙과 소금 한 꼬집, 후추를 넣어 간한다.
어울리는 요리 : 생선, 아스파라거스.

소스 무타르드 sauce moutarde
홀랜다이즈 소스 400ml에 매운맛이 강한 머스터드 3테이블스푼, 소금 한 꼬집, 후추, 레몬즙 반 개분을 넣어 섞는다. 헤비크림 200ml를 넣고 잘 섞는다.
어울리는 요리 : 생선.

소스 누아제트 sauce noisette
홀랜다이즈 소스 400ml를 만들고 맨 마지막에 브라운 버터(beurre noisette) 75g를 넣어준다.
어울리는 요리 : 화이트 아스파라거스, 채소, 연어, 포칭한 송어.

소스 무슬린 sauce mousseline
홀랜다이즈 소스 300ml에 휘핑한 생크림 100ml를 넣은 것이다. 불에서 내린 소스에 단단하게 거품 낸 크림을 넣고 섞어준다. 서빙할 때까지 따뜻하게 보관한다.
어울리는 요리 : 생선 구이, 아스파라거스 .

소스 미카도 sauce mikado
만다린 귤 2개의 껍질 제스트를 얇게 저며낸 뒤 가늘게 채 썰어 끓는 물에 데친다. 만다린 과육은 착즙한다. 홀랜다이즈 소스 400ml에 만다린 귤 즙과 제스트를 넣어 섞는다. 카옌페퍼를 칼끝으로 아주 조금 넣어 매콤한 맛을 더한다.
어울리는 요리 : 화이트 아스파라거스, 채소.

소스 말테즈 sauce maltaise
홀랜다이즈 소스 500ml에 블러드 오렌지 한 개의 제스트와 즙을 넣어 섞은 뒤 체에 걸러 내린다.
어울리는 요리 : 화이트 아스파라거스.

베샤멜 소스와 파생 소스

같은 베샤멜이지만 두 개의 종류로 나뉜다. 프랑스 요리의 역사적인 두 명의 요리사 앙토냉 카렘(Antonin Carême, 1784-1833)과 오귀스트 에스코피에(Auguste Escoffier, 1846-1935)의 레시피를 비교해보자.

로랑 세미넬

재료
Auguste Escoffier : 버터, 밀가루, 우유에 양파, 타임, 후추, 넛멕, 소금을 넣고 송아지고기를 추가할 수 있다.
Antonin Carême : 순살 햄 슬라이스 몇 장, 송아지 뒷다리 허벅지 안쪽 살(noix), 허벅지 뒷부분 살(sous-noix) 각각 한 덩어리씩, 송아지 우둔살(quasi) 1덩어리, 큼직한 닭 2마리, 고기 재료가 잠길 만큼의 육수, 더블크림, 양송이버섯, 버터, 밀가루

만드는 과정
Auguste Escoffier : 루(roux)를 만든 뒤 끓는 우유를 넣고 풀어준다. 잘 저으며 끓인 다음 간을 하고 양념을 넣는다. 색이 나지 않게 익힌 송아지 고기를 넣고 약한 불로 뭉근히 1시간 동안 익힌다. 체에 거른 다음 소스 표면이 말라 굳지 않도록 버터를 한 조각 발라준다. 고기가 전혀 들어가지 않는 요리용 베샤멜 소스의 경우에는 송아지 고기를 생략한다.
단, 그 외 향신 재료들을 모두 그대로 사용해야 한다.
Antonin Carême : "냄비 바닥에 버터를 얇게 바른다(...) 냄비 바닥 곳곳에 순살 햄 슬라이스 몇 장을 깔고 송아지 뒷다리 허벅지 안쪽 살과 뒤쪽 살, 송아지 우둔살, 닭을 놓는다. 재료 표면이 잠길 정도로 육수를 붓고 냄비 뚜껑을 덮은 뒤 센 불에 올린다. 몇 시간이 지난 뒤에 블루테를 얻게 될 것이다. 블루테는 색이 나면 안 된다. 버터와 밀가루를 볶아 만든 루(roux)에 이 블루테를 붓고 버섯과 부케가르니를 넣어준다. 1시간 30분간 더 끓인 뒤 더블크림 3파인트를 넣는다. 곧 흰색의 부드럽고 걸쭉한 완벽한 베샤멜을 얻게 될 것이다."

결과
이 두 가지의 베샤멜은 너무도 판이하다.
Antonin Carême : 앙토냉 카렘의 레시피로 만든 베샤멜은 매우 부드럽고 섬세하다. 기름기가 없고 맛이 좋은 고급 부위의 고기로 끓인 육수로 만든 것이다. 결과물은 놀라울 정도로 훌륭하며 일반적으로 뼈와 자투리 고기로 만드는 클래식 송아지 육수보다는 일본풍 국물에 더 가깝다.
Auguste Escoffier : 오귀스트 에스코피에는 실제로 많은 사람들이 쉽게 만들 수 있도록 과정을 단순화하여 완전히 혁신적인 레시피를 제안했다.

베샤멜 소스 계열 정리

베샤멜
- + 달걀노른자 + 가늘게 간 에멘탈 치즈 → **소스 모르네**
- + 생선 육수 + 송로버섯 + 랍스터 버터* → **소스 카르디날**
- + 양파 + 설탕 → **소스 수비즈**
- + 생크림 → **소스 크렘** → + 생크림 → **소스 크렘**
- + 카옌페퍼 + 삶은 달걀 → **소스 에코세즈**

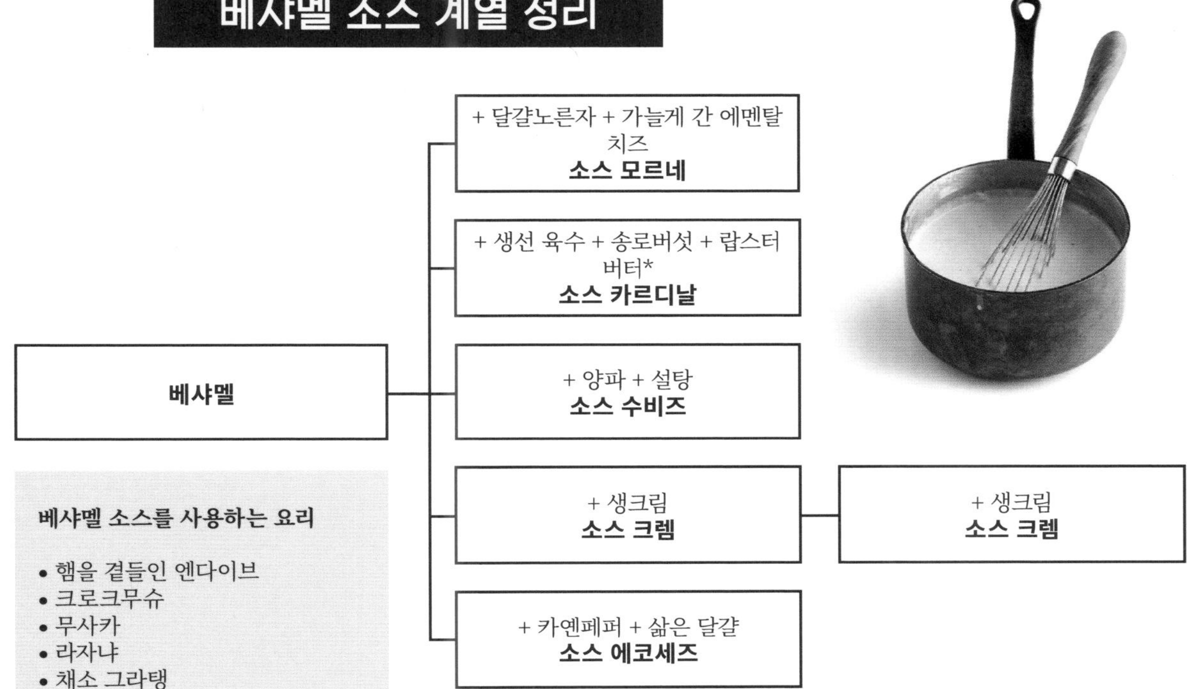

베샤멜 소스를 사용하는 요리

- 햄을 곁들인 엔다이브
- 크로크무슈
- 무사카
- 라자냐
- 채소 그라탱

알고 계셨나요?
'베샤멜'이라는 명칭은 루이 14세의 집무대신이었던 귀족 루이 드 베샤메이(Louis de Béchameil)의 이름에서 유래했다. 시간이 지나면서 베샤메이(Béchameil)에서 'i'가 빠지고, 오늘날에는 베샤멜(Béhamel)로 통용되고 있다. 'Béchamelle'이라는 형태로는 쓰지 않는다.

베샤멜 소스 sauce béchamel
약 1리터 분량(10인분)
버터 70g
밀가루 70g
우유 1리터
넛멕
고운 소금, 흰 후추

소스팬에 버터를 녹인 뒤 밀가루를 넣고 거품기로 잘 섞는다. 차가운 우유를 루에 조금씩 붓는다. 재빨리 저으며 풀어준다. 계속 저어가며 4~5분간 끓인다. 넛멕, 소금, 후추로 간을 맞춘다. 체에 걸러 식힌다.

소스 모르네 sauce mornay
베샤멜 1리터에 달걀노른자 3개와 가늘게 간 에멘탈 치즈 100g을 넣는다.
어울리는 요리 : 달걀, 근대 그라탱 등의 채소 요리..

소스 카르디날 sauce cardinal
베샤멜 200ml에 생선 육수 100ml와 트러플 에센스 50ml를 넣고 끓인다. 생크림 100ml를 넣고 섞은 뒤 랍스터 버터(beurre de homard)* 50g을 넣고 거품기로 휘저어 혼합한다. 간을 한 다음, 카옌페퍼를 칼끝으로 아주 조금 집어 넣는다.
어울리는 요리 : 고급 생선 요리

소스 수비즈 sauce soubise
버터에 얇게 썬 양파 125g을 넣고 수분이 나오게 볶다가 설탕 20g, 베샤멜 250ml를 넣고 잘 섞는다. 끓으면 불에서 내려 원뿔체에 거른다. 생크림 120ml를 넣고 걸쭉한 농도가 될 때까지 졸인다. 소금, 후추로 간한다.
어울리는 요리 : 송아지 로스트, 삶은 달걀, 채소

소스 크렘 sauce crème
베샤멜 400ml와 생크림 200ml를 혼합해 '나팡트(nappante: 스푼을 담갔다 뺐을 때 흐르지 않고 묻어 있는 상태)' 농도가 될 때까지 졸인다. 소금, 후추로 간한다.
어울리는 요리 : 채소, 닭고기, 달걀

소스 낭튀아 sauce nantua
소스 크렘 200ml에 민물가재 익힌 국물(또는 생선 육수 졸여 농축한 것) 100ml를 넣고 졸인다. 민물가재 버터(beurre d'écrevisse)*를 넣고 거품기로 휘저어 혼합한다. 코냑 120ml와 카옌페퍼 한 꼬집을 넣고 섞은 뒤 원뿔체에 거른다.
어울리는 요리 : 리옹식 크넬

소스 에코세즈 sauce écossaise
베샤멜 500ml에 카옌페퍼와 넛멕 가루를 칼끝으로 아주 조금, 잘게 썬 삶은 달걀흰자 4개 분과 체에 곱게 긁어내린 달걀노른자를 넣고 섞는다.
어울리는 요리 : 염장대구

*** 랍스터(또는 민물가재) 버터 – 250g 분량**
버터 200g을 중탕으로 녹인 다음 랍스터(또는 민물가재)의 몸통껍데기, 집게발, 내장 등을 넣고 잘 섞으며 향을 우려낸다. 버터에 색이 나고 향이 배어들면 체에 걸러 내린다. 냉장고에 보관하고 되도록 빨리 소비한다(2~3일 내).

관련 내용으로 건너뛰기
p.98 마요네즈

다양한 소시송

맛있는 소시송이 있으면 아페리티프 시간이 즐거워진다. 프랑스 사람들의 대표적 먹거리인 소시송은 점점 공장에서 대량 생산되고 있지만 아직도 이것을 전통 수작업으로 만드는 생산자들이 있다. 그중 가장 좋은 것들을 소개한다.

조르당 무알랭

1
2
3
4
5
6
7
8

1 소시송 드 포르 드 바이외
SAUCISSON DE PORC DE BAYEUX
생산자 : 오텔 포벨 농장 Ferme de l'Hôtel Fauvel à Saint-Maurice-en-Contentin (Manche)
성분 : 살코기 80%, 지방 20%
숙성기간 : 3주
맛 : 섬세하고 깔끔한 맛, 은은한 풀 향기

2 소시송 드 포르 뉘스트랄
SAUCISSON DE PORC NUSTRALE
생산자 : 펠릭스 토르 Félix Torre à Cuttoli (Corse-du-Sud)
성분 : 살코기 80%, 지방 20%
숙성기간 : 4개월
맛 : 투박하고 토속적인 맛, 고소한 너트 향이 은은히 나고 신선한 버터의 풍미가 느껴지며 입안에서 맛이 오래 남는다.

3 소시송 드 포르 퀴 누아르
SAUCISSON DE PORC CUL NOIR
생산자 : 티에리 파르동 Thierry Pardon à Coarraze (Pyrénées-Atlantiques)
성분 : 살코기 90%, 지방 10%
숙성기간 : 9주
맛 : 훈연 향, 밤 맛이 난다.

4 소시송 드 포르 가스콩
SAUCISSON DE PORC GASCON
생산자 : 피에르 지로 Pierre Giraud à Vigeois (Corrèze)
성분 : 살코기 65%, 지방 35%
숙성기간 : 1개월
맛 : 후추 향과 약간의 훈연 향이 난다.

5 소시송 드 포르 피 누아르 뒤 페이 바스크 SAUCISSON DE PORC PIE NOIR DU PAYS BASQUE
생산자 : 피에르 오테이자 Pierre Oteiza aux Aldudes (Pyrénées-Atlantiques)
성분 : 살코기 90%, 지방 10%
숙성기간 : 6~8주
맛 : 도토리와 밤의 열매 향이 난다.

6 소시송 드 토로
SAUCISSON DE TAUREAU
생산자 : 메종 비냘레 Maison Bignalet à Habas (Landes)
성분 : 황소 살코기 60%, 돼지 살코기와 비계 40%
숙성기간 : 4주
맛 : 후추 맛, 은은한 마늘 향, 뒷맛에서는 육향이 느껴진다.

7 소시송 드 카나르
SAUCISSON DE CANARD
생산자 : 파트릭 뒬레르 Patrick Duler à Lascabannes (Lot)
성분 : 오리 지방 10%, 오리 가슴살 80%, 포도주 찌꺼기 10 %
숙성기간 : 3주
맛 : 향이 매우 강하고 코코뱅(coq au vin) 향이 난다.

8 소시송 드 뵈프 피 누아르
SAUCISSON DE BŒUF PIE NOIRE
생산자 : 아녜스 베르나르 Agnès Bernard à Courgenard (Sarthe)
성분 : 살코기 70%, 지방 30%
숙성기간 : 3개월
맛 : 가죽, 동물의 향이 난다.

소시송의 껍질을 먹어야 할까?

플라스틱 합성품에 쌀가루나 활석가루로 코팅된 공장제품 소시지의 경우 피하는 것이 좋다. «진짜» 소시지의 경우는 당연히 먹을 수 있다. 그것은 모두 천연 케이싱으로 만들어졌으며 희끄무레한 외관은 천연 균류인 페니실리움 때문이다. 심지어 이 곰팡이는장내 박테리아에도 좋다. 단언컨대, 소시송은 모든 것이 좋다.

브누아 비올리에

2015년 12월 스위스 크리시에에 위치한 그의 레스토랑 '오텔 드 빌(Hôtel de Ville)'은 세계 최고의 식당으로 선정되었다. 그로부터 한 달 반 뒤 이 셰프는 스스로 목숨을 끊었고 이는 전 세계 미식계에 큰 충격을 안겨주었다. 일찍 떨어진 이 유성의 행로를 되짚어본다.

아드리앵 곤잘레스

의문점이 많은 자살

브누아 비올리에는 인터뷰* 중 이미 미슐랭 가이드의 별 셋을 획득하고 고미요 가이드의 평점 19/20을 받은 그의 레스토랑이 세계 최고의 레스토랑에 선정되었다는 소식을 전했을 때 기쁨에 겨워 환히 웃었다. 이어서 자신의 멘토였던 필립 로샤(Philippe Rochat)와, 같은 해 사망한 부친을 회상하며 눈을 붉혔다.

당시 레스토랑의 흡연실에서는 심리적 동요의 순간이 흘렀다...

2016년 1월 30일 그는 레스토랑 위층 그의 방에서 시신으로 발견되었다. 사냥용 총으로 스스로 목숨을 끊은 것이다. 자살 원인은 밝혀지지 않았다. 2016년 2월부터 이 레스토랑은 그의 아내 브리지트 비올리에가 운영하고 있다.

* 2015년 12월 르 피가로(Le Figaro) 지 인터뷰

주요 약력

1971 : 프랑스 생트(Saintes) 출생.
1990 : 콩파뇽 뒤 투르 드 프랑스(Compagnons du Tour de France des Devoirs Unis) 참가.
1996 : 레스토랑 '오텔 드 빌 드 크리시에(Hôtel de Ville de Crissier)' 입사.
1999 : '오텔 드 빌' 레스토랑 총괄 셰프
2000 : 프랑스 요리명장(MOF) 타이틀 획득.
2003 : 콩파뇽 뒤 투르 드 프랑스(Compagnons du Tour de France)
2012 : '오텔 드 빌 레스토랑'을 부인과 함께 인수함.
2015 : '라 리스트(La Liste)' 평가에서 세계 최고의 식당으로 선정됨.

시그니처 메뉴

오세트라 캐비아를 곁들인 아스파라거스 요리
Asperges 'fillettes' et 'bourgeoises' de pertuis mimosa à l'oscièttre impérial

가염버터에 노릇하게 익힌 꼬막을 곁들인 블루 랍스터, 고추를 넣은 멜바 토스트
Homard bleu à la coque blondi au beurre salé, toast melba pimenté

그린 페퍼콘 소스를 곁들인 샤무아 양갈비 구이
Côtelettes de chamois poêlées au poivre vert

Benoît Violier, 일찍 떨어진 유성
(1971-2016)

그가 회상하는 멘토

알랭 샤펠 *Alain Chapel* (1937-1990)
"샤펠 부인은 종종 내가 자신의 남편을 그의 레스토랑에서 일했던 몇몇 셰프들보다 더 잘 안다고 말했다. 제일 후회가 되는 것은 그와 함께 한 번도 일하지 못한 것이다."

브누아 기샤르 *Benoît Guichard* (1961-)
파리의 레스토랑 '자맹(Jamin)'의 총괄 셰프. 브누아 비올리에가 1994년 파리의 조엘 로뷔숑 팀에 처음 합류했을 때 그의 직속 상관이었다. "그는 직업의식이 투철했으며 귀감이 되는 요리사였다."

프레디 지라르데 *Frédy Girardet* (1936-)
1996년 브누아 비올리에를 크리시에의 '오텔 드 빌' 팀으로 영입한 것이 바로 이 셰프였다. "열대여섯 살 때 나는 셰프 지라르데의 기사와 레시피들을 오려서 파일에 모아두곤 했다."

필립 로샤 *Philippe Rochat* (1953-2015)
1996년 12월 프레디 지라르데 셰프에 이어 '오텔 드 빌'의 총괄 셰프 자리에 올랐다. "맛에 있어 그처럼 까다롭고 정확한 사람을 본 적이 없다."

그린 페퍼콘 소스를 곁들인 샤무아 양갈비 구이
CÔTELETTES DE CHAMOIS POÊLÉES AU POIVRE VERT

4인분

각 180g짜리 샤무아 산양 갈비(기름을 잘라낸 것) 4개(샤무아 산양 갈비를 노루 갈비로 대체 가능)
낙화생유 50ml
작게 깍둑 썬 버터 80g
껍질을 벗기지 않은 마늘 80g
타임 20g
세이보리 20g
반으로 가른 샬롯 100g
굵게 부순 주니퍼베리 10알
소금, 수렵육용 향신료 믹스

그린 페퍼콘 소스
잘게 부순 그린 페퍼콘 10g
잘게 썬 샬롯 50g
화이트와인 200ml
코냑 20ml
수렵육 갈색 육수 또는 송아지 갈색 육수 300ml(미리 만들어둔다)
생크림 50ml
버터 30g
생 타임 작은 한 다발
소금

그린 페퍼콘 소스 만들기
sauce au poivre vert
소스팬에 버터를 조금 두르고 그린 페퍼콘과 잘게 썬 샬롯을 볶는다. 간을 한 다음 코냑을 넣고 불을 붙여 플랑베한다. 화이트와인을 넣어 디글레이즈한 다음 2/3가 되도록 졸인다.
수렵육 육수를 붓고 약한 불로 5분간 끓인다. 생크림을 넣는다. 마지막에 버터 한 조각과 코냑 한 줄기를 넣고 잘 섞어 마무리한다. 간을 맞춘다.

샤무아 산양 갈비 조리하기
carées de chamois
준비한 양갈비에 소금과 향신료 믹스로 양념한다. 팬에 기름을 뜨겁게 달군 뒤 양갈비를 넣고 각 면에 고루 색이 나도록 지진다. 향신 재료와 버터를 넣고 180°C 오븐에서 5분간 굽는다. 중간중간 흘러나온 육즙을 끼얹어주며 버터가 타지 않도록 한다. 심부 온도 35°C의 로제(rosée) 상태로 익힌다. 양갈비를 꺼내 망 위에 올린 뒤 알루미늄 포일로 덮어 15분간 레스팅한다.
서빙 전 양갈비를 180°C 오븐에 3분간 데운 뒤 끝부분은 잘라 다듬는다.
미리 뜨겁게 데운 뒤 블렌더로 갈아 혼합한 그린 페퍼콘 소스를 따로 담아 서빙한다. 제철 채소 가니시를 곁들인다.

다양한 토핑의 피살라디에르

피살라디에르(pissaladiere)는 니스식 피자이지만 프로방스 모든 지역에서 즐겨 먹는다.
토핑도 모두 비슷할까? 최고의 레시피들을 소개한다.

프랑수아 레지스 고드리

피살라디에르의 네 가지 기본 재료

도우
원래는 리구리아 지방의 포카치아 빵처럼 올리브오일로 반죽한 빵 반죽을 사용했다. 하지만 현대적 레시피에는 파트 브리제(pâte brisée)가 사용되기 시작했다. 너무 심각하게 분노할일은 아니지만 그렇다고 그리 훌륭한 선택도 아니다...

양파
이 재료는 피살라디에르 크러스트 위에 까는 중심 층 역할을 한다. 흰색 또는 단맛이 나는 양파를 선택하는 것이 좋으며 거의 캐러멜라이즈 될 정도로 노릇하게 오래 볶아 사용한다. 그리고 양도 넉넉히 넣는다. 전통 레시피에는 양파를 반죽 두께와 동일하게 펼쳐 얹는다고 되어 있다.

올리브
니스식 피살라디에르라면 빠져서는 안 되는 재료이다. '카이예트(caillette)' 라고 불리는 니스산 올리브(Appellation Olive de Nice Protégée)라면 믿을 만한 좋은 선택이다. 이 올리브의 색은 연두색, 갈색, 검푸른색 등 다양하다. 사촌격인 이탈리아산 타쟈스케(taggiasche) 올리브를 사용해도 용서 받을 수 있다...

안초비
피살라디에르라는 이름은 '피살라(pissalat, 소금에 절인 생선이라는 뜻의 니스어 peis salat)'에서 왔다. 이는 물고기 치어를 발효시켜 만든 짭짤한 크림의 일종이다. 피살라디에르에 안초비가 많이 들어가는 것을 증명하는 배경이다. 오늘날의 피살라디에르에는 이 페이스트 대신 안초비 필레를 사용한다.

피살라디에르의 사촌들
타르르 드 망통(La tarte de Menton) : 안초비를 넣지 않은 피살라디에르.
피샤드 드 망통(La pichade de Menton) : 안초비, 토마토 소스, 양파, 블랙올리브, 마늘을 얹은 피자의 일종.

'타르트 드 망통'의 레시피를 제공해주신 도미니크 르 스탕크(Dominique Le Stanc) 셰프에게 감사드립니다.
La Merenda, 4, rue Raoul Bosio, Nice(Alpes-Maritimes)

관련 내용으로 건너뛰기
p.20 프랑스의 양파

한 가지 반죽, 세 가지 응용 레시피

6인분용 반죽 1개분
지름 30cm 타르트 틀을 준비한다.
흰색 밀가루 300g
제빵용 생 이스트 30g
우유(전유) 150ml
올리브오일 150ml
소금

우유를 냄비에 따뜻하게 데운다. 손가락을 넣었을 때 데지 않을 정도의 온도면 적당하다. 여기에 생 이스트를 넣고 잘 개어 풀어준다. 유리볼에 밀가루와 소금 1꼬집을 넣고 가운데 우묵하게 공간을 만든다. 이스트를 푼 우유, 올리브오일을 중앙에 붓고 손가락으로 섞으며 반죽한다. 균일한 반죽을 만들어 둥글게 뭉친다. 너무 많이 치대 반죽하지 않는다. 기름을 조금 발라둔 틀 가운데 반죽 덩어리를 넣고 손가락으로 펼쳐 깔아준다. 행주로 덮은 뒤 햇빛이 들지 않는 따뜻한 곳에 둔다. 부피가 두 배로 부풀 때까지 최소 30분 이상 발효시킨다.

타르트 드 망통 TARTE DE MENTON

양파(세벤 스위트 양파 등 단맛이 있는 양파가 좋다) 1.5kg
마늘 2톨
니스산 블랙올리브 100g
월계수 잎 1장
타임 1줄기
올리브오일

양파의 껍질을 벗긴 뒤 얇게 썬다. 냄비에 올리브오일 2테이블스푼, 월계수 잎, 타임, 통마늘 2톨을 넣고 양파를 볶는다. 콩포트처럼 완전히 익히되 너무 색이 진해지지 않도록 한다. 양파의 수분이 너무 졸아들면 물을 1~2테이블스푼 넣어준다. 단맛이 없는 양파의 경우 설탕을 한 스푼 첨가한다. 소금으로 간한다. 다 익은 다음 마늘을 건져낸다. 타르트 반죽 위에 볶은 양파를 펼쳐 얹은 다음 200°C 오븐에서 약 30분간 굽는다. 틀에서 꺼낸 뒤 씨를 뺀 올리브를 얹고 좋은 품질의 올리브오일을 한 바퀴 두른다. 따뜻한 온도로 먹는다.

+ 오일에 저장한 안초비 필레 20개

= 피살리디에르

양파를 볶을 때 안초비 분량의 반을 잘게 썰어 넣어준다. 안초비가 녹으면서 양파에 고루 섞일 것이다. 이 혼합물을 반죽 위에 펼쳐 얹는다.
오븐에서 꺼낸 피살라디에르가 따뜻한 온도로 한 김 식으면 올리브와 나머지 안초비 필레를 얹는다.

+ 껍질을 벗긴 뒤 잘게 썬 완숙 토마토 4개, 또는 토마토 콩카세 캔 1통

= 피샤드 드 망통

양파와 안초비를 볶을 때 토마토를 넣고 수분이 거의 없어질 때까지 바싹 졸인다. 반죽 위에 이 혼합물을 펼쳐 얹은 뒤 오븐에 굽는다.

영화가 시작되었습니다!

작은 비스트로, 고급 레스토랑, 손님이 북적대는 브라스리, 야외 선술집 등…
우리는 이곳에서 촬영된 영화의 장면들을 떠올리며 언제나 식사를 즐길 수 있다.
로랑 델마

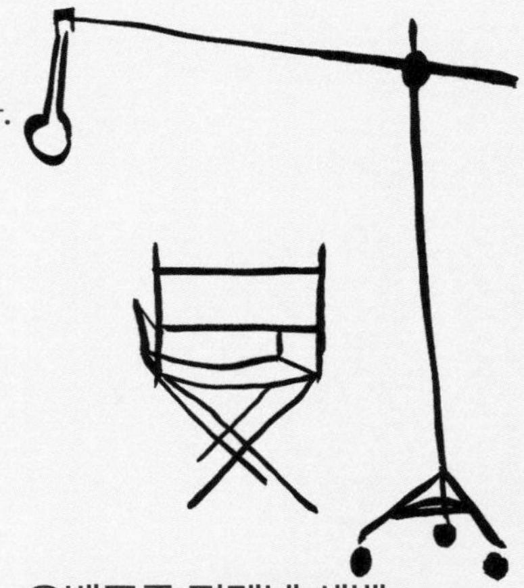

르 가레
LE GARET

리옹 출신 영화감독 베르트랑 타베르니에(Bertrand Tavernier)의 첫 번째 영화 '생 폴의 시계상(L'Horloger de Saint-Paul, 1974)'은 '갈리아족과 그 미식의 수도'에 바치는 서정시다. 극 중의 폴 데콩브(필립 누아레 분)는 특히 리옹 구 시가지의 이 진정한 부숑(리옹의 전통 식당)의 단골손님이었다.

Au Menu

버터에 지진 뫼니에르 골 요리, 송아지 머리 요리, 소 양깃머리 커틀릿, 소 유방 요리 등. 바로 인근에서 생산된 보졸레 와인이 담긴 술병(pots, 리용의 포도주 병으로 용량은 460ml이다)을 곁들인다.

7, rue du Garet, Lyon (Rhône)

BRASSERIE LIPP
브라스리 리프

에티엔 샤틸리에즈(Étienne Chatiliez) 감독의 영화 '탕기(Tanguy, 2001)'에는 이 파리지엥 브라스리에서 촬영한 유명한 식사 장면이 나온다. 사빈 아제마(Sabine Azéma), 엘렌 뒥(Hélène Duc), 앙드레 뒤솔리(André Dussolier)에는 여기에서 식사 중이었고 주인공 탕기는 아파트를 구했다고 그들에게 알린다.

Au Menu

비스마르크 청어요리, 돼지 정강이 살과 슈크루트, 바바 오 럼 등.

151, bd Saint-Germain, Paris 6ᵉ

카바레 노르망
CABARET NORMAND

앙리 베르뇌이(Henri Verneuil) 감독의 1962년 영화 '어 몽키 인 윈터(Un singe en hiver)'는 상상 속의 도시인 티그르빌(Tigreville)에서 일어나는 이야기다. 실제로 이 영화는 노르망디 코트 플뢰리(Côte Fleurie)의 빌레르빌(Villerville)에서 촬영되었다. 장 폴 벨몽도(Jean-Paul Belmondo)와 장 가뱅(Jean Gabin)은 '카바레 노르망'에서 예술의 경지에 이르도록 폭음한다.

Au Menu

노르망디식 전통 요리

2, rue Daubigny, Villerville (Calvados)

라페루즈
Lapérouse

앙리 조르주 클루조 (Henry-Georges Clouzot) 감독의 1947년 수사 영화 '범죄 강변(Quai des Orfèvres)'에서 브리뇽(샤를 뒬랭 분)은 제니(쉬지 들레르 분)를 '라페루즈' 레스토랑의 악명 높은 별실 중 한 곳으로 초대하며 그녀의 남편 모리스(베르나르 블리에 분)의 분노를 불러일으킨다. 센 강변에 위치한 1766년에 지어진 이 저택 건물은 파리 미식문화 유산에 속한다.

Au Menu

계절과 소유주에 따라 이 식당의 메뉴는 그때그때 변동이 많았다.

51, quai des Grands-Augustins, Paris 6ᵉ

오 퓌 드 자콥
AU PUITS DE JACOB

이 유대교식 식당에서는 영화 '내가 속인 진실(La vérité si je mens, 1997)'이 촬영되었다. 호세 가르시아(José Garcia), 리샤르 앙코니나(Richard Anconina), 앙토니 들롱(Antony Delon)은 여기에서 함께 점심 식사를 하고 아미라 카자르(Amira Casar)가 연기한 주인장의 딸과 처음 만나 통성명을 하게 된다.

Au Menu

100% 코셔(Kosher) 쿠스쿠스!

54, rue de Godefroy-de-Cavaignac, Paris 11ᵉ

오베르주 피레네 세벤
AUBERGE PYRÉNÉES CÉVENNES

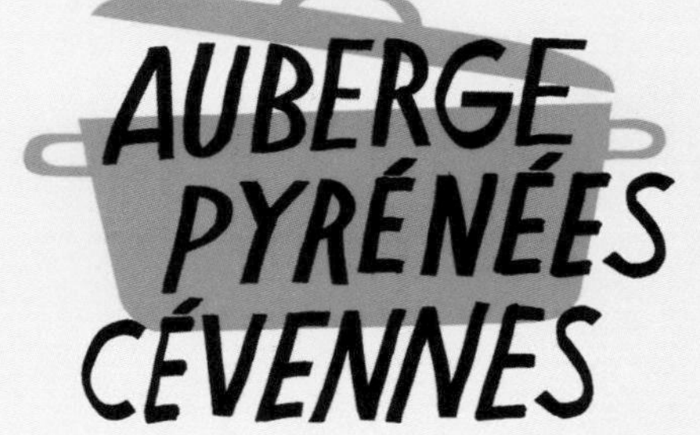

미셸 아자나비시위스(Michel Hazanavicius) 감독의 2006년 영화 'OSS 117 카이로, 스파이의 둥지(Le Caire nid d'espions)'에서 멍청한 비밀요원은 자신의 보스와 함께 천장에 나무 들보가 노출되어 있고 체크 무늬 식탁보와 냅킨이 있는 이 식당에서 점심 식사를 한다.

Au Menu

감자를 곁들인 오일 소스 청어, 따뜻한 소시송, 그라탕 도피누아 등.
영화에서 일명 OSS 코드넘버 117로 불린 위베르 보니쇠르 드 라 바트(Hubert Bonisseur de la Bath)는 블랑케트로 메뉴를 결정한다(왜냐하면 '여기는 블랑케트가 맛있다'라고 말했기 때문이다). 여기에 브루이(Brouilly) 와인이 담긴 병이 곁들여진다. 그는 이번 딱 한 번 제대로 된 판단을 했다.

106, rue de la Folie-Méricourt, Paris 11ᵉ

샤르티에
Chartier

반드시 가보아야 할 곳!
장 피에르 죄네(Jean-Pierre Jeunet) 감독의 2004년 영화 '인게이지먼트(Un long dimanche de fiançaille)'에서 조디 포스터는 이 식당에서 새로 만난 연인과 점심 식사를 한다.

Au Menu

오늘의 수프, 칵테일 소스 아보카도, 닭다리 튀김, 크렘 카라멜로 구성된 저렴한 가격의 일상 메뉴.

7, rue du Faubourg-Montmartre, Paris 9ᵉ

관련 내용으로 건너뛰기
p.385 영화에 등장한 셰프들

샴페인!

CHAMPAGNE

F1(포뮬러 원) 그랑프리 시상대 위에서도, 가족의 축하 모임에서도,
파인 다이닝 디너에서도 우리는 샴페인을 터트린다.
전설적인 이 와인을 정밀 분석해보자.

앙투안 제르벨

샴페인 관련 주요 수치

4 700 000 000

연간 총 매출액 €

이중 26억 유로는 수출.

1 045 014

샴페인 한 병에 들어 있는 거품 기포 수.

268 000 000 병

연간 생산량

15 800 와이너리

이 중 4,720곳은 자신들이 만든 샴페인을 판매한다.

33 800

헥타르. 프랑스 내 포도밭 면적.

115 000

포도 수확 인력

수작업 수확이 필수적이기 때문이다.

300 종의 샴페인 브랜드

136

개의 협동조합

이중 43곳은 샴페인 판매도 담당한다.

"내가 **샴페인**을 마시는 것은 딱 두 가지 경우이다. **사랑하고 있을 때**와 **그렇지 않을 때.**"

- 코코 샤넬 Coco Chanel

"**스노비즘**은 **트림과 방귀 사이에서** 주저하는 샴페인의 기포와 같다."

- 세르주 갱즈부르 Serge Gainsbourg

샴페인 따는 법 3단계

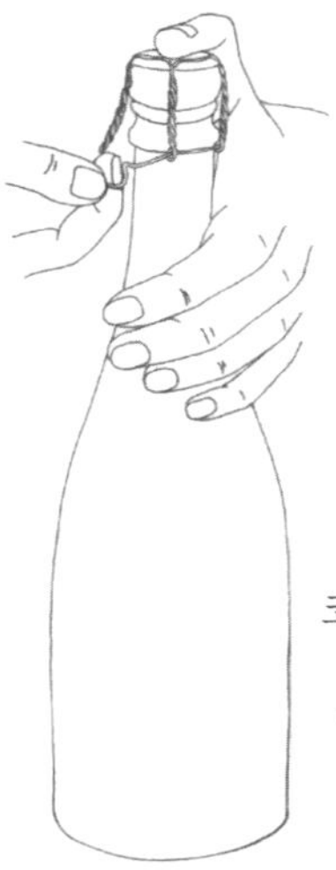

1.
엄지손가락으로 코르크를 누른 상태로 겉을 싸고 있는 포일을 벗기고 철사 케이지를 느슨하게 돌려 제거한다.

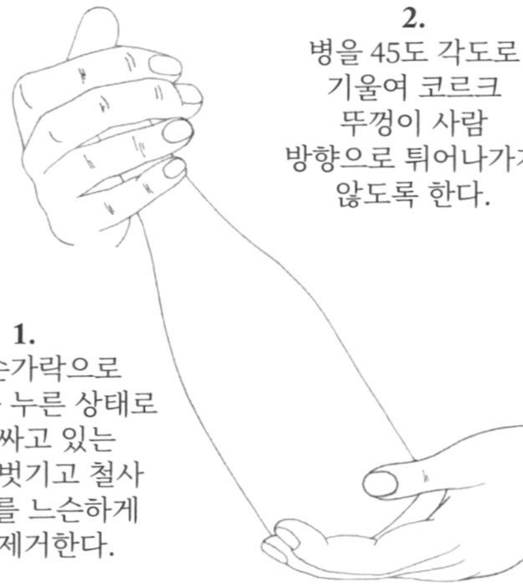

2.
병을 45도 각도로 기울여 코르크 뚜껑이 사람 방향으로 튀어나가지 않도록 한다.

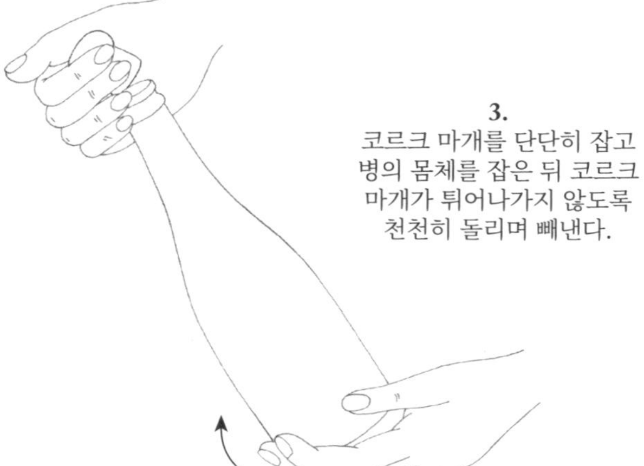

3.
코르크 마개를 단단히 잡고 병의 몸체를 잡은 뒤 코르크 마개가 튀어나가지 않도록 천천히 돌리며 빼낸다.

샴페인의 역사적 인물

La Champagne – DOM PÉRIGNON découvrant la mousse
(d'après le fragment d'un tableau d'Armand Gabry)

동 페리뇽

Dom Pérignon

(1638-1715)

전해지는 이야기와는 달리 그는 샹파뉴를 발포성 와인으로 만든 원조가 아니다. 오히려 반대로 이 베네딕틴 파 수도사는 와인의 기포를 줄이기 위해 노력했다. 왜냐하면 이와 같은 특징이 이 지역 와인의 결점으로 여겨져 '악마의 와인'이라는 별명으로까지 불렸기 때문이다. 발포성 샹파뉴의 제조 과정은 여럿이 공동으로 이루어낸 긴 호흡의 결실이었고 여기에서 동 페리뇽 수도사는 결정적인 역할을 했다. 특히 산(랭스산 Montagne de Reims)과 강(마른 계곡 vallée de la Marne)의 여러 빈티지 포도주들을 블렌딩하는 기술에 있어 큰 발전을 이루어냈다.

세계 10대 샴페인 시장

프랑스
1억 5,790만 병

영국
3,110만 병

미국
2,180만 병

독일
1,240만 병

일본
1,090만 병

벨기에
830만 병

호주
780만 병

이탈리아
660만 병

스위스
570만 병

스페인
390만 병

놀랍게도 중국은 아직 세계 10대 샴페인 시장에 포함되지 않았다. 기포성 와인의 유행이 조심스럽게 도입되는 듯하다.

샹파뉴와 7가지 포도품종

백설공주에 나오는 일곱 난쟁이 이름을 전부 기억하기 힘들 듯이 그 누가 샹파뉴를 만드는 데 허용된 일곱 가지 포도품종 이름을 기억할 수 있을까? 여기에 정답이 있다. 샹파뉴를 만드는 주요 3대 품종은? 우선 샹파뉴의 포도밭 38%를 점유하고 있는 **피노누아(pinot noir)**를 꼽을 수 있다. 이 품종은 랭스산(Montagne de Reims)과 코트 데 바르(Côte des Bars, Aube) 지역의 서늘한 석회암 지대에 주로 분포되어 있다. 포도밭 면적의 32%를 차지하고 있는 **뫼니에(meunier)**는 피노 뫼니에(pinot meunier)라고도 불리는 흰색의 즙을 가진 검은 포도로 마른 계곡(vallée de la Marne) 포도의 왕으로 꼽힌다. 세 번째로는 코트 데 블랑(Côte des Blancs)의 백악층 토양에서 자라며 포도밭 면적의 30%를 차지하고 있는 **샤르도네(chardonnay)**를 꼽을 수 있다. 이 외에 4가지 조연급 화이트 품종이 있으며 이들은 최근 점점 많이 회자되고 있는 추세다. 바로 **아르반(arbane), 프티 멜리에(petit meslier), 피노 블랑(pinot blanc), 피노 그리(pinot gris)**이다. 이 품종 포도들은 오늘날 포도밭의 0.5%밖에 차지하지 않을 정도로 소량 생산된다. 샹파뉴 와인 생산 관련업자 협회는 이들 품종의 재배를 아주 소량만 허용하고 있다. 왜냐하면 주요 3품종 포도에 기반을 둔 샹파뉴의 이미지를 흐리게 하면 안 되기 때문이다. 이는 샴페인 시장의 투명성을 위함일까, 고도의 마케팅 전력일까?

샴페인의 탄생 과정(6단계 공정)

1/ 압착
포도를 압착하여 얻은 맑은 즙을 스테인리스 탱크 안에서 발효한다.

2/ 병입, 1차 발효
1차 발효된 포도즙을 병입하고 설탕과 효모를 첨가한 뒤 2차 알코올 발효시킨다.

3/ 기포 생성
병 안의 압력(6~7bar)이 높아지면서 샴페인의 기포가 생긴다. 이 과정은 1~3개월간 지속된다.

4/ 숙성
병을 나무 거치대에 분리해 놓고 숙성시키는 과정으로 '쉬르 라트(sur lattes)'라고 부른다. 이 숙성기간은 논 빈티지 샴페인의 경우 최소 15개월, 빈티지 샴페인의 경우 3년간 지속된다. 또한 최고급 샴파뉴 브랜드의 경우 그보다 훨씬 더 오래 숙성한다.

5/ 병목 침전물 제거. 데고르주망(Dégorgement)
병을 비스듬히 거꾸로 놓고 주기적으로 돌려주며 숙성을 마친 뒤 병목에 모인 효모 침전물을 미리 얼려두었다가 내부의 압력을 이용해 빼내는 작업이다.

6/ 도자주(Dosage), 코르크 마개 밀봉(bouchage)
데고르주망으로 생겨난 병의 빈 공간에 샴파뉴와 단맛의 리큐어를 채워 넣은 뒤 코르크 마개로 막는다. 그 위에 각 브랜드의 뚜껑 캡슐을 덮고 철사 케이지로 봉한다. 샴페인 캡슐 뚜껑을 수집하는 사람들을 '플라코뮈조필(placomusophiles)'이라고 부른다.

2012, 그랑 빈티지의 마지막 해

옛날에 샴파뉴 생산자들은 포도수확이 아주 뛰어난 해에만 생산연도 빈티지(millésime)를 표기했다. 탄생 연도를 몸에 새긴 이 귀하고 비싼 와인은 멀리서도 알아볼 수 있었다. 이 와인들은 실로 희귀했고 소믈리에 업계에서는 이들을 아주 세심하게 다루었다. 하지만 오늘날 글로벌 마케팅 방식은 달라졌다. 와이너리와 각 브랜드들은 자신들의 생산량 중 일부에 매년 연속적으로 빈티지를 표시한다. 이는 샴파뉴 지방 이외의 지역에서 생산하는 와인들과 마찬가지이다. **하지만 샴페인이 과연 다른 와인들과 같은 것일까?** 기후 온난화로 마른(Marne) 지방의 겨울이 더 따뜻해진다면 탁월한 품질의 포도가 수확되는 햇수는 점점 드물어지게 된다. 최근 20년 중에는 2002, 2008 그리고 특히 2012년이 탁월한 빈티지로 손꼽힌다. **이 빈티지의 샴페인의 첫 병들이 2017년부터 와인 저장실에서 나오고 있으나 2020년 초부터 활짝 꽃피우기 시작하여 30년간 전성기를 누릴 것이다.**

"**프랑스는** 가장 **평범한 술집**에서 언제든지 최적 온도의 유명 **샴페인**을 마실 수 있는 마법 같은 나라이다."
- *아멜리 노통 Amélie Nothomb*

"샴페인은 여성이 **추해지는 모습을 보이지 않으면서** 마실 수 있는 **유일한 와인**이다."
- *퐁파두르 후작 부인 Marquise de Pompadour*

샴페인 라벨에 표시된 기호 해독

모든 샴페인 병 라벨에는 생산자에 관한 정보를 알려주는 두 개의 알파벳 글자가 표기되어 있다. 또한 샴페인 조합 협회에서 발부한 등록번호가 기재되어 있다.

RM(récoltant manipulant). 포도를 직접 재배하고 수확하는 사람.

NM(négociant manipulant). 포도 또는 포도즙을 구입한 네고시앙(포도주 중개상).

CM(coopérative de manipulation). 동업 조합 구성원의 포도를 원료로 조합에서 생산함.

RC(récoltant coopérateur). 동업 조합 구성원의 포도를 원료로 조합에서 생산한 와인으로 CM과 같지만 해당 조합원의 포도원 명칭으로 판매된다.

SR(société de récoltants). 포도 재배자 공동체(주로 하나의 가문인 경우가 많다). 이들은 수확한 포도로 와인을 직접 생산하며 종종 서비스 조합과 연계하여 공동으로 판매를 진행한다.

ND(négociant distributeur). 네고시앙 유통업자. 병입이 끝난 와인을 중개상이 구매한 뒤 자신의 브랜드 라벨을 붙여 재판매한다.

MA(marque d'acheteur). 구매자 브랜드. 와인 메이커가 타인(레스토랑, 중개상, 대형유통 등)을 위해 생산한 와인이다.

Blanc de blanc(블랑 드 블랑)은 화이트와인용 청포도 품종으로만 만든 샴페인을 뜻한다.

Blanc de noir(블랑 드 누아르) 레드와인 양조용 포도를 재빨리 압착해 얻은 흰색 즙으로 만든 샴페인을 가리킨다(라벨에 명시해야 한다).

브륏(brut), 엑스트라 브륏(extra brut), 나튀르(nature)...
일반적으로 샴페인의 데고르주망 작업이 끝나면 단맛의 리큐어가 첨가된다. 샴파뉴 지방에서는 이 것을 '도자주(dosage)'라고 부른다.

- → **'나튀르(nature)', '파 도제(pas dosé)', '농 도제(non dosé)', '도자주 제로(dosage zéro)'** : 설탕을 전혀 첨가하지 않은 샴페인.
- → **엑스트라 브륏(extra-brut)** : 리터당 설탕량 0~6g
- → **브륏 나튀르(brut nature)** : 리터당 설탕량 3g 미만
- → **브륏(brut)** : 리터당 설탕량 12g 미만
- → **엑스트라 드라이(extra-dry)** : 리터당 설탕량 12~17g
- → **섹 또는 드라이(sec, dry)** : 리터당 설탕량 17~32g
- → **드미 섹(demi-sec)** : 리터당 설탕량 32~50g
- → **두(doux)** : 리터당 설탕량 50g 이상

관련 내용으로 건너뛰기
p.58 와인 잔 속의 신화

파리를 찾은 사람이라면 누구라도 프랑스 전역을 대표하는 이 아티장 나이프 지도를 한 번씩은 보았을 것이다.
이 지도는 파리의 유명 칼 전문매장 쿠르티(Courty)*의 쇼윈도에 붙어 있다.

프랑스 각 지방의 전통 나이프

PRADEL
BONNET
PIETAIN
MINEUR
YATAGAN
CROSSE
LONDON
NORD-PAS-DE-CALAIS
PAS-DE-CALAIS
NORD
SOMME
AISNE
PICARDIE
OISE
ARDENNES
SEINE-MARITIME
HAUTE-NORMANDIE
EURE
MANCHE
CALVADOS
BASSE-NORMANDIE
ORNE
VAL-D'OISE
YVELINES
PARIS
SEINE-ET-MARNE
ILE-DE-FRANCE
ESSONNE
MARNE
CHAMPAGNE-ARDENNE
AUBE
MEUSE
MOSELLE
LORRAINE
MEURTHE-ET-MOSELLE
ALSACE
VOSGES
HAUTE-MARNE
LANGRES
MASSU
ALSA
FINISTERE
COTES-D'ARMOR
ILLE-ET-VILAINE
BRETAGNE
MORBIHAN
MAYENNE
SARTHE
PAYS DE LA LOIRE
EURE-ET-LOIR
CENTRE
LOIRET
YONNE
MUSCAD
QUEUE DE POISSON
LOIRE-ATLANTIQUE
MAINE-ET-LOIRE
LOIR-ET-CHER
INDRE-ET-LOIRE
CÔTE-D'OR
HAUTE-SAÔNE
DE BELFORT
FRANCHE-COMTE
BOURGOGNE
CHER
NIEVRE
DOUBS
TONNEAU
BRESSUIRE
VENDEE
DEUX-SEVRES
VIENNE
INDRE
SAONE-ET-LOIRE
JURA
TIRE DROIT
FENEROL
POITOU-CHARENTES
ALLIER
COURSOLLE
CHARENTE-MARITIME
HAUTE-VIENNE
CREUSE
LIMOUSIN
CHARENTE
AIN
ALPIN
SAINT MARTIN
LOIRE
RHÔNE
PUY-DE-DÔME
RHÔNE-ALPES
JAMBETTE
CORNE véritable
AUVERGNE
CORREZE
SAVOIE
OPINEL
BERGER
DORDOGNE
CANTAL
HAUTE-LOIRE
ISERE
GIRONDE
AQUITAINE
NONTRON
LOT
ARDECHE
DRÔME
DONJON
LOT-ET-GARONNE
LOZERE
TARN-ET-GARONNE
AVEYRON
LANGUEDOC-ROUSSILLON
CARONNAIS
LANDES
VAUCLUSE
HAUTE-PROVENCE
PROVENCE-ALPES-CÔTE D'AZUR
ALPES-MARITIMES
COUTTIERE
GERS
MIDI-PYRENEES
TARN
GARD
VIOLON
PYRENEES-ATLANTIQUES
HAUTE-GARONNE
HERAULT
BOUCHES-DU-RHÔNE
VAR
EUSTACHE
L'Eustache
AUDE
HAUTE-PYRENEES
ARIEGE
BASQUE
YSSINGEAUX
PYRENEES-ORIENTALES
AURILLAC
CAPUCIN
MONTPELLIER
HAUTE-CORSE
CORSE
VENDETTA
PALME
AVEYRONNAIS
SAINT AMANT
BOULE
ROQUEFORT
LAGUIOLE

* 'Courty et fils', 44 rue des Petits Champs, 파리 2구

마크 베라에게 경의를!

어떤 이들은 이 셰프의 과대망상, 자아예찬, 괴팍한 성격에 야유를 보내기도 한다. 하지만 이 알프스의 마법사는 프랑스 가스트로노미에서 끊임없이 존재감을 과시하고 있다.

프랑수아 레지스 고드리

Marc Veyrat, 산 속의 드루이드 승
(1950년생)

후대에 남을 만한 그의 주요 업적 5가지

★ 오트 사부아(Haute Savoie) 지방의 두 레스토랑 '로베르주 드 레리당(L'Auberge de l'Eridan, Veyrier-du-Lac)'과 '라 페름 드 몽 페르(La Ferme de mon père, Megève)'에서 미슐랭 가이드의 별 셋을 두 번이나 획득하고 고미요(Gault et Millau) 레스토랑 가이드 평점 20/20을 두 번 받은 역사상 유일한 요리사이다.

★ 그는 1990년대부터 야생 식물 채집과 분자 테크닉 사용을 바탕으로 한 친환경, 상상적, 실험적 요리의 천재적인 선구자였다. 그는 민족식물학자 프랑수아 쿠플랑(François Couplan)과 협력하여 우드소렐(옥살리스), 샐러드버넷(서양오이풀), 포니오(아샤) 등의 식물을 요리에 도입했다.

★ 그는 흰색 주방장 모자 대신 검정색 모자를 썼다. 이는 학교가 끝나면 블루베리, 라즈베리, 딸기가 담긴 자신의 펠트 모자를 내밀던 할아버지에 대한 경의의 표현이다.

★ 그는 훌륭한 후대의 셰프들을 길러냈다. 엠마뉘엘 르노(Emmanuel Renaut), 장 쉬플리스(Jean Suplice), 다비드 투탱(David Toutain) 등은 그의 영향을 많이 받은 요리사들이다.

★ 여러 차례의 불상사(레스토랑에서 발생한 수 차례의 화재, 2006년 생명을 잃을 뻔했던 스키 사고 등)를 겪은 마크 베라는 다시 고지를 향해 올라가는 힘을 되찾았다. 그는 마니고(Manigod)에 '라 메종 데 부아(La Maison des Bois)'를 오픈했다.

반숙 달걀, 우드소렐 인젝션, 넛멕 무스

우드소렐의 풀 향기와 레몬 노트가 살아 있는 시그니처 요리.

4인분

달걀 껍데기 잘라내기
작은 가위를 사용해 달걀 4개의 껍데기 윗부분을 잘라낸 다음 내용물을 그릇에 덜어놓고 껍데기를 찬물에 헹군다. 달걀흰자와 노른자를 분리한 다음 노른자를 다시 껍데기 안에 넣는다. 그 상태로 굵은 소금 위에 세워 놓고 65°C에서 2시간 동안 익힌다(또는 껍데기를 세로로 세워 놓고 중탕으로 3분간 익힌다).

우드소렐 소스
저지방 생크림 200ml을 뜨겁게 데운 뒤 우드소렐 잎 10g을 넣고 10분간 향을 우려낸다. 여기에 흰 식초 25ml를 첨가한 뒤 블렌더로 갈아 혼합하고 체에 걸러 식힌다. 미니 스포이트에 소스를 반만 채워 넣은 뒤 냉장고에 보관한다.

넛멕 무스
판 젤라틴 1장을 찬물에 담가 5분간 불린다. 냄비에 생크림 200ml, 채소 육수 50ml, 굵직하게 부순 넛멕(육두구) 5g을 넣고 뜨겁게 데운다. 불을 끄고 10분간 향을 우려낸다. 치킨스톡 파우더 2g과 설탕 1g을 넣고 블렌더로 갈아 혼합한다. 체에 거른다. 불린 젤라틴의 물을 꼭 짠 뒤 넣고 완전히 녹여 혼합한다. 휘핑사이펀에 넣고 가스 캡슐을 한 개 끼운다. 잘 흔들어 냉장고에 보관한다.

플레이팅
휘핑사이펀을 잘 흔들어준 다음 달걀 노른자 표면 위에 넛멕 무스를 짜 얹는다. 우드소렐 소스를 채운 미니 스포이트를 달걀 아랫부분에 하나씩 찔러 넣는다.

관련 내용으로 건너뛰기
p.380 야생 베리 20종

그라탱 도피누아
GRATIN DAUPINOIS

온 가족이 즐겨 먹는 대표적인 이 감자 그라탱 요리는 원산지인 도피네 지방의 경계선을 훨씬 뛰어넘어 프랑스 전역에서 사랑받고 있다. 그라탱 도피누아를 성공적으로 만들 수 있는 비법을 소개한다.

프랑수아 레지스 고드리

4가지 원칙

❶ 감자의 선택
도피네 출신 셰프 기 사부아(Guy Savoy)는 샤를로트(charlotte) 품종 햇감자를 추천하는 반면 장 피에르 비가토(Jean-Pierre Vigato)는 묵은 빈체(bintje) 감자를 선호한다. 샤를로트 품종 외에도 로즈발(roseval)이나 아망딘(amandine)과 같이 살이 단단한 감자를 사용하는 것이 좋다.

❷ 감자 썰기
2mm 두께로 동그랗게 써는 것이 불문율이다. 특히 썰고 난 다음 물에 절대 헹구지 말아야 한다. 왜냐하면 전분이 그라탱의 모양을 유지하는 데 매우 중요하기 때문이다.

❸ 마늘
꼭 필요한 재료이다. 그라탱 용기 바닥에 마늘 한 톨을 문지르고 버터, 생크림 혼합물에 마늘을 넣어 향을 우려낸다.

❹ 식감
잘 만들어진 그라탱 도피누아는 겉면이 노릇하게 구워져야 한다. 다 익혔을 때 크림이 너무 흥건해서도, 너무 졸아들어 뻑뻑해서도 안 된다.

레시피

드니즈 솔리에 고드리 *Denise Solier-Gaudry*

준비 : 30분
조리 : 1시간
6인분
살이 단단한 감자 1.2kg
우유(전유) 400ml
액상 생크림 400ml
마늘 1톨
넛멕
소금, 후추
버터 20g

오븐을 200°C로 예열한다. 마늘은 껍질을 벗기고 반을 갈라 싹을 제거한다. 그라탱 용기 바닥에 마늘을 문지른 다음 곱게 다져 소스팬에 우유, 생크림과 함께 넣는다. 소금 1꼬집, 강판에 간 넛멕을 넣고 잘 섞는다. 끓을 때까지 가열한다.
감자의 껍질을 벗기고 씻은 뒤 물기를 닦고 2mm 두께로 슬라이스한다.
그라탱 용기에 감자를 켜켜이 담는다. 매 켜 사이사이에 소금, 후추를 뿌린다.
뜨거운 우유, 크림 혼합물을 감자 위에 붓는다. 감자가 위로 올라와 넘치려고 하면 살짝 눌러준다. 버터를 작게 잘라 고루 얹은 뒤 오븐에 넣어 1시간 동안 익힌다.

지방별 응용 레시피 2가지

그라탱 도피누아 ⊕ 가늘게 간 치즈 ⊜ 그라탱 사부아야르(gratin savoyard)
치즈 150g을 준비해 감자 켜 사이사이에 넣고, 맨 위 표면에는 50g 정도 뿌려 덮는다.

그라탱 도피누아 ⊕ 포치니 버섯 ⊜ 그라탱 보르들레(gratin bordelais)
포치니 버섯 400g을 준비해 깨끗이 닦아낸 뒤 껍질을 벗기고 밑동을 잘라낸다. 너무 얇지 않게 썬다. 파슬리 몇 줄기를 씻어 잎만 다듬는다. 껍질을 벗긴 마늘과 파슬리를 다진 뒤 버섯과 함께 팬에 볶는다. 감자 켜 사이사이에 볶은 버섯을 고루 넣어준다.

호박의 세계

옛날에 프랑스에서는 호박을 겨울철 소에게 먹일 사료로나 사용했다.
남미가 원산지인 이 방대한 호박류는 마침내 그 매력을 발산하기 시작했다.
자비에 마티아스

호박은 과실이다!
요리에서 사용하는 **'채소(légume)'**라는 단어가 주로 가니시로 쓰이는 식물의 일부분(열매, 꽃, 잎, 뿌리, 덩이줄기 등)을 지칭한다면 '열매, 과실(fruit)'은 식물학 용어로 좀 간단히 말하자면 꽃의 수정을 통해 생겨난, 씨를 포함한 기관을 뜻한다. 따라서 가지, 피망, 오이, 토마토 등과 마찬가지로 호박은 요리에서 채소로 요리하는 '과실'에 속한다고 할 수 있다.

호박류의 분류
늙은 호박, 서양호박, 주키니호박, 단호박 등 크게는 모두 호박과(cucurbitacées)에 속하는 이 다양한 종류를 정확히 구분하는 일은 쉽지 않다.
호박 les cucurbita
기원이 명확하지 않은 이 일반적인 명칭에 속하는 다양한 호박의 종류를 알아보자.

호박(courge 쿠르주) : 호박 계통수에 나타난 대로 일반적으로 소비되는 다양한 종의 호박을 총칭하는 단어다.

서양호박, 펌프킨(citrouilles 시트루이유) : 현재 이 명칭은 잘못 사용되고 있지만 식물학자 노댕(Charles Victor Naudin) 분류에 따르면 이것은 가로로 넓기보다는 약간 위로 갸름한 둥근 형태의 '페포계 호박(cucurbita pepo)'이다. 할로윈용 **잭 오 랜턴(Jack'o lantern)**이나 **국수호박(courges spaghetti)**이 여기에 해당한다.

서양 호박종, 단호박(potirons 포티롱) : 노댕(Naudin) 분류에서 '서양계 호박(cucurbita maxima)'에 해당하는 것으로 유명한 **'붉은색 단호박(Rouge vif d'Etampes)'**, **'흰색 단호박(Blanc de Paris)'**이 이에 해당한다. 신데렐라 호박마차는 디즈니 스튜디오의 만화가들이 생각한 것과는 달리 단호박으로 볼 수 없다.

주키니호박(courgettes 쿠르제트) : 이름에서 알 수 있듯이 작은 크기의 서양호박(courges)이며 페포(Pepo)계 호박에 속한다.

다양한 종류의 작은 호박류(coloquintes 콜로캥트) : 명칭이 잘못 사용되어 꽤 심각한 결과를 초래할 수 있는 좋은 예다. 페포계에 속하며 우리가 흔히 '콜로캥트(coloquinte)'라고 부르는 것들은 실제로 **'콜로키넬(coloquinelle)'** 또는 '가짜 콜로캥트(fausse coloquinte)'라고 불린다. 진짜 콜로캥트는 'Citrulus colocynthis'라는 학명의 수박 속 식물로 독성을 지니고 있다. 이것은 쓴맛이 있고 소화가 잘 안되기도 하지만 심각한 위험성은 없는 장식용 작은 호박들과는 다르다.

밤호박(potimarron 포티마롱) : 일본에서 이 호박을 처음 들여온 농학자 필립 데브로스(Philippe Desbrosses)가 붙인 기발한 이름이다. 실제로 밤호박은 하나의 개별 품종으로 볼 수는 없다. 이 용어는 밤 맛이 나는 팽이 모양의 단호박(대개 주황색)을 총칭한다. **레드 쿠리(Red Kuri), 우치키 쿠리(Uchiki kuri), 그린 홋카이도(Green Hokkaido)** 등은 모두 밤호박에 해당한다.

종류	품종	특징
사마귀 줄무늬 호박, 수세미 호박 argyrosperma	멕시코산 품종인 Coïchiti pueblo	꼭지 부분이 각진 형태로 과육과 만나는 부분이 넓게 벌어져 있다. 줄기에 덩굴손이 없다.
흑종호박 ficifolia	흑종호박 Courge de Siam	검은색 씨를 갖고 있으며 생명력이 비교적 약한 여러해살이 식물이다. 잎은 무화과나무의 잎과 비슷하다.
서양종호박, 단호박 maxima	단호박, 밤호박, 터번 스쿼시 등 Potirons, Potimarrons, Rouge vif d'Etampes, Galeux d'Eysines, Giraumons, etc.	굵은 원통형 꼭지 부위가 완전히 익으면 코르크질로 변한다. 잎과 줄기에 부드러운 솜털이 나 있다.
동양계호박 moschata	버터넛 스쿼시, 땅콩호박 등 Doubeurre ou Butternut, Longue de Nice, Musquée de Provence, Pleine de Naples, Sucrine du Berry	꼭지 부분이 각진 형태로 단단하고 과육과 만나는 부분이 냄비 다리처럼 넓게 퍼져 있다. 짙은 녹색 잎에는 흰색 얼룩무늬가 있다.
페포계 호박 pepo	주키니 호박류, 둥근 미니호박, 국수호박, 패티팬 스쿼시 등 Courgettes en général. Pommes d'or, Courge spaghetti, Coloquintes fausses, Pâtissons, etc.	꼭지가 짧고 아주 단단하다. 잎은 아주 깊게 골이 패여 있으며 경우에 따라 흰색 반점이 있다.

3가지 레시피

장 크리스토프 리제 *Jean-Christophe Rizet**

밤호박 블루테 수프 velouté de potimarron
밤호박을 씻은 뒤 껍질을 그대로 둔 채 반으로 잘라 씨를 제거하고 굵직한 큐브 모양으로 썬다. 양파 1개의 껍질을 벗기고 얇게 썬다. 마늘 2톨의 껍질을 벗긴 뒤 반으로 갈라 싹을 제거하고 짓이긴다. 코코트 냄비에 버터 80g을 달군 뒤 양파와 마늘을 넣고 약한 불에서 수분이 나오도록 볶는다. 이어서 밤호박을 넣고 얇게 썬 생강을 몇 조각 넣어준다. 몇 분간 함께 볶은 뒤 누아이 프라트(noilly prat 베르무트의 일종) 2테이블스푼을 넣는다. 물을 재료 높이의 반까지 부은 뒤 20분간 끓인다. 마지막에 생크림 150ml를 넣고 핸드블렌더로 매끈하게 갈아 혼합한다. 소금, 후추로 간하고 너무 되직하면 물을 조금 첨가한다. 볶은 호박 씨를 얹어 서빙한다.

브로치우 치즈를 곁들인 버터넛 스쿼시 오븐구이 butternut rôtie à la brousse
버터넛 호박을 씻은 뒤 길게 반으로 잘라 씨를 제거하고 사방 4cm 큐브 모양으로 썬다. 그라탱 용기에 호박을 고루 펼쳐 놓고 껍질 깐 마늘 4톨을 통째로 넣어준다. 올리브오일을 한 바퀴 두르고 소금, 꿀 넉넉히 한 스푼, 로즈마리와 타임을 각각 한 줄기씩 넣고 잘 섞어준다. 200°C 오븐에서 25~30분간 굽는다. 호박이 고루 노릇하게 익도록 중간중간 고루 섞어준다. 오븐에서 꺼냈을 때 호박은 완전히 익고 겉이 약간 캐러멜라이즈된 상태가 되어야 한다. 따뜻한 온도로 식은 뒤 셰리와인 식초와 올리브오일을 한 바퀴씩 뿌려 샐러드처럼 서빙한다. 각 서빙 접시에 버터넛 호박을 나누어 담고 그 위에 브로치우(brousse, brocciu) 치즈를 한 스푼씩 올린다. 기름을 두르지 않은 팬에 로스팅한 호박 씨를 뿌려 서빙한다.

호박을 넣어 만든 미야 케이크 millas de courge muscade
"미야(millas)는 원래 곡류 가루(옥수수, 조, 밀, 쌀)로 만드는 케이크다. 나의 할머니는 텃밭에서 기른 호박을 넣어 이 케이크를 만들었다."
큰 늙은 호박 1kg의 껍질을 벗기고 씨와 속을 제거한 뒤 굵직한 큐브 모양으로 썬다. 호박을 증기에 찐 다음 완전히 익으면 블렌더로 간다. 볼에 설탕 250g과 달걀 3개, 달걀노른자 1개를 넣고 거품기로 혼합한다.
여기에 호박 퓌레를 넣어 섞은 뒤 체에 친 곡물가루 150g과 액상 생크림 80ml를 넣고 잘 섞어둔다. 냄비에 우유 500ml, 설탕 40g, 길게 갈라 긁은 바닐라 빈 1개를 넣고 쌀 300g을 넣어 익힌 뒤 상온으로 식힌다. 건자두(프룬) 250g의 씨를 뺀 다음 코냑 몇 스푼을 뿌려둔다. 호박 혼합물에 우유에 익힌 쌀을 넣어 섞는다. 높이가 약간 있는 원형틀에 버터를 바르고 밀가루를 묻혀둔다. 틀 바닥에 건자두를 깐 다음 반죽 혼합물을 붓는다. 180°C 오븐에서 35분간 굽는다.

* Jean-Christophe Rizet, 전 '라 트뤼피에르(La Truffière)'의 셰프. 파리 5구.

6
14
3
1
5
16
8
2
7
12
15
13
10
11
9
4

1 롱그 드 니스 Longue de Nice

2 '레드 쿠리' 밤 호박 Potimarron Red Kuri

3 믈로네트 자스페 드 방데 Melonette Jaspée de Vendée

4 쉬크린 뒤 베리 Sucrine du Berry

5 두뵈르 또는 버터넛 Doubeurre ou Butternut

6 스위트 덤플링 또는 파티두 Sweet Dumpling ou patidou

7 비올린 Violine

8 차요테(슈슈 또는 크리스토핀) Chayote (= chouchou ou Christophine)

9 톤다 파다나 Tonda padana

10 국수호박, 스파게티 호박 Spaghetti

11 델리카타, 스위트 포테이토 Delicata ou Sweet potato

12 16 블랙 푸츠 스쿼시 Futsu black

13 폼 도르 Pomme d'or

14 키와노 또는 아프리카 뿔오이 Kiwano ou concombre cornu d'Afrique

15 플렌 드 나플 Pleine de Naples

프랑스 치즈 일주

프랑스의 치즈는 1,200가지가 넘는다. 이들 중 현재 45종의 연성치즈, 경성치즈, 흰곰팡이치즈, 블루치즈가 원산지명칭보호(AOP) 인증을, 9종류의 치즈가 각각 지리적표시보호(IGP) 인증을 받았다.

마리엘 고드리

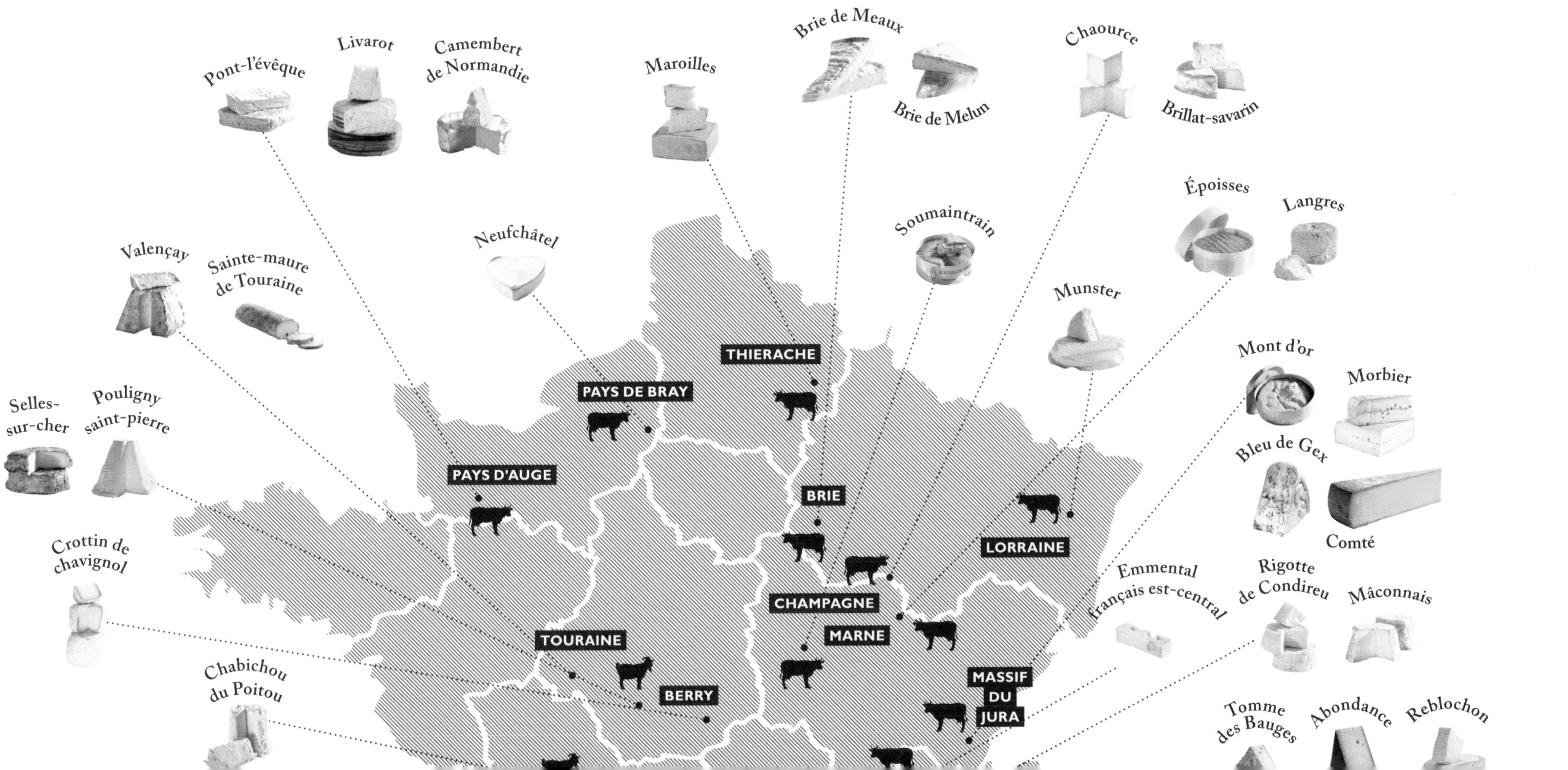
Pont-l'évêque
Livarot
Camembert de Normandie
Maroilles
Brie de Meaux
Brie de Melun
Chaource
Brillat-savarin
Époisses
Langres
Soumaintrain
Neufchâtel
Munster
Valençay
Sainte-maure de Touraine
Mont d'or
Morbier
Selles-sur-cher
Pouligny saint-pierre
Bleu de Gex
Comté
Crottin de chavignol
Emmental français est-central
Rigotte de Condireu
Mâconnais
Chabichou du Poitou
Tomme des Bauges
Abondance
Reblochon
THIERACHE
PAYS DE BRAY
PAYS D'AUGE
BRIE
LORRAINE
CHAMPAGNE
MARNE
TOURAINE
BERRY
MASSIF DU JURA

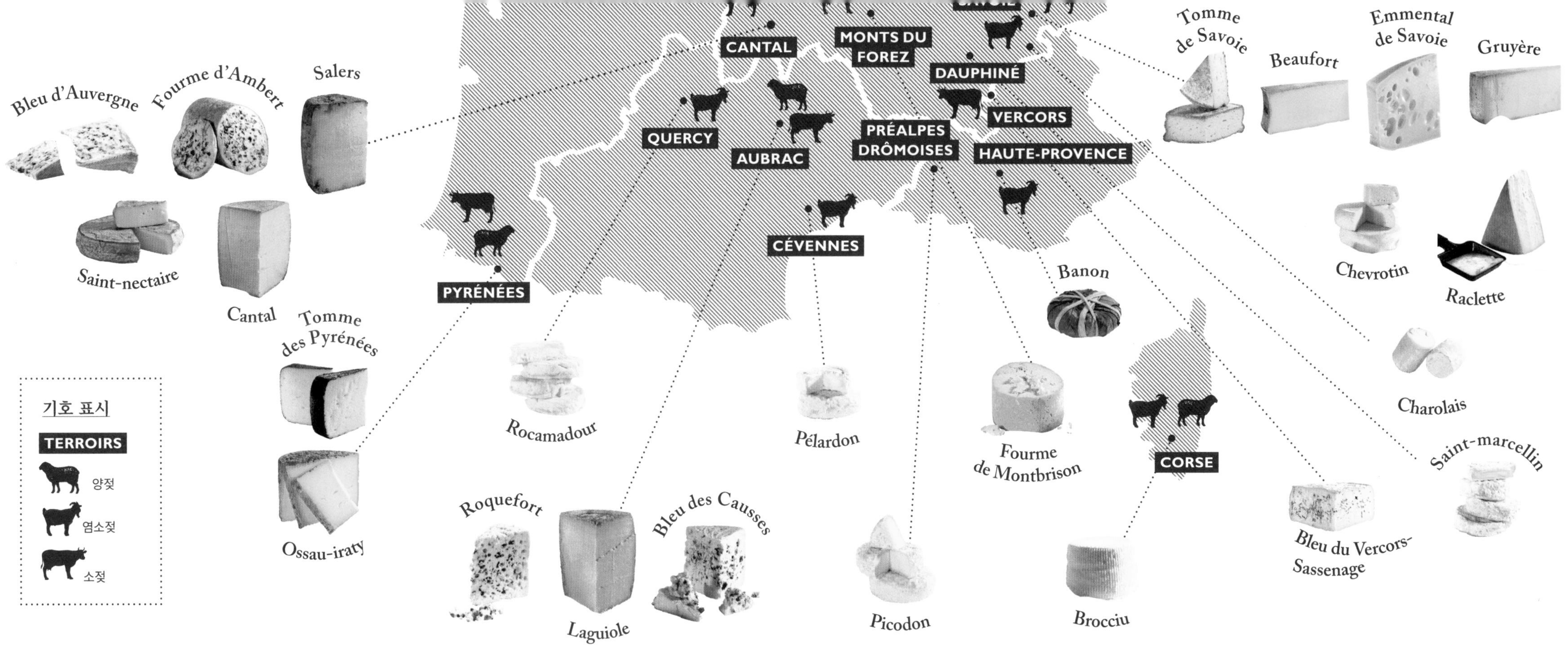
CANTAL
MONTS DU FOREZ
DAUPHINÉ
VERCORS
QUERCY
AUBRAC
PRÉALPES DRÔMOISES
HAUTE-PROVENCE
CÉVENNES
PYRÉNÉES
CORSE
Bleu d'Auvergne
Fourme d'Ambert
Salers
Saint-nectaire
Cantal
Tomme des Pyrénées
Ossau-iraty
Rocamadour
Roquefort
Laguiole
Bleu des Causses
Pélardon
Picodon
Fourme de Montbrison
Banon
Brocciu
Tomme de Savoie
Beaufort
Emmental de Savoie
Gruyère
Chevrotin
Raclette
Charolais
Saint-marcellin
Bleu du Vercors-Sassenage
기호 표시
TERROIRS
양젖
염소젖
소젖

AOP (APPELLATION D'ORIGINE PROTÉGÉE) 치즈

아봉당스 Abondance

(1996년 AOP 인증)
생산 지역 : 오트 사부아(Haute-Savoie)
치즈 유형 : 반 가열 압착치즈
숙성 : 3개월
형태 : 오렌지 빛 갈색의 맷돌 형. 속은 연한 황색을 띤다.
풍미 : 고소한 너트 향, 약간 짭짤하며 예리한 쓴맛이 살짝 스친다.

바농 Banon

(2007년 AOP 인증)
생산 지역 : 알프 드 오트 프로방스(Alpes-de-Haute-Provence)
치즈 유형 : 천연외피 연성치즈
숙성 : 2주~2개월
형태 : 작은 원반형으로 밤나무 잎으로 싸여 있다. 속은 크리미한 질감을 갖고 있다.
풍미 : 염소젖 풍미가 있으며 고소한 너트 향이 난다.

보포르 Beaufort

(1996년 AOP 인증)
생산 지역 : 사부아(Savoie)
치즈 유형 : 가열 압착치즈
숙성 : 최소 5개월
형태 : 큰 맷돌 형으로 희끗희끗한 얼룩 반점이 있는 갈색의 매끈한 외피를 갖고 있다. 속은 계절에 따라 연한 황색에서 진한 황색을 띤다.
풍미 : 버터, 견과류 향이 나며 경우에 따라 파인애플 맛이 나기도 한다.

블루 도베르뉴 Bleu d'Auvergne

(1996년 AOP 인증)
생산 지역 : 퓌 드 돔(Puy-de-Dôme), 캉탈(Cantal)
치즈 유형 : 블루치즈
숙성 : 3개월
형태 : 납작한 원통형으로 속은 흰색에서 상아색을 띠며 청록색 곰팡이가 전체적으로 고루 퍼져 있다.
풍미 : 블루치즈 특유의 풍미가 있으며 숲의 향, 버섯 향이 난다.

블루 드 젝스 Bleu de Gex

(1996년 AOP 인증)
생산 지역 : 쥐라(Jura), 앵(Ain)
치즈 유형 : 블루치즈
숙성 : 2개월
형태 : 맷돌 형으로 노르스름한 외피에는 젝스(Gex)라는 이름이 새겨져 있다. 속은 상아색을 띠며 청록색 곰팡이가 혈관처럼 군데군데 퍼져 있다.
풍미 : 고소한 너트 향과 버섯 향이 난다.

블루 데 코스 Bleu des Causses

(2009년 AOP 인증)
생산 지역 : 아베롱 (Aveyron), 로트(Lot), 로제르(Lozère)
치즈 유형 : 블루치즈
숙성 : 3개월
형태 : 납작한 원통형으로 속은 흰색에서 상아색을 띠며 청록색 곰팡이가 전체적으로 고루 퍼져 있다.
풍미 : 블루치즈 특유의 풍미가 강하다.

블루 뒤 베르코르 사스나주 Bleu du Vercors-Sassenage

(2001년 AOP 인증)
생산 지역 : 드롬(Drôme), 이제르(Isère)
치즈 유형 : 블루치즈
숙성 : 최소 2개월
형태 : 원통형으로 외피는 회색이며 고운 솜털로 덮여 있다. 속은 상아색을 띠고 있으며 청회색의 곰팡이가 가늘게 퍼져 있다.
풍미 : 고소한 너트 향이 난다.

브리 드 모 Brie de Meaux

(1996년 AOP 인증)
생산 지역 : 센 에 마른(Seine-et-Marne), 루아레(Loiret), 뫼즈(Meuse), 오브(Aube), 오트 마른(Haute-Marne), 마른(Marne), 욘(Yonne)
치즈 유형 : 흰색 곰팡이 외피의 연성치즈
숙성 : 최소 8주
형태 : 납작한 원반형으로 흰색 외피는 고운 솜털로 덮여 있다. 속은 상아색을 띠고 있으며 작은 기공들이 나 있다.
풍미 : 숲 향기, 외양간 냄새가 난다.

AOP 치즈 (계속)

브리 드 믈렁 Brie de Melun
(1996년 AOP 인증)
생산 지역 : 센 에 마른(Seine-et-Marne), 욘(Yonne), 오브(Aube)
치즈 유형 : 흰색 곰팡이 외피의 연성치즈
숙성 : 최소 10주
형태 : 납작한 원통형으로 흰색 외피에는 갈색 반점이 고루 분포되어 있다. 속은 노란색을 띤다.
풍미 : 고소한 너트 향과 버섯 풍미를 갖고 있다.

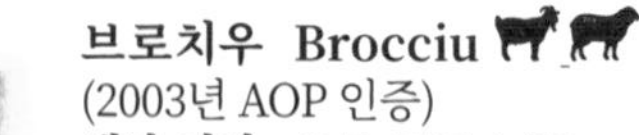

브로치우 Brocciu
(2003년 AOP 인증)
생산 지역 : 오트 코르스(Haute-Corse), 코르스 뒤 쉬드(Corse-du-Sud)
치즈 유형 : 프레시 치즈
숙성 : 최소 21일(brocciu passu)
형태 : 원통형의 크리미한 흰색 치즈로 물이 빠지는 용기에 담아 판매한다.
풍미 : 양젖 또는 염소젖의 풍미가 난다.

카망베르 드 노르망디 Camembert de Normandie
(1996년 AOP 인증)
생산 지역 : 오른(Orne), 칼바도스(Calvados), 외르(Eure), 망슈(Manche)
치즈 유형 : 흰색 곰팡이 외피의 연성치즈
숙성 : 1개월
형태 : 원통형으로 흰색 외피는 고운 솜털로 덮여 있다. 속은 상아색에서 밝은 노란색을 띠고 있다.
풍미 : 우유 향이 나며 숲속 초목의 풍미가 있다.

캉탈 Cantal
(1996년 AOP 인증)
생산 지역 : 캉탈(Cantal)
치즈 유형 : 비가열 압착치즈
숙성 : 최소 1개월(어린 치즈) ~ 8개월 이상(숙성 치즈)
형태 : 원통형으로 외피는 밝은 회색에서 황금빛, 갈색을 띤다. 속은 상아색에서 짙은 노란색을 띤다.
풍미 : 고소한 너트 향, 바닐라 향이 난다.

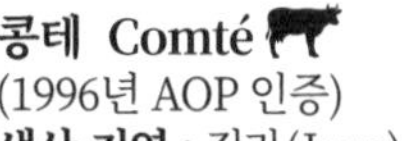

콩테 Comté
(1996년 AOP 인증)
생산 지역 : 쥐라(Jura), 두(Doubs), 앵(Ain)
치즈 유형 : 가열 압착치즈
숙성 : 최소 4개월
형태 : 맷돌 형으로 갈색 외피를 갖고 있으며, 속은 크림색에서 짙은 노란색을 띤다.
풍미 : 버터 풍미, 로스팅, 우디 노트.

에푸아스 Époisses
(1996년 AOP 인증)
생산 지역 : 코트 도르(Côte-d'Or), 욘(Yonne), 오트 마른(Haute-Marne)
치즈 유형 : 세척외피 연성치즈
숙성 : 최소 4주
형태 : 원통형으로 외피는 오렌지 빛 상아색에서 벽돌색을 띠며 나무 케이스에 포장되어 있다. 속은 연한 베이지색을 띤다.
풍미 : 향은 강한 편이나 맛은 그다지 꼬릿하지 않은 크림 풍미가 난다.

푸름 당베르 Fourme d'Ambert
(1996년 AOP 인증)
생산 지역 : 퓌 드 돔(Puy-de-Dôme)
치즈 유형 : 블루치즈
숙성 : 최소 28일
형태 : 높이가 있는 원통형으로 외피는 회색이며 고운 솜털로 덮여 있다. 속은 크림색을 띠며 청회색 반점이 고루 퍼져 있다.
풍미 : 토속적인 블루치즈 풍미를 갖고 있다.

푸름 드 몽브리종 Fourme de Montbrison
(2010년 AOP 인증)
생산 지역 : 루아르(Loire), 퓌 드 돔(Puy-de-Dôme)
치즈 유형 : 블루치즈
숙성 : 최소 3주
형태 : 높이가 있는 원통형으로 외피는 주황색이다. 속은 크림색을 띠고 있으며 푸른곰팡이가 대리석 모양으로 퍼져 있다.
풍미 : 우유 향, 과일 향이 있으며 블루치즈의 풍미가 은은하게 난다.

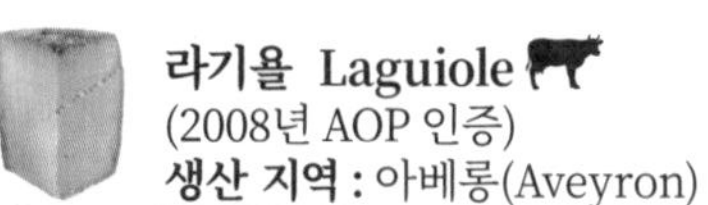

라기올 Laguiole
(2008년 AOP 인증)
생산 지역 : 아베롱(Aveyron)
원유 : 소젖
치즈 유형 : 비가열 압착치즈
숙성 : 최소 3개월
형태 : 원통형으로 밝은 회색 외피를 갖고 있으며 속은 마블링 무늬가 있는 노란색을 띠고 있다.
풍미 : 새콤한 맛, 버터의 향이 난다.

풍미 : 크림의 풍미, 우디 노트를 갖고 있다.

모르비에 Morbier
(2002년 AOP 인증)
생산 지역 : 두(Doubs), 앵(Ain), 쥐라(Jura)
치즈 유형 : 비가열 압착치즈
숙성 : 최소 45일
형태 : 납작한 원통형으로 외피는 연한 분홍색에서 오렌지 빛 베이지 색을 띤다. 속은 상아색에서 연한 노란색으로 중앙에 잿빛 줄 하나가 가로로 나 있다.
풍미 : 크림 풍미가 있으며 은은한 바닐라 향, 레몬향이 난다.

뮝스테르 Munster
(1996년 AOP 인증)
생산 지역 : 바 랭(Bas-Rhin), 오 랭(Haut-Rhin), 뫼르트 에 모젤(Meurthe-et-Moselle), 보주(Vosges), 모젤(Moselle), 벨포르 지방(Territoire de Belfort), 오트 손(Haute-Saône)
치즈 유형 : 세척외피 연성치즈
숙성 : 최소 21일
형태 : 납작한 원통형으로 외피는 오렌지 빛을 띤 분홍색이며 속은 크림색이다.
풍미 : 우유의 풍미가 진하고 우디 향, 마른 곡류 노트를 지니고 있다.

뇌샤텔 Neufchâtel
(1996년 AOP 인증)
생산 지역 : 센 마리팀(Seine-Maritime), 우아즈(Oise)
치즈 유형 : 흰색 곰팡이 외피의 연성치즈
숙성 : 최소 10일
형태 : 납작한 하트 모양으로 일반적으로 흰색 외피에 고운 솜털이 덮여 있다. 속은 크리미하며 노란색을 띤다.
풍미 : 짭짤한 맛과 크림, 신선한 우유의 풍미를 지닌다.

오소 이라티 Ossau-iraty
(2003년 AOP 인증)
생산 지역 : 피레네 아틀랑티크(Pyrénées-Atlantiques), 오트 피레네(Hautes-Pyrénées)
치즈 유형 : 비가열 압착치즈
숙성 : 2개월 반~ 12개월
형태 : 원통형으로 외피는 오렌지 빛 황색에서 회색을 띠며 속은 흰색이다.
풍미 : 양젖 풍미가 있으며 고소한 너트 향.

펠라르동 Pélardon
(2001년 AOP 인증)
생산 지역 : 오드(Aude), 가르(Gard), 에로(Hérault), 로제르(Lozère), 타른(Tarn)
원유 : 염소젖
치즈 유형 : 천연외피 연성치즈
숙성 : 최소 11일

리고트 드 콩드리외 Rigotte de Condrieu
(2013년 AOP 인증)
생산 지역 : 루아르(Loire), 론(Rhône)
치즈 유형 : 천연외피 연성치즈
숙성 : 최소 8일
형태 : 작은 원반형으로 외피는 청회색 반점이 있는 상아색이다. 속은 흰색으로 조직이 촘촘하다.
풍미 : 염소젖 풍미가 있으며 고소한 너트 향이 난다.

로카마두르 Rocamadour
(1999년 AOP 인증)
생산 지역 : 로트(Lot)
치즈 유형 : 천연외피 연성치즈
숙성 : 최소 6일
형태 : 작은 원반형으로 벨벳과 같은 외피는 흰색 또는 푸르스름한 색을 띠고 있다. 속은 상아색을 띤다.
풍미 : 크림과 버터의 풍미를 지닌다.

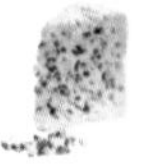

로크포르 Roquefort
(1996년 AOP 인증)
생산 지역 : 아베롱(Aveyron)
치즈 유형 : 블루치즈
숙성 : 최소 3개월
형태 : 원통형으로 속에는 푸른색, 회색, 녹색 곰팡이가 혈관처럼 퍼져 있다.
풍미 : 숲의 부식토, 축축한 지하 저장고 냄새가 강하며 짭짤한 맛과 양젖 풍미가 난다.

생 넥테르 Saint-nectaire
(1996년 AOP 인증)
생산 지역 : 캉탈(Cantal), 퓌 드 돔(Puy-de-Dôme)
치즈 유형 : 비가열 압착치즈
숙성 : 최소 28일
형태 : 납작한 원통형으로 흰색, 갈색 또는 회색 반점이 있는 투박한 외피를 갖고 있다. 속은 윤이 나는 크림색을 띤다.
풍미 : 고소한 너트 향이 난다.

생트 모르 드 투렌 Sainte-maure de Touraine
(1996년 AOP 인증)
생산 지역 : 앵드르 에 루아르(Indre-et-Loire), 비엔(Vienne), 앵드르(Indre), 루아르 에 셰르(Loir-et-Cher)
치즈 유형 : 천연외피 연성치즈
숙성 : 최소 10일
형태 : 나무토막 모양으로 푸르스름한 회색의 쭈글쭈글한 외피를 갖고 있다. 속은 흰색으로 조직이 촘촘하다.
풍미 : 염소젖 풍미가 있으며 건초 향(여름),

IGP(INDICATION GÉOGRAPHIQUE PROTÉGÉE) 치즈

브리야 사바랭 Brillat-savarin
(2017년 IGP 인증)
생산 지역 : 오브(Aube), 코트 도르(Côte-d'Or), 센 에 마른(Seine-et-Marne), 손 에 루아르(Saône-et-Loire), 욘(Yonne)
치즈 유형 : 흰색 곰팡이 외피(숙성)의 연성(또는 프레시 크림) 치즈
숙성 : 2주
형태 : 원통형. 프레시 치즈의 경우 외피가 없으며 숙성한 치즈의 경우 흰색 곰팡이로 덮인 매끈한 외피를 갖고 있다.
풍미 : 버터와 버섯 향이 난다.

에망탈 드 사부아 Emmental de Savoie
(1996년 IGP 인증)
생산 지역 : 사부아(Savoie)
치즈 유형 : 가열 압착치즈
숙성 : 최소 75일
형태 : 맷돌 형으로 황색에서 갈색 외피를 갖고 있다. 속은 노란색을 띠며 큰 기공들이 나 있다.
풍미 : 상큼하고 과일향이 나며 꼬릿한 맛이 나지 않는다.

에망탈 프랑세 에스트 상트랄 Emmental français est-central
(1996년 IGP 인증)
생산 지역 : 오트 손(Haute-Saône), 벨포르(Belfort) 지방, 오트 마른(Haute-Marne), 보주(Vosges), 코트 도르(Côte-d'Or), 두(Doubs), 쥐라(Jura), 손 에 루아르, 앵(Ain), 오트 사부아, 론, 사부아, 이제르(Isère)
치즈 유형 : 가열 압착치즈
숙성 : 12주
형태 : 맷돌 형으로 외피는 노란색이다. 속은 윤이 나는 노란색을 띠며 군데군데 기공이 나 있다.
풍미 : 상큼한 맛, 달콤한 과일 노트를 지니고 있다.

그뤼예르 Gruyère
(2013년 IGP 인증)
생산 지역 : 사부아(Savoie), 프랑슈 콩테(Franche-Comté)
치즈 유형 : 가열 압착치즈
숙성 : 최소 120일
형태 : 맷돌 형으로 갈색 외피를 갖고 있다. 속은 연한 노란색(겨울)에서 황금빛 노란색(여름)을 띠며 중간중간 기공이 나 있다.
풍미 : 맛이 순하고 과일과 꽃 향이 난다.

샤비슈 뒤 푸아투 Chabichou du Poitou
(1996년 AOP 인증)
생산 지역 : 오 푸아투 (Haut-Poitou)
치즈 유형 : 흰색 곰팡이 외피의 연성치즈
숙성 : 최소 10일
형태 : 윗부분이 잘린 원뿔형으로 흰색과 황색이 섞인 쭈글쭈글한 외피를 갖고 있다. 속은 흰색을 띤다.
풍미 : 염소젖 풍미가 있으며 은은한 헤이즐넛 맛이 난다.

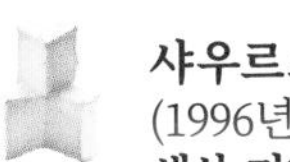

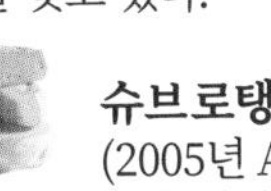

샤우르스 Chaource
(1996년 AOP 인증)
생산 지역 : 오브(Aube), 욘(Yonne)
치즈 유형 : 흰색 곰팡이 외피의 연성치즈
숙성 : 최소 15일
형태 : 흰색 외피는 고운 솜털로 덮여 있고 속은 흰색이다.
풍미 : 과일 풍미와 고소한 너트 향이 난다.

샤롤레 Charolais
(2014년 AOP 인증)
생산 지역 : 손 에 루아르(Saône-et-Loire), 론(Rhône), 루아르(Loire), 알리에(Allier)
치즈 유형 : 천연외피 연성치즈
숙성 : 최소 15일
형태 : 납작한 원통형으로 푸른 기가 도는 베이지색 외피를 갖고 있다. 속은 조직이 촘촘하며 흰색을 띤다.
풍미 : 짭짤한 맛과 고소한 너트 향을 갖고 있다.

크로탱 드 샤비뇰 Crottin de chavignol
(1996년 AOP 인증)
생산 지역 : 셰르(Cher), 니에브르(Nièvre), 루아레(Loiret)
치즈 유형 : 천연외피 연성치즈
숙성 : 최소 10일
형태 : 작은 사이즈의 납작한 원통형으로 외피는 흰색 또는 푸른색 곰팡이가 피어있다. 속은 단단한 편으로 흰색을 띤다.
풍미 : 염소젖 풍미가 나며 은은한 너트 향을 갖고 있다.

슈브로탱 Chevrotin
(2005년 AOP 인증)
생산 지역 : 사부아, 오트 사부아
치즈 유형 : 비가열 압착치즈
숙성 : 최소 21일
형태 : 오렌지 빛 외피를 가진 맷돌 형이다.
풍미 : 고소한 너트 향과 우디 노트를 갖고 있다.

랑그르 Langres
(2009년 AOP 인증)
생산 지역 : 오트 마른(Haute-Marne)
치즈 유형 : 세척외피 연성치즈
숙성 : 최소 40일
형태 : 원통형으로 외피는 밝은 노란색에서 오렌지 빛을 띠고 있다. 속은 흰색이다.
풍미 : 신선하고 새콤한 커드 밀크의 풍미를 갖고 있다.

리바로 Livarot
(1996년 AOP 인증)
생산 지역 : 칼바도스(Calvados), 외르(Eure), 오른(Orne)
치즈 유형 : 세척외피 연성치즈
숙성 : 3주~3개월
형태 : 원통형으로 갈대 잎 띠를 두르고 있으며 외피는 적갈색에서 갈색을 띤다. 속은 윤이 나는 상아색을 띠고 있다.
풍미 : 가죽 냄새와 훈제 샤퀴트리 풍미를 갖고 있다.

마코네 Mâconnais
(2009년 AOP 인증)
생산 지역 : 론(Rhône), 손 에 루아르(Saône-et-Loire)
치즈 유형 : 세척외피 연성치즈
숙성 : 최소 10일
형태 : 윗부분이 잘린 원뿔형으로 외피는 크림색에서 푸른색을 띠고 있다. 속은 흰색으로 아주 매끈하다.
풍미 : 염소젖 풍미가 나며 미네랄 노트를 갖고 있다.

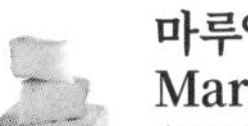

마루알 또는 마롤 Maroilles, Marolles
(1996년 AOP 인증)
생산 지역 : 앤(Aisne), 노르(Nord)
치즈 유형 : 세척외피 연성치즈
숙성 : 2~4개월
형태 : 납작한 정사각형으로 외피는 주황색이며 속은 크리미한 황금색을 띠고 있다.
풍미 : 우유의 맛이 강하고 약간 짭짤하며 예리한 쓴맛이 살짝 스친다.

몽 도르 또는 바슈랭 뒤 오 두 Mont d'or, vacherin du Haut-Doubs
(1996년 AOP 인증)
생산 지역 : 오 두(Haut-Doubs)**치즈 유형 :** 세척외피 연성치즈
숙성 : 21일
형태 : 납작한 원통형으로 가문비나무로 만든 케이스에 포장되어 있으며 외피는 베이지에서 분홍색을 띤다. 속은 윤이 나는 흰색을 띠고 있다.

형태 : 작은 크기의 원반형으로 외피가 얇고 크림색 또는 푸르스름한 흰색을 띤다. 속은 흰색이다.
풍미 : 염소젖 풍미가 있으며 건초, 꿀, 헤이즐넛 향이 난다.

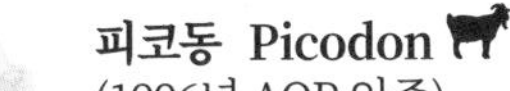

피코동 Picodon
(1996년 AOP 인증)
생산 지역 : 아르데슈(Ardèche), 드롬(Drôme), 가르(Gard), 보클뤼즈(Vaucluse)
치즈 유형 : 천연외피 연성치즈
숙성 : 최소 14일
형태 : 작은 크기의 원반형으로 외피는 크림색 또는 푸르스름한 흰색을 띤다. 속은 흰색으로 밀도가 매우 촘촘하다.
풍미 : 염소젖 풍미가 있으며 고소한 너트 향이 난다.

퐁 레베크 Pont-l'évêque
(1996년 AOP 인증)
생산 지역 : 칼바도스(Calvados), 망슈(Manche), 외르(Eure), 오른(Orne), 센 마리팀(Seine-Maritime)
치즈 유형 : 세척외피 연성치즈
숙성 : 최소 18일
형태 : 납작한 정사각형으로 외피는 바둑판 모양으로 자국이 나 있고 분홍색을 띤다. 속은 연한 노란색을 띠며 군데군데 기공이 나 있다.
풍미 : 크리미한 풍미가 있으며 과일, 너트 향이 난다.

풀리니 생 피에르 Pouligny-saint-pierre
(2009년 AOP 인증)
생산 지역 : 앵드르(Indre)
치즈 유형 : 천연외피 연성치즈
숙성 : 최소 10일
형태 : 피라미드 형으로 흰색 외피는 고운 솜털로 덮여있다. 속은 흰색으로 조직이 촘촘하다.
풍미 : 염소젖 풍미, 견과류의 향이 난다.

르블로숑 또는 르블로숑 드 사부아 Reblochon, reblochon de Savoie
(1996년 AOP 인증)
생산 지역 : 사부아(Savoie), 오트 사부아(Haute-Savoie)
치즈 유형 : 비가열 압착치즈
숙성 : 3~4주
형태 : 납작한 원통형으로 외피는 사프란 빛을 띤 노란색이다. 속은 상아색을 띤다.
풍미 : 부드러운 크림 풍미와 고소한 너트 향을 갖고 있다.

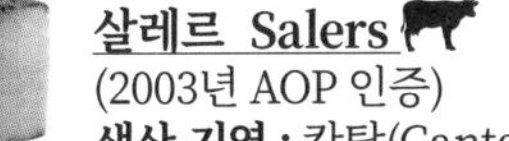

살레르 Salers
(2003년 AOP 인증)
생산 지역 : 캉탈(Cantal), 오트 루아르(Haute-Loire), 퓌 드 돔(Puy-de-Dôme), 아베롱(Aveyron), 코레즈(Corrèze)
치즈 유형 : 비가열 압착치즈
숙성 : 최소 3개월
형태 : 원통형으로 외피는 황금색에서 갈색을 띤다. 속은 마블링 무늬가 있는 노란색이다.
풍미 : 견과류와 버터 향이 난다.

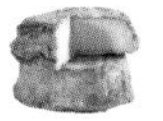

셀 쉬르 셰르 Selles-sur-cher
(1996년 AOP 인증)
생산 지역 : 루아르 에 셰르(Loir-et-Cher), 셰르(Cher), 앵드르(Indre)
치즈 유형 : 천연외피 연성치즈
숙성 : 최소 10일
형태 : 작은 원반형으로 회색의 가루를 뿌린 듯한 외피를 갖고 있다. 속은 흰색이며 밀도가 촘촘하다.
풍미 : 염소젖 풍미가 있으며 은은한 헤이즐넛 향이 난다.

톰 드 보주 Tomme des Bauges
(2007년 AOP 인증)
생산 지역 : 사부아(Savoie), 오트 사부아(Haute-Savoie)
치즈 유형 : 비가열 압착치즈
숙성 : 최소 5주
형태 : 원통형으로 외피는 거칠고 울퉁불퉁하며 회색을 띠고 있다. 속은 흰색이며 군데군데 기공이 있다.
풍미 : 과일 향, 우디 향, 버섯 향이 난다.

발랑세 Valençay
(2004년 AOP 인증)
생산 지역 : 셰르(Cher), 앵드르(Indre), 앵드르 에 루아르(Indre-et-Loire), 루아르 에 셰르(Loir-et-Cher)
치즈 유형 : 천연외피 연성치즈
숙성 : 최소 11일
형태 : 피라미드 모양으로 외피는 밝은 회색 또는 푸르스름한 회색을 띤다. 속은 흰색을 띠며 밀도가 촘촘하다.
풍미 : 생 호두, 견과류, 건초 향이 난다.

라클레트 드 사부아 Raclette de Savoie
(2017년 IGP 인증)
생산 지역 : 사부아(Savoie)
치즈 유형 : 비가열 압착치즈
숙성 : 최소 2개월
형태 : 납작한 원통형으로 황색에서 갈색을 띤 외피를 갖고 있다. 속은 흰색에서 연한 미색을 띠고 있다.
풍미 : 꽃과 과일 향, 로스팅, 스파이스 노트를 갖고 있다.

생 마르슬랭 Saint-marcellin
(2013년 IGP 인증)
생산 지역 : 이제르(Isère)
치즈 유형 : 흰색 곰팡이 외피의 연성치즈
숙성 : 12~28일
형태 : 작은 원반형으로 흰색 솜털로 덮인 얇은 외피를 갖고 있다. 속은 크림색이다.
풍미 : 신선 우유와 꿀의 풍미가 난다.

수맹트랭 Soumaintrain
(2016년 IGP 인증)
생산 지역 : 욘(Yonne)
치즈 유형 : 세척외피 연성치즈
숙성 : 최소 21일
형태 : 원통형으로 상아색에서 주황색을 띤 외피를 갖고 있다. 속은 상아색에서 연한 황색을 띤다.
풍미 : 버섯, 건초의 식물성 향이 난다.

톰 드 사부아 Tomme de Savoie
(1996년 IGP 인증)
생산 지역 : 사부아(Savoie)
치즈 유형 : 비가열 압착치즈
숙성 : 10주
형태 : 원통형으로 외피는 회갈색이며 희끗희끗한 반점이 있다. 속은 흰색에서 황색을 띤다.
풍미 : 맛이 순하고 은은한 단맛이 있으며 고소한 너트 향이 난다.

톰 데 피레네 Tomme des Pyrénées
(1996년 IGP 인증)
생산 지역 : 피레네 아틀랑티크(Pyrénées-Atlantiques), 오트 피레네(Hautes-Pyrénées),아리에주(Ariège), 오트 가론(Haute-Garonne), 오드(Aude)
치즈 유형 : 비가열 압착치즈
숙성 : 최소 21일
형태 : 원통형으로 황금색 외피를 갖고 있다 (검은색 밀랍을 씌운 것도 있다). 속은 상아색에서 황색을 띤다.
풍미 : 진하고 풍부한 맛(황금색 외피), 새콤한 맛(검은색 외피)을 지니고 있다.

그랑크뤼 태블릿 초콜릿

대부분의 초콜릿 제조자들은 이미 가공된 카카오를 원재료로 사용하지만 소수의 초콜릿 아티장들은 지구 반대편에서 생산되는 최고의 카카오 원두를 직접 구매하여 자신들만의 태블릿 초콜릿을 만든다. 우리가 선택한 최고의 초콜릿을 소개한다.

마리엘 고드리, 조르당 무알랭

❶ 베르나숑 *Bernachon*
Chuao 55 % / 베네수엘라
검은색 과일의 풍미, 구운 아몬드 노트를 갖고 있다.

❷ 샤퐁 *Chapon*
Pure Origine Rio Caribe 100 % / 베네수엘라
약간의 떫은맛이 있으며 타바고 향, 견과류 노트가 살짝 느껴진다.

❸ 보나 *Bonnat*
Maragnan 75 % / 브라질
꽃, 과일 노트와 시트러스 뉘앙스를 갖고 있다.

❹ 뒤카스 *Ducasse*
Forastero 75 % / 카메룬
강렬한 맛, 산미와 식물성 노트를 갖고 있다.

❺ 클뤼젤 *Cluizel*
Los Anconès Bio 67 % / 생 도맹그
감초나무, 당절임한 과일 콩피, 그린올리브 향이 난다.

❻ 발로나 *Valrhona*
Porcelana El Pedregal 64 % / 베네수엘라
꿀, 완숙한 과일의 은은한 노트를 느낄 수 있다.

❼ 프랄뤼 *Pralus*
Tanzanie Bio 75 % / 탄자니아
포도 향, 스파이스, 마른 나무 뉘앙스를 갖고 있다.

❽ 모랭 *Morin*
Ekeko 48 % / 볼리비아
캐러멜, 코코넛, 아몬드, 팽 데피스 노트를 갖고 있다.

1
BERNACHON
42, Cours Franklin Roosevelt
69006 LYON-FRANCE
www.bernachon.com
2
CACAO RARE
CHAPON
CHOCOLATIER
VENEZUELA RIO CARIBE 100%
TORRÉFACTION MOYENNE
CONCHAGE COURT
3
CHOCOLAT BONNAT
VOIRON (Isère)
depuis 1884
Maragnan
Brésil
Chocolat
Pur Beurre de Cacao
Chocolat noir 75% de cacao
100 Grammes net
4
FORASTERO
5
MICHEL CLUIZEL
PLANTATION
LOS ANCONÈS
— NOIR ◆ DARK —
SAINT-DOMINGUE
CHOCOLAT NOIR BIO 67%
67% ORGANIC DARK CHOCOLATE
6
El Pedregal
VENEZUELA - NOIR 64%
PORCELANA
7
Les Tropiques du Chocolat
Tanzanie
FORASTERO
8°26'S 36°41'E
François Pralus
MAÎTRES CHOCOLATIER
75%
8
A. MORIN
PURE ORIGINE
ÉQUATEUR
ESMERALDA
NOIR 70%
WWW.CHOCOLATERIE-MORIN.COM
100 G

관련 내용으로 건너뛰기
p.137 강렬한 초콜릿의 유혹

실패하지 않는 라타투이

사전적 정의만 믿지는 마시라. 알록달록한 여름 채소를 모아놓은 이 요리는 그저 투박한 스타일의 스튜가 아니다. 픽사 스튜디오의 영화 '라타투이'로 유명해진 이 섬세한 요리는 약간의 수고를 요한다. 그 비법은 바로 각 채소를 따로따로 익힌다는 것이다.

프랑수아 레지스 고드리

꼭 지켜야 할 황금 수칙

1

채소는 각각 따로 익힌다. 과정이 번거롭긴 하지만 이렇게 하면 채소마다 최적으로 익혀 모두 합했을 때 성공적인 결과를 얻을 수 있다. 라타투이는 채소 '콩포트'라는 사실을 잊지 말자.

2

가능하면 겨울에는 라타투이를 만들지 말자. 온실에서 집중 경작하여 재배한 채소밖에 사용할 수 없기 때문이다.

3

라타투이는 만든 다음 날 데워먹는 것이 더 맛있다. 그렇기 때문에 한꺼번에 많이 만들어 놓아도 좋다. 심지어 차갑게 먹어도 아주 맛있다.

기원

라타투이(ratatouille)는 프로방스, 더 정확히는 니스에서 처음 탄생한 음식이다. 하지만 생각해보면 이 요리에 들어가는 채소들은 양파와 마늘을 제외하면 모두 남미에서 온 것들이다. 프레데릭 미스트랄(Frédéric Mistral)의 오크어 사전(Lou Tresor dou Felibrige)에 따르면 어원인 '라타투이오(ratatouio)'라는 용어는 그다지 입맛을 돋우는 아름다운 요리 명칭이 아니었다. 이는 뒤범벅 잡탕, 찌꺼기 음식 등을 뜻하는 말이다. 이 단어 '라타투이'는 1778년 '대충 섞어 익힌 스튜'라는 뜻의 프랑스어로 공식 인정되었으며, 지금의 '라타투이' 의미로 통용되고 그 인기가 높아진 것은 20세기에 이르러서이다.

정식 라타투이 재료

가지
주키니호박
양파
토마토
피망
마늘
타임
월계수 잎
바질 또는 파슬리
(혹은 두 가지 모두)
올리브오일

넣지 말아야 할 재료

셀러리
당근
베이컨
화이트와인
올리브
잣

사촌격 3가지 요리

콩피 비얄디 LE CONFIT BYALDI
터키의 특선 요리에서 영감을 받은 것으로 1976년 미셸 게라르(Michel Guérard) 셰프가 현대화한 레시피를 선보였으며 애니메이션 영화 '라타투이'의 요리 자문을 맡았던 미국의 셰프 토마스 켈러(Thomas Keller)에 의해 유명해졌다. 채소(양파, 토마토, 주키니호박, 가지, 마늘)을 모두 얇게 자른 다음 오븐팬에 켜켜이 나란히 놓고, 구운 피망으로 만든 피프라드와 함께 오븐에 넣어 기름 없이 뭉근히 익힌 다음 발사믹 식초를 뿌려 서빙한다.

채소 티앙 LE TIAN DE LÉGUMES
남프랑스 오크어인 '티앙(tian)'은 유약을 입힌 토기 그릇에 채소, 고기, 생선, 달걀, 올리브오일을 넣고 오븐에 그라탱처럼 익힌 요리를 뜻한다. 티앙의 레시피는 매우 다양하지만 채소로만 만드는 경우 라타투이에 들어가는 것과 동일한 채소를 넣고 콩포트처럼 뭉근히 익힌다.

보헤미안 LA BOHÉMIENNE
주키니호박이 들어가지 않은 라타투이라고 할 수 있으며 아비뇽과 콩바 브네생(Combat Venaissin 옛 프로방스 알프 코트다쥐르 지방의 일부)에서 유래한 요리이다.

레시피

온 가족이 즐겨 먹을 수 있는 맛있는 라타투이 레시피. 단, "하루 지난 다음 먹으면 더 맛있다."

가지 4개
주키니호박 5개
완숙 토마토 큰 것 5개
(또는 토마토 소스 캔 250g)
피망 3개
(가능하면 붉은색, 녹색, 노란색 각1개씩)
양파 큰 것 2개
마늘 3톨
타임 1줄기
바질 몇 줄기
올리브오일 150ml
소금

가지, 주키니호박, 피망을 씻어 꼭지를 잘라낸다, 피망은 속의 씨를 제거한다. 모두 사방 1cm 크기의 큐브 모양으로 썰어 각각 따로 담아둔다.
토마토에 십자로 칼집을 낸 다음 끓는 물에 1분간 담갔다 건진다. 재빨리 찬물에 식힌 뒤 껍질을 벗기고 작게 썰어둔다.
양파와 마늘의 껍질을 벗기고 얇게 썬다. 바질 잎을 잘게 썬다.
큰 코코트 냄비에 올리브오일을 한 바퀴 두른 다음 마늘 1/2톨 분량과 양파를 넣고 살짝 노릇해질 때까지 볶는다.
다른 냄비에 마찬가지 양의 마늘과 주키니호박, 가지, 피망을 각각 따로 볶는다. 물을 몇 스푼 넣어주며 채소가 완전히 익을 때까지 중불에서 약 15분간 익힌다. 색이 너무 진하게 나면 안 된다.
각각 따로 익힌 채소들을 큰 냄비에 모두 넣고 잘게 썬 토마토와 나머지 마늘, 바질, 타임을 넣어 섞는다.

소금으로 간을 맞춘 뒤 뚜껑을 닫지 말고 약한 불에 최소 1시간 동안 뭉근히 익힌다.

관련 내용으로 건너뛰기
p.72 마르셀 파뇰의 라타투이

GAULT et MILLAU
se mettent
À TABLE

고와 미요의 식탁

앙리 고(Henri Gault)와 크리스티앙 미요(Christian Millau), 이 유명한 두 사람은 과거의 틀에서 벗어나고자 하는 창의적인 혁신인 누벨퀴진을 1970년대에 창시한 주인공들이다. 이는 프랑스뿐 아니라 전 세계 미식의 면모를 바꿔 놓았다.

프랑수아 레지스 고드리

고 & 미요의 간략한 역사

1963 : '쥘리아르 파리 가이드(Guide Julliard de Paris)' 출간
1966 : '쥘리아르 파리 근교 가이드(Guide Julliard des environs de Paris)' 출간
1969 : '고 & 미요 (Gault & Millau)' 상호 등록 및 월간 미식 잡지 창간
1972 : '고 & 미요 가이드(Guides Gault & Millau)' 창간
1973 : 누벨 퀴진(Nouvelle Cuisine)과 그 10계명 창시
1980 : 앙리 고, 크리스티앙 미요 타임 매거진 표지 장식
1986 : 앙리 고, 크리스티앙 미요 결별
1987 : 출판그룹 매각
2000. 7. 9 : 앙리 고 사망
2017. 8. 5 : 크리스티앙 미요 사망

누벨 퀴진 La Nouvelle Cuisine
1973년 10월호 고 & 미요 월간지 총권 54호에서 미식비평가 앙리 고와 크리스티앙 미요는 최초로 '프랑스 누벨 퀴진'의 도래를 선포한다. 이는 20세기 초 오귀스트 에스코피에(Auguste Escoffier)가 체계화한 옛 레시피의 경직된 틀에서 벗어나 새로운 요리를 추구하고자 하는 시도였다.

누벨 퀴진 10계명

1973년 고 & 미요가 발표한 이 규칙들은 차세대 젊은 요리사들에게 새로운 가이드라인을 제시했다.

I. 너무 오래 익히지 않는다.
II. 신선하고 질 좋은 재료를 사용한다.
III. 식당의 메뉴 가짓수를 줄인다.
IV. 모든 음식을 최신식 방법으로 조리할 필요는 없다.
V. 하지만 새로운 조리 기법의 좋은 점을 찾아 응용한다.
VI. 양념에 재우기, 사냥육의 숙성, 발효 등은 피한다.
VII. 너무 기름진 소스는 사용하지 않는다.
VIII. 건강식을 항상 염두에 둔다.
IX. 요리의 외형을 변조하지 않는다.
X. 창의적인 메뉴를 개발한다.

13명의 요리사
이 요리사들은 '누벨 그랑드 퀴진 프랑세즈(Nouvelle Grande Cuisine française)'라 명명한 클럽으로 결성된 누벨 퀴진 운동의 정신적 지주이다.
폴 보퀴즈 Paul Bocuse (Collonges-au-Mont d'Or)
폴 애베를랭 Paul Haeberlin (Illhaeusern)
피에르 & 장 트루아그로 Pierre et Jean Troisgros (Roanne)
알랭 샤펠 Alain Chapel (Mionnay)
로제 베르제 Roger Verger (Mougins)
미셸 게라르 Michel Guérard (Eugénie-les-Bains)
샤를 바리에 Charles Barrier (Tours)
레몽 올리베르 Raymond Oliver (Paris)
르네 라세르 René Lasserre (Paris)
가스통 르노트르 Gaston Lenôtre (Paris)
루이 우티에 Louis Outhier (La Napoule)
피에르 라포르트 Pierre Laporte (Biarritz)

☞ 누벨 퀴진이 싫어하는 것
고기 육수 즐레
즐레를 입힌 생선
루, 화이트 소스(베샤멜)
마리네이드, 수렵육 숙성
플랑베
로시니 안심 스테이크
샹베르탱 와인 소스 닭 요리
아몬드를 곁들인 송어
랍스터 테르미도르

☞ 누벨 퀴진이 좋아하는 것
아삭하게 살짝 익힌 채소
소금만 뿌려 먹는 생 송로버섯
그린 페퍼콘
가시뼈째 살짝 익힌 생선
생 연어
피가 방울방울 맺힐 정도로 익힌 수렵육 요리
지방을 넣지 않은 소스
채소 무스
칠링한 레드와인을 곁들인 굴

대표적인 누벨 퀴진 5선

폴 보퀴즈의 **VGE 수프**
La soupe VGE (1975)

미셸 게라르의 **살라드 구르망드**
La Salade gourmande (1968)
폴 애베를랭의 **개구리 무스**
La mousseline de grenouille (1967)
자크 픽의 **캐비아를 얹은 농어**
Le loup au caviar (1973)
트루아 그로 형제의 **수영 소스를 곁들인 연어 Le saumon à l'oseille** (1963)

파테의 풍미

돼지는 전부 맛있다.* 아르데슈의 정육점 겸 샤퀴트리 전문점을 운영하는 우리 집안에 대대로 이어오는 이 테린들은 맛도 아주 좋고 만들기도 쉽다. 함께 만들어보자.

스테판 레노

닭 간 테린

테린 1kg짜리 1개 분량
준비 : 30분
조리 : 2시간
닭 간 300g
돼지 생 삼겹살 300g
베이컨 100g
돼지 목살 200g
카트르 에피스(quatre-épices) 1티스푼
양파 2개, 샬롯 2개
생 타임 2줄기
달걀 2개
액상 생크림 200ml
오리 기름 1테이블스푼
코냑 40ml
소금, 후추

양파의 껍질을 벗긴 뒤 잘게 다진다. 팬에 오리 기름을 녹인 뒤 양파를 볶는다. 닭 간을 넣고 노릇하게 색이 나도록 지진 뒤 코냑을 붓고 불을 붙여 플랑베한다. 베이컨을 라르동 모양으로 썬다. 생 삼겹살과 돼지 목살을 분쇄기에 간다. 샬롯의 껍질을 벗기고 잘게 썬다. 라르동과 다진 고기를 혼합한 뒤 닭 간, 볶은 양파, 샬롯, 카트르 에피스, 달걀, 생크림, 타임을 넣고 잘 섞는다. 소금, 후추로 간을 한다. 테린 용기에 담고 뚜껑을 덮은 뒤 200°C 오븐에서 중탕으로 2시간 동안 익힌다.

도구
토기 또는 도기 소재로 뚜껑이 있는 용량 1.2리터의 테린 용기, 고기 분쇄기(7mm 절삭망).

중탕 조리
그라탱 용기나 바트에 뜨거운 물을 채운 뒤 테린 용기를 그 안에 넣는다. 물이 테린 용기 높이의 3/4까지 올라오면 적당하다.

보졸레식 테린

테린 1kg짜리 1개 분량
준비 : 30분
마리네이드 : 24시간
조리 : 2시간
돼지 항정살 300g
돼지 목살 300g
돼지 간 200g
크레핀(crépine) 1장
당근 3개
양파 4개
마늘 4톨
월계수 잎 1장
보졸레 와인 400ml
레드 포트와인 100ml
소금, 후추

당근, 마늘, 양파의 껍질을 벗기고 얇게 썬다. 고기(돼지 항정살, 목살, 간)를 큐브 모양으로 자른다. 고기와 채소를 보졸레, 포트와인에 넣고 24시간 동안 재운다. 재료를 건져 모두 정육용 분쇄기에 간다. 소금, 후추로 간한다. 혼합물에 마리네이드 재움액의 반을 넣고 섞는다. 토기로 된 테린 용기에 혼합물을 넣고 크레핀으로 가장자리까지 꼼꼼하게 덮어준다. 뚜껑을 덮지 않은 상태로 180°C 오븐에서 중탕으로 2시간 동안 익힌다. 표면이 노릇하게 익어야 한다. 차갑게 서빙한다.

* 『돼지와 아들(*Cochon & fils*)』, Marabout 출판 2011
『테린(*Terrines*)』, Marabout 출판, 2009

관련 내용으로 건너뛰기
p.127 파테 앙 크루트

황금의 액체, 올리브오일

올리브나무는 건조한 토양에서 잘 자라고 결빙을 싫어하기 때문에 프랑스에서는 지중해 연안에서만 재배된다. 그 역사는 무려 7,000년 전으로 거슬러 올라간다.

마리 아말 비잘리옹

생산 지역
연안지대 : 망통(Menton)에서부터 스페인 국경까지.
연안 내륙 : 알프 드 오트 프로방스(Alpes-de-Haute-Provence), 드롬 프로방살(Drôme provençale), 아르데슈(Ardèch), 카르카손(Carcassonne) 주변 지역

3가지 주요 유형
프뤼테 베르 Fruité vert (fruity green) : 완전히 익기 전에 수확한 올리브에서 추출한 오일.
프뤼테 뮈르 Fruité mûr (fruity ripe) : 완전히 익은 뒤 재배한 올리브에서 추출한 오일.
프뤼테 누아르 Fruité noir (fruity black) : 발효를 거친 올리브에서 추출한 오일

프뤼테 베르

향 : 풀 향기, 진한 향, 매콤하고 쌉싸름함, 바질, 생 아몬드, 아티초크를 연상시키는 향.
용도 : 갑각류 해산물, 생선, 익힌 채소, 생 채소
특히 수확한 지 몇 달 안 된 신선한 올리브로 만든 오일은 후추 향에 가까운 강렬한 풍미를 갖고 있어 비교적 맛이 순한 요리에 넣으면 좋은 밸런스를 이룰 수 있다. 모든 종류의 생선의 조리 마지막에 넣거나 참치 타르타르, 비프 카르파초에 뿌리기도 하며 바질을 곁들인 완숙 토마토에 뿌려도 좋다. 또한 발사믹 식초와 매우 잘 어울리기 때문에 함께 섞어 마타리상추, 로크포르 치즈, 서양배 샐러드에 드레싱으로 사용하거나 레몬그라스 새우 소테, 참깨 크림 소스 가지 퓌레 등에 뿌리기도 한다.

프뤼테 뮈르

향 : 완전히 익은 과일, 견과류, 꽃 향
용도 : 생선, 흰살 육류, 익힌 채소, 파티스리, 과일.
올리브, 파르메산 치즈, 체리토마토를 넣어 만든 클라푸티, 또는 오렌지 즙에 브레이징한 엔다이브에 넣어 향을 내거나 스팀, 그릴 조리한 흰살 육류에 넣어 맛을 돋울 때도 사용한다. 조리용 오일로 사용하는 경우는 라타투이나 달걀프라이가 대표적이다. 또한 바닐라 아이스크림이나 민트를 넣은 딸기 샐러드에 몇 방울 떨어뜨리면 디저트 맛에 신선한 변화를 줄 수 있으며, 아몬드 파운드케이크(짭짤한 맛, 단맛 모두 포함) 반죽에 몇 방울 첨가해도 좋다.

프뤼테 누아르

향 : 숲속 초목의 향, 카카오, 버섯 향이 지배적이다.
용도 : 양고기, 수렵육, 이국적인 요리, 마늘 향이 나는 샐러드.
올리브 열매 향이 강한 오일로 향신료를 넣은 타진, 멧돼지 스튜, 뭉근히 익힌 양어깨살 요리 등에 잘 어울린다. 가열 조리를 하지 않고 사용하는 예로는 베이컨을 넣은 치커리 샐러드, 마늘을 곁들인 안초비, 레몬즙, 샬롯, 이탈리안 파슬리를 뿌린 생 양송이버섯 샐러드 등의 드레싱이 대표적이다. 또한 단맛이 적은 다크 초콜릿 무스에 몇 방울 넣어도 좋다.

Fruité noir
Fruité mûr
Fruité vert

주요 품종과 원산지
아글랑도 Aglandau(Vaucluse), 뤼크 lucques(Languedoc), 네그레트 negrette(Gard), 프티 리비에 petit ribier(centre Var), 피숄린 picholine(Gard, Bouches-du-Rhône), 루제트 rougette(Hérault), 살로낭크 salonenque(Salon-de-Provence), 카유티에 cailletier(Nice).

7종의 AOP(원산지 명칭 보호) 올리브오일
엑상프로방스, 코르시카, 오트 프로방스, 니스, 님, 니옹스(Nyons), 발레 데 보 드 프로방스.

유일한 AOC(원산지 명칭 통제) 올리브오일
프로방스 올리브오일 (Huile d'olive de Provence). 프랑스 남서부 지방 대부분을 포함한다.

추천 제품

올리비에 모라티 L'AOP corse d'Olivier Morati. 코르시카 AOP 올리브오일. 코르시카 유일의 토종 품종인 사빈 올리브가 완전히 익었을 때 재배해 추출한 오일로 생 아몬드 맛이 나며 아주 순하고 감미롭다.
→ Santu-Pietru di Tenda,
04 95 37 71 98

도멘 레오스 L'huile H, Domaine Leos. 완전히 익지 않은 올리브에서 추출한 프뤼테 베르 오일. 강렬하고 날카로운 맛을 지니고 있으며 대부분 아티초크, 바나나, 사과의 향미가 있는 아글랑도 품종으로 만든다. 유기농.
→ L'Isle-sur-la-Sorgue (Vaucluse),
www.huilehoriginelle.com

생트 안 L'AOC olives maturées de Provence, huilerie Sainte-Anne. 프로방스의 완숙 올리브 AOC 오일. 전통 방식으로 제조한 오일로 감초와 카카오 향이 돋보인다.
→ 138, route de Draguignan,
Grasse, Alpes-Maritimes
04 93 70 21 42

소피오티 에 피스L'AOP Nice Cru Amandine, de Soffiotti & fils. 완전히 익은 뒤 재배한 올리브에서 추출한 프뤼테 뮈르 오일. 유기농. 100% 카이티에 품종 올리브로 만드는 이 오일은 헤이즐넛과 생크림 향의 풍부한 맛을 지니고 있다.
→ Col Saint-Jean,
Sospel (Alpes-Maritimes)
04 93 04 08 81

원인은 어디에?

프랑스에서는 **20,000헥타르**의 올리브나무 밭에서 헥타르당 평균 **200리터의 올리브오일**이 생산된다. 동일 면적 대비 **800~1,000리터가 생산되는 스페인이나 모로코*에 비하면** 현저히 적은 양이다. 원인은 다름 아닌 **올리브 날파리**다. 2010년부터 그 피해가 심해져서 2015-2015년 올리브 수확량은 **60% 감소했다.** 프랑스 올리브오일의 가격이 때때로 매우 높은 것은 바로 이 때문이다.

* 자료제공 Afidol (프랑스 올리브 관련업자 조합)

☞ 알아두세요

파티나 축일의 식사 전에 **올리브오일을 한 모금 마시면** 위벽을 보호해 위장 트러블을 방지할 수 있다. 뿐만 아니라 알코올이 혈중에 흡수되는 속도를 현저히 늦춰준다. 건배!

고추!

본토의 대도시에서 프랑스령 해외 영토 섬 지역에 이르기까지 널리 사용되어 프랑스 요리의 맛을 돋우어주는 가지과의 열매, 고추를 총정리 해보자.

자크 브뤼넬

남미가 원산지인 고추는 서로 반대되는 두 얼굴을 지닌 야누스와 같다. 웃는 얼굴이냐 무서운 얼굴이냐는 고추의 매운맛을 결정하는 성분인 캡사이신 함량에 달려 있다. 캡사이신은 이 식물이 포식자들로부터 스스로를 보호하기 위해 분비하는 매운 물질로 침샘을 자극하는 매콤한 맛 때문에 많은 사람이 즐겨 먹고 있다. 또한 다이어트와 항암 작용에도 효능이 있다고 알려져 있다.

스코빌 지수(échelle de Scoville)는 고추의 매운 정도를 표시한 측정계수이다. 0에서 2백 만까지 있으며 이 수치는 고추에 들어 있는 캡사이신의 분자수를 나타낸다. 이 척도는 피망(중립적인 기준 맛)을 기준으로 매운맛이 독한 고추들을 비교하여 측정되었다.

1
2
3
4
5
6
7

순한 계열

❼ 피망 poivron

(*Capsicum annuum*)

맵지 않은 고추보다 사이즈가 큰 이 채소는 꽃가루가 매운 자극성을 띠긴 하지만 캡사이신은 함유되어 있지 않다. 프랑스에서는 마르세유(Marseille)의 작은 청피망, 각진 모양의 니스(Nice) 피망, 발랑스(Valence) 또는 랑드(Landes)의 스위트 피망 등 다양한 품종이 재배된다.

스코빌 지수 : 0

❻ 랑드 고추 piment des Landes

(*Capsicum annuum*)

피망보다 매운맛이 100배 더 강한 이 길쭉한 모양의 붉은 고추(청고추도 소비함)는 다양한 랑드식 고기 요리에 녹아들어 맛을 내며 그다지 맵지는 않다.

스코빌 지수 : 0-100(중성적인 맛)

❺ 앙글레 고추 piment d'Anglet

(*Capsicum annuum*)

바스크 사람들은 이 고추를 지역 특선 요리인 아쇼아(axoas), 피프라드(piperade), 고추 오믈렛, 바스크식 닭 요리 등의 맛을 돋우는 데 즐겨 사용하지만 "맵지 않아요." 라고 말한다. 텃밭에 많이 심는 채소 중 하나로 이 고추는 녹색일 때 딴다. 현재는 하우스 재배가 주를 이룬다.

스코빌 지수 : 0-100(중성적인 맛)

매콤한 계열

❹ 에스플레트 고추 piment d'Espelette

(*Capsicum annuum*)

앙티유가 원산지인 이 길쭉한 모양의 고추는 바스크 지방에서 재배되면서 스코빌 지수 중간대로 떨어질 정도로 매운맛이 약해졌다. 바스크 지방 라부르(Labourd)의 아름다운 마을 에스플레트(Espelette 고추가 이 마을의 최고의 특산물이다) 근교에서 고리아(Gorria)라는 품종으로 생산되며 AOP 인증을 받았다. '자주색 캐비아'라고 불리는 이 고추는 즐레(gelée)나 가루 형태로 소비되며 이곳에서는 후추 대용으로 사용될 정도이다. 이 고추의 은은하고 섬세한 매운맛은 바스크식 샤퀴트리, 오징어, 치즈, 푸아그라 등에 매콤한 킥을 더해준다.

스코빌 지수 : 1,500-2,500

불이 나도록 매운 계열

❸ 쥐똥고추 piment-oiseau

(*Capsicum frutescens*)

위의 고추보다 한 단계 더 매운 이 길쭉한 모양의 홍, 청고추는 루가이유(rougails), 아크라(accras), 크리스토핀 그라탱(gratins de christophine) 등 앙티유와 레위니옹 섬의 전통 요리에 생기를 더하는 주인공이다. 현지에서 소스, 가루로 또는 신선 고추로 판매되며 요리에 아주 소량만 넣는다. 특히 물이 아닌 지방에만 이 고추의 매운맛이 녹아든다.

스코빌 지수 : 50,000-100,000

❶ 하바네로 고추 piment habanero

(*Capsicum chinense*)

물론 이보다 더 매운맛이 강렬한 고추들이 있지만 이 초롱 모양의 작은 열매는 불이 날 정도로 매운맛을 지니고 있으며 위에는 큰 타격이 없으나 눈과 피부에는 그 위력이 대단하다(장갑 착용을 권장한다). 이 고추를 즐겨 먹는 프랑스령 해외 영토에서는 심지어 생으로 먹기도 한다. 레위니옹 섬에서는 카브리(cabri) 고추, 앙티유에서는 봉다망작(Bondamanjak 번역하면 불같이 격한 것으로 추정되는 '자크 부인의 엉덩이'라는 뜻) 고추라는 이름으로 불린다. 죽을 정도로 매운 것을 참는다면 더욱 강해질 것이다.

스코빌 지수 : 100,000-325,000

N.B. : 카옌 고추는 이 리스트에 없다. 우선 이것은 프랑스령 기아나에 흔하지 않기 때문이다. 또한 명칭의 정의가 모호하다. 이것은 아시아와 남미에 흔한 매운 고추를 지칭하기도 하고 한편으로는 맵지 않은 고추나 파프리카를 가리키는 경우도 있기 때문이다.

피프라드(LA PIPERADE)

이름에서 알 수 있듯이 피프라드에는 피망이 아닌 고추만 들어간다.
'비페르 또는 피페르(biper, piper)'는 바스크어로 '고추(piment)'을 뜻한다. 이 요리는 언제나 달걀을 곁들인다.

6~8인분

올리브오일을 두른 소테팬에 이바이오나(ibaïona) 햄 슬라이스 5장을 다져 넣고 볶는다. 양파 2개를 얇게 썰어 넣고 투명해질 때까지 함께 볶는다. 다진 마늘 1~2톨을 넣는다. 맵지 않은 랑드(또는 앙글레)산 고추 300g의 씨를 제거한 뒤 가늘고 길게 썰어 넣어준다. 고추가 숨이 죽을 때까지 볶은 뒤 토마토 큰 것 5개를 잘게 썰어 넣는다. 소금으로 간을 하고 에스플레트 고춧가루를 한 꼬집 넣는다. 수분이 모두 없어지고 푹 익을 때까지 약한 불로 45분~1시간 동안 뭉근히 끓인다. 달걀 8개를 재빨리 풀어 팬에 붓고 잘 섞는다. 달걀이 익으면 바로 불에서 내린다.

카술레

카스텔노다리(Castelnaudary)가 원조인 이 프랑스의 대표 요리는
카르카손(Carcassonne)과 툴루즈(Toulouse)에서도 특산물로
내세우는 자랑거리이다.
샤를 파탱 오코옹

카술레 원조 논쟁
카술레는 카스텔노다리에서 처음 탄생했지만 카르카손과 툴루즈에서도 다양한 레시피로 만나볼 수 있다.

	카스텔노다리	카르카손	툴루즈
강낭콩	■	■	■
돼지 등심	■	■	■
돼지 뒷다리(햄)	■	■	■
돼지 정강이	■	■	■
소시송	■	■	■
돼지 껍데기	■	■	■
돼지비계			■
자고새		■	
양 뒷다리 또는 어깨살	■	■	
거위 콩피	■		
오리 콩피			■
툴루즈 소시지			■

카술레 CASSOULET
알랭 뒤투르니에 *Alain Dutournier**

6~8인분
마른 강낭콩 500g
뼈를 제거한 양 어깨살 1덩어리
기름을 잘라낸 돼지껍데기 150g
돈육 소시지 600g
뒷다리 건조 햄 중간 부위 1덩어리
건조 햄 150g
거위 모래집 콩피 6개
오리 다리 콩피 3개, 날개 콩피 1개
드라이 화이트와인 1컵
향신 재료
양파 1개, 당근 2개, 마늘 3톨, 정향 1개, 강판에 간 넛멕 소량, 부케가르니 1개, 토마토 1개

마른 콩과 건조 햄 덩어리를 각각 따로 물에 하룻밤 담가둔다. 건조 햄을 건져 끓는 물에 데친다. 어깨살을 큼직한 큐브 모양으로 썬 다음 물에 데쳐 건진다. 불린 콩을 한 번 우르르 끓인 뒤 찬물에 헹궈둔다. 양파와 당근의 껍질을 벗긴 뒤 잘게 썬다. 마늘은 껍질째 짓이긴다. 토마토의 껍질을 벗긴 뒤 속과 씨를 제거한다. 건조 햄은 주사위 모양으로 썬다. 돼지껍데기는 가늘고 길게 썬다. 무쇠 코코트 냄비에 양고기와 그 자투리 기름을 넣고 센 불에서 지진다. 돼지껍데기를 넣고 이어서 부재료(당근, 양파, 마늘, 햄)를 넣어준다. 캐러멜라이즈 되도록 볶은 뒤 기름을 제거하고 화이트와인과 물 한 컵을 넣어 디글레이즈한다. 오븐을 140°C로 예열한다. 나머지 향신 재료와 뒷다리 건조 햄 덩어리를 넣는다. 콩을 넣은 뒤 물을 재료 높이까지 붓는다. 거품을 건져가며 끓인다. 오리 콩피를 오븐에서 20분간 익힌다. 중간중간 기름을 끼얹어준다. 소시지도 함께 넣어 굽고 마지막에 거위 모래집 콩피도 첨가한다. 오븐에서 총 1시간을 익힌 뒤 카술레 냄비에 넣어준다. 모두 합한 뒤 30분간 더 끓인다.

카술레에는 무엇을 곁들여 마실까?
'와인 없는 카술레는 라틴어를 모르는 신부와 같다'라고 피에르 데프로주(Pierre Desproges)는 말했다. 오트 가론(Haute-Garonne) 지방 프롱통(Fronton) 와인의 섬세한 맛은 카술레와 잘 어울린다.

* Alain Dutournier : 미슐랭 2스타 레스토랑 '카레 데 푀이양(Carré des Feuillants)'의 셰프.

카술레 황금 수칙
· 프랑스 남서부에서 생산되는 좋은 품종의 흰 강낭콩을 **선택한다.**
· 카술레 전용 냄비에 **끓인다.**
· 고기는 최소한 재료의 **1/3 이상 넣어야 한다.** 1966년 프랑스 미식 협회 규정은 이것을 의무조항으로 명시하고 있다.
· 프랑크 소시지는 절대 **넣지 않는다.**
· 돼지껍데기는 꼭 **넣어야 하는** 재료다. 콜라겐이 녹아 나와 국물의 농도를 걸쭉하게 해준다.
· 카술레는 절대로 **젓지 않는다.**
· 익히는 도중 눌어 굳은 스튜의 표면을 주걱으로 깨고 **평평하게 눌러 주기**를 적어도 6차례 이상 반복한다.

관련 내용으로 건너뛰기
p.385 소시지

족 요리

동물의 머리부터 발을 거쳐 꼬리까지 요리해 먹는
프랑스의 미식 열정은 실로 대단하다고 할 수 있다.
마리 아말 비잘리옹

슬로 쿠킹 예찬
중세에서 19세기까지 유행하던 오랜 시간 익히는 이 부속 내장 조리법은 점점 사라져가고 있다. 양, 돼지, 송아지, 소의 부속 및 내장 요리는 저렴한 비용으로 여럿이 풍성하게 즐길 수 있는 장점이 있다.

어떤 '발'을 원하시나요?

송아지 족은 리옹식 샐러드로
소금을 넣은 물에 달걀, 양파, 부케가르니와 함께 송아지 족을 넣고 2시간 뭉근히 익힌다. 송아지 족의 뼈를 발라내고 깍둑 썬 다음 머스터드, 식초, 샬롯, 케이퍼, 프로마주 블랑, 다진 파슬리를 혼합한 소스에 버무려 따뜻하게 서빙한다.

양 족은 풀레트 소스를 곁들여서
물에 당근, 정향을 박은 양파, 부케가르니, 소금과 함께 양 족을 넣고 5~6시간 정도 뭉근히 익힌다. 양 족을 건져 뼈를 발라낸 다음 버터를 두른 냄비에 버섯과 함께 넣고 볶는다. 끓인 육수를 체에 걸러 붓고 다시 뭉근히 익힌다. 육수 2컵은 따로 남겨둔다. 버터와 밀가루를 볶은 루에 육수를 넣고 걸쭉하게 졸여 소스를 만든다. 10분 후 불을 끈다. 볼에 생크림과 달걀노른자 2개, 레몬즙 1/2개를 넣고 잘 섞은 뒤 소스에 넣고 잘 섞는다.

돼지 족은 생트므누식으로
생트 므누(Sainte Menehould) 시의 특선 요리로 1730년, 화덕불 위에 올려놓고 잊은 채 하룻밤 동안 푹 익힌 요리이다. 돼지 족이 익으면서 흐트러지지 않도록 천으로 감싼 뒤 채소와 향신 재료와 함께 물에 넣고 7시간 동안 푹 익힌다. 이어서 길게 가른 뒤 달걀노른자와 빵가루를 묻혀 버터에 튀긴다. 뱅상 라 샤펠(Vincent La Chapelle)*은 여기에 얇은 튀김반죽을 씌워 튀기는 방식을 좋아하기도 한다. 물러진 뼈를 씹어 골수를 쪽쪽 빨아 먹는 것도 별미이다.

* 『현대식 요리(*La Cuisine moderne*)』, 제 3권. pp. 109, 110, 1735

우족은 포토푀로
다른 고기 부위에 더해 함께 끓이면 더욱 걸쭉하고 진한 국물을 낼 수 있다.

마르세유식 족, 내장 스튜
르불(J.B. Reboul)의 저서 『프로방스 요리사(*La Cuisinière provençale*)』의 레시피

준비 : 1시간 30분
조리 : 8시간
8인분
양 족 8개
양 위막 2개
(씻어서 사방 8cm 정사각형으로 잘라둔다)
밀가루
소스
깍둑 썬 돼지비계 200g
리크 2대
양파 2개 (이 중 하나에는 정향 3개를 찔러 넣는다)
얇게 썬 당근 2개
잘게 다진 토마토 4개
화이트와인 1리터
육수 3리터
짓이긴 마늘 2톨
부케가르니
소금, 후추
소 재료
염장 돼지고기 300g, 마늘 4톨, 파슬리 4줄기, 소금.
재료를 모두 분쇄기로 곱게 간다.

정사각형으로 잘라둔 양 위막의 한 귀퉁이에 칼집을 낸 뒤 작은 숟가락 한 개 분량의 소를 가운데 놓는다. 다른 쪽 끝을 접어 소를 감싼 다음 구멍에 넣어 고정시킨다(또는 주방용 실로 묶어 고정한다). 무쇠 코코트 냄비에 비계를 넣고 노릇하게 지진 뒤 잘게 썬 리크와 양파(1개분)를 넣고 수분이 나오도록 볶는다. 당근, 토마토, 정향을 꽂은 통양파, 마늘, 부케가르니, 소금, 후추, 화이트와인, 육수를 넣어준다. 바닥에 양 족을 깔고 그 위에 소를 채워 감싼 양 위막을 모두 얹어준다. 뚜껑을 덮고 밀가루 반죽을 가장자리에 둘러 붙여 완전히 밀봉한다. 화덕 잉걸불이나 아주 약한 불에 넣고 하룻밤 동안 잊어버린다. 찐 감자를 곁들여 먹는다.
시스트롱(Sisteron)에서는 오렌지 껍질을 첨가하기도 한다.

관련 내용으로 건너뛰기
p.336 제1위 주머니, 양

도시 맥주, 시골 맥주

와인의 나라 프랑스에는 맥주 또한 다양하다. 전국의 도시와 시골마다 새로운 맥주 양조장들이 활기를 띠고 있다. 아마 당신이 사는 곳 근처에서도 좋아하는 맥주를 발견할 수 있을 것이다.

엘리자베트 피에르

Aix-Noulette
22
Trélou-sur-Marne
32
Strasbourg
4
9
Thémericourt
24
7
27
13
26
1
21
12
3
Landévennec
Tours
19
37
31
30
23
Chambretaud
Bletterans
14
15
10
Verchaix
8
17
28
11
18
38
3
36
5
Montauban
6
2
35
16
Sommières
Miramas
20
Marseille
25
29
Puivert
34
39

맥주 양조의 땅, 프랑스

1900년 프랑스에는 4,000개의 맥주 양조장이 있었다. 당시 모든 주요 도시에는 지역 양조장이 있었으나 이들은 20세기 중반에 대부분 없어졌다. 2017년 프랑스의 맥주 양조장은 다시 전성기를 맞아 지역 소규모 양조장의 수가 1,100여 개에 이르렀다. 하루에 하나씩 늘어나고 있다.

올드 스타일

→ **세르부아즈 La cervoise :** 갈리아족의 레시피로 허브, 향신료, 꿀을 첨가하는 것이 특징이다.

→ **블랙 포터 오브 리옹, 리옹 흑맥주 La Porter Noire de Lyon, bière noire de Lyon :** 19세기 프랑스 국경 밖에서 많이 알려졌던 포터맥주가 캐러멜과 초콜릿 향을 입고 강자로 돌아왔다.

→ **테이블 비어 Les bières de table :** 양조업자들이 직접 배송하던 이 맥주들은 19세기 가정의 식탁에 흔히 오르는 대중적인 맥주였다. 오늘날 이 맥주는 대개 알코올 도수가 낮고(3.5% 미만) 가향 홉을 첨가하여 만든다.

→ **저장 맥주 Les bières de garde :** 19세기까지 겨울에 만든 맥주를 여름에 마시기 위해 보관했던 방법. 이 프랑스의 역사적 스타일은 세계적으로 유명해졌다.

관련 내용으로 건너뛰기
p.69 플랑드르식 카르보나드

취향대로 골라보세요!

라이트 DE LA LÉGÈRETÉ
알코올 도수가 낮은 맥주로 '테이블 비어' 또는 '세션(session)'이라고도 불린다. 알코올 함량은 적지만 맛으로 즐길 수 있는 맥주이다.
Brasserie BapBAp, Paris (75) : 1 Poids Plume, 3 % (테이블 비어) : 노란색 과일, 살구, 꽃 향, 인동덩굴, 식물성, 곡류 노트, 피니시가 깔끔하며 과일의 쌉싸름한 맛이 난다.
Brasserie L'Excuse, Mauvezin (32) : 2 L'Exotique, 3,5 % (세션 IPA) : 홉의 향이 강하고 시트러스, 열대 과일, 녹색 풀의 향이 난다. 향기롭고 상큼한 맛.

프레시 FRAÎCHEUR
맛의 밸런스가 좋고 상큼한 맥주로 낮은 온도에서 발효되고 차가운 곳에서 오래 저장된다.
Brasserie de l'Alagnon, Blesle (43) : 3 La Damoiselle de Printemps, 5 % (라거) : 곡류, 씨의 향, 상큼한 플로럴 노트가 있으며 피니시가 깔끔하다.
Brasserie La Perle, Strasbourg (67) : 4 Perle lager, 4,5 % (필스) : 꿀, 곡류, 꽃의 향이 나며 식물의 쌉싸름함이 느껴진다.

산미 ACIDITÉ
산미 배합이 좋은 사워 비어(sour beer)로 베를리너 바이세(Berliner Weisse), 고제(Gose), 그라처(Grätzer) 등과 같은 독일의 올드 스타일 맥주의 영향을 받았다.
Brasserie du Haut Buëch, Lus-La Jarjatte (26) : 5 Grätzer, 6 % (훈제 밀맥주) : 훈제 샤퀴트리의 향이 나며 거품이 풍부하고 새콤하고 쌉싸름한 맛이 난다. 피니시가 깔끔하다.
Brasserie Iron, Montauban (82) : 6 Sanguine, 4,5 % (사워 히비스커스 밀 맥주) : 진한 라즈베리 색. 크리미한 우윳빛을 띠며 히비스커스 꽃을 우려 나온 산미와 과일 향이 좋은 밸런스를 이룬다.

녹색 허브, 식물성, 과일의 쓴맛 AMERTUME VERTE, VÉGÉTALE, FRUITÉE
끓이는 마지막 단계나 저장 시 사용된 홉의 존재감이 두드러지며 원산지에 따라 초목, 수지, 꽃의 향이 난다.
Brasserie du Grand Paris, Saint-Denis (93) : 7 IPA Citra Galactique, 6,5 % (아메리칸 IPA) : 홉의 풍미가 폭발하며 시트러스, 열대과일, 꽃, 수지의 향이 있다. 거품이 풍부하고 상큼하며 뒷맛이 깔끔하고 쓴맛이 난다.
Brasserie de la Vallée du Giffre, Verchaix (74) : 8 Alt Sept 65, 8,3 %, (임페리얼 IPA) : 수지의 향이 있으며 부드러우며 쌉싸름한 맛이 오래 남는다.

커피의 쓴맛 AMERTUME DE CAFÉ
아주 강하게 로스팅한 몰트의 맛이 두드러지는 맥주 또는 로스팅한 맥아와 홉의 풍미가 두드러지는 맥주로 이탈리아의 리스트레토(ristretto) 커피 또는 민트 다크 초콜릿의 맛을 연상시킨다.
Brasserie Bendorf, Strasbourg (67) : 9 Rêves d'Étoiles, 7,9 %, (블랙 IPA) : 비터 초콜릿 향, 진한 커피, 홉과 함께 녹은 다크 초콜릿 풍미가 있다.
Brasserie La Canaille, Sail-sous-Couzan (42) : 10 Barricade Puebla, 7,5 % (카스카디안 다크 에일) : 약간의 수지 향을 동반한 커피 로스팅 향, 과일(붉은 과일류, 열대 및 이국적 과일) 노트가 살짝 느껴지는 진한 커피 맛, 끝맛은 쓴 커피 맛이 난다.

강한 맛 PUISSANT
옛 모나코 맥주 스타일을 이어 받은 강한 맛의 맥주인 트리플 비어(bières Triple)는 알코올 함량이 일반 맥주의 세 배에 이른다. 바디감과 묵직한 부드러움, 스파이스와 과일 향을 갖고 있다.
Brasserie Stéphanoise, Saint-Étienne (42) : la 11 Glütte Triple, 7,5 %, (트리플) : 노란색 과일, 구운 빵의 향이 나며 스파이스, 후추 노트를 갖고 있다. 몰트 베이스의 풍미가 강하다.
Brasserie du Bout du Monde, Landévennec (29) : 12 Térénez Triple, 6,7 % (트리플) : 스파이스, 과일, 곡류 향이 나고 부드럽고 크리미하며 바디감이 묵직하다.

스모키 FUMÉ
스모크드 비어는 대부분 너도밤나무 또는 이탄을 태워 훈연한 몰트로 만든 맥주이다.
Brasserie La Baleine, Paris (75) : la 13 Gitane, 5 %, (스모크드 에일) : 연한 적갈색으로 순하고 부드러우며 이탄 향이 강하고 구운 빵 맛이 난다.
Brasserie Rouget de l'Isle, Bletterans (39) : 14 Vieux tuyé, 6 % (스모크드 라거) : 캐러멜, 훈제 소시지 향, 순한 맛, 로스팅, 훈연 노트를 지니고 있다.
Brasserie la Farlodoise, Chazelles-sur-Lyon (42) : 15 La Farlodoise Fumée, 5,5 % (스모크드 에일) : 샤퀴트리, 소시지 향, 로스팅과 훈연이 혼재된 부드러움을 지닌다.

스위트 LIQUOREUX
몰트, 잔당, 묵직하고 기름진 농도가 특징이며 보리 또는 밀 와인의 이미지를 갖고 있다.
Brasserie des Garrigues, Sommières (30) : 16 Sacrée Grôle, 12,6 % (보리 와인) : 선명한 오렌지 색, 과일 콩피와 캐러멜 향, 묵직한 농도, 설탕에 졸인 서양배의 진한 풍미와 훈연 노트가 느껴진다.
Brasserie Ninkasi, Lyon (69) : 17 Ninkasi Grand Cru Wheat Wine, 12% (밀 와인) : 시트러스, 소나무 향, 벨벳처럼 부드러운 농도, 설탕에 졸인 과일, 후추 노트.

캐러멜라이즈드 CARAMÉLISÉ
적갈색, 마호가니 색, 황갈색을 띤 몰트 향이 강한 맥주로 풍미의 폭이 매우 넓다.
Brasserie de la Loire, Saint-Juste-Saint-Rambert (42) : 18 109, 6 % (앰버 에일) : 생 헤이즐넛 향.

로스팅 TORRÉFIÉ
로스팅한 밀맥주부터 드라이 또는 크리미 스타우트 맥주에 이르기까지 그 범위가 매우 넓다.
Brasserie La P'tite Maiz, Tours (37) : 19 Goat me a Stout, 6,6 % (오트밀 스타우트) : 커피, 초콜릿 향, 목 넘김이 부드러우며 실키하다.

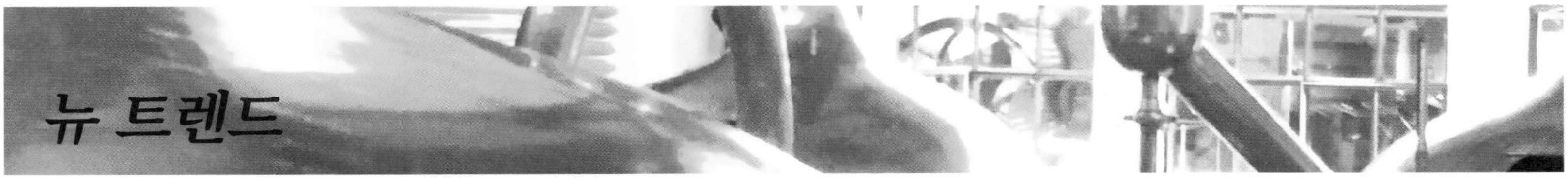

뉴 트렌드

와일드 비어 DES BIÈRES SAUVAGES
이 맥주들(와일드 에일)은 자연발효(공기 중의 야생 효모와 미생물들과의 접촉으로 이루어짐)로 만들어지는 벨기에의 람빅(Lambic) 맥주 방식을 적용한 것이다.
Brasserie de Sulauze, Miramas (13) : 20 Ta Mère Nature, 5 % (와일드 비어) : 오크통 숙성을 거친 3종류의 와일드 비어를 블렌딩한 것으로 새콤한 맛, 우디 향이 나며 바닐라와 파인애플 노트를 갖고 있다.

오크통 숙성 맥주 DES BIÈRES ÉLEVÉES EN BARRIQUES
갈리아족은 맥주를 발효시키고 저장하는 데 나무 술통을 사용했다. 오늘날 이러한 과정은 새 오크통 또는 기존에 와인이나 기타 독한 술을 저장했던 오크통을 사용해 이루어진다. 주로 빈티지 맥주가 이에 해당하며 대개 병입과 양조 날짜가 라벨에 표시된다.
Brasserie de la Vallée de Chevreuse, Bonnelles (78) : 21 Volecelest, 8 % (프랑스산 새 오크통에서 숙성한 트리플 맥주) : 무화과, 꿀, 설탕 풍미의 단맛, 캔디드 오렌지 필, 말린 살구, 우디 노트를 갖고 있다.
Brasserie Saint Germain, Aix-Noulette (62) : 22 Page 24 Belgian Dubbel, 7,9 % (부르고뉴 레드와인 오크통에서 숙성한 벨기에 스타일의 브라운 맥주) : 로스팅 향이 강하고 부드러우며 다크 초콜릿의 맛, 블랙 체리 노트를 지니고 있다.

추가 재료가 들어간 맥주 DES AJOUTS D'INGRÉDIENTS
갓 수확한 신선한 과일을 넣어 맛과 향을 침출하거나 말린 꽃, 각종 향신료 등을 양조 과정 다양한 단계에 첨가한다.
Brasserie Mélusine, Chambretaud (85) : 23 Love & Flowers, 4,2 % (말린 장미 꽃잎을 넣은 밀맥주) : 밀, 제비꽃, 장미 등의 플로럴 향, 고운 거품, 미네랄 노트를 지닌 우아한 맥주이다.
Brasserie du Vexin, Théméricourt (95) : 24 Véliocasse, 7 % (꿀을 넣은 황금색 맥주) : 구운 빵, 캐러멜, 꿀 노트를 지니고 있으며 벨벳처럼 부드럽고 당절임한 과일 맛이 나는 풍성한 느낌의 맥주이다.

도시 맥주
시골 맥주

1980년대에 생겨난 브르타뉴의 브루어리 코레프(Coreff)를 기점으로 프랑스의 맥주 양조장은 다시 활기를 띠게 되었다. 이후 새로운 맥주 양조업체들이 우후죽순 생겨났으며 대중에게 점점 더 큰 인기를 얻고 있다.

도시...

도시의 브루어리들은 각 동네 주민들의 생활에 중요한 역할을 할 뿐 아니라 지역 경제 프로젝트를 일궈내기도 하며 때로는 해당 지역의 바, 셀러 등과 긴밀한 협력 관계를 이룬다.

Brasserie de la Plaine, Marseille (13) : 25 HAC houblonnée à cru, 5,5 % (블론드 에일) : 흰 꽃, 열대과일 향, 새콤한 맛, 과일의 쌉싸름한 맛을 지니고 있다.

Brasserie de l'Être, Paris (75) : 26 Sphinx, 4,5 % (특정 계절에만 생산) : 효모, 시트러스 향, 새콤한 맛이 나며 피니시가 깔끔하고 쌉쌀한 맛이 난다.

La Montreuilloise, Montreuil (93) : 27 Fleur de Montreuil, 5 % (엘더베리 꽃 향의 호박색 맥주) : 꽃, 캐러멜 향이 있으며 구운 맥아를 베이스로 한 시트러스, 과일 맛을 니지고 있다.

Brasserie Grizzly, Clermont-Ferrand (63) : 28 Velours noir, 4,3 % (크리미 스타우트) : 커피 향의 크리미한 맥주로 초콜릿 노트의 부드럽고 순한 맛을 입안에서 느낄 수 있다.

L'Antre de l'Échoppe, Narbonne (11) : 29 Chimère de Cendre, 4,8 % (드라이 스타우트) : 로스팅 향이 강하며 다크 초콜릿의 쓴맛, 흙 노트를 지닌다. 피니시가 깔끔하다.

작은 마을...

소도시나 작은 마을에 생겨난 브루어리들은 이곳에 새로운 활력을 불어넣고 있으며 전시회나 콘서트 등 문화 행사의 장으로 활용되고 있다.

La Rente Rouge, Chargey-lès-Gray (70): 30 Insomnuit, 6,5 % (부르고뉴 뉘 생 조르주 와인 오크통에서 숙성한 다크 비어) : 밀크커피 향, 주스, 우디, 견과류, 블랙체리 노트를 지니며 입안에 뒷맛이 오래 남는다.

Brasserie des Trois Fontaines, Bretenière (21) : 31 Mandubienne brune, 7 % (다크 에일) : 커피, 붉은 베리류 과일 향이 나며 바디감이 있고 투박한 느낌을 준다. 로스팅의 쌉쌀한 맛이 난다.

Brasserie Les Trois Loups, Trélou-sur-Marne (02) : 32 Triple, 8,5 % (벨기에 스타일 트리플 맥주) : 과일 향을 갖고 있으며 입안에서 복합적인 풍미를 낸다. 풀, 꽃 향, 달콤한 맛, 수지 노트를 갖고 있다.

Brasserie An Alarc'h, La Feuillée (29) : 33 Kerzu, 7 % (크리미 임페리얼 스타우트) : 커피, 붉은 베리류 과일, 바닐라 향. 초콜릿 맛과 강한 커피 맛이 있고 목 넘김이 실키하며 뒷맛이 매우 오래 남는다.

Brasserie du Quercorb, Puivert (11) : 34 Las Ninfas, 5 % (비엔나 라거) : 캐러멜, 아니스 향, 부드럽고 크리미하며 구운 빵의 맛이 난다. 마지막에 약간 톡 쏘는 맛이 있다.

시골, 농부 겸 양조업자들이 만드는 테루아 맥주

이 농부들은 자신들이 재배하는 곡류(보리, 밀, 귀리, 호밀, 스펠트 밀)를 농장에서 직접 가공하여 진정한 테루아의 맥주를 만들고 있다. 농장에서 직접 곡식을 발아시켜 사용하는 경우도 있지만 대부분은 지역의 소규모 맥아 제조소를 이용한다. 홉 농사도 점점 늘어나는 추세이다.

Ferme-Brasserie La Caussenarde, Saint-Beaulize (12) : 35 L'Avoinée, 5,5 % (오트밀 앰버 에일) : 볶은 곡류 노트, 아몬드 케이크, 구운 빵의 향이 나며 부드럽고 풍성한 느낌을 지니고 있다. 피니시가 깔끔하며 마지막에 약간 쓴맛이 난다.

Brasserie des Trois Becs, Gigors-et-Lozeron (26) : 36 Bière à l'ortie, 6,5 % (풀 향의 에일 맥주) : 허브, 풀 향이 나고 목 넘김이 부드러우며 구운 맥아를 기본으로 한 미네랄, 상큼한 풍미를 지닌다.

Brasserie Popinh, Vaumort (89) : 37 Icauna, 4,8 % (페일 에일) : 플로럴, 레몬, 수지 노트, 상큼하고 부드러운 단맛을 지니고 있으며 피니시가 길고 레몬의 쌉싸름함이 남는다.

Ferme de la Quintillière, Saint-Maurice-sur-Dargoire (69) : 38 La Busard Seigle, 5 % (3가지 곡류의 에일 맥주) : 전부 곡류로 이루어진 맥주로 포만감이 크다. 벨벳처럼 부드러운 목 넘김과 스파이시 노트를 지니고 있다.

Ribella, Pahimonio (2B) : 39 La Ribella Mistica, 8 % : 코르시카산 유기농 보리와 농가에서 생산한 홉, 네비우(Nebbiu)산 밤 베이스로 만든 맥주이다.

맥주 양조 용어 정리

에일 Ale
상면효모발효 방식으로 만든 맥주를 총칭하는 용어이다. 원래 영국에서 이 단어는 홉을 넣지 않은 호박색 전통 맥주를 지칭했다.

발리 와인 Barley Wine
영어로 '보리 와인'이라는 뜻으로 알코올 도수가 높고 농도가 진한 리큐어 성의 상면발효 맥주를 지칭하며 주로 오크통에서 숙성시켜 시간이 갈수록 맛이 더욱 좋아진다. 한편 '휘트 와인(Wheat Wine)'은 보리에 밀을 더해 만드는 맥주이다.

블랑슈 누아르 Blanche Noire
어두운 색의 밀 맥주인 '둥켈바이젠(Dunkelweizen)'을 지칭하는 프랑스 명칭으로 로스팅한 밀 몰트로 만든다. 프랑스에서 밀 맥주는 일반적으로 '비에르 블랑슈(bières blanches 흰색 맥주)'로 불린다.

세르부아즈 Cervoise
갈리아식 전통 맥주를 지칭하며 원래는 홉을 넣지 않고 만들었던 것으로 알려져 있다.

도펠보크 Doppelbock
더블 복(Double-Bock) : 독일어로 '보크(bock)'는 알코올 도수가 높은 하면발효 맥주를 뜻하며 색깔은 구릿빛 황금색에서 짙은 갈색을 띤다. 맥주의 스타일 명칭 앞에 '더블(double)'이라는 단어가 붙으면 알코올 도수가 더 높다는 것을 의미한다.

그라처 Grätzer
폴란드가 원산지인 맥주로 참나무로 훈연한 밀 몰트로 만든다.

우블로네 아 크뤼, 드라이 호핑 Houblonnée à cru
보관하는 통 안에 차가운 상태에서 홉을 첨가하는 것을 뜻한다. 미국식 홉 첨가 맥주에서 널리 쓰이는 테크닉이다(영어로는 '드라이 호핑 dry-hopping'이라고 한다).

IPA
'인디아 페일 에일(India Pale Ale)'의 약자로 원래 홉이 다량 첨가된 영국 맥주 스타일을 지칭한다. 이 명칭은 영국 식민지에 보내는 맥주에서 유래했다. 영국에서 인도까지 선박으로 운송하는 긴 시간 동안 맥주가 변질되지 않고 견딜 수 있도록 홉을 더 많이 넣었던 것으로 전해진다. 실제로 이와 같이 홉의 함량이 많은 맥주들은 이전에도 존재했다. 10월에 양조하여 다음해 소비할 목적으로 저장한 맥주의 경우가 이에 해당한다. 사용되는 홉의 품종에 따라 아메리칸 IPA, 잉글리시 IPA 등으로 분류한다.

라거 Lager
하면발효 맥주를 통칭하는 용어. 발효를 마친 맥주는 일정기간 숙성을 위해 저온 저장에 들어간다 (독일어로 '저장하다'라는 의미의 '라건(lagern)'에서 유래한 명칭이다). 19세기 중반부터 독일에서 사용되기 시작한 양조 방식이다.

페일 에일 Pale Ale
영국에서 처음 선보인 맥주로 담색 맥아를 사용해 만든다.

아메리칸 페일 에일 American Pale Ale
미국 홉을 넣어 만든 페일 에일이다.

포터 Porter
18세기 런던에서 만들어진 짙은 갈색의 상면발효 맥주로 카카오와 초콜릿의 로스팅 향을 지니고 있다. 발틱 포터(Porter Baltique)는 발트해 국가들이 이 스타일의 맥주를 현지 방식으로 응용해 만든 것으로 알코올 도수가 높은 하면발효 맥주이다.

세션 Session
원래 알코올 도수가 낮은 맥주를 지칭하는 영어 명칭으로 프랑스어의 '테이블 맥주(bières de table)'에 해당한다. 오늘날 모든 스타일의 맥주는 '세션(Session)' 라인을 갖추고 있다.

스타우트 Stout
상면발효 흑맥주로 바디감이 묵직한 '스타우트 포터(Stout Porter)'가 그 원조이다. 오늘날 스타우트는 드라이 앤 라이트(아이리시 스타우트), 크리미(스위트 스타우트, 밀키 스타우트), 스트롱(더블 스타우트, 임페리얼 스타우트), 홉을 첨가한 것(인디아 스타우트), 오크통 숙성 스타우트 등 그 종류가 다양하다.

사워 Sour
산미가 지배하는 맥주를 지칭한다. 유산균 첨가 등 다양한 기법을 이용하여 맥주에 산미를 더한다. 휘트 사워(Wheat Sour)는 밀로 만든 사워 맥주이다.

트리플 Triple
벨기에가 원조인 알코올 도수가 높은 맥주로 중세 수도원 맥주 방식으로 양조한 것이다. 알코올 도수는 싱글 3%, 더블 6%, 트리플은 9%이며 색은 일반적으로 황금색을 띤다.

비엔나 라거 Vienna Lager
구운 향, 로스팅 향을 입혀주는 비엔나 몰트로 만든 하면발효 맥주를 지칭한다.

ELLE CUISINE
Crèmes, Mousses et Entremets
Pays basque
RECETTES ET PAYSAGES

JEAN et PIERRE TROISGROS
CUISINIERS à ROANNE
Hors-d'œuvre chauds
BOCUSE
Auvergne

내 주방의 책꽂이

프랑스의 요리서적 출간 역사에 남을 만한 시리즈와
베스트셀러에는 어떤 것들이 있을까?
서가에 꽂혀 있는 책들을 소개한다.
데보라 뒤퐁*

전설적인 컬렉션

엘르 요리백과
ELLE Encyclopédie
여성 잡지 엘르(Elle)가 1950년대 선보인 이 요리책 시리즈는 대부분 마피 드 툴르즈 로트렉(Mapie de Toulouse-Lautrec)이 집필했다. 삽화가 곁들여 있으며 고풍스러운 매력이 가득한 보석 같은 책이다.

프랑스의 3대 요리 Les trois cuisines de France, Robert Laffont
1990년대 출간된 시리즈물로 주제별 요리를 다루고 있으며 표지를 바꾸어 여러 차례에 걸쳐 중쇄 출간되었다. 독자들은 이 책들에서 이니셜로 표시된 미셸 게라르(Michel Guérard), 피에르 가녜르(Pierre Gagnaire), 마크 므노(Marc Meneau) 등의 레시피를 찾아낼 수 있을 것이다.

프랑스의 지역 요리 Cuisines régionales de France, éd. Time Life
좀 더 최근(1990년대)에 타임 라이프가 출간한 시리즈물로 옛날의 멋진 사진을 곁들인 프랑스의 지방 특선 요리들을 소개하고 있다.

레시피와 풍경 Recettes et paysages, éd. des Publications françaises
1950년대의 요리책 시리즈로 베이지색 린넨 하드커버의 책 5권으로 구성되어있다. 퀴르농스키를 비롯한 유명한 요리 작가들은 이들 중 몇 권의 서문을 집필하며 프랑스의 미식문화에 대한 자부심을 드러냈다.

프랑스의 미식문화유산 L'inventaire du patrimoine culinaire de la France, Albin Michel
1990년대 말 국립 미식문화 위원회와 공동제작으로 펴낸 시리즈로 타의 추종을 불허하는 알찬 내용으로 프랑스 각 지방의 특산물과 전통 요리 레시피를 소개하고 있다(레위니옹 편은 아직 집필되지 않았다).

특별 레시피 시리즈 Recettes originales de..., Robert Laffont
1970년대의 누벨 퀴진과 밀접하게 연결된 이 책들은 클로드 르베(Claude Lebey)가 출판한 시리즈물로 요리계의 많은 셰프들에게 큰 영향을 끼쳤다.

더 잘 요리하기
Cuisiner mieux, éd. Time Life
1980년대 초 여러 나라의 저널리스트들이 집필한 이 컬렉션은 테마별로 총 27권이 출간되었으며 사진을 곁들인 레시피의 과정을 단계별로 자세히 소개하고 있다. 전 세계에서 큰 성공을 거두었다.

...을 요리하는 10가지 방법.
Dix Façons de préparer..., L'Épure
다양한 컬러와 텍스트가 담긴 24 페이지짜리 작은 책으로 린넨 실로 꿰매고 페이퍼나이프로 자르도록 된 제본이 돋보인다. 1989년부터 벌써 289권이 출간된 이 시리즈는 요리책 수집가들의 인기를 얻고 있다.

베스트 오브 시리즈
Best of, éd. Alain Ducasse
가장 최근에 탄생한 전설적인 컬렉션으로 2008년 초에 첫 권을 선보인 이후 현재 활동하는 요리사와 파티시에 시리즈를 출시하고 있다. 각 셰프의 대표적인 시그니처 요리들을 과정 샷을 곁들여 단계별로 자세히 소개하고 있다.

LAROUSSE de la cuisine
LA CUISINE EST UN JEU d'enfants
SIMPLISSIME LE LIVRE DE CUISINE LE + FACILE DU MONDE
La Cuisine
FRANÇOISE BERNARD
Je sais cuisiner

베스트셀러

여기서 '베스트셀러'라 함은 단지 최대 판매부수를 기록한 것이 아니라 진정 성공적으로 출간된 책들로 세월을 거치며 여러 차례 재출간되었거나 해외 각국에 번역되어 출간된 책들, 프랑스인들의 주방에서 쉽게 발견할 수 있는 요리책들을 의미한다.

→『요리는 너무 쉬워요 (*La cuisine est un jeu d'enfant*)』, 미셸 올리베르(Michel Oliver), Plon 출판, 1963
→『살찌지 않는 요리 (*La Grande cuisine minceur*)』, 미셸 게라르(Michel Guérard), Robert Laffont 출판, 1976
→『라루스 요리백과 (*Larousse de la cuisine*)』 1990
→『요리할 줄 알아요 (*Je sais cuisiner*)』, 지네트 마티오(Ginette Mathiot), Albin Michel 출판, 1932
→『쉬운 요리법 (*Les recettes faciles*)』, 프랑수아 베르나르(François Bernard), Hachette 출판, 1965
→『가스통 르노트르 파티스리 (*Faites votre pâtisserie comme Gaston Lenôtre*)』, Flammarion 출판, 1980
→『소피의 파운드케이크 (*Les cakes de Sophie*)』, Minerva/La Martinière 출판, 2000
→『파티스리 (Pâtisserie!)』, 크리스토프 펠데르(Christophe Felder), La martinière 출판, 2011
→『심플리심, 세상에서 가장 쉬운 프랑스 요리책 (*simplissime*)』, 장 프랑수아 말레(Jean-François Mallet), Hachette 출판, 2015

관련 내용으로 건너뛰기
p.342 에두아르 니뇽

* Déborah Dupont : 요리책 전문 서점 리브레리 구르망드(Librairie gourmande) 대표, 92-96, rue Montmartre, 파리 2구.

밤

밤송이 껍데기 안에 들어 있는 알밤은 평소에 제대로 인정을 받지 못하지만 매년 겨울이 되면 사정은 달라진다. 인기가 치솟아 연말연시 축제의 스타로 떠오르는 밤에 대해 자세히 알아보자.

질 쿠쟁

맞수 대결

아르데슈 vs 코르시카 최대 밤 생산지 2곳

	아르데슈 Ardèche	**코르시카 Corse**
품종	총 **65개의 품종** 중 Aguyane, Précoce des Vans, Pourette, Sardonne, Bouche Rouge, Comballe, Garinche, Bouche de Clos, Merle 등이 대표적이다.	총 **47종 중** Insitina, Bastelicaccia, Tricciuta, Insetu Pinzutu, Carpinaghja 등이 대표적이다.
생산 지역	생 빅토르(Saint-Victor)에서 몽프자(Montpezat)와 오브나(Aubenas)를 거쳐 레 방(Les Vans)까지.	코르시카 고산지대, 북동지방, 코르테(Corte)와 솔랑자라(Solanzara)를 잇는 지대.
연간 생산량(톤) 2010년 기준	4 200	1 000
품질 인증	2014년 모든 형태(통 밤, 말린 밤, 밤 가루)의 제품에 AOP 인증 획득. 'AOP Châtaigne d'Ardèche' 인증 지역은 아르데슈 188개의 코뮌과 가르(Gard), 드롬(Drôme 총 9곳)의 몇몇 경계도시까지 포함된다.	2010년 '코르시카 밤 가루(farine de châtaigne corse)' AOP 인증 획득. 이 인증 보호를 받기 위해서는 해발 400~800m 지대의 산악지대 중 나무 재배가 잘 되는 밤나무 숲에서 생산된 것이어야 한다. 어떠한 화학적 처리도 허용되지 않는다.
축제	가을 수확 철에는 **'카스타냐드(castagnades)'**라는 밤 축제가 열린다.	매년 12월에 보코냐노(Bocognano) 마을에서는 **'피에라 디 아 카스타냐(Fiera di a castagna)'** 밤 축제가 열린다.
레시피	**쿠지나(cousina) :** 생크림을 넣고 끓인 밤 수프. **밤 잼(confiture de châtaignes) :** 밤을 갈아 퓌레로 만든 뒤 설탕과 바닐라 빈을 넣어 끓인다. **아르데슈아(ardéchois) :** 밤 크림 베이스로 만든 촉촉하고 부드러운 케이크	**풀렌다(pulenda) :** 물, 체에 친 밤 가루, 소금 약간을 섞은 뒤 냄비에 넣고 익힌다. 식혀 슬라이스한 다음 달걀, 브로치우(brocciu) 치즈, 피카테두(ficateddu) 소시송을 곁들여 따뜻하게 먹거나 다음 날 올리브오일을 조금 넣고 튀기듯 지져 먹는다. **프리텔 카스타닌(fritelle castagnine) :** 밤가루와 브로치우 치즈로 만들어 튀긴 달콤한 튀김 과자.

마롱(MARRON) 또는 샤테뉴(CHÂTAIGNE)?

프랑스에서 **인도 밤(marron d'Inde)**이라고 부르는 가시칠엽수(Aesculus hippocastanum)는 식용으로 소비할 수 없다. 프랑스어로 잘못 명명하는 마롱(marron)은 **실제로는 밤나무 숲에서 재배하는 밤의 한 종류**이다. 가시가 있는 밤송이 안에는 알밤이 한 개 들어 있다. 이는 야생종 밤(Castanea sativa)을 인간이 변형시킨 것으로 10월부터 수확한다.

식량이 되는 밤나무

밤은 오랜 세월 프랑스 남부 지방과 지중해 연안 지역 사람들의 식생활에서 중요한 역할을 해왔다. **'빵 나무(arbre à pain)'라는 별명**을 가진 밤나무는 밀가루가 부족할 때 밤가루의 공급원이 되었다.

피가텔리 소시지와 브로치우 치즈를 곁들인 밤 폴렌타

니콜라 스트롱보니(Nicolas Stromboni)의 『빵, 와인, 그리고 성게(*Du Pain, du vin et des oursins*)』에서 발췌한 레시피

준비 : 15분
조리 : 1시간
8인분

체에 친 밤가루 1kg
피가텔리(figatelli) 건조 소시지 2개
브로치우(brocciu) 치즈 1kg
달걀 8개

냄비에 물 2리터와 소금을 넣고 끓을 때까지 가열한다. 밤가루를 천천히 넣으며 '풀렌다주(pulendaghju 약 50cm 길이의 동그란 나무 막대)' 또는 나무주걱으로 잘 저어준다. 밤가루가 냄비 벽에 달라붙지 않도록 센 불에서 계속해서 저으며 익힌다. 밤가루가 갈색의 되직한 반죽처럼 될 때까지 약 30분 정도 익힌다. 폴렌타를 불에서 내린 뒤 주걱으로 냄비 벽에서 떼어가며 약 1분간 치대어 섞는다. 마른 행주에 밤가루를 뿌린 뒤 그 위에 폴렌타를 놓는다. 행주로 덮고 몇 분간 휴지시킨다. 주방용 실 또는 쇠로 된 가는 날을 이용해 2cm 두께로 슬라이스한다. 피가텔리 소시지는 숯불에 굽는다. 달걀은 팬에 프라이한다. 브로치우 치즈는 8등분한다. 따뜻한 폴렌타에 브로치우 치즈 한 조각, 피가텔리 소시지 1쪽, 달걀프라이 1개를 곁들여낸다.

스타프 남작부인의 예법

21세기 현재에 19세기를 주름잡던 부르주아 층이 만들어낸 규범에 따라 식사하기,
한번 도전해 볼까요?

로익 비에나시

진정한 베스트셀러!
19세기 예절과 매너 영역에서 가장 큰 영향력을 발휘했던 개론서는 '바론 스타프(baronne Staffe 스타프 남작부인)'라는 필명으로 더 유명한 여류 작가 블랑슈 수아예(Blanche Soyer 1843-1911)의 저서이다. 1889년 초판이 나온 후 여러 차례에 걸쳐 재출간된 그녀의 책 『세상의 관례, 현대 사회의 예법과 매너(*Usages du Monde-Règles du savoir-vivre dans la société moderne*)』는 독자들에게 각종 가족 대소사(세례, 결혼식 등)와 사회생활에서 일어나는 모든 경우(방문, 대화 등)에 필요한 행동양식에 관한 지침을 제공했다.

USAGES du MONDE
Règles du Savoir-Vivre
dans la
Société Moderne
par
la Baronne Staffe
PARIS
VICTOR-HAVARD, ÉDITEUR
1894

매너를 잘 아는 식사 주최자라면 손님당 몇 개의 잔을 준비할까?
접시 앞에는 모두 5개(혹은 2개)의 잔이 놓인다. 큰 잔은 일반 와인과 물을 섞을 때(혹은 그냥 와인만 마실 때), 특수한 사이즈의 두 번째 잔은 마데이라 와인, 세 번째 잔은 부르고뉴, 네 번째 잔은 보르도 와인용이다. 다섯 번째 잔인 플뤼트(flûte)나 쿠프(coupe)는 샴페인용이며 대부분의 가정에서는 가늘고 긴 플뤼트 잔을 많이 이용한다. 식후에 디저트로 마시는 그리스, 시칠리아, 스페인 와인용으로는 장식이 있는 작은 크리스털 글라스를, 알자스 와인을 마실 때에는 라인강의 색깔인 녹색을 띤 글라스를 준비한다.

수프를 너무 좋아하는 사람이라면 더 달라고 요청해도 될까?
답은 노! 이유는 간단하다. "거의 액체에 가까운 이 음식이 너무 많이 흡수되면 위가 금세 포만감을 느끼게 되어 다른 음식을 받아들이기 힘들게 된다."

접시 바닥에 수프가 남았다… 어떻게 이것을 우아하게 다 먹을 것인가?
다 먹지 말고 그냥 남긴다. 접시 바닥에는 항상 수프가 조금 남겨져 있어야 한다. 왜냐하면 이것을 싹싹 다 먹기 위해 그릇을 기울인다는 것은 그 어떤 방법이라 할지라도 상상할 수 없기 때문이다. 또한 스타프 남작부인은 빵으로 남은 수프를 닦아먹지 말 것을 충고한다.

옆에 놓인 빵을 세련되게 잘라 먹을 수 있을까?
빵은 칼로 자르지 않는다. 이것이 초래할 위험을 가늠할 수 있는가? 남작부인은 이렇게 상기시킨다. "빵을 손으로 뜯어 먹어야 한다는 사실은 말할 필요도 없다. 왜 빵을 나이프로 자르면 안 되냐고? 그것은 빵 부스러기 튀어서 옆 사람 눈에 들어가거나 옆에 앉은 숙녀의 드러난 어깨에 묻을 수도 있기 때문이다."

당신의 옆 자리에 앉은 숙녀가 목이 마르다. 당신은 그녀에게 와인을 한 잔 따라준다. 이 경우 두 가지의 오류를 범한 것이다. 왜일까?
우선 그녀에게 서빙하는 것은 당신이 아니며 당신은 그녀의 와인에 물을 따라 넣는 배려를 하지 않았기 때문이다. 각 식사 참가자 사이에는 와인 카라프와 물병이 번갈아 놓여 있다는 것을 주지하자. "와인 병은 남성의 손이 닿을 거리 내에 놓여 있고 그는 자신이 동반한 여성에게 서빙하는 역할을 한다. 그는 여성에게 항상 물을 따라주어야 한다. 여성은 디저트를 제외하고는 물을 탄 포도주만 마시기 때문이다."

손을 대고 먹어도 되는 음식은 어떤 것이 있을까?
빵 이외에는 아무 것도 안 된다. 이것은 불문율이다. 빵 이외에는 어디에도 손가락을 대서는 안 된다. 과일은 모두 디저트용 포크와 나이프를 사용해 껍질을 벗기고 먹는다. 우선 포크로 찍은 뒤 껍질을 벗기고 씨를 제거한 다음 포크와 나이프로 잘라 먹는다.

체리를 먹을 때 씨는 어떻게 처리할까?
"체리 또는 자르지 않는 모든 씨 있는 과일을 먹을 때 씨를 접시에 뱉거나 손으로 받아 접시에 놓으면 안 된다. 디저트 스푼을 입술에 갖다 댄 뒤 조심스럽게 씨를 받아내어 접시에 놓는다. 집에서 연습해보면 자연스럽게 익힐 수 있다."

메뉴판이 예뻐서 컬렉션용으로 집에 가져가고 싶다. 어떻게 해야 할까?
그냥 가져가면 된다. 누가 뭐라고 하지 않는다. 메뉴판은 손님 각자 앞에 놓여 있다. 단순히 흰 판지 위에 쓰여 있거나 경우에 따라 아주 우아하고 예술적으로 만들어진 것도 있다. 당연히 가져갈 수 있다. 메뉴 뒷면에는 초대된 사람의 이름이 쓰여 있고 이 면이 손님을 향해 놓여 있다는 것을 기억하자. 남작부인은 착석하면 바로 이것을 뒤집어 놓을 것을 권장한다.

관련 내용으로 건너뛰기
p.47 취할 수만 있다면

쌀로 만든 디저트

쌀은 비싸지 않은 곡류로 어디에나 사용할 수 있는 주식 알곡이다.
다양한 프랑스 음식에 사용되는 기본 재료이며 디저트에서도 존재감을 나타낸다. 이를 증명하는 레시피들을 모아보았다.
엘비라 마송

1927년 오귀스트 에스코피에는 자신의 저서『쌀, 최고의 영양 식품, 120가지 요리법 (*Le riz, l'aliment le meilleur, le plus nutritif, 120 recettes pour l'accommoder*)』에서 **"쌀은 그 조리법이 다양해서 일 년 365일 동안 지겹지 않게 다른 메뉴로 만들어 먹을 수 있다."**고 썼다. 당시 쌀은 프랑스에 널리 알려져 있지 않은 곡식이었고 요리사들은 이에 관심을 갖지 않았다. 하지만 감자보다 훨씬 영양가가 높고 값도 싸다는 점에서 각광을 받기 시작했고 일반 요리뿐 아니라 달콤한 디저트용으로도 사용되었다. **"설탕과 섞어 캐러멜이 되도록 익히면 정말 맛있는 간식이 된다."**라는 찬사를 받았다. 쌀을 이용한 디저트 레시피로는 콩데식 복숭아(pêche à la condé 달걀노른자와 우유를 넣은 라이스 푸딩으로 시럽에 절인 복숭아를 곁들여 서빙한다), 크레올식 라이스를 곁들인 바나나 수플레(soufflé de bananes au riz à la créole), 영국식 라이스 푸딩 등이 유명하다.

라이스 푸딩

아주 간단하게 만들 수 있는 이 디저트는 뜨겁게, 따뜻하게 또는 차갑게 먹을 수 있다.

준비 : 30분
조리 : 30분
6인분

우유 1리터
액상 생크림 50ml
달걀 2개
입자가 둥근 단립종 쌀 200g
설탕 150g
바닐라 빈 1줄기
캐러멜
설탕 75g
물 3테이블스푼

쌀을 찬물에 씻어 냄비 바닥에 깔고 물을 넣어 3~4분간 끓인다. 찬물에 헹궈 더 이상 익는 것을 중단한다. 길게 갈라 긁은 바닐라를 우유에 넣고 끓인다. 여기에 쌀을 넣고 약한 불로 30분간 익힌다. 바닐라 빈을 건져낸다. 달걀에 설탕과 생크림을 넣고 거품기로 휘저어 섞은 뒤 우유에 익힌 쌀에 넣는다. 잘 저어 섞는다.

냄비에 물과 설탕을 넣고 연한 갈색이 날 때까지 가열해 캐러멜을 만든다. 캐러멜을 틀 바닥과 가장자리에 붓고 고루 깐다. 쌀 혼합물을 틀에 부어 채운 뒤 180°C로 예열한 오븐에서 중탕으로 30분간 익힌다. 식은 뒤 틀에서 꺼낸다.

밀크 라이스 푸딩 RIZ AU LAIT

브뤼노 두세 *Bruno Doucet*

브뤼노 두세는 자신이 운영하는 파리의 레스토랑 '레갈라드(Régalades, 파리 1구, 9구, 14구)'의 각 업장에서 이 디저트를 서빙하고 있다. 캐러멜을 끼얹은 부드러운 이 푸딩을 놓치지 말자!

준비 : 20분
조리 : 30분
4인분
우유(전유) 1리터
액상 생크림 500ml
바닐라 빈 1줄기
설탕 200g
낟알이 둥근 단립종 쌀 200g
옵션 1. 밀크 캐러멜
설탕 500g
액상 생크림 500g(250g씩 나누어둔다)
소금(fleur de sel) 1꼬집
옵션 2. 생과일, 견과류
작은 큐브 모양으로 썬 생과일
견과류 한 줌

밀크 라이스 푸딩 만들기
바닥이 두꺼운 소스팬에 우유와 생크림을 붓는다. 바닐라 빈을 길게 갈라 긁어 넣고 쌀과 설탕을 넣는다. 끓을 때까지 가열한 다음 불을 제일 약하게 줄이고 중간중간 저어가며 약 30분간 익힌다. 익은 라이스 푸딩을 넓은 바트에 덜어낸 뒤 상온으로 식힌다. 냉장고에 1시간 동안 넣어둔다. 바닐라 빈 줄기를 건져낸 다음 살살 섞어 샐러드 볼에 담는다.

토핑 얹어 완성하기
- 밀크 캐러멜 곁들인다 : 바닥이 두꺼운 소스팬에 설탕을 넣고 가열해 진한 색의 캐러멜을 만든다. 소금과 뜨거운 생크림 250g을 넣고 디글레이즈한다. 매우 뜨거우니 혼합할 때 조심한다. 끓을 때까지 가열한다. 나머지 생크림 250g을 넣어준다. 볼에 덜어낸 뒤 식힌다.
- 생과일과 견과류를 고루 섞어 얹는다.

퇴르굴 노르망드 LA TEURGOULE NORMANDE

노르망디 퇴르굴과 팔뤼 기사단 협회 *Confrérie de la Teurgoule et Fallue de Normandie*

이러한 종류의 라이스 푸딩은 일반적으로 뜨겁게 먹는다. '퇴르굴'이라는 이름 또한 뜨겁게 먹는 관습에서 유래한 것으로 추정된다. '퇴르굴(teurgoule)'은 '입을 비틀게 하다(se tordre la goule)'라는 표현에서 온 단어로 오븐에서 갓 꺼낸 아주 뜨거운 음식을 먹을 때의 모습을 표현한 것이다.

준비 : 10분
조리 : 6시간
4인분

우유(전유) 2리터
낟알이 둥근 단립종 쌀 150g
흰 설탕 180g
소금 1꼬집
계핏가루 깎아서 2티스푼

2리터 용량의 토기 그릇에 쌀과 설탕, 소금, 계핏가루를 넣고 주걱으로 저어 섞는다. 쌀이 용기 바닥에 그대로 있도록 주의하며 우유를 살살 붓는다. 150°C로 예열한 오븐에 넣어 1시간 동안 익힌 다음 온도를 110°C로 낮추고 5시간 더 익힌다. 표면이 노릇해지고 쌀 푸딩이 익어 굳으면 완성된 것이다. 뜨겁게 또는 한 김 식힌 뒤 따뜻한 온도로 먹는다.

관련 내용으로 건너뛰기
p.314 프랑스의 크림치즈

와인의 단어

프랑스에서 와인은 때때로 매우 세속적임에도 불구하고 숭고한 것이다…
라블레는 예수의 피보다 바쿠스제에 더 가까우며 사람들의 기분을 위 아래로 움직이게 하는 이 '신성한' 음료에 대해 종종 언급했다. 산티아고 데 콤포스텔라 순례길도 우리가 성지순례를 하듯 떠나는 이 와인 로드의 경쟁자는 되지 못할 것이다

오로르 뱅상티

와인의 열정

우리는 우리를 즐겁게 또는 우울하게 만들 수 있는 힘을 와인에 부여한다. 그러한 관점에서 프랑스인들은 **신나는 와인, 슬픈 와인 혹은 나쁜 와인**이 있다고 말하기도 한다(1697). 마시는 와인과 사람들의 **기분 사이에** 통사적, 유기적 변화가 작동하는 것이다. 와인은 생명력을 갖게 되며 그 기질은 때로는 최악으로 때로는 가장 좋은 상태로 우리의 기분을 구성해낸다. 따라서 우리는 불행을 조금이나마 녹이기 위하여 **슬픔을 여기에 잠기게 할 수 있을 것**이며 또한 열정이 우리를 탐욕적으로 집어삼킬 때는 갈등을 진정시키기 위해 **와인에 약간의 물을 넣을 수도 있을** 것이다.

시간이 지남에 따라

시간이 정신과 육체에 미치는 효력은 와인의 **숙성**을 통해 그 울림을 얻을 수 있다. 우리는 포도주를 **오래 저장하기**도 하는데 이것은 햇수가 더해갈수록 **맛이 좋아져** 그 가치가 상승하기 때문이다. 시간이 흐르면서 더 좋아지는 와인은 이 기간 내에 화려한 잠재력을 최대로 발휘한다. 하지만 시간이 오래 흐르면서 시어지거나 상하기도 한다. 훌륭한 와인이 **식초가 되어버리는** 것만큼 안타까운 일은 없다. 그렇기 때문에 와인을 열어 **병입하거나 카라프에 따라 넣는** 적당한 때를 아는 것이 관건이다. 프랑스어에서는 되돌릴 수 없을 정도로 어떠한 상황에 너무 **깊게 관여되어 있는 경우**를 빗대어 "와인을 땄으면 마셔야 한다."는 표현을 쓴다. 인생의 경험과 경륜을 뜻하는 표현인 **'아부아르 드 라 부테이(avoir de la bouteille 술이 오래되어 맛있어지다)'**는 인내심을 갖고 잘 익힌 포도주에 비유한 것이다. 영어에서 차용한 '빈티지(vintage)'라는 단어도 포도 재배에서 사용되는 용어로 실제로 프랑스어 **'방당주(vendange 포도 수확)'**에서 유래한 것이다. 오늘날 아주 많이 쓰이며 시간의 인증이 지닌 모든 것을 광범위하게 지칭하는 이 단어는 **'포도 재배'**라는 의미로 이미 15세기부터 존재해왔던 것이다. 프랑스어에서 와인의 생산 연도를 지칭하는 단어로는 **'밀레짐(millésime)'**을 사용한다.

싸구려 포도주

그랑 크뤼 와인용 언어만 있는 것은 아니다. 프랑스어에는 싼 값의 와인(piquette)을 지칭하는 용어도 많다. 프랑스어로 **'피콜레(picoler 폭음하다)'**라는 동사는 '작다'는 뜻의 이탈리아어이며 '가볍고 부담 없는 와인'이라는 뜻으로도 쓰이는 **'피콜로(piccolo)'**에서 유래했다. 이 단어는 군인들 사이에서 술을 지나치게 많이 마신다는 의미로 통용되었는데 이는 아마도 가벼운 와인이라 쉽게 마실 수 있었기 때문인 듯하다. **피크라트(pikrate 질이 낮은 포도주)**는 **피콜(picole), 피나르(pinard), 피오(piot)처럼 피(pi-)**로 시작하는 다른 단어들과 마찬가지로 '날카로운, 찌르는'이라는 뜻을 가진 그리스어 '피크로스(pikros)'에서 왔으며 '피케트(piquette)' 만큼이나 자극적이다. 제1차 세계대전 중 양잿물과 암모니아수로 만든 '피크라트'는 가장 흔히 사용된 폭약이었다. 프랑스 보병들은 따라서 이 **폭발물과 목이 따가운 싸구려 포도주**를 자연스럽게 연관짓게 되었다. 참호 생활 중에도 유머는 필수였다… 값싼 포도주를 의미하는 '비나스(vinasse, 1765)'에는 가장 경멸적인 뉘앙스의 접미사 중 하나가 붙어 있다. 이 단어는 원래 **반쯤 상해 탁해진 액체**를 지칭했다. 그 외 시큼한 싸구려 와인들을 가리키는 용어들 중에는 19세기에 생겨난 **크리케(criquet)와 갱게(guinguet), 르쟁글라르(reginglard)** 등이 있다.

프랑스인의 조상 갈리아족

만약 프랑스 요리가 아직도 갈리아(Gaule)의 관례와 풍습의 영향으로 가득하다면? 신화와 현실 사이를 정확히 짚어보자.

스테판 솔리에

갈리아의 조상으로부터 물려받은 것은 무엇일까?

오늘날 프랑스 요리에는 조상들의 덕을 본 것들이 몇 가지 있다. 우선 프랑스에서 미식이 차지하는 위치이다. "갈리아족이 음식에 가졌던 지대한 관심과 프랑스의 미식 애호 사이에 연관이 있다는 가설을 설정하는 것은 이상한 일이 아니다." 왜냐하면 "갈리아에서 맛있는 음식은 정치, 사회적 삶과 뗄 수 없는 것이었기 때문이다." (장 로베르 피트 Jean-Robert Pitte, 『프랑스의 미식(*Gastronomie française*)』, 1991).

→ 콩류와 채소에 지방을 곁들인 음식들 :

- 염장 돼지고기와 렌틸콩

- 잠두콩을 넣어 만든 페불레(févoulet) 스타일의 **카술레.** 프랑스 사람들이 강낭콩을 널리 먹기 시작한 것은 카트린 드 메디시스가 들여온 이후였다.

- 슈크루트

- 시골풍 수프(콩을 넣어 끓인 걸쭉한 수프, 가르뷔르(garbure) 등…)

→ 국물에 끓인 고기 :

- 각 지방마다 고유의 레시피를 갖고 있는 **포토푀.**

- 그 외의 **다양한 국물에 끓인 고기,** 스튜류 : 굵은 소금을 찍어먹는 수육, 포테(potée), 미로통 비프(bœuf miroton), 송아지 블랑케트, 부속 및 내장 요리(송아지 머리, 혀, 볼 살), 돼지 정강이, 어깨살, 닭백숙 등

→ 전통 샤퀴트리 : 햄, 베이컨, 리예트, 부댕 등. 이미 갈리아족은 레시피를 완벽하게 터득하고 있었다.

→ 버터를 사용한 요리 : 갈리아족은 요리에 올리브오일보다 버터를 더 많이 사용했다. 귀하고 비싼 올리브오일은 당시 상류층이 주로 사용했다(대 플리니우스).

→ 프랑스 요리의 상징 : 개구리 뒷다리와 달팽이는 갈리아족들이 즐겨 먹었던 음식이다.

→ 프랑스 영토 북부 지방에서 성행하고 있는 **맥주 양조**는 갈리아족의 노하우를 이어가고 있다.

→ 포도주를 좋아하는 기호는 고대 그리스인들에 의해 갈리아에 도입(기원전 600년)되었고 갈리아족의 상류층에 의해 본격적으로 뿌리를 내리게 되었다(플라톤, 『법률(*Lois*)』, 637d3, 티투스 리비우스, 『로마의 역사(*Histoire Romaine*)』, V, 33)

→ 몇몇 프랑스 지방의 디저트 :

- 코르뉘 드 리무쟁(cornue de Limousin) : 세 방향으로 뿔 모양이 난 브리오슈 빵으로 종려주일 축일 때 즐겨 먹었다.

- 피티비에(Pithiviers)

- 브르타뉴식 파운드케이크(quatre-quarts breton), 카르누테스 족(현재 외르 에 루아르(Eure-et-Loir)에 살고 있는 갈리아 민족)의 꿀 갈레트가 그대로 이어져 내려온 것이다.

- 갈레트 데 루아(galette des rois) : 이 케이크의 둥근 모양과 황금색으로 구워진 크러스트는 갈리아 족들이 동지 즈음에 가장 부족한 태양의 빛을 상징한 것이다.

YES OR NO	YES	NO
멧돼지는 갈리아인들이 좋아하는 음식이다.		그 유명한 멧돼지의 흔적은 갈리아의 음식 찌꺼기에서 거의 찾아보기 힘들다. 이것은 상류층의 전유물이었다.
갈리아인들은 술을 많이 마신다.	고대의 작가들(플라톤, 아테나에우스, 아피아노스, 디오도로스 시켈로스, 대 플리니우스)은 종종 켈트족의 술 소비에 대해 언급했다. 그들은 켈트족들이 포도주를 마시는 방식(물을 섞지 않고 마신)과 자신들이 생각하기에 너무 과도한 음주량을 비판했다.	
갈리아인들은 대규모 단체 연회를 자주 열었다.	역사적 자료와 고고학 문헌들에 따르면 이를 위한 용도로 지어진 장소에서 대규모의 연회와 파티들이 열렸다는 것을 알 수 있다.	
갈리아인들은 고대 로마인들처럼 누워서 먹었다.		그들은 작은 벤치나 아주 낮은 매트리스에 앉아서 먹었다.

관련 내용으로 건너뛰기
p.252 캐비아

생선가게 진열대

총 길이가 19000킬로미터 이상 되는 프랑스의 연안 지대는 풍성한 어획의 터전이다. 등 푸른 생선에서 두족류 해산물에 이르기까지 프랑스 국가 명장(MOF) 아르노 바남(Arnaud Vanhamme)의 생선 판매점(파리, 15구) 진열대에 놓여 있는 수산물들을 소개한다.

샤를 파탱 오코옹

등 푸른 생선

지방 함량이 5~12%에 이르는 이 생선들은 흔히 '기름진 생선'이라고 불린다. 새들의 공격으로부터 보호해주는 청록색 등을 가진 이 물고기들은 수면에서 가장 가까운 해역에서 산란한다.

고등어
MAQUEREAU
Scomber scombrus

분류 : 고등어과
어획 시기 : 3월~5월
살 : 흰색을 띠며 기름지다(날것, 익힌 것 모두 인기가 좋다).
조리 팁 : 머스터드를 발라 파피요트 방식으로 익힌다.

전갱이
CHINCHARD
Trachurus trachurus

분류 : 전갱이과
어획 시기 : 2월~6월
살 : 반투명하고 맛이 뛰어나며 단단하다. 고등어와 비슷하다.
조리 팁 : 날로 먹거나 오븐 구이, 또는 파피요트로 싸서 증기에 찐다.

정어리
SARDINE
Sardina pilchardus

분류 : 청어과
어획 시기 : 10월~2월
살 : 약간 기름기가 있고 가시가 가늘다. 작을수록 맛이 더 좋다.
조리 팁 : 날것으로 또는 구워서 먹는다. 통조림 제품으로도 나와 있다.

멸치, 안초비
ANCHOIS
Engraulis encrasicolus

분류 : 멸치과
어획 시기 : 4월~10월
살 : 야들야들하고 부서지기 쉽다.
조리 팁 : 소금에 절인 안초비 필레를 피자에 얹어 먹으면 좋다.

몸이 납작한 생선

이 물고기들은 해저 바닥에 많이 몰려 있는 어종이다. 저생 지대의 많은 생선들은 몸통이 납작하다. 가오리나 아귀는 배 쪽이, 가자미류는 반대면이 아래쪽을 향하고 있다. 바닥을 향한 쪽은 흰색을 띤다.

대문짝넙치
TURBOT

Psetta maxima

분류 : 대문짝넙치과
어획 시기 : 연중 내내
성수기는 4월~7월
살 : 살이 섬세하며 흰색을 띠고 기름기가 적다. 납작한 생선 중 가장 고급 생선이다.
조리 팁 : 통째로 오븐에 굽는다.

광어, 브릴
BARBUE

Scophtalmus rhombus

분류 : 대문짝넙치과
어획 시기 : 연중 내내
살 : 살이 섬세하며 흰색을 띤다. 사촌격인 대문짝넙치보다 값이 싸다.
조리 팁 : 쿠르부이용(court-bouillon)에 통째로 포칭한다.

레몬 서대기, 도다리
LIMANDE-SOLE

Microstomus kitt

분류 : 가자미과
어획 시기 : 5월~10월.
살 : 기름기가 적고 사촌격인 서대(sole)에 비해 살의 맛이 떨어진다. 따라서 값도 더 싸다.
조리 팁 : 팬에 지지거나 오븐에 굽는다.

서대
SOLE

Solea solea

분류 : 납서대과
어획 시기 : 12월~3월
살 : 살이 섬세하고 단단하다. 필레를 뜨기 쉽다.
조리 팁 : 구워서 뵈르 블랑 소스를 곁들인 서대 요리는 브라스리의 단골 메뉴이다.

흰살생선

이 생선들은 해저 바닥 가까이에 서식한다. 활동량이 많으나 먹이를 얻을 수 있는 해저에 매우 의존성이 높다. 명태, 유럽 메를루사, 도미 등이 있으며 색깔은 은회색부터 붉은색까지 다양하다.

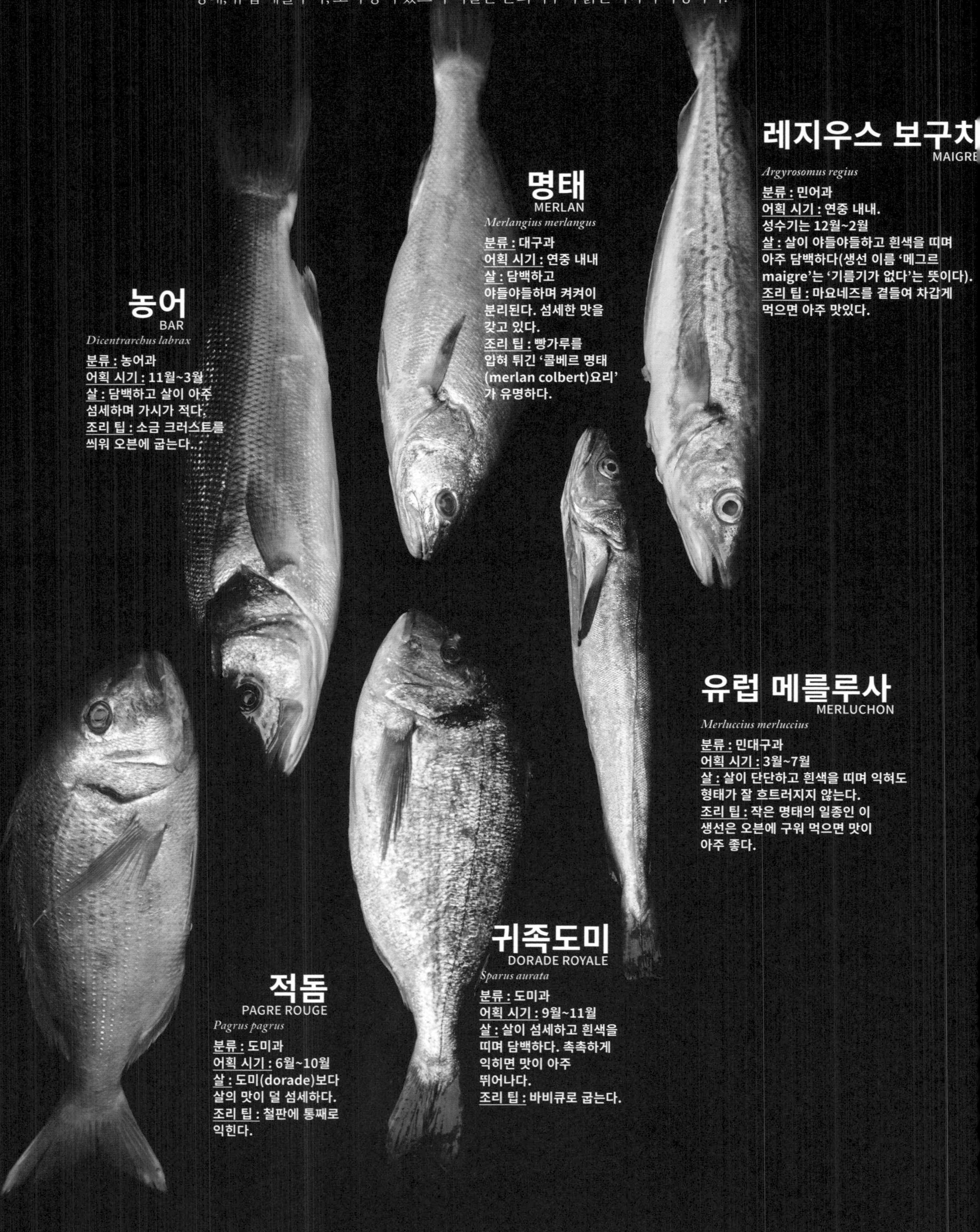

레지우스 보구치
MAIGRE

Argyrosomus regius

분류 : 민어과

어획 시기 : 연중 내내. 성수기는 12월~2월

살 : 살이 야들야들하고 흰색을 띠며 아주 담백하다(생선 이름 '메그르 maigre'는 '기름기가 없다'는 뜻이다).

조리 팁 : 마요네즈를 곁들여 차갑게 먹으면 아주 맛있다.

명태
MERLAN

Merlangius merlangus

분류 : 대구과

어획 시기 : 연중 내내

살 : 담백하고 야들야들하며 켜켜이 분리된다. 섬세한 맛을 갖고 있다.

조리 팁 : 빵가루를 입혀 튀긴 '콜베르 명태(merlan colbert)요리'가 유명하다.

농어
BAR

Dicentrarchus labrax

분류 : 농어과

어획 시기 : 11월~3월

살 : 담백하고 살이 아주 섬세하며 가시가 적다.

조리 팁 : 소금 크러스트를 씌워 오븐에 굽는다.

유럽 메를루사
MERLUCHON

Merluccius merluccius

분류 : 민대구과

어획 시기 : 3월~7월

살 : 살이 단단하고 흰색을 띠며 익혀도 형태가 잘 흐트러지지 않는다.

조리 팁 : 작은 명태의 일종인 이 생선은 오븐에 구워 먹으면 맛이 아주 좋다.

귀족도미
DORADE ROYALE

Sparus aurata

분류 : 도미과

어획 시기 : 9월~11월

살 : 살이 섬세하고 흰색을 띠며 담백하다. 촉촉하게 익히면 맛이 아주 뛰어나다.

조리 팁 : 바비큐로 굽는다.

적돔
PAGRE ROUGE

Pagrus pagrus

분류 : 도미과

어획 시기 : 6월~10월

살 : 도미(dorade)보다 살의 맛이 덜 섬세하다.

조리 팁 : 철판에 통째로 익힌다.

갑각류

갑각류를 지칭하는 '크뤼스타세(crustacé)'는 크러스트(껍데기)를 뜻하는 라틴어 '크루스타(crusta)'에서 유래한 명칭이다. 키틴질의 딱딱한 껍질, 두 쌍의 더듬이, 아래턱 안에는 무기질이 풍부한 갑각류 종이 숨어 있다.

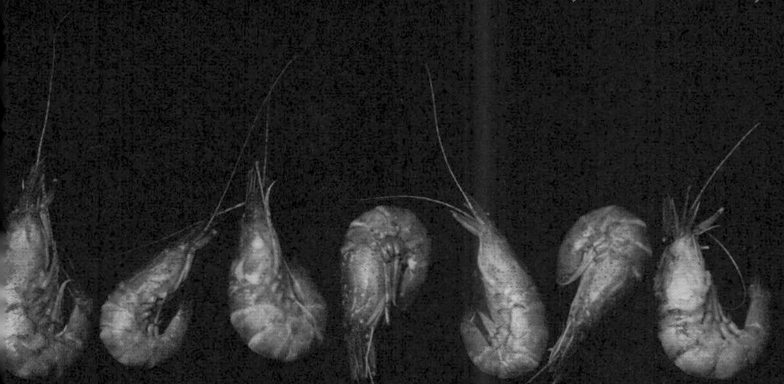

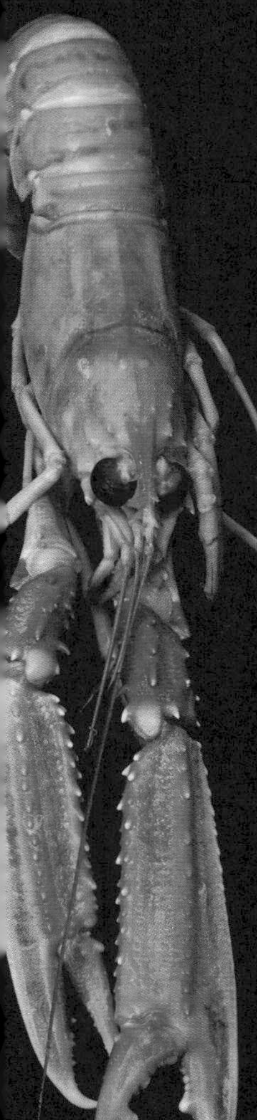

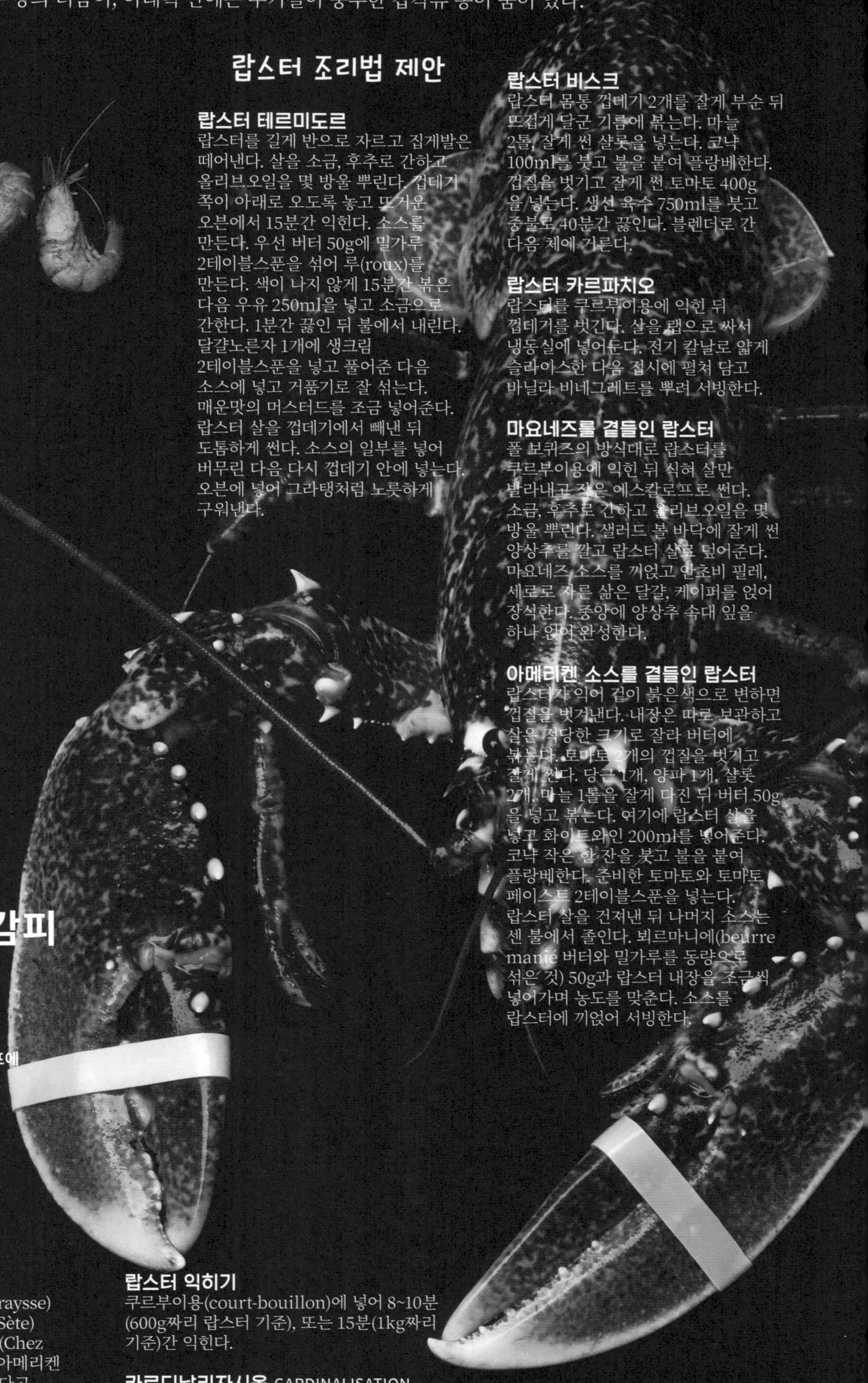

유럽 갈색 새우

CREVETTE GRISE

Crangon crangon

분류 : 새우과

어획 시기 : 연중 내내

살 : 살이 연하고 부서지기 쉽다.

조리 팁 : 머리부터 꼬리까지 팬에 구워 후추를 뿌린다. 아페리티프에 곁들인다.

랍스터

HOMARD

Homarus gammarus

분류 : 가시발새우과

어획 시기 : 성수기는 5월~8월

조리 팁 : 오븐에 굽는다.

가시발새우, 스캄피

LANGOUSTINE

Nephrops norvegicus

분류 : 가시발새우과

어획 시기 : 4월~8월

살 : 살이 매우 연하고 섬세한 맛이 있다.

조리 팁 : 마요네즈를 곁들여 아페리티프에 서빙한다.

랍스터 조리법 제안

랍스터 테르미도르

랍스터를 길게 반으로 자르고 집게발은 떼어낸다. 살을 소금, 후추로 간하고 올리브오일을 몇 방울 뿌린다. 껍데기 쪽이 아래로 오도록 놓고 뜨거운 오븐에서 15분간 익힌다. 소스를 만든다. 우선 버터 50g에 밀가루 2테이블스푼을 섞어 루(roux)를 만든다. 색이 나지 않게 15분간 볶은 다음 우유 250ml을 넣고 소금으로 간한다. 1분간 끓인 뒤 불에서 내린다. 달걀노른자 1개에 생크림 2테이블스푼을 넣고 풀어준 다음 소스에 넣고 거품기로 잘 섞는다. 매운맛의 머스터드를 조금 넣어준다. 랍스터 살을 껍데기에서 빼낸 뒤 도톰하게 썬다. 소스의 일부를 넣어 버무린 다음 다시 껍데기 안에 넣는다. 오븐에 넣어 그라탱처럼 노릇하게 구워낸다.

랍스터 비스크

랍스터 몸통 껍데기 2개를 잘게 부순 뒤 뜨겁게 달군 기름에 볶는다. 마늘 2톨, 잘게 썬 샬롯을 넣는다. 코냑 100ml를 붓고 불을 붙여 플랑베한다. 껍질을 벗기고 잘게 썬 토마토 400g을 넣는다. 생선 육수 750ml를 붓고 중불로 40분간 끓인다. 블렌더로 간 다음 체에 거른다.

랍스터 카르파치오

랍스터를 쿠르부이용에 익힌 뒤 껍데기를 벗긴다. 살을 랩으로 싸서 냉동실에 넣어둔다. 전기 칼날로 얇게 슬라이스한 다음 접시에 펼쳐 담고 바닐라 비네그레트를 뿌려 서빙한다.

마요네즈를 곁들인 랍스터

폴 보퀴즈의 방식대로 랍스터를 쿠르부이용에 익힌 뒤 식혀 살만 발라내고 작은 에스칼로프로 썬다. 소금, 후추로 간하고 올리브오일을 몇 방울 뿌린다. 샐러드 볼 바닥에 잘게 썬 양상추를 깔고 랍스터 살로 덮어준다. 마요네즈 소스를 끼얹고 안초비 필레, 세로로 자른 삶은 달걀, 케이퍼를 얹어 장식한다. 중앙에 양상추 속대 잎을 하나 얹어 완성한다.

아메리켄 소스를 곁들인 랍스터

랍스터가 익어 겉이 붉은색으로 변하면 껍질을 벗겨낸다. 내장은 따로 보관하고 살은 적당한 크기로 잘라 버터에 볶는다. 토마토 2개의 껍질을 벗기고 잘게 썬다. 당근 1개, 양파 1개, 샬롯 2개, 마늘 1톨을 잘게 다진 뒤 버터 50g을 넣고 볶는다. 여기에 랍스터 살을 넣고 화이트와인 200ml를 넣어준다. 코냑 작은 한 잔을 붓고 불을 붙여 플랑베한다. 준비한 토마토와 토마토 페이스트 2테이블스푼을 넣는다. 랍스터 살을 건져낸 뒤 나머지 소스는 센 불에서 졸인다. 뵈르마니에(beurre manié 버터와 밀가루를 동량으로 섞은 것) 50g과 랍스터 내장을 조금씩 넣어가며 농도를 맞춘다. 소스를 랍스터에 끼얹어 서빙한다.

랍스터 익히기

쿠르부이용(court-bouillon)에 넣어 8~10분(600g짜리 랍스터 기준), 또는 15분(1kg짜리 기준)간 익힌다.

카르디날리자시옹 CARDINALISATION

랍스터를 익혔을 때 껍질이 진한 붉은색으로 변하는 현상을 가리킨다. 추기경(cardinal)이 입는 가운의 색을 연상시킨다.

아르모리켄 혹은 아메리켄 ?

이 레시피는 19세기 중반 요리사 피에르 프레스(Pierre Fraysse)가 처음 개발했다. 미국에서 경력을 쌓고 돌아온 세트(Sète) 출신의 이 셰프는 파리에 오픈한 자신의 식당 '셰 피터스(Chez Peter's)'에서 토마토, 양파, 화이트와인을 넣은 이 유명한 '아메리켄 소스 랍스터 요리(homard à l'américaine)'를 서빙했다고 한다. '아르모리켄(armoricaine)'이라는 명칭은 이후 브르타뉴 사람들의 제안(압력)에 따라 등장한 것이다. 그들은 블루 랍스터가 브르타뉴의 상징이라는 점을 강조했다('아르모리크'는 브르타뉴의 옛 이름이다).

두족류

그리스어로 머리를 뜻하는 케팔레(kephalê)와 발을 뜻하는 포드(pod)에서 온 '두족류(céphalopodes)'는 말 그대로 발이 머리를 빙 둘러 붙어 있는 연체동물이다. 물컹한 머리, 딱딱한 입, 빨판이 있는 촉수 같은 발을 가진 이 동물은 마치 바다 괴물의 형상을 지니고 있지만 요리를 하면 아주 맛있다.

문어

PULPE

Octopus vulgaris

분류 : 문어과
어획 시기 : 8월~5월
살 : 살이 단단하며 바다의 짭조름한 맛이 강하다.
조리 팁 : 비네그레트에 절인다.

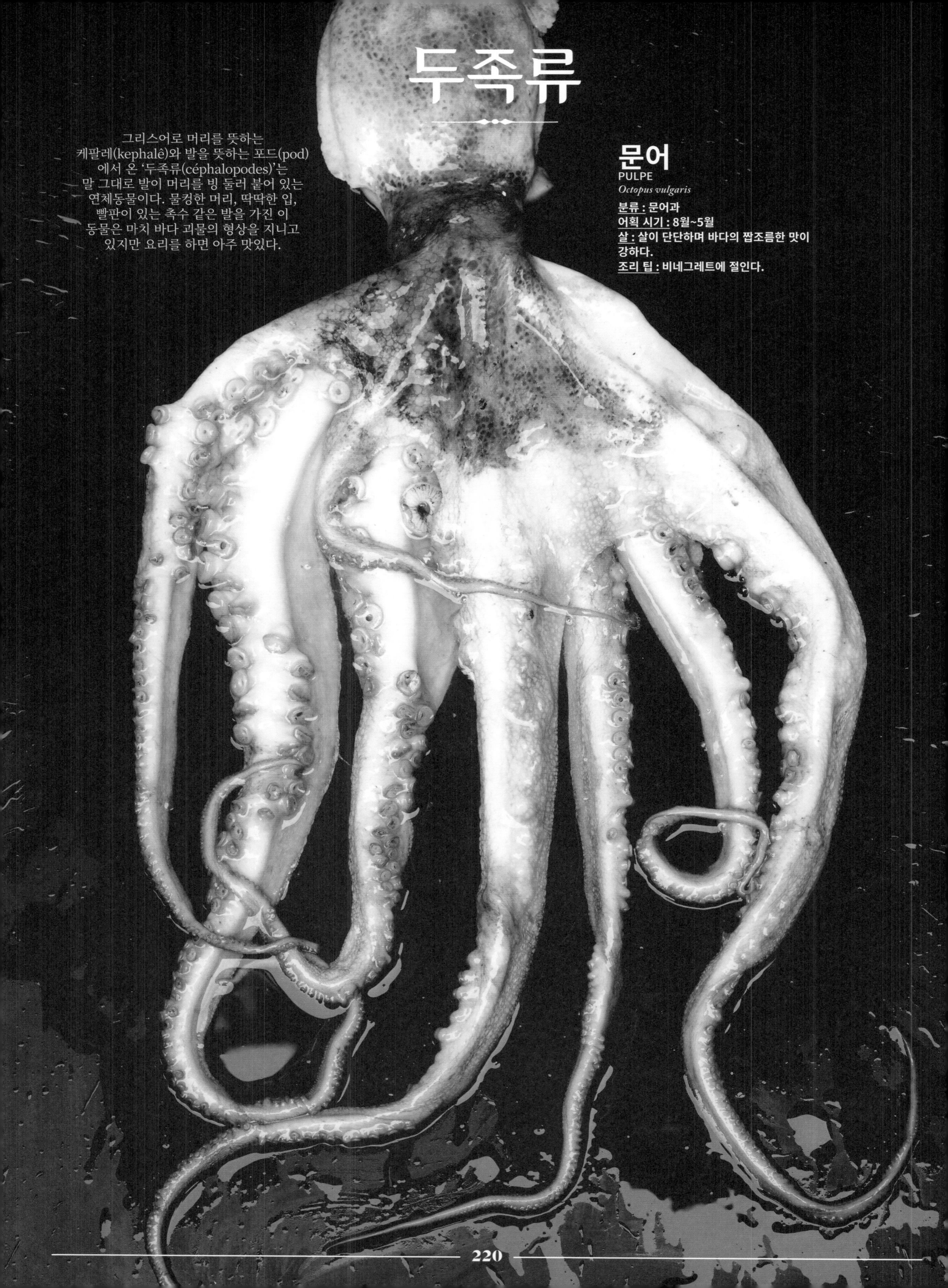

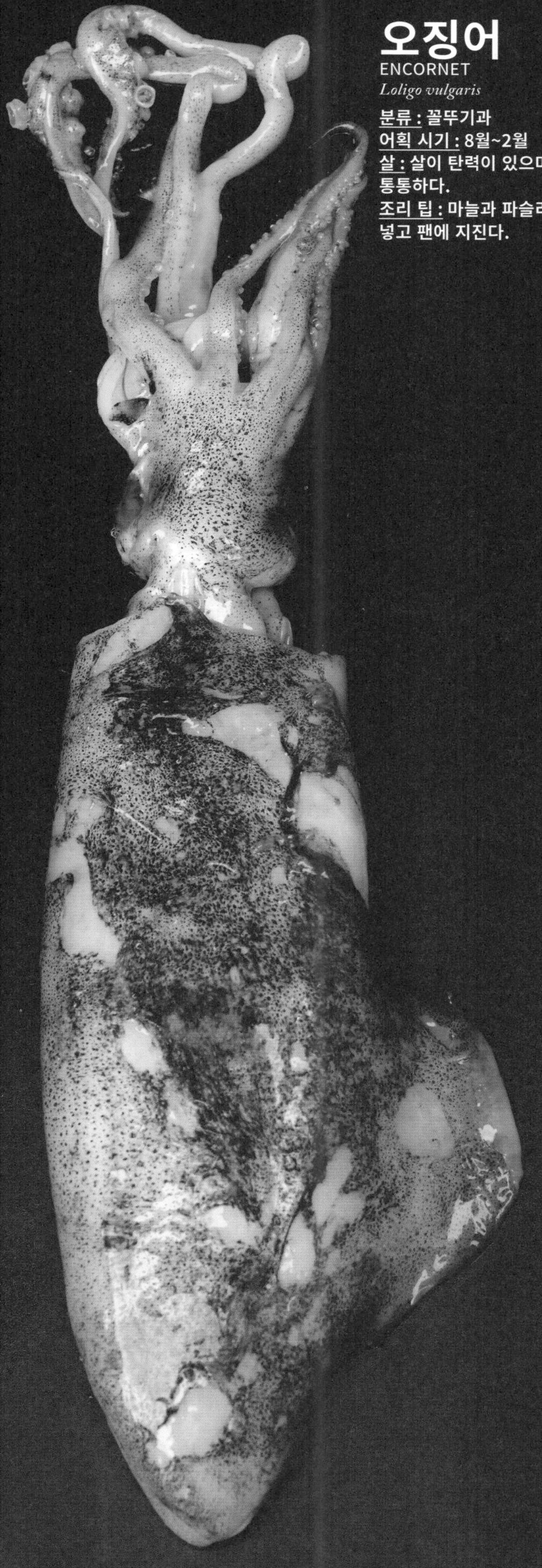

오징어
ENCORNET
Loligo vulgaris

분류 : 꼴뚜기과
어획 시기 : 8월~2월
살 : 살이 탄력이 있으며 통통하다.
조리 팁 : 마늘과 파슬리를 넣고 팬에 지진다.

짭조름한 바다 요리

자크 막시맹
*Jacques Maximin**

네 가지 재료를 동량으로 넣은 소스

귀족도미를 오븐에 노릇하게 통째로 굽는다. 여기에 올리브오일, 물, 레몬즙, 버터를 동량으로 섞은 소스를 끼얹는다. 니스산 올리브를 몇 개 곁들여 서빙한다.

* '비스트로 드 라 마린(Bistrot de la Marine, Cagnes-sur-Mer, Alpes Maritimes)'의 전임 셰프

엠마뉘엘 르노
*Emmanuel Renaut**

화이트와인 마리네이드 고등어

고등어(각 350g) 4마리
당근 2개
셀러리 1줄기
줄기양파 8개
햇마늘 4톨
유기농 레몬 1개
검은 통후추 8알
올리브오일 2테이블스푼
드라이 화이트와인 75ml
흰 식초 25ml
로즈마리 1줄기
레몬타임 2줄기
월계수 잎 2장
정향 2개
소금, 그라인드 후추

고등어의 내장을 제거하고 필레를 뜬 다음 가시를 제거한다. 찬물에 고등어 필레를 헹군 뒤 물기를 꼼꼼히 제거한다. 당근, 셀러리, 줄기양파의 껍질을 모두 벗긴 뒤 얇게 썬다. 마늘은 껍질을 깐다. 레몬은 껍질째 둥글게 슬라이스한다. 통후추 알갱이를 굵직하게 부순다.
냄비에 마리네이드 양념을 만든다. 우선 올리브오일을 넣고 뜨겁게 데운 뒤 줄기양파, 마늘, 당근, 셀러리를 넣고 색이 나지 않고 수분이 나오도록 5분 정도 볶는다. 여기에 화이트와인과 흰 식초를 넣고 끓인다. 다른 코코트 냄비에 레몬 슬라이스를 깔고 밑간을 해둔 고등어 필레를 놓는다. 로즈마리, 레몬타임, 월계수 잎, 정향, 후추를 얹고 뜨거운 마리네이드 양념을 끼얹는다. 끓을 때까지 가열한다. 불에서 내린 뒤 냄비 째 그대로 식힌다. 냉장고에 최소 12시간 넣어두었다가 서빙한다.

* '플로콩 드 셀(Flocons de sel, Megève, Haute-Savoie)'의 셰프

필립 엠마뉘엘리
*Philippe Emmanuelli**

타바스코를 곁들인 명태 튀김

4인분
작은 사이즈의 명태 (각 250g 정도) 4마리 (비늘과 내장을 제거한다)
밀가루 3테이블스푼
달걀 4개
황금색 빵가루 200g
고운 소금 1/2 테이블스푼
에스플레트 고춧가루 1/2 테이블스푼
튀김용 기름 2리터
스모크드 타바스코®

생선을 씻은 뒤 물기를 완전히 제거한다. 생선을 동그랗게 말아 꼬리를 입으로 문 형태로 만든다(이빨이 촘촘하고 날카로워 이러한 모양으로 고정시키는 것이 가능하다). 비닐 봉투에 밀가루와 생선을 넣고 살살 흔들어 고루 묻힌다. 넓적한 바트에 달걀을 푼다. 다른 바트에 빵가루, 소금, 에스플레트 고춧가루를 넣고 잘 섞는다. 그릴 망을 준비한다. 밀가루를 묻힌 생선에 달걀, 빵가루를 순서대로 입힌 뒤 망 위에 놓는다. 180°C로 가열한 기름에 생선을 2마리씩 넣고 약 6분간 튀긴다. 건져서 기름을 털어낸 뒤 종이타월 위에 올려 여분의 기름을 뺀다. 타바스코 소스를 곁들여 뜨겁게 서빙한다.

* 『생선(*Fish*)』의 저자, Marabout 출판, 2014

장 피에르 몽타네
*Jean-Pierre Montanay**

시금치를 채운 오징어

4인분
오징어(18cm 크기) 4마리
잘게 다진 양파 2개
커민 가루 1티스푼
신선한 시금치 600g
쪼개진 쌀(riz cassé) 100g
화이트와인 100ml
식용유
소금, 그라인드 후추

오븐을 180°C로 예열한다. 오징어를 깨끗이 씻은 뒤 머리를 떼어내고 다리는 잘게 자른다. 코코트 냄비에 잘게 다진 양파를 넣고 투명하게 볶은 뒤 잘게 썬 오징어 다리를 넣는다. 약 2분 정도 함께 볶는다. 커민과 소금을 넣는다. 여기에 시금치를 넣은 뒤 뚜껑을 덮어 숨이 죽도록 한다. 이어서 쌀을 넣는다. 필요하면 물을 조금 첨가한다. 뚜껑을 덮고 약 20분간 익힌다. 이 소를 오징어 몸통 안에 채워 넣는다. 이쑤시개를 꽂아 끝을 막아준다. 소금, 후추로 간한다. 오븐 용기에 기름을 바른 뒤 속을 채운 오징어를 나란히 놓고 와인을 붓는다. 오븐에 넣어 25분간 익힌다. 바로 서빙한다.

* 『문어(*Poulpe*)』의 저자. Hachette Pratique 출판, 2015

아티초크 바리굴

프로방스, 더 정확히 말하자면 알피유(Alpilles)의 맛있는 특선 음식인 이 작은 푸아브라드 아티초크 스튜는 시골에서 즐겨 먹던 소박한 요리에서 유명 셰프들의 메뉴판에 등장하는 단골 요리로 등극했다.

프랑수아 레지스 고드리

바리굴(Barigoule)이란 ?

→ 바리굴(barigoule, barigoulo)은 맛젖버섯의 한 종류이다. 또 다른 자료에 따르면 이 레시피 이름은 새송이버섯(pleurotus eryngii)의 지방 사투리인 '베리굴라(berigoula)'에서 파생되었다고 한다.
→ 한 가지 확실한 것은 원래 아티초크는 버섯, 베이컨 및 기타 향신 재료를 넣고 약한 불에 천천히 조리했었다는 점이다.
→ 1742년 므농(Menon)에서 이 요리에는 버섯이 더 이상 들어가지 않게 되었고 그 이름만 남았다.

아티초크 바리굴

드니즈 솔리에 고드리

준비 : 20분
조리 : 35분
4인분

보라색 아티초크(artichauts violets) 작은 것 8개
또는 푸아브라드 아티초크(artichauts poivrades) 12개
레몬 1개
베이컨 라르동 100g
당근 큰 것 1개
셀러리 1줄기
양파 작은 것 2개
마늘 1톨
파슬리 4줄기
타임 1줄기
화이트와인 1/2컵
밀가루 깎아서 1테이블스푼
올리브오일 1테이블스푼
식초 1테이블스푼
소금, 후추

아티초크를 다듬어 준비한다. 우선 줄기를 3cm만 남기고 잘라낸 다음 껍질을 벗긴다. 아티초크 열매의 겉껍질을 한 켜 벗긴 다음 남은 윗부분을 잘라낸다. 잘 드는 칼로 아티초크 중심 부분을 매끈하게 잘라 다듬은 뒤 레몬즙을 뿌리고 식촛물에 담가둔다. 사이즈가 조금 더 큰 보라색 아티초크를 사용할 경우에는 익히기 전에 반으로 길게 자르고 멜론 볼러로 가운데 털을 파낸다. 당근의 껍질을 벗긴 뒤 작은 큐브 모양으로 썬다. 셀러리는 작게 송송 썬다. 양파와 마늘의 껍질을 벗긴 뒤 양파는 얇게 썰고 마늘과 파슬리는 다진다. 냄비에 올리브오일을 넣고 뜨겁게 달군 뒤 당근, 양파, 셀러리를 넣고 5분간 볶는다. 이어서 베이컨과 다진 마늘, 파슬리를 넣어준다. 화이트와인을 붓고 2분간 가열해 알코올을 날린다. 준비해둔 아티초크와 타임을 넣고 소금, 후추로 간한다. 밀가루를 솔솔 뿌리고 냄비를 흔들어가며 고루 섞는다. 아티초크가 잠기지 않도록 물을 자작하게 붓는다. 뚜껑을 닫고 약한 불로 30분간 익힌다. 칼끝으로 찔러보아 익었는지 체크한다. 수분이 너무 빨리 졸아들면 중간에 물을 조금 첨가한다. 반대로 다 익었는데도 국물이 너무 많이 남아 있다면 불을 세게 올리고 2분 정도 가열해 증발시킨다.

곁들이면 좋은 와인 : 프로방스산 로제 와인

관련 내용으로 건너뛰기
p.258 브로치우 치즈

조르주 페렉, 글 속의 작은 주방

식료품이 가득한 찬장, 여러 페이지를 빼곡히 메우는 각종 요리 이름들… 조르주 페렉(George Perec)의 작품에는 마실 것과 먹을 것, 그리고 소박한 시골 음식부터 유명 셰프들의 요리까지 다양한 음식을 떠올리는 내용들이 등장한다.

에스테렐 파야니

첫 번째 저서인『사물들(*Les Choses*)』(1965)에서부터 조르주 페렉은 각종 요리와 미식 관련 문제를 소비 사회에 대한 비평과 연결해 제시한다. 두 번째 작품『마당에 놓인 크롬 핸들 작은 자전거(*Quel petit vélo à guidon chromé au fond de la cour?*)』(1966)에서는 뒷면 표지에 "입맛이 까다로운 사람들도 만족시킬 만한 올리브를 넣은 쌀 요리 레시피" 소개를 약속하며 독자를 유인한다. 이 책에서 그 정확한 레시피를 찾는 것은 헛된 일이겠지만 여기에는 주기적으로 멋진 라이스 샐러드 시리즈가 등장한다. 그는 대식가였을까? 꼭 그렇다고는 할 수 없다. 그가 쓴 "1974년 한 해 동안 내가 먹은 액체와 고체 식품 목록"에서 보면 양의 골, 크림 소스 라디키오 양상추, 구아바 소르베, 각종 훈제 생선, 자신이 폴란드 출신임을 은근히 보여주는 단면인 보드카 등 그 종류는 어마어마하지만 그 자신이 특별히 대식가는 아니었다. 또 다른 책 『생각하기, 분류하기(*Penser/Classer*)』에서 제시한 초보자를 위한 81개의 레시피 카드는 수학적 조합 분석을 활용해 서대, 송아지 흉선, 토끼, 야생토끼 요리를 다양하게 응용할 수 있도록 했다. 『인생 사용법(*La Vie mode d'emploi*)』(1978)의 무대는 1975년 6월 23일 저녁 8시 정각으로 고정되어 있다. 이 시간은 책에 묘사된 건물의 모든 주민들이 식탁에 앉는 시간이다. 심지어 알파벳 'e'를 단 한 개도 사용하지 않고 쓴 리포그램(lipogramme 특정문자를 사용하지 않으면서 글을 쓰는 기법) 소설인 1969년 작품 『실종(*La Disparition*)』에서도 커민을 넣은 랍스터, 파프리카를 넣은 발칸 소시지, 수바로프식 멧새 쇼 프루아(chaud-froid) 등의 요리가 등장한다. 하지만 원색적인 묘사나 맛의 표현, 미식적 쾌락은 없다. 식사를 하는 행위, 먹은 것을 기록하는 것, 이는 시간을 고정시키는 것, 우리 삶에서 덧없이 잊히는 기억들을 잘 붙잡아 두려는 시도라 할 수 있다. 이렇듯 프루스트에서 페렉에 이르기까지 '식사'는 시간을 거슬러오르는 장치가 된다.

딸기 무슬린

조르주 페렉, 『인생 사용법』 중에서.

"책은 악보대 위에 놓여 있다. 1890년 래드노어 경이 롱포트 성 연회실에서 개최한 리셉션 장면을 담은 일러스트 페이지가 펼쳐져 있다. 모던 스타일 꽃무늬와 테두리 장식으로 둘러싸인 왼쪽 페이지에는 딸기 무슬린 레시피가 다음과 같이 적혀 있다. 숲 딸기 또는 일반 딸기 300g을 준비한다. 딸기를 체에 놓고 긁어내린다. 여기에 아주 단단하게 휘핑한 생크림 500g을 넣고 섞는다. 작고 동그란 종이 케이스에 이 혼합물을 채운다. 잘게 부순 얼음과 소금을 둘레 벽에 넣은 아이스박스, 또는 냉동실 안에 2시간 동안 넣어둔다. 큼직한 딸기를 각 무슬린 위에 하나씩 얹어 낸다."

블랙커런트 파르페

에스테렐 파야니

조르주 페렉의 『실종(*La Disparition*)』에서 영감을 받은 레시피

6인분
유지방(생크림) - 400ml
달걀노른자 - 큰 것 4개분
생 블랙커런트 - 250g
블랙커런트 리큐어(kir용) - 50ml
설탕 시럽 - 120g

볼에 달걀노른자와 설탕 시럽을 넣고 뽀얗게 변할 때까지 거품기로 휘저어 섞는다. 생 블랙커런트에 블랙커런트 리큐어를 넣고 블렌더로 간 다음 달걀, 시럽 혼합물과 섞는다. 생크림을 휘핑해 샹티이크림을 만든 뒤 혼합물에 넣고 섞는다. 길쭉한 용기에 담은 뒤 냉동실에 12시간 보관한다. 용기에서 꺼내 잘라서 서빙한다.

와인병 안의 행복

길레름 드 세르발

대용량 병은 주로 샴페인을 위한 경우가 많다. 이러한 관습은 주로 19세기 네고시앙(와인중개업자)들에 의해 만들어졌다. 다양한 용량의 와인 병들은 일반적으로 성경 속의 인물 이름을 지니고 있다. 사이즈별 와인 병을 자세히 살펴보자.

N°1 • 카르, 피콜로, 스플릿
QUART(piccolo)
이론상 일반 병의 1/4인 187.5ml
높이 : 20 cm
용량 : 200 ml
잔 수 : 1.5
소비 상황 : 기내용
코르크를 딸 가능성 : 낮다. 주로 항공사의 기내 승객 서빙용으로만 쓰인다.

N°2 • 드미, 피에트, 하프
DEMIE(filette)
750ml 일반 병의 절반.
높이 : 26 cm
용량 : 375 ml
잔 수 : 3
소비 상황 : 아내가 임신 중일 때.
코르크를 딸 가능성 : 낮다. 레스토랑에서 와인을 글라스로 판매함에 따라 이 사이즈의 생산은 현격히 감소했다.

N°3 • 부테이, 샹프누아즈, 스탠다드
BOUTEILLE(champenoise)
옛 프랑스어로 '용기'를 뜻하는 '보텔(botele)'에서 온 단어이다.
높이 : 32 cm
용량 : 750 ml
잔 수 : 6
소비 상황 : 평상시에 가장 많이 소비하는 사이즈
코르크를 딸 가능성 : 매우 높다. 프랑스인들은 1인당 연간 44.2리터의 와인을 소비한다(750ml 기준 60병 분량).

N°4 • 매그넘
MAGNUM
라틴어로 '크다'는 의미이다.
높이 : 38 cm
용량 : 1.5 리터.
일반 사이즈 2병에 해당.
잔 수 : 12
소비 상황 : 발렌타인 데이
코르크를 딸 가능성 : 매우 높다. 흔히들 와인에 가장 적합한 사이즈라고 말한다.

N°5 • 제로보암, 더블 매그넘
JÉROBOAM(double magnum)
성경에 나오는 인물로 이스라엘 북부의 초대 왕 이름이다.
높이 : 50 cm
용량 : 3 리터.
일반 사이즈 4병에 해당.
잔 수 : 24
소비 상황 : 와인 셀러에 보관한다.
코르크를 딸 가능성 : 높다. 와인메이커들이 자신들의 개인 소비용으로 많이 제작해 사용하는 사이즈다.

N°6 • 레오보암
RÉHOBOAM
높이 : 56 cm
용량 : 4.5 리터
일반 사이즈 6병에 해당.
잔 수 : 36
소비 상황 : 퇴직 환송회 파티용
코르크를 딸 가능성 : 매우 낮다. 일반인들이 구하기 어려운 사이즈다. 몇몇 전문 셀러에서만 취급한다.

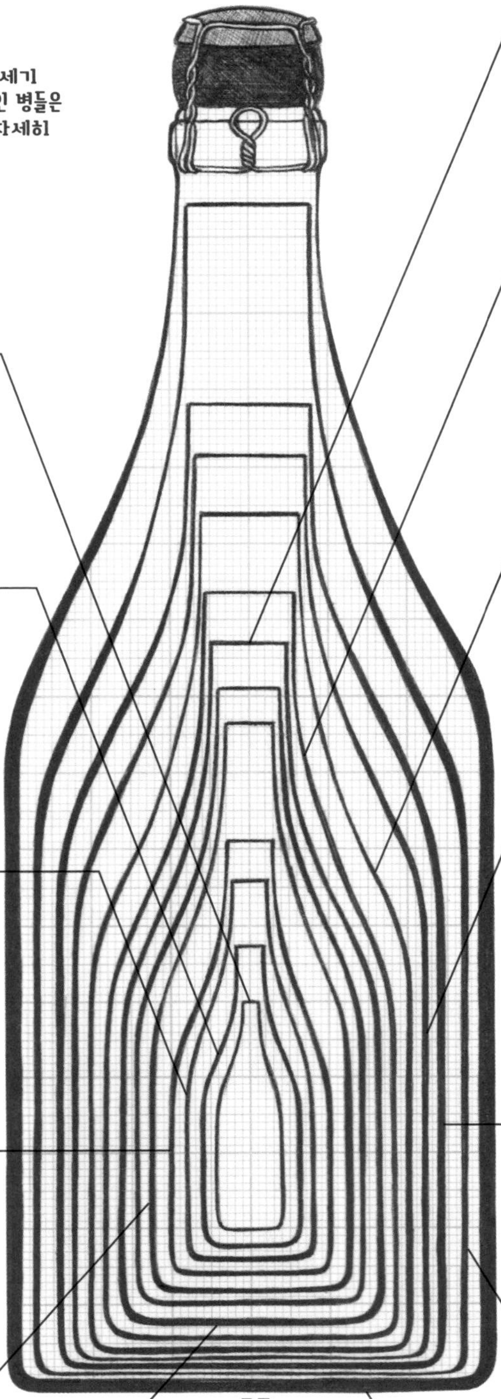

도표
측면에서 본 용적 단면

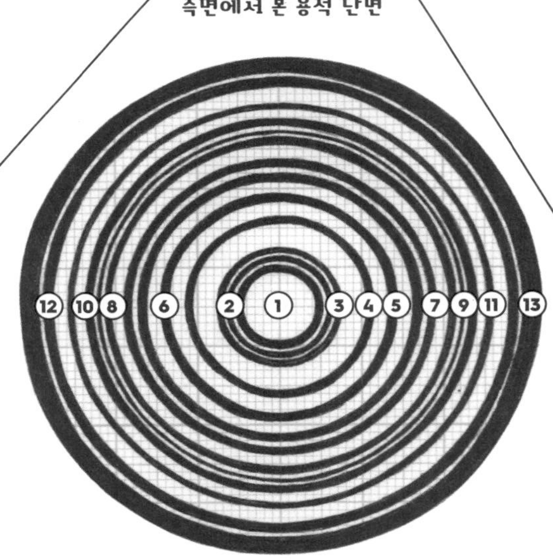

12 10 8 6 2 1 3 4 5 7 9 11 13

도표
위에서 본 단면

N°7 • 마튀잘렘, 임페리얼
MATHUSALEM(imperial)
성서에 나오는 에녹의 아들 므두셀라로 장수의 상징이다. 그는 969년을 살았다고 한다.
높이 : 60 cm
용량 : 6 리터, 일반 사이즈 8병에 해당
잔 수 : 48
소비 상황 : 친구들과의 끝나지 않는 식사.
코르크를 딸 가능성 : 낮다.

N°8 • 살마나자르 SALMANAZAR
앗시리아의 왕 5명이 이 이름을 사용했다.
높이 : 67 cm
용량 : 9 리터
일반 사이즈 12병에 해당
잔 수 : 72
소비 상황 : 크리스마스 가족 디너용
코르크를 딸 가능성 : 저녁 내내 블링블링한 클럽을 전전하지 않는 한 매우 낮다.

N°9 • 발타자르 BALTHAZAR
예수 탄생 때 선물을 들고 온 동방박사 세 사람 중 아프리카에서 온 것으로 추정되는 한 명의 이름이다.
높이 : 74 cm
용량 : 12 리터
일반 사이즈 16병에 해당
잔 수 : 96
소비 상황 : 마을 이웃들과의 축제
코르크를 딸 가능성 : 매우 낮다. 샴페인 와이너리에서나 만날 수 있는 사이즈다.

N°10 • 나뷔코도노조르
NABUCHODONOSOR
바빌론의 가장 위대한 왕(기원전 605~562년) 이름이다.
높이 : 79 cm
용량 : 15 리터
일반 사이즈 20병에 해당
잔 수 : 120
소비 상황 : 5월 1일 노동절에 조합원들과 함께 마신다.
코르크를 딸 가능성 : 매우 낮다. 생 바르트(Saint-Barth) 프라이빗 비치에서 러시아인들과 휴가를 보내지 않는다면...

N°11 • 살로몽, 멜키오르
SALOMON(Melchior)
예수 탄생 때 선물을 들고 온 동방박사 세 사람 중 유럽에서 온 것으로 추정되는 한 명의 이름 이다.
높이 : 86 cm
용량 : 18 리터
일반 사이즈 24병에 해당
잔 수 : 144
소비 상황 : 당신의 생일.
코르크를 딸 가능성 : 매우 낮다. 와이너리에서도 매년 생산하는 경우는 드물다.

N°12 • 프리마 PRIMAT
중세 후기 라틴어에서 온 단어로 '최고'를 뜻한다.
높이 : 102 cm
용량 : 27 리터
일반 사이즈 36병에 해당
잔 수 : 216
소비 상황 : 1945년 5월 8일 유럽 전승 기념일(드라피에(Drappier)는 드골 장군이 애호하던 샴페인이었다).
코르크를 딸 가능성 : 거의 없다. 드라피에(Drappier) 샴페인 와이너리에서만 생산된다.

N°13 • 멜키세데크 MELCHISEDECH
살렘 왕, 지극히 높으신 하나님을 섬기는 사제.
그의 이름은 '정의의 왕'을 뜻한다.
높이 : 110 cm
용량 : 30 리터
일반 사이즈 40병에 해당
잔 수 : 240
소비 상황 : 당신의 결혼식
코르크를 딸 가능성 : 매우 낮다. 일생에 결혼을 여러 번 하지 않는다면...

식초

식초가 없다면 프랑스 요리의 맛이 너무 밋밋할 것이다. 프랑스에는 좋은 생산자와 진정한 아티장들이 조상들의 전통 방식으로 제조한 고급 식초들이 다양하다. 오를레앙(Orléans)에서 바니울스(Banyuls)까지 우리의 입맛을 사로잡는 이 새콤한 양념을 찾아 떠나보자.

마리 아말 비잘리옹

화학 수업
음식의 보존성을 높여주고 맛을 증대시켜주는 이 식초의 비밀을 알아낸 것은 1865년 루이 파스퇴르(Louis Pasteur)다. 발효된 알코올은 공기와 열을 만나면 시어진다. 나쁜 세균의 번식을 막기 위해 너무 강한 와인에는 물을 타고 여기에 식초를 첨가한다. 날씨가 더우면 초산박테리아(Mycoderma aceti)가 와인 표면에 산막효모를 형성한다. 이 막이 액체 중의 산소를 흡수하면서 알코올 연소 과정이 시작되며, 알코올은 아세트산으로 변한다.

홈 메이드 식초 만들기 6단계

도구 : 나무, 토기 또는 도기 소재에 수도꼭지가 장착된 식초 통.

1. 식초 통을 실온 20℃ 이상 되는 따뜻한 방에 놓는다.
2. 알코올 성분이 거의 없는 좋은 와인에 동량의 식초를 섞어 통의 2/3까지 채운다.
3. 뚜껑 대신 거즈 천으로 덮고 둘레를 끈으로 묶어 고정한다.
4. 표면에 반투명한 얇은 막이 (금세) 형성되는 것을 볼 수 있다.
5. 3주 후 규칙적으로 맛을 본다.
6. 식초가 완성되면 (온도에 따라 3주에서 2개월) 침전물을 없애기 위해 조금 따라내고 표면의 막이 부서지지 않도록 주의하며 동량의 와인을 보충해 넣어준다.

식초 소스 닭 요리 LE POULET AU VINAIGRE

마리옹 모니에 *Marion Monnier**

엄청난 미식가였던 클로드 샤브롤(Claude Chabrol) 감독이 만들고 장 푸아레(Jean Poiret)가 '닭' 역할로 출연했던 유명한 영화**의 제목이다. 또한 오래된 가정 요리 레시피로 19세기와 20세기 부르주아 요리 개론서에도 많이 등장한다.

* 비스트로 '라 카이유보트(LA CAILLEBOTTE)'의 셰프. SAINTES (CHARENTE-MARITIME)
** 한국에서는 '닭 초절임'이라는 타이틀로 개봉한 바 있다. 1985년 작.

관련 내용으로 건너뛰기
p.335 상추와 치커리

4인분
준비 : 25분
조리 : 1시간

농가에서 기른 토종닭 1마리의 가슴살과 다리
닭 간
버터
닭 날개, 목
당근 2개
양파 1개, 마늘 1톨
셀러리 1줄기
식초 1컵
타임, 월계수 잎, 소금, 후추
뵈르 마니에(beurre manié 부드러워진 버터 30g과 밀가루 30g을 잘 섞는다)

코코트 냄비에 채소와 향신 재료, 닭 날개, 목을 넣고 잠기도록 물을 부은 뒤 끓인다. 국물이 반으로 졸아들면 체에 거른 뒤 식초 한 컵을 넣어 섞는다. 다시 끓여 1/3을 졸인다. 그동안 팬에 버터를 두르고 닭다리와 가슴살을 노릇하게 지진다. 뚜껑을 덮고 약한 불에서 35분간 익힌다. 국물을 끓여 졸인 뒤 불을 줄이고 뵈르 마니에를 넣어 농도를 맞춘다. 닭 간에 식초를 조금 넣고 블렌더로 갈아준다. 소스 냄비를 불에서 내린 뒤 닭 간을 넣고 잘 섞는다. 닭다리와 날개를 넣고 바로 서빙한다.

★ ★ ★

식초 활용법 4가지

1 디글레이징 Déglacer
송아지 간, 생선, 닭 등을 팬이나 냄비에 지진 뒤 꺼내고 기름을 덜어낸다. 이 팬이나 냄비를 아주 뜨겁게 달군 다음 좋은 품질의 식초를 넣고 바닥에 눌어붙은 육즙 정수를 긁으며 몇 분간 졸인다. 이어서 익혀둔 건더기 재료를 그 소스에 넣고 뜨겁게 데워 서빙한다.

2 보존 Conserver
냉동고가 없던 시절 식초는 식품을 오래 저장하는 데 쓰였다. 식초로 인해 음식의 풍미가 변하지만 경우에 따라 더 좋아지는 경우도 있다. 맛젖버섯의 경우가 그러하다. 프리카세(fricassée)로 조리했을 때 그리 특별한 맛이 없는 버섯이지만 팬에 바싹 볶으면 떫은맛이 사라진다. 여기에 올리브오일, 양파, 짓이긴 마늘, 프로방스 허브, 좋은 품질의 레드와인 식초(냄새가 강하다) 한 컵을 넣는다. 15분 정도 약한 불에 뭉근히 익힌 뒤 밀폐용 병에 넣고 올리브오일로 덮어준다. 식혀서 먹으면 아주 맛있어서 자꾸 손이 가게 된다.

3 상큼한 맛 살리기 Vivifier
마요네즈에 활기를 주는 상큼한 맛을 더하려면 마지막에 식초를 소량 넣어준다. 딸기, 라즈베리, 멜론에 바니울스(Banyuls) 화이트와인 식초와 민트, 바질 잎 서너 장을 넣으면 아주 잘 어울린다. 고혈압 환자들은 소금 대신 식초를 넣으면 간이 싱거워도 맛있게 먹을 수 있다.

4 절이기 Mariner
산에 오래 담가두면 고기가 연해지는 효과가 있다. 붉은 살 육류 또는 흰색 육류에 꿀, 올리브오일, 식초, 머스터드를 섞어 재웠다가 구우면 아주 잘 어울린다. 프로방스에서는 멧돼지 고기나 소고기 스튜를 만들 때 미리 재워두는 마리네이드 양념액에 식초를 한 바퀴 넣어 상큼한 킥을 더한다.

유명 셰프들의 비네그레트

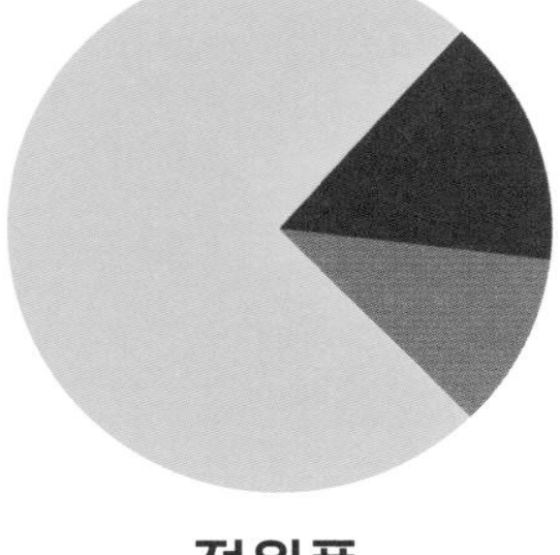

전원풍
에릭 프레숑 *Éric Fréchon**

셰리 식초 30ml에 소금 3꼬집을 넣고 거품기로 잘 섞는다. 헤이즐넛 오일 20ml, 낙화생유 80ml를 넣어가며 거품기로 휘저어 유화한다. 후추 1꼬집을 넣는다. 그린빈스, 아티초크 속살, 샬롯, 팬에 노릇하게 로스팅한 뒤 굵직하게 다진 헤이즐넛을 넣은 샐러드 드레싱으로 아주 잘 어울린다.

* 레스토랑 '에피퀴르(Épicure)'의 셰프, 파리 8구.

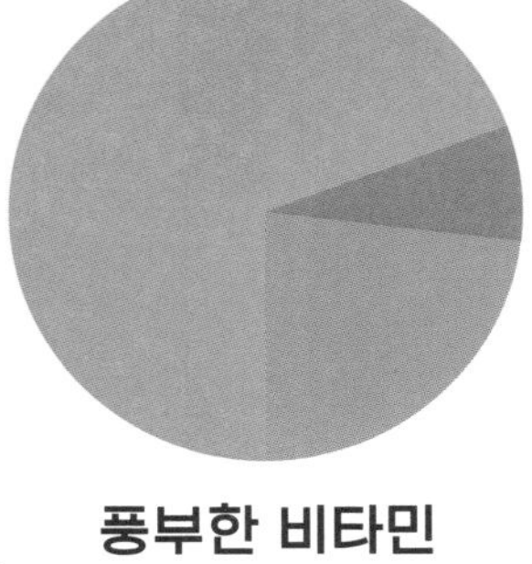

풍부한 비타민
알랭 뒤카스 *Alain Ducasse**

블러드 오렌지 4개를 속껍질까지 칼로 잘라 벗긴 뒤 착즙한다. 이 오렌지 즙에 레드와인 식초 1테이블스푼, 올리브오일 4테이블스푼, 소금, 갓 갈아낸 후추를 넣고 잘 섞는다. 블러드 오렌지, 셀러리, 얇게 썬 적양파, 니스산 올리브, 깍둑 썬 페타 치즈, 잘게 썬 이탈리안 파슬리를 넣은 샐러드의 드레싱으로 아주 잘 어울린다.

* 레스토랑 '루이 캥즈(Le Louis XV, Monte-Carlo)', '플라자 아테네(Le Plaza Athénée, 파리 8구)'의 셰프.

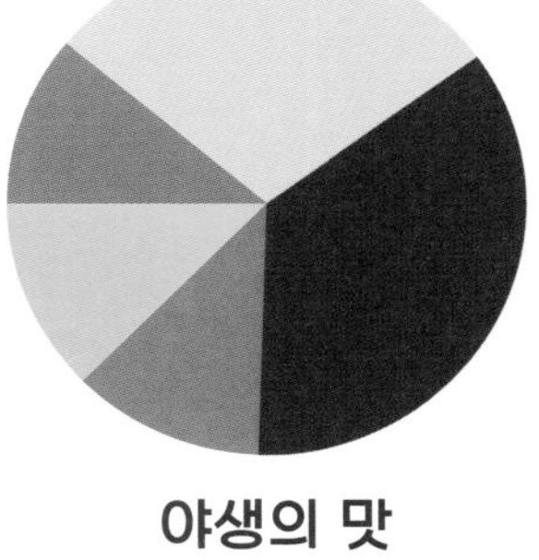

야생의 맛
프레디 지라르데 *Frédy Girardet**

레드와인 식초 1티스푼, 화이트와인 식초 2테이블스푼, 낙화생유 1테이블스푼, 호두오일 1테이블스푼, 트러플 즙 2테이블스푼, 소금, 후추를 거품기로 세게 휘저어 섞는다. 트러플(송로버섯) 30g과 삶은 달걀 1개를 굵직하게 다져 넣는다. 혼합물을 끓지 않도록 주의하며 뜨겁게 데운다. 끓는 소금물에 5분간 삶은 따뜻한 야생 아스파라거스 윗동에 뿌리면 아주 잘 어울린다.

* 레스토랑 '오텔 드 빌, 크리시에(Hôtel de Ville, Crissier, Suisse)'의 전임 셰프

창의적인 맛
렌 & 나디아 사뮈 *Reine et Nadia Sammut**

껍질을 벗겨 익힌 비트 작은 것 1개, 석류 농축액 1테이블스푼, 화이트 바니울스(Banyuls) 화이트와인 식초 1테이블스푼, 퀴퀴롱(Cucuron) 산 올리브오일 6테이블스푼, 소금, 갓 갈아낸 사라왁(Sarawak) 화이트 후추를 모두 블렌더에 넣고 간다. 포토푀를 끓여 먹고 남은 건더기를 다음 날 먹을 때 곁들이거나 어린 리크에 곁들이면 아주 좋다.

레스토랑 오베르주 드 라 페니에르(l'auberge de La Fenière, Cadenet, Vaucluse)의 셰프

프랑스의 원산지 아펠라시옹(appellation) 인증 식초

오를레앙 *Orléans*

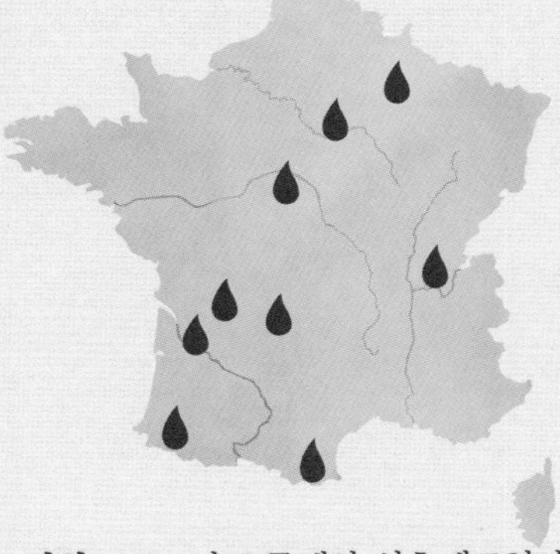

기원 : 1394년 오를레앙 식초제조업자 조합이 창설되었다. 18세기에 300개의 식초 제조 판매업자들이 있었으나 현재는 한 곳만 남았다.
원료 : 프랑스산 포도주와 초모(Mycoderma aceti).

바니울스 *Banyuls*
기원 : 기원전 8세기에 그리스인들이 포도나무를 심어 재배했다. 아직 그 제조법이 자세히 알려지지 않은 바니울스 와인 식초는 1976년부터 판매되기 시작했다.
원료 : 바니울스산 스위트 와인과 초산 박테리아.

렝스 *Reims*
기원 : 18세기부터 샹파뉴 와인과 연관되어 있다.
원료 : 병을 주기적으로 돌리는 데고르주망(dégorgement) 방식으로 만들어지며 포도품종은 샤르도네(chardonnay), 피노누아(pinot noir), 피노 뫼니에(pinot meunier)다. 오크통에서 숙성된다.

보르도 *Bordeaux*
기원 : 18세기에 보르도 시에는 여러 곳의 식초 생산업체가 있었다. 그 이후로는 와이너리에서만 소량 생산하고 있다.
원료 : 오크통에서 숙성된 AOC 보르도 와인.

라니 *Lagny*
기원 : 1875년 필록세라(포도뿌리 진딧물) 병이 일 드 프랑스 지역의 포도밭을 초토화시켰다. 라니 쉬즈 마른(Lagny-sur-Marne)은 흰색의 오드비나 증류주 생산으로 업종을 전환했다. 라니 식초는 1890년부터 생산되기 시작했다.
원료 : 사탕무 증류주와 오크통에 담가둔 너도밤나무 칩. 과일로 향을 더한다.

뱅 드 폼 바스크 *Vin de pommes basque*
기원 : 바스크 지방의 애플 와인. 비발포성이며 설탕이 함유되어 있지 않은 시드르(cidre)와 거의 비슷한 고대의 '사가르노(sagarno)'에서 파생되었다.
원료 : 바스크 지역에서 생산된 사과 과육을 발효시켜 만든다.

피노 데 샤랑트 *Pinot des Charante*
기원 : 1589년 포도즙에 코냑을 섞고 잊어버리고 두었다가 우연하게 탄생한 술이다. 여세를 몰아 식초도 생산하기 시작했다.
원료 : AOC 피노 데 샤랑트. 오크통 안에서 천천히 식초로 변한다.

뱅 존 뒤 쥐라 *Vin jaune du Jura*
기원 : 십자군 전쟁 시절부터 생산된 유명한 뱅 존은 식초에 적합하지 않은 와인이었다. 1993년 필립 고네(Philippe Gonet)는 3년간의 도전 끝에 뱅 존 와인 식초를 만드는 데 성공했다.
원료 : 사바냉(savagnin) 품종 포도로 만든 와인으로 오래 저장이 가능하다. 파스퇴르가 정립한 이론에 가까운 초화 과정이 진행된다.

시드르 드 리무쟁 *Cidre du Limousin*
기원: 단맛의 사과가 나는 이 지방에서는 전통 농가 방식으로 시드르를 만들며 이는 지역 내 시장에서 유통된다.
원료 : 지역 생산 시드르를 밤나무 통에 넣어 초화시킨다. 밤나무 통에서 스며든 특유의 맛이 있다.

초모(醋母)의 모든 것
새 식초를 개시할 때 두껍고 끈적끈적한 초모(vinegar mother)를 반드시 그대로 덮어놓아야 한다는 믿음은 깊은 뿌리를 갖고 있다. 하지만 이것은 단순히 죽은 박테리아가 뭉쳐 굳어 형성된 막 층으로 버려도 좋다.

감사한 도둑들
1628년 페스트(흑사병)가 툴루즈를 휩쓴다. 면역력을 갖춘 듯한 네 명의 사기꾼들은 병에 걸린 사람들을 죽이고 약탈한다. 화형에 처해진 이들에게 비밀을 자백하도록 추궁한 결과 이들은 흰 식초에 식물을 담가두었다가 몸에 발랐다고 털어놓았다. 그들은 화형 대신 교수형에 처해졌다. 하지만 그들이 제공한 면역 약 조제법은 1748년 프랑스 약전에 기록되었다. 이것은 압생트, 로즈마리, 세이지, 마늘, 다양한 향신료가 들어 있는 흰 식초였다.

품질 설명 문구에 유의할 것
전통, 저장, 오크통 숙성... 이와 같은 문구들 중 그 어떤 것도, 심지어 '친환경, 유기농'이라는 수식어도 해당 식초가 전통 아티장 방식으로 생산되었다는 사실을 보장해주진 않는다. 아티장 방식 생산이라는 표시는 라벨에 전문(production artisanale)으로 표시된다.

비교해봅시다

● 대량생산 식초
총 생산량의 98%
30°C의 대형 스테인리스 통 안의 알코올 희석액에 초산 박테리아를 함유한 초미립 기포를 주입한다. 24시간 안에 초화가 일어난다.

● 수제 아티장 식초
총 생산량의 2%
나무 통에서 최소 3주간 발효시킨 뒤 이어서 최소 6개월 이상 지하 저장고에서 숙성한다. 산도가 낮으며 더욱 섬세한 맛을 지닌다.

알아두어야 할 주소
로랑 아녜스 식초 공방
Vinaigrerie Laurent Agnès, Saint-Jean-d'Angély (Charente-Maritime), 05 46 26 18 45. 느리게 만드는 최고의 전통방식 아티장 식초를 생산한다. 시드르 식초 또는 와인 식초, 가향 식초 등을 만든다.

사랑의 케이크

"반죽을, 반죽을 만드세요..." 자크 드미(Jacques Demy) 감독의 영화「당나귀 공주(Peau d'âne)」에서 주인공 카트린 드뇌브가 케이크를 만들면서 부르던 노래의 가사이다. 피에르 에르메가 재해석한 이 사랑의 케이크 레시피를 소개한다.

카미유 피에라르

영화의 명장면

1970년 자크 드미 감독은 샤를 페로(Charles Perrault)의 동화를 각색한 영화「당나귀 공주」에서 주인공이 케이크를 만드는 장면에 음악을 결합시켰다. 베이킹을 좋아하고 노래를 즐겼던 어머니의 이미지에서 영향을 받은 것이다. 영화의 음악은 이미「로슈포르의 연인들(Les Demoiselles de Rochefort)」,「셸부르의 우산(Les Parapluies de Cherbourg)」,「롤라(Lola)」등의 영화에서 호흡을 맞춘 바 있는 미셸 르그랑(Michel Legrand)이 맡았다. 발랄하고 장면을 상큼하게 만드는 이 노래는 주인공이 만드는 사랑의 케이크를 이론의 여지없는 가상 케이크의 스타로 만들었다. 미셸 르그랑은 이 레시피의 실제 가식성보다도 운율과 리듬에 더 초점을 맞춘 것 같다.
보티첼리 스타일의 당나귀 공주 카트린 드뇌브는 이 장면에서 우선 좋은 레시피를 찾기 위해 요리책을 꺼낸다. 마찬가지로 상상의 레시피인 럼 슈농소, 호두 델리스 등의 다른 파티스리 레시피 등을 건너뛴 다음 그녀는 '사랑의 케이크(le cake d'amour)'를 최종적으로 선택한다. 태양빛의 드레스로 갈아입은 그녀는 케이크 만들기를 시작한다.

옛날 옛적에...
깊은 숲 속 오두막집에 피신해 젊은 공주님이 살고 있었습니다. 어느날 왕자는 그녀를 발견하고 한눈에 반했습니다. 사랑의 열병을 앓게 된 왕자는 그녀의 손으로 직접 만든 케이크를 먹어보는 게 소원이었습니다. 이 소식을 전해들은 당나귀 공주는 직접 케이크를 만듭니다. 그녀는 케이크 반죽 안에 사랑하는 왕자님에게 보내는 금가락지를 넣어 오븐에 구웠습니다.

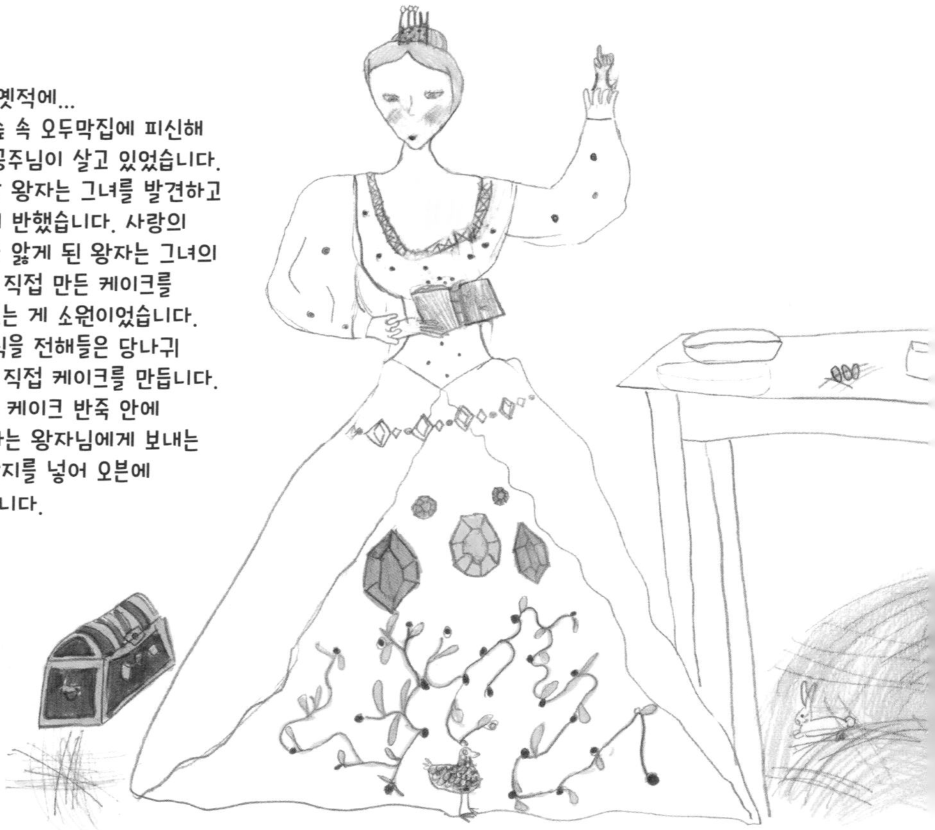

영화 속에 나오는 레시피대로 만든 케이크는 소화가 매우 어렵다. 파티시에 피에르 에르메(Pierre Hermé)는 이 케이크의 아주 맛있는 레시피를 제안한다.

사랑의 케이크 3개 분량

케이크를 만들기 2~3일 전 장미꽃잎에 설탕을 입혀 놓는다.

설탕을 입힌 장미꽃잎
PÉTALES DE ROSE CRISTALLISÉS

붉은 장미꽃잎
달걀흰자 50g(달걀 약 2개분)
설탕 100g

가장 모양이 예쁜 꽃잎만 골라 놓는다. 붓으로 달걀흰자를 얇게 바른 뒤 설탕을 묻히고 나머지는 살살 털어 망에 올린다. 습기가 없는 곳에 2~3일 두어 말려 굳힌다. 바로 사용하거나 밀폐용기에 보관한다.

로즈 아몬드 스펀지 케이크
BISCUIT AUX AMANDES À LA ROSE

슈거파우더 260g
아몬드가루 270g
밀가루 130g
우유(전유) 40g
천연 로즈 에센스(알코올 베이스) 5g
천연 액상 색소 (빨강) 1방울 (색 농도에 따라 조절)
상온의 버터 260g
달걀노른자 95g (약 5개분)
달걀 55g (약 1개분)
달걀흰자 145g (약 5개분)
설탕 60g

아몬드가루와 슈거파우더를 함께 체에 친다. 밀가루는 따로 체에 친다. 우유에 로즈 에센스와 식용색소를 넣고 섞는다. 전동 스탠드 믹서 볼에 상온의 버터와 아몬드가루, 슈거파우더 혼합물을 넣고 플랫비터를 돌려 섞는다. 스탠드 믹서 핀을 거품기로 바꿔 장착한 다음 볼에 달걀노른자, 달걀을 첨가하고 2분간 거품이 나도록 휘저어 섞는다. 여기에 로즈 에센스와 색소를 섞은 우유를 넣고 조심스럽게 섞는다. 유리볼에 덜어내어 보관한다. 다른 믹싱볼에 달걀흰자를 넣고 설탕을 조금씩 첨가하며 거품기로 돌려 너무 단단하지 않게 거품을 올린다(거품기를 들어 올렸을 때 끝이 새 부리 모양이 되면 적당하다). 첫 번째 혼합물이 담긴 볼에 밀가루를 고루 뿌려 넣어 섞은 뒤 거품 올린 달걀흰자를 넣고 실리콘 주걱으로 살살 섞어준다.

가니시 넣어 조립하기 GARNISSAGE

버터 25g
밀가루 70g
로즈 아몬드 스펀지 케이크 반죽
생 라즈베리 250g
지름 16cm, 높이 5cm 꽃모양 원형 틀 3개

컨벡션 오븐을 180°C로 예열한다. 버터를 전자레인지에 잠깐 돌려 부드러운 포마드 상태로 만든다. 붓으로 이 버터를 틀 안에 바르고 밀가루를 부어 고루 묻힌 뒤 잉여분은 뒤집어 털어낸다. 틀을 베이킹 팬에 놓는다. 원형 깍지(12호)를 끼운 짤주머니를 이용해 각 틀마다 로즈 아몬드 스펀지 케이크 반죽을 200g씩 채운다. 그 위에 생 라즈베리를 30g씩 올린다. 가장자리 둘레는 조금 공간을 남겨둔다. 스펀지 케이크 반죽 80g을 그 위에 짜 얹은 뒤 다시 생 라즈베리를 30g을 올린다. 마지막으로 스펀지 케이크 반죽 120g을 짜 얹은 다음 스패출러로 매끈하게 마무리한다. 바로 오븐에 넣어 굽는다.

굽기 CUISSON

케이크를 오븐에 넣고 바로 온도를 150°C로 내린 뒤 약 1시간 30분~1시간 40분간 굽는다. 칼날을 찔러 넣어보아 아무것도 묻지 않고 깨끗하게 나오면 다 구워진 것이다. 오븐에서 꺼내자마자 바로 식힘망 위에 뒤집어 놓고 틀을 제거한다. 상온으로 식힌다. 랩으로 싸서 냉장보관하거나 다음과 같이 장식한다.

핑크 퐁당 슈거 FONDANT ROSE

제과용 퐁당 500g
물 50g
액상 천연색소(빨강) 몇 방울

퐁당 슈거를 손으로 만져 균일하고 말랑하게 만든 뒤 물과 식용색소와 함께 냄비에 넣고 37°C가 될 때까지 약불로 천천히 가열한다. 바로 사용한다.
알아두세요 : 로즈 퐁당 슈거의 온도가 37°C를 초과하면 안 된다.

핑크 프랄린 PRALINES ROSES

핑크 프랄린

밀대로 핑크 프랄린을 굵직하게 부순다. 바로 사용하거나 밀폐용기에 보관한다.

완성하기 FINITION

살구 잼 100g

살구 잼을 약 45°C로 가열한 다음 붓으로 케이크 전체에 발라준다. 그 위에 온도에 달한 퐁당 슈거를 국자로 끼얹어 씌운다. 각 케이크 위에 부순 프랄린을 고루 뿌린 뒤 설탕 입힌 장미꽃잎을 얹어 장식한다. 냉장고에 보관한다.

먹는 방법

먹기 전 2시간 전에 케이크를 냉장고에서 꺼내 둔다. 상온으로 먹는다.

곁들이는 음료 추천

물, 이스파한 차(thés Ispahan)

관련 내용으로 건너뛰기
p.259 저렴한 취향

VIN TONIQUE MARIANI
A LA
Coca du Pérou
LE PLUS AGRÉABLE
LE PLUS EFFICACE
DES TONIQUES
ET
DES STIMULANTS
Exiger la capsule verte et la signature de M. Mariani.
PARIS, 41, Boulevard Haussmann.
NEW-YORK : 52, West 15th Street.
Et toutes les pharmacies
VIN TONIQUE MARIANI
COCA DU PÉROU
PARIS, 41, Bd Haussmann

(편집자 주 : 상기 광고문의 번역문입니다)
페루의 콜라를 넣은 마리아니 활력 와인 :
가장 마시기 좋고 가장 효과가 좋은 원기회복제 자양강장제 : 녹색 캡슐과 M.Mariani 이름을 확인하세요.
PARIS, 41 Boulevard Haussmann NEW-YORK : 52, West 15th Street
약국에서 구입하세요.

코카콜라는 프랑스의 발명품일까?

애틀랜타에서 온 이 전설적인 소다 음료의 원조가 코르시카는 아닐지...

프랑수아 레지스 고드리

간략한 역사
학술적으로 공신력을 인정받는 한 보고서*에서 미국 작가 마크 펜더그라스트(Mark Pendergrast)는 코카콜라 제조법의 효시가 코카 잎, 콜라나무 열매, 다미아나(damiana. 텍사스와 남미가 원산지인 소관목) 잎으로 만든 알코올 음료인 '프렌치 와인 코카(French Wine Coca)'라고 주장한다. 1885년 약사 존 펨버턴(John Pemberton)이 코카콜라를 개발할 당시, 1863년 코르시카의 화학자 안젤로 마리아니(Angelo Mariani)가 보르도 와인과 페루산 코카를 혼합해 제조한 강장 음료 '다미아니(Vin Damiani)'로부터 영감을 받았다는 설이 꽤 유력하다. 유행성 감기, 발기부전, 빈혈, 신경질환 등의 치료에 효능이 있는 것으로 알려졌으며 교황 레오 13세도 열렬한 애용자였던 이 약용 음료는 전 세계에서 명성을 얻었으며 아마도 코카콜라를 배합한 이 미국 약사의 비이커에도 도달했을 것이다. 미국에서 금주법이 시행됨에 따라 존 펨버턴과 그의 동업자 에드 홀랜드(Ed Holland)는 코카콜라 상표를 창시했고 기포성 무알코올의 새로운 음료를 만들어냈다. 이 음료의 제조법은 아직도 비밀에 부쳐져 있다.

* 『신, 국가, 코카콜라, 위대한 미국의 소프트드링크와 이것을 만드는 회사의 역사(*For God, Country & Coca-Cola. The Definitive History of the Great American Soft Drink and the Company That Makes It*)』, 1993.

코카 와인 레시피

500ml 분량

코카 잎 60g
보르도 레드 와인 250ml
코냑 200ml
사탕수수 설탕 30g

밀폐용 병에 재료를 모두 넣는다.
잘 섞이도록 중간에 주기적으로 흔들어주면서 3개월간 재워둔다.
체와 면포에 거른 뒤 병에 담는다. 사실, 잊은 게 한 가지 있다.
코카 잎을 구하는 일이 쉽지 않다는 것이다.
프랑스에서는 이 식물 잎의 채집이 불법이고
유엔은 1961년 이것을 약물 리스트에 포함시켰다.
코카인의 원료이기 때문이다.

파리에서 먹는다는 것이 위험한 활동이었을 때

파리는 전 세계 미식의 중심지일까? 18, 19세기의 사정은 그것과 거리가 멀었다. 당시 선술집과 여인숙, 식당들은 타락의 장소로 여겨졌다. 최악의 증거들을 모아보았다.

프랑수아 레지스 고드리

토비아스 스몰레트 TOBIAS SMOLLETT
영국의 작가

"(프랑스 여인숙의) 방들은 대개 춥고 안락하지 않다. 침대 매트는 아주 얇고 음식은 끔찍하다. 와인은 독이 든 듯 오염되었고 서비스는 형편없으며 주인장은 거만하고 무례하다. 게다가 계산서는 가히 도둑이다."
『프랑스, 이탈리아 기행(*Voyages à travers la France et l'Italie*)』(1763)

탁스틸 들로르 TAXTILE DELORD
외국 여행객들을 위한 경고를 담은 인기 안내서의 저자

"불쌍한 여행객들은 끔찍하게 이용당하고 나서 영국, 프러시아, 스위스, 소아시아의 자기 나라로 돌아갈 것이다. 그들은 프랑스 음식은 낡은 신화일 뿐 실제로는 존재하지 않으며 계속 이어지는 스튜이자 변하지 않는 샐러드라고 불평을 늘어놓을 것이다. 또한 우리가 그리도 자랑하는 프랑스 와인은 로그우드와 양잿물을 섞어 놓은 끔찍한 속임수에 불과하다고 이야기할 것이다. 이는 프랑스의 잘못이 아니라 프랑스가 따라간 올바르지 못한 경로의 폐해다. 그들은 왜 무모하게 호텔 식당 테이블의 함정에 빠지게 된 것일까?
『파리, 외국인 (*Paris-Étranger*)』, 'Petits-Paris' 시리즈, 1855

요아힘 크리스토프 네메이츠 JOACHIM-CHRISTOPH NEMEITZ
발데크 황태자의 독일인 고문

"대부분의 사람은 프랑스, 특히나 파리에서는 아주 맛있는 음식을 즐길 수 있을 거라고 생각한다. 이는 잘못 알고 있는 것이다(...) 프랑스의 호텔들은 환경이 열악하고 요리도 제대로 만들어지지 않았으며 메뉴 종류도 다양하지 않다. 수프, 국물 요리나 소고기, 송아지 고기 프리카세, 갈비구이, 약간의 채소, 오븐 구이 등을 먹을 수 있으며 디저트로는 우유, 치즈, 과자류, 계절 과일 등이 서빙된다. 일 년 내내 메뉴는 같다."
『상류층 여행자를 위한 파리 체류(*Séjour de Paris pour les voyageurs de condition*)』(1718)

루이 세바스티앵 메르시에 LOUIS-SÉBASTIEN MERCIER
프랑스의 작가

외국인들은 숙소 식당에서의 식사를 끔찍한 수준이라고 평가하지만 딱히 다른 선택지가 없다. 모르는 사람들 12명이 앉아 있는 큰 테이블 사이에 한 자리를 잡고 들어가 식사를 해야 한다. 예의바르고 수줍음이 있는 사람은 비용을 지불했어도 이들 틈에 끼어들어 함께 식사하기 쉽지 않다. 테이블 한가운데, 즉 서빙되는 메인 요리들이 놓이는 위치 근처는 오래된 투숙객이나 단골들이 자리를 독차지하고 있으며 하루 일과를 쉼 없이 떠들어댄다. 지칠 줄 모르는 턱뼈를 장착한 이들은 음식이 나오자마자 게걸스럽게 먹어치운다. 음식을 천천히 씹어 먹는 사람들에게는 낭패다. 식탐이 넘치고 무례하게 민첩한 가마우지들 사이에 끼어 앉은 그는 아마도 식사를 굶을 공산이 크다."
『파리의 모습(*Tableau de Paris*)』(1781-1788)

장 앙텔름 브리야 사바랭 JEAN ANTHELME BRILLAT-SAVARIN
미식 작가

"1770년경 루이 14세의 영광의 세월, 섭정 시대의 방탕한 생활, 루이 15세 집권시절 국무 대신을 맡은 플뢰리 추기경의 평온한 시절이 오래 지속된 후에도 파리를 찾는 외국인들은 여전히 괜찮은 음식을 찾기 힘들었다."
『맛의 생리학(*Physiologie du goût*)』(1825)

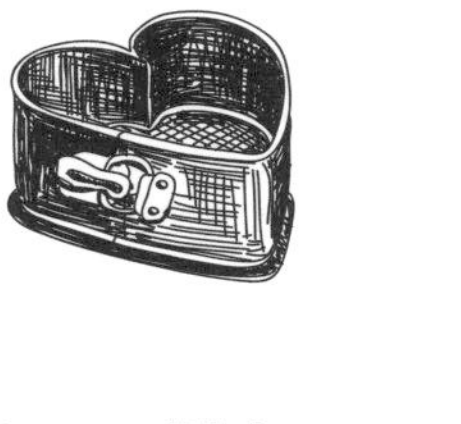

관련 내용으로 건너뛰기
p.16 에밀 시오랑

뒤마 사전

알렉상드르 뒤마(Alexandre Dumas)의 『요리대사전』에는 소고기를 요리하는 법, 개구리 수프 양념법, 심지어 곰, 상어, 코끼리 조리법까지 황당하기도 하고 진지하기도 한 이 모든 질문의 해답이 들어 있다. 미식 문학의 기념비가 된 이 위대한 책을 자세히 탐구해보자.

에스텔 르나르토빅츠

이 책에서 볼 수 있는 (지극히 주관적인) 해설 15가지

요리 애호가로서의 자신에 대한 평가가 언젠가는 문학가로서의 명성을 뛰어 넘을 것이라고 확신한 『삼총사(*Trois Mousquetaires*)』(1844)의 작가 알렉상드르 뒤마(Alexandre Dumas, 1802-1870)는 인생의 마지막 몇 년을 책 집필에 몰두했고 본인의 듬직한 체격에 걸맞는 놀라운 책 『요리대사전(*Grand Dictionnaire de cuisine*)』(1872)을 유작으로 후손에 남겼다. 이 요리사전은 3천여 종의 식재료와 향신료, 음료 그리고 프랑스뿐 아니라 세계 각국의 요리법을 엮은 책으로, 뒤마는 먹을 수 있는 것이라면 모든 것을 총망라하고자 했다. 기술적 설명을 자세히 넣었을 뿐 아니라, 개인적인 에피소드나 해당 분야 전문가의 이야기, 요리를 둘러싼 역사적, 어원적, 식물학, 동물학적 배경 설명을 자세히 곁들인 이 박학다식한 대작은 전문가와 초심자를 막론한 모든 미식가들에게 훌륭한 교본이 되었다.

빵 pain
가장 속담 같은 해설

"우리는 일반적으로 빵이 맛있으려면 하루가 지나야 하고, 반죽하는 밀가루가 한 달 묵은 것이어야 하며, 밀알은 1년은 두었다가 가루로 빻아 사용해야 한다고 말한다."

케이크, 가토 gâteau
가장 논란의 여지가 많은 해설

"가토(gâteau)라는 이름은 아마도 어린아이들에게 칭찬이나 상으로 케이크를 주면서 '버릇 없게 만드는(가테 gâter)' 습성에서 왔을 것이다."

거북이 tortue
가장 잔인한 해설

"사다리 판에 거북이를 고정시키고, 25kg 되는 무게로 눌러 묶어 놓는다. 잘 드는 큰 칼로 목을 자른 다음 5~6시간 동안 피를 뺀다. 거북이의 등이 아래로 가게 테이블에 놓은 다음, 가슴 딱지를 떼어내고 내장을 모두 빼낸다. 칼을 몸통뼈 쪽으로 밀면서 지느러미와 껍질도 제거한다."

송로버섯 truffe
가장 찬사가 넘치는 해설

"자, 우리는 이제 이 신성한 것을 앞에 두고 있다. 시대를 막론하고 모든 미식가들이 손을 모자에 얹지 않고는 감히 그 이름을 부르지조차 못했던 송로버섯, 트러플…
당신이 트러플에게 질문을 던진다면, 트러플은 당신에게 이렇게 대답했을 것이다. - 나를 먹어라, 그리고 신을 열렬히 숭배하라."

무화과 figues
가장 일화적인 해설

"파리 식물원의 종묘업자는 아주 순진한 하인에게 잘 익은 햇 무화과 2개를 주면서 뷔퐁(Buffon) 백작에게 갖다 주라고 했다. 가는 길에 이 하인은 유혹을 이기지 못하고 이 중 하나를 먹고 만다. 두 개가 올 거라고 알고 있었던 뷔퐁 백작은 나머지 하나의 행방을 물었고 하인은 자신의 잘못을 고백했다. '아니 어떻게 그럴 수가?' 뷔퐁은 소리쳤다. 하인은 남은 한 개의 무화과를 잡아들고 삼켰다. '이렇게요!'…"

연어 saumon
가장 시적인 해설

"연어는 봄철이면 바다를 떠나 무리를 지어 산란하기 위한 여행에 나선다. 2열로 무리를 지은 이 방랑객들은 완벽한 질서를 이루며 강어귀에 이르러 한 구석에 자리를 튼다.
철새들이 공중에서 지켜보고 있다. 연어는 물속을 유영하며 천천히 거슬러 오른다. 이 행렬은 큰 소리를 동반한다. 그러나 새들로부터 위협을 느끼기 시작하면 눈으로 따라갈 수 없을 정도의 빛의 속도로 움직인다. 제방 둑도, 작은 폭포들도 이들을 막을 수 없다. 그들은 돌 위에 누워 있기도 하고, 활처럼 몸을 구부렸다가 다시 힘차게 튀어 오르기도 한다. 장애물을 뛰어 넘으며 강을 거슬러 올라가는 연어 떼는 많게는 800해리를 넘는 긴 여행을 한다."

제빵사 boulanger, boulangerie
가장 시의적절한 해설

"성왕 생 루이(Saint-Louis)로 불리는 루이 9세의 업적이 하나 더 추가되었다. 모든 제빵사들의 군 복무를 면제해 준 것이다. 특권이 없는 한 군주가 명하면 의무적으로 입대해야 했던 전시 상황에서 이와 같은 혜택은 그 어떤 것보다 소중했다."

상어 requin
가장 솔직한 해설

"상어를 좋아하는 사람들 혹은 이것을 먹어보는 상상을 하는 이들에게 우리는 어린 상어 위로 만든 상어 크루스타드를 추천한다. 하지만 우리는 이것을 한 번도 먹어본 적이 없으며, 먹고 싶은 욕구도 없는 상태이기 때문에 이 요리에 관한 의견 제공이 불가능함을 미리 밝혀둔다."

독수리 aigle
가장 관대한 해설

"새들의 왕으로 불리는 독수리의 웅장함, 고귀함, 자부심은 이 새의 살이 연하고 섬세할 것이라는 기대를 갖게 하지 않는다. 왜냐하면 이미 누구나 독수리 살이 질기고 단단하며 맛이 좋지 않다는 것을 알기 때문이다. 게다가 히브리인들에게는 금지되었다. 그러니 이 새는 먹지 말고 훨훨 날아 태양에 도전하도록 놓아주자."

물 eau
가장 소박한 해설

"나는 50~60년 평생 오로지 물만 마셨다. 그랑 라피트(Grand-Laffite)나 샹베르탱(Chambertin) 같은 와인들이 와인 애호가들에게 선사하는 희열보다, 토양의 미네랄에 의해 그 순수함이 손상되지 않은 시원한 광천수 한 잔을 마셨을 때 내가 얻는 기쁨이 훨씬 더 클 것이다."

식사하다 dîner
가장 까다로운 해설
“사유의 능력을 가진 사람들만이 그에 상응하게 매일 행하는 중요한 행위. ‘식사하다’라는 의미에는 단순히 먹는 행위만 포함되는 것이 아니다. 차분하면서도 고상하고 유쾌함을 담은 말들이 오고 가야 한다. 대화는 식사 중에 마시는 와인의 루비색과 함께 빛나야 하고, 달콤한 디저트와 함께 할 때는 부드럽고 감미로워야 하며, 커피를 마실 때는 진정한 깊이감을 지녀야 한다.”

백조 cygne
가장 짓궂은 해설
“조류학자의 눈 혹은 더 정확하게는 귀는 백조 유일한 특징을 분별할 수 있다. 박제 제작자들은 부르는 이 동물의 학명 ‘음악 고니(Cygnus musicus)’이다. 그런데 그 유명한 백조의 노래 소리를 들은 사람이라면 생전 들어본 적 없는 가장 괴로운 소리라는 것을 고백하게 될 것이다.”

화상 brûlure
가장 세심하고 친절한 해설
“화상은 성실하고 열심히 일하는 요리사에게 일어날 수 있는 가장 흔한 사고 중 하나이다. M. 로랭 (M. Lorrain)의 『조리 준비 개론(*Traité des préparations*)』에서는 화상을 미연에 방지하기 위한 적절한 방법 및 효과적인 치료 요령에 대한 설명을 찾아볼 수 있다.”

샐러드 salade
가장 과학적인 해설
“샐러드용 채소에 소금, 후추로 간한 올리브오일을 넣어 섞은 뒤 식초를 첨가한다. 이미 오일로 한번 코팅된 잎채소에 식초가 흘러내려 신맛이 너무 강하지 않은 결과물을 만들어낼 수 있다. 혹시라도 실수로 샐러드에 식초를 너무 많이 넣어도 볼 바닥으로 전부 흘러내려 모이기 때문 절대 후회하지 않아도 된다. 여기서 M.샤탈(M. Chaptal)은 기름에 특화한 중력의 법칙에 근거하여 식초가 흘러 떨어지는 양을 아주 정확하게 계산해냈다.

부이용 bouillon
가장 애국적인 해설
“맛있는 국물(bouillon) 없이는 맛있는 요리도 없다. 모든 요리들 중 으뜸인 프랑스 요리는 프랑스식 훌륭한 육수를 기본으로 이루어진다.”

프랑스식 완두콩 요리

알이 아주 작은 완두콩 2리터를 냄비에 넣고 약간의 버터와 물을 넣는다. 손으로 휘저은 뒤 물을 따라내 버리고 파슬리 한 송이, 작은 양파 1개, 양상추 속대 1개, 소금 약간, 설탕 1작은술을 넣는다. 뚜껑을 덮고 약한 불로 30분 정도 익힌다. 파슬리 송이와 양파를 건져낸다. 양상추를 접시에 깐다. 넉넉한 크기로 자른 질 좋은 버터 한 조각에 밀가루를 조금 넣어 섞은 뒤 냄비 안의 완두콩에 넣고 불 위에서 잘 저어가며 섞는다. 양배추 위에 소복하게 담는다. 신선 완두콩은 자체적으로 잘 엉겨 섞이므로 따로 리에종 재료를 첨가하지 않는다. 익히는 동안 완두콩의 수분을 유지하기 위해서는 뚜껑 대신 물이 담긴 뜨거운 접시를 덮어주면 좋다. 양상추를 넣지 않고 조리하거나 밀가루를 섞은 뵈르 마니에(beurre manié) 대신 달걀노른자와 차가운 버터 한 조각을 넣고 콩을 버무리며 걸쭉하게 마무리해도 좋다.

아르노 랄르망(Arnaud Lallement)의 해독*
“나는 완두콩과 그 새콤한 맛을 아주 좋아한다. 아삭한 꼬투리와 부드러운 식감의 콩알을 가진 이상적인 채소이다. 다양한 방법으로 조리할 수 있으며 콩 그대로, 퓌레나 무스 또는 소스 등으로 변화를 줄 수도 있다. 완두콩의 색은 여름과 싱싱한 식물을 떠올리게 한다.
오늘날 요리사들은 가능하면 불필요한 요소들을 최대로 제거한 가벼운 요리를 추구한다. 나는 루(roux) 소스보다 졸인 완두콩을 더 선호한다. 식재료의 풍미에 더 집중할 수 있기 때문이다.
양상추는 완두콩에 상큼함을, 베이컨은 깊은 풍미와 지방을 더해준다. 이 세 가지 재료의 조합은 언제나 성공적이다. 이 프랑스식 완두콩 요리는 오늘날에도 많이 즐겨 먹는, 활용도가 높은 레시피다. 고전 요리와 현대식 요리 사이의 경계가 없어 보인다.
굳이 이와 같이 요리를 분류하려 하는 것은 잘못된 일이다. 모든 요리는 맛과 만족도의 문제이지 유행을 따라가는 것은 아니다.”

새우 오믈렛

새우를 삶아 익힌 뒤 씻어서 살을 갈아준다. 달걀을 풀어 소금, 후추로 간하고 간 새우살을 섞는다. 평소 애용하는 방식대로 오믈렛을 만든다. 새우살을 넣은 스크램블드 에그도 마찬가지 방법으로 만든다. 닭 육수가 있으면 간 새우살에 조금 넣어준다. 이것을 풀어 놓은 달걀에 넣는다. 달걀 3개당 한 개는 흰자를 넣지 않는다. 잘 휘저어 섞은 뒤 팬에 넣고 스크램블로 익힌다. 아스파라거스 스크램블드 에그를 만들 때와 같은 방법으로 만든다. 또는 익힌 새우살에 올리브오일과 식초를 넣고 간 다음 체에 곱게 긁어내린다. 차갑게 만든 새우살을 소금, 후추로 간한 샐러드 위에 얹어 낸다.

장 폴 아바디(Jean-Paul Abadie)의 해독*
“이것은 아주 매력적인 레시피다. 알렉상드르 뒤마는 자신의 오믈렛을 위한 아주 정교한 레시피를 갖고 있었다. 그는 그냥 달걀에 새우살을 넣기만 했을 수도 있다. 하지만 뒤마는 새우의 맛을 완벽하게 살리고자 했다. 그의 오믈렛을 먹으면 새우 풍미가 입안 가득 느껴진다. 한 가지 아쉬운 점은 새우살의 탱글한 식감을 살리지는 못했다는 것이다. 단지 맛만 남았다. 나는 소금을 넣은 화이트와인에 새우를 익히지 않았다. 왜냐하면 그렇게 익히면 ‘통조림 고등어 맛’이 살짝 나기 때문이다. 이 오믈렛의 비결은 달걀이 응고되도록 충분한 열을 유지하며 천천히 오래 익히는 것이다. 단, 색이 너무 진하게 구워져 맛을 해치지 않도록 주의해야 한다. 오믈렛을 익히는 동안 불의 온도는 일정해야 한다. 이 요리는 아쉽게도 진부한 것이 되었다. 이것은 아주 맛있게 만들 수 있지만 결론적으로 성공하기는 어렵다. 어느 정도 노하우를 요하기 때문이다.”

* 『*Dico Dumas : le Grand dictionnaire de cuisine, Alexandre Dumas*』, 서문 Pascal Ory, Menu Fretin 출판, 2008

관련 내용으로 건너뛰기
p.88 오믈렛

포도주 최대의 적, 필록세라

1864년, 프랑스 포도 재배에 최대의 위기가 닥친다. 미국 발 포도나무 자생 진딧물인 필록세라가 가르(Gard) 지방 리락(Lirac) 포도밭에 상륙한 것이다. 이 병충해로 인해 프랑스에서는 30년간 약 250만 헥타르에 달하는 포도밭이 초토화되었다.

귈레름 드 세르발

DESTRUCTION DU PHYLLOXERA EN BOURGOGNE

Devant les autorités départementales et locales. — Dessin de P. Kauffmann.

현상수배

이름 : 필록세라(phylloxéra)
분류 : 필록세라과(phylloxeridae)
학명 : *Daktulosphaira vitifoliae*
크기 : 0.3~1.4mm
주요 공격부위 : 잎과 뿌리

필록세라의 두 가지 유형

1/ 잎, 줄기 벌레 혹 필록세라 (Phylloxéra gallicole) : 잎을 뚫고 침투하여 벌레 혹 모양으로 퍼져나간다. 나무 전체를 파괴하진 않는다.

2/ 뿌리 결절 필록세라 (Phylloxéra radicicole) : 포도나무 그루에 침투하여 괴경 결절 형태로 퍼져나간다. 나무가 단 3년 안에 말라 죽는다.

구제책

프랑스에 이와 같은 재앙을 촉발한 미국 측에서는 특단의 대책을 찾아내야만 했다. 해결방법은 이 해충에 더 잘 견디는 미국 대목(臺木) 뿌리를 유럽 포도나무에 접붙이는 것이다. 오늘날 프랑스 포도밭의 거의 대부분은 이와 같은 방식으로 접붙인 포도나무를 재배하고 있다.

살아남은 포도들

오늘날 필록세라의 공격으로부터 살아남은 포도나무는 매우 드물다. 가끔씩 몇몇 포도밭 구역에 흩어져 있는 것들을 찾아볼 수 있다. 최소 150차례 이상 열매를 수확한 오래된 포도나무들이다. 이들 중 에밀 졸라가 맛보았다고 알려진 2종류의 와인은 다음과 같다.

-샹파뉴 볼랭제 그랑 크뤼 퀴베 '비에이유 비뉴 프랑세즈' Champagne Bollinger grand cru cuvée « vieilles vignes françaises »

- AOC 생 몽 퀴베 '비뉴 드 라 페름 페드베르나드' AOC Saint-Mont cuvée « vigne de la ferme Pédebernade »

접붙이지 않은 포도나무, 프랑 드 피에

아직도 몇몇 포도 재배지에는 필록세라가 존재하지만 이 해충은 모래 질 토양에 심은 포도나무 뿌리에는 잘 침투하지 못한다. 모래에서는 이 진딧물 해충이 땅 속으로 파고 들어가 길을 만들어내기 어렵기 때문이다. 최근 몇 년간 몇몇 열정적인 포도 재배자들은 미국 종 대목 뿌리와 접붙이지 않은 포도나무인 '프랑 드 피에(franc de pied)'의 꺾꽂이 가지를 다시 옮겨 심는 테스트를 진행했다. 이들 중 우리가 선호하는 와인들은 다음과 같다.

- AOC 시농 루즈 퀴베 '프랑 드 피에', 도멘 베르나르 보드리 AOC Chinon rouge cuvée « Franc de pied » Domaine Bernard Baudry

- AOC 투렌 루즈 퀴베 '르네상스', 도멘 앙리 마리오네 AOC Touraine rouge cuvée « Renaissance » Domaine Henry Marionnet

- AOC 부르괴이 루즈 퀴베 '프랑 드 피에', 도멘 카트린 & 피에르 브르통 AOC Bourgueil rouge cuvée « Franc de pied » Domaine Catherine et Pierre Breton

- AOC 푸이 퓌메 블랑 퀴베 '아스테로이드', 도멘 디디에 다그노 AOC Pouilly Fumé blanc cuvée « Astéroïde » Domaine Didier Dagueneau

- AOC 몽루이 쉬르 루아르 블랑 퀴베 '레 부르네 프랑 드 피에', 도멘 프랑수아 시덴 AOC Montlouis-sur-Loire blanc cuvée « Les Bournais Francs de pied » Domaine François Chidaine

관련 내용으로 건너뛰기
p.84 내추럴 와인
p.158 교수대의 와인

앙슈아야드

구운 빵에 바르거나 제철 생채소를 찍어먹는 이 안초비 크림은 프로방스 사람들이 즐겨 먹는 스프레드 페이스트다.

프랑수아 레지스 고드리

앙슈아야드와 키셰

앙슈아야드(anchoïade)는 원래 절구에 안초비와 마늘을 넣고 찧은 뒤 올리브오일을 조금씩 넣어가며 섞은 에멀전 소스로 벽난로 불에 구운 빵에 발라 먹었다.

키셰(quiché)는 이와 비슷한데 재료를 갈지 않고 만든다. 우묵한 접시에 안초비를 통째로 넣고 마늘, 올리브오일로 양념한 뒤 빵에 얹고 포크로 으깨 먹었다.

앙슈아야드 레시피

에두아르 루베 *Edouard Loubet**

한번 만들어보면 이 레시피만 고집하게 될 것이다. 비법은 소량의 설탕을 넣는 것! 이 작은 차이로 모든 것이 달라진다.

4인분
준비 : 15분
오일과 소금에 절인 안초비 250g
양파 1/2개
마늘 1톨
이탈리안 파슬리 2줄기
셀러리 잎 5장
설탕 1/2티스푼
올리브오일 330ml

양파와 마늘의 껍질을 벗긴다. 마늘은 반으로 갈라 싹을 제거한다. 양파, 마늘, 파슬리, 셀러리 잎, 설탕을 볼에 넣고 블렌더로 간다. 매끈하게 혼합되면 안초비를 넣어준다. 올리브오일을 넣고 갈아 크리미한 질감을 만든 다음 마지막에 얼음 한 조각을 넣고 갈아 되직하게 마무리한다. 덜어서 그릇에 담는다.

플러스 팁 : 비프 스테이크 등을 구운 팬에 앙슈아야드 한 스푼을 넣고 디글레이즈한다.

* '르 도멘 드 카플롱그(Le Domaine de Capelongue, Bonnieux, Vaucluse)'의 셰프

용도가 다양한 안초비

안초비(멸치 *Engraulis encrasicolus L.*)는 7~20cm 크기의 가늘고 호리호리한 생선으로 청록색이 반사되는 은빛을 띠고 있다. 소금에 절인 안초비는 누구나 손쉽게 즐길 수 있는 중요한 단백질 공급원이다. 다양한 활용 레시피를 제시한다.

소송(sausson) : 안초비, 아몬드, 생 펜넬, 민트, 올리브오일로 만든 바루아(varois)식 소스.

프로방스식 머스터드(moutarde provençale) : 익힌 마늘에 안초비를 넣고 으깬 뒤 양고기 뒷다리 요리에 곁들인다.

피살라(pissalat) : 니스 지방어 '페이 살라(peis salat '소금에 절인 생선'이라는 뜻)'에서 온 이 니스풍 소스는 발효시킨 안초비 치어(참조: pissaladière)를 주재료로 만든다. 이와 비슷한 안초비 페이스트인 '멜레(melet)'는 마르티그(Martigues)와 지중해 서쪽 연안의 특산품이다.

바냐 카우다(bagna cauda) : 피에몬테가 원조인 니스풍 더운 소스로 안초비, 마늘, 올리브오일을 갈아 혼합해 만든다. 생 채소를 찍어먹는 딥 소스로 활용한다.

바스티아식 안초비(anchois à la bastiaise) : 안초비에 올리브오일, 마늘, 파슬리를 넣어 만든다.

콜리우르 안초비

지중해 코트 베르메유(Côte Vermeille, Pyrénées-Orientales)의 작은 어촌인 콜리우르(Collioure)는 안초비 생산으로 유명하다. IGP(지리적표시보호) 인증을 받은 제품으로 염수, 오일 또는 소금에 절여 판매된다.

관련 내용으로 건너뛰기
p.205 올리브오일

치즈와 와인 페어링

카망베르 치즈에 보르도 레드와인이라는 진부한 조합은 이제 그만! 몇몇 예외를 제외하면 치즈에는 화이트와인이 더 잘 어울리며, AOP 인증 치즈들은 주로 와이너리 지역에서 생산된 것들이 많다. 이 둘의 조합을 충분히 즐겨보자.

귈레름 드 세르발

크로탱 드 샤비뇰 Crottin de Chavignol

계열 : 염소치즈
원유 : 염소젖
향 : 꽃 계열
숙성 : 10일 ~ 2개월 반

상세르 블랑 Sancerre blanc

지역 : 발레 드 라 루아르
포도품종 : 소비뇽
향 : 꽃 계열
서빙 온도 : 10 ~ 12°C
생산자 : Romain Dubois
와인명 : Sancerre blanc 'Harmonie', Domaine Vincent Pinard

➡페어링 : 어린 크로탱 드 샤비뇰 치즈의 푸슬푸슬한 질감은 텁텁하게 잇몸에 들러붙는 경향이 있다. 최근 빈티지의 이 와인을 곁들이면 상큼한 맛으로 입안을 헹궈 마무리할 수 있다.

카망베르 드 노르망디 Camembert de Normandie

계열 : 흰 곰팡이 외피의 연성치즈
원유 : 소젖
향 : 과일 향
숙성 : 최소 21일

시드르 브뤼 Cidre brut

지역 : 노르망디
향 : 과일 향
과일 : 사과
서빙 온도 : 10 ~ 12°C
생산자 : Patrick Mercier Domaine Éric Bordelet
와인명 : Sydre brut « Argelette »

➡페어링 : 카망베르 치즈는 오래 숙성된 것일수록 진득하게 흐르는 질감을 띤다. 포도주 풍미를 지닌 이 시드르의 잔잔한 거품은 입안을 헹궈주는 효과를 낼 수 있으며 좋은 과일 향을 남긴다.

묑스테르 Munster

계열 : 세척 외피 연성치즈
원유 : 소젖
향 : 스파이스
숙성 : 최소 21일

게부르츠트라미너 Gewurztraminer

지역 : 알자스
포도품종 : 게부르츠트라미너
향 : 열대과일
서빙 온도 : 10 ~ 12°C
생산자 : Hubert Pierrevelcin
와인명 : Gewurztraminer « Tradition », Domaine Albert Mann

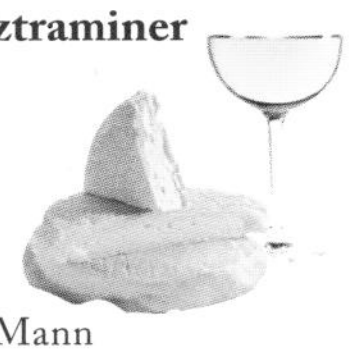

➡페어링 : 짭짤하고 촉촉한 외피를 가진 연성치즈인 묑스테르는 특유의 맛이 있으며 그 풍미가 입안에 오래 남는다. 이 와인의 잔당이 주는 가벼운 달콤함은 강한 치즈의 풍미를 순화해주며 이국적 과일의 상큼함으로 입안을 깔끔하게 마무리해준다.

브로치우 Brocciu

계열 : 프레시 치즈
원유 : 양젖, 염소젖
향 : 꽃 계열
숙성 : 2일 ~ 21일 이상

아작시오 블랑 Ajaccio blanc

지역 : 코르시카
포도품종 : 베르멘티노
향 : 꽃 계열
서빙 온도 : 10 ~ 12°C
생산자 : Mireille et Jean-André Mameli
와인명 : Ajaccio blanc « Granit », Domaine de Vaccelli

➡페어링 : 프레시 브로치우 치즈는 부드럽고 크리미한 질감을 갖고 있으며 진한 우유 향이 나고 풍미가 순하다. 산사나무 향과 섬세한 스파이스 노트를 지닌 이 풀 바디 화이트와인은 치즈의 맛을 압도하지 않으며, 상큼한 뒷맛이 있어 이 치즈와 완벽하게 어울린다.

오소 이라티 Ossau-iraty

계열 : 비가열 압착치즈
원유 : 양젖
향 : 견과류 향
숙성 : 80일 ~ 12개월

이룰레기 Irouléguy

지역 : 프랑스 남서부(Sud-Ouest)
포도품종 : 그로 망생(Gros Manseng), 프티망생, 프티 쿠르뷔(Petit Courbu)
향 : 열대 과일
서빙 온도 : 10 ~ 12°C
생산자 : Manu et Marion Ossiniri
와인명 : Irouléguy blanc « Hegoxuri », Domaine Arretxea

➡페어링 : 수개월간 숙성한 오소 이라티 치즈는 잘 부서지는 질감과 고소한 너트 향을 지니고 있다. 알코올이 풍부하고 바디감이 있는 이 와인은 부드러운 묵직함과 이국적 과일의 달콤한 향을 지니고 있어 이 치즈에 아주 잘 어울린다.

아봉당스 Abondance

계열 : 가열 압착 치즈
원유 : 소젖
향 : 풀, 목초 향
숙성 : 100일 이상

루세트 드 사부아 Roussette de Savoie

지역 : 사부아
포도품종 : 루세트
향 : 시트러스 과일
서빙 온도 : 10 ~ 12°C
생산자 : Patrick Charvet
와인명 : Roussette de Savoie blanc « El Hem », Domaine Gilles Berlioz

➡페어링 : 어린 아봉당스 치즈는 목초 향과 축사 냄새를 갖고 있다. 단단하면서도 입안에서 부드럽게 풀어지는 식감은 이 와인의 부드러움, 청량함과 완벽하게 어울린다.

로크포르 Roquefort

계열 : 블루 치즈
원유 : 양젖
향 : 부식토
숙성 : 최소 3개월

모리 루즈 Maury rouge

지역 : 랑그독 루시용
포도품종 : 그르나슈 누아르, 카리냥
향 : 카카오
서빙 온도 : 16 ~ 18°C
생산자 : Yves Combes
와인명 : Maury rouge « Op. Nord », Domaine les Terres de Fagayra

➡페어링 : 부스러지기 쉽고 녹진한 질감을 가진 로크포르 치즈는 냄새가 아주 독하다. 이 와인의 타닌과 잔당은 치즈의 강한 풍미를 순화시키는 역할을 한다.

생 넥테르 Saint-nectaire

계열 : 비가열 압착치즈
원유 : 소젖
향 : 흙
숙성 : 최소 28일

코트 로아네즈 루즈 Côte Roannaise rouge

지역 : 오베르뉴
포도품종 : 가메 생 로맹(Gamay Saint-Romain)
향 : 스파이스
서빙 온도 : 16 ~ 18°C
생산자 : Chassard 가족 운영
와인명 : Côte Roannaise rouge « Clos du Puy », Domaine des Pothiers

➡페어링 : 생 넥테르 치즈의 질감은 탄력이 있으며 입안에 넣으면 부드럽다. 씹히는 텍스처와 흙의 향을 지닌 외피의 구조는 오크통 숙성으로 인해 살짝 매끄러워진 가메 품종의 섬세한 타닌을 잘 받쳐준다.

콩테 Comté

계열 : 가열 압착치즈
원유 : 소젖
향 : 헤이즐넛
숙성 : 4개월 ~ 41개월
치즈 메이커 : Marcel Petite

아르부아 Arbois

지역 : 쥐라
포도품종 : 샤르도네
향 : 호두
서빙 온도 : 10 ~ 12°C
와인명 : Arbois blanc « Les Bruyères », Domaine Stéphane Tissot

➡페어링 : 어린 콩테 치즈는 꽃과 과일 향을 지니고 있다. 몇 개월간 숙성하면 입자가 오톨도톨해지며 구운 풍미와 헤이즐넛의 향이 난다. 이 쥐라 와인의 살짝 산화된 맛은 이 치즈의 향과 아주 잘 어울린다.

에푸아스 Époisses

계열 : 세척외피 연성치즈
원유 : 소젖
향 : 숲, 덤불
숙성 : 6 ~ 8주

부르고뉴 코트 도세르 블랑 Bourgogne Côtes d'Auxerre blanc

지역 : 부르고뉴
포도품종 : 샤르도네
향 : 꽃 계열
서빙 온도 : 10 ~ 12°C
생산자 : Alain et Caroline Bartkowiez
와인명 : Bourgogne Côtes d'Auxerre blanc, Domaine Goisot

➡페어링 : 녹진하고 매끈한 질감의 에푸아스 치즈는 냄새에 비하면 맛은 그다지 강하지 않은 편이다. 적당한 산도와 상큼한 맛, 숲의 향을 가진 이 와인은 입안을 깔끔하고 편안하게 마무리해준다.

관련 내용으로 건너뛰기
p.198 프랑스 치즈 일주

머랭에 반하다

머랭의 매끈하고 순결한 소용돌이는 저항할 수 없을 정도로 먹고 싶은 욕망을 부추긴다. 우리는 이러한 머랭'들' 앞에 무너지고 만다. 그렇다. 머랭은 한 가지가 아니다. 프렌치, 이탈리안, 스위스 머랭이 각각 따로 있기 때문이다.

마리 로르 프레셰

"각 손님들이 이것을 여러 개 먹고 싶어 하는 것은 비단 어떤 특정 모임에서뿐이 아니다. 이러한 종류의 과자들은 여성들의 보석과도 같기 때문에 이를 먹고 싶어 한다는 것은 이에 대한 유쾌한 경의의 표시이다."

앙토냉 카렘

어원
이 단어의 어원은 요리계의 수수께끼 중 하나이다. 스위스 기원설에 따르면, 훗날 루이 15세의 아내가 된 마리 레슈친스키(Marie Leszczyńska)에게 1720년 파티시에 가르파리니(Gasparini)가 이 디저트를 만들어 주었으며, '머랭(meringue, 므랭그)'이라는 명칭은 이 파티시에가 살던 도시 이름 '마이링겐(Meiringen)'에서 유래했다고 한다. 한편 폴란드 기원설은 초콜릿 머랭을 뜻하는 '무르진카(murzynka)'에서 온 단어라고 주장한다. 하지만 이 두 가설 모두 아카데미 프랑세즈의 프랑스어 편찬위원들을 설득하지 못했다.

역사
달걀흰자를 휘저어 눈이 쌓인 듯한 형태를 만드는 원리를 처음 발견한 사람은 6세기 비잔틴의 의사 앙팀(Anthime)으로 전해진다. 하지만 프랑스에서 머랭이 요리에 사용되기 시작한 것은 르네상스 시대에 이르러서이다. 1651년『프랑스 요리사(*Le Cuisinier François*)』에서 라 바렌(La Varenne)은 이탈리안 머랭과 비슷한 테크닉으로 만든 '외 아 라 네주(œufs à la neige)'와 '비스퀴 드 쉬크르 앙 네주(biscuits de sucre en neige)'의 레시피를 소개한다. 마리 앙투아네트 왕비는 베르사유 궁전 프티 트리아농에서 바슈랭(vacherin)을 직접 만들어보기도 했다. 당시 머랭은 스푼으로 떠 놓았으며 앙토냉 카렘 시대에 이르러서야 깍지를 끼운 짤주머니 사용이 보편화되었다. 카렘이 만든 파리식 머랭(meringues à la parisienne)은 장미나 비터오렌지로 향을 내었고 피스타치오를 뿌려 장식했다.

화학
달걀흰자를 휘저으면 거품을 내면 달걀의 알부민이 공기의 기포를 가두게 된다. 익히면 이 기포들이 열(80°C까지) 작용에 의해 팽창하게 된다. 그 이상의 온도가 되면 응고되어 단단해지며, 이는 머랭의 부피를 완전히 고정시키는 결과를 가져온다.

테크닉
달걀흰자와 설탕을 거품기로 휘저어 만든다. 용도에 따라 차가운 온도, 혹은 더운 온도에서 만든다.

프렌치 머랭

바삭하고 부드러움

가장 쉽게 만들 수 있는 머랭이다. 달걀흰자의 두 배(무게 기준)에 해당하는 설탕을 넣고 거품기로 휘저어 만든다. 일반 가루 설탕을 사용하거나 슈거파우더와 반반씩 섞어 사용한다. 믹싱볼에 달걀흰자를 넣고 우선 저속으로 거품기를 돌린다. 거품이 일기 시작하면 설탕을 조금씩 넣어가며 최대 속도로 돌린다. 일반적으로 머랭은 오븐에 '굽기(cuisson)'라는 표현보다 '건조시키기(séchage)'라는 표현을 더 많이 쓴다. 머랭은 100~120°C 오븐에서 크기에 따라 1시간 15분~2시간 동안 건조시킨다. 혹은 170°C에서 20분 구운 뒤 온도를 140°C로 낮추고 2시간 동안 구워도 된다. 이 경우 머랭 안의 설탕이 살짝 캐러멜라이즈 되며 이렇게 색이 입혀지면 맛이 더 풍부해진다. 이것이 일명 '보테랑(Botterens)' 방식(스위스의 보테랑 베이커리에서 사용했던 머랭 굽기 방법)이다 .

프렌치 머랭을 사용한 디저트

파블로바 Pavlova 둥근 왕관 모양의 머랭 위에 휘핑한 크림과 생과일을 얹은 디저트. 1920년대 러시아의 발레 무용수 안나 파블로바(Anna Matveïevena Pavlova)가 호주, 뉴질랜드에서 공연할 때 처음 등장했다. 이 두 나라는 서로 원조임을 주장하고 있으나 뉴질랜드에서 먼저 탄생했다는 설이 우세하다.

바슈랭 Vacherin 머랭 안에 아이스크림이나 소르베를 채운 뒤 휘핑한 생크림을 얹은 아이스 디저트. 같은 이름의 치즈와 모양이 비슷한 데서 착안해 '바슈랭'이라는 이름을 붙였다.

테트 드 네그르 Tête-de-nègre 둥근 공 모양의 머랭 안에 초콜릿 버터크림을 채우고 겉에 초코 버미셀리를 굴려 묻힌 디저트. 셰익스피어의 비극에 등장하는 무어인을 연상시키는 검은색 외형의 이 디저트는 '오텔로(Othello)'라고도 불린다.

일 플로탕트 Île flottante 설탕을 뿌려 둔 틀 안에 머랭을 넣고 중탕으로 익힌 뒤 크렘 앙글레즈를 끼얹는다.

메르베유 Merveilleux 원반 모양으로 짜 구운 두 장의 머랭 시트 사이에 샹티이 크림을 채워 넣고 전체를 샹티이 크림으로 덮는다. 그 위에 초콜릿 셰이빙을 덮어준다. 벨기에와 프랑스 북부 지방의 전통 디저트이다.

외 아 라 네주 Œufs à la neige 달걀흰자에 동량의 설탕을 넣어가며 거품기로 휘저어 머랭을 만든다. 아주 약하게 끓는 물이나 우유에 적당한 크기로 떠 넣고 데친다(전자레인지를 이용해도 아주 효과가 좋다). 달걀노른자를 넣어 만든 크렘 앙글레즈를 곁들여 서빙한다.

비스퀴 다쿠아즈 Le biscuit dacquoise 프렌치 머랭에 헤이즐넛가루나 아몬드가루를 첨가한 것. 마카롱 반죽과 아주 비슷한 이 혼합물은 커피, 프랄리네 또는 초코 향을 낸 버터크림을 채운 케이크인 '프로그레(progrès)'와 크리스피 누가틴 크림을 채운 이와 비슷한 케이크로 르노트르(Lenôtre)가 처음 선보인 '쉭세(succès)'를 만드는 데 사용한다.

이탈리안 머랭

실키한 질감

설탕 시럽을 넣어 만든다. 달걀흰자 1개 분량 기준 설탕 30~50g가 들어간다. 설탕을 118~120°C(boulé 상태)까지 가열해 시럽을 만든 다음 거품기로 휘젓고 있는 달걀흰자에 뜨거운 상태로 조금씩 흘려넣는다. 머랭이 완전히 식을 때까지 거품기를 계속 돌려 섞는다. 이 머랭은 익히지 않아도 된다. 브로일러에 살짝 굽거나 토치로 그슬려 색을 낸다.

이탈리안 머랭을 사용한 디저트

머랭 레몬 타르트 Tarte au citron meringuée 클래식 레몬 타르트에 머랭을 얹고 오븐이나 토치로 살짝 그슬린 디저트.

폴로네즈 Polonaise 파리식 브리오슈에 럼이나 키르슈 시럽을 적시고 당절임 과일을 넣은 크렘 파티시에를 가운데에 채운 디저트. 이탈리안 머랭으로 전체를 덮어 씌운 뒤 아몬드 슬라이스를 뿌린다.

시부스트 크림 Crème Chiboust 크렘 파티시에와 이탈리안 머랭을 혼합한 것으로 생토노레에 얹는 용도로 사용된다. 이 크림은 1850년경 파리의 제과점 '메종 시부스트(maison Chiboust)'의 파티시에가 처음 만들어냈다.

베이크드 알래스카, 오믈렛 노르베지엔 Omelette norvégienne 제누아즈 스펀지 케이크와 바닐라 아이스크림으로 만든 아이스케이크의 일종으로 겉을 이탈리안 머랭으로 완전히 덮어 감싼 뒤 오븐에 살짝 구워 색을 낸 다음 테이블에 서빙 시 플랑베한다. 럼포드(Rumford)의 백작이자 물리학자인 벤자민 톰슨(Benjamin Thompson)이 처음 발명한 것으로 달걀흰자는 열전도성이 없음을 입증해 보였다. 이에 영감을 받아 1867년 파리 만국박람회 개최 당시 파리 '그랑 호텔'의 셰프는 과학에 경의를 표하며 이 디저트를 만들어 서빙했다.

스위스 머랭

탁 깨지는 질감

볼에 달걀흰자에 슈거파우더를 넣고 중탕 냄비 위에 올린 뒤 거품기로 휘저어 걸쭉한 질감의 머랭을 만든다. 온도가 50℃가 되면 불에서 내린 뒤 완전히 식을 때까지 계속 거품기로 휘젓는다. 매끈하고 윤기나는 상태가 되어야 한다. 100℃ 오븐에서 크기에 따라 30분~1시간 굽는다.

스위스 머랭을 사용한 디저트

베이커리 머랭 과자 Meringue de boulangerie 유행을 타지 않는 클래식 머랭 과자로 색을 내어 만들기도 한다.

버섯 모양 머랭 장식 Champignons 크리스마스 케이크(bûche de Noël)에 장식으로 곁들이는 버섯 모양 머랭 과자.

비건 머랭?

가능합니다!

채식주의 신봉자들에게는 혁신적인 아이디어다. 병아리콩 삶은 물을 이용해 훌륭한 머랭을 만들 수 있다. 달걀흰자와 마찬가지로 이것은 10%의 (식물성)단백질과 약 90%의 수분으로 이루어져 있다. 이 방법은 2014년 프랑스의 테너 가수이자 블로그 revolutionvegetale.com 운영자인 조엘 뢰셀(Joël Roessel)이 처음 만들어냈으며 이어서 미국의 푸디 구스 월트(Goose Wohlt)는 이 콩 삶은 물을 '아쿠아파바(aquafaba)'라고 명명했다. 이 레시피는 이후 전 세계적으로 유명해졌다.

오믈렛 노르베지엔

준비 : 30분
조리 : 5분
6인분
제누아즈 스펀지케이크 1개
바닐라 아이스크림 1리터
시럽
물 100ml
설탕 90g
그랑 마르니에(Grand Marnier®) 2테이블스푼
이탈리안 머랭
설탕 300g
물 120ml
달걀흰자 6개분

물과 설탕을 끓여 시럽을 만든 뒤 그랑 마르니에를 넣는다.
제누아즈 스펀지케이크를 직사각형으로 자른 뒤 시럽을 넉넉히 적신다. 아이스크림을 스펀지 시트 모양에 맞추어 덮은 뒤 냉동실에 보관한다.
이탈리안 머랭 : 냄비에 물과 설탕을 넣고 젓지 않은 상태로 끓을 때까지 가열한다. 시럽의 온도가 110~112℃가 될 때까지 가열한다 (시럽용 온도계로 측정하거나 시럽을 조금 떠 찬물에 넣은 뒤 손으로 만져 상태를 확인한다). 그동안 달걀흰자를 거품기로 돌린다. 시럽이 온도에 도달하면 달걀흰자에 붓고 완전히 식을 때까지 계속 거품기를 돌려 머랭을 만든다.
냉동실에서 스펀지에 얹은 아이스크림을 꺼낸다. 겉에 머랭을 전부 씌운 뒤 스패출러로 매끈하게 다듬는다. 머랭을 짤주머니에 넣고 교차 무늬로 짜 얹는다. 고온(240℃)의 오븐에 넣어 색이 날 때까지 잠깐 굽는다. 오븐에서 꺼낸 다음 뜨거운 그랑 마르니에 20ml를 붓고 불을 붙여 플랑베한다.

관련 내용으로 건너뛰기
p.308 로제르 산

메르베유

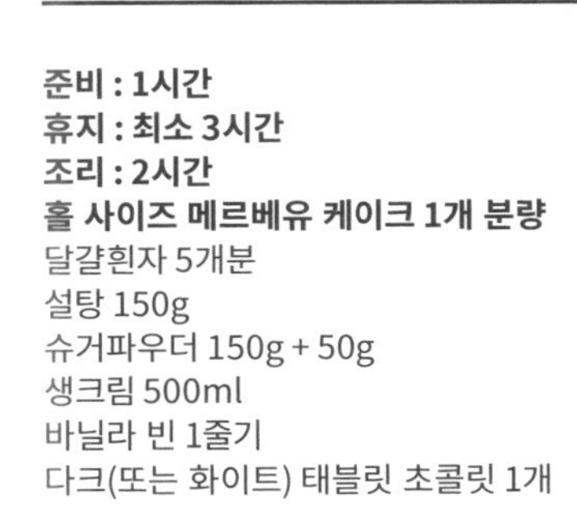

준비 : 1시간
휴지 : 최소 3시간
조리 : 2시간
홀 사이즈 메르베유 케이크 1개 분량
달걀흰자 5개분
설탕 150g
슈거파우더 150g + 50g
생크림 500ml
바닐라 빈 1줄기
다크(또는 화이트) 태블릿 초콜릿 1개

믹싱볼에 달걀흰자를 넣고 설탕을 조금씩 넣어가며 단단하게 거품을 올린다. 체에 친 슈거파우더를 넣고 주걱으로 살살 섞는다. 깍지를 끼우지 않은 짤주머니에 머랭을 채운다.
유산지를 깐 베이킹 팬 2개에 각각 지름 20~25cm 크기의 원반형으로 머랭을 짜 놓는다. 중앙에서 시작해 달팽이 모양으로 바깥쪽을 향하여 빙 둘러 짠다. 100℃ 오븐에서 2시간 굽는다. 완전히 식힌다. 생크림에 길게 갈라 긁은 바닐라 빈과 슈거파우더 50g을 넣고 거품기를 돌려 휘핑한다. 첫 번째 머랭 시트 위에 샹티이 크림을 한 켜 펼친 뒤 두 번째 머랭을 덮어준다.
표면에 샹티이 크림을 짜 올린다.
초콜릿을 강판으로 톱밥처럼 긁어 메르베유 케이크 위에 고루 뿌린다.
냉장고에 최고 3시간 넣어둔다.

* 이 디저트는 지름 8cm 원반형 머랭을 사용하여 개인용 사이즈로도 만들 수 있다.

무세트 크랩, 자랑 좀 할게요

프티 로베르 사전을 펼쳐봐야 소용없다. '무세트(moussette)'라는 단어는 사전에 나오지 않는다. 노르망디와 브르타뉴 사람 소수만이 이 초특급 비밀의 즐거움을 누릴 뿐이다. 무세트는 놀라운 맛을 지닌 어린 스파이더 크랩이다. 바다의 신이여, 정말 맛있습니다!

프랑수아 레지스 고드리

'무세트'란 무엇일까?
'이끼 게(crabe mousse)'라고도 불리는 이 동물은 오랫동안 따로 분류된 하나의 개별 종으로 여겨졌다. 하지만 과학적 현실은 다르다. '무세트'는 다 자라지 않은 어린 대서양 스파이더 크랩(Maja brachydactyla, 2008년부터 지중해 스파이더 크랩은 Maja squinado로 따로 분류된다)일 뿐이다. 다시 말해 2년이 채 안 된 어린 게다. 일반적으로 게의 수명은 최대 8년까지 지속된다. 등딱지가 솜털로 덮여 있어 '이끼 게'라는 별명이 붙은 무세트는 집게를 제외한 뒤쪽 발들의 끝부분이 아직 말랑말랑하다.

어디에 서식하나?
스파이더 크랩은 북대서양 해역(수심 120m까지)에 서식한다. 봄철이 되면 새끼 게들이 떼를 지어 해안이나 만, 연안의 모래 진흙 갯벌 수심 0~20m 지역으로 이동한다. 이들이 모이는 장소는 망슈 서부(Manche-Ouest), 생 브리외(Saint-Brieuc) 만, 코탕탱(Cotentin) 서쪽 해안에 분포되어 있다.

어떻게 잡을까?
가장 일반적인 어획방식 두 가지는 해저 채집과 배에 통발을 달아 낚시하는 방법이다.
어획 기간은 매우 짧다. 4월 초에서 6월 초까지 잡을 수 있지만 기상 상황에 따라 기복이 심하다.

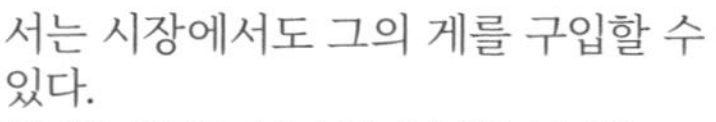

어디서 살 수 있을까?
그랑빌(Grandville) 항구로 들어오는 어선에서 직접 구입할 수 있다. 코탕탱(Cotantin) 시장, 옹플뢰르(Honfleur), 도빌(Deauville) 및 파리의 몇몇 생선가게에서 구할 수 있다. 하지만 출하 기간이 아주 짧고 극히 일부 지역에서만 소비된다. 가격은 매우 싼 편으로 물량에 따라 시세가 1kg당 5~11유로 정도 된다. 1kg당 30유로 안팎인 랍스터에 비하면 거저인 셈이다. 구입 문의는 구빌 쉬르 메르(Gouville-sur-Mer, Manche)의 생선 도매상 로랑 마세(Laurent Macé)를 추천한다. 옹플뢰르 생트 카트린(Sainte-Catherine) 광장에 매주 토요일 아침에서는 시장에서도 그의 게를 구입할 수 있다.
02-33-47-86-13 / 06-84-37-44-12

맛은 어떨까?
'무세트' 게는 섬세하고 야들야들한 살이 일품이다. 은은하게 짭조름한 바다 향이 나며 다 자란 스파이더 크랩보다 더 달큰한 맛을 지니고 있다.

조리법은?
레스토랑 '르 마스카레(Le Mascaret)'* 의 셰프 필립 아르디(Philippe Hardy)는 세상에서 가장 쉬운 조리법을 제안한다. "큰 냄비에 소금을 넣지 않은 찬물과 게를 넣고 끓인다. 물이 약하게 끓는 상태에서 7~10분간 익힌다. 식혀서 상온으로 먹는다. 홈메이드 마요네즈를 곁들인다.

* Le Mascaret, 1, rue de Bas, Blainville-sur-Mer(Manche), 02 33 45 86 09

보관이 가능할까?
셰르부르(Cherbourg)의 생선가게 '라 푸아소나드(La Poissonade)'*는 다음과 같이 조언한다. "게를 삶은 뒤 건져 물기를 털어낸다. 행주를 게 삶은 물에 넣어 적신 다음 펼쳐놓고 그 위에 게를 놓는다. 행주로 게를 싸서 비닐 팩에 넣고 잘 밀봉한다. 식힌 뒤 그 상태로 냉장 보관한다. 그대로 2~3일간 보관할 수 있다."

* La Poissonnade, 10 rue, Grande Rue, Cherbourg (Manche)

맛있게 시식하기 !

1
'무세트' 게를 일인당 최소 한 마리씩 준비한다. 메인 요리로 서빙할 경우는 일인당 2~3마리씩 준비한다.

2
게 껍질용 집게는 사용 금지! 껍데기와 연골이 그리 딱딱하지 않기 때문에 손으로 충분히 까먹을 수 있다.

3
열 개의 발부터 먹기 시작한다. 관절마디를 손으로 꺾어 살을 잡아당긴다. 기적과 같이 희고 달큰한 살이 나타난다. 마요네즈를 찍어먹는다. 누워서 떡 먹기!

4
이어서 몸통 살을 공략한다. 몸통 아랫부분의 살은 껍데기 뚜껑에서 쉽게 떨어진다. 머리 쪽의 갈색 부분(이것을 좋아하는 사람도 있다)을 떼어내고 속살을 파먹는다. 그 안에서 생각지 못했던 살이 결결이 나오는 것을 발견할 수 있다.

정치인의 요리

정치인들은 대개 맛에 예민한 감각을 지닌 미식가인 경우가 많다. 지금은 많이 잊히긴 했지만 몇몇 정치인들의 영감으로 탄생한 레시피들도 있다. 정치와 미식이 만난 몇몇 요리들을 돌아보자.

카미유 피에라르

앙리 4세의 닭 요리

간략한 역사 : 루이 14세의 가정교사였던 아르두앵 드 페레픽스(Hardouin de Péréfixe)가 1661년 자신의 저서 『대왕 앙리 4세의 역사(*Histoire du roi Henry le Grand*)』에서 언급한 바 있는 음식이다. 앙리 4세가 하루는 사부아 공국의 공작에게 다음과 같이 선언했다는 일화가 소개되었다. "만일 신이 나에게 생을 더 허락하신다면 나는 우리 왕국에서 냄비에 닭 한 마리를 끓여 먹을 형편이 못되는 이가 단 한 명도 없도록 할 것이오." 사회적 풍요의 상징이자 '선한 왕(le bon roi) 앙리'의 대표적 이미지가 된 '풀 오 포(poule au pot)', 온 국민을 위한 이 냄비에 끓인 닭 요리는 왕정복고시대에 루이 18세가 다시 한 번 제안한 약속이 되었다.

후대 계승 : 프랑스 요리와 정치의 집단적 상상에 기초를 마련한 신화가 되었다.

수비즈 소스 La sauce Soubise

간략한 역사 : 쿨리에 가까운 이 양파 베이스의 소스는 군 장교이자 루이 15세와 루이 16세 시대에 장관을 지낸 수비즈 공 샤를 드 로앙(Charles de Rohan)으로부터 유래했다. 20세기 초 오귀스트 에스코피에(Auguste Escoffier)가 레시피를 최종 완성했으며 특히 수란이나 반숙 달걀, 스테이크 등에 곁들이는 소스로 제안했다.

후대 계승 : 약간은 세월의 먼지가 낀 전통 소스의 만신전에서 영광스러운 자리를 차지하고 있다.

상원의원 쿠토의 루아얄 토끼 요리

간략한 역사 : 1898년 상원의원 아리스티드 쿠토(Aristide Couteau)는 토끼고기에 마늘 40톨과 샬롯 60개를 넣고 와인에 뭉근히 익힌 '리에브르 아 라 루아얄(lièvre à la royale)'의 레시피를 발표했다. 이것은 18세기 말 앙토냉 카렘(Anthonin Carême)이 고안하고 앙리 바빈스키(Henri Babinski)가 체계화한 푸아그라를 넣고 말아 만든 룰라드식 '리에브르 아 라 루아얄' 레시피에 도전장을 내밀게 된다.

후대 계승 : 이 두 계열의 당파 싸움 이외에는 미미하다.

가스통 제라르의 닭 요리

간략한 역사 : 1930년 퀴르농스키(Curnonsky)를 위한 디너에서 처음 선보인 이 레시피는 다른 많은 경우와 마찬가지로 뜻밖의 사건으로 일어난 결과였다. 디종 시장 가스통 제라르의 부인 로즈 즈느비에브 부르고뉴(Rose Geneviève Bourgogne)가 실수로 파프리카 통을 자신의 머스터드 소스 닭 요리에 쏟은 것이다. 그녀는 자신의 실수를 만회하기 위해 여기에 가늘게 간 콩테 치즈, 생크림, 화이트와인을 첨가했다.

후대 계승 : 이 요리가 남편의 이름으로 불리게 된 것은 정작 요리를 했던 부인에게는 매우 안타까운 일이다.

VGE 수프

간략한 역사 : 검은 송로버섯과 푸아그라를 넣은 수프에 얇은 파이 크러스트를 씌워 오븐에 구운 이 요리는 1975년 폴 보퀴즈(Paul Bocuse)가 처음 만들었다. 폴 보퀴즈에게 레지옹 도뇌르 기사훈장을 수여하기 위해 발레리 지스카르 데스탱(Valéry Giscard d'Estaing) 대통령이 주최한 연회에서 처음 선보인 메뉴였다. 이 대통령 이름의 이니셜을 따 'VGE 수프'라고 부른다.

후대 계승 : 멧새요리, 송아지 머리 요리와 함께 프랑스 제5공화국 요리의 기념비가 되었다.

가스통 제라르의 닭 요리

준비 : 30분
조리 : 50분
6인분

브레스(Bresse)산 닭 1마리(약 1.5kg)
생크림 400g
가늘게 간 콩테(comté) 치즈 150g
알리고테(aligoté) 드라이 화이트와인 100ml
디종 머스터드 1테이블스푼
파프리카 가루 1티스푼
빵가루 3테이블스푼
버터 50g
소금, 후추

COMTE
1992
Voyages
DIJON CAPITALE VILLE

닭을 토막 낸 뒤 뼈를 제거한다. 버터를 녹인 코코트 냄비에 닭 조각을 넣고 양면을 노릇하게 지진다. 소금, 후추로 간을 하고 파프리카 가루를 뿌린다. 뚜껑을 덮고 약 불에서 30분 정도 익힌다. 닭 조각을 건져 오븐용 그라탱 용기에 넣는다. 코코트 냄비에 남은 육즙에 화이트와인을 넣는다. 이어서 가늘게 간 콩테 치즈를 넣고 천천히 녹인다. 생크림을 넣고 걸쭉하게 리에종한다. 머스터드를 넣는다. 끓을 때까지 가열한 뒤 소스를 닭고기 위에 붓는다. 빵가루와 콩테 치즈를 조금 뿌린다. 180°C 오븐에 넣어 그라탱처럼 노릇해질 때까지 몇 분간 익힌다.

오귀스트 에스코피에의 요리들

피치 멜바(pêche Melba), 미레이 감자(pommes de terre Mireille), 모르네 소스(sauce Mornay) 등 다양한 인물에게 헌정한 이 요리들은 '요리사의 왕'으로 불리는 오귀스트 에스코피에(Auguste Escoffier)의 작품들이다. 물론 그가 만들어낸 요리들 중에는 유명 정치인들의 이름을 딴 것들도 있다.

리슐리외 가니시 GARNITURE RICHELIEU
주로 서빙 사이즈로 잘라 조리한 고기 요리에 곁들이는 가니시로 속을 채운 토마토, 버섯, 브레이징한 양상추, 감자로 구성되어 있다. 리슐리외 가니시에서 토마토는 필수이다. 추기경의 모자를 상징한다."
-『나의 요리(*Ma cuisine*)』(1934)

앙리 4세 닭 가슴살 요리, 안심 스테이크
SUPRÊME DE VOLAILLE, TOURNEDOS HENRI IV
이 요리들의 특징은 아티초크 속살 밑동과 퐁 누아제트(pommes noisette) 감자를 가니시로 곁들이며 베아르네즈 소스(sauce béarnaise)와 함께 서빙된다는 것이다.

콜베르 버터 BEURRE COLBERT
루이 14세 시절 유명했던 장관의 이름을 딴 것으로 메트르도텔 버터(beurre maître d'hôtel)에 글라스 드 비앙드(glace de viande 농축 육수)를 첨가해 만든다. '콜베르'라는 이름은 빵가루를 묻혀 튀긴 생선, 수란과 봄채소를 넣은 닭 콩소메에도 사용된다.

미라보 오리 탱발, 달걀, 꽃등심 스테이크
TIMBALE DE CANETON, ŒUFS, ENTRECÔTE MIRABEAU
혁명가 미라보 백작의 이름을 붙인 이 요리들에 사용되는 특징 재료는 안초비, 올리브, 타라곤이며 송로버섯이 추가되기도 한다.

탈레랑식 송아지 등심, 닭 요리, 서대 필레
SELLE DE VEAU, POULARDE, FILET DE SOLE À LA TALLEYRAND
빈 회의(1815)의 유능한 협상가였던 프랑스의 외무상 탈레랑에게 헌정된 이 여러 요리들의 공통점은 마카로니, 가늘게 간 파르메산 치즈, 주사위 모양으로 썬 푸아그라 파르페, 가늘게 채 썰거나 얇게 저민 송로버섯으로 구성된 가니시를 곁들였다는 점이다.

캉바세레스 포타주, 무지개송어
POTAGE, TRUITE SAUMONÉE CAMBACÉRÈS
민물가재가 들어가는 이 요리들은 프랑스 제1제정의 수상이자 호사스러운 식탁으로 유명했던 미식가 '캉바세레스'의 이름이 붙었다. 에스코피에는 또한 송로버섯 퓌레를 넣은 푸아그라 탱발에도 그의 이름을 붙였다.

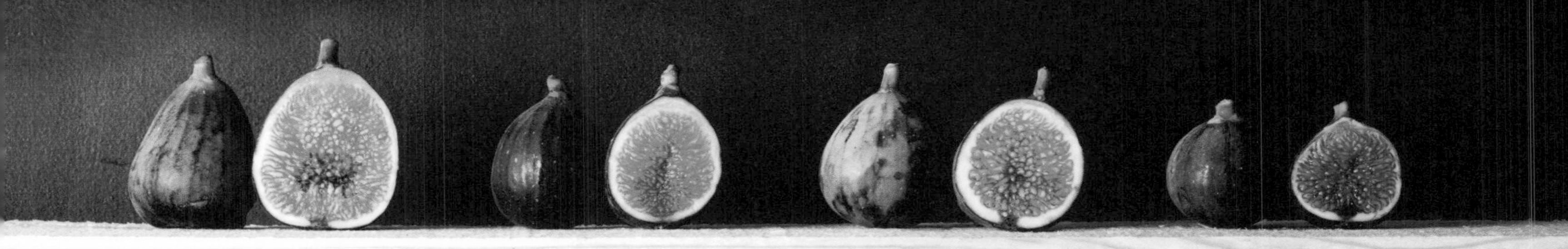

누아르 드 카롱
Noire de caromb
연중 두 번 수확 • 맛 : ★★
용도 : 생과일, 잼

네그론
Negronne
연중 두 번 수확 • 맛 : ★★
용도 : 생과일, 잼, 건무화과

쉴탄
Sultane
연중 두 번 수확 • 맛 : ★
용도 : 생과일, 잼

롱드 드 보르도
Ronde de Bordeaux ♥
연중 한 번 수확 • 맛 : ★★★
용도 : 생과일, 잼, 건무화과

파스틸리에르
Pastilière
연중 한 번 수확 • 맛 : ★★
용도 : 생과일

콜 드 담 누아르
Col de Dame noir ♥
연중 한 번 수확 • 맛 : ★★★
용도 : 생과일, 잼, 건무화과

도레
Dorée
연중 두 번 수확 • 맛 : ★★
용도 : 생과일, 잼

롱그 두트
Longue d'Août
연중 두 번 수확 • 맛 : ★
용도 : 생과일

도핀
Dauphine
연중 두 번 수확 • 맛 : ★★
용도 : 생과일, 잼

비올레트 드 솔리에스
Violette de Solliès (Bourjassotte)
연중 한 번 수확 • 맛 : ★★
용도 : 생과일, 잼

마들렌 데 되 세종
Madeleine des deux saisons
연중 두 번 수확 • 맛 : ★★
용도 : 생과일, 잼

알마
Alma
연중 한 번 수확 • 맛 : ★★★
용도 : 생과일, 잼

♥ 피에르 보의 선호품종

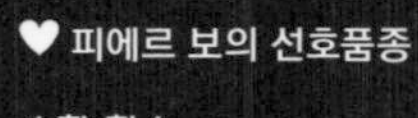

수확 횟수
연중 한 번 수확(Unifère) : 매년 늦여름
연중 두 번 수확(Bifère) : 초여름(꽃 무화과)에 한 번, 늦여름 또는 초가을에 한번.

맛 평가
맛있다 : ★
매우 맛있다 : ★★
탁월한 맛이다 : ★★★

그리즈 드 생 장
Grise de saint-Jean
연중 두 번 수확 • 맛 : ★★
용도 : 생과일, 잼, 건무화과

상드로자
Cendrosa
연중 한 번 수확 • 맛 : ★★★
용도 : 생과일, 잼

달마시
Dalmatie
연중 두 번 수확 • 맛 : ★★
용도 : 생과일, 잼

블랑슈
Blanche
연중 두 번 수확 • 맛 : ★★
용도 : 생과일, 잼, 건무화과

콜 드 담 블랑
Col de Dame blanc
연중 한 번 수확 • 맛 : ★★★
용도 : 생과일, 잼, 건무화과

베르달
Verdal ♥
연중 한 번 수확 • 맛 : ★★★
용도 : 생과일, 잼, 건무화과

테나
Tena
연중 두 번 수확 • 맛 : ★★
용도 : 생과일, 잼, 건무화과

피그 드 마르세유
Figue de Marseille ♥
연중 두 번 수확 • 맛 : ★★★
용도 : 생과일, 잼, 건무화과

마르세이예즈
Marseillaise
연중 한 번 수확 • 맛 : ★★
용도 : 생과일, 잼, 건무화과

파나셰
Panachée ♥
연중 한 번 수확 • 맛 : ★★
용도 : 생과일, 잼

달콤한 폭탄, 무화과

넓은 나뭇잎 그늘 아래서 즐기는 꿀 같은 오수, 이때 솔솔 풍겨오는 무화과나무의 싱그럽고 달콤한 향기란...
소아시아에서 유래한 무화과는 제3기 때부터 지중해의 태양 아래에서 널리 재배되었다.
프랑스는 요리뿐 아니라 식물에 있어서도 매우 훌륭한 환대의 땅이었다.
프랑수아 레지스 고드리

시식 레슨
프로방스 지방의 과수원에서는 흔히 "무화과는 머리가 기울어지고 옷이 찢어져 있으며 눈에는 눈물이 있는 것이 달다"라고 말한다. 프랑스어에서는 무화과를 이야기할 때 '울다(pleure)' 또는 '눈물방울이 맺히다(fait la perle)'라는 표현을 쓴다. 이것은 이 과일이 충분히 무르익은 상태로 가장 맛있을 때를 뜻한다. 하지만 파리 사람들이 즐기기엔 출하 기간이 너무 짧다. 일반적으로 수확 후 어떠한 화학처리도 하지 않는 무화과는 껍질째 먹는다. 껍질이 너무 질기면 꼭지 부분에 십자로 칼집을 낸 뒤 조심스럽게 벗겨 먹는다.

식물학적 기적
무화과나무(Ficus carica L.)는 뽕나무과에 속한다. 이 나무는 수분(受粉)을 책임지는 곤충과 공생한다. 꽃은 수꽃과 암꽃이 있으며 통통한 꽃받침 안에 촘촘히 들어 있다. 앙드레 지드(André Gide)는 자신의 저서 『지상의 양식(*Les Nourritures terrestres*)』에서 "무화과의 개화는 암수가 혼인하여 결합하는 밀폐된 방에서 이루어진다."라고 표현했다.
따라서 무화과는 엄밀히 말하자면 한 개의 과일이 아니라 수많은 열매를 감싸고 있는 하나의 주머니라고 할 수 있다. 씹으면 아삭한 이 열매의 과육(씨)은 식물학적으로 보면 하나하나가 그 숫자만큼의 무화과나무 열매라고 할 수 있다. 처음에는 '꽃다발'이었던 무화과가 마지막에는 '과일 바구니'가 되는 것이다.

무화과 재배업 종사자
수목 재배업자, 묘목 재배업자, 무화과 재배업자인 **피에르 보(Pierre Baud)**는 무공해 농업 방식으로 베종 라 로멘(Vaison-La-Romaine, Vaucluse) 근방 르 팔리스(Le Palis)에 있는 **자신의 과수원에서 30여 종의 무화과**를 재배하고 있다. 옆 페이지에 소개된 23종은 그가 키우는 무화과들 중 선별한 것이다.

관련 내용으로 건너뛰기
p.228 뒤마 사전

무화과 카니스트렐리(CANISTRELLI)
드니즈 솔리에 고드리

과자 약 40개 분량
밀가루 500g
설탕 180g
해바라기유(또는 향이 아주 순한 올리브오일) 180ml
뜨거운 화이트와인
(끓으면 안 된다) 180ml
건무화과(잘게 깍둑 썬다) 12개
이스트 한 봉지
소금

볼에 재료를 모두 넣고 섞어 균일한 반죽을 만든다. 너무 많이 치대어 섞지 않는다.
반죽은 말랑말랑하고 손에 들러붙지 않아야 한다. 반죽을 소분해 사각형 모양으로 민 다음 손으로 모양을 일정하게 다듬는다. 칼이나 커팅 롤러로 3~4cm 크기 사각형으로 자른다.
유산지를 깐 베이킹 팬에 스패출러로 옮겨 놓은 뒤 200°C 오븐에서 약 15분간 굽는다. 익히는 동안 타지 않는지 지켜본다.

무화과를 넣은 앙슈아야드
무화과의 단맛과 향, 안초비의 소금기와 살짝 쌉싸름한 맛...
독특한 조합의 놀라운 레시피다.

잘 익은 무화과 350~400g
기름에 절인 안초비 6마리
케이퍼 10알
마늘 굵은 것 1톨
올리브오일 1줄기

마늘을 껍질째 끓는 물에 2분간 데친다. 무화과의 껍질을 벗긴다. 안초비와 케이퍼를 블렌더로 몇 초간 갈아 혼합한다. 절구에 무화과 과육과 안초비, 케이퍼, 데친 뒤 껍질을 벗긴 마늘을 넣고 올리브오일을 조금씩 넣어가며 균일한 페이스트가 될 때까지 찧는다. 구운 빵에 곁들여 서빙한다.

알랭 파사르(Alain Passard)*의 3가지 맛있는 레시피

계피를 넣은 무화과 그라탱
Gratin de figues à la cannelle
버터를 바른 그라탱 용기에 껍질을 벗기고 1.5cm 두께로 동그랗게 슬라이스한 무화과를 바닥에 깐다. 겹치지 않게 촘촘히 놓은 뒤 설탕과 계핏가루를 뿌린다. 차가운 버터를 얇게 저며 고루 얹은 뒤 브로일러 아래에 넣고 6~7분간 굽는다. 더블크림을 따로 담아 곁들여낸다.

무화과 퓌레 Caviar de figues
팬에 올리브오일 1테이블스푼을 달군다. 얇게 썬 흰색 방울양파 4개, 껍질을 벗기고 씨를 뺀 토마토 작은 것 3개, 껍질을 벗긴 무화과 8~10개를 넣고 25~30분간 뭉근히 익힌다. 식힌다. 차가운 상태에서 고추 1/2개를 넣고 향을 우려낸 올리브오일이나 낙화생유 작은 한 병(머스터드 병 기준)을 조금씩 넣어가며 블렌더로 간다. 소금, 후추로 간하고 레몬즙을 뿌린다. 구운 빵에 얹어 먹는다. 칠링한 드라이 화이트와인을 곁들인다.

통깨를 묻혀 튀긴 무화과
Figues panées aux graines de sésame
무화과의 껍질을 벗긴 뒤 풀어 놓은 달걀과 통깨를 묻힌다. 버터를 녹인 팬에 무화과를 넣고 약한 불에서 고루 굴려가며 40분간 지진다. 건져서 설탕에 굴려 묻힌 뒤 바닐라 아이스크림 크넬을 곁들여 서빙한다.

* 레스토랑 '아르페주(l'Arpège)'의 셰프. 84, rue de Varenne, 파리 7구

반은 무화과, 반은 포도

1487년 베네치아 상인들 사이에 등장한 표현이다. 그리스 코린트에서 포도 꾸러미를 수입하던 베네치아 상인들은 **건포도에 건무화과를 섞어** 더 싸게 파는 사기행각을 밝혀냈다.
프티 로베르(Le Petit Robert) 사전에 따르면 오늘날 이 표현(미 피그 미 레쟁 mi-figue, mi-raisin)은 **'만족스러운 것과 불만족스러운 것을 섞은 것'**이라는 의미로 쓰인다.

100인 클럽

파리 최고의 미식가들로 구성된 프라이빗 모임이다. 금융, 기업, 언론 등 각계에서 선별된 회원들은 매주 모여 미식에 대한 열정을 나눈다. 미식계의 프리메이슨에 비유할 만한 이 비밀스러운 모임에 대해 과연 우리는 얼마나 알고 있을까?

에스텔 르나르토빅츠

Club des Cent
여성 참석자들에게 둘러싸인 퀴르농스키

클럽의 탄생

"맛있는 음식에 조예가 깊으며 이를 찾아다니며 진정으로 즐길 줄 아는 식객이어야 한다."

루이 포레스트 Louis Forest

1912년 자유주의 드레퓌스파 저널리스트인 루이 포레스트(Louis Forest)가 창설한 이 클럽은 당시 전국을 차로 돌아다니며 좋은 숙박시설과 식당을 촘촘히 훑고 다니던 명사들을 불러들였다. 맛있는 음식을 찾아다니던 미식가들은 자신들이 높게 평가하는 식당 리스트를 공유하고자 했다. 포레스트는 회원모집 서한에서 "우리는 좋은 숙소, 제대로 된 그릇과 흰색 식탁 린넨을 갖추고 있으며 맛있는 프랑스식 음식을 제공하는 좋은 식당들만의 풀 리스트 원한다."라고 모임의 취지를 밝혔다.
이 모임의 탄생은 또한 대 전쟁을 앞둔 시점에 프랑스의 우수함을 수호하여 숙적인 독일에 대항한다는 의미에서 강렬한 국가주의 색채를 띠고 있었다.

모임의 원칙

→ 영향력 있는 회원들을 통한 프랑스의 미식의 장려 및 홍보
→ 동료의식과 대화의 기술
→ 스노비즘(속물 근성) 탈피

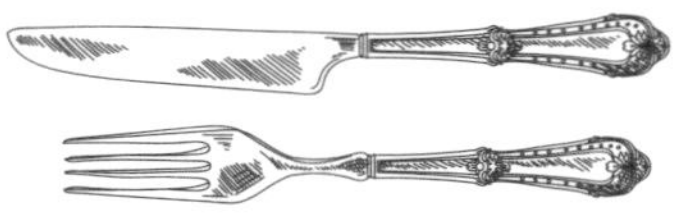

신성불가침의 목요일 점심 식사 모임

정확히 12시 40분부터 오후 14시 30분까지 이루어진다. 대부분 파리 시내나 근교의 한 레스토랑에서 진행되며 각 참석자는 자신이 주문한 음식 값을 지불한다(약 70~150유로). 레스토랑 규모에 제한이 있어 모든 멤버가 전부 한 장소에 모이는 경우는 없다.
총무로 지명된 한 사람이 장소를 정하고 메뉴를 구성하며 와인도 고른다.
매번 식사가 끝나면 미리 정한 한 명의 참석자에 의해 그 자리에서 공정하고도 신랄한 평가가 이루어진다. 매년 가장 탁월한 발표를 한 회원에게 비평 상을 수여한다.

100인 클럽 회원들의 미식 모임

같은 관심사를 가진 사람들의 미식 모임인 '100인 클럽'에는 프랑스에서 가장 영향력 있고 부유한 미식가들이 총집결했다.
대기업 총수들 : 마르탱 부이그(Martin Bouygues), 파트릭 리카르(Patrick Ricard), 로베르 푸조(Robert Peugeot), 에릭 프라숑(Eric Frachon, Evian), 클로드 베베아르 & 앙리 드 카스트리(Claude Bébéar & Henri de Castries, Axa), 장 르네 푸르투(Jean-René Fourtou, Vivendi), 장 프랑수아 시렐리(Jean-François Cirelli, GDF-Suez), 다니엘 부통(Daniel Bouton, 전 Société Générale 은행 총재), 은행가 미셸 다비드 베일(Michel David-Weill), 알랭 부슈롱(Alain Boucheron), 클럽 회장을 맡았던 장 솔라네(Jean Solanet) 등...
귀족 가문 : 룩셈부르크 대공 장(Jean de Luxembourg), 에릭 드 로칠드(Éric de Rothschild), 모나코 군주 알베르 2세(Albert II de Monaco) 등...
가톨릭 교회 신부 1명!
언론인, 예술가, 문인들 : 에릭 오르세나(Erik Orsenna), 필립 부바르(Philippe Bouvard), 클로드 앵베르(Claude Imbert), 니콜라 데스티엔 도르브(Nicolas d'Estienne d'Orve), 베르나르 피보(Bernard Pivot), 역사학자 장 튈라르(Jean Tulard), 국립행정학교(ENA) 출신 아르마냑 생산자 장 카스타레드(Jean Castarède), 배우 피에르 아르디티(Pierre Arditi), 자크 세레(Jacques Sereys), 기욤 갈리엔(Guillaume Galienne) 등.
정치인 및 법조인 : 장 피에르 라파팽(Jean-Pierre Raffarin), 자비에 다르코(Xavier Darcos), 변호사 폴 롱바르(Paul Lombard) 등.
미슐랭 스타 셰프들(가입 심사 면제) : 폴 보퀴즈(Paul Bocuse), 조엘 로뷔숑(Joël Robuchon), 알랭 뒤카스(Alain Ducasse), 베르나르 파코(Bernard Pacaud), 장 피에르 비가토(Jean-Pierre Vigato).
매년 회원들은 명예 디플로마를 수여한다. '100인 클럽'의 디플로마는 유명 요리사들이 매우 탐내는 최고의 인증서다.

회원이 되려면?

1

신입회원 신청을 하려면 정회원 2인의 추천을 받아야 한다. 또한 회원 자격 요건을 갖추어야 한다. 이 클럽은 나이, 직업 및 경력, 관심 분야에 따라 다양한 층의 회원을 균형 있게 모집한다. 이에 의거, 현황상 45~65세에 해당하거나 의사인 경우는 지원할 수 없다.

2

구술 인터뷰 관문은 특히 합격이 어려운 것으로 정평이 나 있다. 10명 중 9명은 떨어진다. 면접관의 질문은 예를 들면 다음과 같다. 보르도와 부르고뉴 중 어느 것을 좋아하는가? 식사할 때 '구르메(gourmet 미식)'와 '구르망(gourmand 푸짐한 식사)'을 어떻게 구분하는가? 최근에 경험한 아주 맛있었던 식사에 대해 설명해주시오. 양고기 요리에는 어떤 강낭콩을 선택해야 할까? '지스트(zist 시트러스 과일 껍질 안쪽의 흰 부분)'란 무엇일까? 아스파라거스에는 어떤 와인을 곁들여 서빙할까? 20세기 초 송아지머리 요리를 아주 잘 만들었던 시인 이름은? 서대와 비슷하며 아키텐 지방 강에서 잡히는 작고 납작한 생선의 이름은?

3

수습기간은 몇 주에서 몇 년까지 계속될 수 있다. 기존 회원의 자리가 완전히 비어야 그 자리에 정식회원으로 들어가게 된다.

4

정식회원(centiste)으로 확정되면 번호가 부여된다. 특별한 예외의 경우를 제외하고 일반적으로 회원의 임기는 종신이다.

여성회원은?

불행하게도 여성들은 가입이 허용되지 않는다. 연극배우 **사라 베르나르(Sarah Bernhardt)**는 인생에서 가장 아쉬웠던 두 가지를 언급했다. 하나는 **표범 꼬리**를 이식하지 못한 것이고 다른 하나는 **'100인 클럽'**에 들어갈 수 없었던 것이었다고 한다.

관련 내용으로 건너뛰기
p.120 아피키우스 오리 요리

갈레트

오트 브르타뉴와 바스 브르타뉴를 가르는 경계선 끝에서 끝으로 이어지는 지대에서
크레프는 갈레트가 아니며 갈레트 또한 크레프와 거리가 멀다.
질 쿠쟁

미식적, 의미론적 경계
갈로어를 쓰는 지역인 오트 브르타뉴(Haute-Bretagne)에서 '갈레트(galette)'라고 부르는 전병은 순 메밀가루로 만든 얇고 말랑말랑한 팬케이크의 일종이다. '갈레트 동업조합(Confrérie Piperia La Galette)'은 이 순 메밀 갈레트를 옹호하며 전통을 지켜나가고 있다. 한편, 바스 브르타뉴(Basse-Bretagne)에서는 이것을 '검은 밀가루 크레프 (crêpe de blé noir)'라고 부른다. 이것은 메밀가루에 약간의 일반 밀가루(전체의 30%를 절대 넘지 않는다)를 더해 만든다. 익혔을 때 사촌격인 '갈레트'보다 더 바삭한 식감을 즐길 수 있다. 다행히 일반 밀가루로만 만든 달콤한 크레프의 경우는 브르타뉴 사람들 모두가 '크레프 드 프로망(crêpe de froment)'이라는 공통의 명칭으로 부른다.

렌의 스타디움으로 !
20여 년 전 렌(Rennes) 종합운동장 서포터 2명에 의해 탄생한 '브르타뉴 소시지 갈레트 보호 협회'는 비구뎅(Bigouden 브르타뉴 남서부 지역) 지방을 비롯한 여러 지역에 이 특선 음식을 홍보하기 위해 애쓰고 있다. 이 음식은 돈육 소시지를 구운 뒤 차가운 메밀 갈레트에 놓고 돌돌 만 것으로 브르타뉴식 핫도그에 비유할 수 있다. 경기장 관람석이나 이 지역 주요 시장에서 판매한다.

브르타뉴 이외 지방의 크레프

크레프는 브르타뉴만의 독점물이 아니다. **프랑스 북부 지방**에서는 반죽에 제빵용 생 이스트를 첨가한 크레프인 **'라통(raton)'을 만들어** 먹는다. **니스에서 즐겨 먹는 '소카(socca)'는** 병아리 콩 가루로 만든 갈레트로 피자 오븐에 구워 익힌다. **남서부 지방에서는 '마트팽(matefaim)'** 또는 프로방스어로 '마트판(matefan)'을 만든다. 이것은 감자로 만든 갈레트에서 밀가루, 달걀, 으깬 감자와 치즈를 넣어 만드는 레시피로 발전했다. 먹으면 아주 든든하다.

메밀 갈레트 반죽*

준비 : 15분
휴지 : 냉장 12시간, 최소 3시간
갈레트 약 24장 분량
돌로 갈아 제분한 유기농 메밀가루 1kg
전기 크레프 팬(billig)이 있으면 총 가루의 10%~최대 20%를 일반 밀가루로 대체한다.
정수기로 거른 물 1.5리터
게랑드(Guérande) 굵은 소금 30g
<u>옵션 1 :</u> 달걀 1개
<u>옵션 2 :</u> 약간의 탄산수, 맥주, 시드르 또는 반죽에 기공을 만들어줄 모든 종류의 발효 음료. 물 대신 소량을 넣어준다.

메밀가루, 물 1리터, 소금을 혼합해 손으로 공기를 넣어가며 반죽을 만든다. 표면에 거품이 생겨야 한다. 균일한 반죽이 되면 달걀이나 탄산수를 넣는다. 다시 잘 섞은 뒤 냉장고에 넣어 휴지시킨다(12시간이 이상적이다. 최소 3시간 이상). 다음 날 나머지 물 500ml를 넣고 잘 섞는다. 가능하면 갈레트를 부치기 한 시간 전에 반죽을 냉장고에서 꺼내둔다. 상온이 된 상태에서 익힌다.

* 베르트랑 라르셰르(Bertrand Larcher)의 『브레츠 카페(*Breizh Café*)』에서 발췌한 레시피. La Martinière 출판.

달걀, 햄, 치즈를 넣은 갈레트 콩플레트*

준비 : 10분
조리 : 3분
갈레트 1장 분량
메밀 갈레트 반죽 150g
보르디에(Bordier) 가염버터 15g + 15g (마무리용)
유기농 달걀 1개
6개월 숙성 콩테 치즈(가늘게 간다) 50g
익힌 햄(무방부제, 무색소) 50g

뜨겁게 달군 전기 크레프 팬에 반죽을 붓고 평평한 나무 고무래로 얇게 돌려 편 다음 버터를 바른다. 가운데에 달걀을 깨놓고 흰자를 노른자 주위로 펼쳐 놓는다. 가늘게 간 콩테 치즈와 햄을 얹는다. 갈레트의 가장자리를 접어 사각형으로 만든다. 3분간 굽는다. 나머지 버터를 첨가한 뒤 접시에 담아 서빙한다.

* 베르트랑 라르셰르(Bertrand Larcher)의 『브레츠 카페』에서 발췌한 레시피. La Martinière 출판.

관련 내용으로 건너뛰기
p.86 크레프

소중한 양식, 콩

식물성 단백질의 귀한 공급원이며 농학 측면에서 보면 친환경적 비료이기도 한 이 방대한 종류의 콩류는 우리의 소중한 양식이다.

자비에 마티아스

어원
프랑스어로 '콩', 또는 '강낭콩'을 뜻하는 단어 '아리코(haricot)'는 아마도 '스튜를 만들기 위해 고기를 잘게 자르다'라는 의미의 옛 용어 '아리고테(harigoter)'라는 동사에서 왔을 것이다. 스튜라는 요리에서 콩이 차지하는 역할이 크기 때문에 이것을 이름으로 쓰게 된 것으로 추정된다.

그린빈스, 노랑 줄기콩, 마른 강낭콩, 반 건조 콩?
이것 모두 같은 식물 즉, 정복자들이 안데스 지역에서 들여온 강낭콩(phaseolus vulgaris) 열매이다. 이 콩은 당시 구 유럽 대륙에서 재배되고 있었으나 생산량이 미미했던 비슷한 종인 동부콩(vigna 특히 제비콩과 동부가 속한 콩류)의 자리를 빠른 시간 내에 점령했다. 강낭콩을 재배한 지 몇 세기가 지난 후 열매가 익은 시기에 따라 각기 달리 수확할 수 있는 품종들이 등장했다.
그린빈스(haricots verts)와 노랑 줄기콩(haricots beurre) : 깍지가 아직 완전히 여물지 않은 상태이며 속의 콩알이 보이지 않는다.
반 건조(haricots demi-sec) 또는 신선 강낭콩(haricots frais) : 깍지 속의 콩알이 불룩하게 팽창하기 시작하며 아직 연한 상태이다. 콩알이 깍지 안에서 최적의 상태로 여물었으나 아직 마르지 않은 상태이다.
마른 강낭콩(haricots secs) : 깍지가 누르스름해지고 완전히 마른다. 안의 콩알은 딱딱해지고 건조된 상태이다. 요리하기 전에 몇 시간 동안 물에 담가 불려 사용한다.

강낭콩마저 끝나면?
단백질 공급을 주로 채소에 의존했던 시절, 특히 겨울이 끝나갈 무렵이면 강낭콩이 고갈되기 시작했고 이 힘든 보릿고개 시기는 새로 수확하여 신선한 채소를 쟁여놓기 전까지 계속되었다. 시골 농촌에서, 선상에서 혹은 심지어 기숙사에서도 '강낭콩마저 다 떨어진다는 것(la fin des haricots)'은 그저 실제로 절감할 위험이 큰 매우 구체적인 또 다른 식량의 궁핍을 의미했다.

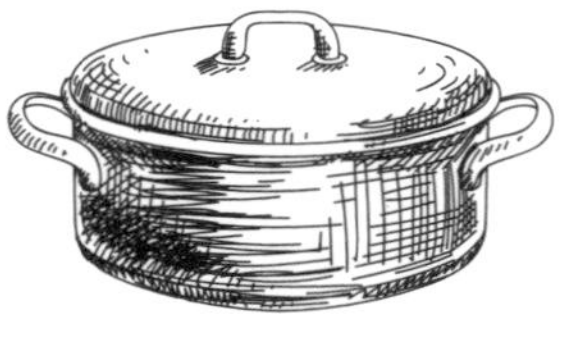

칠리 콩카르노

아르노 다갱 *Arnaud Daguin*

준비 : 20분
조리 : 1시간 15분
4인분
마른 흰 강낭콩(haricots tarbais) 500g
각종 조개 1kg(바지락, 대합, 모시조개 등)
적양파 큰 것 1개
마늘 4톨
이탈리안 파슬리 1다발
산미가 있는 드라이 화이트와인 500ml
에스플레트 고춧가루
오븐용 대형 코코트 냄비

마른 콩을 두 배(부피 기준)의 찬물에 담가 최소 12시간 동안 불린다. 양파, 마늘, 파슬리를 잘게 다진 뒤 냄비에 화이트와인과 함께 넣고 졸인다. 불린 콩을 넣고 잘 저어 섞는다. 재료의 높이까지 물을 붓고 약한 불로 약 1시간 미만으로 익힌다. 콩이 거의 다 익었을 때 조개를 모두 넣고 스푼으로 두어 번 저은 뒤 뚜껑을 닫는다. 150℃ 오븐에 넣어 15분간 더 익힌다. 에스플레트 고춧가루를 조금 뿌려 서빙한다.

레몬을 넣은 모제트 흰 강낭콩 피낭시에

질 다보 Gilles Daveau, 『마른 콩을 맛있게 즐길 줄 아시나요 (*Savez-vous goûter... les légumes secs*)』의 공동저자, EHESP 출판.

준비 : 20분
조리 : 15~20분
4인분
통조림 흰 강낭콩 120g
황설탕 80g
길게 갈라 긁은 바닐라 빈 1/2줄기
럼 1테이블스푼
달걀 2개
옥수수 전분 20g
버터 50g
레몬 제스트 1개분

통조림 콩을 망에 건져 물에 헹군다. 볼에 콩, 설탕, 바닐라, 럼, 레몬 제스트를 넣고 잘 섞는다. 여기에 달걀노른자 2개분, 녹인 버터, 옥수수 전분을 넣고 거품기로 섞는다. 이어서 거품 올린 달걀흰자 2개분을 넣고 주걱으로 살살 혼합한다.
작은 개별 틀에 혼합물을 각각 채워 넣는다. 또는 기름 바른 유산지 위에 큰 틀을 놓고 약 2cm 두께로 반죽을 채운다. 160℃ 오븐에서 15~20분간 굽는다. 칼날을 넣었다 꺼냈을 때 아무것도 묻지 않고 나오면 다 익은 것이다. 오븐에서 꺼낸 뒤 설탕을 조금 섞은 레몬즙을 뿌린다.

콩 마요네즈

질 다보(Gilles Daveau)의 『대체 요리 교본(Manuel de cuisine alternative)』에서 응용.

준비 : 10분
작은 소스 병 한 개 분량
흰 강낭콩(mogette 또는 coco) 100g (익혀서 건져 헹군다)
혼합 오일(예를 들어 카놀라유와 올리브오일) 50g
얇게 썬 샬롯 20g
머스터드 20g
식초 10g

재료를 모두 볼에 넣고 핸드블렌더나 믹서로 간다. 이 마요네즈는 삶은 달걀, 랑구스틴(스캄피)에 곁들이거나 레물라드 소스로 사용할 수 있다. 또는 신선 채소를 찍어먹는 디핑 소스로도 아주 좋다.

모제트, 랭고, 코르니유 등 다양한 '콩'의 이름

일상적으로 쓰이는 이 다양한 단어는 모두 강낭콩을 가리키는 명칭들이다.

푸아요 foyot : 비속어나 경멸의 뉘앙스를 지닌 이 단어는 강낭콩 속을 뜻하는 라틴어 '파세올루스(phaseolus)'가 변형된 것이다. 일반적으로 넓은 의미의 모든 콩 알갱이를 지칭한다(마른 콩, 신선 콩 모두 포함).

랭고 lingot : 프랑스 북부(Nord), 카스텔노다리(Castelnaudary), 루아르(Loire) 지방 등에서 생산되는 '랭고'는 주로 건조, 또는 반 건조 흰 강낭콩을 지칭하며 방데(Vendée) 지방에서는 '모제트(mogette)'라고도 부른다.

모제트 mogette : 프랑스 남부 지방(Midi)의 '모제트'에서 온 명칭으로 수도사를 가리키는 오크어 '몽주(monge)'에서 유래했다. 왜냐하면 흰 강낭콩은 수도원 식사의 기본 식량 중 하나였기 때문이다.

코코 coco : 코코 드 팽폴(coco de Paimpol)은 깍지를 깐 신선 흰 강낭콩으로 원산지 명칭 보호(AOP) 인증을 받았다. 붉은색을 띤 것도 있다.

코르니유 cornille : 동부콩. 검은색 눈이 있는 콩으로 돌리크(dolique), 니에베(niébé), 블랙아이드 피(black-eyed pea)라고도 불린다. 비냐(vigna) 류의 이 콩은 아프리카가 원산지로 알려져 있다.

플라졸레 flageolet : 플라젤렛. 반 건조 강낭콩의 한 품종으로 아름다운 연두색을 띠고 있다. 일요일 가족 식사의 단골메뉴인 '양 뒷다리 요리'에 빠져서는 안 되는 재료이다.

관련 내용으로 건너뛰기
p.207 카술레

코코 루즈 드 프라그
Coco rouge de Prague
이로쿠아 Iroquois
농브릴 드 본 쇠르
Nombril de Bonne Sœur
생 테스프리 아 뢰이유 루즈
Saint Esprit à Œil Rouge
플라졸레 루즈 Flageolet rouge
메르베이 뒤 마르셰
Merveille du Marché
코코 존 드 신
Coco Jaune de Chine
코르 데 잘프
Cor des Alpes
보를로토 랑그 드 푀
Borlotto Langue de feu
레드 칼립소 Red Calypso
랭고 브룅 파나셰
Lingot brun panaché
농브릴 드 본 쇠르
Nombril de Bonne Sœur
퐁 라베 Pont l'abbé
블루르 Velour
소자 누아르 Soja noir
피 빈 PeaBean
퐁 라베 Pont l'abbé
소자 누아르 Soja noir
코코 브룅 파나셰
Coco brun panaché
코코 존 존 아 뢰이유 누아르
Coco jaune jaune à oeil noir
보를로토 Borlotto
플라졸레 루즈 Flageolet rouge
외이유 드 페르드리 Œil-de-perdrix
돌리크 랍랍 Dolique Lab lab
코코 냉 블랑 프레코스
Coco nain blanc précoce
코코 비콜로르 프로리피크
Coco bicolore prolifique
인 양 YinYang
오르테이 뒤 페셰르 Orteil du pêcheur
에스파뉴 Espagne
프티 리 Petit Riz
몽바리 Montbarry
보를로토 Borlotto
리마 Lima
플랭 르 파니에 Plein le Panier
쿠방 보젤
Couvent Vogel
뭉고(녹두) Mungo
스칼렛 엠퍼러 Scarlet Emperor
리마 디 드 샤바네
Lima dit de Chabannais

아아아아아악 앙두이예트!

부속, 내장으로 만드는 특선 음식 앙두이예트는 프랑스인들을 세 부류로 나눈다. 생각만 해도 코를 쥐어 막는 사람, 대형 매장에서 구입하는 사람, '끈을 잡아 당겨' 만든 아티장 제품을 먹으러 트루아까지 찾아가는 사람들.

마리 아말 비잘리옹

기원
트루아(Troyes)에서 처음 탄생했다고 추정되나 그 기원은 불확실하다. 19세기 중반까지 '앙두이예트(andouillette)'라는 단어는 바로 작은 '앙두이유(andouille)'를 지칭하는 데 지나지 않았다. 현재 트루아는 순 돈육으로 만드는 앙두이예트가 유명하지만 당시에는 송아지 젖퉁이와 창자를 사용했다고 한다(지난 세기 초까지 주술서에 기록되어 전해 내려오는 레시피). 물론 1885년, 정통한 한 잡지에서는 이미 지방을 더 많이 함유하고 있어 맛이 아주 좋은 프랑스와 영국 교배종 돼지에 대해 언급했다. 이 돼지의 훌륭한 맛은 생트 므누(Sainte Menehould)식 돼지 족발 요리, 트루아의 앙두이예트 등을 통해 인정받은 바 있다. 하지만 1960년 이전, 축돈 농가가 급격히 늘어나기 전에는 돼지를 시장에서 흔히 볼 수 없었다.

프랑스의 예외
비스트로의 새로운 스타 메뉴로 떠오른 앙두이예트는 정통 프랑스 특산품이다. 샤블리(Chablis), 자르조(Jargeau), 루이약(Rouillac), 페리고르(Périgord), 트루아(Troyes), 클라므시(Clamecy), 보졸레(Beaujolais), 부르고뉴(Bourgogne), 로렌(Lorraine), 프로방스(Provence), 루앙(Rouen) 등에서는 지역 특선 앙두이예트를 생산하고 있다. 리옹(Lyon), 캉브레(Cambrai), 알랑송(Alençon)의 앙두이예트는 1990년대 광우병 파동에 따른 송아지 창자의 식용금지로 인해 수난을 겪었다. 이 금지령은 2015년 해제되었다.

일단 장바구니에 넣었다면 무엇을 만들어 먹을까?

다양한 조리법

차가운 소시지처럼 **그대로** 아페리티프에 곁들여 먹는다.
매칭 : 칠링한 샴페인과 잘 어울린다. 샹파뉴 지방의 와이너리에서 즐겨 먹는 안주이다.

200°C **오븐에서** 15분간 익힌 뒤 브로일러에 각 면을 고루 노릇하게 굽는다.
매칭 : 샤우르스(Chaource) 치즈. 끼얹어 서빙하기 : 치즈 외피를 벗기고 깍둑 썰어 생크림, 홀그레인 머스터드를 넣고 함께 녹인다. 그라탱으로 서빙하기 : 오븐 용기에 익힌 감자 슬라이스와 앙두이예트, 이어서 치즈를 교대로 두 켜씩 넣은 뒤 오븐에서 20분간 노릇하게 굽는다.

증기에 15분 정도 쪄서 특유의 말랑한 식감으로 즐긴다.
매칭 : 크레송(물냉이). 끓는 물에 데쳐 찬물에 헹궈 건진 뒤 블렌더로 간다. 버터와 생크림을 넣어 만든 홈메이드 감자 퓌레를 넣어 섞는다.

향신료를 넣은 육수에 넣고 아주 약한 불로 20분 정도 **데친다.**
매칭 : 포치니 버섯. 도톰하게 슬라이스한 다음 버터에 볶는다.

팬에 버터를 두르고 약한 불에서 고루 노릇한 색이 나도록 10분 정도 지진다.
매칭 : 머스터드 소스. 앙두이예트를 지진 팬에 얇게 썬 샬롯을 볶다가 화이트와인과 머스터드를 넣어준다. 생크림을 넣고 반으로 졸여 농도를 걸쭉하게 맞춘다.

강한 **숯불에** 뒤집어가며 5분간 구운 뒤 이어서 약한 불에서 10분간 더 굽는다.
매칭 : 홈메이드 프렌치프라이와 매운맛이 강한 머스터드.

'끈을 잡아당겨 만든' 아티장 앙두이예트
이것은 그야말로 미친 작업방식이다. 부속 내장 부위(대개의 경우 돼지 대창과 위막)를 여러 번 씻은 뒤 기름을 제거하고 끓는 물에 데친다. 가늘고 긴 끈 모양으로 잘라 양념(허브, 향신료, 지역 생산 와인, 머스터드 등)을 한 뒤 손에 들고 실타래처럼 느슨하게 만다. 가운데를 끈으로 한 번 묶은 다음 케이싱으로 사용할 천연 창자 안에 두 손가락을 밀어 넣고 나온 부분으로 이 끈을 잡아 쪽 잡아당기면서 창자를 소시지 모양으로 덮어씌운다. 향신료로 맛을 낸 육수에 넣고 최대 90°C가 넘지 않도록 유지하며 최소 5시간 동안 익힌다.

앙두이예트 애호가 모임 AAAAA
1960년 이 모임을 처음 만든 멤버 중 한 명인 앙리 클로 주브(Henri Clos-Jouve)가 우스개 삼아 'AAAAA'라는 약자로 부르기 시작한 '정통 앙두이예트 애호가 친선 협회(Association Amicale des Amateurs d'Andouillette Authentique)'는 비공식적인 모임으로 시작했지만 샤퀴트리 업계에서는 큰 영향력을 가진 단체가 되었다. 자크 루이 델팔(Jacques-Louis Delpal)이 이끄는 이 회원들(대부분이 음식 평론가)은 탁월한 평가를 받은 앙두이예트 생산자들에게 모두에게 5A 라벨을 부여한다. '끈으로 잡아당겨(tirée à la ficelle)' 속을 채우는 앙두이예트는 기계적 생산이 아닌 정성을 다한 수작업으로 특히 이 회원들의 사랑을 받고 있다.

새로운 인증, 라벨 루즈, 다 맛있을까?
순 돈육으로 만든 고급 앙두이예트에 부여하는 '라벨 루즈(Label Rouge)'*를 획득하기 위해서는 엄격한 요건을 갖추어야만 한다. '라벨 루즈' 인증 돼지가 전체 재료의 95%를 차지해야 하고 길이는 최소 10cm로 잘라 만들어야 하며 최소 7시간 동안 익힌 것이어야 한다. 지방은 전체의 18%를 초과하면 안 된다. 하지만 이것이 반드시 아티장 방식으로 만들어야 하거나 심지어 맛이 아주 좋아야 한다는 것을 의미하지는 않는다. 오랜 시간 익힌 것인 만큼 최소 부드럽고 말랑한 식감은 보장할 수 있다.

* 2016년 11월 19일 프랑스 공화국 공보(Le Journal Officiel)에 발표된 법령 이후 도입된 인증 방식으로 생산자 질 아망(Gilles Amand)이 이 라벨을 획득했다.

도망갈 정도로 냄새가 심하면...
항문 근처 창자 부위는 반드시 더 철저하게 씻어야 한다. 반면, 앙두이예트에서 돼지 냄새가 난다면 그것은 아주 좋은 신호다.

반드시 가보아야 할 곳

→ 메종 티에리 Maison Thierry, 73, avenue Gallieni, Sainte-Savine, 03 25 79 08 74

관련 내용으로 건너뛰기
p.273 식품 품질 표시 라벨
p.370 악취의 강도

마루알 치즈 타르트

오 드 프랑스(Hauts-de-France) 지방의 유일한 AOC 치즈인 마루알(maroilles)을 놓고 두 개의 레시피가 격전을 벌인다. 하나는 아브누아(Avesnois)의 전통 타르트인 마루알 치즈 '플라미쉬(flamiche)'이고, 또 하나는 발랑시엔(Valenciennes)의 명물 '구아예르(goyère)'이다.

마리 로르 프레셰

마루알 플라미슈

준비 : 20분
휴지 : 1시간 30분
조리 : 30분
큰 사이즈 파이 틀 한 개 분량

밀가루(중력분) 250g
제빵용 생 이스트 10g
따뜻한 우유 3테이블스푼
식용유 2테이블스푼
달걀 2개
설탕 1티스푼
소금 1/2티스푼
크렘 프레슈 100g
마루알(maroilles) 치즈 1/4개(180g)
후추

따뜻한 우유에 생 이스트와 설탕을 넣고 잘 풀어준다. 믹싱볼에 밀가루를 넣고 가운데 우묵한 공간을 만든 뒤 소금, 식용유, 달걀을 넣고 잘 섞는다. 여기에 우유에 갠 이스트를 넣는다. 혼합물에 탄력이 생기고 믹싱볼 벽에 더 이상 달라붙지 않을 때까지 반죽기를 돌린다. 랩이나 행주로 덮어 부피가 2배로 부풀도록 따뜻한 곳에서 1시간 30분 정도 휴지시킨다. 작업대에 밀가루를 조금 뿌린 뒤 반죽을 놓고 5mm 두께로 민다. 버터를 발라둔 파이틀에 반죽 시트를 깐 다음 포크로 군데군데 찔러준다. 생크림을 반죽 위에 펼쳐 바른 다음 얇게 슬라이스한 마루알 치즈를 놓는다. 후추를 뿌리고 소금은 넣지 않는다. 180°C 오븐에서 20~30분간 굽는다.

> "치즈의 **교향곡** 안에서 색소폰 소리처럼 쩌렁쩌렁 **울리는 강렬한** 풍미를 가진 치즈의 **왕, 열정의** 마루알..."
> - 퀴르농스키(Curnonsky)

마루알 구아예르*

준비 : 20분
휴지 : 1시간 30분
조리 : 25분
큰 사이즈 파이 틀 한 개 분량

파트 브리제 또는 파트 퓌유테 1장
달걀 3개
마루알 치즈 1/4개(180g)
프로마주 블랑 또는 크렘 프레슈 100g
소금, 후추

* goyère : 프랑스 북부 지방의 대표적인 브리오슈 수플레 타르트

달걀의 흰자와 노른자를 분리한다. 치즈의 외피를 잘라낸 뒤 프로마주 블랑을 넣고 포크로 으깬다. 여기에 달걀노른자를 넣고 섞는다. 달걀흰자를 휘저어 거품을 올린 뒤 혼합물에 넣고 주걱으로 살살 섞는다. 간을 맞춘다. 반죽을 5mm 두께로 민 다음 버터를 바른 파이틀에 깐다. 포크로 군데군데 찔러준다. 반죽 위에 치즈 혼합물을 덮은 뒤 200°C 오븐에서 25분간 굽는다.

관련 내용으로 건너뛰기
p.286 구제르

베르나르 피보

베르나르 피보와 관련된 것은 심지어 육수조차도 교양이요 문화다. 그의 와인은 물론이다. 포도밭 근처에서 태어난 '아포스트로프(Apostrophes)*'의 전 진행자 베르나르 피보는 오래전부터 와인의 세계를 가까이했다. 알파벳 'B'로 시작하는 키워드 세 개로 이를 증명해본다.

에스텔 르나르토빅츠

Bernard Pivot, 와인을 사랑한 저널리스트
(1935년 출생)

B 보졸레(BEAUJOLAIS)

부르주아 중산층에서는 이 대중적인 싸구려 와인, 페탕크 공놀이 하는 사람들이나 즐기는 와인, 목마를 때 마시는 와인, 카운터에 서서 마시는 와인, 시골 장터에서나 마시는 와인, 간식 시간에 마시는 와인을 좋아하는 그의 취향을 비난한다. 그러거나 말거나 피보는 이에 아랑곳하지 않는다. 식료품상 집 아들로 평론가가 된 피보는 자신의 첫사랑 보졸레에 등을 돌리지 않았다. 왜냐하면 이 와인은 그에게 처음으로 기쁨을 느끼게 해준 존재이기 때문이다. 6살~10살 때 어린 베르나르는 매일 포도밭을 가로질러 달려가 브루이(Brouilly) 산자락에 있는 캥시에 앙 보졸레(Quincié-en-Beaujolais)의 학교에서 수업을 받았다. 청소년기에 그는 포도수확에 참가하며 햇 포도주를 얻었다. 그는 이 와인이 자신에게 자유, 관능, 인내를 가르쳐 주었다고 말한다. 그리고 수다의 기술도!

B 뷔코프스키(BUKOWSKI)

베르나르 피보가 진행하던 토론 프로그램 '아포스트로프' 생방송 중 실제 일어난 이 일화는 프랑스 TV 방송 사상 역대급 '술 취한 장면'으로 회자되고 있다. 1978년 2월, 미국의 작가 찰스 뷔코프스키(Charles Bukowski)가 '아포스트로프' 생방송 무대에 패널로 출연했다. 그는 이미 술에 거나하게 취한 상태였다. 일상적인 질의응답 시간이 지나자 술에 취한 이 출연자는 조용히 있다가 상세르 와인병을 들고 꿀꺽꿀꺽 나발을 불기 시작했다. 이어서 그는 알아들을 수 없는 소리로 중얼거리며 다른 사람들의 발언을 방해했다. 함께 출연했던 프랑수아 카바나(François Cavanna)가 "입 닥쳐, 뷔코프스키!"라고 소리쳤다. 뻔뻔한 그는 옆 테이블에 앉아 있던 출연자 카트린 페이장(Catherine Paysan)의 무릎을 손으로 만졌다. "아, 정말 이건 뭐... 가지가지 하시네요!" 그녀가 소리쳤다. 완전히 취한 주정뱅이는 수많은 시청자들의 아연실색한 시선을 뒤로하고 다리를 휘청거리며 무대에서 퇴장했다. 심지어 끌려 나가면서 보안요원을 칼로 위협하기까지 했다. 미국의 클라스란...

관련 내용으로 건너뛰기
p.47 취할 수만 있다면

B 뷔튀르(BITURE, 만취)

베르나르 피보는 자신의 저서 『와인 애호가 사전(*Dictionnaire amoureux du vin*)』(Plon 출판)에서 술에 취한 상태나 사람을 지칭하는, 믿을 수 없을 정도로 많은 수의 프랑스어 단어를 소개했다. 술꾼, 주정뱅이, 술고래, 폭주가 등을 지칭하는 단어로는 soûlographe, soûlard, soûlot, alcoolique, poivrot, picoleur, bituré, biturin, pionard, pochard, pochetron, sac à vin, éponge à vin, ouvre à vin, boit-sans-soif, arsouille, biberonneur, cuitard, vide-bouteilles, meurt-de-soif, soiffard, galope-chopine, siroteur, relicheur, vinassier, alambic 등을 나열했다. 이보다 더 풍부한 어휘를 제시할 사람이 또 누가있을까?

* 아포스트로프(Apostrophes) : 베르나르 피보가 진행하던 문학 라이브 토크쇼로 1975년부터 1990년까지 프랑스 공영 2채널(Antenne 2)에서 방영되었으며 당대 큰 인기를 누렸다.

포타주 총정리

수프는 프랑스 고전 요리의 중요한 한 부분을 차지한다. 오귀스트 에스코피에의 개론서부터 부르주아 요리 안내서에 이르기까지 텃밭에서 재배한 채소를 요리하는 방법은 수십 가지가 넘는다. 문제는 프랑스 요리명장이 아니면 그 많은 이름에 파묻혀 헤맬 수도 있다는 것이다. 이 어려움에서 살아남기 위해 수많은 종류의 수프와 그 재료를 총정리 해두자.

프랑수아 레지스 고드리

알고 계셨나요?

17세기에 '포타주(potage)'라는 단어는 오늘날과 다른 뜻을 갖고 있었다. **고기나 생선에 채소를 넣고 끓인 푸짐한 요리**를 지칭했다.

"그럼에도 불구하고 포타주가 서빙되었다. **한 마리의 닭**이 그 안에서 화려한 위용을 갖추고 있었다."

부알로(Boileau)의 『풍자시 III(Satire III, 1666)』

포타주 레시피 사용법

→ 레시피는 6인 기준.
→ 채소 포타주의 경우 닭 육수 대신 물을 사용한다.
→ 고전 레시피에서 많이 사용하는 농후제(리에종) 재료인 쌀은 동량의 불구르(boulgour), 퀴노아, 오트밀 또는 껍질을 벗겨 잘게 썬 감자로 대체할 수 있다.
→ 서빙하기 바로 전 차가운 버터 한 조각과 버터에 지진 크루통 몇 조각, 처빌 잎 약간을 넣는 것을 잊지 말자.

포타주의 분류

『라루스 요리백과(*Larousse gastronomique*)』에 따르면 포타주는 '식사 특히 저녁 식사의 첫 코스로 우묵한 접시에 담아 일반적으로 뜨겁게 서빙하는 액체 요리'이다. 포타주는 크게 다음과 같이 분류한다.

맑은 포타주 potages clairs : 고기, 가금육, 생선, 갑각류 해산물로 만든 맑은 육수 및 콩소메.

걸쭉한 포타주 potage liés : 국물에 버터, 크림, 베샤멜, 타피오카, 쌀, 애로루트(칡 녹말), 달걀노른자 등을 넣어 걸쭉한 농도를 낸 것.

걸쭉한 포타주는 다시 다음과 같이 나눌 수 있다.

- 크림 수프 potages crèmes : 생선, 갑각류 해산물, 고기, 채소로 만든 수프에 생크림이나 베샤멜 소스를 넣어 농도를 낸다.

- 블루테 수프 potages veloutés : 주재료(채소, 고기, 생선, 갑각류 해산물)에 흰색 육수를 넣고 끓인 뒤 달걀노른자와 생크림을 넣어 걸쭉하게 농도를 낸다.

- 퓌레 수프 potages purées : 액체 타입 퓌레, 전분이 있는 채소 또는 콩류 퓌레, 갑각류 해산물(비스크), 생선, 고기, 채소에 쌀, 감자, 빵 등을 넣어 걸쭉하게 만든다.

이 종류에 해당하는 수프들을 종류별로 자세히 정리해보자.

콩을 사용한 포타주

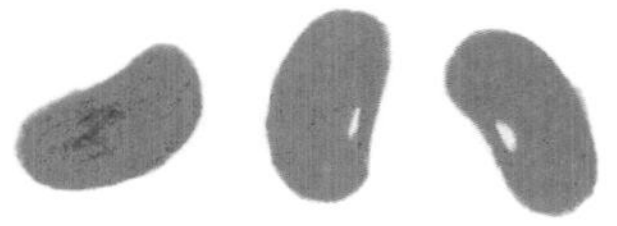

콩데 *Condé*

콩 종류 : 붉은 강낭콩, 키드니 빈

기원 : 17세기 프랑스의 왕자 루이 2세 드 콩데 친왕과 그 후손들에게 요리사들이 헌정한 수프이다.

레시피 : 키드니 빈 350g을 씻어 찬물 1.5리터에 넣고 끓인다. 거품을 건지고 소금을 넣는다. 정향을 꽂은 양파 1개, 부케가르니, 껍질을 벗긴 뒤 둥글게 썬 당근 한 개를 넣는다. 기호에 따라 베이컨을 한 토막 넣어준다. 레드와인 한 컵을 넣고 약불로 끓여 익힌다. 블렌더로 간다.

에서 또는 콩티 *Esaü (ou Conti)*

콩 종류 : 렌틸 콩

기원 : 구약성경 속 인물인 에서는 렌즈콩 죽 한 그릇에 자신의 동생 야곱에게 장자의 권리를 넘겨주었다고 한다.

레시피 : 퓌(Puy)산 렌틸콩 350g을 씻어 찬물 1.5리터에 넣고 끓인다. 거품을 건지고 소금을 넣는다. 정향을 꽂은 양파 1개, 부케가르니, 껍질을 벗긴 뒤 둥글게 썬 당근 한 개를 넣는다. 기호에 따라 베이컨을 한 토막 넣어준다. 레드와인 한 컵을 넣고 약불로 끓여 익힌다. 블렌더로 간다.

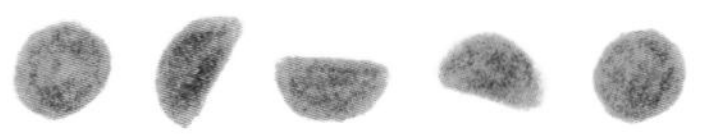

생 제르맹 *Saint-Germain*

콩 종류 : 쪼개 말린 완두콩(옛날에는 신선 완두콩)

기원 : 생 제르맹 앙 레(Saint-Germain-en-Laye)가 일찍이 완두콩 재배로 유명했지만 이 수프의 이름은 루이 16세 시절 국방 장관이었던 생 제르맹 백작의 이름에서 따온 것이다.

레시피 : 쪼개어 말린 완두콩(pois cassé) 350g을 찬물에 담가 2시간 동안 불린다. 건져 헹군 뒤 찬물 1.5리터에 넣고 끓인다. 거품을 건지고 소금을 넣는다. 약한 불로 끓여 익힌다. 버터 20g을 녹인 냄비에 껍질을 벗기고 동그랗게 썬 당근 1개, 리크 녹색 부분 1대, 껍질을 벗기고 얇게 썬 양파 반 개를 넣은 뒤 색이 나지 않고 수분이 나오도록 볶는다. 이것을 익힌 완두콩에 넣고 블렌더로 갈아 혼합한다. 팬에 구운 베이컨, 크렘 프레슈 한 스푼을 얹어 서빙한다.

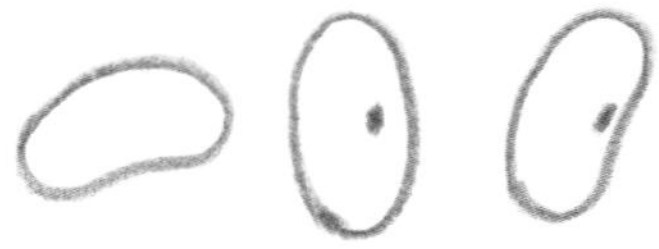

수아소네 *Soissonnais*

콩 종류 : 흰 강낭콩

기원 : 수아송(Soissons)은 프랑스에서 콩 재배로 이름난 역사적인 지역이다.

레시피 : 흰 강낭콩 350g을 씻어 찬물 1.5리터에 넣고 끓인다. 거품을 건지고 소금을 넣는다. 정향을 꽂은 양파 1개, 부케가르니, 껍질을 벗긴 뒤 둥글게 썬 당근 한 개를 넣는다. 기호에 따라 베이컨을 한 토막 넣어준다. 레드와인 한 컵을 넣고 약불로 끓여 익힌다. 블렌더로 간다.

한 가지 채소를 사용한 포타주

아르장퇴이유 *Argenteuil*
채소 종류 : 화이트 아스파라거스
기원 : 아르장퇴이(Argenteuil, Val-d'Oise)는 17세기부터 화이트 아스파라거스 재배로 유명한 지역이다.
레시피 : 냄비에 버터 50g을 녹인 뒤 화이트 아스파라거스 윗동 400g을 넣고 볶는다. 양파 반 개와 소금 한 꼬집을 넣어 함께 볶은 뒤 닭 육수 1리터를 붓고 쌀 100g을 넣는다. 뚜껑을 덮고 약하게 끓여 익힌다. 크렘 프레슈 200ml를 첨가한 뒤 블렌더로 간다.

슈아지 *Choisy*
채소 종류 : 양상추
기원 : 슈아지(Choisy)는 17세기에 상추 재배로 유명했다. 슈아지 르 루아(Choisy-le-Roi) 성에 기거하기를 좋아했던 루이 15세는 상추 농사를 장려했다.
레시피 : 냄비에 버터 30g을 녹인 뒤 얇게 썬 양파 1개를 넣고 볶는다. 육수 750ml, 감자 250g, 우유 500ml를 넣는다. 소금으로 간을 한다. 감자가 푹 익을 때까지 끓인다. 잘게 다진 상추 270g을 넣고 5분간 더 끓인 뒤 블렌더로 간다.

크레시 *Crécy*
채소 종류 : 당근
기원 : 크레시 라 샤펠(Crécy-la-Chapelle, Seine-et-Marne)은 옛날에 뿌리가 길고 짙은 주황색을 띤 당근 품종인 '카로트 드 모(carotte de Meaux)'의 산지로 유명했다.
레시피 : 냄비에 버터 50g을 녹인 뒤 동그랗게 썬 당근 500g을 넣고 볶는다. 양파 반 개와 소금 한 꼬집을 넣어 함께 볶은 뒤 닭 육수 1리터를 붓고 쌀 100g을 넣는다. 뚜껑을 덮고 약하게 끓여 익힌다. 블렌더로 간다.

뒤 바리 *Du Barry*
채소 종류 : 콜리플라워
기원 : 루이 15세의 마지막 애첩이었던 뒤 바리 백작부인의 희고 관능적인 피부를 연상시켜 그 이름이 붙었다.
레시피 : 콜리플라워 400g을 잘게 썬 다음 끓는 소금물에 데쳐 건진다. 콜리플라워와 감자 250g에 우유 600ml와 소금 한 꼬집을 넣고 끓여 익힌다. 우유 또는 닭 육수 100ml를 넣고 풀어준 다음 블렌더로 간다.

프르뇌즈 *Freneuse*
채소 종류 : 순무
기원 : 프르뇌즈(Freneuse)는 이블린(Yvelines) 지방의 한 마을로 옛날에 순무 재배가 활발했던 곳이다.
레시피 : 냄비에 버터 50g을 녹인 뒤 얇게 썬 순무 500g과 소금 한 꼬집을 넣고 볶는다. 닭 육수 700ml와 감자 250g을 넣는다. 뚜껑을 덮고 약하게 끓여 익힌다. 블렌더로 간다.

제르미니 *Germiny*
채소 종류 : 수영(소렐)
기원 : 19세기 파리의 유명 레스토랑이었던 '카페 앙글레(Café Anglais)'의 셰프가 고객 중 한 명이었던 프랑스 은행 총재 제르미니 백작에 헌정하기 위해 만든 메뉴이다.
레시피 : 냄비에 버터 50g을 녹인 뒤 씻어서 잘게 썬 수영 400g을 넣고 숨이 죽도록 볶는다. 닭 육수 1.2리터를 붓고 끓인 뒤 블렌더로 간다. 다른 그릇에 달걀노른자 4개와 생크림 300ml을 넣고 잘 풀어준다. 이것을 수프에 조심스럽게 넣으며 거품기로 계속 저어준다. 수프가 거품기에 묻을 정도의 농도가 되도록 계속 잘 저어 혼합한다. 끓지 않도록 주의하며 다시 한 번 뜨겁게 데워 서빙한다.

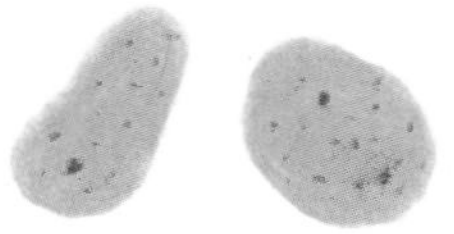

파르망티에 *Parmentier*
채소 종류 : 감자
기원 : 프랑스에 감자를 널리 알리고 소비를 장려한 위대한 약사 앙투안 파르망티에(Antoine Parmentier, 1737-1813)에게 헌정한 수프이다.
레시피 : 리크 흰 부분 2대를 얇게 송송 썬 다음 버터 25g을 넣고 볶는다. 숭덩숭덩 자른 감자 500g을 넣는다. 닭 육수 1리터를 붓고 감자가 푹 익을 때까지 끓인다. 블렌더로 간다. 농도가 너무 걸쭉하면 육수를 조금 추가해 조절한다.

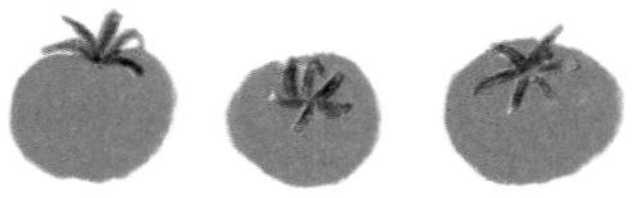

솔페리노 *Solferino*
채소 종류 : 토마토
기원 : 1853년 롬바르디아의 유명한 마을에서 발발한 전투와 확실히 연관된 것으로 알려져 있다. 당시 토마토는 이탈리아를 상징했다.
레시피 : 리크 흰 부분 3대를 얇게 송송 썬 다음 버터 30g을 넣고 볶는다. 씨를 빼고 세로로 썬 토마토 700g과 부케가르니, 으깬 마늘 1톨을 넣어준다. 닭 육수 1.5리터와 감자 4개를 넣은 뒤 감자가 푹 익을 때까지 끓인다. 부케가르니를 건져낸다. 농도가 너무 걸쭉하면 육수를 조금 추가해 조절한다.

여러 가지 채소를 사용한 포타주

퀼티바퇴르 *Le cultivateur*
각종 채소와 베이컨을 넣고 만든 풍성한 옛날식 수프를 유명 셰프 스타일로 만든 레시피.
레시피 : 코코트 냄비에 버터 30g을 녹인 뒤 잘게 썬 베이컨 80g을 넣고 볶는다. 여기에 잘게 썬 채소들(감자 제외)을 넣고 색이 나지 않고 수분이 나오도록 볶는다. 닭 육수 1리터를 붓고 소금을 넣는다. 한소끔 끓어오르면 사보이양배추와 감자를 넣는다. 감자가 완전히 푹 익을 때까지 끓인다. 제철인 경우 신선 완두콩과 얇게 썬 그린빈스를 첨가한다. 이 수프는 블렌더로 갈지 않고 서빙한다.

본 팜 *Le Bonne Femme*
19세기와 20세기 상반기의 부르주아 계층 요리를 다룬 모든 요리책에 나오는 레시피로 리크와 감자를 넣어 만든 시골풍 투박한 수프를 일반 가정에서 만들어 먹을 수 있도록 한 것이다.
레시피 : 리크 흰 부분 3대를 잘게 송송 썬 다음 버터 20g을 넣고 색이 나지 않게 볶는다. 닭 육수 1.5리터를 붓는다. 껍질을 벗긴 뒤 얇게 썬 감자를 넣고 소금으로 간한다. 감자가 완전히 익을 때까지 끓인다. 블렌더로 갈지 않는다. 마지막에 작게 자른 버터를 넣고 튀긴 크루통을 얹어 서빙한다.

관련 내용으로 건너뛰기
p.168 맛있는 수프 총집결!

파리의 배 속, 레 알 시장

뛰어난 건축물이며 파리의 사랑을 받는 인기 명소인 레 알(les Halles)은 오랫동안 프랑스 수도에서 중요한 식량 곳간으로 존재해왔다. 에밀 졸라(Émile Zola), 조리스 카를 위스망스(Joris-Karl Huysmans)의 소설뿐 아니라 수많은 화가의 작품에 등장하는 이곳은 프랑스인들의 기억 속에 영원히 각인되어 있다.

에스텔 르나르토빅츠

레 알 드 발타르 (LES HALLES DE BALTARD)

건축 기간이 1854년부터 1874년까지에 이르는 총면적 **33헥타르의 식료품 시장**으로 나폴레옹 3세와 오스만(Haussmann) 남작의 주도 하에 빅토르 발타르(Victor Baltard)가 설계했다.

총 12개 동의 현대식 개방형 건축물로 마치 유리와 강철로 이루어진 대형 차양 같은 형태를 하고 있었으며 인파가 북적대는 길들로 연결되어 있었다.

각 동별로 취급하는 음식들이 특화되어 있었다. 생선(pavillon de 'la Marée'), 가금류와 수렵육(pavillon de 'la Vallée') 뿐 아니라 내장, 부속과 샤퀴트리, 과일과 채소, 꽃, 빵, 버터, 달걀, 치즈 등을 파는 곳 등으로 구획이 나뉘어 있었다.

이 시장에는 생산자, 판매중개업자, 운송업자, 다양한 형태의 상인 등 **총 5,000명 이상**이 일하고 있었다. 그들 중에는 파리에서의 성공을 꿈꾸며 지방에서 올라온 사람들이 많았다.

밤낮으로 엄청난 물량의 식자재들이 프랑스 전역에서 이곳으로 쏟아져 들어왔다. 판매는 새벽 1시 종소리와 함께 개시하여 하루 종일 이어졌으며 저녁 8시 전에는 모두 마무리되었다.

레 알 시장은 **파리 식량의 중심지**였다. 20세기 초 당시, 연간 그뤼예르 치즈 1,000톤 이상, 생선 26,000톤, 홍합과 조개류 10,000톤, 과일과 채소 19,000톤, 고기 23,000톤이 이곳으로 운송되었다.

또한 이곳은 **파리에서 가장 활기와 축제 분위기가 넘치는 장소**로 주변에는 수십 개의 레스토랑과 24시간 영업하는 카페들이 즐비했다(La Poule au pot, Le Café Pierre, La Cloche des Halles, Le Chien qui fume, Au Chou vert 등). 어떤 곳은 간이침대까지 구비해두고 있어 피곤한 운송업자들이 숙소로 사용하기도 했다.

영업 종료. 계속해서 인파가 늘어남에 따라 점점 위생 문제가 대두되었으며 현대적 도시 규모에 더 이상 부합하지 않게 되었다. 드골 대통령의 추진으로 렁지스(Rungis)에 새로운 식자재 도매시장이 출범한 지 얼마 안 되어 파리 시내의 이 시장은 결국 1970년 철거되었다.

관련 내용으로 건너뛰기
p.216 생선가게 진열대

에밀 졸라가 묘사한 생선 가게 진열대

"대리석 진열대 위에는 손질을 마쳐 황금처럼 빛나는 분홍빛 살을 뽐내는 **멋진 연어**, 크림 같은 흰색 살의 **대문짝넙치**, 자를 위치에 검은색 핀을 찔러 표시해놓은 유럽산 붕장어, 두 마리씩 포개놓은 **서대**, 노랑촉수, 농어 등이 싱싱하게 놓여 있었다. 또한, **눈이 생생하고** 아가미에서 아직 피가 흐르는 이 생선들 가운데에는 불그스름하고 검은 반점이 있으며 희한한 소리를 내는 물고기인 **거대한 가오리**가 자리 잡고 있었다. 하지만 진열대의 이 큰 가오리는 부패하기 시작했고 꼬리는 아래로 처져 있었으며 지느러미뼈는 거친 껍질을 뚫고 나와 있었다."

- 『파리의 배 속(*Le Ventre de Paris*)』(1873) 중에서.

옛날 레 알 시장의 다양한 직업군

시장의 짐꾼들. 커다란 모자를 쓰고 있어 금방 눈에 띈 이들은 물건을 나르는 짐꾼들로 이 시장의 특권층이었다. 가장 힘이 센 이들은 최고 250kg에 달하는 짐을 등에 지고 운반했다고 한다.

트럭 안내원. 이들은 시장 안의 복잡한 미로로 짐 트럭을 인도해주고 5전짜리 동전 3개를 받았다.

과일, 채소 진열 담당자. 이들은 채소와 과일을 진열대 위에 피라미드 모양으로 멋지게 쌓아올려 진열해주고 돈을 받았다.

계량, 측정, 검사 담당자. 경찰서에서 선서를 한 이들은 지하에 자리를 잡고 하루 종일 계수, 측정 및 달걀의 품질 검수를 담당했다.

물건을 지켜주는 담당자. 이 여인들은 이미 판매되어 보도 블럭 위에 놓아둔 짐들을 지켜주고 약간의 수고비를 받았다.

잔반 판매자. 이들은 식당을 돌며 남은 음식들을 (설겆이 담당자와의 공모 하에) 수거하여 죽처럼 끓인 뒤 가난한 이들에게 다시 팔았다.

파리의 배 속, 민중의 루브르

'민중의 루브르(le Louvre du peuple)'라는 별명을 지닌 레 알 시장에 완전히 매료된 에밀 졸라는 자신의 저서 『파리의 배 속』에서 마치 열정적인 동식물 학자가 된 듯, 물건이 넘쳐흐르는 진열대들을 아연실색할 만한 어휘로 자세히 묘사했다. 엄청난 규모의, 움직임이 있는 정물화와도 같은 그의 책은 레 알 시장과 그 주변의 삶을 생생히 보여주는 놀라운 기록물이다. 카옌에서 탈출한 도형수인 젊은 **공화주의자 플로랑(Florent)은** 채소를 실은 짐 트럭 속에 숨어서 파리에 도착한다. 곧 레 알 시장에서 물품 검사관으로 일하게 된 그는 빈부의 대립 구도인 계층 갈등을 바탕으로 한 사랑과 권력의 비정한 투쟁에 휘말린다. **제2제정시대 부르주아 계급의 게걸스러운 탐욕을 은유적으로 보여주는** 레 알은 거대한 크기의 '쇠로 만들어진 배 속'이자 괴물 같은 창자, 동굴, 건물, 작은 길들이 뒤얽힌 곳이다. 이곳에서 소화되지 않은 모든 것은 그 값이 얼마이든 상관없이 태워지고 방치되며 결국은 추방된다.

아시 파르망티에

삶은 감자와 남은 포토푀 고기 또는 함박스테이크용 분쇄육만 있다면 온 가족이 푸짐하게 먹을 수 있는 이 요리를 손쉽게 만들 수 있다. 또한 이 일품요리는 채소와 고기 재료에 변화를 주어 더욱 다양한 레시피로 만들 수 있다.

질 쿠쟁

잘못 알려진 사실

앙투안 오귀스탱 파르망티에(Antoine Augustin Parmentier)는 감자 장수가 아니었다.이 특별한 요리의 이름은 **감자를 널리 알려 많은 사람들이 즐겨 먹도록 한** 18세기의 **약사, 영양학 및 위생학자** 앙투안 오귀스탱 파르망티에의 이름에서 따온 것이다. 이 덩이줄기 채소는 오랫동안 동물의 사료로만 사용되어 왔으며 나병과 같은 질병을 초래한다고 비난받아왔다.

꼭 알아두어야 할 3 대 원칙

1

분질 감자(bintje) 또는 살이 연한 감자 품종(bamba, agata)을 사용하라.

2

수퍼마켓에서 파는 햄버거용 다진 고기 패티는 잊어라. 정육점에 가면 바로 직접 간 고기를 구입할 수 있다.

3

당신만의 비법을 간직하라. 감자 퓌레에 넛멕을 조금 갈아 넣으면 좋다.

소고기 아시 파르망티에

준비 : 40분
조리 : 50분
6인분

감자 퓌레
- 감자(bintje 등의 분질 감자) 1kg
- 우유(전유) 150ml
- 액상 생크림 100g
- 가염버터 50g

소고기 소
- 올리브오일 20g
- 무염버터 15g (+ 틀에 바를 용도 10g)
- 당근 1개
- 양파 2개
- 소고기 분쇄육 500g
- 빵가루 20g

감자의 껍질을 벗기고 4등분한다. 넉넉한 물에 넣고 약 30분간 삶는다. 칼끝으로 찔러 보아 익었는지 확인한다. 칼날이 쉽게 빠져나오면 다 익은 것이다. 감자를 건져 포테이토 매셔로 으깬다. 냄비에 우유와 생크림을 넣고 따뜻하게 데운 뒤 감자에 넣는다. 깍둑 썬 버터를 넣고 잘 섞어 부드럽고 크리미한 질감의 퓌레를 만든다.
감자가 익는 동안 당근의 껍질을 벗긴 뒤 아주 작은 주사위 모양(브뤼누아즈)으로 썬다. 팬에 올리브오일과 버터를 달군 뒤 당근을 넣고 중불에서 2분간 색이 나지 않게 볶는다. 양파의 껍질을 벗긴 뒤 얇게 썰어 팬에 첨가한 뒤 함께 2분간 볶는다. 여기에 다진 고기를 넣고 소금, 후추로 간한다. 잘 저으며 5분간 익힌 뒤 덜어낸다. 오븐을 200°C로 예열한다. 그라탱 용기에 버터를 바르고 볶은 고기를 펼쳐 넣는다. 그 위에 감자 퓌레를 덮고 평평하게 만든 뒤 빵가루를 뿌린다. 오븐에 넣고 표면이 노릇해질 때까지 약 15분간 굽는다.

3가지 응용 레시피

오리고기 고구마 파르망티에
PARMENTIER DE CANARD ET PATATE DOUCE
소고기 아시 파르망티에 레시피를 기본으로 하되 감자 대신 **고구마 1kg,** 소고기 대신 오리고기를 사용한다. **오리다리 콩피 4개**를 준비해 살을 잘게 찢어놓는다. 팬에 **오리 기름 1테이블스푼**을 녹인다. 껍질을 벗기고 잘게 썬 **샬롯 1개**를 넣고 색이 나지 않게 볶는다. 여기에 오리다리 살을 넣고 센 불에서 잘 저어가며 5분간 볶는다. 그라탱 용기에 오리고기를 깔고 고구마 퓌레를 평평하게 덮은 뒤 오븐에 노릇하게 굽는다(소고기 아시 파르망티에 레시피 참조).

삼색 파르망티에 PARMENTIER TRICOLORE
셀러리악 400g의 껍질을 벗긴 뒤 큐브 모양으로 썬다. 넉넉한 양의 물에 넣고 15분간 푹 삶는다. 건져서 물기를 뺀 다음 **가염버터 15g**을 넣고 으깨 퓌레를 만든다. 후추를 뿌린다. **당근 300g**의 껍질을 벗긴 뒤 적당한 크기로 잘라 넉넉한 양의 물에 넣고 15분간 삶는다. 건져서 물기를 뺀 뒤 **가염버터 15g**을 넣고 으깬다. **순무 300g**의 껍질을 벗긴 뒤 반으로 잘라 넉넉한 양의 물에 넣고 15분간 삶는다. 건져서 물기를 뺀 다음 **가염버터 15g**을 넣고 으깨 퓌레를 만든다. 다진 소고기 소를 만든다(소고기 아시 파르망티에 레시피 참조). 그라탱 용기에 다진 소고기 소를 깔고 세 가지 퓌레를 덮어준 다음 오븐에 넣어 노릇하게 굽는다.

훈제 대구 사보이양배추 파르망티에
PARMENTIER DE HADDOCK AU CHOU VERT
냄비에 **우유 1리터, 물 1리터**를 넣고 **훈제 해덕대구 800g**을 담가 끓을 때까지 가열한다. 생선을 건져 살을 잘게 떼어놓는다. 작은 냄비에 **생크림 200ml**를 끓인 뒤 **차이브 한 묶음**을 잘게 썰어 넣는다. 이 소스를 생선에 넣고 잘 버무린다. **사보이양배추 400g**을 씻은 뒤 가늘게 채 썬다. 소테팬에 **무염버터 15g**을 녹인 뒤 양배추를 넣고 볶는다. 뚜껑을 덮고 약불에서 10분간 익힌다. 그라탱 용기에 생선을 깔고 사보이 양배추를 얹는다. 감자 퓌레를 덮고 평평하게 만든 뒤 오븐에 노릇하게 굽는다.

코를 톡 쏘는 작은 씨앗, 머스터드

머스터드 하면 디종(Dijon)이 먼저 떠오르지만 실제로는 프랑스 전역에서 생산된다. 입자가 고운 것, 매운맛이 강한 것, 홀 그레인, 각종 향을 더한 것 등 다양한 종류를 자랑하는 머스터드는 우리 주방의 기본 양념 중 하나로 자리하고 있으며, 할 말이 많은 좋은 친구다.

마리엘 고드리

겨자 나무

배추과에 속하는 초본식물로 지중해 지역이 원산지인 머스터드 나무는 장각과(長角果 siliques)라고 불리는 마른 열매를 맺으며 그 안에는 황색 또는 검정색의 작은 씨앗들이 들어 있다. 우리가 양념으로 사용하는 머스터드 소스를 만드는 데는 다음 세 종류가 사용된다.

- **백겨자(moutarde blanche).** 꽃의 크기가 크고 황색 씨앗을 맺으며 맛은 그리 맵지 않다.
- **흑겨자(moutarde noire).** 털 같은 잎이 무성한 식물로 붉은색 씨앗을 맺으며 완전히 성숙하면 검은색으로 변한다. 맛이 아주 매콤하다.
- **갈색 겨자(moutarde brune).** 생장이 아주 활발한 식물로 잎의 모양이 삐죽삐죽하고 매운맛의 굵은 씨앗을 맺는다. 부르고뉴 지방에서 디종 머스터드(moutarde de Dijon) 제조용으로 재배하는 품종이 바로 이것이다.

네 번째로 아주 생명력이 강한 품종인 **야생 겨자 혹은 들 겨자**(*sinapis arvensis*)는 도처에 매우 흔하게 자라지만 잡초로 취급된다.

제조

머스터드 페이스트 1kg을 만들려면 겨자씨 50만 개 이상이 필요하다.

세척하기 : 씨 알갱이에 묻어 있는 잡티와 기생충 등을 제거한다.

양념에 재우기 : 다른 양념 재료(식초, 화이트와인, 소금물, 향신료 등)를 첨가한 뒤 몇 시간 동안 담가둔다.

분쇄하기 : 맷돌에 넣고 열이 발생하지 않도록 조심스럽게 천천히 갈아 맛을 최대한 살려낸다.

체에 내리기 : 씨껍질과 머스터드 페이스트를 분리해낸다. 일명 '옛날식(à l'ancienne)'으로 불리는 홀 그레인 머스터드는 이 과정이 생략된다.

보관

개봉하지 않은 제품은 직사광선과 습기가 없는 찬장에 보관한다. 일단 병을 열면 뚜껑을 꼭 닫은 뒤 냉장고에 보관한다. 머스터드의 새콤한 맛을 내는 식초가 함유되어 있기 때문에 18개월까지 장기 보관이 가능하다.

머스터드는 부르고뉴에만 있을까?

디종이 머스터드 생산의 독점권을 갖고 있다고 절대적으로 말할 수는 없지만(파리, 보르도, 오를레앙, 렝스 등지에서도 생산된다) 이 지역의 대표적 특산품인 사실은 부인할 수 없다. 또한 "Moult me tarde(많은 사람이 나를 기다린다)"라는 옛 문구는 1382년 필리프 2세 부르고뉴 공작(Philippe le Hardi)이 플랑드르의 포위군을 몰아낸 뒤 승리를 알리며 한 말로 이후 디종 시를 대표하는 표어가 되었다(프랑스어 '무타르드' 발음과 연계)

지역의 자연조건

부르고뉴 지역의 많은 부분을 차지하는 포도밭에서는 머스터드 소스를 만드는 데 필요한 식초를 생산할 수 있다. 또한 옛날에 석탄 생산자들이 나무를 태우기 위해 사용했던 이 지역 토양은 머스터드 씨를 재배하는 데 매우 유리하다.

창의적 발전

1752년경 디종 사람 장 내종(Jean Naigeon)은 식초 대신 베르쥐(verjus 신 포도즙)를 넣어 머스터드의 맛을 현격하게 개선했다. 이 새로운 레시피는 유명세를 타고 널리 알려졌다.
1853년 모리스 그레(Maurice Grey)가 머스터드 제조 기계를 발명한 이후 생산성은 더욱 높아졌다.
1931년 레몽 사쇼(Raymond Sachot)는 무타르드 A.비주아르(Moutarde A. Bizouard) 회사와 그 상표 아모라(Amora)를 인수한다. 그는 장식이 입혀진 최초의 머스터드 병(다 쓰고 난 뒤 유리컵으로 사용할 수 있다)을 만들었다.

명칭

1937년 9월 법령에 이어 2000년 7월 새로운 법령은 디종 머스터드 제조 과정을 규정하고 있다. 이로써 '디종 머스터드(moutarde de Dijon)'라는 명칭을 전 세계에서 사용하게 되었다.

주도권 경쟁

2차 대전 종료 후 수익률 제고를 위한 대량생산과 캐나다의 추격 경쟁(캐나다는 머스터드 씨의 80%를 공급한다)으로 인해 디종 머스터드의 생산은 혼란기를 겪었다. 하지만 부르고뉴의 생산자들은 1990년 중반부터 현지의 머스터드 재배를 더욱 활성화시켰다.

부르고뉴 머스터드

규정에 명시된 제조법을 준수하면 전 세계 어디서나 생산하고 그 이름을 붙일 수 있는 '디종 머스터드(moutarde de Dijon)'와는 달리 2009년 11월부터 IGP(지리적 명칭 보호) 인증을 받은 '부르고뉴 머스터드(moutarde de Bourgogne)'는 부르고뉴에서 생산된 머스터드 씨와 AOC 화이트와인을 사용하고 가공 공정이 전부 부르고뉴에서 이루어진 제품임이 보증된다.

파리 vs 디종

1351년 파리는 머스터드 제조 규정에 관한 칙령을 획득한 첫 번째 도시가 된다. 1390년 디종이 그 뒤를 잇는다. 머스터드 제조를 위한 규정을 위반하는 자는 누구라도 무거운 벌금을 물어야 했다. 두 도시 간의 경쟁은 18세기에 더 치열해졌다. 파리에서는 보르댕(Bordin)과 마이(Maille)가 머스터드를 처음 만들어낸 디종의 네종(Naigeon) 가문과 경합하며 생산의 대부분을 차지했다. 이어서 19세기에는 디종의 모리스 그레(Grey)와 파리의 보르니뷔스(Bornibus)의 혁신 덕에 이 소스가 공장에서 대량생산 되기 시작한다.
머스터드의 부르고뉴 정통성에 더욱 가까이 가고자 노력한 마이(Maille)사는 1845년 디종에 머스터스 매장을 열었다. 1923년부터 여러 차례의 인수를 거친 마이(Maille) 사는 아모라(Amora)와 합병했고 이후 영국, 네덜란드 합작기업인 유니레버가 이를 인수했다.

벡생(VEXIN)의 머스터드

프랑스 벡생 지방에서는 에마뉘엘 들라쿠르(Emmanuel Delacour)가 집에서 자신의 머스터드 소스를 직접 만들기 시작한 2009년까지 머스터드 씨가 전혀 재배되지 않았다. 19세기부터 벡생에 정착해 산 가족 농장에서 머스터드 씨를 처음 재배하기 시작한 그는 생산량은 적지만 맛이 뛰어난 토종 품종을 선택했으며 이를 지속가능한 자연 경작 방식으로 발전시켰다. 그는 자신이 수확한 머스터드 씨를 맷돌 분쇄기를 소유하고 있던 우아즈(Oise)의 한 장인에게 의뢰해 머스터드 소스로 만든 뒤 저장고에서 4~6개월간 숙성시켰다. 그는 화이트와인을 넣은 전통식 머스터드와 각종 향(압생트, 호두, 윌리엄 서양배, 시드르 등)을 더한 머스터드를 생산하고 있다.

→ Les Moutardes du Vexin, 1, Grande Rue, Gouzangrez (Val-d'Oise)

옛날 옛적 보르니뷔스는…

샹파뉴 지방 출신으로 25년간 교편을 잡았던 알렉상드르 보르니뷔스(Alexandre Bornibus)는 파리에서 유제품 도매상이 되었다. 40세 생일 하루 전 그는 머스터드 생산업체인 투아이용 에 피스(Touaillon & fils)를 인수하여 명성을 얻는다. 이렇게 보르니뷔스 공장이 탄생했고 이와 함께 혁신적인 첨단 제조방식과 도구들도 등장했다.

1869년, 일간지 '르 프티 주르날(Le Petit Journal)'에는 이 회사를 대대적으로 칭송하는 기사가 보도되었다. "이 제조업체는 독자적인 생산 방식을 개발하여 머스터드를 대중화하는 데 성공했다. 이제 모든 가정에서 이 소스를 손쉽게 사용할 수 있다." 주목을 끈 것은 바로 태블릿 형 건조 머스터드로, 원하는 만큼 긁어서 물에 개면 소스로 사용할 수 있는 편리한 제품이었다. 광고를 통해 이 제품의 명성은 날로 높아졌다. 알렉상드르 뒤마에게 의뢰한 광고도 있었다. 이 노란색의 소스를 엄청나게 좋아했던 그는 자신의 저서 『요리대백과』의 에필로그에서 머스터드에 대해 열정적인 글을 남기기도 했다. 보르니뷔스는 1882년 아들들에게 회사를 넘기고 세상을 떠났다. 형제들이 모두 죽은 뒤 폴은 마지막으로 이 공장을 운영하였고, 1931년에는 펠릭스 포탱(Félix Potin)에서 근무했던 샤를 부블리(Charles Boubli)가 이를 인수하게 된다. 부블리의 두 딸이 1992년 새 주주들에게 경영권을 양도한 뒤 이 회사는 이름을 그대로 간직한 채 벨빌(Belleville)을 떠나게 된다. 파리 라 빌레트가 58번지(58 bd. de la Villette)에 위치한 옛 공장의 입구 전면은 아직 그대로 남아 있다.

머스터드는 왜 코를 톡 쏠까?

이는 화학반응이다. 양념에 담가 재우는 과정에서 머스터드 씨앗이 발효되면서 맵게 톡 쏘는 맛의 원인이 되는 '알릴이소티오시아네이트(isothiocyanate d'allyle)'라는 무색 오일이 생성된다. 이것은 제1차 세계대전 당시 사용되었던 화학무기인 겨자탄 성분에 포함되기도 했다.

지역 특산 머스터드

알자스 머스터드
Moutarde d'Alsace
씨 : 흰색
페이스트 : 입자가 고운 연한 황색
구성 재료 : 식초, 소금, 향신료
풍미 : 순한 맛
오랜 역사의 명가 : Alélor(1873)

보르도 머스터드
Moutarde de Bordeaux
씨 : 검정 또는 흰색
페이스트 : 진한 갈색
구성 재료 : 식초, 설탕, 타라곤
풍미 : 순한 맛
오랜 역사의 명가 : Louit(1825)

IGP 부르고뉴 머스터드
Moutarde de Bourgogne (IGP)
씨 : 검정 또는 갈색
페이스트 : 입자가 고운 밝은 황색
구성 재료 : 베르쥐(verjus)
풍미 : 강한 맛
오랜 역사의 명가 : Fallot(1840)

브리브 자색 머스터드
Moutarde violette de Brive
씨 : 검은색
페이스트 : 입자가 고운 보라색
구성 재료 : 적포도 즙, 식초, 향신료
풍미 : 순한 맛
오랜 역사의 명가 : Denoix(1839)

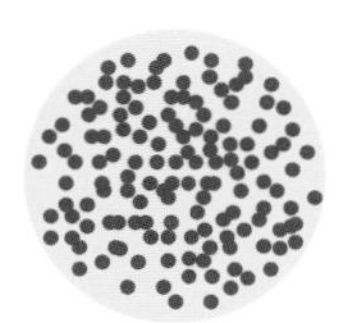

샤루 머스터드
Moutarde de Charroux
씨 : 갈색
페이스트 : 씨의 입자가 살아 있는 황색
구성 재료 : 베르쥐(verjus), 생 푸르생 (Saint-Pourçain) 와인
풍미 : 톡 쏘는 매콤한 맛
오랜 역사의 명가 : Huiles et Moutardes de Charroux(famille Maenner, 1989)

디종 머스터드
Moutarde de Dijon
씨 : 갈색
페이스트 : 입자가 고운 연한 황색
구성 재료 : 베르쥐(verjus)
풍미 : 강한 맛 ~ 매우 강한 맛
오랜 역사의 명가 : Reine de Dijon (1840), Amora-Maille(Maille 1747, Amora 1919)

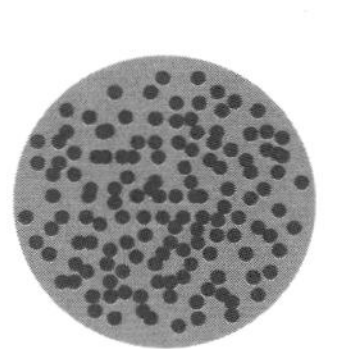

모 머스터드
Moutarde de Meaux
씨 : 갈색
페이스트 : 씨의 입자가 살아 있는 회색
구성 재료 : 식초, 향신료
풍미 : 톡 쏘는 매콤한 맛, 향신료 향
오랜 역사의 명가 : Moutarde de Meaux® Pommery®(1949)

노르망디 머스터드
Moutarde de Normandie
씨 : 갈색, 흰색
페이스트 : 입자가 곱고 꿀과 같은 황색
구성 재료 : 노르망디산 시드르 식초, 소금
풍미 : 강하고 향이 좋다.
오랜 역사의 명가 : Rondel(1735), Bocquet(1855)

오를레앙 머스터드
Moutarde d'Orléans
씨 : 갈색
페이스트 : 입자가 고운 선명한 황색
구성 재료 : 오를레앙산 식초, 소금, 향신료
풍미 : 강한 맛
오랜 역사의 명가 : Pouret(1797)

피카르드 머스터드
Moutarde picarde
씨 : 갈색
페이스트 : 입자가 고운 황색
구성 재료 : 시드르 식초, 향신료
풍미 : 순한 맛
오랜 역사의 명가 : Champ's(1952)

머스터드 포장용 병 용기 변천사

다양한 모양의 도기, 자기 또는 토기 소재로 되어 있으며 원래는 코르크 마개를 덮고 주석 캡을 씌운 뒤 밀랍으로 봉인했다. 머스터드 병은 안에 담긴 내용물을 보관하는 용도뿐 아니라 제조사의 브랜드 정체성을 표현하는 역할도 담당했다. 세월을 거듭하면서 이는 수집가들이 아주 탐내는 아이템이 되었다.

1820년까지
밑 부분이 넓은 삼각형 또는 곧고 윗부분이 불룩한 모양의 병 또는 단지로 목 부분이 좁다. 상표와 설명이 손글씨로 표기되어 있다.

1820년 ~ 1830년
곧은 원통형 단지이며 윗부분이 불룩하다. 병목 부분이 흘러내리는 모양을 하거나 둥근 테두리를 갖고 있다. 상표와 설명이 손글씨로 표기되어 있다.

1850년까지
곧은 모양의 단지로 윗면의 굴곡이 거의 없으며 병목이 두껍다. 망간 스텐실로 상표와 설명 글씨가 새겨져 있다.

1885년까지
곧은 모양의 단지로 윗부분의 움푹한 굴곡이 두드러진다. 병목이 얇아졌다. 망간 스텐실로 상표와 설명 글씨가 새겨져 있다.

1920년까지
곧은 원통형 단지로 윗부분에 움푹한 굴곡이 있다. 병목에 완충장치가 있다. 상표와 설명 글씨는 인쇄되어 있다.

1900년 이후
버킷형 또는 손잡이가 달린 병, 이어서 음료를 마시는 유리잔 타입 등 다양한 모양의 포장용 병으로 발전한다.

관련 내용으로 건너뛰기
p.12 코르니숑

머스터드 소스 토끼고기

준비 : 15분
조리 : 1시간
4인분

토막 낸 토끼고기 1kg
샬롯 4개
버터 30g
해바라기유 2테이블스푼
홀그레인 디종 머스터드 2테이블스푼
부르고뉴 화이트와인 150ml
닭 육수 150ml
액상 생크림 200ml
타임 2줄기(또는 타라곤 한 송이)
소금, 후추

샬롯의 껍질을 벗긴 뒤 얇게 썬다.
코코트 냄비에 버터와 오일을 달군 뒤 토막 낸 토끼고기를 넣고 중불에서 5분간 고루 노릇하게 지진다.
고기를 건져둔다. 이 냄비에 샬롯을 넣고 2분간 노릇하게 볶는다. 다시 토끼고기를 넣은 뒤 화이트와인, 닭 육수, 머스터드, 타임(또는 타라곤)을 넣고 잘 섞는다. 약한 불로 40분간 뭉근히 익힌다. 생크림을 넣고 잘 섞은 다음 20분간 더 익힌다. 후추를 뿌리고 소금으로 간을 맞춘다. 소스가 너무 졸아들면 육수를 조금 추가한다.

유레카! 주방에서의 발견

인간의 식생활과 관련된 다양한 발명은 탁월한 관찰 능력을 가진 연구자들의 계획된 실험과 노력 하에 이루어진 것들도 있지만 때로는 뜻하지 않은 상황에서, 명민한 통찰력과 직관적인 우연에 의해 탄생한 행운의 결과인 것들도 있다.

장 폴 브랑라르

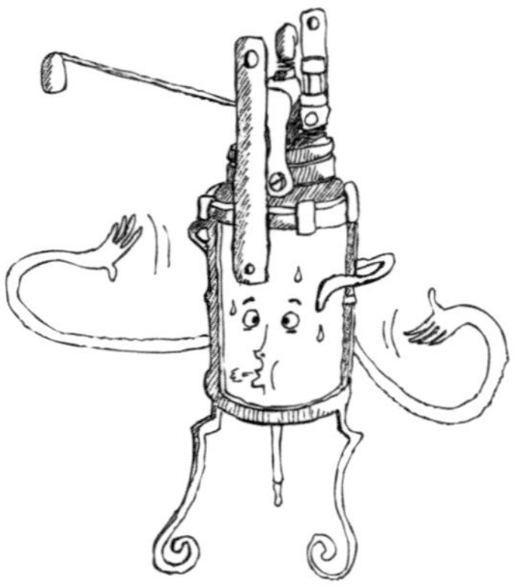

1679

압력 조리기

Autocuiseur

드니 파팽(Denis Papin, 1647-1712)이 압력 조리기(steam digester)를 발명했다(그의 발명품은 이것 외에도 여럿 있다). 이것은 두꺼운 쇠로 만들어졌으며 안전 밸브와 가로막이 장치로 고정시킨 압력 뚜껑을 가진 솥이다. 오늘날의 압력솥의 조상이라 할 수 있다.

1795

가열 살균 통조림 저장

Appertisation

파리에서 절임 음식 전문 상점을 운영하던 **니콜라 아페르**(Nicolas Appert, 1749-1841)는 보나파르트 나폴레옹이 군대 식량을 안전하고 신속하게 보급하기 위한 방법을 공모한 대회에서 '가열살균 방법'으로 당선된다. 그는 채소를 밀폐용 병에 넣고 끓는 물에서 일정시간 동안 가열하는 방법을 연구했고 이를 토대로 식품을 밀폐용기에 넣고 열처리하여 보존하는 방법을 발명하게 되었다. 하지만 그는 모든 특허권을 포기한 채 빈곤하게 생을 마감했다. 세상 사람들은 이와 같은 통조림 보관 방식에 그의 이름을 붙여 '아페르티자시옹(appertisation)'이라고 부르며 그에게 경의를 표했다.

1800년경

삼출식 커피 포트, 퍼콜레이터

Cafetière à percolation

장 바티스트 드 벨루아(Jean-Baptiste de Belloy)는 퍼콜레이션(percolation) 시스템을 개발했고 이를 바탕으로 한 최초의 커피 퍼콜레이터를 발명했다(라틴어 어원 'percolarer'는 '거르다', '추출하다'라는 뜻이다). 이것은 두 개의 용기를 쌓아올린 구조로 중간에 분쇄한 커피를 넣는 칸이 있다. 약하게 끓는 물을 윗부분 용기에 부으면 커피를 천천히 적시게 되며 추출액이 아랫부분 용기로 흘러내린다. 인퓨전이 아닌 가루로 된 고체에 액체를 흘려 천천히 통과시킴으로써 용해성 물질을 추출해내는 방식(lixiviation)이다.

"결과적으로 커피의 질은 더욱 좋아졌다..."

(오노레 드 발자크, 『현대의 자극제 개론(*Traité des excitants modernes*)』(1838).

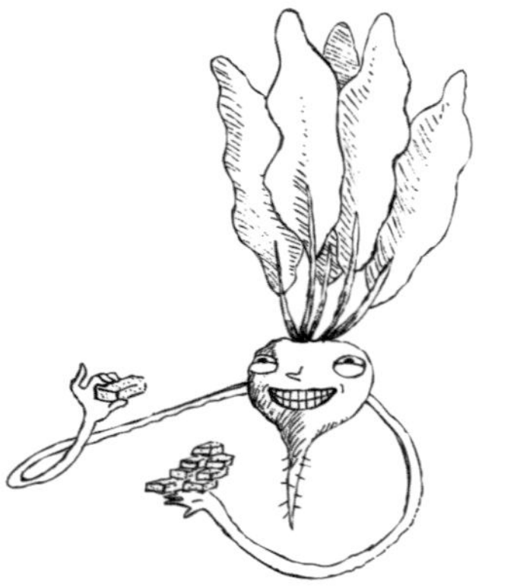

1812

사탕무 설탕 덩어리

Pain de sucre de betterave

식물학자이자 정치인, 기업가였던 **벵자맹 들레세르**(Benjamin Delessert, 1773-1847)는 1801년 옛 방적공장을 제당공장으로 변신시켰다. 1806-1807년은 대륙봉쇄령의 시기였다. 유럽 대륙의 항구들은 봉쇄되었고 해외로부터의 유입은 차단되었다. 프랑스에서 사탕수수 설탕과 같은 기본식품의 부족 사태가 일어났고 이에 나폴레옹은 사탕무 설탕 제조 연구를 장려했다. 수년에 걸친 연구 끝에 사탕무 설탕 덩어리가 대량 생산되기 시작했다. 이것은 작은 조각으로 쉽게 부수어 사용할 수 있었다. 나폴레옹 1세는 1812년 파시(Passy)의 설탕 공장을 방문했다. 이 산업의 발전에 크게 고무된 그는 자신의 레지옹 도뇌르 십자가와 배지를 떼어 이 기업가의 가슴에 달아주고 그에게 남작 칭호를 하사했다.

SUCRE

1819

포도즙에 설탕 첨가하기

Chaptalisation

라부아지에(Lavoisier)의 제자인 화학자 **장 앙투안 샵탈**(Jean-Antoine Chaptal, 1756-1832)은 신맛이 너무 강한 포도즙은 마시기 힘들고 보존성도 떨어지기 때문에 알코올 함량을 높여야 한다고 주장했다. 가장 추천할 만한 방법은 발효 전의 포도즙에 설탕을 추가하는 것이었다. 이것이 바로 그의 이름을 딴 '샵탈리자시옹(chaptalisation)'이다. 샵탈의 원리를 제시한 이 방법은 포도주 양조 기술의 혁신을 가져왔다.

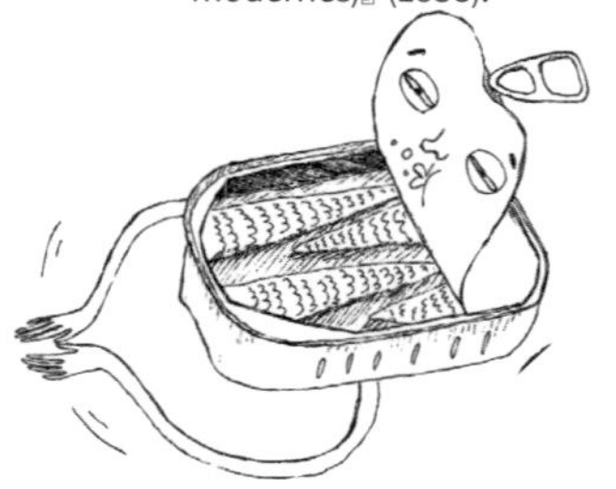

1823

대량생산 정어리 통조림

Conserves industrielles de sardines

피에르 조제프 콜랭(Pierre-Joseph Colin)은 정어리 통조림 제조를 가내 수공업에서 공장 대량생산 규모의 반열에 올려놓았다. 그는 버터 대신 오일을 사용하였고 1824년 낭트 항구의 공업지대에 브르타뉴 최초의 통조림 공장을 설립했다. 이어서 브르타뉴 연안에 정어리 튀김 시설을 늘려나갔다. 그의 부친 조제프는 이미 아페르가 발명해 낸 '통조림 제조 기술'을 가까이서 관심 있게 지켜보아왔다.

1846

무쇠 스토브
Cuisinière en fonte

철물공의 아들인 **장 바티스트 고댕**(Jean-Baptiste Godin, 1817-1888)은 철물공방에서 만든 팬을 기반으로 한 무쇠 스토브를 개발했다. 성공의 비결은 기존의 양철로 된 모델보다 열 전도성이 더 좋은 소재인 주철을 선택한 것이었다. 1846년부터 고댕 프랑스(Godin-France)는 기즈(Guise, Aisne)에서 제품들을 대량생산하게 되었다. 이는 차세대 전문 요리사뿐 아니라 일반 요리 애호가들에게 요리를 더욱 발전시키고 풍성하게 하는 계기를 제공했다.

1863

저온살균
Pasteurisation

루이 파스퇴르(Louis Pasteur, 1822-1895)는 나폴레옹 3세의 요청에 따라 포도주 관련 병에 관한 연구에 몰두한다. 그는 포도주 품질에서 관찰되는 변이는 포도주 생산 과정에서 생겨나 이를 변질시키는 곰팡이의 존재에 의한 것이라는 사실을 밝혀냈다. 자신의 의견을 증명하기 위해 그는 이 곰팡이의 증식을 열로 파괴함으로써 포도주에 병이 발생하는 것을 막을 수 있다고 확인한다. 이것이 바로 '파스퇴르 저온살균법(pasteurisation)'이다.

1890년경

카망베르 치즈 케이스
Boîte à camembert

가구 제조업자인 아버지 밑에서 자란 엔지니어로 리바로(Livarot)에서 제재소를 운영하던 **외젠 리델**(Eugène Ridel)은 카망베르 치즈 포장용 케이스를 처음 만든 사람으로 전해진다. 그는 얇게 자른 포플러 나무를 둥글게 말아 붙이는 작업을 여러 차례 실패한 후 이것을 스테이플러로 찍어 고정시킨 케이스를 개발해냈다. 이 케이스는 특히 카망베르 치즈의 기차 편 운송을 쉽게 만들어 판매유통의 대혁신을 가져왔다.

1907

밀폐 탱크에서 만든 발포성 와인
Vin effervescent en cuve close

공학자이자 몽펠리에 대학의 교수였던 **장 외젠 샤르마**(Jean-Eugène Charmat)는 밀폐한 탱크 안에서 발포성 와인을 만들어내는 기술을 개발해냈고, 이 방법에는 그의 이름이 붙었다. 이 양조방식에서는 1차 알코올 발효가 끝난 비 발포성 와인을 샹파뉴 방식이나 전통 방식처럼 일일이 병입하는 대신 탱크에 넣고 밀봉한 뒤 2차 발효를 한다. 샤르마는 이 기술을 통해 스파클링 와인, 시드르 등을 저렴한 가격에 대량생산할 수 있는 체계를 구축했다.

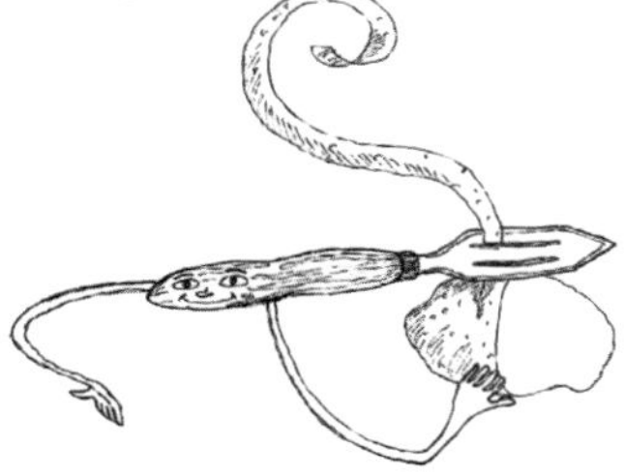

1929

감자 필러
Économe épluche-légumes

프랑스 칼 제조업의 본산이라 할 수 있는 티에르(Thiers, Puy-de-Dôme)의 칼 제조업자인 **빅토르 푸제**(Victor Pouzet)는 저렴한 가격의 혁신적인 도구인 채소 필러를 발명했다. 채소의 껍질을 칼로 잘라내지 않고 얇게 벗겨낼 수 있는 이 도구는 '에코놈(économe 경제적인)'이라는 이름처럼 낭비를 줄여 알뜰하게 식재료를 사용할 수 있는 도구다. 이 제품은 "시간과 감자를 30% 절약할 수 있습니다!"라는 광고 문구를 내세웠다. 이 도구는 둔각 형태의 두 개의 홈이 팬 스텐 칼날(손잡이 안에 끼워져 있음)이 장착되어 있다. 날끝의 뾰족한 부분은 과일과 채소의 썩은 부분이나 씨눈을 도려내는 데 활용할 수 있다.

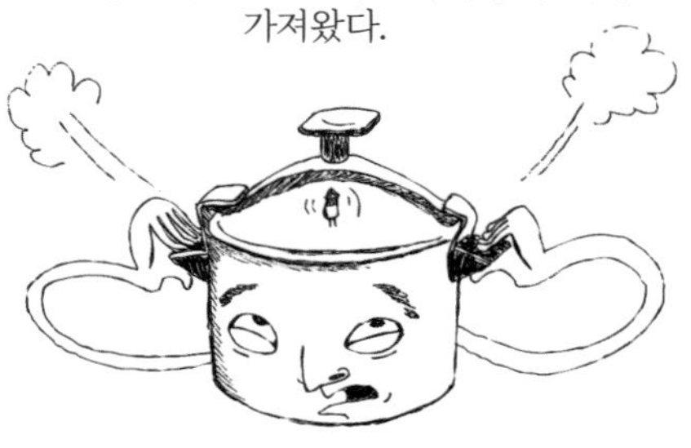

1953

압력솥
Cocotte-Minute©

주석 도금 노점상의 손자로 태어난 **프레데릭과 앙리 레스퀴르**(Frédéric et Henri Lescure)는 압출로 금속 제품의 모형을 만드는 기술 즉, '금형 작업'이라는 혁신적 기술을 바탕으로 사업을 이어간다. 드니 파팽(Denis Papin)의 압력 조리기에서 영감을 받은 프레데릭과 앙리는 알루미늄 금형작업의 대표적인 제품을 만드는 작업에 착수한다. 바로 압력솥(Cocotte-Minute©)이다. 하지만 1954년 파리 가전제품 전시회에 출품한 이 제품은 탈락의 고배를 마신다(너무 신식이었다!).

1970년대

수비드 조리
Cuisson sous vide

1970년대에 요리사 **조르주 프랄뤼**(Georges Pralus, 1940-2014)는 식재료의 맛을 보존할 수 있는 저온 조리 기술을 개발해냈다. 기존에 푸아그라 조리용으로 사용되었던 이 기술은 채소, 고기, 생선 등에도 응용되었다. 이 방법은 수비드 전용 내열 진공포장 비닐 백에 음식물을 넣고 밀봉한 뒤 온도를 조절할 수 있는 수비드 수조에 넣어 중탕으로 익히는 것이다. 식재료는 낮은 온도에서 여러 시간 동안 조리된다. 수비드 조리는 조리식품을 생산하기 위해 이를 사용하는 식품업계의 표준화 요구에 부응하고 있다.

1990년대

굴 까기용 철사
Fil à ouvrir les huîtres

전기공학 전공자인 이브 르노(Yves Renaut)는 굴 껍데기를 쉽게 깔 수 있는 방법을 개발했다. 철사를 굴 껍질 사이에 끼워 넣은 뒤 바깥에 남은 부분을 위로 밀어올리기만 하면 내전근이 절단되면서 껍데기 뚜껑이 열린다.

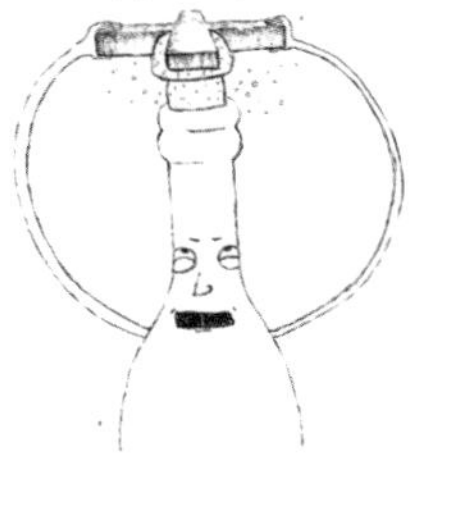

2010

스파클링 와인 오프너
Bagues d'effervescence©

조형 디자이너 알도 마페오(Aldo Maffeo)는 힘을 덜 들이고 병을 최대한 흔들지 않으면서 발포성 와인(샴페인 등)의 코르크 병마개를 쉽게 딸 수 있는 도구를 발명했다. 링 모양의 이 오프너를 코르크 마개 홈에 끼운 뒤 손목을 살짝 돌리면 힘들이지 않고 딸 수 있으며 자체에서 발생하는 압력이 마개를 병 밖으로 밀어낸다.

관련 내용으로 건너뛰기
p.39 깡통 속의 보물, 정어리

캐비아와 프랑스

본래 카스피해와 볼가강이 원산지인 철갑상어는 프랑스 해안까지 와서 산란하게 되었다. 이후 아키텐부터 솔로뉴에 이르는 지역에서 그 알을 추출한다. 검은색 황금으로 불리는 캐비아 생산의 신흥 강자, 프랑스를 돌아보자.

샤를 파탱 오코옹

"미각은 **오감 중 가장 탁월한 것**으로 여겨질 수 있다. 하지만 **돼지감자**를 아귀아귀 먹기 위해 주저 없이 **캐비아를 포기하는** 무지한 대중들에게 이는 일반적으로 **결핍**되어 있다."

- 피에르 데프로주(Pierre Desproges)

프랑스의 캐비아 전문 브랜드

카비아르 드 뇌빅 *Caviar de Neuvic*
Neuvic, Lot

라 메종 노르디크 *La Maison nordique*
Saint Viatre, Loir-et-Cher

르 카비아르 페를 누아르 *Le caviar Perle noire*
Les Eyzies, Gironde

스튀리아 *Sturia*
Saint Genis-de-Saintonge, Charente-Maritime

레스튀르조니에르 *L'Esturgeonnière*
Le Teich, Gironde

프뤼니에 *Prunier*
Montpont-Ménestérol, Dordogne

카비아르 드 프랑스 *Caviar de France*
Biganos, le Moulin de la Cassadotte

캐비아 양식

벨루가, 오세트라, 세브루가의 알인 캐비아는 오랫동안 귀한 것으로 여겨졌다.
이 세 가지 종의 자연산 철갑상어는 우랄강부터 카스피해에 걸쳐 서식한다. 철갑상어의 개체수가 급격히 감소하자 멸종위기 동식물종 국제 무역위원회는 2008년 철갑상어의 어획을 금지했다. 이후 캐비아 양식 산업은 급속도로 발전해 황금알을 낳는 거위가 되었다. 2000년부터 2013년까지 연간 캐비아 생산량은 500kg에서 160톤으로 증가했다. 캐비아 양식장은 전 세계에 조금씩 널리 분포되었다. 오늘날 프랑스는 세계 2위의 캐비아 생산국이다.

프랑스, 캐비아 양식의 시작

지롱드(Gironde) 강어귀는 서유럽에서 마지막 남은 철갑상어 산란지 중 한 곳으로 1950년대까지 캐비아가 생산되었다. 프랑스는 캐비아 양식에 집중 투자하기 시작했고 1993년에는 양식으로 캐비아를 생산하는 첫 번째 국가가 되었다.

프랑스에서 양식하는 철갑상어 품종

벨루가 BÉLUGA

원산지는 도나우강이며 철갑상어 중 가장 큰 종으로 길이가 최대 5미터에 달한다. 첫 번째 산란을 할 수 있는 성어가 되기 위해서는 15년간 자라야 한다. 알의 입자가 크며 매우 섬세하고 고급스러운 맛을 갖고 있다. 밝은 회색 또는 어두운 회색으로 알 껍질막이 얇으며 섬세한 버터 맛을 낸다. 캐비아 중 가장 고급으로 친다.

오세트라 OSCIÈTRE

중간 크기의 철갑상어로 카스피해와 흑해가 원산지이다. 프랑스에서 두 번째로 많이 양식되는 종으로 8년간 자라 성어가 되어야 첫 번째 산란이 가능하다. 캐비아는 황금빛으로 반짝이는 어두운 회갈색을 띠고 있으며 식감이 탱글탱글하고 생 호두를 연상시키는 향을 갖고 있다.

배리 BAERI

시베리아가 원산지인 이 철갑상어는 프랑스에서 가장 많이 접할 수 있는 종이다. 양식에 최적화된 어종으로 첫 산란은 7년 이후부터 가능하다. 캐비아는 갈색을 띠고 있으며 식감이 아주 부드럽다. 알의 입자는 중간 크기로 우디 노트를 지닌 가벼운 맛이 특징이다.

캐비아와 관련된 말들

기자들 사이에서 : '카비아르데(caviarder)'라는 동사는 '넘긴 원고를 빼낸다'라는 뜻으로 더 넓게는 '검열하다'라는 의미로 쓰인다.
축구선수들 사이에서 : 축구 경기에서 '카비아르(caviar)'는 월드컵 결승전에서 에마뉘엘 프티 선수가 찬 공이 지네딘 지단의 헤딩슛으로 연결됐던 패스처럼 한 치의 오차도 없는 아주 정확한 패스를 뜻한다.
정치인들 사이에서 : '고슈 카비아르(gauche caviar 캐비아 좌파)'는 민중을 자처하며 선출되었으나 실상은 이와 다른 경향을 지닌 좌파 의원들을 상징한다.

캐비아 생산 과정

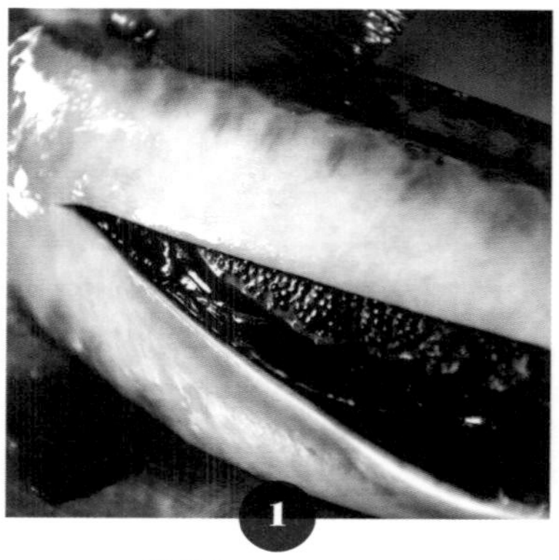

1 도살하기 *L'abattage*
철갑상어 암컷의 배를 손으로 가른다. 알주머니(생선 무게의 10~15%)를 꺼내 무게를 잰다.

2 체에 내리기 *Le tamisage*
알주머니를 철망 체에 내려 알에서 불순물을 제거한다.

3 염장하기 *Le salage*
가장 까다롭고 중요한 작업이다. 이 과정을 통해 철갑상어의 알이 캐비아가 된다.

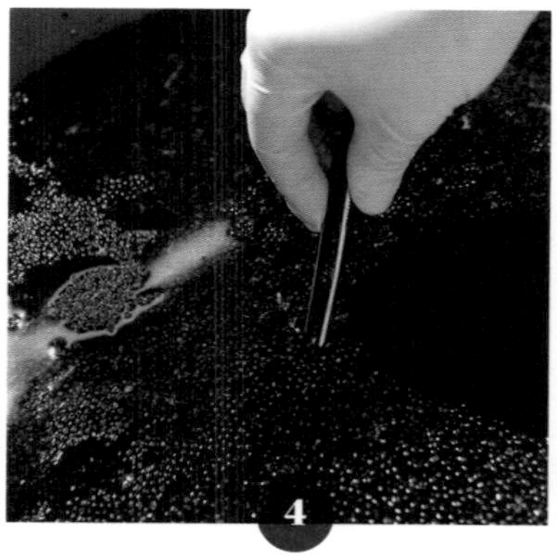

4 건조하기 *Le séchage*
캐비아 알갱이에 있는 여분의 수분을 제거하는 과정이다. 캐비아는 너무 건조하지도 않고 너무 기름기가 많아 미끄덩거리지 않는 상태가 된다.

5 용기에 채워 넣기 *Le remplissage*
용량 1.8kg의 전통적인 푸른색 용기에 캐비아를 넣고 압착하여 공기를 뺀다.

6 숙성하기 *La maturation*
이 과정에서 캐비아의 맛이 생성된다. 캐비아의 풍미가 제대로 살아나려면 최소 3개월간 숙성해야한다. 숙성을 마친 캐비아는 다시 판매용으로 포장된다.

프랑스 캐비아의 선구자들

선구자

페르낭 드 로베르 드 랄라가드

Fernand de Robert de Lalagade

1918년 제1차 세계대전 휴전 이후 페르낭 드 로베르 드 랄라가드는 캐비아의 유럽 내 판매를 추진하고자 하는 소련 고위 관계자들과 만난다. 그는 1923년 캐비아 수입회사 '카비아르 볼가(Caviar Volga)'를, 같은 해에 '메종 뒤 카비아(Maison du caviar)'를 설립했다.

주효했던 성공 전략 : 캐비아를 파리의 호화로운 상류층과 연계하는 판매 전략을 펼쳤다.

캐비아의 명가

페트로시앙 가문

La dynastie Petrossian

1920년대, 페트로시앙이라는 성을 가진 아르메니아 출신의 두 형제 멜쿰(Melkoum)과 무셰그(Mouchegh)는 파리에 정착한다. 그들은 고급 식료품상을 열었고 몇 년 후 '페트로시앙 캐비아'는 이 귀한 식품의 최고의 브랜드로 등극한다. 무셰그는 4명의 자녀를 두었고 그중 아르멘 페트로시앙(Armen Petrossian)이 현재 대표를 맡고 있다.

주효했던 성공 전략 : 최초로 캐비아를 유통, 판매한 회사이며 브랜드 로고가 담긴 틴 케이스로 유명하다.

철갑상어 수렵자

자크 느보

Jacques Nebot

1970년대부터 자크 느보는 카스피해 연안의 캐비아를 수입하고 있다. 1981년 그는 캐비아 수입 및 제조, 유통 회사 '아스타라(Astara)'를 설립했다. 1985년 파리에 레스토랑 '르 쿠앵 뒤 카비아르(Le Coin du caviar)'를, 2001년에는 '카비아리(Kaviari)' 부티크를 오픈한다.

주효했던 성공 전략 : 유명 셰프들에게 캐비아를 적극 홍보하여 레스토랑 메뉴에 올리도록 한 최초의 인물 중 하나다.

아키텐 산 캐비아를 얹은 농어 1971년 나의 아버지가 좋아하던 스타일

안 소피 픽*

4인분

재료

줄낚시로 잡은 농어 필레 (각 100g) 4토막
아키텐산 캐비아 80g
무염버터 15g
펜넬 ¼개
잘게 썬 샬롯 ½개
양송이버섯 1개
샴페인 250ml
생선 육수 150ml
액상 생크림 500ml
우유(전유) 100ml
고운 소금
유산지 1장

농어

생선 살토막을 소금으로 밑간한 뒤 100°C로 맞춘 스팀 오븐에서 3분간 익힌다. 꺼내서 2분간 휴지시켜 익힘을 완성한다(심부온도 50°C).

샴페인 소스

소스팬에 버터를 녹인 뒤 얇게 썬 펜넬과 잘게 썬 샬롯, 껍질을 벗기고 얇게 썬 양송이버섯을 넣고 수분이 나오도록 볶는다. 샴페인을 붓고, 반으로 졸인다. 생선 육수를 넣고 끓여 다시 반으로 졸인다. 생크림과 우유를 넣어준 뒤 졸이지 않고 뜨겁게 데운다. 불을 끄고 약 15분 정도 그대로 두어 향이 우러나게 한 다음 체에 거른다. 소금으로 간을 맞추고, 필요하면 샴페인을 조금 더 첨가하여 풍미를 살린다.

플레이팅

유산지 위에 생선 토막 크기에 맞추어 캐비아를 펼쳐 깐다. 우묵한 접시에 농어를 담고, 에멀전화하여 거품을 낸 샴페인 소스로 덮어준다. 캐비아를 생선 위에 얹고 유산지를 조심스럽게 떼어낸다. 샴페인 소스를 조금 더 넣어 완성한다.

* 자크 픽(Jacques Pic) 셰프의 딸인 안 소피 픽(Anne-Sophie Pic)은 미슐랭 3스타 레스토랑 '메종 픽(Maison Pic, Valence)'의 셰프이다. 『안 소피 픽의 리브르 블랑(*Livre Blanc d'Anne-Sophie Pic*)』에서 발췌한 레시피. Hachette cuisine 출판.

역사에 남을 만한 3대 캐비아 요리 레시피

조엘 로뷔숑의 콜리플라워 크림을 곁들인 캐비아 즐레
Gelée de caviar à la crème de chou-fleur de Joël Robuchon(1982)
섬세한 맛의 즐레에 오세트라 캐비아를 얹고 그 위에 부드럽고 녹진한 콜리플라워 크림을 덮은 요리. 푸아티에 출신의 이 셰프를 유명하게 만든 대표 요리 중 하나이다. 이후 조엘 로뷔숑이 운영하는 모든 레스토랑에서는 이 레시피의 요리를 메뉴에 올렸다.

자크 픽의 캐비아를 얹은 농어 Le loup au caviar de Jacques Pic(1971)
지중해산 농어의 도톰한 필레를 스팀 오븐에 익힌 뒤 이란산 캐비아를 얹어 낸 요리. 캐비아의 짭조름한 바다 맛과 농어의 부드러운 맛이 완벽한 조화를 이룬다. 발랑스(Valence, Drôme)의 이 셰프는 크리미한 샴페인 소스를 곁들여 캐비아의 검은색과 생선의 진주빛을 조화롭게 연결하고 있다.

알랭 뒤카스의 퓌산 그린 렌틸콩과 캐비아를 곁들인 훈제 장어 즐레 Les lentille vertes du Puy et caviar en gelée d'anguille fumé de Alain Ducasse(2014)
플라자 아테네 호텔의 알랭 뒤카스 레스토랑에서 서빙되는 구릿빛의 아름다운 탱발(timbale) 요리. 메밀로 만든 블리니와 비멸균 생크림이 함께 서빙되어 고급 재료와 소박하고 토속적인 재료의 맛있는 조합을 선사한다.

그럼 철갑상어의 살은 어떻게 활용할까?

철갑상어의 희고 탄력 있는 살은 오랫동안 인기가 있었으나 최근에는 관심 밖으로 밀려났다.
이 생선살을 활용한 요리법 두 가지를 소개한다.
리예트(rillettes) : 생선 필레 살을 증기로 쪄낸 다음 잘게 다진다. 생 허브와 샬롯을 넣고 양념한다.
훈제, 마리네이드 (fumé et mariné) : 철갑상어 필레를 훈연한 다음 큐브 모양으로 썬다. 올리브오일과 생 허브를 넣고 재워둔다.

캐비아와 잘 어울리는 궁합
감자
빵과 버터
블리니(러시아식 작은 팬케이크)
달걀

캐비아에는 무엇을 곁들여 마실까?
가장 자연스러운 것은 단연코 보드카지만 와인 역시 아주 잘 어울린다. 고운 기포의 샴페인은 물론이고 부르고뉴 샤르도네 또는 무스카데 와인도 탁월한 선택이다.

왜 자개 스푼을 사용할까?
은을 비롯한 몇몇 금속은 캐비아와 접촉하면 산화된다. 이것은 이 금속에 함유된 메티오닌과 시스틴과 관련된 반응으로 은에 황 화합물을 형성하게 된다. 따라서 자개처럼 화학반응을 일으키지 않는 소재를 사용하는 것이 좋다.

관련 내용으로 건너뛰기
p.146 보타르가

파리 포위전, 광란의 육식

1870년 9월 19일. 프러시아 군대 병사들은 파리를 포위한다.
10월, 식량은 동이 나기 시작하고 도시는 추위에 떨며 굶주림에 허덕이게 된다. 고양이와 쥐 등 금기로 여겨진 것들을 모두 잡아먹었으며 6만 마리의 말과 수많은 개들이 희생되었다.
빛의 도시 파리는 돌이킬 수 없는 끔찍한 상황을 겪는다...

마리 아말 비잘리옹

악마와 같은 푸줏간 주인

파리 포위전 시절, 오스만가 173번지에 위치했던 영국 정육점 주인 디부스(Deboos)는 불로뉴숲의 동물원(Jardin d'acclimatation) 소장 알베르 조프루아 생 틸레르(Albert Geoffroy Saint-Hilaire)와 손잡고 비열한 뒷거래 음모를 꾸민다. 파리 식물원에 보호되고 있던 얼룩말과 물소가 첫 번째 판매 대상이 되었다. 이후 몇 마리의 영양과 캥거루가 거래되었으며, 생 틸레르는 자신의 마지막 코끼리들도 이 정육점 주인에게 넘겼다.
"내일 우리 동물들을 배송받으면 제가 밤 근무를 마치기 전에 제게 보내는 편지를 경비원 블롱델에게 전달해주시면 좋겠습니다. 거기에 코끼리 두 마리 가격 2만7천 프랑을 12월 20일 목요일 아침에 지불한다는 내용을 명시해 주시면 됩니다."*
12월 29일에는 생 틸레르의 눈앞에서 그의 코끼리 두 마리 중 하나인 카스토르(Castor)가 도살되었다. 그 순간은 끔찍했다. 다음 날인 30일에는 나머지 한 마리 폴룩스(Pollux)가 같은 죽음을 맞았다. 매우 비싼 값으로 팔린 이들은 부자들의 크리스마스 디너 요리 접시에 올랐다.

* 주간지 '라 주아 드 라 메종(La joie de la maison)'에 실린 편지들 중에서 발췌. p.205, 1994년 4월 5일

낯선 요리로 구성된 크리스마스 디너

셰프 쇼롱(Choron)의 메뉴
카페 부아쟁 Café Voisin,
261, rue Saint-Honoré,
1870년 12월 25일

오르되브르 HORS-D'ŒUVRE
래디시와 버터
속을 채운 당나귀 머리
정어리

수프 POTAGES
크루통을 곁들인 붉은 강낭콩 퓌레 수프
코끼리 콩소메

애피타이저 ENTRÉES
모샘치 튀김
영국식 낙타 구이
캥거루 스튜
푸아브라드 소스를 곁들인 곰 갈비구이

로스트 및 메인 ROTS
암 늑대 넓적다리, 노루 소스
쥐를 곁들인 고양이 요리
크레송 샐러드
송로버섯을 넣은 영양 테린
보르도식 포치니 버섯
버터에 익힌 완두콩

앙트르메 ENTREMETS
잼을 곁들인 라이스 푸딩

디저트 DESSERT
그뤼예르 치즈

미식가들의 의견

"어제 저녁에 나는 '폴룩스'의 살 한 조각을 주문해 먹었다. '폴룩스'와 그의 형제 '카스토르'는 도살된 두 마리의 코끼리 이름이다. 매우 질기고 거칠었으며 기름졌다. 나는 소나 양고기를 구할 수도 있는 이 영국인 가족에게 코끼리를 먹지 말 것을 제안했다." - **헨리 라부셰르(Henry Du Pré Labouchère), 영국 '더 데일리 뉴스' 파리 특파원 1871년 1월 6일**

"우리가 먹은 것은 심지어 말고기보다 더한 것이었다. 아마도 그것은 개고기였을까? 아니면 쥐고기였을까? 나는 배가 아프기 시작했다, 무엇인지 모르는 것을 먹은 것이다." - **빅토르 위고(Victor Hugo), 메모 모음집 『목격담(*Choses vues*)』 중에서. 1870년 12월 30일**

"고양이 스튜는 약간 질기기는 했지만 전체적으로 훌륭했다. 개고기 갈비는 양념에 너무 오래 재웠다. 말 골수를 넣은 플럼 푸딩은 아주 맛있었다." - **아돌프 미셸(Adolphe Michel), 『파리 포위전(*Le siège de Paris*)』 중에서, 1870-1871** (pp.264-265)

1871년 유명 레스토랑 '피터스(Peter's)'의 오너 셰프인 피에르 프레스(Pierre Fraisse)는 군주들이 들렀을 때 다음과 같은 호화 메뉴를 서빙했다.
- **오르되브르 :** 신선한 버터, 올리브, 정어리, 리옹과 부르고뉴의 소시송, 양념에 재운 참치.
- **수프 :** 보르도 와인을 넣은 원숭이 포타주, 가늘게 채 썬 채소와 쌀, 빵 조각을 넣은 수프.
- **애피타이저 :** 노새고기 로스트와 감자 퓌레, 노루 넓적다리, 주스넬 소스(sauce Joussenel), 순무를 곁들인 당나귀 갈비, 부르주아식 곰 넓적다리
- **로스트 메인 요리 :** 닭, 오리, 양 뒷다리, 공작새 갈랑틴, 계절 채소 샐러드...

병 마개 전쟁!

코르크, 합성 소재, 혹은 스크류 캡 등 다양한 병마개에 대해 알아보자.

귈레름 드 세르발

'부숑(BOUCHON)' 냄새란?

이것은 트리클로로아니솔 TCA(2,4,6-trichloro-anisole)라고 불리는 분자에서 기인한다. 이 분자는 코르크 안에서 곰팡이를 발생시켜 와인에 코르크가 썩은 듯한 퀴퀴한 냄새를 풍긴다. 이와 같은 불쾌한 냄새의 95%는 와인병의 코르크 마개에서 비롯된다. 또는 살충제에 의해 오염된 나무껍질이나 저장고의 나무 혹은 공기 중에서 오는 경우도 있다.

다양한 병마개 정밀 관찰

와인이 부쇼네(bouchonnée)되어 아깝게 버리는 것을 예방하는 차원에서, 혹은 경제적인 이유로(원자재) 몇몇 와인 메이커들이나 생산업체들은 다른 종류의 병마개를 사용한다.

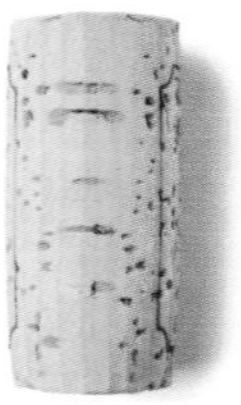

NDtech 타입 마개
100% 천연 코르크. 체관에 하나씩 통과시켜 TCA(2,4,6-trichloro-anisole) 흔적이 검출되면 걸러낸다.
장점 : 전통적 코르크 마개와 거의 비슷하다.
단점 : 비싼 가격

CORTON
CHARLEMAGNE
HAUT MEDOC
CHATEAU
CARBONNIEUX

Diam 타입 마개
코르크에서 휘발성 화합물을 추출해내 퀴퀴한 부숑 냄새를 제거한 것이다.
장점 : 내용물의 순수한 향을 보존할 수 있다.
단점 : 모양이 그다지 아름답지 않고 오래 보관 시에도 크기가 많이 줄어들지 않는다.

합성 소재 마개
코르크 마개에 가까운 세포 구조를 지닐 수 있으며 폼을 주입하여 만들거나 혹은 틀에 넣어 모양을 만들 수 있다.
장점 : 가격 면에서 가장 경쟁력이 있다.
단점 : 석유를 원료로 만들며 볼품이 없다.

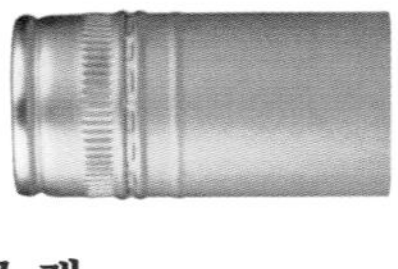

스크류 캡
알루미늄 소재에 '사라넥스(Saranex, Saran Tin Liner)'라고 불리는 밀봉 접합부로 연결된 마개이며 손쉽게 돌려 딸 수 있다.
장점 : 내용물의 순수한 향을 보존할 수 있다.
단점 : 와인 품질이 낮다는 인상을 줄 수 있으며 코르크 마개를 뽑을 때의 매력이 없다.

유리 마개
유리 소재로 된 원통형 뚜껑에 방수용 플라스틱 테두리가 있어 병에 고정하여 끼울 수 있다.
장점 : 내용물의 순수한 향을 보존할 수 있으며 재활용이 가능하다.
단점 : 와인을 오래 보관하는 데 한계가 있다(최대 3~4년).

관련 내용으로 건너뛰기
p.192 샴페인

렌틸콩에 대하여

성경 속의 에서가 렌틸콩 죽 한 그릇에 자신의 장자의 권리를 야곱에게 넘길 만했다.
너무나 맛있기 때문이다. 성경에서는 어떤 렌틸콩이었는지 자세한 언급이 없지만
프랑스에서 재배하는 렌틸콩은 그 종류가 많아 무엇을 골라야 할지 모를 정도다.

에스테렐 파야니

퓌산 그린 렌틸콩
LENTILLE VERTE DU PUY
요리사들이 선호하는 종류이다. 갈로로만 시대부터 퓌 앙 블레(Puy-en Velay) 지방에서 재배되었으며 채소 작물로는 최초로 1996년 AOC(원산지명칭통제) 인증을 받았다(2008년부터는 AOP 원산지명칭보호).
외형 : 껍질이 얇고 청동색을 띤다.
특징 : 익혀도 잘 터지지 않는다.
대표적 레시피 : 렌틸콩을 넣은 염장 돼지고기

샹파뉴산 렌틸콩
LENTILLON DE CHAMPAGNE
가장 여성스러운 렌틸콩이다. 루이 15세의 부인인 마리 레슈친스카가 즐겨 먹으면서 인기가 높아져 '왕비의 렌틸콩'이라는 별명을 갖고 있으며 르텔(Rethel)과 트루아(Troyes) 사이에서 많이 재배된다.
외형 : 콩 알갱이가 작고 아름다운 파우더 핑크빛을 띠고 있다.
특징 : 특별히 달콤한 맛이 난다.
대표적 레시피 : 따뜻한 샐러드

생 플루르산 블론드 렌틸콩
LENTILLE BLONDE DE SAINT-FLOUR
가장 덜 알려진 종류로 '고원 지대의 렌틸콩(lentille de la Planèze)'이라고도 불린다.
외형 : 콩 알갱이 사이즈가 굵직한 편이다.
특징 : '슬로 푸드 지킴' 프로젝트가 선정한 식품으로, 점점 사라져가고 있는 품종으로 알려진 뒤 보호되고 있다.
대표적 레시피 : 설탕을 넣고 잼처럼 조려 먹는다.

베리산 렌틸콩 LENTILLE DU BERRY
퓌(Puy)산 렌틸콩과 같은 품종으로 재배지만 다르다.
외형 : 껍질이 얇고 청동색을 띤다.
특징 : '라벨 루즈(Label Rouge)' 우수 식품 인증을 받았다.
대표적 레시피 : 블루테 크림 수프

벨루가 블랙 렌틸콩
LENTILLE NOIRE BELUGA
가장 눈길을 끄는 렌틸콩이다.
외형 : 검은색 렌틸콩으로 익히면 회색으로 변한다.
특징 : 특별한 색으로 충분하다!
대표적 레시피 : 리소토

주황색 렌틸콩 LENTILLE CORAIL
익히는 시간이 가장 짧은(15분) 렌틸콩으로 주로 남서부 지방(Sud-Ouest)에서 재배된다.
외형 : 껍질이 없으며 주황색을 띤다.
특징 : 익히면 금방 물러 형태가 흐트러진다.
대표적 레시피 : 퓌레 또는 수프

실라오스 렌틸콩 LENTILLE DE CILAOS
레위니옹섬 화산지대에서 18세기부터 재배되어 왔으며 최소 6가지 품종이 이에 해당된다.
외형 : 콩 알갱이가 작고 밝은 밤색을 띤다.
특징 : 섬세한 맛뿐 아니라 가격 면에서도 '실라오스의 황금'이라는 별명을 갖고 있다(1kg당 약 15유로).
대표적 레시피 : 소시지 루가이유(rougail saucisse)에 곁들여 먹는다.

렌틸콩을 곁들인 염장 돼지고기

준비 : 15분
조리 : 2시간 25분
휴지 : 소금기를 빼지 않은 고기의 경우 12시간
6인분

염장 돼지고기(목살, 정강이, 뒷다리살 등) 1.5kg
염장 삼겹살 200g
퓌(Puy)산 렌틸콩 300g
양파 1개
당근 2개
마늘 1톨
정향 2개
부케가르니 1개
생크림(crème fraîche) 2테이블스푼(선택)
고운 소금, 후추

염장 고기 구입 시, 소금기를 빼서 사용해야 하는지 정육점에 문의해 확인한다. 소금기를 빼기 위해서는 물을 두어 번 갈아가며 12시간 담가둔다. 양파의 껍질을 벗긴 다음 반으로 잘라 각각 정향을 한 개씩 박는다. 당근의 껍질을 벗긴 뒤 각각 4등분한다. 큰 코코트 냄비에 고기를 모두 넣고 재료가 잠기도록 찬물을 붓는다. 당근 분량의 반, 정향을 꽂은 양파 반 개, 껍질을 벗기지 않은 마늘을 넣는다. 끓을 때까지 가열한 뒤 불을 줄이고 1시간 30분간 약하게 끓인다. 렌틸콩을 씻어 헹군 뒤 다른 냄비에 넣고 찬물을 붓는다. 부케가르니와 나머지 당근, 양파를 넣어준다. 끓을 때까지 가열한 뒤 불을 줄이고 20분간 약하게 끓여 익힌다. 콩을 건진다. 코코트 냄비에서 고기를 모두 건지고 국물은 따로 보관한다. 빈 코코트 냄비에 렌틸콩과 고기를 넣고 고기 삶은 국물을 재료 높이만큼 붓는다. 끓을 때까지 가열한 뒤 불을 줄이고 약하게 20~25분간 끓인다. 렌틸콩이 완전히 익되 형태를 유지해야 한다. 간을 보고 후추를 뿌린다(대개의 경우 소금은 따로 넣지 않아도 된다). 기호에 따라 서빙할 때 생크림을 조금 첨가하여 렌틸콩에 부드러운 맛을 더해도 좋다.

관련 내용으로 건너뛰기
p.54 소박하지만 맛있는 병아리 콩

피 소스 오리 요리

오리 뼈를 압착한 피로 만든 소스를 곁들이는 '카나르 아 라 프레스(canard à la presse)', '카나르 아 라 루아네즈(canard à la rouennaise)', '카나르오 상(canard au sang)'은 처음 선보이자마자 곧 열풍을 일으켰고, 프랑스 미식의 대표주자로 전 세계에서 명성을 얻었다. 루앙(Rouen)에서 처음 탄생하여 파리의 유명 레스토랑 '투르 다르장(La Tour d'Argent)'에서 더욱 세련되게 발전한 이 레시피는 여러 곳에서 모방, 변형되고 재해석되었다.

발랑틴 우다르

간략한 역사

모든 것은 루앙 근처 뒤클레르(Duclair)의 토종 품종인 뒤클레르 오리(canard Duclair)로부터 시작되었다. 20세기 초 이 오리 농장의 여인들은 센강을 건너와 시장에서 오리를 팔았다. 운송용 통에 너무 오리를 많이 넣어 질식해 죽는 일도 일어났다. 그래도 이들을 팔아야 했기에 오리 장수 여인들은 피를 빼지 않은 죽은 오리를 마을 식당들에 배송하기로 결정했다. '오텔 드 라 포스트(hôtel de La Poste)'의 주인인 페르 드니즈(Père Denise)는 이 오리들을 구입(일반 가격보다 저렴하게)했고 피를 활용(소스에 넣어 농도를 조절)할 수 있는 요리법을 개발했다. 이렇게 탄생한 요리가 바로 '뒤클레르 오리 요리(caneton à la Duclair)'이다.

피 소스 오리 요리의 선구자들

영국 에드워드 7세 국왕의 총주방장 루이 콩베르(Louis Convert)는 페르 드니즈(Père Denise)의 레시피를 응용하여 1900년 루앙 성당 안에 있는 자신의 레스토랑에서 서빙했다.
이어서 미셸 게레(Michel Guéret)는 루이 콩베르의 레시피에서 영감을 받아 만든 이 루앙식 오리 요리를 로터리 클럽 회원들에게 서빙했고 당시 이 요리를 서빙하던 유람선의 이름을 따서 '펠릭스 포르(Félix Faure)'라고 명명했다. 그는 1986년 '루앙 오리요리 협회(Ordre des Canardiers)'를 창설하여 지역 가금사육 생산을 보호하고 정통 레시피를 보존하는 데 힘썼다. 프레데릭 들레르(Frédéric Delair)는 1890년 자신이 요리사로 일하던 레스토랑 '투르 다르장(la Tour d'Argent)'에서 이 요리를 선보임으로써 파리지엥들에게 이 레시피를 알렸다. 당시 그는 닭 콩소메, 마데이라 와인, 코냑에 오리 뼈를 압착해 추출한 피와 즙을 넣은 특별한 소스를 개발한다. 원조인 '루앙식 오리 요리'와는 달리 '투르 다르장'의 피 소스 오리 요리는 샬랑(Challans)산 오리를 사용하여 만든다.

루앙 디에프 호텔의 루앙식 오리 요리

미셸 게레 *Michel Guéret**

준비 : 약간의 시간과 인내가 필요하다.
조리 : 17~20분
2인분

루앙산 오리 (2kg짜리) 1마리
(질식시켜 도살 후 피를 빼지 않은 것)
본(Beaune) 레드와인 1병
송아지 육수 500ml
레몬 반 개
버터 20g
포트와인 1잔
코냑 1잔
다진 샬롯 20g
카트르 에피스(quatre-épices), 타임, 월계수 잎, 소금, 후추

주방 조리
'보르도식 육수(fond bordelais)'를 만든다. 우선 냄비에 샬롯, 타임, 월계수 잎, 레드와인을 넣고 끓여 2/3로 졸인다. 여기에 송아지 육수를 넣는다. 카트르 에피스를 넣고 향을 낸 뒤 한 시간 동안 휴지시킨다. 소스는 저절로 어느 정도 농도가 생긴다. 오리의 내장을 모두 꺼낸 뒤 간과 염통은 다져서 체에 곱게 긁어내린다. 이 체에 '보르도식 육수'를 부어 거른다. '루앙식 육수(fond rouennais)'가 완성되었다. 오리는 로스팅 꼬챙이에 꿰어 오븐에서 색을 낸 다음 17~20분 동안 익힌다.

홀 서빙
이동용 버너 위에 소테팬을 올린 뒤 코냑을 넉넉히 한 잔 붓고 불을 붙여 플랑베한다. 여기에 '루앙식 육수'를 붓는다. 거의 끓을 때까지 가열(90°C)한 뒤 레몬 반개의 즙과 포트와인 한 잔을 넣는다. 버터 20g을 넣고 거품기로 저으며 가열하여 걸쭉한 소스를 만든다. 그동안 오리 가슴살을 길쭉하게 잘라낸 뒤 버터를 발라둔 접시에 담는다. 날개와 다리 살에 머스터드를 바르고 빵가루를 묻힌 뒤 불에 구워 곁들인다. 오리 몸통뼈를 프레스 기계에 넣고 압착해 피를 추출한 뒤 소스에 넣는다. 끓지 않도록 주의하며 뜨겁게 데운 뒤 오리 가슴살에 끼얹는다. 가니시(셀러리 플랑)를 곁들여 담은 뒤 아주 뜨겁게 서빙한다.

* 루앙 '디에프 호텔(hôtel de Dieppe)'의 셰프. '루앙 오리 요리 협회' 창립자(1986).

숫자를 붙이는 오리

1890년 레스토랑 '투르 다르장(Tour d'Argent)의 주방을 총괄하게 된 프레데릭 들레르(Frederic Delair)는 피 소스 오리 요리를 특별한 서빙 방식에 따라 손님 앞에서 직접 완성하기로 결정한다. 통째로 구운 오리를 큰 포크로 고정시킨 뒤 그릇 바닥에 닿지 않도록 기술적으로 카빙한다. 그는 루앙의 페르 드니즈(Pere Denise)가 그리 했던 것처럼 서빙하는 오리 한 마리마다 번호를 매겨 손님에게 제공했다.

이 글을 쓰는 이 시각 현재 레스토랑 '투르 다르장'에서는

1 148 787번째

피 소스 오리 요리가 서빙되었다.

N° 328 에드워드7세 Edouard VII (1890)
N° 112 125 프랭클린 D. 루스벨트 대통령 Président Franklin D. Roosevelt (1930)
N° 236 970 페르낭델 Fernandel (1953)
N° 531 147 믹 재거 Mick Jaegger (1978)
N° 536 814 세르주 갱스부르 Serge Gainsbourg (1978)
N° 604 200 장 폴 벨몽도 Jean-Paul Belmondo (1983)
N° 724 025 자크 쿠스토 Jacques Cousteau (1989)
N° 738 100 샤를 트레네 Charles Trenet (1990)
N° 759 216 톰크루즈와 니콜 키드만 Tom Cruise et Nicole Kidman (1991)
N° 821 208 카트린 드뇌브 Catherine Deneuve (1994)
N° 843 769 장 피에르 마리엘과 장 폴 벨몽도 Jean-Pierre Marielle et Jean-Paul Belmondo (1996)
N° 1 079 006 빌 게이츠 Bill Gates (2009)

오리 프레스 기계
정교한 세공품인 이 도구는 피 소스 오리 요리를 위한 맞춤형으로 파리의 보석상들에게 주문 제작한 것이다. 은도금 금속 소재로 만들어졌으며 장식과 디자인이 돋보인다. 상류층 가정이나 귀족의 대저택, 고급 레스토랑들은 각기 자신들만의 고유한 오리 프레스 기계를 소유하고 있었다. 레스토랑 '투르 다르장(Tour d'Argent)'의 이 기계는 1890년과 1911년에 제작된 것으로 식기 및 금속 세공전문업체인 크리스토플(Christofle) 사가 만들었다.

루앙식 오리 요리 레시피의 5가지 원칙

❶ 오리는 질식시켜 도살해야 한다.
❷ 오리를 레어로 익힌다(17~20분).
❸ 가슴살을 길쭉하게 잘라낸다.
❹ 몸통뼈를 프레스기로 압착해 피를 추출해낸다.
❺ 소스(루앙식 육수 베이스)에 피를 넣어 걸쭉하게 농도를 낸다.

관련 내용으로 건너뛰기
p.272 피의 맛

단어와 요리

Des Mots & des Mets

프랑스의 식당 유형론

프랑스에서 사람들이 식사를 하는 장소들은 단순한 시설이 아니라
하나의 진정한 제도요 관습의 공간이다.
사람들은 접시에 담긴 음식이나 잔에 담긴 음료를 위해서만이 아니라
분위기, 삶의 달콤한 여유를 즐기기 위해 그곳에 간다.
오로르 뱅상티

레스토랑 Le restaurant

음식을 한 조각을 먹거나 음료를 한잔할 여유를 가지면 우리는 원기를 회복한다. '원기를 회복한다(se restaurer)'는 것은 즉, **다시 활력을 얻는 것**(se refaire, se réparer)을 뜻한다. 아무것도 하지 않아도, 만들어내지 않아도 된다. 하루 중 한 가운데 잠시 쉬어가는 이 휴식의 시간에는 그저 기다림, 명상, 대화, 소화만이 있을 뿐이다. 친근한 표현으로 **'레스토(restau, resto)'**라고 줄여 부르는 '레스토랑(restaurant)'은 이렇게 **좋은 컨디션을 회복한다**는 의미를 지닌 이름이다.

카페 Le café

'카페(café)'라는 명칭은 1600년경에 처음 등장했으며 아랍어 **'카와(qâhwâ)'**가 **터키인**을 통해 프랑스에 들어왔다. 오스만 제국의 사절단이 **루이 14세의 왕실**에 소개한 커피는 금세 인기를 끌었고 이 음료를 마시는 장소에까지 같은 이름을 붙게 될 정도로 유행하여 그 확장세는 전국으로 이어졌다. **만남의 장소**이며 문학, 음악공연 및 열띤 토론의 장소가 된 카페는 꾸준히 인기를 누리고 있으며 **프랑스식** 라이프 스타일의 한 부분으로서 중요한 위치를 차지하고 있다.

비스트로 Le bistrot

이 단어의 어원에 대해서는 설이 분분하다. 1814년 러시아 군인이 파리의 한 선술집에 들어서서 주문하면서 **'비스트로(bystro 빨리)!'**라고 외친 것에서 유래했다는 설과 푸아투(Poitou)어로 와인 판매점에서 일하는 종업원을 뜻하는 **'비스트로(bistraud)'**에서 왔다는 주장이 있으며, 각각 어두컴컴한 선술집, 정체가 의심되는 싸구려 술을 의미하는 **비스탱고(bistingos)**와 **비스투이(bistouilles)**를 '비스트로'라는 단어와 연관 짓기도 한다. 원래 '비스트로'는 술집 주인 남자를 지칭했으며, 오늘날에는 **전형적인 프랑스식 작은 카페**를 의미한다. 2000년대에 와서는 '비스트로(bistro)'와 '가스트로노미(gastronomie)'를 붙인 그 유명한 **'비스트로노미(bistronomie)'**라는 단어가 탄생한다. 미식 평론가들이 자주 사용하는 합성어로 고품질과 소탈함의 이미지를 동시에 내포하고 있다.

바 Le bar

'바(bar)'라는 명칭은 환유, 제유를 나타내는 일종의 수사법이다. 주로 음료를 파는 업장의 나무 또는 금속으로 된 긴 카운터 테이블을 뜻하는 **'바르(barre)'**에서 온 이름이다. '바(bar)'에서 이 긴 '바 테이블(barre)'은 **이 장소의 전부**라고 해도 과언이 아니다.

브라스리 La brasserie

브라스리는 무엇보다도 맥주를 제조하는 장소를 가리킨다. **갈리아의 기원**에 따르면 이는 **'브라스(braces 곡식)'**에서 유래했다고 한다. 19세기부터 이곳에서 사람들은 맥주를 마셨지만 시간이 지남에 따라 '브라스리'는 좀 더 특별한 의미의 장소로 인식되었다. '브라스리'는 대부분 넓고 우아한 분위기에 고기 요리가 주를 이루는 전형적인 프랑스 풍의 메뉴를 갖추고 있으며, 단정한 옷차림의 **카페 웨이터**들은 민첩하고 성실하게 임무를 수행한다.

에스타미네 L'estaminet

벨기에와 북부 프랑스의 작은 카페를 지칭하는 '에스타미네(estaminet)'의 어원인 왈론어 **'스타몬(stamon)'**은 원래 구유 옆에 **소를 묶어두는 말뚝**을 의미했다. 실제로 '에스타미네'는 원래 여러 개의 말뚝으로 지탱된 홀이었다. 이러한 건축적 설명은 차치하더라도 이곳은 무엇보다도 **선술집**처럼 먹고 마시고 흡연을 할 수 있는 일상의 장소였다. 19세기 초 이곳은 파이프 담배를 피우던 **카페**에 해당했다. 시가나 필터 담배를 선호하던 좀 더 고급 장소인 **디방(divan)**과는 대비되는 개념이었다.

캉뷔즈 La cambuse

네덜란드어로 **'캄부이스(kambuis)'**는 **선박 안에 있는 주방**을 가리키며 이 또한 중기 저지 독일어(middle low german) **'캄부제(kambuse)'**에서 차용한 단어다. 두 언어에서 모두 이것은 물건을 보관하고, 먹을 것을 만들고, 잠시 눈을 붙일 수도 있는 **작은 공간**을 뜻한다. 프랑스어에서는 18세기 공사장의 급식소나 싸구려 식당 등 **허름한 장소**를 의미하는 은어로 사용된 예를 찾아볼 수 있다. 오늘날 이것은 **동네 주민들이 자주 찾는 소박한 작은 식당**을 뜻한다. 그러니 '감자튀김에서 염장대구 냄새가 좀 나더라도' 너무 노여워 마시라...

윈스톱 Le winstub

나무 패널 실내장식에 흰색과 빨강색 체크 식탁보가 깔려있는 테이블에서 맛있는 **감자 부침개(grumbeerekiechle)**를 먹고 싶다면? 직역하면 **'와인(wein)을 마시는 거실(stub)'**이라는 뜻을 가진 독일어 '윈스톱'은 알자스나 모젤 지방에서 17세기 중반부터 생겨난 선술집을 뜻한다. 오늘날에도 가끔 발견할 수 있는 이곳에서는 지역의 맛있는 음식과 게부르츠트라미너 와인을 편안하게 즐길 수 있다.

가르고트 La gargote

이곳은 모든 것이 **형편없는** 수준이다. 음식은 만족스럽지 못하고 서비스는 거의 없는 것과 다름없다. 간단히 말해 추천할 만한 곳이 못된다. 실제로 이 단어는 동사 **가르고테(gargoter** 부글부글 끓다. 지저분하게 먹고 마시다)'에서 온 것으로 **목구멍(gorge, gosier)**을 뜻하는 중세 프랑스어 '가르고트(gargotte)'의 파생어다. 고객이나 서빙하는 직원 모두 **느슨하고 나태한** 모습을 볼 수 있으며, 정중한 예의는 저 멀리 있다. 하지만 '가르고트'는 **뭔지 모를 다정함**을 느끼게 해주는 이름이다. 이는 아마도 단어의 끝 발음이 귀엽고 정겨운 소리를 내기 때문일 것이다.

관련 내용으로 건너뛰기 : p.328 음식이 있는 와인 바

브로치우 치즈

AOP 인증으로 보호받고 있는 이 특선 유제품의 부드럽고 크리미한 풍미를
맛보지 않은 이들은 코르시카 미식의 섬세한 맛을 모를 것이다.
프레데릭 랄리 바랄리올리

브로치우(brocciu) 치즈는?

→ 우유를 커드화하여 치즈를 만들고 남은 유청으로 만든 크리미한 치즈로 우유 부산물의 락토세럼을 재활용한 것이라고 할 수 있다.

→ 물론 이것은 유청을 활용해 만든 치즈(훼이 치즈)이지만, 코르시카 토종 산양이나 염소(혹은 둘 다)의 전유를 첨가했기 때문에 농도가 더 진하고 유지방 함량이 높다.

→ 일정 계절(11월부터 6월까지)에만 생산되는 치즈로 옛날에는 등나무 줄기로 엮은 소쿠리에 넣어 만들었다. 주로 프레시 크림치즈 상태로 먹으며 숙성하여 먹기도 한다. 숙성 브로치우는 염장 치즈(salitu), 21일에서 6개월 숙성한 것(passu), 4개월 이상 숙성한 것(seccu)로 분류한다.

잘못 알려진 사실

→ 오베르뉴의 르퀴슈(recuech auvergnate), 리코타(ricotta), 브루스(brousse), 베아른의 그뢰유(greuil béarnais), 바스크 지방의 제메로나(zemerona basque)와는 다르다. 이들 치즈는 '유청'으로만 만들어진다.

→ 쥐라와 알프스 지방의 세락(sérac)과도 다르다. 이 치즈는 유청, 우유, 식초를 혼합해 만들며 훈연하거나 화이트와인에 숙성한다.

브로치우는 거의...

그리스의 미지트라(mizithra)와 마누리(manouri), 몰타 섬의 리구타(rigouta), 왈롱의 마케(maquée), 루마니아의 우르다(urda) 등의 치즈와 같다고 볼 수 있다.

어떻게 먹을까?

그대로 먹는다

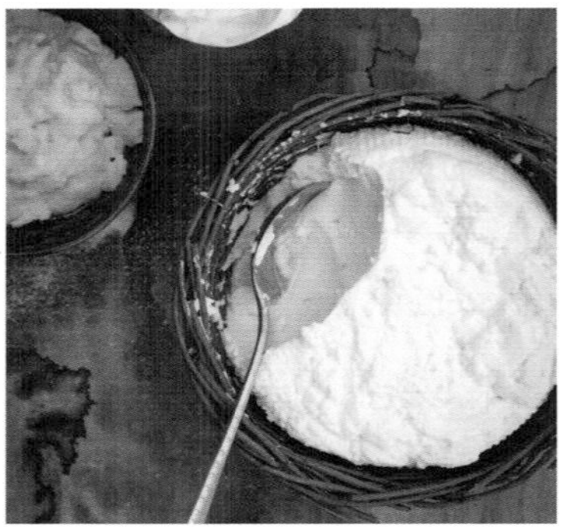

플레인 또는 달콤하게 : 밤가루를 넣은 갈레트에 플레인으로 곁들여 먹거나, 설탕, 브랜디, 커피, 잼 등을 넣고 섞어 먹는다.

짭짤하게 : 후추와 올리브오일을 뿌린다. 겨울철 대표요리인 '폴렌다(a pulenda 밤가루로 만든 코르시카식 폴렌타 빵의 일종으로 달걀프라이, 피가텔루(figatellu) 소시송을 곁들이며 경우에 따라 소스에 조리한 양고기와 함께 서빙하기도 한다)'에 곁들인다.

요리에 활용한다

선거 때나 세례식, 결혼식 등에서 하객에게 돌리는 동글동글한 튀김과자 '프리텔리(fritelli)'로도 잘 알려진 이 치즈는 그 외에도 다양한 요리에 사용된다.

각종 수프

속을 채운 채소 요리 : 주키니호박, 아티초크, 양파, 로메인 상추 등

파스타 : 브로치우, 근대와 민트, 마조람을 넣어 만든다. 카넬로니, 라비올리, 라자냐, 스투르자프레티(sturzapreti 바스티아식 크넬)

오믈렛과 수플레

생선 : 정어리, 송어, 점감펭 등의 생선요리에 마늘, 파슬리, 민트 등과 함께 넣는다. 염장대구 브랑다드 등.

필링 재료 : 호박, 근대, 양파, 후추 등으로 만드는 짭짤한 타르트, 투르트(파이) 또는 쇼송 등의 필링 재료로 사용한다.

디저트 : 튀김과자, 브리오슈(panetta), 쇼송, 투르트, 타르틀레트, 피아돈, 플랑 등. 최근에는 아이스크림도 만든다.

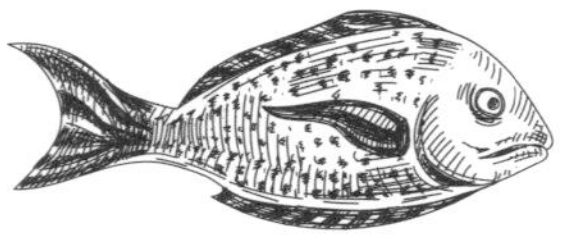

미식가 여행자들이 주의할 점

실수하지 마세요!

코르시카섬 북부에서 남부에 이르기까지 이 브로치우 치즈는 레몬 제스트, 브랜디를 첨가하는 등 다양한 맛으로 즐길 수 있다. 지역별 특산품 네 가지를 소개한다.

북부 지방의 피아돈 Fiadone : 타르트 시트가 없는 코르시카식 치즈케이크

중부 지방의 팔퀼렐리 Falculelli : 밤나무 잎 위에 구운 작은 팬케이크

서부 지방의 임브루시아티 Imbrucciati : 크러스트 가장자리를 손으로 집어 모양을 낸 타르틀레트

남부 지방의 코치울리, 시아치 Cocciuli/sciacci : 반원형으로 만들어 튀기거나 오븐에 구운 쇼송

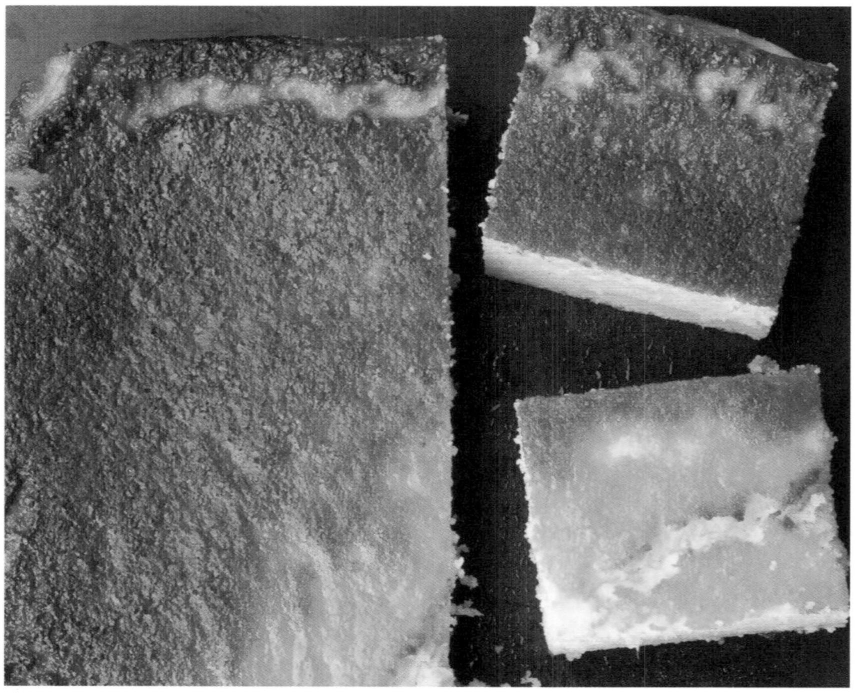

피아돈 LE FIADONE

조제트 솔리에 할머니의 레시피*

푸드 프로세서를 사용해 만들기 때문에 정통파 방식은 아니지만 맛은 충분히 인정받은 레시피이다.

준비 : 15분
조리 : 30분
8인분

브로치우 치즈(500g) 1개
달걀 5개
설탕 200g(20g은 틀에 바를 용도)
브랜디 1테이블스푼
레몬 제스트 1개분(수확 후 화학 처리하지 않은 것을 선택한다)

오븐을 최고 온도로 예열한다. 높이가 있는 원형 틀(지름 20~25cm) 안쪽에 버터를 바르고 바닥과 내벽 둘레에 설탕을 묻힌다. 푸드 프로세서에 브로치우 치즈, 달걀, 나머지 설탕, 레몬 제스트, 브랜디를 넣고 갈아 균일한 질감의 혼합물을 만든다. 혼합물을 틀에 부어 채운다. 오븐 온도를 180°C로 낮춘 뒤 케이크를 넣고 30분 정도 굽는다. 겉면에 고루 짙은 갈색이 나고 속이 완전히 익어야 한다(칼날을 찔러 넣어 꺼냈을 때 아무것도 묻지 않고 나오면 완성된 것이다). 표면은 색이 충분히 났으나 속이 완전히 익지 않았을 때는 알루미늄 포일로 윗면을 감싼 뒤 더 굽는다. 꺼내서 따뜻한 온도로 식힌다. 설탕 1테이블스푼을 솔솔 뿌린 뒤 냉장고에 넣어둔다. 바로 여기에 촉촉함의 비밀, 결과적으로 그 맛의 비밀이 있다.

* Josette Solier : 코르시카 바스티아에 살고 있는 프랑수아 레지스 고드리의 할머니.

브로치우 치즈를 채운 아티초크

조제트 솔리에 할머니의 레시피*

준비 : 50~60분
조리 : 45분
3인분

중간 크기 아티초크 6개
브로치우(500g 짜리) 3/4개
파슬리 1송이
말린 페르사(persa 바스티아 마조람) 또는 생 민트잎 몇 장
마늘 1톨
달걀 1개
소금, 후추
해바라기유 또는 올리브오일
밀가루
소스
파슬리 1/2송이
마늘 1톨
양파 2개
토마토 페이스트 넉넉히 2테이블스푼
화이트(또는 레드) 와인 1~2컵
소금, 후추

❶ 볼에 브로치우 치즈, 잘게 썬 마늘과 파슬리, 말린 페르사 넉넉히 한 꼬집(또는 잘게 썬 생 민트잎)을 넣고 섞는다. 소금, 후추로 간하고 달걀을 넣은 뒤 균일하게 혼합한다.
아티초크를 다듬는다. 우선 줄기를 4~5cm 남기고 껍질을 벗긴 뒤 연한 속잎이 나올 때까지 열매의 겉잎을 떼어낸다. 아티초크 높이의 중간 부분을 가로로 자른다. 레몬즙을 뿌려 갈변을 막는다. 아티초크를 한 개씩 두 손으로 잡고 양 엄지손가락으로 중앙을 눌러가며 잎을 바깥쪽으로 조심스럽게 밀어 꽃모양을 만든다. 가운데에 속 털이 있으면 제거한다.

❷ 포크를 사용해 브로치우 혼합물을 아티초크에 넉넉히 채워 넣은 뒤 고루 분산하고 꼭꼭 눌러 두 번 익히는 과정 동안 잘 붙어 있도록 한다. 속을 채운 부분과 그 둘레를 밀가루에 굴려 완전히 덮어준다.

❸ 소테팬에 기름을 달군 뒤 불을 약하게 줄이고 아티초크를 머리 쪽이 아래로 가게 하나씩 넣는다. 소를 채운 쪽이 노릇하게 익으면 아티초크를 뒤어서 돌려가며 고루 노릇하게 익힌다. 압력솥에 올리브오일을 넣고 얇게 썬 양파를 볶다가 마늘과 잘게 썬 파슬리를 넣는다. 토마토 페이스트와 와인을 넣고 풀어준 다음 소금, 후추로 간하고 약한 불로 뭉근히 익힌다. 너무 졸아들면 물을 한 컵 넣어준다.

❹ 토마토 소스 위에 아티초크를 속이 흐트러져 나오지 않도록 조심스럽게 놓는다. 압력솥 뚜껑을 닫고 약한 불로 익힌다(증기 밸브가 칙칙 소리를 내기 시작한 후 20분간). 칼로 아티초크 밑동을 찔러보아 저항감 없이 쑥 들어가면 완성된 것이다. 압력솥이 없으면 일반 냄비에 넣고 뚜껑을 덮은 다음 약한 불에서 뭉근히 오래 익힌다. 물을 조금 더 첨가해가며 익힌다.

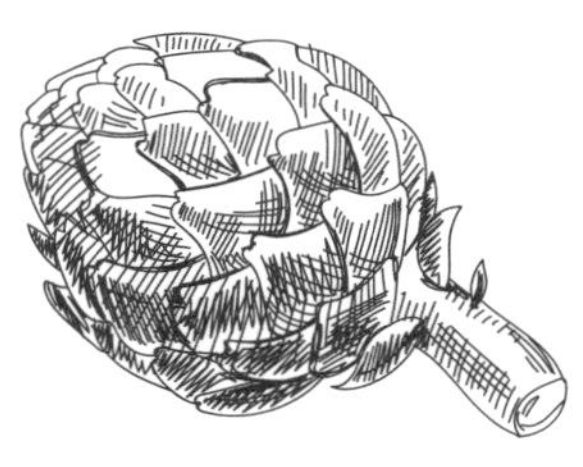

관련 내용으로 건너뛰기
p.133 치즈의 섬, 코르시카

저렴한 취향

아티장들의 외설적인 농담 또는 역사에 남을 만한 창의력이 동원된
이 다섯 가지 특별한 음식의 이름은 벨트 아랫부분을 조준한다.

세바스티앵 피에브

트루 뒤 크뤼 LE TROU DU CRU

코트 도르(Côte d'Or)에서 생산되는 이 부르고뉴 치즈는 1980년대 초 치즈 메이커 로베르 베르토(Robert Berthaut)가 처음 만들었다. '항문'을 뜻하는 이 치즈 이름은 일상 프랑스어에서 외설스럽고 무례한 모욕의 속어로 통한다. 에푸아스(époisse)의 사촌격인 주황색 세척 외피 연성치즈로 작은 원통형 틀에 넣어 만들며 부르고뉴 '마르(marc, 포도 찌꺼기로 만든 증류주)'를 넣어 숙성시킨다.

먹어볼까?
이 치즈는 농가에서 생산한 것도, ('cru'라는 이름과는 달리) 비멸균 생우유로 만든 것도 아니다... 먹어보면 알게 될 것이다...

핀 LA PINE

바르베지외 생 틸레르(Barbézieux-Saint-Hilaire, Charente)의 조상대대로 내려오는 전통 음식인 '핀(pine '음경'이라는 뜻)'은 짓궂게도 이름과 같은 모양을 하고 있다. 최근에는 슈 반죽을 구워 만들며 그냥 먹거나 크렘 파티시에 또는 크렘 샹티이를 채운다. 원래는 반죽을 끓는 물에 한 번 데쳐 구웠기 때문에 단단한 형태였으나 이후 슈 반죽으로 만들어 말랑말랑해졌다. 부활절 시즌에 즐겨 먹는 이 지역 특산물은 새로운 시작의 계절인 봄의 부활과 다산을 상징한다.

먹어볼까?
Yes. 특히 삼각형 모양에 가운데 구멍이 나 있는 사블레 과자인 '코르뉘엘(cornuelle 여성의 음부 모습을 연상시킨다)'을 짝꿍으로 곁들여 먹는다. 우아하게!

쿠쿠네트 LES COUCOUGNETTES

이 타원형의 봉봉은 포(Pau, Pyrénées-Atlantiques)의 당과 제조 명장 프랑시스 미오(Francis Miot 1948-2015)가 이 도시 출신으로 '베르 갈랑(vert galant 호색가)'이라는 별명을 갖고 있던 국왕 앙리 4세에게 헌정하면서 처음 만들었다. 아몬드에 초콜릿을 입힌 뒤 약간의 생강으로 향을 낸 아몬드 페이스트를 씌운다. 이것을 라즈베리 즙에 담가 특유의 진분홍색을 낸다. '쿠쿠네트'는 '고환'을 뜻한다.

먹어볼까?
Yes. 같은 제과점에서 만든 '마고 여왕의 유방(tétons de la reine Margot)'이라는 이름의 봉봉을 꼭 곁들여 먹는다.

제제트 LES ZÉZETTES

밀가루와 화이트와인에 바닐라 향을 첨가해 만든 이 사블레 과자는 선정적인 무엇을 연상시키는 길쭉한 모양을 하고 있다('제제트'는 남성의 성기를 뜻한다). 이 과자는 랑그독 루시용 지방의 세트(Sète)에서 가스통 방타타(Gaston Bentata)가 자신의 고향인 알제리의 가족 레시피를 바탕으로 처음 만들어 선보였다.

먹어볼까?
Yes. 커피에 적셔 먹는다.

투르망 다무르 LE TOURMENT D'AMOUR

코코넛을 채워 넣은 작고 동글납작한 모양의 이 말랑한 케이크는 생트 섬(îles des Saintes 프랑스령 앙티유)에서 처음 만들어졌다. 이것은 어부의 아내들이 바다에서 돌아오는 남편들의 원기를 회복하기 위해 만들었다고 전해진다.

먹어볼까?
Yes. 프랑키 뱅상의 노래를 들으면서 먹어보자. "투르망 다무르('사랑의 고통'이라는 뜻)는 생트섬에서 볼 수 있는 작은 과자라네/ 사랑하는 아내여, 나의 투르망 다무르가 있다면/ 당신은 임신할 수 있다네." 로맨틱하지 않은가...

관련 내용으로 건너뛰기
p.299 에쇼데

탑승을 환영합니다

눅눅해진 바게트 샌드위치, 멀건 커피 혹은 말라서 뻣뻣해진 생선 요리 등 여행 이동 중의 식사는 별로 좋은 기억을 남기지 못한다. 사실 기술적 제약 때문에 먹는 즐거움을 제대로 살리기가 쉽지 않다. 여행용 교통수단 내에서의 식사 모습과 그 역사에 대해 살펴보자. 유명 셰프들의 음식을 즐기며 업그레이드된 여행을 즐길 수도 있다.

질 쿠쟁

해상 선박에서…

대형 여객선 '파크보(paquebot)'는 원래 배로 우편물을 수송하던 선박(packet-boat)으로 소포를 뜻하는 프랑스어 '파케(paquet)'에서 파생된 단어다. 19세기 말 크루즈 여행 시대가 시작되면서 선상에서의 미식이 발전하기 시작했고 이는 주로 호텔 출신 유명 셰프들의 지휘 하에 이루어졌다.

Intérieur de l'Ile-de-France. Les Cuisines

주방에서 1,000명의 직원들이 하루에 준비해야 하는 음식은 약 3,000인분에 달한다.

선창 **창고에는** 엄청난 양의 식량이 비축되어 있다.
1972년 유람선 '프랑스(France)'호를 위해 작성된 주문일지에는 밀가루 44톤, 고기(신선, 냉동 모두 포함) 150톤, 샴페인 12,000병, 고급 와인 8,000병, 코냑 1,600병 등이 기록되어 있었다.

75 C. R. Hoffmann, Southampton.
CUNARD WHITE STAR LINER "QUEEN MARY."
The World's Largest and Fastest Liner.

매일 저녁 유람선 승객이 모두 모여드는 사교의 장소 '**퀸 메리**(Queen Mary 1936년 운행 개시) 호'의 **다이닝 홀**에서는 맛있는 최신식 요리들이 서빙되었다.

항공기 내에서…

최초의 장거리 노선 비행기 운항은 연료 보충을 위해 중간에 여러 경유지를 거쳤고 탑승객들은 가능하면 지상에서 식사하는 것을 선호했다. 당시 기내식은 미리 제조된 간단한 샌드위치 정도였으며 승무원들이 이를 판매했다. 항공 운항 환경이 개선되면서 더 훌륭한 미식 메뉴들이 기내에서도 선보이기 시작했다.

비즈니스 클래스의 식사 메뉴

대형 항공사들은 미디어에서 유명세를 얻은 실력 있는 셰프들을 초빙해 비행 중이라는 제약적인 상황에 잘 적용할 수 있는 고급 메뉴들을 개발했다. 알랭 뒤카스(Alain Ducasse)가 만들었던 콩코드 초음속 여객기 운행 말기의 식사는 애피타이저(브르타뉴 랍스터 요리 또는 랑드산 오리 콩피), 더운 메인 요리(어린 젖먹이 송아지 안심 요리 또는 줄낚시로 잡은 농어 철판구이)와 두 종류의 디저트로 구성되어 있었다. 요리는 뉴욕 행 비행기가 파리에서 출발하기 몇 시간 전 서브에어(Servair) 사의 요리사와 파티시에 19명, 항공사 요리사 협회(Les Toques du ciel)의 셰프 40명으로 이루어진 팀이 준비했다.

기차 안에서…

피크닉

대형 여객열차(1841년 스트라스부르에서 스위스 바젤 행 열차의 간선 운행이 개통되었다)가 운행되던 초창기, 열차 내에서의 취식 행위는 매우 철저하게 관리되었다. 냄새가 심하게 나거나 객실을 더럽힐 수 있는 것은 금지되었고 다른 승객들에게 방해가 되지 않는 범위 내에서 간단히 요기를 해결하는 정도의 음식물만 허용되었다. "일출 광경은 기차 여행의 멋진 동반자다. 삶은 달걀이 그러하듯이…"
- 마르셀 프루스트 『꽃 핀 소녀들의 그늘에서(*À l'ombre des jeunes filles en fleurs*)』(1919) 중에서.

열차 내 간식 판매 카트

승객들에게 음식을 제공할 수 있어야 만족할 만한 서비스라는 사실을 인지한 철도회사들은 19세기 말 직접 음료와 간단한 주전부리 간식을 수레에 담아 기내에서 판매하기 시작했다.
이 서비스는 20세기에 더욱 발전했다.

열차의 식당 칸

정차를 없애고 승객들의 여행시간을 단축하기 위해 설치한 식당 칸에서는 미리 조리한 음식 또는 즉석에서 조리하는 음식들을 제공한다. 1등석 객실 **요리 :** 트랭 블루(Train Bleu)의 아르시뒥 크림 소스 닭 요리(poulet archiduc). 1866년 겨울 '콩파니 데 바공 리(Compagnie des wagons-lits)' 사가 운행을 개시한 호화 열차 '트랭 블루(Train Bleu)'에서 선보인 메뉴이다. 이 열차는 칼레(Calais)에서 출발하여 파리를 거쳐 따뜻한 남부 코트 다쥐르(Côte d'Azur)까지 운행되었다.

월도프 샐러드

뉴욕 월도프 아스토리아(Waldorf Astoria) 호텔의 개성있는 메트르 도텔 오스카 치르키(Oscar Tschirky)가 개발해낸 이 샐러드는 원래 호두가 들어가지 않았다. 세계적인 명성을 얻은 이 샐러드는 오귀스트 에스코피에의 요리 개론서에까지 등장했으며 최고급 호텔과 전 세계 호화 유람선의 메뉴에 오르게 된다.

준비 : 25분
4인분

셀러리악 작은 것 1/2개
사과(reinette 품종) 2개
레몬 1/2개
호두 살 12개
묽은 농도의 마요네즈 3테이블스푼

셀러리악과 사과의 껍질을 벗기고 사방 0.5cm 크기의 큐브 모양으로 썬다. 바로 레몬즙을 뿌려 갈변을 막는다. 굵직하게 부순 호두와 함께 볼에 넣고 섞는다. 마요네즈를 넣고 버무린다.

거부할 수 없는 호두 케이크

우리의 친구 크리스티안 마르토렐(Christine Martorelle)이 제안하는 이 케이크는 타의 추종을 불허하는 촉촉함과 호두의 맛이 살아 있다. 맛을 보면 분명 이 레시피를 영원히 입양하게 될 것이다.

델핀 르 푀브르

준비 : 20분
조리 : 30분
6인분

호두 살 150g (+ 장식용 호두 몇 조각)
슈거파우더 220g
달걀흰자 6개분
밀가루 80g
꿀 2테이블스푼
가염버터 160g

호두와 슈거파우더를 함께 분쇄해 가루로 만든다. 볼에 이 가루와 달걀흰자를 넣고 거품기로 섞는다. 밀가루를 넣은 뒤 완전히 혼합한다. 꿀과 따뜻하게 녹인 버터를 넣고 잘 섞는다. 지름 25cm 원형 틀에 버터를 바르고 밀가루를 묻힌다. 반죽을 붓고 통 호두 살을 위에 얹은 다음 160°C 오븐에서 30분간 굽는다. 식힌 후에 먹는다.

프랑스의 호두와 헤이즐넛

페리고르 호두 Noix du Périgord
품종 개요 : 페리고르 지방에서 생산되는 4가지 품종(Corne, Marbot, Grandjean, Franquette)이 이에 해당한다.
라벨 : AOC(원산지명칭통제), AOP(원산지명칭보호)
사용 : 생 호두, 말린 호두, 호두 살, 호두 와인, 호두 오일

그르노블 호두 Noix de Grenoble
품종 개요 : 프랑스에서 가장 널리 알려진 호두로 껍데기는 황금색을 띠고 있다. 1938년 과실 열매 중 최초로 AOC(원산지명칭통제) 인증을 받았다.
라벨 : AOC(원산지명칭통제), AOP(원산지명칭보호)
사용 : 생 호두, 말린 호두, 호두 살, 호두 와인, 호두 오일

세르비온 헤이즐넛 Noisette de Cervione
품종 개요 : 코르시카섬 오트 코르스 주(Haute-Corse)에서 재배되는 유일한 헤이즐넛 품종 '페르틸 드 쿠타르(fertile de Coutard)'. 이탈리아와 터키에 비해 생산량이 적으며 이 지역의 바람에 의해 자연 건조된다.
라벨 : IGP(지리적명칭보호)
사용 : 생 헤이즐넛, 헤이즐넛 오일, 헤이즐넛 스프레드

관련 내용으로 건너뛰기
p.212 밤

OIV를 아시나요?

국제 포도, 와인 기구(Organisation internationale de la vigne et du vin)는 파리 시내에 위치하고 있다. 작은 치외법권 장소인 이곳에서는 포도와 포도주에 관한 전 세계 경제의 협상이 이루어진다.

브뤼노 펄리니

본부
18, rue d'Aguesseau, 파리 18구

로고
6개의 포도 알로 이루어진 포도송이 모양으로 그중 한 알은 지구본 모습을 하고 있다. 세계적인 기구임을 잘 표현하는 상징이다.

기구의 위상
유엔 산하의 단체가 아니며 각국 **정부 간 기구**로 1924년 창설된 국제 와인 기구(Office international du vin)가 이 기구의 전신이다. 당시는 아리스티드 브리앙(Aristide Briand)과 국제연맹(SDN Société des Nations)의 시대, 즉 외교적 기구를 통해 제반 갈등을 해결하고자 하는 '제네바 정신'이 팽배해가던 시절이었다.

회원국
총 46개 회원국 : 남아프리카 공화국, 알제리, 독일, 아르헨티나, 아르메니아, 호주, 오스트리아, 아제르바이잔, 벨기에, 보스니아, 브라질, 불가리아, 칠레, 키프로스, 크로아티아, 스페인, 프랑스, 조지아, 그리스, 헝가리, 인도, 이스라엘, 이탈리아, 레바논, 룩셈부르크, 마케도니아, 몰타, 모로코, 멕시코, 몰도바, 몬테네그로, 노르웨이, 뉴질랜드, 네덜란드, 페루, 포르투갈, 루마니아, 러시아, 세르비아, 슬로바키아, 슬로베니아, 스웨덴, 스위스, 체코, 터키, 우루과이.

중국은 회원국이 아니지만 옌타이 시와 닝샤후이족 자치구가 **옵저버 자격**으로 참여하고 있다.

관련 내용으로 건너뛰기
p.124 미식 마니아들의 모임

이 기구의 역할

☞ 1920년대에는 미국에서 금주법이 엄격히 행해지고 있었지만 이 기구의 목적은 절제 있는 와인 소비를 진작하는 것이었다.

☞ OVI는 매년 **문학상**을 수여하며 다양한 행사에 참가한다.

☞ 원유 생산과 가격을 관할하는 석유수출국기구(OPEC)와는 달리 **OVI는 생산량을 결정하는 데 관여하지 않으며** 카르텔 역할을 하지 않는다. 이 기구의 활동은 포도주 양조의 국제 규약을 정하고 전 세계 포도생산에 관한 통계자료를 공시하는 등 보다 질적인 것이라고 할 수 있다.

☞ OVI는 포도주만 관장하는 것이 아니라 건포도와 포도주스 등 **포도로 만드는 모든 제품을** 다룬다. 전통적으로 와인을 생산하지 않는 몇몇 국가들이 회원국에 포함되어 있는 것이 바로 이러한 이유 때문이다. 회원국은 전 세계 국가의 1/4을 차지하고 있으며 이들 국가는 **전 세계 포도의 85%를 생산한다.** 새로운 회원국들의 참여가 기대되고 있다. 일인당 와인 소비량이 가장 많은 바티칸시티가 언젠가는 그 주인공이 되지 않을까?

딸기

프랑스인들이 아주 좋아하는 과일인 딸기는 한 가정에서 연평균 2.8kg씩 소비한다. 즙이 많고 아름다운 붉은 색을 띤 이 과일은 3월에서 11월까지 시장에 출하되며 어른 아이 할 것 없이 모두에게 기쁨을 선사한다.

알비나 르드뤼 요한손

개요

명칭 : 딸기
분류 : 장미과(Rosaccae), 딸기속(Fragaria)
역사 : 고대부터 유럽에 알려진 딸기는 로마인들이 즐겨 먹었으며 미용 팩으로도 사용했다. 14세기부터 딸기는 유럽의 정원에 등장했다. 3세기 후 프랑스의 식물학자이자 항해사인 아메데 프랑수아 프레지에(Amédée-François Frézier)는 칠레에서 흰 딸기 표본을 들여왔다. 하지만 어려움에 봉착했다. 이 수그루 식물은 어떠한 열매도 맺지 못했다. 과실 열매가 열리기까지는 또 다른 식물학자 앙투안 니콜라 뒤셴(Antoine Nicolas Duchesne)의 연구가 성공할 때까지 기다려야만 했다. 그는 버지니아 딸기나무 암그루 주변에 딸기가 자라나고 있다는 것을 발견했다. 최초의 자연교배를 통해 '파인베리(Fragaria x ananassa)'가 탄생한 것이다. 바로 이것이 오늘날 우리가 먹는 딸기 품종들의 조상이다.
현황 : 프랑스에서 집계된 딸기 품종은 총 135종(종자 목록표 기준)에 이르며 이 중 약 열 가지 정도가 총 판매량의 90%를 차지한다. 품종에 따라 한 해에 2번 열매를 맺는 것(개화 후 다시 열매를 맺는다)과 그렇지 않은 것으로 구분된다. 이 덕분에 11월까지 딸기를 시장에서 구입할 수 있다.

품질 및 생산지 인증 라벨

페리고르 딸기 La fraise du Périgord
2004년 IGP(지리적명칭보호) 인증을 받은 유럽 최초의 딸기이다. 도르도뉴(Dordogne) 지방의 32개 면(canton)과 로트(Lot) 지방의 9곳 마을(commune)에서 생산되는 8개 품종(Gariguette, Cirafi, Darselect, Cléry, Donna, Candiss, Mara des bois, Charlotte)이 이에 해당한다.

님 딸기 La fraise de Nîmes
2013년 IGP(지리적명칭보호) 인증을 받았으며 코스티에르(Costière) 고원 지대의 28개 마을에서 생산되는 딸기가 이에 포함된다. 품종은 가리게트(Gariguette)와 시플로레트(Ciflorette)이다.

로트 에 가론 라벨 루즈 딸기 Les fraises Label Rouge du Lot-et-Garonne
아쟁(Agen) 근교에서 재배되는 딸기로 2009년 라벨 루즈(Label Rouge) 인증을 받았다. 품종은 가리게트(Gariguette), 시플로레트(Ciflorette), 샤를로트(Charlotte)이다.

플루가스텔 딸기 La fraise de Plougastel
우수품질 라벨이나 IGP(지리적명칭보호), AOC(원산지명칭통제) 인증을 받은 딸기는 아니다. 이 명칭은 가리그(Garrigue), 세라팽(Séraphin) 혹은 쉬르프리즈(Surprise) 등의 몇몇 품종에 해당하며 대부분 브르타뉴 피니스테르(Finistère) 지방에 위치한 플루가스텔(Plougastel)에서 생산되는 사베올(Saveol) 영농조합 상표명으로 출시된다.

알고 계셨나요?

딸기는 엄밀히 말하자면 한 개의 열매가 아니다. 우리가 먹는 붉은색 과육은 실제 과일들의 꽃받침이다. 씨처럼 보이는 노란색의 작은 점들을 '수과(瘦果, akènes)'라고 부른다.

딸기 샤를로트 퀵 레시피

카리타 르드뤼 요한손 *Caritha Ledru-Johansson*

수백 번 만들어보고 인정한 이 맛있는 레시피는 어머니로부터 물려받은 것으로 아직도 내가 가장 좋아하는 것들 중 하나이다. 무려 27년 동안 먹어왔음에도 질리지 않는다.

8인분
준비 : 15분
냉장 : 4시간

레이디핑거 비스킷 30개
바닐라 슈거 1테이블스푼
딸기(Mara des bois, Charlotte 등 당도가 높은 품종) 500g(100g은 장식용)
프로마주 블랑 400g
생크림(crème fraîche) 1테이블스푼
설탕
딸기 시럽
선택 재료: 럼 몇 방울
도구 : 샤를로트 틀 또는 유리볼, 접시

딸기를 전부 살살 씻은 뒤 그중 400g을 세로로 등분한다. 물(기호에 따라 럼을 몇 방울 추가)을 넣어 희석한 딸기시럽에 레이디핑거 비스킷을 적신 다음 샤를로트 틀에 깔아준다. 볼에 프로마주 블랑, 생크림, 바닐라슈거를 넣고 설탕으로 원하는 당도를 맞춘다(딸기 시럽에 이미 들어간 설탕 양과 레이디핑거 비스킷의 당도를 감안한다). 잘라둔 딸기를 틀 안에 넣고 생크림 혼합물을 반 정도 채운다. 그 위에 딸기 시럽에 적신 레이디핑거 비스킷을 한 켜 더 덮어준다. 다시 크림을 덮은 뒤 냉장고에 최소 4시간 동안 넣어둔다. 틀을 제거한 뒤 자르지 않은 생 딸기를 몇 개 얹어 장식한다.

마리오네 묘목종자농원

1891년부터 마리오네(Marionnet) 가족이 운영하는 이 업체는 솔로뉴(Sologne) 중심지에서 붉은색, 검은색 베리류 과일(딸기, 라즈베리, 블랙커런트, 레드커런트)을 생산하고 있다. 특히 이 업체는 충격에 더 잘 견디고 맛이 좋은 품종 연구개발에 중점적인 노력을 기울이고 있다. 현재 오너의 조부가 1991년 만들어낸 아주 유명한 '마라 데 부아(Mara des bois)' 품종이 대표적이다. 현재는 아버지 자크와 아들 파스칼이 딸기 연구를 위해 2,800제곱미터 면적의 부지에서 가족 경영을 이어가고 있다.

홈 메이드 딸기 시럽

준비 : 10분
딸기 250g
설탕 250g
물 200ml

딸기를 반으로 자른다. 냄비에 설탕과 물을 넣고 끓을 때까지 가열한다. 이 시럽에 딸기를 넣고 10분 정도 익힌다. 식힌다.

프랑스의 주요 딸기 생산지

프랑스 영토 각지에서는 연간 총
50 000
톤의 딸기가 생산된다.

아키텐 Aquitaine : 총 생산량의 52%. 주로 로트 에 가론(Lot-et-Garonne)에서 전국 딸기 생산의 22%가 이루어진다.
론 알프 Rhône-Alpes : 18%
발 드 루아르 Val de Loire : 10%
프로방스 Provence : 9%
미디 피레네 Midi-Pyrénées : 8%
브르타뉴 Bretagne : 3%

다양한 딸기 품종

카프롱 CAPRON
5세기~19세기 재래 품종으로 주로 베르사유 왕궁의 텃밭에서 재배되었다.
외형 : 야생 숲 딸기보다 조금 더 크고 갸름한 타원형으로 약간 주황색을 띤다.
풍미 : 과육은 연한 미색을 띠며 머스크 향이 난다.
수확 시기 : 5월 ~ 6월
사용 : 본연의 머스크 향을 살려 생과일로 그냥 먹는다. 특히 이 딸기의 잎은 이뇨 효과가 있다.

샤를로트 CHARLOTTE
2004년 CIREF(딸기품종개발협회)가 만들어낸 품종이다.
외형 : 하트 모양으로 선명하고 윤기 나는 붉은색을 띤다.
풍미 : 과육이 연하고 즙이 많으며 달콤한 숲 딸기의 향이 난다.
수확 시기 : 4월 ~ 11월
사용 : 생과일로 그냥 먹거나 샐러드, 파티스리에 사용한다.

시플로레트 CIFLORETTE
1998년 CIREF(딸기품종개발협회)가 만들어낸 품종이다.
외형 : 갸름한 타원형으로 과육의 겉은 오렌지 빛에서 짙은 붉은색을 띤다.
풍미 : 과육이 연하고 즙이 많으며 아주 달다.
수확 시기 : 3월 ~ 6월
사용 : 잼, 콩포트

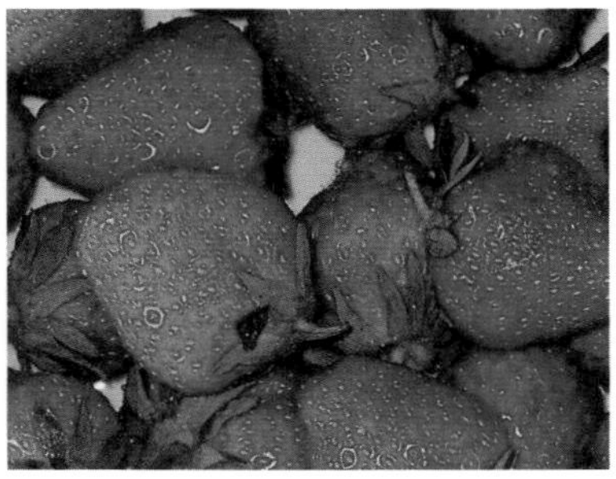

다르셀렉트 DARSELECT
1996년 다르본(Darbonne) 종자농원에서 개발한 품종이다.
외형 : 둥근 모양으로 밝은 붉은색을 띤다.
풍미 : 과육은 단단한 편으로 즙이 많고 달다.
수확 시기 : 4월 ~ 6월
사용 : 생과일로 그냥 먹거나 샐러드, 파티스리에 사용한다.

가리게트 GARIGUETTE
프랑스에서 가장 많이 판매되는 품종으로 프랑스국립농업연구원(INRA)의 한 연구원이 개발해냈다. 이 이름은 이 팀의 한 연구원이 살고 있던 보클뤼즈의 한 거리 명칭(Châteauneuf-de-Gadagne)에서 따온 것이다.
외형 : 갸름하고 날씬한 모양으로 꼭지 모양도 길쭉하다. 윤기가 나는 진홍색을 띤다.
풍미 : 새콤달콤한 맛이 난다.
수확 시기 : 딸기 철에 제일 먼저 출하되는 품종이다. 3월 ~ 6월 중순
사용 : 잼, 콩포트

마그넘 MAGNUM
마리오네(Marionnet) 종자농원에서 최근 개발한 품종으로 개당 약 20~25g의 알이 굵은 딸기가 열린다.
외형 : 동그랗고 끝이 뾰족하며 윤이 나는 선명한 붉은색을 띠고 있다.
풍미 : 과육이 단단한 편이며 향이 진하고 아주 달다.
수확 시기 : 5월 ~ 7월
사용 : 생과일로 그냥 먹거나 샐러드, 파티스리에 사용한다.

마니유 MANILLE
2005년 마리오네(Marionnet) 종자농원이 시장에 출시한 품종이다.
외형 : 크기는 중간 정도이며 윤이 나는 짙은 붉은색을 띠고 있다.
풍미 : 과육이 단단하고 특유의 향이 있으며 아주 달다.
수확 시기 : 5월 ~ 6월
사용 : 잼, 콩포트

마라 데 부아 MARA DES BOIS
야생 숲 딸기와 재배종 딸기를 교배한 것으로 1991년 처음 출시되었다. 프랑스에서 가장 많이 재배되는 딸기 품종 중 하나이다. 이 딸기 명칭은 최초 개발자 이름인 '마리오네(Marionnet)'에 맛이 비슷한 '숲 딸기(fraise des bois)'를 합성해 만든 것이다.
외형 : 원뿔형에 선명한 붉은색을 띤다.
풍미 : 과육은 즙이 많고 당도가 높으며 야생 숲 딸기의 향이 난다.
수확 시기 : 5월부터 첫 서리가 내릴 때까지
사용 : 생과일로 그냥 먹거나 샐러드, 파티스리에 사용한다.

마리게트 MARIGUETTE
가리게트와 마라 데 부아의 교배종으로 마리오네 종자농원에서 개발했다.
외형 : 알이 굵고 모양이 갸름하며 윤이 나는 주홍색을 띤다.
풍미 : 과육이 단단하여 심지어 아삭한 식감을 느낄 수 있다.
수확 시기 : 5월부터 첫 서리가 내릴 때까지
사용 : 생과일로 그냥 먹거나 샐러드, 파티스리에 사용한다.

그 외에도 다양한 딸기 품종

마담 무토 MADAME MOUTOT
과거 할머니 세대에 인기가 많았던 과수원 딸기 품종으로 오늘날에는 거의 자취를 감추었다. 둥근 모양의 진한 붉은색 딸기가 열린다.

알핀 블랑슈 ALPINE BLANCHE
알프스 산맥이 원산지인 야생 품종으로 크림색을 띤 길쭉한 모양의 딸기이며 머스크 향이 난다.

쉬르프리즈 데 알 SURPRISE DES HALLES
1925년 출시된 재래종 딸기로 열매가 둥근 모양이고 살은 핑크빛을 띤다. 새콤달콤한 맛이 난다.

프레즈 아브리코 FRAISE ABRICOT
작은 크기의 재래종 딸기로 새콤한 맛이 나며 모양은 작은 양송이버섯과 비슷하다.

여러 번 열매 맺는 딸기나무
딸기나무가 1년에 2번 이상 열매를 맺는 경우도 있다(fraisier remontant). 봄에 첫 수확을 한 다음 첫 서리가 내릴 때까지 2회 이상에 걸쳐 과일을 재배할 수 있다.

관련 내용으로 건너뛰기
p.63 다양한 종류의 시럽

과거의 나쁜 음식

'정크푸드'라는 말은 최근 들어 많이 사용되는 듯하지만 변질되거나 가짜로 만들어진 음식들의 소비는 예전에도 늘 있어왔다. 19세기에 도시에서는 이러한 관행이 만연하였고 경찰까지 이에 연루되기도 했다.

브뤼노 필리니

식중독을 일으키는 버섯

파리 시장에 무분별하게 공급된 버섯으로 인한 식중독 사례가 증가하자 1809년부터 파리 경찰청은 버섯 유통에 관한 규정을 강화하고 이를 엄격히 통제했다. 산업혁명이 한창일 무렵 너무 싼값의 불량 식품들을 섭취하여 건강 악화에 가장 먼저 노출된 것은 빈곤층이었다.

썩은 고등어와 가축

7월 왕정하의 파리 경찰국 총경 앙리 지스케(Henri Gisquet)는 몽포콩(Monfaucon)의 고약한 악취를 풍기던 한 건물에 대해 다음과 같이 묘사했다. 파리의 그곳은 그야말로 노천 시궁창이었다. "그곳에서 꽤 넓은 방 하나가 보였다. 벽에는 내장을 깨끗이 제거하고 꼼꼼히 손질해 놓은 개, 고양이, 도살한 암말의 배에서 나온 망아지새끼, 상한 부분을 도려낸 말고기 토막 등이 널려 있었다." 이들은 토막 낸 토끼고기 또는 널어 매달아 숙성한 노루고기처럼 팔려나갔다.

석회가 들어간 빵

'시립 위생연구소(Laboratoire municipal)'가 설립된 것은 1876년이 되어서였고 이는 이후 '경찰청 중앙 후생처(LCPP)'가 되었다. 소비자들은 이곳에서 식품의 안전성을 검사할 수 있었다. 그럼에도 불구하고 음식에 속임수를 일삼는 비양심적인 사람들은 계속 늘어났다. 경찰서장 그롱피에(Gronfier)는 파리의 암흑가에서 이루어지는 범죄에 대한 기록을 남겼다. 여기에서 그는 석회를 넣어 만든 빵을 납 성분 페인트를 칠한 나무 화덕 불에 구워 팔았던 사건에 대해 언급했다.

레드커런트가 들어가지 않은 레드커런트 즐레

19세기 말 경찰서장 그롱피에(Gronfier)가 남긴 기록에는 다음과 같은 내용이 나온다. "몇 년 전 유명한 약사이자 화학자인 스타니슬라스 마르탱(M. Stanislas Martin) 씨는 파리의 시장 여러 곳에서 가짜 레드커런트 즐레를 발견했다. 여기에 실제 레드커런트라고는 조금도 들어 있지 않았다." 이것은 비트의 붉은 즙으로 물들인 펙틴(식물성 소재의 겔화제)에 라즈베리 시럽을 넣어 향을 내고 젤라틴으로 굳힌 것이었다.

케이크 속의 석유

1885년 7월 10일자 정부부처 회람 공문에서 발췌한 내용

"청장님 귀하, 저희는 몇몇 제과점에서 버터나 쇼트닝 대신 석유 증유에서 추출한 바셀린, 페틀롤린, 또는 뉴트랄린이라는 이름으로 알려진 제품을 사용하는 것에 대해 지적하고자 합니다. 이 바셀린이 공공 보건위생에 위험을 초래하지 않고 음식에 사용될 수 있는지에 대한 조사를 담당해 온 프랑스 공공 위생 자문 위원회는 이 물질이 산패되지 않는다고 발표했습니다. 이는 케이크가 오래되어 나는 냄새를 인지하지 못한 채 이미 밀가루와 달걀이 변질되기 시작한 파티스리를 구입하고, 실제로 이 케이크가 미각 기관과 접촉하게 되어서야 산패되었다는 사실을 알게 될 소비자들에게 심각한 위험을 초래할 수 있습니다."

관련 내용으로 건너뛰기
p.254 파리 포위전, 광란의 육식

매력 만점, 감자 칩!

피크닉의 필수품인 얇은 감자 칩! 꽃잎처럼 얇고 파삭한 이 감자 칩은 유명 셰프의 요리에서도 다양한 마법을 부린다. 다음 세 가지 레시피가 이를 증명한다.

프랑수아 레지스 고드리

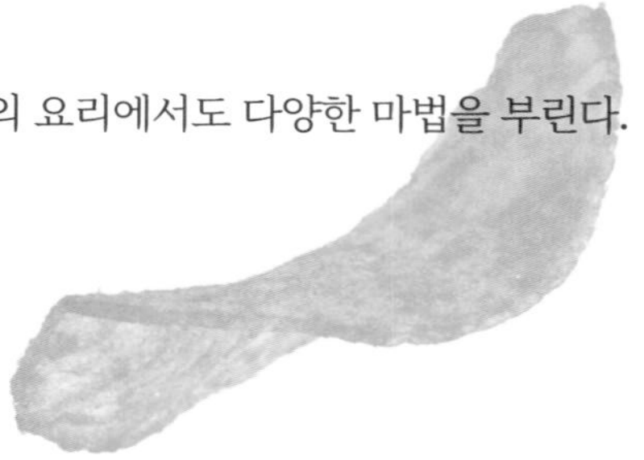

감자 칩 크럼블

베아트리즈 곤잘레즈 *Beatriz Gonzalez**

유리볼에 밀가루 50g, 부드러운 포마드 상태의 버터 50g, 감자 칩 250g을 넣고 손가락으로 부수며 섞는다. 오븐팬에 유산지를 깐 다음 혼합물을 펼쳐 놓는다. 180°C 오븐에서 10분간 굽는다(상황에 따라 조금 더 구울 수도 있다). 노릇한 색이 나며 바삭하게 구워져야 한다. 식힌 뒤 작게 부수어 볶은 채소나 토마토 콩포트, 크림치즈 등에 뿌려 먹는다.

효과 : 바삭한 식감을 추가하여 더욱 맛있게 즐길 수 있다.

* 레스토랑 '노바 퀴진(Neva Cuisine, 파리 8구)', '코레타(Coretta, 파리 17구)'의 셰프

관련 내용으로 건너뛰기
p.330 프렌치프라이

감자 칩 오믈렛

자크 토렐 *Jacques Thorel**

4인분용 오믈렛 1개 분량

유리볼에 달걀 6개를 거품기로 풀고 소금으로 약하게 간을 한다. 후추를 뿌린다. 감자 칩 두 줌을 넣고 10분간 그대로 둔다.

팬에 식용유를 조금 달군 뒤 오믈렛 혼합물을 넣고 익힌다. 반쯤 익으면 오믈렛을 접시에 담고 뒤집어서 다시 팬에 넣는다. 조리를 완성한다. 그린 샐러드를 곁들여 먹는다.

효과 : 감자의 껍질을 벗겨 익히지 않고도 만들 수 있는 스패니시 오믈렛이라 할 수 있다.

* 레스토랑 '오베르주 브르톤(L'Auberge bretonne, La Roche-Bernard, Morbihan)의 전임 셰프

감자 칩을 입혀 튀긴 닭 가슴살

토미 구세 *Tomy Gousset**

감자 칩 한 봉지를 뜯어 손으로 잘게 부순다. 길쭉하고 가늘게 썬 닭 가슴살에 밀가루를 고루 묻힌다. 달걀 3개를 풀어 닭고기를 담갔다 건진 뒤 부순 감자칩을 넣은 봉지에 넣어 고루 씌운다. 180°C로 달군 튀김 기름에 닭고기를 넣어 노릇한 색이 나도록 튀긴다. 건져서 기름을 탁탁 털어낸 뒤 종이타월에 놓고 나머지 기름을 뺀다.

효과 : 일반 빵가루보다 더 맛있고 바삭하다.

* 레스토랑 '토미 앤 코(Tomy & Co. 파리 7구)'의 셰프

프랑스의 요리학교

자녀가 요리에 소질이 있나요? 당신은 정말 새로운 인생을 개척하고 싶은가요?
새로운 요리사 직업을 갖기 원하는 사람들을 위한 유용한 요리학교 정보를 소개합니다.

알비나 르드뤼 요한손

몇몇 주요 통계수치
프랑스에는 175,000개 이상의 식당이 있다.

매년 **15,000**개의 일자리가 난다.

2016년 CAP 자격 취득자 수 : 32 500

모든 길은 요리로 통한다

직업적성자격증 CAP (certificat d'aptitude professionnelle) : 2년 과정, 386개 학교 및 기관

직업교육수료증 Brevet professionnel : 2년 과정, 114개 학교 및 기관

직업교육기술수료증 Bac professionnel et technologique : 3년 과정, 312개 학교 및 기관

고등기술자격증 BTS (brevet de technicien supérieur) (bac+2) : 2년 과정, 131개 학교 및 기관

학사과정 Bachelor (bac+3) : 3년 과정, 몇 개의 학교 및 기관

요리 직업자격증 CAP CUISINE
요리사가 되기 위해 취득해야 하는 첫 단계 자격증. 요리 및 제과제빵 기본 레시피와 위생 규정, 경영관리, 미식의 역사 등을 익힌다. 과정 이수 후 실습 교육 또는 수업과 병행한 수련생 실습 활동도 포함된다.

현장 실습 교육
요리업계에 빨리 뛰어들기 위해 현장 실습이 급한 학생들이 선택할 수 있는 방법이다. 고용주와 견습생 근무 계약을 체결한 학생은 수업 학기를 현장 실습으로 대체할 수 있다. 이 기간 중 급여 수령이 가능하다(수련생의 나이와 자격증에 따라 가변).

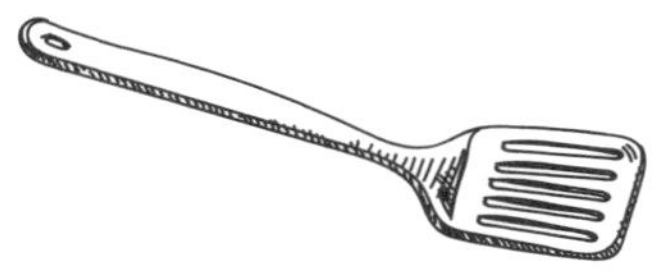

관련 내용으로 건너뛰기
p.276 폴 보퀴즈

➡세계적인 명문 요리학교

에콜 페랑디 ÉCOLE FERRANDI
프랑스에서 가장 널리 알려진 요리 교육기관으로 세계적 명성을 얻고 있으며 파리에 총면적 25,000평방미터 규모의 캠퍼스를 갖고 있다.
도시 : 파리(Paris), 주이 앙 조자스(Jouy-en-Josas), 보르도(Bordeaux)
설립연도 : 1920
교육과정 : CAP, bac pro, BTS, Bachelor 등
입학전형 : 서류심사, 필기시험(해당 과정에 따라), 면접
수업료 : 무료(CAP cuisine, Bac Pro cuisine, BTS Hôtellerie restauration),
그 외 과정은 8,200~22,000유로
실습 레스토랑 : Le Premier, Le 28 (Paris), L'Orme rond(Jouy-en-Josas), Le Piano du Lac(Bordeaux).
졸업생 : 윌리암 르되이(William Ledeuil – Ze Kitchen Galerie, Paris), 아들린 그라타르(Adeline Grattard – Yam'Tcha, Paris)
외국인 입학 : 영어로만 진행되는 국제부 프로그램이 운영되고 있으며 이 과정의 디플로마는 업계에서 인정받고 있다.
특장점 : 여러 명의 프랑스 국가 명장(MOF)들이 교수진에 포함되어 있으며 현업의 유명 셰프들이 객원교수로 참여하고 있다.
→ **ferrandi-paris.fr**

앵스티튀 폴 보퀴즈 INSTITUT PAUL BOCUSE
폴 보퀴즈(Paul Bocuse)와 제라르 펠리송(Gérard Pélisson, 아코르 그룹 공동 창립자)이 세운 요리학교로 샤토 뒤 비비에(château du Vivier) 안에 위치하고 있다.
도시 : 리옹 근교 에퀴이(Ecully)
설립연도 : 1990
교육과정 : bachelor, master
입학전형 : 서류심사, 필기시험(해당 과정에 따라), 면접
수업료 : 10,200~16,400유로
실습 레스토랑 : 에퀴이와 리옹에 걸쳐 6개
졸업생 : 타바타 메이(Tabata Mey – Les Apothicaires, Lyon), 세바스티앵 브라스(Sébastien Bras – Le Suquet, Laguiole)
외국인 입학 : 수강이 가능하나 최소한의 프랑스어 실력이 요구된다. 모든 수업은 프랑스어로만 진행된다.
특장점 : 포스트 바칼로레아(post-bac) 과정의 수업은 프랑스 국가 명장(MOF) 요리사와 유명 셰프들이 담당한다.
→ **institutpaulbocuse.com**

르 코르동 블루 LE CORDON BLEU
가장 오래된 프랑스 요리 교육기관 중 하나로 전 세계 17개국에 분교를 두고 있다.
도시 : 파리(Paris)
설립연도 : 1895
교육과정 : le Grand Diplôme(CAP 준비반), bachelor 등
입학전형 : 서류심사
수업료 : 10,600~49,500유로
실습 레스토랑 : Le Café Cordon Bleu
졸업생 : 후안 아르벨라에즈(Juan Arbelaez – Plantxa, Levain, Boulogne-Billancourt)
외국인 입학 : 전 세계의 학생들이 수강하고 있으며 수업 내용은 바로 영어로 통역된다.
특장점 : 세계적으로 탄탄한 네트워크를 구축하고 있다.
→ **cordonbleu.edu**

➡공립 요리학교

사부아 르망 국제 호텔 조리학교 ÉCOLE HÔTELIÈRE INTERNATIONALE SAVOIE-LEMAN
프랑스에서 가장 오래된 공립 호텔 조리학교로 온천 휴양지 붐이 일면서 고급 호텔이 많이 생겨나던 시기에 설립되었다.
도시 : 토농 레 뱅(Thonon-les-Bains)
설립연도 : 1912
교육과정 : bac pro, BTS
입학전형 : 서류심사
수업료 : 무료
실습 레스토랑 : La Brasserie Antonietti, Le Savoie Leman
졸업생 : 조르주 블랑(Georges Blanc – Restaurant Georges Blanc, Vonnas), 장 크리스토프 앙사네 알렉스(Jean-Christophe Ansanay-Alex – Auberge de l'Île Barbe, Lyon)
특장점 : 교육용 텃밭을 소유하고 있어 그곳에서 키우는 허브, 과일, 채소 등을 직접 요리 수업에서 사용한다.
→ **ecole-hoteliere-thonon.com**

폴 오지에 관광 조리학교 ÉCOLE HÔTELIÈRE ET DE TOURISME PAUL AUGIER
20세기 초 코트 다쥐르(Côte d'Azur)가 세계적인 휴양지로 부상하던 시기에 설립되었다.
도시 : 니스(Nice)
설립연도 : 1914
교육과정 : bac pro, BTS
입학전형 : AFFELNET 절차에 따라 신청, 서류심사, 면접.
수업료 : 무료
실습 레스토랑 : Le Bistrot des galets, brasserie Capélina, restaurant La Baie des Anges
졸업생 : 제랄드 파세다(Gérald Passédat – Le Petit Nice, Marseille), 쥘리아 세데프지앙(Julia Sedefdjian – Baieta, Paris)
특장점 : 세계 각국의 기관들과의 파트너십을 통해 학생들의 파견, 이동을 독려하고 있다.
→ **lycee-paul-augier.com**

장 드루앙 호텔 조리학교 LYCÉE JEAN DROUANT
파리 최초의 호텔 조리학교로 메데릭(Médéric)이라는 이름으로 잘 알려져 있다.
도시 : 파리(Paris)
설립연도 : 1936
교육과정 : bac technologique, bac pro, BTS
입학전형 : AFFELNET, APB 절차에 따라 신청, 서류심사
수업료 : 무료
실습 레스토랑 : restaurant Julien François, brasserie l'Atelier Bartholdi
졸업생 : 파트릭 시카르(Patrick Scicard – 르노트르 전임 사장), 도미니크 루아조(Dominique Loiseau - Relais Bernard Oiseau, Saulieu)
특장점 : BTS 과정 수강생들은 '에라스무스 플러스(Erasmus +)' 프로그램을 통해 유럽연합 회원국 내 어디서나 16주 동안 견습생(stage)으로 근무가 가능하다.
→ **lyceejeandrouant.fr**

해리스 바의 매력적인 칵테일

1911년 파리에 문을 연 이 작은 파리지앵 바는 어떻게 전 세계에서 가장 전설적인 칵테일들을 탄생시킬 수 있었을까? 그 해답과 만드는 비법이 여기에 있다.

조르당 무알랭

NIXON AGNEW
HARRY'S BAR
PRESIDENTIAL STRAW VOTE
5 R. DAUNOU PARIS

해리스 뉴욕 바의 역사

초창기 칵테일이 탄생한 것은 미국이었지만 정작 이들은 금주령(1920-1933)을 피해 유럽에서 꽃을 피웠다. 몇몇 열정의 믹솔로지 애호가들은 프랑스로 건너와 뉴욕의 바텐더와 DJ를 본 따 동일한 스타일의 바를 파리에 오픈했다. 의기투합한 두 명의 동업자는 1911년 파리 오페라 지역에 뉴욕 바(New York Bar)를 열었다. 10년 후 런던에서 날아온 해리 맥컬혼(Harry McElhone)은 이 뉴욕 바에서 바텐더로 일한다. 이 믹솔로지스트는 1923년 업장을 인수하여 자신의 이름을 붙였다. 이로서 '해리스 뉴욕 바(Harry's New York Bar)'가 탄생하게 되었고 이곳은 곧 칵테일의 성지 중 하나가 된다.

→ Le Harry's Bar, 5, rue Daunou, Paris (IIe).

스코플로
Le Scofflaw

탄생 시기 : 1924
역사 : 스코플로는 '법을 어기는 사람'을 뜻한다. 이 용어는 미국의 금주령 시기에 생긴 것으로 비밀 바에서 칵테일을 홀짝홀짝 마시던 숨은 음주자를 뜻한다. 따라서 이 칵테일은 알코올 음료라면 사족을 못 쓰는 못 말리는 애주가들에게 헌정한 것이라 할 수 있다.

재료
라이 위스키 45ml
베르무트 25ml
레몬즙 20ml
그레나딘 시럽 20ml
만드는 방법 : 셰이커에 얼음과 함께 넣고 흔든다. 잔에 따라 서빙한다.

비튄 더 시츠
Le Between the sheets

탄생 시기 : 1930년대
역사 : '이불 시트 사이'라는 노골적인 이름이 말해주듯 이 칵테일은 1930년대 방탕한 파리의 밤을 연상시킨다. 당시 바텐더는 알코올 도수가 높은 스피릿 술을 섞은 이 칵테일이 파리의 매춘부들에게 인기가 많았다고 한다. 일을 시작하기 위한 컨디션을 만드는 좋은 방법으로 여겨졌다.

재료
럼 30ml
코냑 30ml
레몬즙 20ml
만드는 방법 : 셰이커에 얼음과 함께 넣고 흔든다. 잔에 따라 서빙한다.

몽키 글랜드
Le Monkey gland

탄생 시기 : 1920년대
역사 : 해리 맥컬혼은 외과의사 세르주 보로노프(Serge Voronoff)의 실험에서 착안해 이 칵테일을 만들었다. 보로노프 박사는 환자의 수명을 늘리기 위해 원숭이 고환 조직을 인간에게 이식하는 실험을 했다. 아마도 이 칵테일 또한 같은 효능을 지니지 않았을까?

재료
진 50ml
오렌지주스 30ml
그레나딘 시럽 2방울
압생트 2방울
만드는 방법 : 셰이커에 얼음과 함께 넣고 흔든다. 잔에 따라 서빙한다.

Harry's New York Bar

관련 내용으로 건너뛰기
p.346 잊혔던 아페리티프의 부활

프렌치 75
Le French 75

탄생 시기 : 1915
역사 : 이 칵테일은 1차 세계대전 당시 프랑스와 미국군이 사용하던 75mm 구경 대포의 모양을 딴 것이다. 이 무기는 빠른 속도와 탄착하자마자 보여주는 가공할 만한 위력으로 유명하다. 결국 이 칵테일을 이 거대한 대포처럼 생각할 수 있을 것이다.

재료
샴페인 40ml
진 30ml
레몬즙 15ml
설탕시럽 2대시
만드는 방법 : 셰이커에 진, 설탕시럽, 레몬즙을 넣고 흔든 뒤 칵테일 잔에 따른다. 샴페인을 넣어 희석한 뒤 서빙한다.

Harry's Bar
TRY OUR HOT DOG

화이트 레이디
Le White Lady

탄생 시기 : 1923
역사 : 이 칵테일을 최초로 선보인 것은 런던에서이다. 이 레시피를 자신의 '해리스 바'에 들여온 해리 맥컬혼은 민트 리큐어 대신 진을 사용했고 따라서 이 칵테일은 흰색이 되었다. 이름도 바로 여기에서 유래했다.

재료
진 40ml
트리플 섹 30ml
레몬즙 20ml
만드는 방법 : 셰이커에 재료와 얼음을 넣고 흔든다. 잔에 따라 서빙한다.

블루 라군
Le Blue Lagoon

탄생 시기 : 1960
역사 : 1970-1980년대 칵테일 계를 대표하는 이 레시피는 해리의 아들인 앤디 맥컬혼이 아버지에게 헌정하기 위해 만들었다. 쨍한 푸른색이 특징인 이 칵테일은 아버지가 만든 유명한 화이트 레이디를 응용한 것으로 쿠앵트로 대신 큐라소를 넣었다. 이는 컬러풀한 칵테일의 유행을 불러왔다.

재료
보드카 40ml
큐라소 30ml
레몬즙 20ml
만드는 방법 : 셰이커에 재료와 얼음을 넣고 흔든다. 마티니 잔에 따라 서빙한다.

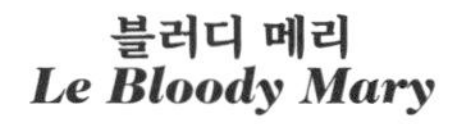

블러디 메리
Le Bloody Mary

탄생 시기 : 1921
역사 : 파리 리츠 호텔의 직원들은 어니스트 헤밍웨이가 부인에게 들켜 혼나지 않도록 술 냄새가 나지 않는 칵테일을 만들어달라고 당시 바텐더였던 베르탱(Bertin)에게 부탁했을 것이라고 즐겁게 이야기한다. 사실이라고 믿기에는 너무 아름다운 이야기 아닌가...
이 칵테일은 파리의 '해리스 바'에서 처음 만들어진 것으로 추정된다. 당시 바텐더였던 페르낭 프티오(Fernand Petiot)는 보드카가 카운터에서 서빙되는 것을 보았다. 러시아 이민자들이 들여온 술인 보드카는 끔찍할 정도로 맛이 심심했다. 여기에 미국산 캔 토마토 주스, 그 이후 몇몇 향신료를 더한 '버킷 오브 블러드(Bucket of Blood)'가 탄생했다. '블러드 메리'라는 이름이 등장한 것은 이후의 일이며 개신도교들에게 피의 탄압을 행사했던 영국의 여왕 메리 1세(Mary Tudor, '피의 메리'라는 별명이 붙었다)에게 붙였던 별명이다.

재료
보드카 40ml
토마토주스 90ml
레몬즙 15ml
우스터 소스 2~3방울
타바스코
셀러리 소금
그라인드 후추
만드는 방법 : 믹싱 글라스에 모든 재료를 넣고 천천히 저어 섞는다. 하이볼 잔에 따른 뒤 적당한 길이로 자른 셀러리 줄기를 꽂아 서빙한다.

미모사
Le Mimosa

탄생 시기 : 1925, Hôtel Ritz, Paris
역사 : 의외로 아주 단순한 이 칵테일은 디너의 식전주나 비행기내에서 즐겨 마시던 오래된 인기 음료였다. 이 칵테일이 처음 만들어졌을 때 당시 리츠(Ritz) 호텔 바텐더였던 프랭크 메이어(Frank Meier)는 이 칵테일과 호텔 정원의 가장 선명한 색깔을 접목시켜 '미모사'라는 이름을 붙였다.

재료
샴페인 75ml
오렌지주스 75ml
만드는 방법 : 길쭉한 샴페인 플루트 잔에 오렌지주스를 따른다. 샴페인을 넣어 희석한 뒤 서빙한다.

로즈
Le Rose

탄생 시기 : 1906, Chatham Hôtel, Paris
역사 : 뚜렷한 표현력이 있는 이름을 가진 이 칵테일은 파리 저녁 문화의 명소였던 샤탐 호텔의 바텐더 조니 미타(Johnny Mitta)가 처음 만들었다. 비교적 알코올 도수가 높은 이 칵테일은 1920년대의 대표적인 음료로 맛있는 키치 스타일 칵테일의 트렌드를 열었다.

재료
베르무트 40ml
키르슈 20ml
체리 리큐어 10ml
만드는 방법 : 셰이커에 재료를 모두 넣고 흔든다. 잔에 따르고 마라스키노 체리를 한 개 넣어 서빙한다.

누가와 너트

코르시카의 것이든 프로방스의 것이든, 흰색이든 검은색이든, 머나먼 나라에서 처음 탄생했으며 과일을 연상시키는 어원(누가'nougat'는 너트를 뜻하는 누아'noix'에서 유래한 단어다)을 가진 이 달콤한 당과류는 환영의 땅에 안착했다. 바로 프랑스다. 메소포타미아에서 프랑스 남부까지 여행한 '누가'에 대해 자세히 알아보자.

스테판 솔리에

다양한 종류의 누가

프로방스 누가
Nougat de Provence

초창기 흔적 : 14세기(pignolat) - 16세기(nogat)
생산지 : 알로슈, 엑상프로방스(Allauch et Aix-en-Provence, Bouches-du-Rhône), 소, 시뉴(Sault et Signes, Vaucluse), 올리울, 생트로페(Ollioules et Saint-Tropez, Var), 알레그르 레 퓌마드(Allègre-les-Fumades, Gard), 보귀에(Vogüé, Ardèche)

몽텔리마르 누가
Nougat de Montélimar

초창기 흔적 : 1701
생산지 : 몽텔리마르(Montélimar)
재료 : 아몬드 함량 최소 30% 이상(혹은 아몬드 28%와 피스타치오 2%), 꿀 25%(라벤다 꿀 선호), 향은 바닐라로만 낼 수 있다.

코르시카 누가 Nougat corse

초창기 흔적 : 20세기에 즐겨 먹기 시작했다.
생산지 : 바스티아, 소브리아(Bastia et Soveria, Haute-Corse), 알라타, 아작시오(Alata et Ajaccio, Corse du Sud).
재료 : 프로방스 누가의 사촌 격이라 할 수 있다. 흰색 또는 검정색, 말랑말랑한 것 또는 단단한 것으로 만들어지며 이에 따라 재료 구성도 달라진다. 코르시카 AOC 꿀 8~35%, 견과류 20~34%(Cervione산 IGP 헤이즐넛 포함), 코르시카산 과일 당절임(세드라 시트론, 클레망틴, 무화과, 밤, 베리류 과일, 도금양 등)을 사용하며 밤가루를 넣은 검은색 누가도 만든다.

프랑스 카날루냐 지방의 투롱
Touron catalan francais

초창기 흔적 : 1607
생산지 : 페르피냥(Perpignan, Pyrénées-Orientales), 리무(Limoux, Aude), 페이 바스크(Pays basque)
재료 : 화이트는 '알리칸트 투론(turrón d'Alicante)'과 비슷하며 씹는 맛이 아삭한 것(구운 아몬드 또는 헤이즐넛 46%), 또는 쫀득하고 말랑한 것(잣)이 있다. 블랙은 아몬드와 헤이즐넛을 넣어 만들며 설탕을 캐러멜라이즈하여 사용한다. 또한 '히호나 투론(turrón de Jijona)'과 매우 비슷한 '프랄리네 투롱(touron praliné)'은 아몬드를 넣은 아삭한 식감의 투론(꿀 8%, 아몬드 60%)을 아주 고운 페이스트로 간 다음 다시 구워 만든다.

가짜 친구

페이 바스크의 투롱
Touron du Pays basque

페이 바스크의 전통적 당과류로 비스카이(Biscaye)가 원산지이며 현재는 바욘(Bayonne)에서 아몬드 페이스트, 당절임 과일을 재료로 하여 주로 동그랗고 알록달록한 색이 있는 한입 크기로 만든다(투롱- tout rond은 '완전히 동그랗다'는 뜻-이라는 이름이 여기에서 유래했다).

투르의 누가
Nougat de Tours

20세기 후반에 처음 탄생한 투르(Tours)의 파티스리로 두 장의 사블레 반죽 사이에 살구잼을 채워 넣고 당절임 과일(세드라 시트론)을 고루 얹은 뒤 마카로나드(macaronade pâtissière 머랭에 아몬드가루를 섞은 것)를 씌워 만든 케이크다.

레시피

프로방스 화이트 누가
Le nougat blanc de Provence
꿀 30%, 아몬드와 피스타치오 35% 이상. 주로 오렌지 블러섬 워터로 향을 낸다.

프로방스 블랙 누가
Le nougat noir de Provence
(단맛을 내는 재료를 캐러멜라이즈하여 사용한다)
꿀 25%, 내용물 15~50% (아몬드, 피스타치오, 헤이즐넛, 호두, 잣, 아니스 씨 또는 고수 씨, 당절임 과일 등...)

화이트 누가, 말랑말랑한 것 또는 딱딱한 것?

화이트 누가의 식감은 설탕이나 꿀을 끓이는 온도에 따라 달라진다. 쫀득하고 말랑말랑한 누가는 보존성이 더 좋기 때문에 화이트 누가 생산량의 90% 이상을 차지한다(단단한 누가는 비교적 빨리 눅눅해지기 때문에 아삭한 식감을 오래 지속하기 어렵다).

블랙 누가

드니즈 솔리에 고드리

준비 : 5분
조리 : 20분
4인분

아몬드 200g
아카시아 꿀 또는 라벤더 꿀 250g
누가용 무발효 빵 페이퍼(feuille azyme) 2장(선택사항)

바닥이 두꺼운 냄비(가능하면 논스틱 코팅이 된 것)에 꿀을 넣고 가열한다. 끓기 시작하면 아몬드를 넣고 중불에서 중간중간 저어가며 20분간 익힌다. 사각형 틀(예를 들면 틴 박스 뚜껑 등) 바닥에 누가용 빵 페이퍼를 깐 다음 누가를 붓고 평평하게 펼친다. 그 위에 빵 페이퍼를 다시 한 장 덮고 무거운 것으로 눌러둔다. 따뜻한 온도로 식으면 먹기 좋은 크기로 자른다.
누가를 익힐 때는 소리를 잘 들어가며 살펴야 한다. 아몬드가 타닥타닥 튀는 소리가 나면 누가가 다 익은 것이다. 빵 페이퍼 대신 조리용 유산지를 사용해도 된다. 단, 알루미늄 포일은 나중에 떼어내기 불편하기 때문에 사용하지 않는다.

관련 내용으로 건너뛰기
p.261 거부할 수 없는 호두 케이크

누가의 이동 경로

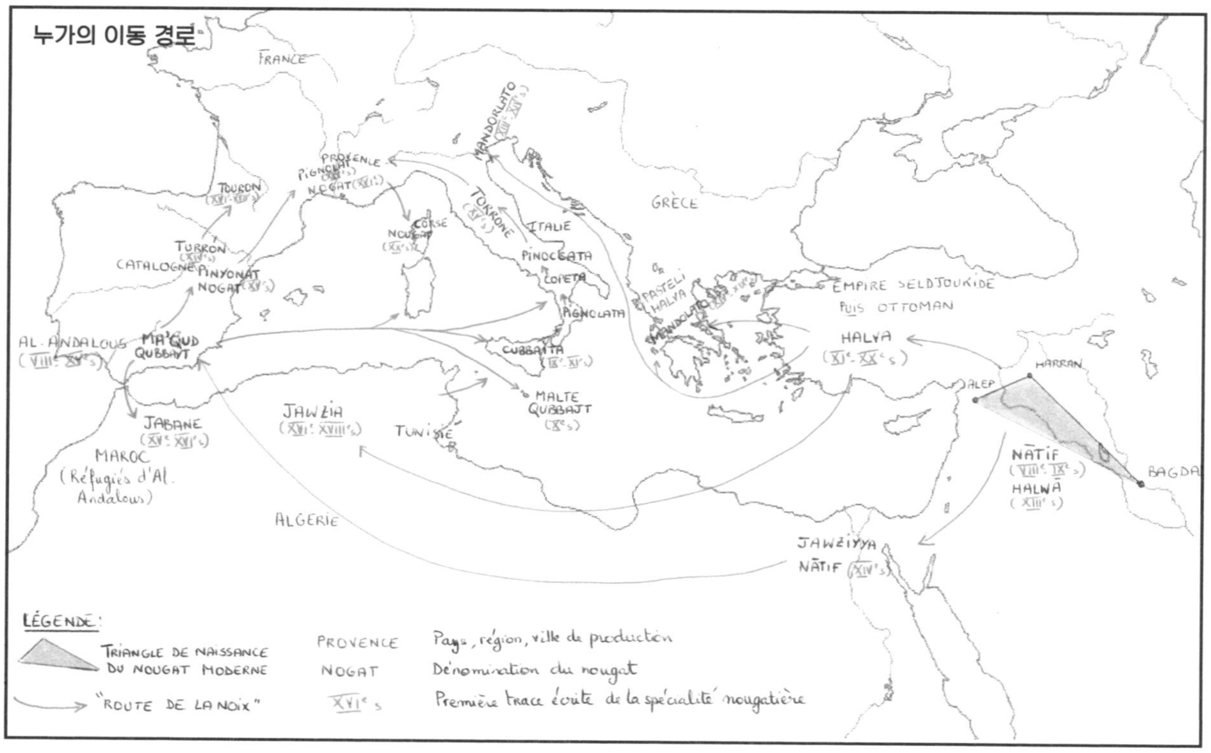
FRANCE
MANDORLATO
PROVENCE
PIGNOLAT
NOGAT
TOURON
TORRONE
CORSE
NOUGAT
ITALIE
GRÈCE
TURRON
CATALOGNE
PINYONAT
NOGAT
PINOCCATA
COPETA
PASTELI
HALVA
EMPIRE SELDJOUKIDE
PUIS OTTOMAN
PIGNOLATA
AL-ANDALOUS
MA'QUD
QUBBAYT
CUBBAITA
HALVA
HARRAN
ALEP
MALTE
QUBBAJT
JAWZIA
JABANE
TUNISIE
MAROC
(Réfugiés d'Al.
Andalous)
NĀTIF
HALWĀ
BAGDA
ALGERIE
JAWZIYYA
NĀTIF
LÉGENDE:
TRIANGLE DE NAISSANCE
DU NOUGAT MODERNE
"ROUTE DE LA NOIX"
PROVENCE
NOGAT
Pays, région, ville de production
Dénomination du nougat
Première trace écrite de la spécialité nougatière

요리의 명가 트루아그로

로안(Roanne)에서 레스토랑을 시작하여 현재는 우슈(Ouches)를 프랑스 미식의 중심지로 이끌며 4대에 걸쳐 프랑스 요리를 계승 발전시키고 있는 트루아그로 가문을 소개한다.

샤를 파탱 오코옹

"나는 세계 최고의 식당을 발견했다."

- 크리스티앙 미요 Christian Millau
'트루아그로(Troisgros)'를 언급하며, 1968년

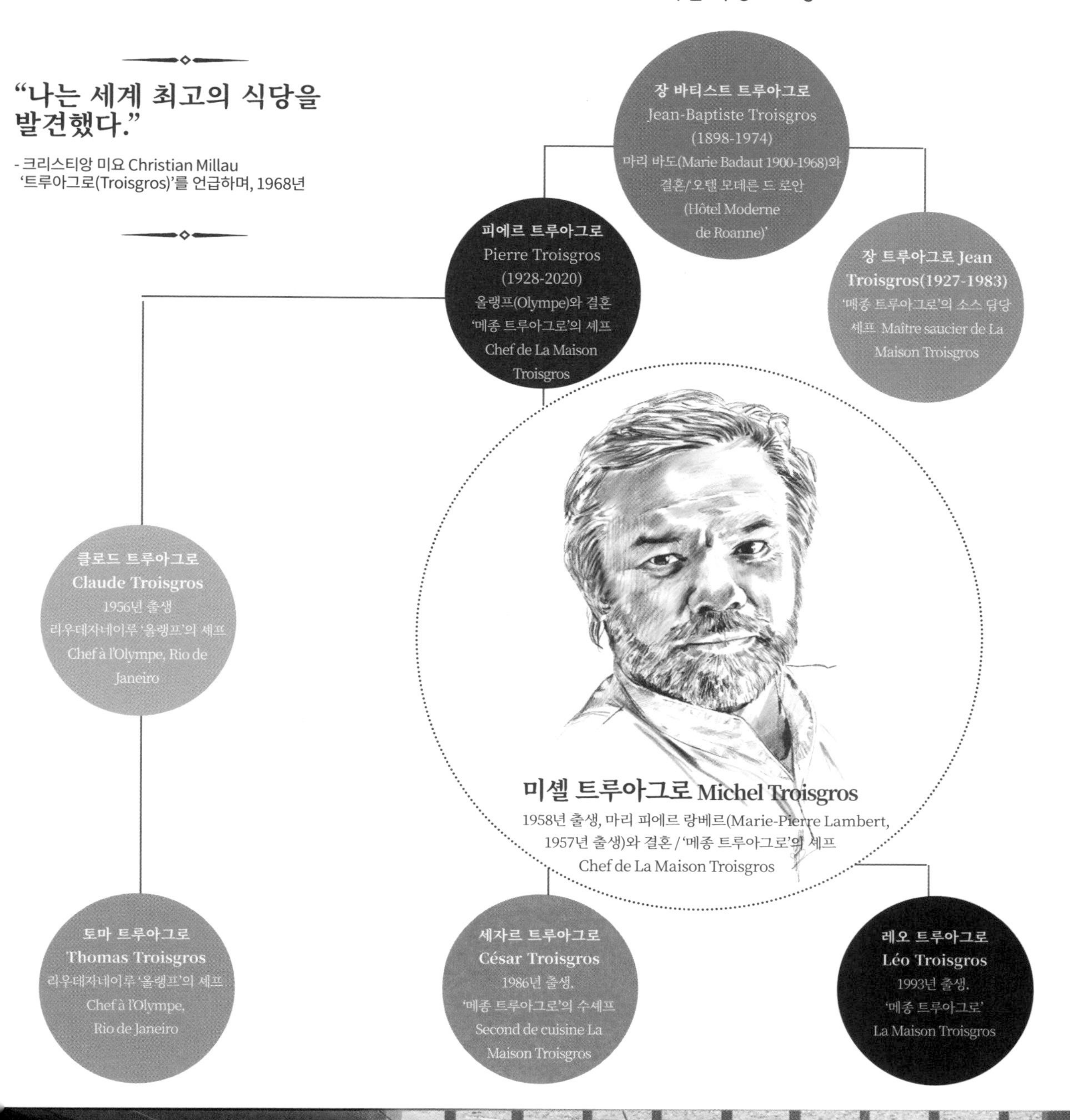

장 바티스트 트루아그로
Jean-Baptiste Troisgros
(1898-1974)
마리 바도(Marie Badaut 1900-1968)와 결혼/'오텔 모데른 드 로안 (Hôtel Moderne de Roanne)'

피에르 트루아그로
Pierre Troisgros
(1928-2020)
올랭프(Olympe)와 결혼
'메종 트루아그로'의 셰프
Chef de La Maison Troisgros

장 트루아그로 Jean Troisgros(1927-1983)
'메종 트루아그로'의 소스 담당 셰프 Maître saucier de La Maison Troisgros

클로드 트루아그로
Claude Troisgros
1956년 출생
리우데자네이루 '올랭프'의 셰프
Chef à l'Olympe, Rio de Janeiro

미셸 트루아그로 Michel Troisgros
1958년 출생, 마리 피에르 랑베르(Marie-Pierre Lambert, 1957년 출생)와 결혼 / '메종 트루아그로'의 셰프
Chef de La Maison Troisgros

토마 트루아그로
Thomas Troisgros
리우데자네이루 '올랭프'의 셰프
Chef à l'Olympe, Rio de Janeiro

세자르 트루아그로
César Troisgros
1986년 출생,
'메종 트루아그로'의 수셰프
Second de cuisine La Maison Troisgros

레오 트루아그로
Léo Troisgros
1993년 출생,
'메종 트루아그로'
La Maison Troisgros

코자 크로칸테
COSA CROCCANTE

세자르 트루아그로

이탈리아어로 '바삭한 것'이라는 뜻의 이 요리는 튀긴 당근으로 만든 독창적인 샐러드다. 아름다운 색의 가볍고 신선한 채소 요리로 새콤한 맛과 바삭한 식감을 즐길 수 있다.

4인분
당근 4개
해바라기유 200ml
그린 소렐 잎 4장
레드 소렐 잎 4장
물냉이(cresson de fontaine) 4줄기
줄기양파 2개
마늘 1톨
식초에 절인 케이퍼 20알
타라곤 잎 20장
칠리소스 몇 방울
라임 1개
헤이즐넛 오일 1테이블스푼

당근의 껍질을 벗긴다. 마찬가지로 필러를 사용하여 당근을 바닥에 뉘어 놓고 돌려가며 가늘고 길게 저며 낸다. 큰 냄비에 해바라기유를 넣고 150°C로 가열한다. 당근을 조금씩 넣어가며 튀긴다. 바삭해질 때까지 약 8분간 튀긴다. 망에 건져 기름을 털어낸 뒤 종이타월에 놓고 나머지 기름을 뺀다. 소금을 솔솔 뿌린다. 마늘을 얇게 저민 뒤 당근을 튀겨낸 기름에 튀긴다. 건져서 종이타월에 기름을 뺀다. 두 가지 색의 소렐(수영) 잎을 다듬어 씻는다. 물기를 닦은 뒤 가늘게 썬다. 타라곤 잎과 크레송 중 싱싱한 것만 골라 떼어낸다. 줄기양파의 껍질을 벗긴 뒤 얇게 썬다. 큰 볼에 재료를 모두 넣는다. 칠리소스, 라임 즙과 제스트, 헤이즐넛 오일, 케이퍼를 넣고 드레싱한다. 4개의 접시에 소복하게 담는다.

트루아그로 가족의 새 업장
로안(Roanne) 역 앞에서 87년간 식당을 운영해온 메종 트루아그로는 2017년 2월 우슈(Ouches)로 이전했다. 레스토랑은 17헥타르에 달하는 전원 부지 안에 위치하고 있다.

보르도 Bordeaux VS 부르고뉴 Bourgogne

흔히들 프랑스 와인을 알려면 보르도를 마셔보아야 한다고 말한다. 보르도 와인을 어느 정도 알 만하다 할 때쯤부터는 부르고뉴 와인 쪽으로 방향을 틀게 된다. 보르도의 경우 '테루아(terroir)'가 한두 종류의 와인을 만든다고 한다면, 부르고뉴에서는 각 포도밭 구획을 뜻하는 '클리마(climat)'에 따라 특별한 와인이 탄생한다. 프랑스 와인의 양대 왕좌를 차지하고 있는 이 둘을 자세히 비교해보자.

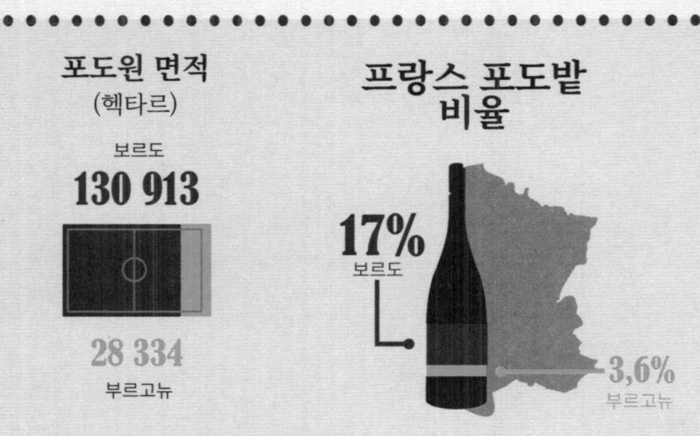

귈레름 드 세르발

포도원 면적
(헥타르)

보르도 130 913

28 334 부르고뉴

프랑스 포도밭 비율

17% 보르도

3,6% 부르고뉴

생산량
(헥토리터)

6 400 000

1 400 000

인력 구성

6 822

3890

수확인원

대리업자

33 VS 17

와인양조 협동조합

경영자

다국적 기업 VS 아직 가족 경영 체제가 대부분

에이전시

300 VS 282

중개상(네고시앙)

수출 현황
(총생산 대비 %)

49% 보르도

42% 부르고뉴

최대 소비국

중국 보르도

미국 부르고뉴

세계 시장의 견인 주자
(전 세계 유통량 대비 %)

2%

0,4%

소비량 (병)

185 000 000

630 000 000

대리업자 매출액
10억 유로

3,6

1,52

포도 품종

레드

보르도

메를로 Merlot
카베르네 프랑 Cabernet Franc
카베르네 소비뇽 Cabernet-Sauvignon
프티 베르도 Petit Verdo

피노누아 Pinot N
가메 Gamay

부르고뉴

세미용 Sémillon
소비뇽 Sauvignon
뮈스카델 Muscadelle

샤르도네 Chard
알리고테 Aligot

화이트

오크통

225L

228L

양조방식

블렌딩 와인

단일품종 와인

언제 마실까?

크리스마스 시즌에 가족과 함께

주말에 친구들과

친환경 인증

10 439 ha 보르도

2 690 ha 부르고뉴

성공과 그늘

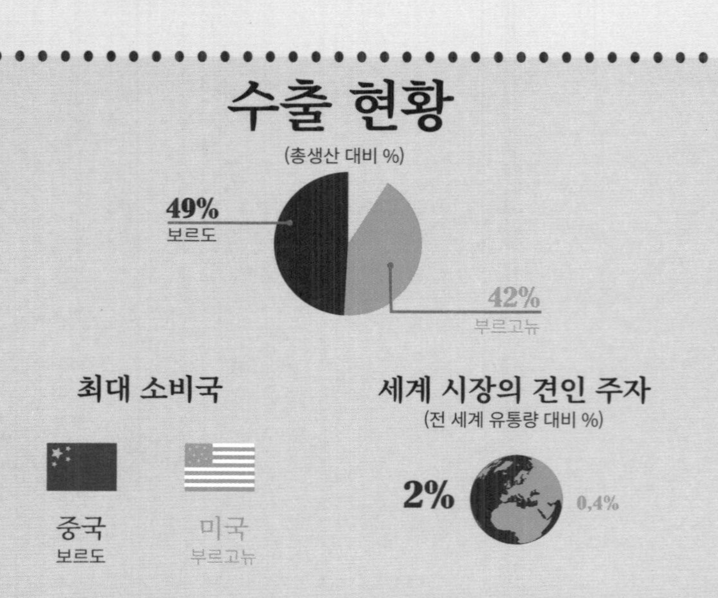

"와이너리 샤토를 방문할 때 소박함이 결여되어 있다.
고객층은 스노비즘에 물들어 있다.
- 보르도

계속해서 가격은 상승하고 있고
와이너리의 방문 접객은 점점 줄어들고 있다.
- 부르고뉴"

국제기구의 인정

유네스코 세계 문화유산
(생 테밀리옹 관할 지역의 와이너리 풍경)

세계 인류 문화유산
(부르고뉴 포도밭 구획 '클리마')

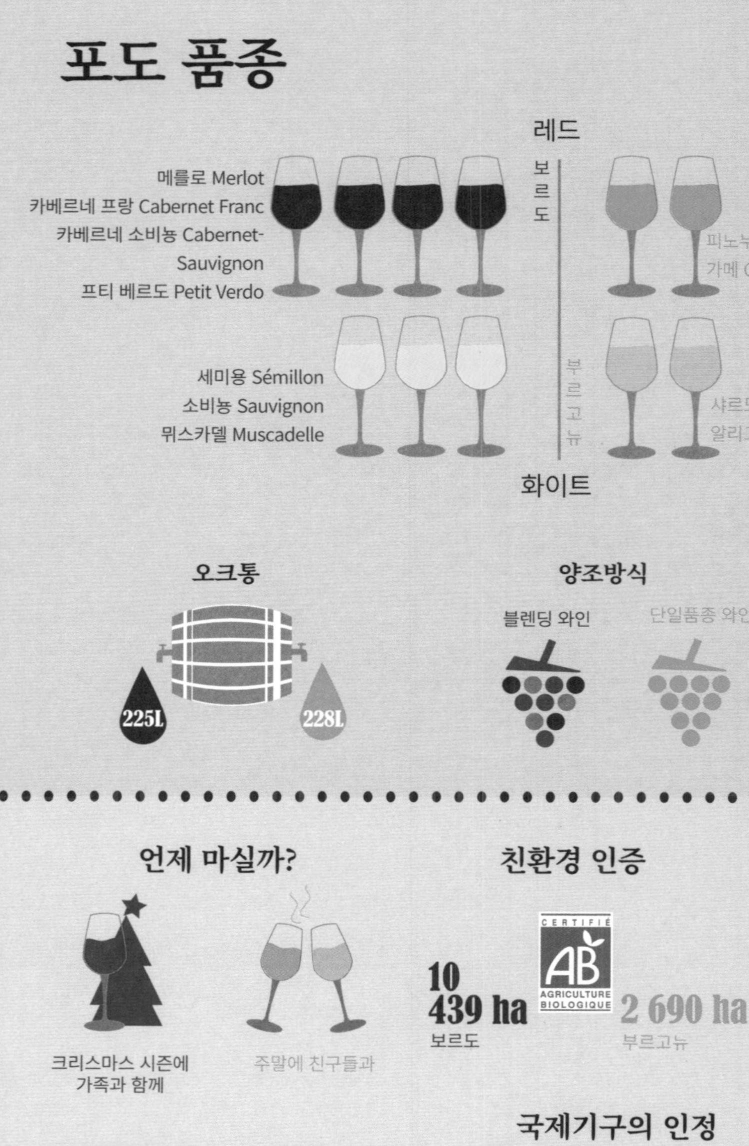

생 토노레

21세기에 들어와 생 토노레는 파티스리 부티크에서뿐 아니라 유명 레스토랑에서도 다시 큰 인기 메뉴로 떠오른다.
그 비결은 제철과일을 사용한 다양한 응용 레시피와 파티스리 셰프들의 무한한 상상력에 있다.

질베르 피텔

3개의 날짜로 살펴보는 생 토노레의 간략한 역사

1846 : 제과사의 수호성인 성 오노레(Honoré)에 헌정하는 의미로 이와 같은 이름을 붙인 이 파티스리는 파리의 유명 제과사 **시부스트(Chiboust)**가 처음 만들었으며, 당시 그의 업장은 포부르 생 토노레 거리(rue du Faubourg-Saint-Honoré)에 위치하고 있었다.

1863 : 오늘날 우리에게 알려진 생 토노레 레시피는 파티시에 **오귀스트 줄리앵(Auguste Julien)**이 만들었다. 샹티이 크림 또는 시부스트 크림을 채운 슈 페이스트리를 빙 둘러 올린 것이다.

2009 : 생 토노레는 특히 파티시에 **필립 콩티치니(Philippe Conticini)**가 클래식 레시피를 재해석한 제품들을 선보이면서 다시 큰 인기를 얻기 시작한다.

프랑스의 생 토노레 베스트 5

→ **세바스티앙 부이예의 솔티드 캐러멜 생 토노레 Sébastien Bouillet (Lyon) :** 가염버터 캐러멜 크레뫼로 특별한 맛을 내는 제품이다.

→ **아르노 라레르의 바닐라 생 토노레 Arnaud Larher (Paris) :** 바닐라를 좋아하는 사람들을 위한 특별한 생 토노레로 파트 사블레와 다양한 크림 필링, 슈 페이스트리로 만든다.

→ **위그 푸제의 딸기 타라곤 생 토노레 Hugues Pouget (Hugo et Victor, Paris) :** 신선한 과일과 허브 향으로 생 토노레에 상큼함을 더해준다.

→ **프레데릭 카셀의 전통식 생 토노레 Frédéric Cassel (Fontainebleau) :** 정통 레시피에 따라 만든 생 토노레로 클래식 디저트를 좋아하는 전국의 팬들에게 인기가 높다.

→ **로랑 르 다니엘의 생 토노레 Laurent Le Daniel (Rennes) :** 프랑스 국가 제과명장이 만드는 이 생 토노레는 파삭한 퓌유타주 시트, 무슬린 크림을 채운 뒤 캐러멜을 묻힌 슈, 아름답게 짜 올린 샹티이 크림으로 구성된다.

생 토노레

세드릭 그롤레 *Cédric Grolet* (Hôtel Le Meurice)*

준비 : 2시간 30분
조리 : 55분
10인분

퓌유타주 Feuilletage
- 밀가루(박력분 type 45) 300g
- 밀가루(중력분 type 55) 125g
- 소금 7.5g
- 물 162g
- 녹인 버터(식힌다) 62.5g
- 퓌유타주용 저수분 버터 250g

슈 반죽 Pâte à choux
- 우유 100g
- 물 100g
- 소금 4g
- 설탕 2g
- 버터 90g
- 밀가루 110g
- 달걀 180g

키르슈 크렘 파티시에 Crème pâtissière au kirsch
- 우유(전유) 200g
- 버터 4g
- 설탕 20g
- 달걀노른자 18g
- 커스터드 분말 16g
- 밀가루(박력분 type 45) 4g
- 바닐라 빈 1/2줄기
- 키르슈(체리 브랜디) 5g

바닐라 휩드 크림 Crème fouétée à la vanille
- 휘핑용 생크림 500g
- 설탕 17.5g
- 바닐라 빈 2g

캐러멜 Caramel
- 설탕 300g
- 물 100g
- 글루코스 시럽(물엿) 60g

퓌유타주
전동 스탠드 믹서 볼에 소금과 물을 넣고 섞는다. 밀가루와 녹인 버터를 넣고 도우 훅을 1분간 돌려 반죽한다. 반죽을 뭉친 뒤 랩으로 싸서 냉장고에 넣어둔다. 반죽을 꺼내 민 다음 퓌유타주용 저수분 버터를 넣고 3절 밀어접기 총 5회를 실시하여 퓌유타주 반죽을 만든다. 밀어접기 각 회차 사이마다 2시간씩 냉장고에 넣어 휴지시킨다. 파이롤러로 반죽을 얇게 민 다음 베이킹 팬 2장 사이에 놓고 180°C 컨벡션 오븐에서 우선 10분간 굽는다. 이어서 지름 26cm 원형으로 자른 다음 15분간 더 굽는다. 위에 덮어 누른 베이킹 팬을 들어낸 다음 슈거파우더를 솔솔 뿌리고 250°C 컨벡션 오븐에서 5분간 굽는다.

슈 반죽
오븐을 180°C로 예열한다. 냄비에 우유, 물, 설탕, 소금, 버터를 넣고 끓을 때까지 가열한다. 불에서 내린다. 체에 친 밀가루를 한 번에 넣고 다시 불에 올린 다음 주걱으로 저으며 수분을 날려 파나드(panade)를 만든다. 전동 스탠드 믹서 볼에 덜어낸 다음 달걀을 조금씩 넣으며 섞는다. 농도를 보아가며 점차로 달걀을 첨가한다. 깍지(8호)를 끼운 짤주머니에 반죽을 채운 뒤 베이킹 팬 위에 작은 슈를 짜 놓는다. 오븐에 넣어 10분간 구운 뒤 오븐 온도를 160°C로 낮추고 5분간 더 굽는다. 꺼내서 식힌 다음 키르슈 크렘 파티시에를 채운다. 액상으로 흐르는 농도로 만들어 놓은 캐러멜에 슈의 한쪽 면을 담갔다 뺀다.

액상 농도의 캐러멜
냄비에 물과 설탕을 넣고 끓인다. 여기에 글루코스 시럽을 넣고 끓여 캐러멜을 만든다. 슈의 윗면을 담가 묻힌다. 식용 금박을 점점이 조금씩 뿌린다.

키르슈 크렘 파티시에
냄비에 우유를 끓인 뒤 길게 갈라 긁은 바닐라 빈을 넣고 향을 우려낸다. 볼에 달걀노른자, 설탕, 커스터드 분말, 밀가루를 넣고 뽀얗게 될 때까지 거품기로 섞는다. 바닐라 향이 우러난 뜨거운 우유를 체에 거른 뒤 분량의 반을 볼 안의 혼합물에 붓고 잘 섞는다. 나머지 우유와 함께 모두 냄비로 옮긴 뒤 2분간 끓인다. 4°C까지 식힌다. 크림을 잘 저어 매끈하게 만든 다음 키르슈를 넣어 향을 낸다. 깍지(4호)를 끼운 짤주머니를 이용해 슈의 아랫면을 찔러 크림을 채워 넣는다.

바닐라 휩드 크림
생크림 분량 1/3에 설탕과 길게 갈라 긁은 바닐라 빈을 넣고 끓인다. 10분 정도 바닐라 향을 우려낸 뒤 체에 걸러 나머지 생크림과 혼합한다. 미리 냉장고에 넣어 둔 차가운 믹싱볼에 넣고 전동 거품기로 휘핑한다. 생 토노레 깍지(시부스트 깍지)를 끼운 짤주머니에 채워 넣는다.

완성하기
퓌유타주 시트 중앙에 키르슈 크렘 파티시에 200g을 짜 얹고 스패출러로 밀어 매끈하게 만든다. 슈를 가장자리에 빙 둘러 놓는다. 생 토노레 깍지를 끼운 짤주머니로 바닐라 휩드 크림을 눈물 모양으로 빙 둘러 짜 전체를 덮어 준다. 그 위에 슈를 한 개 또는 여러 개 얹어 완성한다.

* '파티스리계의 어린 왕자'라는 별명을 갖고 있는 세드릭 그롤레는 올해의 파티시에 등 각종 상을 받았다.

관련 내용으로 건너뛰기
p.340 퓌유타주

피의 맛

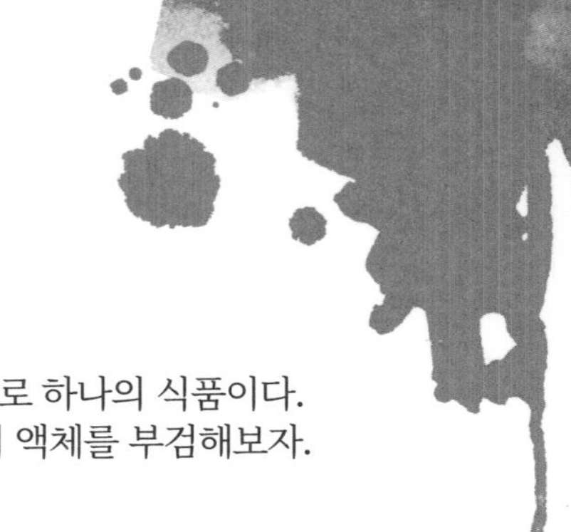

우리 모두 결국은 뱀파이어가 아닐까? 오랫동안 식용소비가 금지되었던 피도 다른 음식들과 마찬가지로 하나의 식품이다. 심지어 프랑스 요리에서 피를 사용한 몇몇 요리는 미식의 정점으로 여겨지기도 한다. 놀라운 이 생명의 액체를 부검해보자.

발랑틴 우다르

역사 속에서의 피

식용에 부적절하고 건강에도 위험하다고 여겨진 피는 종교적 규율에 따라 오랫동안 식용 소비가 금지되어왔다. 1212년 출간된 에티엔 부알로(Etienne Boileau)의『동업조합 정관집(*Le Livre des Métiers*)』과 1393년 출간된『파리 살림백과(*Le Mesnagier de Paris*)』는 피를 재료로 한 요리를 처음으로 언급한 책들이다.
피의 식용 소비는 추천하지 않거나 금지되었다가 이후 14세기가 되어서야 한 요리 개론서가 피 요리 레시피를 언급하기 시작했다. 3세기가 지난 후 피는 식재료로서의 자격을 얻게 되었지만 몇 세기 동안 종교적 금기였던 좋지 않은 평판에서 벗어나기는 쉽지 않았다. 피를 넣은 요리를 즐겨 먹고 이를 식용으로 소비하는 것이 일상화된 것은 18세기부터이다.

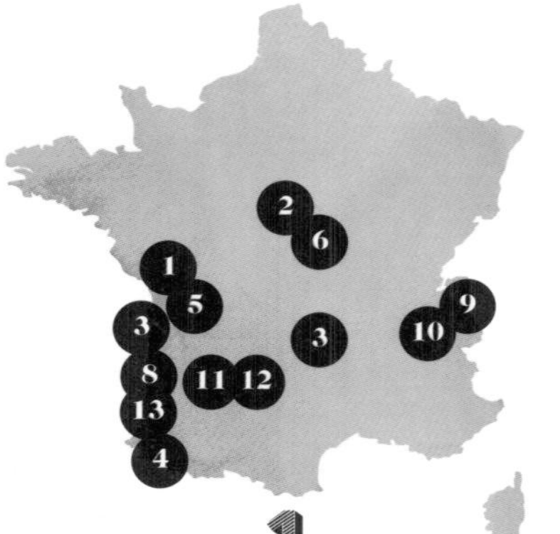

1
2
3
4
5
6
8
9
10
11
12
13

1

프레쉬르 Fressure

지역 : 방데(Vendée)
동물 : 돼지
레시피의 유래 : 정체가 의심스러워 보이는 거무스름한 수프인 '프레쉬르'는 시골 농부들의 스튜 요리로 돼지 피에 내장, 돼지껍데기, 굳은 빵, 양파, 몇몇 향신료를 넣어 만든다. '프레쉬르(fressure)'는 또한 양의 부속, 내장을 지칭하기도 한다. 샤퀴트리 전문매장에서 프레쉬르는 테린처럼 굳은 형태로 판매되지만 이것을 녹이면 (으스스한) 수프가 된다.

냉정한 마음의 준비 레벨 :

1 2 3 4 5 6 7 8 9 10

비위가 예민한 사람들은 삼가는 것이...

2

샤르보네 드 포르 Charbonnée de porc

지역 : 프랑스 중부지방
동물 : 돼지
레시피의 유래 : 돼지 부속, 간, 허파, 염통으로 만든 스튜 요리. 소스를 끓일 때 피를 넣어 농도를 맞춰 마치 숯과 같이 거무스름한 광택이 나기 때문에 '샤르보네(charbonnée 숯검정)' 라는 이름이 붙은 전통식 요리이다.

냉정한 마음의 준비 레벨 :

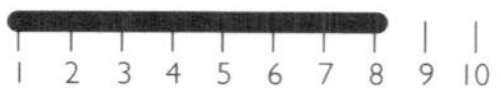

1 2 3 4 5 6 7 8 9 10

내장, 부속 애호가들을 유혹할 만한 요리.

3

상케트, 상게트 La sanquette ou la sanguette

지역 : 오베르뉴(Auvergne), 알리에(Allier), 베리(Berry), 보르들레(Bordelais)
동물 : 닭, 오리, 또는 어린 양
레시피의 유래 : 가금류의 피를 뽑아 도살할 때 만들었던 요리다. 우묵한 접시에 잘게 썬 돼지비계(또는 삼겹살)나 마늘을 문지른 빵 크루통, 또는 둘을 모두 넣는다. 그 위로 닭의 피를 바로 받아 넣으면 다른 재료들과 함께 굳게 된다. 이것을 거위 기름을 두른 팬에 넣고 지진 뒤 페르시야드(persillade)를 고루 뿌려준다. 피를 넣은 이 갈레트는 어린이의 신체를 튼튼히 해주는 음식으로 알려져 있다.

냉정한 마음의 준비 레벨 :

1 2 3 4 5 6 7 8 9 10

피 특유의 금속성 비린 맛이 난다.

4

트리포추 Le tripotx

지역 : 바스크 지방(pays basque)
동물 : 양 또는 돼지
레시피의 유래 : 바스크 지방의 사르(Sare)가 원조인 이 특선 음식은 다름 아닌 양고기로 만든 부댕(boudin, 피를 넣어 만든 소시지의 일종)이다. 옛날에는 송아지로 만들었던 이 부댕은 창자, 위, 허파, 머릿고기 등을 넣고 에스플레트 고춧가루로 매콤한 맛을 살린 뒤 피를 넣어 섞어 만든다.
피를 나눈 형제 : 생 테티엔 드 바이고리(Saint-Étienne-de-Baïgorry)의 목동들은 주로 오순절 성령강일축일(Pentecôte) 시즌에 부댕을 익히고 남은 국물인 트리파살다(tripasalda)도 낭비하지 않고 알뜰히 먹었다.

냉정한 마음의 준비 레벨 :

1 2 3 4 5 6 7 8 9 10

굵직한 사이즈에 부드러운 식감을 가진 아주 맛있는 부댕이다.

5

지구리 Gigourit

지역 : 샤랑트(Charente)
동물 : 돼지, 가금육
레시피의 유래 : 가장 추운 한겨울에 마을에서 돼지를 잡고 나면 농가 주인들은 자신들이 기르던 다른 가축들도 함께 도살하곤 했다. 더 이상 달걀을 낳지 않는 닭이나 토끼 등이 이에 해당한다. 이들은 소시지나 부댕, 기타 파테 등을 만든 뒤 남은 재료에 토끼나 닭의 뼈를 넣고 몇 시간을 푹 끓여 돼지 스튜를 만든다. 우선 남은 자투리를 푹 익혀 건져 뼈를 발라낸 다음 포크로 잘게 으깬다. 여기에 마지막에 돼지 피를 넣어 소스를 걸쭉하게 리에종한다.
피를 나눈 형제 : 강심장이 필요한 이 소스는 차갑게 굳혀 파테처럼 먹거나 뜨겁게 데워 요리에 끼얹어 먹는다.

냉정한 마음의 준비 레벨 :

1 2 3 4 5 6 7 8 9 10

맘을 단단히 먹어야 한다. 이것은 하드코어 레시피니까...

6

풀레 앙 바르부이유 Le poulet en barbouille

지역 : 베리(Berry)
동물 : 닭
레시피의 유래 : 베리 지방에서 이 닭 요리는 가장 즐겨 먹는 전통 레시피 중 하나이다. 노앙(Nohant)의 조르주 상드(George Sand)가 만들어 서빙하기도 했던 이 요리는 시대를 관통하여 아직도 이 지역을 대표하는 음식 중 하나로 남아 있다. 익혔을 때 조금 질길 수 있는 늙은 수탉을 레드와인에 재웠다가 사용하며 농장 주인들은 닭의 피를 따로 받아두었다가 소스에 넣어 농도를 걸쭉하게 조절한다. 노앙(Nohant, Indre) 조르주 상드 저택에서 가까운 곳에 위치한 호텔 '오베르주 드 라 프티프 파데트(Auberge de la petite Fadette)'에서 세대를 이어 전해 내려오는 레시피이다.

냉정한 마음의 준비 레벨 :

1 2 3 4 5 6 7 8 9 10

피는 소스 농도 조절용으로만 들어간다.

7

부댕 누아르 Le boudin noir

지역 : 주요 도시부터 해외 프랑스 영토에 이르기까지 지방마다 고유의 레시피가 있다.
동물 : 돼지
레시피의 유래 : "부댕이 맛있으려면 까마귀처럼 까매야 하고 바다표범처럼 기름져야 하며 장갑처럼 말랑말랑해야 한다"는 속담에 굳이 얽매일 필요는 없다. 피를 사용한 최초의 레시피인 이것은 소박하지만 아주 맛있는 음식이다. 모든 돼지 염장육, 샤퀴트리에서 사용하지 않는 피, 비계, 머릿고기(귀, 연골) 등 나머지를 모두 사용하여 만든다.
피를 나눈 형제 : 갱부라(gimbourra). 프랑스 남서부(Sud-Ouest)의 가정에서는 전통적으로 부댕을 삶아 익힐 때 몇 개가 터지면 그 익힌 국물에 피를 넣어 채소 수프의 베이스로 사용한다.

냉정한 마음의 준비 레벨 :

1 2 3 4 5 6 7 8 9 10

피를 넣은 음식 중 꼭 먹어보아야 하는 요리이다.

8

팡튀롱 드 리옹 레 랑드 Le panturon de Rion-les-Landes

지역 : 랑드(Landes)
동물 : 어린 양
레시피의 유래 : 역사의 뒤안길로 잊힐 뻔한 이 레시피가 부활하게 된 데에는 리옹 데 랑드 동업조합의 역할이 컸다. 부활절 시즌이 되면 랑드 고원지대에서 양을 치는 목동들은 가장 좋은 양을 도축해 주인에게 상납한 뒤 동물의 '속'만 손에 넣게 된다. 당근, 순무, 넉넉하게 자른 돼지 뒷다리 햄을 넣은 쿠르부이용에 양의 내장(염통, 간, 허파), 머리(오늘날에는 점점 사용하지 않게 되었다), 족을 넣고 뭉근히 끓인다. 건더기를 건져 손으로 다진 뒤 다시 국물에 넣고 따로 받아두었던 양의 피를 첨가한다. 현재는 양의 피 또한 식용소비가 금지되어 있기 때문에 송아지 피를 대신 사용한다.

냉정한 마음의 준비 레벨 :

1 2 3 4 5 6 7 8 9 10

거무스름한 피의 색을 띠고 있지만 식감은 바스크식 다진 송아지 스튜 아쇼아(axoa)와 더 비슷하다.

9

시베 드 리에브르 Le civet de lièvre

지역 : 사부아(Savoie)

동물 : 야생토끼

레시피의 유래 : "맛있는 야생토끼는 총으로 쏜 다음 바로 먹는다."라는 사부아 지방의 속담이 있다. 즉, 신선한 상태로 먹는다는 말이다. 도살한 산토끼의 피와 간은 빼내어 따로 두었다가 소스 마지막에 넣는다. 여기에 사부아의 농가에서 흔히 볼 수 있는 생크림을 넣어 마무리한다.

피를 나눈 형제 : 플랑드르(Flandre) 산토끼 스튜, 알자스(Alsace)식 산토끼 스튜, 푸아투(Poitou)의 적갈색 소스 산토끼 요리.

냉정한 마음의 준비 레벨 :

1 2 3 4 5 6 7 8 9 10

피는 소스의 걸쭉한 농도로 만드는 리에종 재료로 사용된다.

10

프리카세 드 카이옹 Fricassée de caïon

지역 : 사부아(Savoie)

동물 : 돼지

레시피의 유래 : 사부아 지방의 농가에서는 돼지를 잡으면 피를 따로 받아두었다가 부댕을 만들거나 '프리카세 드 카이옹(caïon 사투리로 '돼지'를 뜻한다)'을 만든다. 적당한 크기로 자른 돼지고기를 레드와인과 화이트와인에 뭉근히 익힌 뒤 마지막에 피를 넣어 소스를 걸쭉하게 만든다.

냉정한 마음의 준비 레벨 :

1 2 3 4 5 6 7 8 9 10

와인 덕에 피의 맛이 그리 강하진 않다.

11

풀 오 포 페리구르딘, 풀 오 포 아 라 파르스 누아르 에 아 라 소스 드 소르주 (페리고르식 닭 요리 또는 검은색 소를 채워 넣은 닭과 소르주 소스) La poule au pot périgourdine ou poule au pot à la farce noire et à la sauce de Sorges

지역 : 페리고르 (Périgord)

동물 : 닭

레시피의 유래 : 내장을 모두 빼낸 닭 안에 내장, 소시지용 분쇄 돈육, 닭 피에 적신 빵, 달걀, 향신 허브 등으로 만든 소를 채워 넣는다. 굳은 빵을 우유에 적셔 넣은 흰색 소를 채워 넣는 레시피도 있다.

냉정한 마음의 준비 레벨 :

1 2 3 4 5 6 7 8 9 10

진하고 깊은 맛의 요리이다.

12

리에브르 앙 토르숑, 리에브르 앙 카브살 Le lièvre en torchon ou lièvre en cabessal

지역 : 케르시(Quercy)에서 처음 탄생했으며 이어서 리무쟁(Limousin), 루에르그(Rouergue), 페리고르(Périgord) 지역 요리로 퍼져 나갔다.

동물 : 야생토끼

레시피의 유래 : 루에르그 지방에서 '카브살(cabessal)'은 여인네들이 물동이를 머리에 이고 운반할 때 사용하는 똬리를 뜻하는 사투리다. 이 레시피를 처음 만든 케르시(Quercy) 사람이 똬리를 닮은 모양의 넓적한 냄비에 이 토끼요리를 서빙한 것에서 착안해 '카브살'이라는 이름을 붙였다고 한다. '리에브르 아 라 루아얄(lièvre à la royale)'의 투박한 시골풍 버전이라고 할 수 있는 이 요리는 산토끼를 통째로 레드와인 베이스 소스에 하룻밤 통째로 재운 다음 송아지 뒷 넓적다리 살, 신선 돈육, 생 햄을 채워 넣고 6시간 동안 뭉근히 익혀 만든다.

냉정한 마음의 준비 레벨 :

1 2 3 4 5 6 7 8 9 10

정성과 시간이 많이 들어가는 푸짐한 요리이다.

13

아비냐드 Les Abignades

지역 : 랑드(Landes)

동물 : 거위

레시피의 유래 : 랑드(Landes) 지방에서 오리나 거위 사육업자들이 콩피, 푸아그라용 간, 다리 등을 모두 판매하고 나면 남는 것은 내장(가스코뉴 어로 '아비냐드'라고 한다) 밖에 없었다. 이들은 남은 부속 자투리에 염통과 모이주머니를 넣고 스튜처럼 익힌 뒤 마지막에 피를 넣어 소스를 걸쭉하게 만들어 먹었다. 랑드 지방 생 스베(Saint-Sever)에 위치한 '를레 드 파비용(Relais du Pavillon)'의 셰프 에릭 코스트도(Éric Costedoat)는 이 요리의 전통을 꾸준히 이어가고 있다. 단, 거위 피를 구하기 너무 힘들기 때문에 그는 돼지 피를 사용하고 있다.

피를 나눈 형제 : 제르(Gers) 지방에는 거위 대신 오리를 사용한 '마디랑 와인 오리 내장 요리(tripes de canard au madiran)'가 있다.

냉정한 마음의 준비 레벨 :

1 2 3 4 5 6 7 8 9 10

내장, 부속 애호가들을 유혹할 만한 요리이다.

관련 내용으로 건너뛰기
p.334 야생토끼 루아얄

식품 품질 표시 라벨

프랑스의 각종 식품 인증 표시들은 산지의 테루아, 품질, 정통성 등을 보증한다. 하지만 이렇게 많고 때로는 불분명한 알파벳 약자 표시들을 우리는 별로 신경 쓰지 않고 넘기곤 한다. 이들을 더 명확히 이해하고 정리해두자.

마리엘 고드리

라벨 탄생의 기원

2006년 1월 6일 농업 기본법 적용을 골자로 하는 2006년 12월 행정명령에 따라 프랑스 지역 생산품들의 품질 표시를 명확히 하고 그 가치를 홍보, 장려하기 위하여 만들어졌으며 **관할 기구**는 프랑스 농업부 산하의 국립 원산지 품질 기구(INAO, Institut national de l'origine et de la qualité)이다. 이 기구에 따르면 대략 프랑스 농가 둘 중 한 곳은 라벨 인증을 획득했거나 새로 신청하기 위한 절차를 밟고 있다. 프랑스의 이러한 선도에 발맞춰 **유럽 연합**은 역내의 생산품을 보호하고 품질의 가치를 인증하는 단독 라벨 인증 체계인 '지리적 표시 보호(IGP)' 인증 제도를 만들었다. 1970년 와인에 이를 처음 적용한 이후 1989년에는 스피릿 알코올류, 이어서 1992년에는 식료품 전체로 그 대상을 확대했다.

원산지 명칭 통제 APPELLATION D'ORIGINE CONTRÔLÉE (AOC)

기원 : 1860년대부터 프랑스 포도밭을 휩쓴 필록세라 진딧물의 여파로 프랑스 양조업계는 큰 위기를 맞게 되었고 이에 따라 와인이 희귀해지자 부정과 사기행위가 만연하였다. 이러한 상황을 통제하기 위해 법적 규제의 필요성이 대두되었고 1905년 8월 1일 관련 법률이 제정되었다. 우선 와인에 적용되었고 1990년에는 모든 농산품 및 식품으로 그 대상이 확대되었다.

최초 시행일자 : 1935년, 규제 관리를 위한 기구 INAO의 설립과 함께 실효에 들어갔다.

인증대상 : 원산지

보증내용 : 모든 생산 과정이 동일한 지리적 구역 내에서 인정된 노하우에 따라 이루어진 생산품을 지칭하며 이 지리적 명칭이 해당 생산품을 특징짓는다.

원산지 명칭 보호 APPELLATION D'ORIGINE PROTÉGÉE (AOP)

기원 : AOC 인증 방식을 통해 농산물의 명성을 보호하고 상품가치를 높이는 프랑스의 정책은 1992년 유럽연합 규정에도 동기를 부여하여 이에 상응하는 유럽 연합 인증 체계인 AOP(원산지 명칭 보호)를 탄생시켰다. 2012년 1월 1일부터 와인을 제외한 모든 품목은 AOP 유럽 인증 라벨만을 부착할 수 있다.

최초 시행일자 : 1992년

인증대상 : 원산지

보증내용 : 생산, 가공, 제조 과정 모두 인증 받고 확인된 노하우를 통해 특정 한 지역에서 이루어진 생산품을 지칭한다.

라벨 루즈 LABEL ROUGE

기원 : 1960년 농업기본법 28조에는 프랑스 농산물에 부여하는 이 인증 마크에 대해 명시되어 있다. 이는 대규모 양식 및 사육 업체와의 경쟁에 처한 업계 종사자, 특히 개인 단위의 영세 가금 사육자들의 요청에 부응하기 위한 것이었다. 랑드(Landes)산 닭이 최초로 이 인증 마크의 수혜자가 되었다.

최초 시행일자 : 1965년

인증대상 : 우수 품질 인증

보증내용 : 비슷한 종류의 일반 제품에 비해 전체적으로 우수한 특징의 품질을 지니고 있는 생산품에 부여된다.

지리적 표시 보호 INDICATION GÉOGRAPHIQUE PROTÉGÉE (IGP)

기원 : 최소한 생산 과정의 한 단계(주로 가공)가 특정한 지리적 구역 내에서 행해진 경우에 부여되며, 이 지역의 범위는 AOC가 요구하는 규모보다 더 확대되어 있다.

최초 시행일자 : 1992년

인증대상 : 원산지

보증내용 : 농산품과 식품의 특징들이 하나의 지리적 구역과 밀접하게 연관되어 있으며 그 지역 안에서 최소 생산, 가공 또는 제조가 이루어진 경우를 지칭한다.

유기농, 친환경 농법 AGRICULTURE BIOLOGIQUE (AB)

기원 : 1980년 6월 농업 기본법에서는 합성물질을 첨가하지 않은 농산품에 관한 조건을 명시하고 있다.

최초 시행일자 : 1985년

인증대상 : 환경 및 동물 보호

보증내용 : GMO(유전자변형생물)를 포함하지 않아야 하고 식품 원료의 95% 이상이 자연의 균형과 환경의 보호, 동물 복지를 존중하는 무공해 생산 방식으로 경작되고 양식된 것으로 이루어져야 한다.

전통 특산품 인증 SPÉCIALITÉ TRADITIONNELLE GARANTIE (STG)

기원 : 1992년 유럽연합 규정은 유럽연합 농작물 인증 마크를 제정했다. 현재 양식 홍합(boule de bouchot)은 이 인증 표시를 획득한 유일한 프랑스 생산물이다.

최초 시행일자 : 2006년

인증대상 : 전통 조리법, 생산 방법

보증내용 : 원산지에 상관없이 전통 제조방식이나 생산방식에 특별한 가치를 부여한다.

관련 내용으로 건너뛰기
p.367 여전히 대세는 유기농

송로버섯, 트러플

브리야 사바랭이 '주방의 다이아몬드', 조르주 상드가 '요정의 감자'라고 불렀으며 알랙상드르 뒤마는 '미식가의 신성 지존'이라 칭한 송로버섯은 버섯계의 스타이다. 트러플은 프랑스 곳곳에서 자란다.

샤를 파탱 오코옹

프랑스의 송로버섯

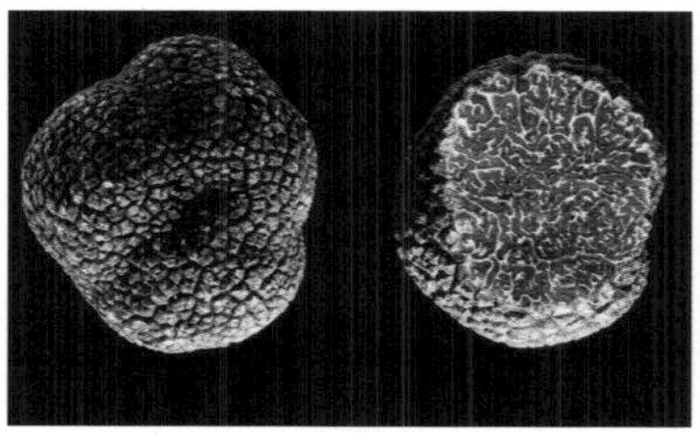

투베르 멜라노스포룸 Tuber melanosporum
별명 : 페리고르 블랙 트러플(truffe noire du Périgord)
산지 : 보클뤼즈(Vaucluse), 드롬(Drôme), 로트(Lot), 가르(Gard), 부슈 뒤 론(Bouches-du-Rhône), 바르(Var), 알프 드 오트 프로방스
외형 : 보랏빛, 붉은 기를 띤 검정색
특징 : 향이 아주 좋고 섬세하여 송로버섯의 여왕으로 친다.
수확 시기 : 11월 중순에서 3월 말까지

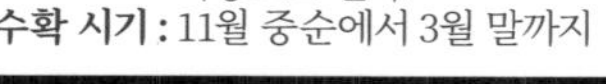

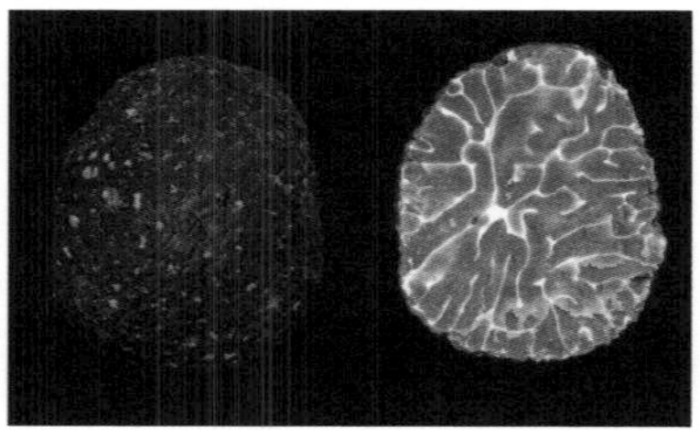

투베르 브루말레 Tuber brumale
별명 : 머스크 트러플(truffe musquée)
산지 : 보클뤼즈(Vaucluse), 드롬(Drôme), 로트(Lot), 가르(Gard), 부슈 뒤 론(Bouches-du-Rhône), 바르(Var), 알프 드 오트 프로방스(Alpes-de-Haute-Provence)
외형 : 다른 트러플에 비해 크기가 작고 은은한 보랏빛을 띤다.
특징 : 머스크 노트의 스파이스 향을 지니고 있다.
수확 시기 : 12월에서 3월까지

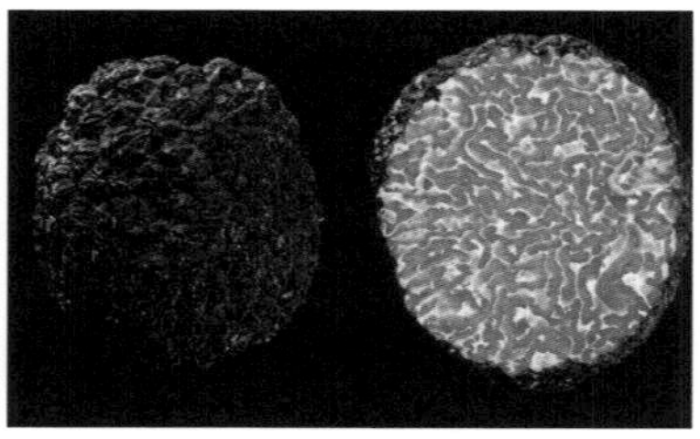

투베르 운치나툼 Tuber uncinatum
별명 : 부르고뉴 트러플(truffe de Bourgogne)
산지 : 부르고뉴(Bourgogne), 샹파뉴(Champagne), 알자스(Alsace)
외형 : 초콜릿 빛 검정색.
특징 : 숲의 풀, 흙 향을 갖고 있다.
수확 시기 : 9월에서 1월까지

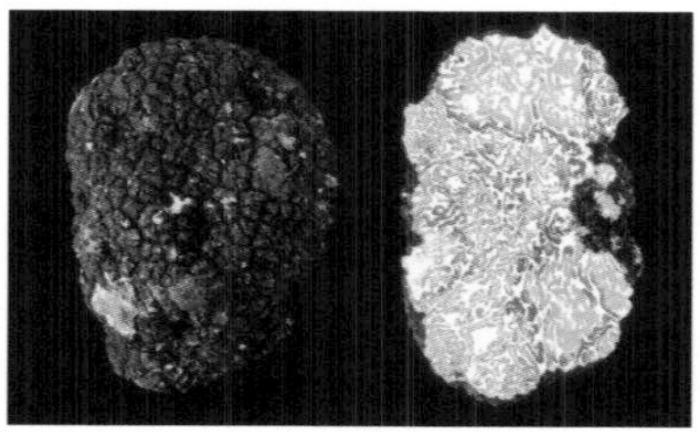

투베르 메센테리쿰 Tuber mesentericum
별명 : 로렌 트러플(truffe de Lorraine)
산지 : 뫼즈(Meuse)
외형 : 초콜릿 색을 띤 검정.
특징 : 은은한 감초 노트와 아몬드 향을 지니고 있다.
수확 시기 : 9월에서 12월까지

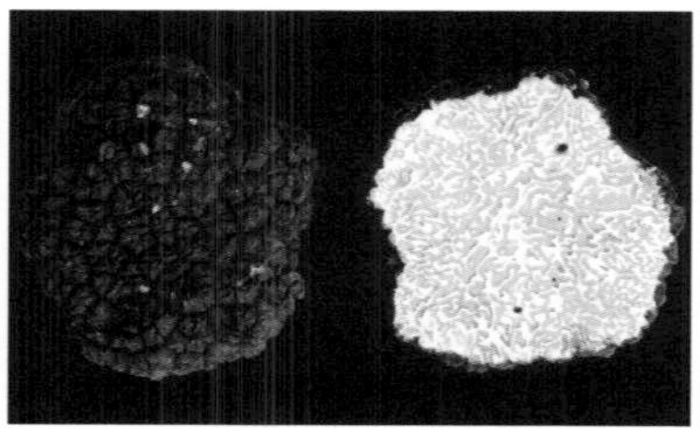

투베르 아에스티붐 Tuber aestivum
별명 : 서머 트러플(truffe d'été)
산지 : 보클뤼즈(Vaucluse), 드롬(Drôme), 로트(Lot), 가르(Gard), 부슈 뒤 론(Bouches-du-Rhône), 바르(Var), 알프 드 오트 프로방스
외형 : 갈색, 커피색.
특징 : 속살은 흰색이며 숲의 야생버섯 노트를 지니고 있다.
수확 시기 : 5월에서 9월까지

송로버섯은 어떤 나무 밑에서 자라나?

잔털참나무, 상록참나무, 로부르참나무, 개암나무는 송로버섯과 가장 친화적인 나무들이다. 그 외, 오스트리아 흑송, 유럽소나무, 너도밤나무, 유럽참나무, 서어나무도 송로버섯의 자생 환경을 제공한다.

2,4 디티아펜탄이란?

2,4 - 디티아펜탄(2,4 - dithiapentane)은 유기황화합물로 요리사들뿐 아니라 식품제조업계에서 1990년대부터 널리 사용하고 있는 그 유명한 '트러플 합성향'이다.

송로버섯 채취의 조력자

돼지 : 암퇘지는 특히 이 버섯이 뿜어내는 냄새 성분에 민감하다. 짝짓기 기간 중 이 동물이 발산하는 페로몬 향과 비슷하기 때문이다.
개 : 더욱 민첩하고 두뇌가 빠르며 돼지에 비해 먹성이 덜해 송로버섯을 발견해도 먹어치우지 않는다.
파리 : 냄새를 따라 모여든다. 트러플 파리로 알려진 종(Suillia fuscicornis)이 어디로 날아가 모이는지 따라가면 된다.

대표적인 송로버섯 요리 3가지
드미 되이 브레스 닭 요리 – 메르 브라지에 Mère Brazier
VGE 트러플 수프 – 폴 보퀴즈 Paul Bocuse
블랙 트러플 아티초크 수프 – 기 사부아 Guy Savoy

소금 크러스트에 익힌 페리고르 블랙 트러플

에릭 프레숑 *Éric Frechon**

4인분
페리고르 검은 송로버섯
모양이 둥근 송로버섯 (각 80g) 4개
진하게 농축한 닭 육즙 소스(jus de volaille) 100ml
버터 80g
<u>굵은소금 크러스트 반죽</u>
굵은소금 500g
밀가루 1kg
달걀흰자 100g
식용이끼 300g
<u>돼지감자 무슬린</u>
돼지감자 500g
액상 생크림 500ml
고운 소금
<u>숲 향기 비스퀴</u>
이탈리안 파슬리 25g
식용이끼 25g
버터 20g
달걀노른자 25g
달걀흰자 40g
밀가루 50g
물 60ml
베이킹파우더 1꼬집
소금 1꼬집

굵은소금 크러스트 반죽
믹싱볼에 재료를 모두 넣고 섞어 균일한 반죽을 만든다. 반죽을 이등분한다. 한 덩어리는 두께 2cm로, 나머지 한 덩어리는 1cm 두께로 민다. 냉장고에 넣어둔다.

돼지감자 무슬린
돼지감자의 껍질을 벗긴 뒤 작게 썬다. 냄비에 돼지감자와 생크림, 소금, 후추를 넣고 20분간 익힌다. 건져서 블렌더로 갈아 고운 퓌레를 만든다. 중탕으로 뜨겁게 보관한다.

숲 향기 비스퀴
파슬리, 식용이끼, 밀가루, 버터, 소금, 베이킹파우더를 믹싱볼에 모두 넣고 따뜻한 물을 넣은 뒤 블렌더로 간다. 달걀노른자와 흰자를 첨가한 뒤 다시 갈아준다. 체에 내린다. 휘핑 사이펀에 채워 넣은 뒤 가스 캡슐을 3개 끼운다. 종이컵 두 개에 짜 넣어 각각 3/4씩 채운 다음 전자레인지에서 2분간 익힌다. 컵에서 꺼낸 뒤 잘게 으깨 부순다.

조립 및 송로버섯 익히기
송로버섯의 껍질을 벗긴다. 자투리는 다져서 닭 육즙 소스에 넣어준다. 두꺼운 소금 크러스트 반죽 중앙을 오목하게 누른 뒤 송로버섯, 송로버섯 자투리를 넣은 닭 육즙 소스(jus), 버터를 놓는다. 두 번째 반죽으로 덮어준 다음 가장자리를 완전히 붙여 밀봉한다. 180°C 오븐에서 30분간 굽는다.

플레이팅
각 접시에 돼지감자 무슬린을 나누어 담은 뒤 숲 향기 비스퀴를 고루 뿌려 얹는다. 소금 크러스트를 위에서 깨 송로버섯을 꺼낸다. 접시에 담고 버섯 익힌 소스를 끼얹어낸다.

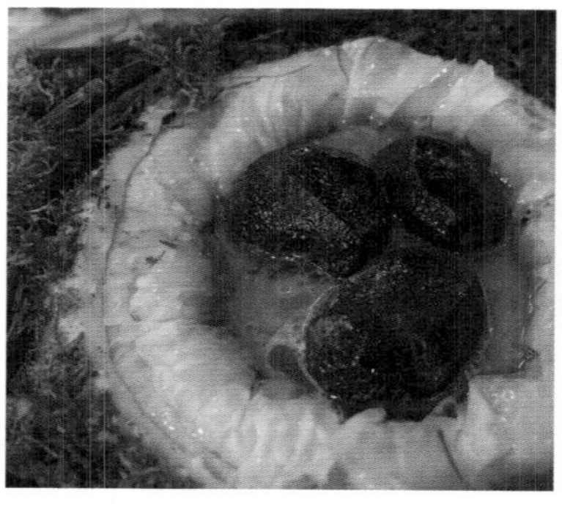

* 요리책『에릭 프레숑(*Éric Frechon*)』에서 발췌. Solar 출판

관련 내용으로 건너뛰기
p.318 소금 크러스트

샌드형 마카롱, 제르베

마카롱 파리지앵, 더블 페이스 마카롱 혹은 마카롱 제르베(Gerbet)라는 이름으로 불리는 이것은 달콤한 미니 샌드에 비유할 수 있는 파티스리다. 파리에서 도쿄, 런던에서 뉴욕에 이르기까지 큰 인기를 얻고 있는 이 마카롱은 달콤한 디저트 애호가의 침샘을 자극한다.

질베르 피텔

달콤함의 대명사, 제르베 마카롱의 탄생

표면이 매끈하고 윤이 나는 이 마카롱은 머랭 베이스로 만든 두 개의 코크 사이에 가나슈 크림을 넣고 샌드처럼 붙인 것이다. 코크는 겉면이 가볍게 부서지며 속은 부드럽게 살살 녹는 식감을 선사한다. 이것을 처음 만든 것은 1862년 파리의 유명한 파티시에 루이 에르네스트 라뒤레(Louis-Ernest Ladurée)의 손자인 피에르 데퐁텐(Pierre Desfontaines)으로 전해진다. 이 새로운 형태의 마카롱은 다양한 사이즈로 선보였다. 클래식 1인용 사이즈와 이 마카롱을 유명하게 만든 파티시에 클로드 제르베(Claude Gerbet)의 이름을 붙인 미니 사이즈가 있다. 20세기 후반 이 파리지앵 마카롱은 특히 유명 파티시에 피에르 에르메(Pierre Hermé)와 라뒤레(Ladurée)의 파티시에 필립 앙드리외(Philippe Andrieu) 덕분에 비약적인 성장을 기록하며 인기를 끈다.

4개의 연대로 살펴 본 마카롱 성공기

1997 : 메종 라뒤레(Ladurée)의 컨설턴트 파티시에 피에르 에르메(Pierre Hermé)는 고급 버전 마카롱 '제르베(Gerbet)'의 초창기 레시피를 개발한다.
2001 : 피에르 에르메의 첫 번째 파리 부티크 오픈. 복합적이면서도 섬세한 다양한 맛의 마카롱을 21세기의 아이콘으로 선보인다.
2006 : 소피아 코폴라(Sophia Coppola) 감독의 영화 '마리 앙투아네트'에서 여왕이 마카롱을 맛있게 먹는 장면이 소개되면서 이 작은 과자는 전 세계적인 인기를 얻게 된다.
2009 : 헬무트 프리츠(Helmut Fritz)의 빼놓을 수 없는 뮤직비디오 '짜증 나(Ça m'énerve)'에서는 이 마카롱을 경쾌하게 언급한 대목이 나온다(가사의 일부: "라뒤레(Ladurée)에 줄서는 모든 사람들 너무 짜증 나. 이게 다 마카롱 때문이라고? 뭐... 맛있는 것 같긴 하네..."). 이 장면 덕에 라뒤레 부티크의 마카롱 일일 매출은 급격히 상승했다.

마카롱 앵피니망 바니유 LE FAMEUX MACARON INFINIMENT VANILLE

피에르 에르메

마카롱 약 72개 분량(코크 144개)

바닐라 가나슈 Ganache Vanille
액상 생크림(유지방 35%) 400g
마다가스카르산 바닐라 빈 2줄기
타히티산 바닐라 빈 2줄기
멕시코산 바닐라 빈 2줄기
화이트 초콜릿 (Ivoire 35% Valrhona) 440g

바닐라 마카롱 코크 Biscuit macaron vanille
아몬드가루 1300g
슈거파우더 300g
달걀흰자* 220g
(110g씩 계량해 두 개의 그릇에 따로 준비한다)
바닐라 빈 3줄기
슈거파우더 300g
광천수 75g

바닐라 가나슈

바닐라 빈 줄기를 칼끝으로 길게 반으로 가른 뒤 안의 가루를 긁어낸다.
이 바닐라 빈 가루와 줄기를 모두 생크림에 넣고 잘 섞은 뒤 끓을 때까지 가열한다. 불에서 내리고 뚜껑을 덮어 30분 정도 향이 우러나게 둔다. 볼에 잘게 다진 초콜릿을 넣고 중탕으로 녹인다. 바닐라 빈 줄기를 생크림에서 건져낸 뒤 하나씩 닦아둔다. 녹인 초콜릿에 이 생크림을 붓고 핸드블렌더로 갈아준다. 이렇게 완성된 가나슈를 넓고 우묵한 용기(그라탱 용기 등)에 담고 주방용 랩을 밀착시켜 덮어준다. 냉장고에 약 12시간 동안 넣어둔다.

바닐라 마카롱 코크 반죽

슈거파우더와 아몬드가루를 체에 친다. 바닐라 빈 줄기를 칼끝으로 길게 반으로 가른 뒤 안의 가루를 긁어내 슈거파우더, 아몬드가루 혼합물에 넣어준다. 여기에 달걀흰자(110g)를 넣어준다. 휘저어 섞지 않는다. 냄비에 물과 설탕을 넣고 118°C까지 가열한다. 이 시럽의 온도가 115°C에 달하면 동시에 달걀흰자 두 번째 계량분(110g)을 전동 믹서로 휘저어 거품을 올리기 시작한다. 시럽 온도가 118°C에 이르면 바로 거품올린 달걀흰자에 붓는다. 혼합물의 온도가 50°C로 식을 때까지 계속하여 거품기를 돌린다.
이 머랭을 슈거파우더, 아몬드가루, 달걀흰자 혼합물에 넣고 주걱으로 뒤집어가며 섞는다. 원형 깍지(11호)를 끼운 짤주머니에 채워 넣는다.

팬에 짜기, 굽기

유산지를 깐 베이킹 팬 위에 마카롱 코크 혼합물을 지름 3.5cm의 원형으로 짜 얹는다. 사이에 2cm씩 간격을 둔다. 행주를 깐 작업대 위에 베이킹 팬을 놓고 탁탁 친다. 코크의 표면이 매끈하게 굳도록 최소 30분 이상 말린다. 오븐(컨벡션 모드로 설정)을 180°C로 예열한다. 베이킹 팬을 오븐에 넣고 12분간 굽는다. 중간에 2회에 걸쳐 오븐 문을 재빨리 열었다 닫는다. 오븐에서 꺼낸 뒤 마카롱 코크를 작업대로 덜어내 식힌다.

마카롱 조립하기

원형 깍지(11호)를 끼운 짤주머니로 코크 한 쪽에 가나슈를 넉넉히 채운 뒤 다른 코크로 샌드위치처럼 덮어준다. 완성된 마카롱을 냉장고에 24시간 넣어둔다. 먹기 2시간 전에 냉장고에서 미리 꺼내둔다.

* 달걀흰자를 볼에 넣고 상온에 2~3일 두어 '액체처럼 묽게 풀어진' 상태에서 사용한다 (œufs 'liquéfiés').

마카롱 베스트 5

1
마카롱 모가도르
Le macaron Mogador
밀크초콜릿, 패션프루트
- 피에르 에르메(Pierre Hermé)

2
마카롱 카페 Le macaron café
- 라뒤레(Ladurée)

3
마카리옹 Le Maca'Lyon
솔티드 버터 캐러멜, 카카오 70% 다크초콜릿 코팅
- 세바스티앵 부이에(Sébastien Bouillet, Lyon)

4
캐러멜, 땅콩 마카롱
Le macaron caramel/cacahuète
- 뱅상 게를레(Vincent Guerlais, Nantes)

5
마카롱 마추픽추
Le macaron Machu Picchu
페루산 그랑크뤼 초콜릿
- 장 폴 에뱅(Jean-Paul Hevin, Paris)

관련 내용으로 건너뛰기
p.226 사랑의 케이크

폴 보퀴즈

전후 가장 젊은 나이의 미슐랭 스타 셰프가 된 폴 보퀴즈는 2018년 1월, 91세의 나이로 운명할 때까지 현업에서 활동하던 최고령 요리사였다. 그는 요리사라는 직업이 제대로 평가받을 수 있도록 평생을 바쳐 노력했으며 거대한 요리 왕국을 건설하였다.

알비나 르드뤼 요한손

약력

1934 : 가족이 운영하는 식당에서 8세부터 일을 도우며 요리에 첫발을 들여놓았다.
"나는 서열이 있는 분위기, 냄비를 닦고 칼을 갈아야 하며 늘 불 앞에 얽매인 주방의 구속에 대해서밖에 알지 못했다."(*La bonne chère*, 1995)
1942 : 클로드 마레(Claude Maret)가 운영하던 리옹의 한 식당에서 견습생으로 일했다.
"내 인생의 가장 힘든 시절이었다. 그곳은 암거래로 운영되는 식당이었고, 우리는 돼지, 송아지 등을 우리가 직접 도살하고 잘라 크림 소스 갈비 요리로 만들어냈다."
1947 : 콜 드 라 뤼에르(le col de la Luère) 언덕 마을까지 올라온 그는 메르 브라지에(La Mère Brazier) 식당 요리사 직에 지원했다.
"자전거를 타고 여기까지 올라온 것을 보니 용기가 대단하네요. 채용하겠어요."
1949 : 페르낭 푸앵(Fernand Point)의 추천으로 파리의 고급 레스토랑 뤼카 카르통(Lucas Carton)에 입사했다.
1950 - 1952 : 그의 평생 멘토이자 스승이 된 페르낭 푸앵의 주방에 고용되었다.
"나에게 끝없는 열정이 샘솟게 만들어준 페르낭 푸앵의 주방에서 나는 '단순함(simplicité)'을 배웠다."

1958

미슐랭 가이드 첫 번째 별 획득

1960 : 두 번째 별 획득
1961 : 프랑스 국가명장(Meilleur Ouvrier de France) 타이틀 획득
1965 : 미슐랭 가이드 별 셋 획득
2015 : 압도적인 기록인 미슐랭 3스타 유지 50년 기념 행사

Paul Bocuse, 요리계의 대주교
(1926-2018)

페르낭 푸앵 서대 요리

4인분
준비 : 40분
조리 : 25분

서대(약 600g짜리) 1마리
토마토 중간 크기 1개
샬롯 3개
양송이버섯 중간 크기 4개
화이트와인 200ml
파스타(tagliatelle) 뭉친 건면 2덩어리
달걀노른자 1개
버터 100g
생크림 1테이블스푼
소금
후추

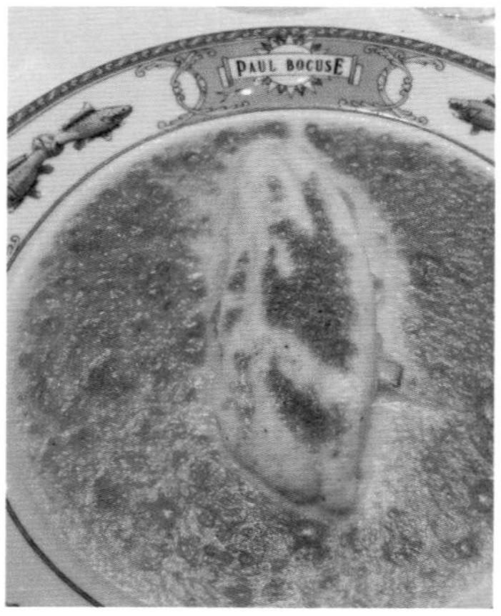
PAUL BOCUSE

서대를 손질한 뒤 필레를 떠낸다. 대가리와 껍질, 가시 뼈는 육수용으로 보관한다. 토마토를 끓는 물에 살짝 데쳐 껍질을 벗긴 뒤 깍둑 썬다. 샬롯의 껍질을 벗긴 뒤 잘게 썬다. 버섯을 씻어 갓 부분을 가늘고 긴 막대 모양으로 썬다. 버섯 밑동은 따로 보관한다. 냄비에 생선 대가리, 껍질, 가시 뼈를 넣고 재료가 잠길 정도로 물을 붓는다. 여기에 화이트와인, 샬롯, 버섯 밑동을 넣고 20분간 끓인다. 작은 냄비에 달걀노른자를 넣고 중탕 냄비 위에 얹은 뒤 약불로 가열한다. 물 1스푼을 넣고 거품기로 저어가며 정제버터를 넣는다. 소금으로 간한다. 계속 거품기로 저으며 가열해 매끈한 상태의 사바용을 만든다. 생선 육수를 체에 거른다. 냄비에 서대 필레, 가늘게 썬 버섯, 토마토를 넣고 생선 육수를 자작하게 붓는다. 약한 불에 올려 끓을 때까지 가열한다. 생선 필레와 버섯, 토마토를 건져낸 뒤 국물을 따로 받아 졸인다. 생크림을 휘핑한다. 여기에 졸인 생선 육수와 사바용 크림을 더한다. 파스타를 끓는 소금물에 5~6분 삶는다. 파스타 면과 토마토, 버섯을 서빙 접시에 담고 그 위에 생선 필레를 올린다. 소스를 끼얹은 뒤 브로일러 아래 2~3분 넣어 색이 날 때까지 굽는다.

보퀴즈 왕국

파인다이닝 레스토랑
오베르주 폴 보퀴스
L'Auberge Paul Bocuse
Collonges-au-Mont-d'Or

이벤트, 연회 홀
l'Abbaye de Collonges-au-Mont-d'Or

리옹(Lyon)과 칼뤼르(Caluire)의 6개 레스토랑

패스트푸드 캐주얼 식당

폴 보퀴즈 요리학교와 실습 레스토랑 L'Institut Paul Bocuse
매년 700명의 학생들이 수강하고 있다.

폴 보퀴즈 기업 재단
La Fondation d'entreprise Paul Bocuse
요리사 업종의 기술, 노하우, 자세 등의 전통을 전수한다.

미국, 일본, 스위스에서 레스토랑 운영 중

요리사의 사회적 지위

폴 보퀴즈는 요리사라는 직업이 제대로 그 가치를 인정받도록 하는 데 평생을 바쳤다.
주방을 요리사들에게 돌려줘라 : 페르낭 푸앵은 이 말을 끊임없이 반복해 외쳤고, 폴 보퀴즈는 그의 레스토랑에서 일하며 이를 배웠다. 당시에는 호텔의 메트르도텔(홀 매니저)만이 고객들과 언론인들의 인정을 받아왔다. 푸앵은 "주방장은 그 업장의 소유주가 되어야 한다"라고 줄곧 주장했다. 1960년 폴 보퀴즈는 지폐 뭉치를 신문지에 싸들고 가 당시 '오텔 뒤 퐁(Hôtel du Pont)'이라는 이름의 식당을 인수했다.
요리사들은 주방에서 나오라 : "홀은 하나의 연극 공연장이다." 보퀴즈는 스승 푸앵의 이 가르침을 따랐다. 식사 서빙이 끝나면 그는 직접 홀로 나와 손님들과 악수를 나누고 사진도 찍었으며 사인도 해주었다.
자신의 직업에 자부심을 가져라 : 그는 조리복 전문 제작업체인 '브라가르(Bragard)'사와 협업하여 몸의 실루엣에 더 잘 맞는 멋진 요리사 재킷을 새로 만들었다. 특히 프랑스 국가 명장으로 선정된 요리사들의 조리복에는 깃에 프랑스 국기 색깔인 파랑, 흰색, 빨강 띠 무늬를 넣었다. 1991년에는 자신의 이름을 딴 '보퀴즈 도르(Bocuse d'Or)'라는 요리 경연대회를 창설하여 전 세계의 우수한 요리사들이 참가할 수 있도록 했다. 열광적인 대중들로부터 인기를 얻고 언론의 주목을 한 몸에 받으면서 요리사는 스타가 되었다.

모렐 버섯을 곁들인 브레스 닭 프리카세

LA FRICASSÉE DE VOLAILLE DE BRESSE AUX MORILLES

8인분

브레스 닭(1.8kg) 1마리
(8토막 낸다)
말린 모렐 버섯 30g
마데이라 와인 100ml
치킨스톡 큐브 2.5개
양송이버섯 100g
샬롯 작은 것 6개
타라곤 3줄기
베르무트(Noilly Prat)
100ml
화이트와인 500ml
부드러워진 상온의 버터
20g
밀가루 20g
더블크림 500g

말린 모렐 버섯을 볼에 넣고 따뜻한 물을 잠기도록 부어 30분간 불린다. 건져서 깨끗이 헹군 뒤 반으로 길게 자른다. 냄비에 마데이라 와인을 넣고 가열해 거의 수분이 없어질 때까지 졸인다. 여기에 모렐 버섯과 치킨스톡 큐브 반 개를 넣은 뒤 재료가 잠기도록 물을 붓고 중불에서 40분간 뚜껑을 덮지 않고 끓인다.
닭 토막의 살 쪽에 소금을 뿌려 밑간한다. 넓은 냄비에 물 250ml와 베르무트 누아이 프라트(Noilly Prat), 화이트와인을 넣는다. 씻어서 물기를 뺀 타라곤, 껍질을 벗기고 얇게 썬 샬롯, 얇게 썬 양송이버섯, 치킨스톡 큐브 2개를 넣고 센 불로 가열한다.
닭 토막을 넣고 12분간 뚜껑을 열고 끓인다. 닭 가슴살 조각을 먼저 건져내고 나머지는 13분간 더 익힌다. 국물이 너무 졸아들면 중간에 물을 재료 높이까지 오도록 조금씩 보충한다. 버터를 상온에 두어 부드럽게 한 다음 잘 저어 포마드 상태로 만든다. 여기에 동량의 밀가루를 넣고 섞는다(뵈르 마니에). 나머지 닭 토막을 냄비에서 건진다.
타라곤 줄기를 건져낸다. 남은 국물을 '지글지글 소리가 날' 때까지 완전히 졸인다. 이때 뵈르 마니에(beurre manié)를 넣어준다.
바로 생크림을 넣고 잘 저으며 5분간 끓인다. 닭 토막을 다시 넣고 고루 뒤적이며 소스에 버무린 뒤 뜨겁게 데운다.
뜨겁게 데워둔 코코트 냄비에 닭 토막과 화이트 소스를 담고 모렐 버섯을 건져 고루 얹는다. 곱게 다진 생 타라곤을 뿌려 바로 서빙한다.

폴 보퀴즈의 짤막한 어록

"나는 세 개의 **별**을 갖고 있다. 나는 **세 번의 혈관이식 수술**을 받았다.
그리고 내게는 언제나 **세 명의 여인**이 있다."

"나에게는 **두 개의 통**이 있다. 하나는 나의 **더운 물 통**, 또 하나는 나의 **찬물 통**이다."

"나는 **셰프들을** 주방에서 나오도록 유도했다. 하지만 때로는 그들이 다시 주방으로 **되돌아가는 것을 잊지 말아야** 할 것이다."

Soupe aux truffes V.G.E
Elysée 1975

VGE 트러플 수프

1975년 2월 25일, 엘리제 대통령궁에서 폴 보퀴즈는 프랑스 공화국 발레리 지스카르 데스탱 대통령이 수여하는 레지옹 도뇌르 기사 훈장을 받는다. 이 날의 연회를 위하여 그는 자신의 유명한 대표 요리 중 하나인 이 수프를 만들었다.

6인분

검은 송로버섯 120g
푸아그라 60g
비프 더블 콩소메(또는 소고기 육수) 1.5리터
베르무트 누아이 프라트(Noilly Prat) 6테이블스푼
트러플 즙 6테이블스푼
버터 6테이블스푼
당근, 양파, 샐러리, 버섯 동량으로 섞어서 60g
소 부채살 (익힌 것) 180g
소금, 후추
원형으로 자른 파트 푀유테 (각 60g) 6장
달걀노른자 3개

푀유테 반죽은 냉장고에서 미리 꺼내두어 상온의 말랑한 상태가 되어야 사용하기 좋다.
오븐을 220°C로 예열한다.
채소는 껍질을 벗긴 뒤 주사위 모양으로 썬다. 버터를 두른 팬에 채소를 넣은 뒤 뚜껑을 덮고 색이 나지 않게 볶는다.
작은 주사위 모양으로 썬 소고기, 채소, 작게 썬 푸아그라, 얇게 저민 송로버섯을 개인용 수프 용기에 넣는다. 누아이 프라트, 트러플 즙, 소고기 콩소메를 넣는다. 둥근 모양으로 재단한 퓌유타주 반죽을 각 수프 용기 위에 뚜껑처럼 덮어준다. 가장자리를 꼼꼼히 붙여 수프의 향이 빠져나가지 않도록 한다.
표면에 달걀노른자를 붓으로 바른 뒤 오븐에 넣어 약 20분간 익힌다.
퓌유타주 크러스트가 먹음직한 황금색으로 구워지면 꺼내서 바로 서빙한다. 바삭한 크러스트를 스푼으로 깨 그릇 안으로 떨어트려 함께 떠 먹는다.

폴 보퀴즈에 관해 당신이 모르는 사실

그는 **레스토랑**을 운영하던 가정에서 태어났다. 이 가족이 운영하던 식당의 최초 흔적은 **1765년**까지 올라간다.

보퀴즈 셰프는 **브레스(Bresse)산 닭에 자신의 열정을** 바쳤다. 이 열정은 2차 대전 당시 젊은이의 강제 노역 징집을 피하기 위해 부모님이 자신을 브레스의 한 농가에 데려다 놓았을 때 생겨났다.

그는 **메제브(Megève)**에 자신의 첫 번째 식당 '라 즈랑티에르(La Gerentière)'를 열었다. 초창기 단골들 중에는 **장 콕토, 로제 바딤, 브리지트 바르도** 등이 있었다.

1970년대부터 친환경 **비오디나미 농법**으로 채소를 재배하는 3헥타르 규모의 한 텃밭에서 그의 식당에 식재료를 공급하고 있다.

폴 보퀴즈는 미식 평론가 클로드 르베(Claude Lebey)가 대통령 관저인 엘리제궁 공식 편지지에 가짜 사인을 하고 장난으로 꾸며낸 **레지옹 도뇌르** 상장을 받고 감쪽같이 속았다. 당시 대통령이었던 발레리 지스카르 데스탱(VGE)은 이 **장난 소동**의 이야기를 듣고 재미있다고 생각했고 이 농담을 실제로 현실화했다.

그는 최면술로 동물들을 잠재웠으며 **새 소리를 흉내** 내기도 했다.

그는 왼쪽 어깨에 **문신**을 갖고 있다. 2차 대전 중 그를 구해준 미군들이 검은 잉크로 새겨준 프랑스의 상징, **수탉** 그림의 문신이다.

그는 오랫동안 **사진 찍기**를 즐겼다.

파리의 밀랍 박물관 **'그레뱅 뮤지엄(musée Grévin)'**에는 그의 밀랍상이 전시되어 있다.

로제와인을 마셔요!

햇살이 좋은 날들이 시작되었다. 이제 아페리티프로 로제와인을 딸 시간이다. 하지만 너무도 다양한 톤의 색깔과 수많은 이름들 중 무엇을 골라야 할까? 컬러 샘플을 비교하며 자세히 살펴보자.

알렉시 구자르

두 가지 주요 양조법

직접 압착법 Le pressurage direct : 가장 널리 사용되는 방법으로 주로 색이 밝고 경쾌한 로제와인 양조에 사용된다. 검정색 포도를 압착기에 쏟는다. 너무 진하지 않은 아름다운 색의 즙을 내어 양조 탱크로 따라 옮기는 것은 전적으로 와인 메이커의 솜씨와 기술에 달려 있다. 이어서 발효과정으로 들어간다.

침출법 La macération : 색이 진하고 알코올 함량이 높은 풀 바디 로제와인 제조에 사용되는 방식이다. 수확한 검정색 포도를 양조통에서 몇 시간 동안 침용한 뒤 원하는 색과 맛이 나면 포도즙을 다른 양조 탱크에 옮기고 이어서 발효과정이 시작된다. 침용 시간이 길수록 로제 와인의 색은 더 진해지고 바디감도 증대된다. '세녜(saignée)'라는 테크닉은 레드와인용으로, 침출하는 포도즙이 어느 정도 붉은색을 띠기 시작했을 때 일부분을 따로 덜어내어 양조하는 방식이다. 나머지 포도즙은 그대로 계속 침출하여 레드와인 양조용으로 쓰인다.

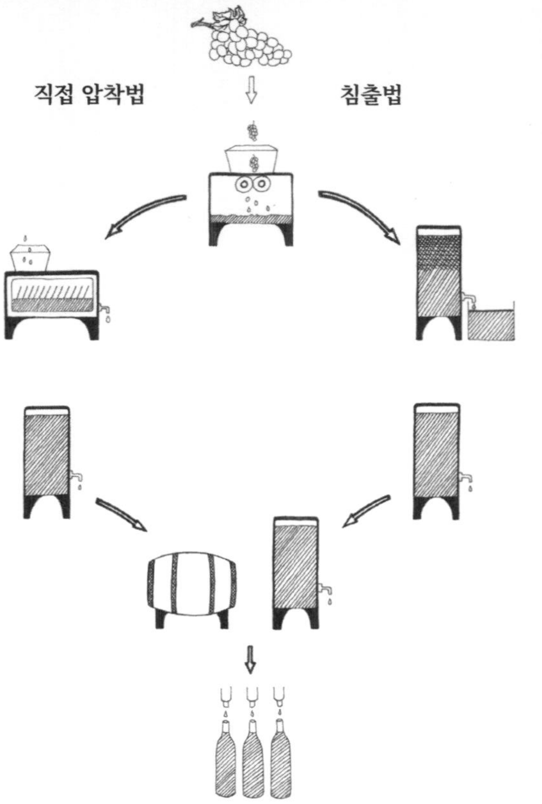

직접 압착법
침출법

로제와인의 색깔

로제와인은 **일반적으로** 색이 연할수록 가볍고 타닌이 적은 상큼한 맛을 지니고 있으며, 색이 진할수록 농도와 바디감이 더 풍부하다. 색이 너무 희미하거나 형광 빛 분홍색이 나는 것은 섞어 만든 가짜일 수 있으므로 피해야 한다.

로제와인의 색이 연할수록 알코올 함량이 적을까?

NO. 색이 아주 연하면 가벼운 느낌을 준다. 하지만 겉보기와는 다르게 이러한 로제와인의 알코올 도수가 12.5~14.5도에 달하는 경우도 있다.

일명 '수영장 로제와인(rosé piscine)'은 버리는 것이 나은가?

NO. 형광 빛이 나는 분홍색에 머리 아픈 새콤한 사탕 향이 나는 와인이라면? '수영장' 스타일로 즐기시라! 큰 와인 잔에 넣고 얼음을 몇 개 띄워 마시면 어느 정도 끔찍한 맛을 가릴 수 있을 것이다.

로제와인은 오래 보관할 수 있을까?

YES. 타벨(Tavel), 팔레트(Palette), 방돌(Bandol)의 몇몇 와인은 드물게 2, 3, 10년간 두고 마실 수 있으며 심지어 그 이상 보관이 가능한 것도 있다. 그러니까 혹시라도 당신의 와인 저장고 구석에서 우연히 오래된 로제와인을 발견한다면 싱크대에 쏟아버리지 말 것! 그 맛에 깜짝 놀랄 수도 있다.

레드와인과 화이트와인을 섞은 것이 아니다!

로제와인은 대부분 레드와인 양조용 검정색 포도로만 만들며 경우에 따라 착즙 전에 약간의 청포도를 첨가하기도 한다. 하지만 샴페인은 예외다. 로제 샴페인은 화이트와인에 약간의 레드와인을 첨가한 뒤 2차 발효하여 만든 발포성 와인이다.

어떤 음식을 곁들여 먹을까?

→ 코토 바루아(Coteaux varois)와 코트 드 프로방스 등의 감미롭고 부드러운 로제와인에는 올리브오일과 양념에 절인 피망, 피자, 피살라디에르, 부야베스 등이 잘 어울린다.

→ 누아르 드 비고르(Noir de Bigorre)나 스페인 세라노 등의 생햄에는 타나 품종 포도로 만든 이룰레기, 콜리우르(Collioure) 블렌딩 로제와인, 또는 코르시카의 시아카렐로(sciaccarellu) 품종 포도로 만든 로제와인을 곁들여 마신다.

→ 태국 음식(비프 샐러드, 팟타이, 간장 양념에 재운 오리고기 등)에는 산미와 스파이스 노트를 지닌 루아르산 로제와인, 피노 도니스(pineau d'Aunis)나 그롤로(grolleau) 품종 포도로 만든 로제와인을 곁들이면 매콤하고 향이 강한 요리의 맛을 더욱 살릴 수 있다.

→ 짭조름한 바다 향의 참치 철판구이에는 부드럽고 풍부한 맛의 타벨(tavel)이나 로제 데 리세(rosé-des-riceys)를 곁들여 마시면 단단한 생선살의 식감과 잘 어울린다.

로제와인의 주요 생산지

프로방스 LA PROVENCE
섬세하면서도 구조감이 있는 로제와인.
포도품종 : 코트 드 프로방스에서는 그르나슈(grenache), 생소(cinsault), 시라(syrah)를 블렌딩하고, 방돌(Bandol)에서는 무르베드르(mourvèdre), 벨레(Bellet)에서는 브라케(braquet) 품종을 사용한다.

코르시카 LA CORSE
알코올 함량과 바디감이 돋보이며 스파이스 노트를 지닌 로제와인
포도품종 : 시아카렐로(sciaccarellu), 니엘루치오(niellucciu)

발레 뒤 론 LA VALLÉE DU RHÔNE
색이 선명하면서 부드러운 로제와 연한 색의 가볍고 상큼한 로제와인이 공존한다.
포도품종 : 타벨, 코트 뒤 론, 아르데슈의 로제와인으로 그르나슈, 시라, 무르베드르, 카리냥 품종을 사용한다.

샹파뉴 LA CHAMPAGNE
섬세한 발포성 로제와인과 알코올 함량이 높고 바디감이 있는 비발포성 로제와인이 생산된다.
포도품종 : 샹파뉴 로제는 피노누아 품종을 단일로 사용하거나 샤르도네, 피노 뫼니에와 블렌딩한다. 로제 데 리세의 경우는 피노누아만 사용한다.

루아르 LA LOIRE
활기가 있고 경쾌한 로제와인
포도품종 : 투렌은 가메, 코토 방도무아(coteaux vendômois)는 피노 도니스(pineau d'Aunis), 앙주는 그롤로, 상세르는 피노누아 품종을 사용한다.

보르도 BORDEAUX
더 이상 그랑 크뤼 클라세 와인을 따기 위해 15년을 기다리지 말자. 부드럽고 풍부한 맛의 로제와인으로 기수를 돌릴 것.
포도품종 : 메를로 품종을 주로 사용하며 카베르네 소비뇽 품종을 약간 섞기도 한다.

쉬드 우에스트 LE SUD-OUEST
강하고 거친 듯한 직관적인 맛의 로제 와인. 달콤하고 부드러운 로제를 좋아하는 이들은 그냥 넘어가도 좋다.
포도품종 : 프롱통(Fronton)은 네그레트(négrette), 카오르(Cahors)는 말벡, 이룰레기는 타나, 가이약은 뒤라(duras) 품종을 사용한다.

랑그독 루시옹 LE LANGUEDOC-ROUSSILLON
과일 향이 풍부하고 맛이 좋은 다양한 종류의 로제와인이 생산된다.
포도품종 : 지중해를 대표하는 클래식 품종인 그르나슈 외에도 콜리우르와 생 시니앙(Saint-Chinian)은 시라, 랑그독 카브리에르(Languedoc-Cabrières)는 생소 품종을 사용한다.

환호성을 자아낼 만한 로제와인 베스트 5

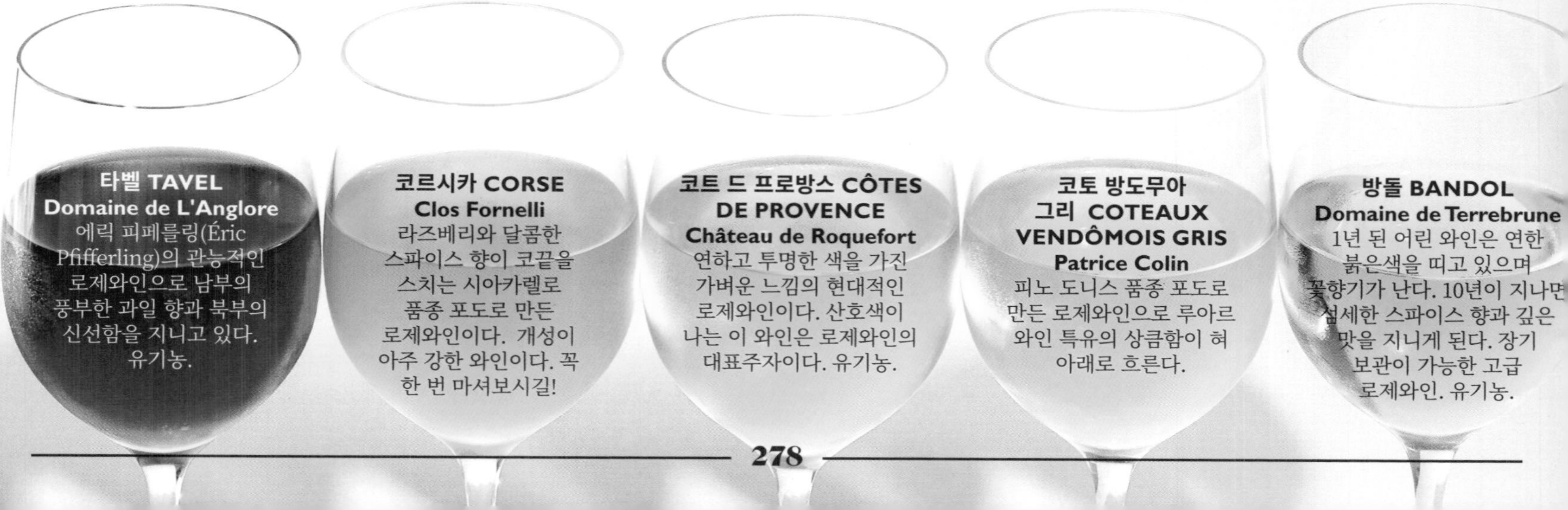

타벨 TAVEL
Domaine de L'Anglore
에릭 피페를링(Éric Pfifferling)의 관능적인 로제와인으로 남부의 풍부한 과일 향과 북부의 신선함을 지니고 있다. 유기농.

코르시카 CORSE
Clos Fornelli
라즈베리와 달콤한 스파이스 향이 코끝을 스치는 시아카렐로 품종 포도로 만든 로제와인이다. 개성이 아주 강한 와인이다. 꼭 한 번 마셔보시길!

코트 드 프로방스 CÔTES DE PROVENCE
Château de Roquefort
연하고 투명한 색을 가진 가벼운 느낌의 현대적인 로제와인이다. 산호색이 나는 이 와인은 로제와인의 대표주자이다. 유기농.

코토 방도무아 그리 COTEAUX VENDÔMOIS GRIS
Patrice Colin
피노 도니스 품종 포도로 만든 로제와인으로 루아르 와인 특유의 상큼함이 혀 아래로 흐른다.

방돌 BANDOL
Domaine de Terrebrune
1년 된 어린 와인은 연한 붉은색을 띠고 있으며 꽃향기가 난다. 10년이 지나면 섬세한 스파이스 향과 깊은 맛을 지니게 된다. 장기 보관이 가능한 고급 로제와인. 유기농.

슈크루트

슈크루트는 프랑스인들이 가장 좋아하는 요리 중 하나지만 정작 집에서 만들어 먹는 경우는 드물다.
절여 발효시킨 배추, 실상 그리 만들기 어렵지 않다...
프레데릭 그라세 에르메

기원
독일어로 '신 양배추'라는 뜻의 '사우어크라우트(Sauerkraut)'가 '슈(chou)'와 '크루트(croûte 크라우트와 비슷한 발음)'로 변형되어 '슈크루트(choucroute)'가 되었다. 이것은 가늘게 채 썬 양배추를 젖산발효 시킨 것이다. 넓은 의미로 이 시큼한 발효 양배추에 다른 재료를 곁들인 요리를 지칭하기도 한다.

다양한 슈크루트
→ 스트라스부르식 슈크루트는 거위 기름이나 돼지 기름에 익힌 뒤 훈제 돼지목살, 흰색 소시지, 삼겹살, 스트라스부르 소시지를 곁들인다.
→ 슈크루트 루아얄(royale)은 단맛이 없는 알자스 크레망이나 더 고급으로는 샴페인을 붓고 익힌 다음 커민을 넣은 훈제 소시지, 프랑크푸르트 소시지, 삶은 돼지 정강이살을 빙 둘러 곁들인다.
→ 훈제 대구를 곁들인 해산물 슈크루트
→ 위스키로 플랑베한 랍스터 슈크루트
→ 크리스마스에 즐겨 먹는 로스트 거위 슈크루트

슈크루트 만드는 법

옛날부터 발효 기술은 채소를 저장하고 비타민과 무기질을 보존하는 방법으로 사용되어왔다. 입구 둘레에 배수 홈이 있는 유약 코팅 토기 항아리를 준비한다. 이 홈에 물을 채워 공기의 유입은 막되 가스는 빠져나가도록 한다. 큰 사이즈의 유리 단지를 사용해도 좋다.

1리터 용량 유리 용기(흰 양배추 1kg용)
소금 15g
주니퍼베리 1티스푼
캐러웨이 씨 1티스푼
커민 씨 1/2티스푼

양배추의 큰 겉잎을 한 장 떼어낸 뒤 잎맥을 잘라 제거한다. 물에 적셔 나른해지도록 둔다.
양배추를 4등분한 다음 채칼을 이용해 2mm 굵기로 가늘게 썬다. 큰 볼에 채 썬 양배추와 소금, 향신료를 넣고 잘 섞는다. 1시간 동안 절인다. 밀폐용 유리 용기에 양배추를 옮겨 담는다. 절이면서 나온 물도 함께 부어준다. 주먹으로 꾹꾹 눌러 표면을 평평하게 만든다. 떼어 놓은 양배추 겉잎으로 덮은 뒤 무거운 것으로 눌러둔다(깨끗이 씻은 큰 돌이 좋다). 용기 뚜껑을 덮는다. 상온에서 이틀간 발효시킨 다음 냉장고에 넣어 4주간 익혀 먹는다. 이렇게 발효시킨 슈크루트는 1년간 보관 가능하다.
알아두세요 : 슈크루트는 물에 헹구지 않는다. 유산균과 효소, 미네랄이 소화를 훨씬 더 도와줄 것이다.

알자스식 슈크루트 LA CHOUCROUTE ALSACIENNE

8인용 한 냄비
돼지 기름 3테이블스푼
얇게 썬 양파 80g
익히지 않은 양배추 슈크루트 2kg
마늘 3톨(껍질을 벗기고 짓이긴다)
월계수 잎 2장
생 타임 2줄기
생 삼겹살 500g
염장 돼지 정강이 1개(하루 전 미리 소금기를 뺀다)
돼지 훈제 앞다리 살 600g
알자스산 화이트와인(Sylvaner) 1병
소금(플뢰르 드 셀)
<u>향신료</u>
주니퍼베리 7알
캐러웨이 씨 1티스푼
검은 통후추 1티스푼
몽벨리아르(Montbéliard) 소시지 2개
프랑크푸르트 소시지(또는 스트라스부르 소시지) 4개
감자 8개
검은 통후추 1티스푼
브랜디(알자스 키르슈) 200ml

큰 냄비에 돼지 기름을 녹인다. 양파를 색이 나지 않게 볶은 뒤 양배추 슈크루트를 넣고 잘 저어 섞는다. 마늘, 월계수 잎, 타임을 넣는다. 슈크루트 중앙에 삼겹살 덩어리를 밀어 넣은 다음 화이트와인(sylvaner)을 붓는다. 소금을 넣는다. 양배추가 잠기도록 물을 부어준다. 주니퍼베리, 캐러웨이, 통후추를 넣는다. 중불로 가열하여 약하게 끓어오르기 시작하면 약불로 줄이고 2시간 동안 뭉근히 익힌다. 고기가 연하게 완전히 익어야 한다. 완성되기 30분 전에 훈제 소시지를 첨가한다. 감자는 껍질째 따로 삶거나 증기에 찐다. 익힌 감자의 껍질을 벗긴 다음 슈크루트가 완성되기 5분 전에 냄비에 넣어준다. 동시에 프랑크푸르크 소시지나 스트라스부르 소시지를 끓는 물에 뚜껑을 덮고 통통하게 데친다. 타원형 도기 플레이트에 슈크루트 양배추를 수북하게 담는다. 삼겹살과 돼지 앞다리살, 정강이살을 모두 적당한 크기로 썬 다음 양배추 위에 겹쳐 올린다. 훈제 소시지를 어슷하게 잘라 곁들여 놓는다. 프랑크푸르크 소시지나 스트라스부르 소시지는 통째로 놓는다. 감자를 빙 둘러 놓는다. 알자스산 머스터드(Alélor)와 함께 서빙한다. 시원하게 칠링한 리슬링(riesling) 와인을 곁들여 마신다.

슈크루트 관련 용어

★ ★ ★

알레오르 Alélor : 알자스산 순한 맛 머스터드의 상표명. 곱고 크리미한 머스터드로 슈크루트에 매콤한 킥을 더해주는 양념으로 이상적이다.
키르슈바셔 Kirschwasser : 체리 씨의 맛이 강한 무색의 브랜디로 알코올 도수는 45도 이상이다.
토르피외르 Torpilleur : 길쭉한 타원형의 도기 접시로 마치 뱃머리처럼 생겼다. 이 그릇은 슈크루트를 직접 담아내고 테이블용 알코올 워머 위에 올려 두어 먹는 동안 따뜻하게 유지하는 데 아주 적합하다.

순무로 만든 색다른 슈크루트
'소금에 절인 순무'라는 뜻의 쉬리 루에베(süri-rüewe)는 발효시킨 순무채로 만든 슈크루트이다. 일반 슈크루트의 양배추 대신 순무를 스파이럴 슬라이서(spiral slicer)로 돌려 깎아 실타래처럼 가늘게 채 썬 다음 소금에 절여 발효시킨다.

순무 슈크루트 만드는 법
큼직한 사이즈의 둥근 흰색 순무 1kg(스파이럴 슬라이서로 돌려 깎아 실타래처럼 가늘게 썬다), 소금 15g, 주니퍼베리 1티스푼, 흰 양배추 잎 큰 것 1장(덮는 용도), 눌러둘 묵직한 돌.
상온에서 1~2일 발효시킨 뒤 냉장고에 넣어 3~4주 더 발효시킨다.
채소를 돌려 깎아 길게 채 썰 수 있는 스파이럴 슬라이서(spiral slicer)와 1.5리터 용량 유리 용기를 미리 구입해둔다.

슈크루트 맛집
Schmid, 76, boulevard de Strasbourg, 파리 10구. 정통 알자스식 샤퀴트리 및 식품 판매점으로 파리 동역 건너편에 위치하고 있다(1904년 개업). 이곳의 슈크루트는 흠잡을 데가 없다.

관련 내용으로 건너뛰기
p.339 지방을 찾아서

채소	가지 	아티초크(camus) 	아티초크(violet) 	아스파라거스 	비트 	근대 	브로콜리 	카르둔 
손질 및 준비	두툼하게 자른다.	통째로 사용	잎을 떼어내고 돌려깎아 다듬는다.	통째로 사용. 필러로 껍질을 벗긴다.	통째로 사용. 껍질을 벗기지 않는다.	줄기의 억센 섬유질을 벗겨낸 뒤 7~8cm 크기로 자른다.	작은 송이로 떼어 놓는다.	큰 겉잎은 떼어내고 껍질과 섬유질을 벗겨낸 뒤 5~7cm 크기로 자른다.
끓는 물에 익히기 		**25-40분**	브레이징 하기 전, 블랑 익힘액(au blanc**)에 **10분간**	**8-12분**	**60분**	**8-10분**	**3-7분**	블랑 익힘액(au blanc**)에 **45분~1시간 30분간** 익힌다. (너무 푹 익히지 않는다.)
증기에 찌기 	껍질을 벗기고 큐브 모양으로 썬 다음 소금을 뿌리고 **15분간** 찐다. 올리브오일, 마늘, 쪽파, 허브를 넣어 양념한다.	**35-50분**		**10-15분**		**10-15분**	**5-8분**	
저수분 조리하기 				**15분**			**10분**	
팬 프라이, 소테 	올리브오일에 마늘을 조금 넣고 **15~20분간** 규칙적으로 뒤집어가며 익힌다.		통째로 혹은 **2~4** 등분한 다음 올리브오일, 잘게 썬 마늘을 넣고 **20분** 정도 익힌다. 물이나 육수를 조금 넣어준다.			버터를 달군 팬에 잎을 넣고 수분이 모두 증발할 때까지 중불로 익힌다.	증기로 찐 다음 버터를 녹인 팬에서 살짝 노릇해질 때까지 몇 분간 소테한다.	
브레이징, 글레이징 			블랑 익힘액에 데친 뒤 반으로 잘라 **25분간** 자작하게 브레이징한다.			토막으로 자른 잎과 줄기를 **20분간** 익힌다.		
튀기기 	소금에 **15분간** 절여 수분을 뺀 다음 튀김 반죽*을 입혀 뜨거운 기름에 **2~3분** 튀긴다.		세로로 4~5등분 한 다음 끓는 물에 **5분간** 익힌다. 물기를 제거하고 튀김 반죽*을 입힌 뒤 뜨거운 기름에 **2~3분** 튀긴다.					끓는 물에 삶은 뒤 파슬리와 레몬즙을 뿌린다. 튀김 반죽*을 입혀 뜨거운 기름에 **2~3분간** 튀긴다.
오븐에 익히기 	소금에 **15분간** 절여 수분을 뺀 다음 기름을 바르고 브로일러 아래에서 각 면을 **3~4분씩** 굽는다.		올리브오일을 바르고 얇게 썬 마늘을 얹은 뒤 브로일러 아래에서 **8~10분간** 굽는다.		껍질을 벗기고 버터를 고루 바른 뒤 170℃에서 **1시간 30분간** 익힌다. (p.320 참조: 소금 크러스트를 씌워 익힌 비트)			p.27 참조: 카르둔 그라탱

자크 막시맹과 함께 하는 채소 조리법

내가 꼽는 최고의 채소 조리 대가는 자크 막시맹(Jacques Maximin)이다. 로제 베르제의 옛 셰프인 그는 항상 가장 아름다운 코트 다쥐르의 채소들로 요리를 만들어냈다. 이 분야의 바이블이라 할 수 있는 그의 책『채소 요리(*La Cuisine des Légumes*)』(Albin Michel 출판)는 반드시 소장해야 할 필독서다.

프랑수아 레지스 고드리

당근 	셀러리 	셀러리악 	양송이버섯 	사보이 양배추 	콜리 플라워 	방울 양배추 	호박(윈터 스쿼시) 	주키니호박 
껍질을 벗기고 동그랗게 슬라이스하거나 어슷한 토막 또는 가늘고 긴 스틱 모양으로 썬다.	단단한 밑동을 잘라내고 줄기의 억센 섬유질을 벗겨낸 뒤 **4~5cm** 크기로 토막낸다.	껍질을 벗긴 뒤 균일한 크기로 굵직하게 썬다.	흙이 묻은 밑동을 잘라낸다.	잎을 한 장씩 분리한 뒤 단단한 부분과 밑동은 잘라낸다.	작은 송이로 떼어내 분리한다.	고갱이 끝을 잘라낸 뒤 맨 겉의 잎은 떼어 낸다.	잘라서 속 섬유질과 씨를 긁어 낸다(껍질은 벗기지 않아도 된다)	'큼직한 올리브' 모양으로 갸름하게 돌려 깎는다.
8-12분	**10-15분**	블랑 익힘액(au blanc**)에 **5~10분간** 익힌다.	물에 버터, 소금, 레몬즙을 넣고 팔팔 끓인 뒤 버섯을 넣고 **25분간** 데친다.	**15-17분**	**8-10분**	**8-10분**	세로로 등분한 뒤 **10~15분간** 익힌다.	**5-7분**
10-15분	**15-20분**			**17-20분**	**10-12분**	**10-12분**	**15-20분**	**7-9분**
15-20분	**20-25분**		버터에 **7~8분** 익힌다. 생크림, 허브를 넣는다.					
버터를 두른 팬에 넣고 뚜껑을 덮은 뒤 **12~15분간** 익힌다. 물을 조금 넣어준다.		두툼하게 잘라 버터에 **15분간** 익힌다. 또는 얇게 썰어 **5분간** 볶는다.	버터를 두른 팬에 넣고 센 불에서 노릇한 색이 나도록 **5~10분간** 볶는다. 페르시야드, 소금을 넣는다(p.345 참조: 뒥셀).	버터에 볶기(앙뵈레) : 연한 잎을 끓는 물에 데친 뒤 건져서 가늘게 썬다. 버터를 두른 팬에 넣고 **5분간** 볶는다.	증기로 **5~6분** 찐 다음 버터를 두른 팬에 넣고 살짝 색이 날 정도로 볶는다.	끓는 물에 데친 뒤 버터를 두른 팬에 넣고 살짝 색이 날 정도로 볶는다.	세로로 등분해 끓는 물에 데친 뒤 버터를 두른 팬에 넣고 중불에서 노릇하게 익힌다.	올리브 모양으로 돌려 깎기 한 호박에 버터, 설탕, 물을 넣고 약한 불에서 수분이 모두 증발할 때까지 익힌다.
토막 낸 당근에 물을 높이만큼 붓고 설탕 1테이블스푼, 버터 50g, 소금을 넣는다. 끓을 때까지 가열한 뒤 약불로 줄여 수분이 캐러멜라이즈 될 때까지 익힌다.		큼직하게 썰어 끓는 물에 **5~10분간** 익힌 뒤 버터와 익힌 물을 조금 넣고 지지듯이 **10~15분** 익힌다.		겉잎을 제거하고 4~6등분으로 자른 뒤 스튜나 포토푀의 조리 완성시간 **30분 전**에 넣어 함께 익힌다.		반으로 자른 뒤 물을 반 정도 높이까지 붓고 버터 한 조각, 흰 방울 양파와 함께 수분이 모두 증발할 때까지 약불로 익힌다.	p.198 참조: 단호박 블루테	1cm 두께로 동그랗게 썰어 버터와 물 2스푼을 넣고 센 불에서 약간 색이 날 정도로 익힌다.
		얇게 썰어 바삭한 칩처럼 몇 분간 기름에 튀긴다.			우선 증기로 찐 다음 기름에 노릇하게 튀긴다.			0.5cm 두께로 동그랗게 썬 다음 튀김 반죽을 입혀 올리브오일에 튀긴다.
줄기 잎이 달린 가는 당근을 180°C 오븐에서 **15~20분** 익힌다.		도톰하게 슬라이스 한 뒤 올리브오일을 발라 180°C 오븐에서 **20분간** 익힌다.		p.310 참조: 속을 채운 양배추 롤 찜	올리브오일을 바른 뒤 130°C 오븐에서 **1시간 30분간** 통째로 익힌다.		세로로 등분해 물에 삶은 뒤 마늘을 문지른 그라탱 용기에 한 켜로 놓는다. 가늘게 간 치즈를 뿌리고 버터를 얇게 저며 올린 뒤 180°C 오븐에서 **15~20분** 익힌다.	

프랑스식 채소 조리 테크닉

끓는 물에 익히기 À l'eau bouillante : 넉넉한 양의 물에 소금을 넣고 끓인 뒤 채소를 넣어 데쳐 건진다. 이 방법은 채소를 튀기거나 볶기 전 반 정도 익힐 때 사용할 수도 있고, 이 상태로 완전히 삶아 익힐 수도 있다. 이 같은 익힘 방식을 '아 랑글레즈(à l'anglaise 영국식의)'라고 부른다. 요리 전문 용어로는 '블랑시르(blanchir 끓는 물에 데치다)'라고 한다.

증기에 찌기 À la vapeur : 찜기의 구멍이 뚫린 상단에 재료를 놓고 하단 냄비에 물을 끓여 그 증기로 익히는 방식이다. 재료를 물에 잠기도록 담가 삶는 방식이 아니기 때문에 식품의 영양소가 비교적 잘 보존되는 조리법이다.

찌듯이 저수분 조리하기 À l'étuvée (à l'étouffée) : 냄비에 소량의 물과 버터 한 조각, 소금과 함께 채소를 넣고 약한 불로 익힌다. 채소를 '나른하게 익히다' 또는 프랑스어로 '쉬에(suer 땀을 흘리다)'라고 부르기도 하며 이때는 채소 자체의 수분으로 익는다.

팬에 익히기, 소테하기 À la poêle, sautée : 생 채소를 미리 끓는 물에 데치거나 →

채소	초석잠 	엔다이브 	시금치 	펜넬 	그린빈스 	햇 순무 	수영 	완두콩 
손질 및 준비	양끝을 다듬은 뒤 굵은 소금을 뿌린다. 행주로 문질러 닦은 뒤 물로 씻는다.	속대 부분을 자른 뒤 맨 겉쪽의 싱싱하지 않은 잎을 떼어낸다.	줄기 끝을 다듬는다.	줄기 끝을 다듬고 맨 바깥쪽 잎을 떼어낸다.	양끝을 떼어 다듬는다.	씻어서 잎 줄기를 떼어낸 뒤 거친 부분을 긁어낸다.	줄기를 떼어 다듬는다.	깍지를 깐다.
끓는 물에 익히기 	**10-11분**	브레이징 하기 전 통째로 **10분간** 데친다(미리 데치면 쓴맛을 제거할 수 있다).	끓는 물에 넣고 다시 끓어오르면 **3~5분** 정도 더 데친다.	**15-20분**	**3분**(갓 수확한 작은 열매). 보통은 **10~12분**	**10-12분**		**5-7분**
증기에 찌기 	**12-13분**		**5-6분**	**20-22분**	**12-15분**	**12-15분**		**7-9분**
저수분 조리하기 	재료가 잠기도록 물을 붓고 버터를 조금 넣은 뒤 수분이 모두 증발할 때까지 약한 불로 익힌다.	엔다이브 8개를 나란히 놓고 물 100ml, 레몬즙, 버터 40g, 소금, 설탕 한 꼬집을 넣는다, 약한 불로 **30~35분간** 익힌다.	버터를 첨가한 뒤 뚜껑을 덮고 **3~5분간** 익힌다.	반으로 자른 뒤 약간의 버터, 물 2스푼을 넣고 **10~15분간** 익힌다.		반으로 잘라 약간의 버터와 물 몇 스푼을 넣고 수분이 모두 증발할 때까지 중불로 익힌다.	버터를 넣고 자체 수분이 모두 증발할 때까지 익힌다. 마지막에 생크림을 넣는다.	물 몇 스푼과 약간의 버터를 넣고 뚜껑을 덮어 익힌다.
팬 프라이, 소테 	물에 데친 후 버터를 두른 팬에 굴려가며 슬쩍 볶는다.	저수분 조리로 익힌 뒤 약간의 버터와 함께 팬에 넣고 약 **10분** 정도 각 면을 고루 익혀 캐러멜라이즈한다.	저수분 조리로 익힌 뒤 생크림을 조금 넣고 중불 또는 강한 불로 익힌다.		버터에 볶은 뒤 페르시야드(파슬리+마늘) 또는 토마토 소스로 맛을 돋운다.	0.5cm 두께로 동그랗게 썰어 끓는 물에 **30초간** 데친 뒤 버터를 두른 팬에 넣고 **6~8분간** 노릇하게 익힌다.		프랑스식 완두콩: 완두콩 500g에 흰색 방울양파 12개, 양상추 속대 1개, 버터 70g, 타임, 파슬리, 소금, 후추, 물 1/2컵을 넣고 뚜껑을 덮은 뒤 **20~25분간** 익힌다.
브레이징, 글레이징 		끓는 물에 익힌 뒤 약간의 설탕과 버터를 넣고 **20분간** 브레이징한다.		끓는 물에 **5분간** 데쳐낸 뒤 약간의 물, 버터, 설탕(또는 오렌지즙)을 넣고 수분이 모두 증발할 때까지 약한 불로 익힌다.		큼직한 올리브 모양으로 돌려 깎아 높이만큼 물을 붓고 버터와 약간의 설탕(또는 꿀)을 넣은 뒤 수분이 완전히 증발할 때까지 익힌다.		
튀기기 								
오븐에 익히기 		저수분 조리로 먼저 익힌 뒤 기름을 바른 용기에 나란히 놓고 베샤멜 소스와 작게 자른 버터, 가늘게 간 치즈를 얹은 뒤 180°C 오븐에서 **20분간** 익힌다. 마지막에 브로일러 아래에 놓고 **5분간** 노릇하게 구워낸다.		올리브오일과 마늘 몇 톨을 넣고 180°C 오븐에서 **45분간** 익힌다.				

버터, 올리브오일, 거위 기름 등의 지방에 반쯤 익힌 채소를 조리하는 방법이다. 재료를 팬에 넣고 센 불에서 바싹 익힌다.

브레이징하기, 자작하게 조리기 Braisée : 오일이나 버터에 향신재료(샬롯, 당근, 마늘, 부케가르니)를 색이 나지 않고 수분이 나오도록 볶다가, 채소를 넣고 육수 등의 국물을 자작하게 부은 뒤 뚜껑을 덮어 뭉근하게 익히는 방법이다.

튀기기 En friture : 각 재료에 따른 튀김 방식에 따라 뜨거운 기름에 담가 튀겨내는 조리법이다. 원재료 날것 그대로, 날것에 튀김반죽 옷을 입혀서 또는 한 번 익힌 재료에 튀김반죽*을 입혀 튀길 수 있다.

오븐에 익히기 Au four : 뭉근히 오래 익히기, 센 불로 겉만 익히기, 브로일러로 굽기, 로스트하기 등 오븐은 설정한 온도에 따라 다양한 조리가 가능하다. 약한 온도~중간 온도 : 50~125°C, 중간 온도~높은 온도 : 125~200°C. 높은 온도~매우 높은 온도 : 200~250°C.

슈가스냅피 	리크 	피망 	살이 단단한 감자 (belle de Fontenay, roseval, charlotte) 	분질 감자(bintje) 	햇감자, 알감자 (grenaille, ratte, Noirmoutier) 	샐서피 	돼지감자 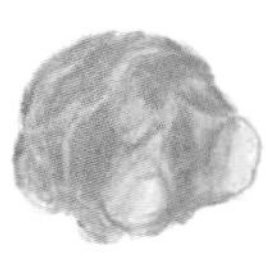
꼬투리 양끝을 떼어내 다듬는다.	뿌리와 시든 녹색 잎을 제거한다.	꼭지를 잘라내고 속의 심지와 씨를 빼낸 뒤 길쭉하게 썬다.	씻는다.	씻는다.	씻는다. 껍질을 벗기지 않고 통째로 사용.	줄기 잎과 끄트머리를 잘라낸 뒤 필러로 껍질을 벗긴다.	껍질을 벗긴다 (인내가 필요하다!)
4-5분	**8-10분**		껍질 제거 유무와 상관 없이 통째로 찬물에 넣고 끓기 시작한 시점부터 **20~25분간** 삶는다.	껍질을 벗기고 4등분 한 다음 찬물에 넣고 끓기 시작한 시점부터 **20분간** 삶는다. p.19 참조: 감자 퓌레	p.19 참조: 조엘 로뷔숑의 감자 퓌레	블랑 익힘액(au blanc)**에 **15~20분**	**30분**
5-6분	**10-12분**	꼭지 째 **8~12분** 익힌 뒤 껍질과 꼭지를 제거하고 속과 씨를 뺀다.	**25-30분**	**20분**	**10-15분**	**20-25분**	**30-35분**
	연한 봄 리크는 버터와 소량의 물을 넣고 뚜껑을 덮은 뒤 중불에서 익힌다.						얇게 썰어 버터와 소량의 물을 넣은 다음 약불에서 익힌다. 칼끝으로 찔러보아 익었는지 확인한다.
끓는 물에 아삭하게 데친 뒤 버터와 물 1스푼을 넣고 익힌다.			껍질을 벗기고 동그랗게 슬라이스 한 뒤 팬에 넣고 버터, 올리브오일 또는 오리기름에 **25~30분** 정도 지지듯이 익힌다.		작게 썰어 버터, 올리브오일 또는 오리기름에 **5분간** 센 불로 익힌 뒤 중불로 줄여 **20분** 정도 더 익힌다.	끓는 물에 익힌 뒤 물기를 제거한다. 버터를 두른 팬에 나란히 놓고 중불로 익힌다. 기호에 따라 생크림을 넣는다.	
			감자칩: 감자의 껍질을 벗기고 2mm로 슬라이스한 다음 씻어서 물기를 제거한다. 뜨거운 기름에 넣고 계속 저어가며 **3~4분간** 한 번 튀겨낸다.	p.331 참조: 프렌치 프라이		끓는 물에 익힌 뒤 낙화생유, 레몬즙, 소금에 **25~30분간** 재운다. 건져서 튀김 반죽을 입힌 뒤 노릇한 색이 나도록 튀긴다.	
		통째로 브로일러 아래에 넣고 **45분간** 구운 뒤 밀폐용기에 5분간 넣어둔다. 껍질을 벗기고 속과 씨를 빼낸 뒤 길쭉하게 썰어 올리브오일을 넉넉히 뿌려둔다.	껍질을 벗기지 말고 길게 이등분한다. 오븐팬에 단면이 위로 오도록 나란히 놓은 뒤 굵은 소금, 로즈마리, 타임, 올리브오일을 뿌린다. 180°C 오븐에서 **40~50분간** 익힌다.	껍질을 벗기지 말고 통째로 하나씩 알루미늄 포일로 싼다. 180°C 오븐에서 **1시간 30분~2시간** 익힌다. 익힌 감자를 길게 반으로 갈라 생크림과 잘게 썬 허브를 뿌린다.	올리브오일을 바른 뒤 굵은소금, 타임, 통마늘을 넣고 180°C 오븐에서 **40분간** 익힌다.		

N.B. : 대부분의 경우 소금과 후추 첨가는 언급되어 있지 않다. 기호에 따라 간을 맞춘다.

*** 튀김 반죽 LA PÂTE À FRIRE**
작은 컵에 이스트 5g과 우유 1테이블스푼을 넣고 잘 개어 섞는다. 밀가루 120g, 달걀노른자 1개, 우유에 갠 이스트, 소금을 섞는다. 우유 1/3컵과 맥주 3테이블스푼을 첨가한 뒤 세게 휘저어 멍울이 없도록 매끈하게 섞는다. 우유 2/3컵과 식용유 1테이블스푼을 넣고 잘 섞은 뒤 상온에서 2시간 휴지시킨다. 사용하기 바로 전 달걀흰자를 휘저어 거품을 올린 뒤 반죽 혼합물에 넣고 주걱으로 살살 섞어준다.

**** '블랑 익힘액'에 익히기 LA CUISSON AU BLANC**
끓는 소금물에 재료를 익히는 '아 랑글레즈(à l'anglaise)' 방식의 일종으로, 채소가 산화되는 것을 막기 위해 '블랑(blanc 흰색을 유지시키기 위한 재료)'을 첨가하여 사용한다. 주로 카르둔, 셀러리악 등을 익힐 때 사용하는 방법이다. 밀가루 2테이블스푼에 레몬즙 4테이블스푼을 조금씩 넣으며 개어준다. 냄비에 물을 넣고 가열한다. 레몬즙과 섞은 밀가루에 뜨거운 물을 조금 넣어 희석한다. 이것을 끓는 물 냄비에 넣은 뒤 채소를 넣어 데친다.

굳어버린 빵 구출작전

남아 굳어버린 빵을 버린다고 생각하면 어쩐지 죄책감이 든다.
이것을 잘 활용하면 크루통, 미트볼, 소 재료, 비스코트, 빵가루는 물론 오믈렛이나 샤를로트도 만들 수 있다.
재주가 많은 프랑스는 이 묵은 빵을 식탁의 주인공으로 만들어 놓았다.
프레데릭 랄리 바랄리올리

"굳은 빵이 딱딱한 것이 아니다. 딱딱한(힘든)* 것은 빵 없이 사는 것이다."

격언

빵 부스러기 타르트

소니아 에즈귈리앙*

8인분
준비 : 10분
조리 : 30분
파트 브리제(pâte brisée) 200g
빵 부스러기 150g
(브리오슈, 잡곡빵, 호밀빵 등 빵 종류에 따라 타르트의 맛이 크게 달라진다)
설탕 70g
아몬드가루 50g
로스팅한 잣 100g
우유 250ml
베이킹파우더 작은 포장 1봉지
달걀 3개(노른자 3개분, 흰자 2개분)

오븐을 200°C로 예열한다. 우묵한 접시에 빵 부스러기와 우유를 넣고 15분간 적셔둔다. 유리볼에 설탕과 아몬드가루를 넣고 섞는다. 달걀노른자를 조금씩 첨가하며 섞은 다음 거품 올린 달걀흰자 2개분을 넣어준다. 우유에 적신 빵 부스러기와 잣을 넣고 잘 섞는다. 타르트 틀에 버터를 얇게 바른 뒤 파트 브리제 시트를 깔아준다. 빵 부스러기 혼합물을 부어 채운다. 오븐에 넣고 너무 진한 색이 나지 않도록 지켜보면서 25~30분간 굽는다. 당절임 레몬 슬라이스 몇 조각을 곁들여 서빙한다.

* Sonia Ezgulian : 남은 음식을 알뜰히 활용하는 요리 전문가로 굳은 빵에 대한 레시피를 끊임없이 연구해왔다. 대표적인 레시피로는 '빵 프렌치프라이(frites de pain)'와 '빵 속살 타르트(tarte de mie de pain)'가 있다.

	달콤한 맛	빵 농도	쌉쌀한 맛
수프	**우유 수프**(boued laezh, 브르타뉴) : 설탕을 넣은 우유에 빵을 넣어 만든 것으로 콜레트(Colette)의 카페 오 레를 연상시킨다.	− 	**파나드**(panade) : 빵에 물과 경우에 따라 마늘과 달걀을 넣어 끓인 걸쭉한 수프로 각 지방 곳곳에서 만들어 먹었다. 옛날에 '음식 찌꺼기로 만든 궁핍한 음식'의 동의어로 쓰였던 이 단어는 오늘날 '어려운 상황'을 뜻하는 말로 쓰인다.
달걀과 빵	**파스티주**(Pastizzu, 코르시카) : 빵으로 만든 캐러멜라이즈드 플랑(빵 대신 세몰리나를 사용하기도 한다).		**빵 오믈렛**(omelette au pain) : 굳은 빵 조각과 달걀을 익혀 만들며 경우에 따라 마늘과 허브를 첨가하기도 한다.
적신 빵	**프렌치토스트**(pain perdu) : 어린 시절 추억을 떠올리는 풍성한 맛의 빵 토스트로 지역에 따라 생크림, 칼바도스, 포모(pommeau 사과 브랜디), 쿠앵트로, 럼 등을 넣기도 한다.		**브로트크네플**(brotknepfle) : 샬롯과 넛멕을 넣은 빵 완자의 일종(알자스).
다양한 푸딩	**팽 드 시앵**(Ch'pain d'chien, 북부 지방. 이 이름은 프랑스어 '부댕(boudin)'에서 온 것으로 전해진다) : 굳은 빵을 잘게 뜯어 우유, 건포도, 황설탕과 섞어 오븐에 익힌 브레드 푸딩. **베텔만**(Bettelmann, 알자스) : '망디앙(mendiant)'이라고도 불린다. 블랙체리와 키르슈(체리 브랜디)를 넣어 만든 브레드 푸딩.	+	**푼티 또는 피쿠셀**(pounti, picoussel, 아베롱, 캉탈) : 달걀, 빵, 근대, 소시지용 분쇄 돈육, 건자두를 넣어 만든 달콤 짭짤한 맛의 파테. **파르수**(Farsous, 아베롱) : 근대, 빵, 소시지용 분쇄 돈육, 달걀로 만든 혼합물을 동그랗게 부친 작은 팬케이크. **불 오베르냐트**(boule auvergnate 오베르뉴) : 베이컨이나 생 햄, 달걀, 파슬리, 마늘, 치즈를 넣어 만든 짭짤한 맛의 푸딩.

프렌치 토스트

위게트 멜리에 *Huguette Méliet**

준비 : 10분
휴지 : 1시간~5시간
조리 : 10분
6인분
두툼하게 슬라이스한 굳은 캄파뉴 빵 6장
(이틀 지난 것. 흰 빵류는 하루 지난 것)
설탕 150g
버터 150g
전유(가능하면 비멸균 생우유) 500ml
달걀 3개
바닐라 빈 1줄기
아르마냑 최소 50ml

바닐라 빈 줄기를 길게 갈라 안의 가루를 칼끝으로 긁어낸다. 이 가루와 줄기를 모두 유리볼에 넣고 달걀을 넣은 뒤 가볍게 풀어준다. 여기에 아르마냑과 우유를 넣고 섞는다.
슬라이스한 빵을 이 혼합액에 담가둔다. 두꺼운 팬을 중불에 올리고 버터 분량의 1/3을 두툼하게 잘라 녹인다. 여기에 설탕 분량의 1/3을 넣고 빵 2장을 올린다. 버터와 설탕이 녹으면서 캐러멜라이즈되기 시작하면 팬을 중간중간 흔들어준다. 빵이 점점 노릇하게 구워진다. 빵 윗면에 설탕을 조금 뿌린 뒤 뒤집는다. 빵과 캐러멜이 모두 갈색이 나면 접시에 담고 팬에 남은 캐러멜 소스를 끼얹어 서빙한다.

* Huguette Méliet : 레스토랑 운영자, 드니의 엄마, 지고(J'Go)의 오너, 메뉴 개발자.

관련 내용으로 건너뛰기
p.95 채소 줄기, 잎, 뿌리, 껍질 활용법

* 프랑스어 'dur'는 '단단하다'와 '힘들다'라는 뜻을 모두 갖고 있다.

알랭 샤펠

알랭 샤펠은 피에르 트루아그로, 폴 보퀴즈, 알랭 상드랭스, 미셸 게라르, 자크 픽, 로제 베르제 등이 빛낸 프랑스 미식계의 황금기를 대표하는 요리사 중 한 명이다. 음식의 계절성을 존중하는 이 셰프가 만드는 요리에서 항상 중심을 차지하는 것은 제철 식재료이다.

샤를 파탱 오코옹

Alain Chapel, 불타는 열정의 요리사

(1937-1990)

“나는 나의 채소들과 같은 테루아 안에서 자랐다. 요리사에게 있어 이것은 의미가 있다.”

알랭 샤펠

빛나는 경력

1960-1967
레스토랑 ‘셰 줄리에트(Chez Juliette)’의 리옹 출신 셰프 장 비냐르(Jean Vignard), 미슐랭 가이드의 별 셋을 최초로 획득한 비엔 ‘라 피라미드’의 셰프 페르낭 푸앵(Fernand Point) 밑에서 요리를 배운다.

1967
미오네(Mionnay)에서 부모가 운영하던 작은 호텔 겸 식당 ‘라 메르 샤를(La Mère Charles)’을 물려받는다.

1969
미슐랭 가이드의 별 둘을 획득한다.

1972
프랑스 국가 명장(MOF) 요리사 타이틀을 획득한다.

1973
프랑스 역사상 최연소의 나이로 미슐랭 3스타를 획득한다.

1983
저서 『요리는 단순한 레시피 그 이상이다(*La cuisine c'est beaucoup plus que des recettes*)』을 출간한다. Robert Laffont 출판.

1990
심근경색으로 사망.

미오네에서 고베까지

알랭 샤펠은 동브(Dombes) 지방의 작은 도시 미오네(Mionnay)를 프랑스 미식의 정상에 올려놓았다. “태양을 즐기거나 카라얀 음악을 들으러 또는 ‘주방스 드 라베 수리(Jouvence de l'abbé Souris)’*를 사러 일부러 미오네에 오는 사람은 아무도 없다.” 라고 그는 썼다. 여기에서 그치지 않고 샤펠은 프랑스 셰프로는 최초로 일본 고베에 레스토랑을 오픈하며 자신의 미식 테루아를 확장했다.

* 약초를 원료로 만든 건강 보조 물약

후계자, 알랭 뒤카스

21세에 미오네에 있는 알랭 샤펠의 레스토랑에 입사한 알랭 뒤카스(Alain Ducasse)는 이 멘토의 영향을 많이 받은 제자이다. 알랭 뒤카스의 요리백과 『르 그랑 리브르 드 퀴진(*Le Grand livre de cuisine d'Alain Ducasse*)』이 7차례에 걸쳐 발행될 때마다 그는 “나에게 고품격 요리의 기쁨을 가르쳐준 알랭 샤펠 셰프님께”라는 헌정의 글귀를 남겼다.

즐레를 이용한 그의 요리

숲 비둘기 즐레 위에 성대 필레를 얹고 올드 몰트위스키로 향을 낸 성게알 즐레를 곁들인 요리, 히비스커스 꽃을 곁들인 딸기 즐레 등 알랭 샤펠은 맛을 농축시켜 잡아내는 이 테크닉을 일반 요리는 물론 디저트에도 두루 적용했다. 런던의 미슐랭 3스타 레스토랑 ‘팻 덕(Fat Duck)’을 이끄는 창의력 넘치는 셰프 헤스턴 블루먼솔(Heston Blumenthal)은 레스토랑 메뉴에 ‘민물가재 크림을 곁들인 메추리 즐레 요리(gelée de caille à la crème d'écrevisse)’를 올리고 ‘알랭 샤펠에게 헌정하는 요리’라고 명시했다.

황금빛 닭 간 무스 케이크

크리스티앙 미요(Christian Millau)는 자신의 저서 『미식애호가 사전』에서 자신의 미식 동반자 앙리 고(Henri Gault)가 민물가재 소스를 곁들인 브레스 닭 간 요리를 먹고 “눈에 눈물이 가득 찼다.”라고 말한 감상을 소개했다. 뉴욕타임즈의 음식평론가 크레그 클레이본(Craig Claiborne)은 이 간 무스 케이크에 대해 “이것은 중력의 법칙에 대한 도전이며, 이 세대 요리의 절대적인 영광 중 하나를 차지한 최종 승리자다.”라고 평가했다.

브레스 닭 간 무스 케이크*

4인분
브레스 닭 간(아주 밝은 황금색) 4개
소 사골 골수(닭 간 분량의 반)
소금, 후추
달걀노른자 3개
달걀 3개
우유 650ml
껍질을 벗기고 싹을 제거한 마늘 1/6톨
버터 20g

소스
붉은발 민물가재 24마리
쿠르부이용 1리터
민물가재 버터 50g
홀랜다이즈 소스 200ml
코냑 1대시
생크림(crème fraîche) 150ml
송로버섯 1개

les recettes originales de
ALAIN CHAPEL
LA CUISINE
c'est beaucoup plus que
des recettes
ROBERT LAFFONT

닭 간과 소 골수를 섞은 다음 고운 체에 긁어내린다. 여기에 달걀을 풀어 넣어준 다음 우유를 붓고 간을 한다. 틀 안쪽에 버터를 바른 뒤 높이의 1cm를 남기고 혼합물을 붓는다. 중탕용 물을 넣은 바트나 냄비에 이 틀을 넣는다. 바트 바닥에 작은 망을 놓고 그 위에 틀을 놓아 바닥에 직접 닿지 않게 한다. 서서히 가열하되 중탕용 물이 끓지 않도록 한다. 간 무스케이크는 흠이 없어야 하며 단단하고 윤기 나도록 익어야 한다. 약 1시간 동안 익힌 뒤 손가락으로 눌러보아 익힘 상태가 완전한지 체크한다. 틀을 꺼내 행주로 물기를 닦은 뒤 미리 데워둔 자기 접시에 뒤집어 놓고 틀을 제거한다. 민물가재 살로 만든 소스를 끼얹어 서빙한다.

소스
민물가재 24마리를 쿠르부이용에 완전히 삶은 뒤 껍질을 벗겨 살을 발라낸다. 소금, 후추로 밑간을 한다. 버터를 달군 소테팬에 민물가재 살과 얇게 슬라이스한 생 송로버섯 몇 조각을 함께 넣고 센 불에서 볶는다. 코냑(fine de cognac)을 넣어 디글레이즈한다. 생크림을 넣고 1~2분 정도 끓인 뒤 불에서 내리고 홀랜다이즈 소스를 넣어 농도를 맞춘다.

* 『요리는 단순한 레시피 그 이상이다』에서 발췌한 레시피. Robert Laffont 출판.

구제르

이 구름 같은 따끈한 과자는 고소한 치즈 맛을 풍기는 미니 슈다.
이보다 더 맛있는 아페리티프는 없다.
프랑수아 레지스 고드리

구제르는...
플랑드르(Flandre)의 음식일까? 플랑드르 지방의 인기 있는 특산품인 '구아에르(goyère 마루알 등의 치즈를 얹어 구운 퍼프)'와 비슷해서 그렇게 생각할 수도 있다. 하지만 이미 13세기부터 구아에르(goière)는 프랑스의 여러 지방에서 언급되었다.
프랑슈 콩테(Franche-Comté)의 음식일까? 레시피에 대부분 콩테 치즈가 들어가기 때문에 프랑슈 콩테 지방이 원조라고 주장하는 목소리가 크지만, 이는 부르고뉴 백국이 이 지역을 지배했던 것이 10세기부터 17세기까지라는 사실을 감안하면 설득력이 떨어진다.
부르고뉴의 음식일까? 이것이 가장 믿을 만한 설이다. 구제르는 '라므캥(ramequin)'이라고 불린 옛 특선음식의 모습과 매우 비슷하다. 이 명칭은 치즈 슈 반죽을 구웠던 틀 이름과 동일하다. 그리모 드 라 레니에르(Grimod de la Reynière)는 1804년판 『미식가 연감(*Almanach des gourmands*)』에서 구제르의 원조는 부르고뉴라고 주장했다.

알고 계셨나요?

1920년대 프로스페르 몽타녜(Prosper Montagné)는 구제르를 '그뤼에르 치즈 큐브를 콕콕 박은 왕관 모양 과자'라고 표현했다. 이후 구제르는 슈(chou)의 모양을 갖추게 되었지만 아직도 몇몇 가정에서는 왕관 모양으로 만든다. 이 과자는 따뜻하게 혹은 식혀서 먹으며 전통적으로 와인 저장고에서 포도주를 시음할 때 곁들인다.

부르고뉴식 구제르

작은 구제르 약 20개분
또는 큰 사이즈의 왕관 형 구제르 1개분
물 175g
버터(깍둑 썬다) 90g
고운 소금 2g
밀가루 125g
달걀(중간 크기) 3개
콩테(comté) 치즈 125g
그라인드 후추
넛멕

오븐을 160℃로 예열한다. 냄비에 물, 버터, 소금을 넣고 끓을 때까지 가열한다. 불에서 내린 뒤 밀가루를 한 번에 넣고 잘 저어 섞는다. 다시 약불에 올리고 나무 주걱으로 재빨리 저어가며 수분을 날린다. 따뜻한 온도로 한 김 식힌다. 불에서 내린 뒤 달걀을 한 개씩 넣어가며 그때마다 세게 저어 혼합한다(튼튼한 팔 또는 전동 스탠드 믹서가 필요하다). 치즈 분량의 반은 그레이터에 가늘게 갈고 나머지는 작은 큐브 모양으로 썬다. 치즈를 모두 반죽에 넣고 후추, 넛멕 가루를 넣어준다. 유산지를 깐 베이킹 팬(또는 논스틱 코팅 처리된 베이킹 팬) 위에 스푼으로 반죽을 동그랗게 조금씩 떠 놓는다(짤주머니를 사용해도 좋다). 오븐에서 25분간 굽는다. 익는 도중 오븐 문을 열지 않는다. 부르고뉴 화이트와인을 곁들여 따뜻하게 먹는다.

바베트의 만찬

LE FESTIN DE BABETTE

덴마크의 작가 카렌 블릭센(Karen Blixen)의 단편소설을 가브리엘 악셀(Gabriel Axel) 감독이 영화화한 이 작품은 1988년 오스카 외국어영화상을 수상했다. 감각의 최고 경지를 표현한 시가(詩歌)로 꼽힌다.
에스텔 르나르토비츠

주방

주인공 바베트(스테판 오드랑 분). 파리의 한 유명 레스토랑 셰프였던 그녀는 파리 코뮌의 탄압을 피해 덴마크 윌란 반도의 한적한 바닷가 마을로 피신한다. 신앙과 봉사를 천직으로 여기며 살아가는 두 자매의 집에서 가정 일을 도와주며 이 작은 공동체 생활에 소박하게 적응하며 살아간다. 어느 날 복권에 당첨되어 뜻하지 않은 액수의 상금을 손에 쥐게 된 바베트는 프랑스로 돌아가는 대신 마을 사람들을 초대해 최고의 식사를 대접한다.

12인의 손님

오히려 12명의 신도라고 말해도 좋을 이들은 저녁 식사 시간에 모여 앉아 최고로 화려한 프랑스 요리 향연에 놀라움을 금치 못한다. 각각의 요리는 감자 수프와 검은 빵에 더 익숙한 이 엄격하고 독실한 루터교 신자들의 마음을 빼앗기 충분했다. 음식이 기적적으로 하나님과의 관계를 변모시키는 신비한 경험을 그려낸 이 영화에서 만찬은 곧 영성체요 헌신이자 식탁의 기쁨을 통한 축복의 행위이다.

메뉴

요리 서빙

자라 수프 – 살아 있는 자라가 작은 배로 바닷가 마을에 들어오는 장면을 볼 수 있다.
데미도프 블리니(Blinis Demidoff) - 생크림과 캐비아를 얹어 서빙한다.
페이스트리 위에 얹은 속을 채운 메추리 – 푸아그라를 채운 메추리, 송로버섯 소스.
엔다이브 호두 샐러드
치즈
당절임 과일을 곁들인 바바 오 럼
신선한 과일(포도, 무화과, 파인애플)

음료와 주류 페어링

아몬틸라도 셰리(Xerès Amontillado) - 수프와 함께 서빙.
뵈브 클리코(Veuve Cliquot) 샴페인 1860 – 블리니와 함께 서빙.
클로 드 부조(Clos de Vougeot) 1845 – 메추리, 치즈와 함께 서빙.
고급 샴페인
물 – 과일과 함께 서빙
커피 – 바바 오 럼과 함께 서빙

"이 여인은 '카페 앙글레(Café Anglais)'에서 서빙되는 그 어떠한 식사도 애정관계로 변화시키는 능력을 지녔다. 이는 육체적 욕구와 정신적 욕구 사이에서 우리가 더 이상 나누어 분간할 수 없는 숭고하고도 로맨틱한 사랑의 관계이다."

바베트의 만찬(Le Festin de Babette)
- 카렌 블릭센(Karen Blixen), 1958

관련 내용으로 건너뛰기
p.385 영화에 등장한 셰프들

와인계의 모험가들

Clos du Tue-Bœuf

프랑스 와인의 새로운 운명을 개척한 다섯 곳의 와이너리를 소개한다.

실비 오주로*

도멘 마르셀 라피에르
DOMAINE MARCEL LAPIERRE
보졸레 Beaujolais

마르셀 라피에르는 내추럴 와인에 도전한 첫 세대 인물 중 하나이며 또 이로 인해 타격을 받은 초창기의 와인 메이커이기도 하다. 그는 너무 느슨하게 자연에만 의존한 와인이 초기에는 호평을 받지 못했다고 주저 없이 고백한다. 와인 양조에서 '황(soufre)'의 사용은 오래전부터 존재해왔으며, 이를 개선하고자 하는 포도주 양조학은 비약적으로 성장했다. 이것 없이는 어떠한 양조 경험도 실체화될 수 없었다. "성공하거나 버리거나 둘 중 하나였습니다. 농부들은 살아가는 데 포도주만을 바라보고 있지는 않거든요."

그는 각 방면으로 시도해보고 분석하며 연구했다. 또한 이에 대해 배우고자 찾아온 이들과 자신의 자녀들에게 이 역사를 전수해주었다. 카미유와 마티유는 이미 마르셀이 사망하기 전 이 비법을 전수받았고 마리(샤토 캉봉도 관리하고 있는 에너지 넘치는 어머니)의 기술 또한 습득했다. 이때부터 우리는 보졸레를 마신다.

생산되는 와인 : '레쟁 골루아(Raison Gaulois)'는 각종 질병에 대항하는 이 지역의 '마법의 물약'이라고 할 수 있다. 목을 타고 매끄럽게 넘어가는 포도즙이다. "보졸레는 당신의 허리로 바로 내려가며 그곳에서 머물지는 않아야 하는 포도주다." 라피에르 가족들의 좌우명이다.

→ Camille et Mathieu Lapierre, Domaine Marcel Lapierre, Rue du Pré Jourdan, Villié-Morgon (Rhône)

도멘 플라졸
DOMAINE PLAGEOLES
쉬드 우에스트 Sud-Ouest

플라졸은 프랑스 남서부(Sud-Ouest)의 와인이 다시 부상하는 데 밀접하게 연관된 가문의 이름이다. 조부 마르셀은 소박하지만 2000년 역사의 자부심을 지닌 가이약(Gaillac) 와인을 최초로 병입한 사람이다. 이어서 부친 로베르는 오늘날 '살아 있는 박물관'이라는 호칭의 대상이 되면서 많이 회자되고 있는 잊힌 옛 포도품종들을 부활시켰다. 미리암과 베르나르는 특유의 사투리 억양으로 라벨에 종종 '가이약'이라는 이름을 사용하지 못하게 하는 규정에 대해 격앙된 목소리를 높인다. 아들 로맹과 플로랑은 보조를 맞추어 이에 도전해 더욱 소리를 높이고 있다. 이와 같은 가족 멤버 이외에도 플라졸 와이너리에서는 직원 제롬 갈로와 이웃 마린 레이부터 이 마을 전체에 멀리 살고 있는 부모들까지도 함께 일하고 있다.

생산되는 와인 : 플라졸에서는 발포성 내추럴 와인이 주종이 아니다. '모자크 나튀르(Mauzac nature)'가 대표 와인이다. 청사과 향이 두드러지는 모자크(mauzac) 포도는 이 와인에 최적인 품종으로 상큼하게 식욕을 돋운다.

→ Myriam et Bernard PlageolesLes Très Cantous, Cahuzac-sur-Verre (Tarn) vins-plageoles.com

도멘 그라므농
DOMAINE GRAMENON
론 Rhône

그라므농의 와인들은 여러 소명의식을 갖고 있다. 1999년 사망한 남편과 함께 내추럴 와인의 선구자라는 길을 걸어온 미셸 오베리(Michèle Aubéry)는 와인 양조에 황 첨가를 완전히 배제하지는 않는다. "황을 쓰지 않고 와인을 만든다는 것은 사치스러운 일입니다. 이는 와인 메이커의 기쁨이기도 하지요. 황을 첨가한다는 것은 와인의 자연스러운 흐름을 끊고 그 자체의 깊이를 제거할 수 있다는 사실을 잘 아실 겁니다."

그녀는 까다로운 빈티지에도 주저함 없이 자신과 와인에 대한 자부심으로 자유롭게 임한다. 모든 것은 포도나무에서부터 시작된다. 미셸은 비오디나미 농법에 몰두하고 이를 시적으로 표현한다. "와인은 모든 요소와 땅, 하늘의 통합체이다. 나는 태양의 에너지를 포도주 통안에 가둔다. 와인 병을 오픈하며 우리는 지나간 한 해를 향한 창문을 연다." 와인은 이 추억을 해석해주는 힘을 갖고 있다. 그라므농의 와인은 이 추억을 영원히 남긴다.

생산되는 와인 : '푸아녜 드 레쟁(Poignée de raisin)'. 그르나슈(grenache)와 생소(cinsault) 품종 어린 나무에서 수확한 포도로 만드는 이 와인은 순수한 과일과 갓 피어난 꽃향기로 그라므노 와인에 특색을 부여한다.

→ Michèle Aubéry-Laurent et Maxime Gramenon, Montbrizon-sur-Lez (Drôme), domaine.gramenon@club-internet.fr

클로 뒤 튀 뵈프
CLOS DU TUE-BŒUF
루아르 Loire

티에리와 장 마리 퓌즐라(Thierry et Jean-Marie Puzelat)는 루아르 에 셰르(Loir-et-Cher) 지방에 큰 (내추럴) 와인 생산 일가를 이루었다. 진흙 위를 밟는 것을 꺼리는 사람은 아무도 없어 보였다. 이들은 가을 내내 밭고랑을 일구고 16헥타르의 토지를 갈아엎는다. 특히 동네(그리고 다른 동네의) 청년들이 달려와 성심껏 도움을 주는 것은 그들과 저녁 식사를 함께 하기 때문이다. 이후 이들은 앵드르(Indre)로 그들을 독려하려고 몰려드는 팬클럽을 갖게 되었다. 가수들에게나 있을 법한 신기한 인생이다. 심지어 가수 알랭 수숑도 이웃에서 이들이 포도밭 작업 하는 것을 보러 찾아왔었다.

생산되는 와인 : '라 카이에르(La Caillère) 2015'. 그렇다. 투렌에도 옛날부터 피노누아가 있었다. 이것을 소중히 다루면 근사한 부르고뉴 유명 와인에 필적할 만한 수준의 와인을 만들어낼 수 있다. 물론 가격은 훨씬 덜 비싸다.

→ Thierry et Jean-Marie Puzelat Clos du Tue-Bœuf, 6, route de Seur, Les Montils (Loir-et-Cher), puzelat.com

샹파뉴 자크 셀로스
CHAMPAGNE JACQUES SELOSSE
샹파뉴 Champagne

소비자들의 구미에 맞춰 기분을 좋게 하는 샴페인과는 달리 앙셀름 셀로스의 샴페인은 더욱 공격적인 도전의식을 갖고 있다. 그는 또한 자신의 와인을 처음 마시는 사람들과도 이를 공유하고자 한다. 그는 숲속에서 포도나무를 재배하는 선구자이며 비오디나미(biodynamie) 농법의 추종자다. 자생 효모부터 포도주 지게미 재의 분석까지 각 과정은 끝나지 않는 또 다른 과정으로 귀결한다.

샴페인은 아마도 세상에서 가장 긴 여정의 와인일 것이다.

생산되는 와인 : '쉬브스탕스(Substance)'는 세월이 많이 걸리는 와인이다. 해당 연도 빈티지에 아주 오래된 와인을 첨가해 더욱 '세련된' 샴페인을 만든다. 이 와인의 짭조름한 노트와 풍부한 향은 우리의 마음을 요동치게 만든다.

→ Champagne Jacques Selosse 5, rue de Cramant, Avize (Marne), selosse-lesavises.com

* Sylvie Augereau : 저널리스트, 와인 시음 전문가. '디브 부테이(Dive Bouteille, 최대 규모의 내추럴 와인 페스티벌로 매년 2월 소뮈르(Saumur)에서 열린다)'의 운영진으로 활동하고 있으며 소뮈르(Saumur)와 앙제(Angers) 사이에서 포도 농사를 짓고 있다. 앙투안 제르벨(Antoine Gerbelle)과 공저로 『오늘의 갈증, 내추럴와인 총정리(*Soif d'aujourd'hui, la compil des vins au naturel*)』를 출간했다. Tana 출판, 2016.

관련 내용으로 건너뛰기
p.84 내추럴 와인

이런 키슈라니!

비난이 아니다. 다만 이것은 크림과 달걀을 넣어 만드는 이 짭짤한 타르트를 먹었을 때 마음속으로부터 나오는 외침이다. 정통 키슈 로렌부터 응용 레시피로 만든 다양한 키슈까지 두루 살펴보자.

마리 아말 비잘리옹

옛날 옛날에...

... 일상적인 빵 반죽을 좀 더 색다르게 먹기 위해 그 위에 달걀, 생크림, 버터로 만든 간단한 혼합물인 '미겐(migaine)'을 채워 한 주 동안 빵을 구워낸 마지막 화덕 오븐에 구워냈다. 18세기에 들어와 이 '미겐' 혼합물은 더욱 걸쭉해졌고 버터를 넣은 반죽 시트에 채워 넣게 되었다. 19세기부터는 혼합물에 베이컨이 필수 재료로 추가되었다. 키슈는 당연히 로렌식이 원조다. 케이슈(Kéich 케이크)와 키슈(Kich 요리) 사이에서 약간의 의문이 제기되긴 하지만 '키슈(quiche)'라는 용어는 서방 게르만족의 방언인 로렌의 프랑크어에서 온 것이 분명하다.

프로이센에 감사를!

그들이 없었다면 키슈는 아마도 시골구석에 묻혀 있었을지도 모른다. 1870년 프랑스와 프로이센 간의 전쟁이 발발한다. 프랑스 군은 병합된 스당(Sedan), 알자스(Alsace), 모젤(Moselle) 지역에서 패하게 되고 로렌 사람들은 점령군을 피하기 위해 리옹, 파리 등으로 이주한다. 이들과 함께 고향의 전통요리 키슈도 함께 옮겨왔고 오늘날 전 세계에 널리 퍼져 사랑받는 음식이 되었다.

'정통식' 키슈 로렌!

로렌 출신 유명 셰프 시릴 르클레르(Cyril Leclerc)와 프레데릭 앙통(Frédéric Anton)이 조율을 해가며 여러 번의 테스트를 마친 키슈 레시피다. 르클레르는 달걀 8개를 사용했고 앙통은 달걀 4개와 크림 분량의 반만 넣고 넛멕 가루를 아주 조금 넣었다.

파트 브리제 La pâte brisée

넓적한 볼에 밀가루 250g, 소금 2꼬집, 상온에 두어 부드러워진 버터(깍둑 썬다) 125g을 넣고 섞는다. 손가락으로 비비듯 섞어 굵직한 모래 질감을 만든다. 이어서 물 2~3테이블스푼을 넣고 반죽한 다음 재빨리 둥글게 뭉친다. 운두가 약간 높은 틀에 버터를 바른 뒤 반죽을 놓고 손으로 납작하게 눌러 편다. 손바닥으로 바닥을 눌러가며 조금씩 가장자리로 밀어 펴 전체적으로 균일한 두께가 되도록 한다.

베이컨 La poitrine fumée

250g 덩어리를 준비한다. 깍둑 썰어 끓는 물에 잠깐 데친 뒤 건져서 물을 뺀다. 팬에 노릇하게 지진 다음 키슈 반죽 시트 바닥에 고루 깔아준다.

달걀 혼합물 Le mélange à l'œuf

볼에 달걀 3개와 달걀노른자 3개에 액상 생크림 400ml, 비멸균 더블크림 넉넉히 한 국자를 넣고 풀어준다. 후추를 넣고 소금 간을 약하게 한다. 키슈 시트를 깐 틀에 혼합물을 붓는다. 180°C 오븐에 넣어 먹음직하게 노릇한 색이 나도록 30분간 굽는다. 꺼내서 15분 정도 휴지시켜 뜨거운 한 김이 나가고 어느 정도 모양이 굳도록 한다. 이렇게 하면 깔끔하게 자르기 더 수월해진다.

그린 샐러드를 곁들이는 것은 필수이다.

★

비슷한 응용 레시피

보주(Vosges) 키슈는 치즈가 들어가는데 특히 보주 특산 그랑 크뤼 에멘탈을 사용하며 버터에 볶은 양파도 함께 넣는다.

★

다양한 재료를 넣어 만드는 키슈

참치
아주 빠른 시간 내에 간단히 만들 수 있는 레시피로 통조림 참치의 오일이나 국물을 제거한 뒤 약간의 카레가루와 파슬리를 넣어 섞는다.

홍피망
오븐에 통째로 구운 뒤 지퍼백에 넣어 식힌다. 껍질을 벗긴(저절로 잘 벗겨진다) 뒤 달걀, 생크림, 커민을 넣고 블렌더로 간다. 밝은 주황색 혼합물이 완성된다.

훈제 연어
가위로 굵직하게 썰고 신선한 딜을 섞어준다.

주키니호박
호박을 동그랗게 썰어 소금에 절여야 하기 때문에 시간이 좀 걸린다. 절여서 수분을 제거한 주키니 호박을 올리브오일을 달군 팬에 볶는다. 다진 마늘을 소량 넣고 말린 민트 잎을 부수어 넣는다. 작은 조각으로 떼어 놓은 브로치우 치즈를 조금 넣어준다. 이 키슈는 식은 뒤 먹는 것이 더 맛있다.

그린 아스파라거스
손질한 아스파라거스의 밑동을 잘라 끓는 물에 아삭하게 데쳐 건진다. 타르트 반죽 시트 안에 나란히 놓는다. 아스파라거스 윗동 부분은 버터에 지진 뒤 키슈 위에 놓고 가늘게 갓 갈아낸 파르메산 치즈를 넉넉히 덮어준다.

깍둑 썬 마루알 치즈와 리크
리크를 얇게 썰어 라르동을 지져낸 팬에 넣고 볶는다. 키슈와 프랑스 북부지방의 대표적인 타르트인 플라미슈(flamiche)를 합한 스타일로 든든한 한 끼로 손색이 없다.

코코넛 크림(이것도 크림 맞지요?)
달걀 양을 조금 줄이고 중간 크기의 새우의 껍질을 벗겨 넣는다. 생 고수, 카피르라임 잎 1장(레몬 향을 낼 수 있다), 강판에 간 생강, 매운 고추를 약간 넣어준다.

키슈 로렌에 다음과 같은 재료가 들어가나요?

치즈? NO. 그것은 범죄다. **넛멕?** 역시 NO. 하지만 한 꼬집 넣는다고 망치진 않는다. **잘라서 팩에 포장한 베이컨 라르동?** 절대 NO! 덩어리로 판매하는 농가(기왕이면 로렌 지방) 생산 생삼겹살 또는 훈제 삼겹살을 준비한다. **우유?** 응어리가 뭉칠 수 있다. 부득이한 경우라면 우유(전유)를 조금 넣어도 되지만 크림으로만 만드는 것이 훨씬 맛있다. **어떠한 크림이나 괜찮을까?** NO. 가능하면 유산 발효균이 첨가되지 않은 비멸균 생유크림을 선택한다. **파트 피유테?** 이런 실수는 금물! 반죽이 흠뻑 젖게 된다. 오로지 파트 브리제(pâte brisée)만 사용가능하다. **냉동 파트 브리제?** 신성모독이다. 파트 브리제 반죽은 5분이면 쉽게 만들 수 있을 뿐 아니라 직접 만드는 것이 맛도 훨씬 좋다. 반죽을 틀에 앉힌 뒤 미리 초벌굽기를 하지 않는다. 혼합물을 모두 채운 뒤 함께 익힌다.

관련 내용으로 건너뛰기
p.190 피살라디에르

단어와 요리

Des Mots & des Mets

식사의 언어

'식사(repas)'를 할 때 우리는 음식을 '먹는다(repaît)'. 이 두 단어는 어원이 같다. '식사, 끼니'라는 뜻의 '르파(repas)'가 '우리가 일정한 시간에 연속적으로 취하는 음식과 음료'라는 의미를 지니게 된 것은 16세기, 그리고 라블레식 화려한 연회가 등장한 이후이다. 다시 말해 애피타이저, 메인 요리, 디저트 코스로 구성된 식사이다.

오로르 뱅상티

점심 Déjeuner

'데죄네(déjeuner)'는 영어의 **브렉퍼스트(breakfast)**처럼 **'굶주림을 끊는다'**라는 뜻으로 원래는 아침에 먹는 하루의 **첫 번째 끼니**를 뜻했다. 오늘날에는 아침 식사를 '프티 데죄네(petit-déjeuner)'라고 부르지만 19세기에는 **'데죄네 아 라 타스(déjeuner à la tasse)'**라고 불렸다(tasse는 컵, 잔을 뜻한다). 왜냐하면 우유, 티, 커피, 코코아 한 잔에 구운 빵 한 조각**(일명 토스트)**을 곁들여 먹었기 때문이다. 16세기에는 오전 10시 경에 아침 식사를 했다. 17세기에는 오전 11시와 낮 12시 사이에 먹었고, 19세기에 이르러 이 단어는 하루 **중간에** 먹는 식사를 지칭하게 되었다. 당시까지만 해도 이 식사를 **'디네(dîner)'**라고 불렀었지만 1850년경부터는 하루 중 두 번째 식사 또는 '데죄네 아 라 푸르셰트(déjeuner à la fourchette 포크로 먹는 데죄네)'라고 지칭했다. 1950년 이후 대도시에서는 이 식사가 13시까지 늦춰지기도 했다.

저녁 Dîner

'디네(dîner)'는 **그 시간이 가장 다양하게 변화한** 식사 명칭이다. 이 명칭의 뜻은 원래 **'정오에 먹는 끼니(repas de midi, 1532)'**에서 **'저녁 식사(repas du soir)'**로 바뀌었다. 18세기 말, '디네'는 늦어도 16시까지 이루어졌고 19세기에는 17시 또는 18시에 행해졌다. 하지만 벨기에, 퀘벡, 프랑스어권 스위스에서는 **하루의 중간에 먹는 식사**를 '디네'라고 부르며 프랑스에서도 몇몇 지방 사람들은 아직도 이 관습을 그대로 이어오고 있다.

늦은 저녁 Souper

'수페(souper)'는 원래 수프로 이루어진 **저녁 시간의 식사**로 도시에서는 거의 사라졌고 기껏해야 늦은 저녁에 먹는 간단한 간식, 예를 들어 부유층들이 공연 등을 관람하고 **간단히 먹는 식사** 등을 의미한다. 몇몇 지방에서는 아직도 옛 습관이 이어지고 있다.

간단한 요기

이름이 말해주듯 '앙 카(en cas '~할 경우에'라는 뜻)'는 필요한 경우, 예측하지 못한 뜻밖의 경우, 심하게 배가 고플 때 요기할 수 있는 **가벼운 식사(collation légère)**를 의미한다. '콜라시옹'은 가벼운 식사이지만 원래는 먹는 것과는 상관없는 것이었다. 라틴어 **'콜라툼(collatum, conferre의 명사형.** '대화를 나누다', '만나 이야기하다'라는 뜻)'에서 유래한 이 단어는 수도사들 사이의 **교류의 시간,** 강론의 시간을 지칭했다. 18세기에 이 교류 모임이 **저녁 식사 시간**에 행해졌기 때문에 '콜라시옹'이라는 단어는 저녁 때 먹는 가벼운 식사라는 뜻으로 굳어졌다. 고전 시대에 궁정에서는 콜라시옹을 선호했다. 간식을 뜻하는 **'구테(goûter)'**는 너무 **대중적인 중산계층의 것**으로 여겨졌다. 1789년 이후 '구테'라는 단어가 이를 대신하게 되었다. 18세기부터 이것은 주로 어린이들이 먹는 간식을 뜻했고 흔히 **'오후 4시(le quatre-heures)'**라는 표현을 사용하게 되었다. 영국의 **오후 5시 티타임(five o'clock tea)**을 본뜬 것으로 티타임에 작은 비스킷을 곁들여 먹으며 티를 마신다.

두 끼 식사의 중간

부유층 사이에서는 몇 시간에 걸쳐 이루어지는 긴 식사 대신 의도적으로 **절충된** '가벼운 식사'가 탄생하게 되었다. 이렇게 생겨난 **'브런치(brunch)'**는 1970년대에 영어에서 따 온 단어로 역사적으로는 **늦은 시간에 일어나 먹는 아침 식사**를 뜻하며 아침식사 **'브렉퍼스트(breakfast)'와 점심 식사 '런치(lunch)'**의 합성어다. 아침을 먹기엔 이미 시간이 지났을 때 바로 점심으로 넘어가는 끼니로 커피와 크루아상을 기본으로 하지만 다양한 종류의 짭짤한 음식과 달콤한 음식 모두 가능되며 커피 대신 와인이나 샴페인을 곁들이기도 한다.

19세기에는 **늦은 저녁 식사 스타일의 간식(goûter soupatoire)**이 등장했다. 이 이름은 얼마 안 되어 **구테 디나투아르(goûter dînatoire 저녁을 겸하는 간식)**와 **데죄네 디나투아르(déjeuner dînatoire 저녁을 겸하는 점심)**로 대체되었다. 오늘날에는 **아페리티프 디나투아르(apéritif dînatoire)**를 즐기기도 한다. 아페리티프는 입맛을 **'열기(ouvrir)'** 위한 식전 음식으로 라틴어 어원 **'아페리레(aperire)'**에서 왔다. 제대로 차린 정찬인 경우는 거의 드물며 주로 소파 테이블 주위에 여럿이 **둘러 앉아** 알코올 음료와 샤퀴트리, 짭짤한 맛의 파운드케이크, 다양한 딥을 곁들인 당근 스틱 등을 나누어 먹는다. 또한 식사를 겸한 티타임인 테 디나투아르(thé dînatoire)는 따뜻한 음료로 시작한다. 하지만 키르(kir) 한잔을 곁들여도 무방하다.

N.B. **슬런치(slunch = supper + lunch)**와 **드런치(drunch = dinner + lunch)**라는 합성어도 등장하는 추세이나 프랑스식 식사를 곁들인 아페리티프(apérodînatoire)가 더 인기가 높다.

★

프리슈티 *UN PETIT FRICHTI*

'프리슈티'는 19세기에 **알자스**에 도입되었으며 아침 식사를 뜻하는 독일어 **'프뤼슈튀크(frühstück)'**에서 온 것으로 전해진다. 하지만 몇몇 언어학자들은 이 단어가 갈로 로만어 **'프리시카레(frixicare, 탕진하다)'**에서 유래했다고 주장한다. 프리슈티는 원래 호화로운 연회를 의미했지만 오늘날에는 주로 정성이 담긴 간단한 홈 메이드 식사를 가리킨다.

★

관련 내용으로 건너뛰기 : p.243 베르나르 피보

프랑스의 시트러스 과일

이들은 향을 내고 입맛을 돋우며 많은 요리에서 드레싱 소스로 활약한다. 또한 남 프랑스의 태양이자 앙티유 제도의 열기이며 프랑스령 섬의 이국적인 맛이다. 프랑스령 영토 각지에서 재배되는 다양한 시트러스 과일을 살펴보자.

발랑틴 우다르

1
2
3
4
5
6
7
8
9
10
11
12

미셸 & 베네딕트 바셰스 Michel et Bénédicte Bachès : 시트러스 과일 재배자, 종묘업자, 연구원, 모험가. 시트러스 과일에 열정을 가진 베네딕트와 미셸 바셰스 부부는 오늘도 다양하고도 놀라운 품종을 찾아 전 세계를 누비고 다닌다. 그들이 가꾸는 농원의 온실에는 800여 종의 시트러스 과일 품종이 있으며 이들 중 몇몇은 그 원산지가 프랑스다.

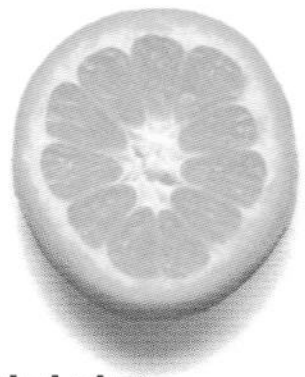

1 니스의 비가라드 *Bigarade de Nice*
수목 학명 : Citrus aurantium
원산지 : 비터오렌지(orange amère) 라고도 불린다. 원산지는 중국이며 9세기에 북부 아프리카에 유입된 이후 이탈리아로 들어왔다.
외형 및 특징 : 주황색을 띠며 껍질이 오렌지처럼 울퉁불퉁하다. 과육은 시고 쌉싸름한 맛이 난다.
출하시기 : 12월~1월
향 프로필 : 에센스오일, 비터오렌지 꽃
용도 : 쌉쌀한 맛의 과육은 익혀서 잼, 마멀레이드 등을 만든다.

2 코르시카의 클레망틴 *Clémentine de Corse*
수목 학명 : Citrus reticulata corsica
원산지 : 만다린 귤과 오렌지의 교배종으로 알제리 오란(Oran) 근처에서 이 과일을 처음 재배해 낸 클레망틴 사제의 이름을 붙였다.
외형 및 특징 : 잎이 달려 있고 밑 부분은 녹색을 띤다. 붉은 빛이 진한 오렌지색으로 껍질이 매끈하고 윤이 난다. 과육은 새콤하며 씨가 없다.
출하시기 : 11월~2월
향 프로필 : 새콤하며 단맛이 적다.
용도 : 생과일, 주스

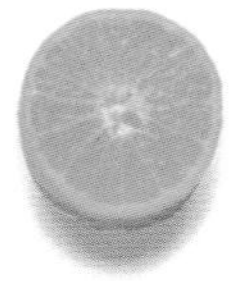

3 코르시카의 만다린 귤 *Mandarinier de Corse*
수목 학명 : Citrus deliciosa
원산지 : 중국. 중국 왕실의 고위 관료들(Mandarin)에게 진상하던 과일이라 하여 '만다린'이라는 이름이 붙게 되었다. 만다린 나무는 1850년 경 코르시카섬에 들어왔다.
외형 및 특징 : 껍질이 얇고 주황색을 띠며 씨가 많다.
출하시기 : 12월~1월
향 프로필 : 과육이 달고 클레망틴보다 신맛이 적다. 에센스 오일, 비터오렌지 꽃
용도 : 생과일, 잼

4 타히티의 라임 *Lime de Tahiti*
수목 학명 : Citrus latifolia
원산지 : 아시아 열대지역
외형 및 특징 : 껍질이 매끈하고 얇으며 에센스 오일이 풍부하다. 완전히 익어도 녹색을 띠며 윤기는 떨어진다.
출하시기 : 10월~11월
향 프로필 : 즙과 껍질의 향이 매우 진하다.
용도 : 라임 즙은 타히티식 날생선 요리에 사용된다.

5 망통의 레몬 *Citron de Menton*
수목 학명 : Citrus limon
원산지 : 망통 지역에서 15세기부터 재배되었다.
외형 및 특징 : 타원형의 밝은 황색을 띤 레몬으로 햇과일의 경우 연둣빛, 완전히 익으면 선명한 노란색을 띤다. 즙이 아주 풍부하며 껍질이 두껍고 울퉁불퉁하다.
출하시기 : 12월~3월
향 프로필 : 새콤달콤하다. 사과처럼 먹을 수 있다.
용도 : 망통 레몬 타르트!

6 낭시의 베르가모트 *Bergamote de Nancy*
이것은 시트러스 과일이 아니라 프랑스에서 유일하게 IGP(지리적표시보호) 인증을 획득한 낭시의 유명한 사탕이다. 황갈색의 투명한 캔디로 새콤한 맛이 나는 이 당과류는 설탕 시럽에 베르가모트 천연 에센스 오일을 넣어 만든 것으로 반드시 칼라브르(Calabre) 산 베르가모트를 사용해야 한다고 제품 제조사양서에 명시되어 있다.

7 콩바바, 카피르라임 *Combava*
수목 학명 : Citrus hystrix, '레위니옹 라임(citron vert de la Réunion)' 또는 '모리셔스 파페다(papeda de Maurice)' 라고도 불린다.
원산지 : 동남아시아
외형 및 특징 : 작은 라임과 비슷하며 껍질이 우툴두툴 부풀어 있다.
출하시기 : 10월~2월
향 프로필 : 껍질 제스트를 생선, 갑각류 해산물 요리에 넣으면 아주 잘 어울린다. 레위니옹섬의 특선 요리 루가이유(rougail)에는 이 라임의 잎을 넣어 향을 낸다.
용도 : 레몬그라스와 비슷하다.

8 포멜로 *Pomelo*
수목 학명 : Citrus paradisi
원산지 : 앤틸리스 제도(Antilles)
외형 및 특징 : 자몽보다 크기가 작고 껍질은 핑크빛을 띤 노란색이며 두껍고 매끈하다. 과육은 시고 약간 쌉싸름한 맛이 난다.
출하시기 : 3월~6월
향 프로필 : 부드럽고 쓴맛이 적은 과육을 사용한다.
용도 : 생과일. 아보카도 새우 샐러드에 넣으면 최상의 궁합을 이룬다.

9 레위니옹섬의 탕고르 귤 *Tangor de la Réunion*
수목 학명 : Citrus reticulata, '오르타니크 탕고르(Ortanique tangor)'
원산지 : 자메이카에서 처음 발견되었으며 1970년대에 레위니옹섬에 도입되었다.
외형 및 특징 : 탠저린 귤과 오렌지의 교배종. 껍질은 오렌지 빛의 붉은색이며 얇고 오톨도톨하다.
출하시기 : 6월~9월
향 프로필 : 과육은 즙이 많고 달콤하며 살짝 새콤한 맛이 난다.
용도 : 생과일, 주스.

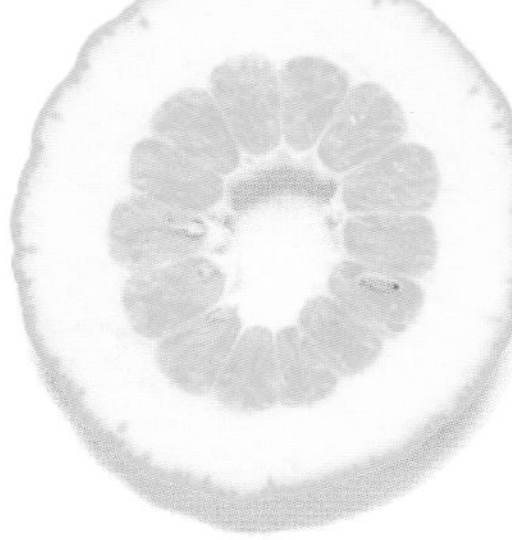

10 콜리우르의 푼셈, 세드라 퐁시르 *Pouncem ou Cédrat Poncire* De Collioure*
수목 학명 : Citrus medica
원산지 : 정확히 알 수 없다. 자몽과 세드라(시트론)의 교배종으로 카탈루냐에서 300년 전부터 존재해왔다.
외형 및 특징 : 큰 사이즈의 포멜로라고 할 수 있으며 익으면 오렌지빛 노란색을 띤다. 즙이 풍부하다.
출하시기 : 11월~1월
향 프로필 : 즙과 과육의 신맛이 꽤 강하다.
용도 : 카탈루냐 요리에 아주 많이 사용된다.

11 프랑스령 기아나의 샤데크 *Chadèque ou chadek de Guyane*
수목 학명 : Citrus grandis, citrus maxima, '카옌 자몽(pamplemoussier de Cayenne)'이라고도 불린다.
원산지 : 17세기에 영국 함대의 섀독(Shaddock) 대위를 통해 기아나에 들어왔으며 이름도 여기에서 유래했다.
외형 및 특징 : 자몽의 사촌 격으로 껍질이 두껍고 연두색을 띠며 자몽보다 즙이 적다.
출하시기 : 12월~5월
향 프로필 : 떫고 약간 쌉쌀한 맛.
용도 : 설탕, 계피, 바닐라를 넣고 조린다.

12 코르시카의 세드라, 시트론 *Cédrat de Corse*
수목 학명 : Citrus medica
원산지 : 코르시카섬을 점령한 최초의 시트러스 과일 중 하나이다.
외형 및 특징 : 갸름한 타원형으로 큰 사이즈의 레몬에 해당한다. 껍질이 매우 두껍고 단단하며 향이 진하다.
출하시기 : 11월~12월
향 프로필 : 백향목(cèdre)을 연상시키는 향이 난다(이름도 cèdre에서 유래). 즙은 레몬보다 향과 산미가 약하다.
용도 : 당절임, 또는 생으로 슬라이스한 다음 올리브오일을 한 바퀴 뿌려 먹는다. 세드라틴(cédratine, 코르시카 특산품인 세드라 리큐어)을 만든다.

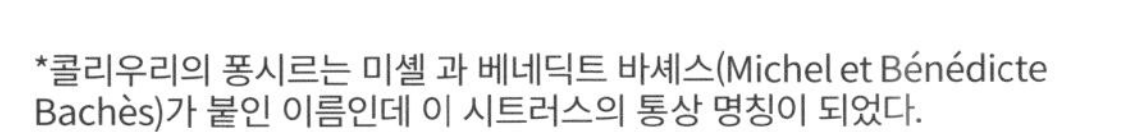

*콜리우리의 퐁시르는 미셸 과 베네딕트 바셰스(Michel et Bénédicte Bachès)가 붙인 이름인데 이 시트러스의 통상 명칭이 되었다.

관련 내용으로 건너뛰기
p.96 레몬 타르트

아름다운 파리의 명물, 바게트

날씬하고 긴 모양에 먹음직스러운 노릇한 색을 띤 바게트는 한껏 뽐낼 만하다. 파리를 대표하는 아이콘으로 바게트를 꼽는다는 것은 놀랄 만한 일이 아니다.

마리 로르 프레셰

30cm의 행복, 장봉 뵈르 샌드위치

'장봉 뵈르(jambon-beurre 햄, 버터)'는 프랑스에서 가장 많이 소비되는 샌드위치이다. 2016년 현재 판매량의 51%를 차지했으며 12억 개가 팔렸다. 이것은 '파리지앵(Parisien)'이라고도 불린다. 레시피는? 아주 간단하다. 맛있는 바게트 빵, '진짜' 버터, 훌륭한 품질의 햄만 있으면 된다. 이 샌드위치는 어떻게 생겨났을까?

→ 일부 사람들이 '장봉 뵈르'의 조상이라고 생각할 만한 음식을 유행시킨 사람은 바로 루이 14세였다. 그는 사냥을 나갈 때 닭고기 소를 채워 넣은 작고 둥근 브리오슈 빵을 싸갖고 다녔다고 한다.

→ 19세기 말 '카세 라 크루트(casser la croûte '빵 껍질을 부수다'라는 뜻)'라는 표현은 노동자나 농부들이 일터나 들판에서 먹던 빵 위주의 간단한 식사를 뜻한다(탄광의 광부들 사이에서는 '브리케(briquet)'로 통한다).

→ 장봉 뵈르는 파리 레알(les Halles) 중앙시장 오픈과 비슷한 시기에 등장했으며 이 시장에서 무거운 짐을 운반하던 인부들에 의해 대중화된 것으로 추정된다. 하지만 휴대가 더 용이한 바게트 빵이 이 샌드위치에 사용되기 시작한 것은 1950년대부터이다.

바게트의 탄생

→ 언제 처음 생겨났는지는 정확히 알려지지 않고 있다. 빵을 지칭하는 '바게트(baguette)'라는 단어가 처음 언급된 것이 1920년인 것으로 미루어보아 약 100년 정도 된 것으로 추정하고 있다.

→ 이 빵이 만들어졌을 때 형태적 아름다움이 고려되진 않았지만 실용적인 측면에서는 두 가지의 이유가 있었다. 19세기 말 무게 2kg, 길이 70cm의 빵은 세금 징수의 대상이 되었기 때문에 크기를 바꿈으로써 징세를 피할 수 있었다.

게다가 1919년 3월에는 밤 10시에서 새벽 4시까지 노동자들의 제빵, 제과 업무를 금지하는 법이 시행되었다. 이에 따라 제빵사들은 아침부터 고객들에게 판매할 수 있도록 만드는 시간이 덜 걸리는 모양의 빵을 고안해야만 했다. 바게트는 이렇게 탄생했다. 1950년대까지 이 빵은 다양한 모양의 고급 빵이었다. 하지만 오늘날 프랑스에서 바게트는 하루에 3천만 개, 연간 60억 개가 팔리는 빵이 되었다.

바게트의 측정치

일반 바게트의 형태와 무게는 규정으로 정해진 것이 없다. 아카데미 프랑세즈 사전에 따르면 '무게가 250g인 길고 가는 빵'이라고 정의되어 있다. 빵 위의 칼집(grignes 굽는 도중 가스가 배출되도록 칼로 그어준다) 개수는 전통적으로 5개이다. 2002년 제조사양서에 명시된 재료에는 라벨 루즈(Label Rouge) 밀가루만이 공식적으로 인정되어있다.

라벨 루즈 밀가루(n° 32.89), 식용가능한 물, 소금, 이스트(1.5%이내), 칼집 5개, 길이 60~65cm, 폭 5~6cm, 무게 약 250~300g.

사촌

플뤼트 La flûte : 더 굵고 무겁다.(400g).

피셀 La ficelle : 더 가늘고 가볍다.(125g)

관련 내용으로 건너뛰기
p.156 프랑스 빵 일주

"소년, 자전거 그리고 바게트(BOY, BICYCLE & BAGUETTE)"

미국의 포토그래퍼 엘리어트 어위트(Elliott Erwitt)는 프랑스를 상징하는 이 피사체를 사진에 담아냈다. 1955년.

© Elliott Erwitt

바게트 경연대회

전국 프랑스 전통 바게트 선발대회 CONCOURS NATIONAL DE LA MEILLEURE BAGUETTE DE TRADITION FRANÇAISE

제4회 대회에서는 최초로 메르츠윌레르(Mertzwiller, Bas-Rhin)에서 일하는 일본인 여성 베이커 메이 나루자와(Mei Narusawa)가 우승했다. 심사위원들은 바게트의 외형, 구운 상태, 맛, 향, 속살의 기공을 평가하여 점수를 매긴다. 이 대회는 프랑스 국립 제빵제과 연합 주최로 열린다.

파리 시 바게트 그랑프리 GRAND PRIX DE LA BAGUETTE DE LA VILLE DE PARIS

1994년부터 매년 열리는 이 대회는 파리의 최우수 아티장 베이커들을 선발해 10위 수상자까지 발표한다. 1등의 영예를 얻은 제빵사에게는 메달과 함께 4000유로의 상금이 수여되며 대통령 관저인 엘리제 궁에 1년간 바게트를 납품하게 된다. 2021년 파리 최고의 바게트 상은 마크람 아크루(Makram Akrout, Les Boulangers de Reuilly, 54 boulevard de Reuilly, 파리 12구)에게 돌아갔다.

향신 허브

중세의 프랑스 요리에는 수많은 향신료가 쓰였다. '그랑 시에클(le Grand Siècle)'이라 불리는 17세기 요리에서도 각 지방의 향신 재료와 신선한 허브의 맛이 두드러진다. 다양한 허브를 한눈에 살펴보자.

프랑수아 레지스 고드리

꿀풀과 LAMIACÉES

타임 Thym commun *(Thymus vulgaris)*
사촌격인 코르시카 타임(thym de Corse, Thymas herba-barona), 레몬 타임(thym citron, Thymus x citriodorus)과 더불어 파리굴(farigoule, 오크어로 farigola)이라고도 불리는 허브 타임은 양고기, 채소 스튜(라타투이, 아티초크 바리굴 등)에 잘 어울린다.

와일드 타임, 크리핑 타임 Serpolet *(Thymus serpyllum)*
야생 타임. 일반 타임보다 향이 은은하며 레몬 향이 살짝 난다. 프로방스에서는 일반 타임 대용으로 쓰인다.

세이보리 Sarriette *(Satureja,* 150여 종)
마르셀 파뇰의 소설『마농의 샘』에서 소녀 마농이 파뇰의 집에서 따던 프로방스 허브 '페브르 다이(pebre d'aï, 또는 pebre d'ase 당나귀의 후추)'이다. 강한 맛과 후추향이 나며 특히 토끼고기와 수렵육 요리에 많이 사용된다.

민트 Menthe *(Mentha)*
스피아민트(Mentha spicata L.), 페퍼민트(M. x piperita). 민트는 프랑스 남부 지방의 몇몇 요리 레시피(소스 팔루아즈, 민트를 넣은 브로치우 치즈 오믈렛 등)를 제외하면 주로 당과류에 사용된다.

세이지 Sauge *(Salvia)*
세이지 과에는 다양한 종이 있으며 맛이 강렬하고 은은한 장뇌향(camphre)이 난다. 프로방스와 랑그독 지방에서 돼지고기 요리에 많이 사용한다.

로즈마리 Romarin *(Rosmarinus)*
강한 수지 향을 갖고 있는 잔가지 모양의 허브로 스튜, 시베, 소스 등에 넣으며 주로 구운 육류에 곁들인다.

오레가노 Origan *(Origanum vulgare)*
프랑스보다 그리스, 이탈리아, 포르투갈에서 더 많이 사용되며 주로 토마토 소스의 향을 내는 데 사용된다.

마조람 Marjolaine *(Organum majorana)*
오레가노와 비슷한 사촌 격이지만, 좀 더 섬세한 맛은 타임에 가깝다. 이것과 종종 혼동하는 야생 마조람(marjolaine sauvage)은 꿀풀과의 다른 식물(Calament nepeta)로 코르시카어로는 네피타(nepita)라고 부른다.

바질 Basilic *(Ocimum basilicum L.)*
박하와 아니스의 진한 향을 지니고 있는 바질은 피스투(pistou) 및 프로방스의 다양한 특선 요리에 사용된다.

미나리과 APIACÉES

고수, 코리앤더 Coriandre *(Coriandrum sativum)*
잎에서 짓이긴 빈대 풀 향이 난다. 또한 고수 씨는 기본 향신료 중 하나이다.

파슬리 Persil *(Petroselinum crispum)*
잎이 꼬불꼬불한 파슬리는 송아지 머리 요리 장식용으로, 또한 잎이 납작한 이탈리안 파슬리는 강한 향을 내는 허브로 사용된다. 파슬리는 이미 샤를마뉴 대제 시대에 재배되고 있었다.

처빌 Cerfeuil *(Anthriscus cerefolium L.)*
가늘고 섬세한 잎에서 은은한 아니스 향이 난다.

국화과 ASTÉRACÉES

타라곤 Estragon *(Artemisia dracunculus)*
약간 쌉싸름한 맛과 아니스 노트를 지닌 허브로 강한 향을 지닌 타라곤의 맛은 대표적인 프랑스의 맛이다(소스 베아르네즈). 러시아산 타라곤보다 향이 더 진한 프랑스산 타라곤을 선택하는 것이 좋다.

수선화과 AMARYLLIDACÉES (옛 백합과 *anciennement Liliacées* 또는 부추과 *Alliacées*)

차이브 Ciboulette *(Allium schoenoprasum L.)*
속이 빈 가늘고 긴 대롱 모양의 줄기는 양파와 리크(서양대파)의 섬세한 맛을 지니고 있다. 생 차이브를 잘게 썰어 다양한 요리 위에 뿌려낸다.

녹나무과 LAURACÉES

월계수 잎 Laurier *(Laurus nobilis)*
지중해 연안 지역이 원산지인 월계수나무의 잎은 신선 상태로 또는 말려서 쿠르부이용, 마틀로트(matelotes 와인에 익힌 생선 요리), 스튜, 토마토 소스 등의 향을 내는 데 사용한다.

Laurier
Coriandre
Serpolet
Persil
Menthe
Origan
Sarriette
Marjolaine
Thym citron
Ciboulette
Basilic
Cerfeuil
Romarin
Estragon
Sauge

허브 레시피 제안

야생 타임 토끼 요리
1.5kg짜리 토끼 한 마리를 적당한 크기로 토막 낸 다음 코코트 냄비에 한 켜로 넣는다. 올리브오일을 넉넉히 넣고 짓이긴 마늘 3톨, 얇게 썬 양파 4개, 와일드 타임 한 송이, 얇고 동글게 썬 당근 4개, 드라이한 화이트와인 1/2컵을 넣어준다. 소금 간을 한 뒤 뚜껑을 덮고 약한 불에서 2시간 30분간 뭉근히 익힌다.

세이지 와인
코르시카 파트리모니오(patrimonio AOC) 타입의 프랑스 남부지방 레드와인에 세이지 잎 약 60g을 넣고 10일 정도 담가둔다. 체에 거른 뒤 기호에 따라 설탕을 첨가한다. 여름에 시원하게 마시면 활력을 얻을 수 있는 음료이다.

페르시야드
껍질을 벗긴 마늘 3톨과 파슬리 작은 한 다발을 곱게 다져 섞는다. 버터에 볶은 그린빈스 위에 뿌려 먹는다. 이것은 녹색을 띠는 '에스카르고 버터(beurre d'escargot)'의 베이스로도 쓰인다.

부케가르니
17세기 이래로 프랑스 요리에 빠져서는 안 되는 재료인 부케가르니는 다양한 허브와 식물을 한데 묶은 것으로 각종 육수뿐 아니라 소스 요리에 넣어 향을 내는 역할을 한다. 타임, 파슬리 줄기, 월계수 잎을 리크의 녹색 부분으로 말아 작은 단으로 만든 뒤 실로 동여맨다. 레시피에 따라 이 기본 구성 부케가르니에 로즈마리, 세이보리, 셀러리 줄기, 타라곤, 페넬 등을 첨가하기도 한다.

집에서 담그는 술

"마셔봐, 소화 잘 될 테니!", "그럼 아주 조금만..." 거절하는 것은 예의가 아니므로
우리는 그 다음에 어떤 일이 일어날지 모르는 채 입술을 대곤 했다.
블랑딘 부아예

정의
달착지근한 것, 은은한 향이 나는 것 혹은 알로에 즙처럼 쌉싸름한 것 등 가정에서 담그는 술의 레시피는 무궁무진하지만 만드는 기본원리는 같다. 발효 없이 와인에 설탕이나 증류주(혹은 둘 다), 향신료, 허브 등의 재료를 넣고 재워두는 것이다.

다양한 재료의 활용
독한 브랜디에 살무사를 담가 둔 뱀술이나 녹슨 못 철분 성분이 스며든 불그스름한 액체는 오늘날 관심의 대상이 아니므로 여기서는 식물의 세계로만 한정하여 다루기로 한다.
나무의 잎, 꽃 :
물푸레나무, 호두나무, 꽃 모양의 낙엽송 솔방울...
방향성 식물 :
타임, 세이지, 로즈마리...
과실수 열매 :
열매, 잎, 핵과의 씨, 붉은 과일류 (복숭아, 자두, 체리, 배, 블랙커런트...)
야생화 :
산사나무, 딱총나무(엘더)
그냥은 먹을 수 없는 열매들 : 야생자두, 덜 여문 연두색 생 호두 열매...
이국적 재료들 :
시트러스 과일, 향신료, 커피...
쓴맛을 지닌 재료들 :
민들레, 아티초크, 야생 쑥, 용담 뿌리 및 마법의 약초 쑥국화, 쓴맛의 위험한 쑥 압생트...

신앙과 추억
이 같은 유형의 조제술은 고대부터 약전에 포함되어 왔다. 마치 옛날 병을 고치는 치료사나 주술사들처럼 재료를 채집하여 말리고 빻고 잘 섞어서 체에 거르고 용기에 옮겨 담는다. 아직도 한여름 생 장(Saint-Jean) 축일 즈음 이처럼 식물을 채집하지만 더는 옛날 기독교 교리, 미신, 애니미즘의 영향 하에서 맨발로 뒷걸음질치며 왼손으로 따는 관습을 따르지는 않는다.
더욱 세속적인 오늘날 어떤 이들은 파스티스, 쿠앵트로, 베일리즈 등의 대표적인 술들을 그대로 베껴 만들기도 한다... 이들이 물론 언제나 성공을 거두는 것은 아니다.
SNS에는 각종 레시피와 필기체로 '할머니의 호두 와인' 등의 이름을 쓴 라벨 사진이 넘쳐난다. 우리는 이제 자가술 제조가 점점 드물어졌기에 제대로 이름값을 하는 오드비를 더는 찾아볼 수 없음을 탄식하며 주말의 벼룩시장에서 옛날 술병(dame-jeanne)을 수집하러 찾아다닌다...
옛 추억은 우리 곁에 아직도 살아 있다 ...

만드는 법

종종 레시피 상에는 숫자 1과 4가 이상한 규칙으로 반복된다.
이들을 암기하는 방법이 과연 맞는 것일까? 미스테리이다...
설명 문구가 필요 없는 이 두 개의 고전 레시피가 바로 그 예다.

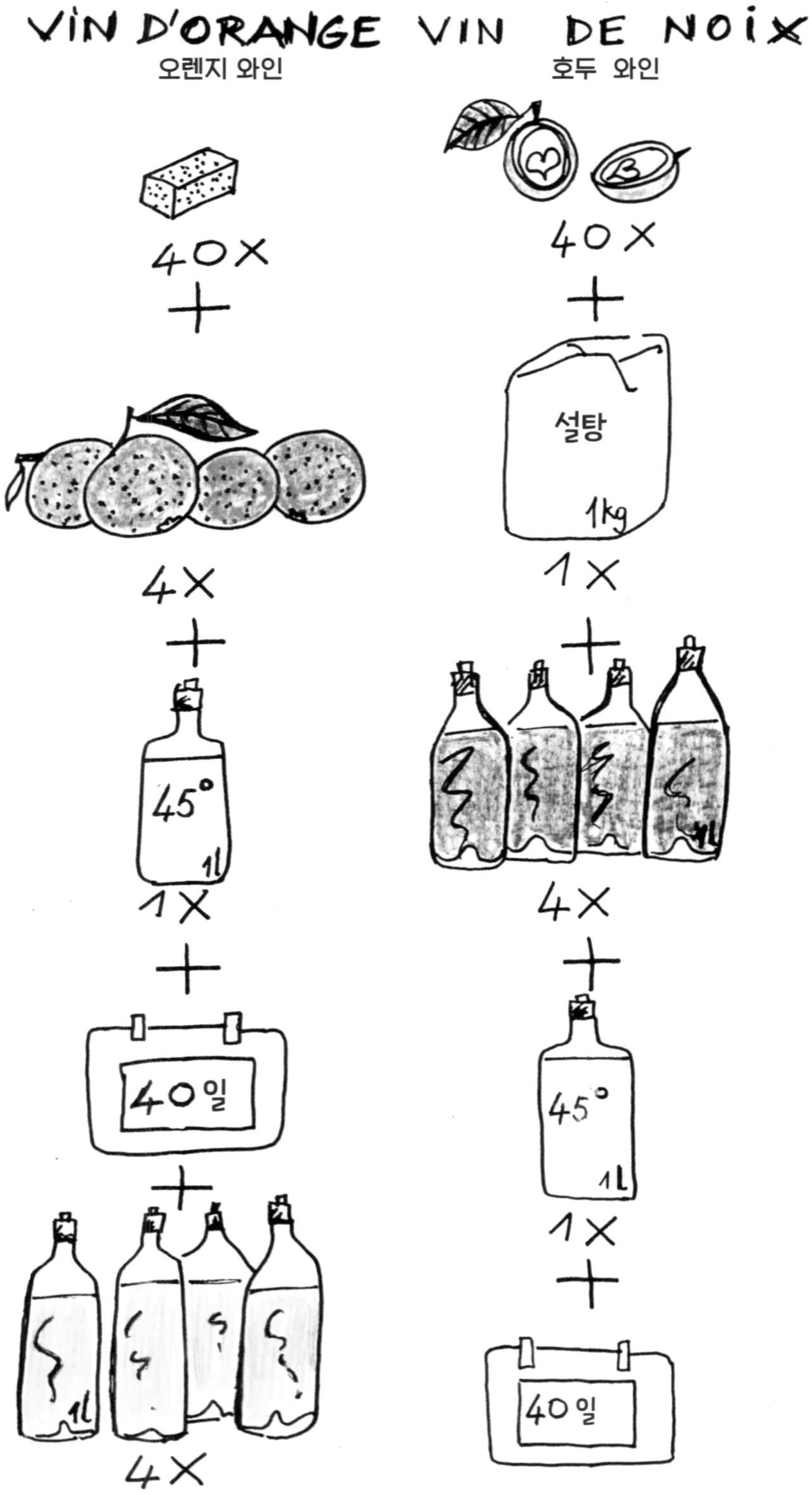
VIN D'ORANGE
오렌지 와인
40X
+
4X
+
45°
1L
1X
+
40일
+
1L
4X
VIN DE NOIX
호두 와인
40X
+
설탕
1kg
1X
+
1L
4X
+
45°
1L
1X
+
40일

카르타젠
La Cartagène

랑그독의 카르타젠(carthagène에서 h가 빠진다)은 정확히 말하면 샤랑트의 피노(pineau)와 같은 뱅 드 리쾨르(vin de liqueur 주정강화 스위트와인) 또는 미스텔(발효 전에 오드비를 첨가한 포도즙)이라고 할 수 있다. 하지만 직접 포도 재배를 할 필요는 없다. 생 포도만 있으면 집에서 만들 수 있는 과실주다.

가르(Gard)와 로제르(Lozère) 지방 가정의 레시피를 소개한다.

"포도품종은 여러 가지를 섞어도 되며 검정색 포도와 청포도를 함께 사용해도 된다. 포도는 수확기가 끝날 즈음 최대한 익은 것을 딴다. 특히 포도 줄기 잔가지는 쓴맛을 낼 수 있으므로 압착 전에 포도 알갱이를 손으로 일일이 떼어낸다. 와인 비중계(mustimètre)로 포도즙의 당도를 측정한 다음 오드비를 첨가해 기호에 따라 알코올 도수 16도(발효를 막기 위함이다)~20도로 맞춘다. 설탕은 절대 첨가하지 않는다. 술 담그는 전통 유리병(dame-jeanne)에 붓고 20일 동안 매일 흔들어준다. 2~5년간 그대로 보관한 다음 종이 필터에 걸러 병입한다."

오래 숙성시키지 않고 어릴 때 마시는 '카르타젠'은 핑크색을 띠며 포도의 맛이 확실하게 살아 있다. 최대 수십 년까지 보관할 수 있으며 오래되면 색이 점점 황갈색을 띠게 되고 달콤한 포도주(rancio)로 변한다. 아페리티프로 즐길 수 있을 뿐 아니라 님(Nîmes) 지방 주변에서는 푸아그라에 곁들이기도 한다. 어떤 이들은 심지어 껍데기가 붙은 돼지삼겹살을 재울 때 사용한 뒤 낮은 온도의 화덕불에서 뭉근히 익히고, 마리네이드했던 이 와인 액을 졸여 바비큐 소스처럼 끼얹을 수 있다고 말한다.

관련 내용으로 건너뛰기
p.346 잊혔던 아페리티프의 부활

간단한 식사, 샌드위치

빵 한 조각이 한 끼 식사가 된다. 이것이 바로 샌드위치의 장점이다.
프랑스 사람들은 이것을 아주 좋아한다. 연간 무려 20억 개 이상 소비한다.
마리 로르 프레셰

전설
샌드위치는 영국인 존 몬태규 샌드위치(도버 근처의 도시) 백작으로부터 유래한 것으로 알려진다. 1760년대 카드 게임에 푹 빠져 있던 샌드위치 백작은 카드 게임 시간을 낭비하지 않기 위해 하인에게 차가운 고기를 빵에 넣어 달라고 주문했다고 한다.

역사
→ 중세에 이미 귀족층들은 고기를 얹어내는 받침 접시(tranchoir)로 빵을 사용하고 있었다. 때로는 함께 식사하는 옆 사람과 나누어 먹기도 했으며 바로 여기에서 '코팽(copain 친구)'이라는 단어가 유래했다.
→ 프랑스에서 '상드위치(sandwich)'라는 단어가 사용된 것은 비교적 최근의 일이다. 발자크는 이것을 부르주아 계층의 식탁에서 나누어 먹는 간식으로 묘사했다. 19세기 말, 길거리에서는 노동자들이나 농부들이 간단히 먹는 빵 베이스의 식사를 지칭하는 '카스 크루트(casse-croûte)'라는 단어가 더 많이 쓰였다. 오랫동안 근로현장의 식사와 관련이 있던 이 '카스 크루트'는 아직도 몇몇 업종에서는 노동법이 지정한 수당의 대상이 되고 있다. 최근에 샌드위치는 피크닉이나 여행을 떠날 때 준비하는 필수 아이템이 되었다.

샌드위치 VS 타르틴
영어권에서 '오픈 샌드위치'라고 부르는 '타르틴(tartine)'은 한 장의 빵 위에 재료를 올린다는 점에서 우리가 아는 샌드위치와는 구별된다.
프랑스에서 아침 식사로 또는 오후 간식으로 달콤한 잼 등을 발라 먹거나, 짭짤한 토핑을 얹어 카나페 스타일의 오르되브르로 서빙하는 것도 타르틴에 해당한다. 이에 반해 샌드위치는 두 장의 빵 사이에 속 재료를 끼워 넣은 것이다.

장봉 뵈르
프랑스 '카스 크루트(casse-croûte)'를 대표하는 장봉 뵈르(jambon-beurre 햄, 버터) 샌드위치는 옛 파리 레알(les Halles) 중앙시장에서 대중화한 것으로 전해진다. 하지만 휴대하기 더 간편한 바게트 빵을 이 샌드위치에 사용하기 시작한 것은 1950년대 이후이다.

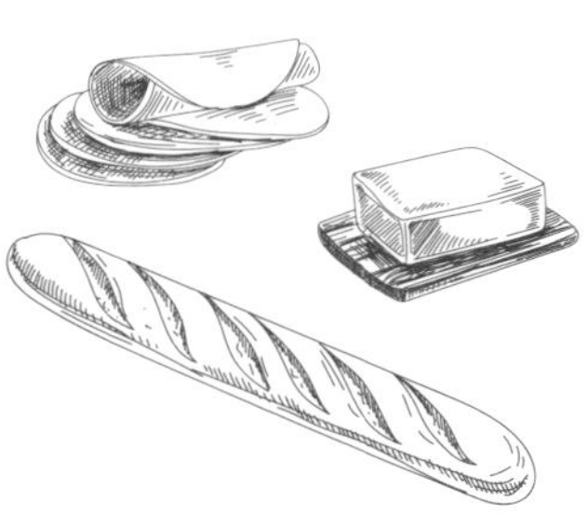

남 프랑스의 맛, 빵 바냐 (PAN-BAGNAT)
직역하면 '적신 빵'이라는 뜻을 가진 오크어 이름의 '빵 바냐(pan-bagnat)'는 니스의 특선 먹거리다. 이것은 원래 가난한 서민의 음식이었다. 굳어 딱딱해진 빵을 물이나 토마토 주스에 적셔 말랑말랑하게 한 다음 니스풍 샐러드 재료를 넣어 먹는 것이다.
빵 바냐 명칭의 정통성을 옹호하는 애호가 협회(La Commune libre du Pan-Bagnat)가 허용하는 유일한 익힌 재료로는 완숙 달걀만이 포함된다.

다양한 종류의 샌드위치
파테 코르니숑 Le pâté cornichons: 테린 드 캉파뉴, 코르니숑
로제트 드 리옹 Le rosette de Lyon: 리옹식 소시송 로제트, 버터, 코르니숑
믹스트 Le mixte: 장봉 드 파리(익힌 햄), 버터, 그뤼예르 치즈
크루디테 Le crudités: 장봉 드 파리(익힌 햄), 양상추, 완숙 달걀, 토마토
참치 마요 Le thon-mayo: 잘게 부순 캔 참치, 마요네즈
아메리켄 L'américain: 다진 고기 패티, 프렌치프라이. 벨기에에서는 '미트라이예트(mitraillette)'라고 부른다.

빵 바냐 LE PAN-BAGNAT
빵 바냐 애호가 협회(La Commune libre du Pan-Bagnat) 공식 레시피

준비 : 10분
빵
마늘
토마토(세로로 등분한다)
래디시 또는 쪽파(혹은 둘 다)
청피망
잠두콩 또는 아티초크 속대(혹은 둘 다)
참치 또는 안초비
블랙올리브
완숙 달걀
올리브오일
바질
소금, 후추
식초

작은 크기의 둥그런 빵을 잘라 연다. 속살을 조금 떼어낸 다음 마늘을 문질러준다. 빵에 올리브오일, 식초를 넉넉히 둘러 적신 뒤 소금, 후추를 뿌린다. 동그랗게 슬라이스한 채소들과 참치, 또는 안초비 필레, 슬라이스한 완숙 달걀을 채워 넣고 빵을 오므린 다음 냉장고에 최소 1시간 동안 넣어둔다.

3

그 밖의 프랑스 샌드위치

1
보키트 Le bokit
이 과들루프식 샌드위치는 빵을 기름에 튀겨 만든다. '팽 쇼디에르(pain chaudière)'라고도 불리는 이 샌드위치는 튀긴 빵을 반으로 가른 뒤 잘게 부순 염장대구, 햄, 치즈, 생 채소, 참치 등을 채워 넣는다. 앙티유의 튀긴 갈레트 '자니 케이크(johnny cake, journey cake)'가 그 원조이며 이름도 이것에서 변형된 것으로 전해진다.

2
브리케 Le briquet
탄광의 인부들은 작업 중간 휴식시간에 두 장의 빵 사이에 치즈나 햄 등의 샤퀴트리를 넣은 샌드위치로 간단히 끼니를 때웠다. '브리케'라는 이름은 발음이 비슷한 '브리크(brique 벽돌)' 혹은 영어의 '브레이크(break 휴식시간)'에서 온 것으로 추정된다. 갱도 작업이 끝나고 지상으로 올라온 광부들은 남은 샌드위치를 자녀들에게 가져다 주었다. 이를 '팽 달루에트(pain d'alouette 종달새의 빵)'라고 불렀다.

3
르 팽 쉬르프리즈 Le pain surprise
뷔페 상차림에 자주 등장하는 음식으로 속을 파낸 큰 빵 덩어리 안에 미니 샌드위치(햄, 간 무스, 연어 등)를 채운 것이다. 이것은 아마도 스웨덴식 가정요리 상차림 스뫼르가스타르타(smörgåstårta 스웨덴식 샌드위치 케이크)의 케이터링 스타일 음식이라고 할 수 있다. 스뫼르가스타르타는 식빵 사이사이에 다양한 재료를 채워 케이크처럼 층층이 쌓은 음식으로 전통적으로 가족 파티 식사에 서빙되었다.

관련 내용으로 건너뛰기
p.104 샐러드 이야기
p.17 크로크 무슈

당신이 무엇을 먹는지 말해주세요. 그러면 어느 정당을 찍는지 말해드릴게요.

미식 평론가 퀴르농스키는 월간 잡지『프랑스의 요리와 와인(*Cuisine et vins de France*)』 1995년 9월 호에 '미식으로 본 정치 성향'이라는 제목으로 사회, 미식, 정치를 아우르는 흥미로운 유형의 칼럼을 썼다. 선택하는 메뉴와 선거 시 투표 성향을 예측해 본다면...

> ***미식 분야에 있어서도 만약 당신이 5분만 잘 생각해본다면 극우파, 우파, 중도파, 좌파, 극좌파가 있다는 것을 선명하게 구분할 수 있을 것이다.***

극우파

'고급 요리'의 열렬한 애호가. 지식을 바탕으로 하고 복잡하며 공이 많이 드는 고급 요리를 좋아한다. 이러한 요리들은 주로 **일류 셰프가 만들고 최고급 원재료를 사용하며** 흔히 '외교적 요리'라고 불린다. 외교가의 공식 만찬, 대형 연회, 대저택이나 궁에서 서빙되는 요리들이 이에 해당한다. 최고급 호텔의 요리는 대부분 이를 서투르게 흉내 낸 것에 지나지 않는다.

우파

전통 요리 옹호자. 숯불 화덕, 오래 뭉근히 익힌 요리 등을 고집하며 원칙적으로 **집에서 6~8명 정도가 식탁에 둘러앉아 먹는 것**을 좋아한다. 30년 동안 가족에게 음식을 해주는 요리사가 있고 와인 저장고에는 증조부가 고른 브랜디들이 보관되어 있으며 개인 텃밭, 과수원, 닭장, 토끼장 등을 소유하고 있는 경우이다.

중도파

부르주아 요리와 지역 요리 애호가. 아직 프랑스 곳곳에는 시판용 소스를 사용하지 않고 제대로 만든 진짜 버터를 사용하는 맛있는 지역 식당, 훌륭한 호텔 등이 있다는 사실을 인정하고자 한다. 이 중도파들은 **프랑스 요리의 맛, 지역 특선 음식과 와인들을 좋아하고** 즐긴다. 그들은 음식이 '그 자체로 맛있어야' 하고 절대로 이물질을 넣어 변조하거나 지나치게 꾸며서는 안 된다고 주장한다.

좌파

화려하거나 복잡하지 않고 단순한 음식, 간단히 먹을 수 있는 음식을 좋아한다. 이들은 오믈렛, 잘 구운 갈비구이, 미디엄으로 구운 등심, 토끼고기 지블로트(gibelotte 와인을 넣어 익힌 프리카세의 일종), 햄 한 장 또는 소시송 정도면 기꺼이 만족한다. 또한 주인장이 직접 요리하여 음식을 내는 작은 규모의 식당을 **찾아다니기도 한다.** 예를 들어 친절한 지방 출신 요리사가 운영하며 자신의 고향에서 샤퀴트리를 받아다 쓰는 소박한 식당들을 발굴하는 것을 즐긴다. 미식계에 있어서 약간의 방랑자 기질이 있다. 특히 내가 '가스트로노마드 (gastronomades 미식유목민)'라는 신조어를 만들어낸 것도 이들을 염두에 둔 것이다.

극좌파

자유분방한 몽상가, 불안증을 가진 혁신가. 언제나 새로운 느낌과 경험해보지 못한 쾌락을 추구하며 모든 이국적 음식, 각종 외국 요리와 콜로니얼 특선 요리 레시피에 호기심을 갖고 있다. **그들은 새로운 요리를 발명하기도 한다.** 이들은 모든 시대의 요리, 모든 나라의 요리를 맛보고 싶어 한다. 이들은 미식에 있어 가장 민첩하고 활기찬 사람들이다.

퐁뒤 부르기뇬

La fondue bourguignonne

이 프랑스 특선 요리는 본래 스위스에서 프랑스 고기를 사용하여 처음 만들어낸 요리이며, 사실 이름처럼 '녹이는 것(fondue)'은 하나도 없다. 짜릿한 묘미가 있는 이 요리에 얽힌 이야기를 풀어본다.

마리 로르 프레셰

치즈 퐁뒤와는 다른 음식

우리가 일반적으로 치즈를 작은 냄비에 녹여 긴 포크로 빵을 찍어 먹는 요리에 사용하는 이름과는 달리 이 퐁뒤에는 실제로 '녹이는 것(fondre는 프랑스어로 '녹는다'는 뜻이다)'이 아무것도 없다. 대신, 고기를 사부아식 퐁뒤의 빵 크루통처럼 큐브 모양으로 썰어 각종 향신 허브를 넣어 향을 낸 기름에 담가 튀기듯 익혀 먹는다. '부르기뇽(bourguignon)'이라는 수식어에 대해서는 두 가지 설명이 가능하다. 우선 이 레시피에는 부르고뉴 소 품종인 샤롤레(Charolais)와 같은 고급 소 안심 부위를 사용한다. 그리고 스위스에서 이 요리를 처음 개발한 조르주 에센바인(Georges Esenwein)이 제안했듯이 이 요리는 화이트와인보다 레드와인과 더 잘 어울린다. 이 경우, 부르고뉴 와인이 좋은 선택이다.

기름 대신 돌 판에 구워 먹는 시대

살찌지 않는 가벼운 건강식의 시대였던 1980년대에 퐁뒤 부르기뇬은 피에라드(Pierrade®)에 자리를 내주었다. 1986년 리옹의 레스토랑 운영자 조엘 보뒤레(Joël Bauduret)가 개발한 메뉴로 목동들이 고기를 석판 위에 구워 먹는 방식에서 따온 것이다. 이 이름은 특허 등록을 마쳤다.

어떤 고기 부위를 사용할까?

정육점에서는 아직도 '퐁뒤용 부위(pièce à fondue)'라는 명칭을 사용한다. 연하고 기름기가 없는 소고기 부위로 주로 우둔살(rumsteak)이 이에 해당한다. 그 외에 안심이나 보섭살을 사용해도 좋다.

퐁뒤 부르기뇬에 꼭 곁들여야 하는 소스들

마요네즈 Mayonnaise
칵테일 소스 Sauce cocktail
타르타르 소스 Sauce tartare
아메리켄 소스 Sauce américaine
베아르네즈 소스 Béarnaise
부르기뇬 소스 Sauce bourguignonne

어떤 기름을 사용하나?

해바라기유나 포도씨유 등 발연점이 높은 양질의 식물성 기름을 사용한다. 소고기 퐁뒤를 익혀 먹는 동안 기름의 온도는 약 180°C 정도에서 일정하게 유지되어야 한다. 고기는 물기를 완전히 제거하고 소스가 묻지 않은 상태로 넣어 튀겨야 기름이 튀지 않는다.

부르기뇬 소스

준비 : 15분
조리 : 15분
4인분

레드와인 250ml
샬롯 1개
마늘 1톨
타임 1줄기
양송이버섯 3개
버터 75g
밀가루 10g
소금, 후추

밀가루에 버터 10g을 섞어 뵈르마니에(beurre manié)를 만든다. 샬롯의 껍질을 벗기고 얇게 썬다. 마늘을 짓이긴다. 양송이버섯을 세로로 등분한다. 냄비에 샬롯, 버섯, 마늘, 타임, 레드와인을 넣고 소금, 후추를 뿌린 뒤 중불로 가열해 반 정도 졸인다. 고운 체에 걸러 다시 약불에 올린 뒤 뵈르마니에를 넣고 잘 섞어준다. 나머지 버터를 넣고 크리미한 농도가 될 때까지 거품기로 잘 저어 섞는다. 뜨겁게 혹은 식혀서 서빙한다.

단어와 요리

Des Mots & des Mets

요리와 에로티즘

미식과 에로티즘은 입과 관련이 있다. 먹는 쾌락은 입맞춤의 그것과 같은 울림을 준다. 우리가 '욕구(appétit)'에 대해 이야기할 때 그것은 성욕일 수도 있고 식욕이 될 수도 있다. 공통적으로 우리는 포동포동한 어떤 여인에 대해 그녀는 식욕이 왕성하다고 말할 수도 있고 혹은 성적 파트너를 찾는다고 말할 수도 있다. 어떤 사람이 그 무엇인가 '고프다(faim)'고 할 때 이것의 대상이 맛있는 음식(bonne chère)일 수도 좋은 육체(bonne chair)일 수도 있다고 이해한다는 것을 굳이 나쁘게 해석할 필요는 전혀 없다.

오로르 뱅상티

식탁의 예술

집 안에서 **가장 더운 공간**을 선택한다면 그것은 틀림없이 **부엌**일 것이다. 크기는 상관없다. 중요한 것은 그곳에서 우리가 하는 일이다. 작업대 위에서 후다닥 해치우거나 천천히 그 장소를 제대로 누리기도 한다. 결국 주방은 **모든 욕구**를 열어준다.

입맛을 돋우는 음식, 오르되브르, 메인 요리, 디저트, 미냐르디즈… 더 이상 배고픈 상태에 머물러 있지 않도록 모든 **사전 준비**가 이루어진다.

식탁 위에서 펼쳐지는 것은 **식탁 아래서도** 일어난다. 사회적 행위가 일어나고 있는 흰색 식탁보 아래에 또 하나의 세계가 있다. 육체는 **둘로 나누어진다.** 위에서 사람들은 어느 정도의 정숙함을 지킨다. 아래에서는 발을 서로 살짝 건드리거나 옆 **사람의 넓적다리 사이에 한 손을** 밀어 넣기도 한다. 다른 손으로는 케이크 조각을 들고 있다.

금단의 열매

육체는 때로 풍경처럼 묘사되지만 거기에서 온갖 과일, 해산물, 채소, 달콤한 디저트 음식을 찾아보려면 디테일을 잘 관찰하면 된다.

단 하나만 꼽아야 한다면 **이브**가 따 먹은 **금단의 과일**을 떠올릴 수 있을 것이다. 어떤 이들은 이것이 **사과**라고 말하지만 실제 성경 문구에서는 선악과나무에서 떨어진 이 놀라운 열매의 본질에 대한 자세한 언급은 피하고 있다…

우리는 이 열매의 모티프를 **풍성한 가슴**에서 찾는다. 사과 한가운데 예쁘게 박혀 있는 **작은 꼭지**는 유두 끝을 연상시킨다. 프랑스에서는 유방을 **서양 배 모양(en poire)**에 비유하고, 더 짓궂게는, 유두가 자신의 취향에는 너무 평범한 풍만한 둥근 모습에서 탈출하고자 한다고 말한다.

1875년부터 **'미슈(miche** 둥그스름한 큰 빵**)'**가 **엉덩이**를 지칭하는 단어로 사용되는 경우를 많이 볼 수 있다. 엉덩이처럼 둥그스름한 풍만함과 **말랑말랑함**이 탐욕스러운 식욕과 반축하듯 만지고 싶은 욕구를 불러일으킨다. **행동 개시!** 마치 먹음직스럽게 노릇하게 구워진 뒤 밀가루를 뒤집어쓰고 오븐에서 갓 나온 아름다운 빵 덩어리를 만지듯 엉덩이를 쓰다듬는다. 분가루가 욕망을 불러일으키는 것일까?

넓적다리를 벌려야 **홍합과 리크**가 드러난다. 이는 모양과 상태를 적절히 유추하여 나온 은유이다. 촉촉하고 점액질이 있는 **여성의 성기**는 **홍합과 굴** 같은 연체동물을 연상시킨다. 게다가 굴은 강장 효과가 있다고 이야기하지 않나!

남성의 성기는 발기하여 윤이 나게 팽만해 있을 때 그 무언가를 떠올리기 어렵지 않다. 리크는 닦아서 광을 낸다… 하지만 **오이와 바나나**는 껍질을 벗긴다. 주키니호박이나 검은 무는 어떨까? 반대로 **당근을 익히면** 별 볼일 없다. 단단함을 잃기 때문이다…

성적 행위 : 음식에서 연인에게로

파트너의 육체 위에 음식을 놓는 행위가 물론 존재한다 해도 '성행위에 몸을 맡기기(passer à la casserole 프랑스어 표현으로 직역하면 **'냄비로 직접 가다'**라는 뜻이다)' 위해 '작은 양파들을 꺼낼(프랑스어로 필요 없는 자잘한 준비라는 의미)' 필요가 전혀 없다.

그렇다. 이러한 시도는 약간 거칠고 투박하게 보일 수 있다. 실제로 이 표현은 정말 다른 선택지가 없거나 '빙빙 돌며 **머뭇거릴**(tourner autour du pot)' 시간이 없음을 의미한다. 하지만 감자를 **소테하는** 듯한 강렬한 쾌락(se faire sauter)을 즐길 수도 있다. 음식을 먹는 것에 관련된 모든 것이 성적 행위와 연관된다. 맛을 보기 전에 우선 눈으로 먹고, 핥고, 빨고 깨물고 씹은 다음… 삼킨다!

애정 행위의 관건은 상대를 녹여 하나로 융합되는 데 있다. **샹티이 크림의 거품을 단단히 올리려면** 크림은 액상이어야 한다. 이를 위해서 '케이크(gâteau)' 대신 **'애지중지(gâterie)'**가 필요하다. 아마도 이 때문에 종종 "이것은 남자의 크림이야!"… 라고 말하는 것이다. 또한 **'감자 퓌레를 건네줘(balance la purée)'**나 '소스를 보내(envoie la sauce '사정하다'라는 뜻으로도 쓰임)'라고 말하기도 한다. 여인의 액이 분출하게 하려면 최소 그녀를 고조시켜야 한다(courir sur le haricot). 애무의 시간이 지나면 반숙 달걀노른자에 빵 스틱을 **담그기만(tremper sa mouillette)** 하면 된다. 뒤로 들어오는 것을 선호하는 사람들에게는 엉덩이를 촉촉하고 황홀한 바바 오 럼에 비유한 은어적 표현이 있다(l'avoir dans le baba). 이는 즉 엉덩이 안에 있다는 뜻이다.

★

콜레트 르나르(COLETTE RENARD)가 노래하는 성적 생활에 짜릿함을 더하기 위한 어휘적 추천

"나는 달콤한 과자를 빨고, 잉어를 쓰다듬고,
셔츠에 풀을 먹이고, 사탕을 조금씩 쪼아 먹는다네
(…)
나는 막대사탕을 검으로 베고, 삼각형 베를랭고 사탕을 닦아
빛나게 하고, 귀여운 것을 잡아 체포하고,
깜부기불을 서늘하게 식힌다네…"

* 가수 콜레트 르나르(Colette Renard)는 1963년 성행위를 암시하는 은유적 가사로 이루어진 「아가씨의 밤(Les Nuits d'une demoiselle)」이라는 노래를 발표했다.

★

관련 내용으로 건너뛰기 : p.259 저렴한 취향

커피, 프랑스의 열정

프랑스인들은 커피를 사랑한다. 프랑스에서 커피는 물에 이어 두 번째로 많이 소비되는 음료로
일인당 연간 5kg 이상을 소비하며 국민의 94%가 이것을 마신다.
프랑스의 역사가 커피로 만들어진 것만큼 프랑스는 커피의 역사에 강렬한 흔적을 남겼다.
이폴리트 쿠르티

프랑스의 커피 생산지

열대지역 해외 영토를 포함한 프랑스 국토 내에는 10여 곳의 커피 재배지가 있으며 그중에는 아라비카 종을 생산하는 최고의 지역들이 포함되어 있다.

→ 르 피통 데 네주, 레위니옹 Le Piton des Neiges à La Reunion
가장 널리 알려진 곳으로 역사적으로 볼 때 최초로 생긴 프랑스 커피 재배지이다. 고지대 화산 지구 테루아로 오늘날 세계에서 가장 희귀한 고급 커피품종 중 하나인 '로리나(Laurina, 부르봉 푸엥튀 Bourbon pointu)'를 생산한다.

→ 프랑스령 기아나 La Guyane
이웃하고 있는 수리남과 더불어 이곳은 라틴아메리카 최초로 커피 묘목을 받아들인 곳이다(프랑스 수종은 1719년, 네덜란드의 것은 1720년에 각각 들어왔다). 비교적 지표면의 고도가 낮은 편이고 화산 토양이 없음에도 불구하고 초창기 커피가 일으킨 경제성장은 특히 로부스타와 아라비카 교배종인 아라부스타(Arabusta) 품종 경작 덕에 계속 이어지고 있다.

→ 프랑스령 앙티유 제도 Les Antilles
이 지역은 1721년부터 커피를 재배하였고 이는 아마도 파리와 암스테르담의 수목원 혹은 수리남과 기아나로부터 온 아라비카 티피카(Arabica Typica) 묘목과 멀리 부르봉 섬(레위니옹)에서 온 부르봉 품종 묘목으로부터 시작된 것으로 추정된다. 과들루프에서는 오늘날까지 재배가 계속 이어지고 있다.

→ 누벨 칼레도니 La Nouvelle-Calédonie
코발트 성분이 다량 함유된 토양이 특징인 이곳에서는 레위니옹섬으로부터 온 '로리나(Laurina 부르봉 푸앵튀)' 품종이 해양성 섬 기후에 토착화되어 '르루아 커피(Café Leroy, 1860)'라는 이름으로 재배된다.

프랑스인들은 뜨거운 알롱제(allongé)* 커피를 좋아한다... 취향에 따라 다양한 재료를 넣기도 한다

프랑스인들은 모든 종류의 커피를 마신다. 단 일본인들과는 달리 냉커피는 잘 마시지 않는다.
북부지방에서는 금속성, 요드 맛이 있는 '리오테 커피(café rioté)', 씁쌀한 식물성의 '치커리 커피(la chicorée)'를 즐겨 마신다.
동부지방과 알프스에서는 커피에 생크림 또는 우유를 넣어 마시는 것을 좋아한다.
서부지방에서는 에스프레소에 뜨거운 물을 섞은 '카페 알롱제(café allongé)'를 즐겨 마시며 종종 우유를 섞기도 한다.
남동부지방에서는 이탈리아식으로 진한 에스프레소로 마신다.
파리에서는 '프티누아(petit-noir)'라고 부르는 진한 에스프레소를 즐기며 경우에 따라 우유를 조금 넣어 부드럽게 마시기도 한다(café noisette).
또한 프랑스 전역에서 필터 드립 커피를 즐겨 마시며 기호에 따라 혹은 긴 시간의 저녁 파티 때는 술을 넣은 커피를 마시기도 한다.

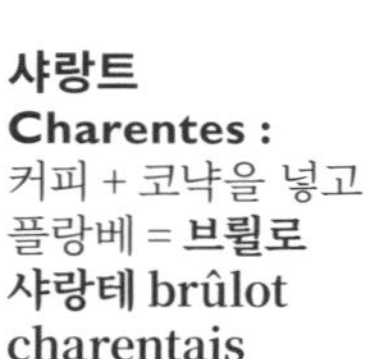

노르망디 Normandie : 커피 + 칼바도스 = **카페 칼바 café-calva**

샤랑트 Charentes : 커피 + 코냑을 넣고 플랑베 = **브륄로 샤랑테 brûlot charentais**

로렌 Lorraine : 커피 + 미라벨 자두 브랜디(mirabelle) = **브륄로 로랭 brûlot lorrain**

남서부지방 Sud-Ouest : 커피 + 아르마냑 = **브륄로 가스콩 brûlot gascon**

알자스 Alsace : 커피 + 오드비(게부르츠트라미너 마르, 체리 브랜디, 또는 서양 배 브랜디) = **카페 슈납스 café-schnaps 또는 알자스 커피 Alsasische Kaffee**

브르타뉴 Bretagne : 커피 + 시드르 오드비 = **카페 랑비그 café Lambig**

북부지방 Nord : 커피 + 오드비 = **카페 비스투이 café bistouille**

레위니옹 La Réunion : 커피 + 럼 = **카페 럼 café rhum**

커피를 지칭하는 어휘

17세기 커피가 처음 등장한 이후 창의적인 프랑스어에서 이를 지칭하는 단어가 여럿 탄생했다(cave, caphe, cavhe, kaffe, canua, kawa, caoua, caowan, kahwan, et meme chaube 등). 그러나 원래의 명칭인 '분(Bunn 에티오피아 암하라 어로 '커피'를 뜻함)'은 프랑스에서 한 번도 통용되지 않았다.

감사해야 할 커피 중독 유명 인사들

장 드 라 로크 Jean de La Roque : 진정한 선구자다. 1715년 출간한 『즐거운 아라비아 여행(*Voyage de l'Arabie Heureuse*)』을 통해 프랑스어권 사람들을 커피와 커피나무의 나라들로 여행하게 한 최초의 인물이다.
솔리만 아가 무스타파 라카 Soliman Aga Mustapha Raca : 루이 14세 시대 오스만 왕국의 대사. 그가 개최하는 살롱 파티에는 왕실 사람들이 앞 다투어 모여들었으며 이는 몰리에르의 작품 『서민귀족(*Le Bourgeois gentilhomme*)』에 영감을 주었다. 그가 서빙한 달콤한 중동식 커피는 프랑스 궁정의 고위층 사이에서 큰 유행이 되었다.
무슈 드 라 메르베이 Monsieur de La Merveille : 이 용감한 생 말로의 선원은 당시 커피 무역의 본산지였던 아라비아 아덴(Aden)에 프랑스 매매거점을 개설하기를 꿈꾸며 이곳으로부터 직접 커피를 운송하기 위해 범선으로 항해에 오른다.
기욤 뒤프렌 다르셀 Guillaume Dufresne d'Arsel : 예멘에서 들여온 아라비카종 커피나무를 부르봉섬(레위니옹의 옛 명칭) 풍토에 적응시킨 주인공으로 이 아라비카 품종(이후 '부르봉'으로 불린다)을 전 세계에 널리 보급했다.
프란체스코 프로코피오 데이 콜텔리 Francesco Procopio dei Coltelli : '프로코프(Procope)'라는 이름으로 알려진 그는 우아한 파리 최초의 카페 '리브 고슈(Rive Gauche)'를 창업한다. 프랑스인들은 이곳으로 몰려가 커피와 아이스크림을 즐겼다. 커피는 점점 더 인기를 끌게 되었고 이 장소는 사교와 토론의 명소로 떠올랐다.
가브리엘 드 클리외 Gabriel de Clieu : 프랑스의 커피 재배를 전 세계에 널리 보급하며 알린 커피계의 전설적인 인물 중 하나이다. 아라비카 종 커피 묘목이 처음 프랑스령 앙티유 제도(마르티니크)에 들어온 것은 바로 목숨을 걸고 이를 도입한 그의 덕분이라 할 수 있겠다.
앙투안 드 쥐시외 Antoine de Jussieu : 커피나무를 상세히 기술한 최초의 프랑스 식물학자이다.

커피의 역사적 지리 분포

마르세유 Marseille 흔히 '동방의 관문'이라 불리는 마르세유는 근동지방에서 온 여행자들 및 아르메니아인, 특히 1644년경 최초의 커피를 제공한 라 로크(La Roque 옆 단락 참조) 씨 덕에 프랑스에서 최초로 커피를 접하게 되었다.
파리 Paris 이 검은 음료가 파리에 도입된 것은 1654년 드 테브냉 씨(Monsieur de Thévenin), 그를 이은 카페 주인들과 아르메니아인들에 의해서다.
코트 다쥐르 La Côte d'Azur 커피업계의 두 주요 기업인 '말롱고(Malongo 커피 제조업)'와 '유니크(Unic 커피 머신 제조업)'를 유치했다.
르 아브르 Le Havre 북해의 거대 도시(앤트워프, 함부르크) 및 런던, 뉴욕 증권거래소 등의 부상에 따라 하위권으로 밀려나기 이전까지 수 세기 동안 최대의 커피 교역지였다.

발명의 거장들

커피 재배와 카페의 전통 이외에도 프랑스인들은 여러 가지 다양한 종류의 커피 머신을 발명했다.
1800년경 : 벨루아(Belloy) 신부는 최초의 필터형 커피 메이커 발명.
1837년 : 잔 리샤르(Jeanne Richard)는 최초의 사이펀 커피 기계를 개발. 이는 헬렘(Hellem)과 코나(Cona) 커피 메이커의 조상이 됨.
1910년 말 : 무명씨가 일명 '나폴리탄 커피 메이커'라고 불리는 모카포트를 발명.
1923년 : 마르셀 피에르 파케(Marcel-Pierre Paquet)는 현재의 프렌치프레스 커피 메이커를 발명.
1998년 : 장 르누아르(Jean Lenoir)는 커피가 지닌 다양한 향을 시향할 수 있는 아로마키트와 설명서 세트인 '르 네 뒤 카페(Le Nez du Café)'를 제작.

시대별로 본 프랑스 커피의 역사

17세기 중반 ~ 17세기 말
프랑스인들은 에티오피아와 예멘의 커피(아라비카)를 발견했고 이것이 쓰다고 여겨 설탕을 첨가해 마셨다. 당시 유럽에서는 향이 좋고 **가벼우며 달콤한** 모카만을 마셨다.

17세기 말
모넹(Monin) 박사는 우유를 넣어 부드럽게 마시는 **'카페 오 레(café au lait)'**를 처음 만들어냈고 이는 큰 성공을 가져왔다. '카페 오 레'는 주류로 자리 잡았다.

18세기 초
프랑스와 네덜란드 식민지들은 커피의 최초 생산지가 되었다. **커피는 좀 더 부드러워지고** 모카보다 향이 약해졌으며 유럽인들은 퓨어 오리진 커피에 눈을 뜨게 되었다.

18세기
아이티와 앤틸리스 제도는 최대 커피 생산지가 되었다. **블렌딩한 커피**가 주류를 이루게 되었다.

19세기 초
대륙 봉쇄령이 실시된 지 얼마 안 되어 프랑스는 독일에서 발견한 커피 대용품인 치커리 차를 마시는 습관을 갖게 되었다. 쓴맛과 식물성 맛이 나는 이 음료는 프랑스 **커피의 시그니처**로 떠올랐다.

19세기
프랑스인들은 커피를 천천히 추출해내는 다양한 기계를 발명한다(프렌치 프레스, 사이펀 커피 메이커 등). 주로 아라비카 종을 블렌딩한 커피를 특히 **필터 추출** 등을 통해 천천히 내려 마시게 되었다.

19세기 말 ~ 20세기 상반기
열대 및 적도 부근, 아시아 국가의 식민지화로 로부스타와 리베리카종 커피들이 대중화되기 시작했다. 영국에서는 차를, 네덜란드는 아라비카종 커피를 주로 마시는 반면 프랑스는 로부스타를 널리 전파하게 되었다. **강한 풍미와 쓴맛**이 인기를 끌었다.

20세기
프랑스는 치커리와 **중저급 로부스타** 커피 경작을 늘린다. 최상품은 대부분 수출용이었다.

1980년대
'라 돌체 비타(La Dolce Vita)' 노래와 **이탈리아식 에스프레소**가 프랑스인에게 품질의 귀감이 됐다. 에스프레소가 대세가 되지만 오로지 고급 필터 커피인 '카르트 누아르(Carte Noire)' 브랜드만이 전국 소비의 반 이상을 차지했다. 여전히 커피는 강한 맛이며 필터 방식이 주로 사용되었다.

1990년대 말
프랑스인들은 이제 '담배와 커피' 습관을 포기하고 작은 잔에 마시는 에스프레소로 귀환했다. 1회용 캡슐 커피의 소비가 점점 늘어났다. 카페의 카운터 바에서 마시는 진한 커피보다 더 부드럽고 순한 이 캡슐형 커피를 통해 **가정에서도** 고급 색을 입힌 세련된 커피를 마실 수 있게 되었다.

2000년대
다른 서방국가들보다 10년 이상 늦은 스페셜티 커피 혁명이 프랑스에 상륙했다. **커피 맛은 산미가 늘어나고 특히 더욱 복합적인 풍미를 지니게 되었으며 쓴맛은 줄어들었다. 주로 라테 커피를 소비한다.**

유명한 커피 마니아, 발자크

오노레 드 발자크는 파리 오퇴이(Auteui) 지역에 위치한 그의 집에서 하루에 18시간 집필에 몰두했다. 엄청난 작업량의 비결은? 바로 다량의 카페인 섭취였다. 『인간희극(*La Comédie humaine*)』의 저자인 그는 하루에 커피를 최대 50잔까지 마시곤 했다. 발자크 기념관(Maison de Balzac)의 관장 이브 가뉴(Yves Gagneux)에 따르면 발자크는 부르봉섬(레위니옹), 마르티니크, 예멘산 3가지 품종의 커피를 블렌딩하여 아주 맛이 강한 커피를 만들어 마셨다고 한다. 커피는 과연 그의 생명에 지장을 주었을까? 힘든 강도의 집필 작업으로 탈진한 이 작가는 전신에 퍼진 부종으로 51세의 나이에 세상을 뜬다. 그는 자신의 저서 『현대의 자극제 개론(*Traité des excitants modernes*)』(1838)에서 자신이 선호했던 기호식품 커피에 대해 다음과 같이 언급하고 있다. "커피는 당신의 위 안으로 내려간다 (...) 그때부터 모든 것이 움직인다. 생각은 전쟁터에 나간 대군의 전투처럼 요동치며 교전을 일으킨다. 기억은 느닷없이 불쑥 깃발을 휘날리며 나타난다. 비교의 가벼운 기병대는 멋진 질주로 발전하고, 논리의 포병대는 기차와 탄약을 싣고 황급히 달려온다. 기지 넘치는 영감은 저격병처럼 다가온다. 형태는 잡혀가고 종이는 잉크로 덮인다. 밤은 시작되고 이것은 검은 물의 급류로 끝을 맺는다. 마치 전투가 그 검은 탄약 가루로 끝나듯이."

**L'Arbre à Café, Paris*

관련 내용으로 건너뛰기
p.28 달콤한 깍지, 바닐라

물에 담가 데친 빵, 에쇼데!

알자스의 브레첼은 우리 모두에게 친숙하다. 하지만 이처럼 특이한 모양과 바삭한 식감을 가진, '에쇼데'라고 불리는 신기한 파티스리가 프랑스 방방곡곡에 존재한다는 사실을 알고 있는가?

프레데릭 랄리 바랄리올리

프랑스 에쇼데 지도

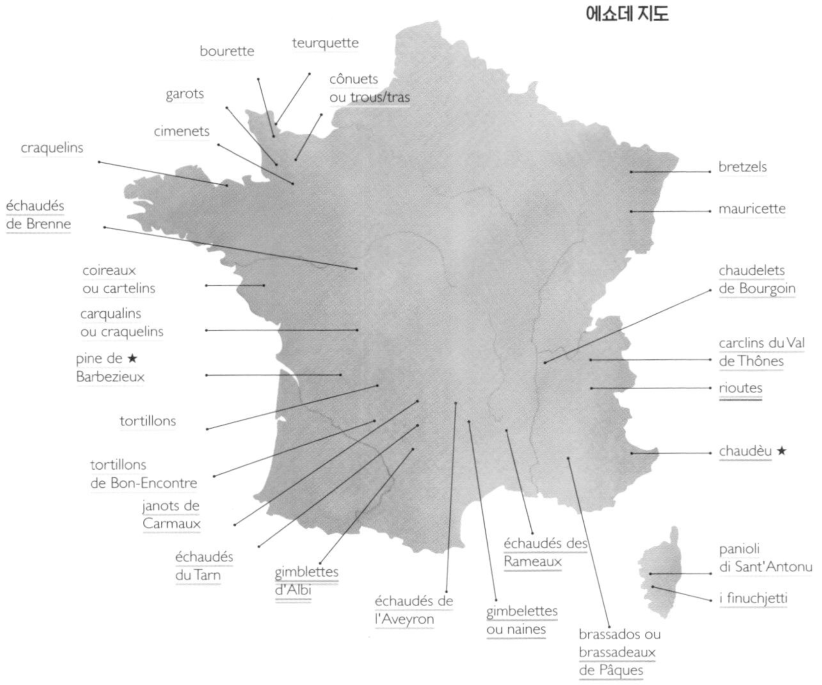

bourette
teurquette
cônets ou trous/tras
garots
cimenets
craquelins
bretzels
mauricette
échaudés de Brenne
coireaux ou cartelins
chaudelets de Bourgoin
carqualins ou craquelins
pine de ★ Barbezieux
carclins du Val de Thônes
rioutes
tortillons
chaudêu ★
tortillons de Bon-Encontre
janots de Carmaux
échaudés du Tarn
gimblettes d'Albi
échaudés de l'Aveyron
gimbelettes ou naines
échaudés des Rameaux
brassados ou brassadeaux de Pâques
panioli di Sant'Antonu
i finuchjetti

에쇼데(ECHAUDÉS)란?

• 조리 테크닉 : 오븐에 굽기 전 반죽을 끓는 물에 데친다. 결과적으로 두 번 익히는(bis-cuits) 셈이다.

• 1260년부터 사용되어온 중세 조리기법의 잔류로 생 루이(Saint Louis)로 더 알려진 루이 9세가 알비(Albi)를 방문했을 때에 이미 존재했다. 외국에서는 이탈리아 풀리아의 타랄리(taralli), 또는 베이글 등이 이 조리방법을 잇고 있다.

• 동일한 식감(바삭함과 아삭 깨지는 듯한 식감의 중간)과 동일한 엄격함이 요구된다 : 밀가루, 물, 경우에 따라 이스트.

• 3가지 향 : 아니스, 시트러스, 또는 플레인(설탕, 소금, 후추, 또는 소금과 후추).

• 다양한 명칭과 모양 : 삼위일체를 뜻하고 악귀를 쫓는 삼각모 형태, 부활과 영생을 뜻하는 원형, 8자 모양 또는 오메가 모양, 순례자의 사발을 연상시키는 작은 잔 모양, 특히 성지순례길의 장터에서 긴 끈이나 장대에 걸어놓고 노점상에서 판매하기 쉽도록 만든 모양 등을 꼽을 수 있다.

전설

★ 지금은 사라진 에쇼데 방식(혹은 점점 사라지고 있는 중)

Arômes(향)
- 플레인(달콤한 맛, 짭짤한 맛)
- 아니스
- 시트러스(오렌지, 레몬, 세드라 시트론 : 껍질 제스트 또는 당절임, 오렌지 블러섬 워터)
- 후추

이 피누체티 I FINUCHJETTI

준비 : 1~2시간
조리 : 45분
밀가루 500g
따뜻한 물 250ml
제빵용 생 이스트 12g
아니스 씨 25g
소금 10g

이스트를 물에 갠다. 믹싱볼에 밀가루, 소금, 아니스, 물에 갠 이스트를 넣고 섞는다. 반죽을 마친 뒤 면포로 덮고 1시간 동안 휴지시킨다. 부푼 반죽을 꺼내 작업대에 놓고 손으로 펀칭하며 공기를 빼준다. 약 30분간 2차 발효시킨다. 새끼손가락 굵기 정도로 가늘게 굴려 25cm 길이로 만든다. 이것을 8자로 만든 뒤 물을 묻혀 이음새 끝을 붙인다. 약하게 끓는 물에 3개씩 넣고 익힌다. 끓는 물 위로 떠오르면 체망으로 건져낸다. 물기를 털어 깨끗한 행주 위에 놓는다. 모두 데쳐낸 뒤 베이킹 팬 위에 한 켜로 놓고 180°C로 예열한 오븐에서 10~15분간 구워낸다.

관련 내용으로 건너뛰기
p.75 종교적 이름의 미식 일람표

럼의 모든 것

프랑스는 이 사탕수수로 만든 증류주의 주요 생산국이다. 특히 당밀을 원료로 한 대량생산 일반 럼과는 달리 프랑스는 사탕수수 천연즙을 증류하여 만든 '럼 아그리콜(rhum agricole)' 생산에 특화되어 있다. 카리브 제도부터 인도양까지 그 생산지를 따라가며 이 유명한 오드비를 조명해본다.

귈레름 드 세르발

사탕수수
분류 : 벼과(graminées) 개사탕수수속(saccharum)
품종 : 4,000종 이상
높이 : 최대 5m
지름 : 2~6cm
생장주기 : 12~16개월 사이
수확 : 사탕수수 줄기 한 개에서 10회까지
기원 : 기원전 1400년 뉴기니섬
성장 : 페르시아에서 오랫동안 재배되었고 7세기에 유럽에 널리 전파되었다.
재배 환경 : 태양과 물이 절대적으로 필요하다. 따라서 열대 및 온대 지방에서 많이 재배된다.
소비 : 연간 17억 톤 이상 생산되며 이는 전 세계 설탕 생산량의 약 75%를 차지한다.

캐리비언 럼의 탄생 경로
1493 : 크리스토퍼 콜럼부스는 카리브제도에 사탕수수 나무를 들여온다.
16세기 : 초창기 알람빅 증류기를 사용하고 있었던 몇몇 수도사들은 당밀 추출물로 만든 증류주를 선보인다. 최초의 럼이 탄생한 것이다.
1654 : 포르투갈의 점령으로 브라질에서 쫓겨난 네덜란드인들은 과들루프와 마르티니크에 정착하고 설탕 결정화의 새로운 기술을 전수한다.
1694 : 식물학자이기도 했던 라바(Labat) 신부는 마르티니크에서 더 완성된 성능의 알람빅 증류기를 개발하여 럼의 품질을 높인다.
20세기 초 : 사탕무의 유통 거래가 사탕수수와 경쟁구도를 이루면서 가격이 하향세로 돌아선다. 럼의 품질을 어느 수준 이상으로 유지하려고 노력한 프랑스령 앙티유의 몇몇 생산자들은 사탕수수 즙(vesou)을 직접 증류한 럼을 만들어냈다. '럼 아그리콜(rhum agricole)'은 이렇게 탄생하였다.

럼 아그리콜 제조과정

원래 설탕은 아주 귀한 식료품이었다. 사탕수수에서 추출한 즙을 증류한다는 것은 상상하기 어려운 일이었다. 하지만 사탕무가 등장하면서 사탕수수 즙이 흔해졌고 가격 또한 떨어졌다. 프랑스 식민지에서는 이 즙을 증류하여 품질이 더 개선된 '럼 아그리콜'을 처음으로 만들어냈다.

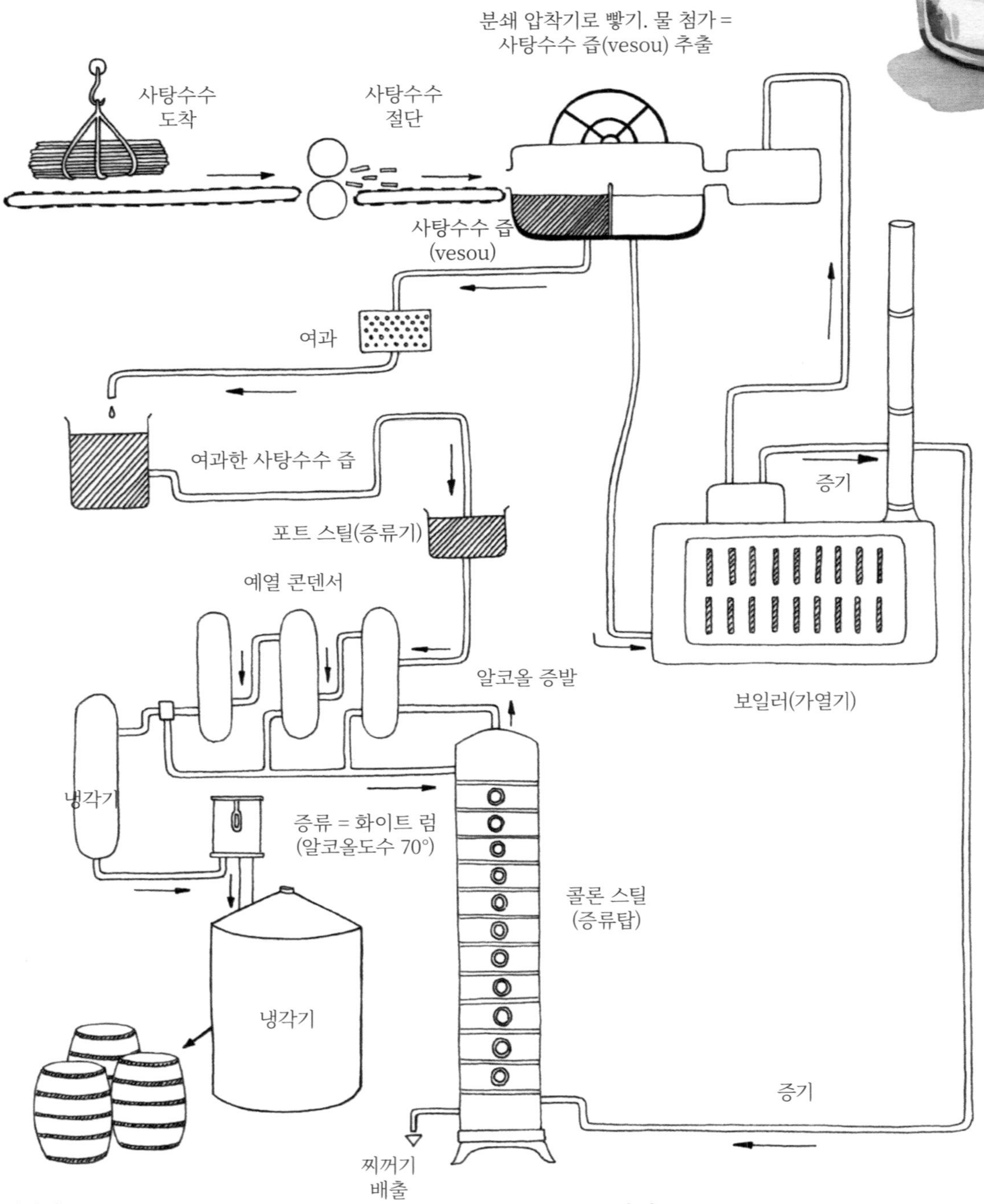

분쇄 압착기로 빻기. 물 첨가 = 사탕수수 즙(vesou) 추출
사탕수수 도착
사탕수수 절단
사탕수수 즙 (vesou)
여과
여과한 사탕수수 즙
포트 스틸(증류기)
예열 콘덴서
증기
보일러(가열기)
알코올 증발
냉각기
증류 = 화이트 럼 (알코올도수 70°)
콜론 스틸 (증류탑)
냉각기
증기
찌꺼기 배출

에이징
• 스텐 탱크에 보관 = 화이트 럼(rhum blanc)
• 동일한 하나의 오크통에 1년~1년 반 보관 = 황갈색 럼(rhum ambré)
• 한 개 또는 여러 개의 오크통에 최소 3년 보관 = 에이지드 럼(rhum vieux)

판매
알코올 도수를 40~62°로 낮추기 위해 생수를 첨가해 희석한다.

용어 정리

브주 Vesou : 사탕수수 즙. 짓이겨 분쇄한 사탕수수에서 나오는 순수한 즙
멜라스 Mélasse : 당밀. 설탕 정제과정에서 나오는 갈색의 끈적끈적한 시럽(결정화하지 않는다)
바가스 Bagasse : 사탕수수를 짓이긴 후 남은 섬유질이 많은 고체 상태의 찌꺼기

단 하나의 AOC 럼
마르티니크 럼 아그리콜(rhum agricole de la Martinique)은 1996년 유일하게 원산지명칭통제 AOC(Appellation d'origine contrôlée) 인증을 받았으며 고유한 노하우와 문화적 전통을 이어가고 있다.

IGP 럼
몇몇 프랑스 럼이 지리적표시보호 IGP(Indication géographique protégée) 인증을 받은 것은 2005년에 이르러서이다. 과들루프 럼, 레위니옹 럼, 프랑스령 기아나 럼, 프랑스 해외영토산 럼, 베드 갈리옹 럼(Rhum Baie de Galion), 프랑스령 앙티유 럼이 이에 해당한다.

세계 최고가 럼
마르티니크의 클레망 럼(rhum Clément)은 고급 보석상 투르네르(Tournaire)와 협업하여 현재 세계에서 가장 비싼 럼을 생산해냈다. 가격은 한 병에 무려 10만 유로! 한 번도 판매되지 않았던 빈티지인 1966년산 럼을 1991년에 병입한 것이다. 바카라(Baccarat) 크리스털로 만든 병에 마개는 옐로 골드와 로즈 골드로 정교하게 세공되어 있으며 총 4캐럿 상당의 다이아몬드가 촘촘히 박혀 있다.

소비
연간 5,000만 병을 소비하는 프랑스는 전 세계 8위의 럼 소비 국가이다. 소비량의 75%는 화이트럼, 25%는 황갈색 럼과 에이지드 럼이 차지한다.

환경
바가스(bagasse 사탕수수 찌꺼기)는 오늘날 프랑스령 해외 영토에서 주요 신재생 에너지 원료로 사용된다.

럼을 사용한 디저트

크레프 Crêpes
펀치 Punch
카늘레 Cannelé
바바 오 럼 Baba au rhum
앙티유식 파인애플 케이크
Gâteau antillais à l'ananas
브리오슈 폴로네즈 Brioche polonaise
사바랭 Savarin
캔디드 푸르츠 파운드케이크
Cake aux fruits confits
오레이예트 Oreillettes (Provence)
메르베유 Merveilles (Bordeaux)
밀푀유 Millefeuille
뷔뉴 Bugnes
애플 크루스타드
Croustade aux pommes
피티비에 Pithiviers
모카, 프레지에, 프랑부아지에 Moka, fraisier, framboisier… (럼을 넣은 시럽에 적신다)
럼 바나나 플랑베
Bananes flambées au rhum
슈톨렌 Stollen
갈레트 데 루아 Galette des Rois
비롤레 오 푸아르
Birolet aux poires (Berry 지역 레시피)
마스팽 Massepain
디플로마트 Diplomate
파르 브르통 Far breton

'로제(ROGER)'식 럼 레시피

'럼 아랑제(rhum arrangé)'는 럼에 신선 과일, 향신료 또는 당류 등을 넣고 몇 달간 담가 향과 맛을 낸 것으로 각자 자신만의 고유 레시피를 갖고 있을 것이다.

럼 아랑제(RHUM ARRANGÉ) 1리터 분량
럼 아그리콜(rhum agricole) 700ml
레위니옹산 빅토리아(Victoria)
파인애플 1개
마르티니크산 바시냑(Bassignac) 망고 1개
레위니옹산 바닐라 빈 2줄기
부아 방데(bois bandé, Richeria grandis 나무껍질) 25g
비정제 황설탕 20g

유리 용기를 준비한다. 가능하면 병 입구가 넓은 것이 재료를 손쉽게 넣을 수 있어 편리하다. 프랑스산 '르 파르페(Le Parfait)' 밀폐 유리병이 이 용도로 적당하다. 과일은 껍질을 벗기고 먹을 수 있는 부분만 남긴 뒤 균일한 크기로 썬다. 완숙된 것일수록 그 향이 진하게 우러난다. 바닐라 빈 줄기를 길게 반으로 갈라 안의 가루를 긁어낸다. 과일, 바닐라 빈 가루와 줄기, 부아 방데 나무껍질, 황설탕을 병에 넣는다. 재료가 모두 잠기도록 럼을 붓고 뚜껑을 단단히 닫는다. 병을 거꾸로 뒤집어 재료가 모두 잘 섞이도록 한다. 혼합물을 조금 시음한 다음 기호에 따라 맛을 조정한다. 술 향이 너무 강하면 설탕을 더 추가한다. 뚜껑을 닫아 밀봉한 뒤 상온에서 최소 6개월간 재운다. 이 기간이 지난 후 국자로 떠서 잔에 담아 서빙한다. 상온으로 또는 얼음을 타서 마신다.

바바 오 럼 LE BABA AU RHUM
알랭 뒤카스

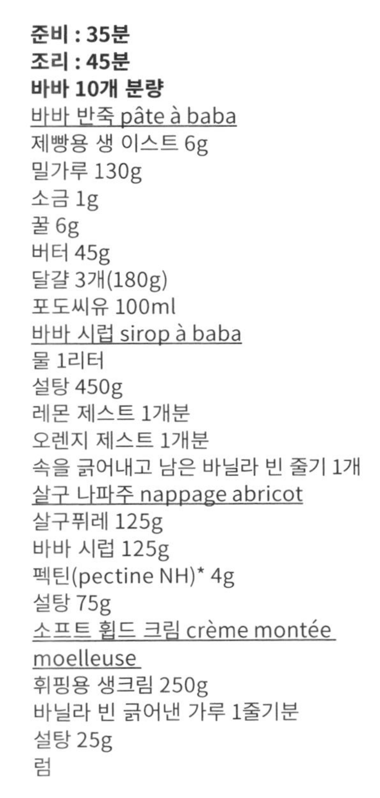

준비 : 35분
조리 : 45분
바바 10개 분량

바바 반죽 pâte à baba
제빵용 생 이스트 6g
밀가루 130g
소금 1g
꿀 6g
버터 45g
달걀 3개(180g)
포도씨유 100ml

바바 시럽 sirop à baba
물 1리터
설탕 450g
레몬 제스트 1개분
오렌지 제스트 1개분
속을 긁어내고 남은 바닐라 빈 줄기 1개

살구 나파주 nappage abricot
살구퓌레 125g
바바 시럽 125g
펙틴(pectine NH)* 4g
설탕 75g

소프트 휩드 크림 crème montée moelleuse
휘핑용 생크림 250g
바닐라 빈 긁어낸 가루 1줄기분
설탕 25g
럼

* NH 펙틴은 과일의 껍질과 씨에서 추출한 천연 겔화제이다. 제과제빵 전문매장이나 온라인에서 구입할 수 있다. 프랑스에서는 Vitpris d'Alsa® 라는 이름으로 판매된다.

용어 정리
1. (레세) 푸세 Pousser (laisser) : 반죽이 부풀어 오르도록 두다.
2. 몽테 Monter : 한 가지 재료 또는 혼합물을 거품기로 저으며 공기를 유입시켜 부피가 늘어나게 하다.

바바 반죽 만들기
1/ 전동 스탠드 믹서 볼에 생 이스트와 밀가루를 넣고 섞은 다음 소금, 꿀, 버터, 달걀 1개를 넣고 반죽한다. 혼합물이 믹싱볼 벽에 더 이상 달라붙지 않으며 매끈하고 탄력이 있는 반죽이 완성되면 나머지 달걀을 조금씩 넣고 다시 반죽하여 마무리한다.
2/ 반죽을 덜어내어 기름을 얇게 발라둔 넓은 바트에 놓고 랩을 씌워 20분간 휴지시킨다.

바바 시럽 만들기
3/ 냄비에 재료를 모두 넣고 가열한다. 끓으면 불을 끄고 따뜻한 온도로 식힌다.

살구 나파주 만들기
4/ 냄비에 살구 퓌레와 시럽을 넣고 40°C로 가열한 다음 펙틴 가루와 섞어둔 설탕을 넣어준다. 다시 몇 분간 끓인 뒤 식힌다.
5/ 지름 5cm 원통 모양의 바바 틀 안에 기름을 얇게 바른다. 각 틀마다 바바 반죽을 30g씩 채운 뒤 바닥에 탁탁 두드려 공기를 뺀다. 반죽이 틀 높이 끝까지 부풀어 오를 때까지 휴지시킨다(laisser pousser)[1]
6/ 오븐을 180°C로 예열한다. 바바를 오븐에 넣고 노릇한 색이 나도록 굽는다.*
7/ 미지근한 온도의 시럽에 바바를 넣어 적신다. 시럽의 온도가 너무 뜨거우면 바바의 모양이 망가질 수 있으니 주의한다. 바바가 시럽 안에서 통통하게 부풀면 건져서 망 위에 놓고 여분의 시럽이 흘러내리도록 한다.
8/ 바바 위에 붓으로 살구 나파주를 바른 다음 상온에 둔다.**

소프트 휩드 크림 만들기
9/ 믹싱볼에 재료를 모두 넣고 거품기로 휘핑한다(monter)[2]. 크림이 거품이 나고 가벼운 상태가 되어야 한다.
10/ 우묵한 접시에 바바 한 개를 담고 반으로 길게 가른 다음 속살에 럼을 적신다. 휘핑한 크림은 따로 작은 그릇에 담아 곁들여낸다.

* 바바는 약 25~30분간 굽는다. 하지만 오븐에 따라 시간이 가감될 수 있으니 색이 나는 정도를 살펴보는 것이 정확하다.
** 포도씨유는 냄새가 없으며 고열을 잘 견디는 기름이다. 따라서 틀 안에 바르는 용도로 최적이다.

관련 내용으로 건너뛰기
p.266 칵테일

LE TOUR de FRANCE des biscuits

프랑스의 비스킷

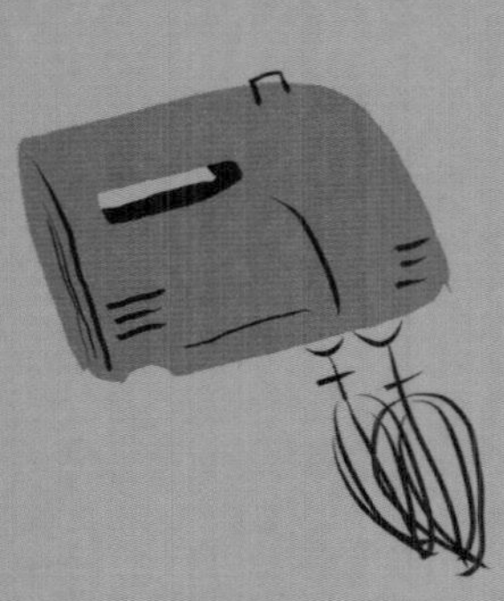

프랑스에는 수많은 종류의 바삭한 과자가 있다… 지방 숫자(나아가 도시 숫자)만큼이나 다양한 비스킷이 존재한다고 해도 과언이 아니다. 과거에서 현재까지 가장 인기가 많은 과자들을 따라 프랑스를 여행해보자. 부스러기 흘리지 않도록 조심!

질 쿠쟁

Le Macaron d'Amiens
LES MACARONS D'AMIENS
le biscuit Rose
BISCUITS roses
LE PALET BRETON
BEURRE demi-sel
le biscuit de FRANCE
LU
LU PETIT-BEURRE NANTES
LE PETIT-BEURRE
LE BISCUIT à la CUILLÈRE
le MACARON de NANCY
LE BOUDOIR
MACARONS DES SOEURS
la Cornuelle de CHARENTE
LE CROQUANT
LE MACARON DE • S^T JEAN-DE-LUZ
Les Navettes des Accoules
LA NAVETTE
Gaillac
VIN BLANC
la langue de CHAT
CANISTRELLI

일명, 비스-퀴 (BIS-CUIT)

중세에는 빵을 오븐에 굽는 방식이 널리 일반적이었으며 이는 불 화덕 위에서의 조리 방법을 대체하게 되었다. 과자, 비스킷을 뜻하는 프랑스 단어 비스퀴(biscuit, bis는 '두 번', cuit는 '익힌'이라는 뜻)의 어원은 14세기에 장 드 주앵빌(Jean de Joinville)이 처음 언급했다. "우리는 이 작은 빵들을 '비스퀴(biscuits)'라고 부른다. 왜냐하면 2~4번 구운 것이기 때문이다."

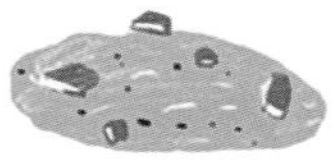

크로캉 LE CROQUANT
기원 : 17세기, 코르드 쉬르 시엘(Cordes-sur-Ciel). 여인숙을 운영하던 보르드(mère Borde) 여사는 동네에서 생산되는 가이약(Gaillac) 와인에 곁들여 먹기 위해 이 과자를 처음 만들었다.
특징 : 달걀흰자를 사용하기 때문에 아주 가볍고 바삭하며 아몬드 슬라이스 튀일과 비슷하다.
베스트 추천 : Biscuiterie Maison Bruyère, Lagrave(Hautes-Alpes).
바삭하게 부서짐 지수 : 4/5

LU
PETIT-BEURRE
NANTES

프티 뵈르 LE PETIT-BEURRE
기원 : 제과업체 '뤼(LU)'의 창업자인 장 로맹 르페브르(Jean-Romain Lefèvre)와 폴린 이자벨 위틸(Pauline-Isabelle Utile)의 아들인 루이 르페브르 위틸(Louis Lefèvre-Utile)이 낭트에서 1886년 처음 만들었다.
특징 : 루이는 티타임 테이블에 사용하는 작은 식탁보에서 영감을 받아 시간의 의미를 담은 형태의 이 비스킷을 만들었다. 네 귀퉁이는 4계절, 52개의 잔잔한 레이스 둘레 장식은 1년의 52주, 24개의 구멍은 하루의 24시간을 의미한다. 이 과자의 주재료는 버터, 밀가루, 설탕이다.
베스트 추천 : Pâtisserie Vincent Guerlais, Nantes(Loire-Atlantique). 초콜릿 프티 뵈르 추천.
바삭하게 부서짐 지수 : 3/5

나베트 LA NAVETTE
기원 : 1781년, 마르세유 생 빅토르 수도원(abbaye Saint-Victor) 길에 있는 제과점의 제빵사 아베루(Aveyrous)가 처음 만들었다.
특징 : 이 과자의 모양은 작은 배('navis'는 라틴어로 '배'를 의미한다)를 연상시킨다. 버터와 밀가루에 오렌지 블러섬 워터로 향을 낸 설탕을 넣어 만든다.
베스트 추천 : Biscuiterie Les Navettes des Accoules, Marseille (Bouches-du-Rhône).
바삭하게 부서짐 지수 : 2/5

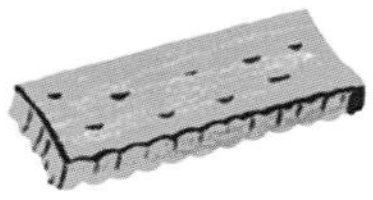

카니스트렐뤼 LE CANISTRELLU
기원 : 이 과자가 프랑스에 처음 등장한 것은 제노아 공화국이 코르시카를 지배했던 시절로 추정된다. 왜냐하면 이와 비슷한 비스킷을 이탈리아 리구리아에서도 찾아볼 수 있기 때문이다.
특징 : 이탈리아식 이 과자와 다른 점은 반죽에 화이트와인을 넣는다는 점이다. 버터가 아닌 식용유(향이 없는 것)를 넣고 만든 반죽을 길게 만든 뒤 직사각형 모양으로 잘라 구운 이 과자는 단단하고 아삭하게 깨지는 식감을 준다.
베스트 추천 : Biscuiterie Stella Inzuccarata, Cognocoli-Monticchi (Corse-du-Sud).
바삭하게 부서짐 지수 : 3/5

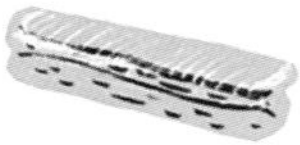

비스퀴 로즈 LE BISCUIT ROSE
기원 : 17세기 말 샹파뉴 지방의 제빵사들은 하루 종일 빵을 굽고 난 오븐의 잔열을 활용하기 위한 방법을 궁리했다. 그들은 오븐에 넣고 구운 뒤 그대로 두어 건조시키면 바삭한 과자가 되는 반죽을 만들어냈다.
특징 : 달걀, 밀가루, 설탕으로 만든 이 파삭한 식감의 직사각형 과자는 원래 흰색이었는데 여기에 양홍(carmin) 색소를 조금 첨가해 분홍색을 냈다. 그 위에 슈거 파우더를 솔솔 뿌린다. 풀어지지 않을 정도로 샴페인에 살짝 담갔다 먹어도 좋다. 아주 세련되게!
베스트 추천 : Biscuiterie Fossier, Reims(Marne).
바삭하게 부서짐 지수 : 5/5

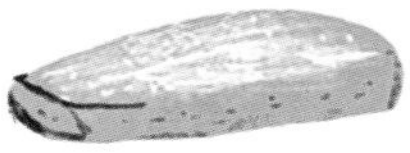

비스퀴 아 라 퀴예르
LE BISCUIT À LA CUILLER
기원 : 16세기에 파리에서 카트린 드 메디시스의 요리사들이 처음 만들었다.
특징 : 오븐 팬에 반죽을 스푼으로 작고 길쭉하게 떠 얹어 놓은 뒤 구운 과자로 부드럽고 촉촉하며 거품 낸 달걀흰자와 설탕으로 만들었기 때문에 기공이 풍부하고 가벼운 식감을 즐길 수 있다. 그냥 과자로 먹거나 샤를로트 또는 티라미수 등의 디저트를 만들 때 사용하기도 한다.
베스트 추천 : Compagnie Générale de Biscuiterie, Paris 18구
바삭하게 부서짐 지수 : 1/5

팔레 브르통 LE PALET BRETON
기원 : '팔레(palet)'는 작고 동그란 원반을 뜻한다. 게임용 큰 보드 위나 바닥에 작은 원반을 던져 놓고 조금 더 큰 원반으로 맞히는 게임에서 유래한 이름이다.
특징 : 파트 브리제(pâte brisée)로 만든 이 동그랗고 입자감이 있는 사블레 쿠키는 일반적으로 두께가 1.5cm 정도 된다. 평균 약 20%의 가염버터를 함유하고 있다.
베스트 추천 : Biscuiterie des Vénètes, Saint-Armel(Ille-et-Vilaine)
바삭하게 부서짐 지수 : 3/5

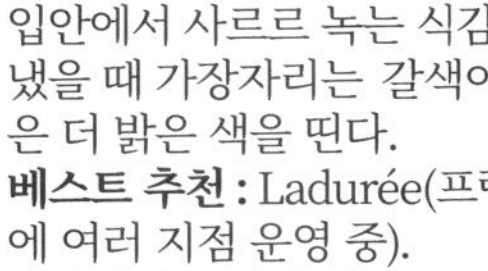

부두아 LE BOUDOIR
기원 : '요리사들의 왕이자 왕들의 요리사'라고 불리던 18세기의 유명한 요리사 앙토냉 카렘(Antonin Carême)은 미식가로 유명했던 외무장관 탈레랑(Talleyrand)이 비스퀴 아 라 퀴예르(biscuit à la cuiller)를 마데이라 와인에 찍어 먹는 것을 보고, 적셔도 잘 풀어지지 않는 좀 더 단단한 이 비스킷을 만들었다.
특징 : 길쭉한 모양의 바삭한 이 비스킷은 설탕, 밀가루, 달걀로 만든다.
베스트 추천 : Moulin des Moines, Krautwiller (Bas-Rhin)
바삭하게 부서짐 지수 : 4/5

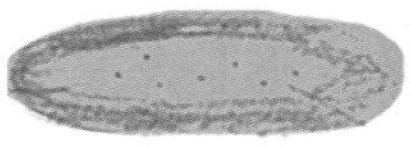

랑그 드 샤
LA LANGUE-DE-CHAT
기원 : '고양이의 혀'라는 뜻을 가진 쿠키. 기원은 확실하지 않으며 단지 이 이름이 고양이 혀와 닮은 모양에서 온 것이라는 사실만 알려져 있다.
특징 : 납작하고 갸름하며 길이는 5~8cm 정도 된다. 상온에서 부드러워진 포마드 상태의 버터를 사용하여 바삭하면서도 입안에서 사르르 녹는 식감을 준다. 구워냈을 때 가장자리는 갈색이고 중앙 부분은 더 밝은 색을 띤다.
베스트 추천 : Ladurée(프랑스 및 해외에 여러 지점 운영 중).
바삭하게 부서짐 지수 : 3/5

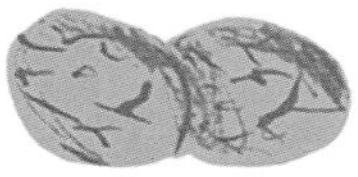

마카롱 드 낭시
LE MACARON DE NANCY
기원 : 1792년 4월 5일 모든 수도회 해산 칙령이 발효되자 마르게리트와 마리 엘리자베트 수녀는 낭시의 고르망 박사의 집으로 피신했다. 자신들을 머물게 해준 감사의 대가로 이 수녀들은 담 뒤 생 사크르망(Dames du Saint-Sacrement) 수도원의 레시피에 따라 마카롱 과자를 만들었다.
특징 : 겉은 바삭하고 속은 촉촉한 동그란 모양의 작은 과자로 아몬드 가루, 설탕, 달걀흰자를 주재료로 하여 만든다.
베스트 추천 : Maison des Sœurs Macarons, Nancy (Meurthe-et-Moselle)
바삭하게 부서짐 지수 : 5/5

마카롱 다미엥
LE MACARON D'AMIENS
기원 : 카트린 드 메디시스에 의해 16세기에 중세도시 아미엥에 도입되었다.
특징 : 피카르디(Picardie) 지방의 특산품으로 주재료는 발렌시아 아몬드 페이스트, 꿀, 비터 아몬드, 달걀이며 입자가 거칠고 식감은 부드럽고 촉촉하다.
베스트 추천 : Jean Trogneux, Amiens (Somme)
바삭하게 부서짐 지수 : 1/5

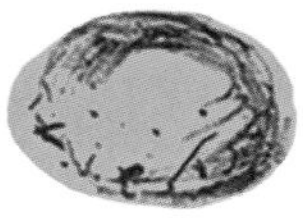

마카롱 드 생 장 드 뤼즈
LE MACARON DE SAINT-JEAN-DE-LUZ
기원 : 1660년 바스크 지방의 도시 생 장 드 뤼즈(Saint-Jean-de-Luz) 교회에서 열린 루이 14세와 스페인 공주 마리 테레즈 도트리슈(Marie-Thérèse d'Autriche)의 결혼식을 기념하여 아담(Adam)이라는 사람이 만들었다.
특징 : 동글납작한 모양의 이 과자는 아몬드가루, 설탕, 달걀흰자를 주재료로 하여 만든다.
베스트 추천 : Maison Adam, Saint-Jean-de-Luz (Pyrénées-Atlantiques).
바삭하게 부서짐 지수 : 2/5

코르뉘엘 드 샤랑트
LA CORNUELLE DE CHARENTE
기원 : 정확하지 않다. 종려 주일 즈음에 먹는 과자로 가운데 구멍에 성지가지를 끼워 넣는다.
특징 : 납작한 삼각형의 사블레 과자로 톱니 모양의 각 변은 길이가 약 10cm 정도 된다. 달걀, 밀가루, 버터, 설탕으로 만든 반죽에 노른자 달걀물을 바른 뒤 아니스 씨를 뿌려 굽는다.
베스트 추천 : Boulangerie Jean Philippe, Villebois-Lavalette(Charente).
바삭하게 부서짐 지수 : 3/5

크로캉 달비 LES CROQUANTS D'ALBI

미제트 모제주 *Mizette Momège*

준비 : 15분
조리 : 5분
설탕 250g
달걀흰자 80g
밀가루 60g
헤이즐넛 75g
아몬드 75g

오븐을 200°C로 예열한다.
헤이즐넛과 아몬드를 가로로 2~3쪽 내어 자른다. 이들을 볼에 넣고 설탕, 밀가루, 달걀흰자를 넣은 뒤 잘 섞는다.
베이킹 팬 여러 개를 준비해 유산지를 깐 다음 반죽을 작은 티스푼으로 조금씩 떠 놓는다. 간격을 충분히 떼어 놓는다(베이킹 팬 한 장당 약 12개 정도).
오븐에 넣고 지켜보면서 몇 분간 굽는다. 노릇한 색이 나면 오븐에서 꺼내 유산지를 잡고 조심스럽게 팬에서 꺼내 식힌다. 반죽을 모두 이와 같은 방식으로 굽는다. 이 크로캉 과자는 밀폐용기에 넣어 며칠간 보관할 수 있다

관련 내용으로 건너뛰기
p.100 가토 드 부아야주

가리비조개, 코키유 생 자크

프랑스는 가리비조개를 일인당 연간 2.5kg 소비하는 세계 최대 소비국이다. 파 드 칼레(Pas-de-Calais)에서 브르타뉴(Bretagne)에 이르기까지 프랑스는 조개의 여왕으로 불리는 '코키유 생 자크(coquille Saint-Jacques)' 요리로 가득하다.

샤를 파탱 오코옹

왕 가리비조개의 성장 경로

→ 자웅동체 쌍각연체동물인 왕 가리비조개의 산란은 한여름에 이루어진다. 수컷과 암컷 생식세포들이 배출되며 물 안에서 수정이 이루어진다.

→ 길이 0.1~0.25mm의 유충은 3주에서 1개월 사이에 자라난다.

→ 초가을이 되면 유충은 껍데기를 갖추게 되며 바닷속 바닥으로 가라앉는다.

→ 왕 가리비조개는 모래에 파묻혀 성장주기를 시작한다. 어린 조개 시기(2개월, 크기는 1cm)를 거쳐 성체가 된 후 10년 이상 생존한다. 완전히 성장했을 때의 크기는 최대 23cm에 이른다. 하지만 10.2cm 크기가 되면 어획이 가능하다.

→ 프랑스에서 왕 가리비조개는 10월 1일부터 이듬해 5월 14일까지 잡을 수 있다.

왕 가리비조개 연대기

5억 년 전 : 최초의 가리비류 조개가 세상에 탄생한다.

6백만 년 전 : 왕 가리비조개(coquille Saint-Jacques)가 등장한다.

선사시대 : 가리비조개는 화폐처럼 물물교환수단으로 사용되었다.

고대 : 이집트에서는 가리비조개 껍질을 빗으로 사용했다. 바로 이 쓰임새에서 왕 가리비의 라틴어 이름('pecten'은 빗을 뜻한다)이 유래했다.

BC 8세기 : 헤시오도스(Hesiodos 고대 그리스의 서사시인)에 따르면, 아버지 우라노스(Uranos)를 증오했던 크로노스(Cronos)는 어머니 가이아(Gaïa)의 도움을 받아 우라노스의 성기를 잘라 바다에 던져버린다. 바다 위로 떨어진 성기는 바다를 떠돌아다니며 흰 거품을 만들어냈고, 이 거품에서 사랑과 미(美)의 여신 비너스(Vénus)가 탄생한다. 왕 가리비조개를 밟고 키프로스섬의 바다 위에 떠오른 비너스는 신들의 찬미의 대상이 되었다.

AD 830 : 예수의 12사도 중 한 명인 성 야고보(Saint-Jacques)의 묘가 스페인의 콤포스텔라에서 발견된다.

12세기 : 성 야고보 성지순례 길에 대해 자세히 묘사한 칼릭스티누스 고사본(Codex Calixtinus)의 「베네란다 축일(Veneranda Dies)」 강론에서는 넓게 편 손과 같은 모양의 이 조개가 하나님께 올리는 영광의 상징이라고 설명하고 있다.

1485 : 보티첼리는 자신의 그림 '비너스의 탄생(La Naissance de Vénus)'을 선보인다.

1758 : 스웨덴의 박물학자 칼 폰 리네(Carl von Linné)는 왕 가리비조개에 '펙텐 막시무스(Pecten maximus)'라는 학명을 붙인다.

1988 : 왕 가리비조개 기사단 협회(Confrérie des chevaliers de la coquille Saint-Jacques)가 창시되었다.

2002 : 노르망디산 왕 가리비조개는 라벨 루즈(Label Rouge) 인증을 획득한다.

가리비조개 조리법

단면 쪽으로 익히기

셰프 다비드 투탱(David Toutain, 파리 8구)의 방식대로 왕 가리비의 가로 단면 쪽을 익힌다. 이 테크닉은 가리비 살의 결이 질겨지지 않도록 보호하여 촉촉하고 연한 식감을 유지시켜준다. 가리비 살 주위를 둘러싼 너덜너덜한 부분은 따로 떼어내 부케가르니를 넣고 물에 익힌 뒤 체에 거르고 커리를 첨가한다. 잎을 하나하나 분리한 브뤼셀 방울양배추를 곁들인다.

카르파초로 얇게 썰기

프랑스 외무성(Quay d'Orsay) 총괄 셰프 티에리 샤리에(Thierry Charrier)의 레시피.

익히지 않은 가리비 살을 카르파초식으로 얇게 저민다(각 3~4조각). 화이트와인, 잘게 썬 샬롯, 라임즙, 올리브오일을 넣고 재운다. 졸인 오렌지 즙, 길게 갈라 긁은 바닐라 빈 1줄기 분량, 사보라(Savora) 머스터드, 셰리와인 식초를 섞은 뒤 낙화생유를 조금씩 넣으며 거품기로 휘저어 비네그레트를 만든다. 가리비 카르파초 위에 이 바닐라 비네그레트 소스를 뿌리고 렌틸콩을 곁들여낸다.

껍데기를 밀가루 반죽으로 봉해 익히기

가리비의 살만 발라낸 뒤 향신 재료(양파, 당근, 허브)와 함께 껍데기 안에 넣고 화이트와인을 한 바퀴 둘러준다. 윗 껍데기로 덮은 뒤 밀가루 반죽(밀가루, 소금, 물)으로 접합부를 빙 둘러 붙인다. 뜨거운 오븐에서 10분 정도 익힌다. 밀봉한 반죽을 깨트린 뒤 바로 서빙한다.

자투리 활용하기

장 마리 보딕(Jean-Marie Baudic)의 『신선한 생선 요리(*Il est frais mon poisson*)』 중에서. - La Martinière 출판. 2012.

가리비의 살을 발라내고 가장자리에 남은 자투리를 준비한다. 코코트 냄비에 잘게 썬 양송이버섯, 마늘, 양파, 당근, 샬롯을 넣고 볶는다. 여기에 가리비 자투리를 넣은 다음 화이트와인을 붓는다. 수분이 거의 없어질 때까지 졸인 다음 시드르(cidre)와 생크림을 넣는다. 오렌지 제스크와 부케가르니를 넣고 뚜껑을 덮은 뒤 약한 불에서 2시간 동안 뭉근히 익힌다.

생식소 활용하기

훈제 대구알과 우유에 적신 빵 속살을 섞어 타라마(tarama)를 만든다. 끓지 않을 정도의 뜨거운 물에 가리비 생식소를 넣고 몇 분간 데친다. 식힌다. 생식소를 블렌더로 간 다음 타라마에 넣고 섞는다. 레몬즙을 뿌린 뒤 블리니(blinis)와 함께 서빙한다.

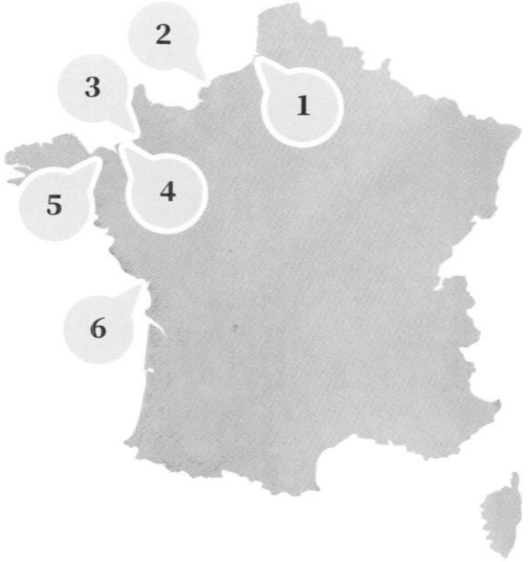
1
2
3
4
5
6

프랑스의 가리비조개 서식지

가리비조개는 피카르디 지방부터 브르타뉴에 이르는 해안지대에 서식한다.

1. 솜(Somme)만(灣)의 디에프(Dieppe), 페캉(Fécamp)
2. 센(Seine)만(灣)의 포르 앙 베생(Port-en-Bessin), 그랑캉(Grandcamp)
3. 몽 생 미셸(Mont-Saint-Michel)만(灣)의 그랑빌(Granville)
4. 생 말로(Saint-Malo)만(灣)의 생 말로(Saint-Malo)
5. 생 브리외(Saint-Brieuc)만(灣)의 로기비 드 라 메르(Loguivy-de-la-Mer), 에르키(Erquy)
6. 대서양 연안의 브레스트(Brest), 키브롱(Quiberon), 올레롱(Oléron)

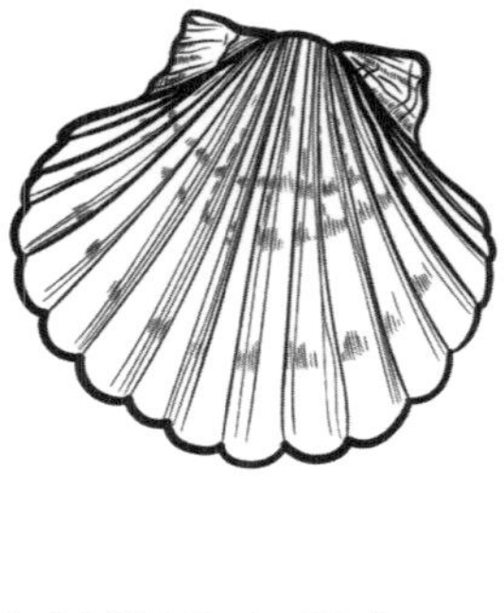

관련 내용으로 건너뛰기
p.44 성게, 앗 따가워!

프랑수아 피에르
드 라 바렌

그는 17세기의 가장 혁신적인 요리책을 쓴 주인공이다. 1651년에 출간된 『프랑스 요리사(*Le Cuisinier français*)』는 요리 혁신의 원리를 체계화한 책으로 중세요리에서 현대 프랑스의 고급 요리로 전환되는 계기를 마련하였다.

에스텔 르나르토빅츠

François Pierre de La Varenne
프랑스 요리사
(1618-1678)

현대적 요리를 제시한 최초의 위대한 셰프

일명 '드 라 바렌(de La Varenne)'으로 불린 프랑수아 피에르의 일생에 대해 알려진 사실은 그리 많지 않다. 1618년 디종에서 태어난 그는 앙리 4세와 마리 드 메디시스의 왕궁에서 요리를 익힌 것으로 알려졌다. 43세에 그는 윅셀 후작(marquis d'Uxelles)의 주방에 요리사로 합류한다. 후작에게 헌정하여 그가 만든 요리는 후대에 '뒥셀(Duxelles)'이라는 이름이 붙었다. 뒥셀은 다진 양송이버섯에 샬롯과 양파를 넣고 버터에 볶은 것이다. 혁신 정신을 잘 보여주는 그의 대표적 요리라고 할 수 있다.

현대 요리의 근간을 마련하다

'건강, 절제, 세련된 정제'라는 모토를 지향하며 바렌은 '일반 가정 먹거리의 기본을 구성하는 가장 흔하고 일상적인 재료로 만든' 레시피들을 제안한다. 그는 또한 부케가르니, 베샤멜 소스, 그리고 가장 오래된 밀푀유 레시피를 처음으로 언급했다. 그가 저술한 『프랑스 요리사』는 이러한 요리의 기본 관습을 체계화한 책이다.

광범위해진 버터의 역할. 당시까지만 해도 부유층들의 관심 밖에 있었으며 기껏해야 달걀 요리나 파티스리에만 사용되었던 버터가 모든 요리에 조금씩 사용되기 시작했다.

향신료 대신 허브가 인기. 이국적인 맛을 내는 재료로 인기가 높던 각종 향신료(사프란, 생강, 넛멕 등)은 정원에서 기른 향 허브(파슬리, 타라곤, 처빌, 바질, 타임, 월계수 잎, 차이브 등)에 그 자리를 내주게 되었다.

새로운 조리법. 조리시간이 짧아지고 단맛이 줄었다. 즉 재료의 맛과 식감을 살리는 조리법이 각광을 받게 되었다. 고기는 꼬챙이에 꿰어 구운 뒤 익힌 육즙 소스를 곁들여 바로 서빙하고 채소는 오늘날 우리가 즐겨 먹는 것처럼 아삭하게 익혀 먹었다.

텃밭 채소. 바렌은 채소에 관심을 쏟았던 최초의 요리사들 중 하나이다. 콜리플라워, 아스파라거스, 아티초크, 오이가 요리 접시에 등장했다.

푀양틴 LA FEUILLANTINE

볼에 크렘 파티시에 달걀 두 개 정도 분량(약 100g), 설탕 125g, 달걀노른자 1개, 코린트 건포도 1꼬집, 잣, 잘게 자른 레몬 콩피 껍질 각 1꼬집, 잘게 부순 마카롱 과자 1~2개, 계핏가루 약간, 로즈워터를 넣어준다.
주걱이나 은 스푼으로 잘 저어 고루 엉기도록 섞은 뒤 오렌지 블러섬 워터 또는 레몬즙을 몇 방울 넣어 준다. 둘 중 한 가지만 아주 소량 넣으면 된다. 또는 간단히 크렘 파티시에, 흰색 빵 속살이나 잘게 부순 비스킷, 코린트 건포도 약간, 설탕, 계핏가루 약간, 레몬즙 몇 방울만 섞어 혼합물을 만들어도 된다.
혼합물이 완성되면 푀유테 반죽 시트 2장을 민다. 크기와 두께는 작은 접시 정도가 적당하다.
유산지 위에 이 중 한 장을 놓고 그 위에 혼합물을 부은 뒤 스패출러로 고루 편다.
반죽 가장자리에 물을 조금 바른 뒤 두 번째 시트를 덮고 가장자리를 파이처럼 잘 눌러 붙인다.
푀양틴을 오븐에 넣고 약 30분간 굽는다. 거의 다 구워졌을 때 꺼내서 설탕을 솔솔 뿌리고 오렌지 블러섬 워터를 몇 방울 뿌려준다.
다시 오븐에 넣어 표면의 설탕이 녹도록 글레이즈한다. 오븐에서 꺼낸 뒤 마지막으로 다시 한 번 설탕을 뿌린다.

『프랑스 요리사, 17세기 요리 레시피 400선(*Le cuisinier français, 400recettes du XVIIe siècle*)』, François Pierre La Varenne 저, Vendémiaire 출판. 224쪽, 2016

17세기 조리 용어정리

Abaisse de pâte 아베스 드 파트 : 밀대로 납작하게 민 반죽.

Amer 아메르 : 동물의 쓸개나 그로부터 흘러나온 담즙. 또는 식품에서 쓴맛이 나는 다른 부분들.

Échauder 에쇼데 : 고기 또는 동물을 통째로 끓는 물에 데쳐 털이나 깃털을 뽑아내다.

Carde 카르드 : 근대나 아티초크 등의 식물의 중간 부분에 있는 줄기, 잎맥.

Mauviette 모비에트 : 종달새의 일종.

Pourpier 푸르피에 : 쇠비름. 샐러드로 먹는 텃밭 채소의 일종.

Ralle 랄 : 뜸부기. 깃털은 회색이고 크기는 메추리만 한 식용 새.

Saloir 살루아르 : 고기, 생선 등의 소금절이 통. 나무로 된 통으로 그 안에 소금과 고기를 넣어 저장한다.

Sauce blanche 소스 블랑슈 : 흰색 소스. 베샤멜 소스에 레몬즙, 오렌지즙, 넛멕, 케이퍼 또는 안초비 등을 첨가한다.

Sauce au pauvre homme 소스 오 포브르 옴 : '가난한 자의 소스'. 물, 소금, 쪽파로 만든 차가운 소스.

Sauce robert 소스 로베르 : 버터에 슬쩍 볶은 양파와 화이트와인, 식초, 소금으로 만든 소스. 졸인 뒤 머스터드를 한 스푼 넣어 섞는다.

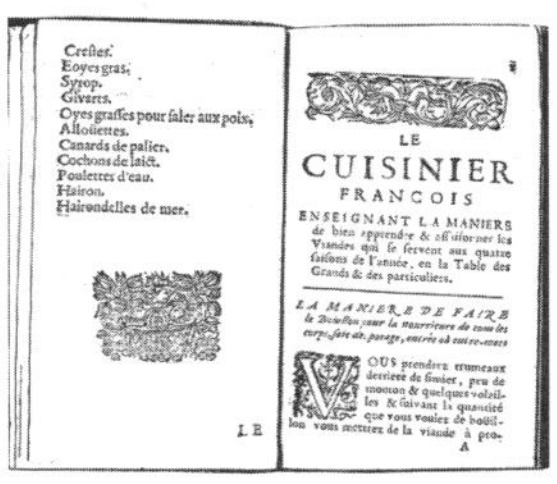

놀라운 출간 성과

『프랑스 요리사』는 출간되자마자 반응이 뜨거웠다. 요리책으로는 초유의 일이었다. 이후 100년간 무려 70쇄가 발행되었다. 인기가 치솟자 이 책을 베끼거나 모방한 것, 해적판들이 여기저기 생겨났다. 1653년에 프랑스 요리책으로는 최초로 영어 번역본이 나왔다. 이 책은 명료한 배열 및 구성, 찾아보기 목록, 요리 레시피에 번호를 붙이는 방식 등 현대 요리책의 편집 형식을 구축하였다. 이 책에서 저자는 1인칭 화법으로 직접 독자들에게 요리법을 설명하고 있으며 이는 현대 요리의 새로운 이미지를 연출해냈다. 특히 다양한 조언과 요리 팁을 함께 제시하여 매우 교육적이고 계몽적인 책으로 완성도를 높였다.

'프렌치'라고요?

'프렌치'라는 이름은 다방면에 두루 사용된다. 하지만 실상을 알게 되면 실망하는 경우도 많다. 요리에서도 이를 피해갈 수 없다. 프렌치라는 이름이 붙은 음식이 많지만 이들은 과연 정말로 프랑스가 원조인 '메이드 인 프랑스'일까?

바티스트 피에게

프렌치 토스트 French toast

이것은 무엇일까?

프랑스어로는 **'팽 페르뒤(pain perdu)'**라고 부른다. 17세기에 이것은 굳은 빵, 와인, 오렌지즙, 설탕으로 만들었다. 레시피에 달걀이 첨가된 것은 1870년 경부터이다.

왜 '프렌치' 토스트인가?

전해오는 이야기에 따르면 1724년 미국 뉴욕주 올버니의 한 선술집 주인 조세프 프렌치(Joseph French)는 남아 있던 빵을 재활용할 수 있는 메뉴를 개발했다고 한다. 그렇다면 이 사람의 이름을 따서 '프렌치의 토스트(French's toast)라고 불렀다는 설이 설득력을 얻는다. 이보다 더 기발한 설은 제1차 세계대전 발발 이전 이것은 독일 토스트(German Toast)였는데 이후 양국의 갈등으로 인해 '프렌치'로 바뀌었다는 주장이다. 하지만 아이러니하게도 미국 뉴올리언스에서는 프렌치 토스트가 아직도 꿋꿋하게 '팽 페르뒤(pain perdu)'라고 불린다.

정통성 증명서 : 없음

프렌치 프레스 French press

이것은 무엇일까?

프렌치 프레스 커피 메이커. 프랑스어로는 '카프티에르 아 피스통(cafetière à piston)'이다. 윌리엄 해리슨 유커스(William Harrison Ukers)는 1922년 발간된 자신의 책 『커피의 모든 것(*All About Coffee*)』에서 이탈리아인이 비난할 수도 있음을 감수하며 "애초부터 프랑스인들은 다른 그 어떤 민족보다 더 커피에 지속적인 관심을 갖고 있었다."라고 단언했다. 유커스는 약 12종류의 커피 메이커 모델에 대해 썼지만 그중 피스톤으로 눌러 커피를 추출하는 방식은 하나도 없었다.

왜 '프렌치' 프레스인가?

제련 장인이자 판매상이었던 한 사람이 발명한 이 커피 메이커는 1852년 3월 파리에서 첫선을 보였다. 하지만 이 피스톤 프레스 방식 커피 메이커의 생산이 본격적으로 활기를 띠게 된 것은 1920년대 말에 이르러서이다. 1980년대에 미국에서는 '프렌치 플런저 타입(French plunger-type)'이라는 표현이 유행하기 시작했다. 1993년 뉴욕 타임즈의 미식 기자인 플로렌스 파브리칸트(Florence Fabricant)는 '프렌치 프레스 방식(French press method)'의 열광적인 애호가가 되었다.

정통성 증명서 : 확인됨.

프렌치 빈스 French beans

이것은 무엇일까?

그린 빈스(스트링 빈스). 프랑스어로 '아리코 베르(haricot vert)'이다. 아메리카 대륙에서 7000년 전 처음 탄생한 이 줄기콩은 크리스토퍼 콜럼부스가 1493년 그의 두 번째 아메리카 원정에서 유럽으로 갖고 들어왔다. 이것이 프랑스에 도입된 것은 1597년이 되어서의 일이니 이 명칭을 붙이기에는 꽤 늦은 시점이라 할 수 있겠다.

왜 '프렌치' 빈스인가?

이 녹색 채소를 좀 더 매력적으로 보이도록 하기 위해 갖다붙인 것 이외에는 큰 이유가 없어 보인다.

정통성 증명서 : 없음

프렌치프라이 French fries

이것은 무엇일까?

프랑스어로 '프리트(frites)'라고 부르는 감자튀김이다. 벨기에와 프랑스 중 어디가 원조일까? 자세한 내용은 이 분야에 정통한 벨기에의 미식, 여행 작가 피에르 브리스 르브룅(Pierre-Brice Lebrun)의 분석을 참고하시라(p.330 참조).

왜 '프렌치' 프라이인가?

제1차 세계대전 당시 플랑드르 지방에 상륙한 연합군은 이 지역 특선 먹거리인 감자튀김을 즐겨 먹었다. 벨기에 군인들이 프랑스어를 사용해서 미군들이 이를 프랑스인으로 혼동한 것이 아닌지 의심이 든다.

정통성 증명서 : 벨기에인들이 괜찮아 한다면 어느 정도 인정.

프랑스의 메밀

비타민, 단백질, 무기질이 풍부한 글루텐 프리 곡물인 메밀은 아주 장점이 많은 밀가루 대용식품이다.

발랑틴 우다르

다시 각광받는 메밀

아시아가 원산지인 메밀은 15세기부터 프랑스 서부 밭에서 재배되었고 이어서 론 알프(Rhône-Alpes)와 리무쟁(Limousin) 지역으로 그 농사가 확대되었다. 척박한 토양에서 잘 자라는 메밀은 3개월 후면 수확할 수 있으며('100일 작물'이라는 별명이 여기에서 유래했다) 잡초를 잘 제압할 뿐 아니라 어떤 병충해에도 잘 견딘다. 하지만 수확량 예측이 불확실한 단점이 있어 1960년대에는 점차 사라졌고 그 자리에 밀과 옥수수를 집중적으로 심었다. 최근 메밀은 '브르타뉴 전통 메밀 협회(association Blé noir tradition Bretagne)'의 노력과 IGP(지리적표시보호) 인증 덕에 인기를 다시 회복해가고 있다.

프랑스 각 지방의 메밀 요리

갈레트 브르톤 Galette bretonne : 치즈, 베이컨, 소시지 또는 앙두이유를 넣고 빌리그(billig 크레프 전용 팬)에 구워낸 아르모리크(Armorique 브르타뉴의 옛 이름)인들의 빵이었다.

레옹 지방의 파르즈 Farz dans le Pays de Léon : 메밀 반죽을 끓인 죽의 일종(fars-gwinis-du) 으로 밀가루로 만들기도 한다(farz-gwiniz). 메밀을 특별한 헝겊 주머니(le farz sac'h)에 넣고 익힌 뒤 자르거나 잘게 부수어 서빙한다(레시피 참조).

코레즈의 투르투 Tourtous de Corrèze : 메밀가루, 물, 이스트로 만든 두툼한 갈레트로 구멍이 숭숭 뚫려 있다. 매 끼니마다 식사에 곁들여 먹었다.

코레즈의 푸 Pous de Corrèze : 이 이름은 반죽을 구울 때 공기가 배출되면서 나는 '퓨우...' 하는 소리에서 따온 것이다. 메밀과 우유로 만든 반죽을 행주에 싸서 익힌다.

사부아의 크로제 Crozets de Savoie : 원래는 동그랗던 모양의 이 파스타는 17세기에 사방 5mm, 두께 2mm의 정사각형 모양으로 바뀐다. 전통적으로 메밀가루와 일반 밀가루로 만든다.

캉탈의 부리올 Bourriols du Cantal : 두툼하고 폭신한 시골풍 갈레트로 메밀가루와 일반 밀가루, 이스트, 우유로 만든다.

키그 하 파르즈 LE KIG HA FARZ

브르타뉴식 포토푀 pot-au-feu breton

준비 : 30분
휴지 : 하룻밤-조리 : 3시간 30분
4인분

소 부채살 600g
돼지 삼겹살 300g
염장 돼지 정강이 1개
셀러리 1줄기
양파 큰 것 1개
리크 4대
당근 6개
순무 4개
타임 2줄기
파슬리 2줄기
월계수 잎 1장
소금, 후추

<u>파르즈 Farz</u>

면 주머니 (20 x 30cm 크기)
메밀가루 500g
버터 200g
생크림(crème fraîche) 40g
달걀 1개
소금

하루 전날, 염장 돼지 정강이를 찬물에 담가 하룻밤 두어 소금기를 뺀다. 당일, 채소의 껍질을 벗긴다. 리크의 녹색 일부분은 잘라낸 뒤 따로 보관한다. 리크의 흰 부분을 모두 합해 단으로 만든 뒤 실로 묶는다. 타임, 파슬리, 월계수 잎을 묶어 부케가르니를 만든다. 냄비에 물을 붓고 소 부채살 덩어리와 소금기를 뺀 돼지 정강이를 넣는다. 양파, 부케가르니, 셀러리, 잘라두었던 리크 녹색 부분을 넣고 끓을 때까지 가열한다. 팔팔 끓기 시작하면 불을 줄이고 약하게 30분간 끓인다. 파르즈를 만든다. 우선 메밀가루, 상온에서 부드러워진 버터, 달걀, 소금 한 꼬집, 생크림을 섞고 따뜻한 물을 조금 넣어 매끈한 반죽을 만든다. 냄비에 끓인 국물 500ml를 조금씩 넣어가며 반죽을 개어 되직한 액체 상태로 만든다. 너무 흐를 정도로 묽으면 안 된다. 이 반죽을 면 주머니에 넣고 끈으로 묶는다. 익으면 부피가 늘어나므로 어느 정도 주머니에 여유를 두어야 한다. 이것을 냄비에 넣고 1시간 30분 끓인다. 중간중간 거품을 건져낸다. 돼지 삼겹살 덩어리를 넣고 30분간 더 끓인다. 소금, 후추로 간한다. 서빙 접시에 고기와 채소를 담고 국물을 붓는다. 주머니의 메밀 반죽은 꺼내서 나누어 서빙한다.

와인을 넣은 요리

디종 '오스텔르리 뒤 샤포 루즈(Hostellerie du Chapeau rouge)'의 셰프 윌리엄 프라쇼(William Frachot)는 부르고뉴 테루아의 특성을 한껏 살린 요리를 만들어낸다. 와인 향 가득한 '프라쇼'식 소스의 세 가지 요리 레시피를 소개한다.

델핀 르 푀브르

레드와인 소스 포치드 에그 LES OEUFS À LA MEURETTE

4인분
준비 : 1시간
조리 : 50분

육즙 소스 또는 닭(또는 송아지) 육수 600ml
레드와인 800ml
감자 전분 2g
버터 70g
설탕 5g
소금, 갓 갈아낸 후추
달걀
자연방사 신선 달걀 8개
화이트 식초 500ml + 200ml
레드와인 250ml
부르고뉴식 가니시
Garniture bourguignonne
양송이버섯 80g
베이컨 라르동 80g
흰색 방울양파 90g
레몬
설탕 40g
버터 40g
바게트 슬라이스 8쪽
식용유 200ml
마늘 1톨
이탈리안 파슬리 20g

소스
냄비에 육즙 소스 또는 닭(또는 송아지) 육수 600ml를 끓여 100ml가 될 때까지 졸인다. 다른 냄비에 레드와인 800ml를 넣고 80ml가 되도록 졸인다. 이 둘을 섞은 다음 조금 덜어낸 뒤 녹말가루를 넣어 풀어준다. 다시 혼합액에 넣고 살살 저어 섞는다. 작게 깍둑 썰어둔 버터를 넣고 잘 녹이며 섞는다. 소금, 설탕, 후추로 기호에 맞게 간을 맞춘다.

달걀
소테팬에 레드와인 250ml을 넣고 가열한다. 끓기 시작하면 식초 500ml를 넣는다. 달걀을 작은 찻잔에 하나씩 깨 넣는다. 남은 식초 200ml를 찻잔 8개의 달걀 위에 각각 나누어 붓고 이 상태로 3분간 그대로 둔다. 식초가 달걀을 응고시키며 익히는 효과를 낸다. 겉면의 막이 굳으면 물에 데치기가 훨씬 쉬워진다. 소테팬의 와인과 식초를 아주 약하게 끓는 상태로 유지하며 달걀을 한 개씩 조심스럽게 넣어 익힌다. 스푼으로 원을 그리듯 휘저어 회오리를 일으킨 상태에서 달걀을 넣으면 흰자가 자연스럽게 노른자를 덮게 된다. 2분간 익힌 뒤 망으로 건져 찬물에 넣어 더 이상 익는 것을 중지시킨다. 이렇게 하면 달걀에 남아 있는 식초를 제거하는 효과도 있다.

부르고뉴식 가니시
레몬을 넣은 물에 양송이버섯을 데친 다음 버터를 두른 팬에 볶는다. 기름을 두르지 않은 팬에 베이컨 라르동을 볶는다. 다른 팬에 버터와 설탕을 녹인 다음 흰색 방울양파를 넣고 노릇하게 볶는다. 슬라이스한 빵을 뜨거운 기름에 지지듯 구운 뒤 마늘을 문질러 향을 낸다. 뜨겁게 보관한다.

플레이팅
뜨겁게 달군 우묵한 접시에 각각 마늘 향을 입힌 크루통을 2개씩 놓고 가니시를 고루 담는다. 수란을 2개씩 얹은 뒤 레드와인 소스를 끼얹는다. 다진 이탈리안 파슬리를 고루 뿌린다.

코코뱅 LE COQ AU VIN

8인분
준비 : 45시간
마리네이드 : 하룻밤
조리 : 3시간

닭(3kg 짜리) 1마리(토막 낸다)
당근 200g
양파 200g
마늘 한 통
레드와인 1.5리터
밀가루
식물성 식용유
타임 1줄기
월계수 잎 1장
방울양파 200g
버터 20g
설탕 5g
훈제 베이컨 200g
양송이버섯 200g
버터 30g
식빵 8장
올리브오일 50g
닭 또는 돼지 피(정육점에서 구할 수 있다) 150g
파슬리 15g

하루 전날, 토막 낸 닭과 당근과 양파 분량의 반, 마늘 분량의 반, 월계수 잎과 타임에 레드와인을 붓고 재워둔다.
다음 날, 닭을 건져내 식용유를 달군 팬에 지진다. 닭을 재웠던 마리네이드 액은 따로 보관한다.
닭고기가 노릇하게 구워지면 나머지 당근과 양파, 마늘을 넣고 함께 볶아 익힌다. 밀가루를 닭고기에 솔솔 뿌려 입힌다. 고루 저어 섞고 2~3분간 익힌 뒤 마리네이드 액을 모두 붓는다. 뚜껑을 덮고 180°C 오븐에 넣은 뒤 약하게 끓는 상태로 3시간 또는 중불 위에서 규칙적으로 저어가며 익힌다.
그동안 팬에 방울양파를 한 켜로 깔고 물을 높이만큼 넣은 뒤 버터 20g, 설탕을 넣고 윤이 나게 졸아들 때까지 익힌다. 소금, 후추로 간한다. 노릇한 색이 나면 양파를 건진다. 베이컨은 작은 라르동 크기로 썰어 끓는 물에 데친 다음 살짝 노릇한 색이 날 때까지 팬에 볶는다. 양송이버섯도 버터에 볶는다.
방울양파, 양송이버섯, 베이컨을 모두 합해 가니시를 만든다. 식빵을 크루통 모양(주로 갸름한 하트형)으로 잘라 기름을 두른 팬에 굽는다. 닭고기가 익으면 건져낸 뒤 국물을 체에 거른다.
좀 더 진한 농도를 원하면 이 소스를 조금 더 졸이되 너무 걸쭉해지지 않도록 주의한다. 마지막에 피를 넣어 소스 농도를 맞춘 뒤 다시 한 번 체에 거른다. 간을 확인한다. 닭고기와 가니시를 소스에 넣고 뜨겁게 유지한다.
단, 소스가 끓지 않도록 주의한다.
크루통의 뾰족한 끝부분을 소스에 담가 적신 뒤 그곳에 다진 파슬리를 묻힌다.
접시에 닭고기와 크루통, 가니시를 고루 보기 좋게 담는다.

연대별로 보는 윌리엄 프라쇼의 약력

1970
파리 출생

1995-1996
3명의 부르고뉴 출신 셰프 베르나르 루아조(Bernard Loiseau), 파브리스 질로트(Fabrice Gillotte), 자크 라믈루아즈(Jacques Lameloise)의 주방에서 요리를 익힌다.

1999
윌리엄 프라쇼의 부모 도미니크와 카트린은 디종의 유명 레스토랑 '르 샤포 루즈(Le Chapeau Rouge)'를 인수한다.

2003
미슐랭 가이드 첫 번째 별 획득.

2013
미슐랭 가이드 두 번째 별 획득.

관련 내용으로 건너뛰기
p.270 보르도 vs 부르고뉴

부르고뉴식 레드와인 비프 스튜 LE BOEUF BOURGUIGNON

8인분
준비 : 45분
마리네이드 : 3시간
조리 : 2시간

소 부채살 2kg
양파 1개(300g)
정향
당근 300g
짓이긴 마늘 2톨
부케가르니 1개
파슬리 줄기
통후추
카트르 에피스(quatre-épices 후추, 넛멕, 정향, 계피 가루를 혼합한 향신료 믹스)
레드와인 1.2리터
밀가루 90g
송아지 육수 2리터
부르고뉴식 가니시
베이컨 라르동 250g
양송이버섯 250g
방울양파 20개
설탕 20g
버터 60g
파슬리

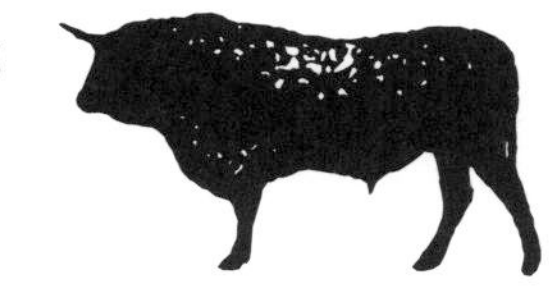

오븐을 160°C로 예열한다. 양파를 반으로 잘라 그중 하나에 정향을 꽂고 나머지 반은 작은 주사위 모양으로 썬다. 고기를 큼직한 큐브(한 조각당 약 50g) 모양으로 썬다. 당근을 씻어 작게 썬다. 고기에 양파, 당근, 마늘, 부케가르니, 파슬리 줄기, 통후추, 카트르 에피스(quatre-épices)를 모두 넣고 레드와인 1.2리터를 부은 뒤 최소 3시간 동안 재운다.
고기를 건져낸다. 남은 마리네이드 액은 따로 보관한다. 뜨겁게 달군 무쇠 코코트 냄비에 고기를 지진다. 고기를 건져낸 뒤 그 냄비에 마리네이드 액 건더기 채소를 넣고 색이 나지 않게 볶는다.
다시 고기를 넣은 뒤 잘 섞어준다.
밀가루를 솔솔 뿌리면서 잘 저어 고기에 밀가루가 고루 묻고 다른 재료와 잘 섞이도록 한다. 마리네이드 액을 붓고 완전히 졸아들 때까지 끓인다.
이어서 송아지 육수를 붓는다. 뚜껑을 덮고 오븐에서 약 2시간 정도 익힌다.
부르고뉴식 가니시 만들기 :
베이컨 라르동을 팬에 소테한다.
버섯을 얇게 저며 같은 팬에 볶는다.
다른 소테팬에 설탕과 버터를 녹인 뒤 방울양파를 넣고 물을 높이만큼 붓는다. 물이 증발할 때까지 가열하여 방울양파를 노릇하고 윤기나게 익힌다.
고기가 익으면 잠시 건져낸 뒤 소스를 계속 졸여 주걱에 묻을 정도의 농도로 만든다. 소스를 체에 거른다. 고기와 부르고뉴식 가니시를 다시 소스에 넣고 약하게 끓을 정도로 데운다. 우묵한 접시에 고기와 가니시를 고루 담고 다진 파슬리를 뿌려낸다.

아스테릭스의 갈리아 미식 탐험

프랑스의 국민 만화 '아스테릭스의 모험(Aventures d'Astérix)' 시리즈 1965년 판 '아스테릭스의 갈리아 일주(Le Tour de Gaule d'Astérix)'에서 주인공인 두 명의 갈리아 친구들은 옛날 이 지역의 유명한 먹거리를 찾아다닌다. 이 시리즈 중 가장 맛있는 에피소드임이 확실하다.

샤를 파탱 오코옹

줄거리의 시작
불굴의 갈리아인들이 사는 유명한 마을이 로마인들에 의해 포위당한다. 주인공 아스테릭스와 오벨릭스는 이 상황에서도 원하는 대로 돌아다닐 수 있다는 사실을 보여주기 위해 갈리아 전역의 맛있는 특선 음식들을 찾아 나서기로 한다. 본격적인 먹거리 투어가 시작된다...

루테티아 LUTETIA(현재의 파리)
특선 먹거리 : 장봉(jambom)
이 햄의 제조법이 처음 소개된 것은 1793년의 일이다. 돼지 뒷다리의 뼈를 제거하고 힘줄과 비계를 떼어낸 뒤 소금물에 염지하는 파리식으로 만들며 육수에 몇 시간 동안 삶아 익힌다. 이후, 이와 같은 방식으로 만든 햄은 '장봉 드 파리(jambon de Paris)'라고 불리게 되었다.

이 작은 마차가 딱이네. 아무 곳에나 세울 수 있으니 말이야!
햄 사러 가자. 마침 뤼테스 햄이 아주 유명하다니까!

어서 오슈. 신사양반들. 뭐 좀 드릴까?
베티즈 사탕 좀 사러 왔어요.

카마라쿰 CAMARACUM (현재의 캉브레 CAMBRAI)
특선 먹거리 : 베티즈(bêtises)
캐러멜화한 설탕에 민트로 향을 낸 캔디로 1850년 한 제과사 조수의 레시피 실수로 탄생하게 되어 '베티즈('바보 짓'이라는 뜻)'라는 이름이 붙었다. 이 사탕은 1994년 유네스코 인류무형문화유산 목록에 등재되었다.

두로코르토룸 DUROCORTORUM (현재의 렝스 REIMS)
특선 먹거리 : 4종류의 샴페인(brut, sec, demi-sec, doux)
"이건 와인 중의 와인이야! 기포가 있는 이 와인은 주로 특별한 파티 때 마시지. 예를 들어 범선의 새출발을 알리는 명명식 같은 경우 말이야..."
발포성 와인의 왕인 샴페인은 17세기부터 생산되었다. 이 이름은 생산지의 명칭(Champagne)에서 따온 것이다.

룩두눔 LUGDUNUM(현재의 리옹)
특선 먹거리 : 소시송(saucisson), 크넬(quenelles)
"소시지와 크넬 여기 있습니다."
리옹 소시지는 익혀서 따뜻하게 먹으며 주로 감자를 곁들인다. 크넬은 슈 반죽에 곱게 간 동브(Dombes) 호수산 강꼬치고기 살을 섞어 만드는 생선 완자의 일종이다.

니카에 NICAE(현재의 니스)
특선 먹거리 : 브르타뉴인들에 의해 유입된 니스식 샐러드(salade niçoise)
"단지에 샐러드를 가득 담아 주세요. 가져갈 겁니다."
지켜야 할 수칙 하나 : 니스식 샐러드에는 절대로 익힌 채소가 들어가지 않는다. 재료는 토마토, 아티초크, 니스산 올리브, 잠두콩, 완숙달걀, 쪽파 또는 안초비로 구성된다.

마실리아 MASSILIA (현재의 마르세유)
특선 먹거리 : 부야베스(bouillabaisse)
각종 생선으로 끓인 수프로 크루통, 통 생선살, 감자 등을 넣어 만든다. 지중해 지역에서 가장 유명한 생선 스튜이다.

에포닌, 부야베스 하나 만들어줘. 손님이 이따 찾으러 올 거야.

파스티스 좀 드릴까요?
아뇨 괜찮아요, 저희는 염소젖이 더 좋아요...
혹시 멧돼지가 있으시면 그것도 좋아요...

툴루사 TOLOSA (현재의 툴루즈 TOULOUSE)
특선 먹거리 : 소시지(saucisse)
"툴루사는 아름다운 도시인데 이곳의 소시지도 과연 맛있을까? - 너무 맛있지, 오벨릭스! 진짜 맛있다고!"
돼지 살코기와 비계를 섞고 소금, 후추로만 간을 해 곱게 간 뒤 창자에 채워 만든 지름 26~28mm 굵기의 소시지이다. 길이의 제한은 따로 없다.

아지눔 AGINUM(현재의 아쟁 AGEN)
특선 먹거리 : 건자두(pruneau)
"자, 우선 우리 아지눔의 유명한 특산품인 말린 자두 한 봉지를 선물로 드릴게요."
서양자두나무(Prunus domestica)의 열매를 말린 것으로 로트 에 가론(Lot-et-Garonne) 지방에서 15세기부터 재배했다. 비타민과 철분이 풍부한 항산화 식품인 아쟁의 건자두는 2002년 지리적표시보호(IGP) 인증을 받았다.

부르디갈라 BURDIGALA(현재의 보르도 BORDEAUX)
특선 먹거리 : 보르도 화이트와인(burdigala blanc), 굴(huîtres)
"굴은 맛있다. 하지만 멧돼지는 스펠링에 알파벳 R이 들어가지 않는 달에도 먹을 수 있다."
아르카숑 만(灣)과 가까운 지리적 환경 덕에 이 지역은 굴이 풍부하다. 곁들여서 무엇을 마시면 좋을까? 세미용과 소비뇽은 보르도 화이트와인의 주요 포도품종이다.
'아스테릭스의 갈리아 일주(Le Tour de Gaule d'Astérix)' 편에 소개되지는 않았지만 우데르조(Albert Uderzo)와 고시니(René Goscinny)의 작품 '아스테릭스 시리즈'에 등장한 것들 중 빼놓을 수 없는 음식 관련 장면들이 있다.

코르시카 CORSE
'아스테릭스, 코르시카에 가다(Astérix en Corse)' 편에 나오는 코르시카 치즈 폭발 장면.
"나의 냄새를 맡아봐, 친구들아."

오베르뉴 AUVERGNE
'아스테릭스와 무적의 방패(Le Bouclier arverne)' 편에 나오는 양배추 스튜(potée de choux).
"우선 배추부터 건져 먹어야 해."

노르망디 NORMANDIE
'아스테릭스와 노르망디 사람들(Astérix et les Normands)' 편에 나오는 우유 크림(crème au lait).
"너 크림 수프 안 먹으면 무서운 식인마귀가 잡아 먹으러 올 거야."

이 외에 물론 브르타뉴에서 사냥하여 구워 먹은 멧돼지도 물론 빼놓을 수 없다. 이는 이 만화책의 매 편마다 등장한다.

관련 내용으로 건너뛰기
p.215 프랑스인의 조상 갈리아족

스파이스 크러스트 멧돼지 넓적다리 구이
블랑딘 부아예 *Blandine Boyer**

6~8인분
돼지 크레핀 1개
5가지 페퍼콘 믹스 1테이블스푼
고수 씨 2테이블스푼
보라색 머스터드(포도즙 첨가) 또는 홀그레인 머스터드 6테이블스푼
올리브오일 4테이블스푼
세이보리 또는 와일드 타임 1다발
멧돼지 뒷 넓적다리 1개
채소 육수 또는 물 500ml

오븐을 150°C로 예열한다. 크레핀을 차가운 물에 깨끗이 헹군 뒤 행주 위에 조심스럽게 펴 놓는다. 절구에 소금과 페퍼콘 믹스, 고수 씨를 넣고 공이로 빻는다. 여기에 머스터드를 넣고 섞은 뒤 이어서 올리브오일을 조금씩 넣으며 섞어 유화한다. 마지막으로 세이보리 잎을 떼어 넣고 함께 찧어 섞는다. 이 양념 페이스트를 멧돼지 넓적다리에 고루 바른 뒤 크레핀 위에 놓고 감싸준다. 이것을 대형 오븐 용기에 넣고 육수를 바닥에 부은 뒤 알루미늄 포일로 덮어 단단히 밀봉한다. 오븐에서 1kg당 최소 1시간 동안 익힌다. 시간마다 살펴보고 용기의 물이 부족하면 조금씩 보충한다. 고기가 완전히 연하게 익으면 오븐 용기에서 꺼내 오븐 망 위에 올린 뒤 180°C에서 15분간 노릇하게 익힌다. 망 아래에 오븐 용기를 받쳐 떨어지는 육즙을 받아낸다. 이 육즙을 작은 냄비로 옮겨 담고 필요하면 더 졸인다. 기름은 스푼으로 걷어낸다. 작은 망에 거른 뒤 육즙 소스를 고기 위에 다시 끼얹어준다.

* 『갈리아 식 연회, 조상으로부터 전해 내려오는 70가지 레시피(*Banquet gaulois : 70 recettes venues directement de nos ancêtres... ou presque!*)』에서 발췌. 블랑딘 부아예 저, Larousse 출판, 2016.

꿀과 밤으로 만든 머랭 디저트, 몽 로제르(MONT LOSÈRE)
블랑딘 부아예*

준비 : 30분
조리 : 약 3시간
8~10인분

달걀흰자 4개분
비정제 황설탕 220g
밤가루 50g
밤나무 꿀 2테이블스푼
액상 생크림(전유크림) 300ml
더블크림(가능하면 비멸균 생 원유크림) 200g
밤 잼 200g
캐러멜라이즈한 밤
군밤(포장제품 또는 직접 구운 것) 300g
밤나무 꿀 2테이블스푼
가염버터 30g

오븐을 100°C로 가열한다(컨벡션 모드). 달걀흰자를 휘저어 거품을 올린다. 황설탕을 조금씩 넣어가며 단단하고 윤기나는 머랭이 될 때까지 계속 거품기로 저어준다. 여기에 밤가루를 넣고 주걱으로 조심스럽게 섞는다. 유산지를 깐 베이킹 팬 위에 이 머랭을 큰 스푼으로 떠 얹는다. 그 위에 꿀을 가늘게 뿌린다. 오븐에 넣고 최소 3시간 동안 건조시킨다. 마지막 한 시간은 오븐 문을 살짝 열고 굽는다.
논스틱 코팅 팬에 밤과 꿀, 버터를 넣고 센 불로 약 3분간 가열해 캐러멜라이즈한다. 유산지 위에 펼쳐 놓고 식힌다.
마지막으로 아주 차가운 두 종류의 크림을 합하여 휘핑한다. 이 샹티이 크림에 밤 잼을 넣고 실리콘 주걱으로 살살 섞어준다. 잼이 마블링 무늬를 남길 수 있도록 너무 많이 휘젓지 않는다.
서빙 플레이트 또는 개인용 접시에 머랭을 놓고 잼을 섞은 샹티이 크림을 얹는다. 그 위에 캐러멜라이즈한 밤을 몇 개씩 얹는다. 날씨가 습한 경우 머랭은 플레이팅 하기 전까지 밀폐 용기에 보관한다.

장 지오노

그의 책에서는 좋은 올리브오일과 야생 허브의 향기가 난다. 음식을 사랑한 프로방스의 작가 장 지오노는 그 누구보다도 문학과 테루아를 잘 연결하는 재능을 갖고 있었다.
에스텔 르나르토빅츠

초록의 오아시스, 파리의 집

"마당에는 종려나무, 월계수나무, 살구나무, 감나무, 포도나무 그리고 커다란 연못과 분수가 있었다." 작가 장 지오노는 자신의 소설 『언덕(*Colline*)』(1929)이 큰 성공을 거둔 이후 구입한 자택을 이렇게 묘사했다. 마노스크(Manosque, Alpes-de-Haute-Provence)에서 멀지 않은 곳에 위치한 '루 파라이스(Lou Paraïs '파리'를 뜻한다)'라는 이름의 이 집에서 그는 집필 작업을 이어갔다. 그의 소설에는 이 집에 관한 묘사가 자주 등장한다. 투박하지만 자부심이 있는 프로방스 농촌의 진정한 내면이다.

장 지오노의 미식 프로필

소박하고 검소했던 음식 취향. 『지붕 위의 경기병(*Le Hussard sur le toit*)』을 쓴 이 작가가 사랑했던 것은 세련된 고급 미식과는 거리가 멀어도 한참 먼 소박한 가족의 음식, 불 한 켠에서 오래 끓여 진한 맛이 나는, 그런 따뜻하고 든든한 음식이었다.
텃밭에서 딴 채소. 그는 병아리콩, 흰 강낭콩, 렌틸콩, 카르둔, 주키니호박, 가지와 양배추 등의 풍성한 채소로 수프를 끓이거나, 샐러드, 그라탱을 즐겨 만들었다.
올리브 오일. 올리브오일을 거의 모든 요리에 넣어 먹을 정도로 즐겼다. 그는 특히 갓 짜낸 올리브오일의 신선함, 진한 향과 선명한 녹색을 사랑했다. 어린 시절, 학교에서 돌아올 때쯤이면 어머니는 올리브오일을 바르고 소금을 뿌린 토스트를 간식으로 준비해놓고 아들을 기다리곤 했다.
양고기부터 수렵육까지. 그는 대단한 육식 애호가는 아니었으나, 깃털 달린 수렵육 요리는 아주 좋아했다. 꼬치에 꿰어 구운 작은 새나 마리네이드한 메추라기 등은 그가 사랑한 요리였다. 하지만 잦은 통풍으로 인해 고생하는 등 이것을 좋아한 대가를 톡톡히 치러야 했다.

지오노식 달걀

이것은 지오노 가족의 소박하지만 특별한 음식이다. 직접 기른 닭이 낳은 달걀을 살짝만 익도록 반숙하여 에그 홀더에 껍질째 놓거나, 접시에 깨어놓는다. 굵은 소금과 갓 갈아낸 후추를 뿌리고 올리브오일을 듬뿍 두른 다음 무이예트(mouillette: 빵을 길고 가늘게 잘라 구워 소스나 달걀을 찍어먹기 좋도록 만든 것)로 찍어 먹는다.

Jean Giono, 테루아를 사랑한 작가
(1895-1970)

지오노 가족의 특별한 홈 메이드 비네그레트

지오노 가족의 집에서는 모든 샐러드에 올리브오일로 만든 비네그레트 드레싱을 뿌려 먹었다. 여기에는 그의 가족 네 명의 재미난 레시피가 있다.

- 식초에 인색한 **구두쇠** 1명
- 소금과 후추에 대한 **현자** 1명
- 올리브오일을 **낭비하는 사람** 1명
- 이것을 휘휘 젓는 **미치광이** 1명

어머니의 요리

장 지오노는 피카르디 출신인 어머니 폴린(Pauline) 덕에 진짜 좋은 음식은 어떤 맛인지를 알게 되었다. 어머니의 바닐라 향기 나는 뺨에 입 맞추기를 좋아했던 그는 자신의 친구이자 미국의 유명한 시인인 T. S. 엘리엇이 그의 어머니가 만든 푸딩을 맛보고는 "내가 한 번도 먹어보지 못한 최고의 맛, 이건 노벨상 감이야."라고 칭찬했던 것을 기억한다.

속을 채운 양배추 롤 찜

장 지오노가 좋아했던 메뉴 중 하나인 이 요리는 해가 짧고 온통 회색빛인 혹독한 겨울을 녹여주는 따뜻한 음식이었다.

8인분
조리 : 2시간

사보이 양배추 1통
돼지고기 다짐육 200g
염장 삼겹살 200g
당근 2~3개
셀러리 1줄기
양파 1개
마늘 3톨
올리브오일 3테이블스푼
육수 500ml
(또는 고체형 스톡 큐브 1개)
토마토 소스 1컵
주니퍼베리 4알
파슬리, 타임, 월계수 잎
소금, 통후추 간 것

1. 사보이 양배추를 속까지 한 잎 한 잎 떼어 분리한다. 맨 겉쪽의 큰 잎은 버리고, 나머지 잎은 굵고 억센 잎맥을 잘라낸다. 속잎은 다진다. 끓는 소금물에 양배추 잎을 10분간 데친 후 건져 물기를 털어내고 깨끗한 행주 위에 잘 펴 놓는다.
2. 그동안 소를 준비한다. 소테팬에 올리브오일을 달군 후 돼지고기 다짐육(또는 다진 햄으로 대체해도 좋다)과 얇게 썬 양파, 다진 양배추 속잎, 작은 주사위 모양으로 썬 염장 삼겹살 분량의 반을 넣고 센 불에서 볶는다. 소금과 후추로 간을 맞춘다(염장 삼겹살이 이미 짭짤하니 소금 양에 주의한다). 타임, 잘게 찢은 월계수 잎, 으깨 부순 주니퍼베리 2알을 넣어 향을 더한다. 양배추 잎에 소를 넣고 단단히 말아준다 필요하면 끈으로 묶어 고정시킨다.
넓적한 토기 냄비에 올리브오일을 고루 두른 뒤 나머지 염장 삼겹살을 주사위 모양으로 썰어 넣는다. 여기에 얇게 썬 당근과 셀러리, 짓이긴 마늘도 함께 넣어준다. 속을 채운 양배추 롤을 그 위에 놓고, 토마토 소스와 주니퍼베리 2알, 다진 파슬리를 조금 얹는다. 육수를 재료 높이의 반까지 오도록 붓고 220°C 오븐에서 약 2시간 동안 익힌다. 양배추 표면이 살짝 갈색이 날 때까지 익히면 완성된 것이다.

* 레시피는 『장 지오노의 맛있는 프로방스(*La Provence gourmande de Jean Giono*)』에서 발췌. Sylvie Giono 저. éd. Belin 출판. 192쪽.

플랑을 만들어 봅시다

바삭한 시트, 바닐라 향의 묵직한 크림, 먹음직스러운 노릇한 표면...
속은 완전히 굳지 않아 부드럽게 찰랑거리고 풍부하고 진한 우유 향이 풍기는
프랑스 파티스리 플랑(flan)은 어린 시절의 디저트 맛을 떠올리게 한다.

델핀 르 푀브르

기원
영국인들은 중세에 커스터드 타르트(custurd tart)를 처음 만들었다. 잉글랜드를 통치한 헨리 4세의 1399년 즉위식 이후 프랑스에서는 플랑 타르트의 조상인 '두세티즈(doucettys)'가 회자되기 시작한다. 프랑스 파티스리에서 플랑은 포르투갈의 에그타르트인 파스텔 데 나타(pastel de nata)에 비유할 수 있다. 홍콩, 마카오에서는 프랑스의 플랑 타르트와 비슷한 에그 타르트 '단타(蛋撻)'를 즐겨 먹는다.

지켜야할 규칙
반죽 시트 : 베이킹파우더를 넣지 않은 파트 브리제(pâte brisée), 좀 더 가벼운 식감을 원하면 파트 푀유테(pâte feuilletée)를 사용한다. 시트 두께는 크림 혼합물에 흠뻑 젖을 수 있기 때문에 너무 얇게 밀면 안 된다. 타르트 시트를 먼저 따로 굽는 셰프들도 있다.
크림 필링 : 재료 가짓수는 많지 않지만 좋은 품질을 골라야 한다. 농가에서 방사해 기른 닭의 달걀, 신선한 전유 또는 우유와 액상 생크림(지방 35%) 혼합물, 옥수수 전분, 바닐라 빈으로 만든다.
굽기 : 중간 온도(170°C 정도) 오븐에서 비교적 오랜 시간 천천히 구워 크림 필링의 텍스처를 최적화하고 표면에 먹음직스러운 갈색 크러스트(타면 안된다)를 만든다.
휴지 : 완성된 플랑은 냉장고에 몇 시간 또는 하룻밤 넣어 크림 필링이 굳도록 둔다. 먹기 전에 미리 꺼내 두어 상온으로 서빙한다. 이렇게 하면 자르기도 훨씬 쉽다.

파리의 인기 만점 플랑 맛집

불랑주리 위토피 Utopie, 20, rue Jean-Pierre Timbaud, Paris 11구
불랑주리 바소 Boulangerie Basso, 49, rue de la Jonquière, Paris 17구
시릴 리냑 Cyril Lignac, 133, rue de Sèvres, Paris 6구
블랑주리 뒤 닐 Boulangerie du Nil, 3, rue du Nil, Paris 2구
라뒤레 Ladurée, 75, avenue des Champs Élysées, Paris 8구

플랑 LE FLAN

필립 콩티치니 *Philippe Conticini*

준비 : 20분
휴지 : 1시간
조리 : 30분
6인분

저지방 우유 165g
물 165g
바닐라 빈 2줄기
설탕 50g
옥수수 전분(Maïzena®) 25g
달걀 1개
달걀노른자 1개
순 버터 푀유테 반죽 1장
저지방 우유 50g(추가분, 선택사항)

플랑 크림 필링
냄비에 우유, 물, 길게 갈라 긁은 바닐라 빈을 넣고 끓을 때까지 가열한다. 유리볼에 달걀노른자, 달걀, 설탕을 넣고 거품기로 섞은 뒤 옥수수 전분을 넣어준다. 냄비에서 바닐라 빈 줄기를 건진 다음 끓인 우유의 1/3 정도를 달걀, 설탕 혼합물에 붓고 거품기로 잘 섞는다. 이것을 다시 냄비에 옮겨 부은 뒤 거품기로 세게 저어주며 농도가 되직해질 때까지 1분간 끓인다(좀 더 부드럽고 말랑한 플랑을 원하면 이때 추가분 저지방 우유 50g을 더 넣고 핸드 블렌더로 갈아 혼합한다).

조립 및 굽기
지름 14cm, 높이 3.5cm 타르트 링 안쪽에 버터를 바른다. 파트 푀유테를 지름 24cm 원형으로 자른 뒤 링에 앉힌다. 플랑 크림을 높이의 3/4까지 채운 뒤 냉동실에 1시간 넣어둔다. 160°C 오븐에서 약 30분간 굽는다.

관련 내용으로 건너뛰기
p.32 파르 브르통

플랑 어휘 정리
En faire tout un flan(모두 모아 '플랑'을 만들다) : 어떤 사람이 거의 아무것도 아닌 것을 갖고 무엇인가 큰 이야기를 만들어낼 때 쓰는 표현이다.
C'est du flan(이것은 '플랑'이다) : '거짓이다'라는 표현. 여기서 '플랑(flan)'은 동전을 찍어내기 전 상태의 민짜 쇠 조각으로 위조화폐와 비슷한 의미로 쓰인다.
En rester comme deux ronds de flan(두 개의 '플랑'과 같은 표정을 짓다): 여기서도 '플랑'은 마찬가지로 동전을 찍기 위한 동그란 금속을 가리키며, 이 표현은 경악을 금치 못하는 상태를 뜻한다. 두 개의 동그란 '플랑'은 깜짝 놀라 휘둥그레진 두 눈을 뜻한다.
À la flan('플랑'처럼): 어떤 물건이 잘못 만들어지거나 너무 급히 만들어진 것을 뜻한다.

플랑과 비슷한 디저트들

플로냐르드 La flognarde : 리무쟁, 페리고르, 오베르뉴 지방에서 찾아볼 수 있는 특산 먹거리로 주로 사과나 자두를 넣고 플랑 혼합물을 부어 구운 과일 타르트다.
클라푸티 Le clafoutis : 리무쟁의 전통 레시피로 일반적으로 체리에 플랑 혼합물을 부어 굽는다.
피옹 방데엥 Le fion vendéen : 방데(Vendée) 지방의 피옹. 아주 두꺼운 플랑의 일종으로 높이가 있는 틀(주로 도기)을 사용한다. 이 틀에 반죽 시트를 깔아 놓고 그 상태로 먼저 끓는 물에 데쳐 익힌 뒤 분리해서 말린다. 그 안에 '피우네(fiounée)'라고 불리는 달걀 베이스의 크림을 채워 넣고 오븐에 굽는다.
파르 오 프뤼노, 또는 파르 브르통 Le far aux pruneaux, ou far breton : 건자두를 넣은 플랑의 일종. 원래는 건포도와 사과로 만들었다.
플랑 오 카라멜 Le flan au caramel : 중탕으로 익힌 달걀 베이스 플랑에 캐러멜을 씌운 푸딩의 일종이다.
플랑 코코 Le flan coco : 프랑스령 앙티유의 레시피로 연유와 코코넛 밀크, 코코넛 슈레드로 만든다. 중탕으로 익히는 과정에서 코코넛 과육 층과 크림 층으로 분리된다.

풀라르드 닭 요리

풀라르드(poularde)는 어린 암탉의 산란을 억제하고 살을 찌워 키운 섬세한 맛과 연한 육질을 가진 닭이다.
거세한 수탉인 샤퐁(chapon)의 사촌이라고 할 수 있는 풀라르드는 크리스마스나 연말 파티의 식탁에 자주 오르는 메뉴이다.
3가지 레시피를 소개한다.

드니즈 솔리에 고드리

속을 채운 닭 요리

준비 : 45분
조리 : 1시간 30분
6인분

풀라르드 닭(1.6~1.8kg짜리) 1마리
버터 80g
해바라기유 3테이블스푼
생크림 250ml
물 50ml
마데이라 또는 포트와인 100ml

오븐을 200°C로 예열한다. 아래 세 가지 스터핑 중 하나를 골라 닭 안에 채워 넣는다. 주방용 바늘과 실로 입구를 꼼꼼히 꿰매어 봉한다. 상온에 두어 부드러워진 버터와 식용유를 볼에 넣고 섞은 뒤 붓으로 닭의 표면에 넉넉히 발라준다. 남은 것은 오븐용 로스팅 팬에 붓고 물을 첨가한다. 닭에 소금을 뿌린 뒤 오븐에서 1시간 30분 정도 굽는다. 중간중간 흘러나온 육즙을 끼얹어준다. 꼬챙이로 넓적다리를 찔렀을 때 맑은 즙이 흘러나오면 다 익은 것이다.

로스팅 팬에서 닭을 꺼내 알루미늄 포일로 여러 겹 감싼 뒤 불을 끈 오븐 안에 넣고 15분간 레스팅한다. 그동안 닭을 구운 팬에 마데이라 와인을 넣고 디글레이즈한 다음 이 육즙을 소스팬으로 옮긴다. 여기에 생크림을 넣고 중불에서 5분간 졸여 소스를 완성한다. 간을 맞춘다.

1

버섯 스터핑

돼지 삼겹살 슬라이스 1쪽
송아지 앞다리살(어깨살) 300g
야생버섯(곰보버섯, 꾀꼬리버섯, 뿔나팔버섯, 밤버섯 등) 400g
식빵 4장
우유 100ml
식용유 2테이블스푼
달걀 1개
달걀노른자 1개
차이브 10줄기
소금, 후추

차이브를 씻어서 잘게 썬다. 식빵을 잘게 뜯어 우유에 적신다. 송아지고기, 돼지 삼겹살, 우유를 꼭 짠 식빵을 합한 뒤 분쇄기로 간다. 팬에 식용유 2테이블스푼을 두른 뒤 버섯을 넣고 수분이 모두 증발할 때까지 15분 정도 볶는다. 버섯을 칼로 굵직하게 다진다. 다진 고기와 버섯, 달걀, 차이브를 모두 섞고 소금, 후추로 간한다.

2

밤 스터핑

돼지 목살 300g
익힌 밤(진공포장 또는 통조림) 300g
샬롯 3개
파슬리 5줄기
마늘 1톨
달걀 1개
식빵 4장
우유 100ml
소금, 후추

밤을 굵직하게 으깬다. 식빵을 잘게 뜯어 우유에 적신다. 샬롯의 껍질을 벗긴 뒤 얇게 썰어 기름을 두른 팬에 넣고 약 10분 정도 약불에서 볶는다. 파슬리를 씻어 줄기를 다듬는다. 마늘은 껍질을 벗긴 뒤 파슬리와 함께 잘게 썬다. 돼지 목살, 샬롯, 우유를 꼭 짠 식빵을 합한 뒤 분쇄기에 간다. 소금, 후추로 간한다. 여기에 달걀, 파슬리와 마늘, 밤을 넣고 잘 섞는다.

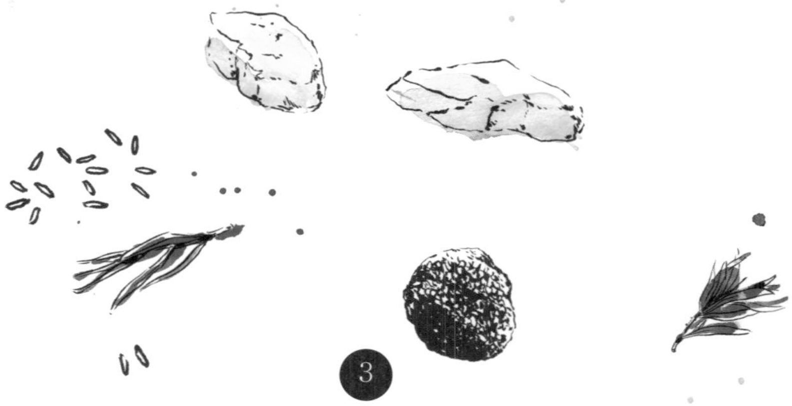

3

트러플과 푸아그라 스터핑

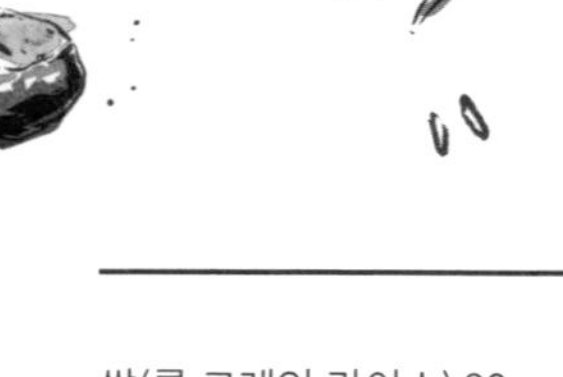

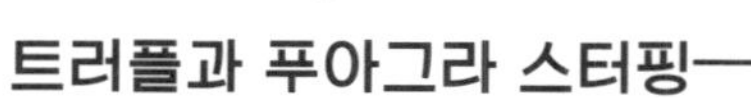

쌀(롱 그레인 라이스) 90g
닭 육수 2리터(치킨스톡 큐브 사용 가능)
생 푸아그라 300g
송로버섯 1개(20g)
달걀 1개
타라곤 4줄기
넛멕
소금, 후추

타라곤을 씻어서 잘게 썬다. 육수를 끓인 뒤 소금을 넣고 쌀을 넣어 12분 정도 익힌다. 쌀을 건진다. 푸아그라를 작은 큐브 모양으로 자른다. 송로버섯을 흐르는 물에 솔로 닦은 뒤 껍질을 벗긴다. 얇게 자른 다음 다시 막대 모양으로 썬다.
쌀, 푸아그라, 송로버섯, 달걀, 타라곤을 모두 합해 섞는다. 소금, 후추로 간한다.
넛멕(육두구)을 강판에 조금 갈아 넣는다.

관련 내용으로 건너뛰기
p.274 송로버섯, 트러플

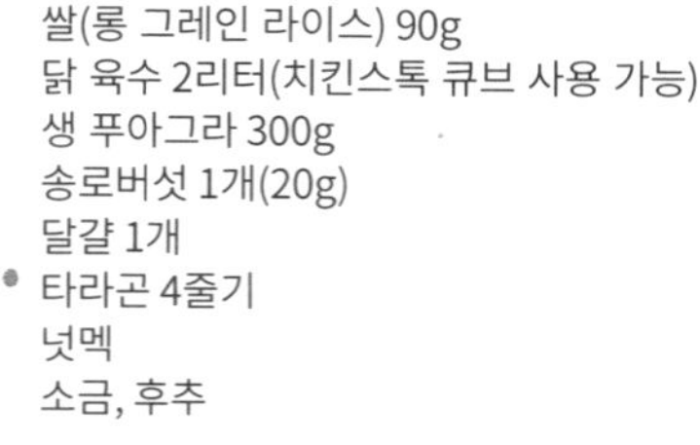

매혹적인 에스카르고

프랑스 미식의 유명한 상징인 이 복족류 동물, 달팽이(escargot)는 오랜 시간에 걸친 시도 경험과 노하우를 쌓아온 이후에야 비로소 접시 위의 요리로 등장하기 시작했다.

마리 아말 비잘리옹

유행의 변천사

부르고뉴의 식용 달팽이는 이미 고대 로마시대부터 인기가 있었다. 당시 로마인들은 이 달팽이에 우유나 밀기울을 먹여 살찌웠다. 중세에 이것은 사순절 기간 동안 고기를 대신하기도 했다. 1538년 에스카르고를 매우 좋아한 앙리 2세를 통해 왕실에서는 이 달팽이 요리를 즐겨 먹었다. 이후 에스카르고에 대한 언급이 요리책 등에서 갑자기 사라졌다. 프랑스의 화학자 카데 드 가시쿠르(Cadet de Gassicourt)*는 "어떻게 이런 구역질나는 파충류 동물을 좋아할 수 있단 말인가!"라고 주장했다. 19세기 중반이 되자 에스카르고는 다시 인기를 되찾았다. P.L 시몬스(Peter Lund Simmonds)**는 "현재 파리의 식당 50곳에서 에스카르고를 인기 메뉴로 내놓고 있다."라고 주장했다. 오늘날 프랑스에서는 연간 16,000톤의 에스카르고를 소비하고 있으며 이는 세계 최대이다.

* 『미식수업(*Cours gastronomique*)』, p.205. 1809

** 『음식에 관한 호기심(*The Curiosities of Food*)』, 1859

알아두세요

달팽이는 더위를 피해 땅 속으로 파고드는 성질이 있기 때문에 흙냄새가 난다.
프랑스에서는 4월 1일부터 6월 30일까지 달팽이 채집이 금지되어 있다. 수확을 위해서는 가을을 기다리는 것이 좋다.

운동선수를 위한 영양식

달팽이는 오메가3가 풍부한 고단백 식품으로 지방 함유율과 열량이 낮아 보디빌딩용 다이어트 식품으로 이상적이다.

전문가들의 언어

★ ★ ★

엘리시퀼퇴르(héliciculteur)는 프랑스어로 식용 달팽이 양식업자를 뜻한다. 이들은 달팽이 양식장(ferme hélicicole)에서 **달팽이(Helicidae)**를 기르는 달팽이 양식업(héliciculture)에 종사한다. 프랑스에는 400곳이 넘는 달팽이 양식업체가 있지만 **'부르고뉴' 달팽이의 95%**는 **폴란드나 헝가리**에서 잡은 야생 달팽이다. 좋은 사료를 먹여 프랑스에서 양식한 식용 달팽이를 더 추천한다.

Pour détrôner... tes escargots !
A. G.
ESCARGOTS DE BOURGOGNE
PHOTOTYPIE A. BERGERET & Cie, NANCY.

에스카르고 레시피

필렙 에리티에 *Philippe Héritier**

다양한 방법으로 요리하기 전 달팽이를 익히는 요령이다. 오랫동안 계속 이어지는 관습이지만 살아 있는 달팽이를 굵은 소금에 넣고 굴려서 괴롭힐 필요는 없다.

조리 : 2시간
준비 : 30분
4인분

큰 식용 달팽이(gros-gris) 48마리
물 1리터
화이트 식초 300ml
소금 400g

<u>삶는 국물용 재료</u>
셀러리 2줄기
양파 1개
펜넬 1개
리크 1대
부케가르니 1개
파슬리
소금

달팽이를 끓는 물에 담가 6분간 데친 뒤 건져낸다. 이쑤시개로 살을 꺼낸 뒤 돌돌 꼬인 검정색 단단한 살과 무른 부분(버린다)을 손가락으로 떼어내 분리한다. 소금, 식초를 넣은 물에 달팽이 살을 넣고 가열해 끓기 시작하면 불을 줄인다. 거품을 건져가며 이 상태로 15분간 삶는다. 살을 건져 찬물에 넣고 깍둑 썬 채소 재료들과 부케가르니를 넣어준다. 가열하여 끓기 시작하면 불을 줄이고 약하게 끓는 상태를 유지하며 1시간 30분간 익힌다. 중간에 거품이 올라오면 걷어낸다. 익힌 달팽이 살을 건진다 (삶은 국물은 졸여 육수로 사용할 수 있다).

* 실외에서 양식한 그의 달팽이들은 장 쉴피스(Jean Sulpice, 레스토랑 'Maison du père Bise', 'Talloires')나 로랑 프티(Laurent Petit, 레스토랑 'Clos des Sens', Annecy-le-Vieux) 등의 미슐랭 스타 셰프의 레스토랑에서 인기 메뉴로 서빙된다.
- Domaine des Orchis, Poisy(Haute-Savoie), 04 50 46 46 06

다양한 품종

그로 그리 Gros-gris(Helix aspersa maxima)
최대 크기와 중량 : 45mm, 30g
큰 사이즈의 회색 달팽이. 크기가 크고 가장자리 살이 검정색을 띠고 있어 작은 회색 달팽이인 프티 그리(petit-gris)와 구분된다. 이상적인 사이즈로 양식업자들이 가장 선호하는 품종이다. 향신 재료를 넣은 물에 삶은 달팽이 살을 잘게 썬 당근, 셀러리, 샬롯과 함께 20분 정도 볶다가 졸인 송아지 육수, 마늘, 부케가르니를 넣고 반으로 졸인다. 구운 헤이즐넛을 뿌린 홈 메이드 감자 퓌레를 곁들여 먹는다.

프티 그리 Petit-Gris(Cornu aspersum)
최대 크기와 중량 : 35mm, 15g
껍데기는 짙은 색 띠무늬 얼룩이 있는 황갈색으로 입구가 벌어진 모양이며 속살의 가장자리 부위는 흰색, 살덩어리는 회색을 띤다. 프랑스 남동부를 제외하고는 어디서든 흔한 품종이다. 사랑트 지방에서 '카구이유(cagouille)'라고 불리는 이 작은 회색 달팽이는 지역 특선 음식으로 유명하다. 살아 있는 프티 그리 달팽이 100마리를 뜨거운 기름에 3분간 익힌다. 여기에 잘게 깍둑 썬 햄 150g, 다진 송아지고기 150g, 양파 2개, 마늘, 파슬리, 소금, 후추를 넣고 함께 볶는다. 화이트와인을 붓고 약불에서 반으로 졸인다(소스의 농도를 체크한다).

부르고뉴 Bourgogne(Helix pomatia)
최대 크기와 중량 : 55mm, 45g
브르타뉴와 코르시카에서는 찾아볼 수 없는 품종으로 껍데기는 밝은 베이지에서 황갈색, 살은 연한 미색을 띤다. 양식이 불가능한 품종이다. 크기로 볼 때 약 2시간 정도 익히는 것이 적당하다. 익힌 살을 다시 껍데기 안에 넣고 마늘 버터를 동그랗게 잘라 입구를 막은 뒤 오븐에 구워 먹는 에스카르고가 바로 이 품종이다. <u>마늘 버터 레시피 :</u> 마늘 10톨, 샬롯 1개, 이탈리안 파슬리 1/2다발, 소금, 후추를 굵직하게 분쇄한 뒤 부드러워진 버터 200g을 넣고 휘저어 섞어 포마드 상태로 만든다.

리마숑 Limaçon(Xeropicta derbentina)
최대 크기와 중량 : 10mm, 5g
이 흰색 달팽이는 프로방스의 건조한 지역에서 쉽게 찾아볼 수 있다. 이틀간 사료를 주지 않고 굶긴 뒤 찬물에 넣고 냄비에 삶는다. 살이 껍데기에서 나오기 시작하면 불을 약하게 줄이고 젓지 않는다. 살이 통통해지면서 다시 껍데기 안으로 들어가지 않게 된다. 불을 세게 올린 뒤 말린 펜넬씨, 소금, 후추, 월계수 잎, 타임, 오렌지 껍질, 고추를 넣고 1시간 동안 약하게 끓이며 익힌다. 중간중간 거품을 걷어낸다. 이쑤시개나 핀으로 살을 꺼내 먹는다. 파스티스(pastaga)를 곁들여 마신다.

우수 양식업체 3곳

L'Escargotière, Catherine Souvestre. Petits et gros-gris cuisinés, surgelés, en bocaux... Entrammes (Mayenne), 02 43 67 12 29.

Chapeau l'escargot, Steve Troley. Petits et gros-gris certifiés bio, dont une fameuse terrine à l'ail des ours (au printemps). Tonquedec (Côtes-d'Armor), 06 11 55 53 89.

Escargots Jocelyn Poudevigne. Petits et gros-gris vivants ou cuisinés. Les surgelés façon bourgogne sont au top. Mollégès (Bouches-du-Rhône), 04 90 95 41 88.

프랑스의 크림치즈

프레시 치즈를 비롯한 다양한 유제품은 프랑스를 대표하는 매력적인 음식이다.
소젖으로 만든 것, 염소젖이나 양젖으로 만든 것, 달콤한 것 또는 짭짤한 것 등 이 특별한 치즈들은 스푼으로 떠 먹는다.

베로니크 리셰 르루즈

"나 자신은 분홍색을 띤 크림 치즈를 더 좋아했다. 이 크림에는 딸기를 으깨 넣을 수 있었다."

『잃어버린 시간을 찾아서(*À la recherche du temps perdu*)』 중에서
- 마르셀 프루스트 Marcel Proust

어휘 정리

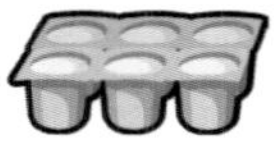

프티 스위스 Le petit-suisse
이름은 '스위스'지만 이 치즈의 원조는 노르망디 지방이다. 1850년경 이 치즈를 처음 만든 사람은 우아즈(Oise) 지방의 작은 마을 오시 앙 브레(Auchy-en-Bray)에서 농장을 운영하던 에루(Heroult) 여사였다. 이 농장 직원 중에는 스위스 출신 목동이 한 명 있었는데 그는 소젖에 응유효소를 넣어 만든 무염 프레시 치즈에 일정량의 크림을 섞는 스위스 방식을 제안했다. 이렇게 하여 탄생한 아주 부드러운 치즈는 작은 병마개를 닮은 뇌샤텔 치즈 모양으로 틀에서 꺼내어 먹는 형태를 지니게 되었다. 6개입 포장으로 흡습 용지에 하나씩 둘러싸인 이 작은 크림치즈는 큰 성공을 거두었고 파리에까지 그 명성이 퍼져 나갔다. 파리 레알(les Halles) 중앙시장의 대리 상인이었던 샤를 제르베(Charles Gervais)는 이 치즈농장과 연계하여 생산을 늘려나갔다.

카유보트 La caillebotte
오니(Aunis) 지방의 프레시 치즈에 붙여진 이름으로 응유효소를 넣은 뒤 커드를 구멍 뚫린 용기나 망으로 된 선반 위에 얹어 물기를 빼 만든다. 유백색의 부드럽고 매끈한 카유보트 치즈는 '종셰 방데엔(jonchée vendéenne)'이라고도 불린다.

야우르트, 요구르트 Yaourt ou yoghourt
우유에 주입된 호열성 유산 발효균(불가리쿠스, 락토바실러스, 스트렙토코쿠스)의 작용으로 만들어진 발효유다. 1963년에 발표된 공식 정의에 따르면 이 유산 발효균은 완성제품 안에서 살아 있어야 한다.

프랑스 각 지방의 프레시 치즈

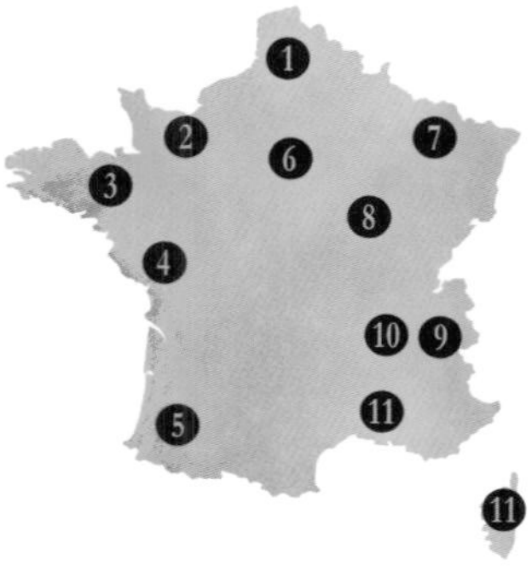
1
2
3
4
5
6
7
8
9
10
11
11

❶ 북부지방 LE NORD
마루알(maroilles) 치즈의 고장인 이 지역에는 빵에 발라 오븐에 그라탱처럼 구워 먹는 프레시 치즈인 **프로마주 블랑 아 그레세(fromage blanc à graisser)**가 있다. **프로마주 블랑 레쉬예(fromage blanc ressuyé)**는 불로뉴 쉬르 메르의 치즈 메이커 필립 올리비에(Philippe Olivier)의 특산품이다. 또한 이 지역에서 아주 흔한 것은 아니지만 염소젖으로 만드는 **쾨르 드 셰브르 뒤 페이 불로네(cœur de chèvre du pays boulonnais)**도 빼놓을 수 없다. 이것은 이른 봄에 착유한 젖으로 만드는 하트 모양의 프레시 치즈이다.

❷ 노르망디 LA NORMANDIE
뇌샤텔(neufchâtel)과 **프티 스위스(petit-suisse**가 탄생한 브레(Brey) 지방에서는 **구르네 프레 gournay frais, 말라코프 malakoff**라고도 불린다)도 맛볼 수 있다. 이 치즈는 원형, 타원형 또는 하트형 틀에 넣어 만들며 과일이나 꿀을 곁들여 디저트로 먹는다. 이것만큼 대중적이지는 않지만 **코디오(caudiau)**와 **쾨르 드 라 크렘(cœur de la crème)**도 빼놓을 수 없으며 여기에는 주로 생크림과 잼을 곁들여 먹는다.

❸ 브르타뉴 LA BRETAGNE
브르타뉴의 토종 소 품종인 브르톤 피 누아르(Bretonne pie noir)의 원유로 만드는 **그로 레(gros-lait)** 또는 **그웰(Gwell®)**은 브르타뉴식 요거트의 일종이다. 30종 이상의 다양한 발효균으로 이루어진 이 치즈는 약간 새콤한 맛이 나며 크리미한 질감을 갖고 있다.

❹ 방데, 푸아투 LA VENDÉE ET LE POITOU
낭트(Nantes)의 **크레메 낭테(crémet nantais)**는 응유효소를 넣어 굳힌 커드를 가열해 지방을 국자로 제거한 뒤 설탕을 첨가하고 틀에 넣어 차갑게 식힌 디저트다. 앙제(Angers)의 **크레메 당주(crémet d'Anjou)**는 휘핑한 생크림, 더블크림, 단단하게 거품 낸 달걀흰자 혼합물을 틀에 넣어 물기를 빼 만든다. 푸아투 샤랑트에서는 염소젖으로 만든 **종셰 니오르테즈(jonchée niortaise)**를 중세시대부터 즐겨 먹었다. 오늘날까지도 생산되는 이 치즈의 이름 '종셰(jonchée)'는 치즈를 올려놓은 등나무 줄기나 밀짚 바구니의 이름에서 따온 것이다. 종셰 치즈는 '리레트(lirette)'라고 불리는 전통 천에 놓고 물기를 뺀 커드에 체리월계수 워터로 향을 내고 바람 빠진 럭비공처럼 길쭉하게 모양을 잡아 만든다. 과일 리큐어를 곁들여 먹는 순한 맛의 크리미한 이 프레시 치즈는 아직도 니오르(Niort)에서는 염소젖으로 만든다. 한편 오니(Aunis) 지방에서는 주로 소젖을, 올레롱(Oléron) 섬에서는 양젖을 사용한다.

❺ 남서부지방 LE SUD-OUEST
제르(Gers) 지방에서는 양젖으로 만든 리코타 치즈의 일종으로 손으로 휘젓듯 반죽한 뒤 아르마냑을 살짝 뿌려 먹는 **그뢰이(Greuilh)**가 유명하다. 바스크 지방(pays basque)에서는 스페인식으로 꿀을 넣어 먹는 프레시 커드 치즈인 **가스탄베라(gastanberra)**의 인기가 높다.

❻ 일드 프랑스 L'ÎLE-DE-FRANCE
퐁텐블로(fontainbleau)는 프랑스식 우아함과 세련됨을 지닌 크림 유제품이라 할 수 있다. "레시피가 한 번도 공개된 적 없는 이 유명한 가볍고 매혹적인 거품을 두고 치즈 메이커들은 의견이 분분하지만 맛을 아는 애호가들의 반응이 결코 갈라지지 않는다."라고 장 폴 즈네(Jean-Paul Gené)는 2016년 르 몽드 매거진에 기록한 바 있다. 고운 모슬린 거즈 천으로 감싸 작은 단지형 그릇에 서빙하는 퐁텐블로는 치즈와 디저트의 중간 어디쯤 위치한다. 매끈하게 휘저은 프로마주 블랑 50%와 휘핑한 생크림(오늘날 드물긴 하지만 비멸균 생유 크림을 쓰기도 한다) 50%에 설탕을 전혀 첨가하지 않고 살살 섞어 만든다.

❼ 보주 LES VOSGES
묑스테르(muster) 치즈의 본고장인 이 지역에서는 전통적으로 고원지대에서 젖소의 젖을 짜는 사람들(marcaires)이 만드는 메신(Messine)식 프로마주 블랑인 **브로코트(brocotte)**를 즐겨 먹는다. 또한 리옹의 특산품 세르벨 드 카뉘(cervelle de canut)의 알자스 사촌 격인 **비발라카스(bibalakas, bibeleskaes)**도 꼽을 수 있다. 이것은 프로마주 블랑의 물기를 뺀 다음 각종 허브와 향신 재료를 다져 넣은 것으로 다른 지역에서는 클라크레(claqueret)라고 불린다. 껍질째 찐 감자와 샤퀴트리를 곁들여 먹으면 환상적인 조합이 된다.

❽ 부르고뉴 LA BOURGOGNE
샤롤레 프레(charolais frais)와 비슷한 원뿔형의 **클라크비투(claquebitou)** 치즈는 와인 양조업자들이 즐겨 먹는 간식이다. 프레시 염소 커드의 수분을 반쯤 걸러낸 뒤 후추, 소금, 파슬리와 허브들을 넣고 단지에 담아 보관한다. 브레스(Bresse)의 바렌 생 소뵈르(Varennes Saint-Sauveur) 유제품 공장에서는 아직도 국자로 일일이 떠서 틀에 넣어 만드는 '페셀(faisselle)' 스타일 프로마주 블랑을 만들며, 그 원조 레시피에 따라 '브레산(La Bressane®)'이라고 부른다. 액상 생크림을 끼얹어 먹는다.

❾ 사부아 LA SAVOIE
르블로숑 치즈로 유명한 지역이다. 톤(Thônes)이나 사모엥(Samoëns) 근방에서는 소젖 또는 염소젖 유청으로 만든 **톰 블랑슈(tomme blanche)**나 슈브로탱(chevrotin 염소젖 치즈), 소젖 치즈를 만들 때 나온 유청으로 만든 프랑스, 스위스식 치즈인 **세락(sérac)**을 즐겨 먹는다. 세락 치즈는 정사각형 또는 직사각형 나무틀에 넣어 형태를 잡고 물을 빼낸 뒤 틀에서 꺼내 화덕 굴뚝에서 훈연한다. 양젖의 풍미를 지닌 신선하고 부드러운 이 치즈는 짭짤하게(소금, 후추 첨가) 감자를 곁들여 먹거나 꿀이나 잼을 곁들여 달콤하게 먹는다.

❿ 발레 뒤 론 LA VALLÉE DU RHÔNE
아르데슈(Ardèche)에서는 소젖 또는 염소젖으로 만든 **사라송(sarasson)**을 만나볼 수 있다. 이것은 버터밀크 베이스로 만드는 크림치즈 타입의 유제품으로 프로마주 블랑(blanc battu)과 비슷하다. 전통적으로 플레인으로 먹거나 소금, 후추 등으로 간을 하고 신선한 허브를 넣어 먹는 것이 일반적이다.

⓫ 프로방스, 코르시카 LA PROVENCE ET LA CORSE
이곳은 브루스(brousses. brousser는 '휘젓다'라는 뜻) 치즈의 고향이다. 마르세유의 유명 레스토랑들이 앞다투어 구매해가는 **브루스 뒤 로브(brousse du Rove)**뿐 아니라 브루스 드 베쥐비(brousse de Vésubie)는 은은한 단맛이 있는 프레시 치즈이다. 오렌지 블러섬 워터를 뿌려 먹거나 피스투, 소금, 후추, 약간의 브랜디를 넣어 짭짤하게 즐기기도 한다. 코르시카에서 브루스 치즈는 지역 명칭인 **브로치우(brocciu AOP)**로 불리며 코르시카 품종 양젖의 유청으로 만든다.

디저트의 완벽한 동반자, 크렘 프레슈

우유를 일정 시간 그대로 두었을 때 표면에 뜨는 카제인과 유청의 혼합물로 만든 비멸균 생크림(crème crue)은 우유와 크림이 분리되면서 생겨난다. 액체 상태인 이 크림은 30~40%의 지방을 함유하고 있다. 농가에서 생산한 비멸균 생유를 구할 수 있다면 냉장고에 2~3일 정도 두었을 때 크림이 분리되는 현상을 직접 확인할 수 있을 것이다.
프랑스의 특별한 유제품인 일명 크렘 '프레슈(fraîche)'는 유산 발효균의 작용으로 살짝 발효된 것으로 어느 정도 숙성되면 농도가 되직해지고 약간 새콤한 맛이 난다. 이것을 좀 더 오래 발효시키면 미국인들이 즐겨 사용하는 '사워크림(sour cream)'을 얻게 된다. 저온살균한 크림일수록 그만큼 더 많은 발효균 첨가가 필요하다. 현행 법령에 따르면 원유의 저온살균 여부를 포장에 반드시 표기해야 할 필요는 없다.
프랑스의 생크림은 다양한 타입의 제품으로 출시되어 있다. 병에 담아 포장하거나 유제품 상점에서 벌크로 판매하는 되직한 농도의 크렘 프레슈(crème fraîche épaisse), 액상 생크림(crème liquide), 세미 액상 생크림(semi-liquide), 크렘 플뢰레트(crème fleurette) 등 선택의 폭이 다양하다.

이지니 생크림
La crème d'Isigny AOP
되직한 농도의 이 저온살균 생크림은 오로지 베생(Bessin) 지방과 코탕탱(Cotentin) 반도에서 생산되는 우유로만 만든다. 진한 농도와 풍부한 맛의 이 크림은 전통 방식에 따라 16~18시간의 숙성 시간을 거친다.

브레스 생크림
La crème de Bresse AOP
되직한 농도(épaisse) 또는 중간 농도(semi-épaisse)의 생크림으로 앵(Ain), 손 에 루아르(Saône-et-Loire) 및 쥐라(Jura) 주변 지역에서 생산된다. 과일 향과 달콤한 우유 풍미의 신선한 맛이 특징이다.

프로마주 블랑 LE FROMAGE BLANC

프랑스에서 프로마주 블랑을 지칭하는 이름은 카유 프레(caille frais), 프로마주 아 라 크렘(fromage à la crème), 퐁텐블로(fontainebleau), 프로마주 아 라 피(fromageà la pie), 프로마주 블랑 리세(fromage blanc lissé), 프로마주 블랑 드 캉파뉴(fromage de campagne), 드미 셀(demi-sel), 프티 스위스(petit-suisse), 그로 스위스(gros suisse), 카유보트(caillebotte), 프레 드 브르비(frais de brebis), 야우르트(yaourt) 등 다양하다. 전통적으로 오로지 유산발효를 통해서 만들어진다. 우유(부분적으로 지방을 제거한 것)가 응고되면 커드와 유청으로 분리된다. 커드를 헝겊이나 구멍이 있는 용기에 넣어 물기를 빼낸다. 프랑스어로 이 구멍 뚫린 용기의 명칭인 '페셀(faisselle)'은 이와 같은 방식, 또는 그렇게 만들어진 치즈를 뜻하기도 한다. 물기를 뺀 단백질을 덩어리 그대로 틀에 넣거나 휘저어 매끄럽게 만든다. 이어서 기호에 따라 크림을 첨가하기도 한다.

테이스팅 노트 : 순하고 부드러운 맛과 풍부한 지방의 풍미를 지니며 요거트처럼 약간 새콤한 맛이 난다. 초장에서 풀을 뜯어먹는 동물의 젖으로 만드는 프로마주 블랑은 봄에 특히 맛과 향이 풍부하다.

요리에서의 활용 : 설탕 또는 부르고뉴 남부에서처럼 생크림을 첨가하거나 꿀, 견과류, 말린 과일, 생과일 등을 더해 디저트로 먹는다. 또는 리옹식으로 다진 양파, 소금, 후추, 신선한 허브, 마늘을 넣어 먹는다.
요리사와 파티시에들에게 없어서는 안 될 기본 재료인 프로마주 블랑은 짭짤한 요리 레시피(키슈, 오믈렛, 타르트, 무스, 그라탱 등) 뿐 아니라 달콤한 디저트에 두루 쓰인다. 프랑스 유제품의 중심축을 이루는 재료이다.

관련 내용으로 건너뛰기
p.159 샹티이 크림

미식계의 기사단, 프리메이슨

비밀스러운 모임과 의식으로 유명한 이 입회 단체는 300년 전에 창립되었으며 관용의 정신을 옹호한다. 또한 맛있는 음식을 향한 무한한 애정을 갖고 있다.

아드리앵 곤잘레스

미식가들의 집합소, 르 방케(LE BANQUET)

파리에는 '르 그랑 오리앙 드 프랑스(Le Grand Orient de France 프랑스 최대의 프리메이슨 조직)'의 지부 모임으로 주로 외식업계 종사자들로 이루어진 '르 방케(Le Banquet)'라는 단체가 있다. 왜 따로 독립된 모임이 결성된 것일까? 프리메이슨 회원들의 '모임(tenues)'은 대개 주중 저녁때, 식사시간에 맞추어 열린다. 따라서 요리사, 서빙 담당자, 소믈리에들은 참석하기가 어렵다. '르 방케(Le Banquet)'의 모임은 일반적으로 이들이 쉬는 일요일 오후에 열린다.
알아두세요! : 파리의 프리메이슨 박물관 '뮈제 르 그랑 오리앙(musée Le Grand Orient)'은 '라블레의 아이들(Les enfants de Rabelais)'이라는 시의적절한 이름의 모임이 1922년에 만들었던 메뉴를 소장하고 있다.

실패하지 않는 확실한 표시

프랑스 명장(Meilleur Ouvrier de France) 타이틀은 1913년 처음 도입된 때부터 이 직업의 성배가 되어왔다. 수상자에게 수여된 메달에는 손에 컴퍼스를 든 솔로몬 왕의 모습이 새겨져 있다. 컴퍼스는 프리메이슨의 상징이다. 이것은 과연 우연의 일치일까?

아주 비밀스러운 미식 가이드, 지트(LE GITE)

이 가이드 북 표지에서는 "페이스북이나 트위터와 같은 SNS 상에서 G.I.T.E.를 절대 언급하지 말 것"이라고 경고하고 있다. 1947년 프랑스에서 창설된 이 국제 관광 호혜 단체(Groupement International de Tourisme et d'Entraide)는 매년 세계 52개국에서 '형제들(frères)'이 운영하는 업장 2,200개를 소개하는 미스테리한 백서를 발간한다. 이들 중 대부분은 호텔과 레스토랑들이다. 프리메이슨 회원이라면 이들 '형제'가 운영하는 곳을 방문했을 때 특별한 환대를 받을 수 있을 것이다. 역설적으로 어떤 회원들은 마치 미슐랭 가이드 표지판처럼 자신들의 차량이나 업장 쇼윈도에 3개의 원이 삼각형으로 연결되어 있는 GITE 로고를 붙이기도 한다.

조엘 로뷔숑의 커밍아웃

'콩파뇽 뒤 투르 드 프랑스(Compagnon du tour de France)' 회원이자 프랑스 조리 명장(MOF) 타이틀 소유자이며 세계에서 가장 많은 수의 미슐랭 가이드 별을 획득한 셰프인 조엘 로뷔숑(Joël Robuchon)은 자신이 프리메이슨의 일원임을 공개적으로 밝힌 유일한 요리사다. 프랑스 프리메이슨 지부인 '그랑드 로주 나시오날 프랑세즈(Grande Loge nationale française)'의 회원인 그는 2005년, 매우 직설적인 제목의 책 『프리메이슨들의 요리(*La cuisine des francs-maçons*)』(Derwy 출판)의 서문을 직접 쓰기도 했다. 게다가 자신의 레스토랑들을 '아틀리에(L'Atelier)'라고 명명했으니 확실하지 않은가? (아래 어휘 정리 참조)

미식가 입문을 위한 어휘 정리

Agapes 아가프(본뜻은 연회) : 단체 지부가 주최하는 매번 모임이 끝난 후 반드시 이어지는 회식이다. '식탁의 업무(travaux de table)' 또는 '먹는 업무(travaux de mastication)'라고도 불린다.
Atelier 아틀리에 : 식탁, 테이블
Baril ou barrique 바릴/바리크 (본뜻은 배럴,오크통) : 병. 프리메이슨은 프랑스에 뿌리를 내리면서 때로 아주 오래된 사회적 관행을 통합하기도 했다. 예를 들어 그들이 사용하는 어휘 중에는 활 쏘는 궁수들이나 총기병들의 언어에서 차용한 것들도 있다.
Canon 카농 : 잔(이 단어는 일상 언어에서도 통용된다. 본뜻은 '대포')
Charger (le canon) 샤르제(르 카농) : (잔을) 채우다.
Ciment 시망(시멘트) : 후추. 이 경우는 건축업자로부터 차용된 어휘.
Dégrossir 데그로시르(본뜻은 다듬어 깎다) : 자르다.
Drapeau 드라포(본뜻은 깃발) : 냅킨
« Feu » ou « Grand feu » 푀, 그랑 푀(본뜻은 불) : 마시자!
Glaive 글레브(본뜻은 양날 검) : 칼, 나이프
Maître de banquet 메트르 드 방케 : 각 지부 모임마다 매년 열리는 연회와 식사를 총괄 하는 '형제'를 한 명 지명한다.
Mastication 마스티카시옹 : 먹는 행위. 프리메이슨 백과사전은 "프리메이슨식 먹는 행위는 숭고하고 우아하며 입을 벌리지 않고 씹어 먹어야 한다는 점에서 특별하다."라고 규정하고 있다.
Matériaux 마테리오(본뜻은 재료) : 요리
Truelle 트뤼엘 (본뜻은 흙손) : 스푼
Tuile 튈(본뜻은 기와) : 접시
Pierre brute 피에르 브뤼트(본뜻은 가공하지 않은 돌) : 빵
Pioche 피오슈(본뜻은 곡괭이) : 포크
Poudre 푸드르(본뜻은 가루) : 음료, 주류. 와인은 poudre rouge, 물은 poudre blanche, 커피는 poudre noire, 리큐어는 poudre forte , 오드비는 poudre fulminante로 불린다.
Sable 사블(본뜻은 모래) : 소금
Stalle 스탈(본뜻은 좌석) : 의자
Tirer une santé 티레 윈 상테 : (술을) 마시다

관련 내용으로 건너뛰기
p.238 100인 클럽

또 국수야!

1984년 9월, 월간지 '퀴진 에 뱅 드 프랑스(Cuisine et Vins de France)'는 날카로운 유머 감각과 매서운 위트의 대가인 피에르 데프로주(Pierre Desproges)를 필진으로 영입했다. 일 년이 넘는 기간 동안 그는 매우 흥미로우면서도 거침없는 미식 칼럼을 기고했다. 이 칼럼의 제목(다른 뜻으로도 해석될 수 있다)은 '또 국수야!(Encore des nouilles!)'였다.

에스텔 르나르토빅츠

일어날 법하지 않았던 칼럼의 탄생

피에르 데프로주가 언젠가는 '퀴진 에 뱅 드 프랑스(Cuisine et Vins de France 프랑스의 대표적인 미식, 와인 월간지)'의 보수적인 부르주아 엘리트 독자층에게 짜릿한 쾌감을 주게 될 것이라고 예측할 만한 배경이나 단서는 전혀 없었다. 전혀 어울리지 않는 이 조합을 만들어낸 저널리스트 엘리자베트 드 뫼르빌(Elisabeth de Meurville)은 "우리 잡지의 구독자 대부분은 대중 선동가가 아닌 의사나 공증인들이었다. 이들은 주로 미슐랭 스타 레스토랑, 고급 시가, 명품 빈티지 와인, 럭셔리 스포츠카에 관한 기사들을 즐겨 읽었다."라고 이야기했다. 당시 이 월간지의 부편집장이었던 그녀는 미식에 관심이 많은 명사들의 인터뷰 기사 시리즈를 진행하고 있었다. 친구 한 명이 얼마 전부터 '미스터 시클로페드의 1분 메시지(La minute nécessaire de Monsieur Cyclopède)'라는 TV 프로그램에서 유머러스한 만물박사 역할로 인기를 얻고 있던 피에르 데프로주와의 인터뷰를 추천했다. 두 사람은 기 사부아(Guy Savoy) 레스토랑에서 저녁 식사를 하며 처음 인사를 나누었다. 편집장은 유쾌한 위트와 장난기가 넘치는 데프로주가 포도주를 향한 애정에 대해 이야기하는 것을 듣고 바로 매력에 빠졌다. "와인 저장고는 내 인생의 전부예요... 아니 거의 전부... 아주 애착이 크답니다. 종종 지하 창고에 내려가서 내 와인들에게 말을 걸고 눈길로 쓰다듬어 주기도 하지요." 식사가 끝나갈 무렵 커피를 마시며 그녀는 슬쩍 제안을 던졌다. "저희 잡지에 매달 글을 써주시면 어떠실까요?" 그는 대답했다.
"시간이 없어요.. 일이 너무 많아서..."
하지만 다음 날 그녀는 전화를 걸어 그가 피하기 어려운 조건을 제시했다. "이 칼럼 집필을 맡아주신다면 고료는 '현금(프랑스어 liquide는 '현금' 또는 '액체'라는 뜻)'으로 지불하겠습니다. 레드 또는 화이트 중 원하시는 것으로요..."
계약은 성사되었다.

그의 미식 프로필

요리 Côté cuisine... "제가 요리를 하게 된 것은 육체노동이 필요했기 때문입니다."라고 그는 설명했다. "저는 불편이 있는 왼손잡이에다가 난독증도 있습니다. 그래서 손으로 무언가를 만드는 게 힘들어요. 책장이나 잡지꽂이 같은 것들은 만들 수 없기 때문에 요리를 시작했어요. 그렇다고 이것이 부득이한 차선책일 뿐이라고 말할 순 없어요. 왜냐하면 요리 또한 예술적인 창작이니까요. 미각과 후각은 충분히 가치가 있는 감각이지요." 그의 메뉴 중에는 파스타 요리가 많다. 자신의 이름을 딴 '데프로주식 볼로네즈(bolognaise desprogienne)'를 위해 개발한 고기와 허브를 혼합한 비법 소스로 만든 것들이 대표적이다.
와인 Côté cave... 그가 생을 마쳤을 때 와인 저장고에는 보르도 레드와인(특히 그라브 grave), 부르고뉴의 유명 화이트와인(샤블리 프르미에 chablis premier, 뫼르소 meursault), 샴페인, 발 드 루아르(Val de Loire)의 몇몇 와인 등 약 1,000병이 소장되어 있었다. 그가 특별히 사랑했던 와인은 생 테밀리옹 피자크 71(saint-émilion Figeac 71)이었다. 이 와인은 '더블베이스의 마이너 음과 같은 깊이가 있고 베르디 음악의 파이널 부분보다 더 긴 여운을 남기며 이스탄불 석양처럼 불타오르는 토마토 빛 붉은색을 지니고 있기 때문'이다.

데프로주의 과일과 채소

토마토 : "완전한 수컷도 그렇다고 해서 진짜 암컷도 아닌 암수양성처럼 토마토는 사람들이 흔히 말하듯 과일도 아니고 우리가 믿고 싶어 하는 채소도 아니다. 토마토의 이단적인 맛이 지닌 매력은 이것을 깨물었을 때 입안에서 폭발하는 짭짤하고 새콤한 맛, 쌉싸름하면서도 달콤한 맛의 복합적인 체험에서 나온다. 토마토는 충분히 귀한 대접을 받을 가치가 있다."
엔다이브 : "엔다이브의 특징은 무미(無味)라는 것이다. 엔다이브는 정말 지극히 무미이다. 그 무엇과도 비슷하지 않고 희미한 톤도 거의 존재하지 않아 묘사할 수조차 없는 색깔 또한 무미건조하다. 모든 것을 망각한 기억상실을 떠올리게 하는 그 맛 또한 무미이다(...) 엔다이브를 좋아하는 사람은 쉽게 알아볼 수 있다. 발걸음은 별로 힘이 없고 눈에는 열기가 없으며 화도 별로 내지 않고 실업급여 신청 사무소의 창구 앞에서도 웃음을 짓는다(...) 그는 진부하고 상투적인 것을 별 거부감 없이 좋아한다. 날씨가 좋다면 그는 자신의 선택이 무언가에 기여할 수 있을 것이라는 생각에 살짝 도취되어 투표를 하러 간다."
아스파라거스 : "아스파라거스는 스크램블드에그와 함께 먹을 때 그 맛을 가장 잘 발휘한다. 화이트 소스류와는 아주 잘 어울리지만 품위 없는 비네그레트의 강한 허브 향은 잘 견디지 못한다. 유감스러운 냉장고 발명이 있기 전 아스파라거스는 뜨겁게 달군 전기레인지 열판 위에 줄기의 단면을 지진 뒤 숯가루 안에 넣어 보관했다."

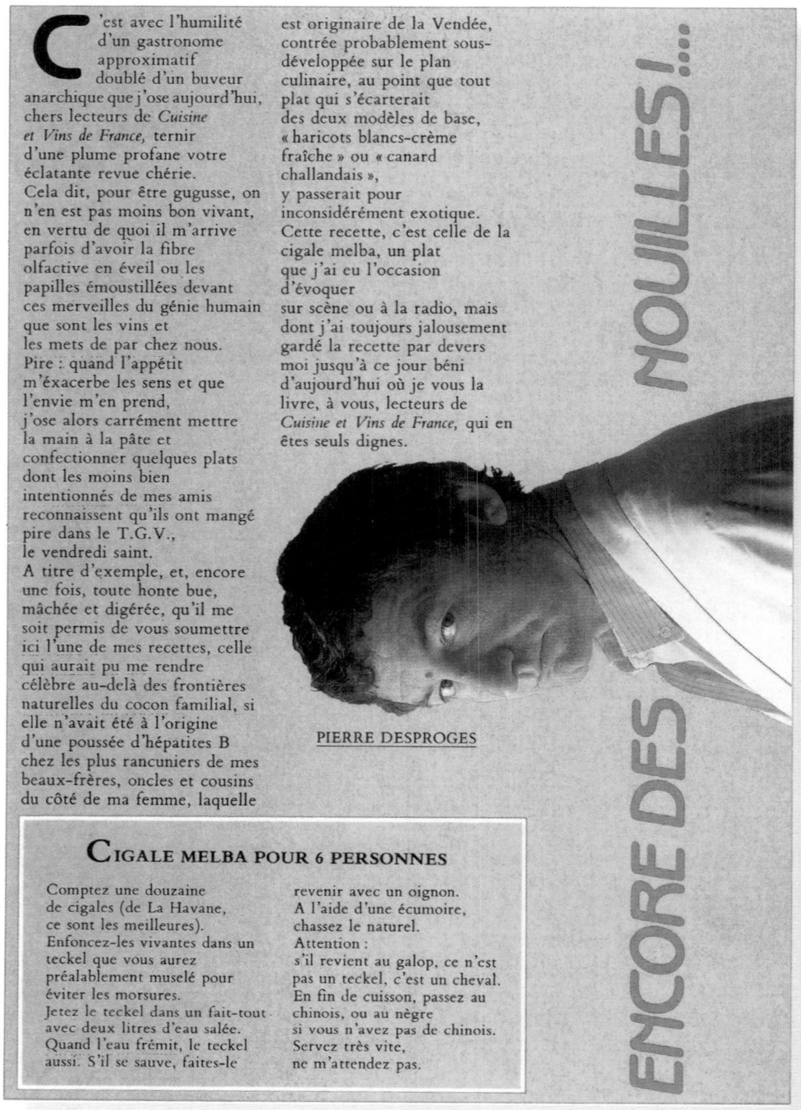

C'est avec l'humilité d'un gastronome approximatif doublé d'un buveur anarchique que j'ose aujourd'hui, chers lecteurs de *Cuisine et Vins de France,* ternir d'une plume profane votre éclatante revue chérie.
Cela dit, pour être gugusse, on n'en est pas moins bon vivant, en vertu de quoi il m'arrive parfois d'avoir la fibre olfactive en éveil ou les papilles émoustillées devant ces merveilles du génie humain que sont les vins et les mets de par chez nous.
Pire : quand l'appétit m'éxacerbe les sens et que l'envie m'en prend, j'ose alors carrément mettre la main à la pâte et confectionner quelques plats dont les moins bien intentionnés de mes amis reconnaissent qu'ils ont mangé pire dans le T.G.V., le vendredi saint.
A titre d'exemple, et, encore une fois, toute honte bue, mâchée et digérée, qu'il me soit permis de vous soumettre ici l'une de mes recettes, celle qui aurait pu me rendre célèbre au-delà des frontières naturelles du cocon familial, si elle n'avait été à l'origine d'une poussée d'hépatites B chez les plus rancuniers de mes beaux-frères, oncles et cousins du côté de ma femme, laquelle est originaire de la Vendée, contrée probablement sous-développée sur le plan culinaire, au point que tout plat qui s'écarterait des deux modèles de base, « haricots blancs-crème fraîche » ou « canard challandais », y passerait pour inconsidérément exotique.
Cette recette, c'est celle de la cigale melba, un plat que j'ai eu l'occasion d'évoquer sur scène ou à la radio, mais dont j'ai toujours jalousement gardé la recette par devers moi jusqu'à ce jour béni d'aujourd'hui où je vous la livre, à vous, lecteurs de *Cuisine et Vins de France,* qui en êtes seuls dignes.

ENCORE DES NOUILLES !...

PIERRE DESPROGES

CIGALE MELBA POUR 6 PERSONNES

Comptez une douzaine de cigales (de La Havane, ce sont les meilleures).
Enfoncez-les vivantes dans un teckel que vous aurez préalablement muselé pour éviter les morsures.
Jetez le teckel dans un fait-tout avec deux litres d'eau salée.
Quand l'eau frémit, le teckel aussi. S'il se sauve, faites-le revenir avec un oignon.
A l'aide d'une écumoire, chassez le naturel.
Attention : s'il revient au galop, ce n'est pas un teckel, c'est un cheval.
En fin de cuisson, passez au chinois, ou au nègre si vous n'avez pas de chinois.
Servez très vite, ne m'attendez pas.

"**잘 먹는다는 것**은 매우 중요한 일이다. 개인적으로 나는 **식탁의 즐거움을 사랑하지 않는 사람들을 늘 경계**해왔다. 왜냐하면 미식적 **호기심이 없고 요리의 즐거움을 모르는** 사람은 **불평이 많고 까다롭고 거만하며 공격적이거나 금욕적인 성격**과 일치하는 경우가 많기 때문이다. 이 사실은 반드시 알아두어야 하며 내가 과장하는 것도 아니다."

Pierre Desproges, 『명백한 망상의 법정 논고(*Les réquisitoires du tribunal des flagrants délires*)』, Points, 2006

관련 내용으로 건너뛰기
p.39 정어리 파테

파리 브레스트

Le paris-brest

2009년 파리 '파티스리 데 레브(Pâtisserie des Rêve)'의 셰프 파티시에로 일할 때 나는 거의 사라진 이 가토를 재해석해 새롭게 만들어보았다. 비법은 바로 흘러내리는 프랄리네 인서트를 넣는 것이었다. 한번 만들어 보시라. 그 차이를 느낄 수 있을 것이다.

필립 콩티치니

필립 콩티치니의 유명한 파리 브레스트 레시피

준비 : 1시간 20분
휴지 : 1시간
조리 : 50분
6인분

크럼블 반죽
상온의 버터 40g
비정제 황설탕 50g
밀가루 50g
소금(플뢰르 드 셀) 1꼬집

슈 반죽
물 125g
저지방우유 125g
깍둑 썬 차가운 버터 110g
달걀 5개
밀가루 140g
설탕 수북하게 1티스푼
고운 소금 깎아서 1티스푼

프랄리네 크림
저지방 우유 155g
옥수수 녹말(Maïzena®) 15g
설탕 30g
달걀노른자 2개분
판 젤라틴(찬물에 담가 불린 뒤 꼭 짠다) 1장
헤이즐넛 프랄리네 페이스트 80g
버터 70g

크럼블 반죽 만들기 pâte à crumble
믹싱볼에 밀가루, 황설탕, 소금을 넣고 섞은 뒤 부드러운 포마드 상태의 버터를 넣어준다. 전동 스탠드 믹서에 플랫비터를 장착한 뒤 버터가 가루 재료와 고루 섞일 때까지 중간 속도로 돌려 반죽한다. 반죽을 두 장의 유산지 사이에 넣고 2mm 두께로 민다. 냉장고에 넣어둔다. 지름 3cm 원형 커터로 크럼블 반죽을 찍어내어 8개의 원반을 만든다.

슈 반죽 만들기 pâte à choux
냄비에 우유, 물, 잘라둔 버터를 넣고 끓을 때까지 가열한다. 미리 체에 쳐 둔 밀가루, 소금, 설탕을 한 번에 넣고 중불에서 잘 저으며 최대한 수분을 날린다. 전동 스탠드 믹서 볼에 덜어낸 뒤 플랫비터를 돌려가며 달걀을 하나씩 넣어 섞는다. 부드럽고 윤이 나는 반죽이 완성되면 농도를 테스트한다. 반죽을 몇 cm 길이로 깊게 갈랐을 때 천천히 다시 닫히면 완성된 것이다. 만일 이 농도가 안 되면 달걀을 풀어 조금씩 넣으며 조절한다. 기름을 발라둔 오븐팬 위에 짤주머니나 작은 스푼을 이용해 지름 4cm 크기의 동그라미를 지름 16cm 원 안에 빙 둘러 짜 놓는다. 우선 원의 네 곳에 한 개씩 짜 중심을 잡은 뒤 사이사이에 채워 넣으며 왕관 모양을 만든다. 작은 원반형으로 잘라둔 크럼블 반죽을 8개의 슈 위에 하나씩 얹어준다. 170°C 오븐에서 45분간 구워낸 뒤 상온에서 식힌다.

프랄리네 크림 만들기 crème au praliné
냄비에 우유를 넣고 끓을 때까지 가열한 뒤 불에서 내린다. 유리볼에 달걀노른자와 설탕을 넣고 뽀얗게 변할 때까지 거품기로 휘저어 섞는다. 이어서 옥수수 녹말 가루를 넣고 잘 섞는다. 여기에 뜨거운 우유의 반을 붓고 다시 잘 섞는다. 이것을 다시 나머지 우유 냄비로 옮겨 넣은 뒤 계속 거품기로 저어가며 1분간 끓인다. 크림이 되직해지면 불에서 내린다. 찬물에 불려 꼭 짠 젤라틴, 헤이즐넛 프랄리네 페이스트, 차가운 버터를 넣고 핸드블렌더로 갈아 균일하게 혼합한다. 넓적한 그라탱 용기에 쏟아낸다. 빨리 식을 수 있도록 되도록 넓게 펼쳐놓는다. 랩을 크림 표면에 밀착되도록 덮은 뒤 냉장고에 1시간 동안 넣어둔다. 차갑게 식으면 이 크림을 전동 스탠드 믹서 볼에 넣고 거품기를 중간 속도로 3분간 돌려 풀어준다.

프랄리네 인서트 만들기 insert praliné
헤이즐넛 프랄리네 페이스트를 작은 반구형 실리콘 틀 8구에 흘려넣은 뒤 냉동실에 넣어 굳힌다.

조립하기
왕관 모양으로 구워낸 슈 반죽이 상온으로 식으면 중간을 가로로 잘라 이등분한다. 각 슈의 빈 공간에 프랄리네 크림을 짤주머니나 큰 스푼을 이용해 넉넉히 채워 넣는다. 그 크림 가운데에 얼려둔 반원형의 프랄리네 인서트를 하나씩 놓고 크림으로 완전히 덮이도록 깊숙하게 박아 넣는다. 슈 반죽의 뚜껑 부분을 덮은 뒤 슈거파우더를 솔솔 뿌린다.

관련 내용으로 건너뛰기
p.118 슈 반죽 패밀리

소금 크러스트

넉넉한 양의 소금에 약간의 솜씨를 더해 오븐에 구워내면 그 다음은 크러스트를 깨트리는 일만 남는다.
소금 크러스트를 씌워 익힌 요리를 먹는 짜릿한 감동의 순간이다.

알비나 르드뤼 요한손

원리
식품에 소금 껍데기를 두툼하게 씌워 찌듯이 익히는 조리법이다. 익는 동안 음식은 '땀을 흘리게' 되며 소금 크러스트를 단단하게 만든다. 천천히 가두어지면서 음식은 자체의 수분으로 익게 된다. 결과적으로 맛이 농축되고 식감은 촉촉하게 유지되며 영양소도 보존된다. 지방은 전혀 첨가되지 않는다.

소금 크러스트 재료
식탁용 고운 소금은 잊을 것! 소금 크러스트를 잘 만들려면 좋은 품질의 굵은 소금을 선택해야 한다(게랑드 Guérande, 또는 누아르무티에 Noirmoutier 소금). 이들 소금에 함유된 천연 수분은 재료를 더욱 잘 덮을 수 있는 촉촉한 반죽을 만들어준다.

응용 레시피
소금만 사용하거나 소금을 밀가루, 물이나 달걀흰자와 섞어 사용하기도 하며 두 경우 모두 크러스트 반죽 양을 넉넉히 잡아야 한다. 익히고자 하는 식재료를 소금, 또는 소금 반죽 위에 놓고 나머지 소금으로 완전히 덮어준다. 재료 한 개당 대략 소금 2~3kg 정도로 잡는다.
소금 크러스트 재료는 전동 스탠드 믹서 볼에 모두 넣고 느린 속도로 섞어 균일한 반죽을 만든다. 향신 허브를 첨가하기도 한다. 완성된 반죽은 냉장고에 한 시간 정도 넣어두었다 사용한다.

1

채소

크러스트 : 소금, 오로지 소금으로만 덮어준다.
뿌리 채소는 이 조리법에 최적이다. 이 방법으로 익힌 채소의 식감은 아삭함과 아주 연한 식감의 중간쯤으로 타의 추종을 불허한다. 뿐만 아니라 채소의 껍질을 벗기지 않아도 된다.

비트

알랭 파사르 *Alain Passard**

2인분
흰색 비트(500g 짜리) 1개
게랑드(Guérande) 굵은 소금 2kg

깨끗이 씻은 비트를 껍질을 벗기지 않은 상태로 냄비에 넣고 소금으로 완전히 덮어 감싼다. 160°C 오븐에 넣어 1시간을 익힌 뒤 30분 동안 휴지시킨다. 소금을 벗겨낸 뒤 비트를 세로로 등분하여 따뜻하게 먹는다. 가염버터 한 조각을 곁들이거나 올리브오일 한 줄기와 식초 몇 방울을 뿌려 먹는다.

* 미슐랭 3스타 레스토랑 아르페주(L'Arpège)의 셰프. 파리 7구.

2

생선

크러스트 : 소금, 밀가루, 물
소금 크러스트를 씌워 익히는 경우 생선의 비늘을 제거하지 않아도 된다. 익히고 나면 껍질이 쉽게 벗겨진다. 생선살은 놀라울 정도로 부드럽고 촉촉하게 익는다.

귀족도미

가엘 오리외 *Gaël Orieux**

4인분
귀족도미(1.6kg짜리) 1마리
해초 100g
올리브오일 1테이블스푼
달걀 1개 + 달걀노른자 1개
<u>올리브오일 아이스 큐브</u>
향이 좋은 올리브오일 100ml
<u>소금 반죽</u>
회색 굵은소금 500g
고운 소금 250g
밀가루 750g
물 375ml

하루 전날, 올리브오일 얼음을 만든다. 칸칸이 분리된 얼음 트레이에 올리브오일을 나누어 붓고 냉동실에 넣어 얼린다. 다음 날, 내장을 제거한 생선 안에 해초를 채워 넣는다. 달걀을 풀어 생선에 고루 바른 뒤 두 장의 소금 반죽 사이에 넣고 올리브오일을 한 바퀴 뿌린다. 반죽을 덮고 가장자리를 꼭 눌러 붙여 완전히 밀봉한다. 생선 모양으로 둘레를 잘라낸다. 달걀노른자에 찬물을 조금 넣고 풀어준 뒤 붓으로 크러스트 위에 바른다. 180°C 오븐에서 약 40분간 익힌다. 서빙 시 올리브오일 얼음조각을 생선살 위에 직접 올린다.

* 레스토랑 오귀스트(Auguste)의 셰프, 파리 7구.

3

소고기

크러스트 : 소금, 달걀흰자, 밀가루, 물
소금 크러스트를 씌워 익힌 소고기는 아주 연하며 육즙이 풍부하다.

로스트 비프

조엘 로뷔숑 *Joël Robuchon*

6인분
소고기 안심 덩어리 1kg
버터 15g
올리브오일 1테이블스푼
타임 1줄기
달걀노른자 2개분
그라인드 후추
<u>소금 반죽</u>
굵은소금 500g
타임 1송이
로즈마리 몇 줄기
달걀흰자 2개분
밀가루 400g

고기는 익히기 2시간 전에 냉장고에서 꺼내둔다. 소금 반죽 재료를 전동 스탠드 믹서 볼에 넣고 섞는다. 뜨겁게 달군 팬에 버터와 올리브오일을 넣고 소 안심의 겉면을 지져 색을 낸 뒤 타임과 후추로 양념 한다. 소금 반죽으로 완전히 덮고 가장자리를 꼭 눌러 붙인 다음, 물을 조금 섞어 풀어둔 달걀노른자를 붓으로 발라준다. 190°C로 예열한 오븐에서 12분간 굽는다(고기는 레어 상태). 20분간 레스팅한 후 서빙한다.

4

가금육

크러스트 : 소금, 달걀흰자, 밀가루
소금 크러스트를 씌워 익힌 닭은 아주 연하다. 살 속에 가두어진 육즙은 닭이 건조해지는 것을 막아준다.

샤퐁 닭

에릭 게랭 *Eric Guérin**

4인분
샤퐁 닭 1마리
<u>소금 반죽</u>
게랑드 굵은 소금 375g
밀가루 500g
달걀흰자 6개분
<u>크레송</u>
감자(bintje 품종) 5개
크레송(물냉이) 3단
디종 머스터드 2테이블스푼
<u>시드르 육수</u>
닭 육수 1리터
달지 않은 시드르(cidre brut) 500ml
월계수 잎 10장
가염버터 50g
소금, 그라인드 후추

닭을 소금 크러스트 반죽으로 완전히 덮어씌운 뒤 180°C 오븐에서 2시간 30분 익힌다. 30분간 레스팅 후 크러스트를 깬다. 껍질을 벗겨 삶은 감자에 크레송(미리 끓는 물에 살짝 데쳐둔다) 2단을 넣고 블렌더로 간다. 여기에 머스터드를 넣고 잘 섞은 뒤 시원한 곳에 보관한다. 닭 육수에 시드르와 월계수 잎 2장을 넣고 약불로 데운다. 나머지 월계수 잎을 모두 넣고 10분간 둔다. 월계수 잎을 모두 건져낸 다음 버터를 넣고 거품기로 잘 저어 섞는다. 소금, 후추로 간한다.
서빙 : 소금 크러스트를 깬 다음 닭에 크레송, 머스터드 양념을 바른다. 나머지 크레송 한 단을 잘게 썬 다음 고루 뿌린다.

* 레스토랑 '라 마르 오 주아조 (La Mare aux oiseaux)'의 셰프, Saint-Joachim(Loire-Atlantique)

관련 내용으로 건너뛰기
p.274 소금 크러스트 송로버섯

가스통 르노트르

프랑스 파티스리의 가장 위대한 인물 중 한 명이다. 2009년 운명한 이 거장의 정신은 그가 설립하고 발전시켜온 '메종 르노트르'를 통해 영원히 살아 있다.
질베르 피텔

한 차원 높은 수준의 파티스리
가스통 르노트르는 현대식 파티스리의 토대를 구축했다. 설탕과 지방을 덜 사용한 좀 더 가벼운 파티스리를 추구했고 그중 몇몇은 오늘날 꾸준히 인기 있는 고전으로 자리 잡았다. 좋은 품질의 원재료를 사용하고 순수한 맛에 집중하는 디저트를 만들었으며 시각적 아름다움과 패키징, 매장의 고객 서비스 등에도 각별한 노력을 기울였다.

주요 약력

1947 : 도빌(Deauville) 근처 퐁토드메르(Pont-Audemer)에 첫 번째 매장 오픈.
1957 : 파리 첫 번째 매장 오픈 (44 rue d'Auteuil).
1998 : 월드컵 공식 케이터링 업체로 선정됨.
2000 : '메종 르노트르 (Maison Lenôtre)'의 총괄 소믈리에 올리비에 푸시에 (Olivier Poussier), 월드 베스트 소믈리에로 선정됨.
2003 : 파리 샹젤리제의 연회전문 레스토랑 '파비옹 엘리제(Pavillon Elysée)' 재 오픈.

Gaston Lenôtre, 달콤한 디저트의 천재
(1920-2009)

시그니처 케이크

푀유 도톤 La feuille d'automne : 르노트르의 베스트셀러 케이크 중 하나로 아몬드 쉭세(succès aux amandes) 시트 위에 프렌치 머랭과 크리미한 다크 초콜릿 무스를 켜켜이 쌓은 뒤 낙엽(케이크 이름이 '가을의 낙엽'이다)처럼 긁어 만든 초콜릿 셰이빙을 얹었다.
바가텔 Le bagatelle : 1966년부터 생산되고 있는 르노트르의 프레지에 (fraisier) 케이크. 아몬드 가루를 넣은 제누아즈 스펀지 시트, 부르봉 바닐라를 넣은 무슬린 크림, 두 종류의 아몬드 페이스트 혼합물, 생 딸기로 이루어진다.
서머 베리 슈스 케이크 Le Schuss aux fruits d'été : 올림픽 때 처음 선보인 치즈 무스 생크림 베리 케이크. 라즈베리 잼을 얇게 바른 파트 사블레 시트에 크림치즈 무스를 채우고 휘핑한 샹티이 크림으로 전체를 씌운다. 윗면 중앙에 딸기 및 다양한 붉은 베리류 과일을 넉넉히 얹은 뒤 짤주머니로 샹티이 크림을 빙 둘러 짜 올린다.

르노트르 왕국
→ 르노트르는 프랑스에 총 15개의 매장이 있으며(파리 13개, 코트 다쥐르 2개) 해외 8개국에서 22개의 지점을 운영하고 있다 (독일, 스페인, 태국, 사우디아라비아, 쿠웨이트, 모로코, 카타르, 중국).
→ 1968년 이블린주 플레지르(Plaisir, Yveline)시에 총면적 12,000제곱미터 규모의 제품 생산 아틀리에를 설립했다.
→ 가스통 르노트르는 1971년 제과제빵 및 요리학교 에콜 르노트르를 설립한다. 연간 3,000명 이상의 연수생이 이곳에서 교육을 받고 있으며 그중 40%는 외국인 학생들이다.
→ 1976년 파리의 레스토랑 '르 프레 카틀랑 (Le Pré Catelan)'을 인수한다. 2007년 이 레스토랑의 셰프 프레데릭 앙통(Frédéric Anton)은 미슐랭 가이드의 별 셋을 획득한다.

메종 르노트르의 쉭세 프랄리네
LE SUCCÈS PRALINÉ DE LA MAISON LENÔTRE

8인분
준비 : 15분
휴지 : 1시간
조리 : 1시간 20분
조립 : 20분
<u>지름 20cm 쉭세 시트 2장</u>
혼합물 1 :
달걀흰자 5개분
설탕 20g
혼합물 2 :
설탕 170g
슈거파우더 90g
아몬드 가루 90g
우유 500ml
슈거파우더 2테이블스푼(굽기 전 마지막에 뿌리는 용도)
<u>이탈리안 머랭</u>
달걀흰자 140g
설탕 90g
물 20g
<u>버터 크림</u>
우유(전유) 90g
설탕 50g
달걀노른자 4개분(70g)
부드러워진 무염버터 250g
<u>데커레이션</u>
슈거파우더 100g
잘게 부순 누가틴 50g

시트 Fonds
(습기가 없는 밀폐용기에 넣어 15일간 보관할 수 있다)
<u>혼합물 1 :</u> 달걀흰자를 거품기로 휘젓는다. 중간에 설탕을 넣어가며 단단하게 거품을 올린다.
오븐에서 오븐팬을 모두 꺼낸 후 150°C로 예열한다.
<u>혼합물 2 :</u> 볼에 설탕, 슈거파우더, 아몬드 가루, 우유를 넣고 섞는다. 여기에 혼합물 1을 조금 넣고 섞은 뒤 모두 다시 혼합물 1에 쏟아 넣는다. 주걱으로 너무 오래 젓지 않고 재빨리 혼합해 거품 낸 혼합물이 꺼지지 않도록 한다. 차가운 오븐팬 2개에 버터를 바르고 밀가루를 뿌리거나 혹은 (이 방법이 더 좋다) 오븐팬에 실리콘 페이퍼를 각각 깔고 네 귀퉁이에 혼합물을 한 방울씩 발라 붙인다. 연필로 지름 20cm 원 2개를 그린다. 지름 2cm 깍지를 끼운 짤주머니를 이용해 혼합물을 원 안에 나선형으로 짜 채워 넣는다. 슈거파우더를 뿌린다. 오븐에서 1시간 20분간 굽는다. 색이 변하는지 잘 살펴보고 필요하면 온도를 낮춘다. 쉭세 반죽은 금세 색이 난다.
이탈리안 머랭
냄비에 물과 설탕 70g을 넣고 118°C까지 가열한다. 달걀흰자에 설탕 20g을 넣고 거품을 올린다. 뜨거운 시럽을 달걀흰자에 넣고 식을 때까지 계속 거품기를 돌려 머랭을 만든다.
버터 크림
냄비에 우유와 설탕 25g을 넣고 끓인다. 나머지 설탕에 달걀노른자를 넣고 색이 뽀얗게 될 때까지 거품기로 휘저어 섞는다. 뜨거운 우유를 이 혼합물에 넣고 잘 섞은 뒤 다시 냄비로 옮겨 담는다. 끓지 않도록 주의하며 크렘 앙글레즈 농도가 될 때까지 가열한다. 주걱에서 묽게 흐르지 않고 묻는 농도가 되면 완성된 것이다. 따뜻한 온도(30°C)로 식을 때까지 전동 거품기로 돌려 혼합한다. 상온에서 부드러워진 버터와 이탈리안 머랭을 넣고 잘 섞는다. 마지막 완성용으로 이 크림 2테이블스푼을 덜어놓은 뒤, 남은 크림에 잘게 부순 누가틴을 넣어준다. 이 크림을 미리 만들어둘 경우에는 냉장고에 보관해 두었다가 사용하기 1시간 전에 미리 꺼낸다.
조립
두 장의 시트 중 모양이 덜 매끈한 것을 고른 뒤 그 위에 버터 크림 600g을 펼쳐 놓는다. 두 번째 시트로 덮은 뒤 살짝 눌러준다. 남겨두었던 크림을 케이크 옆면에 빙 둘러 바른 다음 스패출러로 매끈하게 다듬는다. 슈거파우더를 넉넉히 뿌린다. 냉장고에 1시간 넣어둔다. 옆 면에 빙 둘러 잘게 부순 누가틴을 붙여준다. 차갑게 서빙한다.
보관
냉장고에서 3~4일. 촉촉한 상태로 보관할 수 있다.

관련 내용으로 건너뛰기
p.14 프랄린
p.50 잊혀가는 디저트의 부활

카망베르 포장 케이스로 보는 프랑스 역사

흔히들 긴 설명보다 한 장의 그림이 낫다고 이야기한다. 카망베르 치즈의 포장 케이스를 보면 이를 실감할 수 있을 것이다. 프랑스의 상징인 이 치즈는 1888년부터 생생한 컬러의 (그리고 냄새의) 포장 라벨을 통해 프랑스의 역사를 이야기해주고 있다.

베로니크 리셰 르루즈

베르생제토릭스
VERCINGÉTORIX

CAMEMBERT FABRIQUÉ EN AUVERGNE
ÉCOLE NATIONALE D'INDUSTRIE LAITIÈRE
Le Vercingétorix
AURILLAC
45% DE MATIÈRES GRASSES

ALESIA
45

뿔이 있는 투구를 쓴 베르생제토릭스는 강인한 프랑스의 상징이다. 금발의 땋은 머리를 한 고대 갈리아족의 전통 이미지는 큰 성공을 거두었다. 위의 라벨은 1930년대, 아래 것은 1970년대의 디자인이다.

카롤루스 마르텔루스
CHARLES MARTEL

camembert extra-fin
N° J.86
CHARLES LE MARTEL
Laiterie des Trois Moutiers (Vienne)

탐욕스러운 군대의 공격에 대항하는 카롤루스 마르텔루스의 강인한 모습. 1950년대 초의 라벨이다.

생 루이
SAINT-LOUIS

Le Saint-Louis
Camembert Extra-Gras
FABRIQUÉ EN TOURAINE

떡갈나무 아래에서 우리의 친애하는 군주 생 루이가 카망베르의 이름으로 심판을 내리고 있는 모습. 1920년의 포장 케이스.

잔 다르크
JEANNE D'ARC

LE DÉLICIEUX FABRIQUÉ DANS LES ARDENNES
Camembert Jeanne d'Arc
R. GAUTHEY = LE CHESNE =

아르덴(Ardennes) 지방에서 생산된 카망베르 치즈 마케팅용으로 제작한 이 희귀한 포장 라벨은 소와 양들에 둘러싸인 잔 다르크를 내세우며 목농주의의 전통가치를 피력했다. 1915년경.

프랑수아 1세
FRANÇOIS 1ER

CAMEMBERT FRANÇOIS 1er
EXTRA
DOUBLE CRÈME
LECROQ Seul Dépositaire HAVRE

1920년대 수출용 카망베르의 포장 라벨이다. 르네상스 군주로 프랑스의 문화적 진보를 이루었던 프랑수아 1세의 모습을 담았다.

1515년

Camembert du Chevalier
SANS REPROCHE
45%
SANS REPROCHE
PASTEURISÉ

마리냐노 전투. '겁도 없고 비난도 없는' 바야르(Bayard) 장군이 말에 올라탄 모습을 통해 이 치즈가 지닌 장점들을 강조하고 있다.

헨리 8세와 프랑수아 1세
HENRY VIII ET FRANÇOIS 1ER

Drap d'Or
10A
CAMEMBERT
CHAMPAGNE
FABRIQUÉ EN
50% DE MATIÈRES GRASSES

유명한 '금란의 들판(camp du Drap d'or)' 장면의 이 라벨은 두 군주가 만나는 모습을 담고 있다. 1940년대 말.

리슐리외 추기경
RICHELIEU

LE CARDINAL RICHELIEU
QUALITÉ SUPÉRIEURE
VÉRITABLE CAMEMBERT DOUBLE CRÈME

CAMEMBERT EXTRA DOUBLE CRÈME

LE GAI MOUSQUETAIRE
CAMEMBERT DE TOURAINE

리슐리외 추기경과 그의 근위병들의 용맹스럽고 영웅적인 모습을 담은 포장 케이스다. 카망베르와 퐁 레베크를 생산하는 한 치즈 제조업자는 포장 라벨 인쇄소에 "눈에 딱 들어오는 라벨을 만들어 주세요"라고 부탁했다. 인쇄업자는 다르타냥의 모습을 넣었다. 맨 윗 그림은 1920년대, 아래 두 개는 1940년대의 디자인이다.

루이 14세
LOUIS XIV

CAMEMBERT du ROI SOLEIL
FABRIQUÉ EN TOURAINE

이 그림은 맛있는 음식과 부르고뉴 와인을 사랑했던 태양왕 루이 14세의 모습과 함께 풍요와 번영을 누리는 프랑스의 이미지를 나타낸다. 배경에는 녹지가 펼쳐져 있고 멀리 공장의 모습이 보인다. 1930년대 수출용 카망베르 치즈의 포장 라벨이다.

1789년

LE MIRABEAU
30% DE MATIÈRES GRASSES
FABRIQUÉ DANS L'YONNE 89

CAMEMBERT EXTRA
LE DANTON
FABRIQUÉ EN CHAMPAGNE
MATIÈRE 40% GRASSE
COOPÉRATIVE LAITIÈRE DE GRANDVILLE - AUBE

프랑스 대혁명 주도파와 반혁명 세력의 대표적인 인물을 포장 라벨에 담았다. 프랑스 북부와 동부 지역의 좀 더 도회적인 공화국주의자뿐 아니라 서부지방의 보수 가톨릭교도들에게도 카망베르를 좀 더 널리 보급할 수 있도록 이와 같은 라벨을 제작했다. 위의 그림은 미라보(Mirabeau) 백작의 초상을 담은 1950년대 포장 디자인이며 아래 것은 황금색 원형 프레임 안의 당통(Danton)의 모습을 담은 1930년대의 포장 라벨이다.

나폴레옹
NAPOLÉON

CAMEMBERT
LE NAPOLÉON
QUALITÉ EXTRA
FRANCE

CAMEMBERT FIN DE NORMANDIE
L'AIGLON

나폴레옹에 헌정하는 그림을 카망베르 포장에 사용함으로써 프랑스, 나아가 영국의 고객층들에게 자부심을 고취시키고자 했다. 위의 것은 전투지를 배경으로 승리자의 포즈를 취하고 있는 나폴레옹의 모습으로 1920년대 디자인이다. 아래 것은 에글롱(Aiglon 새끼독수리)이라는 애칭으로 불렸던 나폴레옹 2세가 자신의 카망베르를 앞에 놓고 홀로 앉아 있는 모습으로 1930년대 제1제정시대를 기념하며 만든 디자인이다.

마리안
MARIANNE

VÉRITABLE CAMEMBERT
40% DE MATIÈRES GRASSES
FABRIQUÉ EN PICARDIE
"LA MARIANNE"

제2제정시대부터 공화국의 화신이 된 여성 '마리안'에게 경의를 표하는 라벨이다. 공화국을 상징하는 인물들이 카망베르 라벨에 널리 사용된 것은 1900년부터이다. '공화국의 카망베르(camembert de la République)'라는 명칭은 1904년에 상표등록을 마쳤다. 위의 라벨은 피카르디(Picardie)지방의 '라 마리안(La Marianne)'이라는 이름의 카망베르이다. 생산자들은 더 진보적이고 공화주의적인 이미지로 도시의 대중, 특히 파리 시민들을 겨냥한 마케팅을 펼쳤다. 1930년대 말 제품.

씨 뿌리는 여인
LA SEMEUSE

CAMEMBERT VÉRITABLE
COOPÉRATIVE AGRICOLE
45% DE MATIÈRES GRASSES
FABRIQUÉ EN PICARDIE

제2제정시대에 탄생한 공화국의 상징인 '씨 뿌리는 여인'이 파리의 고객층에 호소하며 카망베르 치즈를 곳곳에 뿌리고 있는 그림이다. 1940년대 말의 포장 라벨로 피카르디(Picardie) 지방의 한 생산자가 제작했다.

공화국
RÉPUBLIQUE

CAMEMBERT FABRIQUÉ EN NORMANDIE
LE RÉPUBLICAIN
250g
45

공화국 창설자들의 모습을 그린 1960년대의 포장 라벨.

7월 14일 바스티유 데이

14 JUILLET
250G
45
CAMEMBERT

7월 14일 프랑스 혁명 국경일을 기념하는 라벨이다. 1960년대의 디자인.

제1차 세계대전

1914년 발발하여 1918년까지 이어진 제1차 세계대전으로 인해 애국심 고취의 분위기가 한층 더 고조되었다. 카망베르 포장 라벨에 이 전쟁 관련 그림들이 등장한 것은 이 치즈가 군부대의 일상 보급 식량에 포함되어 그 인기가 높아지고 전국적으로 소비가 증가한 상황과 맥을 같이 한다. 당시 프랑스 북부, 영토의 반에 해당하는 지역에서 수백 만 개의 카망베르가 생산되었다.

CAMEMBERT DES FRANÇAISES
EXTRA
FIN

'프랑스 여인들의 카망베르(Le camembert des Françaises)'는 제1차 세계대전 중 후방 지원을 위해 징집되었던 여성들에게 헌정하는 그림을 포장 라벨에 사용했다.

CAMEMBERT DES ALLIÉS
MAUXION WALLEMACQ

- 연합군의 카망베르(Le camembert des Alliés).프랑스, 이탈리아, 러시아, 영국의 연합군 모습을 그린 1915년의 라벨.

CAMEMBERT
DES POILUS

'병사들의 카망베르(Le camembert des Poilus)'는 참호의 영웅들을 각 가정에 소개함으로써 단합된 애국심을 고취하는 그림을 사용했다. 1915년 라벨.

LA VICTOIRE
DOUBLE CRÈME

- 라 빅투아르(La Victoire 승리). 한 손으로는 월계관을 휘날리고, 다른 손에는 삼색 깃발을 들고 있는 프랑스의 여성을 표현했다. 승리의 프랑스를 나타내는 모든 상징이 종교에 가까운 요소와 결합된 이미지다. 즉, 프랑스는 '세계의 여왕이다'라는 의미의 발현이다.

1940~1945

제2차 세계대전의 영향으로 의용대, 식량 배급권, G.I. 등 당시 음울한 현실을 담은 패키지 라벨이 다수 등장했다. 전쟁의 영향으로 카망베르 소비도 줄어들었다.

AU PORTE FANION
VÉRITABLE CAMEMBERT
50% DE MATIÈRE GRASSE
LAITERIE
1ère COMPAGNIE du Bon Camembert Au lait sain

- 오 포르트 파니옹(Au Porte Fanion). '기수'라는 이름의 이 치즈는 지방 함량이 높은 순 카망베르의 라벨 디자인으로 쓰였다. 1942년경.

Camembert de la Vallée de l'Ornain
40
Fabriqué dans la Meuse

제1차 세계대전 시절부터 카망베르를 생산하고 있는 뫼즈(Meuse) 지방의 제품이다. 미군 병사가 프랑스의 대표적 상징인 카망베르 치즈를 앞에 두고 포즈를 취하고 있는 모습으로 1948~1950년 판매된 제품이다.

CAMEMBERT
55 T
40
FABRIQUÉ EN LORRAINE

- 로렌의 십자가(la croix de Lorraine). 이 치즈 라벨에는 레지스탕스의 승리를 상징하는 로렌의 십자가에 엉겅퀴와 벼 이삭 장식이 되어 있다. 로렌을 상징하는 꽃인 엉겅퀴는 자유 프랑스의 십자가 및 드골 장군 충성파들과 연계된 적이 없었다. 하지만 이 카망베르 치즈는 콜롱베 레 되 제글리즈(Colombey-les-Deux-Églises)의 드골 기념관을 찾는 관광객 기념품 매점에서 판매되었다. 1950년대 제품.

우주 정복

SPOUTNIK le fromage de l'avenir
40 POUR CENT MATIÈRE GRASSE

50%
SOUCOUPE VOLANTE
CAMEMBERT PASTEURISÉ

CAMEMBERT EXTRA FIN
60
LE "LEM"

1969년. 인류가 우주 정복을 시작하고 공상과학의 인기가 절정을 이루는 시절, 카망베르 포장 라벨도 당시 풍조와 경향을 반영한 것들이 많이 등장했고, 특히 비행기구와 달 탐험 등을 키치 스타일로 표현한 것들이 주를 이루었다.
- 미래의 치즈 스푸트니크(Spoutnik). 샤랑트 지방에서 만든 이 치즈는 최고봉을 향해 도약한다.
- 비행접시(Soucoupe Volante)라는 이름을 붙인 이 카망베르는 저온 살균한 우유로 만든 브르타뉴산 치즈다. 이 라벨 디자인은 소비자들을 새로운 맛의 세계로 이끌고자 하는 열망을 나타낸다.
- 뫼즈(Meuse) 지방에서 생산되는 르 렘(Le Lem) 카망베르는 달 탐험 장면을 포장 라벨에 담고 있다.

카망베르 시장(市長)
LE MAIRE DE CAMEMBERT

CAMEMBERT MARIANNE D'OR
50 ANS DE MANDATS

카망베르 치즈의 포장 라벨은 매우 효과적인 홍보 및 소통 수단이 되었다. 장기근속 상을 수상한 카망베르시의 시장이 황금빛 마리안 상(Marianne d'Or) 트로피를 들고 있는 모습을 포장 라벨로 사용한 이 치즈는 상당한 관심을 끌었다. 2012년 제품.

카망베르 포장 라벨 속의 여인들

우편엽서나 우표를 연상시키는 다양한 디자인의 카망베르 치즈 포장 라벨은
아마도 이 치즈가 큰 인기를 얻은 중요한 이유 중 하나일 것이다.

베로니크 리셰 르루즈

CAMEMBERT FABRIQUÉ EN NORMANDIE
SOCIÉTÉ LAITIÈRE DES FERMIERS NORMANDS CAEN (CALVADOS)
CAMEMBERT
EXTRA
HENRI LEPETIT
HENRI LEPETIT
CAMEMBERT EXTRA
LAITERIE
D'ARVERT
AVALLON
LE VÉRITABLE CAMEMBERT
DE LA FROMAGERIE BEAUMONTAISE
BEAUMONT-LE-ROGER
CAMEMBERT FABRIQUÉ EN NORMANDIE
45%
GEORGES BISSON, LIVAROT (CALVADOS)
CAMEMBERT
LA REINE DE NORMANDIE
LE VÉRITABLE CAMEMBERT
FROMAGERIE BEAUMONTAISE
DE NORMANDIE
ROMÉO
DUPONT FRÈRES
ISIGNY
CAMEMBERT D'ISIGNY
CAMEMBERT FABRIQUÉ EN NORMANDIE
MARQUE DÉPOSÉE
CAMEMBERT FABRIQUÉ EN NORMANDIE
Fromagerie du Petit Coudray
45%
PONT-L'ÉVÊQUE SUPÉRIEUR
FINE CRÈME
CAMEMBERT FABRIQUÉ EN NORMANDIE
CAMEMBERT FABRIQUÉ EN NORMANDIE
UNION LAITIÈRE
FERMIERS
A. MARAIS
RUGLES
LISIEUX EXTRA
GUÉRIN-DUFOUR VIMOUTIERS (ORNE)
CAMEMBERT
LE BLÉROIS
FABRIQUÉ EN TOURAINE
CAMEMBERT EXTRA
45% DE MATIÈRE GRASSE
LORÈNE
LE CAMEMBERT EXTRA-FIN
LUCIEN MARTIN à ERNES (Calvados)
CAMEMBERT
Téléphone 8
40%
CAMEMBERT SUPÉRIEUR
FABRIQUÉ EN NORMANDIE
SOCIÉTÉ LAITIÈRE DES FERMIERS NORMANDS

1905~1958 카망베르 치즈 라벨 컬렉션

포장 케이스가 없다면 라벨도 없다
1880년대부터 치즈의 포장 및 운송에 관한 문제가 제기되었다. 특히 열에 취약하고 형태가 망가지기 쉬운 연성치즈인 카망베르의 경우가 관심의 대상이 되었다. 엔지니어 외젠 리델(Eugène Ridel)은 카망베르 포장 케이스를 규격화했다. 르 아브르(Le Havre)의 한 수출업자가 1890년 카망베르 치즈를 미국으로 수출할 당시 사용했던 일명 '쥐라식(jurassiennes)' 박스에서 영감을 받은 그는 리바로(Livarot)의 절단 목재 생산업자 조르주 르루아(Georges Leroy)와 함께 카망베르를 한 개씩 보호하고 개별 포장할 수 있는 이 나무 케이스를 개발했다. 대량 석판인쇄, 평판인쇄 등의 새로운 인쇄 방식과 사진기술의 도입으로 포플러 나무로 된 카망베르 케이스와 여기에 동반되는 다양한 디자인의 라벨은 창의적인 새로운 장을 열게 되었다. 이 라벨들은 유명 브랜드들의 제품을 자유롭게 홍보하여 고객들의 관심을 끄는 역할을 해냈다. 19세기 말 당시 사회에서 생산자와 소비자 사이의 소통의 도구가 된 것이다.

라벨 속의 여인들
카망베르 라벨에는 매력적인 농촌의 아가씨부터 우아한 귀부인까지 다양한 계층의 여인들이 등장했으며 이들은 마치 패션 모델과도 같은 포즈를 취하고 있었다. 이 일러스트들은 맛있는 치즈를 고르는 미식가들의 여섯 번째 감각을 깨어나게 했고 소비자들은 마치 잡지의 페이지를 넘기듯 마음에 드는 라벨을 고르게 되었다. 라벨 색깔은 따뜻한 계열의 대표주자인 빨강이 가장 인기가 높았고 그 외에도 파랑, 녹색, 노랑 등 테루아를 대변하는 색들이 많이 사용되었다. 또한 사진을 그림과 결합하여 전체적으로 현대적인 느낌을 가미했다.

티로제미오필 (Tyrosémiophiles) : 치즈 포장 라벨 수집가

이 명칭은 고대 그리스어 단어의 어근 '튀로스(τυρός, turós 치즈)', '세메이온(σημεῖον, sêmeĩon 표시, 구분되는 마크)', '필로스(φίλος, phílos 친구)'의 의미가 합성된 단어이다.

* 이 글 작성에 많은 도움을 주신 프랑스 치즈 포장 라벨 클럽의 알랭 크뤼셰(Alain Cruchet)와 장 피에르 들로름(Jean-Pierre Delorme) 님께 감사를 드립니다.

요리 서빙 방식

프랑스식 서빙과 러시아식 서빙의 전통적인 대립 양상은 더 이상 큰 논쟁의 주제가 되지 않는다. 하지만 이것이 바뀌어가는 과정은 프랑스 미식 문화에 깊은 흔적을 남겼다.

로익 비에나시

프랑스식 서빙

우리가 '프랑스식 서빙'이라고 부르는 것은 중세부터 19세기까지 귀족층 사이에서 통용되던 방식이다. 당시 식사는 여러 파트로 나누어 이루어졌으며 파트마다 여러 요리가 동시에 식탁에 차려졌고, 한 코스가 끝난 후 다음 코스의 음식들이 서빙되었다.

서빙 코스의 수는 경우에 따라 다르며 그 내용도 몇 세기에 걸쳐 조금씩 발전했다. 17세기 말 저녁 식사 구성의 한 예를 제시한다.

첫 번째 코스
→ 포타주 potages – 주로 액체로 된 음식
→ 앙트레 entrées – 다양한 종류. 소스가 있는 고기 요리, 파테(pâtés), 투르트(tourtes) 등.
→ 오르되브르 hors-d'œuvre – 일반적으로 더운 요리이며 앙트레보다 적은 양이 서빙된다.

두 번째 코스, 로트 LE SERVICE DES RÔTS
→ 식사의 중심이 되는 요리들. 로스터리 꼬치에 구운 고기 또는 끓이거나 튀긴 생선, 가금육, 수렵육 로스트
→ 곁들임 요리, 샐러드 상추, 쇠비름, 케이퍼, 안초비, 코르니숑 등.

세 번째 코스, 앙트르메 LES ENTREMETS
짭짤한 것부터 달콤한 것까지 다양하다 : 채소, 버섯 요리, 각종 달걀 요리, 내장 및 부속 요리, 차가운 파테, 튀김, 크림 등.

과일, 디저트
식사 중 단 음식이 서빙되는 코스였다 : 과일, 크림 디저트, 잼 및 당절임 과일, 과일 젤리, 드라제, 소르베, 마카롱 등...

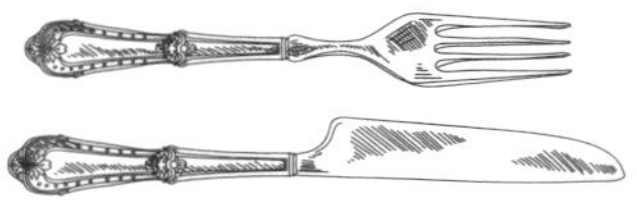

프랑스인들, 러시아식으로 먹다

19세기에 들어 일명 '러시아식 서빙'이 대세를 이루었고 오늘날의 방식과는 조금 차이가 있지만 점차 기본 서빙 방식으로 정착되었다. 요리는 순서대로 서빙되며 음식이 미리 커팅되어 하나씩 이어져 나왔다. 러시아식 서빙과 프랑스식 서빙은 공존하기도 했다. 더운 음식은 러시아식으로 서빙되고 차가운 음식, 특히 디저트는 식탁 위에 차려두는 식이다.

복잡한 해석...

외식업계에서 '러시아식 서빙'와 '프랑스식 서빙'이라는 표현은 역사학자들이 이해하는 것과는 완전히 다른 의미를 지닌다.

퀴즈

번호와 설명을 알맞게 짝지어 보세요!

1. 러시아식 서빙
2. 영국식 서빙
3. 프랑스식 서빙
4. 독일식 서빙
5. 미국식 서빙

A. 플레이트에 서빙된 음식을 식사 참석자가 직접 덜어 먹는다.

B. 서빙 방식이 특별히 따로 없다.

C. 서빙 담당자가 음식 플레이트를 한 손에 들고 참석자 왼편에서 서빙한다. 서버는 서빙용 스푼과 포크를 들고 집게처럼 사용한다.

D. 이 표현은 때로 접시에 요리를 담아 서빙하는 방식을 지칭하기도 한다. 오늘날 어느 정도 사라지긴 했지만 고급 정찬에서는 이 '접시 서빙 방식'이 대세이다. 이 방식은 1970년대부터 널리 사용되기 시작했다. 트루아그로(Troisgros)형제의 레스토랑은 이 방식을 사용하기 시작한 최초의 몇몇 식당 중 하나로 알려져 있다.

E. '게리동 서빙(service au guéridon)' 혹은 '카트 서빙(service au chariot)' 으로 음식이 담긴 플레이트를 손님에게 내어 보여준 뒤 홀에서 접시에 담아 서빙한다.

정답 : 1E, 2C, 3A, 4B, 5D

달걀 조리 가이드

껍데기 안에 많은 것을 감추고 있는 식재료 달걀과는 친근한 관계를 끊기 어렵다. 주방에서 없어서는 안 되는 달걀의 다양한 조리법을 정리해보자.

마리엘 고드리

달걀 개론

달걀 껍데기란 무엇일까? 기공이 있는 석회질 껍데기로 안에 얇은 막이 붙어 있다. 이 막은 껍데기의 넓은 쪽 끝 부분에서 분리되어 기실을 형성한다. 이 기실이 커질수록 달걀의 신선도는 떨어진다. 달걀의 신선도를 확인할 때 잘 알려진 방법은 물이 담긴 유리볼에 달걀을 넣어보는 것이다. 신선한 달걀은 바닥에 가라앉고 이틀 정도 지난 것은 물 중간에 위치하며 유통기한이 지난 것은 수면으로 떠오른다.

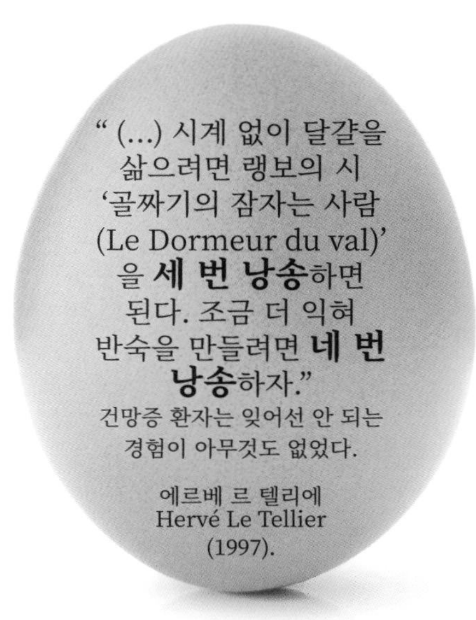
"(...) 시계 없이 달걀을 삶으려면 랭보의 시 '골짜기의 잠자는 사람 (Le Dormeur du val)'을 세 번 낭송하면 된다. 조금 더 익혀 반숙을 만들려면 네 번 낭송하자."
건망증 환자는 잊어선 안 되는 경험이 아무것도 없었다.
에르베 르 텔리에
Hervé Le Tellier
(1997).

3, 6, 9 공식?

달걀을 끓는 물에 넣어 익히는 시간은 그 유명한 3, 6, 9분 공식으로 요약할 수 있다. 끓는 물에 넣기 전에 우선 아주 신선한 달걀을 준비한 뒤 상온으로 유지한다.

떠먹는 반숙 à la coque – 끓는 물이 담긴 냄비에 달걀을 넣고 3분간 익힌다. 다른 방법으로는 끓는 물에 1분간 익힌 뒤 냄비를 불에서 내리고 3분간 그대로 둔다. 혹은 냄비에 달걀을 넣고 찬물을 잠기도록 부은 뒤 팔팔 끓을 때까지 가열한다.

반숙 mollet – 끓는 물이 담긴 냄비에 달걀을 넣고 6분간 익힌다. 껍데기를 벗긴 뒤 서빙할 때까지 소금을 넣은 뜨거운 물에 담가둔다.

완숙 dur : 끓는 물에 넣고 달걀 크기에 따라 8~10분간 익힌다. 이어서 냄비를 불에서 내리고 달걀을 찬물에 식힌다. "인정하기 어렵지만 나는 역설적으로 달걀을 완숙으로 삶기가 가장 성공하기 어렵다는 데 동의한다. 이것이 실패할 위험이 더 크다는 사실을 인정하자. 떠먹는 소프트 보일드 에그를 실수로 실패한다면 그래도 웬만하면 반숙은 얻을 수 있다. 마찬가지로 반숙을 좀 실패하더라도 완숙으로 먹으면 된다. 하지만 불행한 경우는 완숙 달걀로 속을 채우는 요리를 계획했다가 달걀을 삶을 때 실수로 잊고 9분을 넘겨버리는 사람이다. 테르툴리아누스(Tertullien)의 말대로 어떤 언어에도 이름이 없는, 무엇인지 모를 결과에 도달하게 된다. 완숙 다음에는 그 무엇도 없다..."
『달걀 예찬(*Célébrations de l'œuf*)』, 모리스 를롱(Maurice Lelong), 1962.

퍼펙트 에그?

달걀을 약 65°C의 저온에서 45분간 익히면 흰자는 야들야들하게 부드럽고 노른자는 흐르는 상태로 완벽하게 익는다. 이 조리 방식은 1990년대 말 분자요리 창시자 중 한 명인 에르베 티스(Hervé This)의 물리화학 연구소에서 탄생했다.

달걀 조리 테크닉

코코트 에그 cocotte : 래므킨(ramequin) 안쪽에 버터를 바르고 그릇 크기에 따라 달걀을 1~2개 깨 넣는다. 중탕으로 6~8분간 익힌 뒤 소금, 후추를 뿌려 서빙한다.

달걀 프라이 au plat : 팬에 버터를 조금 두른 뒤 불에 올리고 달걀을 1~2개 깨 넣는다. 녹은 버터를 끼얹어주며 익힌다. '에그 미루아(œufs miroir)'는 팬에 달걀을 깨 넣고 오븐에 익힌 것으로 흰자의 알부민이 노른자를 덮어 윤이 나고 매끈한 표면을 만든다.

수란, 포치드 에그 poché : 달걀을 래므킨에 한 개씩 깨어 놓는다. 화이트 식초를 넣은 약하게 끓는 물에 달걀을 조심스럽게 밀어 넣는다. 2분간 포칭한 뒤 망국자로 건져 찬물이 담긴 볼에 넣는다. 건져 두었다가 필요한 경우 서빙 바로 전 뜨거운 물에 담가 데운다.

관련 내용으로 건너뛰기
p.88 오믈렛

가자미 요리

퀴르농스키(Curnonsky)가 말했듯이 “가자미는 조리방법이 가장 다양한 생선이고 뼈와 서덜로 끓인 생선 육수 또한 타의 추종을 불허하는 풍미를 지니고 있다.” 가자미 요리에 대해 자세히 알아보자.

마리 로르 프레셰

납서대과 생선

거의 완벽한 타원형에 한쪽은 크림색에 가까운 흰색, 다른 쪽은 갈색(이 쪽에 두개의 눈이 몰려 있다) 껍질이 있는 납작한 생선 가자미는 한눈에 구분할 수 있다. 납서대과(Soleidae)는 그 범위가 광대하여 여러 종의 넙치류 생선이 포함된다. 이들 중 주로 도버 서대기(Dover sole 영불해협에서 많이 잡혔기 때문에 붙은 이름)가 요리에 가장 많이 사용된다. 이 생선은 유럽 해안 지역에 많이 서식하며 도다리나 유럽가자미와 비슷하다. 연중 내내 어획이 가능하며 성어기는 2월에서 4월까지이다.

가자미 터번
LE TURBAN DE SOLE

‘터번(turban)’은 사바랭 틀에 넣어 왕관처럼 빙 둘러 만든 모양이다. 더운 요리, 차가운 요리에서 모두 사용되는 이 방식은 1950년대 모든 프랑스 요리책에 빠지지 않고 소개되었다. 가자미 터번을 만들려면 우선 가자미 3마리의 필레를 떠 납작하게 만든 다음 모양을 다듬는다. 버터를 발라둔 사바랭 틀에 이 생선살 필레를 어슷한 방향으로 조금씩 겹쳐가며 깔아준다. 여기에 생선살 무슬린을 채운 다음 다듬고 남은 필레 자투리 살로 덮어준다. 뚜껑을 닫고 중탕으로 낮은 온도의 오븐에서 25분간 익힌다. 오븐에서 꺼내 몇 분간 휴지시킨 뒤 서빙 접시에 뒤집어 놓고 틀에서 분리한다. 생선 터번 위의 거품과 흘러나온 즙을 닦아낸다. 녹인 버터를 발라 윤기를 낸다. 터번의 가운데 빈 공간에 가니시(채소, 새우살 등)를 채우고 버터를 넣어 리에종한 생선 소스를 곁들여 서빙한다.

조리용어, ‘가자미를 손질하다’

프랑스어 ‘아비예(habiller)’는 원래 ‘옷을 입히다’라는 뜻이지만 ‘가자미를 손질하다(habiller une sole)’라는 표현에서는 사실상 ‘옷을 벗기다(déshabiller)’라는 의미에 더 가깝다. 이 경우 조리용어로서의 ‘아비예’는 생선의 꼬리, 꼬리지느러미, 수염을 제거하고 껍질을 벗겨내 4장 필레 뜨기 준비를 마치는 작업을 뜻한다.

가자미 필레 조리 형태

납작하게 그대로 또는 길이로 잘라 조리하거나 속을 채우기도 하며 돌돌 말아 포피에트(paupiette)를 만들기도 한다.

오귀스트 에스코피에의 조리 요령

“필레 살을 익힌 후에도 뽀얗게 흰색을 유지하려면 아주 자작하게 소량의 국물을 붓고 뚜껑을 닫은 뒤 끓지 않도록 주의하며 포칭하는 것이 좋다. 가자미 한 마리의 필레를 포칭하는 데 필요한 익힘액은 반 컵 정도면 된다.”

유용한 팁

필레를 포피에트로 돌돌 만 다음 이쑤시개로 찔러 고정시키면 조리 도중 풀어지지 않고 모양을 잘 유지할 수 있다.

대표적인 몇 가지 레시피

오귀스트 에스코피에의 『요리 안내서(*Le Guide culinaire*)』에는 200종에 가까운 가자미 요리 레시피가 소개되어 있다. 가장 활용도가 높은 생선임에 틀림없다.

샹티이 버터 소스를 곁들인 가자미 뫼니에르

피에르 가녜르 *Pierre Gagnaire*

가자미(서대기)에 밀가루(‘제분의’라는 뜻의 ‘뫼니에르 meunière’ 명칭이 여기에서 유래했다)를 묻혀 통째로 튀긴 뒤 레몬즙, 브라운버터를 뿌리고 다진 파슬리를 뿌린 요리이다.

준비 : 15분
조리 : 10분
2인분

서대기(500g짜리) 2마리
버터 180g
잘게 썬 샬롯 10g
잘게 썬 차이브 10g
닭 육수 200ml
레몬즙 1티스푼
소금, 후추

팬에 차가운 버터 100g을 넣고 가자미를 튀기듯 지진다. 버터를 소스로 마지막까지 사용해야 하므로 타지 않도록 주의한다. 생선이 익으면 가시를 제거하고 필레를 떠낸 뒤 따뜻하게 보관한다. 생선을 지진 팬에 잘게 썬 가시와 자투리를 모두 넣고 닭 육수를 붓는다. 3/4 정도로 졸인 후 체에 거른다. 이 소스에 차이브, 샬롯, 레몬즙을 넣고 섞는다. 상온에서 부드러워진 나머지 버터를 넣고 얼음을 넣은 볼 위에 올린 뒤 휘핑한 크림 농도가 될 때까지 거품기로 휘저어 섞는다. 뜨겁게 데운 접시에 가자미 필레를 놓고, 삶아 으깬 감자를 곁들여 담는다. 휘핑한 샹티이 버터 소스는 작은 볼에 따로 담아 접시 옆에 곁들여낸다. 생선과 감자에 소스를 발라 먹는다.

뒤글레레식 가자미 요리

오귀스트 에스코피에

보르도 출신 요리사로 카렘(Carême)의 제자였으며 19세기 말 파리 그랑 불르바르(Grands Boulevards)의 레스토랑 '카페 앙글레(Café Anglais)'의 셰프였던 아돌프 뒤글레레(Adolphe Dugléré)의 이름이 붙은 요리. 잘게 썬 토마토와 양파, 샬롯, 파슬리 위에 생선 필레를 놓고 생선 육수와 화이트와인을 자작하게 부어 포칭한다. 생선 필레를 건져낸 뒤 남은 국물을 졸이고 마지막에 버터를 넣고 잘 섞어 소스를 완성한다.

준비 : 15분
조리 : 10분
4인분
중간 크기 가자미 필레 8장
다진 양파 1/2개분
다진 샬롯 2개분
토마토(껍질을 벗기고 씨와 속을 뺀 다음 잘게 다진다) 2개
잘게 썬 파슬리 1테이블스푼
화이트와인 100ml
레몬
버터 40g
소금, 후추

가자미 필레를 돌돌 만다. 소테팬에 버터 10g, 양파, 샬롯, 토마토, 파슬리, 화이트와인을 넣고 생선을 얹는다. 소금, 후추를 뿌린다. 약불에서 8분간 포칭한다. 생선을 건져 서빙 접시에 담고 따뜻하게 유지한다. 팬에 남은 소스에 나머지 버터를 넣고 거품기로 휘저어 몽테(monter)한다. 레몬즙을 몇 방울 넣는다. 생선에 이 소스를 끼얹어 서빙한다.

노르망디식 가자미 요리

베르나르 박셀레르 *Bernard Vaxelaire**

이 레시피는 이름이 '노르망디식(à la normande)'이긴 하지만 실제로는 1837년 파리의 레스토랑 '오 로셰 드 캉칼(Au rocher de Cancal)'의 셰프 랑글레(Langlais)가 처음 선보인 메뉴로 알려졌다.
'노르망드 가자미(sole normande)' 또한 앙토냉 카렘(Antonin Carême, 1784~1833)의 요리에서 이미 찾아볼 수 있는 '노르망디 마틀로트(matelote 와인을 넣은 생선 스튜)'에서 영감을 얻은 것이다.

준비 : 45분
조리 : 30분
10인분
가자미(700g짜리) 3마리
작은 새우 익힌 것 500g
홍합 750g
양송이버섯 500g
달지 않은 시드르(cidre brut) 1/2병
샬롯 3개
더블크림 500ml
파슬리(선택)
소금, 후추

가자미의 껍질을 벗긴 뒤 필레를 뜬다(또는 생선가게에서 필레를 떠 온다). 새우의 껍질을 벗긴다. 생선 필레를 각각 길게 반으로 자른다. 양송이버섯의 흙 묻은 밑동을 잘라낸 다음 재빨리 물에 헹구고 4등분한다. 홍합을 솔로 문질러 깨끗이 씻는다.
샬롯 2개를 아주 잘게 썬다. 냄비에 시드르 250ml, 샬롯, 파슬리 줄기 몇 개를 넣고 후추를 넉넉히 뿌린다. 센 불로 끓을 때까지 가열한 다음 홍합을 넣고 뚜껑을 덮는다. 그 상태로 중간 중간 냄비를 흔들어 주며 홍합이 모두 입을 열 때까지 익힌다. 불을 끄고 홍합을 건져낸 다음 국물을 체에 걸러 넓은 팬에 담는다. 마지막 샬롯을 잘게 썬 뒤 이 팬에 넣고 더블크림 300ml 도 넣어준다. 약하게 5분간 끓인 뒤 생선 필레를 넣어준다. 다시 약하게 끓어오르기 시작하면 그때부터 3분간 더 끓인다(혹은 생선살이 뽀얗게 익고 칼로 살짝 찔러보았을 때 저항감 없이 쉽게 들어가면 바로 불에서 내린다).
생선살을 건져 접시에 담아놓고 그 팬에 양송이버섯을 넣어준다. 약하게 끓는 상태로 약 10분 정도 익힌다.
접시에 담아 둔 가자미에서 흘러나온 즙을 이 소스에 넣어준다.
그동안 홍합살을 발라낸다.
양송이버섯을 건진다. 소스에 나머지 크림과 시드르를 넣고 주걱에 묻어나는 농도가 될 때까지 졸인다. 소금, 후추로 간한다. 서빙 바로 전에 가자미 살, 버섯, 새우, 홍합살을 모두 소스에 넣고 약한 불에서 끓지 않도록 주의하며 뚜껑을 덮고 뜨겁게 데운다.

* 레스토랑 '구르망디즈(Gourmandises)'의 전임 셰프, Cormeilles(Eure)

그 외에도...

본 팜(Bonne femme) 가자미 요리
가자미를 다진 파슬리와 잘게 썬 샬롯과 함께 자작한 생선 육수에 넣고 데친다. 남은 국물을 졸인 뒤 버터나 생크림을 넣고 잘 섞어 농도를 맞춘다.

샴페인 가자미 요리
가자미 필레를 샴페인에 포칭한다. 소스에 버터나 생크림을 넣어 농도를 맞춘다.

디에푸아즈(Dieppoise) 가자미 요리
가자미 필레를 화이트와인과 생선 육수에 데친다. 이 국물에 뵈르 마니에(beurre manié)를 넣어 농도를 맞춘 뒤 양송이버섯, 홍합살, 새우살과 생선을 넣는다.

플로랑틴(florentine) 가자미 요리
가자미 필레를 포칭한 뒤 볶은 시금치 위에 놓고 모르네 소스(sauce Mornay 베샤멜에 치즈를 넣은 소스)를 끼얹어 오븐에 그라탱처럼 구워낸다.

가자미 구조네트(goujonnette)
가자미 필레를 가늘고 길게 자른 뒤 밀가루, 달걀, 빵가루를 묻혀 기름에 튀긴다. 타르타르 소스를 곁들여 서빙한다.

모르네(Mornay) 소스 가자미 요리
포칭한 가자미 살에 모르네 소스를 끼얹고 오븐에 그라탱처럼 구워낸다.

요리사의 복장

요즘에는 셰프들도 개인의 옷차림새에 있어서 그들의 요리만큼이나 개성을 표현하는 것이 자연스럽지만 언제나 그래왔던 것은 아니다. 요리사가 갖춰야 하는 복장의 기본 요소들을 살펴보자.

아드리앵 곤잘레스

BELLE JARDINIÈRE
Fig. 18 Fig. 19 Fig. 20 Fig. 21
VESTES
VESTES pour Charcutiers, à col droit (fig. 20)
En coutil rayé lilas et blanc . . . . Cadets 4.25 Hommes 5 »
En coutil rayé bleu et blanc . . . . — 4.25 — 5 »
En coton imprimé rayé lilas et blanc (Exclusif) . . . . — 5 » — 5.75
VESTES pour Charcutiers, à col revers.
En coutil rayé lilas et blanc . . . . Cadets 4.75 Hommes 5.50
En coutil rayé bleu et blanc . . . . — 4.75 — 5.50
En coton imprimé rayé lilas et blanc (Exclusif) . . . — 6.25
En tissu satiné lilas et blanc (qualité extra) . . . . — 7.75
En satin blanc . . . . — 6.75
VESTES pour Bouchers, col revers, façon tailleur, à carreaux bleus et blancs (fig. 21) . . . . 8 »
VESTES BLANCHES pour Pâtissiers, Cuisiniers, etc. (fig. 18).
En coutil fougère. . . . . Cadets. 4 » Hommes. . . 4.75
En coutil croisé. 5.75
En coutil croisé boutons chiffons . . . . 5 »
En coutil croisé pour cadets 3.50
Toques en coutil blanc . . . . ».50
VESTES pour Cuisiniers, Plongeurs, etc. (fig. 18).
En coutil rayé bleu et blanc. Cadets . . 4 » Hommes . . . 4.75
VESTES-BAR (forme smoking) (fig. 19).
En coutil or satin blanc. . . . . 7 »

BELLE JARDINIÈRE
Fig. 22 Fig. 23 Fig. 24 Fig. 25
VESTES DE COIFFEUR (fig. 24). En coutil blanc. . . . . 6.50 / En satinette crème. . . . . 4.95 / En satinette beige 4.95
VESTES TOILE BLEUE pour Imprimeurs, Mécaniciens, etc., la taille moyenne (0m86 de ceinture) (fig. 23).
Qualité N° 0 (fil et coton). 3.50
— N° 1 pur fil . . . . . 4 » Qualité N° 4 pur fil 5.50
— N° 2 — . . . . . 4.50 — N° 5 — . . . . . 6 »
— N° 3 — . . . . . 5 » — N° 6 — 6.50
VESTES pour Laitiers, à col revers, boutons nacre (fig. 25).
En toile bleu foncé, teint garanti 10.50
En coton bleu foncé côtelé, teint garanti. 10.50
VESTES pour Couvreurs et Charpentiers (fig. 25).
En croisé bleu, grosses côtes, qualité extra 5.75
VESTES DE CASTOR (fig. 22) nuances diverses, unies ou rayées. Boutons incrustés nacre.
La taille moyenne (0m86 de ceinture). . . . 35 » au-dessus. . . 39 »
La nuance bleu foncé, la taille moyenne. . 40 » — . . 46 »

재킷 VESTE : 스탠드 업 칼라에 두 줄의 단추로 여미게 되어 있는 셰프 재킷은 군복과 비슷한 인상을 준다. 이는 우연한 일이 아니다. 이 조리복 모델은 19세기 말 가를랭(Garlin)과 에스코피에가 주방 조직을 '브리가드(brifgade 군대의 '여단'을 뜻한다)'라는 이름으로 체계화하면서 등장했다. 색은 위생상의 이유로 흰색이 기본이 되었다. 1976년 프랑스의 대표적인 조리복 전문업체인 '브라가르(Bragard)' 사는 이집트 면 소재로 된 고급 셰프 재킷를 선보였다. 같은 해 폴 보퀴즈는 최초로 재킷 깃에 프랑스 명장(MOF) 표시인 파랑, 흰색, 빨강색 선을 넣고 가슴에 이름을 수로 새겨 넣은 재킷을 입었다. 이는 '주방장(chef)'에게만 해당된 특권이었다. 2000년대 초 조엘 로뷔숑은 일본에서 검정색 셰프 재킷을 수입했다. 이브 캉드보르드는 깃이 넓고 소매 끝에 커프스가 있는 셔츠형 조리복 상의를 즐겨 입는다.

요리사 모자 TOQUE : 1823년 영국의 조지 4세의 주방에서 일하던 파티시에 앙토냉 카렘은 궁정의 한 어린 소녀가 쓰고 있던 머리쓰개에 눈이 꽂혔다. 그는 "환자처럼 보이는 우리의 흉한 면 모자 대신 이것처럼 가볍고 높은 요리사 모자를 쓴다면 요리도 더 잘 만들 수 있고 위생 면에서도 더 낫지 않을까?"라는 생각을 했다. 곧 이어 요리사들은 헝겊 모자에 판지로 된 원통을 끼워 넣어 높이 만들어 쓰기 시작했다. 폴 보퀴즈는 높은 이 모자를 요리사 위상의 상징으로 만들었다. 보수적인 주방 조직에서 일반 요리사들은 높이 15cm의 주방 모자를 착용하며 주방장인 '셰프'만이 높이 25cm짜리 모자를 쓴다. 오늘날 요리사들은 이 전통 주방 모자 대신 베레모나 야구 모자, 고무줄이 있는 머리 캡, 혹은 사부아 스타일의 챙이 넓은 중절모(Marc Veyrat가 즐겨 착용한다) 등을 착용하기도 한다. 파리의 플라자 아테네 호텔의 주방 팀은 모자를 쓰지 않고 근무한다.

앞치마 TABLIER : 요리사들이 앞치마를 만들어낸 것은 아니다. 대장장이, 초등학생, 룸메이드들이 쓰는 것과 같은 것을 사용해왔고 지금도 그 형태의 것을 사용한다. 목까지 올라오는 가슴 판이 있는 것과 없는 것, 또는 허리끈으로 묶는 것 등 종류가 다양하며 길이는 모두 무릎 아래까지 내려온다. 요리사들의 앞치마는 일반적으로 얼룩이나 음식이 튀는 것으로부터 보호하기 위해 흡수성이 좋은 면 마 혼방 소재로 만들어진다. 색깔은 물론 흰색이다. 최근에는 푸른색 작업복을 재해석한 스타일의 앞치마를 착용하는 요리사들도 꽤 많다(대표적으로 베르트랑 그레보).

바지 PANTALON : 유일하게 요리학교에서만 학생들에게 흰색과 군청색의 하운즈투스 체크무늬의 전통 바지 착용을 의무화하고 있다. 레스토랑에서는 이보다 폴리에스터 소재 검정색 바지 또는 진을 더 많이 입는다. 바지 디자인은 유행에 따라 바뀌었다. 20년 전에는 배기 스타일이, 10년 전에는 슬림 핏이 대세였다.

목 스카프 TOUR DE COU : 주방에 공조시설이 없었던 시절, 린넨 소재의 삼각형 스카프를 돌돌 말아 목깃에 둘러 묶었고 이는 땀을 흡수하는 데 유용하게 쓰였다. 또한 주방에서 응급 상황이 발생했을 때 지혈용으로 사용되기도 한다. 한동안 잊혔던 이 스카프는 몇몇 멋쟁이 셰프들을 중심으로 다시 유행하기 시작했다. 특히 장 프랑수아 피에주는 르부탱 구두와 매칭하여 이 스카프를 잘 활용한다.

주방용 신발 SABOTS : 두툼한 이 주방용 슬리퍼는 1980년대에 등장했다. 브라가르(Bragard)사는 덴마크식 나막신에서 영감을 얻어 검정 또는 흰색의 가죽으로 만든 이 주방 전용 신발을 선보였다. 발이 조이지 않아 혈액 순환이 잘 되며 피로감을 줄일 수 있을 뿐 아니라 밑창은 미끄럼 방지 기능을 더했다. 어떤 모델들은 칼이나 냄비가 떨어졌을 때 발을 보호할 수 있도록 메탈 커버 가드가 포함된 것도 있다.

양말 CHAUSSETTES : 특별한 규정은 없다. 어떤 제조업체는 요리사들의 피로를 덜어줄 수 있는 마사지, 릴렉싱 효과가 있는 양말을 개발하기도 했다.

퀴르농스키

작가, 저널리스트이자 요리 비평가였던 모리스 에드몽 (Maurice Edmond Sailland), 일명 퀴르농스키는 양차 세계대전 시절 프랑스에서 '미식계의 황태자 (prince des gastronomes)'로 불렸다. 테루아에 기본을 둔 요리의 열렬한 옹호자였던 그는 "음식이 그 자체의 맛을 지녔을 때"를 가장 좋아했다.
아녜스 로랑

Curnonsky, 미식계의 황태자
(1872-1956)

남다른 그의 프로필
작가 : 그는 '글'로써 미식계에 입문했다. 앙주(Anjou) 지역 출신으로 젊은 나이에 파리에 올라온 그는 알퐁스 알레(Alphonse Allais), 조르주 쿠르틀린(Georges Courteline) 등 당대의 여러 작가들과 교류한다. 1895년 그는 콜레트(Colette)의 남편 앙리 고티에-빌라르(Henry Gauthier-Villars, 일명 '윌리 Willy'로 알려짐)의 대필 작가로 글을 쓴다. 윌리는 자신의 '베스트 소설'들의 숨은 공로자는 바로 퀴르농스키라고 인정했다. 이러한 그의 글재주는 이후 미식평론 집필 작업에 짜릿한 재미를 더하며 빛을 발했다.
요리를 하지 않는 미식계의 황태자 : 그가 40년 넘게 살던 파리 8구의 아파트에는 부엌도 식당도 없었다. 그는 자신을 '성인이 된 후 솜씨 좋은 요리사도, 주방도, 와인 저장고도, 다이닝룸도 가져본 적이 없는 소박하고 사람 좋은 그저 가난한 글쟁이'라고 표현했다. 1946년 펴낸 요리 모음집의 레시피들은 그가 만든 것이 아니라 자신이 먹어보고 좋았던 것들을 선별해놓은 것이다.
하루에 한 끼만 먹는 미식 평론가 : 퀴르농스키는 당당한 체구의 사나이였다. 맛있는 음식을 하도 많이 먹은 덕에 체중이 100kg을 훌쩍 넘었고 급기야 60세 때에는 126kg를 찍었다. 이를 기점으로 그는 정상 체중으로 돌아가기 위해 하루에 제대로 된 식사를 한 끼만 먹기로 결심했다.
미식가 아카데미 회원, 미식계의 황태자 : 전성기 시절 그는 모든 면에서 '황태자급'이었고 그럴 만한 자격이 충분했다. 그중 가장 큰 영광은 1927년 '미식계의 황태자'로 선출된 것이었다. 이후 그는 '미식가 아카데미(Académie des gastronomes)'의 회장이 되었다.
의문의 죽음 : 그는 1956년 7월 22일 84세의 나이로 세상을 떠났다. 사망 당시의 정황은 아직도 불분명한 상태로 남아 있다. 자신이 살던 건물 4층 아파트에서 중정으로 추락해 숨진 그가 자살한 것인지 실신하여 떨어진 것인지 불확실하지만 후자에 더 무게가 실린다.

퀴르농스키 송아지 안심

폴 에베를랭 *Paul Haeberlin*
(Auberge de l'Ill – Illhaeusern)

4인분

송아지 안심 (각 100g) 4조각
아스파라거스 1묶음
샬롯 1개
버터 50g
밀가루
송로버섯 40g + 송로버섯 즙
생크림 250ml
소금, 후추

아스파라거스는 연한 윗부분만 잘라 다발로 묶어 끓는 물에 익힌다. 버터를 녹인 소스팬에 잘게 썬 샬롯을 볶는다. 생크림을 넣고 졸인다. 가늘게 썬 송로버섯을 넣고 소금, 후추로 간한다. 송아지 안심에 소금, 후추로 밑간을 한 뒤 밀가루를 얇게 묻혀 버터를 달군 팬에 지진다. 각 면을 4분씩 익힌 뒤 접시에 담고 뜨겁게 보관한다. 송아지 고기를 익힌 팬에 송로버섯 즙을 넣고 디글레이즈 한 다음 크림 소스에 부어준다. 아스파라거스를 송아지 안심 위에 나란히 얹은 뒤 소스를 끼얹는다. 작게 부친 옥수수 갈레트를 곁들여 서빙한다.

특이한 예명

1872년 앙제에서 태어난 그의 성은 사이앙(Sailland), 이름은 모리스 에드몽(Maurice Edmond)이었다. '퀴르농스키'라는 이름은 이후 알퐁스 알레(Alphonse Allais)와 농담을 주고받던 중 만들어진 것이다. 둘은 적당한 가명을 찾다가 슬라브어 발음의 이름으로 고르면 어떨까 하는 아이디어를 떠올렸다. 친구는 그에게 "스키(Sky)로 하면 어떨까?"라고 물었는데 유식한 문인답게 라틴어 '쿠르 논 스키(Cur non sky?)'로 질문했던 것이다. '퀴르농스키(Curnonsky)'라는 이름은 이렇게 탄생했다.

그의 여성 요리사 3인

마리 슈발리에 Marie Chevalier
앙제(Angers) 출신인 그녀는 퀴르농스키 외조부모의 집에서 40년간 요리를 맡아온 인물이다. 왔다. "그녀는 마치 새가 노래하듯 요리를 했다(...) 그녀는 학교나 책을 통해 요리를 배운 적이 전혀 없었다. 그녀는 재능을 타고난 요리사였다."라고 그는 설명했다.

메르 블랑 La mère Blanc
1933년 퀴르농스키는 앵(Ain) 지방 보나(Vonnas)에서 식당을 운영하던 메르 블랑에게 '세계 최고의 여성요리사'라는 타이틀을 수여한다. 2년이 지난 후 옛 갈리아 민족의 중심도시가 이 영광을 안게 된다. 그는 리옹(Lyon)을 세계 미식의 중심지로 명명했다.

멜라니 루아 Mélanie Rouat
퀴르농스키는 브르타뉴 피니스테르(Finistère) 지방, 리엑 쉬르 벨롱(Riec-sur-Bélon)의 이 여성 요리사를 입이 마르고 닳도록 칭송했다. 미슐랭 가이드의 별 2개를 받은 그녀의 대표 요리로는 크림 소스 랍스터, 샬롯을 채운 대합 요리, 붕장어 스튜 등을 꼽을 수 있다. 그는 제2차 세계대전 중 그녀가 운영하는 여관에 피신해 있었다.

동료들의 인정
퀴르농스키는 요리를 할 줄 몰랐으나 많은 요리 레시피에 그의 이름이 붙어 있다. 유명 셰프들이 그에게 경의를 표한 요리들이다.

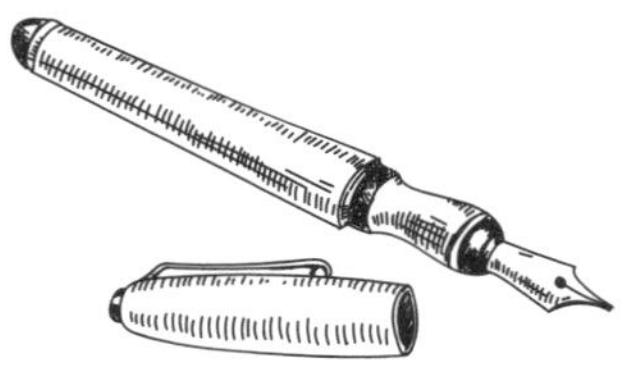

그의 주요 업적

가이드북 『미식의 나라 프랑스(La France gastronomique)』

1921년 퀴르농스키는 마르셀 루프(Marcel Rouffe)와 함께 거대 프로젝트를 기획한다. 자동차 붐에 힘입어 미식과 여행 정보를 한데 묶은 안내서를 만드는 일이었다. 이렇게 탄생한 『미식의 나라 프랑스』 시리즈는 총 27권이 발행되었다. 창간호 페리고르(Périgord) 편에 이어 앙주, 노르망디, 브레스 지방 등이 소개되었다. 이 시리즈는 프랑스 전국 소개를 완성하지 못한 채 1930년 발간이 중단되었다.

미식가 아카데미 L'Académie des gastronomes

이 단체의 구상은 1927년 한 점심 식사 모임에서 시작되었다. 프랑스어를 관장하는 학술원 '아카데미 프랑세즈'에서 영감을 받아 창립된 이 협회는 '최고의 미식가, 음식에 대해 해박한 지식을 지니고 있는 애호가 및 미식에 관한 최고의 글을 쓴 작가들' 40명으로 구성되었다. 회원마다 한 명의 작가를 대부로 정해 그 이름이 쓰인 자리에 앉게 된다. 1930년 이 모임이 발족되었을 때 퀴르농스키는 초대 회장직을 맡았으며 브리야 사바랭의 이름이 새겨진 의자에 앉았다.

미식 잡지 『퀴진 에 뱅 드 프랑스(Cuisine et vins de France)』

2차 대전 중 6년의 시간을 브르타뉴에 있는 멜라니 루아(Mélanie Rouat)의 여관에서 보낸 퀴르농스키는 1946년 파리로 돌아온다. 이미 74세였던 그는 수입이 줄어들자 전쟁 전에 누렸던 자신의 위상을 회복할 방법을 모색했다. 1947년 그는 미식 잡지 『퀴진 드 프랑스』를 창간하였고 이것은 이후 와인 관련 기사까지 보강한 『퀴진 에 뱅 드 프랑스』로 성장한다. 이 잡지는 아직도 격월제로 발간되고 있다.

크레송을 곁들인 퀴르농스키 닭 찜

클로드 들리뉴, 레스토랑 타유방 *Claude Deligne (Taillevent)*

4인분

브레스 닭(poularde de Bresse) 1.9kg짜리 1마리
당근 250g
순무 250g
그린빈스(익힌 것) 150g
그린 아스파라거스 윗동(익힌 것) 12개
크레송 1단
흰색 닭 육수 2리터
생크림 500ml
처빌

닭을 손질하고 내장을 제거한 뒤 실로 묶어 닭 육수(가능하면 홈 메이드)에 넣고 40분간 끓인다. 닭을 건져낸 뒤 국물을 적신 면포로 덮어 뜨겁게 보관한다. 남은 국물을 1/3로 졸인 다음 생크림을 넣고 주걱에 묻는 농도가 될 때까지 다시 졸인다. 닭을 익히는 동안 크레송을 씻어서 끓는 물에 데쳐 건진 뒤 블렌더로 갈아 아주 고운 퓌레를 만든다. 당근과 순무는 마늘 톨 만한 크기로 돌려 깎은 뒤 닭 육수에 익힌다.

완성하기

서빙 바로 전 소스를 끓을 때까지 가열한 뒤 크레송 퓌레를 넣어 섞는다. 고운 체에 거른다. 뜨겁게 유지하되 더 이상 끓지 않도록 주의한다. 닭의 껍질을 벗기고 8토막으로 자른다. 큰 접시 4개에 소스를 붓고 중앙에 닭 날개와 다리를 고루 섞어 놓는다. 닭 토막 위에는 소스를 끼얹지 않는다. 순무와 당근, 아스파라거스, 5cm로 자른 그린빈스를 색을 교대로 섞어 놓으며 닭 주위에 빙 둘러 담는다. 처빌 잎 3쪽을 닭 위에 얹고 다리와 날개 봉 끝 부분에 작은 레이스 종이 손잡이를 끼워준다.

프랑스 미식을 위한 공헌

2010년 프랑스의 미식은 유네스코 인류 무형문화유산에 정식 등재된다. 이는 요리 그 자체보다도 사회적 행위로서의 '프랑스식 잘 먹는 문화'를 인정하는 의미가 더 크다. 이를 적극적으로 지지한 배우 제라르 드파르디유(Gérard Depardieu)는 프랑스 요리 발전과 홍보에 널리 기여한 사람들에게 경의를 표했다. "유네스코 등재는 우리가 즐기는 일요일의 식사가 정식으로 인정받은 것이다. 프랑스 식문화의 소중한 가치가 높게 평가된 것은 음식 평론가이자 미식계의 황태자인 퀴르농스키와 같은 이들의 공헌 덕이다…"

미식의 추억, 전설의 카술레

1927년, 퀴르농스키는 세 명의 친구들과 함께 마르세유에서 비아리츠(Biarritz)를 향해 차로 이동하고 있었다. 그들의 계획은 카스텔노다리(Castelnaudary)에서 쉬면서 카술레(cassoulet)를 먹는 것이었다. 한 친구는 천상의 카술레를 만든다고 소문난 메르 아돌핀(mère Adolphine)에게 줄 소개서를 써서 이들에게 주었다. 하지만 이 요리사는 외지인이나 여행객들을 극도로 꺼리는 것으로 유명했다.
오전 10시, 퀴르농스키 일행은 그녀의 식당으로 가 문을 두드렸으나 즉시 응답이 없었다. 마침내 문을 열어준 그녀는 그를 천천히 살펴보더니 어떻게 왔냐고 물었고 당일 저녁 카술레를 주문하겠다고 하는 그에게 성을 내며 난색을 표했다. "만들려면 14~15시간이 걸리니 내일 오세요, 아시겠어요? 내일 점심 때 기다릴게요." 다음 날, 퀴르농스키의는 이렇게 말했다.
"가볍게 채소로 오르되브르를 먹고(…), 행복의 눈물을 주체하지 못하며 우리는 최고로 맛있는 카술레를 먹었다…"
『문학과 미식의 추억(*Souvenirs littéraires et gastronomiques*)』 중에서.

푸아그라를 먹는 기술

"푸아그라는 알맞은 상황과 장소에서 먹을 줄 알아야 한다(…) 푸아그라는 상쾌하고 즐거운 식욕을 지닌 상태에서 오르되브르 또는 식사의 스타터로 접근하는 것이 좋다고 생각하며 또 그렇게 먹을 것을 권장한다. 그러므로 식사를 시작할 때 푸아그라 그 자체(그럴 만한 가치가 있다)로 즐겨보시라. 시원하고 생기가 충만한 화이트와인을 곁들이면 더욱 좋다."
『문학과 미식의 추억』 중에서.

퀴르농스키가 말하는 4가지 유형의 요리

레시피 300여 개를 정리한 요리책 『냄비의 불행(*L'infortune du Pot*)』에서 퀴르농스키는 프랑스 요리를 네 개의 부류로 나누었다. 그는 이들을 모두 존중하고 옹호했지만 그의 마음을 가장 사로잡은 것은 세 번째 카테고리인 '테루아의 요리'였고 그 자신도 이 지역 요리들을 홍보하는 데 힘을 기울였다.

1

오트 퀴진(La haute cuisine)은 '프랑스 요리의 보석'과도 같다.
"최상급 재료를 사용해 실력 있는 유명 셰프들이 만드는 고급 음식으로 부자들을 위한 요리라고도 할 수 있으나 그렇다고 해서 이를 부인하거나 비난할 이유는 없다."

2

퀴진 부르주아즈(La cuisine bourgeoise)는 '요리 솜씨 좋은 가정주부들이 이룬 쾌거'이다. "프랑스의 좋은 가정에서는 설사 아주 소박한 식사라 할지라도 대부분 풍요롭고 섬세한 삶의 형태를 갖추고 있다."

3

지역 요리(La cuisine régionale)는 '프랑스를 대표하는 경이로움 중 하나'라 단언할 수 있다.
"프랑스의 32개 지방에는 각기 그들만의 고유한 요리와 특선 먹거리가 있다. 이는 전문 요리사들뿐 아니라 솜씨 좋은 가정주부들이 오랜 세월 동안 이루어온 유산이다."

4

즉흥적인 요리(La cuisine impromtue et improvisée)는 '갖고 있는 재료로 격식에 얽매이지 않고 간편하게 만드는 요리'이다.
"야외에서 숯불에 구운 갈비나 스테이크를 먹어본 적이 있는가? 그것은 완전히 놀라운 경험이다."

그 외의 참고서적

→ 『문학과 미식의 추억』, Curnonsky 저, Albin Michel 출판.
퀴르농스키의 주치의였던 르네 쇼블로(René Chauvelot)가 서문을 썼다.

→ 『퀴르농스키, 한 시대의 맛(*Curnonsky, la saveur d'une époque*)』, Philippe Chauvelot 저, Du Lérot Lérot 출판.
퀴르농스키를 '삼촌(bon tonton)'라고 불렀던 주치의의 아들이 쓴 책이다. 그는 퀴르농스키의 문학적 유산을 계승했다.

→ 『미식계의 황태자, 퀴르농스키의 모든 것(*Curnonsky, prince des gastronomes de A à Z*)』, Jacques Labeau 저, L'Ecarlate 출판.

요리도 함께 즐기는 와인 바

와인 저장고(cave à vins)에 다이닝 홀(salle à manger)이 함께 있다고 생각하면 된다. 이 둘을 잘 섞으면 '와인 식당(cave à manger)'이라는 합성어를 얻을 수 있다. 새로운 외식 장소로 떠오르는 이곳은 내추럴 와인과 아티장 식재료 베이스의 간단한 요리들을 내세우며 인기를 끌고 있다. 툴루즈에서 파리를 거쳐 릴에 이르기까지 프랑스에서 손꼽을 만한 맛있는 와인 바 10곳을 소개한다.

귈레름 드 세르발

since
2000

파리 PARIS
르 베르 볼레 *Le Verre volé*
오너 : Cyril Bordarier
대표 요리 : 명이나물, 빵가루, 야생 루콜라를 곁들인 몰든(Maldon) 천일염 훈제 청어
와인 리스트 : 600여 종의 와인 구비. AOC Ventoux blanc 2016, Domaine de Fondrèche 포함.
주소 : 67, rue de Lancry, Paris 10e
(01 48 03 17 34)

since
2017

파리 PARIS
르 벨 오르디네르 *Le Bel Ordinaire*
오너 : Sébastien Demorand
대표 요리 : 훈제 송어, 노르웨이식 빵, 커민 향 요거트
와인 리스트 : 260여 종의 와인 구비. IGP Côtes catalanes blanc « Mon P'tit Pithon » 2015, Domaine Olivier Pithon 포함.
주소 : 54, rue de Paradis, Paris 10e
(01 46 27 46 67)

LA CAVE DE BELLEVILLE
since
2014

파리 PARIS
라 카브 드 벨빌
La Cave de Belleville
오너 : François Braouezec, Aline Geller et Thomas Perlmutter
대표 요리 : 샤퀴트리 플레이트와 치즈
와인 리스트 : 650여 종의 와인 구비. AOC Côte roannaise rouge 2015, Domaine Sérol 포함.
주소 : 51, rue de Belleville, Paris 19e
(01 40 34 12 95)

Les Caves De Prague
since
2010

파리 PARIS
레 카브 드 프라그
Les Caves de Prague
오너 : Thomas Wolfman
대표 요리 : 그린 아스파라거스, 훈제 해덕대구, 패션프루트
와인 리스트 : 350여 종의 와인 구비. AOC Morgon rouge 2015, Domaine Georges Descombes 포함.
주소 : 8, rue de Prague, Paris 12e
(01 72 68 07 36)

AU GRÉ DU VIN
since
1998

릴 LILLE
오 그레 뒤 뱅 *Au Gré du Vin*
오너 : Patricia et Paul Sirvent
대표 요리 : '메종 비냘레(Maison Bignalet)' 샤퀴트리 플래터와 그린 샐러드
와인 리스트 : 600여 종의 와인 구비. AOC Faugères rouge « Tradition » 2014, Domaine Léon Barral 포함.
주소 : 20, rue Péterinck, Lille (03 20 55 42 51)

since
2013

스트라스부르 STRASBOURG
주르 드 페트 *Jour de Fête*
오너 : Frédéric Camdjian
대표 요리 : 양 뒷다리 콩피, 구운 당근과 표고버섯
와인 리스트 : 750여 종의 와인 구비. AOC Alsace blanc « Entre chien et loup » 2015, Domaine Jean-Pierre Rietsch 포함.
주소 : 6, rue Sainte-Catherine, Strasbourg
(03 88 21 10 10)

since
1998

트루아 TROYES
오 크리외르 드 뱅
Aux Crieurs de vin
오너 : Jean-Michel Wilmes et Franck Windel
대표 요리 : 토종돼지 플루마(꽃목살), 양배추 퓌레, 파슬리 즙 소스
와인 리스트 : 450여 종의 와인 구비. AOC Champagne « Les Vignes de Montgueux », Domaine Lassaigne 포함.
주소 : 4, place Jean Jaurès, Troyes
(03 25 40 01 01)

since
2013

본 BEAUNE
라 딜레탕트 *La Dilettante*
오너 : Laurent Brelin
대표 요리 : 유기농 채소 샐러드
와인 리스트 : 900여 종의 와인 구비. AOC Côtes du Jura blanc « Grusse en Billat » 2012, Domaine Jean-François Ganevat 포함.
주소 : 11, rue du Faubourg Bretonnière, Beaune
(03 80 21 48 59)

l'artnoa
MAISON DES VINS À BIARRITZ
depuis
2007

비아리츠 BIARRITZ
라르노아 *L'Artnoa*
오너 : Antoine Vignac
대표 요리 : '메종 발름(Maison Balme)'의 트러플 햄 플래터
와인 리스트 : 450여 종의 와인 구비. AOC Morgon rouge 2015, Domaine Marcel Lapierre 포함.
주소 : 56, rue Gambetta, Biarritz (Pyrénées-Atlantiques) (05 59 24 78 87)

Le Tire-bouchon
since
1993

툴루즈 TOULOUSE
르 티르 부숑 *Le Tire-Bouchon*
오너 : Philippe Lagarde
대표 요리 : 돼지 족 스프링롤, 헤이즐넛 명이 페스토
와인 리스트 : 600여 종의 와인 구비. IGP Aveyron rouge « Mauvais Temps » 2015, Domaine Nicolas Carmarans 포함.
주소 : 23, place Dupuy, Toulouse (Haute-Garonne) (05 61 63 49 01)

'카브 아 망제' 콘셉트는 어디에서 왔을까?

요리를 곁들여 먹을 수 있는 와인 바를 뜻하는 신조어로, 신세대 와인상들이 **합리적인 가격대**로 운영하고 있으며 내추럴 와인을 집중적으로 선보인다. **와인 숍과 비스트로**의 중간쯤 되는 장소인 이 형태는 새로운 외식업 매장으로 자리 잡아가고 있다. 이곳에서는 와인을 구입해 **콜키지 비용을 내고** 음식과 곁들여 마신다. '오 크리외르 드 뱅(Aux Crieurs de vin)'이 1990년대 말 트루아(Troyes)에서 이와 같은 형태의 업장을 선보였으며 '르 베르 볼레(Le Verre volé)'는 이 새로운 사회 미식적 현상을 파리의 미식 업계에 도입했다. 과연 이 같은 변화는 동네의 와인 가게들과 유명 **와인 판매 브랜드들의 종말**을 의미할까? 미래가 우리에게 알려줄 것이다.

비에누아즈리

베이커리에서 파는 대표적인 파티스리인 비에누아즈리는 아침 식사는 물론이고 간식용으로도 안성맞춤이다. 클래식 비에누아즈리에 대해 자세히 알아보자.

마리 로르 프레셰

비에누아즈리(viennoiserie)란?

'비에누아즈리'라는 용어는 20세기 초에 처음 등장했다. 처음에는 비엔나식 빵과 오스트리아 사람인 오귀스트 장(Auguste Zang)이 들여온 크루아상, 즉 단백질 함량이 높은 밀가루(farine de gruau), 우유, 생 이스트(버터는 들어가지 않았고 밀어 접는 푀유타주 반죽법은 사용하지 않았다)로 만든 비엔나식 크루아상을 지칭했다. 실제로 제빵용 생 이스트는 1847년 빈(비엔나)에서 처음 개발되었다. 또한 빵을 구울 때 증기를 불어넣을 수 있는 비엔나식 오븐을 사용했다. 오늘날 비에누아즈리는 발효 반죽(pâte levée)과 푀유타주 반죽(pâte feuilletée 프랑스식 방법)으로 만든 것을 모두 포함한다.

7
16
2
9
5
6
10
8
11
4
3
1
12
13
15
14

❶ 불 드 베를랭 *La boule de Berlin*
브리오슈 반죽을 동그랗게 성형해 튀긴 도넛의 일종으로 안에는 잼이나 크렘 파티시에를 채워 넣고 표면에는 슈거파우더를 뿌린다. 이것은 프로이센 왕의 한 독일 파티시에가 대포알 모양을 따 만든 것으로 전해진다.

❷ 브리오슈 아 테트 *La brioche à tête*
브리오슈 반죽을 세로로 홈이 패고 위쪽이 넓어지는 둥근 틀에 넣고 위에 작은 공 모양을 하나 더 얹어 구운 것('머리 달린 브리오슈'라는 이름은 이 같은 모양에서 유래했다)으로 '브리오슈 파리지엔(brioche parisienne)'이라고도 불린다.

❸ 쇼송 나폴리탱 *Le chausson napolitain*
'쇼송 이탈리앵(chausson italien)'이라고도 불리는 이 페이스트리는 푀유테 반죽 안에 크렘 파티시에와 럼에 절인 건포도를 넣은 슈 반죽 혼합물을 채워 만든다. 반죽을 긴 띠 모양으로 재단하는 방식은 나폴리식 페이스트리인 '스폴리아텔라(sfogliatella)'와 비슷하다(여기에서 '나폴리탱'이라는 이름이 유래했다).

❹ 쇼송 오 폼 *Le chausson aux pommes*
애플 턴오버. 푀유테 반죽 안에 익힌 사과 또는 사과 콩포트를 채워 넣고 반원형으로 접어 구운 페이스트리. 쇼송 만들기 테크닉은 라 바렌(La Varenne)의 저서 『프랑스 파티시에(*Le Pastissier françois*)』에 설명되어 있다.

❺ 시누아 *Le chinois*
브리오슈 빵에 크렘 파티시에를 채운 것으로 '에스카르고(l'escargot 달팽이 모양으로 돌돌 말아 구운 빵)'와 비슷하다. 이 빵의 기원에 대해서는 두 가지 설이 존재한다. 그중 하나는 중국이 원조라는 주장인데 이는 이 브리오슈에 사용된 당절임 비터 오렌지의 원산지가 본래 중국이라는 데서 기인한다. 또 다른 설에 의하면 독일의 슈네켄쿠헨(Schneckenkuchen 독일식 에스카르고 빵)에서 유래했다고 한다.

❻ 슈케트 *La chouquette*
입자가 굵은 우박설탕을 뿌려 구운 작고 동그란 슈. 슈 반죽을 만드는 테크닉은 1540년경 이탈리아의 파티시에 포펠리니(Popelini)에 의해 처음 프랑스에 도입된 것으로 추정된다. 일명 '뜨겁게 만든' 반죽이라는 뜻의 '파트 아 쇼(pâte à chaud)'로 불리는 이 반죽은 불 위에서 저어가며 수분을 날려 만든다.

❼ 크루아상 *Le croissant*
푀유테 발효 반죽을 초승달 모양으로 말아 구운 프랑스 제빵의 대표적인 메뉴로 오늘날의 모양으로 처음 등장한 것은 1920년경이다.

❽ 오라네 또는 뤼네트 오 자브리코 *L'oranais ou lunettes aux abricots*
살구 크루아상. 브리오슈 반죽 또는 푀유테 반죽에 크렘 파티시에를 채우고 반으로 자른 살구 두 조각을 나란히 넣은 뒤 귀퉁이를 가운데로 모아 접고 우박설탕을 뿌려 구운 페이스트리. 알제리의 오랑(Oran)이 원조로 알제리 출신 프랑스인들에 의해 프랑스 본토에 전해진 것으로 알려져 있다.

❾ 팽 오 쇼콜라 또는 쇼콜라틴 *Le pain au chocolat ou chocolatine*
푀유테 발효 반죽 안에 1~2개의 초콜릿 스틱을 넣고 말아 구운 페이스트리.

❿ 팽 오 레 *Le pain au lait*
길쭉한 모양의 브리오슈 빵으로 가위로 표면을 살짝 잘라 모양을 내기도 한다.

⓫ 팽 오 레쟁 *Le pain aux raisins*
건포도 페이스트리 롤. 푀유테 발효 반죽에 건포도와 크렘 파티시에를 넣고 나선형으로 돌돌 말아 구운 페이스트리. '에스카르고' 또는 '팽 뤼스(pain russe 러시안 빵)'라고도 불린다.

⓬ 팽 비에누아 *Le pain viennois*
겉이 말랑하고 윤기가 나는 길쭉한 모양의 빵으로 길게 사선으로 칼집을 넣어 모양을 낸다. 초콜릿 칩을 넣기도 한다.

⓭ 팔미에 *Le palmier*
푀유테 반죽을 하트 모양으로 말아 설탕을 뿌린 뒤 캐러멜라이즈하여 구운 페이스트리로 그 모양이 마치 종려나무의 잎을 연상케 한다. 이것은 1031년 파리에서 개최된 세계 식민지 박람회에서 영감을 받아 만들어졌다고 한다.

⓮ 파트 두르스 *La patte d'ours*
푀유테 발효 반죽에 크렘 파티시에를 채운 사각형 페이스트리로 한쪽 끝에 칼집을 넣어 자른 모양이 이름처럼 '곰의 발(patte d'ours)'을 연상시킨다.

⓯ 사크리스탱 *Le sacristain*
푀유테 반죽을 긴 막대 모양으로 자른 뒤 꼬아 만든 것으로 잘게 다진 아몬드와 설탕을 뿌려 굽는다. 성당 관리인(sacristain)의 지팡이 모양을 닮은 데 착안하여 이 같은 이름이 붙었다.

⓰ 스위스 *Le suisse*
브리오슈 반죽으로 만든 길쭉한 직사각형 빵으로 안에는 바닐라 크렘 파티시에와 초콜릿 칩이 들어 있다. '드롭(drop)'이라고도 불린다.

* 비에누아즈리 기사 작성에 도움을 주신 로돌프 랑드멘(Rodolphe Landemaine) 님께 감사드립니다. www.maisonlandemaine.com

관련 내용으로 건너뛰기
p.61 크루아상 일대기
p.148 타르트 오 쉬크르

감자튀김…

길쭉한 스틱 모양의 감자튀김(frite 일명 '프렌치프라이')을 두고 프랑스와 벨기에 양측의 전세는 팽팽하다. 맞수대결을 시작한다.

피에르 브리스 르브룅

탄생

1760년 12월 23일 부르고뉴 페르시 레 포르주(Perrecy-les-Forges)의 수도원에서 브로스(Brosses) 신부는 일라리옹(Hilarion) 수사에게 비소 독살을 시도한다. 범행 조서에는 사발에 '감자튀김 몇 개'와 '흰 가루'가 남아 있었다고 기록되어 있다. 몇 년 후, 파리에서는 최초의 감자튀김 레시피가 발표되었다…

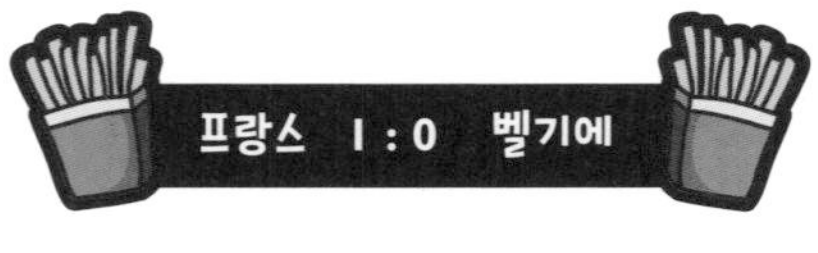
프랑스 1 : 0 벨기에

감자튀김이 벨기에에 처음 도착한 것은 1834년 장 프레데릭 키페르(Jean-Frédéric Kieffer)의 짐 가방을 통해서다. 파리에서 이것을 만드는 방법을 배운 그는 루마니아 부쿠레슈티의 집으로 돌아가 감자튀김 가게를 열고 싶었다. 부모님 댁이 있는 리에주(Liège)에 온 그는 순회공연 극장 앞에 작은 감자튀김 스탠드를 열었다. 장사가 큰 성공을 거두자 그는 그대로 벨기에에 머무르기로 결정했다.

사이즈

퐁뇌프(Pont-Neuf) 감자튀김은 동그랗게 슬라이스해 버터나 돼지 기름 또는 오리 기름에 튀겼고 프랑스 대혁명 시절부터 파리의 센강 주변에서 삼각형 봉지에 넣어 팔았다. 하지만 가격은 비교적 비싼 편이었다. 식민지에서 재배한 땅콩에서 기름을 추출하면서부터 낙화생유가 흔해지고 이 튀김 요리는 대중화되기 시작했다.

프랑스 1 : 1 벨기에

일명 '무슈 프리츠(Monsieur Fritz)'라고 불린 장 프레데릭 키페르(Jean-Frédéric Kieffer)의 감자튀김은 벨기에 전역의 장터에서 큰 성공을 거둔다. 동생과 함께 동업에 나선 그는 감자튀김 생산의 효율성을 높이기 위해 자신이 발명한 '프리츠' 커터를 사용해 감자를 길쭉한 스틱 모양으로 잘라 튀기기 시작한다.

튀기기

프랑스에서는 소기름을 구하기 쉽지 않고 또한 북부 지방 일부를 제외하고는 전통식으로 튀긴 감자튀김을 맛보기 힘들지만 두 번 튀기는 이 전통방식은 아주 맛있는 감자튀김을 만들어낸다. 프랑스의 감자튀김은 종종 식물성 식용유에 한 번만 튀기는데 이 경우 대개 냉동 감자가 사용된다.

프랑스 1 : 2 벨기에

무슈 프리츠(Monsieur Fritz)는 감자튀김을 미리 한 번 튀기는 방법을 고안해냈다. 또한 이 과정에 사용하는 기름을 좀 더 값이 싼 소기름으로 대체했다. 벨기에 감자튀김의 비결은 감자튀김 매장 운영자 학교에서도 배우듯이 언제나 이와 같은 제조방법에 있다. 우선 170°C 동물성 기름에 6~7분간 초벌로 튀긴 다음 20분간 휴지시키면서 기름을 뺀다. 이어서 160°C 식물성 기름에 6~7분간 바삭하게 다시 튀겨내는 것이다.

맛

너무 오래 튀기거나 잘못 튀긴 것 또는 너무 급하게 튀긴 감자튀김은 색도 칙칙하고 사랑이 없이 자란 아이처럼 초라하다. 맛에 관한한 타협을 모르는 프랑스의 고집쟁이 정통파들은 아직도, 그리고 언제나 냉동 감자를 너무 뜨거운 기름에 넣어 튀기는 방식에 반기를 든다. 그들을 격려해야 한다.

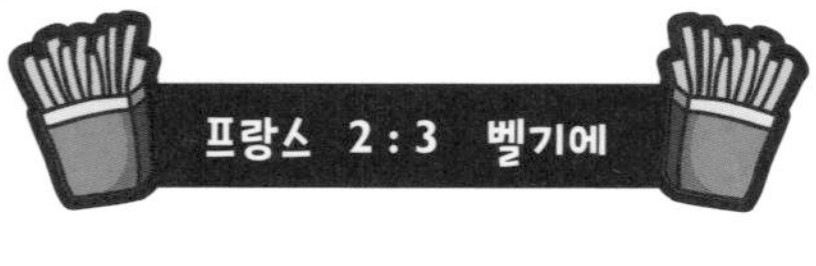
프랑스 2 : 3 벨기에

두 번 튀기는 방식, 그리고 소기름의 사용은 벨기에식 감자튀김에 흉내 낼 수 없는 풍미와 색을 선사한다. 잘 만들어진 감자튀김은 보기보다 기름지지 않으며 고르게 노릇한 색은 빛이 난다. 입에 넣으면 겉은 식감이 바삭하고 맛있는 속살은 언제나 포실포실하며 부드럽다.

곁들임

스테이크, 앙두이예트 또는 일요일의 단골 메뉴인 로스트 치킨, 케밥, 각종 버거 등에 곁들여 먹는다. 또한 아주 드물기는 하지만 연인이나 친구끼리 혹은 혼자서 감자튀김만 간식으로 먹기도 한다.

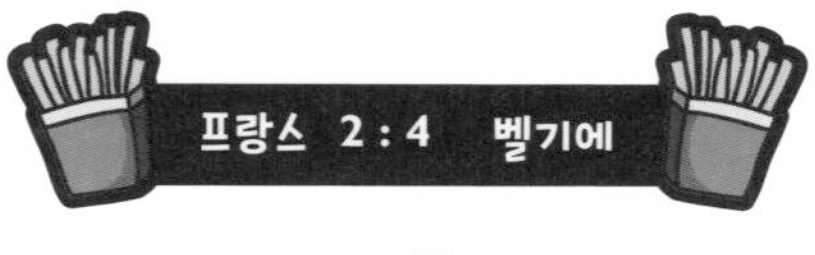
프랑스 2 : 4 벨기에

벨기에식 감자튀김은 삼각형 봉지에 담아 소스를 곁들여 손으로 그냥 먹는다. 업장에 따라 50종이 넘는 소스를 구비한 곳도 있는데 뭐니뭐니 해도 정통파들이 가장 좋아하는 것은 마요네즈이다.

문화

벨기에인들과 프랑스 북부 지방 사람들 중 일부가 프랑스 전역에 감자튀김 매장을 연다. 이들은 진정한 프렌치프라이의 문화 외교관이다. 그들의 용기와 결연한 태도는 점수를 받을 만한 가치가 있다.

프랑스 3 : 5 벨기에

벨기에에는 인구 천만 명 당 5천 개의 감자튀김 매장(fritkots)이 있다. 누구나 '자신만의' 단골 감자튀김 가게가 있을 정도이며 특히 금요일 저녁이면 가족끼리 뜨거운 감자튀김에 소스, 프리카델(fricadelle) 소시지 또는 미트볼을 곁들여 먹는 것을 즐긴다.

베스트 프렌치프라이 랭킹

참여형 웹사이트인 www.les-friteries.com 에는 프랑스와 벨기에의 유명 프렌치프라이 매장들이 랭킹별로 소개되어 있다. 파드 칼레 북부 지역(Nord-Pas de Calais) 업장들이 선두 그룹을 차지하고 있으며, 2016년 프랑스 최고의 프렌치프라이 매장은 랑스(Lens)의 '셰 베로니크 에 미셸(Chez Véronique et Michel)'이 선정되었다.

결과

이 대결의 승자는 벨기에다. 이탈리아에서 파스타가 처음 탄생하지 않았고 미국이 햄버거의 종주국이 아니듯이 감자튀김 또한 벨기에에서 최초로 만들어진 것은 아니지만 이 음식은 이론의 여지가 없는 벨기에의 일부분이 되었다. 그러나 스테이크에 프렌치프라이를 곁들여 먹는 '스테크 프리트(steak-frites)'에 있어서는 프랑스가 챔피언이다.

플레이프라이

프렌치프라이 노래 플레이리스트

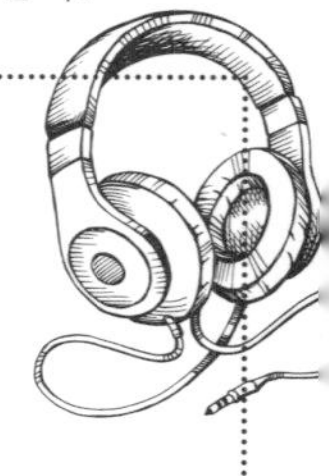

Valérie Lemercier – « *Goûte mes frites* »
Marcel et son Orchestre – « *Les frites* »
Les Blaireaux – « *Pom Pom frites* »
Léo Ferré – « *Comme à Ostende* »
Thomas Dutronc – « *Les frites bordel* »
Yves Montand – « *Cornet de frites* »
Stromae – « *Moules-frites* »
Regg'Lyss – « *Mets de l'huile* »
Las Ketchup – « *The Ketchup Song* »
Georgette Plana – « *Là où il y a des frites* »
Simon Colliez – « *Ch'est toudis des frites* »
Marcel Amont – « *Bleu blanc rouge et des frites* »

대세는 푸드 트럭!

벨기에가 감자튀김 챔피언 대결에서 승리를 거두긴 했지만 프랑스 북부 지방에서는 미국식 눅눅한 냉동 감자튀김에 저항하는 정통주의자들이 최후의 보루를 지키고 있다. 현재 프랑스 북부(Nord)와 파 드 칼레(Pas-de-Calais) 지방의 프렌치프라이 판매 트럭은 500여 개다. 지난 세기에는 무려 8,000개에 이르렀다. 프랑스인들은 이 음식이 유네스코 무형문화유산에 등재될 날을 기다리며 꿋꿋이 투쟁하고 있다.

마리 로르 프레셰

프렌치프라이 판매 트럭의 지형도

★ 프렌치프라이 판매 트럭은 역설적인 면을 갖고 있다. 이는 이동 가능한 임시적 시설(개조한 캠핑용 밴이나 조립식 주택)이지만 한 자리에서 영업을 한다. 이들 중에는 20년 넘게 같은 자리를 지키는 곳도 있다.

★ 위치가 가장 중요하다. 사람들이 모이는 광장이나 도시의 대로 등이 이상적이다. 지역 축제나 장터가 열리는 장소에는 반드시 감자튀김 트럭이 등장한다. 운동 경기장도 좋은 장소이다. 랑스(Lens)에서 큰 경기가 열리는 날 저녁이 되면 지역 팀을 응원하는 축구팬들이 2톤의 프렌치프라이를 먹어치운다.

★ 간판이 없다면 프렌치프라이 트럭도 그 존재가 없다. 상호는 대개 두 가지 유형으로 나뉘는데 그중 하나는 언어유희를 활용한 재미난 발음의 이름(La frite à dorer* La Frite Rit**)이고 또 하나는 주인장의 이름을 붙인 간판들이다(Chez Nono, Friterie Nadine).

* '노릇하게 튀기는 감자튀김'이라는 뜻으로 '프리트를 좋아한다(La frite adorée)'라는 뜻의 문구와 발음이 같다.
* '감자튀김이 웃는다'라는 뜻으로 '감자튀김 판매점(friterie)'이라는 단어와 발음이 같다.

Frites
Al'Baraque du P'tit QUINQUIN
Fricadelles
Hamburgers Frites
Hots dogs
La Vraie Ch'ti frite du Nord

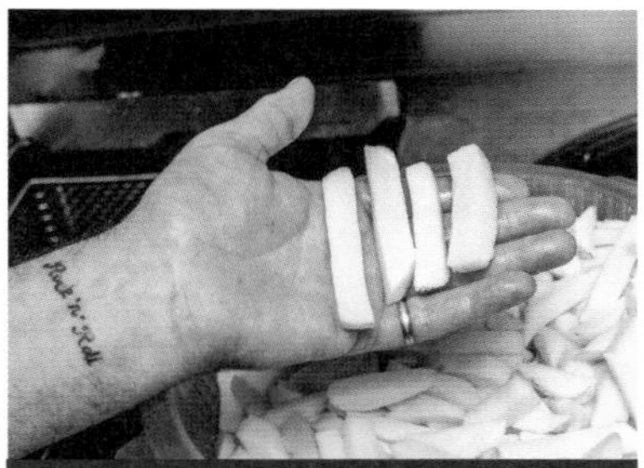
감자 준비하기

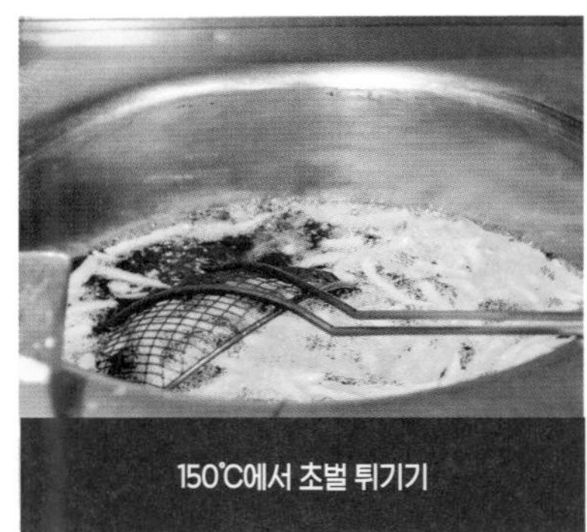

150°C에서 초벌 튀기기

한번 튀겨낸 감자는 선반에서 손님을 기다린다.

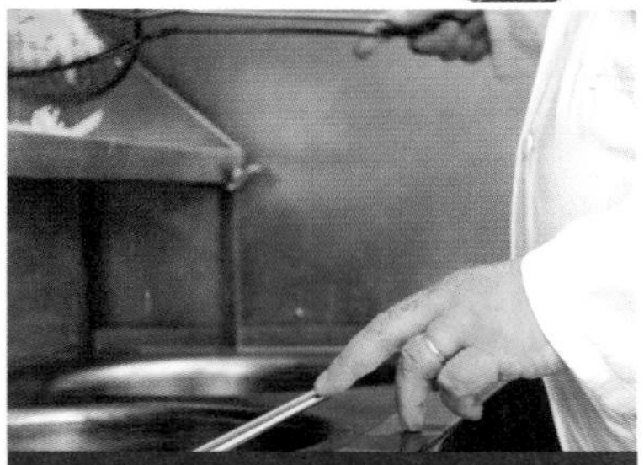
180°C에서 두 번째로 튀기기

망에 건져 기름 털어내기

소금 뿌리기

식초 뿌리기

작은 포크와 함께 서빙하기

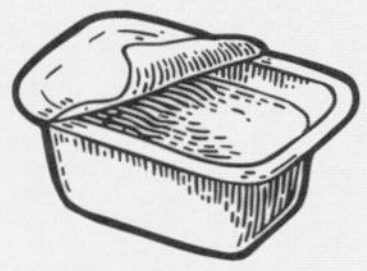

곁들이는 소스

프렌치프라이를 찍어 먹는 소스는 60여 종이 있으며 그중 가장 많이 소비되는 것들은 다음과 같다.

아메리켄 Américaine
안달루시아 Andalouse
반자이 Banzaï
비키 Bicky
버거 Burger
슈티 Ch'ti
한니발 Hannibal
케첩 Ketchup
마요네즈 Mayonnaise
머스터드 Moutarde
피칼리리 Picalili
피타 Pita
사무라이 Samourai
타르타르 Tartare...

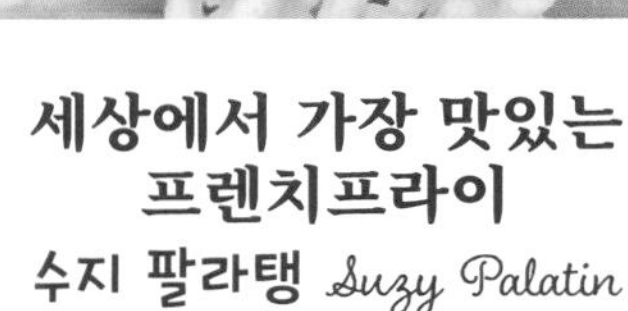

세상에서 가장 맛있는 프렌치프라이

수지 팔라탱 *Suzy Palatin*

8인분
감자(bintje 품종) 4kg

만들기
감자의 껍질을 벗기고 씻은 뒤 길쭉한 스틱 모양으로 자른다.
마른 행주로 물기를 두 번 닦고, 세 번째는 종이타월로 꼼꼼히 닦아 물기를 완전히 없앤다.
170°C의 해바라기유에 넣고 7분간 튀긴다. 건져서 기름기를 털어낸 후 20분간 식도록 둔다.
두 번째로 170°C의 기름에 넣고 7분간 더 튀겨낸다. 소금을 뿌리고 잘 섞어서 바로 서빙한다.

무엇과 함께 먹을까?

프렌치프라이를 종이 포장에 담아 집에 가져온다(볼에 가져가 담아오면 더욱 좋다). 프리카델(fricadelle) 소시지와 곁들여 주요리로 먹는다. 혹은 '아메리캥(américain)'이라고 불리는 비프 샌드위치에 곁들여 먹는다.

이상적인 프렌프라이

★ 감자품종 : 빈체(bintje)
★ 준비하기 : 인기 있는 프렌치프라이 판매 트럭은 모두 신선 감자를 구입해 사용한다. 껍질을 벗기고 썬 다음 물에 씻어 헹군다.
★ 감자 스틱 굵기 : 사방 10mm
★ 기름 : 소기름(광우병 사태 이후로 극히 드물어졌다) 또는 식물성 식용유. 정통파는 말기름을 권장한다.
★ 튀기는 시간 : 판매 상인들은 "경우에 따라 다르다"라고 말한다. 아마도 영업 비밀인듯...

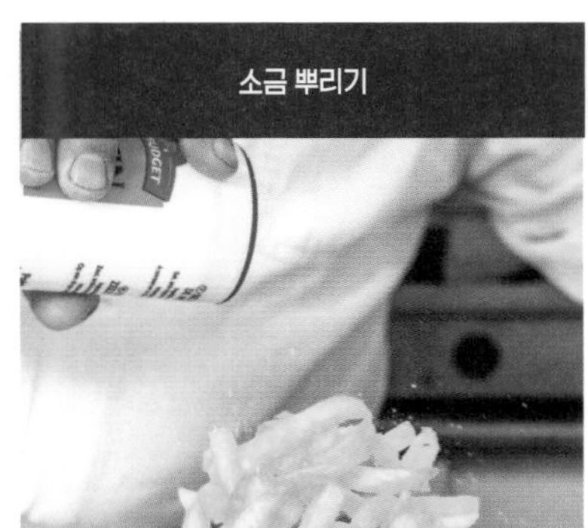

생선 수프 요리의 기술

프랑스는 해외 영토를 포함한 전 지방에 걸쳐 18,455km에 이르는 해안지대를 갖고 있다.
프랑스 대혁명 이전까지만 해도 이 해안 지방 사람들은 같은 언어를 사용하지 않았다. 따라서 지방마다 뱃사람들은
옆 마을과는 다른 고유의 방법으로 각종 재료들을 넣고 팔다 남은 생선들을 요리했다.

마리 아말 비잘리옹

타유방의 생선 수프

요리사 타유방(Taillevent)이 쓴 『르 비앙디에(*Le Viandier*)』는 20세기 중반까지 대표적인 요리 참고서 역할을 해왔다. 그는 이 책에서 고급 생선에 향신료를 첨가해 만든 이국적인 레시피 하나를 제시한다.
"이 생선 요리를 잘 만들려면 우선 비늘을 제거하고 튀긴다. 이어서 빵을 구워 완두콩 퓌레에 적신다. 굵직하게 썰어 튀긴 양파를 여기에 넣고 생강, 계피, 작은 씨앗 향신료, 신 포도주 약간을 넣은 뒤 모두 함께 끓인다. 사프란을 조금 넣어 색을 낸다." (대충 요약하면 튀긴 생선에 구운 빵, 완두콩, 양파, 사프란, 생강, 계피, 식초를 넣어 끓인 국물을 부은 것이다.)

- 『르 비앙디에』, 145개의 레시피 수록, 1380년경

실패하지 않는 소박한 생선 수프

최근에는 셰프들이 좋은 재료들을 넣어 다양한 고급 요리로 변화를 주고 있지만 사실 생선 수프는 지역에서 잡히는 생선 3~4종(가장 싼 것도 상관없다)과 사정이 허락한다면 작은 게 몇 마리만 있으면 큰 장비 없이 비교적 손쉽게 만들 수 있다. 부야베스의 소박한 원조격인 마르세유식 생선 수프는 실패할 염려가 없다. 큰 냄비에 올리브오일을 달군 뒤 얇게 썬 양파를 넣고 색이 나지 않고 수분이 나오도록 볶는다. 이어서 토마토, 짓이긴 마늘, 월계수 잎, 마른 펜넬 씨, 오렌지 껍질을 넣어준다. 뭉근히 잠깐 익힌 뒤 내장을 제거한 생선을 넣고 잘 저어준다. 생선살이 익어 풀어지면 물을 부어 국물을 잡는다(생선 1kg당 2리터). 소금, 후추로 간을 한 뒤 센 불에서 20분간 끓인다. 사프란 2꼬집을 넣고 불을 끈다. 면포를 깐 체에 거른다. 건더기를 스푼으로 꾹꾹 눌러 내린다. 면포로 생선 건더기를 잘 감싼 뒤 장갑(생선 가시에 찔릴 수 있다)을 끼고 즙을 꽉 짜낸다.

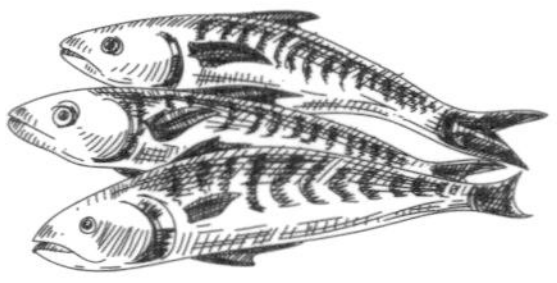

가위와 약간의 물만 있으면 간편하게!

1963년 '매기(Maggi)' 브랜드는 봉지에 포장된 생선 수프를 처음으로 선보인다. 이후에도 비슷한 제품이 많이 출시되었지만 그 어떤 것도 홈 메이드 레시피를 따라가기에는 역부족이었다. 분말형 생선 육수도 조리시간을 단축할 수는 있었지만 그것 또한...

아귀 부리드 LA BOURRIDE DE LOTTE

준비 : 15분
조리 : 55분
4인분

토막 낸 아귀 1kg
달걀노른자 4개분
아이올리(aïoli) 소스 작은 볼 1개분

쿠르부이용(court-bouillon)
중간 크기의 양파 1개
리크(서양대파) 흰 부분 1대
당근 작은 것 2개
셀러리 1줄기
월계수 잎 1장
파슬리 4줄기
말린 펜넬 1조각
오렌지 껍질 1개분
올리브오일 2테이블스푼

양파, 리크, 당근의 껍질을 벗기고 썬다. 셀러리 줄기를 토막으로 자른다. 큰 냄비에 올리브오일을 달군 뒤 채소를 넣고 잘 저으며 색이 나지 않게 볶는다. 10분 정도 볶은 뒤 물 800ml를 붓고 향신 재료를 넣는다. 30분간 끓인다.
불을 끄고 15분간 식힌 다음 이 쿠르부이용에 토막 낸 아귀를 넣어준다. 다시 불을 켜고 아주 약하게 끓는 상태로 10분간 익힌다.
망국자로 생선을 건져 서빙 플레이트에 담고 따뜻하게 보관한다.
익힌 국물을 체에 거른다.
바닥이 두꺼운 소스팬에 달걀노른자와 아이올리 분량의 반을 넣고 생선 익힌 쿠르부이용 국물을 국자로 조금씩 넣으며 풀어준다.
크렘 앙글레즈를 만들 듯이 약한 불에서 계속 저어주며 소스가 묽게 흘러내리지 않고 국자에 묻는 농도가 될 때까지 익힌다. 불에서 내린다.
소스를 아귀에 끼얹어 서빙한다.
남은 아이올리는 따로 담아 곁들여낸다.
개인용 접시 바닥에 구운 빵 슬라이스 2조각을 깔고 소스를 조금 끼얹은 뒤 생선 플레이트와 함께 서빙하는 게 일반적이다.
부리드(bourride)는 마르세유 사람들이 즐겨 먹는 대구, 명태, 달고기 등 다른 흰살생선으로도 만들 수 있다.

프랑스식 영어 '프랑글레(franglais)'

북아메리카 정복을 위해 방데(Vendée) 지방 연안을 떠난 어부들은 자신들의 **쇼드레(chaudrée)** 생선 수프 레시피를 그곳에 갖고 들어갔고 미국인들은 이것을 비슷한 발음의 **차우더(chowder)**라고 명명했다. 보스톤의 유명한 클램 차우더(clam chowder 조개 수프)가 바로 프랑스에서 유래한 것이다.

세계 기록을 세운 수프

2007년 불로뉴 쉬르 메르(Boulogne-sur-Mer)의 기업가들은 세계 최대 생선 수프 기록 수립이라는 유일한 목적을 위한 단체를 발족하였고, 2008년 인증을 받았다. 이 생선 수프 행사는 일 년에 한번 열린다. 강변에서 거대한 냄비에 생선 1톤, 각종 채소 1톤, 생크림 150리터, 화이트와인 150리터를 넣고 수프를 끓인다. 이렇게 만들어진 수천 명 분의 수프는 지역 구호단체에 공급된다. 좋은 의도로 진행되는 보람 있는 행사이다.

유용한 팁

잡은 생선이 빈약하고 사이즈가 별로 크지 않으면 내장을 제거한 뒤 얼려둔다. 상태가 좋은 생선들은 대가리도 버리지 말고 같이 냉동한다. 수프로 끓이면 이러한 작은 생선들도 훌륭한 맛을 낼 것이다.

★ ★ ★

관련 내용으로 건너뛰기
p.111 부야베스
p.93 코르시카의 수프

생선 및 해산물 수프 프랑스 일주

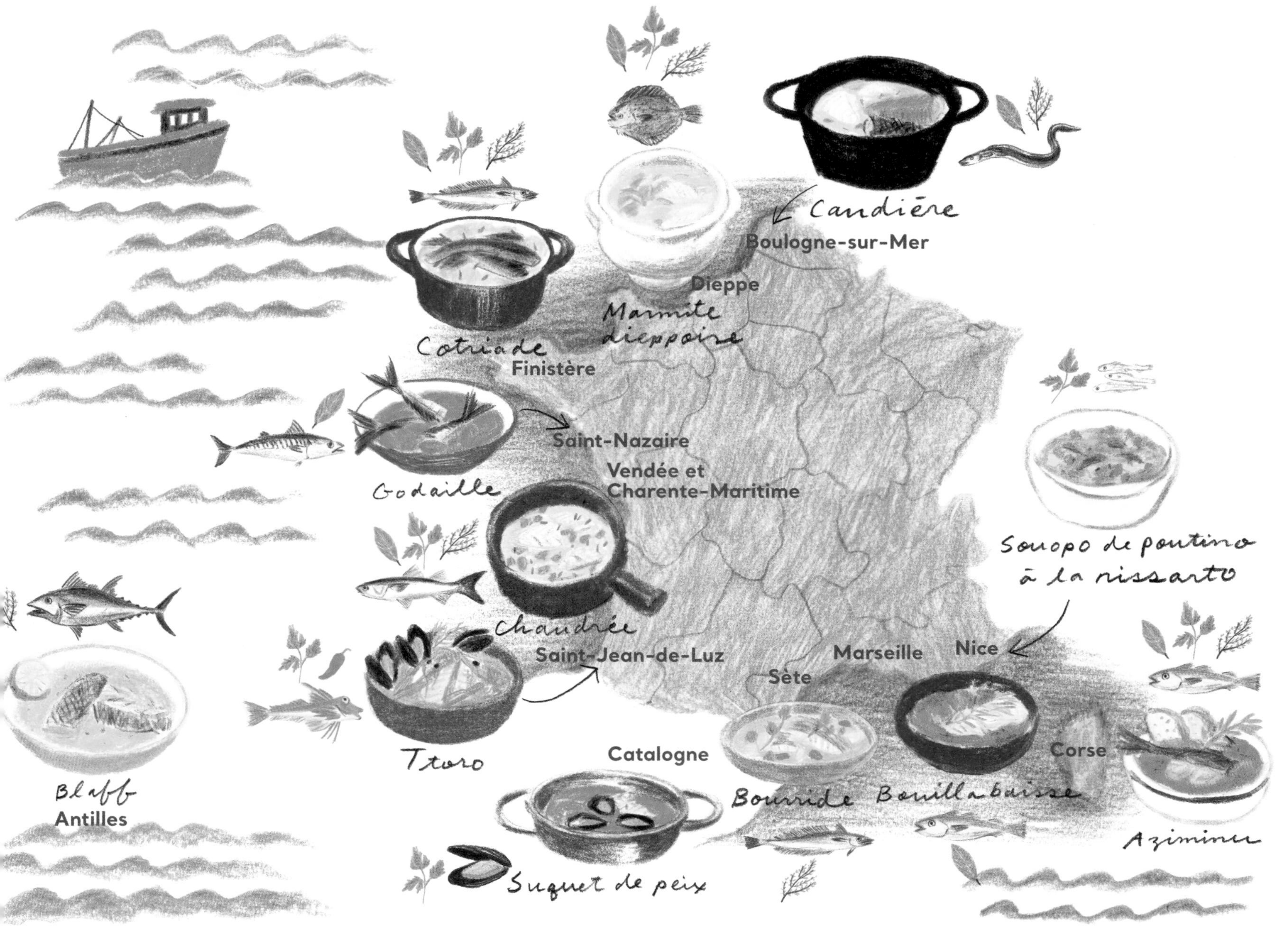
Caudière
Boulogne-sur-Mer
Dieppe
Marmite dieppoise
Cotriade
Finistère
Saint-Nazaire
Godaille
Vendée et Charente-Maritime
Soupo de poutino à la nissarto
Chaudrée
Saint-Jean-de-Luz
Marseille
Nice
Sète
Ttoro
Catalogne
Corse
Blaff
Antilles
Bourride
Bouillabaisse
Aziminu
Suquet de peix

불로뉴 쉬르 메르 Boulogne-sur-Mer

코디에르 caudière, 코드레 caudrée, 게네 gainée

기원 : 코디에르, 코디에 : '냄비(chaudron)'를 뜻하는 사투리. 어부들은 가정에서 각종 생선, 해산물 자투리를 넣고 이 스튜를 끓여 먹는다. 게네(gainée) : 생선가게 주인이 선원 몫으로 준 생선을 뜻한다.

재료 : 붕장어, 가자미, 넙치, 성대, 홍합 등을 화이트와인에 채소와 함께 넣고 끓인 뒤 생크림을 넣는다.

디에프 Dieppe

마르미트 디에푸아즈 Marmite dieppoise

기원 : 같은 이름의 식당에서 40년 전 처음 선보인 메뉴로 이 지역을 대표하는 생선 요리이다.

재료 : 대문짝넙치, 아귀, 가자미, 광어, 가리비 등의 생선과 해산물을 시드르(cidre)를 넣은 생선 육수에 익힌 뒤 생크림과 버터를 넣어 마무리한다.

피니스테르 Finistère

코트리아드 Cotriade

기원 : 어부들 몫으로 받은 생선인 카오테리아드(kaoteriad)에 바닷물을 넣고 냄비(kaoter)에 끓인 수프이다. 뱃사람들은 굳은 빵에 이 수프를 적셔 먹었다.

재료 : 노랑촉수, 유럽 메를루사, 붕장어, 고등어, 성대, 홍합 등을 향신 재료와 채소를 풍부하게 넣은 생선 육수에 익힌다. 접시에 빵을 깐 다음 국물을 부어 서빙한다. 생선과 감자에 허브를 넣은 비네그레트 소스를 뿌려 먹는다. 콩카르노(Concarneau)의 코트리아드는 정어리만을 사용한다.

생 나제르 Saint-Nazaire

고다이 Godaille

기원 : 낚시 조업 후 어부들 몫으로 주는 허드렛 생선들을 지칭한다.

재료 : 갑오징어, 성대, 가오리, 그리고 필수로 들어가는 고등어를 감자, 양파를 넣고 끓인 국물에 익힌다. 허브 비네그레트 소스를 곁들인다. 마무리한다.

방데, 샤랑트 마리팀 Vendée et Charente-Maritime

쇼드레 chaudrée, 쇼디에르 chaudière

기원 : 사투리로 '냄비'를 뜻한다. 이 요리는 다양한 응용 레시피가 있으며 갑오징어 살과 마늘로 만드는 푸라스(Fouras)의 쇼드레가 특히 유명하다.

재료 : 새끼 물고기(가오리, 숭어, 장어 등)를 육수에 넣고 끓이며 넛멕과 섞은 버터를 넣어준다.

생 장 드 뤼즈 Saint-Jean-de-Luz

토로 Ttoro

기원 : 바다에서의 혹독한 시간을 보내는 동안 어부들은 그물망으로 낚시한 생선에 감자를 갈아 넣어 먹으며 '호사를' 누렸다.

재료 : 성대, 유럽 메를루사, 스캄피 등을 따로 익힌 뒤 에스플레트 고춧가루(여기에서 투우장의 황소처럼 강한 '토로(Ttoro)'라는 이름이 유래했다)를 넣은 생선 육수를 끼얹어준다.

카탈로뉴 Catalogne

수케트 드 페슈 Suquet de peix

기원 : 카탈루냐어로 '생선 즙(jus de poisson)'을 뜻한다. 낚시에서 돌아온 뒤 잡어와 감자를 넣고 뭉근히 끓여 만든 수프이다.

재료 : 홍어, 대합, 흰살생선, 왕새우 등을 피망, 감자, 피카다(picada 아몬드, 빵, 사프란을 갈아 만든 페스토의 일종)를 넣은 생선 육수에 익힌다.

세트에서 마르세유까지 De Sète à Marseille

부리드 Bourride

기원 : 프로방스어 '불리도(boulido, 끓인 국물 요리)'에서 온 이름으로 아마 이 지역에서 가장 오래된 레시피일 것이다. 향신료나 채소가 잘 알려지지 않았던 당시에는 이러한 부재료가 들어가지 않았다.

재료 : 흰살생선만 사용한다. 국물에 아이올리와 달걀을 넣어 농도를 더해준다.

마르세유 Marseille

부야베스 Bouillabaisse

기원 : 2,600년 전 포세아에 항해사들에 의해 들어온 요리로 당시에는 물과 생선뿐 다른 재료는 아무것도 넣지 않았다. 프로방스어 '부이-아베소(boui-abaisso '끓으면 불을 줄여라'라는 뜻)'에서 유래한 이름이다.

재료 : 연안에서 잡히는 작은 물고기(쏨뱅이, 놀래디 등)로 수프 베이스를 만들고 살이 연한 생선(농어, 명태 등) 건더기를 수프와 함께 서빙한다. 올리브오일에 마늘과 고춧가루를 넣고 포마드 상태가 되도록 휘저어 섞은 루이유(rouille) 소스를 곁들인다.

니스 Nice

수포 드 푸티노 아 라 니사르토 Soupo de poutino à la nissarto

기원 : 정어리와 안초비 치어인 푸틴(poutine) 낚시는 니스 연안에서 수 세기 전부터 그물을 이용해 이루어졌다. 18세기부터 주목을 받아온 이 치어 어획은 1월부터 3월까지 허용된다.

재료 : 정어리와 안초비 치어, 채소 육수. 경우에 따라 수프용 가는 국수(버미셀리)를 넣기도 한다.

코르시카 Corse

아지미뉘 Aziminu, 위지미뉘 U ziminu

기원 : 작은 생선을 끓여 만든 수프에 감자와 굳은 빵을 넣어 먹는다.

재료 : 부야베스와 같은 방식으로 만들며 사용하는 생선도 같다. 국물에 파스티스(pastis)를 뚜껑으로 하나 분량 넣어 향을 낸다. 마찬가지로 굳은 빵을 곁들여 먹는다.

프랑스령 앙티유 Antilles

블라프 Blaff

기원 : 향신료를 넣은 쿠르부이용(court-bouillon)을 지칭한다. 옛날에는 예망을 끌어 잡아 올린 생선으로 즉석에서 만들었다.

재료 : 적돔, 참치 등 아주 싱싱한 각종 생선에 레몬즙을 뿌린 뒤 라임, 올스파이스, 고추를 넣은 국물에 익힌다. 쌀밥과 바나나를 곁들여 먹는다. 생선이 좀 덜 싱싱한 경우에는 라임즙에 미리 재워두었다 사용한다.

야생토끼 루아얄

'리에브르 아 라 루아얄 (lièvre à la royale)'은 프랑스 미식의 자랑거리 중 하나이다. 살살 녹는 야생토끼 살과 윤기나는 갈색의 진득한 소스, 진한 풍미를 자랑하는 이 중세 바로크 시대의 요리는 열렬한 애호가 층을 갖고 있을 뿐 아니라 취향에 따라 여러 파로 나뉜다. 마음에 드는 쪽을 골라보자.

발랑틴 우다르

레시피

쥘리엥 뒤마(카렘 레시피 옹호파) *Julien Dumas*

준비 : 1시간
휴지 : 8시간
조리 : 12시간
10~12인분

야생토끼(3kg) 1마리(분할해 자른 다음 뼈 제거. 몸통 뼈와 자투리는 따로 보관)
코냑 50ml

스터핑
빵 속살 150g
우유
양파 1개
버터 10g
돼지 항정살 200g
돼지 안심 200g
야생토끼 다리 살 200g
송로버섯 슬라이스 100g
깍둑 썬 푸아그라 200g
야생토끼 염통, 허파, 간
이탈리안 파슬리 2단
세이보리(기호에 따라 선택)
카트르에피스 1티스푼
오리 푸아그라 덩어리 2쪽
약 1.2kg
깎아 다듬은 송로버섯 300g

마리네이드 양념
양파 2개
당근 2개
회색 샬롯 2개
셀러리 1줄기
마늘 2톨
레드와인(Languedoc) 2리터
아르마냑 500ml

소스
고수 씨 2테이블스푼
주니퍼베리 2테이블스푼
레몬 제스트 1개분
오렌지 제스트 1개분
설탕

곁들임
탈리아텔레 생면 600g
버터

토끼 준비하기
토끼의 머리를 자르지 않은 상태로 가죽을 벗긴다. 배 쪽을 잘라 입구를 낸 뒤 병을 집어넣어 피를 받아낸다. 허리 부분의 뼈를 하나하나 제거한다. 등쪽 껍질을 뚫지 않도록 주의한다. 이 뼈는 따로 보관한다. 토끼의 몸 안쪽에 코냑을 붓고 문질러 바른다. 소금을 아주 조금만 뿌린다. 후추를 뿌린 뒤 냉장고에 보관한다.

스터핑 만들기
빵의 속살을 뜯어 볼에 넣고 우유를 잠기도록 부어 적신다. 양파의 껍질을 벗겨 다진 뒤 버터 10g을 녹인 작은 팬에 넣고 투명하게 5분간 볶는다. 돼지 항정살, 돼지 안심, 토끼 다리 살, 송로버섯 슬라이스, 깍둑 썬 푸아그라, 토끼 염통, 허파, 간을 분쇄하여 섞는다. 우유에 적신 빵을 손으로 꼭 짠 다음 혼합물에 넣는다. 여기에 볶은 양파, 다진 이탈리안 파슬리와 세이보리, 카트르에피스, 토끼 피 1테이블스푼, 소금, 후추를 넣고 잘 섞어준다. 냉장고에 보관한다. 뜨거운 물에 칼날을 담갔다 뺀 다음 푸아그라 덩어리를 길게 갈라 연다. 핏줄을 꼼꼼히 제거한다.

토끼에 소 채워 넣기
토끼 등이 아래로 오도록 놓고 가슴에서 넓적다리 쪽으로 스터핑 혼합물을 넣어준다. 푸아그라 덩어리 한 쪽을 길게 놓고 송로버섯을 일렬로 나란히 놓는다. 그 위에 나머지 푸아그라 한 쪽을 얹고 소 혼합물로 덮어준다. 가른 배를 중앙으로 모아 여민 뒤 주방용 실로 단단히 꿰매 봉한다. 넓적다리 쪽에서 시작하여 꼼꼼히 감침질한다. 발은 토끼의 아랫부분 앞 뒤로 넣어준다. 이 상태로 고정시킨 뒤 실로 묶어준다.

토끼 마리네이드하기
양파, 당근, 셀러리, 샬롯의 껍질을 벗긴 뒤 주사위 모양으로 썬다. 마늘의 껍질을 벗기고 반으로 길게 갈라 싹을 제거한 다음 작은 거즈로 싼다. 팬에 기름을 두르고 양파, 샬롯을 색이 나지 않게 볶은 뒤 셀러리, 당근을 넣고 함께 볶는다. 레드와인과 아르마냑을 붓고 거즈로 싼 마늘을 넣은 뒤 끓을 때까지 가열한다. 불을 붙여 5분간 플랑베한다. 불꽃이 꺼지면 불에서 내려 식힌다. 여기에 토끼를 넣고 냉장고에서 8시간 동안 재운다. 토끼를 건진 뒤 차가운 마리네이드 액을 발라준다. 180°C 오븐에 넣어 12시간 동안 익힌다. 식힌다.

소스 만들기
몸통뼈를 압착해 즙을 짜낸다. 이것을 토끼를 익히고 남은 육즙과 섞은 뒤 약간 걸쭉한 농도가 되도록 졸인다. 다른 냄비에 설탕 2테이블스푼을 넣고 가열해 캐러멜을 만든다. 갈색이 나기 시작하면 고수 씨와 주니퍼베리, 레몬과 오렌지 제스트를 넣어준다. 걸쭉히 졸인 소스를 캐러멜에 넣어 디글레이즈한 다음 토끼 피 2테이블스푼을 넣어준다. 끓지 않도록 주의하며 걸쭉해질 때까지 뜨겁게 데운다.

가니시 만들기
탈리아텔레(tagliatelles) 생 파스타를 끓는 물에 2~3분 삶아 건진 뒤 버터 한 조각을 넣어 서빙한다.
쥘리엥 뒤마 셰프는 넓적한 면처럼 자른 셀러리악을 끓는 물에 몇 분간 삶아 곁들임으로 서빙한다.

À la royale ?

아 라 루아얄. 이 명칭은 어디에서 온 것일까? 이에 대한 가설은 여러 가지가 있으며 그들 중 몇몇은 논쟁의 대상이 되기도 한다. 일부 사람들은 루이 14세가 나이가 들어가면서 점점 치아가 빠져 음식을 스푼으로 떠먹을 수밖에 없었다고 주장한다. 그래서 왕실 요리사들은 왕이 쉽게 먹을 수 있도록 아주 연하고 촉촉한 이 요리를 만들어냈다고 한다. 또 어떤 이들은 토끼 귀가 익으면 왕관과 같은 모양이 되기 때문에 이 레시피에 '루아얄(royal)'이라는 형용사가 붙었다고 주장한다. 그 외에도 이 레시피는 왕관을 연상케 하는 형태로 플레이팅한 토끼 요리 '리에브르 앙 카브살(lièvre en cabessal)'의 현대식 버전이라는 설도 있다.

레시피 대결

아리스티드 쿠토 Aristide Couteaux

저널리스트이자 비엔(Vienne) 지방의 상원의원으로 '자키유(Jacquillou)' 라는 예명으로 불렸다 (1835-1906).

지리적 기원 : 푸아투 Poitou
레시피 : 콩포트처럼 푹 익힌 마늘과 샬롯을 넣고 토끼를 통째로 익힌 뒤 살을 가늘게 찢는다(원조 레시피에는 샬롯 60개, 마늘 40톨, 샹베르탱 와인 2병이 들어간다).
맛보기 : 고기가 익으면서 분해되고 거의 흐물흐물해질 정도로 연해져 스푼으로 떠먹을 수 있을 정도이다, 뜨거운 리예트(rillettes)라고 생각해도 될 정도다.
옹호자 : 조엘 로뷔숑(Joël Robuchon), 폴 보퀴즈(Paul Bocuse, l'Auberge du Pont de Collonges), 알랭 페구레(Alain Pégouret, Restaurant Laurent), 파스칼 바르보(Pascal Barbot, l'Astrance), 파트릭 타네지(Patrick Tanésy, chez Tanésy).

앙토냉 카렘 Antonin Carême

요리사, 파티시에. '왕들의 요리사, 요리사들의 왕'으로 불린다 (1784-1833).

지리적 기원 : 페리고르 Périgord
레시피 : 토끼의 뼈를 제거한 뒤 푸아그라와 검은 생 송로버섯을 포함한 소를 채워 넣고 다시 모양을 만들어 봉해 익힌다.
맛보기 : 도톰한 두께로 슬라이스해 서빙한다. 플레이팅 모양이 특별하며 국물이 자작한 스튜의 일종인 도브(daube)와 시베(civet)의 특징을 동시에 갖고 있다.
옹호자 : 오귀스트 에스코피에(Auguste Escoffier), 에릭 프레숑(Eric Fréchon, Le Bristol), 알랭 상드렝스와 쥘리엥 뒤마(Alain Senderens, Julien Dumas, Lucas Carton), 로돌프 파캥(Rodolphe Paquin), 베르트랑 게네롱(Bertrand Guénéron, le Bascou).

미식의 기념비라 할 수 있는 이 요리는 미식가들의 진정한 논쟁을 불러일으키는 프랑스 요리 유산의 귀한 레시피 중 하나이다.

상추와 치커리

이 두 종류의 텃밭 채소는 '샐러드'라는 단어와 거의 혼동될 정도로 우리 식탁에서 빼놓을 수 없는 것이다.
달콤한 맛의 양상추, 쌉싸름한 맛의 치커리, 이 잎채소들을 한 켜 한 켜 음미해보자.

자비에 마티아스

상추와 치커리 계보도

과	속	종	아종	일반 명칭	유형	품종
Astéracées 국화과	Lactuca 왕고들빼기속	sativa 상추	capitata 양상추	Laitue pommée 결구양상추	Batavia 바타비아	그르노블 레드 바타비아 Rouge grenobloise, 피에르 베니트 바타비아 de Pierre bénite 등... 
					Beurre 버터헤드	렌 드 메 Reine de Mai, 메르베이 데 카트르 세종 Merveilles des 4 saisons 등... 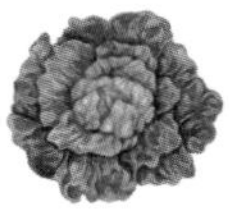
			crispa 잎 상추	Laitue à couper 잎 상추		그린 오크리프 Feuille de chêne verte, 레드 오크리프 Feuille de chêne rouge, 오레이유 뒤 디아블 Oreilles du diable, 블롱드 마레셰르 Blonde maraîchère 등... 
			longifolia 배추 상추	Laitue romaine 로메인 상추	Grasse 잎이 두꺼운 상추	쉬크린 Sucrine, 크라크렐 뒤 미디 Craquerelle du midi 등... 
			angustana 줄기 상추	Laitue asperge 줄기 상추		셀터스 Celtuce
	Cichorium 치커리속	intybus 치커리		Chicorée sauvage 야생 치커리		팽 드 쉬크르 Pain de sucre, 엔다이브 Witloof, 라디키오 Rouge de Vérone 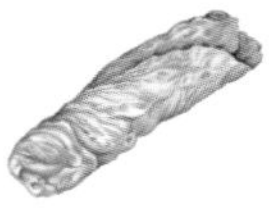
		endivia 엔다이브	crispum 곱슬 치커리	Chicorée frisée 곱슬 치커리		핀 드 루비에 Fine de Louviers, etc. 
			latifolium 에스카롤	Chicorée scarole 에스카롤 치커리		코르네 당주 Cornet d'Anjou, 코르네 드 보르도 Cornet de Bordeaux 등... 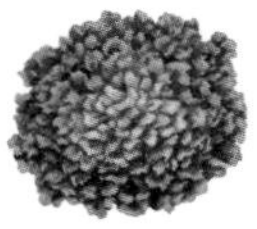

"맛이 밋밋한 초본식물로 악명이 높은 엔다이브는 무언가 두드러지고 싶어 하는 사람에게는 적과 다름없다. 미적지근한 열정, 품었다가도 금방 사그러드는 꿈, 심지어 자전거용 집게와 같이 개성을 억누른다."

피에르 데프로주 Pierre Desproges 『상류층과 풍요로운 자산의 사용에 관한 자세한 사전(*Dictionnaire superflu à l'usage de l'élite et des biens nantis*)』 éd. Seuil 출판.

관련 내용으로 건너뛰기
p.104 샐러드 이야기

치커리와 상추

치커리는 모두 약간의 쓴맛을 갖고 있고 상추는 달콤한 맛이 난다. 전자는 나름 선방하는 듯하지만 그래도 미식가들의 입맛에 대항하기에는 역부족인 반면 후자는 문자 그대로 입안에서 살살 녹는다. 이 둘 중 사람들이 더 선호하는 것은 무엇일까? 당연히 상추다. 하지만 치커리에 약간의 단맛을 더하려는 시도들이 행해지고 있다. 심지어 식탁에 오르기 전 며칠간 하얗게 만드는 방법을 사용하기도 한다. 불투명한 커버를 씌워 빛을 차단하기도 하고 혹은 일체의 광합성 작용을 막기 위해 잎들끼리 말아 접어놓는 경우도 있다. 이렇게 하면 녹색을 상실하게 되면서 확연하게 단맛이

생겨난다. 물론 이것이 치커리임을 상기시켜줄 정도의 은은한 쓴맛은 살짝 남아 있다.

앙주(Anjou)식 곱슬 치커리 감자 샐러드 여러 재료가 고루 들어가 한 끼 식사로 손색이 없는 겨울철 요리로 만드는 방법도 매우 간단하다. 살이 포실한 감자를 삶는다. 그동안 치커리를 씻어 준비한다. 팬에 약간의 베이컨을 바싹 볶는다. 양파 1개를 얇게 썬다. 익은 감자의 살을 포크로 대충 으깨 입자가 굵직한 퓌레를 만든 뒤 볶은 베이컨, 얇게 썬 생양파를 넣고 섞는다. 곱슬 치커리를 시드르(cidre) 식초 비네그레트로 살짝 드레싱한 뒤 접시에 깔고 그 위에 감자 샐러드를 얹어 서빙한다.

동물의 위장, 요리가 되다

프랑스의 미식가들은 언제나 돼지, 송아지, 소, 양의 위를 먹거리로 여겨왔다. 심지어 더 맛있게 만들기 위해 이것들을 말리고, 훈연할 뿐 아니라 속을 채워 넣기도 한다. 각 지방에서 특선 음식으로 내세우는 위장 요리들을 살펴보자.

발랑틴 우다르

마오쇼 또는 마우슈
Maocho ou maouche

동물 : 돼지
지역 : 아르데슈(Ardèche)
재료 : 사보이양배추, 소시지용 돼지 분쇄육, 돼지 삼겹살, 비계, 양파, 샬롯, 사과, 건자두로 만든 소를 돼지 위 안에 꼭꼭 채워 넣은 뒤 실로 꼼꼼히 꿰매어 봉한다. 행주로 감싼 뒤 아주 약하게 끓는 물에 넣어 최소 4시간 동안 익힌다.
응용 레시피 : 푸이트롤(Pouytrolle)은 양배추와 건자두 대신 근대나 시금치 잎을 넣어 만든다.
스터핑 비율 : 5/5. 일품요리로 손색이 없다. 입안에서 단맛과 짭짤한 맛이 어우러지며 균형을 이룬다.

게필테르사우마베
Gefilltersäumawe

동물 : 돼지, 송아지, 양
지역 : 알자스(Alsace)
재료 : 돼지 목살, 항정살, 양파, 달걀, 파슬리, 마조람, 돼지 기름, 넛멕, 당근, 리크, 양배추, 감자로 만든 소를 위 안에 채워 넣는다.
응용 레시피 : 알자스 지역에 정착한 유대인들이 각종 채소와 다진 양파, 파슬리, 무발효 빵, 생강을 넣어 만드는 이 요리는 꼭 먹어보아야 하는 특산품이다.
스터핑 비율 : 5/5. 먹으면 속이 든든해지는 요리로 향과 간이 강한 편이다.

앙두이유 베아르네즈
Andouille béarnaise

동물 : 돼지
지역 : 베아른(Béarn)
재료 : 돼지 위 막의 기름을 제거하고 간을 한 다음 몇 달 동안 전통적으로 곳간에서 말린다. 이것은 이듬해 돼지 도살 시즌에 사용된다.
스터핑 비율 : 3/5. 미식 평론가 퀴르농스키가 '놀랍고도 거대하다'고 묘사했던 이 앙두이유는 아주 특별한 것으로 돼지 한 마리에서 단 한 개만이 만들어진다.

삭 도
Sac d'os

동물 : 돼지, 송아지, 양
지역 : 로제르(Lozère)
재료 : 최대한 낭비를 막기 위해 농부들은 돼지의 갈비뼈, 갈빗살, 척추, 견갑골, 흉골 등을 모두 버리지 않고 두었다가 돼지껍데기, 귀, 꼬리와 섞어 마늘, 타임, 월계수 잎을 넣고 양념한다. 이것을 위 주머니에 채워 넣고 소금에 저장한 뒤 말린다. 때로 유명한 내장 스튜(potée)에 넣기도 한다.
응용 레시피 : 아베롱(Aveyron)의 파스트르(pastre), 캉탈(Cantal) 지방의 루 샤도슈(lou schadoche).
스터핑 비율 : 3/5. 오로지 뼈와 돼지껍데기로만 이루어진다.

강되이요
Gandeuillot

동물 : 돼지, 송아지, 양
지역 : 프랑슈 콩테(Franche-Comté)
재료 : 소시지와 앙두이예트의 중간 형태라고 할 수 있다. 돼지의 대창에 살코기와 내장 부속을 채워 넣고 키르슈(kirsch)를 뿌린 뒤 장작불에 훈연한다. '강(Gant 프랑스어로 '장갑'이라는 뜻)'이라는 단어가 붙은 것은 아마도 이 굵은 창자의 모습이 벙어리장갑과 비슷한 데서 온 듯하고, '되이유(deuille)'는 돼지 창자를 씻던 연못의 돌 모양에서 따온 것으로 보인다. 앙두이유(andouille) 또한 어원이 같다.
스터핑 비율 : 3/5. 겨울철 따뜻한 불가에 앉아 나누는 파티 모임에 아주 잘 어울리는 음식이다.

마눌
Manouls

동물 : 어린 양
지역 : 로제르(Lozère)
재료 : 성숙한 양의 부속, 창자, 위막, 송아지 위막, 염장 돼지 삼겹살을 어린 양의 위에 채워 넣는다. 이것을 무쇠냄비에 넣고 정향을 꽂은 양파, 당근, 뒷다리 햄의 뼈, 화이트와인, 부케가르니를 첨가한 다음 뭉근하게 7시간 동안 익힌다.
응용 레시피 : 미요(Millau)의 트르넬(trenèls), 제르자(Gerzat)의 팡세트(pansette).
스터핑 비율 : 5/5. 아침 식사에 크루아상만을 고집하는 사람들은 로제르에서 모험에 도전하기 힘들다. 왜냐하면 이곳에서는 아침 식사로 커피에 마늘을 곁들여 먹기 때문이다.

팔레트
Falette

동물 : 어린 양
지역 : 아베롱(Aveyron)
재료 : 팔레트는 어린 양(agneau)의 위 안에 소시지용 돼지 분쇄육, 작게 깍둑 썬 햄, 송아지 살코기, 근대 잎, 파슬리, 양파, 달걀, 우유에 적신 빵 속살로 만든 소를 채워 넣은 음식이다.
스터핑 비율 : 4/5. 주머니 형태로 익힌 이 요리는 매우 부드러운 식감을 지니고 있으며 고기와 채소의 비율이 적당히 균형을 이루고 있다.

루 페슈 또는 브라스 페슈
Lou Piech ou Brasse Piech

동물 : 송아지
지역 : 알프 마리팀(Alpes-Maritimes), 니스(Nice), 망통(Menton) 지역.
재료 : 송아지 삼겹살의 뼈와 기름을 제거한 뒤 넓적하게 펴서 근대, 쌀, 달걀, 파르메산 치즈, 마늘, 다진 파슬리로 만든 소를 펼쳐 넣는다. 그 위에 삶은 달걀 2개를 나란히 배열해 잘랐을 때 단면이 보이도록 한다. 꼼꼼히 말아 봉한 다음 약하게 끓는 물에 넣고 1시간 동안 익힌다. 반 정도 익었을 때 당근, 리크, 감자, 셀러리를 넣어준다.
스터핑 비율 : 4/5. 이것은 식은 뒤 먹어야 입안에서 고기, 근대, 쌀의 풍미를 더욱 풍부하게 느낄 수 있다.

트리푸
Tripoux

동물 : 송아지, 어린 양
지역 : 캉탈(Cantal), 아베롱(Aveyron)
재료 : 양의 위막을 사방 15cm 정사각형으로 자른 뒤 3면을 꿰매 주머니처럼 만든다. 여기에 작게 깍둑 썬 송아지 위막과 창자, 잘게 다진 돼지비계와 햄, 마늘, 파슬리를 채워 넣는다. 나머지 한 면을 완전히 봉한다. 코코트 냄비에 돼지껍데기를 깐 다음 껍질 벗긴 당근, 양파, 송아지 족과 함께 트리푸 주머니를 넣고 화이트와인과 채소 육수를 부어준다. 냄비 뚜껑을 덮고 밀가루 반죽으로 가장자리를 빙 둘러 붙여 밀봉한 다음 6시간 동안 익힌다.
스터핑 비율 : 4/5. 오베르뉴 지방의 요리 중 빼놓을 수 없는 별미인 이것을 아직 못 먹어보았다면 캉탈(Cantal)의 티에작 앙 카를라데스(Thiézac-en-Carladès)로 가보자. 이 마을에서는 매해 '원 투 트리푸(One, Two, Tripoux)' 페스티발이 열린다.

위 방트뤼
U Ventru

동물 : 돼지
지역 : 코르시카(Corse)
재료 : 돼지 위 안에 다진 생 양파, 민트 잎, 양배추, 근대 잎, 파슬리, 돼지 기름, 돼지 피로 만든 소를 채운 다음 크기에 따라 4~8시간 동안 익힌다. 슬라이스해서 숯불에 구워 먹는다. 감자를 곁들인다.
스터핑 비율 : 4/5. 이 요리는 재료가 아주 실하고 향이 좋다.

레 프티 방트르
Les petits ventres

동물 : 어린 양
지역 : 리모주(Limoges)
재료 : 크기가 작은 어린 양의 위 안에 허브 향 양 육수에 1시간 재워 두었던 양 족을 채워 넣은 요리다. 양 족을 익힌 뒤 당근 2개와 파슬리를 넣고 양의 위 막으로 싼다. 잘 알려지지 않은 이 전통 레시피의 영향을 받아 프레리(la Frairie)에서 프티 방트르(les Petits Ventres)가 탄생했다. 매년 10월 세 번째 금요일이 되면 이 지역의 대표적인 내장, 부속 요리 축제가 열린다.
스터핑 비율 : 3/5. 위 안에 족을 채운 이 요리는 값으로 따질 수 없을 만큼 귀하다.

참고문헌 : 『프랑스 음식 유산 목록, 오베르뉴(*L'Inventaire du patrimoine culinaire de la France, Auvergne*)』, Albin Michel 출판, 2011, 『아르데슈의 향토 요리(*La Cuisine paysanne d'Ardèche*)』, Sylvette Béraud-Williams 지음, La Fontaine de Siloë 출판, 2004.

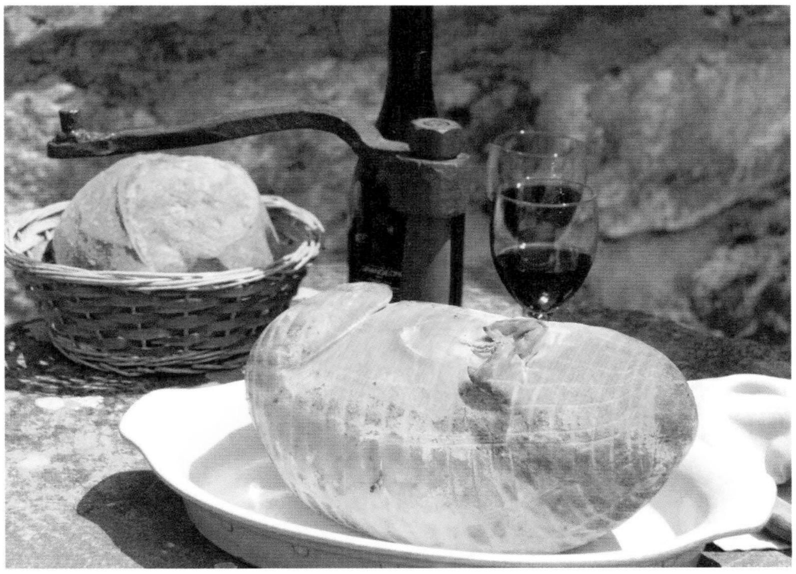

3
위장 요리 맛집 3곳

→ 부슈리 파랑
Boucherie Paran,
20, Grand-Rue, Saint-Alban-sur-Limagnole (Lozère), 04 66 31 50 30. 이 정육점에서는 직접 만든 '삭 도(sac d'os)'를 꾸준히 판매하고 있다.

→ 샤퀴트리 수숑
Charcuterie Souchon,
나스비날(Nasbinals) 소재. 로제르(Lozère) 지방까지 직접 가지 않아도 이 상점에서 만드는 병 포장 '삭 도(sacs d'os)' 제품을 온라인으로 구매할 수 있다.
www.charcuteriedelaubrac.com

→ 오베르주 샤네악
Auberge Chanéac,
Les Sagnes, Sagnes-et-Goudoulet (Ardèche), 04 75 38 80 88. 마오쇼(maocho) 애호가들에게는 샤네악(Chanéac) 패밀리가 여러 세대에 걸쳐 전통 레시피를 잇고 있는 이곳을 추천한다. 가족이 경영하는 이 작은 여관 겸 식당은 이 지역 특선 음식인 '속을 채운 돼지 위 요리'의 명소가 되었다.

— 마오쇼 LA 'MAOCHO' —
장 프랑수아 샤네악
*Jean-François Chanéac**

준비 : 20분
조리 : 3시간
6인분

돼지 위 1개(씻어서 기름을 제거하고 안쪽의 막을 떼어낸다)
사보이양배추 2kg
소시지용 돼지 분쇄육 600g
돼지비계 250g
생 돼지 삼겹살 400g(깍둑 썬다)
양파 큰 것 3개
마늘 3톨
건 자두 300g

양배추, 마늘, 양파를 잘게 다진 뒤 돼지 분쇄육, 돼지비계, 굵직하게 썬 생 삼겹살을 넣고 섞는다. 돼지 위에 이 소를 채운 뒤 입구를 주방용 실로 꿰맨다. 이것을 면포에 싸거나 면 주머니에 넣고 잘 밀봉한다. 따뜻한 물에 완전히 잠기도록 넣고 가열해 끓기 바로 전 상태를 유지하며 3시간 동안 조심스럽게 익힌다. 물이 절대 끓지 않도록 주의한다. 삶은 감자를 곁들여 서빙한다.

* '오베르주 샤네악(Auberge Chanéac)'의 셰프. Sagnes-et-Goudoulet (Ardèche)

메이드 인 프랑스

집에 있는 무쇠 냄비를 뒤집어보거나 칼을 유심히 살펴보자. 또는 그라인더의 설명서를 자세히 읽어보며 프랑스 제품이라는 표시(Fait en France)가 있는지 확인해보자. 프랑스는 조리도구 및 주방용품 제조 분야에서 매우 우수한 입지를 차지하고 있다.

바티스트 피에게

라클렛 메이커
APPAREIL À RACLETTE
브롱 쿠크 Bron-Coucke, Orcier - Haute-Savoie - since 1975

바비큐 그릴
BARBECUE
인빅타 Invicta, Ardennes - since 1924

잼 전용 냄비
BASSINE À CONFITURE
아틀리에 뒤 퀴브르 Atelier du cuivre, Villedieu-les-Poêles Manche - since 1985

소스팬
CASSEROLES
시트람 Sitram, Saint Benoît du Sault Indre, since 1960
오베크 Aubecq, Auxi le Château Pas-de-Calais, since 1917

무쇠 코코트 냄비
COCOTTE
르 크뢰제 Le Creuset, Fresnoy-Le-Grand - Aisne, since 1925

크레프 팬
CRÊPIÈRE
에마이유리 노르망드 Émaillerie Normande, Thury-Harcourt - Calvados, since 1909

아스파라거스 전용 냄비
CUIT-ASPERGES
보말뤼 Baumalu, Baldenheim - Bas-Rhin, since 1971

오븐용 팬, 냄비
FAITOUT
모비엘 Mauviel, Villedieu-les-Poêles - Manche, since 1830

튀김기 FRITEUSE
세브 Seb, Is-sur-Tille - Côte d'or / Tournus - Saône-et-Loire / Lourdes - Hautes-Pyrénées / Mayenne - Mayenne / Vernon - Eure / Saint-Jean de Bournay - Isère 등 총 9곳에서 생산. 1857년 양철 제품 제작소 창업, 1944년 창업주의 손자가 SEB 브랜드 설립.

와플 팬 GAUFRIER
크랑푸즈 Krampouz, Finistère - since 1949

그릴 팬 GRIL
스타우브 Staub, Turckheim - Haut-Rhin / Merville - Nord - since 1974(2008년 독일 Zwilling 그룹이 인수)

만돌린 슬라이서
MANDOLINE
드 뷔예 De Buyer, Val d'Ajol - Vosges, since 1830

브리오슈 틀
MOULE À BRIOCHE
로벨 Gobel, Joué-lès-Tours - Indre-et-Loire, since 1887

채소 그라인더, 푸드밀
MOULIN À LÉGUMES
텔리에 Tellier, Argenteuil - Val d'Oise, since 1947

베이킹 틀 또는 팬
MOULE À PAIN
에밀 앙리 Émile Henry, Marcigny Saône-et-Loire, since 1850

후추 그라인더, 페퍼 밀
MOULIN À POIVRE
마를뤽스 Marlux, Montreuil - Seine-Saint-Denis, since 1875
푸조 Peugeot, Quingey - Doubs - since 1840

채소용 망 바구니
PANIER À SALADE
콩브리숑 Combrichon, Trévoux – Ain since 1945

레인지 조리대
PIANO DE CUISSON
라 코르뉘 La Cornue, Saint-Ouen - Val d'Oise, since 1908
라캉슈 Lacanche - Côte-d'Or, since 1982

전기 철판 그릴
PLANCHA
에노 Eno, Deux-Sèvres, since 1909

오븐용 로스팅 팬
PLAQUE À RÔTIR
마트페르 부르자 Matfer Bourgeat, Longny au Perche - Orne, since 1814

타진용 토기 냄비
PLAT À TAJINE
아폴리아 Appolia, Languidic - Morbihan, since 1930

프라이팬 POÊLE
테팔 Tefal: Rumilly - Haute-Savoie, since 1956 (1968년 SEB 그룹이 인수)
크라퐁 Crafond: Haut-Rhin, since 1948

주방용 도기
POTERIE CULINAIRE
나튀르 위틸 Nature Utile, Sigoyer - Hautes-Alpes – since 2003

푸드 프로세서
ROBOT CUISEUR
물리넥스 Moulinex, Mayenne - Mayenne / Saint-Lô - Manche - since 1937 (2001년 SEB 그룹이 인수)

롤러 그릴
ROLLER GRILL
르 마르키에 Le Marquier: Saint-Martin-de-Seignanx - Landes, since 1971 - Eure-et-Loir - since 1947

수프 서빙 용기
SOUPIÈRE
르볼 Revol, Saint-Uze - Drôme, since 1789

소테팬 SAUTEUSE
크리스텔 Cristel, (기업 청산 후 직원들에 의해 인수되기 이전 명칭은 Japy) – Fesches le Chatel - Doubs, since 1983

관련 내용으로 건너뛰기
p.194 프랑스 각 지방의 나이프

토마토

채소 중의 왕으로 꼽히는 열매로 '사랑의 사과(pomme d'amour)'라고도 불리는 토마토는
수많은 장점으로 사랑을 받고 있다. 이는 이탈리아에만 국한된 것이 아니다...
마리엘 고드리

주요 연대로 본 토마토의 간략한 역사

페루 안데스 산맥 지역에서 12세기부터 자생하던 토마토는 멕시코에서 재배하기 시작하면서 널리 퍼지게 되었다.
1521 : 에르난 코르테스(Hernán Cortés)는 멕시코에서 토마토를 발견한다. 이후 토마토는 스페인(1523), 이어서 이탈리아(1544)에 도입되었다.
1600 : 아르데슈에 위치한 자신의 영지 프라델(Pradel)에서 채소를 재배하던 농학자 올리비에 드 세르(Olivier de Serres)는 토마토를 관상용 식물군으로 분류한다. 이탈리아인들에 의해 전해진 토마토가 프로방스 요리에 널리 쓰이게 된 것은 18세기 중반에 이르러서이다.
1790 : 프랑스 대혁명 1주년을 맞이하여 파리에서 개최된 축제(fête de la Fédération)에 참가하기 위해 수도로 올라온 프로방스 사람들은 그들이 방문한 모든 식당에서 토마토를 주문했다. 팔레 루아얄가의 남프랑스 레스토랑 두 곳 '프로방스 3형제(Les Trois Frères Provençaux)'와 '뵈프 아 라 모드(Bœuf à la Mode)'는 토마토 요리를 대중화하는 데 기여했다.

속을 채운 토마토 드니즈 솔리에 고드리

프로방스식 '폼 도르 파르시(pommes d'or farcies)' 레시피를 잇고 있는 이 토마토 요리는 가정에서도 쉽게 만들 수 있는 메뉴다.

준비 : 30분
조리 : 50분
6인분

둥근 모양의 토마토 6개
남은 고기(포토푀, 닭고기, 돼지고기 로스트 등) 600g
또는 소고기 400g + 돼지 목살 200g
바게트 빵 1/3개(또는 식빵 4장)
달걀 1개
우유 200ml
마늘 1톨
샬롯 1개
이탈리안 파슬리 6줄기
닭 육수 100ml
올리브오일 2테이블스푼
소금, 후추

오븐을 200°C로 예열한다. 토마토를 씻어서 물기를 닦고 윗부분을 뚜껑처럼 가로로 자른다. 멜론 볼러로 속을 파낸 뒤 따로 보관한다. 토마토 안에 소금을 뿌리고 유산지 위에 거꾸로 뒤집어 놓는다. 빵은 껍질을 잘라내고 속살만 작게 잘라 우유에 담가 적신다. 마늘과 샬롯의 껍질을 벗긴다, 파슬리를 씻어서 줄기 끝을 다듬는다. 빵을 꼭 짠 뒤 고기에 넣고 달걀, 샬롯, 파슬리와 함께 분쇄기로 간다. 소금, 후추로 간한다. 이 소를 토마토에 채워 넣고 잘라두었던 뚜껑을 덮는다. 오븐용 용기에 속 채운 토마토를 나란히 놓는다. 파두었던 토마토 속살을 잘게 썰어 주위에 고루 놓는다. 육수를 붓고 올리브오일을 뿌린다. 오븐에서 50분간 익힌다.

토마토 쿨리

단단한 완숙 토마토 3kg(500ml 짜리 병 3개분)
알아두세요 : 토마토의 껍질을 벗기지 말 것, 소금을 넣지 말 것.
보관 : 직사광선이 들지 않는 곳에서 최대 1년
간단한 레시피 : 토마토의 꼭지를 도려낸 다음 가로로 2등분한다. 두 개의 코코트 냄비에 한 켜로 깔아놓은 뒤 찬물을 잠기도록 붓고 불에 올린다. 5분간 팔팔 끓인 뒤 토마토를 건진다. 토마토를 건져 물기를 털어낸 뒤 푸드밀에 넣고 돌려 간다. 깨끗한 병에 채워 넣고 밀폐한 뒤 열탕소독 한다.

토마토 콩피

단단한 완숙 토마토 12개(토마토 콩피 24조각 분량)
알아두세요 : 토마토의 껍질을 벗긴다. 우선 꼭지 반대쪽에 십자로 살짝 칼집을 낸 다음 끓는 물에 넣어 10초간 데친다. 바로 얼음물에 담갔다 건진다. 꼭지를 제거한 뒤 칼로 껍질을 벗긴다.
보관 : 토마토를 세로로 반으로 자른 뒤 씨를 빼낸다. 오븐용 팬에 기름을 넉넉히 바른 뒤 토마토를 한 켜로 놓고 굵은 소금 2꼬집과 설탕(10g)을 고루 뿌린다. 마늘 6톨을 짓이겨 토마토 사이에 고루 뿌린다. 타임 잎을 고루 뿌린 뒤 올리브오일을 한 바퀴 둘러준다. 80°C 오븐에서 3시간 동안 익힌다. 중간에 2번 정도 뒤집어준다. 올리브오일과 함께 병입한 뒤 직사광선이 들지 않는 곳에서 1년간 보관이 가능하다.깨끗한 병에 채워 넣고 밀폐한 뒤 열탕소독 한다.

프랑스의 재래종 토마토

플라트 프레코스 드 샤토르나르 LA PLATE PRÉCOCE DE CHÂTEAURENARD: 윤기나는 붉은색을 띤 납작한 모양의 프로방스 품종으로 '루즈 그로스(rouge grosse)'라고도 불린다. 6월부터 익기 시작한다.
루아 윙베르 LA ROI-HUMBERT: 한 개가 30g 정도 되는 갸름한 모양의 작은 프로방스 토마토로 주로 소스를 만드는 데 사용했다.
마르망드 LA MARMANDE: 선명한 붉은색에 동그랗고 납작하며 세로로 얕은 골이 있는 이 품종은 1863년 로트에 가론(Lot-et-Garonne) 지방에 처음 등장했다. 마르망드 시에서는 매년 이 토마토 축제가 열린다. 이 토마토 품종은 라벨 인증 심사 절차를 진행 중이다.

"잘 익은 토마토 열매는 아름다운 붉은색을 띠며 과육이 연하고 가벼우며 즙이 풍부하다. 또한 육수나 기타 다양한 스튜 등에 넣고 익히면 새콤하고 상큼하며 맛이 아주 좋다. 그래서 스페인과 프랑스 남부 지방에서는 토마토를 아주 많이 먹는다. 이들 지방에서 토마토가 나쁜 결과를 초래한 경우는 한 번도 찾아볼 수 없었다."

『디드로와 알랑베르의 백과전서(*L'ENCYCLOPÉDIE DE DIDEROT ET D'ALEMBERT*)』, 초판, 1765

프로방스식 토마토 드니즈 솔리에 고드리

원래 프로방스 지방의 작은 마을에서는 하루 종일 가동되는 동네 빵집 오븐에서 토마토를 오랫동안 익히곤 했다. 이것의 현대식 레시피를 소개한다.

준비 :20분
조리 : 40분
4인분

둥근 모양의 토마토 6개
빵가루
마늘 2톨
파슬리 1/2단
설탕 1꼬집
올리브오일 50ml
소금, 후추

오븐을 180°C로 예열한다. 파슬리와 마늘을 다진다. 토마토를 가로로 잘라 오븐용 그라탱 용기에 나란히 붙여 한 켜로 깐다. 소금, 후추, 설탕을 뿌린다. 마늘과 함께 다진 파슬리를 고루 얹은 뒤 빵가루를 뿌린다. 올리브오일을 고루 빙 둘러 뿌린 다음 오븐에 넣어 윗면이 노릇해질 때까지 약 40분간 익힌다. 바로 서빙한다.
오븐에 넣고 '잊어버리는' 레시피 : 토마토를 더 푹 익히고 달콤한 맛을 최대한 끌어올리기 위해서는 20분 정도 더 익힌 다음 오븐을 끄고 맛이 충분히 농축될 때까지 '잊어버린다'. 아주 맛있는 토마토를 맛볼 수 있을 것이다.

토마토 소스 자클린 본치 JACQUELINE BONCI

토마토를 받아들인 땅, 코르시카! 이곳에서 가장 맛있는 토마토 소스는 텃밭에서 태양을 머금고 자란 토마토로 만든 바스티아 본치 할머니의 소스다. 파스타에 사용하면 최고다.

준비 : 30분
조리 : 1시간
큰 소스 냄비 한 개 분량

완숙 토마토 (marmande, cœur de bœuf 등의 품종) 2kg
흰 양파 3개
월계수 잎 2장
바질 4~5줄기
마늘 3톨
소금 넉넉히 1꼬집
설탕 넉넉히 1테이블스푼
올리브오일 1테이블스푼
네피타(nepita 꿀풀과에 속하는 코르시카의 허브) 1꼬집 (선택사항)

초벌 끓이기
바닥이 두꺼운 코코트 냄비에 물과 토마토, 얇게 썬 흰 양파 2개, 월계수 잎, 네피타, 소금, 설탕을 넣고 뚜껑을 연 채로 30분간 센 불에서 끓여 졸인다. 토마토의 붉은색이 남아 있어야 한다. 따뜻한 온도로 식힌다. 월계수 잎을 건져낸 다음 졸인 토마토와 양파를 푸드 밀에 돌려 갈아 퓌레를 만든다. 냄비에 남은 붉은색 토마토 국물은 따로 보관하였다가 마지막에 소스 농도가 너무 되면 희석하는 용도로 사용한다.

두 번째 끓이기
너무 많은 양의 퓌레를 한꺼번에 균일하게 끓이기 어려우므로 여러 번에 나누어 진행한다. 냄비에 올리브오일을 두르고 얇게 썬 흰 양파 1개를 넣어 살짝 노릇해지도록 약한 불로 볶는다. 준비한 토마토 퓌레의 1/4 분량을 조금씩 넣으며 센 불로 가열한다. 소금, 후추로 간한다. 마늘과 가늘게 썬 바질을 넣는다. 뚜껑을 덮고 불을 줄인 뒤 약 20~30분간 뭉근히 끓인다. 올리브오일이 붉은색 소스 표면으로 올라오면서 균일하게 덮이면 완성된 것이다.
이와 같은 방법으로 나머지 퓌레를 넣고 반복하여 소스를 끓인다.

토마토 타르트 드니즈 솔리에 고드리

1980년대에 (거의) 모든 어머니들은 이 여름철 타르트를 만들었을 것이다. 만들기 쉽고 누구나 성공할 수 있는 레시피를 소개한다.

준비 : 10분
조리 : 25분
6인분

원형 파트 브리제(pâte brisée) 1장
큰 토마토(cœur de bœuf 품종) 3개
달걀 1개
액상 생크림 150ml
디종 머스터드 넉넉히 1테이블스푼
가늘게 간 에멘탈 치즈 70g
소금, 후추

오븐을 180°C로 예열한다. 타르트 접시에 파트 브리제 시트를 깔고 붓으로 머스터드를 발라준다. 에멘탈 치즈 분량의 반을 고루 뿌린다. 토마토를 0.5cm 두께로 동그랗게 슬라이스한 다음 조금씩 겹쳐가며 시트 위에 빙 둘러 배열한다. 소금, 후추를 뿌린다. 볼에 달걀과 생크림을 넣고 섞은 뒤 소금, 후추를 조금 넣어 간한다. 이것을 타르트에 붓고 나머지 치즈를 뿌린다. 오븐에 넣어 25분간 굽는다. 루콜라 샐러드를 곁들여 따뜻한 온도로 서빙한다.

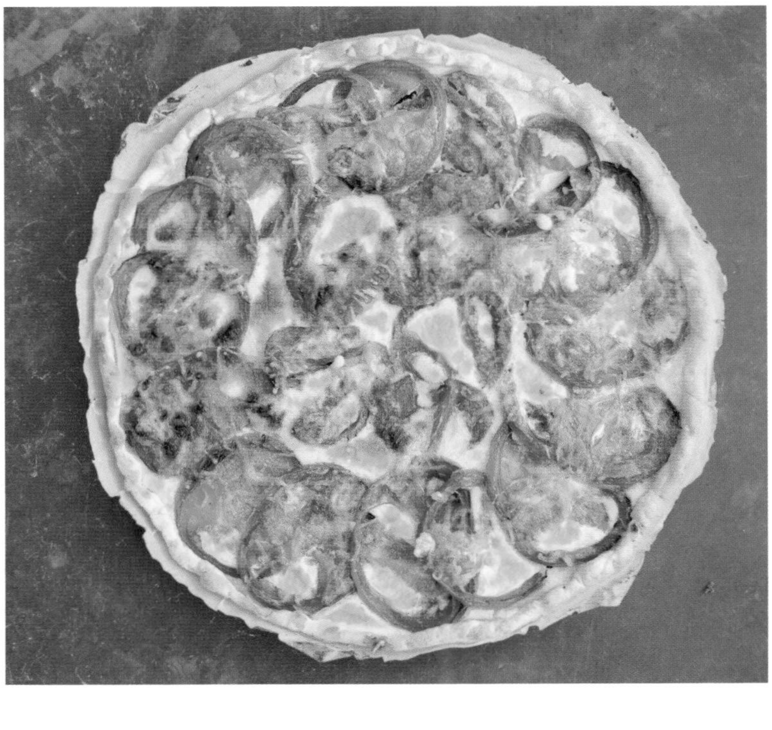

지방을 찾아서

북쪽 지방은 버터, 남쪽은 올리브오일을 쓴다고? 그렇게 단순히 구분 지을 수 있는 문제는 아니다. 지방은 때로 우리가 예상치 못했던 곳에 있기도 하다. 다양한 지방에 관해 자세히 정리해보자.

프레데릭 랄리 바랄리올리

농경시대(1960년대 이전)
- 버터가 지리적, 사회적으로 대세였다.
- 동물성 지방의 사용이 점점 확산되었다. 대부분의 농촌과 산악지대에서는 돼지 기름, 알자스와 남서부 지방에서는 오리와 거위 기름, 북부 지방에서는 소기름을 주로 사용했다.
- 식물성 기름이 존재했다. 남부 지중해 지방(북쪽으로 두(Doubs) 강 지역까지)에서는 올리브오일, 호두오일(앙주 Anjou, 페리고르 Périgord, 케르시 Quercy, 이제르 Isère) 등이 이미 있었고, 당시 매우 흔했지만 1950년대 말 사라져 지금은 거의 잊힌 너도밤나무 오일 등을 사용했다.
- 마가린의 탄생 : 소기름 에멀전 또는 서민의 '버터'인 마가린은 1869년 나폴레옹 3세가 주최한 경연대회에서 첫선을 보였다.

대량 농업 생산시대(1960년대~1990년대)
프랑스에서 새롭게 재배해 생산하기 시작한 카놀라유와 해바라기유 및 기존 프랑스령 식민지로부터 들여온 낙화생유가 큰 성공을 거두며 널리 쓰이게 되었다. 1960년대에 들어서는 위생, 현대성, 생산성을 앞세운 이와 같은 중성적인 맛의 새로운 오일들이 기존의 맛이 강한 토속적인 전통 식물성 오일의 자리를 대거 차지하게 되었다.

지방의 회귀 시대(1990년대~현재)
- 돼지 기름과 지금은 거의 사라진 소기름은 특별한 전통요리 레시피에 사용된다(예: 프랑스 북부 지방의 감자튀김 등)
- 지중해와 프랑스식 식단에서 '좋은 지방'에 긍정적 관심이 높아지면서 전 지역에 올리브오일 붐이 일어나고 오리 기름의 사용이 늘어났다(실제 사용에서보다는 개념적 측면에서 관심이 높아짐).
- 최근 몇 년간 고급 식물성 기름 (호두 기름, 헤이즐넛 기름, 호박씨유, 포도씨유 등)이 다양해졌으며 카멜리나(camelina) 오일과 같이 잊혔던 옛 기름들이 다시 등장했다.
- 모든 종류의 조리용 지방 중 버터가 가장 큰 위치를 차지하고 있으며 마가린(단, 식물성 기름을 원료로 한 라이트 타입과 콜레스테롤이 적은 제품) 또한 많이 사용된다.

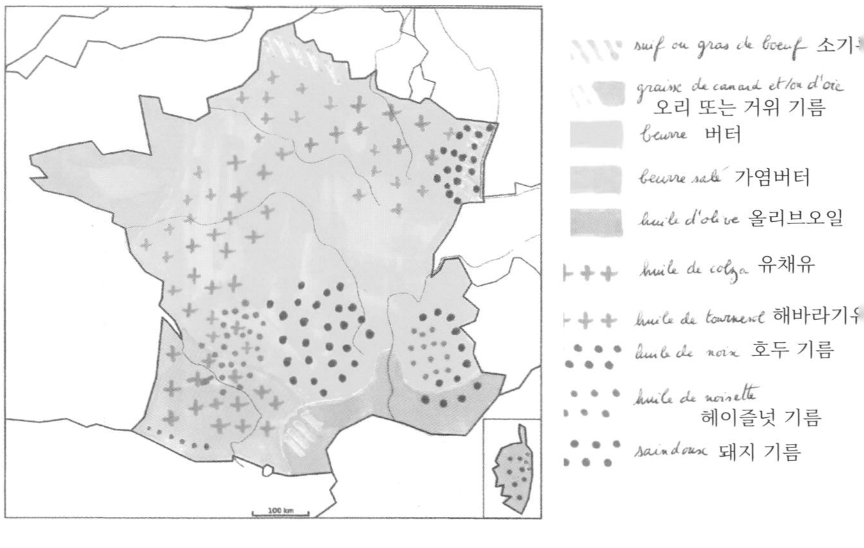
100 km
suif ou gras de boeuf 소기름
graisse de canard et/ou d'oie 오리 또는 거위 기름
beurre 버터
beurre salé 가염버터
huile d'olive 올리브오일
huile de colza 유채유
huile de tournesol 해바라기유
huile de noix 호두 기름
huile de noisette 헤이즐넛 기름
saindoux 돼지 기름

기름진 요리 총집합

빌레타 또는 빌라냐 *vuletta* ou *bulagna* (코르시카 Corse): 돼지 볼살 비계를 구워 먹는다(프랑스 남서부의 돼지 뱃살 방트레슈(*ventrêche*)에 비유할 수 있다. 단 살코기가 전혀 없는 비계 부위이다).
지방 강도 : 10/10

그라통(그라트롱) 또는 리용 grat(er)ons ou rillons (리요네, 투렌 또는 샤랑트 Lyonnais, Touraine ou Charente): 돼지고기(또는 오리) 남은 것을 기름에 푹 익힌 것으로 기름이 흥건한 '리예트(rillettes)'라고 할 수 있다.
지방 강도 : 10/10

수프 아라 그레스 Soupe à la graisse (코랑탱 Cotentin) : 감자, 양파, 채소를 넣고 끓인 수프에 소기름을 넉넉히 한 국자 넣어 걸쭉하게 만든다.
지방 강도 : 9/10

멧새 요리 Ortolans (프랑스 남서부): 사료를 먹인 작은 참새 또는 푸아그라와 골수를 채운 뒤 베이컨으로 감싸 구운 참새 요리
지방 강도 : 8/10

카술레 cassoulet (프랑스 남서부): 지방과 가금육 콩피, 돼지고기를 넣고 끓인 스튜로 기름진 요리의 대명사로 꼽힌다.
지방 강도 : 7/10

조엘 로뷔숑의 감자 퓌레 La purée de rattes de Joël Robuchon (파리): 감자 1kg당 버터 250g이 들어간다(일부 애호가들은 아마 더 넣을 수 있다).
지방 강도 : 7/10

쿠이냐만 Le kouign-amann (브르타뉴): 퀸아망. 설탕에 버터 혹은 버터에 설탕을 빵 반죽 사이에 켜켜이 넣고 접어 만든다.
지방 강도 : 7/10

치즈 Fromages: 40%의 지방과 단백질을 보존한 기발한 식품이다.
지방 강도 : 6/10

뷔뉴 및 기타 달콤한 튀김과자류 Les bugnes et autres beignets sucrés: 기름에 튀긴 이 반죽이 '마르디 그라(Mardi Gras 사육제, '기름진 화요일'이라는 뜻)'의 스타 간식이 된 데는 다 그 이유가 있다.
지방 강도 : 5/10

정교한 솜씨가 빛나는 파트 푀유테

파트 푀유테(페이스트리 반죽)의 결과는 특별한 테크닉에서 나온다. 밀어 접는 방식을 정확하게 지키면 타의 추종을 불허하는 가볍고 파삭한 파이 반죽을 만들 수 있다. 매우 정교한 솜씨를 요하는 제과 기술이다.

마리 로르 프레셰

푀유타주의 기원
그리스와 비잔틴제국에서 유래한 푀유타주 반죽은 고대부터 알려져 왔다. 당시 이것은 얇게 늘여 당긴 반죽에 지방을 발라 겹겹이 겹쳐놓은 것이었다. 프랑스에서는 중세부터 푀유테 케이크의 흔적을 찾아볼 수 있다. 1552년 라블레(Rabelais)가 자신의 『제4서(*Quart Livre*)』에서 이것을 언급했다.

파트 푀유테의 발명
반죽에 버터를 넣고 여러 번 접어 구우면 층층이 겹으로 분리되는 이 푀유테 반죽을 실제로 누가 처음 만들어냈는지는 정확히 알려지지 않았다. 제과 수련생으로 일하다가 나중에 화가가 된 클로드 젤레(Claude Gellée, 일명 '르 로랭 le Lorrain')가 그 창시자라고 흔히들 이야기한다. 그는 반죽에 버터를 혼합하는 것을 잊어버려 이를 반죽 위에 첨가한 뒤 여러 차례 접어가며 반죽을 완성한 것으로 알려진다. 밀어 접기(tourage) 방식으로 만든 푀유타주 레시피는 『프랑스 제과사(*Le Pâtissier français*)』(1653)에서 최초로 소개되었다. 라 바렌(La Varenne)은 당시 파티시에들이 만든 이 반죽을 투르트(tourte)와 파테용으로 제안했다. 이 레시피는 19세기에 앙토냉 카렘에 의해 완성되었다. 그는 특히 밀어 접기 회수를 체계화했다.

푀유타주 테크닉

이 반죽의 특징은 지방을 혼합하는 방법에 있다.

푀유타주 반죽은 각기 다른 두 가지의 구성 요소로 이루어진다.
데트랑프(détrempe) : 물 + 밀가루 + 소금 + 버터(선택)
지방(matière grasse) : 버터 또는 버터 + 밀가루 (푀유타주 앵베르세)

전통 방식 파트 푀유테
Pâte feuilletée traditionnelle

버터를 데트랑프 반죽으로 감싼 뒤 3절 접기 5~6회 또는 4절 접기 4회를 실시한다.
데트랑프 반죽(détrempe) : 밀가루 500g + 물 250g + 버터 375g + 소금 10g
밀어접기용 버터(beurre de tourage) : 500g

푀유테 앵베르세 Pâte feuilletée inversée

데트랑프 반죽을 뵈르마니에(버터 + 밀가루)로 감싼 뒤 밀어접기 5회를 실시한다.
데트랑프 반죽(détrempe) : 밀가루 350g + 물 175g + 소금 15g
밀어접기용 버터(beurre de tourage) : 밀가루 15g + 버터 400g
전통 푀유타주보다 더 가볍고 바삭한 식감을 지닌다.

발효 반죽 파트 푀유테 Pâte levée feuilletée

데트랑프에 제빵용 생 이스트, 우유, 지방, 그리고 경우에 따라 달걀을 넣는다. 이 반죽은 주로 각종 비에누아즈리용으로 사용된다. 크루아상, 팽 오 쇼콜라, 브리오슈 푀유테 등을 만드는 반죽으로 일반적으로 3회의 밀어접기를 실시한다.

실패하지 않는 요령

→ 푀유타주 밀어접기용 버터는 지방 함유량이 84%인 것 또는 수분이 적은 샤랑트 푸아투(Charentes-Poitou, AOP) 버터를 사용한다.
→ 밀가루는 글루텐 함량이 높은 것을 사용한다(T45 또는 gruau).
→ 데트랑프 반죽에 화이트 식초 1테이블스푼을 첨가하면 반죽의 산화를 막을 수 있으며 더욱 강한 글루텐 망을 만들 수 있다.
→ 모든 재료는 같은 온도 상태에서 작업한다.
→ 밀어접기를 매회 실시할 때마다 중간에 1시간씩 냉장고에 넣어 휴지시킨다.

어떻게 잎사귀 같은 층이 생길까?
오븐에 구울 때 반죽의 수분은 증기로 변하여 빠져나가고자 하는 성질이 있다. 이 과정에서 방수 장벽을 형성하고 있는 버터 층을 만나게 된다. 증기는 이 버터 층을 압박하게 되어 층이 뜨면서 분리된다. 이렇게 하여 전체적으로 마치 '잎사귀 층'처럼 겹겹이 떨어지는(feuilletée) 구조를 갖게 되는 것이다.

반죽 밀어접기

1단계 : 데트랑프
la détrempe

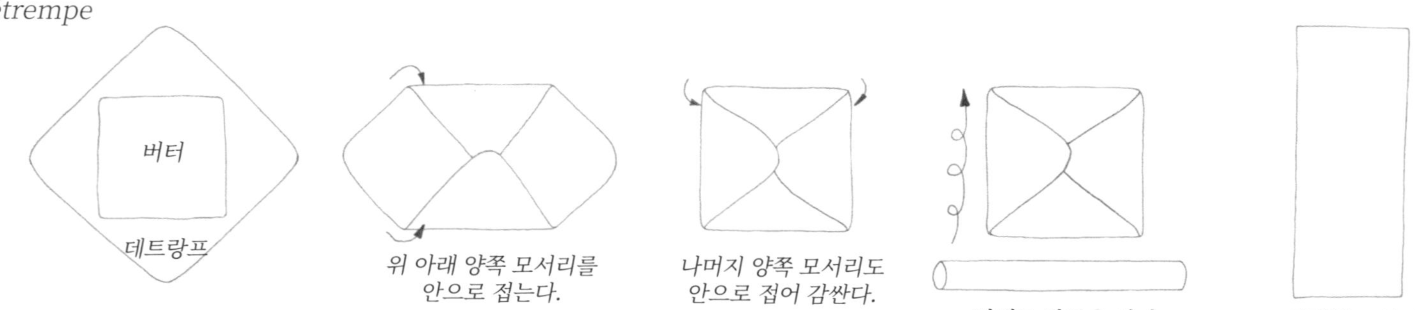
버터
데트랑프

위 아래 양쪽 모서리를 안으로 접는다.

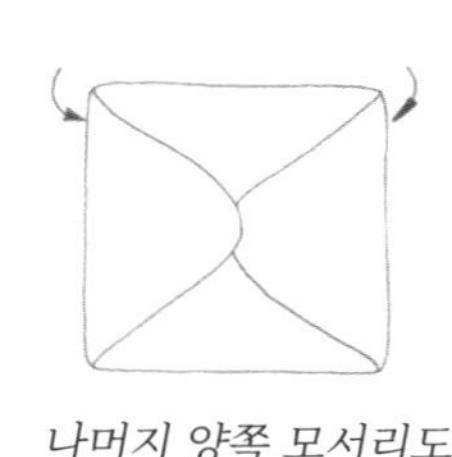

나머지 양쪽 모서리도 안으로 접어 감싼다.

밀대로 반죽을 밀어...

일정한 모양의 긴 직사각형을 만든다.

3절 접기 Tour simple
(pliage en 3)

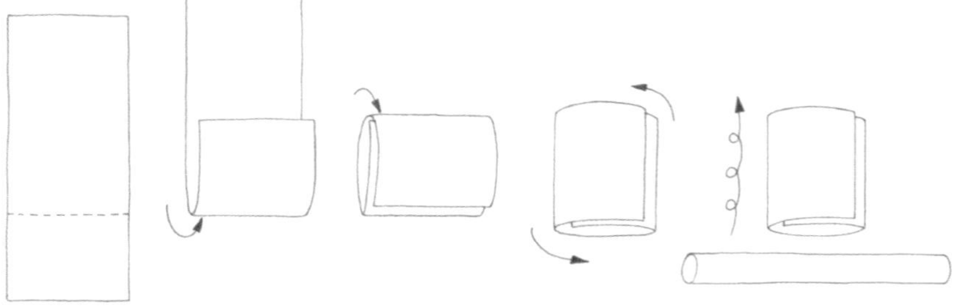

4절 접기 Tour double
(pliage en 4)

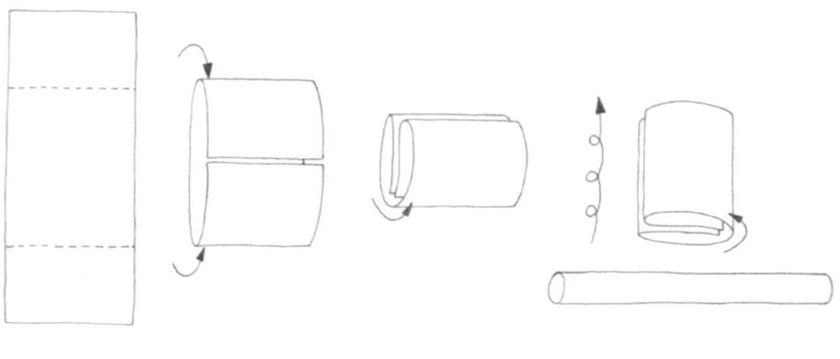

밀푀유 LE MILLE-FEUILLE

준비 : 45분
조리 : 25분
휴지 : 2시간
10cm x 40cm 사이즈 밀푀유 1개 분량

퓌유타주 앵베르세(feuilletage inversé)
반죽 400g
크렘 파티시에
달걀노른자 120g(약 6개분)
우유(전유) 500ml
설탕 150g
옥수수전분(Maïzena®) 50g
바닐라 빈 1줄기
화이트 글라사주
달걀흰자 1개분
슈거파우더 100g
데커레이션
다크초콜릿 50g

크렘 파티시에 만들기
냄비에 우유와 길게 갈라 긁은 바닐라 빈을 넣고 중불에서 끓인다. 불을 끄고 10분간 바닐라 향을 우려낸다. 바닐라 빈 줄기를 건져낸다. 유리볼에 달걀노른자와 설탕, 옥수수전분을 넣고 색이 뽀얗게 변할 때까지 거품기로 세게 휘저어 섞는다. 바닐라 향이 우러난 우유를 다시 끓을 때까지 가열한 다음 체에 거르며 볼 안의 혼합물에 조금씩 붓고 섞는다. 혼합물을 다시 냄비로 옮긴 다음 센 불에 올리고 거품기로 계속 저어가며 걸쭉해질 때까지 익힌다. 냄비를 불에서 내린다. 크렘 파티시에를 용기에 담고 표면이 굳지 않도록 주방용 랩을 표면에 밀착해 덮은 뒤 냉장고에 보관한다. 푀유테 반죽을 2mm 두께로 민 다음 냉장고에 넣어 30분간 휴지시킨다. 10cm x 40cm 크기의 직사각형 모양으로 3장을 자른다. 베이킹 팬에 유산지를 깔고 푀유테 반죽을 놓는다. 설탕을 솔솔 뿌린 뒤 다시 유산지를 덮고 그 위에 베이킹용 망을 놓아 눌러준다.
180°C 오븐에서 20~25분간 굽는다.
오븐에서 꺼낸 뒤 푀유테 시트를 모두 망 위에 올려 완전히 식힌다.

화이트 글라사주 만들기
용기에 슈거파우더와 달걀흰자를 넣고 균일한 질감의 흐르는 농도를 가진 크림 상태가 될 때까지 잘 섞는다.

조립하기
냉장고에서 크렘 파티시에를 꺼낸 뒤 거품기로 재빨리 휘저어 고루 풀어준다. 이것을 짤주머니에 채운 다음 첫 번째 푀유타주 시트 위에 띠 모양으로 길게 짜 채운다. 두 번째 푀유타주를 얹고 마찬가지로 크림을 짜 얹는다. 마지막 세 번째 푀유타주 시트를 덮어준다. 화이트 글라사주를 붓고 스패출러로 매끈하게 밀어준다. 초콜릿을 녹여 유산지로 만든 코르네(cornet)에 채워 넣는다. 코르네 끝을 조금 잘라낸 다음 밀푀유 왼쪽에서 오른쪽으로 가로 선을 짜 얹는다(Z모양으로 촘촘히 선을 짜 놓는다). 칼끝으로 글라사주의 초콜릿 선에 수직으로 금을 그어 무늬를 내준다. 서빙 전까지 냉장고에 보관한다.

알고 계셨나요?

파트 푀유테의 겹 수는 다음 공식에 따라 계산된다.
버터 층 수(beurre) : $b=(p+1)^n$
반죽 겹 수(feuilles de pâte) : $f=(b+1)$
p는 접는 횟수, n은 반죽 밀어접기 회차 수를 가리킨다.

클래식 레시피에서 파트 푀유테는 몇 겹이 생길까?

예를 들어 3절 접기(2번 접어 3겹 형성)를 총 6회 시행한 경우,
$b=(2+1)^6$,
f=729+1 반죽은 총 730겹이 된다.

푀유테 반죽 패밀리

…요리에서

알뤼메트 오 프로마주
Allumette au fromage
치즈 페이스트리 스틱. 반죽을 긴 스틱 모양으로 잘라 가늘게 간 치즈를 뿌려 구운 것으로 주로 아페리티프로 서빙한다.

부셰 아 라 렌 Bouchée à la reine
1인용 사이즈의 샤퀴트리 페이스트리로 잘게 깍둑 썬 송아지 흉선, 닭 가슴살, 양송이버섯을 소스 쉬프렘으로 뜨겁게 버무린 뒤 미리 구워 놓은 파이 반죽 셸에 채워 넣은 것이다. 이 요리는 루이 15세의 부인 마리 레스친스카가 외도를 일삼는 남편의 기력을 회복시키기 위해 고안해낸 보양식으로 전해진다.

프리앙 Friand
두 장의 퓌유타주 반죽 안에 소시지용 돼지 분쇄육이나 치즈 혼합물 등을 넣어 붙인 샤퀴트리 페이스트리의 일종이다.

플뢰롱 Fleuron
푀유테 반죽을 초승달 모양으로 잘라 구운 것으로 주로 요리의 장식으로 쓰인다.

수프 VGE Soupe VGE
1975년 폴 보퀴즈 셰프가 당시 대통령이었던 발레리 지스카르 데스탱에게 헌정한 요리. 송로버섯과 푸아그라를 넣은 수프를 수프 용기에 담은 뒤 푀유테 반죽을 덮어 오븐에 구운 것이다. 바삭하게 부푼 페이스트리 크러스트를 스푼으로 깨서 먹는다.

볼로방 Vol-au-vent
앙토냉 카렘이 만든 페이스트리 요리로 원통형으로 구워낸 푀유테 파이 반죽 셸 안에 전통적으로 소스에 버무린 소를 채워 넣는다. 에스코피에 레시피에 따르면 수탉의 볏과 콩팥, 닭고기를 갈아 만든 크넬, 버섯, 송로버섯, 올리브를 마데이라 소스에 넣고 혼합한 '피낭시에르 가니시'를 채워 넣는다.

…파티스리에서

아를레트 Arlette
파트 푀유테로 얇게 만들어 겉면을 캐러멜라이즈한 바삭한 과자. 제과점 달루와요(Dalloyau)에서 처음 만든 이 과자는 포장을 담당하던 여직원의 이름을 딴 것으로 전해진다.

샹피니 Champigny
살구 잼을 채워 넣은 사각형 모양의 페이스트리 케이크.

쇼송 오 폼 Chausson aux pommes
애플 턴오버. 파트 푀유테를 얇게 민 다음 익힌 사과 또는 사과 콩포트를 채우고 반으로 접어 구운 것으로 프랑스 불랑제리의 대표적 클래식 메뉴이다.

콩베르사시옹 Conversation
파트 푀유테 시트에 아몬드 크림을 채운 뒤 로열 아이싱을 입히고 격자무늬 반죽을 덮은 타르틀레트. 이 파티스리는 18세기 마담 데피네(Mme. d'Epinay)의 책 『에밀리의 대화(*Les Conversations d'Emilie*)』의 출간에 맞추어 처음 만들어졌다.

다르투아 Dartois
두 장의 직사각형 파트 푀유테 사이에 크림이나 잼을 채워 넣은 페이스트리.

푀양틴 Feuillantine
설탕으로 글레이즈를 입힌 페이스트리 프티푸르. 파리 푀양틴 수도원의 수녀들이 만들어 그 이름을 딴 것으로 알려져 있다.

잘루지 Jalousie
퓌유타주 반죽을 격자무늬로 덮은 작은 페이스트리 케이크로 '잘루지'라는 이름의 덧창을 떠올리게 한다. 아몬드크림과 레드커런트 즐레 또는 과일을 채워 넣는다.

제주이트 Jésuite
파트 푀유테로 만든 삼각형 페이스트리로 아몬드크림을 채워 넣고 로열 아이싱을 씌운다. 옛날에는 어두운 색의 글라사주를 씌웠는데 여기에서 예수회 수도사의 모자를 닮은 이 이름이 탄생했다.

밀푀유 Mille-feuille
얇게 민 퓌유타주 시트 사이에 크렘 파티시에를 채워 쌓은 것으로 17세기 라 바렌이 자신의 책에서 처음 설명했다. 맨 윗면에는 설탕을 뿌려 글레이즈 하거나 퐁당 아이싱을 덮어준 다음 녹인 초콜릿으로 선을 그려 장식한다. 세 장의 퓌유타주를 쌓아 만들며 총 2,190겹의 파이 시트로 이루어진다.

미를리통 Mirliton
퓌유타주 반죽 시트에 아몬드 크림을 채워 넣은 작은 타르틀레트. 루앙(Rouen)의 특선 음식이다.

팔미에 Palmier
퓌유타주 반죽을 종려나무(palmier)를 떠오르게 하는 하트 형태로 말아 설탕을 뿌려 구운 바삭한 과자로 1931년 파리에서 개최된 식민지 박람회(Expositin coloniale)에서 영감을 받아 만들어진 것으로 알려졌다.

피티비에 Pithiviers
아몬드 크림을 채운 페이스트리로 특산물의 본고장인 루아레(Loiret) 지방의 도시 명을 딴 이름이다. 가장자리를 동그랗게 빙 둘러 장식한다.

퓌 다무르 Puits d'amour
푀유테 반죽 시트에 왕관 모양의 둘레를 얹어 구운 작은 케이크로 구우면 부풀면서 중앙에 우물처럼 움푹한 공간이 생긴다. 원래는 여기에 레드커런트 잼을 넣었고(여기에서 '사랑의 우물'이라는 이름이 붙었다), 이후 크렘 파티시에를 채운 뒤 표면을 캐러멜라이즈했다.

사크리스탱 Sacristain
푀유테 반죽을 길고 가는 띠 모양으로 잘라 꼬듯이 돌돌 말아 감은 뒤 설탕과 아몬드를 뿌려 굽는다. 비틀어 꼬인 모양이 성당 관리인의 지팡이를 연상시킨다고 하여 이런 이름이 붙었다.

에두아르 니뇽

오귀스트 에스코피에의 그늘에 가려 있었지만 에두아르 니뇽은 접시 위의 요리를 통해 미식계의 혁신을 일으켰다. 쓴맛 애호가였던 그는 치커리, 용담뿌리, 생강 등을 요리에 많이 응용했다. 그는 미지의 세상에도 자신의 요리의 장을 열었다. 전통적인 메뉴의 범주 안에서 그는 아르모리켄식 랍스터 요리를 만들어 내었고 투르식 뵈셸(송아지 콩팥과 흉선에 버섯을 넣고 볶은 음식)의 레시피를 체계화하며 당대에 큰 업적을 남겼다.
샤를 파탱 오코옹

고위층의 요리사

1884 : 파리 이탈리앵 대로에 위치했던 '라 메종 도레(La Maison Dorée)'에서 **로칠드 남작**에게 음식을 서빙했다.
1890 : '마리보(Marivaux)'에서 벨기에의 **레오폴드 2세 국왕**은 아티초크와 모르네 소스를 곁들인 뿔닭 가슴살 요리를 먹고 크게 감동했다.
1892 : 오스트리아 빈의 트리아농(Trianon) 주방을 총괄한다. **프랑수아 조제프 황제**는 생크림 소스에 송아지 콩팥과 흉선, 버섯을 넣어 만든 뵈셸(beuchelle)을 아주 맛있게 먹으며 감탄했다.
1898 : 사보이 호텔에서 근무한 오귀스트 에스코피에처럼 니뇽도 런던의 클라리지스 호텔 주방의 오픈 멤버로 합류한다. **국왕 에드워드 7세**는 이곳의 단골이었다.
1900 : 상트페테르부르크 에르미타주(L'Ermitage)호텔의 주방을 총괄했고 **니콜라이 2세**의 연회들을 지휘했다. 차르의 요청에 따라 심지어 프랑스 베이커리를 열기도 했다.
1908 : 파리 마들렌 광장의 레스토랑 '라뤼(Larue)'를 인수한다. 이 식당은 파리에서 가장 인기 있는 사교계의 중심지로 부상한다. **마르셀 프루스트, 아나톨 프랑스, 에드몽 로스탕, 장 콕토, 아리스티드 브리앙**은 자신의 이름이 새겨진 전용 냅킨 홀더를 갖고 있었다.
1914 : 프랑스 외무성에서 연합국 국가원수들을 위한 연회를 지휘한다. **미국 대통령 우드로 윌슨(Woodrow Wilson)**의 요리사가 되었다.

관련 내용으로 건너뛰기
p.119 투르식 송아지 콩팥, 흉선 스튜, 뵈셸 투랑젤

Édouard Nignon, 현대의 요리사, 미식 작가
(1865-1934)

잘 알려지지 않은 걸작!

요리책 분야에서 에두아르 니뇽은 상당히 중요한 위치를 차지하는 인물이다. 니뇽의 이름이 붙은 상(Prix Nognon)이 제정되어 프랑스의 우수한 요리 문학 작가들에게 수여하고 있다. 그가 저술한 미식 문화의 주요 서적 3권으로는 『식탁의 즐거움(*Plaisirs de la table*)』(1926), 『프랑스 미식 예찬(*Éloges de la cuisine française*)』(1933), 그리고 지금은 거의 구하기 힘든 그의 가장 독특한 책인 『7일간의 미식 이야기(*L'Heptaméron des gourmets*)』(1919)가 있다. 이 책은 7일로 나뉘어져 있으며 기욤 아폴리네르, 로랑 타일라드, 앙리 드 레니에 등의 작가들이 각각 흥미진진한 미식 이야기를 풀어내고 있다. 또한 이 미식가들의 점심과 저녁 식사 메뉴가 해당 레시피와 함께 자세히 기록되어 있다. 이 책에서는 기욤 아폴리네르가 네 번째 날의 서문에서 언급한 부야베스에 관해 조제프 메리(Joseph Méry)가 쓴 아래의 시구 등 특별한 글 모음도 수록되어 있다.

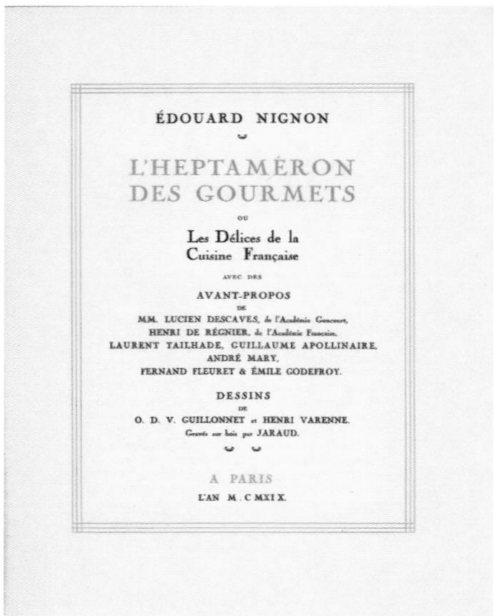

ÉDOUARD NIGNON

L'HEPTAMÉRON
DES GOURMETS

OU

Les Délices de la
Cuisine Française

AVEC DES

AVANT-PROPOS

DE

MM. LUCIEN DESCAVES, de l'Académie Goncourt,
HENRI DE RÉGNIER, de l'Académie Française,
LAURENT TAILHADE, GUILLAUME APOLLINAIRE,
ANDRÉ MARY,
FERNAND FLEURET & ÉMILE GODEFROY.

DESSINS

DE

O. D. V. GUILLONNET et HENRI VARENNE.
Gravés sur bois par JARAUD.

A PARIS

L'AN M. CMXIX.

시드라 만에서 자란 쏨뱅이
월계수와 도금양으로 뒤덮인 걸프 만에서
또는 백리향 꽃으로 가득한 바위 앞에서 잡힌
이 생선은 향연의 식탁에 향기를 전달한다.
그리고 항구의 정박지 근처에서 암초 사이 골 안에서
자란 생선들, 잘 생긴 노랑촉수, 섬세한 살의 도미,
향이 좋은 달고기, 바다의 수렵어, 게걸스러운 농어,
마지막으로 밤송이 같은 눈을 가진 성대,
그밖에 어류학자들조차도 잊어버린 다른 생선들,
바다의 신 넵투누스가 하늘의 강렬한 불을 들고
삼지창이 아닌 포크로 고른 맛있는 생선.

–'파닌(PANINE)'* 가지 요리–

가지 6개의 껍질을 벗긴 뒤 각각 길이로 4개의 칼집을 얕게 낸다. 도톰하게 슬라이스한 토마토를 칼집 사이사이에 끼워 넣은 뒤 가지를 실로 군데군데 감아 묶는다. 운두가 낮은 냄비에 가지를 나란히 놓고 물을 붓는다. 질이 좋은 올리브오일을 보르도 와인 잔으로 한 개 분량 붓고 레몬즙 1개분, 소금, 후추, 파프리카 1꼬집을 넣어준다. 채소가 완전히 익고 수분이 증발해 오일만 남을 때까지 약한 불로 뭉근히 익힌다. 가지의 실을 제거한 뒤 넓은 타원형 그릇에 담는다. 냄비에 남은 오일을 사용해 비네그레트 소스를 만들어 끼얹는다. 레몬즙, 소금, 후추로 간한다. 속을 채운 세비야 올리브를 빙 둘러 놓아 장식한 다음 잘게 부순 얼음 위에 놓고 서빙한다.

–'아 라 굴드(A LA GOULD)'* - 아스파라거스

싱싱하고 모양이 좋은 화이트 아스파라거스를 물에 삶아 건진 뒤 물기를 닦는다. 녹인 버터에 한 번 굴린 다음 직접 간 빵가루를 묻힌다. 녹인 버터를 뿌려가며 팬이나 오븐에 굽는다. 베아르네즈 소스를 곁들여 서빙한다.

–니뇽(NIGNON)* 크림 수프–

냄비에 맑은 닭 콩소메 1리터를 붓는다. 더블크림 300ml에 달걀노른자 10개를 풀어 냄비에 넣어준다. 불에 올린 뒤 크렘 앙글레즈처럼 걸쭉해질 때까지 저어가며 익힌다. 주걱에 묻는 농도가 되면 불에서 내리고 생 완두콩을 삶아 만든 퓌레 500ml를 넣어 섞는다. 닭 육수에 삶은 타피오카 펄 50g을 넣고 뜨겁게 서빙한다.

* 에두아르 니뇽의 『7일간의 미식 이야기』에서 발췌한 레시피.

양송이버섯

양송이(agaricus bisporus)는 세상에서 가장 많이 재배되는 버섯이다. 프랑스에서는 파리의 버섯이라는 뜻인 '샹피뇽 드 파리(champignons de Paris)'라고 불리는데 이 명칭은 19세기에 탄생한 것이다. 하지만 파리 주변에서 재배되는 양송이버섯은 매우 드물다.

로익 비에나시

양송이버섯이 '샹피뇽 드 파리'가 되기까지

16세기 말-17세기 초 : 실외에서 이 버섯을 재배하는 것이 가능해졌으나 파리 근교에서 양송이를 본격적으로 재배하게 된 것은 17세기 중반부터이다. 채소 재배농가들은 밭의 퇴비장에서 점점 늘어나고 있는 이 버섯에서 새로운 수입원으로서의 가능성을 보게 된다.
1670년경 : 루이 14세 시절 과일, 채소를 기르던 텃밭의 원예 책임자였던 라 캥티니(La Quintinie)는 베르사유 궁전 안 텃밭에서 이 버섯을 키웠다.
18세기 : 악천후로부터 보호하기 위해 지하 저장고에서 이 버섯을 기르기 시작했다.
1810년경 : 상테(Santé)가의 원예업자 샹브리(Chambry)는 파리의 지하 채석장을 이 버섯 재배 장소로 활용한 최초의 인물로 전해진다.
19세기 초 : 양송이 재배가 파시(Passy), 몽루즈(Montrouge 현재의 트로카데로 궁 위치로 추정) 등 파리의 지하를 점령한다.
19세기 중반기 : 낭테르(Nanterre), 생 드니(Saint-Denis), 리브리(Livry), 몽테송(Montesson), 로맹빌(Romainville), 누아지 르 섹(Noisy-le-Sec), 바뇌(Bagneux), 장티이(Gentilly) 등의 채석장에 투자가 이루어진다. 1880년대에는 약 300곳에서 양송이버섯 재배가 이루어졌다.
19세기 말기 : 양송이버섯은 다른 지방의 지하로 그 재배지가 확장된다. 앙구무아(Angoumois), 앙트르 되 메르(Entre-Deux-Mers), 그리고 특히 백토 채석장이 이상적인 환경을 제공하는 발 드 루아르(Val de Loire) 지역에서 활발한 재배가 이루어진다.

버섯을 어떻게 키우나?

→ **어둡고** 온도가 일정하게 유지되며 (13°C 정도) 습도가 높은(85~95%) 환경.
→ **발효 배지(培地)** (말똥, 볏짚, 발효로 분해된 것).
→ **라르다주(lardage) :** 버섯의 흰색 종균(곡식 알갱이 위에 생기는 균사체)를 파종한다.
→ **고브타주(gobetage) :** 회반죽으로 틈 메꾸기. 곱게 간 석회와 이탄을 섞은 반죽으로 얇게 전부 덮어준다.
→ **2~3주 후** 생산이 시작된다.
→ 6주 동안 매일 **손으로 버섯을 딴다.**

속을 채운 양송이버섯

크리스티앙 콩스탕 *Christian Constant* **&**
이브 캉드보르드 *Yves Camdeborde*
오귀스트 에스코피에의 레시피

6인분

크고 싱싱한 양송이버섯 약 15개
올리브오일
비계가 적은 베이컨 라르동
(아주 작은 주사위 모양으로 썬다) 150g
잘게 다진 샬롯 3개
토마토 소스 3테이블스푼
다진 파슬리
빵 속살 뜯은 것 2티스푼
빵가루 1테이블스푼

오븐을 180°C로 예열한다.
양송이버섯의 흙을 닦아내고 재빨리 씻어 헹군 뒤 물기를 닦는다. 버섯 12개의 대와 갓을 떼어 분리한다.
기름을 바른 오븐용 팬에 버섯 갓을 볼록한 면이 아래로 오도록 한 켜로 놓고 오븐에서 5분간 굽는다. 오븐에서 꺼내고 오븐은 그대로 켜둔다.
소를 만든다. 우선 분리해둔 버섯 대와 나머지 버섯을 모두 잘게 다진다.
팬에 기름 2테이블스푼을 두르고 베이컨을 볶는다. 샬롯과 다진 버섯을 넣고 함께 볶아준다. 소금, 후추로 간하고 버섯에서 나온 수분이 모두 증발할 때까지 센 불로 졸인다.
토마토 소스, 다진 파슬리, 잘게 부순 빵 속살을 넣고 잘 섞는다. 이 소를 구워낸 버섯 갓 안에 채워 넣고 빵가루를 얹는다. 여기에 올리브오일을 몇 방울씩 뿌린 뒤 200°C 오븐에서 10~15분간 굽는다.

미식의 재료, 양송이버섯

1691년 발간된 마시알로(Massialot)의 『왕과 부르주아의 요리사(*Le Cuisinier royal et bourgeois*)』 중에서 :
"버섯은 각종 스튜를 만들 때 아주 많이 쓰인다. 앙트르메용 특별 요리와 수프용으로도 두루 활용된다. 그렇기 때문에 언제나 넉넉히 준비해두는 것이 중요하다."

프랑스의 양송이 연간 생산량

1896
4,000톤
재배 양송이버섯

1960년대 중반
40,000톤

오늘날
110,000톤
이 중 3/4은 발레 드 라 루아르(vallée de la Loire) 지방에서 재배된 것이다(특히 소뮈루아Saumurois 지역). 연간 230만 톤에 달하는 중국의 생산량과는 차이가 많다.

파리 근교 일 드 프랑스(île de France) 지역의 양송이 재배업체는 5곳뿐

이들의 유통 판매량은 연간 몇 톤에 불과하다. 이블린(Yvelines) 지역의 3곳(Carrières-sur-Seine, Montesson, Conflans-Sainte-Honorine)과 발 두아즈(Val-d'Oise)의 두 곳(Méry-sur-Oise, Saint-Ouen-l'Aumône)뿐이다.

뒥셀

19세기에 탄생한 이 명칭은 윅셀 후작(marquis d'Uxelles)에 헌정하는 의미로 그 이름을 붙인 것이다. 프랑스 요리사(*Le Cuisinier françois*)』(1651)의 저자로 유명한 라 바렌(La Varenne)은 그의 요리사였다.

양송이버섯 500g을 준비해 흙이 묻은 밑동을 잘라낸 다음 물을 적신 종이타월로 나머지 흙과 불순물을 깨끗이 닦아낸다. 버섯을 잘게 다진다. 양파 1개와 샬롯 1개를 잘게 썬다. 소테팬에 버터 30g을 달군 뒤 양파와 샬롯을 넣고 수분이 나오고 색이 나지 않게 볶는다. 여기에 다진 버섯을 넣고 같이 볶는다. 소금, 후추로 간한다. 수분이 모두 증발할 때까지 센 불로 볶는다. 뚜껑을 덮고 불을 약하게 줄인 뒤 20분간 더 익힌다.

관련 내용으로 건너뛰기
p.66 야생버섯

리옹의 여성 요리사들

리옹의 '어머니들(mères)'이라고 불리는 이 요리사들은 자신의 식당을 열고 인기 있는 부르주아 요리를 선보였다. 이들은 리옹이라는 도시를 미식의 명소로 만드는 데 지대한 공헌을 했다.

알비나 르드뤼 요한손

대중소설 같은 이야기

대부분 시골 농촌 출신인 이 미래의 여성 요리사 '어머니'들은 새로운 기회를 얻고자 도시로 올라가 신 상류층인 부르주아 가정에 취업한다. 집안 일을 두루 돕는 가정부로 시작한 그녀들은 요리에 소질이 있음을 발견한다. 수년간 일한 후 이들은 자신의 식당을 열기로 결심했고 이곳에서 테루아의 재료를 최우선으로 한 요리들을 선보인다. 이들의 단골손님 중에는 당시만해도 유명인사는 아니었던 부유한 사업가나 지역 정치인들이 포함되어 있었다. 이 여성들의 솜씨를 이어받은 요리사들로는 폴 보퀴즈(Paul Bocuse), 알랭 샤펠(Alain Chapel), 장 폴 라콩브(Jean-Paul Lacombe), 베르나르 파코(Bernard Pacaud), 그리고 조르주 블랑(Georges Blanc) 등을 꼽을 수 있다.

가장 유명한 여성요리사들

메르 필리우
LA MÈRE FILLIOUX

시기 : 1865-1925
레스토랑 : 리옹 6구의 한 비스트로. 그녀는 요리를 담당했고 남편은 와인을 판매했다.
대표 요리 : 리옹 소시지, 민물가재 버터를 넣은 크넬 그라탱, 푸아그라와 송로버섯을 넣은 아티초크 속살 밑동, 아주 유명한 요리인 '드미 되이유(demi-deuil)' 닭 요리.
일화 : 메르 필리우(본명은 프랑수아즈 파욜 Françoise Foyolle)는 바닥에 질질 끌리는 긴 원피스를 입고 홀을 돌며 각 테이블의 손님들에게 서빙을 했다. 이 때문에 그녀는 '바닥을 쓰는 청소부(la Balayeuse)'라는 별명을 얻었다고 한다.

Fillioux, Md de Vins — D. FRÉCHIN, Gendre et Successeur
Téléph.
Vaudrey
3-19
73, rue
Duquesne
LYON
LA MÈRE FILLIOUX
Cliché Lebreton

12
rue royale
lyon
téléphone :
burdeau 15-49
...chez....
la mère
brazier
le bungalow
au col de la luère
téléphone :
35, vaugneray

메르 브라지에
LA MÈRE BRAZIER

시기 : 1895-1977
레스토랑 : 리옹 루아얄가에서 식료품상 겸 음식점을 운영했고 이후 이곳에서 약 15km 떨어진 콜 드 라 뤼예르(col de la Luère)에도 레스토랑 '르 뱅갈로(Le Bungalow)'를 열었다.
대표 요리 : 푸아그라를 넣은 아티초크 속살 밑동, 피낭시에르 소스 크넬, 스파이니 랍스터 벨 오로르, 드미 되이유(demi-deuil) 브레스 닭 요리.
수상 : 1933년 두 레스토랑에서 모두 미슐랭 가이드의 별 셋을 받았다.
계승 : 아들 가스통, 이어서 손녀 자코트가 가업을 이어왔다. 현재 오너 셰프 마티유 비아네(Mathieu Viannay)가 식당을 운영하고 있다.
일화 : 메르 브라지에는 암시장 거래를 통해 식재료를 매입한 혐의로 8일을 교도소에서 보냈다.

메르 블랑
LA MÈRE BLANC

시기 : 1883-1949
레스토랑 : 시부모가 운영하던 보나(Vonnas, Ain)의 여관에서 그녀는 식당을 운영했고 남편은 카페 음료 판매를 담당했다.
대표 요리 : 크림 소스 브레스 닭 요리, 동브(Dombes) 호수산 모샘치와 민물가재, 감자 퓌레로 만든 보나식 크레프.
수상 : 미슐랭 가이드 별 2개를 획득했다. 음식 평론가 퀴르농스키가 세계 최고의 여성 요리사로 선정했다.
계승 : 며느리 폴레트에 이어 손자인 조르주 블랑(Georges Blanc) 셰프가 레스토랑을 이어나가고 있다. 현재 미슐랭 가이드 별 셋을 보유하고 있다.
일화 : 리옹 시장 에두아르 에리오(Édouard Herriot)는 이곳의 보나식 크레프(crêpes vonnassiennes)를 매우 좋아했다고 한다.

선구자 역할을 한 여인들

메르 기 LA MÈRE GUY

시기 : 18세기, 여성 요리사 '메르(mère)'가 최초로 언급되었다.
레스토랑 : 론(Rhône) 강가에 선술집 겸 식당을 열어 뱃사공인 남편과 함께 운영했다.
대표 요리 : 남편이 잡아온 장어로 만든 마틀로트(matelote 와인을 넣은 생선 스튜).
계승 : 반세기가 지난 후 두 명의 손녀가 식당을 이어 운영했다.

메르 브리구스
LA MÈRE BRIGOUSSE

시기 : 19세기
레스토랑 : 빌뢰르반(Villeurbanne)의 샤르펜(Charpennes) 지구에서 식당을 운영했다.
대표 요리 : 테통 드 베뉘스(tétons de Vénus '비너스의 젖가슴' 이라는 이름처럼 봉긋한 모양으로 빚은 크넬 요리), 식초를 넣은 닭 요리.
일화 : 많은 젊은이들이 총각파티를 위해 '비너스의 젖가슴' 요리를 먹으러 메르 브리구스의 식당을 방문했다.

프랑스 기타 지역 :
→ 파리 : **메르 알라르 La mère Allard** (Marthe Allard)
→ 오베르뉴, 니스, 파리 : **메르 캥통 La mère Quinton**
→ 오베르뉴 : **메르 가뉴뱅 La mère Gagnevin**
→ 노르망디 : **메르 풀라르 La mère Poulard,** 특히 오믈렛이 유명하다.

지금은 잊힌 여인들

메르 부르주아
LA MÈRE BOURGEOIS

시기 : 1870-1937
레스토랑 : 앵(Ain) 지방의 프리에(Priay)에서 식당을 운영했다.
대표 요리 : 따뜻한 파테, 뫼니에르 송어 요리, 크림 소스 닭 요리, 핑크 프랄린 일 플로탕트.
수상 : 1933년 미슐랭 가이드의 별 셋을 받았다.
계승 : 딸이 식당을 물려받았고 그 이후에는 여러 셰프들이 주방을 맡았다. 마지막 셰프는 에르베 로드리게즈(Hervé Rodriguez)였다. 이 레스토랑은 2010년 최종 폐업했다.
일화 : 미식가들의 모임인 '100인 클럽(Club des Cent)'이 선정한 최초의 셰프였다. 이 증서는 식당 홀에 전시되어 있으며 '1번'이라는 번호가 붙어 있다.

메르 비도
LA MÈRE BIDAUT

시기 : 1908-1996
레스토랑 : 리옹 2구, 벨쿠르(Bellecour) 광장 근처에서 작은 비스트로 '라 부트(La Voûte)'를 운영했다.
대표 요리 : 타블리에 드 사푀르(tablier de sapeur 소 양깃머리 커틀릿), 마카로니 그라탱, 24시간 재운 양 뒷다리 샴페인 구이.
수상 : 미슐랭 가이드의 별 한 개를 받았다.
계승 : 그녀를 도왔던 요리사 필립 라바넬(Philippe Rabanel)에 이어 크리스티앙 테트두아(Christian Têtedoie) 셰프가 레스토랑을 계승하고 있다.
일화 : 그녀가 시장 볼 때 갖고 다녔던 쇼핑 카트에는 "주의, 연약한 여인이지만 입은 강함!"이라고 쓰여 있었다. 실제로 그녀는 독선적이고 변덕스러운 성격으로 유명했다.

관련 내용으로 건너뛰기
p.127 파테 앙 크루트

포치니 버섯

숲속의 이끼 안에 들어앉아 있는 포치니 버섯 군락지 앞에서 무릎을 꿇는 사람들과 얼음장 같이 차가운 비를 맞으며 빈손으로 돌아온 사람들은 자연이 주는 놀라운 선물인 이 포치니 버섯(프랑스어로는 세프 cèpe)이 얼마나 귀한 것임을 가늠할 수 있을 것이다.

블랑딘 부아예

수백 종이 넘는 그물버섯 중 4가지만이 공식 명칭을 갖고 있다.

1

그물버섯
***Boletus edulis*:** 가장 인기 있는 그물버섯으로 '보르도 세프 버섯(cèpe de Bordeaux)' 라고도 불린다. 어린 버섯은 살이 야들야들하고 거의 단맛이 나며 생 헤이즐넛 풍미가 나고 아니스의 향이 은은히 풍긴다. 오래될수록 특징이 두드러지며 말리면 진정한 야생버섯의 강렬한 풍미를 지닌다.

2

구릿빛그물버섯
***Boletus aereus*:** 검은 갓 포치니 또는 구릿빛 포치니 버섯.

3

그물버섯아재비
***Boletus aestivalis ou reticulatus*:** 여름 포치니 또는 그물 모양 포치니 버섯.

4

솔송그물버섯
***Boletus pinophilus* 또는 *pinicola*:** 산속 소나무 포치니 버섯.

버섯 준비하기

- 버섯을 따오자마자 싱싱한 것으로만 고르고 의심이 드는 것은 골라내어 버린다. 마른 상태에서 잘 닦아낸 뒤 바로 요리에 사용할 수 있다.
- 축축한 행주로 닦아낸다. 너무 지저분하거나 벌레 등이 붙어 있는 경우에는 식초를 조금 넣은 찬물에 버섯을 몇 초간 헹궈낸다. 바로 건져서 마른 행주 위에 펼쳐놓고 물기를 제거한 뒤 조리한다.
- 오래된 버섯은 표면의 물컹한 이끼를 제거한다. 껍질이 두껍고 미끄덩거리면 벗겨낸다.
- 가능하면 최대한 빨리 사용하는 것이 좋으며 채소 바구니에 넣어 버섯 대에 바람이 통하도록 보관한다.

간단한 조리법

생으로 먹는다
통통하고 크기가 작은 부숑(bouchon)이나 아주 신선한 어린 포치니 버섯에만 해당한다. 만돌린 슬라이스서로 아주 얇게 저며 소금(플뢰르 드 셀)을 조금 뿌리고 레몬즙 몇 방울, 올리브오일이나 호두오일을 한 바퀴 둘러준다. 세련된 비스트로 스타일로 즐기려면 여기에 치커리상추 속잎과 수란, 구운 베이컨을 곁들인다.

팬에 볶는다
- 슬라이스한 포치니 버섯을 버터나 올리브오일(또는 두 가지를 섞어서)을 달군 팬에 넣고 센 불로 볶는다. 파슬리와 기호에 따라 마늘 또는 샬롯을 넣어준다. 요리의 가니시로 곁들이거나 오믈렛 속에 채워 넣으면 좋다. 또한 볶은 버섯에 생크림을 첨가한 뒤 살짝 졸여 파스타 소스로 사용하거나 송아지 메다이용 또는 토시살, 소 안심스테이크, 닭고기 요리 등에 곁들이기도 한다.
- 도톰하게 슬라이스(약 7mm)한 다음 올리브오일을 두른 팬에 납작하게 놓고 양면을 지진다. 속은 연하고 겉면은 노릇하게 지진 뒤 소금(플뢰르 드 셀)을 뿌리고 날 달걀노른자 한 개를 넣어 먹는다.

수프로 만들어 먹는다
모양이 덜 좋아 골라놓았던 포치니 버섯을 잘게 다진 뒤 샬롯과 함께 버터에 색이 나지 않게 볶는다. 여기에 닭 육수나 채소 육수를 넣고 약불로 뭉근하게 끓인다. 생크림을 조금 넣은 뒤 핸드블렌더로 간다. 처빌 잎을 조금 뿌리고 만돌린 슬라이서로 얇게 저민 생 포치니 버섯을 얹어 서빙한다.

크러스트를 씌워 익힌 포치니 버섯

에마뉘엘 르노 *Emmanuel Renaut**

4인분
작은 크기의 통통한 포치니 버섯 4개
익힌 푸아그라 150g
퍼유타주 반죽 250g
달걀 1개 (달걀물 용)
소금, 후추

버섯의 흙과 불순물을 제거한 뒤 깨끗이 닦는다. 버섯 둘레에 푸아그라를 붙여 감싼 뒤 소금, 후추를 뿌린다. 버섯을 한 개씩 퍼유타주 반죽으로 말아 감싼다. 달걀물(달걀, 물, 소금)을 붓으로 발라준 다음 냉장고에 보관한다. 서빙하기 15분 전, 210°C 오븐에 넣어 크러스트 표면이 노릇해질 때까지 굽는다.

* 레스토랑 '플로콩 드 셀(Flocons de sel)'의 셰프, Megève, Haute-Savoie

보관 방법

살균 소독
버섯을 소독할 때는 주의해야 한다. 본래 산성이 아니기 때문에 보툴리누스균 중독에 취약하므로 고온과 산의 추가가 필수적이다.
깨끗이 닦은 뒤 세로로 등분해 자른 포치니 버섯을 끓는 소금물에 넣는다. 다시 끓어오르기 시작하면 그대로 1분간 데친다. 찬물에 넣어 식힌다. 건져서 조심스럽게 물기를 제거한 다음 열탕소독한 병에 빽빽하게 채워 넣는다.
플레인 : 소금과 레몬즙을 넣은 물(물 1리터당 소금 10g, 레몬즙이나 시드르 식초 4테이블스푼)을 버섯 높이까지 부어준다. 끓는 물이 담긴 냄비나 멸균기에 넣어 110~115°C에서 1시간 30분간 살균 소독한다. 건져서 물기를 닦은 뒤 생 버섯처럼 사용한다.
오일 저장 : 향이 강하지 않은 올리브오일(오일 1리터당 소금 10g, 레몬즙이나 시드르 식초 4테이블스푼을 넣는다)로 버섯을 덮어준다. 마늘을 껍질째 몇 톨 넣고 통후추 알갱이와 기호에 따라 선택한 허브(오레가노, 펜넬, 타임 등)를 넣어준다. 끓는 물이 담긴 냄비나 멸균기에 넣어 110~115°C에서 1시간 30분간 살균소독한다. 샤퀴트리나 피자, 또는 파스타 등에 곁들여 서빙한다. 이 오일은 조리용 기름으로 사용할 수 있다. 오래 보관하면 맛이 더 좋아진다. 두 경우 모두 온도가 100°C를 초과하지 못한 경우에는 48시간 후 다시 한 번 끓여 살균하는 것이 안전하다.

냉동 보관
숲에서 돌아오자마자 바로 깨끗이 닦아 슬라이스하거나 세로로 등분한다. 데치지 않고 지퍼팩에 넣어 냉동실에 보관한다. 사용할 때는 미리 녹이지 않고 바로 조리한다.

건조
프랑스 남부 지방에서는 얇게 슬라이스(약 2mm 두께)한 포치니 버섯을 체에 펼쳐놓고 바람이 통하는 곳에서 햇볕에 말리고 저녁때는 거두어들이기를 며칠 동안 반복한다.
다른 지방에서는 공기순환 팬을 켠 오븐에 넣고 50°C에서 건조시키거나 식품 건조기를 사용한다. 자투리는 커피 원두 분쇄기로 갈아 소스가 있는 음식 등에 사용하기도 한다. 슬라이스 형태가 일정하지 않고 고르게 검은색을 띤 일부 시판 포치니는 주의해야 한다. 벌레가 먹었거나 오래된 이끼가 포함된 것으로 의심할 수 있으며 이러한 버섯은 물에 불리면 다시 끈적끈적해진다.

잊혔던 아페리티프의 부활

이 아페리티프들은 기억 속에서 점점 멀어져갔지만
최근 신세대 바텐더들 덕에 다시 소환되어 부활하고 있다.

레오 드죄스트르

APÉRITIF A LA GENTIANE
SUZE
BYRRH Hygiénique Tonique
Quinquina DUBONNET

NOILLY PRAT
Le Bar Noilly

스피리츠 Spiritueux	뒤보네 Dubonnet	릴레 Le Lillet	캅 코르스 마테이 Le Cap Corse L.N. Mattei	피콩 Le Picon	비르 Le Byrrh	누아이 프라트 Le Noilly Prat	쉬즈 La Suze	그랑 마르니에 Le Grand Marnier	샤르트뢰즈 La Chartreuse	압생트 페르노 에 피스 L'absinthe Pernod et fils	파스티스 리카르 Le pastis Ricard
계열	기나피 Les quinquinas	기나피	기나피	비터스 Les amers	베르무트 Les vermouths	베르무트	용담뿌리 Les gentianes	리큐어 Les liqueurs	리큐어	아니스 Les anisés	아니스
기원	19세기 중반 화학자 조제프 뒤보네(Joseph Dubonnet)가 말라리아 치료를 위하여 각종 약초와 와인, 키니네를 푹 달인 약을 만들었다. 이 탕약은 치료효능뿐 아니라 음료로서도 인기를 끌었다. "멋있고, 맛있는, 뒤보네(Dubo, Dubon, Dubonnet!)"	1872년 보르도의 와인중개상 레몽(Raymond) & 폴(Paul) 릴레(Lillet)가 만든 화이트와인과 리큐어 베이스의 프랑스의 아페리티프로 레드, 화이트, 핑크의 3가지 색이 있다.	19세기 말, 여행가 루이 나폴레옹 마테이(Louis Napoléon Mattei)의 노력의 결과로 탄생했다. 키니네를 넣은 원조 레시피가 제조된 것은 1872년으로 지명을 딴 이름(cap Corse)이 붙었다.	1837년 알제리에 파견된 젊은 병사 게탕 피콩(Gaetan Picon)은 열병에 걸리게 되었고 이를 치료하기 위해 오렌지 베이스의 비터스와 용담뿌리 추출액을 혼합하여 피콩을 만들었다.	원래 목동이었던 시몽 & 팔라드 비올레(Simon & Pallade Violet) 형제가 1866년 만든 것으로 스위트 주정강화 레드와인과 약초, 향신료를 베이스로 한다. 당시에 약효를 인정받아 약국에서 판매되었다.	1813년 마르세이앙(Marseillan, Hérault)에서 처음 만들어졌다. 오크통에서 숙성한 화이트와인을 베이스로 하며 1년이 지난 뒤 고수, 카모마일, 오렌지 껍질 등을 첨가한다.	스위스에서 처음 만들어진 아페리티프로 1885년 페르낭 무로(Fernand Moureaux)가 레시피를 인수함으로써 프랑스 아페리티프로 정착했다. 야생 용담뿌리가 50% 들어간다.	코냑과 오렌지의 섬세한 조합으로 1880년 루이 알렉상드르 마르니에 라포스트롤(Louis-Alexandre Marnier Lapostrolle)이 처음 만들었다.	18세기에 그르노블 근교에서 처음 만들어졌으며 이어서 이제르 지방에서 수도사들과 약제사들에 의해 생산되었다.	압생트와 '페르노(Pernod, Henri-Louis)'라는 유명한 이름은 따로 떼어 생각할 수 없다. 퐁타를리에(Pontarlier) 증류소에서 생산되며 그린 아니스, 펜넬, 향쑥 등의 세 가지 식물이 주성분이다.	와인중개상의 아들인 폴 리카르(Paul Ricard)는 1920년대 말 압생트만큼 독하지 않은 아니스 아페리티프를 만들기로 결심한다. 1932년, 프로방스어 파스티송(pastisson, 혼합이라는 뜻)에서 유래한 파스티스는 이렇게 탄생했다.
알고 계셨나요?	영국의 엘리자베스 2세 여왕은 매일 늦은 오전시간에 진(gin)과 이 유명한 프랑스의 아페리티프로 만든 칵테일을 즐겨 마셨다.	수십 년 전부터 릴레는 미국으로 가장 많이 수출되는 와인 베이스의 아페리티프 주류이다.	코르시카의 대표적인 지역 특산물로 판매의 60%가 이 섬 안에서 이루어진다.	피콩은 1872년 프랑스 본토 마르세유에 '피콩 비터스(Amer Picon)'라는 이름으로 처음 들어왔다. 이것은 프랑스 군대에서 치료 목적으로 사용되었다.	치료 효능을 인정받은 '비르'는 식민통치 시절 프랑스 부대의 말라리아 치료제로 사용되었다.	프랑스 본토에서는 오랫동안 잊힌 아페리티프지만 프랑스령 해외영토인 마르티니크에서는 새해를 맞이하며 많이 마신다.	이 아페리티프를 매우 좋아했던 피카소는 1912년 이를 소재로 한 소박한 제목('쉬즈 잔과 병')의 그림을 그리기로 결심한다.	오귀스트 에스코피에는 유명한 크레프 쉬제트(crêpe Suzette) 레시피의 결정적인 재료로 그랑 마르니에를 사용한다.	오늘날에도 샤르트뢰즈는 론 알프 지방에서 130종의 약초와 식물을 넣은 묘약 비책을 소유하고 있는 두 수도사에 의해 비밀리에 만들어진다.	소화를 돕는 효능이 있어 인기가 높다. 하지만 과도한 양을 섭취하면 환각 증세를 일으킬 수 있으니 주의해야 한다.	일반적으로 알려진 것과는 달리 파스티스를 가장 맛있게 즐기기 위해서는 잔에 물(파스티스의 4~8배)을 먼저 부은 뒤 이 리큐어를 넣어준다.
과거에는 어떻게 마셨을까?	식사를 시작하기 전 스트레이트로 혹은 얼음을 넣어 마셨다.	둥글게 슬라이스한 레몬이나 오렌지 한 조각을 곁들여 6~8°C 정도로 시원하게 마셨다.	하루 중 어느 때나 즐겼으며 얼음을 넣어 시원하게 마셨다.	주로 탄산수 또는 맥주에 희석해 마셨다.	식사를 시작하기 전 주로 차갑게 스트레이트로 마셨다.	'유러피안 스타일'인 스트레이트로 마시며 경우에 따라 얼음을 첨가하기도 한다.	1945년부터 쉬즈의 알코올 도수는 32도에서 16도로 떨어진다. 주로 단독으로 얼음을 넣어서 마셨다.	얼음을 넣어 희석하여 식전주로 마시거나 식후에 얼음 없이 마신다.	약효와 치료 효능으로 잘 알려져 있다.	아주 정확한 시음 방식에 따라 마신다. 구멍이 뚫린 납작한 스푼을 글라스에 걸쳐 놓고 설탕을 한 조각 올린 다음 그 위로 압생트를 따른다. 설탕이 쓴맛을 줄여준다.	처음으로 실시된 유급휴가(1936)와 함께 인기를 끌면서 대중화된 리카르(Ricard)는 차가운 물을 타서 식전주로 마신다.
현재는 어떻게 마실까?	뒤보네는 파리에서 바의 선반에 자랑스럽게 진열되는 인기있는 술로서의 자리를 되찾았다.	쌉싸름한 맛을 완화하기 위해 주로 칵테일로 만들어 마시며 특히 자몽을 넣는 경우가 많다.	식물성 향과 쌉싸름한 맛을 살려 주로 칵테일에 넣어 즐긴다.	칵테일에 넣는 비터스의 일종으로 사용한다.	파티 때 칵테일에 넣어 마신다.	'아메리칸 스타일'로 마신다. 드라이 마티니 칵테일을 만들 때 허용되는 유일한 베르무트이다.	토닉워터를 넣어 희석해 마시는 방법이 정석이다. 위스키 콕처럼 콜라를 넣은 '쉬즈/코카콜라' 칵테일 애호가 층도 있다.	쌉쌀한 맛으로 아주 인기가 높다.	높은 알코올 도수를 완화시키고 가볍게 마시면서 복합적인 향을 즐기기 위해 아주 차갑게 마신다.	위험한 이미지와 아직도 미스테리에 싸인 제조 방식으로 인해 유행이 되었다. 파리의 '룰루 화이트(Lulu White)'와 같은 몇몇 업장에서는 손님들의 기호에 따라 각 칵테일마다 이를 추가할 수 있도록 했다.	젊은 세대들은 더는 파스티스를 잘 마시지 않는다. 압생트가 그 자리를 대신하고 있다.
베스트 초이스	**Le Bentley** (Harry Craddock) 칼바도스 ½샷 뒤보네 ½샷 페쇼(Peychaud's) 아로마틱 비터스 2대시 .	**Le Montford** (Gary Regan) 탱커레이 런던(Tanqueray London) 드라이 진 2샷, 화이트 릴레 1샷, 베르무트 누아이 앙브르(Noilly Ambre) ½샷, 오렌지 비터스 2대시	**Le Capo Spritz** (Florie Castellana) 사탕수수 시럽 20ml, 캅 코르스 마테이 40ml, 모스카토 스파클링 와인을 넣어 마무리한다.	**Oh Cécilie** (Carl Wrangel) 드라이 진 1½샷, 아페롤(Aperol) ¾샷, 레드 베르무트(Martini Rosso) ¾샷, 피콩(Picon) ¼샷, 앙고스투라(Angostura) 아로마틱 비터스 1대시	**Monet's Moment** (Erik Lorincz) 코냑 1½샷, 비르(Byrrh) 1샷, 압생트 1/8샷, 사탕수수 시럽 ¼샷, 크레올 비터스(Creole bitters) 1대시	**Clover Club Cocktail** (Paul E.Lowe) 누아이 프라트 드라이 베르무트 ¼샷, 레드 베르무트(Martini Rosso) ¼샷, 사탕수수 시럽(Monin) ¼샷, 달걀흰자 ½개분, 라즈베리 5개	**La tour Eiffel** (Gary Regan) 코냑(Courvoisier VSOP) 2½샷, 트리플 섹 ½샷, 쉬즈 ½샷, 압생트 4방울	**A1 Cocktail** (W.J.Tarling) 드라이 진 1½샷, 그랑 마르니에 1샷, 레몬즙 ¼샷, 그레나딘 시럽 1/8샷	**Le Bijou** (Harry Johnson) 드라이 진 1½샷, 그린 샤르트뢰즈 ½샷, 레드 베르무트 (Martini Rosso) 1½샷, 오렌지 비터스 4방울, 아주 차가운 물 ½샷	**L'Ansonia** (Charles Christopher) 드라이 진 1½샷, 그린 스카치위스키(Dewer 12년) 2샷, 레드 베르무트 (Martini Rosso) ½샷, 마라스키노 리큐어(Luxardo) ¼샷, 압생트 1/8샷	**Le Canarie** (프랑스 남부에서 인기가 높다) 파스티스(Ricard) 1샷, 글라스코 레몬 시럽(Monin) ½샷. 아주 차가운 물을 넣어 완성한다.

미슐랭 가이드 LE GUIDE MICHELIN

1 프랑스에서 미슐랭 가이드의 별 셋을 획득한 유일한 여성 셰프 : 안 소피 픽(Anne-Sophie Pic), 메종 픽(Maison Pic, Valenve, Drôme).

15,800 € 1900년판 미슐랭 가이드 한 권에 매겨진 최고가 가격(2012년 기준).

31 조엘 로뷔숑이 전 세계 자신의 레스토랑에서 획득한 별의 총 개수. 가장 많은수를 기록했다.

227 전 세계에서 가장 미슐랭 가이드의 별이 많은 도시인 도쿄의 미슐랭 스타 레스토랑 개수. 교토, 오사카, 파리가 그 뒤를 잇고 있다.

1933년 : 총 23개의 업장이 별 3개를 획득했다 : '르 카페 드 파리(le Café de Paris)', '라 투르 다르장(la Tour d'Argent)', '라페루즈(Lapérouse)', '카르통(Carton)', '라 메르 브라지에(la Mère Brazier 리옹(Lyon)과 콜 드 라 뤼에르(col de la Luère)의 두 업장 모두)', 보르도의 '르 샤퐁 팽(le Chapon fin), 볼리외(Beaulieu)의 '라 레제르브(La Réserve)', 비엔(Vienne)의 '라 피라미드(La Pyramide) 등...

20% 미슐랭 가이드의 별 1개 획득 이후의 업장 내방 고객 수 증가율.

15€ 전 세계에서 가장 가격이 저렴한 미슐랭 스타 식당인 홍콩 팀호완(Tim Ho Wan)에서의 한 끼 식사 비용.

27% 미슐랭 별 한 개를 획득한 후의 한 끼 식사 평균 가격 인상률.

4 미슐랭 가이드의 별을 반납한 셰프의 수 :
조엘 로뷔숑(Joël Robuchon), 1996
알랭 상드랭스(Alain Senderens), 2005
알랭 베스테르만 (Alain Westermann), 2006
올리비에 롤렝제(Olivier Roellinger), 2008

240 한 해 동안 미슐랭 가이드 평가원 한 명이 레스토랑의 심사를 위해 방문하는 평균 횟수.

미슐랭 가이드 평가원의 심사

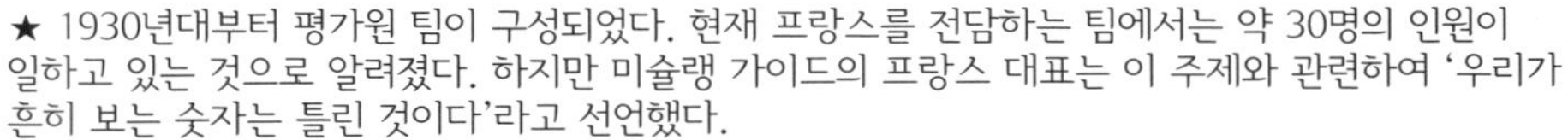

★ 1930년대부터 평가원 팀이 구성되었다. 현재 프랑스를 전담하는 팀에서는 약 30명의 인원이 일하고 있는 것으로 알려졌다. 하지만 미슐랭 가이드의 프랑스 대표는 이 주제와 관련하여 '우리가 흔히 보는 숫자는 틀린 것이다'라고 선언했다.
★ 미슐랭 사에서 급여를 받는 직원인 이 평가원들은 익명으로 활동하며 식사비용을 지불하고 난 이후 신분을 밝힘으로써 방문 심사 임무를 완수한다.
★ 프랑스는 15개 구역으로 나뉘어 있으며 각 지역마다 최소 2명 이상의 평가원이 심사를 담당한다.
★ 레스토랑 심사를 위한 방문 이후 시식 평가 및 보고서가 작성된다.
★ 별 수여에 관한 최종 결정은 연간 두 번 열리는 미슐랭 스타 회기(séances étoiles)에서 결정된다. 이 회의에는 평가원 전원, 미슐랭 가이드북 편집장 및 대표가 참석한다.
★ 가이드북에 등재된 모든 레스토랑(2017년판 기준 4,600개)은 최소 한 번 이상의 테스트를 받은 곳이다. 별을 받은 레스토랑들의 경우는 일 년에 3~4회에 걸쳐 방문 심사를 받는다.

일반적으로 이 마크를 별(étoile)이라고 부를까 또는 마카롱(macaron)이라고 부를까? 1926년 처음으로 수여되었을 때 비벤덤은 언제나 '별'을 수여한다고 했다. 마카롱이라는 호칭은 중복을 피하기 위해 한 저널리스트가 붉은색 미슐랭 가이드북에 등장한 이 그림의 모양을 보고 그렇게 부른 데서 유래했다.

붉은색의 작은 가이드북

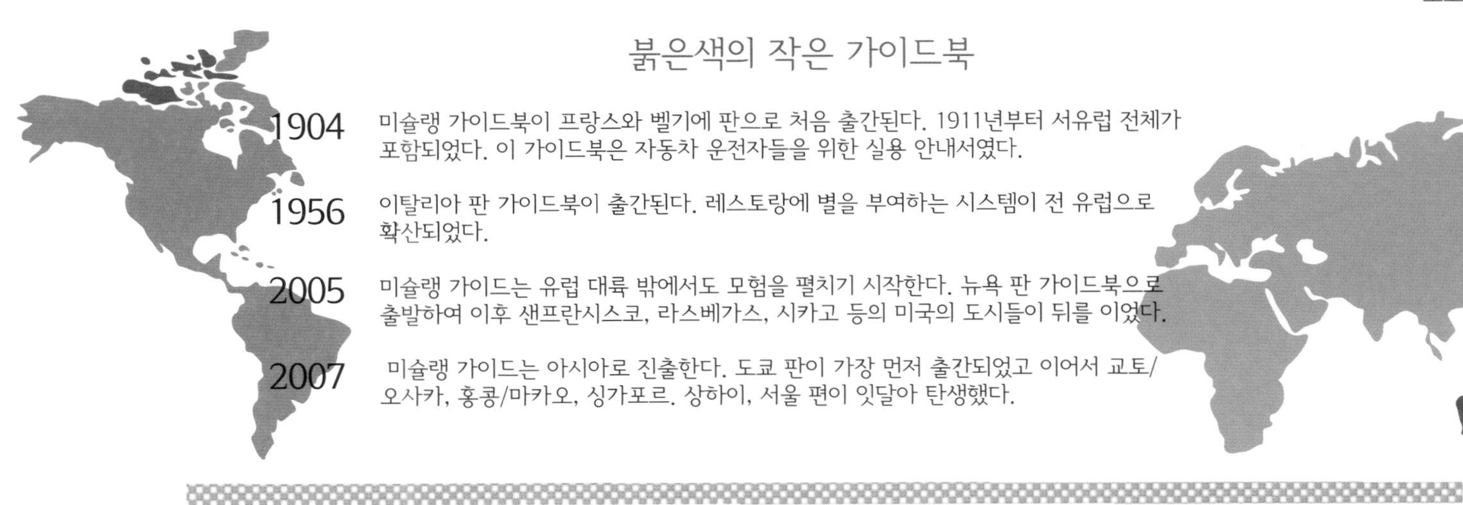

1904 미슐랭 가이드북이 프랑스와 벨기에 판으로 처음 출간된다. 1911년부터 서유럽 전체가 포함되었다. 이 가이드북은 자동차 운전자들을 위한 실용 안내서였다.

1956 이탈리아 판 가이드북이 출간된다. 레스토랑에 별을 부여하는 시스템이 전 유럽으로 확산되었다.

2005 미슐랭 가이드는 유럽 대륙 밖에서도 모험을 펼치기 시작한다. 뉴욕 판 가이드북으로 출발하여 이후 샌프란시스코, 라스베가스, 시카고 등의 미국의 도시들이 뒤를 이었다.

2007 미슐랭 가이드는 아시아로 진출한다. 도쿄 판이 가장 먼저 출간되었고 이어서 교토/오사카, 홍콩/마카오, 싱가포르. 상하이, 서울 편이 잇달아 탄생했다.

1898 *미슐랭의 마스코트 비벤덤(Bibendum)이 만화가 오갈롭(O'Galop)의 손에 의해 탄생한다.*

1900 *운전자들과 자전거 이용자들을 위한 미슐랭 가이드북이 최초로 발간되었다. 이 안내책자는 미슐랭 타이어 구매자 모두에게 무상으로 제공되었다. 이 책자에는 자동차 정비소, 병원, 호텔 등 유용한 정보들이 소개되어 있다.*

1908 *미슐랭 가이드북은 현재 크기의 판형을 채택한다. 호텔들은 최초로 그 '안락함의 정도'에 따라 평가되기 시작했으며 여기에는 해당 호텔의 레스토랑의 수준도 포함되었다.*

1920 *미슐랭 가이드북이 유료화되었다.*

1923 *미슐랭 가이드는 추천할 만한 호텔과 레스토랑을 구분하여 소개하기 시작한다.*

1925 *'추천 식당'은 획득한 별의 개수로 표시되었다. 순위를 매기는 방법에 있어 다소간의 변동이 수 년간 지속되었다.*

1933 *오늘날의 미슐랭 랭킹 기준이 적용되기 시작한다.*
**** 그곳을 목적지로 여행을 떠날 만한 가치가 있다.*
*** 길을 돌아가더라도 가볼 만한 가치가 있다.*
** 그 지역에 있으면 가볼 만한 좋은 식당이다.*

•프랑스령•

앙티유

베스트 먹거리

편협한 국수주의가 아니라 오로지 명료한 통찰력 기반으로 보았을 때, 카리브해 최고의 미식 목적지는... 프랑스(해외 영토)다. 이곳은 마치 숨 쉬듯이 먹는 열대지역의 프랑스다. 마르티니크와 과들루프의 먹거리들은 그 자체만으로도 하나의 여행의 이유이다. 긴 설명이 필요없는 과들루프 출신의 요리사 수지 팔라탱이 베스트 가족 레시피를 소개한다.

프랑수아 레지스 고드리

캐리비안의 특별한 과일 (FRUITS-PAYS)을 아시나요?

푸앵트 아 피트르(Point-à-Pitre)나 포르 드 프랑스(Fort-de-France)의 과일 판매대에서는 프랑스 본토에서 익숙한 이름의 과일들을 찾아볼 수 있다. 하지만 이름만 같을 뿐 전혀 다른 과일인 경우도 있으니 주의할 것!

과일 명 : 캐리비안 라즈베리 Framboise-pays(프랑부아즈 페이)
학명 : *Rubus Rosifolius*(장미과)
이명 : Framboise marron, framboise.
원산지 : 동남아시아
특징 : 프랑스 본토의 라즈베리와 비슷하지만 알이 더 굵고 즙이 적다.
맛 : 달콤하지만 일반 라즈베리보다 향이 덜하다.
용도 : 생과일, 잼, 펀치
프랑스 본토의 라즈베리와 같은 과로 분류되나요? YES.

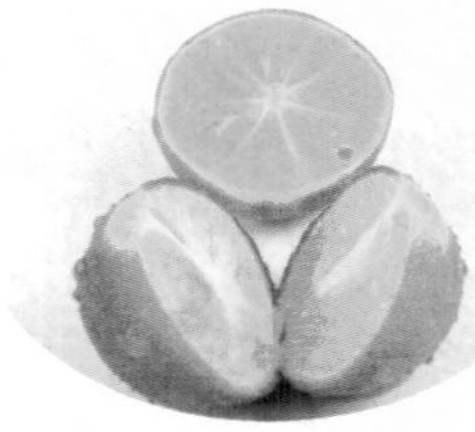

과일 명 : 키 라임 Citron-pays(시트롱 페이)
학명 : *Citrus aurantifolia*(운향과)
이명 : Lime acide, limettier, citron vert, ti sitwon, sitwon péyi
원산지 : 열대아시아 지역
특징 : 일반적으로 볼 수 있는 페르시아 라임보다 크기가 작고 껍질이 얇으며 씨가 많고 신맛이 강하다.
맛 : 향이 짙고 섬세한 시트러스의 신맛이 있으며 은은한 달콤한 맛도 지니고 있다.
용도 : 잼, 파티스리, 펀치, 소스, 생선 양념 등
프랑스 본토의 라임과 같은 과로 분류되나요? YES.

과일 명 : 파 Oignon-pays(오뇽 페이)
학명 : *Allium fistulosum L.*(백합과)
이명 : Loignon pèy, cive
원산지 : 동남아시아
특징 : 서양인들이 들여온 백합과 식물이 현지에서 정착한 품종으로 추정된다. 길쭉한 모양의 작은 뿌리 구근이 있어 쪽파(ciboule)와 비슷하다. 지상으로 돋아나온 부분은 녹색, 뿌리 부분은 흰색을 띤다.
맛 : 단맛과 마늘 향이 나며 줄기양파와 비슷하다.
용도 : 각종 요리에 두루 사용되며 특히 소스, 앙티유식 생선 블라프(blaff), 부케가르니(파슬리와 타임을 함께 넣는다) 등에 들어간다. 대개 잘게 다져 사용한다.
프랑스 본토의 쪽파와 같은 과로 분류되나요? YES.

과일 명 : 아세롤라 Cerise-pays(스리즈 페이)
학명 : *Malpighia punicifolia* 또는 *glabra, emarginata*(말피기아과)
이명 : cerise des Antilles(앙티유 체리), cerise de Cayenne(카옌 체리), acérola
원산지 : 라틴 아메리카
특징 : 진한 붉은색의 작은 베리류 과일로 모양이 둥글고 표면이 매끈하며 약간 골이 패어 있다. 양끝이 납작한 편이며 노란색 과육은 즙이 풍부하다.
맛 : 단맛과 새콤한 맛을 지니고 있지만 신맛이 강한 편이다.
용도 : 생과일, 주스, 콩포트, 즐레, 잼, 아이스크림, 칵테일.
프랑스 본토의 체리와 같은 과로 분류되나요? NO.

과일 명 : 빵나무 열매 Châtaigne-pays, 샤테뉴 페이, breadfruit 브레드프루트
학명 : *Artocarpus altilis* (뽕나무과), 빵나무 열매(fruit à pain)와 같은 종.
이명 : chatenn
원산지 : 동남아시아
특징 : 껍질이 뾰족뾰족하고 무른 1.5~2.5kg 정도의 큰 열매 안에 흰색 과육과 밤알 크기만 한 갸름한 씨가 약 80개 정도 들어 있다.
맛 : 흰색 과육을 떼어낸 뒤 밤알 크기의 씨를 깨끗이 씻어 소금물에 삶는다. 은은한 단맛이 있으며 일반 밤과 맛이 비슷하다.
용도 : 크리스마스 디너용 칠면조 구이의 스터핑 또는 소스 요리의 가니시로 많이 사용된다.
프랑스 본토의 밤과 같은 과로 분류되나요? NO.

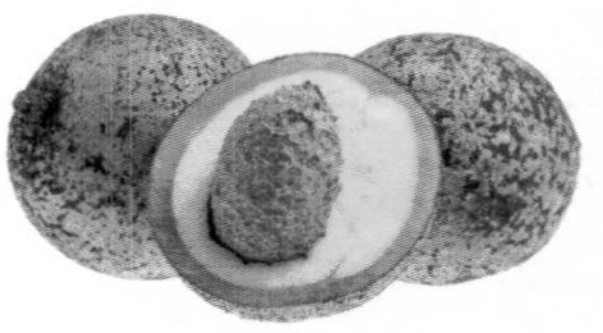

과일 명 : 매미애플 Abricot-pays (아브리코 페이), mammee apple
학명 : *Mammea americana L.* (클루시아과)
이명 : Mamey, mamet. z'abricot, pyé zabricot
원산지 : 카리브 제도
특징 : 둥근 모양의 핵과로 껍질은 회색을 띠며 2~4개의 씨가 들어 있고 과육은 오렌지 빛이 도는 노랑색이다.
맛 : 새콤하고 향이 풍부하며 살구를 연상시킨다.
용도 : 생과일, 당절임, 잼, 마멀레이드, 과일 젤리.
프랑스 본토의 살구와 같은 과로 분류되나요? NO.

다양한 영향을 받은 요리

앙티유 요리의 강렬한 매력과 강인한 기질은 이곳을 점령했던 모든 민족들로부터 유래했다. 다양한 민족의 열정적인 멜팅팟이었던 이곳의 가계도를 살펴보자.

영국인 식민 통치자들
18세기 말

생산물 빵나무 열매

아메리카인디언 원주민
(아라와크, 카리브제도 원주민)
중석기시대-17세기

생산물 :
고추 piment
올스파이스 bois d'Inde
카사바 manioc
아나토 roucou
고구마 patate douce
아보카도 avocat

테크닉과 레시피 :
훈제육, 훈제수렵육
카사브(cassaves 카사바 가루로 만든 갈레트)

LA GRANDE TERRE
GADELOUPE
LA DESIRADE
LES SAINTES
LA DOMINIQUE
LA MARIE GALANDE

인도 이주민
1854-1885

생산물 :
강황
생강

테크닉과 레시피 :
콜롬보(le colombe 향신료를 넣은 매콤한 스튜)
마살라(향신료 믹스)

네덜란드 이주민
(1654년 포르투갈 종교재판에 의해 브라질에서 추방된 유대인들)

생산물 : 동브레(dombré 밀가루로 만든 새알심의 일종으로 크네프(knèfes)를 재해석한 것이다)

LA MARTINIQUE

아프리카 노예들
1640년부터

생산물 :
오크라 gombo
참마 ignam
비둘기 완두콩 pois d'angole

테크닉과 레시피 :
칼랄루(calalou 채소 수프)
콩코식 수프(soupe à Congo 콩고의 노예들로부터 전해진 레시피)
튀김(아크라 accras)
벨렐레(bélélé 내장 부속과 바나나를 넣은 스튜)
빵나무 열매 스튜(Migan de fruit à pain)

프랑스인들
16세기 말

생산물 :
내장, 부속
렌틸콩
염장대구

테크닉과 레시피 :
블랑망제 blanc-manger
속을 채운 게 crabe farci
문어 스튜 daube de chatrou
생선 쿠르부이용 court-bouillon de poisson
부댕 boudin
브랑다드 brandade
바게트 baguette
비에누아즈리 viennoiserie
사탕수수 sucre de canne
럼 rhum
풀레 크라포딘 poulet crapaudine(반으로 갈라 넓게 펴서 구운 닭)

스페인의 항해자들
16세기

생산물 :
염소(반 야생 상태의 어린 염소 cabri)
돼지(반 야생 상태의 돼지 cochon marron)

파파비비(PAPA VIVI) 돼지요리

우리는 수지네 집에서 마르티니크 출신 할아버지로부터 직접 전수받은 레시피의 이 가족 요리를 몇 번이나 맛보았는지 모른다. 여기에 반드시 곁들여야 하는 것은 맛있는 홈메이드 감자튀김(레시피는 p.331 참조)이다.

준비 : 15분
조리 : 1시간 45분
8인분

<u>염장 돼지고기 porc demi-sel</u>
앞다리 어깨살 1kg
등갈비 1kg
목살 1kg
꼬리 3개
레몬 3개
검은 통후추 20알
양파 1개
정향 4개
<u>양파 비네그레트 vinaigrette d'oignons</u>
노란 양파 1kg
하바네로(habanero) 고추 1/4개
낙화생유 150ml
화이트 식초 7테이블스푼
<u>채소 가니시</u>
주황색 살 고구마 4개
물 500ml

고기를 레몬으로 씻는다.
우선 레몬을 반으로 자른 뒤 즙이 나오도록 살짝 눌러가며 고기를 세게 문지른다. 충분히 헹군 뒤 작은 칼로 돼지 꼬리의 껍데기를 긁어준다. 큰 냄비에 고기를 전부 한 켜로 놓고 찬물을 높이만큼 부은 뒤 가열한다. 살살 끓어오르기 시작하면 물을 따라 버린다. 이 작업을 세 번 더 반복한 다음 고기를 건져 무쇠 코코트 냄비에 넣고 찬물을 높이만큼 붓는다. 정향과 통후추 알갱이를 박아놓은 양파 1개를 넣고 끓을 때까지 가열한다. 물이 끓기 시작하면 불을 줄이고 약하게 끓는 상태로 1시간 30분간 삶는다.
양파 1kg의 껍질을 벗기고 칼로 잘게 다진다. 여기에 하바네로 고추 1/4개, 낙화생유, 식초, 고기 삶은 뜨거운 물 2국자를 넣고 거품기로 잘 저어 섞는다.
고구마를 흐르는 물에서 솔로 문질러 씻은 뒤 깨끗이 헹군다. 소금을 넣은 끓는 물에 고구마를 20분간 삶는다. 삶은 고구마는 서빙 전 껍질을 벗기고 길게 반으로 자른다. 뜨거운 서빙 플레이트에 고기를 건져 담은 뒤 양파 비네그레트와 고구마를 곁들여 서빙한다.

염장대구를 넣은 보키트 샌드위치

샌드위치이면서 튀긴 도넛이기도 한 이 빵은 과들루프에서 꼭 먹어보아야 할 스트리트 푸드이다.

준비 : 20분 - 조리 : 30분 - 반죽 휴지 : 2시간
6인분

밀가루 300g
제빵용 생 이스트 20g
소금 1/2티스푼
튀김용 기름 1리터
따뜻한 물 150ml

생 이스트에 따뜻한 물을 넣어 갠 다음 5~10분간 휴지시킨다. 밀가루를 체에 치고 소금을 넣어 섞은 뒤 작업대나 넓은 볼에 놓고 가운데 우묵한 공간을 만든다. 여기에 물에 갠 이스트를 붓고 조금씩 섞어가며 반죽한다. 전동 스탠드 믹서 볼에 넣고 도우훅으로 4~5분간 돌려 말랑하고 탄력있는 반죽을 완성한다. 반죽의 부피가 두 배로 부풀 때까지 2시간 동안 휴지시킨다. 반죽을 꺼내 5mm 두께로 민 다음 원형커터나 컵을 이용해 지름 8cm 원반 모양으로 잘라낸다. 넓은 쟁반에 밀가루를 조금 뿌린 뒤 원형 반죽을 겹치지 않게 놓는다. 행주로 덮고 최소 30분간 휴지시킨다. 170℃로 가열한 튀김 기름에 반죽을 넣고 6~7분간 튀긴다. 건져서 종이타월에 놓고 기름을 뺀다. 빵을 반으로 갈라 연 다음 잘게 부순 염장대구 살(chiquetaille de morue, 옆 레시피 참조)을 채워 넣는다. 이 보키트 샌드위치는 이 상태로 따뜻하게 혹은 식은 뒤 먹는다. 염장대구 대신 잘게 썬 고기, 가늘게 찢은 닭고기 살, 잘게 부순 참치, 채소 등을 크레올식 비네그레트 소스나 마요네즈에 버무려 채워 넣어도 좋다.

잘게 부순 염장대구 살, 시크타이유

염장대구의 소금기를 뺀 다음 살을 잘게 부순 것을 뜻하며 이를 부르는 명칭은 다양하다 (déchiquitée, taillée fine, mise en charpie 등). 여기에 간을 하고 갖은 양념을 하면 가장 맛있는 크레올식 샐러드가 된다.

준비 : 20분
염장대구 데치기 : 15분
8인분

말린 염장대구 700g
쪽파 250g
마늘 5톨
화이트 식초 3테이블스푼
낙화생유 150ml
하바네로(habanero) 고추 1/4개
라임 2개
이탈리안 파슬리 1단
소금

염장대구를 물에 담가 소금기를 뺀 다음 살을 잘게 부순다(다음 페이지 아보카도 페로스(féroce d'avocat) 레시피 설명 참조). 파슬리를 씻어 물기를 제거하고 양파는 껍질을 벗긴다. 양파, 파슬리, 고추를 아주 잘게 다진다. 마늘은 껍질을 벗겨 마늘 프레스로 곱게 짓이긴다. 다진 재료를 모두 볼에 담은 뒤 레몬즙, 기름, 식초를 넣고 거품기로 잘 저어 섞는다. 이 비네그레트 소스를 염장대구에 붓고 잘 섞는다. 맛을 본 뒤 간이 싱거우면 소금을 추가한다.

<u>유용한 팁</u> : 원래는 염장대구의 소금기를 뺀 다음 숯불에 한 번 구워 훈연했다. 논스틱 코팅 팬에 기름을 두르지 않은 상태로 앞뒷면을 고루 구워 사용해도 된다. 구운 향이 더해져 더 풍성한 맛을 낼 수 있다.

갈색으로 구운 돼지고기

준비 : 20분
조리 : 50분
6인분

도톰하게 자른 돼지고기 슬라이스 800g
(rouelle de porc 돼지 앞다리 또는 뒷다리 살을 뼈와 함께 수직으로 자른 것)
돼지 목살 600g
해바라기유 2테이블스푼
레몬 2개
하바네로(habanero) 고추 1/8개
쪽파 6줄기
파슬리 3줄기
타임 1줄기
양파 1개
마늘 1톨
소금, 후추
물 500ml

레몬을 반으로 잘라 즙을 짜며 고기에 고루 문질러준 다음 물에 헹군다. 물기를 닦아내고 약 7cm 크기로 잘라준다. 쪽파, 양파, 마늘의 껍질을 벗긴다. 파슬리를 씻은 뒤 종이타월로 물기를 제거한다. 양파를 굵직하게 다진다. 코코트 냄비에 기름을 달군 뒤 고기를 넣고 중불에서 지진다. 물을 조금 넣어주며 시간을 두고 천천히 익혀, 색이 나게 지지되 기름에서 한꺼번에 금방 짙은 색이 나지 않도록 한다. 뒤집은 다음 물 1~2 테이블스푼을 2분마다 넣어주며 지진다. 총 20분 정도 소요된다. 다진 양파를 첨가한 다음 2분간 더 볶는다. 파슬리, 쪽파, 타임을 묶어 고추와 함께 코코트 냄비에 넣는다. 물 500ml를 넣고 뚜껑을 덮는다. 끓기 시작하면 소금, 후추를 넣고 불을 줄인 뒤 중불에서 25분간 익힌다. 너무 졸아들면 소스에 물을 조금 넣어 풀어준다. 크레올식 라이스, 레드 라이스(팥을 넣어 지은 밥) 또는 뿌리채소를 곁들여 서빙한다.

치킨 콜롬보 COLOMBO DE POULET

준비 : 20분 - 조리 : 45분
8~10인분

닭(1.2kg짜리) 2마리
주키니호박 3개
마살라 가루 2테이블스푼
콜롬보 가루 2테이블스푼
양파 큰 것 4개
식용유 3테이블스푼
쪽파 10줄기
파슬리 4줄기
라임 5개
마늘 8톨
소금 티스푼

라임 1개를 반으로 잘라 즙을 짜며 닭을 고루 문질러준 다음 찬물에 헹구고 물기를 닦아둔다. 닭을 토막 내어 콜롬보 양념 가루 1테이블스푼을 뿌리고 소금, 라임즙 1개분을 넣어 재운다. 양파의 껍질을 벗기고 작게 썬다. 마늘의 껍질을 벗기고 3톨을 얇게 저민다. 코코트 냄비에 기름을 두른 뒤 다진 양파와 마늘 편을 넣고 양파가 투명해질 때까지 볶는다. 덜어내어 따로 보관한 다음 냄비에 닭을 넣고 색이 나지 않게 지진다. 주키니호박을 작게 잘라 볶아 놓은 양파, 마늘과 함께 냄비에 넣어준다. 볼에 콜롬보와 마살라 양념 가루를 넣고 뜨거운 물로 개어준다. 쪽파의 껍질을 벗기고 씻어서 파슬리와 함께 묶어준 다음 냄비에 넣는다. 물 200ml를 추가하고 약한 불로 30분간 끓인다(필요하면 물을 좀 더 넣어준다). 고추를 넣고 약불로 15분간 더 익힌다. 볼에 다진 마늘과 라임즙 3개분, 식용유 3테이블스푼을 넣고 거품기로 잘 저어 섞은 다음 냄비에 넣어준다. 부르르 끓어오르면 불을 끈다. 크레올식 라이스를 곁들여 서빙한다.

아보카도 염장대구 퓌레
MON FÉFOCE D'AVOCAT

단순히 '앙티유식 과카몰레'라고 말하지 마시라. 아보카도 퓌레인 것은 틀림없지만 여기에는 카사바 가루와 염장대구가 들어간다. 물론 '엄청나게' 맛있다.

준비 : 25분
조리 : 10분
8인분

마른 염장대구 300g
아보카도 큰 것 1개
라임 2개
쪽파 1단
(또는 줄기양파 4대, 또는 양파 큰 것 1개)
마늘 4톨
하바네로(habanero) 고추 1/4개
낙화생유 50ml
입자가 굵은 카사바 가루 3테이블스푼

하루 전날, 염장대구를 찬물에 담가 소금기를 뺀다. 중간에 물을 2~3번 갈아준다.
다음 날, 소금기를 뺀 염장대구를 찬물과 함께 냄비에 넣고 약하게 끓는 상태로 10분간 삶는다. 체에 쏟아 흐르는 물에 헹군다. 껍질과 가시를 제거하고 살을 잘게 뜯은 뒤 꼭 짜서 물을 제거한다. 아보카도를 반으로 잘라 씨를 빼내고 껍질을 벗긴 뒤 푸드 프로세서에 넣는다. 여기에 라임즙을 짜 넣고 염장대구살, 껍질을 벗겨 잘게 썬 양파, 껍질 벗긴 마늘, 낙화생유를 넣고 균일하고 곱게 간다. 넓은 그릇에 덜어낸 다음 카사바(마니옥) 가루를 넣고 잘 섞는다. 간을 확인하고 소금으로 조절한다. 냉장고에 보관한다. 슬라이스로 자른 빵과 함께 차갑게 서빙한다.

크레올 요리 한상 차림

수지 팔라탱 Suzy Palatin

가스트로크라트

프랑스어로 '가스트로크라트(gastrocrates)'는 음식을 먹고 평가하며 이에 관해 글로 풀어내기도 하는 미식 관련 전문가들의 군락을 뜻한다. 이들은 미식에 관한 생각, 견해, 주제를 놓고 담론을 만들어내기도 하고 때로는 더 복잡하게 꼬아놓기도 한다.

에마뉘엘 뤼뱅

미식의 천재 석학들

클로드 레비 스트로스
Claude Lévi-Strauss (1908-2009)
프랑스의 인류학자이며 20세기 인문학에 결정적 영향을 미친 세계적 석학인 그는 『신화학(*Les Mythologiques*)』의 저자이다. 「날것과 익힌 것(Le Cru et le Cuit)」, 「꿀에서 재까지(Du miel aux cendres)」, 「테이블 매너의 기원(L'Origine des manières de table)」, 「벌거벗은 인간(L'Homme nu)」의 4부로 이루어진 이 책에서 그는 '인류란 무엇인가'라는 문제를 규명하고자 하는 고민을 민족 철학적 차원에서 음식과의 연계로 풀어냈다. 기념비적인 작품이라 할 수 있다.
『신화학 (*Les Mythologiques*)』 éd. Plon.

장 프랑수아 르벨
Jean-François Revel (1924- 2006)
탁월한 지성을 지닌 사상가이자 수필가이며 우상 파괴론자였던 르벨은 1979년 고대 미식을 고찰한 결과인 방대한 지식을 우리 시대에 맞게 저술한 책으로 펴냈다. 당시로서는 처음 선보인 문학적 접근과 감각적 시각으로 저술한 이 책은 역사에 남는 새로운 형식이 되었다.
『말로 즐기는 향연(*Un festin en parole*)』, éd.Texto.

미셸 옹프레 *Michel Onfray* (1959)
그는 '맛있는 것'을 완전하게 독립된 하나의 철학적 사유의 장으로 설정하면서 작업을 시작했다. 이 철학자는 자신의 사상을 동시대의 쾌락주의로 발전시켜 나갔으며, 그 연장선상에서 2006년 '맛을 연구하는 대중 학술회'라는 강연 모임을 창립하기도 했다.
『미식 이성(*La Raison gourmande*)』, éd. Grasset.

미식 저술의 창시자들

라블레 *Rabelais* (1494?-1553)
뛰어난 필력과 인간미 넘치는 희극으로 천재성을 발휘했던 유명한 인문주의자 라블레는 식욕에 대한 열망을 끌어내는 서사시를 집필하여 문학사의 기념비를 이루었다. 독창적인 발상으로 풍부한 문체와 어조를 구사했던 이 거장의 영향으로 오늘날까지 프랑스어에는 일상에서 '라블레풍의(rabelaisien)', '가르강튀아식의(gargantuesque)', '팡타그뤼엘식의(pantagruélique)'라는 단어가 통용되고 있을 정도다.
『가르강튀아(*Gargantua*)』, éd. Gallimard.

알렉상드르 발타자르 로랑 그리모 드 라 레니에르 *Alexandre Balthazar Laurent Grimod de La Reynière* (1758- 1837)
여러 분야에서 다재다능한 모습을 보였으며 깜짝 놀랄 정도로 속임수와 현혹의 대가였던 이 모험심 많은 작가는 언론 매체에 요리 연대기를 기고함으로써 미식에 관한 정보를 체계적으로 전문화시키는 작업을 수행했다. 이후에는 음식 안내서, 미식평가 위원회 등을 만들었으며, 품질 인증 라벨 아이디어를 내는 등 미식 문화 발전에 빠져서는 안 될 인물로 역사에 남게 되었다.
『미식연감(*Almanach des gourmands*)』, éd. Menu Fretin.

장 앙틀렘 브리야 사바랭 *Jean-Anthelme Brillat-Savarin* (1755 – 1826)
행정 관료이자 제3계급 의원을 지낸 그는 세상을 떠나기 두 달 전까지 인생의 대작을 집필하고 있었다. 그의 해박한 지식의 총체를 담은 이 책은 시대를 초월하는 탁월한 미식 명상의 교본이 되었다. 역사적인 그의 책 『미각의 생리학』은 레시피, 추억뿐 아니라 멋진 문구들로 가득하다.
『미각의 생리학(*La Physiologie du goût*)』, coll. 'Champs', éd. Flammarion.

기발한 미식작가들

모리스 에드몽 사이양 (일명, 퀴르농스키) *Maurice Edmond Sailland, dit Curnonsky* (1872-1956)
'미식계의 황태자' (prince des gastronomes)'로 선출된 바 있는 퀴르농스키는 음식에 관한 책, 연대기 저술 및 미식가 연합, 미식 아카데미 창설, AOC 와인 로비스트 활동 등에 열정과 노력을 쏟아 부었다.
『미식의 나라 프랑스(*La France gastronomique*)』, 『프랑스의 미식가들(*Les Fines Gueules de France*)』, 『문학과 미식의 추억(*Souvenirs littéraires et gastronomiques*)』, 초판, 희귀본.

에두아르 드 포미안 *Édouard de Pomiane* (1875- 1964)
본명은 에두아르 포제르스키(Edouard Pozerski). 파스퇴르 연구소의 의사이자 연구원이었던 그는 미식과 식품위생에 관심이 많았다. 그는 과학적이고도 차별화된 연구와 접근으로 『잘 먹고 잘 살기(*Bien manger pour bien vivre*)』, 『10분 만에 만드는 요리(*Cuisine en dix minutes*)』 등 선구자적인 미식 서적을 집필했다. 또한 라디오 프로그램에 요리 비평가로 출연해 이 분야의 선구자가 되었다.
『라디오 요리(Radio Cuisine)』, éd. Albin Michel.

마르셀 루프 *Marcel Rouff* (1877-1936)
미식 아카데미의 공동 창립자이며 시인이자 소설가인 마르셀 루프는 미식과 식탐의 논쟁을 재미있게 담은 '도댕 부팡 (Dodin Bouffant)'의 이야기로 마침내 큰 명성을 얻는다.
『미식가 도댕 부팡의 일생과 열정(*La vie et la passion de Dodin Bouffant, gourmet*)』, éd. Le Serpent à plume.

주목해야 할 미식 작가들

바롱 브리스 *Baron Brisse* (1813-1876)
프로방스 출신의 바롱 브리스는 파리로 올라와 당시 가장 널리 인정받던 신문 중 하나인 「라 리베르테(La Liberté)」의 고정 칼럼을 맡아 글을 기고한다. 큰 성공을 거둔 브리스는 스크리브 호텔(hôtel Scribe)을 매입하기도 했다. 그는 자신이 머물던 레스토랑 호텔 '로베르 주 지구'에서 친구들과의 식사를 앞두고 일생을 마쳤다.
『바롱 브리스의 366가지 메뉴(*Les 366 menus*)』, 초판, 희귀본.

샤를 몽슬레 *Charles Monselet* (1825-1888)
희곡, 시, 소설, 신문 잡지 기사 등 다방면의 글을 두루 써 온 그는 특히 미식 작가로 각광을 받았으며, 주간지 '르 구르메(Le Gourmet)'를 비롯한 여러 출판물을 창간함으로써 미식 저널리즘의 선구자가 되었다.
『미식 교본, 식탁에서 지켜야 할 규범(*Lettres gourmandes, manuel de l'homme à table*)』, 초판, 희귀본.

장 카미유 퓔베르 뒤몽테이 *Jean-Camille Fulbert-Dumonteil* (1831-1912)
페리고르 테루아의 양분을 먹고 자란 야심만만한 출세 지향주의자였던 그는 언론에 뛰어들어 탄탄하고도 개성 있는 글 솜씨를 발휘했다. 심지어 '염장대구마저도 시로 표현'한 그는 프랑스 미식 문화의 한 페이지를 장식했다.
『미식의 프랑스(*La France gourmande*)』, 초판, 희귀본.

제임스 드 코케 *James de Coquet* (1898 -1988)
1930-40년대의 유명한 기자였던 그는 '알베르 롱드르(Albert-Londres)' 언론인 상을 수상한 이후 승승가도를 달렸으며 '피가로 매거진'에 수준 높은 연극, 미식 비평을 기고했다. 그의 저서 『식탁 이야기(*Propos de table*)』는 미식 수사법의 백미로 꼽힌다.
『식탁 이야기』, éd. Albin Michel 출판.

로베르 쥘리앵 쿠르틴 (일명, 라 레니에르) *Robert Julien Courtine, dit La Reynière* (1910-1998)
나치 독일 점령기 비시(Vichy) 임시정권 하에서 기자 생활을 했고, 전후에는 일간지 '르 몽드'에 요리 칼럼을 기고했던 쿠르틴은 위베르 뵈브 메리 (Hubert Beuve-Méry. 프랑스의 언론인, '르 몽드'의 창업자)가 '나의 가장 좋은 동역자'라고 칭했던 인물이다. 그는 전후 30년간 이어지던 호황기 시절, 미식 관련 정보 전파에 큰 몫을 담당했다.
『새로운 미식법(*Un nouveau savoir manger*)』, éd. Grasset.

장 페르니오 Jean Ferniot (1918- 2012)
드골파의 영향력 있는 프랑스 정치 기자이자 저명한 문인이었던 페르니오는 미식 관련 언론 활동에 많은 관심을 기울였으며 특히 퀴르농스키가 창간한 잡지 '퀴진 에 뱅 드 프랑스(Cuisine & Vins de France)'의 대표 및 편집장을 역임하기도 했다.
『미식 수첩(*Carnet de croûte*)』, éd. Robert Laffont.

미디어에서 활약한 미식 전문가들

장 피에르 코프 Jean-Pierre Coffe (1938-2016)
광고 모델, 연기자, 성공한 외식업자 등 수많은 타이틀을 지닌 그는 미식 전문가로 출연했던 프랑스 Canal+ 등의 TV 방송 프로그램에서 직설적인 언행으로 무대를 초토화시키기도 했다. 방송과 부풀린 광고의 이면에 온갖 포장과 미사여구로 가려있던 실상을 대중에게 드러내 경각심을 일깨워 주었으며, 이를 통해 많은 사람들이 제대로 된 진짜 맛을 원한다는 욕구를 깨우는 데 일조했다.
『코프의 인생(*Une vie de Coffe*)』, éd. Stock.

장 뤽 프티르노 Jean-Luc Petitrenaud(1950)
서커스 학교를 거친 어릿광대이자 배우였던 프티르노는 라디오에서 요리 프로를 진행했고, 90년대 TV 미식기행 프로에 출연해 음식을 맛보며 익살스런 연기력과 열정을 맘껏 발휘했다. 이를 통해 요리 프로그램이 새로운 형식으로 발전하게 되었고, 일반 대중과 미식을 친숙하고 가깝게 연결해주는 매체가 되었다.
『프랑스의 먹거리(*La France du casse-croûte*)』, éd. Hachette.

프랑수아 시몽 François Simon (1953)
'프레스 오세앙(Presse-Océan)', '르 마탱 드 파리(Le Matin de Paris)', '고 에 미요(Gault et Millau)'를 거쳐 1987년 '피가로스코프(Figaroscope)'의 창간 멤버가 된 유명한 미식 평론가. 완벽하게 신분을 감춘 암행 사찰로 유명하다. 타의 추종을 불허할 정도의 신랄한 비평과 철저한 독립성으로 오늘날 미식 비평계의 수장으로 꼽히고 있다.
『아무것도 모르면서 미식 평론가 행세를 하는 법(*Comment se faire passer pour un critique gastronomique sans rien y connaître*)』, éd. Albin Michel.

페리코 레가스 Périco Légasse (1959)
주간지 '에벤느망 뒤 죄디(Événement du jeudi)'에 이어 '마리안(Marianne)'에서 저널리스트로 일했을 뿐 아니라 종종 방송에도 미식 전문가로 출연해 활동하는 페리코 레가스는 나쁜 음식의 퇴치를 부르짖고, 테루아, 원산지명칭통제(AOC), 더 나아가 프랑스 토종 음식을 보호하고 지지하는 미식 평론가이다.
『건방진 미식 사전(*Dictionnaire impertinent de la gastronomie*)』, éd. Bourin.

뱅상 페르니오 Vincent Ferniot (1960)
TV 방송이 요리, 음식 관련 프로그램으로 넘쳐나기 한참 전부터 뱅상 페르니오(장 페르니오의 아들)는 순수한 우직함과 왕성한 호기심으로 영화, 방송 등을 통해 대중들에게 좋은 재료와 미식을 즐기는 법을 소개해오고 있다.
『우리 땅에서 나는 귀한 음식(*Trésors du terroir*)』, éd. Stock.

쥘리 앙드리외 Julie Andrieu (1974)
영화배우 니콜 쿠르셀(Nicole Courcel)의 딸인 쥘리 앙드리외는 미식 기행으로 각지를 돌아다니며 촬영한 레시피를 TV방송 프로에 소개하고 있으며, 특유의 여성적인 스타일과 톡톡 튀는 진행으로 요리 프로그램을 한층 더 세련되고 현대적인 형태로 변모시켰다.
『쥘리의 요리 수첩(*Les Carnets de Julie*)』, éd. Alain Ducasse.

미식을 사랑했던 다른 분야의 천재들

알렉상드르 뒤마 Alexandre Dumas (1802-1870)
『삼총사』의 작가이자 엄청난 미식가였던 그가 천재적인 필력의 일부를 할애해 쓴 『요리 대사전』은 그가 세상을 떠난 후 출간되었다.
『요리대사전(*Grand Dictionnaire de cuisine*)』, éd. Phébus, éd. Menu Fretin.

조제프 델테이 Joseph Delteil (1894-1978)
시인, 수필가, 소설가였던 그는 1964년 자신의 일상적인 집필 작업 외에, 자연과 가장 가까운 음식의 도래를 예찬하고 희망하는 미식서를 발표했다.
『구석기 시대의 음식(*La cuisine paléolithique*)』, éd. Arléa.

베르나르 프랑크 Bernard Frank (1929-2006)
프랑스 문학가인 베르나르 프랑크는 앙투안 블롱댕(Antoine Blondin), 미셸 데옹(Michel Déon), 로제 니미에(Roger Nimier), 자크 로랑(Jacques Laurent) 등의 작가에게 후사르(hussard)* 칭호를 붙여주었다 음식에도 관심이 많아 수준 높은 미식 평론을 쓰기도 했던 그는 파리 8구의 한 식당에서 포크와 나이프를 손에 쥔 채 77세의 나이로 생을 마감했다.
『초상과 격언(*Portraits et aphorismes*)』, éd. Le Cherche Midi.

피에르 데프로주 Pierre Desproges(1939-1988)
해학적인 유머리스트이며 칼럼니스트로 더 유명한 데프로주는 음식 접시야말로 우리의 동시대적 관습이 투영된 거울이라고 이해했다. 이러한 그의 생각을 담은 짧은 칼럼이 잡지 '퀴진 에 뱅 드 프랑스'에 1년간 실렸다.
『또 국수야(*Encore des nouilles*)』, éd. Échappés.

새롭게 떠오른 미식 평론가들

앙리 고 Henri Gault (1929-2000)
크리스티앙 미요 Christian Millau (1928-2017)
이 두 사람은 각각 법률 전문가와 정치부 기자 출신이다. 평소 맛있는 음식을 즐기던 미식가였던 이들은 1960년대에 자신들의 이름을 딴 진정한 미식 출판의 틀을 만든다. 현대적인 접근과 탄탄한 조사결과를 바탕으로 선보인 레스토랑 가이드 '고 에 미요(Gault & Millau)'는 1971년 누벨 퀴진을 선언하기에 이른다.
『안내서: 종업원, 들것 부탁해요(*Les Guides; Garçon, un brancard!*)』, éd. Grasset.

클로드 르베 Claude Lebey (1923-2017)
주간지 '파리 마치(Paris Match)'와 '렉스프레스(L'Express)'에 고정적으로 음식 칼럼 기사를 기고하며 미식 평론가로 활동했고 유수 출판사의 편집장을 지낸 그는 1980년대부터 2000년에 이르기까지 미식계에서 가장 영향력 있는 인물 중 하나로 꼽힌다. 그는 또한 알랭 샤펠과 미셸 게라르에 이르는 누벨 퀴진의 대표 셰프들의 책을 출간했고 미식 유산을 일목요연하게 정리하는 작업을 추진했으며, 자신의 레스토랑 가이드에 비스트로 편을 추가하기도 했다.
『프랑스 미식 유산 목록, 전 22권(*L'Inventaire du patrimoine culinaire de la France, 22 volumes*)』, éd. CNAC-Albin Michel.

필립 쿠데르 Philippe Couderc (1932)
신랄한 비판을 서슴지 않고, 강한 주장을 내세웠던 80년대의 음식 평론가. 아주 가혹한 평가를 하는 것으로 유명했던 그는 '미뉴트(Minute)'와 '누벨 옵세르바퇴르(Nouvel Observateur)'의 미식 칼럼을 담당했다. 그는 특히 오만한 어조와 음모를 꾸미는 듯한 독선적인 평론방식을 이어갔다.
『프랑스를 만든 요리들(*Les plats qui ont fait la France*)』, éd. Julliard.

질 퓌들로브스키 Gilles Pudlowski (1950)
로렌 출신의 전형적인 파리지앵인 퓌들로브스키는 80~90년대에 미식 평론계의 거물로 자리 잡았다. 맛있는 것을 찾아 어디든지 달려가고, '르 푸엥(Le Point)'에 오랫동안 글을 기고하는 등 출판 및 미디어와도 친숙하며 최근에는 블로그 활동도 활발히 하고 있다.
『퓌들로 가이드(*Les guides Pudlo*)』, éd. Michel Lafon./『음식평론가는 과연 어디에 필요할까?(*À quoi sert vraiment un critique gastronomique?*)』, éd. Armand Colin.

미식 평가 그룹

르 푸딩 Le Fooding (2000)
'푸드(food)'와 '필링(feeling)'을 합성한 신조어로 1999년 저널리스트 알렉상드르 카마스(Alexandre Cammas)가 만든 이름이다. 푸딩은 이듬해 에마뉘엘 뤼뱅(Emmanuel Rubin)이 합류하여 '가스트로노미'에 더욱 활기를 더하면서 새로운 시대에 맞는 미식 문화 발전의 중심 기지로 부상하게 된다.
『푸딩 사전(*Fooding le Dico*)』, éd. Albin Michel.

옴니보어 Omnivore (2003)
옴니보어는 라디오 방송국 유럽1(Europe1)과 고미요의 저널리스트 출신인 뤽 뒤방셰(Luc Dubanchet)가 '르 푸딩'의 영향을 받아 만들었다. '젊은 요리'라는 콘셉트를 기본으로 하는 이 단체는 미식 관련 출판과 페스티발 행사 등을 통하여 창의력이 넘치는 셰프들이 만들어 내는 자유분방하면서도 친숙한 요리를 전 세계에 알리고자 노력하고 있다.
『옴니보어 푸드북(*Omnivore Foodbook*)』, 6개월마다 발행됨.

* 후사르 문학 사조: Movement littéraire Hussards: 1950-60년대의 문학사조로 사르트르의 실존주의 문학과 드골 우파에 반대했다.

관련 내용으로 건너뛰기
p.146 그리모 드 라 레니에르

프랑스의 상징, 개구리 요리

프랑스인들을 괜히 개구리에 비유하는 것이 아니다. 프랑스 미식의 보석인 이 양서류 동물은 이미 10세기 전부터 이들 요리의 일부가 되어왔다.

마리 아말 비잘리옹

변함없는 요리

개구리를 요리하는 방법은 거의 바뀌지 않았다, 『파리살림백과(Le Mesnagier de Paris)』(1393)에 소개된 레시피에 따르면 14세기에 이미 개구리에 밀가루를 묻혀 식용유나 돼지 기름에 튀긴 뒤 후추를 뿌려 먹었다.

간략한 역사

12세기, 개구리는 고기로 치지 않았기 때문에 육식을 금하던 사순절 기간 중에도 먹을 수 있었다.
1960년대까지 프랑스에서 소비되던 개구리는 프랑스의 못, 저수지 등지에서 잡은 것들이었다. 녹색을 띤 유럽참개구리(Rana esculenta)는 동브(Dombes) 호수에서, 유럽 갈색 개구리(Rana temporaria)는 쥐라(Jura), 아르덴(Ardennes), 보주(Vosges) 지역에서 서식했다.
1970년부터 개구리의 개체수가 감소하고 수요는 늘어남에 따라 유고슬라비아로부터 살아 있는 개구리를 수입하기 시작했다.
1980년 5월 6일 프랑스산 개구리를 보호하고 판매를 금지하는 법령이 시행되었다(JO du 04/06/1980). 유럽과 동구권에서 살아있는 개구리가 조금씩 수입되었고 인도네시아로부터 냉동개구리의 수입이 급격히 늘어났다(연간 4000톤).

식용개구리 양식

2010년 파트리스 프랑수아(Patrice François)는 프랑스 최초의 대규모 개구리 양식업자가 되었다. 드롬(Drôme) 지방의 피에를라트(Pierrelatte)에 위치한 이 양식장에서는 연간 4톤에 달하는 우수한 품종의 녹색 개구리(Rana ridibonda)를 생산하며 몇 년 안에 20톤 생산을 예상하고 있다(그래도 수입량에는 훨씬 못 미친다).

누워서 침 뱉기

'개구리를 먹는 사람들(frog eaters)', '프로기(froggies)' 등의 별명은 프랑스의 바다 건너 이웃인 영국인들이 놀리며 붙여준 것이다. 하지만 2013년 영국 스톤헨지 근처에서는 프랑스보다 최소 8000년 이전에 익힌 개구리 뒷다리를 먹고 남긴 뼈가 대량 발견된 바 있다. 이곳은 이전에 발견된 적 없는 가장 오래된 중석기 지층 지대이다*. 그렇다면 과연 원조 '프로기'는 누구일까?

* Mark Brown, The Guardian 2013.10.16.

개구리 거래의 이면

일단 해체하여 냉동된 상태로 아시아에서 들어오는 개구리는 그 품종을 어떻게 확인할 수 있을까? 두 명의 교수*가 이에 대해 고민했다. 그들의 연구 결과는 놀라웠다. DNA 감식 결과 '라나 마트로동(Rana macrodon)'이라는 이름으로 판매되는 개구리의 99%는 실제로 이보다 훨씬 질이 떨어지는 일명 '게잡이개구리(Fejervarya cancrivora)'인 것으로 밝혀졌다.

* Anne-Marie Ohler, Violaine Nicolas Colin, www.theconversation.com 2017. 5. 25

식용 개구리 뫼니에르

알렉상드르 고티에
*Alexandre Gauthier**

알렉상드르 고티에는 파 드 칼레(Pas-de-Calais)의 유명한 식당에서 이 정통 개구리 요리를 계승한 놀라운 셰프 아버지 롤랑 고티에의 요리를 재현한다.

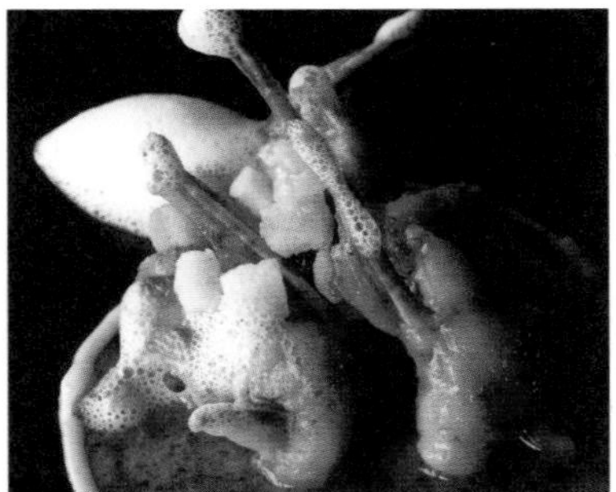

6인분(애피타이저 포션)
준비 : 50분
조리 : 30분

식용 개구리 뒷다리 1kg
레몬 4개
올리브오일
식빵 1/4 덩어리
정제버터 100g
가염버터 250g
흰 후추(즉석에서 간다)
소금(플뢰르 드 셀)

레몬 2개의 즙을 짠다. 나머지 2개의 레몬은 겉껍질과 속껍질을 모두 잘라 벗긴 뒤 과육만 작은 주사위 모양으로 썬다. 식빵을 아주 잘게 깍둑 썬(brunoise) 다음 팬에 정제버터(버터를 녹인 뒤 거품을 건져낸다)와 함께 넣고 노릇하게 볶는다. 뜨겁게 달군 팬에 올리브오일을 두르고 개구리 뒷다리를 노릇하게 튀기듯 지진다. 바삭하게 익으면 가염버터를 추가한 뒤 거품이 나도록 녹인다. 이 때 레몬즙을 넣어준다. 소금, 후추로 간한다.
접시에 개구리 뒷다리를 담고 잘라둔 레몬 과육과 식빵 크루통을 고루 곁들인다. 팬에 남은 브라운 버터(beurre noisette 버터가 갈색이 나기 시작할 때까지 녹여 가열한 뒤 거품기로 잘 젓는다)를 뿌린다.

* 레스토랑 '라 그르누이에르(La Grenouillère)'의 셰프, La Madelaine-sous-Montreuil(Pas-de-Calais).

프랑스 전통 빵, 기술과 방법

밀가루, 소금, 물, 이것은 오랜 세월 내려오는 빵의 기본 재료이다.
일상의 주식인 빵, 프랑스의 제빵 기술은 이를 최고의 수준으로 올려놓았다.

롤랑 피이야스

고대 이집트에서 프랑스까지, 간략한 빵의 역사

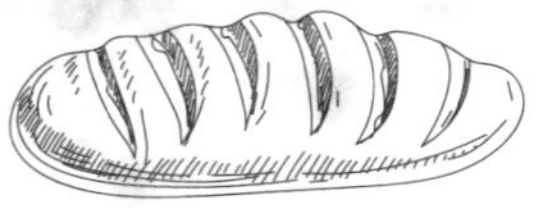

BC 3000	고대 이집트인들은 우연히 발효 빵을 발견했다. 이 빵은 발효 미생물 성분이 풍부한 나일강 물로 반죽한 것이었다.
BC 5세기	고대 그리스인들은 깔때기 형 투입구가 있는 제분기를 발명했고 포도주 효모균을 이용해 다양한 종류의 빵을 만들었다.
1세기	대플리니우스는 갈리아 인들이 빵 반죽에 맥주 거품을 넣었고 그래서 더욱 가벼운 식감의 그들의 빵은 아주 인기가 좋다고 기록했다.
6세기	제분기와 빵 굽는 화덕은 영주들 소유였고 일반인들이 이를 사용하려면 시설 사용세(droit de banalité)를 납부해야 했다.
중세	'밀가루를 체에 치는 사람들(tamisiers, talmeniers)'의 동업 조합이 등장한다. 빵을 집에서 만들어 먹을 수 있게 되었다.
1200	필립 오귀스트(Philippe Auguste)는 '밀가루를 체에 치는 사람들'에게 빵 굽는 화덕 소유를 허용한다. 이들은 '제빵 관리인(panetiers)'이 된다.
1250	봉건 영주들이 소유한 시설의 사용세가 폐지된다. '제빵 관리인(panetier)'은 '제빵사(boulanger)가 된다. '둥근 공 모양(boule)'의 빵을 만들기 때문에 '불랑제'라는 이름이 붙었다.
1790	소금세(gabelle)가 폐지된다. 빵에 소금을 넣기 시작한다.
1793	부자건 가난한 사람이건 누구나 먹을 수 있는 '평등의 빵(pain de l'Égalité)'을 만든다.
1838	오스트리아인 오귀스트 장(Auguste Zang)은 파리에 빵집을 내고 이스트를 넣은 비엔나식 빵을 만들어 판다.
1857	루이 파스퇴르(Louis Pasteur)는 알코올 발효를 일으키는 미생물이 '효모(이스트)'라는 사실을 밝혀낸다.
1872	풀드 슈프링어(Fould-Springer) 남작에 의해 프랑스 최초의 효모 공장이 탄생한다.
1873	세계 최대의 제빵용 이스트 제조사인 '르자프르(Lesaffre)'가 설립된다.
1903	낭테르의 제빵 장인 샤를 외드베르(Charles Heudebert)가 비스코트(biscotte)를 처음 만들어낸다.
1993	'빵에 관한 법령(Décret pain)'에 프랑스 전통 빵 제조에 관한 요건들이 명시된다.
1997	장 피에르 라파랭(Jean-Pierre Raffarin)은 제빵사의 수호성인 축일인 5월 16일을 빵 축제일로 정하고 제빵업에 관한 규정을 만든다.

나만의 르뱅 만들기

천연 발효종 빵(사워도우 브레드) 반죽을 만들기 위해서는 우선 스타터가 되는 '모 발효종 또는 원종(levain-chef)'을 배양해야 한다. 유기농 밀가루와 광천수를 사용한다.

Day 1 : 깨끗한 용기에 밀가루(글루텐 함량이 높은 강력분. 프랑스 밀가루 기준 T80 이상) 또는 호밀가루 25g에 따뜻한 물 25g을 넣고 섞는다. 느슨하게 뚜껑을 덮거나 랩을 씌운 뒤 구멍을 군데군데 뚫어준다. 상온에 보관한다(25°C가 이상적인 온도).

Day 2 : 전날 준비한 혼합물에 밀가루 50g과 물 50g을 넣고 섞는다. 다시 덮어 발효시킨다.

Day 3 : 혼합물의 반을 덜어내어 버린다. 남은 혼합물 100g에 밀가루 200g 과 물 200g을 첨가한 다음 다시 덮어서 발효시킨다. 기포가 생기고 기분 좋은 시큼한 향(요거트나 발효된 양배추와 비슷한 향)이 나기 시작할 때까지 이 과정을 2~3일 더 반복한다 (매번 절반을 덜어내어 1kg의 발효종만 남게 한다). 발효종 스타터인 '르뱅 셰프 (levain-chef 모 발효종)'가 완성되었다. 이 상태 그대로 빵 반죽을 하는 것이 아니라 '리프레시(rafraîchir)' 작업, 즉 르뱅(발효종)에 일정한 양의 밀가루와 물을 더해 밥을 주는 과정을 거쳐야 한다(levain rafraîchi 또는 levain tout-point).

모 발효종(르뱅 셰프)의 일부를 덜어낸 뒤 발효종과 물, 밀가루를 최소 1 : 2 : 2의 비율로 섞어준다.

예를 들어 르뱅 200g이 필요하다면 모 발효종(르뱅 셰프) 50g에 물 100g과 밀가루 100g을 섞는다. 이어서 4시간 동안 발효(마찬가지로 느슨하게 덮어둔다) 시킨 후 사용한다.

부피의 1/3 정도가 부풀고 초콜릿 무스와 같은 농도가 되어야 한다.

이 '리프레시 발효종' 상태를 '르뱅 투푸앵(levain tout-point)'이라고 한다.

이 리프레시 르뱅(levain rafraîchi)은 일부분을 덜어내 항상 보관하도록 한다. 이 발효종을 모체로 하여 다음 번 빵을 만들 때 사용할 리프레시 르뱅을 또 만드는 것이다. 이 르뱅은 3일 내에 사용할 경우 상온에 보관할 수 있으며 냉장고에서 1~2주일 보관 가능하다.

★ 반죽하기 La pétrie

물과 밀가루를 섞는 과정으로 반죽에 공기를 불어넣는 역할도 한다(부피의 약 10%). 우선 재료를 혼합한 뒤 접어가며 치대어 반죽한다. 반죽 작업이 충분히 이루어지지 않으면 잘 부풀지 않으며 너무 오래 치대어 반죽하면 글루텐 망이 느슨해져 부피가 꺼지게 된다.

★ 1차 발효하기 Le pointage

반죽을 휴지시키는 단계로 이때 효모가 증식되며 향이 생겨난다.

★ 성형하기 Le façonnage

반죽은 작은 덩어리로 소분한 다음 둥근 모양 또는 바게트 등 원하는 모양으로 만든다.

★ 2차 발효하기 L'apprêt

성형을 마친 반죽을 굽기 전 다시 한 번 발효한다.

★ 칼집내기 Le grigne

이 단계는 '제빵사의 시그니처'라고 불린다. 빵에 칼집을 내주면 이 틈을 통해 수분이 증발하고 굽는 동안 발생하는 이산화탄소가 빠져나가게 되어 빵이 더 잘 부푼다.

비교해봅시다

● 천연 발효종빵

공기와 밀가루에 존재하는 효모와 박테리아의 작용을 통해 자연적으로 반죽에 발효균이 배양될 때 이 발효종(levain)을 '천연(naturel)'이라고 한다. 이것이 만들어지는 과정은 매우 복잡하며 천연 발효종으로 제대로 만든 빵은 향이 풍부하고 영양면에서도 우수하다. 뿐만 아니라 천천히 진행된 발효 덕에 글루텐의 소화도 더 용이하다. 또한, 빵의 보존기간도 더 길다.

● 대량생산 빵

이와는 대조적으로 일반 베이커리와 대량생산 제빵업체에서는 발효 기능을 위해 선택한 단 한가지의 이스트를 사용한다. 발효시간(즉 제조시간)을 단축하기 위하여 대개 이스트 양을 늘리기도 한다. 하지만 과거에 비해 품질이 떨어진 최근의 밀가루들은 이러한 이스트를 배양하기에 역부족이어서 첨가제의 도움을 필요로 한다. 이는 글루텐 조직을 강화하고 글루텐 불내증 완화에도 효과적이다. 이스트를 넣어 빵을 만들 때 생성되는 특유의 향을 보충하기 위해 제빵사는 소금을 넣거나 때로 열에 활성화하지 않는 발효종, 즉 '스타터(발효균이 사멸해 더 이상 발효과정에서 역할을 하지 못한다)'를 첨가하기도 한다.

발효종, 르뱅 LE LEVAIN

역사 : 이 발효과정은 아마도 곡물이 들어간 혼합물을 더운 상온에 두고 잊어버린 후 우연히 발견된 것으로 추정된다. 가정주부, 이어서 제빵사들은 하루 전날 치대어 반죽한 뒤 부푼 반죽의 일부를 따로 보관해 두었다가 이를 이용해 새로운 발효종을 만들어 쓸 수 있다는 사실을 알게 되었다.
생물학 : 르뱅은 공기, 밀가루, 그리고 용기 표면에 존재하는 수많은 종류의 미생물로 이루어진 살아있는 공생의 장이다. 단세포 균인 효모는 모든 생물과 마찬가지로 숨을 쉬고 먹이를 먹는다. 이들은 곡물에 함유된 당분을 먹고 산다. 이 양분을 분해하면서 효모는 이산화탄소 등을 배출하게 되고 이로 인해 반죽이 부푸는 효과를 초래한다. 또한 알코올, 젖산, 아세트산 등을 발생시킨다. 이 효모는 '자생적'인 것이며 발효는 자발적으로 천천히 이루어진다. 또한 여기에 함유된 다량의 박테리아군은 젖산발효와 초산발효를 일으켜 빵에 특유의 풍미와 영양학적 우수함을 제공한다. 젖산균은 또한 탄산가스를 발생시켜 반죽을 부풀게 한다.
활용 : 가능한 한 균일한 결과를 얻기 위해 발효종, 환경조건, 원재료들을 세심하게 관리하는 사람들의 경험을 바탕으로 해야 한다. 발효종이 계속 살아 있으려면 주기적으로 먹이를 보충해주어야 한다.

효모, 이스트 LA LEVURE

역사 : 1857년 루이 파스퇴르(Louis Pasteur)는 박테리아와 효모의 역할을 밝혀냈다. 이어서 출아형효모(Saccharomyces cerevisiae 설탕을 사용하는 맥주 효모균)를 따로 떼어내 분류한다. 이 맥주 효모균의 일부 종으로부터 제빵용 이스트가 개발되었다. 불안정한 이 효모균은 더 안정적인 보존을 위해 이후 오스트리아 방식으로 압착해 사용했다. 여기에서 '비엔나식 제빵(또는 효모를 이용한 제빵) 방식'이라는 명칭이 생겨났고, 이는 발효종을 사용하는 프랑스식 제빵 방식과는 대립되는 개념이었다.
생물학 : 제빵용 이스트는 미세 곰팡이인 맥주 효모균으로 이루어져 있다. 이는 밀가루 안의 당분을 먹고 살며 탄산가스를 배출한다. 1g의 이스트에는 100억 개의 살아 있는 세포가 포함되어 있다.
활용 : 이스트에 따뜻한 물이나 우유를 조금 넣고 개어 기포가 일어날 때까지 15분 정도 두면 활성화된다. 발효는 비교적 빨리 진행된다. 이스트는 냉장(또는 냉동) 보관이 가능하며 50°C 이상의 온도에서는 사멸한다. 제빵용 드라이 이스트(levure de boulangerie sèche)는 이 생 이스트의 수분을 제거한 것 또는 동결 건조한 것이다. 인스턴트 드라이 이스트(levure sèche instantanée, levure biologique lyophilisée)는 밀가루에 직접 섞어 사용할 수 있는 반면 액티브 드라이 이스트(levure sèche active, levure biologique déshydratée)는 미지근한 물이나 우유 등에 풀어 사용한다.

밀가루 500g 기준 정량

제빵용 인스턴트 드라이 이스트 : 1봉지(5g)
제빵용 생 이스트 : 1/2 블록 (21g)
자가 제조 액상 르뱅 : 400g
고형 르뱅 : 300g

천연 발효종 사워도우 빵

롤랑 푀이야스(Roland Feuillas)의 레시피

준비 : 10분
휴지 : 14~18시간
굽기 : 40분
빵 1덩어리 분량

유기농 밀가루(T80) 500g
광천수 400ml + 50ml
리프레시 르뱅 (levain tout point) 150g
비정제 소금 10g

도우훅(돼지 꼬리 모양, 또는 일반 후크형 반죽 핀)을 장착한 전동 스탠드 믹서 볼에 소금, 물 400ml, 밀가루, 발효종(르뱅)을 순서대로 넣는다. 속도 1로 3분간 돌린 뒤 속도 2로 올려 3분간 더 반죽한다. 2단계로 반죽할 때 물 50ml를 가늘게 부어 넣는다. 전동 믹서가 없으면 손으로 10분 정도 반죽하고 마지막에 소량의 물을 첨가하며 반죽을 마무리해도 된다. 매끈한 반죽이 완성되면 넓은 용기나 볼에 넣고 두 번 접어 뒤집어가며 치댄다. 주방용 랩을 씌운 뒤 칼끝으로 군데군데 찔러 숨구멍을 내준다. 냉장고에 넣어 14~18시간 휴지시킨다.

반죽이 부풀면 밀가루를 조금 뿌리며 스크레이퍼로 볼에서 떼어낸 다음 밀가루를 뿌려둔 작업대 위에 놓는다(나무 작업대가 좋다). 3~4회 정도 뒤집어가며 펀칭한 다음 반죽을 둥글게 뭉친다. 등나무로 된 반죽 바구니나 유리볼에 반죽을 넣고 밀가루를 묻힌 깨끗한 행주로 덮어준다. 상온에서 1~2시간 휴지시킨다. 그동안 오븐을 260°C을 예열하고 오븐 안에 피자용 돌판이나 이것이 없으면 베이킹 팬을 넣어둔다. 아래 칸에는 약간 우묵한 오븐 트레이를 받쳐둔다. 제빵용 납작한 삽으로 반죽을 재빨리 오븐에 넣거나 바구니를 오븐 팬 위에 뒤집어 반죽을 넣는다. 아래 받쳐둔 오븐 트레이에 물을 한 컵 붓는다. 바로 오븐 문을 닫는다. 20분 후 온도를 220°C로 낮추고 20분간 더 굽는다. 빵이 노릇한 색이 나고 밑면을 두드려보았을 때 속이 빈 것 같은 소리가 나면 오븐에서 꺼낸 뒤 망에 올려 식힌다.

관련 내용으로 건너뛰기
p.368 곡물과 밀가루

브리 치즈

원산지명칭보호(AOP) 인증을 받은 브리 드 모(Meaux)와 브리 드 믈룅(Melun)이 양대 대표주자이긴 하지만 이 외에도 다양한 종류의 브리 치즈가 존재한다. 브리 치즈에 대해 더 자세히 알아보자.

로랑 세미넬

맞수 대결

브리 드 모 Brie de Meaux	브리 드 믈룅 Brie de Melun
2.6~3.2kg	1.5~1.8kg
지름 36~37cm	지름 27~28cm
4~8주간 숙성	4~12주간 숙성
고형물(extrait sec) 중 지방 함량 45%	고형물(extrait sec) 중 지방 함량 45%
연간 생산량 (2014년 기준)	연간 생산량 (2014년 기준)
6,255 톤	**255 톤**

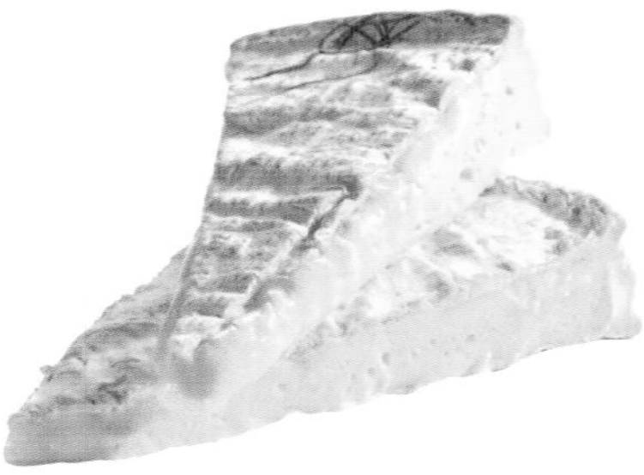

왕실에서의 역사
이미 프랑크 왕국의 파라몽(Pharamond) 왕은 파리 동쪽 마른(Marne) 주변에서 생산된 브리 치즈를 먹었다.
• 프랑크 왕국의 샤를마뉴 대제(Charlemagne)는 뢰이 앙 브리(Reuil-en-brie)의 수도원에서 브리 치즈를 맛보았다. "나는 지금 찾을 수 있는 것들 중 가장 맛있는 음식 중 하나를 발견했다"라고 말했다.
• 아버지 루이 7세로부터 왕위를 이어받은 필립 2세(Philippe Auguste)는 1180년 궁정 연회에서 '갈레트 드 브리(galette de Brie)'를 선보인다.
• 루이 16세는 성난 혁명 군중을 피해 피난을 가던 중 식사를 위해 잠시 바렌(Varennes)에서 쉬어간다. 브리 치즈를 다 먹기 전 까지는 식탁에서 일어나지 않겠다고 우기던 그는 결국 체포되었다.
• 샤를 모리스 드 탈레랑 페리고르(Charles-Maurice de Talleyrand-Périgord)는 1815년에 열린 빈 회의에서 브리 치즈를 널리 알리는 데 큰 공을 세웠다. 그가 주최한 치즈 경선에서 각 유럽 대표들은 자국 최고의 치즈를 소개했고 이들 중 브리는 '치즈 중의 왕자이며 최고의 디저트'라는 찬사를 받았다.

"둥근 플레이트 위에 놓인 세 개의 브리 치즈는 꺼진 달빛의 애수를 담고 있다. 아주 건조한 두 개는 절정기의 만월과 같고, 이미 사분의 일이 잘린 세 번째 것은 크리미한 흰색 속살이 흘러나와 빈약한 플레이트 위로 호수처럼 퍼진다. 이 플레이트로는 이것이 넘쳐 흐르지 않도록 막아낼 도리가 없다."
- 에밀 졸라(Émile Zola), 『파리의 배 속(*Le Ventre de Paris*)』, 1873

병에 담긴 브리 치즈, 잊힌 추억의 특산품
"이 치즈는 우묵한 단지형 용기나 병에 담아 먹기도 했다. 하지만 상점에서 이러한 포장으로 판매되었던 것은 아니다. 이러한 브리 치즈는 열혈 애호가들이 본고장 모(Meaux)에서 직접 가져온 것들이었다."라고 그리모 드 라 레니에르(Gridmod de la Reynière)는 기록했다.

다양한 브리 치즈
지금은 잊힌 브리치즈 리스트 :
- 브리 드 쿨로미에[Le brie de Coulommiers], '브리 프티 물[brie petit moule]'이라고도 불린다.
- 브리 드 몽트로[Le brie de Montereau].
- 브리 드 낭지스[Le brie de Nangis].
- 브리 드 마클린[Le brie de Macqueline].
- 브리 드 말제르브[Le brie de Malhesherbes].
- 브리 드 프로뱅[Le brie de Provins].
- 르 누아르 드 낭퇴이[Le noir de Nanteuil]. 오래 숙성하여 색이 검고 건조한 브리 치즈로 추수 시즌(moissons)에 주로 먹었기 때문에 '브리 데 무아송[brie des moissons]'이라고도 불린다.
- 브리 드 믈룅 블뢰[Le brie de Melun bleu](식용 숯가루를 뿌려 만든다)
- 서머셋 브리[le Somerset brie] : 프랑스의 친구인... 영국인들이 만든 브리 치즈다.

알고 계셨나요?
"브리오슈(brioche)는 옛날에 브리 치즈를 넣어 만들었던 파티스리에 붙여진 이름이다."
- 알렉상드르 뒤마, 『요리대사전(*Le Grand dictionnaire de cuisine*)』, 1873

쿠겔호프

쿠겔호프의 기본 레시피를 전격 공개한다(정통 스타일).

피에르 에르메 Pierre Hermé

비결
바로 틀이다. 일명 '터번(turban 안쪽으로 굵직하게 휜 잎맥 모양의 홈이 있다)' 형태의 토기로 된 틀이 정통식이다. 메탈이나 실리콘 틀은 사용하지 않는다.

준비 : 40분
휴지 : 하룻밤 + 8시간
굽기 : 35~40분
브리오슈 2개 분량

지름 16cm 도기 틀 2개

<u>르뱅 le levain</u>
밀가루 115g
제빵용 생 이스트 5g
우유 80ml
<u>반죽 la pâte</u>
제빵용 생 이스트 25g
우유 80ml
밀가루 250g
소금 3꼬집
설탕 75g
달걀노른자 2개분
버터 85g
건포도 145g
럼 아그리콜(rhum agricole) 60ml
속껍질까지 벗긴 아몬드 40g
버터 50g
슈거파우더

하루 전
건포도를 럼에 담가둔다.

당일
발효종(르뱅)을 만든다. 우선 유리볼에 밀가루와 이스트, 우유를 넣고 잘 섞는다. 물에 적셔 꼭 짠 행주로 덮은 뒤 표면에 작은 기포가 생길 때까지 냉장고에 4~5시간 넣어둔다.

르뱅 휴지 이후
반죽을 만든다. 이스트를 우유에 넣고 개어 풀어준다. 큰 믹싱볼에 르뱅, 밀가루, 소금, 설탕, 달걀노른자, 풀어 놓은 이스트를 넣고 혼합물이 볼 내벽에서 떨어질 때까지 잘 반죽한다. 작게 잘라둔 버터를 넣고 다시 믹싱볼 벽에서 떨어질 때까지 혼합한다. 럼에 재워두었던 건포도를 건져서 넣어준다. 잘 섞은 뒤 행주로 덮고 부피가 두 배로 부풀 때까지 상온에서 약 2시간 동안 휴지시킨다. 쿠겔호프 틀 2개를 준비해 안쪽에 버터를 바른 뒤 아몬드를 홈이 팬 맨 밑 부분에 하나씩 깔아준다.
밀가루를 뿌린 작업대에 반죽을 쏟아 놓고 반으로 나눈다. 손바닥으로 반죽 덩어리를 누르며 다시 각각 원래의 모양대로 둥글게 만든다. 반죽 가장자리를 중앙으로 접어가며 두 개의 반죽을 각각 둥글게 뭉친다. 손바닥으로 반죽을 굴려가며 둥근 공모양으로 만든다. 손가락에 밀가루를 묻힌 뒤 각 반죽을 잡고 중앙에 엄지를 박는다. 반죽을 조금 늘여가며 틀에 넣어준다. 상온에서 부풀도록 1시간 30분간 휴지시킨다. 장소가 너무 건조하면 물에 적셔 꼭 짠 행주를 덮어준다.
오븐을 200°C로 예열한다.
두 개의 쿠겔호프를 오븐에 넣고 35~40분간 굽는다. 틀에서 꺼내 망에 올린 뒤 너무 빨리 건조해지지 않도록 녹인 버터를 붓으로 발라준다. 식힌다.
슈거파우더를 솔솔 뿌린 뒤 서빙한다.
남은 쿠겔호프는 랩으로 싸서 보관한다.

레몽 올리베르

TV 출연으로 큰 인기를 얻은 최초의 요리사이며 레스토랑 '그랑 베푸르(Le Grand Véfour)'의 유명 셰프인 레몽 올리베르는 지방의 맛을 접목한 파리식 요리를 선보였다.

샤를 파탱 오코옹

Raymond Oliver, TV에서 활약한 그랑 베푸르의 스타 셰프

(1909-1990)

지롱드에서 그랑 베푸르까지

1909
지롱드 지방 랑공(Langon, Gironde)에서 출생.

1948
파리 1구의 레스토랑 '그랑 베푸르(le Grand Véfour)' 인수.

1953
미슐랭 가이드 별 셋 획득.

1954
TV 프로그램 '요리의 기술과 마법(Art et magie de la cuisine)' 시작.

1971
건강식 위주의 요리 시작.

1984
'그랑 베푸르' 레스토랑을 태탱제(Taittinger) 가문에 매각.

1990
파리에서 사망.

그의 단골들
레스토랑 '그랑 베푸르'는 오픈한 지 얼마 안 되어 파리 사교계의 유명 인사들이 몰려드는 명소가 되었다.

앙드레 말로 André Malraux
장 지로두 Jean Giraudoux
사샤 기트리 Sacha Guitry
루이 아라공 Louis Aragon
엘자 트리올레 Elsa Triolet
마르셀 슈보브 Marcel Schwob
장 폴 사르트르 Jean-Paul Sartre
시몬 드 보부아르 Simone de Beauvoir
마르셀 파뇰 Marcel Pagnol
쥘리에트 그레코 Juliette Gréco
루이 주베 Louis Jouvet
장 콕토 Jean Cocteau
콜레트 Colette

시그니처 메뉴

→콜레트의 쿨리비악
Le coulibiac de Colette
러시아가 원조인 요리로 퍼유타주 반죽 안에 연어, 달걀, 시금치를 넣어 구운 파이의 일종.

→장 콕토의 뿔닭 요리
Le pintadeau Jean Cocteau
어린 뿔닭 안에 코냑과 송로버섯을 첨가한 푸아그라를 채워 넣은 요리.

→베르쥐 소스 송아지 흉선 요리
Le ris de veau au verjus
청포도 베르쥐(신맛의 포도즙) 소스를 곁들인 송아지 흉선 요리.

→타유방 생선 테린
La terrine de poisson Taillevent
『르 비앙디에(Le Viandier)』의 저자인 기욤 티렐(Guillaume Tirel, 일명 Taillevent)에게 헌정해 그 이름을 붙인 테린.

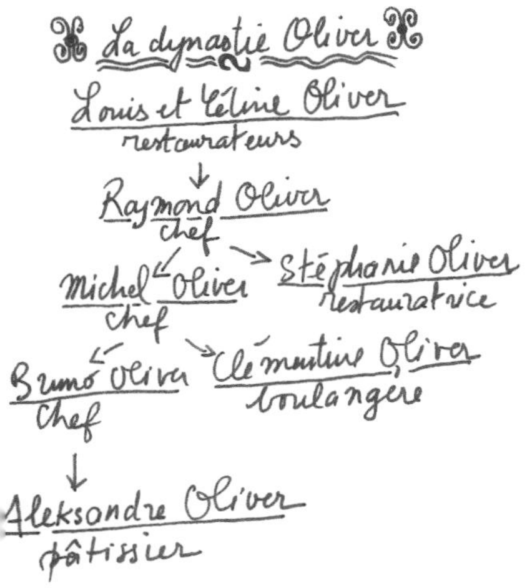
La dynastie Oliver
Louis et Céline Oliver
restaurateurs
Raymond Oliver
chef
Michel Oliver
chef
Stéphanie Oliver
restauratrice
Bruno Oliver
Chef
Clémentine Oliver
boulangère
Aleksandre Oliver
pâtissier

— 에스플레트 고춧가루와 아몬드를 넣은 조개 그라티네 —

밤색무늬조개(amandes de mer) 6개
바지락조개(palourdes grises) 6개
양식 홍합 6개
빵가루 1테이블스푼
다진 아몬드 1테이블스푼
굵은소금 100g
화이트와인 1/2컵
에스카르고 버터
다진 파슬리 1테이블스푼
처빌 1테이블스푼
타라곤 1테이블스푼
다진 샬롯 1테이블스푼
마늘 1톨
버터 80g
아니스 술 1티스푼
에스플레트 고춧가루 1꼬집

조개를 소금물에 30분 정도 담가 해감한 다음 깨끗이 씻는다. 냄비에 넣고 화이트와인을 부은 뒤 조개가 입을 열 때까지 센 불로 가열한다. 조개를 건져내고 국물을 체에 걸러둔다. 조개껍데기 위 뚜껑을 떼어낸다. 버터와 허브, 샬롯, 마늘, 고춧가루, 아니스 술을 모두 섞은 뒤 혼합 양념을 각 조개의 살 위에 얹어준다. 오븐용 용기에 굵은 소금을 넉넉히 깔고 그 위에 조개를 한 켜로 놓는다. 빵가루와 다진 아몬드를 뿌린 뒤 오븐 브로일러 아래에 넣고 구워낸다.

브뤼노 올리베르(Bruno Oliver)의 『나의 할아버지의 요리(*La cuisine de mon grand-père*)』에서 발췌한 레시피. éd. Alternatives 출판

박학다식한 요리사
그는 6,000여 권의 요리책을 소장한 프랑스 최고의 요리책 수집가 중 하나였다. 그중에는 타유방(Taillevent)의 유명한 요리책『르 비앙디에(*Le Viandier*)』의 1501년판 고서본 등 귀한 책들도 포함되어 있었다.

TV 방송에서 활약한 셰프
1954년 말 프랑스 TV 라디오 방송공사(ORTF)는 요리를 주제로 한 TV 프로그램을 편성한다. 레몽 올리베르는 진행자 카트린 랑제(Catherine Langeais)와 환상의 콤비를 이루며 13년 동안 '요리의 기술과 마법'이라는 프로그램으로 많은 주부들의 마음을 사로잡았다. 20분간 진행된 이 재미있고 실감나는 방송 덕에 그는 프랑스에서 가장 인기 있는 셰프 중 한 명으로 부상했을 뿐 아니라 외국에도 그 명성을 널리 알렸다. 이로써 요리는 미디어의 인기 장르로 자리 잡았고 이 같은 현상은 60년이 넘는 세월동안 계속되고 있다.

영화 출연
레몽 올리베르는 TV 방송 출연뿐 아니라 영화에서도 빛을 발했다. 1962년 장 셰라스(Jean Chérasse) 감독의 '모뵈주의 달빛(Claire de Lune à Maubeuge)'에 자신의 이름 그대로 출연했을 뿐 아니라, 같은 해 미셸 오디아르(Michel Audiard) 극본, 질 그랑지에(Gille Grangier) 감독의 영화 '엡솜의 신사(Le Gentleman d'Epsom)'에도 등장했다.

라디오 방송
1950년대 피에르 닥(Pierre Dac)과 프랑시스 블랑슈(Francis Blanche) 콤비의 '퓌락스(Furax)'라는 프로그램에 출연한 바 있다.
이 라디오 드라마는 극중의 두려운 악당 에드몽 퓌락스(Edmond Furax)의 만행에 맞서는 어설픈 두 탐정 '블랙 앤 화이트'의 파란만장한 모험을 담은 프로그램이었다. 레몽 올리베르는 이 드라마의 시즌 2, '부댕(Boudin Sacré)' 편 에피소드에 출연했다.

프랑스인들이 사랑하는 갈레트 데 루아

1월 초 주현절 때 먹는 갈레트 데 루아(galette des rois)에서 페브를 뽑아 왕이 되는 풍습은 프랑스에서 가장 많이 즐기는 파티스리 전통 중 하나이다. 매년 프랑스의 파티시에들은 자신들의 노하우를 쏟아 넣은 독창적이고도 더 많은 수익을 낼 수 있는 갈레트를 경쟁적으로 내 놓는다. 하지만 프랑스인들의 마음속에는 맛있게 만든 홈 메이드 갈레트가 더 큰 자리를 차지하고 있다. 만드는 법을 알아보자.

프랑수아 레지스 고드리

어휘 정리

갈레트 세슈 Galette sèche : 안에 필링을 채우지 않은 갈레트. 퓌유테 크러스트를 좋아하는 사람들을 위한 갈레트다.

파보필 Fabophilie : 갈레트 데 루아(galette des rois) 안에 숨겨진 작은 모형인 페브(fève)를 수집하는 사람.

크렘 다망드 Crème d'amandes : 아몬드 크림. 버터와 아몬드가루, 설탕을 혼합한다.

프랑지판 Frangipane : 그렘 다망드에 크렘 파티시에를 첨가한 것. 일반적으로 더 맛이 진하고 덜 느끼하며 만들기도 더 쉬운 '크렘 다망드'를 더 선호한다.

홈메이드 레시피의 필수 요소

파트 푀유테
반드시 '순 버터(pur beurre)'로 만들어야 한다. 시판 제품을 사용한다면 피카르(Picard) 사의 냉동 제품, 믿을 만한 불랑제리 파티스리 제품 또는 고품질의 아티장 제품을 사용한다. www.patefeuilleteefrancois.com

아몬드
속껍질을 벗기지 않은 유기농 통아몬드를 구입해 직접 갈아 가루를 만든다. 아몬드를 오븐에서 기름 없이 로스팅한 다음 속 껍질째 분쇄기에 곱게 간다. 이렇게 만든 아몬드가루는 질도 더 좋을 뿐 아니라 시판 제품보다 비용도 덜 든다. 또한 클레르 에츨레르(Claire Heitzler, 라뒤레(Ladurée)의 셰프 파티시에)처럼 굵직하게 다진 아몬드를 가루에 조금 섞어주면 크런치한 식감을 살릴 수 있다.

비터 아몬드 엑스트랙트
아몬드 맛을 더 진하게 내기 위해 옛날에 즐겨 사용하던 방법이다. 좀 더 은은한 향을 내기 위해서는 '아몬드 시럽(sirop d'orgeat)'을 조금 넣는 것이 더 좋다.

럼
전통식 아몬드 크림에는 언제나 병뚜껑 한 개 분량의 럼(화이트 또는 황갈색)을 넣었다. 신세대 파티시에들은 대개 알코올이 들어가지 않는 레시피로 만드는 추세이다.

아몬드 크림을 넣은 전통 갈레트

위그 푸제 *Hugues Pouget**

준비 : 20분
굽기 : 30~45분
지름 30cm 갈레트 1개분(약 8~10인분)

순 버터로 만든 파트 퓌유테 원형 시트 2장
아몬드가루 125g
상온의 부드러운 버터 125g
황설탕 100g
달걀 2개
달걀노른자 1개분(물이나 우유 1테이블스푼을 넣고 풀어준다. 달걀물용)
페브(fève, 갈레트 안에 넣는 작은 모형) 1개

상온에서 부드러워진 버터를 손가락으로 주물러 포마드 상태를 만든다. 여기에 황설탕을 조금씩 넣어 섞은 후 달걀(상온)을 한 개씩 넣으며 혼합한다. 여기에 아몬드가루를 넣은 뒤 부드럽고 균일하게 잘 섞어준다. 유산지를 깐 오븐 팬 위에 원형 퍼유타주 반죽 시트를 한 장 깔고 짤주머니나 스푼을 이용하여 아몬드크림을 채워 넣는다. 크림 두께가 일정하도록 주의하고 둘레는 2~3cm 정도 여유를 남겨둔다. 페브를 넣어준다(맨 가운데는 피한다!). 가장자리에 붓으로 찬물을 바른 뒤 나머지 퍼유테 시트를 덮고 손가락으로 꼼꼼히 눌러 두 장의 반죽 둘레를 완전히 붙인다. 너무 세게 누르다보면 반죽 접합 부분이 과도하게 넓어질 수 있으므로 주의한다. 칼등으로 표면에 무늬를 내준다. 달걀노른자에 물이나 우유를 넣어 푼 다음 붓으로 갈레트 위에 발라준다. 이 상태로 냉장고에 넣어 몇 시간 휴지시키는 것이 좋다. 180°C로 예열한 오븐에서 30~45분간 굽는다(오븐 성능에 따라 시간 조절). 따뜻한 온도로 먹는다.

* '위고 에 빅토르(Hugo & Victor)'의 셰프 파티시에. 40, Boulevard Raspail, 파리 6구 / 7, rue Gomboust, 파리 1구.

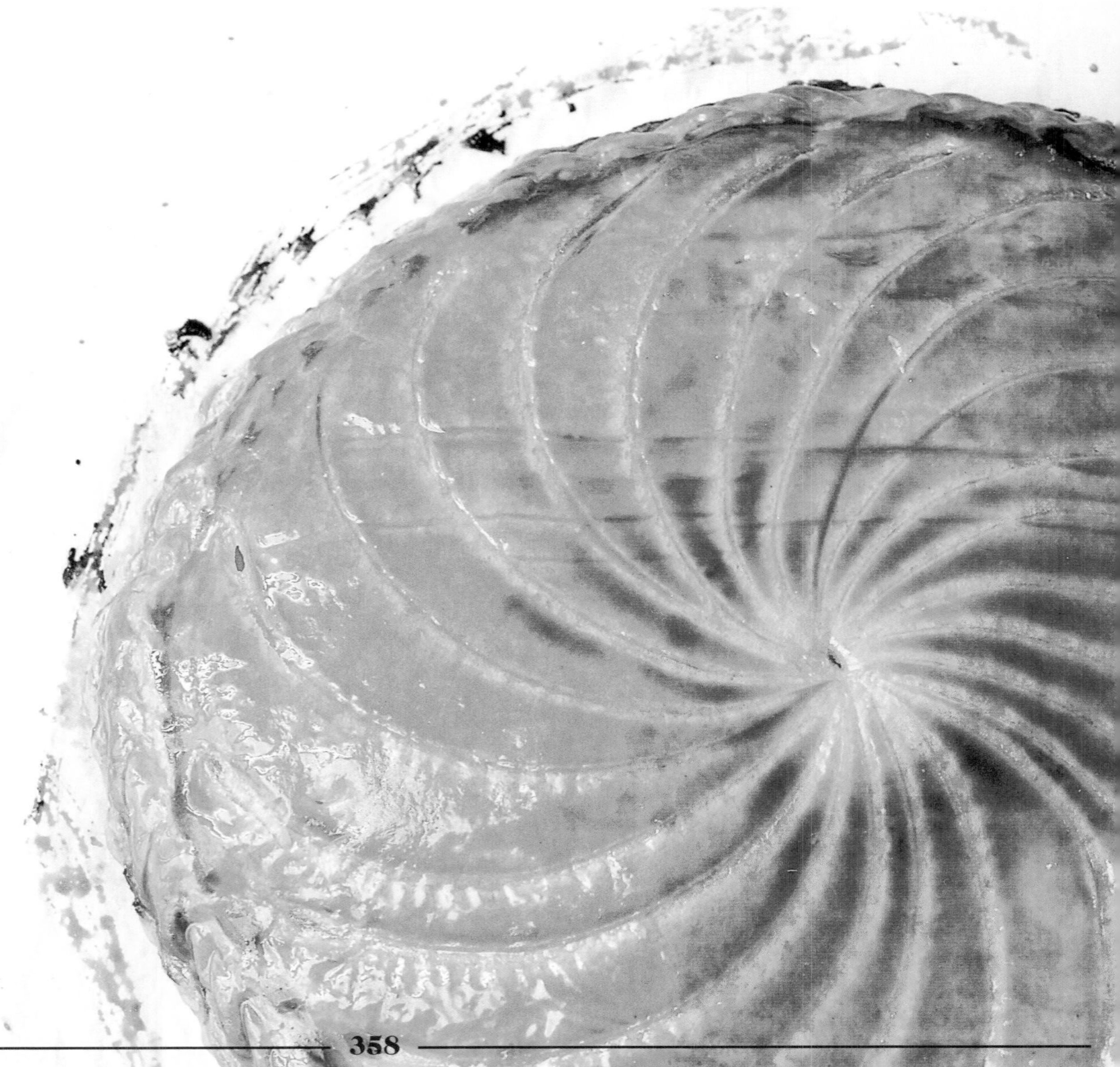

고구마 갈레트

흥미진진한 요리책『미식사전(*Dictionnaire de la Gourmandise*)』*을 읽다 보면 1839년에 인증된 '스페인의 달콤한 감자(18세기 프랑스 남부지방에 고구마가 처음 들어왔을 때 불리던 이름이다) 프랑지판'이 나온다. 미식 칼럼니스트 에스테렐 파야니(Esterelle Payany)는 이 레시피를 응용하여 성공적인 결과물을 만들어냈다. 버터 양은 좀 줄였고 고구마가 가진 천연의 단맛을 살려 좀 더 가벼운 맛의 필링을 만들어냈다.

준비 : 30분
굽기 : 1시간
지름 30cm 갈레트 1개분(약 8~10 인분)

순 버터로 만든 파트 푀유테 원형 시트 2장
고구마 150g
상온의 부드러운 버터 60g
설탕 80g
아몬드가루 120g
달걀 1개
달걀노른자 1개분(물이나 우유 1테이블 스푼을 넣고 풀어준다)
럼 병뚜껑으로 한 개분
고운 소금 1꼬집
페브(fève, 갈레트 안에 넣는 작은 모형) 1개

고구마를 껍질째 끓는 물에 넣고 15~20분간 삶는다. 칼끝으로 찔러 익었는지 확인한 다음 건져서 껍질을 벗기고 으깨거나 그라인더로 갈아 퓌레를 만든다. 상온의 부드러운 버터에 설탕을 넣고 거품기로 잘 저어 섞는다. 여기에 달걀을 넣고 섞은 뒤 아몬드가루, 고구마 퓌레, 럼, 소금을 넣는다. 공기가 주입되지 않도록 너무 휘젓지 말고 잘 섞어 크리미한 농도를 만든다. 푀유타주 반죽 시트 한 장을 깔고 이 혼합물을 고르게 펴 채워 넣는다. 가장자리에 2cm 정도의 여유를 남긴다. 페브를 넣어준다(맨 가운데는 피한다!). 반죽 가장자리에 붓으로 찬물을 발라준 다음 나머지 푀유타주 시트로 덮어준다. 두 장의 반죽을 꼼꼼히 눌러 붙인다. 냉장고에 1시간 넣어둔다. 오븐을 180°C로 예열한다. 달걀노른자에 물이나 우유를 넣어 풀어준 다음 갈레트에 붓으로 발라준다. 표면에 칼 등으로 원하는 무늬를 그어준다. 오븐에 넣고 30~45분간 굽는다(오븐 성능에 따라 시간 조절). 따뜻한 온도로 혹은 식힌 후 먹는다.

* 아니 페리에 로베르(Annie Perrier-Robert) 저, Robert Laffont 출판, collection Bouquins

누가 왕이 될까? 왕 뽑기에 관한 짧은 역사

고대 로마 시절, 이미 사투르누스 제가 되면 왕을 뽑는 의식을 행했다. 당시 풍습에 따르면 가족 중 제일 어린 사람을 식탁 아래에 들어가게 한 다음 조각으로 자른 갈레트를 누구에게 줄 것인지 정하도록 했다. 당시 케이크 속에 숨겨놓은 페브(fève)는 진짜 파바콩이었다.

로마제국 기독교 시대에는 동방박사들이 출현한 주현절을 기념하며 갈레트를 먹었다. 콩으로 된 페브는 아기 예수 모형의 작은 인형으로 바뀌었다.

중세에 부르봉 공작 루이 2세는 매년 8살이 된 가난한 어린아이에게 왕이 될 수 있는 기회를 주었다. 그에게 왕실 의복을 입히고 자신의 식탁에 앉아 식사를 하게 했으며 교육을 받을 수 있도록 장학금을 하사했다.

루이 14세 시대에는 성모마리아에게 바치는 갈레트 한 조각을 따로 남겨 이를 가난한 사람들에게 나누어주었다.

프랑스 대 혁명기에는 '자유의 갈레트(galette de la Liberté)' 혹은 '평등의 갈레트(galette de l'Égalité)'를 먹었다. 왕관 모양은 사라졌고 페브는 도자기로 된 자유의 모자 또는 프랑스를 상징하는 3색 휘장 모형 등 혁명의 모습을 띠고 있었다.

1975년, 발레리 지스타르 데스탱(Valéry Giscard d'Estaing) 대통령은 갈레트 데 루아의 전통을 엘리제궁에 도입한다. 하지만 파트 푀유테로 만든 이 갈레트 안에는 페브가 숨겨져 있지 않았다. 공화국에서 왕을 지명하는 것은 당치 않은 일이다!

갈레트 혹은 브리오슈?

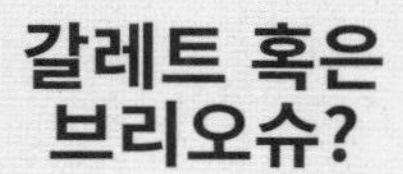

프랑스 북부 지방은 갈레트, 남부에서는 브리오슈가 대세일까? 『파티스리의 역사적, 지리적 회고록(*Mémorial historique et géographique*)』(1900)의 저자인 피에르 라캉(Pierre Lacam)에 따르면 이는 그리 간단하게 단정할 수 있는 문제가 아니다. "파리에는 파리식 갈레트들이 있고 이들을 응용한 레시피들 또한 매우 다양하다. 리옹에는 르뱅(발효종)을 넣어 만든 왕관 모양 브리오슈가 있으며 렝스와 메츠에서도 같은 것을 찾아볼 수 있다. 낭트에는 낭트식 갈레트인 '낭테(Nantais)'가 있으며 파트 브리제로 만든 것들도 있다. 브르타뉴의 갈레트는 르뱅 반죽에 부르봉 바닐라 설탕을 넣어 만들며 보르도에는 '토르티용 드 갑테(Tortillons de Gapté)'와 세드라 시트론 케이크 등이 있다. 툴루즈에는 '갸토 드 리무(gâteau de Limoux)'가 있으며 대부분의 프랑스 남부 지방에는 달콤한 브리오슈를 즐겨 먹는다. 심지어 모든 프랑스인이 페브를 뽑으면서 '내가 왕이다!(Le roi boit!)'라고 외치는 리옹에도 왕관 모양의 달콤한 브리오슈가 있다."

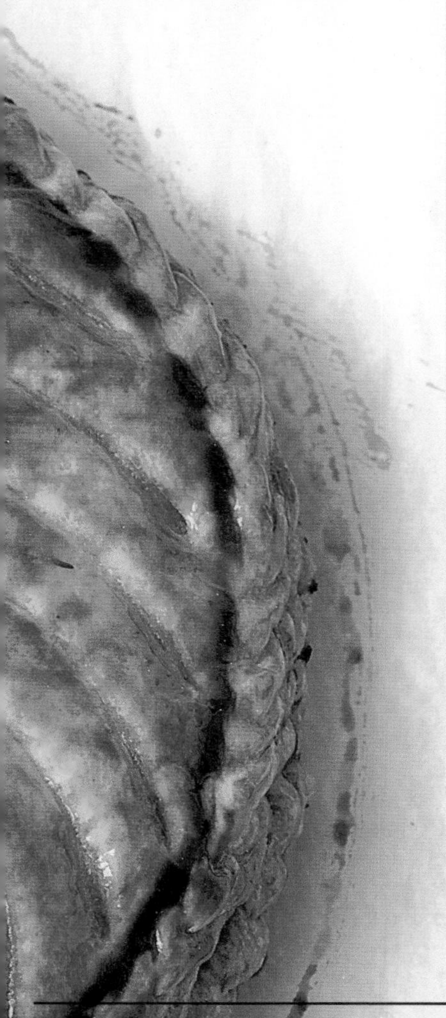

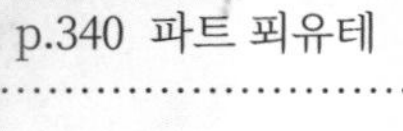

관련 내용으로 건너뛰기
p.340 파트 푀유테

시릴 리냑의 초콜릿 디저트

TV 무대에서, 주방에서, 베이킹 오븐 앞에서, 디저트 아틀리에에서 종횡무진하는 시릴 리냑(Cyril Lignac)! 아베롱 출신으로 파리에 정착한 요리사이자 파티시에인 그는 다양한 활동을 통해 맛있는 모험을 이어나가고 있다. 파티시에이자 쇼콜라티에인 브누아 쿠브랑(Benoît Couvrand)과 환상의 듀오를 이루어 만들어내는 그의 초콜릿 디저트 3가지를 소개한다.

프랑수아 레지스 고드리

— 티그레 LES TIGRÉS —

10개 분량
재료

버터 95g
슈거파우더 175g
아몬드가루 65g
밀가루(박력분 T45) 65g
베이킹파우더 2g
소금 2g
달걀흰자 180g(약 6개분)
다크초콜릿 칩 150g
가나슈
액상 생크림 170g
다크초콜릿 90g
밀크초콜릿 30g
도구
1인용 미니 쿠겔호프 틀 10개

오븐을 175℃로 예열한다. 냄비에 버터를 녹이고 연한 갈색(noisette)이 나기 시작할 때까지 가열한다. 볼에 덜어내어 더 이상 익는 것을 중지한다. 다른 볼에 슈거파우더, 아몬드가루, 밀가루, 베이킹파우더, 소금을 넣고 섞는다. 여기에 달걀흰자를 조금씩 넣어 섞은 다음 따뜻한 온도로 식은 버터를 넣어준다. 마지막으로 초콜릿 칩을 넣고 섞는다.
쿠겔호프 틀 안에 버터를 바른다. 틀마다 반죽을 50g씩 채워 넣는다. 예열된 오븐에 넣어 15분간 굽는다. 바로 틀에서 꺼낸 다음 식힌다. 굽는 동안 가나슈를 만든다. 우선 생크림을 끓인 다음 두 종류의 초콜릿에 붓고 잘 섞은 뒤 블렌더로 갈아 혼합한다. 식힌다.
조리용 유산지나 실리콘 페이퍼를 깐 베이킹 팬 위에 티그레(tigré) 케이크를 모두 올린다. 초콜릿 가나슈가 걸쭉해지기 시작하면 티그레 케이크 가운데에 흘려 넣는다. 식힌 뒤 서빙한다.

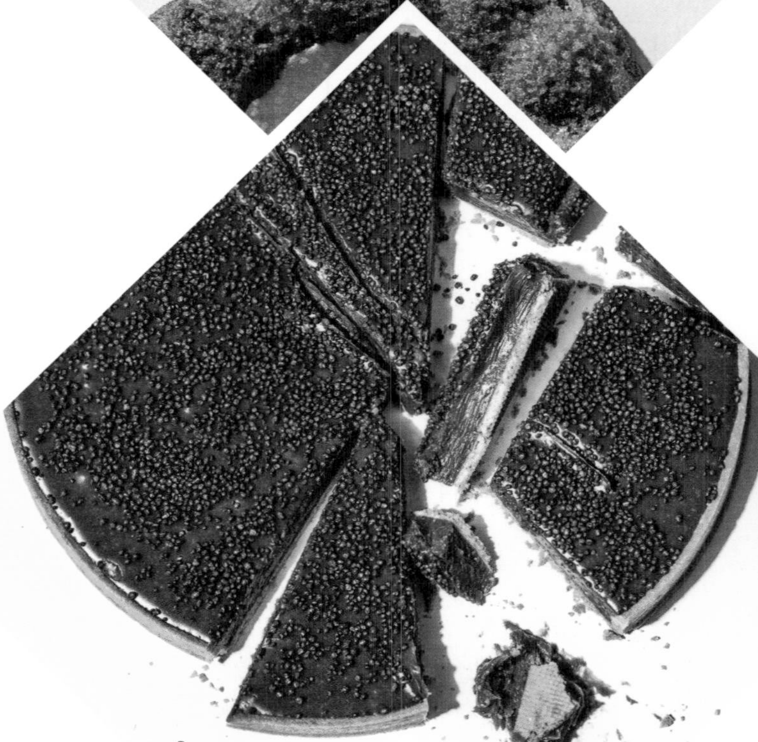

—— 잔두야 타르트 LA TARTE AU GIANDUJA ——

풍성하고 진한 초콜릿 맛의 바삭한 타르트. 역시 시릴 리냑의 레시피는 명불허전이다!

8인분
재료
아몬드가루 30g
밀가루(중력분 T55) 165g
슈거파우더 70g
버터 100g
달걀 1개
소금(플뢰르 드 셀) 1g
잔두야 가나슈
우유 40g
액상 생크림 130g
헤이즐넛 밀크초콜릿 잔두야 330g
초콜릿 파이예트(paillettes de chocolat)

전동 스탠드 믹서 볼에 버터를 넣고 플랫비터로 돌려 되직한 크림 상태를 만든다. 여기에 아몬드가루, 슈거파우더, 플뢰르 드 셀을 넣고 계속 섞어준다. 달걀과 밀가루를 분량의 1/3씩 나누어 넣어가며 잘 섞는다. 반죽을 둥글게 뭉친 뒤 랩으로 싸 냉장고에 1시간 넣어둔다. 냄비에 우유와 생크림을 넣고 끓인다. 볼에 잔두야를 녹인다. 뜨거운 우유, 크림 혼합물을 녹은 잔두야에 붓고 잘 섞는다. 핸드블렌더로 갈아 매끈하게 혼합한다. 오븐을 150℃로 예열한다. 냉장고에서 반죽을 꺼내 살짝 눌러가며 굳은 것을 풀어준 다음, 밀가루를 뿌린 작업대에 놓고 2.5mm 두께로 민다. 타르트 링 안쪽에 버터를 바른 뒤 타르트 시트를 바닥과 안쪽 벽에 대어준다.
이 상태로 오븐에서 20분간 굽는다. 틀을 제거한 뒤 식힌다. 잔두야 가나슈를 타르트 시트에 채워 넣는다. 냉장고에 2시간 넣어둔다. 입자가 고운 초콜릿 파이예트를 뿌려 완성한다.

——— 핫 초콜릿 ———

8인분
재료
액상 생크림 230g
우유(전유) 350g
길게 갈라 긁은 바닐라 빈 1/2줄기
밀크초콜릿 190g
다크초콜릿 320g

냄비에 생크림, 우유, 바닐라를 넣고 끓인다. 바닐라 빈 줄기를 건져낸 뒤 두 종류를 합해 놓은 초콜릿 위에 붓는다. 잘 저어 섞는다. 블렌더로 갈아 혼합한다. 바로 잔에 따라 뜨겁게 마신다.

관련 내용으로 건너뛰기
p.137 강렬한 초콜릿의 유혹

CHOCOLATERIE CYRIL LIGNAC, GOURMAND CROQUANT,
25, rue Chanzy, 파리 11구. 34, rue du Dragon, 파리 6구

푸른 곰팡이 치즈, 로크포르

치즈의 왕자라고 할 수 있을 만큼 고귀한 로크포르는 '산과 바람의 아들'이다(퀴르농스키).
스테판 솔리에

로크포르의 간략한 역사

전설의 시대
치즈를 빵과 함께 동굴 속에 두고 잊어버린 한 목동은 시간이 한참 지난 후 이 '고귀한 곰팡이'가 핀 것을 발견했다.

A.D. 77
대 플리니우스는 제보당(Gévaudan 갈리아 부족이 살던 옛 오베르뉴 지방) 지역에서 온 이 치즈에 대해 언급했다. 이것은 고대 로마에서 매우 인기가 높았다.

795
샤를마뉴 대제는 바브르(Vabres, Aveyron) 수도원에서 특이한 곰팡이 치즈를 처음으로 먹게 되었고 그 맛을 아주 좋아했다.

1411
국왕 샤를 6세는 로크포르(Roquefort) 주민들에게 옛날부터 이어져오는 이 치즈 숙성방식의 독점권을 허용한다. 이 숙성과정은 이 마을의 동굴에서 이루어진다.

1550, 1666
툴루즈 의회는 가짜 로크포르 치즈 판매상을 법령으로 처벌한다.

1782
"로크포르 치즈는 이론의 여지없이 유럽 최고의 치즈다."
- 디드로(Diderot)와 알랑베르(Alembert)의 『백과전서(*L'Encyclopédie*)』

1912. 4월
5만 톤의 로크포르 치즈를 실은 타이타닉호가 침몰하면서 아메리카 정복을 향한 계획에 제동이 걸렸다.

1925
최초의 AOC(원산지명칭통제) 치즈로 인증 받았다.

1996
유럽 연합의 AOP(원산지명칭보호) 인증을 받았다.

최근의 7대 로크포르 생산업체

카를 Ets Carles (1927)
콩브 Ets Combes (1923)
프로마주리 옥시탄 Fromageries Occitanes (1994)
프로마주리 파피용 Fromageries Papillon (1906)
가브리엘 쿨레 Ets Gabriel Coulet (1872)
소시에테 데 카브 에 프로뒥티르 레위니 Société des Caves et des Producteurs réunis (1863)
베르니에르 Ets Vernières (1890)

AOP 로크포르 치즈의 요건

- 비멸균 양젖 전유
- 라콘(Lacaune) 품종 산양
- 생산 및 가공이 이루어지는 지리적 범위 (le 'Rayon', 6개의 도(départements)에 걸쳐 있다)
- 응유효소 첨가 및 페니실리움 로크포르티(penicillium roqueforti) 곰팡이, 젖산 발효균 주입
- 물 첨가 없이 염장(천일염)
- 로크포르 쉬르 술종(Roquefort-sur-Soulzon, Aveyron)의 콩발루 동굴(le Combalou, 길이 2km, 넓이 300m) 안에서 숙성된다. 이곳은 온도와 습도가 이상적으로 조절되는 천연 굴뚝 같은 환경을 갖추고 있다.
- 동굴 안에서의 숙성 기간은 반드시 최소 14일 이상이어야 한다.
- 총 90일간의 숙성 및 에이징 이후 판매가 가능하다.

숫자로 보는 로크포르

로크포르는 콩테에 이어 프랑스에서 가장 많이 소비되는 치즈이다.

16 900 톤
2014년 기준 연간 생산량 (10년 전부터 감소 추세를 보이고 있으나 1800년 생산량 대비 74배 증가했다).

769 000
로크포르 생산 지역 반경(le Rayoon de Roquefort) 내 낙농농가의 산양 수

32.8%
지방 함유율

2.5~2.9 kg
로크포르 치즈 덩어리 한 개의 무게

지름 20cm, 높이 9cm
로크포르 치즈 덩어리의 크기

11
로크포르 숙성이 이루어지는 지하 동굴의 층 수

7~8℃
동굴 안에서 일정하게 유지되는 온도

90일
AOC(원산지명칭통제) 로크포르 인증 획득을 위해 요구되는 최소 숙성기간

90
매년 로크포르 치즈가 수출되는 국가의 수

1700
매일 로크포르 치즈 생산을 위해 일하는 인원 수

코르시카의 로크포르?

아름다운 섬(île de Beauté) 코르시카에 로크포르 치즈 생산업체들이 생겨나기 시작한 것은 19세기 말부터다. 치즈의 수요가 증가함에 따라 낙농지대의 확충이 필요했고 아베롱 지역의 산양의 착유 시기(2월~7월)가 아닌 때에도 산양유를 생산(코르시카는 11월~5월)할 수 있다는 이점이 작용했다.

1899년 루이 리갈(Louis Rigal)이 코르시카에 정착한다. 이후 이를 모방한 다른 생산업체들이 생겨났으며 이들 중 대표적인 곳으로는 대규모 업체인 마리아 그리말(Maria Grimal) 또는 소시에테(Société), 소규모 업체로는 프레르 솔리에(frères Solier)를 꼽을 수 있다. 이들은 1905년부터 로크포르 총생산의 5%를 공급하고 있다.

1차 대전 이후 프랑스 본토의 우유 생산이 부족함에 따라 코르시카의 낙농업체의 숫자는 가파르게 증가했다. 코르시카에서도 본토의 생산지역(le Rayon)과 마찬가지로 당시 대규모 업체가 소규모 업체들을 병합하는 현상이 일어났다.

오늘날 중개상 업체들이 코르시카 생산 원유 제품을 요구하는 양은 비록 미미하지만 아직도 코르시카는 로크포르 생산의 한 역할을 담당하고 있다(2010년 기준, 생산업체 95곳에서 250만 리터의 산양유를 생산하고 있다).

산양유 생산 지역, 르 레이용(LE RAYON)?

로크포르 치즈를 만들기 위한 산양유 수급을 받는 전통적 지역.
• 이 지역은 수 세기 동안 주변 석회 고원 지대(아베롱)에 국한되어 왔다.
• 19세기 후반부터 루에르그(Rouergue)와 그 주변 지역(Lozèrem Gard, Hérault, Tarn, Aude)으로, 이후에는 피레네(Pyrénées)와 코르시카(Corse)로 확대된다.

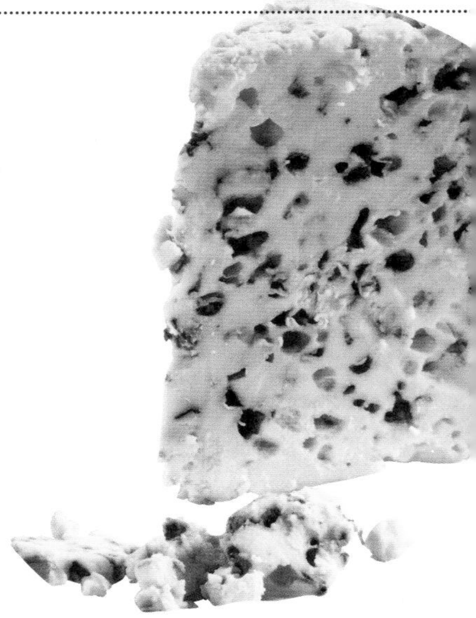

LE *PENICILLIUM ROQUEFORTI*
(페니실리움 로크포르티)

➔ 로크포르 치즈 생산에 필수적인 재료이다.

➔ 살아 있는 천연 곰팡이다.

➔ 프랑스에서 배양된 것이어야 한다.

➔ 동굴 안의 공기와 습도의 영향으로 이 곰팡이는 치즈 안에 주입된 후 그 안에서 청록색으로 자라 혈관처럼 뻗어나간다.

➔ 각 로크포르 생산업체는 백 가지 이상의 곰팡이 중 한 개 또는 여러 개를 사용한다. 이것은 치즈에 독특한 풍미와 찐득한 텍스처를 부여한다.

관련 내용으로 건너뛰기
p.64 뜻밖의 발견을 통해 탄생한 음식들

염장대구의 나라, 프랑스

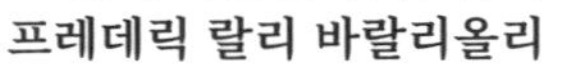

'염장대구'하면 포르투갈이 제일 먼저 떠오를지 모르지만 프랑스에서도 이 생선은 매우 중요한 위치를 차지하는 식재료다. 본래 서민들을 위한 생선이었으나 과도한 포획으로 인해 지금은 점점 귀해지고 가격도 높아진 이 염장대구를 재발견해본다.

프레데릭 랄리 바랄리올리

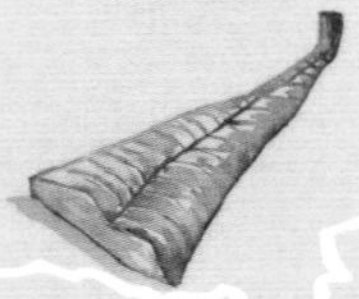

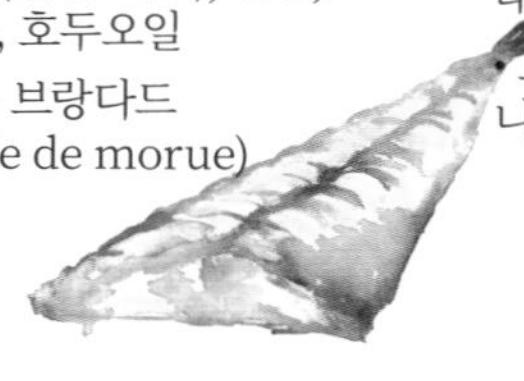

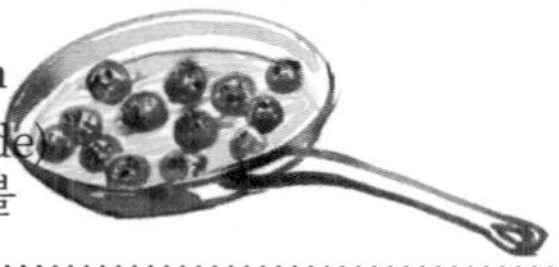

오 드 프랑스 Hauts-de-France
- 감자와 비트를 넣은 염장대구 샐러드
- 마루알(maroilles) 치즈를 넣은 염장대구 그라탱

노르망디 Normandie
- 감자, 생크림, 홍합을 넣은 노르망디식 염장대구 그라탱

알자스 Alsace
- 염장대구와 프로마주 블랑을 채운 양배추 롤
- 염장대구 슈크루트 (달팽이를 곁들인다)

브르타뉴 Bretagne
- 리크와 감자를 넣은 브레스트(Brest)식 염장대구
- 감자를 넣은 팽폴(Paimpol)식 염장대구 그라탱
- 디나르(Dinard)식 감자, 염장대구 크로켓

해외 영토 Outre-mer

앙티유 Antilles
- 아크라 드 모뤼(accras de morus) : 잘게 부순 염장대구 살에 반죽을 섞어 튀긴 피시볼
- 시크타이유 드 모뤼(chiquetaille de morue, 잘게 부순 염장대구 살) : 라임즙, 오이, 마늘, 고추를 넣고 샐러드를 만들어 먹는다.
- 페로스(féroce) : 잘게 부순 염장대구 살에 아보카도 퓌레와 레몬즙, 마니옥 가루를 섞어 만든다.
- 염장대구 파테(pâtés de morue) : 쪽파와 파슬리를 넣어 만든 쇼송
- 마카당 드 모뤼(macadam de morue) : 잘게 부순 염장대구 살에 채소를 넣고 자작하게 익힌 스튜의 일종.

레위니옹섬 La Réunion
- 염장대구 루가이유(rougail de morue 또는 morue fleurd'zognons) : 생강, 토마토, 카피르 라임, 마늘, 양파, 고추, 망고 또는 그린 파파야를 넣는다.

생 피에르 에 미클롱 Saint-Pierre-et-Miquelon
- 염장대구 스튜, 티오드(tiaude)
- 감자를 넣은 염장대구 피시볼

누벨 아키텐 Nouvelle Aquitaine
- 딜을 넣은 염장대구 오믈렛(Bègles)
- 쪽파, 달팽이, 올리브를 곁들인 샤랑트식 아이아도(aïado charentais)
- 감자, 호두오일을 넣은 페리고르식 염장대구 파이(tourtière de morue)

페이 바스크 Pays basque
- 맵지 않은 고추를 넣은 성 금요일 염장대구 오믈렛
- 토마토, 피망, 에스플레트 고춧가루를 넣은 바스크식 염장대구
- 주루푸투나(zurruputuna) : 리크, 고추, 감자를 넣은 염장대구 수프.

옥시타니 Occitanie
- 염장대구 카술레(Tarn)
- 흰 강낭콩과 대파를 곁들인 베아른식 염장대구
- 아베롱(Aveyron)의 에스토피나도(estofinado) : 스톡피시(말린 대구), 달걀, 감자, 마늘, 호두오일
- 염장대구 브랑다드 (brandade de morue)

프로방스 알프 코트 다쥐르 Provence-Alpes-Côte d'Azur
- 염장대구 포토퓌, 또는 오징어, 고둥, 달걀, 채소를 곁들인 그랑 아이올리 모둠.
- 라이토 소스(raïto 레드와인, 양파, 올리브, 토마토로 만든 걸쭉한 소스) 염장대구
- 에스토카피카다 (estocaficada) : 토마토와 채소를 넣은 스톡피시(말린 대구) 스튜
- 토마토, 피망, 주키니를 넣은 니스식 염장대구

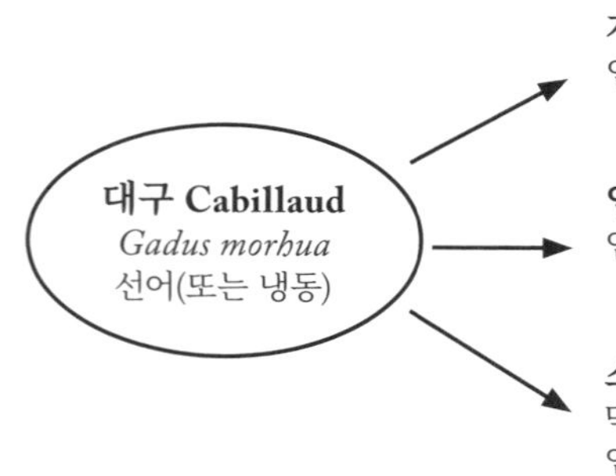

코르시카 Corse
- 근대, 리크, 건포도(선택)를 곁들인 염장대구 요리.
- 염장대구 튀김
- 브로치우(brocciu) 치즈를 넣은 염장대구 브랑다드

염장대구 소금기 빼기

12~24시간 전, 염장대구를 적당한 크기로 잘라 껍질이 위로 오게(껍질이 아래로 오면 소금물이 빠지는 것에 방해가 된다) 체 망 위에 놓고(생선이 소금이 쌓이는 바닥에 직접 닿지 않게 한다) 찬물이 담긴 양푼에 담아 소금기를 뺀다. 중간중간 물을 갈아준다.

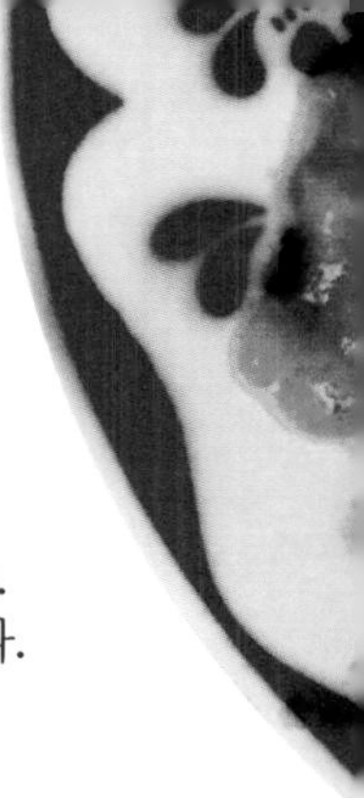

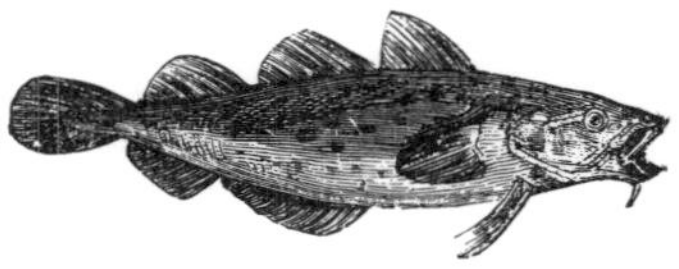

역사와 지정학적 배경

1500년(혹은 그 이전)부터 바스크인들은 뉴펀들랜드에서 대구 떼 어장을 발견하고 그곳에 정착했다.
16세기부터 19세기까지 대구 어획이 널리 확대된다. 일명 뉴펀들랜더, 아이슬란더라고 불린 프랑스 어부들 덕에 생 장 드 뤼즈(Saint-Jean-de-Luz), 보르도(Bordeaux), 베글(Bègles), 팽폴(Paimpol), 디나르(Dinard), 생 브리외(Saint-Brieuc), 생 말로(Saint-Malo), 그랑빌(Granville), 페캉(Fécamp), 디에프(Dieppe), 덩케르크(Dunkerque) 등의 항구는 성시를 이룬다.
18세기 : '왕국의 먼지'라고 불리던 생 피에르 에 미클롱(Saint-Pierre-et-Miquelon)이 염장대구 산업을 유지하기 위해 그대로 보존된다.
1988-1992 : 잉글랜드와 아이슬란드 사이의 '대구 전쟁'처럼 프랑스와 캐나다 사이에서도 어획 조업 경계선을 두고 갈등이 발생한다.

라틴 어원이 사라진 프랑스어 명칭들

대구 Cabillaud
Gadus morhua
선어(또는 냉동)

→ **자반대구 Morue « verte »**
염장(o), 건조(x)

→ **염장대구 Morue ou merluche**
염장(o), 건조(o, 소금의 작용)

→ **스톡피시 Stockfish** (문자 그대로 막대와 같은 생선)
염장(o), 바람에 건조 (야외에서 바람에 말린다)

성 금요일의 프리텔리 디 바칼라
FRITELLI DI BACCALÀ DU VENDREDI SAINT
조제트 & 마들렌 바랄리올리 *Josette et Madeleine Baraglioli* 가족 레시피

준비 : 10분
조리 : 10분
4~6인분

염장대구 500g(소금기를 뺀다)
밀가루 100g
우유 100ml
달걀 1개
베이킹파우더 5g
토마토 소스 캔 1개(400g)
샬롯 5개
각설탕 2~3개
올리브오일
소금, 후추

스위트 토마토 소스
냄비에 올리브오일을 두르고 잘게 썬 샬롯을 볶는다. 토마토 소스, 소금, 후추, 설탕을 넣고 약한 불에서 뭉근히 졸인다.
튀김 반죽
밀가루, 달걀, 우유, 베이킹파우더, 후추를 섞는다. 소금기를 뺀 염장대구의 껍질을 벗긴 뒤 사방 4cm 크기의 정사각형으로 썬다. 대구살을 꼭 짜서 물을 제거한 다음 행주나 종이타월로 닦아 남은 물기를 뺀다. 생선을 튀김 반죽을 입힌 뒤 올리브오일에 튀긴다. 토마토 소스와 쌀밥(또는 삶은 감자)을 곁들여 서빙한다.

염장대구 브랑다드 BRANDADE DE MORUE
드니즈 솔리에 고드리

준비 : 25분
조리 : 30분
4인분

염장대구 600g(소금기를 뺀다)
더블크림 200ml
마늘 2톨
올리브오일 150ml
후추

큰 냄비에 찬물을 넣고 염장대구를 담근 뒤 끓을 때까지 가열한다. 물이 끓기 시작하면 불을 끄고 그대로 10분간 둔다. 대구를 건져 한 김 날아가도록 식힌 뒤 껍질을 벗기고 가시를 제거하며 살을 켜켜이 떼어낸다. 마늘을 끓는 소금물에 넣어 5분간 데친 뒤 건져서 껍질을 벗기고 블렌더로 갈아 퓌레를 만든다. 냄비에 올리브오일 분량의 반을 붓고 따뜻하게 달군 뒤 생선 살을 넣고 주걱으로 세게 저으며 퓌레를 만든다. 계속 저어 섞으면서 남은 올리브오일을 넣어준다. 생크림, 마늘 퓌레, 후추를 넣어 섞은 뒤 간을 맞춘다. 브랑다드는 매끈한 퓌레와 같은 질감을 지닌다. 뜨겁게 서빙한다.

알고 계셨나요?

에스코피에는 1929년에 펴낸 자신의 저서 『알뜰하게 생활하기(*La Vie à bon marché*)』의 '염장대구' 편에서 이 생선의 요리법 80가지를 소개했다.

염장대구의 인기 비결
이 생선은 오랫동안 양질의 단백질 공급원이 되었고 적은 비용으로 푸짐한 양을 구입할 수 있었다. 또한 육식을 금한 사순절 기간에도 부담 없이 먹을 수 있는 생선이었다. 다른 신선 생선들은 귀하기도 했거니와 값도 매우 비쌌다. 특별한 풍미가 없고 짭짤하며 오래 보존할 수 있는 특징을 갖고 있어 어느 요리에나 사용하기 편리하고 바닷가에서 먼 지역에서도 손쉽게 구할 수 있다.

관련 내용으로 건너뛰기
p.48 인기 만점, 청어

리예트 비교하기

리예트(rillettes)를 맛보려면 우선 투르(Tours)로 가자. 라블레가 사랑하던 이 '갈색 돼지 잼'은 물론 르 망(Le Mans)의 것이 가장 대중적이긴 하지만 원조는 투르이다.
이 둘을 다시 한 번 비교해보자.

마리엘 고드리

리예트란?
원래 겨울철에 고기를 보존하기 위해 가정에서 만들어 먹던 리예트는 고기를 작게 잘라 기름에서 오랫동안 익힌 음식이다. 주로 돼지고기를 사용하며 그 외에 거위, 닭, 오리 혹은 토끼고기로도 만든다. 16세기에 '리유(rille)'라는 이름으로 알려졌으며 가늘고 긴 고기 조각 모양을 연상시키는 이 음식은 발자크가 '가장 맛있는 별미'라고 칭송한 바 있다.

투르와 르 망의 리예트 비교

	투르 Tours	르 망 Le Mans
기원	15세기에 처음 만들어졌다.	19세기, 철도가 놓이고 샌드위치가 큰 인기를 얻으면서 리예트가 대중화되었다.
조리	6cm 크기로 자른 돼지고기를 5시간 반~12시간 동안 뚜껑을 열고 푹 익힌다. 때로 화이트와인을 넣어 향을 내기도 한다.	4cm 크기로 자른 돼지고기에 소금, 후추만으로 간을 한 다음 5시간 동안 뚜껑을 닫고 푹 찌듯이 혹은 뚜껑을 열고 익힌다.
외관/식감	고기의 결이 살아 있고 비교적 건조한 질감으로 포크로 찢어 먹는다.	고기 결이 부드럽고 더 기름진 촉촉한 식감으로 테린처럼 발라 먹는다.
색	갈색	핑크빛이 도는 회색
공식 단체	투렌 리예트(rillettes), 리용(rillons) 협회. 1997	사르트 리예트 기사단 협회. 1968
IGP	2013년 지리적명칭보호(IGP) 인증 획득.	지리적명칭보호(IGP) 인증 추진 중.
제조 명가	아르두앵 Hardouin(1936) 50, rue de l'Étang-Vignon 37210 Vouvray	프뤼니에 Prunier(1931) 23-25, rue de la Jatterie 72160 Connerré

다양한 종류의 리예트

프랑스에서 리예트를 응용한 음식 종류는 매우 다양하며 지역마다 그 명칭도 조금씩 다르다. 리예트는 주로 남은 고기 자투리를 활용하여 만들며 돼지껍데기, 비계, 항정살, 등 피하지방, 삼겹살 등의 기름 부위를 많이 사용한다. 특별한 지역 특산 리예트를 몇 가지 소개한다.

프랑슈 콩테식 리예트 Rillettes comtoises : 1970년대의 레시피로 지방 전통에 따라 돼지고기를 훈연해 사용하기도 한다. 따라서 빵에 바르면 독특한 풍미를 낸다.

리옹식 그라통 Grattons lyonnais : 식전주와 함께 안주로 서빙하는 바삭한 그라통은 '리옹식 땅콩 안주'에 비유할 수 있다. 뜨겁게 혹은 식혀서 바삭한 스낵처럼 먹을 수 있는 그라통은 돼지 창자를 둘러싸고 있는 기름진 막인 '리공(rigon)'을 튀긴 것이다.

바스크식 시숑 Chichons basques : '그라스롱(grasserons)'이라고도 불리는 이것은 돼지 또는 오리고기에 레시피에 따라 마늘을 첨가하고 에스플레트 고춧가루로 매콤한 맛을 낸 바스크 지방의 리예트이다.

페리고르식 그리용 Grillons perigourdins : 이웃한 샤랑트(Charente)나 리무쟁(Limousin)의 리예트와는 달리 이것은 고기를 익히기 전 미리 재워두는 과정이 필요하며 양념에 향신료(후추, 넛멕, 계피, 정향)가 들어간다.

관련 내용으로 건너뛰기
p.190 테린, 발자크, 지방, 라벨, 소시송

프랑스의 달콤한 튀김과자

뵈녜(beugner), 뷔녜(bugner), 비녜(bigner) 등은 모두 프랑스의 튀김과자를 일컫는 이름들이다. 어휘를 둘러싼 논쟁이 끊이지 않지만 이들은 모두 카니발 축제나 잔치 때에 즐겨 먹는 달콤한 전통 간식이다.

마리엘 고드리

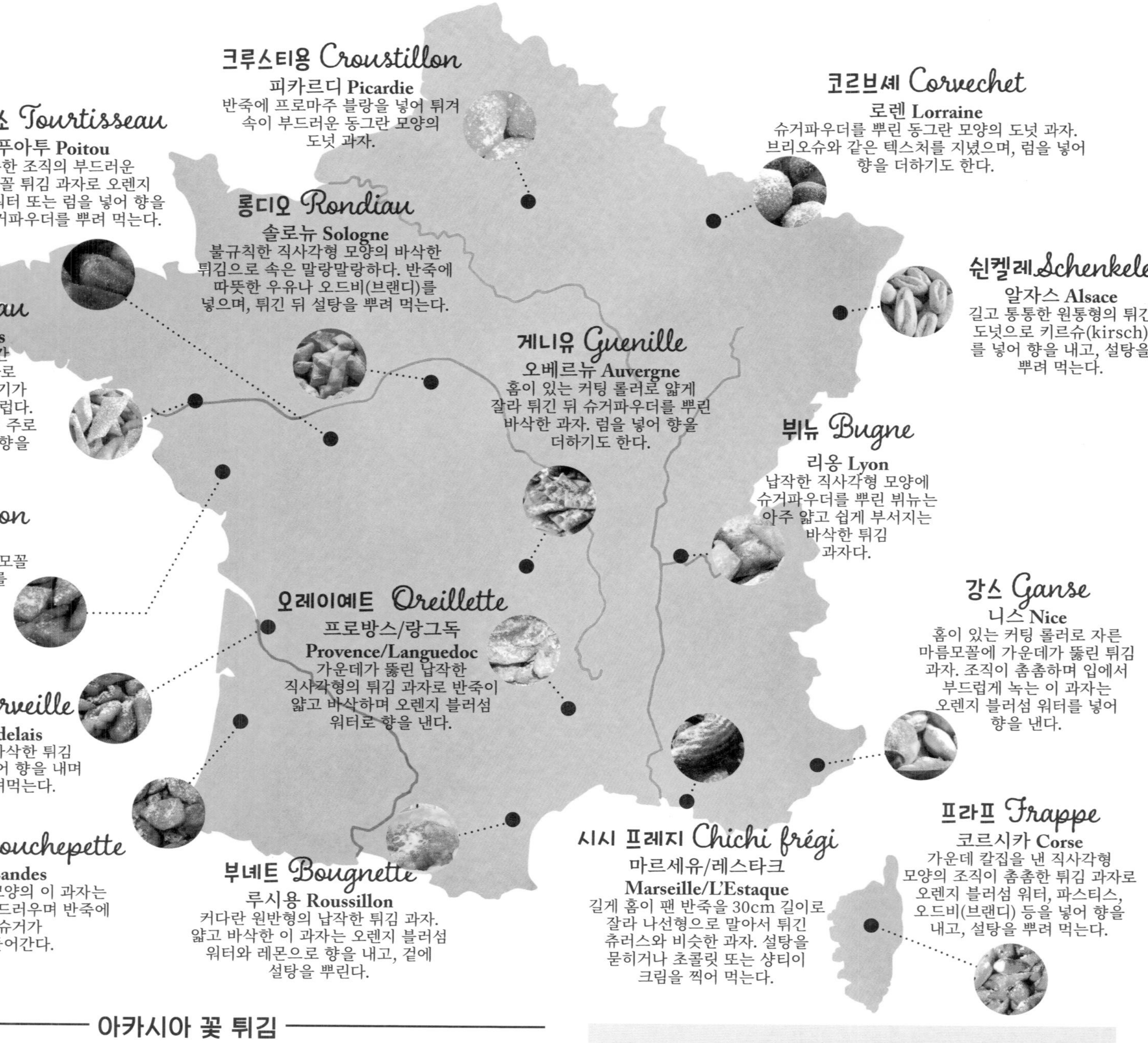
크루스티용 Croustillon
피카르디 Picardie
반죽에 프로마주 블랑을 넣어 튀겨 속이 부드러운 동그란 모양의 도넛 과자.
코르브셰 Corvechet
로렌 Lorraine
슈거파우더를 뿌린 동그란 모양의 도넛 과자. 브리오슈와 같은 텍스처를 지녔으며, 럼을 넣어 향을 더하기도 한다.
투르티소 Tourtisseau
푸아투 Poitou
촘촘한 조직의 부드러운 마름모꼴 튀김 과자로 오렌지 블러섬 워터 또는 럼을 넣어 향을 내며 슈거파우더를 뿌려 먹는다.
롱디오 Rondiau
솔로뉴 Sologne
불규칙한 직사각형 모양의 바삭한 튀김으로 속은 말랑말랑하다. 반죽에 따뜻한 우유나 오드비(브랜디)를 넣으며, 튀긴 뒤 설탕을 뿌려 먹는다.
쉰켈레Schenkele
알자스 Alsace
길고 통통한 원통형의 튀긴 도넛으로 키르슈(kirsch)를 넣어 향을 내고, 설탕을 뿌려 먹는다.
보트로 Bottereau
낭트 Pays nantais
가운데 칼집이 들어간 마름모꼴의 튀김 과자로 겉은 바삭하고 안은 공기가 함유되어 폭신하고 부드럽다. 겉에 설탕을 뿌려 먹으며 주로 오드비(브랜디)를 넣어 향을 더한다.
게니유 Guenille
오베르뉴 Auvergne
홈이 있는 커팅 롤러로 얇게 잘라 튀긴 뒤 슈거파우더를 뿌린 바삭한 과자. 럼을 넣어 향을 더하기도 한다.
뷔뉴 Bugne
리옹 Lyon
납작한 직사각형 모양에 슈거파우더를 뿌린 뷔뉴는 아주 얇고 쉽게 부서지는 바삭한 튀김 과자다.
푸티마송 Foutimasson
방데 Vendée
조직이 촘촘하고 부드러운 마름모꼴 튀김 과자로 오드비(브랜디)를 넣어 향을 내기도 하며 설탕을 뿌려 먹는다.
오레이예트 Oreillette
프로방스/랑그독
Provence/Languedoc
가운데가 뚫린 납작한 직사각형의 튀김 과자로 반죽이 얇고 바삭하며 오렌지 블러섬 워터로 향을 낸다.
강스 Ganse
니스 Nice
홈이 있는 커팅 롤러로 자른 마름모꼴에 가운데가 뚫린 튀김 과자. 조직이 촘촘하며 입에서 부드럽게 녹는 이 과자는 오렌지 블러섬 워터를 넣어 향을 낸다.
메르베유 Merveille
보르들레 Bordelais
납작한 직사각형의 바삭한 튀김 과자로 아르마냑을 넣어 향을 내며 설탕이나 꿀을 뿌려먹는다.
프라프 Frappe
코르시카 Corse
가운데 칼집을 낸 직사각형 모양의 조직이 촘촘한 튀김 과자로 오렌지 블러섬 워터, 파스티스, 오드비(브랜디) 등을 넣어 향을 내고, 설탕을 뿌려 먹는다.
크루슈페트 Crouchepette
랑드 Landes
통통한 삼각형 모양의 이 과자는 바삭하면서도 부드러우며 반죽에 바닐라슈거가 넉넉히 들어간다.
부녜트 Bougnette
루시용 Roussillon
커다란 원반형의 납작한 튀김 과자. 얇고 바삭한 이 과자는 오렌지 블러섬 워터와 레몬으로 향을 내고, 겉에 설탕을 뿌린다.
시시 프레지 Chichi frégi
마르세유/레스타크
Marseille/L'Estaque
길게 홈이 팬 반죽을 30cm 길이로 잘라 나선형으로 말아서 튀긴 츄러스와 비슷한 과자. 설탕을 묻히거나 초콜릿 또는 샹티이 크림을 찍어 먹는다.

아카시아 꽃 튀김

드니즈 솔리에 고드리

바스러질 듯 연약하고 달콤한 맛이 일품인 아카시아 꽃 튀김은 즐길 수 있는 계절이 매우 짧다(지역에 따라 4~5월 또는 5~6월).

준비 : 15분
휴지 : 1시간
튀김 25개 분량

아카시아 꽃 25개
밀가루 150g
달걀 1개 + 달걀흰자(거품 낸다)
설탕 1테이블스푼
해바라기유 1테이블스푼
소금 1꼬집
물 150ml
튀김용 기름

달걀흰자와 아카시아 꽃을 제외한 모든 재료를 볼에 넣고 물을 조금씩 넣어가며 섞는다. 1시간 동안 휴지시킨다. 꽃을 조심스럽게 물에 헹궈 씻은 뒤 망 바구니에 넣고 털어 물기를 제거한다. 달걀흰자를 휘저어 거품을 낸 다음 반죽에 넣고 주걱으로 섞어준다. 냄비에 튀김 기름을 넣고 170°C로 가열한다. 꽃을 하나씩 반죽에 담가 묻힌 다음 한 번에 4개씩 기름에 넣고 중간에 뒤집어가며 노릇하게 튀겨낸다. 10초 후 망국자로 건져내 기름을 턴 다음 종이타월 위에 놓고 나머지 기름을 뺀다. 설탕을 뿌려 바로 서빙한다.

리옹과 생 테티엔

뷔뉴

15세기 사부아 공국의 특선 먹거리인 이 과자는 이후 론 알프(Rhône-Alpes) 지역으로 퍼져 나갔다.

리옹(Lyon)과 생 테티엔(Saint-Étienne) 중 어디가 원조일까? 일부 문헌에 의하면 리옹이 원조인 것으로 추정된다. 라블레는 1532년 출간된 자신의 저서 『팡타그뤼엘(*Pantagruel*)』에서 리옹의 먹거리를 나열할 때 뷔뉴에 대해 언급했으며 한편 이 도시에서 주최된 연회의 주문 메뉴에서도 이 이름이 등장한다.

촉촉하고 부드러운 식감 혹은 바삭한 식감? 바삭한 식감의 튀김과자 '뷔뉴(bugne)'는 말랑말랑하고 부드러운 전통 도넛 '베녜(beignet)'가 발전한 최근 형태이지만 이 두 도시는 나름의 차이점을 부각시키고 있다. 리옹의 뷔뉴는 얇고 바삭한 반면 생 테티엔의 것은 도톰하며 브리오슈 식감의 부드러움을 지니고 있다.

TV 방송에서 활약한 셰프들

요리가 텔레비전 방송을 점령했다. 1950년대부터 현재까지 프랑스에서 인기를 얻고 있는 TV 요리 프로그램을 정리해보았다.

제롬 르포르

요리의 기술과 마법
ART ET MAGIE DE LA CUISINE
1954년부터 1966년까지 RTF 텔레비전과 프랑스 국영 방송국 ORTF의 채널 1에서 방영되었다. 상영시간 15~30분.
출연진 및 구성 : 미슐랭 3스타 레스토랑 '그랑 베푸르(Grand Véfour)'의 셰프 레몽 올리베르(Raymond Oliver)가 레시피를 시연하고 카트린 랑제(Catherine Langeais)가 진행을 맡았다.
하이라이트 : 프로그램 주제 음악은 시드네 베셰(Sidney Bechet)가 작곡한 '양파(Les Oignons)'였다.

라 그랑드 코코트 LA GRANDE COCOTTE
1976년부터 1977년까지 TF1에서 방영되었다.
상영시간 25분.
출연진 및 구성 : 누벨 퀴진을 대표하는 셰프(폴 보퀴즈, 미셸 게라르, 로제 베르제, 알랭 상드랭스, 가스통 르노트르 등) 중 한 사람이 요리를 만들고 배우 마르트 메르카디에(Marthe Mercadier)가 '가정주부' 역할을 맡아 공동 진행했다.
하이라이트 : 이 프로그램은 훗날 레스토랑 평가서 '르베 가이드(guide Lebey)'를 펴낸 클로드 졸리(Claude Jolly, 일명 클로드 르베 Claude Lebey)와 미식 평론가이자 사업가인 뱅상 페르니오(Vincent Ferniot)의 아버지 장 페르니오(Jean Ferniot)가 공동 제작했다.

살찌지 않는 건강한 요리 LA CUISINE LÉGÈRE
1977년부터 1981년까지 TF1에서 방영되었다.
상영시간 15분.
출연진 및 구성 : 미셸 게라르(Michel Guérard)가 출연해 진행자이자 저널리스트인 안 마리 페송(Anne-Marie Peysson)에게 자신만의 요리비법과 요령을 설명해준다. 누벨 퀴진에서 영감받은 레시피들을 소개하는 흥미롭고 유쾌한 프로였다.
하이라이트 : 조리 용기의 바닥을 근접 촬영하는 카메라 기법을 최초로 사용했다.

진실은 냄비 안에 있다
LA VÉRITÉ EST AU FOND DE LA MARMITE
1978년부터 1983년까지 Antenne 2에서 방영되었다.
상영시간 30분.
출연진 및 구성 : 요리사 재킷이 아닌 일반 복장을 한 미셸 올리베르(Michel Oliver)가 아메리칸 스타일로 꾸며진 주방에서 가정식 요리를 시연한 다음 출연자들(올리비에 드 랭크슨, 모리스 파비에르, 크리스티앙 모랭 등)과 함께 식탁에서 맛있게 먹는다.

하이라이트 : 파리의 연기학교 쿠르 시몽(Cours Simon)에서 수학한 미셸 올리베르는 요리도 하나의 연극 무대로 인식한다. 방송의 대사는 모두 대본에 기록되었고 미리 리허설이 진행되었다.

여보, 오늘 뭐 먹지? CHÉRI, QU'EST-CE QU'ON MANGE AUJOURD'HUI ?
1987년부터 1988년까지 TF1에서 방영되었다.
상영시간 20분.
출연진 및 구성 : 파리의 레스토랑 '라 페름 생 시몽(La Ferme Saint-Simon)'의 셰프 프랑시스 방드낭드(Francis Vendenhende)가 실제 부인 드니즈 파브르(Denise Fabre)와 함께 출연해 부르주아 스타일 요리를 선보인다. 이어서 어린이가 만든 요리를 소개하고 함께 요리에 대해 설명하는 시간을 갖는다.
하이라이트 : 요리, 도구 및 장비, 재료 등 이 프로그램에는 광고를 목적으로 한 여러 협찬업체 상품이 등장한다. 예를 들어 SEB의 전기 소스 메이커(saucier SEB gourmand) 등을 꼽을 수 있다.

근위병들의 요리
LA CUISINE DES MOUSQUETAIRES
1983년부터 1997년까지 FR3 아키텐 방송, 이어서 France 3에서 방영되었다. 상영시간 15분.
출연진 및 구성 : 일명 마이테(Maïté)로 알려진 마리 테레즈 오르도네(Marie-Thérèse Ordonez)가 특유의 소탈하고 직설적인 이미지를 살리면서 투박한 시골풍 요리들을 소개한다.
하이라이트 : 이 프로그램과 특히 제목은 알렉상드르 뒤마의 『요리대사전(*Le Grand Dictionnaire de cuisine*)』에서 영감을 받았다.

바베트의 요리 비결
LES P'TITS SECRETS DE BABETTE
1997년에 France 3에서 방영되었다. 상영시간 3분.
출연진 및 구성 : 일명 바베트(Babette)로 불린 엘리자베트 드 로지에르(Élisabeth de Rozières)는 출연하는 초대 손님과 함께 먼저 그날의 앙티유 요리 레시피에 필요한 이국적인 재료들을 찾아 나선 다음 주방에서 요리 시연을 진행했다.
하이라이트 : 프랑스 본토 TV에 이국적인 요리 프로그램을 정착시키기 위한 바베트의 노력은 수년간 계속 되었다.

본 아페티 비엥 쉬르! BON APPÉTIT BIEN SÛR !
2000년부터 2009년까지 France 3에서 방영되었다.
상영시간 25분, 2007년부터는 5분.
출연진 및 구성 : 조엘 로뷔숑(Joël Robuchon)이 매일 진행하던 프로그램으로 매주 다른 유명 셰프들을 초청해 요리를 소개했다. 초대 손님 또는 재료 생산자 소개로 프로그램이 시작된다.
하이라이트 : 조엘 로뷔숑이 성공을 거둔 첫 번째 TV 쇼는 이게 아니다. 그는 이미 1996년부터 1999년까지 TF1에서 '유명 셰프처럼 요리해 보세요(Cuisinez comme un grand chef)'라는 프로를 진행한 바 있다.

위 셰프! OUI CHEF !
2005년에 M6에서 방영되었다. 상영시간 2시간.
출연진 및 구성 : 어려운 환경에 처한 젊은이들을 대상으로 직접 레스토랑에서 요리 교육을 시키는 최초의 리얼리티 TV쇼로 총 5부에 걸친 에피소드로 방영되었다. 이 프로그램은 훗날 시릴 리냑(Cyril Lignac)의 소유가 된 레스토랑 '르 캥지엠(Le Quinzième)'에서 진행되었다.
하이라이트 : 프로그램의 제작자들이 시릴 리냑에게 관심을 보였을 당시 그는 게타스(les Guettas) 소유의 파리 레스토랑 '라 쉬트(La Suite)'의 셰프였다.

톱 셰프 TOP CHEF
2010년부터 M6와 RTL-TV1에서 방영되고 있다.
상영시간 2시간 20분.
출연진 및 구성 : 유명 셰프 등 전문가로 구성된 심사위원단 앞에서 12~16명의 젊은 요리사들이 그 해의 '톱 셰프' 타이틀을 목표로 요리 실력을 겨룬다.
하이라이트 : 이 경연대회 프로그램을 통해 여러 명의 셰프들이 탄생했다.

최고의 파티시에를 찾아라 LE MEILLEUR PÂTISSIER : LES PROFESSIONNELS
2017년부터 M6와 RTL-TV1에서 방영되고 있다.
상영시간 120분.
출연진 및 구성 : 각 3명의 전문 파티시에로 이루어진 12팀이 관록 있는 심사위원단 앞에서 그해의 베스트 파티시에 타이틀을 놓고 실력을 겨룬다. 서바이벌 방식으로 점점 난도 높은 관문을 통과해야 한다.
하이라이트 : 이 프로그램은 영국 BBC에서 방영된 비슷한 콘셉트의 '더 그레이트 브리티시 베이크 오프(The Great British Bake Off)'를 기반으로 하여 제작되었다.

관련 내용으로 건너뛰기
p.357 레몽 올리베르

잼

아침 식사 때 빵에 발라 먹거나 디저트로 먹는 요거트에 넣어 먹기도 할 뿐 아니라 각종 파티스리, 치즈 플래터에도 곁들이는 잼은 연중 내내 다양하게 즐길 수 있다. 잼을 만드는 방법과 맛있게 먹는 요령을 알아보자.

알비나 르드뤼 요한손

프랑스 각 지방의 잼

푸아투 샤랑트 Poitou-Charentes
안젤리카 잼 Confiture d'angélique. 안젤리카는 푸아투 습지대의 대표적인 식물이다.

상트르, 발드 루아르 Centre-Val de Loire
시농(Chinon) 와인 잼. 클로드 플뢰리송(Claude Fleurisson)이 처음 만들었으며 코코뱅, 애플파이, 와인에 절인 배 등에 곁들인다.
코티냑 Cotignac. 마르멜로(유럽모과) 즐레로 만든 당과류의 일종.

로렌 Lorraine
레드커런트 잼. 거위 깃털을 이용해 씨를 빼낸 레드커런트로 만든 잼으로 바르 르 뒥(Bar-le-Duc)의 특산품이다. 푸아그라와 고기 등에 곁들여 먹는다.
미라벨 자두 잼. 메츠, 낭시의 미라벨로 만드는 잼으로 묑스테르(munster) 등의 치즈에 곁들인다.

노르망디 Normandie
밀크 잼. 나폴레옹 군대의 한 요리사가 병사들에게 공급할 우유에 설탕을 넣은 뒤 깜빡 잊고 너무 오래 끓이는 실수로 탄생했다.

페이 바스크 Pays basque
잇차수(Itxassou) 체리 잼. 바스크 산악지대의 마을인 잇차수의 특산품으로 오소 이라티(osso iraty) 양젖 치즈에 곁들여 먹거나 가토 바스크의 필링용으로 사용한다.

칠리 잼. 바스크 지방의 붉은 고추(특히 에스플레트 고추)로 만들며 이 지역의 대표 요리인 아쇼아(axoa), 피프라드, 바스크식 닭 요리 등에 곁들인다.

일드 프랑스 Île-de-France
프로뱅(Provins) 로즈 잼. 잼 브랜드 도미니크 고필리에(Dominique Gaufillier)에서 생산되고 있다.

페이 드 라 루아르 Pays de la Loire
포메 pommé. 사과를 시드르(cidre)에 넣고 끓인 잼이다.

프랑슈 콩테 Franche-Comté
크라마이요트 cramaillotte. 민들레꽃 즐레. 빵, 브리오슈 등에 발라 먹거나 요거트에 넣어 먹는다.

알자스 Alsace
로즈힙 열매(cynorhodon) 잼 또는 즐레.

프로방스 Provence
수박 잼. 압트(Apt)에서는 '시트르 잼', 카르팡트라(Carpentras)에서는 '메레빌 잼'이라고 불린다.

코르시카 Corse
밤, 무화과, 은매화 열매 잼. 주로 코르시카산 치즈에 곁들여 먹는다.

마요트 섬 Mayotte
바오밥 나무 열매 잼.

잼 만들기 성공의 비결

과일의 펙틴 성분은 잼, 마멀레이드, 즐레를 굳게 하는 역할을 한다. 과일 중에는 사과, 마르멜로(유럽모과), 레드커런트, 블랙커런트, 라즈베리, 시트러스류처럼 펙틴을 다소 함유하고 있는 것도 있지만 배, 체리, 딸기처럼 펙틴이 아주 적은 것들도 있다.
해결책은? 부족한 분량의 펙틴을 보충하기 위해 잼 전용 설탕(펙틴이 첨가되어 있다)을 사용하거나 펙틴이 풍부한 과일을 몇 조각 넣어준다(사과의 속과 씨를 거즈에 싸서 잼을 끓일 때 넣어주어도 좋다). 또는 레몬즙이나 사과즙을 조금 넣어준다.

왜 구리로 된 전용 냄비를 사용하나?

1. 구리는 열전도율이 매우 좋다. 열을 빨리 흡수하며 고르게 분배한다.
2. 잼이 응고되는 것을 도와준다. 구리 재질은 펙틴 분자와 물, 과일을 잘 결합시킨다.
3. 위쪽이 살짝 넓게 벌어진 모양은 수분의 증발을 쉽게 해준다.

병 소독하기

위생상의 안전과 변질 방지를 위해 잼을 보관하는 유리병은 반드시 열탕소독 해야 한다.
1. 큰 냄비에 물을 넣고 병들이 완전히 잠기도록 한다. 약 10분 정도 끓인 뒤 병들을 꺼내 깨끗한 면포 위에 놓고 물기를 말린다.
2. 뜨거운 잼을 병에 가득 담은 뒤 마개를 덮고 몇 분간 뒤집어 놓는다. 병 안에서 뜨거운 공기가 팽창하게 되고 일단 잼이 식으면 병뚜껑이 진공상태로 밀봉된다.

병에 채워 넣기

과일이 표면으로 몰려 떠오르지 않고 고루 분포되도록 잼을 천천히 병에 채워 넣는다.

잼이 다 되었나요?
과일마다 양, 품질, 끓이는 시간이 다르다.
과학적 테크닉 :
잼을 104℃까지 끓인다(온도계 사용). 이 온도에 달하면 끓이는 것을 멈춰도 된다.
경험에 의한 테크닉 :
잼을 차가운 접시에 몇 방울 떨어트려본다. 살짝 굳으면 완성된 것이므로 바로 병입해도 된다.

관련 내용으로 건너뛰기
p.18 과일 젤리

잼 용어 정리

콩피튀르 *Confiture*
과일(퓌레 and/or 과육) + 설탕 + 물
과일이 총중량의 최소 35% 이상 함유되어야 한다.

콩피튀르 엑스트라 *Confiture extra*
농축하지 않은 과육 + 설탕
과일이 총중량의 최소 45% 이상 함유되어야 한다.

즐레 *Gelée*
과일 즙 and/or 수분 추출물 + 설탕
과일이 총중량의 최소 35% 이상 함유되어야 한다.

즐레 엑스트라 *Gelée extra*
과일 즙 and/or 수분 추출물 + 설탕
과일이 총중량의 최소 45% 이상 함유되어야 한다.

마멀레이드 *Marmelade*
물 + 설탕 + 시트러스류 과일(과육펄프, 퓌레, 즙, 수분 추출물, 껍질)
과일이 총중량의 최소 20% 이상 함유되어야 하며 그중 7.5g은 내과피로 이루어져야 한다.

계절별 잼

봄
딸기 잼
에스코피에의 『요리 안내서(*Le Guide culinaire*)』 레시피

"이것은 가장 섬세하게 취급해야 하는 잼 중의 하나이며 만드는 방법도 여러 가지가 있다. 그중 가장 간단하고 빠른 방법을 소개한다."

병 4개 분량

딸기 1kg
설탕 740g
물

잼 전용 냄비에 설탕을 넣고 물을 뿌려 적신 뒤 116~125℃(프티 불레 petit boulé 상태)까지 끓인다. 끓어오르기 시작하면 거품을 꼼꼼히 건진다. 딸기를 넣고 냄비를 불 옆으로 잠깐 빼 놓은 뒤 딸기즙이 끓은 설탕과 섞여 시럽 상태가 될 때까지 7~8분간 그대로 둔다. 딸기를 체로 건진다. 시럽을 다시 116~125℃까지 끓인 뒤 딸기를 다시 넣고 함께 5분간 더 끓인다. 병에 넣는다.

가을
그린토마토 잼
마미 레몽드(Mamie Raymonde)

에두아르 루베(Edouard Loubet)의 『프로방스 요리사(*Le cuisinier provençal*)』에서 발췌한 레시피.

"푸아그라 테린이나 치즈를 먹을 때 곁들이면 아주 좋은 양념 역할을 한다. 우리 조부모님들은 덜 익은 풋풋한 토마토로 이 잼을 만들어 겨울 내내 두고 먹었다."

병 12개 분량

그린토마토 3kg
설탕 2kg
오렌지 제스트 2개분

토마토를 세로로 등분한 뒤 설탕, 오렌지 껍질 제스트와 섞는다. 토마토에서 수분이 나오도록 재워둔다. 약한 불에 올려 혼합물이 눌어붙지 않도록 끓인다. 불을 세게 올린 뒤 16분간 끓인다. 블렌더로 전부 간 다음 냄비에서 덜어낸다. 병에 넣는다.

여름
살구와 살구씨 아몬드 잼
드니즈 솔리에 고드리

병 6개 분량

씨를 뺀 살구 1.5kg (씨를 빼지 않은 살구 기준 약 1.6kg)
펙틴이 함유된 잼 전용 설탕 1kg
살구 씨 아몬드 15개

살구를 씻어서 물기를 닦는다. 씨를 뺀 다음 작게 썬다. 잼 냄비에 넣고 설탕을 넣은 뒤 잘 섞는다. 살구의 씨(핵)를 깨서 안에 들어 있는 아몬드처럼 생긴 속 씨를 꺼낸 뒤 껍질을 벗기고 둘로 쪼개둔다. 냄비를 센 불에 올린 뒤 잘 저어주며 끓을 때까지 가열한다. 이어서 불을 줄이고 8분간 더 끓인다. 마지막 1분을 남겨놓은 상태에서 살구 씨 아몬드를 넣어준다. 불을 끄고 거품을 건져낸 다음 뜨거울 때 병에 넣는다.

겨울
크리스마스 잼
크리스틴 페르베르

잼의 여왕이라 불리는 크리스틴 페르베르는 알자스의 한 포도밭 마을에서 잼을 만들고 있다. 그녀의 비법은 무엇일까? 한번에 4kg을 넘지 않는 분량의 과일만 큰 냄비에 끓인다는 것이다.

병 6개 분량

마르멜로(유럽모과) 1.5kg
설탕 1kg
물 1.5리터
견과류와 당절임 과일, 향신료 1kg (아몬드, 땅콩, 살구, 체리, 사과, 배, 생강, 계피. 넛멕, 정향 등)
강판에 곱게 간 오렌지 제스트 1꼬집과 오렌지즙
강판에 곱게 간 레몬(수확 후 화학처리하지 않은 것) 제스트 작은 것 1개분과 레몬즙

마르멜로 즙을 만든다. 우선 마르멜로를 면포로 깨끗이 문질러 닦은 뒤 물에 헹구고 꼭지를 딴다. 세로로 등분한 다음 잼 전용 냄비에 넣고 물을 잠기도록 붓는다. 끓을 때까지 가열한 다음 불을 약하게 줄이고 잘 저어주며 1시간 정도 끓인다. 체에 걸러 마르멜로 즙을 받아낸다. 견과류와 당절임 과일을 잘게 썬다. 이것을 마르멜로 즙과 섞은 뒤 오렌지와 레몬 제스트, 오렌지즙, 레몬즙, 설탕, 향신료를 넣어준다. 잘 저으며 끓을 때까지 가열한다. 거품을 건진다. 센 불을 유지하며 5~10분간 계속 저어주며 끓인다. 거품이 올라오면 꼼꼼히 걷어낸다. 마지막으로 5분간 더 끓인다.

여전히 대세는 유기농

유기농 농업이 점점 확대되고 있다. 10명의 프랑스인 중 7명은 정기적으로 유기농 제품을 소비한다고 할 정도로 인기가 높다. 이들 식품 라벨에 표시된 내용을 보다 정확히 이해할 수 있도록 정리해보았다.

안 로르 팜

공식 인증 마크

유로푀유(EUROFEUILLE)
유럽연합 유기농 라벨
제정연도 : 2010
인증 요건 :

- 제품을 구성하고 있는 농산물 원재료의 생산지가 표시되어 있을 것. 'Agriculture EU (유럽 농산물)', 'Agriculture non EU (비유럽 농산물)' 혹은 'Agriculture EU/non EU (유럽/비유럽 농산물).
- 이 라벨을 획득한 제품은 100% 유기농법으로 생산한 재료로 이루어져 있어야 하며 가공제품인 경우 최소 95%는 유기농법으로 생산된 재료로 이루어져 있어야 한다.
- 유기농 제품과 재래식 농법 생산물의 혼합도 허용된다.
- 해당 제품의 품질 관리는 연간 2회 시행된다. 법이 개정되면 아마도 2년에 한 번씩 관리가 이루어질 것이다. 이러한 요건 완화가 과연 부작용을 초래할 것인가?

유기농 마크 AB
제정연도 : 1985
인증 요건 :

- 프랑스 농업부가 공식 지정한 인증 마크이다. 유럽 연합 라벨과 마찬가지로 이 표시는 100% 유기농 제품 혹은 가공식품의 경우 최소 95%이상의 유기농 재료가 포함된 제품을 인증하고 있다.
- 이 인증 마크는 점차 유럽연합 인증 라벨로 대체되어 가고 있다.
- 유기농 제품을 판매하려면 생산자들(혹은 가공업자, 외식산업종사자)은 INAO(프랑스 국립 원산지, 품질 기구)가 인증한 공인 기관 9곳(Ecocert, Agrocert, Bureau Veritas 등) 중 한 곳으로부터 감사 관리를 받아야 한다.
- 생산자들은 일 년에 최소 1회 감사를 받는다.

대체 인증 마크

프랑스 유기농 관련업체 46,000곳 중 단 5%만 이에 해당한다. '나튀르 에 프로그레(Nature & Progrès)' 만 제외하고 이들 인증 마크를 획득하려면 우선 유기농, 친환경 인증(certification bio)이 전제요건이다.

DEMETER
제정연도 : 1932
인증 요건 :
비오디나미(biodynamie) 농법으로 만든 생산품을 인증한다. 프랑스에서는 700여 생산자들이 이에 가입되어 있으며 해외 60여 개국 6,500개의 생산자들이 이 인증을 받고 있다.

NATURE & PROGRÈS
제정연도 : 1964
인증 요건 :
업계 전문가와 소비자들을 모두 아우르는 이 마크는 농업생태학(agroécologie)을 지향하고 권장한다. 여기에 제시된 유럽 유기농 규정은 '유기농의 산업화 및 그 사회적, 생태학적 반향은 문제 삼지 않는 기술적 차원에 한정'되어 있다. 현재 1,000개의 전문 생산가들과 1,000명의 소비자 그룹이 여기에 속해 있다.

BIO COHÉRENCE
제정연도 : 2010
인증 요건 :
이 라벨은 비교적 느슨하다고 평가받는 유럽연합 유기농 규정에 대한 반응으로 생산자와 비오콥(Biocoop) 등의 유통업자들, 소비자들(Bio Consom'acteurs)이 연합하여 2009년 유럽연합 유기농법 개정에 이어 탄생했다. 환경 및 사회적, 경제적 분야에서의 확대, 발전을 추구하고 있으며 현재 약 550명의 회원이 있다.

관련 내용으로 건너뛰기
p.273 식품 품질 표시 라벨

프랑스의 유기농 농업 분야에는

32,300곳의 생산자, **14,800**개의 기타 종사자(가공업자, 유통업자, 수입업자)가 종사하고 있다. **150만 헥타르** 이상의 농지에서 유기농 농법이 행해지며 이는 **총 면적의 5.7%**에 해당한다. 옥시타니(Occitanie) 지방에는 **7,227**곳의 생산자가 있으며 이는 프랑스 전국 유기농 생산자의 **20%**를 차지한다. 오베르뉴 론 알프(Auvergne-Rhône-Alpes)와 누벨 아키텐(Nouvelle-Aquitaine)이 그 뒤를 잇고 있다(생산자 수 4,700-4,800). 단체 급식을 포함한 **전 업종 통합수치**로 볼 때 유기농 생산물의 매출은 **2016년 말** 현재 **70억 유로**를 상회하고 있다(2015년 매출은 57억 6천만 유로).

곡물과 밀가루

좋은 빵을 만들려면 우선 곡물을 잘 선택해야 한다.
곡식 낟알을 가루로 만드는 것은 빵 제조의 첫 번째 단계이다.
마리 로르 프레셰 & 롤랑 푀이야스

제빵이 가능한 곡물

이 곡물들은 모두 벼과(poacées), 또는 화본과(graminées)에 속한다.
밀은 그중에서도 밀속(*Triticum*)에 해당한다.

참밀 L'engrain
(Triticum monococcum)

이것은 종종 '작은 스펠타밀(petit épautre)'이라는 잘못된 명칭으로 불린다. 하지만 참밀은 보통밀의 사촌 곡식 격인 스펠타밀과 별 연관이 없다. 참밀은 인간이 길들여 재배하기 시작한 초창기 곡식에 속하지만 프랑스에서 참밀 재배는 중세 무렵 서서히 사라졌으며 오늘날에는 아주 드물게 재배된다. IGP (지리적표시보호) 인증을 받은 '오트 프로방스 작은 스펠타밀(petit épautre de Haute-Provence)' 이 품종을 보호 계승하고 있다. 참밀은 단백질, 미량 무기질 및 필수 아미노산이 풍부하다. 글루텐 함량이 낮지만 빵을 만들 수 있으며 밀도가 촘촘하고 거의 부풀지 않는 빵이 만들어진다.

보통밀 Le blé tendre
(Triticum aestivum)

이립(二粒)계 밀의 일종인 에머밀(amidonnier, emmer wheat)과 들에서 자라던 염소풀속(égilope, aegilop)의 교잡종이다. 이것은 주로 제빵용 밀가루를 만들기 위해 프랑스와 전 세계에서 생산된 최초의 밀이다. 주요 생산 지대는 파리 수도권 지역, 노르 파 드 칼레(Nord-Pas-de-Calais), 상트르(Centre), 푸아투 샤랑트(Poitou-Charentes), 부르고뉴(Bourgogne)에 분포되어 있다. 총 5백만 헥타르의 농지에서 재배되는데 이는 프랑스 곡물생산 농경지 총 면적의 절반에 해당한다. '부드러운 밀(blé tendre)'이라는 이름은 알곡 낟알을 감싸고 있는 흰색의 부서지기 쉬운 전분 때문에 붙은 것으로 광택 없는 황색 질감의 듀럼밀(세몰리나와 파스타 면 제조에 많이 쓰인다)과는 구분된다. 보통밀은 '프로망(froment)'이라고도 부른다.

스펠타밀 L'épeautre
(Triticum spelta)

이것은 그 자체로 독립된 하나의 곡물이며 프랑스에서는 '블레 데 골루아(blé des Gaulois 갈리아족의 밀)'라고도 불린다. 이 밀은 주로 파리 근교 지역과 부르고뉴에서 재배된다. 이것은 '껍질이 있는(vêtu)' 알곡으로 반드시 벗겨서 사용해야 한다. 이 곡물은 생산성 효율이 낮고 이는 보통밀에 밀려나게 되는 이유가 되었다. 영양학적으로 우수한 점이 많은 곡물이다.

호밀 Le seigle
(Secale cereale L.)

벼과에 속하며 그중에서도 밀속에 매우 가깝다. 거칠고 생명력이 매우 강하며 척박한 산성 토양에서 잘 자란다. 고대 로마인들은 이 맛을 아주 싫어했고 이것을 먹던 사람들을 미개하다고 여겼다. 호밀을 뜻하는 '세글(sègle)'은 프랑스의 지명 세갈라(le Ségala)에서 따온 것으로 이 지역은 아베롱(Aveyron)의 서쪽, 타른(Tarn)의 북쪽, 로트(Lot)의 북동쪽까지 펼쳐지며 옛날에 호밀 이외 다른 농산물이 재배되지 않았다. 빵을 만들 수 있는 호밀은 팽 데피스(pain d'épices)를 만드는 데도 들어간다. 호밀은 이삭에 깜부기균이 기생하여 생기는 맥각병으로 인해 밀가루에 독성이 있을 수 있으며 이는 흔히 '불타는 듯한 고통'이라고 불리는 맥각 중독증을 일으킬 수 있다.

프랑스의 토종 밀

옛날에 농부들은 각자 아무 품종의 밀이나 재배할 수 있었고 이름도 원하는 대로 붙일 수 있었다. '고향의 밀(blés de pays)'이라고 불리는 이것은 비슷한 품종들이 속한 속명 하에 포함된 유형들이다. 예를 들어 '블랑 드 플랑드르(Blanc de Flandre)', '아티프 드 라 손(Hâtif de la Saône)', '블라데트 드 보르도(Bladette de Bordeaux)' 등이 이에 해당한다.

이 밀들은 차츰 스페인, 러시아 등에서 수입된 외국 품종과 19세기 말 앙리 드 빌모랭(Henry de Vilmorin)이 시도한 초창기 교잡종들로 대체되었다. 이 밀 품종들의 체계적인 관리를 위하여 1933년 공식 보통밀 카탈로그와 판매 허가증이 등장했다. 프랑스 토종 밀 품종은 그 수가 562개에서 1945년에는 40개로 줄었다. 이후 새로운 교잡 품종들이 생겨나 250개를 넘겼다. 현재 빵을 만들 수 있는 10개의 품종이 밀 농사 면적의 50%를 차지하고 있으며 그중 가장 많이 재배되는 것은 루비스코(Rubisko) 품종이다. 5곳의 종자업체가 프랑스의 밀 품종 시장을 나누어 갖고 있다. 하지만 약 15년 전부터 농부들은 '루즈 드 보르도(Rouge de Bordeaux)', '바르뷔 뒤 루시용(Barbu du Roussillon)', '블레 뫼니에 답트(ble meunier d'Apt, 혹은 투젤 블랑슈 드 페르튀 Touselle blanche de Pertuis)' 등과 같은 재래종을 다시 재배하기 시작했다.

가루로 만들어 사용하는 다른 종류의 곡물들

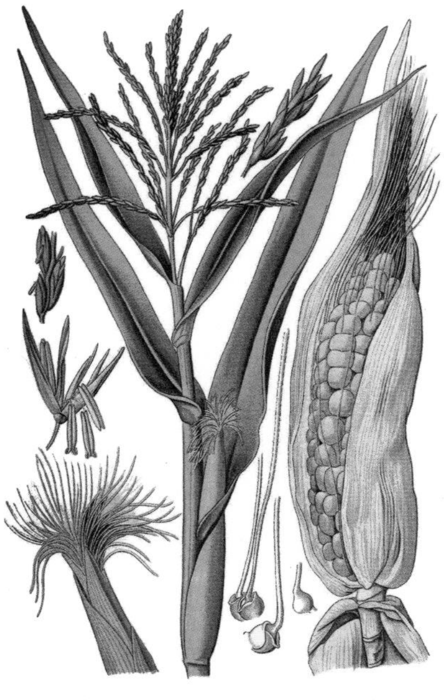

옥수수 Maïs (*Zea mays l.*)
크리스토퍼 콜럼부스를 통해 멕시코에서 유럽으로 들어온 옥수수는 품종도 다양하고 여러 용도로 사용된다. 옥수수 가루는 다른 가루와 혼합하여 쓰이거나 미야스(millas 옥수수 가루로 만든 프랑스 남서부 지방의 케이크), 탈로아(taloas 토르티야와 비슷한 페이 바스크의 갈레트)와 같은 특선음식의 재료가 된다. '파린 드 고드(farine de Gaudes)'는 구운 옥수수를 빻은 가루로 브레스(Bresse) 지방의 특산품이다. 옥수수 녹말은 옥수수의 전분으로만 만들어진 고운 흰색 가루이며 옥수수 알곡 전체로 만든 옥수수 가루가 아니다.

메밀 Sarrasin
메밀은 엄밀히 따지면 곡식은 아니다. 소렐이나 루바브와 마찬가지로 마디풀과(polygonacées)에 속하기 때문이다. 메밀 알갱이는 각이 진 모양으로 색이 어두워 '검은 밀(blé noir)'이라고도 불린다. 십자군 전쟁 때 프랑스에 도입된 메밀은 15세기 안 드 브르타뉴(Anne de Bretagne) 왕비에 의해 대중화되었다. 메밀은 2000년 '브르타뉴 전통 검은 밀(blé noir tradition Bretagne)'이라는 이름으로 지리적표시보호(IGP) 인증을 받았다. 메밀은 브르타뉴의 갈레트와 '키그 아 파르즈(kig ha farz 메밀 반죽 덤플링을 넣어 끓인 브르타뉴식 포토푀의 일종)'의 필수 재료이다. 메밀은 글루텐이 함유되어 있지 않다. 따라서 빵을 만들 수 없다.

밀가루

밀가루를 뜻하는 프랑스어 파린(farine)은 '재배한 밀, 스펠타밀'이라는 의미의 파르(far), 파리스(farris)에서 파생한 라틴어 파리나(farina)에서 왔다. 이것은 밀 알곡을 갈아 만든 가루이다.

통밀
밀가루는 밀 겨(낟알을 싸고 있는 겉껍질)의 무기질을 함유하고 있다. 이들을 900°C로 소각하면 미네랄 잔류물만 재로 남게 된다. 이 회분의 비율(taux de cendre) 또는 체로 친 비율(taux de blutage)이 높을수록(T로 표기된다) 밀가루 유형의 숫자가 커지며 반대로 밀가루의 색은 더 어두워진다. 예를 들어 T55 밀가루 100g을 소각하면 0.55g의 회분이 나온다. 밀가루 색이 하얄수록 밀 배아와 겨에 주로 들어 있는 영양성분은 더 많이 소실된 것이다. 반대로 '통밀'에 가까울수록 미네랄과 비타민(특히 B, E군)이 더욱 풍부하다.

프랑스에서 인증된 6가지 유형의 밀가루

Type 45	Type 55	Type 65	Type 80	Type 110	Type 150
파티스리용 흰색 밀가루. 섬세한 파티스리 전용 밀가루(fleur de farine, gruau)	일반 흰색 밀가루. 화이트 브레드, 타르트 및 피자 반죽용	흰색 밀가루. 캉파뉴 브레드, 피자용	옅은 회갈색의 밀가루(farine bise), 반 도정 밀가루(semi-complète). 브라운 브레드(pain bis).	통밀가루(farine complète). 통밀 빵(pain complet, whole-wheat bread)	비정제 통밀가루(farine intégrale). 비정제 통밀 빵(pain au son, bran bread)

글루텐

점성과 탄성을 가진 단백질 복합체인 글루텐은 공유결합(S-S 브리지)과 비공유결합(수소화합, 이온화합), 소수성(疏水性)의 상호작용에 의해 연결된 글리아딘과 글루테닌의 이질성 혼합체로 이루어져 있다.
글루텐은 단백질(75~85%), 지질(5~7%), 전분(5~10%), 수분(5~8%)을 포함하고 있다. 이 분자 합성물의 이름 '글루텐'은 라틴어 어원으로 '풀'이라는 뜻이다.
글리아딘은 반죽에 늘어나는 성질과 점착성, 가소성을 부여한다. 글루테닌은 반죽에 견고성과 탄성을 준다.
효모의 작용으로 발효가 일어날 때 이산화탄소가 발생하는데 이것이 글루텐 조직 망에 갇히게 되면서 빵이 부풀게 된다. 이 현상을 발견한 사람은 1745년 이탈리아 볼로냐 대학의 교수였던 자코포 베카리(Jacopo Beccari)이다. 밀가루 반죽 덩어리에 물을 뿌리면 전분이 물에서 현탁해져 분리되면서 끈적끈적하고 탄성이 있는 물질인 글루텐이 남는다.
글루텐은 셀리악 병의 주범이 되므로 이 병이 있는 사람은 글루텐 프리 식단을 철저히 지켜야 한다.
최근 몇 년간 글루텐에 대한 과민반응이 크게 늘어났다. 이는 글루텐 강화 밀가루의 사용과 단시간에 만드는 제빵 기술, 즉 효모의 발효시간(글루텐이 소화가 잘 되도록 준비하는 과정)을 충분히 두지 않는 방식 때문이라고 해석할 수 있다.

혼합 밀가루
1993년 9월 13일 법령(n° 93-1074)은 '프랑스 전통(de tradition française)' 빵을 구성하는 재료에 있어 밀가루, 물, 소금, 르뱅(발효종), 제빵용 생 이스트 이외에 몇 가지 개선제 사용을 허용하고 있다. 이들은 빵의 발효, 빵 속살과 크러스트의 색, 부피 등에 관련된 것으로 다음과 같다.
→ 콩가루
→ 맥아
→ 글루텐
→ 대두 레시틴
→ 비타민 C
→ 효소
이 혼합 밀가루들은 제분업자들이 조제하며 제빵사들이 바로 사용할 수 있도록 제품으로 판매된다. 이들 중에는 제분업체 40곳이 결성하여 만든 바네트(Banette), 유럽 제분, 제빵업계의 선두주자 중 하나인 뉴트릭소(NutriXo)가 소유한 캄파이예트(Campaillette), 바게피(Baguépi, Soufflet 그룹), 레트로도르(Retrodor, Viron) 등 유명 브랜드가 된 곳들도 있다.

관련 내용으로 건너뛰기
p.354 빵 만들기

악취의 강도

독한 악취를 풍기는 프랑스의 특별한 음식들을 모아보았다. 도망갈 준비 완료!

델핀 르 푀브르

1- 부속, 내장 Les tripes
캉(Caen)식 내장 요리(tripes à la mode), 라 페르테 마세(La Ferté-Macé)의 내장 꼬치 요리, 코르시카식 내장 요리 등은 강렬한 냄새의 세계로 당신을 확실하게 인도할 것이다.
냄새 : 내장 특유의 누린내.

2- 대구간유 L'huile de foie de morue
건강 보조식품으로 사용되는 이 오일은 대구 간을 증기에 쪄 압착한 뒤 여과, 추출하여 만든 것이다.
냄새 : 쓰레기통에 버리고 한참 동안 잊어버린 생선 냄새.

3- 퓌앙 드 릴 Le puant de Lille
이미 냄새로 악명이 높은 마루알 치즈를 염수에 담가 3개월간 숙성시킨 것으로 이름(puant 은 '악취 나는' 이라는 뜻)만으로도 그 악취를 충분히 상상할 수 있다.
냄새 : 아주 더운 곳에 있는 신발장 냄새.

4- 카주 메르주 Le casgiu merzu
코르시카의 이 치즈는 먹고 남은 톰 치즈 조각들을 공기가 통하는 곳에 놓고 건조시킨 것이다. 열어놓은 창문을 통해 파리가 들어와 치즈에 유충 알을 낳는다.
냄새 : 썩은 치즈의 악취가 확실히 나지만 그래도 그 모습만큼 충격적이진 않다.

5- 너무 오래 삶은 달걀 L'œuf qui a trop cuit
달걀을 너무 오래 삶으면 노른자의 철분과 흰자의 황이 결합된 가스를 내뿜는다. 이 냄새뿐 아니라 먹을 때 보면 흰자와 노른자 사이에 회색빛 층이 생긴 것을 볼 수 있다.
냄새 : 방귀 냄새.

6- 멜레 Le melet
멜레는 프로방스에서 잡은 작은 멸치와 같은 생선을 지칭하며 이것으로 만든 페이스트 형 소스(걸쭉한 멸치젓갈과 비슷)를 가리키기도 한다.
냄새 : 마르세유 비유 포르 항구에서 햇볕에 너무 오래 방치된 생선 냄새.

7- 마늘 L'ail
프로방스식 아이올리(aïoli)의 기본 재료가 되는 마늘은 특히 다졌을 때 불쾌한 냄새를 내뿜는다. 왜냐하면 마늘 속의 알린(alline)이라는 성분이 알리신(allicine)으로 변화하면서 이 강력한 냄새를 분출하는 분자들을 생성해내기 때문이다.
냄새 : 상쾌하지 않은 구취.

8- 뮝스테르 Le munster
끈적끈적하게 흘러내리는 이 주황색 치즈의 냄새는 세척 외피에 생기는 붉은색 박테리아로부터 기인한다.
냄새 : 삼복더위 중의 쓰레기 트럭 냄새.

9- 마루알 Le maroilles
이 치즈의 냄새는 예를 들어 타르트처럼 익혔을 때 더 섬세해진다. 프랑스 북부 지방의 이 치즈는 외피와 함께 그대로 먹을 때 제대로 된 강한 냄새를 즐길 수 있다.
냄새 : 3일 동안 샤워를 하지 않은 겨드랑이 냄새.

10- 앙두이예트 L'andouillette
전 리옹 시장 에두아르 에리오(Edouard Herriot)는 "정치란 자고로 앙두이예트와 같다. 똥 냄새가 나긴 하지만 그리 심하진 않다."라고 일갈했다.
냄새 : 이미 말한 그대로다.

11- 양배추 및 기타 유황 함유 채소(리크, 콜리플라워 등)
이 채소들은 익히면 황 성분이 특유의 역한 냄새를 풍긴다. 삶을 때 물의 양을 충분히 잡아야 하는 이유이다.
냄새 : 파리 지하철 통로 냄새.

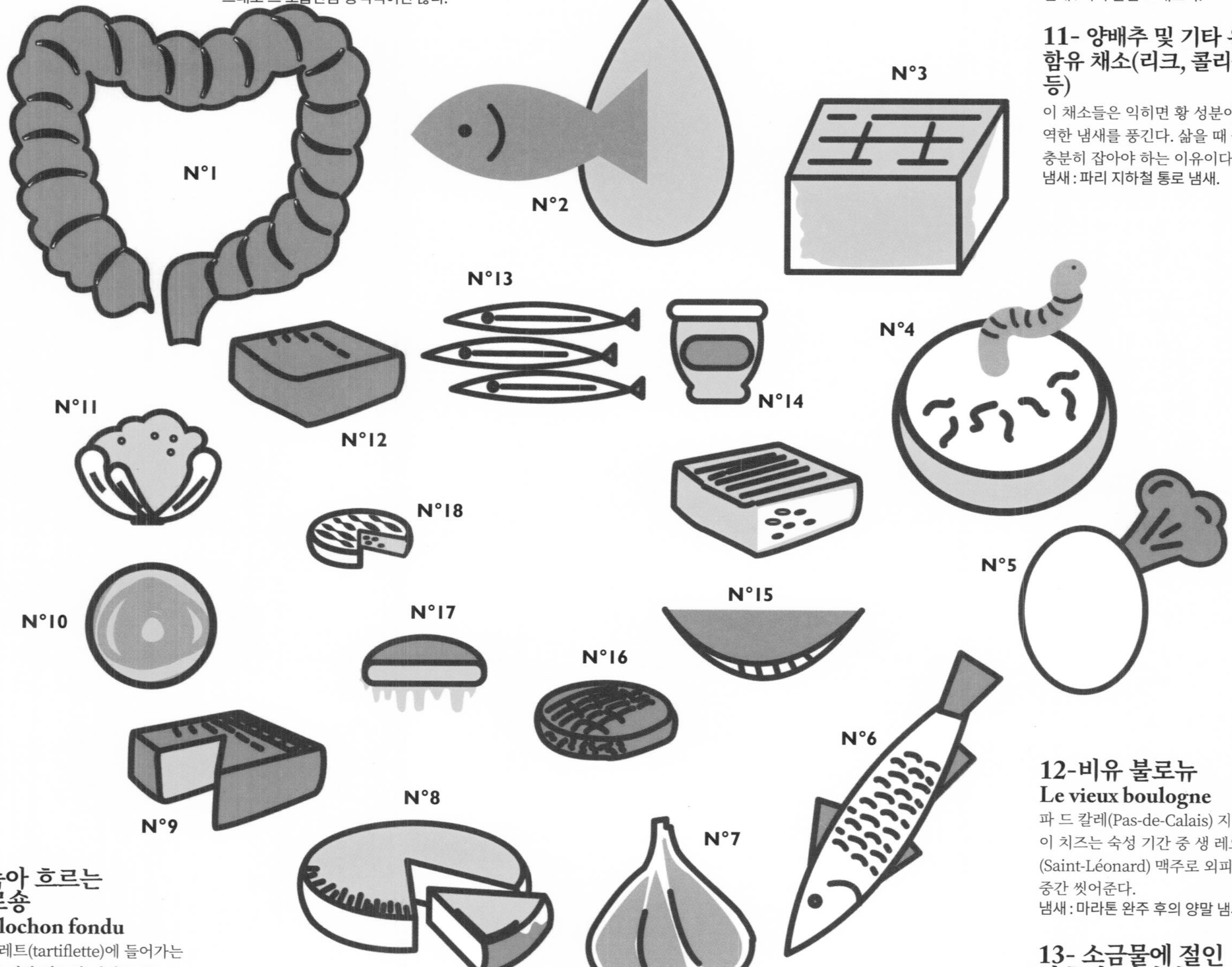
N°1
N°2
N°3
N°4
N°5
N°6
N°7
N°8
N°9
N°10
N°11
N°12
N°13
N°14
N°15
N°16
N°17
N°18

12-비유 불로뉴 Le vieux boulogne
파 드 칼레(Pas-de-Calais) 지방의 이 치즈는 숙성 기간 중 생 레오나르(Saint-Léonard) 맥주로 외피를 중간중간 씻어준다.
냄새 : 마라톤 완주 후의 양말 냄새.

13- 소금물에 절인 안초비, 피살라 Le pissalat – anchois en saumure
짠맛이 매우 강한 이 멸치 퓌레 액젓 소스는 프랑스 남부 지방에서 많이 소비된다.
냄새 : 썩은 바닷물 냄새.

14- 퐁 레베크 Le pont-l'évêque
이 치즈의 독특한 냄새는 칼바도스(Calvados) 지방 리지외(Lisieux)와 도빌(Deauville) 사이에서 6주간 숙성시키는 과정에서 생성된다.
냄새 : 럭비선수들의 탈의실 냄새.

15- 멜론 Le melon
너무 푹 익은 멜론은 에탄올을 발산하니 주의한다.
냄새 : 쨍쨍한 햇빛 아래의 쓰레기통 냄새.

16- 에푸아스 L'époisses
브리야 사바랭이 치즈의 왕이라고 칭송했던 이 치즈는 제조 기간 내내 부르고뉴 마르(marc de Bourgogne 포도 찌꺼기를 증류해 만든 화주)로 외피를 문질러준다.
냄새 : 신발을 너무 오래 신고 있었던 발 냄새.

17- 녹아 흐르는 르블로숑 Le reblochon fondu
타르티플레트(tartiflette)에 들어가는 이 사부아 지방 치즈의 냄새를 두고 미식 애호가들은 헤이즐넛의 강한 고소함이 느껴진다고 말한다.
냄새 : 체육 수업이 끝난 체육관

18- 노르망디 카망베르 Le camembert normand
냄새가 강한 프랑스의 치즈 중 아마도 가장 많이 알려진 것일 것이다.
냄새 : 가루를 뿌린 듯이 뽀얀 외피 안에서 진한 우유의 꼬릿한 냄새가 난다.

관련 내용으로 건너뛰기
p.207 족 요리

존재감이 빛나는 고둥

고둥은 너무 평범하다고? 신경 써서 잘 익히고 마요네즈 소스만 고집하지 않는다면
아주 다양한 방법으로 맛있게 즐길 수 있다.

프랑수아 레지스 고드리

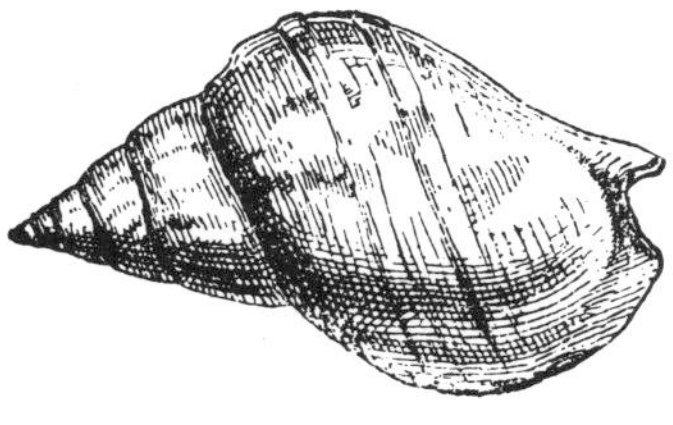

고둥(bulot)의 다른 이름들…

→ 샹퇴르 **Chanteur**(솜 Somme)
→ 칼리코코 **Calicoco**(코탕탱 Cotentin)
→ 랑 **Ran**(쉬드 코탕탱 Sud-Cotentin, 그랑빌 Granville)
→ 바부 **Bavoux**(바르플뢰르 Barfleur)
→ 토리옹 **Torion**(캉칼 Cancale)
→ 킬로그 **Killog**(피니스테르 Finistère)
→ 뷔르고 모르슈 **Burgaud morchoux**(방데 Vendée)
→ 뮈렉스 **Murex**(지중해 지역 고둥의 일종으로 껍데기 끝이 뾰족하다)
→ 부르고 **Bourgot**(퀘벡 Québec)

그 외에도 뷔생(buccin), 에스카르고 드 메르(escargot de mer), 베를로(berlot), 캉퇴(quanteux), 고글뤼(goglu) 등의 이름으로 불린다.

먹어도 될까?
대부분 껍데기 맨 안쪽에 들어 있는 검은색 부분을 먹어도 되는지는 종종 논쟁의 대상이 된다. 이것을 먹는 이들도 있지만 아마도 생각을 바꾸게 될 것이다. 이 부분은 고둥의 심장, 소화관, 아가미 등의 내장기관이다.

그랑빌 만(灣)의 고둥
2017년 2월부터 지리적표시보호(IGP) 인증을 받아 보호되고 있다. 약 40명의 어부(고둥잡이)들이 노르망디 코탕탱(Cotentin) 반도 서쪽의 그랑빌 만(baie de Granville)에서 연간 3,000~4,000톤을 채취하고 있다. 이곳은 고둥이 특별히 많이 몰려 있는 서식지이다. 고둥은 통발을 이용해서 잡는데 이 방식은 고둥에 스트레스를 주지 않고 산 채로 잡을 수 있는 조심스러운 낚시 방법이다.

알고 계셨나요?

고둥은 사체를 먹이로 삼는 육식동물로 죽은 지 얼마 안 되는 게나 벌레, 쌍각류 조개 등을 먹고산다.

집에서 고둥 삶는 법
살아 있는 고둥을 구입한다. 익힌 것을 살 경우에는 싱싱한 것인지 확인하고 반드시 당일 삶은 것을 구입한다. 언제나 생선 판매상에서 이를 지키는 것은 아니니 주의해야 한다(먹을 때 의심스러운 냄새가 나면 안 된다).

1 넉넉한 물에 충분히 씻기
고둥을 찬물에 최소 20분 이상 담가둔다. 해감을 목적으로 굵은소금을 넣지 않는다. 이것은 살을 더 단단하게 만들 우려가 있다. 넉넉히 흐르는 물에 씻어 분비물과 점액, 불순물을 깨끗이 제거한다.

2 넉넉한 물에 삶기
깨끗이 헹군 고둥을 냄비에 넣고 찬물을 넉넉히 채운다. 뚜껑을 닫고 가열한다. 끓기 시작하면 약불로 12~15분간(크기에 따라 조절) 삶는다.

3 충분히 연화하기
고둥을 연하게 먹는 비결은 삶은 물에서 그대로 식히는 것이다. 시간이 급할 때는 뜨거운 고둥을 그대로 건져 먹어도 된다.

삶는 국물을 다양하게 !
가정에서 고둥을 삶을 때 좋은 점은 익히는 국물에 다양한 재료를 첨가할 수 있다는 것이다.
➡ 프랑스식 쿠르부이용 : 부케가르니 1개, 타임 1줄기
➡ 온화한 맛의 향신료를 넣은 오리엔탈 쿠르부이용(추천!) : 껍질을 벗기고 정향 2개를 박은 양파 1개, 팔각 1개, 통후추 몇 알갱이, 월계수 잎 1장, 강황 2꼬집(고둥이 연한 오렌지색을 띠게 된다).
➡ 태국식 쿠르부이용 : 레몬그라스 줄기 1대(반으로 자른다), 생강 1톨(잘게 썬다), 카피르라임 잎 몇 장

고둥살과 비르산 앙두이유를 얹은 타르틴

바다와 육지의 맛이 놀라운 조화를 이루는 이 오픈 샌드위치는 코르메이(Cormeilles, Eure)에 위치한 레스토랑 '구르망디즈(Gourmandises)'의 전임 주방장 베르나르 박슬레르(Bernard Vaxelaire) 셰프의 레시피다. 후임 셰프 알렉시스 오스몽(Alexis Osmont)은 이 타르틴을 계속 메뉴에 올리고 있다.

타르틴 5개 분량

삶은 고둥 500g
살짝 훈연한 비르(Vire)산 앙두이유 슬라이스 8장(약 200g)
샬롯 1개
허브(파슬리, 차이브, 처빌 등)
마요네즈 3테이블스푼
레몬 1개 반
캉파뉴 브레드 슬라이스 5장(너무 두껍지 않은 것)
올리브오일 50ml
후추

삶은 고둥의 딱지를 떼어내고 내장을 제거한 뒤 살만 작은 주사위 모양으로 썬다. 앙두이유 슬라이스도 함께 같은 크기로 작게 썬다. 유리볼에 고둥살과 앙두이유를 넣고 얇게 썬 샬롯, 잘게 썬 허브, 마요네즈, 레몬즙을 약간 넣고 잘 섞는다. 후추를 뿌린다. 앙두이유가 짭짤하므로 소금은 넣지 않는다.
팬에 올리브오일을 두르고 캉파뉴 빵을 넣은 뒤 한 면만 노릇하게 지진다. 빵을 식힌 다음 고둥과 앙두이유 혼합물을 넉넉히 올린다.

이 타르틴을 여러 조각으로 잘라 아페리티프로 서빙하거나 자르지 않은 상태로 그린샐러드를 곁들여 서빙한다.

관련 내용으로 건너뛰기
p.82 자연산 조개류
p.98 마요네즈

공기가 가득한 수플레

수플레는 통통하게 부풀어 오른다. 1950년대부터 1970년대까지만 해도 부르주아 요리의 단골 메뉴였던 수플레가 이제는 점점 식탁에서 가라앉는 추세이다. 조금의 리스크도 받아들이기 힘든 이 시대에 수플레라는 음식은 너무나 까다롭고 변덕스럽기 때문이 아닐까? 이에 대한 변론을 제시한다.

스테판 솔리에

수플레를 꺼려하는 이유

부풀어 오른 것을 **제어하기 어렵다 :** 이것은 일단 한번 완성되면 끝이다. 뒤로 돌아가는 것은 불가능하다.

아프리카 독재자와 같은 갈색 모자를 쓴 요리의 **절대 권력**(자크 브뤼넬) : 타이밍을 요구한다.

1950년대 스타일이 너무 드러나는 **구식 비주얼** : 부르주아 요리 스타일이 너무 강하다.

그래도 수플레를 좋아하는 이유

놀랍고도 마술적인 **특징**을 갖고 있다.

어린이들이 **아주 좋아한다.**

최소한의 기본 재료(달걀, 버터, 밀가루, 다양한 기타 재료, 약간의 술)로 **큰 효과**를 낸다 : 준비와 만드는 **시간이 적게 걸린다.** 총 30분이면 족하다!

너무도 프랑스적인...

프랑스인들은 언제나 기포를 잘 활용했다. 샴페인, 모든 종류의 유화 혼합물(무스, 마요네즈, 샹티이 크림 등), 베녜(튀김), 머랭, 볼로방...그리고 수플레를 보면 잘 알 수 있다. 프랑스 미식에서 이들은 구름같이 가벼운 아름다움으로 매력을 발산하며 유혹하고 있다.

프랑스의 발명품

수플레를 처음 만든 사람은 앙투안 보빌리에(Antoine Beauvilliers)이다. 그의 저서 『요리사의 기술(*Art du cuisinier*)』(1814)에서는 꿩, 자고새, 멧도요, 닭 수플레를 발견할 수 있다. 그보다 조금 앞선 시기의 루이 외스타슈 위드(Louis-Eustache Ude)도 『프랑스 요리사(*The French Cook*)』(1813)에서 디저트용 수플레 레시피 시리즈를 선보인 바 있다.

프랑스어 명칭

'수플레'라는 명칭의 어원은 라틴어(sub-flare)이지만 이 명사화된 과거분사(soufflé)는 프랑스어에서 탄생했다. 18세기에 이 단어는 설탕을 끓인 시럽의 정도를 나타내는 용어로 사용되었으며 19세기가 되어서야 단맛 또는 짭짤한 맛의 '수플레' 요리의 이름으로 통용되었다. 이 용어는 대부분의 외국어에서도 그대로(언어에 따라 소리 나는 대로 스펠링을 쓰는 경우도 있다) 사용된다(cheese soufflé, soufflé de queso, soufflé di formaggio, suflé de chuchu...)

관련 내용으로 건너뛰기

p.112 녹아 흘러내리는 치즈

치즈 수플레

드니즈 솔리에 고드리

4인분

버터 50g
밀가루 50g
따뜻한 우유 330ml
달걀 4개
가늘게 간 치즈(콩테, 에멘탈, 미몰레트) 100g
빵가루 1테이블스푼
넛멕
소금, 후추

오븐을 180°C로 예열한다. 수플레 틀에 버터를 바르고 빵가루를 뿌려둔다. 냄비에 버터를 녹인 뒤 밀가루를 넣고 잘 저어 섞는다. 우유를 여러 번에 나누어 넣으면서 계속 거품기로 세게 저어준다. 소금, 후추로 간하고 넛멕을 강판에 갈아 조금 넣어준다. 불에서 내린다. 1~2분 후 달걀노른자를 한 개씩 넣으며 섞어준다. 치즈를 넣고 잘 섞는다. 달걀흰자를 휘저어 단단히 거품을 올린 다음 혼합물에 넣고 주걱으로 살살 섞어준다. 혼합물을 수플레 틀에 붓고 오븐에서 30~35분간 익힌다. 중간에 오븐 문을 열지 않는다.

문학에 등장하는 단골손님, 수플레

수플레는 프랑스 문학을 진정 독차지하고 있는 메뉴다. 조르주 상드는 문학계의 지인들에게 수플레를 제공했고, 알렉상드르 뒤마는 『요리대백과(*Grand Dictionnaire de cuisine*)』(1873)에서 8개 이상의 수플레 레시피를 소개했는가 하면 이후 앙드레 지드도 이 음식을 예찬했다. 그의 사위는 저서 『친근한 지드(*Gide familier*)』에서 1924년 런던 체류에 대해 언급했다. "꿀을 끼얹은 차가운 수플레가 그의 입안에서 참을 수 없는 흥취를 돋우며 아직도 부풀고 있었다." 수플레의 열렬한 애호가가 된 이 소설가는 "이것만큼 성공적으로 만들 수 있는 것도 없고 이것만큼 빨리 주저앉는 것도 없지만 이 음식에서 당신은 가벼운 맛을 느낄 수 있다."라고 밝혔다 - 『일기(*Journal*)』(1931).

수플레는 마르셀 프루스트작품에 나오는 주인공들의 미각 또한 즐겁게 했다. 『잃어버린 시간을 찾아서』에 등장하는 솜씨 좋은 요리사로 프루스트의 하인인 셀레스트 알바레(Céleste Albaret)에게서 깊은 영감을 받았던 프랑수아즈는 수플레를 만드는 특별한 솜씨를 갖고 있었다. 이를 맛본 외교관인 노르푸아 씨(Monsieur de Norpois)는 "댁의 콜드비프와 수플레만 한 것은 어디를 가도 먹을 수 없을 것"이라고 칭송했다. - 『꽃핀 처녀들의 그늘(*À l'ombre des jeunes filles en fleurs*)』(1919).

에르베 티스가 설명하는 수플레의 부풀어 오르는 성질

이 현상은 거품 낸 달걀흰자 안에서 수분의 공기입자가 팽창하기 때문에 생기는 것으로 추정된다. 하지만 화학자 에르베 티스(Hervé This)는 아니라고 부정한다 (『냄비의 비밀(*Les secrets de la casserole*)』(1993), 『미식의 발견들(*Révélations gastronomiques*)』(1995)).

"팽창은 이 현상에 20%밖에 기여하지 않는다. 오히려 수플레 혼합물을 부풀리는 것은 밖으로 빠져나가려고 하는 이 기포 입자들의 힘이다. 달걀흰자의 단백질은 응고되면서 이들이 빠져나가지 못하도록 붙잡을 것이다. 그렇다면 기포들이 빠져나가지 못하도록 수플레의 윗 표면을 브로일러에 구워 크러스트를 만들고 밑부분은 뜨겁게 열 공급을 유지해보자. 그러면 모든 것이 가능해진다. 4배로 부풀 것이고 달걀흰자를 거품내지 않아도 될 것이며 심지어 달걀 없이도 수플레를 만드는 것이 가능해진다. 왜냐하면 다른 단백질(예를 들어 새우 비스크 등)이 이와 같은 역할을 할 수 있기 때문이다.

진정한 외교의 전령
섬세하고도 마법적인 매력을 가진 수플레는 유명 인사 귀빈들을 넘어 한 나라의 국가원수에게도 감동을 주는 이상적인 메뉴가 되었다. 파리의 레스토랑 '르 레카미에(Le Récamier)'의 셰프 제라르 이두(Gérard Idoux)는 게르하르트 슈뢰더(Gerhard Schröder) 독일 총리가 파리를 방문했을 때 성게 껍데기를 그릇으로 삼아 만든 성게알 수플레를 서빙한 것에 대해 자부심을 피력했다. 하지만 때로는 이 요리의 시간을 다투는 아슬아슬함으로 인해 식은땀을 흘리는 경우도 발생했다. 프랑수아 미테랑 대통령 사저에서 고르바초프 소련 공산당 서기장을 위한 주키니호박 수플레 서빙을 준비하고 있었던 다니엘 마제 델퓌슈(Danièle Mazet-Delpeuch)는 도착시간이 지연되어 이를 익히는 것을 중단하라는 통지를 받았을 때 인생이 끝났다고 생각했다.
"수플레는 중간에 익히는 것을 멈추면 다시 부풀어 오르지 않는다. 그런데 갑자기 기적처럼 나의 수플레가 다시 부풀기 시작했다. 신과 기술이 나를 구해내고 있었다."

유명 셰프들의 테이블에서의 빛난 화려한 수플레
앙토냉 카렘, 1820년대 : 수플레 로칠드(soufflé Rothschild). 골드바서 브랜디(Goldwasser) 또는 고급 샴페인에 절인 작게 썬 과일 콩피를 넣고 얇게 썬 파인애플과 딸기로 장식한다.
쥘 구페(Jules Gouffé), 1867 : 바닐라 수플레
오귀스트 에스코피에(Auguste Escoffier), 1903 : 송로버섯 명태 수플레, 헤이즐넛 수플레

오늘날...

짭짤한 수플레
미셸 브라스 Michel Bras : 오래 숙성한 로데즈 치즈 수플레와 곁들임 잎채소
안 소피 픽 Anne-Sophie Pic : 미몰레트 치즈 수플레, 콩테 치즈 커민 수플레
야닉 알레노 Yannick Alléno : 장어, 비트, 초절임 양파 수플레, 가리비조개 수플레
브뤼노 방자 Bruno Bangea : 토마토 수플레

달콤한 수플레
폴 보퀴즈 : 그랑 마르니에(Grand Marnier) 수플레
알랭 파사르 Alain Passard : 아보카도 바닐라 수플레
피에르 가녜르 Pierre Gagnaire : 타히티 보라보라 바닐라, 남아프리카 블론드 건포도, 키르슈 수플레
파트릭 베르트롱 Patrick Bertron : 부르고뉴 헤이즐넛 스프레드 수플레
크리스티앙 콩스탕 Christian Constant : 그랑 마르니에, 바닐라, 액상 캐러멜 수플레
제롬 뒤망 Jérôme Dumant : 초콜릿, 그랑 마르니에, 캐러멜 수플레
프레데릭 시모냉 Frédéric Simonin : 패션프루트 수플레
제롬 방텔 Jérôme Banctel : 초콜릿 사프란 수플레
기 사부아 Guy Savoy : 미라벨 자두 수플레
브뤼노 두세 Bruno Douvet : 그랑 마르니에수플레
장 프랑수아 피에주 Jean-François Piège : 오렌지, 그랑 마르니에 수플레
마크 베라 Marc Veyrat : 서양배, 근대 수플레
미셸 게라르 Michel Guérard : 레몬 버베나 콜드 수플레

성공적인 수플레를 만들려면...

→ **아랫면에서 가열하는 오븐**(컨벡션 모드를 사용하지 않는다)이나 아랫면으로부터의 열을 잘 전도하는 금속 소재의 틀을 사용한다(혹은 두 가지 요건을 모두 갖춘다).
→ **수플레 윗 표면에 크러스트를 만든다**(살라만더 그릴이나 브로일러에 살짝 굽거나 설탕, 또는 치즈를 뿌린다) : 크러스트는 열기구의 천 조직처럼 가스가 빠져나가는 것을 막아줄 것이다.
→ **달걀흰자의 거품을 단단히 올린다**(이 작업에서 소금은 절대적으로 아무 소용이 없다).
→ **채소나 과일을 수플레에 넣을 때는** 물기를 완전히 제거한 후 사용한다.
→ **수플레 혼합물이 응고될 때까지** 오븐 문을 열지 않는다. 이어서 아주 잠깐 열었다 닫아도 되지만 절대 자주 열지 않는다.
→ **주저 않는 참사를 피하기 위해서는** 수플레를 오븐에서 꺼내자마자 바로 서빙한다.

이제 수플레를 먹기만 하면 된다... 서서히 쪼그라드는 모습을 바라보면서! 왜냐하면 수플레는 주저 앉아내리기 때문이다. 그렇지 않으면 수플레가 아니다.

수플레를 실패하는 확실한 방법

→ **혼합물이 응고되기 전 오븐 문을 연다.** 오븐 문을 20초 이상 열어놓고 있거나 수플레 용기에 충격을 준다. 반드시 바람이 꺼진 수플레가 탄생할 것이다.

이 같은 상황 발생 시 알아두어야 할 유용한 팁 : 부풀어 오른 것이 주저앉으면 수플레는 '무슬린(mousseline)'이라는 이름을 갖게 된다 (『요리 테크닉 실습(*Travaux pratiques de techniques culinaires*)』, 르네 부스케(Renée Bousquet), 안 로랑(Anne Laurent) 저, Éditions Doin 출판, 2004). '자, 여기 고급스러운 무슬린이 완성되었습니다!'

아찔한 경사면 언덕 위의 프랑스 포도원들

최고급 와인들은 종종 아주 가파른 언덕지대에서 탄생한다. 이와 같은 극한의 테루아에서 포도를 재배하는 사람들은 오늘도 최고의 와인을 만들기 위해 두 배의 노력을 기울인다.
알렉시 구자르

알자스 ALSACE
Clos Saint Urbain Rangen de Thann du domaine Zind-Humbrecht
경사도 90%, 5.5헥타르, 리슬링, 화산 사암질 토양.
현장 묘사 : 이 그랑 크뤼 와인 생산지는 알자스 지방의 가장 남쪽인 탄(Thann)이며 프랑스에서 가장 아찔한 경사면을 갖고 있다. 리슬링, 피노 그리, 게부르츠트라미너 품종을 재배하는 포도밭이 흰색의 생 튀르뱅(Saint-Urbain) 작은 교회 주위를 둘러싸고 있으며 튀르(Thur) 강까지 펼쳐진다.
와인의 특징 : 평균보다 수확이 늦은 테루아와 정남향으로 햇볕에 노출된 환경이 만들어내는 섬세하고 고급스러운 와인이다.
와인을 땁시다 : Alsace Grand Cru Rangen de Thann, Clos Saint Urbain riesling 2013. 돌, 말린 허브의 강렬한 노트가 돋보이는 최고급 리슬링 와인이다.

론 RHÔNE
Maison Rouge du domaine Georges Vernay (Côte-Rôtie)
경사도 60%, 3헥타르, 시라, 편마암.
현장 묘사 : 비엔(Vienne)의 대주교들만이 이 작은 산에 오를 믿음을 갖고 있었을 것이다. 이후 이곳에는 포도나무가 빼곡하게 심어졌고(헥타르당 약 10,000그루), 1975년 조르주 베르네는 이곳을 명품 와인의 산지로 일구어낸다.
와인의 특징 : '메종 루즈'의 화강암 언덕에 포도나무를 단단히 고정시키기 위해 나무 말뚝을 지주 삼아 시라 포도나무를 받치는 버팀목 기법으로 농사를 짓고 있다. 잡초는 곡괭이로 파내고 로프 줄로 깎아내어 제거한다.
와인을 땁시다 : Côte-Rôtie, Maison Rouge 2013. 은은한 후추 향과 깊은 풍미를 지닌 이 코트 로티는 우아함을 발산하는 와인이다. 15년 후 이 와인을 제대로 이해하려면 예민한 미각을 갖고 있어야 할 것이다.

샹파뉴 CHAMPAGNE
Clos des Goisses de la maison Philipponnat.
경사도 45%, 5.5헥타르, 피노누아, 샤르도네, 백악질 토양.
현장 묘사 : 샹파뉴 지역에서 가장 높은 평가를 받는 언덕 중 한 곳으로, 1935년 피에르 필립포나(Pierre Philipponnat)가 이 거친 테루아의 특징을 빈티지 샴페인에 표현하기 위해 따로 밭을 분리한 뒤 엄격하게 관리하는 구획이다.
와인의 특징 : 정남향으로 햇볕에 노출된 이 언덕에서는 잘 익은 강인한 풍미의 피노누아와 샤르도네 품종이 생산된다.
와인을 땁시다 : Champagne Clos des Goisses 2007. 10년간 보관되어 온 이 고급 퀴베는 부드럽고 풍만한 질감과 풍부한 알코올을 함유하고 있으며 도드라지는 산미와 긴 피니시를 보여준다.

남서부 지방 SUD-OUEST
Virada du domaine Camin-Larredya (Jurançon)
경사도 40%, 1헥타르, 그로망상, 프티망상, 프티 쿠르뷔, 카마랄레, 점토, 규토질, 역암층 토양.
현장 묘사 : 라르디아(Larredya) 길을 따라 장 마르크 그뤼소트(Jean-Marc Grussaute)가 소유한 베아른의 작은 농장까지 가보자. 비라다(Virada)는 거대한 녹색의 원형극장을 연상시키는 포도밭으로 피레네 산맥을 바라보고 있다. 가히 절경을 이루고 있다!
와인의 특징 : 포도나무는 계단식 밭에 심어져 있다. 포도나무 잎은 2미터 이상 자라 햇빛을 충분히 받고 산의 활력 있는 공기와 대서양에서 불어오는 바람을 호흡하고 있다.
와인을 땁시다 : Jurançon Sec La Virada 2015. 짭조름한 노트와 열대과일의 풍미를 지닌 이 화이트와인은 입안에서 신선한 활기를 퍼트리며 쌉싸름한 맛으로 은은히 마무리를 장식한다. 주로 스위트와인을 생산하는 이 지역에서 아주 훌륭한 드라이와인으로 사랑받고 있다.

루아르 LOIRE
Clos de Beaujeu du domaine Gérard Boulay à Chavignol (Sancerre)
경사도 70%, 0.75헥타르, 소비뇽 블랑. 상부 쥐라기대의 이회암 토양.
현장 묘사 : 상세르 마을의 작은 산등성이 주위에 위치한 클로 드 보죄(Beaujeu, 보죄의 '엉덩이'라는 본래 이름인 '퀴 드 보죄 Culs de Beaujeu'를 순화한 명칭)는 크로탱 드 셰브르 치즈로 유명한 베리 지방의 중심지 사비뇰 위쪽으로 펼쳐진다.
와인의 특징 : 이곳에서는 소비뇽 블랑 품종이 왕이며 이 지역의 이회암 토양(석회질과 화석이 된 굴로 이루어짐)과도 매우 잘 맞는다. 훌륭한 화이트와인이 탄생할 수 있는 천혜의 조건이다.
와인을 땁시다 : Sancerre, Clos de Beaujeu, 2015. 이 소비뇽 블랑 와인은 2년 정도 지나야 잘 익은 시트러스 과일의 풍부한 향, 바다를 연상시키는 짭조름한 노트, 그리고 강렬하고 긴 피니시를 충분히 발휘할 수 있다. 향후 30년까지 위풍당당한 매력을 유지한다.

오귀스트 에스코피에

최초로 프랑스의 레지옹 도뇌르(Légion d'honneur) 국가 훈장을 받은 요리사로 '왕들의 요리사, 요리사들의 왕'이라 불린 오귀스트 에스코피에는 프랑스 요리를 체계적으로 정립한 위대한 인물이다.

샤를 파탱 오코옹

1846
빌뇌브 루베(Villeneuve-Loubet, Alpes-Maritimes) 출생

1859
니스의 '레스토랑 프랑세'에서 견습 요리사 생활 시작

1876
칸에서 자신의 첫 번째 레스토랑 '프장 도레(le Faisan Doré)' 오픈

1884
세자르 리츠(César Ritz)에 의해 몬테카를로 '그랑 호텔(Grand Hôtel)'의 총괄 셰프로 영입됨

1890
런던 '사보이' 호텔 주방 총괄

1898
세자르 리츠와 함께 '파리 리츠' 호텔 오픈

1899
런던 '칼튼(Carlton)' 호텔 오픈. 이곳에서 20년간 근무.

1909
『요리 안내서(*Le Guide Culinaire*)』 출간. 메트르 도텔 버터부터 크림 샹티이에 이르기까지 5,000여 종의 레시피를 총망라한 최고의 조리 참고서.

1919
『요리 정리집(*L'Aide-Mémoire culinaire*)』 출간

1928
프랑스 정부의 '오피시에 드 라 레지옹 도뇌르' 국가 훈장 수여.

1934
『나의 요리법(*Ma Cuisine*)』 출간

1935
몬테카를로에서 사망

August Escoffier, 왕들의 요리사, 요리사들의 왕
(1846-1935)

오귀스트 에스코피에의 디저트 3가지

당시의 레시피 분량은 그대로 존중하되 너무 많은 설탕 양은 조금 줄여도 된다.

벨 엘렌 서양배 *La poire Belle Hélène*

기원 : 1864년 에스코피에는 서양배를 시럽에 포칭한 뒤 뜨거운 초콜릿을 끼얹은 디저트를 만들었고, 자크 오펜바흐의 동명 희가극에 헌정하는 '아름다운 엘렌(belle Hélène)'이라는 이름을 붙였다.
레시피 : 물 1리터, 설탕 100g, 레몬즙 1개분을 넣고 끓여 시럽을 만든 뒤 껍질을 벗긴 서양배 6개를 넣어 데친다. 시럽에 그대로 넣은 상태로 식힌다. 다크초콜릿 200g을 중탕으로 녹이고 불에서 내린 뒤 우유 200ml를 넣어 섞는다. 서양배에 바닐라 아이스크림을 곁들여 담은 뒤 뜨거운 초콜릿을 그 위에 부어 서빙한다.

피치 멜바 *La pêche Melba*

기원 : 바그너의 오페라 로엔그린(Lohengrin)을 보고 감명을 받은 에스코피에는 넬리 멜바(Nellie Melba)라는 이름으로 더 알려진 호주의 오페라 가수 헬렌 포터 미첼(Helen Porter Mitchell)의 이름을 붙인 이 유명한 복숭아 디저트를 만들었다.
레시피 : 복숭아 6개를 포칭한 다음 껍질을 벗긴다. 씨를 제거하고 설탕을 뿌린다. 라즈베리 250g과 설탕 150g을 혼합한 뒤 블렌더로 간다. 바닐라 아이스크림 위에 복숭아를 얹은 뒤 라즈베리 퓌레를 끼얹어 서빙한다.

사라 베르나르 딸기 *Les fraises à la Sarah Bernhardt*

기원 : 프랑스 요리의 우수함을 빛내기 위해 개최된 첫 번째 미식 다이닝(Dîner d'Épicure) 행사에서 에스코피에는 사라 베르나르의 이름을 붙인 이 딸기 디저트를 선보였다.
레시피 : 딸기 1kg에 설탕을 뿌리고 약초와 허브 베이스의 리큐어(그린 샤르트뢰즈 등) 작은 잔 6개 분량을 뿌려준다. 딸기 500g에 설탕 250g을 혼합한 뒤 블렌더로 갈아 퓌레를 만든다. 여기에 샹티이 크림 750g을 넣고 잘 섞는다. 파인애플 통조림 1개에 설탕 250g을 넣고 갈아 퓌레를 만든다. 그릇에 바닐라 아이스크림을 담고 그 위에 딸기와 딸기 퓌레를 올린다. 파인애플 퓌레를 전체에 끼얹은 뒤 서빙한다.

에스코피에의 서빙 체계화 작업

여행객들을 위한 프리픽스 코스 메뉴
정해진 가격의 단일 코스 메뉴들을 내놓는 신세대 셰프들은 잘 알아두어야 한다. 이와 같은 프리픽스 메뉴를 처음 만들어낸 사람은 바로 에스코피에다.

러시아식 서빙 방식 이것은 하나의 작은 혁명이라 할 수 있다. 여러 요리를 테이블에 한꺼번에 차려내던 프랑스식 서빙 방식에서 벗어나 요리를 하나씩 순서대로 서빙하게 되었다.

주방 조직체계 확립
친구이자 동업자였던 세자르 리츠(César Ritz)와 함께 호텔이나 대형 식당 주방에서의 분업과 조직 서열을 체계적으로 정립했으며, 요리사들의 주방용 모자 착용을 의무화했다.

반격의 개구리 요리
개구리를 혐오하며 프랑스 사람들을 '개구리 먹는 사람들(frog eaters)'이라고 비난하는 영국인들에 대한 논쟁에 오귀스트 에스코피에는 재미난 복수 계획을 짠다.
"내가 사보이 호텔에서 일하는 동안 언젠가는 영국인들에게 개구리를 먹게 해주겠다고 결심했다. 기회는 곧 찾아왔다. 얼마 있으면 곧 무도회를 겸한 대규모 연회가 열릴 예정이었다. 수많은 종류의 차가운 요리들이 메뉴에 포함되었고 이 행사에 맞추어 '오로라 요정(Nymphe à l'Aurore)'이라는 이름이 붙었다. 매력적이고 화려한 영국 사교계 고객들은 자신들이 아주 맛있게 먹는 것이 이 보잘 것 없는 개구리 뒷다리인 줄도 모르는 채 식사를 즐겼다."
감쪽같은 비법은 바로 이것이다. 영국인들을 속이기 위해 에스코피에는 우선 개구리 뒷다리들을 향신료를 넣은 쿠르부이용에 삶아 익힌다. 이것을 식힌 뒤 핑크색 파프리카로 색을 낸 '쇼프루아(chaud-froid)' 소스를 개구리 뒷다리에 입힌다. 데친 타라곤으로 장식한 정사각형 접시에 이 개구리 뒷다리를 놓은 뒤 닭 육수 즐레를 얇게 덮어준다.

채소와 언어

이 카테고리에는 어떤 것을 포함시킬 수 있을까? 서민들의 소박한 음식 혹은 부자들의 세련된 요리? 단순한 곁들임 혹은 메인 요리? 다양한 채소들이 이에 포함될 수 있다. 채소가 식탁 위에서 종종 애매한 역할을 하지만 프랑스 언어에서 이들의 역할을 명확하다. 이들의 모양, 조리법, 맛에서 영감을 얻어 다양한 표현과 은유들이 만들어졌다.

오로르 뱅상티

샐러드를 이야기하다

프랑스어의 '살라드(salade)'라는 용어는 우리가 아는 채소인 '레터스(상추)'를 뜻하지만 단순히 상추뿐 아니라 여러 재료를 혼합한 음식의 이름이기도 하다. '살라드(salade)'라는 단어는 소금을 뜻하는 라틴어 '살(sal)'에서 왔다. 이것이 샐러드가 단지 '짭짤하다'는 뜻은 아니다. 샐러드는 허브, 채소, 오일, 후추, 소금 등의 양념을 혼합한 것으로 주로 식사를 시작하거나 마무리할 때 서빙되는 음식을 지칭하기 때문이다. 여기서 중요한 요소는 바로 '소금'이다. 프랑스어에는 잘 꾸며진 아름다운 이야기를 말할 때 이처럼 '짭짤한 양념'을 쳤다는 속어 표현이 있는데 이는 곧 '거짓말'을 의미하는 것이다. 즉, 이야기를 미화하기 위해 사실이 아닌 요소를 양념처럼 첨가했다는 뜻이다. 이러한 상황을 프랑스어로 'raconter des salades(직역하면, 샐러드를 이야기하다.)'라고 표현한다.

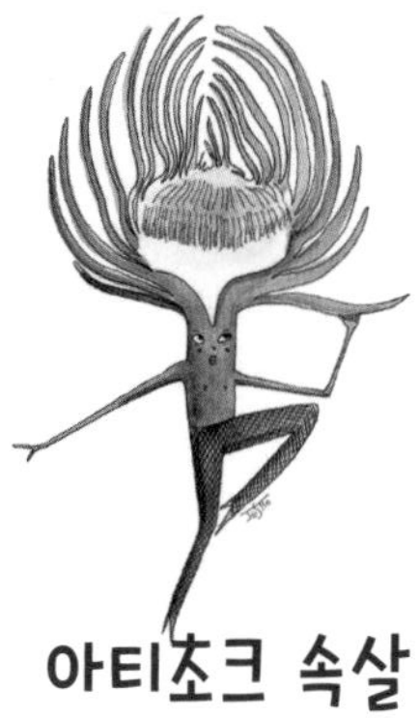

아티초크 속살

아티초크는 마치 카바레의 무희들이 옷을 하나씩 벗듯이 잎을 한 켜씩 벗겨내야 하는 유혹적인 채소다. 가장 안쪽에 있는 살 부분(cœur, heart)에 도달하기 전 몇 가지 예비단계를 거쳐야 한다. 가시처럼 비죽 솟은 두툼한 아티초크 잎들은 '포엽'이라는 이름에 걸맞게 성벽처럼 둘러져 식탐가를 단념시키려는 듯하다. 잎을 하나하나 벗기다보면 우리를 비웃고 있는 듯한 이 녹색의 연꽃에 긁히거나 찔릴 수도 있다. 하지만 마침내 아티초크는 우리에게 연한 속살을 드러낸다. 이제 우리는 이것을 조금씩 음미할지 한번에 탐욕스럽게 먹을지 결정해야 한다. 이 섬세한 맛의, 대부분 어린 아티초크 속살을 일단 얻게 되면 그때부터 아티초크는 시련에 익숙해진 저항은 줄어든 채 정복에 응하게 된다. 이를 은유한 표현으로, 흔히 쉽게 사랑에 빠진 경우 '아티초크의 속살을 가졌다'라고 말한다.

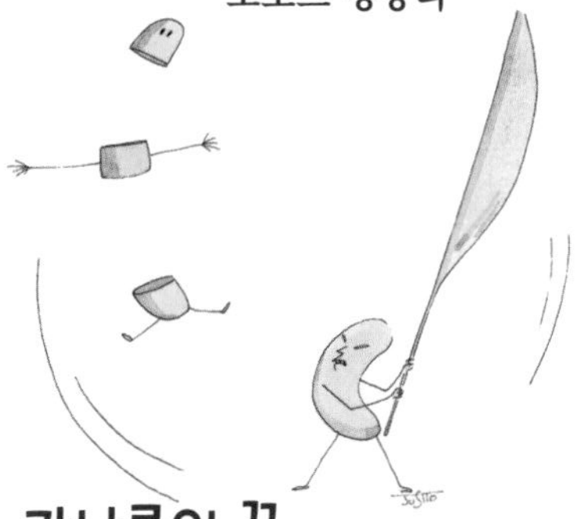

강낭콩의 끝

만일 '아리코(haricot 강낭콩, 빈스)'를 그저 가염버터를 넣어 요리하는 녹색 또는 노랑색의 긴 깍지콩 정도로만 알고 있다면 하나만 알고 둘은 모르는 격이다. 원래 '아리코'는 잠두콩을 넣은 양고기 스튜였다. 잠두콩이 들어가서 '콩'이라는 의미의 '아리코'라는 이름이 붙었지만, 이 단어는 원래 '아리고테(harigoter)' 또는 '아리코테(haricoter)'라는 동사에서 온 것으로 '잘게 자르다, 조각내다'라는 뜻이다. '만사 끝났다(c'est la fin des haricots 콩도 다 떨어졌다)'라는 말의 기원은 불확실하지만 이 표현은 스튜와 관련된 기원과는 또 결을 달리한다. 20세기 초의 이 표현은 '콩'이라는 단어를 거의 '아무것이 없다'는 의미로 사용한 것에서 기인한 것이다. 이후 이 문장은 정말 아무것도 남지 않았을 때, 그야말로 콩 한 알도 남지 않았을 때, '결국 끝이다'라는 뜻으로 사용된다.

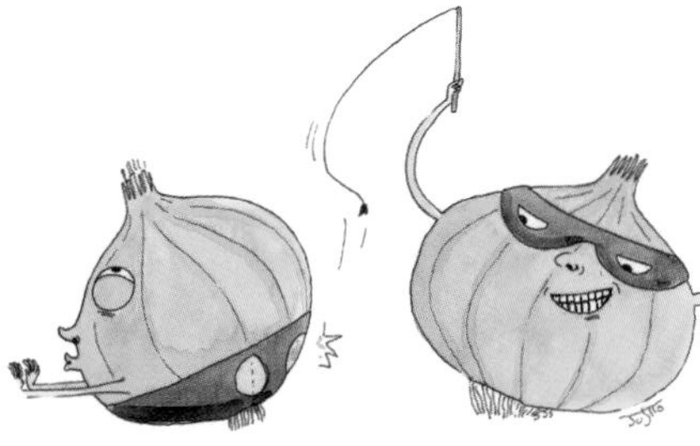

작은 양파들

만일 내가 정성껏 음식을 끓이고 맛있게 준비해 대접한다면 당신이 나에게 다시 올 가능성은 분명 높아질 것이다. 내가 '작은 양파들(aux petits oignons '정성스럽게 대접하다'라는 뜻)'을 요리하는 것은 언제나 '여기로 다시 와(reviens-y)' 라고 부르는 맛을 갖고 있는 것이다. '오 프티 조뇽(aux petits oignons)' 이라는 표현이 1740년부터 '아주 정성스럽게 대접하다' 라는 의미를 지니게 된 것은 이러한 요리의 배경에서 유래했다. 이 예쁘고 사랑스러운 표현은 항문을 지칭하는 단어로서의 양파의 비속어적 의미와 전혀 무관하지 않다는 주장도 있다. 우리는 양파의 껍질을 벗기고 눈물이 나도록 썰고 갈색이 나게 그러나 너무 심하지는 않게 볶는다. 과정이 고통스럽지만 이토록 정성을 쏟는 이유는 곧 좋은 결과를 위해서다.

샬롯의 경주, 공정한 경쟁

'샬롯의 경주(la course à l'échalote)'라는 이 표현에서 샬롯 구근은 그 모양 때문에 항문과 엉덩이로 귀결되는 비속어의 의미를 지닌다. 여기서 샬롯은 양파와 비슷하게 다루어지는데 왜냐하면 동일한 해부학적 의미가 내포되어 있기 때문이다. 앞서 말한 '샬롯의 경주'에서 우리는 어떤 사람의 바지와 옷깃을 밀며 앞서 나가도록 만든다. '추격하다, 뒤따르다, 쫓다'라는 의미로 1930년대부터 쓰인 이 표현은 오늘날 권력을 쟁취하기위한 경쟁을 지칭하게 되었으며 특히 정치와 미디어 분야에서 많이 쓰인다.

이런 순무라니!

악마가 어떻게 했기에 순무는 이렇게 나쁜 평판을 갖고 있단 말인가? 악마는 멀리 있지 않고 순무와 같은 모양을 가진 다른 식물의 뿌리 안에 존재한다. 게다가 '악마의 순무(bryonia dioica)'라는 이름을 갖고 있는 이 식물은 무서운 환각작용과 치명적 독성을 갖고 있다. 따라서 사람들의 정신세계 속의 순무는 악과 결탁해 있는 존재이며, 그러한 이유로 13세기 말부터 순무(navet) 라는 단어는 전혀 가치가 없는 것을 지칭할 때 사용되고 있다. 오늘날 우리는 윤이 나게 글레이즈하거나 구운 것 혹은 소금 크러스트를 씌워 익힌 순무를 좋아하지만 영화에 등장하는 경우, 모든 사람들의 취향에 맞는 것은 아니다.

양배추 머리

두개골을 묘사하기 위해 채소를 비유 대상으로 삼은 사례는 매우 많다. 유추의 이유는 간단하다. 두개골의 구형이 양배추나 브로콜리 덩어리 등 여러 채소를 연상시키기 때문이다. 프랑스어에서 '양배추 안에 무언가를 갖고 있다'라는 문장은 우리의 '마음속에' 무언가를 갖고 있다는 정신세계를 표현하는 것이다. 구형 양배추의 중앙 속대에 이르기까지 여러 켜로 겹쳐 있는 잎의 이미지는 인간의 내적 사유를 켜켜이 둘러싸고 있는 복잡한 지성을 연상시킨다. 마찬가지로 쪽파(ciboule)의 알뿌리(여기에서 '머리'를 뜻하는 '시불로 ciboulot' 라는 단어가 나왔다)나 양파도 중심을 향해 겹겹이 싸인 구조를 하고 있다. 우리는 '머리를 깰 필요가 없다(pas besoin de se casser le ciboulot!)'라는 문장에 '쪽파(ciboule)'에서 파생한 '시불로(ciboulot)'를 쓴다. 하지만 채소와 생각의 자리 사이의 비교가 언제나 좋은 것은 아니다. 어떤 사람에 대해 '완두콩 같은 뇌를 갖고 있다'라고 하면 이것은 경멸적인 것이다. 작은 크기 때문에 이러한 비교가 모욕적이 되는 것이다.

채소와 돈

'무언가를 먹는다(se mettre quelque chose sous la dent)'는 사실과 이것으로 인해 발생하는 지출 사이에는 밀접한 연관이 있다. '시금치와 함께 간다(Aller aux épinards)'라는 표현은 '생계를 잇기 위해 힘든 일을 떠맡다'라는 뜻이다. 이 표현은 시금치와 직접적인 관련은 없지만 프랑스어 에피나르(épinard 시금치)의 '핀(pine)' 발음이 기원이 되었다. 프랑스어 핀(pine)은 속어로 음경을 뜻한다. 실제로 이는 성적 의미를 내포하는데 1866년부터 '알레 오 제피나르(Aller aux épinards)'라는 표현이 매춘의 상황에서 사용되었기 때문이다. 이는 화대를 걷어가는 포주를 의미했다. '소렐을 조금 만지다(palper un peu d'oseille)'는 주머니 안에 녹색 잎(녹색 은행권 지폐와 기이하게 닮아 있다), 즉 '돈이 좀 있다'라는 뜻으로 쓰인다. 반면 돈이 부족한 상황을 표현하는 데는 종종 래디시(le radis)가 인용된다. 래디시 무의 작은 사이즈로 인해 이와 같은 은유의 대상이 된 것으로 예를 들어 '래디시 한 알도 없다(je n'ai plus un radis)' 라는 말은 즉 '수중에 돈이 하나도 없음'을 뜻한다.

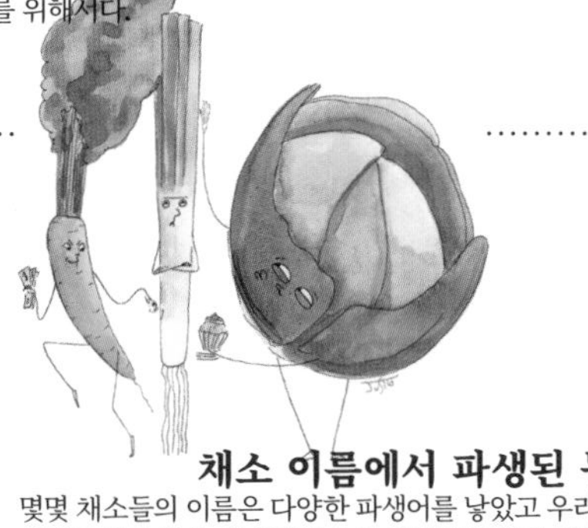

채소 이름에서 파생된 동사들

몇몇 채소들의 이름은 다양한 파생어를 낳았고 우리는 그 뿌리가 무엇인지 신경도 쓰지 않은 채 일상적으로 사용하고 있다. 만일 '꼼짝 않고 서서 기다렸다'는 말을 할 때 우리는 '대파(poireau)처럼 심어져 있었다'라고 표현한다. 원래는 이처럼 쓰였으나 여기서 '푸아로테(poireauter 기다리다)'라는 동사가 탄생했다. '카로테(carotter)'라는 동사 또한 17세기 말에 사용된 표현 '당근으로만 살다(ne vivre que de carottes)'에서 그 유래를 찾을 수 있다. 오늘날에는 더 이상 통용되지 않지만 이 표현은 '초라하게 살다'라는 뜻으로 쓰였다. 이 '카로테(carotter)'라는 동사는 얼마 후 게임 판에서 '판돈을 조금 걸다(jouer petit)'라는 뜻으로 사용되기 시작했다. 의미는 스캠(사기)의 개념으로 흘러들어갔고 이후 옛날식 표현으로 퇴색했다. 하지만 이 단어의 사용은 최근 몇 년 사이 젊은이들의 언어에서 다시 살아났다. 당근은 그리 쉽게 매장되지 않았던 것이다. 그렇다면 '슈슈테(chouchouter 편애하다)'는 어떠한가? 이것은 아마도 아이나 사랑하는 사람을 다정하게 부르는 애칭 '슈슈(chouchou)'에서 온 것으로 보인다. 하지만 슈(chou)라는 단어가 들어간 이 동사가 사보이양배추, 콜리플라워 혹은 크림 소스 양배추 요리에 관련된 것인지는 확실히 알 수 없다...

프랑스의 꿀

코르시카에서 브르타뉴, 알자스에 이르기까지 프랑스는 중요한 꿀 생산지이다. 하지만 대규모 농업에서 화학비료를 사용함에 따라 꿀벌이 점점 사라져 이 달콤한 유산 생산에 악영향을 끼치고 있는 실정이다. 프랑스에서 생산되는 좋은 품종의 꿀을 소개한다.

쥘리앵 앙리

파리 꿀 Miel de Paris
채집 지역 : 파리
채집 시기 : 7월 말~9월 말
색 : 황갈색(호박색)
맛 : 피나무 꽃(tulleul) 화분(花粉)을 연상시키는 은은한 박하향이 난다.
용도 : 다용도 꿀(요리, 차, 빵에 발라 먹는 용도 등)
알아 두세요 : 오늘날 벌꿀은 농촌보다 도시에서 더 잘 생존한다. 공원이나 정원에서 살충제 살포가 금지되면서 벌집의 생산량이 증가했다. 한 개의 벌집에서 연평균 30~60kg의 꿀을 채집할 수 있다(농촌에서는 약 20kg).

아카시아 꿀 Miel d'acacia (robinier)
채집 지역 : 프랑스 전역
채집 시기 : 5월~7월
색 : 반투명에서 연한 황색
맛 : 매우 순하고 바닐라 풍미가 난다.
용도 : 단맛을 내는 재료로 이상적이다. 녹차에 넣어도 본연의 섬세한 차 맛을 해치지 않는다. 요리에서 디글레이징 용으로 아주 많이 사용된다.
알아 두세요 : 프랑스 내의 생산량이 수요에 못 미쳐 동유럽(헝가리, 루마니아)에서 종종 수입한다. 이들 국가의 꿀은 흔히 좋지 않다는 평판을 받고 있으나 이는 사실과 다르다. 이 국가들의 토양은 지난 50년간 프랑스보다 살충제로부터 더 잘 보호되어 왔다.

백리향(타임) 꿀 Miel de thym
채집 지역 : 프로방스 알프 코트 다쥐르(Provence-Alpes-Côte d'Azur), 세벤(Cévennes), 옛 랑그독 루시용(Languedoc-Roussillon) 지역
채집 시기 : 5월~6월
색 : 황갈색에서 짙은 갈색
맛 : 맛과 향이 강하고 머스크 노트가 있으며 풍미가 오래 남는다.
용도 : 주로 겨울에 즐길 수 있는 최고의 꿀로 감기, 목통증에 좋은 뜨거운 레몬차에 타 먹으면 아주 좋다.

양갈매나무 꿀 Miel de bourdaine
채집 지역 : 대서양 연안, 마시프 상트랄(Massif central)
채집 시기 : 4월 ~7월
색 : 짙은 갈색
맛 : 발삼 향과 기침약 시럽을 연상시키는 향(제비꽃, 당아욱, 접시꽃 등)이 은은히 난다.
용도 : 요거트 등의 프레시 유제품과 프로마주 블랑에 넣어 먹는다.

피나무 꽃 꿀 Miel de tilleul
채집 지역 : 주로 북부지방(Nord), 일 드 프랑스(Île-de-France), 산악지역(Alpes, Pyrénées, Massif central)
채집 시기 : 7월
색 : 흰색에서 황갈색(감로 함유 여부에 따라 달라진다)
맛 : 박하향이 강하며 입안에 풍미가 오래 남는다.
용도 : 화분을 만들어내는 식물의 효능이 우수한 벌꿀로 진정 효과가 있는 허브 티 등에 타서 마시면 아주 좋다.

전나무 꿀 Miel de sapin
채집 지역 : 보주(Vosges), 쥐라(Juras), 특히 알자스(Alsace)
채집 시기 : 6월~9월
색 : 진한 갈색, 채집 지역에 따라 녹색 빛을 띠는 것도 있다.
맛 : 순한 단맛이 나고 풍미가 그리 오래가진 않는다. 맥아와 은은한 발삼향이 나며 입안에서 마지막에 송진 느낌이 남는다.
용도 : 겨울철, 잠들기 전에 한 스푼씩 먹는다. 팽 데피스를 만드는 재료로 이상적이다.
알아 두세요 : 이 감로꿀 중 보주(Vosges)산은 AOC(원산지명칭통제), 알자스산은 IGP(지리적표시보호) 인증을 받고 있다.

해바라기 꿀 Miel de tournesol
채집 지역 : 프랑스 전역, 특히 남서부 지방(Sud-Ouest)의 대표적 꿀이다.
채집 시기 : 6월~8월
색 : 황색
맛 : 은은한 과일 맛이 나고 향이 풍부하며 입안에서 강렬한 풍미를 낸다.
용도 : 크리미한 텍스처를 갖고 있어 발라먹는 용도로 아주 좋다.
알아 두세요 : 프랑스에서 두 번째로 많이 재배되는 기름을 짤 수 있는 종자식물로 꿀벌이 수분(受粉)을 담당한다. 하지만 꿀벌을 죽이는 원인이 되는 식물방충해 처리를 가장 많이 하는 식물이기도 하다.

화이트 헤더 꿀 Miel de bruyère blanche
채집 지역 : 프로방스(Provence), 옛 랑그독 루시용(Languedoc-Roussillon) 지역, 코르시카(Corse)
채집 시기 : 6월~12월
색 : 밝은 밤색
맛 : 맛이 강하고 감초, 캐러멜 향이 있으며 밀크 잼을 연상시킨다.
용도 : 빵 등에 발라 먹는 스프레드 용도로 아주 좋다.

유채 꿀 Miel de colza
채집 지역 : 프랑스 전역. 프랑스에서 대량 채집되는 품종 중 하나다.
채집 시기 : 5월
색 : 황갈색(호박색)
맛 : 양배추를 연상시키는 풍미와 아주 은은한 향이 있다.
용도 : 특유의 냄새가 있어 주로 요리용으로 사용된다.
알아 두세요 : 유채는 대표적인 집약 재배 농산물로, 유해한 살충제를 살포한다. 이는 특히 벌꿀에 치명적이다. 역설적으로 유채는 또한 새로운 '그린' 에너지 중 하나로 각광받는다. 종종 이와 같은 꿀 채집을 감수하는 데 어려움을 겪는 양봉업자들은 이것을 봄 꿀(miel de printemps) 또는 크리미한 꿀(miel crémeux)이라고 부르기를 선호한다. 공장에서 대량 생산되는 경우 이 꿀을 다른 종류와 섞어 '잡화 꿀'을 만든다.

밤나무 꿀 Miel de châtaignier
채집 지역 : 특히 남서부(Sud-Ouest), 남동부(Sud-Est) 지방과 코르시카.
채집 시기 : 8월~9월
색 : 갈색
맛 : 꿀의 맛 단계로 보면 아카시아 꿀과 정 반대편에 있다. 가장 맛이 강하며 수요가 많은 꿀 중 하나다. 액상이며 향이 아주 진하고 우디 노트와 쌉싸름한 맛이 있으며 풍미가 오래 남는다.
용도 : 파티스리용으로 이상적인 꿀로 가나슈, 특히 쇼콜라티에 자크 제냉(Jacques Génin)이 가나슈를 만들 때 사용한다.

로즈마리 꿀 Miel de romarin
채집 지역 : 옛 랑그독 루시용(Languedoc-Roussillon) 지역
채집 시기 : 5월~6월
색 : 흰색에서 연한 황갈색
맛 : 은은한 발삼 향이 나고 맛이 매우 순하며 입안에서 풍미가 오래 남는다.
용도 : 크리미한 꿀의 대표 격으로 아침 식사할 때 빵에 발라 먹는 용도로 이상적이다.
알아 두세요 : 고대 로마시대부터 시작하여 오랫동안 '나르본 꿀(miel de Narbonne)'이라고 불렸다.

진달래 꿀 Miel de rhododendron
채집 지역 : 산악지역(해발 1500m 이상 고지대), 주로 알프(Alpes), 피레네 지방
채집 시기 : 7월~9월
색 : 흰색에서 황갈색
맛 : 향이 그다지 강하지는 않으며 꽃과 바닐라의 풍미를 느낄 수 있다.
용도 : 섬세한 맛을 내는 용도로 쓰이며 특히 허브 차 등에 은은한 바닐라 향을 더할 때 사용하면 아주 좋다.
알아 두세요 : 무기질이 풍부하며 피로회복에 좋다.

메밀 꿀 Miel de sarrasin
채집 지역 : 브르타뉴(Bretagne), 프랑스 동부 지방
채집 시기 : 8월~9월
색 : 밝은 밤색에서 검정색
맛 : 숲, 흙, 볶은 곡물의 복합적인 향이 은은하지만 존재감이 있다. 입안에서 마지막에 상큼한 풍미를 낸다.
용도 : 파티스리용. 특히 팽 데피스(pain d'épices)를 만들 때 사용한다. 커피에 넣어 맛을 돋울 수 있는 드문 꿀들 중 하나이다.
알아 두세요 : 중국과 캐나다에서 가장 많이 생산된다.

라벤더 꿀 Miel de lavande
채집 지역 : 프로방스(Provence), 가르(Gard) 북동부, 알프 드 오트 프로방스(Alpes-de-Haute-Provence), 오트 잘프(Hautes-Alpes), 보클뤼즈(Vaucluse), 바르(Var), 아르데슈(Ardèche) 동부, 드롬(Drôme) 남부
채집 시기 : 7월~9월
색 : 흰색에서 황갈색
맛 : 과일 풍미와 숲, 식물, 꽃 향이 난다.
용도 : 누가(nougat)를 만들 때 아주 많이 사용된다. 아침 식사에 곁들이기에도 아주 좋은 꿀이다.
알아 두세요 : 이 꿀은 IGP(지리적 표시보호)와 라벨 루즈(Label Rouge) 인증을 받았다.

헤더 꿀 Miel de bruyère commune
채집 지역 : 주로 프랑스 남서부 지역
채집 시기 : 6월~10월
색 : 갈색에서 검정색
맛 : 약간 쌉싸름한 맛이 나며 입안에서 풍미가 오래 남는다. 담배, 감초 및 동물성 노트를 지닌 복합적인 향을 갖고 있다.
용도 : 강렬한 맛과 복합적인 향을 지닌 이 꿀은 미식계에서 높은 인기를 얻고 있다. 파리의 베이커리 '랑드멘(Landemaine)'에서는 비교할 수 없는 풍미의 이 꿀을 넣고 반죽한 발효종 빵을 만들고 있다.
알아 두세요 : 복잡하고 까다로운 특성으로 인해 채집이 귀한 편이다. 이 꿀은 금방 굳으며 심지어 벌집의 칸 안에서 굳기도 한다.

관련 내용으로 건너뛰기
p.119 팽 데피스의 지존들

메밀 꿀
농 도:

액상 크리미 결정화 고체

진달래 꿀
농 도:

액상 크리미 결정화 고체

아카시아 꿀
농 도:

액상 크리미 결정화 고체

화이트 헤더 꿀
농 도:

액상 크리미 결정화 고체

피나무 꽃 꿀
농 도:

액상 크리미 결정화 고체

밤나무 꿀
농 도:

액상 크리미 결정화 고체

라벤더 꿀
농 도:

액상 크리미 결정화 고체

헤더 꿀
농 도:

액상 크리미 결정화 고체

전나무 꿀
농 도:

액상 크리미 결정화 고체

해바라기 꿀
농 도:

액상 크리미 결정화 고체

양갈매나무 꿀
농 도:

액상 크리미 결정화 고체

유채 꿀
농 도:

액상 크리미 결정화 고체

감로(miellat)란 무엇일까?

감로는 실제로 **곤충의 분비액**이다. 메뚜기 유충, 진디, 기타 연지벌레 들은 수지류 수목의 **수액**을 먹고 살며 이를 흡수하고 걸러 주로 나뭇잎 위에 **방울 형태**로 배출한다. 이것의 달콤한 냄새에 **꿀벌들이 몰리며 이것을 채취**하여 꿀로 변화시킨다. 대개 이것은 아주 농도가 진하고 **무기질 미량 원소**가 풍부하다. 전나무 꿀은 감로꿀이며 코르시카는 잡목 감로꿀로 유명하다.

백리향(타임) 꿀
농 도:

액상 크리미 결정화 고체

로즈마리 꿀
농 도:

액상 크리미 결정화 고체

파리 꿀
농 도:

액상 크리미 결정화 고체

프랑스령 섬들의 꿀

코르시카 CORSE

풍요로운 테루아를 가진 아름다운 섬(île de Beauté) 코르시카는 유일하게 이 지역에서만 서식하는 토종 꿀벌(Apis mellifera mellifera corsica) 덕에 꿀을 생산하고 있다. 이 '코르시카 꿀(Mele di Corsica)'은 원산지명칭보호(AOP) 인증을 받았다. 각기 개성이 다르면서 복합적인 풍미를 가진 코르시카 꿀 6종을 소개한다.

봄 꿀
5월부터 채집되는 꽃향기가 나는 순한 맛의 꿀. 꿀 수확이 좋은 해에는 주로 클레망틴 귤나무로부터 꿀을 얻으며 이 덕에 섬세한 시트러스 향이 난다.

봄꽃 꿀
봄에 채집되는 꿀. 황갈색을 띠며 섬세한 캐러멜 또는 카카오 풍미를 느낄 수 있는 아주 맛있는 꿀이다. 일반적으로 화이트 헤더, 프렌치 라벤더(Lavandula stoechas), 금작화에서 주로 채집된다.

가을꽃 꿀
11월부터 채집된다. 황갈색을 띠고 쓴맛이 강하며 소귀나무에서 주로 채집된다. 파티시에와 요리사들이 매우 선호하는 이 꿀에서는 너트 향과 태운 캐러멜 풍미를 느낄 수 있다.

여름꽃 꿀
8월부터 섬의 높은 계곡 지대에서 채집되는 비교적 귀한 꿀이다. 밝은 황갈색을 띠며 주를 이루는 것은 타임, 야생블랙베리로 과일 풍미와 향을 더해준다.

밤나무 꿀
6월 말 산악지대에서 채집된다. 타닌을 함유한 강한 단맛의 꿀로 밤나무에서 주로 채집된다. 진한 맛을 선호하는 이들에게 종종 최고로 꼽힌다. 입안에 마지막으로 남는 씁싸름한 맛이 단맛을 완화시켜 주며 비교할 수 없는 특별한 꿀로 만들어준다.

꽃 감로꿀
5월부터 9월까지 채집되는 꿀로 황갈색에서 짙은 갈색을 띠며 맥아와 장뇌 맛을 지니고 있다.

레위니옹 LA RÉUNION

생태학적 다양성을 지닌 레위니옹 섬에는 놀라운 꿀 품종들이 다수 존재한다. 그중 가장 인기 있는 두 가지는 다음과 같다.

핑크페퍼콘 꿀
핑크페퍼콘은 흔히 후추나무로 잘못 알려진 나무의 열매이며 '레위니옹의 핑크색 금'이라는 이름으로 재배된다. 결정화되어 굳지 않는 이 꿀은 황갈색을 띠고 있으며 은은한 스파이스 향을 낸다. 주로 요리에 사용되는 이 꿀은 레위니옹 섬 꿀 생산량의 약 80%를 차지한다.

리치 꿀
꿀벌들은 해안을 따라 풍성하게 늘어선 리치나무 꽃의 꿀을 아주 좋아한다. 거칠게 결정화되어 굳은 흰색의 리치 꿀은 독특한 맛을 지니고 있으며 장미와 마르멜로(유럽모과) 노트를 느낄 수 있다. 몇몇 양봉업자들은 이것을 세계에서 가장 맛있는 꿀 중의 하나로 꼽는다.

앙티유 ANTILLES (과들루프 GUADELOUPE 마르티니크 MARTINIQUE)

프랑스령 앙티유 제도는 열대기후 지대이지만 무역풍이 불어 온화한 날씨를 보인다. 다양하고 풍부한 식물군을 보유하고 있어 꿀 생산에 좋은 환경을 제공한다. 이들 중 대표적인 3종류를 소개한다.

로그우드 꿀
로그우드는 노란색 작은 꽃이 송이로 뭉쳐 피는 작은 나무이다. 밝은 색의 아주 향이 좋은 로그우드 꿀은 앙티유에서 가장 유명한 것으로 어떤 이들은 이를 아카시아 꿀에 비교한다.

맹그로브 꿀
이 두 섬의 특징을 지닌 이 꿀은 프랑스 본토의 잡화꿀과 비슷하다. 맹그로브는 이 지대의 해안, 늪 지역의 식물군이다.

티 봄(ti beaume) 꿀
'멕시칸 민트(gros thym, mexican mint)'라고 불리는 이 식물은 타임, 민트, 세이지, 오레가노의 복합적인 향이 난다. 짙은 황갈색의 이 꿀은 이 풍미를 진하게 살려낸다.

기아나 GUYANE

프랑스령 기아나에는 지구상에서 가장 잘 보존되어 있는 숲들 중 하나가 있다. 이곳에서의 꿀 생산량은 아직 미미한 수준이지만 가장 일반적인 품종은 맹그로브 꿀이다. 대개 단맛이 아주 순하며 시트러스의 은은한 풍미를 지닌 이 꿀은 가장 섬세한 맛을 지닌 꿀 중 하나로 손꼽힌다.

브리오슈를 먹으라고 하세요!*

버터와 달걀을 넣은 기공이 있는 발효 반죽으로 만든 비에누아즈리인 브리오슈는
프랑스 전국 각 지방마다 개성있고 다양한 종류가 존재한다.

엘비라 마송

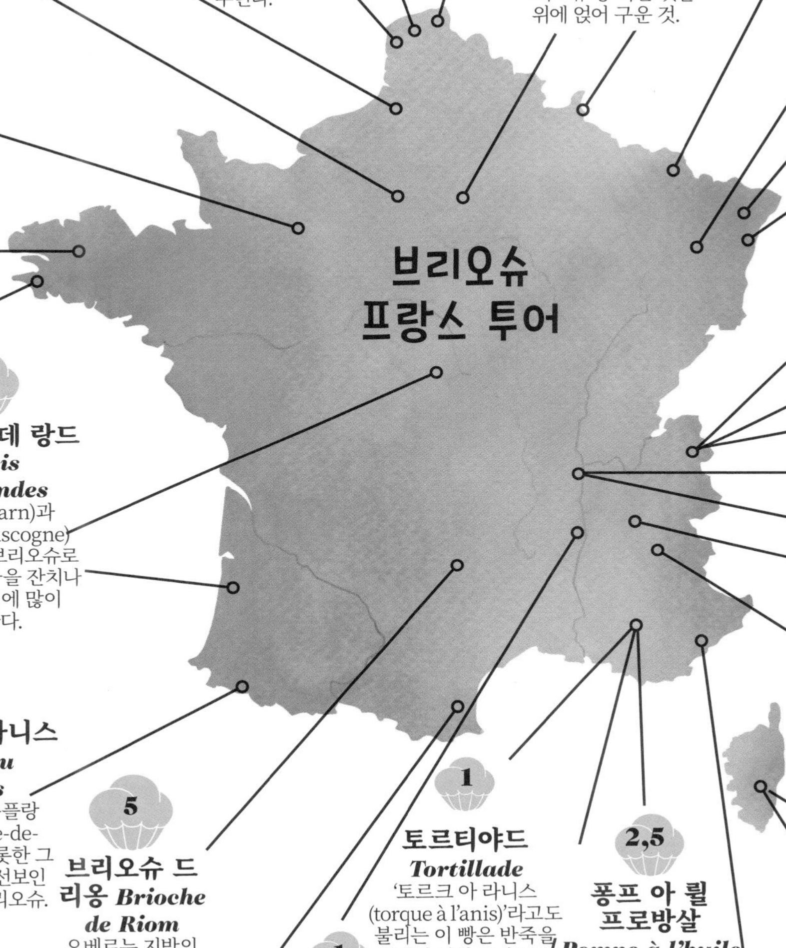

브리오슈
프랑스 투어

4
브리오슈 드 낭테르 *Brioche de Nanterre*
브리오슈의 가장 고전적인 형태로 8개로 소분한 작은 반죽 덩어리를 직사각형 틀에 넣어 굽는다.

10
갸토 바튀 *Gâteau battu*
손으로 반죽한 뒤 세로로 홈이 팬 원통형 높은 틀에 넣어 구운 피카르디(Picardie)의 브리오슈.

3
쿠뉴 *Cougnou*
프랑스 북부 지방에서는 '예수의 빵(Pain de Jésus)'이라고 불린다.

2
크라미크 *Cramique*
프랑스 북부 지방의 브리오슈로 건포도 또는 초콜릿 칩을 넣어 만들고 우박설탕을 뿌린다.

2
폴라르트 *Follaert*
덩케르크의 특산품으로 생 마르탱의 브리오슈인 '크로탱 드 란(crottins de l'âne)'을 연상시킨다.

1,5
브리오슈 파리지엔 *Brioche parisienne*
두 개의 다른 크기의 브리오슈 중 작은 것을 위에 얹어 구운 것.

4
가토 몰레 *Gâteau mollet*
100% 아르덴(Ardennes)식 브리오슈로 높이가 있고 홈이 팬 틀에 굽는다.

5,5
브리오슈 트레세 드 메츠 *Brioche tressée de Metz*
반죽을 세 갈래로 땋듯이 꼬아 만든 브리오슈로 '웨테(whété)'라는 별명으로도 불린다.

2
시누아 달자스 *Chinois d'Alsace*
소용돌이 모양으로 말아 붙인 뒤 구운 둥근 빵으로 크렘 파티시에와 초콜릿 칩이 들어 있다.

6
브리오슈 보쥐엔 *Brioche vosgienne*
헤이즐넛, 건포도, 말린 서양배를 넣어 구운 브리오슈.

2,5
쿠겔호프 *Kougelhopf*
알자스 미식의 기념비적인 빵으로 반드시 도기로 된 틀에 넣어 굽는다.

4
브리오슈 드 물랭 라 마르슈 *Brioche de Moulins-la-Marche*
작고 동그랗게 성형해 둥근 틀 안에 나란히 빙 둘러 넣어 굽는다.

2
고슈티알 *Gochtial*
브리오슈와 일반 빵의 중간 형태인 브르타뉴의 특산품. 크러스트가 갈색이 나도록 굽는다.

5
갸토 드 생 즈니 *Gâteau de Saint-Genix*
핑크 프랄린을 넣어 구운 사부아 지방의 특선 브리오슈.

8
팽 드 모단 *Pain de Modane*
파네토네(panettone)에서 파생된 것으로 당절임 멜론으로 향을 내고 프랑지판을 채워 넣는다.

4
파스테슈 *Pastéchou*
피니스테르(Finistère)의 브리오슈 빵으로 건자두나 건포도를 넣고 쇼송(chausson) 모양으로 만든다.

3
파스티스 데 랑드 *Pastis des Landes*
베아른(Béarn)과 가스코뉴(Gascogne)의 대표적인 브리오슈로 전통적으로 마을 잔치나 결혼식 파티에 많이 등장한다.

0
브리오슈 아 라 톰 프레슈 *Brioche à la tomme fraîche*
오베르뉴(Auvergne)의 특산품.

3
베쿠엥 *Bescoin*
사프란과 파스티스를 넣어 만드는 사부아 지방의 브리오슈.

7,5
브리오슈 드 가나 *Brioche de Gannat*
오베르뉴의 짭짤한 브리오슈로 가늘게 간(혹은 굵직하게 썬) 그뤼예르 치즈를 넣는다.

3,5
브리오슈 오 그리오드 *Brioche aux griaudes*
돼지고기, 돼지껍데기, 라르동 등을 넣어 만드는 짭짤한 브리오슈로 '퐁프 오 그라통(pompe aux grattons)'이라고도 불리는 부르보네(bourbonnais) 지방의 특산품이다.

2
투르토 아 라니스 *Tourteau à l'anis*
빌프랑슈 드 콩플랑(Villefranche-de-Conflent)을 비롯한 그 지역에서 처음 선보인 왕관 모양의 브리오슈.

5
브리오슈 디생조 *Brioche d'Yssingeaux*
아주 부드럽고 촉촉한 브리오슈로 오렌지 블러섬 워터로 향을 낸다.

5
브리오슈 드 리옹 *Brioche de Riom*
오베르뉴 지방의 특산품으로 클레르몽 페랑(Clermont-Ferrand) 근처 리옹(Riom)에서 처음 만들어 먹었다.

1
토르티야드 *Tortillade*
'토르크 아 라니스(torque à l'anis)'라고도 불리는 이 빵은 반죽을 꼬아서 왕관 모양으로 만든 브리오슈다.

2,5
퐁프 아 륄 프로방살 *Pompe à l'huile provençale*
프로방스식 브리오슈답게 올리브오일을 넣어 반죽한다. 또는 버터를 넣기도 한다.

2,5
카카벨뤼 또는 캄파닐 *Cacavellu ou campanile*
부활절에 즐겨 먹는 코르시카의 빵으로 아니스 씨와 파스티스를 넣어 향을 낸다.

1
포뉴 드 로망 *Pogne de Romans*
드롬(Drôme)의 대표적인 브리오슈로 왕관 모양을 하고 있으며 오렌지 블러섬 워터로 향을 낸다.

1
브리오슈 드 부르구앵 *Brioche de Bourgoin*
부르구앵 잘리외(Bourgoin-Jallieu) 시가 원조인 이 브리오슈는 붉은색, 흰색 설탕으로 장식하고 프랄린(pralines)과 드라제(drgées)를 얹어 만든다.

2,5
가토 데 루아 *Gâteau des rois*
당절임 과일을 넣고 오렌지 블러섬 워터로 향을 낸 브리오슈 빵으로 프랑스 남부에서 주현절에 즐겨 먹는 '왕의 케이크'이다.

5
타르트 트로페지엔 *Tarte tropézienne*
생 트로페 타르트라는 이름이 연상케 하는 것과는 달리 오렌지 블러섬 워터로 향을 낸 브리오슈 위에 우박설탕을 뿌린 것으로 크렘 파티시에와 휘핑한 생크림의 중간 정도 되는 크림이 들어 있다.

2
팽 드 보니파시오 또는 팽 데 모르 *Pain de Bonifacio ou pain des morts*
건포도와 호두를 넣어 만드는 코르시카의 특선 브리오슈로 위령제 날인 11월 2일에 만들어 먹는다.

1
코크 드 베지에 *Coque de Béziers*
오렌지 블러섬 워터와 레몬으로 향을 낸 길쭉한 모양의 브리오슈로 전통적으로 성 아프로디시우스(St. Aphrodisius) 축일에 즐겨 먹는다.

1 → 10
버터 함량 지수

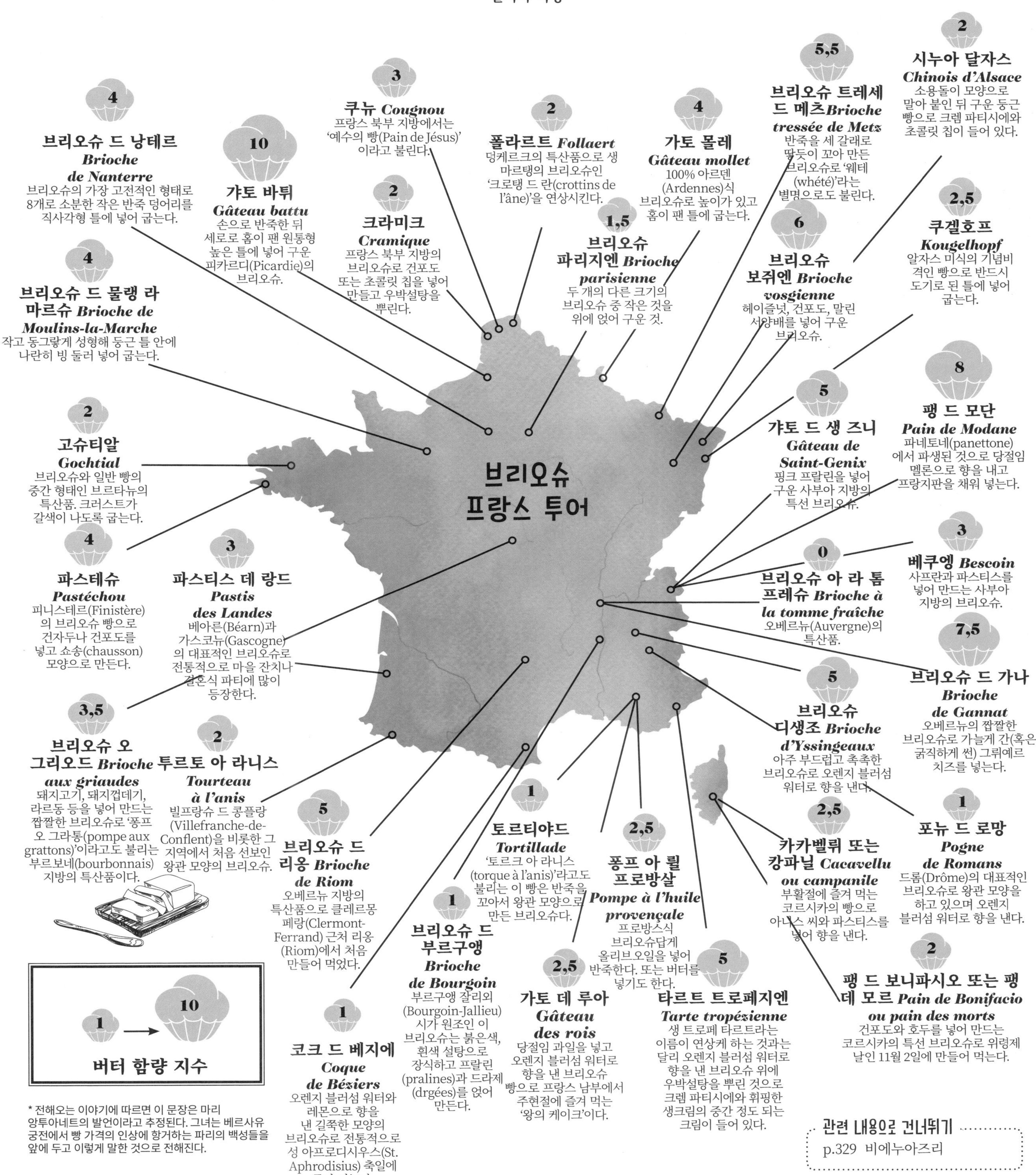

* 전해오는 이야기에 따르면 이 문장은 마리 앙투아네트의 발언이라고 추정된다. 그녀는 베르사유 궁전에서 빵 가격의 인상에 항거하는 파리의 백성들을 앞에 두고 이렇게 말한 것으로 전해진다.

관련 내용으로 건너뛰기
p.329 비에누아즈리

야생 베리 20종

자연에 자생하고 비타민이 풍부하며 풍미가 가득한 야생 베리는 프랑스 시골 들판 어디서나 발견할 수 있는 소중한 먹거리다. 불행하게도 많은 사람들이 농촌을 떠나 도시로 이주하면서 이 야생 베리의 소비는 현격히 줄어들었다. 대표적인 20가지의 식용 야생 베리를 소개한다.

드니즈 솔리에 고드리

월귤, 링곤베리 L'AIRELLE ROUGE
학명 : *Vaccinium vitis-idaea*(진달래과 Éricacées)
다른 이름 : 레쟁 데 부아(raisin des bois), 베리(berry), 에렐 비뉴(airelle vigne), 키크니에(quiquenier).
사촌격인 빌베리와 비슷한 크기의 작은 열매로 처음에는 흰색이다가 익으면서 윤기나는 붉은색을 띤다. 10~30cm까지 자라는 관목 끝에 베리 열매가 송이로 뭉쳐 열리며 맛은 시다. 흔히 곰들쭉(Arctostaphylos uva-ursi) 열매(이것도 식용가능)와 혼동하기 쉽다.
분포 : 산성 토양의 산악지역 비탈이나 잔디밭.
수확 : 9월, 10월
영양소, 효능 : 비타민 C, A
용도 : 익혀서 수렵육 요리에 곁들이거나 즐레, 콩포트, 잼 등을 만든다.
크랜베리를 넣은 사과(Les pommes aux airelles) : 사과 4개의 껍질을 벗기고 속을 파낸 뒤 오븐에 익힌다. 그동안 링곤베리 200g과 설탕 80g을 10분 정도 끓여 콩포트를 만든다. 사과가 익으면 링곤베리 콩포트를 가운데 채워 넣은 뒤 뿔닭 요리에 곁들여 서빙한다.

딸기나무, 서양소귀나무 열매 L'ARBOUSE
학명 : *Arbutus unedo*(진달래과 Éricacées)
다른 이름 : 올로니에(olognier), 딸기나무(arbre aux fraises).
표면이 까끌까끌하고 동그란 열매로 지름이 약 2cm 정도 되고 익으면 붉은색을 띠며 살이 푸석하고 씨가 있다. 생과일로 먹지만 익히면 더욱 맛이 좋다. 나무 크기는 약 2~3m, 최대 10미터에 이른다.
분포 : 코르시카의 관목지대, 프로방스, 랑그독 루시용, 대서양 연안, 브르타뉴.
수확 : 9월~1월
영양소, 효능 : 비타민, 무기질, 항산화 성분
용도 : 잼, 즐레, 리큐어
소귀나무 열매 콩포트 (La compote d'arbouses) : 소귀나무 열매 1kg에 물 100ml를 넣고 열매가 터질 때까지 중불에서 끓인 뒤 체에 거른다. 체에 거른 과육에 설탕 150g과 오렌지즙 1개분을 넣고 10분간 끓인다.

산자나무 열매 L'ARGOUSE
학명 : *Hippophae ramnoides*(보리수나무과 Éléagnacees)
다른 이름 : 아르가스(argasse), 그리제(griset), 에핀 뤼장트(épine luisante), 솔 에피뇌(saule épineux), 아나나 드 시베리(ananas de Sibérie '시베리아 파인애플').
씨가 한 개 들어 있는 갸름한 원형의 이 '가짜' 핵과는 노란색 혹은 주황색을 띠며 윤기가 나고 가지에 빽빽하게 뭉쳐 열린다. 새콤하고 떫은맛이 있는 이 가시덤불 관목은 가지가 유연하다.
분포 : 영불해협 망슈(Manche) 지방의 모래언덕, 론강과 라인강 주변 지역. 산자나무는 사부아와 남부 알프스 지역에서 재배된다.
수확 : 9월, 10월
영양소, 효능 : 오렌지보다 비타민 C의 함량이 30배 더 많다.
용도 : 주스, 젤리, 사탕
산자나무 열매 주스 (Le jus d'argouse) : 열매를 씻어 건져 물기를 제거한 뒤 눈금이 촘촘한 절삭망을 장착한 그라인더에 넣고 갈아 내린다. 이것을 체에 거른 뒤 그 즙에 동량의 오렌지 주스를 넣어 섞는다.

서양채진목 열매 L'AMÉLANCHE
학명 : *Amelanchier ovalis*(장미과 Rosacées)
다른 이름 : 아르브르 데 주아조(arbre aux oiseaux '새들의 나무'), 푸아르 소바주(poire sauvage '야생 서양배').
완두콩알만 한 크기로 핑크색에서 익을수록 검푸른 색을 띠는 이 열매는 끝에 꽃받침이 그대로 남아 있으며 맛이 아주 달고 향이 좋다. 채진목은 유연한 가지를 지닌 토종 소관목이다.
분포 : 산비탈 지대, 프랑스 동부 숲 덤불지대, 피레네.
수확 : 7월, 8월
영양소, 효능 : 비타민 C, 항산화 성분, 무기질
용도 : 타르트, 잼, 클라푸티
채진목 열매 머핀 (Les muffins aux amélanches) : 오븐을 200°C로 예열한다. 우유 200ml를 따뜻하게 데운 뒤 버터 60g을 넣어준다. 여기에 밀가루 180g, 베이킹파우더 1봉지, 달걀 1개, 설탕 45g을 넣고 거품기로 잘 섞은 뒤 채진목 열매 한 줌을 넣는다. 반죽을 6개의 실리콘 머핀틀에 반 정도 채워 넣은 뒤 오븐에서 25분간 노릇해지도록 굽는다.

서양산사나무 열매 L'AZEROLE
학명 : *Crataegnus azarolus*(장미과 Rosacées)
다른 이름 : 에핀 데스파뉴(épine d'Espagne), 포메트(pommette), 스넬(cenelle), 네플리에 드 나플(néflier de Naples).
체리만 한 크기이며 약간 서양배와 비슷한 모양에 골이 팬 형태를 지닌 열매로 붉은색 또는 노란색을 띤다. 살이 새콤하며 5개의 씨가 들어 있다. 생으로 먹으면 사과 맛, 익히면 자두 맛이 난다. 산사나무는 크기가 3~10m 정도 되며 천천히 자라 10년이 되어야 과일이 열리지만 수령이 아주 길다.
분포 : 지중해성 기후 지역.
수확 : 9월, 10월
영양소, 효능 : 비타민 A, C. 어린잎과 꽃은 불면증과 정서불안을 완화하는 효능이 있다.
용도 : 즐레, 잼, 리큐어
캐러멜 코팅 산사나무 열매 (Les azeroles façon pommes d'amour) : 산사나무 열매를 20개 정도 준비한 뒤 이쑤시개를 하나씩 찔러둔다. 냄비에 설탕 250g, 물 1컵, 레몬즙 1/2개분, 붉은색 식용색소 몇 방울을 넣고 끓여 캐러멜을 만든다. 불에서 내려 30초 동안 휴지시킨 뒤 산사나무 열매를 한 개씩 담갔다 빼 유산지에 위에 놓는다.

마가목 열매 LA CORME
학명 : *Sorbus domestica*(장미과 Rosacées)
다른 이름 : 푸아리용(poirillon), 소르브(sorbe).
원형 또는 서양배 모양을 한 2~3cm 크기의 열매로 군데군데 붉은 기가 있는 노란색을 띠고 있다. 시고 떫은맛이 있으며 완전히 익으면 말랑말랑하고 향이 진해진다. 밀짚 위에 놓고 숙성하기도 한다. 마가목(팥배나무(Sorbus aucuparia)와 혼동하지 말아야 한다)은 최대 20m까지 자란다.
분포 : 지중해 지역이 원산지인 마가목은 고대 로마인들에 의해 프랑스 영토 전역으로 퍼져 나갔다.
수확 : 9월
영양소, 효능 : 비타민 A, C
용도 : 발효주 시드르(le cormé), 오드비, 잼
마가목 열매를 넣은 사과 콩포트 (La compote de pommes aux cormes): 그래니 스미스(granny-smith) 사과 4개에 설탕 50g, 물 1/2컵을 넣고 중불에서 20분간 졸인다. 잘 익은 마가목 열매 12개의 과육을 첨가한 뒤 전부 블렌더로 간다. 콩포트를 따뜻하게 또는 식힌 뒤 서빙한다.

유럽산수유 열매 LA CORNOUILLE
학명 : *Cornus mas*(층층나무과 Cornacées)
다른 이름 : 쿠이유 드 스위스(couille de Suisse), 크니올(queniolle)
타원형의 반들반들한 핵과로 크기는 2cm 정도 되며 처음에는 녹색, 익으면 붉은색을 띠고 씨가 한 개 들어 있다. 떫은맛이 있지만 익으면 맛이 좋아진다. 산수유나무는 10~15m까지 자라는 소관목이다.
분포 : 프랑스 동부, 남동부, 석회질 토양 지대.
수확 : 8월, 9월
영양소, 효능 : 비타민 C
용도 : 즐레, 잼, 시럽(석류 맛)
소금물에 절인 산수유 열매(Les cornouilles en saumure) : 덜 익은 녹색 산수유열매를 물에 담근 뒤 매일 물을 갈아주며 10일간 둔다. 시간이 지난 뒤 건져 물기를 닦고 뚜껑이 있는 병에 담는다. 물 1리터에 소금 60g을 넣고 5분간 팔팔 끓인 다음 식힌다. 이 소금물을 병에 붓고 월계수 잎 2장, 타임 2줄기를 넣은 뒤 뚜껑을 단단히 닫는다. 3개월간 절인 뒤 올리브처럼 먹는다.

로즈힙, 개장미 열매 LE CYNORRHODON
학명 : *Rosa canina*(장미과 Rosacées)
다른 이름 : 베 데글랑티에(baie d'églantier 들장미나무 열매), 그라트 퀴(gratte-cul).
장미과 계열 식물의 꽃받침이 커져서 마치 열매처럼 보이는 부분으로 안에는 털(이 털은 긁어낸다)로 덮인 씨(이것이 실제 과실이다)가 차 있다. 새콤한 맛이 난다. 가시가 있고 가지가 아래로 늘어지는 이 관목은 크기가 1~2m 정도 된다.
분포 : 건조한 토양, 산울타리 지대, 비탈, 초원 등 도처에 서식한다.
수확 : 11월, 첫 서리 후.
영양소, 효능 : 비타민 C. 이뇨효능이 있으며 면역력 강화에 도움을 준다.
용도 : 즐레, 시럽, 차.
로즈힙열매주(Le vin de cynorrhodons) : 로즈힙 열매 1kg을 씻어서 물기를 말린 뒤 큰 유리병 안에 넣는다. 물 1리터에 설탕 600g을 넣고 2분간 끓인다. 식힌 뒤 이 시럽을 병에 붓고 랩을 씌워 밀봉한 뒤 이쑤시개로 작은 구멍을 몇 개 뚫어둔다. 중간중간 흔들어주며 3개월간 보관한다. 체에 걸러 병입한다.

유럽매자나무 L'ÉPINE-VINETTE
학명 : *Berberis vulgaris*(매자나무과 Berbéridacées)
다른 이름 : 비네티에(vinettier), 피스 비네그르(pisse-vinaigre), 에핀 에그레트(épine-aigrette).
갸름한 모양의 진홍색 베리 열매가 송이로 뭉쳐 열리며 과육은 매우 시고 씨가 각 3개씩 들어 있다. 가시가 있는 소관목으로 크기는 1~4m 정도 된다.
분포 : 산울타리 지역과 숲 도처에 서식한다.
수확 : 9월, 10월
영양소, 효능 : 소화를 돕고 기침을 완화하는 데 효과가 있다.
용도 : 덜 익은 녹색 열매는 소스의 새콤한 맛을 돋우는 데 사용하며, 말린 것은 새콤달콤한 맛을 낸다. 즐레, 잼, 차.
매자나무 열매를 넣은 가오리 버터구이(La raie au beurre noisette et à l'épine-vinette) : 물이 담긴 볼에 말린 매자나무 열매 3테이블스푼을 넣고 15분간 불린 뒤 건진다. 팬에 버터 60g과 해바라기유 2테이블스푼을 넣고 달군 뒤 홍어날개(지느러미 부분) 4조각을 넣고 양면을 지진다(10~15분). 소금, 후추로 간하고 매자나무 열매를 넣은 뒤 2분간 더 익혀 완성한다.

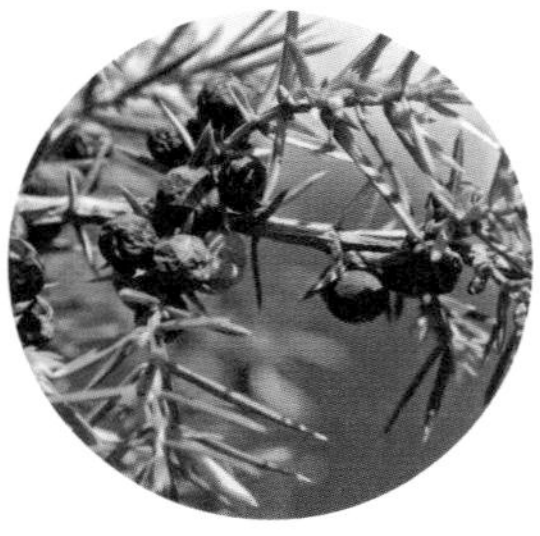

주니퍼베리, 노간주나무 열매 LE GENIÈVRE
학명 : *Juniperus communis*(측백나무과 Cupressacées)
다른 이름 : 푸아브르 뒤 포브르(poivre du pauvre '서민의 후추'), 페트롱(pétron), 페트로(pétrot).
푸른 보랏빛 열매 송이로 여러 겹의 비늘껍질이 서로 붙어 감싸고 있으며 안에는 씨가 3개씩 들어 있다. 노간주나무는 1~10m 크기의 소관목으로 뾰족한 침 모양을 하고 있으며 푸른빛을 띤 녹색의 상록수다.
분포 : 지중해 지역에 주로 분포한다.
수확 : 10월부터
영양소, 효능 : 이뇨작용을 하며 소화를 돕는다. 에센셜오일로 사용된다.
용도 : 인퓨전 티, 탕약, 마리네이드용 양념, 슈크루트, 수렵육 요리 등의 향신료, 진(gin).
주니퍼베리로 향을 낸 닭 간 스프레드 토스트(Les croûtes de foies de volaille au genièvre) : 팬에 기름을 조금 두른 뒤 닭 간 4개와 얇게 썬 샬롯 1개, 4등분한 토마토 1개를 넣고 3분간 볶는다. 소금, 후추로 간한다. 여기에 주니퍼베리 6알과 코냑 1테이블스푼을 넣고 블렌더로 간다. 슬라이스로 자른 바게트 빵에 닭 간 페이스트를 바른 뒤 180°C로 예열한 오븐에 넣고 10분간 굽는다. 아페리티프로 뜨겁게 서빙한다.

야생 숲딸기 LA FRAISE DES BOIS
학명 : *Fragaria vesca*(장미과 Rosacées)
다른 이름 : 프레즈 코뮌(fraise commune), 프레즈 소바주(fraise sauvage 야생딸기)
크기가 작고 동그랗거나 약간 갸름한 모양을 하고 있으며 과육이 통통하고 표면에 흔히 '딸기 씨'라고 부르는 수과(瘦果)가 박혀 있다. 단맛은 적으나 향이 매우 진하다. 여러해살이 초본식물로 크기는 10~15m 정도 된다.
분포 : 숲속, 습지 비탈지대, 숲의 빈터 등 도처에 서식한다. 지중해 주변 지역을 제외하고 해발 1000m에 이르는 지역에서도 자란다.
수확 : 기후에 따라 6월에서 8월
영양소, 효능 : 비타민 C, 무기질
용도 : 생과일로 타르틀레트에 올리거나 소르베, 쿨리, 잼, 리큐어 등을 만드는 데 사용한다.
붉은 베리류 과일 샐러드 (La salade de fruits rouges) : 야생 숲딸기에 다양한 붉은 베리류를 섞으면 훨씬 더 맛있는 과일 샐러드를 만들 수 있다.

라즈베리, 산딸기 LA FRAMBOISE
학명 : *Rubus idaeus* (장미과 Rosacées)
다른 이름 : 각각 씨를 함유하고 있는 소핵과들이 뭉쳐 이루어진 열매. 둥근 모양 또는 끝이 약간 뾰족한 원뿔 모양을 하고 있으며 진분홍, 또는 붉은색을 띤다. 재배종 라즈베리보다 사이즈가 더 작다. 은은한 단맛이 나며 향이 좋다. 산딸기 나무는 가시가 있는 관목으로 흡지(吸枝, 움돋이번식)가 1~1.5m 정도 자란다.
분포 : 알프(Alpes), 보주(Vosges), 마시프 상트랄(Massif central)의 숲 변두리 지역, 숲의 빈터 등에서 자란다.
수확 : 7월에서 9월까지
영양소, 효능 : 비타민 C, 항산화 성분
용도 : 타르트, 소르베, 주스, 쿨리, 식초, 오드비.
라즈베리 즐레(La gelée de framboises) : 라즈베리 1kg을 재빨리 씻어 헹군 뒤 물 1컵을 넣고 중불에서 모양이 흐트러질 때까지 5분간 끓인다. 체에 거른다. 받아낸 즙을 계량한 뒤 중불로 가열한다. 동량의 무게만큼 설탕(펙틴이 함유된 즐레, 잼 전용 설탕)을 첨가하고 가열해 끓기 시작하면 그 상태로 7분간 더 끓인다. 즐레의 거품을 걷어낸 다음 열탕소독해둔 병에 담는다. 뚜껑을 닫아 밀봉한 뒤 병을 뒤집어 놓는다.

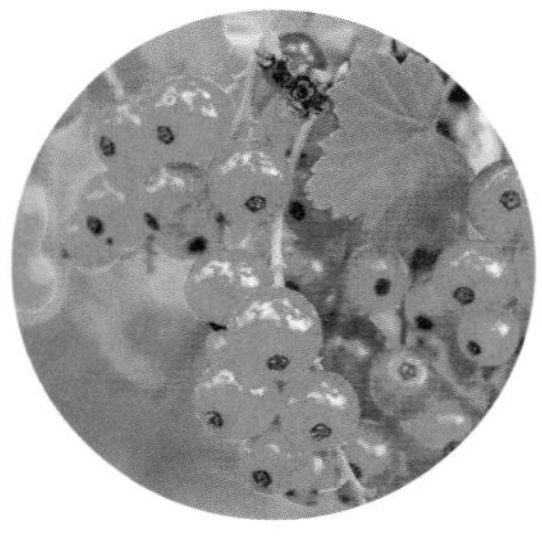

레드커런트 LA GROSEILLE
학명 : *Ribes rubrum* (까치밥나무과 Grossulariacées)
다른 이름 : 카스티유(castille), 가티유(gatille), 그라델(gradelle).
송이로 뭉쳐 열리는 작은 크기의 베리 열매로 반투명하고 윤기나는 선명한 붉은색을 띠고 있으며 씨가 몇 개 들어 있다. 맛은 새콤하다. 가지가 위로 향해 자라는 소관목으로 크기는 1~2m 정도 된다. 알프스 레드커런트, 바위 레드커런트 등 다른 종류의 야생 레드커런트들도 있다.
분포 : 프랑스 영토를 반으로 나눈 북쪽 지방의 그늘진 숲 저지대에 주로 분포한다.
수확 : 7월
영양소, 효능 : 비타민 C, 무기질, 플라보노이드. 피부와 혈액순환에 좋다.
용도 : 즐레를 만들기에 최적(펙틴이 풍부하다)인 과일이며 그 외에도 타르트, 시럽용으로 쓰인다.
레드커런트 그라니타(Le granité de groseilles) : 레드커런트에 물을 반 컵 정도 넣고 과육이 터질 때까지 중불로 끓인 뒤 체에 거른다. 걸러낸 즙의 무게를 잰 다음 분량의 반에 해당하는 설탕을 넣어 섞는다. 혼합물을 용기에 붓고 냉동실에 넣어 얼린다. 완전히 얼어 굳기 전에 꺼내 중간중간 포크로 저어 거친 느낌의 그라니타를 만든다. 익힌 딸기 디저트(soupe de fraise)에 곁들여 서빙한다.

양벚나무 열매, 스위트 체리 LA MERISE
학명 : *Prunus avium*(장미과 Rosacées)
다른 이름 : 스리지에 소바주(cerisier sauvage 야생 체리나무), 스리지에 데 주아조(cerisier des oiseaux 새들의 체리나무), 기뉴(guigne).
씨가 있는 짙은 붉은색의 핵과로 일반 체리보다 작다. 과육은 달콤하고 향이 진하다. 이 나무는 25~30m까지 자란다.
분포 : 이 체리 열매를 좋아하는 새들로 인해 프랑스 전역에 퍼져 있다.
수확 : 지역에 따라 6월, 7월, 8월
영양소, 효능 : 비타민, 무기질, 항산화 성분.
용도 : 알자스 체리브랜디(kirsch d'Alsace), 기뇰레(guignolet 야생체리 리큐어), 잼, 쿨리 등.

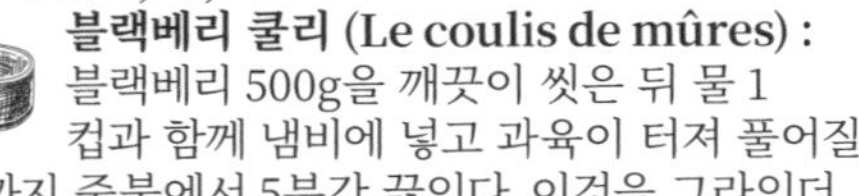

스위트 체리 클라푸티 (Le clafoutis aux merises) : 오븐을 180°C로 예열한다. 파이 틀에 버터를 발라둔다. 스위트 체리 500g을 씻어서 물기를 제거한 뒤 꼭지를 딴다. 틀에 체리를 한 켜로 깐다. 볼에 밀가루 50g, 설탕 60g, 우유 300ml, 달걀 3개를 넣고 거품기로 잘 저어 섞은 뒤 파이 틀의 체리 위로 부어준다. 오븐에 넣어 30~35분간 굽는다. 다 구워지기 5분 전에 설탕 2테이블스푼을 고루 뿌린다.

블랙베리 LA MÛRE
학명 : *Rubus fruticosus*(장미과 Rosacées)
다른 이름 : 뮈롱(mûron).
각각 씨를 함유하고 있는 소핵과들이 뭉쳐 이루어진 열매로 붉은색, 완전히 익으면 광택이 나는 검은색을 띤다. 이 가시덤불 나무는 가시가 있는 길쭉한 줄기를 가진 관목이다. 향이 매우 진하며 은은한 단맛이 나고 새콤하다. 누에가 잎을 먹고 사는 뽕나무(Morus nigra) 열매인 오디와 혼동해서는 안 된다.
분포 : 해발 1500m까지 도처에 분포한다.
수확 : 8월~9월
영양소, 효능 : 비타민 B, C, 항산화 성분
용도 : 즐레, 잼, 타르트.

블랙베리 쿨리 (Le coulis de mûres) : 블랙베리 500g을 깨끗이 씻은 뒤 물 1컵과 함께 냄비에 넣고 과육이 터져 풀어질 때까지 중불에서 5분간 끓인다. 이것을 그라인더(눈이 고운 절삭망 장착)에 돌려 갈아 내린 뒤 체에 거른다. 걸러낸 즙을 냄비에 넣고 설탕 100g, 한천가루(agar-agar)를 넣은 뒤 2분간 끓인다. 이 쿨리는 판나코타(panna cotta)에 곁들여 향을 내는 데 아주 좋다.

도금양 열매, 머틀 LE MYRTE
학명 : *Myrtus communis*(도금양과 Myrtacées)
다른 이름 : 네르트(nerte), 에르브 아 라팽(herbe à lapin), 에르브 뒤 라기(herbe du lagui).
자주색, 완전히 익으면 검정에 가까운 푸른색을 띠며 흰 분이 덮여 있는 작은 베리 열매로 약간 갸름한 타원형이고 끝에는 움푹 팬 테두리가 있다. 향이 아주 좋으며 수지와 발삼의 맛이 난다. 도금양은 껍질이 불그스름한 소관목으로 크기는 3~5m 정도 된다.
분포 : 코르시카, 프로방스, 랑그독 루시용.
수확 : 9월, 10월
영양소, 효능 : 살균 효과가 있으며 호흡기 질환과 불면증 치료에 효능이 있다.
용도 : 양념, 리큐어.

도금양 열매 리큐어 (La liqueur de myrte) : 도금양 열매 80g를 씻어서 물기를 말린 뒤 뚜껑이 있는 병에 넣고 과일 증류주 750ml를 붓는다. 뚜껑을 닫고 2개월간 담가둔다. 냄비에 물 250ml와 설탕 120g을 넣고 중불에서 5분간 끓인다. 식힌 다음 이 시럽을 2개월간 담가 둔 술에 붓는다. 잘 저어 섞은 뒤 체에 걸러 병입한다. 이 상태로 최소 1개월 이상 보관했다가 마신다.

빌베리, 유럽블루베리 LA MYRTILLE
학명 : *Vaccinum myrtillus* (진달래과 Éricacées)
다른 이름 : 에렐 누아르(airelle noire), 브랭벨(brimbelle), 모레트(maurette).
동그란 모양의 베리 열매로 익으면 검푸른 색을 띠며 표면에 하얀 분이 생긴다. 약간 새콤하며 맛이 좋다. 빌베리 나무는 여러해살이 아관목으로 크기는 50cm 정도 된다.
분포 : 알프(Alpes), 마시프 상트랄(Massif central), 보주(Vosges), 피레네(Pyrénées).
수확 : 7월 말~9월 초
영양소, 효능 : 비타민 C, 항산화 성분. 시력 장애, 기억력 감퇴에 효능이 있다.
용도 : 타르트, 산악 지방의 디저트, 잼, 리큐어.

블루베리 타르트 (La tarte aux myrtilles) : 오븐을 180°C로 예열한다. 파트 사블레 반죽을 밀어 타르트 틀에 깔고 포크로 찔러준다. 오븐에 넣어 15분간 타르트 시트만 먼저 굽는다. 구워낸 시트 바닥에 설탕 2테이블스푼을 고루 뿌린 뒤 블루베리 400g을 고르게 깔아준다. 볼에 생크림
2테이블스푼, 우유 100ml, 설탕 3테이블스푼을 넣고 거품기로 섞은 뒤 혼합물을 타르트에 부어준다. 오븐에 넣어 약 35분간 굽는다.

서양모과, 서양비파나무 열매 LA NÈFLE
학명 : *Mespilus germanica* (장미과 Rosacées)
다른 이름 : 퀴 드 시앵(cul de chien).
동그랗고 약간 납작한 모양으로 끝부분은 우묵한 테두리가 있으며 적갈색을 띠다가 익으면 갈색으로 변하고 3개의 씨가 들어 있다. 반드시 과실이 완전히 익은 후 먹어야 한다. 이 나무의 크기는 3~5m 정도 된다. 일본 비파나무(Eriobotrya japonica)와 혼동하면 안 된다.
분포 : 프랑스 전역.
수확 : 10월~11월. 열매를 짚 위에 15일간 놓아둔다.
영양소, 효능 : 비타민 A, 칼륨. 원기 회복에 효과가 있다.
용도 : 잼, 즐레.

서양모과 젤리 (La pâte de nèfles) : 서양모과를 반으로 잘라 씨를 제거한 뒤 과육만 발라내어 무게를 잰다. 이 과육을 동량 무게의 설탕과 함께 냄비에 넣고 물 반 컵을 부은 뒤 잘 저으며 끓인다. 걸쭉해지면서 냄비 벽에 더 이상 달라붙지 않게 되면(약 15~20분) 미리 설탕을 뿌려둔 정사각형 틀에 2cm 두께로 부어준다. 며칠 동안 말린다. 설탕을 뿌린 뒤 정사각형으로 자른다.

야생자두나무 열매 LA PRUNELLE
학명 : *Prunus spinosa* (장미과 Rosacées)
다른 이름 : 에핀 누아르(épine noire), 에피네트(épinette), 뷔송 누아르(buisson noir), 플로스(plosse).
1~1.5cm 크기의 검푸른 색 핵과로 표면에 하얀 분이 있으며 시고 떫은맛이 난다. 야생자두나무는 가시가 있는 관목으로 회갈색 껍질을 갖고 있다.
분포 : 산울타리 지역, 길가 노지 등 해발 800m에 이르는 지역까지 도처에 분포한다.
수확 : 8월~11월
영양소, 효능 : 비타민 C, 항산화 성분.
용도 : 즐레, 콩포트, 오드비, 리큐어(바스크 지방의 Patxaran 등).

야생자두 리큐어 (La liqueur de prunelles) : 야생자두 300g을 씻어 물기를 닦고 유리병에 넣는다. 무색의 증류주 1리터를 붓고 뚜껑을 닫아 한 달간 담가둔다. 중간 중간 병을 흔들어준다. 설탕 600g에 물 100ml를 넣고 끓을 때까지 가열한다. 식힌 뒤 병에 붓는다. 2개월 후 체에 걸러 병입한다.

엘더베리, 딱총나무 열매 LE SUREAU
학명 : *Sambucus nigra* (인동과 Caprifoliacées)
다른 이름 : 아르브르 오 페(arbre aux fées '요정의 나무'), 오 부아(haut bois), 소뇽(sognon).
검은색의 작은 핵과로 달콤하고 말랑말랑하다. 나무의 크기는 2~5m 정도 된다. 생으로 먹으면 약간의 독성이 있다.
분포 : 해발 1000m 지역까지 도처에 분포한다.
수확 : 5~6월에 꽃이 피고 8월 말, 9월에 열매가 열린다.
영양소, 효능 : 엘더베리 나무의 잎과 꽃은 소염 및 항히스타민 효능이 있으며 꽃과 열매는 감기, 독감에 효과적이다.
용도 : 엘더플라워를 넣은 레몬에이드, 즐레, 시럽 등

엘더플라워 튀김 (Les beignets de fleurs de sureau) : 볼에 밀가루 180g, 드라이 이스트 1봉지, 설탕 1테이블스푼, 해바라기유 1테이블스푼, 소금 1꼬집, 오렌지즙 1개분, 달걀 1개, 물 100ml를 넣고 거품기로 잘 섞는다. 달걀흰자를 휘저어 거품을 올린 뒤 반죽 혼합물에 섞는다. 엘더플라워 20개 정도를 씻어 물기를 제거한다. 튀김용 기름을 뜨겁게 달군 뒤 꽃에 반죽을 입혀 튀긴다. 노릇한 색이 나면 건져 기름을 털어내고 키친타월에 놓아 여분의 기름을 뺀다. 슈거파우더를 솔솔 뿌린다.

소시지

'소시스(saucisse)'라는 용어는 옛 프랑스어 소시슈(saussiche)에서 온 것으로 어원은 소금에 절인 다진 고기를 뜻하는 라틴어 '살시치우스(salsicius)'이다. 형용사 살수스(salsus)는 라틴어로 '짜다'는 뜻이다. 길쭉한 모양의 이 소시지들은 기름진 맛을 선사한다. 프랑스 각지의 다양한 소시지를 정리해본다.

발랑틴 우다르

1 모르토 MORTEAU 소시지(Franche-Comté) 순 돈육(지역 젖소의 유청을 먹여 키운 것). 캐러웨이, 샬롯, 고수씨, 넛멕, 와인을 넣어 향을 낸다. 큰 피라미드 형 화덕에서 수지목 톱밥 연기에 천천히 훈연한다. IGP(지리적표시보호), AOP(원산지명칭보호) 인증.

2 몽벨리아르 MONTBÉLIARD 소시지(Franche-Comté) 가장 오래된 소시지 중 하나이다. 돼지 살코기와 비계(마찬가지로 젖소 유청을 먹여 키운다)로 만들며 캐러웨이와 후추로 양념한다. 전나무 또는 가문비나무로 훈연한다. IGP 인증.

디오 드 사부아 DIOTS DE SAVOIE 사부아 지방에서 즐겨 먹는 소시지. 기름을 제거한 돼지 앞다리(어깨)살이나 뒷허벅지 살, 껍질을 제거한 비계, 지방을 잘게 갈아 사용하며 마늘, 소금, 후추, 넛멕, 카트르에피스로 양념하고 기호에 따라 레드와인을 넣기도 한다.

아트리오 ATTRIAUX(Haute-Savoie) 돼지의 내장, 부속(염통, 간, 허파, 콩팥, 항정살, 내장의 기름기 적은 부분)과 살코기를 사용하며 양념한 뒤 크레핀으로 감싼다. 토농(Thonon)의 특산품이다.

강되이요 뒤 발 다졸 GANDEUILLOT DU VAL-D'AJOL (Vosges) 돼지 살코기와 창자를 혼합하여 위에 채워 넣는다. 익힌 뒤 나무 연기에 훈제하면 아주 맛이 좋다.

3 스트라스부르 소시지 또는 크나크 SAUCISSE DE STRASBOURG OU KNACK 돼지고기와 소고기를 섞어 사용하며 커민과 기타 양념을 넣어 맛을 낸다. 씹을 때 나는 '뽀드득' 소리 때문에 '크나크(knack)'라는 의성어가 별명이 되었다.

4 알자스 메트부어스트 소시지 METTWURSCHT ALSACIENNE 크리미한 질감의 부드러운 생소시지로 발라 먹기에 적당하다. 돼지와 소의 기름진 고기 부위를 곱게 갈아 만들며 파프리카, 고추, 카다멈, 럼을 넣어 양념한다. 빵 슬라이스에 펴 발라 먹는다.

5 장다름 데 보주 GENDARME DES VOSGES 납작한 사각형 모양의 소시지로 불그스름한 색을 띤다. 비계가 섞인 소고기와 돼지고기로 만들며 너도밤나무 연기에 훈연한다. 두 개의 소시지가 연결되어 있는 모습이 당시 붉은 제복을 입고 항상 둘씩 짝지어 이동하던 '근위병(gendarme)'을 연상시킨다고 하여 '보주의 근위병'이라는 재미있는 이름이 붙었다.

소시스 드 무 또는 쿠라드 SAUCISSE DE MOU OU COURADE(Auvergne) 캉탈(Cantal)과 루에르그(Rouergue) 지방의 특산 소시지로 돼지 허파, 염통, 살코기로 만들며 레드와인을 넣어 냄새를 잡는다. 돼지 창자를 뜻하는 '쿠라드(courade)'라고도 불리며 또는 선호도가 조금 떨어지기 때문에 가까운 직계 가족용이 아닌 '사촌들의 소시지(saucisse des cousins)'라고도 불린다.

감자 소시지 SAUCISSE DE POMME DE TERRE (Cantal) 감자와 내장, 부속(돼지껍데기, 염통, 살코기, 비계 등)으로 만든다.

6 피가텔루 FIGATELLU(Corse) 돼지 간, 비장, 염통, 허파, 삼겹살, 등심 비계, 피로 만든 소시지로 마늘, 와인 및 각종 향신료를 넣어 양념한다. 생소시지 또는 훈연 건조 소시지로 소비된다.

살시세타 SALCICETTA(Corse) 오로지 소금과 후추로만 양념해 만든다. 코르시카에서 생산되는 고급 샤퀴트리에는 들어가지 않는 허드렛 고기와 비계로 만들며 피가텔루보다 향신료 향이 덜하다. U자 모양 michel troisgros 으로 만든 소시지.

7 툴루즈 소시지 SAUCISSE DE TOULOUSE 가장 긴 소시지로 나선형으로 말아놓고 원하는 만큼 잘라서 판매한다. 농가의 토종돼지로 만든다.

8 앙뒤즈 소시지 또는 레욜레트 SAUCISSE D'ANDUZE OU RAYOLETTE(Cévennes) 도토리와 밤을 먹여 키운 돼지로 만들어 그 풍미가 살아 있는 건조 소시지. 긴 소시지를 반으로 접은 뒤 끝을 묶은 상태로 판매한다.

9 메르게즈 MERGUEZ 다진 소고기와 양고기로 만든 소시지로 커민, 라스 엘 하누트(ras el-hanout 중동 향신료 믹스), 하리사, 고수씨로 양념한다. '메르게즈'라는 이름은 베르베르어 단어인 'marguaz'에서 온 것으로 '남자답게'라는 뜻이다.

10 시폴라타 CHIPOLATA 돼지고기(살코기는 앞다리 어깨살, 지방은 삼겹살)로 만들며 향신료로 파프리카를 사용한다. 이름의 어원은 이탈리아어로 양파를 뜻하는 '치폴라(cipolla)'와 오래 볶아 익힌 양파를 소시지 조각과 함께 서빙하는 토스카나 요리인 '치폴라타(cipollata)'에서 유래했다.

세르블라 CERVELAS 원래는 돼지고기와 '골(cervelle)'로 만든 것에서 유래하여 이와 같은 이름이 붙었다. 소고기, 돼지고기 살코기, 목구멍 비곗살, 등심 비계, 향신료, 마늘, 양파를 혼합하여 만든다. 색소를 넣은 물에 삶기 때문에 익으면서 소시지 껍질에 붉은색 물이 든다.

11 뤼캥크 LUKINKE(Pays basque) 돼지 살코기와 비계로 만들며 말려서 건조 소시지로 소비하거나 기름에 넣고 푹 익힌 뒤 토기 그릇에 저장해두고 먹는다.

12 시스토라 TXISTORRA(Pays Basque) 돼지와 소의 생고기로 만든 소시지. 에스플레트 고춧가루로 양념해 붉은색이 난다. 양의 창자를 케이싱으로 사용한다.

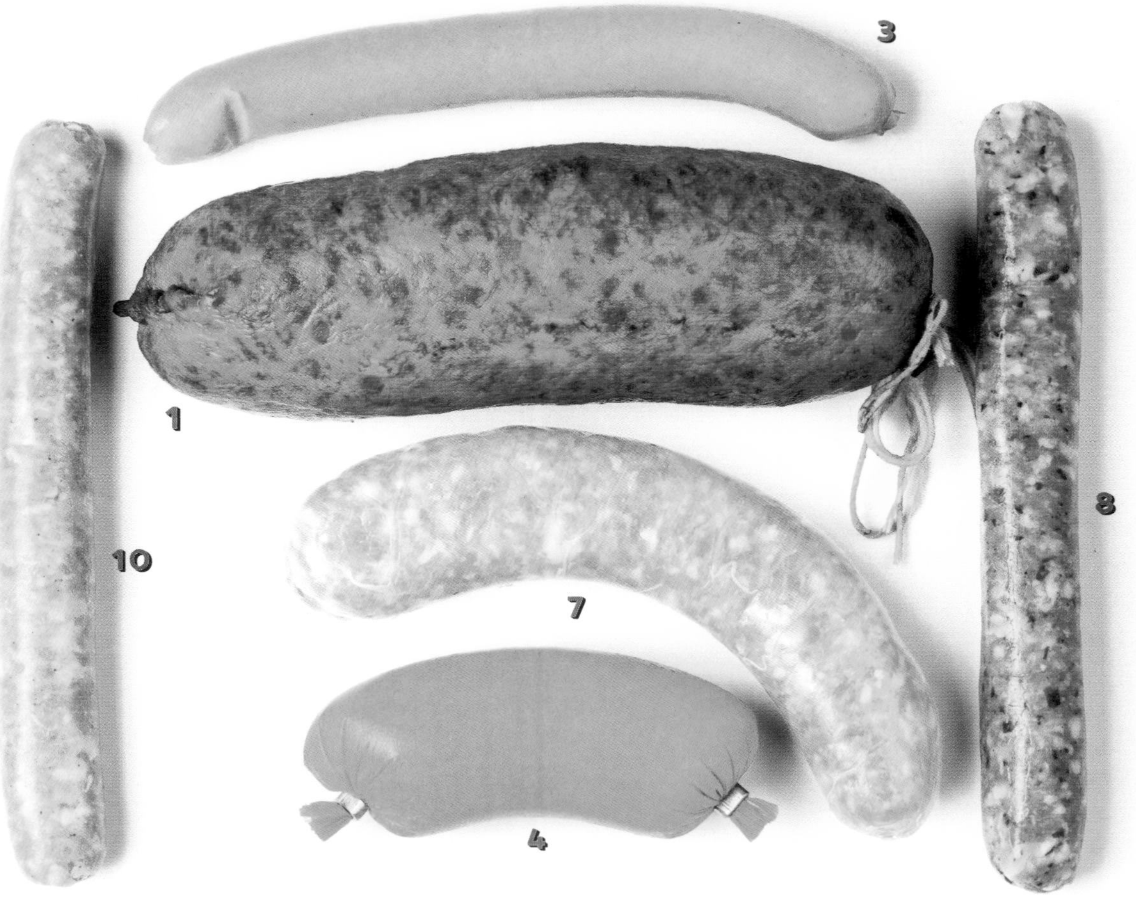
3
1
8
10
7
4

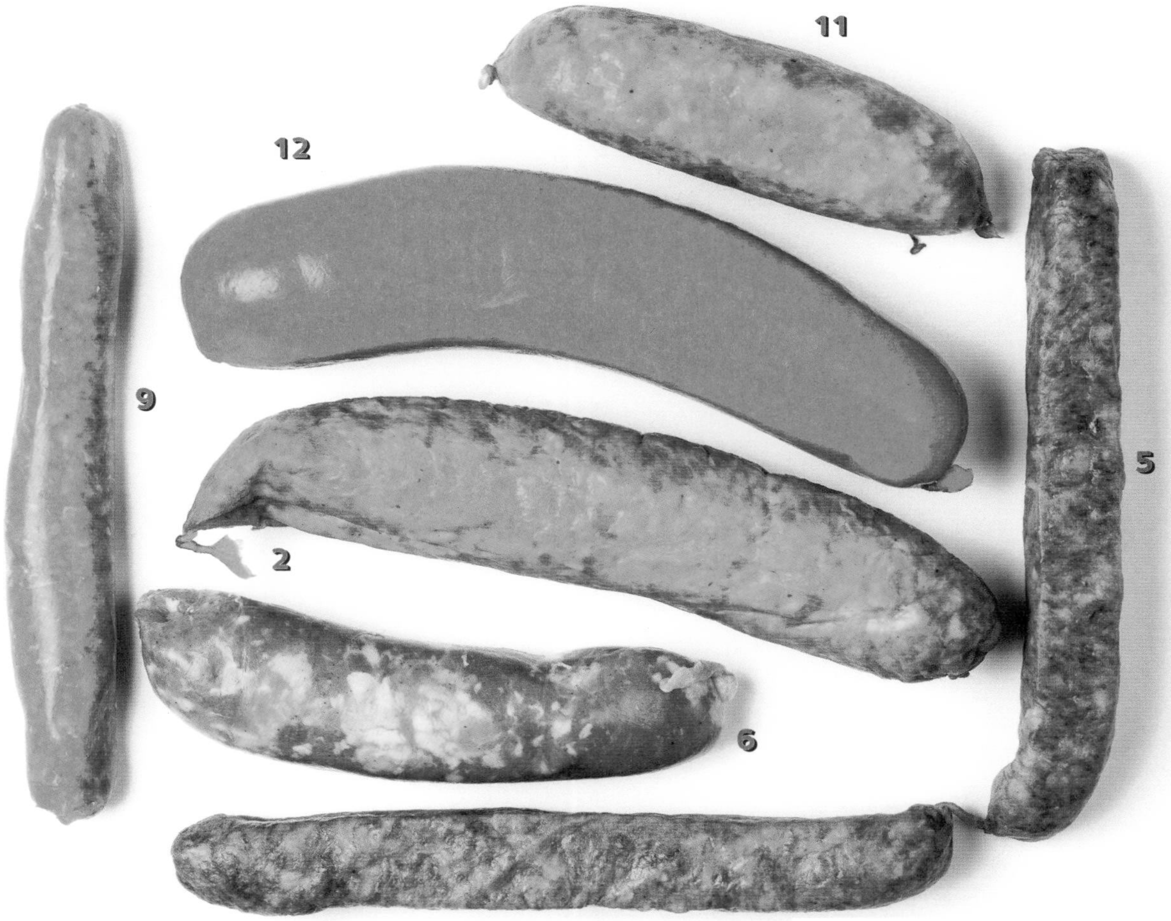
11
12
9
5
2
6

관련 내용으로 건너뛰기
p.154 부댕 이야기

MER MÉDITERRANÉE
GOLFE DU LION
LYON
STRASBOURG
DIJON
BESANÇON
ST ÉTIENNE
VALENCE
NÎMES
AVIGNON
MARSEILLE
NICE
CORSE

맛집 로드, 7번 국도

파리에서 출발하여 남쪽 끝 망통(Menton)에 이르기까지 996km에 달하는 이 도로에는 훌륭한 레스토랑들이 곳곳에 포진해 있다. 7번 국도를 따라 15곳의 미식 명소를 방문해보자.

샤를 파탱 오코옹

"웃음이 절로 나는 즐거운 사랑이 바로 여기에! 7번 국도에서 우리는 행복해."
- 샤를 트르네(Charles Trenet)의 노래 '7번 국도)' 중에서

● 개점 ● 폐점

● **주아니 JOIGNY** (Yonne)
La Côte Saint-Jacques
라 코트 생 자크
셰프 : Marie Lorain (1945-1958), Michel Lorain (1958-1993), Jean-Michel Lorain (since 1983)
대표요리 : 샴페인에 찐 브레스 닭 요리

● **솔리외 SAULIEU** (Côte-d'Or)
L'Hostellerie de la Côte-d'Or **로스텔르리 드 라 코트 도르** then ***le Relais Bernard Loiseau*** 이후 **르 를레 베르나르 루아조**
셰프 : Alexandre Dumaine (1932-1964), Bernard Loiseau (1975-2003)
대표요리 : 팬 프라이한 푸아그라와 트러플 감자 퓌레를 곁들인 토종닭 가슴살 요리

● **샤니 CHAGNY** (Saône-et-Loire)
Lameloise **라믈루아즈**
셰프 : Pierre Lameloise (1921-1937), Jean Lameloise (1937-1971), Jacques Lameloise (1971-2009), Éric Pras (since 2009)
대표요리 : 감자로 감싼 오리 푸아그라

● **투르뉘 TOURNUS** (Saône-et-Loire)
Greuze **그뢰즈**
셰프 : Jean Ducloux (1947-2004), , Yohann Chapuis (since 2008)
대표요리 : 빵가루를 입혀 구운 민물농어 크넬

● **보나 VONNAS** (Ain)
La Mère Blanc **라 메르 블랑** ***Georges Blanc*** 이후 **조르주 블랑**
셰프 : Élisa Blanc (1902-1934), Paulette Blanc (1934-1968), Georges Blanc (since 1968)
대표요리 : 소렐 라비올리를 곁들인 뱅 존 소스 랍스터 요리

● **미오네 MIONNAY** (Ain)
La mère Charles **라메르 샤를** then ***Alain Chapel*** 이후 **알랭 샤펠**
셰프 : Roger Chapel (1939-1967), Alain Chapel (1967-1990), Philippe Jousse (1990-2012)
대표요리 : 돼지 방광에 넣고 조리한 브레스 닭 요리

● **우슈 OUCHES** (Loire)
La Maison Troisgros **라 메종 트루아그로**
셰프 : Marie Troisgros (1930-1957), Jean et Pierre Troisgros (1957-1983), Michel Troisgros (1983-2017), 2017년 3월 로안(Roanne)에서 우슈(Ouches)로 이전
대표요리 : 소렐 소스를 곁들인 연어 요리

● **콜롱주 COLLONGES** (Rhône)
L'Auberge du Pont de Collonges
로베르주 뒤 퐁 드 콜롱주
셰프 : Paul Bocuse (1958-2018)
대표요리 : VGE 트러플 수프

● **리옹 LYON** (Rhône)
La Mère Brazier **라 메르 브라지에**
셰프 : Eugénie Brazier (1921-1971), Jacotte Brazier (1971-2004), Mathieu Viannay (since 2008)
대표요리 : 드미 되이유 브레스 닭 요리

● **비엔 VIENNE** (Isère)
La Pyramide **라 피라미드**
셰프 : Fernand Point (1925-1955), Paul Mercier puis Guy Thivard (1955-1986), Patrick Henriroux (since 1986)
대표요리 : 누들을 곁들인 가자미 요리

● **퐁 드 리제르 PONT-DE-L'ISÈRE** (Drôme)
Michel Chabran **미셸 샤브랑**
셰프 : Michel Chabran (since 1970)
대표요리 : 올드 빈티지 에르미타주 와인 소스의 소고기 안심과 트러플 감자 퓌레

● **니스 NICE** (Alpes-Maritimes)
Le Negresco **르 네그레스코**
셰프 : Jacques Maximin (1978-1988), Dominique Le Stanc (1988-1996), Alain Llorca (1996-2003), Jean-Denis Rieubland (since 2007)
대표요리 : 오렌지 블러섬 워터향의 니스식 근대 파이

● **발랑스 VALENCE** (Drôme)
La Maison Pic **라 메종 픽**
셰프 : André Pic (1934-1950), Jacques Pic (1950-1995), Alain Pic (1995-1997), Anne-Sophie Pic (since 1997)
대표요리 : 캐비아를 곁들인 농어 요리

● **무쟁 MOUGINS** (Alpes-Maritimes)
Le Moulin de Mougins **르 물랭 드 무쟁**
셰프 : Roger Vergé (1969-2003), Alain Llorca (2003-2009)
대표요리 : 보클뤼즈산 블랙 트러플과 버섯향의 버터 소스를 곁들인 호박꽃 요리

● **모나코 MONACO** (Monaco)
L'Hôtel de Paris **로텔 드 파리**
셰프 : Alain Ducasse (since 1987), Dominique Lory (since 2013)
대표요리 : 르 루이 캥즈((Le Louis XV), 크런치 프랄린 위에 얹은 헤이즐넛 무스

영화에 등장한 셰프들

유명 레스토랑, 브라스리, 비스트로, 심지어 대통령 관저 등... 다양한 현장에서 일하는 요리사들이 아주 많은 나라 프랑스에서는 영화에서도 이처럼 앞치마를 두른 영웅들이 자주 등장한다. 제7의 예술이라 불리는 영화에서 가장 맛있는 역으로 출연했던 셰프들을 소개한다.

로랑 델마

스크린 속의 유명 셰프들

이미 초창기 영화 시절부터 요리는 화면에 등장했다. 1895년 루이 뤼미에르(Louis Lumière) 감독의 영화 <아기의 식사(Le Repas de bébé)>에서는 자녀에게 아침 간식을 챙겨주는 한 부부의 모습을 볼 수 있다. 그 이후로도 프랑스 영화는 끊임없이 요리사를 탄생시키기도 하고 기존의 인물들을 부활시키고 있다.

가장 역사적인 셰프

롤랑 조페 감독의 영화 <바텔(Vatel, 2000)>에서 **제라르 드파르디외**

배역 : 콩데(Condé) 왕자의 요리사 프랑수아 바텔

스크린에서의 식욕 유발 레벨 : 8/10

리뷰 : 미식에 관한 영감이 끊이지 않는 사람에게 꼭 맞는 역할. 제라르 드파르디외는 이 유명한 집사 겸 요리장의 극단적인 행동에 감정을 이입하며 주인공 바텔의 역을 자연스럽게 해낸다. 잘 알려져 있듯이 17세기의 요리사 프랑수아 바텔은 왕실 연회 준비에 필요한 생선들이 제때 도착하지 않은 것을 비관하여 스스로 목숨을 끊었다.

파리 유명 레스토랑의 셰프

쥘리앵 뒤비비에 감독의 영화 <우리는 모두 살인자다>(1956)에서 **장 가뱅**

배역 : 앙드레 샤틀랭(극중에서도 일명 '장 가뱅'으로 불림)은 파리 레 알 지구에서 한 레스토랑을 운영하고 있다. 사람들은 이 식당에 샤블리 와인 소스 민물가재, 셰프 특선 멧도요 멧새 테린 또는 샹베르탱 와인 소스 닭 요리를 먹으러 온다. 셰프는 종종 손님들과 격의 없이 수다를 나눈다. 한 미국 여성고객이 코카콜라를 주문하자 그는 "아, 부인, 이곳은 약국이 아니랍니다!" 라고 대답한다.

스크린에서의 식욕 유발 레벨 : 9/10

리뷰 : 영화 제목만 보면 어떠한 경우에도 이 재주 많은 앙드레 샤틀랭 셰프를 상상하기 힘들다.

지역 요리 최고의 셰프

마르셀 파뇰 원작, 감독의 영화 <시갈롱(Cigalon)>(1935)에서 **아르노디(Arnaudy)**

배역 : 레스토랑 주인이자 요리사 역할을 맡았다.

스크린에서의 식욕유발 레벨 : 8/10

리뷰 : 화를 잘 내는 괴팍한 성격의 소유자이지만 예술가적 마인드를 가진 요리사 시갈롱은 양의 발과 내장을 오랫동안 푹 끓여 훌륭한 프로방스 요리를 만든다. 이 요리의 대가는 카넬로니를 두고 '먹고 남은 음식을 넣어 만든 길쭉한 파스타'라고 폄하하기도 한다. 영감이 풍부한 요리와 파뇰의 언어적 표현력이 돋보이는 영화이다. 요리사로 열연하는 배우의 대사가 빛나는 진정한 언어의 잔치를 보여 준다.

파리 최고의 동네 레스토랑 운영자

로랑 베네기(Laurent Bénégui) 감독의 영화 <파리의 레스토랑(Au petit Marguery)>(1995)에서 **미셸 오몽(Michel Aumont)**

배역 : 오너 셰프 역할

스크린에서의 식욕 유발 레벨 : 7.5/10

리뷰 : 이폴리트(Hyppolite)는 파리의 한 동네 레스토랑에서 일하는 전형적인 요리사다. 그는 아내 조세핀(Stéphane Audran 분)의 도움을 받아 식당의 고객들과 푸아그라, 오리 가슴살, 제철 별미인 모렐 버섯 등의 전통 요리들을 푸짐하게 나눈다. 이 영화는 아마도 미식의 기념비라기보다는 순수하게 서로 맛을 나누는 기쁨을 잘 그려냈다고 할 수 있을 것이다.

평생 앙숙 셰프들

질 그랑지에(Gilles Grangier) 감독의 영화 <버터 요리>(1963)에서 **부르빌 & 페르낭델(Bourvil et Fernandel)**

스크린에서의 식욕 유발 레벨 : 6/10

리뷰 : 같은 식당에서 일하는 두 명의 셰프 이야기. 한 명은 마르세유 출신이고 다른 한 명은 노르망디 사람이다. 이들은 서로 다른 문화의 확실한 스타일을 내세우며 대립 구도를 이룬다. 한쪽은 버터와 크림 다른 쪽은 올리브오일을 주장하며 옥신각신한다. 주방이나 홀 장면 모두 지루할 새가 없는 이 영화는 '말발 센 사람들(Les Grandes Gueules)'이라고 제목을 붙여도 될 정도다. 하지만 반대로 미식적 측면에서 보면 '요란만 했지 알맹이는 하나도 없었다'는 평이다.

리옹 최고의 비스트로 주인장

베르트랑 타베르니에(Bertrand Tavernier)감독의 영화 <일주일간의 휴가>(1980)에서 **미셸 갈라브뤼(Michel Galabru)**

스크린에서의 식욕 유발 레벨 : 9/10

리뷰 : 미셸 갈라브뤼는 리옹의 비스트로 주인장이 지니고 있는 전형적인 이미지를 연기로 잘 보여주었다. 오늘의 특선 메뉴로는 강꼬치고기 크넬 그라탱이나 포치니버섯 오믈렛이 등장한다. 손님들은 요리를 기다리며 몽라셰 와인 한 잔을 마실 것이다. 영화의 여주인공인 나탈리 베이(Nathalie Baye)가 우울한 기분을 전환시키기 위해 필요한 것들이다.

최고의 프라이빗 셰프

장 르누아르(Jean Renoir) 감독의 영화 <게임의 법칙>(1939)에서 **레옹 라리브(Léon Larive)**

스크린에서의 식욕 유발 레벨 : 10/10

리뷰 : 슈나이 후작(marquis de la Chesnaye)의 요리사로 머리에 셰프 모자를 쓴 그는 하인들의 식사까지 책임지며 방대한 주방을 총괄한다. 여기에서 그는 감자 샐러드 성공의 비법을 공개한다. 아주 뜨거운 감자에 화이트와인을 붓는 것이다. 이는 영화의 한 장면이 어떻게 이러한 논란의 여지가 없는 요리의 진실을 담아낼 수 있는지 그 정점을 보여준다.

국가 원수의 여성 요리사

크리스티앙 뱅상(Christian Vincent) 감독의 <엘리제궁의 요리사>(2012)에서 **카트린 프로(Catherine Frot)**

스크린에서의 식욕유발 레벨 : 8.5/10

리뷰 : 프랑수아 미테랑 전 프랑스 대통령의 옛 요리사였던 다니엘 마제 델푀슈(Danièle Mazet-Delpeuch)의 생애에서 자유롭게 영감을 받은 이 영화는 구워서 버터를 바른 캉파뉴 빵에 생송로버섯을 얹은 타르틴을 스크린에 소개한다. 대통령궁 엘리제 스타일의 소박하고 간단한 음식이다.

관련 내용으로 건너뛰기
p.191 영화가 시작되었습니다!

이탈리아에서 온 프랑스 미식 문화...

수많은 먹거리 생산품과 레시피들이 르네상스 시대 이탈리아에서 처음 생겨난 후 앙리 2세의 부인인 카트린 드 메디시스 덕에 프랑스로 넘어온 것으로 추정된다. 전해 내려오는 이야기를 살펴보고 이것이 실제로 맞는지 확인해보자.

로익 비에나시

오트 퀴진

전해오는 이야기 : 1533년경 카트린 드 메디시스가 자신의 요리사와 제과사들을 데리고 프랑스에 온 것이 프랑스 고급 요리 탄생의 토대 역할을 했다고 추정된다.

실제 : 당시 동시대인들 중에서는 이탈리아의 영향을 받은 의미있는 발전이 있었다고 언급하는 사람이 아무도 없다. 16세기의 프랑스 요리는 중세와 전혀 단절되지 않고 이어져왔다. 향신료, 새콤달콤한 맛, 신맛, 빵을 넣어 걸쭉하게 만든 소스 등이 여전히 인기가 있었다...

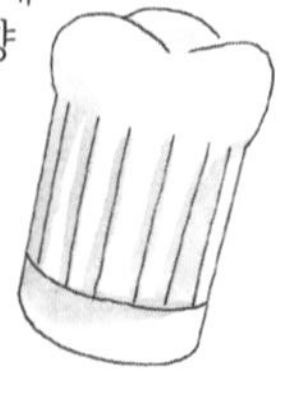

마카롱

전해오는 이야기 : 카트린 드 메디시스가 1581년 앙리 드 주아외즈 공(Duc de Joyeuse)의 결혼식 때 선물한 것이 시초로, 이때부터 이 과자는 궁정에서 큰 인기를 끈 것으로 전해진다.

실제 : 라블레는 프랑스어로 '마카롱'이라는 단어를 최초로 사용한 사람이다(1552). 이탈리아어에서 유래한 단어이지만 이 과자 또한 이탈리아가 원조인지는 확인이 필요하다. 왜냐하면 이탈리아 반도에 이 이름을 가진 것은 하나도 없기 때문이다. 마카롱의 초창기 레시피들은 17세기 중반에 만들어진 것이다.

포크

전해오는 이야기 : 카트린 드 메디시스가 프랑스 궁정에 최고급 세련됨의 상징인 포크를 도입했다는 설이 있다.

실제 : 실제로 포크는 15세기부터 이탈리아 귀족 등 상류층의 식탁에서 사용되었다. 프랑스에서 이 도구는 16세기부터 상류층을 중심으로 서서히 퍼져 나갔다.

슈 페이스트리(LA PÂTE À CHOU)

전해오는 이야기 : 카트린 드 메디시스가 프랑스로 올 때 함께 온 포펠리니(Popelini)라는 제과사가 1540년경 슈 반죽을 처음 만들었다고 전해진다.

실제 : 이 '포펠리니'라는 이름은 1890년대 초 슈 반죽을 처음 만든 것으로 추정되는 파티시에 피에르 라캉(Pierre Lacam)의 책에 등장한다. 우리가 현재 알고 있는 슈 반죽의 맨 처음 레시피는 1739년『므농의 신 요리 개론서(*Nouveau Traité de la cuisine de Menon*)』에서 입증되었다.

아티초크

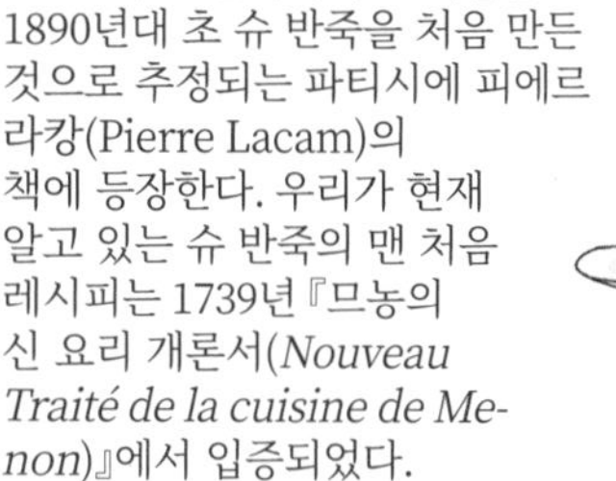

전해오는 이야기 : 아티초크는 16세기 카트린 드 메디시스가 프랑스에 처음 가져온 것으로 알려져 있다.

실제 : 12세기부터 스페인의 아랍 무슬림 정원에 등장한 이 식물이 400년이 지난 후 프랑스에 들어온 것은 이탈리아를 통해서가 맞다.

아이스크림

전해오는 이야기 : 카트린 드 메디시스가 데리고 온 주방 인력 중 한 명인 코시모 루지에리(Cosimo Ruggieri)는 파리지앵들에게 아이스크림을 처음 소개한 사람으로 알려져 있다.

실제 : 프랑스인과 이탈리아인들은 1650년경 혹은 그 이전에 아이스크림을 만들기 시작했다. 아마도 이탈리아인들이 이 분야에서 어느 정도 앞섰다는 것은 맞을 것이다.

그리고 그 반대...

얼마 되지는 않지만 이탈리아의 미식 문화에서 프랑스의 흔적을 찾아볼 수 있는 것도 있다. 그 이름들을 간략히 정리해보았다.

알레산드라 피에리노

『일 쿠오코 피에몬테제 페르페지오나토 아 파리지(*Il cuoco Piemontese perfezionato a Parigi*)』(1766) : 파리에서 프랑스 미식의 비법을 배운 피에몬테의 한 요리사가 쓴 이 개론서는 이탈리아 반도 북부 지방에 돌려 깎은 카르치오피(Carciofi 아티초크), 아티초크 바리굴, 페리고르식 양 뒷다리 요리, 라비고트(ravigote) 등의 요리를 처음으로 소개했다.
또한 그는 젖먹인 돼지 요리에서 블랑케트, 혹은 부르주아풍의 비둘기 요리, 그뿐 아니라 각종 케이크, 푀양틴, 크렘 카라멜 등도 이 책에서 소개했다. 식탁 위에서 이들은 프리카세, 퐁뒤, 채소 라타투이아 등의 요리로 모습을 보였다.

루스티코 레체제* LE *RUSTICO LECCESE

이탈리아 남부 길거리 음식의 왕이라고 할 수 있는 속을 채운 이 페이스트리는 예상 밖의 프랑스 기원을 숨기고 있다. 토마토와 녹아내리는 치즈의 부드러움은 전형적인 이탈리아의 맛이지만 겹겹의 푀유테 반죽와 베샤멜 소스는 '볼로방(vol-au-vent)'을 연상시킨다.

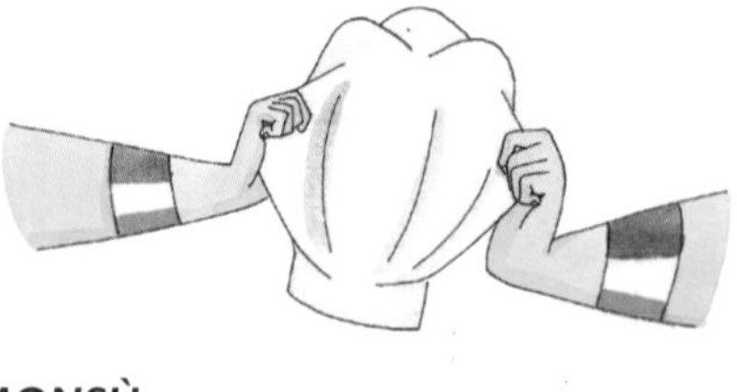

마요네즈

펠레그리노 아르투시(Pellegrino Artusi)는 자신의 책『요리에서의 과학과 잘 먹는 기술』(1911)을 통해 프랑스의 유명한 마요네즈를 대중화시켰고 스테이크나 갈비구이(cotolette) 등에 곁들여 맛을 더하는 소스 메트르도텔, 파슬리 버터 등을 처음 소개했다.

몬수* LE *MONSÙ

남성을 호칭할 때 쓰는 프랑스어 '무슈(monsieur)'가 나폴리식으로 변형된 이 용어는 18세기 말 부르봉 왕조 이후 출현한 유명 셰프들과 요리사들을 지칭한다. 이들은 당대 나폴리 미식의 스타로 여겨졌다. 그들의 레시피에는 라구(ragù), 가토(gattò), 슈(sciù)라는 이름이 붙었다(프랑스어의 ragoût, gâteau, chou...).

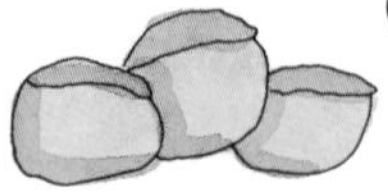

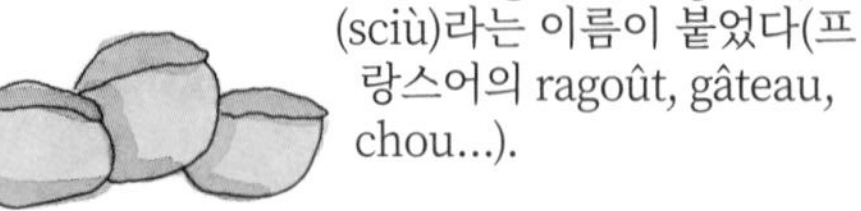

베샤멜* LA *BÉCHAMEL

누앵텔(Nointel)의 루이 드 베샤멜(Louis de Béchamel) 후작이 만든 것으로 알려진 이것은 카트린 드 메디시스를 따라 온 토스카나 요리사들에 의해 프랑스에 처음 선보인 더 오래된 소스 '살사 콜라(salsa colla)'에서 영감을 받은 것으로 추정된다. 이 소스는 요리 레시피에서 재료들을 걸쭉하게 엉겨 붙게 하는 역할을 했기 때문이 '풀'을 뜻하는 '콜(colle)'이라고 불렸다.

라구* LE *RAGÙ

프랑스어 어원에서 이탈리아어화한 단어인 '라구(ragù)'는 다진 고기를 사용하여 소스에 익힌다는 공통점이 있는 요리를 지칭한다. '맛, 식욕을 깨어나게 하다'라는 뜻의 옛 프랑스어 '라구테(ragoûter)'에서 파생된 단어이다.

관련 내용으로 건너뛰기
p.130 로스트비프

단어와 요리

Des Mots & des Mets

빵에 연관된 단어들

일상 식생활의 주식이 되는 빵은 관련된 언어 표현도 매우 다양하다. 빵의 상징성은 때론 매우 역설적이다. 빵은 지상의 양식인 동시에 천상의 물질이기도 하며 대단히 민주적이지만 계층 간의 큰 격차를 드러내기도 한다.

오로르 뱅상티

빵은 생명이다

이 기본 식품은 그 자체로만으로도 '배불리 먹을 수 있다'는 사실을 상징한다. 그 물질 자체가 생명을 대신한다. 프랑스어로 **'빵을 얻다(gagner son pain)'**(1580)라는 말은 **'생계를 유지한다'**라는 의미이다. **'엉덩이의 빵(pain de fesses)'**이라는 표현은 매춘과 관련된 수입을 의미하며, 누군가의 **'입에서 빵을 제거한다(ôter le pain de la bouche)'**은 문자 그대로 그를 먹여 살리는 것을 막는다는 뜻이다. 더 심한 것으로는, 만일 누군가에게서 **'빵 맛을 빼앗다(passer le goût de pain)'**라는 말은 간단히 말해 그를 죽이는 것이다.

원래 **'도마 위에 빵을 갖고 있다(avoir du pain sur la planche)'**라는 표현은 '일을 하지 않아도 먹고 살 수 있다'라는 의미였다. 빵이 이미 있으니 그것을 먹기만 하면 된다는 이야기다. 세계 제1차 대전 중 이 빵 도마와 빵은 노동과 행동으로 바뀌게 된 것이었다.

"빵이 없으면 브리오슈를 먹으면 되잖아요." 굶주림으로 죽어가는 민중의 간청에 이와 같이 모욕적인 대답을 한 것은 마리 앙투아네트로 (잘못) 알려져 있다. **민중의 상징**인 빵은 폭동과 대형 혁명들의 중심에 있었다. 우리는 빵으로 소스를 닦아 먹기도 하고 요리에 곁들여 먹기도 한다. 이것은 사회 계층의 여러 단면을 보여준다. 가장 취약한 서민 계층에게 있어 빵은 푸짐한 **식사의 기본**이며 신체를 지탱하는 식량이다. 여기서 우리는 마른 빵을 수프에 적셔 부드럽게 풀어 먹는다. **'수프(soupe)'**라는 단어는 원래 국물을 부어 먹는 빵을 뜻했다. 굳어 단단해진 빵도 버리지 않고 약간의 우유, 달걀, 설탕을 넣어 일명 프렌치토스트라고도 부르는 '팽 페르뒤(pain perdu, 직역하면 '버린(실상은 그렇지 않은) 빵')'를 만들어 먹었다.

'흰색 빵을 먼저 먹다(manger son pain blanc le premier)'라는 표현은 가장 좋은 것부터 시작한다는 뜻이다. 밀가루는 색이 하얄수록 많이 **정제된** 것이다. 부자들은 고로 흰 빵이 가장 고급인 것으로 생각했다. 반대로 통밀빵이나 **검은색 빵**은 가장 빈곤한 계층이 주로 먹었다. 검은 빵을 먹는 것은 **가장 어려운 것**으로부터 시작한다는 뜻이다. 하지만 1970년대부터 **이 패러다임은 뒤바뀌기** 시작했다. 영양학적으로 질이 떨어지는 흰 빵을 버리고 어두운 색을 띠는 빵일수록 건강에 더 좋다고 인식하기 시작했다.

빵은 영혼이다

유대교와 기독교는 생명을 상징하는 빵에 **신성한 가치**를 부여했다. 빵은 하나님의 선물이며 **예수의 육체**를 상징하게 되었다. **주기도문**에서 일용할 양식인 빵이 언급되는 것은 우리가 일상적으로 행하는 임무만큼이나 빵 또한 매일 매일 필요한 요소임을 의미한다. 즉 **우리 삶의 통상적 관례**에 비유할 수 있는 일상의 몫인 것이다.

불행으로 고통 받고 있는 그 누군가에게 말하면서 '오히려 잘 된 일이야(c'est bien fait)'라고 하거나 때로는 **'축복받은 빵이야(c'est pain bénit)'**라고 외치기도 한다. 하지만 빵을 언급한 미덕의 표현은 '불행'의 경우에만 적용되는 것이 아니다. '축복받은 빵'은 **'아주 훌륭하다'** 또는 '마침 잘 되었다'라는 의미로도 사용된다.

'빵을 뜯다(rompre le pain)' 또는 **'빵 껍질을 깨다(casser la croûte)'**라고 표현하는 빵을 먹는 방법은 하나님 우편에 위치하느냐 민중 쪽에 위치하느냐에 따라 달라진다. '카스 크루트(casse-croûte)'는 원래 **마르고 단단해진 빵**의 크러스트를 깨는 데 사용하던 도구로 대중적이며 농업적인 표현과 관련이 있다.

...빵은 또한 가치의 문제다

'겨우 빵 한 조각 먹으려고(pour une bouchée de pain)' 우리가 지불하는 대가는 그 노동과 빵 자체의 가치를 떨어뜨릴 수 있다. 이처럼 경멸적인 뉘앙스로 '빵'이라는 단어를 사용한 표현은 이것이 아주 적은 가격으로 쉽게 구할 수 있는 식량이라는 사실을 전제로 하고 있다. 반대로 **'그것은 빵을 먹지 않는다(ça ne mange pas de pain)'**라는 표현은 빵의 가치를 회복시킨다. 이는 '아주 비용이 싸다'는 뜻이다. 다시 말해 '빵을 먹는다'는 것은 '비싼 비용이 든다'는 의미를 내포하는 것이다. 또한 **'그런 빵은 먹지 않아(on ne mange pas de ce pain-là)'**라는 말은 당사자의 의견과 다른 가치관은 따르지 않겠다는 의미이다. '그런 빵(ce pain-là)'이라는 표현은 무시하는 뉘앙스를 풍기지만 우리가 동조하기를 거부하는 가치체계라는 의미를 지닌다.

알고 계셨나요?

'좋은 친구(bon copain)'를 가진다는 것은 무엇보다도 누군가와 **자신의 빵을 나누어 먹는다**는 것이다. '코팽(copain 친구)'과 '콩파뇽(compagnon 동료, 동반자)'이라는 프랑스어 단어들은 **'친구(ami)'**와 **'빵 부스러기(mie)'**가 결합된 것이다. 이들 단어는 라틴어 **쿰**(cum, '함께'라는 뜻)과 **파니스**(panis 빵)를 기반으로 만들어졌다. 우정은 무엇보다도 미식 취향과 관련된 것이다.

빵 더 원하시나요?

'팽(pain 빵)'과 **'푸앵(poing 주먹)'**, 이 두 단어의 유사점을 보면 **'주먹으로 맞다(se prendre un pain, 1864)'**라는 속어 표현의 용법을 이해할 수 있을 것이다. 하지만 **'세게 따귀를 맞다(se prendre une beigne)'**라는 표현에서는 '빵' 대신 **'베녜(beignet 튀긴 도넛)'**로 쉽게 대체됨을 알 수 있다.

★

미슈(miches 큰 덩어리 빵) 애호가들을 위한 빵 명칭 정리

- ➡ 브리슈통 Bricheton
- ➡ 브리프 Briffe
- ➡ 브리프통 Briffeton
- ➡ 브리뇰레 Brignolet
- ➡ 투르토 Tourteau
- ➡ 불르 Boule
- ➡ 바게트 Baguette
- ➡ 플뤼트 Flûte

★

관련 내용으로 건너뛰기 p.156 프랑스 빵 일주

빅토르 위고

그의 식욕은 작품에 비례한다. 가히 기념비적이라 할 만하다. 점심 시간, 그는 그랑 불르바르(Grands Boulevards)의 식당에서 식사를 한다. 저녁때도 아주 풍성한 식사를 한다. 그리고 책상에 앉아 작업을 하는 중에도 그는 '두 시간마다 차가운 콩소메 테린을 크게 썰어 간간이 먹는다'.
에스텔 르나르토빅츠

빅토르 위고의 나눔

어린이들. 아이들의 힘든 처지를 안쓰러워한 위고는 1862년 3월부터 자신의 집으로 40여 명의 불우한 아이들을 불러 정기적으로 고기와 포도주를 대접했다. "우리가 먹는 것과 똑같은 식사를 대접할 겁니다. 아이들은 식탁에 앉으며 '하나님, 찬양합니다.'라고 할 것이고, 식탁에서 일어나면서 '하나님, 감사합니다.'라고 하겠지요."

동물. 위고의 선한 마음은 그가 식사하는 접시 위의 내용물을 향해서도 나타난다. 그는 랍스터가 "끓는 물에 담겨 내는 소리를 들은 이후부터" 이를 불쌍히 여기게 되었다.
하루는 양고기가 서빙되자 같이 식사하던 친구들에게 물었다."이 불쌍한 짐승을 우리가 먹지 않는다면 무엇에 쓸 수 있을까요?"

장발장의 저녁 식사. "그래도 마글루아르 부인은 저녁을 차려주었습니다. 물과 기름, 빵, 소금을 넣어 만든 수프와 돼지비계 조금, 양고기 한 조각, 무화과, 프레시 치즈, 그리고 커다란 호밀빵 한 덩이를 주셨죠."
『레 미제라블(*Les Misérables*)』(1862)

Victor Hugo,거대한 식욕을 가진 위대한 문학가
(1802-1885)

미식가이기보다는 대식가였던 빅토르 위고

대식가의 식탐
문학평론가 생트 뵈브(Sainte-Beuve)는 다음과 같이 말했다.
"세상에는 가장 거대한 위를 가진 세 부류가 있다. 그것은 바로 오리, 상어, 그리고 빅토르 위고이다."

괴상한 식사 습관
랍스터를 껍데기째로, 오렌지를 껍질째로 먹는다고? 빅토르 위고에게는 하나도 이상한 일이 아니다. 그는 또 밀크커피에 식초를 넣어 마신다거나, 브리 치즈에 머스터드를 발라 먹는 등 조합이 불가능한 재료를 함께 먹는 것을 즐겼다.

단맛 애호가
이 대문호가 단 음식과 달콤한 와인을 아주 좋아했다는 것은 널리 알려진 사실이다.
"아이스크림이 서빙되면 늘 그가 가장 많이 먹었습니다." 리샤르 레클리드(Richard Lesclide)는 그의 책 『빅토르 위고의 식탁이야기(*Propos de table de Victor Hugo*)』(1885)에서 이렇게 말하고 있다. "그는 아주 흰 건치를 자랑하며 모든 음식을 깨물어 먹는 것을 좋아했습니다. 자녀들이 아무리 말려도 호두와 아몬드 껍질을 이로 깨물어 까는 것은 말할 것도 없고, 딱딱한 과일도 이로 깨물어서 보는 사람의 등골이 오싹할 정도로 무시무시하게 씹어 먹었지요."

펼쳐 구운 크라포딘 로스트 치킨

빅토르 위고가 좋아했던 요리. 『레미제라블』에 등장하는 이 닭 요리는 반으로 갈라 펴서 납작하게 구운 상태로 서빙되는데 마치 그 모양이 두꺼비(프랑스어로 crapaud)와 비슷하다고 해서 '크라포딘 (crapaudine) 로스트 치킨'이라는 이름이 붙었다.

준비 및 조리 : 1시간
4인분

토종닭(작은 토종닭 또는 영계) 2마리
카옌페퍼 또는 에스플레트 고춧가루
올리브오일 50ml(올리브오일에 다진 마늘 1개, 다진 로즈 마리 2줄기, 맵지 않은 고추 2개를 넣어 향을 우려낸다)
소금, 후추
<u>적양파 볶음</u>
얇게 썬 적양파 6개
싹을 제거한 마늘 6톨
포도씨유 50ml
스추안 페퍼(화자오) 10g
<u>디아블 소스</u>
버터 20g
얇게 썬 샬롯 4개
마늘 4톨(싹을 제거하고 짓이긴다)
홍고추 2개(씨를 빼고 얇게 썬다)
화이트와인 20ml
치킨스톡 농축액 100ml
레몬즙 1개분
우스터 소스 1테이블스푼
소금, 후추

디아블 소스
냄비에 버터를 녹인 뒤 샬롯, 마늘, 고추를 넣고 색이 나지 않고 수분이 나오도록 볶는다. 화이트와인을 넣어 디글레이즈한 다음, 닭 육수 농축액을 넣고 15분 정도 약한 불로 끓인다. 블렌더로 갈아 매끈한 크림 농도의 소스를 만든다. 레몬즙과 우스터 소스를 넣고, 소금, 후추로 간을 맞춘다.

적양파 볶음
팬에 기름을 아주 뜨겁게 달군 후 양파와 마늘을 넣고 색이 나지 않도록 몇 분간 볶는다. 스추안 페퍼를 넣고 뚜껑을 닫은 다음, 양파가 투명해질 때까지 익힌다. 소금으로 간을 맞춘다.

닭 익히기
가위를 이용하여 닭의 등 쪽을 잘라 반으로 가른 뒤 편다. 살이 뭉개지지 않게 조심하며 납작하게 누른다. 향이 우러난 올리브오일을 닭 앞뒷면에 골고루 문질러 바른 다음 15분 정도 재워둔다. 긴 막대기나 바비큐용 쇠꼬챙이 2개를 목이나 가슴뼈를 통과해 양쪽 날개를 가로지르도록 끼워, 굽는 동안에도 닭의 형태가 평평하게 유지되게 한다. 그릴 팬을 달구고 키친타월로 기름을 바른다.
닭의 껍질 쪽을 먼저 놓고 6~8분간 구워 그릴 자국을 낸 다음, 90도 회전하여 격자모양으로 다시 7~8분간 자국이 나도록 굽는다. 닭을 뒤집은 뒤 180°C로 예열된 오븐에 넣어 8분간 익혀 마무리한다. 방향을 틀거나 뒤집을 때 사이사이 향을 우려낸 올리브오일을 계속 발라준다. 닭이 다 익으면 꺼내서 따뜻한 상태로 5분간 레스팅한다.

플레이팅
닭 두 마리를 각 4등분으로 잘라, 일인당 2조각씩 양파 볶음을 곁들여 서빙한다. 또는 큰 서빙 플레이트에 닭을 잘라 전부 담고 양파를 가장자리에 둘러 서빙해도 좋다. 소스는 뜨겁게 데워 소스 용기에 따로 낸다.

* 레시피와 인용 글들은 모두 『미식 명상(*Contemplations gourmandes*)』에서 인용. Florian V. Hugo 저. 서문 Alain Ducasse, éd. Michel Lafon 출판.

본인립아이 스테이크

진정한 육식 애호가들은 이 스테이크라면 사족을 못 쓴다. 프랑스어로 '코트 드 뵈프(côte de bœuf)'라고 부르는 이 부위는 소의 등심살로 덮여 있는 갈비뼈 윗부분이다. 오븐이나 철판에 또는 직화에 바비큐로 굽는 이 스테이크는 조리할 때 몇 가지 정확한 원칙을 지켜야 한다.

샤를 파탱 오코옹

본인립아이 스테이크 익히기

본인립아이 스테이크를 구울 때 궁금한 모든 것...

고기를 굽기 전 어떤 온도로 준비해야 하나요?
고기를 냉장고에서 미리 꺼내둔다. 심부까지 뜨겁게 익히려면 최소 3시간 전에는 상온에 두어야 한다.

고기를 굽기 전에 소금을 뿌려야 하나요?
No. 소금은 고기를 건조하게 하여 촉촉함이 감소될 우려가 있으므로 익히는 마지막 단계에 뿌리는 것이 좋다.

고기를 굽기 전에 후추를 뿌려야 하나요?

No. 후추는 익으면 향을 잃게 되고 쓴맛을 낸다. 다 익은 후에 후추를 뿌린다.

고기를 굽기 전에 기름을 발라주어야 하나요?
Yes. 올리브오일을 마사지 하듯이 고루 발라주면 겉을 더욱 바삭하게 구울 수 있다.

굽는 시간은 어떻게 되나요?
단 몇 분이면 된다. 약 4~6cm 두께의 중간 크기 스테이크 한 개 기준 양면을 각각 7분씩 팬에 지진 뒤 옆면을 30초씩 구워 그릴 자국을 낸다.

고기를 구운 뒤 레스팅해야 하나요?
레스팅 시간은 굽는 시간만큼이나 중요하며 이 과정을 통해 육질이 부드러워진다. 구워낸 고기를 알루미늄 포일로 덮어 익힌 시간만큼 휴지시킨다.

고기의 익힘 상태를 어떻게 확인하나요?
손가락으로 눌러보면 알 수 있다. 고기의 단단한 정도는 단백질 응고에 따라 달라진다. 오래 익힐수록 고기는 단단해진다. 손으로 눌렀을 때 말랑말랑하면 고기는 블루 레어(겉만 살짝 구워진 상태) 상태라 할 수 있다.

코트 로티 La côte rôtie
비슷한 이름의 '코트 로티(le Côte-Rôtie)' 와인과 혼동해서는 안 된다. 이것은 론(Rhône) 계곡 햇살이 잘 드는 언덕 지역에서 생산되는 포도주 명칭이다. 본인립아이를 로스팅 팬에 놓고 오븐에 구운 것 또한 '코트 로티(la côte rôtie 오븐 로스트 뼈 등심 스테이크)'라고 부른다. 오븐에 넣기 전에 오일을 고루 바른 고기를 먼저 센 불에서 시어링하여 양면에 고루 색을 낸다. 뼈가 아래로 오도록 놓고 구워 기름이 고기에 흘러내리도록 한다. 이 테크닉은 19세기, 파리 도축장이 있던 라 빌레트(la Villette) 지구에서 처음 선보였다.

고기 커팅
고기를 찌르지 않는다. 크기가 큰 이 스테이크는 우선 뼈에서 살을 잘라낸 다음 고기를 약간 비스듬하게 약 1cm 두께로 썬다.

★★★

고기 숙성(에이징)의 중요성
고기 도체를 일정 시간 노화시킴으로써 고기의 질을 향상하는 방법이다. 동물은 일단 도축하면 근육이 느슨해진다. 도체는 콜드 룸에서 며칠간 보관된다. 근육 섬유가 굳으면서 고기는 단단해진다(사체의 경직화라고 부른다 rigor mortis). 단백질 효소의 작용으로 콜라겐이 사라지면서 고기는 연해지고 지방이 근육 섬유 사이로 스며들게 된다. 경우에 따라 다소간의 시간 차이가 있지만 이 에이징 과정을 거치면서 고기는 풍미가 극대화되고 육질도 연해진다. 이 과정에서 고기는 최대 그 무게의 60%를 소실할 수 있다.

본인립아이 스테이크에 어울리는 와인과 소스

와인

생 테밀리옹 Le saint-émilion
핏기가 있는 이 강렬한 맛의 고기에는 섬세한 타닌이 있으며 숙성 기간이 그다지 길지 않은 레드와인이 잘 어울린다. 타닌은 입안을 마르게 하는 효과가 있으며 이 같은 큰 덩어리로 익힌 스테이크의 경우 강한 씹는 맛과 어울리는 와인이 필요하다. 보르도 우안의 좋은 와인들이 이상적인 매칭이 될 것이다.

론의 시라 Le syrah de Rhône
고기의 진한 육즙은 크런치한 텍스처과 미네랄 노트를 지닌 와인을 부른다. 붉은 과일과 스파이스 노트의 가진 코르나(cornas), 생 조제프(saint-joseph), 코트 로티(côte-rôtie) 등은 매우 잘 어울리는 와인들이다.

소스

트루아그로 Troisgros 형제의 플뢰리 와인 소스 본인립아이 스테이크
본인립아이 스테이크를 굽기 시작한다. 구우면서 나온 기름을 팬에 옮긴 뒤 그 팬에 샬롯을 넣고 색이 나지 않고 볶는다. 보졸레 레드와인 플뢰리(fleuri) 1/4병을 넣어 디글레이즈한 다음 마지막에 버터를 넣고 잘 저어 혼합한다. 소 골수 1개를 데친 후 스테이크 위에 놓고 플뢰리 와인 소스를 끼얹는다. 고기를 뼈와 평행한 방향으로 8조각으로 슬라이스한다.

이브 마리 르 부르도네크 Yves-Marie Le Bourdonnec 의 위스키 소스 본인립아이 스테이크
버터 반 팩(125g)을 녹인 코코트 냄비에 고기를 넣고 녹인 버터를 끼얹어가며 익힌다. 고기를 꺼내 레스팅한다. 고기를 지진 냄비에 위스키를 넣어 디글레이즈하고 참깨 페이스트(1스푼)을 넣어 약간 새콤한 맛이 나는 육즙 소스를 완성한다.

관련 내용으로 건너뛰기
p.184 소스 총정리

설탕의 연금술, 캐러멜

아주 소량이라도 설탕을 불꽃으로 그슬리면 전혀 새로운 식감과 맛이 탄생한다.
디저트 재료로, 장식으로 또는 당과류에 사용되는 이 캐러멜에 대해 자세히 알아보자.

마리 로르 프레셰

역사
캐러멜은 본래 당과류의 일종이다. 초기에는 간단한 것(설탕을 끓인 뒤 넓은 판에 펼쳐놓고 굳으면 그것을 작게 부순 것)이었으나 17세기에 들어와 설탕을 이용한 작업은 당과류 제조사가 담당하는 기술이 되었다. 이어서 많은 종류의 가정용 캐러멜과 지방 특산, 특히 브르타뉴와 노르망디, 프랑스 북부 지방의 레시피들이 생겨난다. 오늘날 당과제조 규정에서는 '캐러멜'이라는 단어를 설탕 혹은 꿀, 우유 또는 유단백질(최소 1.5%)과 경우에 따라 지방을 넣어 만든 제품에만 사용하도록 명시하고 있다.

테크닉
캐러멜은 설탕을 타기 직전까지 최대한 가열하여 설탕 시럽의 수분이 거의 없어지는 상태에 이른 것이다. 캐러멜은 구운 냄새, 심하면 쓴맛이 날 정도가 되어 원래 설탕의 단맛을 내는 효과는 떨어진다.

캐러멜 디저트

크렘 카라멜 Crème caramel : 달걀, 우유, 설탕 베이스의 혼합물을 캐러멜을 깔아둔 틀에 넣어 익혀 굳힌 커스터드 푸딩의 일종이다. '크렘 오 죄(crème aux œufs)' 또는 '크렘 랑베르세(crème renversée)'라고도 불린다.

밀크 잼 Confiture de lait : 우유와 설탕 혼합물(우유 1리터당 설탕 300~500g)을 걸쭉한 농도가 되도록 끓인 것이다. 가당연유를 사용하여 만들 수도 있다.

크렘 브륄레 Crème brûlée : 달걀, 생크림, 설탕 베이스의 혼합물을 익혀 굳힌 뒤 표면에 설탕을 뿌리고 가열해 캐러멜화한 것이다. 카탈루냐식 커스터드 푸딩(crème catalane)과 비슷한 레시피이긴 하지만 크렘 브륄레는 이미 1691년부터 요리사 프랑수아 마시알로(François Massialot)의 저서『왕과 부르주아의 요리사』에 소개된 바 있다. 1990년대 레스토랑 디저트의 고전이다.

크로캉부슈 Croquembouche : 크렘 파티시에를 채운 미니 슈를 끈적한 농도의 캐러멜을 이용해 쌓아 만든 피에스 몽테이다. 19세기에 최고의 전성기를 누렸으며 오늘날에도 세례식이나 결혼식 등의 대표적인 디저트 장식으로 꼽힌다.

타르트 타탱 Tarte Tatin : 타르트 시트와 내용물을 거꾸로 놓고 구워 뒤집은 사과 파이. 사과를 틀에 채워 넣기 전 버터와 설탕에 졸이듯 캐러멜라이즈 한다.

쿠이냐만(퀸아망) Kouign-amann : 푀유타주 방식으로 만들어 겹겹이 층을 이룬 빵 반죽에 버터와 설탕을 섞어 넣은 페이스트리이다. 구울 때 버터, 설탕 혼합물이 녹아 캐러멜라이즈 되면서 표면으로 올라오면 안은 부드럽고 촉촉하며 겉은 바삭하고 달콤한 페이스트리가 된다.

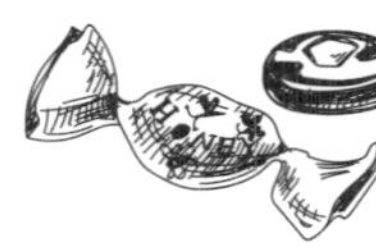

그 외의 캐러멜, 사탕, 초콜릿 등...

프랄린(praline), 이지니 캐러멜(caramel d'Isigny®), 카랑바(Carambar®), 뤼티(Lutti) 캐러멜, 마니피카(Magnificat), 바블뤼트 드 릴(Babelutte de Lille) 등 다양하다.

솔티드 버터 캐러멜

이것은 오래된 옛 레시피로 브르타뉴에서 온 것이다. 이 캐러멜이 인기를 끌게 된 것은 1977년 브르타뉴의 파티시에 앙리 르 루(Henri Le Roux)가 이것을 베이스로 헤이즐넛 봉봉을 만들어 큰 성공을 거둔 것이 계기가 되었다. 그 이후 솔티드 버터 캐러멜은 여러 디저트의 기본 재료가 되었으며 종종 라이스푸딩에 곁들여 서빙하기도 한다.

다양한 캐러멜 레시피

실패하지 않는 요령

캐러멜을 만들 때는 양이 적을수록 결과물이 더 좋아진다.
→ 바닥이 두껍고 높이가 있는 소스팬을 사용한다.
→ 물 없이 설탕만 넣고 가열한다. 경우에 따라 글루코스 시럽(물엿)을 조금 넣는다.
→ 주걱이나 거품기는 넣어둔다. 캐러멜을 만들 때는 휘젓지 않는다. 필요한 경우 냄비를 살짝 돌려주면 된다.
→ 캐러멜을 끓이는 동안에는 집중해야 한다. 아주 잠깐 동안 집중을 소홀히 해도 금방 타버릴 수 있다.
→ 캐러멜화 되는 것을 중단하려면 내용물이 든 냄비를 차가운 물에 담근다. 혹은 버터 한 조각이나 레몬즙 몇 방울을 넣어준다.

드라이 캐러멜

바닥이 두꺼운 깨끗한 소스팬에 설탕 150g을 넣고 젓지 않은 상태로 가열한다. 연한 갈색이 나기 시작하면 소스팬의 손잡이를 잡고 살짝 기울이며 설탕을 움직여 고루 캐러멜라이즈 한다. 원하는 캐러멜 색이 나면 바로 불에서 내려 더 익는 것을 멈춘다.

리퀴드 캐러멜

설탕 250g에 물 50ml(경우에 따라 화이트 식초 또는 레몬즙 1티스푼*)을 넣어 적신다. 이 혼합물을 깨끗한 소스팬에 넣은 뒤 젓지 않고 가열한다. 캐러멜이 황갈색을 띠면 소스팬을 바로 찬물에 담가 더 익는 것을 중단시킨다. 물 100ml를 첨가하여 풀어준다. 이것을 다시 불에 올려 굳은 캐러멜을 녹인다. 원하는 점도가 되면 불에서 내린다.

유제품 첨가 캐러멜

소스팬에 설탕 250g을 넣고 약불로 가열해 캐러멜을 만든다. 캐러멜이 황갈색을 띠기 시작하면 우유 250ml를 넣는다. 잘 저어 섞은 뒤 다시 불에 올린다. 생크림 250ml를 첨가한 뒤 걸쭉한 농도가 될 때까지 잠깐 끓인다.

* 설탕이 결정화되어 굳는 것을 막아준다.

솔티드 버터 캐러멜

소스팬에 설탕 100g을 넣고 물을 아주 조금 넣어 적신다. 약불에서 젓지 않고 황갈색이 날 때까지 가열한다. 소스팬을 불에서 내린 뒤 찬물에 담가 가열을 중단한다. 액상 생크림 150ml를 넣고 잘 저어 섞는다. 다시 약불에 올린 다음 작게 잘라둔 가염버터 50g을 첨가한다.

누가틴

유산지 2장에 기름을 발라 준비한다. 기름을 두르지 않은 팬에 아몬드 슬라이스 70g을 넣고 살짝 볶는다. 소스팬에 설탕 250g을 넣고 가열해 드라이 캐러멜을 만든다. 황갈색이 나기 시작하면 아몬드를 넣고 잘 섞은 뒤 유산지 위에 쏟아 펼친다. 다른 한 장의 유산지로 덮고 밀대로 평평하게 밀어준다. 상온에서 건조시킨다.

밀크 잼

2가지 방법

1. 가당 연유 캔 1개를 통째로 중탕 2시간 30분 또는 압력솥에 1시간 익힌다. 식힌 뒤 캔을 개봉한다.
2. 바닥이 두꺼운 소스팬에 우유(전유) 1리터와 설탕 400g, 길게 갈라 긁은 바닐라 빈 1줄기 분을 넣고 가열한다. 끓기 시작하면 불을 아주 약하게 줄이고 걸쭉한 농도와 색이 날 때까지 잘 저으며 2시간 동안 끓인다.

관련 내용으로 건너뛰기
p.65 타탱 아가씨들의 타르트

크렘 랑베르세(크렘 카라멜)

드니즈 솔리에 고드리

준비 : 25분
조리 : 30분
4인분

우유(전유) 500ml
달걀 3개 + 달걀노른자 3개
설탕 100g + 캐러멜용 설탕 50g
바닐라 빈 1줄기

오븐을 180°C로 예열한다. 캐러멜을 만든다. 우선 바닥이 두꺼운 소스팬에 설탕 50g을 넣고 센불로 가열한다. 젓지 말고 녹여 캐러멜을 만든 뒤 파운드케이크 틀(36x10cm 또는 4개의 개인용 래므킨(ramequin))에 나누어 붓고 용기를 돌려 바닥에 고루 깔아준다. 냄비에 우유와 길게 갈라 긁은 바닐라 빈을 넣은 뒤 뜨겁게 가열한다. 볼에 달걀, 달걀노른자, 설탕 100g을 넣고 거품기로 잘 섞은 뒤 뜨거운 우유를 넣고 혼합한다. 이 혼합물을 체에 거르며 틀에 채워 붓는다. 중탕으로 30분간 익힌다. 식힌 뒤 랩을 씌워 냉장고에 넣어둔다. 접시를 대고 뒤집어 틀에서 분리한 뒤 서빙한다.

크렘 브륄레

준비 : 15분
휴지 : 1시간
조리 : 30분
6인분

우유 350ml
액상 생크림 350ml
설탕 100g
달걀노른자 8개분
바닐라 빈 1줄기
비정제 황설탕 6테이블스푼

냄비에 우유와 생크림을 넣고 길게 갈라 긁은 바닐라 빈을 넣어준다. 끓을 때까지 가열한 후 불에서 내린다. 볼에 설탕과 달걀노른자를 넣고 거품기로 휘저어 섞는다. 계속 저어주며 뜨거운 우유를 붓는다. 이 혼합물을 체에 거른 뒤 냉장고에 넣어 1시간 동안 휴지시킨다. 오븐을 120°C로 예열한다. 양쪽에 손잡이가 달린 개인용 래므킨 6개에 혼합물을 나누어 넣는다. 중탕용 물을 채운 바트에 래므킨을 정렬해 놓고 오븐에 넣어 크림이 굳을 때까지 25~35분간 익힌다. 식힌 다음 냉장고에 넣어둔다. 각 크림 위에 황설탕을 한 스푼씩 뿌린 뒤 표면을 토치로 그슬려 캐러멜화한다.

끓인 설탕 시럽의 온도와 상태

	온도	상태	용도
심플 시럽	100~105 °C	스푼에 묻는 농도	케이크 시트 적심용 시럽, 시럽에 담근 과일, 잼, 즐레, 소르베
프티 필레 PETIT FILET	105~107 °C	손가락 사이에서 가는 실 형태로 늘어나다 끊어진다.	당절임 과일(캔디드 프루츠), 즐레, 과일 무스
그랑 필레 GRAND FILET	107~115 °C	손가락 사이에서 실 형태로 늘어난다.	당절임 과일(캔디드 프루츠), 마롱 글라세, 프렌치 버터크림
프티 불레 PETIT BOULÉ	115~117 °C	찬물에 한 방울 떨어뜨리면 말랑한 공 모양을 형성한다.	파르페, 수플레 글라세, 이탈리안 머랭
불레 BOULÉ	118~120 °C	찬물에 떨어뜨렸을 때 좀 더 단단한 공 모양을 형성한다.	소프트 퐁당, 소프트 캐러멜
그랑 불레 GRAND BOULÉ	125~130 °C	찬물에 떨어뜨렸을 때 단단한 공 모양을 형성한다.	하드 퐁당, 소프트 아몬드 페이스트, 소프트 캐러멜
프티 카세 PETIT CASSÉ	135~140 °C	찬물에 넣었을 때 깨질 듯이 굳는다.	아몬드 페이스트, 누가, 봉봉, 캐러멜
그랑 카세 GRAND CASSÉ	145~150 °C	찬물에 넣었을 때 유리처럼 깨지는 상태가 된다.	드라이 누가, 설탕 공예, 수플레, 쉬크르 필레(실처럼 가늘게 늘인 설탕 시럽)
연한색 캐러멜 CARAMEL CLAIR	155~165 °C	연한 밀짚 색깔.	크로캉부슈, 생토노레, 누가틴
황갈색 캐러멜 CARAMEL AMBRE	170~180 °C	진한 황금색.	크렘 카라멜, 틀 바닥에 까는 용도의 캐러멜, 솔티드 버터 캐러멜
진한색 캐러멜 CARAMEL FONCÉ	185~190 °C	색이 검어지며 탄 연기 냄새가 난다.	색소용

나의 아름다운 크넬

'크넬'이라고 발음할 수 있다면 좋은 일이다.
하지만 이것을 집에서 만들 수 있다면 금상첨화일 것이다.
프랑수아 레지스 고드리

낭튀아 소스를 곁들인 강꼬치고기 크넬

LES QUENELLES DE BROCHET, SAUCE NANTUA

조제프 비올라 Joseph Viola*

Daniel & Denise

8인분

파나드 La panade
우유 250ml
버터 70g
밀가루 160g
강판에 간 넛멕 약간

크넬 Quenelle
껍질을 제거한 강꼬치고기 필레 500g
(사방 2cm 크기로 깍둑 썰어 얼린다)
달걀흰자 3개분 + 달걀 5개
버터 125g
소금 10g
흰 후추 2g
강판에 간 넛멕 약간

낭튀아 소스 Sauce Nantua
활 민물가재 40마리
당근 100g (작은 큐브 모양으로 썬다)
다진 양파 60g
다진 샬롯 60g
올리브오일 100ml
토마토 페이스트 2테이블스푼
코냑 50ml
드라이 화이트와인 150ml
액상 생크림 1리터
타임 1줄기
월계수 잎 1장
소금 10g
흰 후추 2g

파나드 만들기(하루 전)
우유에 넛멕과 버터를 넣고 끓인 뒤 밀가루를 한 번에 넣는다. 주걱으로 세게 저어가며 약불에서 6~7분간 수분을 날리며 익힌다. 냉장고에 보관한다.

크넬 만들기
썰어 얼려둔 강꼬치고기 살을 블렌더로 간다. 여기에 파나드 반죽을 넣고 섞은 뒤 달걀흰자, 이어서 달걀을 한 개씩 넣으며 섞는다. 소금, 후추, 넛멕으로 양념을 한 다음 버터를 넣고 균일하게 섞는다. 바닥이 둥근 볼에 옮겨 담은 뒤 랩을 씌우고 냉장고에 6시간 동안 넣어둔다.

크넬 포칭하기
냄비에 물과 소금을 넣고 70°C로 가열한다. 생선살 혼합물을 스푼으로 떠서 크넬 모양을 만든 뒤 물에 넣고 20분간 데친다. 뒤집어서 20분간 더 익힌다. 건져서 얼음물에 담근다. 냉장고에 하룻밤 넣어둔다.

낭튀아 소스 만들기
바닥이 두꺼운 코코트 냄비에 올리브오일을 달군 뒤 민물가재를 넣고 색이 붉게 변할 때까지 센 불로 볶는다. 당근, 양파, 샬롯을 넣고 색이 나지 않게 함께 볶는다. 토마토 페이스트를 넣고 잘 섞은 다음 코냑을 붓고 불을 붙여 플랑베한다. 화이트와인을 넣고 디글레이즈한 뒤 졸인다. 생크림, 타임, 월계수 잎을 넣고 2분간 끓인다. 민물가재를 건져 껍질을 벗긴다. 민물가재 머리를 다시 냄비에 넣고 20분간 더 끓인다. 고운 원뿔체에 거른다. 이때 가재 머리를 꾹꾹 눌러가며 농축 즙을 최대한 짜낸다(소스의 농도는 주걱에 묻는 정도가 되어야 한다).

크넬 익히기
크넬을 스팀 모드로 맞춘 오븐에 넣고 20분간 익힌다. 부피가 두 배로 늘어날 것이다.

플레이팅
익힌 크넬을 우묵한 접시에 각각 담은 뒤 껍질을 벗겨둔 민물가재 살을 얹는다. 낭튀아 소스를 전체에 넉넉히 뿌린다.

* 프랑스 국가명장(MOF). 유명 부숑(리옹 전통식당) '다니엘 & 드니즈(Daniel et Denise)'의 총괄 셰프. 리옹에 세 곳의 업장을 운영하고 있다.

알고 계셨나요?
- 이 요리는 '파나드(panade)'라고도 불리는 슈 반죽을 기본으로 만든다.
- 리옹이 원조인 이 요리는 오스트리아의 크뇌델(knödel)의 원조 격으로 추정된다.

관련 내용으로 건너뛰기
p.115 육지와 바다의 조화

버터로 요리하기

우유의 크림을 치대면 황금의 버터를 얻게 된다.
버터의 다양한 레시피를 알아보자.

샤를 파탱 오코옹

버터와 온도!

40 °C : 정제버터(beurre clarifié) 또는 베아르네즈(béarnaise) 등의 소스를 만들 때의 온도

56 °C : 단백질의 응고점. 버터의 맛이 더욱 살아난다. 이 온도부터 더운 유화(émulsion)소스와 뵈르 블랑(beurre blanc) 소스를 만들 수 있다.

100 °C : 이 온도부터 식품의 색이 급격히 갈색으로 변한다.

165 °C : 브라운 버터(beurre noisette 뵈르 누아제트) 상태가 된다.

200 °C : 이 단계는 검은색 버터(beurre noir) 라고 부르며 건강상 해로워 사용이 금지된다.

가열한 버터

❶ 정제버터 BEURRE CLARIFIÉ
녹인 뒤 불순물을 걷어낸 버터. 보존성이 개선되며 신선 버터보다 고온에서 더 잘 견딘다.
만드는 요령 : 버터를 작게 썰어 소스팬에 넣고 데워 녹인다. 표면에 뜬 흰색 불순물(카제인)을 거품 국자로 건져낸다.

❷ 브라운버터 BEURRE NOISETTE
거품이 날 때까지 가열해 녹인 버터로 삶은 채소에 뿌리거나 골 요리와 같은 내장, 부속 요리에 끼얹어낸다.
만드는 요령 : 팬에 버터를 넣고 황금색이 돌면서 고소한 헤이즐넛 향이 날 때까지 약한 불로 천천히 녹인다. 버터가 검게 타지 않도록 특별히 주의해야 한다.

가향, 양념버터

❸ 가염버터 BEURRE SALÉ
브르타뉴에서 사랑받는 특산품 중 하나이다. 소금 결정 버터를 넣은 달콤한 크레프는 타의 추종을 불허한다.
만드는 요령 : 옛날에는 저장을 목적으로 버터에 소금을 넣었다. 이후 버터를 처닝(barattage)할 때 3%의 소금을 넣어 가염버터를 만든다.

❹ 소렐 버터 BEURRE D'OSEILLE
소렐(수영) 페이스트를 넣어 섞은 버터로 오믈렛과 연어 스테이크 등에 곁들이면 이상적이다.
만드는 요령 : 소렐 잎 50g을 절구에 빻은 뒤 버터 100g과 섞는다.

❺ 안초비 버터 BEURRE D'ANCHOIS
1950년대부터 크게 유행했으며 비프 스테이크의 소비가 늘어나며 더 인기를 끌었다. 짭조름한 안초비가 소금 역할을 하며 감칠맛을 더해준다.
만드는 요령 : 상온에서 부드러워진 버터 125g에 올리브오일 저장 안초비 필레 10개(기름을 털어낸다), 껍질을 벗기고 싹을 제거한 마늘 1톨을 넣고 블렌더로 간다. 본인립아이 스테이크, 등심 스테이크, 안심 스테이크 등에 올려 녹이며 서빙한다.

❻ 에스카르고 버터 BEURRE D'ESCARGOT
마늘과 파슬리를 섞은 버터로 식용 달팽이 껍데기 안에 넣어 오븐에 녹인다.
만드는 요령 : 상온에서 부드러워진 버터 125g에 다진 마늘 4톨, 잘게 다진 샬롯 반 개, 잘게 썬 파슬리 20g을 넣고 잘 섞는다. 소금, 후추로 간한다.

❼ 메트르도텔 버터 BEURRE MAÎTRE D'HÔTEL
브라스리에서 많이 사용하는 대표적인 버터이다. 전통적으로 메트르도텔(홀 서빙 지배인)이 직접 테이블에서 고기나 생선구이에 끼얹어준다. 또는 주문에 따라 갑각류 요리를 위해 만든 이 버터를 함께 서빙한다.
만드는 요령 : 상온에서 부드러워진 버터 125g에 다진 파슬리 25g을 넣고 섞는다. 레몬즙 반 개분, 고운 소금 4g, 갓 갈아낸 후추 1꼬집을 넣어준다.

조리한 버터

❽ 뵈르 블랑 BEURRE BLANC
'뵈르 낭테(beurre nantais)'라고도 부른다. 식초와 샬롯을 졸인 뒤 버터를 넣고 유화한 소스로 생선요리를 위한 것이다.
만드는 요령 : 샬롯 5개를 잘게 다진 뒤 와인 식초 250ml에 넣고 가열하여 2/3로 졸인다. 불에서 내린 뒤 작게 썰어둔 버터 250g을 넣고 거품기로 세게 저어 섞으며 유화한다. 소금, 후추로 간한다.

❾ 뵈르 마르샹 드 뱅(레드와인 버터) BEURRE MARCHAND DE VIN
붉은 육류 요리에 곁들이는 레드와인 소스이다. 브라스리를 대표하는 또 하나의 소스라 할 수 있다.
만드는 요령 : 다진 샬롯 1개에 레드와인 300ml를 붓고 반으로 졸인다. 여기에 소고기 육수 300ml를 넣고 다시 졸인다. 버터 150g, 잘게 썬 파슬리 15g을 넣고 잘 휘저어 섞은 뒤 레몬즙을 한 바퀴 둘러 넣어준다.

❿ 세이지 버터 BEURRE DE SAUGE
뇨키, 라비올리 또는 파스타에 끼얹어 먹으면 아주 좋다.
만드는 요령 : 팬에 버터 125g과 올리브오일 1테이블스푼을 넣고 녹인다. 여기에 세이지 잎을 몇 장 넣고 몇 초간 튀긴다. 레몬 1/4개의 제스트를 갈아 넣는다.

버터의 백미

프랑스의 AOP(원산지명칭보호) 버터 3종류.

브레스 버터 Beurre de Bresse
앵(Ain)과 손 에 루아르(Saône-et-Loire)에서 쥐라 주변까지 해당하는 지역에서 생산되는 브레스 버터는 아주 소프트한 버터이다. 풀, 꽃, 헤이즐넛과 호두와 같은 견과류 노트를 지니고 있다.

샤랑트 푸아투 버터 Charentes-Poitou
샤랑트, 샤랑트 마리팀, 되 세브르(Deux-Sèvres), 방데(Vendée), 비엔(Vienne)에서 생산된다. 비교적 단단한 버터로 헤이즐넛 노트를 지니고 있으며 파티스리용으로 이상적이다.

이지니 버터 Isigny
베생(Bessin)과 코탕탱(Cotentin) 사이에 있는 베(Veys) 만(灣) 주변 지역에서 생산된다. 부드러운 질감의 버터로 연한 오렌지 빛을 띤 노랑색이다.

엘리제궁의 요리사

베르나르 보시옹(Bernard Vaussion)은 40년간 프랑스 국가 원수들의 요리사로 봉직했다. 놀라우리만큼 입이 무거웠던 이 요리사는 은퇴 후 그가 간직했던 귀한 문서들을 공개했다. 잔잔한 일상뿐 아니라 굵직한 역사의 현장도 엿볼 수 있다.

아드리앵 곤잘레스

1980년 1월, 엘리제궁 직원들과 신년 인사를 나누고 있는 발레리 지스카르 데스탱 *Valéry Giscard d'Estaing* 대통령.

1982년 1월, 엘리제궁 직원들과 신년 인사를 나누고 있는 프랑수아 미테랑 *François Mitterrand* 대통령과 함께.

Présidence de la République

2007년 니콜라 사르코지 *Nicolas Sarkozy* 대통령과 함께.

니콜라 사르코지 대통령의 임기가 시작된 후 엘리제궁의 메뉴 표지는 프랑스의 국가 문장만이 새겨져 있을 뿐 다른 장식이 없어졌다. 인쇄 비용이 너무 많이 들었기 때문이다. 같은 이유로 프랑수아 올랑드 *François Hollande* 대통령은 메뉴에서 송로버섯과 캐비아를 금했다.

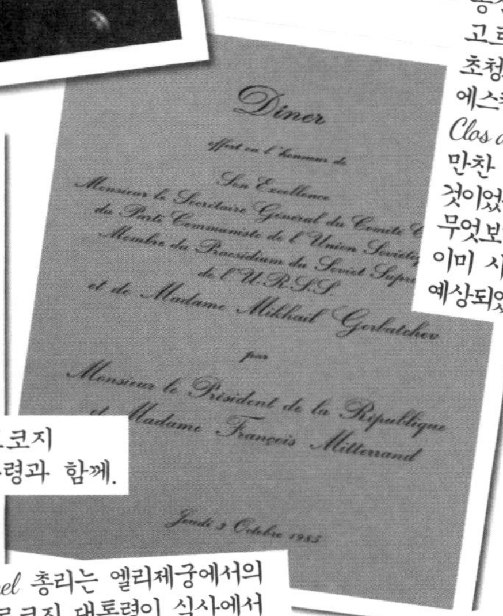

Diner
offert en l'honneur de
Son Excellence
Monsieur le Secrétaire Général du Comité C
du Parti Communiste de l'Union Soviéti
Membre du Praesidium du Soviet Sup
de l'U.R.S.S.
et de Madame Mikhail Gorbatchev
par
Monsieur le Président de la République
et Madame François Mitterrand
Jeudi 3 Octobre 1985

1985년 3월 미하일 고르바초프가 소련 공산당 서기장으로 선출되었다. 9개월 후 고르바초프와 영부인은 프랑수아 미테랑의 초청으로 파리를 방문한다. 푸아그라 에스칼로프와 볼네 *Volnay* 클로 데 셴 *Clos des Chênes* 1976년산을 포함했던 만찬 메뉴가 모스크바 측 의견에 부합한 것이었는지는 확신할 수 없다. 하지만 무엇보다도 '페레스트로이카(개혁)'가 이미 시작되었고 장벽은 곧 허물어질 것이 예상되었다.

메뉴판에는 오랫동안 프랑스 예술 작품이 복제되어 있었다. 이것은 1992년 6월 9일 엘리자베스 2세 여왕에게 제공된 저녁 메뉴를 장식한 마티스의 작품 *<<Intérieur Jaune et Bleu>>*이다.

독일의 앙겔라 마르켈 *Angela Merkel* 총리는 엘리제궁에서의 식사를 매우 좋아했다. 니콜라 사르코지 대통령이 식사에서 치즈를 제외한 것과는 달리 마르켈 총리는 본인의 몫으로 늘 치즈 한 접시를 서빙하도록 했다. 그녀의 요리사(프랑수아 올랑드 대통령과 함께 한 이 사진의 뒷줄) 울리히 케르즈 *Ulrich Kerz*는 심지어 베르나르 보시옹에게 와서 요리 견습을 하기도 했다. 프랑스와 독일 커플이 좋은 궁합을 유지하는 것은 이 덕분일까?

감자 케이크는 1969년부터 1984년까지 엘리제궁의 셰프였던 마르셀 르 세르바 *Marcel Le Servot*가 처음 만들었다. 이후 이 레시피는 엘리제궁의 시그니처 메뉴 중 하나가 되었다. 고기나 생선요리에 곁들여 서빙되었으며 송로버섯이나 당근을 넣어 만들어지기도 했다. 2012년의 사진.

베르나르 보시옹의 간단 이력

1953
오를레앙 출생

1974
신입 요리사(commis)로 엘리제궁에 입성. 당시 조르주 퐁피두 대통령이 아직 임기를 몇 개월 남겨두고 있었고 이어서 발레리 지스카르 데스탱이 취임했다.

1981
프랑수아 미테랑 대통령 당선.

1995
자크 시락 대통령 당선.

2005
자크 시라크 대통령, 베르나르 보시옹을 총괄 셰프로 임명.

2007
니콜라 사르코지 대통령 당선.

2012
프랑수아 올랑드 대통령 당선.

2013
베르나르 보시옹 퇴임.

감자 케이크

준비 : 45분
조리 : 60분
6~8인분

중간 크기 감자(Charlotte 품종) 2.5kg
정제버터 200g
소금, 후추
그뤼예르 치즈
파르메산 치즈
논스틱 코팅 샤를로트 틀

감자를 3mm 두께로 둥글게 슬라이스한 다음 끓는 물에 넣고 5분간 익힌다. 건져서 물기를 털어낸 뒤 면포에 펼쳐놓고 소금, 후추로 간한다. 버터를 바른 샤를로트 틀 안에 감자를 조금씩 겹쳐가며 빙 둘러 깔아준다. 중앙에도 같은 방향으로 감자를 채워 넣는다. 가늘게 간 그뤼예르와 파르메산 치즈를 뿌린 뒤 그 위에 방향을 바꾸어 감자를 빙 둘러 한 층 쌓아 올린다. 이와 같은 방식으로 층마다 방향을 바꾸고 사이사이 치즈를 뿌려가며 감자를 6~7겹 쌓아 올린다. 정제버터를 고루 끼얹은 뒤 180°C 오븐에서 1시간 동안 굽는다. 틀을 기울여 남은 버터를 따라낸 다음 서빙 접시에 감자를 뒤집어 놓고 틀에서 제거한다.

루아르 지방의 미식 유산

Bargkass
Soupe à la farine de Gérardmer
PETITS CRUS DE FRUITS ROUGES
Truite des Vosges

보주의 추억

Brioche VENDÉENNE
Fleur de Sel de Guérande
gâteau nantais
PORT SALUT
Boeuf de Vendée
CURNONSKY
moule de Bouchot
Soupe de Poisson de l'Île d'Yeu

la Tarte Normande (aux pommes)
POMME BÉNÉDICTIN
les huîtres
agneau de pré salé
caramels d'Isigny
Marie Harel
carotte de CRÉANCES

노르망디의 특산품

프랑스 각 지방의 보물들

프랑스 각 지방의 특선 요리 및 먹거리 정보 총정리

로익 비에나시

➡ 지리적표시보호(IGP)와 원산지명칭보호(AOP)를 표시했다. 단, 지역 전체가 아닌 해당 특정 지역에만 이를 적용시켰다.

➡ 실제 특별한 지역 특산품이 아닌 몇몇 생산품이라도 이것이 강한 지역적 전통성을 가진 경우 리스트에 포함시켰다.

➡ 한 생산품이 여러 개의 아펠라시옹을 갖고 있는 경우 부득이 한 가지만 표시했다.

➡ 먹거리 배치 방식에서 약간의 자유로운 융통성을 적용한 경우도 있다. 예를 들어 카마르그산 쌀을 채소, 과일 그룹에 넣었다.

➡ 많은 생산품이 원산지 이외 지역으로도 널리 퍼져 나갔지만 이들을 원래 탄생한 원산지로 분류했다. 예를 들어 바게트 빵의 경우 원조인 파리 특산품으로 분류했다.

➡ 리스트에 소개된 인물들은 출생지가 아닌 재능을 발휘한 활동지역 기준으로 분류했다. 이러한 기준에 따라 프로스페르 몽타녜(Prosper Montagné)를 카르카손(Carcasson)으로 소환했다.

AOP Appelation d'Origine Protégée **원산지명칭보호**
IGP Indication Géographique Protégée **지리적표시보호**
IG Indication Géographique **지리적표시**

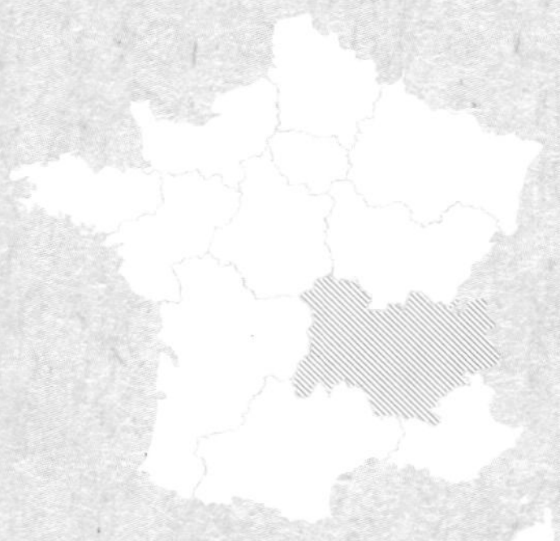

지역 최고의 특산품

오베르뉴 론 알프
AUVERGNE-RHÔNE-ALPES

AB : AUBRAC ; AN : ANNECY ; AR : ARDÈCHE ; AU : AUVERGNE ; BE : BEAUJOLAIS ; BO : BOURBONNAIS ; BR : BRESSE ; CA : CANTAL ; DA : DAUPHINÉ ; DO : DOMBES ; DR : DRÔME ; FO : FOREZ ; GE : PAYS DE GEX ; LB : LAC DU BOURGET ; LN : LYONNAIS ; LO : LOIRE ; LY : LYON ; ML : MONTS DU LYONNAIS ; SA : SAVOIE ; VE : VELAY ; VI : VIVARAIS

육류
Bourbonnais부르보네의 양 .... IGP
Velay 블레의 검은 양
Aubrac 오브락의 소
부르보네의 샤롤레 소 .... IGP
염소.. DA
Jaligny 잘리니의 칠면조 .... BO
Fin gras du Mézenc 팽 그라 뒤 메장크 : 마블링이 좋은 소.................................. AU AOP
플뢰르 도브락 암송아지.......................... IGP
Ardèche 아르데슈 뿔닭.......................... IGP
Drôme 드롬 뿔닭.......................... IGP
Auvergne 오베르뉴 돼지 ....
부르보네 닭
아르데슈 닭, 샤퐁 .... IGP
Cévennes 세벤 닭, 샤퐁.......................... IGP
Salers 살레르 품종 소
Vedelou 브둘루 젖먹이 송아지.......................... VE
오베르뉴 닭.......................... IGP
Bresse 브레스 닭 .... AOP
Ain 앵 닭.......................... IGP
드롬 닭 .... IGP
Forez 포레즈 닭 .... IGP
블레 닭 .... IGP

채소, 과일
오베르뉴 마늘
드롬 마늘 .... IGP
Bessenay Bigarreau 베스네 비가로 체리 .... LN
Ampuis 앙퓌 근대.......................... LN
Cardon de Vaulx-en-Velin 보 앙 블랭 카르둔.LY
라타피아 체리 .... DA
밤 .... CA
Ardèche 아르데슈 밤 .... AOP
황률(껍질 벗겨 말린 밤). .... AR
생 생포리앵 도종 물냉이.......................... LN
Saint-Flour 생플로르 노란 렌틸콩
Puy 퓌그린 렌틸콩 .... AOP
아르데슈 블루베리
그르노블 호두 .... AOP
Tournon 투르농 양파.......................... AR
Nyons 니옹스 블랙올리브 .... AOP
vallée de l'Eyrieux 발레 드 데리외 복숭아...... AR
코토 뒤 리오네 붉은 복숭아
Solaize 솔레즈 푸른 빛 리크(서양대파) ....LY
Saint-Flour 생 플로르 고원의 노란 완두콩
Ampuis 앙퓌 피망.......................... LN
오베르뉴 사과(캐나다 화이트 피핀 캐나다 그레이 품종)
Savoie 사부아의 사과와 배 .... IGP
아르데슈 라트 감자
그르노블 적상추, 바타비아
Tricastin 트리카스탱 블랙 트러플

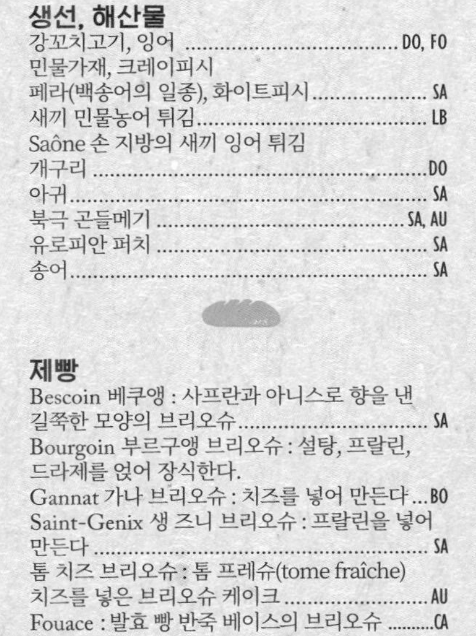

생선, 해산물
강꼬치고기, 잉어 .... DO, FO
민물가재, 크레이피시
페라(백송어의 일종), 화이트피시.......................... SA
새끼 민물농어 튀김.......................... LB
Saône 손 지방의 새끼 잉어 튀김
개구리 ....DO
아귀.......................... SA
북극 곤들메기 ....SA, AU
유로피안 퍼치 .... SA
송어.......................... SA

제빵
Bescoin 베쿠앵 : 사프란과 아니스로 향을 낸 길쭉한 모양의 브리오슈.......................... SA
Bourgoin 부르구앵 브리오슈 : 설탕, 프랄린, 드라제를 얹어 장식한다.
Gannat 가나 브리오슈 : 치즈를 넣어 만든다 ...BO
Saint-Genix 생 즈니 브리오슈 : 프랄린을 넣어 만든다 .... SA
톰 치즈 브리오슈 : 톰 프레슈(tome fraîche) 치즈를 넣은 브리오슈 케이크 .... AU
Fouace : 발효 빵 반죽 베이스의 브리오슈 ....CA
그라통을 넣은 푸가스 .... AR
Main de Sainte-Agathe : 아니스나 사프란으로 향을 낸 발효반죽 브리오슈로 손 모양을 하고 있다. .... SA
Pain auvergnat : 오베르뉴 특선 빵. 둥근 덩어리의 발효반죽 빵으로 얇게 민 또 하나의 반죽을 뚜껑처럼 얹어 붙이고 호밀가루를 뿌려 구움.......................... AU
Pain de Modane : 모단 특선 빵. 당절임 과일을 넣어 만든 브리오슈에 아몬드가루 베이스의 크림을 얹어 굽는다.......................... SA
Pain tabatière : 팽 오베르냐와 비슷한 형태로 둥근 덩어리 반죽의 한쪽을 얇게 밀어 뚜껑을 덮듯이 접어올린 뒤 굽는다 .... AU
Pompe aux grattons : 튀긴 돼지고기를 잘게 잘라 넣은 둥근 모양의 빵..........................BO
Tourte de seigle : 호밀로 만든 발효종 사워도우 빵 .... AU

샤퀴트리
Charlieu 샤를리외식 앙두이유. 돼지 창자 또는 위를 가늘게 잘라 사용한다.......................... BE
리옹식 앙두이에트. 송아지 소창을 길게 잘라 사용한다.
Attriau: 돼지고기와 내장, 부속으로 만든 소를 돼지 크레핀으로 감싼 동글납작한 소시지의 일종이다..........................SA
부댕 : 양파, 돼지 목구멍 비곗살, 머릿고기, 우유 등을 넣는다 ....CA
브레스식 부댕. 쌀과 생크림으로 만든 소를 넣는다
허브, 녹색 채소를 넣은 부댕. 양배추, 리크 녹색 부분, 시금치, 파슬리, 처빌 등에 돼지 피를 넣어 혼합한다.......................... FO
Caillette : 돼지고기와 채소를 다져 미트볼처럼 둥글게 뭉친 뒤 크레핀으로 감싼다 : 트러플 피스타치오 세르블라 : 돼지고기 베이스로 만든 생소시지. 종종 브리오슈 빵 안에 넣어 굽기도 한다..........................LY
셰브르 살레 : 소금물에 염지한 염소고기 .... GE
Civier bressan : 프로마주 드 테트 (머릿고기 테린)의 일종.
Diot 디오: 곱게 간 돼지고기로 만든 생소시지 ..SA
Farcement : 감자, 돼지삼겹살, 건자두, 건포도로 만든 '케이크'. ....SA
Friton : 돼지고기를 기름에 뭉근히 익힌 파테의 일종.......................... AU
지고 드 셰브르 : 통째로 염장, 건조한 염소 뒷다리 SA
Gratton 그라통 : 돼지비계, 지방, 고기를 굽고 남은 자투리..........................LN
Grattons/griottons : 돼지고기를 돼지기름에 익힌 리예트의 일종 .... AR, DR, LO
장봉 도베르뉴 : 오베르뉴의 말린 뒷다리 햄 .... IGP
장봉 드 라르데슈 : 아르데슈의 말린 뒷다리 햄 ... IGP
Jambonnette : 돼지 살코기 혼합물을 원통형으로 꿰맨 돼지껍데기 주머니 안에 채워 넣는다.......... AU
염장 건조 햄 : 훈연한 것도 있다.......................... FO, SA
Jésus et rosette de Lyon : 돼지고기로 만든 건조 소시지. 로제트는 가늘고 길쭉하며, 제쥐는 고기 소를 굵직하게 다져 넣은 것으로 굵직하고 짧은 타원형이다.
Liogue : 익혀 먹어야 하는 생소시지로 돼지 안창살, 소시지용 돼지비계 다짐육에 레드와인을 넣어 소 혼합물을 만든다..........................CA
Longeole : 익혀 먹어야 하는 생소시지로 익혀 돼지 껍데기와 살코기로 만든다..........................SA
Murson de La Mure : 돼지고기로 만든 생소시지 . DA
Pansette de Gerzat : 양의 위를 다져 양념 후 양 위막 주머니에 채워 넣는다 .... AU
Petit pâté chaud de Belley : 돼지 뒷다리살, 허벅지, 목구멍 비곗살로 만든 소를 파이 반죽으로 감싸 구운 쇼송의 일종.
Pormonaise : 양배추를 넣은 훈제 소시지 ....SA
Pormonier : 돼지 내장, 부속과 녹색 채소(시금치, 리크, 근대 등)를 섞어 만든 소시지. ....SA
Pounti : 돼지고기와 근대를 혼합해 만든 파테로 건자두를 넣은 크레프 반죽에 섞어 익힌다 .... AU
Roulette du Bugey : 돼지삼겹살을 말아 염장한 뒤 익힌다.
Sabardin : 소 창자, 돼지 내장부속, 소시지용 돼지 분쇄육으로 만든 앙두이유.......................... FO
Sabodet : 돼지 머릿고기와 돼지껍데기 베이스로 만드는 생소시지 .... DA
Sac d'os : 돼지 창자에 뼈(등갈비, 꼬리, 귀 등)를 채워 넣고 염지 또는 염장 건조한다. 익혀서 먹는다...... AU
Saucisse d'herbes : 돼지고기에 녹색채소(양배추, 시금치, 근대)를 넣어 만드는 생소시지. ....AR, DR
Saucisse de choux : 돼지고기와 양배추를 넣어 만든다.......................... FO
Saucisse de Magland : 돼지고기로 만든 마글랑의 훈연 건조 소시지 .... AU
소시송 드 셰브르 : 염소고기로 만든 건조 소시지 SA
아르데슈 소시송 .... IGP
소시송 드 리옹 : 매우 섬세한 맛을 가진 리옹의 건조 소시지로 라르동을 넣어 만든다.
소시송, 소시스 세슈 도베르뉴 : 돼지 살코기로 만드는 오베르뉴의 건조 소시지 .... IGP
Tourte muroise : 뮈르식 고기파이. 돼지고기, 양념에 재운 송아지 고기, 버섯, 올리브, 양파를 넣어 만든 다양한 모양의 파이. .... DA
Tripoux 트리푸 : 송아지나 양의 창자, 부속으로 만든 소를 주머니처럼 꿰맨 양의 위막 안에 채워 넣는다.......................... AU

치즈, 유제품
Abondance아봉당스 .... SA AOP
Arôme de Lyon 아롬 드 리옹
Beaufort 보포르 .... SA AOP
비멸균 락토세럼 버터 ....AU
브레스 버터 .... AOP
블루 도베르뉴.......................... AOP
Bleu de Gex haut Jura/bleu de Septmoncel AOP
Bleu de Laqueuille..........................AU
Bleu de Lavaldens..........................DA
Bleu de Termignon .... SA
Bleu du Vercors-Sassenage .... DA AOP
Brique du Forez..........................FO
Cabécou..........................AU
Caillé doux de Saint-Félicien .... AR
Cantal.......................... AOP
Chambarand..........................DA
Chambérat..........................BO
Chevrotin .... SA AOP
Crème de Bresse .... AOP
Emmental de Savoie.......................... AOP
프랑스 중동부 에망탈 .... IGP
Fourme d'Ambert.......................... AU AOP

Fourme de Montbrison ... AOP
Fourme de Rochefort-Montagne ... AU
가루응애 발효 치즈 ... AU
술이나 향신재료를 첨가한 치즈…
Gaperon ... AU
Grand Murols ... AU
Grataron du Beaufortain ... SA
Gruyère ... SA, DA IGP
Laguiole ... CA AOP
Morbier ... GE AOP
Persillé de Haute Tarentaise ... SA
Persillé des Aravis ... SA
Picodon ... DE, AR AOP
Raclette de Savoie ... IGP
Ramequin du Bugey
Reblochon ... SA AOP
Rigotte de Condrieu ... AOP
Saint-marcellin ... DA IGP
Saint-nectaire ... AU AOP
Salers ... AU AOP
Sarasson ... VI, FO
Sérac ... SA
Tamié ... SA
Thollon ... SA
Tome des Bauges ... SA AOP
Tome fraîche ... AU
Tomme d'Auvergne
Tomme de Belley
Tomme de Savoie ... IGP
Tomme grise de chèvre ... SA
Vacherin d'Abondance ... SA
Vacherin des Bauges ... SA

요리 레시피

Aligot : 캉탈의 톰 프레시 치즈와 생크림을 넣어 길게 늘어나도록 섞은 감자 퓌레 ... CA, AB
부아롱식 근대요리 : 달걀과 부리올(Bourriol) 치즈를 넣는다
Bourriol : 메밀가루와 일반 밀가루를 섞어 부친 얇은 갈레트 ... AU
Brochet au bleu : 식초를 넣은 쿠르부이용에 익힌 강꼬치고기 ... VI, DA
Canard à la Duchambais 뒤샹베 오리 요리 : 샬롯, 샬롯, 육수, 생크림, 마르(marc)에 재운 오리 간을 블렌더로 갈아 만든 소스를 곁들인다 ... BO
소 골수를 곁들인 카르둔 : 데쳐 익힌 소 골수를 카르둔 위에 얹고 오븐에 그라탱처럼 익힌다. ... LY
속을 채운 동브 호수 잉어요리 : 빵, 우유, 샬롯, 마늘, 달걀, 허브, 잉어 이리(재료가 있는 경우)로 만든 소를 채워 넣는다.
Cervelle de canut : 크림치즈에 소금, 후추, 식초, 식용유, 샬롯, 차이브, 허브, 마늘, 화이트와인, 생크림 등을 넣어 양념한 것 ... LY
Chou farci : 돼지고기, 양파, 파슬리 등으로 만든 소를 채운 양배추 말이 ... AU
Chou farci auvergnat : 송아지고기, 소시지용 분쇄돈육, 돼지비계, 익힌 햄, 양파 등으로 만든 소를 채워 넣은 오베르뉴식 양배추 요리… SA
Civet de lièvre : 레드와인 야생토끼 스튜. 마리네이드 양념액과 베이컨을 넣고 끓인 뒤 피, 간, 생크림을 넣고 걸쭉하게 소스를 마무리한다. ... SA
Coq au vin de Chanturgue ... AU
Cousinat : 베이컨을 넣은 밤 수프 ... AU
Crozet : 납작하고 작은 정사각형 모양의 파스타로 메밀, 또는 일반 밀로 만든다 ... SA
Cuisses de grenouilles à la dauphinoise 도피네식 개구리 뒷다리 요리 : 양파, 생크림, 버섯을 넣는다.
Daube dauphinoise : 레드와인, 베이컨, 당근, 토마토, 양파를 넣은 도피네식 소고기 스튜…
Falette auvergnate : 넓적한 양 뱃살에 오베르뉴 햄, 염장 삼겹살, 근대로 만든 소를 채운 뒤 돌돌 말아 오븐에 익힌 요리.
Farinade : 짭짤한 크레프나 팬케이크의 일종으로 종종 가늘게 채썬 감자를 넣기도 한다 ... AU
Fidés à la savoyarde : 닭 육수에 굵직한 버미셀리 파스타와 양파를 넣는다.
Fricassée de caïon : 돼지고기 프리카세. 큼직하게 깍둑 썬 돼지고기를 식용유, 화이트와인, 양파에 재운 뒤 무쇠냄비에 익힌다. 재워뒀던 양념액, 레드와인, 닭 간, 생크림 등을 넣고 끓여 소스를 만든다 ... SA
Gâteaux de foies de volailles à la lyonnaise : 리옹식 닭 간 플랑. 토마토 소스를 곁들인다… LY, BR
Gaudes : 옥수수가루로 만든 팬케이크, 또는 죽 ... BR
Gigot brayaude : 브라요드 양 뒷다리 요리. 마늘을 군데군데 찔러 넣은 양 뒷다리에 화이트와인, 당근, 감자를 넣고 뭉근히 익힌다 ... AU
Gouère bourbonnaise : 커드 치즈와 감자로 만든 타르트.
Gras-double à la lyonnaise : 리옹식 양깃머리 요리. 소의 양깃머리에 양파, 파슬리, 샬롯을 넣고 볶는다.
Gratin dauphinois : 얇게 썬 감자에 생크림을 넣고 오븐에서 그라탱처럼 익힌다. 치즈는 넣지 않는다.
Grenouilles à la savoyarde 사부아식 개구리 뒷다리 요리 : 양파를 넣고 팬에 지진다.
Haricots blancs farcis : 흰 강낭콩 스튜. 다진 돼지고기와 송아지고기를 넣고 뭉근히 끓인다… AU
Lièvre à l'auvergnate : 오베르뉴식 야생토끼 스튜. 사냥으로 잡은 산토끼를 생 푸르생 와인에 재워두었다가 요리하며 이 마리네이드 양념액을 이용해 소스를 만든다.
Morue à l'auvergnate : 오베르뉴식 염장대구 요리. 잘게 부순 염장대구 살에 양파와 굵직하게 으깬 감자를 넣어 섞는다.
Mourtayrol : 사프란을 넣은 닭 포토푀 ... AU
Œufs à la bressane : 브레스식 달걀요리. 그릇에 빵을 깔고 달걀을 깨 넣은 뒤 생크림과 콩테 치즈를 넣고 오븐에서 익힌다.
Omble-chevalier au four, aux champignons 오븐에 익힌 북극 곤들메기 : 양송이버섯을 넣어 함께 익힌다 ... SA
Omelette brayaude : 감자, 캉탈 치즈, 생햄을 넣어 만든 오믈렛 ... AU
감자 파테 : 감자, 양파, 파슬리를 주재료로 하여 만든 파이 ... BO
Patranque auvergnate : 마른 빵을 우유에 담가 적신 뒤 꼭 짜서 버터에 볶다가 톰 프레시 치즈를 넣고 녹이면서 노릇하게 부친 두툼한 갈레트.
Puy 퓌의 그린 렌틸콩을 넣은 염장 돼지고기 요리. AU
양배추와 오베르뉴 송로버섯을 채운 뿔닭 요리
Polente : 옥수수로 만든 세몰리나 ... SA
Potage vichyssoi : 감자와 리크로 만든 걸쭉한 수프로 차갑게 먹는다.
Potée auvergnate : 돼지고기(비계가 많지 않은 삼겹살, 정강이 살 등), 생소시지와 양배추 등의 채소를 함께 끓인 포토푀의 일종.
Poularde demi-deuil : 닭 껍질과 살 사이에 얇게 썬 송로버섯을 끼워 넣고 닭 육수에 익힌 요리 ... LY
Poulet à la crème : 크림 소스 닭 요리. 소테팬에 익힌 닭에 생크림과 달걀로 만든 소스를 끼얹어낸다 ... BR
Poulet au vinaigre : 식초와 화이트와인에 재운 닭 토막을 건져 소테팬에 지진 뒤 마리네이드 양념액과 육수를 넣어 소스를 만든다 ... LY
Pouteille auvergnate : 돼지 족을 넣은 오베르뉴식 레드와인 소고기 스튜
Pouytrolle : 돼지 위막 안에 고기와 채소로 만든 소를 채운 요리 ... VI
Quenelles de brochet : 강꼬치고기 크넬 ... LY
Râpée de Saint-Étienne 라페 드 생 테티엔 : 가늘게 채친 감자로 만든 갈레트
Raviole du Dauphiné : 콩테, 프렌치 에멘탈, 소젖 프레시 프로마주 블랑, 파슬리, 달걀을 혼합한 소를 채운 라비올리 ... IGP
Rissole à la viande : 고기 소를 넣어 튀긴 쇼송… DA
Rissole de Saint-Flou : 파트 브리제 반죽 안에 캉탈 치즈 베이스의 소를 넣어 튀기거나 오븐에 구운 쇼송 ... CA
Saladier lyonnais : 치커리, 턱수염버섯, 닭 간, 삶은 달걀, 청어 필레 등을 넣은 리옹식 샐러드.
Sâlé aux noix du Bugey : 빵 반죽 시트 안에 호두 기름에 볶은 양파와 굵게 다진 호두를 채워 넣고 호두 기름을 뿌려 구운 타르트.
Sanguette : 닭의 피를 넣은 반죽으로 만든 갈레트의 일종 ... AU
Soupe au cantal : 캉탈 치즈와 닭 육수로 만든 수프 AU
Soupe au vin : 리크, 당근, 양파, 순무에 보졸레 와인을 넣고 끓인 수프로 타피오카 펄을 넣어 먹는다 ... LY
Soupe aux choux auvergnate : 오베르뉴식 양배추 수프. 명아주 잎, 베이컨을 넣어 만든다.
Soupe de l'ubac : 우유, 감자, 가늘게 간 치즈로 만든 수프로 송아지 정강이를 넣어 깊은 맛을 낸다 ... DA
Soupe de Tullins : 흰 강낭콩, 양파, 당근, 리크를 넣은 수프… DA
Soupe lyonnaise à l'oignon : 리옹식 양파 수프. 돼지기름에 볶은 양파에 닭 육수를 넣고 끓인다
Tablier de sapeur : 넓적한 소의 양깃머리 또는 벌집 양에 달걀, 빵가루를 묻혀 기름에 지지거나 그릴 팬에 구운 커틀릿 ... LY
Taillerin : 일반밀, 듀럼밀 또는 메밀가루로 만든 넓적한 면 파스타
Tourte de saumon à la brivadoise : 브리우드(Brioude)식 연어 파이. 퍼유타주 반죽 시트에 연어와 느타리버섯을 채워 굽는다 ... BO
Truffade : 감자, 베이컨, 캉탈 치즈, 마늘을 주재료로 한다 ... AU
Truite au lard : 베이컨을 곁들인 송어 요리. 오베르뉴 햄의 지방을 사용해 팬에 지진다.
Veau à l'aixoise : 엑스(Aix)식 송아지 요리. 비계로 감싼 송아지 뒷 허벅지 살에 밤과 각종 채소를 넣고 냄비에 뭉근히 익힌다 ... SA
Veau farci à la mode du Bugey : 뷔제 스타일 소를 채운 송아지 요리. 송아지 어깨살에 느타리버섯, 다진 송아지 살코기, 돼지비계, 닭 간 등으로 만든 소를 채워 넣는다.

디저트, 파티스리

Bugne lyonnaise : 리옹식 튀김과자. 반죽에 이스트를 넣기도 한다.
Farinette : 두툼하게 지진 크레프의 일종으로 요즘에는 달콤한 디저트로 먹는다 ... AU
Galette bressane : 브리오슈 반죽에 생크림과 설탕을 덮어 구운 브레스식 갈레트.
Galette de Pérouges : 얇고 넓적한 갈레트로 브리오슈 반죽에 버터와 설탕을 뿌린 뒤 오븐에 구워 캐러멜라이즈한다.
Gâteau aux marrons du Forez : 포레즈 밤 케이크
Gâteau aux noix : 호두 케이크 : 꿀, 캐러멜, 호두 크림을 채운 케이크 ... DA
Gâteau de Savoie
Gaufre bressane : 소금물과 밀가루로 만든 가벼운 반죽을 얇게 눌러 구운 브레스식 와플의 일종으로 철판으로 찍어 만든다 ... AU
Pain de courge : 단호박 브리오슈 ... DA
Pâté de la batteuse : 과일을 채워 넣은 넓적하고 큰 사이즈의 쇼송 파이 ... FO, ML
Piquenchâgne : 빵 반죽 또는 브리오슈 반죽에 서양배를 통째로 박아 넣은 갈레트 ... BO
Plum-cake voironnais : 부아롱식 플럼 케이크. 당절임 과일을 넣고 럼을 촉촉하게 뿌린 파운드 케이크.
Pogne de Romans : 오렌지 블러섬 워터로 향을 낸 둥근 왕관 모양의 브리오슈 빵.
Pompe aux pommes : 파트 브리제 또는 퍼유타주 반죽에 사과를 넣은 쇼송, 또는 파이 ... AU
Rissole savoyarde : 파트 브리제 또는 퍼유타주 반죽에 잼이나 과일 콩포트를 채운 사부아식 작은 파이
Suisse de Valence : 스위스 근위병 모양의 사블레 과자로 당절임 오렌지 껍질을 넣어 향을 낸다.
Tarte à l'encalat ou tarte de vic : 파트 브리제 또는 파트 사블레 시트에 커드 밀크 혼합물을 채워 구운 타르트 ... AU
Tarte à la mie de pain : 파트 브리제 시트 안에 굳은 빵, 우유, 설탕, 아몬드가루로 만든 필링을 채워 구운 타르트 ... LY
Tarte aux quemeaux : 파트 브리제 안에 프로마주 블랑을 넣어 구운 치즈 타르트. 짭짤한 맛, 달콤한 맛 모두 가능하다.

기타

Huile d'olive de Nyons 니옹스 올리브오일 DA AOP
Huile de colza grillée 로스티드 카놀라오일 FO, BE
Huile de noix 호두오일 ... DA
Moutarde de Charroux 샤루 머스터드 ... AU

당과류, 사탕, 과자류

Bouffette de Mens : 두 개의 작은 타원형 제누아즈 시트 사이에 설탕 크림을 채운 과자 ... DA
Carré de Salers : 사각형 모양의 얇은 비스킷 과자
Chocolat à la Chartreuse (liqueur) : 샤르트뢰즈(리큐어)를 넣은 초콜릿
Cloche d'Annecy : 헤이즐넛 프랄린을 채워 넣고 그랑 마르니에로 향을 낸 종 모양의 초콜릿 봉봉
Cocon de Lyon : 아몬드 페이스트 안에 프랄리네, 당절임 오렌지 껍질, 카카오버터, 큐라소 리큐어를 채워 넣은 당과류
Cœur de Royat : 아몬드 페이스트와 당절임 과일을 채운 하트 모양의 화이트초콜릿 봉봉 ... AU
Copeau : 돌돌 말린 꽈배기 모양의 과자로 오렌지 블러섬 워터로 향을 낸다 ... AR, DR
Cornet de Murat : 원뿔 모양으로 만 과자
Coussin de Lyon : 초콜릿 가나슈를 채운 아몬드 페이스트 봉봉. 큐라소 리큐어로 향을 낸다.
Crème de marrons 밤 크림 ... AR
Croquant d'Auvergne 아주 단단한 식감의 작은 비스킷 과자.
Crotte de Marquis : 작고 동글동글한 밀크초콜릿 봉봉으로 안에는 프랄린 초콜릿이 들어 있다 ... BO
Fruits confits et glacés 당절임, 설탕 글레이즈 과일 ... AU
Macaron de Massiac 아몬드가루 대신 헤이즐넛 가루로 만든다 ... AU
Marocain de Vichy 안에 부드러운 커피 또는 초콜릿이 들어 있는 캐러멜 봉봉
Massepain d'Aigueperse : 마카롱 과자와 비슷하다.
Miel de Provence 프로방스 꿀 ... IGP
Miel des Cévennes 세벤 꿀 ... IGP
사부아 꿀, 밤나무 꿀, 아르데슈 산악지대 꿀, 루아르의 전나무 꿀, 드롬 프로방살의 라벤더 꿀, 르베르몽의 아카시아 꿀, 베르쿠르 꿀
Nougat de Montélimar : 흰색 누가. 부드러운 것, 단단한 것 두 종류가 있으며 아몬드와 피스타치오를 넣어 만든다.
Palet d'or : 동그랗고 납작한 초콜릿에 식용금박을 얹어 장식한다 ... BO
Pantin d'Annonay : 핑크색 아이싱을 씌운 사블레 쿠키 ... AR
Pastille de Vichy : 납작한 팔각형의 흰색 사탕으로 비시의 천연광천수의 염분이 들어간다.
Pâte de fruits 과일 젤리 ... AU
Pavé de Voiron : 큐브 모양의 초콜릿 봉봉으로 두 층의 아몬드 프랄리네 사이에 헤이즐넛 프랄리네가 들어 있다.
Praline d'Aigueperse : 구운 아몬드로 만든 갈색의 프랄린 ... AU
Roseau du lac : 커피 엑스트렉트를 채운 스틱 모양의 다크초콜릿 봉봉 ... AN
Sucre d'orge de Vichy : 다양한 향과 색깔의 동글납작한 캔디
Truffe de Chambéry : 샹베리의 초콜릿 트러플
Vérités de Lapalisse : 안에 다양한 향의 액체가 들어 있는 사탕 ... BO
Vincuit : 서양배와 사과 등의 과일을 끓여 얻은 짙은 갈색의 끈적끈적한 농축액 ... BR

음료, 술, 스피릿

Antésite : 무알콜, 천연 감초 추출물로 만들며 물을 타 희석해 마신다 ... DA
Arquebuse : 개양귀비, 장티안(용담속), 민트 등 33가지 식물을 원료로 한 스피릿 ... DA
Bonal : 장티안(용담속)과 기나피로 향을 낸 미스텔(mistelle) 베이스의 식전주 ... DA
Chartreuse : 다양한 약초, 허브 등의 식물을 원료로 한 리큐어. 그랑드 샤르트뢰즈(Grande Chartreuse)는 약 130가지 이상의 식물로 만든다 ... DA
Cherry Rocher : 체리 리큐어 ... DA
China-china : 스위트 오렌지와 비터 오렌지 껍질, 방향성 식물, 각종 향신료로 만든 리큐어 ... DA
Eau de noix : 덜 여문 녹색 생호두를 부순 뒤 오드비에 담가 만든다 ... DA
Génépi : 쑥을 원료로 한 리큐어 ... SA, DA
Liqueur de l'abbaye d'Aiguebelle : 피나무꽃, 세이지, 버베나, 장티안(용담속) 등 약 70가지 식물을 원료로 만든 리큐어 ... DR
Liqueurs de gentiane : 장티안(용담속)을 원료로 만든 리큐어 ... AU
Marc d'Auvergne : 포도 찌꺼기를 원료로 한 증류주, 오드비
Marc du Bugey et de Savoie 뷔제, 사부아의 마르
Mont Corbier : 히솝, 안틸리스, 캐모마일 등의 식물을 원료로 한 리큐어… SA
Suédois : 미르나무, 알로에, 장티안, 루바브 등의 식물을 원료로 한 리큐어 ... SA
Vermouth de Chambéry : 압생트, 히솝, 기나피나무 등의 식물을 드라이 화이트와인에 담가 만든다.
Verveine : 버베나를 원료로 한 리큐어 ... AU
Vins de noix : 레드와인과 녹색 호두를 원료로 만든 식전주 ... DA

미식계의 인물들

Baraterro Joseph (1887-1941) : Hôtel du Midi, Lamastre
Berchoux Joseph (1760-1839), *La Gastronomie, ou l'homme des champs à table* (1801)의 저자
Bernachon Maurice (1919-1999), Jean-Jacques (1944-2010), Philippe : Bernachon, 파티스리 겸 쇼콜라트리, Lyon
Besson René : 샤퀴트리 Bobosse, Lyon
Bidault Léa (1908-1996) : La Voûte, Lyon
Bise Marguerite (1898-1965), François (1928-1984) : L'Auberge du Père Bise, Talloires
Blanc Élisa (1883-1949), Paulette (1910-1992), Georges (1943년생) :현재 Georges Blanc, Vonnas
Bocuse Paul (1926년생) : Restaurant Paul Bocuse, Collonges-au-Mont d'Or
Bonnat Félix (1861년생), Gaston, Armand, Raymond et Stéphane : Bonnat chocolatier, Voiron
Bourgeois Marie (1870-1937) : La mère Bourgeois, Priay
Brazier Eugénie (1895-1977) : La mère Brazier, Lyon et col de la Luère
Brillat-Savarin Jean Anthelme (1755-1826), *Physiologie du goût* (1825)의 저자
Castaing Paulette (1911-2014) : Beau Rivage, Condrieu
Chapel Alain (1937-1990) : Alain Chapel, Mionnay
Fillioux Françoise (1865-1925) : La Mère Fillioux, Lyon

Giraudet Henri, 1910년 Giraudet 식품회사 설립(Bourg-en-Bresse), 이 지역을 '크넬(quenelles)'의 본고장으로 발전시킴.
Guy (« mère Guy »), 최초의 « Mère »(여성 요리사를 말함), 18세기 후반.
Marcon Régis (1956년생), Jacques (1978년생) : Régis et Jacques Marcon, Saint-Bonnet-le-Froid
Mennweg Albert (1896-1950) : Le Filet de Sole, Lyon
Nandron Joannès (1909-1963), Gérard (1934-2000) : Nandron, Lyon
Pernollet Ernest (1918-1995) : Hôtel Pernollet, Belley
Pic André (1893-1984), Jacques (1932-1992), Anne-Sophie (1969년생) : Pic, 이후 Maison Pic, Valence
Point Fernand (1897-1955) : La Pyramide, Vienne
Richard Renée (1930-2014) : 치즈 전문점 Renée Richard, Lyon
Rochedy Michel (né en 1936) : Le Chabichou, Courchevel
Roucou Roger (1921-2012) : La Mère Guy, Lyon
Sibilia Colette (née en 1933) : 샤퀴트리 Sibilia, Lyon
Têtedoie Christian (né en 1961) : Christian Têtedoie, Lyon
Troisgros Jean-Baptiste (1898-1974), Jean (1926-1983), Pierre (1928-2020), Troisgros Michel(1958 년생) : 현재 Troisgros, Ouches
Trolliet Maurice, Alexis : 정육점 Trolliet, Lyon
Vettard Antoine (1883-1975) : 카페 Neuf Vettard, Lyon
Veyrat Marc (1950년생) : La Maison des bois, Manigod
Vieira Serge (1977년생) : Restaurant Serge Vieira, Chaudes-Aigues
Vignard Jean (1899-1972) : Chez Juliette, Lyon

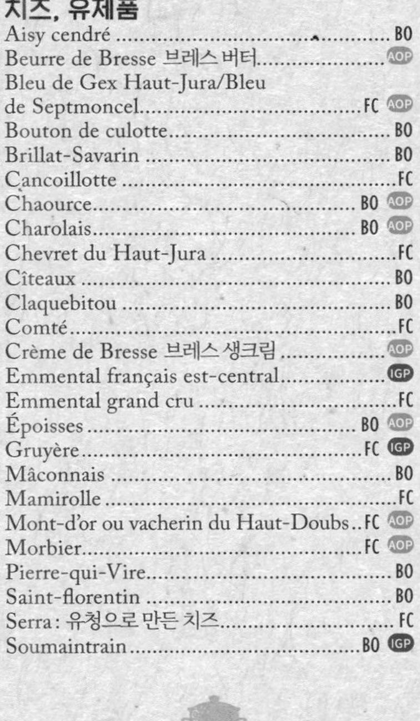

지역 최고의 특산품

부르고뉴 , 프랑슈 콩테

BOURGOGNE FRANCHE-COMTÉ

BO : BOURGOGNE ; FC : FRANCHE-COMTÉ ; MO : MORVAN

육류
Bœuf charolais 샤롤레 품종 소 .... IGP
Bœuf de Charolles 샤롤 소 .... AOP
Mouton charollais 샤롤레 품종 양
Porc de Franche-Comté 프랑슈 콩테 돼지 .... IGP
Poulet et chapon noir de Bourgogne 부르고뉴의 검은 깃털 토종닭, 샤퐁
Volailles de Bourgogne 부르고뉴 가금육 ...... IGP
Volailles de Bresse : 브레스 가금육 : 샤퐁(chapon 살찌운 거세 수탉), 칠면조, 풀라르드(poularde 살찌운 어린 암탉), 영계(poulet) 등 .... AOP
Volailles du Charolais 샤롤레 가금육 .... IGP
Volailles du plateau de Langres 랑그르 고원의 가금육 .... IGP

채소, 과일
Asperges de Ruffey 아스파라거스 .... BO
Belle fille de Salins : 벨 피유 드 살랭 품종 사과 FC
Cassis de Bourgogne 부르고뉴 블랙커런트
Cerise marmotte 마르모트 체리 .... BO
Oignon d'Auxonne 옥손 양파 .... BO

Pruneau de Vitteaux 비토 건자두 .... BO

생선, 해산물
Brochet 강꼬치고기
Friture de Saône : 손 지방의 새끼 잉어 튀김 .... BO
Perche 유로피안 퍼치
Tanche 텐치(잉어과)

제빵
Bôlon/baulon : 보리빵 .... FC
Craquelin : 발효반죽으로 만든 비에누아즈리의 일종 .... FC

샤퀴트리
Andouillette de Chablis .... BO
Andouillette de Clamecy .... MO
Brési : 염장한 뒤 훈연, 건조한 소고기 .... FC
Gandeuillot : 훈연한 돼지고기 앙두이예트 .... FC
Hatereau : 내장, 부속으로 만든 완자의 일종 ..... BO
Jambon à la lie de vin 와인 지게미에 익힌 햄 . BO
Jambon cuit à l'os, après salage et fumage 염장, 훈제한 뒤 익힌 본 인 스모크햄 .... FC
Jambon de Luxeuil : 훠쇠이 건조 생햄. 레드와인에 담가둔 뒤 마른 소금으로 염지하고 살짝 훈연한다 FC
Jambon du Morvan : 염장, 건조한 생햄.
Jambon fumé du Haut-Doubs : 오 두(Haut-Doubs)의 훈연 생햄.
Jambon persillé de Bourgogne : 부르고뉴 파슬리 햄. 염지한 돼지 뒷다리살, 앞다리살을 익힌 후 파슬리 즐레를 씌워 틀에 굳힌다.
Langue de bœuf fumée 훈제 우설 .... FC
Rosette du Morvan : 모르방의 건조 소시지 .... FC
Saucisse au chou 양배추 소시지 .... FC
Saucisse de Foncine 양배추를 넣은 퐁신 르 오(Foncine-le-Haut)의 훈제 소시지 .... FC
Saucisse de Montbéliard 몽벨리아르 소시지 IGP
Saucisse de Morteau : 몽벨리아르 소시지보다 더 굵고 기름지며 훈연향도 짙다 .... IGP
Tourte morvandelle 돼지고기를 채운 파이의 일종
Viandes de porc salées et fumées 염장, 훈제 돼지고기 .... FC

치즈, 유제품
Aisy cendré .... BO
Beurre de Bresse 브레스 버터 .... AOP
Bleu de Gex Haut-Jura/Bleu de Septmoncel .... FC AOP
Bouton de culotte .... BO
Brillat-Savarin .... BO
Cancoillotte .... FC
Chaource .... BO AOP
Charolais .... BO AOP
Chevret du Haut-Jura .... FC
Cîteaux .... BO
Claquebitou .... BO
Comté .... FC
Crème de Bresse 브레스 생크림 .... AOP
Emmental français est-central .... IGP
Emmental grand cru .... FC
Époisses .... BO AOP
Gruyère .... FC IGP
Mâconnais .... BO
Mamirolle .... FC
Mont-d'or ou vacherin du Haut-Doubs .. FC AOP
Morbier .... FC AOP
Pierre-qui-Vire .... BO
Saint-florentin .... BO
Serra : 유청으로 만든 치즈 .... FC
Soumaintrain .... BO IGP

요리 레시피
Bœuf à la bourguignonne : 레드와인, 베이컨, 양파를 넣은 부르고뉴식 소고기 스튜
Bouillon de grenouille 개구리 뒷다리 스튜 ..... FC
Brochet à la vésulienne : 느타리버섯과 샬롯 소스를 곁들인 브줄(Vesoul) 식 강꼬치구이 오븐구이 ...... FC
Cailles ou grives vigneronnes 생포도와 포도즙을 넣은 메추라기 또는 개똥지빠귀 요리 .... BO

Canard sauvage à la sauce infernale : 앵페르날 소스를 곁들인 야생 오리. 소스는 트루소(trousseau) 레드와인에 오리 간을 넣어 만든다 .... FC
Chèvre salée : 염장한 염소고기 .... FC
Crapiaux morvandiaux : 베이컨을 넣은 모르방식 도톰한 크레프
Croquettes jurassiennes : 콩테 치즈와 달걀 혼합물을 동그랗게 빚은 뒤 빵가루를 묻혀 튀긴 쥐라(Jura)식 크로켓 .... FC
Croûte comtoise : 슬라이스해 구운 빵 위에 크림소스 버섯을 올린 뒤 오븐에 살짝 그라티네(gratiner)한 오픈 샌드위치 .... FC
Écrevisses à la crème 크림소스 민물가재 .... FC
Entrecôte bareuzaï : 샬롯, 야생버섯 레드와인 소스를 곁들인 소 꽃등심 구이 .... BO
콩테 치즈를 얹어 익힌 송아지 에스칼로프
부르고뉴식 달팽이 요리 : 버터, 샬롯, 마늘, 파슬리를 넣는다.
Galette aux griaudes : 익히고 남은 돼지비계 자투리를 넣은 갈레트 .... MO
Gaudes : 옥수수가루로 만든 죽 또는 옥수수가루 반죽으로 부친 갈레트 .... BO, FC
Gougère : 반죽에 콩테 또는 그뤼예르 치즈를 넣어 구운 슈 .... BO
Gras-double à la franc-comtoise : 소 양깃머리에 식초, 생크림 또는 버터를 넣은 프랑슈 콩테식 내장 요리
Gratin comtois : 모르토 소시지, 가늘게 간 콩테 치즈, 감자를 오븐에 노릇하게 구운 그라탱
아르부아 화이트와인을 넣은 리크 그라탱 .... FC
Jaunottes à la crème : 크림 소스 지롤버섯 .... FC
Laitues à la nivernaise : 크림 소스를 넣어 익힌 양상추 요리
Langue de bœuf jurassienne 쥐라식 우설 요리 : 쥐라산 화이트와인에 재운 우설을 오븐에 뭉근히 자작하게 익힌다 .... FC
Langues de mouton à la nivernaise 니베르네 식 양 혀 요리 : 베이컨, 양파, 와인을 넣고 뭉근히 자작하게 익힌다.
Lapin à la dijonnaise 디종식 토끼 요리 : 머스터드 소스를 넣는다.
Lentilles au comté : 콩테 치즈 렌틸콩 요리 : 샬롯, 생크림, 콩테 치즈 혼합물에 노란 렌틸콩을 넣어 섞는다 .... FC
샤를로트 소스 야생토끼 요리 : 밀가루, 버터, 야생토끼 육즙, 식초, 육수를 넣어 소스를 만든다 .. FC
Œufs meurette : 레드와인을 넣은 부르고뉴 소스에 포칭한 달걀 요리
Omelette morvandelle 모르방 햄을 넣어 만든 오믈레트.
니베르네식 완두콩 요리 : 양상추, 방울양파 등의 햇 채소와 생크림을 넣어 만든다.
Pochouse : 와인을 넣은 생선 스튜(matelote de poissons)의 일종 .... BO
Potée bourguignonne : 돼지고기, 양배추, 각종 채소를 넣고 끓인 스튜.
Potée comtoise : 지역에서 생산되는 다양한 훈제육, 돼지 앞다리(어깨)살, 모르토 소시지를 넣은 스튜.
Poulet à la vésulienne : 브줄(Vesoul)식 닭 요리 : 닭에 양파, 돼지비계, 닭 내장부속 등으로 만든 소를 채운 뒤 오븐에 익힌다 .... FC
베르쥐 소스와 포도를 곁들인 브레스 닭 요리
Poulet morvandelle : 파슬리, 모르방 햄을 넣고 무쇠냄비에 익히는 닭 요리
뿔나팔버섯 샐러드 : 뿔나팔버섯에 파슬리, 차이브 등을 넣어 넣고 비네그레트로 드레싱한다 .... FC
Salade vigneronne : 민들레 잎, 기름이 적은 베이컨을 넣어 만드는 샐러드 .... BO
Saucisse de Morteau vigneronne : 아르부아(Arbois) 화이트와인과 베이컨을 넣은 모르토 소시지 요리 .... FC
Saupiquet des Amognes : 팬에 지진 모르방(Morvan) 햄에 샬롯 크림 소스를 곁들인 요리
Soupe au vin : 고기육수와 아르부아(Arbois) 레드와인 베이스의 수프 .... FC
Soupe aux cerises : 애피타이저로 즐기는 체리 수프로 그리요트 체리에 버터, 설탕을 넣어 만든다 FC
Soupe nivernaise : 양고기 육수 베이스의 채소 수프
Truites au vin rouge 레드와인 소스 송어 요리 .. BO
Tutsche/toutché : 브리오슈 반죽으로 만든 갈레트로 짭짤하게 먹는다 .... FC

디저트, 파티스리
Cion : 달콤한 프로마주 블랑 타르트 .... BO
Flamusse ou flamousse : 서양호박 또는 단호박으로 만든 플랑 .... BO
Galette de goumeau : 브리오슈 반죽 시트에 달걀, 생크림 혼합물(goumeau)를 채워 구운 갈레트 ..... FC
Pain aux œufs : 크림 카라멜의 일종 .... FC
Pain d'épices de Dijon
Pain d'épices de Vercel .... FC
Rigodon : 브리오슈 빵으로 만든 브레드 푸딩 .... BO
Tapinette : 커드(curd) 타르트 .... BO

Tartouillat : 클라푸티(clafoutis)의 일종 .... BO
Téméraire : 사과, 헤이즐넛, 건포도 등을 넣은 과일 케이크 .... FC

기타
Escargot de Bourgogne
Moutarde de Dijon/moutarde de Bourgogne 디종 머스터드/부르고뉴 머스터드 .... IGP
Truffe de Bourgogne 부르고뉴 트러플
Vinaigre de vin rouge de Bourgogne 부르고뉴 레드와인 식초

당과류, 사탕, 과자류
Amande royale : 프랄린, 누가틴, 초콜릿으로 만든 아몬드 모양의 봉봉 .... FC
Anis de Flavigny : 아니스 씨에 향을 입힌 설탕을 씌워 만든 사탕
Biscuit de Chablis/Duché : 와인에 적셔 먹거나 각종 시럽 등에 적셔 디저트에 사용한다.
Biscuit de Montbozon 오렌지 블러섬 워터로 향을 낸 과자 .... FC
Caramel mou 소프트 캐러멜 .... FC
Cassissine de Dijon : 카시스(블랙커런트) 젤리. 안에 카시스 리큐어가 들어 있다.
Corniotte, de Louhans : 파트 브리제 반죽 위에 슈 반죽을 얹어 구운 삼각모자 모양의 비에누아즈리
Cramaillotte : 민들레 꽃 즐레 .... BO
Croquet de Donzy 아몬드를 넣어 만든 비스코티 류의 과자 .... BO
Dragée de Besançon
Gaufrette mâconnaise 얇게 구운 와플을 가늘고 길게 돌돌 만 과자
Gimblette : 아몬드를 넣은 팽 데피스로 만든 작은 과자 .... BO
Griotte : 키르슈에 담가 절인 그리요트 체리에 초콜릿을 입힌 봉봉
Miel de sapin des Vosges 보주 전나무 꿀 ..... AOP
Négus, de Nevers : 초콜릿 또는 커피 맛 소프트 시럽을 채운 단단한 캔디
Nonnette : 팽 데피스 안에 잼을 채워 넣은 작은 케이크 .... BO
Nougatine de Nevers : 색색의 로열 아이싱을 씌운 누가틴 봉봉
Pavé bisontin Bouteloup : 아몬드, 헤이즐넛 프랄린
Raisiné de Bourgogne : 포도 즐레
Sèche comtoise : 푀유테 반죽으로 만든 바삭한 과자

음료, 술, 스피릿
Apéritifs à la gentiane 장티안(용담속) 아페리티프 FC
Cassis de Dijon 디종 카시스(블랙커런트) 리큐어
Cidre du pays d'Othe .... BO
Crème de framboises 라즈베리 리큐어 .... BO
Eau-de-vie de gentiane 장티안 브랜디 .... FC
Eau-de-vie de marc originaire de Franche-Comté 프랑슈 콩테 마르 브랜디 .... IG
Eau-de-vie de vin originaire de Franche-Comté 프랑슈 콩테 포도주 브랜디 .... IG
Fine de Bourgogne 부르고뉴 포도주 브랜디 .... IG
Kirsch de Fougerolles : 체리 브랜디 .... FC IG
Kirsch de la Marsotte : 체리 브랜디 .... FC
Les anis de Pontarlier : 아니스 베이스의 식전주
Liqueur de prunelles : 야생자두 리큐어 .... BO
Liqueur de sapin : 전나무 리큐어 .... BO
Macvin du Jura : 포도즙과 쥐라 마르 브랜디를 블렌딩한 술 .... AOP
Marc de Bourgogne : 포도 찌꺼기를 이용해 만든 증류주, 마르 브랜디 .... IG
Prunelle de Bourgogne : 야생자두 리큐어
Ratafia de Bourgogne
Ratafia de cidre .... BO

미식계의 인물들
Burtin Victor (1877-1937) : Hôtel d'Europe et d'Angleterre, Mâcon
Dumaine Alexandre (1895-1974) : La Côte d'Or, Saulieu
Frachot William (1970년생) : Hostellerie du Chapeau Rouge, Dijon
Jung Ernest (1921-2004) : Le Chapeau

Rouge, Dijon
Kir Adrien (Le chanoine) (1876-1968), 수도참사회원으로 디종 시장을 역임했다. 훗날, 그의 이름을 붙인 칵테일 '키르(kir)'가 큰 인기를 끌며 대중화되었다.
La Varenne (François Pierre de) (1618-1678), cuisinier, *Le Cuisinier françois*(1653)의 저자
Lameloise Jean (1921년생), Jacques (1947년생) : Lameloise, Chagny
Loiseau Bernard (1951-2003) : La Côte d'Or, Saulieu
Menau Marc (1944년생) : L'Espérance, Saint-Père-sous-Vézelay
Racouchot Henry (1883-1954) : Les Trois faisans, Dijon
Rousseau Pierre (1863-1912), Châtillon-en-Bazois 출생, 타이타닉호 주방장.

지역 최고의 특산품

브르타뉴
BRETAGNE

육류
Oie de Sougéal 수제알 거위
Poule coucou de Rennes 쿠쿠 드 렌 품종 닭
Prés-salés du Mont-Saint-Michel 몽생미셸 프레 살레 양 ... AOP
Volailles de Bretagne 브르타뉴 가금육 ... AOP
Volailles de Janzé 장제 가금육 ... AOP

채소, 과일
Artichaut camus de Bretagne '카뮈 드 브르타뉴' 아티초크
Bricolin 케일과 비슷한 양배추 어린 잎
Carotte de sable de Santec 모래질 토양에서 자라는 상텍 당근
Chou pommé breton 브르타뉴 양배추
Chou-fleur d'hiver 겨울 콜리플라워
Échalote 샬롯
Endive de Kerlouan 케를루앙 엔다이브
Fraise de Plougastel-Daoulas 플루가스텔-다울라스 딸기
Haricot coco de Paimpol '코코 드 팽폴' 강낭콩 AOP
Marron de Redon 르동 밤
Melon petit gris de Rennes '프티 그리 드 렌' 멜론
Oignon rosé de Roscoff 로스코프의 핑크 양파 AOP
Pommes reinette d'Armorique '레네트 다르모리크' 사과

생선, 해산물
Anguille 장어
Araignée 스파이더 크랩
Bar de ligne 줄낚시로 잡은 농어
Bigorneau 경단고둥
Congre 붕장어
Coquille Saint-Jacques 가리비조개
Coquille Saint-Jacques des Côtes d'Armor 장어 ... AOP
Crevette, bouquet et crevette grise 새우 : 분홍새우, 유럽 갈색새우 등
Étrille 벨벳 크랩
Homard 랍스터
Huîtres de Bretagne 브르타뉴 굴
Langouste 랑구스트, 스파이니 랍스터
Langoustine 랑구스틴, 스캄피, 가시발새우
Lieu de ligne 줄낚시로 잡은 대구
Lotte 아귀
Maquereau au vin blanc 화이트와인에 절인 고등어
Maquereau de ligne 줄낚시로 잡은 고등어
Moule de bouchot 양식 홍합
Moule de bouchot de la baie du Mont-Saint-Michel 생미셸 만(灣)의 양식 홍합 ... AOP
Ormeau 전복
Palourde 대합조개
Pouce-pied 거북손
Praire 사마귀조개(백합과)
Rouget barbet 노랑촉수
Sardine à l'huile 기름에 절인 정어리
Sardine de bolinche 어망낚시 정어리
Seiche 갑오징어
Thon blanc au naturel 흰다랑어(라이트스탠다드 참치 통조림)
Thon germon 날개다랑어
Tourteau 브라운 크랩

제빵
Bourgueu : 브리오슈 빵의 일종
Fouesse : 브리오슈 빵의 일종
Gochtial : 브리오슈 빵의 일종
Pain chapeau : 마치 릴리지외즈(religieuse) 처럼 모자(chapeau)를 얹은 듯한 모양에서 이름을 따온 빵.
Pain de seigle breton : 브르타뉴 호밀빵
Pain doux : 브리오슈 빵의 일종
Pain noir, de seigle : 호밀로 만든 검은 빵
Pain plié : 겹치듯이 접어 쌓아올린 모양의 빵
Pain sucré : 달콤한 빵
Pastéchou : 건포도 또는 건자두를 넣은 브리오슈 빵

샤퀴트리
Andouille de Guémené
Graisse salée : 돼지비계에 소금, 후추, 다진 양파 등을 넣고 녹인 뒤 틀에 넣어 굳힌 것.
Lard breton : 소금물에 염지한 돼지 삼겹살 덩어리를 오븐에 구운 것.
Pâté breton : 돼지고기와 비계, 향신 재료 등을 섞어 만든 브르타뉴식 파테.
Pâté rennais : 소 창자 등의 부속과 양파, 당근으로 만들어 젤리처럼 굳힌 브르타뉴식 파테.

치즈, 유제품
Beurre breton, demi-sel : 브르타뉴 가염버터
Fromage de Campénéac : 캉페네악 치즈
Fromage de Timadeuc : 티마되크 수도원 치즈
Gros lait : 약간 끈적끈적한 점도를 지닌 걸쭉한 우유 커드
Lait ribot : 발효 우유

요리 레시피
Artichauts à la rennaise : 껍질을 벗긴 아티초크 속살과 베이컨, 양파를 코코트 냄비에 넣고 육수와 와인에 자작하게 익힌다.
Bouillie d'avoine : 오트밀 죽
Congre à la bretonne 브르타뉴식 붕장어 스튜 : 감자, 양파, 뮈스카데 와인을 넣어 만든다.
Coquilles Saint-Jacques à la bretonne : 브르타뉴식 가리비 요리
Cotriade : 브르타뉴식 부야베스
Crevettes (grises) au cidre : 시드르를 넣어 익힌 (유럽 갈색) 새우 요리
Galettes de blé noir/sarrasin 메밀 갈레트
Gigot de pré-salé à la bretonne 브르타뉴식 프레 살레 양 뒷다리 구이 : 코코 드 팽폴(cocos de Paimpol) 강낭콩을 곁들인다.
Godaille lorientaise : 로리앙식 생선 수프
Haricots blancs à la bretonne 브르타뉴식 흰 강낭콩 요리 : 코코 드 팽폴 콩에 양파, 토마토를 넣고 냄비에 익힌다.
Homards à l'armoricaine 아르모리켄 랍스터 요리 : 토마토, 타라곤, 샬롯, 화이트와인을 넣어 소스를 만든다.
Homards au cari, à la morbihannaise 모르비앙식 커리 소스 랍스터 : 버터, 양파, 시드르 브랜디, 인도식 커리가루로 소스를 만든다.
Kig ha farz : 소고기, 돼지고기(정강이살), 메밀 반죽을 넣어 끓인 브르타뉴식 포토푀.
Kouign patatez : 으깬 감자와 (메)밀가루를 섞어 오븐에 구운 두툼한 갈레트
Maquereaux à la quimpéroise : 캥페르식 고등어 요리 : 쿠르부이용에 익힌 뒤 버터 소스를 곁들인다.
Miton rennais : 굳은 빵에 우유, 버터, 달걀 등을 넣고 끓인 걸쭉한 수프.
Morue à la brestoise : 브레스트식 염장대구 요리 : 잘게 부순 염장대구 살과 익혀서 얇게 썬 감자에 리크 크림소스를 넣고 오븐에 익힌다.
Morue à la paimpolaise 팽폴식 염장대구 요리 : 염장대구 감자 그라탱
Morues à la dinardaise 디나르식 염장대구 요리 : 염장대구 살과 으깬 감자로 만든 크로켓
Potage aux marrons de Redon 르동의 밤 수프
Pot-au-feu de congre bellilois 벨 일 앙 메르 (Belle-Île-en-Mer)의 붕장어 포토푀
Potées bretonnes 브르타뉴식 포테 : 렌식 포테는 돼지 정강이, 족, 꼬리, 귀 등을 넣고 캥페르에서는 소고기, 돼지비계, 훈제 소시지 등을 넣는다.
Ragoût de langues de morue 염장대구 혀 스튜 : 양파, 감자를 넣어 끓인다.
Rognons de veau au cidre 시드르를 넣은 송아지 콩팥 요리
Soupe « à la bretonne » aux haricots blancs 브르타뉴식 흰 강낭콩 수프
Soupe au sarrasin et au lard 베이컨을 넣은 메밀가루 수프
Soupe d'étrilles 벨벳 크랩 수프
Soupe de berniques 림펫(삿갓조개) 수프
Soupe de bricolins 브리콜랭(양배추 어린 잎) 수프
Thon cocotte des pêcheurs de Cornouaille : 참치 살과 당근, 완두콩 등의 채소를 냄비에 넣고 자작하게 익힌다.
Tripes aux poireaux et au cidre : 리크와 시드르를 넣은 반(Vannes)식 곱창 스튜

디저트, 파티스리
Crêpes de froment 밀가루 반죽 크레프
Far breton : 플랑의 일종으로 최근에는 주로 건자두를 넣어 만든다.
Gâteau breton : 가염버터를 넣어 만든 두툼한 케이크
Kouign-amann : 푀유테 반죽, 설탕, 버터로 만든 케이크
Pommé rennais : 렌(Rennes)식 애플파이 또는 사각형의 애플 쇼송.

기타
Farine de blé noir de Bretagne 브르타뉴 메밀가루 ... AOP
Sel ou fleur de sel de Guérande 게랑드 소금, 플뢰르 드 셀 ... AOP

당과류, 사탕, 과자류
Crêpe dentelle 레이스처럼 얇고 바삭한 크레프 과자
Miel de sarrasin 메밀 꿀
Niniche de Quiberon : 길쭉하고 가는 원통형의 막대사탕으로 캐러멜 맛이 가장 일반적이다.
Palet breton 동그랗고 납작한 브르타뉴의 버터 쿠키
Patate de Saint-Malo : 아몬드 페이스트에 아몬드 가루를 씌운 봉봉
Pommé (confiture de cidre) 시드르 잼

음료, 술, 스피릿
Bouchinot : 약초, 허브 등의 식물의 향을 우린 추출물에 우유를 넣은 리큐어
Cidre de Bretagne ... AOP
Cidre de Cornouaille ... AOP
Eau-de-vie de cidre de Bretagne 브르타뉴 시드르 블랜디 ... IG
Élixir d'Armorique : 민트, 야생 쑥 등 식물을 원료로 한 리큐어
Hydromel, chouchen : 물로 희석한 꿀을 발효한 봉밀주
Pommeau de Bretagne : 착즙한 사과(시드르용) 주스에 시드르 브랜디를 섞은 사과 리큐어 ... IG

미식계의 인물들
Kéréver Michel (1934년생) : Hôtellerie du Lion d'Or, Liffré
Roellinger Olivier (1955년생) : La Maison de Bricourt, Cancale

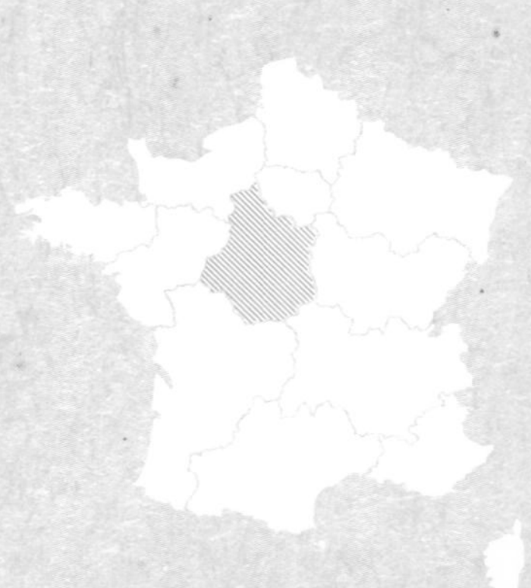

지역 최고의 특산품

상트르 발 드 루아르
CENTRE-VAL DE LOIRE

BE : BEAUCE ; BY : BERRY ; GA : GÂTINAIS ; OR : ORLÉANAIS ; SO : SOLOGNE ; TO : TOURAINE

육류
Dinde noire de Sologne 솔로뉴의 검은 칠면조
Géline de Touraine 투렌의 토종 암탉
Mouton solognot 솔로뉴 양
Oie de Touraine 투렌 거위
Poule « noire du Berry » 베리의 검은 암탉
Volailles de l'Orléanais 오를레아네 가금육 ... IGP
Volailles du Berry 베리 가금육 ... IGP
Volailles du Gâtinais 가티네 가금육 ... IGP

채소, 과일
Champignons de couche 양송이버섯 ... TO
Courge sucrine du Berry 베리의 굽은 목 호박
Haricot riz comtesse de Chambord 샹보르 콩테스 강낭콩
Lentilles vertes du Berry 베리의 그린 렌틸콩 IGP
Safran 사프란
Truffe 트러플

생선, 해산물
Alose 청어과의 생선
Anguille 장어
Lamproie 칠성장어
Brochet et carpes des étangs de la Brenne et de Sologne 브렌호, 솔로뉴호의 강꼬치고기와 잉어

제빵
Fouace de Lerné : 향신료를 넣은 작은 크기의 브리오슈 ... TO
Fouée : 작고 납작한 빵으로 안에 다양한 재료를 넣어 먹기도 한다 ... TO
Radillat ou pain bénit : 버터를 넣어 만든 갈레트 모양의 얇은 빵 ... BY

샤퀴트리
Andouillette de Jargeau 자르조 앙두이예트 ... OR
Andouillettes de Vouvray 부브레 앙두이예트 ... TO
Pâté de Chartres : 중앙에 푸아그라를 넣은 파테 앙 크루트
Pâté de Pâques 부활절 파테 : 달걀이 들어간 파테 앙 크루트 ... BY

Rillettes de Tours .... IGP
Rillons : 굳직한 큐브 모양으로 자른 돼지 삼겹살을 돼지 기름에 익힌 것........................... TO

치즈, 유제품

(Crottin de) Chavignol.......................... BY AOP
Feuille de Dreux
Pithiviers au foin
Pouligny saint-pierre .... BY AOP
Sainte-maure de Touraine .... AOP
Selles-sur-cher................................ BY, SO AOP
Valençay.. BY, TO AOP

요리 레시피

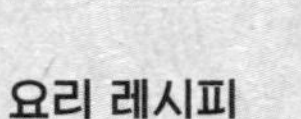

Alose à l'oseille 소렐을 넣은 유럽청어 요리
Beuchelle tourangelle : 송아지 흉선과 콩팥에 버섯, 생크림을 넣은 투르(Tours)의 특선 요리
Citrouillat berrichon : 베리(Berry)식 서양호박 파이
Feuilleté au sainte-maure de Touraine 투렌의 생 모르 치즈 파이
Friture de Loire 루아르의 민물생선 튀김: 새끼 잉어, 모샘치 등의 작은 민물생선
Galette aux pommes de terre 감자 갈레트: 퍼유타주 반죽 안에 감자 퓌레를 채운 다양한 모양의 파이.. BY
Matelote d'anguilles 장어 마틀로트(와인을 넣은 생선 스튜)
Œufs à la couille d'âne : 졸인 레드와인 소스에 포칭한 달걀.. BY
Pâté de pomme de terre, en croûte 감자를 채운 파테 앙 크루트.. BY
Pommes de terre solognotes 솔로뉴식 감자 요리 : 우유에 익힌 감자에 생크림을 넣고 오븐에 구운 그라탱
Poulet en barbouille : 소스에 피를 넣어 걸쭉하게 농도를 낸 닭고기 스튜 .... BY
Rata beauceron : 보스식 스튜. 감자에 돼지삼겹살, 볶은 양파를 넣어 만든다.
Sandre à la vouvrillonne 부브레(Vouvray)식 민물농어 요리 : 느타리버섯과 채소를 깔고 생선을 놓은 뒤 부브레 와인을 붓고 오븐에 익힌다 .... TO

디저트, 파티스리

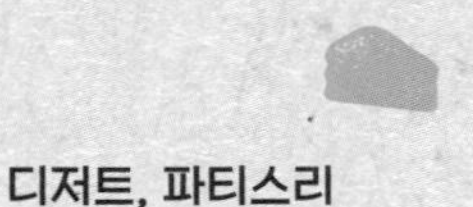

Clafoutis... BY
Croquets aux amandes 아몬드 비스코티 .... SO
Galette bourgueilloise : 부르괴이(Bourgueil)식 갈레트 : 브리오슈 반죽 갈레트 안에 바닐라 크림을 채워 넣는다.. TO
Montrichard : 아몬드가루로 만든 가벼운 식감의 케이크 .... TO
Nougat de Tours : 파트 쉬크레 시트 위에 당절임 과일을 채운 뒤 아몬드가루 마카로나드(macaronade)를 덮은 케이크
Pithiviers feuilleté : 퍼유테 반죽 시트에 럼으로 향을 낸 아몬드 크림을 채운 파이
Pithiviers fondant : 프랑지판(frangipane)을 채운 퍼유테 반죽 파이
Poirat du Berry : 서양배 파이
Sanciau : 사과를 채운 두툼한 크레프.............. BY
Tarte aux barriaux : 건자두를 채운 타르트....... BY
Tarte du vigneron : 와인 잼을 씌운 캐러멜라이즈드 애플 타르트.......................... TO
Tarte tatin 타르트 타탱.................................... SO

기타

Huile de noix 호두 오일.................................. TO
Poires tapées : 서양배의 껍질을 벗겨 말린 뒤 납작하게 두드린다.. TO
Vinaigre d'Orléans 오를레앙 식초

당과류, 사탕, 과자류

Aristocrate : 잘게 썬 아몬드를 넣은 캐러멜라이즈드 쿠키.. SO
Casse-museau : 반죽에 염소치즈를 넣어 구운 작은 케이크.. BY
Cotignac d'Orléans : 유럽모과 젤리
Échaudé de Brenne : 반죽을 끓는 물에 한 번 데친 뒤 오븐에 구운 단단하고 바삭한 비스킷..... BY
Forestine : 프랄리네를 채운 사탕 .... BY
Macaron de Cormery 코메르시 마카롱.......... TO
Macaron de Langeais 랑제 마카롱.................. TO
Mentchikoff : 프랄리네 초콜릿에 스위스 머랭을 씌운 봉봉... BE
Miel du gâtinais 가티네 꿀
Muscadin : 키르슈에 담가둔 당절임 체리를 밤 크림으로 감싼 뒤 초콜릿을 씌운 봉봉................. TO
Prasline de Montargis 몽타르지 프랄린 .... GA
Sablé de Nançay 낭세 사블레........................... BY

음료, 술, 스피릿

Bernache : 살짝 발효된 포도즙...................... TO
Eau-de-vie de poire d'Olivet 올리베 서양배 브랜디
Pousse d'épine : 포도주에 야생 가지자두 새순을 넣어 만든 아페리티프 술

미식계의 인물들

Bardet Jean (1941년생) : Jean Bardet Château Belmont, Tours
Barrier Charles (1916-2009) : Le Nègre ; Charles Barrier, Tours
Dépée Lucienne-Anne (1906-2006) : Auberge des Templiers, Boismorand
Doreau Roger (1919-1981) : Auberge des Templiers, Boismorand
Puisais Jacques (1927년생), 양조학자. 투르(Tours)에 프랑스 맛 연구소(Institut français du goût) 설립
Rabelais (1494 ?-1553), 문인, *Pantagruel* (1532) et *Gargantua* (1534)의 저자

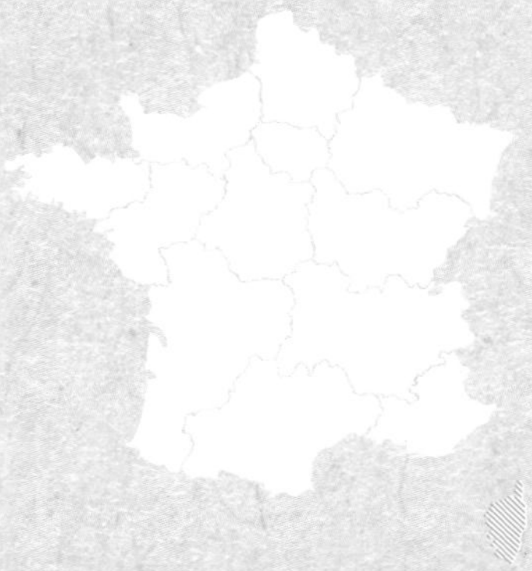

지역 최고의 특산품

코르시카

CORSE

육류

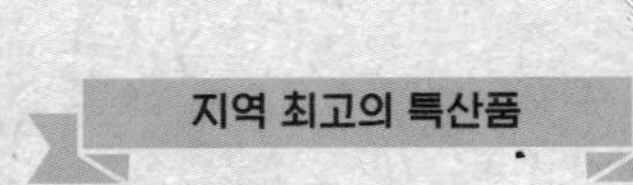

Cabri 코르시카 토종 젖먹이 양
Manzu : 코르시카 토종 어린 송아지(어미젖과 풀을 먹고 자란다
Nustrale : 코르시카 토종 돼지품종. 코르시카 섬의 AOP(원산지명칭보호) 샤퀴트리는 모두 이 품종의 돼지로 만들어진다.
Sanglier 멧돼지

채소, 과일

Amandes 아몬드
Arbouse 서양소귀나무, 딸기나무
Cédrat 세드라, 시트론
Châtaigne 밤
Citron 레몬
Clémentine de Corse 코르시카 클레망틴 귤. IGP
Figue 무화과
Figue de Barbarie 백년초
Grenade 석류
Mandarine 만다린 귤, 탠저린
Noisette de Cervione 세르비온 헤이즐넛..... IGP
Orange 오렌지
Pomelo 포멜로... IGP

생선, 해산물

Anchois 멸치, 안초비
Anguille 장어
Bianchettu 정어리, 멸치 등의 치어
Boutargue 보타르가, 어란
Chapon 붉은점감펭
Dentice 유럽황돔
Grande araignée de mer 대형 스파이더크랩
Huître 굴
Langouste 랑구스트, 스파이니 랍스터
Mulet 숭어
Oursin 성게
Rouget 노랑촉수
Sardine 정어리
Thon 다랑어, 참치
Truite 송어

제빵

Pan di i morti « pain des morts » 판 디 모르티('죽은 자들의 빵') : 호두와 건포도를 넣은 브리오슈 빵

샤퀴트리

Coppa : 돼지목살을 염장, 건조한 살라미의 일종 AOP
Ficatellu : 돼지고기와 돼지간으로 만든 소시지(생소시지, 또는 건조 소시지)
Lonzu : 기름기가 없는 돼지 등심살을 염장, 건조, 훈연한 살라미... AOP
Panzetta : 염장, 훈연, 건조한 돼지 삼겹살
Pâté de foie de porc 돼지 간 파테
Prisuttu : 염장, 건조한 돼지 뒷다리 생햄. 프로슈토... AOP
Salamu : 건조 소시송, 살라미
Salcicetta : 익혀 먹는 생소시지, 살시챠
Sangui : 부댕. 양파, 근대, 건포도, 돼지 골 등 다양한 재료를 넣어 만든다.
Vuletta : 염장, 건조한 돼지 목구멍 비곗살

치즈, 유제품

Bastelicacciu
Brocciu... AOP
Calinzana
Cuscio
Niolo
Venaco

요리 레시피

Agneau au pain vinaigré 식초를 넣은 빵을 곁들인 양고기 요리
Anchoïade : 앙슈아야드
Artichauts farcis au brocciu 브로치우 치즈를 채운 아티초크
Azimìnu : 코르시카식 부야베스
Bugliticcia : 양젖 또는 염소젖 크림 치즈에 달걀, 메밀가루와 빵가루를 입혀 튀긴다
Cabri à l'étouffée 토종 양고기(Cabri 품종) 찜
Fritelle d'herbes : 채소 허브 튀김
Friture d'anguilles : 장어 튀김
Langoustes aux pommes de terre 감자를 곁들인 스파이니 랍스터 요리
Lapin à l'ail : 마늘을 넣은 토끼 요리
Macaronis en pastizzu : 삶은 마카로니와 치즈를 채워 구운 파이
Minestra d'été ou d'automne : 여름 또는 가을에 즐겨먹는 채소 수프(당근, 주키니호박, 리크, 감자, 양파, 돼지고기 등을 넣는다)
Omelette au brocciu frais 브로치우 크림 치즈 오믈렛
Pestu : 안초비, 토마토, 고추, 호두, 마늘로 맛을 낸 토마토 소스(레드 페스토)를 곁들인 스톡피시(stockfisch 말린 대구)
Pigeon aux olives : 올리브를 넣은 비둘기 요리
Piverunata de Corte : 코르트식 양고기 스튜. 피망, 토마토, 레드와인으로 만든 소스에 뭉근히 익힌다.
Poêlon d'escargots : 올리브오일, 양파, 안초비, 토마토 베이스의 익힌 소스를 곁들인다.
Poissons à l'agliotu 코르시카식 마늘 소스 생선요리 : 도미, 숭어, 파조(붉은도미) 등의 생선에 오일, 식초, 마늘, 향신 허브 등을 넣고 익힌다.
Poulet à la sauge 세이지를 넣은 닭 요리
Pulenda de farine de châtaigne : 밤가루로 만든 코르시카식 폴렌타
Pulpettes de sanglier : 멧돼지고기, 소시지용 분쇄 돈육, 양파, 마늘을 다져 만든 미트볼
Sardines farcies aux blettes et au brocciu 근대 잎과 브로치우 치즈를 채운 정어리
Seiches ou calamars à la tomate 토마토 소스 오징어(또는 갑오징어)
Soupe aux herbes du maquis : 생허브를 넣은 채소 수프 : 감자, 양파, 강낭콩, 민들레 잎, 민트, 치커리, 보리지, 소렐, 세이보리, 펜넬, 야생 래디시, 로즈마리, 도금양 잎 등을 넣는다.
Storzapreti de Bastia : 바스티아식 치즈 볼. 치즈에 허브를 섞어 동그랗게 빚은 뒤 토마토 소스를 곁들여 익힌다.
Stuffatu : 고기 베이스의 소스를 곁들인 파스타
Thon rôti 참치 오븐구이
Tianu de riz aux olives 올리브를 넣은 라이스 : 유약을 씌운 토기 팬(tianu)에 양파, 마늘 올리브, 피카텔리(ficatelli) 소시지와 쌀을 넣고 익힌 요리.
Tourte au vert, aux épinards et/ou aux blettes 시금치 또는 근대를 넣은 채소 파이

디저트, 파티스리

Caccavellu : 부활절에 즐겨 먹는 브리오슈 빵
Castagnacciu : 밤가루로 만든 케이크
Falculella : 브로치우 치즈로 만든 달콤한 갈레트
Fiadone : 브로치우 크림치즈로 만든 케이크
Frappes : 코르시카식 튀긴 도넛
Fritella au brocciu : 브로치우를 채워 튀긴 도넛
Imbrucciata : 브로치우 치즈와 레몬 제스트를 채워 넣은 타르틀레트
Inuliata/fugazza : 반죽에 달걀을 넣지 않은 갈레트
Migliacciu : 양젖 또는 염소젖 치즈를 넣어 만든 짭짤한 갈레트
Panzarottu : 익힌 쌀을 반죽에 섞어 함께 튀긴 스낵
Pastella au brocciu : 얇은 브릭 페이스트리 안에 브로치우 치즈 혼합물을 채워 구운 쇼송
Salviata : 큰 사이즈의 구움과자

기타

Farine de châtaigne corse 코르시카의 밤가루 AOP
Huile d'olive de Corse 코르시카 올리브오일 AOP
Pâtes alimentaires : 파스타 : 탈리아리니(tagliarinis), 탈리아텔레(tagliatelles), 라냐자(lasagnes), 뇨키(gnocchis), 라비올리(raviolis), 아뇰로티(agnolotis) 등...

당과류, 사탕, 과자류

Canistrelli : 반죽에 식용유와 화이트와인을 넣어 만든 과자
Fenuchjettu d'Ajaccio : 아니스 향을 넣은 과자로 굽기 전에 반죽을 끓는 물에 데친다.
Cédrat confit 당절임 시트론
Miel de Corse 코르시카 꿀 : 봄 꿀, 봄 꽃꿀, 꽃 감로꿀, 밤나무 꿀, 여름 꽃꿀, 가을 겨울 꽃꿀... AOP

음료, 술, 스피릿

Acquavita : 과일, 포도찌꺼기, 유럽소귀나무 열매, 산사나무 열매 브랜디
Cap Corse : 기나피를 넣은 스위트와인
Cédratine : 세드라(시트론) 리큐어
Liqueur de myrte 도금양 열매(머틀) 리큐어
Muscat du cap corse : 주정 강화 스위트와인 . AOP
Pastis Dami
Rappu : 뱅 두 나튀렐, 주정강화 스위트와인
Ratafias : 과일이나 포도즙 등에 알코올을 넣어 만든 단맛의 리큐어 : 클레망틴 귤, 복숭아, 포도, 밤, 체리, 건무화과 등으로 만든다.
Vins de fruits (orange, cerise, pêche, etc.) 과실주 : 오렌지, 체리, 복숭아 등의 과일을 포도주나 오드비에 담가 만든다.

지역 최고의 특산품

동부지역

GRAND EST

AL : ALSACE ; AR : ARDENNES ; CH : CHAMPAGNE ; LO : LORRAINE ; VO : VOSGES

육류

Agneau de Lorraine / des Ardennes 로렌 양, 아르덴 양
Dinde rouge des Ardennes 아르덴의 붉은 칠면조
Race bovine vosgienne 보주(Vosges)의 소 품종
Volailles d'Alsace 알자스 가금육.................. IGP
Volailles de la Champagne 샹파뉴 가금육.... IGP
Volailles du plateau de Langres 랑그르 고원의 가금육.. IGP

채소, 과일

Abricot de Nancy 낭시 살구
Asperge d'Alsace, de Champagne 알자스, 샹파뉴 아스파라거스
Boulette de Bussy : 둥근 순무 품종................ CH
Carotte de Colmar à cœur rouge 콜마르 붉은 당근
Chou cabus 양배추 : 캥탈 달자스 (quintal d'Alsace) 슈크르트용 양배추
Cornichon 코르니숑 오이............................ AL
Fraise de Woippy 우아피 딸기........................ LO
Lentillon de Champagne 샹파뉴 렌틸콩
Mirabelles d'Alsace, de Lorraine 알자스, 로렌의 미라벨 자두.. IGP
Myrtille 블루베리................................. AL, LO
Navet blanc confit, salé 흰 순무 염장 콩피...... AL
Noisette merveille de Bollwiller 헤이즐넛, 메르베이 드 볼빌레르.......................... AL
Oignon de Mulhouse 뮐루즈 양파
Quetsche 케츄, 댐슨자두.......................... AL, LO
Rhubarbe 루바브... CH
Truffe de Champagne, de Meuse 샹파뉴, 뫼즈의 송로버섯.. LO

생선, 해산물

Anguille 장어.. AL
Brochet 강꼬치고기
Carpe 잉어
Écrevisse à pattes rouges 붉은발 민물가재..... LO
Filet de hareng 청어필레.................................. AL
Perchette 유로피안 퍼치 치어 : 주로 튀김용으로 사용한다.. LO
Sandre 민물농어
Truite des Vosges 보주 송어............................ LO
Truites arc-en-ciel et fario 무지개송어, 강송어

제빵

Bretzel 프레첼.. AL
Brioche tressée (zopf) 꼬아 만든 브리오슈..... AL
Pain gallu 과일과 견과류를 넣어 만든다.......... LO
Pain molzer 밀, 보리, 호밀 등을 혼합해 만든 빵 AL

샤퀴트리

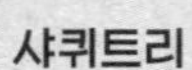

Andouille de Revin 르뱅 앙두이유................ AR
Andouille du Val-d'Ajol 발 다졸 앙두이유..... LO
Andouille et andouillette de Troyes 트루아 앙두이유, 앙두이예트.. CH
Andouillette lorraine 로렌 앙두이예트
Boudin blanc à l'oignon 양파를 넣은 부댕 블랑 AR
Boudin blanc de Rethel 르텔의 부댕 블랑 AR IGP
Boudin d'Alsace 양파, 우유에 적신 빵을 채워 넣는다.
Boudin de Nancy 낭시 부댕
Cervelas d'Alsace : 돼지 살코기와 비계를 넣어 익힌 작은 소시지
Cervelas de Troyes : 소 목심과 돼지 비계를 넣어 익힌 소시송
Cochon de lait en gelée 젤리처럼 굳힌 젖먹이 돼지고기 테린.. LO
Fromage de cochon : 돼지 머릿살로 만든 파테 (테린).. LO
Hure 익힌 소시송.. AL
Hure de porc 돼지 머릿고기 파테(테린)......... CH
Jambon cru fumé d'Alsace 알자스 훈제 생햄
Jambon de Reims 랭스 햄 : 뼈를 제거한 돼지 어깨살을 모아 젤리처럼 테린에 굳힌다
Jambon fumé cuit lorrain 로렌의 스모크 햄
Jambon sec et noix de jambon sec des Ardennes 아르덴의 건조 햄, 뒷다리 순살 건조 햄............ IGP
Kassler 돼지 살코기 훈제 햄.............................. AL
Langue de mouton fumée de Troyes 트루아의 훈제 양 혀.. CH
Pâté champenois : 크러스트를 씌워 익힌 돼지고기 파테.. AL
Pâté de foie gras d'oie en croûte 거위 푸아그라 파테 앙 크루트
Pied de cochon à la Sainte-Menehould 생트 므누식 돼지족 요리 : 뼈째 조리하며 빵가루를 입혀 노릇하게 익힌다.. CH
Poitrine de veau farcie 소를 채운 송아지 가슴살 요리.. AL
Presskopf 돼지 내장, 부속을 넣어 만든 파테(테린) AL
Quenelle de foie 돼지 간 크넬.................. AL, LO
Quenelle de moelle 소 골수 크넬.............. AL, LO
Saucisses et saucissons d'Alsace : 알자스의 소시지와 소시송 : 익혀 먹는 생소시지, 팬에 지져 먹는 소시지, 속살을 빵 등에 발라 먹는 소시지, 맥주, 간, 돼지 뒷다리, 혀, 감자, 고기 등을 재료로 만든 소시지, 검은 소시지 등 다양하다. 장다름 (gendarmem 훈제 건조 살라미), 알자스 크낙 (knack) 등의 특산품도 유명하다.
Saucisses et saucissons de Lorraine : 크낙, 속살을 발라 먹는 스프레드 소시지, 흰 소시지, 컨추리 소시지, 튀기거나 구워 먹는 소시지, 송아지 간, 돼지 뒷다리, 돼지 피 등으로 만든 소시지 뿐 아니라 말린 소시송, 살라미도 있다.

치즈, 유제품

Bargkas.. VO
Brillat-savarin.. CH IGP
Carré de l'Est.. LO
Cendré de la Champagne
Chaource... CH AOP
Crème fraîche fluide d'Alsace 알자스의 액상 생크림.. IGP
Emmental grand cru .... CH, LO
Époisses.. CH AOP
Ervy-le-châtel... CH
Langres.. CH AOP
Mégin, cancoillotte... LO
Munster-géromé.. AL, LO AOP
Soumaintrain... CH IGP

요리 레시피

Asperges aux trois sauces 3가지 소스를 곁들인 아스파라거스 : 무슬린 소스, 마요네즈, 비네그레트..... AL
Bibeleskäs 마늘, 허브, 양파 등으로 향을 낸 프로마주 블랑. 주로 삶은 감자에 곁들여 먹는다. AL
Brochet à la champenoise 샹파뉴식 강꼬치고기 요리 : 양송이버섯을 곁들이며 생선을 익히고 남은 즙에 샴페인을 넣어 소스를 만든다.
Brochet à la façon des Meusiens : 뫼즈(Meuse)식 강꼬치고기 요리 : 마늘, 얇게 썬 양파와 당근, 샹파뉴 산 화이트와인을 넣는다.
Brochet à la gelée au vin 와인 즐레를 씌운 강꼬치고기.. LO
Brochet à la sauce messine : 메츠(Metz)식 소스를 곁들인 강꼬치고기 : 생크림, 버터, 달걀, 샬롯, 이탈리안 파슬리, 처빌을 넣어 만든다.
Carpe à la bière 맥주를 넣어 익힌 잉어 : 일반 황금색 맥주를 넣는다.. LO
Carpe à la juive , en gelée 즐레를 씌운 유대교식 잉어 요리.. AL
Carpe farcie : 속을 채운 잉어 요리 : 파나드와 양송이버섯으로 만든 소를 채워 넣는다............ AL
Carpe frite du Sundgau : 숭고 잉어 튀김 : 토막 낸 잉어 살에 세몰리나 가루를 입혀 기름에 튀긴다.. AL
Chique : 샬롯, 마늘, 허브를 넣어 양념한 프로마주 블랑.. LO
Choucroute à l'alsacienne 알자스식 슈크루트 : 거위, 연어 등을 넣은 슈크루트도 있다.
Coq au vin de Bouzy 부지 코코뱅 .... CH
Coq au vin gris : 베이컨, 양파, 당근, 로렌 지방의 로제와인(vin gris)을 넣는다........................... LO
Côtelettes de marcassin à la poêle 새끼멧돼지 갈비 팬프라이.. AR
Côtes de porc à l'ardennaise 아르덴식 돼지 뼈 등심 구이 : 햄과 그뤼예르 치즈를 채워 넣는다.
Côtes de veau panées à la moutarde à la nancéienne 빵가루를 입혀 구운 낭시(Nancy) 식 송아지 뼈등심. 머스터드 소스를 곁들인다.
Cous de mouton à l'argonnaise 아르곤 (Argonne) 식 양 목 요리. 비계로 감싼 뒤 빵가루를 묻혀 익힌다... CH
Daube de bœuf à la bière, à la lorraine 맥주를 넣은 로렌식 소고기 스튜
Daube de sanglier 멧돼지 스튜 : 식용유, 베이컨, 당근, 양파, 와인, 식초로 만든 마리네이드 액에 고기를 미리 재워둔다 .... AR
Émincé de foie aigrelet au vin rouge et vinaigre 레드와인과 식초소스의 송아지 간(또는 돼지 간) 요리.. AL
Endives à l'ardennaise : 아르덴식 엔다이브 : 익힌 엔다이브를 아르덴 햄으로 감싼 뒤 오븐에서 그라탱처럼 익힌다.
Épaule d'agneau farcie à la champenoise 속을 채워 익힌 샹파뉴식 양 어깨살 요리 : 샹파뉴산 화이트와인에 재운 양고기에 닭 간과 돼지 비곗살로 만든 소를 채워 넣는다.
Escargots à l'alsacienne 알자스식 에스카르고 : 향신재료를 넣은 물, 와인 혼합액에 식용달팽이를 삶은 뒤 마늘, 샬롯, 파슬리를 넣은 버터를 얹어 오븐에 굽는다.
Estomac de porc farci 속을 채운 돼지 위 요리 : 감자, 양파, 샬롯, 사보이양배추, 리크, 돼지 목살로 만든 소를 채워 넣는다.. AL
Fiouse au fromage blanc 파트 브리제 시트에 프로마주 블랑으로 만든 필링을 채워 구운 로렌식 타르트.. LO
Friture de goujons de la Meuse 뫼즈의 모샘치 튀김.. LO
Galette au lard 베이컨을 넣은 갈레트 : 빵 반죽으로 만든다.. CH
Gras-double à la nancéienne 낭시식 양깃머리 내장 요리 : 코코트 냄비에 양깃머리와 화이트와인, 샬롯을 넣어 끓인 뒤 그뤼예르 치즈와 생크림으로 마무리한다.. AL
Jarret de porc rôti à la bière 맥주를 넣은 돼지 정강이 오븐구이
Lièvre à la crème et aux betteraves 비트를 곁들인 크림소스 야생토끼 요리 : 로렌 지방의 로제와인에 재워 둔 토끼 고기에 훈제 베이컨을 넣고 익힌다. 팬에 볶은 붉은 비트를 곁들인다.
Matelote champenoise 샹파뉴식 마틀로트 : 샹파뉴산 화이트와인을 넣고 끓인 민물생선 스튜 .
Matelote de Metz 메츠식 마틀로트 : 양파를 넣는다
Noisettes/mignonettes de chevreuil à la crème 크림 소스 노루 안심 요리 : 노루 안심을 도톰하게 잘라 조리한다.. AR
Oie rôtie de la Saint-Martin 생 마르탱 거위 로스트 : 닭 간, 거위 모래집과 간, 거위 기름, 돼지 목살, 송아지 안심, 염장 삼겹살, 샬롯, 사보이양배추, 밤으로 만든 소를 채워 넣는다..... AL
Omelette au boudin à la nancéienne 낭시식 부댕 오믈렛.. LO
Omelette au chaource 샤우르스 치즈 오믈렛.. CH
Omelette lorraine 로렌식 오믈렛 : 생크림, 그뤼예르 치즈, 베이컨을 넣는다
Pâté de truite des Vosges en croûte 크러스트를 씌워 구운 보주(Vosges)식 송어 파테 : 송어 필레를 트러플 즙에 재워 사용하는 레시피도 있다......... LO
Pâtes d'Alsace (aux oeufs) 달걀을 넣은 알자스 파스타.. IGP
Petits pains gonflés à la vapeur, Dampfnüdle 당프뇌들 : 증기에 쪄 부풀린 작은 빵................. AL
Pommes de terre au roncin 껍질째 익힌 감자에 프로마주 블랑을 곁들여 먹는다............................ LO
Pommes de terre façon meusienne 뫼즈(Meuse) 식 감자 요리 : 다진 샬롯과 함께 코코트 냄비에 넣고 익힌다.. CH
Pommes de terre farcies 속을 채운 감자 요리 : 포토푀 고기를 잘게 다져 채워 넣는다 .... AL
Pot-au-feu aux quenelles de moelle de bœuf 소 골수 크넬을 넣은 포토푀.............................. AL
Potée boulangère 포테 불랑제르, 베커오프 (Baeckeoffe) : 돼지목살, 소 부채살, 양 앞다리 어깨살, 돼지 족, 돼지 꼬리 등의 고기에 채소를 넣고 오븐에 익힌 알자스의 대표적 스튜........... AL
Potée champenoise des vendangeurs 샹파뉴식 포테(스튜) : 돼지의 다양한 부위, 당근, 순무, 리크, 양배추 속대를 넣어 끓인다.
Potée de navets salés 소금에 절인 순무 포테(süri rüewe) : 돼지삼겹살, 앞다리 어깨살과 함께 리슬링 와인에 익힌다.. AL
Potée lorraine ,로렌식 포테 : 돼지고기에 흰 강낭콩, 양파, 당근, 순무, 리크를 넣어 익힌다.
Poulet à la champenoise 샹파뉴식 닭 요리 : 닭 간, 소시지용 돼지 분쇄육으로 만든 소를 닭 안에 채운 뒤 돼지삼겹살, 송아지 족 반 개를 넣고 함께 익힌다.
Quenelles au fromage blanc 프로마주 블랑 크넬 AL
Quiche lorraine 키슈 로렌.............................. AL
Ramequin messin, soufflé au fromage 메츠식 치즈 수플레.. LO
Râpés 라페 : 채 친 감자 튀김........................... LO
Rôti de porc aigrelet aux pommes de terre nouvelles 햇 알감자를 곁들인 돼지고기 오븐 로스트 : 돼지 목심 또는 등심 사용..................... AL
Salade de choucroute au boudin noir 부댕 누아르 슈크루트 샐러드 : 치커리, 적채 .... AL
Salade de pissenlits à la chaude meurotte 따뜻한 뫼로트 소스의 민들레 잎 샐러드 : 따뜻한 비네그레트 소스와 감자를 곁들인다 .... LO
Salade de pissenlits au lard 베이컨을 넣은 민들레 잎 샐러드... AR
Selle de chevreuil à l'ardennaise 아르덴식 노루 등심 : 베이컨, 양파, 레드와인을 넣는다
Soupe à la bière 맥주 수프 : 양파, 닭 육수, 맥주를 넣는다.. AL
Soupe à la farine de Gérardmer 제라르메르식 밀가루 수프 : 녹인 버터에 밀가루를 푼 다음 뜨거운 육수와 섞는다.. VO
Soupe aux abattis d'oie 거위 내장 및 자투리 수프 : 거위 목, 날개, 모래주머니 등을 넣는다............ AL
Soupe aux pommes de terre crues rapées 채 썬 감자 수프 : 소고기 육수 또는 파스타 삶은 물을 사용한다.. AL
Soupe de légumes au beurre 버터를 넣은 채소 수프 : 강낭콩, 리크, 당근 등을 통째로 넣어 끓인다 AR
Spätzle 슈패츨러 : 파스타의 일종. 끓는 물에 한번 데친 뒤 말린다.. AL
Tarte à l'oignon : 양파 타르트. 파트 브리제 시트에 양파, 생크림, 달걀, 우유로 만든 필링을 채워 굽는다.. AL
Tarte flambée/flamekueche : 타르트 플랑베, 플람쿠헨 : 생크림, 프로마주 블랑, 양파, 베이컨으로 만든 필링을 채워 화덕 오븐에 구운 타르트........ AL
Tofailles/röibrageldi : 토파이유 : 감자에 양파, 베이컨을 넣고 푹 익힌 요리............................. LO
Totelots vinaigrette 토틀로 비네그레트 : 정사각형의 작은 파스타. 생크림을 넣은 비네그레트 소스를 곁들인다............................... LO
Tourte à la viande : 송아지, 돼지고기, 양송이버섯, 알자스 화이트와인(riesling)을 넣어 만든 소를 채운 미트 파이... AL
Tourte aux grenouilles : 개구리 뒷다리 살과 버섯을 채워 구운 파이 .... AL
Tourte de pigeons : 비둘기 파이. 돼지 목구멍 비곗살, 비둘기 간, 송아지 앞다리살 등으로 만든 소를 채워 구운 파이.. CH
Tourte lorraine : 파트 브리제 시트에 달걀과 생크림, 돼지고기와 송아지고기로 만든 소 혼합물을 채운 뒤 푀유테 반죽으로 덮어 구운 로렌식 미트 파이. 로렌식 파테(pâté lorraine)에는 돼지고기 대신 새끼 멧돼지 또는 야생토끼 고기를 넣는다.
Tourtelets de Rethel : 부댕 블랑을 채운 르텔식 작은 파이... AR
Truites à la crème : 크림 소스 송어요리 .... LO
Truites au riesling : 리슬링 와인 소스 송어요리 AL

디저트, 파티스리

Baba 바바 : 원래 바바에는 럼이 아닌 사프란과 말린 과일이 들어간다.................................... LO
Beignets de fromage blanc 프로마주 블랑 도넛 CH
Berewecke : 비어베크 : 견과류와 당절임 과일, 향신료 등을 빵 반죽에 섞어 만든 알자스 지방의 크리스마스 케이크.. AL
Brioche tressée ou tordée 모양을 땋거나 꼬아 만든 브리오슈 빵.. LO
Galette au sucre 브리오슈 반죽으로 만든 설탕 갈레트.. AR
Gâteau au chocolat de Nancy (au beurre) / gâteau au chocolat de Metz (à la crème) 낭시 초콜릿 케이크(버터 베이스), 메츠 초콜릿 케이크 (크림 베이스)
Gâteau mollet 쿠겔호프 모양의 가벼운 브리오슈 AR
Kougelhopf 터번을 연상시키는 높은 모양이 특징이다. 발효 빵 반죽에 말라가(Malaga) 건포도를 넣어 만든다.. AL
Pain d'épices 팽 데피스 .... AL

Saint-Epvre 생 테브르 : 두 장의 둥근 마카롱 시트 사이에 곱게 간 누가틴 버터크림을 채운 케이크. LO
Strudel aux pommes 애플 슈트루델 : 얇게 늘인 페이스트리 반죽 안에 사과, 계피, 건포도, 아몬드 등을 넣고 말아 바삭하게 구운 파이 .... AL
Tantimolles 탕티몰 : 달걀을 넉넉히 넣어 만든 크레프........ AR
Tarte à la rhubarbe 루바브 타르트........ AL
Tarte à la rhubarbe, façon lorraine 로렌식 루바브 타르트 : 파트 브리제 시트에 루바르를 넣고 달걀, 크림 혼합물을 채워 굽는다.
Tarte au fromage blanc 프로마주 블랑 타르트 : 파트 브리제 시트에 프로마주 블랑 필링을 채워 구운 타르트........ AL, LO
Tarte au maugin : 파트 브리세 시트에 프로마주 블랑, 생크림, 달걀, 설탕으로 만든 필링을 채워 구운 타르트........ LO
Tarte au quemeu : 랑그르(Langres) 크림치즈 타르트........ CH
Tarte aux mirabelles 미라벨 자두 타르트........ LO
Tarte aux myrtilles 블루베리 타르트........ AL, LO
Tarte aux pommes à la messine 메츠(Metz)식 애플 타르트 : 퍼유테 반죽 시트로 만들며 건포도를 넣는다.
Tarte aux pommes à la migaine 달걀, 생크림 필링을 넣은 애플 타르트........ LO
Tarte aux prunes rouges 붉은 자두 타르트........ CH
Tarte aux quetsches 댐슨자두 타르트 : 발효 빵 반죽 시트를 사용한다.
Tarte de Linz 린츠 타르트, 린처 토르테 : 라즈베리 잼을 채운 타르트
Tartes aux brimbelles 야생 블루베리 타르트........ LO
Tôt-fait à la mirabelle 미라벨 자두 타르트........ LO
Vaute aux cerises 체리 클라푸티........ LO

당과류, 사탕, 과자류

« Biscuit cochon » de Stenay 스트네의 '비스퀴 코숑' : 렝스(Reims) 비스킷과 비슷한 과자........ LO
Agneau pascal : 부활절에 즐겨 먹는 알자스의 특선 과자로 양 모양으로 만들어 슈거파우더를 뿌려 장식한다........ AL
Bergamote de Nancy : 베르가모트 에센스를 넣은 캔디 IGP
Biscuit rose de Reims 렝스의 핑크 비스킷
Bouchon au marc de Champagne 샴페인 병마개 모양의 초콜릿 봉봉으로 샹파뉴 마르(marc)가 들어 있다.
Boulet de Metz : 둥근 대포알 모양의 초콜릿 봉봉으로 초콜릿 가나슈, 아몬드 페이스트와 캐러멜 위에 잘게 다진 헤이즐넛을 씌우고 겉을 다크초콜릿이나 밀크초콜릿으로 덮어준다.
Bourgeon de sapin des Vosges : 전나무 새싹 모양의 사탕. 보주 지방의 전나무 에센스를 넣어 만든다.
Caisse de Joinville : 작고 길쭉한 모양의 아몬드를 넣은 머랭 과자........ LO
Cheuchon : 말린 사과 슬라이스........ CH
Chinois/« Gâteau aux escargots » : 시누아, 달팽이 모양 가토 : 작게 소분한 발효 반죽에 아몬드와 헤이즐넛을 넣고 달팽이처럼 돌돌만 것을 나란히 붙여 구운 큰 사이즈의 둥근 빵 케이크........ AL
Confiture de groseille de Bar-le-Duc, épépinées 바르 르 뒥의 레드커런트 잼 : 레드커런트의 씨를 제거한 다음 사용한다........ LO
Confiture de mirabelles 미라벨 자두 잼........ LO
Craqueline : 아몬드 페이스트에 색색의 설탕 캐러멜을 씌운 봉봉........ LO
Croquet de Saint-Mihiel : 아몬드를 넣은 비스킷 LO
Croquignole : 길쭉한 모양의 바삭한 비스킷........ CH
Dragée de Verdun
Duchesse de Nancy : 로열 아이싱을 씌운 프랄린 초콜릿 봉봉
Gomichon : 사과 또는 서양배를 반죽 크러스트로 감싼 뒤 오븐에 굽는다........ CH
Macaron de Boulay 피라미드 모양의 마카롱 과자 LO
Macaron de Nancy
Madeleine de Commercy 코메르시 마들렌, 리베르뎅 마들렌........ LO
Mannala : 발효 반죽을 사람 모양으로 만들어 구운 작은 과자........ AL
Massepain de Reims : 마카롱 과자와 비슷하다. AL
Mendiant : 빵 반죽에 블랙체리와 다양한 과일을 넣어 구운 케이크........ AL
Mirabelle confite : 설탕에 조린 미라벨 자두........ LO
Nid d'abeilles : 크렘 파티시에를 채워 넣고 설탕, 꿀, 아몬드 혼합물을 씌운 벌집 모양의 둥근 브리오슈 빵........ AL
Nonnette de Reims : 작고 동글납작한 모양의 팽 데피스로 안에 오렌지 마멀레이드가 들어 있다.
Nonnette de Remiremont : 보주산 전나무 꿀을 사용해 만든다.
Pain d'anis de Gérardmer : 니스 씨를 넣어 향을 낸 납작한 사각형의 비스킷........ LO
Pain d'épice de Reims 렝스의 팽 데피스
Petits gâteaux de Noël : 계피, 아니스, 버터를 넣어 만든 것, 사블레 반죽으로 만든 것, 아이싱을 씌운 것, 아몬드, 레몬, 호두, 바닐라를 넣은 것 등 크리스마스 시즌에 만들어 먹는 다양한 종류의 과자. 틀에 넣어 만들거나 모양대로 잘라 만들기도 하며 짤주머니를 이용하기도 한다........ AL
Sucre rouge : 동물 모양의 납작한 붉은색 사탕.. AR
Visitandine de Nancy : 아몬드로 만든 작은 과자

음료, 술, 스피릿

Ambroseille : 발효한 레드커런트 즙........ LO
Bières blondes d'Alsace et de Lorraine 알자스, 로렌의 블론드 맥주
Cidre du pays d'Othe 오트 지방의 시드르........ CH
Eau-de-vie de vin de la Marne ou Fine champenoise 오드비 드 뱅 드 마른, 핀 샹프누아즈 IG
Eaux-de-vie de marc du Centre-Est .... IG
Eaux-de-vie de vin du Centre-Est........ IG
Eaux-de-vie alsaciennes : 오드비 알자시엔 : 야생베리(호랑가시나무, 마가목열매, 야생자두, 빌베리, 들장미, 엘더베리 등), 미라벨자두, 라즈베리, 포도주 지게미, 댐슨자두, 키르슈(야생버찌 브랜디) 등...
Kirsch de Fougerolles .... IG
Limonade Lorina 로리나 레모네이드........ LO
Lorraine : 미라벨 자두 리큐어........ AOP
Marc d'Alsace Gewurztraminer (eau-de-vie de marc) 마르 달자스 게뷔르츠트라미너 (마르 오드비) IG
Marc de Champagne........ IG
Marc de Lorraine........ IG
Perlé de rhubarbe : 발효한 루바브 줄기 즙을 베이스로 만든 스위트 스파클링 와인.
Petits crus des Vosges : 민들레 꽃 또는 엘더 플라워로 만든 발효주........ LO
Ratafia : 샹파뉴 포도즙에 알코올을 첨가하여 만든 단맛의 리큐어........ CH
Rubis de groseille : 레드커런트 발효주........ CH

기타

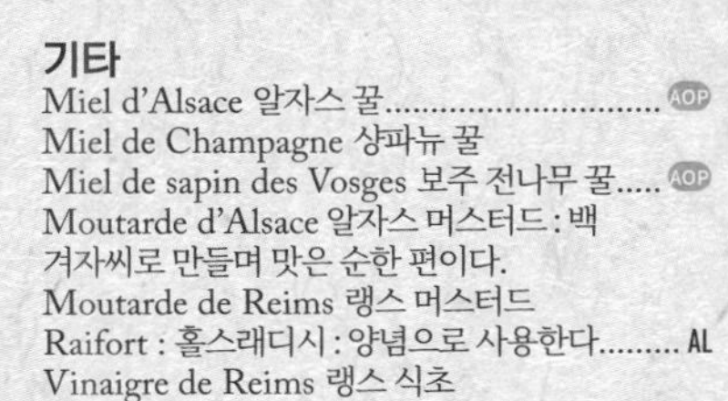

Miel d'Alsace 알자스 꿀........ AOP
Miel de Champagne 샹파뉴 꿀
Miel de sapin des Vosges 보주 전나무 꿀........ AOP
Moutarde d'Alsace 알자스 머스터드 : 백겨자씨로 만들며 맛은 순한 편이다.
Moutarde de Reims 랭스 머스터드
Raifort : 홀스래디시 : 양념으로 사용한다........ AL
Vinaigre de Reims 랭스 식초

미식계의 인물들

Appert Nicolas (1749-1841), 통조림을 최초로 발명했다. Châlons-sur-Marne 출생
Boyer Gaston (1913-2000) : La Chaumière, Reims
Boyer Gérard (1941년생) : Les Crayères, Reims
Clause Jean-Pierre (1757-1827), 푸아그라 파테 앙 크루트를 최초로 만든 것으로 알려져 있다.
Forest Louis (일명 Nathan Louis) (1872-1933), 미식 모임 100인 클럽 Club des Cent 창시자, Metz 출생.
Haeberlin Paul (1923-2008), Marc (1954년생) : L'Auberge de l'Ill, Strasbourg
Jung Émile (1941년생) : Au Crocodile, Strasbourg
Klein Jean-Georges (1950년생) : L'Arnsbourg, Baerenthal ; Restaurant de la Villa René Lalique, Wingen-sur-Moder
Lallement Arnaud (1974년생) : L'Assiette Champenoise, Tinqueux
Pérignon (Dom) (일명 Pierre) (1638/1639-1715), 발포성 와인인 샴페인을 처음 만든 인물로 알려져 있다.
Philippe Michel (1936년생) : Hostellerie des Bas Rupts, Gérardmer
Westermann Antoine (1956년생) : Buerehiesel, Strasbourg

지역 최고의 특산품

오 드 프랑스

HAUTS DE FRANCE

FL : FLANDRE ; HA : HAINAUT ; NO : NORD ; NP : NORD-PAS-DE-CALAIS ; PA : PAS-DE-CALAIS ; PI : PICARDIE ; TH : THIÉRACHE

육류

Bœuf Blanc-Bleu 벨지안 블루 소 품종
Prés-salés de la baie de Somme 솜만(灣)의 프레 살레 양........ AOP
Volailles de Licques 리크의 가금육........ IGP

채소, 과일

Ail fumé d'Arleux 아를뢰의 훈연 마늘........ IGP
Artichaut gros vert de Laon 랑의 그린 아티초크
Carotte de Saint-Valéry : 생트 발레리 당근 : 솜만(灣)의 모래토양에서 자란 당근
Cresson de fontaine de Bresles 브렐의 물냉이(크레송)
Endive/chicon 엔다이브, 시콩
Haricot de Soissons/« Gros jacquot blanc » '그로 자코 블랑', 수아송의 흰 강낭콩
Lingot du Nord : 흰 강낭콩........ IGP
Pommes de terre de Merville 메르빌 감자 NP IGP
Pommes de terre de Picardie : 피카르디 감자
Rhubarbe 루바브

생선, 해산물

Anguille de Haute-Somme 오트 솜 장어
Coque 꼬막
Crevette grise 새우
Hareng 청어 : 염장, 신선, 훈연, 염장 훈제(kipper), 식초 절임 등 다양한 방식으로 소비.
Moule 홍합
Pilchard 정어리
Plie 유럽 가자미
Rouget barbet de roche 줄무늬 노랑촉수

제빵

Coquille de Noël : 크리스마스 시즌에 즐겨 먹는 브리오슈 빵........ NP
Couquebottrom : 브리오슈 빵의 일종........ FL
Cramique : 건포도를 넣은 브리오슈 빵
Faluche : 약간 납작하고 둥근 모양의 흰 빵........ NP
Pain picard : 스펠타밀로 만든다

샤퀴트리

Andouille d'Aire-sur-la-Lys, de Cambrai 캉브레의 앙두이유........ NO
Andouillette de Cambrai : 송아지 창자로 만든다........ NO
Boudin à la flamande, sucré : 플랑드르식 스위트 부댕 : 양파, 생크림, 코린트 건포도, 계피를 넣어 만든다........
Lucullus de Valenciennes : 우설과 푸아그라를 한 켜씩 교대로 쌓아 만든 테린
Pâté d'Abbeville : 꺅도요 등 물가에 사는 수렵조류로 만든 파테
Pâté de canard d'Amiens 아미엥의 오리 파테
Pâté picard : 돼지고기 베이스로 만든 피카르디식 테린

치즈, 유제품

Belval........ FL
Bergues........ FL
Beurre de Cassel........ FL
Boulette d'Avesnes........ HA
Dauphin........ TH
Fromage fort de Béthune : 강한 풍미의 베튄 치즈 : 향신료와 화이트와인 또는 증류주를 넣고 용기에 오래 묵혀둔 치즈.
Gris de Lille
Maroilles/marolles........ AOP
Mimolette vieille........ FL
Mont-des-cats........ FL
Rollot........ PI
Saint-winoc........ FL
Tomme au foin : 숙성이 끝나갈 때 건초로 덮어준다........ PI

요리 레시피

Andouillette d'Amiens : 돼지고기로 만든 미트볼의 일종
Anguille au cidre 시드르를 넣은 장어 요리 : 황색 유럽 뱀장어로 만든다........ PI
Asperges à la flamande 플랑드르식 아스파라거스 요리 : 삶은 달걀, 녹인 버터, 파슬리를 혼합하여 곁들인다.
Bisteu : 베이컨, 감자, 양파를 채워 구운 파이........ PI
Bœuf à la picarde 피카르디식 소고기 스튜 : 화이트와인, 양파, 당근을 넣고 코코트 냄비에 뭉근히 익힌다.
Bouffi, hareng fumé à froid aux pommes de terre à l'étouffoir 감자를 곁들인 훈제 청어 : 저온 훈연한 청어 살에 감자를 넣고 푹 익힌다.
Boulettes frites de pommes de terre 감자 크로켓 볼........ PI
Brochetons au cidre 시드르를 넣은 새끼 강꼬치고기........ PI
Canard à la picarde : 피카르디식 오리 요리 : 청둥오리에 사과를 넣고 냄비에 익힌다.
Caqhuse : 뼈와 함께 수직으로 자른 돼지 앞다리 또는 뒷다리 살에 양파를 넣고 뭉근히 익힌 요리. PI
Carbonade : 맥주를 넣어 만든 소스에 뭉근히 익힌 소고기 스튜
Caudière : 생선 수프의 일종
Chou rouge à la flamande, « à l'aigre doux », aux pommes 플랑드르식 적채 : 사과를 넣고 새콤달콤하게 양념을 한다.
Colvert aux pruneaux 건자두를 넣은 청둥오리 PI
Coq à la bière 맥주를 넣은 닭 요리........ NP
Côtes de veau à la bellovaque : 벨루아 쉬르 솜(Belloy-sur-Somme)식 송아지 뼈 등심 : 젖먹이 송아지 고기에 버섯(rosés des prés)과 크림을 넣고 냄비에 뭉근히 익힌다........ PI
Courquinoise : 붕장어, 게, 붉은 성대, 홍합, 리크 등을 넣어 끓인 생선 수프.
Daussades : 크림, 식초, 양파, 잘게 썬 양상추를 섞어 빵에 올린 타르틴........ NP
Ficelles picardes : 햄과 양송이버섯을 넣고 돌돌 만 크레프에 치즈를 얹어 오븐에 구운 그라탱
Flamiche aux poireaux : 리크(서양대파)를 채워 구운 파이........ PI
Hareng à la calaisienne, harengs frais farcis : 칼레식 청어 요리 : 생물 청어에 양파, 양송이버섯, 생선 이리로 만든 소를 채워 익힌다.
Hénons à la crème : 크림 소스 꼬막 : 솜 만(灣)에서 채취한 꼬막을 사용한다.
Hochepot flamand : 다양한 고기(소, 송아지, 양, 돼지 등)를 넣은 플랑드르식 포토푀.
Langue de bœuf sauce piquante : 매콤한 소스 우설 요리 : 샬롯과 식초를 넣어 소스를 만든다.
Lapin à l'artésienne 아르투아식 토끼 요리 : 양족과 버섯을 넣어 만든다.
Lapin aux pruneaux et aux raisins 건자두와 건포도를 넣은 토끼 요리........ NP
Macaroni à la cassonade 황설탕을 넣은 마카로니........ NP
Maquereau à la boulonnaise 불로네식 고등어 요리 : 홍합, 양파, 양송이버섯을 넣고 오븐에서 익힌다.
Menouille picarde : 말린 강낭콩을 불린 뒤 베이컨, 양파, 감자를 넣고 익힌 요리
Pommes caquettes : 감자에 다진 마늘과 허브, 크렘 프레슈 혼합물을 채운 뒤 오븐에 익힌다........ NP

Pâté d'anguille de la Haute-Somme 오트 솜의 장어 파테
Potée artésienne 돼지 머릿고기, 양두이유, 염장 삼겹살, 흰 강낭콩, 양배추를 넣어 끓인 아르투아식 스튜의 일종
Potjevlesch en terrine 포츠블레슈 고기 테린 : 4종류의 고기(송아지, 토끼, 닭, 돼지)를 주재료로 하여 젤리처럼 굳힌 테린 ....FL
Purée de haricots blancs 흰 강낭콩 퓌레 ....PI
Soupe à la bière avec de l'oignon, farine, crème 맥주, 양파, 밀가루, 크림을 넣어 만든 수프
Soupe aux pois cassés 쪼갠 완두통 수프
Soupe des hortillonnages 채소 수프 : 햇 결구양배추, 리크, 햇 감자, 깍지 완두콩, 결구 양상추, 소렐 등을 넣어 만든다......................PI
Tarte au maroilles 마루알 치즈 타르트(구아예르 goyère)
Welsh 웰시, 웰시 레어빗 : 맥주를 적신 슬라이스 빵에 슬라이스 햄, 체다 치즈를 넣은 크림을 얹어 오븐에 굽는다.

디저트, 파티스리

Beignets d'Amiens ou pets d'âne : 밀가루에 염소젖 프로마주 블랑과 소 골수, 설탕, 달걀 등을 넣은 반죽을 동그랗게 튀긴 달콤한 도넛.
Craquelin de Boulogne : 퍼유테 반죽으로 만든 달콤한 페이스트리
Galette flamande : 럼으로 향을 내고 크림을 채워 넣은 플랑드르식 갈레트
Galopins : 프렌치 토스트...............................PI
Gâteau battu : 높은 틀에 넣어 구운 브리오슈....PI
Gaufre au potiron 서양호박 와플.......................PI
Gaufre de foire flamande 플랑드르식 와플
Gaufre fourrée, à la vergeoise 조당을 채운 와플NO
Pain crotté : 프렌치 토스트의 일종.....................NP
Rabote/talibur : 사과 파이의 일종........................PI
Tarte à gros bord ou au libouli : 브리오슈 반죽에 플랑 혼합물을 채우고 종종 건자두를 넣기도 한다NP
Tarte à l'badré : 플랑의 일종...............................PI
Tarte à l'coloche : 애플 타르트............................NP
Tarte à l'œillette : 양귀비 씨 페이스트를 넣은 제누아즈...PI
Tarte à l'pronée : 건과일을 넣은 타르트............PI
Tarte à la bière et à la cassonade 맥주와 황설탕을 넣은 타르트.......................................NP
Tarte à la rhubarbe 루바브 타르트........................NP
Tarte au sucre, briochée 설탕 타르트 : 브리오슈 반죽 베이스..NP

기타

Moutarde artisanale picarde피카르드 아티장 머스터드 : 시드르 식초, 맥주, 꿀을 사용해 만든다.
Passe-pierre/salicorne, confite au vinaigre 식초에 절인 퉁퉁마디(함초)............................PI, PA

당과류, 사탕, 과자류

Nieulle : 플랑드르식 사블레 쿠키......................NO
Babelutte de Lille : 캐러멜 봉봉
Bêtise de Cambrai : 줄무늬가 있는 캐러멜 사탕으로 원조 레시피에서는 민트로 향을 냈다.
Cacoule : 캐러멜 맛의 삼각형 캔디 ....NO
Chique de Bavay : 민트 향 사탕...........................NO
Macaron d'Amiens 마카롱 다미엥 : 아몬드가루, 꿀을 넣은 아미엥의 과자
Miel de tilleul 피나무 꿀..PI
Tuile du Beauvaisis : 반죽에 초콜릿을 넣고 아몬드를 뿌려 구운 기와 모양의 튀일 과자
Vergeoise : 사탕무 조당. 가열 과정에 따라 황색 또는 갈색을 띤다.

음료, 술, 스피릿

Bière Colvert , Péronne : 콜베르 블론드 맥주, 페론 화이트 맥주
Bière du Nord 북부 지방(Nord)의 맥주 : Angélus, Anosteké, Bavaisienne, Blanche de Lille, Ch'Ti, Choulette, Cuvée des Jonquilles, Épi de Facon, Jenlain, Palten brune des Flandres, Pastor Ale, Pelforth brune, Réserve du Brasseur, Sans-Culottes, Saint-Landelin, Saint-Léonard, Scotch Triumph, Trois Monts…
Chicorée 치커리 리큐어.......................................NP
Cidre de Thiérache 시드르 드 티에라슈
Genièvre Flandre-Artois 주니퍼베리 오드비 IG
Perlé : 레드커런트 와인
Poiré : 서양배 시드르..NO

미식계의 인물들

Dumas Alexandre (1802-1870), 작가, Villers-Cotterêts 출생, *Grand dictionnaire de cuisine* 의 저자
Gauthier Roland (1951년생), Alexandre (1979년생) : La Grenouillère, La Madeleine-sous-Montreuil
Parmentier Antoine (1737-1813), 프랑스에 감자를 널리 알리고 소비를 장려했다.
Vatel François (1625-1671경), 요리사, 주방총괄 집사. Allaines 출생

지역 최고의 특산품

일 드 프랑스

ILE-DE-FRANCE

BR : BRIE ; GA : GÂTINAIS ; SE : SEINE-ET-MARNE

육류

Agneau d'Île-de-France 일 드 프랑스 양
Lapin du Gâtinais 가티네 토끼
Volailles de Houdan 우당 닭.............................IGP
Volailles du Gâtinais 가티네 닭...........................IGP

채소, 과일

Asperge d'Argenteuil 아르장퇴이 아스파라거스
Cerise de Montmorency 몽모랑시 체리
Champignon de Paris 양송이버섯
Chasselas de Thomery 토므리 샤슬라 포도
Cresson de Méréville 메레빌 크레송(물냉이)
Menthe poivrée de Milly-la-Forêt 밀리 라 포레 페퍼민트
Pêche de Montreuil 몽트뢰이 복숭아
Pissenlit de Montmagny 몽마니 민들레
Pomme Faro 파로 품종 사과..............................BR
Reine-claude de Chambourcy 샹부르시의 렌 클로드 자두

제빵

Baguette
Brioche parisienne 브리오슈 파리지엔
Croissant
Pain viennois

샤퀴트리

Boudin noir de Paris 파리의 부댕 누아르
Hure de porc à la parisienne : 파리식 돼지 파테 : 돼지 머릿고기, 혀, 비계 등을 넣고 젤리처럼 굳힌 테린
Jambon de Paris
Pâté de volailles de Houdan 우당 닭 파테 앙 크루트 : 닭 간과 살을 넣어 만든다.
Saucisson à l'ail 마늘 소시송

치즈, 유제품

Brie de Meaux ....AOP
Brie de Melun ....AOP
Brie de Montereau, de Nangis
Brillat-Savarin ....IGP
Coulommiers
Fontainebleau : 휘핑한 크림을 첨가한 치즈

요리 레시피

Bœuf ficelle ; 고기를 실로 매달아 냄비에 걸쳐 놓은 뒤 채소 육수에 익힌다.
Bœuf gros sel ; 고기와 채소를 푹 익힌 뒤 국물과 함께 먹는 포토푀의 일종으로 굵은 소금을 찍어 먹는다.
Chou-fleur en gratin 콜리플라워 그라탱
Entrecôte marchand de vin 레드와인과 샬롯 소스를 곁들인 꽃등심 스테이크
Filets de harengs marinés et pommes de terre 마리네이드한 청어 필레와 감자 샐러드
Foie de veau Bercy 베르시식 송아지 간 요리 : 샬롯, 화이트와인, 버터, 소 골수를 섞은 베르시 버터(beurre Bercy) 소스를 곁들인다.
Frivolités de La Villette : 양의 고환에 빵가루를 입혀 튀긴 요리
Gratinée des Halles : 치즈를 얹어 그라탱처럼 오븐에 익힌 양파 수프
Sauce des Halles : 후추, 샬롯, 레드와인 식초로 만든 소스
Matelote de Bougival : 장어, 잉어, 모샘치, 민물가재를 넣어 만든 생선 스튜
Miroton : 소고기에 양파를 넣고 익힌다.
Navarin ou ragoût de mouton 양고기 스튜
Œufs à la tripe : 달걀, 양파에 베샤멜 소스를 넣고 오븐에 익힌 그라탱
Petits pois à la française 프랑스식 완두콩 요리 : 양상추와 방울양파를 넣고 버터에 익힌다.
Potage Argenteuil, aux asperges 아르장퇴이 아스파라거스 수프
Potage Crécy, aux carottes 크레시 당근 수프
Potage parisien 파리식 리크, 감자 수프
Potage Saint-Germain 생 제르맹 완두콩 수프
Poularde à la briarde : 시드르와 머스터드를 넣은 브리(Brie)식 닭 요리
Poulet façon Père Lathuille 페르 라튈 닭 요리 : 아티초크와 감자를 넣는다.
Purée Musard 아르파종(Arpajon)의 그린 플라즐렛 콩으로 만든 퓌레
Tête de veau sauce gribiche : 그리비슈 소스를 곁들인 송아지 머리 요리 : 송아지 머릿고기를 블랑 익힘액(blanc 밀가루와 레몬즙을 넣은 물)에 삶아 익힌다. 그리비슈 소스는 따로 담아 서빙한다.

디저트, 파티스리

Amandine : 아몬드가루로 만든 필링을 채워 구운 타르틀레트
Galette des rois : 퍼유테 반죽으로 만든 케이크로 주로 프랑지판을 채워 넣는다.
Manqué, gâteau de ménage : 달걀, 설탕, 버터, 밀가루로 만든 반죽을 둥근 틀에 넣어 구운 케이크
Moka : 제누아즈 스펀지 사이에 커피 버터크림을 채운 케이크
Niflette : 퍼유테 반죽 시트 안에 오렌지 블러섬 워터 향의 크렘 파티시에를 채운 타르틀레트......SE
Opéra : 비스퀴 조콩드, 초콜릿 가나슈, 커피 버터크림을 얇게 층층이 쌓아 만든 케이크
Paris-Brest 파리 브레스트
Puits d'amour à l'ancienne 옛날식 퓌 다무르 : 파트 퍼유테로 만든 우물 모양의 파티스리로 최근에는 주로 크렘 파티시에를 채워 넣는다.
Saint-honoré : 퍼유타주 시트 위에 캐러멜을 입힌 미니 슈와 시부스트 크림을 얹는다.
Savarin 사바랭 : '바바 오 럼(baba au rhum)' 이라고도 불린다.
Tarte bourdaloue 타르트 부르달루 : 서양배 타르트. 파트 브리제 시트에 반으로 잘라 시럽에 데친 서양배와 아몬드크림 혼합물을 채워 굽는다.

기타

Moutarde de Meaux 모 머스터드 : 알갱이가 보이는 홀그레인 머스터드
Vinaigre de Lagny 라니 식초 : 순 알코올을 사용하여 만들거나 식물(당근, 민트, 오렌지 등) 추출물로 향을 낸다.

당과류, 사탕, 과자류

Chouquettes 슈케트
Confit de pétales de roses 로즈 페탈 콩피 : 장미 잎으로 만든 잼...BR
Macaron « parisien » / « Sandwich » : 마카롱 파리지앵 : 두 개의 매끈한 코크 사이에 향을 낸 크림을 채운 샌드형 마카롱
Miel du Gâtinais 가티네 꿀
Sucre d'orge des religieuses de Moret 모레 수녀원 캔디 ....GA

음료, 술, 스피릿

Cidre de la Brie
Clacquesin : 노르웨이 전나무 송진 인퓨전과 식물, 향신료를 원료로 한 리큐어
Grand Marnier : 코냑과 비터 오렌지로 만든 리큐어
Noyau de Poissy : 코냑과 살구 씨 인퓨전으로 만든 리큐어

미식계의 인물들

Alléno Yannick (1968년생) : Pavillon Ledoyen, Paris
Androuët Pierre (1915-2005), 치즈 판매상 Androuet, Paris
Anton Frédéric (1964년생) : Le Pré Catelan, Paris
Babinski Henri Joseph Séverin (일명 Ali-Bab) (1855-1931), 미식 서적 저술가, Paris 출생
Beauvilliers Antoine (1754-1817), 파리 최초의 고급 식당을 오픈한 레스토랑 운영의 선구자.
Camdeborde Yves (1964년생) : Le Comptoir du Relais, Paris
Carême Marie-Antoine (일명 « Antonin ») (1784-1833), 파티시에, 요리사, Paris 출생
Carton François Francis (1879-1945) : Lucas Carton, Paris
Delaveyne Jean (1919-1996) : Le Camélia, Bougival
Demonfaucon Jean-Baptiste (1882-1956) : Le Georges V, Paris
Ducasse Alain (1956년생) : Alain Ducasse au Plaza Athénée, Paris
Dugléré Adolphe (1805-1884) : Café Anglais, Paris
Dutournier Alain (1949년생) : Le Carré des Feuillants, Paris
Escoffier Auguste (1846-1935) : Ritz, Paris
Fréchon Éric (1963년생) : L'Épicure (Hôtel Bristol), Paris
Gagnaire Pierre (1950년생) : Pierre Gagnaire, Paris
Gilbert Philéas (1857-1942) : Bonvalet, Paris
Gouffé Jules (1807-1877), Napoléon III세의 요리사, Paris 출생
Grimod de la Reynière Alexandre Balthazar Laurent (1758-1837), 미식 비평의 선구자, Paris 출생
Guillot André (1908-1993) : Auberge du Vieux Marly, Marly-le-Roi
Hermé Pierre (1961년생), 파티시에, Pierre Hermé Paris
Ladurée Louis Ernest (1836-1904), 파티시에, Paris 출생
Lasserre René (1912-2006) : Lasserre, Paris
Le Divellec Jacques (1932년생) : Restaurant Le Divellec, Paris
Lenôtre Gaston (1920-2009) : Lenôtre, Plaisir
Lesquer Christian (1962년생) : Le V, Paris
Marx Thierry (1962년생) : Sur Mesure par Thierry Marx (Mandarin Oriental), Paris
Millau Christian (Christian Dubois-Millot dit) (1928-2017), 미식 비평가, Paris 출생
Montagné Prosper (1865-1948) : Restaurant Prosper Montagné, Paris
Mourier Léopold (1862-1923) : Le café de Paris, Le Fouquet's, Paris
Nignon Édouard (1865-1934) : Restaurant Larue, Paris
Oliver Raymond (1909-1990) : Le Grand Véfour, Paris

Passard Alain (1956년생) : L'Arpège, Paris
Piège Jean-François (1970년생) : Le Grand Restaurant, Paris
Pomiane Édouard Alexandre de (Édouard Pozerski dit) (1875-1964), 미식 비평가, Paris 출생
Procopio Coltelli Francesco (1650/1651-1727), Café Procope 설립자
Robuchon Joël (1945년생) : L'Atelier Étoile/ Saint-Germain, Paris
Savoy Guy (1953년생) : Restaurant Guy Savoy, Paris
Senderens Alain (1939-2017) : Senderens, Paris
Soyer Alexis (1909-1858), 모(Meaux) 출신의 요리사. 영국에서 프렌치 요리사로 활동했다.
Terrail André (1877-1954), Claude (1917-2006), André (1980년생) : La Tour d'Argent, Paris
Vaudable (Louis) (1902-1983) : Maxim's, Paris
Vrinat André (1903-1990), Jean-Claude (1936-2008) : Le Taillevent, Paris

지역 최고의 특산품

노르망디

NORMANDIE

AU : PAYS D'AUGE ; BR : PAYS DE BRAY ; CA : CALVADOS ; CO : COTENTIN ; CX : PAYS DE CAUX ; MA : MANCHE ; MO : MONT-SAINT-MICHEL ; NL : NORMANDIE LITTORALE ; OR : ORNE

육류

Agneaux de la Manche 망슈의 양
Canard de Rouen 루앙 오리
Lapin normand 노르망디 토끼
Oie normande 노르망디 거위
Pigeon cauchois 코(Caux)의 비둘기
Porc de Bayeux 바이외 돼지
Poule de Gournay 구르네 닭
Prés-salés du Mont-Saint-Michel 몽 생 미셸 프레 살레 양 .... AOP
Race normande 노르망디 품종 소, 젖먹인 송아지
Volailles de Normandie 노르망디 가금육..... IGP

채소, 과일

Carotte de Créances 크레앙스 당근
Cerises de la vallée de la Seine 발레 드 라 센 체리
Chou de Saint-Saëns 생 상스 양배추
Chou-fleur du Val de Saire 발 드 세르 콜리플라워
Cresson du pays de Caux 페이 드 코 크레송
Navet de Martot 마르토 순무
Poire de fisée 노르망디 서양배 .... BR
Poireau de Carentan 카랑탕 리크
Poireau de Créances 크레앙스 리크 .... IGP
Pommes normandes 노르망디 사과
Prunes de Jumièges 쥐미에주 자두
Radis violet de Gournay 구르네의 자색 무

생선, 해산물

Araignée de mer 스파이더 크랩
Bar commun 농어
Buccin 물레고둥
Cabillaud 대구
Carrelet 넙치
Coque 꼬막
Coquille Saint-Jacques 가리비조개
Crevettes grise et rose 새우
Dorade grise 흑돔
Étrille 벨벳 크랩
Grondins 성대
Hareng 청어(생물, 염장, 훈제 등)
Homard 랍스터
Huître de Normandie 노르망디 굴
Lieu jaune 북대서양 대구
Limande commune 가자미
Maquereau 고등어
Merlan 명태
Morue salée 염장대구
Moule « blonde de Barfleur » 자연산 홍합
Moule de bouchot 양식 홍합
Ormeau 전복
Palourde fine 대합, 바지락 조개
Praire 사마귀조개(백합과)
Raie bouclée 참홍어
Rouget barbet de roche 줄무늬 노랑촉수
Roussettes et chiens de mer 반점 두툽상어, 곱상어
Sole commune 서대
Tacaud 남방대구
Tourteau 브라운 크랩
Turbot 대문짝넙치

제빵

Brasillé : 가염버터를 넣은 크루아상 반죽을 직사각형으로 성형해 구운 페이스트리, 경우에 따라 사과, 라즈베리를 채워 넣기도 한다.
Brioche du Vast
Brioche moulinois 작은 공 모양으로 뭉친 반죽 여러 개를 나란히 빙 둘러 붙여 만든 물랭 라 마르슈(Moulins-la-Marche)의 둥근 브리오슈
Fallue : 길고 넓적한 모양의 브리오슈 빵
Pain à soupe 수프에 넣어 적셔먹는 용도의 둥글고 마른 빵 .... CO
Pain brié 밀도가 촘촘한 노르망디의 전통 빵
Pain de sarrasin 메밀 빵
Pain plié 반죽을 위로 접어올린 두툼한 빵........ NL

샤퀴트리

Andouillette de Rouen 앙두이예트 드 루앙
Boudin blanc havrais 아브르(Havre)의 흰색 부댕
Boudin coutançais : 돼지 피, 생양파, 돼지비계, 돼지 창자로 만든 쿠탕스(Coutances)식 부댕
Boudin de Mortagne-au-Perche 양파를 넣어 만든다.
Cervelas de L'Aigle 레글의 건조 훈연 소시지
Jambon fumé du Cotentin 코탕탱 훈제 햄
Sang cuit de Cherbourg 셰르부르 식 돼지 피 테린
Saucisson du marin 염장한 뒤 자연 바람에 말린 돼지 목살........ CX
Tripes en brochette de La Ferté-Macé : 소 내장, 창자를 돌돌 만 뒤 꼬치에 꿰어 익힌다.
Véritable andouille de Vire, fumée 비르의 원조 훈제 앙두이유

치즈, 유제품

Beurre d'Isigny 이지니 버터........ AOP
Camembert de Normandie 노르망디 카망베르 AOP
Crème d'Isigny 이지니 크림 .... AOP
Livarot 리바로 .... AU AOP
Neufchâtel 뇌샤텔........ BR AOP
Pavé d'Auge 파베 도주
Pont-l'évêque 퐁 레베크........ AOP
Trappe de Bricquebec 트라프 드 브리크벡

요리 레시피

Barbue cauchoise, au four : 오븐에 익힌 코(Caux)식 광어요리 : 다진 샬롯과 버섯 뒥셀, 시드르, 생크림을 넣는다.
Blanquette de poireaux aux pommes de terre 감자를 넣은 리크 블랑케트 : 코코트 냄비에 감자, 시드르, 양파, 생크림을 함께 넣어 익힌다.
Bœuf braisé à la normande 노르망디식 소고기 찜 : 소고기에 비계를 찔러 박은 뒤 시드르, 칼바도스, 향신허브 등에 재운다. 냄비에 지진 뒤 육수와 재움액, 마늘, 양파 등을 넣고 뭉근히 익힌다.
Bouillie de sarrasin 걸쭉한 메밀 죽 : 뜨겁게 또는 차갑게 먹는다. 팬에 노릇하게 지져먹기도 한다.. MA
Canard à la rouennaise : 오리 피 소스의 루앙식 오리 요리. 오리를 통으로 익힌 뒤 몸통뼈를 압착기에 넣고 피를 추출해낸다. 이 피를 소스에 사용한다. 다리와 날개는 빵가루를 입혀 튀기고 가슴살은 잘라내어 오리 피와 간으로 만든 소스를 곁들여낸다.
Coquilles Saint-Jacques à la honfleuraise 옹플뢰르식 가리비 요리 : 칼바도스, 시드르를 넣어 만든 크림소스 가리비 블랑케트
Coquilles Saint-Jacques à l'avranchaise 아브랑슈식 가리비 요리 : 다진 가리비살, 시드르, 마늘, 샬롯을 채워 넣는다.
Crevettes à la cherbourgeoise 셰르부르식 새우 요리 : 시드르에 익힌다.
Demoiselles de Cherbourg à la nage 나주에 익힌 셰르부르식 랍스터 요리 : 작은 크기의 랍스터를 화이트와인 베이스의 쿠르부이용에 넣어 익힌다.
Escalopes de veau à la normande 노르망디식 송아지 에스칼로프 : 양파, 버섯, 칼바도스를 넣은 크림소스를 곁들인다.
Filets de sole à la normande 노르망디식 서대 필레 : 홍합, 새우, 버섯을 곁들인다. 생선 뼈와 자투리를 끓인 육수에 버섯 익힌 즙을 섞은 뒤 크림을 넣어 소스를 만든다.
Gigot à la normande 노르망디식 양 뒷다리 요리 : 시드르를 넣고 찌듯이 푹 익힌다. 고기를 익힌 냄비에 시드르를 넣어 디글레이즈 한 뒤 버터와 크림을 넣어 소스를 완성한다.
Harengs fumés à la fécampoise 페캉식 훈제 청어 : 삶은 달걀을 곁들인 뒤 베샤멜 소스를 끼얹어낸다.
Huîtres chaudes au pommeau de Normandie 노르망디 포모 와인에 익힌 따뜻한 굴 : 사과, 포모, 크림으로 만든 소스를 끼얹는다.
Laitues braisées 브레이징한 양상추 : 방울양파, 당근, 베이컨을 넣어준다.
Lapin farci à la havraise 속을 채운 아브르식 토끼 요리. 돼지 족으로 소를 채운 뒤 코코트 냄비에 넣고 오븐에서 익힌다. 식힌 뒤 차갑게 서빙한다.
Maquereaux à l'oseille 소렐을 곁들인 고등어 요리 : 소렐 잎 위에 넣고 오븐에 익힌다.
Marmite dieppoise 디에프식 생선 수프 : 아귀, 넙치, 광어 등의 고급 생선과 각종 해산물(랑구스틴, 홍합, 새우, 가리비 살 등)을 넣는다.
Matelote d'anguilles de Caudebec 시드르를 넣은 코드벡식 장어 마틀로트
Morue d'Honfleur, au four 오븐에 익힌 옹플뢰르식 염장대구 : 감자와 향신재료를 넣고 익힌다.
Moules à la crème 크림 소스 홍합 요리
Œufs à la fécampoise 페캉식 달걀 요리 : 삶은 달걀 안에 새우와 버섯을 채운다.
Pieds de mouton à la rouennaise 루앙식 양 족 요리
Potage aux meuniers 포타주 오 뫼니에 : 닭 가슴살과 버섯을 넣은 루베이스의 크림 수프...... OR
Poulet vallée d'Auge 발레 도주 닭 요리 : 버섯, 칼바도스, 시드르, 생크림을 넣고 코코트 냄비에 익힌다.
Râble de lièvre à la cauchoise 코(Caux)식 야생토끼 등심 요리 : 토끼 허리등심을 얇은 돼지비계로 감싼 뒤 코코트에 익힌다. 샬롯, 버터, 생크림, 화이트와인을 넣어 소스를 만든다.
Rognons de veau à la normande 노르망디식 송아지 콩팥 요리 : 베이컨, 방울양파, 생크림을 넣는다.
Rôti de porc aux pommes et au cidre 사과와 시드르를 넣은 로스트 포크 : 돼지 등심 덩어리를 오븐에 익히고 칼바도스, 생크림을 넣어 소스를 만든다.
Salade cauchoise 코(Caux)식 샐러드 : 감자, 셀러리, 햄, 크림, 시드르 식초를 넣는다.
Salade verte à la normande 노르망디식 그린 샐러드 : 생크림과 시드르 식초 베이스의 드레싱을 사용한다.
Soupe aux peis (pois) de mai 그린빈스 수프
Tripes à la mode de Caen 캉식 내장 요리 : 소 위막과 창자, 족 등에 채소(당근, 셀러리, 리크, 양파)와 시드르, 칼바도스를 넣고 끓인 스튜의 일종.

디저트, 파티스리

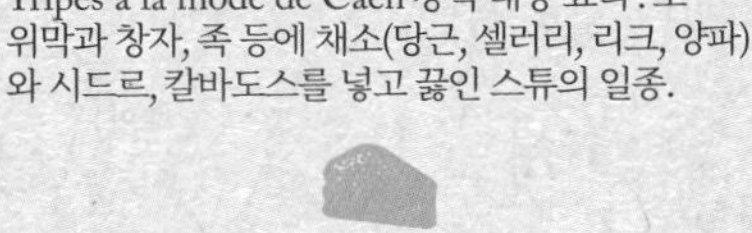

Beurré normand : 사과, 칼바도스, 건포도를 넣어 만든 가벼운 케이크
Bourdelot ou douillon : 사과 또는 서양배에 반죽을 씌워 만든 파이
Mirliton de Rouen : 파트 푀유테 시트 안에 아몬드크림 베이스의 가벼운 필링을 채워 구운 루앙식 타르틀레트
Pâté de poire : 노르망디식 서양배 파이
Pommes à la grivette : 가늘게 간 사과에 커드 밀크(또는 요거트)를 섞은 것.
Pommes au four, au miel et au cidre 꿀, 시드르를 넣고 오븐에 익힌 사과
Tarte aux pommes d'Yport 이포르 애플 타르트 : 사과, 설탕, 칼바도스, 생크림으로 만든 필링을 채워 넣고 구운 타르트
Tarte normande aux pommes 노르망드식 애플 타르트
Teurgoule : 계피를 넣은 라이스 푸딩

기타

Graisse à soupe/Graisse normande : 노르망디식 수프용 기름 : 송아지 콩팥 지방에 채소(당근, 순무, 양파 등)와 향신료(타임, 월계수 잎, 넛멕 등)을 섞어 굳힌다. 향이 아주 좋은 이 고체형 기름은 수프 양념용으로 사용된다........ MA
Vinaigre de cidre 시드르 식초

당과류, 사탕, 과자류

Caramel d'Isigny 이지니 캐러멜 : 이지니 버터, 우유 또는 크림으로 만든 캐러멜 사탕.
Coques d'or du Mont-Saint-Michel 초콜릿 프랄리네를 넣은 사탕
Mirliton de Pont-Audemer 파트 푀유테로 만든 원통형 과자로 안에 프랄린 무스를 채워 넣고 양 끝은 다크초콜릿으로 봉한다.
Raisiné de pomme/Pommé 사과즙에 설탕을 첨가하지 않고 졸여 농축한 잼 또는 즐레........ CA
Sablés normands divers 노르망디 지방의 다양한 사블레 과자
Sucre de pomme de Rouen 사과향의 스틱형 캔디

음료, 술, 스피릿

Bénédictine : 식물, 약초, 허브, 스파이스 베이스의 리큐어........ CX
Calvados .... IG
Calvados Domfrontais 동프롱 칼바도스 .... IG
Calvados pays d'Auge 페이 도주 칼바도스 ... IG
Cidre de Normandie 노르망디 시드르........ IGP
Cidre du Cotentin 코탕탱 시드르........ AOP
Cidre pays d'Auge 페이 도주 시드르........ AOP
Cidre pays d'Auge Cambremer 페이 도주 캉브르메 시드르........ AOP
Cidres : Bessin, du Cotentin, du pays de Bray, du Perche… 등지의 특선 시드르
Poiré Domfront 동프롱 푸아레........ AOP
Poirés 서양배 즙으로 만든 발효주. 시드르와 비슷하다.
Pommeau de Normandie : 발효 전의 사과즙에 칼바도스를 섞은 것........ IG

미식계의 인물들

Gault Henri (일명 Henri Gaudichon) (1929-2000), 미식 비평가
Harel Marie (1761-1844), 카망베르 치즈를 처음 만든 사람으로 알려져 있다.
Les frères Dorin : Marcel (1887-1967) 그리고 Lucien (1889-1956) : La Couronne, Rouen
Poulard Annette (1851-1931) : Mère Poulard, Mont-Saint-Michel
Taillevent (일명 Guillaume Tirel) (1314 ?-1395), Charles VI 국왕의 초대 조리장

지역 최고의 특산품

누벨 아키텐

NOUVELLE-AQUITAINE

AG : AGENAIS ; BE : BÉARN ; BO : BORDEAUX ; CH : CHARENTE ; CM : CHARENTE-MARITIME ; CO : CORRÈZE ; CR : CREUSE ; DO : DORDOGNE ; DS : DEUX-SÈVRES ; GA : GASCOGNE ; GE : GERS ; GI : GIRONDE ; HV : HAUTE-VIENNE ; LA : LANDES ; LI : LIMOUSIN ; LO : LOT-ET-GARONNE ; MA : MARCHE ; MP : MARAIS POITEVIN ; PB : PAYS BASQUE ; PE : PÉRIGORD ; PO : POITOU ; PY : PYRÉNÉES-ATLANTIQUES ; SO : SUD-OUEST

육류

Agneau de lait des Pyrénées 피레네 젖먹이 어린 양........ BE, PB IGP
Agneau de Pauillac 포이약 양........GI IGP
Agneau du Limousin 리무쟁 양........ IGP
Agneau du Périgord 페리고르 양........ IGP
Agneau du Poitou-Charentes 푸아투 샤랑트 양. IGP
Bœuf blond d'Aquitaine 블롱드 다키텐 소
Bœuf de Bazas 바자스 소........GE, GI, LA IGP
Bœuf de Chalosse 샬로스 소........ LA
Chapon de Barbezieux 바르비지외 샤퐁 닭 CH IGP
Chapon du Périgord 페리고르 샤퐁 닭........ IGP
Chevreau de boucherie 정육용 염소고기........PO
Kintoa, porc basque 바스크 킨토아 돼지........ AOP
Limousine 리무진 소 품종, 양 품종 cul noir 퀴 누아르 돼지 품종
Œuf de Marans 마랑 달걀........CM
Oie blanche du Poitou 푸아투의 흰 거위
Oie grise du Sud-Ouest 쉬드 우에스트의 회색 거위
Palombe 비둘기........ GI, LA, LG, PY
Parthenaise 파르트네즈 소 품종........PO
Porc du Limousin 리무쟁 돼지........ IGP
Porc du Sud-Ouest 쉬드 우에스트 돼지........ IGP
Poularde du Périgord 페리고르 닭........ IGP
Poulet du Périgord 페리고르 닭........ IGP
Veau de Chalais 샤를레 송아지........CH
Veau du Limousin 리무쟁 송아지........ IGP
Veau fermier sous la mère 어미 젖먹이 송아지 ....BE, DO, LI, PB
Volailles de Gascogne 가스코뉴 가금육........ IGP
Volailles des Landes 랑드 가금육........ IGP
Volailles du Béarn 베아른 가금육........ IGP
Volailles du Val de Sèvres 발 드 세브르 가금육.. IGP

채소, 과일

Aillet 풋마늘........SO
Artichaut 아티초크........PO
Artichaut de Macau 마코 아티초크........BO
Asperge des sables des Landes 랑드의 모래 토양에서 자란 아스파라거스........ IGP
Betterave crapaudine 크라포딘 비트........CM
Bricolin/piochon 브리콜랭, 피오숑 : 배추의 일종 PO
Cèpe et bolet 세프(포치니) 버섯, 그물버섯...LI, SO
Cerise noire d'Itxassou 잇차수 블랙 체리........PB
Châtaigne blanchie (crue) 껍질 벗긴 생밤.. LI, MA
Châtaigne du Périgord 페리고르 밤
Échalote cuisse de poulet du Poitou 푸아투산 샬롯, '퀴스 드 풀레'
Figue de Patacaou 파타카우 무화과........BE
Fraise de Prin 프랭 딸기........PO
Fraise du Périgord 페리고르 딸기........ IGP
Gesse 풀완두콩........GA
Haricot-maïs du Béarn 베아른 황색 강낭콩
Kiwi de l'Adour 아두르 키위........ IGP
Melon charentais 샤랑트 멜론
Melon de Nérac 네라크 멜론........BE
Melon du Haut Poitou 오 푸아투 멜론........ IGP
Mogette 모제트 강낭콩........PO
Myrtille 블루베리........LI, MA
Noix du Périgord 페리고르 호두........ AOP
Oignon de Niort 니오르 양파 : 연한 붉은색이다.
Oignon de Saint-Turjan 생 튀르장 양파. 중간 정도 매운맛의 분홍색 양파........CM
Piment d'Anglet 앙글레 청고추........PB
Piment d'Espelette 에스플레트 고추........ PB AOP
Piment doux long des Landes 랑드산 고추 : 맵지 않고 모양이 길쭉하다.
Poire de Marsaneix 마르사넥스 서양배........PE
Poireau jaune gros du Poitou 푸아투의 리크 : 대가 굵고 황색을 띤 서양대파
Pomme de l'Estre 에스트르 사과........LI
Pomme de terre de l'île de Ré 일 드 레 감자 : 다양한 품종의 햇감자........ AOP
Pomme du Limousin, golden 리무쟁 골덴 사과 AOP
Pomme reinette clochard 레네트 클로샤르 사과 . PO
Pruneau d'Agen 아쟁 건자두........ IGP
Rave limousine 리무쟁 순무
Reine-claude de Vars 바르의 렌 클로드 자두 .. CO
Roussane de Monein, pêche 루산 드 모넹 복숭아........BE
Tomate de Marmande 마르망드 토마토
Truffe 트러플(송로버섯)........PE, CO, NORD PO

생선, 해산물

Alose 청어과 생선
Anchois 멸치(안초비)
Anguille 장어
Anguille du Marais poitevin 푸아투 습지대의 장어
Carpe 잉어
Casseron 새끼 갑오징어
Céteau남서대과의 작고 납작한 생선. 웨지 솔.
Chipiron 새끼 오징어, 꼴뚜기
Civelle 유럽 뱀장어 치어
Coque 꼬막조개
Crevette 새우
Écrevisse 민물가재
Huître Marennes-Oléron 마렌 올레롱 굴 CM IGP
Huîtres d'Arcachon 아르카숑 굴
Lamproie 칠성장어
Langoustine 랑구스틴, 스캄피
Moule de bouchot 양식홍합........CM
Palourde 대합조개, 바지락조개
Pétoncle 국자가리비
Pibale 유럽 뱀장어 치어
Raiteaux 새끼 가오리
Sardine 정어리
Saumon des gaves 아두르강 연어
Thon blanc 화이트 튜나, 날개다랑어
Thon rouge 레드 튜나, 참다랑어

제빵

Cornue 부활절에 즐겨 먹는 길쭉한 브리오슈 빵으로 끝이 두 개의 뿔 모양으로 되어 있다... MA, LI
Fouace 브리오슈 빵의 일종........PO
Gâteau des rois bordelais 보르도식 가토 데 루아 : 둥근 왕관 모양의 브리오슈 빵. 오렌지 블러섬 워터로 향을 내며 당절임 세드라(시트론)를 얹고 우박설탕을 뿌린다.
Méture 비발효 옥수수 빵........BE
Pain corrézien 코레즈 빵. 투르트(tourte) 모양의 큰 덩어리 빵
Pain tourné 꼬아 만든 길쭉한 모양의 빵........LI
Sous flamme 납작한 화이트 브레드........CH

샤퀴트리

Andouille béarnaise 베아른식 앙두이유 : 돼지 위로 만든 건조 앙두이유
Andouille de viande limousine 리무쟁 앙두이유 : 고기를 염지하여 사용한다.
Ballottine de dinde 칠면조 발로틴 : 칠면조 살코기에 송로버섯, 푸아그라, 피스타치오, 비계, 우설로 만든 소를 둘러준 다음 즐레를 씌워 굳힌다........PE, SO
Boudin aux châtaignes 밤을 넣은 부댕........LI
Boudin du Béarn 베아른 부댕 : 돼지 피, 잘게 다진 돼지 내장, 부속(머릿고기, 혀, 염통, 목구멍 비곗살), 돼지껍데기, 양파 등으로 만든 굵직한 부댕
Boudin du Périgord 페리고르 부댕 : 돼지 머릿고기와 양파로 만든 부댕으로 기름기가 적다.
Boudin du Poitou 푸아투 부댕 : 시금치, 세몰리나, 양파를 넣어 만든다.
Confit d'oie, de canard 거위 다리 콩피, 오리 다리 콩피........GRAND SO
Confit de porc 돼지고기 콩피 : 돼지 등심, 안심을 익힌 뒤 기름에 저장한다........LI
Fagot charentais 돼지 간을 둥글게 뭉쳐 크레핀으로 감싸 익힌다.
Fressure poitevine 양파를 넣고 레드와인에 익힌 푸아투식 내장, 부속 파테.
Gigourit 양파와 함께 와인에 익힌 뒤 돼지 피를 넣어 걸쭉하게 만든 머릿고기 파테........CH, PO
Giraud 양 또는 송아지 피를 넣어 만들며 송아지 창자에 넣어 익힌다........LI
Gratton bordelais 기름에 익힌 돼지고기(앞다리살, 등심)를 뭉쳐 만든 원뿔형 테린의 일종
Grenier médocain 돼지 위막, 창자, 가늘고 길게 자른 뒷다리 햄 등을 돼지 위에 채운 뒤 채소육수에 익힌 메독(Médoc)의 특산 샤퀴트리
Grillon charentais 돼지 살코기를 돼지 기름에 익힌 것으로 리예트와 비슷하다.
Grillon limousin 기름기가 적은 삼겹살을 갈아 후추, 파슬리로 양념해 익힌 파테의 일종.
Gros grillon 돼지삼겹살을 거위 기름에 익힌다.PO
Jambon de Bayonne 염장, 건조한 바욘의 뒷다리 햄........ IGP
Jambon de Tonneins 볼이나 통조림 캔에 넣은 익힌 햄........LO
Jambon du Kintoa 바스크 토종 돼지 뒷다리로 만든 염장 건조 햄........PB AOP
Langue de mouton fumée 훈제 양 혀 : 송아지 창자에 넣어 훈연한 뒤 익힌다.
Pâté de boulettes 소고기 미트볼, 송아지 뒷다리 정강이살, 돼지 목살, 양파 등으로 만든 파이의 일종CR
Pâté de Pâques 돼지고기, 송아지고기에 삶은 달걀을 가운데 넣고 만든 부활절 파테 앙 크루트 PO
Pâté périgourdin 송로버섯과 푸아그라를 넣은 페리고르식 파테
Poitrine de porc séchée roulée 건조하여 돌돌 만 돼지삼겹살........SO
Ratis charentais 돼지기름에 익힌 돼지 위장, 창자
Terrine de Nérac 푸아그라를 채운 수렵육 파테BE
Tricandille 돼지 위장을 가늘게 잘라 향을 낸 육수에 익힌다. 노릇하게 구워 먹는다........GI
Tripotxa 양고기와 부속, 양파를 다져 만든 부댕.PB

치즈, 유제품

Beurre Charentes-Poitou 샤랑트 푸아투 버터 AOP
Beurre d'Échiré 에시레 버터........PO
Beurre des Charentes 샤랑트 버터........ AOP
Beurre des Deux Sèvres 되 세브르 버터........ AOP
Bougon 염소치즈의 일종........DS
Cabécou du Périgord 카베쿠 드 페리고르
Caillebote/jonchée 프레시 크림 치즈
Chabichou du Poitou 샤비슈 드 푸아투.... AOP
Corrézon au torchon 코레종 오 토르숑........CO
Couhé-vérac 쿠에 베라크........PO
Fromage fumé de Bardos 바르도 스모크치즈. PB
Gouzon 구종........CR
Greuil 그뢰이 : 양젖 커드치즈........BE, PB
Mothais sur feuille 모테 쉬르 푀유 : 나뭇잎 위에 놓고 숙성한 염소 치즈........PO
Ossau-iraty 오소 이라티........PB AOP
Pigouille 피구이유........DS
Tomme des Pyrénées 톰 드 피레네........ IGP
Trappe d'Échourgnac 트라프 데슈르냑........DO

요리 레시피

Anguilles en persillade 페르시야드를 넣은 팬 프라이 장어 요리........PO
Axoa 양파, 지역 햄, 청고추, 홍고추를 넣은 송아지고기 스튜
Betteraves à la poitevine 푸아티에식 비트 요리 : 얇게 썬 양파를 넣고 소테팬에 익힌다.
Bréjaude 염장베이컨, 양배추, 리크, 순무, 당근, 감자 등을 넣고 끓인 포토푀 타입의 수프........LI
Cagouilles à la charentaise 샤랑트식 달팽이 요리. 방울양파, 마늘, 햄, 화이트와인, 토마토를 넣는다.
Cagouilles à la saintongeaise 생통주식 달팽이 요리. 마늘, 샬롯, 파슬리, 소시지용 분쇄 돈육, 방울양파. 햄, 레드와인, 마늘 등을 넣는다.
Canard aux cerises noires , à la cocotte 체리를 넣은 오리 코코트 냄비 요리........LI
Casserons sautés à la saintongeaise 생통주식 새끼 갑오징어 볶음 : 마늘과 파슬리를 넣는다.
Cèpes à la bordelaise 보르도식 포치니 버섯 볶음 : 다진 샬롯, 빵가루, 파슬리, 다진 마늘을 넣고 소테팬에 볶는다. 레몬즙을 한 바퀴 뿌린다.
Cèpes à la crème à la limousine 리무쟁식 크림 소스 포치니 버섯요리 : 다진 샬롯을 넣고 팬에 볶는다. 크림을 넣고 익힌 뒤 파슬리를 뿌려 마무리한다.
Céteaux meunière 버터에 지진 세토(서대의 일종)CM
Chaudrée 걸쭉한 생선 수프로 다양한 레시피가 존재한다........CM
Chipirons à la luzienne 생 장 드 뤼즈식 새끼 오징어 요리 : 토마토, 양파, 에스플레트 고춧가루를 넣은 소스에 익힌다.
Chou farci aux châtaignes 밤을 넣은 양배추 롤LI
Civet de lapin aux pruneaux 건자두를 넣은 토끼고기 스튜 : 먼저 고기를 레드와인, 양파, 당근, 정향, 아르마냑, 식용유로 만든 마리네이드 액에 재운다. 와인에 절인 건자두, 베이컨, 방울양파를 넣고 코코트 냄비에 익힌다. 고기를 재웠던 마리네이드 양념액을 넣어준다........AG
Compote d'oie ou de canard poitevine 푸아투식 거위 또는 오리 콩포트 : 토마토, 양파, 화이트와인을 넣고 뭉근히 오래 익힌다.
Confit d'oie ou de canard 거위 또는 오리 콩피 : 다리를 거위(또는 오리)기름에 넣고 뭉근히 익힌다PE, LA, SO
Cou d'oie farci 속을 채운 거위 목 : 거위 살과 내장으로 만든 소를 원통형 목에 채워 넣는다PE, LA, SO
Court-bouillon d'anguilles à la médocaine 메독식 장어 쿠르부이용 : 방울양파, 건자두, 마늘을 넣어 만든 장어 스튜. 장어 피를 사용해 소스를 걸쭉하게 만든다.
Cruchade bordelaise, landaise 보르도식, 랑드식 크뤼샤드 : 곱게 빻은 옥수수 가루를 죽처럼 쑨 것으로 폴렌타와 비슷하다.
Cul de bicot rôti à l'ail vert 풋마늘 양념을 바른 새끼 염소 로스트 : 염소 볼기 뒷다리를 오븐에 구운 뒤 마지막에 소렐, 풋마늘, 화이트와인, 빵 속살로 만든 양념 반죽을 바르고 버터를 더해 완성한다.
Daube de bœuf saintongeaise 생통주식 소고기 스튜 : 당근, 샬롯, 베이컨과 함께 코코트 냄비에 넣어 뭉근히 익힌다.
Daube de cèpes à la girondine 지롱드식 포치니 버섯 스튜 : 지역생산 생햄, 토마토, 양파, 샬롯, 마늘, 드라이한 화이트와인, 닭 육수로 만든 소스에 뭉근히 익힌다.
Éclade 솔잎을 덮고 불을 붙여 익힌 홍합구이...CM
Embeurrée de choux 양배추 버터 볶음 : 사보이양배추를 끓는 물에 데쳐 익힌 뒤 버터를 넣고 으깨며 볶는다.
Enchaud périgourdin 돼지고기를 돼지 기름에 뭉근히 푹 익힌다.
Entrecôtes à la bordelaise 보르도식 꽃등심 구이 : 샬롯, 레드와인, 소 골수로 만든 소스를 곁들인다.
Escargots à la Limousine 리무쟁식 달팽이요리 : 마늘, 파슬리, 빵가루, 버터를 혼합해 채워 넣는다.
Estouffat 소고기 스튜........SO
Farcedure 이스트를 넣은 발효반죽. 작게 빚은 뒤 수프나 국물이 있는 스튜 요리에 넣어 익혀 먹는다.LI
Farci poitevin 푸아투식 속을 채운 양배추 : 녹색 채소, 향신허브, 베이컨, 달걀로 만든 소를 채워 넣는다.
Filet de bœuf limousin aux cèpes 포치니 버섯을 곁들인 소 안심 로스트 : 포치니 버섯을 마늘과 함께 팬에 볶아 곁들인다........LI
Filet de bœuf sauce Périgueux 페리괴 소스 소 안심 스테이크
Foie de veau bordelaise 보르도식 송아지 간 요리 : 송아지 간에 마늘을 넣고 돼지비계를 두른 뒤 크레핀으로 감싼다. 잘게 다진 샬롯과 포치니 버섯과 함께 코코트 냄비에 넣고 익힌다.
Foie gras d'oie clouté aux truffes 송로버섯을 찔러 넣은 거위 푸아그라 : 송로버섯을 찔러 넣은 생푸아그라를 파피오트로 오븐에 익힌다. 송로버섯, 양파, 샬롯으로 만든 소스를 곁들인다. PE
Foie gras d'oie ou de canard 거위 또는 오리 푸아그라 : 푸아그라 테린, 따뜻하게 서빙하는 푸아그라, 사과 또는 건포도를 넣어 조리한 생푸아그라 등 다양한 레시피
Fricassée de cul noir aux châtaignes 밤을 곁들인 리무쟁 토종돼지 프리카세 : 돼지 목살에 양파, 당근, 껍질 벗긴 밤을 코코트 냄비에 넣고 익힌다........LI
Friture de raiteaux 가오리날개 튀김........CM
Galette de sarrasin 메밀 갈레트........LI, MA
Garbure béarnaise 굵직하게 썬 채소를 넣은 수프. 베아른식에는 양배추와 강낭콩이 반드시 들어가며 일반적으로 고기, 바욘 햄 등을 넣어 만든다.
Gigot d'agneau braisé aux cèpes 포치니 버섯을 넣고 브레이징한 양 뒷다리 요리 : 토마토, 포치니버섯, 다진 마늘과 파슬리를 함께 코코트냄비에 넣고 뭉근히 익힌다........LI
Gigot périgourdin à la couronne d'ail 마늘을 곁들인 페리고르식 양 뒷다리 요리 : 코코트 냄비에 양 뒷다리를 지져 고루 색을 낸 뒤 코냑 등의 오드비로 플랑베한다. 마늘 60톨과 몽바지악 와인을 넣고 오븐에서 뭉근히 익힌다.
Jarret de veau au pineau 피노를 넣은 송아지 정강이 요리 : 당근, 리크, 마늘, 토마토, 피노를 코코트 냄비에 함께 넣고 익힌다.
Jaud en fricassée 수탉 프리카세 : 노릇하게 지진 뒤 코냑에 플랑베 한 수탉에 베이컨, 방울양파, 양송이버섯, 화이트와인을 넣고 익힌다........CH
Lamproie à la bordelaise 보르도식 칠성장어 요리 : 레드와인, 바욘 햄, 리크, 마늘 등을 넣는다. 레드와인에 칠성장어 피를 넣어 소스를 완성한다.
Lavignons, sauce de / « Fausses palourdes » : 황색 대합조개 요리 : 소테팬에 조개와 화이트와이느 샬롯, 페르시야드를 넣고 익힌 뒤 마지막에 생크림, 달걀 혼합물을 넣어준다........CM
Lièvre à la sauce rousse 레드 소스 야생토끼 요리 : 토끼 피와 간, 버터, 양파로 소스를 만든다........PO
Lièvre en chabessal 속을 채워 익힌 야생토끼 : 돼지고기와 송아지고기로 만든 소를 채우고 끈으로 묶은 뒤 화이트와인을 붓고 뭉근히 오래 익힌다...LI
Magrets de canard poêlés 후추를 넣고 팬 프라이 한 샬로스 식 오리 가슴살 요리
Marmitako 감자, 양파, 피망, 토마토를 넣은 참치 스튜........PB
Matahami béarnais 감자, 베이컨, 다진 양파와 마늘을 켜켜이 그릇에 담아 오븐에 익힌다.
Milhassou à la corrézienne 감자를 가늘게 갈아 부친 코레즈식 갈레트
Mojhettes piates 흰 강낭콩의 일종(mogette). 양파, 당근, 마늘과 함께 소테팬에 넣고 익힌다.
Morue aux haricots 강낭콩을 넣은 염장대구 요리 : 익힌 염장대구 살을 켜켜이 분리한 다음 흰 강낭콩과 섞는다. 마늘, 리크, 돼지 기름으로 만든 소스를 넣어 혼합한다........BE
Morue aux pommes de terre감자를 넣은 염장대구 요리 : 익힌 염장대구 살을 켜켜이 분리한 다음 감자와 섞고 오븐에 넣어 그라탱처럼 익힌다PB
Morue aux pommes de terre, à la briviste 브리브 라 가이야르드(Brive-la-Gaillardeau)식 감자, 염장대구 요리 : 잘게 부순 염장대구 살에 얇게 썬 감자와 페르시야드를 넣고 오븐에서 익힌다.
Mouclade 와이트와인, 생크림, 커리를 넣은 홍합 요리........CM
Omelette aux garlèches 연준모치 오믈렛........LI
Pain de porée 끓는 물에 데친 리크를 잘게 썰어 버터에 볶은 뒤 생크림과 달걀노른자 혼합물을 넣어 섞는다........CH
Pâté de cèpes 파트 브리제 또는 브리오슈 반죽 시트에 포치니 버섯과 생햄, 양파, 생크림으로 만든 소를 채워 구운 파이의 일종
Pâté de pommes de terre감자를 채운 파이의 일종........LI, MA

Pibales sautées avec ail et persil 유럽 장어 치어 볶음 : 마늘과 파슬리를 넣는다.......................... CH
Pibales sautées au piment 고추를 넣은 유럽 장어 치어 볶음 : 다진 마늘과 에스플레트 고추를 넣는다 PB
Pigeons aux herbillettes 허브 양념 비둘기 요리 : 비둘기 간, 모이주머니, 햄, 마늘, 각종 향신 허브, 샬롯, 양송이버섯, 화이트와인으로 만든 양념을 끼얹는다.. PO
Piochons vinaigrette 비네그레트 소스를 곁들인 어린 사보이양배추 .... PO
Piperade basquaise 청피망, 양파, 토마토, 마늘 등에 에스플레트 고춧가루를 넣은 채소 볶음. 바스크식 닭 요리에 곁들이거나 달걀을 풀어 넣어 단품 요리로도 먹는다.
Pommes de terre à l'échirlète 감자를 소고기 육수에 익힌 뒤 마늘과 함께 팬에 넣고 거위 기름에 지진다. .... PE
Pommes de terre à la misquette 감자에 잘게 다진 허브와 샬롯을 넣고 볶은 뒤 크림과 달걀노른자 혼합물을 부어 익힌다. LI
Pommes sarladaises감자에 마늘과 파슬리를 넣고 거위 기름에 볶은 요리
Porcellous 돼지고기, 송아지고기, 기름기가 적은 삼겹살, 마늘, 빵으로 만든 소를 양배추 잎에 채워 익힌다. LI
Pot-au-feu de cagouilles달팽이 포토푀 : 코코트 냄비에 달팽이와 화이트와인, 양파, 당근, 리크, 토마토, 감자를 넣고 끓인다. 국물을 체에 거른 뒤 얇게 슬라이스한 빵에 비네그레트 소스와 함께 뿌려 먹는다.
Potée limousine 염장 돼지 삼겹살과 크뢰즈(Creuse) 지방의 앙두이유를 넣어 끓인 리무쟁식 스튜.
Poule au pot Henri IV 앙리 4세 닭백숙 : 바욘 햄, 닭 내장부속, 양파, 마늘, 파슬리로 만든 소를 채워 넣고 채소 육수에 익힌다. 남서부 지방 곳곳마다 다양한 레시피가 있다.
Poule au pot périgourdine 페리고르식 닭백숙 : 소시지용 돼지 분쇄육, 닭 내장 부속, 빵, 닭 피로 만든 소를 채워 넣고 채소 육수에 익힌다. 달걀, 호두오일, 화이트와인 식초, 샬롯으로 만든 소스를 곁들인다.
Poulet basquaise 바욘 햄, 양파, 에스플레트 앙글레 고추, 토마토, 마늘, 지역 생산 화이트와인을 넣고 코코트 냄비에 익힌 바스크식 닭요리.
Poulet sauce rouilleuse 적갈색 소스 닭 요리 : 양파, 돼지삼겹살, 짓이긴 마늘, 화이트와인 등을 넣고 코코트 냄비에 익힌 닭 요리. 닭의 피, 간, 염통을 마지막에 넣어 걸쭉한 적갈색의 소스를 완성한다 PE
Poulet sauté aux cèpes, à la limousine 포치니 버섯을 곁들인 리무쟁식 치킨 소테 : 코코트 냄비에 마늘과 양파를 함께 넣고 익힌다. 닭 내장과 크림을 넣어 소스를 완성한다.
Poutirous farcis au pain de seigle, au four. 호밀 빵가루를 채워 오븐에 구운 포치니버섯 : 호밀 빵가루, 달걀노른자, 샬롯, 마늘로 만든 소를 포치니버섯 갓 안에 채워 넣는다......................... LI
Primes grâlées au diable 토기냄비에 껍질 째 구운 햇감자 : 작은 햇감자를 토기냄비에 넣고 굽는다. CM
Ris de veau à la landaise 랑드식 송아지 흉선 요리 : 코코트 냄비에 양송이버섯, 화이트와인, 샬롯, 당근을 함께 넣고 익힌다.
Rôti de veau fermier aux noix 호두를 넣은 송아지 로스트 : 각종 채소와 다진 호두를 함께 넣고 코코트 냄비에 익힌다.
Salmis de palombes 비둘기를 구운 뒤 레드와인, 비둘기 염통과 간, 양파, 당근, 샬롯, 햄, 마늘로 만든 소스를 끼얹는다.. SO
Sanguette/sanquette 닭의 피, 양파, 마늘, 샬롯, 빵 속살로 만든 작은 갈레트.............................. SO, LI
Sauce aux lumas d'Aunis 오니식 달팽이 요리 : 냄비에 레드와인, 양파, 마늘, 샬롯을 넣고 익힌다.
Sauce de poulet landaise 랑드식 닭 요리 : 냄비에 생햄, 양파, 화이트와인, 토마토, 짓이긴 마늘 등을 넣고 익힌다. 닭간과 염통을 넣어 걸쭉한 소스를 만든다.
Soupe à l'ouzille (oseille) 소렐 수프 .... PO
Soupe au giraumon 스쿼시 호박 수프 : 서양 호박의 일종인 터번 스쿼시로 만든 걸쭉한 수프
Soupe aux fèves fraîches 신선 잠두콩 수프...... MP
Soupe de châtaignes 밤 수프 : 닭 육수 베이스를 사용하거나 브리브(Brive) 양파를 넣는 등 다양한 레시피가 존재한다. LI
Soupe verte à la mauve 당아욱을 넣은 그린 수프 ; 허브와 녹색 잎채소(근대, 시금치, 치커리), 당아욱을 넣는다.................................. BE, PB
Tanches à la poitevine 푸아투식 텐치(잉어과) 요리 : 생선을 소테팬에 지져 익힌 뒤 샬롯, 마늘, 파슬리, 와인 식초를 넣어 소스를 완성한다. .... LA
Tourin à la tomate, avec des oignons, de la graisse de confit 토마토를 넣은 양파 수프. 양파를 볶을 때 오리 콩피 기름을 사용한다.
Tourin blanchi du Périgord 페리고르식 마늘 양파 수프 : 베아른식 우이야드(ouillade bearnaise) 등 다양한 레시피의 마늘 수프가 존재한다.
Tourin corrézien 코레즈식 양파 수프 : 돼지 삼겹살, 비계, 토마토, 소렐을 넣는다.
Tourtière de poulet aux salsifis 샐서피를 넣은 치킨 파이 .... CO

Tourtière poitevine au poulet 푸아투식 치킨 파이 : 파트 브리제 시트 안에 샬롯, 소시지용 돼지 분쇄육, 햄 등으로 만든 소를 채워 굽는다.
Tripes à l'angoumoise 앙구무아식 소 내장부속 요리 : 샬롯, 마늘, 당근, 셀러리, 화이트와인과 함께 코코트 냄비에 넣고 오븐에 뭉근히 익힌다.
Truffes en papillotes 송로버섯 파피요트 : 송로버섯을 얇은 비계로 감싼 뒤 오븐에서 익힌다 PE
Truites de rivière au lard et aux noix à la corrézienne 베이컨과 호두를 곁들인 코레즈식 송어요리 : 잘게 썬 베이컨, 호두, 처빌과 함께 팬에 익힌다
Truites de rivière aux herbes, à la creusoise 허브를 넣은 크뢰즈식 송어 요리 : 허브와 화이트와인을 넣은 쿠르부이용에 생선을 익힌다
Ttoro basque 유럽 메를루사, 붕장어 등의 생선과 각종 해산물, 채소(감자, 당근, 양파, 토마토)를 넣어 끓인 바스크식 생선 수프
Vermée charentaise 장어를 토막 낸 뒤 레드와인, 당근, 양파, 마늘을 넣은 쿠르부이용에 익힌다. 양파, 베이컨과 함께 소테팬에 넣고 체에 거른 쿠르부이용을 넣어 소스를 완성한다.

디저트, 파티스리

Aréna 아몬드가루 베이스의 부드럽고 촉촉한 케이크.. HV
Boulaigous limousins 두툼하고 크게 부친 리무쟁식 크레프
Cassemuseaux 크림치즈를 넣은 반죽으로 구운 바삭한 비스킷. 럼, 레몬, 또는 오렌지 블러섬 워터로 향을 낸다.. PO
Clafoutis 씨를 빼지 않은 블랙체리를 넣은 플랑 타르트.. MA, LI
Crêpes à l'anis du Périgord 페리고르의 아니스 크레프 : 아니스 씨의 향을 우려내어 반죽에 넣는다.
Crespet 통통하게 튀긴 도넛 .... BE
Creusois 헤이즐넛을 넣은 부드럽고 촉촉한 케이크
Dame blanche du Poitou, île flottante 거품 낸 달걀흰자를 작은 틀에 넣어 익힌 블랑망제의 일종
Flognarde 사과, 또는 서양배를 넣은 클라푸티. 과일을 넣지 않고 만들기도 한다.................. MA, LI
Fromaget (tarte)/Tourteau fromagé 파트 브리제 시트에 프레시 염소치즈 베이스의 필링을 채워 구운 치즈 타르트 .... PO
Galette de plomb 밀가루, 버터, 우유 또는 크림, 달걀로 만든 갈레트.. LI
Gâteau à la broche 꼬챙이에 반죽을 조금씩 덧붙여 돌려가며 구운 원뿔형의 케이크. 덧붙인 반죽이 삐죽삐죽하고 거친 모양을 만든다..... BE, PB
Gâteau aux châtaignes 밤 케이크. 다양한 레시피가 존재한다.. LI, MA
Gâteau basque 겉은 사블레 반죽처럼 약간 부슬부슬하고 안은 크리미한 질감의 바스크 식 케이크. 아몬드로 향을 내며 크렘 파티시에나 체리 잼을 채워 넣는다.
Gâteau saintongeais 아몬드를 얹은 부드럽고 촉촉한 케이크
Gâteaux poitevins au miel 꿀을 넣은 푸아투식 작고 납작한 케이크
Grimolle 반죽에 사과를 섞어 넣어 구운 두툼한 크레프의 일종.. PO
Jambes de brebis au miel de bruyère 헤더 꿀을 넣은 튀김 도넛 LI
Merveille 설탕을 뿌린 튀김과자 .... SO, CH, PO
Millas 옥수수가루로 만든 플랑의 일종............. CM
Niniche 퐁당 오 쇼콜라 .... BO
Pastis bourrit 오렌지 블러섬 워터로 향을 낸 부드러운 브리오슈 케이크.............................. BE, LA
Russe d'Oloron 아몬드가루, 헤이즐넛 가루, 머랭으로 만든 두 장의 비스퀴 시트 사이에 프랄리네 크림을 채운 납작한 케이크................. BE
Tarte à la caillade 커드 치즈로 만든 케이크...... LI
Tourtisseaux de Niort 튀김과자의 일종 .... PO
Tourtous corréziens 달콤한 메밀 갈레트

기타

Caviar d'Aquitaine 아키텐 캐비아
Criste-marine et salicorne 록 샘파이어, 통통마디(함초) : 주로 식초 등에 넣어 양념으로 사용한다 .... CM
Escargot petit-gris,<cagouille> 록 샘파이어, 통통마디(함초) : 주로 식초 등에 넣어 양념으로 사용한다 .... CH
Graisse d'oie 거위 기름.................................. SO
Huile de noix 호두 기름 .... GA, CM
Miel du Limousin de bruyère 리무쟁 헤더 꿀
Moutarde violette de Brive 브리브의 자색 머스터드 : 포도즙을 넣어 만든다.
Sel de Salies-de-Béarn 살리 드 베아른 소금 : 광천수 소금
Sel marin de l'île de Ré 일 드 레의 천일염
Vinaigre de vin de Bordeaux 보르도 와인 식초

당과류, 사탕, 과자류

Angélique de Niort 안젤리카 줄기로 당절임, 설탕 글레이즈, 잼, 봉봉 등을 만든다…............... PO
Bois-cassé 캐러멜에 향을 입혀 만든 사탕의 일종으로 속이 빈 나무토막을 깬 것 같은 모양이 특징이다.. CM
Broyé du Poitou 사블레 반죽으로 만들어 구운 갈레트
Cannelé 겉면이 짙은 갈색으로 캐러멜화한 작은 구움과자로 럼을 넣어 향을 낸다......................... BO
Cartelin 반죽을 끓는 물에 한 번 데친 뒤 오븐에 구워 낸 과자의 일종.. PO
Cène d'Eymoutiers 무늬를 찍어 구워낸 얇고 바삭한 과자.. HV
Chocolat au vieux cognac 올드 코냑을 넣은 초콜릿 .... CH
Chocolat de Bayonne 바욘 초콜릿
Coq des Rameaux 사블레 반죽으로 만든 수탉 모양의 과자. 색색의 설탕 스프링클을 뿌려 장식한다......... CR
Corinette 길쭉한 모양의 마들렌...................... CH
Cornuelle 원래 부활절 전 성지주일에 즐겨 먹던 삼각형 과자. 다양한 레시피가 존재한다............. CH
Croquant de Bort 오렌지 블러섬 워터로 향을 낸 다양한 모양의 바삭한 과자 .... CO
Croquet de Bordeaux 아몬드를 넣은 바삭한 비스킷
Délicieux de Jonzac 부두아르와 비슷한 비스킷 CH
Douzane 브리오슈 반죽을 꼬거나 땋아 만든 빵 CH
Duchesse d'Angoulême 아몬드 또는 헤이즐넛 프랄리네를 채워 돌돌 만 누가틴
Fanchonnette de Bordeaux 과육 페이스트, 초콜릿, 아몬드 페이스트 등을 채운 타원형의 캐러멜 봉봉
Galette charentaise (Saintonge) 사블레 반죽에 안젤리카 줄기 등의 식물 재료를 넣어 촉촉하게 구워낸 케이크
Gravette, de Bordeaux 프랄린이나 아몬드 페이스트를 채우고 오렌지로 향을 낸 초콜릿
Macaron de Lusignan .... PO
Macaron de Saint-Émilion 부드럽고 촉촉한 작은 과자
Macaron de Saint-Jean-de-Luz 겉은 바삭하고 안은 부드럽고 촉촉하다.................................. PB
Madeleine de Dax 레몬으로 향을 낸 큰 사이즈의 마들렌
Madeleine de Saint-Yrieix 비터 아몬드로 향을 낸다.. HV
Marguerite d'Angoulême 데이지 꽃 모양의 다크초콜릿으로 당절임 오렌지 껍질로 향을 낸다.
Massepain de Saint-Léonard de Noblat 아몬드로 만든 작은 과자.................................. HV
Miels des Landes, de bruyère 랑드의 헤더 꿀
Miels du Pays basque 피나무 꽃 꿀, 밤나무 꿀
Nougatine du Poitou 곱게 간 아몬드에 시럽을 섞어 채우고 분홍색 로열 아이싱으로 겉을 씌운 봉봉
Pine 반죽을 끓는 물에 한 번 데쳐 구운 과자로 남성의 성기 모양을 하고 있다.......................... CM
Pruneau de Saint-Léonard-de-Noblat 생 레오나르 드 노블라 건자두 .... HV
Rousquille d'Oloron 아니스와 오렌지 블러섬 워터로 향을 낸 도넛 모양의 구움과자로 겉에 흰색 아이싱을 씌워준다. .... BE
Tortillon 반죽을 끓는 물에 한 번 데쳐낸 뒤 오븐에 구운 왕관 모양의 비스킷............................ AG, PE
Touron basque 다양한 향을 낸 아몬드 페이스트
Tourtière 시폰처럼 아주 얇은 퓌유타주 시트에 사과나 건자두를 채워 구운 바삭한 파이의 일종 . SO

음료, 술, 스피릿

Anisette 아니제트.. BO
Armagnac 아르마냑 : 다수의 AOP(원산지명칭 보호) 제품이 있다 .... AOP
Cidre basque 바스크 시드르 : 기포가 거의 없다.
Cidre du Limousin 리무쟁 시드르
Cognac 코냑. 여러 아펠라시옹이 존재한다. .... IG
Eau/liqueur de noix 호두 브랜디. 호두 리큐어 : 덜 익은 녹색 호두를 증류주에 담가둔 뒤 미스텔, 오드비(브랜디) 등을 넣어 블렌딩한다............ LI, PE
Fine Bordeaux 포도주 오드비........................ IG
Floc de Gascogne rosé ou blanc 가스코뉴의 주정강화와인. 로제 또는 화이트...................... AOP
Izarra jaune/verte 바스크 지방의 스위트 리큐어 (옐로, 그린). 식물과 향신료(카다멈, 안젤리카 등)를 침용한 뒤 증류해 만든다.
Ligueur d'angélique de Niort 니오르의 안젤리카 리큐어 : 안젤리카(당귀속의 식물)를 코냑에 침용한 뒤 증류해 만든다.. PO
Lillet blanc, rosé, rouge : 포도주와 과일 리큐어를 블렌딩한 아페리티프용 술. .... BO
Liqueur de pissenlit 민들레 리큐어.................. CH
Pineau des Charentes 피노 드 샤랑트........... AOP
Sève, de Limoges 식물과 과일로 만든 증류주 (아몬드, 야생자두 씨, 호두껍질 등)에 코냑, 아르마냑을 혼합한 뒤 시럽을 넣어 단맛을 낸 리큐어

미식계의 인물들

Boulestin Marcel (1878-1943), 요리사. 영미권에 프랑스 요리를 널리 알리는 데 기여했다. Poitiers 출생
Briffault Eugène (1799-1854), 신문기자, Paris à table (1846)의 저자, Périgueux 출생
Coutanceau Richard (1949년생) : Richard Coutanceau, La Rochelle ; Christopher (1978년생) : Christopher Coutanceau, La Rochelle ; Grégory (1975년생) : L'Entracte, La Rochelle
Darroze Jean (1902-1981) : 호텔 Darroze, Villeneuve-de-Marsan
Gardillou Solange (1939년생), Alain : Le Moulin du Roc, Champagnac-de-Belair
Guérard Michel (1933년생) : Les Prés d'Eugénie, Eugénie-les-Bains
Ibarboure Martin (1958년생), David (1985년생) : Briketenia, Guéthary ; Philippe (1950년생), Xabi (1982년생) et Patrice (1986년생) : Les frères Ibarboure, Bidart
Lacam Pierre (1836-1902), 파티시에, 작가, Saint-Amand-de-Belvès 출생
Laporte Robert (1905-1885), Pierre (1931-2002) : Le Café de Paris, Biarritz
Massialot François (1660 ?-1733), 요리사, 작가, Limoges 출생
Noël André (1726-1801), 요리사. 프로이센의 국왕 프리드리히 2세의 요리사로 일했다. Périgueux 출생
Parra Christian (1939-2015) : L'Auberge de la Galupe, Urt
Soulé Henri (1903-1966), 요리사, Le Pavillon à New York, Saubrigues 출생
Violier Benoît (1971-2016), Saintes 출생 : Restaurant de l'Hôtel de ville, Crissier, Suisse

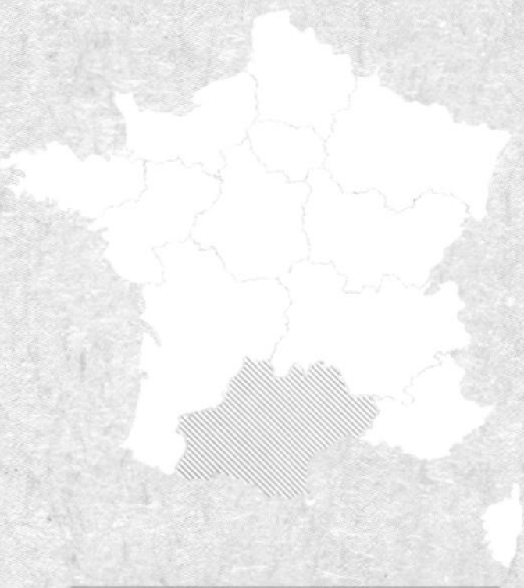

지역 최고의 특산품

옥시타니

OCCITANIE

AL : ALBIGEOIS ; AR : ARIÈGE ; AU : AUDE ; AV : AVEYRON ; BI : BIGORRE ; BL : BAS-LANGUEDOC ; CA : CAMARGUE ; CE : CÉVENNES ; CH : CHALOSSE ; CO : COMMINGES ; CS : CAUSSES ; GA : GARD ; GC : GASCOGNE ; GE : GERS ; HE : HÉRAULT ; HG : HAUTE-GARONNE ; HL : HAUT-LANGUEDOC ; HP : HAUTES-PYRÉNÉES ; LA : LANDES ; LL : LITTORAL LANGUEDOCIEN ; LO : LOZÈRE ; LT : LOT ; ML : MONTS DE LACAUNE ; OC : OCCITANIE ; PE : PÉRIGORD ; PO : PYRÉNÉES-ORIENTALES ; QU : QUERCY ; RG : ROUERGUE ; RO : ROUSSILLON ; SO : SUD-OUEST ; TA : TARN ; TO : TOULOUSE ; TG : TARN-ET-GARONNE

육류

Agneau de l'Aveyron 아베롱 양 .... IGP
Agneau de Lozère 로제르 양....................... IGP
Agneau du Quercy 케르시 양...................... IGP
Agneau de lait des Pyrénées 피레네 젖먹이 양 HP IGP
Aubrac 오브락 소 .... LO, AV
Barèges-Gavarnie 바레주 가바르니 양 .... HP
Bœuf blond d'Aquitaine블론드 아키텐 소. GE, TA, TG
Bœuf gascon 가스코뉴 소
Chapon du Lauragais 로라게 샤퐁 닭
Dinde noire du Gers 제르스의 검은 칠면조
Génisse fleur d'Aubrac 오브락의 암소 품종.. IGP
Oie grise de Toulouse 툴루즈의 회색 거위
Pigeon Montauban 몽토방 비둘기
Porc du Sud-Ouest 남서부 돼지.................. IGP
Porc noir de Bigorre 비고르 흑돼지 .... AOP
Poulet des Cévennes 세벤 닭...................... IGP
Poulet noir de Caussade 코사드의 검은 닭..... QU

Taureau de Camargue 카마르그 황소 .... AOP
Veau d'Averyon et du Ségala 아베롱, 세갈라의 송아지.. IGP
Vedell des Pyrénées catalanes 베델 데 피레네 카탈란 : 송아지.................................. IGP
Volailles de Gascogne 가스코뉴 가금육......... IGP
Volailles du Gers 제르스 가금육 .... IGP
Volailles du Languedoc 랑그독 가금육 .... IGP
Volailles du Lauragais 로라게 가금육 .... IGP
Volailles grasses de la Piège 라 피에주 가금육 AU

채소, 과일

Abricot rouge du Roussillon 루시용의 붉은 살구 AOP
Ail blanc de Lomagne 로마뉴의 흰 마늘 ...... IGP
Ail rose de Lautrec 로트렉의 핑크 마늘......... IGP
Ail violet de Cadour 카두르의 자색 마늘...... AOP
Amande 아몬드
Artichaut du Roussillon 루시용 아티초크..... IGP
Asperge blanche du Midi 남프랑스 화이트 아스파라거스
Asperge des sables 모래 토양에서 자란 아스파라거스... LL, CA
Asperge verte du Gers 제르스 그린 아스파라거스GE
Béa du Roussillon 햇감자 품종.................... AOP
Céleri branche vert d'Elne 엘른 그린 줄기 셀러리.. RO
Cèpe 포치니버섯.. GE, HL
Cerise de Céret 세레 체리
Chasselas de Moissac 무아삭 샤슬라 포도 TG AOP
Châtaigne 밤..AV, HP
Châtaigne des Cévennes 세벤 밤
Chicorée scarole 치커리상추.............................. RO
Citre 잼을 만들거나 익혀 먹는 수박의 일종으로 과육은 흰색이다.
Coco de Pamiers 흰 강낭콩의 일종 .... AR
Cornichon 코르니숑.. HL
Figue 무화과.. BL, HL, RO
Fraises de Nîmes 님 딸기.............................. IGP
Haricot lingot du Lauragais 로라게의 랭고 강낭콩
Haricot tarbais 타르베 강낭콩 .... IGP
Melon de Lectoure 렉투르 멜론....................... GE
Melon du Quercy 케르시 멜론......................... IGP
Navet noir de Pardailhan 파르다이앙의 검은 순무HE
Noix du Quercy 케르시 호두
Oignon de Citou 시투 양파 .... AU
Oignon de Trébons, doux 트레봉의 스위트 양파. HP
Oignon doux de Lézignan 레지냥 스위트 양파.... HE
Oignon doux des Cévennes 세벤 스위트 양파 .. AOP
Olives (lucques) du Languedoc 랑그독 올리브, 뤼크.. AOP
Olives de Nîmes 님 올리브 .... AOP
Pêche du Roussillon 루시용 복숭아
Persil 파슬리
Pois chiche de Carlencas 카를랑카스 병아리 콩.. HE
Pomme reinette du Vigan 비강의 레네트 사과CE
Raisin de table de Clermont-l'Hérault 클레르몽 레로 포도
Reine-claude dorée 황금색 렌 클로드 자두. LT, TG
Respountsous ou tamier 블랙 브리오니 : 마과의 식물.. AL, RG
Riz de Carmargue 카마르그 쌀 .... IGP
Rouge de Toulouges 스위트 적양파................. RO
Truffe noire 검은 송로버섯................................ QU

생선, 해산물

Anchois de Collioure 콜리우르 안초비 .... IGP
Anguille 장어
Congre 붕장어...
Crevette grise 새우
Daurades grise et royale 도미, 귀족도미
Escargot de mer 총알고둥
Huîtres de Bouzigues et de Leucate 부지그, 뢰카트의 굴
Jols 주로 튀겨먹는 멸치과의 작은 생선
Loup de mer 유럽 바다농어
Maquereau 고등어
Merlu 유럽 메를루사
Moule de Bouzigues 부지그 홍합
Muge ou mulet 숭어
Palourde et clovisse 대합조개, 바지락
Rascasse et chapon 쏨뱅이
Rouget vendangeur 작은 노랑촉수
Sardine 정어리
Sole 서대
Telline 텔린 조개, 웨지 클램
Thon rouge 참다랑어, 레드 튜나
Violet 멍게

제빵

Biterroise 오렌지 블러섬 워터로 향을 낸 브리오슈HE
Coque quercinoise당절임 과일을 넣은 브리오슈
Coque saint Aphrodise 오렌지 블러섬 워터와 레몬으로 향을 낸 브리오슈.................................. HE
Coques catalanes 반죽 위에 다양한 토핑을 올려 구운 브리오슈... RO
Fougasse aux fritons 돼지 기름을 녹이고 남은 찌꺼기인 프리통을 넣어 구운 빵......................... BL
Fougasse aveyronnaise 아베롱식 브리오슈
Fougasse de Noël d'Aigues-Morte오렌지 블러섬 향이 진한 정사각형의 브리오슈
Gâteau de Limoux 당절임 과일을 얹은 왕관 모양의 브리오슈... AU
Pain à l'anis 아니스 향의 브리오슈..................... AL
Pain de Beaucaire 길게 칼집을 낸 직사각형의 빵 GA
Pain paillasse de Lodève 발효 빵의 일종........ HE
Pompe à l'huile 호두오일 또는 낙화생유를 넣고 반죽한다.. AV
Tourteau à l'anis 아니스로 향을 낸 왕관 모양의 브리오슈 .... RO

샤퀴트리

Boudin audois 장 부속에 타임을 넣어 향을 낸 오드(Audes)식 부댕
Boudin galabar 돼지 머릿고기, 내장, 부속, 때로는 양파를 넣어 만든 검은색 부댕(블랙푸딩). 건조하여 먹기도 한다.. SO
Bougnette 크레피네트로 감싼 큼직한 미트볼의 일종 .... AL, AR, HE
Cansalada/Sagi 돼지비계 기름......................... RO
Coudenat 소에 돼지껍데기를 넣어 만든 소시지 TA
Embotits 창자 케이싱에 소를 채워 만든 소시지류RO
Fetge 염장 건조한 돼지 간 ....AL, AU
Fricandeau 돼지고기와 비계를 둥글게 뭉쳐 익힌 큼직한 미트볼의 일종..................................... AU
Friton fin 잘게 다진 돼지고기, 비계, 내장, 부속을 돼지기름에 익힌 파테의 일종..................... GC, HL
Friton gros 돼지 귀, 혀, 염통, 콩팥 등의 부속을 자르지 않고 그대로 돼지 기름에 익힌다… .... AV
Gambajo 말린 생햄... RO
Jambe et oreille farcies sèches 소를 채워 말린 다리, 귀 : 돼지 안심살과 레드와인으로 만든 소를 채워 넣는다.. LO
Jambon noir de Bigorre 비고르의 고급 숙성 생햄AOP
Jambon sec de Lacaune 라콘의 건조 햄 : 돼지 뒷다리를 통째로 말린 생햄
Montagne noire 샤퀴트리 전문 브랜드.......... IGP
Manoul 어린 양의 위 막에 양, 내장, 부속을 채워 넣은 샤퀴트리 .... LO
Melsat 돼지 내장, 부속, 빵, 달걀 등으로 만든 소를 채운 소시지 .... TA, AV
Pâté au genièvre 주니퍼베리를 넣은 돼지 간 파테LO
Pâté catalan , au foie de porc 카탈루냐식 돼지 간 파테
Sac d'os 뼈가 붙은 부위(등갈비, 꼬리, 귀 등)를 돼지 위에 채운 뒤 염장, 또는 염장, 건조한다. .... LO
Saucisse à l'huile 기름에 절인 뒤 건조한 소시지 : 돼지 살코기와 비계로 만든 소를 채운 소시지를 기름에 담가둔다.. ML, AV
Saucisse d'Anduze 앙뒤즈 건조 소시지 .... CE
Saucisse de Toulouse 툴르즈 생소시지 : 돼지 살코기를 굵직하게 썰어 소를 채운 소시지
Saucisse maôche, blettes et viande de porc 근대와 돼지고기 소를 채운 소시지 .... LO
Saucisse sèche à la perche 막대에 널어 건조시킨 소시지 : 돼지 살코기와 비계를 채운 소시지를 막대기에 걸쳐 놓고 말린다.......................... ML, AV
Saucisson de Lacaune 라콘의 건조 소시송 : 돼지 살코기에 굵직하게 썬 비계를 섞은 소를 채워 넣는다.. ML, TA
Saucisson de Vallabrègues 발라브레그 소시송 : 소고기, 돼지고기로 만든 소를 넣어 만든 건조, 훈연 소시송 .... GA
Saucisson des moissons 돼지 살코기와 비계로 만든 소를 채워 만든 굵직한 타원형의 건조 소시송LO
Trenel 큼직하게 자른 양의 위막 안에 햄과 돼지 삼겹살로 만든 소를 채고 실로 묶어 익힌 내장요리 AV
Tripous du Rouergue 송아지 창자 안에 창자와 햄으로 만든 소를 채워 익힌 내장요리

치즈, 유제품

Bleu des Causses............................ AV, LT, LO AOP
Cabécou.. QU, RG
Laguiole...AV, LO AOP
Pélardon...CE, CS AOP
Pérail... AV, TA, CS
Rocamadour .... QU AOP
Roquefort .... AV AOP
Tome au lait cru du Couserans 쿠즈랑의 비멸균 생우유 톰 치즈.. AR
Tome de Barousse.. HP
Tome de Lozère
Tomme des Pyrénées .... IGP

요리 레시피

Aillade de veau 마늘을 듬뿍 넣고 생토마토, 또는 토마토 소스를 넣은 송아지 스튜.......................... GC
Aillolis 아이올리 LL
Aligot de l'Aubrac 톰 프레슈(tome fraîche) 등의 길게 늘어나는 치즈와 감자 퓌레를 혼합한다.
Anchois à la catalane 카날루냐식 안초비 요리 : 가늘게 썬 홍피망과 마늘을 넣고 함께 볶은 뒤 다진 파슬리를 뿌린다.
Azinat 양배추, 당근, 감자와 고기(정강이살 등)를 넣은 스튜. 다양한 레시피가 존재한다. .... AR
Beurre de Montpellier,몽펠리에 버터 : 크레숑, 타라곤, 파슬리, 처빌, 시금치 등을 넣은 버터로 주로 생선요리에 곁들인다.
Boles de picolat 다진 소고기, 돼지고기로 만든 미트볼의 일종. 토마토소스, 베이컨, 햄, 올리브, 양파 등을 자작한 스튜처럼 익혀 흰 강낭콩을 곁들여 먹는다.. RO
Bourride de baudroie à la sétoise : 세트(Sète)식 아귀 부리드 : 리크, 당근, 근대, 양파 등을 넣고 끓인 생선 스튜
Brandade de Nîmes 님식 염장대구 브랑다드
Bullinada 농어, 아귀, 쏨뱅이 등의 생선과 감자, 돼지비계, 베이컨 등을 넣고 끓인 생선 수프로 부야베스(bouillabaisse)의 사촌 격이다 .... RO
Cargolada 녹인 돼지비계를 넣고 숯불에 구운 달팽이 요리. 아이올리 바른 토스트를 곁들인다 . RO
Cassoulet de Castelnaudary, de Toulouse, de Carcassonne 카스텔노다리, 툴루즈, 카르카손의 카술레
Cèpes en persillade 페르시야드를 넣은 포치니버섯 볶음... HG
Civet d'oie au vin de Cahors 카오르 와인을 넣은 거위 스튜 : 토막 낸 거위를 레드와인에 재워 두었다가 양파, 마늘, 재움액, 비계 등을 넣고 익힌다. 마지막에 볶은 포치니버섯을 넣어 서빙한다.
Civet de lotte camarguaise 카마르그식 아귀 스튜 : 레드와인, 샬롯, 양파로 만든 소스에 아귀살을 익힌 후 오징어먹물을 넣어 소스를 완성한다.
Confit d'oie ou de canard 거위 또는 오리 콩피 : 거위나 오리의 다리, 날개 등을 기름에 넣고 천천히 익힌다 .... GE, HG, LT
Cou d'oie farci 속을 채운 거위 목 요리 : 거위 살코기와 내장으로 만든 소를 원통형 거위 목에 채워 넣는다. .... GE, HG, LT
Daurade royale au vin blanc du Languedoc 랑그독 화이트와인에 조리한 귀족도미 : 토마토, 마늘, 샬롯, 양파를 넣어 익힌다.
Encornets farcis à la sétoise 세트(Sète)식 속을 채운 오징어. 돼지고기와 송아지고기로 만든 소를 채워 익힌다.
Escargouillade햄, 양파, 샬롯, 화이트와인, 마늘로 만든 소스에 익힌 달팽이 요리...................... CO, AR
Estofat 레드와인에 재워 둔 고기에 베이컨, 양파, 토마토, 마늘, 감자, 버섯 등 다양한 재료를 넣고 뭉근히 익힌 스튜의 일종.. .... RO
Estofinado rouergat 스톡피시(말린 대구)를 물에 불려 잘게 부순 뒤 으깬 감자, 크림, 마늘과 섞은 요리
Estouffade de cèpes à la gasconne가스코뉴식 포치니버섯 에스투파드 : 코코트 냄비에 화이트와인, 햄, 마늘과 함께 넣고 익힌다.
Estouffat appaméen 파미에 흰 강낭콩(Coco de Pamiers)에 생햄, 당근, 베이컨, 마늘, 토마토를 넣어 익힌 스튜의 일종
Falette d'Espalion 송아지 뱃살에 근대, 햄, 베이컨, 밤 등을 채우고 돌돌 만 요리로 레시피는 매우 다양하다. 익힌 뒤 슬라이스하여 서빙한다 . AV
Flèque 감자에 돼지삼겹살, 타임, 월계수 잎을 넣고 뭉근히 익힌 요리... LO
Foie gras d'oie ou de canard 거위 또는 오리 푸아그라 : 푸아그라 테린 또는 팬에 익힌 따뜻한 푸아그라 등. 남서부의 푸아그라용 오리는 IGP 인증을 받았다. .... CH, GC, GE, LA, PE, QU
Fricassée de porc de Limoux 리무의 돼지고기 프리카세 : 돼지 살코기, 간, 콩팥, 지역 생산 햄에 화이트와인, 양파, 마늘, 토마토 페이스트를 넣어 만든다. 흰 강낭콩을 곁들여 서빙한다.
Garbure 굵직하게 썬 채소에 고기, 특히 거위나 오리 다리 콩피를 넣어 끓인 스튜의 일종, 다양한 레시피가 존재한다... GE, BI
Gardiane de taureau, daube 레드와인에 재운 황소고기에 양파, 마늘 셀러리, 당근, 오렌지 제스트와 마리네이드 양념액을 넣어 끓인 스튜. 카마르그산 쌀밥을 곁들여 먹는다. .... CA
Gras-double à l'albigeoise 알비식 양깃머리 요리 : 채소 육수에 익힌 소 양깃머리에 다진 생햄을 섞고 사프란으로 향을 낸 요리.
Lièvre en saupiquet 오븐에 구운 야생토끼에 마늘, 양파, 식초, 와인으로 만든 매콤한 소스를 끼얹는다... RG
Llagostada 양파, 마늘, 토마토, 생햄, 바뉼스 와인을 넣은 스파이니 랍스터(랑구스트) 스튜
Massacanat de Bigorre 송아지 고기를 넣은 큼직한 오믈렛
Millas 옥수수 가루를 익혀 만든 음식으로 폴렌타와 비슷하다. 달콤한 것, 짭짤한 것 등 다양한 레시피가 있다. .... OC
Moules farcies à la sétoise 세트식 속을 채운 홍합 : 홍합에 돼지고기, 송아지고기로 만든 소를 채운 뒤 누아이 프라트(Noilly Prat 베르무트의 일종)를 넣은 토마토 소스에 익힌다.
Mourtayrol rouergat 루에르그 지역 햄, 소고기, 양배추, 당근, 순무 등을 넣어 끓인 포토푀의 일종
Ollada 돼지고기, 비계, 감자, 양배추, 당근, 리크, 마른 강낭콩 등을 넣어 끓인 스튜의 일종… .... RO
Petits pâtés de Pézenas 달콤하게 양념한 다진 양고기에 반죽 시트를 둘러 구운 작은 원통형 파이
Poularde à la toulousaine 툴루즈식 닭 요리 : 닭 내장과 툴루즈 소시지, 마늘로 속을 채운 닭에 화이트와인, 양파, 토마토를 넣고 코코트 냄비에 익힌다.
Pouteille 소고기, 돼지 족, 샬롯, 감자에 와인을 넣고 끓인 스튜의 일종....................................... LO
Rouzole 뒷다리 햄, 비계, 삼겹살 등을 섞어 넓적하게 지진 고기 갈레트.. AR
Soupe rouge de Sète 세트식 붉은 수프 : 작은 생선들과 민물 게로 끓인 수프
Tarte fine de filets de sardines 정어리 필레를 얹은 얇은 타르트 : 양파와 토마토를 함께 넣어준다 ... BL
Taureau à la saint-gilloise 생 질식 황소 요리 : 올리브 오일과 향신 양념에 재웠다가 익힌 황소 안심에 푸아브라드 소스와 타프나드의 혼합물을 끼얹는다CA
Tourin 마늘, 거위 기름, 세이지로 만든 수프로 다양한 레시피가 있다. 툴루즈에서는 달걀흰자를 넣기도 한다.
Tourtière de volaille aux salsifis 샐서피를 넣은 치킨 파이.. QU, RG

디저트, 파티스리

Bras de gitan 제누아즈 스펀지 시트에 레몬 향 크림 파티시에를 넣어 돌돌 만 롤 케이크........... RO
Cougnettes 튀김과자의 일종 .... LT
Coupétade 우유를 넣은 플랑 혼합물에 굳은 빵과 건자두, 말린 과일 등을 넣어 구운 타르트의 일종… LO
Crème catalane 우유, 달걀, 설탕, 옥수수전분으로 만든 커스터드 크림 디저트
Croustade/Pastis gascon aux pommes 아주 얇은 피유타주(필로 페이스트리)로 만든 가스코뉴식 애플파이. 표면에 페이스트리를 구기듯 얹어 굽는다........ GE, LT
Flône 파트 브리제 시트에 양젖 유청을 가열해 만든 브루스(brousse) 치즈 필링을 채워 구운 치즈케이크의 일종... AV, TA
Gâteau à la broche 꼬챙이에 반죽을 조금씩 덧붙여 돌려가며 구운 원뿔형의 케이크. 조금씩 덧붙인 반죽이 삐죽삐죽 거친 모양을 만든다.. AV, HP
Gloria 레몬 향과 아몬드를 더한 사부아식 케이크AU
Massepain de Montbazens 버터 등 유지를 넣지 않은 비스퀴.. AV
Milhassou au potiron 단호박과 옥수수가루로 만든 달콤한 케이크.. HG
Millas 옥수수 가루로 만든 달콤한 케이크
Oreillette 레몬 또는 오렌지 블러섬 워터로 향을 낸 랑그독의 달콤한 튀김과자
Rissole 파트 브리제 안에 짭짤하거나 달콤한 소를 채우고 반달 모양으로 접어 구운 쇼송. 아베롱에서는 건자두를 넣어 만든다.
Soleil de Marcillac 아몬드가루로 만든 태양 모양의 바삭한 케이크... AV
Tarte à l'encalat 파트 브리제 시트 안에 우유 커드로 만든 달콤한 필링을 넣어 구운 타르트.... AV

기타

Escargot petit-gris 에스카르고 프티 그리 : 갈색 정원달팽이
Huile d'olive de Nîmes 님 올리브오일 ...... BL AOP
Huile de noix 호두오일.. HL
Sel de mer 천일염 .... CA, AU

당과류, 사탕, 과자류

Alléluia de Castelnaudary 구움과자의 일종
Berlingot de Cauterets 다양한 색과 맛의 캔디 . HP
Berlingot de Pézenas 다양한 향을 낸 캔디 .... HE
Bonbons à la réglisse 감초 사탕........................ HE
Cachou Lajaunie 작은 정사각형의 감초 캔디 ... TO
Croquant de Cordes 통아몬드를 넣어 만든 바삭한 과자... TA
Croquant de Mende 바삭한 아몬드 과자의 일종LO

Croquant Villaret 아몬드, 오렌지 블러섬 워터, 레몬을 넣어 만든 길쭉한 모양의 바삭한 과자.....GA
Croquignole d'Uzès 아몬드 혹은 헤이즐넛을 넣어 만든 둥근 모양의 작고 바삭한 과자................GA
Curbelet de Cordes 가는 원통형으로 말아낸 아주 얇은 와플 과자...TA
Escalette 틀로 눌러 아주 얇게 구워낸 바삭한 와플 HE
Gimblette d'Albi 반죽을 끓는 물에 한 번 데친 뒤 구워낸 링 모양의 빵으로 베이글과 비슷하다.
Grisette de Montpellier 꿀과 감초로 만든 작은 구슬 사탕
Miel de Narbonne 나르본 꿀, 로즈마리 꿀이 대표적이다.
Miel des Cévennes 세벤 꿀 : 아카시아 꿀, 화이트 헤더 꿀, 헤더 꿀, 전나무 감로꿀 등 ....IGP
Minerve/minervette 슬라이스한 브리오슈 빵에 글라사주를 얹은 것..GA
Navette albigeoise 사블레 반죽으로 만든 마름모꼴의 과자로 통아몬드를 얹어 장식한다.
Nougat de Limoux, blanc 리무의 화이트 누가 AU
Pébradou 꼬아놓은 링 모양의 비스킷. 소금과 후추를 넣는다..AU
Petit jeannot 아니스로 향을 낸 작은 삼각형 비스킷AL
Pruneau d'Agen 아쟁의 건자두
Rousquille 슈거파우더를 뿌린 도넛 모양의 작은 케이크...RO
Tourons누가. 소프트와 하드 타입이 있다.........RO
Violette de Toulouse 제비꽃에 설탕을 입힌 당과류

음료, 술, 스피릿

Armagnac(다수의 AOP 아르마냑이 있다).....AOP
Byrrh 베르무트의(vermouth) 일종 ....PO
Cartagène, 미스텔mistelle의 일종.....................BL
Cataroise de Béziers, 미스텔의 일종
Crème de noix 호두 리큐어...............................AU
Eau-de-vie de marc du Languedoc 랑그독의 마르 브랜디...IG
Eau-de-vie de prune 자두 브랜디........................QU
Eau-de-vie de vin du Languedoc 랑그독의 와인 브랜디
Fine-Faugères 포제르의 오드비(브랜디)..........IG
Floc de Gascogne 미스텔의 일종............GE AOP
Gentiane d'Aubrac 용담뿌리를 원료로 만든 아페리티프 술
Limonade de Fontestorbes 레모네이드..........AR
Limonette Milles, limonade레모네이드.........PO
Liqueur de noix 호두 리큐어...................QU, RG
Micheline 식물 추출물로 만든 리큐어..............AU
Noilly Prat 베르무트의 일종.............................HE
Or-Kina베르무트의 일종....................................AU

미식계의 인물들

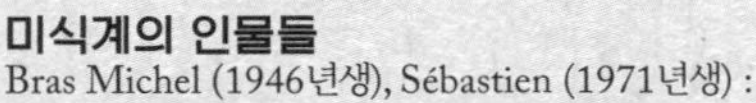

Bras Michel (1946년생), Sébastien (1971년생) : Michel et Sébastien Bras, Laguiole
Coste Victor (1807-1873), 굴 양식의 창시자, Castries 출생
Daguin André (1935년생) : Hôtel de France et des Ambassadeurs, Auch
Déjean René (?-1936) : Le Comminges, Saint-Gaudens
Durand Charles (1756-1854), 님(Nîmes) 출신의 요리사, 프랑스 최초의 지방 요리책들 중 하나인『요리사 뒤랑 *Cuisinier Durand*』의 저자
Kayser Michel (1955년생) : Alexandre, Garons
Vanel Lucien (1928-2010) : Le Restaurant Vanel, Toulouse

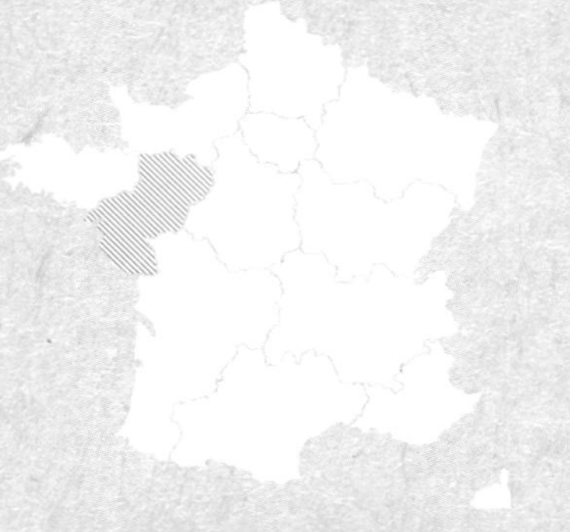

지역 최고의 특산품

페이 드 라 루아르

PAYS DE LA LOIRE

AN : ANJOU ; LA : LOIRE-ATLANTIQUE ; MA : MAINE ; SA : SARTHE ; VE : VENDÉE ; YE : ÎLE D'YEU

육류

Bœuf de Vendée방데 소.......................................IGP
Bœuf du Maine 멘 소..IGP
Maine-Anjou, viande de bœuf 멘 앙주 소고기 AOP
Œufs de Loué 루에 달걀.......................................IGP
Oie d'Anjou 앙주 거위...IGP
Porc de la Sarthe 사르트 돼지.............................IGP
Porc de Vendée 방데 돼지....................................IGP
Poulet fermier de Loué 루에 토종닭
Volailles d'Ancenis 앙스니 가금육.......................IGP
Volailles de Challans 샬랑 가금육(오리, 샤퐁 닭, 검은 깃털 닭)..IGP
Volailles de Cholet 숄레 가금육...........................IGP
Volailles de Vendée 방데 가금육............................IGP
Volailles du Maine 멘 가금육................................IGP

채소, 과일류

Carotte nantaise 낭트 당근
Champignon de couche 양송이버섯 ....AN
Cornette d'Anjou(상추의 일종 scarole)
Mâche nantaise낭트의 마타리 상추(콘샐러드)IGP
Mogette de Vendée 방데의 모제트 강낭콩 ...IGP
Oignon de Mazé 마제 양파...................................AN
Poire doyenné du comice 두아유네 뒤 코미스 서양배...AN
Pomme de terre de Noirmoutier 누아르무티에 감자
Pomme tapée, séchée et aplatie 납작하게 두드려 말린 사과..AN
Reinette du Mans 망의 레네트 사과

생선, 해산물

Alose 청어류의 생선
Anguille 장어
Brochet 강꼬치고기
Civelle 새끼뱀장어
Coque du Croisic 크루아직의 꼬막조개
Huître de Vendée-Atlantique 방데 아틀랑틱의 굴
Lamproie 칠성장어
Moule de bouchot 양식 홍합
Sandre 민물농어
Sardine à l'huile 오일에 절인 정어리
Sole sablaise 사블 돌롱(Sables-d'Olonne)의 서대

제빵

Brioche vendéenne 브랜디 또는 오렌지 블러섬 워터로 향을 낸 방데식 달콤한 브리오슈 빵.........IGP
Fouace nantaise 6개의 가지가 있는 별 모양의 빵
Fouée d'Anjou 둥근 모양의 속이 빈 빵
Gâche vendéenne 브리오슈 방데엔보다 더 달며 반죽에 생크림이 들어간다.
Préfou 길게 갈라 마늘 버터를 발라넣은 짭짤하고 넓적한 빵...VE
Tourton nantais 우유를 넣어 반죽한 달콤한 낭트식 빵

샤퀴트리

Fressure vendéenne 고기와 부속, 내장을 넣은 방데식 스튜
Gogue 채소와 비계, 돼지피로 만든 소를 채운 굵은 부댕..AN, LA
Grillon vendéen 돼지 삼겹살을 작게 잘라 돼지 기름에 뭉근히 익힌 것
Jambon de Vendée 돼지 뒷 넓적다리 살을 염장, 건조한 방데 지방의 생햄
Pâté de « casse » 돼지고기 파테................AN, LA
Rillaud d'Anjou 돼지 삼겹살을 큼직하게 깍둑 썰어 돼지 기름에 익힌 것
Saucisse au muscadet 돼지고기와 비계에 무스카데 와인을 넣어 만든 소시지.......................LA

치즈, 유제품

Caillebotte 프레시 크림 치즈의 일종
Fromage du curé..LA
Trappe-de-Laval..MA
Véritable Port-Salut...MA

요리 레시피

Alose farcie à l'oseille 소렐을 채워 구운 청어
Artichauts farcis à l'angevine 앙제식 속을 채운 아티초크 : 아티초크에 돼지고기와 양송이버섯으로 만든 소를 채운 뒤 화이트와인에 익힌다.
Bardatte 야생 토끼고기 소를 채운 양배추 요리. LA
Bouilleture de la Loire 와인을 넣어 익힌 장어 스튜
Brochet (ou sandre) au beurre blanc 뵈르블랑 소스 강꼬치고기(또는 민물농어)
Chouée vendéenne 베이컨을 넣은 양배추 요리
Civelles en omelette 새끼뱀장어 오믈렛........LA
Cul de veau à la Montsoreau 몽소로식 송아지 볼기살 찜..AN
Far de Jottes et légumes au four 오븐에 익힌 근대, 채소 스튜..VE
Fricassée de poulet à l'angevine 앙제식 치킨 프리카세 : 화이트와인, 양송이버섯, 생크림을 넣어 만든다.
Friture de lançons 양미리 튀김.........................VE
Grenouilles des marais à la crème 크림소스 개구리 뒷다리 요리.......................................VE
Jambonneau à la nantaise 낭트식 돼지 다리 정강이 요리
Lard nantais 돼지껍데기, 부속, 내장과 함께 오븐에 익힌 돼지 뼈 등심
Lièvre à la vendéenne 레드와인에 익힌 방데식 야생토끼 스튜
Nouzillards (châtaignes) au lait 우유에 익힌 밤... AN
Pâté de lapin vendéen 방데식 토끼고기 파테 ; 송아지 뒷다리 살, 방데 햄을 함께 넣어 만든다.
Potironnée 방데식 서양호박 수프
Rognons de veau à la Baugé 로놩 드 보 아 라 보제 : 샬롯, 화이트와인, 양송이버섯을 넣은 송아지 콩팥 요리
Rôti de porc aux reinettes 레네트 사과를 곁들인 돼지고기 로스트..SA
Soupe au tapioca 타피오카 수프 : 닭 육수 또는 소고기 육수를 사용한다.
Soupe aux piochons 양배추 순 수프
Soupe de poissons de l'île d'Yeu일 디외 생선 수프

디저트, 파티스리

Crémet d'Anjou 크레 당주 : 크림 프레슈, 프로마주 블랑, 거품 낸 달걀흰자로 만든 앙주식 크림 디저트
Fion 플랑의 일종...VE
Foutimasson 오렌지 블러섬 워터로 향을 낸 튀김과자 ....VE
Galette de Doué-la-Fontaine 사블레 반죽으로 만든 큰 사이즈의 케이크...................................AN
Gâteau minute ....VE
Gâteau nantais 럼을 넣어 향을 낸 아몬드가루 베이스의 낭트식 케이트
Merisse/Merice/ Betchets 메리스, 베셰(작은 사이즈) : 길쭉한 모양의 달콤하고 질감이 단단한 케이크...VE
Pâté aux prunes d'Angers 앙제의 자두 파이

기타

Farine de blé noire de Bretagne 브르타뉴 메밀가루 ....IGP
Huile de noix 호두오일. ....AN
Salicorne 퉁퉁마디(함초) ....LA
Sel de mer de Guérande ou Fleur de sel de Guérande 게랑드 천일염, 게랑드 플뢰르 드 셀IGP
Sel de Noirmoutier 누아르무티에 소금

당과류, 사탕, 과자류

Berlingot nantais 다양한 향의 단단한 캔디
Françoise de Foix / Bouché au chocolat : 한 입 크기의 초콜릿 봉봉으로 럼에 절인 건포도와 프랄리네 가나슈가 들어 있다..........................LA
Galette de Saint-Guénolé 버터 비스킷 ....LA
Petit mouzillon 가운데가 뚫린 꽃 모양의 비스킷LA
Quernon d'ardoise 캐러멜라이즈한 아몬드와 헤이즐넛 누가틴에 푸른색 초콜릿을 씌운 납작한 사각형의 봉봉..AN
Rigolette nantaise 과일 잼을 채운 캔디
Sablé de Sablé 사블레 드 사블레 쿠키.............SA

음료, 술, 스피릿

Calvados, Calvados domfrontais 칼바도스, 동프롱 칼바도스..IG
Cidre 시드르
Cidre de Bretagne브르타뉴 시드르................IGP
Cidre de Normandie 노르망디 시드르 ....IGP
Cointreau 스위트 오렌지, 비터 오렌지로 만든 리큐어..AN
Crème de cassis d'Anjou 앙주의 블랙커런트 리큐어
Eau-de-vie de cidre et de poiré 사과 시드르 브랜디, 서양배 브랜디
Eau-de-vie de cidre de Bretagne 브르타뉴 시드르 브랜디...IG
Eau-de-vie de poiré de Normandie 노르망디 서양배 브랜디..IG
Guignolet 체리를 침출하여 만든 리큐어 ....AN
Kamok 커피 리큐어...VE
Menthe-Pastille 페퍼민트 에센셜 오일을 원료로 만든 화이트 민트 리큐어.......................................AN
Poiré 서양배로 만든 기포성 알코올로 시드르와 비슷하다...MA
Poiré Domfront 푸아레 동프롱.........................AOP
Pommeau de Bretagne 사과즙에 사과 브랜디를 섞어 만든 알코올로 주로 아페리티프용이다. ....IG
Pommeau de Normandie 포모 드 노르망디 . IG
Pommeau du Maine 포모 뒤 멘 ....IG

미식계의 인물들

Curnonsky (본명 Maurice Edmond Saillant) (1872-1956), 미식 평론가, Angers 출생
Monselet Charles (1825-1888), 미식 작가, Nantes 출생

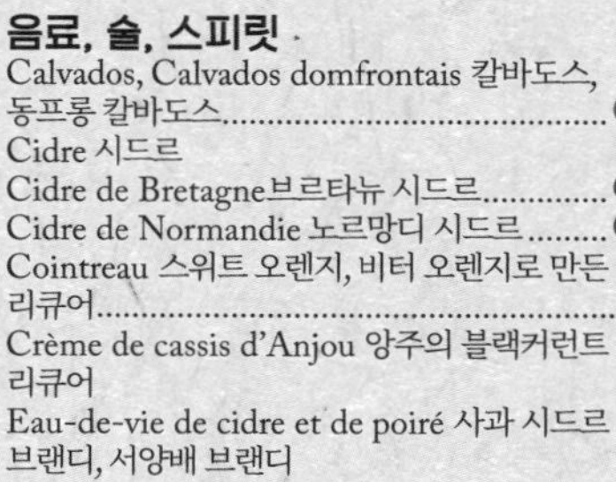

지역 최고의 특산품

프로방스-알프-코트 다쥐르

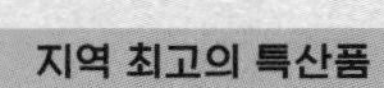

PROVENCE - ALPES- CÔTE D'AZUR

AL : ALPILLES ; AP : ALPES DE HAUTE PROVENCE ; CA : CAMARGUE ; CV : COMTAT VENAISSIN ; DA : DAUPHINÉ ; HP : HAUTE PROVENCE ; NI : NICE ; PN : PAYS NIÇOIS ; PR : PROVENCE ; VA : VAR

육류

Agneau de Cisteron 시스트롱 양.......................IGP
Chevreau de lait 젖먹이 염소
Taureau de Camargue 카마르그 황소...............AOP

채소, 과일류

Abricot poman rosé 포망 로제 살구
Ail 마늘
Artichaut violet de Provence 프로방스의 자색 아티초크
Asperge de Lauris 로리스 아스파라거스
Basilic 바질
Blette de Nice 니스 근대
Cardon 카르둔
Cébette 세베트 : 쪽파
Chicorée frisée 치커리
Chou pointu de Châteaurenard 샤토르나르의 고깔양배추
Citre 잼을 만들거나 익혀먹는 수박의 일종으로 과육은 흰색이다.
Citron de Menton 망통 레몬

Coing de Provence 프로방스산 유럽모과
Courgette longue ou ronde de Nice et fleur de courgette 니스의 주키니호박, 호박꽃
Figue de Solliès 솔리에스 무화과(bourjassote 품종). AOP
Figue grise de Tarascon '그리즈 드 타라스콩' 무화과
Fraises de Carpentras 카르팡트라 딸기 : 알이 굵은 딸기 품종
Fraises du plan de Carros 카로스 딸기
Haricot coco rose d'Eyragues 에라그의 코코 로즈 강낭콩
Herbes provençales 프로방스 허브 : 타임, 로즈마리, 오레가노, 세이보리, 세이지
Kaki muscat de Provence 뮈스카 드 프로방스 감
Laitue grasse 샐러드용 상추
Marron du Var 바르 밤(marrouge 품종)
Melon de Cavaillon카바이용 멜론(칸타루프)
Mesclun niçois 니스의 어린잎 채소 및 허브
Mûrier noir 블랙 멀베리
Muscat du Ventoux 방투 뮈스카 포도.......... AOP
Nèfle du Japon비파
Olives 올리브
Olives cassées de la vallée des Baux-de-Provence 발레 데 보 드 프로방스의 쪼갠 그린올리브...... AOP
Olives de Nice 니스 올리브 .... AOP
Olives noires de la vallée des Baux-de-Provence 발레 데 보 드 프로방스의 블랙 올리브 .... AOP
Pois chiche 병아리 콩
Pois mange-tout ou gourmand 스노피
Pomme de terre de Pertuis 페르튀 감자
Pommes des Alpes de Haute-Durance 알프 드 오트 뒤랑스 사과.................................... IGP
Prune perdrigone 피스톨(pistoles 말려서 씨를 제거한 뒤 납작하게 누른 건자두)을 만든다.
Raisin gros vert du Ventoux 알이 굵은 방투산 포도
Riz de Camargue 카마르그 쌀 .... IGP
Sanguin 상갱 : 맛젖버섯
Truffe noire d'hiver 검은 송로버섯

생선, 해산물

Anchois 멸치, 안초비
Anguille 장어
Baudroie 아귀류의 생선
Cigale de mer 매미새우
Daurade royale 귀족도미
Encornet, seiche et poulpe 오징어, 갑오징어, 문어
Favouille 작은 참게
Fiélas ou congre 붕장어
Loup 농어
Mange-tout ou petite friture 튀겨서 통째로 먹는 작은 생선류
Muge ou mulet 숭어
Oursin violet 보라성게
Petits poissons de roche 연안의 작은 잡어
Poutargue de Martigues 마르티그 보타르가(어란)
Poutine et nonat 정어리 등의 치어
Rascasse et chapon 쏨뱅이
Rouget de roche 노랑촉수
Saint-pierre 달고기, 존도리
Sardine 정어리
Telline 텔린, 삼각조개
Thon rouge 참다랑어, 레드 튜나
Violet (coquillage) 멍게

제빵

Fougasse.. PR
Fougassette 푸가세트 : 오렌지 블러섬 워터로 향을 낸 달콤한 푸가스.................................. PR
Pain d'Aix 엑상프로방스의 발효 빵.................. PR
Pompe à l'huile 올리브오일을 넣어 반죽한 빵 .. PR
Tortillade 브리오슈 빵의 일종.......................... PR

샤퀴트리

Caillette 돼지고기, 근대 또는 시금치를 넣어 만든 미트볼 .... VA
Moutounesse 염장, 건조한 양고기로 때로 훈연하기도 한다.. AP
Saucisson d'Arles 아를의 건조 소시지

치즈, 유제품

Banon.. DA, HP AOP
Bleu du Queyras.. DA
Brousse du Rove... PR
Cachaille 여러 종류의 치즈에 오드비를 넣어 혼합한다 .... PR, PN
Tomme de Champsaur 샹소르, 베쥐비, 케라의 톰 치즈 .... DA, HP
Tomme d'Arles 아를 톰 치즈

요리 레시피

Anchoïade, à tartiner 안초비, 마늘, 오일을 갈아만든 스프레드 .... PR
Artichauts à la barigoule 바리굴 아티초크 : 코코트 냄비에 양파, 샬롯, 당근을 볶은 뒤 작은 아티초크를 넣어 익힌다.................................. PR, AL
Bouillabaisse 부야베스 : 연안의 작은 생선들과 쏨뱅이 붕장어 등의 생선, 리크, 양파, 토마토를 넣어 만든 수프, 루이유 소스를 곁들여 먹는다.... PR
Bouillabaisse borgne 생선을 넣지 않은 부야베스. 감자, 리크, 양파, 토마토를 넣어 끓인 수프로 국물에 달걀을 넣어 포칭한다.
Chou farci 속을 채운 양배추 : 베이컨, 마늘, 양배추 속대, 근대, 소시지용 돼지 분쇄육, 쌀, 양파, 완두콩, 토마토, 달걀, 향신료 등을 혼합해 만든 소를 큰 사이즈의 양배추 안에 채워 익힌다........ PR
Daube de bœuf à la provençale 프로방스식 소고기 스튜 : 비계를 두른 소고기를 화이트와인과 오일에 재운 다음 냄비에 베이컨, 토마토, 올리브, 방울양파, 마늘 등을 넣고 뭉근히 익힌다.
Daube de mouton à l'avignonnaise 아비뇽식 양고기 스튜 : 양 앞다리 어깨살을 오일, 화이트 와인, 양파, 당근, 향신 허브 등에 재운 다음 재료를 모두 코코트 냄비에 넣고 뭉근히 익힌다.
Daube de sanglier à la provençale 프로방스식 멧돼지 스튜 : 레드와인, 오일, 식초에 고기를 재운 다음 베이컨과 마리네이드 양념액을 넣고 코코트 냄비에 뭉근히 익힌다.
Daurades à l'oursinado 성게 소스 도미요리...... PR
Esquinado à la toulonnaise 툴롱식 에스키나도 : 브라운 크랩을 삶아 살을 파내고 양파, 케이퍼, 마늘, 게 알 등을 섞은 뒤 다시 게딱지 안에 넣어 오븐에 구운 요리
Fritots de pieds d'agneau de Barcelonnette, 바르슬로네트 양 족 튀김 : 오일에 재워 둔 양 족에 튀김옷을 입혀 튀긴다... PR
Gigot de baudroie 오븐에 익힌 아귀요리 : 피망, 가지, 주키니호박, 샬롯, 화이트와인을 넣는다.... PR
Gnocchi : 감자 베이스의 반죽으로 만든다........ NI
Grand aïoli 그랑 아이올리 한상차림 : 데쳐 익힌 염장대구, 삶은 달걀, 당근, 콜리플라워, 감자, 작은 아티초크 등의 다양한 채소에 아이올리 소스를 곁들여 내는 음식으로 여럿이 함께하는 파티 음식으로 많이 낸다.. PR
Lapin en paquets à la brignolaise 브리뇰식 토끼 요리 : 토막 낸 어린 토끼고기에 샬롯, 토마토, 베이컨, 마늘 등을 넣고 오븐에 익힌다.
Loup en croûte de sel, au saussoun 소순 소스 농어 요리 : 쿠르부이용에 익힌 농어에•안초비, 아몬드, 펜넬, 민트를 다져 섞은 '소순(saussoun)' 소스를 곁들여낸다.. PR
Mélets au poivre 후추 양념 안초비 페이스트...... PR
Morue en raïto 라이토 소스 염장대구 : 토마토, 레드와인, 올리브, 케이퍼로 만든 걸쭉한 라이토 소스를 곁들인다.. PR
Pan bagnat 니스풍 샐러드와 비슷한 내용물을 채워 넣은 둥근 빵 샌드위치 .... PN
Panisse 병아리콩 가루로 만든 반죽을 길쭉한 스틱 모양으로 잘라 튀긴 스낵.................................. PR, PN
Pâtes vertes 허브를 넣은 그린 파스타 .... PN, AP
Pieds et paquets 속을 채운 양 창자와 양 족을 뭉근히 익힌 요리.. PR
Pissaladière 양파와 피살라를 얹은 타르트............ PN
Pissalat 새끼 정어리 치어에 소금과 각종 향신료, 올리브오일 등을 넣고 퓌레처럼 혼합한 양념. 소금에 절인 안초비로 만든 것을 원료로 치기도 한다...... PN
Polenta 옥수수가루를 걸쭉하게 끓인 죽의 일종 PN
Poulet au pastis 파스티스 닭 요리 : 파스티스, 오일, 사프란을 넣고 재워 둔 닭에 양파, 토마토, 감자, 마리네이드 액을 넣고 코코트 냄비에 익힌다. 마늘, 고추, 감자, 간, 오일로 만든 소스를 곁들여낸다... PR
Ratatouille niçoise 니스식 라타투이 : 토마토, 가지, 청피망, 양파, 주키니호박을 각각 따로 익혀 합친다.
Raviole/Raviolis 서양호박 라비올, 푸르(Fours) 라비올, 니스식 라비올리(남은 고기 스튜와 근대를 넣어 만든다) 등... PN
Rougets à la niçoise 니스식 노랑촉수 요리 : 생선을 팬에 지진 뒤 잘게 썬 토마토 과육을 넣고 오븐에 익힌다.
Salade niçoise 토마토, 삶은 달걀, 안초비, 청피망, 흰 양파, 블랙 올리브를 넣은 니스풍 샐러드
Sarcelle aux olives 올리브를 채운 상오리 구이 : 베이컨, 파슬리, 올리브, 브랜디로 만든 소를 채워 넣는다... PR
Sardines farcies aux épinards 시금치를 채운 정어리 : 시금치, 안초비 필레, 마늘, 파슬리로 만든 소를 채워 익힌다... PR
Seiches à la mode de l'Estaque 에스타크식 갑오징어 요리 : 코코트 냄비에 갑오징어 살, 토마토, 마늘, 화이트와인을 넣고 익힌다.
Socca (Nice)/Cade (Toulon) 니스의 소카, 툴롱의 카드 : 병아리 콩 가루로 부친 크레프
Soupe au pistou 흰 강낭콩과 다양한 채소, 파스타를 넣은 수프에 바질, 마늘, 올리브오일로 만든 피스투를 넣어 섞는다.
Soupe de moules 홍합 수프 : 양파, 토마토, 수프용 가는 누들 파스타, 사프란을 넣어준다. .... PR
Soupe de pourpier à la niçoise 니스식 쇠비름 수프 : 감자, 리크, 쇠비름을 넣어 끓인 채소 수프
Taillerin 달걀을 넣어 반죽한 얇고 납작한 파스타 면AP
Tapenade 타프나드.. PR
Tian d'épinards de Carpentra 프로방스식 토마토 오븐구이 : 반으로 자른 토마토에 마늘, 파슬리, 빵가루를 얹은 뒤 오븐에 굽는다.
Tomates à la provençale 프로방스식 토마토 오븐구이 : 반으로 자른 토마토에 마늘, 파슬리, 빵가루를 얹은 뒤 오븐에 굽는다.
Tourte de courge salée 소금 간을 한 서양호박 파이PR
Tourton du Champsaur 채소와 치즈를 넣은 튀김. 달콤하게 설탕을 뿌린 레시피도 있다 .... DA
Trouchia, sorte d'omelette au four 근대, 달걀, 파르메산 치즈, 처빌, 파슬리를 혼합해 오븐에 익힌 오믈렛의 일종.. PN

디저트, 파티스리

Chichi-frégi 길쭉하게 튀겨 설탕을 묻힌 도넛의 일종.. PR
Gâteau des rois 표면에 당절임 과일을 얹은 왕관 모양의 브리오슈 케이크
Oreillette 달콤한 튀김과자의 일종.................. PR
Riz aux pignons 잣을 넣은 라이스푸딩 .... PN
Tarte tropézienne 크림 파티시에와 휩드 크림 혼합물을 채운 브리오슈 타르트
Tian au lait 럼, 오렌지 블러섬 워터 등으로 향을 낸 플랑의 일종 .... PR
Tourte de bléa 근대, 사과, 건포도, 잣으로 만든 소를 채운 달콤한 파이 .... PN

기타

Eau de fleur d'oranger 오렌지 블러섬 워터
Huiles d'olive 올리브오일
Huile d'olive d'Aix-en-Provence, de Haute-Provence, de la vallée des Baux-de-Provence, de Nyons, de Nice 엑상 프로방스, 보드 프로방스, 니옹, 니스의 올리브오일.................................. AOP
Petit épeautre de Haute-Provence 오트 프로방스산 스펠타밀 .... IGP
Farine de petit épeautre de Haute-Provence 오트 프로방스산 스펠타밀 가루........................ IGP
Sel de Camargue 카마르그 소금
Spigol 맵지 않은 고추, 강황, 사프란으로 만든 양념가루
Tilleul de Carpentras 카르팡트라의 피나무 꽃 : 차로 우려 마신다.

당과류, 사탕, 과자류

Berlingot de Carpentras 당절임 과일 시럽으로 만든 사탕
Calisson d'Aix 설탕에 절인 멜론에 아몬드 페이스트를 입힌 당과류
Chique 시크.. PR
Confiture d'agrumes 시트러스 잼........................ PN
Confiture de genièvre 주니퍼베리 잼 .... AP
Croquant 크로캉
Fruits confits d'Apt 압트의 당절임 과일
Miels de Provence 프로방스 꿀 : 밤꿀, 헤더꿀, 라벤더꿀 등.. .... IGP
Navette 오렌지 블러섬 워터로 향을 낸 길쭉한 모양의 비스킷 .... PR
Nougat blanc 화이트 누가.................................. PR
Nougat noir 블랙 누가.. PR
Suce-miel d'Allauch 납작하고 길쭉한 모양의 빨아먹는 꿀 스틱
Biscotin d'Aix 오렌지 블러섬 워터로 향을 낸 작은 사블레 쿠키 볼
Brassadeau 반죽을 끓는 물에 한 번 데친 뒤 구운 링 모양의 작은 빵 CV

음료, 술, 스피릿

Frigolet 타임, 로즈마리 등 허브 식물을 원료로 한 리큐어.. .... PR
Lérina (verte/jaune) 레리나(그린, 옐로) : 허브, 약초 등의 식물을 원료로 한 리큐어 .... PR
Liqueur de génépi 야생 쑥을 원료로 한 리큐어 AP
Liqueurs anisées 아니스를 원료로 한 리큐어... PR
Origan du Comtat 마조람을 원료로 한 리큐어
Vin cuit de Noël 포도즙을 끓여 만든 와인으로 크리스마스 시즌에 즐겨 마신다.......................... PR

미식계의 인물들

Barale Hélène (1916-2006) : Barale, Nice
Baudoin Vincent (1899-1993) : La Bonne Auberge, Antibes
Brisse Léon (일명 Baron Brisse) (1813-1876), 미식작가, Gémenos 태생
Charial Jean-André (1945년생) : L'Oustau de Baumanière, Baux-de-Provence
Dubois Urbain (1818-1901), 유명 셰프, Trets 태생
Hiély André (1903-1971), Pierre (1927-2008) : Lucullus, Hiély-Lucullus, Avignon
Lalleman Robert (1897-1984), André (1931년생), Robert (1966년생) : L'Auberge de Noves, Noves
Maximin Jacques (1948년생) : Jacques Maximin, Vence
Outhier Louis (1930년생) : L'Oasis, La Napoule
Passédat Jean-Paul (1933년생), Gérald (1960년생) : Le Petit Nice, Marseille
Reboul Jean-Baptiste (1862-1926), cuisinier, *La Cuisinière Provençale*의 저자, 1895
Talon Joseph (1793-1873), Vaucluse 태생, 송로 재배의 창시자로 알려져 있다.
Thuilier Raymond (1897-1997) : L'Oustau de Baumanière, Baux-de-Provence
Vergé Roger (1930-2015) : Le Moulin de Mougins, Mougins

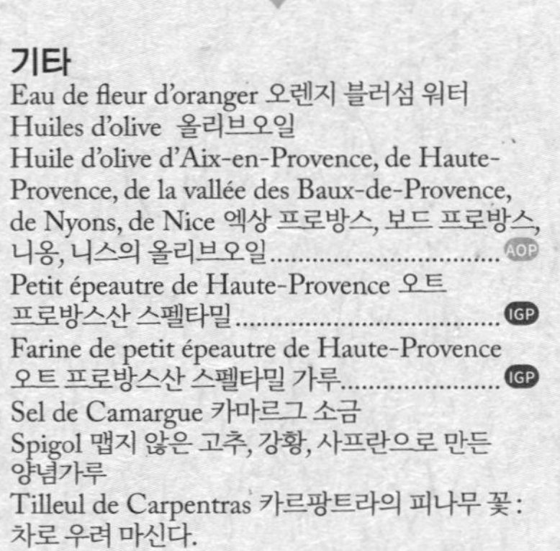

지역 최고의 특산품

프랑스령 해외 영토

OUTRE-MER

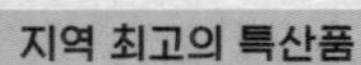

AN : ANTILLES ; RE : RÉUNION ; GY : GUYANE ; GU : GUADELOUPE ; MY : MAYOTTE ; MA : MARTINIQUE

육류

Bovin créole de Guadeloupe 과들루프산 크레올 소
Cabri salé 염장 염소고기 .... AN, RE
Cochon planche 코숑 플랑슈(돼지 품종). .... AN
Cochon-case 코숑 카즈(돼지 품종). .... GY
Gibiers guyanais : 프랑스령 기아나산 수렵육 : 나팔새(agami), 아구티(agouti 설치류), 카피바라(cabiaï 설치류), 페커리(cochon-bois), 이구아나(iguane), 마렐(marail 조류), 오코(ocko 조류), 파카(paca 설치류), 목도리 페커리(pécari à collier), 마이푸리(maipouri 브라질 맥), 아쿱띠아르마딜로, 화이트아르마딜로
Tangue 마다가스카르 고슴도치붙이(설치류) ... RE
Zébu brahmane 제부 브라만(소 품종) .... AN, GY

채소, 과일

Abricot-pays 아브리코 페이, 매미애플....... AN, GY
Agrumes : 시트러스류 : 포멜로(chadek), 비터오렌지(bigarade), 키 라임(citron-pays/citron vert/lime), 카피르 라임(combava), 오렌지(oranges), 자몽(pamplemousse) 등........ AN, GY, RE

Ananas 파인애플(bouteille, Victoria 품종 등) AN, GY, RE
Aubergine 가지 AN, GY, RE
Avocat 아보카도 AN, GY, RE
Bananes 바나나(figue-pomme, figue rose, fressinette, ti-nain, plantain 등의 품종) AN, GY, RE
Barbadine 그라나디아 AN
Bè rouj 베 루즈(레드버터) : 아나토로 붉은색을 내고 향신료를 넣은 돼지 기름 GU
Bélimbi 빌림비 : 신맛이 강한 과일. 양념으로 많이 쓰인다 AN, GY, RE
Bois d'Inde 올스파이스 : 향신료의 일종 AN, GY
Brèdes 차요테, 호박, 올레라카아크멜라, 토란 등 다양한 식물의 녹색 잎 RE
Caïmite 스타애플 AN, GY
Calou/gombo 오크라, 검보 AN, GY
Cannelle 계피 AN, GY
Carambole 카람볼라, 스타푸르트 AN, GY
Cerise de Cayenne/pitanga 크레올 체리, 피탕가 AN, GY, RE
Cerise-pays/acerola 아세롤라, 스리즈 페이 AN, GY
Châtaigne-pays 빵나무 열매, 샤테뉴 페이 AN, GY
Chou caraïbe/malanga/tayove 토란의 일종 AN, GY
Chou de vacoa 슈 드 바코아(판다누스의 열매) RE
Christophine/chayote/chouchou 차요테(박과의 식물) AN, GY, RE
Clou de girofle 정향 AN, GY, RE
Cœur de bœuf 커스터드 애플 RE
Concombres 오이 : 매끈하고 긴 오이, 둥근 가시오이, 길고 통통한 샐러드용 오이 등 AN, GY, RE
Corossol 가시여지, 그라비올라 AN, GY, RE
Cramanioc 크라마니옥 : 단맛의 카사바 GY
Curcuma 강황 AN, GY, RE
Dachine 토란 AN, GY
Épinard de Guyane 기아나 시금치
Fruit à pain 빵나무열매 AN, GY, RE
Fruit de la passion/maracudja 패션프루트, 마라쿠자 AN, GY, RE
Gingembre 생강 AN, GY, RE
Giraumon 지로몽 호박, 터번스쿼시 AN, GY
Goyave 구아바 AN, GY, MY, RE
Gros thym pays 인디언 보리지 : 향신료, 양념으로 사용한다 AN, GY
Ignames 마(blanche, coussecouche, de Noel, cambarre 등의 품종) AN, GY, RE
Jujube 대추 RE
Lentilles de Cilaos 실라오스 렌틸콩 RE
Litchi 리치 RE
Longani 롱간, 용안 RE
Mangues 망고(américaine, auguste, bassignac, bonbon, jose, persinet 등의 품종) AN, GY, RE
Manioc 카사바, 마니옥 AN, GY, RE
Melon de Guadeloupe 과들루프 멜론 IGP
Melon d'eau/pastèque 수박 AN, GY
Merise/prune-café 인도자두, 커피플럼 AN
Mombin 퍼플몸빈, 호그플럼 AN, GY
Noix de coco 코코넛 AN, GY, RE
Noix muscade 넛멕 AN, GY, RE
Oignon-pays 오뇽 페이 : 파, 쪽파. 향신료, 양념으로 사용한다 AN
Palmiers 종려나무 열매
Cœur de palmier/chou palmiste 야자순, 팜 하트 AN, GY, RE
Comou 코무, 바카바 야자 : 코코넛 밀크를 요리나 디저트에 사용한다 GY
Maripa 마리파 야자 : 열매의 과육을 식용으로 소비한다 GY
Patawa 파타와 야자 : 코코넛 밀크를 요리나 디저트에 사용한다 GY
Wassey 아사이 야자 : 야자의 싹, 야자순을 식용으로 소비하며 코코넛 밀크를 요리나 디저트, 소르베 등에 사용한다 GY
Papaye 파파야 AN, GY, MY, RE
Patate douce 고구마 AN, GY, RE
Piments 고추(zoiseau, z'indien, lampion, bonda man Jacques, sept-bouillons, de Cayenne, martin 등의 품종) AN, GY, RE
Pois d'Angole 비둘기 콩 AN, GY
Pois du Cap 푸아 뒤 캅 : 리마 빈, 강낭콩의 일종으로 커리에 많이 사용한다 RE
Poivres 후추 AN, GY, RE
Pomme cajou 캐슈, 캐슈애플 AN, GY
Pomme de jacque/ti Jacque 잭 프루트 AN, GY, RE
Pomme rosa 자바사과, 왁스애플, 말라카애플 GY
Pomme-cannelle 슈거애플, 커스터드애플 AN, GY, MY, RE
Pomme-liane 폼 리안, 자메이칸 허니서클 AN, RE
Prune Cythère 암바렐라 AN, GY
Prune du Chili 레몬자두, 칠레자두 AN
Quénette 스패니시 라임 AN
Riz 쌀 GY, RE
Roucou 로쿠, 아나토 : 색소로 사용한다 AN, GY
Sapotille 사포딜라 AN, GY
Songe 토란 RE
Tamarin 타마린드 AN
Topinambour 돼지감자, 뚱딴지 AN
Vanille 바닐라 AN, GY
Vanille Bourbon 부르봉 바닐라 RE
Zambrevattes 장브르바트 콩 RE
Zicaque 지자크, 코코플럼 AN

생선, 해산물

Acoupas 아쿠파, 민어과의 생선 GY
Aïmara 홉리아스 아이마라, 울프피시의 일종 GY
Atipa 아티파, 메기의 일종 GY
Balaou 발라우 AN
Barracuda 바라쿠다, 큰꼬치고기 RE
Bichiques 비시크 : 작은 생선의 치어 RE
Bourgeois 부르주아 : 적돔의 일종 RE
Burgo 뷔르고 : 연체류, 소라의 일종 AN
Capitaine 카피텐, 민어과의 생선 RE
Carangue 카랑그, 전갱이과의 생 RE
Chadron 샤드롱 : 성게알 AN
Chatou/Zourite 샤투, 주리트 : 문어 AN, RE
Chaubette 쇼베트, 조개류의 일종 AN
Chevaquines 슈바킨 : 작은 크기의 말린 민물새우 RE
Cirique/Chancre 시크르 게 AN, GY
Coco 코코, 바다메기의 일종 GY
Coulan 쿨랑, 울프피시의 일종 GY
Coulirou 쿨리루, 전갱이류의 작은 생선 AN
Couman couman 쿠망 쿠망, 바다 메기의 일종 GY
Coumarou 쿠마루, 파쿠 GY
Crabe de palétuvier/mantou 맹그로브 크랩 AN, GY
Crevettes sauvages de Guyane 기아나 자연산 새우 GY
Croupia de mer 백미돔의 일종 GY
Croupia de roche 백미돔의 일종 GY
Daurade coryphène 만새기 AN
Dorade coryphène 만새기 AN, RE
Espadon 에스파동, 황새치 AN, RE
Goret 고레, 하스돔의 일종 GY
Grondé 그롱데 GY
Huître de palétuvier 맹그로브 굴 GY
Lambi 랑비, 분홍거미고둥 AN
Langouste 랑구스트, 스파이니 랍스터 AN, RE
Loubine 루빈, 스누크(조기과의 생선) GY
Machoiran jaune ou blanc 마슈아랑 (황색, 백색), 바다 메기의 일종 GY
Madame Tombée 마오리 적돔 GY
Morue 마오리 적돔 AN, RE
Mulet 숭어 GY
Palika/tarpon 타폰 AN, GY
Palourde 대합조개 AN
Parassi 숭어의 일종 GY
Passany 바다 메기의 일종 GY
Patagaye 호랑이 물고기, 울프피시의 일종 GY
Petite gueule 제니 모자라(jenny mojarra) : 돌출된 입술을 닮은 특이한 모양의 입을 가진 생선 GY
Pisquette 크기가 작은 생선으로 튀김용으로 자주 사용한다 AN
Poissons rouges, dont le vivaneau 적돔 등의 붉은 어류 AN, RE
Poisson volant 날치 AN
Poisson-coffre 거북복과의 생선 GY
Poussissi 대형 메기의 일종 GY
Prapra 시클리드과의 생선 GY
Requin 상어 AN, GY, RE
Sardine 정어리 RE
Sardine de Saint-Laurent 생 로랑 정어리 GY
Thazard 꼬치삼치 AN, GY, RE
Thazard noir 검정 꼬치삼치 RE
Thon : blanc (germon), noir, jaune (albacore), rouge 날개다랑어, 검정지느러미 다랑어, 황다랑어, 참다랑어 등 AN, RE
Titiri 작은 생선의 치어 AN
Torche 줄무늬삽코메기 GY
Vieille 그루퍼, 바리과의 생선 GY
Z'habitant/ouassou/camaron 새우류 AN, RE

제빵

Cassave 카사바(마니옥) 가루로 만든 갈레트 AN, GY
Danquitte 납작하게 빚어 튀긴 빵으로 일반적으로 닭고기나 햄을 채워 먹는다 GU
Flûte 비스킷처럼 구워낸 앙티유의 아주 가늘고 긴 빵 AN
Macatias 작고 둥근 모양의 달콤한 브리오슈 빵 RE
Pain au beurre 버터를 넣어 만든 빵으로 땋아 만든 왕관, 꼬아 만든 형태 등 모양이 다양하다 AN, GY
Pain curcuma-combava-piment 강황, 카피르라임, 고추 빵 : 매콤한 맛의 빵 RE
Pain enrichi au saindoux 돼지기름을 넣은 빵 AN
Pain frotté 바닐라 향을 낸 브리오슈 AN
Pain massalé épicé 향신료를 넣은 빵 : 고수 씨, 큐민, 정향, 강황 등의 향신료를 넣는다 RE
Pain natté 땋은 모양의 빵 : 버터와 마가린을 넉넉히 넣은 발효 빵 GY
Pomme cannelle 폼 카넬 : 작고 둥근 모양의 브리오슈 빵 MA
Zakari/Diksiyonnè 반죽을 얇게 밀어 여러 겹으로 겹쳐 직사각형으로 자른 뒤 포크로 찔러 작은 구멍을 군데군데 내고 노릇하게 구운 직사각형 작은 빵 AN, GY

샤퀴트리

Andouille/andouillette créole 크레올식 앙두이유, 앙두이예트 RE
Boucané 식품을 나무그릴 위에 놓고 천천히 훈연하는 저장방식 AN, GU, RE
Boudin créole 파, 올스파이스, 정향 등을 넣은 다양한 레시피가 있고 향신료의 향이 강하다 AN, GY, RE
Grattons 기름에 천천히 튀기듯 익힌 돼지껍데기 RE
Jambon de Noël 크리스마스 햄 : 향신료의 향이 강하며 표면에 설탕을 뿌린 뒤 오븐에 윤기나게 굽는다 AN, GY
Pâté salé 향신료로 양념한 돼지고기를 채운 작고 둥근 파이, 쇼송 AN
Viande salée 염장육 : 돼지 부속(귀, 주둥이 등), 소고기 AN

요리 레시피

Grains réunionnais 레위니옹산 콩류 : 붉은 강낭콩(키드니 빈), 리마 빈, 렌틸콩 등. 요리의 곁들임 용으로 많이 사용한다. 다양한 레시피가 존재하며 양파와 마늘을 넣기도 한다.
Achards 채소 식초절임 : 작은 피클오이, 그린빈스, 레몬 등을 고추, 향신료를 넣은 식초에 담가 절인다. 지역에 따라 레시피가 다양하며 애피타이저나 곁들임 반찬으로 즐겨 먹는다 AN, GY, MY, RE
Acra/marinade 재료에 양념을 한 반죽을 작게 떼어내 기름에 튀긴 요리. 민물가재, 완두콩, 염장대구, 성게 알, 토란, 터번스쿼시, 야자순, 가지 등을 주재료로 사용한다 AN, GY
Banane-figue verte/bananes plaintains 그린 바나나, 플랜틴 바나나 : 튀김, 죽, 칩, 프라이, 그라탱, 스튜 등 다양한 방법으로 조리한다 AN, GY, RE
Beignets salés 다양한 튀김요리 : 서양호박, 가지, 빵나무열매, 카사바, 문어, 스파이니 랍스터, 고추, 새우 등을 튀긴다. 닭고기로 크로켓을 만들기도 한다 RE
Bisque de tourlourous 블루랜드크랩(뻘게의 일종)를 짓이겨 만든 비스크 수프. 당근, 양파, 파 등을 넣어 만든다 AN
Blaffs 스파이스와 향신재료를 넣은 쿠르부이용에 주로 흰살생선을 익힌 요리. 이때 생선은 레몬, 고추, 향신양념에 미리 재워둔다. 성게알, 백미돔, 캐리비안 생선, 조개 등으로 만든 블라프를 즐겨 먹는다. AN, GY
Bonbons piment 리마 빈을 퓌레로 으깬 뒤 큐민, 생강, 쪽파, 청고추 등을 넣어 섞은 반죽을 링 도넛 모양으로 튀긴다
Bouchons 돼지고기나 닭고기, 쪽파를 다져 만든 소를 쌀피로 만두처럼 감싼 뒤 증기에 찐다. 치즈를 넣고 샌드위치로도 즐겨 먹는다 RE
Boudin de lambis 거미고둥 부당 : 다진 고둥 살, 파, 마늘, 향신료, 고추, 빵, 우유를 창자 케이싱에 넣어 만든 부당 AN
Bouillon d'awara 아와라 스튜 : 아와라(투쿠망) 열매 과육의 걸쭉한 페이스트, 염장 햄, 훈제베이컨, 염장 소고기, 돼지주둥이, 돼지꼬리, 염장대구, 고추, 양배추, 오이, 둥근 가시오이, 아마란스, 가지, 맹그로브 크랩, 새우, 훈제 생선, 구운 닭고기 등을 넣어 만든다 GY
Bouillon de brèdes 녹색 잎채소 수프 : 잎채소를 양파와 마늘과 함께 육수에 넣어 끓인다 RE
Briani poulet 치킨 비리아니 : 닭다리 살에 요거트와 각종 향신료(사프란, 계피, 정향, 마늘, 생강 등)를 넣고 재운 뒤 쌀과 감자를 넣고 조리한다 RE
Calalou 채소를 짓이겨 만든 걸쭉한 수프. 다양한 잎채소, 아마란스, 토란 등을 주재료로 사용한다 AN, GY
Calaouangue 그린망고에 고추를 넣어 만든 샐러드로 오르되브르, 양념, 곁들임 반찬 등으로 먹는다 RE
Canard à la vanille 바닐라 향을 낸 오리 요리 : 토막낸 오리고기를 레드와인과 바닐라에 재운 뒤 양파, 토마토, 마늘, 생강, 양송이버섯, 마리네이드 양념액을 넣고 냄비에 익힌다.
Caris carême 말벌 유충을 넣어 만든다.
Caris 커리 가루를 넣지 않고 일반적으로 양파, 마늘, 강황, 인디언 보리지, 토마토 등을 넣어 만든다. 닭, 마다가스타르고슴도치붙이, 새우, 잭프루트, 생선치어, 참치 등으로 만든 커리를 즐겨 먹는다 RE
Chatrou au riz 쌀을 곁들인 문어요리. 파와 마늘을 넣은 레몬즙에 문어를 재워둔 다음 재움액과 토마토를 넣고 냄비에 익힌다. 반쯤 익힌 쌀을 냄비에 넣고 문어와 함께 조리한다 MA
Chevrettes au lait de coco 코코넛밀크를 넣은 새우요리 : 새우에 마늘, 토마토, 양파를 넣고 익힌 스튜의 일종 AN, GY
Chiquetaille de morue 구운 뒤 잘게 뜯은 염장대구를 식힌 뒤 양파, 파, 마늘, 허브, 고추, 라임즙, 오일을 넣고 섞는다 AN
Cochon de lait farci grillé 속을 채운 애저구이 : 통째로 서빙한다. 내장 및 부속에 양파, 파, 고추, 빵 속살, 올스파이스, 화이트와인, 럼 등을 섞은 소를 채워 넣는다 AN, GY
Cochon roussi/ragoût 코숑 루시, 돼지고기 스튜 : 양파, 파, 마늘, 고추로 양념한 돼지고기를 코코트 냄비에 익힌다. 비둘기 콩을 곁들여 서빙한다 AN
Colombos 양, 염소, 돼지, 닭, 스파이니랍스터 등에 콜롬보 양념가루를 넣고 냄비에 익힌다. AN, GY
Crabes farcis 속을 채운 게 요리 : 기니아의 블루랜드크랩(뻘게의 일종) 또는 맹그로브크랩의 게딱지 안에 게살, 크리미한 내장과 알, 빵가루, 향신재료를 섞어 채운다 AN, GY
Daube d'aubergines 가지 스튜 : 베이컨, 양파, 토마토를 넣어 익힌다 AN, GY
Daube de christophine /chouchou 차요테 스튜 : 양파, 마늘, 토마토 등을 넣어준다 AN, RE
Daube de thon 참치 스튜 : 라임즙, 양파, 마늘에 재워 둔 참치 살에 양파, 파, 토마토, 마늘을 넣고 냄비에 익힌다. 마지막에 럼과 물을 첨가한다 AN
Féroce de morue à l'avocat 아보카도 염장대구 : 고추를 넣은 물에 담가 소금기를 뺀 다음 구운 염장대구를 잘게 부수고 아보카도, 카사바가루와 섞는다 AN
Filets d'acoupa sauce maracudja 패션프루트 소스 아쿠파(민어과) 필레 : 라임즙, 마늘, 파에 재운 뒤 패션프루트 농축즙과 생크림으로 만든 소스를 넣고 팬에 익힌다 GY
Fricassée d'agouti 아구티(설치류 동물) 프리카세 : 타임, 올스파이스 잎, 돼지삼겹살, 양파, 파, 마늘, 드라이 화이트와인을 넣어 익힌다 GY
Fricassée de brèdes 잎채소 프리카세 ; 양파, 마늘, 생강을 넣고 볶는다 RE
Fricassée de lambis 거미고둥 프리카세 : 토마토, 파, 고추, 마늘, 정향 등을 넣고 코코트냄비에 익힌다 AN
Fricassée de z'habitants 새우 프리카세 : 양파, 파, 당근, 토마토, 마늘, 고추 등을 넣는다.
Frites d'igname blanche 마 튀김 AN
Friture de pisquettes 멸치과의 작은 생선 튀김 AN
Friture de poissons rouges 붉은 생선류 튀김 : 생선을 레몬즙과 마늘에 미리 재워둔다 MA
Giraumonade 터번스쿼시 호박을 퓌레로 으깬 뒤 코코트냄비에 양파와 마늘과 함께 넣고 익힌다 MA
Gombos à la tomate 토마토를 넣은 오크라 : 양파와 함께 코코트냄비에 넣어 익힌다 AN
Gombos sauce créole 크레올 소스 오크라 : 파, 타임, 파슬리, 고추를 넣고 코코트냄비에 익힌다. 국물을 자작하게 곁들여 그릇에 담고 마늘과 레몬즙을 첨가한 뒤 서빙한다 MA
Gratin de choux de palmiers 라키나토 케일 그라탱 GY
Gratin de cristophines 차요테 그라탱 : 익혀서 퓌레로 으깬 차요테에 베이컨, 양파, 파, 우유에 적신 빵 속살, 파슬리를 섞은 뒤 빵가루와 그뤼예르 치즈를 뿌려 오븐에 굽는다 AN, GY, RE
Gratin de lambis 거미고둥 그라탱 : 고둥 살을 라임즙과 고추에 절인 뒤 양파, 파, 마늘, 버섯과 섞고 빵가루를 뿌린 뒤 오븐에 굽는다 AN
Haricots rouges à la créole 크레올식 키드니 빈 : 불린 뒤 넉넉한 물에 삶아 건진 콩에 베이컨, 양파, 파, 고추, 마늘과 삶은 물을 조금 넣고 익힌다.
Igname farci 속을 채운 마 : 길게 갈라 속을 파낸 마 안에 소고기로 만든 소와 익힌 마 퓌레를 채운 뒤 치즈를 얹어 오븐에 굽는다 AN
Langouste grillée à la sauce chien 허브 소스를 곁들인 스파이니 랍스터 구이 : 양파, 파, 마늘, 청고추, 향신허브, 화이트와인, 오일로 소스를 만든다 AN
Macadam de morue 염장대구에 양파, 파, 토마토, 고추, 마늘을 넣어 익힌 스튜의 일종 MA
Massalé de cabri 염소고기, 닭고기 마살라 : 마살라 커리 양념을 넣는다.
Mataba 카사바 잎을 코코넛 밀크에 넣고 천천히 익힌다 MY
Matété/Matoutou de crabes (touloulous) 크랩 마테테 : 양파, 파, 쌀, 토마토, 마늘, 고추, 향신허브 등을 넣어 익힌 앙티유식 게 요리 AN
Matoutou de crabe 크랩 마투투 : 레몬, 베이컨, 양파, 파, 카사바 가루를 넣은 게 볶음 요리 MA
Mhogo wa piki 코코넛 밀크에 익힌 말린 카사바 덤플링 MY
Migan de fruit à pain 빵나무 열매 스튜 : 돼지고기, 양파, 파, 마늘, 올스파이스 잎과 알갱이, 파슬리, 청고추 등을 함께 넣어준다 MA
Morue raccommodée 잘게 부순 염장대구 : 으깬 감자, 양파, 파, 고추, 마늘을 넣어 섞은 염장대구 브랑다드(brandade)의 일종 MA
Mtsolola 바나나, 빵나무 열매, 카사바를 넣은 생선 또는 고기 스튜의 일종 MY
Ouassous/Z'habitants flambés à la créole 크레올식 민물가재, 왕새우 플랑베 : 다진 양파, 파, 토마토, 마늘을 넣는다. 럼이나 위스키 등으로 플랑베한다 AN
Palika en rôti-cougnade 생선구이 ; 라임즙, 파, 마늘에 재운 뒤 굽는다. 양파, 파, 마늘 청고추로 만든 매콤한 소스를 곁들여 서빙한다 GY
Pâté créole, pâté en croute 크레올식 파테 앙 크루트 : 달콤한 사블레 반죽 시트에 돼지고기 또는 닭고기, 강황, 향신료, 돼지기름으로 만든 소를 채워 넣은 파이 RE
Pâté en pot 양 또는 염소의 머리, 내장 부속과 각종 채소를 넣어 끓인 수프 MA
Pilao 닭고기 또는 소고기와 향신료를 넣은 필라프

라이스의 일종 ....MY
Pimentades 고추, 파 등을 넣어 매콤한 맛을 더한 걸쭉한 토마토소스 요리로 생선, 게, 새우, 상어고기 등을 주재료로 사용한다. 경우에 따라 코코넛밀크를 넣어 매운 맛을 부드럽게 만들기도 한다 ....GY
Poissons et viandes boucanés 훈연 생선 및 고기 : 양념 등에 미리 재워두었다가 향을 내는 식물(인디언 보리지, 길게 가른 사탕수수, 잘게 부순 코코넛, 올스파이스 잎 등)을 더한 바비큐 불에 훈연한다. 그대로 먹거나 다른 요리에 넣어 사용한다. AN, GY, RE
Poulet au citron vert 라임 치킨 프리카세 : 닭고기에 마늘과 향신허브 등을 넣고 소테팬에 익힌 뒤 라임즙을 뿌려준다 ....AN
Poulet boucané au citron vert 라임 훈제 치킨 : 라임즙과 마늘에 재운 닭을 타임, 올스파이스 등의 향을 더한 불에 구워 훈연한다. 중간중간 마리네이드 양념액을 고루 뿌려준다 ....AN, GY
Purée d'igname 마 퓌레 ....AN, GY
Putu-putu 매운 고추 양념 소스의 일종 ....MY
Ragoût/fricassée de cochon 돼지 스튜, 프리카세 : 적당한 크기로 썬 돼지목살을 오일, 양파, 파, 마늘, 고추에 재운 다음 감자와 함께 코코트냄비에 넣고 익힌다 ....AN, GY
Riz aux pois collés 콩을 넣은 라이스 : 콩과 양파, 파 등 각종 채소를 넣어 지은 밥. 붉은 강낭콩, 비둘기콩 등을 사용한다 ....AN
Riz chauffé 레위니옹식 볶음밥 : 마늘과 고추를 기름에 달군 뒤 밥을 넣어 볶는다. 전날 먹고 남은 고기를 넣기도 한다 ....RE
Riz crabe 크랩 라이스 : 소테팬에 양파와 파를 볶다가 밥과 게살, 게 내장을 넣고 섞으며 익힌다 GY
Riz jaune 옐로 라이스 : 강황으로 향과 색을 낸다 RE
Romazava 소고기에 양파, 마늘, 생강, 토마토, 아크멜라 잎을 넣어 익힌 스튜의 일종..........MY, RE
Rougail morue 염장대구 루가이유 : 말린 염장 대구 살을 물에 담가 소금기를 뺀 뒤 잘게 뜯어 양파, 토마토, 고추를 썰어 넣은 소스에 넣고 익힌다 ..MY, RE
Rougail saucisses 소시지 루가이유 : 훈제 소시지를 팬에 구운 뒤 양파, 토마토, 청고추를 넣은 소스에 익힌다 ....MY, RE
Salade de palmiste 팜하트 샐러드 : 야자순에 파, 마늘, 파슬리, 오일, 식초로 만든 드레싱을 넣어 섞는다 ....MA
Samoussa 치즈, 고기 또는 생선 소를 채워 튀긴 삼각형 만두의 일종..RE
Sarcives 꿀, 간장, 아니스 양념에 재운 뒤 구운 돼지 등갈비 요리 ....RE
Shop-suey 채소 고기볶음 : 돼지, 소, 닭고기 등을 가늘고 길게 썰어 베르무트, 마늘, 피시소스(느억맘), 약간의 녹말가루에 재운 다음 각종 채소와 함께 중국식 팬에 볶는다 ....RE
Soufflé/pain de fruit à pain 수플레, 빵나무열매 빵 : 빵나무열매 빵이 좀 더 조직이 단단하다.. AN, GY
Soupe à Congo 콩고 수프 : 고기와 채소를 넣어 끓인 걸쭉한 수프 ....MA
Soupe de giraumon (de courge) 호박 수프 : 쌀, 마늘, 향신허브, 우유를 넣고 끓인다 ....MA
Soupe de poissons à l'antillaise 앙티유식 생선수프 : 다양한 생선, 갑각류 해산물과 채소(쪽파, 양파, 리크, 마늘 등)를 넣어 끓인 수프로 다양한 레시피가 존재한다.
Soupe z'habitants 고기(돼지 꼬리, 염장 쇠고기 등)와 채소(리크, 당근, 호박, 고구마 등)를 넣어 끓인 수프로 다양한 레시피가 존재한다 ....AN
Souskaï de mangues vertes 그린 망고 수스카이 : 가늘게 썬 그린망고를 라임즙, 소금, 마늘, 고추, 오일 드레싱으로 양념한 샐러드의 일종.............MA
Tarte de chadrons 성게알 타르트 : 파트 브리제 시트 안에 성게알, 샬롯, 토마토, 마늘, 향신 허브로 만든 필링을 채워 넣는다.
Thazard au lait de coco 코코넛 밀크 꼬치삼치 : 생선 필레를 잘게 썰어 라임즙과 양파에 재운 뒤 코코넛밀크를 뿌려 서빙한다..............................MA
Touffé de requin au citron vert 라임에 절인 상어고기 찜 : 생선살을 라임즙, 마늘, 올스파이스에 재운 뒤 양파, 파, 토마토, 라임즙을 넣고 냄비에 코코트냄비에 익힌다.
Touffée de titiris 작은 생선 치어 찜 : 생선을 라임즙과 마늘에 재운 뒤 양파, 마늘, 잘게 썬 토마토와 함께 냄비에 넣고 찌듯이 익힌다.........MA
Trovi ya nadzi 고기나 생선에 바나나, 코코넛 밀크를 넣어 익힌 요리...MY
Ubu wa ndrimu 레몬 향의 해산물 죽..............MY
Vivaneau au gingembre 생강을 넣은 적돔 요리 : 생선을 양파, 생강, 레몬을 넣은 쿠르부이용에 익힌 뒤 생강, 토마토, 식초, 카사바 전분으로 만든 소스를 곁들여낸다 ....RE
Vivaneau grillé sauce chien 허브 소스 적돔 구이AN
Zembrocal 훈연 돼지고기와 콩류를 넣고 마늘, 후추, 고추, 강황 등으로 향을 내어 익힌 쌀밥...... RE

디저트, 파티스리

Bangou 밀크, 코코넛 밀크, 연유에 향(계피, 넛멕, 라임 등)을 더해 만든 크림..................................GY
Bananes/ananas flambés au rhum 럼에 플랑베한 바나나, 파인애플 ....AN, RE
Beignets de bananes, mangue, ananas, papaye 바나나, 망고, 파인애플, 파파야 프리터.....AN, GY, RE
Bindingwel 밀도가 촘촘한 직육면체의 케이크. 재료에 돼지 기름이 들어간다. ....GY
Blanc-manger coco 코코넛 블랑망제 : 설탕을 넣은 코코넛밀크에 판 젤라틴을 첨가해 만든다 .. AN
Chaudeau 크렘 앙글레즈와 비슷하며 바닐라, 레몬, 계피 등으로 향을 낸다 ....GU
Chemin de fer 바닐라 버터크림을 넣은 롤 케이크RE
Crème de maïs 옥수수 크림........................AN, GY
Crème frite à la créole 크레올식 프라이드 크림 : 걸쭉하게 만든 크렘 파티시에를 냉장고에 굳힌 뒤 적당한 크기로 잘라 튀김 반죽을 입혀 튀긴다.....AN
Dizé milé 밀대로 민 반죽을 동그랗게 잘라 크렘 파티시에를 채우고 반달 모양으로 접어 튀긴다. 설탕을 뿌려 먹는다...GY
Doconon 옥수수가루, 바나나, 코코넛 과육 슈레드를 혼합하여 아루망 잎에 싸서 데쳐 익힌 케이크의 일종..GY
Fenyenyetsi 코코넛밀크를 넣어 만든 쌀 갈레트 MY
Flan coco, aromatisé à la vanille 코코넛 플랑 : 바닐라를 넣어 향을 낸다...........................AN, RE
Galette créole 프랑지판 대신 코코넛을 넣은 크레올식 갈레트 데 루아 ....AN, GY
Gâteau américain 아메리칸 케이크 : 가볍고 부드러운 케이크로 바닐라와 비터아몬드로 향을 낸다...GY
Gâteau au coco 코코넛 케이크.................AN, GY
Gâteau banane 바나나 케이크 : 바나나를 으깨 반죽에 섞는다..AN
Gâteau de cramanioc 카사바 케이크 : 카사바로 만든 부드럽고 달콤한 케이크 ....GY
Gâteau de fruit à pain 빵나무열매 케이크 : 럼으로 향을 낸 녹진한 플랑의 일종 ....AN, GY
Gâteau de songes 토란 케이크 : 익혀서 으깬 토란 퓌레에 바닐라로 향을 내어 만든 케이크.............RE
Gâteau gwo sirop 사탕수수 시럽 케이크 ....GU
Gâteau malélivé 고구마 코코넛 케이크 ....AN
Gâteau patate 고구마 케이크 ....AN, RE
Gâteau ti'son 옥수수가루로 만든 풍부한 맛의 파운드케이크 ....RE
Gros gâteau 레몬과 계피를 넣어 향을 낸 케이크. 케이크 층 사이에 잼(특히 코코넛 잼)을 한 켜 발라 넣기도 한다 ....AN
Jalousie 퍼유테 반죽 안에 잼을 발라 넣은 작은 크기의 파티스리 ....MA
Massepain 라임, 바닐라, 계피, 오렌지 블러섬 워터로 향을 낸 가볍고 부드러운 케이크
Mousses de citron vert, de mangue, de litchi, de sapotille 라임, 망고, 리치, 사포딜라 무스.... RE
Pain de maïs 콘 브레드....................................AN
Pain doux 바닐라와 라임으로 향을 낸 제누아즈 스펀지 케이크의 일종......................................AN
Pâté cannelle 파트 브리제 안에 바나나 잼을 채우고 계피로 향을 낸 직사각형의 파이 ....MA
Pâté créole à la papaye confite 파파야 설탕 조림을 넣은 크레올 식 파이 : 크레올식 미트파이에 고기 대신 파파야를 채워 굽는다........................RE
Pâté-coco 코코넛 타르트...................................AN
Pâtés aux fruits 과일 파이 : 바나나, 코코넛, 구아바 등을 채워 굽는다..................................GY
Potin 크렘 파티시에를 곁들인 원뿔대 모양의 작은 라이스 케이크...MA
Robinson 잼을 채워 넣은 파티스리 ....MA
Salade de fruits 과일 샐러드, 화채 : 파인애플, 바나나, 샤데크(자몽의 일종), 망고, 구아바, 스타프루트 (카람볼라), 가시여지, 패션프루트, 사포딜라, 자메이칸 허니서클 등의 과일을 사용한다.....................AN
Sispa 카사바 전분과 코코넛, 계피, 넛멕 등의 다양한 향을 넣어 만든 갈레트... ....GY
Sorbets 코코넛, 리치, 파파야 등의 과일을 사용해 만든다...AN, GY, RE
Toubtoub 카사바가루와 코코넛으로 만든 반죽을 동그랗게 빚어 튀긴다....................................MY
Tourment d'amour/amour caché 파트 브리제 시트 위에 코코넛 또는 플랜틴 바나나와 크렘 파티시에 혼합물 필링을 채우고 스펀지케이크 반죽을 덮어 굽는다 ....AN

기타

Café 커피...AN, GY
Colombo, poudre 콜롬보 양념 믹스 : 강황, 사프란, 고수 씨, 큐민, 머스터드 씨, 흑후추 등의 향신료 분말을 혼합한 양념..........................AN, GY
Conflore/toloman 인도칸나 전분.....................AN, RE
Crabes de terre 블루랜드크랩..........................AN
Dakatine 땅콩버터..RE
Farine de maïs 옥수수가루 ....AN, GY
Farine de manioc/couac 카사바 분말, 세몰리나...AN, GY
Fécule de dictame/arrow-root 칡녹말 (애로루트)..AN, GY, RE
Kwabio 짭짤한 카사바 물에 잘게 다진 고추를 넣은 양념..GY
Massalé 혼합 양념가루. 고수 씨, 흑후추, 큐민, 카다멈, 넛멕, 머스터드 씨 등의 향신료 가루 믹스..RE
Pinda 땅콩 페이스트. 피넛버터............................GY
Rougails 망고, 토마토, 레몬 등을 넣어 만든다. 매콤한 맛의 소스로 잘게 다진 과일과 채소에 양파, 고추, 오일을 넣어 만든 소스...............................RE
Sucre de canne 사탕수수 ....AN
Vinaigre de canne 사탕수수 식초.......................GU
Zendettes 곤충의 유충. 주로 튀겨 먹는다.........RE

당과류, 사탕, 과자류

Bonbon moussache 카사바가루, 버터, 설탕으로 만든 반죽을 동그랗게 빚어 구운 과자 ....AN
Bonbons cravate 얇게 민 반죽을 타래과처럼 뒤집어 꼬아 길쭉하게 만든 뒤 튀긴 과자 ....RE
Bonbons la rouroute 칡녹말(애로루트)가루, 버터, 설탕으로 만든 반죽을 동그랗게 빚어 구운 과자..RE
Bonbons millet 달걀, 설탕, 밀가루, 베이킹파우더로 만든 반죽을 동그란 볼 모양으로 빚은 뒤 참깨를 묻혀 튀긴 과자 ....RE
Chadec glacé 시트러스 과일인 샤데크의 과육만 세그먼트로 잘라내 설탕에 윤이나게 조린다.......AN
Comtesse 비터 아몬드와 바닐라로 향을 낸 동그란 모양의 사블레 과자...GY
Confiture de coco 코코넛 설탕조림 : 가늘게 간 코코넛 과육에 설탕을 넣고 조린 페이스트. 파티스리 재료로도 사용된다........................AN, GY
Confiture de goyave 구아바 잼..........................AN, GY
Confitures 각종 잼 및 당절임 : 바르바딘 (barbadine 사이즈가 큰 패션프루트의 일종) 잼, 라임 당절임(통째로 시럽에 절인다) 외에 고구마, 망고, 구아바, 파인애플, 바나나, 생강, 차요테 등을 사용해 만든다...AN, GY, RE
Cratché/crétique 작고 납작하게 썬 코코넛 과육을 설탕시럽에 넣고 조려 캐러멜라이즈한다...... AN, GY
Doucelette 코코넛 밀크 소프트 토피 ....AN
Farine coco 코코넛과육을 가루로 간 다음 사탕수수 설탕을 넣고 갈색이 날 때까지 저어 익힌다..... AN, GY
Filibo/pipilit 쫀득한 사탕의 일종 ....MA
Gelée d'oseille 로젤(히비스커스꽃) 즐레................GY
Gros kako 카카오 페이스트 스틱........................AN, GY
Lanmou chinois 퍼유테 반죽을 길쭉한 띠 모양으로 구워 설탕을 뿌린 과자..............................GY
Lotchio/Lotcho 코코넛 페이스트와 사탕수수 시럽으로 만든 갈색 봉봉 ....AN, GY
Macaron coco/Chikini 가늘게 간 코코넛 과육으로 만든 과자..AN
Miel de litchi 리치 꿀 ....RE
Miels 꿀...GU, MA
Miels de forêt ou de mangrove 포레스트 꿀, 맹그로브 꿀 ....GY
Nougat pistache, aux cacahuètes grillées 피스타치오, 볶은 땅콩 누가 ....AN, GY
Pâte de goyaves 구아바 젤리 : 구아바과육 퓌레를 익힌 뒤 오븐에 건조한 젤리..............................GU
Popote de fruit à pain 빵나무 열매 포포트 : 빵나무 열매를 설탕에 조려 굳힌 당과류..............AN
Pruneau Désirade 당절임 캐슈 열매 ....GU
Ramiquin 민트 또는 아니스로 향을 낸 사탕 스틱..GY
Sinobol 콘이나 컵에 담고 시럽을 뿌린 빙수 .....AN
Surelle confite 스타구스베리 당절임 ....AN
Tablette coco/conserve/bonbons coco 봉봉 코코 : 가늘게 간 코코넛 과육을 사탕수수 설탕에 조린 뒤 먹기 좋은 크기로 떼어 굳힌다......AN, GY, RE
Tamarin glacé 설탕 시럽에 조린 타마린드...........AN
Wang : 볶은 참깨와 코코넛 가루를 섞은 것. 달콤하게 또는 짭짤하게 먹는다............................GY
Zoa : 구운 옥수수를 갈아 설탕을 뿌린 가루 ....GY

음료, 술, 스피릿

Amer 타피아 럼에 식물을 넣어 달인 술. 킨키나, 비터 리아나 등...GY
Bière d'ananas 파인애플 맥주 : 파인애플로 만든 발포성 알코올..GY
Bière dodo 부르봉 양조장에서 제조한 맥주 ..... RE
Cachiri 카사바 뿌리를 발효하여 만든 발포성 알코올
Crème de sapote 사포테 리큐어 : 헤이즐넛과 아몬드를 사탕수수 알코올에 담가 만든다.........GU
Gros sirop/jus de canne/sirop de batterie 농축 사탕수수 즙 ....AN
Jus de maracudja 패션프루트 주스 ....AN
Jus de prune de Cythère 암바렐라 주스.........AN
Mabi 마비나무 껍질, 생강, 사탕수수 시럽을 원료로 만든 비알콜성 음료...MA
Madou 과일 펄프를(카카오, 가시여지 등) 설탕물에 넣은 음료...GY
Rhum de la Guadeloupe 과들르푸 럼.............IG
Rhum de la Guadeloupe-Marie Galante 과들루프 마리 갈랑트 럼 ....IG
Rhum de la Guyane 기아나 럼.........................IG
Rhum de la Martinique 마르티니크 럼..............IG
Rhum de la Réunion 레위니옹 럼 ....IG
Rhum de sucrerie de la Baie du Galion 베 뒤 갈리옹 제당회사 럼...IG
Rhum des Antilles françaises 프랑스령 앙티유 럼 ....IG
Rhum des départements français d'outre-mer 프랑스 해외영토 럼 ....IG
Rhums et cocktails à base de rhum 럼, 럼 베이스 칵테일 : 펀치, 펀치 코코, 티 퐁슈(ti-punch), 펀치 다무르(punch d'amour), 펀치 마세레(punch macéré), 플랑퇴르(planteur) 등.............AN, GY, RE
Schrubb 슈러브 : 화이트 럼에 오렌지 껍질, 만다린 귤 껍질, 향신재료 등을 넣어 침출한 리큐어 ....AN
Sirop d'oseille 로젤(히비스커스꽃) : 설탕시럽에 히비스커스 꽃을 넣어 끓인다 ....GY
Sirop de groseille 히비스커스꽃(Hibiscus sabdariffa) 즙으로 만든 시럽 ....AN
Sirop matador 마타도르 시럽 : 향을 낸 물에 사탕수수 설탕을 넣어 만든다. 크레올식 펀치의 재료로 사용된다...GY
Tafia 사탕수수 당밀로 만든 럼..........................GY, RE

주제별 목차

찾아보기

M

N

O

P

레시피 찾아보기

참고 문헌

요리 서적

- Alleno (Yannick), *Sauces, réflexions d'un cuisinier,* Hachette Cuisine, 2014
- Andrieu (Julie), *Les carnets de Julie,* Alain Ducasse éditions, 2013
- Anonyme, *Livre fort excellent de cuisine très utile et profitable,* Olivier Arnoullet, Lyon, 1542
- Artusi (Pellegrino), *La science en cuisine et l'art de bien manger* (1911), Actes Sud, 2016
- Audot (Louis-Eustache), *La cuisinière de la campagne et de la ville (76e éd. ; éd. 1898),* Hachette Livre BNF, 2012
- Baudic (Jean-Marie), *Il est frais mon poisson,* La Martinière, 2012
- Beauvilliers (Antoine), *L'art du cuisinier (éd. 1814),* Hachette Livre BNF, 2012
- Béraud-Williams (Sylvette), *La Cuisine paysanne d'Ardèche,* La Fontaine de Siloë, 2005
- Bernard (Françoise), *Les recettes faciles,* Paris, Hachette, 1965
- Bousquet (Renée), Laurent (Anne), *Travaux pratiques de techniques culinaires,* Doin, 2004
- Boyer (Blandine), *Banquet gaulois : 70 recettes venues directement de nos ancêtres...ou presque !,* Larousse, 2016.
- Chapel (Alain), *La cuisine, c'est beaucoup plus que des recettes,* Robert Laffont, 1980
- Cochard (Marie), *Les épluchures, tout ce que vous pouvez en faire,* Eyrolles, 2016
- Collectif, *Larousse de la cuisinie*
- Collectif, *Larousse gastronomique*
- Constant (Christian) et Camdeborde (Yves), *La cuisine d'Auguste Escoffier,* Michel Lafon, 2016
- Curnonsky, *À l'infortune du pot. La meilleure cuisine en 300 recettes simples et d'actualité,* éditions de la Couronne, 1946
- Darenne (Émile) et Duval (Émile), *Traité de pâtisserie moderne,* 1909
- Darroze (Hélène), *Mes recettes en fête,* éditions du Cherche-Midi
- Daveau (Gilles), Couderc (Bruno), Mischlich (Danièle), Rio (Caroline), *Savez-vous goûter... les légumes secs,* éditions de l'EHESP
- Daveau (Gilles), *Le Manuel de cuisine alternative,* Actes Sud, 2014
- Delteil (Joseph), *La Cuisine paléolithique,* Arléa, 1964
- Derenne (Jean-Philippe), *Cuisiner en tous temps, en tous lieux,* Fayard, 2010
- Derenne (Jean-Philippe), *Cuisiner en tous temps, en tous lieux,* Fayard, 2010
- Desproges (Pierre), *Dictionnaire superflu à l'usage de l'élite et des biens nantis,* Points, 2013
- Douvet (Bruno), *La Régalade des champs,* Édition de la Martinière, Paris, 2014
- Dubois (Urbain), *La Pâtisserie d'aujourd'hui,* 1894
- *Le Livre de la ménagère, ou Petite encyclopédie de la famille, Flammarion,* 1930
- Ducasse (Alain), *Le Grand livre de cuisine,* Alain Ducasse éditions, 2009
- Dudemaine (Sophie), *Les cakes de Sophie,* Minerva / La Martinière, 2005
- Durand (Charles) *Le Cuisinier Durand (éd. 1830),* Hachette Livre BNF, 2013
- Emanuelli (Philippe), *Une Initiation à la cuisine du champignon,* Marabout, 2011
- Escoffier (Auguste), *L'Aide-Mémoire culinaire,* Flammarion, 2006
- *La vie à bon marché. La morue,* Flammarion, 1929
- *Le Guide culinaire,* Flammarion, 2009
- *Le riz, l'aliment le meilleur, le plus nutritif, 130 recettes pour l'accommoder,* Menu Fretin, 2016
- *Ma Cuisine,* Syllabaire éditions, 2017
- Etchebest (Christian), Ospital (Éric), *Tout est bon dans le cochon,* First, 2015
- Ezgulian (Sonia), *Anti-gaspi,* Flammarion, 2017
- Felder (Christophe), *Pâtisserie !,* La Martinière, 2011
- Flouest (Anne) et Romac (Jean-Paul), *La cuisine gauloise continue,* Bleu Autour, 2006
- Frechon (Éric), *Éric Frechon,* Solar, 2016
- Frechon (Éric), Ferreres (Clarisse), *Un chef dans ma cuisine,* Solar, 2009
- Giono (Sylvie), *La Provence gourmande de Jean Giono,* Belin, 2013
- Gouffé (Jules), *Le livre de cuisine : comprenant la cuisine de ménage et la grande cuisine (éd.1867),* Hachette Livre BNF, 2012
- *Le livre de pâtisserie (éd. 1873),* Hachette Livre BNF, 2012
- *Le livre des conserves, ou Recettes pour préparer et conserver les viandes et les poissons (éd. 1869),* Hachette Livre BNF, 2013
- Guérard (Michel), *La Grande Cuisine minceur,* Robert Laffont, 1976
- Hugo (Florian V.), *Les Contemplations gourmandes,* Michel Lafon, 2011
- Jacquemin (Frédérique), *À table avec Marcel Pagnol,* Agnès Viénot, 2011
- La Chapelle (Vincent), *Le Cuisinier moderne (éd. 1735),* Hachette Livre BNF, 2016
- La Varenne (François-Pierre), *Le cuisinier français : 400 recettes du XVIIe siècle,* Vendémiaire, 2016
- Lacam (Pierre), *Le Glacier classique et artistique en France et en Italie,* 1893
- *Le Mémorial historique et géographique de la pâtisserie (éd. 1900),* Hachette Livre BNF, 2017
- Lacroix (Muriel) et Pringarbe (Pascal), *Les carnets de cuisine de George Sand : 80 recettes d'une épicurienne,* Chêne, 2013
- Larcher (Bertrand), *Breizh Café,* La Martinière, 2014
- Le Caisne (Arthur), *La cuisine, c'est aussi de la chimie,* Hachette Cuisine, 2013
- Lebrun (Pierre-Brice), *Petit traité de la boulette,* Le Sureau, 2009
- *Petit traité de la pomme de terre et de la frite,* Le Sureau, 2016
- Lenôtre (Gaston), *Faites votre pâtisserie comme Lenôtre,* Flammarion, 1975
- Lepage (Isabel), *Les routiers : les meilleures recettes,* Tana, 2017
- Loubet (Édouard), *Le Cuisinier provençal,* Skira, 2015
- Mallet (Jean-François), *Simplissime,* Hachette Cuisine, 2015
- Marfaing (Hélène), Lemarié (Julien), Mollo (Pierre) et Vigneau (Johanne), *Savez-vous goûter... les algues ?* Éditions de l'EHESP, 2016
- Massialot (François), *La nouvelle instruction pour les confitures, les liqueurs et les fruits,* 1692
- *Le cuisinier royal et bourgeois,* 1691
- Mathiot (Ginette), *Je sais cuisiner,* Albin Michel, 1932
- *La Cuisine pour tous,* Albin Michel, 1955
- Maximin (Jacques), Jolly (Martine), *Jacques Maximin cuisine les légumes,* Albin Michel, 1998
- Menon, *La cuisinière bourgeoise,* 1746
- *Les soupers de la cour, ou l'Art de travailler toutes sortes d'alimens pour servir (éd. 1755),* Hachette Livre BNF, 2017
- *Nouveau Traité de la cuisine,* 1739
- Mercier (Louis-Sébastien), *Le tableau de Paris,* La Découverte, 2006
- Mercotte, *Le Meilleur de Mercotte,* Altal, 2016
- Montanay (Jean-Pierre), *Poulpe,* Hachette Cuisine, 2015
- Oliver (Bruno), *La cuisine de mon grand-père,* Alternatives, 2016
- Oliver (Michel) *La cuisine est un jeu d'enfants,* Plon, 1963
- Orieux (Gaël), *Cuisiner la mer : 70 espèces et 90 recettes,* La Martinière, 2016
- Palatin (Suzy), *Cuisine créole, les meilleures recettes,* Hachette Cuisine, 2014
- Pic (Anne-Sophie), *Le Livre blanc d'Anne-Sophie Pic,* Hachette Cuisine, 2012
- Pomiane, de (Édouard), *La Cuisine en 10 minutes,* Menu Fretin, 2017
- Reboul (Jean-Baptiste), *La cuisinière provençale* (1897), Tacussel, 2001
- Reynaud (Stéphane), *Cochon & Fils,* Marabout, 2005
- *Terrines,* Marabout, 2009
- Rozières, de (Babette), *La cuisine d'Alexandre Dumas par Babette de Rozières,* Chêne, 2013
- Rubin (Michel), *Le goût de l'agneau : traité de recettes monothéistes, méditerranéennes & moyen-orientales,* Encre d'Orient, 2011
- Simon (François), *Chairs de poule, 200 façons de cuire le poulet,* Agnès Viénot, 2000
- Stromboni (Nicolas), *Du pain, du vin, des oursins,* Marabout, 2016
- This (Hervé), *Les secrets de la casserole,* Belin, 1993
- *Révélations gastronomiques,* Belin, 1995
- Tirel (Guillaume), dit Taillevent, *Le Viandier (éd. 1892),* Hachette Livre BNF, 2012
- Toussaint-Samat (Maguelonne), *La très belle et très exquise histoire des gâteaux et des friandises,* Flammarion, 2004
- Vergé (Roger), *Les légumes, recettes de mon moulin,* Flammarion, 1997, *Ma Cuisine du soleil,* Robert Laffont, 1999
- Viard (André), *Le cuisinier impérial, ou L'art de faire la cuisine et la pâtisserie (éd.1806),* Hachette Livre BNF, 2012
- *Le cuisinier royal, ou L'art de faire la cuisine (éd.1822),* Hachette Livre BNF, 2012
- Vié (Blandine), *Testicules,* L'Épure, 2005
- Viola (Joseph), *La Cuisine canaille,* Hachette Cuisine, 2017
- Violier (Benoît), *La Cuisine du gibier à plumes d'Europe,* Favre, 2015

미식 관련 서적 및 기사

- Anonyme, *Le Maistre d'Hostel,* 1659
- Anonyme, *Le Mesnagier de Paris (1393),* Le Livre de poche, 1994
- Augereau (Sylvie), Gerbelle (Antoine), *Soif d'aujourd'hui, la compil des vins au naturel,* Tana, 2016
- Baylac (Marie-Hélène), *Dictionnaire Gourmand,* Omnibus, 2014
- Berchoux (Joseph), *La gastronomie, ou L'homme des champs à table (éd. 1803),* Hachette Livre BNF, 2012
- Bertin (François), *Camembert, histoire, gastronomie et étiquettes,* Grand Maison Éditions, 2010
- Blain (Christophe), *En Cuisine avec Alain Passard,* Gallimard, 2015
- Brillat-Savarin (Jean Anthelme), *Physiologie du goût, ou Méditations de gastronomie transcendante,* coll. Champs, Flammarion, 2017
- Brisse (Baron), *Les 366 menus,* 1869
- Buc'hoz (Pierre-Joseph), *L'art alimentaire ou Méthode pour préparer les aliments,* 1787
- Buren (Raymond), Pastoureau (Michel) et Verroust (Jacques), *Le Cochon. Histoire, symbolique et cuisine du porc,* Sang de la terre, 1987
- Cadet de Gassicourt (Charles-Louis), *Cours gastronomique ou Les diners de Manant-Ville,* 1809
- Carême (Marie-Antoine), *L'art de la cuisine française au XIXe siècle,* Menu Fretin, 2015
- Chauvelot (Philippe), *Curnonsky, la saveur d'une époque,* Du Lérot, 2015
- Coffe (Jean-Pierre), *Une vie de Coffe,* Stock, 2015
- Collectif, *Fooding, le dico,* Albin Michel, 2004
- Collectif, *L'inventaire du Patrimoine culinaire de la France*
- *Alsace,* CNAC, Albin Michel, 1998
- *Auvergne,* CNAC, Albin Michel, 1994, 1998, 2011
- *Bourgogne,* CNAC, Albin Michel, 1993
- *Bretagne,* CNAC, Albin Michel, 1994
- *Languedoc-Roussillon,* CNAC, Albin Michel, 1998
- *Poitou-Charentes,* CNAC, Albin Michel, 1994
- *Rhône-Alpes,* CNAC, Albin Michel, 1995
- Collectif, *Les 100 ans du Club des Cent,* Flammarion, 2011
- Coquet, de (James), *Propos de table,* Albin Michel, 1984
- Cormier (Jean), *Gueules de chefs,* éditions du Rocher, 2013
- Corneille (Thomas), *Dictionnaire universel géographique et historique (éd. 1708),* Hachette Livre BNF, 2016
- Couderc (Philippe), *Les plats qui ont fait la France,* Julliard, 1995
- Coulon (Christian), *La table de Montaigne,* Arléa, 2009
- Courtine (Robert Julien), *Un nouveau savoir manger,* Grasset, 1960
- Courty-Siré (Isabelle), Guitard (Claude), *Lipp, la brasserie,* éditions Ramsay
- Curnonsky (Maurice Edmond Saillant, dit), *Souvenirs littéraires et gastronomiques,* Albin Michel, 1958
- Curnonsky, Andrieu (Pierre), *Les fines gueules de France,* 1935
- Curnonsky, Rouff (Marcel), *La France gastronomique,* 1923
- Curnonsky, Saint-Georges (André), *La table et l'amour, nouveau traité des excitants modernes,* La Clé d'or, 1950
- Delfosse (Claire), *La France fromagère (1850-1990),* La Boutique de l'Histoire éditions, 2007
- Desgrandchamps (François), Donzel (Catherine), *Cuisine à bord : les plus beaux voyages gastronomiques,* La Martinière, 2011
- Desproges (Pierre), *Encore des nouilles (chroniques culinaires),* Les Échappés, 2014
- Drouard (Alain), « Aperçu historique du costume du cuisinier », *La Revue culinaire,* n°865, mai-juin 2010
- Dumas (Alexandre), *Dico Dumas : le grand dictionnaire de cuisine par Alexandre Dumas,* Menu Fretin, 2008
- Dumay (Raymond), *Du silex au barbecue, guide géogastronomique de la France,* Julliard, 1971
- Fantino, Pr (Marc), « Le goût du gras : une nouvelle composante gustative », *Revue du Centre de Recherche et d'Information Nutritionnelles,* n°108, juillet-août 2008
- Ferniot (Jean), *Carnet de croûte,* Robert Laffont, 1980
- Ferniot (Vincent), *Trésors du terroir,* Stock, 1996
- Franck (Bernard), *Portraits et aphorismes,* Le Cherche-Midi, 2001
- Fulbert-Dumonteil (Jean-Camille), *La France gourmande,* 1906
- Fuligni (Bruno), « La Franche mâchonnerie », *Revue 180°C,* n°4, octobre 2014
- *Les gastronomes de l'extrême,* éd. du Trésor, 2015
- Gault (Henri) et Millau (Christian), *Garçon, un brancard !,* Grasset, 1980
- Gilliers, Joseph, *Le Cannameliste français (éd. 1751),* Hachette Livre BNF, 2012

• Gramont, de (Élisabeth), *Almanach des bonnes choses de France*, G. Crès, 1920
• Grimod de la Reynière (Alexandre Balthazar Laurent), *L'almanach des gourmands*, Menu Fretin, 2012
• *Manuel des amphitryons*, Menu Fretin, 2014
• *Réflexions philosophiques sur le plaisir*, Hachette Livre BNF, 2014
• Gringoire et Saulnier, *Le Répertoire de la cuisine* (1914), Flammarion, 2010
• Guilbaud (Jean), *Au temps des Halles, marchés et petits métiers*, Sutton, 2007
• Henryot (Fabienne), *À la table des moines. Ascèse et gourmandise de la Renaissance à la Révolution*, Vuibert, 2015
• Joignot (Frédéric), « Éloge du gras. Entretien avec le neurobiologiste Jean-Marie Bourrée », fredericjoignot.blogspirit.com
• Lanarès (Jean-Pierre), *Le Bon Roy Camembert ou l'art populaire dans notre quotidien*, Bréa, 1982
• Lebeau (Jacques), *Curnonsky, prince des gastronomes, de A à Z*, L'Harmattan, 2014
• Lebey (Claude), *À Table ! La vie intrépide d'un gourmet redoutable*, Albin Michel, 2012
• Légasse (Périco), *Dictionnaire impertinent de la gastronomie*, François Bourin éditeur, 2012
• Lelong (Maurice), *Célébration de l'œuf*, Robert Morel, 1962
• Lesclide (Richard), *Propos de table de Victor Hugo (éd. 1885)*, Hachette Livre BNF, 2013
• Lévi-Strauss (Claude), *Mythologiques*, Plon, 2009
• Long (Guillaume), *À boire et à manger*, Gallimard, 2012
• Malouin (Paul-Jacques), *Description et détails des arts du meunier, du vermicellier et du boulenge*, 1767
• Masui (Kazuko) et Yamada (Tomoko), *French Cheeses*, Dorling Kindersley, 1996
• Mérienne (Patrick), *Atlas des fromages de France*, Ouest France, 2015
• Mervaud (Christiane), *Voltaire à table*, Desjonqueres, 1998
• Millau (Christian), *Dictionnaire amoureux de la gastronomie*, Plon, 2008
• Monselet (Charles), *Lettres gourmandes, manuel de l'homme à table*
• Nignon (Édouard), *L'Heptaméron des gourmets*, Régis Lehoucq éditeur, 1919
• *Les plaisirs de la table*, Menu Fretin, 2016
• *Éloges de la cuisine française*, Menu Fretin, 2014
• Oliver (Raymond), *Célébration de la nouille*, Robert Morel éditeur, 1965
• Onfray (Michel), *La Raison gourmande*, Le Livre de poche, 1997
• *Le ventre des philosophes*, Livre de poche, 1990
• Passard (Alain), Delvaux (Catherine), Ploton (Olivier), *Le meilleur du potager*, Larousse, 2012
• Pastoureau (Michel), *Le Cochon. Histoire d'un cousin mal aimé*, Gallimard, 2009
• Payany (Estérelle), « Le gras, c'est le goût », *Atlas de la France gourmande*, Autrement, 2016
• Payen (Anselme), *Des substances alimentaires et des moyens de les améliorer, de les conserver et d'en reconnaître les altérations*, Hachette Livre BNF, 2017
• Pendergrast (Mark), *For God, Country & Coca-Cola, The Definitive History of the Great American Soft Drink and the Company That Makes It*, Basic Books, 1993
• Perrier-Robert (Annie), *Dictionnaire de la gourmandise*, Robert Laffont, 2012
• Peters-Desteract (Madeleine), *Pain, bière et toutes bonnes choses... L'alimentation dans l'Égypte ancienne*, éditions du Rocher, 2005
• Petitrenaud (Jean-Luc), *La France du casse-croûte*, Hachette, 1995
• Pitte (Jean-Robert), *Gastronomie française. Histoire et géographie d'une passion*, Fayard, 1991
• Pivot (Bernard), *Dictionnaire amoureux du vin*, Plon, 2006
• Poilâne (Lionel), *Guide de l'amateur de pain*, Robert Laffont, 1991
• Pomiane, de (Édouard), *Radio Cuisine*, Menu Fretin, 2016
• Pudlowski (Gilles), *À quoi sert vraiment un critique gastronomique ?*, Armand Colin, 2011
• *Les guides Pudlo*, Michel Lafon
• Rambourg (Patrick), *À table... le menu*, Honoré Champion, 2013
• *Histoire de la cuisine et de la gastronomie françaises*, coll. Tempus, Perrin, 2010
• *L'art et la table*, Citadelles & Mazenod, 2016
• Revel (Jean-François), *Un festin en paroles*, Texto, 2007
• Rouff (Marcel), *La vie et la passion de Dodin-Bouffant, gourmet*, Sillage, 2010
• Rousseau (Vanessa), *Le goût du sang*, Armand Colin, 2005
• Roux (Éric), « Changement de gras ! », observatoirecuisinespopulaires.fr
• Rudder, de (Orlando), *Aux Petits Oignons ! Cuisine et nourriture dans les expressions de la langue française*, Larousse, 2006
• Sarran (Michel), « Le gras, sixième saveur ? », leplus.nouvelobs.com, 31/07/2015
• Schneider (Jean-Baptiste) et Vallier (Éric), *Le Canard de Duclair : d'une production locale à un rayonnement mondial*, Université François Rabelais de Tour, 2012
• Simmonds (Peter Lund), *The Curiosities of Food*, 1859
• Simon (François), *Comment se faire passer pour un critique gastronomique sans rien y connaître*, Albin Michel, 2001
• Staffe (Blanche, dite la baronne Staffe), *Usages du Monde : règles du savoir-vivre dans la société moderne (éd. 1891)*, Hachette Livre BNF, 2012
• Stéfanini (Laurent), sous la direction de, *À la table des diplomates*, L'Iconoclaste, 2016
• Taber (George M.), *Le Jugement de Paris : Le jour où les vins californiens surclassèrent les grands crus français*, éditions Gutenberg, 2008
• Tendret (Lucien), *La Table au pays de Brillat-Savarin*, Menu Fretin, 2014
• This (Hervé), « Éloge de la graisse », *Pour la Science*, N°231, p. 13, janvier 1997
• This (Hervé), Lissitzky (Tatiana), « Et si vous adoptiez la cuisson au lave-vaisselle ? » *Ouest France*, 21 octobre 2015
• Ude (Louis-Eustache), *The French Cook*, 1813

기타 자료

• Anonyme, *Il cuoco Piemontese perfezionato a Parigi*, 1766
• Bazot (Étienne-François), *Manuel du franc-maçon*, 1817
• Boileau (Étienne), *Les métiers et les corporations de Paris : XIIIe siècle. Le livre des métiers*, Hachette Livre BNF, 2012
• Chevallier (Pierre), *Histoire de la Franc-maçonnerie française*, Fayard, 1974
• Cuvier (Georges), *Le règne animal distribué d'après son organisation*, 1817
• Delord (Taxile), *Les petits-Paris. Paris-étranger (éd. 1854)*, Hachette Livre BNF, 2016
• Freeman (Frederick), *The History of Cape Cod*, 1858
• Girard (Xavier), « La soupe des morts », *La pensée de midi*, Actes Sud, numéro 13, juillet 2004
• Jode, de (Marc), Cara (Monique et Jean-Marc), *Dictionnaire universel de la Franc-Maçonnerie*, Larousse, 2011
• La Roque, de (Jean), *Le Voyage de l'Arabie Heureuse*, 1715
• Lamothe-Langon, de (Étienne-Léon), *Mémoires et souvenirs d'un pair de France*, Hachette Livre BNF, 2016
• Michel (Adolphe), *Le siège de Paris : 1870-1871*, Hachette Livre BNF, 2012
• Miot (Henry), *La Gazette des campagnes*, 1870
• Mistral (Frédéric), *Lou Tresor dou Felibrige, Dictionnaire provençal-français*, éditions des régionalismes, 2014
• Société d'agriculture, Sciences et Arts, *Revue agricole, industrielle et littéraire du Nord*, 1885, p. 168
• Nemeitz (Joachim Christoph), *Séjour de Paris pour les voyageurs de condition*, 1718
• Pérau (Gabriel-Louis), *L'Ordre des Francs-maçons trahi*, 1745
• Smollett (Tobias), *Voyages à travers la France et l'Italie*, José Corti, 1994
• Von Kotzebue (August), *Souvenirs de Paris* (éd. 1804), Hachette Livre BNF, 2016

문학작품

• Apollinaire, *Œuvres poétiques*, « Le repas », La Pléiade, 1956
• Balzac, de (Honoré), *Albert Savarus*, Le Livre de poche, 2015
• La Muse du Département, *La Comédie humaine*, tome 4, La Pléiade, 1976
• *La Peau de Chagrin*, Le Livre de poche, 1972
• *La Rabouilleuse*, La Comédie humaine, tome 4, La Pléiade, 1976
• *Le Cousin Pons*, Le Livre, de poche, 1973
• *Le Lys dans la vallée*, Le Livre de poche, 1972
• *Le Message, La Comédie humaine*, tome 2, La Pléiade, 1976
• *Le Père Goriot*, Le Livre de poche, 2004
• *Les Employés*, La Comédie humaine, tome 7, La Pléiade, 1977
• *Les Illusions perdues*, Le Livre de poche, 2008
• *Les Petits bourgeois*, La Comédie humaine, tome 8, La Pléiade, 1978
• *Physiologie du mariage*, Folio, 1987
• *Traité des excitants modernes*, Berg International, 2015
• *Un début dans la vie, La Comédie humaine*, tome 1, La Pléiade, 1976
• *Une fille d'Ève, La Comédie humaine*, tome 2, La Pléiade, 1976
• Barthes (Roland), *Mythologies*, Points, Seuil, 2014
• Baudelaire (Charles), *Les Fleurs du Mal*, « L'âme du Vin », Le Livre de Poche, 1972
• Beauvoir, de (Simone), *Entretiens avec Jean-Paul Sartre*, Folio, 1987
• Bernanos (George), *La Joie*, Le Castor astral, 2011
• Blixen (Karen), *Le festin de Babette*, Folio, 2008
• Buffon, *Histoire naturelle*, seconde édition in-12°, tome VI, 1769
• Cioran (Emil), *De la France*, Carnets de L'Herne, 2009
• Claudel (Paul), *L'Endormie*, Théâtre, tome I, La Pléiade, 2011
• Colette, *Colette journaliste : Chroniques et reportages*, Seuil, 2010
• « La vigne, le vin », *Prisons et Paradis*, Le Livre de poche, 2004
• *Les vrilles de la vigne*, Le Livre de poche, 1995
• Deleuze (Gilles), *Abécédaire*, 1988
• *Dictionnaire de Trévoux*, 1752
• Diderot, D'Alembert, *Encyclopédie*, 1re édition, 1765
• Dumas (Alexandre), *Les Trois Mousquetaires*, Le Livre de poche, 2011
• *Le Vicomte de Bragelonne*, Le Livre de poche, 2010
• Flaubert (Gustave), *Salammbô*, Folio, 2005
• Foucault (Michel), *Histoire de la sexualité*, Gallimard, 1997
• Gide (André), *Journal*, Folio, 2012
• *Les Nourritures terrestres*, Folio, 1972
• Giono (Jean), *Colline*, Le Livre de poche, 1967
• Goscinny (René), Uderzo (Albert), *Astérix en Corse*
• *Astérix et les Normands*
• *Le bouclier Arverne*
• *Le tour de Gaule d'Astérix*
• Harrison (Jim), *Aventures d'un gourmand vagabond*, Christian Bourgeois, 2002
• *Dalva*, 10/18, 1991
• *Entre chien et loup*, 10/18, 1994
• *Légendes d'Automne*, 10/18, 2010
• Hugo (Victor), *5e agenda de Guernesey*, 19 janvier 1863
• *Choses vues*, Le Livre de poche, 2013
• *Les Misérables*, Le Livre de poche, 1998
• Jullien (Dominique), « La Cuisine de Georges Perec », *Littérature*, n°129, p. 3-14, 2003
• Lambert (Jean), *Gide familier*, Julliard, 1958
• Le Breton (Auguste), *Razzia sur la chnouf*, Série Noire/Gallimard 1954
• Le Tellier (Hervé), *Les Amnésiques n'ont rien vécu d'inoubliable*, Le Castor astral, 1997
• Maupassant, de (Guy), « Le Vieux », *Contes et nouvelles*, tome 1, La Pléiade, 1974
• *La Parure*, Le Livre de poche, 1995
• Mirbeau (Octave), *Chroniques du diable*, Belles Lettres, 1995
• Montaigne, *Essais*, Folio, 2009
• Pagnol (Marcel), *Judas*, éditions de Fallois, 2017
• Perec (George), *La Disparation*, Gallimard, 1989
• *La Vie mode d'emploi*, Le Livre de poche, 1980
• *Les Choses*, Pocket, 2006
• *Penser/Classer*, Points, 2015
• Platon, *Lois*, GF, Flammarion, 2006
• Pline l'Ancien, *Histoire naturelle*, Folio, 1999
• Prévert (Jaques), *Paroles*, Folio, 1976
• Proust (Marcel), *À la recherche du temps perdu*, La Pléiade, 1987
• Rabelais (François), *Cinquiesme livre*, Points, 1997
• *Gargantua*, Le Livre de poche, 1994
• *Pantagruel*, Le Livre de poche, 1979
• Rey (Alain), *Dictionnaire historique de la langue française*, Le Robert, 2011
• Richelet (Pierre), *Dictionnaire françois (éd. 1706)*, Hachette Livre BNF, 2013
• Rigolot (François), *Les langages de Rabelais*, Droz, 2000
• Rimbaud, « Les Effarés », *Poésies complètes*, Le Livre de poche, 1998
• Ronsard, de (Pierre), *Odes, Œuvres complètes*, La Pléiade, 1993
• Rousseau, *Émile ou de l'éducation*, GF Flammarion, 2009
• Saint-Amant, Girard de (Marc-Antoine), *Œuvres complètes*, « Le Melon », Hachette Livre BNF, 2012
• Sévigné (Madame de), *Lettres de l'année 1671*, Folio, 2012
• Tite-Live, *Histoire romaine*, GF Flammarion, 1999
• Verne (Jules), *20 000 lieues sous les mers*, Le Livre de poche, 1976
• *Michel Strogoff*, Le Livre de poche, 1974
• Voltaire, *Dictionnaire philosophique*, Hachette Livre BNF, 2013
• Zola (Émile), *L'Assommoir*, Le Livre de poche, 1971
• *Le Ventre de Paris*, Le Livre de poche, 1971

이 책을 만드는 데 도움을 주신 분들

ANDRIEU, JULIE 쥘리 앙드리외
미식 저널리스트, 방송인. TV, 라디오 요리 프로그램 진행자.

AUGEREAU, SYLVIE 실비 오즈로
와인 관련 작가, 평론가. 포도 재배자. '옹 바 데귀스테(On va deguster) 패널, '살롱 드 라 디브 부테이(salon de la Dive Bouteille)' 내추럴와인 박람회 주최자.

BACHÈS, BÉNÉDICTE ET MICHEL 베네딕트 & 미셸 바셰스
시트러스류 과일 재배자(Eus, Pyrénées-Orientales).

BAUD, ROBERT 로베르 보
학자. 몽트로(Moutherot, Doubs) 지역의 오래된 유명 포도밭 재생 사업을 돕고 있다. 나탈리 보의 부친.

BAUD, NATHALIE 나탈리 보
출판 편집 코디네이터. 푸디. 프랑수아 레지스 고드리와 협업을 진행하고 있다.

BAUD, PIERRE 피에르 보
무화과 재배자(Vaison-la-Romaine, _Vaucluse).

BERGER (LEFORT), JÉRÔME 제롬 베르제(르포르)
15년간 미식 칼럼니스트로 활동하고 있다. 식재료 탐구, 레스토랑 체험을 즐겨할 뿐 아니라 가정에서도 직접 요리를 즐긴다.

BIENASSIS, LOÏC 로익 비에나시
역사학자. 투르(Tours) 대학교 산하 유럽 식문화 및 역사 연구소 재직.

BIZALION, MARIE-AMAL 마리 아말 비잘리옹
레바논, 모로코, 크리즈 등에서 올리브오일과 생우유 크림을 즐겨 먹으며 성장했다. 엑스프레스(L'Express), 피가로 매거진(Le Figaro Magazine) 등에 요리 및 이국적 문화에 관한 글을 기고하고 있다.

BLACK, KÉDA 케다 블랙
먹고 싶은 음식이 있다면 그녀는 기꺼이 만들어줄 것이다. 혹은 자신만의 맛있는 표현으로 당신이 직접 만들 수 있도록 도와줄 것이다.

BOUTIN, ALAIN 알랭 부탱
정어리 캔 수집가이자 해산물 식품 판매자(La Petite Chaloupe, Paris 13구).

BOYER, BLANDINE 블랑딘 부아예
호기심 충만한 독학파인 그녀는 멧돼지가 흔한 세벤(Cévennes)의 대나무 농장에서 글도 쓰고 허브와 나무도 가꾸며 자유로운 요리를 만들고 있다.

BRANLARD, JEAN-PAUL 장 폴 브랑라르
법학자, 교수, 작가, 평론가. 주로 식품, 요리, 미식 관련 법 전문가이다.

BRAS, MICHEL 미셸 브라스
라기올(Laguiole, Aveyron) '쉬케(Suquet)'의 셰프. 1999년 미슐랭 별 3개를 획득했다.

BRUNEL, JACQUES 자크 브뤼넬
라이프 스타일 전문 기자, 전 고&미요(Gault et Millau) 미식 평론가, 전 피가로스코프(Figaroscope) 칼럼니스트.

BRYS, YANN 얀 브리스
파티시에. 투르비용(Tourbillon 턴테이블을 활용한 회오리 모양 디저트)의 창시자. 2011년 프랑스 제과명장(MOF pâtisserie) 타이틀 획득.

BURNIAT, MATHIEU 마티유 뷔르니아
벨기에 만화작가. 『도댕 부팡의 열정(*La passion de Dodin-Bouffant*)』(2014), 『화려한 식탁(*Les illustres de la table*)』의 저자. Dargaud 출판.

CAMDEBORDE, YVES 이브 캉드보르드
요리사. 비스트로노미의 선두주자. 아르데슈 출신인 멘토 크리스티앙 콩스탕(Christian Constant)과 마찬가지로 그 또한 남서부 지방이 고향이다.

CHOUGUI, NADIA 나디아 슈기
프랑스 앵테르 방송의 라디오 프로그램 '옹 바 데귀스테(On Va Deguster)'의 제작자.

COHEN, ALAIN 알랭 코엥
콩투아르 데 프로뒥퇴르(Le Comptoir des Producteurs)의 과일, 채소 공급자

CONSTANT, CHRISTIAN 크리스티앙 콩스탕
남서부 출신에 대한 자부심을 갖고 있는 요리사. 수많은 유명 요리사를 배출한 관록의 셰프로 소박함과 세련미를 결합한 훌륭한 요리들을 선보이고 있다.

CONTICINI, PHILIPPE 필립 콩티치니
셰프 파티시에. '파티스리 데 레브(Pâtisserie des Rêves)' 오픈에 참가했으며 베린(verrines) 등 여러 디저트를 개발했다. 현재 자신의 이름을 건 '가토 데모시옹(Gâteaux d'Émotions)'을 운영하고 있다.

COURTY, HIPPOLYTE 이폴리트 쿠르티
2009년부터 우수한 품질, 비오디나미 농법, 로컬 푸드를 기반으로 한 프랑스의 새로운 커피 문화를 이끌고 있는 '아르브르 아 카페(L'Arbre à Café)'의 창립자.

COUSIN, JILL 질 쿠쟁
음식 전문 기자. 아침 식사로 커피와 로크포르 치즈의 조합을 좋아한다. 프랑스의 베스트 베이커리를 찾는 데 늘 관심을 기울이고 있다.

DAGUIN, ARNAUD & DEVILLE, AGNÈS 아르노 다갱 & 아녜스 드빌
어린 시절부터 친구였으며 지금은 커플이 되었다. 아르노는 자유로운 광고인으로 아녜스는 푸드 저널리스트로 활약하고 있으며 '옹 바 데귀스테' 프로그램에 적극 참여하고 있다.

DARROZE, HELÈNE 엘렌 다로즈
2015년 월드 베스트 여성 셰프로 선정되었다. 프랑스에서 몇 안 되는 미슐랭 스타 여성 셰프로 파리와 런던의 레스토랑에서 활약하고 있다.

DE CERVAL, GWILHERM 귈레름 드 세르발
파리 리츠 호텔, 루아얄 몽소 래플스 호텔(Royal Monceau Raffles Paris)의 소믈리에. '르베 레스토랑 가이드(Guide Lebey)' 미식 평론가. '엑스프레스/엑스프레스 스타일' 와인 전문 기자.

DE SAINT-MAURICE, THIBAUT 티보 드 생 모리스
철학 교수. 영적 양식뿐 아니라 지상과 모든 음식을 좋아하는 그는 특히 레몬 타르트의 열성팬이다.

DELMAS, LAURENT 로랑 델마
프랑스 앵테르 방송국 영화 평론가 및 기자. 미식 애호가.

DEZEUSTRE, LÉO 레오 드죄스트르
와인, 스피릿 전문가. 와인 바 '콩파니 데 뱅 쉬르나튀렐(Compagnie des Vins Surnaturels)' 근무.

DOUCET, BRUNO 브뤼노 두세
비스트로노미를 추구하는 요리사. 파리 '라 레갈라드(La Régalade)'의 셰프.

DUBOUÉ, JULIEN 쥘리앵 뒤부에
랑드(Landes) 출신의 요리사로 '아 노스트(A. Noste)'와 옥수수 전문 레스토랑 '콘에르(Corn'R)(2019 폐업)' 등 파리에서 5개의 업장을 책임지고 있다.

DORR, GARRY 가리 도르
생선 및 해산물 전문가. 파리에 굴 전문 레스토랑 '바르 아 위트르(Le Bar a Huîtres)' 업장 여러 곳을 운영하고 있다.

DUCASSE, ALAIN 알랭 뒤카스
랑드 출신의 유명 셰프. 파리 8구의 '플라자 아테네(Plaza Athenée)', 모나코의 '루이 캥즈(Louis XV)' 등 미슐랭 별 셋을 받은 여러 개의 식당을 운영하고 있다.

DUMAS, JULIEN 쥘리앵 뒤마
파리 8구 마들렌 광장에 위치한 유서 깊은 레스토랑 '뤼카 카르통(Lucas Carton)'의 셰프.

DUMOTIER, SÉBASTIEN 세바스티앵 뒤모티에
타르트 전문가.

DUPONT, DÉBORAH 데보라 뒤퐁
타의 추종을 불허하는 수다쟁이이자 미식가. 요리책 전문 서점 '리브레리 구르망드(Librairie Gourmande)'를 운영하고 있으며 책에 있는 레시피는 바로 실행에 옮겨본다.

EZGULIAN, SONIA 소니아 에즈귈리앙
별 것 아닌 재료로도 일상을 바꾸는 요리사. 식재료 낭비를 최소화하는 요리를 지향한다.

FEUILLAS, ROLAND 롤랑 피이야스
퀴퀴냥(Cucugnan)의 시골 제빵사. '메트르 드 몽 물랭(Maîtres de Mon Moulin)' 창업자.

FERREUX-MAEGHT, ANGÈLE 앙젤 페뢰 마그
식물의 효능에 관심이 지대한 그녀는 '갱게트 당젤(Guinguette d'Angèle)'의 셰프로 모든 요리에 허브나 식물을 활용해 맛과 자연이 주는 건강을 동시에 선사한다.

FRACHOT, WILLIAM 윌리암 프라쇼
1999년부터 디종의 '오스텔리리 뒤 샤포(Hostellerie du Chapeau)'의 주방을 맡고 있다. 이곳에서 미슐랭 첫 번째 별에 이어서 두 번째 별을 획득했다.

FRANZO, ÉMILIE 에밀 프랑조
블로거(www.plusunemiettedanslassiette.fr), 작가, 사진작가, 푸드 스타일리스트.

FRÉCHET, MARIE-LAURE 마리 로르 프레셰
미식 저널리스트. 프랑스 북부 출신으로 고향의 테루아와 셰프들의 열렬한 지지자다. 음식 전문기자. 글을 쓰는 것만큼이나 맛있는 음식을 먹어보는 일을 사랑한다.

FRECHON, ÉRIC 에릭 프레숑
파리 브리스톨 호텔(Hôtel Bristol) 레스토랑 '에피퀴르(Épicure, 미슐랭 3스타)'의 셰프.

FULIGNI, BRUNO 브뤼노 풀리니
시앙스포(Sciences Po 파리정치대학) 교수. 30여 권의 저서를 출간했으며 잡지 180°C에 '요리 아카이브' 칼럼을 기고하고 있다.

GAGNAIRE, PIERRE 피에르 가녜르
50년 경력의 유명 요리사. 그에게 요리란 관계의 기술이며 진실하고 애정이 넘치며 생활에 맛을 더해주는 넉넉함의 예술이다.

GAGNEZ, JÉRÔME 제롬 가녜즈
와인, 스피릿 전문가. '베르 르 뱅(Vers le vin)' 창업자.

GAUDARD, SÉBASTIEN 세바스티앵 고다르
파티시에. 파리 9구 마르티르가의 파티스리와 1구 튈르리(Tuileries)의 티 살롱을 운영하고 있다.

GAUDRY, FRANÇOIS-RÉGIS
프랑수아 레지스 고드리
'옹 바 데귀스테(On va déguster)' 사단의 총괄 리더

GAUDRY, MARIELLE 마리엘 고드리
프랑수아 레지스 고드리의 여동생. 지칠줄 모르는 탐식가로 맛있는 음식에 관한 일이라면 늘 두발 벗고 달려갈 준비가 되어 있다.

GAUTHIER, ALEXANDRE 알렉상드르 고티에
몽트뢰이 쉬르 메르(Montreuil-sur-Mer)에서 가족이 운영하던 레스토랑 '라 그르누이에르(La Grenouillère)'를 이어받아 2003년부터 셰프로 일하고 있다.

GENIN, JACQUES 자크 제냉
독학파 쇼콜라티에. 파티스리 분야의 경력을 거쳐 현재는 초콜릿과 당과류 제조에 집중하고 있다.

GERBELLE, ANTOINE 앙투안 제르벨
저널리스트. 와인 관련 최초의 온라인 TV 채널인 TellementSoif.tv 편집장. 『오늘의 갈증(*Soif d'Aujourd'hui*)』의 저자. '옹 바 데귀스테' 칼럼니스트, 패널.

GODART, FLEUR 플뢰르 고다르
가족이 운영하는 농가의 가금류와 직접 선별한 와인을 배급하고 있다. 쥐스틴 생 로(Justine Saint-Lo)의 와인을 소재로 한 만화 『순수한 즙(*Pur Jus*)』에 공동 저자로 참여했다.

GONZALES, HADRIEN 아드리앵 곤잘레스
저널리스트. 피가로지의 음식 칼럼 '아 타블(A table)'에 글을 쓰고 있다. 문화, 라이프 스타일에 관한 호기심을 토대로 엑스프레스, 파리 월드와이드, 프랑스 매거진 등에도 기고하고 있다.

GOUJARD, ALEXIS 알렉시 구자르
10여 년 전부터 포도 산지를 돌며 매년 수천 종의 와인을 시음하고 잡지 '르뷔 뒤 뱅 드 프랑스(La Revue du vin de France)'에 글을 기고하고 있다. 『프랑스 베스트 와인 가이드(*Guide des meilleurs vins de France*)』의 공동저자이기도 하다.

GRASSER HERMÉ, FRÉDÉRICK E.
(DITE FEGH) 프레데릭 E. 그라세 에르메
개성이 톡톡 튀는 미식가. 살바도르 달리의 그림에서 모티프를 얻은 연성치즈를 만드는가 하면 할리 데이비슨 오토바이 가스 배출부의 열로 메르게즈 소시지를 익히고 코카콜라 치킨을 만들기도 하는 등 기상천외한 시도를 종종 보여주었다.

GROLET, CÉDRIC 세드릭 그롤레
파리 1구 뫼리스(Meurice) 호텔의 셰프 파티시에. 과일 모양의 디저트가 그의 시그니처 메뉴이다.

HENRY, JULIEN 쥘리앵 앙리
양봉업자. 꿀 전문업체인 파리의 '라 메종 뒤 미엘(La Maison du Miel)' 대표. 1898년 개업한 이 업체는 다양한 꿀을 채집하여 미식계에 공급하고 있다.

HERMÉ, PIERRE 피에르 에르메
파티시에. 맛있는 디저트를 향한 무궁무진한 아이디어가 가득한 그는 오로지 소비자들에게 행복을 선사한다는 목표를 갖고 자신만의 맛의 세계를 창조해내고 있다.

JEAN-PIERRE, CHRISTIAN 크리스티앙 장 피에르
세레(Céret, Pyrénées-Orientales)의 농원에서 체리를 재배하고 있다.

JÉGU, PIERRICK 피에릭 제귀
미식, 와인 전문기자, 작가. L'Express, Saveurs, 180°C, 12°5, Yam, Revue du Vin de France 등의 잡지에 기고하고 있다.

KASPROWICZ, THIERRY 티에리 카스프로빅츠
프랑스령 레위니옹 최초의 레스토랑 가이드인 『기드 카스프로(*Guide Kaspro*)』의 저자.
또한 매거진 '메 플레지르(Mets Plaisirs)'를 통해 레위니옹 테루아의 풍부한 먹거리를 소개하고 있다.

LALY BARAGLIOLI, FRÉDÉRIC
프레데릭 랄리 바랄리올리
요리와 글, 자연 풍경을 사랑하는 그는 코르시카와 지중해의 풍미에 매료되어 있다. 시집이나 지리책을 읽듯이 요리책을 즐겨 읽는다.

AGNÈS LAURENT 로랑 아녜스
엑스프레스(L'Express) 기자.

LARCHER, BERTRAND 베르트랑 라르셰
셰프 겸 레스토랑 경영자, 파리, 캉칼, 생 말로, 도쿄에서 크레프 전문 식당 브레즈 카페(Breizh Café)를 운영.

LASTRE, YOHAN 요한 라스트르
파테 앙 크루트(paté en croûte) 월드 챔피언

LE BOURDAT, FABRICE 파브리스 르 부르다
파리 12구 '블레 쉬크레(Blé Sucré)'의 셰프 파티시에. 여럿이 나누어 먹는 XXL 사이즈의 대형 마들렌 디저트를 최초로 선보였다.

LE FEUVRE, DELPHINE 델핀 르 푀브르
신인 저널리스트. 달콤한 디저트, 미드, 인스타그램에 푹 빠져 있으며 특히 솔티드 버터의 광팬이다.

LEBRUN, PIERRE-BRICE 피에르 브리스 르브룅
벨기에 출생인 그는 파리를 거쳐 랑드(Landes) 지방에 정착했다. 요리책 집필, 법학 강의를 하고 수국을 키우며 살고 있다.

LEDEUIL, WILLIAM 윌리암 르되이
레스토랑 '더 키친 갤러리(*Ze Kitchen Gallerie*)'와 'KGB'의 셰프. 2017년에는 그의 세 번째 업장인 파스타 전문 식당 '키친 테르(Kitchen Ter(re))'를 오픈했다.

LEDRU-JOHANSSON, ALVINA
알비나 르드뤼 요한손
스웨덴 미트볼과 프랑스 치즈를 먹고 성장한 미식 저널리스트. 요리사 직업적성자격증을 소지한 그녀는 호기심과 열정이 충만한 미식가이기도 하다.

LENARTOWICZ, ESTELLE
에스텔 르나르토빅츠
미식문학 전문 저널리스트. 비건 식생활에 도전 중인 그녀는 몽마르트르 언덕에 거주하고 있으며 파스타와 샤블리, 마르셀 프루스트를 좋아한다.

LIGNAC, CYRIL 시릴 리냑
요리사, 파티시에, 쇼콜라티에 등 다양한 분야에서 활약하는 셰프로 파리에서 여러 개의 매장을 운영하고 있다.

LONG, GUILLAUME 기욤 롱
만화가. 주말에는 요리를 직접 즐기는 미식 애호가이다. 『먹을 것과 마실 것(*A boire et à manger*)』의 작가.

LOUBET, ÉDOUARD 에두아르 루베
프로방스에 위치한 레스토랑 '바스티드 드 카플롱그(Bastide de Capelongue, Vaucluse)'의 셰프.

MARIONNET, PASCAL 파스칼 마리오네
종묘업자. 딸기를 생산하고 있으며 '마라 데 부아(mara des bois)' 품종 딸기를 처음 발명한 이의 손자이다.

MARQUES, GEORGES 조르주 마르크
파리 5구에 위치한 '봉봉 오 팔레(Le Bonbon au Palais)'의 오너. 이곳에서 프랑스의 다양한 당과류 디저트를 소개하고 있다.

MASSON, ELVIRA 엘비라 마송
프랑스 앵테르 방송의 '옹 바 데귀스테'와 파리 프르미에르 방송의 미식 프로그램 '트레 트레 봉(Très Très Bon)'에서 패널과 리포터로 활약하고 있다.

MATHIAS, XAVIER 자비에 마티아스
다양성을 추구하는 유기농 채소 재배자로 저변 확대에도 힘을 쏟고 있다. 작가, 교육자로 다양한 프로젝트에도 참여하고 있다.

MAXIMIN, JACQUES 자크 막시맹
지중해 요리에서 빼놓을 수 없는 유명 셰프. 프렌치 리비에라에서 근무했으며 이후 알랭 뒤카스가 운영하는 파리(17구)의 생선, 해산물 전문 식당인 '레슈(Rech)'의 셰프로 영입됐다.

MERCOTTE 메르코트
사부아 출신의 디저트 전문 블로거. 시릴 리냑과 함께 M6 방송 '베스트 파티시에 선발전(Le Meilleur Pâtissier)'의 심사위원으로 활약했다.

MICHALAK, CHRISTOPHE 크리스토프 미샬락
파리 8구 플라자 아테네의 셰프 파티시에 출신으로 현재는 자신의 파티스리 업장을 여러 개 운영하고 있다.

MOILIM, JORDAN 조르당 무알랭
미식 프로그램 '트레 트레 봉'의 기자. 이 책을 만든 팀의 일원인 그는 운동화를 즐겨 신고 주머니에는 포크를 지니고 다니며 수염에는 언제나 빵 부스러기가 몇 개 붙어 있다.

ORY, PASCAL 파스칼 오리
소르본 대학 교수. 저서 『우리 시대의 프랑스 미식 기원 강론(*Discours gastronomique français des origines à nos jours*)』, 『식탁 위의 정체성(*L'Identité passe à table*)』 등의 저자. 미식 평론가로도 활동한 바 있다.

OTTAVI, JEAN-ANTOINE 장 앙투안 오타비
미식가, 탐식가, 코르시카 거주.

OUDARD, VALENTINE 발랑틴 우다르
미식 전문 기자. TV 프로그램 '트레 트레 봉'에서 간단한 메뉴의 캐주얼 식당 및 파티스리 탐험 리포터로 활약하고 있다.

PALATIN, SUZY 수지 팔라탱
맛있는 프렌치 프라이, 앙티유 특선 음식, 초콜릿 케이크 등 다양한 요리를 선보이고 있는 독보적인 요리사.

PASSARD, ALAIN 알랭 파사르
파리 7구 아르페주(Arpège)의 오너 셰프.

PATIN O'COOHOON, CHARLES 샤를 파탱 오코옹
'엑스프레스' 기자. '트레 트레 봉' 편집장. 프랑수아 레지스 고드리와 함께 레스토랑 탐방에 나서는 그는 나무 스푼과 은제품 커틀러리를 좋아한다.

PAYANY, ESTERELLE 에스테렐 파야니
저널리스트, 음식 평론가, 음식 작가, 미식가.

PHAM, ANNE-LAURE 안 로르 팜
저널리스트, 요리 작가. 그린 미디어 '페미닌 비오(FemininBio)'의 디렉터.

PIC, ANNE-SOPHIE 안 소피 픽
발랑스에 있는 '메종 픽(La Maison Pic)'의 셰프. 프랑스에서 미슐랭 3스타를 보유한 유일한 여성 셰프이다.

PIEGAY, BAPTISTE 바티스트 피에게
'오피시엘 옴므(L'Officiel Hommes)' 편집장. 그는 아직 자신이 제일 좋아하는 음식이 무엇인지 모른다고 한다. 다행히도.

PIERINI, ALESSANDRA 알레산드라 피에리니
파리에서 이탈리아 식료품점을 운영하고 있는 그녀는 이탈리아의 맛있고 유명한 고급 식자재를 소개하는 첨병 역할을 하고 있다.

PIERRARD, CAMILLE 카미유 피에라르
'푸딩(Fooding)'의 칼럼니스트. 미식 평론가. 언제나 맛있는 레스토랑 발굴을 위해 직접 발로 뛰는 그녀는 생 넥테르(saint-nectaire) 치즈 애호가다.

PIERRE, ELISABETH 엘리자베트 피에르
맥주와 음식 페어링에 특화된 맥주 전문가. 『아셰트 맥주 가이드(*Guide Hachette des Bières*)』, 『7초 안에 맥주 고르기(*Choisir et acheter sa bière en 7 secondes*)』의 저자.

PIÈVE, SÉBASTIEN 세바스티앵 피에브
'옹 바 데귀스테'의 열성 청취자이자 동명 책의 독자인 그는 프랑스의 문화 유산과 역사에 관심이 많으며 특히 풍요로운 미식 문화의 열렬한 애호가이다.

PRALUS, FRANÇOIS 프랑수아 프랄뤼
로안에서 할아버지가 처음 만들어낸 프랄륄린(Praluline®)의 비법 레시피를 소유하고 있다. 자체적으로 초콜릿을 제조하는 몇 안 되는 아티장 중 한 명이다.

PYTEL, GILBERT 질베르 피텔
케이크, 앙트르메, 타르트, 초콜릿, 아이스크림, 당과류, 쿠키 등 달콤한 디저트에 푹 빠진 미식 평론가, 칼럼니스트, 프리랜서 기자.

RAMBOURG, PATRICK 파트릭 랑부르
요리 및 식품에 관한 역사 연구가. 『예술과 요리(*L'Art et la table*)』, 『프랑스 요리와 미식의 역사(*Histoire de la cuisine et de la gastronomie françaises*)』의 저자.

RENAUT, EMMANUEL 에마뉘엘 르노
사부아 출신의 요리사. 므제브(Megève, Haute-Savoie) 산악 지대에 위치한 미슐랭 3스타 레스토랑 '플로콩 드 셀(Les Flocons de Sel)'의 셰프.

REYNAUD, STÉPHANE 스테판 레노
요리사. 돼지고기 가공에 일가견이 있는 소시지 박사로 통한다. 여러 권의 요리 서적을 저술했으며 테시에(Teyssier) 사의 테린 레시피를 개발하기도 했다. 런던에 있는 자신의 레스토랑에서도 선보이고 있다.

RICHEZ-LEROUGE, VÉRONIQUE 베로니크 리셰 르루즈
유제품과 농업 분야를 주로 다루는 저널리스트. 살아 있는 식품 유산의 보호를 위해 테루아의 아주 작은 부분까지 세심하게 관찰하고 있다.

ROBUCHON, JOËL 조엘 로뷔숑
미슐랭 가이드의 별을 가장 많이 보유한 셰프 (2018년 사망). 2000년대 초 레스토랑 '아틀리에 드 조엘 로뷔숑(Ateliers de Joël Robuchon)'을 오픈했으며 해외 여러 곳에 지점을 개설했다.

ROELLINGER, OLIVIER 올리비에 롤랭제
미슐랭 가이드의 별을 여럿 획득한 바 있는 브르타뉴의 셰프이자 향신료 전문가.

ROUX, ERIC 에릭 루
저널리스트, 사회학자, 작가이며 대중 요리 전문가이다.

RUBIN, EMMANUEL 에마뉘엘 뤼뱅
레스토랑을 운영하는 부모를 둔 그는 12세 때 처음으로 음식에 관한 글을 쓰기 시작했다. 저널리스트이자 '푸딩(Fooding)'의 공동창업자가 된 그는 '피가로(Figaro)' 및 다수의 매체에 미식 관련 글을 기고하고 있다.

RUBIN, MICHEL 미셸 뤼뱅
요리책 작가. 전 파리 주재 스웨덴 클럽(Cercle Suedois de Paris) 회장.

RYON, JÉRÔME 제롬 리옹
카르카손(Carcassonne, Aude) 에 위치한 레스토랑 '라 바르바칸(La Barbacane)'의 셰프.

SAINT-LÔ, JUSTINE 쥐스틴 생 로
에콜 에밀 콜(école Émile Cohl), 브리스톨 UWE 졸업. 오빠가 생산하는 와인의 라벨 디자인을 담당하고 있으며 플뢰르 고다르(Fleur Godart)와 함께 와인을 주제로 한 만화 『순수한 즙(*Pur Jus*)』을 공동 제작했다.

SAMMUT, JULIA 쥘리아 사뮈
마르세유에서 식료품 전문점 '에피스리 이데알(épicerie L'Ideal)' 운영. 지중해뿐 아니라 해외의 식품들을 소개하고 있다. 『칼라마타, 가족과 요리 이야기(*Kalamata, une histoire de famille et de cuisine*)』의 저자.

SAVOY, GUY 기 사부아
1980년부터 파리 6구 레스토랑 '기 사부아(Guy Savoy)'의 셰프를 맡고 있다. 라스베이거스에도 레스토랑을 오픈했으며 파리에 3개의 다른 업장을 운영하고 있다.

SÉMINEL, LAURENT 로랑 세미넬
그래픽 디자이너, 포토그래퍼. '옴니보어(Omnivore)'의 공동 창업자였으며 2011년에는 G'mag을 창업했다. 므뉘 프르탱 출판사(Éditions Menu Fretin)의 창업자 겸 대표를 맡고 있다.

SOLIER, STÉPHANE 스테판 솔리에
프랑수아 레지스 고드리의 사촌. 고전 문학 교수, 미식가, 탐식가. 코르시카의 풍미와 이탈리아 요리에 푹 빠져 있다.

SOLIER-GAUDRY, DENISE 드니즈 솔리에 고드리
프랑수아 레지스 고드리의 어머니. 코르시카의 전원풍 요리뿐 아니라 리옹식 가정 요리를 매일 만드는 주부이다.

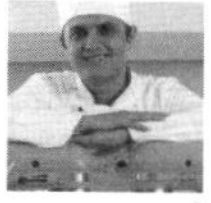

SONTAG, ÉRIC 에릭 손탁
렝스에 위치한 '레 크레예르(Les Crayères)'의 셰프 파티시에로 10년간 경력을 쌓았으며 이후 자신의 부티크를 오픈했다.

SOUNDIRAM, MINA 미나 순디람
저널리스트. 파리 프르미에르 채널의 미식 프로그램 '트레 트레 봉'에서 스트리트 푸드 리포터로 활약하고 있다. 치킨 커리의 달인이다.

STROMBONI, NICOLAS 니콜라 스트롱보니
코르시카 아작시오에 위치한 와인 셀러 및 와인바 '슈맹 데 비뇨블(Le Chemin des vignobles)' 오너.

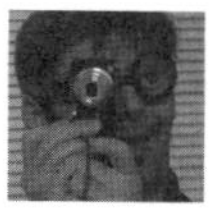

TOLMER, MICHEL 미셸 톨메르
그래픽 아트 전공자, 와인 전문가. 주로 내추럴 와인의 포스터, 라벨, 일러스트 작업을 하고 있다.

TORRE, FÉLIX 펠릭스 토르
코르시카의 양돈 전문가.

TROCHON, ÉRIC 에릭 트로숑
요리사. 레스토랑 셰프로, 요리 자문 위원 및 교수로 다양한 활동을 펼치고 있다.

TROISGROS, MICHEL 미셸 트루아그로
1983년 삼촌의 사망 이후 가족이 운영하던 로안(Roanne, Loire)의 레스토랑을 이어받아 셰프로 일했으며 2017년에는 우슈(Ouches, Loire)로 이전해 새 업장을 운영하고 있다.

VANHAMME, ARNAUD 아르노 바남
생선 및 해산물 전문 국가명장(MOF). 파리 16구에서 생선 판매점을 운영하고 있다.

VAXELAIRE, BERNARD 베르나르 박셀레르
보주 출신의 요리사. 파리 9구 '비스트로 아 되 테트(Le Bistrot à deux têtes)'의 셰프.

VINCENTI, AURORE 오로르 뱅상티
예리한 감각의 언어학자이자 미식가.

WOLFF , SYLVIE 실비 볼프
라이프 스타일 저널리스트, '엘르(Elle)', '리베라시옹(Libération)', '피가로스코프(Le Figaroscope)' 등을 거쳤으며 현재 '엑스프레스 스타일(L'Express Styles)'에서 근무하고 있다.

사진 저작권

Chronologie gourmande de la France, p. 8 : Aurore Carric/**Le cornichon**, p. 12 : Joseph Bail, la Ménagère, Photo © RMN-Grand Palais (musée d'Orsay) / Hervé Lewandowski **Brillat-Savarin**, p. 13 : Youssef Boubekeur (portrait)/ **Ma petite praline**, p. 14 : D.R. Maison Pralus/**L'art du ti-punch**, p. 16 : Pierre Javelle/**On croque-monsieur**, p. 17 : Valéry Drouet & Pierre-Louis Viel/**Pâtes de fruits**, p. 18 : D.R. Jacques Génin (photographie de Pascal Lattes) **Oh, purée !**, p. 19 : © Shutterstock/**Un tour de Chronologie gourmande de la France**, p. 8 : Aurore Carric/**Le cornichon**, p. 12 : Joseph Bail, la Ménagère, Photo © RMN-Grand Palais (musée d'Orsay)/ Hervé Lewandowski **Brillat-Savarin**, p. 13 : Youssef Boubekeur (portrait)/ **Ma petite praline**, p. 14 : D.R. Maison Pralus/**L'art du ti-punch**, p. 16 : Pierre Javelle/**On croque-monsieur**, p. 17 : Valéry Drouet & Pierre-Louis Viel/**Pâtes de fruits**, p. 18 : D.R. Jacques Génin (photographie de Pascal Lattes) **Oh, purée !**, p. 19 : © Shutterstock/**Un tour de France aux petits oignons**, p. 20 : Pierre Javelle (tableau), Valéry Drouet & Pierre-Louis Viel (soupe) **Fromage ET dessert**, p. 23 : © Cenwen Isabelle Gillet - La Cuisine des Anges/**Sidonie-Gabrielle Colette**, p. 24 : Youssef Boubekeur (portrait), © Philippe Asset, Les Carnets de cuisine de Colette, Chêne, 2015 (la flognarde) **Anémones de mer en friture**, p. 25 : ©D.R. Ottavi/ **Pas si blette, le cardon !**, p. 26 : © Sucré Salé/StockFood/Rosenfeld, Christel , © François-Régis Gaudry (gratin), **Vanille, douce gousse**, p. 28 : © La Vanilleraie - Ile de la Réunion, David Japy (nature morte), © Akiko Ida (crème anglaise) **L'endive, la belle du Nord**, p. 30 : © Shutterstock/**Musées gourmands**, p. 31 : Junko Nakamura/**Le far (Thierry) Breton**, p. 32 : © François-Régis Gaudry, © Shutterstock (drapeau) **Pierre Gagnaire**, p. 33 : Youssef Boubekeur (portrait), D.R. Gagnaire (bisque)/**L'autre pays des pâtes**, p. 34 : RG/**Le gâteau qui colle aux Basques**, p. 36 : Lucile Prache/**Ça ne manque pas de sel !**, p. 36 : © Comité des Salines de France/**Le guide du savoir-verre**, p. 37 : Jane Teasdale/**Cuissons alternatives**, p. 38 : Justine Saint-Lô/**Les sardines, les pépites en boîte**, p. 39 : David Japy/**Rabelais par le menu**, p. 40 : Gargantua (Gustave Doré), © Costa/Leemage/**L'art du tartare**, p. 42 : Valéry Drouet & Pierre-Louis Viel/**Vestiges du fruit confit**, p. 43 : © François-Régis Gaudry (fruits), © Marie-Laure Fréchet (glace) pour OVDF/**Les boles de picolat**, p. 45 : Valéry Drouet & Pierre-Louis Viel/**L'oursin, quel piquant !**, p. 46 : © Shutterstock, Jane Teasdale (schéma)/**L'hippophagie**, p. 48 : Tuchi (Marta Hernandez Galan)/**Hareng, un poisson de haut rang**, p. 50 : © Marie-Laure Fréchet pour OVDF/**Ressuscités, les gâteaux oubliés**, p. 52 : David Japy/ **Histoires d'aulx !**, p. 53 : © Blandine Boyer/**Claude Sautet à table !**, p. 54 : © Valéry Drouet & Pierre-Louis Viel (recettes), © Coll. Christophel (affiche)/**Chiche ou pois chiche ?**, p. 56 : Valéry Drouet & Pierre-Louis Viel (recette), © Shutterstock/**Sanglier, une bête au poil**, p. 57 : JRM (dessins), David Japy (recette) **Barbajuans**, p. 58 : © Guillaume Long pour OVDF/**Des « mythes » dans le verre ?**, p. 60 : D.R. de chaque domaine/**L'épopée du croissant**, p. 63 : Joerg Lehmann/**Le pot-au-feu**, p. 64 : Valéry Drouet & Pierre-Louis Viel/**Les sirops**, p. 65 : LP/**L'art de l'accident**, p. 66/Justine Saint-Lô/ **Champignons sauvages**, p. 68 : Frédéric Raevens (recettes), © Shutterstock (champignons)/**Les bons tuyaux de l'alambic**, p. 70 : Jane Teasdale/**La carbonade flamande**, p. 71 : Frédéric Lucano/**Leçon de tourbillon**, p. 72 : Pierre Javelle/**Marcel Pagnol**, p. 74 : Youssef Boubekeur (portrait), Valéry Drouet & Pierre-Louis Viel (recette) **L'œuf mayo**, p. 75 : Valéry Drouet & Pierre-Louis Viel/**Des algues dans nos assiettes**, p. 76 : Pierre Javelle/**Bûche-bée**, p. 78 : Pierre Javelle/**Ail Ail Ail !**, p. 80 : Pierre Javelle, CL (recette)/**George Sand**, p. 83 : © Shutterstock (sablés), © Claude Quiec (plan du domaine) **Les coquillages sauvages**, p. 84 : Jane Teasdale/**Le vin nature**, p. 86 : © François-Régis Gaudry/**Recette d'un vin Pur Jus**, p. 87 : © Justine Saint-Lô/**Les crêpes**, p. 88 : © Roger-Viollet (dame au billig), © Shutterstock (recette) **Le camembert**, p. 89 : Valéry Drouet & Pierre-Louis Viel, © V.RIBAUT/Les Studios Associés/CNIEL (camembert), © La Ferme Mercier (procédé) **L'omelette**, p. 90 : © François-Régis Gaudry/**Ça rime en cuisine**, p. 92 : Extraits de poèmes de Charles Baudelaire, *Les Fleurs du Mal*, « L'âme du Vin », 1857, in *Les Fleurs du Mal*, NRF-Gallimard , 1972 ; Rabelais, *Cinquiesme livre*, chapitre XLIV, Prière de Panurge à la Dive Bouteille, 1564, © BNF ; Saint-Amant, « Le Melon », 1634, in *Poètes français de l'âge baroque. Anthologie (1571-1677)*, Imprimerie Nationale La Salamandre, 1999 ; Arthur Rimbaud, « Les Effarés », 1870, in Classiques Garnier, Garnier Frères ; Francis Ponge, *Pièces*, « Plat de poissons frits », 1961, NRF-Poésie Gallimard ; Apollinaire, *Quelconqueries*, « Le Repas », 1915, in *Œuvres poétiques*, NRF-Bibliothèque de la Pléiade, 1956 ; Ronsard, *Odes*, « III, 24 » (à Gaspar d'Auvergne), 1550-1552, Prière de Panurge à la Dive Bouteille, 1564 in *Oeuvres complètes*, tome 1, NRF-Bibliothèque de la Pléiade, 1993 ; Jacques Prévert, *Paroles*, « La grasse matinée », 1946, in *Paroles*, Folio, Gallimard, 1949/ **La crème pâtissière**, p. 93 : Pierre Javelle/**Abats sans tabou**, p. 94 : Valéry Drouet & Pierre-Louis Viel **À la recherche de la « soupe corse »**, p. 95 : © François-Régis Gaudry/**Couscous royal**, p. 96 : Orathay Sousisavanh et Charlotte Lascève/**L'école des fanes**, p. 97 : Aurore Carric/ **La tarte au citron**, p. 98 : D.R. Jacques Génin (photographie de Pascal Lattes) **Stanislas Leszczynski, roi du baba**, p. 98 : Youssef Boubekeur (portrait)/**Gibiers insolites**, p. 99 : Justine Saint-Lô/**La mayonnaise**, p. 100 : © Shutterstock/**Les gâteaux voyagent**, p. 102 : © Shutterstock, Marie Pierre Morel (le fondant au chocolat) **Ça sent le soufre !**, p. 103 : Justine Saint-Lô/**À la recherche de la madeleine perdue**, p. 104 : Pierre Javelle/**Le grand aïoli**, p. 105 : D.R. Edouard Loubet/**Raconte-moi des salades !**, p. 106 : Valéry Drouet & Pierre-Louis Viel/**Michel Guérard**, p. 108 : Youssef Boubekeur (portrait), Pascal Lattes/Thuriès gastronomie magazine (la tarte chaude) **Jeux de lames**, p. 109 : Pierre Javelle/**Le rougail saucisses**, p. 110 : © François-Régis Gaudry/**Partis trop tôt**, p. 110 : Amélie du Petit Thouars & Eloïse de Guglielmo (moshi moshi studio) **Le plus ancien des nouveaux mondes**, p. 111 : Pierre Javelle/**La bouillabaisse de Marseille**, p. 113 : Aurore Carric/**La fonte des fromages**, p. 114 : © Shutterstock/**Roger Vergé**, p. 116 : Youssef Boubekeur (portrait), David Japy (recette) **Accords terre-mer**, p. 117 : © François-Régis Gaudry/**Le musée imaginaire de la table française**, p. 118 : *Très riches heures du Duc de Berry* – Le Duc de Berry à table mois de janvier, photo Josse/Leemage ; Abraham Bosse, Conversation de dames, Photo Josse/Leemage ; Claude Monet, *Le Déjeuner*, 1868, DeAgostini/Leemage ; Henri Gervex, *Armenonville*, Photo12/Archives Snark ; *Table bleu*e, Aktion Rest (Tableau Piège), 1972 (mixed media), Spoerri, Daniel Issac (b.1930) Private Collection/ Photo © Christie's Images/Bridgeman Images ©ADAGP 2017/**La famille pâte à choux**, p. 120 : Mélanie Rueda/**Rognon vs ris : pour qui veauter ?**, p. 121 **:** © Shutterstock/**Alain Senderens**, p. 122 : Youssef Boubekeur (portrait), © Julie Limont/**Hors-d'œuvre en péril**, p. 124 : © François-Régis Gaudry, © Shutterstock/**Les confréries de la gastronomie**, p. 126 : Amélie du Petit Thouars & Eloïse de Guglielmo (moshi moshi studio) **Les insectes à la sauce française**, p. 128 : © Shutterstock/**Le pâté en croûte**, p. 129 : David Japy/**Beau monde, bonne chère**, p. 130 : La Colombe d'or, crédit photo : Office de tourisme de Saint-Paul de Vence, photographe : Jacques Gomot ; Les Vapeurs, Archives maison ; Brasserie Lipp, Archives maison et photos extraites du livre « Lipp, la brasserie » de Claude Guitard et Isabelle Courty-Siré, aux éditions Ramsay : Crédit pour Antoine Pinet, photo Eclair Continental/Simone Veil : Jacques Peg/Mitterand : Manuel Bidermanas/Picasso : Brassaï/Giscard et Pompidou : Manuel Bidermanas/Bernard Pivot : Bernard Loyau/Blier et Belmondo : Raphaël Gaillarde et Gamma/Jane Birkin & Gainbourg : Georges Beutter/**Pas de Noël provençal sans ses 13 desserts**, p. 132 : David Japy/**Sacrés rosbifs !**, p. 132 : © Shutterstock/**Un cheval dans les vignes ?**, p. 133 D.R. Domaine Hausherr/**Le temps des cerises**, p. 134 : Nicola Giganto (cerises), Marie Pierre Morel (recette) **L'île aux fromages**, p. 135 : Frédéric Laly-Baraglioli/**La blanquette de veau**, p. 136 : Pierre Javelle/**Le feu aux moules !**, p. 137 : Jane Teasdale/**Les victuailles de Noailles**, p. 138 : Agnès Canu/**Fort en chocolat**, p. 139 : D.R. Michel Bras (le moelleux), Marie Pierre Morel (le mi-cuit), Akiko Ida (la mousse), © Shutterstock/**Alain Passard**, p. 140 : Youssef Boubekeur (portrait), © Alain Passard (recettes en collages) **Foie gras : l'art de la terrine**, p. 142 : © Valéry Drouet & Pierre-Louis Viel, photo extraite de Mes recettes en fête, Éditions du Cherche Midi/**Infusions de France**, p. 143 : Rebecca Genet/**Par le menu**, p. 144 : Menus issus de la collection particulière de Jérôme Dumant, restaurateur à Paris (Les Marches) **Miss K**, p. 146 : © Emilie Franzo/**Pauvre chou ?** , p. 147 : © François-Régis Gaudry (recette), Jane Teasdale (dessins) **Grimod de la Reynière**, p. 148 : Youssef Boubekeur (portrait), gravure tirée de L'Almanach des Gourmands de Grimod de la Reynière, réédité par Menu Fretin/**La boutargue, caviar de Méditerranée**, p. 148 : © Shutterstock/**L'autre pays du whisky**, p. 149 : David Japy/**La tarte au sucre**, p. 150 : © Marie-Laure Fréchet/**La cocotte chabrolienne**, p. 151 : © Valéry Drouet & Pierre-Louis Viel/**Anne-Sophie Pic**, p. 152 : Youssef Boubekeur (portrait), collection d'archives personnelles, D.R. Anne-Sophie Pic (Homard aux fruits rouges par Jean-François Mallet et Huître au café par Ginko), © François-Régis Gaudry (poulet estragon) **Espèce de poisson d'eau douce !**, p. 153 :Emilie Guelpa/**Un Belge en Aveyron**, p. 154 : © Mathieu Burniat pour OVDF/**Voilà du boudin !**, p. 156 : © Blandine Boyer pour OVDF (illustration crayon), © Shutterstock (photo) **Tour de France des pains**, p. 158 : carte de France des Pains Régionaux, réalisée par Lionel Poilâne en 1981 au terme d'une longue enquête menée dans toute la France, © photo Bogdane **La poularde au vin jaune et aux morilles**, p. 160 : Marie Pierre Morel/**Le vin des pendus**, p. 160 : Détail de la Perspective de la Ville et Forteresse de Montbéliard – aimablement communiquée par les musées de Montbéliard – Photo Claude-Henri Bernardot/**La crème Chantilly, noblesse oblige**, p. 161 : © Shutterstock/**Le magret de canard**, p. 162 : © Shutterstock, D.R. André Daguin/**Le jour où Vatel se suicida**, p. 162 : Youssef Boubekeur (portrait)**Les 3 écoles de la tarte aux pommes**, p. 163 : David Oliveira (caramélisée), © François-Régis Gaudry (normande et fine) **La ronde des bonbons de France**, p. 164 : Pierre Javelle/**Sur le billot du boucher**, p. 166 : Hachette Collection © Isabelle Arslanian (vaches), © Sophie Surber (porcs et poules), © André Vial (agneaux), Tuchi (Marta Hernandez Galan), découpes/**Le Bäckeoffe**, p. 169 : Lucile Prache/**Par ici la bonne soupe !**, p. 170 : © Shutterstock/**Que sont-ils devenus ?**, p. 171 : © photographie parue dans Cuisine et vins de France en sept 1984, © Maurice Rougemont/**La tarte Bourdaloue**, p. 172 : Pierre Javelle/**L'art du poulet rôti**, p. 173 : © François-Régis Gaudry/**Un restaurant parisien sous l'Occupation**, p. 174 : © Estérelle Payany (recette)/**Michel Bras**, p. 175 : Youssef Boubekeur (portrait), D.R. Michel Bras (le Gargouillou)/**Les vins de France**, p. 176 : La Carte des vins, s'il vous plaît/**Les philosophes à table**, p. 178 : Extraits de Émile, Jean-Jacques Rousseau, 1762, Garnier Flammarion ; Essai III, Montaigne, Œuvres complètes, La Pleiade ; Mythologies, Roland Barthes, Œuvres complètes, Éditions du Seuil ; Dictionnaire philosophique, Voltaire, Garnier Flammarion, Histoire de la sexualité, Michel Foucault, Tel Gallimard ; L'Abécédaire de Gilles Deleuze, Réalisation de Pierre-André Boutang, disponible en DVD aux Éditions Montparnasse, © Shutterstock (télévision) ; **Olivier Roellinger**, p. 180 : Youssef Boubekeur (portrait), ©agence Etsen (carte), © D.R Olivier Roellinger - photo Hugo Roellinger (recette)/ **Mes petits agneaux**, p. 181 : JN/**Huîtres, nos perles rares**, p. 182 : D.R. Garry Dorr, photos de Donald Van Der Putten/**L'art de la potée**, p. 184 : © Shutterstock/**Le combat de toques**, p. 185 : Stéphane Trapier/**Envoyez la sauce !**, p. 186 : Pierre Javelle/**Tranches de saucisson**, p. 190 : RB/**Benoît Violier**, p. 191 : Youssef Boubekeur (portrait), D.R Violier (recettes)/**Pissaladière et compagnie**, p. 192, © François-Régis Gaudry/**À table ! Ça tourne**, p. 193 : Benjamin Adida/**Champagne !**, p. 194 : Jane Teasdale (dessins), Union des Maisons de Champagne/**Les couteaux de nos provinces hier**, p. 196 : David Japy/**Chapeau Marc Veyrat !**, p. 197 : Youssef Boubekeur (portrait), D.R Marc Veyrat (recette)/**Le gratin dauphinois**, p. 197 : © François-Régis Gaudry/**La courge, un monde à part(s)**, p. 198 : © François-Régis Gaudry (soupe), Pierre Javelle/**Tour de France des fromages**, p. 200 : © V.RIBAUT/Les Studios Associés/ CNIEL/**Tablettes grands crus**, p. 204 : Pierre Javelle/**Une ratatouille inratable**, p. 205 : © François-Régis Gaudry/**Gault & Millau se mettent à table**, p. 206 : D.R Gault&Millau/**Ça sent le pâté !**, p. 206 : Charlotte Lascève/**Huile d'olive, notre or liquide**, p. 207 : Rebecca Genet/**Piments !**, p. 208 : Pierre Javelle / **Le cassoulet**, p. 209 : © StockFood/Riou, Jean-Christophe/Sucré Salé/**Cuisiner avec les pieds**, p. 209 : Valéry Drouet & Pierre-Louis Viel/**Bières des villes, bières des champs**, p. 210 : © Elisabeth Pierre/**Ma bibliothèque de cuisine**, p. 213 : David Japy/**La châtaigne**, p. 214 : Sandra Mahut/**Les bonnes manières de la baronne Staffe**, p. 215 : Tous droits réservés/**Le riz dans les desserts**, p. 216 : Riz au lait, p. 216 : La Régalade des champs de Bruno Doucet – photographies de Charlotte Lascève - © 2014 Éditions de La Martinière, Paris ; Akiko Ida (gâteau de riz), Lucile Prache (teurgoule)/**Nos ancêtres les Gaulois**..., p. 217 : © Shutterstock/**L'étal du poissonnier**, p. 218 : Marie Pierre Morel/**Les artichauts à la barigoule**, p. 224 : © François-Régis Gaudry/**L'ivresse du flacon**, p. 225 : Jane Teasdale/**Le vinaigre**, p. 226 : CL/**Le cake d'amour**, p. 228 : © Pierre Hermé Paris, Vera Kapetanovic (dessin) **Le Coca-Cola, une invention française ?** , p. 229 : © Lee/Leemage/**Le dico Dumas**, p. 230 : © Laurent Séminel (recettes), Justine Saint-Lô (dessins)/**Phylloxéra : ennemi vinique N° 1**, p. 232 : © akg-images/**L'anchoïade**, p. 232 : D.R. Edouard Loubet/**Fromages et vins, nos accords (r)affinés**, p. 233 : © V.RIBAUT/Les Studios Associés/CNIEL, © Shutterstock/

Dingues de meringues, p. 234: Pierre Javelle, David Japy(merveilleux)/ **La moussette se fait mousser,** p. 236 : © François-Régis Gaudry/**La cuisine des hommes politiques,** p. 237 : © Bernard Deubelbeiss/**Les figues, bombes sucrées**, p. 239 : Pierre Javelle, © François-Régis Gaudry/**Le Club des Cent**, p. 240 : © Roger-Viollet/**Les galettes**, p. 241: © François-Régis Gaudry/**La faim des haricots**, p. 242 : Pierre Javelle/**AAAAArgh, l'andouillette !**, p. 244 : Marie Pierre Morel, © François-Régis Gaudry/**La tarte au maroilles**, p. 245 : © Marie-Laure Fréchet pour OVDF/**Bernard Pivot, Bouche B**, p. 245 : Youssef Boubekeur (portrait)/ **Dans la famille potage !**, p. 246 : Junko Nakamura/**Les Halles, ventre de Paris**, p. 248 : *Scène parisienne au 19e siècle : une marchande de poissons et une cliente aux Halles centrales.* Gravure de Derbier d'après le tableau de Gilbert. Fin 19e siècle. In «Les capitales du monde : Paris», © Lee/Leemage ; *La halle au poisson - arrivée du poisson sur le carreau de la halle à Paris en 1870 (église Saint-Eustache, Quartier des Halles) & La halle au poisson - vente en gros du poisson à la criee a Paris en 1870* © Bianchetti/Leemage/**Le hachis Parmentier**, p. 249 : © Valéry Drouet & Pierre-Louis Viel/**La petite graine qui monte au nez**, p. 250, © Shutterstock, Emilie Guelpa/**Eurêka ! en cuisine**, p. 252 : Justine Saint-Lô/**Le caviar et la France**, p. 254 : fabrication du caviar, © Harald Gottschalk sauf mise en boîte © Emeline/Champarnaud, Portraits Melkoum et Mouchegh Petrossian, © Collection Petrossian Maïloff/Portrait de Jacques Nebot, © Nicolas Izarn/Bar de ligne au caviar, p. 255 : D.R Anne-Sophie Pic, © Ginko/**La guerre des bouchons !**, p. 256 : © Shutterstock, © Diam Bouchage (type Diam), © Amorin France (type NdTech)/**Ayez l'œil sur les lentilles**, p. 257 : Marie Pierre Morel/**Le canard au sang**, p. 258 : © Michel Guéret (recette), *Frédéric Delair, propriétaire du restaurant La Tour d'Argent à Paris, prépare le canard au sang inventé en 1890*, Peinture anonyme. 19ème siècle Collection privée ©SuperStock/Leemage/**Le brocciu, ou l'art du petit-lait**, p. 260 : SM, © Solier (artichauts)/ **Mauvais goût**, p. 261: © Shutterstock/**Bienvenue à bord**, p. 262 : © Rue des Archives/PVDE, © Mary Evans/Rue des Archives, Arkivi/DPA/Leemage/**L'irrésistible gâteau aux noix,** p. 263, Arkivi/DPA/Leemage/**Connaissez-vous l'OIV ?** , p. 263: D.R. OIV/**La fraise**, p. 264 : © Fraises Marionnet, © CIREF (ciflorette), © Shutterstock/**Chic, les chips !**, p. 266 : © Shutterstock/**Les savants cocktails du Harry's Bar**, p. 268 : D.R. archives du Harry's Bar, © Difford's guide(cocktails) **Le nougat, c'est pas de la noix !**, p. 270 : © François-Régis Gaudry et Stéphane Solier/**Michel Troisgros**, p. 271 : D.R. Michel Troisgros/**Le match bordeaux/bourgogne**, p. 272: Charlotte Juin/**Le saint-honoré**, p. 273 : D.R Cédric Grolet/**La truffe**, p. 276: © Pierre Sourzat (truffes), © Benoît Linero (D.R. Fréchon)/**Le macaron au carré**, p. 277 : © Pierre Hermé Paris/**Paul Bocuse**, p. 278 : © François-Régis Gaudry/**Osez le rosé !**, p. 280 : Jane Teasdale (dessin), David Japy (photo)/ **La choucroute**, p. 281 : © Shutterstock/**La cuisson des légumes**, p. 282: Junko Nakamura/**À la rescousse du pain perdu**, p. 286 © Emmanuel Auger (recette), © Shutterstock/**Alain Chapel**, p. 287: Youssef Boubekeur (portrait), Lucile Prache/**La gougère**, p. 288 : Valéry Drouet & Pierre-Louis Viel/**Le festin de Babette**, p. 288: Archives du 7e Art/D.R./**Les aventuriers du vin**, p. 289 : Michel Tolmer/**Quelles quiches !**, p. 290 : Richard Boutin/**Tour de France des agrumes**, p. 292 : Pierre Javelle/**La baguette, la belle Parisienne**, p. 294: © Elliott Erwitt/Magnum Photos/**Plantes aromatiques**, p. 295: Pierre Javelle/**Les liqueurs de ménage**, p. 296 : © Blandine Boyer/**Sandwich, l'art de casser la croûte**, p. 297 : © Shutterstock/**La fondue bourguignonne,** p. 298 : © Marie-Laure Fréchet, © Shutterstock/**Le café, une passion francaise**, p. 300 : © Shutterstock, Lucile Prache/**... Trempez-la dans l'eau et ça fera... des échaudés, tout chauds !**, p. 301 : Stéphane solier/**Les routes du rhum**, p. 302 : Jane Teasdale, Lucile Prache, D.R. Alain Ducasse, photo de Valéry Guedes/**Le tour de France des biscuits**, p. 304 : Aurore Carric, © François-Régis Gaudry/**Sur le chemin de la coquille Saint-Jacques**, p. 306 : © François-Régis Gaudry/**François Pierre de La Varenne,** p. 307 : Youssef Boubekeur (portrait), © Shutterstock/**Do you speak French?** , p. 308 : © Shutterstock, grander NYC/Rue des Archives/**Tour de France du sarrasin**, p. 308 : © Fondacci-Markezana/ Photocuisine/**Le tour de Gaule gastronomique d'Astérix**, p. 310 : Asterix®- Obelix®- Idefix®/ © 2017 Les Editions Albert Rene/Goscinny – Uderzo; © Aimery Chemin pour *Banquet Gaulois* de Blandine Boyer, paru chez Larousse en 2016 (recettes)/**Jean Giono**, p. 312 : Youssef Boubekeur (portrait), © Shutterstock/**Tout un flan**, p. 313 : Valéry Drouet & Pierre-Louis Viel/**Une poularde de Réveillon**, p. 314 : Aurélie Sartres/**L'escargot, quelle allure !** , p. 315 : © Collection Im/Kharbine-Tapabor/**Chez le crémier**, p. 316 : © Shutterstock/**Encore des nouilles !**, p. 318 : © Cuisine et Vins de France N°400, sept 1984/**Le paris-brest**, p. 319 : D.R. Philippe Conticini pour la Pâtisserie des Rêves/**Du sel, croûte que croûte !**, p. 320 : Akiko Ida/**Gaston Lenôtre**, p. 321 : D.R. Lenôtre/**L'histoire de France en boîtes**, p. 322 : David Japy/**Bon pour le service**, p. 325 : © Shutterstock/**Va te faire cuire un œuf**, p. 325: © Shutterstock/**La sole passe à la casserole**, p. 326 : D.R. Pierre Gagnaire, photo de Jacques Gavard/**Au vestiaire !**, p. 327 : D.R Archives de la Maison Bragard/**Curnonsky**, p. 328 : Youssef Boubekeur (portrait), © L'Auberge de l'Ill (photo), Lucile Prache (poularde)/ **Les caves à manger**, p. 330 : D.R. de chaque lieu/**La famille viennoiserie**, p. 331 : Pierre Javelle/**La frite casse la baraque !**, p. 333 : © Marie-Laure Fréchet pour OVDF/**L'art de noyer le poisson,** p. 334 : David Japy/Junko Nakamura/**Le lièvre à la royale**, p. 336 : © Julien Dumas/**Laitues & chicorées**, p. 337 : Hachette Collection © André Vial/**La panse passe à table**, p. 338 : © Auberge Chanéac, © Collection Kharbine-Tapabor/**Fabriqué en France,** p. 339 : tous droits réservés/**La tomate**, p. 340 : Akiko Ida, © François-Régis Gaudry/**La quête du gras**, p. 341 : © Frédéric Laly-Baraglioli/**La pâte feuilletée, un tour de force**, p. 342 : Pierre Javelle/**Le champignon de Paris**, p. 345 : Pierre Javelle/**Les mères lyonnaises,** p. 346 : © Collection Im/Kharbine-Tapabor (mère Fillioux), Coll. Jeanvigne/Kharbine-Tapabor (mère Brazier)/ **Le cèpe**, p. 347 : © Blandine Boyer, D.R. Flocons de sel, recette d'Emmanuel Renaut/**Les apéritifs oubliés**, p. 348 : Collection Im/Kharbine-Tapabor/**Le guide Michelin**, p. 349 : Charlotte Juin/**Le meilleur des Antilles**, p. 350 : © Shutterstock, BNF (carte), Lucile Prache (buffet créole)/**Les gastrocrates,** p. 354: Stéphane Trapier/**On fait sauter les grenouilles !**, p. 355 : © Marie Pierre Morel/**Le pain de tradition française, l'art et la manière**, p. 356 : © Marie-Laure Fréchet pour OVDF, © Jean-Pierre Gabriel (pains)/ **Beaucoup de bries pour rien...**, p. 358 : © V. RIBAUT/Les Studios Associés/CNIEL/**Le kouglof,** p. 358 : © Pierre Hermé Paris/**Raymond Oliver**, p. 359 : David Japy/**J'aime la galette, savez-vous comment ?**, p. 360 : Justine Saint-Lô/**Le choc Lignac**, p. 362 : © Virginie Garnier/**Roquefort, le fromage au sang bleu**, p. 363 : www.collin.francois.free.fr/D.R. (carte), © V.RIBAUT/Les Studios Associés/CNIEL/**L'autre pays de la morue**, p. 364 : Lucile Prache, © François-Régis Gaudry/**Tour de France des beignets sucrés**, p. 366 : © Shutterstock/**Des toques très cathodiques !**, p. 367 : *La cuisine légère*, © Rue des Archives/AGIP; *La cuisine des mousquetaires*, © Frederic Reglain/Gamma, *Bon appétit, bien sûr*, © leroux philippe/sipa/**La confiture**, p. 368 : Lucile Prache, David Japy/**Céréales et farines**, p. 370 : D.R. (dessins), Joerg Lemman (photos)/ **L'échelle de la puanteur**, p. 372 : Charlotte Juin/**Le bulot sort du lot !**, p. 373 : © Alexis Osmont/**Le soufflé ne manque pas d'air**, p. 374 : David Japy/**Auguste Escoffier**, p. 376 : Youssef Boubekeur (portrait)/**Des légumes et des hommes**, p. 377 : Justine Saint-Lô/**La France fait son miel**, p. 378 : Pierre Javelle/**Les miels de nos îles**, p. 380 : Lucile Prache/**Les baies de nos haies**, p. 382 : © Shutterstock/**Saucisses**, p. 385 : Pierre Javelle/**N7, la route du goût**, p. 386 : © Cartes Taride/**Les toqués du cinéma**, p. 387 : Dominique Corbasson/**Ce que l'Italie doit à la France... et inversement**, p. 388 : Justine Saint-Lô/**Victor Hugo**, p. 390 : Youssef Boubekeur (portrait), Caste/Photocuisine (recette)/**La côte de bœuf**, p. 391 : Marie Pierre Morel/**Caramel, l'alchimie du sucre**, p. 392 : © Shutterstock, Marie Pierre Morel (recette),/**Ma belle quenelle**, p. 393 : © Julien Bouvier/**Le beurre en cuisine**, p. 394 : Valéry Drouet & Pierre-Louis Viel/**Les dessous de table de l'Élysée**, p. 395 : D.R. Archives personnelles de Bernard Vaussion/**Trésors de nos Provinces**, p. 397 : Lucile Prache
Merci à Sabatier, fabricant de couteaux à Thiers (couteaux page 109).

Préparation de copie, relecture et secrétariat d'édition : **Anne Bazaugour**
Relectures : **Véronique Delahaye et Véronique Dussidour**
Coordination graphique : **Francine Thierry et Sophie Villette**
Création de la charte typographique & répertoire de motifs décoratifs : **Eloise de Guglielmo et Amélie du Petit Thouars, Moshi Moshi Studio, © Shutterstock**
Mise en page : **Moshi Moshi Studio, Claude Gentiletti, Nicolas Bertrand, Francine Thierry, Sophie Villette, Manon Renucci, Caroline Racoupeau**
Recherches iconographiques : **Candice Renaud, Virginie Bressis et Marine Bernier**

미식 잡학 사전 프랑스
1판 1쇄 발행일 2022년 9월 1일
저　자 : 프랑수아 레지스 고드리와 친구들
번　역 : 강현정
발행인 : 김문영
펴낸곳 : 시트롱마카롱
등　록 : 제2014-000153호
주　소 : 경기도 파주시 책향기로 320, 2-206
페이지 : www.facebook.com/citronmacaron @citronmacaron
이메일 : macaron2000@daum.net
ISBN : 979-11-978789-1-6 03590